AD 2000-Regelwerk
Taschenbuch-Ausgabe 2008

AD 2000 Regelwerk

Taschenbuch-Ausgabe 2008

Stand: November 2007
5. Auflage

Herausgegeben vom Verband der TÜV e. V., Berlin

Herausgeber: Verband der TÜV e. V., Berlin

© 2008 Beuth Verlag GmbH
Berlin · Wien · Zürich
Burggrafenstraße 6
10787 Berlin

Telefon: +49 30 2601-0
Telefax: +49 30 2601-1260
Internet: www.beuth.de
E-Mail: info@beuth.de

© 2008 Verband der TÜV e. V. (VdTÜV)
Friedrichstraße 136
10117 Berlin

Telefon: +49 30 76 00 95-400
Telefax: +49 30 76 00 95-401
Internet: www.vdtuev.de
E-Mail: berlin@vdtuev.de

Das Werk einschließlich aller seiner Teile ist urheberrechtlich geschützt. Jede Verwertung außerhalb der Grenzen des Urheberrechts ist ohne schriftliche Zustimmung des Verlages unzulässig und strafbar. Das gilt insbesondere für Vervielfältigungen, Übersetzungen, Mikroverfilmungen und die Einspeicherung in elektronischen Systemen.

Druck: Mercedes-Druck GmbH, Berlin
Gedruckt auf säurefreiem, alterungsbeständigem Papier nach DIN 6738

ISBN 978-3-410-10691-3

Vorbemerkung

Seit dem 29. Mai 2002 gilt in der Europäischen Union und damit auch in Deutschland für die Herstellung von Druckgeräten allein das europäische Recht in Form der Druckgeräte-Richtlinie (DGRL). Die Arbeitsgemeinschaft Druckbehälter (AD) hat sich als maßgeblicher Regelsetzer auf dem Gebiet Druckbehälter fachlich und zeitgerecht auf diese neue Situation eingerichtet und dafür das AD 2000-Regelwerk erstellt. Es entspricht den Anforderungen der europäischen Druckgeräte-Richtlinie (97/23/EG) und enthält gleichzeitig die Erfahrungen aus jahrzehntelanger Praxis mit dem bisherigen bewährten AD-Regelwerk. Alle Fachleute, die in den vergangenen Jahren das AD-Regelwerk schätzen gelernt haben, profitieren bei Anwendung des AD 2000-Regelwerkes auch weiterhin von dem bekannt hohen Sicherheitsniveau.

Bei dieser Taschenbuch-Ausgabe handelt es sich um eine verkleinerte Wiedergabe der Loseblatt-Sammlung des AD 2000-Regelwerkes mit dem Stand November 2007. Es ist beabsichtigt, jährlich eine neue Ausgabe des Taschenbuches herauszugeben. Da jedoch zwischenzeitlich Neuausgaben publiziert werden, ist nur die Loseblatt-Ausgabe des AD 2000-Regelwerkes als verbindlich zu betrachten.

Anregungen zu dieser Taschenbuch-Ausgabe sind zu richten an den Herausgeber:

Verband der TÜV e. V. (VdTÜV),
Friedrichstraße 136
10117 Berlin

AD 2000-Verzeichnis

AD 2000-Merkblatt	Seite	AD 2000-Merkblatt	Seite
Druckgeräte RL	1	HP 120 R	448
A 1	66	HP 511	455
A 2	78	HP 512	459
A 4	94	HP 512 R	464
A 5	98	HP 801 Nr. 4	468
A 5 Anl. 1	102	HP 801 Nr. 8	469
A 5 Anl. 2	105	HP 801 Nr. 10	470
A 6	107	HP 801 Nr. 11	471
A 401	109	HP 801 Nr. 13	472
A 403	111	HP 801 Nr. 14	473
A 404	115	HP 801 Nr. 15	476
B 0	118	HP 801 Nr. 18	478
B 1	122	HP 801 Nr. 19	480
B 1 Anl. 1	124	HP 801 Nr. 23	482
B 2	132	HP 801 Nr. 25	484
B 3	147	HP 801 Nr. 26	491
B 4	155	HP 801 Nr. 27	493
B 5	163	HP 801 Nr. 29	495
B 5/1	188	HP 801 Nr. 30	497
B 6	191	HP 801 Nr. 34	502
B 7	200	HP 801 Nr. 37	507
B 8	206	HP 801 Nr. 38	509
B 9	214	HP 801 Nr. 39	510
B 10	229	N 1	511
B 13	231	N 2	521
G 1	264	N 4	528
G 2	267	N 4 Anl. 1	537
HP 0	316	S 1	539
HP 1	340	S 2	572
HP 2/1	347	S 3/0	632
HP 3	354	S 3/1	640
HP 4	356	S 3/2	647
HP 5/1	358	S 3/3	660
HP 5/2	360	S 3/4	666
HP 5/3	366	S 3/5	678
HP 5/3 Anl. 1	380	S 3/6	687
HP 7/1	387	S 3/7	691
HP 7/2	389	S 4	693
HP 7/3	395	S 6	701
HP 7/4	398	W 0	706
HP 8/1	400	W 1	709
HP 8/2	410	W 2	715
HP 8/3	413	W 3/1	731
HP 30	417	W 3/2	735
HP 100 R	421	W 3/3	739
HP 110 R	441	W 4	742

AD 2000-Merkblatt	Seite	AD 2000-Merkblatt	Seite
W 5	754	**W 10**	807
W 6/1	759	**W 12**	815
W 6/2	768	**W 13**	824
W 7	788	**Z 1**	831
W 8	794	**Z 2**	839
W 9	799		

Inhaltsübersicht

AD 2000-Merkblatt	Ausgabe Datum	Bezeichnung	Seite
Druckgeräte RL	1998-02	Richtlinie über Druckgeräte (RL 97/23/EG)	1
		Ausrüstung, Aufstellung, Kennzeichnung	
A 1	2006-10	Sicherheitseinrichtungen gegen Drucküberschreitung; Berstsicherungen	66
A 2	2006-10	Sicherheitseinrichtungen gegen Drucküberschreitung; Sicherheitsventile	78
A 4	2004-10	Gehäuse von Ausrüstungsteilen	94
A 5	2000-10	Öffnungen, Verschlüsse und Verschlusselemente	98
A 5 Anl. 1	2000-10	Hinweise für die Anordnung von Mannlöchern und Besichtigungsöffnungen	102
A 5 Anl. 2	2000-10	Richtlinien für die Bauteilprüfung von Klammerschrauben	105
A 6	2003-01	Sicherheitseinrichtungen gegen Drucküberschreitung; PLT-Sicherheitseinrichtungen	107
A 401	2002-05	Ausrüstung der Druckbehälter; Kennzeichnung	109
A 403	2001-06	Ausrüstung der Druckbehälter; Einrichtungen zum Erkennen und Begrenzen von Druck und Temperatur	111
A 404	2001-06	Ausrüstung der Druckbehälter; Ausrüstungsteile	115
		Berechnung	
B 0	2007-05	Berechnung von Druckbehältern	118
B 1	2000-10	Zylinder- und Kugelschalen unter innerem Überdruck	122
B 1 Anl. 1	2006-05	Berechnung von Rohrbiegungen und Bögen	124
B 2	2000-10	Kegelförmige Mäntel unter innerem und äußerem Überdruck	132
B 3	2000-10	Gewölbte Böden unter innerem und äußerem Überdruck	147
B 4	2000-10	Tellerböden	155
B 5	2007-08	Ebene Böden und Platten nebst Verankerungen	163
B 5/1	2006-05	Berechnung von glatten Vierkantrohren und Teilkammern	188
B 6	2006-10	Zylinderschalen unter äußerem Überdruck	191
B 7	2007-08	Schrauben	200
B 8	2007-05	Flansche	206
B 9	2007-11	Ausschnitte in Zylindern, Kegeln und Kugeln	214
B 10	2000-10	Dickwandige zylindrische Mäntel unter innerem Überdruck	229
B 13	2000-10	Einwandige Balgkompensatoren	231

AD 2000-Merkblatt	Ausgabe Datum	Bezeichnung	Seite
		Grundsätze	
G 1	2004-02	AD 2000-Regelwerk; Aufbau, Anwendung, Verfahrensrichtlinien	264
G 2	2007-08	Zusammenstellung aller im AD 2000-Regelwerk zitierten Normen	267
		Herstellung und Prüfung	
HP 0	2007-02	Allgemeine Grundsätze für Auslegung, Herstellung und damit verbundene Prüfungen	316
HP 1	2007-05	Auslegung und Gestaltung	340
HP 2/1	2007-02	Verfahrensprüfung für Fügeverfahren; Verfahrensprüfung von Schweißverbindungen	347
HP 3	2007-02	Schweißaufsicht, Schweißer	354
HP 4	2002-04	Prüfaufsicht und Prüfer für zerstörungsfreie Prüfungen	356
HP 5/1	2003-01	Herstellung und Prüfung der Verbindungen; Arbeitstechnische Grundsätze	358
HP 5/2	2007-02	Herstellung und Prüfung der Verbindungen; Arbeitsprüfung an Schweißnähten, Prüfung des Grundwerkstoffes nach Wärmebehandlung nach dem Schweißen	360
HP 5/3	2007-02	Herstellung und Prüfung der Verbindungen; Zerstörungsfreie Prüfung der Schweißverbindungen	366
HP 5/3 Anl. 1	2002-01	Zerstörungsfreie Prüfung der Schweißverbindungen; Verfahrenstechnische Mindestanforderungen für die zerstörungsfreien Prüfverfahren	380
HP 7/1	2000-10	Wärmebehandlung; Allgemeine Grundsätze	387
HP 7/2	2000-10	Wärmebehandlung; Ferritische Stähle	389
HP 7/3	2001-09	Wärmebehandlung; Austenitische Stähle	395
HP 7/4	2000-10	Wärmebehandlung; Aluminium und Aluminiumlegierungen	398
HP 8/1	2001-09	Prüfung von Pressteilen aus Stahl sowie Aluminium und Aluminiumlegierungen	400
HP 8/2	2000-10	Prüfung von Schüssen aus Stahl	410
HP 8/3	2007-05	Herstellung und Prüfung von Formstücken aus unlegierten und legierten Stählen	413
HP 30	2003-01	Durchführung von Druckprüfungen	417
HP 100 R	2007-11	Bauvorschriften; Rohrleitungen aus metallischen Werkstoffen	421
HP 110 R	2001-06	Bauvorschriften; Rohrleitungen aus textilglasverstärkten Duroplasten (GFK) mit und ohne Auskleidung	441
HP 120 R	2001-06	Bauvorschriften; Rohrleitungen aus thermoplastischen Kunststoffen	448
HP 511	2001-01	Entwurfsprüfung	455
HP 512	2003-01	Schlussprüfung und Druckprüfung	459

AD 2000-Merkblatt	Ausgabe Datum	Bezeichnung	Seite
HP 512 R	2003-01	Bauvorschriften; Entwurfsprüfung, Schlussprüfung und Druckprüfung von Rohrleitungen	464
		Besondere Druckbehälter	
HP 801 Nr. 4	2002-04	Besondere Druckbehälter; Druckbehälter mit Gaspolster in Druckflüssigkeitsanlagen	468
HP 801 Nr. 8	2002-04	–; Druckbehälter auf Montage- und Baustellen	469
HP 801 Nr. 10	2002-04	–; Druckspritzbehälter	470
HP 801 Nr. 11	2002-04	–; Offene dampfmantelbeheizte Kochgefäße für Konserven, Zucker- und Fleischwaren	471
HP 801 Nr. 13	2002-04	–; Lagerbehälter für Getränke	472
HP 801 Nr. 14	2004-02	–; Druckbehälter in Kälteanlagen und Wärmepumpenanlagen	473
HP 801 Nr. 15	2002-04	–; Druckbehälter, die Schwellbeanspruchungen ausgesetzt sind	476
HP 801 Nr. 18	2002-05	–; Druckbehälter für Feuerlöschgeräte und Löschmittelbehälter	478
HP 801 Nr. 19	2002-04	–; Druckbehälter mit Auskleidung oder Ausmauerung	480
HP 801 Nr. 23	2002-04	–; Fahrzeugbehälter für flüssige, körnige oder staubförmige Güter	482
HP 801 Nr. 25	2004-02	–; Flüssiggaslagerbehälteranlagen	484
HP 801 Nr. 26	2002-05	–; Druckbehälter für Gase oder Gasgemische mit Betriebstemperaturen unter $-10\,°C$	491
HP 801 Nr. 27	2002-05	–; Druckbehälter für Gase oder Gasgemische in flüssigem Zustand	493
HP 801 Nr. 29	2002-05	–; Rotierende dampfbeheizte Zylinder	495
HP 801 Nr. 30	2002-05	–; Steinhärtekessel	497
HP 801 Nr. 34	2002-05	–; Ammoniaklagerbehälteranlagen	502
HP 801 Nr. 37	2002-05	–; Wärmeübertragungsanlagen	507
HP 801 Nr. 38	2002-05	–; Versuchsautoklaven	509
HP 801 Nr. 39	2002-05	–; Druckbehälter von Isostatpressen	510
		Druckbehälter aus nichtmetallischen Werkstoffen	
N 1	2006-05	Druckbehälter aus textilglasverstärkten duroplastischen Kunststoffen (GFK)	511
N 2	2000-10	Druckbehälter aus Elektrographit und Hartbrandkohle	521
N 4	2003-07	Druckbehälter aus Glas	528
N 4 Anl. 1	2000-10	Beurteilung von Fehlern in Wandungen von Druckbehältern aus Glas	537
		Sonderfälle	
S 1	2005-02	Vereinfachte Berechnung auf Wechselbeanspruchung	539
S 2	2004-10	Berechnung auf Wechselbeanspruchung	572

AD 2000-Merkblatt	Ausgabe Datum	Bezeichnung	Seite
		Allgemeiner Standsicherheitsnachweis für Druckbehälter	
S 3/0	2007-11	Allgemeiner Standsicherheitsnachweis für Druckbehälter; Grundsätze	632
S 3/1	2001-09	–; Behälter auf Standzargen	640
S 3/2	2004-02	–; Nachweis für liegende Behälter auf Sätteln	647
S 3/3	2001-09	–; Behälter mit gewölbten Böden auf Füßen	660
S 3/4	2001-09	–; Behälter mit Tragpratzen	666
S 3/5	2003-01	–; Behälter mit Ringlagerung	678
S 3/6	2001-09	–; Behälter mit Stutzen unter Zusatzbelastung	687
S 3/7	2000-10	–; Berücksichtigung von Wärmespannungen bei Wärmeaustauschern mit festen Rohrplatten	691
S 4	2000-10	Bewertung von Spannungen bei rechnerischen und experimentellen Spannungsanalysen	693
S 6	2007-05	Zeitstandbeanspruchung für Stähle	701
		Metallische Werkstoffe	
W 0	2016 2006-07	Allgemeine Grundsätze für Werkstoffe	706
W 1	✓ 2006-07	Flacherzeugnisse aus unlegierten und legierten Stählen	709
W 2	2015 2006-07	Austenitische und austenitisch-ferritische Stähle	715
W 3/1	2015 2000-10	Gusseisenwerkstoffe; Gusseisen mit Lamellengraphit (Grauguss), unlegiert und niedriglegiert	731
W 3/2	2015 2000-10	Gusseisenwerkstoffe; Gusseisen mit Kugelgraphit, unlegiert und niedriglegiert	735
W 3/3	2013 2003-01	Gusseisenwerkstoffe; Austenitisches Gusseisen mit Lamellengraphit	739
W 4	2005-02	Rohre aus unlegierten und legierten Stählen	742
W 5	2009 2003-07	Stahlguss	754
W 6/1	2016 2003-01	Aluminium und Aluminiumlegierungen; Knetwerkstoffe	759
W 6/2	2009 2006-07	Kupfer- und Kupfer-Knetlegierungen	768
W 7	2005-02	Schrauben und Muttern aus ferritischen Stählen	788
W 8	2004-05	Plattierte Stähle	794
W 9	2004-02	Flansche aus Stahl	799
W 10	2007-11	Werkstoffe für tiefe Temperaturen; Eisenwerkstoffe	807
W 12	2003-07	Nahtlose Hohlkörper aus unlegierten und legierten Stählen für Druckbehältermäntel	815
W 13	2004-02	Schmiedestücke und gewalzte Teile aus unlegierten und legierten Stählen	824

AD 2000-Merkblatt	Ausgabe Datum	Bezeichnung	Seite
		Leitfäden	
Z 1	2004-02	Leitfaden zur Erfüllung der grundlegenden Sicherheitsanforderungen der Druckgeräte-Richtlinie bei Anwendung der AD 2000-Merkblätter für Druckbehälter, Rohrleitungen und Ausrüstungsteile	831
Z 2	2004-02	Leitfaden für die systematische Durchführung einer Gefahrenanalyse	839

ICS 23.020.30 Ausgabe Februar 1998

Richtlinie über Druckgeräte

**Richtlinie 97/23/EG
des Europäischen Parlaments und des Rates
vom 29. Mai 1997
zur Angleichung der Rechtsvorschriften
der Mitgliedstaaten über Druckgeräte**

(ABl. EG Nr. L 181 S. 1 vom 9. Juli 1997)

Inhalt

Richtlinie über Druckgeräte
Anhang I Grundlegende Sicherheitsanforderungen
Anhang II Konformitätsbewertungsdiagramme
Anhang III Konformitätsbewertungsverfahren
Anhang IV Mindestkriterien für die Bestimmung der benannten Stellen gemäß Artikel 12 und der anerkannten unabhängigen Prüfstellen gemäß Artikel 13
Anhang V Kriterien für die Zulassung von Betreiberprüfstellen gemäß Artikel 14
Anhang VI CE-Kennzeichnung
Anhang VII Konformitätserklärung

Richtlinie über Druckgeräte
Ausgabe Februar 1998

Richtlinie 97/23/EG des Europäischen Parlaments und des Rates vom 29. Mai 1997 zur Angleichung der Rechtsvorschriften der Mitgliedstaaten über Druckgeräte

(ABl. EG Nr. L 181 S. 1 vom 9. Juli 1997)

Das Europäische Parlament und der Rat der Europäischen Union –

gestützt auf den Vertrag zur Gründung der Europäischen Gemeinschaft, insbesondere auf Artikel 100a, auf Vorschlag der Kommission[1],

nach Stellungnahme des Wirtschafts- und Sozialausschusses[2],

gemäß dem Verfahren des Artikels 189b des Vertrags[3],

aufgrund des am 4. Februar 1997 vom Vermittlungsausschuß gebilligten gemeinsamen Entwurfs,

in Erwägung nachstehender Gründe:

(1) Der Binnenmarkt ist ein Raum ohne innere Grenzen, in dem der freie Waren-, Personen-, Dienstleistungs- und Kapitalverkehr gewährleistet ist.

(2) Die Rechts- und Verwaltungsvorschriften der Mitgliedstaaten bezüglich Sicherheit, Gesundheitsschutz und gegebenenfalls Schutz von Haustieren und Gütern, die für Druckgeräte gelten, die nicht unter die gemeinschaftlichen Rechtsvorschriften fallen, unterscheiden sich hinsichtlich Inhalt und Geltungsbereich. Die Zulassungs- und Prüfverfahren für diese Geräte unterscheiden sich von Mitgliedstaat zu Mitgliedstaat. Solche Unterschiede können Handelshemmnisse innerhalb der Gemeinschaft bewirken.

(3) Die Harmonisierung der nationalen Rechtsvorschriften stellt das einzige Mittel dar, diese Hemmnisse für den freien Handel zu beseitigen. Dies kann von den einzelnen Mitgliedstaaten nicht befriedigend gelöst werden. In dieser Richtlinie werden nur Anforderungen festgelegt, die für den freien Verkehr von Geräten, die in ihren Anwendungsbereich fallen, unerläßlich sind.

(4) Geräte, die einem Druck von höchstens 0,5 bar ausgesetzt sind, weisen kein bedeutendes Druckrisiko auf. Ihr freier Verkehr in der Gemeinschaft sollte daher nicht behindert werden. Folglich gilt diese Richtlinie für Geräte mit einem maximal zulässigen Druck (PS) von mehr als 0,5 bar.

---

[1] ABl. Nr. C 246 vom 9.9.1993, S. 1, und ABl. Nr. C 207 vom 27.7.1994, S. 5.
[2] ABl. Nr. C 52 vom 19.2.1994, S. 10.
[3] Stellungnahme des Europäischen Parlaments vom 19. April 1994 (ABl. Nr. C 128 vom 9.5.1994, S. 61). Gemeinsamer Standpunkt des Rates vom 29. März 1996 (ABl. Nr. C 147 vom 21.5.1996, S. 1) und Beschluß des Europäischen Parlaments vom 17. Juli 1996 (ABl. Nr. C 261 vom 9.9.1996, S. 68). Beschluß des Rates vom 17. April 1997.

(5) Diese Richtlinie gilt auch für Baugruppen, die aus mehreren Druckgeräten bestehen und eine zusammenhängende funktionelle Einheit bilden. Diese Baugruppen können von einfachen Baugruppen wie einem Schnellkochtopf bis zu komplexen Baugruppen wie einem Wasserrohrkessel reichen. Ist eine solche Baugruppe vom Hersteller dafür bestimmt, als Baugruppe – und nicht in Form der nicht zusammengebauten Bauteile – auf den Markt gebracht und in Betrieb genommen zu werden, muß sie dieser Richtlinie entsprechen. Diese Richtlinie gilt dagegen nicht für den Zusammenbau von Druckgeräten, der auf dem Gelände des Anwenders, beispielsweise in Industrieanlagen, unter seiner Verantwortung erfolgt.

(6) In dieser Richtlinie werden die einzelstaatlichen Bestimmungen im Hinblick auf druckbedingte Risiken harmonisiert. Andere Risiken, die mit diesen Geräten verbunden sein können, unterliegen daher gegebenenfalls anderen Richtlinien, in denen diese Risiken behandelt werden. Druckgeräte können jedoch in andere Erzeugnisse eingebaut sein, für die andere, auf Artikel 100a des Vertrags gestützte Richtlinien gelten. In den Bestimmungen einiger dieser Richtlinien wird auch das Druckrisiko behandelt. Es wird davon ausgegangen, daß diese Bestimmungen ausreichen, um druckbedingten Risiken, die von diesen Geräten ausgehen, angemessen vorzubeugen, sofern der Risikograd dieser Geräte gering bleibt. Folglich sind derartige Geräte aus dem Anwendungsbereich der vorliegenden Richtlinie auszuschließen.

(7) Die Transportrisiken und das Druckrisiko von Druckgeräten, die von internationalen Übereinkommen erfaßt werden, werden so bald wie möglich in künftigen Richtlinien der Gemeinschaft, die sich auf diese Übereinkommen stützen, oder in Ergänzungen bestehender Richtlinien behandelt. Diese Druckgeräte werden daher vom Anwendungsbereich dieser Richtlinie ausgenommen.

(8) Bestimmte Druckgeräte weisen kein bedeutendes Druckrisiko auf, obwohl sie einem maximal zulässigen Druck (PS) von mehr als 0,5 bar ausgesetzt sind. Der freie Verkehr solcher Geräte in der Gemeinschaft sollte daher nicht behindert werden, wenn sie in einem Mitgliedstaat rechtmäßig hergestellt oder in Verkehr gebracht wurden. Um den freien Verkehr dieser Geräte sicherzustellen, ist es nicht erforderlich, sie in den Anwendungsbereich dieser Richtlinie einzubeziehen. Diese Geräte wurden daher ausdrücklich aus dem Anwendungsbereich ausgeklammert.

(9) Andere Druckgeräte, die einem maximal zulässigen Druck von mehr als 0,5 bar ausgesetzt sind und ein relevantes Druckrisiko aufweisen, für die jedoch sowohl der freie Verkehr als auch ein angemessenes Sicherheitsniveau gewährleistet ist, sind vom Geltungsbereich der vorliegenden Richtlinie ausgeschlossen. Diese Ausschlüsse werden allerdings regelmäßig überprüft, um eine eventuelle Notwendigkeit eines Tätigwerdens auf Unionsebene zu ermitteln.

(10) Die Vorschriften zur Beseitigung technischer Handelshemmnisse müssen nach der neuen Konzeption verfaßt werden, die in der Entschließung des Rates vom 7. Mai 1985 über eine neue Konzeption auf dem Gebiet der technischen Harmonisierung und Normung[4] vorgesehen ist und eine Festlegung der grundlegenden Sicherheitsanforderungen und anderer gesellschaftlicher Anforderungen vorschreibt, ohne das in den Mitgliedstaaten bestehende gerechtfertigte Schutzniveau zurückzuschrauben. Die Entschließung sieht vor, daß eine sehr große Zahl von Produkten von einer einzigen Richtlinie erfaßt wird, um häufige Änderungen und eine Flut von Richtlinien zu vermeiden.

---

[4] ABl. Nr. C 136 vom 4.6.1985, S. 1.

(11) Die geltenden Gemeinschaftsrichtlinien zur Angleichung der Rechtsvorschriften der Mitgliedstaaten über Druckgeräte sind positive Schritte zur Beseitigung der Handelsschranken in diesem Bereich. Diese Richtlinien decken den Sektor nur zu einem geringen Teil ab. In der Richtlinie 87/404/EWG des Rates vom 5. Juni 1987 zur Angleichung der Rechtsvorschriften der Mitgliedstaaten für einfache Druckbehälter[5] wurde die neue Konzeption erstmals auf den Druckgerätesektor angewandt. Die vorliegende Richtlinie gilt nicht für den Regelungsbereich der Richtlinie 87/404/EWG. Die Anwendung der Richtlinie 87/404/EWG wird spätestens drei Jahre nach Inkrafttreten der vorliegenden Richtlinie auf die Notwendigkeit einer Integration in die vorliegende Richtlinie überprüft.

(12) Bei der Rahmenrichtlinie 76/767/EWG des Rates vom 27. Juli 1976 zur Angleichung der Rechtsvorschriften der Mitgliedstaaten über gemeinsame Vorschriften für Druckbehälter sowie über Verfahren zu deren Prüfung[6] handelt es sich um eine Richtlinie zur fakultativen Angleichung. Sie sieht für Druckgeräte ein Verfahren zur bilateralen Anerkennung von Prüfungen und Zulassungen vor, das sich als unzulänglich erwiesen hat und daher durch wirksame Gemeinschaftsmaßnahmen ersetzt werden muß.

(13) Der Anwendungsbereich dieser Richtlinie muß auf einer allgemeinen Bestimmung des Begriffs "Druckgeräte" beruhen, um die technische Entwicklung von Produkten zu ermöglichen.

(14) Die Erfüllung der grundlegenden Sicherheitsanforderungen ist für die Gewährleistung der Sicherheit von Druckgeräten wesentlich. Diese Anforderungen sind in allgemeine und spezifische Anforderungen unterteilt, denen ein Druckgerät genügen muß. Insbesondere mit Hilfe der spezifischen Anforderungen sollen besondere Druckgerätearten berücksichtigt werden. Bestimmte Arten von Druckgeräten der Kategorien III und IV müssen einer Abnahme unterzogen werden, die eine Schlußprüfung und Druckprüfungen umfaßt.

(15) Für die Mitgliedstaaten sollte die Möglichkeit bestehen zuzulassen, daß bei Handelsmessen den Bestimmungen dieser Richtlinie noch nicht entsprechende Druckgeräte ausgestellt werden. Bei Vorführungen sind in Anwendung der allgemeinen Sicherheitsvorschriften des jeweiligen Mitgliedstaats die geeigneten Sicherheitsmaßnahmen zu treffen, um den Schutz von Personen zu gewährleisten.

(16) Damit der Nachweis für die Erfüllung der grundlegenden Anforderungen leichter erbracht werden kann, sind auf europäischer Ebene harmonisierte Normen, insbesondere im Hinblick auf Auslegung, Fertigung und Prüfung von Druckgeräten, hilfreich, bei deren Einhaltung davon ausgegangen werden kann, daß ein Produkt die grundlegenden Anforderungen erfüllt. Die harmonisierten europäischen Normen werden von privaten Organisationen ausgearbeitet und müssen fakultativ bleiben. Hierzu wurden das Europäische Komitee für Normung (CEN) und das Europäische Komitee für elektrotechnische Normung (CENELEC) als die Gremien benannt, die gemäß den am 13. November 1984 unterzeichneten allgemeinen Leitlinien für die Zusammenarbeit zwischen der Kommission und diesen beiden Organisationen für die Festlegung harmonisierter Normen zuständig sind.

---

[5] ABl. Nr. L 220 vom 8.8.1987, S. 48. Richtlinie zuletzt geändert durch die Richtlinie 93/68/EWG (ABl. Nr. L 220 vom 30.8.1993, S. 1).
[6] ABl. Nr. L 262 vom 27.9.1976, S. 153. Richtlinie zuletzt geändert durch die Beitrittsakte von 1994.

(17) Im Sinne dieser Richtlinie ist eine harmonisierte Norm eine technische Spezifikation (europäische Norm oder Harmonisierungsdokument), die von einer dieser Organisationen oder beiden im Auftrag der Kommission gemäß der Richtlinie 83/189/EWG des Rates vom 28. März 1983 über ein Informationsverfahren auf dem Gebiet der Normen und technischen Vorschriften[7] und gemäß den vorstehend genannten allgemeinen Leitlinien festgelegt wird. In bezug auf Normungsfragen ist es zweckmäßig, daß die Kommission von dem durch die Richtlinie 83/189/EWG eingesetzten Ausschuß unterstützt wird. Der Ausschuß läßt sich, wenn erforderlich, durch technische Sachverständige beraten.

(18) Bei der Herstellung von Druckgeräten müssen Werkstoffe verwendet werden, die als sicher gelten. Bestehen hierfür keine harmonisierten Normen, so ist es zweckmäßig, die Merkmale von Werkstoffen festzulegen, die für eine wiederholte Verwendung bestimmt sind. Dies erfolgt in Form europäischer Werkstoffzulassungen, die von einer der speziell hierfür benannten Stellen erteilt werden. Bei Werkstoffen, die einer solchen Zulassung entsprechen, ist davon auszugehen, daß sie die grundlegenden Anforderungen dieser Richtlinie erfüllen.

(19) Angesichts der Art der Risiken, die bei der Benutzung von Druckgeräten auftreten, müssen Verfahren für die Bewertung der Übereinstimmung mit den grundlegenden Anforderungen der Richtlinien festgelegt werden. Diese Verfahren sind unter Berücksichtigung des Druckgeräten innewohnenden Gefahrenpotentials auszuarbeiten. Für jede Druckgerätekategorie muß ein angemessenes Verfahren bereitstehen bzw. muß zwischen gleichermaßen strengen Verfahren gewählt werden können. Die festgelegten Verfahren entsprechen dem Beschluß 93/465/EWG des Rates vom 22. Juli 1993 über die in den technischen Harmonisierungsrichtlinien zu verwendenden Module für die verschiedenen Phasen der Konformitätsbewertungsverfahren und die Regeln für die Anbringung und Verwendung der CE-Konformitätskennzeichnung[8]. Die einzelnen Ergänzungen zu diesen Verfahren sind durch die Art der für Druckgeräte erforderlichen Prüfungen gerechtfertigt.

(20) Es sollte den Mitgliedstaaten erlaubt sein, Betreiberprüfstellen für die Durchführung bestimmter Aufgaben der Konformitätsbewertung im Rahmen dieser Richtlinie zuzulassen. Hierfür sind in der Richtlinie die Bedingungen für die Zulassung von Betreiberprüfstellen durch die Mitgliedstaaten festgelegt.

(21) Nach Maßgabe dieser Richtlinie können bestimmte Konformitätsbewertungsverfahren verlangen, daß jedes einzelne Druckgerät durch eine benannte Stelle oder eine Betreiberprüfstelle als Teil der Abnahme des Druckgeräts zu prüfen ist. In anderen Fällen sollte vorgeschrieben werden, daß die Abnahme von einer benannten Stelle durch unangemeldete Besuche überwacht werden kann.

(22) Für die Druckgeräte ist in der Regel eine CE-Kennzeichnung vorzusehen, die entweder der Hersteller oder sein in der Gemeinschaft ansässiger Bevollmächtigter vornimmt. Die CE-Kennzeichnung besagt, daß das Druckgerät den Bestimmungen dieser Richtlinie und anderer einschlägiger Gemeinschaftsrichtlinien, in denen eine CE-Kennzeichnung vorgesehen ist, entspricht. Bei Druckgeräten, bei denen im Sinne dieser Richtlinie nur geringe Druckrisiken bestehen und für die Zulassungsverfahren nicht gerechtfertigt sind, wird keine CE-Kennzeichnung vorgenommen.

---

[7] ABl. Nr. L 109 vom 26.4.1983, S. 8. Richtlinie zuletzt geändert durch die Beitrittsakte von 1994.
[8] ABl. Nr. L 220 vom 30.8.1993, S. 23.

(23) Die Mitgliedstaaten sollten gemäß Artikel 100a des Vertrags vorläufige Maßnahmen treffen können, um das Inverkehrbringen, die Inbetriebnahme und die Benutzung von Druckgeräten zu beschränken oder zu verbieten, wenn von diesen in besonderer Weise Personen und gegebenenfalls Haustiere oder Güter gefährdet werden, sofern diese Maßnahmen einem gemeinschaftlichen Kontrollverfahren unterzogen werden.

(24) Die Adressaten von Entscheidungen, die im Rahmen dieser Richtlinie ergehen, müssen über die Gründe für diese Entscheidungen und die Möglichkeiten zur Einlegung von Rechtsbehelfen informiert werden.

(25) Es ist eine Übergangsbestimmung für das Inverkehrbringen und die Inbetriebnahme von Druckgeräten vorzusehen, die in Übereinstimmung mit den zum Zeitpunkt des Beginns der Anwendung dieser Richtlinie geltenden nationalen Vorschriften hergestellt wurden.

(26) Die in den Anhängen festgelegten Anforderungen sollten so deutlich wie möglich formuliert sein, damit alle Benutzer, einschließlich der kleinen und mittleren Unternehmen, sie leicht erfüllen können.

(27) Zwischen dem Europäischen Parlament, dem Rat und der Kommission wurde am 20. Dezember 1994 ein "Modus vivendi" betreffend die Maßnahmen zur Durchführung der nach dem Verfahren des Artikels 189b EG-Vertrag erlassenen Rechtsakte[9] vereinbart –

HABEN FOLGENDE RICHTLINIE ERLASSEN:

Artikel 1
Geltungsbereich und Begriffsbestimmungen

(1) Diese Richtlinie gilt für die Auslegung, Fertigung und Konformitätsbewertung von Druckgeräten und Baugruppen mit einem maximal zulässigen Druck (PS) von über 0,5 bar.

(2) Im Sinne dieser Richtlinie bezeichnet der Ausdruck

2.1 "Druckgeräte" Behälter, Rohrleitungen, Ausrüstungsteile mit Sicherheitsfunktion und druckhaltende Ausrüstungsteile.

Druckgeräte umfassen auch alle gegebenenfalls an drucktragenden Teilen angebrachten Elemente, wie z.B. Flansche, Stutzen, Kupplungen, Trageelemente, Hebeösen usw.;

2.1.1 "Behälter" ein geschlossenes Bauteil, das zur Aufnahme von unter Druck stehenden Fluiden ausgelegt und gebaut ist, einschließlich der direkt angebrachten Teile bis hin zur Vorrichtung für den Anschluß an andere Geräte. Ein Behälter kann mehrere Druckräume aufweisen;

2.1.2 "Rohrleitungen" zur Durchleitung von Fluiden bestimmte Leitungsbauteile, die für den Einbau in ein Drucksystem miteinander verbunden sind. Zu Rohrleitungen zählen insbesondere Rohre oder Rohrsysteme, Rohrformteile, Ausrüstungsteile, Ausdehnungsstücke, Schlauchleitungen oder gegebenenfalls andere druckhaltende Teile. Wärmetauscher aus Rohren zum Kühlen oder Erhitzen von Luft sind Rohrleitungen gleichgestellt;

---

[9] ABl. Nr. C 102 vom 4.4.1996, S. 1.

2.1.3 "Ausrüstungsteile mit Sicherheitsfunktion" Einrichtungen, die zum Schutz des Druckgeräts bei einem Überschreiten der zulässigen Grenzen bestimmt sind. Diese Einrichtungen umfassen

- Einrichtungen zur unmittelbaren Druckbegrenzung wie Sicherheitsventile, Berstscheibenabsicherungen, Knickstäbe, gesteuerte Sicherheitseinrichtungen (CSPRS) und
- Begrenzungseinrichtungen, die entweder Korrekturvorrichtungen auslösen oder ein Abschalten oder Abschalten und Sperren bewirken wie Druck-, Temperatur- oder Fluidniveauschalter sowie maß- und regeltechnische Schutzeinrichtungen (SRMCR);

2.1.4 "druckhaltende Ausrüstungsteile" Einrichtungen mit einer Betriebsfunktion, die ein druckbeaufschlagtes Gehäuse aufweisen;

2.1.5 "Baugruppen" mehrere Druckgeräte, die von einem Hersteller zu einer zusammenhängenden funktionalen Einheit verbunden werden;

2.2 "Druck" den auf den Atmosphärendruck bezogenen Druck, d.h. einen Überdruck; demnach wird ein Druck im Vakuumbereich durch einen Negativwert ausgedrückt;

2.3 "maximal zulässiger Druck (PS)" den vom Hersteller angegebenen höchsten Druck, für den das Druckgerät ausgelegt ist.

Er wird für eine vom Hersteller vorgegebene Stelle festgelegt. Hierbei handelt es sich um die Anschlußstelle der Ausrüstungsteile mit Sicherheitsfunktion oder um den höchsten Punkt des Druckgeräts oder, falls nicht geeignet, um eine andere angegebene Stelle;

2.4 "zulässige minimale/maximale Temperatur (TS)" die vom Hersteller angegebene minimale/maximale Temperatur, für die das Gerät ausgelegt ist;

2.5 "Volumen (V)" das innere Volumen eines Druckraums einschließlich des Volumens von den Stutzen bis zur ersten Verbindung, aber abzüglich des Volumens festeingebauter innenliegender Teile;

2.6 "Nennweite (DN)" eine numerische Größenbezeichnung, welche für alle Bauteile eines Rohrsystems benutzt wird, für die nicht der Außendurchmesser oder die Gewindegröße angegeben werden. Es handelt sich um eine gerundete Zahl, die als Nenngröße dient und nur näherungsweise mit den Fertigungsmaßen in Beziehung steht. Die Nennweite wird durch DN, gefolgt von einer Zahl, ausgedrückt;

2.7 "Fluide" Gase, Flüssigkeiten und Dämpfe als reine Phase sowie deren Gemische. Fluide können eine Suspension von Feststoffen enthalten;

2.8 "dauerhafte Verbindungen" Verbindungen, die nur durch zerstörende Verfahren getrennt werden können;

2.9 "europäische Werkstoffzulassung" ein technisches Dokument, in dem die Merkmale von Werkstoffen festgelegt sind, die für eine wiederholte Verwendung zur Herstellung von Druckgeräten bestimmt sind und nicht in einer harmonisierten Norm geregelt werden.

(3) Nicht in den Anwendungsbereich dieser Richtlinie fallen

3.1 Fernleitungen aus einem Rohr oder einem Rohrsystem für die Durchleitung von Fluiden oder Stoffen zu oder von einer (Offshore- oder Onshore-)Anlage ab einschließlich der letzten Absperrvorrichtung im Bereich der Anlage, einschließlich aller Nebenausrüstungen, die speziell für diese Leitungen ausgelegt sind. Dieser Ausschluß erstreckt sich nicht auf Standarddruckgeräte, wie z.B. Druckgeräte, die sich in Druckregelstationen und in Kompressorstationen finden können;

3.2 Netze für die Versorgung, die Verteilung und den Abfluß von Wasser und ihre Geräte sowie Triebwasserwege in Wasserkraftanlagen wie Druckrohre, -stollen und -schächte sowie die betreffenden Ausrüstungsteile;

3.3 Geräte gemäß der Richtlinie 87/404/EWG über einfache Druckbehälter;

3.4 Geräte gemäß der Richtlinie 75/324/EWG des Rates vom 20. Mai 1975 zur Angleichung der Rechtsvorschriften der Mitgliedstaaten über Aerosolpackungen[10];

3.5 Geräte, die zum Betrieb von Fahrzeugen vorgesehen sind, welche durch die folgenden Richtlinien und ihre Anhänge definiert sind:

– Richtlinie 70/156/EWG des Rates vom 6. Februar 1970 zur Angleichung der Rechtsvorschriften der Mitgliedstaaten über die Betriebserlaubnis für Kraftfahrzeuge und Kraftfahrzeuganhänger[11];

– Richtlinie 74/150/EWG des Rates vom 4. März 1974 zur Angleichung der Rechtsvorschriften der Mitgliedstaaten über die Betriebserlaubnis für land- oder forstwirtschaftliche Zugmaschinen auf Rädern[12];

– Richtlinie 92/61/EWG des Rates vom 30. Juni 1992 über die Betriebserlaubnis für zweirädrige oder dreirädrige Kraftfahrzeuge[13];

3.6 Geräte, die nach Artikel 9 dieser Richtlinie höchstens unter die Kategorie I fallen würden und die von einer der folgenden Richtlinien erfaßt werden:

– Richtlinie 89/392/EWG des Rates vom 14. Juni 1989 zur Angleichung der Rechtsvorschriften der Mitgliedstaaten über Maschinen[14];

– Richtlinie 95/16/EG des Europäischen Parlaments und des Rates vom 29. Juni 1995 zur Angleichung der Rechtsvorschriften der Mitgliedstaaten über Aufzüge[15];

– Richtlinie 73/23/EWG des Rates vom 19. Februar 1973 zur Angleichung der Rechtsvorschriften der Mitgliedstaaten betreffend elektrische Betriebsmittel zur Verwendung innerhalb bestimmter Spannungsgrenzen[16];

---

[10] ABl. Nr. L 147 vom 9.6.1975, S. 40. Richtlinie zuletzt geändert durch die Richtlinie 94/1/EG der Kommission (ABl. Nr. L 23 vom 28.1.1994, S. 28).
[11] ABl. Nr. L 42 vom 23.2.1970, S. 1. Richtlinie zuletzt geändert durch die Richtlinie 95/54/EG der Kommission (ABl. Nr. L 266 vom 8.11.1995, S. 1).
[12] ABl. Nr. L 84 vom 28.3.1974, S. 10. Richtlinie zuletzt geändert durch die Beitrittsakte von 1994.
[13] ABl. Nr. L 225 vom 10.8.1992, S. 72. Richtlinie zuletzt geändert durch die Beitrittsakte von 1994.
[14] ABl. Nr. L 183 vom 29.6.1989, S. 9. Richtlinie zuletzt geändert durch die Beitrittsakte von 1994.
[15] ABl. Nr. L 213 vom 7.9.1995, S. 1.
[16] ABl. Nr. L 77 vom 26.3.1973 S. 29. Richtlinie zuletzt geändert durch die Richtlinie 93/68/EWG (ABl. Nr. L 220 vom 30.8.1993, S. 1).

- Richtlinie 93/42/EWG des Rates vom 14. Juni 1993 über Medizinprodukte[17];
- Richtlinie 94/396/EWG des Rates vom 29. Juni 1990 zur Angleichung der Rechtsvorschriften der Mitgliedstaaten für Gasverbrauchseinrichtungen[18];
- Richtlinie 94/9/EG des Europäischen Parlaments und des Rates vom 23. März 1994 zur Angleichung der Rechtsvorschriften der Mitgliedstaaten für Geräte und Schutzsysteme zur bestimmungsgemäßen Verwendung in explosionsgefährdeten Bereichen[19];

3.7 Geräte gemäß Artikel 223 Absatz 1 Buchstabe b) des Vertrags;

3.8 Geräte, die speziell zur Verwendung in kerntechnischen Anlagen entwickelt wurden und deren Ausfall zu einer Freisetzung von Radioaktivität führen kann;

3.9 Bohrlochkontrollgeräte, die für die industrielle Exploration und Gewinnung von Erdöl, Erdgas oder Erdwärme sowie für Untertagespeicher verwendet werden und dazu bestimmt sind, den Bohrlochdruck zu halten und/oder zu regeln. Hierzu zählen der Bohrlochkopf (Eruptionskreuz), die Blowout-Preventer (BOP), die Leitungen und Verteilersysteme sowie die jeweils davor befindlichen Geräte;

3.10 Geräte mit Gehäusen und Teilen von Maschinen, bei denen die Abmessungen, die Wahl der Werkstoffe und die Bauvorschriften in erster Linie auf Anforderungen an ausreichende Festigkeit, Formsteifigkeit und Stabilität gegenüber statischen und dynamischen Betriebsbeanspruchungen oder auf anderen funktionsbezogenen Kriterien beruhen und bei denen der Druck keinen wesentlichen Faktor für die Konstruktion darstellt. Zu diesen Geräten können zählen:
- Motoren einschließlich Turbinen und Motoren mit innerer Verbrennung;
- Dampfmaschinen, Gas- oder Dampfturbinen, Turbogeneratoren, Verdichter, Pumpen und Stelleinrichtungen;

3.11 Hochöfen mit Ofenkühlung, Rekuperativ-Winderhitzern, Staubabscheidern und Gichtgasreinigungsanlagen, Direktreduktionsschachtöfen mit Ofenkühlung, Gasumsetzern und Pfannen zum Schmelzen, Umschmelzen, Entgasen und Vergießen von Stahl und Nichteisenmetallen;

3.12 Gehäuse für elektrische Hochspannungsbetriebsmittel wie Schaltgeräte, Steuer- und Regelgeräte, Transformatoren und umlaufende Maschinen;

3.13 unter Druck stehende Gehäuse für die Ummantelung von Komponenten von Übertragungssystemen wie z.B. Elektro- und Telefonkabel;

3.14 Schiffe, Raketen, Luftfahrzeuge oder bewegliche Offshore-Anlagen sowie Geräte, die speziell für den Einbau in diese oder zu deren Antrieb bestimmt sind;

3.15 Druckgeräte, die aus einer flexiblen Umhüllung bestehen, z.B. Luftreifen, Luftkissen, Spielbälle, aufblasbare Boote und andere ähnliche Druckgeräte;

3.16 Auspuff- und Ansaugschalldämpfer;

3.17 Flaschen und Dosen für kohlensäurehaltige Getränke, die für den Endverbrauch bestimmt sind;

---

[17] ABl. Nr. L 169 vom 12.7.1993, S. 1.
[18] ABl. Nr. L 196 vom 26.7.1990, S. 15. Richtlinie zuletzt geändert durch die Richtlinie 93/68/EWG (ABl. Nr. L 220 vom 30.8.1993, S. 1).
[19] ABl. Nr. L 100 vom 19.4.1994, S. 1.

3.18 Behälter für den Transport und den Vertrieb von Getränken mit einem Produkt PS · V von bis zu 500 bar · Liter und einem maximal zulässigen Druck von bis zu 7 bar;

3.19 von den ADR-[20], RID-[21], IMDG-[22] und ICAO[23]-Übereinkünften erfaßte Geräte;

3.20 Heizkörper und Rohrleitungen in Warmwasserheizsystemen;

3.21 Behälter für Flüssigkeiten mit einem Gasdruck über der Flüssigkeit von höchstens 0,5 bar.

Artikel 2
Marktüberwachung

(1) Die Mitgliedstaaten treffen die erforderlichen Maßnahmen, damit Druckgeräte und Baugruppen im Sinne des Artikels 1 nur dann in Verkehr gebracht und in Betrieb genommen werden dürfen, wenn sie die Sicherheit und die Gesundheit von Personen und gegebenenfalls von Haustieren oder Gütern bei angemessener Installierung und Wartung und bei bestimmungsgemäßer Verwendung nicht gefährden.

(2) Diese Richtlinie berührt nicht die Befugnis der Mitgliedstaaten, unter Einhaltung der Vertragsbestimmungen Anforderungen festzulegen, die sie zum Schutz von Personen und insbesondere der Arbeitnehmer bei der Verwendung der betreffenden Druckgeräte oder Baugruppen für erforderlich halten, sofern dies keine Änderungen dieser Geräte oder Baugruppen in bezug auf die Bestimmungen dieser Richtlinie zur Folge hat.

(3) Die Mitgliedstaaten lassen es zu, daß insbesondere bei Messen, Ausstellungen und Vorführungen den Bestimmungen dieser Richtlinie nicht entsprechende Druckgeräte oder Baugruppen im Sinne des Artikels 1 ausgestellt werden, sofern ein sichtbares Schild deutlich darauf hinweist, daß sie nicht den Anforderungen entsprechen und erst erworben werden können, wenn der Hersteller oder sein in der Gemeinschaft niedergelassener Bevollmächtigter die Übereinstimmung hergestellt hat. Bei Vorführungen sind im Einklang mit allen von der zuständigen Behörde des jeweiligen Mitgliedstaates festgelegten Anforderungen die geeigneten Sicherheitsmaßnahmen zu treffen, um den Schutz von Personen zu gewährleisten.

Artikel 3
Technische Anforderungen

(1) Die unter den Nummern 1.1, 1.2, 1.3 und 1.4 angeführten Druckgeräte müssen die in Anhang I genannten grundlegenden Anforderungen erfüllen.

1.1 Behälter, mit Ausnahme der unter Nummer 1.2 genannten Behälter, für

a) Gase, verflüssigte Gase, unter Druck gelöste Gase, Dämpfe und diejenigen Flüssigkeiten, deren Dampfdruck bei der zulässigen maximalen Temperatur um mehr als 0,5 bar über dem normalen Atmosphärendruck (1013 mbar) liegt, innerhalb nachstehender Grenzwerte:

---

[20] ADR = Europäisches Übereinkommen über die internationale Beförderung gefährlicher Güter auf der Straße.
[21] RID = Regelung für die internationale Beförderung gefährlicher Güter mit der Eisenbahn.
[22] IMDG - Code für die Beförderung gefährlicher Güter mit Seeschiffen.
[23] ICAO - Internationale Zivilluftfahrt-Organisation.

- bei Fluiden der Gruppe 1, wenn das Volumen größer als 1 Liter und das Produkt aus PS · V größer als 25 bar · Liter ist oder wenn der Druck PS größer als 200 bar ist (Anhang II, Diagramm 1);
- bei Fluiden der Gruppe 2, wenn das Volumen größer als 1 Liter und das Produkt PS · V größer als 50 bar · Liter ist oder wenn der Druck PS größer als 1000 bar ist, sowie alle tragbaren Feuerlöscher und die Flaschen für Atemschutzgeräte (Anhang II, Diagramm 2);

b) Flüssigkeiten, deren Dampfdruck bei der zulässigen maximalen Temperatur um höchstens 0,5 bar über dem normalen Atmosphärendruck (1013 mbar) liegt, innerhalb nachstehender Grenzwerte:
- bei Fluiden der Gruppe 1, wenn das Volumen größer als 1 Liter und das Produkt PS · V größer als 200 bar · Liter ist oder wenn der Druck PS größer als 500 bar ist (Anhang II, Diagramm 3);
- bei Fluiden der Gruppe 2, wenn der Druck PS größer als 10 bar und das Produkt PS · V größer als 10000 bar · Liter ist oder wenn der Druck PS größer als 1000 bar ist (Anhang II, Diagramm 4);

1.2 befeuerte oder anderweitig beheizte überhitzungsgefährdete Druckgeräte zur Erzeugung von Dampf oder Heißwasser mit einer Temperatur von mehr als 110 °C und einem Volumen von mehr als 2 Liter sowie alle Schnellkochtöpfe (Anhang II, Diagramm 5);

1.3 Rohrleitungen für

a) Gase, verflüssigte Gase, unter Druck gelöste Gase, Dämpfe und diejenigen Flüssigkeiten, deren Dampfdruck bei der zulässigen maximalen Temperatur um mehr als 0,5 bar über dem normalen Atmosphärendruck (1013 mbar) liegt, innerhalb nachstehender Grenzwerte:
- bei Fluiden der Gruppe 1, wenn deren DN größer als 25 ist (Anhang II, Diagramm 6);
- bei Fluiden der Gruppe 2, wenn deren DN größer als 32 und das Produkt PS · DN größer als 1000 bar ist (Anhang II, Diagramm 7);

b) Flüssigkeiten, deren Dampfdruck bei der zulässigen maximalen Temperatur um höchstens 0,5 bar über dem normalen Atmosphärendruck (1013 mbar) liegt, innerhalb nachstehender Grenzwerte:
- bei Fluiden der Gruppe 1, wenn deren DN größer als 25 und das Produkt PS · DN größer als 2000 bar ist (Anhang II, Diagramm 8);
- bei Fluiden der Gruppe 2, wenn der Druck PS größer als 10 bar und DN größer als 200 und das Produkt PS · DN größer als 5000 bar ist (Anhang II, Diagramm 9);

1.4 Ausrüstungsteile mit Sicherheitsfunktion und druckhaltende Ausrüstungsteile, die für Druckgeräte im Sinne der Nummern 1.1, 1.2 und 1.3 bestimmt sind, auch wenn diese Geräte Bestandteil einer Baugruppe sind.

(2) Baugruppen im Sinne des Artikels 1 Nummer 2.1.5, die mindestens ein Druckgerät im Sinne des Absatzes 1 des vorliegenden Artikels enthalten und die unter den Nummern 2.1, 2.2 und 2.3 dieses Artikels angeführt sind, müssen die in Anhang I genannten grundlegenden Anforderungen erfüllen:

2.1 Baugruppen für die Erzeugung von Dampf oder Heißwasser mit einer Temperatur von über 110 °C, die mindestens ein befeuertes oder anderweitig beheiztes überhitzungsgefährdetes Druckgerät aufweisen;

2.2 von Nummer 2.1 nicht erfaßte Baugruppen, wenn sie vom Hersteller dafür bestimmt sind, als Baugruppen in Verkehr gebracht und in Betrieb genommen zu werden;

2.3 in Abweichung vom Eingangssatz dieses Absatzes müssen Baugruppen für die Erzeugung von Warmwasser mit einer Temperatur von nicht höher als 110 °C, die von Hand mit festen Brennstoffen beschickt werden und deren PS · V größer als 50 bar · Liter ist, die grundlegenden Anforderungen der Abschnitte 2.10, 2.11, 3.4, 5 Buchstabe a) und 5 Buchstabe d) des Anhangs I erfüllen.

(3) Druckgeräte und/oder Baugruppen, die höchstens die Grenzwerte nach den Nummern 1.1 bis 1.3 sowie Absatz 2 erreichen, müssen in Übereinstimmung mit der in einem Mitgliedstaat geltenden guten Ingenieurpraxis ausgelegt und hergestellt werden, damit gewährleistet ist, daß sie sicher verwendet werden können. Den Druckgeräten und/oder Baugruppen sind ausreichende Benutzungsanweisungen beizufügen, und sie müssen eine Kennzeichnung tragen, anhand derer der Hersteller oder sein in der Gemeinschaft ansässiger Bevollmächtigter ermittelt werden kann. Diese Druckgeräte und/oder Baugruppen dürfen nicht die in Artikel 15 genannte CE-Kennzeichnung tragen.

Artikel 4
Freier Warenverkehr

(1) 1.1 Die Mitgliedstaaten dürfen das Inverkehrbringen und die Inbetriebnahme von Druckgeräten oder Baugruppen im Sinne des Artikels 1 unter den vom Hersteller festgelegten Bedingungen nicht wegen druckbedingter Risiken verbieten, beschränken oder behindern, wenn diese den Anforderungen dieser Richtlinie entsprechen und mit der CE-Kennzeichnung versehen sind und somit ersichtlich ist, daß sie einer Konformitätsbewertung nach Artikel 10 unterzogen wurden.

1.2 Die Mitgliedstaaten dürfen das Inverkehrbringen und die Inbetriebnahme von Druckgeräten und Baugruppen, die den Bestimmungen des Artikels 3 Absatz 3 entsprechen, nicht wegen druckbedingter Risiken verbieten, beschränken oder behindern.

(2) Die Mitgliedstaaten können, sofern dies für eine ordnungsgemäße und sichere Verwendung der Druckgeräte und Baugruppen erforderlich ist, verlangen, daß die in Anhang I Abschnitte 3.3 und 3.4 genannten Angaben in der/den Amtssprache(n) der Gemeinschaft vorliegen, die der Mitgliedstaat, in dem die Druckgeräte und Baugruppen an den Endbenutzer übergehen, in Übereinstimmung mit dem Vertrag festlegen kann.

Artikel 5
Konformitätsvermutung

(1) Die Mitgliedstaaten gehen davon aus, daß Druckgeräte und Baugruppen, die mit der CE-Kennzeichnung gemäß Artikel 15 und der Konformitätserklärung gemäß Anhang VII versehen sind, sämtliche Bestimmungen dieser Richtlinie erfüllen, einschließlich der in Artikel 10 vorgesehenen Konformitätsbewertung.

(2) Stimmen die Druckgeräte und Baugruppen mit den nationalen Normen zur Umsetzung der harmonisierten Normen, deren Fundstellen im *Amtsblatt der Europäischen Gemeinschaften* veröffentlicht wurden, überein, so wird davon ausgegangen, daß die grundlegenden Anforderungen nach Artikel 3 erfüllt sind. Die Mitgliedstaaten veröffentlichen die Fundstellen der obengenannten nationalen Normen.

(3) Die Mitgliedstaaten tragen dafür Sorge, daß geeignete Maßnahmen getroffen werden, damit die Sozialpartner auf innerstaatlicher Ebene Einfluß auf die Ausarbeitung und die Überwachung der harmonisierten Normen nehmen können.

Artikel 6
Ausschuß für Normen und technische Vorschriften

Ist ein Mitgliedstaat oder die Kommission der Auffassung, daß die in Artikel 5 Absatz 2 genannten Normen den grundlegenden Anforderungen nach Artikel 3 nicht vollständig entsprechen, so befaßt der betreffende Mitgliedstaat oder die Kommission den mit Artikel 5 der Richtlinie 83/189/EWG eingesetzten Ständigen Ausschuß unter Darlegung der Gründe. Der Ausschuß nimmt umgehend Stellung.

Unter Berücksichtigung der Stellungnahme des Ausschusses teilt die Kommission den Mitgliedstaaten mit, ob die betreffenden Normen aus den Veröffentlichungen gemäß Artikel 5 Absatz 2 zu streichen sind.

Artikel 7
Ausschuß "Druckgeräte"

(1) Die Kommission kann alle zur Umsetzung der nachstehenden Bestimmungen erforderlichen Maßnahmen ergreifen.

Ist ein Mitgliedstaat der Auffassung, daß aus sehr schwerwiegenden sicherheitsrelevanten Erwägungen

- ein Druckgerät oder eine Baureihe von Druckgeräten, das bzw. die unter Artikel 3 Absatz 3 fällt, den Bestimmungen des Artikels 3 Absatz 1 genügen muß, oder
- eine Baugruppe oder eine Baureihe von Baugruppen, das bzw. die unter Artikel 3 Absatz 3 fällt, den Bestimmungen des Artikels 3 Absatz 2 genügen muß, oder
- ein Druckgerät oder eine Baureihe von Druckgeräten abweichend von den Bestimmungen des Anhangs II in eine andere Kategorie einzustufen ist,

so legt er der Kommission einen entsprechenden ausreichend begründeten Antrag vor und fordert diese auf, die erforderlichen Maßnahmen zu treffen. Diese Maßnahmen werden nach dem Verfahren des Absatzes 3 erlassen.

(2) Die Kommission wird von einem Ständigen Ausschuß (nachstehend "Ausschuß" genannt) unterstützt, der sich aus Vertretern der Mitgliedstaaten zusammensetzt und in dem ein Vertreter der Kommission den Vorsitz führt.

Der Ausschuß gibt sich eine Geschäftsordnung.

(3) Der Vertreter der Kommission unterbreitet dem Ausschuß einen Entwurf der in Anwendung von Absatz 1 zu treffenden Maßnahmen. Der Ausschuß gibt – gegebenenfalls aufgrund einer Abstimmung – seine Stellungnahme zu diesem Entwurf innerhalb einer Frist ab, die der Vorsitzende unter Berücksichtigung der Dringlichkeit der betreffenden Frage festsetzen kann.

Die Stellungnahme wird in das Protokoll aufgenommen; darüber hinaus hat jeder Mitgliedstaat das Recht zu verlangen, daß sein Standpunkt im Protokoll festgehalten wird.

Die Kommission berücksichtigt soweit wie möglich die Stellungnahme des Ausschusses. Sie unterrichtet den Ausschuß darüber, inwieweit sie seine Stellungnahme berücksichtigt hat.

(4) Der Ausschuß kann ferner alle Fragen im Zusammenhang mit der Durchführung und der praktischen Anwendung dieser Richtlinie prüfen, die sein Vorsitzender von sich aus oder auf Antrag eines Mitgliedstaats zur Sprache bringt.

Artikel 8
Schutzklausel

(1) Stellt ein Mitgliedstaat fest, daß Druckgeräte oder Baugruppen im Sinne des Artikels 1, die mit der CE-Kennzeichnung versehen sind und die bestimmungsgemäß verwendet werden, die Sicherheit von Personen und gegebenenfalls von Haustieren oder Gütern zu gefährden drohen, so trifft er alle zweckdienlichen Maßnahmen, um diese Geräte aus dem Verkehr zu ziehen, das Inverkehrbringen oder die Inbetriebnahme zu verbieten oder den freien Verkehr hierfür einzuschränken.

Der Mitgliedstaat unterrichtet die Kommission unverzüglich von einer solchen Maßnahme, begründet seine Entscheidung und gibt insbesondere an, ob die Abweichung von den Anforderungen zurückzuführen ist

a) auf die Nichterfüllung der in Artikel 3 genannten grundlegenden Anforderungen,

b) auf die mangelhafte Anwendung der in Artikel 5 Absatz 2 genannten Normen,

c) auf einen Mangel der in Artikel 5 Absatz 2 genannten Normen selbst,

d) auf einen Mangel der in Artikel 11 genannten europäischen Werkstoffzulassungen für Druckgeräte.

(2) Die Kommission tritt unverzüglich in Konsultation mit den Betroffenen. Stellt die Kommission nach dieser Anhörung fest, daß die Maßnahme gerechtfertigt ist, so unterrichtet sie davon unverzüglich den Mitgliedstaat, der die Maßnahmen getroffen hat, sowie die anderen Mitgliedstaaten.

Stellt die Kommission nach dieser Anhörung fest, daß die Maßnahme nicht gerechtfertigt ist, so unterrichtet sie davon unverzüglich den Mitgliedstaat, der die Maßnahme getroffen hat, sowie den Hersteller oder seinen in der Gemeinschaft ansässigen Bevollmächtigten. Ist die in Absatz 1 genannte Entscheidung in einem Mangel der Normen oder in einem Mangel der europäischen Werkstoffzulassungen begründet, so befaßt sie unverzüglich den Ausschuß des Artikels 6, falls der betreffende Mitgliedstaat bei seiner Entscheidung bleiben will, und leitet das in Artikel 6 Absatz 1 genannte Verfahren ein.

(3) Sind den Anforderungen nicht entsprechende Druckgeräte oder Baugruppen mit der CE-Kennzeichnung versehen, so ergreift der zuständige Mitgliedstaat die geeigneten Maßnahmen gegenüber demjenigen, der die Kennzeichnung angebracht hat, und unterrichtet hiervon die Kommission und die übrigen Mitgliedstaaten.

(4) Die Kommission stellt sicher, daß die Mitgliedstaaten über den Verlauf und die Ergebnisse dieses Verfahrens unterrichtet werden.

Artikel 9
Einstufung von Druckgeräten

(1) Die in Artikel 3 Absatz 1 genannten Druckgeräte werden entsprechend Anhang II nach zunehmendem Gefahrenpotential in Kategorien eingestuft.

Für diese Einstufung werden die Fluide gemäß den Nummern 2.1 und 2.2 in zwei Gruppen eingeteilt.

(2) 2.1 Gruppe 1 umfaßt gefährliche Fluide. Gefährliche Fluide sind Stoffe oder Zubereitungen entsprechend den Definitionen in Artikel 2 Absatz 2 der Richtlinie 67/548/EWG des Rates vom 27. Juni 1967 zur Angleichung der Rechts- und Verwaltungsvorschriften für die Einstufung, Verpackung und Kennzeichnung gefährlicher Stoffe[24].

Zu Gruppe 1 zählen Fluide, die wie folgt eingestuft werden:
- explosionsgefährlich,
- hochentzündlich,
- leicht entzündlich,
- entzündlich (wenn die maximal zulässige Temperatur über dem Flammpunkt liegt),
- sehr giftig,
- giftig,
- brandfördernd.

2.2 Zu Gruppe 2 zählen alle unter Nummer 2.1 nicht genannten Fluide.

(3) Setzt sich ein Behälter aus mehreren Kammern zusammen, so wird der Behälter in die höchste Kategorie der einzelnen Kammern eingestuft. Befinden sich unterschiedliche Fluide in einer Kammer, so erfolgt die Einstufung nach jenem Fluid, welches die höchste Kategorie erfordert.

Artikel 10
Konformitätsbewertung

(1) 1.1 Der Hersteller von Druckgeräten muß jedes Gerät vor dem Inverkehrbringen nach Maßgabe dieses Artikels einem der in Anhang III beschriebenen Konformitätsbewertungsverfahren unterziehen.

1.2 Die im Hinblick auf die Anbringung der CE-Kennzeichnung auf einem Druckgerät anzuwendenden Konformitätsbewertungsverfahren richten sich nach der Kategorie, in die das Gerät gemäß Artikel 9 eingestuft ist.

1.3 Auf die verschiedenen Kategorien sind die folgenden Konformitätsbewertungsverfahren anzuwenden:
- Kategorie I
  Modul A;
- Kategorie II
  Modul A1
  Modul D1
  Modul E1;

---

[24] ABl. Nr. L 196 vom 16.8.1967, S. 1. Richtlinie zuletzt geändert durch die Richtlinie 94/69/EG der Kommission (ABl. Nr. L 381 vom 31.12.1994, S. 1).

DruckgeräteRL

- Kategorie III
  Module B1 + D
  Module B1 + F
  Module B + E
  Module B + C1
  Modul H;
- Kategorie IV
  Module B + D
  Module B + F
  Modul G
  Modul H1.

1.4 Die Druckgeräte sind einem vom Hersteller zu wählenden Konformitätsbewertungsverfahren entsprechend der Kategorie, zu der sie gehören, zu unterziehen. Der Hersteller kann sich auch für ein Verfahren entscheiden, das für eine höhere Kategorie vorgesehen ist, sofern es eine solche gibt.

1.5 Im Rahmen der Qualitätssicherungsverfahren für unter die Kategorien III und IV fallende Druckgeräte nach Artikel 3 Nummer 1.1 Buchstabe a), Nummer 1.1 Buchstabe b) erster Gedankenstrich und Nummer 1.2 entnimmt die benannte Stelle bei unangemeldeten Besuchen in Fertigungs- oder Lagerstätten Druckgeräte, um die Abnahme nach Anhang I Abschnitt 3.2.2 durchzuführen oder durchführen zu lassen. Hierfür unterrichtet der Hersteller die benannte Stelle über das vorgesehene Produktionsprogramm. Die benannte Stelle nimmt im ersten Jahr der Fertigung mindestens zwei Besuche vor. Die Häufigkeit der folgenden Besuche wird von der benannten Stelle nach den Kriterien der Nummer 4.4 der entsprechenden Module festgelegt.

1.6 Im Fall einer Einzelanfertigung von unter die Kategorie III fallenden Behältern und Geräten nach Artikel 3 Nummer 1.2 im Rahmen des Modul-H-Verfahrens führt die benannte Stelle die Abnahme nach Anhang I Abschnitt 3.2.2 für jedes Stück durch oder läßt diese durchführen. Hierfür unterrichtet der Hersteller die benannte Stelle über das vorgesehene Produktionsprogramm.

(2) Baugruppen im Sinne des Artikels 3 Absatz 2 sind einer Gesamtbewertung der Konformität zu unterziehen, die folgendes umfaßt:

a) Bewertung jedes einzelnen der Druckgeräte im Sinne des Artikels 3 Absatz 1, aus denen diese Baugruppe zusammengesetzt ist und die zuvor keinem getrennten Konformitätsbewertungsverfahren und keiner getrennten CE-Kennzeichnung unterzogen wurden.
Das Bewertungsverfahren richtet sich nach der Kategorie jedes einzelnen dieser Druckgeräte;

b) die Bewertung des Zusammenbaus der verschiedenen Einzelteile der Baugruppe gemäß Anhang I Abschnitte 2.3, 2.8 und 2.9; diese ist entsprechend der höchsten Kategorie der betreffenden Druckgeräte durchzuführen, wobei Ausrüstungsteile mit Sicherheitsfunktion nicht berücksichtigt werden;

c) die Bewertung des Schutzes der Baugruppe vor einem Überschreiten der zulässigen Betriebsgrenzen gemäß Anhang I Abschnitte 2.10 und 3.2.3; diese ist entsprechend der höchsten Kategorie der zu schützenden Druckgeräte durchzuführen.

(3) Abweichend von den Absätzen 1 und 2 können die zuständigen Behörden in berechtigten Fällen im Hoheitsgebiet des betreffenden Mitgliedstaats für Versuchszwecke das Inverkehrbringen und die Inbetriebnahme einzelner Druckgeräte und Baugruppen gemäß Artikel 1 Absatz 2, auf die die Verfahren der Absätze 1 und 2 des vorliegenden Artikels nicht angewandt wurden, gestatten.

(4) Aufzeichnungen und Schriftwechsel im Zusammenhang mit der Konformitätsbewertung sind in der (den) Amtssprache(n) der Gemeinschaft abzufassen, die der Mitgliedstaat, in dem die für die Durchführung dieser Verfahren zuständige Stelle ihren Sitz hat, in Übereinstimmung mit dem Vertrag festlegen kann, oder in einer anderen von dieser Stelle akzeptierten Sprache.

Artikel 11
Europäische Werkstoffzulassung

(1) Die europäische Werkstoffzulassung gemäß Artikel 1 Nummer 2.9 wird auf Antrag eines Herstellers oder mehrerer Hersteller von Werkstoffen oder Druckgeräten von einer benannten Stelle des Artikels 12 erteilt, die speziell dafür bestimmt wurde. Die benannte Stelle legt geeignete Untersuchungen und Prüfungen zur Zertifizierung der Übereinstimmung der Werkstofftypen mit den entsprechenden Anforderungen dieser Richtlinie fest und führt diese durch oder läßt diese durchführen; im Fall von Werkstoffen, deren Verwendung vor dem 29. November 1999 als sicher befunden wurde, hat die benannte Stelle bei der Überprüfung der Übereinstimmung die vorhandenen Daten zu berücksichtigen.

(2) Vor Erteilung einer europäischen Werkstoffzulassung unterrichtet die benannte Stelle die Mitgliedstaaten und die Kommission, indem sie ihnen die entsprechenden Angaben mitteilt. Innerhalb einer Frist von drei Monaten kann ein Mitgliedstaat oder die Kommission den mit Artikel 5 der Richtlinie 83/189/EWG eingesetzten Ständigen Ausschuß unter Darlegung der Gründe befassen. In diesem Fall nimmt der Ausschuß umgehend Stellung.

Die benannte Stelle erteilt die europäische Werkstoffzulassung und berücksichtigt hierbei gegebenenfalls die Stellungnahme des Ausschusses und die vorgebrachten Bemerkungen.

(3) Eine Kopie der europäischen Werkstoffzulassung für Druckgeräte wird den Mitgliedstaaten, den benannten Stellen und der Kommission übermittelt. Die Kommission veröffentlicht im *Amtsblatt der Europäischen Gemeinschaften* eine Liste der europäischen Werkstoffzulassungen und sorgt für die Aktualisierung dieser Liste.

(4) Bei den für die Herstellung von Druckgeräten verwendeten Werkstoffen, die europäischen Werkstoffzulassungen entsprechen, zu denen nähere Angaben im *Amtsblatt der Europäischen Gemeinschaften* veröffentlicht wurden, wird davon ausgegangen, daß sie den zutreffenden grundlegenden Anforderungen nach Anhang I entsprechen.

(5) Die benannte Stelle, die die europäische Werkstoffzulassung für Druckgeräte erteilt hat, zieht diese Zulassung zurück, wenn sie feststellt, daß die Zulassung nicht hätte erteilt werden dürfen, oder wenn der Werkstofftyp von einer harmonisierten Norm erfaßt wird. Sie unterrichtet umgehend die übrigen Mitgliedstaaten, die benannten Stellen und die Kommission über jeden Entzug einer Zulassung.

Artikel 12
Benannte Stellen

(1) Die Mitgliedstaaten teilen der Kommission und den anderen Mitgliedstaaten mit, welche Stellen sie für die Durchführung der Verfahren nach Artikel 10 und Artikel 11 benannt haben, welche spezifischen Aufgaben diesen Stellen übertragen wurden und welche Kennummern ihnen zuvor von der Kommission zugeteilt wurden.

Die Kommission veröffentlicht im *Amtsblatt der Europäischen Gemeinschaften* eine Liste der benannten Stellen unter Angabe ihrer Kennummer und der ihnen übertragenen Aufgaben. Sie sorgt für die Aktualisierung dieser Liste.

(2) Bei der Auswahl dieser Stellen wenden die Mitgliedstaaten die Kriterien gemäß Anhang IV an. Bei Stellen, die den Voraussetzungen der einschlägigen harmonisierten Normen genügen, wird davon ausgegangen, daß sie die entsprechenden Kriterien nach Anhang IV erfüllen.

(3) Ein Mitgliedstaat, der eine Stelle benannt hat, muß die Benennung zurückziehen, wenn er feststellt, daß die Stelle die in Absatz 2 genannten Kriterien nicht mehr erfüllt.

Er unterrichtet unverzüglich die übrigen Mitgliedstaaten und die Kommission über die Zurücknahme der Benennung.

Artikel 13
Anerkannte unabhängige Prüfstellen

(1) Die Mitgliedstaaten teilen der Kommission und den anderen Mitgliedstaaten die unabhängigen Prüfstellen mit, die zur Durchführung der Aufgaben gemäß Anhang I Abschnitte 3.1.2 und 3.1.3 anerkannt sind.

Die Kommission veröffentlicht im *Amtsblatt der Europäischen Gemeinschaften* eine Liste der anerkannten Prüfstellen unter Angabe der Aufgaben, für deren Durchführung sie anerkannt wurden. Sie sorgt für die Aktualisierung dieser Liste.

(2) Bei der Anerkennung dieser Prüfstellen wenden die Mitgliedstaaten die Kriterien gemäß Anhang IV an. Bei Prüfstellen, die den Voraussetzungen der einschlägigen harmonisierten Normen genügen, wird davon ausgegangen, daß sie die entsprechenden Kriterien nach Anhang IV erfüllen.

(3) Ein Mitgliedstaat, der eine Prüfstelle anerkannt hat, muß diese Anerkennung zurückziehen, wenn er feststellt, daß die Prüfstelle die in Absatz 2 genannten Kriterien nicht mehr erfüllt.

Er unterrichtet unverzüglich die übrigen Mitgliedstaaten und die Kommission über den Entzug einer Anerkennung.

Artikel 14
Betreiberprüfstellen

(1) Abweichend von den Bestimmungen über die Aufgaben der benannten Stellen können die Mitgliedstaaten zulassen, daß in ihrem Hoheitsgebiet Druckgeräte und Baugruppen, deren Konformität mit den grundlegenden Anforderungen von einer Betreiberprüfstelle bewertet wurde, die gemäß den Kriterien benannt wurde, auf die in Absatz 8 Bezug genommen wird, in den Verkehr gebracht und von den Betreibern in Betrieb genommen werden.

(2) Hat ein Mitgliedstaat eine Betreiberprüfstelle gemäß den Kriterien benannt, auf die in diesem Artikel Bezug genommen wird, so darf er das Inverkehrbringen und die Inbetriebnahme unter den Bedingungen dieses Artikels von Druckgeräten und Baugruppen, deren Konformität von einer Betreiberprüfstelle bewertet wurde, die von einem anderen Mitgliedstaat gemäß den Kriterien benannt wurde, auf die in diesem Artikel Bezug genommen wird, nicht wegen druckbedingter Risiken verbieten, beschränken oder behindern, sofern bei diesem Inverkehrbringen bzw. bei dieser Inbetriebnahme die Bedingungen dieses Artikels erfüllt sind.

(3) Die Druckgeräte und Baugruppen, deren Konformität von einer Betreiberprüfstelle bewertet wurde, dürfen nicht die CE-Kennzeichnung tragen.

(4) Diese Druckgeräte und Baugruppen dürfen ausschließlich in den Betrieben der Unternehmensgruppe verwendet werden, der die Prüfstelle angehört. Die Gruppe wendet eine gemeinsame Sicherheitspolitik in bezug auf die technischen Auslegungs-, Fertigungs-, Kontroll-, Wartungs- und Benutzungsbedingungen für Druckgeräte und Baugruppen an.

(5) Die Betreiberprüfstellen arbeiten ausschließlich für die Unternehmensgruppe, der sie angehören.

(6) Für die Konformitätsbewertung durch die Betreiberprüfstellen gelten die Verfahren der Module A1, C1, F und G nach Anhang III.

(7) Die Mitgliedstaaten teilen den anderen Mitgliedstaaten und der Kommission mit, welche Betreiberprüfstellen sie zugelassen haben, für welche Aufgaben diese benannt wurden und welche Betriebe bei jeder Betreiberprüfstelle unter Absatz 4 fallen.

(8) Bei der Benennung der Betreiberprüfstellen wenden die Mitgliedstaaten die in Anhang V aufgestellten Kriterien an und vergewissern sich, daß die Gruppe, zu der die Betreiberprüfstelle gehört, die Kriterien gemäß Absatz 4 Satz 2 anwendet.

(9) Stellt ein Mitgliedstaat, der eine Betreiberprüfstelle zugelassen hat, fest, daß diese die Kriterien nicht mehr erfüllt, auf die in Absatz 8 Bezug genommen wird, so muß er ihr die Zulassung entziehen. Er unterrichtet hiervon die anderen Mitgliedstaaten und die Kommission.

(10) Die Auswirkungen dieses Artikels sind von der Kommission zu überwachen und drei Jahre nach dem in Artikel 20 Absatz 3 genannten Zeitpunkt zu bewerten. Zu diesem Zweck übermitteln die Mitgliedstaaten der Kommission alle relevanten Informationen über die Durchführung dieses Artikels. Diese Bewertung wird gegebenenfalls durch Vorschläge zur Änderung dieser Richtlinie ergänzt.

Artikel 15
CE-Kennzeichnung

(1) Die CE-Kennzeichnung besteht aus den Buchstaben "CE" mit dem in Anhang VI als Muster angegebenen Schriftbild.

Der CE-Kennzeichnung folgt die in Artikel 12 Absatz 1 genannte Kennummer der benannten Stelle, die in der Phase der Produktionsüberwachung eingeschaltet wird.

(2) Die CE-Kennzeichnung ist sichtbar, deutlich lesbar und unauslöschlich anzubringen auf
- Druckgeräten im Sinne von Artikel 3 Absatz 1 und
- Baugruppen im Sinne von Artikel 3 Absatz 2,

die fertig hergestellt sind oder sich in einem Zustand befinden, der die Abnahmeprüfung gemäß Anhang I Abschnitt 3.2 ermöglicht.

(3) Es ist nicht erforderlich, die CE-Kennzeichnung auf jedem einzelnen der Druckgeräte anzubringen, aus denen sich eine Baugruppe im Sinne von Artikel 3 Absatz 2 zusammensetzt. Die einzelnen Druckgeräte, die bei ihrem Einbau in die Baugruppe bereits die CE-Kennzeichnung tragen, behalten diese Kennzeichnung.

(4) Wenn für die Druckgeräte oder die Baugruppen auch andere Richtlinien gelten, die andere Aspekte behandeln und in denen ebenfalls eine CE-Kennzeichnung vorgesehen ist, gibt diese Kennzeichnung an, daß von der Übereinstimmung der betreffenden Druckgeräte oder Baugruppen auch mit den Bestimmungen dieser anderen Richtlinien auszugehen ist.

In den Fällen jedoch, in denen eine oder mehrere dieser Richtlinien dem Hersteller während eines Übergangszeitraums die Wahl des anzuwendenden Verfahrens freistellen, gibt die CE-Kennzeichnung an, daß die betreffenden Druckgeräte oder Baugruppen allein den Bestimmungen der vom Hersteller angewandten Richtlinien gerecht werden. In diesen Fällen ist in den Dokumenten, Hinweisen oder Betriebsanleitungen, die nach diesen Richtlinien erforderlich sind und den Druckgeräten oder Baugruppen beigefügt werden, auf diese im *Amtsblatt der Europäischen Gemeinschaften* veröffentlichten Richtlinien Bezug zu nehmen.

(5) Es ist verboten, auf Druckgeräten und Baugruppen Kennzeichnungen anzubringen, durch die Dritte hinsichtlich der Bedeutung und des Schriftbildes der CE-Kennzeichnung irregeführt werden könnten. Jede andere Kennzeichnung darf auf Druckgeräten und Baugruppen angebracht werden, wenn sie Sichtbarkeit und Lesbarkeit der CE-Kennzeichnung nicht beeinträchtigt.

Artikel 16
Zu Unrecht vorgenommene CE-Kennzeichnung

Unbeschadet des Artikels 8 gilt folgendes:

a) Stellt ein Mitgliedstaat fest, daß die CE-Kennzeichnung unberechtigterweise angebracht wurde, so ist der Hersteller oder sein in der Gemeinschaft ansässiger Bevollmächtigter verpflichtet, dieses Produkt wieder in Einklang mit den Bestimmungen für die CE-Kennzeichnung zu bringen und den weiteren Verstoß unter den von diesem Mitgliedstaat festgelegten Bedingungen zu verhindern.

b) Falls die Nichtübereinstimmung weiterbesteht, muß der Mitgliedstaat alle geeigneten Maßnahmen ergreifen, um nach den Verfahren des Artikels 8 das Inverkehrbringen des betreffenden Produkts einzuschränken oder zu untersagen bzw. zu gewährleisten, daß es aus dem Verkehr gezogen wird.

Artikel 17

Die Mitgliedstaaten treffen die geeigneten Maßnahmen, um die für die Durchführung dieser Richtlinie zuständigen Behörden darin zu bestärken, daß sie miteinander zusammenarbeiten und einander und der Kommission Auskünfte erteilen, um zum Funktionieren der Richtlinie beizutragen.

Artikel 18
Zu Ablehnungen oder Einschränkungen führende Entscheidungen

Jede in Anwendung dieser Richtlinie getroffene Entscheidung, die eine Einschränkung des Inverkehrbringens und der Inbetriebnahme eines Druckgerätes oder einer Baugruppe zur Folge hat oder dessen Zurücknahme vom Markt erzwingt, ist genau zu begründen. Sie ist den Betroffenen unverzüglich unter Angabe der Rechtsbehelfe, die nach den in diesem Mitgliedstaat geltenden Rechtsvorschriften eingelegt werden können, und der Rechtsbehelffristen mitzuteilen.

Artikel 19
Außerkraftsetzung

Artikel 22 der Richtlinie 76/767/EWG wird ab 29. November 1999 auf Druckgeräte und Baugruppen, die in den Anwendungsbereich der vorliegenden Richtlinie fallen, nicht mehr angewandt.

Artikel 20
Umsetzung und Übergangsbestimmungen

(1) Die Mitgliedstaaten erlassen und veröffentlichen vor dem 29. Mai 1999 die erforderlichen Rechts- und Verwaltungsvorschriften, um dieser Richtlinie nachzukommen. Sie setzen die Kommission unverzüglich davon in Kenntnis.

Wenn die Mitgliedstaaten Vorschriften nach Unterabsatz 1 erlassen, nehmen sie in diesen Vorschriften selbst oder durch einen Hinweis bei der amtlichen Veröffentlichung auf diese Richtlinie Bezug. Die Mitgliedstaaten regeln die Einzelheiten dieser Bezugnahme.

Die Mitgliedstaaten wenden diese Vorschriften ab 29. November 1999 an.

(2) Die Mitgliedstaaten teilen der Kommission den Wortlaut der innerstaatlichen Vorschriften mit, die sie auf dem unter diese Richtlinie fallenden Gebiet erlassen.

(3) Die Mitgliedstaaten gestatten das Inverkehrbringen von Druckgeräten und Baugruppen, die den in ihrem Hoheitsgebiet zum Zeitpunkt des Beginns der Anwendung dieser Richtlinie geltenden Vorschriften entsprechen, bis zum 29. Mai 1999 sowie die Inbetriebnahme dieser Druckgeräte und Baugruppen über dieses Datum hinaus.

Artikel 21
Adressaten der Richtlinie

Diese Richtlinie ist an die Mitgliedstaaten gerichtet.

Anmerkung des Herausgebers:

Das in Artikel 20 Absatz (3) festgelegte Datum, bis zu dem die Mitgliedstaaten das Inverkehrbringen von Druckgeräten und Baugruppen gestatten, die den in ihrem Hoheitsgebiet zum Zeitpunkt der Anwendung dieser Richtlinie geltenden Vorschriften entsprechen, muß richtig heißen: **29. Mai 2002**

Anhang I
Grundlegende Sicherheitsanforderungen

Vorbemerkungen

1. Die Verpflichtungen im Zusammenhang mit den in diesem Anhang aufgeführten grundlegenden Anforderungen für Druckgeräte gelten auch für Baugruppen, wenn von ihnen eine entsprechende Gefahr ausgeht.
2. Die in dieser Richtlinie aufgeführten grundlegenden Anforderungen sind bindend. Die Verpflichtungen im Zusammenhang mit den grundlegenden Anforderungen gelten nur, wenn für das betreffende Druckgerät bei Verwendung unter den vom Hersteller nach vernünftigem Ermessen vorhersehbaren Bedingungen die entsprechende Gefahr besteht.
3. Der Hersteller ist verpflichtet, eine Gefahrenanalyse vorzunehmen, um die mit seinem Gerät verbundenen druckbedingten Gefahren zu ermitteln; er muß das Gerät dann unter Berücksichtigung seiner Analyse auslegen und bauen.
4. Die grundlegenden Anforderungen sind so zu interpretieren und anzuwenden, daß dem Stand der Technik und der Praxis zum Zeitpunkt der Konzeption und der Fertigung sowie den technischen und wirtschaftlichen Erwägungen Rechnung getragen wird, die mit einem hohen Maß des Schutzes von Gesundheit und Sicherheit zu vereinbaren sind.

1 Allgemeines

1.1 Druckgeräte müssen so ausgelegt, hergestellt, überprüft und gegebenenfalls ausgerüstet und installiert sein, daß ihre Sicherheit gewährleistet ist, wenn sie im Einklang mit den Vorschriften des Herstellers oder unter nach vernünftigem Ermessen vorhersehbaren Bedingungen in Betrieb genommen werden.

1.2 Bei der Wahl der angemessensten Lösungen hat der Hersteller folgende Grundsätze, und zwar in der angegebenen Reihenfolge, zu beachten:
   - Beseitigung oder Verminderung der Gefahren, soweit dies nach vernünftigem Ermessen möglich ist;
   - Anwendung von geeigneten Schutzmaßnahmen gegen nicht zu beseitigende Gefahren;
   - gegebenenfalls Unterrichtung der Benutzer über die Restgefahren und Hinweise auf geeignete besondere Maßnahmen zur Verringerung der Gefahren bei der Installation und/oder der Benutzung.

1.3 Wenn die Möglichkeit einer unsachgemäßen Verwendung bekannt oder vorhersehbar ist, sind die Druckgeräte so auszulegen, daß der Gefahr aus einer derartigen Benutzung vorgebeugt wird oder, falls dies nicht möglich ist, vor einer unsachgemäßen Benutzung des Druckgeräts in angemessener Weise gewarnt wird.

2 Entwurf

2.1 Allgemeines

Druckgeräte sind unter Berücksichtigung aller für die Gewährleistung der Sicherheit der Geräte während ihrer gesamten Lebensdauer entscheidenden Faktoren fachgerecht zu entwerfen.

In den Entwurf fließen geeignete Sicherheitsfaktoren ein, bei denen umfassende Methoden verwendet werden, von denen bekannt ist, daß sie geeignete Sicherheitsmargen in bezug auf alle relevanten Ausfallarten konsistent einbeziehen.

2.2 Auslegung auf die erforderliche Belastbarkeit

2.2.1 Druckgeräte sind auf Belastungen auszulegen, die der beabsichtigten Verwendung und anderen nach vernünftigem Ermessen vorhersehbaren Betriebsbedingungen angemessen sind. Insbesondere sind die folgenden Faktoren zu berücksichtigen:
- Innen- und Außendruck;
- Umgebungs- und Betriebstemperaturen;
- statischer Druck und Füllgewichte unter Betriebs- und Prüfbedingungen;
- Belastungen durch Verkehr, Wind und Erdbeben;
- Reaktionskräfte und -momente im Zusammenhang mit Trageelementen, Befestigungen, Rohrleitungen usw.;
- Korrosion und Erosion, Materialermüdung usw.;
- Zersetzung instabiler Fluide.

Unterschiedliche Belastungen, die gleichzeitig auftreten können, sind unter Beachtung der Wahrscheinlichkeit ihres gleichzeitigen Auftretens zu berücksichtigen.

2.2.2 Die Auslegung auf die erforderliche Belastbarkeit erfolgt auf der Grundlage folgender Verfahren:
- in der Regel eine Berechnungsmethode gemäß Abschnitt 2.2.3, gegebenenfalls ergänzt durch eine experimentelle Auslegungsmethode gemäß Abschnitt 2.2.4;

oder

- eine experimentelle Auslegungsmethode ohne Berechnung gemäß Abschnitt 2.2.4, wenn das Produkt aus dem maximal zulässigen Druck (PS) und dem Volumen V kleiner als 6000 bar · l oder das Produkt PS · DN kleiner als 3000 bar ist.

2.2.3 Berechnungsmethode

a) Druckfestigkeit und andere Belastungsaspekte

Für Druckgeräte sind die zulässigen Beanspruchungen hinsichtlich der nach vernünftigem Ermessen vorhersehbaren Versagensmöglichkeiten abhängig von den Betriebsbedingungen zu begrenzen. Dazu sind Sicherheitsfaktoren anzuwenden, die es ermöglichen, alle Unsicherheiten aufgrund der Herstellung, des tatsächlichen Betriebes, der Beanspruchung, der Berechnungsmodelle, der Werkstoffeigenschaften und des Werkstoffverhaltens vollständig abzudecken.

Die Berechnungsmethoden müssen ausreichende Sicherheitsmargen entsprechend den Bedingungen des Abschnitts 7, soweit anwendbar, ergeben.

Zur Erfüllung der obigen Anforderungen kann eine der nachfolgenden Methoden, die geeignet ist, gegebenenfalls in Ergänzung oder Kombination angewandt werden:

- Auslegung nach Formeln,
- Auslegung nach Analyseverfahren,
- Auslegung nach bruchmechanischen Verfahren.

b) Belastbarkeit

Zum Nachweis der Belastbarkeit des betreffenden Druckgeräts sind geeignete Auslegungsberechnungen durchzuführen.

Insbesondere gilt folgendes:

- Die Berechnungsdrücke dürfen nicht geringer als die maximal zulässigen Drücke sein, und die statischen und dynamischen Fluiddrücke sowie die Zerfallsdrücke von instabilen Fluiden müssen berücksichtigt werden. Wird ein Behälter in einzelne Druckräume unterteilt, so ist bei der Berechnung der Trennwand zwischen den Druckräumen von dem höchstmöglichen Druck in einem Druckraum und von dem geringstmöglichen Druck in dem benachbarten Druckraum auszugehen.
- Die Berechnungstemperaturen müssen angemessene Sicherheitsmargen aufweisen.
- Bei der Auslegung sind alle möglichen Temperatur- und Druckkombinationen zu berücksichtigen, die unter nach vernünftigem Ermessen vorhersehbaren Betriebsbedingungen des Gerätes auftreten können.
- Die maximale Spannung und die Spannungskonzentrationen müssen innerhalb sicherer Grenzwerte liegen.
- Bei der Berechnung des Druckraums sind bei den Werkstoffeigenschaften entsprechende Werte zu verwenden, die sich auf belegte Daten stützen, wobei sowohl die Bestimmungen gemäß Abschnitt 4 als auch entsprechende Sicherheitsfaktoren zu berücksichtigen sind. Zu den zu berücksichtigenden Werkstoffeigenschaften zählen:
    - Streckgrenze, 0,2 %- bzw. 1 %-Dehngrenze bei der Berechnungstemperatur;
    - Zugfestigkeit;
    - Zeitstandfestigkeit, z.B. Kriechfestigkeit;
    - Ermüdungsdaten, z.B. Dauerschwingfestigkeit;
    - Elastizitätsmodul;
    - angemessene plastische Verformung;
    - Kerbschlagzähigkeit;
    - Bruchzähigkeit.
- Auf die Werkstoffeigenschaften sind geeignete Verbindungsfaktoren anzuwenden, die beispielsweise von der Art der zerstörungsfreien Prüfungen, den Eigenschaften der Werkstoffverbindungen und den in Betracht gezogenen Betriebsbedingungen abhängen.

- Beim Entwurf sind alle nach vernünftigem Ermessen vorhersehbaren Verschleißmechanismen (insbesondere Korrosion, Kriechen, Ermüdung) entsprechend der beabsichtigten Verwendung des Gerätes zu berücksichtigen. In den Betriebsanleitungen gemäß Abschnitt 3.4 ist auf Entwurfsmerkmale hinzuweisen, die für die Lebensdauer des Gerätes von Belang sind, beispielsweise
- für Kriechen: Auslegungslebensdauer in Stunden bei spezifizierten Temperaturen;
- für Ermüdung: Auslegungszyklenzahl bei spezifizierten Spannungswerten;
  - für Korrosion: Korrosionszuschlag bei der Auslegung.

c) Stabilität

Wenn sich mit der errechneten Wanddicke keine ausreichende strukturelle Stabilität erzielen läßt, sind die notwendigen Maßnahmen zu treffen, wobei die mit dem Transport und der Handhabung verbundenen Gefahren zu berücksichtigen sind.

2.2.4 Experimentelle Auslegungsmethode

Die Auslegung des Gerätes kann im ganzen oder teilweise durch ein Prüfprogramm überprüft werden, das an einem für das Druckgerät oder die Druckgerätebaureihe repräsentativen Muster durchgeführt wird.

Das Prüfprogramm muß vor den Prüfungen eindeutig festgelegt werden und, sofern eine benannte Stelle für die Entwurfsbewertung im angewandten Modul zuständig ist, von dieser anerkannt werden.

In diesem Programm sind die Prüfbedingungen sowie die Annahme- und Ablehnungskriterien festzulegen. Die Ist-Werte der wesentlichen Abmessungen und der Eigenschaften der Ausgangswerkstoffe der Druckgeräte sind vor der Prüfung festzustellen.

Während der Prüfungen müssen erforderlichenfalls die kritischen Bereiche des Druckgeräts mittels geeigneter Instrumente, mit denen sich Verformungen und Spannungen hinreichend genau messen lassen, beobachtet werden können.

Das Prüfprogramm muß folgendes umfassen:

a) Eine Druckfestigkeitsprüfung, durch die überprüft werden soll, daß bei einem Druck mit einer gegenüber dem maximal zulässigen Druck festgelegten Sicherheitsmarge das Gerät keine signifikante Undichtigkeit oder Verformung über einen festgelegten Grenzwert hinaus zeigt.

   Zur Bestimmung des Prüfdrucks sind die Unterschiede zwischen den unter Prüfbedingungen gemessenen Werten für die geometrischen Merkmale und die Werkstoffeigenschaften einerseits und den für die Konstruktion zugelassenen Werten andererseits zu berücksichtigen; der Unterschied zwischen Prüf- und Auslegungstemperaturen ist ebenfalls zu berücksichtigen.

b) Bei Kriech- oder Ermüdungsrisiko geeignete Prüfungen, die entsprechend den für das Gerät vorgesehenen Betriebsbedingungen (z.B. Betriebsdauer bei bestimmten Temperaturen, Zahl der Zyklen bei bestimmten Spannungswerten usw.) festgelegt werden.

c) Falls erforderlich, ergänzende Prüfungen hinsichtlich weiterer besonderer Einwirkungen gemäß Abschnitt 2.2.1, wie Korrosion, aggressive Einwirkungen von außen usw.

DruckgeräteRL

2.3 Vorkehrungen für die Sicherheit in Handhabung und Betrieb

Die Bedienungseinrichtungen der Druckgeräte müssen so beschaffen sein, daß ihre Bedienung keine nach vernünftigem Ermessen vorhersehbare Gefährdung mit sich bringt. Die folgenden Punkte sind gegebenenfalls besonders zu beachten:
- Verschluß- und Öffnungsvorrichtungen;
- gefährliches Abblasen aus Überdruckventilen;
- Vorrichtungen zur Verhinderung des physischen Zugangs bei Überdruck oder Vakuum im Gerät;
- Oberflächentemperaturen unter Berücksichtigung der beabsichtigten Verwendung;
- Zersetzung instabiler Fluide.

Insbesondere müssen Druckgeräte mit abnehmbarer Verschlußvorrichtung mit einer selbsttätigen oder von Hand bedienbaren Einrichtung ausgerüstet sein, durch die das Bedienungspersonal ohne weiteres sicherstellen kann, daß sich die Vorrichtung gefahrlos öffnen läßt. Läßt sich die Vorrichtung schnell betätigen, so muß das Druckgerät außerdem mit einer Sperre ausgerüstet sein, die ein Öffnen verhindert, solange der Druck oder die Temperatur des Fluids eine Gefahr darstellt.

2.4 Vorkehrungen für die Inspektion

a) Druckgeräte sind so zu entwerfen, daß alle erforderlichen Sicherheitsinspektionen durchgeführt werden können.

b) Falls dies zur Gewährleistung der kontinuierlichen Gerätesicherheit erforderlich ist, müssen Vorkehrungen zur Feststellung des inneren Zustands des Druckgerätes vorgesehen sein, wie Öffnungen für den Zugang zum Inneren des Druckgerätes, so daß geeignete Inspektionen sicher und ergonomisch vorgenommen werden können.

c) Andere Mittel zur Gewährleistung eines sicheren Zustands der Druckgeräte können eingesetzt werden,
- wenn diese zu klein für einen Einstieg sind;
- wenn sich das Öffnen des Druckgerätes nachteilig auf das Innere des Gerätes auswirken würde;
- wenn der Inhaltsstoff den Werkstoff, aus dem das Druckgerät hergestellt ist, erwiesenermaßen nicht angreift und auch kein anderer interner Schädigungsprozeß nach vernünftigem Ermessen vorhersehbar ist.

2.5 Entleerungs- und Entlüftungsmöglichkeiten

Es müssen, falls erforderlich, geeignete Vorrichtungen zur Entleerung und Entlüftung der Druckgeräte vorgesehen werden,
- um schädliche Einwirkungen wie Wasserschlag, Vakuumeinbruch, Korrosion und unkontrollierte chemische Reaktionen zu vermeiden; dabei sind alle Betriebs- und Prüfzustände, insbesondere Druckprüfungen zu berücksichtigen;
- um Reinigung, Inspektion und Wartung gefahrlos zu ermöglichen.

2.6 Korrosion und andere chemische Einflüsse

Erforderlichenfalls sind entsprechende Wanddickenzuschläge oder angemessene Schutzvorkehrungen gegen Korrosion oder andere chemische Einflüsse vorzusehen, wobei die beabsichtigte und nach vernünftigem Ermessen vorhersehbare Verwendung gebührend zu berücksichtigen ist.

2.7 Verschleiß

Wo starke Erosions- oder Abriebserscheinungen auftreten können, sind angemessene Maßnahmen zu treffen, um

- diese Erscheinungen durch geeignete Auslegung, z.B. Wanddickenzuschläge, oder durch die Verwendung von Auskleidungen oder Beschichtungen zu minimieren;
- den Austausch der am stärksten betroffenen Teile zu ermöglichen;
- mit Hilfe der in Abschnitt 3.4 genannten Anleitungen die Aufmerksamkeit auf diejenigen Maßnahmen zu richten, die für einen kontinuierlichen sicheren Betrieb erforderlich sind.

2.8 Baugruppen

Baugruppen sind so auszulegen, daß
- die untereinander verbundenen Komponenten zuverlässig und für ihre Betriebsbedingungen geeignet sind;
- der richtige Einbau aller Komponenten und ihre angemessene Integration und Montage innerhalb der Baugruppe gewährleistet wird.

2.9 Füllen und Entleeren

Gegebenenfalls sind die Druckgeräte so auszulegen und mit Ausrüstungsteilen auszustatten bzw. für eine entsprechende Ausstattung vorzubereiten, daß ein sicheres Füllen und Entleeren gewährleistet ist; hierbei ist insbesondere auf folgende Gefahren zu achten:

a) beim Füllen:
   - Überfüllen oder zu hoher Druck, insbesondere im Hinblick auf den Füllungsgrad und den Dampfdruck bei der Bezugstemperatur;
   - Instabilität des Druckgeräts;
b) beim Entleeren: unkontrolliertes Freisetzen des unter Druck stehenden Fluids;
c) beim Füllen und Entleeren: gefährdendes An- und Abkoppeln.

2.10 Schutz vor Überschreiten der zulässigen Grenzen des Druckgerätes

In den Fällen, in denen unter nach vernünftigem Ermessen vorhersehbaren Bedingungen die zulässigen Grenzen überschritten werden könnten, ist das Druckgerät mit geeigneten Schutzvorrichtungen auszustatten bzw. für eine entsprechende Ausstattung vorzubereiten, sofern das Gerät nicht als Teil einer Baugruppe durch andere Schutzvorrichtungen geschützt wird.

Die geeignete Schutzvorrichtung bzw. die Kombination geeigneter Schutzvorrichtungen ist in Abhängigkeit von dem jeweiligen Gerät bzw. der jeweiligen Baugruppe und den jeweiligen Betriebsbedingungen zu bestimmen.

Zu den geeigneten Schutzvorrichtungen und Kombinationen von Schutzvorrichtungen zählen:

a) Ausrüstungsteile mit Sicherheitsfunktion im Sinne von Artikel 1 Nummer 2.1.3;

b) gegebenenfalls geeignete Überwachungseinrichtungen wie Anzeige- und/oder Warnvorrichtungen, die es ermöglichen, daß entweder automatisch oder von Hand angemessene Maßnahmen ergriffen werden, um für die Einhaltung der zulässigen Grenzen des Druckgerätes zu sorgen.

2.11 Ausrüstungsteile mit Sicherheitsfunktion

2.11.1 Für die Ausrüstungsteile mit Sicherheitsfunktion gilt folgendes:

- Sie müssen unter Berücksichtigung etwaiger Wartungs- und Prüfanforderungen für die Vorrichtungen so ausgelegt und gebaut sein, daß sie zuverlässig und für die vorgesehenen Betriebsbedingungen geeignet sind;
- sie dürfen keine anderen Aufgaben erfüllen, es sei denn, ihre sicherheitsrelevanten Funktionen können dadurch nicht beeinträchtigt werden;
- sie müssen den geeigneten Auslegungsgrundsätzen im Hinblick auf einen angemessenen und zuverlässigen Schutz entsprechen. Zu diesen Grundsätzen gehören insbesondere fehlsicheres Verhalten (fail safe), Redundanz, Verschiedenartigkeit und Selbstüberwachung.

2.11.2 Einrichtungen zur Druckbegrenzung

Diese Einrichtungen sind so auszulegen, daß der Druck nicht betriebsmäßig den maximal zulässigen Druck PS überschreitet; eine kurzzeitige Drucküberschreitung ist jedoch im Einklang mit Abschnitt 7.3, sofern zutreffend, zulässig.

2.11.3 Einrichtungen zur Temperaturüberwachung

Diese Einrichtungen müssen über eine sicherheitstechnisch angemessene und auf die Meßaufgabe abgestimmte Ansprechzeit verfügen.

2.12 Externer Brand

Sofern erforderlich, müssen Druckgeräte insbesondere unter Berücksichtigung ihres Verwendungszwecks so ausgelegt und gegebenenfalls mit geeigneten Ausrüstungsteilen ausgestattet oder für eine entsprechende Ausstattung vorbereitet sein, daß sie im Fall eines externen Brandes die Anforderungen hinsichtlich der Schadensbegrenzung erfüllen.

3 Fertigung

3.1 Fertigungsverfahren

Der Hersteller muß die sachkundige Ausführung der in der Entwurfsphase festgelegten Maßnahmen gewährleisten, indem er geeignete Techniken und entsprechende Verfahren anwendet; dies gilt insbesondere im Hinblick auf die folgenden Punkte:

3.1.1 Vorbereitung der Bauteile

Bei der Vorbereitung der Bauteile (z.B. Formen und Schweißkantenvorbereitung) darf es nicht zu Beschädigungen, zu Rissen oder Veränderungen der mechanischen Eigenschaften kommen, die die Sicherheit des Druckgerätes beeinträchtigen können.

3.1.2 Dauerhafte Werkstoffverbindungen

Die dauerhaften Werkstoffverbindungen und die angrenzenden Bereiche dürfen an der Oberfläche und im Inneren keine Mängel aufweisen, die die Sicherheit der Geräte beeinträchtigen könnten.

Die Eigenschaften der dauerhaften Verbindungen müssen den für die zu verbindenden Werkstoffe spezifizierten Mindesteigenschaften entsprechen, es sei denn, bei den Konstruktionsberechnungen werden eigens andere Werte für entsprechende Eigenschaften berücksichtigt.

Bei Druckgeräten müssen die dauerhaften Verbindungen der Teile, die zur Druckfestigkeit des Gerätes beitragen, und die unmittelbar damit verbundenen Teile von qualifiziertem Personal mit angemessener Befähigung und nach fachlich einwandfreiem Arbeitsverfahren ausgeführt werden.

Die Zulassung von Arbeitsverfahren und Personal wird für Druckgeräte der Kategorien II, III und IV von einer zuständigen unabhängigen Stelle vorgenommen; hierbei handelt es sich nach Wahl des Herstellers um

- eine benannte Stelle,
- eine von einem Mitgliedstaat gemäß Artikel 13 anerkannte Prüfstelle.

Zur Erteilung dieser Zulassungen führt die genannte unabhängige Stelle die in den entsprechenden harmonisierten Normen vorgesehenen Untersuchungen und Prüfungen oder gleichwertige Untersuchungen und Prüfungen durch oder läßt diese durchführen.

3.1.3 Zerstörungsfreie Prüfungen

Bei Druckgeräten müssen die zerstörungsfreien Prüfungen an den dauerhaften Verbindungen von qualifiziertem Personal mit angemessener Befähigung ausgeführt werden. Bei Druckgeräten der Kategorien III und IV muß die Qualifikation dieses Personals von einer unabhängigen Prüfstelle, die von einem Mitgliedstaat gemäß Artikel 13 anerkannt wurde, gebilligt worden sein.

3.1.4 Wärmebehandlung

Besteht die Gefahr, daß die Werkstoffeigenschaften durch das Fertigungsverfahren so stark geändert werden, daß hierdurch die Sicherheit des Druckgerätes beeinträchtigt wird, so muß in einem geeigneten Fertigungsstadium eine angemessene Wärmebehandlung durchgeführt werden.

3.1.5 Rückverfolgbarkeit

Es sind geeignete Verfahren einzuführen und aufrecht zu erhalten, um die Werkstoffe der Teile des Gerätes, die zur Druckfestigkeit beitragen, mit geeigneten Mitteln vom Materialeingang über den Herstellungsprozeß bis zur Endabnahme des hergestellten Druckgerätes identifizieren zu können.

3.2 Abnahme

Druckgeräte müssen der nachstehend beschriebenen Abnahme unterzogen werden.

3.2.1 Schlußprüfung

Druckgeräte müssen einer Schlußprüfung unterzogen werden, bei der durch Sichtprüfung und Kontrolle der zugehörigen Unterlagen zu überprüfen ist, ob die Anforderungen dieser Richtlinie erfüllt sind. Hierbei können Prüfungen, die während der Fertigung durchgeführt worden sind, berücksichtigt werden. Soweit von der Sicherheit her erforderlich, wird die Schlußprüfung innen und außen an allen Teilen des Gerätes, gegebenenfalls während des Fertigungsprozesses (z.B. falls bei der Schlußprüfung nicht mehr besichtigbar), durchgeführt.

3.2.2 Druckprüfung

Die Abnahme der Druckgeräte muß eine Druckfestigkeitsprüfung einschließen, die normalerweise in Form eines hydrostatischen Druckversuchs durchgeführt wird, wobei der Druck mindestens dem in Abschnitt 7.4 festgelegten Wert – falls anwendbar – entsprechen muß.

Für serienmäßig hergestellte Geräte der Kategorie I kann diese Prüfung auf statistischer Grundlage durchgeführt werden.

Ist der hydrostatische Druckversuch nachteilig oder nicht durchführbar, so können andere Prüfungen, die sich als wirksam erwiesen haben, durchgeführt werden. Für andere Prüfungen als den hydrostatischen Druckversuch müssen zuvor zusätzliche Maßnahmen, wie zerstörungsfreie Prüfungen oder andere gleichwertige Verfahren, angewandt werden.

3.2.3 Prüfung der Sicherheitseinrichtungen

Bei Baugruppen umfaßt die Abnahme auch eine Prüfung der Ausrüstungsteile mit Sicherheitsfunktion, bei der überprüft wird, daß die Anforderungen gemäß Abschnitt 2.10 vollständig erfüllt sind.

3.3 Kennzeichnung und Etikettierung

Neben der gemäß Artikel 15 vorzunehmenden CE-Kennzeichnung sind folgende Angaben zu machen:

a) Für alle Druckgeräte
   – Name und Anschrift des Herstellers bzw. andere Angaben zu seiner Identifizierung und gegebenenfalls die seines in der Gemeinschaft ansässigen Bevollmächtigten;
   – Herstellungsjahr;
   – Angaben, die eine Identifizierung des Druckgeräts seiner Art entsprechend erlauben, wie Typ-, Serien- oder Loskennzeichnung, Fabrikationsnummer;
   – Angaben über die wesentlichen zulässigen oberen/unteren Grenzwerte.

b) Je nach Art des Druckgeräts sind weitere Angaben zu machen, die zur Gewährleistung der Sicherheit bei Montage, Betrieb, Benutzung und gegebenenfalls Wartung und regelmäßiger Überprüfung erforderlich sind; diese Angaben umfassen z.B.
   – das Druckgerätevolumen V in l;
   – die Nennweite DN für Rohrleitungen;
   – den aufgebrachten Prüfdruck PT in bar und das Datum;

- den Einstelldruck der Sicherheitseinrichtung in bar;
- die Druckgeräteleistung in kW;
- die Netzspannung in Volt;
- die beabsichtigte Verwendung;
- den Füllungsgrad in kg/l;
- die Höchstfüllmasse in kg;
- die Leermasse in kg;
- die Produktgruppe.

c) Falls erforderlich, sind die Druckgeräte mit Warnhinweisen zu versehen, mit denen auf Fälle unsachgemäßer Verwendung hingewiesen wird, die erfahrungsgemäß möglich sind.

Auf dem Druckgerät oder einem an ihm fest angebrachten Typenschild ist die CE-Kennzeichnung vorzunehmen und sind die erforderlichen Angaben zu machen, wobei folgende Ausnahmen gelten:

- Eine wiederholte Kennzeichnung von Einzelteilen, beispielsweise von Rohrteilen, die für dieselbe Baugruppe bestimmt sind, kann gegebenenfalls durch Verwendung einer entsprechenden Dokumentation vermieden werden. Dies gilt für die CE-Kennzeichnung sowie für andere Kennzeichnungen und Etikettierungen gemäß diesem Anhang;
- ist das Druckgerät zu klein (z.B. Ausrüstungsteile), so können die unter Buchstabe b) aufgeführten Angaben auf einem am Druckgerät befestigten Etikett gemacht werden;
- Angaben über die Füllmasse und die unter Buchstabe c) genannten Warnhinweise können auf Etiketten oder in einer anderen angemessenen Form gemacht bzw. gegeben werden, sofern sie für einen angemessenen Zeitraum lesbar bleiben.

3.4 Betriebsanleitung

a) Beim Inverkehrbringen ist den Druckgeräten, sofern erforderlich, eine Betriebsanleitung für den Benutzer beizufügen, die alle der Sicherheit dienlichen Informationen zu folgenden Aspekten enthält:

- Montage einschließlich Verbindung verschiedener Druckgeräte;
- Inbetriebnahme;
- Benutzung;
- Wartung einschließlich Inspektion durch den Benutzer.

b) Die Betriebsanleitung muß die gemäß Abschnitt 3.3 auf dem Druckgerät anzubringenden Angaben mit Ausnahme der Serienkennzeichnung enthalten; der Betriebsanleitung sind gegebenenfalls die technischen Dokumente sowie Zeichnungen und Diagramme beizufügen, die für das richtige Verständnis dieser Anleitung erforderlich sind.

c) Gegebenenfalls muß in der Betriebsanleitung auch auf die Gefahren einer unsachgemäßen Verwendung gemäß Abschnitt 1.3 und auf die besonderen Merkmale des Entwurfs gemäß Abschnitt 2.2.3 hingewiesen werden.

4 Werkstoffe

Die zur Herstellung von Druckgeräten verwendeten Werkstoffe müssen, falls sie nicht ersetzt werden sollen, für die gesamte vorgesehene Lebensdauer geeignet sein.

Schweißzusatzwerkstoffe und sonstige Verbindungswerkstoffe müssen nur die entsprechenden Auflagen der Abschnitte 4.1, 4.2 Buchstabe a) und 4.3 erster Absatz erfüllen, und zwar sowohl einzeln als auch in der Verbindung.

4.1 Für Werkstoffe drucktragender Teile gelten folgende Bestimmungen:

a) Sie müssen Eigenschaften besitzen, die allen nach vernünftigem Ermessen vorhersehbaren Betriebsbedingungen und allen Prüfbedingungen entsprechen, und insbesondere eine ausreichend hohe Duktilität und Zähigkeit besitzen. Falls zutreffend, müssen die Eigenschaften dieser Werkstoffe den Bestimmungen des Abschnitts 7.5 entsprechen. Insbesondere müssen die Werkstoffe so ausgewählt sein, daß es gegebenenfalls nicht zu einem Sprödbruch kommt; muß aus bestimmten Gründen ein spröder Werkstoff verwendet werden, so sind entsprechende Maßnahmen zu treffen;

b) sie müssen gegen die im Druckgerät geführten Fluide in ausreichendem Maße chemisch beständig sein; die für die Betriebssicherheit erforderlichen chemischen und physikalischen Eigenschaften dürfen während der vorgesehenen Lebensdauer nicht wesentlich beeinträchtigt werden;

c) sie dürfen durch Alterung nicht wesentlich beeinträchtigt werden;

d) sie müssen für die vorgesehenen Verarbeitungsverfahren geeignet sein;

e) sie müssen so ausgewählt sein, daß bei der Verbindung unterschiedlicher Werkstoffe keine wesentlich nachteiligen Wirkungen auftreten.

4.2 a) Die für die Berechnung im Hinblick auf Abschnitt 2.2.3 erforderlichen Kennwerte sowie die wesentlichen Eigenschaften der Werkstoffe und ihrer Behandlung gemäß Abschnitt 4.1 sind vom Druckgerätehersteller sachgerecht festzulegen.

b) Der Hersteller hat in den technischen Unterlagen Angaben zur Einhaltung der Werkstoffvorschriften der Richtlinie in einer der folgenden Formen zu machen:

– Verwendung von Werkstoffen entsprechend den harmonisierten Normen;

– Verwendung von Werkstoffen, für die eine europäische Werkstoffzulassung für Druckgeräte gemäß Artikel 11 vorliegt;

– Einzelgutachten zu den Werkstoffen.

c) Bei Druckgeräten der Kategorien III und IV wird das Einzelgutachten gemäß Buchstabe b) dritter Gedankenstrich von der für die Konformitätsbewertung des Druckgerätes zuständigen benannten Stelle durchgeführt.

4.3 Der Hersteller des Druckgeräts muß die geeigneten Maßnahmen ergreifen, um sicherzustellen, daß der verwendete Werkstoff den vorgegebenen Anforderungen entspricht. Insbesondere müssen für alle Werkstoffe vom Werkstoffhersteller ausgefertigte Unterlagen eingeholt werden, durch die die Übereinstimmung mit einer gegebenen Vorschrift bescheinigt wird.

Für die wichtigsten drucktragenden Teile von Druckgeräten der Kategorien II, III und IV erfolgt dies in Form einer Bescheinigung mit spezifischer Prüfung der Produkte.

Wendet ein Werkstoffhersteller ein geeignetes, von einer in der Gemeinschaft niedergelassenen zuständigen Stelle zertifiziertes Qualitätsmanagementsystem an, das in bezug auf die Werkstoffe einer spezifischen Bewertung unterzogen wurde, so wird davon ausgegangen, daß die vom Hersteller ausgestellten Bescheinigungen den Nachweis der Übereinstimmung mit den entsprechenden Anforderungen dieses Abschnitts bieten.

Spezifische Anforderungen für bestimmte Druckgeräte

Zusätzlich zu den Anforderungen gemäß den Abschnitten 1 bis 4 gelten die nachstehenden Anforderungen für die unter die Abschnitte 5 und 6 fallenden Druckgeräte.

5 Befeuerte oder anderweitig beheizte überhitzungsgefährdete Druckgeräte gemäß Artikel 3 Absatz 1

Diese Druckgeräte sind Teil von
- Dampf- und Heißwassererzeugern gemäß Artikel 3 Nummer 1.2, wie z.B. befeuerte Dampf- und Heißwasserkessel, Überhitzer und Zwischenüberhitzer, Abhitzekessel, Abfallverbrennungskessel, elektrisch beheizte Kessel oder Elektrodenkessel und Dampfdrucktöpfe, zusammen mit ihren Ausrüstungsteilen und gegebenenfalls ihren Systemen zur Speisewasserbehandlung und zur Brennstoffzufuhr;
- Prozeßheizgeräten für andere Medien als Dampf und Heißwasser gemäß Artikel 3 Nummer 1.1, wie z.B. Erhitzer für chemische und ähnliche Prozesse sowie Druckgeräte für die Nahrungsmittelindustrie.

Diese Druckgeräte sind so zu berechnen, auszulegen und zu bauen, daß das Risiko eines signifikanten Versagens druckhaltender Teile aufgrund von Überhitzung vermieden oder minimiert wird. Insbesondere muß gegebenenfalls sichergestellt werden, daß

a) geeignete Schutzvorrichtungen vorgesehen werden, damit Betriebsparameter wie Wärmezufuhr, Wärmeabgabe und, wo zutreffend, Flüssigkeitsstand begrenzt werden können, um das Risiko einer örtlichen oder generellen Überhitzung zu vermeiden;

b) falls erforderlich, Probenahmestellen vorgesehen werden, damit die Eigenschaften der Fluide bewertet werden können, um Risiken im Zusammenhang mit Ablagerungen und/oder Korrosion zu vermeiden;

c) angemessene Vorkehrungen getroffen werden, um die Gefahren von Schäden durch Ablagerungen zu beseitigen;

d) Möglichkeiten zur sicheren Abführung von Nachwärme nach einem Abschalten geschaffen werden;

e) Maßnahmen vorgesehen werden, damit eine gefährliche Ansammlung entzündlicher Mischungen aus brennbaren Stoffen und Luft sowie ein Flammenrückschlag vermieden werden.

6 Rohrleitungen gemäß Artikel 3 Nummer 1.3

Durch Auslegung und Bau muß folgendes sichergestellt sein:

a) Der Gefahr einer Überbeanspruchung durch unzulässige Bewegung oder übermäßige Kräfte z.B. an Flanschen, Verbindungen, Kompensatoren oder Schlauchleitungen ist durch Unterstützung, Befestigung, Verankerung, Ausrichtung oder Vorspannung in geeigneter Weise vorzubeugen;

b) falls sich im Innern von Rohrleitungen für gasförmige Fluide Kondensflüssigkeit bilden kann, sind Einrichtungen zur Entwässerung bzw. zur Entfernung von Ablagerungen aus tiefliegenden Bereichen vorzusehen, um Schäden aufgrund von Wasserschlag oder Korrosion zu vermeiden;

c) die Möglichkeit von Schäden durch Turbulenzen oder Wirbelbildung ist gebührend zu berücksichtigen. Dabei gelten die entsprechenden Bestimmungen des Abschnitts 2.7;

d) die Gefahr von Ermüdungserscheinungen durch Vibrationen in Rohren ist gebührend zu berücksichtigen;

e) enthalten die Rohrleitungen Fluide der Gruppe 1, so ist in geeigneter Weise dafür zu sorgen, daß die Rohrabzweigungen, die wegen ihrer Abmessungen erhebliche Risiken mit sich bringen, abgesperrt werden können;

f) zur Minimierung der Gefahr einer unbeabsichtigten Entnahme sind die Entnahmestellen an der permanenten Seite der Verbindungen unter Angabe des enthaltenen Fluids deutlich zu kennzeichnen;

g) zur Erleichterung von Wartungs-, Inspektions- und Reparaturarbeiten sind Lage und Verlauf von erdverlegten Rohr- und Fernleitungen zumindest in der technischen Dokumentation anzugeben.

7 Besondere quantitative Anforderungen für bestimmte Druckgeräte

Die nachstehenden Bestimmungen sind in der Regel anzuwenden. Werden sie nicht angewandt, einschließlich für den Fall, daß Werkstoffe nicht speziell genannt sind und harmonisierte Normen nicht angewandt werden, so muß der Hersteller nachweisen, daß geeignete Maßnahmen ergriffen wurden, um ein gleichwertiges Gesamtsicherheitsniveau zu erzielen.

Dieser Abschnitt ist Teil des Anhangs I. Seine Bestimmungen ergänzen die grundlegenden Anforderungen der Abschnitte 1 bis 6 bei Druckgeräten, für die sie gelten.

7.1 Zulässige Belastungen

7.1.1 Symbole

$R_{e,t}$, (Elastizitätsgrenze) bezeichnet je nach Fall folgende Werte bei Berechnungstemperatur:
- obere Streckgrenze bei Werkstoffen, die eine untere und obere Streckgrenze aufweisen;
- 1,0 %-Dehngrenze bei Austenitstahl und unlegiertem Aluminium;
- 0,2 %-Dehngrenze in den übrigen Fällen.

$R_{m,20}$ bezeichnet den Mindestwert der Zugfestigkeit bei 20 °C.

$R_{m,t}$ bezeichnet die Zugfestigkeit bei Berechnungstemperatur.

7.1.2

Die zulässige allgemeine Membranspannung darf bei überwiegend statischen Belastungen und bei Temperaturen außerhalb des Bereichs, in dem Kriechphänomene signifikant sind, je nach verwendetem Werkstoff den jeweils niedrigeren der folgenden Werte nicht überschreiten:

- ferritischer Stahl, einschließlich normalgeglühter (normalisierend gewalzter) Stahl und mit Ausnahme von Feinkornstahl und Stahl mit besonderer Wärmebehandlung: 2/3 von $R_{e,t}$ und 5/12 von $R_{m,20}$;
- austenitischer Stahl:
    - wenn die Bruchdehnung über 30 % beträgt: 2/3 von $R_{e,t}$;
    - oder alternativ hierzu, wenn die Bruchdehnung über 35 % beträgt: 5/6 von $R_{e,t}$ und 1/3 von $R_{m,t}$;
- unlegierter und niedriglegierten Stahlguß: 10/19 von $R_{e,t}$ und 1/3 von $R_{m,20}$;
- Aluminium: 2/3 von $R_{e,t}$;
- nicht aushärtbare Aluminiumlegierungen: 2/3 von $R_{e,t}$ und 5/12 von $R_{m,20}$.

7.2 Verbindungskoeffizienten

Bei Schweißverbindungen dürfen die Verbindungskoeffizienten folgende Werte nicht überschreiten:

- Bei Druckgeräten, an denen zerstörende und zerstörungsfreie Prüfungen durchgeführt werden, um zu überprüfen, daß die Verbindungen keine wesentlichen Mängel aufweisen: 1;
- bei Druckgeräten, an denen zerstörungsfreie Stichprobenprüfungen durchgeführt werden: 0,85;
- bei Druckgeräten, an denen mit Ausnahme einer Sichtprüfung keine zerstörungsfreien Prüfungen durchgeführt werden: 0,7.

Erforderlichenfalls sind auch die Beanspruchungsart sowie die mechanisch-technologischen Eigenschaften der Verbindung zu berücksichtigen.

7.3 Einrichtungen zur Druckbegrenzung, insbesondere bei Druckbehältern

Die vorübergehende Drucküberschreitung gemäß Abschnitt 2.11.2 ist auf 10 % des höchstzulässigen Drucks zu begrenzen

7.4 Hydrostatischer Prüfdruck

Bei Druckbehältern muß der hydrostatische Prüfdruck gemäß Abschnitt 3.2.2 dem höheren der folgenden Werte entsprechen:

- dem 1,25fachen Wert der Höchstbelastung des Druckgeräts im Betrieb unter Berücksichtigung des höchstzulässigen Drucks und der höchstzulässigen Temperatur oder
- dem 1,43fachen Wert des höchstzulässigen Drucks.

7.5 Werkstoffeigenschaften

Sofern nicht andere zu berücksichtigende Kriterien andere Werte erfordern, gilt ein Stahl als ausreichend duktil im Sinne des Abschnitts 4.1 Buchstabe a), wenn seine Bruchdehnung im normgemäß durchgeführten Zugversuch mindestens 14 % und die Kerbschlagarbeit an einer ISO-V-Probe bei einer Temperatur von höchstens 20 °C, jedoch höchstens bei der vorgesehenen tiefsten Betriebstemperatur mindestens 27 J beträgt.

Anhang II
Konformitätsbewertungsdiagramme

1. Die römischen Ziffern in den Diagrammen entsprechen folgenden Modulkategorien:

   I   = Modul A
   II = Module A1, D1, E1
   III = Module B1 + D, B1 + F, B + E, B + C1, H
   IV = Module B + D, B + F, G, H1

2. Die in Artikel 1 Nummer 2.1.3 definierten und in Artikel 3 Nummer 1.4 genannten Ausrüstungsteile mit Sicherheitsfunktion fallen unter die Kategorie IV. Als Ausnahme hiervon können jedoch für spezifische Geräte hergestellte Ausrüstungsteile mit Sicherheitsfunktion in dieselbe Kategorie wie das zu schützende Gerät eingestuft werden.

3. Maßgebend für die Einstufung der in Artikel 1 Nummer 2.1.4 definierten und in Artikel 3 Nummer 1.4 genannten drucktragenden Ausrüstungsteile sind

   – ihr maximal zulässiger Druck PS und
   – das für sie maßgebliche Volumen V bzw. ihre Nennweite DN und
   – die Gruppe der Fluide, für die sie bestimmt sind;

   zur Präzisierung der Konformitätsbewertungskategorien gilt das jeweilige Diagramm für Behälter bzw. Rohrleitungen.

   Werden sowohl das Volumen als auch die Nennweite als geeignet im Sinne des zweiten Gedankenstrichs angesehen, so ist das druckhaltende Ausrüstungsteil in die jeweils höhere Kategorie einzustufen.

4. Mit den Abgrenzungskurven in den nachstehenden Konformitätsbewertungsdiagrammen wird der Höchstwert für jede Kategorie angegeben.

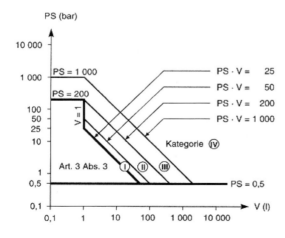

Diagramm 1 Behälter gemäß Artikel 3 Nummer 1.1 Buchstabe a) erster Gedankenstrich

Als Ausnahme hiervon sind Behälter, die für ein instabiles Gas bestimmt sind und nach Diagramm 1 unter Kategorie I oder II fallen, in die Kategorie III einzustufen.

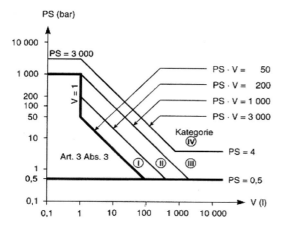

Diagramm 2 Behälter gemäß Artikel 3 Nummer 1.1 Buchstabe a) zweiter Gedankenstrich

Als Ausnahme hiervon sind tragbare Feuerlöscher und Flaschen für Atemschutzgeräte mindestens in die Kategorie III einzustufen.

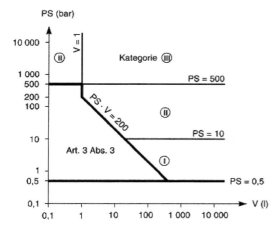

Diagramm 3 Behälter gemäß Artikel 3 Nummer 1.1 Buchstabe b) erster Gedankenstrich

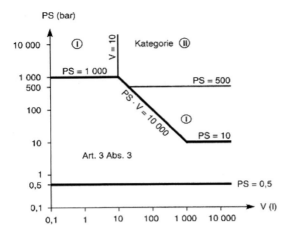

Diagramm 4 Behälter gemäß Artikel 3 Nummer 1.1 Buchstabe b) zweiter Gedankenstrich

Als Ausnahme müssen Baugruppen für die Erzeugung von Warmwasser nach Artikel 3 Nummer 2.3 entweder einer EG-Entwurfsprüfung (Modul B1) im Hinblick auf ihre Konformität mit den grundlegenden Anforderungen des Anhangs I Nummern 2.10, 2.11, 3.4, 5 Buchstabe a) und 5 Buchstabe d) oder einer umfassenden Qualitätssicherung (Modul H) unterzogen werden.

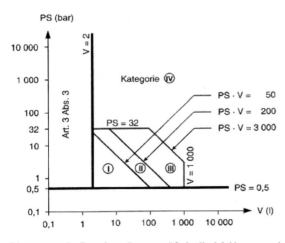

Diagramm 5 Druckgeräte gemäß Artikel 3 Nummer 1.2

Als Ausnahme hiervon unterliegen Schnellkochtöpfe einer Entwurfskontrolle nach einem mindestens einem der Module der Kategorie III entsprechenden Prüfverfahren.

DruckgeräteRL

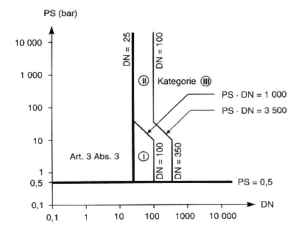

Diagramm 6 Rohrleitungen gemäß Artikel 3 Nummer 1.3 Buchstabe a) erster Gedankenstrich

Als Ausnahme hiervon sind Rohrleitungen, die für instabile Gase bestimmt sind und nach Diagramm 6 unter Kategorie I oder II fallen, in die Kategorie III einzustufen.

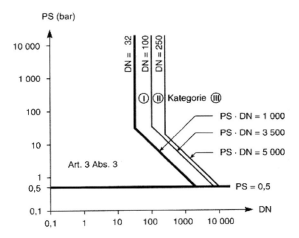

Diagramm 7 Rohrleitungen gemäß Artikel 3 Nummer 1.3 Buchstabe a) zweiter Gedankenstrich

Als Ausnahme hiervon sind Rohrleitungen, die Fluide mit Temperaturen von mehr als 350 °C enthalten und nach Diagramm 7 unter Kategorie II fallen, in die Kategorie III einzustufen.

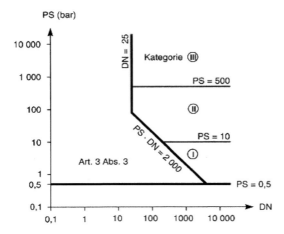

Diagramm 8 Rohrleitungen gemäß Artikel 3 Nummer 1.3 Buchstabe b) erster Gedankenstrich

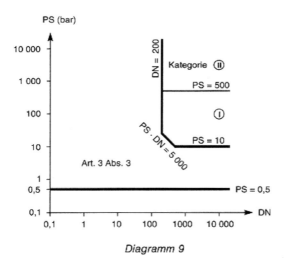

Diagramm 9

Diagramm 9 Rohrleitungen gemäß Artikel 3 Nummer 1.3 Buchstabe b) zweiter Gedankenstrich

DruckgeräteRL

Anhang III
Konformitätsbewertungsverfahren

Die Verpflichtungen, die sich aufgrund der Bestimmungen dieses Anhangs für Druckgeräte ergeben, gelten auch für Baugruppen.

Modul A (Interne Fertigungskontrolle)

1. Dieses Modul beschreibt das Verfahren, bei dem der Hersteller oder sein in der Gemeinschaft ansässiger Bevollmächtigter, der die Verpflichtungen nach Nummer 2 erfüllt, sicherstellt und erklärt, daß die Druckgeräte die für sie geltenden Anforderungen dieser Richtlinie erfüllen. Der Hersteller oder sein in der Gemeinschaft ansässiger Bevollmächtigter bringt an jedem Druckgerät die CE-Kennzeichnung an und stellt eine schriftliche Konformitätserklärung aus.

2. Der Hersteller erstellt die unter Nummer 3 beschriebenen technischen Unterlagen; er oder sein in der Gemeinschaft ansässiger Bevollmächtigter halten sie zehn Jahre lang nach Herstellung des letzten Druckgeräts zur Einsichtnahme durch die nationalen Behörden bereit.

    Sind weder der Hersteller noch sein Bevollmächtigter in der Gemeinschaft ansässig, so fällt diese Verpflichtung zur Bereithaltung der technischen Unterlagen der Person zu, die für das Inverkehrbringen des Druckgerätes auf dem Gemeinschaftsmarkt verantwortlich ist.

3. Die technischen Unterlagen müssen eine Bewertung der Übereinstimmung des Druckgeräts mit den für es geltenden Anforderungen der Richtlinie ermöglichen. Soweit es für die Bewertung erforderlich ist, müssen sie Entwurf, Fertigung und Funktionsweise des Druckgeräts abdecken und folgendes enthalten:
    - eine allgemeine Beschreibung des Druckgeräts;
    - Entwürfe, Fertigungszeichnungen und -pläne von Bauteilen, Unterbaugruppen, Schaltkreisen usw.;
    - Beschreibungen und Erläuterungen, die zum Verständnis der genannten Zeichnungen und Pläne sowie der Funktionsweise des Druckgeräts erforderlich sind;
    - eine Liste der in Artikel 5 genannten, ganz oder teilweise angewandten Normen sowie eine Beschreibung der zur Erfüllung der grundlegenden Anforderungen der Richtlinie gewählten Lösungen, soweit die in Artikel 5 genannten Normen nicht angewandt worden sind;
    - die Ergebnisse der Konstruktionsberechnungen, Prüfungen usw.;
    - Prüfberichte.

4. Der Hersteller oder sein in der Gemeinschaft ansässiger Bevollmächtigter bewahrt zusammen mit den technischen Unterlagen eine Kopie der Konformitätserklärung auf.

5. Der Hersteller trifft alle erforderlichen Maßnahmen, damit das Fertigungsverfahren die Übereinstimmung der gefertigten Druckgeräte mit den in Nummer 2 genannten technischen Unterlagen und mit den für sie geltenden Anforderungen dieser Richtlinie gewährleistet.

Modul A1 (Interne Fertigungskontrolle mit Überwachung der Abnahme)

Zusätzlich zu den Anforderungen des Moduls A gilt folgendes:

Die Abnahme unterliegt einer Überwachung in Form unangemeldeter Besuche durch die vom Hersteller ausgewählte benannte Stelle.

Bei diesen Besuchen muß die benannte Stelle
- sich vergewissern, daß der Hersteller die Abnahme gemäß Anhang I Abschnitt 3.2 tatsächlich durchführt;
- in den Fertigungs- oder Lagerstätten Druckgeräte zu Kontrollzwecken entnehmen. Die benannte Stelle entscheidet über die Anzahl der zu entnehmenden Druckgeräte sowie darüber, ob es erforderlich ist, an diesen entnommenen Druckgeräten die Abnahme ganz oder teilweise durchzuführen oder durchführen zu lassen.

Bei Nichtübereinstimmung eines oder mehrerer Druckgeräte ergreift die benannte Stelle die geeigneten Maßnahmen.

Der Hersteller bringt unter der Verantwortlichkeit der benannten Stelle deren Kennummer auf jedem Druckgerät an.

Modul B (EG-Baumusterprüfung)

1. Dieses Modul beschreibt den Teil des Verfahrens, bei dem eine benannte Stelle prüft und bestätigt, daß ein für die betreffende Produktion repräsentatives Muster den für dieses Muster geltenden Vorschriften dieser Richtlinie entspricht.
2. Der Antrag auf EG-Baumusterprüfung ist vom Hersteller oder seinem in der Gemeinschaft ansässigen Bevollmächtigten bei einer einzigen benannten Stelle seiner Wahl einzureichen.

   Der Antrag muß folgendes enthalten:
   - Name und Anschrift des Herstellers und, wenn der Antrag vom in der Gemeinschaft ansässigen Bevollmächtigten eingereicht wird, auch dessen Name und Anschrift;
   - eine schriftliche Erklärung, daß derselbe Antrag bei keiner anderen benannten Stelle eingereicht worden ist;
   - die technischen Unterlagen gemäß Nummer 3.

   Der Antragsteller stellt der benannten Stelle ein für die betreffende Produktion repräsentatives Muster, im folgenden als "Baumuster" bezeichnet, zur Verfügung. Die benannte Stelle kann weitere Muster verlangen, wenn sie diese für die Durchführung des Prüfungsprogramms benötigt.

   Ein Baumuster kann für mehrere Versionen eines Druckgeräts verwendet werden, sofern die Unterschiede zwischen den verschiedenen Versionen das Sicherheitsniveau nicht beeinträchtigen.

3. Die technischen Unterlagen müssen eine Bewertung der Übereinstimmung des Druckgeräts mit den für es geltenden Anforderungen der Richtlinie ermöglichen. Soweit es für die Bewertung erforderlich ist, müssen sie Entwurf, Fertigung und Funktionsweise des Druckgeräts abdecken und folgendes enthalten:
   - eine allgemeine Beschreibung des Baumusters;
   - Entwürfe, Fertigungszeichnungen und -pläne von Bauteilen, Unterbaugruppen, Schaltkreisen usw.;

DruckgeräteRL

- Beschreibungen und Erläuterungen, die zum Verständnis der genannten Zeichnungen und Pläne sowie der Funktionsweise des Druckgeräts erforderlich sind;
- eine Liste der in Artikel 5 genannten, ganz oder teilweise angewandten Normen sowie eine Beschreibung der zur Erfüllung der grundlegenden Anforderungen der Richtlinie gewählten Lösungen, soweit die in Artikel 5 genannten Normen nicht angewandt worden sind;
- die Ergebnisse der Konstruktionsberechnungen, Prüfungen usw.;
- Prüfberichte;
- Angaben zu den bei der Fertigung vorgesehenen Prüfungen;
- Angaben zu den erforderlichen Qualifikationen oder Zulassungen gemäß Anhang I Abschnitte 3.1.2 und 3.1.3.

4. Die benannte Stelle

4.1 prüft die technischen Unterlagen, überprüft, ob das Baumuster in Übereinstimmung mit den technischen Unterlagen hergestellt wurde, und stellt fest, welche Bauteile nach den einschlägigen Bestimmungen der in Artikel 5 genannten Normen und welche nicht nach diesen Normen entworfen wurden.

Die benannte Stelle hat dabei insbesondere folgende Aufgaben:
- Sie prüft die technischen Unterlagen in bezug auf den Entwurf sowie die Fertigungsverfahren;
- sie begutachtet die verwendeten Werkstoffe, wenn diese nicht den geltenden harmonisierten Normen oder einer europäischen Werkstoffzulassung für Druckgerätewerkstoffe entsprechen, und überprüft die vom Werkstoffhersteller gemäß Anhang I Abschnitt 4.3 ausgestellte Bescheinigung;
- sie erteilt die Zulassung für die Arbeitsverfahren zur Ausführung dauerhafter Verbindungen oder überprüft, ob diese bereits gemäß Anhang I Abschnitt 3.1.2 zugelassen worden sind;
- sie überprüft, ob das Personal für die Ausführung der dauerhaften Verbindungen und die zerstörungsfreien Prüfungen gemäß Anhang I Abschnitte 3.1.2 und 3.1.3 qualifiziert oder zugelassen ist;

4.2 führt die entsprechenden Untersuchungen und erforderlichen Prüfungen durch oder läßt sie durchführen, um festzustellen, ob die vom Hersteller gewählten Lösungen die grundlegenden Anforderungen der Richtlinie erfüllen, sofern die in Artikel 5 genannten Normen nicht angewandt wurden;

4.3 führt die entsprechenden Untersuchungen und erforderlichen Prüfungen durch oder läßt sie durchführen, um festzustellen, ob die einschlägigen Normen richtig angewandt wurden, sofern der Hersteller sich dafür entschieden hat, diese anzuwenden;

4.4 vereinbart mit dem Antragsteller den Ort, an dem die Untersuchungen und erforderlichen Prüfungen durchgeführt werden sollen.

5. Entspricht das Baumuster den einschlägigen Bestimmungen der Richtlinie, so stellt die benannte Stelle dem Antragsteller eine EG-Baumusterprüfbescheinigung aus. Die Bescheinigung, die für zehn Jahre gültig ist und verlängert werden kann, enthält den Namen und die Anschrift des Herstellers, die Ergebnisse der Prüfung und die für die Identifizierung des zugelassenen Baumusters erforderlichen Angaben.

Eine Liste der wichtigen technischen Unterlagen wird der Bescheinigung beigefügt und in einer Kopie von der benannten Stelle aufbewahrt.

Lehnt die benannte Stelle es ab, dem Hersteller oder seinem in der Gemeinschaft ansässigen Bevollmächtigten eine EG-Baumusterprüfbescheinigung auszustellen, so gibt sie dafür eine ausführliche Begründung. Es ist ein Einspruchsverfahren vorzusehen.

6. Der Antragsteller unterrichtet die benannte Stelle, der die technischen Unterlagen zur EG-Baumusterprüfbescheinigung vorliegen, über alle Änderungen an dem zugelassenen Druckgerät, die einer neuen Zulassung bedürfen, soweit diese Änderungen die Übereinstimmung mit den grundlegenden Anforderungen oder den vorgeschriebenen Bedingungen für die Benutzung des Druckgeräts beeinträchtigen können. Diese neue Zulassung wird in Form einer Ergänzung der ursprünglichen EG-Baumusterprüfbescheinigung erteilt.

7. Jede benannte Stelle übermittelt den Mitgliedstaaten zweckdienliche Informationen über die von ihr zurückgezogenen EG-Baumusterprüfbescheinigungen und – auf Anforderung – über die von ihr erteilten EG-Baumusterprüfbescheinigungen.

   Jede benannte Stelle übermittelt darüber hinaus den übrigen benannten Stellen zweckdienliche Informationen über die von ihr zurückgezogenen oder verweigerten EG-Baumusterprüfbescheinigungen.

8. Die übrigen benannten Stellen können Kopien der EG-Baumusterprüfbescheinigungen und/oder der Ergänzungen erhalten. Die Anhänge der Bescheinigungen werden für die übrigen benannten Stellen zur Verfügung gehalten.

9. Der Hersteller oder sein in der Gemeinschaft ansässiger Bevollmächtigter bewahrt zusammen mit den technischen Unterlagen eine Kopie der EG-Baumusterprüfbescheinigung und ihrer Ergänzungen zehn Jahre lang nach Herstellung des letzten Druckgeräts auf.

   Sind weder der Hersteller noch sein Bevollmächtigter in der Gemeinschaft ansässig, so fällt diese Verpflichtung zur Bereithaltung der technischen Unterlagen der Person zu, die für das Inverkehrbringen des Druckgeräts auf dem Gemeinschaftsmarkt verantwortlich ist.

Modul B1 (EG-Entwurfsprüfung)

1. Dieses Modul beschreibt den Teil des Verfahrens, bei dem eine benannte Stelle prüft und bestätigt, daß der Entwurf eines Druckgeräts den für dieses Gerät geltenden Vorschriften dieser Richtlinie entspricht.

   Die experimentelle Auslegungsmethode gemäß Anhang I Abschnitt 2.2.4 kann im Rahmen dieses Moduls nicht verwendet werden.

2. Der Antrag auf Entwurfsprüfung ist vom Hersteller oder seinem in der Gemeinschaft ansässigen Bevollmächtigten bei einer einzigen benannten Stelle einzureichen.

   Der Antrag muß folgendes enthalten:

   – Name und Anschrift des Herstellers und, wenn der Antrag vom Bevollmächtigten eingereicht wird, auch dessen Name und Anschrift;

   – eine schriftliche Erklärung, daß derselbe Antrag bei keiner anderen benannten Stelle eingereicht worden ist;

   – die technischen Unterlagen gemäß Nummer 3.

   Der Antrag kann sich auf mehrere Versionen eines Druckgeräts erstrecken, sofern die Unterschiede zwischen den verschiedenen Versionen das Sicherheitsniveau nicht beeinträchtigen.

3. Die technischen Unterlagen müssen eine Bewertung der Übereinstimmung des Druckgeräts mit den für es geltenden Anforderungen der Richtlinie ermöglichen. Soweit es für die Bewertung erforderlich ist, müssen sie Entwurf, Fertigung und Funktionsweise des Druckgeräts abdecken und folgendes enthalten:
   - eine allgemeine Beschreibung des Druckgeräts;
   - Entwürfe, Fertigungszeichnungen und -pläne von Bauteilen, Unterbaugruppen, Schaltkreisen usw.;
   - Beschreibungen und Erläuterungen, die zum Verständnis der genannten Zeichnungen und Pläne sowie der Funktionsweise des Druckgeräts erforderlich sind;
   - eine Liste der in Artikel 5 genannten, ganz oder teilweise angewandten Normen sowie eine Beschreibung der zur Erfüllung der grundlegenden Anforderungen der Richtlinie gewählten Lösungen, soweit die in Artikel 5 genannten Normen nicht angewandt worden sind;
   - die erforderlichen Nachweise für die Eignung der für den Entwurf gewählten Lösungen, insbesondere dann, wenn die in Artikel 5 genannten Normen nicht vollständig angewandt wurden. Dieser Nachweis schließt die Ergebnisse von Prüfungen ein, die in geeigneten Laboratorien des Herstellers oder in seinem Auftrag durchgeführt wurden;
   - die Ergebnisse der Konstruktionsberechnungen, Prüfungen usw.;
   - Angaben zu den erforderlichen Qualifikationen oder Zulassungen gemäß Anhang I Abschnitte 3.1.2 und 3.1.3.
4. Die benannte Stelle
4.1 prüft die technischen Unterlagen und stellt fest, welche Bauteile nach den einschlägigen Bestimmungen der in Artikel 5 genannten Normen und welche nicht nach diesen Normen entworfen wurden. Die benannte Stelle hat dabei insbesondere folgende Aufgaben:
   - Sie begutachtet die verwendeten Werkstoffe, wenn diese nicht den geltenden harmonisierten Normen oder einer europäischen Werkstoffzulassung für Druckgerätewerkstoffe entsprechen;
   - sie erteilt die Zulassung für die Arbeitsverfahren zur Ausführung dauerhafter Verbindungen oder überprüft, ob diese bereits gemäß Anhang I Abschnitt 3.1.2 zugelassen worden sind;
   - sie überprüft, ob das Personal für die Ausführung der dauerhaften Verbindungen und die zerstörungsfreien Prüfungen gemäß Anhang I Abschnitte 3.1.2 und 3.1.3 qualifiziert oder zugelassen ist;
4.2 führt die entsprechenden Untersuchungen und erforderlichen Prüfungen durch oder läßt sie durchführen, um festzustellen, ob die vom Hersteller gewählten Lösungen die grundlegenden Anforderungen der Richtlinie erfüllen, sofern die in Artikel 5 genannten Normen nicht angewandt wurden;
4.3 führt die entsprechenden Untersuchungen und erforderlichen Prüfungen durch oder läßt sie durchführen, um festzustellen, ob die einschlägigen Normen richtig angewandt wurden, sofern der Hersteller sich dafür entschieden hat, diese anzuwenden.
5. Entspricht der Entwurf den einschlägigen Bestimmungen dieser Richtlinie, stellt die benannte Stelle dem Antragsteller eine EG-Entwurfsprüfbescheinigung aus. Die Bescheinigung enthält den Namen und die Anschrift des Antragstellers, die Ergebnisse der Prüfung, die Bedingungen für ihre Gültigkeit und die für die Identifizierung des zugelassenen Entwurfs erforderlichen Angaben.

Eine Liste der wichtigsten technischen Unterlagen wird der Bescheinigung beigefügt und in einer Kopie von der benannten Stelle aufbewahrt.

Lehnt die benannte Stelle es ab, dem Hersteller oder seinem in der Gemeinschaft ansässigen Bevollmächtigten eine EG-Entwurfsprüfbescheinigung auszustellen, so gibt sie dafür eine ausführliche Begründung. Es ist ein Einspruchsverfahren vorzusehen.

6. Der Antragsteller unterrichtet die benannte Stelle, der die technischen Unterlagen zur EG-Entwurfsprüfbescheinigung vorliegen, über alle Änderungen an dem zugelassenen Entwurf, die einer neuen Zulassung bedürfen, soweit diese Änderungen die Übereinstimmung mit den grundlegenden Anforderungen oder den vorgeschriebenen Bedingungen für die Benutzung des Druckgeräts beeinträchtigen können. Diese neue Zulassung wird in Form einer Ergänzung der ursprünglichen EG-Entwurfsprüfbescheinigung erteilt.

7. Jede benannte Stelle übermittelt den Mitgliedstaaten zweckdienliche Informationen über die von ihr zurückgezogenen EG-Entwurfsprüfbescheinigungen und – auf Anforderung – über die von ihr erteilten EG-Entwurfsprüfbescheinigungen.

   Jede benannte Stelle übermittelt darüber hinaus den übrigen benannten Stellen zweckdienliche Informationen über die von ihr zurückgezogenen oder verweigerten EG-Entwurfsprüfbescheinigungen.

8. Die übrigen benannten Stellen können auf Anforderung zweckdienliche Informationen über
   - die ausgestellten EG-Entwurfsprüfbescheinigungen und Ergänzungen,
   - die zurückgezogenen EG-Entwurfsprüfbescheinigungen und Ergänzungen

   erhalten.

9. Der Hersteller oder sein in der Gemeinschaft ansässiger Bevollmächtigter bewahrt zusammen mit den technischen Unterlagen nach Nummer 3 eine Kopie der EG-Entwurfsprüfbescheinigungen und ihrer Ergänzungen zehn Jahre lang nach Herstellung des letzten Druckgeräts auf.

   Sind weder der Hersteller noch sein Bevollmächtigter in der Gemeinschaft ansässig, so fällt die Verpflichtung zur Bereithaltung der technischen Unterlagen der Person zu, die für das Inverkehrbringen des Druckgeräts auf dem Gemeinschaftsmarkt verantwortlich ist.

Modul C1 (Konformität mit der Bauart)

1. Dieses Modul beschreibt den Teil des Verfahrens, bei dem der Hersteller oder sein in der Gemeinschaft ansässiger Bevollmächtigter sicherstellt und erklärt, daß das Druckgerät der in der EG-Baumusterprüfbescheinigung beschriebenen Bauart entspricht und die für dieses Gerät geltenden Anforderungen dieser Richtlinie erfüllt. Der Hersteller oder sein in der Gemeinschaft ansässiger Bevollmächtigter bringt an jedem Druckgerät eine CE-Kennzeichnung an und stellt eine Konformitätserklärung aus.

2. Der Hersteller trifft alle erforderlichen Maßnahmen, damit der Fertigungsprozeß die Übereinstimmung der hergestellten Druckgeräte mit der in der EG-Baumusterprüfbescheinigung beschriebenen Bauart und mit den für sie geltenden Anforderungen dieser Richtlinie gewährleistet.

3. Der Hersteller oder sein in der Gemeinschaft ansässiger Bevollmächtigter bewahrt eine Kopie der Konformitätserklärung zehn Jahre lang nach Herstellung des letzten Druckgeräts auf.

Sind weder der Hersteller noch sein Bevollmächtigter in der Gemeinschaft ansässig, so fällt diese Verpflichtung zur Bereithaltung der technischen Unterlagen der Person zu, die für das Inverkehrbringen des Druckgerätes auf dem Gemeinschaftsmarkt verantwortlich ist.

4. Die Abnahme unterliegt einer Überwachung in Form unangemeldeter Besuche durch die vom Hersteller ausgewählte benannte Stelle.

Bei diesen Besuchen muß die benannte Stelle

- sich vergewissern, daß der Hersteller die Abnahme gemäß Anhang I Abschnitt 3.2 tatsächlich durchführt;
- in den Fertigungs- oder Lagerstätten Druckgeräte zu Kontrollzwecken entnehmen. Die benannte Stelle entscheidet über die Anzahl der zu entnehmenden Druckgeräte sowie darüber, ob es erforderlich ist, an diesen entnommenen Druckgeräten die Abnahme ganz oder teilweise durchzuführen oder durchführen zu lassen.

Bei Nichtübereinstimmung eines oder mehrerer Druckgeräte ergreift die benannte Stelle die geeigneten Maßnahmen.

Der Hersteller bringt unter der Verantwortlichkeit der benannten Stelle deren Kennummer auf jedem Druckgerät an.

Modul D (Qualitätssicherung Produktion)

1. Dieses Modul beschreibt das Verfahren, bei dem der Hersteller, der die Verpflichtungen nach Nummer 2 erfüllt, sicherstellt und erklärt, daß die betreffenden Druckgeräte der in der EG-Baumusterprüfbescheinigung oder in der EG-Entwurfsprüfbescheinigung beschriebenen Bauart entsprechen und die für sie geltenden Anforderungen dieser Richtlinie erfüllen. Der Hersteller oder sein in der Gemeinschaft ansässiger Bevollmächtigter bringt an jedem Druckgerät die CE-Kennzeichnung an und stellt eine schriftliche Konformitätserklärung aus. Der CE-Kennzeichnung wird die Kennummer der benannten Stelle hinzugefügt, die für die EG-Überwachung gemäß Nummer 4 zuständig ist.
2. Der Hersteller unterhält ein zugelassenes Qualitätssicherungssystem für die Herstellung, Endabnahme und andere Prüfungen gemäß Nummer 3 und unterliegt der Überwachung gemäß Nummer 4.
3. Qualitätssicherungssystem
3.1 Der Hersteller beantragt bei einer benannten Stelle seiner Wahl die Bewertung seines Qualitätssicherungssystems.

Der Antrag enthält folgendes:

- alle einschlägigen Angaben über die betreffenden Druckgeräte;
- die Unterlagen über das Qualitätssicherungssystem;
- die technischen Unterlagen über das zugelassene Baumuster und eine Kopie der EG-Baumusterprüfbescheinigung oder der EG-Entwurfsprüfbescheinigung.

3.2 Das Qualitätssicherungssystem muß die Übereinstimmung der Druckgeräte mit der in der EG-Baumusterprüfbescheinigung oder EG-Entwurfsprüfbescheinigung beschriebenen Bauart und mit den für sie geltenden Anforderungen der Richtlinie gewährleisten.

Alle vom Hersteller berücksichtigten Grundlagen, Anforderungen und Vorschriften sind systematisch und ordnungsgemäß in Form schriftlicher Maßnahmen, Verfahren und

DruckgeräteRL

Anweisungen zusammenzustellen. Diese Unterlagen über das Qualitätssicherungssystem sollen sicherstellen, daß die Qualitätssicherungsprogramme, -pläne, -handbücher und -berichte einheitlich ausgelegt werden.

Sie müssen insbesondere eine angemessene Beschreibung folgender Punkte enthalten:
- Qualitätsziele sowie organisatorischer Aufbau, Zuständigkeiten und Befugnisse des Managements in bezug auf die Druckgerätequalität;
- Fertigungsverfahren, Qualitätskontroll- und Qualitätssicherungstechniken und andere systematische Maßnahmen, insbesondere die zugelassenen Arbeitsverfahren zur Ausführung der dauerhaften Verbindungen gemäß Anhang I Abschnitt 3.1.2;
- Untersuchungen und Prüfungen, die vor, während und nach der Herstellung durchgeführt werden (mit Angabe ihrer Häufigkeit);
- Qualitätssicherungsunterlagen wie Kontrollberichte, Prüf- und Eichdaten, Berichte über die Qualifikation oder Zulassung der in diesem Bereich beschäftigten Mitarbeiter, insbesondere des für die Ausführung der dauerhaften Verbindungen und die zerstörungsfreien Prüfungen nach Anhang I Abschnitte 3.1.2 und 3.1.3 zuständigen Personals;
- Mittel, mit denen die Verwirklichung der angestrebten Qualität und die wirksame Arbeitsweise des Qualitätssicherungssystems überwacht werden können.

3.3 Die benannte Stelle bewertet das Qualitätssicherungssystem, um festzustellen, ob es die in Nummer 3.2 genannten Anforderungen erfüllt. Bei Qualitätssicherungssystemen, die die entsprechende harmonisierte Norm anwenden, wird von der Erfüllung dieser Anforderungen ausgegangen.

Mindestens ein Mitglied des Bewertungsteams muß über Erfahrungen mit der Bewertung der betreffenden Druckgerätetechnik verfügen. Das Bewertungsverfahren umfaßt auch eine Kontrollbesichtigung des Herstellerwerks.

Die Entscheidung wird dem Hersteller mitgeteilt. Die Mitteilung enthält die Ergebnisse der Prüfung und eine Begründung der Entscheidung. Es ist ein Einspruchsverfahren vorzusehen.

3.4 Der Hersteller verpflichtet sich, die Verpflichtungen aus dem Qualitätssicherungssystem in seiner zugelassenen Form zu erfüllen und dafür zu sorgen, daß es stets sachgemäß und effizient funktioniert.

Der Hersteller oder sein in der Gemeinschaft ansässiger Bevollmächtigter unterrichtet die benannte Stelle, die das Qualitätssicherungssystem zugelassen hat, über alle geplanten Aktualisierungen des Qualitätssicherungssystems.

Die benannte Stelle prüft die geplanten Änderungen und entscheidet, ob das geänderte Qualitätssicherungssystem noch den in Nummer 3.2 genannten Anforderungen entspricht oder ob eine erneute Bewertung erforderlich ist.

Sie teilt ihre Entscheidung dem Hersteller mit. Die Mitteilung enthält die Ergebnisse der Prüfung und eine Begründung der Entscheidung.

4. Überwachung unter der Verantwortung der benannten Stelle

4.1 Die Überwachung soll gewährleisten, daß der Hersteller die Verpflichtungen aus dem zugelassenen Qualitätssicherungssystem vorschriftsmäßig erfüllt.

4.2 Der Hersteller gewährt der benannten Stelle zu Inspektionszwecken Zugang zu den Herstellungs-, Abnahme-, Prüf- und Lagereinrichtungen und stellt ihr alle erforderlichen Unterlagen zur Verfügung.

Hierzu gehören insbesondere

- Unterlagen über das Qualitätssicherungssystem,
- Qualitätssicherungsunterlagen, wie Kontrollberichte, Prüf- und Eichdaten, Berichte über die Qualifikation der in diesem Bereich beschäftigten Mitarbeiter usw.

4.3 Die benannte Stelle führt regelmäßig Nachprüfungen (Audits) durch, um sicherzustellen, daß der Hersteller das Qualitätssicherungssystem aufrechterhält und anwendet, und übergibt ihm einen Bericht über die Nachprüfung. Die Häufigkeit der Nachprüfungen ist so zu wählen, daß alle drei Jahre eine vollständige Neubewertung vorgenommen wird.

4.4 Darüber hinaus kann die benannte Stelle dem Hersteller unangemeldete Besuche abstatten. Die Notwendigkeit derartiger zusätzlicher Besuche und deren Häufigkeit wird anhand eines von der benannten Stelle verwendeten Kontrollbesuchsystems ermittelt. Bei diesem System sind insbesondere die folgenden Faktoren zu berücksichtigen:

- Kategorie des Druckgeräts;
- Ergebnisse früherer Kontrollbesuche;
- erforderliche Verfolgung von Korrekturmaßnahmen;
- gegebenenfalls an die Zulassung des Systems geknüpfte besondere Bedingungen;
- wesentliche Änderungen von Fertigungsorganisation, Fertigungskonzepten oder - techniken.

Bei diesen Besuchen kann die benannte Stelle bei Bedarf Prüfungen zur Kontrolle des ordnungsgemäßen Funktionierens des Qualitätssicherungssystems durchführen oder durchführen lassen. Sie übergibt dem Hersteller einen Bericht über den Besuch und im Falle einer Prüfung einen Prüfbericht.

5. Der Hersteller hält zehn Jahre lang nach Herstellung des letzten Druckgeräts folgende Unterlagen für die einzelstaatlichen Behörden bereit:

- die Unterlagen gemäß Nummer 3.1 zweiter Gedankenstrich;
- die Aktualisierungen gemäß Nummer 3.4 Absatz 2;
- die Entscheidungen und Berichte der benannten Stelle gemäß Nummer 3.3 letzter Absatz, Nummer 3.4 letzter Absatz und Nummern 4.3 und 4.4.

6. Jede benannte Stelle übermittelt den Mitgliedstaaten zweckdienliche Informationen über die von ihr zurückgezogenen Zulassungen für Qualitätssicherungssysteme und – auf Anforderung – über die von ihr erteilten Zulassungen.

Jede benannte Stelle übermittelt darüber hinaus den übrigen benannten Stellen zweckdienliche Informationen über die von ihr zurückgezogenen oder verweigerten Zulassungen für Qualitätssicherungssysteme.

Modul D1 (Qualitätssicherung Produktion)

1. Dieses Modul beschreibt das Verfahren, bei dem der Hersteller, der die Verpflichtungen nach Nummer 3 erfüllt, sicherstellt und erklärt, daß die betreffenden Druckgeräte die für sie geltenden Anforderungen der Richtlinie erfüllen. Der Hersteller oder sein in der Gemeinschaft ansässiger Bevollmächtigter bringt an jedem Druckgerät eine CE-Kennzeichnung an und stellt eine schriftliche Konformitätserklärung aus. Der CE-Kennzeichnung wird die Kennummer der benannten Stelle hinzugefügt, die für die EG-Überwachung gemäß Nummer 5 zuständig ist.

2. Der Hersteller erstellt die nachstehend beschriebenen technischen Unterlagen:
Die technischen Unterlagen müssen eine Bewertung der Übereinstimmung des Druckgeräts mit den für es geltenden Anforderungen der Richtlinie ermöglichen. Soweit es für die Bewertung erforderlich ist, müssen sie Entwurf, Fertigung und Funktionsweise des Druckgeräts abdecken und folgendes enthalten:
   - eine allgemeine Beschreibung des Druckgeräts;
   - Entwürfe, Fertigungszeichnungen und -pläne von Bauteilen, Unterbaugruppen, Schaltkreisen usw.;
   - Beschreibungen und Erläuterungen, die zum Verständnis der genannten Zeichnungen und Pläne sowie der Funktionsweise des Druckgeräts erforderlich sind;
   - eine Liste der in Artikel 5 genannten, ganz oder teilweise angewandten Normen sowie eine Beschreibung der zur Erfüllung der grundlegenden Anforderungen der Richtlinie gewählten Lösungen, soweit die in Artikel 5 genannten Normen nicht angewandt worden sind;
   - die Ergebnisse der Konstruktionsberechnungen, Prüfungen usw.;
   - Prüfberichte.
3. Der Hersteller unterhält ein zugelassenes Qualitätssicherungssystem für die Herstellung, Endabnahme und andere Prüfungen gemäß Nummer 4 und unterliegt der Überwachung gemäß Nummer 5.
4. Qualitätssicherungssystem
4.1 Der Hersteller beantragt bei einer benannten Stelle seiner Wahl die Bewertung seines Qualitätssicherungssystems.
Der Antrag enthält folgendes:
   - alle einschlägigen Angaben über die betreffenden Druckgeräte;
   - die Unterlagen über das Qualitätssicherungssystem.
4.2 Das Qualitätssicherungssystem muß die Übereinstimmung der Druckgeräte mit den für sie geltenden Anforderungen der Richtlinie gewährleisten.
Alle vom Hersteller berücksichtigten Grundlagen, Anforderungen und Vorschriften sind systematisch und ordnungsgemäß in Form schriftlicher Maßnahmen, Verfahren und Anweisungen zusammenzustellen. Diese Unterlagen über das Qualitätssicherungssystem sollen sicherstellen, daß die Qualitätssicherungsprogramme, -pläne, -handbücher und -berichte einheitlich ausgelegt werden.
Sie müssen insbesondere eine angemessene Beschreibung folgender Punkte enthalten:
   - Qualitätsziele sowie organisatorischer Aufbau, Zuständigkeiten und Befugnisse des Managements in bezug auf die Druckgerätequalität;
   - Fertigungsverfahren, Qualitätskontroll- und Qualitätssicherungstechniken und andere systematische Maßnahmen, insbesondere die zugelassenen Arbeitsverfahren zur Ausführung der dauerhaften Verbindungen gemäß Anhang I Abschnitt 3.1.2;
   - Untersuchungen und Prüfungen, die vor, während und nach der Herstellung durchgeführt werden (unter Angabe ihrer Häufigkeit);
   - Qualitätssicherungsunterlagen wie Kontrollberichte, Prüf- und Eichdaten, Berichte über die Qualifikation oder Zulassung der in diesem Bereich beschäftigten Mitarbeiter, insbesondere des für die Ausführung der dauerhaften Verbindungen nach Anhang I Abschnitt 3.1.2 zuständigen Personals;
   - Mittel, mit denen die Verwirklichung der angestrebten Qualität und die wirksame Arbeitsweise des Qualitätssicherungssystems überwacht werden können.

4.3 Die benannte Stelle bewertet das Qualitätssicherungssystem, um festzustellen, ob es die in Nummer 4.2 genannten Anforderungen erfüllt. Bei Qualitätssicherungssystemen, die die entsprechende harmonisierte Norm anwenden, wird von der Erfüllung dieser Anforderungen ausgegangen.

Mindestens ein Mitglied des Bewertungsteams muß über Erfahrungen mit der Bewertung der betreffenden Druckgerätetechnik verfügen. Das Bewertungsverfahren umfaßt auch eine Kontrollbesichtigung des Herstellerwerks.

Die Entscheidung wird dem Hersteller mitgeteilt. Die Mitteilung enthält die Ergebnisse der Prüfung und eine Begründung der Entscheidung. Es ist ein Einspruchsverfahren vorzusehen.

4.4 Der Hersteller verpflichtet sich, die Verpflichtungen aus dem Qualitätssicherungssystem in seiner zugelassenen Form zu erfüllen und dafür zu sorgen, daß es stets sachgemäß und effizient funktioniert.

Der Hersteller oder sein in der Gemeinschaft ansässiger Bevollmächtigter unterrichtet die benannte Stelle, die das Qualitätssicherungssystem zugelassen hat, über alle geplanten Aktualisierungen des Qualitätssicherungssystems.

Die benannte Stelle prüft die geplanten Änderungen und entscheidet, ob das geänderte Qualitätssicherungssystem noch den in Nummer 4.2 genannten Anforderungen entspricht oder ob eine erneute Bewertung erforderlich ist.

Sie teilt ihre Entscheidung dem Hersteller mit. Die Mitteilung enthält die Ergebnisse der Prüfung und eine Begründung der Entscheidung.

5. Überwachung unter der Verantwortung der benannten Stelle

5.1 Die Überwachung soll gewährleisten, daß der Hersteller die Verpflichtungen aus dem zugelassenen Qualitätssicherungssystem vorschriftsmäßig erfüllt.

5.2 Der Hersteller gewährt der benannten Stelle zu Inspektionszwecken Zugang zu den Herstellungs-, Abnahme-, Prüf- und Lagereinrichtungen und stellt ihr alle erforderlichen Unterlagen zur Verfügung. Hierzu gehören insbesondere:

– Unterlagen über das Qualitätssicherungssystem,

– Qualitätssicherungsunterlagen, wie Kontrollberichte, Prüf- und Eichdaten, Berichte über die Qualifikationen der in diesem Bereich beschäftigten Mitarbeiter usw.

5.3 Die benannte Stelle führt regelmäßig Nachprüfungen (Audits) durch, um sicherzustellen, daß der Hersteller das Qualitätssicherungssystem aufrechterhält und anwendet, und übergibt ihm einen Bericht über die Nachprüfung. Die Häufigkeit der Nachprüfungen ist so zu wählen, daß alle drei Jahre eine vollständige Neubewertung vorgenommen wird.

5.4 Darüber hinaus kann die benannte Stelle dem Hersteller unangemeldete Besuche abstatten. Die Notwendigkeit derartiger zusätzlicher Besuche und deren Häufigkeit wird anhand eines von der benannten Stelle verwendeten Kontrollbesuchsystems ermittelt. Bei diesem System sind insbesondere die folgenden Faktoren zu berücksichtigen:

– Kategorie des Druckgeräts;

– Ergebnisse früherer Kontrollbesuche;

– erforderliche Verfolgung von Korrekturmaßnahmen;

– gegebenenfalls an die Zulassung des Systems geknüpfte besondere Bedingungen;

– wesentliche Änderungen von Fertigungsorganisation, Fertigungskonzepten oder Techniken.

Bei diesen Besuchen kann die benannte Stelle bei Bedarf Prüfungen zur Kontrolle des ordnungsgemäßen Funktionierens des Qualitätssicherungssystems durchführen oder durchführen lassen. Sie übergibt dem Hersteller einen Bericht über den Besuch und im Falle einer Prüfung einen Prüfbericht.

6. Der Hersteller hält zehn Jahre lang nach Herstellung des letzten Druckgeräts folgende Unterlagen für die einzelstaatlichen Behörden bereit:
   - die technischen Unterlagen gemäß Nummer 2;
   - die Unterlagen gemäß Nummer 4.1 zweiter Gedankenstrich;
   - die Aktualisierungen gemäß Nummer 4.4 Absatz 2;
   - die Entscheidungen und Berichte der benannten Stelle gemäß Nummer 4.3 letzter Absatz, Nummer 4.4 letzter Absatz und Nummern 5.3 und 5.4.

7. Jede benannte Stelle übermittelt den Mitgliedstaaten zweckdienliche Informationen über die von ihr zurückgezogenen Zulassungen für Qualitätssicherungssysteme und – auf Anforderung – über die von ihr erteilten Zulassungen.

   Jede benannte Stelle übermittelt darüber hinaus den übrigen benannten Stellen zweckdienliche Informationen über die von ihr zurückgezogenen oder verweigerten Zulassungen für Qualitätssicherungssysteme.

Modul E (Qualitätssicherung Produkt)

1. Dieses Modul beschreibt das Verfahren, bei dem der Hersteller, der die Verpflichtungen nach Nummer 2 erfüllt, sicherstellt und erklärt, daß die Druckgeräte der in der EG-Baumusterprüfbescheinigung beschriebenen Bauart entsprechen und die für sie geltenden Anforderungen der Richtlinie erfüllen. Der Hersteller oder sein in der Gemeinschaft ansässiger Bevollmächtigter bringt an jedem Produkt eine CE-Kennzeichnung an und stellt eine schriftliche Konformitätserklärung aus. Der CE-Kennzeichnung wird die Kennummer der benannten Stelle hinzugefügt, die für die Überwachung gemäß Nummer 4 zuständig ist.

2. Der Hersteller unterhält ein zugelassenes Qualitätssicherungssystem für die Endabnahme des Druckgeräts und andere Prüfungen gemäß Nummer 3 und unterliegt der Überwachung gemäß Nummer 4.

3. Qualitätssicherungssystem

3.1 Der Hersteller beantragt bei einer benannten Stelle seiner Wahl die Bewertung seines Qualitätssicherungssystems.

   Der Antrag enthält folgendes:
   - alle einschlägigen Angaben über die betreffenden Druckgeräte;
   - die Unterlagen über das Qualitätssicherungssystem;
   - die technischen Unterlagen über das zugelassene Baumuster und eine Kopie der EG-Baumusterprüfbescheinigung.

3.2 Im Rahmen des Qualitätssicherungssystems wird jedes Druckgerät geprüft. Es werden Prüfungen gemäß der (den) in Artikel 5 genannten Norm(en) oder gleichwertige Prüfungen und insbesondere eine Abnahme nach Anhang I Abschnitt 3.2 durchgeführt, um die Übereinstimmung mit den maßgeblichen Anforderungen der Richtlinie zu gewährleisten. Alle vom Hersteller berücksichtigten Grundlagen, Anforderungen und Vorschriften sind systematisch und ordnungsgemäß in Form schriftlicher Maßnahmen,

Verfahren und Anweisungen zusammenzustellen. Diese Unterlagen über das Qualitätssicherungssystem sollen sicherstellen, daß die Qualitätssicherungsprogramme, -pläne, -handbücher und -berichte einheitlich ausgelegt werden.

Sie müssen insbesondere eine angemessene Beschreibung folgender Punkte enthalten:
- Qualitätsziele sowie organisatorischer Aufbau, Zuständigkeiten und Befugnisse des Managements in bezug auf die Druckgerätequalität;
- nach der Herstellung durchgeführte Untersuchungen und Prüfungen;
- Mittel, mit denen die wirksame Arbeitsweise des Qualitätssicherungssystems überwacht wird;
- Qualitätssicherungsunterlagen wie Kontrollberichte, Prüf- und Eichdaten, Berichte über die Qualifikation oder Zulassung der in diesem Bereich beschäftigten Mitarbeiter, insbesondere des für die Ausführung der dauerhaften Verbindungen und die zerstörungsfreien Prüfungen nach Anhang I Abschnitte 3.1.2 und 3.1.3 zuständigen Personals.

3.3 Die benannte Stelle bewertet das Qualitätssicherungssystem, um festzustellen, ob es die in Nummer 3.2 genannten Anforderungen erfüllt. Bei Qualitätssicherungssystemen, die die entsprechende harmonisierte Norm anwenden, wird von der Erfüllung dieser Anforderungen ausgegangen.

Mindestens ein Mitglied des Bewertungsteams muß über Erfahrungen mit der Bewertung der betreffenden Druckgerätetechnik verfügen. Das Bewertungsverfahren umfaßt auch einen Besuch des Herstellerwerks.

Die Entscheidung wird dem Hersteller mitgeteilt. Die Mitteilung enthält die Ergebnisse der Prüfung und eine Begründung der Entscheidung.

3.4 Der Hersteller verpflichtet sich, die Verpflichtungen aus dem zugelassenen Qualitätssicherungssystem zu erfüllen und dafür zu sorgen, daß es stets sachgemäß und effizient funktioniert.

Der Hersteller oder sein in der Gemeinschaft ansässiger Bevollmächtigter unterrichtet die benannte Stelle, die das Qualitätssicherungssystem zugelassen hat, über alle geplanten Aktualisierungen des Qualitätssicherungssystems.

Die benannte Stelle prüft die geplanten Änderungen und entscheidet, ob das geänderte Qualitätssicherungssystem noch den in Nummer 3.2 genannten Anforderungen entspricht oder ob eine erneute Bewertung erforderlich ist.

Sie teilt ihre Entscheidung dem Hersteller mit. Die Mitteilung enthält die Ergebnisse der Prüfung und eine Begründung der Entscheidung.

4. Überwachung unter der Verantwortung der benannten Stelle

4.1 Die Überwachung soll gewährleisten, daß der Hersteller die Verpflichtungen aus dem zugelassenen Qualitätssicherungssystem vorschriftsmäßig erfüllt.

4.2 Der Hersteller gewährt der benannten Stelle zu Inspektionszwecken Zugang zu den Abnahme-, Prüf- und Lagereinrichtungen und stellt ihr alle erforderlichen Unterlagen zur Verfügung. Hierzu gehören insbesondere:
- die Unterlagen über das Qualitätssicherungssystem;
- die technischen Unterlagen;
- die Qualitätssicherungsunterlagen, wie Kontrollberichte, Prüf- und Eichdaten, Berichte über die Qualifikation der in diesem Bereich beschäftigten Mitarbeiter usw.

4.3 Die benannte Stelle führt regelmäßig Nachprüfungen (Audits) durch, um sicherzustellen, daß der Hersteller das Qualitätssicherungssystem aufrechterhält und anwendet, und übergibt ihm einen Bericht über die Nachprüfung. Die Häufigkeit der Nachprüfungen ist so zu wählen, daß alle drei Jahre eine vollständige Neubewertung vorgenommen wird.

4.4 Darüber hinaus kann die benannte Stelle dem Hersteller unangemeldete Besuche abstatten. Die Notwendigkeit derartiger zusätzlicher Besuche und deren Häufigkeit wird anhand eines von der benannten Stelle verwendeten Kontrollbesuchsystems ermittelt. Bei diesem System sind insbesondere die folgenden Faktoren zu berücksichtigen:

- Kategorie des Druckgeräts;
- Ergebnisse früherer Kontrollbesuche;
- erforderliche Verfolgung von Korrekturmaßnahmen;
- gegebenenfalls an die Zulassung des Systems geknüpfte besondere Bedingungen;
- wesentliche Änderungen von Fertigungsorganisation, Fertigungskonzepten oder -techniken.

Bei diesen Besuchen kann die benannte Stelle bei Bedarf Prüfungen zur Kontrolle des ordnungsgemäßen Funktionierens des Qualitätssicherungssystems vornehmen oder vornehmen lassen. Sie übergibt dem Hersteller einen Bericht über den Besuch und im Falle einer Prüfung einen Prüfbericht.

5. Der Hersteller hält zehn Jahre lang nach Herstellung des letzten Druckgeräts folgende Unterlagen für die einzelstaatlichen Behörden bereit:

- die Unterlagen gemäß Nummer 3.1 zweiter Gedankenstrich;
- die Aktualisierungen gemäß Nummer 3.4 Absatz 2;
- die Entscheidungen und Berichte der benannten Stelle gemäß Nummer 3.3 letzter Absatz, Nummer 3.4 letzter Absatz und Nummern 4.3 und 4.4.

6. Jede benannte Stelle übermittelt den Mitgliedstaaten zweckdienliche Informationen über die von ihr zurückgezogenen Zulassungen für Qualitätssicherungssysteme und – auf Anforderung – über die von ihr erteilten Zulassungen.

Jede benannte Stelle übermittelt darüber hinaus den übrigen benannten Stellen zweckdienliche Informationen über die von ihr zurückgezogenen oder verweigerten Zulassungen für Qualitätssicherungssysteme.

Modul E1 (Qualitätssicherung Produkt)

1. Dieses Modul beschreibt das Verfahren, bei dem der Hersteller, der die Verpflichtungen nach Nummer 3 erfüllt, sicherstellt und erklärt, daß die Druckgeräte die für sie geltenden Anforderungen der Richtlinie erfüllen. Der Hersteller oder sein in der Gemeinschaft ansässiger Bevollmächtigter bringt an jedem Druckgerät die CE-Kennzeichnung an und stellt eine schriftliche Konformitätserklärung aus. Der CE-Kennzeichnung wird die Kennummer der benannten Stelle hinzugefügt, die für die Überwachung gemäß Nummer 5 zuständig ist.

2. Der Hersteller erstellt die nachstehend beschriebenen technischen Unterlagen Die technischen Unterlagen müssen eine Bewertung der Übereinstimmung des Druckgeräts mit den für es geltenden Anforderungen der Richtlinie ermöglichen. Soweit es für die Bewertung erforderlich ist, müssen sie Entwurf, Fertigung und Funktionsweise des Druckgeräts abdecken und folgendes enthalten:

- eine allgemeine Beschreibung des Druckgeräts;
- Entwürfe, Fertigungszeichnungen und -pläne von Bauteilen, Unterbaugruppen, Schaltkreisen usw.;
- Beschreibungen und Erläuterungen, die zum Verständnis der genannten Zeichnungen und Pläne sowie der Funktionsweise des Druckgeräts erforderlich sind;
- eine Liste der in Artikel 5 genannten, ganz oder teilweise angewandten Normen sowie eine Beschreibung der zur Erfüllung der grundlegenden Anforderungen der Richtlinie gewählten Lösungen, soweit die in Artikel 5 genannten Normen nicht angewandt worden sind;
- die Ergebnisse der Konstruktionsberechnungen, Prüfungen usw.;
- Prüfberichte.

3. Der Hersteller unterhält ein zugelassenes Qualitätssicherungssystem für die Endabnahme der Druckgeräte und andere Prüfungen gemäß Nummer 4 und unterliegt der Überwachung gemäß Nummer 5.

4. Qualitätssicherungssystem

4.1 Der Hersteller beantragt bei einer benannten Stelle seiner Wahl die Bewertung seines Qualitätssicherungssystems.

Der Antrag enthält folgendes:

- alle einschlägigen Angaben über die betreffenden Druckgeräte;
- die Unterlagen über das Qualitätssicherungssystem.

4.2 Im Rahmen des Qualitätssicherungssystems wird jedes Druckgerät geprüft. Es werden Prüfungen gemäß der (den) in Artikel 5 genannten Norm(en) oder gleichwertige Prüfungen und insbesondere eine Abnahme nach Anhang I Abschnitt 3.2 durchgeführt, um die Übereinstimmung mit den maßgeblichen Anforderungen der Richtlinie zu gewährleisten. Alle vom Hersteller berücksichtigten Grundlagen, Anforderungen und Vorschriften sind systematisch und ordnungsgemäß in Form schriftlicher Maßnahmen, Verfahren und Anweisungen zusammenzustellen. Diese Unterlagen über das Qualitätssicherungssystem sollen sicherstellen, daß die Qualitätssicherungsprogramme, -pläne, -handbücher und -berichte einheitlich ausgelegt werden.

Sie müssen insbesondere eine angemessene Beschreibung folgender Punkte enthalten:

- Qualitätsziele sowie organisatorischer Aufbau, Zuständigkeiten und Befugnisse des Managements in bezug auf die Druckgerätequalität;
- zugelassene Arbeitsverfahren zur Ausführung der dauerhaften Verbindungen gemäß Anhang I Abschnitt 3.1.2;
- nach der Herstellung durchgeführte Untersuchungen und Prüfungen;
- Mittel, mit denen die wirksame Arbeitsweise des Qualitätssicherungssystems überwacht wird;
- Qualitätssicherungsunterlagen wie Kontrollberichte, Prüf- und Eichdaten, Berichte über die Qualifikation oder Zulassung der in diesem Bereich beschäftigten Mitarbeiter, insbesondere des für die Ausführung der dauerhaften Verbindungen nach Anhang I Abschnitt 3.1.2 zuständigen Personals.

4.3 Die benannte Stelle bewertet das Qualitätssicherungssystem, um festzustellen, ob es die in Nummer 4.2 genannten Anforderungen erfüllt. Bei Qualitätssicherungssystemen, die die entsprechende harmonisierte Norm anwenden, wird von der Erfüllung dieser Anforderungen ausgegangen.

Mindestens ein Mitglied des Bewertungsteams muß über Erfahrungen mit der Bewertung der betreffenden Druckgerätetechnik verfügen. Das Bewertungsverfahren umfaßt auch einen Besuch des Herstellerwerks.

Die Entscheidung wird dem Hersteller mitgeteilt. Die Mitteilung enthält die Ergebnisse der Prüfung und eine Begründung der Entscheidung. Es ist ein Einspruchsverfahren vorzusehen.

4.4 Der Hersteller verpflichtet sich, die Verpflichtungen aus dem zugelassenen Qualitätssicherungssystem zu erfüllen und dafür zu sorgen, daß es stets sachgemäß und effizient funktioniert.

Der Hersteller oder sein in der Gemeinschaft ansässiger Bevollmächtigter unterrichtet die benannte Stelle, die das Qualitätssicherungssystem zugelassen hat, über alle geplanten Aktualisierungen des Qualitätssicherungssystems.

Die benannte Stelle prüft die geplanten Änderungen und entscheidet, ob das geänderte Qualitätssicherungssystem noch den in Nummer 4.2 genannten Anforderungen entspricht oder ob eine erneute Bewertung erforderlich ist.

Sie teilt ihre Entscheidung dem Hersteller mit. Die Mitteilung enthält die Ergebnisse der Prüfung und eine Begründung der Entscheidung.

5. Überwachung unter der Verantwortung der benannten Stelle

5.1 Die Überwachung soll gewährleisten, daß der Hersteller die Verpflichtungen aus dem zugelassenen Qualitätssicherungssystem vorschriftsmäßig erfüllt.

5.2 Der Hersteller gewährt der benannten Stelle zu Inspektionszwecken Zugang zu den Abnahme-, Prüf- und Lagereinrichtungen und stellt ihr alle erforderlichen Unterlagen zur Verfügung. Hierzu gehören insbesondere:

- die Unterlagen über das Qualitätssicherungssystem;
- die technischen Unterlagen;
- die Qualitätssicherungsunterlagen, wie Kontrollberichte, Prüf- und Eichdaten, Berichte über die Qualifikation der in diesem Bereich beschäftigten Mitarbeiter usw.

5.3 Die benannte Stelle führt regelmäßig Nachprüfungen (Audits) durch, um sicherzustellen, daß der Hersteller das Qualitätssicherungssystem aufrechterhält und anwendet, und übergibt ihm einen Bericht über die Nachprüfung. Die Häufigkeit der Nachprüfungen ist so zu wählen, daß alle drei Jahre eine vollständige Neubewertung vorgenommen wird.

5.4 Darüber hinaus kann die benannte Stelle dem Hersteller unangemeldete Besuche abstatten. Die Notwendigkeit derartiger zusätzlicher Besuche und deren Häufigkeit wird anhand eines von der benannten Stelle verwendeten Kontrollbesuchssystems ermittelt. Bei diesem System sind insbesondere die folgenden Faktoren zu berücksichtigen:

- Kategorie des Druckgeräts;
- Ergebnisse früherer Kontrollbesuche;
- erforderliche Verfolgung von Korrekturmaßnahmen;
- gegebenenfalls an die Zulassung des Systems geknüpfte besondere Bedingungen;

- wesentliche Änderungen von Fertigungsorganisation, Fertigungskonzepten oder -techniken.

Bei diesen Besuchen kann die benannte Stelle bei Bedarf Prüfungen zur Kontrolle des ordnungsgemäßen Funktionierens des Qualitätssicherungssystems vornehmen oder vornehmen lassen. Sie übergibt dem Hersteller einen Bericht über den Besuch und im Falle einer Prüfung einen Prüfbericht.

6. Der Hersteller hält zehn Jahre lang nach Herstellung des letzten Druckgeräts folgende Unterlagen für die einzelstaatlichen Behörden bereit:
   - die technischen Unterlagen gemäß Nummer 2;
   - die Unterlagen gemäß Nummer 4.1 zweiter Gedankenstrich;
   - die Aktualisierungen gemäß Nummer 4.4 Absatz 2;
   - die Entscheidungen und Berichte der benannten Stelle gemäß Nummer 4.3 letzter Absatz, Nummer 4.4 letzter Absatz und Nummern 5.3 und 5.4.

7. Jede benannte Stelle übermittelt den Mitgliedstaaten zweckdienliche Informationen über die von ihr zurückgezogenen Zulassungen für Qualitätssicherungssysteme und – auf Anforderung – über die von ihr erteilten Zulassungen.

   Jede benannte Stelle übermittelt darüber hinaus den übrigen benannten Stellen zweckdienliche Informationen über die von ihr zurückgezogenen oder verweigerten Zulassungen für Qualitätssicherungssysteme.

Modul F (Prüfung der Produkte)

1. Dieses Modul beschreibt das Verfahren, bei dem der Hersteller oder sein in der Gemeinschaft ansässiger Bevollmächtigter sicherstellt und erklärt, daß die Druckgeräte, die den Bestimmungen von Nummer 3 unterliegen, die für sie geltenden Anforderungen dieser Richtlinie erfüllen und der in folgenden Unterlagen beschriebenen Bauart entsprechen:
   - EG-Baumusterprüfbescheinigung oder
   - EG-Entwurfsprüfbescheinigung.

2. Der Hersteller trifft alle erforderlichen Maßnahmen, damit der Fertigungsprozeß die Übereinstimmung der Druckgeräte mit den Anforderungen dieser Richtlinie und der in folgenden Unterlagen beschriebenen Bauart gewährleistet:
   - EG-Baumusterprüfbescheinigung oder
   - EG-Entwurfsprüfbescheinigung.

   Der Hersteller oder sein in der Gemeinschaft ansässiger Bevollmächtigter bringt an jedem Druckgerät die CE-Kennzeichnung an und stellt eine Konformitätserklärung aus.

3. Die benannte Stelle nimmt die entsprechenden Untersuchungen und Prüfungen durch Kontrolle und Erprobung jedes einzelnen Druckgeräts gemäß Nummer 4 vor, um die Übereinstimmung des Gerätes mit den entsprechenden Anforderungen dieser Richtlinie zu überprüfen.

   Der Hersteller oder sein in der Gemeinschaft ansässiger Bevollmächtigter bewahrt eine Kopie der Konformitätserklärung zehn Jahre lang nach Herstellung des letzten Druckgeräts auf.

4. Kontrolle und Erprobung jedes einzelnen Druckgeräts

4.1 Alle Druckgeräte werden einzeln geprüft und dabei entsprechenden Kontrollen und Prüfungen, wie sie in der (den) in Artikel 5 genannten einschlägigen Norm(en) vorgesehen sind, oder gleichwertigen Untersuchungen und Prüfungen unterzogen, um ihre Übereinstimmung mit der Bauart und mit den für sie geltenden Anforderungen dieser Richtlinie zu überprüfen.

Die benannte Stelle hat dabei insbesondere folgende Aufgaben:
- Sie überprüft, ob das Personal für die Ausführung der dauerhaften Verbindungen und die zerstörungsfreien Prüfungen gemäß Anhang I Abschnitte 3.1.2 und 3.1.3 qualifiziert oder zugelassen ist;
- sie überprüft die vom Werkstoffhersteller gemäß Anhang I Abschnitt 4.3 ausgestellte Bescheinigung;
- sie führt die Endabnahme und die Prüfungen gemäß Anhang I Abschnitt 3.2 durch oder läßt sie durchführen und prüft die etwaigen Sicherheitseinrichtungen.

4.2 Die benannte Stelle bringt an jedem Druckgerät ihre Kennummer an oder läßt diese anbringen und stellt eine schriftliche Konformitätsbescheinigung über die vorgenommenen Prüfungen aus.

4.3 Der Hersteller oder sein in der Gemeinschaft ansässiger Bevollmächtigter muß auf Verlangen die Konformitätsbescheinigungen der benannten Stelle vorlegen können.

Modul G (EG-Einzelprüfung)

1. Dieses Modul beschreibt das Verfahren, bei dem der Hersteller sicherstellt und erklärt, daß das betreffende Druckgerät, für das die Bescheinigung nach Abschnitt 4.1 ausgestellt wurde, die einschlägigen Anforderungen der Richtlinie erfüllt. Der Hersteller bringt am Druckgerät die CE-Kennzeichnung an und stellt eine Konformitätserklärung aus.

2. Der Hersteller beantragt bei einer benannten Stelle seiner Wahl die Einzelprüfung. Der Antrag enthält folgendes:
   - Name und Anschrift des Herstellers sowie Standort des Druckgeräts;
   - eine schriftliche Erklärung, daß derselbe Antrag bei keiner anderen benannten Stelle eingereicht worden ist;
   - technische Unterlagen.

3. Die technischen Unterlagen müssen eine Bewertung der Übereinstimmung des Druckgeräts mit den für es geltenden Anforderungen der Richtlinie ermöglichen. Sie müssen Entwurf, Fertigung und Funktionsweise des Druckgeräts abdecken.

   Die technischen Unterlagen müssen folgendes enthalten:
   - eine allgemeine Beschreibung des Druckgeräts;
   - Entwürfe, Fertigungszeichnungen und -pläne von Bauteilen, Unterbaugruppen, Schaltkreisen usw.;
   - Beschreibungen und Erläuterungen, die zum Verständnis der genannten Zeichnungen und Pläne sowie der Funktionsweise des Druckgeräts erforderlich sind;
   - eine Liste der in Artikel 5 genannten, ganz oder teilweise angewandten Normen sowie eine Beschreibung der zur Erfüllung der grundlegenden Anforderungen der Richtlinie gewählten Lösungen, soweit die in Artikel 5 genannten Normen nicht angewandt worden sind;
   - die Ergebnisse der Konstruktionsberechnungen, Prüfungen usw.;

DruckgeräteRL

- Prüfberichte;
- angemessene Einzelangaben zur Zulassung der Fertigungs- und Kontrollverfahren und zur Qualifikation oder Zulassung des betreffenden Personals gemäß Anhang I Abschnitte 3.1.2 und 3.1.3.

4. Die benannte Stelle prüft den Entwurf und die Konstruktion jedes Druckgerätes und führt bei der Fertigung die entsprechenden Prüfungen gemäß der (den) in Artikel 5 genannten einschlägigen Norm(en) bzw. gleichwertige Untersuchungen und Prüfungen durch, um seine Übereinstimmung mit den entsprechenden Anforderungen der Richtlinie zu bescheinigen.

Die benannte Stelle hat dabei insbesondere folgende Aufgaben:

- Sie prüft die technischen Unterlagen hinsichtlich Entwurf und Fertigungsverfahren;
- sie begutachtet die verwendeten Werkstoffe, wenn diese nicht den geltenden harmonisierten Normen oder einer europäischen Werkstoffzulassung für Druckgerätewerkstoffe entsprechen, und überprüft die vom Werkstoffhersteller gemäß Anhang I Abschnitt 4.3 ausgestellte Bescheinigung;
- sie erteilt die Zulassung für die Arbeitsverfahren zur Ausführung der dauerhaften Verbindungen oder überprüft, ob diese bereits gemäß Anhang I Abschnitt 3.1.2 zugelassen worden sind;
- sie überprüft die gemäß Anhang I Abschnitte 3.1.2 und 3.1.3 erforderlichen Qualifikationen oder Zulassungen;
- sie führt die Schlußprüfung gemäß Anhang I Abschnitt 3.2.1 durch, nimmt die Druckprüfung gemäß Anhang I Abschnitt 3.2.2 vor oder läßt sie vornehmen und prüft die etwaigen Sicherheitseinrichtungen.

4.1 Die benannte Stelle bringt an den Druckgeräten ihre Kennnummer an oder läßt diese anbringen und stellt eine Konformitätsbescheinigung über die vorgenommenen Prüfungen aus. Diese Bescheinigung ist zehn Jahre lang aufzubewahren.

4.2 Der Hersteller oder sein in der Gemeinschaft ansässiger Bevollmächtigter muß auf Verlangen die Konformitätserklärung und die Konformitätsbescheinigung der benannten Stelle vorlegen können.

Modul H (Umfassende Qualitätssicherung)

1. Dieses Modul beschreibt das Verfahren, bei dem der Hersteller, der die Verpflichtungen nach Nummer 2 erfüllt, sicherstellt und erklärt, daß die betreffenden Druckgeräte die für sie geltenden Anforderungen dieser Richtlinie erfüllen. Der Hersteller oder sein in der Gemeinschaft ansässiger Bevollmächtigter bringt an jedem Druckgerät die CE-Kennzeichnung an und stellt eine schriftliche Konformitätserklärung aus. Der CE-Kennzeichnung wird die Kennnummer der benannten Stelle hinzugefügt, die für die Überwachung nach Nummer 4 zuständig ist.

2. Der Hersteller unterhält ein zugelassenes Qualitätssicherungssystem für Entwurf, Herstellung Endabnahme und andere Prüfungen gemäß Nummer 3 und unterliegt der Überwachung gemäß Nummer 4.

3. Qualitätssicherungssystem

3.1 Der Hersteller beantragt bei einer benannten Stelle seiner Wahl die Bewertung seines Qualitätssicherungssystems.

Der Antrag enthält folgendes:
- alle einschlägigen Angaben über die betreffenden Druckgeräte;
- die Unterlagen über das Qualitätssicherungssystem.

3.2 Das Qualitätssicherungssystem muß die Übereinstimmung der Druckgeräte mit den für sie geltenden Anforderungen der Richtlinie gewährleisten.
Alle vom Hersteller berücksichtigten Grundlagen, Anforderungen und Vorschriften sind systematisch und ordnungsgemäß in Form schriftlicher Maßnahmen, Verfahren und Anweisungen zusammenzustellen. Diese Unterlagen über das Qualitätssicherungssystem sollen sicherstellen, daß die verfahrens- und qualitätsbezogenen Maßnahmen wie Qualitätssicherungsprogramme, -pläne, -handbücher und -berichte einheitlich ausgelegt werden.
Sie müssen insbesondere eine angemessene Beschreibung folgender Punkte enthalten:
- Qualitätsziele sowie organisatorischer Aufbau, Zuständigkeiten und Befugnisse des Managements in bezug auf die Qualität des Entwurfs und der Geräte;
- technische Konstruktionsspezifikationen, einschließlich der angewandten Normen, sowie – wenn die in Artikel 5 genannten Normen nicht vollständig angewandt wurden – die Mittel, mit denen gewährleistet werden soll, daß die grundlegenden Anforderungen dieser Richtlinie, die für die betreffenden Druckgeräte gelten, erfüllt werden;
- Techniken zur Kontrolle und Prüfung des Entwicklungsergebnisses, Verfahren und systematische Maßnahmen, die bei der Entwicklung der Druckgeräte angewandt werden, insbesondere in bezug auf die Werkstoffe gemäß Anhang I Abschnitt 4;
- entsprechende Fertigungs-, Qualitätskontroll- und Qualitätssicherungstechniken und systematische Maßnahmen, insbesondere die zugelassenen Arbeitsverfahren zur Ausführung der dauerhaften Verbindungen gemäß Anhang I Abschnitt 3.2.2;
- vor, während und nach der Herstellung durchgeführte Untersuchungen und Prüfungen unter Angabe ihrer Häufigkeit;
- Qualitätssicherungsunterlagen, wie Kontrollberichte, Prüf- und Eichdaten, Berichte über die Qualifikation oder Zulassung der in diesem Bereich beschäftigten Mitarbeiter, insbesondere des für die Ausführung der dauerhaften Verbindungen und die zerstörungsfreien Prüfungen gemäß Anhang I Abschnitte 3.1.2 und 3.1.3 zuständigen Personals;
- Mittel, mit denen die Erreichung der geforderten Qualität für den Entwurf und die Druckgeräte sowie die wirksame Arbeitsweise des Qualitätssicherungssystems überwacht werden können.

3.3 Die benannte Stelle bewertet das Qualitätssicherungssystem, um festzustellen, ob es die in Nummer 3.2 genannten Anforderungen erfüllt. Bei Qualitätssicherungssystemen, die die entsprechende harmonisierte Norm anwenden, wird von der Erfüllung dieser Anforderungen ausgegangen.
Mindestens ein Mitglied des Bewertungsteams muß über Erfahrungen in der Bewertung der betreffenden Druckgerätetechnik verfügen. Das Bewertungsverfahren umfaßt auch eine Kontrollbesichtigung des Herstellerwerks.
Die Entscheidung wird dem Hersteller mitgeteilt. Die Mitteilung enthält die Ergebnisse der Prüfung und eine Begründung der Entscheidung. Es ist ein Einspruchsverfahren vorzusehen.

3.4 Der Hersteller verpflichtet sich, die Verpflichtungen aus dem Qualitätssicherungssystem in seiner zugelassenen Form zu erfüllen und dafür zu sorgen, daß es stets sachgemäß und effizient funktioniert.

Der Hersteller oder sein in der Gemeinschaft ansässiger Bevollmächtigter unterrichtet die benannte Stelle, die das Qualitätssicherungssystem zugelassen hat, laufend über alle geplanten Aktualisierungen des Qualitätssicherungssystems.

Die benannte Stelle prüft die geplanten Änderungen und entscheidet, ob das geänderte Qualitätssicherungssystem noch den in Nummer 3.2 genannten Anforderungen entspricht oder ob eine erneute Bewertung erforderlich ist.

Sie teilt ihre Entscheidung dem Hersteller mit. Die Mitteilung enthält die Ergebnisse der Prüfung und eine Begründung der Entscheidung.

4. Überwachung unter der Verantwortung der benannten Stelle

4.1 Die Überwachung soll gewährleisten, daß der Hersteller die Verpflichtungen aus dem zugelassenen Qualitätssicherungssystem vorschriftsmäßig erfüllt.

4.2 Der Hersteller gewährt der benannten Stelle zu Inspektionszwecken Zugang zu den Entwicklungs-, Herstellungs-, Abnahme-, Prüf- und Lagereinrichtungen und stellt ihr alle erforderlichen Unterlagen zur Verfügung. Hierzu gehören insbesondere:

– Unterlagen über das Qualitätssicherungssystem;

– die vom Qualitätssicherungssystem für den Entwicklungsbereich vorgesehenen Qualitätsberichte wie Ergebnisse von Analysen, Berechnungen, Prüfungen usw.;

– die vom Qualitätssicherungssystem für den Fertigungsbereich vorgesehenen Qualitätsberichte wie Prüfberichte, Prüfdaten, Eichdaten, Berichte über die Qualifikation der in diesem Bereich beschäftigten Mitarbeiter usw.

4.3 Die benannte Stelle führt regelmäßig Nachprüfungen (Audits) durch, um sicherzustellen, daß der Hersteller das Qualitätssicherungssystem aufrechterhält und anwendet, und übergibt ihm einen Bericht über die Nachprüfung. Die Häufigkeit der Nachprüfungen ist so zu wählen, daß alle drei Jahre eine vollständige Neubewertung vorgenommen wird.

4.4 Darüber hinaus kann die benannte Stelle dem Hersteller unangemeldete Besuche abstatten. Die Notwendigkeit derartiger zusätzlicher Besuche und deren Häufigkeit wird anhand eines von der benannten Stelle verwendeten Kontrollbesuchsystems ermittelt. Bei diesem System sind insbesondere die folgenden Faktoren zu berücksichtigen:

– Kategorie des Druckgeräts;
– Ergebnisse früherer Kontrollbesuche;
– erforderliche Verfolgung von Korrekturmaßnahmen;
– gegebenenfalls an die Zulassung des Systems geknüpfte besondere Bedingungen;
– wesentliche Änderungen von Fertigungsorganisation, Fertigungskonzepten oder Techniken.

Bei diesen Besuchen kann die benannte Stelle bei Bedarf Prüfungen zur Kontrolle des ordnungsgemäßen Funktionierens des Qualitätssicherungssystems durchführen oder durchführen lassen. Sie übergibt dem Hersteller einen Bericht über den Besuch und im Falle einer Prüfung einen Prüfbericht.

5. Der Hersteller hält zehn Jahre lang nach Herstellung des letzten Druckgeräts folgende Unterlagen für die einzelstaatlichen Behörden bereit:

– die Unterlagen gemäß Nummer 3.1 zweiter Gedankenstrich;
– die Aktualisierungen gemäß Nummer 3.4 Absatz 2;
– die Entscheidungen und Berichte der benannten Stelle gemäß Nummer 3.3 letzter Absatz, Nummer 3.4 letzter Absatz und den Nummern 4.3 und 4.4.

6. Jede benannte Stelle übermittelt den Mitgliedstaaten zweckdienliche Informationen über die von ihr zurückgezogenen Zulassungen für Qualitätssicherungssysteme und – auf Anforderung – über die von ihr erteilten Zulassungen.

Jede benannte Stelle übermittelt darüber hinaus den übrigen benannten Stellen zweckdienliche Informationen über die von ihr zurückgezogenen oder verweigerten Zulassungen für Qualitätssicherungssysteme.

Modul H1 (Umfassende Qualitätssicherung mit Entwurfsprüfung und besonderer Überwachung der Abnahme)

1. Zusätzlich zu den Anforderungen des Moduls H gilt folgendes:
    a) Der Hersteller beantragt bei der benannten Stelle die Prüfung des Entwurfs.
    b) Aus dem Antrag müssen Auslegung, Herstellungs- und Funktionsweise des Druckgeräts ersichtlich sein; der Antrag muß eine Bewertung der Übereinstimmung mit den entsprechenden Anforderungen dieser Richtlinie ermöglichen. Er muß folgendes umfassen:
       – die zugrundegelegten technischen Entwurfsspezifikationen, einschließlich der Normen;
       – die erforderlichen Nachweise für ihre Eignung, insbesondere dann, wenn die in Artikel 5 genannten Normen nicht vollständig angewandt wurden. Dieser Nachweis schließt die Ergebnisse von Prüfungen ein, die in geeigneten Laboratorien des Herstellers oder in seinem Auftrag durchgeführt wurden.
    c) Die benannte Stelle prüft den Antrag und stellt dem Antragsteller eine EG-Entwurfsprüfbescheinigung aus, wenn der Entwurf die einschlägigen Vorschriften der Richtlinie erfüllt. Die Bescheinigung enthält die Ergebnisse der Prüfung, Bedingungen für ihre Gültigkeit, die für die Identifizierung des zugelassenen Entwurfs erforderlichen Angaben und gegebenenfalls eine Beschreibung der Funktionsweise des Druckgeräts oder der Ausrüstungsteile.
    d) Der Antragsteller unterrichtet die benannte Stelle, die die EG-Entwurfsprüfbescheinigung ausgestellt hat, über Änderungen an dem zugelassenen Entwurf. Änderungen am zugelassenen Entwurf bedürfen einer zusätzlichen Zulassung seitens der benannten Stelle, die die EG-Entwurfsprüfbescheinigung ausgestellt hat, soweit diese Änderungen die Übereinstimmung mit den grundlegenden Anforderungen der Richtlinie oder den vorgeschriebenen Bedingungen für die Benutzung des Druckgeräts beeinträchtigen können. Diese zusätzliche Zulassung wird in Form einer Ergänzung der ursprünglichen EG-Entwurfsprüfbescheinigung erteilt.
    e) Jede benannte Stelle übermittelt darüber hinaus den übrigen benannten Stellen zweckdienliche Informationen über die von ihr zurückgezogenen oder verweigerten EG-Entwurfsprüfbescheinigungen.
2. Die Abnahme gemäß Anhang I Abschnitt 3.2 unterliegt einer verstärkten Überwachung in Form unangemeldeter Besuche durch die benannte Stelle. Bei diesen Besuchen führt die benannte Stelle Kontrollen an den Druckgeräten durch.

DruckgeräteRL

Anhang IV
Mindestkriterien für die Bestimmung der benannten Stellen gemäß Artikel 12 und der anerkannten unabhängigen Prüfstellen gemäß Artikel 13

1. Die Stelle, ihr Leiter und das mit der Durchführung der Bewertungen und Prüfungen beauftragte Personal dürfen weder mit dem Urheber des Entwurfs, dem Hersteller, dem Lieferanten, dem Aufsteller oder dem Betreiber der Druckgeräte oder Baugruppen, die diese Stelle prüft, identisch noch Beauftragte einer dieser Personen sein. Sie dürfen weder unmittelbar noch als Beauftragte an der Planung, am Bau, am Vertrieb oder an der Instandhaltung dieser Druckgeräte oder Baugruppen beteiligt sein. Dies schließt nicht aus, daß zwischen dem Hersteller der Druckgeräte oder Baugruppen und der Stelle technische Informationen ausgetauscht werden können.

2. Die Stelle und ihr Personal müssen die Bewertungen und Prüfungen mit höchster beruflicher Zuverlässigkeit und größter technischer Sachkunde durchführen und unabhängig von jeder Einflußnahme – vor allem finanzieller Art – auf ihre Beurteilung und die Ergebnisse ihrer Prüfung sein, insbesondere von der Einflußnahme durch Personen oder Personengruppen, die an den Ergebnissen der Prüfungen interessiert sind.

3. Die Stelle muß über das Personal und die Mittel verfügen, die zur angemessenen Erfüllung der mit der Durchführung der Kontrollen oder Überwachungsmaßnahmen verbundenen technischen und administrativen Aufgaben erforderlich sind; ebenso muß sie Zugang zu den für außerordentliche Prüfungen erforderlichen Geräten haben.

4. Das mit den Kontrollen beauftragte Personal muß folgende Voraussetzungen erfüllen:
   - Es muß eine gute technische und berufliche Ausbildung haben.
   - Es muß ausreichende Kenntnisse der Vorschriften für die von ihm durchgeführten Kontrollen und eine ausreichende praktische Erfahrung auf diesem Gebiet haben.
   - Es muß die erforderliche Eignung zur Abfassung der Bescheinigungen, Prüfprotokolle und Berichte haben, in denen die durchgeführten Prüfungen niedergelegt werden.

5. Die Unparteilichkeit des Kontrollpersonals ist zu gewährleisten. Die Höhe des Arbeitsentgelts der Prüfer darf sich weder nach der Zahl der von ihnen durchgeführten Kontrollen noch nach den Ergebnissen derselben richten.

6. Die Stelle muß eine Haftpflichtversicherung abschließen, es sei denn, diese Haftpflicht wird aufgrund der innerstaatlichen Rechtsvorschriften vom Staat übernommen oder die Kontrollen werden unmittelbar von dem Mitgliedstaat durchgeführt.

7. Das Personal der Stelle ist (außer gegenüber den zuständigen Behörden des Staates, in dem es seine Tätigkeit ausübt) durch das Berufsgeheimnis in bezug auf alles gebunden, wovon es bei der Durchführung seiner Aufgaben im Rahmen der Richtlinie oder jeder innerstaatlichen Rechtsvorschrift, die der Richtlinie Wirkung verleiht, Kenntnis erhält.

Anhang V
Kriterien für die Zulassung von Betreiberprüfstellen gemäß Artikel 14

1. Die Betreiberprüfstellen müssen organisatorisch abgrenzbar sein und innerhalb der Gruppe, zu der sie gehören, über Berichtsverfahren verfügen, die ihre Unparteilichkeit sicherstellen und belegen. Die Betreiberprüfstellen dürfen nicht für den Entwurf, die Fertigung, die Lieferung, das Aufstellen, den Betrieb oder die Wartung des Druckgeräts oder der Baugruppe verantwortlich sein und sie dürfen keinen Tätigkeiten nachgehen, die mit der Unabhängigkeit ihrer Beurteilung und ihrer Zuverlässigkeit im Rahmen ihrer Überprüfungsarbeiten in Konflikt kommen könnten.

2. Die Betreiberprüfstellen und ihr Personal müssen die Bewertungen und Prüfungen mit höchster beruflicher Zuverlässigkeit und größter technischer Sachkunde durchführen und unabhängig von jeder Einflußnahme – vor allem finanzieller Art – auf ihre Beurteilung und die Ergebnisse ihrer Prüfung sein, insbesondere von der Einflußnahme durch Personen oder Personengruppen, die an den Ergebnissen der Prüfungen interessiert sind.

3. Die Betreiberprüfstelle muß über das Personal und die Mittel verfügen, die zur angemessenen Erfüllung der mit der Durchführung der Kontrollen oder Überwachungsmaßnahmen verbundenen technischen und administrativen Aufgaben erforderlich sind; ebenso muß sie Zugang zu den für außerordentliche Prüfungen erforderlichen Geräten haben.

4. Das mit den Kontrollen beauftragte Personal muß folgende Voraussetzungen erfüllen:
   - Es muß eine gute technische und berufliche Ausbildung haben.
   - Es muß ausreichende Kenntnisse der Vorschriften für die von ihm durchgeführten Kontrollen und eine ausreichende praktische Erfahrung auf diesem Gebiet haben.
   - Es muß die erforderliche Eignung zur Abfassung der Bescheinigungen, Prüfprotokolle und Berichte haben, in denen die durchgeführten Prüfungen niedergelegt werden.

5. Die Unparteilichkeit des Kontrollpersonals ist zu gewährleisten. Die Höhe des Arbeitsentgelts der Prüfer darf sich weder nach der Zahl der von ihnen durchgeführten Kontrollen noch nach den Ergebnissen derselben richten.

6. Die Betreiberprüfstellen müssen eine angemessene Haftpflichtversicherung abschließen, es sei denn, diese Haftpflicht wird von der Gruppe übernommen, der sie angehören.

7. Das Personal der Betreiberprüfstelle ist (außer gegenüber den zuständigen Behörden des Staates, in dem es seine Tätigkeit ausübt) durch das Berufsgeheimnis in bezug auf alles gebunden, wovon es bei der Durchführung seiner Aufgaben im Rahmen der Richtlinie oder jeder innerstaatlichen Rechtsvorschrift, die der Richtlinie Wirkung verleiht, Kenntnis erhält.

Anhang VI
CE-Kennzeichnung

Die CE-Kennzeichnung besteht aus den Buchstaben "CE" mit nachstehendem Schriftbild:

Bei Verkleinerung oder Vergrößerung der CE-Kennzeichnung müssen die sich aus dem oben abgebildeten Raster ergebenden Proportionen eingehalten werden.

Die verschiedenen Bestandteile der CE-Kennzeichnung müssen etwa gleich hoch sein; die Mindesthöhe beträgt 5 mm.

Anhang VII
Konformitätserklärung

Die EG-Konformitätserklärung muß folgende Angaben enthalten:

- Name und Anschrift des Herstellers oder seines in der Gemeinschaft ansässigen Bevollmächtigten,
- Beschreibung des Druckgerätes oder der Baugruppe,
- angewandte Konformitätsbewertungsverfahren,
- bei Baugruppen Beschreibung der Druckgeräte, aus denen die Baugruppe besteht, sowie die angewandten Konformitätsbewertungsverfahren,
- gegebenenfalls Name und Anschrift der benannten Stelle, die die Kontrolle vorgenommen hat,
- gegebenenfalls Verweis auf die EG-Baumusterprüfbescheinigung, die EG-Entwurfsprüfbescheinigung oder die EG-Konformitätsbescheinigung,
- gegebenenfalls Name und Anschrift der benannten Stelle, welche das Qualitätssicherungssystem des Herstellers überwacht,
- gegebenenfalls die Verweisung auf die Fundstellen der angewandten harmonisierten Normen,
- gegebenenfalls andere Normen oder technische Spezifikationen, die angewandt wurden,
- gegebenenfalls Verweis auf die anderen angewandten Gemeinschaftsrichtlinien,
- Angaben zum Unterzeichner, der bevollmächtigt ist, die Erklärung für den Hersteller oder seinen in der Gemeinschaft ansässigen Bevollmächtigten rechtsverbindlich zu unterzeichnen.

ICS 23.020.30   Ausgabe Oktober 2006

Ausrüstung, Aufstellung und Kennzeichnung von Druckbehältern	Sicherheitseinrichtungen gegen Drucküberschreitung – Berstsicherungen –	AD 2000-Merkblatt A 1

Die AD 2000-Merkblätter werden von den in der „Arbeitsgemeinschaft Druckbehälter" (AD) zusammenarbeitenden, nachstehend genannten sieben Verbänden aufgestellt. Aufbau und Anwendung des AD 2000-Regelwerkes sowie die Verfahrensrichtlinien regelt das AD 2000-Merkblatt G1.

Die AD 2000-Merkblätter enthalten sicherheitstechnische Anforderungen, die für normale Betriebsverhältnisse zu stellen sind. Sind über das normale Maß hinausgehende Beanspruchungen beim Betrieb der Druckbehälter zu erwarten, so ist diesen durch Erfüllung besonderer Anforderungen Rechnung zu tragen.

Wird von den Forderungen dieses AD 2000-Merkblattes abgewichen, muss nachweisbar sein, dass der sicherheitstechnische Maßstab dieses Regelwerkes auf andere Weise eingehalten ist, z.B. durch Werkstoffprüfungen, Versuche, Spannungsanalyse, Betriebserfahrungen.

    Fachverband Dampfkessel-, Behälter- und Rohrleitungsbau e.V. (FDBR), Düsseldorf
    Hauptverband der gewerblichen Berufsgenossenschaften e.V., Sankt Augustin
    Verband der Chemischen Industrie e.V. (VCI), Frankfurt/Main
    Verband Deutscher Maschinen- und Anlagenbau e.V. (VDMA), Fachgemeinschaft Verfahrenstechnische Maschinen und Apparate, Frankfurt/Main
    Stahlinstitut VDEh, Düsseldorf
    VGB PowerTech e.V., Essen
    Verband der TÜV e.V. (VdTÜV), Berlin

Die AD 2000-Merkblätter werden durch die Verbände laufend dem Fortschritt der Technik angepasst. Anregungen hierzu sind zu richten an den Herausgeber:

Verband der TÜV e.V., Friedrichstraße 136, 10117 Berlin.

Inhalt

0 Präambel
1 Geltungsbereich
2 Allgemeines
3 Bauarten von Berstelementen und Vakuumstützen
4 Einspannvorrichtungen
5 Einsatz, Verwendung und Anordnung von Berstsicherungen
6 Werkstoffe
7 Bemessung der Berstsicherungen und Zuleitungen
8 Prüfungen beim Hersteller
9 Kennzeichnung
10 Querschnitte und Leitungen
11 Schrifttum

0 Präambel

Zur Erfüllung der grundlegenden Sicherheitsanforderungen der Druckgeräte-Richtlinie kann das AD 2000-Regelwerk angewandt werden, vornehmlich für die Konformitätsbewertung nach den Modulen „G" und „B + F".

Das AD 2000-Regelwerk folgt einem in sich geschlossenen Auslegungskonzept. Die Anwendung anderer technischer Regeln nach dem Stand der Technik zur Lösung von Teilproblemen setzt die Beachtung des Gesamtkonzeptes voraus.

Bei anderen Modulen der Druckgeräte-Richtlinie oder für andere Rechtsgebiete kann das AD 2000-Regelwerk sinngemäß angewandt werden. Die Prüfzuständigkeit richtet sich nach den Vorgaben des jeweiligen Rechtsgebietes.

1 Geltungsbereich

Dieses AD 2000-Merkblatt gilt für Berstsicherungen als Ausrüstungsteil mit Sicherheitsfunktion gegen Drucküberschreitung.

2 Allgemeines

2.1 Berstsicherungen nach diesem AD 2000-Merkblatt müssen ein Überschreiten des maximal zulässigen Druckes um mehr als 10 % selbsttätig verhindern.

Berstsicherungen müssen unter Berücksichtigung der jeweiligen Betriebsweise des Druckraumes, insbesondere von Beschickungsgut, Druck und Temperatur, zuverlässig arbeiten und den im Störungsfall abzuführenden Massenstrom gewährleisten können.

Die Zuverlässigkeit im Hinblick auf die richtige Funktionsweise kann durch eine Bauteilprüfung gemäß den „Richtlinien für die Bauteilprüfung von Berstsicherungen" (siehe Anlage 1 zu diesem AD 2000-Merkblatt[1]) für den vorgesehenen Druckbereich festgestellt werden.

2.2 Berstsicherungen bestehen aus einem Berstelement, erforderlichenfalls mit einer Einspannvorrichtung[2]. Zusätz-

---

[1] In Vorbereitung

[2] Berstsicherungen im Sinne dieses AD 2000-Merkblattes sind nur die vom Hersteller als zusammengehörig vorgesehenen Teile.

Ersatz für Ausgabe Oktober 2004; | = Änderungen gegenüber der vorangehenden Ausgabe

Die AD 2000-Merkblätter sind urheberrechtlich geschützt. Die Nutzungsrechte, insbesondere die der Übersetzung, des Nachdrucks, der Entnahme von Abbildungen, die Wiedergabe auf fotomechanischem Wege und die Speicherung in Datenverarbeitungsanlagen, bleiben, auch bei auszugsweiser Verwertung, dem Urheber vorbehalten.

lich können Vakuumstütze, Schneidvorrichtung und Fangvorrichtung Bestandteile einer Berstsicherung sein.

Die Berstelemente werden beim Ansprechen zerstört und geben schlagartig den Entlastungsquerschnitt frei. Im Gegensatz zu Sicherheitsventilen bleiben nach dem Ansprechen der Berstsicherungen die Entlastungsquerschnitte offen.

Berstscheiben können konstruktionsbedingt herausgeblasen oder von der Einspannvorrichtung festgehalten werden.

2.3 Der Einsatz von Berstsicherungen kommt in Betracht, wenn z. B.

(1) mit einem schnellen Druckanstieg gerechnet werden muss,
(2) die Betriebsbedingungen zu Ablagerungen und Verklebungen führen können, die die Funktion anderer Sicherheitseinrichtungen gegen Drucküberschreitung beeinträchtigen würden,
(3) erhöhte Anforderungen an die Dichtheit gestellt werden,
(4) große Entlastungsquerschnitte erforderlich sind.

Physikalische Größen und Formeln

a	zulässiges Druckverhältnis $\dfrac{p_a - 1}{p_e}$ (dynamische Drücke in bar)	
a_0	Druckverhältnis $\dfrac{p_{a0} - 1}{p_e}$ (Drücke in bar)	
$A_L = \dfrac{\pi}{4} D_L^2$	lichte Querschnittsfläche der Rohrleitung	mm²
A_n	lichte Querschnittsfläche am Ausblaseleitungsende	mm²
c_p	spezifische Wärme (ggf. Mittelwert)	kJ/(kg·K)
D_L	innerer Durchmesser der Rohrleitung (lichte Weite)	mm
$D_1, D_2 ...$	verschiedene Durchmesser D_L	mm
D_A	innerer Durchmesser der Ausblaseleitung	mm
d_0	engster Strömungsdurchmesser	mm
F_R	Reaktionskraft an der Ausblaseöffnung	N
f_A, f_n	Flächenverhältnisse von Ausblaseleitung bzw. Ausblaseleitungsende	
h	Exponent, Hochzahl	
k	Isentropenexponent des Mediums im Druckraum	
L	Gesamtrohrleitungslänge (von der Einlauf- bis zur Ausblaseöffnung)	mm
L_A	Länge der Ausblaseleitung	mm
M	Molare Masse	kg/kmol
$M_x = \dfrac{v}{v_{s0}}$	Machzahl (Quotient aus örtlicher Geschwindigkeit v im Rohr und Schallgeschwindigkeit v_{s0} in einer ab Behälter adiabat beschleunigten, mit v_{s0} schallschnellen Strömung)	
M_a	Machzahl hinter der Berstscheibe	
M_e	Machzahl direkt am Einlauf der Berstscheibe	
M_n	Machzahl am Rohrleitungsende ($M_n \leq 1$)	
p_a	absoluter dynamischer Fremdgegendruck hinter der Berstscheibe	bar
p_{a0}	absoluter Fremdgegendruck außerhalb L_A; $p_{a0} \leq p_u$	bar
p_e	Berstüberdruck einer Berstscheibe	bar
$p_h = \varrho \cdot H \cdot 10^{-7}$	absoluter hydrostatischer Druck (bedingt durch Differenzhöhe H in mm)	bar
p_k	absoluter kritischer Druck (mit $\psi = \psi_{max}$)	bar
p_{ns}	absoluter Enddruck in der Ausblaseleitung bei Schallgeschwindigkeit, d. h. $M_n = 1$	bar
p_u	absoluter Umgebungsdruck	bar
p_0	absoluter Druck im abzusichernden System	bar
Δp	Druckdifferenz ($p_0 - p_{a0}$)	bar
q_m	abzuführender Massenstrom	kg/h
T	absolute Temperatur innerhalb des Druckbehälters im Ruhezustand	K
T_{ns}	absolute Temperatur am Leitungsende bei Schallgeschwindigkeit	K
v	Geschwindigkeit	m/s
v_n	Geschwindigkeit am Leitungsende der Ausblaseöffnung	m/s
v_{ns}	Schallgeschwindigkeit am Leitungsende	m/s
Y	normierte Reaktionskraft	
Z	Realgasfaktor des Mediums im Druckraum	
$\overline{Z}_A$	mittlerer Realgasfaktor des Mediums in der Ausblaseleitung (konservativ: $\overline{Z}_A = 1$)	
$\overline{Z}_L$	mittlerer Realgasfaktor des Mediums in der Leitung (konservativ: $\overline{Z}_L = 1$)	
Z_n	Realgasfaktor des Mediums am Leitungsende; aus p_n abzuschätzen	
α	Ausflussziffer	
η	Wirkungsgrad der Berstscheibe	
ζ_i	Widerstandsbeiwerte für Leitungs- und Einbauteile (siehe z. B. Tafel 2 im AD 2000-Merkblatt A 2)	
ζ_{BS}	Widerstandsbeiwert der Berstscheibe, bezogen auf A_L	
ζ_L	Gesamtwiderstandsbeiwert der Rohrleitung, adäquat ergänzt mit dem Quotienten der Realgasfaktoren	
ζ_z	zulässiger Widerstandsbeiwert	
λ	Rohrreibungsbeiwert (siehe z. B. Tafel 1 im AD 2000-Merkblatt A 2)	
ϱ_n	Dichte des Fluids in der Ausblaseöffnung am Leitungsende	kg/m³
ψ	Ausflussfunktion	

3 Bauarten von Berstelementen und Vakuumstützen

Bei Berstsicherungen wird der Druckkraft der Querschnitt des Scheibenwerkstoffes entgegengesetzt.

3.1 Gewölbte Berstscheiben

3.1.1 Konkavgewölbte Berstscheiben

Konkavgewölbte Berstscheiben sind in Druckrichtung als Segment einer Kugelmembran geformt, welche bei Erreichen des Ansprechdrucks durch das Überschreiten der Bruchspannung [siehe hierzu AD 2000-Merkblatt B 1 Gleichung (3)] birst.

3.1.2 Konvexgewölbte Berstscheiben (Umkehrberstscheiben)

Umkehrberstscheiben haben eine Wölbung entgegen der Druckrichtung; auf der Druckseite des abzusichernden Systems liegt die konvexe Seite. Sie versagen bei Erreichen des Ansprechdrucks infolge Überschreitung der Beulfestigkeit des Kugelsegmentes [siehe hierzu AD 2000-Merkblatt B 3 Gleichung (16)]; hierbei knickt die Wölbung ein und kehrt sich um. Dabei schlägt sie z. B. auf Messerkanten, oder es reißen Vorkerbungen auf, sodass die Scheibe zerstört wird. Das Versagen der Umkehrberstscheiben wird nicht von der Zugfestigkeit, sondern vom Elastizitätsmodul E bestimmt. Da E weniger von Lastwechseln beeinflusst wird, sind Umkehrberstscheiben dauerhaltbarer.

3.2 Ebene Berstscheiben

3.2.1 Ebene Berstscheiben aus zähem, verformungsfähigem Werkstoff

Diese im Einbauzustand ebene Scheibenart verformt sich und reißt bei Erreichen des Ansprechdrucks infolge Überschreitens der Zugfestigkeit.

3.2.2 Ebene Berstscheiben aus sprödem, nicht verformungsfähigem Werkstoff

Diese im Einbauzustand ebene Scheibenart zerbricht bei Erreichen des Ansprechdrucks infolge Überschreitens der Biege- und Scherfestigkeit [siehe hierzu AD 2000-Merkblatt B 5 Gleichung (2)].

3.3 Berstscheiben mit Vakuumstütze

Die nach den Abschnitten 3.1 und 3.2 genannten Berstscheiben können auch mit Vakuumstütze ausgerüstet sein. Vakuumstützen, die beim Ansprechen der Berstscheibe nicht zerstört werden, lassen den Druck des abzusichernden Systems durch Öffnungen auf das Berstelement einwirken. Die Ausblaseleistung kann dabei allerdings erheblich gemindert sein. Bleibt beim Ansprechen der Berstsicherung die Vakuumstütze unbeschädigt, kann sie nach Ersatz des zerstörten Berstelementes durch ein Element gleicher Bauart weiterbenutzt werden. Vorab sind jedoch die Unversehrtheit der Stütze und die Formanpassung zwischen Stütze und Berstelement zu prüfen.

Vakuumstützen, die beim Ansprechen der Berstscheibe zerstört werden, geben den Strömungsquerschnitt weitgehend frei.

3.4 Sonstige Berstelemente

Zu den sonstigen Berstelementen zählen z. B. Brechkappen, Reißbolzen, Knickstäbe.

4 Einspannvorrichtungen

Einspannvorrichtungen können den Ansprechdruck des Berstelementes wesentlich beeinflussen. Deshalb sind Berstelemente in vom Hersteller vorgesehene bzw. bei der Bauteilprüfung festgelegte Einspannvorrichtungen einzubauen, um eine sichere Funktion zu gewährleisten. Hierbei ist die Einbaurichtung sorgfältig einzuhalten, denn verkehrt herum eingebaut, bersten konkavgewölbte Berstscheiben bei kleinerem Druck, Umkehrberstscheiben dagegen erst bei wesentlich größerem Druck.

Berstelemente, bei denen ein seitenverkehrter Einbau in die Einspannvorrichtung die bestimmungsgemäße Funktion gefährden kann, müssen durch konstruktive Maßnahmen so gestaltet sein, dass ein seitenverkehrter Einbau in die Einspannvorrichtung nicht möglich ist, z. B. durch unsymmetrische bzw. formschlüssige Gestaltung der Einspannflächen.

5 Einsatz, Verwendung und Anordnung von Berstsicherungen

5.1 Allgemeines

Der Hersteller hat schriftliche Anweisungen für Transport, Lagerung, Einbau und Betrieb mitzuliefern.

5.2 Einsatz

5.2.1 Ansprechdruck und Arbeitsdruck

Der Ansprechdruck liegt in einem Toleranzfeld, dessen maximaler und minimaler Grenzwert vom Hersteller angegeben wird. Der maximale Ansprechdruck ist so zu wählen, dass der maximal zulässige Druck des abzusichernden Druckraumes nicht mehr als 10 % überschritten wird (vgl. hierzu Abschnitt 7). Im Hinblick auf die Einsatzdauer soll der minimale Ansprechdruck um einen ausreichenden Betrag oberhalb des höchsten betriebsmäßig auftretenden Druckes (maximaler Arbeitsdruck[3]) des abzusichernden Druckraumes liegen.

5.2.2 Einsatzdauer

Die Einsatzdauer des Berstelementes ist abhängig von der Bauart der Berstsicherung, dem Zeitstandverhalten des Berstelementes und von den Betriebsbedingungen. Wechselnde Belastung, Temperatureinflüsse und Korrosion können zu einer wesentlichen Verkürzung der Einsatzdauer führen. Da die Einsatzdauer nur angenähert vorauszubestimmen ist, kann es zweckmäßig sein, die Berstsicherung in angemessenen Zeiträumen zu erneuern.

5.2.3 Temperatureinfluss

Berstelemente weisen eine werkstoffspezifische Abhängigkeit des Ansprechdruckes von der Temperatur auf. Die Auslegung für einen bestimmten Druck muss daher unter Berücksichtigung der Temperatur erfolgen, da durch steigende Temperatur Zugfestigkeit und Elastizitätsmodul des Werkstoffs herabgesetzt werden. So kann ein kalt bestimmter Berstdruck u. U. mit der Temperatur derart abfallen, dass der Betriebsdruck des abzusichernden Systems erreicht wird. Die Berstelemente dürfen dann entsprechend dem Festigkeitsabfall kalt einen höheren Ansprechdruck haben. Treten mehrere abzusichernde Betriebszustände auf, z. B.

- gleicher Druck bei verschiedenen Temperaturen oder
- unterschiedliche Temperaturen zwischen Berstelementen und abzusicherndem Druckbehälterraum oder

---
[3] Definition siehe DIN 3320

– Einfluss der Umgebungstemperatur, der Raumtemperatur, der witterungsbedingten Temperatur auf die Temperatur des Berstelementes,

muss dies berücksichtigt werden.

5.2.4 Schneller Druckanstieg

Bei Einsatz von Berstsicherungen für die Absicherung eines möglicherweise schnellen Druckanstieges sind für die Bemessung der Berstsicherung die wichtigen Einflussgrößen, z. B. der zeitliche Druckanstieg und der abzuführende Massenstrom, – erforderlichenfalls durch entsprechende Messungen an Versuchsbehältern – zu ermitteln. Liegen hierüber keine gesicherten Angaben vor und sind keine anderen Maßnahmen möglich, ist eine angemessene Vergrößerung des Querschnittes vorzunehmen.

Anordnung, Ansprechverhalten, geometrische Abmessungen und Wahl des maximalen Ansprechdruckes haben Einfluss auf die Druckentlastung. Eine Aufteilung des erforderlichen Entlastungsquerschnittes auf mehrere Berstsicherungen ist möglich. Es ist anzustreben, dass die Berstelemente von einer auftretenden Druckwelle senkrecht beaufschlagt werden.

5.2.5 Beanspruchung durch Gegendruck oder Vakuum

Kann eine Berstsicherung auch durch Gegendruck oder Vakuum beansprucht werden, muss die Berstsicherung für diese Beanspruchung ausgelegt oder eine Bauart mit Vakuumstütze verwendet werden. Die Kanten der Öffnungen in der Vakuumstütze müssen derart bearbeitet sein, dass Beschädigungen und damit vorzeitiges Ansprechen der Berstscheibe ausgeschlossen sind. Eine Verminderung des freien Strömungsquerschnittes durch den verbleibenden Teil der Vakuumstütze nach dem Bersten ist bei der Bestimmung des erforderlichen Querschnittes zu berücksichtigen.

5.3 Anordnung von Berstsicherungen

5.3.1 Durch die bei der Zerstörung von Berstelementen ggf. entstehenden Bruchstücke darf keine Gefährdung auftreten. Austretende Medien müssen gefahrlos abgeleitet werden.

5.3.2 Berstelemente sollen leicht auswechselbar sein. Sie müssen gegen Beschädigung und sonstige Beeinflussung von außen (z. B. durch Ablagerungen, Niederschläge) geschützt sein.

5.4 Kombinationen von Sicherheitsventilen und Berstsicherungen

Kombinationen von Sicherheitsventilen und Berstsicherungen finden Anwendung zum Schutz des Sicherheitsventils vor negativen Einflüssen, z. B.

– bei Medien, die zum Verkleben, Verkrusten oder Verschmutzen neigen,
– bei Medien mit Feststoffanteilen,
– bei korrosiven Medien,
– wenn bei einem Medium besondere Dichtheit gefordert ist und/oder eine Entleerung des Systems verhindert werden soll.

5.4.1 Anwendungsbeispiele der Kombination

5.4.1.1 Berstsicherungen können vor oder hinter dem Sicherheitsventil angeordnet werden. Die Anordnung Berstsicherung – Sicherheitsventil – Berstsicherung ist ebenfalls möglich.

5.4.1.2 Parallelschaltung Sicherheitsventil – Berstsicherung

Die Wahl dieser Anordnung erfolgt z. B., wenn auch die Möglichkeit eines schnellen Druckanstieges nach Abschnitt 5.2.4 berücksichtigt werden muss. Das Sicherheitsventil dient als primär ansprechende Sicherheitseinrichtung. Der nominelle Ansprechdruck der Berstelemente liegt üblicherweise über dem des Sicherheitsventils.

5.4.2 Anforderungen an die Kombinationen

5.4.2.1 Für Berstsicherungen vor Sicherheitsventilen sind nach Möglichkeit nicht fragmentierende Berstelemente einzusetzen.

Bei fragmentierenden Berstelementen ist durch geeignete Maßnahmen (z. B. Fangeinrichtungen) sicherzustellen, dass Bruchstücke des Berstelementes das Sicherheitsventil nicht unwirksam machen können.

Der Abstand bzw. das Volumen zwischen Berstsicherung und Sicherheitsventil muss so gewählt werden, dass ein korrektes Öffnen des Berstelementes gewährleistet wird. Darüber hinaus sind die Empfehlungen des Herstellers zu beachten.

Zwischen Berstscheibe und Sicherheitsventil anfallendes Kondensat muss abgeleitet werden können.

5.4.2.2 Zuführungsleitungen und Berstsicherungen vor Sicherheitsventilen sind nach AD 2000-Merkblatt A 2 so zu gestalten, dass der Druckverlust in der Zuleitung bei größtem abgeführten Massenstrom 3 % der Druckdifferenz zwischen dem maximal zulässigen Druck und dem Fremdgegendruck nicht überschreitet.

Der Einfluss auf den Druckverlust durch Teile des Berstelementes, die nach dem Ansprechen in der Einspannvorrichtung verbleiben, ist berücksichtigt, wenn der Querschnitt der Einspannvorrichtung der nachfolgenden Bedingung entspricht und das Berstelement direkt vor dem Sicherheitsventil montiert ist.

$A_{geom} \cdot \alpha > 1{,}5 \cdot A_0 \cdot \alpha_w$
Berstscheibe   Sicherheitsventil

A_{geom} geometrischer Querschnitt des Berstelementes (Querschnittsverengungen z. B. durch Schneidvorrichtungen und nicht zerstörbare Vakuumstützen sind berücksichtigt; Verengungen z. B. durch Teile des Berstelementes, die nach dem Ansprechen in der Einspannvorrichtung verbleiben, sind nicht berücksichtigt)

α Ausflussziffer nach Bild 2

A_0 engster Strömungsquerschnitt des Sicherheitsventils

α_w Ausflussziffer des Sicherheitsventils

5.4.2.3 Auf Wunsch eines Antragstellers kann für eine bestimmte Kombination aus Berstsicherung und Sicherheitsventil eine Ausflussziffer durch Versuche bestimmt werden.

5.4.2.4 Ist einem Sicherheitsventil eine Berstsicherung vor- oder nachgeschaltet, ist eine besondere Einrichtung vorzusehen (z. B. freier Abzug, Alarmmanometer), die eine Undichtheit der Sicherheitseinrichtung sowie ein Ansprechen des Berstelementes erkennen lässt, da ein eventuell entstehender Gegendruck im Zwischenraum der beiden Sicherheitseinrichtungen den Ansprechdruck der Berstsicherung bzw. des Sicherheitsventils verändern würde.

Der Berstdruck der Berstsicherung auf der Austrittsseite eines Sicherheitsventils muss wesentlich kleiner sein als der Ansprechdruck des Sicherheitsventils und muss so gewählt werden, dass das Ansprechverhalten des Sicherheitsventils nicht durch Gegendruckaufbau zwischen Sicherheitsventil und Berstsicherung (durch Leckage oder mit Beginn des Abblasens) gestört wird. Hierbei darf der Strömungsverlust in der Ausblaseleitung den vom Hersteller angegebenen zulässigen Gegendruck des Sicherheitsventils nicht überschreiten.

5.4.3 Kombinationen von Sicherheitsventilen mit sonstigen Berstelementen nach Abschnitt 3.4 sind sinngemäß zu behandeln.

6 Werkstoffe

6.1 Für die Berstsicherung sind nur Werkstoffe zu verwenden, die für die Betriebsbedingungen an der Einbaustelle geeignet sind.

6.2 Die Festigkeitseigenschaften der für die Berstelemente verwendeten Werkstoffe sollen möglichst geringe Abhängigkeit von der Art der Beanspruchung (statisch, wechselnd), der Temperatur und der Dauer der Beanspruchung (Zeitstandverhalten) aufweisen.

6.3 Die für die Herstellung der Berstelemente verwendeten Ausgangswerkstoffe (Folie, Block) sollen homogene mechanische und technologische Eigenschaften, z. B. durch Wärmebehandlung, haben.

6.4 Der Gefahr einer Korrosion der Berstelemente durch den Einfluss des Behälterinhaltes oder der Atmosphäre ist durch korrosionsbeständige Werkstoffe, Beschichtungen oder Schutzfolien zu begegnen.

7 Bemessung der Berstsicherungen und Zuleitungen

7.1 Berstsicherungen müssen beim Ansprechen mindestens den erforderlichen engsten Querschnitt schlagartig freigeben. Sie müssen bei Berücksichtigung von Druckverlusten in den Zu- und Abblaseleitungen und einem möglichen Gegendruck so bemessen sein, dass ein Überschreiten des maximal zulässigen Druckes des abzusichernden Druckraumes um mehr als 10 % verhindert wird. Bei der Bemessung ist zu berücksichtigen, dass die Gestaltung der Zuleitung zur Berstsicherung und die sich daraus ergebende Strahleinschnürung einen wesentlichen Einfluss auf die Abblaseleistung hat.

7.2 Gase und Dämpfe

7.2.1 Die allgemeine Beziehung für die Bemessung des engsten Strömungsquerschnittes lautet:

$$A_0 = \frac{q_m}{\psi \cdot \alpha \cdot \sqrt{2\frac{p_0}{v}}} \quad (1)$$

Hierin bedeuten:

A_0	engster Strömungsquerschnitt	m²
q_m	abzuführender Massenstrom	kg/s
p_0	absoluter Druck im Druckraum	Pa
v	spezifisches Volumen des Mediums im Druckraum	m³/kg
α	Ausflussziffer	
ψ	Ausflussfunktion	

Für unterkritische Druckverhältnisse

$$\frac{p_a}{p_0} > \left(\frac{2}{k+1}\right)^{\frac{k}{k-1}} = \frac{p_k}{p_0}$$

ist

$$\psi = \sqrt{\frac{k}{k-1}} \cdot \sqrt{\left(\frac{p_a}{p_0}\right)^{\frac{2}{k}} - \left(\frac{p_a}{p_0}\right)^{\frac{k+1}{k}}} \quad (2)$$

In der Ableitung für ψ wird verwendet:

$$k = \frac{\overline{c_p}}{\overline{c_p} - \frac{R \cdot \overline{Z}}{1000M}} \quad (2.1)$$

Für überkritische Druckverhältnisse ist

$$\psi_{max} = \sqrt{\frac{k}{k+1} \cdot \left(\frac{2}{k+1}\right)^{\frac{1}{k-1}}} \approx 0{,}431 \cdot k^{0{,}346} \quad (3)$$

mit

p_0	absoluter Druck im Druckraum	bar
p_a	absoluter Gegendruck (hinter dem engsten Strömungsquerschnitt)	bar
k	Isentropenexponent des Mediums im Druckraum	–

7.2.2 Bei technischen Gasen und Dämpfen errechnet sich das spezifische Volumen aus der allgemeinen Beziehung

$$v = \frac{R_1 \cdot T \cdot Z}{p_0 \cdot 10^5} \quad (4)$$

Setzt man diesen Ausdruck in Gleichung (1) ein, so ergibt sich folgende Zahlenwertgleichung

$$A_0 = 0{,}001964 \cdot \frac{q_m}{\psi \cdot \alpha \cdot p_0} \sqrt{R_1 \cdot T \cdot Z} \quad (5)$$

Mit $R_1 = \frac{R_0}{M}$ ergibt sich daraus

$$A_0 = 0{,}1791 \cdot \frac{q_m}{\psi \cdot \alpha \cdot p_0} \sqrt{\frac{T \cdot Z}{M}} \quad (6)$$

oder

$$A_0 = 0{,}6211 \cdot \frac{q_m}{\psi \cdot \alpha \cdot \sqrt{\frac{p_0}{v}}} \quad (6a)$$

Hierin bedeuten:

A_0	erforderlicher engster Strömungsquerschnitt der Berstsicherung	mm²
q_m	abzuführender Massenstrom	kg/h
R_1	Gaskonstante	$\frac{J}{kg \cdot K}$
R_0	universelle Gaskonstante	$8314{,}3 \frac{J}{kmol \cdot K}$
M	molare Masse	$\frac{kg}{kmol}$
T	absolute Temperatur des Mediums im Druckraum	K
Z	Realgasfaktor des Mediums im Druckraum	–
p_0	absoluter Druck im Druckraum	bar

v	spezifisches Volumen des Mediums im Druckraum	m³/kg
ψ	Ausflussfunktion	–
α	kombinierte Ausflussziffer von Stutzen und Berstsicherung nach den Abschnitten 7.2.4 oder 7.2.5	–

Die Ausflussfunktion ψ kann nach Abschnitt 7.2.1 errechnet oder in Abhängigkeit vom Druckverhältnis und vom Isentropenexponenten dem Bild 1 entnommen werden. Die Stoffwerte für einige wichtige Gase und Dämpfe im Normzustand sind in Tafel 1 aufgeführt. Sie können auch für vom Normzustand abweichende Zustände im Allgemeinen verwendet werden.

Die Isentropenexponenten k können jedoch bei höheren Drücken und bei von 273 K abweichenden Temperaturen von den in Tafel 1 angegebenen Werten abweichen. So hat k z. B. für Luft bei 100 bar und 293 K den Wert 1,60, so dass sich ψ_{max} von 0,484 auf 0,507 ändert.

Bei den in Tafel 1 genannten Gasen unterscheidet sich der Wert Z für den Realgasfaktor im Normzustand nur wenig von 1,0. Bei Abweichung vom Normzustand können sich die Werte von 1,0 unterscheiden (z. B. für Ethylen bei 30 bar und 20 °C ist Z = 0,8).

Tafel 1. Gaskonstante, molare Masse, Isentropenexponent

	Gaskonstante R_1	Isentropenexponent k für den Normzustand[1])	Molare Masse M
	$\dfrac{J}{kg \cdot K}$	(p_0 = 1,013 bar, T = 273 K)	$\dfrac{kg}{kmol}$
Acetylen	318,82	1,23	26,040
Ammoniak	488,15	1,31	17,031
Argon	208,15	1,65	39,940
Ethylen	296,36	1,25	28,050
Chlor	117,24	1,34	70,910
Helium	2076,96	1,63	4,003
Kohlendioxid	188,91	1,30	44,010
Luft	287,09	1,40	28,964
Methan	518,24	1,31	16,031
Sauerstoff	259,82	1,40	32,000
Schwefeldioxid	129,77	1,28	64,063
Stickstoff	296,76	1,40	28,016
Wasserstoff	4124,11	1,41	2,016

[1]) Weitere Stoffwerte sowie Stoffwerte für vom Normzustand abweichende Zustände siehe VDI-Wärmeatlas und Fußnoten 3 und 4

Für die Berechnung können die Werte für den Isentropenexponenten und den Realgasfaktor z. B. VDI 2040 Blatt 4[4]), z. Z. Entwurf Januar 1990, und Data Book on Hydrocarbons entnommen werden.

Die Bemessung für Wasserdampf kann auch nach DIN 3320 Teil 1 Abschnitt 3 erfolgen.

7.2.3 Der freie Strömungsquerschnitt muss $\geq A_0$ sein. Eventuelle Querschnittsverminderungen, z. B. durch Vakuumstützen, Fangvorrichtungen oder durch Teile, die nach dem Ansprechen in der Berstsicherung verbleiben, sind zu berücksichtigen.

7.2.4 Für die Berechnung des erforderlichen engsten Strömungsquerschnittes bei überkritischen Druckverhältnissen ist für Berstsicherungen, deren freier Strömungsquerschnitt größer als 0,5 x Querschnitt der Zuleitung A_L ist, die durch die Strahleinschnürung bedingte Ausflussziffer gemäß Bild 2, Spalte 2 einzusetzen. Falls der freie Strömungsquerschnitt der Berstsicherung größer ist als der Querschnitt der Leitung, ist letzterer als Strömungsquerschnitt maßgebend.

Messungen der Ausflussziffer α von Berstscheiben können große Unterschiede zu den Werten in Bild 2 aufweisen. Ausgehend von den strömungstechnischen Grundlagen (siehe [1]–[3]) gewinnt man für die

Ausflussziffer $\quad \alpha = \sqrt{\dfrac{1}{1 + 0{,}752 \cdot \zeta^{0{,}876}}}$

mit $\quad \zeta \mathrel{\hat=} \zeta_L \left(\dfrac{A_0}{A_L}\right)^2 = \zeta_L \left(\dfrac{d_0}{d_L}\right)^4 \leq 30$

(Hinsichtlich des Widerstandsbeiwertes ζ_L siehe Gleichung (8). Kontrolle mit Bild 3 bei M_n = 1; $\alpha \mathrel{\hat=} \eta$.)

Im Hinblick auf ihre Funktionssicherheit sind Berstscheiben im Allgemeinen unempfindlich bezüglich der Druckverluste der peripheren Rohrleitungen. Von Bedeutung ist die drastische Abminderung der Ausflussleistung infolge des Druckverlustes in der Leitung und entsprechend der Ausflussfunktion $\psi < \psi_{max}$ bei häufigem, durch die Ausblaseleitung bewirktem Gegendruck $p_a > p_k$.

Auf adäquate Halterung zur Aufnahme möglicher Reaktionskräfte ist zu achten.

7.2.5 Sofern für eine bestimmte Gestaltung oder Ausführung einer Zuleitung mit Berstsicherung eine Ausflussziffer α experimentell ermittelt wurde, ist der um 10 % verminderte Wert in die Rechnung einzusetzen.

7.3 Flüssigkeiten

7.3.1 Für nicht siedende Flüssigkeiten (Flüssigkeiten, die beim Einströmen in die Abblaseleitung keine Phasenumwandlung erfahren) gilt

$$A_0 = 0{,}6211 \cdot \dfrac{q_m}{\alpha \cdot \sqrt{\Delta p \cdot \rho}} \qquad (7)$$

Hierin bedeuten:

A_0	erforderlicher engster Strömungsquerschnitt der Berstsicherung	mm²
q_m	abzuführender Massenstrom	kg/h
ϱ	Dichte	$\dfrac{kg}{m^3}$
Δp	$p_0 - p_a$ Druckdifferenz	bar
α	Ausflussziffer nach Bild 2, Spalte 3	–

[4]) VDI 2040 Blatt 4, Entwurf Januar 1990: Berechnungsgrundlagen für die Durchflussmessung mit Drosselgeräten, Stoffwerte

7.3.2 Der freie Strömungsquerschnitt muss $\geq A_0$ sein. Eventuelle Querschnittsverminderungen, z. B. durch Vakuumstützen, Fangvorrichtungen oder durch Teile, die nach dem Ansprechen in der Berstsicherung verbleiben, sind zu berücksichtigen.

7.4 Siedende Flüssigkeiten

Für siedende Flüssigkeiten und sonstige Flüssigkeiten, die bei der Entspannung auf den Gegendruck Gas freisetzen, liegen zur Zeit allgemein anerkannte Bemessungsregeln[5] nicht vor.

8 Prüfungen beim Hersteller

8.1 Bei Berstsicherungen als Ausrüstungsteile mit Sicherheitsfunktion für Druckbehälter erfolgt die Prüfung durch die zuständige unabhängige Stelle.

8.2 Die Prüfung der Berstelemente erfolgt nach Fertigungslosen. Sie umfasst die Kontrolle der Abmessung, die Feststellung der tatsächlichen Ansprechdrücke an ausgewählten Berstelementen durch Berstversuche in der zugehörigen Einspannvorrichtung und die Prüfung, ob die so ermittelten Ansprechdrücke in dem vom Hersteller angegebenen Toleranzbereich liegen. Richtwerte über die Anzahl der je Fertigungslos aus demselben Halbzeug durchzuführenden Berstversuche sind aus Tafel 2 zu entnehmen.

Erbringt der Hersteller über einen längeren Zeitraum den Nachweis, dass bei Berstelementen gleicher Bauart die von ihm angegebenen Toleranzen des Berstdruckes stets eingehalten werden, darf die Anzahl der nach Tafel 2 genannten Richtwerte der Berstprüfungen entsprechend Tafel 3 reduziert werden. Dabei ist auf ganze Prüfungszahlen abzurunden.

Tafel 2. Richtwerte für die Anzahl der Berstversuche

Anzahl der Berstelemente einer Herstellungsserie[1]	Anzahl der Berstprüfungen
bis 8	2
9 bis 15	3
16 bis 30	4
31 bis 100	6
101 bis 250	8
251 bis 1000	10

[1] Herstellungsserie beinhaltet nicht die Anzahl der Prüflinge

Tafel 3. Richtwerte für die Reduzierung des Prüfumfangs

Klasse	Herstellstückzahl gleicher Bauart	Reduzierung der Prüfungen nach Tafel 2 auf
1	50 bis 249	75 %
2	250 bis 999	50 %
3	1000 bis 4999	30 %
4	5000 bis 9999	20 %
5	über 10000	10 %

[5] Als Erkenntnisquelle kann VdTÜV-Merkblatt Sicherheitsventil 100/2 „Bemessungsvorschlag für Sicherheitsventile für Gas im flüssigen Zustand", Ausgabe Januar 1973, herangezogen werden.

8.3 Die Prüfung der Berstelemente ist mit einem neutralen und geeigneten Prüfmedium durchzuführen. Das Drucksystem muss insbesondere bei Umkehrberstscheiben eine ausreichend große Kapazität haben.

8.4 Ist das Berstelement betriebsbedingt ausschließlich für höhere oder tiefere Temperaturen als Raumtemperatur vorgesehen, sind die Prüfungen bei dieser Temperatur durchzuführen. Es sind jedoch auch Prüfungen bei Raumtemperatur ausreichend, wenn die Berstdrücke in dem betreffenden Temperaturbereich gleich bleiben oder die Abweichungen bekannt und nachgewiesen sind. Betriebsaufzeichnungen des Herstellers können als Nachweis herangezogen werden.

8.5 Über die durchgeführten Prüfungen ist eine Bescheinigung unter Angabe der Prüftemperaturen, der ermittelten Ansprechdrücke, der nach Abschnitt 9 notwendigen Kennzeichnung und der bei der Prüfung verwendeten Einspannvorrichtung (z. B. Typenkennzeichen, DIN-Bezeichnung der verwendeten Flansche) auszustellen.

9 Kennzeichnung

9.1 Jedes Berstelement ist mit folgenden Kennzeichen dauerhaft und gut lesbar zu versehen:
- Hersteller,
- Typenkennzeichen,
- Nummer der Herstellungsserie,
- Freier Strömungsquerschnitt,
- Werkstoff-Nr. oder -bezeichnung,
- Maximaler Ansprechdruck bei Raumtemperatur und ggf. bei Betriebstemperatur,
- Minimaler Ansprechdruck bei Raumtemperatur und ggf. bei Betriebstemperatur,
- Zugehörige Einspannvorrichtung, z. B. Typenkennzeichen, DIN-Nr.,
- Abblaseseite.

Falls die räumliche Größe des Berstelementes nicht ausreicht, um die gesamte verlangte Kennzeichnung aufzubringen, muss eine geeignete, vollständig gekennzeichnete Verpackung verwendet werden, die bis zur Montage versiegelt bleibt und bis zur Abnahmeprüfung bzw. zum Verbrauch (Ausbau) des letzten Berstelementes aufzubewahren ist.

Bei Berstelementen ohne besondere Einspannvorrichtung muss die Kennzeichnung der richtigen Durchflussrichtung auch im eingebauten Zustand von außen erkennbar sein.

9.2 Bauteilgeprüfte Berstsicherungen müssen mit der CE-Kennzeichnung und mit dem Bauteilkennzeichen versehen sein.

9.3 Jede Einspannvorrichtung ist mit folgenden Kennzeichen zu versehen:
- Herstellerzeichen,
- Typenkennzeichen,
- Nenndruck,
- Nennweite,
- Werkstoff-Nr. oder -bezeichnung.

9.4 An Einspannvorrichtungen von Berstsicherungen muss die bestimmungsgemäße Durchflussrichtung im eingebauten Zustand jederzeit erkennbar sein, z. B. durch angebrachten Pfeil in der Durchflussrichtung. Bei Berstelementen, die entsprechend ihrer Konstruktion keine speziellen Einspannvorrichtungen benötigen, z. B. bei Graphit-Berstelementen für unmittelbaren Einbau zwischen Rohrleitungsflanschen, ist die bestimmungsgemäße Durchflussrichtung auf dem Einspannbund des Berstelementes anzugeben.

10 Querschnitte und Leitungen

10.1 Berstsicherungen dürfen durch Absperrungen nicht unwirksam gemacht werden können. Der Einbau von Wechselarmaturen oder Verblockungseinrichtungen ist zulässig, wenn sichergestellt ist, dass zu jeder Zeit, auch beim Umschalten, der erforderliche Abblasequerschnitt freigegeben ist und wenn die Wechselarmatur die sichere Funktion der Berstsicherung nicht beeinflusst.

10.2 Berstsicherungen sind möglichst nahe an dem abzusichernden System anzuordnen. Zum gefahrlosen Ableiten des Beschickungsgutes sind in der Regel Leitungen erforderlich. Alle Leitungen müssen für die auftretenden Drücke und Temperaturen geeignet und so bemessen und gestaltet sein, dass die erforderliche Abblasemenge abgeführt werden kann sowie eine ungestörte Funktion der Berstsicherung gewährleistet ist.

10.2.1 Hierzu muss die Leistungsminderung durch die Rohrleitung, die üblicherweise in derselben Nennweite wie die Berstscheibe ausgeführt wird, berücksichtigt werden. Rechnet man nach Gleichung (5), muss der zulässige Gesamtwiderstandsbeiwert ζ_Z der Ausblaseleitung bestimmt werden, welcher über das Gegendruckverhältnis $\frac{p_a}{p_0}$ die Ausflussfunktion ψ oft weit unter ψ_{max} absinken lässt. Mit den für die Absicherungsaufgabe notwendigen Werten für ψ und dem dazugehörigen $\frac{p_a}{p_0}$ berechnet man ζ_Z nach den Gleichungen (4) bis (6.4) im AD 2000-Merkblatt A 2; wenn die kleinstzulässige Ausflussfunktion ψ zur Bewältigung der Absicherungsaufgabe bekannt ist, kann die genaue Berechnung mit den Gleichungen (4.1) bis (6.4), eine gute Abschätzung mit den Gleichungen (4) bis (4.2) erfolgen. Für $p_a \geq p_k$ und $\psi = \psi_{max}$ siehe Bild 4.

Grundlage einer alternativen Berechnungsmethode sind die Gleichungen (10) bis (13) bzw. das auf diesen Gleichungen beruhende Bild 3.

Mit den genannten Gleichungen wird der Wirkungsgrad η eines Systems aus Berstscheibe und Leitungen bestimmt, welcher die überkritische Ausflussfunktion ψ_{max} bei Schallgeschwindigkeit im engsten Strömungsquerschnitt A_0 zur unterkritischen Ausflussfunktion $\psi = \psi_{max} \cdot \eta$ abmindert. In den Berechnungsgleichungen (1), (5), (6), (6a) müssen bei unvermeidbarem Verrohrungseinfluss das Produkt $\alpha \cdot \psi$ durch $\psi_{max} \cdot \eta$ sowie die Fläche A_0 durch die lichte Fläche A_L der Rohrleitung ersetzt werden.

Die durch die Berstscheibe hervorgerufene Strömungshemmung wird dann nicht mehr durch eine Ausflussziffer α berücksichtigt, sondern dadurch, dass zum Gesamtwiderstandsbeiwert ζ_L der Rohrleitungen

$$\zeta_L = \left[\lambda \cdot \frac{L}{D_L} + \sum \zeta_i + \zeta_{BS} \right] \cdot \frac{\overline{Z_L}}{Z} \qquad (8)$$

(siehe AD 2000-Merkblatt A 2 Tafeln 1 und 2) der Widerstandsbeiwert ζ_{BS} der Berstscheibe hinzuzufügen ist. Dieser ist auf die Fläche A_L bezogen. Für seinen Wert ist bis auf weiteres Firmenangaben zu vertrauen.

10.2.2 Bei Erweiterung der Verrohrung wird der Anteil der größeren Nennweite (D_2) am Gesamtwiderstandsbeiwert ζ_L mit dem Faktor $\left(\frac{D_1}{D_2}\right)^4$ gewichtet und als Abschätzung zur sicheren Seite in Gleichung (9) der kleineren Nennweite (D_1) hinzugefügt. Der Einfluss der großen Nennweite (D_2) ist meist gering.

$$\zeta_L = \left[\lambda_1 \cdot \frac{L_1}{D_1} + \sum_1 \zeta_i + \zeta_{BS} + \left(\lambda_2 \cdot \frac{L_2}{D_2} + \sum_2 \zeta_i \right) \cdot \left(\frac{D_1}{D_2}\right)^4 \right] \cdot \frac{\overline{Z_L}}{Z} \qquad (9)$$

Gelegentlich herrscht am Ende eines engeren Ausblaseleitungsabschnittes Schallgeschwindigkeit, wodurch nachfolgende größere Nennweiten keinen Einfluss mehr auf den Wirkungsgrad η haben. Dieses Phänomen, möglicher Druckrückgewinn durch Erweiterungen, die Machzahlabhängigkeit von ζ_{BS} und andere Feinheiten der Strömungsmechanik, wie leicht veränderliche Rohrreibungszahl λ oder unterschiedlicher Realgasfaktor Z u.a.m., können von strömungsmechanischen Fachstellen bei der Berechnung berücksichtigt werden; η wird dadurch jedoch meist nur unbedeutend erhöht.

Als Berechnungsgleichungen gelten:

$$\zeta_L \leq \frac{k+1}{2k} \left(\frac{1}{M_e^2} - \frac{1}{M_n^2} - 2 \ln \frac{M_n}{M_e} \right) \qquad (10)^{6)}$$

$$\frac{p_{a0}}{p_0} = \frac{M_e}{M_n} \cdot \frac{1 - \frac{k-1}{k+1} M_n^2}{\left(1 - \frac{k-1}{k+1} M_e^2\right)^h} \qquad (11)^{7)}$$

mit

$$h = 1 - \frac{k}{k-1} = -\frac{1}{k-1} \qquad (11.1)^{8)}$$

$$\eta = \left(\frac{2}{k+1}\right)^{\frac{-1}{k-1}} \cdot M_e \left(1 - \frac{k-1}{k+1} M_e^2\right)^{\frac{1}{k-1}} \qquad (12)$$

$$\lim_{M_e \to 1} \eta = 1 \qquad (12.1)$$

Anmerkung: Wenn $M_n = 1$, erfolgt die Iteration von η mit Hilfe der Gleichungen (10) und (12). Ist $M_n < 1$, werden die Gleichungen (10), (11) und (12) benutzt. Um gute Konvergenz zu erzielen, empfiehlt sich die Auflösung der Gleichungen (10) und (11) nach den mit einem Pfeil (→) gekennzeichneten Machzahlen M_e bzw. M_n.

Damit gelten dann als Bestimmungsgleichung für die lichte Querschnittsfläche der Rohrleitung A_L

$$A_L = \frac{0{,}1791 \cdot q_m}{\psi_{max} \eta \, p_0} \sqrt{\frac{T \cdot Z}{M}} \qquad (13)$$

und für den Enddruck p_n

$$p_n = p_{ns} = \frac{2 p_0}{\sqrt{k(k+1)}} \, \psi_{max} \, \eta \sqrt{\frac{Z_n}{Z}} \geq p_{a0} \qquad (14)$$

10.2.3 Es wird empfohlen, den Widerstandsbeiwert ζ_{BS} sowie das Produkt aus dem engsten Strömungsquerschnitt A_0 und der Ausflussziffer α der Berstscheibe durch qualifizierte Messungen entsprechend den Richtlinien für die Baumusterprüfung von Berstsicherungen nach VdTÜV-Merkblatt Berstsicherungen 100 zu bestimmen. Hierzu können firmeneigene Prüfstände genutzt werden. Für vom Sachkundigen betreute Druckbehälter kann die Bestimmung der Kennwerte dort eingesetzten Berstscheibe z. B. durch einen Sachkundigen der Herstellerfirma erfolgen. Die Baumusterprüfung muss auch die Eignung der Berstsicherung für den Einsatz in Kombination mit einem Sicherheitsventil beinhalten.

Der im Zuge dieser Messungen mindestens dreimal pro Berstscheibentyp und Nennweite bestimmte größte Bei-

---

[6)] Nach [1] Gleichung (5.43).
[7)] Nach [1] Gleichung (5.46).
[8)] Nach [1] Gleichung (5.19).

wert ζ_{BS} muss um 20 % erhöht in die oben aufgeführten Berechnungen eingehen. Außerdem muss der Widerstandsbeiwert ζ_{BS} für eine adäquate Bestimmung des Gesamtwiderstandsbeiwertes ζ_z vor einem Sicherheitsventil bekannt sein; die Parameter für ein zuverlässiges Funktionieren können dann aus Bild 2a im AD 2000-Merkblatt A 2 abgelesen werden. Beim Einsatz einer Berstsicherung vor einem Sicherheitsventil und bei Einbau der Berstsicherung nahe am Ventil ist es möglich, dass ζ_{BS} nicht voll wirksam wird, also die Strömungsstörung durch die Berstscheibe teilweise oder ganz in der Ausflussziffer α des Sicherheitsventils enthalten ist. Des Weiteren muss der Widerstandsbeiwert ζ_{BS} für die Gegendruckberechnung bei Installation einer Berstsicherung hinter einem Sicherheitsventil zu dessen Schutz gegen Verunreinigung von der Ausblaseleitung her bekannt sein.

10.2.4 Bei entsprechendem Druck p_0 im Druckbehälter kann der größtmögliche Massenstrom q_m mit den Ausflussziffern nach Bild 2 und der Ausflussfunktion ψ_{max} ohne Abminderung durch η nur dann genutzt werden, wenn, wie bei Sicherheitsventilen üblich, für die Abführungsleitung der Querschnitt A_L deutlich größer als der engste Strömungsquerschnitt A_0 ist, also zum Beispiel hinter der Berstsicherung auf eine größere Nennweite übergegangen wird (siehe auch Kapitel 7.2.4). Die zulässige Rohrleitungslänge L bei überkritischem Druckverhältnis, das heißt Schallgeschwindigkeit in A_0, kann aus Bild 4 entnommen oder mit den Gleichungen aus Abschnitt 6.3.1 im AD 2000-Merkblatt A 2 berechnet werden.

10.2.5 Für Flüssigkeiten gilt:

$$A_L = 0{,}6211 \cdot q_m \cdot \sqrt{\frac{\zeta_L}{\Delta p \cdot \rho}} \tag{15}$$

10.2.6 Reaktionskräfte werden entsprechend den Festlegungen im AD 2000-Merkblatt A 2 Abschnitt 6.3.3 berechnet.

10.3 Die Leitungen sowie die Berstsicherungen müssen unter Berücksichtigung der örtlichen Betriebsverhältnisse so befestigt sein, dass die möglichen statischen und dynamischen Beanspruchungen (Reaktionskräfte) sicher aufgenommen werden können.

10.4 Ansammlungen von Flüssigkeiten, Feststoffabscheidungen in der Zu- und Abblaseleitung der Berstsicherung sind, soweit sie die sichere Funktion der Berstsicherung beeinträchtigen können, zu vermeiden.

11 Schrifttum:

[1] *Naue G, Liepe F, Mascheck H.-J, Reher E.-O, Schenk R.:* Technische Strömungsmechanik I. VEB Deutscher Verlag für Grundstoffindustrie (Reihe Verfahrenstechnik), Leipzig; 4. Auflage (1988).

[2] Perry's Chemical Engineers' Handbook. Mc Graw Hill Verlag; 6. Auflage (1984); Seiten 5-25 bis 5-32, Flow in Pipes and Channels.

[3] *Levenspiel M.:* Design Chart for Adiabatic Flow of Gases, useful for findig the discharge rate in an given piping system. J. American Institute for Chemical Engineering. (1977); 23: 402 ff.

[4] *Buck H.:* Neue Versuchsergebnisse als Grundlage zur Bemessung von Berstsicherungen und Zuleitungen. Techn. Überwach. **25** 1984; Nr. 10., VDI-Verlag Düsseldorf.

[5] *Rogge M.:* Auslegung von Berstscheiben in Kombination mit Sicherheitsventilen. In: Thier B. (1996). Sicherheit in der Rohrleitungstechnik. Vulkan-Verlag Essen.

[6] *Weyl R.:* Sicherheitseinrichtungen gegen Drucküberschreitung – AD-Merkblätter A1 und A2, Druckverlustbeziehungen. Techn. Überwach. **47** 2006; Nr. 5, 6, 7, VDI-Verlag Düsseldorf.

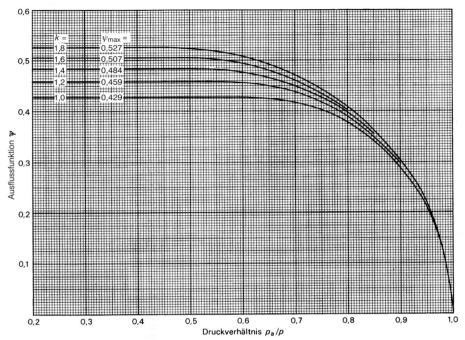

Bild 1. Ausflussfunktion

		1	2	3
			Ausflussziffer α	
Nr.	Stutzenform		bei Dämpfen und Gasen	bei Flüssigkeiten
1		durchgesteckt	0,68	0,5
2		stumpf aufgesetztes oder bündig eingesetztes Rohr sowie Blockflansch ohne strömungsgünstige Gestaltung	0,73	0,62
3		Blockflansch mit strömungsgünstiger Gestaltung, z. B. mit abgerundeten oder abgeschrägten Einlaufkanten sowie bei einem ausgehalsten Stutzen	0,80	0,80

Bild 2. Ausflussziffer α für Dämpfe, Gase und Flüssigkeiten
(Siehe [4]. – Dieser Aufsatz ist Hintergrund der α-Methode.)

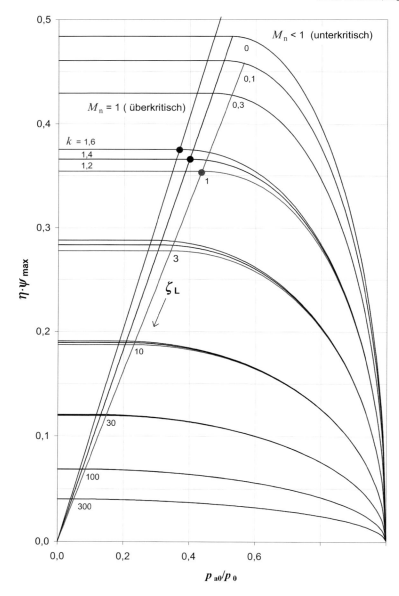

Bild 3. Produkt aus Wirkungsrad η einer Berstscheibe und Ausflussfunktion ψ_{max} in einer Rohrleitung mit dem Gesamtwiderstandsbeiwert ζ_L über dem Druckverhältnis p_{a0}/p_0 für verschiedene Isentropenkoeffizienten k (nach [2] und [3]; Gleichungen nach [1]).

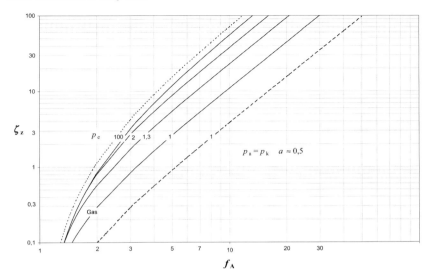

Bild 4. Zulässiger Gesamtwiderstandsbeiwert ζ_L der Ausblaseleitung für gerade noch kritischen Druck p_k nach (2.1) hinter einer Berstscheibe über dem Flächenverhältnis $f_A = \frac{1}{\alpha} \cdot \left(\frac{D_A}{d_0}\right)^2$ für verschiedene Berstüberdrücke p_e sowie für die Isentropenexponenten k (—— k =1,4; ····· k =1,2; — — — k =1,6); $p_{a0} = p_u$ = 1 bar abs.

ICS 23.020.30   Ausgabe Oktober 2006

Ausrüstung, Aufstellung und Kennzeichnung von Druckbehältern	Sicherheitseinrichtungen gegen Drucküberschreitung – Sicherheitsventile –	AD 2000-Merkblatt A 2

Die AD 2000-Merkblätter werden von den in der „Arbeitsgemeinschaft Druckbehälter" (AD) zusammenarbeitenden, nachstehend genannten sieben Verbänden aufgestellt. Aufbau und Anwendung des AD 2000-Regelwerkes sowie die Verfahrensrichtlinien regelt das AD 2000-Merkblatt G1.

Die AD 2000-Merkblätter enthalten sicherheitstechnische Anforderungen, die für normale Betriebsverhältnisse zu stellen sind. Sind über das normale Maß hinausgehende Beanspruchungen beim Betrieb der Druckbehälter zu erwarten, so ist diesen durch Erfüllung besonderer Anforderungen Rechnung zu tragen.

Wird von den Forderungen dieses AD 2000-Merkblattes abgewichen, muss nachweisbar sein, dass der sicherheitstechnische Maßstab dieses Regelwerkes auf andere Weise eingehalten ist, z.B. durch Werkstoffprüfungen, Versuche, Spannungsanalyse, Betriebserfahrungen.

    Fachverband Dampfkessel-, Behälter- und Rohrleitungsbau e.V. (FDBR), Düsseldorf
    Hauptverband der gewerblichen Berufsgenossenschaften e.V., Sankt Augustin
    Verband der Chemischen Industrie e.V. (VCI), Frankfurt/Main
    Verband Deutscher Maschinen- und Anlagenbau e.V. (VDMA), Fachverband Verfahrenstechnische Maschinen und Apparate, Frankfurt/Main
    Stahlinstitut VDEh, Düsseldorf
    VGB PowerTech e.V., Essen
| Verband der TÜV e.V. (VdTÜV), Berlin

Die AD 2000-Merkblätter werden durch die Verbände laufend dem Fortschritt der Technik angepasst. Anregungen hierzu sind zu richten an den Herausgeber:

| **Verband der TÜV e.V., Friedrichstraße 136, 10117 Berlin.**

Inhalt

0 Präambel
1 Geltungsbereich
2 Allgemeines
3 Einteilung der Sicherheitsventile
4 Allgemeine Anforderungen an Sicherheitsventile
5 Besondere Anforderungen an gesteuerte Sicherheitsventile und erforderliche Maßnahmen
6 Einbau, Leitungen, Querschnitte
7 Werkstoffe
8 Herstellung, Prüfung und Kennzeichnung der Armaturengehäuse
9 Kennzeichnung von bauteilgeprüften Sicherheitsventilen
10 Größenbemessung
11 Prüfungen
12 Besondere Bauarten oder Anwendungsfälle
13 Sicherheitsabsperrventile
14 Schrifttum

0 Präambel

Zur Erfüllung der grundlegenden Sicherheitsanforderungen der Druckgeräte-Richtlinie kann das AD 2000-Regelwerk angewandt werden, vornehmlich bei der Konformitätsbewertung nach den Modulen „G" und „B + F".

Das AD 2000-Regelwerk folgt einem in sich geschlossenen Auslegungskonzept. Die Anwendung anderer technischer Regeln nach dem Stand der Technik zur Lösung von Teilproblemen setzt die Beachtung des Gesamtkonzeptes voraus.

Bei anderen Modulen der Druckgeräte-Richtlinie oder für andere Rechtsgebiete kann das AD 2000-Regelwerk sinngemäß angewandt werden. Die Prüfzuständigkeit richtet sich nach den Vorgaben des jeweiligen Rechtsgebietes.

1 Geltungsbereich

Dieses AD 2000-Merkblatt gilt für Sicherheitseinrichtungen gegen Drucküberschreitung für Druckbehälter, bei denen eine unzulässige Drucküberschreitung durch Öffnen von Sicherheitsventilen oder Schließen von Sicherheitsabsperrventilen[1] verhindert wird.

2 Allgemeines[2]

2.1 Sicherheitsventile müssen dem Stand der Technik entsprechen und für den Verwendungszweck geeignet sein. Das bedeutet: Sie müssen den geltenden Anforde-

---
[1] Siehe auch Fußnote 10
[2] Begriffe siehe DIN 3320

Ersatz für Ausgabe Oktober 2004; | = Änderungen gegenüber der vorangehenden Ausgabe

Die AD 2000-Merkblätter sind urheberrechtlich geschützt. Die Nutzungsrechte, insbesondere der Übersetzung, des Nachdrucks, der Entnahme von Abbildungen, die Wiedergabe auf fotomechanischem Wege und die Speicherung in Datenverarbeitungsanlagen, bleiben, auch bei auszugsweiser Verwertung, dem Urheber vorbehalten.

rungen an Werkstoffe und Bauart genügen, unter Berücksichtigung der jeweiligen Betriebsweise des Druckraumes – insbesondere von Medium, Druck und Temperatur – zuverlässig arbeiten und den im Störungsfall abzuführenden Massenstrom unter Einhaltung der Forderungen des AD 2000-Merkblattes A 403 ableiten können.

In der Regel wird die Zuverlässigkeit im Hinblick auf die richtige Funktionsweise und den Massenstrom ohne Berücksichtigung der Einflüsse aufgrund chemischer Eigenschaften durch eine Bauteilprüfung[3] für den vorgesehenen Verwendungsbereich (Druck, Temperatur, Medium) festgestellt. Bei der Abnahmeprüfung des Druckbehälters werden die richtige Bemessung, Einstellung, Anordnung und die Eignung für die vorgesehenen Betriebsverhältnisse und für das Betriebsmedium geprüft, bei Sicherheitsventilen ohne Bauteilprüfung auch die Zuverlässigkeit.

2.2 Sicherheitsventile müssen gemäß AD 2000-Merkblatt A 403 so bemessen und eingestellt sein, dass eine Überschreitung des maximal zulässigen Druckes um mehr als 10 % verhindert wird.

2.3 Sicherheitsventile öffnen innerhalb einer Öffnungsdruckdifferenz von 10 % des Ansprechdruckes. Bei Ansprechdrücken < 1 bar kann die Öffnungsdruckdifferenz bis 0,1 bar betragen. Dies ist bei der Festlegung des Ansprechdruckes gemäß Abschnitt 2.2 zu berücksichtigen.

2.4 Sicherheitsventile schließen innerhalb einer Druckabsenkung von 10 % bei kompressiblen und 20 % bei inkompressiblen Medien unter dem Ansprechdruck. Bei Sicherheitsventilen bis 3 bar Ansprechdruck dürfen bei kompressiblen Medien 0,3 bar und bei inkompressiblen Medien 0,6 bar Druckabsenkung für das Schließen in Anspruch genommen werden.

2.5 Ansprechdruck und Zeit zwischen Erreichen des Ansprechdruckes und Erreichen des erforderlichen Hubes zum Abführen des Massenstromes müssen insbesondere bei gesteuerten Sicherheitsventilen der größten Druckänderungsgeschwindigkeit des abzusichernden Systems angepasst sein. Für gesteuerte Ventile ist die Zeitspanne anzugeben, die nach Erreichen des Ansprechdruckes benötigt wird, bis der erforderliche Hub zum Abführen des angegebenen Massenstromes erreicht wird. Angegeben wird ferner, für welchen Aggregatzustand des Mediums im Steuerungssystem die Angaben gelten.

2.6 Physikalische Größen und Formeln

Symbol	Bedeutung	Einheit
a	zulässiges Druckverhältnis $\frac{p_a - 1}{p_e}$ (dynamische Drücke in bar)	
a_0	Druckverhältnis $\frac{p_{a0} - 1}{p_e}$ (Drücke in bar)	
A_n	lichte Querschnittsfläche am Ausblaseleitungsende	mm²
c_p	spezifische Wärme (ggf. Mittelwert)	kJ/(kg·K)
C_a, C_n	Hilfswerte für quadratische Ergänzungen	
D_E, D_A	innerer Durchmesser der Zuleitung bzw. Ausblaseleitung	mm
d_0	engster Strömungsdurchmesser	mm
$e = \dfrac{p_0 - p_y}{p_e + 1 - p_{a0}}$	zulässiger Zulaufdruckverlust, bezogen auf die statischen Drücke (Zur Zeit gilt: e = 0,03)	
f_E, f_A, f_n	Flächenverhältnisse von Zuleitung, Ausblaseleitung bzw. Ausblaseleitungsende	
F_R	Reaktionskraft an der Ausblaseöffnung	N
h	Exponent, Hochzahl	
k	Isentropenexponent des Mediums im Druckraum	
L_E, L_A	Länge der Zuleitung bzw. Ausblaseleitung	mm
M	Molare Masse	kg/kmol
$M_x = \dfrac{v}{v_{s0}}$	Machzahl (Quotient aus örtlicher Geschwindigkeit v im Rohr und Schallgeschwindigkeit v_{s0} in einer ab Behälter adiabat beschleunigten, mit v_{s0} schallschnellen Strömung)	
M_a	Machzahl hinter dem Sicherheitsventil	
M_e	Machzahl direkt am Einlauf des Sicherheitsventils	
M_n	Machzahl am Rohrleitungsende ($M_n \leq 1$)	
M_y	Machzahl vor dem Sicherheitsventil	
p_a	absoluter dynamischer Fremdgegendruck hinter der Armatur	bar
p_{a0}	absoluter Fremdgegendruck außerhalb L_A; $p_{a0} \leqq p_u$	bar
p_e	Ansprechüberdruck eines Sicherheitsventils	bar
$p_h = \rho \cdot H \cdot 10^{-7}$	absoluter hydrostatischer Druck (bedingt durch Differenzhöhe H in mm)	bar
p_n	absoluter Enddruck in der Ausblaseleitung	bar
p_{ns}	absoluter Enddruck in der Ausblaseleitung bei Schallgeschwindigkeit, d. h. $M_n = 1$,	bar
p_u	absoluter Umgebungsdruck	bar
p_y	absoluter statischer Druck vor dem Sicherheitsventil	bar
p_0	absoluter Druck im abzusichernden System	bar
p_k	absoluter kritischer Druck mit $\Psi = \Psi_{max}$	bar
q_m	abzuführender Massenstrom	kg/h
T	absolute Temperatur innerhalb des Druckbehälters im Ruhezustand	K
T_{ns}	absolute Temperatur am Leitungsende bei Schallgeschwindigkeit	K
v	Geschwindigkeit	m/s
v_n	Geschwindigkeit am Leitungsende der Ausblaseöffnung	m/s
v_{ns}	Schallgeschwindigkeit am Leitungsende	m/s

---

[3] Verfahren und Umfang der Bauteilprüfung siehe VdTÜV-Merkblatt Sicherheitsventil 100; zu beziehen beim VdTÜV e.V. unter www.vdtuev.de

v_s	Schallgeschwindigkeit	m/s
Y	normierte Reaktionskraft	
Z	Realgasfaktor des Mediums im Druckraum	
$\overline{Z_A}$	mittlerer Realgasfaktor des Mediums in der Ausblaseleitung (konservativ: $\overline{Z_A} = 1$)	
Z_n	Realgasfaktor des Mediums am Leitungsende; aus p_n abzuschätzen	
α_w	zuerkannte Ausflussziffer	
ζ_i	Widerstandsbeiwerte für Leitungs- und Einbauteile (siehe z. B. Tafel 2 in diesem Merkblatt)	
ζ_z	zulässiger Widerstandsbeiwert	
λ	Rohrreibungsbeiwert (siehe z. B. Tafel 1 in diesem Merkblatt)	
ρ_n	Dichte des Fluids in der Ausblaseöffnung am Leitungsende	kg/m³
ψ	Ausflussfunktion	

3 Einteilung der Sicherheitsventile

3.1 Einteilung der Sicherheitsventile nach ihrer Öffnungscharakteristik

3.1.1 Normal-Sicherheitsventile

Diese Sicherheitsventile erreichen nach dem Ansprechen innerhalb eines Druckanstieges von maximal 10 % den für den abzuführenden Massenstrom erforderlichen Hub (Ausnahme siehe Abschnitt 2.3). An die Öffnungscharakteristik werden keine weiteren Anforderungen gestellt.

3.1.2 Vollhub-Sicherheitsventile

Vollhub-Sicherheitsventile öffnen nach dem Ansprechen innerhalb von 5 % Drucksteigerung schlagartig bis zum konstruktiv begrenzten Hub. Der Anteil des Hubes bis zum schlagartigen Öffnen (Proportionalbereich) darf nicht mehr als 20 % des Gesamthubes betragen.

3.1.3 Proportional-Sicherheitsventile

Proportional-Sicherheitsventile öffnen in Abhängigkeit vom Druckanstieg nahezu stetig. Hierbei tritt ein plötzliches Öffnen ohne Drucksteigerung über einen Bereich von mehr als 10 % des Hubes nicht auf. Diese Sicherheitsventile erreichen nach dem Ansprechen innerhalb eines Druckanstieges von maximal 10 % den für den abzuführenden Massenstrom erforderlichen Hub (Ausnahme siehe Abschnitt 2.3).

3.2 Einteilung der Sicherheitsventile nach ihrer Bauart

3.2.1 Direkt wirkende Sicherheitsventile

Direkt wirkende Sicherheitsventile sind Sicherheitsventile, bei welchen der unter dem Ventilteller wirkenden Öffnungskraft eine direkte mechanische Belastung (ein Gewicht, ein Gewicht mit Hebel oder eine Feder) als Schließkraft entgegenwirkt.

3.2.2 Gesteuerte Sicherheitsventile

Gesteuerte Sicherheitsventile bestehen aus Hauptventil und Steuereinrichtung. Hierunter fallen auch direkt wirkende Sicherheitsventile mit Zusatzbelastung, bei denen bis zum Erreichen des Ansprechdruckes eine zusätzliche Kraft die Schließkraft verstärkt.

Die Schließkraft bzw. zusätzliche Kraft kann mechanisch (z. B. durch Feder), durch Fremdenergie (z. B. pneumatisch, hydraulisch oder elektromagnetisch) und/oder durch Eigenmedium aufgebracht werden. Sie wird bei Überschreiten des Ansprechdruckes selbsttätig aufgehoben oder so weit verringert, dass das Hauptventil durch den auf den Ventilteller wirkenden Mediumdruck oder durch eine andere in Öffnungsrichtung wirkende Kraft öffnet. Hierbei kann das Hauptventil nach dem Be- oder Entlastungsprinzip betätigt werden, und Steuereinrichtungen können nach dem Ruhe- oder Arbeitsprinzip wirken.

Das Belastungsprinzip ist dadurch gekennzeichnet, dass das Hauptventil beim Aufbringen der Belastung öffnet.

Das Entlastungsprinzip ist dadurch gekennzeichnet, dass das Hauptventil bei Aufheben der Belastung öffnet.

Das Ruheprinzip für Steuerung ist dadurch gekennzeichnet, dass die Steuereinrichtung bei Ausfall der Steuerenergie die Be- oder Entlastung bewirkt. Steuereinrichtungen mit Eigenmedium werden dem Ruheprinzip zugeordnet.

Das Arbeitsprinzip der Steuerung ist dadurch gekennzeichnet, dass die Steuereinrichtung bei Ausfall der Steuerenergie keine Be- oder Entlastung bewirkt.

4 Allgemeine Anforderungen an Sicherheitsventile

4.1 Sicherung gegen Verstellen

Sicherheitsventile müssen gegen unbefugte Änderung des Einstelldruckes bzw. des Ansprechdruckes und der Funktionsweise gesichert sein. Bei Sicherheitsventilen muss eine Sicherung gegen Änderung der Funktionsweise vorhanden sein, wie z. B. Plombe zwischen Ventilgehäuse und Federhaube oder formschlüssige Verbindung zwischen Ventilteller und Ventilspindel (nicht starr).

4.2 Führung der beweglichen Teile

Sicherheitsventile sind so zu gestalten, dass die beweglichen Teile auch bei unterschiedlicher Erwärmung in ihrer Bewegung nicht behindert werden. Sofern durch das Betriebsmedium oder durch äußere Einwirkung mit Ablagerungen (z. B. durch Staub) gerechnet werden muss, müssen die Führungen so gestaltet oder gegen Ablagerungen so weit geschützt sein, dass die Funktion des Sicherheitsventils nicht beeinträchtigt wird. Abdichtungen, die die Funktion durch auftretende Reibungskräfte behindern können, sind unzulässig.

4.3 Anlüftbarkeit

4.3.1 Sicherheitsventile müssen im Bereich ≥ 85 % des Ansprechdruckes ohne Hilfsmittel zum Öffnen gebracht werden können.

4.3.2 Auf die Anforderung nach Abschnitt 4.3.1 kann verzichtet werden, wenn dies aus betrieblichen Gründen[4] notwendig ist oder wenn die Funktionsfähigkeit des Sicherheitsventils auch anderweitig überprüft werden kann (z. B. über Wechselventile).

4.3.3 Sicherheitsventile, welche im drucklosen Zustand zum Öffnen gebracht werden können, müssen hierfür besonders ausgebildet sein (z. B. durch formschlüssige Verbindung zwischen Ventilteller und Ventilspindel).

---

[4] Zum Beispiel bei Anlagen mit brennbaren oder giftigen Gasen und bei Kälteanlagen

4.4 Belastungsgewicht

Bei Sicherheitsventilen, die durch Gewicht über Hebel belastet sind, muss das Belastungsgewicht aus einem Stück bestehen. Bei Sicherheitsventilen mit mehr als einem Ventilteller muss die Belastung der einzelnen Teller unabhängig voneinander erfolgen.

4.5 Ausbildung der Schraubenfedern

Schraubenfedern federbelasteter Sicherheitsventile müssen so ausgeführt sein, dass alle Windungen der Feder bei dem erforderlichen Hub noch einen gegenseitigen Abstand von 0,5 x Drahtdurchmesser oder mindestens 2 mm aufweisen. Sind Federn und gleitende oder drehende metallische Teile durch Membrane, Faltenbalg, Haube oder Ähnliches gegen Verschmutzung oder korrosiven Angriff geschützt, können geringere Abstände zugelassen werden.

4.6 Anforderungen an das Ventilgehäuse

An die Gehäuse der Sicherheitsventile müssen erforderlichenfalls Abblaseleitungen angebracht werden können. Die Gehäuse müssen ferner mit einer besonderen Befestigungsmöglichkeit versehen sein, wenn die beim Ausblasen auftretenden Reaktionskräfte nicht von den Anschlussstutzen übertragen werden können. Im Ventilgehäuse darf sich kein Kondensat ansammeln können.

4.7 Funktionsprüfungen

Die Prüfung des Ansprechdruckes und die Kontrolle der Gängigkeit in Führungen beweglicher Teile (siehe auch Abschnitt 4.2) ist in regelmäßigen Zeitabständen durchzuführen. Die Intervalle für regelmäßige Prüfungen sind entsprechend den Betriebsbedingungen vom Betreiber festzulegen, wobei die Empfehlungen des Herstellers und der zuständigen unabhängigen Stelle als Grundlage dienen. Diese Prüfungen und Kontrollen sind spätestens anlässlich der äußeren oder inneren Prüfungen des zugehörigen Druckbehälters durchzuführen.

5 Besondere Anforderungen an gesteuerte Sicherheitsventile und erforderliche Maßnahmen

5.1 Jeder Steuerstrang ist so zu bemessen, dass bei Ausfall der anderen Steuerstränge das zugehörige Hauptventil noch zuverlässig arbeitet. Der Ausfall eines Steuerstranges darf beim Belastungsprinzip die Funktionsfähigkeit der anderen nicht beeinträchtigen.

5.2 Das Hauptventil muss durch Handeingriff in die Steuerung geöffnet werden können. Diese Forderung muss auch bei Ausfall (z. B. bei der Prüfung) eines Steuerstranges erfüllt werden. Auf die Öffnungsmöglichkeit des Hauptventils durch Handeingriff kann in den Fällen des Abschnittes 4.3.2 verzichtet werden.

5.3 Zur Steuerung müssen mindestens drei getrennte Steuerstränge, d. h. drei Impulsgeber und drei Steuerglieder mit je einer unabhängigen Druckentnahme, Impuls-[6] und Steuerleitung[7], in Betrieb sein. Zur Prüfung und Instandsetzung kann vorübergehend ein Steuerstrang außer Betrieb genommen werden. Mindestens zwei Steuerstränge müssen nach dem Ruheprinzip geschaltet sein. Mit einer derartigen Steuerung können mehrere Hauptventile gesteuert werden.

Bei Betätigung der Hauptventile nach dem Entlastungsprinzip genügen zwei Steuerleitungen. Eine Steuerleitung ist beim Entlastungsprinzip ausreichend, wenn ein Verstopfen der Leitung sicher ausgeschlossen werden kann. Hierbei wird vorausgesetzt: Fremdmediumsteuerung, Einbau von Feinfiltern und lichter Durchmesser der Steuerleitung mindestens 15 mm ohne jede Verengung.

Das einwandfreie Zusammenwirken der Steuerung mit dem Hauptventil muss an der Anlage geprüft werden können. Zur Steuerung dürfen nur Medien verwendet werden, bei denen Verschmutzung oder Korrosion des Steuersystems nicht zu erwarten ist. Kondensatansammlung im Steuersystem muss verhindert werden, wenn die Funktionssicherheit hierdurch beeinträchtigt wird.

5.4 Zwei Steuerstränge je Hauptventil genügen, wenn
- das Hauptventil beim Versagen beider Steuerstränge spätestens bei Erreichen des 1,2-fachen des maximal zulässigen Druckes voll geöffnet ist oder
- eine Aufteilung des abzuführenden Massenstromes auf mehrere Hauptventile und getrennte Ansteuerung jedes Hauptventils erfolgt, sofern bei Ausfall eines Hauptventiles die übrigen mindestens noch $2/3$ des geforderten Massenstroms abführen können.

5.5 Bei Betätigung des Hauptventils nach dem Belastungsprinzip müssen zwei voneinander unabhängige Energiequellen und Energiezuleitungen für die Belastung zur Verfügung stehen. Bei Ausfall einer Energiequelle oder einer Energiezuleitung darf die Funktionsfähigkeit des Hauptventils nicht beeinträchtigt werden. Das Ausfallen auch nur einer der beiden Energiequellen muss so angezeigt werden, dass es sofort sicher bemerkt wird. Hierauf kann verzichtet werden, wenn das Hauptventil bei Ausfall einer Energiequelle selbsttätig öffnet. Bei Verwendung von Eigenmedium ist eine zweite Energiequelle nicht erforderlich.

5.6 Bei Haupt- und Steuerventilen, bei denen der Systemdruck bzw. Steuermediumdruck auf den Ventilteller in Schließrichtung wirkt, ist die Öffnungskraft so zu bemessen, dass das Hauptventil auch bei dem 2-fachen des maximal zulässigen Druckes bzw. dem 2-fachen höchsten Arbeitsdruckes des Steuermediums noch voll öffnet.

5.7 Jeder Steuerstrang vom Impulsgeber bis einschließlich der zugehörigen Steuerglieder muss im Betrieb überprüfbar sein, ohne dass das Hauptventil zum Ansprechen kommen muss. Durch geeignete Einrichtungen ist sicherzustellen, dass zur Prüfung der Impulsglieder und der Steuerglieder jeweils nur ein Steuerstrang unwirksam gemacht werden kann. Druckmessstellen müssen in dem für die Beurteilung der Funktionssicherheit notwendigen Umfang vorhanden sein. Druckmessleitungen in Steuersystemen sollen möglichst kurz sein.

5.8 Steuerventile für Eigenmedium mit zugehörigen Leitungen und Armaturen

5.8.1 Steuerventile für Eigenmedium müssen einen engsten Strömungsdurchmesser d_0 von mindestens 10 mm besitzen. Der sich bei jedem Öffnungsvorgang einstellende Hub muss die dreifache Größe des kleinsten Hubes betragen, bei dem das Hauptventil zu öffnen beginnt (mindestens jedoch 2 mm). Dieser Hub ist im Rahmen der Bauteil- oder Einzelprüfung festzulegen.

5.8.2 Steuerleitungen sollen kurz und strömungsgünstig verlegt sein. Kondensatansammlungen in den Steuersträngen sowie ein Einfrieren der Steuerstränge müssen verhindert werden. Zur Kondensatableitung soll ein Leitungsgefälle von mindestens 15 % eingehalten werden. Bei Abweichungen muss sichergestellt sein, dass die Funktion der gesteuerten Sicherheitsventile trotzdem gewährleistet ist.

5.8.3 Steuerleitungen für Medien, bei denen Verschmutzung oder Korrosion nicht auszuschließen ist, sind mindestens mit 15 mm lichtem Durchmesser auszuführen und dürfen keine Verengungen aufweisen.

---

[5] Leitung zum Impulsgeber
[6] Leitung zwischen Impulsgeber und Steuerglied
[7] Leitung zwischen Steuerglied und Hauptventil

5.9 An gesteuerten Sicherheitsventilen sind regelmäßige Funktionsprüfungen erforderlich.

Abweichend von Abschnitt 4.7 ist eine jährliche Prüfung erforderlich. Die Funktionsprüfung ist dabei so vorzunehmen, dass neben der Funktion des Hauptventils auch die Funktionstüchtigkeit der einzelnen Stränge beurteilt werden kann.

Es muss geprüft werden, ob die Öffnungskriterien, z. B. Größe und zeitlicher Verlauf der Be- und Entlastungskräfte, eine einwandfreie Funktion bis zum vollen Öffnen des Hauptventils gewährleisten.

6 Einbau, Leitungen, Querschnitte

6.1 Einbau und Leitungen

6.1.1 Sicherheitsventile dürfen durch Absperreinrichtungen nicht unwirksam gemacht werden können. Der Einbau von Wechselarmaturen oder Verblockungseinrichtungen ist zulässig, wenn durch Konstruktion der Einrichtung sichergestellt ist, dass auch beim Umschalten der erforderliche Abblasequerschnitt freigegeben ist. Bei Anlagen, die mit mehreren unabhängigen Sicherheitsventilen ausgerüstet sind, dürfen während der Prüfung eines Sicherheitsventils die übrigen bei entsprechend abgeminderter Anlagenleistung blockiert werden.

6.1.2 Direkt wirkende Sicherheitsventile sind grundsätzlich aufrecht unter Beachtung der Strömungsrichtung einzubauen. Die Zuleitung sollte kurz und soweit wie möglich gerade sein.

Abgänge zu Sicherheitsventilen sollten nicht anderen Abzweigungen gegenüber liegen.

Zuleitungen und Abblaseleitungen von Sicherheitsventilen sind strömungsgünstig zu verlegen.

Sicherheitsventile sind gegen schädigende äußere Einflüsse, z. B. Witterungseinflüsse, die funktionshemmend sein können, zu schützen.

Übertragungen von Vibrationen auf das Sicherheitsventil sind zu vermeiden.

Abblaseleitungen von Sicherheitsventilen müssen gefahrlos ausmünden. Im Abblasesystem darf sich keine Flüssigkeit ansammeln können. Falls Gefahr des Einfrierens besteht, muss die Leitung entsprechend geschützt sein.

Die Leitungen müssen unter Berücksichtigung der örtlichen Betriebsverhältnisse so bemessen und verlegt sein, dass die statischen, dynamischen (Reaktionskräfte) und thermischen Beanspruchungen sicher aufgenommen werden können.

Soweit bei Sicherheitsventilen auch ein Austritt von ausgasenden und verdampfenden Flüssigkeiten, z. B. Heißwasser, zu erwarten ist, müssen in unmittelbarer Nähe des Ventils Entspannungseinrichtungen ausreichender Größe angeordnet werden. An diesen Entspannungseinrichtungen sind Öffnungen ausreichenden Querschnittes sowohl zur Ableitung des entspannten Dampfes (Gases) als auch zur Ableitung der Flüssigkeit vorzusehen.

An Sicherheitsventilen, bei denen durch Austreten des Mediums, z. B. auch durch die offene Haube, direkt oder indirekt Gefahren für die Personen oder die Umgebung entstehen können, müssen geeignete Schutzvorrichtungen angebracht werden.

6.2 Querschnitte

6.2.1 Der Querschnitt der Zuleitung darf nicht kleiner sein als der Eintrittsquerschnitt des Sicherheitsventils. Der Querschnitt der Abblaseleitung darf nicht kleiner als der Austrittsquerschnitt des Sicherheitsventils sein.

Der Durchmesser, die Länge der Abblaseleitungen, Krümmer, Schalldämpfer etc. bestimmen die Höhe des Eigengegendruckes. Diese Teile sind so zu bemessen und zu verlegen, dass der vom Hersteller für das Sicherheitsventil angegebene zulässige Gegendruck nicht überschritten wird.

6.2.2 Der Druckverlust in der Zuleitung darf bei größtem abgeführtem Massenstrom 3 % der Druckdifferenz zwischen dem Ansprechdruck und dem Fremdgegendruck nicht überschreiten. Voraussetzung für eine ungestörte Funktion bei diesem Druckverlust ist, dass die Schließdruckdifferenz des eingebauten Sicherheitsventils mindestens 5 % beträgt. Bei kleinerer Schließdruckdifferenz als 5 % muss der Unterschied zwischen Druckverlust und Schließdruckdifferenz mindestens 2 % betragen.

Bei gesteuerten Ventilen gelten die Anforderungen für den Druckverlust in der Zuleitung nur, wenn sie auch bei Ausfall der Steuerung als direkt wirkende Sicherheitsventile arbeiten.

Für einen Druckverlust von 3 % in den Zuleitungen von Sicherheitsventilen kann zum Beispiel mit Hilfe des Diagrammes nach Bild 2 a der zulässige Widerstandsbeiwert ζ_z der Zuleitung und damit deren maximale Länge L_E bestimmt werden.

Als Berechnungsgleichungen für den zulässigen Widerstandsbeiwert ζ_z der Zuleitung gelten

- für Gase

$$\zeta_z = \frac{1}{2} \cdot \left[\left(\frac{p_0}{p_y}\right)^2 - 1 \right] \cdot \left(\frac{f_E}{\psi}\right)^2 - 2 \ln \frac{p_0}{p_y} =$$

$$= \lambda \cdot \frac{L_E}{D_E} + \sum_E \zeta_i \tag{1}$$

- für Flüssigkeiten

$$\zeta_z = \frac{\dfrac{p_0 - 1 - \dfrac{p_h}{p_y}}{1 - \dfrac{p_a}{p_0}}} \cdot f_E^2 \tag{2}$$

Hierin ist f_E das Flächenverhältnis

$$f_E = \frac{1}{1{,}1 \cdot \alpha_w} \cdot \left(\frac{D_E}{d_0}\right)^2 \tag{3}$$

Mit der Summe der Widerstandsbeiwerte ζ_i (Tafel 2) der einzelnen Leitungs- und Einbauteile sowie dem Widerstandsbeiwert des geraden Rohres $\lambda \cdot \dfrac{L_E}{D_E}$ lässt sich die zulässige Leitungslänge $L_{E\ mit}\ \lambda$ aus Tafel 1 errechnen.

$$L_E = \left(\zeta_z - \sum \zeta_i \right) \cdot \frac{D_E}{\lambda} \tag{3.1}$$

Tafel 1. Reibungsbeiwerte für $K = 70\ \mu m$ (Richtwerte)

D_E [mm]	20	50	100	200	500
λ [1]	0,027	0,021	0,018	0,015	0,013

Ist die errechnete Zuleitungslänge L_E kleiner als die benötigte, müssen die sichere Funktionsweise unter den vorliegenden Einbaubedingungen durch Versuch festgestellt und der tatsächliche Druckverlust in der Zuleitung bei der Größenbemessung des Sicherheitsventils berücksichtigt werden. Dasselbe gilt für die errechnete Länge L_A der Ausblaseleitung [siehe Gleichungen (4) bzw.(6)].

Bei Hochdruckentspannungen darf die Entspannungsschallleistung nicht zu groß werden. Eine zu große Leistung ist einem zu geringen Gegendruck p_a gleichbedeutend, welcher dann durch eine geeignete Verlängerung der Ausblaseleitung angehoben werden muss (siehe hierzu [5]). Für zulässige Biegemomente in Ausblaseleitungen sind auch Katalogangaben zu beachten.

Für Verrohrungen, die aus Rohren verschiedener Nennweiten zusammengesetzt sind, ist AD 2000-Merkblatt A 1 Abschnitt 10.2.2 Gleichung (9) anzuwenden.

Tafel 2. Verlustbeiwerte ζ_i (Richtwerte)

Rohrbogen	Umlenkverluste für $\delta = 90°$ und $K = 70$ μm					
	R/D_E \ D_E	20	50	100	200	500
	1,0	0,42	0,33	0,27	0,24	0,19
	1,25	0,35	0,28	0,23	0,20	0,16
	1,6	0,29	0,23	0,19	0,17	0,14
	2	0,25	0,19	0,16	0,14	0,12
	2,5	0,22	0,17	0,15	0,13	0,10
	3,15	0,20	0,15	0,13	0,11	0,10
Für $\delta \neq 90°$	4	0,18	0,14	0,12	0,10	0,10
$\zeta_{u\delta} = \zeta_{u90} \cdot \sqrt{\dfrac{\delta}{90}}$	5	0,16	0,12	0,10	0,10	0,10
	6,3	0,14	0,11	0,10	0,10	0,10
	8	0,12	0,10	0,10	0,10	0,10
	10	0,14	0,11	0,10	0,10	0,10

		ζ_i
Zuleitungsstutzen	gut gerundet	0,1
	Kante normal gebrochen	0,25
	Kante scharf oder durchgestecktes Rohr	0,50
stetige Querschnittsverengung	bezogen auf den verengten Querschnitt	0,1
rechtwinklige T-Stücke	Stutzen scharfkantig eingesetzt — im Durchgang	0,35[3]
	Stutzen scharfkantig eingesetzt — im Abzweig	1,28[3]
	Stutzen ausgehalst oder aufgesetzt, Einlauf abgerundet[1] — im Durchgang	0,2[3]
	Stutzen ausgehalst oder aufgesetzt, Einlauf abgerundet[1] — im Abzweig	0,75[3]
	Wechselventil/Verblockungseinrichtungen	[2]

[1] Für die Hochdruckleitungen übliche erweiterte T-Stücke
[2] ζ-Wert-Bestimmung erforderlich
[3] Bezogen auf den Staudruck in der zum Sicherheitsventil abgehenden Leitung

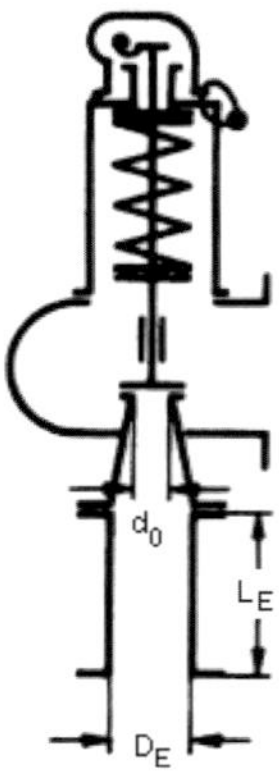

Zeichenerklärung:

D_E = Durchmesser der Zuleitung
A_E = Querschnitt der Zuleitung
L_E = gestreckte Länge der Zuleitung
$A_0 = \dfrac{d_0^2 \cdot \pi}{4}$ = engster Strömungsquerschnitt
k = Isentropenexponent
α_w = zuerkannte Ausflussziffer
λ = Rohrreibungsbeiwert
ζ_z = zul. Widerstandsbeiwert
ζ_i = Widerstandsbeiwert für Leitungs- und Einbauteile
K = äquivalente Rauigkeit

Bild 1.

6.3 Gegendrücke auf der Austrittseite, die sich auf den Ansprechüberdruck und auf die Öffnungskräfte oder den Massenstrom auswirken, sind zu berücksichtigen. Vom Hersteller ist anzugeben, bis zu welchem Gegendruck p_a ein bestimmungsgemäßes Arbeiten des Sicherheitsventils gewährleistet ist und der abzuführende Massenstrom (siehe Abschnitt 2.2) zuverlässig erreicht wird.

Führt die Abblaseleitung eines Sicherheitsventils in ein nachgeschaltetes Netz, ist das Sicherheitsventil so einzustellen und zu bemessen, dass es beim maximalen Fremdgegendruck p_{af} rechtzeitig abzublasen beginnt und den höchstmöglichen Gegendruck p_a den geforderten Massenstrom abführen kann.

6.3.1 Für die Bestimmung des zulässigen Widerstandsbeiwertes ζ_z der Ausblaseleitung gilt in Analogie zur Gleichung (1) in Abschnitt 6.2.2

- für Gase (bei $a > 0{,}14$ und $\zeta_z > 2$)

$$\zeta_z \cong \dfrac{1}{2} \cdot \left[\left(\dfrac{p_a}{p_0}\right)^2 - \left(\dfrac{p_n}{p_0}\right)^2 \right] \cdot \left(\dfrac{f_A}{\psi}\right)^2 - \dfrac{2}{k} \cdot \ln \dfrac{p_a}{p_n} =$$

$$= \left(\lambda \cdot \dfrac{L_A}{D_A} + \sum_A \zeta_i \right) \cdot \dfrac{\overline{Z_A}}{Z} \qquad (4)$$

Der Druck p_n im Ausblasequerschnitt ist bei Gasentspannung größer/gleich dem absoluten Fremdgegendruck p_{a0}.

$p_n = p_{ns} \geq p_{a0} \geq p_u = 1$ bar abs. $\qquad (4.1)$

$$p_{ns} = \dfrac{2p_0}{\sqrt{k\,(k+1)}} \cdot \dfrac{\psi}{f_A} \cdot \sqrt{\dfrac{Z_n}{Z}} \qquad (4.2)$$

- für Flüssigkeiten

$$\zeta_z = \dfrac{\dfrac{p_a}{p_0} - \dfrac{p_{a0}}{p_0} - \dfrac{p_h}{p_0}}{1 - \dfrac{p_a}{p_0}} \cdot f_A^2 \qquad (5)$$

f_A wird analog zur Gleichung (3) berechnet.

Die genaue Lösung für ζ_z für Gase (Z = 1) erhält man aus folgenden Gleichungen[8] mit der Machzahl M_a hinter dem Sicherheitsventil und der Machzahl M_n in der Ausblaseöffnung. Der Einfluss der Realgasfaktoren Z ist abgeschätzt.

$$\zeta_z = \dfrac{\overline{Z_A}}{Z} \cdot \left(\lambda \cdot \dfrac{L_A}{D_A} + \sum_A \zeta_i \right) =$$

$$= \dfrac{k+1}{2k} \cdot \left(\dfrac{1}{M_a^2} - \dfrac{1}{M_n^2} - 2\ln\dfrac{M_n}{M_a} \right) \qquad (6)$$

Die beiden Machzahlen M_n und M_a werden mittels quadratischer Ergänzungen berechnet.

$$M_n = \sqrt{\dfrac{k+1}{k-1} + C_n^2} - C_n \leq 1 \qquad (6.1)$$

$$C_n = \dfrac{1}{k-1} \cdot \dfrac{p_n}{p_{ns}} \quad \text{(Häufig ist } p_{a0} = p_u.\text{)} \qquad (6.2)$$

$$M_a = \sqrt{\dfrac{k+1}{k-1} + C_a^2} - C_a \leq M_n \qquad (6.3)$$

$$C_a = \dfrac{k+1}{k-1} \cdot \dfrac{1}{2M_n} \cdot \dfrac{p_a}{p_n} \cdot \left(1 - \dfrac{k-1}{k+1} \cdot M_n^2 \right) \qquad (6.4)$$

Soll nach analogem Algorithmus nicht ζ_z, sondern der Gegendruck p_a bestimmt werden, so gilt es, M_a mit Kenntnis von M_n und ζ_z bei guter Konvergenz aus den Gleichungen (6), (6.1) und (6.5) iterativ zu ermitteln.

$$\dfrac{p_a}{p_n} = \dfrac{M_n}{M_a} \cdot \dfrac{1 - \dfrac{k-1}{k+1} \cdot M_a^2}{1 - \dfrac{k-1}{k+1} \cdot M_n^2} \qquad (6.5)^{[9]}$$

6.3.2 Zulässige Gegendrücke von z. B. 15 % ($a = 0{,}15$) bzw. mit Faltenbalg bis zu 30 % ($a = 0{,}3$) des Ansprechüberdruckes p_e können ggf. den Herstellerkatalogen entnommen werden.

Wenn in den Herstellerkatalogen zulässige Gegendrücke angegeben werden, sind diese durch entsprechende Untersuchungen zu belegen und im Rahmen der Bauteilprüfung zu verifizieren. Die Untersuchungen müssen geeignet sein, sowohl eine stabile („flatterfreie") als auch leistungssichere Ausrüstungsteile mit Sicherheitsfunktion zu belegen. Hierbei muss u. U. die gleichzeitige Zulässigkeit eines Zulaufdruckverlustes von 3 % ($e = 0{,}03$) der Ansprechdruckdifferenz (siehe auch 6.2.2) beachtet werden.

Diese Ergänzung der Bauteilprüfung ist auch für Sicherheitsventile auf Rohrleitungen im Strömungseinsatz, z. B. unmittelbar hinter Reduzierstationen, also ohne den „Ruhezustand" ($v \equiv 0 \ll v_s$) eines Druckbehälters, erforderlich.

6.3.3 Die durch die Ausströmung bedingte Reaktionskraft F_R (N = kg m/s²) wird nach dem Impulssatz bestimmt:

$$F_R = \dfrac{q_m}{3600} \cdot v_n \qquad (7)$$

Hierbei ist v_n die Geschwindigkeit in der Ausblaseöffnung.

$$v_n = \dfrac{q_m}{3600} \cdot \dfrac{10^6}{\rho_n \cdot A_n} \qquad (7.1)$$

Bei Gasen ist v_n kleiner/gleich Schallgeschwindigkeit. Wenn M_n bekannt ist, kann v_n nach (7.2) berechnet werden.

---

[8] Siehe [1] und [2] im Literaturverzeichnis.
[9] Nach [1] Gleichung (5.46).

$$v_n = M_n \cdot \sqrt{\frac{2k}{k+1} \cdot \frac{p_n \cdot 10^5}{p_n (p_n, T_0)}} \leq \sqrt{k \cdot \frac{p_n \cdot 10^5}{p_n}} = v_s$$

d. h. $M_n \leq 1$ (7.2)

Des Weiteren wird bei Gasen ein Druckterm zum Impulsterm hinzugefügt, wenn für den Durchsatz des Massenstromes bei dann Schallgeschwindigkeit der Druck $p_n = p_{ns} > p_{a0}$ wird.

$$F_R = \frac{q_m}{3600} \cdot v_s + A_n \cdot (p_n - p_{a0}) \cdot \frac{1}{10} \quad (8)$$

Vergleiche hierzu in Bild 2 c: $Y = \dfrac{10 F_R}{1{,}1 \, a_w \cdot A_0 \cdot p_e}$

Leitungsinterne Kräfte, zum Beispiel in Erweiterungen, sind von derselben Größenordnung wie F_R. Sie werden mit dem kleinsten Rohrleitungsdurchmesser abgeschätzt, da dieser die größte Kraft bewirkt.

Rohrleitungshalterungen müssen einerseits auftretende Knick- und Biegekräfte mit ausreichender Sicherheit aufnehmen. Sie müssen andererseits jedoch für die Aufnahme von Dehnungen durch Temperaturunterschiede hinreichend biegeweich sein (siehe hierzu TRR 100). Bei Gasen kann die Rohrleitung, bedingt durch den Energieentzug infolge der Strömungsbeschleunigung, örtlich mit Schallgeschwindigkeit bis auf T_{ns} abkühlen:

$$T_{ns} \cong T \cdot \frac{2}{k+1} \quad (9)$$

Ein Sicherheitsfaktor $S_R \approx 4$ für Rohrhalterungen berücksichtigt anfänglich schlagartige Öffnungsstöße und bewirkt zudem ggf., dass der Behälter nicht wegen abknickender Ausblaseleitung birst.

Anforderungen bezüglich zündfähiger Freistrahlkeulen hinter der Ausblaseöffnung zur Umgebung und bezüglich notwendiger Verdünnung von Giftschwaden sind in TRB 600 Abschnitt 3.4 aufgeführt. Zur Erfüllung der Schutzziele können die in der zitierten Literatur [3] bis [5] aufgeführten Gleichungen angewendet werden.

6.3.4 Die Werte für ζ, F_R bzw. Y (f, p_e) können aus den Bildern 2 a, b und c abgelesen werden; der zulässige Widerstandsbeiwert ζ_z der Ausblaseleitung sowie die normierte Reaktionskraft Y in einer Ausblaseleitung wurden nach den exakten Formeln (siehe [1] oder [2]) berechnet. Müssen unterschiedliche Nennweiten der Rohrleitung berücksichtigt werden, ist gemäß dem AD 2000-Merkblatt A 1 Abschnitt 10.2.2 zu verfahren. Die entsprechenden strömungsphysikalischen Grundlagen sind in der Literatur [1] bis [5] dargestellt.

6.4 Sicherheitsventile müssen für die Prüfung der Funktionsfähigkeit und zur Wartung zugänglich sein.

6.5 Einbauanweisungen des Herstellers sind zu beachten.

7 Werkstoffe

Die Werkstoffe für alle durch das Medium beanspruchten Teile müssen entsprechend den einschlägigen allgemein anerkannten Regeln der Technik so ausgewählt werden, dass sie für die auftretenden Drücke und Temperaturen geeignet sind. Dies gilt auch für die Zuführungs-, Abblase- und Kondensatabführungsleitungen. Werkstoffe für Gehäuse müssen dem AD 2000-Merkblatt A 4 entsprechen.

Sicherheitsventile sind so zu gestalten, dass die Funktionsfähigkeit durch ein Verbacken nicht beeinträchtigt wird. Dies ist z. B. zu erreichen, wenn für Ventilteller und Ventilsitz unterschiedliche Werkstofftypen, z. B. martensitische und austenitische Werkstoffe, oder korrosionsfeste Hartlegierungen, z. B. Stellit, verwendet werden. Das gilt besonders bei Verwendung von Sicherheitsventilen in Systemen mit Dampf, Kondensat, Heißwasser und Speisewasser.

8 Herstellung, Prüfung und Kennzeichnung der Armaturengehäuse

Die drucktragenden Gehäuseteile der Armaturen sind nach AD 2000-Merkblatt A 4 herzustellen, zu prüfen und zu kennzeichnen mit:
– Nenngröße,
– Nenndruck oder maximal zulässigem Druck und zulässiger maximaler Temperatur am Eintritt (falls erforderlich),
– Werkstoff,
– Herstellerzeichen,
– Durchflussrichtungspfeil.

Die Druckprüfung kann ggf. bei größeren Druckunterschieden im Vordruck- und Nachdruckteil von Sicherheitsventilgehäusen für beide Teile getrennt und unter Berücksichtigung der maßgeblichen Drücke durchgeführt werden.

9 Kennzeichnung von bauteilgeprüften Sicherheitsventilen

9.1 Bauteilgeprüfte Sicherheitsventile müssen mit der CE-Kennzeichnung und mit dem zuerkannten Bauteilkennzeichen dauerhaft und gut lesbar versehen sein. Klebefolien sind nicht zulässig. Durch Anbringen des Bauteilkennzeichens übernimmt der Hersteller die Gewähr für die Übereinstimmung des Sicherheitsventils mit dem Bauteilprüfbericht einschließlich Anlagen, die richtige Einstellung übereinstimmend mit der Druckangabe im Bauteilkennzeichen und für die Sicherung gegen Verstellen.

9.2 Das Bauteilkennzeichen setzt sich aus folgenden Angaben zusammen (siehe Grafik nächste Seite).

10 Größenbemessung

10.1 Der erforderliche engste Strömungsquerschnitt vor dem Ventilsitz A_0 ist nach den Formeln der Abschnitte 10.4 oder 10.5 zu berechnen.

10.2 Der engste Strömungsdurchmesser vor dem Ventilsitz muss mindestens 6 mm (der von Steuerventilen gemäß Abschnitt 5.8.1 jedoch mindestens 10 mm), bei Druckbehältern mit fetthaltigen, staubförmigen oder zum Verkleben neigenden Medien mindestens 20 mm betragen.

10.3 Die Ausflussziffer soll bei Vollhub-Sicherheitsventilen den Wert $\alpha_w = 0{,}5$ – ausgenommen Ventile, die im Hub begrenzt sind – und bei Normal- bzw. Proportional-Sicherheitsventilen den Wert $\alpha_w = 0{,}08$ für D/G oder den Wert $\alpha_w = 0{,}05$ für F nicht unterschreiten. Konstruktive Hub-Begrenzungen müssen einen Hub von mindestens 1 mm zulassen.

10.4 Gase und Dämpfe

10.4.1 Die allgemeine Beziehung für die Bemessung des engsten Strömungsquerschnittes lautet

$$A_0 = \frac{q_m}{\psi \cdot a_w \sqrt{2 \dfrac{p_0}{v}}} \quad (10)$$

Hierin bedeuten:

A_0	engster Strömungsquerschnitt	m²
q_m	abzuführender Massenstrom	kg/s
p_0	absoluter Druck im Druckraum	Pa
v	spezifisches Volumen des Mediums im Druckraum	m³/kg
a_w	die im Rahmen der Bauteilprüfung zuerkannte Ausflussziffer (vielfach auch als a_d bezeichnet)	
ψ	Ausflussfunktion	

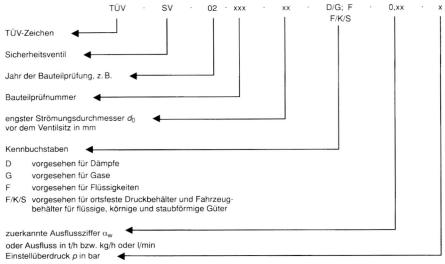

Bei Sicherheitsventilen, die für verschiedene Medien geprüft werden, können mehrere Kennbuchstaben angegeben werden.

Für unterkritische Druckverhältnisse

$$\frac{p_a}{p_0} > \left(\frac{2}{k+1}\right)^{\frac{k}{k-1}} = \frac{p_k}{p_0} \text{ ist}$$

$$\psi = \sqrt{\frac{k}{k-1}} \cdot \sqrt{\left(\frac{p_a}{p_0}\right)^{\frac{2}{k}} - \left(\frac{p_a}{p_0}\right)^{\frac{k+1}{k}}} \quad (11)$$

In der Ableitung für ψ wird verwendet:

$$k = \frac{\bar{c}_p}{\bar{c}_p - \frac{R \cdot \bar{Z}}{1000 M}} \quad (11.1)$$

Für überkritische Druckverhältnisse ist

$$\psi = \psi_{max} = \sqrt{\frac{k}{k+1}} \cdot \left(\frac{2}{k+1}\right)^{\frac{1}{k-1}} \approx 0{,}431 k^{0{,}346} \quad (12)$$

mit

p_a absoluter dynamischer Fremdgegendruck hinter der Armatur
k Isentropenexponent des Mediums im Druckraum

10.4.2 Bei technischen Gasen und Dämpfen errechnet sich das spezifische Volumen aus der allgemeinen Beziehung

$$v = \frac{R_1 \cdot T \cdot Z}{p_0 \cdot 10^5} \quad (13)$$

Setzt man diesen Ausdruck in Gleichung (10) ein, so ergibt sich folgende Zahlenwertgleichung

$$A_0 = 0{,}001964 \cdot \frac{q_m}{\psi \cdot \alpha_w \cdot p_0} \cdot \sqrt{R_1 \cdot T \cdot Z} \quad (14)$$

Mit $R_1 = \frac{R_0}{M}$ ergibt sich daraus

$$A_0 = 0{,}1791 \cdot \frac{q_m}{\psi \cdot \alpha_w \cdot p_0} \cdot \sqrt{\frac{T \cdot Z}{M}} \quad (15)$$

Hierin bedeuten:

A_0	$\frac{d_0^2 \cdot \pi}{4}$ engster Strömungsquerschnitt	mm²
d_0	engster Strömungsdurchmesser	mm
q_m	abzuführender Massenstrom	kg/h
R_1	Gaskonstante	$\frac{J}{kg \cdot K}$
R_0	universelle Gaskonstante = 8314,3	$\frac{J}{kmol \cdot K}$
M	molare Masse	$\frac{kg}{kmol}$
T	absolute Temperatur des Mediums im Druckraum	K
Z	Realgasfaktor des Mediums im Druckraum	–
p_0	absoluter Druck im Druckraum	bar
v	spezifisches Volumen des Mediums im Druckraum	m³/kg
ψ	Ausflussfunktion	–
α_w	zuerkannte Ausflussziffer	–

Die Ausflussfunktion ψ kann nach Abschnitt 10.4.1 errechnet oder in Abhängigkeit vom Druckverhältnis und vom Isentropenexponenten dem Bild 3 entnommen werden. Die Stoffwerte für einige wichtige Gase und Dämpfe im Normzustand sind in Tafel 3 aufgeführt. Sie können auch für vom Normzustand abweichende Zustände im Allgemeinen verwendet werden.

Die Isentropenexponenten können jedoch bei höheren Drücken und bei von 273 K abweichenden Temperaturen von den in Tafel 3 angegebenen Werten abweichen. So hat k z. B. für Luft bei 100 bar und 293 K den Wert 1,60, so dass sich ψ_{max} von 0,484 auf 0,507 ändert.

Bei den in Tafel 3 genannten Gasen unterscheidet sich der Wert Z für den Realgasfaktor im Normzustand nur wenig von 1,0. Bei Abweichung vom Normzustand können sich die Werte von 1,0 unterscheiden (z. B. für Äthylen bei 30 bar und 20 °C ist Z = 0,8).

Für die Berechnung können die Werte für den Isentropenexponenten und den Realgasfaktor z. B. VDI/VDE 2040 Blatt 4, Ausgabe September 1996[10], und Data Book on Hydrocarbons entnommen werden.

Stoffwerte für Kältemittel siehe UVV „Kälteanlagen" (VBG 20).

10.4.3 Für Wasserdampf sind das spezifische Volumen v und der Isentropenexponent k aus der Literatur[11] zu entnehmen.

Mit Hilfe des Druckmittelbeiwertes x, der die Eigenschaften des ausströmenden Wasserdampfes und die Umrechnung der nicht kohärenten Einheiten berücksichtigt, ergibt sich für Wasserdampf aus Formel (16)

$$A_0 = \frac{x \cdot q_m}{\alpha_w \cdot p_0} \quad \text{mm}^2 \quad (16)$$

mit

$$x = 0,6211 \cdot \frac{\sqrt{p_0 \cdot v}}{\psi} \quad \frac{\text{h} \cdot \text{mm}^2 \cdot \text{bar}}{\text{kg}}$$

Der Druckmittelbeiwert x ist für überkritische Entspannung in Bild 4 dargestellt.

Für unterkritische Entspannung und für Drücke < 2 bar ist der Druckmittelbeiwert x rechnerisch zu ermitteln (siehe auch Abschnitt 7.3 des VdTÜV-Merkblatts Sicherheitsventil 100).

---

[10] VDI/VDE 2040 Blatt 4, Ausgabe September 1996: Berechnungsgrundlagen für die Durchflussmessung mit Blenden, Düsen und Venturirohren; Stoffwerte

[11] Zustandsgrößen von Wasser und Wasserdampf; Springer Verlag, Berlin, Heidelberg: Ausgabe 1969

Tafel 3. Gaskonstante, molare Masse, Isentropenexponent

	Gaskonstante R_1 $\frac{\text{J}}{\text{kg} \cdot \text{K}}$	Isentropenexponent k für den Normzustand*⁾ (p_0 = 1,013 bar, T = 273 K)	Molare Masse M $\frac{\text{kg}}{\text{kmol}}$
Acetylen	318,82	1,23	26.040
Ammoniak	488,15	1,31	17.031
Argon	208,15	1,65	39.940
Ethylen	296,36	1,25	28.950
Chlor	117,24	1,34	70.910
Helium	2076,96	1,63	4.003
Kohlendioxid	188,91	1,30	44.010
Luft	287,09	1,40	28.964
Methan	518,24	1,31	16.031
Sauerstoff	259,82	1,40	32.000
Schwefeldioxid	129,77	1,28	64.063
Stickstoff	296,76	1,40	28.016
Wasserstoff	4124,11	1,41	2.016

*⁾ Weitere Stoffwerte sowie Stoffwerte für vom Normzustand abweichende Zustände siehe VDI-Wärmeatlas und Fußnoten [11] und [12]

Die übrigen Größen werden mit den Einheiten nach Abschnitt 10.4.2 eingesetzt.

10.5 Flüssigkeiten

10.5.1 Nicht siedende Flüssigkeiten

Für nicht siedende Flüssigkeiten (Flüssigkeiten, die beim Einströmen in die Abblaseleitung keine Phasenumwandlung erfahren) gilt

$$A_0 = 0{,}6211 \cdot \frac{q_m}{\alpha_w \sqrt{\Delta p \cdot \rho}} \quad \text{in mm}^2 \qquad (17)$$

mit

ρ Dichte   in kg/m^3

$\Delta p = p_0 - p_a$ Druckdifferenz   in bar

Die übrigen Größen werden mit den Einheiten nach Abschnitt 10.4.2 eingesetzt.

10.5.2 Siedende Flüssigkeiten

Für siedende Flüssigkeiten und für Flüssigkeiten, die bei der Entspannung auf den Gegendruck Gas freisetzen, sind Bemessungsregeln in Vorbereitung. Siehe VdTÜV-Merkblatt Sicherheitsventil 100/2.

11 Prüfungen

11.1 Die Funktionssicherheit, der Einstelldruckbereich und der Ausflussmassenstrom müssen durch Bauteilprüfung oder Einzelprüfung festgestellt werden.

11.2 Die Bauteilprüfung wird nach VdTÜV-Merkblatt Sicherheitsventil 100[4)] durchgeführt. Sie erfolgt in der Regel unter Verwendung neutraler Prüfmedien. Auf andere Medien und Temperaturen kann geschlossen werden, wenn vergleichbare physikalische Eigenschaften vorliegen oder wenn Abweichungen berücksichtigt werden können.

11.3 Bei nicht bauteilgeprüften Sicherheitsventilen werden die Funktionssicherheit, der Einstelldruck und der Massenstrom in der Regel als Einzelprüfung im Rahmen der Abnahmeprüfung in Anlehnung an VdTÜV-Merkblatt Sicherheitsventil 100 festgestellt.

11.4 Der Ansprechdruck jedes Sicherheitsventils ist festzustellen. Dies kann unter Verwendung neutraler Medien erfolgen. Hierüber ist eine Bescheinigung mit Angabe des Ansprechdruckes, des Prüfmediums, der Prüftemperatur und der Kennzeichnung auszustellen. Bei Sicherheitsventilen als Ausrüstungsteile mit Sicherheitsfunktion für Druckbehälter erfolgt dies durch die zuständige unabhängige Stelle.

12 Besondere Bauarten oder Anwendungsfälle

12.1 Sicherheitsventile für Hydraulikflüssigkeiten

Unter der Voraussetzung, dass nicht korrodierende selbstschmierende und alterungsbeständige Hydraulikflüssigkeiten (z. B. Hydrauliköle H-L nach DIN 51524 und H-LP nach DIN 51525) verwendet werden, für eine ausreichende Reinheit der Hydraulikflüssigkeit gesorgt wird (Wechsel in angemessenen Zeitabständen und Filterung) und die Temperatur des Mediums ca. 60 °C nicht übersteigt, sind folgende Erleichterungen zulässig.

12.1.1 Abweichend von den Abschnitten 5.8.1 und 10.2 muss der engste Strömungsdurchmesser an Hauptventilen und Steuerventilen mindestens 4,0 mm betragen.

12.1.2 Abweichend von Abschnitt 5.4 genügen zwei Steuerstränge, wenn diese nach dem Ruheprinzip geschaltet sind.

12.1.3 Zur Absicherung von Druckbehältern für Hydraulikflüssigkeiten mit einem Produkt aus Inhalt in Litern und maximal zulässigem Druck in bar von ≤ 6000 genügt abweichend von den Abschnitten 5.4 und 5.5 ein Steuerstrang, wenn auch beim Zusetzen von Düsen, engen Bohrungen und dergleichen im Steuersystem das Hauptventil beim Erreichen des Ansprechdruckes zuverlässig öffnet.

12.2 Foliensicherheitsventile

Wegen der besonderen Bauart dieser Sicherheitsventile gilt die Anforderung gemäß Abschnitt 2.4 nicht.

12.3 Sicherheitsventile für Sauerstoff sind zusätzlich mit der Kennzeichnung „Sauerstoff, öl- und fettfrei halten!" oder mit dem entsprechenden Symbol nach der UVV „Sauerstoff" (VBG 62) zu versehen.

13 Sicherheitsabsperrventile[12)]

13.1 Sicherheitsabsperrventile sind gesteuerte Ventile mit entgegengesetzter Wirkungsrichtung des Hauptventils (siehe DIN 3320 Teil 1 Abschnitt 2). Sie sind einem abzusichernden System vorgeschaltet und im Normalbetrieb geöffnet. Bei unzulässiger Drucksteigerung sperren sie den Mediumzustrom selbsttätig ab. Die Abschnitte 2.4, 4, 5, 6, 7, 8, 10 und 11 sind hierfür sinngemäß anzuwenden. Eine Bemessung entsprechend DIN 3320 Teil 1 entfällt.

13.2 In Strömungsrichtung sind vor den Hauptventilen Einrichtungen wie z. B. gelochte Scheiben oder Siebe einzubauen, die sicher verhindern, dass größere Fremdkörper in den Sitz eines Ventils gelangen.

13.3 Trotz vorgeschalteter Schutzeinrichtung im Sinne von Abschnitt 13.2 können Fremdkörper vom Durchmesser der größten Siebbohrung das völlige Schließen des Hauptventils verhindern. Daher muss dem Sicherheitsabsperrventil nachgeschaltete abzusichernde System muss daher zusätzlich mit einem Sicherheitsventil ausgerüstet werden. Dieses ist so zu bemessen, dass der nach Satz 1 mögliche Leckmengenstrom abgeführt werden kann.

14 Schrifttum

[1] *Naue G., Liepe F., Mascheck H.-J., Reher E.-O., Schenk R.:* Technische Strömungsmechanik I. VEB Deutscher Verlag für Grundstoffindustrie (Reihe Verfahrenstechnik). 4. Auflage; Leipzig (1988)

[2] *Ehrhardt G.:* Sicherheitsventile samt Leitungen. RWTH Aachen, Lehrstuhl für Theoretische und Experimentelle Strömungsmechanik (Abschlußbericht Forschungs- und Entwicklungsauftrag des Bundesministeriums für Bildung, Wissenschaft, Forschung und Technologie). (1997)

[3] *Bozóki G.:* Überdruckabsicherungen für Behälter und Rohrleitungen (Reihe Praxiswissen für Ingenieure). TÜV Verlag GmbH; Köln (1977).

[4] *Wagner W.:* Sicherheitsarmaturen. Vogel Fachbuch Verlag (Kamprath-Reihe); Würzburg (1999)

[5] *Goßlau W., Weyl R.:* Sicherheitsventile und Berstscheiben. Mitteilung der Technischen Anlagenüberwachung der BASF Aktiengesellschaft; 4., umfangreich modifizierte Auflage; Ludwigshafen/Rhein (1995) [Erste Teilveröffentlichung in Technische Überwachung 1989 (Mai bis September)]

[6] *Weyl R.:* Sicherheitseinrichtungen gegen Drucküberschreitung – AD-Merkblätter A1 und A2, Druckverlustbeziehungen. Techn. Überwach. **47** 2006; Nr. 5, 6, 7, VDI-Verlag Düsseldorf

---

[12)] Für Sicherheitsabsperrventile von Druckbehältern in Leitungen für Gase der öffentlichen Gasversorgung gilt DIN 3381.

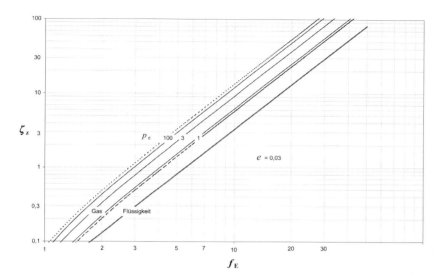

Bild 2a. Zulässiger Widerstandsbeiwert ζ_z der Einlassleitung zu einem Sicherheitsventil über dem Flächenverhältnis f_E für verschiedene Ansprechüberdrücke p_e bei einem zulässigen Zulaufdruckverlust von 3 % (e = 0,03), bezogen auf die statischen Drücke $p_{a0} = p_u$ = 1 bar abs. für verschiedene Isentropenexponenten k (······ k = 1,2; ——— k = 1,4; - - - - - k = 1,6; $\zeta_z \sim k^{-0,7}$; Flüssigkeit mit p_h = 0.

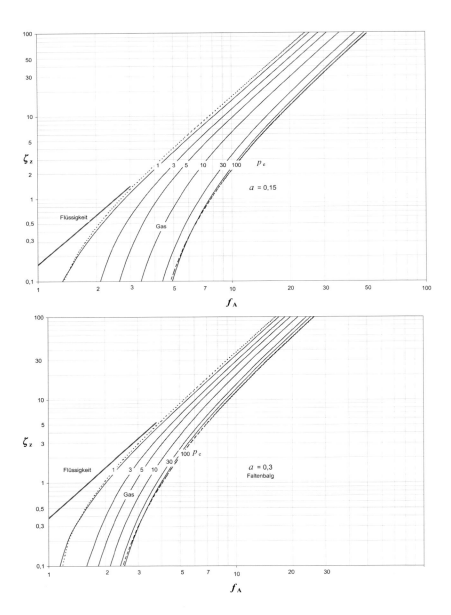

Bilder 2b. Zulässiger Widerstandsbeiwert ζ_z der Ausblaseleitung eines Sicherheitsventils über dem Flächenverhältnis f_A für verschiedene Ansprechüberdrücke p_e und Gegendruckverhältnisse a sowie für die Isentropenexponenten k (······ $k = 1{,}2$; ——— $k = 1{,}4$; ----- $k = 1{,}6$) bei $p_{a0} = p_u = 1$ bar abs; $p_h = 0$. Für Gase mit $p_a = p_k$ – siehe AD 2000-Merkblatt A 1 Bild 4.

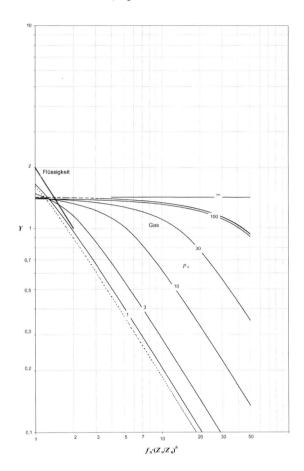

Bild 2c. Normierte Reaktionskraft $Y = \dfrac{10 F_R}{1{,}1\,\alpha_w \cdot A_0 \cdot p_e}$ in einer Ausblaseleitung über dem Flächenverhältnis

$f_n = \dfrac{1}{1{,}1\,\alpha_w} \cdot \left(\dfrac{D_n}{d_0}\right)^2$ für verschiedene Ansprechdrücke p_e sowie für die Isentropenexponenten k ($\cdots\cdots$ $k = 1{,}2$; —— $k = 1{,}4$; $----$ $k = 1{,}6$) bei $p_{a0} = p_u = 1$ bar abs. –

Für h gilt:
- $h = 0{,}5$, wenn $M_n = 1$ oder $p_n > p_u$;
- $h = 1$, wenn $M_n < 1$ oder $p_n = p_u$.

Hinweis: Bei Anwendung dieses Diagramms für Berstscheiben gemäß AD 2000-Merkblatt A 1 Absatz 10.2 sind auf der Abszisse die Werte für $f_n = \dfrac{1}{\eta} \cdot \left(\dfrac{D_n}{D_L}\right)^2$ und auf der Ordinate die Werte für

$Y = \dfrac{10 F_R}{\eta \cdot A_L \cdot p_e}$ dargestellt, was nur für (meist, jedoch nicht immer) $Z = 1$ und $D =$ konstant gälte.

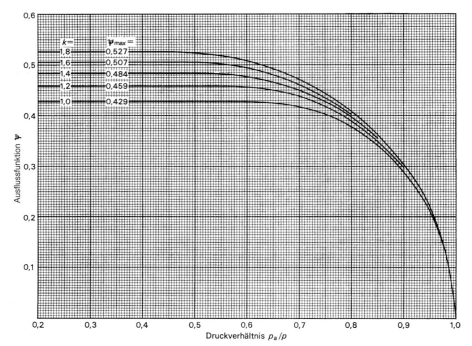

Bild 3. Ausflussfunktion

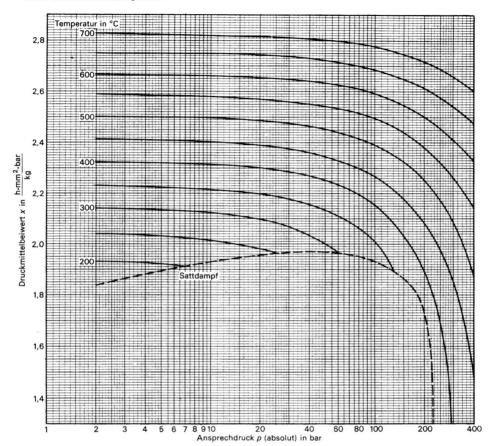

Bild 4. Druckmittelbeiwert x für Wasserdampf

ICS 23.020.30　　　　　　　　　　　　　　　　　　　　　　　　Ausgabe Oktober 2004

Ausrüstung, Aufstellung und Kennzeichnung von Druckbehältern	Gehäuse von Ausrüstungsteilen	AD 2000-Merkblatt A 4

Die AD 2000-Merkblätter werden von den in der „Arbeitsgemeinschaft Druckbehälter" (AD) zusammenarbeitenden, nachstehend genannten sieben Verbänden aufgestellt. Aufbau und Anwendung des AD 2000-Regelwerkes sowie die Verfahrensrichtlinien regelt das AD 2000-Merkblatt G1.

Die AD 2000-Merkblätter enthalten sicherheitstechnische Anforderungen, die für normale Betriebsverhältnisse zu stellen sind. Sind über das normale Maß hinausgehende Beanspruchungen beim Betrieb der Druckbehälter zu erwarten, so ist diesen durch Erfüllung besonderer Anforderungen Rechnung zu tragen.

Wird von den Forderungen dieses AD 2000-Merkblattes abgewichen, muss nachweisbar sein, dass der sicherheitstechnische Maßstab dieses Regelwerkes auf andere Weise eingehalten ist, z. B. durch Werkstoffprüfungen, Versuche, Spannungsanalyse, Betriebserfahrungen.

Fachverband Dampfkessel-, Behälter- und Rohrleitungsbau e.V. (FDBR), Düsseldorf
Hauptverband der gewerblichen Berufsgenossenschaften e.V., Sankt Augustin
Verband der Chemischen Industrie e.V. (VCI), Frankfurt/Main
Verband Deutscher Maschinen- und Anlagenbau e.V. (VDMA), Fachgemeinschaft Verfahrenstechnische Maschinen und Apparate, Frankfurt/Main
Stahlinstitut VDEh, Düsseldorf
VGB PowerTech e.V., Essen
Verband der Technischen Überwachungs-Vereine e.V. (VdTÜV), Berlin

Die AD 2000-Merkblätter werden durch die Verbände laufend dem Fortschritt der Technik angepasst. Anregungen hierzu sind zu richten an den Herausgeber:

Verband der Technischen Überwachungs-Vereine e.V., Postfach 10 38 34, 45038 Essen.

Inhalt

0　Präambel
1　Geltungsbereich
2　Begriffsbestimmungen
3　Einstufung
4　Werkstoffe und Gestaltung
5　Allgemeine Grundsätze für Auslegung, Herstellung und damit verbundene Prüfungen
6　Prüfungen vor Inbetriebnahme
7　Kennzeichnung
8　Bescheinigungen der fertiggestellten Ausrüstungsteile

0 Präambel

Zur Erfüllung der grundlegenden Sicherheitsanforderungen der Druckgeräte-Richtlinie kann das AD 2000-Regelwerk angewandt werden, vornehmlich für die Konformitätsbewertung nach den Modulen „G" und „B + F".

Das AD 2000-Regelwerk folgt einem in sich geschlossenen Auslegungskonzept. Die Anwendung anderer technischer Regeln nach dem Stand der Technik zur Lösung von Teilproblemen setzt die Beachtung des Gesamtkonzeptes voraus.

Bei anderen Modulen der Druckgeräte-Richtlinie oder für andere Rechtsgebiete kann das AD 2000-Regelwerk sinngemäß angewandt werden. Die Prüfzuständigkeit richtet sich nach den Vorgaben des jeweiligen Rechtsgebietes.

1 Geltungsbereich

Dieses AD 2000-Merkblatt gilt für Gehäuse von druckhaltenden Ausrüstungsteilen und für Gehäuse von Ausrüstungsteilen mit Sicherheitsfunktion für Druckbehälter und Rohrleitungen mit einem maximal zulässigen Druck (*PS*) von über 0,5 bar.

Die Abschnitte 4 bis 8 dieses AD 2000-Merkblattes, ausgenommen Abschnitt 6.4.1, gelten nicht für Gehäuse von Ausrüstungsteilen in Kälteanlagen und Wärmepumpenanlagen; siehe hierzu AD 2000-Merkblatt HP 801 Nr. 14 „Druckbehälter in Kälteanlagen und Wärmepumpenanlagen".

2 Begriffsbestimmungen

2.1 Gehäuse von Ausrüstungsteilen sind drucktragende Gehäuse und weisen eigenständige Druckräume auf. Zu den drucktragenden Gehäusen gehören die kraftaufnehmenden Verbindungselemente, die die druckbeaufschlagten Gehäuseteile zusammenhalten.

2.2 Armaturen sind z. B. Schieber, Ventile, Hähne, Klappen.

Ersatz für Ausgabe Juli 2003; | Änderungen gegenüber der vorangehenden Ausgabe

Die AD 2000-Merkblätter sind urheberrechtlich geschützt. Die Nutzungsrechte, insbesondere die der Übersetzung, des Nachdrucks, der Entnahme von Abbildungen, die Wiedergabe auf fotomechanischem Wege und die Speicherung in Datenverarbeitungsanlagen, bleiben, auch bei auszugsweiser Verwertung, dem Urheber vorbehalten.

2.3 Die Nennweite (DN) eines Gehäuses von Ausrüstungsteilen ist eine numerische Größenbezeichnung. Es handelt sich um eine gerundete Zahl, die als Nenngröße dient und näherungsweise mit den Fertigungsmaßen in Beziehung steht.

2.4 Der Rauminhalt V eines Gehäuses von Ausrüstungsteilen ist die geometrische Größe des Hohlraumes bei freigegebenem Strömungsquerschnitt, beginnend an der nächstliegenden lösbaren Verbindung oder an Verbindungen, die anstelle lösbarer Verbindungen verwendet sind, abzüglich des Volumens fester Einbauten.

2.5 „Fluide" sind Gase, Flüssigkeiten und Dämpfe als reine Phase sowie deren Gemische. Fluide können eine Suspension von Feststoffen enthalten.

2.6 Feste Einbauten sind alle Teile – auch Rohranordnungen oder andere Hohlkörper –, die für die vorgesehene Betriebsweise innerhalb des Druckraumes kraftschlüssig, formschlüssig oder unlösbar angebracht sind.

2.7 Ein Qualitätssicherungssystem stellt die vom Hersteller dokumentierte und verbindlich eingeführte Aufbau- und Ablauforganisation zur Durchführung der Qualitätssicherung sowie die dazu erforderlichen Mittel entsprechend den Anforderungen der Druckgeräte-Richtlinie (Prüfbausteine QS-System) dar.

3 Einstufung

Maßgebend für die Einstufung der Gehäuse von Ausrüstungsteilen in die Konformitätsbewertungsdiagramme sind ihr maximaler Druck (PS), die für sie maßgebliche Nennweite (DN) bzw. das Volumen (V) und die Gruppe der Fluide, für die sie bestimmt sind. In einigen Fällen werden sowohl das Volumen (V) als auch die Nennweite (DN) als geeignet gehalten. In diesen Fällen muss das Ausrüstungsteil in die höhere Kategorie eingestuft werden. Bei Armaturen ist normalerweise die Nennweite (DN) besser geeignet.

Es gelten die Diagramme der Druckgeräte-Richtlinie. Ausrüstungsteile mit Sicherheitsfunktion fallen unter die Kategorie IV. Ausrüstungsteile mit Sicherheitsfunktion, die für spezifische Druckgeräte hergestellt werden, können in dieselbe Kategorie wie das zu schützende Druckgerät eingestuft werden.

4 Werkstoffe und Gestaltung

Die Werkstoffe und die Gestaltung müssen entsprechend dem Verwendungszweck wie Druck- und Temperaturbeanspruchung und Beschickungsgut (Fluide) gewählt werden; insbesondere sind dynamische Beanspruchungen, z. B. Druckstöße, oder schwellende Belastungen zu beachten.

4.1 Allgemeine Grundsätze für Hersteller und Werkstoffe

Der Hersteller von Werkstoffen und die Werkstoffe für drucktragende Gehäuse von Ausrüstungsteilen müssen die Anforderungen der AD 2000-Merkblätter der Reihe W erfüllen. Für Kategorie I können die Anforderungen sinngemäß angewendet werden.

4.2 Geeignete Werkstoffe

Für Gehäuse von Ausrüstungsteilen dürfen innerhalb der jeweils angegebenen Anwendungsgrenzen folgende Werkstoffe verwendet werden:

(1) Unlegierte und legierte Stahlsorten nach AD 2000-Merkblättern W 1, W 4, W 7, W 8, W 9, W 12 und W 13,

(2) Austenitische Stahlsorten nach AD 2000-Merkblatt W 2,
(3) Stahlguss nach AD 2000-Merkblatt W 5,
(4) Gusseisen mit Kugelgraphit nach AD 2000-Merkblatt W 3/2;
Werkstoffe nach den AD 2000-Merkblättern W 3/1 und W 3/3 sollen für drucktragende Gehäuse von Ausrüstungsteilen <u>nicht</u> angewendet werden,
(5) Aluminium und Aluminiumlegierungen, Knetwerkstoffe nach AD 2000-Merkblatt W 6/1,
(6) Kupfer und Kupferlegierungen, Knetwerkstoffe nach AD 2000-Merkblatt W 6/2 und
(7) Nichtmetallische Werkstoffe nach AD 2000-Merkblättern der Reihe N.

Bei Betriebstemperaturen unter -10 °C ist zusätzlich AD 2000-Merkblatt W 10 zu beachten.

Andere Werkstoffe dürfen verwendet werden, sofern ihre Eignung für den vorgesehenen Verwendungszweck festgestellt worden ist. Die Feststellung kann anhand von Einzelgutachten ggf. unter Berücksichtigung von Betriebsbewährungen getroffen werden; für Gehäuse von Ausrüstungsteilen der

– Kategorien I + II: durch den Hersteller,
– Kategorien III + IV: durch die zuständige unabhängige Stelle.

4.3 Prüfung der Werkstoffe und deren Nachweis

4.3.1 Für Werkstoffe für Gehäuse von Ausrüstungsteilen der Kategorien II bis IV ergibt sich der Prüfumfang aus den Anforderungen der AD 2000-Merkblätter der Reihe W.
Der Nachweis der Prüfung erfolgt für Werkstoffe für Gehäuse von Ausrüstungsteilen:
– der Kategorien III und IV gemäß Anforderungen der AD 2000-Merkblätter der Reihe W,
– der Kategorie II mit einem Abnahmeprüfzeugnis 3.1.B nach DIN EN 10204,
– der Kategorie I mit einem Werkszeugnis 2.2 nach DIN EN 10204.

4.3.2 Kugelgraphitguss mit einer Nennzugfestigkeit ≤ 400 N/mm^2 für Gehäuse von Ausrüstungsteilen der Kategorien III und IV mit DN ≤ 150 kann abweichend von AD 2000-Merkblatt W 3/2 Abschnitt 6 mit einem Abnahmeprüfzeugnis 3.1.B geliefert werden, wenn der zuständigen unabhängigen Stelle vom Herstellerwerk der Nachweis gleichmäßiger und fehlerfreier Fertigung erbracht worden ist.

5 Allgemeine Grundsätze für Auslegung, Herstellung und damit verbundene Prüfungen

Die Hersteller und die Herstellung von Gehäusen von Ausrüstungsteilen müssen die Anforderungen der AD 2000-Merkblätter der Reihe HP erfüllen. Für die Kategorie I können die Anforderungen sinngemäß angewendet werden.

5.1 Die Anwendung der Hinweise für die Gestaltung im AD 2000-Merkblatt HP 1 erfolgt für Gehäuse von Ausrüstungsteilen sinngemäß. Die Auslegung der Gehäuse von Ausrüstungsteilen erfolgt nach DIN 3840.

5.2 Bei gleichbleibender mechanischer Fertigung von Gehäusen von Ausrüstungsteilen durch Rundnähte kann auf die Prüfung arbeitsbegleitender Arbeitsproben nach AD 2000-Merkblatt HP 5/2 unter folgenden Bedingungen verzichtet werden:

(1) Das Gehäuse von Ausrüstungsteilen ist aus einem Werkstoff der Gruppe 1 oder 6 nach AD 2000-Merkblatt HP 0 und

(2) das Schweißverfahren
- E – Hand mit Stabelektrode,
- UP oder
- Fülldrahtelektroden unter Schutzgas

findet Anwendung.

Die zuständige unabhängige Stelle überzeugt sich durch Stichproben von der Einhaltung der Bedingungen und den Ergebnissen der zerstörungsfreien Prüfung.

6 Prüfungen vor Inbetriebnahme

6.1 Folgende Prüfungen sind bei Gehäusen von Ausrüstungsteilen erforderlich:

(1) spannungstechnische Beurteilung und sicherheitstechnische Konstruktionsprüfung,
(2) Besichtigung des fertigen Gehäuses auf Fehler,
(3) Überprüfung des fertigen Gehäuses auf Maßhaltigkeit gemäß den Unterlagen nach (1),
(4) Festigkeitsprüfung P 10 nach DIN EN 12266-1[1]). Bestehen Gehäuse von Ausrüstungsteilen aus unterschiedlichen Werkstoffen und/oder sind den Bauteilen des Gehäuses unterschiedliche Berechnungstemperaturen zugeordnet, so kann man bei der Ermittlung des Streckgrenzenverhältnisses nach AD 2000-Merkblatt HP 30 Abschnitt 4.17 vorgehen. Bei der Prüfung von Gehäusen mit Auskleidungen ist zusätzlich das AD 2000-Merkblatt HP 30 Abschnitt 4.18 zu beachten. Bei Prüfung mit gasförmigen Medien ist das AD 2000-Merkblatt HP 30 Abschnitt 4.19 zu beachten.
(5) zerstörungsfreie Prüfungen der Erzeugnisformen für Gehäuse von Ausrüstungsteilen und der Schweißnähte an drucktragenden Wandungen und
(6) Prüfung auf Werkstoffverwechselung bei allen Gehäuseteilen aus legierten Werkstoffen.

6.2 Bei der spannungstechnischen Beurteilung und der sicherheitstechnischen Konstruktionsprüfung nach Abschnitt 6.1 (1) werden die

(1) ausreichende Bemessung nach DIN 3840 unter Beachtung der Festigkeitskennwerte nach AD 2000-Merkblättern der Reihe W bzw. der Eignungsfeststellung,
(2) sicherheitstechnisch einwandfreie Gestaltung,
(3) Verwendung geeigneter Werkstoffe und
(4) sachgemäße Verarbeitung der Werkstoffe

geprüft.

Falls die Beanspruchung nach Abschnitt 6.1(1) nicht durch Rechnung ermittelt werden kann, sind - insbesondere bei Verwendung von sonstigen Werkstoffen - eine Messung der Verformung oder ein Berstversuch als Stichprobe erforderlich. Bei diesem Versuch ist die Einhaltung des nach AD 2000-Merkblatt B 0 bei der Berechnung anzuwendenden Sicherheitsbeiwertes nachzuweisen, und zwar gegen Verformung bei der Berechnung nach der Streckgrenze ($R_{0,2}$, $R_{1,0}$) und gegen Bruch bei der Berechnung nach der Zugfestigkeit. Die experimentelle Auslegung[2]) darf nur angewendet werden, wenn das Produkt aus dem maximal zulässigen Druck (PS) und dem Volumen (V) < 6000 bar × l oder das Produkt aus dem maximal zulässigen Druck (PS) und der Nennweite (DN) < 3000 bar ist.

6.3 Für die zerstörungsfreien Prüfungen der Erzeugnisformen für Gehäuse von Ausrüstungsteilen und der Schweißnähte an drucktragenden Wandungen nach Abschnitt 6.1(6) sind die nachfolgenden Festlegungen zu beachten.

6.3.1 Erzeugnisformen

(1) Stahlsorten nach Abschnitt 4.2 (1) und (2)

Die Erzeugnisformen sind wie folgt zu prüfen:

Ultraschallprüfung:
a) Bleche nach AD 2000-Merkblatt W 1 ultraschallgesamtgeprüft,
b) Rohre nach AD 2000-Merkblatt W 2 bzw. W 4,
c) Flansche nach AD 2000-Merkblatt W 9,
d) nahtlose Hohlkörper nach AD 2000-Merkblatt W 12,
e) Schmiedestück nach AD 2000-Merkblatt W 13,
f) gewalzter Stab- bzw. Formstahl $\geq$ 30 mm

Prüfumfang: soweit möglich jedes Volumenelement mit zwei um 90 ° versetzten Einschallrichtungen

zulässiger Fehler:
$s \leq 50$ mm $\qquad \leq$ EFG 3
$s > 50$ mm bis 100 mm $\qquad \leq$ EFG 4
$s > 100$ mm bis 150 mm $\qquad \leq$ EFG 5
$s > 150$ mm $\qquad \leq$ EFG 6

Oberflächenrissprüfung:
a) warmumgeformte Teilbereiche
b) Gesenkschmiedestücke, ausgenommen solche mit einem Rohgewicht $\leq$ 30 kg, aus unlegierten Stählen, 16Mo3, 13CrMo4-5, X6CrNiTi18-10, X6CrNiMoTi17-12-2 und X6CrNiNb18-1. Im Einvernehmen mit der zuständigen unabhängigen Stelle kann auch für den Werkstoff 10CrMo9-10 auf die Oberflächenrissprüfung verzichtet werden. Dieser Abschnitt gilt nicht für gesenkgeschmiedete Flansche nach AD 2000-Merkblatt W 9.

zulässige Fehler: lineare Anzeigen $\leq$ 3 mm

(2) Stahlgusssorten nach Abschnitt 4.2 (3)

Die Gehäuse von Ausrüstungsteilen werden nach DIN 1690 Teil 10, Qualitätsklasse B, geprüft. Für Gehäuse von Ausrüstungsteilen mit
- DN $\leq$ 150 und
- DN > 150, soweit deren Produkt aus Nennweite DN und maximal zulässigem Druck in bar die Zahl 20000 nicht übersteigt,

genügt Qualitätsklasse D nach DIN 1690 Teil 10.

Anschweißenden zur Rohrleitung bei Gehäusen von Ausrüstungsteilen der Kategorien I bis IV: Qualitätsklasse A nach DIN 1690 Teil 10.

(3) Gusseisen mit Kugelgraphit nach Abschnitt 4.2 (4)

Die Prüfung erfolgt nach Vereinbarung mit dem Besteller.

(4) Werkstoffe nach Abschnitt 4.2 (5) bis (7) sind nach dem zutreffenden AD 2000-Merkblatt zu prüfen.

(5) Andere Werkstoffe nach Abschnitt 4.2

Bei Gehäusen von Ausrüstungsteilen der
- Kategorien I + II: Prüfung/Prüfart erfolgt entsprechend der Eignungsfeststellung durch den Hersteller;
- Kategorien III + IV: Prüfung erfolgt entsprechend der Eignungsfeststellung durch die zuständige unabhängige Stelle.

6.3.2 Schweißnähte an drucktragenden Wandungen

(1) Die Schweißnähte der Gehäuse von Ausrüstungsteilen der Kategorien I bis III sind nach AD 2000-Merk-

---

[1]) Die Dichtheit des Ausrüstungsteiles in funktioneller Hinsicht ist nicht Gegenstand dieses AD 2000-Merkblattes. Die Anforderungen müssen im Rahmen der Bestellung vereinbart werden, siehe z. B. DIN EN 12266-1 Prüfung P 11, P 12 bzw. DIN EN 12266-2 P 20.

[2]) Siehe Druckgeräte-Richtlinie 97/23/EG Anhang I Abschnitt 2.2.2. und 2.2.4

blatt HP 5/3 zu prüfen. Hinsichtlich des Prüfumfangs gelten die Anforderungen des AD 2000-Merkblattes HP 5/3, mindestens aber 10 %. Dieser Mindestprüfumfang von 10 % gilt jedoch nicht, wenn es sich um unlegierte Werkstoffe oder Werkstoffe der Gruppe 6 gemäß AD 2000-Merkblatt HP 0 handelt und die Nennweite des Gehäuses des Ausrüstungsteiles DN 100 nicht überschreitet.

(2) Alle Schweißnähte der Gehäuse von Ausrüstungsteilen der Kategorie IV sind auf der gesamten Länge zerstörungsfrei zu prüfen. Soweit es sich dabei um Stutzennähte nach Bild 1 handelt, ist eine Volumenprüfung erforderlich. Abweichend hiervon genügt bei Stutzen $d_{Ai} < 50$ mm und $\frac{d_{Ai}}{d_i} < 0{,}1$ eine Oberflächenrissprüfung.

Prüfverfahren, Prüfklasse und Beurteilung gemäß AD 2000-Merkblatt HP 5/3.

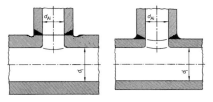

Bild 1. Stutzennähte, Beispiel

6.4 Durchführung der Prüfungen

6.4.1 Die Prüfungen sind durchzuführen bei Gehäusen von Ausrüstungsteilen

(1) der Kategorien I bis III: entsprechend den Festlegungen in den Konformitätsbewertungsverfahren gemäß Anhang III der Druckgeräte-Richtlinie. Es kann auch eine Einzelprüfung (Modul G) durch die zuständige unabhängige Stelle erfolgen.

(2) der Kategorie IV: von der zuständigen unabhängigen Stelle.

6.4.2 Die zerstörungsfreien Prüfungen nach Abschnitt 6.1(5) werden in der Regel durchgeführt und bewertet vom
- Erzeugnisformhersteller an den Erzeugnisformen und/oder
- Hersteller der Gehäuse an Schweißnähten von drucktragenden Wandungen.

Der Nachweis ist durch ein Abnahmeprüfzeugnis 3.1.B nach DIN EN 10204 zu erbringen. Bei den Erzeugnisformen für Gehäuse von Ausrüstungsteilen der Kategorie IV werden die Prüfergebnisse abschließend von der zuständigen unabhängigen Stelle beurteilt.

6.4.3 Die Prüfung auf Werkstoffverwechselung nach Abschnitt 6.1(6) führt der Hersteller der Gehäuse von Ausrüstungsteilen durch.

6.5 Nachweis der Prüfungen

6.5.1 Bei Gehäusen von Ausrüstungsteilen der Kategorien I bis III müssen die Prüfungen durch ein Abnahmeprüfzeugnis 3.1.B nach DIN EN 10204 nachgewiesen sein. Dabei genügt es, wenn dem Abnahmeprüfzeugnis 3.1.B eine listenförmige Zusammenstellung der entsprechenden Werkstoffnachweise beigefügt wird.

6.5.2 Abweichend von Abschnitt 6.5.1 genügt es, wenn der Hersteller von Gehäusen von Ausrüstungsteilen der Kategorie I mit Nennweiten ≤ 50 das Kennzeichen des Herstellerwerkes anbringt.

6.5.3 Bei Gehäusen von Ausrüstungsteilen der Kategorie IV müssen Prüfungen durch ein Abnahmeprüfzeugnis 3.1.C nach DIN EN 10204 nachgewiesen sein. Das Abnahmeprüfzeugnis 3.1.C muss die Werkstoffnachweise der Ausgangswerkstoffe entsprechend den AD 2000-Merkblättern der Reihe W enthalten (siehe Abschnitt 4.3). Für Sicherheitsventile mit Bauteilprüfung nach AD 2000-Merkblatt A 2 erfolgt der Nachweis der Prüfungen durch ein Abnahmeprüfzeugnis 3.1.B, sofern bei der Bauteilprüfung keine anderen Festlegungen getroffen wurden.

6.5.4 Für die zerstörungsfreien Prüfungen der Erzeugnisform für Gehäuse von Ausrüstungsteilen und der Schweißnähte an drucktragenden Wandungen und deren Nachweis siehe Abschnitt 6.4.2.

7 Kennzeichnung

7.1 Gehäuse von Ausrüstungsteilen müssen dauerhaft gekennzeichnet sein mit
(1) dem Zeichen des Gussherstellers sowie dem Zeichen des Herstellers (Firma, die die Bearbeitung, Montage und Prüfung der Ausrüstungsteile übernimmt),
(2) der Werkstoffbezeichnung,
(3) − dem Nenndruck (PN) oder
  − dem maximal zulässigen Druck (PS) sowie der zulässigen minimalen/maximalen Temperatur (TS),
(4) der Nennweite (DN),
(5) der Typ-Nr. bei EG-Baumusterprüfung,
(6) dem Herstelljahr.

7.2 Das fertige Ausrüstungsteil ist zusätzlich zu kennzeichnen mit
(1) der CE-Kennzeichnung[3)][4)],
(2) der Kennnummer der zuständigen unabhängigen Stelle[3)][4)].

8 Bescheinigungen der fertiggestellten Ausrüstungsteile

8.1 Die erforderlichen Konformitätsbescheinigungen und Konformitätserklärungen werden entsprechend den Festlegungen der gewählten Module ausgestellt.

(1) Die Konformitätsbescheinigung (Zertifikat) der zuständigen unabhängigen Stelle stellt das Ergebnis der an dem Druckgerät vorgenommenen Prüfungen und seine Übereinstimmung mit den entsprechenden Anforderungen der Druckgeräte-Richtlinie dar.

(2) Die Konformitätserklärung des Herstellers erfolgt nach Anhang VII der Druckgeräte-Richtlinie.

8.2 Die Betriebsanleitung ist gemäß Anhang I Absatz 3.4 der Druckgeräte-Richtlinie, sofern erforderlich, auszustellen und an den Betreiber zu liefern.

[3)] Nicht zulässig, wenn Betreiberprüfstelle prüft

[4)] Sofern zutreffend (z. B. nicht zulässig bei Anwendung der Druckgeräte-Richtlinie Artikel 3 Absatz 3)

ICS 23.020.30　　　　　　　　　　　　　　　　　　　　　　　　　　　　　Ausgabe Oktober 2000

Ausrüstung, Aufstellung und Kennzeichnung von Druckbehältern	Öffnungen, Verschlüsse und Verschlusselemente	AD 2000-Merkblatt A 5

Die AD 2000-Merkblätter werden von den in der „Arbeitsgemeinschaft Druckbehälter" (AD) zusammenarbeitenden, nachstehend genannten sieben Verbänden aufgestellt. Aufbau und Anwendung des AD 2000-Regelwerkes sowie die Verfahrensrichtlinien regelt das AD 2000-Merkblatt G1.

Die AD 2000-Merkblätter enthalten sicherheitstechnische Anforderungen, die für normale Betriebsverhältnisse zu stellen sind. Sind über das normale Maß hinausgehende Beanspruchungen beim Betrieb der Druckbehälter zu erwarten, so ist diesen durch Erfüllung besonderer Anforderungen Rechnung zu tragen.

Wird von den Forderungen dieses AD 2000-Merkblattes abgewichen, muss nachweisbar sein, dass der sicherheitstechnische Maßstab dieses Regelwerkes auf andere Weise eingehalten ist, z.B. durch Werkstoffprüfungen, Versuche, Spannungsanalyse, Betriebserfahrungen.

  Fachverband Dampfkessel-, Behälter- und Rohrleitungsbau e.V. (FDBR), Düsseldorf
  Hauptverband der gewerblichen Berufsgenossenschaften e.V., Sankt Augustin
  Verband der Chemischen Industrie e.V. (VCI), Frankfurt/Main
  Verband Deutscher Maschinen- und Anlagenbau e.V. (VDMA), Fachgemeinschaft Verfahrenstechnische Maschinen und Apparate, Frankfurt/Main
  Verein Deutscher Eisenhüttenleute (VDEh), Düsseldorf
  VGB PowerTech e.V., Essen
  Verband der Technischen Überwachungs-Vereine e.V. (VdTÜV), Essen

Die AD 2000-Merkblätter werden durch die Verbände laufend dem Fortschritt der Technik angepasst. Anregungen hierzu sind zu richten an den Herausgeber:

  Verband der Technischen Überwachungs-Vereine e.V., Postfach 10 38 34, 45038 Essen.

Inhalt

0 Präambel
1 Geltungsbereich
2 Öffnungen
3 Verschlüsse
4 Verschlusselemente
5 Werkstoffe, Berechnung und Herstellung von Verschlüssen und Verschlusselementen

0 Präambel

Zur Erfüllung der grundlegenden Sicherheitsanforderungen der Druckgeräte-Richtlinie kann das AD 2000-Regelwerk angewandt werden, vornehmlich für die Konformitätsbewertung nach den Modulen „G" und „B + F".

Das AD 2000-Regelwerk folgt einem in sich geschlossenen Auslegungskonzept. Die Anwendung anderer technischer Regeln nach dem Stand der Technik zur Lösung von Teilproblemen setzt die Beachtung des Gesamtkonzeptes voraus.

Bei anderen Modulen der Druckgeräte-Richtlinie oder für andere Rechtsgebiete kann das AD 2000-Regelwerk sinngemäß angewandt werden. Die Prüfzuständigkeit richtet sich nach den Vorgaben des jeweiligen Rechtsgebietes.

1 Geltungsbereich

1.1 Dieses AD 2000-Merkblatt gilt für Öffnungen, Verschlüsse und für Verschlusselemente von Druckbehältern. Es beinhaltet die Anforderungen an Art und Abmessung von Öffnungen zur Durchführung von Prüfungen. Anforderungen an Anzahl und Lage von Öffnungen enthält die Anlage 1 zu diesem AD 2000-Merkblatt. Weiterhin sind die Anforderungen an Verschlüsse und Verschlusselemente angegeben.

1.2 Soweit für besondere Druckbehälter andere Bestimmungen gelten, sind diese in dem AD 2000-Merkblatt A 801[1]) enthalten.

2 Öffnungen

2.1 Allgemeine Anforderungen

2.1.1 Druckbehälter müssen mit Öffnungen versehen sein, die nach Art, Abmessung, Anzahl und Lage die Durchführung von Prüfungen ermöglichen. Hierbei handelt es sich um Mannlöcher (Einsteig- und Befahröffnungen) und Besichtigungsöffnungen (Kopflöcher, Handlöcher und Schaulöcher).

---

[1]) In Vorbereitung unter Berücksichtigung der DGR (97/23/EG) durch Einarbeitung der sachlich notwendigen Beschaffenheitsanforderungen aus den geltenden TRB

Die AD 2000-Merkblätter sind urheberrechtlich geschützt. Die Nutzungsrechte, insbesondere die der Übersetzung, des Nachdrucks, der Entnahme von Abbildungen, die Wiedergabe auf fotomechanischem Wege und die Speicherung in Datenverarbeitungsanlagen, bleiben, auch bei auszugsweiser Verwertung, dem Urheber vorbehalten.

2.1.2 Mannlöcher und Besichtigungsöffnungen sind nicht erforderlich, wenn die Prüfungen auf andere Weise, z. B. über Stutzen, Rohranschlüsse oder andere lösbare Teile, möglich sind.

2.1.3 Mannlöcher und Besichtigungsöffnungen sind nicht erforderlich, wenn sie aufgrund der Bauart des Druckbehälters (z. B. Röhrenapparate, Plattenwärmetauscher, Heiz- und Kühlmäntel, Rohranordnungen) oder der Betriebsweise und des Beschickungsgutes nicht möglich oder nicht zweckdienlich sind.

2.1.4 Gegebenenfalls sind der Anhang V Nr. 1.2.1.3 der Gefahrstoffverordnung (GefStoffV) sowie die berufsgenossenschaftlichen Richtlinien für Arbeiten in Behältern und engen Räumen (Bestell-Nr. ZH 1/77 beim Carl Heymanns Verlag, Köln) zu beachten.

2.2 Art und Abmessungen der Öffnungen

Nur bei Einsteig- und Befahröffnungen dürfen die in der nachfolgenden Tafel 1 angegebenen Mindestmaße der lichten Weite durch Beläge oder Auskleidungen um höchstens 20 mm verringert werden. Die Stutzen- bzw. Ringhöhe der Öffnungen umfasst die größte zu durchfahrende bzw. die Sicht behindernde Höhe.

Tafel 1. Übersicht über Anforderungen und Abmessungen von Öffnungen

Art der Öffnung		lichte Weite/ Nennweite/DN mindestens		Stutzen- oder Ringhöhe	Begriffsbestimmung und Anforderungen
		rund (mm)	oval (mm)	höchstens (mm)	
Einsteigöffnung					Einsteigen in den Behälter unter Verwendung von Hilfsgeräten und persönlicher Schutzausrüstung muss möglich sein;
	normal	DN 600	–	–	
	minimal	DN 500	–	250	nur, wenn konstruktiv unumgänglich
Befahröffnung in besonderen Fällen		450	350 × 450	150	z. B. nach Anhang V Nr. 1 GefstoffV bzw. berufsgenossenschaftlichen Richtlinien für Arbeiten in Behältern und engen Räumen (Bestell.-Nr. ZH 1/77 beim Carl Heymanns Verlag, Köln) bei Behältern bis 10 m^3 Inhalt **und** wenn mindestens eine zusätzliche Belüftungsöffnung von mindestens DN 100 vorhanden ist
Befahröffnung					
	normal	420 420	320 × 420 320 × 420	150 gerade 175 konisch	Befahren des Behälters ohne persönliche Schutzausrüstung und Hilfsgeräte muss möglich sein, konische Ausführungen dürfen Befahrmöglichkeit nicht beeinträchtigen;
	minimal	400 400	300 × 400 300 × 400	150 gerade 175 konisch	nur wenn konstruktiv unumgänglich; Verengungen durch Beschichtung oder Auskleidung sind unzulässig
Kopfloch		320	220 × 320	120	Öffnung, durch die Kopf, ein Arm und eine Lichtquelle gleichzeitig in den Behälter eingeführt werden können
Handloch		120 120	100 × 150 100 × 150	65 gerade 100 konisch	Öffnung, durch die Handlampe und Hand gleichzeitig in den Behälter eingeführt werden können; werden die Höchstmaße von Stutzen- oder Ringhöhe aus konstruktiven Gründen überschritten, ist die Öffnung so weit zu vergrößern, dass der Sichtbereich erhalten bleibt
Schauloch		50	–	50	Öffnung, durch die mittels einer besonderen Beleuchtungseinrichtung das Innere eines Behälters besichtigt werden kann; geringere Durchmesser oder größere Stutzenhöhen sind nur zulässig, wenn sie konstruktiv unumgänglich sind und der Sichtbereich erhalten bleibt bzw. die Prüfung durch zusätzliche Maßnahmen (Bereitstellen geeigneter Besichtigungsgeräte) ermöglicht wird

2.3 Lage und Zugänglichkeit der Öffnungen

2.3.1 Die Lage der Öffnungen am Behälter muss zweckmäßig sein und ihrer Bestimmung entsprechen; auch innerhalb der Behälter muss der für das Einsteigen, Befahren oder Besichtigen und ggf. der für die Rettung von Menschen aus dem Behälter notwendige Raum vorhanden sein. In der Regel muss bei ovalen Öffnungen in etwa senkrechter Wand die große Achse waagerecht angeordnet sein.

2.3.2 Erfordert das Einsteigen, Befahren oder Besichtigen durch die Öffnungen besondere Hilfsmittel (z. B. Leitern, Bühnen, Haltegriffe), so sind diese entweder konstruktiv vorzusehen oder zum Zeitpunkt der Prüfung betreiberseitig bereitzustellen. Dies gilt auch für das Abnehmen schwer handhabbarer Verschlussdeckel.

3 Verschlüsse

3.1 Begriffsbestimmungen

3.1.1 Verschlüsse sind z. B. Blindflansche, von innen eingesetzte Deckel, Deckel mit besonderen Verschlusselementen, Bügelverschlüsse und Schnellverschlüsse. Sie stellen den direkten Abschluss zu der den Druckbehälter umgebenden Atmosphäre her.

3.1.2 Als Schnellverschluss gelten alle Verschlussarten, die gegenüber Verschlüssen mit einzeln zu betätigenden Verschlusselementen verkürzte Öffnungs- bzw. Schließzeiten haben. Ausgenommen hiervon sind Bügelverschlüsse.

3.1.2.1 Verriegelte Schnellverschlüsse sind solche, bei denen der Öffnungsvorgang bzw. die Druckaufgabe so verriegelt ist, dass unzulässige Funktionsabläufe nicht möglich sind.

3.1.2.2 Nicht verriegelte Schnellverschlüsse sind solche, die die Bedingungen für verriegelte Schnellverschlüsse nicht erfüllen.

3.1.3 Als Bügelverschluss gilt ein von außen aufliegender Deckel, der am Druckbehälter einseitig gehalten und mit einem Verschlusselement, z. B. einer Spannschraube, geschlossen wird.

3.1.4 Deckel mit besonderen Verschlusselementen haben mindestens zwei ohne Werkzeug einzeln zu betätigende Verschlusselemente.

3.2 Allgemeine Anforderungen

3.2.1 Verschlüsse müssen so beschaffen sein, dass sie für den Verwendungszweck geeignet sind und unter Betriebsbeanspruchung nicht versagen können, d. h. dass auch ein selbsttätiges Öffnen unter Druck ausgeschlossen ist.

3.2.2 Druckbeanspruchte Teile von Verschlüssen nach Abschnitt 3.1.1 sind Bestandteil der Prüfung nach AD 2000-Merkblatt HP 511[1]) und HP 512[1]).

3.2.3 Besteht eine Gefahr durch Siedeverzug des Beschickungsgutes, z. B. beim Sterilisieren von mit Flüssigkeit gefüllten Behältnissen in Druckbehältern, so muss gewährleistet sein, dass der Druckbehälter erst geöffnet werden kann, wenn die Temperatur der Flüssigkeit ausreichend unter die zum Atmosphärendruck gehörende Siedetemperatur abgesunken ist. Diese Forderung ist z. B. durch eine thermische Sicherung erfüllt.

3.2.4 Von innen eingesetzte Deckel dürfen nicht an Druckbehältern mit gefährlichem Beschickungsgut, z. B. Stoffen nach Gefahrstoffverordnung, verwendet werden.

3.2.5 Bei von innen eingesetzten Deckeln, die mittels Bügel und Zentralverschraubung befestigt werden, darf das Spiel gegenüber dem Rand der Öffnung – ringsum gleichmäßig verteilt – bei Behältern mit Betriebsüberdrücken bis einschließlich 32 bar 3 mm, über 32 bar 2 mm nicht übersteigen. Ein Herausdrücken der Dichtung muss verhindert sein. Dies gilt als erfüllt, wenn Metall oder metallumsponnene Dichtungen verwendet sind oder wenn solche Deckel auf der Seite mit dem niedrigeren Druck einen Wulst, einen Bund oder eine Wölbung haben. Bei Blechpressteilen mit Wulst oder Wölbung müssen diese mindestens 5 mm höher als die Dicke der Dichtung sein.

3.3 Zusätzliche Anforderungen an Bügelverschlüsse, Schnellverschlüsse und Deckel mit besonderen Verschlusselementen

3.3.1 Bügelverschlüsse müssen so beschaffen sein, dass der Deckel zwangsweise angelüftet wird, bevor das Verschlusselement den Deckel freigibt. Dies wird z. B. durch Bügelverschlüsse nach DIN 28 126 erfüllt. Bügelverschlüsse für Öffnungen, deren größte lichte Weite 500 mm überschreitet, müssen den Anforderungen für Schnellverschlüsse genügen.

3.3.2 Schnellverschlüsse müssen so beschaffen sein, dass ein Öffnen unter Druck ausgeschlossen ist. Bei Verschlüssen, bei denen aufgrund der Geometrie durch den Innendruck eine Kraftkomponente in Öffnungsrichtung auf den Verschluss wirksam werden kann, ist eine Sperreinrichtung erforderlich; diese ist so zu bemessen, dass auch ohne Selbsthemmung ein Öffnen sicher verhindert wird. Bei nicht verriegelten Schnellverschlüssen muss die Druckwarneinrichtung nach Abschnitt 3.3.4 mit der Sperreinrichtung verbunden sein. Bei verriegelten Schnellverschlüssen ist die Sperreinrichtung entsprechend Abschnitt 3.3.7 in die Verriegelung einzubeziehen.

3.3.3 Die Eignung und die Zuverlässigkeit von Schnellverschlüssen sind nachzuweisen. Bei verriegelten Schnellverschlüssen an Druckbehältern erfolgt die Prüfung der Verriegelung durch eine Einzelprüfung oder eine Typprüfung. Die Prüfung der Funktionsfähigkeit von Schnellverschlüssen erfolgt im Rahmen der Abnahme des Druckbehälters nach AD 2000-Merkblatt HP 513[1]).

3.3.4 Nicht verriegelte Schnellverschlüsse müssen eine Druckwarneinrichtung haben, die mit dem Verschlusssystem so verbunden ist, dass das Öffnen des Schnellverschlusses erst erfolgen kann, wenn die Druckwarneinrichtung geöffnet ist.
Die Druckwarneinrichtung darf erst geschlossen werden können, wenn der Schnellverschluss vollständig geschlossen ist.
Das Schließen des Deckels bzw. der Verschlusselemente bei geschlossener Druckwarneinrichtung ist auszuschließen.
Die Druckwarneinrichtung muss einen lichten Durchmesser von mindestens 8 mm haben. Wenn Verstopfungsgefahr besteht, sind besondere Maßnahmen erforderlich. Die Druckwarneinrichtung muss reinigbar, z. B. durchstoßbar, sein und gefahrlos ausmünden. Ein angeschlossenes Ausblaserohr darf nicht absperrbar sein und den Querschnitt nicht verengen. Es muss ohne wesentliche strömungsbehindernde Krümmung geführt sein. Die Ausmündung muss im Sichtbereich des Bedienungspersonals liegen, oder es muss ein Durchströmen erkennbar sein.

3.3.5 Nicht verriegelte Schnellverschlüsse müssen so beschaffen sein, dass beim Öffnen ein Spalt gebildet wird, über den der Druckbehälter gefahrlos entlastet werden kann, bevor der Deckel weiter geöffnet wird.

Bei Beschickungsgut, das zum Verkleben neigt, muss dieser Spalt im Zuge des Öffnens zwangsweise gebildet werden.

Bei der Bemessung der den Spalt begrenzenden Halterung sind auch dynamische Kräfte, z. B. beim Aufschlagen des Deckels, zu berücksichtigen.

3.3.6 Bei nicht verriegelten Schnellverschlüssen dürfen das Öffnen und die Druckaufgabe nur von Hand ausgeführt werden.

3.3.7 Bei verriegelten Schnellverschlüssen muss sichergestellt sein, dass das Öffnen des Verschlusses erst eingeleitet werden kann, wenn der Druckausgleich mit der Atmosphäre hergestellt ist.

Beim Schließen muss sichergestellt sein, dass der Druckbehälter erst unter Druck gesetzt werden kann, wenn der Verschluss vollständig geschlossen ist.

Bei elektrischen Komponenten von Verriegelungen sind die Anforderungen z. B. erfüllt, wenn DIN VDE 0116 beachtet wird. Dies gilt sinngemäß auch für nicht elektrische Komponenten.

3.3.8 Deckel mit besonderen Verschlusselementen müssen so beschaffen sein, dass beim Öffnen ein Spalt gebildet wird, über den der Druckbehälter gefahrlos entlastet werden kann, bevor der Deckel weiter geöffnet wird.

Bei Beschickungsgut, das zum Verkleben neigt, muss dieser Spalt zwangsläufig gebildet werden.

3.3.9 Das Erreichen der Endstellung sämtlicher Verschlusselemente muss erkennbar sein.

3.3.10 Bei Schnellverschlüssen an Druckbehältern mit ätzendem, sehr giftigem oder brennbarem Beschickungsgut ist die Dichtheit durch besondere konstruktive Maßnahmen, z. B. eine durch Fremddruck angepresste Dichtung, zu gewährleisten. Bei mit Fremddruck angepresster Dichtung darf der Beschickungsraum erst unter Druck gesetzt werden können, wenn die Dichtung mit dem Fremddruck beaufschlagt ist.

3.3.11 Alle Sicherheitseinrichtungen an Schnellverschlüssen sind so zu gestalten und anzubringen, dass
(1) sie vom Beschickungsgut nicht unwirksam gemacht werden können,
(2) die Funktionssicherheit durch die Umgebungseinflüsse nicht beeinträchtigt wird und
(3) Funktionsprüfungen und Wartung in angemessenen Zeitabständen möglich sind.

4 Verschlusselemente

4.1 Klammerschrauben

Klammerschrauben, die Verschlussdeckel und Gegenflansch umklammern, müssen bauteilgeprüft oder einer Einzelprüfung unterzogen werden (Richtlinien für die Bauteilprüfung von Klammerschrauben siehe Anlage 2). Sie müssen gegen Abgleiten gesichert und so am Behälter befestigt sein, dass sie beim Abklappen nicht abfallen können.

4.2 Klappschrauben

In Schlitze des Verschlussdeckels einzulegende klappbare Schrauben, z. B. Augenschrauben nach DIN 444, müssen gegen unbeabsichtigtes Abgleiten gesichert sein. Muttern und Unterlegscheiben müssen außerhalb des Schlitzes voll aufliegen.

5 Werkstoffe, Berechnung und Herstellung von Verschlüssen und Verschlusselementen

5.1 Die Anforderungen an Werkstoffe, Berechnung und Herstellung von Verschlussdeckeln, Flanschen, Schrauben und sonstigen drucktragenden Verschlussteilen sind bei Anwendung der entsprechenden AD 2000-Merkblätter erfüllt.

5.2 Die zulässige Flächenpressung, z. B. an den Knaggen von Bajonettverschlüssen aus Walzstahl, kann mit $K_\vartheta/1{,}0$ angesetzt werden. Bei unbearbeiteten bzw. nicht mindestens geschlichtet eingepassten Flächen darf dabei höchstens 75 % der Flächen als tragend angenommen werden.

5.3 Die Schwächung der Verschlussteile durch Verschleiß oder Korrosion ist durch ausreichende Zuschläge zu den berechneten Abmessungen zu berücksichtigen.

5.4 Bei Verschlüssen mit mehreren Schließen sind die Verschlussteile so zu bemessen und zu bearbeiten, dass die einzelnen Teile im Betrieb gleichmäßig belastet werden.

5.5 Bei Verschlüssen mit mehr als drei Schließen muss bei der Berechnung die sich aus den vorliegenden Verhältnissen theoretisch ergebende Belastung eines Schließenteils um mindestens 20 % erhöht werden.

ICS 23.020.30		Ausgabe Oktober 2000
Ausrüstung, Aufstellung und Kennzeichnung von Druckbehältern	**Hinweise für die Anordnung von Mannlöchern und Besichtigungsöffnungen**	**AD 2000-Merkblatt** **A 5 Anlage 1**

Die AD 2000-Merkblätter werden von den in der „Arbeitsgemeinschaft Druckbehälter" (AD) zusammenarbeitenden, nachstehend genannten sieben Verbänden aufgestellt. Aufbau und Anwendung des AD 2000-Regelwerkes sowie die Verfahrensrichtlinien regelt das AD 2000-Merkblatt G1.

Die AD 2000-Merkblätter enthalten sicherheitstechnische Anforderungen, die für normale Betriebsverhältnisse zu stellen sind. Sind über das normale Maß hinausgehende Beanspruchungen beim Betrieb der Druckbehälter zu erwarten, so ist diesen durch Erfüllung besonderer Anforderungen Rechnung zu tragen.

Wird von den Forderungen dieses AD 2000-Merkblattes abgewichen, muss nachweisbar sein, dass der sicherheitstechnische Maßstab dieses Regelwerkes auf andere Weise eingehalten ist, z.B. durch Werkstoffprüfungen, Versuche, Spannungsanalyse, Betriebserfahrungen.

> Fachverband Dampfkessel-, Behälter- und Rohrleitungsbau e.V. (FDBR), Düsseldorf
> Hauptverband der gewerblichen Berufsgenossenschaften e.V., Sankt Augustin
> Verband der Chemischen Industrie e.V. (VCI), Frankfurt/Main
> Verband Deutscher Maschinen- und Anlagenbau e.V. (VDMA), Fachgemeinschaft Verfahrenstechnische Maschinen und Apparate, Frankfurt/Main
> Verein Deutscher Eisenhüttenleute (VDEh), Düsseldorf
> VGB PowerTech e.V., Essen
> Verband der Technischen Überwachungs-Vereine e.V. (VdTÜV), Essen

Die AD 2000-Merkblätter werden durch die Verbände laufend dem Fortschritt der Technik angepasst. Anregungen hierzu sind zu richten an den Herausgeber:

Verband der Technischen Überwachungs-Vereine e.V., Postfach 10 38 34, 45038 Essen.

Inhalt

0 Präambel
1 Allgemeines
2 Art, Anzahl und Anordnung der Öffnungen

0 Präambel

Zur Erfüllung der grundlegenden Sicherheitsanforderungen der Druckgeräte-Richtlinie kann das AD 2000-Merkblatt angewandt werden, vornehmlich für die Konformitätsbewertung nach den Modulen „G" und „B + F".

Das AD 2000-Regelwerk folgt einem in sich geschlossenen Auslegungskonzept. Die Anwendung anderer technischer Regeln nach dem Stand der Technik zur Lösung von Teilproblemen setzt die Beachtung des Gesamtkonzeptes voraus.

Bei anderen Modulen der Druckgeräte-Richtlinie oder für andere Rechtsgebiete kann das AD 2000-Regelwerk sinngemäß angewandt werden. Die Prüfzuständigkeit richtet sich nach den Vorgaben des jeweiligen Rechtsgebietes.

1 Allgemeines

1.1 Mannlöcher und Besichtigungsöffnungen müssen vor allem eine Beurteilung der Längs- und Rundschweißnähte sowie besonders beanspruchter und gefährdeter Stellen der Innenseite von Druckbehältern ermöglichen. Als besonders beansprucht können z. B. Ecknähte, Krempen und die Umgebung größerer Ausschnitte angesehen werden. Gefährdete Stellen sind z. B. der Flüssigkeitssumpf bzw. die Behältersohle, der Bereich des Flüssigkeitsspiegels sowie Stellen, die erfahrungsgemäß Korrosionen und Erosionen bevorzugt ausgesetzt sind.

1.2 Besichtigungsöffnungen können zusätzlich zu einem Mannloch dort erforderlich werden, wo z. B. infolge Einbauten das Befahren zur Beurteilung nicht ausreicht. Die nach Abschnitt 2 vorgesehenen Besichtigungsöffnungen dürfen durch kleinere Öffnungen ersetzt werden, die dann in entsprechend größerer Anzahl an geeigneten Stellen anzubringen sind.

2 Art, Anzahl und Anordnung der Öffnungen

2.1 Zylindrische Behälter

Für zylindrische Behälter sind die in Tafel 1 enthaltenen Festlegungen in der Regel ausreichend.

2.2 Kugelbehälter

Für Kugelbehälter sind die in Tafel 2 enthaltenen Festlegungen in der Regel ausreichend.

Die AD 2000-Merkblätter sind urheberrechtlich geschützt. Die Nutzungsrechte, insbesondere die der Übersetzung, des Nachdrucks, der Entnahme von Abbildungen, die Wiedergabe auf fotomechanischem Wege und die Speicherung in Datenverarbeitungsanlagen, bleiben, auch bei auszugsweiser Verwertung, dem Urheber vorbehalten.

Tafel 1. Befahr- und Besichtigungsöffnungen zylindrischer Behälter

Lichter Durchmesser in mm	Mantellänge in mm	Art, Anordnung und Anzahl der Öffnungen
≤ 300	—	Sondervereinbarungen erforderlich. Lage und Größe sind im Einzelfall zu vereinbaren.
> 300 ≤ 450	≤ 1000	2 S c h a u l ö c h e r
	≤ 1500	1 H a n d l o c h im mittleren Drittel der zylindrischen Länge.
	> 1500	Mindestens 2 H a n d l ö c h e r , je 1 entweder in der Nähe der Zylinderenden oder in den Böden, wobei der Abstand der Handlöcher 2000 mm nicht übersteigen darf.
> 450 ≤ 800	≤ 1500	1 H a n d l o c h im mittleren Drittel der zylindrischen Länge.
	> 1500 ≤ 3000	1 K o p f l o c h im mittleren Drittel der zylindrischen Länge oder 2 H a n d l ö - c h e r , je 1 entweder in der Nähe der Zylinderenden oder in den Böden, wobei der Abstand der Handlöcher 2000 mm nicht übersteigen darf.
	> 3000	Die Anzahl der Besichtigungsöffnungen ist entsprechend zu erhöhen. Im Zylinder soll der größte Abstand der Kopflöcher 3000 mm, der der Handlöcher 2000 mm nicht überschreiten. Je 1 Handloch soll in der Nähe der Zylinderenden oder in den Böden vorhanden sein.
> 800 ≤ 1500	≤ 2000	1 K o p f l o c h im mittleren Drittel der zylindrischen Länge oder 2 H a n d l ö - c h e r in der Nähe der Zylinderenden oder in den Böden.
	> 2000	1 M a n n l o c h[1]) oder Anordnung von Besichtigungsöffnungen wie für lichten Durchmesser bis 800 mm und Zylinderlänge über 3000 mm.
> 1500	—	1 Mannloch[1])

[1]) Wegen der Unterschiede zwischen Einsteigeöffnung und Befahröffnung wird auf AD 2000-Merkblatt A 5 Abschnitt 2.3 verwiesen.

2.3 Kegelförmige Behälter

Im Allgemeinen genügt die Besichtigungsmöglichkeit von der Seite des größeren Durchmessers, wobei sinngemäß Abschnitt 2.1 unter Bezugnahme auf den größeren Durchmesser gilt.

2.4 Besondere Arten von Druckbehältern

2.4.1 Zylindrische Hochdruckspeicher mit nahtlosen Mänteln

2.4.1.1 Hochdruckspeicher sind gekennzeichnet durch ein großes Verhältnis von Länge zu Durchmesser (z. B. Speicher in Hydraulikanlagen, Druckluftanlassflaschen, Abscheideflaschen, Speicher für Druckluftlokomotiven).

2.4.1.2 Besichtigungsöffnungen in Mänteln sind nicht erforderlich. Bei zylindrischen Längen von 5 m und mehr müssen beide Stirnseiten mit einer Öffnung versehen sein. Bei zylindrischen Längen unter 5 m genügt eine Öffnung an einer Stirnseite, die eine innere Prüfung des Behälters im Sinne des Abschnittes 1.1 gestatten muss. In der Regel sind hierfür besondere Hilfsmittel einzusetzen.

2.4.2 Hydrospeicher mit elastischer Trennwand

Bei Hydrospeichern mit elastischer Trennwand genügen bis zu lichten Durchmessern von 300 mm die Anschlussöffnungen zur Erfüllung des Abschnitts 1.1.

2.4.3 Hochdruck-Speisewasservorwärmer in Kraftwerken

Um bei einer Besichtigung durch Stutzenanschlüsse oder besondere Besichtigungsöffnungen ohne Ausziehen des Rohrbündels zu einer auf alle Wandungsteile übertragbaren Aussage hinsichtlich betrieblicher Schadenseinflüsse gelangen zu können, sollen mindestens die Wandungsteile im Bereich der Wasserspiegelschwankungen und der Sohle sowie die Prall-Bleche am Dampfeintritt und etwa vorhandene Aufhängekonstruktionen des Rohrbündels innerhalb des Vorwärmers ausreichend beurteilt werden können. Zu diesem Zweck sollen an den angesprochenen Stellen Schaulöcher oder entsprechende Rohranschlüsse mit mindestens 60 mm lichter Weite angebracht sein. Bezüglich der Stutzenhöhe wird auf AD 2000-Merkblatt A 5 Abschnitt 2.4 verwiesen.

In Bereichen, die ein Befahren des Behälters bei nicht gezogenem Bündel ermöglichen, sollten Mannlöcher angebracht sein.

2.4.4 Druckluftbehälter zum Anlassen von Verbrennungsmotoren nach DIN 6275[1])

Bei Druckluftbehältern zum Anlassen von Verbrennungsmotoren nach DIN 6275 genügen die dort angegebenen Öffnungen.

2.4.5 Luftbehälter für Druckluftbremsen (z. B. nach DIN 74 281) in Kraftfahrzeugen[1])

Bei geschweißten Druckluftbehältern für Druckluftbremsen an Kraftfahrzeugen nach DIN 74 281 genügen die dort angegebenen Öffnungen. Vorausgesetzt wird, dass im Zuge der Herstellung eine Beurteilung der Längs- und Rundschweißnähte auf andere Weise möglich ist. Luftbehälter für Druckluftbremsen, die DIN 74 281 nicht voll entsprechen, werden sinngemäß behandelt, sofern die genannten Voraussetzungen erfüllt sind.

2.4.6 Druckluftbehälter für Bremsausrüstung in Schienenfahrzeugen[1])

Abweichend von AD 2000-Merkblatt A 5 Abschnitt 2.4.3 können Schaulöcher in Druckluftbehältern für Bremsausrüstungen in Schienenfahrzeugen mit 30 mm lichter Weite ausgeführt werden, wenn das Druckinhaltsprodukt dieser Behälter $p \times l \leq 1000$ beträgt. Dagegen müssen Druckbehälter dieses Verwendungszwecks mit einem Druckinhaltsprodukt $p \times l > 1000$ mit den unter Tafel 1 des AD 2000-Merkblattes A 5 definierten Schaulöchern ausgerüstet werden.

2.4.7 Ortsfeste Druckbehälter aus Stahl für Propan, Butan und deren Gemische für oberirdische Aufstellung nach DIN 4680[1])

Bei ortsfesten Druckbehältern aus Stahl für Propan, Butan und deren Gemische für oberirdische Aufstellung nach DIN 4680 genügen die dort angegebenen Öffnungen.

2.4.8 Druckbehälter aus Stahl für Wasserversorgungsanlagen nach DIN 4810[1])

Bei Druckbehältern aus Stahl für Wasserversorgungsanlagen nach DIN 4810 genügen die dort angegebenen Öffnungen.

---

[1]) Bei anderweitiger, nicht der genannten Norm entsprechenden Verwendung (z. B. nach Abschnitt 2.4.5 in stationären Anlagen, bei Abschnitt 2.4.7 nicht für die genannten Gase) sind diese Öffnungen in der Regel nicht ausreichend im Sinne dieses Merkblattes.

2.4.9 Druckluftbehälter, die VDMA-Einheitsblatt 3111 entsprechen[1])

Bei Druckluftbehältern, die VDMA-Einheitsblatt 3111 entsprechen, genügen die dort angegebenen Öffnungen.

Tafel 2. Befahr- und Besichtigungsöffnungen kugelförmiger Behälter

Lichter Durchmesser in mm	Art und Anzahl der Öffnungen
≤ 800	Sondervereinbarung erforderlich. Lage und Größe sind im Einzelfall zu vereinbaren.
> 800 ≤ 1500	1 Handloch
> 1500	1 Mannloch[1])

[1]) Wegen der Unterschiede zwischen Einsteigeöffnung und Befahröffnung wird auf AD 2000-Merkblatt A 5 Abschnitt 2.3 verwiesen.

2.4.10 Rotierende dampfbeheizte Zylinder

Bei rotierenden dampfbeheizten Zylindern sind abweichend von Abschnitt 2.1 folgende Besichtigungs- und Befahröffnungen ausreichend:

2.4.10.1 Bei einem lichten Durchmesser des Zylinders von mehr als 400 mm, aber nicht mehr als 800 mm, muss an jeder Stirnseite ein Schauloch vorhanden sein.

2.4.10.2 Bei einem lichten Durchmesser des Zylinders von mehr als 800 mm, aber nicht mehr als 1400 mm, muss an jeder Stirnseite ein Handloch vorhanden sein. Es genügt jedoch ein Handloch an einer Stirnseite, wenn hierdurch eine ausreichende Besichtigung des Innern möglich ist.

2.4.10.3 Bei einem lichten Durchmesser des Zylinders von mehr als 1400 mm muss eine Befahröffnung vorhanden sein.

ICS 23.020.30		Ausgabe Oktober 2000
Ausrüstung, Aufstellung und Kennzeichnung von Druckbehältern	**Richtlinien für die Bauteilprüfung von Klammerschrauben**	**AD 2000-Merkblatt** **A 5 Anlage 2**

Die AD 2000-Merkblätter werden von den in der „Arbeitsgemeinschaft Druckbehälter" (AD) zusammenarbeitenden, nachstehend genannten sieben Verbänden aufgestellt. Aufbau und Anwendung des AD 2000-Regelwerkes sowie die Verfahrensrichtlinien regelt das AD 2000-Merkblatt G1.

Die AD 2000-Merkblätter enthalten sicherheitstechnische Anforderungen, die für normale Betriebsverhältnisse zu stellen sind. Sind über das normale Maß hinausgehende Beanspruchungen beim Betrieb des Druckbehälters zu erwarten, so ist diesen durch Erfüllung besonderer Anforderungen Rechnung zu tragen.

Wird von den Forderungen dieses AD 2000-Merkblattes abgewichen, muss nachweisbar sein, dass der sicherheitstechnische Maßstab dieses Regelwerkes auf andere Weise eingehalten ist, z.B. durch Werkstoffprüfungen, Versuche, Spannungsanalyse, Betriebserfahrungen.

   Fachverband Dampfkessel-, Behälter- und Rohrleitungsbau e.V. (FDBR), Düsseldorf
   Hauptverband der gewerblichen Berufsgenossenschaften e.V., Sankt Augustin
   Verband der Chemischen Industrie e.V. (VCI), Frankfurt/Main
   Verband Deutscher Maschinen- und Anlagenbau e.V. (VDMA), Fachgemeinschaft Verfahrenstechnische Maschinen und Apparate, Frankfurt/Main
   Verein Deutscher Eisenhüttenleute (VDEh), Düsseldorf
   VGB PowerTech e.V., Essen
   Verband der Technischen Überwachungs-Vereine e.V. (VdTÜV), Essen

Die AD 2000-Merkblätter werden durch die Verbände laufend dem Fortschritt der Technik angepasst. Anregungen hierzu sind zu richten an den Herausgeber:

Verband der Technischen Überwachungs-Vereine e.V., Postfach 10 38 34, 45038 Essen.

Inhalt

0 Präambel
1 Allgemeines
2 Durchführung der Prüfung
3 Bescheinigung über die Prüfung
4 Berechnung der Klammerschrauben

0 Präambel

Zur Erfüllung der grundlegenden Sicherheitsanforderungen der Druckgeräte-Richtlinie kann das AD 2000-Regelwerk angewandt werden, vornehmlich für die Konformitätsbewertung nach den Modulen „G" und „B + F".

Das AD 2000-Regelwerk folgt einem in sich geschlossenen Auslegungskonzept. Die Anwendung anderer technischer Regeln nach dem Stand der Technik zur Lösung von Teilproblemen setzt die Beachtung des Gesamtkonzeptes voraus.

Bei anderen Modulen der Druckgeräte-Richtlinie oder für andere Rechtsgebiete kann das AD 2000-Regelwerk sinngemäß angewandt werden. Die Prüfzuständigkeit richtet sich nach den Vorgaben des jeweiligen Rechtsgebietes.

1 Allgemeines

Für Herstellung, Werkstoffe und Nachweis der Werkstoffeigenschaften gilt in sinngemäßer Anwendung das AD 2000-Merkblatt W 7.

2 Durchführung der Prüfung

2.1 Die Prüfung einer Klammer muss im betriebsmäßig zusammengeschraubten Zustand derart erfolgen, dass hierbei die Zugkräfte an denjenigen Stellen der Klammerteile angreifen, an denen sie auch betriebsmäßig wirken. Die Prüfung soll bei der maximal ausnützbaren Länge der Schraube erfolgen.

2.2 Von jedem durch Abmessung und Werkstoff bestimmten Klammertyp sind erstmalig so viele Klammern zu prüfen, wie dies für eine eindeutige Feststellung des Formfaktors nach Absatz (4) erforderlich ist, mindestens aber je fünf Klammern für die Versuche nach den Absätzen (1) und (2) bzw. (3). Bei den Prüfungen wird bestimmt:

(1) P_S als Belastung in N, bei der an der Klammer oder an einem ihrer Teile wesentliche bleibende Verformungen eingetreten sind

$$\bar{P}_S = \frac{\Sigma P_S}{n}$$ als Mittelwert der Belastungen bis zur erkennbaren bleibenden Verformung

---

Die AD 2000-Merkblätter sind urheberrechtlich geschützt. Die Nutzungsrechte, insbesondere die der Übersetzung, des Nachdrucks, der Entnahme von Abbildungen, die Wiedergabe auf fotomechanischem Wege und die Speicherung in Datenverarbeitungsanlagen, bleiben, auch bei auszugsweiser Verwertung, dem Urheber vorbehalten.

$$s_{(P_S)} = \sqrt{\frac{\Sigma(P_S - \bar{P}_S)^2}{n - 1}}$$ als Streuung der Belastungen bis zur erkennbaren bleibenden Verformung

$$s_{(\bar{P}_S)} = \frac{s_{(P_S)}}{\sqrt{n}}$$ als Streuung des Mittelwertes der Belastungen bis zur erkennbaren bleibenden Verformung

$$\bar{P}_{S\,min} = \bar{P}_S - 3s_{(\bar{P}_S)}$$ als wahrscheinlich kleinster Mittelwert des Kollektivs für die Belastung P_S

(2) P_B als Belastung in N, bei der Bruch eines Klammerteils, Aufbiegen der Schraubenbolzen und/oder Klammerhaken oder Abrutschen der Klammer eingetreten ist

$\bar{P}_B$ als Mittelwert der Belastungen P_B bei Versagen der Klammer

$s_{(P_B)}$ als Streuung der Belastungen P_B bei Versagen der Klammer

$s_{(\bar{P}_B)}$ als Streuung des Mittelwertes der Belastungen P_B bei Versagen der Klammer

$\bar{P}_{B\,min} = \bar{P}_B - 3s_{(\bar{P}_B)}$ als wahrscheinlich kleinster Mittelwert des Kollektivs für die Belastung P_B

(3) σ_S, σ_B und δ des Schraubenbolzenwerkstoffes dazu:

$\bar{\sigma}_S$ und $\bar{\sigma}_B$ als Mittelwert der Streckgrenze und der Bruchfestigkeit

$s_{(\sigma_S)}$ und $s_{(\sigma_B)}$ als Streuung der Streckgrenzen und Bruchfestigkeiten

$s_{(\bar{\sigma}_S)}$ und $s_{(\bar{\sigma}_B)}$ als Streuung des Mittelwertes der Streckgrenze und der Bruchfestigkeit

$\bar{\sigma}_{S\,max} = \bar{\sigma}_S + 3s_{(\bar{\sigma}_S)}$ als wahrscheinlich größte Mittelwerte des Kollektivs

$\bar{\sigma}_{B\,max} = \bar{\sigma}_B + 3s_{(\bar{\sigma}_B)}$

(4) ψ als Formfaktor der Verbindung

Dabei ist ψ nach den Ergebnissen der unter den Absätzen (1) bis (3) genannten Versuche jeweils der kleinste Wert von

$$\psi_S = \frac{\bar{P}_{S\,min}}{\frac{d_k^2 \pi}{4} \cdot \bar{\sigma}_{S\,max}} \quad \text{bzw.} \quad \psi_B = \frac{\bar{P}_{B\,min}}{\frac{d_k^2 \pi}{4} \cdot \bar{\sigma}_{B\,max}}$$

ψ gibt in Abhängigkeit von der konstruktiven Ausführung der Klammer das Verhältnis der Belastung gegenüber der eines normalen, nur auf Zug beanspruchten Schraubenbolzens an. Verbindungen mit $\psi \leq 0{,}5$ sind nicht zulässig.

2.3 Jede Lieferung von Klammern ist stichprobenweise nachzuprüfen, wobei von ≤ 500 Klammern mindestens zwei Stück, für jede weiteren 500 Stück mindestens ein Stück, jedoch insgesamt maximal vier Stück zu prüfen sind. Als Mindestlasten bis zum Erreichen bleibender Verformungen wird festgelegt:

$$P_S \geq \frac{d_k^2 \pi}{4} \cdot \sigma_S \cdot \psi$$ mit σ_S als Gewährleistungswert der Streckgrenze.

Als Mindestlast bis zum Versagen der Klammer wird festgelegt:

$$P_B \geq \frac{d_k^2 \pi}{4} \cdot \sigma_B \cdot \psi$$ mit σ_B als Mindestgewährleistungswert der Zugfestigkeit.

2.4 Zeitpunkt, Ort, Art, Umfang und sonstige Regelungen für die Durchführung der erstmaligen Prüfung und der stichprobenweisen Nachprüfung neuer Lieferungen sind zwischen Hersteller oder Lieferer und der zuständigen unabhängigen Stelle zu vereinbaren.

3 Bescheinigung über die Prüfung

3.1 Die Bescheinigung über die Bauteilprüfung muss insbesondere folgende Angaben enthalten:

(1) Hersteller, Typ, Größe, Maßskizze, Werkstoff und Kennzeichen der Klammer,
(2) Ergebnis der Prüfungen zu Abschnitt 2.2,
(3) den für die Berechnung des Verschlusses zulässigen Wert für die Belastung einer Klammer unter Berücksichtigung des nach Abschnitt 2.2 (4) bestimmten Formfaktors,
(4) die für die Lieferung festgelegten Mindestprüflasten bis zum Auftreten bleibender Verformungen bzw. bis zum Versagen der Klammern entsprechend Abschnitt 2.3,
(5) Beurteilung der Konstruktion und Bestätigung, dass gegen eine Verwendung des geprüften Typs für Verschlüsse an Druckbehältern – gegebenenfalls unter welchen Bedingungen – keine Bedenken bestehen.

3.2 Die Bescheinigung über die Prüfung der Lieferungen muss insbesondere folgende Angaben erhalten:

(1) Hersteller, Typ, Größe, Werkstoff und Kennzeichen der Klammer,
(2) die ermittelten Lasten bis zu bleibenden Verformungen und bis zum Versagen der Klammern und die Feststellung, dass diese Werte den in der Bauteilprüfung festgelegten Mindestanforderungen entsprechen.

4 Berechnung der Klammerschrauben

Für die Berechnung gilt AD 2000-Merkblatt B 7 mit einem Konstruktionszuschlag $c = 3$ mm. Die Sicherheitsbeiwerte sind der Tafel 3 wie bei Vollschaftschrauben zu entnehmen ($S = 1{,}8$ für den Betriebszustand, $S = 1{,}3$ für den Einbau- und Prüfzustand). Anstelle des Gütewertes φ tritt jedoch der ermittelte Wert für den Formfaktor ψ.

ICS 23.020.30　　　　　　　　　　　　　　　　　　　　　　　　　　　　Ausgabe Januar 2003

Ausrüstung, Aufstellung und Kennzeichnung von Druckbehältern	Sicherheitseinrichtungen gegen Drucküberschreitung – PLT-Sicherheitseinrichtungen –	AD 2000-Merkblatt **A 6**

Die AD 2000-Merkblätter werden von den in der „Arbeitsgemeinschaft Druckbehälter" (AD) zusammenarbeitenden, nachstehend genannten sieben Verbänden aufgestellt. Aufbau und Anwendung des AD 2000-Regelwerkes sowie die Verfahrensrichtlinien regelt das AD 2000-Merkblatt G1.

Die AD 2000-Merkblätter enthalten sicherheitstechnische Anforderungen, die für normale Betriebsverhältnisse zu stellen sind. Sind über das normale Maß hinausgehende Beanspruchungen beim Betrieb der Druckbehälter zu erwarten, so ist diesen durch Erfüllung besonderer Anforderungen Rechnung zu tragen.
Wird von den Forderungen dieses AD 2000-Merkblattes abgewichen, muss nachweisbar sein, dass der sicherheitstechnische Maßstab dieses Regelwerkes auf andere Weise eingehalten ist, z. B. durch Werkstoffprüfungen, Versuche, Spannungsanalyse, Betriebserfahrungen.

Fachverband Dampfkessel-, Behälter- und Rohrleitungsbau e.V. (FDBR), Düsseldorf
Hauptverband der gewerblichen Berufsgenossenschaften e.V., Sankt Augustin
Verband der Chemischen Industrie e.V. (VCI), Frankfurt/Main
Verband Deutscher Maschinen- und Anlagenbau e.V. (VDMA), Fachgemeinschaft Verfahrenstechnische Maschinen und Apparate, Frankfurt/Main
Verein Deutscher Eisenhüttenleute (VDEh), Düsseldorf
VGB PowerTech e.V., Essen
Verband der Technischen Überwachungs-Vereine e.V. (VdTÜV), Essen

Die AD 2000-Merkblätter werden durch die Verbände laufend dem Fortschritt der Technik angepasst. Anregungen hierzu sind zu richten an den Herausgeber:

Verband der Technischen Überwachungs-Vereine e.V., Postfach 10 38 34, 45038 Essen.

Inhalt

0 Präambel
1 Geltungsbereich
2 Allgemeines
3 Anforderungen an die PLT-Sicherheitseinrichtungen
4 Kennzeichnung und Dokumentation
5 Durchführung der Prüfungen
6 Hinweise zur Instandhaltung und Protokollierung

0 Präambel

Zur Erfüllung der grundlegenden Sicherheitsanforderungen der Druckgeräte-Richtlinie kann das AD 2000-Regelwerk angewandt werden, vornehmlich für die Konformitätsbewertung nach den Modulen „G" und „B + F".
Das AD 2000-Regelwerk folgt einem in sich geschlossenen Auslegungskonzept. Die Anwendung anderer technischer Regeln nach dem Stand der Technik zur Lösung von Teilproblemen setzt die Beachtung des Gesamtkonzeptes voraus.
Bei anderen Modulen der Druckgeräte-Richtlinie oder für andere Rechtsgebiete kann das AD 2000-Regelwerk sinngemäß angewandt werden. Die Prüfzuständigkeit richtet sich nach den Vorgaben des jeweiligen Rechtsgebietes.

1 Geltungsbereich

Dieses AD 2000-Merkblatt gilt für Systeme von automatisch gesteuerten Sicherheitseinrichtungen gegen Drucküberschreitung in Druckbehältern von verfahrenstechnischen Anlagen, wenn die Verwendung von Sicherheitseinrichtungen nach AD 2000-Merkblatt A 1 oder AD 2000-Merkblatt A 2 oder von Standrohren nicht möglich oder nicht zweckdienlich ist. Diese Systeme sind dadurch gekennzeichnet, dass sie durch eine Prozessleittechnik (PLT) derart wirksam werden, dass der Betriebsüberdruck den zulässigen Wert zu keiner Zeit um mehr als 10 % überschreitet (PLT-Sicherheitseinrichtungen).

2 Allgemeines

Zur PLT-Sicherheitseinrichtung gehören insbesondere die zur Messwerterfassung, Messwertumformung und zur Auslösung von Maßnahmen erforderlichen Geräte. Als Maßnahmen kommen einzeln oder in Kombination z. B. in Betracht das
– Absperren oder Abschalten des Druckerzeugers,
– Abschalten des Zulaufs für Stoffe, die an der Drucksteigerung beteiligt sind,
– Abschalten der Beheizung,
– Einschalten einer Notkühlung,
– Einbringen eines Reaktionsstoppers,

Ersatz für Ausgabe September 2001;　| = Änderungen gegenüber der vorangehenden Ausgabe

Die AD 2000-Merkblätter sind urheberrechtlich geschützt. Die Nutzungsrechte, insbesondere die der Übersetzung, des Nachdrucks, der Entnahme von Abbildungen, die Wiedergabe auf fotomechanischem Wege und die Speicherung in Datenverarbeitungsanlagen, bleiben, auch bei auszugsweiser Verwertung, dem Urheber vorbehalten.

- Öffnen von geeigneten Entspannungseinrichtungen, z. B. Ablassen des Behälterinhaltes in ein blow-down-System, erforderlichenfalls unter Zuschalten von Gasreinigungseinrichtungen (z. B. Absorptionskolonnen).

3 Anforderungen an die PLT-Sicherheitseinrichtungen

3.1 Allgemeine Anforderungen

Die PLT-Sicherheitseinrichtungen müssen geeignet sein, eine Überschreitung des maximal zulässigen Druckes um mehr als 10 % zu verhindern. Hierfür muss das System dieser Einrichtungen auf die mögliche Druckerzeugung in der Verfahrensanlage abgestimmt sein. Das Auslösen von Maßnahmen muss durch optische oder akustische Meldungen angezeigt werden.

3.2 Verwendung fehlersicherer, selbstüberwachender oder redundanter PLT-Sicherheitseinrichtungen

PLT-Sicherheitseinrichtungen bzw. ihre Komponenten müssen entweder
- fehlersicheres (fail safe) Verhalten besitzen oder
- redundant oder
- selbstüberwachend ausgeführt sein.

Die selbstüberwachende Ausführung kommt einkanalig nur in Frage, wenn eine Drucksteigerung in der Anlage nur so langsam stattfinden kann, dass genügend Zeit zur Behebung des nicht gesicherten Zustandes zur Verfügung steht.

Bei elektrischen Komponenten von PLT-Sicherheitseinrichtungen sind die Anforderungen z. B. erfüllt, wenn DIN VDE 0116 Abschnitt 8.7 beachtet wird. Dies gilt sinngemäß auch für nicht elektrische Komponenten.

3.3 Sicherheitsstellung bei Ausfall der Energieversorgung

Die PLT-Sicherheitseinrichtungen müssen zusätzlich zu den Anforderungen nach Abschnitt 3.2 bei Ausfall oder unzulässiger Schwankung der Energieversorgung eine definierte, der Sicherheit für die Anlage gewährleistende Sicherheitsstellung einnehmen. Die hierfür erforderliche Energieversorgung muss so bereitgestellt werden, dass auch im Störungsfall die Sicherheitsstellung erreicht wird, z. B. Federkraft, Druckspeicher. Soweit bei Ausfall oder unzulässiger Schwankung der Energieversorgung die Sicherheitsstellung nicht eingenommen oder eine eindeutige Sicherheitsstellung nicht festgelegt werden kann, muss die Energieversorgung durch besondere Maßnahmen gesichert sein, z. B. durch Ersatzstromversorgung.

3.4 Sicherung gegen Verstellen

Die PLT-Sicherheitseinrichtungen müssen gegen unbeabsichtigtes Verstellen der sicherheitsrelevanten Grenzwerte gesichert sein, z. B. durch Erschweren der Zugänglichkeit der Verstelleinrichtung, durch Gebrauch von Werkzeugen.

4 Kennzeichnung und Dokumentation

Die PLT-Sicherheitseinrichtungen sind zu kennzeichnen, und die Kennzeichen sind in eine geeignete Dokumentation – z. B. RI-Fließbilder (DIN 28 004, Teil 1), PLT-Stellenpläne, Gerätelisten – so einzutragen, dass eine verwechslungsfreie Zuordnung möglich ist. Die Funktion, die sicherheitsrelevanten Grenzwerte und die technischen Daten der Geräte müssen erkennbar sein. Die Dokumentation muss in der Bescheinigung über die Abnahmeprüfung (siehe Abschnitt 5) in Bezug genommen werden können.

5 Durchführung der Prüfungen

Die Prüfung der Eignung des Systems der PLT-Sicherheitseinrichtungen erfolgt bei Baugruppen im Rahmen der Abnahme bzw. der Abnahmeprüfung des Druckbehälters. Hierzu gehört die Prüfung der Unterlagen über das System und seine Komponenten. Zu den zu prüfenden Unterlagen gehören insbesondere eine Beschreibung der Funktionsweise der PLT-Sicherheitseinrichtung und die Dokumentation nach Abschnitt 4.

Anhand der geprüften Unterlagen erfolgt die Funktionsprüfung des Systems oder – soweit dies nicht möglich ist – der einzelnen Komponenten, verbunden mit einer Beurteilung der Wirksamkeit der Sicherheitsmaßnahmen des Systems.

Jede Änderung des Systems der PLT-Sicherheitseinrichtungen, die als wesentliche Änderung der Betriebsweise anzusehen ist, sowie eine Änderung der sicherheitsrelevanten Grenzwerte der PLT-Sicherheitseinrichtungen erfordern eine erneute Prüfung.

6 Hinweise zur Instandhaltung und Protokollierung

Durch Instandhaltung, d. h. regelmäßige Inspektionen, Wartungs- und Instandsetzungsarbeiten, ist die Betriebsbereitschaft der PLT-Sicherheitseinrichtungen zu sichern. Der Betreiber hat für sorgfältige Inspektion, Wartung und Instandsetzung durch sachkundige Personen zu sorgen. Die sachkundigen Personen müssen über ihre allgemeine Sachkunde hinaus über die besonderen Betriebsverhältnisse unterwiesen sein.

Art, Umfang und Fristen der durchzuführenden Instandsetzungsarbeiten richten sich nach den Betriebserfahrungen. Insbesondere sind regelmäßige Funktionsprüfungen durch den Betreiber erforderlich. Die Prüfintervalle sind entsprechend den Betriebsbedingungen vom Betreiber festzulegen, wobei die Empfehlungen des Herstellers und der zuständigen unabhängigen Stelle als Grundlage dienen; mindestens wird jedoch eine jährliche Funktionsprüfung für erforderlich gehalten.

Die sachkundigen Personen haben die Funktionsprüfungen und Instandsetzungsarbeiten zu protokollieren. In das Protokoll sind mindestens folgende Angaben aufzunehmen:
- Zuordnung zum Druckbehälter bzw. zur Anlage,
- Kennzeichnung der PLT-Sicherheitseinrichtung mit Bezug auf die Dokumentation nach Abschnitt 4,
- Art der durchgeführten Arbeiten,
- Ergebnisse der Funktionsprüfungen, Kontrolle der Grenzwerte,
- Hinweis auf einen Austausch von Geräten,
- Datum, Name und Unterschrift.

Die Protokolle sind mindestens bis zur nächsten wiederkehrenden Prüfung aufzubewahren.

ICS 23.020.30		Ausgabe Mai 2002
Ausrüstung, Aufstellung und Kennzeichnung von Druckbehältern	Ausrüstung der Druckbehälter – Kennzeichnung –	AD 2000-Merkblatt **A 401**

Die AD 2000-Merkblätter werden von den in der „Arbeitsgemeinschaft Druckbehälter" (AD) zusammenarbeitenden, nachstehend genannten sieben Verbänden aufgestellt. Aufbau und Anwendung des AD 2000-Regelwerkes sowie die Verfahrensrichtlinien regelt das AD 2000-Merkblatt G1.

Die AD 2000-Merkblätter enthalten sicherheitstechnische Anforderungen, die für normale Betriebsverhältnisse zu stellen sind. Sind über das normale Maß hinausgehende Beanspruchungen beim Betrieb der Druckbehälter zu erwarten, so ist diesen durch Erfüllung besonderer Anforderungen Rechnung zu tragen.

Wird von den Forderungen dieses AD 2000-Merkblattes abgewichen, muss nachweisbar sein, dass der sicherheitstechnische Maßstab dieses Regelwerkes auf andere Weise eingehalten ist, z. B. durch Werkstoffprüfungen, Versuche, Spannungsanalyse, Betriebserfahrungen.

Fachverband Dampfkessel-, Behälter- und Rohrleitungsbau e.V. (FDBR), Düsseldorf
Hauptverband der gewerblichen Berufsgenossenschaften e.V., Sankt Augustin
Verband der Chemischen Industrie e.V. (VCI), Frankfurt/Main
Verband Deutscher Maschinen- und Anlagenbau e.V. (VDMA), Fachgemeinschaft Verfahrenstechnische Maschinen und Apparate, Frankfurt/Main
Verein Deutscher Eisenhüttenleute (VDEh), Düsseldorf
VGB PowerTech e.V., Essen
Verband der Technischen Überwachungs-Vereine e.V. (VdTÜV), Essen

Die AD 2000-Merkblätter werden durch die Verbände laufend dem Fortschritt der Technik angepasst. Anregungen hierzu sind zu richten an den Herausgeber:

Verband der Technischen Überwachungs-Vereine e.V., Postfach 10 38 34, 45038 Essen.

Inhalt

0 Präambel
1 Geltungsbereich
2 Kennzeichnung

0 Präambel

Zur Erfüllung der grundlegenden Sicherheitsanforderungen der Druckgeräte-Richtlinie kann das AD 2000-Regelwerk angewandt werden, vornehmlich für die Konformitätsbewertungsverfahren nach den Modulen „G" und „B + F".

Das AD 2000-Regelwerk folgt einem in sich geschlossenen Auslegungskonzept. Die Anwendung anderer technischer Regeln nach dem Stand der Technik zur Lösung von Teilproblemen setzt die Beachtung des Gesamtkonzeptes voraus.

Bei anderen Modulen der Druckgeräte-Richtlinie oder für andere Rechtsgebiete kann das AD 2000-Regelwerk sinngemäß angewandt werden. Die Prüfzuständigkeit richtet sich nach den Vorgaben des jeweiligen Rechtsgebietes.

1 Geltungsbereich

Dieses AD 2000-Merkblatt gilt für die Kennzeichnung von Druckbehältern.

Soweit für besondere Druckbehälter andere Anforderungen gelten, sind diese in dem AD 2000-Merkblatt A 801[1]) enthalten.

2 Kennzeichnung

2.1 Druckbehälter müssen mindestens mit folgenden Angaben auf einem sicher befestigten, den Betriebsverhältnissen und dem Verwendungszweck entsprechend dauerhaften und jederzeit leicht lesbaren Fabrikschild gekennzeichnet sein:

– Hersteller[2]) (Name und Anschrift),
– Herstellnummer,
– Herstelljahr,
– CE-Kennzeichnung und Kennnummer der zuständigen unabhängigen Stelle[3]),
– maximal zulässiger Druck PS (bar)
– Volumen V (l).

Eine Änderung der Druckangabe bei Druckherabsetzung ist nur erforderlich, wenn diese aus Sicherheitsgründen erfolgt.

– zulässige minimale/maximale Temperatur TS (°C),
– bei Druckbehältern mit Klammerschrauben Typ und Anzahl der Klammerschrauben.

---

[1]) In Vorbereitung unter Berücksichtigung der DGR (97/23/EG) durch Einarbeitung der fachlich notwendigen Beschaffenheitsanforderungen aus den geltenden TRB 801

[2]) Ggf. der in der Gemeinschaft ansässige Bevollmächtigte
[3]) Nicht zulässig, wenn Betreiberprüfstelle prüft

Ersatz für Ausgabe Oktober 2000; | = Änderungen gegenüber der vorangehenden Ausgabe

Die AD 2000-Merkblätter sind urheberrechtlich geschützt. Die Nutzungsrechte, insbesondere der Übersetzung, des Nachdrucks, der Entnahme von Abbildungen, die Wiedergabe auf fotomechanischem Wege und die Speicherung in Datenverarbeitungsanlagen, bleiben, auch bei auszugsweiser Verwertung, dem Urheber vorbehalten.

Ist die Kennzeichnung in vollem Wortlaut sicherheitstechnisch nachteilig oder nicht möglich, können die Worte:

„maximal zulässiger Druck" durch „*PS*",

„zulässige minimale/maximale Temperatur" durch „*TS*" und „Volumen" durch „*V*"

ersetzt werden.

2.1.1 Bei Druckbehältern mit mehreren Druckräumen muss die Kennzeichnung nach Abschnitt 2.1 für jeden Druckraum die Angabe des maximal zulässigen Druckes und des Volumens, erforderlichenfalls auch der zulässigen minimalen/maximalen Temperatur, enthalten.

2.1.2 Bei Druckbehältern oder Druckräumen, deren maximal zulässiger Druck kleiner als der Atmosphärendruck ist, muß der maximal zulässige Druck als negativer Zahlenwert angegeben sein. Bei Druckbehältern oder Druckräumen mit maximal zulässigen Drücken oberhalb und unterhalb des Atmosphärendruckes sind beide Drücke anzugeben.

2.2 Ist das Anbringen eines Fabrikschildes nicht möglich oder nicht zweckdienlich, müssen die geforderten Angaben auf dem Druckbehälter selbst dauerhaft und jederzeit leicht lesbar angebracht sein.

2.3 Bei Druckbehältern, die aus mehreren lösbaren Bauteilen bestehen, z. B. Schüsse und Böden mit Flanschverbindungen, Schnellverschlüsse, müssen die einzelnen Bauteile als zusammengehörig gekennzeichnet sein.

ICS 23.020.30		Ausgabe Juni 2001
Ausrüstung, Aufstellung und Kennzeichnung von Druckbehältern	**Ausrüstung der Druckbehälter** **Einrichtungen zum Erkennen und Begrenzen von Druck und Temperatur**	**AD 2000-Merkblatt** **A 403**

Die AD 2000-Merkblätter werden von den in der „Arbeitsgemeinschaft Druckbehälter" (AD) zusammenarbeitenden, nachstehend genannten sieben Verbänden aufgestellt. Aufbau und Anwendung des AD 2000–Regelwerkes sowie die Verfahrensrichtlinien regelt das AD 2000-Merkblatt G1.

Die AD 2000-Merkblätter enthalten sicherheitstechnische Anforderungen, die für normale Betriebsverhältnisse zu stellen sind. Sind über das normale Maß hinausgehende Beanspruchungen beim Betrieb der Druckbehälter zu erwarten, so ist diesen durch Erfüllung besonderer Anforderungen Rechnung zu tragen.

Wird von den Forderungen dieses AD 2000-Merkblattes abgewichen, muss nachweisbar sein, dass der sicherheitstechnische Maßstab dieses Regelwerkes auf andere Weise eingehalten ist, z. B. durch Werkstoffprüfungen, Versuche, Spannungsanalyse, Betriebserfahrungen.

> Fachverband Dampfkessel-, Behälter- und Rohrleitungsbau e.V. (FDBR), Düsseldorf
> Hauptverband der gewerblichen Berufsgenossenschaften e.V., Sankt Augustin
> Verband der Chemischen Industrie e.V. (VCI), Frankfurt/Main
> Verband Deutscher Maschinen- und Anlagenbau e.V. (VDMA), Fachgemeinschaft Verfahrenstechnische Maschinen und Apparate, Frankfurt/Main
> Verein Deutscher Eisenhüttenleute (VDEh), Düsseldorf
> VGB PowerTech e.V., Essen
> Verband der Technischen Überwachungs-Vereine e.V. (VdTÜV), Essen

Die AD 2000-Merkblätter werden durch die Verbände laufend dem Fortschritt der Technik angepasst. Anregungen hierzu sind zu richten an den Herausgeber:

Verband der Technischen Überwachungs-Vereine e.V., Postfach 10 38 34, 45038 Essen.

Inhalt

0 Präambel
1 Geltungsbereich
2 Druckmesseinrichtungen
3 Sicherheitseinrichtungen gegen Drucküberschreitung
4 Temperaturmesseinrichtungen
5 Sicherheitseinrichtungen gegen Temperaturüberschreitung bzw. -unterschreitung (Temperaturbegrenzer)
6 Sicherheitsdruckbegrenzer

0 Präambel

Zur Erfüllung der grundlegenden Sicherheitsanforderungen der Druckgeräte-Richtlinie kann das AD 2000-Regelwerk angewandt werden, vornehmlich für die Konformitätsbewertung nach den Modulen „G" und „B + F".

Das AD 2000-Regelwerk folgt einem in sich geschlossenen Auslegungskonzept. Die Anwendung anderer technischer Regeln nach dem Stand der Technik zur Lösung von Teilproblemen setzt die Beachtung des Gesamtkonzeptes voraus.

Bei anderen Modulen der Druckgeräte-Richtlinie oder für andere Rechtsgebiete kann das AD 2000-Regelwerk sinngemäß angewandt werden. Die Prüfzuständigkeit richtet sich nach den Vorgaben des jeweiligen Rechtsgebietes.

1 Geltungsbereich

1.1 Dieses AD 2000-Merkblatt gilt für die Ausrüstung von Druckbehältern mit Einrichtungen zum Erkennen und Begrenzen von Druck und Temperatur[1]).

1.2 Soweit für besondere Druckbehälter andere Bestimmungen gelten, sind diese im AD 2000-Merkblatt HP 801 enthalten.

---

[1]) Sofern Ausrüstungsteile selbst Druckgeräte (Ausrüstungsteile mit Sicherheitsfunktion, druckhaltende Ausrüstungsteile) sind, müssen diese Ausrüstungsteile einer gesonderten Konformitätsbewertung unterzogen werden und mit einer CE-Kennzeichnung versehen sein, wenn diese unter Anhang I der Druckgeräte-Richtlinie fallen.

Die AD 2000-Merkblätter sind urheberrechtlich geschützt. Die Nutzungsrechte, insbesondere die der Übersetzung, des Nachdrucks, der Entnahme von Abbildungen, die Wiedergabe auf fotomechanischem Wege und die Speicherung in Datenverarbeitungsanlagen, bleiben, auch bei auszugsweiser Verwertung, dem Urheber vorbehalten.

2 Druckmesseinrichtungen

2.1 Druckbehälter oder Druckräume, deren maximal zulässiger Druck größer als der atmosphärische Druck ist, müssen mit einer auch hinsichtlich der Anzeigegenauigkeit für den Betriebszweck geeigneten Druckmesseinrichtung – z. B. Druckmessgerät (Manometer), Fernanzeigegerät, Druckschreiber – ausgerüstet sein.

2.1.1 Der Anzeigebereich der Druckmesseinrichtung muss den maximal zulässigen Druck und den Prüfdruck erfassen, soll den Prüfdruck aber nicht wesentlich überschreiten.

2.1.2 Die Druckmesseinrichtung darf durch das Beschickungsgut (Fluid) nicht unwirksam werden können.

2.1.3 Die Anzeige der Druckmesseinrichtung muss nachprüfbar sein. Die Nachprüfung kann z. B. über einen Dreiwegehahn mit Anschlussmöglichkeit für Prüfmanometer oder durch Abnehmen und Nachprüfen auf einem Prüfstand erfolgen.

2.1.4 Der maximal zulässige Druck ist durch eine rote Warnmarke auf dem Zifferblatt des Druckmessgerätes oder durch entsprechende Angaben auf einem besonderen Schild zu kennzeichnen. Dies gilt nicht für Fernanzeigegeräte in Messwarten oder Leitständen.

2.1.5 Druckmessgeräte müssen so beschaffen oder angeordnet sein, dass im Falle des Undichtwerdens oder Berstens des Druckmessgerätes Beschäftigte nicht durch das Beschickungsgut (Fluid) oder durch Bruchstücke verletzt werden können. Kann dies durch entsprechende Anordnung des Gerätes nicht erreicht werden, müssen Druckmessgeräte für besondere Sicherheit verwendet werden.

2.2 Die Druckmesseinrichtung muss angebracht sein
(1) am Druckbehälter oder
(2) mit eigener Verbindung zum Druckbehälter, z. B. über Messleitung oder Transmitter, oder
(3) am Druckerzeuger (Drucknetz) oder in der Druckzuleitung eines oder mehrerer Druckbehälter.

2.2.1 Bei Druckbehältern mit zwei oder mehreren Druckzuleitungen muss die Druckmesseinrichtung, wenn sie nicht am Druckbehälter oder mit eigener Verbindung zum Druckbehälter angebracht ist, in jeder Druckzuleitung vorhanden sein.

2.2.2 Die Druckmesseinrichtung muss bei Druckbehältern, die betriebsmäßig geöffnet werden, am Druckbehälter selbst und bei solchen, in denen eine Drucksteigerung auch anders als durch Druckzufuhr möglich ist, z. B. durch chemische Reaktionen oder bei beheizten Druckbehältern, entweder am Druckbehälter selbst oder mit eigener Verbindung zum Druckbehälter angebracht sein.

2.3 Ist der Druck eindeutig durch die Temperatur des Beschickungsgutes (Fluides) bestimmt, darf die Druckmesseinrichtung durch eine geeignete Temperaturmesseinrichtung ersetzt werden, die die Temperatur des Beschickungsgutes (Fluides) im Druckbehälter misst. Auf Abschnitt 4 wird hingewiesen.

3 Sicherheitseinrichtungen gegen Drucküberschreitung

3.1 Druckbehälter oder Druckräume, in denen ein höherer Druck als der maximal zulässige Druck entstehen kann, müssen mit einer für den Betriebszweck geeigneten Sicherheitseinrichtung ausgerüstet sein, die ein Überschreiten des maximal zulässigen Druckes um mehr als 10 % selbsttätig verhindert.

3.2 Sicherheitseinrichtungen gegen Drucküberschreitung sind
– Druckentlastungseinrichtungen oder
– PLT-Schutzeinrichtungen, die die Ursachen möglicher unzulässiger Druckerhöhungen sicher verhindern.

3.2.1 Die Sicherheitseinrichtung gegen Drucküberschreitung muss so beschaffen und angebracht sein, dass sie durch das Beschickungsgut (Fluid) nicht unwirksam werden kann. Sie muss gut zugänglich und gegen unbeabsichtigte Änderung des Ansprechdruckes gesichert sein.

3.2.2 Bei Druckbehältern in Leitungen, die der Fortleitung von Gasen dienen, sowie bei Speisewasserbehältern und dampfbeheizten Vorwärmern in Wärmekraftanlagen dürfen auch geeignete Sicherheitsabsperrventile verwendet werden.
Geeignet sind z. B. Sicherheitsabsperrventile bei Gasleitungen, wenn sie DIN 3381 entsprechen, und Sicherheitsabsperrventile bei Wärmekraftanlagen, wenn sie AD 2000-Merkblatt A 2 Abschnitt 13 entsprechen.

3.2.3 Es kann erforderlich sein, bei der Auslegung von Sicherheitseinrichtungen gegen Drucküberschreitung den externen Brandfall zu berücksichtigen, z. B. Selbstbefeuerung, Unterfeuerung des betreffenden Druckbehälters. Bei der Bemessung der Abblaseleistung von Sicherheitseinrichtungen gegen Drucküberschreitung bei Einwirkung von Wärmestrahlung (Schutz vor Brandlasten) auf Druckbehälter zum Lagern von Gasen wird auf die TRB 610 Abschnitt 3.2.3.3 verwiesen.

3.2.4 Druckentlastungseinrichtungen dürfen keine Regelaufgabe übernehmen.

3.3 Die Anforderungen an PLT-Schutzeinrichtungen nach Abschnitt 3.2 sind z. B. erfüllt, wenn das AD 2000-Merkblatt A 6 eingehalten ist.

3.4 Druckentlastungseinrichtungen nach Abschnitt 3.2 sind insbesondere
(1) Sicherheitsventile nach AD 2000-Merkblatt A 2,
(2) Berstsicherungen nach AD 2000-Merkblatt A 1,
(3) PLT-Schutzeinrichtungen, die die Druckentlastung herbeiführen, nach AD 2000-Merkblatt A 6.

3.4.1 Das Ansprechen der Druckentlastungseinrichtungen muss nach Möglichkeit vermieden werden, z. B. durch Einhalten eines ausreichenden Abstandes zwischen dem Arbeitsdruck und dem maximal zulässigen Druck. Erforderlichenfalls ist einzeln oder in Kombination
– eine Druckregeleinrichtung,
– ein Druckbegrenzer
oder wenn der Druck im Beschickungsraum eindeutig durch die Temperatur des Beschickungsgutes (Fluides) bestimmt ist
– eine Temperaturregeleinrichtung oder
– ein Temperaturbegrenzer
vorzuschalten.

3.4.2 Druckentlastungseinrichtungen müssen bei Überschreiten des maximal zulässigen Drucks ansprechen und innerhalb einer Drucksteigerung von 10 % den maximal anfallenden Massenstrom abführen. Wird der maximal anfallende Massenstrom innerhalb einer geringeren Drucksteigerung abgeführt, darf die Druckentlastungseinrichtung bei einem höheren als dem maximal zulässigen Druck ansprechen. In diesen Fällen muss durch eine zusätzliche Einrichtung, z. B. Regeleinrichtung, Druckbegrenzer, sichergestellt sein, dass der maximal zulässige Druck des Druckbehälters nicht im Dauerbetrieb überschritten wird.

3.4.3 Anstelle von Sicherheitsventilen können Berstsicherungen verwendet werden, wenn z. B. infolge stürmisch verlaufender Gas- oder Dampfbildung Sicherheitsventile nicht in der Lage sind, den auftretenden Massenstrom abzuführen.

3.4.4 Wird dem Sicherheitsventil eine Berstsicherung vorgeschaltet, ist dazwischen eine Einrichtung vorzusehen, die eine Undichtheit oder einen Bruch der Berstsicherung erkennen lässt. Dies ist z. B. ein Druckmessgerät, dessen Anzeige ständig überwacht wird oder das selbsttätig alarmiert.

3.4.5 Die Druckentlastungseinrichtung nach Abschnitt 3.2 darf nicht absperrbar sein.

3.4.5.1 Sind Druckbehälter oder Druckräume mit einer zweiten, als Reserve dienenden Druckentlastungseinrichtung ausgerüstet, darf ein Zweiwegehahn, ein Wechselventil oder eine Verblockungseinrichtung angebracht sein, sofern gesichert, auch beim Umschalten, der erforderliche Abblasequerschnitt erhalten bleibt.

Ist eine der beiden Druckentlastungseinrichtungen ausgebaut, so müssen der Zweiwegehahn, das Wechselventil oder die Verblockungseinrichtung gegen Verstellen gesichert sein.

3.4.5.2 Bei Druckentlastungseinrichtungen nach Abschnitt 3.4, die in ein druckführendes System abblasen, z. B. in das Fackelsystem einer verfahrenstechnischen Anlage, dürfen Absperreinrichtungen hinter den Druckentlastungseinrichtungen vorhanden sein, wenn ein Rückströmen gefährlicher Fluide aus dem druckführenden System bei einem Ausbau der Druckentlastungseinrichtungen verhindert werden muss und wenn sichergestellt ist, dass die Funktion der Druckentlastungseinrichtungen während des Betriebs derart abgesicherter Druckbehälter oder Druckräume stets unbeeinträchtigt bleibt.

Die Anforderung ist erfüllt, wenn z. B. die Absperreinrichtungen mit Sicherheitsschlössern gegen unbeabsichtigtes Schließen gesichert sind.

3.4.6 Die Druckentlastungseinrichtung muss angebracht sein
(1) mit eigenem Anschluss an den Druckbehälter,
(2) am Druckerzeuger (Drucknetz) oder
(3) in der Druckzuleitung eines oder mehrerer Druckbehälter.

3.4.6.1 Bei Druckbehältern mit zwei oder mehreren Druckzuleitungen muss die Druckentlastungseinrichtung mit eigenem Anschluss an die Druckbehälter oder in jeder Druckzuleitung angebracht sein. Ist diese in der Druckzuleitung angeordnet und kann der Druck im Druckbehälter nicht infolge anderer Einwirkungen steigen, wie z. B. durch chemische Reaktionen, Beheizung, dann darf sie abweichend von Satz 1 auch eine Absperreinrichtung zum Druckbehälter hin absperrbar sein.

3.4.6.2 Bei Druckbehältern, in denen eine Drucksteigerung auch anders als durch Druckzufuhr über Druckzuleitungen möglich ist, z. B. durch chemische Reaktion oder Beheizung, muss die Druckentlastungseinrichtung einen eigenen Anschluss an den Druckbehälter besitzen.

3.4.7 Abblaseleitungen hinter Druckentlastungseinrichtungen dürfen deren Funktion nicht beeinträchtigen und müssen das Beschickungsgut (Fluid) gefahrlos ableiten können.

Ein Gegendruck auf der Austrittsseite ist bei der Bemessung und ggf. bei der Einstellung der Druckentlastungseinrichtung zu berücksichtigen.

3.5 Abweichend von Abschnitt 3.1 darf anstelle der selbsttätig wirkenden Sicherheitseinrichtung gegen Drucküberschreitung eine Alarmeinrichtung vorhanden sein, wenn die Verwendung einer Sicherheitseinrichtung nach Abschnitt 3.1 nicht möglich oder nicht zweckdienlich ist –
z. B. wenn Sicherheitsventile infolge korrodierender, klebenden, staubenden oder sublimierenden Beschickungsgutes (Fluides) in ihrer Wirkungsweise beeinträchtigt werden können – und wenn nach Alarmgabe durch betriebliche Maßnahmen ein weiteres Steigen des Druckes jederzeit verhindert werden kann. Dazu muss eine Entspannungseinrichtung vorhanden sein, die so beschaffen ist, dass ein Überschreiten des maximal zulässigen Druckes um mehr als 10 % verhindert wird, wenn nicht durch andere betriebliche Maßnahmen, z. B. durch Absperren oder Abschalten des Druckerzeugers, eine solche Überschreitung sicher verhindert werden kann.

Die Alarmeinrichtung muss rechtzeitig vor dem Überschreiten des maximal zulässigen Druckes des Druckbehälters ein optisches oder akustisches Signal auslösen, und zwar derart, dass es vom Betriebspersonal sicher bemerkt werden kann. Im Übrigen gelten die Abschnitte 3.2.4 und 3.4.1 entsprechend.

3.5.1 Alarmeinrichtungen sind
(1) signalgebende druckgesteuerte Einrichtungen mit eigener Verbindungsleitung zum Druckbehälter, z. B. Kontaktdruckmessgeräte,

oder

(2) signalgebende temperaturgesteuerte Einrichtungen, z. B. Kontaktthermometer, sofern der Druck durch die Temperatur des Beschickungsgutes (Fluides) eindeutig bestimmt ist und wenn nicht bereits anstelle der Druckmesseinrichtungen ein Thermometer verwendet wird.

3.5.2 Die Funktion der Alarmeinrichtung muss nachprüfbar sein.

3.5.3 Für Alarmeinrichtungen gilt die Anforderung nach Abschnitt 3.4.5 entsprechend.

3.6 Druckbehälter, in denen ein negativer Druck entstehen kann, für den sie nicht ausgelegt sind, müssen mit einer Druckentlastungseinrichtung gegen eine unzulässige Druckunterschreitung versehen sein.

Sicherheitseinrichtungen gegen Druckunterschreitung müssen so beschaffen sein, dass sie den maximal notwendigen Massenstrom, in der Regel als Luftstrom, zuleiten können, ohne dass der zulässige negative Druck unterschritten werden kann.

4 Temperaturmesseinrichtungen

4.1 Druckbehälter oder Druckräume, bei denen die zulässigen minimalen/maximalen Temperaturen unzulässig unter- bzw. überschritten werden können, müssen mit einer für den Betriebszweck geeigneten Temperaturmesseinrichtung ausgerüstet sein, z. B. Temperaturmessgerät (Thermometer), Fernanzeigegerät oder Temperaturschreiber. Das Temperaturmessgerät muss den maximal möglichen Temperaturbereich erfassen und darf durch das Beschickungsgut (Fluid) nicht unwirksam werden können.

4.2 Die Anzeige des Temperaturmessgerätes muss am Einbauort oder auf einem Prüfstand nachprüfbar sein.

4.3 Die zulässige minimale/maximale Temperatur ist durch eine rote Warnmarke auf der Skala des Temperaturmessgerätes oder durch entsprechende Angabe auf einem besonderen Schild zu kennzeichnen.

Satz 1 gilt nicht für Temperaturmessgeräte in Messwarten und Leitständen.

5 Sicherheitseinrichtungen gegen Temperaturüberschreitung bzw. -unterschreitung (Temperaturbegrenzer)

5.1 Druckbehälter oder Druckräume müssen mit einem für den Betriebszweck geeigneten Temperaturbegrenzer ausgerüstet sein, wenn durch unzulässige Temperatur der Behälterwandung oder des Beschickungsgutes (Fluides) ein gefahrdrohender Zustand eintreten kann. Anstelle eines Temperaturbegrenzers darf eine mit einem Temperaturregler oder Temperaturmessgerät kombinierte Alarmeinrichtung verwendet werden, wenn nach Alarmgabe durch betriebliche Maßnahmen jederzeit die Temperatur innerhalb der zulässigen Grenzen gehalten werden kann. Die Sicherheitseinrichtung gegen Temperaturüberschreitung bzw. -unterschreitung muss gegen unbeabsichtigte Änderung gesichert sein.

Auf DIN 3440 wird hingewiesen.

5.2 Die Sicherheitseinrichtung nach Abschnitt 5.1 muss so angebracht sein, dass sie zugänglich ist und durch das Beschickungsgut (Fluid) des Druckbehälters nicht unwirksam werden kann.

5.3 Die Wirksamkeit der Sicherheitseinrichtung nach Abschnitt 5.1 muss nachprüfbar sein.

5.4 Bei Verwendung von Alarmeinrichtungen müssen diese so angebracht sein, dass die Alarmgabe mit Sicherheit vom Betriebspersonal stets bemerkt werden kann.

6 Sicherheitsdruckbegrenzer

Druckbehälter für die Lagerung von sehr giftigen oder brennbaren Gasen, die ohne ständige Beaufsichtigung betrieben werden sollen und in denen der Druck durch Beheizungseinrichtungen oder Druckerzeuger den maximal zulässigen Druck übersteigen kann, sind zur Erfüllung der Anforderung nach den Abschnitten 3.2.4 und 3.4.1 mit einem Sicherheitsdruckbegrenzer auszurüsten.

Ein Sicherheitsdruckbegrenzer schaltet oder sperrt beim Ansprechen die Beheizungseinrichtung bzw. den Druckerzeuger ab, wobei die Rückstellung verriegelt wird. Zusätzlich erfolgt die Abschaltung oder Absperrung auch bei möglichen Fehlern der Bauteile des Sicherheitsdruckbegrenzers im mechanischen oder elektrischen System. Die Anforderungen an Sicherheitsdruckbegrenzer sind analog den Anforderungen gemäß DIN 3440 für Sicherheitstemperaturbegrenzer zu erfüllen.

Sofern der Druck im Beschickungsraum eindeutig durch die Temperatur des Beschickungsgutes (Fluides) bestimmt ist, kann anstelle des Sicherheitsdruckbegrenzers ein Sicherheitstemperaturbegrenzer gemäß DIN 3440 verwendet werden.

ICS 23.020.30

Ausgabe Juni 2001

Ausrüstung, Aufstellung und Kennzeichnung von Druckbehältern	Ausrüstung der Druckbehälter **Ausrüstungsteile**	AD 2000-Merkblatt **A 404**

Die AD 2000-Merkblätter werden von den in der „Arbeitsgemeinschaft Druckbehälter" (AD) zusammenarbeitenden, nachstehend genannten sieben Verbänden aufgestellt. Aufbau und Anwendung des AD 2000-Regelwerkes sowie die Verfahrensrichtlinien regelt das AD 2000-Merkblatt G1.

Die AD 2000-Merkblätter enthalten sicherheitstechnische Anforderungen, die für normale Betriebsverhältnisse zu stellen sind. Sind über das normale Maß hinausgehende Beanspruchungen beim Betrieb der Druckbehälter zu erwarten, so ist diesen durch Erfüllung besonderer Anforderungen Rechnung zu tragen.

Wird von den Forderungen dieses AD 2000-Merkblattes abgewichen, muss nachweisbar sein, dass der sicherheitstechnische Maßstab dieses Regelwerkes auf andere Weise eingehalten ist, z.B. durch Werkstoffprüfungen, Versuche, Spannungsanalyse, Betriebserfahrungen.

    Fachverband Dampfkessel-, Behälter- und Rohrleitungsbau e.V. (FDBR), Düsseldorf
    Hauptverband der gewerblichen Berufsgenossenschaften e.V., Sankt Augustin
    Verband der Chemischen Industrie e.V. (VCI), Frankfurt/Main
    Verband Deutscher Maschinen- und Anlagenbau e.V. (VDMA), Fachgemeinschaft Verfahrenstechnische Maschinen und Apparate, Frankfurt/Main
    Verein Deutscher Eisenhüttenleute (VDEh), Düsseldorf
    VGB PowerTech e.V., Essen
    Verband der Technischen Überwachungs-Vereine e.V. (VdTÜV), Essen

Die AD 2000-Merkblätter werden durch die Verbände laufend dem Fortschritt der Technik angepasst. Anregungen hierzu sind zu richten an den Herausgeber:

Verband der Technischen Überwachungs-Vereine e.V., Postfach 10 38 34, 45038 Essen.

Inhalt

0 Präambel

1 Geltungsbereich

2 Absperreinrichtungen

3 Druckwarneinrichtungen

4 Einrichtungen zum Ableiten von Niederschlagsflüssigkeit

5 Schaugläser als Bestandteile von Druckbehälterwandungen

6 Flüssigkeitsstandanzeiger und Einrichtungen zum Nachspeisen bei beheizten Druckbehältern

7 Feuerungen für flüssige, gas- oder staubförmige Brennstoffe an Druckbehältern

0 Präambel

Zur Erfüllung der grundlegenden Sicherheitsanforderungen der Druckgeräte-Richtlinie kann das AD 2000-Regelwerk angewandt werden, vornehmlich für die Konformitätsbewertung nach den Modulen „G" und „B + F".

Das AD 2000-Regelwerk folgt einem in sich geschlossenen Auslegungskonzept. Die Anwendung anderer technischer Regeln nach dem Stand der Technik zur Lösung von Teilproblemen setzt die Beachtung des Gesamtkonzeptes voraus.

Bei anderen Modulen der Druckgeräte-Richtlinie oder für andere Rechtsgebiete kann das AD 2000-Regelwerk sinngemäß angewandt werden. Die Prüfzuständigkeit richtet sich nach den Vorgaben des jeweiligen Rechtsgebietes.

1 Geltungsbereich

1.1 Dieses AD 2000-Merkblatt gilt für Ausrüstungsteile von Druckbehältern, soweit sie in den AD 2000-Merkblättern A 5, A 401 und A 403 nicht behandelt sind[1].

1.2 Soweit für besondere Druckbehälter andere Bestimmungen gelten, sind diese im AD 2000-Merkblatt HP 801 enthalten.

---

[1] Sofern Ausrüstungsteile selbst Druckgeräte (Ausrüstungsteile mit Sicherheitsfunktion, druckhaltende Ausrüstungsteile) sind, müssen diese Ausrüstungsteile einer gesonderten Konformitätsbewertung unterzogen werden und mit einer CE-Kennzeichnung versehen sein, wenn diese unter Anhang I der Druckgeräte-Richtlinie fallen.

Die AD 2000-Merkblätter sind urheberrechtlich geschützt. Die Nutzungsrechte, insbesondere die der Übersetzung, des Nachdrucks, der Entnahme von Abbildungen, die Wiedergabe auf fotomechanischem Wege und die Speicherung in Datenverarbeitungsanlagen, bleiben, auch bei auszugsweiser Verwertung, dem Urheber vorbehalten.

2 Absperreinrichtungen

2.1 Absperreinrichtungen sind z. B. Ventile, Hähne, Schieber, Klappen.

2.2 Absperreinrichtungen müssen unter betriebsmäßigen Bedingungen und unter der Voraussetzung sachgemäßer Bedienung und Wartung auch nach längerem Gebrauch ohne Mühe und – sofern sie von Hand zu betätigen sind – ohne andere als bestimmungsgemäße Hilfsmittel geöffnet und geschlossen werden können. Schließ- und Öffnungskräfte müssen der Konstruktion und der Betriebsweise der Absperreinrichtung gerecht werden.

Soweit es sich um Spindelausführungen handelt, müssen Absperreinrichtungen gegen unbeabsichtigtes Herausschrauben der Spindel gesichert sein.

2.3 Jeder Druckbehälter muss für sich von den Druckzuleitungen abgesperrt werden können. Die Absperreinrichtungen müssen leicht zugänglich sein. Sind Druckbehälter zu einer Baugruppe miteinander verbunden, braucht nicht jeder Behälter einzeln absperrbar zu sein, sondern nur die Baugruppe. Satz 3 gilt nicht für Druckbehälter, die dazu bestimmt sind, betriebsmäßig geöffnet zu werden.

2.4 Abschnitt 2.3 gilt nicht für
- Kühler und Flüssigkeitsabscheider von Verdichtern,
- in Rohrleitungen eingebaute Druckbehälter, z. B. Abscheider,
- Windkessel an Pumpen,
- Schalldämpfer, Filter, Kondenstöpfe.

2.5 Abweichend von Abschnitt 2.3 ist eine Absperreinrichtung zwischen Verdichter oder Pumpe und Druckbehälter nicht erforderlich, wenn ein Rückströmen des Beschickungsgutes (Fluides) in den Druckerzeuger verhindert ist, z. B. durch Rückschlagventil in der Leitung oder durch die Bauart der Arbeitsventile des Druckerzeugers.

3 Druckwarneinrichtungen

3.1 Druckwarneinrichtungen sind Armaturen an Druckbehältern, mit denen sich vor dem Öffnen eines Druckbehälters feststellen lässt, ob noch eine Druckdifferenz zwischen Behälterraum und Atmosphäre vorhanden ist.

3.2 Druckbehälter oder Druckräume, die betriebsmäßig geöffnet werden, sowie einzeln absperrbare Druckbehälter oder Druckräume ohne eigenes Druckmessgerät müssen mit einer Druckwarneinrichtung ausgerüstet sein.

3.3 Abschnitt 3.2 gilt nicht für Druckbehälter und Druckräume mit automatischen Schnellverschlüssen nach AD 2000-Merkblatt A 5 Abschnitte 3.1.2.1 und 3.3.7.

3.4 Druckwarneinrichtungen dürfen durch das Beschickungsgut (Fluid) nicht unwirksam werden können. Sie sollen eine lichte Weite von mindestens 8 mm haben.

4 Einrichtungen zum Ableiten von Niederschlagsflüssigkeit

4.1 Einrichtungen zum Ableiten von Niederschlagsflüssigkeit sind in der Regel Ventile, Hähne oder Kondensatableiter, die an der tiefsten Stelle des Druckbehälters angebracht sind. In besonderen Fällen kommen auch Tauchrohre oder Schöpfeinrichtungen in Betracht, die so tief wie möglich in den Druckraum reichen.

4.2 Druckbehälter, in denen Niederschlagsflüssigkeit anfällt, die durch Flüssigkeitsschläge, Korrosion oder Wärmespannungen den Druckbehälter gefährden kann, müssen mit Einrichtungen zum Ableiten der Niederschlagsflüssigkeit ausgerüstet sein. Bei liegenden Druckbehältern nach Satz 1 soll ein ausreichendes Gefälle vorhanden sein.

5 Schaugläser als Bestandteile von Druckbehälterwandungen

5.1 Schaugläser als Bestandteile von Druckbehälterwandungen müssen so beschaffen und angebracht sein, dass sie den betriebsmäßigen Beanspruchungen widerstehen.

5.2 Die Anforderung nach Abschnitt 5.1 ist insbesondere erfüllt, wenn die Schauglasplatten der DIN 7080, DIN 7081, DIN 8902 oder DIN 8903 entsprechen.

5.3 Die Schauglasplatten sind so einzubauen, dass hierbei keine zusätzlichen Spannungen im Glas entstehen. Die Anforderung ist z. B. erfüllt, wenn Schauglasplatten in Flanschfassungen nach DIN 28 120 oder DIN 28 121 verwendet werden.

5.4 Schaugläser an Druckbehältern müssen zum Schutz gegen äußere Einwirkung erforderlichenfalls besonders gesichert sein, z. B. durch Schutzdeckel oder Schutzgehäuse mit Verschlusskappe.

6 Flüssigkeitsstandanzeiger und Einrichtungen zum Nachspeisen bei beheizten Druckbehältern

6.1 Beheizte Druckbehälter, bei denen durch Sinken des Flüssigkeitsstandes unzulässige Temperaturen der Behälterwandungen entstehen können, und Druckbehälter zum Lagern wassergefährdender Flüssigkeiten[2] müssen eine Einrichtung zum Erkennen des Flüssigkeitsstandes haben (Flüssigkeitsstandanzeiger).

6.1.1 Flüssigkeitsstandanzeiger sind z. B.

(1) Einrichtungen, die den Flüssigkeitsstand unmittelbar sichtbar machen (Standgläser),

(2) Einrichtungen, die den Flüssigkeitsstand mittelbar anzeigen, z. B. pneumatische oder hydrostatische Standanzeiger, Fernstandanzeiger,

(3) schwimmergesteuerte Anzeigeeinrichtungen,

(4) Einrichtungen mit Impulsgabe durch ionisierende Strahlen.

6.1.2 Der niedrigste Flüssigkeitsstand, der zum gefahrlosen Betrieb nicht unterschritten werden darf, muss gekennzeichnet sein.

6.1.3 Flüssigkeitsstandanzeiger müssen so angebracht sein, dass ihre Anzeige leicht erkennbar ist und sie durch das Beschickungsgut (Fluid) nicht unwirksam werden können. Die Funktion des Flüssigkeitsstandanzeigers muss nachprüfbar sein.

6.1.4 Rohrleitungsverbindungen zwischen Druckbehälter und Flüssigkeitsstandanzeiger müssen eine für ihre Funktion ausreichende lichte Weite haben.

6.1.5 Rohrleitungsverbindungen zwischen Druckbehälter und Standgläsern müssen absperrbar sein.

6.1.6 Flüssigkeitsstandanzeiger mit Rohren aus Glas oder ähnlich zerbrechlichen Werkstoffen sind gegen me-

---

[2] Die im Abschnitt 6.1 enthaltenen Anforderungen können von den Vorschriften anderer EU-Mitgliedstaaten abweichen.

chanische Beschädigungen zu schützen oder so anzuordnen oder abzudecken, dass bei einem Bruch niemand gefährdet werden kann.

6.1.7 Flüssigkeitsstandanzeiger mit Rohren aus Glas oder ähnlich zerbrechlichen Werkstoffen dürfen bei Druckbehältern für brennbares Beschickungsgut (Fluid) nicht verwendet werden.

6.1.8 Bei Verwendung von Schaugläsern in Flüssigkeitsstandanzeigern gilt auch Abschnitt 5.

6.1.9 Standgläser für andere als in Abschnitt 6.1 bezeichnete Druckbehälter müssen ebenfalls den Anforderungen der Abschnitte 6.1.5 bis 6.1.8 entsprechen.

6.2 Beheizte Druckbehälter, bei denen der Flüssigkeitsstand absinken und dann zu unzulässigen Temperaturen in den Behälterwandungen führen kann, müssen eine Einrichtung haben, die beim Unterschreiten des niedrigsten Flüssigkeitsstandes oder bei Erreichen einer unzulässigen Temperatur in der Behälterwandung die Beheizung selbsttätig abschaltet und verriegelt.

Ist eine Abschaltung der Beheizung nicht möglich oder nicht zweckdienlich, oder kann durch eine Abschaltung eine unzulässige Temperatur in den Behälterwandungen nicht verhindert werden, müssen Nachspeiseeinrichtungen zur Einhaltung des niedrigsten Flüssigkeitsstandes vorhanden sein.

Bei Druckbehältern mit Nachspeiseeinrichtungen ist dies z. B. erfüllt, wenn die Nachspeiseeinrichtungen den Anforderungen der TRD 401 bzw. 402 genügen.

6.3 Druckbehälter nach Abschnitt 6.2 Abs. 2 müssen mit einer Alarmeinrichtung ausgerüstet sein, die rechtzeitig vor Unterschreiten des niedrigsten Flüssigkeitsstandes einen optischen oder akustischen Alarm auslöst.

6.4 Beheizte Druckbehälter nach Abschnitt 6.1, bei denen durch eine Abschaltung der Beheizung eine unzulässige Temperatur in den Behälterwandungen verhindert wird, brauchen keine Speiseeinrichtungen nach Abschnitt 6.2 zu besitzen, wenn der Flüssigkeitsstandanzeiger mit einer zuverlässigen Einrichtung versehen ist, die bei Unterschreitung des niedrigsten Flüssigkeitsstandes die Beheizung selbsttätig abschaltet. Der Nachweis der Zuverlässigkeit gilt z. B. als erbracht, wenn die Einrichtung einer Bauteilprüfung unterzogen wurde.

7 Feuerungen für flüssige, gas- oder staubförmige Brennstoffe an Druckbehältern

7.1 Feuerungen für flüssige, gas- oder staubförmige Brennstoffe müssen so eingerichtet sein, dass sie ohne Verpuffungen, Explosionen, Flammenrückschläge oder gefährliche Druckwellen gezündet und betrieben werden können (siehe auch DGRL Anhang I Abschnitt 5 e).

7.2 Bei Feuerungen, die mit Feuerungen von Dampfkesseln vergleichbar sind, ist die Anforderung nach Abschnitt 7.1 z. B. erfüllt, wenn – soweit zutreffend – TRD 411, TRD 412, TRD 413, TRD 414, DIN 4787 Teil 1, DIN EN 230, DIN 4788 Teil 1 und Teil 2 und DIN EN 298 beachtet sind.

ICS 23.020.30　　　　　　　　　　　　　　　　　　　　　　　　　　　　　　Ausgabe Mai 2007

Berechnung von Druckbehältern	Berechnung von Druckbehältern	AD 2000-Merkblatt B 0

Die AD 2000-Merkblätter werden von den in der „Arbeitsgemeinschaft Druckbehälter" (AD) zusammenarbeitenden, nachstehend genannten sieben Verbänden aufgestellt. Aufbau und Anwendung des AD 2000-Regelwerkes sowie die Verfahrensrichtlinien regelt das AD 2000-Merkblatt G1.

Die AD 2000-Merkblätter enthalten sicherheitstechnische Anforderungen, die für normale Betriebsverhältnisse zu stellen sind. Sind über das normale Maß hinausgehende Beanspruchungen beim Betrieb der Druckbehälter zu erwarten, so ist diesen durch Erfüllung besonderer Anforderungen Rechnung zu tragen.

Wird von den Forderungen dieses AD 2000-Merkblattes abgewichen, muss nachweisbar sein, dass der sicherheitstechnische Maßstab dieses Regelwerkes auf andere Weise eingehalten ist, z.B. durch Werkstoffprüfungen, Versuche, Spannungsanalyse, Betriebserfahrungen.

> Fachverband Dampfkessel-, Behälter- und Rohrleitungsbau e.V. (FDBR), Düsseldorf
> Hauptverband der gewerblichen Berufsgenossenschaften e.V., Sankt Augustin
> Verband der Chemischen Industrie e.V. (VCI), Frankfurt/Main
> Verband Deutscher Maschinen- und Anlagenbau e.V. (VDMA), Fachgemeinschaft Verfahrenstechnische Maschinen und Apparate, Frankfurt/Main
> Stahlinstitut VDEh, Düsseldorf
> VGB PowerTech e.V., Essen
> Verband der TÜV e.V. (VdTÜV), Berlin

Die AD 2000-Merkblätter werden durch die Verbände laufend dem Fortschritt der Technik angepasst. Anregungen hierzu sind zu richten an den Herausgeber:

Verband der TÜV e.V., Friedrichstraße 136, 10117 Berlin.

Inhalt

0　Präambel
1　Geltungsbereich
2　Allgemeines
3　Formelzeichen und Einheiten
4　Berechnungsdruck
5　Berechnungstemperatur
6　Festigkeitskennwert
7　Sicherheitsbeiwert
8　Ausnutzung der zulässigen Berechnungsspannung in Fügeverbindungen
9　Zuschläge
10　Kleinste Wanddicke

0 Präambel

Zur Erfüllung der grundlegenden Sicherheitsanforderungen der Druckgeräte-Richtlinie kann das AD 2000-Regelwerk angewandt werden, vornehmlich für die Konformitätsbewertung nach den Modulen „G" und „B + F".

Das AD 2000-Regelwerk folgt insich in sich geschlossenen Auslegungskonzept. Die Anwendung anderer technischer Regeln nach dem Stand der Technik zur Lösung von Teilproblemen setzt die Beachtung des Gesamtkonzeptes voraus.

Bei anderen Modulen der Druckgeräte-Richtlinie oder für andere Rechtsgebiete kann das AD 2000-Regelwerk sinngemäß angewandt werden. Die Prüfzuständigkeit richtet sich nach den Vorgaben des jeweiligen Rechtsgebietes.

1 Geltungsbereich

1.1 Die AD 2000-Merkblätter der Reihen B und S behandeln Berechnungsregeln für drucktragende Teile von Druckbehältern. Ihre Anwendung setzt voraus, dass bei der Wahl der Werkstoffe und deren Verarbeitung die AD 2000-Merkblätter der Reihen W und HP sowie die allgemein anerkannten Regeln der Technik beachtet werden. Auf AD 2000-Merkblatt G 1 wird verwiesen.

1.2 Die AD 2000-Merkblätter der Reihen B und S 3 gelten für überwiegend statische Beanspruchung. Bei wechselnder Beanspruchung gelten zusätzlich die AD 2000-Merkblätter S 1 und S 2.

2 Allgemeines

2.1 Dieses AD 2000-Merkblatt enthält gemeinsame Grundregeln der AD 2000-Merkblätter der Reihen B und S. Die übrigen AD 2000-Merkblätter der Reihen B und S können daher nur in Verbindung mit diesem AD 2000-Merkblatt benutzt werden.

2.2 Sofern in den AD 2000-Merkblättern für die Bemessung drucktragender Teile nichts festgelegt ist, muss im Einzelfall durch Anwendung anderer anerkannter Regeln der Technik oder durch andere Berechnungsverfahren, durch Dehnungsmessungen, durch einschlägige Betriebserfahrungen oder dergleichen belegt werden, dass die Bauteile je nach Werkstoff und Verwendungszweck nicht unzulässig beansprucht werden.

Ersatz für Ausgabe Juli 2003; | = Änderungen gegenüber der vorangehenden Ausgabe

Die AD 2000-Merkblätter sind urheberrechtlich geschützt. Die Nutzungsrechte, insbesondere die der Übersetzung, des Nachdrucks, der Entnahme von Abbildungen, die Wiedergabe auf fotomechanischem Wege und die Speicherung in Datenverarbeitungsanlagen, bleiben, auch bei auszugsweiser Verwertung, dem Urheber vorbehalten.

2.3 Die AD 2000-Merkblätter enthalten sicherheitstechnische Anforderungen, die für normale Betriebsverhältnisse zu stellen sind. Sind über das normale Maß hinausgehende Beanspruchungen beim Betrieb der Druckbehälter zu erwarten, so ist diesen durch Erfüllung besonderer Anforderungen Rechnung zu tragen.

2.4 Wird von den Festlegungen der AD 2000-Merkblätter abgewichen, muss nachweisbar sein, dass der sicherheitstechnische Maßstab dieses Regelwerkes auf andere Weise eingehalten ist, z. B. durch Werkstoffprüfungen, Versuche, Spannungsanalyse, Betriebserfahrungen.

3 Formelzeichen und Einheiten

a	Hebelarm	mm
b	Breite	mm
c_1	Zuschlag zur Berücksichtigung der Wanddickenunterschreitung	mm
c_2	Abnutzungszuschlag	mm
d	Durchmesser eines Ausschnitts, eines Flansches, einer Schraube usw.	mm
d_a	Außendurchmesser eines Rohres, Stutzens, Flansches	mm
d_i	Innendurchmesser eines Rohres, Stutzens, Flansches	mm
d_t	Teilkreisdurchmesser	mm
d_D	mittlerer Dichtungsdurchmesser	mm
e	breite Seite einer rechteckigen oder elliptischen Platte	mm
f	schmale Seite einer rechteckigen oder elliptischen Platte	mm
g	Schweißnahtdicke	mm
h	Höhe	mm
k_0	Dichtungskennwert für die Vorverformung	mm
k_1	Dichtungskennwert für den Betriebszustand	mm
l	Länge	mm
n	Anzahl	–
p	Berechnungsdruck	bar
PS	maximal zulässiger Druck	bar
PT	Prüfdruck	bar
r	Radius allgemein, z. B. Übergangsradius	mm
s	erforderliche Wanddicke einschl. Zuschlägen	mm
s_e	ausgeführte Wanddicke	mm
v	Faktor zur Berücksichtigung der Ausnutzung der zulässigen Berechnungsspannung in Fügeverbindungen oder Faktor zur Berücksichtigung von Verschwächungen	–
x	Abklinglänge	mm
A	Fläche	mm²
C, β	Berechnungsbeiwerte	–
D	Durchmesser des Grundkörpers	mm
D_a	Außendurchmesser, z.B. einer Zylinderschale	mm
D_i	Innendurchmesser, z.B. einer Zylinderschale	mm
E	Elastizitätsmodul bei Berechnungstemperatur	N/mm²
F	Kraft	N
I	Flächenträgheitsmoment	mm⁴
K	Festigkeitskennwert bei Berechnungstemperatur	N/mm²
K_D	Formänderungswiderstand des Dichtungswerkstoffes bei Raumtemperatur	N/mm²
K_{20}	Festigkeitskennwert bei 20°C	N/mm²
M	Moment	N mm
R	Radius einer Wölbung	mm
S	Sicherheitsbeiwert beim Berechnungsdruck	–
S'	Sicherheitsbeiwert beim Prüfdruck	–
S_D	Sicherheitsbeiwert gegen Undichtheit	–
S_K	Sicherheitsbeiwert gegen elastisches Einbeulen beim Berechnungsdruck	–
S'_K	Sicherheitsbeiwert gegen elastisches Einbeulen beim Prüfdruck	–
S_L	Lastspielsicherheit	–
W	Widerstandsmoment	mm³
Z	Hilfswert	–
ν	Querkontraktionszahl	–
σ	Spannung	N/mm²
ϑ, T	Temperatur	°C

4 Berechnungsdruck

4.1 Die Berechnung ist im Allgemeinen mit dem maximal zulässigen Druck (PS) und dem Prüfdruck (PT) durchzuführen. Der in den nachfolgenden AD 2000-Merkblättern verwendete Berechnungsdruck p muss $\geq$ dem maximal zulässigen Druck (PS) sein. Die durch die Füllung sowohl während des Betriebes als auch der Prüfung hervorgerufenen statischen Drücke brauchen nur berücksichtigt zu werden, soweit sie die Beanspruchung der Wandung um mehr als 5% erhöhen[1].

4.2 Wird eine drucktragende Wand von beiden Seiten gleichzeitig durch Druck beansprucht, darf in der Regel nicht mit der Druckdifferenz gerechnet werden. Die Berechnung ist für jeden der beiden Überdrücke einzeln durchzuführen. Ausnahmen sind zulässig, wenn nachgewiesen wird, dass eine höhere Beanspruchung als durch die Druckdifferenz nicht auftreten kann.

4.3 Bei gleichzeitigem Auftreten von Überdruck und Unterdruck an einer drucktragenden Wand wird als Berechnungsdruck die Druckdifferenz eingesetzt. Dies gilt auch für die Festlegung des Prüfdruckes. Ist der Unterdruck nicht zuverlässig begrenzt, ist die Berechnung mit dem um 1 bar erhöhten Überdruck durchzuführen.

4.4 Beim Prüfdruck dürfen die zulässigen Spannungen, gebildet aus dem Festigkeitskennwert bei Prüftemperatur und dem Sicherheitsbeiwert S' und den Tafeln 2 und 3, nicht überschritten werden.

4.5 Statische Zusatzkräfte sind in der Zeichnung anzugeben, wenn dadurch die Beanspruchung der Behälterwand um mehr als 5 % erhöht wird (z. B. Auflagerkräfte, Wind-

---

[1] Beispiel: maximal zulässiger Druck PS = 2 bar
Bauhöhe = 5m
Beschickung: Wasser
$p = 2 + 0{,}5 - 0{,}05 \cdot 2 = 2{,}4$ bar

und Schneelast, Ausmauerung[2]). Eine statische Berechnung ist vorzulegen, wenn die Zusatzkräfte die Auslegung des Druckbehälters wesentlich beeinflussen. Spannungserhöhungen durch Zusatzkräfte sind erfahrungsgemäß zu erwarten, wenn die Kriterien in den AD 2000-Merkblättern der Reihe S 3 zutreffen.

5 Berechnungstemperatur

5.1 Für die Auswahl des Werkstoffes und für die Festlegung des Festigkeitskennwertes ist die höchste bei dem jeweiligen maximal zulässigen Druck (*PS*) zu erwartende Wandtemperatur maßgebend. Diese ergibt sich aus der zulässigen Betriebstemperatur (entsprechend der zulässigen maximalen Temperatur (*TS*) nach DGR) sowie einem Zuschlag für die Beheizungsart und wird als Berechnungstemperatur bezeichnet. Bei unbeheizten Wandungen kann hierfür die höchste Betriebstemperatur eingesetzt werden. Bei beheizten Wandungen kann sie in der Regel nach Tafel 1 bestimmt werden; andernfalls, z. B. bei Ausmauerungen, ist sie rechnerisch oder durch Messung nachzuweisen.

5.2 Liegt die höchste zu erwartende Wandtemperatur unter +20 °C, so beträgt sie die Berechnungstemperatur +20 °C. Für Betriebstemperaturen unter −10 °C wird zusätzlich auf AD 2000-Merkblatt W 10 verwiesen. Bei der Festlegung der Wandtemperatur sind die Umgebungstemperatur und die Betriebstemperatur zu berücksichtigen (Betriebsanleitung/Gefahrenanalyse).

Tafel 1. Berechnungstemperaturen

Beheizungsart	Berechnungstemperatur
durch Gase, Dämpfe oder Flüssigkeiten	die höchste Temperatur des Heizmittels
Feuer-, Abgas- oder elektrische Beheizung[3])	bei abgedeckter Wand die höchste Betriebstemperatur zuzüglich 20 °C
	bei unmittelbar berührter Wand die höchste Betriebstemperatur zuzüglich 50 °C

6 Festigkeitskennwert

6.1 Die Festigkeitskennwerte *K* sind gemäß den Festlegungen in den AD 2000-Merkblättern der Reihe W entsprechend der Berechnungstemperatur zu wählen.

6.2 Im Bereich zeitabhängiger Festigkeitskennwerte ist zu prüfen, ob der Mittelwert für die Zeitstandfestigkeit für 100 000 h[4]) niedriger liegt als der gewährleistete Mindestwert für die Streckgrenze bzw. 0,2-%-Dehngrenze[5]) oder – falls zutreffend – für die 1-%-Dehngrenze. Der niedrigere der beiden Werte ist in die Berechnung einzusetzen.

6.3 Bei Werkstoffen ohne gewährleistete Streckgrenze oder Dehngrenze ist als Festigkeitskennwert die gewährleistete Mindestzugfestigkeit entsprechend der Berechnungstemperatur einzusetzen. In diesem Fall sind die Sicherheitsbeiwerte der Tafel 3 anzuwenden.

6.4 Bei nicht artgleich geschweißten Verbindungen sind die Festigkeitskennwerte des Schweißgutes dann der Berechnung zugrunde zu legen, wenn sie niedriger sind als die des Grundwerkstoffes.

6.5 Voll beanspruchte Schweißnähte in Bauteilen, die mit Hilfe der Zeitstandfestigkeit bemessen werden, sind mit dem um 20 % herabgesetzten Festigkeitskennwert des Grundwerkstoffes zu berechnen, es sei denn, Zeitstandwerte der Schweißverbindung liegen vor[6]).

6.6 Durch Kaltverfestigung erzielte höhere Festigkeitskennwerte können nur dann in die Berechnung eingesetzt werden, wenn sie nachgewiesen und am fertigen Bauteil vorhanden sind.

7 Sicherheitsbeiwert

Die Sicherheitsbeiwerte sind den Tafeln 2 und 3 zu entnehmen, sofern in den einzelnen AD 2000-Merkblättern keine abweichenden oder zusätzlichen Angaben gemacht werden.

8 Ausnutzung der zulässigen Berechnungsspannung in Fügeverbindungen

8.1 Die Ausnutzung der zulässigen Berechnungsspannung in der Schweißnaht wird in der Berechnung durch den Faktor *v* berücksichtigt. Dieser ergibt sich durch Division der in den Tafeln 1b, 2b und 3b des AD 2000-Merkblattes HP 0 genannten Werte für die Ausnutzung der zulässigen Berechnungsspannung mit 100. Sofern für die nicht genannten Werkstoffe in der nach AD 2000-Merkblatt HP 0 Abschnitt 1.2 erforderlichen Vereinbarung keine anderen Werte festgelegt sind, ist *v* = 1,0 einzusetzen.

8.2 Für hartgelötete Verbindungen kann mit *v* = 0,8 gerechnet werden, falls nicht in der Verfahrensprüfung ein niedrigerer Wert festgelegt wird.

8.3 Weichgelötete Längsnähte sind nicht zulässig. Überlappt weichgelötete Rundnähte an Kupfer sind bei einer Überlappungsbreite von mindestens 10 s_e bis zu einer Wanddicke von 6 mm und bis zu $D_a \cdot p \leq 2500$ mm bar zulässig. In diesem Fall ist für die Rundnaht *v* = 0,8 einzusetzen.

8.4 Bei weichgelöteten Verbindungen an Kupferblechen mit durchlaufender Lasche bei einer Laschenbreite ≥ 12 s_e auf beiden Seiten des Stoßes, einer Wanddicke $s_e \leq 4$ mm und einem zulässigen Betriebsüberdruck ≤ 2 bar kann ebenfalls *v* = 0,8 eingesetzt werden.

9 Zuschläge

9.1 Zuschlag zur Berücksichtigung der Wanddickenunterschreitung

9.1.1 Bei ferritischen Stählen ist als Betrag des Zuschlages c_1 die nach den einschlägigen Maßnormen zulässige Minustoleranz in die Berechnung einzusetzen, sofern diese am fertigen Bauteil auftreten kann.

---

[2]) Vergleiche DIN 28060
[3]) Gilt nicht bei mittelbarer elektrischer Beheizung (z. B. über Ölbad).
[4]) In begründeten Fällen können anstelle der 100 000 h-Zeitstandfestigkeitswerte auch solche für andere Zeitgrenzen angewendet werden.
[5]) Ist die Streckgrenze nicht ausgeprägt, so ist die nach DIN EN 10002-1 ermittelte 0,2-%-Dehngrenze einzusetzen.

[6]) Der 20-%-Abzug vom Zeitstand-Festigkeitskennwert des Grundwerkstoffes ist vorzunehmen, wenn Zeitstandwerte sowohl für den Schweißzusatzwerkstoff als auch für die Wärmeeinflusszone des Grundwerkstoffes (ermittelt an der querbeanspruchten Schweißverbindung) vorliegen. Liegen diese Werte vor, sind die jeweils niedrigsten Werte (Grundwerkstoff bzw. WEZ bzw. Schweißzusatzwerkstoff) einzusetzen. Zeitstandfestigkeitswerte des Grundwerkstoffes siehe DIN-Normen bzw. VdTÜV-Werkstoffblätter, Zeitstandfestigkeitswerte der WEZ siehe VdTÜV-Werkstoffblätter, Zeitstandfestigkeitswerte der Schweißzusatzwerkstoffe siehe z. B. VdTÜV-Kennblätter für Schweißzusätze.

Tafel 2. Sicherheitsbeiwerte gegen Streck-, Dehngrenze oder Zeitstandfestigkeit

Werkstoff und Ausführung	Sicherheitsbeiwert S für den Werkstoff bei Berechnungstemperatur	Sicherheitsbeiwert S' beim Prüfdruck
1. Walz- und Schmiedestähle	1,5	1,05
2. Stahlguss	2,0	1,4
3. Gusseisen mit Kugelgraphit nach DIN EN 1563		
3.1 EN-GJS-700-2/2U EN-GJS-600-3/3U	5,0	2,5
3.2 EN-GJS-500-7/7U	4,0	2,0
3.3 EN-GJS-400-15/15U	3,5	1,7
3.4 EN-GJS-400-18/18U-LT EN-GJS-350-22/22U-LT	2,4	1,2
4. Aluminium und Aluminiumlegierungen – Knetwerkstoffe	1,5	1,05

Tafel 3. Sicherheitsbeiwerte gegen Zugfestigkeit

Werkstoff und Ausführung	Sicherheitsbeiwert S für den Werkstoff bei Berechnungstemperatur	Sicherheitsbeiwert S' beim Prüfdruck
1. Gusseisen mit Lamellengraphit (Grauguss) nach DIN EN 1561		3,5
1.1 ungeglüht	9,0	
1.2 geglüht oder emailliert	7,0	
2. Kupfer und Kupferlegierungen einschließlich Walz- und Gussbronze		2,5
2.1 bei nahtlosen und geschweißten Behältern	3,5	
2.2 bei gelöteten Behältern	4,0	

9.1.2 Bei austenitischen Stählen und Nichteisenmetallen bleiben Minustoleranzen nur bei Innendruckbelastung unberücksichtigt. Für austenitische Bleche in Verbindung mit DIN EN 10029 als Maßnorm gilt dies nur für die Minustoleranzen bis zu Werten des unteren Abmaßes nach Klasse A, d. h. bei Verwendung von Blechen mit größeren Minustoleranzen ist nur der Differenzbetrag zur Klasse A zu berücksichtigen.

9.1.3 Bedingt der Herstellungsgang Wanddickenminderungen (z. B. bei gegossenen oder tiefgezogenen Bauteilen), so ist die mit $c_1 = 0$ errechnete erforderliche Wanddicke in der Zeichnung zu vermerken und als solche zu kennzeichnen.

9.2 Abnutzungszuschlag

9.2.1 Bei ferritischen Stählen beträgt der Abnutzungszuschlag $c_2 = 1$ mm. Er entfällt, wenn $s_e \geq 30$ mm beträgt. Er entfällt außerdem, wenn die Stähle ausreichend gegen Einflüsse der Beschickungsmittel geschützt sind, z. B. durch Verbleiung, Plattierung, Gummierung, Kunststoffüberzüge, nicht jedoch durch galvanische Überzüge. Bei Kunststoffüberzügen muss in jedem Fall die Eignung des Kunststoffes nachgewiesen sein.

9.2.2 Abweichend von Abschnitt 9.2.1 ist zwischen Hersteller und Betreiber ein höherer Zuschlag c_2 zu vereinbaren, wenn die Beschickungsmittel stark korrodierend wirken oder die Behälter im späteren Betrieb im Innern nicht besichtigt werden können. Die Höhe des Zuschlages c_2 ist in diesen Fällen in der Zeichnung zu vermerken.

Bei bestimmten Korrosionseinflüssen kann es notwendig sein, neben der Verwendung geeigneter Werkstoffe und zweckentsprechender Konstruktionen die Höhe der Beanspruchung der mit den Medien in Berührung stehenden, auf Zug beanspruchten Druckbehälterwandungen zu verringern, um dadurch z. B. ein Aufreißen von Schutzschichten oder eine Spannungsrisskorrosion zu vermeiden.

9.2.3 Bei austenitischen Stählen und bei Nichteisenmetallen beträgt der Abnutzungszuschlag im Allgemeinen $c_2 = 0$, es sei denn, dass zwischen dem Hersteller und dem Betreiber ein höherer Abnutzungszuschlag vereinbart wird. In diesem Falle muss er in der Zeichnung vermerkt sein.

10 Kleinste Wanddicke

10.1 Die in den AD 2000-Merkblättern der Reihe B festgelegten kleinsten Wanddicken sind Nennwanddicken und müssen am fertigen Bauteil als Nennmaß vorhanden sein.

10.2 Abweichend von Abschnitt 10.1 dürfen die kleinsten Wanddicken unterschritten werden, wenn
a) verfahrenstechnische Gründe es erfordern oder die Verwendung des Druckbehälters es zweckdienlich erscheinen lässt sowie
b) die Formbeständigkeit nicht gefährdet ist und
c) die Fertigung es ermöglicht.

ICS 23.020.30　　　　　　　　　　　　　　　　　　　　　　　　　　　　Ausgabe Oktober 2000

Berechnung von Druckbehältern	Zylinder- und Kugelschalen unter innerem Überdruck	AD 2000-Merkblatt B 1

Die AD 2000-Merkblätter werden von den in der „Arbeitsgemeinschaft Druckbehälter" (AD) zusammenarbeitenden, nachstehend genannten sieben Verbänden aufgestellt. Aufbau und Anwendung des AD 2000-Regelwerkes sowie die Verfahrensrichtlinien regelt das AD 2000-Merkblatt G1.

Die AD 2000-Merkblätter enthalten sicherheitstechnische Anforderungen, die für normale Betriebsverhältnisse zu stellen sind. Sind über das normale Maß hinausgehende Beanspruchungen beim Betrieb der Druckbehälter zu erwarten, so ist diesen durch Erfüllung besonderer Anforderungen Rechnung zu tragen.

Wird von den Forderungen dieses AD 2000-Merkblattes abgewichen, muss nachweisbar sein, dass der sicherheitstechnische Maßstab dieses Regelwerkes auf andere Weise eingehalten ist, z.B. durch Werkstoffprüfungen, Versuche, Spannungsanalyse, Betriebserfahrungen.

    Fachverband Dampfkessel-, Behälter- und Rohrleitungsbau e.V. (FDBR), Düsseldorf
    Hauptverband der gewerblichen Berufsgenossenschaften e.V., Sankt Augustin
    Verband der Chemischen Industrie e.V. (VCI), Frankfurt/Main
    Verband Deutscher Maschinen- und Anlagenbau e.V. (VDMA), Fachgemeinschaft Verfahrenstechnische Maschinen und Apparate, Frankfurt/Main
    Verein Deutscher Eisenhüttenleute (VDEh), Düsseldorf
    VGB PowerTech e.V., Essen
    Verband der Technischen Überwachungs-Vereine e.V. (VdTÜV), Essen

Die AD 2000-Merkblätter werden durch die Verbände laufend dem Fortschritt der Technik angepasst. Anregungen hierzu sind zu richten an den Herausgeber:

    Verband der Technischen Überwachungs-Vereine e.V., Postfach 10 38 34, 45038 Essen.

Inhalt

0 Präambel
1 Geltungsbereich
2 Allgemeines
3 Formelzeichen und Einheiten

4 Verschwächungen durch Ausschnitte
5 Berechnung
6 Kleinste Wanddicke
7 Schrifttum

0 Präambel

Zur Erfüllung der grundlegenden Sicherheitsanforderungen der Druckgeräte-Richtlinie kann das AD 2000-Regelwerk angewandt werden, vornehmlich für die Konformitätsbewertung nach den Modulen „G" und „B + F".

Das AD 2000-Regelwerk folgt einem in sich geschlossenen Auslegungskonzept. Die Anwendung anderer technischer Regeln nach dem Stand der Technik zur Lösung von Teilproblemen setzt die Beachtung des Gesamtkonzeptes voraus.

Bei anderen Modulen der Druckgeräte-Richtlinie oder für andere Rechtsgebiete kann das AD 2000-Regelwerk sinngemäß angewandt werden. Die Prüfzuständigkeit richtet sich nach den Vorgaben des jeweiligen Rechtsgebietes.

1 Geltungsbereich

Die nachstehenden Berechnungsregeln gelten für glatte Zylinder- und Kugelschalen als Druckbehältermäntel sowie für Rohre unter innerem Überdruck, bei denen das Verhältnis

$$\frac{D_a}{D_i} \leq 1,2 \qquad (1)$$

beträgt. Bei Rohren mit $D_a \leq 200$ mm gelten sie darüber hinausgehend bis zu einem Verhältnis $D_a/D_i = 1,7$. Zylinderschalen mit $D_a/D_i > 1,2$ siehe AD 2000-Merkblatt B 10.

2 Allgemeines

Dieses AD 2000-Merkblatt ist nur im Zusammenhang mit AD 2000-Merkblatt B 0 anzuwenden.

Bei Wärmeaustauscherrohren[1]) ist der Abnutzungszuschlag $c_2 = 0$, falls nicht besondere Vereinbarungen zwischen Hersteller und Besteller/Betreiber getroffen sind.

3 Formelzeichen und Einheiten

Siehe AD 2000-Merkblatt B 0.

4 Verschwächungen durch Ausschnitte

Siehe AD 2000-Merkblatt B 9.

---
[1]) Wärmeaustauschrohre sind über die in DIN 28 183 und 28 184 geregelten Fälle hinaus alle Rohre, die der Wärmeübertragung dienen.

Die AD 2000-Merkblätter sind urheberrechtlich geschützt. Die Nutzungsrechte, insbesondere die der Übersetzung, des Nachdrucks, der Entnahme von Abbildungen, die Wiedergabe auf fotomechanischem Wege und die Speicherung in Datenverarbeitungsanlagen, bleiben, auch bei auszugsweiser Verwertung, dem Urheber vorbehalten.

5 Berechnung

Die erforderliche Wanddicke s beträgt bei Zylinderschalen

$$s = \frac{D_a \cdot p}{20 \frac{K}{S} \cdot v + p} + c_1 + c_2 \qquad (2)$$

bzw. bei Kugelschalen

$$s = \frac{D_a \cdot p}{40 \frac{K}{S} \cdot v + p} + c_1 + c_2 \qquad (3)$$

6 Kleinste Wanddicke

6.1 Die kleinste Wanddicke nahtloser, geschweißter oder hartgelöteter Zylinder- und Kugelschalen wird mit 2 mm festgelegt.

6.2 Abweichend von Abschnitt 6.1 gilt für die kleinste Wanddicke bei Zylinder- und Kugelschalen aus Aluminium und dessen Legierungen 3 mm.

6.3 Ausnahmen siehe AD 2000-Merkblatt B 0 Abschnitt 10.

6.4 Bei Wärmeaustauscherrohren[1]) darf die kleinste Wanddicke gemäß Abschnitt 6.1 und 6.2 unterschritten werden.

7 Schrifttum

[1] *Class, I., Jamm, W.*, u. *E. Weber:* Berechnung der Wanddicke von innendruckbeanspruchten Stahlrohren. VDI-Z **97** (1955) Nr. 6, S. 159/67.

[2] *Schwaigerer, S.*, u. *E. Weber:* Wanddickenberechnung von Stahlrohren gegen Innendruck; Erläuterungen zu DIN 2413, Ausgabe 1972. TÜ **13** (1972) Nr. 3, S. 74/78.

[3] *Zellerer, E.*, u. *H. Thiel:* Beitrag zur Berechnung von Druckbehältern mit Ringversteifungen. Die Bautechnik (1967) H. 10, S. 333/39.

[4] *Mang, F.:* Festigkeitsprobleme bei örtlich gestützten Rohren und Behältern. Rohre – Rohrleitungsbau – Rohrleitungstransport (1970) H. 4, S. 207/13, u. H. 5, S. 267/79; (1971) H. 1, S. 23/30.

ICS 23.020.30   Ausgabe Mai 2006

Berechnung von Druckbehältern	Berechnung von Rohrbiegungen und Bögen	AD 2000-Merkblatt B 1 Anlage 1

Die AD 2000-Merkblätter werden von den in der „Arbeitsgemeinschaft Druckbehälter" (AD) zusammenarbeitenden, nachstehend genannten sieben Verbänden aufgestellt. Aufbau und Anwendung des AD 2000-Regelwerkes sowie die Verfahrensrichtlinien regelt das AD 2000-Merkblatt G1.

Die AD 2000-Merkblätter enthalten sicherheitstechnische Anforderungen, die für normale Betriebsverhältnisse zu stellen sind. Sind über das normale Maß hinausgehende Beanspruchungen beim Betrieb der Druckbehälter zu erwarten, so ist diesen durch Erfüllung besonderer Anforderungen Rechnung zu tragen.

Wird von den Forderungen dieses AD 2000-Merkblattes abgewichen, muss nachweisbar sein, dass der sicherheitstechnische Maßstab dieses Regelwerkes auf andere Weise eingehalten ist, z. B. durch Werkstoffprüfungen, Versuche, Spannungsanalyse, Betriebserfahrungen.

    Fachverband Dampfkessel-, Behälter- und Rohrleitungsbau e. V. (FDBR), Düsseldorf
    Hauptverband der gewerblichen Berufsgenossenschaften e. V., Sankt Augustin
    Verband der Chemischen Industrie e. V. (VCI), Frankfurt/Main
    Verband Deutscher Maschinen- und Anlagenbau e. V. (VDMA), Fachgemeinschaft Verfahrenstechnische Maschinen und Apparate, Frankfurt/Main
    Stahlinstitut VDEh, Düsseldorf
    VGB PowerTech e. V., Essen
    Verband der Technischen Überwachungs-Vereine e. V. (VdTÜV), Berlin

Die AD 2000-Merkblätter werden durch die Verbände laufend dem Fortschritt der Technik angepasst. Anregungen hierzu sind zu richten an den Herausgeber:

Verband der Technischen Überwachungs-Vereine e.V., Friedrichstraße 136, 10117 Berlin.

Inhalt

0 Präambel
1 Geltungsbereich
2 Allgemeines
3 Formelzeichen und Einheiten
4 Erforderliche Wanddicke
5 Berechnung
6 Schrifttum

0 Präambel

Zur Erfüllung der grundlegenden Sicherheitsanforderungen der Druckgeräte-Richtlinie kann das AD 2000-Regelwerk angewandt werden, vornehmlich für die Konformitätsbewertung nach den Modulen „G" und „B + F".

Das AD 2000-Regelwerk folgt einem in sich geschlossenen Auslegungskonzept. Die Anwendung anderer technischer Regeln nach dem Stand der Technik zur Lösung von Teilproblemen setzt die Beachtung des Gesamtkonzeptes voraus.

Bei anderen Modulen der Druckgeräte-Richtlinie oder für andere Rechtsgebiete kann das AD 2000-Regelwerk sinngemäß angewandt werden. Die Prüfzuständigkeit richtet sich nach den Vorgaben des jeweiligen Rechtsgebietes.

1 Geltungsbereich

Die Berechnungsregel gilt für Einschweißbögen, z. B. nach DIN 2605, und gebogene Rohre.

Durch die Berechnungsregel wird berücksichtigt [1], dass bei Innendruckbeanspruchung eines Rohrbogens an der Bogeninnenseite höhere und an der Bogenaußenseite niedrigere Spannungen auftreten als bei einem geraden Rohr gleicher Wanddicke.

2 Allgemeines

Die Anlage 1 ergänzt die Berechnung zylindrischer Schalen unter innerem Überdruck nach AD 2000-Merkblatt B 1, und ist nur im Zusammenhang damit sowie mit AD 2000-Merkblatt B 0 anwendbar.

3 Formelzeichen und Einheiten

Siehe AD 2000-Merkblatt B 0 Abschnitt 3. Darüber hinaus gilt Tafel 1.

4 Erforderliche Wanddicke

Die erforderliche Wanddicke beträgt
für die Bogeninnenseite

$$s_i = s_{vi} + c_1 + c_2 \qquad (1)$$

für die Bogenaußenseite

$$s_a = s_{va} + c_1 + c_2 \qquad (2)$$

Dieses Blatt basiert auf TRD 301 Anlage 2.

Die AD 2000-Merkblätter sind urheberrechtlich geschützt. Die Nutzungsrechte, insbesondere die der Übersetzung, des Nachdrucks, der Entnahme von Abbildungen, die Wiedergabe auf fotomechanischem Wege und die Speicherung in Datenverarbeitungsanlagen, bleiben, auch bei auszugsweiser Verwertung, dem Urheber vorbehalten.

Für die Nachrechnung ausgeführter Rohrbögen mit den Wanddicken s_{ei} bzw. s_{ea} ist zu setzen
für die Bogeninnenseite

$$s_{vi} = s_{ei} - c_1 - c_2 \qquad (3)$$

für die Bogenaußenseite

$$s_{va} = s_{ea} - c_1 - c_2 \qquad (4)$$

Anschrägungen an der Übergangsstelle von Einschweißböden zum anschließenden geraden Rohr zur Vermeidung schroffer Wanddickenübergänge oder von Kantenversatz brauchen rechnerisch nicht berücksichtigt zu werden.

Tafel 1. Berechnungsgrößen mit Symbolen und Einheiten

Symbol	Berechnungsgröße	Einheit
d_i, d_a	Innen- bzw. Außendurchmesser des Rohrbogens[1]	mm
r, R	Krümmungsradien des Rohrbogens nach Bild 6	mm
s_i	erforderliche Wanddicke der Bogeninnenseite des Rohrbogens mit Zuschlägen	mm
s_a	erforderliche Wanddicke der Bogenaußenseite des Rohrbogens mit Zuschlägen	mm
s_{ei}	ausgeführte Wanddicke der Bogeninnenseite des Rohrbogens mit Zuschlägen	mm
s_{ea}	ausgeführte Wanddicke der Bogenaußenseite des Rohrbogens mit Zuschlägen	mm
s_v	Mindestwanddicke des geraden Rohres ohne Zuschläge $$s_v = \frac{D_a \cdot p}{20 \frac{K}{S} \cdot v + p}$$ (AD 2000-Merkblatt B 1, Gl. (2) $-c_1 -c_2$)	mm
s_{vi}	Wanddicke der Bogeninnenseite ohne Zuschläge	mm
s_{va}	Wanddicke der Bogenaußenseite ohne Zuschläge	mm
B_i	Berechnungsbeiwert zur Ermittlung der Wanddicke der Bogeninnenseite	–
B_a	Berechnungsbeiwert zur Ermittlung der Wanddicke der Bogenaußenseite	–
$\bar{\sigma}_i$	mittlere Spannung der Bogeninnenseite	N/mm²
$\bar{\sigma}_a$	mittlere Spannung der Bogenaußenseite	N/mm²

[1] Werden Rohre mit Innendurchmesser = Nenndurchmesser unter Beibehaltung des Außendurchmessers gebogen, so behält der Bogen den Außendurchmesser $d_a = d_i + 2s_v$ des geraden Rohres bei.

5 Berechnung

5.1 Berechnung der Wanddicke

5.1.1 Die Wanddicke der Bogeninnenseite ohne Zuschläge mit der mindestens erforderlichen Verdickung lässt sich berechnen zu:

$$s_{vi} = s_v \cdot B_i \qquad (5)$$

1) für Rohrbögen mit vorgegebenem Innendurchmesser: mit dem Beiwert

$$B_i = \frac{s_{vi}}{s_v} = \frac{r}{s_v} - \frac{d_i}{2s_v} - \sqrt{\left(\frac{r}{s_v} - \frac{d_i}{2s_v}\right)^2 - 2\frac{r}{s_v} + \frac{d_i}{2s_v}} \qquad (6)$$

Der Beiwert B_i kann in Abhängigkeit von r/d_i aus Bild 1 entnommen werden.

2) für Rohrbögen mit vorgegebenem Außendurchmesser: mit dem Beiwert

$$B_i = \frac{s_{vi}}{s_v} = \frac{d_a}{2s_v} + \frac{r}{s_v} - \left(\frac{d_a}{2s_v} + \frac{r}{s_v} - 1\right) \times$$

$$\times \sqrt{\dfrac{\left(\dfrac{r}{s_v}\right)^2 - \left(\dfrac{d_a}{2s_v}\right)^2}{\left(\dfrac{r}{s_v}\right)^2 - \dfrac{d_a}{2s_v} \cdot \left(\dfrac{d_a}{2s_v} - 1\right)}} \qquad (7)$$

Da mit d_a normalerweise auch der Krümmungsradius R vorgegeben ist, muss man hierbei

$$\frac{r}{s_v} = \sqrt{\frac{1}{2} \cdot \left[\left(\frac{d_a}{2s_v}\right)^2 + \left(\frac{R}{s_v}\right)^2\right] + \sqrt{\frac{1}{4} \cdot \left[\left(\frac{d_a}{2s_v}\right)^2 + \left(\frac{R}{s_v}\right)^2\right]^2 - \frac{d_a}{2s_v} \cdot \left(\frac{d_a}{2s_v} - 1\right) \cdot \left(\frac{R}{s_v}\right)^2}} \qquad (8)$$

einsetzen.
Der Beiwert B_i kann in Abhängigkeit von R/d_a aus Bild 2 entnommen werden.
Die Gleichungen (6) und (7) liefern nur gleiche Ergebnisse, wenn

$$d_a = d_i + s_{vi} + s_{va} \qquad (9)$$

und

$$R = r - \frac{1}{2} \cdot (s_{vi} - s_{va}) \qquad (10)$$

gesetzt werden.

5.1.2 Die Wanddicke der Bogenaußenseite ohne Zuschläge mit der maximal zulässigen Verschwächung lässt sich berechnen zu:

$$s_{va} = s_v \cdot B_a \qquad (11)$$

1) für Rohrbögen mit vorgegebenem Innendurchmesser: mit dem Beiwert

$$B_a = \frac{s_{va}}{s_v} = \sqrt{\left(\frac{r}{s_v} + \frac{d_i}{2s_v}\right)^2 + 2\frac{r}{s_v} + \frac{d_i}{2s_v}} - \frac{d_i}{2s_v} - \frac{r}{s_v} \qquad (12)$$

Der Beiwert B_a kann in Abhängigkeit von r/d_i aus Bild 3 entnommen werden.

2) für Rohrbögen mit vorgegebenem Außendurchmesser: mit dem Beiwert

$$B_a = \frac{s_{va}}{s_v} = \frac{d_a}{2s_v} - \frac{r}{s_v} - \left(\frac{d_a}{2s_v} - \frac{r}{s_v} - 1\right) \times$$

$$\times \sqrt{\dfrac{\left(\dfrac{r}{s_v}\right)^2 - \left(\dfrac{d_a}{2s_v}\right)^2}{\left(\dfrac{r}{s_v}\right)^2 - \dfrac{d_a}{2s_v} \cdot \left(\dfrac{d_a}{2s_v} - 1\right)}} \qquad (13)$$

Hierin ist r/s_v nach Gleichung (8) einzusetzen.
Der Beiwert B_a kann in Abhängigkeit von R/d_a aus Bild 4 entnommen werden.

Die Gleichungen (12) und (13) liefern nur gleiche Ergebnisse, wenn zwischen d_i, d_a, r und R die Beziehungen (9) und (10) bestehen.

5.1.3 Bei Rohrbögen gleicher Wanddicke lässt sich die erforderliche Wanddicke ermitteln zu

$$s_{vi} = s_{va} = s_v \cdot B \qquad (14)$$

1) für Rohrbögen mit vorgegebenem Innendurchmesser: mit dem Beiwert $B = B_i$ nach Gleichung (6) oder Bild 1 dieser Anlage,

2) für Rohrbögen mit vorgegebenem Außendurchmesser mit dem Beiwert

$$B = \frac{s_{vi}}{s_v} = \frac{s_{va}}{s_v} = \frac{d_a}{2s_v} - \frac{R}{s_v} + \\ + \sqrt{\left(\frac{d_a}{2s_v} - \frac{R}{s_v}\right)^2 + 2\frac{R}{s_v} - \frac{d_a}{2s_v}} \qquad (15)$$

Der Beiwert B kann in Abhängigkeit von R/d_a aus Bild 5 entnommen werden.

Gleichung (6) liefert in Verbindung mit Gleichung (14) nur dann gleiche Ergebnisse wie Gleichung (15), wenn

$$d_a = d_i + 2s_{vi} \qquad (16)$$

und

$$R = r \qquad (17)$$

gesetzt werden.

5.2 Berechnung der Spannung

5.2.1 Die Festigkeitsbedingungen der Bogeninnenseite lauten

1) für Rohrbögen mit vorgegebenem Innendurchmesser:

$$\bar{\sigma}_i = \frac{p \cdot d_i}{20 \cdot s_{vi} \cdot v_N} \cdot \frac{2 \cdot r - 0{,}5 d_i}{2 \cdot r - d_i - s_{vi}} + \frac{p}{20} \leq \frac{K}{S} \qquad (18)$$

2) für Rohrbögen mit vorgegebenem Außendurchmesser:

$$\bar{\sigma}_i = \frac{p \cdot (d_a - s_{vi} - s_{va})}{20 \cdot s_{vi} \cdot v_N} \times \\ \times \frac{2 \cdot R - 0{,}5 d_a + 1{,}5 s_{vi} - 0{,}5 s_{va}}{2 \cdot R - d_a + s_{vi}} + \frac{p}{20} \leq \frac{K}{S} \qquad (19)$$

5.2.2 Die Festigkeitsbedingungen der Bogenaußenseite lauten

1) für Rohrbögen mit vorgegebenem Innendurchmesser:

$$\bar{\sigma}_a = \frac{p \cdot d_i}{20 \cdot s_{va} \cdot v_N} \cdot \frac{2 \cdot r + 0{,}5 d_i}{2 \cdot r + d_i + s_{va}} + \frac{p}{20} \leq \frac{K}{S} \qquad (20)$$

2) für Rohrbögen mit vorgegebenem Außendurchmesser:

$$\bar{\sigma}_a = \frac{p \cdot (d_a - s_{vi} - s_{va})}{20 \cdot s_{va} \cdot v_N} \times \\ \times \frac{2 \cdot R + 0{,}5 d_a + 0{,}5 s_{vi} - 1{,}5 s_{va}}{2 \cdot R + d_a - s_{va}} + \frac{p}{20} \leq \frac{K}{S} \qquad (21)$$

6 Schrifttum

[1] *Schwaigerer, S.*:
Festigkeitsberechnung von Bauteilen des Dampfkessel-, Behälter- und Rohrleitungsbaus;
2., neu bearbeitete Auflage, Springer Verlag, Berlin / Heidelberg / New York (1970)

[2] *Makkinejad, N.*:
Berechnung des Rohrbogens unter Innendruckbeanspruchung. VGB Kraftwerkstechnik 69 (1989) H. 9, S. 944–949

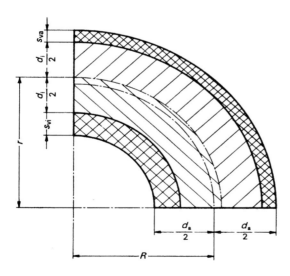

Bild 6. Bezeichnungen am Rohrbogen

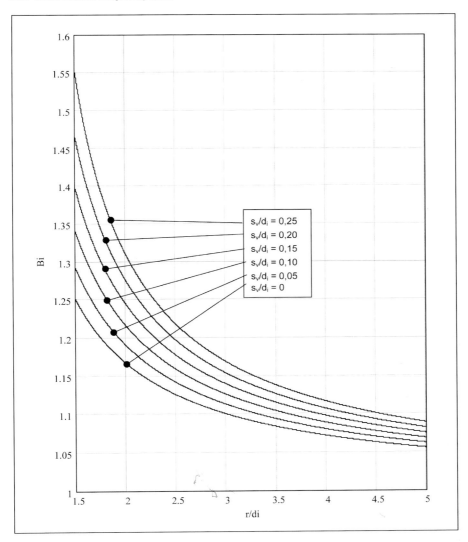

Bild 1. Beiwert B_i in Abhängigkeit von r/d_i

AD 2000-Merkblatt B 1 Anlage 1, Ausg. 05.2006 Seite 5

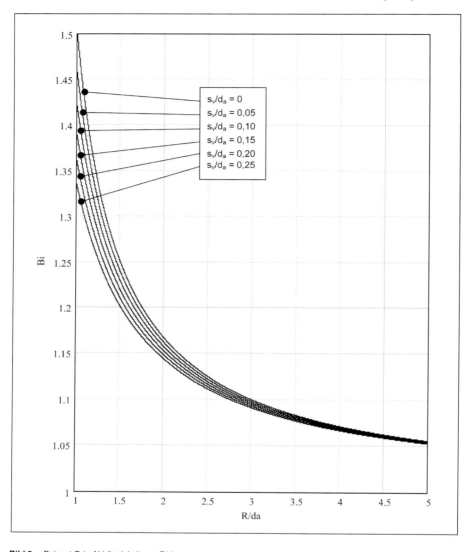

Bild 2. Beiwert B_i in Abhängigkeit von R/d_a

B 1 Anl. 1

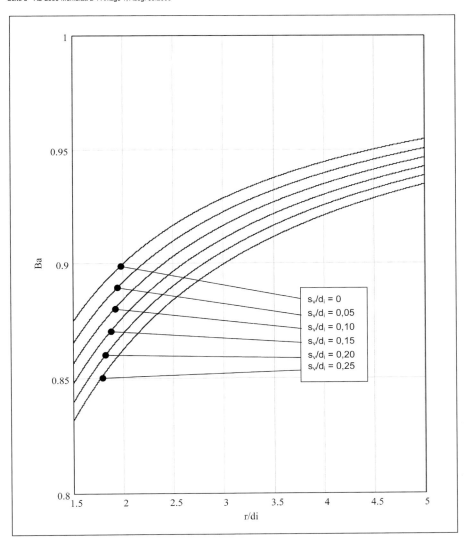

Bild 3. Beiwert B_a in Abhängigkeit von r/d_i

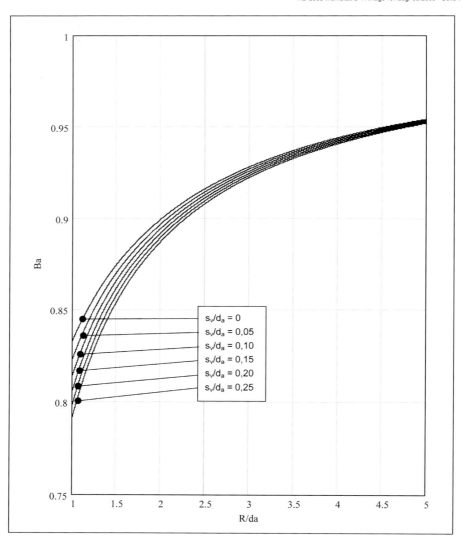

Bild 4. Beiwert B_a in Abhängigkeit von R/d_a

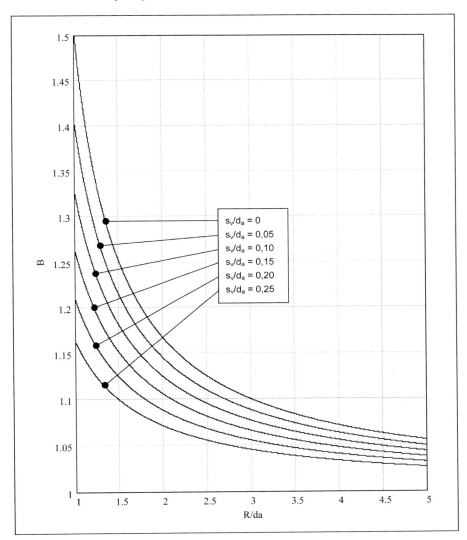

Bild 5. Beiwert B in Abhängigkeit von R/d_a

ICS 23.020.30 Ausgabe Oktober 2000

Berechnung von Druckbehältern	Kegelförmige Mäntel unter innerem und äußerem Überdruck	AD 2000-Merkblatt B 2

Die AD 2000-Merkblätter werden von den in der „Arbeitsgemeinschaft Druckbehälter" (AD) zusammenarbeitenden, nachstehend genannten sieben Verbänden aufgestellt. Aufbau und Anwendung des AD 2000-Regelwerkes sowie die Verfahrensrichtlinien regelt das AD 2000-Merkblatt G1.

Die AD 2000-Merkblätter enthalten sicherheitstechnische Anforderungen, die für normale Betriebsverhältnisse zu stellen sind. Sind über das normale Maß hinausgehende Beanspruchungen beim Betrieb der Druckbehälter zu erwarten, so ist diesen durch Erfüllung besonderer Anforderungen Rechnung zu tragen.

Wird von den Forderungen dieses AD 2000-Merkblattes abgewichen, muss nachweisbar sein, dass der sicherheitstechnische Maßstab dieses Regelwerkes auf andere Weise eingehalten ist, z. B. durch Werkstoffprüfungen, Versuche, Spannungsanalyse, Betriebserfahrungen.

Fachverband Dampfkessel-, Behälter- und Rohrleitungsbau e.V. (FDBR), Düsseldorf
Hauptverband der gewerblichen Berufsgenossenschaften e.V., Sankt Augustin
Verband der Chemischen Industrie e.V. (VCI), Frankfurt/Main
Verband Deutscher Maschinen- und Anlagenbau e.V. (VDMA), Fachgemeinschaft Verfahrenstechnische Maschinen und Apparate, Frankfurt/Main
Verein Deutscher Eisenhüttenleute (VDEh), Düsseldorf
VGB PowerTech e.V., Essen
Verband der Technischen Überwachungs-Vereine e.V. (VdTÜV), Essen

Die AD 2000-Merkblätter werden durch die Verbände laufend dem Fortschritt der Technik angepasst. Anregungen hierzu sind zu richten an den Herausgeber:

Verband der Technischen Überwachungs-Vereine e.V., Postfach 10 38 34, 45038 Essen.

Inhalt

0 Präambel
1 Geltungsbereich
2 Allgemeines
3 Formelzeichen und Einheiten
4 Sicherheitsbeiwert
5 Ausnutzung der zulässigen Berechnungsspannung in Fügeverbindungen
6 Verschwächungen durch Ausschnitte
7 Zuschläge
8 Berechnung
9 Kleinste Wanddicke
10 Schrifttum

Anhang: Erläuterungen

0 Präambel

Zur Erfüllung der grundlegenden Sicherheitsanforderungen der Druckgeräte-Richtlinie kann das AD 2000-Regelwerk angewandt werden, vornehmlich für die Konformitätsbewertung nach den Modulen „G" und „B + F".

Das AD 2000-Regelwerk folgt einem in sich geschlossenen Auslegungskonzept. Die Anwendung anderer technischer Regeln nach dem Stand der Technik zur Lösung von Teilproblemen setzt die Beachtung des Gesamtkonzeptes voraus.

Bei anderen Modulen der Druckgeräte-Richtlinie oder für andere Rechtsgebiete kann das AD 2000-Regelwerk sinngemäß angewandt werden. Die Prüfzuständigkeit richtet sich nach den Vorgaben des jeweiligen Rechtsgebietes.

1 Geltungsbereich

Die nachstehenden Berechnungsregeln gelten für kegelförmige Mäntel, die mit einem zylindrischen Mantel auf gleicher Achse durch Eckstoß oder Krempe verbunden sind (vgl. Bild 1) und durch inneren oder äußeren Überdruck beansprucht werden, in folgenden Grenzen:

$$0{,}001 \leq \frac{s - c_1 - c_2}{D_{a1}} \leq 0{,}1 \qquad (1)$$

Formel (1) muss für $s = s_l$ und für $s = s_g$ erfüllt sein.
Bei äußerem Überdruck ist der Öffnungswinkel begrenzt auf

$$-70° \leq \varphi \leq 70° \qquad (2)$$

Die AD 2000-Merkblätter sind urheberrechtlich geschützt. Die Nutzungsrechte, insbesondere die der Übersetzung, des Nachdrucks, der Entnahme von Abbildungen, die Wiedergabe auf fotomechanischem Wege und die Speicherung in Datenverarbeitungsanlagen, bleiben, auch bei auszugsweiser Verwertung, dem Urheber vorbehalten.

1.1 Konvergierender Kegel ($\varphi > 0°$)

$$0{,}01 \leq \frac{r}{D_{a1}} \leq 0{,}15 \qquad (3)$$

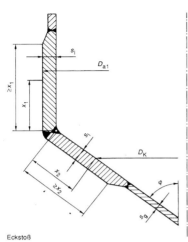
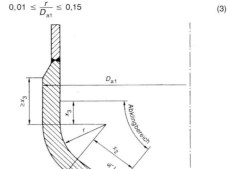

Bild 1a. Geometrien konvergierender Kegelmäntel

1.2 Divergierender Kegel ($\varphi < 0°$)

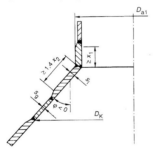

Bild 1b. Geometrie eines divergierenden Kegelmantels

Divergierende Kegel mit Krempe können in sicherer Abschätzung als divergierende Kegel mit Eckstoß nachgewiesen werden.

2 Allgemeines

2.1 Dieses AD 2000-Merkblatt ist nur im Zusammenhang mit AD 2000-Merkblatt B 0 anwendbar.

2.2 Die nachstehenden Berechnungsregeln setzen elastoplastisches Werkstoffverhalten voraus. Bei spröden Werkstoffen müssen durch Wahl entsprechend erhöhter Sicherheitsfaktoren, wie sie im AD 2000-Merkblatt B 0 festgelegt sind, die Spannungen werkstoffgerecht begrenzt werden.

In Ausnahmefällen kann alternativ in Abstimmung mit der zuständigen unabhängigen Stelle eine Auslegung mit den im Anhang dargestellten Extremspannungen erfolgen.

2.3 Bei Eckstoßverbindungen liegt der Ort höchster Beanspruchung in der Schweißnaht. Daher muss diese gegengeschweißt oder der Nachweis der Gleichwertigkeit durch eine zerstörungsfreie Prüfung nach AD 2000-Merkblatt HP 5/3 Abschnitt 2.2.2 Absatz (3) geführt werden.

3 Formelzeichen und Einheiten

Über die Festlegungen des AD 2000-Merkblattes B 0 hinaus gilt:

D_{a1}	Außendurchmesser des angeschlossenen Zylinders	in mm
D_{a2}	Außendurchmesser an einer wirksamen Versteifung	in mm
D_K	Berechnungsdurchmesser	in mm
D_s	Manteldurchmesser am Stutzen gemäß Bild 2	in mm
l	Kegellänge zwischen wirksamen Versteifungen	in mm
s_g	erf. Wanddicke außerhalb des Abklingbereiches	in mm
s_l	erf. Wanddicke innerhalb des Abklingbereiches	in mm
x_i	Abklinglängen (i = 1, 2, 3; siehe Bild 1 und Formel (5))	in mm
φ	Kegelöffnungswinkel	in °

4 Sicherheitsbeiwert

4.1 Der Sicherheitsbeiwert S ist den Tafeln 2 und 3 des AD 2000-Merkblattes B 0 zu entnehmen.

4.2 Bei Beanspruchung durch äußeren Überdruck ist der Sicherheitsbeiwert nach Abschnitt 4.1 um 20 % zu erhöhen. Bei Grauguss bleibt der Wert unverändert.

4.3 Die Sicherheitsbeiwerte gegen elastisches und plastisches Einbeulen des Kegels sind AD 2000-Merkblatt B 6 zu entnehmen.

5 Ausnutzung der zulässigen Berechnungsspannung in Fügeverbindungen

Die Regelungen des Abschnittes 8 des AD 2000-Merkblattes B 0 sind wie folgt anzuwenden:

5.1 Die in den Bildern 3.1 bis 3.8 sowie in Formel (8) enthaltenen Faktoren v beziehen sich auf Längs- und Rundnähte im Abklingbereich gemäß Bild 1 und gelten gleichermaßen bei innerem und äußerem Überdruck.

5.2 Der in Formel (6) enthaltene Faktor v bezieht sich auf Längsnähte im Kegel außerhalb des Abklingbereiches; bei Beanspruchung durch äußeren Überdruck kann hier $v = 1$ eingesetzt werden.

6 Verschwächungen durch Ausschnitte

Kegelausschnitte außerhalb des Abklingbereiches (vgl. Bild 2)

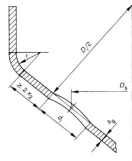

Bild 2. Geometrie eines Kegelausschnittes

sind für Kegelöffnungswinkel $|\varphi| < 70°$ nach AD 2000-Merkblatt B 9 mit dem Zylinder-Ersatzdurchmesser

$$D_i = \frac{D_s + d_i \cdot |\sin\varphi|}{\cos\varphi}, \tag{4}$$

für größere Kegelöffnungswinkel nach AD 2000-Merkblatt B 5 zu berechnen.

7 Zuschläge

Siehe AD 2000-Merkblatt B 0.

8 Berechnung

8.1 Innerer Überdruck

Die Bestimmung der erforderlichen Wanddicken erfolgt getrennt für den besonders durch Biegebeanspruchungen in Mantelrichtung beanspruchten Bereich der Abklinglänge nach Abschnitt 8.1.1 und den vorwiegend durch Umfangs-Membranspannungen belasteten Kegelbereich nach Abschnitt 8.1.2. Flache Kegelböden mit Kegelöffnungswinkeln $|\varphi| > 70°$ werden nur nach Abschnitt 8.1.3 ausgelegt.

8.1.1 Kegelanschluss (innerhalb Abklingbereich)

Innerhalb des Abklingbereiches, der für die einzelnen Ausführungsarten durch Bild 1 und

$$x_1 = \sqrt{D_{a1}(s_l - c_1 - c_2)}; \tag{5}$$

$$x_2 = 0.7 \sqrt{D_{a1}(s_l - c_1 - c_2)}/\cos\varphi; \quad x_3 = 0.5 x_1$$

festgelegt ist, ist die Wanddicke s_l in Abhängigkeit von

$$\varphi, \frac{p \cdot S}{15 \cdot K \cdot v} \text{ und } \frac{r}{D_{a1}}$$

für den konvergierenden Kegel den Bildern 3.1 bis 3.7, für den divergierenden Kegel Bild 3.8 zu entnehmen. Für Zwischenwerte des Kegelöffnungswinkels φ können die Wanddicken linear interpoliert werden. Bei Zwischenwerten des Verhältnisses r/D_{a1} ist die jeweilige, in den Bildern 3.1 bis 3.8 angegebene Interpolationsgleichung anzuwenden. Die Wanddicke s_l muss mindestens gleich der nach Abschnitt 8.1.2 ermittelten Wanddicke s_g sein, wobei beim divergierenden Kegel für die Ermittlung der Wanddicke s_g der Berechnungsdurchmesser D_K nach der Abklinglänge $1.4\ x_2$ einzusetzen ist.

8.1.2 Kegelmantel (außerhalb Abklingbereich)

Außerhalb des Abklingbereiches gemäß Bild 1 ist eine Wanddicke

$$s_g = \frac{D_K \cdot p}{20 \cdot \frac{K}{S} \cdot v - p} \cdot \frac{1}{\cos\varphi} + c_1 + c_2 \tag{6}$$

erforderlich, mit

$$D_K = D_{a1} - 2[s_l + r(1 - \cos\varphi) + x_2 \sin\varphi] \tag{7}$$

für den konvergierenden Kegel. Beim divergierenden Kegel ist für D_K in Formel (6) der größte Kegeldurchmesser mit der Wanddicke s_g einzusetzen.

8.1.3 Flache konvergierende Kegelmäntel ($\varphi > 70°$)

Bei flachen Kegelböden mit einem Krempenradius von $r \geq 0.01\ D_{a1}$ beträgt die erforderliche Wanddicke

$$s_l = s_g = 0.3 \cdot (D_{a1} - r) \cdot \frac{|\varphi|}{90} \sqrt{\frac{p}{10 \cdot \frac{K}{S} \cdot v}} + c_1 + c_2 \tag{8}$$

8.2 Äußerer Überdruck

Die Berechnung ist nach Abschnitt 8.2.2 zur Begrenzung bleibender Dehnungen und nach Abschnitt 8.2.3 zum Nachweis ausreichender Stabilität durchzuführen.

Bei divergierendem Kegel ist dabei ein konvergierender Kegel gleichen Öffnungswinkels anzunehmen. Die erforderliche Wanddicke ist dann das 2,5-fache der sich aus der Berechnung als konvergierender Kegel ergebenden Wanddicke. Dieser Nachweis kann ersetzt werden durch den Einbau eines Eckringes nach Abschnitt 8.2.4.

8.2.1 Formabweichungen

Die Berechnung gegen äußeren Überdruck setzt die Einhaltung der in den AD 2000-Merkblättern B 6 und HP 1 festgelegten Grenzen für Formabweichung voraus.

8.2.2 Begrenzung bleibender Dehnungen

Zur Begrenzung bleibender Dehnungen sind bei äußerem Überdruck die Berechnungen nach Abschnitt 8.1 mit nach Abschnitt 4.2 erhöhten Sicherheitsbeiwert durchzuführen.

8.2.3 Stabilität

Zusätzlich muss bei äußerem Überdruck überprüft werden, ob der Kegelbereich ausreichende Sicherheit gegen elastisches und plastisches Beulen aufweist. Dieser Nachweis erfolgt nach AD 2000-Merkblatt B 6 durch Untersuchung eines Ersatzzylinders.

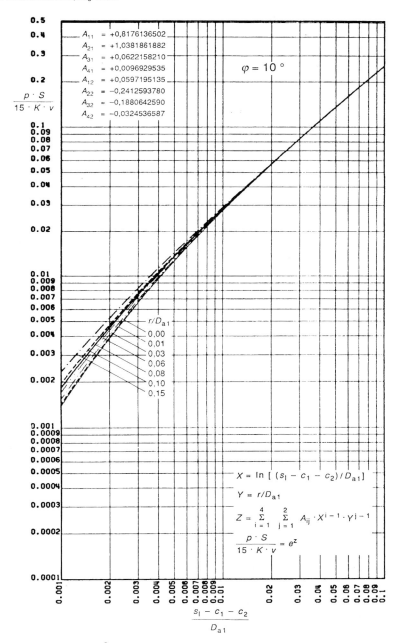

Bild 3.1. Zulässiger Wert $\dfrac{p \cdot S}{15 \cdot K \cdot v}$ für konvergierenden Kegel mit einem Öffnungswinkel $\varphi = 10°$

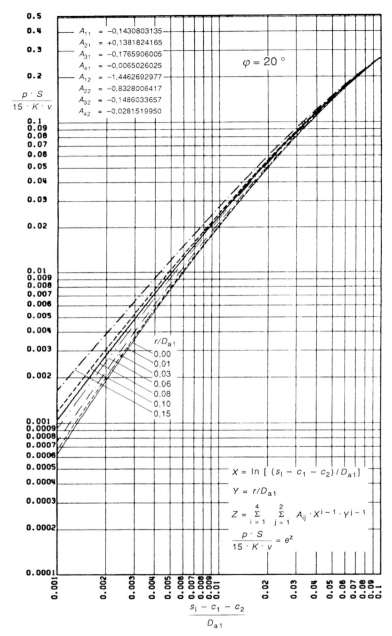

Bild 3.2. Zulässiger Wert $\dfrac{p \cdot S}{15 \cdot K \cdot v}$ für konvergierenden Kegel mit einem Öffnungswinkel $\varphi = 20°$

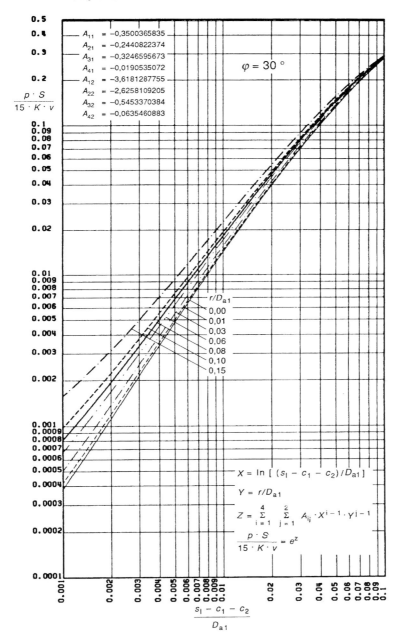

Bild 3.3. Zulässiger Wert $\dfrac{p \cdot S}{15 \cdot K \cdot v}$ für konvergierenden Kegel mit einem Öffnungswinkel $\varphi = 30°$

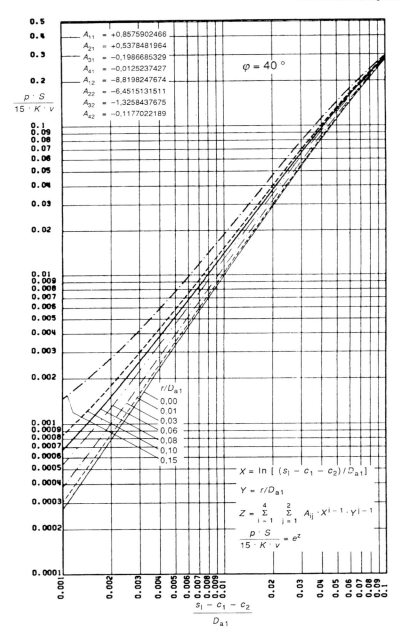

Bild 3.4. Zulässiger Wert $\dfrac{p \cdot S}{15 \cdot K \cdot v}$ für konvergierenden Kegel mit einem Öffnungswinkel $\varphi = 40°$

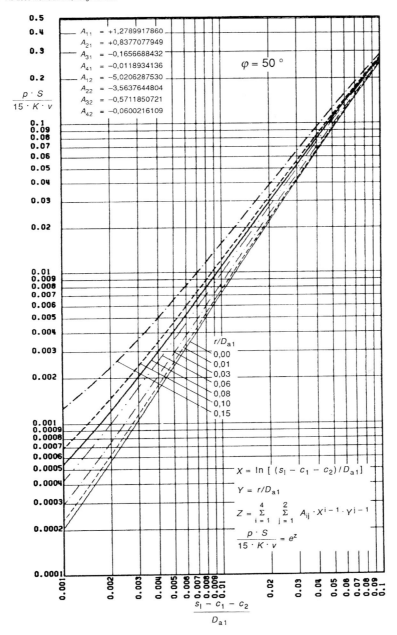

Bild 3.5. Zulässiger Wert $\dfrac{p \cdot S}{15 \cdot K \cdot v}$ für konvergierenden Kegel mit einem Öffnungswinkel $\varphi = 50°$

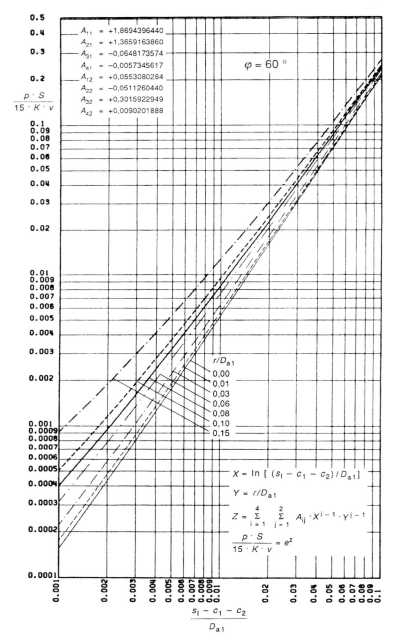

Bild 3.6. Zulässiger Wert $\dfrac{p \cdot S}{15 \cdot K \cdot v}$ für konvergierenden Kegel mit einem Öffnungswinkel $\varphi = 60°$

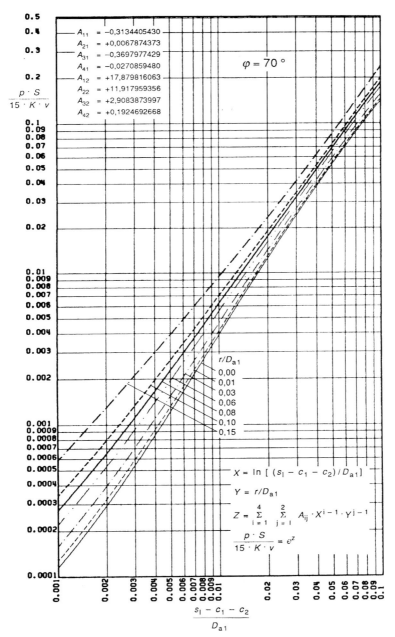

Bild 3.7. Zulässiger Wert $\dfrac{p \cdot S}{15 \cdot K \cdot v}$ für konvergierenden Kegel mit einem Öffnungswinkel $\varphi = 70°$

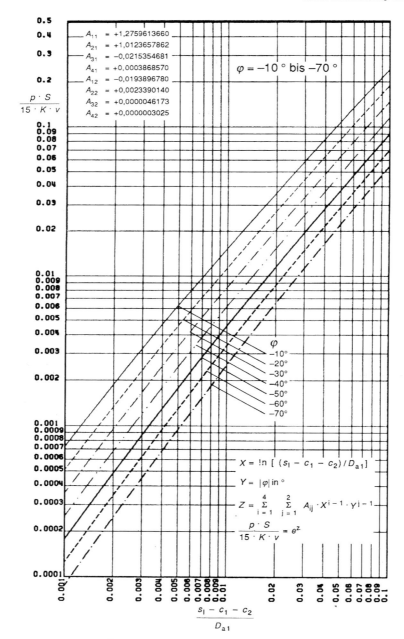

Bild 3.8. Zulässiger Wert $\frac{p \cdot S}{15 \cdot K \cdot v}$ für divergierenden Kegel (Eckstoß) mit einem Öffnungswinkel $\varphi = -10°$ bis $-70°$

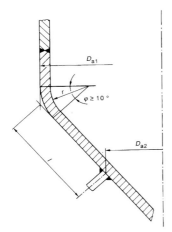

Bild 4. Geometrische Größen bei Beanspruchung durch äußeren Überdruck

Für das in Bild 4 dargestellte Beispiel ergibt sich zwischen Krempe und der dargestellten Versteifung ein Zylinder-Ersatzdurchmesser von

$$D_a = \frac{D_{a1} + D_{a2}}{2 \cdot \cos\varphi} \qquad (9)$$

und eine Zylinder-Ersatzlänge von

$$l = \frac{D_{a1} - D_{a2}}{2\,|\sin\varphi|} \qquad (10)$$

Abhängig von der jeweiligen Randbedingung muss die Ersatzlänge sicher zwischen zwei wirksamen Versteifungen im Sinne von AD 2000-Merkblatt B 6 abgeschätzt werden. Winkel zwischen zylindrischem Mantel und konvergierendem Kegel von $\varphi \geq 10°$ können als wirksame Versteifung betrachtet werden.

8.2.4 Eckringverstärkung für divergierenden Kegel

Ein Eckring im Übergang eines divergierenden Kegelmantels zum zylindrischen Mantel muss folgende Bedingungen erfüllen:

$$I \geq \frac{S_K \cdot p \cdot D_{a1}^4}{960 \cdot E} \cdot |\tan\varphi| \qquad (11)$$

$$A \geq \frac{p \cdot D_{a1}^2}{80 \cdot \frac{K}{S}} \cdot |\tan\varphi| \qquad (12)$$

Dabei ist I das Trägheitsmoment um die Achse parallel zur Symmetrielinie, A die Ringfläche, S_K der Sicherheitsbeiwert gegen elastisches Beulen nach AD 2000-Merkblatt B 6 und D_{a1} der Durchmesser nach Bild 1b. Trägheitsmoment und Fläche der Schale selbst können in einer Breite von $0.5\,\sqrt{D_{a1} \cdot s_l}$ als mittragend berücksichtigt werden.

Die Zylinderersatzlänge nach Formel (10) ist dabei als Summe der meridionalen Einzellänge von Kegel und Zylinder zu bilden.

9 Kleinste Wanddicke

9.1 Die kleinste Wanddicke kegelförmiger Mäntel wird mit 2 mm festgelegt.

9.2 Abweichend von Abschnitt 9.1 gilt für die kleinste Wanddicke bei kegelförmigen Mänteln aus Aluminium und dessen Legierungen 3 mm.

9.3 Ausnahmen von den Festlegungen nach den Abschnitten 9.1 und 9.2 sind im Rahmen des AD 2000-Merkblattes B 0 Abschnitt 10.2 möglich.

10 Schrifttum

[1] *Schwaigerer, S.:* Festigkeitsberechnung im Dampfkessel-, Behälter- und Rohrleitungsbau; 4. Auflage, Springer, 1983.

[2] *Ciprian, J.,* u. *H. Wolf:* Bemessungsvorschläge für kegelförmige Böden unter innerem Überdruck; Chem. Eng. Proc. **18** (1984), S. 5–13.

Anhang zu AD 2000-Merkblatt B 2

11 Erläuterungen

Zu 8.1.1

Grundlage zur Erstellung der Bilder 3.1 bis 3.8 waren geometrisch und physikalisch lineare Spannungsberechnungen ausgewählter Kegel-Zylinder-Kombinationen homogener Wanddicke mit einem numerischen Programm auf der Grundlage des Übertragungs- oder Stufenkörperverfahrens [A1]. Das Bild 3.8 für den divergierenden Kegel gilt für den Eckstoß. Die Verwendung dieses Bildes für krempenförmige Übergänge ist konservativ, weshalb auf die Untersuchung verschiedener r/D_{a1}-Verhältnisse verzichtet wurde. Aus Bild A1, in dem eine typische Spannungsverteilung dargestellt ist, wird deutlich, dass die Beanspruchung im Krempen- (bzw. Eckstoß-)bereich sehr inhomogen und die Höchstbeanspruchung auf einen sehr engen Bereich konzentriert ist. Diese Spannungsverteilung erlaubt bei ausreichend zähem Werkstoffverhalten die Bemessung nach einem elastoplastischen Bemessungskriterium. Gewählt wurde das sogenannte Einspielkriterium [A2], wonach die lokalen Membranvergleichsspannungen (Vergleichsspannungen auf Schalenmittellinie) die Bedingung

$$\sigma_{vm} \leq K$$

und die Gesamtvergleichsspannungen (Vergleichsspannungen auf der Innen- bzw. Außenfaser) die Restriktion

$$\sigma_{vg} \leq K \left[2 - \left(\frac{\sigma_{vm}}{K} \right)^2 \right]$$

erfüllen müssen. Die beiden Vergleichsspannungen wurden nach der Gestaltänderungsenergiehypothese am Ort höchster Beanspruchung im Sinne des Einspielkriteriums gebildet und sind in Abhängigkeit der Parameter s_l/D_{a1} und r/D_{a1} für den Winkelbereich $-70° \leq \varphi \leq 70°$ in der Tafel A1 zusammengefasst.

Die Information dieser Tafel erlaubt die Anwendung anderer Bemessungskriterien; die Bestimmung der Wanddicke muss dann aufgrund der Nichtlinearität $s_l = f\ (s_l/D_{a1})$ auf iterativem Weg erfolgen.

Zu 8.1.2

Wie Bild A1 zeigt, kehren beim konvergierenden Kegel die für den ungestörten Kegelbereich beanspruchungsbestimmenden Tangentialmembranspannungen im Bereich der Krempe das Vorzeichen um. Dies erlaubt, die global wirkende Tangentialmembranspannung mit dem reduzierten Durchmesser D_K nach Formel (7) zu berechnen. Beim divergierenden Kegel hingegen treten gegenüber dem Zylinder die größten Tangentialspannungen auf. Daher muss in diesem Fall der maximale Durchmesser D_K in Formel (6) eingesetzt werden.

Zu 8.2.3

Zur Untersuchung der versteifenden Wirkung von Zylinder-Kegel-Verbindungen wurde eine Reihe von numerischen Stabilitätsberechnungen [A1] mit verschiedenen φ- und r/D-Werten durchgeführt. Das Werkstoffverhalten wurde dabei linear elastisch, die Geometrie imperfektionslos angenommen.

Selbst bei sehr kleinen Kegelöffnungswinkeln war die versteifende Wirkung der Eckverbindung beim konvergierenden Kegel so groß, dass eine Auslegung nach Abschnitt 8.2 zu sicheren Ergebnissen führt. Der Bereich des Öffnungswinkels, bei dem die unversteifte Eckverbindung als wirksame Versteifung im Sinne von AD 2000-Merkblatt B 6 angesehen werden kann, wurde daher in sicherer Abschätzung auf 10° beschränkt.

Ganz anders stellt sich das Stabilitätsverhalten bei divergierenden Kegelschalen dar [A6], wo die beulbestimmenden Membranumfangsspannungen im Abklingbereich erhöht auftreten, was zu drastisch erniedrigten Stabilitätsdrücken führen kann. Dieses Phänomen ist nicht zu befürchten, wenn eine der folgenden Voraussetzungen erfüllt ist:

– Überdimensionierung (d. h. Wanddicke beträgt mehr als das Zweieinhalbfache der Wanddicke, die für den konvergierenden Kegel gleichen Öffnungswinkels notwendig ist).

– Einbau eines Eckringes.

Schrifttum des Anhanges

[A1] *Esslinger, M., Geier, B.,* und *U. Wendt:* Berechnung der Traglast von Rotationsschalen im elastoplastischen Bereich; Stahlbau **3** (1985), S. 76–80.

[A2] *Ciprian, J.:* Ausgewählte Kapitel aus nationalen und internationalen Regelwerken zur Frage der Auslegung von Druckbehältern; VT-Verfahrenstechnik **14** (1980).

[A3] *Findlay, G. E.,* and *W. Timmins:* Toriconical Heads: A Parametric Study of Elastic Stresses and Implications on Design. The International Journal of Pressure Vessels and Piping **15** (1984), S. 213–217.

[A4] *Myler, P.,* and *M. Robinson:* Limit Analysis of Intersecting Conical Pressure Vessels. The International Journal of Pressure Vessels and Piping **18** (1985), S. 209–240.

[A5] Richtlinienkatalog Festigkeitsberechnungen. Behälter und Apparate, Teil 1, 1979. VEB Komplette Chemieanlagen, Dresden.

[A6] *Hey, H.:* Stabilitätsfragen bei Krempen; TÜ **29** (1988) H 12, S. 408–413.

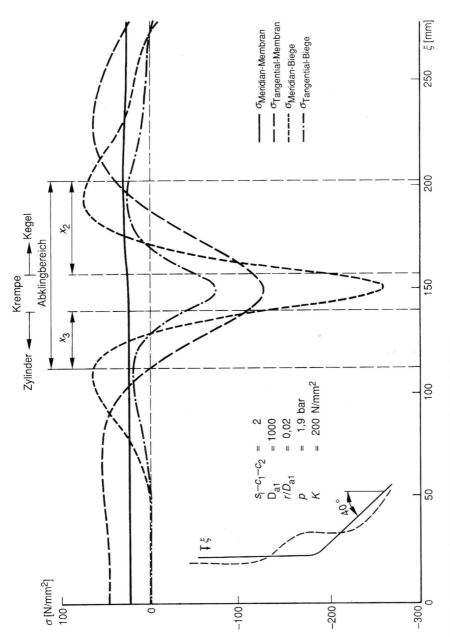

Bild A1. Beispielhafter Spannungsverlauf in einem konvergierenden Kegelboden

Tafel A 1. Interpolationskoeffizienten A_{ij} für die bezogene Membranvergleichsspannung σ_{vm}/p und die Gesamtvergleichsspannung σ_{vg}/p an der höchstbeanspruchten Stelle konvergierender Kegel bzw. divergierender Kegel (Eckstoß)

Konvergierender Kegel ($0° \leq \varphi \leq 70°$)

$$Z = \sum_{i=1}^{4} \sum_{j=1}^{2} A_{ij} \left(\ln \frac{s_l - c_1 - c_2}{D_{a1}} \right)^{i-1} \cdot \left(\frac{r}{D_{a1}} \right)^{j-1}$$

		\multicolumn{2}{c}{$\sigma_{vm}/p = e^Z/10$}		$\sigma_{vg}/p = e^Z/10$	
	i	A_{i1}	A_{i2}		A_{i1}	A_{i2}
10°	1	− 2,5237969597	+ 1,1718103575		+ 0,1496835203	+ 0,3255543662
	2	− 2,4153339023	+ 1,1474454704		− 0,1879063400	+ 0,4167173076
	3	− 0,4038842551	+ 0,3839948118		+ 0,1757519735	+ 0,1836143406
	4	− 0,0330836416	+ 0,0389466712		+ 0,0081195373	+ 0,0313833090
20°	1	− 0,1109670044	+ 0,4722244664		− 0,6668478808	+ 7,3276929901
	2	− 0,6872551935	+ 1,2380603309		− 0,6682163561	+ 5,2817367631
	3	− 0,0812069729	+ 0,5747024263		+ 0,1257423724	+ 1,1471788733
	4	− 0,0186653523	+ 0,0712478607		+ 0,0062924567	+ 0,1029314310
30°	1	+ 3,2299184495	− 2,1818217232		− 0,7114356273	+ 2,9838980255
	2	+ 2,3094075681	− 0,9248619254		− 0,6883641503	+ 2,4407071076
	3	+ 0,6933321727	+ 0,0619133670		+ 0,1576241651	+ 0,5202050650
	4	+ 0,0390535194	+ 0,0428255806		+ 0,0098584261	+ 0,0688575135
40°	1	+ 2,5212270988	+ 4,8684293849		− 1,5948245200	+ 3,5376927693
	2	+ 2,2581979332	+ 3,4690991549		− 1,3902532006	+ 2,6716211775
	3	+ 0,7867433541	+ 0,9137634718		+ 0,0271632095	+ 0,4076937782
	4	+ 0,0503939512	+ 0,1018112152		+ 0,0020815324	+ 0,0542686188
50°	1	+ 0,5185276150	+ 5,2975587044		− 1,3734853008	− 1,9552210270
	2	+ 1,0535897122	+ 3,1202522978		− 1,3146451741	− 1,6454698620
	3	+ 0,5934015673	+ 0,6808922159		+ 0,0637164751	− 0,7399992942
	4	+ 0,0405323870	+ 0,0805186977		+ 0,0057154347	− 0,0361418824
60°	1	− 1,6579394037	+ 2,1641361616		− 1,6749121764	− 3,9034124693
	2	− 0,4569117690	+ 0,1821431876		− 1,6979268164	− 2,6358971212
	3	+ 0,3016339649	− 0,2028321051		− 0,0168563536	− 1,0050513413
	4	+ 0,0225425561	+ 0,0042067218		+ 0,0002791709	− 0,0606765266
70°	1	− 0,4925617936	− 17,557012809		+ 0,5702782982	− 17,976856691
	2	+ 0,2774395555	− 13,735107260		− 0,3317074974	− 11,747523095
	3	+ 0,4841566815	− 3,3337669298		+ 0,2825904061	− 2,9506836442
	4	+ 0,0360758749	− 0,2184950285		+ 0,0209348933	− 0,1984557457

Divergierender Kegel (Eckstoß) ($-70° \leq \varphi \leq 0°$)

$$Z = \sum_{i=1}^{4} \sum_{j=1}^{2} A_{ij} \left(\ln \frac{s_l - c_1 - c_2}{D_{a1}} \right)^{i-1} \cdot |\varphi|^{j-1}$$

	\multicolumn{2}{c}{$\sigma_{vm}/p = e^Z/10$}	$\sigma_{vg}/p = e^Z/10$	
i	A_{i1}	A_{i2}	A_{i1}	A_{i2}
1	− 1,3900928316	+ 0,0214659968	− 1,0710374065	+ 0,0135399856
2	− 1,0854083891	− 0,0014225617	− 0,8739710331	− 0,0060753953
3	+ 0,0059213539	− 0,0000916712	+ 0,0551000435	− 0,0004709124
4	− 0,0009900764	− 0,0000194763	+ 0,0014706982	− 0,0000133725

ICS 23.020.30　　　　　　　　　　　　　　　　　　　　　　　　　Ausgabe Oktober 2000

| Berechnung von Druckbehältern | Gewölbte Böden unter innerem und äußerem Überdruck | AD 2000-Merkblatt B 3 |

Die AD 2000-Merkblätter werden von den in der „Arbeitsgemeinschaft Druckbehälter" (AD) zusammenarbeitenden, nachstehend genannten sieben Verbänden aufgestellt. Aufbau und Anwendung des AD 2000-Regelwerkes sowie die Verfahrensrichtlinien regelt das AD 2000-Merkblatt G1.

Die AD 2000-Merkblätter enthalten sicherheitstechnische Anforderungen, die für normale Betriebsverhältnisse zu stellen sind. Sind über das normale Maß hinausgehende Beanspruchungen beim Betrieb der Druckbehälter zu erwarten, so ist diesen durch Erfüllung besonderer Anforderungen Rechnung zu tragen.

Wird von den Forderungen dieses AD 2000-Merkblattes abgewichen, muss nachweisbar sein, dass der sicherheitstechnische Maßstab dieses Regelwerkes auf andere Weise eingehalten ist, z.B. durch Werkstoffprüfungen, Versuche, Spannungsanalyse, Betriebserfahrungen.

　　　　Fachverband Dampfkessel-, Behälter- und Rohrleitungsbau e.V. (FDBR), Düsseldorf
　　　　Hauptverband der gewerblichen Berufsgenossenschaften e.V., Sankt Augustin
　　　　Verband der Chemischen Industrie e.V. (VCI), Frankfurt/Main
　　　　Verband Deutscher Maschinen- und Anlagenbau e.V. (VDMA), Fachgemeinschaft Verfahrenstechnische Maschinen und Apparate, Frankfurt/Main
　　　　Verein Deutscher Eisenhüttenleute (VDEh), Düsseldorf
　　　　VGB PowerTech e.V., Essen
　　　　Verband der Technischen Überwachungs-Vereine e.V. (VdTÜV), Essen

Die AD 2000-Merkblätter werden durch die Verbände laufend dem Fortschritt der Technik angepasst. Anregungen hierzu sind zu richten an den Herausgeber:

Verband der Technischen Überwachungs-Vereine e.V., Postfach 10 38 34, 45038 Essen.

Inhalt

0　Präambel
1　Geltungsbereich
2　Allgemeines
3　Formelzeichen und Einheiten
4　Sicherheitsbeiwert
5　Ausnutzung der zulässigen Berechnungsspannung in Fügeverbindungen
6　Verschwächungen durch Ausschnitte
7　Zuschläge
8　Berechnung
9　Kleinste Wanddicke

Anhang 1: Erläuterungen

0 Präambel

Zur Erfüllung der grundlegenden Sicherheitsanforderungen der Druckgeräte-Richtlinie kann das AD 2000-Regelwerk angewandt werden, vornehmlich für die Konformitätsbewertung nach den Modulen „G" und „B + F".

Das AD 2000-Regelwerk folgt einem in sich geschlossenen Auslegungskonzept. Die Anwendung anderer technischer Regeln nach dem Stand der Technik zur Lösung von Teilproblemen setzt die Beachtung des Gesamtkonzeptes voraus.

Bei anderen Modulen der Druckgeräte-Richtlinie oder für andere Rechtsgebiete kann das AD 2000-Regelwerk sinngemäß angewandt werden. Die Prüfzuständigkeit richtet sich nach den Vorgaben des jeweiligen Rechtsgebietes.

1 Geltungsbereich

Die Berechnungsregeln gelten für gewölbte Druckbehälterböden, Bild 1, in Klöpper-, Korbbogen- und Halbkugelform

unter innerem und äußerem Überdruck mit folgenden Beziehungen[1]) und Grenzen:

a) Klöpperböden

$R = D_a$　　　　　　　　　　　　　　　(1)
$r = 0{,}1\, D_a$　　　　　　　　　　　　(2)
$h_2 = 0{,}1935\, D_a - 0{,}455\, s_e$　　(3)
$0{,}001 \leq \dfrac{s_e - c_1 - c_2}{D_a} \leq 0{,}1$　　(4)

b) Korbbogenböden

$R = 0{,}8\, D_a$　　　　　　　　　　　　(5)
$r = 0{,}154\, D_a$　　　　　　　　　　　(6)
$h_2 = 0{,}255\, D_a - 0{,}635\, s_e$　　(7)
$0{,}001 \leq \dfrac{s_e - c_1 - c_2}{D_a} \leq 0{,}1$　　(4)

---

[1]) Z. Z. sind nur Berechnungsbeiwerte β für die in DIN 28 011 und 28 013 beschriebenen Bodenformen sowie für den Halbkugelboden in diesem AD 2000-Merkblatt enthalten.

Die AD 2000-Merkblätter sind urheberrechtlich geschützt. Die Nutzungsrechte, insbesondere die der Übersetzung, des Nachdrucks, der Entnahme von Abbildungen, die Wiedergabe auf fotomechanischem Wege und die Speicherung in Datenverarbeitungsanlagen, bleiben, auch bei auszugsweiser Verwertung, dem Urheber vorbehalten.

c) Halbkugelböden

$$\frac{D_a}{D_i} \leq 1,2 \tag{8}$$

2 Allgemeines

2.1 Dieses AD 2000-Merkblatt ist nur im Zusammenhang mit AD 2000-Merkblatt B 0 anzuwenden.

2.2 Die Höhe des zylindrischen Bords ist
a) bei Klöpperböden $\quad h_1 \geq 3,5\,s \quad$ (9)
b) bei Korbbogenböden $\quad h_1 \geq 3,0\,s \quad$ (10)
Sie braucht jedoch folgende Maße nicht zu überschreiten:

Wanddicke		Bordhöhe
	bis 50 mm	150 mm
über 50 mm	bis 80 mm	120 mm
über 80 mm	bis 100 mm	100 mm
über 100 mm	bis 120 mm	75 mm
über 120 mm		50 mm

Bei Halbkugelböden ist kein zylindrischer Bord erforderlich.

2.3 Abweichend von Abschnitt 2.2 können geringere Bordhöhen ausgeführt werden, wenn die Anschlussnaht an den Zylinder entsprechend einer Ausnutzung der zulässigen Berechnungsspannung zu 100 % nach AD 2000-Merkblatt HP 0 wie eine vollbeanspruchte Stumpfnaht zerstörungsfrei geprüft wird.

2.4 Wird ein gewölbter Boden aus einem Krempen- und einem Kalottenteil zusammengeschweißt, so muss die Verbindungsnaht einen ausreichenden Abstand von der Krempe haben. Als ausreichender Abstand gilt
a) bei unterschiedlichen Wanddicken des Krempen- und Kalottenteils

$$x = 0,5\sqrt{R \cdot (s - c_1 - c_2)} \tag{11}$$

wobei s die erforderliche Wanddicke des Krempenteils darstellt,
b) bei gleicher Wanddicke des Krempen- und Kalottenteils
bei Klöpperböden $\quad x = 3,5\,s \quad$ (12)
bei Korbbogenböden $\quad x = 3,0\,s \quad$ (13)
mindestens jedoch 100 mm (siehe Bild 3).

3 Formelzeichen und Einheiten

Über die Festlegungen des AD 2000-Merkblattes B 0 hinaus gilt:
$r \quad$ innerer Krempenradius $\quad$ in mm

4 Sicherheitsbeiwert

4.1 Der Sicherheitsbeiwert ist den Tafeln 2 und 3 des AD 2000-Merkblattes B 0 Abschnitt 7 zu entnehmen. Abweichend hiervon betragen die Werte für Grauguss
a) ungeglüht 7,0
b) geglüht oder emailliert 6,0.

4.2 Der Sicherheitsbeiwert S_K gegen elastisches Einbeulen des Bodens bei äußerem Überdruck ist mit Formel (14) zu berechnen.

$$S_K = 3 + \frac{0,002}{\left(\dfrac{s_e - c_1 - c_2}{R}\right)} \tag{14}$$

Wird ein höherer Prüfdruck als 1,3 p gefordert, so darf der Sicherheitsbeiwert S'_K beim Prüfdruck den Wert

$$S'_K = S_K \cdot \frac{2,2}{3}$$

nicht unterschreiten.

4.3 Der Sicherheitsbeiwert S ist bei allen Nachweisen für äußeren Überdruck gegenüber den Tafeln 2 und 3 des AD 2000-Merkblattes B 0 um 20 % zu erhöhen; ausgenommen davon sind die Werte für Grauguss und Gussbronze.

4.4 Der Nachweis des Kalottenteils gegen plastische Instabilität wird mit dem Sicherheitsbeiwert S nach Abschnitt 4.3 geführt; jedoch ist ein Mindestwert von 2,4 einzusetzen.

5 Ausnutzung der zulässigen Berechnungsspannung in Fügeverbindungen

Zusätzlich zu den Regelungen des AD 2000-Merkblattes B 0 gilt Folgendes:
Bei Prüfung entsprechend 100 %-iger Ausnutzung der zulässigen Berechnungsspannung sowie bei einteiligen Böden ist $v = 1,0$ zu setzen. Darüber hinaus kann bei geschweißten gewölbten Böden – außer bei Halbkugelböden – unabhängig vom Prüfumfang mit $v = 1,0$ gerechnet werden, sofern die Schweißnaht den Scheitelbereich von $0,6\,D_a$ schneidet, siehe Bilder 5 und 6 (linke Hälfte).

6 Verschwächungen durch Ausschnitte

Ausschnitte werden, abhängig von ihrer Lage in Krempe oder Kalotte, nach Abschnitt 8 differenziert berücksichtigt.

7 Zuschläge

Zuschläge siehe AD 2000-Merkblatt B 0. Wanddickenunterschreitung siehe über die in AD 2000-Merkblatt B 0 genannten Regelungen hinaus auch DIN 28 011 und DIN 28 013.

8 Berechnung

8.1 Innerer Überdruck

8.1.1 Kalotte und Halbkugel

Die Wanddicke des Kalottenteils gewölbter Böden sowie von Halbkugelböden ist nach Formel (3) des AD 2000-Merkblattes B 1 mit $D_a = 2\,(R + s_e)$ zu bestimmen.

8.1.2 Ausschnitte in Kalotte oder Halbkugel

Sind Ausschnitte im Scheitelbereich $0,6\,D_a$ von Klöpper- oder Korbbogenböden, Bild 2, und im gesamten Bereich von Halbkugelböden vorhanden, muss deren Verstärkung AD 2000-Merkblatt B 9 genügen.
Bei Verwendung scheibenförmiger Verstärkungen darf der Scheibenrand den Bereich von $0,8\,D_a$ bei Klöpperböden und $0,7\,D_a$ bei Korbbogenböden nicht überschreiten.

8.1.3 Krempe und Halbkugelanschluss

Die erforderliche Wanddicke von Krempen und Halbkugelanschlüssen ist nach Formel (15) zu berechnen.

$$s = \frac{D_a \cdot p \cdot \beta}{40 \cdot \dfrac{K}{S} \cdot v} + c_1 + c_2 \tag{15}$$

Die Berechnungsbeiwerte β sind für Krempen von Klöpperböden Bild 7, von Korbbogenböden Bild 8 in Abhängigkeit von $\dfrac{s_e - c_1 - c_2}{D_a}$ zu entnehmen (iteratives Vorgehen notwendig!). Sowohl in Formel (15) als auch in den Bildern 7 und 8 ist D_a der Durchmesser der zylindrischen Zarge, wie in den Bildern 1 und 2 dargestellt. Die untere Kurve $d_i / D_a = 0$ gilt, wenn der Bereich außerhalb $0,6\,D_a$ nicht durch Ausschnitte verschwächt ist. Für Vollböden in

Halbkugelform gilt im Bereich $x = 0,5\sqrt{R(s-c_1-c_2)}$ neben der Anschlussnaht der Berechnungsbeiwert $\beta = 1,1$; dieser Wert gilt unabhängig vom Verhältnis $\frac{s_e - c_1 - c_2}{D_a}$

8.1.4 Ausschnitte im Krempenbereich

Sind Ausschnitte im Bereich außerhalb $0,6\,D_a$ vorhanden, werden diese durch Erhöhung des Berechnungsbeiwertes entsprechend dem Verhältnis $d_i / D_a > 0$ nach den Bildern 7 und 8 berücksichtigt. Liegt der Steg auf der Verbindungslinie der Mittelpunkte von benachbarten Ausschnitten nicht vollständig innerhalb $0,6\,D_a$, muss die Mindeststegbreite gleich der Summe der halben Ausschnittdurchmesser sein.

8.2 Äußerer Überdruck

8.2.1 Begrenzung bleibender Dehnungen

Mit den gemäß Abschnitt 4.3 erhöhten Sicherheitsbeiwerten sind die Nachweise nach den Abschnitten 8.1.2 bis 8.1.4 zu führen.

8.2.2 Elastisches Beulen

Mit dem Sicherheitsbeiwert S_K nach Abschnitt 4.2 muss untersucht werden, ob ausreichende Sicherheit gegen elastisches Einbeulen gegeben ist. Dies ist der Fall, wenn

$$p \leq 3,66\,\frac{E}{S_K} \cdot \left(\frac{s_e - c_1 - c_2}{R}\right)^2 \quad (16)$$

gilt.

8.2.3 Plastisches Beulen

Kugelsegmentschalen müssen außerdem gegen plastische Instabilität ausgelegt werden. Dies geschieht durch einen Nachweis nach Abschnitt 8.1.1 mit dem in Abschnitt 4.4 festgelegten Sicherheitsbeiwert und unabhängig von der Wertigkeit der Fügeverbindung mit $v = 1,0$.

9 Kleinste Wanddicke

9.1 Die kleinste Wanddicke gewölbter Böden wird mit 2 mm festgelegt.

9.2 Abweichend von Abschnitt 9.1 gilt für die kleinste Wanddicke bei gewölbten Böden aus Aluminium und dessen Legierungen 3 mm.

9.3 Ausnahmen siehe AD 2000-Merkblatt B 0 Abschnitt 10.

9.4 Die kleinste Wanddicke von Gußstücken ergibt sich unter anderem aus der Technik der Herstellung.

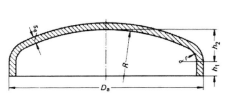
Bild 1. Gewölbter Vollboden

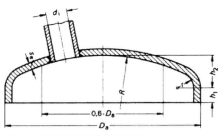
Bild 2. Gewölbter Boden mit Stutzen

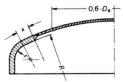
Bild 3. Boden mit unterschiedlicher Wanddicke des Krempen- und Kalottenteils

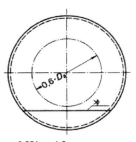
$v = 0,85$ bzw. $1,0$
Bild 4. Schweißnaht außerhalb $0,6\,D_a$

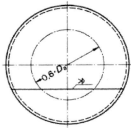
$v = 1,0$
Bild 5. Schweißnaht innerhalb $0,6\,D_a$

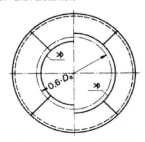
$v = 1,0$ $v = 0,85$ bzw. $1,0$
Bild 6. Boden aus Ronde und Segmenten zusammengesetzt

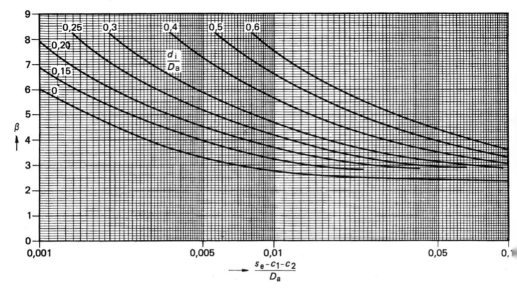

Bild 7. Berechnungsbeiwerte β für gewölbte Böden in Klöpperform

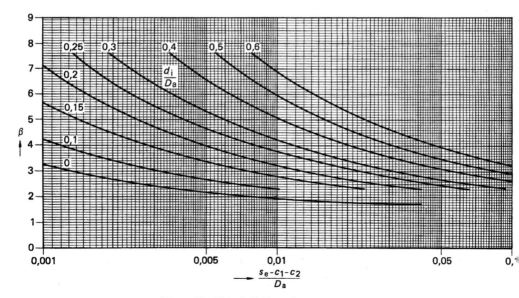

Bild 8. Berechnungsbeiwerte β für gewölbte Böden in Korbbogenform

Anhang 1 zum AD 2000-Merkblatt B 3

Erläuterungen zum AD 2000-Merkblatt B 3

Zu 2.4

Bei der Bestimmung des Übergangs von der Krempe zur Kugelkalotte ist entsprechend DIN 28 011 und 28 013 vom Innendurchmesser auszugehen. Bei dünnwandigen Klöpperböden liegt der Übergang ungefähr bei 0,89 D_i und bei dünnwandigen Korbbogenböden ungefähr bei 0,86 D_i. Mit zunehmender Dickwandigkeit verringern sich die Faktoren.

Zu 8.1

Gegenüber früheren Ausgaben des AD-Merkblattes B 3 fehlt ein Kriterium gegen Beulen im Krempenbereich unter Innendruckbelastung. [2] enthält die Begründung für den Verzicht auf ein explizites Stabilitätskriterium im Geltungsbereich $s \geq 0,001\ D_a$ dieses Merkblattes. Bemessungsgleichungen zur Stabilitätsauslegung von torisphärischen Böden unter Innendruckbelastung finden sich z. B. in [5] und [6].

Zu 8.1.3

Die elastizitätstheoretische Berechnung des Spannungsverlaufes bei Vollböden in Klöpper- und Korbbogenform unter Innendruck erfolgte nach der Stufenkörpermethode [1]. Wie aus Bild A 1 zu ersehen ist, befindet sich die höchstbeanspruchte Stelle eines Klöpperbodens an der Innenfaser der Krempe. Unter Zugrundelegung der Ergebnisse dieser Berechnung wurden die Formzahlen α als Berechnungsbeiwerte im elastischen Verformungsbereich ermittelt, Bilder A 2 und A 3. Hierbei wird α als Quotient der nach der Gestaltänderungsenergie-Hypothese ermittelten Vergleichsspannung an der höchstbeanspruchten Stelle des Bodens und der Membranspannung einer Kugelschale gleichen Durchmessers sowie gleicher Wanddicke definiert.

Der Spannungszustand in gewölbten Böden (im Krempenbereich Biegung in meridionaler Richtung) lässt überelastische Beanspruchungen an der höchstbeanspruchten Stelle zu. Der Berechnungsbeiwert β für den elastoplastischen Verformungsbereich ist als Quotient der Formzahl α und eines Faktors δ, der das elasto-plastische Verhalten des Werkstoffes berücksichtigt, definiert ($\beta = \alpha/\delta$). Dieser Faktor ist in Abhängigkeit von $\frac{s_e - c_1 - c_2}{D_a}$ in den Bildern A 2 und A 3 dargestellt. Die Höchstwerte wurden, ausgehend von den bewährten β-Werten 2,9 für Klöpperböden sowie 2,0 für Korbbogenböden im Bereich $\frac{s_e - c_1 - c_2}{D_a}$ von 0,007 bzw. 0,008, unter Zugrundelegung des elastizitätstheoretisch errechneten α-Wertes ermittelt. Als Minimalwert ergibt sich bei beiden Bodenformen für den Grenzfall $\frac{s_e - c_1 - c_2}{D_a} = 0$ der Faktor 1. Der Anteil der Biegespannung D_a nimmt gegenüber der Normalspannung in diesem Bereich mit fallendem $\frac{s_e - c_1 - c_2}{D_a}$ ab und erreicht im Grenzfall den Wert 0. Für die Kurven des Faktors δ als Funktion von $\frac{s_e - c_1 - c_2}{D_a}$ wurde, ausgehend von $\delta = 1$, ein Ellipsenteil, an den sich ein linearer Ast anschließt, gewählt. Dieser Verlauf ist stetig und trägt den Spannungsanteilen sowie der entsprechenden Stützwirkung Rechnung.

Die diesen Werten zugeordnete bleibende Dehnung an der höchstbeanspruchten Stelle des Bodens kann etwa 1 % erreichen. In Verbindung mit den Sicherheitsbeiwerten nach AD 2000-Merkblatt B 0 gewährleistet der Faktor δ, dass eine plastische Rückverformung vermieden bzw. das in der angelsächsischen Literatur als Shakedown bekannte Kriterium eingehalten wird.

Die Bilder A 2 und A 3 veranschaulichen die Abhängigkeit der α-, β- und δ-Werte für Vollböden in Klöpper- und Korbbogenform vom Verhältnis $\frac{s_e - c_1 - c_2}{D_a}$.

Die Berechnungsbeiwerte β für Klöpper- und Korbbogenböden mit Ausschnitten sind bis zu einem bezogenen Durchmesser von $d_i/D_a = 0,6$ der Tafel 1 des früheren AD-Merkblattes B 3, Ausgabe Januar 1969, entnommen. Diese Werte gelten jedoch nicht für Tangentialstutzen (Stutzen senkrecht zur Behälterachse). Eine Regelung muss dann in jedem Einzelfall von der zuständigen unabhängigen Stelle beurteilt werden. In diesem Fall ist es empfehlenswert, anstelle von Klöpper- oder Korbbogenböden Halbkugelböden vorzusehen.

Bei Ausschnitten mit Durchmessern $d_i > 0,6\ D_a$ empfiehlt es sich, den gewölbten Boden durch ein kegelförmiges Übergangsstück zu ersetzen.

Zu 8.2

Formel (16) entspricht dem kritischen Beuldruck der Kugelschale nach von Kármán und Tsien [3]. Der in dieser Formel enthaltene Sicherheitsbeiwert S_K ist wie der Sicherheitsbeiwert S nach Abschnitt 4.4 nicht als Sicherheit dieser Größenordnung verfügbar, sondern enthält einen schlankheitsabhängigen Abminderungsfaktor, dem der Unterschied zwischen dem theoretischen Ergebnis und den Versuchsdaten Rechnung tragen soll [4].

Schrifttum

[1] Eßlinger, M.: Statische Berechnung von Kesselböden. Springer-Verlag, Berlin 1952.

[2] Hey, H.: Stabilitätsfragen bei Krempen; TÜ **29** (1988) H. 12, S. 408–413.

[3] von Kármán, Th., u. H. S. Tsien: J. Aeron. Sci **7**, Nr. 2, S. 43/50.

[4] Ciprian, J.: Probleme der Stabilitätsberechnung von Doppelmantel- und Vakuumbehältern im chemischen Apparatebau; Chemie-Ingenieur-Technik **45** (1973) Nr. 11, S. 804–810.

[5] Galletly, E. D.: A Simple Design Equation for Preventing Buckling in Fabricated Torispherical Shells under Internal Pressure; J. of Pressure Vessel Technology; **108** (1986) S. 521–525.

[6] C.O.D.A.P. (Code Français de Construction des Appareils à Pression); S.N.C.T., 10 Avenue Hoche, 75382 Paris, Cedex 08.

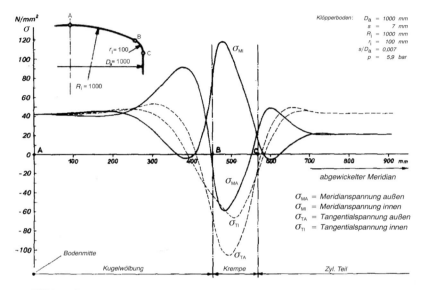

Bild A 1. Spannungsverlauf im Klöpperboden

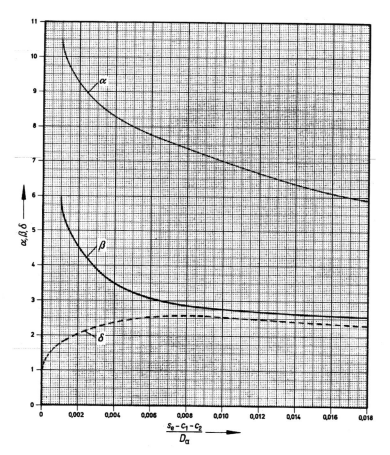

Bild A 2. Berechnungsbeiwerte für Klöpperböden

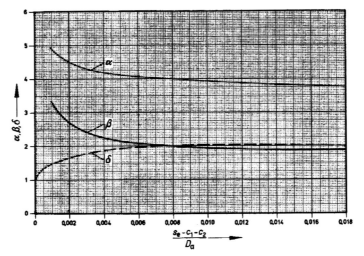

Bild A 3. Berechnungsbeiwerte für Korbbogenböden

ICS 23.020.30
Ausgabe Oktober 2000

Berechnung von Druckbehältern	Tellerböden	AD 2000-Merkblatt B 4

Die AD 2000-Merkblätter werden von den in der „Arbeitsgemeinschaft Druckbehälter" (AD) zusammenarbeitenden, nachstehend genannten sieben Verbänden aufgestellt. Aufbau und Anwendung des AD 2000-Regelwerkes sowie die Verfahrensrichtlinien regelt das AD 2000-Merkblatt G1.

Die AD 2000-Merkblätter enthalten sicherheitstechnische Anforderungen, die für normale Betriebsverhältnisse zu stellen sind. Sind über das normale Maß hinausgehende Beanspruchungen beim Betrieb der Druckbehälter zu erwarten, so ist diesen durch Erfüllung besonderer Anforderungen Rechnung zu tragen.

Wird von den Forderungen dieses AD 2000-Merkblattes abgewichen, muss nachweisbar sein, dass der sicherheitstechnische Maßstab dieses Regelwerkes auf andere Weise eingehalten ist, z.B. durch Werkstoffprüfungen, Versuche, Spannungsanalyse, Betriebserfahrungen.

   Fachverband Dampfkessel-, Behälter- und Rohrleitungsbau e.V. (FDBR), Düsseldorf
   Hauptverband der gewerblichen Berufsgenossenschaften e.V., Sankt Augustin
   Verband der Chemischen Industrie e.V. (VCI), Frankfurt/Main
   Verband Deutscher Maschinen- und Anlagenbau e.V. (VDMA), Fachgemeinschaft Verfahrenstechnische Maschinen und Apparate, Frankfurt/Main
   Verein Deutscher Eisenhüttenleute (VDEh), Düsseldorf
   VGB PowerTech e.V., Essen
   Verband der Technischen Überwachungs-Vereine e.V. (VdTÜV), Essen

Die AD 2000-Merkblätter werden durch die Verbände laufend dem Fortschritt der Technik angepasst. Anregungen hierzu sind zu richten an den Herausgeber:

Verband der Technischen Überwachungs-Vereine e.V., Postfach 10 38 34, 45038 Essen.

Inhalt

0 Präambel
1 Geltungsbereich
2 Allgemeines
3 Formelzeichen und Einheiten
4 Sicherheitsbeiwert
5 Ausnutzung der zulässigen Berechnungsspannung in Fügeverbindungen
6 Verschwächung durch Ausschnitte
7 Zuschläge
8 Berechnung auf inneren Überdruck
9 Berechnung auf äußeren Überdruck
10 Kleinste Wanddicke
11 Schrifttum

Anhang 1: Erläuterungen

0 Präambel

Zur Erfüllung der grundlegenden Sicherheitsanforderungen der Druckgeräte-Richtlinie kann das AD 2000-Regelwerk angewandt werden, vornehmlich für die Konformitätsbewertung nach den Modulen „G" und „B + F".

Das AD 2000-Regelwerk folgt einem in sich geschlossenen Auslegungskonzept. Die Anwendung anderer technischer Regeln nach dem Stand der Technik zur Lösung von Teilproblemen setzt die Beachtung des Gesamtkonzeptes voraus.

Bei anderen Modulen der Druckgeräte-Richtlinie oder für andere Rechtsgebiete kann das AD 2000-Regelwerk sinngemäß angewandt werden. Die Prüfzuständigkeit richtet sich nach den Vorgaben des jeweiligen Rechtsgebietes.

1 Geltungsbereich

Die nachstehenden Berechnungsregeln gelten für Tellerböden von Druckbehältern unter innerem und äußerem Überdruck, bei denen das Verhältnis der Wanddicke der Kugelschale zum Wölbungshalbmesser

$$0{,}005 \leq \frac{s_e - c_1 - c_2}{R} \leq 0{,}1 \qquad (1)$$

ist.

2 Allgemeines

2.1 Dieses AD 2000-Merkblatt ist nur im Zusammenhang mit AD 2000-Merkblatt B 0 anzuwenden.

2.2 Die Wanddicke ebener Böden bildet den Grenzfall für die Wanddicke von Tellerböden.

2.3 Der Übergangsradius r vom Flanschblatt zur Kugelschale muss mindestens 6 mm betragen. Bei wenig verformungsfähigen Werkstoffen, deren Bruchdehnung A_5 unter 10 % liegt, ist der Übergangsradius r mindestens gleich der Wanddicke der Kugelschale auszuführen; er braucht jedoch 30 mm nicht zu übersteigen.

Die AD 2000-Merkblätter sind urheberrechtlich geschützt. Die Nutzungsrechte, insbesondere die der Übersetzung, des Nachdrucks, der Entnahme von Abbildungen, die Wiedergabe auf fotomechanischem Wege und die Speicherung in Datenverarbeitungsanlagen, bleiben, auch bei auszugsweiser Verwertung, dem Urheber vorbehalten.

3 Formelzeichen und Einheiten

Über die Festlegungen des AD 2000-Merkblattes B 0 hinaus gilt:

b	Breite des Flanschblattes	in mm
h_F	Höhe des Flanschblattes	in mm
r	Übergangsradius vom Flanschblatt zur Kugelschale	in mm
s_0	erforderliche Wanddicke der ungestörten Kugelkalotte	in mm
F	Kräfte am Flanschblatt	in N
M	Moment am Flanschblatt	in N mm
φ	hier: Flanschblattneigung	in °
$\bar{x}$	Hilfswert	in mm

4 Sicherheitsbeiwert

4.1 Der Sicherheitsbeiwert ist den Tafeln 2 und 3 des AD 2000-Merkblattes B 0 Abschnitt 7 zu entnehmen. Abweichend hiervon betragen die Werte für Grauguss
a) ungeglüht 7,0
b) geglüht oder emailliert 6,0.

4.2 Der Sicherheitsbeiwert S_K gegen elastisches Einbeulen des Bodens bei äußerem Überdruck ist mit Formel (2) zu berechnen.

$$S_K = 3 + \frac{0{,}002}{\left(\dfrac{s_e - c_1 - c_2}{R}\right)} \qquad (2)$$

Wird ein höherer Prüfdruck als 1,3 p gefordert, so darf der Sicherheitsbeiwert S'_K beim Prüfdruck den Wert

$$S'_K = S_K \cdot \frac{2{,}2}{3} \qquad (3)$$

nicht unterschreiten.

4.3 Der Sicherheitsbeiwert S ist bei allen Nachweisen für äußeren Überdruck gegenüber den Tafeln 2 und 3 des AD 2000-Merkblattes B 0 um 20 % zu erhöhen, ausgenommen davon sind die Werte für Grauguss und Gussbronze.

4.4 Der Nachweis des Kalottenteils gegen plastische Instabilität wird mit dem Sicherheitsbeiwert S nach Abschnitt 4.3 geführt, jedoch ist ein Mindestwert von 2,4 einzusetzen.

5 Ausnutzung der zulässigen Berechnungsspannung in Fügeverbindungen

Die Berechnung gilt auch für Tellerböden, die aus mehreren Teilen zusammengeschweißt sind. Die Ausnutzung der zulässigen Berechnungsspannung in der Schweißnaht einer zusammengesetzten Kugelkalotte ist entsprechend AD 2000-Merkblatt HP 0 zu berücksichtigen.

6 Verschwächung durch Ausschnitte

Ausschnitte in Tellerböden können nach AD 2000-Merkblatt B 9 berechnet werden, wobei als Innendurchmesser der Kugel der doppelte Wölbungsradius einzusetzen ist. Der Abstand des Ausschnittes vom Innenrand des Flansches muß hierbei mindestens der Abklinglänge

$$x = 2\sqrt{(2R + s_e - c_1 - c_2)\cdot(s_e - c_1 - c_2)} \qquad (4)$$

entsprechen.
Bei Verwendung scheibenförmiger Verstärkungen darf der Abstand zwischen Innenrand des Flansches und Scheibenrand

$$\sqrt{(2R + s_e - c_1 - c_2)\cdot(s_e - c_1 - c_2)}$$

nicht unterschreiten.
Ausschnitte im Randbereich sind möglich, wenn auf andere Weise nachgewiesen wird, dass die zulässigen Beanspruchungen nicht überschritten werden.

7 Zuschläge

Zuschläge siehe AD 2000-Merkblatt B 0, Abschnitt 9.

8 Berechnung auf inneren Überdruck

8.1 Tellerböden mit gleicher Wanddicke in Kugelschale und Flansch (Bilder 1 und 2)

Die erforderliche Wanddicke s der Kugelschale ist nach Formel (5) zu berechnen:

$$s = \frac{p \cdot R \cdot \beta}{20 \cdot \dfrac{K}{S} \cdot v} + c_1 + c_2 \leq s_e \qquad (5)$$

mit $\beta = \beta_1 + C_A$ (5a)

Der Berechnungsbeiwert β_1 ist Bild 3 in Abhängigkeit von $\dfrac{d_i}{R}$ und $\dfrac{R}{s - c_1 - c_2}$ zu entnehmen oder mit Formel (6) zu berechnen.

$$\beta_1 = 1 + 0{,}833 \cdot \sqrt{\frac{R}{(s - c_1 - c_2)}} \cdot \sin\alpha \cdot \cos\alpha \qquad (6)$$

$$\text{mit } \sin\alpha = \frac{d_i}{2R} \qquad (7)$$

$$\text{und } \cos\alpha = \sqrt{1 - \left(\frac{d_i}{2R}\right)^2} \qquad (8)$$

Der Ausdruck β darf den Wert 1,85 nicht unterschreiten.

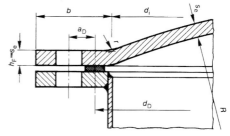

Bild 1. Tellerboden mit gleicher Wanddicke in Kugelschale und Flansch bei innenliegender Dichtung

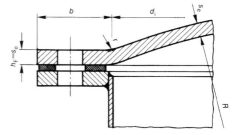

Bild 2. Tellerboden mit gleicher Wanddicke in Kugelschale und Flansch bei durchgehender Dichtung

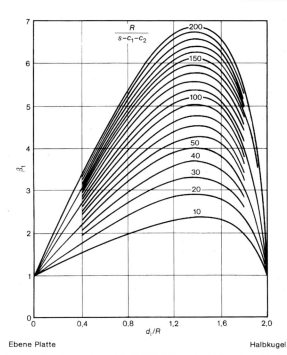

Ebene Platte   Halbkugel

Bild 3. Berechnungsbeiwert β_1 für Tellerböden mit gleicher Wanddicke in Kugelschale und Flansch

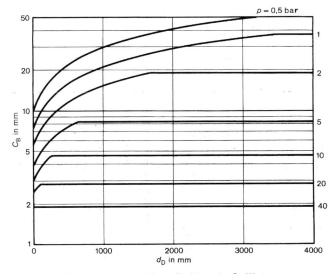

Bild 4. Berechnungsbeiwert C_B zur Ermittlung des C_A-Wertes

Der Berechnungsbeiwert beträgt $C_A = 0$ bei durchgehender Dichtung. Bei innenliegender Dichtung ist er mit Formel (9) zu berechnen.

$$C_A = \frac{130 \cdot d_D \cdot a_D \cdot C_B}{R \cdot (d_i + 2b) \cdot (s - c_1 - c_2)} \quad (9)$$

Für Weichstoff-Dichtungen ist der Berechnungsbeiwert C_B in mm Bild 4 in Abhängigkeit von d_D und p zu entnehmen oder mit Formel (10) und (11) zu berechnen, wobei der kleinere der beiden Werte zu verwenden ist.

$$C_B = 1 + \frac{36}{p} \quad (10)$$

$$C_B = 1 + 6 \cdot \sqrt{\frac{1 + \frac{d_D}{100}}{p}} \quad (11)$$

mit d_D in mm und p in bar

Die Berechnungsbeiwerte C_B gelten für $p \leq 40$ bar und $d_D \leq 4000$ mm.

8.2 Tellerböden mit losem Flansch (Bilder 5 und 6)

8.2.1 Berechnung der Kugelkalotte

Die erforderliche Wanddicke der Kugelkalotte im mittleren ungestörten Bereich (außerhalb des Bereiches der Abklinglänge) ist mit Formel (15) zu berechnen. Die Wanddicke der Kugelkalotte im Bereich der Abklinglänge x nach Formel (4) und im Einspannbereich ist mit Formel (12) zu berechnen.

$$s = \frac{p \cdot R \cdot \beta}{20 \cdot \frac{K}{S} \cdot v} + c_1 + c_2 \leq s_e \quad (12)$$

mit $\beta = \beta_2 \cdot C_C$ (12a)

Der Ausdruck β darf den Wert 1,85 nicht unterschreiten. Der Berechnungsbeiwert C_C ist Bild 7 zu entnehmen oder mit Formel (13) zu berechnen.

$$C_C = \frac{4{,}32 \cdot 10^{-6} \cdot d_i^2 + 0{,}388\, d_i + 745}{d_i + 742} \quad (13)$$

Der Berechnungsbeiwert β_2 ist Bild 8 in Abhängigkeit von $\frac{d_i}{R}$ und $\frac{R}{s - c_1 - c_2}$ zu entnehmen oder im Bereich $0{,}6 \leq \frac{d_i}{R} \leq 1{,}5$ mit Formel (14) zu berechnen.

$$\beta_2 = 1{,}3 \cdot \sqrt{\frac{R}{s - c_1 - c_2}} \cdot \sin\alpha \cdot \cos\alpha - \sin^2\alpha \quad (14)$$

$\sin\alpha$ und $\cos\alpha$ siehe Formeln (7) und (8)

8.2.2 Berechnung der Losflansche

Die Berechnung der Losflansche erfolgt nach AD 2000-Merkblatt B 8.

8.3 Tellerböden mit verstärktem Flansch
(Bilder 9 und 10)

8.3.1 Berechnung der Kugelkalotte

Die erforderliche Wanddicke s_0 der Kugelkalotte im mittleren ungestörten Bereich (außerhalb des Bereiches der Abklinglänge) ist mit Formel (15) zu berechnen.

$$s_0 = \frac{p \cdot R}{20 \cdot \frac{K}{S} \cdot v} + c_1 + c_2 \quad (15)$$

Im Bereich der Abklinglänge x (Randbereich nach Formel (4)) von Kugelkalotten ist die Wanddicke iterativ mit Formel (16) zu berechnen.

$$s = \frac{p \cdot R \cdot C_N \cdot \beta}{20 \cdot \frac{K}{S}} + c_1 + c_2 \leq s_e \quad (16)$$

mit β nach Formel (17a) bzw. (17b) oder Bild 12.

$\beta = 2{,}18 - 0{,}593\, \lg \bar{x} + 0{,}381\, (\lg \bar{x})^2 - 0{,}12\, (\lg \bar{x})^3 \quad (17a)$
$\quad + 0{,}4 (\lg \bar{x})^4$

für $\bar{x} = \frac{s - c_1 - c_2}{R} \cdot \sqrt{d_i \cdot (s - c_1 - c_2)} \leq 3$

bzw.

$\beta = 2 \quad (17b)$

für $\bar{x} = \frac{s - c_1 - c_2}{R} \cdot \sqrt{d_i \cdot (s - c_1 - c_2)} > 3$

Bei Konstruktionen mit einer Schweißnaht im Übergang vom Flanschblatt zur Kugelschale beträgt $C_N = 1{,}2$. Wenn der Übergang mit inneren und äußeren Radien ausgeführt wird, die den im Abschnitt 2.3 genannten Bedingungen entsprechen, beträgt $C_N = 1$.

8.3.2 Berechnung des Flansches

Die Berechnung erfolgt in Anlehnung an AD 2000-Merkblatt B 7 und B 8 bzw. DIN 2505, wobei die Dichtungskennwerte dort entnommen werden können.

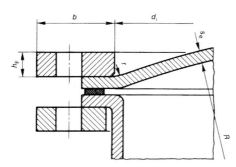

Bild 5. Tellerboden mit losen Flanschen und innenliegender Dichtung

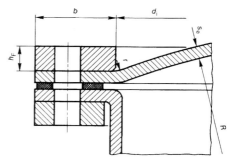

Bild 6. Tellerboden mit losen Flanschen und durchgehender Dichtung

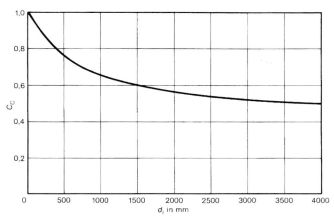

Bild 7. Berechnungsbeiwert C_C für Tellerböden mit losem Flansch

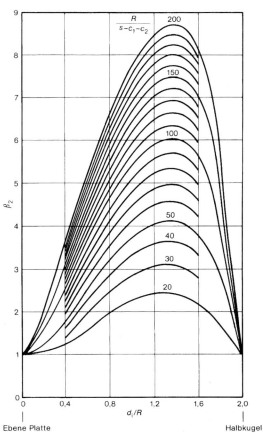

Bild 8. Berechnungsbeiwert β_2 für Tellerböden mit losen Flanschen

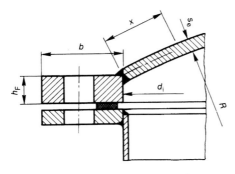

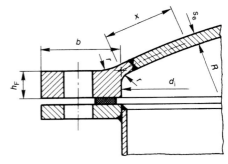

Bild 9. Tellerboden mit verstärktem Flansch; Übergang unbearbeitet

Bild 10. Tellerboden mit verstärktem Flansch; Übergang bearbeitet

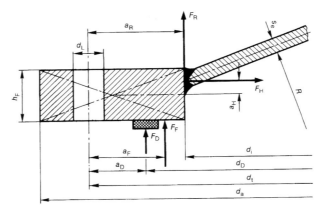

Bild 11. Kräfte am Tellerboden mit verstärktem Flansch

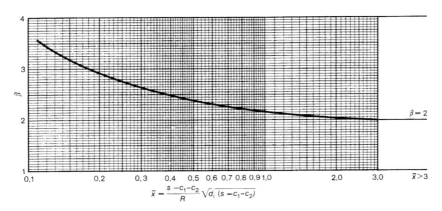

$$\bar{x} = \frac{s - c_1 - c_2}{R} \sqrt{d_i \, (s - c_1 - c_2)}$$

Bild 12. Berechnungsbeiwert β für den Randbereich der Kugelkalotte bei Tellerböden mit verstärktem Flansch

Die Kräfte und Momente betragen im
(1) Betriebszustand:

$$F_{RB} = \frac{p \cdot d_i^2 \cdot \pi}{40} \quad (18)$$

$$F_{FB} = \frac{p \cdot (d_D^2 - d_i^2) \cdot \pi}{40} \quad (19)$$

$$F_{DB} = \frac{p}{10} \cdot \pi \cdot d_D \cdot S_D \cdot k_1 \quad (20)$$

mit $S_D = 1,2$

$$F_{HB} = \frac{p}{20} \cdot \pi \cdot d_i \cdot \sqrt{R^2 - \frac{d_i^2}{4}} \quad (21)$$

$M_B = F_{RB} \cdot a_R + F_{FB} \cdot a_F + F_{DB} \cdot a_D \mp F_{HB} \cdot a_H$ (22)
Additionszeichen für $F_{HB} \cdot a_H$, wenn F_{HB} unterhalb, Substraktionszeichen für $F_{HB} \cdot a_H$, wenn F_{HB} oberhalb des Flanschblattschwerpunktes angreift (siehe Bild 11).

(2) Einbauzustand:

$$F_{DV} = \pi \cdot d_D \cdot k_0 \cdot K_D \text{ bzw. } F_{DV}^+ \quad (23)$$

mit F_{DV}^+ nach AD 2000-Merkblatt B 7, Abschnitt 6.1.2.2

$$M_0 = F_{DV} \cdot a_D \text{ bzw. } M_0 = F_{DV}^+ \cdot a_D \quad (24)$$

(3) Prüfzustand:
Ist der Prüfdruck $p' > 1,3 \cdot p$, sind die Kraftkomponenten und Flanschmomente auch für diesen Lastfall zu ermitteln.

Zur Verfolgung des Einflusses der Horizontalkraft F_{HB} ist der wirksame Randquerschnitt zu ermitteln:

$$A = A_F + A_K \quad (25)$$

mit A_F = Flanschquerschnitt und A_K = anteiliger Kalottenquerschnitt

$$A_F = 0,5 \, (d_a - d_i - 2 \cdot d_L) \cdot h_F \quad (26)$$

$$A_K = (s_e - c_1 - c_2) \cdot \sqrt{\left(R - \frac{d_i^2}{4R}\right) \cdot (s_e - c_1 - c_2)} \cdot \frac{K_K}{K_F} \quad (27)$$

Dabei ist K_K der Festigkeitskennwert für die Kalotte und K_F der Festigkeitskennwert für den Flansch. K_K/K_F darf nicht größer als 1 eingesetzt werden.

Folgende Festigkeitsbedingung ist zu erfüllen:

$$\frac{F_{HB}}{2 \cdot \pi \cdot A} \leq \frac{K_F}{S} \quad (28)$$

Zur Verfolgung des Einflusses des Biegemomentes M_B ist der wirksame Flanschwiderstand zu ermitteln

$W = 2 \cdot 0,9 \, \pi \cdot$

$$\cdot \left[b' \cdot \frac{h_F^2}{4} + \frac{1}{8} d_i \left((s_e - c_1 - c_2)^2 - (s_0 - c_1 - c_2)^2 \right) \right] \quad (29)$$

mit s_0 aus Formel (15) und

$b' = b - d'_L$ (mit d'_L nach AD 2000-Merkblatt B 8, Bild 3) (30)
wobei zur Begrenzung der Flanschblattneigung
$h_{Fmin} \geq 2,5 \, s_e$ sein soll.
Bei $\bar{x} > 3$ (siehe Formel (17) und Bild 12) ist die Flanschblattneigung

$$\varphi = \frac{0,75 \cdot M_B \cdot (d_a + d_i) \cdot 57,3}{E_\theta \cdot W \cdot \left(h_F + 0,9 \sqrt{(d_i + s_e) \cdot s_e}\right)} \quad (31)$$

auf 0,5° zu begrenzen (siehe auch AD 2000-Merkblatt B 8, Abschnitt 6.14).

Folgende Festigkeitsbedingungen sind zu erfüllen:
(1) für den Betriebszustand:

$$\frac{|M_B|}{W} + \frac{1}{S'} \cdot \frac{|F_{HB}|}{2 \pi \cdot A} \leq \frac{K_F}{S} \quad (32)$$

(2) für den Einbauzustand:

$$\frac{|M_0|}{W} \leq \frac{K_F}{S'} \quad (33)$$

(3) für den Prüfzustand:

$$\frac{|M_P|}{W} + \frac{1}{S'} \cdot \frac{|F_{HP}|}{2 \cdot \pi \cdot A} \leq \frac{K_F}{S'} \quad (34)$$

9 Berechnung auf äußeren Überdruck

9.1 Begrenzung bleibender Dehnungen

Mit den gemäß Abschnitt 4.3 erhöhten Sicherheitswerten sind die Nachweise für die Schale im Bereich der Abklinglänge nach den Formeln (5), (12) und (16) sowie im Bereich von Ausschnitten nach AD 2000-Merkblatt B 9 zu führen.
Der Flansch ist sinngemäß nach Abschnitt 8 mit dem Sicherheitsbeiwert nach Abschnitt 4.1 zu berechnen. Dabei gilt jedoch Formel (35) statt Formel (22).

$M_B = -F_{RB} \, (a_R - a_D) - F_{FB} \, (a_F - a_D) \pm F_{HB} \cdot a_H$ (35)

Das positive Vorzeichen gilt, wenn F_{HB} oberhalb, das negative Vorzeichen, wenn F_{HB} unterhalb des Flanschblattschwerpunktes angreift. Auf die Erhöhung der Flächenpressung der Dichtung durch Außendruck ist zu achten.

9.2 Elastisches Beulen

Mit dem Sicherheitsbeiwert S_K nach Abschnitt 4.2 muss untersucht werden, ob ausreichende Sicherheit gegen elastisches Einbeulen gegeben ist; dies ist der Fall, wenn

$$p \leq 3,66 \cdot \frac{E}{S_K} \cdot \left(\frac{s_e - c_1 - c_2}{R}\right)^2 \quad (36)$$

erfüllt ist.

9.3 Plastisches Beulen

Kugelsegmentschalen müssen außerdem gegen plastische Instabilität ausgelegt werden. Dies geschieht durch einen Nachweis nach Formel (15) mit dem in Abschnitt 4.4 festgelegten Sicherheitsbeiwert und unabhängig von der Wertigkeit der Fügeverbindung mit $v = 1,0$.

10 Kleinste Wanddicke

10.1 Die kleinste Wanddicke der Kugelschale von Tellerböden wird mit 2 mm festgelegt.

10.2 Abweichend von Abschnitt 10.1 gilt für die kleinste Wanddicke bei Tellerböden aus Aluminium und dessen Legierungen 3 mm.

10.3 Ausnahmen siehe AD 2000-Merkblatt B 0, Abschnitt 10.

10.4 Die kleinste Wanddicke von Gußstücken ergibt sich unter anderem aus der Technik der Herstellung.

11 Schrifttum

[1] *Hein, G.:* Die Berechnung von Tellerböden. Zeitschrift des TÜV München, Nr. 7 und 8 (1955).
[2] *Hütte* Maschinenbau Teil B; 28. Auflage. Wilhelm Ernst & Sohn (1960).
[3] *Schwaigerer, S.:* Die Festigkeit flachgewölbter Behälterdeckel. BWK **3** (1951), S. 411 ff.
[4] *Schwaigerer, S.:* Festigkeitsberechnung im Dampfkessel-, Behälter- und Rohrleitungsbau; 4. Auflage. Springer (1983).

Anhang 1 zum AD 2000-Merkblatt B 4

Erläuterungen zum AD 2000-Merkblatt B 4

Die Abmessungen der Kugelkalotte können theoretisch zwischen den Grenzen $R = 0{,}5 \cdot d_i$ (Halbkugel) und $R = \infty$ (ebene Kreisplatte) liegen. Die üblichen Abmessungen von Tellerböden liegen bei etwa $d_i/R = 0{,}5$ bis $1{,}5$.

Die zu den Bildern angegebenen Formeln gelten nur in den Grenzen des jeweiligen Bildes.

Zu 8.1 und 8.2

Für Tellerböden mit gleicher Wanddicke in Kugelschale und Flansch wurde auf das von G. Hein [2] unter Berücksichtigung von Versuchsergebnissen aufgestellte Berechnungsverfahren zurückgegriffen. Für dieses Berechnungsverfahren liegen ausreichende Erfahrungen vor.

Zu 8.3

Berechnung des Randquerschnittes der Kugelkalotte:
Der Berechnungsbeiwert β wurde als Ergebnis von Parameteruntersuchungen mit numerischen Verfahren (Übertragungsmatrizen) ermittelt.

Berechnung des Flansches:
Das Bemessungsverfahren entspricht einem vereinfachten Traglastverfahren (Fließgelenkkonzept) in Analogie zum Verfahren für Flanschverbindungen, die mit zylindrischen Körpern verbunden sind, nach DIN 2505 bzw. AD 2000-Merkblatt B 8. Die Lage des Fließgelenks wird am Übergang vom Flansch zur Kugelkalotte angenommen.

Für eine erste grobe Abschätzung kann die Flanschhöhe nach Formel (1) gewählt werden

$$h_F = s_e \cdot \beta_F \qquad (1)$$

mit β_F nach Bild A 1.

Die Anwendung dieses Berechnungsverfahrens setzt eine Flanschhöhe von $h_F \geq 2{,}5\, s_e$ zur Begrenzung der Flanschblattneigung voraus. Eine Begrenzung der Flanschhöhe nach oben kann aus schweißtechnischen Gründen angebracht sein. Außerdem ist bei Flanschwerkstoffen mit einer Streckgrenze bei Raumtemperatur von mehr als etwa 300 N/mm² die Flanschblattneigung im Hinblick auf die Dichtheit der Flanschverbindung zu beachten.

Formel (32) gibt die Überlagerung und Bewertung der im Flanschring in Umfangsrichtung wirkenden Spannungen aus Normalkraft und Biegemoment wieder. Im Flanschring und dem anteiligen Kalottenquerschnitt entsteht durch die Horizontalkraft F_{HB} eine Umfangsspannung der Größe $\sigma_N = F_{HB}/2\pi \cdot A$. Außerdem tritt infolge des äußeren Biegemomentes M_B im Flanschring ein inneres Moment mit radialem Vektor auf, das entsprechend der Flanschberechnung nach dem Fließgelenkkonzept zu einer maximalen Umfangsspannung von $\sigma_B = M_B/W_{pl}$ führt. Unter Anwendung der Traglasttheorie für die Biegeanteile und Formel (28) für die Normalspannungsanteile ergibt sich für die Überlagerung der Spannungen die Festigkeitsbedingung

$$\frac{|M_B|}{W_{pl}} + \frac{1}{S} \cdot \frac{|F_{HB}|}{2\pi \cdot A} \leq \frac{K_F}{S}$$

wobei W_{pl} mit W bezeichnet wird.

Durch die Einführung der Betragszeichen in Formel (32), (33) und (34) wird die ungünstigste Spannungskombination erfasst.

Schrifttum

[1] Schwaigerer, S.: Festigkeitsberechnung im Dampfkessel-, Behälter- und Rohrleitungsbau; 4. Auflage, Springer (1983).

[2] Hein, G.: Die Berechnung von Tellerböden; Zeitschrift des TÜV München, Nr. 7 und 8 (1955).

[3] Hütte Maschinenbau Teil B; 28. Auflage. Wilhelm Ernst und Sohn (1960).

[4] Schwaigerer, S.: Die Festigkeit flachgewölbter Behälterdeckel. BWK **3** (1951), S. 411 ff.

[5] Wellinger, K., Krägeloh, E., u. W. Braig: Untersuchung von Tellerböden. Technische Mitteilung GWK-Verband (1965).

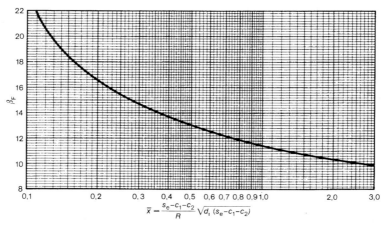

Bild A 1. Berechnungsbeiwerte β_F für die Flanschhöhe

ICS 23.020.30
Ausgabe August 2007

| Berechnung von Druckbehältern | **Ebene Böden und Platten nebst Verankerungen** | AD 2000-Merkblatt **B 5** |

Die AD 2000-Merkblätter werden von den in der „Arbeitsgemeinschaft Druckbehälter" (AD) zusammenarbeitenden, nachstehend genannten sieben Verbänden aufgestellt. Aufbau und Anwendung des AD 2000-Regelwerkes sowie die Verfahrensrichtlinien regelt das AD 2000-Merkblatt G1.

Die AD 2000-Merkblätter enthalten sicherheitstechnische Anforderungen, die für normale Betriebsverhältnisse zu stellen sind. Sind über das normale Maß hinausgehende Beanspruchungen beim Betrieb der Druckbehälter zu erwarten, so ist diesen durch Erfüllung besonderer Anforderungen Rechnung zu tragen.

Wird von den Forderungen dieses AD 2000-Merkblattes abgewichen, muss nachweisbar sein, dass der sicherheitstechnische Maßstab dieses Regelwerkes auf andere Weise eingehalten ist, z. B. durch Werkstoffprüfungen, Versuche, Spannungsanalyse, Betriebserfahrungen.

Fachverband Dampfkessel-, Behälter- und Rohrleitungsbau e.V. (FDBR), Düsseldorf
Hauptverband der gewerblichen Berufsgenossenschaften e.V., Sankt Augustin
Verband der Chemischen Industrie e.V. (VCI), Frankfurt/Main
Verband Deutscher Maschinen- und Anlagenbau e.V. (VDMA), Fachgemeinschaft Verfahrenstechnische Maschinen und Apparate, Frankfurt/Main
Stahlinstitut VDEh, Düsseldorf
VGB PowerTech e.V., Essen
Verband der TÜV e.V. (VdTÜV), Berlin

Die AD 2000-Merkblätter werden durch die Verbände laufend dem Fortschritt der Technik angepasst. Anregungen hierzu sind zu richten an den Herausgeber:

Verband der TÜV e.V., Friedrichstraße 136, 10117 Berlin.

Inhalt

0 Präambel
1 Geltungsbereich
2 Allgemeines
3 Formelzeichen und Einheiten
4 Verschwächungen
5 Zuschläge
6 Berechnung
7 Schrifttum
Anhang 1: Erläuterungen

0 Präambel

Zur Erfüllung der grundlegenden Sicherheitsanforderungen der Druckgeräte-Richtlinie kann das AD 2000-Regelwerk angewandt werden, vornehmlich für die Konformitätsbewertung nach den Modulen „G" und „B + F".

Das AD 2000-Regelwerk folgt einem in sich geschlossenen Auslegungskonzept. Die Anwendung anderer technischer Regeln nach dem Stand der Technik zur Lösung von Teilproblemen setzt die Beachtung des Gesamtkonzeptes voraus.

Bei anderen Modulen der Druckgeräte-Richtlinie oder für andere Rechtsgebiete kann das AD 2000-Regelwerk sinngemäß angewandt werden. Die Prüfzuständigkeit richtet sich nach den Vorgaben des jeweiligen Rechtsgebietes.

1 Geltungsbereich

Die nachstehenden Berechnungsregeln gelten für die Bemessung von ebenen Böden und Platten sowie für Rohrbündel an Wärmeaustauschern im Hinblick auf ihre Verankerungswirkung. Sie beruhen auf den Kirchhoffschen Gleichungen für die Platte unter näherungsweiser Berücksichtigung der Einspannbedingungen und der Lochfelder. Außerdem enthalten die C-Werte auch den Einfluss einer Querkontraktionszahl von 0,3.

Bei Werkstoffen mit wesentlich anderen Querkontraktionszahlen gilt dort, wo die Abmessungen die Grenzen

$$\frac{s_e - c_1 - c_2}{D} \geq \sqrt[4]{0{,}0087 \frac{p}{E}}\,;\ \frac{s}{D} \leq \frac{1}{3}$$

überschreiten, ist eine gesonderte Spannungs- und Verformungsanalyse erforderlich.

Für D ist der jeweilige Berechnungsdurchmesser einzusetzen. Diese Abgrenzung gilt nicht für Rohrplatten, bei denen eine gegenseitige Abstützung durch die Rohre vorliegt.

2 Allgemeines

2.1 Dieses AD 2000-Merkblatt ist nur im Zusammenhang mit AD 2000-Merkblatt B 0 anzuwenden.

2.2 Bei Verwendung von Blindflanschen nach DIN 2527 und Blinddeckeln (ebene Deckel aus Stahl) nach DIN 28122 gelten die Anforderungen nach diesem AD 2000-Merkblatt als erfüllt, sofern Weichstoffdichtungen (z. B. Flachdichtungen für Flansche mit ebener Dichtfläche nach DIN 2690 bis 2692) verwendet werden.

Ersatz für Ausgabe Mai 2004; | = Änderungen gegenüber der vorangehenden Ausgabe

Die AD 2000-Merkblätter sind urheberrechtlich geschützt. Die Nutzungsrechte, insbesondere die der Übersetzung, des Nachdrucks, der Entnahme von Abbildungen, die Wiedergabe auf fotomechanischem Wege und die Speicherung in Datenverarbeitungsanlagen, bleiben, auch bei auszugsweiser Verwertung, dem Urheber vorbehalten.

3 Formelzeichen und Einheiten

Über die Festlegungen des AD 2000-Merkblattes B 0 hinaus gilt:

d_1, d_2	Berechnungsdurchmesser	mm
l_K	Knicklänge	mm
l_w	Walzlänge	mm
l_w^*	Länge der Verbindung zwischen Rohr und Rohrboden	mm
p_i, p_u	Berechnungsdruck in den Rohren bzw. um die Rohre	bar
D_1, D_2, D_3, D_4	Berechnungsdurchmesser	mm
F_A	Axialkraft	N
F_K	Knickkraft	N
F_R	Rohrkraft	N
t	hier: Teilung	mm
λ	Schlankheitsgrad	–

4 Verschwächungen

4.1 Ausschnitte in unverankerten ebenen Böden und Platten

4.1.1 Zentrale Ausschnitte mit dem Durchmesser d_i können für Ausführungen nach den Abschnitten 6.1 und 6.2 über Bild 21 und für Ausführungen nach den Abschnitten 6.3 und 6.4 über Bild 22 berücksichtigt werden.

4.1.2 Die erforderliche Wanddicke der Platte mit Ausschnitt ergibt sich aus den Formeln (2) bis (4), in denen der C- bzw. C_1-Wert nach Tafel 1 bzw. Bild 5 mit dem Ausschnittsbeiwert C_A bzw. C_{A1} multipliziert wird.

4.1.3 Je nachdem, ob ein Ausschnitt ohne anschließenden Stutzen (Ausführung A der Bilder 21 und 22) oder mit Stutzen (Ausführung B der Bilder 21 und 22) vorliegt, sind die Werte C_A bzw. C_{A1} der Kurve A oder B zu entnehmen. Bei Durchmesserverhältnissen $d_i/d_D \geq 0{,}8$ ist die Flanschberechnung nach AD 2000-Merkblatt B 8 anzuwenden.

4.1.4 Nichtmittige Ausschnitte können wie mittige Ausschnitte behandelt werden.

4.1.5 Für runde unverankerte Platten mit gleichsinnigem zusätzlichem Randmoment, bei denen das Verhältnis $(s_e - c_1 - c_2)/d_t \geq 0{,}1$ ist, kann bei mehreren Ausschnitten der Ausschnittsbeiwert C_{A1} wie folgt bestimmt werden.

$$C_{A1} = \sqrt{\frac{A}{A - A_A}} \quad (1)$$

Als A sind der unverschwächte Plattenquerschnitt und als A_A die Summe der Querschnitte der in der am stärksten geschwächten Schnittebene liegenden Ausschnitte einzusetzen.

4.1.6 Für Rohrplatten sind die Verschwächungsbeiwerte nach den Formeln (17) bzw. (18) zu bestimmen.

5 Zuschläge

Siehe AD 2000-Merkblatt B 0 Abschnitt 9. Abweichend davon entfällt jedoch der Zuschlag c_1 bei Wanddicken über 25 mm.

6 Berechnung

6.1 Unverankerte runde ebene Böden und Platten ohne zusätzliches Randmoment

6.1.1 Die erforderliche Wanddicke s unverankerter runder ebener Böden und Platten ohne zusätzliches Randmoment beträgt

$$s = C \cdot D_1 \cdot \sqrt{\frac{p \cdot S}{10\,K}} + c_1 + c_2 \quad (2)$$

Die Berechnungsbeiwerte C und die Berechnungsdurchmesser D_1 sind entsprechend Tafel 1 einzusetzen.

6.2 Unverankerte, rechteckige oder elliptische Platten ohne zusätzliches Randmoment

6.2.1 Die erforderliche Wanddicke s unverankerter, rechteckiger oder elliptischer Platten ohne zusätzliches Randmoment nach Bild 1 beträgt

$$s = C \cdot C_E \cdot f \cdot \sqrt{\frac{p \cdot S}{10\,K}} + c_1 + c_2 \quad (3)$$

Der aus Bild 2 zu entnehmende Beiwert C_E berücksichtigt die besonderen Verhältnisse rechteckiger oder elliptischer Platten. Der C-Wert ist entsprechend den vorliegenden Randbedingungen, bezogen auf die Schmalseite, Tafel 1 zu entnehmen.

6.2.2 Bei Deckeln nach Bild 1 mit einer zusätzlichen Belastung durch Bügelschrauben muss die der Innendruckbeanspruchung gleichgerichtete zulässige Schraubenbelastung berücksichtigt werden. In der Regel genügt es, in Formel (3) anstelle von p den Wert $1{,}5\,p$ einzusetzen.

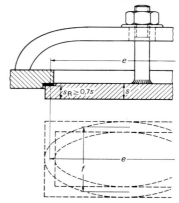

Bild 1. Von innen vorgelegte, unverankerte rechteckige oder elliptische Platte ohne zusätzliches Randmoment

6.3 Unverankerte runde Platten mit zusätzlichem Randmoment

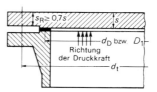

Bild 3. Unverankerte runde Platte mit zusätzlichem gleichsinnigem Randmoment

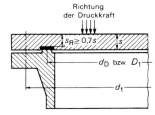

Bild 4. Unverankerte runde Platte mit zusätzlichem gegensinnigem Randmoment

6.3.1 Die erforderliche Wanddicke s unverankerter runder Platten mit zusätzlichem gleichsinnigem Randmoment beträgt

$$s = C_1 \cdot d_D \cdot \sqrt{\frac{p \cdot S}{10\,K}} + c_1 + c_2 \qquad (4)$$

Der C_1-Wert kann in Abhängigkeit vom Verhältnis d_t/d_D und dem Wert δ aus Bild 5 entnommen werden. Hierbei beträgt das Verhältnis der erforderlichen Schraubenkraft zur Innendruckkraft

$$\delta = 1 + 4\,\frac{k_1 \cdot S_D}{d_D} \qquad (5)$$

wobei in der Regel $S_D = 1{,}2$ eingesetzt und der Dichtungskennwert k_1 dem AD 2000-Merkblatt B 7 entnommen werden kann. Bei gegensinnigem Randmoment kann $C_1 = 0{,}35$ gesetzt werden.

6.3.2 Platten, die entsprechend den vorstehenden Formeln ausgelegt sind, genügen den Festigkeitsanforderungen. Es können jedoch z. B. bei Platten aus hochfesten Stählen sowie bei Platten aus Nichteisenmetallen oder bei Platten größeren Durchmessers Schwierigkeiten bezüglich Abdichtung und zulässiger Schraubenbiegung wegen zu großer Schrägstellung der Platten auftreten. Es wird deshalb empfohlen, bei Weichstoffdichtungen und Metallweichstoffdichtungen die Plattenneigung φ in der Größenordnung von etwa 0,5° bis 1° zu begrenzen [17]. Die Platte muss dann unter Umständen dicker ausgeführt sein, als es aufgrund der Festigkeitsanforderung notwendig wäre.

6.4 Unverankerte rechteckige oder elliptische Platten mit zusätzlichem gleichsinnigem Randmoment

Die erforderliche Wanddicke s unverankerter rechteckiger oder elliptischer Platten mit zusätzlichem gleichsinnigem Randmoment wird sinngemäß nach Formel (3) aus Abschnitt 6.2.1 berechnet, wobei statt C der auf die Schmalseite der Platte bezogene C_1-Wert nach Abschnitt 6.3.1 aus Bild 5 eingesetzt wird.

6.5 Runde ebene Böden und Platten mit einer zentralen Verankerung durch ein Rohr oder einen Vollanker

6.5.1 Die erforderliche Wanddicke s runder ebener Böden und Platten mit einer zentralen Verankerung durch ein Rohr oder einen Vollanker beträgt

$$s = C_2 \cdot (D_1 - d_1) \cdot \sqrt{\frac{p \cdot S}{10\,K}} + c_1 + c_2 \qquad (6)$$

wobei der Berechnungsbeiwert C_2 und die Berechnungsdurchmesser D_1 und d_1 entsprechend Tafel 2 einzusetzen sind.

6.5.2 Die zentralen Anker oder Ankerrohre müssen die auf sie entfallende Axialkraft (Zug- oder Druckkraft) mit einer Sicherheit $S = 1{,}5$ aufnehmen können. Die Axialkraft beträgt

$$F_A = C_Z \cdot \frac{\pi \cdot D_1^2 \cdot p}{40} \qquad (7)$$

wobei C_Z in Abhängigkeit von D_1/d_1 Bild 6 entnommen werden kann. Die Formel (6) berücksichtigt nicht die Wirkung unterschiedlicher Wärmedehnung von Mantel und Rohren sowie in den Platten selbst. Wenn die Wirkung unterschiedlicher Wärmedehnung berücksichtigt werden muss, sind entsprechende Vereinbarungen zwischen Hersteller und Besteller/Betreiber zu treffen.

6.5.3 Wird der Anker durch axialen Druck beansprucht, so ist zusätzlich die Knicksteifigkeit nach Euler nachzuweisen. Die zulässige Knickkraft beträgt

$$F_K = \frac{\pi^2 \cdot E \cdot I}{l_K^2 \cdot S_k} \qquad (8\,a)$$

wobei $S_k = 3{,}0$ für den Betriebszustand gilt. Anstelle von S_k ist im Prüfzustand $S_k' = 2{,}2$ einzusetzen. Die Länge l_K ist je nach Belastungsfall aus Tafel 3 in Abhängigkeit von l_0 zu bestimmen. Dabei ist l_0 die Länge zwischen den Punkten, in denen der Anker in seiner ursprünglichen Richtung geführt wird.

Schlankheitsgrade

$$\lambda = \frac{4 \cdot l_K}{\sqrt{d_a^2 + d_i^2}} \qquad (9\,a)$$

über 200 sollen vermieden werden. In Formel (9 a) bedeuten d_a Außendurchmesser und d_i Innendurchmesser der Ankerrohre.

Formel (8 a) gilt nur im Schlankheitsbereich

$$\lambda > \lambda_0 \approx \pi\,\sqrt{\frac{E}{K}} \qquad (9\,b)$$

Bei kleineren Schlankheitsgraden beträgt die zulässige Knickkraft von Rohrankern

$$F_K = \frac{K}{S}\,\pi \cdot \frac{d_a^2 - d_i^2}{4}\left[1 - \frac{\lambda}{\lambda_0}\left(1 - \frac{S}{S_K}\right)\right] \qquad (8\,b)$$

wobei $S_k = 3{,}0$ für den Betriebszustand gilt. Anstelle von S_k ist im Prüfzustand $S_k' = 2{,}2$ einzusetzen.

6.6 Ebene, durch Stehbolzen versteifte Platten

6.6.1 Die erforderliche Wanddicke s ebener, durch Stehbolzen versteifter Platten beträgt bei gleichmäßig über die druckbelastete Fläche verteilter Verankerung nach Bild 7

$$s = C_3 \cdot \sqrt{\left(t_1^2 + t_2^2\right) \cdot \frac{p \cdot S}{10\,K}} + c_1 + c_2 \qquad (10)$$

Der Berechnungsbeiwert C_3 ist der Tafel 4 zu entnehmen.

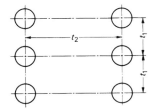

Bild 7. Gleichmäßig verteilte Verankerung

Tafel 3. l_K für verschiedene Belastungsfälle

Darstellung des Belastungsfalles	Freie, in der Achse geführte Stabenden (Rohr oder Anker zwischen 2 Stützblechen)	Ein Stabende eingespannt, das andere frei in der Achse geführt (Rohr oder Anker zwischen Rohrboden und Stützblech)	Eingespannte, in der Achse geführte Stabenden (Rohr oder Anker zwischen 2 Rohrböden)
Freie Knicklänge $l_K =$	l_0	$0{,}7\, l_0$	$0{,}5\, l_0$

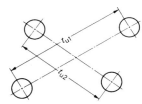

Bild 8. Ungleichmäßig verteilte Verankerung

6.6.2 Die erforderliche Wanddicke s ebener, durch Stehbolzen versteifter Platten beträgt bei ungleichmäßig verteilter Verankerung nach Bild 8

$$s = C_3 \cdot \frac{t_{u1} + t_{u2}}{2} \cdot \sqrt{\frac{p \cdot S}{10\,K}} + c_1 + c_2 \qquad (11)$$

Der Berechnungsbeiwert C_3 ist der Tafel 4 zu entnehmen.

Tafel 4. Berechnungsbeiwert ebener, durch Stehbolzen versteifter Platten

Ausführungsform der Stehbolzen	Berechnungsbeiwert C_3
eingeschraubt und vernietet oder eingeschraubt und aufgedornt	0,47
eingeschraubt und beidseits mit Muttern versehen	0,44
eingeschweißt	0,40

6.7 Runde ebene Platten an Wärmeaustauschern

Die Berechnung erfolgt nach den Abschnitten 6.7.1 bis 6.7.6; in jedem Fall ist Abschnitt 6.7.7 zu beachten.

6.7.1 Runde ebene Platten, die durch die Rohre und den Mantel gegenseitig verankert sind

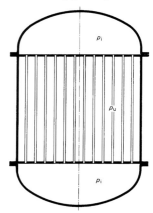

Bild 9. Runde ebene Platten, die durch Rohre und Mantel gegenseitig verankert sind

6.7.1.1 Die erforderliche Wanddicke s runder ebener Platten nach Bild 9, die durch die Rohre und den Mantel gegenseitig verankert sind, beträgt

$$s = 0{,}40\, d_2 \cdot \sqrt{\frac{p \cdot S}{10\,K}} + c_1 + c_2 \qquad (12)$$

wobei als p der größere der beiden Drücke in den Rohren oder um die Rohre einzusetzen ist. Der Berechnungsdurchmesser d_2 ist der Durchmesser des größten im unberohrten Teil einbeschriebenen Kreises (siehe Bild 10).

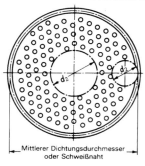

Bild 10. Bestimmung des Berechnungsdurchmessers d_2

6.7.1.2 Bei eingewalzten Rohren muss ausreichende Sicherheit gegen Herausziehen der Rohre vorhanden sein. Diese ist anzunehmen, wenn die Beanspruchung der Walzverbindung, die sich aus der Rohrkraft F_R (siehe Abschnitt 6.7.1.4) und der wirksamen Stützfläche A_w ergibt, die nachstehenden Werte der Tafel 5 nicht überschreitet.

Als wirksame Stützfläche ist anzusehen

$$A_W = (d_a - d_i) \cdot l_w \qquad (13)$$

jedoch höchstens

$$A_W = 0{,}1 \cdot d_a \cdot l_w \qquad (14)$$

Tafel 5. Zulässige Beanspruchung der Walzverbindung

Art der Walzverbindung	Zulässige Beanspruchung der Walzverbindung F_R/A_W in N/mm²
glatt	150
mit Rille	300
mit Bördel	400

Die Walzlänge l_w muss mindestens 12 mm betragen und darf höchstens mit 40 mm in die Berechnung der Stützfläche eingeführt werden.

6.7.1.3 Bei eingeschweißten Rohren nach Bild 11 müssen die Schweißnähte in der Lage sein, die gesamte ins Rohr zu übertragende Kraft aufzunehmen. Die Nahtdicke im Abscherquerschnitt muss mindestens betragen

$$g = 0,4 \; \frac{F_R \cdot S}{d_a \cdot K} \qquad (15)$$

6.7.1.4 Der Berechnung der Rohrkraft F_R ist die auf ein Rohr entfallende Belastungsfläche A_R zugrunde zu legen. Sie ist für ein vollberohrtes Feld durch die schraffierte Fläche in Bild 12 dargestellt. Bei teilweise berohrten Feldern muss der Anteil des Randfeldes berücksichtigt werden. Bei Randfeldern in ebenen Böden ist die Bodenfläche bis zum Ansatz der Bodenkrempe in Betracht zu ziehen. Bei Randfeldern in ebenen Platten kann die Belastung des Randfeldes bis zur Hälfte durch die unmittelbar angrenzende Behälterwand als aufgenommen angesehen werden.

6.7.1.5 Werden die Rohre auf Knicken beansprucht, so ist Abschnitt 6.5.3 zusätzlich zu beachten. Liegt die Knickkraft über der nach Formel (8 a) zulässigen Knickkraft, so beträgt die erforderliche Wanddicke s der Platten

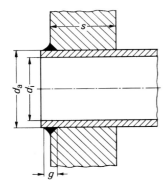

Bild 11. Schweißnahtdicke eingeschweißter Rohre

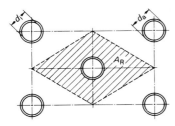

Bild 12. Belastungsfläche A_R

$$s = C \cdot \sqrt{\frac{D_1^2 - n \cdot d_i^2}{v} \cdot \frac{p_i \cdot S}{10\,K}} + c_1 + c_2 \qquad (16)$$

Die Berechnungsbeiwerte C sind Tafel 1 bzw. Bild 5 zu entnehmen. Der Verschwächungsbeiwert wird wie folgt bestimmt

$$v = \frac{t - d_a^*}{t} \qquad (17)$$

mit

$$d_a^* = \max\left\{\left(d_a - 2 \cdot s_t \cdot \left(\frac{E_t}{E}\right) \cdot \left(\frac{K_t}{K}\right) \cdot \left(\frac{l_w^*}{s}\right)\right); \frac{d_a}{1,2}\right\} \qquad (18)$$

In Formel (18) steht der Index „t" für die Rohrparameter und l_w^* für die Länge der Verbindung zwischen Rohr und Rohrboden ($l_w^* = g + \sqrt{d_a \cdot s_t}$ bei eingeschweißten Rohren; $l_w^* = l_w$ bei eingewalzten Rohren; $l_w^* = g + l_w$ bei eingeschweißten und eingewalzten Rohren). E_t/E und K_t/K sowie l_w^*/s dürfen nicht maximal 1 eingesetzt werden.

6.7.1.6 Formel (12) berücksichtigt nicht die Wirkung unterschiedlicher Wärmedehnung von Mantel und Rohren sowie in den Platten selbst. Wenn die Wirkung unterschiedlicher Wärmedehnung berücksichtigt werden muss, sind entsprechende Vereinbarungen zwischen Hersteller und Besteller/Betreiber zu treffen.

6.7.1.7 Sofern der Druck in den Rohren größer ist als der doppelte Wert des Druckes um die Rohre ($p_i > 2 \cdot p_u$), muss nachgewiesen werden, dass der Mantel die aus p resultierende Axialkraft zusätzlich aufnehmen kann.

6.7.2 Runde, ebene vollberohrte Platten mit rückkehrenden Rohren

6.7.2.1 Die erforderliche Wanddicke s runder, ebener vollberohrter Platten mit rückkehrenden Rohren nach Bild 13 beträgt

$$s = C \cdot D_1 \cdot \sqrt{\frac{p_i \cdot S}{10\,K \cdot v}} + c_1 + c_2 \qquad (19)$$

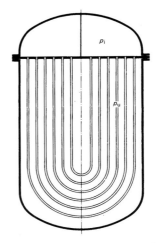

Bild 13. Runde, ebene vollberohrte Platten mit rückkehrenden Rohren

bzw.

$$s = C \cdot D_1 \cdot \sqrt{\frac{p_u \cdot S}{10 K \cdot v}} + c_1 + c_2 \qquad (20)$$

Der größere Wert aus den Formeln (19) und (20) ist für die Bemessung maßgebend. Die dem jeweiligen Druckraum zugeordneten Berechnungsdurchmesser und Berechnungsbeiwerte sind Tafel 1 bzw. Bild 5 zu entnehmen. Für den Verschwächungsbeiwert gelten die Formeln (17) und (18).

6.7.2.2 Bei eingewalzten Rohren ist außerdem Abschnitt 6.7.1.2 sinngemäß zu beachten. Dabei ist

$$F_R = \frac{d_i^2 \cdot \pi \cdot p_i}{40} \qquad (21)$$

6.7.3 Ebene teilweise oder ungleichmäßig berohrte Platten mit rückkehrenden Rohren

6.7.3.1 Die erforderliche Wanddicke s runder, ebener teilweise oder ungleichmäßig berohrter Platten mit rückkehrenden Rohren beträgt

$$s = C_4 \cdot D_1 \cdot \sqrt{\frac{p_i \cdot S}{10 K \cdot v}} + c_1 + c_2 \qquad (22)$$

bzw.

$$s = C_4 \cdot D_1 \cdot \sqrt{\frac{p_u \cdot S}{10 K \cdot v}} + c_1 + c_2 \qquad (23)$$

Entsprechend Abschnitt 6.7.2.1 ist die Wanddicke nach den Formeln (22) und (23) mit den zugehörigen C_4-Werten zu bestimmen, wobei die größere Wanddicke für die Bemessung maßgebend ist. Die erforderliche Wanddicke der unberohrten Platte darf jedoch nicht unterschritten werden.

Die Berechnungsbeiwerte C_4 sind dem Bild 14 zu entnehmen. Für den Verschwächungsbeiwert gelten die Formeln (17) und (18).

6.7.3.2 Bei Platten mit Rohrgassen (mehrflutige Wärmeaustauscher), bei Platten, deren Rohrfeld sich nicht bis zum Plattenrand erstreckt (z. B. rechteckiges Rohrfeld), oder bei ungleichen Teilungen in den einzelnen Durchmessern konzentrischer Rohrreihen ist die Berechnung für jeden Abstand l (mittlerer Abstand der Mitten der Rohre der betrachteten Rohrreihe vom Plattenmittelpunkt) gesondert durchzuführen, wobei der größte Wert $\frac{C_4}{\sqrt{v}}$ für die Bemessung maßgebend ist. Hinweise zur Bestimmung von l finden sich im Anhang 1.

Außerhalb des Rohrfeldes liegende Einzelrohre dürfen hierbei nicht berücksichtigt werden. Wenn vor Mantelstutzen entsprechende unberohrte Randfelder angeordnet werden müssen, können sie unberücksichtigt bleiben.

6.7.3.3 Bei eingewalzten Rohren ist außerdem Abschnitt 6.7.1.2 sinngemäß zu beachten. Dabei ist F_R nach Formel (21) zu bestimmen.

6.7.4 Runde, ebene Rohrplatten mit einer frei beweglichen Gegenplatte eines Schwimmkopfes

6.7.4.1 Die erforderliche Wanddicke s runder, ebener Rohrplatten mit einer frei beweglichen Gegenplatte nach Bild 15 beträgt

$$s = C_5 \cdot D_1 \cdot \sqrt{\frac{p_i \cdot S}{10 K \cdot v}} + c_1 + c_2 \qquad (24)$$

bzw.

$$s = C_5 \cdot D_1 \cdot \sqrt{\frac{p_u \cdot S}{10 K \cdot v}} + c_1 + c_2 \qquad (25)$$

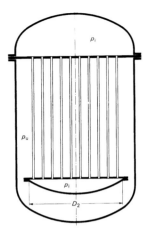

Bild 15. Runde, ebene Platten an Wärmeaustauschern, deren Rohrbündel mit einem Schwimmkopf versehen ist

Die dem jeweiligen Druckraum zugeordneten Berechnungsdurchmesser sind Tafel 1 bzw. den Bildern 3 oder 4 zu entnehmen. Der größte Wert s nach den Formeln (24) und (25) ist für die Bemessung maßgebend. Für den Verschwächungsbeiwert v gelten die Formeln (17) und (18). Für die Berechnung der erforderlichen Wanddicke s für die frei bewegliche Rohrplatte ist statt D_1 gemäß Bild 15 D_2 in die Formeln (24) und (25) einzusetzen.

6.7.4.2 Die dem jeweiligen Druckraum zugeordneten Berechnungsbeiwerte C_5 sind Bild 16 zu entnehmen. Die für die Ausführungsform maßgebende Kurve ergibt sich aus den Randbedingungen. Die für zusätzliche Randmomente maßgebenden Kurven gelten für δ = 1,5 (siehe Formel [5]). Bei Dichtungen mit anderen δ-Werten muss C_5 mit dem Faktor $\sqrt{\frac{\delta}{1,5}}$ multipliziert werden. Der Wert C_5 muss mindestens mit 0,15 in die Rechnung eingesetzt werden.

6.7.4.3 Der Abstand l ist der mittlere Abstand der Mitten der außen liegenden Rohre vom Plattenmittelpunkt zuzüglich eines halben Rohrdurchmessers. Erläuterungen zur Bestimmung von l finden sich im Anhang 1. Außerhalb des Rohrfeldes liegende Einzelrohre dürfen nicht berücksichtigt werden. Wenn vor Mantelstutzen entsprechende unberohrte Randfelder angeordnet werden müssen, können sie unberücksichtigt bleiben.

6.7.4.4 Es ist außerdem zu prüfen, ob die Randrohre (ungefähr die beiden äußeren Rohrreihen) mit ihren Verbindungen zum Rohrboden die Belastung $p_u \cdot D_2^2 \cdot \frac{\pi}{40}$ als Knick- und Druckbelastung und $p_i \cdot D_2^2 \cdot \frac{\pi}{40}$ als Zugbelastung ertragen.

Hierbei bezieht sich D_2 auf die bewegliche Rohrplatte. Ist die Beanspruchung der Randrohre zu groß, so ist die erforderliche Anzahl der tragenden Rohre zu bestimmen. Nach Abzug dieser tragenden Rohre vom vorhandenen Rohrfeld ergibt sich ein kleinerer Rohrfelddurchmesser, damit ein kleineres l' und aus Bild 16 ein größerer Wert für C_5, mit dem die Plattendicke zu dimensionieren ist. Für die Belastung der Randrohre gilt dann als Drucklast

$p_u/40 \cdot (4 \cdot l'^2 + n \cdot d_a^2) \cdot \pi$ und als Zuglast
$p_i/40 \cdot (4 \cdot l'^2 + n \cdot d_i^2) \cdot \pi$. Dabei ist n die Anzahl der tragenden Randrohre. Wenn $\frac{l'}{D_1} < 0{,}1$ ist, gilt für C_5 der jeweilige Maximalwert.

6.7.4.5 Für die Knickbelastung der Rohre des inneren Rohrfeldes ist der Druck p_i maßgebend. Als Belastungsfläche eines Rohres ist die in Abschnitt 6.7.1.4 angegebene und um den Rohrquerschnitt erweiterte Belastungsfläche anzunehmen.

6.7.5 Runde, ebene Rohrplatten an Wärmeaustauschern mit einem Ausgleichselement im Mantel

6.7.5.1 Die erforderliche Wanddicke s runder, ebener Rohrplatten an Wärmeaustauschern mit einem Ausgleichselement im Mantel nach den Bildern 17 und 18 beträgt mit

$$p = p_i + p_u \cdot \frac{D_3^2 - 4\, l^2}{D_1^2} \qquad (26)$$

$$s = C_5 \cdot D_1 \cdot \sqrt{\frac{p \cdot S}{10\, K \cdot v}} + c_1 + c_2 \qquad (27)$$

Der Durchmesser D_1 ist Tafel 1 bzw. den Bildern 3 oder 4 entsprechend den Randbedingungen im Rohrraum zu entnehmen.
Für die Bestimmung von l in Formel (26) ist Abschnitt 6.7.4.3 sinngemäß anzuwenden. Der C_5-Wert muss aus Bild 16 entsprechend den Randbedingungen im Rohrraum entnommen werden. Abschnitt 6.7.4.2 ist zu beachten. Für den Verschwächungsbeiwert gelten die Formeln (17) und (18).

6.7.5.2 Es ist außerdem zu prüfen, ob die Randrohre (ungefähr die beiden äußeren Rohrreihen) mit ihren Verbindungen zum Rohrboden die Belastung $p \cdot D_1^2 \cdot \frac{\pi}{40}$ als Zugbelastung ertragen. Hierbei ist p nach Formel (26) einzusetzen. Sind p_i oder p_u Unterdrücke, so müssen die Randrohre außerdem die Knick- und Druckbelastung $p_i \cdot D_1^2 \cdot \frac{\pi}{40}$ bzw. $p_u \cdot (D_3^2 - 4\, l^2) \cdot \frac{\pi}{40}$ ertragen können. Ist diese Bedingung nicht erfüllt, so ist die Anzahl der tragenden Randrohre zu erhöhen. Nach Abzug dieser tragenden Rohre vom Rohrfeld ergibt sich ein kleinerer Rohrfeldhalbmesser l' und aus Bild 16 ein größerer Wert für C_5 zur Plattendimensionierung. Die Zugbelastung der Randrohre ist dann

$$\left[p_i \cdot (4 \cdot l'^2 + n \cdot d_i^2) + p_u \cdot (D_3^2 - 4 \cdot l'^2 - n \cdot d_a^2) \right] \cdot \pi/40.$$

Sind p_i oder p_u Unterdrücke, so beträgt die Drucklast
$p_u \cdot (D_3^2 - 4 \cdot l'^2 - n \cdot d_a^2) \cdot \pi/40$ bzw.
$p_i \cdot (4 \cdot l'^2 + n \cdot d_i^2) \cdot \pi/40$.
Dabei ist n die Anzahl der tragenden Randrohre.
Sofern der Mantelraumdruck größer ist als der Rohrraumdruck ($p_u > p_i$) ist über die Bildung einer Gesamtspannung $\sigma = |\sigma_a| + |\sigma_t|$ nachzuweisen, dass die Randrohre die Belastung ertragen. Zur Zugspannung σ_a der Randrohre ist folgende Tangentialspannung $\sigma_t = [p_i (d_a - 2s_R) - p_u d_a] / 20 s_R$ zu addieren. Es gilt $\sigma \leq K_R/S$.

6.7.5.3 Für die Knickbelastung der Rohre des inneren Rohrfeldes ist der Druck p_i maßgebend. Als Belastungsfläche eines Rohres ist die in Abschnitt 6.7.1.4 angegebene und um den Rohrquerschnitt erweiterte Belastungsfläche anzunehmen.

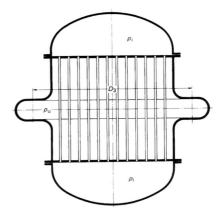

Bild 17. Runde, ebene Platten an Wärmeaustauschern mit einem Kompensator im Mantel

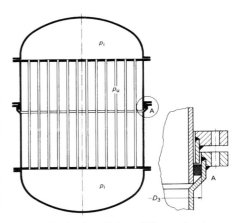

Bild 18. Runde, ebene Platten an Wärmeaustauschern mit einer Stopfbüchse im Mantel

6.7.6 Runde, ebene Rohrplatten an Wärmeaustauschern mit einer die bewegliche Rohrplatte abdichtenden Stopfbüchse

6.7.6.1 Die erforderliche Wanddicke s runder, ebener Rohrplatten an Wärmeaustauschern mit einer die bewegliche Rohrplatte abdichtenden Stopfbüchse nach Bild 19 wird nach Formel (27) berechnet, wobei für die feststehende Rohrplatte

$$p = p_i \cdot \frac{D_1^2 - D_4^2}{D_1^2} \qquad (28)$$

bzw.

$$p = p_u \cdot \frac{D_1^2 - D_4^2}{D_1^2} \qquad (29)$$

und für die bewegliche Rohrplatte

$$p = p_\text{i} \cdot \frac{D_4^2 - 4l^2}{D_1^2} \quad (30)$$

bzw.

$$p = p_\text{u} \cdot \frac{D_4^2 - 4l^2}{D_1^2} \quad (31)$$

einzusetzen ist. Maßgebend für die Berechnung ist jeweils der größere Wert nach der Rechnung entsprechend den Formeln (28) und (29) bzw. (30) und (31). Bei der beweglichen Rohrplatte ist statt C_5 der Wert 0,45 einzusetzen. Für die Bestimmung von l in den Formeln (30) und (31) ist Abschnitt 6.7.4.3 sinngemäß anzuwenden.

6.7.6.2 Die Beurteilung der Zug- und Druckbeanspruchung der Rohre sowie der Knicksteifigkeit ist sinngemäß nach Abschnitt 6.7.5 für die mittlere Belastung der Rohre durchzuführen.

6.7.7 Runde, ebene Rohrplatten mit überstehenden Flanschrändern an Wärmeaustauschern

6.7.7.1 Die erforderliche Wanddicke s im Bereich des Berechnungsdurchmessers D_1 runder, ebener Rohrplatten mit überstehenden Flanschrändern nach Bild 20 wird nach den Abschnitten 6.7.1 bis 6.7.6 berechnet.

6.7.7.2 Bei durchgehenden Rohrplatten entsprechend Bild 20 ist der überstehende Rand zusätzlich nach der Vornorm DIN 2505 (10.64) im Querschnitt C-C nachzurechnen.

6.7.7.3 Die Beurteilung der Axialbeanspruchung im Mantel ist sinngemäß nach Abschnitt 6.7.1.7 vorzunehmen.

6.8 Rechteckige ebene Platten an Wärmeaustauschern

Rechteckige berohrte Platten werden in Abhängigkeit von ihrer konstruktiven Form sinngemäß nach den Abschnitten 6.7.1 bis 6.7.6 unter Einbeziehung des Berechnungsbeiwertes C_E nach Bild 2 behandelt; das heißt, in den jeweils anzuwendenden Formeln ist der C-Wert mit C_E zu multiplizieren. Die C-Werte werden entsprechend Abschnitt 6.4 aus den auf die Schmalseite der Platte bezogenen geometrischen Verhältnissen bestimmt. In den maßgebenden Gleichungen wird der Berechnungsdurchmesser D_1 durch die Länge der schmalen Plattenseite f ersetzt.

7 Schrifttum

[1] *Föppl, A.:* Vorlesungen über Techn. Mechanik; Bd. III, Festigkeitslehre. Teubner Verlag, Berlin (1922).

[2] *Timoshenko, S.:* Theory of plates and shells. McGRAW HILL Book Company, Inc., New York/London (1940).

[3] *Filonenko-Boroditsch:* Festigkeitslehre. VEB Verlag Technik, Berlin (1954).

[4] *Hampe, E.:* Statik rotationssymmetrischer Flächentragwerke; Bd. 1. VEB Verlag für Bauwesen, Berlin (1966).

[5] *Föppl, L.,* u. *G. Sonntag:* Tafeln und Tabellen zur Festigkeitslehre. Oldenbourg-Verlag, München (1951).

[6] *Miller, K. A. G.:* The Design of Tube Plates in Heat-Exchangers. Proc. Inst. Mech. Engineers Series B, Vol. 1 (1952) S. 215/31.

[7] *Sterr, G.:* Berechnungsfragen von Rohrböden im Druckbehälterbau. Verlag Ernst & Sohn, München (1967).

[8] *Sterr, G.:* Die genaue Ermittlung des C-Wertes für die am Rande mit einem Schuss verschweißte Kreisvollplatte unter Berücksichtigung der im Schuss auftretenden Spannungen. Techn. Überwach. **4** (1963) Nr. 4, S. 140/43.

[9] *Wellinger, K.,* u. *H. Dietmann:* Bestimmung von Formdehngrenzen. Materialprüfung **4** (1962) Nr. 2, S. 41/47.

[10] *Siebel, E.:* Festigkeitsrechnung bei ungleichförmiger Beanspruchung. Die Technik **1** (1946) Nr. 6, S. 265/69.

[11] *Hübner, F.-W.:* Berechnung der Axialkraft von Ankern und Ankerrohren zur zentralen Verankerung ebener Böden. Techn. Überwach. **9** (1968) Nr. 3, S. 95/97.

[12] Physikhütte, 29. Auflage, S. 240ff.

[13] *Dietmann, H.:* Spannungen in Lochfeldern. Konstruktion **18** (1966) H. 1, S. 12/23.

[14] *Nadai, A.:* Die elastischen Platten. Springer-Verlag Heidelberg, Berlin, New York (1968).

[15] *Sterr, G.:* Die festigkeitsmäßige Berechnung von Wärmetauschern mit geraden Rohren. Verlag TÜV Bayern, München (1975).

[16] Hütte I, 28. Auflage, S. 940ff.

[17] *Schwaigerer, S.:* Festigkeitsberechnung im Dampfkessel-, Behälter- und Rohrleitungsbau; 4. Auflage (1983), Springer Verlag Berlin, Heidelberg, New York.

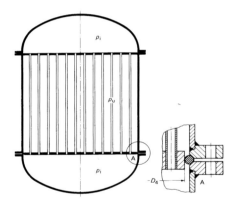

Bild 19. Runde, ebene Platten an Wärmeaustauschern mit einer am beweglichen Boden abdichtenden Stopfbüchse

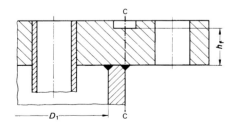

Bild 20. Runde, ebene Rohrplatten mit überstehendem Flanschrand

Tafel 1. Berechnungsbeiwerte unverankerter runder ebener Böden und Platten ohne zusätzliches Randmoment

Ausführungsform (nur schematische Darstellung)	Voraussetzungen	Berechnungs- beiwert C
a) gekrempter ebener Boden	1. Krempenhalbmesser: 	D_a	r Mindestmaß	 	bis 500	30	 	über 500 bis 1400	35	 	über 1400 bis 1600	40	 	über 1600 bis 1900	45	 	über 1900	50	 und $r \geq 1{,}3\,s$ 2. Bordhöhe: $h \geq 3{,}5\,s$	0,30
b) geschmiedeter oder gepresster ebener Boden	1. Krempenhalbmesser: $r \geq \dfrac{s}{3}$, jedoch nicht weniger als 8 mm 2. Bordhöhe: $h \geq s$	0,35
c) beidseitig eingeschweißte Platte	Plattenwanddicke: $s \leq 3\,s_1$ $s > 3\,s_1$	0,35 0,40
d) ebene Platte an einer Flanschverbindung mit durchgehender Dichtung	$D_1 \geq D_i$	0,35
e) ebene Platte mit Entlastungsnut [1])	1. Restwanddicke in der Nut: $s_R \geq \dfrac{p}{10}\left(\dfrac{D_1}{2} - r\right)\dfrac{1{,}3\,S}{K}$, jedoch nicht weniger als 5 mm und bei $D_a > 1{,}2\,D_1$ $\;s_R \leq 0{,}77\,s_1$ 2. Nutenhalbmesser: $r \geq 0{,}2\,s$, jedoch nicht weniger als 5 mm und 3. Es dürfen nur beruhigt vergossene Stähle verwendet werden. Bei der Verwendung von Blechen darf die Platte im Bereich der Schweißnaht in einer Breite von mindestens $3\,s_1$ keine Dopplungen aufweisen[2]). 4. Bei besonderer Beanspruchung z. B. im Zeitstandsbereich ist diese Ausführungsform ohne besonderen Nachweis nicht geeignet.	0,40

s_1 = ausgeführte Wanddicke des zylindrischen Teils des Bodens, im Anschluss an den zylindrischen Mantel

Ausführungsform (nur schematische Darstellung)	Voraussetzungen	Berechnungsbeiwert C
f) beidseitig aufgeschweißte Platte	Plattenwanddicke: $s \leq 3\,s_1$ $s > 3\,s_1$ Es dürfen nur beruhigt vergossene Stähle verwendet werden. Bei der Verwendung von Blechen darf die Platte im Bereich der Schweißnaht in einer Breite von mindestens $3\,s_1$ keine Dopplungen aufweisen[2]).	0,40 0,45
g) beidseitig frei aufliegende ebene Platte	Restwanddicke am Dichtungskreis oder in Nuten $s_R \geq 0{,}7\,s$	0,40
h) einseitig eingeschweißte Platte	Plattenwanddicke: $s \leq 3\,s_1$ $s > 3\,s_1$	0,45 0,50
i) partiell durchgeschweißte ebene Platte	Plattenwanddicke $s\ \leq 3\,s_1$ $> 3\,s_1$ Bedingungen für a: $a \geq 0{,}5\,s$ und $a \geq 1{,}4\,s_1$ $D_f / D_1 \geq 0{,}7$	0,45 0,50
k) von außen vorgelegte ebene Platte	1. Restwanddicke am Dichtungskreis: $s_R \geq 0{,}7\,s$ 2. Weichstoffdichtung $D_1 \leq 500$ mm	1,25
l) von innen vorgelegte ebene Platte	Restwanddicke am Dichtungskreis: $s_R \geq 0{,}7\,s$	0,45

[1]) Andere Querschnittsformen der Entlastungsnut können spannungsgünstiger sein und sind bei dementsprechendem Nachweis zulässig.

[2]) Dies ist in der Regel erfüllt, wenn die Prüfungen nach den Stahl-Eisen-Lieferbedingungen SEL 072 Prüfklasse 2 durchgeführt wurden. Dies kann bereits bei der Bestellung vereinbart werden.

Tafel 2. Berechnungsbeiwerte runder ebener Böden und Platten mit einer zentralen Verankerung

Ausführungsform (nur schematische Darstellung)	Voraussetzungen	Berechnungsbeiwert C_2
gekrempter ebener Boden a) mit Einhalsung oder b) mit durchgestecktem Anker	1. Krempenhalbmesser: | D_a	r Mindestmaß | |---|---| | bis 500 | 30 | | über 500 bis 1400 | 35 | | über 1400 bis 1600 | 40 | | über 1600 bis 1900 | 45 | | über 1900 | 50 | und $r \geq 1{,}3\,s$ 2. Bordhöhe: $h \geq 3{,}5\,s$	0,25
c) beidseitig eingeschweißte Platte mit durchgestecktem Anker	Plattendicke: $s \leq 3\,s_1$ $s > 3\,s_1$	0,30 0,35
d) einseitig eingeschweißte Platte mit durchgestecktem Anker	Plattendicke: $s \leq 3\,s_1$ $s > 3\,s_1$	0,40 0,45

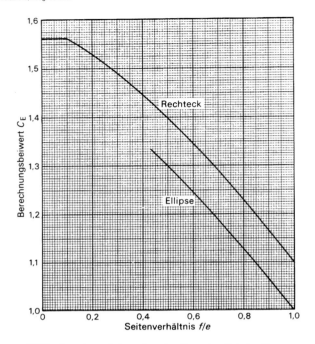

Bild 2. Berechnungsbeiwert C_E rechteckiger oder elliptischer Platten

Rechteckige Platten

f = schmale Seite der rechteckigen Platte
e = breite Seite der rechteckigen Platte

$$C_E = \begin{cases} \sum_{i=1}^{4} A_i \cdot \left(\frac{f}{e}\right)^{i-1} & 0{,}1 < \left(\frac{f}{e}\right) \leq 1{,}0 \\ 1{,}562 & 0 < \left(\frac{f}{e}\right) \leq 0{,}1 \end{cases}$$

$A_1 =$ 1,58914600
$A_2 = -$ 0,23934990
$A_3 = -$ 0,33517980
$A_4 =$ 0,08521176

Elliptische Platten

f = schmale Seite der elliptischen Platte
e = breite Seite der elliptischen Platte

$$C_E = \sum_{i=1}^{4} A_i \cdot \left(\frac{f}{e}\right)^{i-1} \quad 0{,}43 \leq \left(\frac{f}{e}\right) \leq 1{,}0$$

$A_1 =$ 1,48914600
$A_2 = -$ 0,23934990
$A_3 = -$ 0,33517980
$A_4 =$ 0,08521176

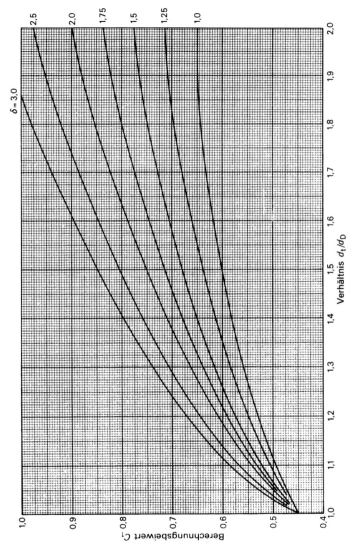

Bild 5. Berechnungsbeiwert C_1 von Platten mit zusätzlichem gleichsinnigem Randmoment (Anm.: Approximationsfunktionen in Vorbereitung)

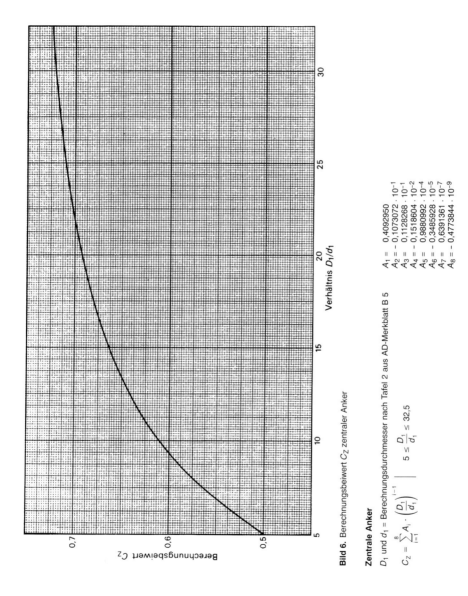

Bild 6. Berechnungsbeiwert C_Z zentraler Anker

Zentrale Anker

D_1 und d_1 = Berechnungsdurchmesser nach Tafel 2 aus AD-Merkblatt B 5

$$C_Z = \sum_{i=1}^{8} A_i \cdot \left(\frac{D_1}{d_1}\right)^{i-1} \quad \bigg| \quad 5 \leq \frac{D_1}{d_1} \leq 32{,}5$$

$A_1 = 0{,}4092950$
$A_2 = -0{,}1073072 \cdot 10^{-1}$
$A_3 = 0{,}1128268 \cdot 10^{-1}$
$A_4 = -0{,}1518604 \cdot 10^{-2}$
$A_5 = 0{,}9880992 \cdot 10^{-4}$
$A_6 = -0{,}3485928 \cdot 10^{-5}$
$A_7 = 0{,}6391361 \cdot 10^{-7}$
$A_8 = -0{,}4773844 \cdot 10^{-9}$

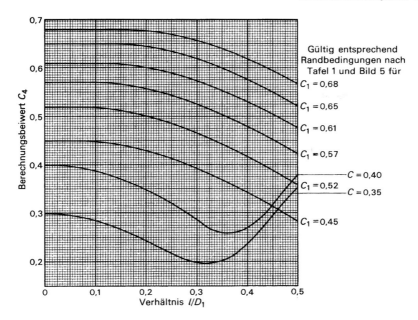

Bild 14. Berechnungsbeiwert C_4 für Rohrplatten mit rückkehrenden Rohren
(Anm.: Approximationsfunktionen in Vorbereitung)

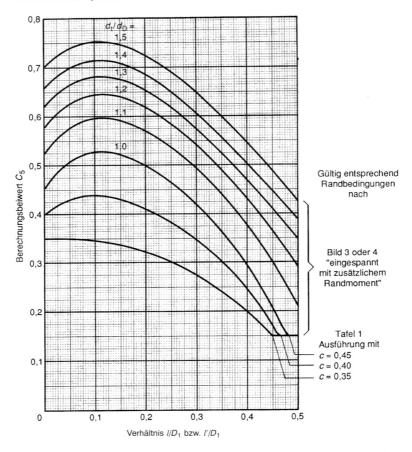

Bild 16. Berechnungsbeiwert C_5 für Rohrplatten mit einer frei beweglichen Gegenplatte

Berechnungsbeiwert C_5 für Rohrplatten mit zusätzlichem Randmoment nach Bild 3 oder Bild 4

l = mittlerer Abstand der Mitten der Rohre der betrachteten Rohrreihe vom Plattenmittelpunkt
D_1 = Berechnungsdurchmesser
d_t = Teilkreisdurchmesser
d_D = mittlerer Dichtungsdurchmesser

$$C_5 = \sum_{i=1}^{5} \sum_{j=1}^{5} A_{ij} \cdot \left(\frac{l}{D_1}\right)^{i-1} \cdot \left(\frac{d_t}{d_D}\right)^{j-1}$$

$$0 < \left(\frac{l}{D_1}\right) \leq 0{,}5$$

$$1{,}0 \leq \left(\frac{d_t}{d_D}\right) \leq 1{,}5$$

$$C_5 \geq 0{,}15$$

$A_{11} = -0,236012836 \cdot 10^{+1}$; $A_{12} = 0,545217668 \cdot 10^{+1}$; $A_{13} = -0,311489659 \cdot 10^{+1}$; $A_{14} = 0,308300374$
$A_{15} = 0,168134309$
$A_{21} = 0,101396274 \cdot 10^{+1}$; $A_{22} = 0,109609483 \cdot 10^{+1}$; $A_{23} = 0,162822737 \cdot 10^{+1}$; $A_{24} = -0,345692712 \cdot 10^{+1}$
$A_{25} = 0,126083679 \cdot 10^{+1}$
$A_{31} = -0,316517682 \cdot 10^{+2}$; $A_{32} = 0,412763296 \cdot 10^{+2}$; $A_{33} = -0,369557657 \cdot 10^{+2}$; $A_{34} = 0,248045141 \cdot 10^{+2}$
$A_{35} = -0,727898100 \cdot 10^{+1}$
$A_{41} = 0,472852891 \cdot 10^{+2}$; $A_{42} = -0,522484275 \cdot 10^{+1}$; $A_{43} = -0,334202904 \cdot 10^{+1}$; $A_{44} = -0,426049735 \cdot 10^{+2}$
$A_{45} = 0,236709739 \cdot 10^{+2}$
$A_{51} = -0,821294529 \cdot 10^{+2}$; $A_{52} = 0,122221210 \cdot 10^{+3}$; $A_{53} = -0,167734885 \cdot 10^{+3}$; $A_{54} = 0,166614761 \cdot 10^{+3}$
$A_{55} = -0,574166821 \cdot 10^{+2}$

Berechnungsbeiwert C_5 für Rohrplatten ohne zusätzliches Randmoment mit $C = 0,45$ nach Tafel 1

l = mittlerer Abstand der Mitten der Rohre der betrachteten Rohrreihe vom Plattenmittelpunkt
D_1 = Berechnungsdurchmesser

$$C_5 = \sum_{i=1}^{5} \sum_{j=1}^{5} A_{ij} \cdot \left(\frac{l}{D_1}\right)^{i-1} \quad \left| \quad 0 < \left(\frac{l}{D_1}\right) \leq 0,5 \right.$$
$$C_5 \geq 0,15$$

$A_{11} = -0,236012836 \cdot 10^{+1}$; $A_{12} = 0,545217668 \cdot 10^{+1}$; $A_{13} = -0,311489659 \cdot 10^{+1}$; $A_{14} = 0,308300374$
$A_{15} = 0,168134309$
$A_{21} = 0,101396274 \cdot 10^{+1}$; $A_{22} = 0,109609483 \cdot 10^{+1}$; $A_{23} = 0,162822737 \cdot 10^{+1}$; $A_{24} = -0,345692712 \cdot 10^{+1}$
$A_{25} = 0,126083679 \cdot 10^{+1}$
$A_{31} = -0,316517682 \cdot 10^{+2}$; $A_{32} = 0,412763296 \cdot 10^{+2}$; $A_{33} = -0,369557657 \cdot 10^{+2}$; $A_{34} = 0,248045141 \cdot 10^{+2}$
$A_{35} = -0,727898100 \cdot 10^{+1}$
$A_{41} = 0,472852891 \cdot 10^{+2}$; $A_{42} = -0,522484275 \cdot 10^{+1}$; $A_{43} = -0,334202904 \cdot 10^{+1}$; $A_{44} = -0,426049735 \cdot 10^{+2}$
$A_{45} = 0,236709739 \cdot 10^{+2}$
$A_{51} = -0,821294529 \cdot 10^{+2}$; $A_{52} = 0,122221210 \cdot 10^{+3}$; $A_{53} = -0,167734885 \cdot 10^{+3}$; $A_{54} = 0,166614761 \cdot 10^{+3}$
$A_{55} = -0,574166821 \cdot 10^{+2}$

Berechnungsbeiwert C_5 für Rohrplatten ohne zusätzliches Randmoment mit $C = 0,4$ nach Tafel 1

l = mittlerer Abstand der Mitten der Rohre der betrachteten Rohrreihe vom Plattenmittelpunkt
D_1 = Berechnungsdurchmesser

$$C_5 = \sum_{i=1}^{6} A_i \cdot \left(\frac{l}{D_1}\right)^{i-1} \quad \left| \quad 0 < \left(\frac{l}{D_1}\right) \leq 0,5 \right.$$
$$C_5 \geq 0,15$$

$A_1 = 0,399827021$
$A_2 = 0,870316825$
$A_3 = -0,547933931 \cdot 10^{+1}$
$A_4 = 0,622283882 \cdot 10^{+1}$
$A_5 = 0,747769988 \cdot 10^{+1}$
$A_6 = -0,208753919 \cdot 10^{+2}$

Berechnungsbeiwert C_5 für Rohrplatten ohne zusätzliches Randmoment mit $C = 0,35$ nach Tafel 1

l = mittlerer Abstand der Mitten der Rohre der betrachteten Rohrreihe vom Plattenmittelpunkt
D_1 = Berechnungsdurchmesser

$$C_5 = \sum_{i=1}^{6} A_i \cdot \left(\frac{l}{D_1}\right)^{i-1} \quad \left| \quad 0 < \left(\frac{l}{D_1}\right) \leq 0,5 \right.$$
$$C_5 \geq 0,15$$

$A_1 = 0,350103983$
$A_2 = 0,426355908 \cdot 10^{-2}$
$A_3 = -0,153280871$
$A_4 = -0,474043872 \cdot 10^{+1}$
$A_5 = 0,109862460 \cdot 10^{+2}$
$A_6 = -0,103370105 \cdot 10^{+2}$

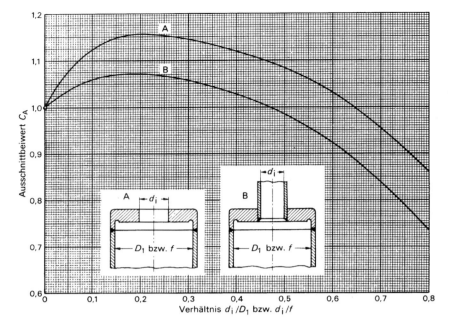

Bild 21. Ausschnittbeiwert C_A für ebene Böden und Platten ohne zusätzliches Randmoment

Ausführungsform A

d = Innendurchmesser des Ausschnittes
D_1 = Berechnungsdurchmesser
f = schmale Seite eines elliptischen Bodens

$$C_A = \left\{ \begin{array}{ll} \sum_{i=1}^{6} A_i \cdot \left(\dfrac{d}{D_1}\right)^{i-1} & 0 < \left(\dfrac{d}{D_1}\right) \leq 0{,}8 \\ \sum_{i=1}^{6} A_i \cdot \left(\dfrac{d}{f}\right)^{i-1} & 0 < \left(\dfrac{d}{f}\right) \leq 0{,}8 \end{array} \right.$$

$A_1 =$ 0,99903420
$A_2 =$ 1,98062600
$A_3 = -$ 9,01855400
$A_4 =$ 18,63283000
$A_5 = -$ 19,49759000
$A_6 =$ 7,61256800

Ausführungsform B

d = Innendurchmesser des Ausschnittes
D_1 = Berechnungsdurchmesser
f = schmale Seite eines elliptischen Bodens

$$C_A = \left\{ \begin{array}{ll} \sum_{i=1}^{6} A_i \cdot \left(\dfrac{d}{D_1}\right)^{i-1} & 0 < \left(\dfrac{d}{D_1}\right) \leq 0{,}8 \\ \sum_{i=1}^{6} A_i \cdot \left(\dfrac{d}{f}\right)^{i-1} & 0 < \left(\dfrac{d}{f}\right) \leq 0{,}8 \end{array} \right.$$

$A_1 =$ 1,00100344
$A_2 =$ 0,94428468
$A_3 = -$ 4,31210200
$A_4 =$ 8,38943500
$A_5 = -$ 9,20628384
$A_6 =$ 3,69494196

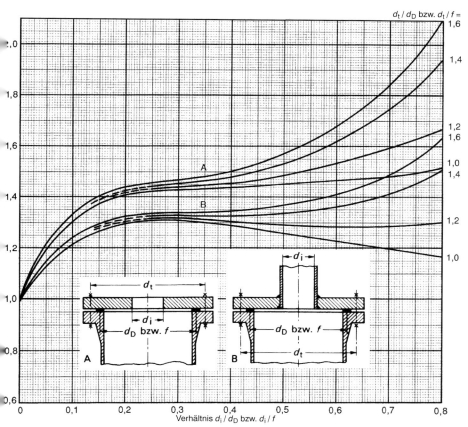

Bild 22. Ausschnittbeiwert C_{A1} für Platten mit zusätzlichem Randmoment

Ausführungsform A

d = Innendurchmesser des Ausschnittes
d_t = Teilkreisdurchmesser
d_D = mittlerer Dichtungsdurchmesser
f = schmale Seite eines elliptischen Bodens

$$C_{A1} = \begin{cases} \sum_{i=1}^{6} \sum_{j=1}^{4} A_{ij} \cdot \left(\dfrac{d}{d_D}\right)^{i-1} \cdot \left(\dfrac{d_t}{d_D}\right)^{j-1} & \begin{array}{l} 0 < \left(\dfrac{d}{d_D}\right) \leq 0{,}8 \\ 1{,}0 \leq \left(\dfrac{d_t}{d_D}\right) \leq 1{,}6 \end{array} \\[2em] \sum_{i=1}^{6} \sum_{j=1}^{4} A_{ij} \cdot \left(\dfrac{d}{f}\right)^{i-1} \cdot \left(\dfrac{d_t}{f}\right)^{j-1} & \begin{array}{l} 0 < \left(\dfrac{d}{d_D}\right) \leq 0{,}8 \\ 1{,}0 \leq \left(\dfrac{d_t}{d_D}\right) \leq 1{,}6 \end{array} \end{cases}$$

A_{11} = 0,78361000; A_{12} = 0,57648980; A_{13} = − 0,50133500; A_{14} = 0,14374330
A_{21} = − 6,17657500; A_{22} = 25,97413000; A_{23} = − 20,20477000; A_{24} = 5,25115300
A_{31} = 55,15520000; A_{32} = − 187,50120000; A_{33} = 151,22980000; A_{34} = − 40,46585000
A_{41} = − 102,76280000; A_{42} = 385,65620000; A_{43} = − 328,17740000; A_{44} = 92,13028000
A_{51} = 17,63476000; A_{52} = − 218,65220000; A_{53} = 223,86580000; A_{54} = − 71,60025000
A_{61} = 76,13799000; A_{62} = − 99,25291000; A_{63} = 46,20896000; A_{64} = − 3,45883000

Ausführungsform B

d = Innendurchmesser des Ausschnittes
d_t = Teilkreisdurchmesser
d_D = mittlerer Dichtungsdurchmesser
f = schmale Seite eines elliptischen Bodens

$$C_{A1} = \begin{cases} \sum_{i=1}^{6} \sum_{j=1}^{4} A_{ij} \cdot \left(\dfrac{d}{d_D}\right)^{i-1} \cdot \left(\dfrac{d_t}{d_D}\right)^{j-1} & \begin{array}{l} 0 < \left(\dfrac{d}{d_D}\right) \le 0{,}8 \\ 1{,}0 \le \left(\dfrac{d_t}{d_D}\right) \le 1{,}6 \end{array} \\ \sum_{i=1}^{6} \sum_{j=1}^{4} A_{ij} \cdot \left(\dfrac{d}{f}\right)^{i-1} \cdot \left(\dfrac{d_t}{f}\right)^{j-1} & \begin{array}{l} 0 < \left(\dfrac{d}{d_D}\right) \le 0{,}8 \\ 1{,}0 \le \left(\dfrac{d_t}{d_D}\right) \le 1{,}6 \end{array} \end{cases}$$

$A_{11} =$ 1,00748900; $A_{12} = -$ 0,02409278; $A_{13} =$ 0,02144546; $A_{14} = -$ 0,004895828
$A_{21} =$ 3,20803500; $A_{22} = -$ 1,09148900; $A_{23} =$ 1,55382700; $A_{24} = -$ 0,423889000
$A_{31} = -$ 13,19182000; $A_{32} =$ 10,65100000; $A_{33} = -$ 13,27656000; $A_{34} =$ 3,525713000
$A_{41} =$ 30,58818000; $A_{42} = -$ 44,89968000; $A_{43} =$ 47,62793000; $A_{44} = -$ 11,935440000
$A_{51} = -$ 43,36178000; $A_{52} =$ 79,56794000; $A_{53} = -$ 71,67355000; $A_{54} =$ 16,794650000
$A_{61} =$ 42,25349000; $A_{62} = -$ 92,64466000; $A_{63} =$ 74,76717000; $A_{64} = -$ 17,856930000

Anhang 1 zum AD 2000-Merkblatt B 5

Erläuterungen zum AD 2000-Merkblatt B 5

Zu 1

Die zahlenmäßige Abgrenzung der Plattenberechnung zu den dicken Platten bzw. zu den Membranen ist in der Literatur noch nicht endgültig geklärt. In dem vorliegenden Fall wird als Abgrenzung zu den dicken Platten entsprechend den Angaben von *Kantorowitsch* [1] ein Wanddicken/Durchmesser-Verhältnis von 1 : 3 angenommen. Die untere Abgrenzung zu den extrem dünnen Platten wurde so festgelegt, dass bei der exakten Plattenberechnung gegenüber der Berechnung nach AD 2000-Merkblatt B 5 ein maximaler Fehler von 5 % auftreten darf. Dieser Fehler ergibt sich für den ungünstigen Fall der frei aufliegenden Platte bei einem Verhältnis der Plattendurchbiegung zur Plattendicke von 0,5.

Aus der Formel für die Durchbiegung der frei aufliegenden Platte

$$w = \frac{p \cdot R^4}{10 \cdot 64 \cdot N} \cdot \frac{5 + \nu}{1 + \nu} \quad (1)$$

erhält man mit $N = \dfrac{E \cdot (s_e - c_1 - c_2)^3}{12(1 - \nu^2)}$ (2)

$$w = \frac{p \cdot D^4}{E \cdot (s_e - c_1 - c_2)^3} \cdot \frac{12(1 - \nu^2) \cdot (5 + \nu)}{10 \cdot 64 \cdot 16 \cdot (1 + \nu)} \quad (3)$$

Durch Einsetzen des Zahlenwertes für ν und Division durch $s_e - c_1 - c_2$ ergibt sich das Verhältnis

$$\frac{w}{s_e - c_1 - c_2} = 0,5 = \frac{p \cdot D^4}{E \cdot (s_e - c_1 - c_2)^4} \cdot 0,00435 \quad (4)$$

Bei der Auflösung nach $(s_e - c_1 - c_2)/D$ erhält man schließlich

$$\frac{s_e - c_1 - c_2}{D} \geq \sqrt[4]{0,0087 \, \frac{p}{E}} \quad (5)$$

Zu 6.5.2 und 6.7.1.6

Auftretende Wärmespannungen können nach AD 2000-Merkblatt S 3/0 berücksichtigt werden.

Zu 6.5.3

Damit technisch auftretende Knickfälle differenzierter erfasst werden können, wurde eine Aufteilung in verschiedene Belastungsfälle vorgenommen. Dies geschieht im vorliegenden Falle in der Form, dass als Knicklänge l_K je nach Belastungsfall ein Vielfaches der vorhandenen Stablänge eingesetzt werden kann.

Schrifttum

[1] *Kantorowitsch, S. B.:* Die Festigkeit der Apparate und Maschinen für die chemische Industrie. VEB-Verlag Technik, Berlin (1955).

---

zu 6.7.3.2, 6.7.4.3 und 6.7.5.1

Unter Vollberohrung ist die regelmäßige Anordnung der Wärmetauscherrohre in der Rohrplatte zu verstehen, die innerhalb der Einspannungsgrenzen keine regelmäßige Erweiterung des Bohrbildes mehr zulässt.

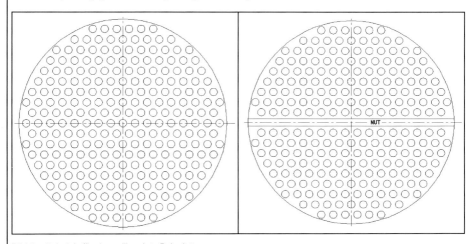

Bild 1 Beispiele für eine vollberohrte Rohrplatte

Bei Teilberohrungen wird grundsätzlich ein Flächenansatz verfolgt. Die Ermittlung von *l* geschieht nach den Vorgaben nachfolgender **Tafel 1**.

Typ der Verrohrung	Sinnbild
A) Vollberohrte Rohrplatte *l* wird über das arithmetische Mittel der Mittenabstände der außenliegenden Rohre zum Plattenmittelpunkt zuzüglich eines halben Rohrdurchmessers ermittelt.	EINSPANNUNG $2l+d$ - BOGEN
B) Kreisabschnitt Berechnung von *l* $a = 2 \cdot \sqrt{l_1^2 - l_2^2}$ $\alpha = 2 \cdot \arcsin\left(\dfrac{a}{2 \cdot l_1}\right) \cdot \dfrac{180}{\pi}$ $b = \pi \cdot l_1 \cdot \dfrac{\alpha}{180}$ $A = \dfrac{(b \cdot l_1 - a \cdot l_2)}{2}$ $l = \sqrt{\dfrac{A}{\pi}} + \dfrac{d}{2}$	EINSPANNUNG $2H$ - BOGENLÄNGE b FLÄCHENBEGRENZUNG a, l_2

Typ der Verrohrung	Sinnbild
C) Rechteck/Bogen *Berechnung von l* $\beta a_1 = 2 \cdot \sqrt{l_1^2 - l_2^2}$ $a_2 = 2 \cdot \sqrt{l_1^2 - l_3^2}$ $\alpha_1 = \arccos\left(\dfrac{a_1}{2 \cdot l_1}\right) \cdot \dfrac{180}{\pi}$ $\alpha_2 = \arccos\left(\dfrac{a_2}{2 \cdot l_1}\right) \cdot \dfrac{180}{\pi}$ $lb_1 = \pi \cdot l_1 \cdot \dfrac{\alpha_1}{180}$ $lb_2 = \pi \cdot l_1 \cdot \dfrac{\alpha_2}{180}$ $A = \dfrac{(a_2 \cdot l_3 + a_1 \cdot l_2 + l_1 \cdot (lb_1 + lb_2))}{2}$ $l = \sqrt{\dfrac{A}{\pi}} + \dfrac{d}{2}$	
D) Kreissektor *Berechnung von l* $A = \pi \cdot l_1^2 \cdot \dfrac{\alpha}{360}$ $l = \sqrt{\dfrac{A}{\pi}} + \dfrac{d}{2}$	

zu 6.7.4.4 und 6.7.5.2

Die Ermittlung der Anzahl der tragenden Randrohre n und des reduzierten Rohrfelddurchmessers l' richtet sich nach den Vorgaben nachfolgender **Tafel 2**. Die Berechnungssystematik ist aus Bild 2 ersichtlich.

Schritt / Erläuterung	Sinnbild / Kommentar
A) Festlegung der tragenden Randrohre Dazu werden die beiden äußeren Rohrreihen herangezogen, n wird ermittelt.	
B) Berechnungsgang	Sind Rohrplatte und Randrohre ausreichend dimensioniert, kann eine Optimierung erfolgen. Wenn die Anzahl der Randrohre nicht ausreicht wird mit Schritt C) fortgesetzt.
C) Erhöhung der Anzahl der tragenden Randohre (1) Die im Schritt A) herangezogenen Randrohre werden jetzt als n1 angesehen. (2) Die Erweiterung der Anzahl der tragenden Randrohre um n2 soll regelmäßig, d. h. in konzentrischen Rohrreihen zum Zentrum hin geschehen. Es ergibt sich für den folgenden Berechnungsgang die Gesamtzahl der tragenden Randrohre aus n = n1+n2. (3) Die Mitten der vorletzt innenliegenden Randrohrerweiterungsreihe bestimmen den modifizierten (kleineren) Rohrfelddurchmesser l'.	---- n1 —— n2 / l'

Schritt / Erläuterung	Sinnbild / Kommentar
D) Berechnungsgang	Sind Rohrplatte und Randrohre ausreichend dimensioniert, kann eine Optimierung erfolgen. Wenn die Anzahl der Randrohre nicht ausreicht wird mit Schritt E) fortgesetzt.
E) Erhöhung der Anzahl der tragenden Randohre	Verfahrensweise wie unter Schritt C) beschrieben bis eine ausreichende Dimensionierung von Rohrplatte und Randrohren erreicht ist.

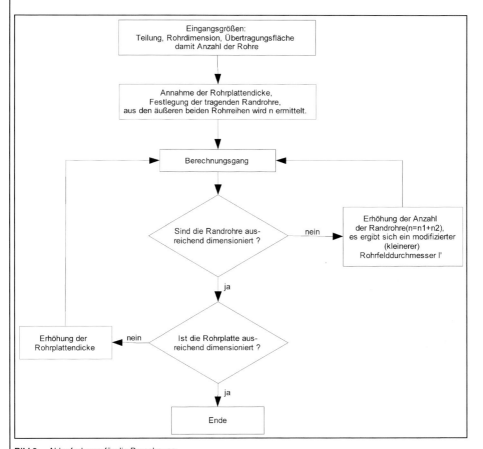

Bild 2 Ablaufschema für die Berechnung

ICS 23.020.30   Ausgabe Mai 2006

Berechnung von Druckbehältern	Berechnung von glatten Vierkantrohren und Teilkammern	AD 2000-Merkblatt B 5/1

Die AD 2000-Merkblätter werden von den in der „Arbeitsgemeinschaft Druckbehälter" (AD) zusammenarbeitenden, nachstehend genannten sieben Verbänden aufgestellt. Aufbau und Anwendung des AD 2000-Regelwerkes sowie die Verfahrensrichtlinien regelt das AD 2000-Merkblatt G1.

Die AD 2000-Merkblätter enthalten sicherheitstechnische Anforderungen, die für normale Betriebsverhältnisse zu stellen sind. Sind über das normale Maß hinausgehende Beanspruchungen beim Betrieb der Druckbehälter zu erwarten, so ist diesen durch Erfüllung besonderer Anforderungen Rechnung zu tragen.

Wird von den Forderungen dieses AD 2000-Merkblattes abgewichen, muss nachweisbar sein, dass der sicherheitstechnische Maßstab dieses Regelwerkes auf andere Weise eingehalten ist, z.B. durch Werkstoffprüfungen, Versuche, Spannungsanalyse, Betriebserfahrungen.

    Fachverband Dampfkessel-, Behälter- und Rohrleitungsbau e.V. (FDBR), Düsseldorf
    Hauptverband der gewerblichen Berufsgenossenschaften e.V., Sankt Augustin
    Verband der Chemischen Industrie e.V. (VCI), Frankfurt/Main
    Verband Deutscher Maschinen- und Anlagenbau e.V. (VDMA), Fachgemeinschaft Verfahrenstechnische Maschinen und Apparate, Frankfurt/Main
    Stahlinstitut VDEh, Düsseldorf
    VGB PowerTech e.V., Essen
    Verband der Technischen Überwachungs-Vereine e.V. (VdTÜV), Berlin

Die AD 2000-Merkblätter werden durch die Verbände laufend dem Fortschritt der Technik angepasst. Anregungen hierzu sind zu richten an den Herausgeber:

Verband der Technischen Überwachungs-Vereine e.V., Friedrichstraße 136, 10117 Berlin.

Inhalt

0 Präambel

1 Geltungsbereich

2 Berechnungsgrößen und -einheiten

3 Allgemeines

4 Erforderliche Wanddicken

5 Berechnung gegen vorwiegend ruhende Innendruckbeanspruchung

6 Kleinste zulässige Wanddicke

7 Schrifttum

0 Präambel

Zur Erfüllung der grundlegenden Sicherheitsanforderungen der Druckgeräte-Richtlinie kann das AD 2000-Regelwerk angewendet werden, vornehmlich für die Konformitätsbewertung nach den Modulen „G" und „B + F".

Das AD 2000-Regelwerk folgt einem in sich geschlossenen Auslegungskonzept. Die Anwendung anderer technischer Regeln nach dem Stand der Technik zur Lösung von Teilproblemen setzt die Beachtung des Gesamtkonzeptes voraus.

Bei anderen Modulen der Druckgeräte-Richtlinie oder für andere Rechtsgebiete kann das AD 2000-Regelwerk sinngemäß angewandt werden. Die Prüfzuständigkeit richtet sich nach den Vorgaben des jeweiligen Rechtsgebietes.

1 Geltungsbereich

1.1 Die nachstehenden Berechnungsregeln gelten für die Berechnung von glatten Vierkantrohren und Teilkammern ohne und mit Bohrungsreihen. Die Berechnungsregeln gelten in erster Linie für verformungsfähige Werkstoffe ($\delta_5 \geq 14\,\%$). Sie können auch bei weniger verformungsfähigen Werkstoffen angewendet werden, wenn dem geringeren Verformungsvermögen durch einen höheren Sicherheitsbeiwert Rechnung getragen wird und die Wanddicke $s_e \leq 30$ mm ist.

1.2 Die Berechnungsregeln berücksichtigen nur durch inneren Überdruck hervorgerufene Beanspruchungen. Zusätzliche Kräfte und Momente nennenswerter Größe müssen gesondert berücksichtigt werden. In diesem Fall gibt der Hersteller die Größe der Kräfte und Momente an und weist nach, dass diese beachtet sind.

2 Berechnungsgrößen und -einheiten

Siehe AD 2000-Merkblatt B 0. Darüber hinaus gilt Tafel 1.

Dieses Blatt basiert auf TRD 320.

Die AD 2000-Merkblätter sind urheberrechtlich geschützt. Die Nutzungsrechte, insbesondere der Übersetzung, des Nachdrucks, der Entnahme von Abbildungen, die Wiedergabe auf fotomechanischem Wege und die Speicherung in Datenverarbeitungsanlagen, bleiben, auch bei auszugsweiser Verwertung, dem Urheber vorbehalten.

Tafel 1. Berechnungsgrößen mit Symbolen und Einheiten

Symbol	Berechnungsgröße	Einheit
b	halbe lichte Weite des Vierkantrohres parallel zu der zu berechnenden Wand	mm
d_{Ai}	Durchmesser von Ausschnitten oder innerer Durchmesser von Abzweigen	mm
e	Abstand des betrachteten Ausschnittes oder der Ausschnittreihe von der Mittellinie der zu berechnenden Seite	mm
l	halbe lichte Weite des Vierkantrohres senkrecht zu der zu berechnenden Wand	mm
r_i	innerer Eckradius	mm
s_v	Wanddicke des Vierkantrohres mit Verschwächung und ohne Zuschläge	mm
t_l	Mittenabstand benachbarter Ausschnitte in Achsrichtung	mm
t_φ	Mittenabstand benachbarter Ausschnitte unter dem Winkel φ	mm
v_A	Verschwächungsbeiwert für einen Einzelausschnitt	–
v_L	Verschwächungsbeiwert für eine Ausschnittreihe in Achsrichtung	–
v_φ	Verschwächungsbeiwert für zwei Ausschnitte mit Schrägteilung unter dem Winkel φ	–
B_K, B_W, B_Z	Berechnungsbeiwerte	–
δ_5	Bruchdehnung (Messverhältnis = 5)	%
φ	Winkel der Verbindungslinie zweier Ausschnitte zur Achsrichtung des Vierkantrohres	°

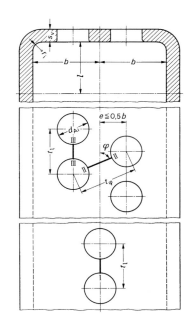

Bild 1. Glattes Vierkantrohr mit Bohrungsreihen

3 Allgemeines

Dieses AD 2000-Merkblatt ist nur in Zusammenhang mit AD 2000-Merkblatt B 0 anzuwenden.

4 Erforderliche Wanddicken

Die erforderlichen Wanddicken sind unter Beachtung von AD 2000-Merkblatt B 0 Kapitel 9 zu ermitteln. Es gilt:

$$s = s_v + c_1 + c_2 \quad (1)$$

bzw.

$$s = s_0 + c_1 + c_2 \quad (2)$$

Für die Nachrechnung ausgeführter Bauteile mit der Wanddicke s_e ist

$$s_v = s_e - c_1 - c_2 \quad (3)$$

5 Berechnung gegen vorwiegend ruhende Innendruckbeanspruchung

5.1 Höchstwerte der Beanspruchung können auftreten:
(1) in den Ecken,
(2) in der Mitte der Seitenfläche,
(3) im Steg zwischen zwei Ausschnitten, wobei je nach Anordnung der Ausschnitte die Berechnung für die mit I bis III im Bild 1 gekennzeichneten Stellen durchzuführen ist.

5.2 Entsprechend den Ausführungen unter Nummer 5.1 wird die Wanddicke ermittelt
(1) in den Ecken zu

$$s_0 = \frac{p \cdot b}{10 \cdot K/S} \sqrt{B_z^2 + \frac{4 \cdot B_K \cdot 10 \cdot K/S}{p}} \quad (4)$$

(2) in der Mitte einer Seitenfläche zu

$$s_v = \frac{p \cdot b}{10 \cdot K/S} \sqrt{\frac{l^2}{b^2} + \frac{4 \cdot B_W \cdot 10 \cdot K/S}{p}} \quad (5)$$

(3a) im Steg zwischen zwei Ausschnitten in der Mitte der Seitenfläche (Bild 1 Schnitt I-I) zu

$$s_v = \frac{p \cdot b}{10 \cdot K/S \cdot v_L} \sqrt{\frac{l^2}{b^2} + \frac{4 \cdot B_W \cdot 10 \cdot K/S \cdot v_L}{p}} \quad (6)$$

(3b) in den schrägen Stegen (Bild 1 Schnitt II-II) zu

$$s_v = \frac{p \cdot b}{10 \cdot K/S \cdot v_\varphi} \cdot \cos\varphi \times \\ \times \sqrt{\frac{l^2}{b^2} \cdot \cos^2\varphi + \frac{4 \cdot B_W \cdot 10 \cdot K/S \cdot v_\varphi}{p}} \quad (7)$$

(3c) in den Stegen bei außermittigen Ausschnittreihen (Bild 1 Schnitt III-III), wobei e nicht größer als $0{,}5\,b$ sein darf, zu

$$s_v = \frac{p \cdot b}{10 \cdot K/S \cdot v_L} \sqrt{\frac{l^2}{b^2} + \frac{4 \cdot 10 \cdot K/S \cdot v_L}{p} \times} \\ \overline{\times \left[B_W - (B_W + B_K) \cdot \frac{e^2}{b^2} \right]} \quad (8)$$

B 5/1

5.3 Der Verschwächungsbeiwert beträgt für zwei benachbarte Ausschnitte nach Bild 1 Schnitt I-I bzw. III-III

$$v_L = \frac{t_l - d_{Ai}}{t_l} \quad (9)$$

nach Bild 1 Schnitt II-II

$$v_\varphi = \frac{t_\varphi - d_{Ai}}{t_\varphi} \quad (10)$$

und für einen Einzelausschnitt

$$v_A = 1 - \frac{d_{Ai}}{2 \cdot b} \quad (11)$$

5.4 Ergibt sich nach Formel (9) bzw. (10) ein größerer Wert als nach Formel (11), dann ist in die Formeln (6) bis (8) statt v_L nach Formel (9) bzw. $v\varphi$ nach Formel (10) v_A nach Formel (11) einzusetzen.

5.5 Die Berechnungsbeiwerte B_K, B_W und B_Z sind den Bildern 2, 3 und 4 zu entnehmen.

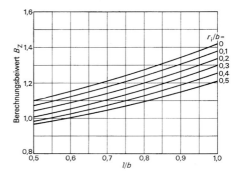

Bild 4. Berechnungsbeiwert B_Z zur Berechnung der Wanddicke von Vierkantrohren

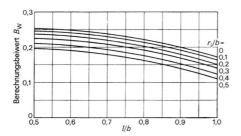

Bild 2. Berechnungsbeiwert B_W zur Berechnung der Wanddicke von Vierkantrohren

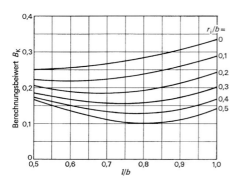

Bild 3. Berechnungsbeiwert B_K zur Berechnung der Wanddicke von Vierkantrohren

6 Kleinste zulässige Wanddicke

Die kleinste zulässige Wanddicke s_e beträgt 3 mm.

7 Schrifttum

[1] *Schwaigerer, S:* Festigkeitsberechnung von Bauelementen des Dampfkessel-, Behälter- und Rohrleitungsbaues. 2. neu bearbeitete Auflage (1970). Springer-Verlag.

[2] TRD Technische Richtlinie Dampfkessel – TRD 320, Ausgabe April 1975, Beuth Carl Heymanns Verlag, Köln

[3] WBV Werkstoff- und Bauvorschriften für Anlagen der Dampf- und Drucktechnik – BV 12-9/74. VEB–Verlag Technik, Berlin

ICS 23.020.30		Ausgabe Oktober 2006
Berechnung von Druckbehältern	**Zylinderschalen unter äußerem Überdruck**	**AD 2000-Merkblatt B 6**

Die AD 2000-Merkblätter werden von den in der „Arbeitsgemeinschaft Druckbehälter" (AD) zusammenarbeitenden, nachstehend genannten sieben Verbänden aufgestellt. Aufbau und Anwendung des AD 2000-Regelwerkes sowie die Verfahrensrichtlinien regelt das AD 2000-Merkblatt G1.

Die AD 2000-Merkblätter enthalten sicherheitstechnische Anforderungen, die für normale Betriebsverhältnisse zu stellen sind. Sind über das normale Maß hinausgehende Beanspruchungen beim Betrieb der Druckbehälter zu erwarten, so ist diesen durch Erfüllung besonderer Anforderungen Rechnung zu tragen.

Wird von den Forderungen dieses AD 2000-Merkblattes abgewichen, muss nachweisbar sein, dass der sicherheitstechnische Maßstab dieses Regelwerkes auf andere Weise eingehalten ist, z.B. durch Werkstoffprüfungen, Versuche, Spannungsanalyse, Betriebserfahrungen.

- Fachverband Dampfkessel-, Behälter- und Rohrleitungsbau e.V. (FDBR), Düsseldorf
- Hauptverband der gewerblichen Berufsgenossenschaften e.V., Sankt Augustin
- Verband der Chemischen Industrie e.V. (VCI), Frankfurt/Main
- Verband Deutscher Maschinen- und Anlagenbau e.V. (VDMA), Fachgemeinschaft Verfahrenstechnische Maschinen und Apparate, Frankfurt/Main
- Stahlinstitut VDEh, Düsseldorf
- VGB PowerTech e.V., Essen
- Verband der TÜV e.V. (VdTÜV), Berlin

Die AD 2000-Merkblätter werden durch die Verbände laufend dem Fortschritt der Technik angepasst. Anregungen hierzu sind zu richten an den Herausgeber:

Verband der TÜV e.V., Friedrichstraße 136, 10117 Berlin.

Inhalt

0 Präambel
1 Geltungsbereich
2 Allgemeines
3 Formelzeichen und Einheiten
4 Sicherheitsbeiwert
5 Ausnutzung der zulässigen Berechnungsspannung in Fügeverbindungen
6 Verschwächungen
7 Berechnung
8 Kleinste Wanddicke
9 Schrifttum

Anhang 1: Erläuterungen

0 Präambel

Zur Erfüllung der grundlegenden Sicherheitsanforderungen der Druckgeräte-Richtlinie kann das AD 2000-Regelwerk angewandt werden, vornehmlich für die Konformitätsbewertung nach den Modulen „G" und „B + F".

Das AD 2000-Regelwerk folgt einem in sich geschlossenen Auslegungskonzept. Die Anwendung anderer technischer Regeln nach dem Stand der Technik zur Lösung von Teilproblemen setzt die Beachtung des Gesamtkonzeptes voraus.

Bei anderen Modulen der Druckgeräte-Richtlinie oder für andere Rechtsgebiete kann das AD 2000-Regelwerk sinngemäß angewandt werden. Die Prüfzuständigkeit richtet sich nach den Vorgaben des jeweiligen Rechtsgebietes.

1 Geltungsbereich

Die nachstehenden Berechnungsregeln gelten für glatte Zylinderschalen als Druckbehältermäntel und für Rohre unter äußerem Überdruck, bei denen das Verhältnis D_a/D_i ≤ 1,2 beträgt. Bei Rohren mit D_a ≥ 200 mm gelten darüber hinausgehend bis zu einem Verhältnis D_a/D_i = 1,7. Die Zylinderschalen können ohne oder mit Versteifungen ausgeführt sein.

Der Druck muss auf den gesamten Umfang wirken. Größere als vom äußeren Überdruck herrührende Axialbelastungen müssen zusätzlich z.B. nach [10] berücksichtigt werden.

2 Allgemeines

2.1 Dieses AD 2000-Merkblatt ist nur im Zusammenhang mit dem AD 2000-Merkblatt B 0 anzuwenden.

Ersatz für Ausgabe Februar 2005; | = Änderungen gegenüber der vorangehenden Ausgabe

Die AD 2000-Merkblätter sind urheberrechtlich geschützt. Die Nutzungsrechte, insbesondere die der Übersetzung, des Nachdrucks, der Entnahme von Abbildungen, die Wiedergabe auf fotomechanischem Wege und die Speicherung in Datenverarbeitungsanlagen, bleiben, auch bei auszugsweiser Verwertung, dem Urheber vorbehalten.

Tafel 1. Sicherheitsbeiwerte

Werkstoff		Sicherheitsbeiwert gegen Streck-, Dehngrenze oder Zeitstandfestigkeit	
		Sicherheitsbeiwert S für den Werkstoff bei Berechnungstemperatur	Sicherheitsbeiwert S' beim Prüfdruck
1.	Walz- und Schmiedestähle	1,6	1,1
2.	Stahlguss	2,0	1,5
3.	Gusseisen mit Kugelgraphit nach DIN EN 1563		
3.1	EN-GJS-700-2/2U EN-GJS-600-3/3U	5,0	2,5
3.2	EN-GJS-500-7/7U	4,0	2,0
3.3	EN-GJS-400-15/15U	3,5	1,7
3.4	EN-GJS-400-18/18U-LT EN-GJS-350-22/22U-LT	2,4	1,2
4.	Aluminium und Aluminiumlegierungen – Knetwerkstoffe	1,6	1,1
		Sicherheitsbeiwert gegen Zugfestigkeit	
5.	Gusseisen mit Lamellengraphit (Grauguss) nach DIN EN 1561	6,0	3,5
6.	Kupfer und dessen Legierungen einschließlich Walz- und Gussbronze	4,0	2,5

Bei Wärmeaustauscherrohren ist der Abnutzungszuschlag $c_2 = 0$, falls nicht besondere Vereinbarungen zwischen Hersteller und Besteller/Betreiber getroffen sind.

2.2 Bei Druckbehältern aus Grauguss ist eine Berechnung auf Innendruck unter Verwendung der Sicherheitsbeiwerte nach Tafel 1 ausreichend, wobei für den Innendruck der äußere Überdruck einzusetzen ist.

3 Formelzeichen und Einheiten

Über die Festlegungen des AD 2000-Merkblattes B 0 hinaus gilt:

b_m	zweifache Abklinglänge	mm
l	Zylinderlänge zwischen wirksamen Versteifungen	mm
l_m	mittragende Schalenlänge	mm
p_e	elastischer Beuldruck der Versteifung	bar
q	hier: Abflachung	mm
u	Unrundheit	%

4 Sicherheitsbeiwert

4.1 Die Sicherheitsbeiwerte gegen plastisches Verformen sind für den Betriebs- und Prüfzustand der Tafel 1 zu entnehmen.

4.2 Der Sicherheitsbeiwert gegen elastisches Einbeulen beträgt unabhängig vom Werkstoff $S_K = 3,0$ und gilt für $u \leq 1,5\,\%$, wobei u nach Abschnitt 7.3.4 zu ermitteln ist. Bei $u > 1,5\,\%$ ist $S_K = 2,25 + 0,5\,u$. Wird ein höherer Prüfdruck als $1,3\,p$ gefordert, so muss S'_K mindestens $2,2\,S_K/3$ betragen.

5 Ausnutzung der zulässigen Berechnungsspannung in Fügeverbindungen

Unabhängig von dem Prüfumfang nach AD 2000-Merkblatt HP 0 Übersichtstafel 1 bleibt die Ausnutzung der zulässigen Berechnungsspannung in Fügeverbindungen bei Berechnung auf Außendruck unberücksichtigt.

6 Verschwächungen

Ausschnitte sind nach AD 2000-Merkblatt B 9 mit p als Innendruck zu berechnen. Ausschnitte in Doppelmänteln, die durch Stutzen gegenseitig versteift sind, können bei der Berechnung der Wanddicke unberücksichtigt bleiben.

7 Berechnung

7.1 Allgemeines

7.1.1 Die Berechnung ist gegen elastisches Einbeulen nach Abschnitt 7.2 und gegen plastisches Verformen nach Abschnitt 7.3 durchzuführen. Der errechnete kleinste Wert von p_1 und p_2 ist maßgebend für die Bestimmung des zulässigen äußeren Überdruckes.

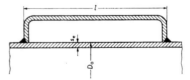

Bild 1. Doppelmantel

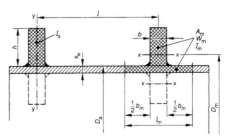

Bild 2. Ringe mit Rechteckquerschnitt als Versteifung

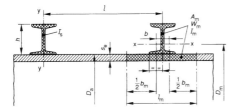

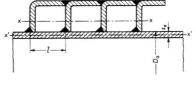

Bild 5. Eckige Heizkanäle als Versteifung

Bild 3. Profilringe als Versteifung

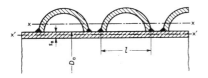

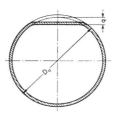

Bild 4. Halbrunde Heizkanäle als Versteifung

Bild 9. Abflachung q

$$p_1 = \frac{E}{S_K} \left\{ \frac{20}{(n^2-1)\left[1+\left(\frac{n}{Z}\right)^2\right]^2} \cdot \frac{s_e - c_1 - c_2}{D_a} + \frac{80}{12(1-\nu^2)} \cdot \left[n^2 - 1 + \frac{2n^2 - 1 - \nu}{1+\left(\frac{n}{Z}\right)^2}\right] \cdot \left[\frac{s_e - c_1 - c_2}{D_a}\right]^3 \right\} \quad (1)$$

7.1.2 Die Beullänge l ist die Länge des Doppelmantels (siehe Bild 1) oder die Entfernung zwischen zwei wirksamen Versteifungen (siehe Bilder 2 bis 5). Bei Behältern mit gewölbten Böden beginnt die Beullänge am Übergang vom zylindrischen Bord zur Krempe.
Rohrbögen gelten nicht als wirksame Versteifungen [9]. Desgleichen gelten Kompensatoren in der Regel nicht als wirksame Versteifungen. Wegen der fehlenden Stützung an dieser Seite der Zylinderschale gelten die Formeln (1), (4), (5) bzw. (6) nicht. Die Berechnung solcher Zylinderschalen kann konservativ nach Formel (3) erfolgen.

7.2 Berechnung gegen elastisches Einbeulen

7.2.1 Die Berechnung erfolgt nach Formel (1), wobei
$Z = 0{,}5 \cdot \frac{\pi \cdot D_a}{l}$ und
a) n ganzzahlig
b) $n \geq 2$
c) $n > Z$

so zu wählen sind, dass p_1 zum kleinsten Wert wird. n bedeutet die Anzahl der Einbeulwellen, die beim Versagen auf dem Umfang auftreten können. Die Anzahl der Einbeulwellen kann nach folgender Näherungsgleichung abgeschätzt werden [5]:

$$n = 1{,}63 \cdot \sqrt[4]{\frac{D_a^3}{l^2(s_e - c_1 - c_2)}} \quad (2)$$

7.2.2 Die erforderliche Wanddicke s kann auch nach Bild 6 für gebräuchliche Abmessungen bestimmt werden.

Dieses Bild gilt für eine Querkontraktionszahl $\nu = 0{,}3$. Bei wesentlich anderen Querkontraktionszahlen ist nach Formel (1) zu rechnen.

7.2.3 Für Rohre kann die Berechnung auch nach Formel (3) erfolgen.

$$p_1 = \frac{E}{S_K} \cdot \frac{20}{1-\nu^2} \cdot \left(\frac{s_e - c_1 - c_2}{D_a}\right)^3 \quad (3)$$

7.3 Berechnung gegen plastisches Verformen

7.3.1 Bei $\frac{D_a}{l} \leq 5$ gilt Formel (4)

$$p_2 = \frac{20 \cdot K}{S} \cdot \frac{s_e - c_1 - c_2}{D_a} \cdot \frac{1}{1 + \dfrac{1{,}5u \cdot \left(1 - 0{,}2\dfrac{D_a}{l}\right) \cdot D_a}{100(s_e - c_1 - c_2)}}$$

7.3.2 Die erforderliche Wanddicke s kann nach Bild 7 für gebräuchliche Abmessungen und mit einer Unrundheit $u = 1{,}5 \%$ unmittelbar bestimmt werden.
Für Rohre mit größeren Unrundheiten kann die erforderliche Wanddicke s vereinfachend auch nach Bild 8 bestimmt werden.

7.3.3 Bei $\frac{D_a}{l} > 5$ ist der größere der nach den Formeln (5) und (6) ermittelte Druck für die Festlegung des zulässigen äußeren Überdruckes maßgebend.

$$p_2 = \frac{20\,K}{S} \cdot \frac{s_e - c_1 - c_2}{D_a} \tag{5}$$

$$p_2 = \frac{30\,K}{S} \left(\frac{s_e - c_1 - c_2}{l}\right)^2 \tag{6}$$

Formel (6) ist vor allem bei kleinen Stützlängen (z. B. bei Heizkanälen nach den Bildern 4 und 5) maßgebend.

7.3.4 Für die Unrundheit u in % gelten bei Ovalität

$$u = 2 \cdot \frac{D_{i\,max} - D_{i\,min}}{D_{i\,max} + D_{i\,min}} \cdot 100 \tag{7}$$

bei Abflachung (siehe Bild 9)

$$u = \frac{4}{D_a} \cdot q \cdot 100 \tag{8}$$

Die maximalen und minimalen Durchmesser $D_{i\,max}$ bzw. $D_{i\,min}$ ergeben sich aus den Herstellungsbedingungen (zulässige Unrundheiten siehe AD 2000-Merkblatt HP 1).

Bei Rohren kann die Unrundheit nach Formel (7) mit dem maximalen und minimalen Außendurchmesser ermittelt werden. Die Durchmesser ergeben sich aus den in den Normen festgelegten Technischen Lieferbedingungen.

7.4 Versteifungen

7.4.1 Als wirksame Versteifungen können Abschlussböden wie z.B. nach außen gewölbte Böden oder Wärmeaustauscherböden, die durch die Rohre und den Mantel gegenseitig verankert sind, angesehen werden. Das gilt auch für die Ausführungen nach den Bildern 2 und 3, wenn die Bedingungen der Formeln (9) und (10) in Verbindung mit den Formeln (11) und (12) eingehalten sind.

Für die Ermittlung der geometrischen Größen A_m, W_m und I_m (siehe Bilder 2 und 3) ist zuerst die mittragende Schalenbreite l_m nach Formel (12) zu bestimmen. Das Flächenträgheitsmoment I_m und das Widerstandsmoment W_m sind auf der zur Mantelachse parallele Schwerpunktachse des Querschnittes zu beziehen (siehe Achse x – x in den Bildern 2 und 3), der sich aus dem Querschnitt der Versteifung und dem mittragenden Teil der Schale mit der Länge l_m zusammensetzt. D_m ist der dazugehörige Schwerpunktdurchmesser.

$$p \cdot S_K < p_e \tag{9}$$

$$\frac{p \cdot l_m \cdot D_a}{20 \cdot A_m} + \frac{p \cdot l \cdot D_a^2}{8000 \cdot W_m} \cdot \frac{u}{1 - S_K \cdot p/p_e} \leq \frac{K}{S} \tag{10}$$

$$\text{mit } p_e = \frac{240 \cdot E \cdot I_m}{(1 - v^2) \cdot (D_a - s_e + c_1 + c_2) \cdot D_m^2 \cdot l} \tag{11}$$

$$\text{und } l_m = b_m + b = 1{,}1 \cdot \sqrt{D_a \cdot (s_e - c_1 - c_2)} + b \tag{12}$$

wobei für die mittragende Länge l_m nicht mehr als die Länge l eingesetzt werden darf. Für K ist der Festigkeitskennwert des Versteifungsringes einzusetzen. Für den Sicherheitsbeiwert S wird auf AD 2000-Merkblatt B 0 verwiesen.

Schmale, hohe Versteifungen gemäß Bild 2 können ausknicken; deshalb sollte die Höhe der Versteifung die achtfache Breite nicht überschreiten. Bei Profilen nach Bild 3 ist das erforderliche, auf die Schwerpunktachse y – y bezogene Flächenträgheitsmoment abhängig von der Profilhöhe h und beträgt $I_s \geq \dfrac{h^4}{3000}$.

7.4.2 Die versteifende Wirkung von Heizkanälen (siehe Bilder 4 und 5) kann bei der Berechnung des ganzen Mantels berücksichtigt werden. In Formel (1) wird dann der zulässige Druck im Verhältnis der Flächenträgheitsmomente mit und ohne Heizkanäle (bezogen auf die jeweilige Schwerpunktachse x – x bzw. x' – x') und in Formel (4) im Verhältnis der Querschnittsflächen des Behälters mit und ohne Heizkanäle größer.

7.4.3 Werden Versteifungen durch unterbrochene Schweißnähte mit dem Mantel verbunden, müssen die Kehlnähte auf jeder Seite mindestens ein Drittel des Mantelumfanges erfassen. Die Teilung der Kehlnähte in Umfangsrichtung darf 300 mm, die Anzahl der Schweißnahtunterbrechungen darf $2n$ nicht unterschreiten. Die Anzahl n der Einbeulwellen ergibt sich aus Abschnitt 7.2.1.

8 Kleinste Wanddicke

8.1 Die kleinste Wanddicke nahtloser, geschweißter oder hartgelöteter Zylinderschalen wird mit 3 mm festgelegt.

8.2 Abweichend von Abschnitt 8.1 gilt für die kleinste Wanddicke bei Zylinderschalen aus Aluminium und dessen Legierungen 5 mm.

8.3 Ausnahmen siehe AD 2000-Merkblatt B 0 Abschnitt 10.

8.4 Bei Wärmeaustauscherrohren darf die kleinste Wanddicke gemäß Abschnitt 8.1 und 8.2 unterschritten werden.

9 Schrifttum

[1] *Hütte I.*, 28. Auflage, S. 953. Verlag Ernst und Sohn, Berlin.

[2] *Meincke, H.:* Berechnung und Konstruktion zylindrischer Behälter unter Außendruck. Konstruktion **11** (1959) Nr. 4, S. 131/38.

[3] *v. Mises, R.:* Der kritische Außendruck zylindrischer Rohre. VDI-Z **58** (1914) Nr. 19, S. 750/55.

[4] *Schwaigerer, S.*, u. *A. Konejung:* Die Festigkeitsberechnung von Flammrohren. Konstruktion **2** (1950) Nr. 1, S. 17/23.

[5] *v. Reth, Th.:* Unmittelbare Berechnung der Beulwellen in Gleichung (1) des AD-Merkblattes B 6. TÜ **12** (1971) Nr. 12, S. 362.

[6] BS 5500 – Specification for unfired fusion welded pressure vessels, 1982; herausg. v. British Standards Institution.

[7] *Link, H.:* Berechnung ringversteifter Bohrschachtverrohrungen aus Stahl in den USA. Der Stahlbau **9** (1981), S. 284/287.

[8] *Ebner, H.:* Festigkeitsprobleme von U-Booten. Schiffstechnik, Forschungshefte für Schiffsbau und Schiffsmaschinenbau **14** (1967) H. 74, S. 95/113.

[9] *Meincke, H.:* Rohre in Apparaten unter Außendruck. Chem.-Ing.-Technik **3** (1978), S. 215/17.

[10] Deutscher Ausschuss für Stahlbau: Beulsicherheitsnachweise für Schalen, DASt-Richtlinie 013, Juli 1980.

[11] *Feder, G.:* Zur Stabilität ringversteifter Rohre unter Außendruckbelastung. Schweizerische Bauzeitung, 89. Jahrgang, Heft 42 (21.10.1971), S. 1043/1051.

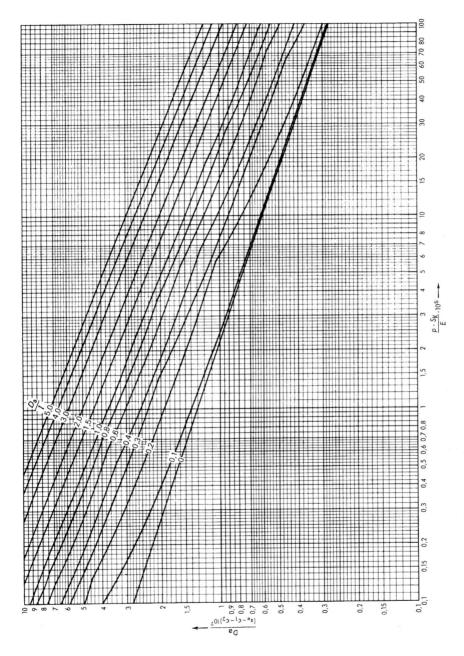

Bild 6. Erforderliche Wanddicke s bei Berechnung gegen elastisches Einbeulen

B 6

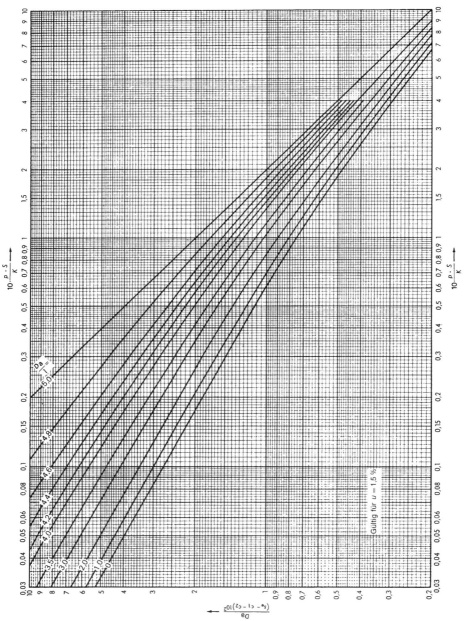

Bild 7. Erforderliche Wanddicke s bei Berechnung gegen plastisches Verformen

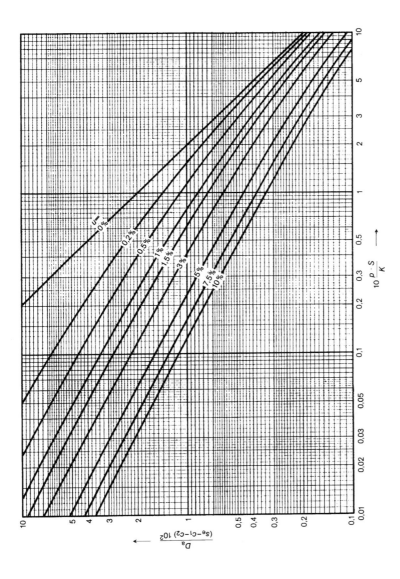

Bild 8. Erforderliche Wanddicke s von langen Zylinderschalen ($D_a/l < 0{,}2$) bei Berechnung gegen plastisches Verformen in Abhängigkeit von der Unrundheit

Anhang 1 zum AD 2000-Merkblatt B 6

Erläuterungen zum AD 2000-Merkblatt B 6

Zu 4.2 und 7.3.4

Nach den bisherigen Erfahrungen ist $S_K = 3{,}0$ bei Unrundheiten bis $u = 1{,}5\,\%$ ausreichend. Der Einfluss der Unrundheit wurde nach dem Schrifttum [4] ermittelt, wobei von $S_K = 3{,}0$ bei $u = 1{,}5\,\%$ ausgegangen wurde.

Nach AD 2000-Merkblatt HP 1 Tafel 1 darf die Unrundheit bei Beanspruchung durch Außendruck bei s/D-Verhältnissen $\leq 0{,}1$ in der Regel $1{,}5\,\%$ nicht überschreiten.

Bei Rohren nach AD 2000-Merkblatt W 4 und Rohren aus austenitischen Stählen nach DIN EN ISO 1127 (für DN $<$ 150 in den Toleranzklassen D2, T3 und für DN $\geq$ 150 in den Toleranzklassen D1, T1) kann der Sicherheitsbeiwert gegen elastisches Einbeulen im Normalfall näherungsweise auch direkt in Abhängigkeit vom Rohr-Nenndurchmesser (DN in mm) bestimmt werden:

$10 \leq DN \leq 50 : S_K = 8{,}25 - \dfrac{DN}{10}$

$50 < DN \quad\quad : S_K = 3{,}25$

Zu 7.2.3

Formel (3) gilt exakt für die unendlich lange Zylinderschale ($D_a/l = 0$) und kann aus Formel (1) abgeleitet werden. Nach Formel (3) ergeben sich geringere Drücke als nach Formel (1). Die Abweichungen sind für verschiedene D_a/l-Verhältnisse in Bild A1 dargestellt. Für die Verhältnisse $s/D_a > 0{,}0025$ und $D_a/l < 0{,}04$ sind die Abweichungen geringer als 5 %.

Zu 7.3.2

Bild 8 gilt exakt für die unendlich lange Zylinderschale ($D_a/l = 0$). Für Zylinderschalen unendlicher Länge ergeben sich geringere Drücke als nach Formel (4). Die Abweichungen sind für verschiedene D_a/l-Verhältnisse in Bild A2 dargestellt. Für Verhältnisse $D_a/l \leq 0{,}2$ sind die Abweichungen geringer als 5 %.

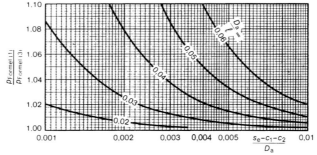

Bild A1. Berechnung gegen elastisches Einbeulen – Abweichungen der nach Formeln (1) und (3) ermittelten Drücke in Abhängigkeit von $(s_e - c_1 - c_2)/D_a$ und D_a/l

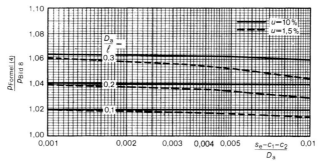

Bild A2. Berechnung gegen plastisches Verformen – Abweichungen der nach Formel (4) und Bild 8 ermittelten Drücke in Abhängigkeit von $(s_e - c_1 - c_2)/D_a$, D_a/l und der Unrundheit u

Zu 7.4.1

Formel (10) entstand aus der im Schrifttum [4] und [7] abgeleiteten Formel

$$\sigma = \frac{p \cdot l_m \cdot D_a}{20 \cdot A_m} + \frac{p \cdot l \cdot D_a^2}{8000 \cdot W_m} \cdot \frac{u}{1 - p/p_e} \qquad (A1)$$

Formel (A1) wurde so modifiziert, dass im rein plastischen Bereich die Sicherheit S und im rein elastischen Bereich mindestens die Sicherheit S_K vorhanden ist. Die so modifizierte Formel (A1) führt unter Beachtung der vorgegebenen Dimensionen zu Formel (10). Wird diese unter Berücksichtigung der Formel (9) nach p aufgelöst, kann der für die Festlegung des zulässigen Betriebsüberdruckes maßgebende Druck direkt ermittelt werden:

$$p = p_e \cdot \left[\frac{1 + S_K \cdot G + H}{2 \cdot S_K} - \sqrt{\left[\frac{1 + S_K \cdot G + H}{2 \cdot S_K} \right]^2 - \frac{G}{S_K}} \right] \qquad (A2)$$

$$\text{mit } G = \frac{K}{S} \cdot \frac{20 \cdot A_m}{p_e \cdot l_m \cdot D_a} \qquad (A3)$$

$$H = \frac{u \cdot D_a \cdot l \cdot A_m}{400 \cdot l_m \cdot W_m} \qquad (A4)$$

und den Werten für p_e und l_m nach den Formeln (11) und (12).

ICS 23.020.30 Ausgabe August 2007

Berechnung von Druckbehältern	Schrauben	AD 2000-Merkblatt B 7

Die AD 2000-Merkblätter werden von den in der „Arbeitsgemeinschaft Druckbehälter" (AD) zusammenarbeitenden, nachstehend genannten sieben Verbänden aufgestellt. Aufbau und Anwendung des AD 2000-Regelwerkes sowie die Verfahrensrichtlinien regelt das AD 2000-Merkblatt G1.

Die AD 2000-Merkblätter enthalten sicherheitstechnische Anforderungen, die für normale Betriebsverhältnisse zu stellen sind. Sind über das normale Maß hinausgehende Beanspruchungen beim Betrieb der Druckbehälter zu erwarten, so ist diesen durch Erfüllung besonderer Anforderungen Rechnung zu tragen.

Wird von den Forderungen dieses AD 2000-Merkblattes abgewichen, muss nachweisbar sein, dass der sicherheitstechnische Maßstab dieses Regelwerkes auf andere Weise eingehalten ist, z.B. durch Werkstoffprüfungen, Versuche, Spannungsanalyse, Betriebserfahrungen.

> Fachverband Dampfkessel-, Behälter- und Rohrleitungsbau e.V. (FDBR), Düsseldorf
> Hauptverband der gewerblichen Berufsgenossenschaften e.V., Sankt Augustin
> Verband der Chemischen Industrie e.V. (VCI), Frankfurt/Main
> Verband Deutscher Maschinen- und Anlagenbau e.V. (VDMA), Fachgemeinschaft Verfahrenstechnische Maschinen und Apparate, Frankfurt/Main
> Stahlinstitut VDEh, Düsseldorf
> VGB PowerTech e.V., Essen
> Verband der TÜV e.V. (VdTÜV), Berlin

Die AD 2000-Merkblätter werden durch die Verbände laufend dem Fortschritt der Technik angepasst. Anregungen hierzu sind zu richten an den Herausgeber:

Verband der TÜV e.V., Friedrichstraße 136, 10117 Berlin.

Inhalt

0 Präambel
1 Geltungsbereich
2 Allgemeines
3 Formelzeichen und Einheiten
4 Berechnungstemperatur
5 Sicherheitsbeiwert
6 Berechnung
7 Zuschläge
8 Kleinster Schraubendurchmesser
9 Schrifttum

0 Präambel

Zur Erfüllung der grundlegenden Sicherheitsanforderungen der Druckgeräte-Richtlinie kann das AD 2000-Regelwerk angewandt werden, vornehmlich für die Konformitätsbewertung nach den Modulen „G" und „B + F".

Das AD 2000-Regelwerk folgt einem in sich geschlossenen Auslegungskonzept. Die Anwendung anderer technischer Regeln nach dem Stand der Technik zur Lösung von Teilproblemen setzt die Beachtung des Gesamtkonzeptes voraus.

Bei anderen Modulen der Druckgeräte-Richtlinie oder für andere Rechtsgebiete kann das AD 2000-Regelwerk sinngemäß angewandt werden. Die Prüfzuständigkeit richtet sich nach den Vorgaben des jeweiligen Rechtsgebietes.

1 Geltungsbereich

Dieses AD 2000-Merkblatt gilt für die Berechnung von Schrauben an Druckbehältern, die als kraftschlüssige Verbindungselemente vorwiegend auf Zug und ruhend beansprucht werden. Zusatzbeanspruchungen aus thermischen Einflüssen, z.B. aus örtlichen oder zeitlichen Temperaturgradienten, unterschiedlichen Wärmeausdehnungszahlen o. Ä. sowie äußeren Kräften, z.B. aus angeschlossenen Rohrsystemen, sind in diesem AD 2000-Merkblatt nicht erfasst und gegebenenfalls gesondert zu berücksichtigen[1].

2 Allgemeines

2.1 Dieses AD 2000-Merkblatt ist nur im Zusammenhang mit AD 2000-Merkblatt B 0 anzuwenden.

2.2 Um eine Schraubenverbindung möglichst elastisch zu halten, empfiehlt es sich, die Schrauben als Dehnschrauben nach DIN 2510 auszuführen. Dehnschrauben sollen verwendet werden bei einer Berechnungstemperatur über 300 °C oder bei einem zulässigen Betriebsüberdruck von mehr als 40 bar. Dabei ist für eine ausreichende Klemmlänge, beispielsweise durch zusätzliche Dehnhülsen nach DIN 2510, zu sorgen. Die Dehnschaftlänge muss mindestens das Doppelte des Gewindedurchmessers betragen.

---

[1] Z. B. in Anlehnung an die Vornorm DIN 2505 (01.1986)

Ersatz für Ausgabe Juli 2006 | = Änderungen gegenüber der vorausgehenden Ausgabe

Die AD 2000-Merkblätter sind urheberrechtlich geschützt. Die Nutzungsrechte, insbesondere die der Übersetzung, des Nachdrucks, der Entnahme von Abbildungen, die Wiedergabe auf fotomechanischem Wege und die Speicherung in Datenverarbeitungsanlagen, bleiben, auch bei auszugsweiser Verwertung, dem Urheber vorbehalten.

2.3 Als Dehnschrauben werden nur solche Schrauben bewertet, deren Schaftdurchmesser $d_S \leq 0{,}9\, d_K$ ist oder deren Maße DIN 2510 entsprechen. Schrauben mit durchgehendem Gewinde gelten hinsichtlich ihrer Berechnung als Starrschrauben.

2.4 Die ausreichende Tragfähigkeit von Schraubverbindungen muss insbesondere bei unterschiedlicher Werkstoffpaarung und bei von den zutreffenden Normen abweichenden Geometrien entweder durch Berechnung oder durch Anwendung einer geeigneten Norm nachgewiesen werden.

2.5 Bei genormten Rohrleitungsflanschen gelten die Anforderungen an die Schrauben als erfüllt, wenn deren Durchmesser und Anzahl nach diesen Rohrleitungsnormen gewählt werden und die für die Flansche zulässige Berechnungstemperatur nicht überschritten wird. Bei Berechnungstemperaturen über 120 °C und Verwendung des in den Normen angegebenen Werkstoffes ist der zulässige Betriebsüberdruck entsprechend dem Abfall der Streckgrenze zu vermindern. Hierbei sind jedoch nur Werkstoffe nach AD 2000-Merkblatt W 7 zulässig. Die Anpassung an höhere Temperaturen kann auch durch die Verwendung eines Werkstoffes mit entsprechend höherer Streckgrenze erfolgen.

2.6 Bei Apparateflanschen nach DIN 28032, 28034, 28036 und 28038 gelten die Anforderungen an die Schrauben als erfüllt, wenn diese DIN 28030 entsprechen.

2.7 Die Anzahl der Schrauben soll mit Rücksicht auf das Dichthalten möglichst groß gewählt werden, um eine kleine Schraubenteilung zu erhalten (s. AD 2000-Merkblatt B 8 Abschnitt 2.3).

2.8 Die Auflagefläche von Schrauben und Muttern muss mindestens der Produktklasse B nach DIN EN ISO 4759-1 entsprechen. Die Gewindeausführung muss mindestens die Toleranzklasse „mittel" der DIN ISO 965-2 einhalten.

2.9 Bezüglich der Gestaltung der Schraubenverbindungen siehe auch AD 2000-Merkblatt A 5, Abschnitt 3. Einseitig beanspruchte Hakenschrauben dürfen nicht verwendet werden.

2.10 Für leicht entzündliche oder giftige Gase sind Flansche mit Nut und Feder oder Vor- und Rücksprung oder glatte Flansche mit besonderen Dichtungen (gebördelte Dichtungen, Spiral-Asbest-Dichtungen, Dichtungen mit eingepresstem Drahtgewebe) zu verwenden.

3 Formelzeichen und Einheiten

Über die Festlegungen des AD 2000-Merkblattes B 0 hinaus gilt:

b_D	wirksame Dichtungsbreite	mm
c_5	Konstruktionszuschlag für Starrschrauben	mm
d_K	Kerndurchmesser eines Schraubengewindes	mm
d_S	Schaftdurchmesser einer Schraube	mm
n	Anzahl der Schrauben	–
A_D	druckbelastete Fläche	mm²
$K_{D\vartheta}$	Formänderungswiderstand des Dichtungswerkstoffes bei Berechnungstemperatur	N/mm²
U_D	mittlerer Dichtungsumfang	mm
X	Anzahl der Kämme	–
φ	hier: Hilfswert	–

4 Berechnungstemperatur

Die Temperatur, für die die Schrauben zu berechnen sind, hängt von der Art der Schraubenverbindung und dem Wärmeschutz ab. Soweit kein besonderer Temperaturnachweis erfolgt und die Schrauben nicht unmittelbar einem Beschickungsmittel mit einer Temperatur > 50 °C ausgesetzt sind, kann die Berechnungstemperatur bei Schraubenverbindungen

a) loser Flansch und loser Flansch   um 30 °C
b) fester Flansch und loser Flansch   um 25 °C
c) fester Flansch und fester Flansch   um 15 °C

niedriger als die höchste Temperatur des Beschickungsmittels angenommen werden. Diese Abschläge berücksichtigen den Abfall der Temperatur bei isolierten Schraubenverbindungen. Da die nur bei niedrigen Temperaturen üblichen nicht isolierten Verbindungen bei zwar kälteren Schrauben zu entsprechend höheren Temperaturbeanspruchungen der gesamten Verbindung führen, sind hierfür weitere pauschale Abstriche ohne besonderen Nachweis nicht zulässig. Bei zulässigen Betriebstemperaturen < -10 °C wird auf AD 2000-Merkblatt W 10 verwiesen.

5 Sicherheitsbeiwert

Die Sicherheitsbeiwerte sind für Schraubenwerkstoffe mit einem Verhältnis von Streckgrenze/Zugfestigkeit $\leq 0{,}8$ nach Tafel 3.1 zu bestimmen, für ein Verhältnis von Streckgrenze/Zugfestigkeit $> 0{,}8$ gilt Tafel 3.2. Hierfür ist bei unbearbeiteten, aber parallelen Auflageflächen der zu verbindenden Teile sowie bei Augen- und Klappschrauben von $\varphi = 0{,}75$ auszugehen. Bei spanabhebend bearbeiteten oder durch den Herstellungsvorgang als gleichwertig anzusehenden Auflageflächen kann von $\varphi = 1$ ausgegangen werden. Nicht parallele Auflageflächen sind unzulässig.

6 Berechnung

6.1 Berechnung der Schraubenkräfte

6.1.1 Allgemeines

Die Schraubenkräfte sind für den Einbauzustand vor Druckaufgabe und für den Betriebszustand zu ermitteln. Ist der Prüfdruck $p' > 1{,}43\, p$, so sind die Schraubenkräfte auch für diesen Belastungsfall zu ermitteln; bei Schraubenwerkstoffen mit einem Verhältnis von Streckgrenze/Zugfestigkeit $> 0{,}8$ sind die Schraubenkräfte für den Prüfzustand immer zu ermitteln.

6.1.2 Kreisförmige Schraubenverbindungen mit Dichtungen innerhalb des Lochkreises

6.1.2.1 Die Mindestschraubenkraft für den Betriebszustand beträgt

$$F_{SB} = F_{RB} + F_{FB} + F_{DB} \tag{1}$$

mit den Einzelkomponenten

$$F_{RB} = \frac{p \cdot \pi \cdot d_i^2}{40} \tag{2}$$

$$F_{FB} = \frac{p \cdot \pi \cdot (d_D^2 - d_i^2)}{40} \tag{3}$$

$$F_{DB} = \frac{p}{10} \cdot \pi \cdot d_D \cdot S_D \cdot k_1 \tag{4}$$

mit $S_D = 1{,}2$.

Die Formeln (1) bis (4) können sinngemäß auch für den Prüfzustand angewendet werden.

6.1.2.2 Die Mindestschraubenkraft für den Einbauzustand wird berechnet aus

$$F_{DV} = \pi \cdot d_D \cdot k_0 \cdot K_D \tag{5}$$

Falls die Vorverformungskraft $F_{DV} > F_{SB}$ wird, kann sie bei Weichstoff- und Metallweichstoffdichtungen ersetzt werden durch

$$F_{DV}^{\star} = 0{,}2\, F_{DV} + 0{,}8\, \sqrt{F_{SB} \cdot F_{DV}} \tag{6}$$

6.1.2.3 Es wird empfohlen, die Flanschdichtung unter Beachtung der zulässigen Flächenpressung (z. B. nach Angaben der Dichtungshersteller) möglichst schmal (z. B. nach DIN 28040) auszuführen, um Dichtungskräfte, Schraubenkräfte und Flanschverdrehungen klein zu halten. Bei Weichstoff- und Metallweichstoffdichtungen kann bei der ersten Lastaufgabe mit bleibendem Setzen gerechnet werden. Dieses muss durch Nachziehen der Schrauben ausgeglichen werden.

Bei Metalldichtungen beträgt die zulässige Belastung im Betrieb

$$F_{D\vartheta} = \pi \cdot d_D \cdot k_0 \cdot K_{D\vartheta} \qquad (7)$$

bzw. bei kammprofilierten Dichtungen

$$F_{D\vartheta} = \pi \cdot d_D \cdot \sqrt{X} \cdot k_0 \cdot K_{D\vartheta} \qquad (8)$$

mit $K_{D\vartheta}$ nach Tafel 2.

Die Verbindung bleibt nach wiederholtem An- und Abfahren nur dicht, wenn folgende Bedingung eingehalten ist:

$$F_{D\vartheta} \geq F_{SB} \qquad (9)$$

Wird die zulässige Belastung der Dichtung überschritten, empfiehlt es sich, einen besser geeigneten Dichtungswerkstoff oder eine andere Dichtungsform zu wählen.

6.1.2.4 Die Dichtungskennwerte k_1, k_0 und K_D bzw. $k_0 \cdot K_D$ sind den Tafeln 1 und 2 zu entnehmen, wobei normalerweise für den Betriebszustand nur die Werte für Gase und Dämpfe infrage kommen. Kennwerte für andere Dichtungsarten und -formen sind durch Versuche festzustellen.

6.1.3 Kreisförmige Schraubenverbindungen mit durchgehender Dichtung

Die Schraubenkräfte werden nach den Formeln (1) bis (6) berechnet; dabei ist für den Dichtungsdurchmesser d_D der Lochkreisdurchmesser d_t und für b_D nach Tafel 1 die halbe wirksame Dichtungsbreite anzunehmen.

6.1.4 Rechteckige oder andersartige Schraubenverbindungen mit Dichtungen innerhalb des Lochkreises

Die Mindestschraubenkraft für den Betriebszustand beträgt bei Rechteckanordnung

$$F_{SB} = \frac{p}{10} \cdot [e \cdot f + 2 S_D (e + f) \cdot k_1] \qquad (10)$$

und bei andersartigen Anordnungen

$$F_{SB} = \frac{p}{10} \cdot (A_D + S_D \cdot U_D \cdot k_1) \qquad (11)$$

mit $S_D = 1{,}2$.

Die Formeln (10) und (11) können sinngemäß auch für den Prüfzustand angewendet werden.

Die Mindestschraubenkraft für den Einbauzustand wird bei Rechteckanordnung berechnet aus

$$F_{DV} = 2(e + f) \cdot k_0 \cdot K_D \qquad (12)$$

und bei andersartigen Anordnungen aus

$$F_{DV} = U_D \cdot k_0 \cdot K_D \qquad (13)$$

Die Größen e, f, A_D und U_D werden auf die mittlere Berührungslinie der Dichtung bezogen.

Die Formel (6) kann sinngemäß angewendet werden.

6.1.5 Rechteckige oder andersartige Schraubenverbindungen mit durchgehender Dichtung

Die Schraubenkräfte werden nach den Formeln (10) bis (13) berechnet. Dabei sind die Größen e, f, A_D und U_D auf die Schraubenlochmitten zu beziehen und b_D nach Tafel 1

als die halbe wirksame Dichtungsbreite anzunehmen. Die Formel (6) kann sinngemäß angewendet werden.

6.2 Berechnung des Schraubendurchmessers

Der erforderliche Gewindekerndurchmesser d_K einer Starrschraube bzw. der erforderliche Schaftdurchmesser d_S einer Dehnschraube wird errechnet aus dem größten Wert der Formeln für den Betriebszustand einer Flanschverbindung mit n Schrauben

$$d_K \text{ bzw. } d_S = Z \cdot \sqrt{\frac{F_{SB}}{K \cdot n}} + c_5 \qquad (14)$$

den Prüfzustand

$$d_K \text{ bzw. } d_S = Z \cdot \sqrt{\frac{F_{SP}}{K_{20} \cdot n}} \qquad (15)$$

und den Einbauzustand

$$d_K \text{ bzw. } d_S = Z \cdot \sqrt{\frac{F_{DV}}{K_{20} \cdot n}} \qquad (16)$$

mit Z nach Tafel 3 bzw.

$$Z = \sqrt{\frac{4 \cdot S}{\pi \cdot \varphi}} \qquad (17)$$

Bei Dehnschrauben mit Innenbohrung ist anstelle von d_S in die Formeln (14) bis (16) der Ausdruck $\sqrt{d_S^2 - d^2}$ einzusetzen. Dabei ist d der Durchmesser der Innenbohrung.

7 Zuschläge

Bei Starrschrauben ist für den Betriebszustand als Konstruktionszuschlag in Formel (14) einzusetzen

$$c_5 = 3 \text{ mm, wenn } Z \cdot \sqrt{\frac{F_{SB}}{K \cdot n}} \leq 20 \text{ mm} \qquad (18)$$

bzw.

$$c_5 = 1 \text{ mm, wenn } Z \cdot \sqrt{\frac{F_{SB}}{K \cdot n}} \geq 50 \text{ mm} \qquad (19)$$

Im Zwischenbereich ist linear zu interpolieren gemäß

$$c_5 = \frac{65 - Z \cdot \sqrt{\frac{F_{SB}}{K \cdot n}}}{15}$$

Bei Dehnschrauben ist $c_5 = 0$ einzusetzen. Abweichend von AD 2000-Merkblatt B 0 können weitere Zuschläge entfallen.

Tafel 2. Formänderungswiderstand K_D und $K_{D\vartheta}$ von metallischen Dichtungswerkstoffen

Dichtungs-werkstoff	K_D N/mm²	$K_{D\vartheta}$ in N/mm²				
		100 °C	200 °C	300 °C	400 °C	500 °C
Aluminium, weich	100	40	20	(5)	—	—
Kupfer	200	180	130	100	(40)	—
Weicheisen	350	310	260	210	170	(80)
Stahl St 35	400	380	330	260	190	(120)
Leg. Stahl 13 CrMo 4 4 austenitischer Stahl	450	450	420	390	330	280
Stahl	500	480	450	420	390	350
Zwischenwerte sind zu interpolieren						

Tafel 1. Dichtungskennwerte

Dichtungsart	Dichtungsform	Benennung	Werkstoff	Dichtungskennwerte[1]					
				für Flüssigkeiten			für Gase und Dämpfe		
				Vorverformen[2]	Betriebszustand		Vorverformen[2]	Betriebszustand	
				k_0	$k_0 \cdot K_D$	k_1	k_0	$k_0 \cdot K_D$	k_1
				mm	N/mm	mm	mm	N/mm	mm
Weichstoffdichtungen		Flachdichtungen nach DIN 2690 bis DIN 2692	Dichtungspappe getränkt	—	20 b_D	b_D	—	—	—
			Gummi	—	b_D	0,5 b_D	—	2 b_D	0,5 b_D
			PTFE[3]	—	20 b_D	1,1 b_D	—	25 b_D	1,1 b_D
		Expandierter Graphit ohne Metalleinlage	Graphit	—	—[6]	—[6]	—	25 b_D	1,7 b_D
		Expandierter Graphit mit Metalleinlage	Graphit	—	—[6]	—[6]	—	20 b_D	1,3 b_D
		Faserstoff ohne Asbest mit Bindemittel ($h_D < 1$ mm)	Faserstoff	—	—[6]	—[6]	—	40 b_D	2 b_D
		Faserstoff ohne Asbest mit Bindemittel ($h_D \geq 1$ mm)	Faserstoff	—	—[6]	—[6]	—	35 b_D	2 b_D
Metall-Weichstoffdichtungen		Welldichtring	Al	—	8 b_D	0,6 b_D	—	30 b_D	0,6 b_D
			Cu, Ms	—	9 b_D	0,6 b_D	—	35 b_D	0,7 b_D
			weicher Stahl	—	10 b_D	0,6 b_D	—	45 b_D	1 b_D
		Blechummantelte Dichtung	Al	—	10 b_D	b_D	—	50 b_D	1,4 b_D
			Cu, Ms	—	20 b_D	b_D	—	60 b_D	1,6 b_D
			weicher Stahl	—	40 b_D	b_D	—	70 b_D	1,8 b_D
Metalldichtungen		Metall-Flachdichtung		0,8 b_D	—	b_D + 5	b_D	—	b_D + 5
		Metall-Spießkantdichtung		0,8	—	5	1	—	5
		Metall-Ovalprofildichtung		1,6	—	6	2	—	6
		Metall-Runddichtung		1,2	—	6	1,5	—	6
		Ring-Joint-Dichtung		1,6	—	6	2	—	6
		Linsendichtung nach DIN 2696		1,6	—	6	2	—	6
		Kammprofildichtung nach DIN 2697[4] (X = Anzahl d. Kämme)		0,4 $\sqrt{x}$	—	9 + 0,2X	0,5 $\sqrt{x}$	—	9 + 0,2X
		Membranschweißdichtung nach DIN 2695		0	—	0	0	—	0
		Rundschnur-Ring[5]	Gummi und gummiähnliche Kunststoffe	0	—	0	0	—	0

Tafel 1. Dichtungskennwerte (Fortsetzung)

Dichtungsart	Dichtungsform	Benennung	Werkstoff	Dichtungskennwerte[1]					
				für Flüssigkeiten			für Gase und Dämpfe		
				Vorverformen[2]	Betriebs-zustand		Vorverformen[2]	Betriebs-zustand	
				k_0	$k_0 \cdot K_D$	k_1	k_0	$k_0 \cdot K_D$	k_1
				mm	N/mm	mm	mm	N/mm	mm
Kamm-profilierte Stahl-dichtungen, beidseitig mit weichen Auflagen		PTFE-Auflagen auf Weichstehl	PTFE	—	—[6]	—[6]	—	15 b_D	1,1 b_D
		PTFE-Auflagen auf nichtrostendem Stahl	PTFE	—	—[6]	—[6]	—	15 b_D	1,1 b_D
		Graphit-Auflagen auf Weichstahl	Graphit	—	—[6]	—[6]	—	20 b_D	1,1 b_D
		Graphit-Auflagen auf niedriglegiertem warmfestem Stahl	Graphit	—	—[6]	—[6]	—	15 b_D	1,1 b_D
		Graphit-Auflagen auf nichtrostendem Stahl	Graphit	—	—[6]	—[6]	—	20 b_D	1,1 b_D
		Silber-Auflagen auf warmfestem, nichtrostendem Stahl	Silber	—	—[6]	—[6]	—	125 b_D	1,5 b_D
Spiral-dichtungen mit weichem Füllstoff		PTFE-Füllstoff, einseitig mit Ring-Verstärkung	PTFE	—	—[6]	—[6]	—	50 b_D	1,4 b_D
		PTFE-Füllstoff, beidseitig mit Ring-Verstärkung	PTFE	—	—[6]	—[6]	—	50 b_D	1,4 b_D
		Graphit-Füllstoff, einseitig mit Ring-Verstärkung	Graphit	—	—[6]	—[6]	—	40 b_D	1,4 b_D
		Graphit-Füllstoff, beidseitig mit Ring-Verstärkung	Graphit	—	—[6]	—[6]	—	40 b_D	1,4 b_D

[1] Sie gelten für bearbeitete, ebene und unbeschädigte Dichtflächen. Abweichungen sind bei entsprechendem Nachweis möglich. Die Kennwerte sind als Mindestwerte anzusehen. Höhere Dichtungskennwerte nach Angaben des Dichtungsherstellers sind zu beachten.
[2] Sofern k_0 nicht angegeben werden kann, ist hier das Produkt $k_0 \cdot k_D$ aufgeführt.
[3] Polytetrafluoräthylen
[4] Die Werte gelten nicht für Kammprofildichtungen mit Auflage.
[5] Die Schraubenkräfte sind um das Verhältnis der Hebelarme y_1 / y_2 zu erhöhen.
[6] Solange keine Dichtungskennwerte für Flüssigkeiten vorliegen, können die Dichtungskennwerte für Gase und Dämpfe verwendet werden.

Tafel 3.1 Sicherheitsbeiwert S, Hilfswerte Z und φ für ein Verhältnis von Streckgrenze/Zugfestigkeit $\leq 0{,}8$

Zustand und Gütewert	Werkstoffe mit bekannter Streckgrenze und Sicherheit gegen Streckgrenze bzw. $\sigma_{B/100\,000}$		Werkstoffe ohne bekannte Streckgrenze mit Sicherheit gegen Zugfestigkeit
	Bei Dehnschrauben z. B. nach DIN 2510	Bei Vollschaftschrauben	
Für den Betriebszustand	$S = 1{,}5$	$S = 1{,}8$	$S = 5{,}0$
Bei $\varphi = 0{,}75$ $\varphi = 1{,}00$	$Z = 1{,}6$ $Z = 1{,}38$	$Z = 1{,}75$ $Z = 1{,}51$	$Z = 2{,}91$ $Z = 2{,}52$
Für den Einbau- und Prüfzustand	$S = 1{,}05$	$S = 1{,}26$	$S = 3{,}0$
Bei $\varphi = 0{,}75$ $\varphi = 1{,}00$	$Z = 1{,}34$ $Z = 1{,}16$	$Z = 1{,}46$ $Z = 1{,}27$	$Z = 2{,}26$ $Z = 1{,}95$

Tafel 3.2 Sicherheitsbeiwert S, Hilfswerte Z und φ für ein Verhältnis von Streckgrenze/Zugfestigkeit $> 0{,}8$

Zustand und Gütewert	Werkstoffe mit bekannter Streckgrenze und Sicherheit gegen Streckgrenze bzw. $\sigma_{B/100\,000}$	
	Bei Dehnschrauben z. B. nach DIN 2510	Bei Vollschaftschrauben
Für den Betriebszustand	$S = 1{,}5$	$S = 1{,}8$
Bei $\varphi = 0{,}75$ $\varphi = 1{,}00$	$Z = 1{,}6$ $Z = 1{,}38$	$Z = 1{,}75$ $Z = 1{,}51$
Für den Einbau- und Prüfzustand	$S = 1{,}1$	$S = 1{,}3$
Bei $\varphi = 0{,}75$ $\varphi = 1{,}00$	$Z = 1{,}37$ $Z = 1{,}18$	$Z = 1{,}49$ $Z = 1{,}29$

8 Kleinster Schraubendurchmesser

Schrauben unter M 10 oder entsprechendem Gewindekerndurchmesser sind in der Regel nicht zulässig. In Sonderfällen (z. B. bei Schrauben für Armaturen) können auch kleinere Schrauben verwendet werden, jedoch darf M 6 oder ein entsprechender Gewindekerndurchmesser nicht unterschritten werden.

9 Schrifttum

[1] *Trutnovsky, K.:* Dichtungen; Werkstattbuch Nr. 92. Springer Verlag Berlin, Heidelberg, New York.

[2] *Schwaigerer S.:* Festigkeitsberechnung im Dampfkessel-, Behälter- und Rohrleitungsbau. 4. Auflage (1983). Springer Verlag Berlin, Heidelberg, New York.

[3] *Schwaigerer, S.:* Die Berechnung der Flanschverbindungen im Behälter- und Rohrleitungsbau. VDI-Z. **96** (1954) Nr. 7.

ICS 23.020.30		Ausgabe Mai 2007
Berechnung von Druckbehältern	Flansche	AD 2000-Merkblatt B 8

Die AD 2000-Merkblätter werden von den in der „Arbeitsgemeinschaft Druckbehälter" (AD) zusammenarbeitenden, nachstehend genannten sieben Verbänden aufgestellt. Aufbau und Anwendung des AD 2000-Regelwerkes sowie die Verfahrensrichtlinien regelt das AD 2000-Merkblatt G1.

Die AD 2000-Merkblätter enthalten sicherheitstechnische Anforderungen, die für normale Betriebsverhältnisse zu stellen sind. Sind über das normale Maß hinausgehende Beanspruchungen beim Betrieb der Druckbehälter zu erwarten, so ist diesen durch Erfüllung besonderer Anforderungen Rechnung zu tragen.

Wird von den Forderungen dieses AD 2000-Merkblattes abgewichen, muss nachweisbar sein, dass der sicherheitstechnische Maßstab dieses Regelwerkes auf andere Weise eingehalten ist, z.b. durch Werkstoffprüfungen, Versuche, Spannungsanalyse, Betriebserfahrungen.

> Fachverband Dampfkessel-, Behälter- und Rohrleitungsbau e.V. (FDBR), Düsseldorf
> Hauptverband der gewerblichen Berufsgenossenschaften e.V., Sankt Augustin
> Verband der Chemischen Industrie e.V. (VCI), Frankfurt/Main
> Verband Deutscher Maschinen- und Anlagenbau e.V. (VDMA), Fachgemeinschaft Verfahrenstechnische Maschinen und Apparate, Frankfurt/Main
> Stahlinstitut VDEh, Düsseldorf
> VGB PowerTech e.V., Essen
> Verband der TÜV e.V. (VdTÜV), Berlin

Die AD 2000-Merkblätter werden durch die Verbände laufend dem Fortschritt der Technik angepasst. Anregungen hierzu sind zu richten an den Herausgeber:

Verband der TÜV e.V., Friedrichstraße 136, 10117 Berlin.

Inhalt

0 Präambel
1 Geltungsbereich
2 Allgemeines
3 Formelzeichen und Einheiten
4 Festigkeitskennwert
5 Sicherheitsbeiwert
6 Berechnung
7 Schrifttum

0 Präambel

Zur Erfüllung der grundlegenden Sicherheitsanforderungen der Druckgeräte-Richtlinie kann das AD 2000-Regelwerk angewandt werden, vornehmlich für die Konformitätsbewertung nach den Modulen „G" und „B + F".

Das AD 2000-Regelwerk folgt einem in sich geschlossenen Auslegungskonzept. Die Anwendung anderer technischer Regeln nach dem Stand der Technik zur Lösung von Teilproblemen setzt die Beachtung des Gesamtkonzeptes voraus.

Bei anderen Modulen der Druckgeräte-Richtlinie oder für andere Rechtsgebiete kann das AD 2000-Regelwerk sinngemäß angewandt werden. Die Prüfzuständigkeit richtet sich nach den Vorgaben des jeweiligen Rechtsgebietes.

1 Geltungsbereich

Die nachstehenden Berechnungsregeln gelten für kreisförmige Druckbehälterflansche aus Stahl, Stahlguss, Gusseisen und Nichteisenmetallen bis zu einem Innendurchmesser von 3600 mm.

2 Allgemeines

2.1 Dieses AD 2000-Merkblatt ist nur im Zusammenhang mit AD 2000-Merkblatt B 0 anzuwenden.

2.2 Ausführung

2.2.1 Flansche können geschmiedet oder nahtlos gewalzt oder gegossen hergestellt oder aus Profilen bzw. Blechstreifen gebogen und stumpf geschweißt oder aus Blechen ausgeschnitten werden (siehe DIN 2519 und DIN 28 030).

2.2.2 Vorschweißflansche und Vorschweißbunde (siehe Bilder 1, 2, 5 und 12) dürfen nicht kreisförmig aus Blechen ausgeschnitten werden. Sollen sie aus Blechen hergestellt werden, so sind Streifen in Walzrichtung zu schneiden und so zu biegen, dass eine Blechoberfläche nach innen zur Flanschachse weist. Außerdem müssen die Blechstreifen

---

Ersatz für Ausgabe Juli 2003; | = Änderungen gegenüber der vorangehenden Ausgabe

Die AD 2000-Merkblätter sind urheberrechtlich geschützt. Die Nutzungsrechte, insbesondere der Übersetzung, des Nachdrucks, der Entnahme von Abbildungen, die Wiedergabe auf fotomechanischem Wege und die Speicherung in Datenverarbeitungsanlagen, bleiben, auch bei auszugsweiser Verwertung, dem Urheber vorbehalten.

auf Dopplungsfreiheit mit Ultraschall geprüft sein, wobei die Anforderungen des AD 2000-Merkblattes W 9 Abschnitt 4.3.5.1 zu erfüllen sind.

2.3 Konstruktionsregeln

2.3.1 Bei der Gestaltung der Flanschverbindung sind folgende Gesichtspunkte zu berücksichtigen:

2.3.1.1 Die Anzahl der Schrauben soll möglichst groß gewählt werden, so dass eine gleichmäßige und sichere Abdichtung gewährleistet ist. Die Schraubenteilung soll daher nicht größer als $5\,d_L$ sein. Die Anzahl der Schrauben soll mindestens 4 betragen.

2.3.1.2 Der Hebelarm a der Schraubenkraft soll möglichst klein sein.

2.3.1.3 Der Radius r zwischen dem Flanschblatt und dem kegeligen oder zylindrischen Ansatz muss mindestens 6 mm betragen, soweit nicht Normflansche verwendet werden. Bei wenig verformungsfähigen Werkstoffen, deren Bruchdehnung δ_5 unter 10 % liegt, ist der Übergangsradius mindestens gleich der Zargenwanddicke auszuführen; er braucht jedoch 30 mm nicht zu übersteigen.

2.3.1.4 Bei der Wahl der Dichtung sind ihre mechanische und thermische Belastbarkeit sowie gegebenenfalls ihre chemische Beständigkeit zu berücksichtigen.

2.3.1.5 Ausführungsbeispiele von Schweißflanschen sowie Richtlinien für die Schweißnahtabmessungen können der Tafel 1 sowie den in DIN 28 030 aufgeführten Normen für Apparateflansche entnommen werden.

2.3.2 Bezüglich der Gestaltung der Flanschverbindungen siehe auch AD 2000-Merkblatt A 5, Abschnitt 3.

2.3.3 Für leicht entzündliche oder giftige Gase sind Flansche mit Nut und Feder oder Vor- und Rücksprung oder glatte Flansche mit besonderen Dichtungen (gebördelte Dichtungen, Spiral-Dichtungen, Dichtungen mit eingepresstem Drahtgewebe) zu verwenden.

3 Formelzeichen und Einheiten

Über die Festlegungen des AD 2000-Merkblattes B 0 hinaus gilt:

d_F	Flankendurchmesser	mm
d_L	Schraubenlochdurchmesser	mm
h_A	Gesamthöhe eines Flansches	mm
h_E	Höhe eines Einlegeringes	mm
h_F	Höhe des Flanschblattes	mm
p_F	Flächenpressung	N/mm²
s_F	Flanschdicke am Übergang	mm
s_1	Zargenwanddicke	mm
W	Flanschwiderstand	mm³

4 Festigkeitskennwert

Festigkeitskennwerte siehe AD 2000-Merkblatt B 0. Falls der Werkstoff des zylindrischen Anschlusses einen geringeren Festigkeitskennwert als der Flanschwerkstoff hat, ist die im Verhältnis der Festigkeitskennwerte reduzierte Wanddicke s_1 in der Berechnung einzusetzen.

5 Sicherheitsbeiwert

Siehe hierzu AD 2000-Merkblatt B 0 Abschnitt 7. Abweichend von den Abschnitten 1.1 und 1.2 der Tafel 3 des AD 2000-Merkblattes B 0 können für Grauguss bei der Flanschberechnung sowohl für den ungeglühten als auch für den geglühten bzw. emaillierten Zustand angewendet werden:
(1) Sicherheitsbeiwert $S = 4{,}0$[1])
(2) Sicherheitsbeiwert beim Prüfdruck $S' = 3{,}0$[1])

6 Berechnung

6.1 Allgemeines

6.1.1 Bei der Festigkeitsberechnung müssen die Teile einer Flanschverbindung (Flansche, Schrauben und Dichtung) stets in Abhängigkeit voneinander betrachtet werden. Die Flanschverbindung muss so bemessen sein, dass sie die Kräfte beim Zusammenbau (Vorverformen der Dichtung) im Betrieb und im Prüfzustand aufnehmen kann. Ist der Prüfdruck $PT > 1{,}43\,PS$, so ist die Berechnung auch für diesen Belastungsfall durchzuführen.

6.1.2 Die Berechnung der Flanschen entsprechend den Bildern 1, 2, 5, 6, 7, 8 und 10 erfolgt nach der Vornorm DIN 2505 (Januar 1986) unter Beachtung der dort angegebenen Präambel. Die Berechnung kann jedoch auch nach nachstehend aufgeführten Gleichungen erfolgen, die nach h_F aufgelöst und soweit möglich vereinfacht sind und die auch für Anwendungsfälle gelten, welche in den Normen nicht erfasst sind. In der Regel ergeben sich hierbei dickere Flanschblätter. Bei Apparateflanschen nach DIN 28 030 ist eine Nachrechnung nicht erforderlich, wenn die in den genannten Normen angegebenen Hinweise bezüglich der zulässigen Drücke, Temperaturen und der für Flansche, Schrauben und Dichtungen zu verwendenden Werkstoffe beachtet werden. Bis NW 600 einschließlich gilt dies auch für Rohrleitungsflansche nach DIN 2500. Bei größeren Nennweiten können Normflansche bei Verwendung genormter Dichtungen undicht werden, weshalb eine rechnerische Nachprüfung (siehe auch AD 2000-Merkblatt B 7) notwendig ist. Für die Berechnung der Schrauben gilt AD 2000-Merkblatt B 7. Die errechnete Höhe h_F des Flanschblattes muss am ausgeführten Bauteil vorhanden sein. Eindrehungen für normale Nut/Feder- oder Ring-Joint-Verbindungen brauchen nicht berücksichtigt zu werden.

6.1.3 Die Berechnung von Flanschverbindungen aus runden Flanschen mit Dichtungen und Schrauben kann auch nach dem in der DIN EN 1591-1 enthaltenen Berechnungsverfahren unter Berücksichtigung der dort angegebenen Anwendungsgrenzen erfolgen. Die Anwendung dieser Norm ermöglicht bei der Festigkeitsberechnung der Flanschverbindung neben der Berechnung der Beanspruchungen aus dem Druck die Berücksichtigung der Beanspruchungen aus dem Anziehverfahren, aus äußeren Lasten oder aus unterschiedlichen Temperaturen in den einzelnen Bauteilen.

6.1.4 Maßgebend für die Auslegung des Flansches ist der größte erforderliche Flanschwiderstand W, der sich aus den Formeln (1) und (2) ergibt.

---

[1]) Diesen Werten liegt eine Untersuchung an genormten Festflanschen aus Gusseisen mit Lamellengraphit nach dem Bericht der MPA Stuttgart vom 21. 11. 1957 zugrunde. Bei abweichenden Flanschformen sind die Sicherheitsbeiwerte auf $S = 5$ bzw. $S' = 4$ zu erhöhen.

Es gelten für den Betriebszustand

$$W = \frac{F_{SB} \cdot S}{K} \cdot a \qquad (1)$$

und für den Einbauzustand

$$W = \frac{F_{DV} \cdot S'}{K_{20}} \cdot a_D \qquad (2)$$

Die Formel (1) kann sinngemäß auch für den Prüfzustand angewandt werden.

6.2 Vorschweißflansche mit konischem Ansatz nach den Bildern 1 und 2

6.2.1 Flansche mit konischem Ansatz nach den Bildern 1 und 2 müssen in den Querschnitten A-A und B-B nachgerechnet werden. Die Dicke des Flanschansatzes s_F darf in die Formeln (4) und (7) mit höchstens $1/3\, h_F$ eingesetzt werden. Im Übrigen werden die Berechnungsgrößen nach den Formeln (3) bis (5) gebraucht. Die rechnerische doppelte Flanschbreite beträgt

$$b = d_a - d_i - 2d'_L \qquad (3)$$

mit d'_L nach Bild 3. Die Hilfswerte Z und Z_1 betragen

$$Z = (d_i + s_F) \cdot s_F^2 \qquad (4)$$

$$Z_1 = \frac{3}{4} \cdot (d_i + s_1) \cdot s_1^2 \qquad (5)$$

Folgende Bedingungen müssen erfüllt sein:

Für *Querschnitt A-A* (Bild 1)
Die erforderliche Höhe des Flanschblattes beträgt

$$h_F = \sqrt{\frac{1{,}27\, W - Z}{b}} \qquad (6)$$

Für die Hebelarme der Schraubenkraft gelten für den Prüfdruck und den Betriebszustand

$$a = \frac{d_t - d_i - s_F}{2} \qquad (7)$$

und für den Einbauzustand

$$a_D = \frac{d_t - d_D}{2} \qquad (8)$$

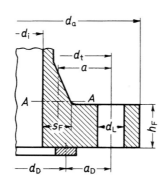

Bild 1. Vorschweiß-Flansch mit konischem Ansatz (Querschnitt A-A)

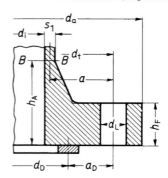

Bild 2. Vorschweiß-Flansch mit konischem Ansatz (Querschnitt B-B)

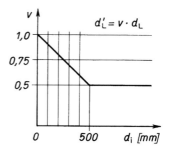

Bild 3. Reduzierter Schraubenlochdurchmesser d'_L

Für den *Querschnitt B-B* (Bild 2)
Die Lösungen für den Querschnitt B-B gelten in folgenden Grenzen

$$0{,}5 \leq \frac{h_A - h_F}{h_F} \leq 1{,}0$$

$$0{,}1 \leq \frac{s_1 + s_F}{b} \leq 0{,}3$$

In allen anderen Fällen muss nach der Vornorm DIN 2505 (10.64), Formeln (14 b) und (14 d), gerechnet werden. Die erforderliche Höhe des Flanschblattes beträgt

$$h_F = B \cdot \sqrt{\frac{1{,}27\, W - Z_1}{b}} \qquad (9)$$

wobei der Hilfswert B nach folgender Formel

$$B = \frac{1 + \frac{2\, s_m}{b} \cdot B_1}{1 + \frac{2\, s_m}{b}(B_1^2 + 2B_1)} \qquad (10)$$

oder aus dem Bild 4 unter Zuhilfenahme folgender Bestimmungsgrößen ermittelt werden kann

$$s_m = \frac{s_F + s_1}{2} \qquad (11)$$

$$B_1 = \frac{h_A - h_F}{h_F} \qquad (12)$$

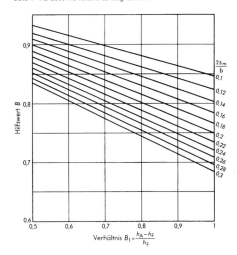

Bild 4. Hilfswerte B nach Formel (10)

Für die Hebelarme der Schraubenkraft gelten für den Prüfdruck- und Betriebszustand

$$a = \frac{d_t - d_i - s_1}{2} \qquad (13)$$

und für den Einbauzustand

a_D nach Formel (8).

6.2.2 Bei Flanschen mit größeren Nennweiten als 1000, deren Halshöhe $h_A - h_F$ mindestens $0{,}6\,h_F$ und deren Ansatzdicke $s_F - s_1$ mindestens $0{,}25\,h_F$ betragen, können statt der Formeln (6) und (9) für die Querschnitte A-A und B-B die Formeln (14) und (15) angewendet werden, die zu kleineren Abmessungen führen:

Für *Querschnitt A-A*

$$h_F = \sqrt{\frac{1{,}06\,W - 0{,}8\,Z}{b} + \left(\frac{0{,}05\,Z}{b \cdot s_F}\right)^2} - \frac{0{,}05\,Z}{b \cdot s_F} \qquad (14)$$

und für *Querschnitt B-B*

$$h_F = B \cdot \sqrt{\frac{1{,}06\,W - 2\,Z_1}{b}} \qquad (15)$$

Für die Hebelarme der Schraubenkraft gelten die Formeln (8) und (13).

6.3 Vorschweißbunde mit konischem Ansatz nach Bild 5

Die Berechnung erfolgt nach den Formeln (3) bis (15), wobei statt d_t der Wert für d_a und $d'_L = 0$ einzusetzen ist.

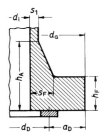

Bild 5. Vorschweißbund mit konischem Ansatz

6.4 Aufschweißflansche nach den Bildern 6 und 7

Für die Berechnung der Aufschweißflansche nach den Bildern 6 und 7 werden Berechnungsgrößen nach den Formeln (16) bis (19) benötigt. Die Dicke s_1 darf nur mit höchstens $1/2\,h_F$ in die folgenden Formeln eingesetzt werden. Die wirksame doppelte Flanschbreite beträgt

$$b = d_a - d_2 - 2d'_L \qquad (16)$$

mit d'_L nach Bild 3. An Stelle von d_2 kann auch d_i gesetzt werden, wenn die Schweißnähte den Ausführungen 4 oder 5 der Tafel 1 entsprechen. Der Hilfswert Z beträgt

$$Z = (d_i + s_1) \cdot s_1^2 \qquad (17)$$

Für die Hebelarme der Schraubenkraft gelten für den Prüfdruck und Betriebszustand

$$a = \frac{d_t - d_i - s_1}{2} \qquad (18)$$

und für den Einbauzustand

$$a_D = \frac{d_t - d_D}{2} \qquad (19)$$

Die erforderliche Höhe des Flanschblattes beträgt

$$h_F = \sqrt{\frac{1{,}42\,W - Z}{b}} \qquad (20)$$

Die Abmessungen des verstärkten zylindrischen Ansatzes sollen etwa mit denen der DIN 28 038 übereinstimmen.

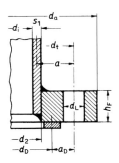

Bild 6. Aufschweißflansch

AD 2000-Merkblatt B 8, Ausg. 05.2007 Seite 5

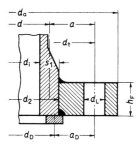

Bild 7. Aufschweißflansch

6.5 Aufschweißbunde nach Bild 8

Die Berechnung erfolgt nach Abschnitt 6.4, wobei statt d_t der Wert für d_a und $d'_L = 0$ einzusetzen ist.

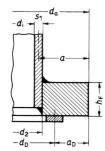

Bild 8. Aufschweißbund

6.6 Nach innen liegende Aufschweißflansche nach Bild 9

Für die Berechnung nach innen liegender Aufschweißflansche nach Bild 9 werden die Berechnungsgrößen nach den Formeln (21) bis (26) benötigt. Die wirksame doppelte Flanschbreite beträgt

$$b = d - d_i - 2d'_L \tag{21}$$

mit d'_L nach Bild 3. Der Hilfswert Z beträgt

$$Z = (d + s_1) \cdot s_1^2 \tag{22}$$

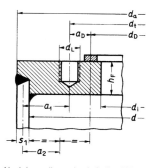

Bild 9. Nach innen liegender Aufschweißflansch

Tafel 1. Anwendungsbereich verschiedener Aufschweißflansche

Nahtausführung		Schweißnahtdicke	Begrenzung $d_i \cdot p$ mm bar
1. 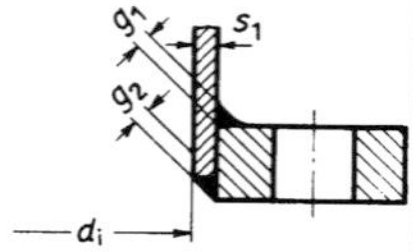		$g_1 + g_2 \geq 1{,}4\,s_1$	10 000
2. 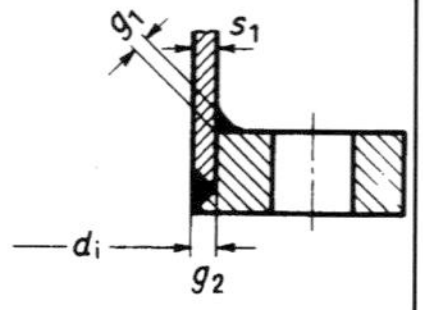		$g_1 + g_2 \geq 1{,}4\,s_1$	10 000
3. 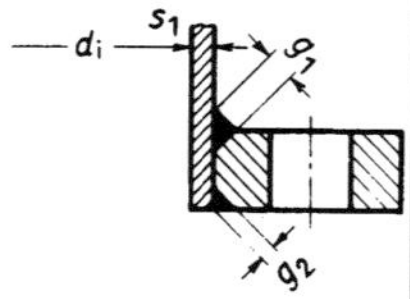		$g_1 + g_2 \geq 2\,s_1$	20 000
4. 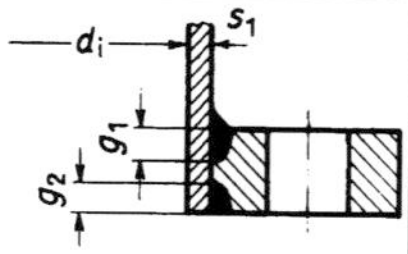		$g_1 + g_2 \geq 2\,s_1$	–
5. 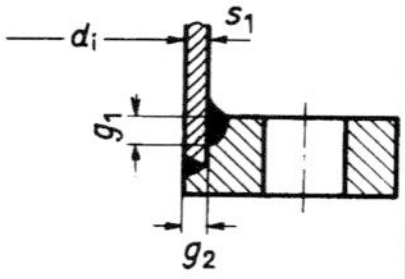		$g_1 + g_2 \geq 2\,s_1$	–

Der Unterschied zwischen g_1 und g_2 darf nicht mehr als 25 % betragen.

Für die Hebelarme der Schraubenkraft gilt für den Prüfdruck und Betriebszustand

$$a = a_1 + a_2 \left(\frac{d^2}{d_D^2} - 1 \right) \tag{23}$$

mit

$$a_1 = \frac{d - d_t + s_1}{2} \tag{24}$$

$$a_2 = \frac{d - d_D + 2s_1}{4} \tag{25}$$

und für den Einbauzustand

$$a_D = \frac{d_t - d_D}{2} \tag{26}$$

Die erforderliche Höhe des Flanschblattes beträgt

$$h_F = \sqrt{\frac{1{,}42\,W - Z}{b}} \tag{27}$$

6.7 Losflansche nach Bild 10

Für die Berechnung der Losflansche nach Bild 10 betragen die wirksame doppelte Flanschbreite

$$b = d_a - d_i - 2d'_L \quad (28)$$

mit d'_L nach Bild 3
und die Hebelarme für den Betriebs- bzw. Einbauzustand

$$a = a_D = \frac{d_t - d_4}{2} \quad (29)$$

Die erforderliche Höhe des Flanschblattes beträgt

$$h_F = \sqrt{1{,}27 \cdot \frac{W}{b}} \quad (30)$$

Die Flächenpressung zwischen Bund und Losflansch ist mit Hilfe der Formel (31) zu überprüfen.

$$p_F = 1{,}27 \frac{F_{SB}}{d_4^2 - d_i^2} \quad (31)$$

p_F darf den kleineren Festigkeitskennwert K nicht überschreiten.

6.9 Flansche mit durchgehender Dichtung nach Bild 12

Der Hebelarm der Schraubenkraft beträgt für den Betriebszustand

$$a = \frac{d_t - d_i - s_1}{2} \quad (32)$$

und für den Einbauzustand
$a_D = 0$.

Die erforderliche Höhe des Flanschblattes beträgt

$$h_F = C \cdot \sqrt{\frac{2W}{d_t \cdot \pi - d_L \cdot n}} \quad (33)$$

wobei der Beiwert C aus der Tafel 2 zu entnehmen ist. Erfahrungsgemäß können sich bei dieser Ausführungsform bei höheren Drücken und größeren Dichtungsbreiten zunehmende Dichtungsschwierigkeiten ergeben.

Tafel 2. Berechnungsbeiwert C für Flansche mit durchgehender Dichtung

Flanschform	Beiwert C
Vorschweißflansch	0,9
alle übrigen Flansche	1,1

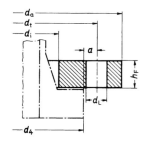

Bild 10. Losflansch

6.8 Flansche für Klappschrauben nach Bild 11

Die Berechnung kann nach der Vornorm DIN 2505 (10.64) mit $d'_L = 0$ erfolgen.

Als Außendurchmesser ist d_a^* einzusetzen.

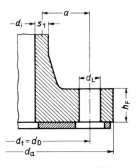

Bild 12. Flansch mit durchgehender Dichtung

6.10 Losflansch mit geteiltem Einlegering nach Bild 13

6.10.1 Der Flansch (Losflansch) ist nach Abschnitt 6.7, 6.11 oder 6.12 zu berechnen.

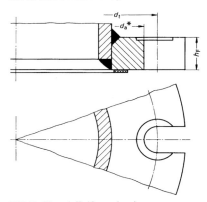

Bild 11. Flansch für Klappschrauben

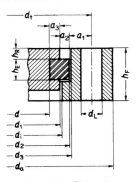

Bild 13. Flansch mit geteiltem Einlegering

6.10.2 Der Einlegering ist auf Abscherung nach Formel (34), auf Biegung nach Formel (35) und auf Flächenpressung nach Formel (37) zu berechnen. Die Höhe des Einlegeringes h_E ist nach dem größten der sich aus den Formeln (34) und (35) ergebenden Wert zu bestimmen:

$$h_E = 0{,}4 \; \frac{F_{SB} \cdot S}{d_1 \cdot K} \tag{34}$$

$$h_E = \sqrt{1{,}91 \cdot \frac{W}{d_1}} \tag{35}$$

Anstelle der Hebelarme a bzw. a_D ist in die Formeln (1) und (2) für den Flanschwiderstand W der Hebelarm

$$a_2 = \frac{d_2 - d_1}{2} \quad \text{einzusetzen.} \tag{36}$$

Die Flächenpressung beträgt

$$p_F = 1{,}27 \cdot \frac{F_{SB}}{d_1^2 - d^2} \tag{37}$$

Sie darf den kleineren Festigkeitskennwert nicht überschreiten.

6.10.3 Der durch h_R gekennzeichnete Querschnitt der Rohrplatte ist auf Biegung zu berechnen. Die Höhe des durch die Nut gebildeten Bundes am Rohrboden muss mindestens betragen

$$h_R = \sqrt{1{,}91 \cdot \frac{W}{d}} \tag{38}$$

Als Hebelarm a bzw. a_D ist in die Formel (1) und (2) für den Flanschwiderstand W

$$a_3 = \frac{d_1 - d}{2} \quad \text{einzusetzen.} \tag{39}$$

Für die Nase am Losflansch gelten die gleichen Festlegungen sinngemäß.

Der durch h_R gekennzeichnete Querschnitt und die Nase am Losflasch sind auf Abscheren und Flächenpressung zu überprüfen.

6.11 Geteilte Losflansche nach Bild 14

Die Berechnung geteilter Losflansche nach Bild 14 wird nach Abschnitt 6.7 durchgeführt. Wegen des einmal geteilten Ringes müssen die Schraubenkräfte jedoch verdoppelt werden, so dass die erforderliche Höhe des Flanschblattes statt aus Formel (30) aus

$$h_F = \sqrt{2{,}54 \cdot \frac{W}{b}} \tag{40}$$

bestimmt werden muss.

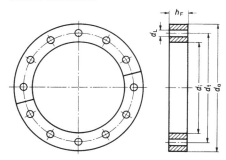

Bild 14. Geteilter Losflansch (ein Ring)

6.12 Geteilte Losflansche nach Bild 15

Die Berechnung geteilter Losflansche nach Bild 15 wird nach Abschnitt 6.7 durchgeführt. Wegen des einmal geteilten Doppelringes mit um 90° versetzten Fugen müssen die Schraubenkräfte jedoch um 50 % erhöht werden, so dass die erforderliche Höhe des Flanschblattes statt aus Formel (30) aus

$$h_F = \sqrt{1{,}91 \cdot \frac{W}{b}} \tag{41}$$

bestimmt werden muss, wobei die Höhe jedes Flanschblattes (h_1, h_2) mindestens $\frac{h_F}{2}$ betragen muss.

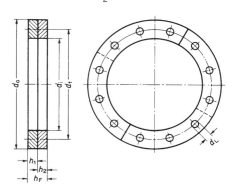

Bild 15. Geteilter Losflansch (Doppelring mit versetzten Trennfugen)

6.13 Aufgeschraubte Flansche nach Bild 16

Für die Berechnung aufgeschraubter Flansche nach Bild 16 gilt

$$b = d_a - d_F - 2d'_L \tag{42}$$

Die Hebelarme für den Betriebs- bzw. Einbauzustand betragen

$$a = a_D = \frac{d_t - d_F}{2} \tag{43}$$

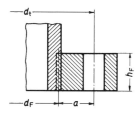

Bild 16. Aufgeschraubter Flansch

Die erforderliche Dicke h_F des Flanschblattes wird nach Formel (30) ermittelt. Das Gewinde ist auf Abscheren wie folgt zu berechnen

$$\frac{K}{S} \geq \frac{2 F_{SB}}{h_F \cdot \pi \cdot d_F} \tag{44}$$

6.14 Flanschblattneigung

Feste Flansche, die entsprechend den vorstehenden Formeln ausgelegt sind, genügen den Festigkeitsanforderungen. Es können jedoch z. B. bei Flanschen aus hochfesten Werkstoffen sowie bei Flanschen aus Nichteisenmetallen oder bei Flanschen größeren Durchmessers Dichtheitsschwierigkeiten wegen zu großer Schrägstellung des Flanschtellers auftreten. Es wird deshalb empfohlen, bei Weichstoffdichtungen und Metallweichstoffdichtungen die Flanschblattneigung φ in der Größenordnung von etwa 0,5 bis 1° zu begrenzen [4], Bild 17. Der Flansch muss dann unter Umständen dicker ausgeführt sein, als es aufgrund der Festigkeitsanforderungen notwendig wäre.

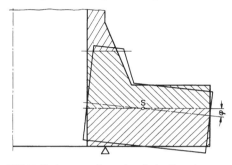

Bild 17. Verformungsschema eines festen Flansches

7 Schrifttum

[1] *Schwaigerer, S.:* Die Berechnung der Flanschverbindungen im Behälter- und Rohrleitungsbau. VDI-Z. **96** (1954) Nr. 1, S. 7/12.

[2] *Haenle, S.:* Beiträge zum Festigkeitsverhalten von Vorschweißflanschen. Forschung auf dem Gebiet des Ingenieurwesens **23** (1957) H. 4, S. 113/34.

[3] *Bühner, H., Kopp, L., u. E. Schwarz:* Das Festigkeitsverhalten von Apparateflanschen. VDI-Z. **107** (1965) Nr. 10, S. 445/55.

[4] *Schwaigerer, S.:* Festigkeitsberechnung im Dampfkessel-, Behälter- und Rohrleitungsbau. 4. Auflage (1983), Springer-Verlag Berlin, Heidelberg, New York.

[5] VDI-Richtlinie 2230. VDI-Verlag GmbH, Düsseldorf.

ICS 23.020.30　　　　　　　　　　　　　　　　　　　　　　　　　　　　　　　　Ausgabe November 2007

Berechnung von Druckbehältern	**Ausschnitte in Zylindern, Kegeln und Kugeln**	**AD 2000-Merkblatt** **B 9**

Die AD 2000-Merkblätter werden von den in der „Arbeitsgemeinschaft Druckbehälter" (AD) zusammenarbeitenden, nachstehend genannten sieben Verbänden aufgestellt. Aufbau und Anwendung des AD 2000-Regelwerkes sowie die Verfahrensrichtlinien regelt das AD 2000-Merkblatt G1.

Die AD 2000-Merkblätter enthalten sicherheitstechnische Anforderungen, die für normale Betriebsverhältnisse zu stellen sind. Sind über das normale Maß hinausgehende Beanspruchungen beim Betrieb der Druckbehälter zu erwarten, so ist diesen durch Erfüllung besonderer Anforderungen Rechnung zu tragen.

Wird von den Forderungen dieses AD 2000-Merkblattes abgewichen, muss nachweisbar sein, dass der sicherheitstechnische Maßstab dieses Regelwerkes auf andere Weise eingehalten ist, z.B. durch Werkstoffprüfungen, Versuche, Spannungsanalyse, Betriebserfahrungen.

　　Fachverband Dampfkessel-, Behälter- und Rohrleitungsbau e.V. (FDBR), Düsseldorf
　　Hauptverband der gewerblichen Berufsgenossenschaften e.V., Sankt Augustin
　　Verband der Chemischen Industrie e.V. (VCI), Frankfurt/Main
　　Verband Deutscher Maschinen- und Anlagenbau e.V. (VDMA), Fachgemeinschaft Verfahrenstechnische Maschinen
　　und Apparate, Frankfurt/Main
　　Stahlinstitut VDEh, Düsseldorf
　　VGB PowerTech e.V., Essen
　　Verband der TÜV e.V. (VdTÜV), Berlin

Die AD 2000-Merkblätter werden durch die Verbände laufend dem Fortschritt der Technik angepasst. Anregungen hierzu sind zu richten an den Herausgeber:

　　Verband der TÜV e.V., Friedrichstraße 136, 10117 Berlin.

Inhalt

0　Präambel
1　Geltungsbereich
2　Allgemeines
3　Formelzeichen und Einheiten
4　Verschwächungen
5　Schrifttum
Anhang zu AD 2000-Merkblatt B 9

0 Präambel

Zur Erfüllung der grundlegenden Sicherheitsanforderungen der Druckgeräte-Richtlinie kann das AD 2000-Regelwerk angewendet werden, vornehmlich für die Konformitätsbewertung nach den Modulen „G" und „B + F".

Das AD 2000-Regelwerk folgt einem in sich geschlossenen Auslegungskonzept. Die Anwendung anderer technischer Regeln nach dem Stand der Technik zur Lösung von Teilproblemen setzt die Beachtung des Gesamtkonzeptes voraus.

Bei anderen Modulen der Druckgeräte-Richtlinie oder für andere Rechtsgebiete kann das AD 2000-Regelwerk sinngemäß angewandt werden. Die Prüfzuständigkeit richtet sich nach den Vorgaben des jeweiligen Rechtsgebietes.

1 Geltungsbereich

1.1 Die nachstehenden Berechnungsregeln gelten für runde Ausschnitte in Zylindern, Kegeln und Kugeln als Druckbehältermäntel für die Berechnung der erforderlichen Verstärkung innerhalb folgender Grenzen:

$$0{,}002 \leq \frac{s_e - c_1 - c_2}{D_a} \leq 0{,}1$$

Bei über 0,1 hinausgehenden Werten für das Wanddicken-Durchmesserverhältnis kann die Ausschnittsberechnung nach TRD 301 bzw. TRD 303 unter Beachtung der dort angegebenen Randbedingungen durchgeführt werden.

Die untere Grenze für das Wanddicken-Durchmesserverhältnis kann unterschritten werden, sofern das Durchmesserverhältnis

$$\frac{d_i}{D_a} \leq \frac{1}{3}$$

beträgt.

Für Zylinder und Kegel, bei denen eine Berechnung mit der Zeitstandfestigkeit erfolgt oder eine Anwendung der AD 2000-Merkblätter S 1 oder S 2 erforderlich ist, z. B. bei hochfesten Stählen oder hohen Lastwechselzahlen, bleibt der Anwendungsbereich dieses AD 2000-Merkblattes auf Durchmesserverhältnisse von $d_i/D_a \leq 0{,}8$ beschränkt.

Zusätzliche äußere Kräfte und Momente sind in den Berechnungsregeln dieses AD 2000-Merkblattes nicht erfasst und müssen daher gegebenenfalls gesondert berücksichtigt werden. Auf die AD 2000-Merkblätter der Reihe S 3 wird verwiesen.

Ersatz für Ausgabe Oktober 2000;　| = Änderungen gegenüber der vorangehenden Ausgabe

Die AD 2000-Merkblätter sind urheberrechtlich geschützt. Die Nutzungsrechte, insbesondere die der Übersetzung, des Nachdrucks, der Entnahme von Abbildungen, die Wiedergabe auf fotomechanischem Wege und die Speicherung in Datenverarbeitungsanlagen, bleiben, auch bei auszugsweiser Verwertung, dem Urheber vorbehalten.

1.2 Bei Kegeln kann das AD 2000-Merkblatt B 9 nur dann angewendet werden, wenn die Wanddicke nach der Beanspruchung in der Umfangsrichtung dimensioniert wird (siehe AD 2000-Merkblatt B 2 Abschnitt 8.1.2).

2 Allgemeines

2.1 Dieses AD 2000-Merkblatt ist nur im Zusammenhang mit AD 2000-Merkblatt B 0 anzuwenden.

2.2 Bei Anwendung der in diesem AD 2000-Merkblatt angegebenen Berechnungsverfahren können sich beim Prüfdruck an den höchstbeanspruchten Stellen plastische Verformungen bis etwa 1 % ergeben. Daher ist auf die beanspruchungsgerechte Gestaltung (Vermeidung schroffer Querschnittsübergänge, Ausführung kerbfreier Schweißverbindungen unter Vermeidung überhöhter Schweißspannungen), insbesondere bei Stählen mit einer Mindeststreckgrenze > 440 N/mm² bei 20 °C (Mindestwert entsprechend den Normen), besonderer Wert zu legen.

2.3 Die nachstehenden Berechnungsregeln können sinngemäß auch für solche spröden Werkstoffe angewendet werden, bei denen durch erhöhte Sicherheitsbeiwerte gegen Zugfestigkeit die auftretenden Spannungen klein gehalten werden.

2.4 Formen von Verstärkungen

2.4.1 Verstärkter Grundkörper

Der Ausschnittverschwächung wird durch eine gegenüber der ungeschwächten Zylinderschale vergrößerte Wanddicke des Grundkörpers Rechnung getragen (Bilder 1 und 2).

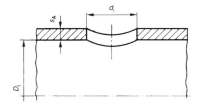

Bild 1. Verstärkter zylindrischer Schuss

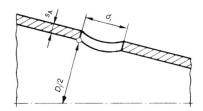

Bild 2. Verstärkter kegeliger Schuss

2.4.2 Scheibenförmige Verstärkung

Die Verstärkung erfolgt durch eine aufgesetzte oder eingesetzte Scheibe (Bilder 3 und 4).

Von innen aufgesetzte Scheiben sind möglichst zu vermeiden. Bei aufgesetzten Scheiben und Lastwechselbeanspruchung sollte die Berechnungstemperatur 250 °C nicht überschreiten.

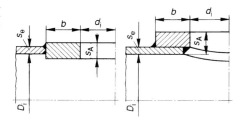

Bild 3 a. eingesetzte Verstärkung oder Blockflansch

Bild 3 b. Blockflansch

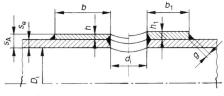

Ausführung nach Abschnitt 4.3.1 und 4.3.2

Ausführung nach Abschnitt 4.3.3

Bild 4. Aufgesetzte Verstärkung

2.4.3 Rohrförmige Verstärkung

Die Verstärkung erfolgt durch das Stutzenrohr (Bilder 5 und 6).

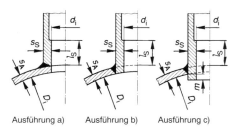

Ausführung a)   Ausführung b)   Ausführung c)

Bild 5. Rohrförmig verstärkter Ausschnitt

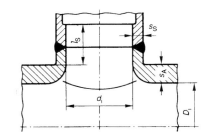

Bild 6. Ausgehalster Ausschnitt

2.4.4 Scheiben- und rohrförmige Verstärkungen

Scheiben- und rohrförmige Verstärkungen können gemeinsam zur Ausschnittsverstärkung herangezogen werden (Bild 13).

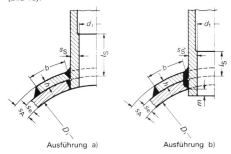

Ausführung a)   Ausführung b)

Bild 13. Scheiben- und rohrförmige Verstärkung

2.5 Gestaltung und Bearbeitung der Ausschnitte

2.5.1 Ausschnitte sind nach Möglichkeit – insbesondere bei ungeglühten Teilen – außerhalb des Bereiches $3\,s_e$ von der Schweißnaht entfernt anzuordnen. Liegen Ausschnitte in oder dicht neben Schweißnähten, so muss eine zerstörungsfreie Prüfung der Schweißnaht im Bereich der Ausschnitte möglich sein.

2.5.2 An Rändern von Ausschnitten sind scharfe Kanten zu vermeiden.

2.5.3 Die Dicke der Kehlnaht g an einer scheibenförmigen Verstärkung soll mindestens $0,5\,h$ betragen (Bild 4). Bei rohrförmigen Verstärkungen muss die tragende Schweißnahtdicke mindestens gleich der erforderlichen Dicke der dünneren angeschlossenen Wandung sein.

2.6 Die Werkstoffe des zu verstärkenden Mantels und der Verstärkung sollen möglichst gleiches Formänderungsverhalten aufweisen. Ist der Festigkeitskennwert für die Verstärkung kleiner als der entsprechende Wert für die zu verstärkende Wand, so ist dies, wie unter Abschnitt 4 angegeben, bei der Berechnung zu berücksichtigen. Ist der Festigkeitskennwert für die Verstärkung größer als der Festigkeitskennwert für die zu verstärkende Wand, so kann jener nicht ausgenutzt werden.

3 Formelzeichen und Einheiten

Über die Festlegungen des AD 2000-Merkblattes B 0 hinaus gilt:

b	Breite einer scheibenförmigen Verstärkung oder mittragende Breite des Grundkörpers	mm
h	Höhe einer scheibenförmigen Verstärkung	mm
l	Steglänge zwischen zwei Stutzen	mm
l_S	mittragende Stutzenlänge	mm
$l_{S,\,neu}$	verringerte mittragende Stutzenlänge	mm
m	innerer Rohrüberstand	mm
s_A	erforderliche Wanddicke am Ausschnittrand	mm
s_S	Stutzenwanddicke	mm
t	hier: Mittenabstand zweier Stutzen	mm
v_A	Faktor zur Berücksichtigung von Verschwächungen durch Ausschnitte	–

4 Verschwächungen

4.1 Berechnungsverfahren

Die Verschwächung durch Ausschnitte wird in der Regel durch Verschwächungsbeiwerte v_A berücksichtigt. Diese können für senkrechte Stutzen hinreichend genau den Bildern 7 a bis 7 e und 8 a bis 8 c entnommen werden. Die Wanddicke s_A in diesen Bildern ist die erforderliche Wanddicke[1]). Zwischenwerte sind zwischen den Kurvenscharen der einzelnen Bilder und zwischen den Bildern 7 a bis 7 e bzw. 8 a bis 8 c linear zu interpolieren.

Bei zylindrischen und kegeligen Grundkörpern mit einem Durchmesserverhältnis $d_i/D_i \leq 0{,}85$ darf auf eine Interpolation zwischen den Bildern 7 a bis 7 e verzichtet werden, wenn der v_A-Wert dem Bild entnommen wird, dessen s_A/D_i-Verhältnis kleiner als das vorhandene ist.

Bei kugeligem Grundkörper mit einem bezogenen Ausschnittsdurchmesser $d_i/\dfrac{D_i}{2} \leq 1{,}42$ darf auf eine Interpolation zwischen den Bildern 8 a bis 8 c verzichtet werden, wenn der v_A-Wert dem Bild entnommen wird, dessen $s_A/\dfrac{D_i}{2}$-Verhältnis kleiner als das vorhandene ist.

Ist der Festigkeitskennwert K für die Verstärkung kleiner als der entsprechende Wert für die zu verstärkende Wand, so ist bei der Ermittlung des v_A-Wertes nach den Bildern 7 und 8 bei scheibenförmigen Verstärkungen die Fläche des Verstärkungsquerschnittes und bei rohrförmigen Verstärkungen die Wanddicke des Stutzens im entsprechenden Verhältnis für den Rechnungsgang zu reduzieren.

Der nach den Bildern 7 bzw. 8 für Einzelstutzen oder nach Formel (9) für in Reihe angeordnete Stutzen ermittelte v_A-Wert ist anstelle des v-Wertes in die Formel (2) bzw. (3) des AD 2000-Merkblattes B 1 bei Formel (6) bzw. (8) sowie in die Bilder 3.1 bis 3.8 des AD 2000-Merkblattes B 2 zur Ermittlung der am Ausschnittrand erforderlichen Wanddicke s_A einzusetzen, sofern $v_A < v$ ist. Die Ermittlung der Wanddicke des zylindrischen bzw. kugeligen bzw. kegeligen Grundkörpers außerhalb des Ausschnittsbereiches bleibt hiervon unberührt.

Die Berücksichtigung der Verschwächung geht auf die allgemein gültige Beziehung

$$\frac{p}{10}\left(\frac{A_p}{A_\sigma} + \frac{1}{2}\right) \leq \frac{K}{S} \qquad (1)$$

zurück, die auf einer Gleichgewichtsbetrachtung zwischen der druckbelasteten Fläche und der tragenden Querschnittsfläche beruht. Anstelle der Anwendung der Bilder 7 a bis 7 e und 8 a bis 8 c kann auch direkt nach Formel (1) vorgegangen werden. Die hiernach ermittelte Wanddicke darf jedoch nicht kleiner gewählt werden, als für die Behälterwand ohne Ausschnitte erforderlich ist. Die in Formel (1) einzusetzende druckbelastete Fläche A_p sowie die tragende Querschnittsfläche $A_\sigma = A_{\sigma 0} + A_{\sigma 1} + A_{\sigma 2}$ ergeben sich aus den Bildern 9 bis 12.

Als mittragende Längen dürfen höchstens eingesetzt werden für den Grundkörper b nach Formel (3) und für den Stutzen l_s nach Abschnitt 4.4.3. Bei einem nach innen überstehenden Stutzenteil kann nur der Anteil $l'_s \leq 0{,}5\,l_s$ als tragend in die Rechnung einbezogen werden. Die Bedingungen der Abschnitte 4.3.1, 4.3.2 und 4.4.2 sind zu beachten.

---

[1]) Es wird darauf hingewiesen, dass die Wanddicke s_A für die Behälterauslegung iterativ ermittelt werden muss.

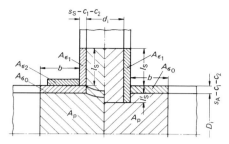

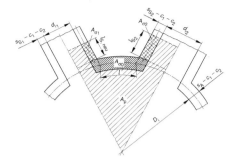

Bild 9. Berechnungsschema für zylindrische Grundkörper

Ist der Festigkeitskennwert für die Verstärkung K_1 bzw. K_2 kleiner als der entsprechende Wert für die zu verstärkende Wand, so ist die Bemessung aufgrund der Festigkeitsbedingung nach Formel

$$\left(\frac{K}{S} - \frac{p}{20}\right) \cdot A_{\sigma 0} + \left(\frac{K_1}{S} - \frac{p}{20}\right) \cdot A_{\sigma 1} + \left(\frac{K_2}{S} - \frac{p}{20}\right) \cdot A_{\sigma 2} \geq \frac{p}{10} \cdot A_p \quad (2)$$

durchzuführen.
Das gewählte Berechnungsverfahren ist in den Unterlagen anzugeben.

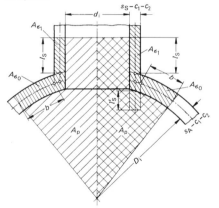

Bild 10. Berechnungsschema für kugelige Grundkörper

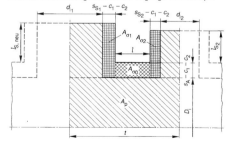

Bild 11. Berechnungsschema für in Zylinderlängsrichtung benachbarte Ausschnitte

Bild 12. Berechnungsschema für benachbarte Ausschnitte in Umfangsrichtung des Mantels oder bei Kugeln

4.2 Verstärkte Grundkörper

Bei Ausschnitten nach den Bildern 1 und 2 ist der Verschwächungsbeiwert v_A der unteren Kurve aus den Bildern 7 und 8 zu entnehmen.

4.3 Scheibenförmige Verstärkungen

4.3.1 Falls die ausgeführte Wanddicke s_e des Mantels oder der Kugel geringer ist als die erforderliche Wanddicke am Ausschnitt s_A, dann genügt es, wenn die Wanddicke s_A in einer Breite von

$$b = \sqrt{(D_i + s_A - c_1 - c_2) \cdot (s_A - c_1 - c_2)} \quad (3)$$

mindestens jedoch $3\,s_A$, um den Ausschnitt vorhanden ist (Bilder 3 und 4).

4.3.2 Die Dicke s_A darf höchstens mit $2\,s_e$ in die Rechnung eingesetzt werden. Von außen aufgesetzte Scheiben sollten möglichst nicht dicker als s_e ausgeführt werden (ausgenommen Blockflansche). Von innen aufgesetzte Scheiben sind möglichst zu vermeiden.

4.3.3 Die Scheibenbreite kann auf das Maß b_1 verringert werden, wenn gleichzeitig die Scheibenhöhe auf h_1 nach folgender Bedingung erhöht wird

$$b_1 \cdot h_1 \geq b \cdot h \quad (4)$$

Hierbei sind die Grenzen der Abschnitte 4.3.1 und 4.3.2 zu beachten.

4.4 Rohrförmige Verstärkungen

4.4.1 Für rohrförmige Verstärkungen nach den Bildern 5 und 6 ist der Verschwächungsbeiwert v_A den Bildern 7 und 8 für das Wanddickenverhältnis

$$\frac{s_S - c_1 - c_2}{s_A - c_1 - c_2}$$

zu entnehmen. Bei durchgesteckten Stutzen nach Bild 5 Ausführung c) kann die Stutzenwanddicke gegenüber Abschnitt 4.4.1 um 20 % dünner ausgeführt werden, wenn der innere Rohrüberstand $m \geq s_S$ ist.
Die Wanddicke s_A am Ausschnitt muss in einer nach Formel (3) zu berechnenden Breite, mindestens jedoch in einer Breite von $3\,s_A$, um den Ausschnitt vorhanden sein.
Werden bei ausgehalsten Abzweigen die druckbelasteten Flächen A_p und die tragenden Querschnittsflächen A_σ wie bei aufgeschweißten oder durchgesteckten Abzweigen ermittelt, d.h. ohne Berücksichtigung der Aushalsungsradien, sind die tragenden Querschnittsflächen A_σ mit 0,9 zu multiplizieren, um den Querschnittsverlust bei der üblichen

Formgebung zu berücksichtigen. Im Fall der exakten Ermittlung der Flächen A_p und A_σ (z. B. durch Planimetrierung) braucht der Faktor 0,9 nicht angewendet zu werden.

4.4.2 Das Wanddickenverhältnis soll sein

$$\frac{s_S - c_1 - c_2}{s_A - c_1 - c_2} \leq 2{,}0 \tag{5}$$

4.4.3 Als mittragende Länge l_S darf für Stutzen in Zylindern und Kegeln

$$l_s = 1{,}25 \cdot \sqrt{(d_i + s_s - c_1 - c_2) \cdot (s_s - c_1 - c_2)} \tag{6}$$

eingesetzt werden.

Bei Ausschnitten in Kugeln wird der Faktor vor dem Wurzelzeichen in Formel (6) zu 1.

Die Stutzenlänge kann auf das Maß $l_{S,\,neu}$ verringert werden, wenn die Wanddicke des Stutzens s_S gleichzeitig auf s_{S1} unter Beachtung des Abschnitts 4.4.2 nach folgender Bedingung erhöht wird:

$$l_{S,\,neu} \cdot s_{S1} \geq l_S \cdot s_S \tag{7}$$

4.5 Scheiben- und rohrförmige Verstärkungen

Die Berechnung erfolgt unter gleichzeitiger Anwendung der Abschnitte 4.3 und 4.4.

4.6 Gegenseitige Beeinflussung von Ausschnitten

4.6.1 Eine gegenseitige Beeinflussung kann vernachlässigt werden, wenn der Abstand

$$l \geq 2 \cdot \sqrt{(D_i + s_A - c_1 - c_2) \cdot (s_A - c_1 - c_2)} \tag{8}$$

ist (siehe Bilder 11 und 12).

4.6.2 Genügt der Abstand l nicht der Formel (8), so ist zu prüfen, ob der zwischen den Ausschnittsrändern verbleibende Restquerschnitt die auf ihn entfallende Belastung zu tragen vermag. Dies ist der Fall, wenn Formel (1) bzw. (2) erfüllt ist.

4.6.3 Bei in Reihe angeordneten Ausschnitten mit volltragend angeschlossenen Rohren oder Nippeln, deren Wanddicke nur nach der Innendruckformel bemessen ist, kann zur Berücksichtigung der gegenseitigen Beeinflussung der Ausschnitte als Verschwächungsbeiwert vereinfachend

$$v_A = \frac{t - d_i}{t} \tag{9}$$

in die Rechnung eingesetzt werden.

Bei nicht volltragend angeschlossenen Rohren oder Nippeln ist d_a statt d_i in die Formel (9) einzusetzen.

4.7 Berechnungsverfahren für schrägen Abzweig im Zylinder

4.7.1 Das nachfolgende Berechnungsverfahren ist zulässig, sofern der Winkel $\Psi_A \geq 45°$ ist, Bild 14. Dabei bezieht sich der Winkel nur auf die Längsrichtung. Eine unmittelbare Berechnung der Wanddicke des Grundkörpers ist im allgemeinen Falle des schrägen Abzweiges ohne und mit zusätzlich aufgebrachter Verstärkung wegen der verschiedenen Einflussgrößen nicht möglich. Die Wanddicke s_A muss zunächst aufgrund der Erfahrung angenommen und die Richtigkeit der Annahme nachgeprüft werden.

4.7.2 Mit einer druckbelasteten Fläche A_p (einfach schraffiert) sowie mit den tragenden Querschnittsflächen A_σ (kreuzschraffiert) lautet die Festigkeitsbedingung für den Bereich I, Bild 14,

$$\frac{p}{10} \cdot \left(\frac{A_{pI}}{A_{\sigma 0I} + A_{\sigma 1I} + f_1 \cdot A_{\sigma 2I}} + \frac{1}{2} \right) \leq \frac{K}{S} \tag{10}$$

für den Bereich II, Bild 14,

$$\frac{p}{10} \cdot \left(\frac{A_{pII}}{A_{\sigma 0I} + A_{\sigma 1II} + f_1 \cdot A_{\sigma 2II}} + \frac{1}{2} \right) \leq \frac{K}{S} \tag{11}$$

Die mittragenden Längen dürfen höchstens eingesetzt werden für den Grundkörper mit

$$b = \sqrt{(D_i + s_A - c_1 - c_2) \cdot (s_A - c_1 - c_2)} \tag{12}$$

und für den Stutzen mit

$$l_s = \left(1 + 0{,}25 \cdot \frac{\Psi_A}{90°} \right) \cdot \sqrt{(d_i + s_s - c_1 - c_2) \cdot (s_s - c_1 - c_2)} \tag{13}$$

Bei einem nach innen überstehenden Stutzenteil kann nur der Anteil $l'_s \leq 0{,}5\, l_s$ als tragend in die Rechnung einbezogen werden.

Der Bewertungsfaktor f_1 ist aus Tafel 1 zu entnehmen. Die auf Grund der Gl. (10) bzw. (11) ermittelte Wanddicke s_A darf nicht kleiner sein als die Wanddicke s, die für die Zylinderschale ohne Ausschnitte und ohne Zuschläge erforderlich ist.

4.7.3 Bestehen Grundkörper, Abzweig und Verstärkung aus Werkstoffen unterschiedlicher zulässiger Spannung, so ist, wenn der Werkstoff des Grundkörpers die kleinste zulässige Spannung K/S aufweist, diese für die Berechnung der gesamten Konstruktion maßgebend. Vorausgesetzt wird, dass das Verformungsvermögen von Abzweig und Verstärkung nicht nennenswert kleiner ist als das des Grundkörpers.

4.7.4 Hat der Werkstoff des Abzweigs mit K_1/S oder der zusätzlichen Verstärkung K_2/S eine kleinere zulässige Spannung als der Grundkörper mit K/S, so kann die Bemessung auf Grund der Festigkeitsbedingung für den Bereich I

$$\left(\frac{K}{S} - \frac{p}{20} \right) \cdot A_{\sigma 0I} + \left(\frac{K_1}{S} - \frac{p}{20} \right) \cdot A_{\sigma 1I} +$$
$$+ \left(\frac{K_2}{S} - \frac{p}{20} \right) \cdot f_1 \cdot A_{\sigma 2I} \geq \frac{p}{10} \cdot A_{pI} \tag{14}$$

und

für den Bereich II sinngemäß durchgeführt werden.

In jedem Fall muss die Scheibe formschlüssig am Grundkörper angepasst sein. Zur Ausführung der Schweißnaht siehe Abschnitt 2.4 sowie Bild 4 und Bild 13.

5 Schrifttum

[1] *Schwaigerer, S.:* Festigkeitsberechnung von Abzweigstücken unter Innendruck. Techn. Überwach. **9** (1968) Nr. 11, S. 372/77.

[2] *Siebel, E.,* u. *S. Schwaigerer:* Das Rechnen mit Formdehngrenzen. VDI-Z **90** (1948) Nr. 11, S. 335/41.

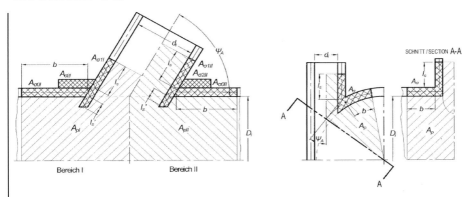

Bild 14 Beanspruchungsschema für eine Zylinderschale mit schrägem Abzweig

Tafel 1 Bewertungsfaktoren f_1 bei Zylinderschalen und Abzweigstücken mit scheiben- oder rohrförmiger Verstärkung

Ausführungsform	Voraussetzung	Bewertungsfaktor f_1
scheibenförmige Verstärkung		0,7
Stutzen durchgesteckt	$l'_s \geq s_S$	0,8
Stutzen eingesetzt	$l'_s < s_S$	0,7

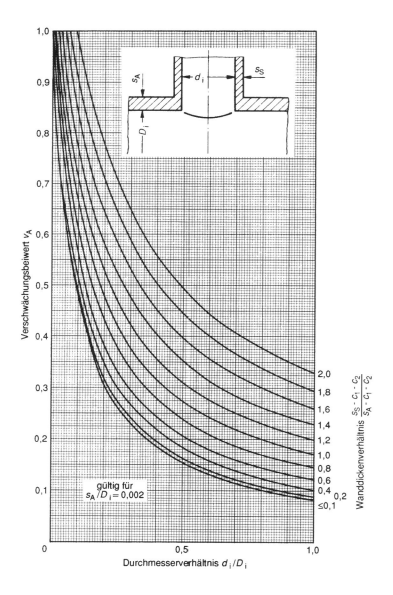

Bild 7 a. Verschwächungsbeiwerte v_A für Ausschnitte und senkrechte Abzweige in zylindrischen und kegeligen Grundkörpern ($s_A/D_i = 0{,}002$)

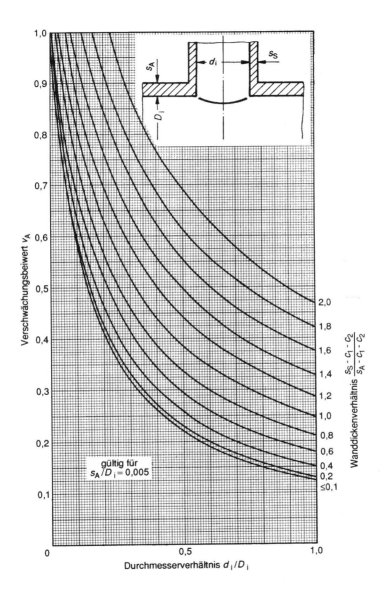

Bild 7 b. Verschwächungsbeiwerte v_A für Ausschnitte und senkrechte Abzweige in zylindrischen und kegeligen Grundkörpern ($s_A/D_i = 0{,}005$)

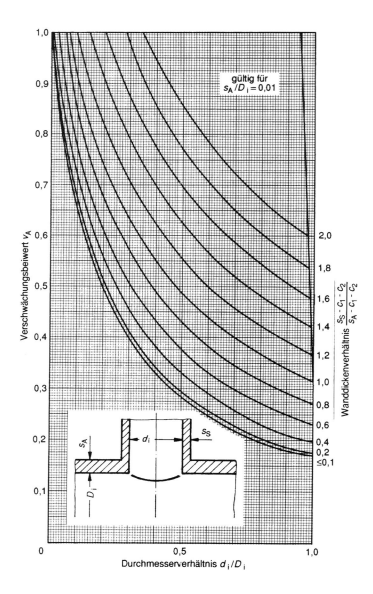

Bild 7 c. Verschwächungsbeiwerte v_A für Ausschnitte und senkrechte Abzweige in zylindrischen und kegeligen Grundkörpern ($s_A/D_i = 0{,}01$)

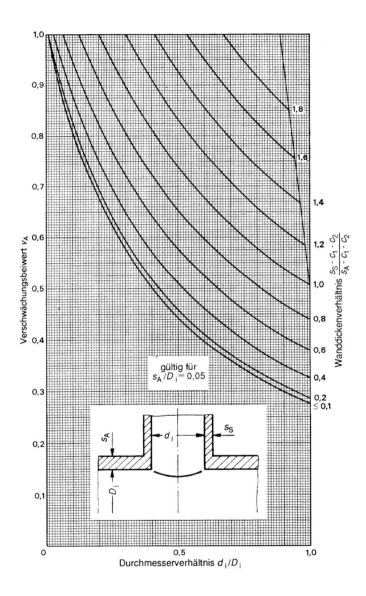

Bild 7 d. Verschwächungsbeiwerte v_A für Ausschnitte und senkrechte Abzweige in zylindrischen und kegeligen Grundkörpern ($s_A/D_i = 0{,}05$)

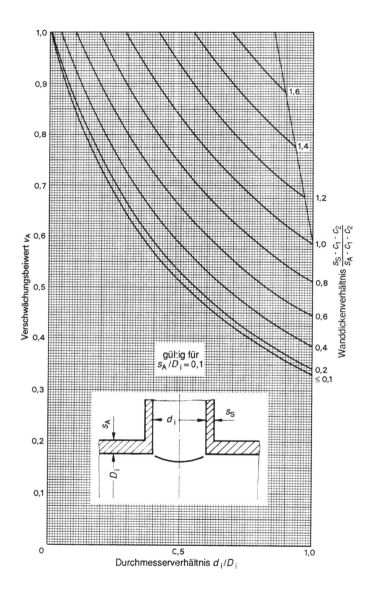

Bild 7 e. Verschwächungsbeiwerte v_A für Ausschnitte und senkrechte Abzweige in zylindrischen und kegeligen Grundkörpern ($s_A/D_i = 0{,}1$)

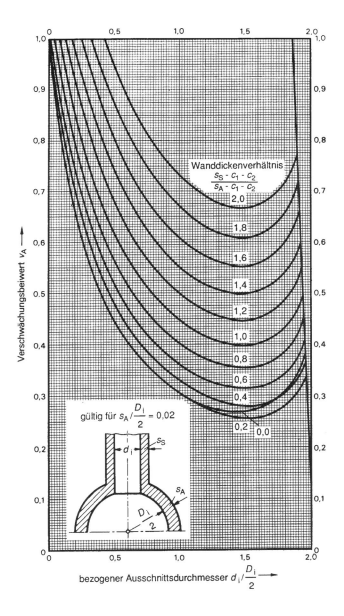

Bild 8 a. Verschwächungsbeiwerte v_A für Ausschnitte und senkrechte Abzweige in kugeligen Grundkörpern $(s_A / \frac{D_i}{2} = 0{,}02)$

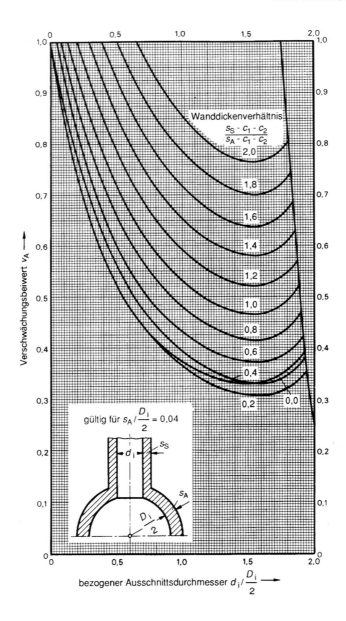

Bild 8 b. Verschwächungsbeiwerte v_A für Ausschnitte und senkrechte Abzweige in kugeligen Grundkörpern $(s_A / \frac{D_i}{2} = 0{,}04)$

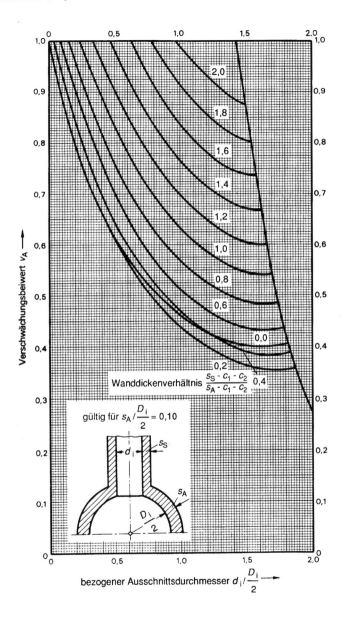

Bild 8 c. Verschwächungsbeiwerte v_A für Ausschnitte und senkrechte Abzweige in kugeligen Grundkörpern ($s_A / \frac{D_i}{2} = 0{,}10$)

Anhang zum AD 2000-Merkblatt B 9

Erläuterungen zu Abschnitt 1.1 des AD 2000-Merkblattes B 9

1. Untere Begrenzung des Wanddickenverhältnisses

Die nach diesem AD 2000-Merkblatt ermittelten Verschwächungsbeiwerte setzen im elastoplastischen Bereich eine Stützwirkung voraus, die bei dünnwandigen Behältern mit großen Ausschnitten wegen des hohen Membranspannungsanteils gegenüber dem Biegeanteil erheblich unterschritten wird.

2. Obere Begrenzung des Durchmesserverhältnisses

Wie die praktische Erfahrung bestätigt, treten bei großen Durchmesserverhältnissen in der Ebene senkrecht zur Behälterachse (Zwickelbereich) Beanspruchungen auf, die durch die Ausschnittsberechnung nach diesem AD 2000-Merkblatt nicht erfasst sind. Die bisher durchgeführten Untersuchungen reichen noch nicht aus, hierfür eine allgemein verbindliche Bemessungsregel anzugeben. In der Regel führen diese Beanspruchungen jedoch nicht zu Schäden, sofern kein Kriechen auftritt oder im Sinne von AD 2000-Merkblatt S 1 ein schädigender Einfluss durch pulsierende Beanspruchung nicht zu erwarten ist.

Erläuterungen zu Abschnitt 4.1 des AD 2000-Merkblattes B 9

Der Verschwächungsbeiwert kann bei gleicher zulässiger Spannung der Werkstoffe von Grundkörper und Abzweig für zylindrische Grundkörper auch errechnet werden zu

$$v_A = \frac{D_i \cdot A_\sigma}{2 s_A \cdot A_p} = \frac{b + l_s \frac{s_s}{s_A} + s_s}{b + s_s + \frac{d_i}{D_i}(l_s + s_A) + \frac{d_i}{2}} \leq 1{,}0 \quad (10)$$

Die Kurven der Bilder 7 a bis e entsprechen der Formel (10) für s_A/D_i = 0,002 (Bild 7 a) bzw. 0,005 (Bild 7 b) bzw. 0,01 (Bild 7 c) bzw. 0,05 (Bild 7 d) bzw. 0,10 (Bild 7 e).

Es ist auf der sicheren Seite, jeweils eines der Bilder 7 a bis 7 e heranzuziehen, solange der aktuelle Wanddickenparameter s_A/D_i nicht kleiner als der in diesem Bild ausgewiesene ist.

Bestehen Grundkörper und Abzweig aus Werkstoffen mit unterschiedlichen zulässigen Spannungen, so ergibt sich in Übereinstimmung mit Formel (2) der Verschwächungsbeiwert zu

$$v_A = \frac{D_i \left(A_{\sigma 0} + \frac{K_1}{K} \cdot A_{\sigma 1} \right)}{s_A \left(2 A_p + A_{\sigma 1} - \frac{K_1}{K} \cdot A_{\sigma 1} \right)} \quad (10\text{a})$$

Bei der Anwendung der Formeln (10) und (10 a) sind noch die Zuschläge c_1 und c_2 zu berücksichtigen.

ICS 23.020.30　　　　　　　　　　　　　　　　　　　　　　　Ausgabe Oktober 2000

Berechnung von Druckbehältern	**Dickwandige zylindrische Mäntel unter innerem Überdruck**	AD 2000-Merkblatt **B 10**

Die AD 2000-Merkblätter werden von den in der „Arbeitsgemeinschaft Druckbehälter" (AD) zusammenarbeitenden, nachstehend genannten sieben Verbänden aufgestellt. Aufbau und Anwendung des AD 2000-Regelwerkes sowie die Verfahrensrichtlinien regelt das AD 2000-Merkblatt G1.

Die AD 2000-Merkblätter enthalten sicherheitstechnische Anforderungen, die für normale Betriebsverhältnisse zu stellen sind. Sind über das normale Maß hinausgehende Beanspruchungen beim Betrieb der Druckbehälter zu erwarten, so ist diesen durch Erfüllung besonderer Anforderungen Rechnung zu tragen.

Wird von den Forderungen dieses AD 2000-Merkblattes abgewichen, muss nachweisbar sein, dass der sicherheitstechnische Maßstab dieses Regelwerkes auf andere Weise eingehalten ist, z.B. durch Werkstoffprüfungen, Versuche, Spannungsanalyse, Betriebserfahrungen.

 Fachverband Dampfkessel-, Behälter- und Rohrleitungsbau e.V. (FDBR), Düsseldorf
 Hauptverband der gewerblichen Berufsgenossenschaften e.V., Sankt Augustin
 Verband der Chemischen Industrie e.V. (VCI), Frankfurt/Main
 Verband Deutscher Maschinen- und Anlagenbau e.V. (VDMA), Fachgemeinschaft Verfahrenstechnische Maschinen und Apparate, Frankfurt/Main
 Verein Deutscher Eisenhüttenleute (VDEh), Düsseldorf
 VGB PowerTech e.V., Essen
 Verband der Technischen Überwachungs-Vereine e.V. (VdTÜV), Essen

Die AD 2000-Merkblätter werden durch die Verbände laufend dem Fortschritt der Technik angepasst. Anregungen hierzu sind zu richten an den Herausgeber:

Verband der Technischen Überwachungs-Vereine e.V., Postfach 10 38 34, 45038 Essen.

Inhalt

0 Präambel
1 Geltungsbereich
2 Allgemeines
3 Formelzeichen und Einheiten
4 Sicherheitsbeiwert
5 Ausnutzung der zulässigen Berechnungsspannung, Verschwächungen
6 Berechnung
7 Schrifttum

0 Präambel

Zur Erfüllung der grundlegenden Sicherheitsanforderungen der Druckgeräte-Richtlinie kann das AD 2000-Regelwerk angewandt werden, vornehmlich für die Konformitätsbewertung nach den Modulen „G" und „B + F".

Das AD 2000-Regelwerk folgt einem in sich geschlossenen Auslegungskonzept. Die Anwendung anderer technischer Regeln nach dem Stand der Technik zur Lösung von Teilproblemen setzt die Beachtung des Gesamtkonzeptes voraus.

Bei anderen Modulen der Druckgeräte-Richtlinie oder für andere Rechtsgebiete kann das AD 2000-Regelwerk sinngemäß angewandt werden. Die Prüfzuständigkeit richtet sich nach den Vorgaben des jeweiligen Rechtsgebietes.

1 Geltungsbereich

Die nachstehenden Berechnungsregeln gelten für zylindrische Mäntel von Druckbehältern innerhalb der Grenzen[1] $1,2 < D_a/D_i \leq 1,5$ unter der Voraussetzung, dass sie der vollen Axialbeanspruchung unterliegen und die Wandungen aus verformungsfähigen Werkstoffen bestehen.

---

[1] Für dickwandigere Teile siehe Schrifttum, z. B. [5]

2 Allgemeines

Dieses AD 2000-Merkblatt ist nur im Zusammenhang mit AD 2000-Merkblatt B 0 anzuwenden.

3 Formelzeichen und Einheiten

Über die Festlegungen des AD 2000-Merkblattes B 0 hinaus gilt:

α hier: lineare Wärmeausdehnungszahl   in $\frac{1}{K}$

4 Sicherheitsbeiwert

4.1 Siehe hierzu AD 2000-Merkblatt B 0 Abschnitt 7.

4.2 Für warmbetriebene Mäntel (über 200 °C) mit einem Durchmesserverhältnis von $D_a/D_i > 1,35$ ist im Einvernehmen mit dem Betreiber (Besteller) eine Herabsetzung des Sicherheitsbeiwertes bis zu $S = 1,4$ für den Betriebszustand zulässig, wenn die Gefahren für Bedienung und Umgebung durch besondere Maßnahmen verringert sind, z. B. durch Aufstellen in besonderen Kammern oder Räumen oder auf freiem, abgesperrtem Gelände mit Fernbedienung.

In diesem Falle ist der Nachweis einer 1,1-fachen Sicherheit gegen Überschreiten der Streckgrenze bei 20 °C bei der Wasserdruckprüfung gesondert zu erbringen.

Die AD 2000-Merkblätter sind urheberrechtlich geschützt. Die Nutzungsrechte, insbesondere die der Übersetzung, des Nachdrucks, der Entnahme von Abbildungen, die Wiedergabe auf fotomechanischem Wege und die Speicherung in Datenverarbeitungsanlagen, bleiben, auch bei auszugsweiser Verwertung, dem Urheber vorbehalten.

5 Ausnutzung der zulässigen Berechnungsspannung, Verschwächungen

5.1 Entsprechend den Festlegungen der AD 2000-Merkblätter der Reihe HP muss durch Herstellung und Prüfung eine volle Beanspruchbarkeit der Längsschweißnaht ($v = 1$) gewährleistet sein, um dieses AD 2000-Merkblatt anzuwenden.

5.2 Sind kleine radiale Bohrungen im Zylindermantel für Armaturen oder dergleichen notwendig, so ist die an den Bohrungsrändern auftretende Spannungserhöhung im Betriebszustand und bei der Wasserdruckprüfung zu berücksichtigen.

6 Berechnung

6.1 Wandungen ohne nennenswerte Temperaturdifferenz

6.1.1 Die erforderliche Wanddicke s beträgt

$$s = \frac{D_a \cdot p}{23 \frac{K}{S} - p} + c_1 + c_2 \tag{1}$$

6.1.2 Die vom Innendruck herrührende Vergleichsspannung an der Innenfaser σ_{vi} bzw. an der Außenfaser σ_{va} beträgt

$$\sigma_{vi} = \frac{p \cdot (D_a + s_e)}{23 \, s_e} \tag{2}$$

$$\sigma_{va} = \frac{p \cdot (D_a - 3 \cdot s_e)}{23 \, s_e} \tag{3}$$

6.2 Wandungen mit nennenswerter Temperaturdifferenz

6.2.1 Ist durch Heizen oder Kühlen von innen oder außen ein Wärmefluss durch die Zylinderwand zu erwarten, so sind die hierdurch entstehenden Vergleichsspannungen unter Berücksichtigung des Vorzeichens hinzuzurechnen[2]).

---

[2]) Streng genommen müssen die durch Innendruck und Wärmefluss hervorgerufenen Tangential-, Radial- und Axialspannungen jeweils algebraisch addiert werden und die so erhaltenen Tangential- (σ_t), Radial- (σ_r) und Axialgesamtspannungen (σ_l) zur Vergleichsspannung (σ_v) zusammengesetzt werden nach der Formel:

$$\sigma_v = 0{,}71 \sqrt{(\sigma_t - \sigma_l)^2 + (\sigma_l - \sigma_r)^2 + (\sigma_r - \sigma_t)^2}$$

In der Praxis kann vereinfachend die durch Wärmefluss entstandene Zusatztangentialspannung algebraisch zur Vergleichsspannung, die vom Innendruck erzeugt wird, addiert werden.

6.2.2 Die Wärmespannungen betragen nach *Lorenz* an der Innenfaser

$$\sigma_{wi} = \frac{1}{2} \cdot \frac{E}{1 - \nu} \cdot \alpha \cdot (\vartheta_a - \vartheta_i) \cdot A \tag{4}$$

und an der Außenfaser

$$\sigma_{wa} = \frac{1}{2} \cdot \frac{E}{1 - \nu} \cdot \alpha \cdot (\vartheta_a - \vartheta_i) \cdot B \tag{5}$$

wobei $\nu = 0{,}3$ für Stähle einzusetzen ist.

Für die Werte A und B gelten

$$A = \frac{2\eta^2}{\eta^2 - 1} - \frac{1}{\ln \eta} \tag{6}$$

$$B = \frac{2}{\eta^2 - 1} - \frac{1}{\ln \eta} \tag{7}$$

Sie können auch aus Tafel 1 entnommen werden.

Tafel 1. Hilfswerte A und B

$\eta = D_a / D_i$	1,2	1,3	1,4	1,5	(1,6)	(1,8)
A	1,06	1,09	1,11	1,13	1,15	1,20
B	-0,94	-0,91	-0,89	-0,87	-0,85	-0,80

6.2.3 Es ist nachzuprüfen, ob die maximale Spannung an der Innenfaser σ_i bzw. an der Außenfaser σ_a die zulässige Spannung K nicht übersteigt.

$$\sigma_i = \sigma_{wi} + \sigma_{vi} \tag{8}$$

$$\sigma_a = \sigma_{wa} + \sigma_{va} \tag{9}$$

Für σ_{vi} und σ_{va} gelten die Formeln (2) und (3).

7 Schrifttum

[1] *Siebel, E.:* Die Festigkeit dickwandiger Hohlzylinder. Konstruktion **3** (1951) Nr. 5, S. 137/41.

[2] *Class, I.:* Stellungnahme zum Aufsatz „Die Festigkeit dickwandiger Hohlzylinder" von E. Siebel. Konstruktion **4** (1952) Nr. 1, S. 25.

[3] *Siebel, E., Schwaigerer, S.,* u. *E. Kopf:* Berechnung dickwandiger Hohlzylinder. Die Wärme **65** (1942) Nr. 51/52, S. 440/45.

[4] *Lorenz, R.:* Temperaturspannungen in Hohlzylindern. VDI-Z **51** (1907) Nr. 19, S. 743/47.

[5] *Buchter H. H.:* Apparate und Armaturen der Chemischen Hochdrucktechnik. Springer Verlag 1967.

ICS 23.020.30　　　　　　　　　　　　　　　　　　　　　　　　　　　　Ausgabe Oktober 2000

Berechnung von Druckbehältern	Einwandige Balgkompensatoren	AD 2000-Merkblatt B 13

Die AD 2000-Merkblätter werden von den in der „Arbeitsgemeinschaft Druckbehälter" (AD) zusammenarbeitenden, nachstehend genannten sieben Verbänden aufgestellt. Aufbau und Anwendung des AD 2000-Regelwerkes sowie die Verfahrensrichtlinien regelt das AD 2000-Merkblatt G1.

Die AD 2000-Merkblätter enthalten sicherheitstechnische Anforderungen, die für normale Betriebsverhältnisse zu stellen sind. Sind über das normale Maß hinausgehende Beanspruchungen beim Betrieb der Druckbehälter zu erwarten, so ist diesen durch Erfüllung besonderer Anforderungen Rechnung zu tragen.

Wird von den Forderungen dieses AD 2000-Merkblattes abgewichen, muss nachweisbar sein, dass der sicherheitstechnische Maßstab dieses Regelwerkes auf andere Weise eingehalten ist, z. B. durch Werkstoffprüfungen, Versuche, Spannungsanalyse, Betriebserfahrungen.

> Fachverband Dampfkessel-, Behälter- und Rohrleitungsbau e.V. (FDBR), Düsseldorf
> Hauptverband der gewerblichen Berufsgenossenschaften e.V., Sankt Augustin
> Verband der Chemischen Industrie e.V. (VCI), Frankfurt/Main
> Verband Deutscher Maschinen- und Anlagenbau e.V. (VDMA), Fachgemeinschaft Verfahrenstechnische Maschinen und Apparate, Frankfurt/Main
> Verein Deutscher Eisenhüttenleute (VDEh), Düsseldorf
> VGB PowerTech e.V., Essen
> Verband der Technischen Überwachungs-Vereine e.V. (VdTÜV), Essen

Die AD 2000-Merkblätter werden durch die Verbände laufend dem Fortschritt der Technik angepasst. Anregungen hierzu sind zu richten an den Herausgeber:

Verband der Technischen Überwachungs-Vereine e.V., Postfach 10 38 34, 45038 Essen.

Inhalt

0 Präambel
1 Geltungsbereich
2 Allgemeines
3 Formelzeichen und Einheiten
4 Sicherheitsbeiwert
5 Zuschläge
6 Berechnung
7 Schrifttum

Anhang 1: Erläuterungen zu AD 2000-Merkblatt B 13

0 Präambel

Zur Erfüllung der grundlegenden Sicherheitsanforderungen der Druckgeräte-Richtlinie kann das AD 2000-Regelwerk angewandt werden, vornehmlich für die Konformitätsbewertung nach den Modulen „G" und „B + F".

Das AD 2000-Regelwerk folgt einem in sich geschlossenen Auslegungskonzept. Die Anwendung anderer technischer Regeln nach dem Stand der Technik zur Lösung von Teilproblemen setzt die Beachtung des Gesamtkonzeptes voraus.

Bei anderen Modulen der Druckgeräte-Richtlinie oder für andere Rechtsgebiete kann das AD 2000-Regelwerk sinngemäß angewandt werden. Die Prüfzuständigkeit richtet sich nach den Vorgaben des jeweiligen Rechtsgebietes.

1 Geltungsbereich

Die nachstehenden Berechnungsgrundlagen gelten für metallische[1], einwandige Balgkompensatoren mit parallelen oder leicht lyraförmig gebogenen Wellenflanken (Bilder 1 und 2), in folgenden Grenzen:

$3 \leq d/h \leq 100$
$0{,}1 \leq r/h \leq 0{,}5$
$0{,}018 \leq s/h \leq 0{,}1$

Hinweise für die Berechnung von Balgkompensatoren außerhalb des genannten Geltungsbereiches (Mehrlagigkeit, Geometrieparameter) können z. B. [3] entnommen werden.

---
[1] Siehe Erläuterungen im Anhang 1 zu diesem AD 2000-Merkblatt

---

Die AD 2000-Merkblätter sind urheberrechtlich geschützt. Die Nutzungsrechte, insbesondere die der Übersetzung, des Nachdrucks, der Entnahme von Abbildungen, die Wiedergabe auf fotomechanischem Wege und die Speicherung in Datenverarbeitungsanlagen, bleiben, auch bei auszugsweiser Verwertung, dem Urheber vorbehalten.

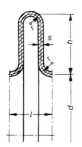 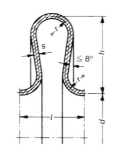

Bild 1. Balgkompensator mit parallelen Wellenflanken

Bild 2. Balgkompensator mit leicht lyraförmig gebogenen Wellenflanken (Flankenwinkel ≤ 8°)

$$b \leq \frac{1}{2}\sqrt{d \cdot s}$$

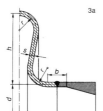 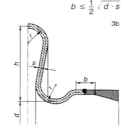

Bild 3. Stumpfnaht

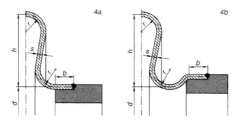

Bild 4. Eingelassene Stumpfnaht

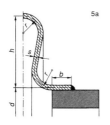 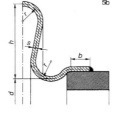

Bild 5. Überlappnaht

2 Allgemeines

2.1 Dieses AD 2000-Merkblatt ist nur im Zusammenhang mit AD 2000-Merkblatt B 0 anzuwenden.

2.2 Dieses AD 2000-Merkblatt berücksichtigt Balgkompensatoren, die durch Druck und Zwangsbewegung (axial, angular und lateral) beansprucht werden und im Betrieb einer Wechselbeanspruchung unterliegen.

2.3 Kompensatorbälge sind nicht für die Aufnahme nennenswerter Kräfte und Momente geeignet. Deshalb ist durch konstruktive Maßnahmen wie z. B. Führungen, Einbauten, Stützkonstruktionen sicherzustellen, dass derartige Belastungen vom Kompensatorbalg ferngehalten werden. Da jedoch Torsionsmomente nicht in allen Fällen vermieden werden können, sind in diesem Merkblatt Beziehungen zu ihrer Berücksichtigung enthalten.

2.4 Kompensatorbälge können durch stumpfgeschweißte Rundnähte mit den anschließenden Bauteilen verschweißt werden (Bild 3). Bei Wanddickenunterschieden zwischen Kompensatorbalg und Anschlussstücken sind die Abschnitte 2.7 und 2.8 des AD 2000-Merkblattes HP 5/1 zu beachten.

Auch andere als stumpfgeschweißte Verbindungen, z. B. nach den Bildern 4 und 5, sind zulässig.

2.5 Wenn mit Korrosionen zu rechnen ist, muss für den Kompensatorbalg ein im Hinblick auf Korrosionen geeigneter Werkstoff zwischen Hersteller und Besteller/Betreiber vereinbart werden. Der Korrosion am Balg durch einen Wanddickenzuschlag zu begegnen, ist nicht zweckmäßig.

2.6 Der Abstand zwischen Kompensator-Anschweißende und dem Radiusauslauf der Kompensatorkrempe darf nicht kleiner sein als der größte Wert der drei Einzelbeträge $3\,s$, 10 mm und $0{,}25 \cdot \sqrt{d \cdot s}$, wenn eine Berücksichtigung der Schweißnaht bei der Ermüdungsbetrachtung unterbleiben soll.

3 Formelzeichen und Einheiten

Über die Festlegungen des AD 2000-Merkblattes B 0 hinaus gilt:

b	zylindrische Balgbordlänge	in mm
c_α	Biegefederkonstante einer Balgwelle	in N m/Grad
c_w	Axialfederkonstante einer Balgwelle	in N/mm
d	mittlerer Innendurchmesser eines Kompensators	in mm
c_λ'	Lateralfederkonstante eines Kompensatorbalges oder eines Kompensators aus zwei gleichen Bälgen mit Zwischenrohr	in N/mm
f_1	Wechselfestigkeitsbeiwert für Rundnähte im Balg	–
f_2	Kennwert für teilplastische Verformung	–
h	Wellenhöhe	in mm
l	Wellenlänge, gemessen in neutraler Lage	in mm
n	hier: Stützziffer	–
n_1	Stützziffer bei Verwendung der 1 %-Dehngrenze	–
$n_{0,2}$	Stützziffer bei Verwendung der 0,2 %-Dehngrenze	–

r	Krempenradius (bei unterschiedlichen Radien an der Innen- bzw. Außenkrempe gilt das arithmetische Mittel)	in mm
w	einseitiger Axialweg einer Balgwelle, gemessen aus der neutralen Lage	in mm
w_α	äquivalenter Axialweg einer Balgwelle für den Biegewinkel α	in mm
w_λ	äquivalenter Axialweg der höchstbeanspruchten Balgwelle für den Lateralweg λ' des Kompensators	in mm
z	Wellenzahl des Kompensatorbalges	–
z_l	Wellenzahl eines Kompensatorbalges eines Kompensators aus zwei gleichen Bälgen mit Zwischenrohr	–
E_{20}	Elastizitätsmodul bei 20 °C	in N/mm²
L_1	Baulänge eines Kompensatorbalges (Bild 6)	in mm
L_z	Länge des Zwischenrohres (Bild 6)	in mm
M_T	auf den Kompensatorbalg wirkendes Torsionsmoment	in Nm
N	hier: Lastspielzahl	–
N_{zul}	zulässige Lastspielzahl	–
R	hier: Rechenstützwert	–
$R_{(c_w)}$	Rechenstützwert für Axialfederkonstante	–
$R_{(p)}$	Rechenstützwert für Druckbeanspruchung	–
$R_{(w)}$	Rechenstützwert für Axialbeanspruchung	–
S_{um}	Sicherheitsbeiwert für die Umfangsspannung	–
S_{vp}	Sicherheitsbeiwert für die Vergleichsspannung	–
α	hier: einseitiger Biegewinkel einer Balgwelle, gemessen von der geraden Lage aus	in Grad
λ'	einseitiger Lateralweg eines Kompensators mit einem Balg bzw. mit 2 gleichen Bälgen und Zwischenrohr, gemessen von der geraden Lage aus (Bild 6)	in mm
$2 \cdot \varepsilon_{ages}$	effektive Gesamtdehnungsschwingbreite	in %
$\Delta\sigma_{vges}$	Gesamtvergleichsspannungsschwingbreite	in N/mm²
$\Delta\sigma_{v(w)}$	Vergleichsspannungsschwingbreite durch Axialbewegung, z. B. $\Delta\sigma_{v(w)} = 2\,\sigma_{v(w)}$ für Axialbewegung $\pm w$	in N/mm²
$\Delta\sigma_{v(\alpha)}$	Vergleichsspannungsschwingbreite durch Biegung, z. B. $\Delta\sigma_{v(\alpha)} = 2\,\sigma_{v(\alpha)}$ für Biegung $\pm \alpha$	in N/mm²
$\Delta\sigma_{v(\lambda)}$	Vergleichsspannungsschwingbreite durch Lateralbewegung, z. B. $\Delta\sigma_{v(\lambda)} = 2\,\sigma_{v(\lambda)}$ für Lateralbewegung $\pm \lambda$	in N/mm²
$\Delta\sigma_{v(p)}$	Vergleichsspannungsschwingbreite durch wechselnden Überdruck, z. B. $\Delta\sigma_{v(p)} = \sigma_{v(p)}$ für Druckwechsel $0 + p$	in N/mm²
$\Delta\sigma_{v(T)}$	Vergleichsspannungsschwingbreite durch wechselndes Torsionsmoment, z. B. $\Delta\sigma_{v(T)} = 2\sigma_{v(T)}$ für Torsionsmoment $\pm M_T$	in N/mm²
σ_{um}	mittlere Umfangsspannung	in N/mm²
σ_v	größte Vergleichsspannung	in N/mm²
$\sigma_{v(\alpha)}$	größte Vergleichsspannung durch Biegung	in N/mm²
$\sigma_{v(T)}$	größte Vergleichsspannung durch Torsionsmoment	in N/mm²
$\sigma_{v(p)}$	größte Vergleichsspannung durch inneren oder äußeren Überdruck	in N/mm²
$\sigma_{v(w)}$	größte Vergleichsspannung durch Axialbewegung	in N/mm²

4 Sicherheitsbeiwert

Abweichend von AD 2000-Merkblatt B 0 gelten die Festlegungen in Abschnitt 6.

5 Zuschläge

Abweichend von AD 2000-Merkblatt B 0 Abschnitt 9 werden Zuschläge nicht berücksichtigt.

6 Berechnung

Bei Rechnen gegen inneren oder äußeren Überdruck und Torsionsbeanspruchung ist die minimale, und bei Rechnen gegen Axial-, Angular- und Lateralbewegung die maximale Wanddicke des Balges einzusetzen. Minimale und maximale Wanddicke sind hierbei unter Berücksichtigung der Toleranzen entsprechend der Halbzeugnormen gemäß AD 2000-Merkblättern Reihe W einzusetzen, jeweils vermindert bzw. vermehrt um die durch den Umformvorgang ggf. auftretende Wanddickenveränderung.

Zur Berücksichtigung der durch den Umformvorgang ggf. auftretenden Wanddickenveränderung ist von der zuständigen unabhängigen Stelle bei der Berechnung das vom jeweiligen Hersteller verwendete Fertigungsverfahren in Betracht zu ziehen.

6.1 Spannungen, Federkonstanten

6.1.1 Beanspruchung durch inneren oder äußeren Überdruck

Größte Vergleichsspannung:

$$\sigma_{v(p)} = R_{(p)} \cdot p \qquad (1)$$

6.1.2 Beanspruchung durch Torsionsmoment

Größte Vergleichsspannung:

$$\sigma_{v(T)} = \frac{4\,M_T \cdot 10^3}{\pi\,d^2\,s} \quad \text{mit } M_T \text{ in Nm} \qquad (2)$$

6.1.3 Beanspruchung durch Axialbewegung

Größte Vergleichsspannung:

$$\sigma_{v(w)} = 2{,}4 \cdot 10^{-4} \cdot \frac{E}{h} \cdot R_{(w)} \cdot w \qquad (3)$$

Axialfederkonstante:

$$c_w = 0{,}15 \cdot 10^{-4} \cdot (d + h) \cdot E \cdot R_{(c_w)} \qquad (4)$$

6.1.4 Beanspruchung durch Angularbewegung

Die Werte für Biegebeanspruchung lassen sich aus denen der Axialbeanspruchung ermitteln.

Äquivalenter Axialweg der Welle für den Biegewinkel:

$$w_a = \frac{d + 2h}{1{,}15 \cdot 10^2} \cdot \alpha \qquad (5)$$

Größte Vergleichsspannung:

$$\sigma_{v(\alpha)} = 2{,}1 \cdot 10^{-6} \cdot \frac{E}{h} \cdot R_{(w)} \cdot (d + 2h) \cdot \alpha \qquad (6)$$

Biegefederkonstante:

$$c_\alpha = 2{,}2 \cdot 10^{-6} \cdot (d + 2h)^2 \cdot c_w \qquad (7)$$

6.1.5 Beanspruchung durch Lateralbewegung

Abweichend von den Formeln (3) bis (7), die für die Einzelwelle gelten, gelten die Formeln (8) bis (13) für den gesamten Kompensator.

6.1.5.1 Lateralkompensator mit einem Balg

Eine laterale Bewegung dieses Kompensators ist nur möglich, wenn der Balg mindestens zweiwellig ausgeführt ist.

Äquivalenter Axialweg der höchstbeanspruchten Welle für den Lateralweg des Kompensators:

$$w_\lambda = 3 \cdot \frac{d + 2h}{l \cdot z} \cdot \frac{\lambda'}{z} \qquad (8)$$

Größte Vergleichsspannung:

$$\sigma_{v(\lambda)} = 2{,}4 \cdot 10^{-4} \cdot \frac{E}{h} \cdot R_{(w)} \cdot w_\lambda \qquad (9)$$

Lateralfederkonstante des Kompensators:

$$c'_\lambda = \frac{3}{2} \cdot \left(\frac{d + 2h}{l \cdot z}\right)^2 \cdot \frac{c_w}{z} \qquad (10)$$

6.1.5.2 Lateralkompensator mit zwei gleichen Bälgen mit ungeführtem Zwischenrohr

Äquivalenter Axialweg der höchstbeanspruchten Welle für den Lateralweg des Kompensators:

$$w_\lambda = \frac{2 \cdot \left(\frac{L_z}{L_1} + 2\right)}{\left(\frac{L_z}{L_1}\right)^2 + 2 \cdot \frac{L_z}{L_1} + \frac{4}{3}} \cdot \frac{d + 2h}{2 L_1} \cdot \frac{\lambda'}{2 z_1} \qquad (11)$$

Größte Vergleichsspannung:

$$\sigma_{v(\lambda)} = 2{,}4 \cdot 10^{-4} \cdot \frac{E}{h} \cdot R_{(w)} \cdot w_\lambda \qquad (12)$$

Lateralfederkonstante des Kompensators:

$$c'_\lambda = \frac{2}{\left(\frac{L_z}{L_1}\right)^2 + 2 \cdot \frac{L_z}{L_1} + \frac{4}{3}} \cdot \left(\frac{d + 2h}{2 L_1}\right)^2 \cdot \frac{c_w}{2 z_1} \qquad (13)$$

Diese Beziehungen gelten für den Lateralkompensator gemäß Bild 6, bei dem die Kompensatorverankerung nur eine Parallelführung der Kompensatorenden, jedoch keine Führung des Zwischenrohres bewirkt.

6.1.5.3 Lateralkompensator mit zwei gleichen Bälgen und geführtem Zwischenrohr

Die beiden Einzelbälge sind nach Abschnitt 6.1.4 zu berechnen.

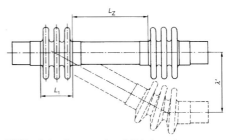

Bild 6. Lateralkompensator mit Zwischenrohr

6.1.6 Rechenstützwerte R

Die für die Formeln (1), (3), (4), (6), (9) und (12) benötigten Rechenstützwerte $R_{(p)}$, $R_{(w)}$ und $R_{(c_w)}$ sind aus den Tafeln 2 bis 25 für abgestufte Parameter zu entnehmen. Zwischenwerte sind linear zu interpolieren. Siehe hierzu Abschnitt 6.5.

6.2 Berechnung gegen statische Beanspruchung
6.2.1 Überdruck und Torsion

$$\sigma_{v(T)} \cdot \frac{n}{S_{vp}} \cdot 1{,}5 + \sigma_{v(p)} \leq \frac{n}{S_{vp}} \cdot K \qquad (14)$$

Hierbei ist $\sigma_{v(p)}$ elastisch zu ermitteln, wie in Abschnitt 6.1.1 angegeben.
Die Stützziffer n ist mit

$$n_{0{,}2} = 1{,}55 - 2{,}8 \cdot 10^{-4} \cdot K \qquad (15)$$

oder $n_1 = 1{,}55$ einzusetzen,
die Sicherheit mit $S_{vp} = 1{,}2$.
Ferner gilt für die mittlere Umfangsspannung infolge Überdruck und Torsionsmoment

$$\frac{(d + h) \cdot l \cdot p}{40 \cdot s \cdot (1{,}14 r + h) \cdot v} + \sigma_{v(T)} \leq \frac{K}{S_{um}} \qquad (16)$$

mit $S_{um} = 1{,}5$

6.2.2 Stabilitätsnachweis

Die Prüfung einer ausreichenden Sicherheit eines Axialkompensatorbalgs gegen Versagen infolge Säuleninstabilität erfolgt mit

$$p \leq \frac{3 \pi c_w}{z^2 \cdot l} \qquad (17)$$

Bei Angular- und Lateralkompensatoren ist zusätzlich eine ausreichende Steifigkeit gegen übermäßige Balgverformung infolge innerem Überdruck sicherzustellen.

6.3 Berechnung gegen veränderliche[2]) Beanspruchung

Die effektive Gesamtdehnungsschwingbreite errechnet sich aus

$$2 \cdot \varepsilon_{ages} = \frac{\Delta\sigma_{vges} \cdot f_2}{E} \cdot f_1 \cdot 10^2 \qquad (18)$$

$\Delta\sigma_{vges}$ setzt sich aus dem veränderlichen Teil der Beanspruchung durch Axialverschiebung, Biegung, Lateralbewegung, Innendruck und Torsionsbeanspruchung zusammen und muss aus der Summe der daraus resultierenden, zeitlich korrespondierenden Spannungskomponenten ermittelt werden.

---

[2]) Die veränderlichen Spannungsanteile werden mit Δ gekennzeichnet.

Näherungsweise kann $\Delta\sigma_\text{vges}$ durch Addition der einzelnen Vergleichsspannungsanteile $\Delta\sigma_\text{v}$ ermittelt werden aus:

$$\Delta\sigma_\text{vges} = \Delta\sigma_\text{v(p)} + \Delta\sigma_\text{v(w)} + \Delta\sigma_\text{v(}\alpha\text{)} + \Delta\sigma_\text{v(T)} + \Delta\sigma_\text{v(}\lambda\text{)} \quad (19)$$

Die teilplastischen Verformungen werden durch den Faktor f_2 berücksichtigt.
Er ergibt sich aus:

$$f_2 = 1 + C\left(\frac{\Delta\sigma_\text{vges}}{K} - 2\right) + 0{,}1 \cdot B \quad (20)$$

B ist der größere Wert aus $\dfrac{\sigma_\text{v(p)}}{\dfrac{n}{S_\text{vp}} \cdot K}$ und $\dfrac{\sigma_\text{um}}{\dfrac{K}{S_\text{um}}}$

Die Formel (20) gilt für:

$\dfrac{\Delta\sigma_\text{vges}}{K} \geq 2$

Für $\dfrac{\Delta\sigma_\text{vges}}{K} < 2$ ist $f_2 = 1$

Die C-Werte für Axial-, Angular- und Lateralbewegung sind Tafel 1 zu entnehmen.

Tafel 1. C-Werte

Werk-stoff-gruppe	C (eingeklammerte Werte gelten für Biegung, d. h. für angulare und laterale Bewegung)			
	Bälge mit Rund-nähten in hoch-beanspruchter Zone	Bälge ohne Rundnähte in hoch-beanspruchter Zone		
		kalt verfestigt		warm umgeformt bzw. normalisiert	
Austenit	0,127 (0,101)	0,105	(0,086)	0,085 (0,067)
Ferrit	0,155 (0,127)	0,155	(0,127)	0,133 (0,109)

Bei kombinierter Beanspruchung wird $\Delta\sigma_\text{vges} \cdot f_2$ wie folgt berechnet:

$$\Delta\sigma_\text{vges} \cdot f_2 =$$
$$\left[\left(\Delta\sigma_\text{v(p)} + \Delta\sigma_\text{v(T)}\right)\frac{\Delta\sigma_\text{v(w)}}{\Delta\sigma_\text{v(w)} + \Delta\sigma_\text{v(}\alpha\text{)} + \Delta\sigma_\text{v(}\lambda\text{)}} + \Delta\sigma_\text{v(w)}\right] f_{2(w)}$$
$$+ \left[\left(\Delta\sigma_\text{v(p)} + \Delta\sigma_\text{v(T)}\right)\frac{\Delta\sigma_\text{v(}\alpha\text{)} + \Delta\sigma_\text{v(}\lambda\text{)}}{\Delta\sigma_\text{v(w)} + \Delta\sigma_\text{v(}\alpha\text{)} + \Delta\sigma_\text{v(}\lambda\text{)}}\right.$$
$$\left. + \Delta\sigma_\text{v(}\alpha\text{)} + \Delta\sigma_\text{v(}\lambda\text{)}\right] f_{2(\alpha)} \quad (21)$$

$f_{2(w)}$ bzw. $f_{2(\alpha)}$ sind die jeweiligen Faktoren f_2 mit den C-Werten für Axial- bzw. Angularbewegung gemäß Formel (20).

Die effektive Gesamtdehnungs-Schwingbreite an der höchstbeanspruchten Stelle ist in Verbindung mit den Tafeln 2 bis 13 und $f_1 = 1{,}0$ zu bilden.

Bei Kompensatorbälgen mit Rundnaht in der Innenkrempe ist zusätzlich die Ermüdungssicherheit der Rundnaht zu prüfen. Hierfür ist die effektive Gesamtdehnungsschwingbreite an der Rundnaht (Innenkrempe) mit den Beiwerten aus den Tafeln 14 bis 25 sowie dem Beiwert $f_1 = 2$, der die

geringere Wechselfestigkeit der Schweißnaht berücksichtigt, zu ermitteln.
Für die Bestimmung der Bruchlastspielzahl ist der größere Wert für $2 \cdot \varepsilon_\text{ages}$ maßgebend.
Bei höherer Temperatur ist die effektive Gesamtdehnungs-Schwingbreite $2 \cdot \varepsilon_\text{ages}$ mit E_{20}/E zu multiplizieren.
Die zu erwartende Bruchlastspielzahl (bis zum Beginn der Leckage) ergibt sich aus:

$$N = \left(\frac{10}{2 \cdot \varepsilon_\text{ages}}\right)^{3{,}45} \quad \text{für } 500 \leq N \leq 10^6 \quad (22)$$

Die zulässige Lastspielzahl ergibt sich aus:

$$N_\text{zul} \leq \frac{N}{S_\text{L}} \quad \text{mit } S_\text{L} = 2{,}0 \quad (23)$$

Voraussetzung für $S_\text{L} = 2{,}0$ ist, dass durch repräsentative Lebensdauerversuche am Bauteil unter Berücksichtigung der Werkstoffe und Herstellungsverfahren nachgewiesen wurde, dass die Bruchlastspielzahl N nach Formel (22) für mindestens 95 % der Kompensatoren erreicht wird. Anderenfalls ist in Formel (23) $S_\text{L} = 5{,}0$ einzusetzen.
Bei ungleichförmiger Beanspruchung (variabler Amplitude) ist der Erschöpfungsgrad der einzelnen Kollektive linear zu akkumulieren.

$$D = \sum \frac{n_\text{i}}{N_\text{i}} \leq 1 \quad (24)$$

wobei n_i die Zahl der Lastspiele in den jeweiligen Kollektiven, N_i die dafür zulässige Zahl ist.

6.4 Hohe Temperaturen

Im Temperaturbereich der Zeitstandwerte[3]) ist die Stützziffer kleiner als die für gleiche Grenzverformung bei Raumtemperatur. Für Temperaturen ≥ 500 °C ist in Formel (14) sowie bei der Ermittlung von B (siehe Abschnitt 6.3) die Stützziffer $n = 1{,}28$ einzusetzen. Werte für Temperaturen zwischen 350 und 500 °C sind linear zu interpolieren zwischen n nach Formel (15) und 1,28.

6.5 Rechenstützwerte

Die Zahlenwerte für $R_\text{(p)}$, $R_\text{(w)}$ und $R_\text{(c}_\text{w)}$ werden den Tafeln 2 bis 13 bzw. 14 bis 25 entnommen. Zwischenwerte sind linear zu interpolieren[4]).

7 Schrifttum

[1] *Friedrich, W.:* Festigkeitsberechnung einwandiger Balgkompensatoren. Technisch-wissenschaftliche Berichte der Staatlichen Materialprüfungsanstalt an der Universität Stuttgart; (1973) Heft 73-01.

[2] *Wellinger, K.; Dietmann, H.:* Festigkeitsberechnung von Wellrohrkompensatoren. Technisch-wissenschaftliche Berichte der Staatlichen Materialprüfungsanstalt an der Technischen Hochschule Stuttgart; (1964) Heft 64-01.

[3] *Anderson, W. F.:* Analysis of Stresses in Bellows NAA−SR−4527; USAEC, October 1964.

---

[3]) Siehe hierzu die Erläuterung im Anhang 1.
[4]) Die Interpolationsgleichungen im Anhang 1 zu diesem AD 2000-Merkblatt können angewendet werden.

Tafel 2. Rechenstützwerte
(Vergleichsspannung an der höchstbeanspruchten Stelle der Balgwelle und Axialfederkonstante)

d/h						r/h						
	3,0	0,500	0,475	0,450	0,425	0,400	0,350	0,300	0,250	0,200	0,150	0,100
s/h	0,018	30,04	30,87	32,45	34,30	37,56	43,56	50,32	59,11	68,31	80,16	117,5
		265,8	239,9	220,7	201,3	184,4	156,7	134,9	116,6	100,3	87,62	91,60
		8,494	6,549	5,155	4,088	3,298	2,236	1,580	1,145	0,841	0,639	0,559
	0,020	26,30	26,76	28,10	29,50	32,24	37,14	42,66	49,83	57,08	67,88	97,03
		274,9	247,1	229,1	210,3	193,8	165,9	143,2	123,7	106,4	94,03	103,8
		10,35	8,078	6,423	5,142	4,179	2,865	2,036	1,478	1,089	0,843	0,753
	0,023	21,76	22,15	23,22	24,18	26,35	30,11	34,36	39,72	44,87	55,30	74,71
		286,2	256,4	239,8	222,1	206,0	178,0	154,1	132,9	114,7	103,5	121,7
		13,45	10,66	8,582	6,950	5,703	3,961	2,832	2,063	1,535	1,221	1,129
	0,026	18,44	18,78	19,65	20,46	22,11	25,07	28,43	32,50	36,22	45,60	59,07
		295,3	266,4	248,8	232,1	216,4	188,1	163,2	140,9	122,5	113,5	139,2
		16,91	13,57	11,04	9,023	7,459	5,233	3,762	2,754	2,076	1,698	1,614
	0,030	15,20	15,49	16,18	16,85	18,02	20,25	22,77	25,64	28,10	35,87	44,81
		304,3	278,3	258,6	242,9	227,7	199,3	173,2	150,1	132,3	131,1	162,2
		22,05	17,93	14,75	12,18	10,14	7,193	5,207	3,846	2,962	2,508	2,456
	0,035	12,35	12,59	13,12	13,66	14,46	16,07	17,88	19,77	21,28	27,30	33,88
		314,1	293,2	274,1	254,8	238,6	210,1	183,3	160,1	145,0	158,6	190,4
		29,25	24,09	20,03	16,69	14,01	10,05	7,344	5,510	4,368	3,846	3,870
	0,040	10,31	10,51	10,94	11,38	11,93	13,13	14,45	15,72	16,68	21,77	26,51
		324,2	304,4	285,8	266,9	249,1	218,3	191,6	169,4	159,1	185,4	218,2
		37,21	30,96	25,96	21,80	18,41	13,34	9,864	7,539	6,154	5,599	5,747
	0,045	08,78	08,96	09,03	09,67	10,05	10,95	11,93	12,79	14,19	17,91	21,32
		331,6	312,9	294,8	276,2	258,6	226,5	199,7	180,6	176,9	211,7	245,7
		45,85	38,46	32,47	27,44	23,31	17,07	12,79	9,975	8,374	7,828	8,153
	0,050	07,59	07,75	08,03	08,34	08,61	09,29	10,02	10,62	12,19	14,98	17,53
		336,9	319,2	301,7	283,5	266,2	234,6	208,8	191,8	201,8	237,4	272,8
		55,11	46,55	39,53	33,61	28,70	21,25	16,15	12,86	11,08	10,59	11,15
	0,060	05,88	06,00	06,20	06,42	06,53	06,93	07,36	07,66	09,24	10,94	
		343,6	327,5	311,3	294,3	278,0	248,7	226,1	216,1	250,2	287,6	
		75,32	64,36	55,24	47,46	40,97	31,05	24,34	20,19	18,17	17,96	
	0,070	04,71	04,81	04,95	05,10	05,17	05,39	05,63	06,16	07,24	08,35	
		349,2	332,6	317,9	302,3	287,5	261,5	245,4	260,6	297,1	336,6	
		97,70	84,32	73,06	63,42	55,33	42,98	34,77	29,91	27,87	28,19	
	0,080	03,88	03,94	04,04	04,16	04,21	04,33	04,45	05,08	05,83		
		358,1	341,3	325,7	310,8	297,7	277,8	271,2	304,3	342,6		
		122,3	106,5	93,14	81,66	72,02	57,35	47,79	42,42	40,60		
	0,090	03,27	03,31	03,37	03,46	03,49	03,55	03,79	04,27	04,80		
		366,1	350,9	337,0	323,8	312,5	296,6	311,8	346,9	387,0		
		149,2	131,1	115,7	102,4	91,31	74,49	63,76	58,12	56,79		
	0,100	02,81	02,84	02,86	02,93	02,95	02,99	03,29	03,64			$R_{(p)}$
		373,8	360,3	348,1	336,8	327,4	321,1	351,5	388,3			$R_{(w)}$
		178,8	158,4	141,0	126,0	113,5	94,72	83,06	77,41			$R_{(c_w)}$

Tafel 3. Rechenstützwerte
(Vergleichsspannung an der höchstbeanspruchten Stelle der Balgwelle und Axialfederkonstante)

$\frac{d}{h}$						r/h						
	3,5	0,500	0,475	0,450	0,425	0,400	0,350	0,300	0,250	0,200	0,150	0,100
	0,018	32,96	33,41	34,95	36,92	40,14	46,23	53,17	61,97	70,91	84,70	119,2
		246,2	219,0	202,3	185,8	171,2	146,5	126,3	108,8	93,29	82,57	92,30
		7,485	5,843	4,647	3,721	3,025	2,075	1,474	1,069	0,786	0,609	0,546
	0,020	28,59	28,95	30,28	31,79	34,49	39,47	45,11	52,24	59,16	72,51	97,86
		253,8	227,0	209,4	193,6	179,3	154,5	133,4	114,8	98,72	88,83	104,0
		9,123	7,203	5,784	4,672	3,826	2,649	1,891	1,374	1,018	0,805	0,741
	0,023	23,67	23,99	25,05	26,09	28,24	32,04	36,28	41,58	46,37	58,15	74,87
		263,2	237,4	218,4	203,5	189,7	164,6	142,4	122,6	106,3	98,55	121,2
		11,85	9,493	7,713	6,298	5,201	3,643	2,615	1,909	1,435	1,171	1,114
	0,026	20,07	20,35	21,21	22,01	23,71	26,70	30,01	33,96	37,32	47,34	58,95
		270,3	245,6	225,8	211,7	198,2	172,9	149,8	129,3	113,6	112,0	138,1
		14,89	12,06	9,897	8,149	6,776	4,788	3,455	2,541	1,944	1,635	1,596
	0,030	16,56	16,80	17,48	18,13	19,34	21,56	24,00	26,71	28,85	36,79	45,10
		277,1	254,3	237,2	220,3	207,1	181,7	158,0	137,4	123,1	133,6	160,3
		19,38	15,90	13,17	10,94	9,163	6,540	4,757	3,544	2,783	2,429	2,433
	0,035	13,46	13,66	14,18	14,69	15,51	17,08	18,79	20,52	21,75	27,85	33,95
		283,4	265,8	249,2	232,3	216,6	190,0	166,2	146,5	137,1	160,0	187,6
		25,63	21,27	17,80	14,92	12,58	9,078	6,684	5,083	4,128	3,744	3,840
	0,040	11,23	11,40	11,81	12,22	12,78	13,92	15,13	16,25	17,68	22,28	26,49
		290,6	273,9	257,9	241,3	225,7	197,3	173,7	157,1	156,4	185,7	214,6
$\frac{s}{h}$		32,50	27,23	22,95	19,37	16,44	12,00	8,966	6,976	5,850	5,474	5,709
	0,045	09,55	09,70	10,03	10,36	10,74	11,58	12,45	13,18	14,88	18,22	21,26
		295,4	279,7	264,2	248,1	232,8	205,0	182,5	168,1	180,8	210,9	241,3
		39,92	33,70	28,60	24,29	20,73	15,32	11,63	9,269	8,005	7,678	8,105
	0,050	08,25	08,38	08,64	08,92	09,17	09,79	10,43	10,90	12,67	15,18	17,45
		298,7	283,8	269,0	253,5	238,6	211,9	191,1	179,2	204,7	235,7	267,8
		47,85	40,66	34,71	29,65	25,46	19,06	14,73	12,01	10,64	10,42	11,09
	0,060	06,37	06,47	06,64	06,82	06,93	07,27	07,62	08,01	09,49	11,01	
		302,3	289,1	275,7	261,6	248,2	224,6	208,4	220,8	251,2	284,3	
		65,16	55,99	48,32	41,76	36,28	27,92	22,35	19,03	17,60	17,73	
	0,070	05,08	05,16	05,27	05,40	05,44	05,62	05,81	06,41	07,38	08,37	
		310,7	295,7	281,8	268,6	257,0	239,4	236,6	264,2	296,3	331,8	
		84,40	73,27	63,88	55,84	49,09	38,86	32,19	28,44	27,15	27,89	
	0,080	04,16	04,22	04,29	04,39	04,41	04,49	04,64	05,25	05,91		
		318,3	304,9	292,7	281,3	271,4	257,8	276,8	306,2	340,2		
		105,7	92,67	81,62	72,13	64,19	52,21	44,61	40,64	39,72		
	0,090	03,50	03,52	03,57	03,64	03,65	03,68	03,95	04,38	04,85		
		330,1	316,7	305,2	295,0	288,4	290,5	316,0	347,1	383,1		
		129,3	114,4	101,8	90,92	81,85	68,31	59,98	56,01	55,75		
	0,100	02,99	03,01	03,02	03,07	03,08	03,15	03,41	03,72		$R_{(p)}$	
		344,3	333,3	324,3	316,8	312,3	326,9	354,1	387,1		$R_{(w)}$	
		155,5	138,8	124,6	112,5	102,4	87,51	78,67	74,97		$R_{(c_w)}$	

Tafel 4. Rechenstützwerte
(Vergleichsspannung an der höchstbeanspruchten Stelle der Balgwelle und Axialfederkonstante)

$\frac{d}{h}$						r/h						
	4,0	0,500	0,475	0,450	0,425	0,400	0,350	0,300	0,250	0,200	0,150	0,100
	0,018	35,49	35,98	37,37	39,44	42,64	48,80	55,88	64,62	73,18	89,62	120,1
		229,0	204,8	186,7	172,6	159,8	137,5	118,6	101,8	87,41	78,71	92,47
		6,680	5,270	4,229	3,414	2,795	1,934	1,379	1,001	0,740	0,584	0,538
	0,020	30,79	31,15	32,39	33,99	36,67	41,71	47,43	54,43	60,93	75,90	98,19
		235,4	212,0	192,8	179,3	166,8	144,3	124,6	107,0	92,44	84,92	103,8
		8,141	6,493	5,257	4,279	3,526	2,461	1,762	1,283	0,958	0,775	0,732
	0,023	25,52	25,77	26,81	27,93	30,06	33,88	38,13	43,24	47,61	60,11	74,81
		243,0	220,9	200,9	187,7	175,5	152,7	132,1	113,7	99,64	97,99	120,4
		10,57	8,542	6,994	5,749	4,773	3,365	2,423	1,777	1,353	1,133	1,103
	0,026	21,65	21,87	22,72	23,53	25,25	28,23	31,46	35,24	38,22	48,49	58,93
		248,5	227,2	208,2	194,3	182,4	159,5	138,3	119,7	106,7	114,0	136,9
		13,26	10,83	8,947	7,411	6,190	4,401	3,189	2,362	1,838	1,588	1,583
	0,030	17,87	18,06	18,73	19,35	20,59	22,77	25,10	27,62	29,45	37,34	45,26
		253,5	233,4	218,3	203,1	189,3	166,5	145,0	127,0	117,3	134,9	158,5
		17,22	14,23	11,86	9,903	8,326	5,978	4,374	3,296	2,644	2,370	2,417
	0,035	14,51	14,68	15,18	15,66	16,48	18,00	19,58	21,14	22,48	28,48	33,97
		257,1	242,0	227,5	212,5	198,5	173,0	152,1	136,9	135,3	160,4	185,2
		22,69	18,95	15,94	13,42	11,36	8,259	6,136	4,741	3,945	3,670	3,819
$\frac{s}{h}$	0,040	12,10	12,24	12,62	13,00	13,55	14,62	15,71	16,69	18,45	22,65	26,45
		262,0	247,8	233,8	219,4	205,6	180,7	160,6	147,7	159,4	185,3	211,6
		28,68	24,16	20,47	17,35	14,79	10,89	8,237	6,535	5,623	5,384	5,682
	0,045	10,27	10,39	10,69	10,99	11,36	12,13	12,89	13,50	15,40	18,44	21,20
		265,0	251,7	238,4	224,5	211,2	187,4	169,0	158,7	183,0	209,8	237,7
		35,13	29,81	25,41	21,69	18,60	13,90	10,71	8,726	7,732	7,572	8,072
	0,050	08,86	08,96	09,19	09,43	09,68	10,22	10,76	11,15	13,03	15,31	17,39
		266,9	254,4	241,8	228,6	216,0	193,7	177,3	180,6	206,1	233,9	263,7
		42,01	35,88	30,78	26,43	22,81	17,30	13,61	11,36	10,33	10,29	11,05
	0,060	06,80	06,88	07,03	07,18	07,27	07,56	07,84	08,32	09,68	11,06	
		273,8	258,6	246,8	235,3	224,4	206,2	200,7	223,9	251,1	281,2	
		57,06	49,31	42,78	37,21	32,54	25,46	20,82	18,17	17,19	17,56	
	0,070	05,41	05,47	05,56	05,66	05,68	05,82	05,97	06,60	07,48	08,39	
		282,0	268,2	256,5	246,0	237,0	225,4	240,8	265,8	294,8	327,6	
		73,93	64,58	56,67	49,89	44,22	35,68	30,25	27,37	26,63	27,68	
	0,080	04,41	04,46	04,52	04,59	04,59	04,64	04,83	05,37	05,97		
		295,9	283,6	273,0	263,7	257,5	258,4	279,8	306,4	337,5		
		92,82	81,92	72,67	64,76	58,16	48,31	42,25	39,34	39,10		
	0,090	03,70	03,71	03,75	03,80	03,79	03,79	04,08	04,47	04,89		
		310,3	300,3	292,2	285,4	281,7	294,5	317,7	346,1	379,4		
		114,0	101,6	91,10	82,13	74,67	63,69	57,20	54,49	55,01		
	0,100	03,16	03,16	03,17	03,21	03,19	03,28	03,51	03,78			$R_{(p)}$
		328,8	320,0	314,2	310,9	310,7	329,8	354,7	384,9			$R_{(w)}$
		137,7	123,9	112,2	102,3	94,07	82,16	75,46	73,22			$R_{(c_w)}$

AD 2000-Merkblatt B 13, Ausg. 10.2000 Seite 9

Tafel 5. Rechenstützwerte
(Vergleichsspannung an der höchstbeanspruchten Stelle der Balgwelle und Axialfederkonstante)

$\dfrac{d}{h}$ = 5,0		r/h									
		0,500	0,475	0,450	0,425	0,400	0,350	0,300	0,250	0,200	0,150	0,100
$\dfrac{s}{h}$	0,018	40,31 200,2 5,476	40,90 181,3 4,396	42,00 164,7 3,579	44,25 151,0 2,927	47,41 140,8 2,420	53,69 122,0 1,697	60,87 105,1 1,217	69,27 90,14 0,887	76,84 78,35 0,667	96,11 75,17 0,549	120,7 92,14 0,529
	0,020	35,01 204,8 6,666	35,44 186,4 5,402	36,44 170,2 4,433	38,19 155,8 3,651	40,82 145,8 3,035	45,91 126,9 2,143	51,62 109,5 1,544	58,19 94,25 1,133	63,72 82,99 0,866	80,18 85,26 0,733	98,19 102,9 0,721
	0,023	29,05 209,4 8,628	29,31 192,1 7,075	30,19 176,4 5,860	31,41 161,5 4,867	33,48 151,8 4,073	37,28 132,7 2,902	41,39 115,0 2,106	46,01 99,83 1,566	49,52 90,06 1,231	62,44 100,8 1,081	74,64 118,9 1,090
	0,026	24,65 212,5 10,78	24,80 196,1 8,924	25,58 180,8 7,448	26,45 167,9 6,226	28,11 156,2 5,238	31,00 137,2 3,764	33,99 119,5 2,757	37,30 105,0 2,084	39,57 98,31 1,684	49,75 115,9 1,526	59,41 134,7 1,567
	0,030	20,32 214,7 13,92	20,43 199,4 11,63	21,05 186,7 9,787	21,61 174,5 8,243	22,86 162,9 6,979	24,91 142,0 5,073	26,95 124,8 3,772	29,07 113,0 2,922	30,84 115,9 2,447	38,33 135,7 2,293	42,42 155,5 2,397
	0,035	16,46 217,2 18,22	16,56 203,3 15,37	17,01 192,0 13,04	17,42 180,2 11,07	18,22 169,0 9,442	19,57 148,9 6,974	20,87 133,1 5,300	22,10 123,7 4,241	24,14 139,4 3,693	29,30 160,0 3,574	33,96 181,3 3,793
	0,040	13,67 221,3 22,89	13,75 206,1 19,47	14,08 195,5 16,64	14,38 184,4 14,23	14,90 173,8 12,23	15,80 155,1 9,191	16,65 141,3 7,153	17,36 142,5 5,906	19,54 162,2 5,315	23,12 183,8 5,268	26,38 206,9 5,649
	0,045	11,56 224,8 27,92	11,63 210,6 23,92	11,87 198,0 20,58	12,09 187,7 17,73	12,43 178,0 15,36	13,03 161,1 11,76	13,59 149,8 9,374	14,00 164,1 7,966	16,12 184,6 7,368	18,72 207,2 7,435	21,11 232,3 8,030
	0,050	09,93 228,1 33,31	09,98 215,0 28,73	10,16 203,1 24,88	10,33 192,0 21,60	10,53 182,3 18,86	10,94 168,5 14,71	11,31 167,3 12,01	11,61 185,2 10,47	13,53 206,5 9,904	15,49 230,3 10,13	17,30 257,5 11,00
	0,060	07,57 237,2 45,23	07,60 225,9 39,51	07,70 216,1 34,69	07,79 207,5 30,56	07,86 200,3 27,12	08,04 192,4 21,95	08,19 206,6 18,70	08,79 226,3 17,02	09,95 249,4 16,64	11,13 276,0 17,36	
	0,070	05,98 250,8 58,88	06,01 241,1 52,07	06,06 233,1 46,31	06,11 227,0 41,39	06,11 222,4 37,30	06,17 227,8 31,25	06,23 244,8 27,59	06,89 266,1 25,94	07,64 291,3 25,96	08,42 320,9 27,41	
	0,080	04,86 267,9 74,52	04,88 260,2 66,68	04,91 254,4 60,04	04,94 250,6 54,40	04,90 250,1 49,73	04,91 263,1 42,94	05,13 281,8 39,07	05,57 304,9 37,64	06,08 332,4 38,30		
	0,090	04,06 288,1 92,43	04,06 282,7 83,63	04,07 280,3 76,20	04,09 279,1 69,91	04,05 282,2 64,74	04,06 297,6 57,40	04,31 317,9 53,48	04,62 342,9 52,50	04,97 372,8 54,06		
	0,100	03,47 312,8 112,9	03,44 309,5 103,2	03,44 307,8 95,09	03,45 307,6 88,23	03,42 314,1 82,66	03,52 331,2 74,94	03,69 353,2 71,21	03,90 380,2 70,93		$R_{(p)}$ $R_{(w)}$ $R_{(c_w)}$		

B 13

Tafel 6. Rechenstützwerte
(Vergleichsspannung an der höchstbeanspruchten Stelle der Balgwelle und Axialfederkonstante)

$\frac{d}{h}$		r/h										
	7,0	0,500	0,475	0,450	0,425	0,400	0,350	0,300	0,250	0,200	0,150	0,100
	0,018	49,27	49,95	50,62	53,08	56,13	62,34	69,16	76,31	81,70	102,1	120,3
		157,9	145,4	133,8	122,5	112,3	98,09	84,92	73,95	68,75	78,08	90,85
		3,966	3,259	2,704	2,248	1,883	1,343	0,975	0,727	0,576	0,511	0,520
	0,020	42,80	43,28	43,92	45,80	48,29	53,18	58,37	63,68	67,33	83,84	98,29
		159,7	147,7	136,5	125,4	115,4	100,7	87,66	77,30	75,28	87,85	101,1
		4,802	3,976	3,319	2,775	2,335	1,677	1,228	0,929	0,755	0,688	0,711
	0,023	35,46	35,73	36,31	37,58	39,47	42,93	46,41	49,87	52,75	64,17	75,47
		161,0	149,8	139,2	128,7	119,2	103,8	91,44	83,47	88,43	102,2	116,3
		6,160	5,147	4,329	3,646	3,086	2,242	1,667	1,294	1,089	1,026	1,077
	0,026	30,01	30,12	30,65	31,50	32,96	35,44	37,80	40,11	42,41	51,56	59,79
		162,9	151,0	141,0	131,0	122,5	107,8	96,28	91,34	102,1	116,4	131,4
		7,629	6,423	5,437	4,607	3,922	2,886	2,184	1,740	1,511	1,461	1,551
	0,030	24,61	24,58	25,04	25,53	26,58	28,20	29,61	30,98	33,69	39,90	45,53
		166,0	154,5	144,2	134,5	126,0	112,5	103,1	106,3	119,9	135,0	151,4
		9,745	8,274	7,058	6,028	5,173	3,876	3,009	2,480	2,232	2,215	2,377
	0,035	19,77	19,73	20,03	20,26	20,96	21,91	22,68	23,38	26,08	30,17	33,94
		169,0	158,7	149,3	140,5	132,9	120,8	116,0	127,3	141,7	157,8	176,3
		12,63	10,82	9,317	8,035	6,967	5,351	4,290	3,674	3,427	3,478	3,767
	0,040	16,28	16,23	16,42	16,56	16,98	17,53	17,95	18,29	20,79	23,64	26,31
		171,9	162,7	154,3	146,5	140,3	131,8	135,0	147,7	162,9	180,4	201,0
$\frac{s}{h}$		15,79	13,65	11,85	10,32	9,047	7,126	5,891	5,214	4,996	5,154	5,616
	0,045	13,66	13,62	13,73	13,80	14,05	14,37	14,58	14,96	16,98	19,06	21,03
		177,2	168,8	161,5	155,1	149,8	144,6	154,2	167,7	183,9	202,8	225,8
		19,23	16,77	14,69	12,92	11,45	9,242	7,859	7,148	6,995	7,300	7,990
	0,050	11,65	11,61	11,67	11,70	11,84	12,00	12,10	12,64	14,15	15,71	17,22
		183,8	176,1	169,6	164,4	160,9	162,0	173,0	187,3	204,5	224,9	251,9
		23,01	20,22	17,87	15,87	14,21	11,74	10,24	9,528	9,477	9,976	10,95
	0,060	08,80	08,76	08,77	08,76	08,77	08,78	08,75	09,42	10,31	11,26	
		200,3	194,6	190,8	188,6	188,5	197,1	209,7	225,7	245,2	268,8	
		31,65	28,27	25,41	22,98	20,98	18,08	16,42	15,82	16,10	17,15	
	0,070	06,93	06,89	06,87	06,85	06,81	06,75	06,85	07,33	07,89	08,51	
		222,3	219,6	218,1	217,5	220,5	231,0	245,3	263,2	285,2	314,5	
		42,02	38,08	34,76	31,97	29,68	26,47	24,82	24,49	25,31	27,15	
	0,080	05,64	05,60	05,57	05,54	05,48	05,39	05,60	05,90	06,27		
		248,8	246,7	245,9	247,5	252,0	264,1	280,1	300,0	324,6		
		54,40	49,96	46,25	43,15	40,66	37,28	35,79	35,92	37,51		
	0,090	04,70	04,67	04,64	04,60	04,53	04,56	04,69	04,88	05,13		
		274,9	273,5	273,5	277,4	282,7	296,4	314,2	336,2	366,5		
		69,10	64,23	60,19	56,85	54,22	50,84	49,70	50,52	53,14		
	0,100	04,03	03,98	03,95	03,91	03,92	03,94	04,02	04,13			$R_{(p)}$
		300,8	300,3	301,7	306,7	312,8	328,2	347,7	371,9			$R_{(w)}$
		86,42	81,18	76,89	73,39	70,70	67,50	66,91	68,67			$R_{(c_v)}$

Tafel 7. Rechenstützwerte
(Vergleichsspannung an der höchstbeanspruchten Stelle der Balgwelle und Axialfederkonstante)

$\frac{d}{h}$	10	r/h										
		0,500	0,475	0,450	0,425	0,400	0,350	0,300	0,250	0,200	0,150	0,100
$\frac{s}{h}$	0,018	61,15	61,77	62,00	64,39	67,08	72,51	78,01	82,96	87,49	104,8	121,5
		117,5	109,2	101,9	94,54	87,78	76,16	67,78	63,96	69,46	79,08	89,20
		2,709	2,272	1,917	1,619	1,374	1,003	0,752	0,592	0,507	0,486	0,514
	0,020	52,93	53,29	53,49	55,27	57,38	61,40	65,30	68,70	72,18	86,23	99,23
		119,2	110,5	102,7	95,83	89,40	78,37	71,45	69,92	78,28	88,25	99,05
		3,250	2,742	2,326	1,975	1,685	1,246	0,950	0,766	0,675	0,659	0,704
	0,023	43,55	43,65	43,84	44,94	46,43	49,02	51,37	53,33	56,93	66,90	75,98
		121,0	113,1	105,8	99,02	93,03	83,51	78,01	81,85	91,25	101,8	113,8
		4,120	3,506	2,997	2,565	2,206	1,663	1,303	1,087	0,991	0,992	1,069
	0,026	36,57	36,49	36,67	37,33	38,40	40,08	41,48	42,62	46,26	53,44	60,05
		122,6	115,3	108,7	102,5	97,03	88,93	86,08	94,10	104,0	115,3	128,4
		5,060	4,338	3,735	3,222	2,796	2,151	1,731	1,489	1,395	1,421	1,542
	0,030	29,68	29,46	29,62	29,92	30,62	31,55	32,22	32,76	36,16	41,05	45,64
		124,7	118,3	112,5	107,5	103,4	98,01	101,4	110,1	120,7	133,0	147,8
		6,425	5,560	4,834	4,216	3,701	2,929	2,436	2,171	2,093	2,167	2,366
	0,035	23,57	23,34	23,41	23,45	23,88	24,29	24,50	24,65	27,63	30,87	33,97
		131,0	125,3	120,5	116,2	113,6	113,0	120,1	129,6	141,2	155,0	172,0
		8,329	7,290	6,415	5,671	5,052	4,133	3,568	3,292	3,257	3,420	3,752
	0,040	19,24	19,04	19,02	18,94	19,20	19,34	19,31	19,70	21,86	24,12	26,33
		138,2	133,7	130,1	127,5	126,3	130,5	138,4	148,7	161,4	176,8	196,7
		10,48	9,277	8,261	7,398	6,683	5,637	5,020	4,760	4,797	5,085	5,597
	0,045	16,05	15,88	15,82	15,70	15,83	15,82	15,68	16,23	17,77	19,41	21,04
		147,6	144,3	142,0	141,4	141,8	147,6	156,3	167,5	181,4	198,4	222,1
		12,92	11,56	10,41	9,437	8,636	7,484	6,840	6,622	6,765	7,220	7,966
	0,050	13,64	13,49	13,40	13,28	13,32	13,22	13,03	13,65	14,77	15,99	17,23
		159,3	157,4	156,4	156,1	157,8	164,4	173,9	186,1	201,2	219,9	247,6
		15,69	14,17	12,90	11,83	10,95	9,718	9,074	8,930	9,216	9,883	10,92
	0,060	10,30	10,18	10,08	09,95	09,91	09,73	09,61	10,12	10,75	11,47	
		186,1	184,9	184,6	186,0	189,0	197,3	208,4	222,6	240,3	264,2	
		22,34	20,55	19,07	17,83	16,84	15,52	14,97	15,08	15,78	17,03	
	0,070	08,15	08,05	07,95	07,84	07,75	07,55	07,61	07,88	08,25	08,68	
		212,5	212,0	212,8	215,7	219,5	229,3	242,3	258,6	279,0	310,5	
		30,73	28,73	27,08	25,73	24,68	23,40	23,07	23,60	24,91	27,00	
	0,080	06,68	06,59	06,49	06,39	06,29	06,17	06,24	06,37	06,58		
		238,8	239,0	241,0	244,7	249,3	260,7	275,5	294,1	320,7		
		41,18	39,01	37,25	35,85	34,80	33,68	33,74	34,88	37,04		
	0,090	05,62	05,55	05,46	05,37	05,31	05,25	05,25	05,29	05,41		
		265,0	266,0	268,8	273,3	278,6	291,7	308,3	330,0	363,4		
		53,97	51,69	49,88	48,49	47,52	46,73	47,36	49,31	52,58		
	0,100	04,88	04,82	04,75	04,69	04,64	04,56	04,51	04,50		$R_{(p)}$	
		291,3	293,1	296,1	301,3	307,4	322,1	340,7	369,6		$R_{(w)}$	
		69,40	67,07	65,29	63,98	63,16	62,87	64,27	67,30		$R_{(c_v)}$	

Tafel 8. Rechenstützwerte
(Vergleichsspannung an der höchstbeanspruchten Stelle der Balgwelle und Axialfederkonstante)

$\frac{d}{h}$ = 15	s/h	r/h										
		0,500	0,475	0,450	0,425	0,400	0,350	0,300	0,250	0,200	0,150	0,100
	0,018	77,05	77,18	76,80	78,56	80,36	83,86	87,01	89,13	94,50	109,2	122,7
		83,84	78,92	74,45	70,26	66,61	61,29	59,74	64,77	71,22	78,70	87,50
		1,669	1,430	1,231	1,062	0,922	0,709	0,571	0,492	0,462	0,471	0,511
	0,020	66,11	65,98	65,51	66,78	68,05	70,34	72,27	73,44	78,70	89,81	100,2
		84,74	80,28	76,23	72,49	69,61	65,67	67,15	72,65	79,45	87,46	97,10
		1,989	1,717	1,488	1,294	1,132	0,889	0,734	0,649	0,622	0,642	0,700
	0,023	53,73	53,37	52,99	53,63	54,38	55,55	56,40	56,77	61,57	69,23	76,51
		88,07	84,06	80,64	77,64	75,36	73,96	78,30	84,25	91,64	100,5	111,5
		2,514	2,191	1,920	1,689	1,497	1,211	1,034	0,945	0,928	0,971	1,064
	0,026	44,65	44,17	43,85	44,12	44,56	45,09	45,35	45,30	49,56	55,09	60,43
		91,78	88,45	85,91	83,84	82,67	84,43	89,21	95,66	103,7	113,5	125,8
		3,098	2,727	2,414	2,149	1,928	1,604	1,410	1,322	1,323	1,397	1,536
	0,030	35,87	35,33	35,08	35,07	35,26	35,32	35,17	34,89	38,44	42,20	45,92
		98,97	96,62	95,00	94,48	94,67	98,07	103,5	110,6	119,6	130,7	144,8
		3,983	3,550	3,185	2,876	2,622	2,254	2,046	1,971	2,007	2,139	2,359
	0,035	28,29	27,82	27,55	27,37	27,41	27,18	26,80	27,00	29,26	31,71	34,20
		111,1	109,9	109,4	109,3	110,5	114,7	120,9	129,1	139,3	152,0	169,3
		5,285	4,780	4,356	4,000	3,709	3,302	3,093	3,051	3,154	3,386	3,744
	0,040	23,04	22,65	22,37	22,11	22,07	21,72	21,24	21,64	23,12	24,79	26,53
		124,6	123,8	123,7	124,3	126,0	131,1	138,1	147,3	158,8	173,2	194,1
		6,841	6,271	5,796	5,399	5,081	4,651	4,461	4,478	4,677	5,044	5,586
$\frac{s}{h}$	0,045	19,26	18,92	18,65	18,36	18,28	17,88	17,36	17,83	18,83	19,99	21,24
		138,0	137,6	137,8	139,2	141,3	147,2	155,1	165,3	178,1	194,4	219,0
		8,689	8,062	7,543	7,115	6,778	6,346	6,198	6,300	6,628	7,172	7,952
	0,050	16,43	16,14	15,89	15,59	15,49	15,06	14,54	15,02	15,69	16,51	17,43
		151,3	151,2	152,0	153,9	156,4	163,0	171,9	183,2	197,4	216,6	244,0
		10,87	10,19	9,637	9,187	8,841	8,428	8,349	8,567	9,060	9,829	10,91
	0,060	12,57	12,35	12,12	11,86	11,71	11,29	11,07	11,22	11,51	11,92	
		177,8	178,4	180,2	182,8	186,1	194,3	205,0	218,5	235,5	261,7	
		16,36	15,62	15,02	14,56	14,23	13,93	14,08	14,63	15,58	16,96	
	0,070	10,10	09,92	09,71	09,49	09,33	08,95	08,84	08,83	08,91	09,09	
		204,2	205,6	207,8	211,2	215,2	225,1	237,7	253,5	276,9	307,0	
		23,63	22,85	22,27	21,84	21,58	21,51	22,01	23,06	24,67	26,91	
	0,080	08,40	08,25	08,07	07,88	07,72	07,49	07,32	07,21	07,18		
		230,8	232,8	235,7	239,1	243,9	255,5	270,0	290,5	318,5		
		32,96	32,20	31,68	31,34	31,20	31,50	32,52	34,26	36,76		
	0,090	07,22	07,07	06,94	06,80	06,67	06,43	06,22	06,06	05,96		
		257,4	260,2	263,7	267,8	272,6	285,5	303,3	329,1	360,2		
		44,64	43,96	43,56	43,37	43,43	44,24	45,96	48,60	52,26		
	0,100	06,40	06,26	06,13	05,99	05,87	05,62	05,39	05,21			$R_{(p)}$
		284,1	287,6	291,9	296,8	302,4	316,0	339,4	367,9			$R_{(w)}$
		58,97	58,43	58,21	58,25	58,58	60,09	62,70	66,49			$R_{(c_w)}$

B 13

Tafel 9. Rechenstützwerte
(Vergleichsspannung an der höchstbeanspruchten Stelle der Balgwelle und Axialfederkonstante)

$\dfrac{d}{h}$	20	r/h										
		0,500	0,475	0,450	0,425	0,400	0,350	0,300	0,250	0,200	0,150	0,100
$\dfrac{s}{h}$	0,018	89,16	88,68	87,62	88,77	89,68	91,44	92,80	93,12	99,71	111,9	123,6
		67,37	64,44	61,94	59,77	58,42	58,02	61,25	65,72	71,31	78,08	86,53
		1,165	1,017	0,893	0,787	0,699	0,569	0,489	0,449	0,443	0,465	0,510
	0,020	76,03	75,36	74,32	75,05	75,56	76,42	76,94	76,71	82,66	91,91	100,9
		69,87	67,52	65,65	64,14	63,44	64,93	68,45	73,25	79,28	86,67	96,01
		1,395	1,228	1,088	0,969	0,870	0,725	0,639	0,600	0,601	0,636	0,699
	0,023	61,40	60,61	59,76	59,98	60,13	60,21	60,04	59,39	64,42	70,77	77,05
		75,43	73,76	72,67	72,41	72,62	75,09	79,07	84,41	91,14	99,50	110,2
		1,783	1,590	1,427	1,289	1,176	1,012	0,919	0,886	0,903	0,963	1,063
	0,026	50,84	50,02	49,32	49,25	49,21	48,89	48,37	47,58	51,77	56,31	60,89
		82,72	81,82	81,42	81,40	82,09	85,06	89,52	95,44	102,9	112,3	124,3
		2,231	2,012	1,829	1,674	1,548	1,370	1,277	1,255	1,295	1,388	1,534
	0,030	40,81	40,01	39,45	39,19	39,01	38,43	37,69	37,47	40,17	43,19	46,31
		93,64	93,03	92,93	93,34	94,52	98,11	103,3	110,0	118,5	129,2	143,7
		2,935	2,686	2,477	2,304	2,164	1,974	1,888	1,892	1,974	2,128	2,356
	0,035	32,28	31,62	31,11	30,74	30,50	29,79	28,96	29,03	30,64	32,53	34,56
		107,1	106,8	107,1	108,2	109,8	114,2	120,2	128,0	137,8	150,3	168,2
		4,015	3,732	3,499	3,307	3,156	2,965	2,904	2,958	3,115	3,373	3,740
	0,040	26,44	25,90	25,42	25,02	24,75	24,01	23,16	23,36	24,32	25,52	26,86
		120,4	120,5	121,3	122,8	124,8	130,0	136,9	145,8	157,0	171,3	192,7
		5,353	5,042	4,790	4,587	4,433	4,258	4,242	4,370	4,631	5,029	5,582
	0,045	22,25	21,79	21,36	20,95	20,68	19,95	19,12	19,34	19,89	20,65	21,55
		133,7	134,2	135,4	137,3	139,6	145,6	153,5	163,5	176,1	193,4	217,4
		6,985	6,655	6,392	6,186	6,037	5,897	5,949	6,177	6,576	7,155	7,947
	0,050	19,13	18,74	18,34	17,94	17,68	16,97	16,30	16,38	16,66	17,12	17,72
		146,9	147,8	149,3	151,6	154,3	161,1	169,9	181,1	195,1	215,6	242,1
		8,949	8,607	8,342	8,142	8,008	7,925	8,069	8,428	9,002	9,808	10,90
	0,060	14,86	14,55	14,22	13,85	13,60	12,95	12,56	12,39	12,36	12,46	
		173,5	175,0	177,2	179,8	183,3	191,8	202,5	215,9	235,1	260,2	
		14,02	13,68	13,44	13,29	13,21	13,32	13,74	14,46	15,51	16,93	
	0,070	12,10	11,85	11,56	11,26	11,00	10,51	10,15	09,86	09,67	09,59	
		200,1	202,4	205,2	208,5	212,3	222,1	234,7	252,3	276,0	305,0	
		20,87	20,58	20,40	20,34	20,38	20,79	21,61	22,86	24,59	26,87	
	0,080	10,19	09,98	09,73	09,51	09,29	08,87	08,48	08,14	07,87		
		226,8	229,8	233,4	237,4	242,0	253,1	268,0	290,2	317,1		
		29,79	29,58	29,53	29,61	29,82	30,67	32,05	34,02	36,65		
	0,090	08,91	08,71	08,49	08,28	08,07	07,66	07,27	06,91	06,60		
		253,7	257,4	261,6	266,4	271,8	284,5	303,5	328,4	358,5		
		41,06	41,00	41,13	41,42	41,87	43,30	45,48	48,33	52,13		
	0,100	07,93	07,73	07,53	07,33	07,14	06,74	06,35	05,99			
		280,7	285,0	290,0	295,5	301,7	316,3	339,2	366,7			
		54,98	55,13	55,51	56,07	56,84	59,03	62,11	66,18			

$R_{(p)}$
$R_{(w)}$
$R_{(c_w)}$

Tafel 10. Rechenstützwerte
(Vergleichsspannung an der höchstbeanspruchten Stelle der Balgwelle und Axialfederkonstante)

$\frac{d}{h}$		\multicolumn{11}{c}{r/h}
	30	0,500	0,475	0,450	0,425	0,400	0,350	0,300	0,250	0,200	0,150	0,100
	0,018	107,5 / 57,01 / 0,723	105,9 / 56,47 / 0,653	103,8 / 56,27 / 0,595	103,9 / 56,32 / 0,546	103,5 / 56,80 / 0,506	102,7 / 58,77 / 0,449	101,6 / 61,75 / 0,421	99,64 / 65,74 / 0,415	106,5 / 70,80 / 0,429	115,8 / 77,19 / 0,460	125,2 / 85,46 / 0,509
	0,020	91,40 / 62,50 / 0,885	89,87 / 62,10 / 0,808	87,98 / 62,05 / 0,744	87,84 / 62,28 / 0,691	87,21 / 63,00 / 0,647	86,02 / 65,27 / 0,589	84,61 / 68,59 / 0,562	82,49 / 72,98 / 0,561	88,29 / 78,56 / 0,585	95,19 / 85,64 / 0,631	102,3 / 94,83 / 0,698
	0,023	73,88 / 70,61 / 1,172	72,42 / 70,44 / 1,086	70,91 / 70,61 / 1,015	70,45 / 71,20 / 0,956	69,73 / 72,15 / 0,909	68,24 / 74,89 / 0,849	66,58 / 78,74 / 0,828	65,01 / 83,77 / 0,841	68,94 / 90,15 / 0,885	73,48 / 98,27 / 0,957	78,30 / 109,0 / 1,061
	0,026	61,46 / 78,65 / 1,521	60,12 / 78,70 / 1,427	58,87 / 79,13 / 1,350	58,26 / 80,00 / 1,287	57,51 / 81,18 / 1,239	55,92 / 84,40 / 1,182	54,18 / 88,80 / 1,172	53,13 / 94,47 / 1,203	55,63 / 101,7 / 1,273	58,67 / 110,9 / 1,381	62,02 / 123,4 / 1,533
	0,030	49,80 / 89,30 / 2,094	48,64 / 89,65 / 1,992	47,60 / 90,42 / 1,910	46,91 / 91,59 / 1,846	46,18 / 93,08 / 1,799	44,58 / 96,96 / 1,753	42,85 / 102,1 / 1,766	42,15 / 108,7 / 1,831	43,47 / 117,0 / 1,949	45,25 / 127,6 / 2,120	47,35 / 142,8 / 2,354
	0,035	39,96 / 102,6 / 3,013	39,03 / 103,3 / 2,905	38,13 / 104,4 / 2,823	37,42 / 105,9 / 2,761	36,74 / 107,8 / 2,722	35,21 / 112,5 / 2,703	33,55 / 118,6 / 2,759	33,04 / 126,6 / 2,887	33,51 / 136,0 / 3,086	34,36 / 148,8 / 3,364	35,50 / 167,0 / 3,738
$\frac{s}{h}$	0,040	33,23 / 115,8 / 4,191	32,45 / 116,9 / 4,084	31,66 / 118,3 / 4,007	30,97 / 120,1 / 3,956	30,34 / 122,4 / 3,931	28,90 / 127,9 / 3,956	27,34 / 134,9 / 4,075	26,91 / 143,8 / 4,287	26,89 / 154,9 / 4,597	27,18 / 170,7 / 5,018	27,74 / 191,3 / 5,579
	0,045	28,37 / 129,1 / 5,665	27,71 / 130,5 / 5,565	27,00 / 132,3 / 5,502	26,34 / 134,4 / 5,468	25,76 / 136,8 / 5,466	24,42 / 143,2 / 5,554	23,10 / 151,2 / 5,759	22,56 / 161,2 / 6,083	22,25 / 174,2 / 6,537	22,19 / 192,5 / 7,142	22,38 / 215,7 / 7,943
	0,050	24,73 / 142,4 / 7,472	24,15 / 144,2 / 7,388	23,51 / 146,3 / 7,346	22,89 / 148,8 / 7,339	22,35 / 151,6 / 7,370	21,10 / 158,5 / 7,541	20,01 / 167,4 / 7,858	19,34 / 178,5 / 8,324	18,85 / 194,2 / 8,958	18,57 / 214,5 / 9,793	18,51 / 240,2 / 10,89
	0,060	19,65 / 169,2 / 12,24	19,19 / 171,6 / 12,21	18,66 / 174,5 / 12,24	18,10 / 177,6 / 12,31	17,64 / 181,2 / 12,44	16,58 / 189,8 / 12,86	15,73 / 200,5 / 13,48	14,95 / 214,8 / 14,33	14,28 / 234,5 / 15,46	13,76 / 258,6 / 16,91	
	0,070	16,29 / 196,0 / 18,77	15,91 / 199,1 / 18,84	15,46 / 202,7 / 18,99	15,01 / 206,6 / 19,20	14,59 / 211,0 / 19,47	13,75 / 221,3 / 20,24	12,92 / 234,0 / 21,31	12,13 / 252,2 / 22,71	11,40 / 274,9 / 24,52	10,77 / 303,0 / 26,85	
	0,080	14,04 / 223,1 / 27,38	13,67 / 226,8 / 27,60	13,29 / 231,1 / 27,91	12,91 / 235,7 / 28,30	12,52 / 240,9 / 28,78	11,74 / 252,9 / 30,04	10,96 / 268,4 / 31,71	10,18 / 289,7 / 33,85	09,44 / 315,6 / 36,58		
	0,090	12,35 / 250,2 / 38,35	12,01 / 254,6 / 38,76	11,67 / 259,6 / 39,30	11,32 / 265,0 / 39,94	10,96 / 270,9 / 40,70	10,24 / 284,7 / 42,59	09,50 / 303,5 / 45,04	08,76 / 327,5 / 48,13	08,04 / 356,5 / 52,04		
	0,100	11,02 / 277,5 / 51,97	10,71 / 282,6 / 52,64	10,39 / 288,2 / 53,48	10,07 / 294,3 / 54,43	09,75 / 301,1 / 55,53	09,07 / 316,6 / 58,24	08,38 / 338,9 / 61,67	07,68 / 365,4 / 65,96	$R_{(p)}$ / $R_{(w)}$ / $R_{(c_w)}$		

B 13

AD 2000-Merkblatt B 13, Ausg. 10.2000   Seite 15

Tafel 11. Rechenstützwerte
(Vergleichsspannung an der höchstbeanspruchten Stelle der Balgwelle und Axialfederkonstante)

$\frac{d}{h}$		r/h									
	45	0,500	0,475	0,450	0,425	0,400	0,350	0,300	0,250	0,200	0,150	0,100
s/h	0,018	130,3 54,27 0,494	127,6 54,36 0,464	124,3 54,69 0,441	123,3 55,29 0,421	121,4 56,09 0,406	117,9 58,29 0,389	114,2 61,30 0,387	110,1 65,19 0,398	115,1 70,13 0,422	121,2 76,45 0,458	128,0 84,71 0,508
	0,020	111,6 59,60 0,625	109,1 59,84 0,594	106,4 60,34 0,569	105,2 61,08 0,549	103,3 62,04 0,535	99,82 64,57 0,521	96,14 67,95 0,524	92,80 72,28 0,543	95,90 77,78 0,577	100,0 84,81 0,628	104,8 94,22 0,697
	0,023	91,35 67,57 0,868	89,14 68,03 0,835	86,92 68,73 0,810	85,60 69,70 0,791	83,90 70,89 0,778	80,52 73,91 0,770	76,95 77,86 0,785	74,30 82,88 0,820	75,61 89,22 0,876	77,78 97,32 0,955	80,95 108,6 1,061
	0,026	77,02 75,53 1,172	75,08 76,20 1,139	73,20 77,11 1,115	71,86 78,26 1,098	70,29 79,67 1,089	67,08 83,20 1,092	63,68 87,72 1,122	61,42 93,43 1,179	61,66 100,6 1,263	62,60 109,8 1,378	64,14 122,9 1,532
	0,030	63,51 86,14 1,687	61,91 87,09 1,656	60,28 88,29 1,636	58,98 89,67 1,625	57,57 91,31 1,623	54,60 95,51 1,648	51,45 100,8 1,708	49,50 107,4 1,803	48,88 115,8 1,937	48,82 126,9 2,116	49,30 142,1 2,353
	0,035	51,98 99,43 2,533	50,67 100,7 2,509	49,27 102,3 2,499	48,05 104,0 2,501	46,80 106,0 2,515	44,13 110,9 2,579	41,26 117,1 2,691	39,53 124,9 2,853	38,35 134,6 3,072	37,59 148,5 3,359	37,29 166,2 3,737
	0,040	43,95 112,7 3,638	42,85 114,4 3,628	41,63 116,3 3,635	40,49 118,4 3,656	39,38 120,8 3,693	36,95 126,5 3,813	34,44 133,7 3,997	32,75 142,5 4,249	31,30 154,3 4,581	30,16 170,2 5,013	29,40 190,3 5,578
	0,045	38,06 126,1 5,040	37,11 128,0 5,050	36,03 130,3 5,082	34,98 132,8 5,130	33,97 135,6 5,197	31,75 142,2 5,393	29,62 150,3 5,671	27,89 160,4 6,040	26,31 174,1 6,519	24,96 191,9 7,136	23,94 214,5 7,941
	0,050	33,57 139,5 6,777	32,72 141,8 6,814	31,75 144,4 6,878	30,78 147,2 6,961	29,86 150,4 7,070	27,83 157,8 7,362	25,97 167,0 7,759	24,24 178,2 8,275	22,62 194,0 8,938	21,17 213,7 9,786	19,98 238,8 10,89
	0,060	27,17 166,4 11,40	26,48 169,3 11,52	25,68 172,6 11,67	24,84 176,2 11,86	24,06 180,1 12,08	22,43 189,3 12,64	20,81 200,5 13,36	19,18 214,9 14,28	17,58 233,9 15,43	16,07 257,5 16,91	14,74
	0,070	22,93 193,5 17,79	22,29 197,0 18,04	21,62 201,0 18,33	20,94 205,3 18,66	20,25 210,0 19,05	18,82 220,9 19,99	17,35 234,1 21,17	15,84 252,0 22,64	14,33 274,1 24,49	12,85 301,6 26,84	
	0,080	19,89 220,7 26,26	19,31 224,9 26,67	18,72 229,6 27,15	18,12 234,6 27,69	17,50 240,1 28,30	16,21 252,7 29,75	14,87 268,5 31,54	13,49 289,3 33,77	12,07 314,5 36,54		
	0,090	17,55 248,0 37,09	17,04 252,9 37,72	16,50 258,2 38,45	15,96 264,0 39,25	15,40 270,3 40,15	14,24 284,7 42,26	13,02 303,4 44,85	11,74 326,3 48,04	10,42 355,1 52,00		
	0,100	15,70 275,5 50,57	15,24 281,0 51,49	14,75 287,1 52,53	14,26 293,5 53,66	13,75 300,6 54,93	12,69 316,8 57,87	11,57 338,5 61,46	10,39 364,4 65,85	$R_{(p)}$ $R_{(w)}$ $R_{(c_w)}$		

245   B 13

Tafel 12. Rechenstützwerte
(Vergleichsspannung an der höchstbeanspruchten Stelle der Balgwelle und Axialfederkonstante)

$\frac{d}{h}$		\multicolumn{11}{c}{r/h}
	60	0,500	0,475	0,450	0,425	0,400	0,350	0,300	0,250	0,200	0,150	0,100
$\frac{s}{h}$	0,018	152,6	149,0	144,9	142,8	139,7	133,9	127,8	122,1	123,8	126,9	131,1
		52,69	53,09	53,67	54,43	55,37	57,74	60,83	64,74	69,70	76,03	84,55
		0,407	0,393	0,382	0,374	0,369	0,367	0,375	0,392	0,419	0,457	0,508
	0,020	131,9	128,6	125,2	123,0	120,1	114,6	108,7	103,8	103,9	105,3	107,7
		57,99	58,53	59,26	60,13	61,22	63,93	67,40	71,78	77,30	84,35	94,06
		0,528	0,514	0,504	0,497	0,493	0,495	0,510	0,536	0,575	0,627	0,697
	0,023	109,4	106,5	103,6	101,5	98,95	93,80	88,37	84,09	82,88	82,63	83,29
		65,95	66,69	67,63	68,71	69,98	73,17	77,23	82,30	88,68	96,81	108,3
		0,755	0,742	0,734	0,729	0,729	0,741	0,769	0,812	0,873	0,954	1,061
	0,026	93,26	90,83	88,30	86,25	83,94	79,19	74,14	70,31	68,32	67,09	66,65
		73,90	74,85	76,01	77,31	78,80	82,43	87,01	92,78	100,0	109,6	122,7
		1,043	1,033	1,028	1,028	1,033	1,059	1,104	1,170	1,260	1,377	1,532
	0,030	77,89	75,86	73,67	71,76	69,72	65,44	60,86	57,44	54,90	52,92	51,61
		84,53	85,75	87,18	88,77	90,58	94,88	100,2	106,9	115,2	126,8	141,8
		1,537	1,533	1,535	1,544	1,559	1,609	1,687	1,793	1,933	2,115	2,353
	0,035	64,56	62,88	61,01	59,28	57,50	53,70	49,62	46,56	43,75	41,32	39,42
		97,85	99,39	101,2	103,1	105,3	110,5	116,8	124,7	134,6	148,3	165,8
		2,358	2,365	2,382	2,406	2,440	2,534	2,666	2,841	3,067	3,357	3,736
	0,040	55,14	53,70	52,07	50,49	48,92	45,52	42,06	39,07	36,20	33,59	31,38
		111,2	113,1	115,2	117,5	120,1	126,1	133,5	142,5	154,3	169,9	189,8
		3,438	3,462	3,500	3,547	3,606	3,761	3,969	4,235	4,576	5,011	5,577
	0,045	48,13	46,87	45,43	43,99	42,58	39,50	36,48	33,61	30,79	28,13	25,78
		124,6	126,8	129,3	131,9	134,9	141,8	150,1	160,4	174,0	191,6	213,9
		4,814	4,864	4,929	5,007	5,100	5,335	5,639	6,025	6,512	7,133	7,940
	0,050	42,71	41,59	40,30	38,97	37,70	34,89	32,21	29,48	26,75	24,11	21,72
		138,1	140,6	143,4	146,4	149,7	157,5	166,9	178,3	193,9	213,3	238,1
		6,525	6,607	6,708	6,825	6,962	7,297	7,723	8,258	8,930	9,784	10,89
	0,060	34,92	33,97	32,90	31,80	30,71	28,45	26,09	23,65	21,14	18,65	
		165,1	168,2	171,7	175,4	179,6	189,0	200,4	214,9	233,7	257,0	
		11,09	11,27	11,47	11,69	11,95	12,56	13,32	14,25	15,42	16,90	
	0,070	29,66	28,79	27,88	26,95	26,00	24,01	21,92	19,73	17,46	15,15	
		192,2	196,0	200,2	204,6	209,5	220,7	234,2	251,9	273,7	300,9	
		17,44	17,74	18,09	18,47	18,90	19,89	21,12	22,62	24,48	26,83	
	0,080	25,78	25,01	24,21	23,39	22,54	20,77	18,91	16,93	14,87		
		219,5	223,9	228,8	234,0	239,7	252,6	268,5	289,0	314,0		
		25,86	26,34	26,88	27,47	28,12	29,64	31,49	33,74	36,53		
	0,090	22,79	22,10	21,38	20,65	19,89	18,30	16,62	14,83	12,94		
		247,0	252,0	257,6	263,5	269,9	284,6	303,3	326,3	354,4		
		36,64	37,35	38,15	39,01	39,95	42,14	44,79	48,01	51,99		
	0,100	20,42	19,79	19,15	18,48	17,80	16,36	14,82	13,19			$R_{(p)}$
		274,5	280,2	286,5	293,1	300,3	316,8	338,3	363,9			$R_{(w)}$
		50,06	51,07	52,19	53,39	54,71	57,74	61,39	65,81			$R_{(c_w)}$

AD 2000-Merkblatt B 13, Ausg. 10.2000 Seite 17

Tafel 13. Rechenstützwerte
(Vergleichsspannung an der höchstbeanspruchten Stelle der Balgwelle und Axialfederkonstante)

$\frac{d}{h}$		r/h									
	100	0,500	0,475	0,450	0,425	0,400	0,350	0,300	0,250	0,200	0,150	0,100
$\frac{s}{h}$	0,018	215,5 / 50,69 / 0,333	209,6 / 51,42 / 0,332	203,5 / 52,29 / 0,332	198,6 / 53,24 / 0,334	192,7 / 54,33 / 0,337	180,9 / 56,92 / 0,348	168,4 / 60,13 / 0,364	156,9 / 64,12 / 0,387	150,0 / 69,13 / 0,418	144,7 / 75,49 / 0,457	141,2 / 84,38 / 0,508
	0,020	189,4 / 55,99 / 0,445	184,3 / 56,86 / 0,445	178,7 / 57,86 / 0,448	174,1 / 58,96 / 0,452	168,8 / 60,20 / 0,457	157,9 / 63,13 / 0,474	146,3 / 66,74 / 0,498	135,8 / 71,21 / 0,531	128,3 / 76,79 / 0,572	122,0 / 83,97 / 0,627	117,2 / 93,85 / 0,697
	0,023	160,3 / 63,96 / 0,659	155,9 / 65,02 / 0,663	151,2 / 66,23 / 0,669	146,9 / 67,54 / 0,677	142,2 / 69,01 / 0,688	132,5 / 72,45 / 0,717	122,1 / 76,66 / 0,755	112,7 / 81,84 / 0,806	104,9 / 88,31 / 0,870	97,86 / 96,74 / 0,953	92,03 / 108,1 / 1,060
	0,026	139,0 / 71,94 / 0,934	135,2 / 73,19 / 0,943	131,0 / 74,61 / 0,955	127,1 / 76,14 / 0,969	122,9 / 77,83 / 0,986	114,2 / 81,78 / 1,031	104,8 / 86,59 / 1,089	96,26 / 92,50 / 1,163	88,46 / 99,84 / 1,257	81,16 / 109,5 / 1,376	74,81 / 122,3 / 1,532
	0,030	118,1 / 82,61 / 1,411	114,9 / 84,11 / 1,429	111,2 / 85,80 / 1,450	107,8 / 87,61 / 1,475	104,1 / 89,62 / 1,505	96,38 / 94,25 / 1,577	88,05 / 99,86 / 1,669	80,49 / 106,7 / 1,784	72,98 / 115,3 / 1,929	65,72 / 126,6 / 2,114	59,12 / 141,4 / 2,353
	0,035	99,48 / 95,99 / 2,210	96,77 / 97,80 / 2,243	93,67 / 99,83 / 2,282	90,59 / 102,0 / 2,326	87,45 / 104,4 / 2,376	80,72 / 109,9 / 2,496	73,62 / 116,5 / 2,646	66,77 / 124,6 / 2,831	59,78 / 134,7 / 3,063	52,83 / 148,1 / 3,356	46,27 / 165,2 / 3,736
	0,040	85,98 / 109,4 / 3,269	83,63 / 111,5 / 3,323	80,29 / 113,9 / 3,386	78,18 / 116,4 / 3,456	75,41 / 119,2 / 3,534	69,46 / 125,5 / 3,718	63,29 / 133,2 / 3,945	57,05 / 142,4 / 4,224	50,58 / 154,3 / 4,571	44,03 / 169,6 / 5,009	37,69 / 189,2 / 5,577
	0,045	75,73 / 122,9 / 4,624	73,65 / 125,3 / 4,707	71,25 / 128,0 / 4,801	68,78 / 130,9 / 4,904	66,32 / 134,0 / 5,019	60,99 / 141,2 / 5,286	55,51 / 149,9 / 5,612	49,80 / 160,4 / 6,011	43,82 / 173,9 / 6,507	37,69 / 191,1 / 7,132	31,64 / 213,2 / 7,940
	0,050	67,67 / 136,4 / 6,313	65,82 / 139,1 / 6,432	63,66 / 142,2 / 6,566	61,42 / 145,4 / 6,711	59,19 / 148,9 / 6,871	54,40 / 157,0 / 7,243	49,44 / 166,7 / 7,693	44,18 / 178,4 / 8,243	38,65 / 193,7 / 8,924	32,92 / 212,8 / 9,782	27,17 / 237,3 / 10,89
	0,060	55,96 / 163,5 / 10,84	54,29 / 166,9 / 11,06	52,50 / 170,6 / 11,30	50,64 / 174,5 / 11,56	48,75 / 178,8 / 11,84	44,79 / 188,6 / 12,49	40,57 / 200,3 / 13,28	36,07 / 214,9 / 14,24	31,28 / 233,3 / 15,42	26,25 / 256,3 / 16,90	
	0,070	47,70 / 190,8 / 17,15	46,23 / 194,8 / 17,50	44,70 / 199,2 / 17,89	43,12 / 203,8 / 18,31	41,50 / 208,9 / 18,77	38,07 / 220,4 / 19,82	34,40 / 234,2 / 21,07	30,47 / 251,7 / 22,60	26,27 / 273,2 / 24,47	21,81 / 300,0 / 26,83	
	0,080	41,57 / 218,2 / 25,52	40,27 / 222,8 / 26,06	38,93 / 227,9 / 26,65	37,55 / 233,3 / 27,29	36,11 / 239,1 / 27,98	33,10 / 252,4 / 29,55	29,86 / 268,5 / 31,44	26,39 / 288,7 / 33,71	22,65 / 313,3 / 36,52		
	0,090	36,82 / 245,7 / 36,26	35,67 / 251,0 / 37,03	34,47 / 256,8 / 37,89	33,24 / 262,9 / 38,80	31,96 / 269,5 / 39,79	29,27 / 284,6 / 42,05	26,38 / 303,2 / 44,73	23,26 / 325,8 / 47,98	19,91 / 353,6 / 51,97		
	0,100	33,04 / 273,4 / 49,64	32,00 / 279,3 / 50,72	30,93 / 285,8 / 51,90	29,82 / 292,6 / 53,16	28,67 / 300,0 / 54,52	26,24 / 316,9 / 57,63	23,62 / 338,0 / 61,32	20,80 / 363,2 / 65,78		$R_{(p)}$ / $R_{(w)}$ / $R_{(c_w)}$	

B 13

Tafel 14. Rechenstützwerte
(Vergleichsspannung in der Mitte der Welleninnenkrempe)

$\dfrac{d}{h}$		r/h									
	3,0	0,500	0,475	0,450	0,425	0,400	0,350	0,300	0,250	0,200	0,150	0,100
$\dfrac{s}{h}$	0,018	3,834 / 33,75	4,164 / 31,85	4,680 / 31,85	5,433 / 32,49	6,450 / 33,54	9,555 / 37,60	15,05 / 41,62	25,21 / 42,78	44,77 / 42,85	78,15 / 62,79	117,5 / 91,60
	0,020	3,232 / 43,39	3,547 / 41,45	4,042 / 41,10	4,766 / 41,12	5,741 / 41,45	8,724 / 45,74	13,97 / 48,23	23,53 / 47,99	40,80 / 51,30	67,83 / 74,21	97,03 / 103,8
	0,023	2,438 / 58,54	2,768 / 55,89	3,280 / 54,57	4,010 / 53,43	5,056 / 54,61	8,019 / 57,10	12,81 / 57,24	21,34 / 55,42	35,47 / 65,09	55,30 / 91,46	74,71 / 121,7
	0,026	2,286 / 73,27	2,702 / 69,58	3,291 / 67,11	4,043 / 66,61	4,988 / 67,23	7,593 / 67,36	11,89 / 65,35	19,37 / 62,82	30,84 / 79,76	45,60 / 108,6	59,07 / 139,2
	0,030	2,590 / 91,30	2,972 / 86,13	3,488 / 84,19	4,138 / 83,31	4,954 / 82,36	7,206 / 79,45	10,82 / 75,27	16,98 / 78,42	25,66 / 100,1	35,87 / 131,1	44,81 / 162,2
	0,035	2,871 / 110,9	3,218 / 106,5	3,669 / 104,2	4,228 / 101,4	4,925 / 98,64	6,836 / 92,61	9,699 / 87,19	14,37 / 100,1	20,57 / 125,9	27,30 / 158,6	33,88 / 190,4
	0,040	3,054 / 129,7	3,368 / 125,1	3,767 / 121,2	4,256 / 116,8	4,858 / 112,6	6,489 / 104,5	8,872 / 104,9	12,24 / 122,8	16,68 / 151,5	21,77 / 185,4	26,51 / 218,2
	0,045	3,154 / 147,0	3,439 / 141,1	3,793 / 135,8	4,221 / 130,2	4,743 / 124,9	6,132 / 116,0	8,110 / 124,7	10,80 / 146,1	14,19 / 176,9	17,91 / 211,7	21,32 / 245,7
	0,050	3,192 / 162,0	3,448 / 155,0	3,762 / 148,6	4,136 / 142,1	4,588 / 136,3	5,769 / 132,5	7,408 / 145,2	9,568 / 169,4	12,19 / 201,8	14,98 / 237,4	17,53 / 272,8
	0,060	3,140 / 187,0	3,344 / 178,6	3,586 / 171,2	3,870 / 164,2	4,206 / 162,3	5,058 / 169,0	6,188 / 187,4	7,606 / 215,6	9,243 / 250,2	10,94 / 287,6	
	0,070	2,991 / 208,4	3,150 / 199,8	3,335 / 195,3	3,549 / 193,8	3,797 / 195,3	4,412 / 207,1	5,203 / 229,6	6,163 / 260,6	7,242 / 297,1	8,346 / 336,6	
	0,080	2,802 / 231,0	2,924 / 226,5	3,063 / 224,9	3,224 / 225,8	3,407 / 229,6	3,854 / 245,5	4,417 / 271,2	5,087 / 304,3	5,831 / 342,6		
	0,090	2,601 / 257,3	2,694 / 254,9	2,799 / 255,5	2,919 / 258,5	3,055 / 264,3	3,383 / 283,6	3,790 / 311,8	4,271 / 346,9	4,803 / 387,0		
	0,100	2,406 / 284,2	2,476 / 283,9	2,555 / 286,5	2,644 / 291,4	2,746 / 298,9	2,988 / 321,1	3,288 / 351,5	3,641 / 388,3		$R_{(p)}$	$R_{(w)}$

B 13

Tafel 15. Rechenstützwerte
(Vergleichsspannung in der Mitte der Welleninnenkrempe)

$\dfrac{d}{h}$ 3,5		r/h									
		0,500	0,475	0,450	0,425	0,400	0,350	0,300	0,250	0,200	0,150	0,100
$\dfrac{s}{h}$	0,018	3,580 / 40,17	4,017 / 38,37	4,705 / 37,94	5,693 / 37,79	7,007 / 39,25	10,96 / 42,55	17,81 / 43,99	30,09 / 43,19	51,75 / 47,09	84,70 / 67,28	119,2 / 92,30
	0,020	2,880 / 50,24	3,350 / 47,95	4,066 / 46,85	5,065 / 47,06	6,435 / 48,31	10,29 / 50,10	16,74 / 49,93	27,95 / 48,11	46,49 / 56,28	72,51 / 78,58	97,86 / 104,0
	0,023	2,729 / 64,94	3,292 / 61,60	4,069 / 60,87	5,049 / 60,91	6,268 / 61,01	9,595 / 60,36	15,41 / 58,02	25,01 / 55,72	39,60 / 70,83	58,15 / 95,41	74,87 / 121,2
	0,026	3,066 / 78,53	3,575 / 75,62	4,260 / 74,71	5,119 / 73,57	6,190 / 72,44	9,126 / 69,45	14,22 / 65,43	22,34 / 67,66	33,82 / 85,87	47,34 / 112,0	58,95 / 138,1
	0,030	3,413 / 96,65	3,869 / 93,56	4,466 / 91,15	5,207 / 88,44	6,129 / 85,79	8,654 / 80,15	12,74 / 74,92	19,17 / 84,79	27,59 / 106,2	36,79 / 133,6	45,10 / 160,3
	0,035	3,699 / 117,5	4,102 / 112,7	4,616 / 108,6	5,247 / 104,2	6,025 / 99,96	8,129 / 92,11	11,21 / 92,15	15,85 / 107,3	21,69 / 131,5	27,85 / 160,0	33,95 / 187,6
	0,040	3,849 / 134,9	4,207 / 128,7	4,653 / 123,2	5,194 / 117,5	5,853 / 112,2	7,606 / 103,7	10,09 / 112,0	13,47 / 130,3	17,68 / 156,4	22,28 / 185,7	26,49 / 214,6
	0,045	3,898 / 149,6	4,214 / 142,3	4,600 / 135,7	5,064 / 129,3	5,622 / 123,5	7,079 / 121,2	9,089 / 132,5	11,72 / 153,3	14,88 / 180,8	18,22 / 210,9	21,26 / 241,3
	0,050	3,876 / 162,3	4,153 / 154,2	4,486 / 147,0	4,882 / 140,2	5,353 / 135,5	6,562 / 139,5	8,189 / 153,4	10,26 / 176,1	12,67 / 204,7	15,18 / 235,7	17,45 / 267,8
	0,060	3,702 / 184,1	3,911 / 175,5	4,156 / 169,9	4,442 / 167,9	4,776 / 168,5	5,611 / 177,3	6,690 / 195,3	8,008 / 220,8	9,492 / 251,2	11,01 / 284,3	
	0,070	3,446 / 206,5	3,600 / 202,0	3,779 / 200,0	3,984 / 200,2	4,221 / 202,9	4,802 / 215,5	5,534 / 236,6	6,409 / 264,2	7,379 / 296,3	8,369 / 331,8	
	0,080	3,169 / 233,6	3,282 / 231,0	3,410 / 231,0	3,558 / 233,1	3,727 / 237,6	4,135 / 253,4	4,644 / 276,8	5,246 / 306,2	5,911 / 340,2		
	0,090	2,900 / 261,3	2,982 / 260,6	3,074 / 262,4	3,180 / 266,2	3,301 / 272,4	3,591 / 290,5	3,952 / 316,0	4,379 / 347,1	4,852 / 383,7		
	0,100	2,652 / 289,4	2,710 / 290,3	2,776 / 293,7	2,852 / 299,0	2,938 / 306,3	3,147 / 326,9	3,408 / 354,1	3,718 / 387,1		$R_{(p)}$ / $R_{(w)}$	

Tafel 16. Rechenstützwerte
(Vergleichsspannung in der Mitte der Wellennenkrempe)

$\dfrac{d}{h}$		r/h									
	4,0	0,500	0,475	0,450	0,425	0,400	0,350	0,300	0,250	0,200	0,150	0,100
$\dfrac{s}{h}$	0,018	3,231 / 45,55	3,881 / 43,42	4,846 / 43,14	6,177 / 43,81	7,952 / 44,63	12,76 / 45,70	20,98 / 45,12	34,98 / 43,23	57,89 / 51,02	89,62 / 70,57	120,1 / 92,47
	0,020	3,105 / 55,37	3,859 / 53,25	4,884 / 53,21	6,164 / 53,14	7,740 / 53,17	12,08 / 52,58	19,73 / 50,53	32,18 / 48,10	51,31 / 60,63	75,90 / 81,64	98,19 / 103,8
	0,023	3,586 / 70,38	4,243 / 68,44	5,120 / 67,31	6,214 / 66,02	7,569 / 64,80	11,29 / 61,81	18,03 / 57,99	28,34 / 59,74	42,94 / 75,49	60,11 / 97,99	74,81 / 120,4
	0,026	3,966 / 85,25	4,555 / 82,24	5,328 / 79,94	6,288 / 77,44	7,478 / 75,03	10,73 / 69,96	16,45 / 65,08	24,91 / 72,46	36,13 / 90,55	48,49 / 114,0	58,93 / 136,9
	0,030	4,327 / 102,7	4,848 / 98,30	5,517 / 94,54	6,342 / 90,58	7,359 / 86,82	10,12 / 79,70	14,49 / 77,89	20,98 / 90,21	29,01 / 110,6	37,34 / 134,9	45,26 / 158,5
	0,035	4,580 / 121,0	5,033 / 115,0	5,600 / 109,7	6,291 / 104,4	7,134 / 99,42	9,385 / 91,10	12,59 / 97,48	17,01 / 113,0	22,48 / 135,3	28,48 / 160,4	33,97 / 185,2
	0,040	4,669 / 136,0	5,061 / 128,8	5,543 / 122,5	6,122 / 116,2	3,822 / 110,7	8,651 / 108,3	11,18 / 117,9	14,48 / 135,8	18,45 / 159,4	22,65 / 185,3	26,45 / 211,6
	0,045	4,645 / 148,6	4,982 / 140,7	5,390 / 133,7	5,875 / 127,1	3,453 / 123,2	7,937 / 126,7	9,931 / 138,7	12,46 / 158,3	15,40 / 183,0	18,44 / 209,8	21,20 / 237,7
	0,050	4,547 / 159,7	4,835 / 151,4	5,178 / 144,2	5,583 / 140,2	3,060 / 139,8	7,265 / 145,5	8,847 / 159,6	10,80 / 180,6	13,03 / 206,1	15,31 / 233,9	17,39 / 263,7
	0,060	4,235 / 180,5	4,441 / 175,6	4,681 / 173,1	4,961 / 172,4	5,285 / 174,0	6,085 / 183,5	7,102 / 200,7	8,322 / 223,9	9,678 / 251,1	11,06 / 281,2	
	0,070	3,867 / 208,1	4,011 / 205,0	4,178 / 204,3	4,371 / 205,4	4,592 / 208,7	5,131 / 221,3	5,804 / 240,8	6,602 / 265,8	7,484 / 294,8	8,387 / 327,6	
	0,080	3,504 / 336,2	3,604 / 234,9	3,719 / 235,8	3,852 / 238,5	4,004 / 243,3	4,372 / 258,4	4,830 / 279,8	5,373 / 306,4	5,975 / 337,5		
	0,090	3,170 / 264,6	3,239 / 264,8	3,318 / 267,2	3,409 / 271,3	3,514 / 277,3	3,768 / 294,5	4,087 / 317,7	4,468 / 346,1	4,895 / 379,8		
	0,100	2,874 / 292,9	2,920 / 294,6	2,973 / 298,3	3,035 / 303,6	3,107 / 310,7	3,285 / 329,8	3,511 / 354,7	3,784 / 384,9			$R_{(p)}$ / $R_{(w)}$

Tafel 17. Rechenstützwerte
(Vergleichsspannung in der Mitte der Welleninnenkrempe)

$\frac{d}{h}$						r/h					
	5,0	0,500	0,475	0,450	0,425	0,400	0,350	0,300	0,250	0,200	0,150	0,100
	0,018	4,559 / 55,71	5,621 / 53,89	7,016 / 52,86	8,737 / 51,79	10,84 / 50,84	17,20 / 48,57	27,69 / 45,54	44,00 / 45,61	67,65 / 57,41	96,11 / 74,72	120,7 / 92,14
	0,020	5,056 / 66,21	6,000 / 63,65	7,235 / 61,82	8,763 / 59,89	10,64 / 58,10	16,36 / 54,29	25,72 / 50,31	39,63 / 53,86	58,64 / 67,26	80,18 / 85,26	98,19 / 102,9
	0,023	5,637 / 80,44	6,458 / 76,74	7,519 / 73,72	8,830 / 70,59	10,45 / 67,65	15,15 / 61,97	22,94 / 58,18	33,84 / 66,84	47,72 / 82,06	62,44 / 100,8	74,64 / 118,9
	0,026	6,034 / 92,79	6,764 / 88,03	7,695 / 83,93	8,837 / 79,77	10,24 / 75,90	14,03 / 68,97	20,38 / 69,57	28,96 / 80,20	39,28 / 96,72	49,75 / 115,9	59,41 / 134,7
	0,030	6,327 / 106,6	6,959 / 100,7	7,748 / 95,41	8,708 / 90,23	9,876 / 85,53	12,97 / 79,49	17,37 / 85,50	23,66 / 98,20	30,84 / 115,9	38,33 / 135,7	45,42 / 155,5
	0,035	6,419 / 120,6	6,944 / 113,6	7,588 / 107,4	8,360 / 101,5	9,288 / 96,44	11,69 / 97,57	14,97 / 106,0	19,18 / 120,6	24,14 / 139,4	29,30 / 160,0	33,96 / 181,3
	0,040	6,313 / 132,2	6,747 / 124,6	7,269 / 118,0	7,889 / 113,4	8,624 / 112,6	10,49 / 116,3	12,96 / 126,6	16,03 / 142,5	19,54 / 162,2	23,12 / 183,8	26,38 / 206,9
$\frac{s}{h}$	0,045	6,095 / 142,3	6,449 / 134,6	6,870 / 131,3	7,366 / 129,6	7,947 / 129,7	9,401 / 135,2	11,28 / 147,1	13,57 / 164,1	16,12 / 184,6	18,72 / 207,2	21,11 / 232,3
	0,050	5,816 / 153,5	6,104 / 149,3	6,442 / 146,9	6,838 / 146,1	7,298 / 147,0	8,435 / 154,1	9,882 / 167,3	11,61 / 185,2	13,53 / 206,5	15,49 / 230,3	17,30 / 257,5
	0,060	5,203 / 182,1	5,390 / 179,4	5,606 / 178,6	5,857 / 179,3	6,147 / 181,7	6,855 / 191,4	7,741 / 206,6	8,789 / 226,3	9,946 / 249,4	11,13 / 276,0	
	0,070	4,614 / 210,8	4,732 / 209,6	4,869 / 210,2	5,029 / 212,3	5,214 / 215,9	5,663 / 227,8	6,228 / 244,8	6,898 / 266,1	7,643 / 291,3	8,421 / 320,9	
	0,080	4,093 / 239,6	4,166 / 239,6	4,251 / 241,5	4,352 / 244,7	4,470 / 249,4	4,760 / 263,1	5,130 / 281,8	5,576 / 304,9	6,081 / 332,4		
	0,090	3,646 / 268,0	3,689 / 269,3	3,741 / 272,3	3,803 / 276,5	3,878 / 282,2	4,066 / 297,6	4,313 / 317,9	4,619 / 342,9	4,972 / 372,8	$R_{(p)}$	
	0,100	3,268 / 296,0	3,291 / 298,4	3,319 / 302,4	3,356 / 307,6	3,402 / 314,1	3,523 / 331,2	3,690 / 353,2	3,903 / 380,2		$R_{(w)}$	

B 13

Tafel 18. Rechenstützwerte
(Vergleichsspannung in der Mitte der Welleninnenkrempe)

$\frac{d}{h}$						r/h					
	7,0	0,500	0,475	0,450	0,425	0,400	0,350	0,300	0,250	0,200	0,150	0,100
$\frac{s}{h}$	0,018	9,597 / 66,26	11,03 / 62,59	12,85 / 59,51	15,10 / 56,43	17,85 / 53,59	26,99 / 48,42	39,98 / 47,12	57,70 / 53,93	79,57 / 64,98	102,1 / 78,08	120,3 / 90,85
	0,020	10,15 / 74,06	11,43 / 69,69	13,04 / 65,92	15,03 / 62,20	17,45 / 58,80	24,97 / 52,95	35,88 / 54,89	50,17 / 62,77	67,03 / 74,46	83,84 / 87,85	98,29 / 101,1
	0,023	10,60 / 83,93	11,70 / 78,70	13,06 / 74,11	14,72 / 69,68	16,73 / 65,74	22,08 / 62,36	30,48 / 66,92	40,96 / 76,02	52,75 / 88,43	64,17 / 102,2	75,47 / 116,3
	0,026	10,73 / 92,08	11,67 / 86,24	12,82 / 81,11	14,20 / 76,28	15,87 / 72,39	20,19 / 73,36	26,06 / 79,12	33,80 / 89,14	42,41 / 102,1	51,56 / 116,4	59,79 / 131,4
	0,030	10,56 / 101,1	11,31 / 94,84	12,23 / 89,38	13,32 / 86,67	14,61 / 85,97	17,90 / 88,33	22,23 / 95,38	27,60 / 106,3	33,69 / 119,9	39,90 / 135,0	45,53 / 151,4
	0,035	10,04 / 110,8	10,61 / 106,8	11,30 / 104,5	12,10 / 103,2	13,04 / 103,3	15,39 / 107,1	18,41 / 115,4	22,04 / 127,3	26,08 / 141,7	30,17 / 157,8	33,94 / 176,3
	0,040	9,378 / 125,3	9,809 / 122,2	10,31 / 120,5	10,91 / 119,9	11,60 / 120,6	13,29 / 125,7	15,44 / 135,0	17,99 / 147,7	20,79 / 162,9	23,64 / 180,4	26,31 / 201,0
	0,045	8,683 / 140,0	9,003 / 137,5	9,377 / 136,5	9,814 / 136,6	10,32 / 137,9	11,56 / 144,0	13,12 / 154,2	14,96 / 167,7	16,98 / 183,9	19,06 / 202,8	21,03 / 225,8
	0,050	8,011 / 154,7	8,246 / 152,8	8,521 / 152,4	8,844 / 153,0	9,217 / 154,9	10,13 / 162,0	11,28 / 173,0	12,64 / 187,3	14,15 / 204,5	15,71 / 224,9	17,22 / 251,9
	0,060	6,816 / 183,7	6,940 / 183,0	7,085 / 183,7	7,260 / 185,4	7,464 / 188,2	7,974 / 197,1	8,628 / 209,7	9,417 / 225,7	10,31 / 245,2	11,26 / 268,8	
	0,070	5,846 / 212,2	5,904 / 212,6	5,976 / 214,2	6,067 / 216,8	6,177 / 220,5	6,465 / 231,0	6,850 / 245,3	7,331 / 263,2	7,893 / 285,2	8,507 / 314,5	
	0,080	5,071 / 240,2	5,091 / 241,5	5,119 / 244,0	5,162 / 247,5	5,217 / 252,0	5,375 / 264,1	5,604 / 280,1	5,906 / 300,0	6,272 / 324,6		
	0,090	4,451 / 267,6	4,448 / 269,8	4,450 / 273,2	4,463 / 277,4	4,485 / 282,7	4,564 / 296,4	4,697 / 314,2	4,887 / 336,2	5,131 / 366,5		
	0,100	3,950 / 294,5	3,932 / 297,5	3,919 / 301,7	3,913 / 306,7	3,915 / 312,8	3,944 / 328,2	4,015 / 347,7	4,133 / 371,9		$R_{(p)}$ / $R_{(w)}$	

AD 2000-Merkblatt B 13, Ausg. 10.2000 Seite 23

Tafel 19. Rechenstützwerte
(Vergleichsspannung in der Mitte der Welleninnenkrempe)

$\dfrac{d}{h}$ 10		r/h									
		0,500	0,475	0,450	0,425	0,400	0,350	0,300	0,250	0,200	0,150	0,100
$\dfrac{s}{h}$	0,018	19,18 65,73	21,07 61,32	23,40 57,46	26,22 53,82	29,61 50,67	39,38 50,58	52,93 54,22	69,41 60,81	87,49 69,46	104,8 79,08	121,5 89,20
	0,020	19,18 70,57	20,81 65,85	22,79 61,74	25,18 57,96	28,03 57,07	35,36 58,03	45,74 62,28	58,49 69,32	72,18 78,28	86,23 88,25	99,32 99,05
	0,023	18,67 76,78	19,97 71,84	21,53 69,23	23,39 67,88	25,58 67,47	31,10 69,26	38,29 74,26	47,08 81,85	56,93 91,25	66,90 101,8	75,98 113,8
	0,026	17,83 83,47	18,86 80,69	20,08 78,94	21,52 77,96	23,20 77,91	27,39 80,43	32,75 86,03	39,17 94,10	46,26 104,0	53,44 115,3	60,05 128,4
	0,030	16,49 95,52	17,24 93,17	18,11 91,87	19,14 91,35	20,33 91,75	23,27 95,10	26,97 101,4	31,35 110,1	36,16 120,7	41,05 133,0	45,64 147,8
	0,035	14,79 110,4	15,28 108,6	15,85 107,9	16,52 107,9	17,31 108,8	19,23 113,0	21,64 120,1	24,49 129,6	27,63 141,2	30,87 155,0	33,97 172,0
	0,040	13,21 125,1	13,53 123,8	13,90 123,6	14,35 124,1	14,86 125,4	16,14 130,5	17,76 138,4	19,70 148,7	21,86 161,4	24,12 176,8	26,33 196,7
	0,045	11,83 139,6	12,03 138,8	12,27 139,0	12,56 140,0	12,90 141,8	13,76 147,6	14,88 156,3	16,23 167,5	17,77 181,4	19,41 198,4	21,04 222,1
	0,050	10,65 153,8	10,76 153,5	10,91 154,2	11,09 155,6	11,32 157,8	11,90 164,4	12,68 173,9	13,65 186,1	14,77 201,2	15,99 219,9	17,23 247,6
	0,060	8,760 181,7	8,782 182,3	8,820 183,9	8,882 186,0	8,968 189,0	9,224 197,3	9,608 208,4	10,12 222,6	10,75 240,3	11,47 264,2	
	0,070	7,370 209,0	7,345 210,4	7,329 212,8	7,329 215,7	7,345 219,5	7,434 229,3	7,612 242,3	7,885 258,6	8,249 279,0	8,688 310,5	
	0,080	6,324 235,7	6,275 237,9	6,231 241,0	6,200 244,7	6,178 249,3	6,176 260,7	6,238 275,5	6,372 294,1	6,580 320,7		
	0,090	5,518 262,0	5,457 264,9	5,399 268,8	5,350 273,3	5,308 278,6	5,254 291,7	5,248 308,3	5,298 330,0	5,407 363,4		
	0,100	4,882 287,9	4,815 291,5	4,751 296,1	4,693 301,3	4,640 307,4	4,556 322,1	4,508 340,7	4,504 369,6		$R_{(p)}$ $R_{(w)}$	

B 13

Tafel 20. Rechenstützwerte
(Vergleichsspannung in der Mitte der Wellennenkrempe)

$\dfrac{d}{h}$	15	\multicolumn{11}{c	}{r/h}
		0,500	0,475	0,450	0,425	0,400	0,350	0,300	0,250	0,200	0,150	0,100
$\dfrac{s}{h}$	0,018	35,91 / 58,54	38,04 / 56,57	40,56 / 55,32	43,54 / 54,58	47,03 / 54,47	55,69 / 55,99	66,74 / 59,56	79,94 / 64,77	94,50 / 71,22	109,2 / 78,70	122,7 / 87,50
	0,020	33,95 / 64,67	35,63 / 62,89	37,60 / 61,83	39,94 / 61,28	42,65 / 61,37	49,33 / 63,27	57,76 / 67,15	67,74 / 72,65	78,70 / 79,45	89,81 / 87,46	100,2 / 97,10
	0,023	30,90 / 73,73	32,07 / 72,24	33,44 / 71,47	35,05 / 71,21	36,92 / 71,57	41,52 / 73,96	47,28 / 78,30	54,09 / 84,25	61,57 / 91,64	69,23 / 100,5	76,51 / 111,5
	0,026	28,01 / 82,63	28,81 / 81,43	29,75 / 80,94	30,87 / 80,94	32,17 / 81,56	35,38 / 84,43	39,43 / 89,21	44,23 / 95,66	49,56 / 103,7	55,09 / 113,5	60,43 / 125,8
	0,030	24,59 / 94,28	25,06 / 93,45	25,62 / 93,30	26,31 / 93,65	27,12 / 94,59	29,14 / 98,07	31,75 / 103,5	34,89 / 110,6	38,44 / 119,6	42,20 / 130,7	45,92 / 144,8
	0,035	21,06 / 108,5	21,28 / 108,1	21,56 / 108,4	21,92 / 109,2	22,36 / 110,5	23,51 / 114,7	25,06 / 120,9	27,00 / 129,1	29,26 / 139,3	31,71 / 152,0	34,20 / 169,3
	0,040	18,26 / 122,5	18,33 / 122,5	18,44 / 123,2	18,61 / 124,3	18,83 / 126,0	19,47 / 131,1	20,41 / 138,1	21,64 / 147,3	23,12 / 158,8	24,79 / 173,2	26,53 / 194,1
	0,045	16,02 / 136,2	16,00 / 136,6	16,01 / 137,7	16,07 / 139,2	16,16 / 141,3	16,49 / 147,2	17,04 / 155,1	17,83 / 165,3	18,83 / 178,1	19,99 / 194,4	21,24 / 219,0
	0,050	14,21 / 149,7	14,15 / 150,5	14,10 / 152,0	14,08 / 153,9	14,09 / 156,4	14,22 / 163,0	14,52 / 171,9	15,02 / 183,2	15,69 / 197,4	16,51 / 216,6	17,43 / 244,0
	0,060	11,52 / 176,4	11,40 / 177,9	11,29 / 180,2	11,20 / 182,8	11,12 / 186,1	11,04 / 194,3	11,07 / 205,0	11,22 / 218,5	11,51 / 235,5	11,92 / 261,7	
	0,070	9,640 / 202,5	9,501 / 204,8	9,367 / 207,8	9,244 / 211,2	9,133 / 215,2	8,952 / 225,1	8,846 / 237,7	8,831 / 253,5	8,913 / 276,9	9,093 / 307,0	
	0,080	8,262 / 228,3	8,120 / 231,3	7,979 / 235,0	7,846 / 239,1	7,720 / 243,9	7,496 / 255,5	7,322 / 270,0	7,214 / 290,5	7,180 / 318,5		
	0,090	7,217 / 253,8	7,077 / 257,5	6,937 / 261,9	6,803 / 266,7	6,673 / 272,3	6,430 / 285,5	6,223 / 303,3	6,063 / 329,1	5,960 / 360,2		
	0,100	6,399 / 279,0	6,264 / 283,3	6,129 / 288,4	5,997 / 294,0	5,868 / 300,3	5,620 / 315,4	5,397 / 339,4	5,208 / 367,9		$R_{(p)}$	$R_{(w)}$

AD 2000-Merkblatt B 13, Ausg. 10.2000 Seite 25

Tafel 21. Rechenstützwerte
(Vergleichsspannung in der Mitte der Welleninnenkrempe)

$\dfrac{d}{h}$ 20		0,500	0,475	0,450	0,425	0,400	0,350	0,300	0,250	0,200	0,150	0,100
		\multicolumn{11}{c	}{r/h}
	0,018	50,86 57,96	52,72 56,81	54,89 56,21	57,46 56,00	60,44 56,25	67,76 58,02	76,94 61,25	87,78 65,72	99,71 71,31	111,9 78,08	123,6 86,53
	0,020	46,65 63,89	47,98 62,92	49,55 62,49	51,42 62,45	53,59 62,86	58,95 64,93	65,72 68,45	73,75 73,25	82,66 79,28	91,91 86,67	100,9 96,01
	0,023	41,03 72,60	41,82 71,90	42,77 71,73	43,92 71,93	45,28 72,58	48,69 75,09	53,09 79,07	58,41 84,41	64,42 91,14	70,77 99,50	77,05 110,2
	0,026	36,29 81,14	36,74 80,70	37,28 80,77	37,98 81,21	38,82 82,09	41,02 85,06	43,94 89,52	47,58 95,44	51,77 102,9	56,31 112,3	60,89 124,3
	0,030	31,17 92,32	31,32 92,20	31,54 92,59	31,87 93,34	32,29 94,52	33,49 98,11	35,21 103,3	37,47 110,0	40,17 118,5	43,19 129,2	46,31 143,7
	0,035	26,26 106,0	26,22 106,3	26,22 107,1	26,28 108,2	26,41 109,8	26,91 114,2	27,78 120,2	29,03 128,0	30,64 137,8	32,53 150,3	34,56 168,2
	0,040	22,56 119,5	22,41 120,2	22,29 121,3	22,22 122,8	22,19 124,8	22,30 130,0	22,68 136,9	23,36 145,8	24,32 157,0	25,52 171,3	26,86 192,7
$\dfrac{s}{h}$	0,045	19,70 132,8	19,50 133,9	19,31 135,4	19,16 137,3	19,05 139,6	18,94 145,6	19,02 153,5	19,34 163,5	19,89 176,1	20,65 193,4	21,55 217,4
	0,050	17,44 146,0	17,21 147,4	16,99 149,3	16,80 151,6	16,64 154,3	16,39 161,1	16,30 169,9	16,38 181,1	16,66 195,1	17,12 215,6	17,72 242,1
	0,060	14,13 172,1	13,89 174,2	13,65 176,8	13,43 179,8	13,21 183,3	12,84 191,8	12,56 202,5	12,39 215,9	12,36 235,1	12,46 260,2	
	0,070	11,84 197,9	11,61 200,6	11,37 204,0	11,14 207,7	10,92 211,9	10,51 222,1	10,15 234,7	9,862 252,3	9,672 276,0	9,589 305,0	
	0,080	10,18 223,3	9,954 226,8	9,729 230,8	9,508 235,2	9,290 240,2	8,869 252,0	8,481 268,0	8,143 290,2	7,873 317,1		
	0,090	8,914 248,5	8,705 252,6	8,494 257,3	8,284 262,4	8,074 268,1	7,663 282,6	7,270 303,5	6,911 328,4	6,599 358,5		
	0,100	7,925 273,4	7,730 278,1	7,532 283,5	7,334 289,3	7,136 296,5	6,740 316,5	6,354 339,2	5,989 366,7		$R_{(p)}$	$R_{(w)}$

B 13

Tafel 22. Rechenstützwerte
(Vergleichsspannung in der Mitte der Wellennenkrempe)

$\frac{d}{h}$						r/h					
	30	0,500	0,475	0,450	0,425	0,400	0,350	0,300	0,250	0,200	0,150	0,100
$\frac{s}{h}$	0,018	75,24 / 56,28	76,10 / 55,95	77,17 / 55,97	78,55 / 56,24	80,23 / 56,80	84,64 / 58,77	90,56 / 61,75	97,96 / 65,74	106,5 / 70,80	115,8 / 77,19	125,2 / 85,46
	0,020	67,25 / 61,85	67,65 / 61,68	68,20 / 61,86	68,99 / 62,28	70,01 / 63,00	72,84 / 65,27	76,86 / 68,59	82,07 / 72,98	88,29 / 78,56	95,19 / 85,64	102,3 / 94,83
	0,023	57,61 / 70,08	57,60 / 70,15	57,68 / 70,55	57,92 / 71,20	58,32 / 72,15	59,68 / 74,89	61,90 / 78,74	65,01 / 83,77	68,94 / 90,15	73,48 / 98,27	78,30 / 109,0
	0,026	50,14 / 78,19	49,89 / 78,49	49,70 / 79,13	49,63 / 80,00	49,67 / 81,18	50,16 / 84,40	51,30 / 88,80	53,13 / 94,47	55,63 / 101,7	58,67 / 110,9	62,02 / 123,4
	0,030	42,54 / 88,89	42,12 / 89,49	41,75 / 90,42	41,46 / 91,59	41,23 / 93,08	41,06 / 96,96	41,35 / 102,1	42,15 / 108,7	43,47 / 117,0	45,25 / 127,6	47,35 / 142,8
	0,035	35,60 / 102,1	35,11 / 103,1	34,63 / 104,4	34,21 / 105,9	33,83 / 107,8	33,24 / 112,5	32,96 / 118,6	33,04 / 126,3	33,51 / 136,0	34,36 / 148,8	35,50 / 167,0
	0,040	30,53 / 115,2	30,01 / 116,5	29,51 / 118,2	29,03 / 120,1	28,58 / 122,4	27,80 / 127,9	27,22 / 134,9	26,91 / 143,8	26,89 / 154,9	27,18 / 170,7	27,74 / 191,3
	0,045	26,68 / 128,3	26,17 / 129,9	25,66 / 131,9	25,17 / 134,2	24,70 / 136,8	23,83 / 143,2	23,10 / 151,2	22,56 / 161,2	22,25 / 174,2	22,19 / 192,5	22,38 / 215,7
	0,050	23,67 / 141,2	23,18 / 143,2	22,68 / 145,5	22,19 / 148,2	21,72 / 151,2	20,81 / 158,4	20,01 / 167,4	19,34 / 178,5	18,85 / 194,2	18,57 / 214,5	18,51 / 240,2
	0,060	19,29 / 166,9	18,83 / 169,5	18,37 / 172,6	17,92 / 175,9	17,47 / 179,7	16,58 / 188,6	15,73 / 199,5	14,95 / 214,8	14,28 / 234,5	13,76 / 258,6	
	0,070	16,25 / 192,3	15,84 / 195,6	15,43 / 199,3	15,01 / 203,4	14,59 / 207,9	13,75 / 218,4	12,92 / 233,4	12,13 / 252,2	11,40 / 274,9	10,77 / 303,0	
	0,080	14,04 / 217,5	13,67 / 221,4	13,29 / 225,8	12,91 / 230,5	12,52 / 235,8	11,74 / 250,4	10,96 / 268,4	10,18 / 289,7	9,444 / 315,6		
	0,090	12,35 / 242,5	12,01 / 247,0	11,67 / 252,0	11,32 / 258,8	10,96 / 266,3	10,24 / 283,4	9,501 / 303,5	8,763 / 327,5	8,038 / 356,5		$R_{(p)}$
	0,100	11,02 / 267,5	10,71 / 274,2	10,39 / 281,5	10,07 / 289,2	9,746 / 297,6	9,075 / 316,6	8,385 / 338,9	7,685 / 365,4			$R_{(w)}$

Tafel 23. Rechenstützwerte
(Vergleichsspannung in der Mitte der Welleninnenkrempe)

$\frac{d}{h}$		\multicolumn{10}{c}{r/h}
45		0,500	0,475	0,450	0,425	0,400	0,350	0,300	0,250	0,200	0,150	0,100
$\frac{s}{h}$	0,018	105,0 / 54,05	104,4 / 54,26	103,9 / 54,69	103,7 / 55,29	103,6 / 56,09	104,4 / 58,29	106,5 / 61,30	110,1 / 65,19	115,1 / 70,13	121,2 / 76,45	128,0 / 84,71
	0,020	93,04 / 59,40	92,17 / 59,75	91,39 / 60,34	90,79 / 61,08	90,35 / 62,04	90,09 / 64,57	90,86 / 67,95	92,80 / 72,28	95,90 / 77,78	100,0 / 84,81	104,8 / 94,22
	0,023	79,20 / 67,36	78,14 / 67,93	77,14 / 68,73	76,25 / 69,70	75,47 / 70,89	74,32 / 73,91	73,88 / 77,86	74,30 / 82,88	75,61 / 89,22	77,78 / 97,32	80,59 / 108,6
	0,026	68,78 / 75,26	67,66 / 76,05	66,57 / 77,07	65,56 / 78,26	64,61 / 79,67	63,00 / 83,20	61,90 / 87,72	61,42 / 93,43	61,66 / 100,6	62,60 / 109,8	64,14 / 122,9
	0,030	58,40 / 85,75	57,28 / 86,80	56,17 / 88,11	55,11 / 89,59	54,08 / 91,31	52,19 / 95,51	50,63 / 100,8	49,50 / 107,4	48,88 / 115,8	48,82 / 126,9	49,30 / 142,1
	0,035	49,04 / 98,77	47,98 / 100,2	46,92 / 101,8	45,87 / 103,7	44,84 / 105,8	42,86 / 110,8	41,06 / 117,1	39,53 / 124,9	38,35 / 134,6	37,59 / 148,5	37,29 / 166,2
	0,040	42,23 / 111,7	41,24 / 113,4	40,24 / 115,4	39,24 / 117,6	38,25 / 120,1	36,30 / 126,0	34,44 / 133,2	32,75 / 142,2	31,30 / 154,3	30,16 / 170,2	29,40 / 190,3
	0,045	37,08 / 124,6	36,14 / 126,7	35,21 / 129,0	34,27 / 131,6	33,33 / 134,4	31,46 / 141,1	29,62 / 149,3	27,89 / 159,7	26,31 / 174,1	24,96 / 191,9	23,94 / 214,5
	0,050	33,01 / 137,5	32,16 / 139,8	31,29 / 142,5	30,41 / 145,4	29,53 / 148,6	27,74 / 156,2	25,97 / 165,4	24,24 / 178,1	22,62 / 194,0	21,17 / 213,7	19,98 / 238,8
	0,060	27,07 / 163,0	26,33 / 165,9	25,58 / 169,3	24,81 / 172,9	24,03 / 176,8	22,43 / 186,0	20,81 / 199,2	19,18 / 214,9	17,58 / 233,9	16,07 / 257,5	
	0,070	22,93 / 188,3	22,29 / 191,8	21,62 / 195,8	20,94 / 200,1	20,25 / 205,5	18,82 / 218,5	17,35 / 233,8	15,84 / 252,0	14,33 / 274,1	12,85 / 301,6	
	0,080	19,89 / 213,3	19,31 / 217,9	18,72 / 223,6	18,12 / 229,7	17,50 / 236,3	16,21 / 251,1	14,87 / 268,5	13,49 / 289,3	12,07 / 314,5		
	0,090	17,55 / 240,6	17,04 / 246,5	16,50 / 253,0	15,96 / 259,8	15,40 / 267,2	14,24 / 283,8	13,02 / 303,4	11,74 / 326,7	10,42 / 355,1		
	0,100	15,70 / 268,8	15,24 / 275,4	14,75 / 282,5	14,26 / 290,1	13,75 / 298,3	12,69 / 315,8	11,57 / 338,5	10,39 / 364,4		$R_{(p)}$	$R_{(w)}$

Tafel 24. Rechenstützwerte
(Vergleichsspannung in der Mitte der Wellen nnenkrempe)

$\frac{d}{h}$						r/h					
	60	0,500	0,475	0,450	0,425	0,400	0,350	0,300	0,250	0,200	0,150	0,100
	0,018	132,2 52,56	130,3 53,02	128,5 53,66	126,8 54,43	125,4 55,37	123,1 57,74	121,9 60,83	122,1 64,74	123,8 69,70	126,9 76,03	131,1 84,55
	0,020	117,1 57,83	115,1 58,43	113,2 59,22	111,4 60,13	109,8 61,22	106,9 63,93	104,8 67,40	103,8 71,78	103,9 77,30	105,3 84,35	107,7 94,06
	0,023	99,83 65,70	97,89 66,51	95,96 67,51	94,10 68,65	92,30 69,96	88,97 73,17	86,17 77,23	84,09 82,30	82,88 88,68	82,63 96,81	83,29 108,3
	0,026	86,91 73,54	85,04 74,55	83,17 75,76	81,33 77,11	79,53 78,66	76,07 82,37	72,94 87,01	70,31 92,78	68,32 100,0	67,09 109,6	66,65 122,7
	0,030	74,05 83,96	72,31 85,23	70,56 86,72	68,81 88,35	67,07 90,20	63,65 94,59	60,40 100,0	57,44 106,7	54,90 115,1	52,92 126,8	51,61 141,8
	0,035	62,45 96,92	60,87 98,51	59,27 100,3	57,67 102,3	56,05 104,6	52,81 109,8	49,62 116,2	46,56 124,1	43,75 134,6	41,32 148,3	39,42 165,8
	0,040	53,96 109,8	52,54 111,7	51,08 113,9	49,61 116,2	48,12 118,8	45,10 124,9	42,06 132,3	39,07 141,7	36,20 154,3	33,59 169,9	31,38 189,8
$\frac{s}{h}$	0,045	47,50 122,7	46,20 124,9	44,87 127,4	43,52 130,1	42,15 133,1	39,34 139,9	36,48 148,3	33,61 159,9	30,79 174,0	28,13 191,6	25,78 213,9
	0,050	42,41 135,5	41,22 138,0	40,00 140,8	38,76 143,9	37,50 147,2	34,89 154,9	32,21 165,3	29,48 178,2	26,75 193,9	24,11 213,3	21,72 238,1
	0,060	34,92 160,9	33,90 164,1	32,86 167,5	31,80 171,2	30,71 175,6	28,45 186,6	26,09 199,5	23,65 214,9	21,14 233,7	18,65 257,0	
	0,070	29,66 186,1	28,79 190,2	27,88 195,2	26,95 200,4	26,00 206,1	24,01 218,9	21,92 233,9	19,73 251,9	17,46 273,7	15,15 300,9	
	0,080	25,78 213,4	25,01 218,6	24,21 224,3	23,39 230,3	22,54 236,8	20,77 251,4	18,91 268,5	16,93 289,0	14,87 314,0		
	0,090	22,79 241,4	22,10 247,2	21,38 253,6	20,65 260,4	19,89 267,6	18,30 284,0	16,62 303,3	14,83 326,3	12,94 354,0		
	0,100	20,42 269,4	19,79 276,0	19,15 283,1	18,48 290,6	17,80 298,6	16,36 316,8	14,82 338,3	13,19 363,9		$R_{(p)}$ $R_{(w)}$	

Tafel 25. Rechenstützwerte
(Vergleichsspannung in der Mitte der Welleninnenkrempe)

$\frac{d}{h}$						r/h						
	100	0,500	0,475	0,450	0,425	0,400	0,350	0,300	0,250	0,200	0,150	0,100
$\frac{s}{h}$	0,018	202,3 50,48	197,5 51,23	192,7 52,12	188,0 53,09	183,2 54,19	173,9 56,81	165,0 60,05	156,9 64,07	150,0 69,09	144,7 75,49	141,2 84,38
	0,020	180,0 55,70	175,6 56,59	171,0 57,61	166,5 58,72	162,0 59,98	152,9 62,93	144,1 66,56	135,8 71,05	128,3 76,65	122,0 83,97	117,2 93,85
	0,023	154,4 63,52	150,4 64,59	146,3 65,82	142,2 67,14	138,0 68,62	129,5 72,08	121,0 76,30	112,7 81,50	104,9 87,97	97,86 96,74	92,03 108,1
	0,026	135,2 71,32	131,6 72,58	127,8 74,00	124,0 75,54	120,2 77,25	112,3 81,20	104,3 86,02	96,26 91,92	88,46 99,51	81,16 109,5	74,81 122,3
	0,030	115,9 81,68	112,7 83,19	109,4 84,89	106,0 86,70	102,5 88,70	95,35 93,33	87,99 98,93	80,49 105,8	72,98 115,1	65,72 126,6	59,12 141,4
	0,035	98,40 94,60	95,56 96,42	92,64 98,44	89,65 100,6	86,59 103,0	80,24 108,4	73,62 115,0	66,77 123,9	59,78 134,7	52,83 148,1	46,27 165,2
	0,040	85,45 107,5	82,94 109,6	80,34 111,9	77,69 114,4	74,95 117,2	69,27 123,5	63,29 131,8	57,05 142,0	50,58 154,3	44,03 169,6	37,69 189,2
	0,045	75,51 120,3	73,26 122,7	70,93 125,4	68,54 128,1	66,08 131,3	60,94 139,2	55,51 148,7	49,80 160,1	43,82 173,9	37,69 191,1	31,64 213,2
	0,050	67,64 133,0	65,59 135,8	63,49 138,8	61,32 142,2	59,08 146,2	54,40 155,2	49,44 165,7	44,18 178,3	38,65 193,7	32,92 212,8	27,17 237,3
	0,060	55,96 159,2	54,24 163,1	52,47 167,2	50,64 171,7	48,75 176,4	44,79 187,2	40,57 199,8	36,07 214,9	31,28 233,3	26,25 256,3	
	0,070	47,70 186,8	46,23 191,3	44,70 196,1	43,12 201,3	41,50 206,8	38,07 219,3	34,40 234,1	30,47 251,7	26,27 273,2	21,81 300,0	
	0,080	41,57 214,5	40,27 219,6	38,93 225,2	37,55 231,1	36,11 237,4	33,10 251,7	29,86 268,5	26,39 288,7	22,65 313,3		
	0,090	36,82 242,3	35,67 248,1	34,47 254,4	33,24 261,0	31,96 268,1	29,27 284,2	26,38 303,2	23,36 325,8	19,91 353,6		
	0,100	33,04 270,3	32,00 276,8	30,93 283,7	29,82 291,1	28,67 299,0	26,24 316,9	23,62 338,0	20,80 363,2		$R_{(p)}$ $R_{(w)}$	

Anhang 1 zum AD 2000-Merkblatt B 13

Erläuterungen zum AD 2000-Merkblatt B 13

Grundlage der Ausgabe des AD 2000-Merkblattes B 13 ist die Dissertation „Festigkeitsberechnung einwandiger Balgkompensatoren" von Dr. *Friedrich* an der MPA Stuttgart. Die an 150 Kompensatoren empirisch ermittelten Untersuchungsergebnisse werden durch ein numerisches Berechnungsverfahren (Übertragungs-Matrizen) untermauert. Mit Hilfe der Finite-Element-Methode wird die Richtigkeit der Übertragungs-Matrizen-Methode bestätigt.

Für die mathematische Formulierung des Verfahrens wird von einem Torus-Schalenelement ausgegangen.

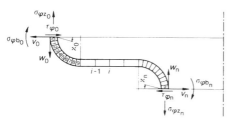

Es bedeuten:

$\sigma_{\varphi z}$ = Membranspannung
$\sigma_{\varphi b}$ = Biegespannung
τ_φ = Schubspannung
v = Verschiebung in Richtung der Schalennormalen
w = Axialverschiebung einer Balgwelle (Verschiebung in Meridianrichtung)
$\varkappa$ = Drehung der Schalennormale

Die Bezeichnung dieser Verschiebungs- und Beanspruchungsgrößen bezieht sich auf das oben dargestellte Rechenmodell der halben Kompensatorwelle. Die hier verwendeten Bezeichnungen und Größen stehen in keinem direkten Zusammenhang mit den im Merkblatt selbst verwendeten Bezeichnungen und Größen.

Aus diesem Element lässt sich mit Hilfe der Gleichgewichtsbedingungen, der geometrischen Beziehung zwischen Dehnungen und Verschiebungen sowie dem Hooke'schen Gesetz ein lineares Differentialgleichungssystem formulieren. Dieses System ist im Prinzip lösbar, aber nicht als geschlossene Lösung, sondern als Näherungslösung, indem die Differentialgleichung in eine Differenzengleichung umgeformt wird. Das System der linearen Differenzengleichungen wird mit Hilfe der Matrizenrechnung gelöst. Die Methode des Übertragungs-Matrizen-Verfahrens ist an Rotationsform und Dünnwandigkeit des Bauteils gebunden. Diese Bedingungen sind beim Kompensator gegeben. Es wurde festgestellt, dass bei einem Verhältnis

$$\frac{\left(r + \dfrac{s}{2}\right)}{s} \geq 4$$

kein Einfluss auf die Rechengenauigkeit analysierbar ist.

In jedem Punkt („Stufe" i = 0 bis n) werden sowohl für die Dehnung*) als auch für den Innendruck*) die Spannungen $\sigma_{\varphi z}$, $\sigma_{\varphi b}$ und τ_φ ermittelt. Gesucht wird das Maximum im Profil. Mit Hilfe der Gestaltänderungs-Energie-Hypothese werden die einzelnen Spannungen zu einer Vergleichsspannung $\sigma_{v(p)}$ bzw. $\sigma_{v(w)}$ zusammengefasst.

Wegen der Darstellbarkeit müssen die vier variablen Größen eines Kompensators d, r, s und h auf drei Größen reduziert werden. Dies geschieht durch die Division durch h zu $\dfrac{d}{h}$, $\dfrac{r}{h}$ und $\dfrac{s}{h}$. Die Auswertung der Ergebnisse wurde mit folgenden Werten durchgeführt:

h = 50 mm
E_{20} = 2,1 · 10^5 N/mm²
μ = 0,3

Die Wellentiefe h wurde mit h = 50 mm gewählt, da die meisten untersuchten Kompensatoren mit dieser Wellentiefe ausgeführt waren. Es wurde hier der lineare Zusammenhang zwischen äußerer Belastung und Spannungsverteilung geometrisch ähnlicher Bauteile ausgenützt. Es ist hierbei festzustellen, dass sich sämtliche geometrische Parameter auf die Schalenmitte beziehen.

Die Rechenstützwerte $R_{(p)}$, $R_{(w)}$ und $R_{(c_w)}$ haben folgende Bedeutung:

$R_{(p)}\left(\dfrac{d}{h}, \dfrac{s}{h}, \dfrac{r}{h}\right)$ = Vergleichsspannung bei 1 bar Überdruck

$R_{(w)}\left(\dfrac{d}{h}, \dfrac{s}{h}, \dfrac{r}{h}\right)$ = Vergleichsspannung bei 1 mm Axialverschiebung

$R_{(c_w)}\left(\dfrac{d}{h}, \dfrac{s}{h}, \dfrac{r}{h}\right)$ = Axialkraft je mm mittleren Umfangs bei 1 mm Axialverschiebung

Erläuterung der Formel (3)

Da der Rechenstützwert $R_{(w)}$ auf eine Wellentiefe von h = 50 mm und auf einen E-Modul von 210 000 N/mm² bezogen ist, lautet die genaue Schreibweise dieser Gleichung

$$\sigma_{v(w)} \cdot \frac{50}{h} \cdot \frac{E}{210\,000} \cdot R_{(w)} \cdot w$$

Der Ausdruck 50/210 000 wurde zu dem Faktor 2,38 · 10^{-4} ~ 2,4 · 10^{-4} zusammengefasst.

Erläuterung der Formel (4)

Da der Rechenstützwert $R_{(c_w)}$ auf einen E-Modul von 210 000 N/mm² bezogen ist, lautet die genaue Schreibweise dieser Gleichung

$$c_w = \pi \cdot (d + h) \cdot \frac{E}{210\,000} \cdot R_{(c_w)}$$

wobei $\pi \cdot (d + h)$ der mittlere Umfang der Kompensatorwelle ist. Der Ausdruck $\pi/210\,000$ wurde zu dem Faktor 0,15 · 10^{-4} zusammengefasst.

Erläuterung zu Formel (5)

Die Beziehung zwischen Biegewinkel α in Grad und einer Axialverschiebung w lautet

$$\alpha = \frac{360/\pi \cdot w}{d + 2h}$$

Der Ausdruck 360/π ergibt annähernd 1,15 · 10^2.

---

*) Andere als in Abschnitt 2.2 dieses AD 2000-Merkblattes genannte Beanspruchungen werden bei der Berechnung nicht berücksichtigt. Dieses Verfahren ist insbesondere auf Lateralbewegung nicht anwendbar.

Erläuterung der Formel (6)

Die Formel (6) wird durch Einsetzen von

$$w = \frac{\pi}{360} \cdot (d + 2h) \cdot \alpha$$

aus Formel (3) ermittelt.

$$\sigma_{v(\alpha)} = 2{,}4 \cdot 10^{-4} \frac{E}{h} \cdot R_{(w)} \cdot \frac{\pi}{360} \cdot (d + 2h) \cdot \alpha$$

Der Ausdruck $2{,}4 \cdot 10^{-4} \cdot \pi/360$ ergibt den Faktor $2{,}1 \cdot 10^{-6}$.

Erläuterung der Formel (7)

Allgemein gilt

$$c_\alpha = \frac{M}{\alpha}$$

wobei $M = 0{,}125 \cdot (d + 2h)^2 \cdot \widehat{\alpha} \cdot c_w$

Mit $\widehat{\alpha} = \frac{\pi}{180} \cdot \alpha°$ folgt

$$M = \frac{\pi}{1440} \cdot (d + 2h)^2 \cdot c_w \cdot \alpha$$

$$c_\alpha = \frac{M}{\alpha} = \frac{\pi}{1440} \cdot (d + 2h)^2 \cdot c_w$$

$$= 2{,}2 \cdot 10^{-3} \cdot (d + 2h)^2 \cdot c_w \; [\mathrm{Nmm/°}]$$

oder in [Nm/°] ausgedrückt

$$c_\alpha = 2{,}2 \cdot 10^{-6} \cdot (d + 2h)^2 \cdot c_w$$

Erläuterung der Formel (14)

$$\sigma_{v(p)} = \frac{n}{S_{vp}} \cdot K = 1{,}5 \cdot \frac{n}{1{,}2} \cdot \frac{K}{1{,}5}$$

$$= \frac{n}{1{,}2} \cdot K$$

mit $S_{vp} = 1{,}2$ und $S = 1{,}5$. Der effektive Stützfaktor beträgt $\frac{1{,}5}{1{,}2} = 1{,}25$ bei $n = 1{,}5$.

Erläuterung der Formel (15)

Die Stützziffer n ist von der Form und vom Werkstoff abhängig. Die Formabhängigkeit drückt sich in dem gegenüber einem Balken (mit $n = 1{,}5$) erhöhten Faktor 1,55 aus (s. Dissertation S. 44, Bild 33). Die Werkstoffabhängigkeit – hier ist speziell an hochfeste Werkstoffe gedacht – kommt im zweiten Teil der Formel zum Ausdruck. Mit zunehmender Streckgrenze nimmt die Stützziffer für gleiche plastische Dehnung ab. Die Formel gilt bis 350 °C, darüber ist Abschnitt 6.4 zu beachten.

Erläuterung der Formel (16)

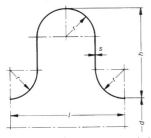

Die mittlere Umfangsspannung nach der Flächenmethode beträgt

$$\sigma_{um} = \frac{A_p}{A_a \cdot v} \cdot p$$

$$A_p = (d + 2h - 2r) \cdot 2r + 2r \cdot (d + 2r)$$
$$= 4r \cdot (d + h)$$

$$A_a = \left[(h - 2r) \cdot 4 + 8 \cdot \frac{2\pi \cdot r}{4}\right] \cdot s$$

$$= \left[4h - 4r \cdot (2 - \pi)\right] \cdot s$$

$$\sigma_{um} = \frac{4r \cdot (d + h)}{[4h - 4r \cdot (2 - \pi)] \cdot s \cdot v} \cdot p \quad \text{mit } p \text{ in bar}$$

$$\boxed{\sigma_{um} = \frac{l \cdot (d + h)}{40 \cdot s \cdot (1{,}14\,r + h) \cdot v} \cdot p \; [\mathrm{N/mm^2}]}$$

Erläuterung der Formel (18)

Diese Formel ist das Hooke'sche Gesetz, in dem durch den Faktor f_2 der teilplastischen Verformung und durch den Faktor f_1 einer Schweißnaht Rechnung getragen wird. Die Bedeutung der effektiven Gesamtdehnungsschwingbreite $2 \cdot \varepsilon_{ages}$ geht aus Bild 41 der Dissertation hervor. Sie kann direkt gemessen werden.

Unter den veränderlichen Spannungsanteilen Δ ist hier der Zustand des An- und Abfahrens gemeint, z. B. von 0 bar Überdruck bis zum zul. Betriebsüberdruck. Druckschwankungen (wie in AD 2000-Merkblatt S 1 oder S 2) können über die Formel (24) berücksichtigt werden. Eine zusätzliche Bedingung ist, dass nur Spannungsanteile mit in die Berechnung einbezogen werden können, die zeitlich gemeinsam auftreten.

Die Addition der Spannungen (Formel 19) ist gerechtfertigt, da die Versuche gezeigt haben, dass an der Stelle der höchsten Beanspruchung (Innenkrempe) die Spannungen aus Druck und Axialverschiebung bzw. Biegung gleichgerichtet sind und sich somit überlagern. Ist eine der Komponenten p, w oder α konstant, wird der betreffende Spannungsteil Δ gleich Null gesetzt.

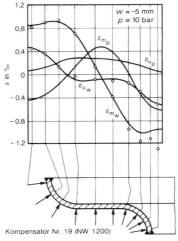

Dehnungsverlauf bei elastischer Beanspruchung in Umfangs- (Index $_u$) und Meridianrichtung (Index $_m$) bei Innendruckbelastung (Index $_p$) und axialer Zusammendrückung (Index $_w$).

Erläuterung der Formel (20)

Der Faktor f_2 berücksichtigt die teilplastische Verformung. Er wird nur ermittelt, wenn die Beanspruchung $\Delta\sigma_{vges}$ die doppelte Streckgrenze – das bedeutet den elastischen Anteil – überschritten hat. Dem wird in der Formel im zweiten Ausdruck durch die Subtraktion von 2 Rechnung getragen. Der dritte Ausdruck der Formel 0,1 B berücksichtigt eine schrittweise Verformungszunahme (fortschreitendes plastisches Versagen oder incremental collaps) in Meridianrichtung. Aus dem Buchstaben C im zweiten Ausdruck geht hervor, dass der Faktor f_2 nur bei Axialverschiebung bzw. Biegung (s. Tabelle) ermittelt wird.

Graphische Darstellung der Formel (20)

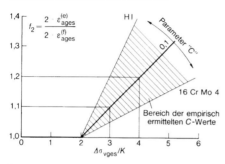

Es bedeuten:

$2 \cdot \varepsilon^{(e)}_{ages}$ = effektive Dehnungsschwingbreite, maßgebend für das Versagen von schwingend beanspruchten Bälgen

$2 \cdot \varepsilon^{(f)}_{ages}$ = fiktive = elastizitätstheoretische Dehnungsschwingbreite

Die Beziehung zwischen $2 \cdot \varepsilon^{(f)}_{ages}$ und $2 \cdot \varepsilon^{(e)}_{ages}$ kann graphisch folgendermaßen dargestellt werden:

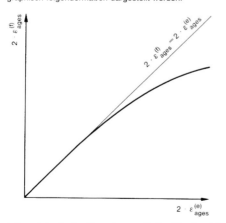

Aufgrund des in den Versuchen ermittelten Streubereichs der C-Werte wurde im Mittel der Wert 0,1 für den dritten Ausdruck in der Formel (20) gewählt.

Bei Überlagerung der Axialverschiebung und Biegung wird Formel (21) verwendet. Hier ist der Spannungsanteil $\Delta\sigma_{v(p)}$ anteilmäßig dem Spannungsanteil $\Delta\sigma_{v(w)}$ bzw. $\Delta\sigma_{v(a)}$ hinzugeschlagen worden.

Die Erläuterung zu Faktor f_1 ist auf Seite 54 der Dissertation gegeben. Er berücksichtigt die Oberfläche und das Gefüge der Schweißnaht. Die Schweißnaht liegt herstellungsbedingt in der Mitte der Außenkrempe und/oder der Innenkrempe. Durch die Versuche hat sich herausgestellt, dass die größere Beanspruchung in der Mitte der Innenkrempe liegt. Deswegen wurden zusätzlich die Tafeln 14 bis 25 aufgenommen, die die Rechenstützwerte an dieser Stelle beinhalten. So kann dieser Punkt getrennt untersucht werden. Die Tafeln 2 bis 13 enthalten die Rechenstützwerte für die höchstbeanspruchte Stelle des Profils. Wenn eine Rundnaht vorhanden ist, müssen beide Punkte (höchstbeanspruchte Stelle und Ort der Schweißnaht) untersucht werden. Der größere Wert von $2 \cdot \varepsilon_{ages}$ ist maßgebend.

Erläuterung der Formel (22)

Sie stellt die Gleichung der Geraden im doppeltlogarithmischen Diagramm dar (s. Bild 70 und 71 der Dissertation). Hiermit wird eine Beziehung zwischen der Lastwechselzahl N und der effektiven Gesamtdehnungsschwingbreite $2 \cdot \varepsilon_{ages}$ hergestellt.

Unterhalb der Lastspielzahl wird das durch Literatur belegte Erfahrungsbereich verlassen. Ziel der unteren Grenze für die Lastspielzahl ist

– eine Begrenzung des Steifigkeitsabfalls aus dem Federweg mit Hinblick auf die Stabilität,

– die Sicherstellung der Gültigkeit der Formel (11), die strenggenommen nur für das elastische Verhalten des Balges gültig ist, auch im elasto-plastischen Bereich.

Erläuterung zu Abschnitt 6.2.2, 2. Satz

Der Balg eines Angular- oder Lateralkompensators erfährt durch die Angularverdrehung bzw. den Lateralweg eine Biegung, die bei gleichzeitig wirkendem Innendruck zu einem seitlichen Ausweichen des Balges mit übermäßigen Verformungen führen kann.

Erläuterung zu Abschnitt 6.4

Die Stützziffer $n = 1,28$ bei hohen Temperaturen wurde aus den Versuchen ermittelt, wie aus der Dissertation auf Seite 65 zu entnehmen ist.

Für das vorliegende Berechnungsverfahren liegen im Bereich höherer Temperaturen nur Ergebnisse einzelner Kurzzeitversuche vor. Es ist beabsichtigt, damit Betriebserfahrungen zu sammeln. Zusätzliche Überwachungsmaßnahmen sind erforderlich.

Werkstoffe

Bei den Versuchen wurden Kompensatoren aus folgenden Werkstoffen verwendet:

MRSt 34-2   1.0108
H I   1.0345
H II   1.0425
16 CrMo 4   1.7242
X 10 Cr Ni Ti 18 9   1.4541

Die in Tafel 1 angegebenen C-Werte beziehen sich auf diese Werkstoffe.

Interpolationsgleichungen

Die Zahlenwerte für $R_{(p)}$, $R_{(w)}$ und $R_{(c_W)}$ werden den Tafeln 2 bis 13 bzw. 14 bis 25 entnommen. Zwischenwerte sind linear nach folgendem Schema zu interpolieren:

$\frac{d_u}{h}$	$\frac{r_u}{h}$	$\frac{r_o}{h}$
$\frac{s_u}{h}$	R^u_{uu}	R^u_{uo}
$\frac{s_o}{h}$	R^u_{ou}	R^u_{oo}

$\frac{d_o}{h}$	$\frac{r_u}{h}$	$\frac{r_o}{h}$
$\frac{s_u}{h}$	R^o_{uu}	R^o_{uo}
$\frac{s_o}{h}$	R^o_{ou}	R^o_{oo}

$$\Delta \frac{s}{h} = \frac{\frac{s}{h} - \frac{s_u}{h}}{\frac{s_o}{h} - \frac{s_u}{h}}$$

$$\Delta \frac{r}{h} = \frac{\frac{r}{h} - \frac{r_u}{h}}{\frac{r_o}{h} - \frac{r_u}{h}}$$

$$\Delta \frac{d}{h} = \frac{\frac{d}{h} - \frac{d_u}{h}}{\frac{d_o}{h} - \frac{d_u}{h}}$$

$$R^u_u = R^u_{uu} + (R^u_{ou} - R^u_{uu}) \cdot \Delta \frac{s}{h}$$

$$R^u_o = R^u_{uo} + (R^u_{oo} - R^u_{uo}) \cdot \Delta \frac{s}{h}$$

$$R^o_u = R^o_{uu} + (R^o_{ou} - R^o_{uu}) \cdot \Delta \frac{s}{h}$$

$$R^o_o = R^o_{uo} + (R^o_{oo} - R^o_{uo}) \cdot \Delta \frac{s}{h}$$

$$R^u = R^u_u + (R^u_o - R^u_u) \cdot \Delta \frac{r}{h}$$

$$R^o = R^o_u + (R^o_o - R^o_u) \cdot \Delta \frac{r}{h}$$

$$R = R^u + (R^o - R^u) \cdot \Delta \frac{d}{h}$$

ICS 23.020.30 Ausgabe Februar 2004

Grundsätze	AD 2000-Regelwerk Aufbau, Anwendung, Verfahrens- richtlinien	AD 2000-Merkblatt G 1

Die AD 2000-Merkblätter werden von den in der „Arbeitsgemeinschaft Druckbehälter" (AD) zusammenarbeitenden, nachstehend genannten sieben Verbänden aufgestellt. Aufbau und Anwendung des AD 2000-Regelwerkes sowie die Verfahrensrichtlinien regelt das AD 2000-Merkblatt G1.

Die AD 2000-Merkblätter enthalten sicherheitstechnische Anforderungen, die für normale Betriebsverhältnisse zu stellen sind. Sind über das normale Maß hinausgehende Beanspruchungen beim Betrieb der Druckbehälter zu erwarten, so ist diesen durch Erfüllung besonderer Anforderungen Rechnung zu tragen.

Wird von den Forderungen dieses AD 2000-Merkblattes abgewichen, muss nachweisbar sein, dass der sicherheitstechnische Maßstab dieses Regelwerkes auf andere Weise eingehalten ist, z.B. durch Werkstoffprüfungen, Versuche, Spannungsanalyse, Betriebserfahrungen.

    Fachverband Dampfkessel-, Behälter- und Rohrleitungsbau e.V. (FDBR), Düsseldorf
    Hauptverband der gewerblichen Berufsgenossenschaften e.V., Sankt Augustin
    Verband der Chemischen Industrie e.V. (VCI), Frankfurt/Main
    Verband Deutscher Maschinen- und Anlagenbau e.V. (VDMA), Fachgemeinschaft Verfahrenstechnische Maschinen und Apparate, Frankfurt/Main
    Stahlinstitut VDEh, Düsseldorf
    VGB PowerTech e.V., Essen
    Verband der Technischen Überwachungs-Vereine e.V. (VdTÜV), Berlin

Die AD 2000-Merkblätter werden durch die Verbände laufend dem Fortschritt der Technik angepasst. Anregungen hierzu sind zu richten an den Herausgeber:

Verband der Technischen Überwachungs-Vereine e.V., Postfach 10 38 34, 45038 Essen.

Inhalt

0 Präambel

1 AD 2000-Regelwerk

2 Träger des AD 2000-Regelwerkes

3 Aufbau des AD 2000-Regelwerkes

4 Anwendung des AD 2000-Regelwerkes

5 Verfahrensrichtlinien für die Aufstellung der AD 2000-Merkblätter

6 Veröffentlichung der AD 2000-Merkblätter

7 Anwendung von Entwürfen, Gültigkeit der AD 2000-Merkblätter

0 Präambel

Zur Erfüllung der grundlegenden Sicherheitsanforderungen der Druckgeräte-Richtlinie kann das AD 2000-Regelwerk angewandt werden, vornehmlich für die Konformitätsbewertung nach den Modulen „G" und „B + F".

Das AD 2000-Regelwerk folgt einem in sich geschlossenen Auslegungskonzept. Die Anwendung anderer technischer Regeln nach dem Stand der Technik zur Lösung von Teilproblemen setzt die Beachtung des Gesamtkonzeptes voraus.

Bei anderen Modulen der Druckgeräte-Richtlinie oder für andere Rechtsgebiete kann das AD 2000-Regelwerk sinngemäß angewandt werden. Die Prüfzuständigkeit richtet sich nach den Vorgaben des jeweiligen Rechtsgebietes.

1 AD 2000-Regelwerk

Die AD 2000-Merkblätter sind allgemein anerkannte Regeln der Technik für Druckbehälter und Rohrleitungen sowie deren Ausrüstungsteile. Sie enthalten sicherheitstechnische Anforderungen für

– Ausrüstung, Aufstellung und Kennzeichnung,
– Berechnung,
– Herstellung und Prüfung,
– Werkstoffe.

2 Träger des AD 2000-Regelwerkes

Die AD 2000-Merkblätter werden von der „Arbeitsgemeinschaft Druckbehälter" (AD) aufgestellt. Träger und damit

---

Ersatz für Ausgabe Juli 2003; | = Änderungen gegenüber der vorangehenden Ausgabe

Die AD 2000-Merkblätter sind urheberrechtlich geschützt. Die Nutzungsrechte, insbesondere die der Übersetzung, des Nachdrucks, der Entnahme von Abbildungen, die Wiedergabe auf fotomechanischem Wege und die Speicherung in Datenverarbeitungsanlagen, bleiben, auch bei auszugsweiser Verwertung, dem Urheber vorbehalten.

Mitglieder der AD sind die nachstehend genannten sieben Verbände (AD-Verbände):

- Fachverband Dampfkessel-, Behälter- und Rohrleitungsbau e.V. (FDBR), Düsseldorf
- Hauptverband der gewerblichen Berufsgenossenschaften e.V., St. Augustin
- Verband der Chemischen Industrie e.V. (VCI), Frankfurt/Main
- Verband Deutscher Maschinen- und Anlagenbau e.V. (VDMA), Fachgemeinschaft Verfahrenstechnische Maschinen und Apparate, Frankfurt/Main
- Stahlinstitut VDEh, Düsseldorf
- VGB PowerTech e.V., Essen
- Verband der Technischen Überwachungs-Vereine e.V. (VdTÜV), Berlin

Federführender Verband ist der VdTÜV, der zugleich die Aufgaben der Geschäftsstelle wahrnimmt.

Die AD-Verbände stellen in einem ausgewogenen Verhältnis einen Zusammenschluss der Werkstoff- und Druckbehälter-Hersteller, der Betreiber, der gewerblichen Berufsgenossenschaften und der Technischen Überwachung dar. Aus der Kenntnis die beim Bau und Betrieb von Druckbehältern, Rohrleitungen und Ausrüstungsteilen auftretenden Fragen erarbeiten die AD-Verbände allgemein anerkannte Regeln der Technik für Druckbehälter, Rohrleitungen sowie Ausrüstungsteile und passen sie laufend dem Fortschritt der Technik an. Die AD zieht im Einzelfall Fachleute anderer Verbände oder Vertreter der Wissenschaft zur Lösung besonderer Fragen hinzu.

3 Aufbau des AD 2000-Regelwerkes

3.1 Einen Überblick über den Aufbau des Regelwerkes gibt Tafel 1.

3.2 Die AD 2000-Merkblätter stützen sich weitgehend auf DIN-Normen. Die im AD 2000-Regelwerk zitierten Normen sind im AD 2000-Merkblatt G 2 aufgelistet.

Tafel 1. Überblick über den Aufbau des AD 2000-Regelwerkes

AD 2000-Regelwerk	
AD 2000-Merkblatt	der Reihe
Ausrüstung, Aufstellung, Kennzeichnung	A
Berechnung	B
Grundsätze	G
Herstellung und Prüfung	HP
Nichtmetallische Werkstoffe	N
Sonderfälle	S
Metallische Werkstoffe	W
Zusätzliche Hinweise	Z

4 Anwendung des AD 2000-Regelwerkes

4.1 Voraussetzungen

Die AD 2000-Merkblätter enthalten sicherheitstechnische Anforderungen, die für normale Betriebsbedingungen zu stellen sind. Vorausgesetzt werden eine einwandfreie Gestaltung, Herstellung und ein ordnungsmäßiges Betreiben der Druckbehälter, der Rohrleitungen und der Ausrüstungsteile einschließlich der erforderlichen Instandhaltung. Sind über das normale Maß hinausgehende Beanspruchungen der Druckbehälter, der Rohrleitungen und der Ausrüstungsteile zu erwarten, ist diesen durch Erfüllung besonderer Anforderungen Rechnung zu tragen.

Das AD 2000-Regelwerk folgt einem in sich geschlossenen Auslegungskonzept. Die Anwendung anderer anerkannter Regeln der Technik zur Lösung von Teilproblemen setzt die Beachtung des Gesamtkonzeptes voraus.

Zur Anwendung der AD 2000-Merkblätter ist ein großer Erfahrungsschatz einschließlich vorhandener Betriebserfahrungen erforderlich. Die Arbeitsgemeinschaft Druckbehälter verbindet daher mit einer zuständigen unabhängigen Stelle besondere Anforderungen. Die vor dem 29.11.1999 nach dem AD-Regelwerk tätigen Sachverständigenorganisationen (TÜV, TÜH, AfA und Industrieüberwachersstellen) erfüllen diese Anforderungen.

4.2 Abweichungen von den AD 2000-Merkblättern

Wird von einzelnen Festlegungen des AD 2000-Regelwerkes abgewichen, ist dafür Sorge zu tragen, dass der sicherheitstechnische Maßstab dieses Regelwerkes auf andere Weise eingehalten ist, z. B. durch Werkstoffprüfungen, Versuche, Spannungsanalysen, Betriebserfahrungen. Im Zweifelsfall gilt die ingenieurmäßige Sorgfaltspflicht mit der sinngemäßen Anwendung der AD 2000-Merkblätter als erfüllt.

4.3 Ergänzende Regeln

Soweit die AD 2000-Merkblätter Einzelfragen nicht behandeln, ist auf andere allgemein anerkannte Regeln der Technik zurückzugreifen. Dabei ist dafür Sorge zu tragen, dass mindestens der sicherheitstechnische Maßstab des AD 2000-Regelwerkes eingehalten wird.

5 Verfahrensrichtlinien für die Aufstellung der AD 2000-Merkblätter

5.1 Vorarbeit der AD-Verbände

Die AD-Verbände arbeiten zunächst in ihren Reihen Beratungsunterlagen aus. Diese werden dem federführenden Verband, dem VdTÜV, übergeben.

5.2 AD 2000-Arbeitskreise

5.2.1 Zur Bearbeitung der unter Abschnitt 5.1 genannten Beratungsunterlagen und der damit im Zusammenhang stehenden oder sonstigen Sachfragen, die im AD 2000-Regelwerk behandelt werden sollen, werden AD 2000-Arbeitskreise gebildet. Die AD-Verbände delegieren in diese AD 2000-Arbeitskreise Fachleute.

5.2.2 Zu den Sitzungen der AD 2000-Arbeitskreise können Fachleute anderer Verbände und Vertreter der Wissenschaft hinzugezogen werden.

5.3 Arbeitsweise der AD 2000-Arbeitskreise

5.3.1 Die AD 2000-Arbeitskreise sind beschlussfähig, wenn mindestens vier AD-Verbände vertreten sind. Die Beschlüsse der AD 2000-Arbeitskreise sollen im gegenseitigen Einvernehmen gefasst werden. Ist in Einzelfällen eine einhellige Auffassung nicht zu erreichen, so gilt die Ansicht der Mehrheit der in den AD 2000-Arbeitskreisen vertretenen Verbände.

5.3.2 Die Beratungsergebnisse der AD 2000-Arbeitskreise werden schriftlich in Form von AD 2000-Entwürfen festgehalten und den AD-Verbänden mitgeteilt.

5.4 Verabschiedung von AD 2000-Entwürfen

5.4.1 Die aufgrund von Beratungsergebnissen eines AD 2000-Arbeitskreises entstandenen Texte (verabschiedungsreife AD 2000-Entwürfe) werden den AD-Verbänden mit einer Frist von sechs Wochen zur Zustimmung vorgelegt. Das Ergebnis dieser Umfrage wird den AD-Verbänden mitgeteilt.

5.4.2 Falls ein AD-Verband einem AD 2000-Entwurf nicht zustimmen kann, hat er die Möglichkeit, innerhalb von vier Wochen bei der AD-Geschäftsstelle zu beantragen, dass sein Anliegen in einer AD-Geschäftsführersitzung beraten wird.

5.4.3 Ein AD 2000-Entwurf gilt als endgültig verabschiedet, sofern
- ein Antrag zur Beratung in einer AD-Geschäftsführersitzung nicht fristgerecht vorliegt und mindestens fünf AD-Verbände dem AD 2000-Entwurf zugestimmt haben oder
- nach Abschluss einer beantragten Beratung in einer AD-Geschäftsführersitzung die AD-Geschäftsführer den AD 2000-Entwurf gebilligt haben.

5.5 Behandlung von Anfragen und Anregungen

Anfragen und Anregungen zu dem AD 2000-Regelwerk sind im Allgemeinen über die AD-Verbände an den federführenden AD-Verband, den VdTÜV, zu richten. Anfragen und Anregungen können Ergänzungen und Änderungen des AD 2000-Regelwerkes bewirken.

6 Veröffentlichung der AD 2000-Merkblätter

6.1 Die nach Abschnitt 5.4 verabschiedeten AD 2000-Entwürfe werden im Rahmen des AD 2000-Regelwerkes durch den VdTÜV veröffentlicht. Hinweise auf Veränderungen des AD 2000-Regelwerkes erscheinen u. a. in folgenden Zeitschriften: BWK (Brennstoff – Wärme – Kraft), Chemie – Ingenieur – Technik, Die Berufsgenossenschaft, DIN-Mitteilungen, Stahl und Eisen, TÜ (Technische Überwachung), VGB KraftwerksTechnik.

6.2 AD 2000-Merkblätter werden als Weißdruck veröffentlicht.

7 Anwendung von Entwürfen, Gültigkeit der AD 2000-Merkblätter

7.1 Beratungsunterlagen, die den AD 2000-Arbeitskreisen nach Abschnitt 5.2.1 vorgelegt werden, erhalten die Bezeichnung
„AD 2000-Vorlage (Monat und Jahr)"

7.2 Mitteilungen von Beratungsergebnissen nach Abschnitt 5.3.2 erhalten die Bezeichnung
„AD 2000-Entwurf (Monat und Jahr)"

7.3 Die AD 2000-Merkblätter (Weißdrucke) können sofort nach ihrer Veröffentlichung angewendet werden.

ICS 23.020.30　　　　　　　　　　　　　　　　　　　　　　　　　　　　Ausgabe August 2007

Grundsätze	Zusammenstellung aller im AD 2000-Regelwerk zitierten Normen	AD 2000-Merkblatt G 2

Die AD 2000-Merkblätter werden von den in der „Arbeitsgemeinschaft Druckbehälter" (AD) zusammenarbeitenden, nachstehend genannten sieben Verbänden aufgestellt. Aufbau und Anwendung des AD 2000-Regelwerkes sowie die Verfahrensrichtlinien regelt das AD 2000-Merkblatt G1.

Die AD 2000-Merkblätter enthalten sicherheitstechnische Anforderungen, die für normale Betriebsverhältnisse zu stellen sind. Sind über das normale Maß hinausgehende Beanspruchungen beim Betrieb der Druckbehälter zu erwarten, so ist diesen durch Erfüllung besonderer Anforderungen Rechnung zu tragen.

Wird von den Forderungen dieses AD 2000-Merkblattes abgewichen, muss nachweisbar sein, dass der sicherheitstechnische Maßstab dieses Regelwerkes auf andere Weise eingehalten ist, z.B. durch Werkstoffprüfungen, Versuche, Spannungsanalyse, Betriebserfahrungen.

　　　　Fachverband Dampfkessel-, Behälter- und Rohrleitungsbau e.V. (FDBR), Düsseldorf
　　　　Hauptverband der gewerblichen Berufsgenossenschaften e.V., Sankt Augustin
　　　　Verband der Chemischen Industrie e.V. (VCI), Frankfurt/Main
　　　　Verband Deutscher Maschinen- und Anlagenbau e.V. (VDMA), Fachgemeinschaft Verfahrenstechnische Maschinen
　　　　und Apparate, Frankfurt/Main
　　　　Stahlinstitut VDEh, Düsseldorf
　　　　VGB PowerTech e.V., Essen
　　　　Verband der TÜV e.V. (VdTÜV), Berlin

Die AD 2000-Merkblätter werden durch die Verbände laufend dem Fortschritt der Technik angepasst. Anregungen hierzu sind zu richten an den Herausgeber:

Verband der TÜV e.V., Friedrichstraße 136, 10117 Berlin.

Inhalt

1　DIN-Normen
2　DIN EN-Normen
3　DIN EN ISO-Normen
4　DIN ISO-Normen
5　CR ISO-Normen
6　ISO-Normen
7　VDI/VDE-Normen
8　VDMA-Normen

Vorbemerkung

Nach AD 2000-Merkblatt G 1 Abschnitt 3.2 stützen sich die AD 2000-Merkblätter weitgehend auf Normen. In der nachfolgenden Zusammenstellung sind alle Normen mit Ausgabedatum aufgelistet, die im AD 2000-Regelwerk mit Stand August 2007 zitiert werden. Die Liste wird regelmäßig auf den neuesten Stand gebracht.

Wenn eine gelistete Norm zurückgezogen oder ersetzt wurde, wird in diesem Merkblatt auf das Nachfolgedokument hingewiesen.

Die in einem AD 2000-Merkblatt zitierte Norm ist so lange anzuwenden, bis die Nachfolgenorm in dem entsprechenden AD 2000-Merkblatt zitiert wird. Das Nachfolgedokument wird bei der nächsten regelmäßigen Aktualisierung des AD 2000-Merkblattes G 2 mit Ausgabedatum und Bezug (Merkblatt/Abschnitt) zitiert.

1　DIN-Normen

DIN	AD-Mbl.	Abschn.	Titel	Ausgabe
13-28	S 3/0	4.3.2.3	Metrisches ISO-Gewinde; Regel- und Feingewinde von 1 bis 250 mm Gewindedurchmesser, Kernquerschnitte, Spannungsquerschnitte und Steigungswinkel	09.75

Ersatz für Ausgabe Juli 2006; vollständig überarbeitet

Die AD 2000-Merkblätter sind urheberrechtlich geschützt. Die Nutzungsrechte, insbesondere die der Übersetzung, des Nachdrucks, der Entnahme von Abbildungen, die Wiedergabe auf fotomechanischem Wege und die Speicherung in Datenverarbeitungsanlagen, bleiben, auch bei auszugsweiser Verwertung, dem Urheber vorbehalten.

DIN	AD-Mbl.	Abschn.	Titel	Ausgabe
267-4	W 7	Anh. 1	Mechanische Verbindungselemente; Technische Lieferbedingungen; Festigkeitsklassen für Muttern (bisherige Klassen)	08.83
			NACHFOLGEDOKUMENT:	
			DIN EN 20898-2 (02.94) Mechanische Eigenschaften von Verbindungselementen; Mutter mit festgelegten Prüfkräften; Regelgewinde	
267-13	W 7	2.1, 2.2, 3.1, 5.1, 7.1, Tafel 2, Anh. 1	Mechanische Verbindungselemente; Technische Lieferbedingungen; Teile für Schraubenverbindungen mit besonderen mechanischen Eigenschaften zum Einsatz bei Temperaturen von −200 °C bis +700 °C	08.93
			NACHFOLGEDOKUMENT:	
			DIN 267-13 (05.07) Mechanische Verbindungselemente ; Technische Lieferbedingungen; Teile für Schraubenverbindungen mit besonderen mechanischen Eigenschaften zum Einsatz bei Temperaturen von −200 °C bis +700 °C	
444	A 5	4.2	Augenschrauben	04.83
1055-3	S 3/0	4.1.4.5	Einwirkungen auf Tragwerke; Eigen- und Nutzlasten für Hochbauten	03.06
1055-4	S 3/0	4.1.4.6	Lastannahmen für Bauten; Verkehrslasten, Windlasten bei nicht schwingungsanfälligen Bauwerken	03.05
1055-5	S 3/0	4.1.4.8	Lastannahmen für Bauten; Verkehrslasten, Schneelast und Eislast	07.05
1626	HP 100R W 4	5.2.1.1 2.2.1, 7.2.1, Tafel 2 a, Tafel 2 b, Tafel 3, Anh. 1	Geschweißte kreisförmige Rohre aus unlegierten Stählen für besondere Anforderungen; Technische Lieferbedingungen	10.84
			NACHFOLGEDOKUMENT:	
			DIN EN 10208-1 (02.98) Stahlrohre für Rohrleitungen für brennbare Medien; Technische Lieferbedingungen; Rohre der Anforderungsklasse A	
			DIN EN 10217-1 (04.05) Geschweißte Stahlrohre für Druckbeanspruchungen; Technische Lieferbedingungen; Rohre aus unlegierten Stählen mit festgelegten Eigenschaften bei Raumtemperatur	
			DIN EN 10224 (12.05) Rohre und Fittings aus unlegierten Stählen für den Transport wässriger Flüssigkeiten einschließlich Trinkwasser; Technische Lieferbedingungen	
			DIN EN 10296-1 (02.04) Geschweißte kreisförmige Stahlrohre für den Maschinenbau und allgemeine technische Anwendungen; Technische Lieferbedingungen; Rohre aus unlegierten und legierten Stählen	

DIN	AD-Mbl.	Abschn.	Titel	Ausgabe
1628	HP 100R W 4	5.2.1.1 2.2.2, 7.2.2, Tafel 2 a, Tafel 2 b, Tafel 3	Geschweißte kreisförmige Rohre aus unlegierten Stählen für besonders hohe Anforderungen; Technische Lieferbedingungen **NACHFOLGEDOKUMENT:** DIN EN 10217-1 (04.05) Geschweißte Stahlrohre für Druckbeanspruchungen; Technische Lieferbedingungen; Rohre aus unlegierten Stählen mit festgelegten Eigenschaften bei Raumtemperatur DIN EN 10296-1 (02.04) Geschweißte kreisförmige Stahlrohre für den Maschinenbau und allgemeine technische Anwendungen; Technische Lieferbedingungen; Rohre aus unlegierten und legierten Stählen	10.84
1629	HP 100R HP 801 Nr. 34 W 4 W 12	5.2.1.1 3.1.2.1 2.1.1, 7.1.1, Tafel 1 a, Tafel 1 b, Tafel 3 2.1.1, Tafel 1, Tafel 3	Nahtlose kreisförmige Rohre aus unlegierten Stählen für besondere Anforderungen; Technische Lieferbedingungen **NACHFOLGEDOKUMENT:** DIN EN 10208-1 (02.98) Stahlrohre für Rohrleitungen für brennbare Medien; Technische Lieferbedingungen; Rohre der Anforderungsklasse A DIN EN 10216-1 (07.04) Nahtlose Stahlrohre für Druckbeanspruchungen; Technische Lieferbedingungen; Rohre aus unlegierten Stählen mit festgelegten Eigenschaften bei Raumtemperatur DIN EN 10217-1 (08.02) Geschweißte Stahlrohre für Druckbeanspruchungen; Technische Lieferbedingungen; Rohre aus unlegierten Stählen mit festgelegten Eigenschaften bei Raumtemperatur DIN EN 10224 (12.05) Rohre und Fittings aus unlegierten Stählen für den Transport wässriger Flüssigkeiten einschließlich Trinkwasser; Technische Lieferbedingungen DIN EN 10297-1 (06.03) Nahtlose kreisförmige Stahlrohre für den Maschinenbau und allgemeine technische Anwendungen; Technische Lieferbedingungen; Rohre aus unlegierten und legierten Stählen	10.84
1630	HP 100R W 4 W 12	5.2.1.1 2.1.2, 7.1.3, Tafel 1 a, Tafel 1 b, Tafel 3 2.1.2, Tafel 1, Tafel 3	Nahtlose kreisförmige Rohre aus unlegierten Stählen für besonders hohe Anforderungen; Technische Lieferbedingungen **OHNE ERSATZ ZURÜCKGEZOGEN**	10.84
1681	HP 801 Nr. 34 W 5	3.1.4 2.1	Stahlguss für allgemeine Verwendungszwecke; Technische Lieferbedingungen **NACHFOLGEDOKUMENT:** DIN EN 10293 (06.05) Stahlguss für allgemeine Anwendungen	06.85
1690-1	W 0 W 3/1 W 3/2	3.5 4.1 4.1	Technische Lieferbedingungen für Gussstücke aus metallischen Werkstoffen; Allgemeine Bedingungen **NACHFOLGEDOKUMENT:** DIN EN 1559-1 (08.97) Gießereiwesen; Technische Lieferbedingungen; Allgemeines	05.85

DIN	AD-Mbl.	Abschn.	Titel	Ausgabe
1690-2	W 5	Tafel 1, 3.1, 5.7, Tafel 2, 7.5	Technische Lieferbedingungen für Gussstücke aus metallischen Werkstoffen; Allgemeine Bedingungen	06.85
			NACHFOLGEDOKUMENT:	
			DIN EN 1559-2 (04.00) Gießereiwesen; Technische Lieferbedingungen; Zusätzliche Anforderungen an Stahlgussstücke	
1690-10	A 4 S 1 S 2	6.3.1 Anh. 3 Anh. 5, 1.3, 8.2.1, 8.2.2	Technische Lieferbedingungen für Gussstücke aus metallischen Werkstoffen; Ergänzende Festlegungen für Stahlguss für höher beanspruchte Armaturen	01.91
			OHNE ERSATZ ZURÜCKGEZOGEN	
1691	B 0 W 3/1	Tafel 3 Anh. 1	Gusseisen mit Lamellengraphit (Grauguss); Eigenschaften	05.85
			NACHFOLGEDOKUMENT:	
			DIN EN 1561 (08.97) Gießereiwesen; Gusseisen mit Lamellengraphit	
1693-1	B 0	Tafel 2	Gusseisen mit Kugelgraphit; Werkstoffsorten, unlegiert und niedriglegiert	10.73
			NACHFOLGEDOKUMENT:	
			DIN EN 1563 (10.05) Gießereiwesen; Gusseisen mit Kugelgraphit	
1693-2	B 0	Tafel 2	Gusseisen mit Kugelgraphit; unlegiert und niedriglegiert; Eigenschaften im angegossenen Probestück	10.77
			NACHFOLGEDOKUMENT:	
			DIN EN 1563 (10.05) Gießereiwesen; Gusseisen mit Kugelgraphit	
1694	W 3/3	2.1, 3.1, 3.1.2, Tafel 1, 3.2, 4.1, 5, Tafel 3	Austenitisches Gusseisen **NACHFOLGEDOKUMENT:** DIN EN 13835 (08.06) Gießereiwesen; Austenitische Gusseisen	09.81
1738	HP 0 HP 2/1	[1] zu Tafel 1a [1] zu Tafel 2a [1] zu Tafel 3a 3.1	Siehe CR ISO 15608:2000 **NACHFOLGEDOKUMENT:** DIN-Fachbericht CEN ISO/TR 15608 (01.06) Schweißen; Richtlinien für eine Gruppeneinteilung von metallischen Werkstoffen	V 07.00
1746-1	HP 100R	5.2.1.4	Rohre aus Aluminium und Aluminium-Knetlegierungen; Eigenschaften	08.97
			NACHFOLGEDOKUMENT:	
			DIN EN 754-2 (08.97) Aluminium und Aluminiumlegierungen; Gezogene Stangen und Rohre; Mechanische Eigenschaften	
			DIN EN 755-2 (08.97) Aluminium und Aluminiumlegierungen; Stranggepresste Stangen und Rohre; Mechanische Eigenschaften	

DIN	AD-Mbl.	Abschn.	Titel	Ausgabe
1746-2	HP 100R	5.2.1.4	Rohre aus Aluminium und Aluminium-Knetlegierungen; Technische Lieferbedingungen	01.87
			NACHFOLGEDOKUMENT:	
			DIN EN 754-1 (08.97) Aluminium und Aluminiumlegierungen; Gezogene Stangen und Rohre; Technische Lieferbedingungen	
			DIN EN 755-1 (08.97) Aluminium und Aluminiumlegierungen; Stranggepresste Stangen und Rohre; Technische Lieferbedingungen	
1754-1	HP 100R	5.2.1.3	Rohre aus Kupfer, nahtlosgezogen; Maßbereiche und Toleranzzuordnungen	08.69
			NACHFOLGEDOKUMENT:	
			DIN EN 12449 (10.99) Kupfer und Kupferlegierungen; Nahtlose Rundrohre zur allgemeinen Verwendung	
			DIN EN 12451 (10.99) Kupfer und Kupferlegierungen; Nahtlose Rundrohre für Wärmeaustauscher	
			DIN EN 13600 (07.02) Kupfer und Kupferlegierungen; Nahtlose Rundrohre für die Anwendung in der Elektrotechnik	
1754-2	HP 100R	5.2.1.3	Rohre aus Kupfer, nahtlosgezogen; Vorzugsmaße für allgemeine Verwendung	08.69
			NACHFOLGEDOKUMENT:	
			DIN EN 12449 (10.99) Kupfer und Kupferlegierungen; Nahtlose Rundrohre zur allgemeinen Verwendung	
			DIN EN 13600 (07.02) Kupfer und Kupferlegierungen; Nahtlose Rundrohre für die Anwendung in der Elektrotechnik	
1754-3	HP 100R	5.2.1.3	Rohre aus Kupfer, nahtlosgezogen; Vorzugsmaße für Rohrleitungen	04.74
			NACHFOLGEDOKUMENT:	
			DIN EN 12449 (10.99) Kupfer und Kupferlegierungen; Nahtlose Rundrohre zur allgemeinen Verwendung	
1755-1	HP 100R	5.2.1.3	Rohre aus Kupfer-Knetlegierungen, nahtlosgezogen; Maßbereiche und Toleranzzuordnungen	08.69
			NACHFOLGEDOKUMENT:	
			DIN EN 12449 (10.99) Kupfer und Kupferlegierungen; Nahtlose Rundrohre zur allgemeinen Verwendung	
			DIN EN 12451 (10.99) Kupfer und Kupferlegierungen; Nahtlose Rundrohre für Wärmeaustauscher	
1755-2	HP 100R	5.2.1.3	Rohre aus Kupfer-Knetlegierungen, nahtlosgezogen; Vorzugsmaße für allgemeine Verwendung	08.69
			NACHFOLGEDOKUMENT:	
			DIN EN 12449 (10.99) Kupfer und Kupferlegierungen; Nahtlose Rundrohre zur allgemeinen Verwendung	

DIN	AD-Mbl.	Abschn.	Titel	Ausgabe
1755-3	HP 100R	5.2.1.3	Rohre aus Kupfer-Knetlegierungen, nahtlosgezogen; Vorzugsmaße für Rohrleitungen	08.69
			NACHFOLGEDOKUMENT:	
			DIN EN 12449 (10.99) Kupfer und Kupferlegierungen; Nahtlose Rundrohre zur allgemeinen Verwendung	
1785	HP 100R	5.2.1.3	Rohre aus Kupfer und Kupfer-Knetlegierungen für Kondensatoren und Wärmeaustauscher	10.83
			NACHFOLGEDOKUMENT:	
			DIN EN 12451 (10.99) Kupfer und Kupferlegierungen; Nahtlose Rundrohre für Wärmeaustauscher	
1786	HP 100R	5.2.1.3 7.3.1, 7.4.1, Anlage 4 (5.2.4.1)	Installationsrohre aus Kupfer; nahtlosgezogen	05.80
			NACHFOLGEDOKUMENT:	
			DIN EN 1057 (08.06) Kupfer und Kupferlegierungen; Nahtlose Rundrohre aus Kupfer für Wasser- und Gasleitungen für Sanitärinstallationen und Heizungsanlagen	
1787	HP 100R	5.2.1.3	Kupfer; Halbzeug	01.73
			OHNE ERSATZ ZURÜCKGEZOGEN	
1912-1	HP 1	2.4	Zeichnerische Darstellung, Schweißen, Löten; Begriffe und Benennungen für Schweißstöße, -fugen, -nähte	06.76
			NACHFOLGEDOKUMENT:	
			DIN EN ISO 17659 (09.05) Schweißen – Mehrsprachige Benennungen für Schweißverbindungen mit bildlichen Darstellungen	
2353	HP 100R	5.6.1	Lötlose Rohrverschraubungen mit Schneidring; Vollständige Verschraubung und Übersicht	12.98
2391-1	HP 100R	7.4.1	Nahtlose Präzisionsstahlrohre mit besonderer Maßgenauigkeit; Maße	09.94
			NACHFOLGEDOKUMENT:	
			DIN EN 10305-1 (02.03) Präzisionsstahlrohre; Technische Lieferbedingungen; Nahtlose kaltgezogene Rohre	
2391-2	HP 100R	7.4.1	Nahtlose Präzisionsstahlrohre mit besonderer Maßgenauigkeit; Technische Lieferbedingungen	09.94
			NACHFOLGEDOKUMENT:	
			DIN EN 10305-1 (02.03) Präzisionsstahlrohre; Technische Lieferbedingungen; Nahtlose kaltgezogene Rohre	
2393-1	HP 100R	7.4.1	Geschweißte Präzisionsstahlrohre mit besonderer Maßgenauigkeit; Maße	09.94
			NACHFOLGEDOKUMENT:	
			DIN EN 10305-2 (02.03) Präzisionsstahlrohre; Technische Lieferbedingungen; Geschweißte und kaltgezogene Rohre	

DIN	AD-Mbl.	Abschn.	Titel	Ausgabe
2393-2	HP 100R	7.4.1	Geschweißte Präzisionsstahlrohre mit besonderer Maßgenauigkeit; Technische Lieferbedingungen	09.94
			NACHFOLGEDOKUMENT:	
			DIN EN 10305-2 (02.03) Präzisionsstahlrohre; Technische Lieferbedingungen; Geschweißte und kaltgezogene Rohre	
2401-1	W 3/2	2.5 Tafel 1	Innen- oder außendruckbeanspruchte Bauteile; Druck- und Temperaturangaben, Begriffe, Nenndruckstufen	05.77
			NACHFOLGEDOKUMENT:	
			DIN EN 764-1 (09.04) Druckgeräte – Teil 1: Terminologie – Druck, Temperatur, Volumen, Nennweite	
			DIN EN 1333 (06.06) Rohrleitungsteile; Definition und Auswahl von PN	
2413	B 1	7	Stahlrohre; Berechnung der Wanddicke gegen Innendruck	06.72
			NACHFOLGEDOKUMENT:	
			DIN EN 13480-3 (08.02) Metallische industrielle Rohrleitungen; Konstruktion und Berechnung	
2413-1	HP 100R	6.2.1	Stahlrohre; Berechnung der Wanddicke von Stahlrohren gegen Innendruck	10.93
			NACHFOLGEDOKUMENT:	
			DIN EN 13480-3 (08.02) Metallische industrielle Rohrleitungen; Konstruktion und Berechnung	
2413-2	HP 100R	6.2.1	Stahlrohre; Berechnung der Wanddicke von Rohrbögen gegen Innendruck	10.93
			NACHFOLGEDOKUMENT:	
			DIN EN 13480-3 (08.02) Metallische industrielle Rohrleitungen; Konstruktion und Berechnung	
2448	HP 801 Nr. 14	4.9.1	Nahtlose Stahlrohre; Maße, längenbezogene Massen	02.81
			NACHFOLGEDOKUMENT:	
			DIN EN 10220 (03.03) Nahtlose und geschweißte Stahlrohre; Allgemeine Tabellen für Maße und längenbezogene Masse	
2462-1	HP 100R	7.4.1	Nahtlose Rohre aus nichtrostenden Stählen; Maße, längenbezogene Masse	03.81
			NACHFOLGEDOKUMENT:	
			DIN EN ISO 1127 (03.97) Nichtrostende Stahlrohre; Maße, Grenzabmaße und längenbezogene Masse	
2500	B 8	6.1.2	Flansche; Allgemeine Angaben, Übersicht	08.66
			TEILWEISER ERSATZ DURCH:	
			DIN EN 1092-2 (06.97) Flansche und ihre Verbindungen – Runde Flansche für Rohre, Armaturen, Formstücke und Zubehörteile, nach PN bezeichnet; Gußeisenflansche	

DIN	AD-Mbl.	Abschn.	Titel	Ausgabe
2505	B 5 B 7 B 8 HP 100R N 1 S 3/1	6.7.7.2 1) 6.1.2 Erl. zu Anl. 3 4.5.7 6.2.1	Berechnung von Flanschverbindungen **NACHFOLGEDOKUMENT:** DIN EN 1591-1 (10.01) Flansche und ihre Verbindungen; Regeln für die Auslegung von Flanschverbindungen mit runden Flanschen und Dichtung; Berechnungsmethode DIN V ENV 1591-2 (10.01) Flansche und ihre Verbindungen; Regeln für die Auslegung von Flanschverbindungen mit runden Flanschen und Dichtung; Dichtungskennwerte	V 01.86
2510-1	B 7	2.2, 2.3	Schraubenverbindungen mit Dehnschaft; Übersicht, Anwendungsbereich und Einbaubeispiele	09.74
2519	B 8	2.2.1	Stahlflansche; Technische Lieferbedingungen **NACHFOLGEDOKUMENT:** DIN EN 1092-1 (06.02) Flansche und ihre Verbindungen; Runde Flansche für Rohre, Armaturen, Formstücke und Zubehör; Stahlflansche, nach PN bezeichnet	08.66
2526	HP 801 Nr. 34	5.1.3	Flansche; Form der Dichtflächen **TEILWEISER ERSATZ DURCH:** DIN EN 1092-2 (06.97) Flansche und ihre Verbindungen – Runde Flansche für Rohre, Armaturen, Formstücke und Zubehörteile, nach PN bezeichnet; Gußeisenflansche	03.75
2527	B 5	2.2	Blindflansche; Nenndruck 6 bis 100 **NACHFOLGEDOKUMENT:** DIN EN 1092-1 (06.02) Flansche und ihre Verbindungen; Runde Flansche für Rohre, Armaturen, Formstücke und Zubehör; Stahlflansche, nach PN bezeichnet	04.72
2605-1	B 1 Anl. 1 HP 100R	1 6.2.1.2	Formstücke zum Einschweißen; Rohrbogen; Verminderter Ausnutzungsgrad	02.91
2605-2	B 1 Anl. 1 HP 100R	1 6.2.1.2	Formstücke zum Einschweißen; Rohrbogen; Voller Ausnutzungsgrad	06.95
2609	HP 8/3 HP 100R	1, 4.1, 4.2, 4.3, 4.4, 5.1.1, 5.1.2, 5.2.5, 6 5.3.2	Formstücke zum Einschweißen; Technische Lieferbedingungen	02.91
2615-1	HP 100R	6.2.1.3	Formstücke zum Einschweißen; T-Stücke; Verminderter Ausnutzungsgrad	05.92
2615-2	HP 100R	6.2.1.3	Formstücke zum Einschweißen; T-Stücke; Voller Ausnutzungsgrad	05.92
2616-2	HP 100R	6.2.1.2	Formstücke zum Einschweißen; Reduzierstücke; Voller Ausnutzungsgrad	02.91
2617	HP 8/3 HP 100R	1 6.2.1.2	Formstücke zum Einschweißen; Kappen; Maße	02.91

DIN	AD-Mbl.	Abschn.	Titel	Ausgabe
2690	B 5 B 7	2.2 Tafel 1	Flachdichtungen für Flansche mit ebener Dichtfläche, Nenndruck 1 bis 40	05.66
			NACHFOLGEDOKUMENT: DIN EN 1514-1 (08.97) Flansche und ihre Verbindungen; Maße für Dichtungen für Flansche mit PN-Bezeichnung; Flachdichtungen aus nichtmetallischem Werkstoff mit oder ohne Einlagen	
2691	B 5	2.2	Flachdichtungen für Flansche mit Feder und Nut; Nenndruck 10 bis 160	11.71
			NACHFOLGEDOKUMENT: DIN EN 1514-1 (08.97) Flansche und ihre Verbindungen; Maße für Dichtungen für Flansche mit PN-Bezeichnung; Flachdichtungen aus nichtmetallischem Werkstoff mit oder ohne Einlagen	
2692	B 5 B 7	2.2 Tafel 1	Flachdichtungen für Flansche mit Rücksprung; Nenndruck 10 bis 100	05.66
			NACHFOLGEDOKUMENT: DIN EN 1514-1 (08.97) Flansche und ihre Verbindungen; Maße für Dichtungen für Flansche mit PN-Bezeichnung; Flachdichtungen aus nichtmetallischem Werkstoff mit oder ohne Einlagen	
2695	B 7	Tafel 1	Membran-Schweißdichtungen und Schweißringdichtungen für Flanschverbindungen	11.02
2696	B 7	Tafel 1	Flanschverbindungen mit Dichtlinse	08.99
2697	B 7	Tafel 1	Kammprofilierte Dichtringe und Dichtungen für Flanschverbindungen; Nenndruck 64 bis 400	01.72
			NACHFOLGEDOKUMENT: DIN EN 1514-6 (03.04) Flansche und ihre Verbindungen – Maße für Dichtungen für Flansche mit PN-Bezeichnung – Teil 6: Kammprofil- dichtungen für Stahlflansche	
2856	HP 100R	5.3.1.1, 6.2.1.3, 7.3.1	Kapillarlötfittings; Anschlussmaße und Prüfungen **NACHFOLGEDOKUMENT:** DIN EN 1254-1 (03.98) Kupfer und Kupferlegierungen; Fittings; Kapillarlötfittings für Kupferrohre (Weich- und Hartlöten) DIN EN 1254-4 (03.98) Kupfer und Kupferlegierungen; Fittings; Fittings zum Verbinden anderer Ausführungen von Rohrenden mit Kapillarlötverbindungen oder Klemmverbindungen	02.86

DIN	AD-Mbl.	Abschn.	Titel	Ausgabe
3230-3	A 4	6.1	Technische Lieferbedingungen für Armaturen; Zusammenstellung möglicher Prüfungen	04.82
			NACHFOLGEDOKUMENT:	
			DIN EN 12266-1 (06.03) Industriearmaturen; Prüfung von Armaturen; Druckprüfungen, Prüfverfahren und Annahmekriterien; Verbindliche Anforderungen	
			DIN EN 12266-2 (05.03) Industriearmaturen; Prüfung von Armaturen; Prüfungen, Prüfverfahren und Annahmekriterien; Ergänzende Anforderungen	
3230-5	HP 100R	5.5.1	Technische Lieferbedingungen für Armaturen; Armaturen für Gasleitungen und Gasanlagen; Anforderungen und Prüfung	08.84
			TEILWEISER ERSATZ DURCH:	
			DIN EN 14141 (03.04) Armaturen für den Transport von Erdgas in Fernleitungen – Anforderungen an die Gebrauchstauglichkeit und deren Prüfung	
3230-6	HP 100R	5.5.1	Technische Lieferbedingungen für Armaturen; Armaturen für brennbare Flüssigkeiten; Anforderungen und Prüfung	09.87
3320-1	A 1 A 2	3), 7.2.2 2), 13.1	Sicherheitsventile; Sicherheitsabsperrventile; Begriffe, Größenbemessung, Kennzeichnung	09.84
			TEILWEISER ERSATZ DURCH:	
			DIN EN 764-1 (09.04) Druckgeräte – Teil 1: Terminologie – Druck, Temperatur, Volumen, Nennweite	
3381	A 2 A 403	12) 3.2.2	Sicherheitseinrichtungen für Gasversorgungsanlagen mit Betriebsdrücken bis 100 bar; Sicherheitsabblase- und Sicherheitsabsperreinrichtungen	06.84
			NACHFOLGEDOKUMENT:	
			DIN EN 14382 (07.05) Sicherheitseinrichtungen für Gas-Druckregelanlagen und -einrichtungen – Gas-Sicherheitsabsperreinrichtungen für Betriebsdrücke bis 100 bar	
3394-1	HP 801 Nr. 25	6.3.7	Automatische Stellgeräte; Stellgeräte zum Sichern, Abblasen und Regeln für Drücke über 4 bar bis 16 bar	05.04
3440	A 403 HP 801 Nr. 25	5.1, 6 6.2.13	Temperaturregel- und -begrenzungseinrichtungen für Wärmeerzeugungsanlagen; Sicherheitstechnische Anforderungen und Prüfung	07.84
			NACHFOLGEDOKUMENT:	
			DIN EN 14597 (12.05) Temperaturregeleinrichtungen und Temperaturbegrenzer für wärmeerzeugende Anlagen	

DIN	AD-Mbl.	Abschn.	Titel	Ausgabe
3441-1	HP 120R	5.4.2	Armaturen aus weichmacherfreiem Polyvinylchlorid (PVC-U); Anforderungen und Prüfung	05.89
			NACHFOLGEDOKUMENT:	
			DIN EN ISO 16135 (06.06) Industriearmaturen – Kugelhähne aus Thermoplasten	
			DIN EN ISO 16136 (06.06) Industriearmaturen – Klappen aus Thermoplasten	
			DIN EN ISO 16137 (06.06) Industriearmaturen – Rückflussverhinderer aus Thermoplasten	
			DIN EN ISO 16138 (06.06) Industriearmaturen – Membranventile aus Thermoplasten	
			DIN EN ISO 16139 (06.06) Industriearmaturen – Schieber aus Thermoplasten	
			DIN EN ISO 21787 (06.06) Industriearmaturen – Ventile aus Thermoplasten	
3441-2	HP 120R	5.4.2	Armaturen aus weichmacherfreiem Polyvinylchlorid (PVC-U); Kugelhähne; Maße	08.84
			NACHFOLGEDOKUMENT:	
			DIN EN ISO 16135 (06.06) Industriearmaturen – Kugelhähne aus Thermoplasten	
3441-3	HP 120R	5.4.2	Armaturen aus weichmacherfreiem Polyvinylchlorid (PVC-U); Membranarmaturen; Maße	08.84
			NACHFOLGEDOKUMENT:	
			DIN EN ISO 16138 (06.06) Industriearmaturen – Membranventile aus Thermoplasten	
3441-4	HP 120R	5.4.2	Armaturen aus PVC hart (Polyvinylchlorid hart); Schrägsitzventile; Maße	06.78
			NACHFOLGEDOKUMENT:	
			DIN EN ISO 21787 (06.06) Industriearmaturen – Ventile aus Thermoplasten	
3441-5	HP 120R	5.4.2	Armaturen aus weichmacherfreiem Polyvinylchlorid (PVC-U); Absperrklappen PN 6 und PN 10 zum Einklemmen; Maße	01.84
			NACHFOLGEDOKUMENT:	
			DIN EN ISO 16136 (06.06) Industriearmaturen – Klappen aus Thermoplasten	
3441-6	HP 120R	5.4.2	Armaturen aus weichmacherfreiem Polyvinylchlorid (PVC-U); Schieber mit innenliegendem Spindelgewinde; Maße	03.88
			NACHFOLGEDOKUMENT:	
			DIN EN ISO 16139 (06.06) Industriearmaturen – Schieber aus Thermoplasten	
3441-7	HP 120R	5.4.2	Armaturen aus weichmacherfreiem Polyvinylchlorid (PVC-U) für die Wasserversorgung; Anforderungen und Anerkennungsprüfung für Absperrarmaturen	E 12.90
			OHNE ERSATZ ZURÜCKGEZOGEN	

DIN	AD-Mbl.	Abschn.	Titel	Ausgabe
3442-1	HP 120R	5.4.5	Armaturen aus Polypropylen (PP); Anforderungen und Prüfung	05.87
			NACHFOLGEDOKUMENT:	
			DIN EN ISO 16135 (06.06) Industriearmaturen – Kugelhähne aus Thermoplasten	
			DIN EN ISO 16136 (06.06) Industriearmaturen – Klappen aus Thermoplasten	
			DIN EN ISO 16137 (06.06) Industriearmaturen – Rückflussverhinderer aus Thermoplasten	
			DIN EN ISO 16138 (06.06) Industriearmaturen – Membranventile aus Thermoplasten	
			DIN EN ISO 16139 (06.06) Industriearmaturen – Schieber aus Thermoplasten	
			DIN EN ISO 21787 (06.06) Industriearmaturen – Ventile aus Thermoplasten	
3442-2	HP 120R	5.4.5	Armaturen aus PP (Polypropylen); Kugelhähne, Maße	10.80
			NACHFOLGEDOKUMENT:	
			DIN EN ISO 16135 (06.06) Industriearmaturen – Kugelhähne aus Thermoplasten	
3442-3	HP 120R	5.4.5	Armaturen aus Polypropylen (PP); Membranarmaturen, Maße	07.87
			NACHFOLGEDOKUMENT:	
			DIN EN ISO 16138 (06.06) Industriearmaturen – Membranventile aus Thermoplasten	
3840	A 4 S 2	5.2, 6.2 5	Armaturengehäuse; Festigkeitsberechnung gegen Innendruck	09.82
			NACHFOLGEDOKUMENT:	
			DIN EN 12516-2 (10.04) Industriearmaturen – Gehäusefestigkeit – Teil 2: Berechnungsverfahren für drucktragende Gehäuse von Armaturen aus Stahl	
3859	HP 100R	5.6.1	Rohrverschraubungen; Technische Lieferbedingungen	03.84
			NACHFOLGEDOKUMENT:	
			DIN EN 3859-1 (09.05) Rohrverschraubungen; Technische Lieferbedingungen	
			DIN EN ISO 8434-1 (11.97) Metallische Rohrverschraubungen für Fluidtechnik und allgemeine Anwendung; 24°-Schneidringverschraubung	
4102-1	HP 801 Nr. 25	7.2.1	Brandverhalten von Baustoffen und Bauteilen; Baustoffe; Begriffe, Anforderungen und Prüfungen	05.98
			TEILWEISER ERSATZ DURCH:	
			DIN EN 13238 (12.01) Prüfungen zum Brandverhalten von Bauprodukten; Konditionierungsverfahren und allgemeine Regeln für die Auswahl von Trägerplatten	

DIN	AD-Mbl.	Abschn.	Titel	Ausgabe
4114-1	S 3/0 S 3/2 S 3/3	4.3.3.1, 4.3.3.2 7 Tafel 1	Stahlbau; Stabilitätsfälle (Knickung, Kippung, Beulung); Berechnungsgrundlagen; Vorschriften **Bitte beachten:** DIN 4114 Teil 1 vom Juli 1952 und DIN 4114 Teil 2 vom Februar 1953 gelten noch bis zum Erscheinen einer EN-Norm über das Knicken von Stäben und Stabwerken von Stahlbauten **NACHFOLGEDOKUMENT:** DIN 18800-2 (11.90) Stahlbauten; Stabilitätsfälle; Knicken von Stäben und Stabwerken DIN 18800-3 (11.90) Stahlbauten; Stabilitätsfälle; Plattenbeulen	07.52
4114-2	S 3/0 S 3/2 S 3/3	4.3.3.2 7 Tafel 1	Stahlbau; Stabilitätsfälle (Knickung, Kippung, Beulung); Berechnungsgrundlagen; Richtlinien **Bitte beachten:** DIN 4114 Teil 1 vom Juli 1952 und DIN 4114 Teil 2 vom Februar 1953 gelten noch bis zum Erscheinen einer EN-Norm über das Knicken von Stäben und Stabwerken von Stahlbauten **NACHFOLGEDOKUMENT:** DIN 18800-2 (11.90) Stahlbauten; Stabilitätsfälle; Knicken von Stäben und Stabwerken DIN 18800-3 (11.90) Stahlbauten; Stabilitätsfälle; Plattenbeulen	02.53
4119-1	S 3/0	4.1.4.6	Oberirdische zylindrische Flachboden-Tankbauwerke aus metallischen Werkstoffen; Grundlagen, Ausführung, Prüfungen **TEILWEISER ERSATZ DURCH:** DIN EN 14015 (02.05) Auslegung und Herstellung standortgefertigter, oberirdischer, stehender, zylindrischer, geschweißter Flachboden-Stahltanks für die Lagerung von Flüssigkeiten bei Umgebungstemperatur und höheren Temperaturen DIN EN 14620-1 (12.06) Auslegung und Herstellung standortgefertigter, stehender, zylindrischer Flachboden-Stahltanks für die Lagerung von tiefkalt verflüssigten Gasen bei Betriebstemperaturen zwischen 0 °C und -165 °C; Allgemeines DIN EN 14620-2 (12.06) Auslegung und Herstellung standortgefertigter, stehender, zylindrischer Flachboden-Stahltanks für die Lagerung von tiefkalt verflüssigten Gasen bei Betriebstemperaturen zwischen 0 °C und -165 °C; Metallische Bauteile DIN EN 14620-3 (12.06) Auslegung und Herstellung standortgefertigter, stehender, zylindrischer Flachboden-Stahltanks für die Lagerung von tiefkalt verflüssigten Gasen bei Betriebstemperaturen zwischen 0 °C und -165 °C; Bauteile aus Beton DIN EN 14620-4 (12.06) Auslegung und Herstellung standortgefertigter, stehender, zylindrischer Flachboden-Stahltanks für die Lagerung von tiefkalt verflüssigten Gasen bei Betriebstemperaturen zwischen 0 °C und -165 °C; Dämmung	06.79

DIN	AD-Mbl.	Abschn.	Titel	Ausgabe
4119-1 (Forts.)			DIN EN 14620-5 (12.06) Auslegung und Herstellung standortgefertigter, stehender, zylindrischer Flachboden-Stahltanks für die Lagerung von tiefkalt verflüssigten Gasen bei Betriebstemperaturen zwischen 0 °C und −165 °C; Prüfen, Trocknen, Inertisieren und Kaltfahren	
4119-2	S 3/0	4.1.4.6	Oberirdische zylindrische Flachboden-Tankbauwerke aus metallischen Werkstoffen; Berechnung **TEILWEISER ERSATZ DURCH:** DIN EN 14015 (02.05) Auslegung und Herstellung standortgefertigter, oberirdischer, stehender, zylindrischer, geschweißter Flachboden-Stahltanks für die Lagerung von Flüssigkeiten bei Umgebungstemperatur und höheren Temperaturen DIN EN 14620-1 (12.06) Auslegung und Herstellung standortgefertigter, stehender, zylindrischer Flachboden-Stahltanks für die Lagerung von tiefkalt verflüssigten Gasen bei Betriebstemperaturen zwischen 0 °C und −165 °C; Allgemeines DIN EN 14620-2 (12.06) Auslegung und Herstellung standortgefertigter, stehender, zylindrischer Flachboden-Stahltanks für die Lagerung von tiefkalt verflüssigten Gasen bei Betriebstemperaturen zwischen 0 °C und −165 °C; Metallische Bauteile DIN EN 14620-3 (12.06) Auslegung und Herstellung standortgefertigter, stehender, zylindrischer Flachboden-Stahltanks für die Lagerung von tiefkalt verflüssigten Gasen bei Betriebstemperaturen zwischen 0 °C und −165 °C; Bauteile aus Beton DIN EN 14620-4 (12.06) Auslegung und Herstellung standortgefertigter, stehender, zylindrischer Flachboden-Stahltanks für die Lagerung von tiefkalt verflüssigten Gasen bei Betriebstemperaturen zwischen 0 °C und −165 °C; Dämmung DIN EN 14620-5 (12.06) Auslegung und Herstellung standortgefertigter, stehender, zylindrischer Flachboden-Stahltanks für die Lagerung von tiefkalt verflüssigten Gasen bei Betriebstemperaturen zwischen 0 °C und −165 °C; Prüfen, Trocknen, Inertisieren und Kaltfahren	02.80
4133	S 3/0	4.1.4.5, 4.1.4.6, 4.1.4.8, 5	Schornsteine aus Stahl **TEILWEISER ERSATZ DURCH:** DIN EN 13084-1 (05.07) Freistehende Schornsteine; Allgemeine Anforderungen	11.91
4140	HP 801 Nr. 14	3.2	Dämmarbeiten an betriebs- und haustechnischen Anlagen; Ausführung von Wärme- und Kältedämmungen **NACHFOLGEDOKUMENT:** DIN 4140 (03.07) Dämmarbeiten an betriebstechnischen Anlagen in der Industrie und in der technischen Gebäudeausrüstung; Ausführung von Wärme- und Kältedämmungen	11.96

DIN	AD-Mbl.	Abschn.	Titel	Ausgabe
4149-1	S 3/0	4.1.4.9	Bauten in deutschen Erdbebengebieten; Lastannahmen, Bemessung und Ausführung üblicher Hochbauten	04.81
			NACHFOLGEDOKUMENT:	
			DIN 4149 (04.05) Bauten in deutschen Erdbebengebieten; Lastannahmen, Bemessung und Ausführung üblicher Hochbauten	
4266-1	HP 801 Nr. 25	7.1	Gesteinskörnungen für Beton und Mörtel; Normale und schwere Gesteinskörnungen	01.92
4680-1	A 5 Anl. 1 HP 801 Nr. 25	2.4.7 6.2.7	Ortsfeste Druckbehälter aus Stahl für Flüssiggas, für oberirdische Aufstellung; Maße, Ausrüstung	05.92
4680-2	HP 801 Nr. 25	6.2.7	Ortsfeste Druckbehälter aus Stahl für Flüssiggas, für halboberirdische Aufstellung; Maße, Ausrüstung	05.92
4681-1	HP 801 Nr. 25	6.2.7	Ortsfeste Druckbehälter aus Stahl für Flüssiggas für erdgedeckte Aufstellung; Maße, Ausrüstung	01.88
			TEILWEISER ERSATZ DURCH:	
			DIN EN 14075 (02.05) Ortsfeste, geschweißte, zylindrische Behälter aus Stahl, die serienmäßig für die Lagerung von Flüssiggas (LPG) hergestellt werden, mit einem Fassungsvermögen bis 13 m^3 für erdgedeckte Aufstellung; Gestaltung und Herstellung	
4754	HP 801 Nr. 37	3	Wärmeübertragungsanlagen mit organischen Wärmeträgern; Sicherheitstechnische Anforderungen, Prüfung	09.94
4787-1	A 404	7.2	Ölzerstäubungsbrenner; Begriffe, Sicherheitstechnische Anforderungen; Prüfung, Kennzeichnung	09.81
			TEILWEISER ERSATZ DURCH:	
			DIN EN 267 (11.99) Ölbrenner mit Gebläse – Begriffe, Anforderungen, Prüfung, Kennzeichnung	
4788-1	A 404	7.2	Gasbrenner; Gasbrenner ohne Gebläse	06.77
			TEILWEISER ERSATZ DURCH:	
			DIN EN 298 (01.04) Feuerungsautomaten für Gasbrenner und Gasgeräte mit oder ohne Gebläse	
4788-2	A 404	7.2	Gasbrenner; Gasbrenner mit Gebläse; Begriffe, Sicherheitstechnische Anforderungen, Prüfung, Kennzeichnung	02.90
			NACHFOLGEDOKUMENT:	
			DIN EN 676 (11.03) Automatische Brenner mit Gebläse für gasförmige Brennstoffe	
4810	A 5 Anl. 1	2.4.8	Druckbehälter aus Stahl für Wasserversorgungsanlagen	09.91
6275	A 5 Anl. 1	2.4.4	Verbrennungsmotoren für allgemeine Verwendung; Druckluftbehälter für zulässigen Betriebsüberdruck bis 30 bar	04.82
7079-1	HP 801 Nr. 14	4.9.2	Runde, metallverschmolzene Schauglasplatten für Druckbeanspruchung; für Fassungen mit Rücksprung	05.99

DIN	AD-Mbl.	Abschn.	Titel	Ausgabe
7080	A 404 HP 801 Nr. 14 N 4	5.2 4.9.2 1)	Runde Schauglasplatten aus Borosilicatglas für Druck- beanspruchung ohne Begrenzung im Tieftemperaturbereich	05.05
7081	A 404 N 4	5.2 1)	Lange Schauglasplatten aus Borosilicatglas für Druck- beanspruchung ohne Begrenzung im Tieftemperaturbereich	05.99
8061	HP 110R HP 120R	5.2.21 5.2.2	Rohre aus weichmacherfreiem Polyvinylchlorid; Allgemeine Qualitätsanforderungen	08.94
8062	HP 120R	5.2.2	Rohre aus weichmacherfreiem Polyvinylchlorid (PVC-U, PVC-HI); Maße	11.88
8063-1	HP 120R	5.3.2	Rohrverbindungen und Rohrleitungsteile für Druckrohrleitungen aus weichmacherfreiem Polyvinylchlorid (PVC-U); Muffen- und Doppelmuffenbogen; Maße	12.86
8063-2	HP 120R	5.3.2	Rohrverbindungen und Rohrleitungsteile für Druckrohrleitungen aus weichmacherfreiem Polyvinylchlorid (PVC hart); Bogen aus Spritzguss für Klebung; Maße	07.80
8063-3	HP 120R	5.3.2	Rohrverbindungen und Formstücke für Druckrohrleitungen aus weichmacherfreiem Polyvinylchlorid (PVC-U); Rohrverschraubungen; Maße	06.02
8063-4	HP 120R	5.3.2	Rohrverbindungen und Rohrleitungsteile für Druckrohrleitungen aus weichmacherfreiem Polyvinylchlorid (PVC-U); Bunde, Flansche, Dichtungen; Maße	09.83
8063-5	HP 120R	5.3.2	Rohrverbindungen und Formstücke für Druckrohrleitungen aus weichmacherfreiem Polyvinylchlorid (PVC-U); Allgemeine Qualitätsanforderungen, Prüfung	10.99
8063-6	HP 120R	5.3.2	Rohrverbindungen und Formstücke für Druckrohr- leitungen aus weichmacherfreiem Polyvinylchlorid (PVC hart); Winkel aus Spritzguss für Klebung; Maße	06.02
8063-7	HP 120R	5.3.2	Rohrverbindungen und Rohrleitungsteile für Druckrohr- leitungen aus weichmacherfreiem Polyvinylchlorid (PVC hart); T-Stücke und Abzweige aus Spritzguss für Klebung; Maße	07.80
8063-8	HP 120R	5.3.2	Rohrverbindungen und Formstücke für Druckrohr- leitungen aus weichmacherfreiem Polyvinylchlorid (PVC-U); Muffen, Kappen und Nippel aus Spritzguss für Klebung; Maße	06.02
8063-9	HP 120R	5.3.2	Rohrverbindungen und Rohrleitungsteile für Druckrohr- leitungen aus weichmacherfreiem Polyvinylchlorid (PVC hart); Reduzierstücke aus Spritzguss für Klebung; Maße	08.80
8063-10	HP 120R	5.3.2	Rohrverbindungen und Formstücke für Druckrohr- leitungen aus weichmacherfreiem Polyvinylchlorid (PVC-U); Wandscheiben; Maße	06.02
8063-11	HP 120R	5.3.2	Rohrverbindungen und Rohrleitungsteile für Druckrohr- leitungen aus weichmacherfreiem Polyvinylchlorid (PVC hart); Muffen mit Grundkörper aus Kupfer-Zink- Legierung (Messing) für Klebung; Maße	07.80

DIN	AD-Mbl.	Abschn.	Titel	Ausgabe
8063-12	HP 120R	5.3.2	Rohrverbindungen und Rohrleitungsteile für Druckrohrleitungen aus weichmacherfreiem Polyvinylchlorid (PVC-U); Flansch- und Steckmuffenformstücke; Maße	01.87
8074	HP 120R	5.2.4	Rohre aus Polyethylen (PE); PE 63, PE 80, PE 100, PE-HD; Maße	08.99
8075	HP 110R HP 120R	5.2.4 5.2.4	Rohre aus Polyethylen (PE); PE 63, PE 80, PE 100, PE-HD; Allgemeine Güteanforderungen, Prüfungen	08.99
8077	HP 120R	5.2.5	Rohre aus Polypropylen (PP) – PP-H, PP-B, PP-R, PP-RCT – Maße	05.07
8078	HP 110R HP 120R	5.2.2.1 5.2.5	Rohre aus Polypropylen (PP) – PP-H, PP-B, PP-R, PP-RCT – Allgemeine Güteanforderungen, Prüfung	05.07
8079	HP 120R	5.2.3	Rohre aus chloriertem Polyvinylchlorid (PVC-C); PVC-C 250; Maße	12.97
8080	HP 110R HP 120R	5.2.2.1 5.2.3	Rohre aus chloriertem Polyvinylchlorid (PVC-C), PVC-C 250; Allgemeine Güteanforderungen, Prüfung	08.00
8558-1	S 3/0 S 3/1 S 3/2 S 3/3 S 3/4	4.6 2 2.3.2 2 2	Richtlinien für Schweißverbindungen an Dampfkesseln, Behältern und Rohrleitungen aus unlegierten und legierten Stählen; Ausführungsbeispiele **NACHFOLGEDOKUMENT:** DIN EN 1708-1 (05.99) Schweißen; Verbindungselemente beim Schweißen von Stahl; Druckbeanspruchte Bauteile	05.67
8558-2	S 3/0 S 3/1 S 3/2 S 3/3 S 3/4	4.6 2 2.3.2 2 2	Gestaltung und Ausführung von Schweißverbindungen; Behälter und Apparate aus Stahl für den Chemie-Anlagenbau **NACHFOLGEDOKUMENT:** DIN EN 1708-1 (05.99) Schweißen; Verbindungselemente beim Schweißen von Stahl; Druckbeanspruchte Bauteile	09.83
8562	HP 1	2	Schweißen im Behälterbau; Behälter aus metallischen Werkstoffen; Schweißtechnische Grundsätze	01.75
8564-1	HP 100R	7.2.1	Schweißen im Rohrleitungsbau; Rohrleitungen aus Stahl, Herstellung, Schweißnahtprüfung **NACHFOLGEDOKUMENT:** DIN EN 12732 (09.00) Gasversorgungssysteme; Schweißen von Rohrleitungen aus Stahl; funktionale Anforderungen	04.72
8902	A 404 N 4	5.2 [1]	Runde Schauglasplatten aus Natron-Kalk-Glas für Druckbeanspruchung ohne Begrenzung im Tieftemperaturbereich	02.96

DIN	AD-Mbl.	Abschn.	Titel	Ausgabe
8903	A 404 N 4	5.2 1)	Lange Schauglasplatten aus Natron-Kalk-Glas für Druck- beanspruchung ohne Begrenzung im Tieftemperaturbereich	02.96
8975-2	HP 801 Nr. 14	3.1	Kälteanlagen; Sicherheitstechnische Anforderungen für Gestaltung, Ausrüstung, Aufstellung und Betreiben; Werkstoffauswahl für Kälteanlagen **OHNE ERSATZ ZURÜCKGEZOGEN**	05.78
8975-5	HP 801 Nr. 14	4.8	Kälteanlagen; Sicherheitstechnische Grundsätze für Gestaltung; Ausrüstung und Aufstellung; Prüfung vor Inbetriebnahme **OHNE ERSATZ ZURÜCKGEZOGEN**	02.88
8975-7	HP 801 Nr. 14	3.1	Kälteanlagen; Sicherheitstechnische Grundsätze für Gestaltung; Ausrüstung und Aufstellung; Sicherheitseinrichtungen in Kälteanlagen gegen unzulässige Druckbeanspruchungen **OHNE ERSATZ ZURÜCKGEZOGEN**	02.89
8975-8	HP 801 Nr. 14	3.1	Kälteanlagen; Sicherheitstechnische Grundsätze für Gestaltung; Ausrüstung, Aufstellung und Betreiben; Füllstandsanzeige-Einrichtungen für die Kältemittelbehälter, Flüssigkeitsstandanzeiger **OHNE ERSATZ ZURÜCKGEZOGEN**	04.79
12116	N 4	Tafel 1	Prüfung von Glas; Bestimmung der Säurebeständigkeit (gravimetrisches Verfahren) und Einteilung der Gläser in Säureklassen	03.01
12476	N 4	1	Laborgeräte aus Glas; Saugflaschen, konische Form	06.83
12491	N 4	1	Laborgeräte aus Glas; Vakuum-Exsikkatoren	07.98
14406-1	HP 801 Nr. 18	2.2	Tragbare Feuerlöscher; Begriffe, Bauarten, Anforderungen **NACHFOLGEDOKUMENT:** DIN EN 3-7 (04.04) Tragbare Feuerlöscher – Teil 7: Eigenschaften, Löschleistung, Anforderungen und Prüfungen	02.83
14406-3	HP 801 Nr. 18	2.2	Tragbare Feuerlöscher; Löschmittelbehälter für Aufladelöscher und Löscher mit chemischer Druckerzeugung, Anforderungen, Prüfung, Kennzeichnung **NACHFOLGEDOKUMENT:** DIN EN 3-8 (02.07) Tragbare Feuerlöscher; Zusätzliche Anforderungen zu EN 3-7 an die konstruktive Ausführung, Druckfestigkeit, mechanische Prüfungen für tragbare Feuerlöscher mit einem maximal zuläs- sigen Druck kleiner gleich 30 bar DIN EN 3-9 (02.07) Tragbare Feuerlöscher; Zusätzliche Anforderungen zu EN 3-7 an die Druckfestigkeit von Kohlendioxid-Feuerlöschern	04.81
14675	HP 801 Nr. 25	7.1.8	Brandmeldeanlagen; Aufbau und Betrieb	11.03
15018-1	S 2	Anh. 1	Krane; Grundsätze für Stahltragwerke; Berechnung	11.84

G 2

DIN	AD-Mbl.	Abschn.	Titel	Ausgabe
16831-1	HP 120R	5.3.5	Rohrverbindungen und Formstücke für Druckrohrleitungen aus Polybuten (PB); PB 125; Winkel aus Spritzguss für Muffenschweißung; Maße	05.03
16831-2	HP 120R	5.3.5	Rohrverbindungen und Formstücke für Druckrohrleitungen aus Polybuten (PB); PB 125; T-Stücke aus Spritzguss für Muffenschweißung; Maße	05.03
16831-3	HP 120R	5.3.5	Rohrverbindungen und Formstücke für Druckrohrleitungen aus Polybuten (PB); PB 125; Muffen und Kappen aus Spritzguss für Muffenschweißung; Maße	05.03
16831-4	HP 120R	5.3.5	Rohrverbindungen und Formstücke für Druckrohrleitungen aus Polybuten (PB); PB 125; Reduzierstücke aus Spritzguss für Muffenschweißung; Maße	05.03
16831-5	HP 120R	5.3.5	Rohrverbindungen und Formstücke für Druckrohrleitungen aus Polybuten (PB); PB 125; Allgemeine Qualitätsanforderungen, Prüfung	10.99
16831-6	HP 120R	5.3.5	Rohrverbindungen und Formstücke für Druckrohrleitungen aus Polybuten (PB); PB 125; Heizwendel-Schweißfittings; Maße	09.03
16831-7	HP 120R	5.3.5	Rohrverbindungen und Formstücke für Druckrohrleitungen aus Polybuten (PB); PB 125; Bunde, Flansche, Dichtringe für Muffenschweißung; Maße	02.04
16867	HP 110R	5.2.1.1	Rohre, Formstücke und Verbindungen aus glasfaserverstärkten Polyesterharzen (UP-GF) für Chemierohrleitungen; Technische Lieferbedingungen	07.82
16868-1	HP 110R	5.2.1.1	Rohre aus glasfaserverstärktem Polyesterharz (UP-GF); Gewickelt, gefüllt; Maße	11.94
16868-2	HP 110R	5.2.1.1	Rohre aus glasfaserverstärktem Polyesterharz (UP-GF); Gewickelt, gefüllt; Allgemeine Güteanforderungen, Prüfung	11.94
16870-1	HP 110R	5.2.1.3	Rohre aus glasfaserverstärktem Epoxidharz (EP-GF), gewickelt; Maße	01.87
16871	HP 110R	5.2.1.3	Rohre aus glasfaserverstärktem Epoxidharz (EP-GF); geschleudert; Maße	02.82
16962-1	HP 120R	5.3.4	Rohrverbindungen und Rohrleitungsteile für Druckrohrleitungen aus Polypropylen (PP), Typ 1 und 2; In Segmentbauweise hergestellte Rohrbogen für Stumpfschweißung; Maße	08.80
16962-2	HP 120R	5.3.4	Rohrverbindungen und Rohrleitungsteile für Druckrohrleitungen aus Polypropylen (PP); Typ 1 und 2; In Segmentbauweise und durch Aushalsen hergestellte T-Stücke und Abzweige für Stumpfschweißung; Maße	02.83
16962-3	HP 120R	5.3.4	Rohrverbindungen und Rohrleitungsteile für Druckrohrleitungen aus Polypropylen (PP), Typ 1 und 2; Aus Rohr geformte Rohrbogen für Stumpfschweißung; Maße	08.80
16962-4	HP 120R	5.3.4	Rohrverbindungen und Rohrleitungsteile für Druckrohrleitungen aus Polypropylen (PP), Typ 1 und 2; Bunde für Heizelement-Stumpfschweißung, Flansche, Dichtungen; Maße	11.88
16962-6	HP 120R	5.3.4	Rohrverbindungen und Rohrleitungsteile für Druckrohrleitungen aus Polypropylen (PP), Typ 1 und 2; Winkel aus Spritzguss für Muffenschweißung; Maße	08.80

DIN	AD-Mbl.	Abschn.	Titel	Ausgabe
16962-7	HP 120R	5.3.4	Rohrverbindungen und Rohrleitungsteile für Druckrohrleitungen aus Polypropylen (PP), Typ 1 und 2; T-Stücke aus Spritzguss für Muffenschweißung; Maße	08.80
16962-8	HP 120R	5.3.4	Rohrverbindungen und Rohrleitungsteile für Druckrohrleitungen aus Polypropylen (PP), Typ 1 und 2; Muffen und Kappen aus Spritzguss für Muffenschweißung; Maße	08.80
16962-9	HP 120R	5.3.4	Rohrverbindungen und Rohrleitungsteile für Druckrohrleitungen aus Polypropylen (PP); Typ 1 und 2; Reduzierstücke und Nippel aus Spritzguss für Muffenschweißung; Maße	06.83
16962-10	HP 120R	5.3.4	Rohrverbindungen und Rohrleitungsteile für Druckrohrleitungen aus Polypropylen (PP); Typ 1, Typ 2 und Typ 3; Fittings aus Spritzguss für Stumpfschweißung; Maße	10.89
16962-11	HP 120R	5.3.4	Rohrverbindungen und Rohrleitungsteile für Druckrohrleitungen aus Polypropylen (PP), Typ 1 und 2; Gedrehte und gepresste Reduzierstücke für Stumpfschweißung; Maße	08.80
16962-12	HP 120R	5.3.4	Rohrverbindungen und Formstücke für Druckrohrleitungen aus Polypropylen (PP), PP-H 100, PP-B 80 und PP-R 80; Bunde, Flansche, Dichtringe für Muffenschweißung; Maße	10.99
16962-13	HP 120R	5.3.4	Rohrverbindungen und Rohrleitungen für Druckrohrleitungen aus Polypropylen (PP); Typ 1 und Typ 2; Rohrverschraubungen; Maße	06.87
16963-1	HP 120R	5.3.3	Rohrverbindungen und Rohrleitungsteile für Druckrohrleitungen aus Polyethylen hoher Dichte (HDPE), Typ 1 und 2; In Segmentbauweise hergestellte Rohrbogen für Stumpfschweißung; Maße	08.80
16963-2	HP 120R	5.3.3	Rohrverbindungen und Rohrleitungsteile für Druckrohrleitungen aus Polyethylen hoher Dichte (HDPE), Typ 1 und 2; In Segmentbauweise und durch Aushalsen hergestellte T-Stücke und Abzweige für Stumpfschweißung; Maße	02.83
16963-3	HP 120R	5.3.3	Rohrverbindungen und Rohrleitungsteile für Druckrohrleitungen aus Polyethylen hoher Dichte (HDPE), Typ 1 und 2; Aus Rohr geformte Rohrbogen für Stumpfschweißung; Maße	08.80
16963-4	HP 120R	5.3.3	Rohrverbindungen und Rohrleitungsteile für Druckrohrleitungen aus Polyethylen hoher Dichte (PE-HD); Bunde für Heizelement-Stumpfschweißung, Flansche, Dichtungen; Maße	11.88
16963-5	HP 120R	5.3.3	Rohrverbindungen und Formstücke für Druckrohrleitungen aus Polyethylen (PE), PE 80 und PE 100; Allgemeine Qualitätsanforderungen, Prüfung	10.99
16963-6	HP 120R	5.3.3	Rohrverbindungen und Rohrleitungsteile für Druckrohrleitungen aus Polyethylen hoher Dichte (PE-HD); Fittings aus Spritzguss für Stumpfschweißung; Maße	10.89
16963-7	HP 120R	5.3.3	Rohrverbindungen und Rohrleitungsteile für Druckrohrleitungen aus Polyethylen hoher Dichte (PE-HD); Heizwendel-Schweißfittings; Maße	10.89
16963-8	HP 120R	5.3.3	Rohrverbindungen und Rohrleitungsteile für Druckrohrleitungen aus Polyethylen hoher Dichte (HDPE), Typ 1 und 2; Winkel aus Spritzguss für Muffenschweißung; Maße	08.80
16963-9	HP 120R	5.3.3	Rohrverbindungen und Rohrleitungsteile für Druckrohrleitungen aus Polyethylen hoher Dichte (HDPE), Typ 1 und 2; T-Stücke aus Spritzguss für Muffenschweißung; Maße	08.80

DIN	AD-Mbl.	Abschn.	Titel	Ausgabe
16963-10	HP 120R	5.3.3	Rohrverbindungen und Rohrleitungsteile für Druckrohrleitungen aus Polyethylen hoher Dichte (HDPE), Typ 1 und 2; Muffen und Kappen aus Spritzguss für Muffenschweißung; Maße	08.80
16963-11	HP 120R	5.3.3	Rohrverbindungen und Formstücke für Druckrohrleitungen aus Polyethylen (PE), PE 80 und PE 100; Bunde, Flansche, Dichtringe für Muffenschweißung; Maße	10.99
16963-13	HP 120R	5.3.3	Rohrverbindungen und Rohrleitungsteile für Druckrohrleitungen aus Polyethylen hoher Dichte (HDPE), Typ 1 und 2; Gedrehte und gepresste Reduzierstücke für Stumpfschweißung; Maße	08.80
16963-14	HP 120R	5.3.3	Rohrverbindungen und Rohrleitungsteile für Druckrohrleitungen aus Polyethylen hoher Dichte (HDPE); Typ 1 und 2; Reduzierstücke und Nippel aus Spritzguss für Muffenschweißung; Maße	06.83
16963-15	HP 120R	5.3.3	Rohrverbindungen und Rohrleitungsteile für Druckrohrleitungen aus Polyethylen hoher Dichte (PE-HD); Rohrverschraubungen; Maße	06.87
16964	HP 110R	5.2.1.1	Rohre aus glasfaserverstärkten Polyesterharzen (UP-GF), gewickelt; Allgemeine Güteanforderungen, Prüfung	11.88
16965-1	HP 110R	5.2.1.1	Rohre aus glasfaserverstärkten Polyesterharzen (UP-GF), gewickelt, Rohrtyp A; Maße	07.82
16965-2	HP 110R	5.2.1.1	Rohre aus glasfaserverstärkten Polyesterharzen (UP-GF), gewickelt, Rohrtyp B; Maße	07.82
16965-4	HP 110R	5.2.1.1	Rohre aus glasfaserverstärkten Polyesterharzen (UP-GF), gewickelt, Rohrtyp D; Maße	07.82
16965-5	HP 110R	5.2.1.1	Rohre aus glasfaserverstärkten Polyesterharzen (UP-GF), gewickelt, Rohrtyp E; Maße	07.82
16966-1	HP 110R	5.3.1	Formstücke und Verbindungen aus glasfaserverstärkten Polyesterharzen (UP-GF); Formstücke; Allgemeine Güteanforderungen, Prüfung	11.88
16966-5	HP 110R	5.3.1	Formstücke und Verbindungen aus glasfaserverstärkten Polyesterharzen (UP-GF); Reduzierstücke; Maße	07.82
16966-6	HP 110R	5.4.1	Formstücke und Verbindungen aus glasfaserverstärkten Polyesterharzen (UP-GF); Bunde, Flansche, Dichtungen; Maße	07.82
16966-7	HP 110R	5.4.1	Formstücke und Verbindungen aus glasfaserverstärkten Polyesterharzen (UP-GF); Bunde, Flansche, Flansch- und Laminatverbindungen; Allgemeine Güteanforderungen, Prüfung	04.95
16966-8	HP 110R	5.4.1	Formstücke und Verbindungen aus glasfaserverstärkten Polyesterharzen (UP-GF); Laminatverbindungen; Maße	07.82
16968	HP 120R	5.2.6	Rohre aus Polybuten (PB); Allgemeine Qualitätsanforderungen und Prüfung	12.96
16969	HP 120R	5.2.6	Rohre aus Polybuten (PB), PB 125; Maße	12.97
16970	HP 120R	7.3.2	Klebstoffe zum Verbinden von Rohren und Rohrleitungsteilen aus PVC hart; Allgemeine Güteanforderungen und Prüfungen	12.70

DIN	AD-Mbl.	Abschn.	Titel	Ausgabe
17100	HP 7/2 HP 8/1 HP 8/2 HP 801 Nr. 34 W 9 W 13	2.5 3.4 3.3 3.1.3 2.1.1, 4.2.1, 7.1, Tafel 5 Tafel 1, 2.1	Allgemeine Baustähle; Gütenorm **NACHFOLGEDOKUMENT:** DIN EN 10025-1 (02.05) Warmgewalzte Erzeugnisse aus Baustählen – Teil 1: Allgemeine technische Lieferbedingungen DIN EN 10025-2 (04.05) Warmgewalzte Erzeugnisse aus Baustählen – Teil 2: Technische Lieferbedingungen für unlegierte Baustähle DIN EN 10222-1 (07.02) Schmiedestücke aus Stahl für Druckbehälter – Teil 1: Allgemeine Anforderungen an Freiformschmiedestücke DIN EN 10250-1 (12.99) Freiformschmiedestücke aus Stahl für allgemeine Verwendung – Teil 1: Allgemeine Anforderungen DIN EN 10250-2 (12.99) Freiformschmiedestücke aus Stahl für allgemeine Verwendung – Teil 2: Unlegierte Qualitäts- und Edelstähle	01.80
17102	HP 0 HP 5/3 HP 7/2 HP 8/1 W 6/1 W 9 W 10 W 12 W 13	Tafel 1a Tafel 1 2.2 Tafel 1 6 2.1.2, 2.1.4, 6.2, 7.1 6 2.2.2 2.4, 2.6, 3.4, 3.12, Tafel 2, 5.1.2, 6.3	Schweißgeeignete Feinkornbaustähle, normalgeglüht; Technische Lieferbedingungen für Blech, Band, Breitflach-, Form- und Stabstahl **NACHFOLGEDOKUMENT:** DIN EN 10025-1 (02.05) Warmgewalzte Erzeugnisse aus Baustählen – Teil 1: Allgemeine technische Lieferbedingungen DIN EN 10025-3 (02.05) Warmgewalzte Erzeugnisse aus Baustählen – Teil 3: Technische Lieferbedingungen für normalgeglühte/normalisierend gewalzte sch weißgeeignete Feinkornbaustähle DIN EN 10028-1 (09.03) Flacherzeugnisse aus Druckbehälterstählen – Teil 1: Allgemeine Anforderungen DIN EN 10028-3 (09.03) Flacherzeugnisse aus Druckbehälterstählen – Teil 3: Schweißgeeignete Feinkornbaustähle, normalgeglüht	10.83
17103	HP 0 HP 7/2 HP 8/1 HP 801 Nr. 34 W 9 W 10 W 12 W 13	Tafel 1a 2.2 Tafel 1 3.1.3 2.1.2, 2.1.4, 6.2, 7.1 6 2.2.2, 2.2.3, Tafel 2, Tafel 4 2.4, 2.6, 3.4, 6.4, Tafel 2	Schmiedestücke aus schweißgeeigneten Feinkorn- baustählen; Technische Lieferbedingungen **NACHFOLGEDOKUMENT:** DIN EN 10222-1 (07.02) Schmiedestücke aus Stahl für Druckbehälter – Teil 1: Allgemeine Anforderungen an Freiformschmiedestücke DIN EN 10222-4 (12.01) Schmiedestücke aus Stahl für Druckbehälter – Teil 4: Schweißgeeignete Feinkornbaustähle mit hoher Dehngrenze	E 11.86
17155	HP 7/2 HP 8/1	2.5 Tafel 1	Blech und Band aus warmfesten Stählen; Technische Lieferbedingungen	10.83

DIN	AD-Mbl.	Abschn.	Titel	Ausgabe
17155 (Forts.)			**NACHFOLGEDOKUMENT:** DIN EN 10028-1 (09.03) Flacherzeugnisse aus Druckbehälterstählen – Teil 1: Allgemeine Anforderungen DIN EN 10028-2 (09.03) Flacherzeugnisse aus Druckbehälterstählen – Teil 2: Unlegierte und legierte Stähle mit festgelegten Eigenschaften bei erhöhten Temperaturen	
17173	HP 5/3 HP 7/2 HP 100R W 12	Tafel 1 2.2 5.2.1.1 2.1.4, Tafel 1, Tafel 3	Nahtlose kreisförmige Rohre aus kaltzähen Stählen; Technische Lieferbedingungen **NACHFOLGEDOKUMENT:** DIN EN 10216-4 (07.04) Nahtlose Stahlrohre für Druckbeanspruchungen; Technische Lieferbedingungen; Rohre aus unlegierten und legierten Stählen mit festgelegten Eigenschaften bei tiefen Temperaturen	02.85
17174	HP 5/3 HP 7/2 HP 100R	Tafel 1 2.2 5.2.1.1	Geschweißte kreisförmige Rohre aus kaltzähen Stählen; Technische Lieferbedingungen **NACHFOLGEDOKUMENT:** DIN EN 10217-4 (04.05) Geschweißte Stahlrohre für Druckbeanspruchungen; Technische Lieferbedingungen; Elektrisch geschweißte Rohre aus unlegierten Stählen mit festgelegten Eigenschaften bei tiefen Temperaturen DIN EN 10217-6 (04.05) Geschweißte Stahlrohre für Druckbeanspruchungen; Technische Lieferbedingungen; Unterpulvergeschweißte Rohre aus unlegierten Stählen mit festgelegten Eigenschaften bei tiefen Temperaturen	02.85
17175	HP 100R HP 801 Nr. 34 W 4 W 6/1 W 12	5.2.1.1 3.1.2.1 Tafel A 2 6 2.1.3, Tafel 1, Tafel 3	Nahtlose Rohre aus warmfesten Stählen; Technische Lieferbedingungen **NACHFOLGEDOKUMENT:** DIN EN 10216-2 (07.04) Nahtlose Stahlrohre für Druckbeanspruchungen; Technische Lieferbedingungen; Rohre aus unlegierten und legierten Stählen mit festgelegten Eigenschaften bei erhöhten Temperaturen	05.79
17177	HP 100R W 4	5.2.1.1 Tafel A 2	Elektrisch pressgeschweißte Rohre aus warmfesten Stählen; Technische Lieferbedingungen **NACHFOLGEDOKUMENT:** DIN EN 10217-2 (04.05) Geschweißte Stahlrohre für Druckbeanspruchungen; Technische Lieferbedingungen; Elektrisch geschweißte Rohre aus unlegierten und legierten Stählen mit festgelegten Eigenschaften bei erhöhten Temperaturen	05.79
17178	HP 5/3 HP 7/2 HP 100R	Tafel 1 2.2 5.2.1.1	Geschweißte kreisförmige Rohre aus Feinkornbaustählen für besondere Anforderungen; Technische Lieferbedingungen **NACHFOLGEDOKUMENT:** DIN EN 10217-3 (04.05) Geschweißte Stahlrohre für Druckbeanspruchungen; Technische Lieferbedingungen; Rohre aus legierten Feinkornstählen	05.86

DIN	AD-Mbl.	Abschn.	Titel	Ausgabe
17179	HP 5/3 HP 7/2 HP 100R HP 801 Nr. 34 W 12	Tafel 1 2.2 5.2.1.1 3.1.2.1 2.1.5, Tafel 1, Tafel 2	Nahtlose kreisförmige Rohre aus Feinkornbaustählen für besondere Anforderungen; Technische Lieferbedingungen **NACHFOLGEDOKUMENT:** DIN EN 10216-3 (07.04) Nahtlose Stahlrohre für Druckbeanspruchungen; Technische Lieferbedingungen; Rohre aus legierten Feinkornbaustählen	05.86
17182	W 5	2.3	Stahlgusssorten mit verbesserter Schweißeignung und Zähigkeit für allgemeine Verwendungszwecke; Technische Lieferbedingungen **NACHFOLGEDOKUMENT:** DIN EN 10213-1 (01.96) Technische Lieferbedingungen für Stahlguß für Druckbehälter – Teil 1: Allgemeines DIN EN 10213-3 (01.96) Technische Lieferbedingungen für Stahlguß für Druckbehälter – Teil 3: Stahlsorten für die Verwendung bei tiefen Temperaturen DIN EN 10293 (06.05) Stahlguss für allgemeine Anwendungen	05.92
17240	HP 7/2 HP 8/1 W 7 W 9 W 10 W 12 W 13	2.2 Tafel 1 2.2, 2.3 Anh. 1 2.1.4 6 2.2.2 2.6	Warmfeste und hochwarmfeste Werkstoffe für Schrauben und Muttern; Gütevorschriften **NACHFOLGEDOKUMENT:** DIN EN 10269 (07.06) Stähle und Nickellegierungen für Befestigungselemente für den Einsatz bei erhöhten und/oder tiefen Temperaturen	07.76
17243	HP 801 Nr. 34 S 1 W 9 W 12	3.1.3 4.1.3 2.1.3, 6.2, 7.1 2.2.1, Tafel 2, Tafel 4	Schmiedestücke und gewalzter oder geschmiedeter Stabstahl aus warmfesten schweißgeeigneten Stählen; Technische Lieferbedingungen **NACHFOLGEDOKUMENT:** DIN EN 10222-1 (07.02) Schmiedestücke aus Stahl für Druckbehälter – Teil 1: Allgemeine Anforderungen an Freiformschmiedestücke DIN EN 10222-2 (04.00) Schmiedestücke aus Stahl für Druckbehälter – Teil 2: Ferritische und martensitische Stähle mit festgelegten Eigenschaften bei erhöhten Temperaturen DIN EN 10273 (04.00) Warmgewalzte schweißgeeignete Stäbe aus Stahl für Druckbehälter mit festgelegten Eigenschaften bei erhöhten Temperaturen	12.87
17245	W 5	2.7, Anh. 1	Warmfester ferritischer Stahlguss; Technische Lieferbedingungen **NACHFOLGEDOKUMENT:** DIN EN 10213-1 (04.96) Technische Lieferbedingungen für Stahlguss für Druckbehälter; Allgemeines DIN EN 10213-2 (01.96) Technische Lieferbedingungen für Stahlguss für Druckbehälter; Stahlsorten für die Verwendung bei Raumtemperatur und erhöhten Temperaturen	12.87

DIN	AD-Mbl.	Abschn.	Titel	Ausgabe
17280	HP 5/3 HP 7/2 HP 8/1 W 7 W 10 W 12	Tafel 1 2.2 Tafel 1 2.3, Anh. 1 6 2.2.2, Tafel 2, Tafel 4	Kaltzähe Stähle; Technische Lieferbedingungen für Blech, Warmband, Walzdraht, gezogenen Draht, Stabstahl, Schmiedestücke und Halbzeug **NACHFOLGEDOKUMENT:** DIN EN 10028-1 (09.03) Flacherzeugnisse aus Druckbehälterstählen – Teil 1: Allgemeine Anforderungen DIN EN 10028-4 (09.98) Flacherzeugnisse aus Druckbehälterstählen – Teil 4: Nickellegierte kaltzähe Stähle DIN EN 10222-1 (07.02) Schmiedestücke aus Stahl für Druckbehälter – Teil 1: Allgemeine Anforderungen an Freiformschmiedestücke DIN EN 10222-3 (02.99) Schmiedestücke aus Stahl für Druckbehälter – Teil 3: Nickelstähle mit festgelegten Eigenschaften bei tiefen Temperaturen DIN EN 10269 (07.06) Stähle und Nickellegierungen für Befestigungselemente für den Einsatz bei erhöhten und/oder tiefen Temperaturen	07.85
17440	HP 0 HP 5/3 HP 7/2 HP 8/1 HP 8/2 W 2	ÜT 1 Tafel 1 Tafel 2 8.3 2 3.5, [1] zu Tafel 7	Nichtrostende Stähle; Technische Lieferbedingungen für gezogenen Draht **NACHFOLGEDOKUMENT:** DIN EN 10088-3 (09.05) Nichtrostende Stähle – Teil 3: Technische Lieferbedingungen für Halbzeug, Stäbe, Walzdraht, gezogenen Draht, Profile und Blankstahlerzeugnisse aus korrosionsbeständigen Stählen für allgemeine Verwendung	03.01 (09.96)
17441	HP 5/3 HP 7/2 HP 8/1 W 7 W 9 W 10 W 12 W 13	Tafel 1 2.2 Tafel 1 2.3 2.1.4 6 2.2.2 2.6	Nichtrostende Stähle; Technische Lieferbedingungen für kaltgewalzte Bänder und Spaltbänder sowie daraus geschnittene Bleche **NACHFOLGEDOKUMENT:** DIN EN 10028-7 (06.00) Flacherzeugnisse aus Druckbehälterstählen; Nichtrostende Stähle DIN EN 10088-2 (09.05) Nichtrostende Stähle; Technische Lieferbedingungen für Blech und Band aus korrosionsbeständigen Stählen für allgemeine Verwendung	07.85
17445	W 5	Anh. 1	Nichtrostender Stahlguss; Technische Lieferbedingungen **NACHFOLGEDOKUMENT:** DIN EN 10283 (12.98) Korrosionsbeständiger Stahlguss	E 04.96

DIN	AD-Mbl.	Abschn.	Titel	Ausgabe
17457	HP 5/3 HP 7/2 HP 100R	Tafel 1 Tafel 2 5.2.1.2	Geschweißte kreisförmige Rohre aus austenitischen nicht- rostenden Stählen für besondere Anforderungen; Technische Lieferbedingungen **NACHFOLGEDOKUMENT:** DIN EN 10217-7 (05.05) Geschweißte Stahlrohre für Druckbeanspruchungen – Technische Lieferbedingungen – Teil 7: Rohre aus nichtrostenden Stählen	07.85
17458	HP 5/3 HP 7/2 HP 100R W 2	Tafel 1 Tafel 2 5.2.1.2 2.3	Nahtlose kreisförmige Rohre aus austenitischen nichtrostenden Stählen für besondere Anforderungen; Technische Lieferbedingungen **NACHFOLGEDOKUMENT:** DIN EN 10216-5 (11.04) Nahtlose Stahlrohre für Druckbeanspruchungen – Technische Lieferbedingungen – Teil 5: Rohre aus nichtrostenden Stählen	07.85
17459	W 2	2.3	Nahtlose kreisförmige Rohre aus hochwarmfesten austenitischen Stählen; Technische Lieferbedingungen **NACHFOLGEDOKUMENT:** DIN EN 10216-5 (11.04) Nahtlose Stahlrohre für Druckbeanspruchungen – Technische Lieferbedingungen – Teil 5: Rohre aus nichtrostenden Stählen	09.92
17671-1	HP 100R	5.2.1.3	Rohre aus Kupfer und Kupfer-Knetlegierungen; Eigenschaften **NACHFOLGEDOKUMENT:** DIN EN 12168 (09.00) Kupfer und Kupferlegierungen – Hohlstangen für die spanende Bearbeitung DIN EN 12449 (10.99) Kupfer und Kupferlegierungen; Nahtlose Rundrohre zur allgemeinen Verwendung	12.83
17740	HP 0	Tafel 3a	Nickel in Halbzeug – Zusammensetzung	09.02
17742	HP 0	Tafel 3a	Nickel-Knetlegierungen mit Chrom – Zusammensetzung	09.02
17743	HP 0	Tafel 3a	Nickel-Knetlegierungen mit Kupfer – Zusammensetzung	09.02
17744	HP 0	Tafel 3a	Nickel-Knetlegierungen mit Molybdän und Chrom – Zusammensetzung	09.02
17850	HP 0	Tafel 3a	Titan; Chemische Zusammensetzung	11.90
17851	HP 0	Tafel 3a	Titanlegierungen; Chemische Zusammensetzung	11.90
18200	HP 100R HP 120R	4.1 4.1	Übereinstimmungsnachweis für Bauprodukte; Werkseigene Produktionskontrolle, Fremdüberwachung und Zertifizierung von Produkten	05.00

DIN	AD-Mbl.	Abschn.	Titel	Ausgabe
18800-1	S 3/0 S 3/1 S 3/2	4.3.3.1, 4.5 8.1 7	Stahlbauten; Bemessung und Konstruktion/ **Bitte beachten**: DIN 18800 Teil 1 vom März 1981 gilt noch bis zum Erscheinen einer EN-Norm über die Bemessung und Konstruktion von Stahlbauten	11.90
18800-2	S 3/2 S 3/3	7 6.1	Stahlbauten; Stabilitätsfälle; Knicken von Stäben und Stabwerken/ **Bitte beachten**: DIN 4114 Teil 1 vom Juli 1952 und DIN 4114 Teil 2 vom Februar 1953 gelten noch bis zum Erscheinen einer EN-Norm über das Knicken von Stäben und Stabwerken von Stahlbauten	11.90
18800-3	S 3/2 S 3/4	7 8	Stahlbauten; Stabilitätsfälle; Plattenbeulen/ **Bitte beachten**: DIN 4114 Teil 1 vom Juli 1952 und DIN 4114 Teil 2 vom Februar 1953 gelten noch bis zum Erscheinen einer EN-Norm über das Plattenbeulen von Stahlbauten	11.90
18800-4	S 3/2	7	Stahlbauten; Stabilitätsfälle; Schalenbeulen	11.90
18914	S 3/0	4.1.4.6	Dünnwandige Rundsilos aus Stahl; Erläuterungen	09.85
19532	HP 120R	6.1	Rohrleitungen aus weichmacherfreiem Polyvinylchlorid (PVC hart, PVC-U) für die Trinkwasserversorgung; Rohre, Rohrverbindungen, Rohrleitungsteile **NACHFOLGEDOKUMENT:** DIN EN 1452-1 (09.99) Kunststoff-Rohrleitungssysteme für die Wasserversorgung; Weichmacherfreies Polyvinylchlorid (PVC-U); Allgemeines DIN EN 1452-2 (09.99) Kunststoff-Rohrleitungssysteme für die Wasserversorgung; Weichmacherfreies Polyvinylchlorid (PVC-U); Rohre DIN EN 1452-3 (09.99) Kunststoff-Rohrleitungssysteme für die Wasserversorgung; Weichmacherfreies Polyvinylchlorid (PVC-U); Formstücke DIN EN 1452-4 (09.99) Kunststoff-Rohrleitungssysteme für die Wasserversorgung; Weichmacherfreies Polyvinylchlorid (PVC-U); Armaturen und Zubehör DIN EN 1452-5 (09.99) Kunststoff-Rohrleitungssysteme für die Wasserversorgung; Weichmacherfreies Polyvinylchlorid (PVC-U); Gebrauchstauglichkeit des Systems	07.79
19533	HP 120R	5.2.4	Rohrleitungen aus PE hart (Polyäthylen hart) und PE weich (Polyäthylen weich) für die Trinkwasserversorgung; Rohre, Rohrverbindungen, Rohrleitungsteile **NACHFOLGEDOKUMENT:** DIN EN 12201-1 (06.03) Kunststoff-Rohrleitungssysteme für die Wasserversorgung; Polyethylen (PE); Allgemeines **Bitte beachten:** Daneben darf DIN 19533 (1976-03) noch bis 2005-03-31 angewendet werden.	03.76

DIN	AD-Mbl.	Abschn.	Titel	Ausgabe
19533 (Forts.)			DIN EN 12201-2 (06.03) Kunststoff-Rohrleitungssysteme für die Wasserversorgung; Polyethylen (PE); Rohre	
			Bitte beachten: Daneben darf DIN 19533 (1976-03) noch bis 2005-03-31 angewendet werden.	
			DIN EN 12201-3 (06.03) Kunststoff-Rohrleitungssysteme für die Wasserversorgung; Polyethylen (PE); Formstücke	
			Bitte beachten: Daneben darf DIN 19533 (1976-03) noch bis 2005-03-31 angewendet werden.	
			DIN EN 12201-5 (06.03) Kunststoff-Rohrleitungssysteme für die Wasserversorgung; Polyethylen (PE); Gebrauchstauglichkeit des Systems	
			Bitte beachten: Daneben darf DIN 19533 (1976-03) noch bis 2005-03-31 angewendet werden.	
28004-1	A 6	4	Fließbilder verfahrenstechnischer Anlagen; Begriffe, Fließbilderarten, Informationsinhalt	05.88
			NACHFOLGEDOKUMENT:	
			DIN EN ISO 10628 (03.01) Fließschemata für verfahrenstechnische Anlagen; Allgemeine Regeln	
28011	B 3	1	Gewölbte Böden; Klöpperform	01.93
28013	B 3	1	Gewölbte Böden; Korbbogenform	01.93
28017-1	S 3/0	2.6	Kolonnen und sonstige Apparate; Bühnen einschließlich Zugänge	04.03
28025-1	S 3/6	1	Stutzen aus nichtrostendem Stahl; PN 10 und PN 16	10.80
			NACHFOLGEDOKUMENT:	
			DIN 28025 (02.03) Stutzen aus nichtrostendem Stahl; PN 10 bis PN 40	
28025-2	S 3/6	1	Stutzen aus nichtrostendem Stahl; PN 25 und PN 40	10.80
			NACHFOLGEDOKUMENT:	
			DIN 28025 (02.03) Stutzen aus nichtrostendem Stahl; PN 10 bis PN 40	
28030-1	B 7 B 8	2.6 2.2.1	Flanschverbindungen für Behälter und Apparate; Apparateflanschverbindungen	06.03
28032	B 7	2.6	Schweißflansche für Druckbehälter und -apparate aus unlegierten Stählen	06.05
28034	B 7	2.6	Vorschweißflansche für Druckbehälter und -apparate aus unlegierten Stählen	06.05
28036	B 7	2.6	Schweißflansche für Druckbehälter und -apparate aus nichtrostenden Stählen	06.05
28038	B 7 B 8	2.6 6.4	Schweißflansche mit zylindrischem Ansatz für Druckbehälter und -apparate aus nichtrostenden Stählen	06.03
28040	B 7	6.1.2.3	Flachdichtungen für Apparateflanschverbindungen	08.03

DIN	AD-Mbl.	Abschn.	Titel	Ausgabe
28060	B 0	[2], 4.5	Auszumauernde Behälter und Apparate; Bau, Ausführung	11.86
28080	HP 801 Nr. 34 S 3/2	5.1.2 7	Sättel für liegende Apparate; Maße	08.03
28081-1	S 3/3	2	Apparatefüße aus Rohr; Maße **NACHFOLGEDOKUMENT:** DIN 28081-1 (08.03) Apparatefüße aus Rohr; Maße	06.85
28081-2	S 3/3	2	Apparatefüße aus Profilstahl; Maße	01.88
28081-4	S 3/3	2	Apparatefüße aus Profilstahl; Maximale Momente in die Apparatewand durch Gewichtskräfte über Apparatefüße	01.88
28082-1	S 3/1	8.2	Standzargen für Apparate; Mit einfachem Fußring; Maße	07.94
28082-2	S 3/0 S 3/1	4.3.4.3 8.2, 8.3	Standzargen für Apparate; Fußring mit Pratzen oder Doppelring mit Stegen; Maße	06.96
28083-1	S 3/0 S 3/4	2.5 2, 7.1	Pratzen; Maße, Maximale Gewichtskräfte	01.87
28083-2	S 3/0	2.5	Pratzen; Maximale Momente auf die Apparatewand durch Gewichtskräfte über Pratzen Form A	01.87
28115	S 3/6	1	Stutzen aus unlegiertem Stahl; PN 10 bis PN 40	02.03
28120	A 404	5.3	Flanschfassungen für runde Schauglasplatten; Anschlussmaße, Nenndruck 10 und 16	06.04
28122	B 5	2.2	Blindflansche mit Verkleidung aus nichtrostendem Stahl, für die Nennweiten DN 125 bis DN 500 und die Nenndrücke PN 10 bis PN 40	10.04
28126	A 5	3.3.1	Bügelverschlüsse DN 125 für verfahrenstechnische Apparate **OHNE ERSATZ ZURÜCKGEZOGEN**	04.89
28182	B 5	6.7.1.5	Rohrbündel-Wärmeaustauscher; Rohrteilungen, Durchmesser der Bohrungen in Rohrböden, Umlenksegmenten und Stützplatten	05.87
28183	B 1	[1]	Rohrbündel-Wärmeaustauscher; Benennungen	05.88
28184-1	B 1	[1]	Rohrbündel-Wärmeaustauscher mit zwei festen Böden; Innenrohr 25, Dreieckteilung 32; Anzahl und Anordnung der Innenrohre	05.88
30670	HP 100R HP 801 Nr. 25	7.4.2 7.1	Umhüllung von Stahlrohren und -formstücken mit Polyethylen **TEILWEISER ERSATZ DURCH:** DIN EN 10288 (12.03) Stahlrohre und -formstücke für On- und Offshore-verlegte Rohrleitungen – Umhüllung (Außenbeschichtung) mit Epoxi- und epoxi-modifizierten Materialien	04.91

DIN	AD-Mbl.	Abschn.	Titel	Ausgabe
30671	HP 100R HP 801 Nr. 25	7.4.2 7.1	Umhüllung (Außenbeschichtung) von erdverlegten Stahlrohren mit Duroplasten **NACHFOLGEDOKUMENT:** DIN EN 10289 (08.04) Stahlrohre und -formstücke für On- und Offshore-verlegte Rohrleitungen – Umhüllung (Außenbeschichtung) mit Epoxi- und epoxi-modifizierten Materialien DIN EN 10290 (08.04) Stahlrohre und -formstücke für On- und Offshore-verlegte Rohrleitungen – Umhüllung (Außenbeschichtung) mit Polyurethan und polyurethan-modifizierten Materialien	06.92
30673	HP 100R HP 801 Nr. 25	7.4.2 7.1	Umhüllung und Auskleidung von Stahlrohren, -formstücken und -behältern mit Bitumen **NACHFOLGEDOKUMENT:** DIN EN 10300 (02.06) Stahlrohre und –formstücke für erd- und wasserverlegte Rohrleitungen – Werksumhüllungen aus heiß aufgebrachtem Bitumen	12.86
50100	S 2	Anh. 1	Werkstoffprüfung; Dauerschwingversuch; Begriffe, Zeichen, Durchführung, Auswertung	02.78
50104	W 6/2	4.3.2	Innendruckversuch an Hohlkörpern; Dichtheitsprüfung bis zu einem bestimmten Innendruck; Allgemeine Festlegungen	11.83
50111	W 8	7.4	Prüfung von Kupferlegierungen; Quecksilbernitratversuch **NACHFOLGEDOKUMENT:** DIN EN 7438 (10.05) Metallische Werkstoffe; Biegeversuch	09.87
50125	W 3/3 W 8	3.1.3 7.2.1.2	Prüfung metallischer Werkstoffe; Zugproben	01.04
50146	B 0	5)	Prüfung metallischer Werkstoffe; Zugversuch ohne Feindehnungsmessungen; Durchführung **NACHFOLGEDOKUMENT:** DIN EN 10002-1 (12.01) Metallische Werkstoffe; Zugversuch; Prüfverfahren bei Raumtemperatur DIN EN 10002-5 (02.92) Metallische Werkstoffe; Zugversuch; Prüfverfahren bei erhöhter Temperatur	05.75
50150	W 7	3.1	Prüfung metallischer Werkstoffe; Umwertung von Härtewerten **NACHFOLGEDOKUMENT:** DIN EN ISO 18265 (02.04) Metallische Werkstoffe – Umwertung von Härtewerten	10.00
50162	W 8	7.3.2	Prüfung plattierter Stähle; Ermittlung der Haft-Scherfestigkeit zwischen Auflagewerkstoff und Grundwerkstoff im Scherversuch	09.78

DIN	AD-Mbl.	Abschn.	Titel	Ausgabe
50916-1	W 6/2	4.3.2	Prüfung von Kupferlegierungen; Spannungsrisskorrosions-versuch mit Ammoniak; Prüfung von Rohren, Stangen und Profilen	08.76
50922	HP 1	3.6, 4	Korrosion der Metalle; Untersuchung der Beständigkeit von metallischen Werkstoffen gegen Spannungsrisskorrosion; Allgemeines **OHNE ERSATZ ZURÜCKGEZOGEN**	10.85
51220	N 1	2.2.4	Werkstoffprüfmaschinen; Allgemeines zu Anforderungen an Werkstoffprüfmaschinen und zu deren Prüfung und Kalibrierung	08.03
51300	N 1	2.2.4	Werkstoffprüfmaschinen; Prüfung von Werkstoffprüfmaschinen; Allgemeines **NACHFOLGEDOKUMENT:** DIN 51220 (08.03) Werkstoffprüfmaschinen; Allgemeines zu Anforderungen an Werkstoffprüfmaschinen und zu deren Prüfung und Kalibrierung	12.93
51524-1	A 2	12.1	Druckflüssigkeiten; Hydrauliköle; Hydrauliköle HL; Mindestanforderungen	04.06
51525	A 2	12.1	Hydraulikflüssigkeiten; Hydrauliköle H; LP; Mindestanforderungen **NACHFOLGEDOKUMENT:** DIN 51524-2 (04.06) Druckflüssigkeiten; Hydrauliköle; Hydrauliköle HLP; Mindestanforderungen	03.79
51622	HP 801 Nr. 25	2.3, 6.2.13	Flüssiggase; Propan, Propen, Butan, Buten und deren Gemische; Anforderungen	12.85
51914	N 2	Anh. 3	Prüfung von Kohlenstoffmaterialien; Bestimmung der Zug-festigkeit; Feststoffe	04.85
52324	N 4	Tafel 1	Prüfung von Glas; Bestimmung der Transformations-temperatur **NACHFOLGEDOKUMENT:** DIN ISO 7884-8 (02.98) Glas; Viskosität und viskosimetrische Festpunkte; Bestimmung der (dilatometrischen) Transformations-temperatur	02.84
52328	N 4	Tafel 1	Prüfung von Glas; Bestimmung des mittleren thermischen Längenausdehnungskoeffizienten **NACHFOLGEDOKUMENT:** DIN ISO 7991 (02.98) Glas; Viskosität und viskosimetrische Festpunkte; Bestimmung der (dilatometrischen) Transformationstemperatur	03.85
53394	N 1	5.2.2	Prüfung von Kunststoffen; Bestimmung von monomerem Styrol in Reaktionsharzformstoffen auf Basis von ungesättigten Polyesterharzen; Verfahren mit Wijs-Lösung	02.74

DIN	AD-Mbl.	Abschn.	Titel	Ausgabe
53444	N 1	5.2.2	Prüfung von Kunststoffen; Zeitstand-Zugversuch **NACHFOLGEDOKUMENT:** DIN EN ISO 899-1 (10.03) Kunststoffe; Bestimmung des Kriechverhaltens; Zeitstand-Zugversuch	01.90
53479	N 1	5.2.2	Prüfung von Kunststoffen und Elastomeren; Bestimmung der Dichte **NACHFOLGEDOKUMENT:** DIN EN ISO 1183-1 (05.04) Kunststoffe – Verfahren zur Bestimmung der Dichte von nicht verschäumten Kunststoffen – Teil 1: Eintauchverfahren, Verfahren mit Flüssigkeitspyknometer und Titrationsverfahren DIN EN ISO 1183-2 (10.04) Kunststoffe – Verfahren zur Bestimmung der Dichte von nicht verschäumten Kunststoffen – Teil 2: Verfahren mit Dichtegradientensäule	07.76
53598-1	N 1	4.4.7	Statistische Auswertung an Stichproben mit Beispielen aus der Elastomer- und Kunststoffprüfung	07.83
53700	N 1	5.2.2	Prüfung von Kunststoffen; Bestimmung des acetonlöslichen Anteiles in Phenoplast-Formteilen **OHNE ERSATZ ZURÜCKGEZOGEN**	01.70
54111-2	W 5	5.7	Zerstörungsfreie Prüfung; Prüfung metallischer Werkstoffe mit Röntgen- oder Gammastrahlen; Aufnahme von Durchstrahlungsbildern von Gussstücken aus Eisenwerkstoffen **NACHFOLGEDOKUMENT:** DIN EN 12681 (06.03) Gießereiwesen; Durchstrahlungsprüfung	06.82
54152-2	HP 5/3 Anl. 1	1)	Zerstörungsfreie Prüfung; Eindringverfahren; Durchführung **NACHFOLGEDOKUMENT:** DIN EN ISO 3452-2 (11.06) Zerstörungsfreie Prüfung; Eindringprüfung; Prüfung von Eindringprüfmitteln	07.89
65228	HP 100R	7.3.3	Luft- und Raumfahrt; Prüfung von Lötern; Hartlöten metallischer Bauteile **NACHFOLGEDOKUMENT:** DIN 65228 (12.05) Luft- und Raumfahrt – Prüfung von Hartlötern – Hartlöten metallischer Bauteile	09.86

DIN	AD-Mbl.	Abschn.	Titel	Ausgabe
74281-1	A 5 Anl. 1	2.4.5	Druckluftbremsanlagen; Druckluftbehälter; geschweißte Einkammer-Druckluftbehälter aus Stahl **NACHFOLGEDOKUMENT:** DIN 74281-1 (09.00) Druckluftbremsanlagen; Druckbehälter; Maße für geschweißte Einkammer-Druckbehälter aus Stahl und Aluminium DIN EN 286-2 (11.92) Einfache, unbefeuerte Druckbehälter für Luft oder Stickstoff; Druckbehälter für Druckluftbremsanlagen und Hilfseinrichtungen in Kraftfahrzeugen und deren Anhängefahrzeugen	04.87

2 DIN EN-Normen

DIN EN	AD-Mbl.	Abschn.	Titel	Ausgabe
60	N 1	5.2.2	Glasfaserverstärkte Kunststoffe; Bestimmung des Glühverlustes **NACHFOLGEDOKUMENT:** DIN EN ISO 1172 (12.98) Textilglasverstärkte Kunststoffe; Prepregs, Formmassen und Laminate; Bestimmung des Textilglas- und Mineralfüllstoffgehalts; Kalzinierungsverfahren	11.77
61	N 1	5.2.2	Glasfaserverstärkte Kunststoffe; Zugversuch **NACHFOLGEDOKUMENT:** DIN EN ISO 527-4 (07.97) Kunststoffe; Bestimmung der Zugeigenschaften; Prüfbedingungen für isotrop und anisotrop faserverstärkte Kunststoffverbundwerkstoffe	11.77
63	N 1	5.2.2	Glasfaserverstärkte Kunststoffe; Biegeversuch; Dreipunktverfahren **NACHFOLGEDOKUMENT:** DIN EN ISO 14125 (06.98) Faserverstärkte Kunststoffe; Bestimmung der Biegeeigenschaften	11.77
230	A 404	7.2	Ölzerstäubungsbrenner in Monoblockausführung; Einrichtungen für die Sicherheit, die Überwachung und die Regelung sowie Sicherheitszeiten	10.05
287-1	HP 3	3.1.1, 3.1.2	Prüfung von Schweißern; Schmelzschweißen; Stähle	06.06
298	A 404	7.2	Feuerungsautomaten für Gasbrenner und Gasgeräte mit und ohne Gebläse	01.04
378-1	HP 801 Nr. 14	3.1	Kälteanlagen und Wärmepumpen; Sicherheitstechnische und umweltrelevante Anforderungen; Grundlegende Anforderungen, Definitionen, Klassifikationen und Auswahlkriterien	09.00
378-2	HP 801 Nr. 14	3.1, 3.6, 4.1, 4.8	Kälteanlagen und Wärmepumpen; Sicherheitstechnische und umweltrelevante Anforderungen; Konstruktion, Herstellung, Prüfung, Kennzeichnung und Dokumentation	09.00

DIN EN	AD-Mbl.	Abschn.	Titel	Ausgabe
378-3	HP 801 Nr. 14	3.1	Kälteanlagen und Wärmepumpen; Sicherheitstechnische und umweltrelevante Anforderungen; Aufstellungsort und Schutz von Personen	09.00
378-4	HP 801 Nr. 14	3.1	Kälteanlagen und Wärmepumpen; Sicherheitstechnische und umweltrelevante Anforderungen; Betrieb, Instandhaltung, Instandsetzung und Rückgewinnung	09.00
473	HP 4	3	Zerstörungsfreie Prüfung; Qualifizierung und Zertifizierung von Personal der zerstörungsfreien Prüfung; Allgemeine Grundlagen	01.06
485-1	W 6/1	5.1.2	Aluminium und Aluminiumlegierungen; Bänder, Bleche und Platten; Technische Lieferbedingungen	01.94
485-2	W 6/1	Tafel 3	Aluminium und Aluminiumlegierungen; Bänder, Bleche und Platten; Mechanische Eigenschaften	09.04
485-3	W 6/1	3.3	Aluminium und Aluminiumlegierungen; Bänder, Bleche und Platten; Grenzabmaße und Formtoleranzen für warmgewalzte Erzeugnisse	06.03
485-4	W 6/1	3.3	Aluminium und Aluminiumlegierungen; Bänder, Bleche und Platten; Grenzabmaße und Formtoleranzen für kaltgewalzte Erzeugnisse	01.94
493	W 7	3.1	Verbindungselemente; Oberflächenfehler; Muttern **NACHFOLGEDOKUMENT:** DIN EN ISO 6157-2 (10.04) Verbindungselemente – Oberflächenfehler – Teil 2: Muttern DIN EN ISO 10484 (10.04) Aufweitversuch an Muttern DIN EN ISO 10485 (10.04) Kegelprüfkraftversuch an Muttern	07.92
571-1	HP 5/3	7.2	Zerstörungsfreie Prüfung; Eindringprüfung; Allgemeine Grundlagen	03.97
573-3	HP 0 W 6/1	Tafel 2a Tafel 1	Aluminium und Aluminiumlegierungen; Chemische Zusammensetzung und Form von Halbzeug; Chemische Zusammensetzung	10.03
573-4	W 6/1	Tafel 1	Aluminium und Aluminiumlegierungen; Chemische Zusammensetzung und Form von Halbzeug; Erzeugnisformen	05.04
586-3	W 6/1	3.3	Aluminium und Aluminiumlegierungen; Schmiedestücke; Grenzabmaße und Formtoleranzen	02.02
719	HP 100R N 4	7.2.3 Tafel 1	Schweißaufsicht; Aufgaben und Verantwortung **NACHFOLGEDOKUMENT:** DIN EN ISO 14731 (12.06) Schweißaufsicht – Aufgaben und Verantwortung	08.94
729-3	HP 0 HP 100R	1) 4.2.2	Schweißtechnische Qualitätsanforderungen; Schmelzschweißen metallischer Werkstoffe; Standard-Qualitätsanforderungen	11.94

DIN EN	AD-Mbl.	Abschn.	Titel	Ausgabe
729-3 (Forts.)			**NACHFOLGEDOKUMENT:** DIN EN ISO 3834-3 (03.06) Qualitätsanforderungen für das Schmelzschweißen von metallischen Werkstoffen – Teil 1: Kriterien für die Auswahl der geeigneten Stufe der Qualitätsanforderungen	
754-7	W 6/1	3.3	Aluminium und Aluminiumlegierungen; Gezogene Stangen und Rohre; Nahtlose Rohre; Grenzabmaße und Formtoleranzen	10.98
755-1	W 6/1	5.2.2	Aluminium und Aluminiumlegierungen; Stranggepresste Stangen, Rohre und Profile; Technische Lieferbedingungen	08.97
755-2	W 6/1	5.2.2	Aluminium und Aluminiumlegierungen; Stranggepresste Stangen, Rohre und Profile; Mechanische Eigenschaften	08.97
755-3	W 6/1	3.3	Aluminium und Aluminiumlegierungen; Stranggepresste Stangen, Rohre und Profile; Rundstangen; Grenzabmaße und Formtoleranzen	08.95
755-5	W 6/1	3.3	Aluminium und Aluminiumlegierungen; Stranggepresste Stangen, Rohre und Profile; Rechteckstangen; Grenzabmaße und Formtoleranzen	09.95
755-6	W 6/1	3.3	Aluminium und Aluminiumlegierungen; Stranggepresste Stangen, Rohre und Profile; Sechskantstangen; Grenzabmaße und Formtoleranzen	09.95
755-7	W 6/1	3.3	Aluminium und Aluminiumlegierungen; Stranggepresste Stangen, Rohre und Profile; Nahtlose Rohre; Grenzabmaße und Formtoleranzen	10.98
755-8	W 6/1	3.3	Aluminium und Aluminiumlegierungen; Stranggepresste Stangen, Rohre und Profile; Mit Kammerwerkzeug stranggepresste Rohre; Grenzabmaße und Formtoleranzen	10.98
755-9	W 6/1	3.3	Aluminium und Aluminiumlegierungen; Stranggepresste Stangen, Rohre und Profile; Profile; Grenzabmaße und Formtoleranzen	07.01
764	W 3/1 W 3/3	1.3 1.3	Druckgeräte; Terminologie und Symbole; Druck, Temperatur, Volumen **NACHFOLGEDOKUMENT:** DIN EN 764-1 (09.04) Druckgeräte – Teil 1: Terminologie – Druck, Temperatur, Volumen, Nennweite	11.94
875	HP 0 HP 2/1 HP 5/2	[4] zu Tafel 1b [5] zu Tafel 1b 3.2.3.1 3.2.5.1 Tafel 1 Tafel 2 Tafel 1 Tafel 2 Tafel 3	Zerstörende Prüfung von Schweißverbindungen an metallischen Werkstoffen; Kerbschlagbiegeversuch; Probenlage, Kerbrichtung und Beurteilung	10.95

DIN EN	AD-Mbl.	Abschn.	Titel	Ausgabe
876	HP 2/1 HP 5/2 HP 801 Nr. 34	3.2.1.1 3.2.3.1 Tafel 1 Tafel 2 Tafel 1 Tafel 2 8.2	Zerstörende Prüfung von Schweißverbindungen an metallischen Werkstoffen; Längszugversuch an Schweißgut in Schmelzschweißverbindungen	10.95
895	HP 2/1 HP 5/2	Tafel 1 Tafel 2 9.2 Tafel 1 Tafel 2 Tafel 3	Zerstörende Prüfung von Schweißverbindungen an metallischen Werkstoffen; Querzugversuch	05.99
910	HP 0 HP 2/1 HP 5/2	26) zu Tafel 2b 3.2.5.1 Tafel 1 Tafel 2 Tafel 1 Tafel 2 Tafel 3	Zerstörende Prüfung von Schweißnähten an metallischen Werkstoffen; Biegeprüfungen	05.96
941	HP 6/1	3.3	Aluminium und Aluminiumlegierungen; Ronden und Rondenvormaterial für allgemeine Anwendungen; Spezifikationen	09.95
1043-1	HP 2/1 HP 5/2 HP 801 Nr. 34	Tafel 1 Tafel 1 8.2	Zerstörende Prüfung von Schweißverbindungen an metallischen Werkstoffen; Härteprüfung; Härteprüfung für Lichtbogenschweißverbindungen	02.96
1057	W 6/2	3.1, Tafel 1	Kupfer und Kupferlegierungen; Nahtlose Rundrohre aus Kupfer für Wasser- und Gasleitungen für Sanitärinstallationen und Heizungsanlagen **NACHFOLGEDOKUMENT:** DIN EN 1057 (08.06) Kupfer und Kupferlegierungen; Nahtlose Rundrohre aus Kupfer für Wasser- und Gasleitungen für Sanitärinstallationen und Heizungsanlagen	05.96
1173	W 6/2	Tafel 1	Kupfer- und Kupferlegierungen; Zustandsbezeichnungen	12.95
1290	HP 5/3 HP 5/3 Anl. 1	7.1 4	Zerstörungsfreie Prüfung von Schweißverbindungen; Magnetpulverprüfung von Schweißverbindungen	09.02
1418	HP 3	3.1.1	Schweißpersonal; Prüfung von Bedienern von Schweißeinrichtungen zum Schmelzschweißen und von Einrichtern für das Widerstandsschweißen für vollmechanisches und automatisches Schweißen von metallischen Werkstoffen	01.98
1435	HP 5/3 HP 5/3 Anl. 1	7.4 2	Zerstörungsfreie Prüfung von Schweißverbindungen; Durchstrahlungsprüfung von Schmelzschweißverbindungen	09.02
1559-1	W 3/1	3.2, 4.1, 1)	Gießereiwesen; Technische Lieferbedingungen; Allgemeines	08.97
1561	B 6 W 3/1	Tafel 1 2.1, 3.1, 5.1, 7.1, 7.1.1	Gießereiwesen; Gusseisen mit Lamellengraphit	08.97

G 2

DIN EN	AD-Mbl.	Abschn.	Titel	Ausgabe
1563	B 6 HP 801 Nr. 34 S 1 S 2 W 3/2	Tafel 1 3.1.4 Anh. 3 Anh. 5, 8.2.3 2.1, 2.2, Tafel 1, Tafel 2, 3, 3.2	Gießereiwesen; Gusseisen mit Kugelgraphit	10.05
1591-1	B 8	6.1.3	Flansche und ihre Verbindungen; Regeln für die Auslegung von Flanschverbindungen mit runden Flanschen und Dichtung; Berechnungsmethode	10.01
1652	W 6/2	3.1, Tafel 1 Anm., Tafel 2, [1)] zu Tafel 6	Kupfer und Kupferlegierungen; Platten, Bleche, Bänder, Streifen und Ronden zur allgemeinen Verwendung	03.98
1653	W 6/2	3.1, Tafel 1 Anm., Tafel 2, [1)] zu Tafel 6	Kupfer und Kupferlegierungen; Platten, Bleche und Ronden für Kessel, Druckbehälter und Warmwasserspeicheranlagen	11.00
1708-1	S 3/1 S 3/2 S 3/3 S 3/4	2 2.3.2 2 2	Schweißen; Verbindungselemente beim Schweißen von Stahl; Druckbeanspruchte Bauteile	05.99
1736	HP 801 Nr. 14	4.7	Kälteanlagen und Wärmepumpen; Flexible Rohrleitungsteile, Schwingungsabsorber und Kompensatoren; Anforderungen, Konstruktion und Einbau	04.00
1763-1	HP 801 Nr. 25	5.2	Gummi- und Kunststoffschläuche und -schlauchleitungen mit und ohne Einlagen zur Verwendung mit handelsüblichem Propan, handelsüblichem Butan und deren Mischungen in der Gasphase; Anforderungen an Gummi- und Kunststoffschläuche mit und ohne Einlagen **NACHFOLGEDOKUMENT:** DIN EN 1763 (E 02.06) Gummi- und Kunststoffschläuche und -schlauchleitungen mit und ohne Einlagen und Schlaucharmaturen zur Verwendung mit Propan und Butan in der Gasphase; Anforderungen	01.04
10002-1	HP 8/3 B 0 S 6 W 3/3	5.1.2 [5)] 4.3.2, 4.3.3 3.1.3	Metallische Werkstoffe; Zugversuch; Prüfverfahren bei Raumtemperatur	12.01
10002-5	HP 0 HP 8/3 W 3/3	[5)] zu Tafel 1b 5.1.2 3.1.3	Metallische Werkstoffe; Zugversuch; Prüfverfahren bei erhöhter Temperatur	02.92
10021	W 13	3.1.5	Allgemeine technische Lieferbedingungen für Stahl und Stahlerzeugnisse	12.93

DIN EN	AD-Mbl.	Abschn.	Titel	Ausgabe
10025	HP 0 HP 801 Nr. 34 HP 8/1 W 13	Tafel 1a 3.1.3 3.4 Tafel 1 2.2, 3.2, Tafel 1, 3.12, Tafel 2, Tafel 3, 5.1.1, 6.2	Warmgewalzte Erzeugnisse aus unlegierten Baustählen; Technische Lieferbedingungen **NACHFOLGEDOKUMENT:** DIN EN 10025-1 (02.05) Warmgewalzte Erzeugnisse aus Baustählen – Teil 1: Allgemeine technische Lieferbedingungen DIN EN 10025-2 (04.05) Warmgewalzte Erzeugnisse aus Baustählen – Teil 2: Technische Lieferbedingungen für unlegierte Baustähle	03.94
10025-1	W 1	3.1	Warmgewalzte Erzeugnisse aus Baustählen – Teil 1: Allgemeine technische Lieferbedingungen	02.05
10025-2	HP 0 W 1	Tafel 1a 3.1, 6.1, Tafel 1, Tafel 3, Tafel 4, Tafel 5	Warmgewalzte Erzeugnisse aus Baustählen – Teil 2: Technische Lieferbedingungen für unlegierte Baustähle	04.05
10027-1	W 13	Tafel 1, Tafel 2	Bezeichnungssysteme für Stähle; Kurznamen, Hauptsymbole	10.05
10027-2	W 13	Tafel 1, Tafel 2	Bezeichnungssysteme für Stähle; Nummernsystem	09.92
10028-1	HP 801 Nr. 30 W 1 W 2	4.1 5.2, Tafel 2 2)	Flacherzeugnisse aus Druckbehälterstählen; Allgemeine Anforderungen (enthält Änderung A 1)	09.03
10028-2	HP 0 HP 8/1 S 1 W 1	Tafel 1a Tafel 1 1) 2.3, 3.3, 5.2, 6.3, Tafel 3	Flacherzeugnisse aus Druckbehälterstählen; Unlegierte und legierte Stähle mit festgelegten Eigenschaften bei erhöhten Temperaturen	09.03
10028-3	HP 0 HP 5/3 HP 8/1 HP 801 Nr. 30 W 1 W 10	Tafel 1a Tafel 1 Tafel 1 4.1 2.4, 3.4, 6.4 Tafel 3 Tafel 1	Flacherzeugnisse aus Druckbehälterstählen; Schweißgeeignete Feinkornbaustähle, normalgeglüht	09.03
10028-4	HP 0 W 1 W 10	Tafel 1a 2.5, 3.5, 6.5, Tafel 3 6, Tafel 3 a	Flacherzeugnisse aus Druckbehälterstählen; Nickellegierte kaltzähe Stähle	09.03
10028-6	S 1	1), Bild A 1	Flacherzeugnisse aus Druckbehälterstählen; Schweißgeeignete Feinkornbaustähle, vergütet	10.03

DIN EN	AD-Mbl.	Abschn.	Titel	Ausgabe
10028-7	HP 0 HP 7/2 W 2	Tafel 1a Tafel 2 2.1, 3.1, 4, 6.6, Tafel 1 a, Tafel 1 b, Tafel 1 c, [3] zu Tafel 7	Flacherzeugnisse aus Druckbehälterstählen; Nichtrostende Stähle	06.00
10029	B 0	9.1.2	Warmgewalztes Stahlblech von 3 mm Dicke an; Grenzab- maße, Formtoleranzen, zulässige Gewichtsabweichungen	10.91
10045-1	HP 2/1 HP 5/2 HP 801 Nr. 14 W 1 W 3/2 W 5	3.2.1.1 3.2.2.1 Tafel 1 Tafel 2 Tafel 1 Tafel 2 Tafel 3 4.3 2.6 3.2 2.6, 2.8	Metallische Werkstoffe; Kerbschlagbiegeversuch nach Charpy; Prüfverfahren	04.91
10079	W 1 W 13	1.1 1	Begriffsbestimmungen für Stahlerzeugnisse **NACHFOLGEDOKUMENT:** DIN EN 10079 (06.07) Begriffsbestimmungen für Stahlerzeugnisse	02.93
10204	A 4 HP 0 HP 8/1 HP 8/2 HP 8/3 HP 100R HP 110R HP 120R N 1 N 2 S 3/0 W 0 W 1 W 2	4.3.1, 5.2.2, 6.4.2, 6.5.1, 6.5.3 4.2.1, 4.2.2 6, 8, Anh. 1 6, 8 7.1, 7.2, 7.3, Tafel 2 5.2.4.1 5.2.4 Anl. 1 3.2.4, 3.8, 5.2.1.3 6.2, Anh. 1 2.8 3.1.2, 3.4.2, 3.4.3 4.1, 5.1, 5.2, Tafel 3 5.2, 6.1.2, 6.2.1, 6.3.2, 6.3.4, 6.3.5, 6.4.1, 6.4.2, 6.4.3, 6.7, Tafel 2a, Tafel 2b, Tafel 2c Tafel 3a, Tafel 3b, Tafel 3c	Metallische Erzeugnisse; Arten von Prüfbescheinigungen	01.05

DIN EN	AD-Mbl.	Abschn.	Titel	Ausgabe
10204 (Forts.)	W 3/1	6, 6.1, 6.2		
	W 3/2	6		
	W 3/3	6		
	W 4	2.2, 5.2, 7.2, Tafel 1 a, Tafel 1 b, Tafel 2 a, Tafel 2 b		
	W 5	7.1, 7.2, 7.3, 7.5		
	W 6/1	7		
	W 6/2	6.1, 6.2, 6.3, 6.4, 6.6		
	W 7	6.1.1, 6.1.2, 6.1.4, 6.6, Tafel 2		
	W 8	9.1, 9.2, 9.3		
	W 9	Tafel 2, 5, 6, 6.1, Anh. 1		
	W 12	6.2, Tafel 1, Tafel 2, Tafel 3, Tafel 4		
	W 13	4.1, 5.2, 7.1		
10207	HP 0	Tafel 1a	Stähle für einfache Druckbehälter;	06.05
	W 1	2.2, 3.2, 6.2, Tafel 1, Tafel 3	Technische Lieferbedingungen für Blech, Band und Stabstahl	
	W 13	2.3 Tafel 1, 3.3, 3.12, 6.3, 6.4		
10208-2	HP 100R	5.2.1.1	Stahlrohre für Rohrleitungen für brennbare Medien; Technische Lieferbedingungen; Rohre der Anforderungsklasse B	08.96
10213-1	W 5	2.7, 4.1, 4.2	Technische Lieferbedingungen für Stahlguss für Druckbehälter; Allgemeines	01.96
10213-2	W 5	2.2, 2.4, 8.2, 8.3	Technische Lieferbedingungen für Stahlguss für Druckbehälter; Stahlsorten für die Verwendung bei Raumtemperatur und erhöhten Temperaturen	01.96
10213-3	W 5 W 10	8.3 6, 8.3, Tafel 3 c	Technische Lieferbedingungen für Stahlguss für Druckbehälter; Stahlsorten für die Verwendung bei tiefen Temperaturen	01.96
10213-4	W 5	2.7, 5.8, 8.6	Technische Lieferbedingungen für Stahlguss für Druckbehälter; Austenitische und austenitisch-ferritische Stahlsorten	01.96

DIN EN	AD-Mbl.	Abschn.	Titel	Ausgabe
10216-1	HP 0 W 4	Tafel 1a 2.1.1, Tafel 1 a, Tafel 1 b, Tafel 3, Tafel A 1	Nahtlose Stahlrohre für Druckbeanspruchungen – Technische Lieferbedingungen – Teil 1: Rohre aus unlegierten Stählen mit festgelegten Eigenschaften bei Raumtemperatur	07.04
10216-2	HP 0 W 4	Tafel 1a 2.1.2, 3.2, 6.2, Tafel 1 a, Tafel 1 b, Tafel 3, Tafel A 2	Nahtlose Stahlrohre für Druckbeanspruchungen – Technische Lieferbedingungen – Teil 2: Rohre aus unlegierten und legierten Stählen mit festgelegten Eigenschaften bei erhöhten Temperaturen	07.04
10216-3	HP 0 W 4 W 10	Tafel 1a 2.1.4, 3.3, Tafel 1 a, Tafel 1 b, Tafel 3 Tafel 1	Nahtlose Stahlrohre für Druckbeanspruchungen; Technische Lieferbedingungen; Rohre aus legierten Feinkornbaustählen	07.04
10216-4	HP 0 W 4 W 10	Tafel 1a 2.1.3, 6.4, Tafel 1 a, Tafel 1 b, Tafel 3 6, Tafel 1, Tafel 3 a	Nahtlose Stahlrohre für Druckbeanspruchungen; Technische Lieferbedingungen; Rohre aus unlegierten und legierten Stählen mit festgelegten Eigenschaften bei tiefen Temperaturen	07.04
10216-5	HP 0 W 2	Tafel 1a 3.1, 4, 4.2.2, 4.2.2.1, 4.2.2.2, 4.2.2.4, 4.2.3, 6.2.2, Tafel 1 a, Tafel 1 b, Tafel 1 c	Nahtlose Stahlrohre für Druckbeanspruchungen – Technische Lieferbedingungen – Teil 5: Rohre aus nichtrostenden Stählen	11.04
10217-1	HP 0 W 4	Tafel 1a 2.2.1, Tafel 2 a, Tafel 2 b, Tafel 3, Tafel A 1	Geschweißte Stahlrohre für Druckbeanspruchungen – Technische Lieferbedingungen – Teil 1: Rohre aus unlegierten Stählen mit festgelegten Eigenschaften bei Raumtemperatur	04.05
10217-2	HP 0 W 4	Tafel 1a 2.2.2, 6.3, 7.3.1, 7.3.2, Tafel 2 a, Tafel 2 b, Tafel 3, Tafel A 2	Geschweißte Stahlrohre für Druckbeanspruchungen – Technische Lieferbedingungen – Teil 2: Elektrisch geschweißte Rohre aus unlegierten und legierten Stählen mit festgelegten Eigenschaften bei erhöhten Temperaturen	04.05

DIN EN	AD-Mbl.	Abschn.	Titel	Ausgabe
10217-3	HP 0 W 4 W 10	Tafel 1a 2.2.6, 3.7, Tafel 2 a, Tafel 2 b, Tafel 3 Tafel 1	Geschweißte Stahlrohre für Druckbeanspruchungen; Technische Lieferbedingungen; Rohre aus legierten Feinkornbaustählen	04.05
10217-4	HP 0 W 4 W 10	Tafel 1a 2.2.4, 6.4, Tafel 2 a, Tafel 2 b, Tafel 3 6, Tafel 1, Tafel 3 a	Geschweißte Stahlrohre für Druckbeanspruchungen; Technische Lieferbedingungen; Elektrisch geschweißte Rohre aus unlegierten Stählen mit festgelegten Eigenschaften bei tiefen Temperaturen	04.05
10217-5	HP 0 W 4	Tafel 1a 2.2.3, 6.3, 7.3.1, 7.3.2, Tafel 2 a, Tafel 2 b, Tafel 3, Tafel A 2	Geschweißte Stahlrohre für Druckbeanspruchungen – Technische Lieferbedingungen – Teil 5: Unterpulvergeschweißte Rohre aus unlegierten und legierten Stählen mit festgelegten Eigenschaften bei erhöhten Temperaturen	04.05
10217-6	HP 0 W 4 W 10	Tafel 1a 2.2.5, 6.4, Tafel 2 a, Tafel 2 b, Tafel 3 6, Tafel 1, Tafel 3 a	Geschweißte Stahlrohre für Druckbeanspruchungen; Technische Lieferbedingungen; Unterpulvergeschweißte Rohre aus unlegierten Stählen mit festgelegten Eigenschaften bei tiefen Temperaturen	04.05
10217-7	HP 0 W 2	Tafel 1a 3.1, 3.4, [3)],4, 4.2.1, 4.2.1.1, 4.2.1.2, 4.2.1.3, 4.2.1.5, 4.2.3, 6.2.2, Tafel 1 a, Tafel 1 b, Tafel 1 c	Geschweißte Stahlrohre für Druckbeanspruchungen – Technische Lieferbedingungen – Teil 7: Rohre aus nichtrostenden Stählen	05.05
10220	HP 801 Nr. 14	4.9.1	Nahtlose und geschweißte Stahlrohre; Allgemeine Tabellen für Maße und längenbezogene Masse	03.03
10222-1	W 2 W 13	4, 4.3.1 [1)] zu Tafeln 3a, 3b und 3c, 3.5, 3.6, 3.8	Schmiedestücke aus Stahl für Druckbehälter; Allgemeine Anforderungen an Freiformschmiedestücke	07.02
10222-2	HP 0 W 9 W 13	Tafel 1a 2.1.3, 7.1 5.1.2, 6.6, Tafel 2	Schmiedestücke aus Stahl für Druckbehälter; Ferritische und martensitische Stähle mit festgelegten Eigenschaften bei erhöhten Temperaturen	04.00

DIN EN	AD-Mbl.	Abschn.	Titel	Ausgabe
10222-3	HP 0 W 9 W 10 W 13	Tafel 1a 2.1.4, 7.1 6, Tafel 3 a 2.8, 3.6, 3.8, 6.8, Tafel 2	Schmiedestücke aus Stahl für Druckbehälter; Nickelstähle mit festgelegten Eigenschaften bei tiefen Temperaturen	02.99
10222-4	HP 0 W 9 W 13	Tafel 1a 2.1.2, 6.2, 7.1, Tafel 5 2.5, 3.5, Tafel 2, Tafel 3, 5.1.2, 6.5	Schmiedestücke aus Stahl für Druckbehälter; Schweißgeeignete Feinkornbaustähle mit hoher Dehngrenze	12.01
10222-5	HP 0 W 2	Tafel 1a 2.1, 3.1, 3.5, Tafel 1 a, Tafel 1 b, Tafel 1 c	Schmiedestücke aus Stahl für Druckbehälter; Martensitische, austenitische und austenitisch-ferritische nichtrostende Stähle	02.00
10228-3	HP 8/3	5.1.2	Zerstörungsfreie Prüfung von Schmiedestücken aus Stahl; Ultraschallprüfung von Schmiedestücken aus ferritischem oder martensitischem Stahl	07.98
10228-4	HP 8/3 W 2	5.1.2 6)	Zerstörungsfreie Prüfung von Schmiedestücken aus Stahl; Ultraschallprüfung von Schmiedestücken aus austenitischem und austenitisch-ferritischem Stahl	10.99
10233	W 6/1	5.2.4	Metallische Werkstoffe; Rohr; Ringfaltversuch **NACHFOLGEDOKUMENT:** DIN EN ISO 8492 (10.04) Metallische Werkstoffe – Rohr – Ringfaltversuch	01.94
10236	W 6/1	5.2.4	Metallische Werkstoffe; Rohr; Ringaufdornversuch **NACHFOLGEDOKUMENT:** DIN EN ISO 8495 (10.04) Metallische Werkstoffe – Rohr – Ringaufdornversuch	01.94
10237	W 6/1	5.2.4	Metallische Werkstoffe; Ringzugversuch **NACHFOLGEDOKUMENT:** DIN EN ISO 8496 (10.04) Metallische Werkstoffe – Rohr – Ringzugversuch	01.94
10246-7	W 2	4.2.2.4, 4.2.3	Zerstörungsfreie Prüfung von Stahlrohren; Automatische Ultraschallprüfung nahtloser und geschweißter (ausgenommen unterpulvergeschweißter) Stahlrohre über den gesamten Rohrumfang zum Nachweis von Längsfehlern	12.05

DIN EN	AD-Mbl.	Abschn.	Titel	Ausgabe
10250-1	W 9 W 13	4.2.1 3.1, Tafel 1, Tafel 3	Freiformschmiedestücke aus Stahl für allgemeine Verwendung; Allgemeine Anforderungen	12.99
10250-2	HP 0 W 9 W 13	Tafel 1a 2.1.1, 7.1, Tafel 5 2.1, Tafel 1, Tafel 2, Tafel 3, 6.1	Freiformschmiedestücke aus Stahl für allgemeine Verwendung; Unlegierte Qualitäts- und Edelstähle	12.99
10269	HP 0 W 2 W 7 W 10	Tafel 1a 2.1, 2.3, 3.1, 4, 7.1, Tafel 1a, Tafel 1b, Tafel 1c, [2] zu Tafeln 3a und 3b 2.2, 2.3, 3.1, 3.4, 4.2.2, 4.3, 7.2, Tafel 2, Anh. 6, Tafel 3 a	Stähle und Nickellegierungen für Befestigungselemente für den Einsatz bei erhöhten und/oder tiefen Temperaturen	07.06
10272	HP 0 W 2	Tafel 1a 2.1, 2.3, 2.5, 3.1, 3.5, 4, Tafel 1 a, Tafel 1 b, Tafel 1 c	Nichtrostende Stäbe für Druckbehälter	01.01
10273	HP 0 W 9 W 13	Tafel 1a 2.1.2, 2.1.3, 6.2, 7.1 2.7, 3.7, 3.12, 5.1.2, 6.7, Tafel 2	Warmgewalzte schweißgeeignete Stäbe aus Stahl für Druckbehälter mit festgelegten Eigenschaften bei erhöhten Temperaturen	04.00
10305-4	W 4	2.1.5, Tafel 1 a, Anh. 1. Tafel A 3	Präzisionsstahlrohre – Technische Lieferbedingungen – Teil 4: Nahtlose kaltgezogene Rohre für Hydraulik- und Pneumatik-Druckleitungen	10.03
12163	W 6/2	3.1, Tafel 1 Anm.	Kupfer und Kupferlegierungen; Stangen zur allgemeinen Verwendung	04.98
12164	W 6/2	3.1, Tafel 1 Anm.	Kupfer und Kupferlegierungen; Stangen für die spanende Bearbeitung	09.00
12165	W 6/2	3.1, 6.5, Tafel 1 Anm.	Kupfer und Kupferlegierungen; Vormaterial für Schmiedestücke	04.98
12167	W 6/2	3.1, Tafel 1 Anm.	Kupfer und Kupferlegierungen; Profile und Rechteckstangen zur allgemeinen Verwendung	04.98
12178	HP 801 Nr. 14	4.9.2	Kälteanlagen und Wärmepumpen; Flüssigkeitsstandanzeiger; Anforderungen, Prüfung und Kennzeichnung	02.04

DIN EN	AD-Mbl.	Abschn.	Titel	Ausgabe
12420	W 6/2	3.1, Tafel 1 Anm.	Kupfer und Kupferlegierungen; Schmiedestücke	03.99
12449	W 6/2	3.1, Tafel 1 Anm.	Kupfer und Kupferlegierungen; Nahtlose Rundrohre zur allgemeinen Verwendung	10.99
12451	W 6/2	3.1, 4.3.2, Tafel 1 Anm.	Kupfer und Kupferlegierungen; Nahtlose Rundrohre für Wärmeaustauscher	10.99
12452	W 6/2	3.1, Tafel 1 Anm.	Kupfer und Kupferlegierungen; Nahtlose gewalzte Rippenrohre für Wärmeaustauscher in Verbindung mit den VdTÜV-Werkstoffblättern 420/1 bis 420/3 und 420/5 bis 420/7	10.99
12735-1	W 6/2	3.1, Tafel 1 Anm.	Kupfer und Kupferlegierungen; Nahtlose Rundrohre aus Kupfer für die Kälte- und Klimatechnik; Rohre für Leitungssysteme	06.05
12735-2	W 6/2	3.1	Kupfer und Kupferlegierungen; Nahtlose Rundrohre aus Kupfer für die Kälte- und Klimatechnik; Rohre für Apparate	07.05
13136	HP 801 Nr. 14	3.4	Kälteanlagen und Wärmepumpen; Druckentlastungsein-richtungen und zugehörige Leitungen; Berechnungsverfahren	12.05
13348	W 6/2	3.1, Tafel 1 Anm.	Kupfer und Kupferlegierungen; Nahtlose Rundrohre aus Kupfer für medizinische Gase	06.05
13445-2	W 10	1.2	Unbefeuerte Druckbehälter; Werkstoffe	08.02
13445-3	S 1 S 2	6 Anh. 5, 10	Unbefeuerte Druckbehälter; Konstruktion	11.03
20898-2	W 7	3.1, Tafel 2	Mechanische Eigenschaften von Verbindungselementen; Muttern mit festgelegten Prüfkräften; Regelgewinde	02.94
25817	HP 5/1 HP 100R HP 801 Nr. 34 S 2	2.2 7.2.5 5.2.1.7 11.2	Lichtbogenschweißverbindungen an Stahl; Richtlinie für die Bewertungsgruppen von Unregelmäßigkeiten (ISO 5817:1992) **NACHFOLGEDOKUMENT:** DIN EN ISO 5817 (10.06) Schweißen; Schmelzschweißverbindungen an Stahl, Nickel, Titan und deren Legierungen (ohne Strahlschweißen); Bewertungsgruppen von Unregelmäßigkeiten	09.92
26157-3	W 7	4.1.1	Verbindungselemente; Oberflächenfehler; Schrauben für spezielle Anforderungen (ISO 6157-3:1988)	12.91
30042	HP 5/1 HP 100R	2.2, 2.3 7.2.5	Lichtbogenschweißverbindungen an Aluminium und seinen schweißgeeigneten Legierungen; Richtlinie für die Bewertungsgruppen von Unregelmäßigkeiten (ISO 10042:1992) **NACHFOLGEDOKUMENT:** DIN EN ISO 10042 (02.06) Schweißen – Lichtbogenschweißverbindungen an Aluminium und seinen Legierungen – Bewertungsgruppen von Unregelmäßigkeiten	08.94
50014	HP 801 Nr. 25	7.3.1	Elektrische Betriebsmittel für explosionsgefährdete Bereiche; Allgemeine Bestimmungen **NACHFOLGEDOKUMENT:** DIN EN 60079-0 (05.07) Elektrische Betriebsmittel für gasexplosionsgefährdete Bereiche; Allgemeine Anforderungen	02.00

3 DIN EN ISO-Normen

DIN EN ISO	AD-Mbl.	Abschn.	Titel	Ausgabe
196	W 6/2	4.3.2	Kupfer und Kupfer-Knetlegierungen; Auffinden von Restspannungen; Quecksilber(I)nitratversuch	08.95
898-1	W 7	2.1, 3.1 4.1.1, Tafel 2	Mechanische Eigenschaften von Verbindungselementen aus Kohlenstoffstahl und legiertem Stahl; Schrauben	11.99
1127	B 6	Anh. 1	Nichtrostende Stahlrohre; Maße, Grenzabmaße und längenbezogene Maße	03.97
2624	W 6/2	4.3.2	Kupfer und Kupferlegierungen; Bestimmen der mittleren Korngröße	08.95
3269	W 2 W 7	4.4.1, Tafel 4, 4.1.3, 4.1.4, Tafel 1	Mechanische Verbindungselemente; Abnahmeprüfung	11.00
3506-1	W 2	2.3, 3.1, 4.4.1, 5.2, 6.4.2, 7.2, [1)2)] zu Tafel 5, [1)] zu Tafel 6	Mechanische Eigenschaften von Verbindungselementen aus nichtrostenden Stählen; Schrauben	03.98
3506-2	W 2	2.3, 3.1, 4.4.1, 5.2, 6.4.2	Mechanische Eigenschaften von Verbindungselementen aus nichtrostenden Stählen; Muttern	03.98
3651-1	W 5	5.8	Ermittlung der Beständigkeit nichtrostender Stähle gegen interkristalline Korrosion; Nichtrostende austenitische und ferritisch-austenitische (Duplex)-Stähle; Korrosionsversuch in schwefelsäurehaltigen Medien	09.98
3834-3	HP 0	3.1	Qualitätsanforderungen für das Schmelzschweißen von metallischen Werkstoffen; Standard-Qualitätsanforderungen	03.06
4759-1	B 7	2.8	Toleranzen für Verbindungselemente – Teil 1: Schrauben und Muttern; Produktklassen A, B und C	04.01
6947	HP 2/1	3.2.1.1	Schweißnähte – Arbeitspositionen – Definitionen der Winkel von Neigung und Drehung	05.97
8493	HP 8/3 W 6/2	5.2.5.2 4.3.2	Metallische Werkstoffe – Rohr – Aufweitversuch	10.04
9606-2	HP 3	3.1.1	Prüfung von Schweißern; Schmelzschweißen; Aluminium und Aluminiumlegierungen	03.05
9606-3	HP 3	3.1.1	Prüfung von Schweißern; Schmelzschweißen; Kupfer und Kupferlegierungen	06.99
9606-4	HP 3	3.1.1	Prüfung von Schweißern; Schmelzschweißen; Nickel und Nickellegierungen	06.99
9606-5	HP 3	3.1.1	Prüfung von Schweißern; Schmelzschweißen; Titan und Titanlegierungen	04.00
10628	HP 512R	4.1	Fließschemata für verfahrenstechnische Anlagen; Allgemeine Regeln	03.01
12944-1	HP 801 Nr. 14	3.3	Beschichtungsstoffe; Korrosionsschutz von Stahlbauten durch Beschichtungssysteme; Allgemeine Einleitung	07.98

DIN EN ISO	AD-Mbl.	Abschn.	Titel	Ausgabe
12944-2	HP 801 Nr. 14	3.3	Beschichtungsstoffe; Korrosionsschutz von Stahlbauten durch Beschichtungssysteme; Einteilung der Umgebungsbedingungen	07.98
12944-3	HP 801 Nr. 14	3.3	Beschichtungsstoffe; Korrosionsschutz von Stahlbauten durch Beschichtungssysteme; Grundregeln zur Gestaltung	07.98
12944-4	HP 801 Nr. 14	3.3	Beschichtungsstoffe; Korrosionsschutz von Stahlbauten durch Beschichtungssysteme; Arten von Oberflächen und Oberflächenvorbereitung	07.98
12944-5	HP 801 Nr. 14	3.3	Beschichtungsstoffe; Korrosionsschutz von Stahlbauten durch Beschichtungssysteme; Beschichtungssysteme	07.98
12944-6	HP 801 Nr. 14	3.3	Beschichtungsstoffe; Korrosionsschutz von Stahlbauten durch Beschichtungssysteme; Laborprüfungen zur Bewertung von Beschichtungssystemen	07.98
12944-7	HP 801 Nr. 14	3.3	Beschichtungsstoffe; Korrosionsschutz von Stahlbauten durch Beschichtungssysteme; Ausführung und Überwachung der Beschichtungsarbeiten	07.98
13919-1	HP 2/1	3.2.5.1	Schweißen – Elektronen- und Laserstrahl-Schweißverbindungen; Leitfaden für Bewertungsgruppen für Unregelmäßigkeiten; Stahl	09.96
13919-2	HP 2/1	3.2.5.1	Schweißen – Elektronenstrahl- und Laserstrahl-Schweißverbindungen; Richtlinie für Bewertungsgruppen für Unregelmäßigkeiten; Aluminium und seine schweißgeeigneten Legierungen	02.06
14731	HP 3	2.1.3, 2.2.1, 2.2.2, 2.2.3	Schweißaufsicht – Aufgaben und Verantwortung	12.06
15607	HP 2/1	3.1	Anforderung und Qualifizierung von Schweißverfahren für metallische Werkstoffe – Allgemeine Regeln	03.04
15614-1	HP 2/1 HP 5/2	3.1, 3.2.1.1, 3.2.1.2, 3.2.1.3.1, 3.5.5.2, Tafel 1 Tafel 1	Anforderung und Qualifizierung von Schweißverfahren für metallische Werkstoffe – Schweißverfahrensprüfung; Lichtbogen- und Gasschweißen von Stählen und Lichtbogenschweißen von Nickel und Nickellegierungen	11.04
15614-2	HP 2/1	3.1, 3.2.2.1, 3.2.2.2, 3.5.5.2	Anforderung und Qualifizierung von Schweißverfahren für metallische Werkstoffe – Schweißverfahrensprüfung; Lichtbogenschweißen von Aluminium und seinen Legierungen	07.05
15614-5	HP 2/1 HP 5/2	3.1, 3.2.3.1, 3.2.3.2, 3.2.3.3.1, 3.5.5.2 Tafel 3	Anforderung und Qualifizierung von Schweißverfahren für metallische Werkstoffe – Schweißverfahrensprüfung; Lichtbogenschweißen von Titan, Zirkonium und ihren Legierungen	07.04
15614-8	HP 2/1	3.1	Anforderung und Qualifizierung von Schweißverfahren für metallische Werkstoffe – Schweißverfahrensprüfung; Einschweißen von Rohren in Rohrböden	06.02
15614-11	HP 2/1	3.1	Anforderung und Qualifizierung von Schweißverfahren für metallische Werkstoffe – Schweißverfahrensprüfung; Elektronen- und Laserstrahlschweißen	10.02
15614-12	HP 2/1	3.1, 3.2.6.1	Anforderung und Qualifizierung von Schweißverfahren für metallische Werkstoffe – Schweißverfahrensprüfung; Widerstandspunkt-, Rollennaht- und Buckelschweißen	10.04

4 DIN ISO-Normen

DIN ISO	AD-Mbl.	Abschn.	Titel	Ausgabe
695	N 4	Tafel 1	Glas; Beständigkeit gegen eine siedende wässrige Mischlauge; Prüfverfahren und Klasseneinteilung	02.94
719	N 4	Tafel 1	Glas; Wasserbeständigkeit von Glasgrieß bei 98 °C; Prüfverfahren und Klasseneinteilung	12.89
898-2	W 7	2.1, 3.1, Tafel 2	Mechanische Eigenschaften von Verbindungselementen; Muttern mit festgelegten Prüfkräften **NACHFOLGEDOKUMENT:** DIN EN 20898-2 (02.94) Mechanische Eigenschaften von Verbindungselementen; Muttern mit festgelegten Prüfkräften; Regelgewinde	03.81
965-2	B 7	2.8	Metrisches ISO-Gewinde allgemeiner Anwendung – Toleranzen; Grenzmaße für Außen- und Innengewinde allgemeiner Anwendung; Toleranzklasse mittel	11.99
1773	N 4	1	Laborgeräte aus Glas; Erlenmeyer-, Rund- und Stehkolben, enghalsig	05.99
2768-1	N 2	9.2	Allgemeintoleranzen; Toleranzen für Längen- und Winkelmaße ohne einzelne Toleranzeintragung	06.91
2768-2	N 2	9.2	Allgemeintoleranzen; Toleranzen für Form und Lage ohne einzelne Toleranzeintragung	04.91
3585	N 4	1	Borosilicatglas 3.3; Eigenschaften	10.99
4759-1	W 7	3.5	Mechanische Verbindungselemente; Toleranzen für Schrauben und Muttern mit Gewindedurchmessern von 1,6 bis 150 mm, Produktklassen A, B und C **NACHFOLGEDOKUMENT:** DIN EN ISO 4759-1 (04.01) Toleranzen für Verbindungselemente; Schrauben und Muttern; Produktklassen A, B und C	05.80

5 CR ISO-Normen

CR ISO	AD-Mbl.	Abschn.	Titel	Ausgabe
15608	HP 0 HP 2/1	[1] zu Tafel 1a [1] zu Tafel 2a [1] zu Tafel 3a 3.1 3.2.6.1	Schweißen – Richtlinien für eine Gruppeneinteilung von metallischen Werkstoffen **NACHFOLGEDOKUMENT:** CEN ISO/TR 15608 (10.05) Schweißen – Richtlinien für eine Gruppeneinteilung von metallischen Werkstoffen	06.00

6 ISO-Normen

ISO	AD-Mbl.	Abschn.	Titel	Ausgabe
10931-2	HP 120R	5.2.7	Kunststoff-Rohrleitungssysteme für industrielle Anwendung; Polyvinylidenfluorid (PVDF); Rohre	02.97
			NACHFOLGEDOKUMENT:	
			ISO 10931 (12.05) Kunststoff-Rohrleitungssysteme für industrielle Anwendungen – Polyvinyliden Fluoride (PVDF) – Anforderungen an Rohrleitungsteile und das Rohrleitungssystem	
10931-3	HP 120R	5.3.6	Kunststoff-Rohrleitungssysteme für industrielle Anwendung (PVDF); Formteile	08.96
			NACHFOLGEDOKUMENT:	
			ISO 10931 (12.05) Kunststoff-Rohrleitungssysteme für industrielle Anwendungen – Polyvinyliden Fluoride (PVDF) – Anforderungen an Rohrleitungsteile und das Rohrleitungssystem	

7 DIN VDE-Normen / DIN VDI-Richtlinien

DIN VDE / DIN VDI	AD-Mbl.	Abschn.	Titel	Ausgabe
0116	A 5 A 6 HP 801 Nr. 26 HP 801 Nr. 34	3.3.7 3.2 3.2 6.2.4	Elektrische Ausrüstung von Feuerungsanlagen **NACHFOLGEDOKUMENT:** DIN EN 50156-1 (03.05) Elektrische Ausrüstung von Feuerungsanlagen – Teil 1: Bestimmungen für die Anwendungsplanung und Errichtung	10.89
0833-1	HP 801 Nr. 25	7.1.8	Gefahrenmeldeanlagen für Brand, Einbruch und Überfall; Allgemeine Festlegungen	05.03
0833-2	HP 801 Nr. 25	7.1.8	Gefahrenmeldeanlagen für Brand, Einbruch und Überfall; Festlegungen für Brandmeldeanlagen (BMA)	02.04
2040-4	A 1 A 2	[4)], 7.2.2 [10)], 10.4.2	Berechnungsgrundlagen für die Durchflussmessung mit Blenden, Düsen und Venturirohren; Stoffwerte	E. 09.96

8 VDMA-Normen

VDMA	AD-Mbl.	Abschn.	Titel	Ausgabe
3111	A 5 Anl. 1	2.4.9	Druckluftbehälter; Hauptmaße und Anordnung der Besichtigungsöffnung	12.78

ICS 23.020.30　　　　　　　　　　　　　　　　　　　　　　　　　　　　Ausgabe Februar 2007

Herstellung und Prüfung von Druckbehältern	Allgemeine Grundsätze für Auslegung, Herstellung und damit verbundene Prüfungen	AD 2000-Merkblatt HP 0

Die AD 2000-Merkblätter werden von den in der „Arbeitsgemeinschaft Druckbehälter" (AD) zusammenarbeitenden, nachstehend genannten sieben Verbänden aufgestellt. Aufbau und Anwendung des AD 2000-Regelwerkes sowie die Verfahrensrichtlinien regelt das AD 2000-Merkblatt G1.

Die AD 2000-Merkblätter enthalten sicherheitstechnische Anforderungen, die für normale Betriebsverhältnisse zu stellen sind. Sind über das normale Maß hinausgehende Beanspruchungen beim Betrieb der Druckbehälter zu erwarten, so ist diesen durch Erfüllung besonderer Anforderungen Rechnung zu tragen.

Wird von den Forderungen dieses AD 2000-Merkblattes abgewichen, muss nachweisbar sein, dass der sicherheitstechnische Maßstab dieses Regelwerkes auf andere Weise eingehalten ist, z.B. durch Werkstoffprüfungen, Versuche, Spannungsanalyse, Betriebserfahrungen.

  Fachverband Dampfkessel-, Behälter- und Rohrleitungsbau e.V. (FDBR), Düsseldorf
  Hauptverband der gewerblichen Berufsgenossenschaften e.V., Sankt Augustin
  Verband der Chemischen Industrie e.V. (VCI), Frankfurt/Main
  Verband Deutscher Maschinen- und Anlagenbau e.V. (VDMA), Fachgemeinschaft Verfahrenstechnische Maschinen und Apparate, Frankfurt/Main
  Stahlinstitut VDEh, Düsseldorf
  VGB PowerTech e.V., Essen
  Verband der TÜV e.V. (VdTÜV), Berlin

Die AD 2000-Merkblätter werden durch die Verbände laufend dem Fortschritt der Technik angepasst. Anregungen hierzu sind zu richten an den Herausgeber:

Verband der TÜV e.V., Friedrichstraße 136, 10117 Berlin.

Inhalt

0 Präambel
1 Geltungsbereich
2 Grundlagen
3 Voraussetzungen
4 Erhaltung der Kennzeichnung
5 Prüfung
6 Änderungs- und Ausbesserungsarbeiten

0 Präambel

Zur Erfüllung der grundlegenden Sicherheitsanforderungen der Druckgeräte-Richtlinie kann das AD 2000-Regelwerk angewandt werden, vornehmlich für die Konformitätsbewertung nach den Modulen „G" und „B + F".

Das AD 2000-Regelwerk folgt einem in sich geschlossenen Auslegungskonzept. Die Anwendung anderer technischer Regeln nach dem Stand der Technik zur Lösung von Teilproblemen setzt die Beachtung des Gesamtkonzeptes voraus.

Bei anderen Modulen der Druckgeräte-Richtlinie oder für andere Rechtsgebiete kann das AD 2000-Regelwerk sinngemäß angewandt werden. Die Prüfzuständigkeit richtet sich nach den Vorgaben des jeweiligen Rechtsgebietes.

1 Geltungsbereich

1.1 Die AD 2000-Merkblätter der Reihe HP behandeln die Regeln für Auslegung und Herstellung für ruhend oder vorwiegend ruhend beanspruchte[1] Druckbehälter und Druckbehälterteile sowie Gehäuse von Ausrüstungsteilen und deren Verbindung mit nicht drucktragenden Teilen, z. B. durch Schweißen. Sie schließen sich an die AD 2000-Merkblätter der Reihe W an und regeln die vor, während und nach der Herstellung erforderlichen Prüfungen durch die zuständige unabhängige Stelle oder durch den Hersteller. Für Rohrleitungen gelten die AD 2000-Merkblätter HP 100 R, HP 110 R, HP 120 R und HP 512 R. Für Gehäuse von Ausrüstungsteilen ist zusätzlich das AD 2000-Merkblatt A 4 zu beachten.

1.2 Wenn die AD 2000-Merkblätter der Reihe HP für die Verarbeitung und Prüfung einzelner Werkstoffe keine Regelungen enthalten, sind zwischen Hersteller, Besteller/Betreiber und zuständiger unabhängiger Stelle Vereinbarungen zu treffen.

---

[1] Das AD 2000-Merkblatt S 1 grenzt in Abhängigkeit von Gestaltung und Herstellung die Beanspruchungsarten gegeneinander ab.

Ersatz für Ausgabe Oktober 2000; vollständig überarbeitete Ausgabe

Die AD 2000-Merkblätter sind urheberrechtlich geschützt. Die Nutzungsrechte, insbesondere der Übersetzung, des Nachdrucks, der Entnahme von Abbildungen, die Wiedergabe auf fotomechanischem Wege und die Speicherung in Datenverarbeitungsanlagen, bleiben, auch bei auszugsweiser Verwertung, dem Urheber vorbehalten.

Redaktionelle Berichtigung zu AD 2000-Merkblatt HP 0
Ausgabe 02.2007:

Tafel 1a, Prüfgruppe 4.2 (S. 6 des Merkblatts)
Die Überschrift muss lauten:

Warmfeste Stahlsorten der Werkstoffuntergruppen **6.1** bis **6.4**

Tafel 1a, Prüfgruppe 5.1 (S. 6 des Merkblatts)
Unterpunkt 1.1, Spalte 5, Zeile 2
Die Ordnungsziffer der Norm muss lauten:

DIN EN **1**0217-4

Tafel 1b:

Bei der Erstellung der Tafel 1b (ehemals Tafel 1) wurden die Einträge in Spalte 14 für die Prüfgruppe 6 fälschlicherweise geändert. Die ehemals geforderten Makroschliffe sind korrekt, die Eintragungen „Mikroschliff" müssen korrigiert werden.

Wir bitten, an den entsprechenden 3 Stellen das Wort **Mikro** manuell in **Makro** zu ändern, wie in dem nachstehenden Tabellenausschnitt ausgeführt.

1		9	10	11	12	13	**14**	15
6		wie für den Grundwerkstoff festgelegt¹)	3	—	1	1	1 **Makro** (IK-Beständigkeit²²))	3.1 bzw. 4
			3	—	1	1	1 **Makro** (IK-Beständigkeit²²))	
			3	—	1	1		
			—	—	—	—	1 **Makro** (IK-Beständigkeit²²))	3.2 bzw. 4
			3	—	—	—		
7		wie für den Grundwerkstoff festgelegt	3	—	1	1	1 Mikro (IK-Beständigkeit²²))	3.1 bzw. 4
			3	—	1	1		
8			3	3	1	—	1 Mikro	3.1 bzw. 4
			3	3	1	—	1 Mikro	3.2 bzw. 4

HP 0

Für nichtmetallische Werkstoffe sind die AD 2000-Merkblätter der Reihe N zusätzlich zu beachten.

1.3 Setzt sich ein Behälter aus mehreren Kammern zusammen, so wird der Behälter in die höchste Kategorie der einzelnen Kammern eingestuft. Befinden sich unterschiedliche Fluide in einer Kammer, so erfolgt die Einstufung nach jenem Fluid, welches die höchste Kategorie erfordert.

1.4 Die AD 2000-Merkblätter der Reihe HP umfassen folgende Blätter:

HP 0	– Allgemeine Grundsätze für Auslegung, Herstellung und damit verbundene Prüfungen
HP 1	– Auslegung und Gestaltung
HP 2	– Verfahrensprüfung für Fügeverfahren /1: Verfahrensprüfung von Schweißverbindungen
HP 3	– Schweißaufsicht, Schweißer
HP 4	– Prüfaufsicht und Prüfer für zerstörungsfreie Prüfungen
HP 5	– Herstellung und Prüfung der Verbindungen /1: Arbeitstechnische Grundsätze /2: Arbeitsprüfung an Schweißnähten, Prüfung des Grundwerkstoffes nach Wärmebehandlung nach dem Schweißen /3: Zerstörungsfreie Prüfung der Schweißverbindungen Anlage 1: Verfahrenstechnische Mindestanforderungen für die zerstörungsfreien Prüfverfahren
HP 7	– Wärmebehandlung /1: Allgemeine Grundsätze /2: Ferritische Stähle /3: Austenitische und austenitisch-ferritische Stähle /4: Aluminium und Aluminiumlegierungen
HP 8	– Prüfung /1: Prüfung von Pressteilen aus Stahl sowie Aluminium und Aluminiumlegierungen /2: Prüfung von Schüssen aus Stahl /3*: Prüfung von Formstücken aus unlegierten und legierten Stählen
HP 30	– Durchführung von Druckprüfungen
HP 100 R	– Bauvorschriften – Rohrleitungen aus metallischen Werkstoffen
HP 110 R	– Bauvorschriften – Rohrleitungen aus textilglasverstärkten Duroplasten (GFK) mit und ohne Auskleidung
HP 120 R	– Bauvorschriften – Rohrleitungen aus thermoplastischen Kunststoffen
HP 511	– Entwurfsprüfung
HP 512	– Schlussprüfung und Druckprüfung
HP 512R	– Bauvorschriften – Entwurfsprüfung, Schlussprüfung und Druckprüfung von Rohrleitungen
HP 801	– Besondere Druckbehälter (Nummern 4, 8, 10, 11,13 bis 15, 18, 19, 23, 25 bis 27, 29, 30, 34, 37 bis 39)

* In Vorbereitung.

2 Grundlagen

2.1 Die Herstellung von Druckbehältern ist nach Zeichnungen und dazugehörigen Unterlagen auszuführen.

2.2 Der Hersteller von Druckbehältern oder Druckbehälterteilen hat dafür die für die sachgemäße Ausführung notwendigen Arbeiten unter Einhaltung der Regeln der Technik, insbesondere der AD 2000-Merkblätter, durchzuführen.

2.3 Der Besteller/Betreiber hat über die AD 2000-Merkblätter hinausgehende Forderungen, die sich aus den Betriebsbedingungen der Behälter ergeben, z. B. Berücksichtigung wechselnder Beanspruchungen, Korrosionszuschläge, zusätzliche Prüfungen mit einem Umfang, eingeengte Maßtoleranzen, Auswahl bestimmter Werkstoffe, Fügeverfahren und Zusatzwerkstoffe, zusätzliche Wärmebehandlung, rechtzeitig bekanntzugeben, damit sie bei der Auslegung und der Fertigung der Druckbehälter beachtet werden können.

3 Voraussetzungen

3.1 Die Hersteller müssen die Standard-Qualitätsanforderungen nach DIN EN ISO 3834-3[2)] erfüllen.

3.2 Die Hersteller müssen über Einrichtungen verfügen[3)], um die Werkstoffe sachgemäß verarbeiten und die notwendigen Prüfungen durchführen zu können.

3.3 Die Hersteller müssen eigenes verantwortliches Aufsichtspersonal und fachkundiges Personal für die Fertigung haben. Die Anforderungen an die Schweißaufsicht und die Schweißer sind in AD 2000-Merkblatt HP 3, die Anforderungen an die Prüfaufsicht und die Prüfer in AD 2000-Merkblatt HP 4 festgelegt.

3.4 Hersteller von geschweißten oder nach anderen Verfahren gefügten (z. B. gelöteten oder geklebten) Druckbehältern, haben der zuständigen unabhängigen Stelle in einer dem Herstellungsverfahren angepassten Verfahrensprüfung nachzuweisen, dass sie die angewendeten Schweißverfahren oder andere Fügeverfahren beherrschen. Ergänzungsprüfungen sind notwendig, wenn z. B. Werkstoffe, Abmessungen oder Fügeverfahren über den Geltungsbereich der Verfahrensprüfung hinaus geändert werden.

3.5 Werden Fertigungsarbeiten, wie z. B. Formgebungsarbeiten oder Wärmebehandlung, anderen Stellen übertragen, müssen auch diese für die auszuführenden Arbeiten die Bedingungen nach Abschnitt 3.1 bis 3.4 erfüllen.

3.6 Die zuständige unabhängige Stelle überzeugt sich im Rahmen ihrer Prüftätigkeit von der Erfüllung der Voraussetzungen nach Abschnitt 3.1 bis 3.5. Der Fertigungsablauf darf dabei nicht beeinträchtigt werden.

Hersteller, die die Anforderungen der Abschnitte 3.1 bis 3.5 erfüllen, sind z. B. im VdTÜV-Merkblatt Schweißtechnik 1165 gelistet.

4 Erhaltung der Kennzeichnung

4.1 Die Kennzeichnung der Werkstoffe muss während der Verarbeitung erhalten bleiben. Falls bei der Verarbeitung ursprüngliche Werkstoffkennzeichnungen entfallen oder durch Aufteilen Teile ohne Kennzeichnung entstehen

---

[2)] Für einen Übergangszeitraum von 3 Jahren (bis einschließlich März 2009) ist die Erfüllung der Anforderungen der DIN EN 729-3 gleichwertig

[3)] Es können auch Einrichtungen anderer Stellen, die die Voraussetzungen erfüllen, in Anspruch genommen werden.

können, ist die Kennzeichnung in der Regel vor der Verarbeitung zu übertragen. Die Übertragung ist so vorzunehmen, dass die Zuordnung des Werkstoffnachweise zu den Bauteilen gegebenenfalls mit Hilfe einer dafür ausgestellten Bescheinigung wie bei der Originalkennzeichnung möglich ist. Durch geeignete Maßnahmen ist sicherzustellen, dass Verwechslungen bei der Übertragung ausgeschlossen sind.

Für nicht drucktragende Anschweißteile ist die Kennzeichnung nur dann zu übertragen, wenn die Werkstoffzuordnung nicht eindeutig aus der Zeichnung oder der Stückliste hervorgeht.

4.2 Die Übertragung der Kennzeichnung ist unter Beachtung des Abschnitts 4.1 entsprechend den Abschnitten 4.2.1 bis 4.2.3 vorzunehmen.

4.2.1 Bei Werkstoffen, für die ein Abnahmeprüfzeugnis 3.2 nach DIN EN 10204[4)] erforderlich ist, hat die zuständige unabhängige Stelle die Kennzeichnung zu übertragen. Ausgenommen sind Kleinteile[5)] aus geprüftem Vormaterial, wie z. B. Anker, Ankerrohre, Stehbolzen, Nippel, Stutzenrohre, Flansche, Verstärkungsringe und Verschlussdeckel. Die Übertragung der Kennzeichnung kann durch den verantwortlichen Werksangehörigen vorgenommen werden.

Für Schrauben und Muttern aus geprüftem Vormaterial gelten für die Kennzeichnung die Regelungen des AD 2000-Merkblattes W 7.

4.2.2 Bei Werkstoffen, die mit Werkszeugnis 2.2 oder Abnahmeprüfzeugnis 3.1 nach DIN EN 10204 geliefert werden können, kann nach schriftlicher Vereinbarung mit der zuständigen unabhängigen Stelle die Übertragung der Kennzeichnung durch den Verarbeiter oder den Lieferer vorgenommen werden. In dieser Vereinbarung sind der für die Übertragung der Kennzeichnung verantwortliche Werksangehörige namentlich genannt und das von ihm verwendete Werkskennzeichen festgelegt. Für Kleinteile gilt Abschnitt 4.2.1 Absatz 2.

4.2.3 Werden an Teilen, die auf der Baustelle weiterverarbeitet werden, die Kennzeichen im Herstellerwerk vom verantwortlichen Werksangehörigen übertragen, so sind diesen Teilen auf Verlangen Bescheinigungen über die Übertragung der Kennzeichnung beizufügen. Aus den Bescheinigungen muss hervorgehen, dass die Übertragung der Kennzeichnung im Einvernehmen mit der zuständigen unabhängigen Stelle durchgeführt wurde. Sie können durch einen entsprechenden Vermerk auf der Bescheinigung über Materialprüfungen nach DIN EN 10204 ersetzt werden.

5 Prüfung

Die Tafeln 1a, 2a und 3a enthalten Beispiele für die Zuordnung von metallischen Werkstoffen zu den jeweiligen Werkstoffuntergruppen und zu den Prüfgruppen. Dort nicht aufgeführte metallische Werkstoffsorten sind im Rahmen der Eignungsfeststellung einer Werkstoffuntergruppe zuzuordnen. Zur Ermittlung der Prüfgruppe ist die Werkstoffsorte mit einer vergleichbaren Werkstoffsorte der Tafeln 1a, 2a oder 3a mit gleicher Werkstoffuntergruppe zuzuordnen.

Die Tafeln 1b, 2b und 3b geben, abhängig von der Einteilung in Prüfgruppen und Wanddicken (Nennwanddicken), die Bedingungen für den Verzicht auf Wärmebehandlung

---

[4)] Die Gültigkeit der Prüfbescheinigung nach DIN EN 10204:1995 ist im AD 2000-Merkblatt W 0, Abschnitt 3.4 geregelt.

[5)] Je nach Bedeutung des Bauteiles kann die Übertragung der Kennzeichnung eingeschränkt werden oder entfallen.

nach dem Schweißen, Art und Umfang der Arbeitsprüfung und der zerstörungsfreien Prüfung geschweißter Druckbehälter oder Druckbehälterteile sowie von Ausrüstungsteilen an.

Die Prüfung von Druckbehältern und Druckbehälterteilen sowie von Ausrüstungsteilen wird im Regelfall am Herstellungsort im jeweils prüffähigen Zustand durchgeführt.

6 Änderungs- und Ausbesserungsarbeiten

6.1 Änderungen und Ausbesserungen während der Fertigung sind der zuständigen unabhängigen Stelle bekanntzugeben.

6.2 Für Änderungen und Ausbesserungen am fertigen Bauteil nach der zerstörungsfreien Prüfung ist in folgenden Fällen die Zustimmung der zuständigen unabhängigen Stelle einzuholen:

	Prüfgruppen nach Tafeln 1b, 2b und 3b	Zustimmung der zuständigen unabhängigen Stelle erforderlich:
1	1, 2, 5.1, 5.2, 6, 7	bei Ausbesserungstiefen > 20 mm und gleichzeitig Ausbesserungslängen > 300 mm
	4.1, 5.4, Al 1	bei Wanddicken > 20 mm
	3, 4.2, 5.3, 8, Al 2, Al 3, Ni 1, Ni 2, Ti 1	immer
2	unabhängig vom Werkstoff	bei Schweißungen in besonders schwierigen Zwangslagen, z. B. bei beengten Platzverhältnissen oder wenn große Verspannungsgrade zu erwarten sind, z. B. versteifte Konstruktionen, Flächenschweißungen, Flickeneinschweißungen sowie bei kurzen Reparaturgruben mit einem Verhältnis Ausbesserungslänge zu Ausbesserungstiefe ≤ 2
3		wenn aufgrund technischer Gründe auf eine nachträgliche Wärmebehandlung verzichtet wird, obwohl nach den Festlegungen der AD 2000-Merkblätter eine Wärmebehandlung erforderlich wäre.

6.3 Bei wiederholten Änderungen und Ausbesserungen ist, auch während der Fertigung, das Einvernehmen mit der zuständigen unabhängigen Stelle vorher einzuholen.

6.4 Die Zustimmung der zuständigen unabhängigen Stelle kann auch als allgemeine Zustimmung zu Ausbesserungs-Anweisungen herbeigeführt werden.

6.5 Vor Beginn von Änderungs- und Ausbesserungsarbeiten nach der Schlussprüfung oder Teilbauprüfung ist die Zustimmung der zuständigen unabhängigen Stelle einzuholen.

Tafel 1a zu AD 2000-Merkblatt HP 0, Ausgabe Februar 2007

Beispiele der Zuordnung von Stahlsorten[1] zu den Prüfgruppen der Tafel 1b und zu den Werkstoffuntergruppen[2].

Prüfgruppe	Werkstoff-untergruppe[2]	Stahlsorte Kurzname	Werkstoff-nummer	Werkstoffspezifikation DIN EN, DIN, SEW	VdTÜV-Werkstoffblatt	in den Anwendungsgrenzen nach AD 2000-Merkblatt W				
1	\multicolumn{10}{l}{Stahlsorten innerhalb der folgenden Analysengruppen (Schmelzenanalyse) mit einer Mindeststreckgrenze < 370 MPa, ausgenommen kaltzähe Stahlsorten, wenn sie nach AD 2000-Merkblatt W 10 im Beanspruchungsfall 1 unter −10 °C verwendet werden:}									
			Gruppe I:	Gruppe II:						
		C	≤ 0,22	≤ 0,20						
		Si	≤ 0,50	≤ 0,50						
		Mn	≤ 1,70	≤ 0,80						
		Mo	- - -	≤ 0,65						
		P, S	je ≤ 0,035	je ≤ 0,035						
		sonstige insgesamt	≤ 0,80	≤ 0,50						
		sonstige einzeln	≤ 0,30	≤ 0,30						
	1.1	S235JRG1	1.0036	DIN EN 10025			13			
	1.1	S235JRG2	1.0038	DIN EN 10025, DIN EN 10250-2			9	13		
	1.1	S235J2G3	1.0116	DIN EN 10025, DIN EN 10250-2			9	13		
	1.1	P235S	1.0112	DIN EN 10207		1	13			
	1.1	P265S	1.0130	DIN EN 10207		1	13			
	1.1	S275JR	1.0044	DIN EN 10025			13			
	1.1	S275J2G3	1.0144	DIN EN 10025			13			
	1.1	P275SL	1.1100	DIN EN 10207		1	13			
	1.2	S355J2G3	1.0570	DIN EN 10025, DIN EN 10250-2			9	13		
	1.2	S355K2G3	1.0595	DIN EN 10025			13			
	1.1	S235JR+N	1.0038	DIN EN 10025-2		1				
	1.1	S235J2+N	1.0117	DIN EN 10025-2		1				
	1.1	S275JR+N	1.0044	DIN EN 10025-2		1				
	1.1	S275J2+N	1.0145	DIN EN 10025-2		1				
	1.1	S355J2+N	1.0577	DIN EN 10025-2		1				
	1.1	S355K2+N	1.0596	DIN EN 10025-2		1				
	1.1	P195TR2	1.0108	DIN EN 10216-1, DIN EN 10217-1		4	12			
	1.1	P235TR2	1.0255	DIN EN 10216-1, DIN EN 10217-1, DIN EN 10217-5		4	12			
	1.1	P265TR2	1.0259	DIN EN 10216-1, DIN EN 10217-1, DIN EN 10217-5		4	12			
	1.1	P195GH	1.0348	DIN EN 10216-2		4	12			
	1.1	P235GH	1.0345	DIN EN 10028-2, DIN EN 10216-2, DIN EN 10217-2, DIN EN 10273		1	4	12	13		
	1.1	P245GH	1.0352	DIN EN 10222-2		9	13			
	1.1	P250GH	1.0460	DIN EN 10222-2, DIN EN 10273		9	12	13		
	1.1	P265GH	1.0425	DIN EN 10028-2, DIN EN 10216-2, DIN EN 10217-2, DIN EN 10222-2, DIN EN 10273		1	4	9	12	13
	1.1	16Mo3	1.5415	DIN EN 10028-2, DIN EN 10217-2, DIN EN 10217-5, DIN EN 10273		1	4	9	13		

Prüfgruppe	Werkstoff-untergruppe[2]	Stahlsorte Kurzname	Werkstoff-nummer	Werkstoffspezifikation DIN EN, DIN, SEW	VdTÜV-Werkstoffblatt	in den Anwendungsgrenzen nach AD 2000-Merkblatt W			
1	1.2	16Mo3	1.5415	DIN EN 10216-2, DIN EN 10222-2		4	9	12	13
	1.2	P280GH	1.0426	DIN EN 10222-2		9	13		
	1.2	P295GH	1.0481	DIN EN 10028-2, DIN EN 10273		1	9	13	
	1.2	P305GH	1.0436	DIN EN 10222-2, DIN EN 10273		9	13		
	1.2	P355GH	1.0473	DIN EN 10028-2		1			
	1.1	StE 255	1.0461	DIN 17102	351/1	13			
	1.1	WStE 255	1.0462	DIN 17102	351/1	13			
	1.1	P275NH	1.0487	DIN EN 10028-3, DIN EN 10273	352/1	1	9	13	
	1.2	StE 285	1.0486	DIN 17102	352/1	13			
	1.2	P285NH	1.0477	DIN EN 10222-4	352/3	9	12	13	
	1.2	P285QH	1.0478	DIN EN 10222-4	352/3	9	12	13	
	1.2	StE 315	1.0505	DIN 17102	353/1	13			
	1.2	WStE 315	1.0506	DIN 17102	353/1	13			
	1.2	P355N (StE 355)	1.0562	DIN EN 10028-3, DIN EN 10216-3, DIN EN 10217-3 (DIN 17102)	354/1/2	1	4	12	13
	1.2	P355NH	1.0565	DIN EN 10028-3, DIN EN 10216-3, DIN EN 10217-3, DIN EN 10222-4, DIN EN 10273	354/1/2/3	1	4	9	12	13
	1.2	P355QH1	1.0571	DIN EN 10222-4	354/3	9	12	13	
2	Feinkornbaustähle mit einer Mindeststreckgrenze ≥ 370 MPa und < 430 MPa, ausgenommen kaltzähe Stähle, wenn sie nach AD 2000-Merkblatt W 10 im Beanspruchungsfall 1 unter −10 °C verwendet werden:								
	1.3	StE 380	1.8900	DIN 17102	355/1	13			
	1.3	WStE 380	1.8930	DIN 17102	355/1	13			
	1.3	StE 420	1.8902	DIN 17102	356/1	13			
	1.3	P420NH (WStE 420)	1.8932	DIN EN 10222-4	356/1/3	12	13		
	3.1	P420QH	1.8936	DIN EN 10222-4	356/3	12	13		
3	Feinkornbaustähle mit einer Mindeststreckgrenze ≥ 430 MPa, ausgenommen kaltzähe Stähle, wenn sie nach AD 2000-Merkblatt W 10 im Beanspruchungsfall 1 unter −10 °C verwendet werden sowie warmfeste Baustähle der Untergruppen 4.1 und 4.2:								
	1.3	P460N (StE 460)	1.8905	DIN EN 10028-3, DIN EN 10216-3, DIN EN 10217-3 (DIN 17102)	357/1/2	1	4	12	13
	1.3	P460NH	1.8935	DIN EN 10028-3, DIN EN 10216-3, DIN EN 10217-3, DIN EN 10273	357/1	1	4	9	12	13
	[3]	StE 500	1.8907		358/1	13			
	[3]	WStE 500	1.8937		358/1	13			
	4.1	20MnMoNi4-5	1.6311	DIN EN 10028-2	440/1/3	1	12	13	
	4.2	15NiCuMoNb5-6-4	1.6368	DIN EN 10028-2, DIN EN 10216-2	377/1/2/3	1	4	12	13
	4.2	12MnNiMo5-5	1.6343		378	1			
	4.2	13MnNiMo5-4	1.8807		384	1			
	4.2	11NiMoV5-3	1.6341		278	1			
	4.2	17MnMoV6-4	1.5403		376	1			

HP 0

Prüfgruppe	Werkstoff- untergruppe[2]	Stahlsorte Kurzname	Werkstoff- nummer	Werkstoffspezifikation DIN EN, DIN, SEW	VdTÜV- Werkstoffblatt	in den Anwendungsgrenzen nach AD 2000-Merkblatt W				
4.1	Warmfeste Stahlsorten der Werkstoffuntergruppen 5.1 bis 5.4										
	5.1	13CrMo4-5	1.7335	DIN EN 10028-2, DIN EN 10216-2, DIN EN 10222-2, DIN EN 10273		1	4	9	12	13
	5.2	10CrMo9-10	1.7380	DIN EN 10028-2, DIN EN 10216-2, DIN EN 10222-2, DIN EN 10273		1	4	9	12	13
	5.2	11CrMo9-10	1.7383	DIN EN 10222-2, DIN EN 10273		12	13			
	5.2	12CrMo9-10	1.7375	DIN EN 10028-2	404/1	1				
	5.3	X12CrMo5 / X11CrMo5 (12 CrMo 19 5)	1.7362	DIN EN 10028-2, DIN EN 10216-2	007/1/2/3	1	4	9	12	13
	5.4	X11CrMo9-1	1.7386	DIN EN 10216-2	109	4	12			
4.2	Warmfeste Stahlsorten der Werkstoffuntergruppen 5.1 bis 5.4										
	6.1	14MoV6-3	1.7715	DIN EN 10216-2, DIN EN 10222-2, DIN EN 10273		4	9	12	13	
	6.4	X10CrMoVNb9-1	1.4903	DIN EN 10216-2, DIN EN 10222-2, DIN EN 10273	511/2	4	9	12	13	
	6.4	X20CrMoV11-1	1.4922	DIN EN 10216-2, DIN EN 10222-2, DIN EN 10273		4	9	12	13	
5.1	Feinkornbaustähle mit einer Mindeststreckgrenze < 370 MPa wenn sie nach AD 2000-Merkblatt W 10 im Beanspruchungsfall 1 unter –10 °C verwendet werden. Stahlsorten P215NL, P255QL, 11MnNi5-3, 12 MnNi 6 3, 13MnNi6-3 bei tiefsten Betriebstemperaturen bis einschließlich –60 °C[4]).										
	1.1	P215NL	1.0451	DIN EN 10216-4, DIN EN 0217-4, DIN EN 10217-6		4	10	12		
	1.1	StE 255	1.0461	DIN 17102	351/1	10	13			
	1.1	WStE 255	1.0462	DIN 17102	351/1	10	13			
	1.1	TStE 255	1.0463	DIN 17102	351/1	10	13			
	1.1	EStE 255	1.1103	DIN 17102	351/1	10	13			
	1.1	P255QL	1.0452	DIN EN 10216-4		4	10	12		
	1.1	P265NL	1.0453	DIN EN 10216-4, DIN EN 10217-4, DIN EN 10217-6		4	10	12		
	1.1	P275N	1.0486	DIN EN 10028-3	352/1	1	10			
	1.1	P275NH	1.0487	DIN EN 10028-3, DIN EN 10273	352/1	1	10	13		
	1.1	P275NL1	1.0488	DIN EN 10028-3, DIN EN 10216-3, DIN EN 10217-3	352/1/2	1	10	12		
	1.1	P275SL	1.1100	DIN EN 10207		1	10			
	1.1	P275NL2	1.1104	DIN EN 10028-3, DIN EN 10216-3, DIN EN 10217-3	352/1/2	1	10	12		
	1.2	StE 285	1.0486	DIN 17102	352/1	10	13			
	1.2	WStE 285	1.0487	DIN 17102	352/1	10	13			
	1.2	TStE 285	1.0488	DIN 17102, DIN 17103	352/1/3	10	13			
	1.2	EStE 285	1.1104	DIN 17102	352/1/2	1	10	12		
	1.2	StE 315	1.0505	DIN 17102	353/1	1	9	10		

AD 2000-Merkblatt HP 0, Ausg. 02.2007 Seite 7

Prüfgruppe	Werkstoff-untergruppe[2]	Stahlsorte Kurzname	Werkstoff-nummer	Werkstoffspezifikation DIN EN, DIN, SEW	VdTÜV-Werkstoffblatt	in den Anwendungsgrenzen nach AD 2000-Merkblatt W				
5.1	1.2	WStE 315	1.0506	DIN 17102	353/1	1	10			
	1.2	TStE 315	1.0508	DIN 17102	353/1	1	10			
	1.2	EStE 315	1.1105	DIN 17102	353/1	10	13			
	1.2	P355N (StE 355)	1.0562	DIN EN 10028-3, DIN EN 10216-3, DIN EN 10217-3	354/1/2/3	1	4	10	12	13
	1.2	P355NH	1.0565	DIN EN 10028-3, DIN EN 10216-3, DIN EN 10217-3, DIN EN 10222-4, DIN EN 10273	354/1/2/3	1	9	10	12	13
	1.2	P355NL1 (TStE 355)	1.0566	DIN EN 10028-3, DIN EN 10216-3, DIN EN 10217-3	354/1/2/3	1	4	10	12	13
	1.2	P355NL2 (EStE 355)	1.1106	DIN EN 10028-3, DIN EN 10216-3, DIN EN 10217-3	354/1/2	1	4	10	12	13
	9.1	11MnNi5-3	1.6212	DIN EN 10028-4, DIN EN 10216-4		1	4	10	12	
	9.1	12MnNi 6 3	1.6213		388	1	10	13		
	9.1	13MnNi6-3	1.6217	DIN EN 10028-4, DIN EN 10216-4, DIN EN 10222-3		1	4	9	10	12/13
5.2		Feinkornbaustähle mit einer Mindeststreckgrenze ≥ 370 MPa und < 430 MPa wenn sie nach AD 2000-Merkblatt W 10 im Beanspruchungsfall 1 unter –10 °C verwendet werden. Stahlsorten P215NL und P255QL bei tiefsten Betriebstemperaturen unterhalb –60 °C[4].								
	1.1	P215NL	1.0451	DIN EN 10216-4, DIN EN 10217-4, DIN EN 10217-6		4	10	12		
	1.1	P255QL	1.0452	DIN EN 10216-4		4	10	12		
	1.3	StE 380	1.8900	DIN 17102	355/1	10	13			
	1.3	WStE 380	1.8930	DIN 17102	355/1	10	13			
	1.3	TStE 380	1.8910	DIN 17102	355/1	10	13			
	1.3	EStE 380	1.8911	DIN 17102	355/1	10	13			
	1.3	StE 420	1.8902	DIN 17102	356/1	10	13			
	1.3	TStE 420	1.8912	DIN 17102, DIN 17103	356/1/3	10	12	13		
	1.3	EStE 420	1.8913	DIN 17102	356/1	1	10			
	1.3	P420NH (WStE 420)	1.8932	DIN EN 10222-4	356/1/3	9	10	12	13	
	1.3	P420QH	1.8936	DIN EN 10222-4	356/3	9	10	12	13	
5.3		Feinkornbaustähle mit einer Mindeststreckgrenze ≥ 430 MPa wenn sie nach AD 2000-Merkblatt W 10 im Beanspruchungsfall 1 unter –10 °C verwendet werden[4].								
	1.3	P460N (StE 460)	1.8905	DIN EN 10028-3, DIN EN 10216-3, DIN EN 10217-3	357/1/2	1	4	10	12	
	1.3	P460NH	1.8935	DIN EN 10028-3	357/1	1	10			
	1.3	P460NH	1.8935	DIN EN 10216-3 DIN EN 10217-3	357/2	4	10	12		
	1.3	P460NH	1.8935	DIN EN 10273	357/1	9	10	13		
	1.3	P460NL1 (TStE 460)	1.8915	DIN EN 10028-3, DIN EN 10216-3, DIN EN 10217-3	357/1/2/3	1	4	9	10	12/13
	1.3	P460NL2 (EStE 460)	1.8918	DIN EN 10028-3, DIN EN 10216-3, DIN EN 10217-3	357/1/2	1	4	9	10	12
	[3]	StE 500	1.8907	DIN 17102	358/1	10	13			

HP 0

Prüfgruppe	Werkstoff-untergruppe[2]	Stahlsorte Kurzname	Werkstoff-nummer	Werkstoffspezifikation DIN EN, DIN, SEW	VdTÜV-Werkstoffblatt	in den Anwendungsgrenzen nach AD 2000-Merkblatt W				
5.3	[3]	WStE 500	1.8937	DIN 17102, DIN 17103	358/1	10	13			
	[3]	TStE 500	1.8917	DIN 17102	358/1/3	9	10	13		
	[3]	EStE 500	1.8919	DIN 17102	358/1	9	10	13		
5.4	Kaltzähe Stähle der Werkstoffuntergruppen 9.2 und 9.3[4]									
	9.2	12Ni14	1.5637	DIN EN 10028-4, DIN EN 10216-4, DIN EN 10222-3		1	4	9	10	12/13
	9.2	X12Ni5	1.5680	DIN EN 10028-4, DIN EN 10216-4, DIN EN 10222-3		1	4	9	10	12/13
	9.3	X8Ni9 / X10Ni9	1.5662	DIN EN 10028-4, DIN EN 10216-4, DIN EN 10222-3		1	4	9	10	12/13
6	Austenitische nichtrostende Stahlsorten									
	8.1	X5CrNi18-10	1.4301	DIN EN 10028-7, DIN EN 10216-5, DIN EN 10217-7, DIN EN 10222-5, DIN EN 10269, DIN EN 10272		2	10			
	8.1	X5CrNi18-12	1.4303	DIN EN 10269		2	10			
	8.1	X2CrNi19-11	1.4306	DIN EN 10028-7, DIN EN 10216-5, DIN EN 10217-7, DIN EN 10272		2	10			
	8.1	X2CrNi18-9	1.4307	DIN EN 10028-7, DIN EN 10216-5, DIN EN 10217-7, DIN EN 10222-5, DIN EN 10269, DIN EN 10272		2	10			
	8.1	X2CrNiN18-10	1.4311	DIN EN 10028-7, DIN EN 10216-5, DIN EN 10217-7, DIN EN 10222-5, DIN EN 10272		2	10			
	8.1	X5CrNi19-9	1.4315	DIN EN 10028-7		2	10			
	8.1	X2CrNiN18-7	1.4318	DIN EN 10028-7		2				
	8.1	X6CrNiTi18-10	1.4541	DIN EN 10028-7, DIN EN 10216-5, DIN EN 10217-7, DIN EN 10222-5, DIN EN 10269		2	10			
	8.1	X6CrNiNb18-10	1.4550	DIN EN 10028-7, DIN EN 10216-5, DIN EN 10217-7, DIN EN 10222-5, DIN EN 10272		2	10			
	8.1	X5CrNiMo17-12-2	1.4401	DIN EN 10028-7, DIN EN 10216-5, DIN EN 10217-7, DIN EN 10222-5, DIN EN 10269, DIN EN 10272		2	10			

Prüfgruppe	Werkstoff-untergruppe[2]	Stahlsorte Kurzname	Werkstoff-nummer	Werkstoffspezifikation DIN EN, DIN, SEW	VdTÜV-Werkstoffblatt	in den Anwendungsgrenzen nach AD 2000-Merkblatt W			
6	8.1	X2CrNiMo17-13-2	1.4404	DIN EN 10028-7, DIN EN 10216-5, DIN EN 10217-7, DIN EN 10222-5, DIN EN 10269, DIN EN 10272		2	10		
	8.1	X2CrNiMoN17-12-2	1.4406	DIN EN 10028-7, DIN EN 10222-5, DIN EN 10272		2	10		
	8.1	X6CrNiMoTi17-12-2	1.4571	DIN EN 10028-7, DIN EN 10216-5, DIN EN 10217-7, DIN EN 10222-5, DIN EN 10272		2	10		
	8.1	X6CrNiMoNb17-12-2	1.4580	DIN EN 10028-7, DIN EN 10216-5, DIN EN 10272		2	10		
	8.1	X2CrNiMoN17-13-3	1.4429	DIN EN 10028-7, DIN EN 10216-5, DIN EN 10217-7, DIN EN 10222-5, DIN EN 10269, DIN EN 10272		2	10		
	8.1	X2CrNiMo17-12-3	1.4432	DIN EN 10028-7, DIN EN 10217-7, DIN EN 10222-5, DIN EN 10272		2	10		
	8.1	X2CrNiMoN18-12-4	1.4434	DIN EN 10028-7		2	10		
	8.1	X2CrNiMo18-14-3	1.4435	DIN EN 10028-7, DIN EN 10216-5, DIN EN 10217-7, DIN EN 10222-5, DIN EN 10272		2	10		
	8.1	X5CrNiMo17-13-3	1.4436	DIN EN 10028-7, DIN EN 10216-5, DIN EN 10217-7, DIN EN 10222-5, DIN EN 10272		2	10		
	8.1	X2CrNiMo18-15-4	1.4438	DIN EN 10028-7, DIN EN 10217-7		2	10		
	8.1	X3CrNiMo18-12-3	1.4449	DIN EN 10222-5		2	10		
	8.1	X3CrNiCu19-10	1.4650	DIN EN 10222-5		2			
	8.1	X3CrNiMoBN17-13-3	1.4910	DIN EN 10028-7, DIN EN 10216-5, DIN EN 10222-5, DIN EN 10269		2			
	8.1	X7CrNiNb18-10	1.4912	DIN EN 10216-5, DIN EN 10222-5		2			
	8.1	X6CrNiMo17-12-2	1.4918	DIN EN 10216-5, DIN EN 10222-5		2			
	8.1	X6CrNiMoB17-12-2	1.4919	DIN EN 10269		2			
	8.1	X7CrNiTi18-10	1.4940	DIN EN 10216-5		2			
	8.1	X6CrNiTiB18-10	1.4941	DIN EN 10028-7, DIN EN 10216-5, DIN EN 10217-7, DIN EN 10222-5, DIN EN 10269, DIN EN 10272		2			

HP 0

Prüfgruppe	Werkstoff-untergruppe[2]	Stahlsorte Kurzname	Werkstoff-nummer	Werkstoffspezifikation DIN EN, DIN, SEW	VdTÜV-Werkstoffblatt	in den Anwendungsgrenzen nach AD 2000-Merkblatt W		
6	8.1	X6CrNi18-10	1.4948	DIN EN 10028-7, DIN EN 10216-5, DIN EN 10222-5, DIN EN 10269		2		
	8.1	X3CrNiN18-11	1.4949	DIN EN 10272		2		
	8.1	X1CrNi25-21	1.4335	DIN EN 10028-7, DIN EN 10216-5		2		
	8.1	X10CrNiMoMnNbVB15-10-1	1.4982	DIN EN 10216-5, DIN EN 10269		2		
	8.1	X6NiCrTiMoMnNbVB25-15-2	1.4980	DIN EN 10269		2		
	8.2	X4NiCrMoCuNb20-18-2	1.4505	SEW 400		2		
	8.2	X1CrNiMoCuN25-25-5	1.4537	DIN EN 10028-7		2	10	
	8.2	X1CrNiMoCuN20-18-7	1.4547	DIN EN 10028-7, DIN EN 10216-5, DIN EN 10222-5, DIN EN 10269		2		
	8.2	X1CrNi25-21	1.4335	DIN EN 10028-7, DIN EN 10216-5	468	2	10	
	8.2	X3CrNiMoTi25-25	1.4577	SEW 400		2		
	8.2	X6CrNi23-13	1.4950	DIN EN 10028-7		2		
	8.2	X6CrNi25-20	1.4951	DIN EN 10028-7		2		
	8.2	X5NiCrAlTi31-20	1.4958	DIN EN 10028-7, DIN EN 10216-5		2		
	8.2	X8NiCrAlTi32-21	1.4959	DIN EN 10028-7, DIN EN 10216-5		2		
	8.2	X2CrNiAlTi32-20	1.4958	DIN EN 10269		2		
7		Ferritfreie austenitische nichtrostende Stahlsorten, jedoch gegebenenfalls mit Ferritanteilen im Schweißgut und austenitische, korrosionsbeständige Stahlsorten der Prüfgruppe 6, soweit sie mit Schweißzusätzen mit ≤ 3 % Deltaferrit im Schweißgut verschweißt werden.						
	8.1	X2CrNiMoN17-13-5	1.4439	DIN EN 10028-7, DIN EN 10216-5, DIN EN 10217-7, DIN EN 10222-5, DIN EN 10272	405	2	10	
	8.1	X8CrNiNb16-13	1.4961	DIN EN 10028-7, DIN EN 10216-5		2		
	8.1	X8CrNiMoNb16-16	1.4981	DIN EN 10216-5		2		
	8.1	X8CrNiMoVNb16-13	1.4988	DIN EN 10216-5		2		
	8.2	X1CrNiMoN25-22-2	1.4466	DIN EN 10028-7, DIN EN 10216-5	415	2	10	
	8.2	X1NiCrMoCuN25-20-7	1.4529	DIN EN 10028-7, DIN EN 10216-5, DIN EN 10222-5, DIN EN 10272	502	2	10	
	8.2	X1NiCrMoCuN25-20-5	1.4539	DIN EN 10028-7, DIN EN 10216-5, DIN EN 10217-5, DIN EN 10222-5, DIN EN 10272	421	2		
	8.2	X1NiCrMoCu31-27-4	1.4563	DIN EN 10028-7, DIN EN 10216-5, DIN EN 10217-7, DIN EN 10272	483	2	10	

Prüfgruppe	Werkstoff-untergruppe[2]	Stahlsorte Kurzname	Werkstoff-nummer	Werkstoffspezifikation DIN EN, DIN, SEW	VdTÜV-Werkstoffblatt	in den Anwendungsgrenzen nach AD 2000-Merkblatt W
8		Ferritisch-austenitische nichtrostende Stahlsorten				
	10.1	X2CrNiN23-4	1.4362	DIN EN 10028-7, DIN EN 10216-5, DIN EN 10217-7, DIN EN 10272	496	2
	10.1	X2CrNiMoN22-5-3	1.4462	DIN EN 10028-7, DIN EN 10216-5, DIN EN 10217-7, DIN EN 10222-5, DIN EN 10272	418	2
	10.1	X2CrNiMoCuN25-6-3	1.4507	DIN EN 10028-7, DIN EN 10216-5, DIN EN 10272		2
	10.2	X2CrNiMoN25-7-4	1.4410	DIN EN 10028-7, DIN EN 10216-5, DIN EN 10217-7, DIN EN 10222-5, DIN EN 10272		2
	10.2	X2CrNiMoCuWN25-7-4	1.4501	DIN EN 10028-7, DIN EN 10216-5, DIN EN 10217-7, DIN EN 10272		2
	10.2	X2CrNiMoSi18-5-3	1.4510	DIN EN 10216-5		2

[1] Stahlsorten für Verbindungselemente sind nicht aufgeführt, da deren Weiterverarbeitung und Prüfung nicht in den AD 2000-Merkblättern der Reihe HP geregelt wird.
[2] Werkstoffuntergruppen gemäß DIN V 1738:2000-07 (CR ISO 15608:2000)
[3] Die Stahlsorte ist keiner Werkstoffuntergruppe zuzuordnen.
[4] Werden die Stähle der Prüfgruppen 5.1 bis 5.4 bei Einhaltung der im AD 2000-Merkblatt W 10 festgelegten Regelungen bei tiefsten Anwendungstemperaturen $\geq -10\ °C$ eingesetzt, gelten die Regelungen der Prüfgruppen 1 bis 3.

HP 0

Tafel 2a zu AD-2000 Merkblatt HP 0, Ausgabe Februar 2007

Beispiele der Zuordnung von Aluminium und Aluminiumlegierungen in den Anwendungsgrenzen nach AD 2000-Merkblatt W 6/1 zu den Prüfgruppen der Tafel 2b und zu den Werkstoffuntergruppen[1].

Prüfgruppe	Werkstoff-untergruppe[1]	Aluminium, Aluminiumlegierung		Werkstoffspezifikation	
		Chemisches Symbol	Numerisches Symbol	DIN EN	VdTÜV-Werkstoffblatt
Al 1	Reinaluminium mit ≤ 1 % Verunreinigungen oder Legierungsbestandteilen				
	21	EN AW-Al 99,98	EN AW-1098	573-3	
	21	EN AW-Al 99,8	EN AW-1080A	573-3	
	21	EN AW-Al 99,7	EN AW-1070A	573-3	
	21	EN AW-Al 99,5	EN AW-1050A	573-3	
Al 2	Nicht aushärtbare Aluminiumlegierungen				
	22.1	EN AW-Al Mn1Cu	EN AW-3003	573-3	387
	22.1	EN AW-Al Mn1[2]	EN AW-3103	573-3	420/4
	22.3	EN AW-Al Mg3Mn	EN AW-5454		386
	22.3	EN AW-Al Mg3	EN AW-5754	573-3	
	22.3	EN AW-Al Mg2Mn0,8[3]	EN AW-5049	573-3	487
	22.4	EN AW-Al Mg4,5Mn0,7[4]	EN AW-5083	573-3	255
Al 3	Aushärtbare Aluminiumlegierungen				
	23.1	EN AW-Al MgSi[5]	EN AW-6060	573-3	420/4, 428, 492
	23.1	EN AW-Al Si1MgMn[6]	EN AW-6082		240, 423; 493

[1] Werkstoffuntergruppen gemäß DIN V 1738:2000-07 (CR ISO 15608:2000)
[2] Das VdTÜV-Werkstoffblatt nimmt Bezug auf die Aluminiumlegierung AlMn / 3.0515
[3] Das VdTÜV-Werkstoffblatt nimmt Bezug auf die Aluminiumlegierung AlMg2Mn0,8 / 3.3527
[4] Das VdTÜV-Werkstoffblatt nimmt Bezug auf die Aluminiumlegierung AlMg4,5Mn
[5] Die VdTÜV-Werkstoffblätter nehmen Bezug auf die Aluminiumlegierung AlMgSi0,5 / 3.3206
[6] Die VdTÜV-Werkstoffblätter nehmen Bezug auf die Aluminiumlegierung AlMgSi1 / 3.2315

Tafel 3a zu AD-2000 Merkblatt HP 0, Ausgabe Februar 2007

Beispiele der Zuordnung von Nickel und Nickellegierungen sowie Titan, Zirkonium, Tantal, Hafnium zu den Prüfgruppen der Tafel 3b und zu den Werkstoffuntergruppen[1].

Prüfgruppe	Werkstoff-untergruppe[1]	Werkstoffsorte Chemisches Symbol	Werkstoffsorte Werkstoffnummer	Werkstoffspezifikation DIN EN DIN	Werkstoffspezifikation VdTÜV-Werkstoffblatt
Ni1	Reinnickel				
	41	LC Ni 99	2.4068	DIN 17740	345
Ni2	Nickellegierungen				
	42	NiCu 30 Fe	2.4360	DIN 17743	263
	43	NiCr 15 Fe	2.4816	DIN 17742	305
	43	NiCr 25 Fe AlY	2.4633		540
	43	NiCr 28 FeSiCe	2.4889		519
	43	NiCr 21 Mo 14 W	2.4602		479
	43	NiCr 21 Mo 16 W	2.4606		515
	43	NiCr 22 Mo 9 Nb	2.4856	DIN 17744	499 (541)
	43	NiCr 23 Mo 16 Al	2.4605		505
	43	NiCr 23 Mo 16 Cu	2.4675		539
	44	NiMo 16 Cr 15 W	2.4819	DIN 17744	400
	44	NiMo 16 Cr 16 Ti	2.4610	DIN 17744	424
	44	NiMo 28	2.4617	DIN 17744	436
	44	NiMo 29 Cr	2.4600		512 / 517
	45	NiCr 21 Mo	2.4858	DIN 17744	432
	45	X10NiCrAlTi32-21	1.4876		412
	46	NiCr 23 Co 12 Mo	2.4663		485
Ti1	Reaktive Metalle wie Titan, Zirkonium, Tantal, Hafnium				
	51.1	Ti 1	3.7025	DIN 17850	230
	51.1	Ti 2	3.7035	DIN 17850	230
	51.2	Ti 3	3.7055	DIN 17850	230
	51.3	Ti 4	3.7065	DIN 17850	230
	52	Ti 1 Pd	3.7225	DIN 17851	230
	52	Ti 2 Pd	3.7235	DIN 17851	230
	52	Ti 3 Pd	3.7255	DIN 17851	230
	61	Zirkonium, unlegiert			480
	[2]	Tantal-ES und Tantal-GS			382
	[2]	Tantal 2,5 Wolfram			507

[1] Werkstoffuntergruppen gemäß DIN V 1738:2000-07 (CR ISO 15608:2000)
[2] Dieser Werkstoff ist keiner Werkstoffuntergruppe zuzuordnen.

HP 0

Tafel 1b zu AD 2000-Merkblatt HP 0, Ausgabe Februar 2007

Bedingungen für den Verzicht auf Wärmebehandlung nach dem Schweißen, Art und Umfang der Arbeitsprüfungen und der

Prüf-gruppe[1]	Bedingungen für den Verzicht auf Wärmebehandlung nach dem Schweißen. Auf eine Wärmebehandlung nach dem Schweißen kann verzichtet werden, wenn die nach Wanddicken und Stahlsorten gegliederten zusätzlichen Anforderungen in der Spalte 4 erfüllt sind.			Art und Umfang der Arbeitsprüfungen und der zerstörungsfreien Prüfung								
				Wärmebehandlungszustand[2] nach dem Schweißen	Ausnutzung der zulässigen Berechnungsspannung in der Schweißnaht[3]	Wanddicke des Behältermantels oder Dicke des Anschlussquerschnittes	Arbeitsprüfung					Warmzugversuch bzw. Analyse[3]
								S > 15 mm Kerbschlagproben[4]				
							$S \leq 15$ mm Anzahl der Biegeproben	Prüftemperatur	Anzahl			
									Schweißgut	Übergang	Zugproben Anzahl	
	Wanddicken-begrenzung	Stahlsorten innerhalb der jeweiligen Prüfgruppe	Sonstige zusätzliche Anforderungen									
	mm			%	mm			°C				
1	2	3	4	5	6	7	8	9	10	11	12	13
1[6]	≤ 30	alle	keine									
	> 30 ≤ 38	Grund- und warmfeste Reihe der Feinkornbaustähle sowie Stahlsorten, die nach Werkstoffspezifikation gleiche Mindestanforderungen an die Kerbschlagarbeit erfüllen	keine	U	100	≤ 30 > 30 ≤ 38[9] > 30 ≤ 50[9]	2 –		3 3 3	– – –	– 1 1	– 1 1
				W	100	≤ 30 > 30 ≤ 50 > 50	2 –		3 3 3	– – –	– – 1	– – 1
	> 38 ≤ 50	Alle Stahlsorten mit einer festgelegten Kerbschlagarbeit ≥ 31 J bei 0 °C in Querrichtung (Probe mit V-Kerb)	einfache geometrische Form (Kugel, Zylinder); 100% zerstörungsfreie Prüfung; Beanspruchung bei Druckprüfung ≥ 0,85 R$_{e\,mm}$ bei Raumtemperatur; besondere Sprödbruchuntersuchung. Teile mit Stutzen und Anschweißteilen sind vorher wärmezubehandeln	U, W	85	≤ 15 > 15 ≤ 30	2 –	wie für den Grundwerkstoff festgelegt	3	3	–	–
2	≤ 30	Grund- und warmfeste Reihe der Feinkornbaustähle sowie Stahlsorten, die nach Werkstoffspezifikation gleiche Mindestanforderungen an die Kerbschlagarbeit erfüllen	keine	U	100	≤ 15 > 15 ≤ 30	2 –		– 3	– 3	1 1	1 1
				W	100	≤ 30 > 30	2 –		3 3	3 3	1 1	1 1
3	≤ 30	alle	keine	U	100	≤ 30	2		3	3	1	1
		warmfeste Stahlsorten 20MnMoNi4-5, 15NiCuMoNb5-6-4, 12MnNiMo5-5, 13MnNiMo5-4, 11NiMoV5-3, 17MnMoV6-4 siehe Eignungsfeststellung		W	100	≤ 50 > 50	2 –		3 3	– 3	1 1	1 1
4.1	Wärmebehandlung nach dem Schweißen erforderlich			W	100	≤ 30 > 30	2 –		3 3	– 3	1 1	1 1
4.2	Wärmebehandlung nach dem Schweißen erforderlich			W	100	alle	2		3[18]	3	1	1

HP 0

störungsfreien Prüfungen (Stahl)

Arbeitsprüfung		Art und Umfang der Arbeitsprüfungen und der zerstörungsfreien Prüfung						
		Ultraschall- oder Durchstrahlungsprüfung					Oberflächenprüfung	
Gefügeuntersuchung. Anzahl und Art	Anzahl der Probeplatten entsprechend AD 2000-Merkblatt HP 5/2	Prüfumfang			Prüfverfahren und Prüfklasse in Abhängigkeit von der Wanddicke in Spalten 16, 17, 18 Wanddicke	Stutzen und Kehlnähte[7]		Prüfumfang in Abhängigkeit von der Wanddicke für LN, St und RN	Prüfverfahren für Spalte 22
		LN[6]	St[6]	RN[6]		Prüfumfang	Prüfverfahren und Prüfklasse		
	Abschnitt	%	%	%	mm	%		mm	%
14	15	16	17	18	19	20	21	22	23
1 Makro	3.1 bzw. 4	100[10] 100	100 100	25[11] 25 25		15) 10[16] 10[16]	Stutzen- und Kehlnähte sind einer Oberflächenprüfung zu unterziehen. Bei Stutzen mit Innendurchmessern ≥ 120 mm und einer Dicke des Anschlussquerschnitts über 15 mm ist zusätzlich eine Ultraschall- oder Durchstrahlungsprüfung durchzuführen. Für die Auswahl des Prüfverfahrens nach Spalte 19 ist das Maß t (siehe AD 2000-Merkblatt HP 5/3, Bild 1 bis 3) zugrunde zu legen. Kehlnähte mit a-Maßen über 15 mm sind zusätzlich mit Ultraschall zu prüfen, anstelle der Wanddicke ist das a-Maß für die Wahl der Prüfklasse einzusetzen.		
1 Makro		100[10] 100[10]	100 100	25[10] 25[10] 25		15) 10[16][17] 10[16]			
1 Makro	3.2 bzw. 4	2[12] 10[14]	11) 100[14]	2[11] 2[11]	≤ 30 RT (A) oder UT (A) > 30 ≤ 60 RT (B) oder UT (B) > 60 ≤ 90 UT (B) > 90 UT (C)	15) 15)		> 50	10	MT
1 Makro	3.1 bzw. 4	100[10] 100	100 100	25[10] 25	≤ 50 RT (B) oder UT (B) > 50 ≤ 70 UT (B) > 70 UT (C)	10[16] 10		> 30 ≤ 70 > 70	10 25	MT
1 Makro		100[10] 100	100 100	25[10] 25		10[15] 10			
1 Makro		100	100	100		100			
1 Makro	3.1 bzw. 4	100	100	100	≤ 20 RT (B) oder UT (B) > 20 ≤ 40 UT (B) > 40 UT (C)	100		≤ 20 > 20	10 25	MT
1 Makro	3.1 bzw. 4	100[10] 100	100 100	25[10] 25	≤ 50 RT (B) oder UT (B) > 50 ≤ 70 UT (B) > 70 UT (C)	25[10] 25		30 ≤ 70 > 70	10 25	MT
1 Makro	3.1 bzw. 4	100	100	100	≤ 20 RT (B) oder UT (B) > 20 ≤ 40 UT (B) > 40 UT (C)	100		≤ 20 > 20	10 25	MT

HP 0

Tafel 1b zu AD 2000-Merkblatt HP 0 (Fortsetzung), Ausgabe Februar 2007

Bedingungen für den Verzicht auf Wärmebehandlung nach dem Schweißen, Art und Umfang der Arbeitsprüfungen und der

Prüf-gruppe[1]	Bedingungen für den Verzicht auf Wärme-behandlung nach dem Schweißen. Auf eine Wärmebehandlung nach dem Schweißen kann verzichtet werden, wenn die nach Wanddicken und Stahlsorten gegliederten zusätzlichen Anforderungen in der Spalte 4 erfüllt sind.			Art und Umfang der Arbeitsprüfungen und der zerstörungsfreien Prüfung				Arbeitsprüfung					
										S > 15 mm Kerbschlagproben[4]			
	Wanddicken-begrenzung	Stahlsorten innerhalb der jeweiligen Prüfgruppe	Sonstige zusätzliche Anforderungen	Wärmebehandlungszustand[2] nach dem Schweißen	Ausnutzung der zulässigen Berechnungsspannung in der Schweißnaht[1]	Wanddicke des Behälter-mantels oder Dicke des Anschlussquerschnitts	$S \leq 15$ mm Anzahl der Biegeproben	Prüftemperatur	Anzahl				Warmzugversuch bzw. Analyse[5]
									Schweißgut	Übergang	Zugproben Anzahl		
	mm			%	mm			°C					
1	2	3	4	5	6	7	8	9	10	11	12	13	
5.1	≤ 30	alle	keine						$3^{19)}$	$3^{19)}$			
	$> 30 \leq 38$	Grund- und warmfeste Reihe der Feinkornbaustähle sowie Stahlsorten, die nach Werkstoffspezifikation gleiche Mindestanforderungen an die Kerbschlagarbeit erfüllen	keine	U	100	≤ 30 $> 30 \leq 38^{9)}$ $> 30 \leq 50^{9)}$	$2^{19)}$ – –		$3^{19)}$ $3^{19)}$ $3^{19)}$	$3^{19)}$ $3^{19)}$ $3^{19)}$	1 1	– 1	
				W	100	≤ 30 $> 30 \leq 50$ > 50	$2^{19)}$ – –		$3^{19)}$ $3^{19)}$ $3^{19)}$	$3^{19)}$ $3^{19)}$ $3^{19)}$	– – 1	– – –	
	$> 38 \leq 50$	Alle Stahlsorten mit einer festgelegten Kerbschlagarbeit ≥ 31 J bei 0 °C in Querrichtung (Probe mit V-Kerb)	einfache geometrische Form (Kugel, Zylinder); 100% zerstörungsfreie Prüfung; Beanspruchung bei Druckprüfung $\geq 0,85 R_{e\,min}$ bei Raumtemperatur; besondere Sprödbruchuntersuchung; Teile mit Stutzen und Anschweißteilen sind vorher wärmezubehandeln	U, W	85	≤ 15 $> 15 \leq 30$	$2^{19)}$ –	Bei Ausnutzung der tiefsten Anwendungstemperaturen gemäß AD 2000-Merkblatt W 10 ist bei den dort in Tafel 1, Sp. 9 genannten Prüftemperaturen zu prüfen. Liegt die Betriebstemperatur oberhalb der tiefsten Anwendungstemperatur nach Beanspruchungsfall I, so braucht nur bei tiefster vorgesehener Betriebstemperatur geprüft zu werden. Bei den Beanspruchungsfällen II und III gemäß AD 2000-Merkblatt W 10 gilt für die Prüftemperatur die gleiche Temperaturdifferenz wie für den Grundwerkstoff.	$3^{19)}$ $3^{19)}$	$3^{19)}$ $3^{19)}$	– –	– –	
5.2	≤ 30	alle	keine	U	100	≤ 15 $> 15 \leq 30$	$2^{19)}$ –		$3^{19)}$ $3^{19)}$	$3^{19)}$ $3^{19)}$	1 1	– –	
				W	100	≤ 30 > 30	$2^{19)}$ –		$3^{19)}$ $3^{19)}$	$3^{19)}$ $3^{19)}$	1 1	– –	
5.3	≤ 30	alle	keine	U	100	≤ 30	$2^{19)}$		$3^{19)}$	$3^{19)}$	1	–	
				W	100	alle	$2^{19)}$		$3^{19)}$	$3^{19)}$	1	–	
5.4	$\leq 50^{20)}$	X8Ni9/X10Ni9 12Ni14 X12Ni5	mit austenitischen oder nickelbasis-legierten Zusätzen geschweißt	U W	100 100	alle alle	$2^{19)}$ $2^{19)}$		$3^{19)}$ $3^{19)}$	$3^{19)}$ $3^{19)}$	1 1	– –	
	≤ 30	12Ni14 X12Ni5	artgleich geschweißt										
6	keine	alle		U	100	alle	2	wie für den Grundwerkstoff festgelegt[21]	3	–	1	1	
			Die in Abschnitt 4 des AD 2000-Merkblattes HP 7/3 genannten Bedingungen sind zu beachten	W	100	≤ 50 > 50	2 –		3 3	– –	1 1	1 1	
				U, W	85	≤ 15 $> 15 \leq 30$	2 –		– 3	– –	– –	– –	
7	keine	alle		U W	100 100	alle alle	2 2	wie für den Grundwerkstoff festgelegt	3 3	– –	1 1	1 1	
8	keine	alle	keine	U	100 85	alle alle	2 2		3 3	3 –	1 1	– –	

HP 0

...rstörungsfreien Prüfungen (Stahl)

Arbeitsprüfung		Art und Umfang der Arbeitsprüfungen und der zerstörungsfreien Prüfung							
		Prüfumfang			Ultraschall- oder Durchstrahlungsprüfung		Stutzen und Kehlnähte[7]		Oberflächenprüfung	
Gefügeuntersuchung, Anzahl und Art	Anzahl der Probeplatten entsprechend AD 2000-Merkblatt HP 5/2	LN[6]	St[6]	RN[6]	Prüfverfahren und Prüfklasse in Abhängigkeit von der Wanddicke in Spalten 16, 17, 18 Wanddicke		Prüfumfang	Prüfverfahren und Prüfklasse	Prüfumfang in Abhängigkeit von der Wanddicke für LN, St und RN	Prüfverfahren für Spalte 22
	Abschnitt	%	%	%	mm		%		mm	%
14	15	16	17	18	19		20	21	22	23
1 Makro	3.1 bzw. 4	100[10] 100 100	100 100 100	25[11] 25 25			[15] 10[16] 10[16]			
1 Makro	3.1 bzw. 4	100[10] 100[10] 100	100 100 100	25[10] 25[10] 25			[15] 10[16][17] 10[16]			
1 Makro	3.2 bzw. 4	2[12] 10[14]	[13] 100[14]	2[13] 2[13]	≤ 30 RT (A) oder UT (A) > 30 ≤ 60 RT (B) oder UT (B) > 60 ≤ 90 UT (B) > 90 UT (C)		[15] [15]		> 50 ≤ 90 > 90	10 25	MP
1 Makro	3.1 bzw. 4	100[10] 100	100 100	25[10] 25	≤ 50 RT (B) oder UT (B) > 50 ≤ 70 UT (B) > 70 UT (C)		10[16] 10	Stutzen- und Kehlnähte sind einer Oberflächenprüfung zu unterziehen. Bei Stutzen mit Innendurchmessern ≥ 120 mm und einer Dicke des Anschlussquerschnitts über 15 mm ist zusätzlich eine Ultraschall- oder Durchstrahlungsprüfung durchzuführen. Für die Auswahl des Prüfverfahrens nach Spalte 19 ist das Maß t (siehe AD 2000-Merkblatt HP 5/3, Bild 1 bis 3) zugrunde zu legen. Kehlnähte mit a-Maßen über 15 mm sind zusätzlich mit Ultraschall zu prüfen, anstelle der Wanddicke ist das a-Maß für die Wahl der Prüfklasse einzusetzen.	> 30 ≤ 70 > 70	10 25	MP
1 Makro		100[10] 100	100 100	25[10] 25			10[16] 10			
1 Makro	3.1 bzw. 4	100 100	100 100	100 100	≤ 20 RT (B) oder UT (B) > 20 ≤ 40 UT (B) > 40 UT (C)		100 100		> 20	25	MP
1 Makro	3.1 bzw. 4	100 100	100 100	25 25	mit austenitischen oder nickelbasislegierten Zusätzen geschweißt ≤ 50 RT (B) oder UT (B) > 50 ≤ 70 UT (B) > 70 UT (C) artgleich geschweißt ≤ 20 RT (B) oder UT (B) > 20 ≤ 40 UT (B) > 40 UT (C)		25 25		alle	10	PT
1 Mikro (IK-Beständigkeit[22])	3.1 bzw. 4	100[16] 100[10] 100	100 100 100	25[10] 25[10] 25	≤ 30 RT (A) oder UT (A) > 30 ≤ 60 RT (B) oder UT (B) > 60 ≤ 90 UT (B) > 90 UT (C)		[15] [15]		> 30 ≤ 90 > 90	10 25	PT
1 Mikro (IK-Beständigkeit[22])	3.2 bzw. 4	2[12] 10[14]	[13] 100[14]	2[13] 2[13]			[15]			
1 Mikro (IK-Beständigkeit[22])	3.1 bzw. 4	100 100	100 100	25 25	≤ 50 RT (B) oder UT (B) > 50 ≤ 70 UT (B) > 70 UT (C)		10 10		< 70 ≥ 70	10 25	PT
1 Mikro 1 Mikro	3.1 bzw. 4 3.2 bzw. 4	100 25	100 100	25 10	≤ 30 RT (A) oder UT (A) > 30 ≤ 60 RT (B) oder UT (B)		10 [15]		≤ 60	25	MP oder PT[23]

Tafel 1b zu AD 2000-Merkblatt HP 0 (Fortsetzung), Ausgabe Februar 2007
Bedingungen für den Verzicht auf Wärmebehandlung nach dem Schweißen, Art und Umfang der Arbeitsprüfungen und der zerstörungsfreien Prüfungen (Stahl)

[1] Werden Teile aus verschiedenen Prüfgruppen miteinander verschweißt, so ist die Gruppe mit dem größeren Prüfumfang maßgebend.
[2] U = ungeglüht, W = wärmebehandelt
[3] Gilt unabhängig von den Beanspruchungsfällen nach AD 2000-Merkblatt W 10
[4] Probenlage und Kerbrichtung VWT (Schweißgut) bzw. VHT (Übergang) nach DIN EN 875
[5] Warmzugversuch nach DIN EN 876 mit Prüfbedingungen gemäß DIN EN 10002-5 bei zulässiger maximaler Temperatur an Längsproben aus dem Schweißgut oder Analyse des Schweißgutes, wenn die zulässige maximale Temperatur >350 °C ist; bei Feinkornbaustählen Warmzugversuch wie genannt, wenn die zulässige maximale Temperatur >200 °C ist
[6] LN = Längsnähte und vollbeanspruchte Stumpfnähte
RN = Rundnähte (Stumpfnähte und überlappt geschweißte Kehlnahtschweißungen nach AD 2000-Merkblatt HP 1 Abschnitt 2.4; bei geschweißten Böden siehe AD 2000-Merkblatt HP 5/2 Abschnitt 5
St = Stoßstellen zwischen LN und RN sowie zwischen LN und LN
[7] KN = die zu prüfenden Kehlnähte sind Anschlussnähte von Anschweißteilen einschließlich Montagehilfen an die drucktragende Wand
StN = Stutzennähte
[8] Wenn Laugenrissbeständigkeit gefordert, ist der Prüfumfang entsprechend zu erweitern.
[9] Bei Einhaltung der Bedingungen für den Verzicht auf Wärmebehandlung nach dem Schweißen
[10] Bei nachgewiesener Erfahrung gemäß AD 2000-Merkblatt HP 5/3 Abschnitt 2.2.1 vermindert sich der Prüfumfang auf 10 %.
[11] Bei nachgewiesener Erfahrung gemäß AD 2000-Merkblatt HP 5/3 Abschnitt 2.2.1 vermindert sich der Prüfumfang auf 2 %. Im Allgemeinen genügt es dann, zur Erfassung der Rundnähte bei der stichprobenweisen Prüfung der Längsnähte die Stoßstellen mit zu erfassen.

12) Die Prüfung erfolgt an der Nahtlänge nicht objektgebunden. Die Prüfungen sind unter Berücksichtigung der Fertigungsgegebenheiten (z. B. Auslastung) über den Fertigungszeitraum eines Jahres möglichst gleichmäßig zu verteilen. Dieses ist der zuständigen unabhängigen Stelle nachzuweisen. Bei der Abnahme von Serienprodukten erfolgt die Auswahl im Einvernehmen mit der zuständigen unabhängigen Stelle unter Berücksichtigung der Fertigungsgegebenheiten (z. B. Schichtbetrieb, Fertigungslinien).
13) Im Allgemeinen genügt es zur Erfassung der Stoßstellen und der Rundnähte, bei der stichprobenweisen Prüfung der Längsnähte die Stoßstellen mit zu erfassen.
14) Bei nachgewiesener Erfahrung gemäß AD 2000-Merkblatt HP 5/3 Abschnitt 2.2.1 verringert sich bei den Prüfgruppen 1, 5.1 und 6 der Prüfumfang entsprechend den Festlegungen für den Wanddickenbereich ≤ 15 mm.
15) Gibt die Besichtigung nach AD 2000-Merkblatt HP 5/3 Abschnitt 2.1 Anlass zu Zweifeln, ist eine zerstörungsfreie Prüfung durchzuführen.
16) Sind an einem Behälter mehr als zehn in Bezug auf Abmessung und Einschweißart gleichartige Stutzen vorhanden, so kann der Prüfumfang auf 5 % der Stutzennähte verringert werden; es sind jedoch mindestens zwei Stutzennähte zu prüfen.
17) Bei nachgewiesener Erfahrung gemäß AD 2000-Merkblatt HP 5/3 Abschnitt 2.2.1 ist eine zerstörungsfreie Prüfung nur dann durchzuführen, wenn die Besichtigung nach AD 2000 Merkblatt HP 5/3 Abschnitt 2.1 zu Zweifeln Anlass gibt.
18) Bei dem Stahl X20CrMoV11-1 ist die Kerbschlagarbeit unabhängig von der Wanddicke, d. h. auch ≤ 15 mm bis prüfen. Zusätzlich ist die Härte jeder Schweißnaht zu prüfen.
19) Die Prüfung der Kerbschlagarbeit erfolgt unabhängig von der Wanddicke, d. h. auch ≤ 15 mm bis ≥ 5 mm. Bei Wanddicken <5 mm ist der technologische Biegeversuch durchzuführen.
20) Eine Wärmebehandlung bedeutet nicht immer eine Verbesserung der Eigenschaften. Auch bei Wanddicken >50 mm ist ein Verzicht auf Wärmebehandlung zu erwägen. Es sind besondere Vereinbarungen zu treffen.
21) Bei Anwendung im Temperaturbereich unter -10 °C entsprechend AD 2000-Merkblatt W 10.
22) Soweit vom Besteller gefordert.
23) Das Magnetpulver-Verfahren ist bevorzugt anzuwenden, wenn eine ausreichende relative Permeabilität μ gegeben ist.

Tafel 2b zu AD 2000-Merkblatt HP 0, Ausgabe Februar 2007

Bedingungen für den Verzicht auf Wärmebehandlung nach dem Schweißen, Art und Umfang der Arbeitsprüfungen und der

Prüf-gruppe[1]	Bedingungen für den Verzicht auf Wärmebehandlung nach dem Schweißen. Auf eine Wärmebehandlung nach dem Schweißen kann verzichtet werden, wenn die nach Wanddicken und Stahlsorten gegliederten zusätzlichen Anforderungen in der Spalte 4 erfüllt sind.			Art und Umfang der Arbeitsprüfungen und der zerstörungsfreien Prüfung								
				Wärmebehandlungszustand[2] nach dem Schweißen	Ausnutzung der zulässigen Berechnungsspannung in der Schweißnaht[3]	Wanddicke des Behältermantels oder Dicke des Anschlussquerschnittes	Arbeitsprüfung					Warmzugversuch bzw. Analyse[6]
							$S \leq 15$ mm Anzahl der Biegeproben	$S > 15$ mm Kerbschlagproben[4][24]			Zugproben Anzahl	
	Wanddicken-begrenzung	Werkstoffsorten innerhalb der jeweiligen Prüfgruppe	Sonstige zusätzliche Anforderungen					Prüftemperatur	Anzahl			
									Schweißgut	Übergang		
	mm			%	mm			°C				
1	2	3	4	5	6	7	8	9	10	11	12	13
Al 1	keine	alle	keine	U, W	100	$\leq 50^{25)}$	$2^{26)}$	–	–	–	1	–
				U, W	100	$> 50^{25)}$	entsprechend der Eignungsfeststellung					
				U, W	85	$\leq 50^{25)}$	$2^{26)}$	–	–	–	1	–
Al 2	keine	alle	keine	U, W	100	$\leq 50^{25)}$	$2^{26)}$	wie für den Grundwerkstoff festgelegt	3	1	1	–
				U, W	100	$> 50^{25)}$	entsprechend der Eignungsfeststellung					
				U, W	$85^{27)}$	$\leq 50^{25)}$	$2^{26)}$	wie für den Grundwerkstoff festgelegt	3	1	1	–
Al 3	keine	alle	keine	U, W	100	≤ 10	entsprechend der Eignungsfeststellung					

Fußnoten [1] bis [23] siehe Tabelle 1b

[24] Die Prüfung der Kerbschlagzähigkeit erfolgt nur bei Druckgeräten, bei denen mit stoßartiger Beanspruchung gerechnet werden muss.
[25] Über 30 mm Wanddicke liegen z. Zt. nur wenige schweißtechnische und prüftechnische Erfahrungen vor.
[26] Für Dicken > 15 mm Seitenbiegeprobe nach DIN EN 910
[27] Gilt bei der Aluminiumlegierung EN AW-5083 nur bei nachgewiesener Erfahrung gemäß AD 2000-Merkblatt HP 5/2 Abschnitt 3.1.3
[28] Bei Rundnähten bis zu einem äußeren Durchmesser von 50 mm genügt ein Prüfumfang von 10 %
[29] Für Kehlnähte zwischen den Verbindungen nichttragender Elemente, wie z.B. innen liegenden Tragringen, und der Behälterwand kann auf eine Oberflächenprüfung verzichtet werden, sofern die Besichtigung nach AD 2000-Merkblatt HP 5/3 keinen Anlass zu Zweifeln gibt und mindestens an 300 m solcher Nähte Oberflächenprüfungen mit zufriedenstellenden Ergebnissen durchgeführt wurden.

...rstörungsfreien Prüfungen (Aluminium und Aluminiumlegierungen)

Arbeitsprüfung		Art und Umfang der Arbeitsprüfungen und der zerstörungsfreien Prüfung					
		Ultraschall- oder Durchstrahlungsprüfung					
		Prüfumfang			Prüfverfahren und Prüfklasse in Abhängigkeit von der Wanddicke in Spalten 16, 17, 18	Stutzen und Kehlnähte[8]	
Gefügeuntersuchung, Anzahl und Art	Anzahl der Probeplatten entsprechend AD 2000-Merkblatt HP 5/2	LN[7]	St[7]	RN[7]	Wanddicke	Prüfumfang	Prüfverfahren und Prüfklasse
	Abschnitt	%	%	%	mm	%	
14	15	16	17	18	19	20	21
1 Makro	3.1 bzw. 4	100[11]	100	25[2]	–	RT (B) oder UT (B)	10[17]	
entsprechend der Eignungsfeststellung		100	100	25	–	RT (B) oder UT (B)	10[17]	Stutzen- und Kehlnähte sind einer Oberflächenprüfung zu unterziehen. Bei Stutzen mit Innendurchmessern ≥ 120 mm und einer Dicke des Anschlussquerschnitts über 15 mm ist zusätzlich eine Ultraschall- oder Durchstrahlungsprüfung durchzuführen. Für die Auswahl des Prüfverfahrens nach Spalte 19 ist das Maß t (siehe AD 2000-Merkblatt HP 5/3, Bild 1 bis 3) zugrunde zu legen. Kehlnähte mit a-Maßen über 15 mm sind zusätzlich mit Ultraschall zu prüfen, anstelle der Wanddicke ist das a-Maß für die Wahl der Prüfklasse einzusetzen.
1 Makro	3.2 bzw. 4	2[13]	14)	2[14]	–	RT (B) oder UT (B)	16)	
1 Makro	3.1 bzw. 4	100[11]	100	25[11]				
entsprechend der Eignungsfeststellung		100	100	25	–	RT (B) oder UT (B)	10[17)29]	
1 Makro	3.2 bzw. 4	2[13]	14)	2[14]				
entsprechend der Eignungsfeststellung		100	100	100[28]	–	RT (B) oder UT (B)	100	

HP 0

Tafel 3b zu AD 2000-Merkblatt HP 0, Ausgabe Februar 2007

Bedingungen für den Verzicht auf Wärmebehandlung nach dem Schweißen, Art und Umfang der Arbeitsprüfungen und der (Nickel und Nickelbasislegierungen sowie reaktive Metalle wie Titan, Tantal, Zirkonium)

Prüfgruppe[1]	Bedingungen für den Verzicht auf Wärmebehandlung nach dem Schweißen. Auf eine Wärmebehandlung nach dem Schweißen kann verzichtet werden, wenn die nach Wanddicken und Stahlsorten gegliederten zusätzlichen Anforderungen in der Spalte 4 erfüllt sind.			Art und Umfang der Arbeitsprüfungen und der zerstörungsfreien Prüfung								
				Wärmebehandlungszustand[2] nach dem Schweißen	Ausnutzung der zulässigen Berechnungsspannung in der Schweißnaht[3]	Wanddicke des Behältermantels oder Dicke des Anschlussquerschnittes	Arbeitsprüfung					Warmzugversuch bzw. Analyse[6]
							$S \leq 15$ mm Anzahl der Biegeproben	$S > 15$ mm Kerbschlagproben[4]				
	Wanddickenbegrenzung	Werkstoffsorten innerhalb der jeweiligen Prüfgruppe	Sonstige zusätzliche Anforderungen					Prüftemperatur	Anzahl			
									Schweißgut	Übergang	Zugproben Anzahl	
	mm			%	mm			°C				
1	2	3	4	5	6	7	8	9	10	11	12	13
Ni 1	keine	alle	keine	U, W	100	alle	2	wie für den Grundwerkstoff festgelegt	3	–	1	1
				U, W	85	alle	2		3	–	–	–
Ni 2	keine	alle	keine	U, W	100	alle	2		3	3[30]	1	1
Ti 1	siehe Eignungsfeststellung			U, W	100	alle	2		3	–	1	–

Fußnoten [1] bis [23] siehe Tabelle 1b, Fußnoten [24] bis [29] siehe Tabelle 2b
[30] Nur bei NiMo 16 Cr 15, NiMo 16 CrTi, NiMo 28

törungsfreien Prüfungen

Arbeitsprüfung					Art und Umfang der Arbeitsprüfungen und der zerstörungsfreien Prüfung		
					Ultraschall- oder Durchstrahlungsprüfung		
		Prüfumfang			Prüfverfahren und Prüfklasse in Abhängigkeit von der Wanddicke in Spalten 16, 17, 18	Stutzen und Kehlnähte[8]	
Gefügeuntersuchung, Anzahl und Art	Anzahl der Probeplatten entsprechend AD 2000-Merkblatt HP 5/2	$LN^{7)}$	$St^{7)}$	$RN^{7)}$	Wanddicke	Prüfumfang	Prüfverfahren und Prüfklasse
	Abschnitt	%	%	%	mm	%	
14	15	16	17	18	19	20	21
Makro	3.1 bzw. 4	100	100	25	≤ 30 RT (A) oder UT (A) > 30 ≤ 60 RT (B) oder UT (B)	10	Stutzen- und Kehlnähte sind einer Oberflächenprüfung zu unterziehen. Bei Stutzen mit Innendurchmessern ≥ 120 mm und einer Dicke des Anschlussquerschnitts über 15 mm ist zusätzlich eine Ultraschall- oder Durchstrahlungsprüfung durchzuführen. Für die Auswahl des Prüfverfahrens nach Spalte 19 ist das Maß t (siehe AD 2000-Merkblatt HP 5/3, Bild 1 bis 3) zugrunde zu legen. Kehlnähte mit a-Maßen über 15 mm sind zusätzlich mit Ultraschall zu prüfen, anstelle der Wanddicke ist das a-Maß für die Wahl der Prüfklasse einzusetzen.
Makro	3.2 bzw. 4	25	100	10	≤ 30 RT (A) oder UT (A) > 30 ≤ 60 RT (B) oder UT (B)	16)	
1 Mikro .-Beständ-gkeit[30])	3.1 bzw. 4	100	100	25	≤ 50 RT (B) oder UT (B) und Oberflächenprüfung	10	
1 Mikro	3.1 bzw. 4	100	100	25	≤ 15 RT (B) und Oberflächenprüfung	10	

HP 0

ICS 23.020.30   Ausgabe Mai 2007

| Herstellung und Prüfung von Druckbehältern | **Auslegung und Gestaltung** | AD 2000-Merkblatt **HP 1** |

Die AD 2000-Merkblätter werden von den in der „Arbeitsgemeinschaft Druckbehälter" (AD) zusammenarbeitenden, nachstehend genannten sieben Verbänden aufgestellt. Aufbau und Anwendung des AD 2000-Regelwerkes sowie die Verfahrensrichtlinien regelt das AD 2000-Merkblatt G1.

Die AD 2000-Merkblätter enthalten sicherheitstechnische Anforderungen, die für normale Betriebsverhältnisse zu stellen sind. Sind über das normale Maß hinausgehende Beanspruchungen beim Betrieb der Druckbehälter zu erwarten, so ist diesen durch Erfüllung besonderer Anforderungen Rechnung zu tragen.

Wird von den Forderungen dieses AD 2000-Merkblattes abgewichen, muss nachweisbar sein, dass der sicherheitstechnische Maßstab dieses Regelwerkes auf andere Weise eingehalten ist, z.B. durch Werkstoffprüfungen, Versuche, Spannungsanalyse, Betriebserfahrungen.

> Fachverband Dampfkessel-, Behälter- und Rohrleitungsbau e.V. (FDBR), Düsseldorf
> Hauptverband der gewerblichen Berufsgenossenschaften e.V., Sankt Augustin
> Verband der Chemischen Industrie e.V. (VCI), Frankfurt/Main
> Verband Deutscher Maschinen- und Anlagenbau e.V. (VDMA), Fachgemeinschaft Verfahrenstechnische Maschinen und Apparate, Frankfurt/Main
> Stahlinstitut VDEh, Düsseldorf
> VGB PowerTech e.V., Essen
> Verband der TÜV e.V. (VdTÜV), Berlin

Die AD 2000-Merkblätter werden durch die Verbände laufend dem Fortschritt der Technik angepasst. Anregungen hierzu sind zu richten an den Herausgeber:

> **Verband der TÜV e.V., Friedrichstraße 136, 10117 Berlin.**

Inhalt

0 Präambel
1 Geltungsbereich
2 Auslegung und Gestaltung
3 Aufdachungen und Einziehungen
4 Örtliche Wanddickenunterschreitungen
Anhang 1: Erläuterungen zu Abschnitt 3

0 Präambel

Zur Erfüllung der grundlegenden Sicherheitsanforderungen der Druckgeräte-Richtlinie kann das AD 2000-Regelwerk angewandt werden, vornehmlich für die Konformitätsbewertung nach den Modulen „G" und „B + F".

Das AD 2000-Regelwerk folgt einem in sich geschlossenen Auslegungskonzept. Die Anwendung anderer technischer Regeln nach dem Stand der Technik zur Lösung von Teilproblemen setzt die Beachtung des Gesamtkonzeptes voraus.

Bei anderen Modulen der Druckgeräte-Richtlinie oder für andere Rechtsgebiete kann das AD 2000-Regelwerk sinngemäß angewandt werden. Die Prüfzuständigkeit richtet sich nach den Vorgaben des jeweiligen Rechtsgebietes.

1 Geltungsbereich

Dieses AD 2000-Merkblatt enthält Festlegungen für Auslegung und Gestaltung geschweißter Druckbehälter oder Druckbehälterteile und damit verbundenen Prüfungen.

2 Auslegung und Gestaltung

Für die schweißtechnische Gestaltung gilt DIN 8562 – Schweißen im Behälterbau, Behälter aus metallischen Werkstoffen, schweißtechnische Grundsätze.

2.1 Betreiber oder von diesen beauftragte Planer haben darauf zu achten, dass die Gestaltung eines Druckbehälters auch die Durchführung wiederkehrender Prüfungen, soweit diese nach nationalen Vorschriften erforderlich oder vorgesehen sind, ermöglicht.

2.2 Betreiber oder von diesen beauftragte Planer haben mögliche Korrosionsbeanspruchungen, insbesondere in Spalten, bei der Auslegung und Gestaltung zu beachten.

2.3 Längs- und Rundnähte sollten als Stumpfnähte ausgeführt werden. Stumpfnähte müssen über den ganzen Querschnitt voll durchgeschweißt werden. Sind Stumpfnähte an Teilen mit unterschiedlicher Wanddicke auszuführen, so sind die Festlegungen nach den Abschnitten 2.7 und 2.8 des AD 2000-Merkblattes HP 5/1 zu beachten.

Ersatz für Ausgabe Oktober 2000; | = Änderungen gegenüber der vorangehenden Ausgabe

Die AD 2000-Merkblätter sind urheberrechtlich geschützt. Die Nutzungsrechte, insbesondere die der Übersetzung, des Nachdrucks, der Entnahme von Abbildungen, die Wiedergabe auf fotomechanischem Wege und die Speicherung in Datenverarbeitungsanlagen, bleiben, auch bei auszugsweiser Verwertung, dem Urheber vorbehalten.

2.4 Überlappte Verbindungen mit Kehlnähten[1]) von Mantelschüssen, Böden und Rohren untereinander sind nur in Einzelfällen als Rundnähte bis zu einer Wanddicke von 8 mm zulässig, wenn beide Seiten der Überlappung verschweißt werden.

2.5 Sickennähte sind bis zu einer Wanddicke von 8 mm zulässig.

2.6 Eckstöße mit einseitig geschweißten Nähten sind zu vermeiden.

2.7 Anhäufungen von Schweißnähten und Kreuzungsstöße sind zu vermeiden. Soweit sie unvermeidlich sind, kann eine Wärmebehandlung und/oder eine zerstörungsfreie Prüfung erforderlich werden.

2.8 Bei kaltumgeformten Klöpperböden aus ferritischen Stählen, die entsprechend AD 2000-Merkblatt HP 7/2 Abschnitt 2.5 nicht wärmebehandelt werden, sind im Bereich der Krempe Erwärmungen auf Temperaturen zwischen 550 und 750 °C oder Schweißungen nicht zulässig.

2.9 Bei Druckbehältern, die einer von außen aufgebrachten Schwingbeanspruchung ausgesetzt sind, z. B. durch aufgesetzte Verdichter, sollte das unmittelbare Verbinden der Schwingungsquelle über Füße, Konsolen oder ähnliche starre Verbindungen mit der Druckbehälterwandung vermieden werden. Werden durch geeignete Gestaltung an der Verbindungsstelle Spannungsspitzen vermieden oder wird die Schwingung durch geeignete Maßnahmen ausreichend gedämpft, kann auf Unterlegplatten verzichtet werden.

2.10 Spannungserhöhung durch Zusatzkräfte im Sinne des AD 2000-Merkblattes B 0 Abschnitt 4.5 sind zu berücksichtigen.

2.11 Drucktragende Schweißnähte müssen wenigstens einmal im Zuge der Fertigung mit dem jeweils vorgesehenen zerstörungsfreien Prüfverfahren geprüft werden können. Bei der Gestaltung ist zu berücksichtigen, dass einseitig geschweißte Nähte schwierig zu beurteilen sein können.

2.12 Bei Auftreten von Schwingbeanspruchung wird auf die fertigungstechnischen Anforderungen der AD 2000-Merkblätter S 1 und S 2 verwiesen.

2.13 Der mittlere Außendurchmesser zylindrischer Druckbehälter darf, aus dem Umfang errechnet, um nicht mehr als ± 1,5% von dem festgelegten Außendurchmesser abweichen.

2.14 Die Unrundheit $\frac{2 \cdot (D_{max} - D_{min})}{D_{max} + D_{min}} \cdot 100$ in % soll die nachstehenden Werte nicht überschreiten:

Tafel 1. Zulässige Unrundheiten

Verhältnis Wanddicke zu Durchmesser	größte zulässige Unrundheit bei Beanspruchung durch	
	Innendruck	Außendruck
$s/D \leq 0{,}01$	2,0 %	1,5 %
$0{,}01 < s/D \leq 0{,}1$	1,5 %	1,5 %
$s/D > 0{,}1$	1,0 %	1,0 %

Bei der Ermittlung der Unrundheit sind die sich aus dem Eigengewicht ergebenden elastischen Verformungen abzurechnen. Auch einzelne ein- und ausgebeulte Stellen müssen innerhalb der Toleranz liegen. Als zusätzliche Forderung gilt, dass die Beulen einen flachen Verlauf haben müssen und ihre Tiefe, gemessen als Abweichung von der normalen Rundung bzw. von der Metalllinie, 1 % der Beulenlänge bzw. Beulenbreite nicht überschreitet.

2.15 Die Abweichung von der Geraden darf 0,5 % der zylindrischen Länge nicht überschreiten.

2.16 Die Einhaltung der Anforderungen nach Abschnitt 2.13 und 2.15 werden vom Hersteller geprüft.

2.17 Bei Druckbehältern mit Außendurchmessern > 1200 mm und bei Wanddickenverhältnissen s/D > 0,01, bei Außendruckbeanspruchung schon bei Außendurchmessern > 200 mm und unabhängig vom Wanddickenverhältnis, sind die Messwerte in ein Maßblatt einzutragen.

3 Aufdachungen und Einziehungen

3.1 Die Feststellung der Aufdachungen und Einziehungen h erfolgt durch Messung des Querschnittsprofils im Bereich von Längsnähten mit geeigneten Prüfmitteln an der Stelle der größten Formabweichungen, ersatzweise in der Mitte eines jeden Mantelschusses und zusätzlich ca. 100 mm von den Enden entfernt, soweit keine Stellen mit ausgeprägten Formabweichungen ersichtlich sind.
Die Messlänge soll $\frac{1}{3} D_a$ betragen; sie braucht jedoch im Allgemeinen nicht als 500 mm zu sein.

3.2 Bei Beanspruchung durch Innendruck sind für Aufdachungen und Einziehungen h = 10 mm bei $D_a / (s_e - c_2) < 40$ und h = 5 mm bei $D_a / (s_e - c_2) \geq 40$ zulässig, sofern die folgenden Bedingungen keine geringeren Werte ergeben:
– Ohne detaillierten Nachweis gelten die Werte nach Tafel 2; bei größeren Aufdachungen und Einziehungen bis $h = s_e - c_2$ kann die Zulässigkeit durch besondere Nachweise nach Abschnitt 3.4 festgestellt werden.
– Im Fall ruhender Innendruckbelastung ist $h \leq s_e - c_2$ zulässig.

Tafel 2. Zulässige Aufdachungen und Einziehungen h bei Beanspruchung durch Innendruck

$s_e - c_2$ mm	zulässig h mm
$s_e - c_2 < 4$	1,5
$4 \leq s_e - c_2 < 6$	2,5
$6 \leq s_e - c_2 < 9$	3,0
$9 \leq s_e - c_2$	$\frac{1}{3}(s_e - c_2)$

Anstelle von $(s_e - c_2)$ kann auch $(s - c_1 - c_2)$ in die genannten Ausdrücke eingesetzt werden.

3.3 Bei Beanspruchungen durch Außendruck gilt ohne detaillierten Nachweis

$$h \leq \frac{1}{6} \cdot (s_e - c_2),$$

im Fall ruhender Außendruckbelastung

$$h \leq \frac{1}{2} \cdot (s_e - c_2).$$

---
[1]) Siehe DIN 1912 Teil 1, Tabelle 1, Zeile 2.3

3.4 Detaillierter Nachweis

Von den Werten in Ziffer 3.2 und 3.3 kann abgewichen werden, wenn im Einzelfall detaillierte Kenntnisse über das Verhalten der Formabweichungen z. B. durch Bauteilversuche, Spannungsanalysen, Betriebserfahrungen vorliegen.

3.5 Lastwechselbeurteilung

Sofern nach den Kriterien von AD 2000-Merkblatt S 1 eine Lastwechselbeurteilung nach AD 2000-Merkblatt S 2 durchzuführen ist, dient als Basis der Beurteilung eine theoretische oder experimentelle Spannungsanalyse. Aufdachungen und Einziehungen sind hierbei in ihrer jeweiligen Größe, ersatzweise in der Größe nach Tafel 2 zu berücksichtigen.

3.6 Vermeidung von Rissbildung bei Korrosionsbeanspruchung

Falls durch Reaktion mit dem Füllmedium Rissbildung gemäß den in DIN 50922 (Tabelle in den Erläuterungen) genannten Korrosionsarten oder Rissbildung in Druckwasserstoff bei Umgebungstemperatur zu erwarten sind, sind besondere Maßnahmen zu treffen. Zur Vermeidung von Rissbildung in Druckwasserstoff bei Umgebungstemperatur sind insbesondere die fertigungstechnischen spannungsvermindernden Maßnahmen nach Abschnitt 10 und 11 von AD 2000-Merkblatt S 2 zu beachten. Aufdachungen und Einziehungen sind möglichst gering zu halten und die zulässigen Werte in der Zeichnung anzugeben. Unabhängig von den in den Abschnitten 3.2 und 3.3 angegebenen Grenzwerten sind diese Werte im Rahmen der Entwurfsprüfung nach AD 2000-Merkblatt S 2 Abschnitt 13 zu prüfen. Abweichend von AD 2000-Merkblatt HP 5/1 Abschnitt 2.2 gilt hier eine schweißtechnische Ausführung nach den Bewertungsgruppen C nicht.

In der Schlussprüfung ist die Einhaltung dieser Werte zu bestätigen.

4 Örtliche Wanddickenunterschreitungen

Örtliche Unterschreitungen der Mindestwanddicke s sind ohne rechnerischen Festigkeitsnachweis zulässig unter folgenden Bedingungen:

(1) Die Unterschreitung der Mindestwanddicke s darf höchstens $0{,}05 \cdot s$ oder 5 mm betragen, wobei der kleinere der beiden Werte maßgeblich ist.
(2) Der Bereich der Dickenunterschreitung muss sich mit einem Kreis umschreiben lassen, dessen Durchmesser höchstens s oder 60 mm beträgt, wobei der kleinere der beiden Werte maßgeblich ist.
(3) Der Abstand zwischen zwei Bereichen mit Dickenunterschreitungen und der Abstand von Störstellen, wie z. B. Stutzen, muss mindestens $\sqrt{D \cdot s}$ betragen[2].
(4) Die Summe aller Flächen mit Dickenunterschreitungen darf nicht mehr als 2 % der Gesamtoberfläche betragen.

Darüber hinaus sind örtliche Unterschreitungen der Mindestwanddicke s zulässig, wenn

(1) die Wanddickenunterschreitung keinen größeren Durchmesser hat als ein nach AD 2000-Merkblatt B 9 zulässiger unverstärkter Ausschnitt, höchstens jedoch 200 mm,
(2) die Restwanddicke größer ist als die nach AD 2000-Merkblatt B 5 mit $C = 0{,}35$ ermittelte Plattendicke für den Durchmesser der Wanddickenunterschreitung. Sie soll bei einer Ausdehnung $> 3 \cdot s$ mindestens jedoch größer sein als 60 % der um die Konstruktionszuschläge verminderten ausgeführten Wanddicke.

Die Wanddickenunterschreitungen sind vom Hersteller zu prüfen und im Maßblatt einzutragen.

---

[2] D = Außendurchmesser des Druckbehälters

Anhang 1 zum AD 2000-Merkblatt HP 1

Erläuterungen zu Abschnitt 3

Der Abschnitt 3 behandelt für zylindrische, druckbelastete Bauteile dachförmige, in Längsrichtung verlaufende Formabweichungen („Aufdachungen") und flache Einziehungen, die ebenfalls in Längsrichtung verlaufen. Umlaufende Aufdachungen sind selten und brauchen daher nicht allgemein geregelt zu werden.

1 Feststellung von Aufdachungen und Einziehungen

Aufdachungen und Einziehungen werden im Allgemeinen mittels Schablonen festgestellt. Außer Schablonen haben sich auch Vorrichtungen mit kammartigen Fühlern zur Feststellung der Aufdachungen gut bewährt. Dabei sollte zunächst die Rundheit des Bauteils im ungestörten Bereich gemessen werden.

2 Beanspruchung durch Innendruck

Unter Innendruck erzeugen Aufdachungen verformungsgesteuerte Biegespannungen, die mit der Aufdachungshöhe wachsen und sekundären Charakter haben, da sie bei duktilen Werkstoffen und bei Überlastung nicht unbegrenzt ansteigen können.

Als Kriterien für die Zulässigkeit dieser Formabweichungen werden die üblichen in den AD 2000-Merkblättern enthaltenen Spannungs- und Dehnungsbegrenzungen zugrunde gelegt, hier insbesondere für Einspielen und Begrenzung der plastischen Dehnungen. Das bedeutet, dass für die elastisch gerechneten Biegespannungen bei duktilen Werkstoffen die doppelte Streckgrenze zulässig ist. Korrosion ist bei diesen Überlegungen zunächst nicht berücksichtigt, siehe hierzu Ziffer 4 dieser Erläuterungen.

Die Berechnung der Biegespannungen erfolgt für die Festlegungen in diesem AD 2000-Merkblatt linear-elastisch nach [1]. Damit können auf der sicheren Seite liegende Abschätzungen angegeben werden, ohne dass Detailrechnungen notwendig werden. Sofern im Einzelfall genauere Bewertungen durchgeführt werden sollen, können Berechnungen nach der Theorie 2. Ordnung vorgenommen werden [3–6], d. h. unter Berücksichtigung der sich einstellenden Verformung unter Druckbelastung und damit Verringerung der Biegespannungen.

Im Allgemeinen sind Aufdachungen unterhalb eines Drittels der Wanddicke zulässig, da die mit ihnen verbundenen sekundären Biegespannungen das $3S_m$-Kriterium erfüllen und somit begrenzt bleiben, siehe Bild 1. Die Überprüfung nach AD 2000-Merkblatt S 2 kann als elastisch als doppelte Streckgrenze errechneten Gesamtspannung kann nach Gleichung (31) vorgenommen werden und ergibt beispielsweise 500 zulässige Lastwechsel für StE 500, 2300 zul. Lastwechsel für 13 CrMo 4 4 und 3350 zul. Lastwechsel für H II, wenn sonst keine Besonderheiten vorliegen und Korrosion ausgeschlossen werden kann.

Bei statisch betriebenen Druckbehältern wird aus rechnerischer Sicht eine Aufdachungshöhe bis zur dreifachen Größe ohne besondere Maßnahmen als zulässig erachtet, siehe Bild 2.

Eine Überschreitung der Grenze $\frac{1}{3} \cdot (s_e - c_2)$ ist ohne detaillierte Nachweise in Übereinstimmung mit AD 2000-Merkblatt G 1 Abschnitt 4.2 nicht möglich. Lediglich bei dünnwandigen Behältern darf ohne rechnerischen Nachweis von einem in der Praxis auftretenden Abrundungseffekt Gebrauch gemacht werden. Dieser Abrundungseffekt wurde in Tafel 2 für Wanddicken bis 9 mm eingearbeitet. Bei Wanddicken über 9 mm gilt die Grenze $\frac{1}{3} \cdot (s_e - c_2)$.

Bei großen Behältern gelten zusätzlich die absoluten Begrenzungen von 5 bzw. 10 mm als üblicher Stand der Technik bei der Fertigung dieser Behälter. Die Begrenzungen stehen mit TRD 201 in Einklang.

3 Außendruck

Die unter Außendruck entstehenden Biegespannungen sind im Gegensatz zu den Biegespannungen infolge Innendruck nicht sekundärer Art. Sie werden daher als primäre Biegespannungen bewertet mit $1,5 \cdot K/S$. Zahlenmäßig ergeben sich somit halb so große Werte wie bei Innendruckbelastung.

4 Korrosion

Es muss nachdrücklich darauf hingewiesen werden, dass Rissbildung durch Reaktion von Stählen mit dem Füllmedium, wie in DIN 50922 beschrieben, die Belastbarkeit deutlich herabsetzt. Gefährliche Rissbildungen können außer durch Spannungsrisskorrosion, Schwingungsrisskorrosion, dehnungsinduzierte Risskorrosion auch durch Rissbildung in Druckwasserstoff bei Umgebungstemperatur z. B. in Gegenwart von Aufdachungen bei wiederholter Belastung auftreten. Weiterhin ist zu beachten, dass außer bestimmungsgemäßem Vorhandensein rissfördernder Medien auch eine prozessbedingte Bildung solcher Stoffe die gleichen Auswirkungen hat. Da die Reaktion ferritischer Behälter mit dem Füllmedium insbesondere bei periodischen Druckbelastungen, verbunden mit Spannungserhöhungen infolge Aufdachungen, durch beschleunigtes Risswachstum die Lebensdauer stark verkürzt, ist in diesen Fällen eine sorgfältige Lastwechselbeurteilung erforderlich. Durch Beschleifen der Schweißnähte ferritischer Behälter auf der Medienseite kann der Lebensdauerverkürzung wirksam begegnet werden.

5 Lebensdauer

Der Abschnitt 3.5 verweist komplett auf AD 2000-Merkblatt S 2 und dient damit der Klarstellung.

6 Kriechen

Im Kriechbereich ist die Relation von „nutzbarer" Spannung zur Primärspannung größer als unterhalb des Kriechbereichs, wenn die Sekundärspannungen relaxieren, d. h. teilweise unwirksam werden. Dies trifft bei Aufdachungen zu, da die Biegespannungen bei Innendruck sekundär eingestuft werden.

Bei der Festlegung der zulässigen Grenzwerte nach Abschnitt 3.2 wurde Relaxieren nicht berücksichtigt. Die Grenzwerte nach Abschnitt 3.2 ergeben daher im Kriechbereich auf der sicheren Seite liegende Abschätzungen. Bei besonderen Nachweisen darf hiervon abgewichen werden.

7 Schrifttum

[1] *Schmidt, K.:*
Zur Spannungsberechnung unrunder Rohre unter Innendruck.
Z VDI **98** (1956), S. 121–125.

[2] *Schmidt, K.:*
Beanspruchung unrunder Druckbehälter.
Z VDI **102** (1960), S. 11–15.

[3] *Pich, R.:*
Der Zusammenhang zwischen Unrundheit von Kesseltrommeln und den zugehörigen Biegezusatzspannungen.
Mitt. VGB (1966), H.103, S. 270–279.

[4] *Pich, R.:*
Betrachtungen über die durch den inneren Überdruck in dünnwandigen Hohlzylindern mit unrundem Querschnitt hervorgerufenen Biegespannungen.
Mitt. VGB (1964), S. 408–415.

[5] *Kunz, A.:*
Formelsammlung, Teil II, Unterlagen für die Festigkeitsberechnung von Konstruktionselementen des Behälter-, Apparate- und Rohrleitungsbaues.
VGB, Essen, 2. Aufl., 1976.

[6] *Zeman, Josef L.:*
Aufdachungen an Längsnähten zylindrischer Schüsse.
Techn. Überwachung **34** (1993), S. 292–295.

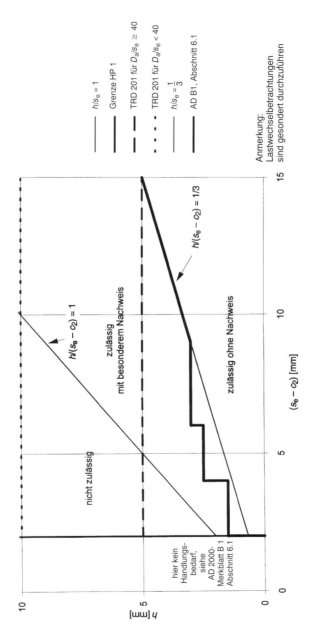

Bild 1. Zulässige Aufdachungen bei Innendruckbelastung

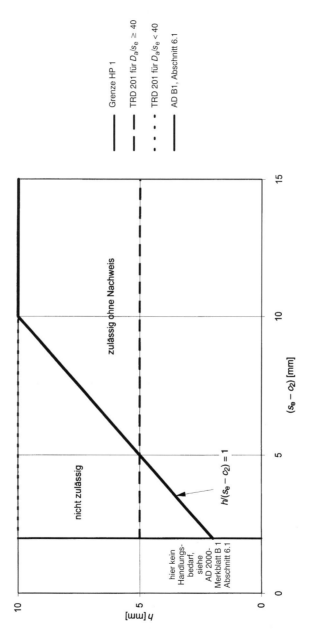

Bild 2. Zulässige Aufdachungen bei ruhender Innendruckbelastung

ICS 23.020.30 Ausgabe Februar 2007

| Herstellung und Prüfung von Druckbehältern | Verfahrensprüfung für Fügeverfahren **Verfahrensprüfung von Schweißverbindungen** | AD 2000-Merkblatt **HP 2/1** |

Die AD 2000-Merkblätter werden von den in der „Arbeitsgemeinschaft Druckbehälter" (AD) zusammenarbeitenden, nachstehend genannten sieben Verbänden aufgestellt. Aufbau und Anwendung des AD 2000-Regelwerkes sowie die Verfahrensrichtlinien regelt das AD 2000-Merkblatt G1.

Die AD 2000-Merkblätter enthalten sicherheitstechnische Anforderungen, die für normale Betriebsverhältnisse zu stellen sind. Sind über das normale Maß hinausgehende Beanspruchungen beim Betrieb der Druckbehälter zu erwarten, so ist diesen durch Erfüllung besonderer Anforderungen Rechnung zu tragen.

Wird von den Forderungen dieses AD 2000-Merkblattes abgewichen, muss nachweisbar sein, dass der sicherheitstechnische Maßstab dieses Regelwerkes auf andere Weise eingehalten ist, z.B. durch Werkstoffprüfungen, Versuche, Spannungsanalyse, Betriebserfahrungen.

- Fachverband Dampfkessel-, Behälter- und Rohrleitungsbau e.V. (FDBR), Düsseldorf
- Hauptverband der gewerblichen Berufsgenossenschaften e.V., Sankt Augustin
- Verband der Chemischen Industrie e.V. (VCI), Frankfurt/Main
- Verband Deutscher Maschinen- und Anlagenbau e.V. (VDMA), Fachgemeinschaft Verfahrenstechnische Maschinen und Apparate, Frankfurt/Main
- Stahlinstitut VDEh, Düsseldorf
- VGB PowerTech e.V., Essen
- Verband der TÜV e.V. (VdTÜV), Berlin

Die AD 2000-Merkblätter werden durch die Verbände laufend dem Fortschritt der Technik angepasst. Anregungen hierzu sind zu richten an den Herausgeber:

Verband der TÜV e.V., Friedrichstraße 136, 10117 Berlin.

Inhalt

0 Präambel
1 Geltungsbereich
2 Qualifikation des Verfahrens
3 Prüfgrundlagen
4 Betriebstemperaturen
5 Erschwerende Bedingungen
6 Verfahrensprüfungen für spezielle Anwendungen
7 Sonderfälle
8 Ergänzung und Wiederholung der Verfahrensprüfung

0 Präambel

Zur Erfüllung der grundlegenden Sicherheitsanforderungen der Druckgeräte-Richtlinie kann das AD 2000-Regelwerk angewandt werden, vornehmlich für die Konformitätsbewertung nach den Modulen „G" und „B + F".

Das AD 2000-Regelwerk folgt einem in sich geschlossenen Auslegungskonzept. Die Anwendung anderer technischer Regeln nach dem Stand der Technik zur Lösung von Teilproblemen setzt die Beachtung des Gesamtkonzeptes voraus.

Bei anderen Modulen der Druckgeräte-Richtlinie oder für andere Rechtsgebiete kann das AD 2000-Regelwerk sinngemäß angewandt werden. Die Prüfzuständigkeit richtet sich nach den Vorgaben des jeweiligen Rechtsgebietes.

1 Geltungsbereich

Dieses AD 2000-Merkblatt regelt die Verfahrensprüfung für Schweißverbindungen als Voraussetzung für die Herstellung geschweißter Druckbehälter oder Druckbehälterteile.

2 Qualifikation des Verfahrens

2.1 Hersteller von geschweißten Druckbehältern oder Druckbehälterteilen haben der zuständigen unabhängigen Stelle in einer dem Herstellungsverfahren angepassten Verfahrensprüfung nachzuweisen, dass sie die angewendeten Schweißverfahren beherrschen. Ergänzungsprüfungen sind notwendig, wenn Werkstoffe, Abmessungen oder Schweißverfahren über den Geltungsbereich der Verfahrensprüfung hinaus geändert werden.

2.2 Die Prüfungen werden unter Aufsicht der zuständigen unabhängigen Stelle durchgeführt. Die zuständige unabhängige Stelle überzeugt sich vom sachgemäßen Durchführen der Verfahrensprüfung und begutachtet die Prüfergebnisse. Die Ergebnisse der Verfahrensprüfung sollen vor Fertigungsbeginn vorliegen.

3 Prüfgrundlagen

3.1 Allgemeine Festlegungen

Die Feststellung der Eignung des Schweißverfahrens erfolgt nach DIN EN ISO 15607 Abschnitt 6.2 durch Verfahrensprüfungen.

Ersatz für Ausgabe Mai 2004; vollständig überarbeitet

Die AD 2000-Merkblätter sind urheberrechtlich geschützt. Die Nutzungsrechte, insbesondere die der Übersetzung, des Nachdrucks, der Entnahme von Abbildungen, die Wiedergabe auf fotomechanischem Wege und die Speicherung in Datenverarbeitungsanlagen, bleiben, auch bei auszugsweiser Verwertung, dem Urheber vorbehalten.

Für Verfahrensprüfungen gelten:
- DIN EN ISO 15614 Teil 1: Stahl/Nickel
- DIN EN ISO 15614 Teil 2: Aluminium
- DIN EN ISO 15614 Teil 5: Titan/Zirkonium
- DIN EN ISO 15614 Teil 8: Einschweißen von Rohren in Rohrböden
- DIN EN ISO 15614 Teil 11: Elektronenstrahl- / Laserstrahlschweißen
- DIN EN ISO 15614 Teil 12: Punkt- / Rollnaht- / Buckelschweißen

Die Einteilungen der Werkstoffuntergruppen erfolgt nach DIN V 1738:2000-07 (CR ISO 15608:2000).

Für Werkstoffe, die besonderen Korrosionsbedingungen unterliegen (z. B. bei Gefahr von Spannungsrisskorrosion), ist die Verfahrensprüfung darauf abzustimmen.

Sieht die Berechnung für die Kehlnaht einen Mindesteinbrand vor, so ist dieser in einer Verfahrensprüfung nachzuweisen. Diese Prüfung deckt alle Nähte mit einem geforderten geringeren Einbrand ab.

3.1.1 Schweißzusätze

Schweißzusätze schließen andere Schweißzusätze mit vergleichbaren mechanischen Eigenschaften und gleicher nominaler Zusammensetzung ein, wenn für den verwendeten typgleichen Schweißzusatz eine Eignungsfeststellung nach AD 2000-Merkblatt W 0 Abschnitt 4.3 vorliegt, die den Geltungsbereich der Verfahrensprüfung erfasst.

3.1.2 Wärmebehandlung

Die Verfahrensprüfung gilt für den bei der Prüfung vorliegenden Wärmebehandlungszustand. Die Wärmebehandlung des Prüfstückes ist nach den Normen der Reihe DIN EN ISO 15614 so durchzuführen, dass ein geeigneter Wärmebehandlungszustand wie am Bauteil erreicht wird.

3.1.3 Prüfanforderungen für zerstörungsfreie Prüfungen

Die Durchführung und Bewertung der zerstörungsfreien Prüfungen erfolgt nach AD 2000-Merkblatt HP 5/3.

3.2 Ergänzende Festlegungen

3.2.1 Ergänzungen für Verfahrensprüfungen an Stahl, Nickel und Nickellegierungen

3.2.1.1 Prüfumfang

Abweichend von DIN EN ISO 15614-1 Abschnitt 7.1 und Tabelle 1 sind folgende Proben zusätzlich den Prüfstücken zu entnehmen:

(1) Längszugprobe nach DIN EN 876 mit einem Mindestdurchmesser von 6 mm an Testplatten ≥ 20 mm Dicke für Stumpfnähte. Die Probe muss dabei den Mindestanforderungen des Grundwerkstoffes genügen[1]).

(2) Sofern Kerbschlagproben nach DIN EN 10045-1 bei Wanddicken über 5 mm bis 12 mm entnommen werden können, sind diese je Schweißposition (siehe DIN EN ISO 6947) bei allen Werkstoffgruppen immer aus der Mitte des Schweißgutes zu entnehmen und bei den Werkstoffgruppen 2, 3, 4, 5, 6, 7, 9, 10 auch aus dem Schweißnahtübergang (WEZ).

(3) Mikroschliff an Werkstoffen der Werkstoff(unter)gruppen 8.2, 10, 41 bis 48. Die Gefügeausbildung ist zu beschreiben und durch Bilder zu belegen.

3.2.1.2 Prüfanforderungen für zerstörende Prüfungen

Für die zerstörenden Prüfungen gilt DIN EN ISO 15614-1 in Verbindung mit Tafel 1.

3.2.1.3 Abweichender Geltungsbereich

3.2.1.3.1 Bezogen auf die Werkstoffdicke

Abweichend von der DIN EN ISO 15614-1 Tabelle 5 ist beim einlagigen Schweißen, beim Lage/Gegenlage-Schweißen und bei Verfahren ohne Schweißzusatzwerkstoffe die obere Begrenzung das 1,1-fache der bei der Verfahrensprüfung geprüften Werkstoffdicke.

3.2.1.3.2 Bezogen auf die Schweißpositionen

Es müssen die bei der Fertigung vorkommenden Schweißpositionen in der Verfahrensprüfung nachgewiesen werden.

3.2.2 Ergänzungen für Verfahrensprüfungen an Aluminium und Aluminiumlegierungen

3.2.2.1 Prüfumfang

Abweichend von DIN EN ISO 15614-2 Abschnitt 7.1 und Tabelle 1 sowie Abschnitt 7.2 und Bilder 5 und 6 sind den Prüfstücken folgende Proben zusätzlich zu entnehmen:

(1) Kerbschlagproben nach DIN EN 10045-1 aus der Mitte des Schweißgutes bei Wanddicken über 5 mm bei den Werkstoffuntergruppen 22.3 und 22.4. Wenn eine Verfahrensprüfung objektbezogen für nicht stoßartig beanspruchte Druckbehälter durchgeführt wird, kann der Kerbschlagbiegeversuch entfallen.

(2) Mikroschliff bei den Werkstoffgruppen 22 bis 26. Die Gefügeausbildung ist zu beschreiben und durch Bilder zu belegen.

(3) Schweißgutanalyse bei allen Werkstoffgruppen. Sie kann entfallen, wenn die Analyse des Schweißzusatzes vorliegt.

3.2.2.2 Prüfanforderungen für zerstörende Prüfungen

Für die zerstörenden Prüfungen gilt DIN EN ISO 15614-2 und zusätzlich Tafel 2. Wird bei Aluminiumlegierungen der Werkstoffuntergruppen 22.2, 22.3 und 22.4 bei Dicken über 20 mm im Zugversuch quer zur Schweißnaht der Mindestwert der Zugfestigkeit mit dem Grundwerkstoff nicht erreicht, ist zusätzlich ein Zugversuch an einer Schweißgutprobe mit 10 mm Durchmesser und $L_0 = 5\,d$ durchzuführen, wobei 0,2 %-Dehngrenze, Zugfestigkeit und Bruchdehnung zu ermitteln sind.

3.2.2.3 Abweichender Geltungsbereich

3.2.2.3.1 Bezogen auf die Werkstoffgruppen

(1) Abweichend von DIN EN ISO 15614-2 Tabelle 4 schließt eine Verfahrensprüfung an Werkstoffuntergruppen der Werkstoffgruppe 22 nur die jeweils niedriger legierten Werkstoffuntergruppen ein.

(2) Verfahrensprüfungen an Werkstoffen der Werkstoffgruppe 23 gelten nur für den verschweißten Werkstoff.

3.2.2.3.2 Bezogen auf die Schweißpositionen

Es müssen die bei der Fertigung vorkommenden Schweißpositionen in der Verfahrensprüfung nachgewiesen werden.

---

[1]) Die Längszugprobe kann entfallen, wenn für den Schweißzusatz eine Eignungsfeststellung entsprechend AD 2000-Merkblatt W 0 Abschnitt 4.3 vorliegt.

3.2.3 Ergänzungen für Verfahrensprüfungen an Titan, Zirkonium und ihren Legierungen

3.2.3.1 Prüfumfang

Abweichend von DIN EN ISO 15614-5 Abschnitt 7.1 und Tabelle 1 sind folgende Proben zusätzlich den Prüfstücken zu entnehmen:

(1) Längszugprobe nach DIN EN 876 mit einem Mindestdurchmesser von 6 mm an Testplatten ≥ 20 mm Dicke für Stumpfnähte. Die Probe muss dabei den Mindestanforderungen des Grundwerkstoffes genügen[1].
(2) Bei Werkstoffen der Werkstoffgruppen 51 bis 54 sowie 61 und 62 mit Wanddicken über 5 mm Kerbschlagbiegeproben; Kerbform entsprechend der Festlegung für den Grundwerkstoff, Probenlage und Kerbrichtung VWT nach DIN EN 875
(3) Härteprüfung HV 5 am Makroschliff
(4) Mikroschliff quer zur Schweißnaht. Die Gefügeausbildung ist zu beschreiben und durch Bilder zu belegen.

3.2.3.2 Prüfanforderungen für zerstörende Prüfungen

Für die zerstörenden Prüfungen gilt DIN EN ISO 15614-5. Zusätzlich gilt:
(1) Die Kerbschlagarbeit soll der Mindestanforderung für den Grundwerkstoff entsprechen.
(2) Die bei der Härteprüfung ermittelte Aufhärtung in der Schweißverbindung darf nicht mehr als 50 Härteeinheiten über dem unbeeinflussten Grundwerkstoff liegen.

3.2.3.3 Abweichender Geltungsbereich

3.2.3.3.1 Bezogen auf die Werkstoffdicke

Abweichend zu den Regelungen in Kapitel 8.3.2 der DIN EN ISO 15614-5 ist beim einlagigen Schweißen, beim Lage/Gegenlage-Schweißen und bei Verfahren ohne Schweißzusatzwerkstoff die obere Begrenzung das 1,1-fache der bei der Verfahrensprüfung verwendeten Werkstoffdicke.

3.2.3.3.2 Bezogen auf die Schweißpositionen

Es müssen die in der Fertigung vorkommenden Schweißpositionen in der Verfahrensprüfung nachgewiesen werden.

3.2.4 Einschweißen von Rohren in Rohrböden

3.2.4.1 Prüfumfang und Anforderungen

Für Festigkeitsschweißungen von Rohr-Rohrbodenverbindungen ist an zwei Rohreinschweißungen ein Rohrausdrück- oder -ausziehversuch durchzuführen. Die Mindestfestigkeit des Rohrwerkstoffes ist zu erreichen.

Die Schliffbeurteilung und die Bewertung der Härteprüfungen erfolgen nach Tafel 1 bzw. nach den Regelungen des Abschnittes 3.2.3 dieses AD 2000-Merkblattes für Werkstoffe der Werkstoffgruppen 51 bis 54, 61 und 62.

3.2.5 Elektronen- und Laserstrahlschweißen

3.2.5.1 Prüfumfang und Anforderungen

Für Verfahrensprüfungen beim Elektronen- und Laserstrahlschweißen ist die Bewertungsgruppe B nach DIN EN ISO 13919 Teile 1 und 2 zugrunde zu legen.
Härteprüfungen sind bei Werkstoffen der Werkstoffgruppen 1 bis 7, 9 bis 11 sowie 51 bis 54, 61 und 62 erforderlich. Vorzugsweise ist die Härte HV1 zu bestimmen. Die Bewertung der Härteprüfung erfolgt nach Tafel 1 bzw. nach den Regelungen des Abschnittes 3.2.3 für Werkstoffe der Werkstoffgruppen 51 bis 54, 61 und 62.

Die Schliffbeurteilung für Werkstoffe der Werkstoffgruppen 8 und 41 bis 48 erfolgt nach Tafel 1.
Bei Werkstoffen der Werkstoff(unter)gruppen 1 bis 7, 9 bis 11, 22.1, 22.2, 41 bis 48, 51 bis 54 sowie 61 und 62 mit Wanddicken über 5 mm ist eine Kerbschlagbiegeprüfung erforderlich. Die Kerbform entspricht der Festlegung für den Grundwerkstoff, Probenlage und Kerbrichtung VWT nach DIN EN 875. Anforderungen entsprechend den Tafeln 1 oder 2 bzw. Abschnitt 3.2.3.2 dieses AD 2000-Merkblattes.
Es sind Querbiegeprüfungen nach DIN EN 910 durchzuführen. Anforderungen und Bewertung sind den Tafeln 1 und 2 zu entnehmen.

3.2.5.2 Abweichender Geltungsbereich

(1) bezogen auf die Verbindungsgeometrie:
Es gilt die in der Verfahrensprüfung nachgewiesene maximale Spaltbreite der Schweißfuge, entsprechend den Toleranzangaben der pWPS.
(2) bezogen auf den Grundwerkstoff:
Es gelten die Festlegungen in der DIN EN ISO 15614 Teile 1, 2 und 5.
(3) bezogen auf den Schweißzusatz:
Das Schweißen ohne und mit Schweißzusatz ist getrennt nachzuweisen.

3.2.6 Widerstandspunkt-, Rollennaht- und Buckelschweißen

Es dürfen folgende Schweißprozesse angewendet werden:
211   Einseitiges Widerstandspunktschweißen;
212   Zweiseitiges Widerstandspunktschweißen;
221   Überlapp-Rollennahtschweißen;
231   Einseitiges Buckelschweißen;
232   Beidseitiges Buckelschweißen.

Die Prüfbedingungen für andere Schweißprozesse sind mit der zuständigen unabhängigen Stelle zu vereinbaren.

3.2.6.1 Prüfumfang und Anforderungen

Der Prüfumfang ist in Tafel 3 festgelegt:
Ergänzend zu DIN EN ISO 15614-12 Abschnitt 8.3 gilt die Überprüfung an einem Werkstoff der jeweilige Werkstoffuntergruppe nach CR ISO 15608.
Bei unterschiedlichen Werkstoffdicken sind jeweils die Kombinationen mit den dünnsten und dicksten Werkstoffen zu überprüfen. Die Zwischendicken gelten als qualifiziert im Sinne dieser Norm.

4 Betriebstemperaturen

4.1 Verfahrensprüfungen gelten von $-10\,°C$ bis zur oberen für den Grundwerkstoff oder den Schweißzusatz gültigen Anwendungstemperatur.

4.2 Bei Betriebstemperaturen unter $-10\,°C$ gilt die Verfahrensprüfung im Beanspruchungsfall I bis zur tiefsten Prüftemperatur, bei der Erfüllung der Anforderungen an die Kerbschlagarbeit erfolgte, jedoch nicht tiefer als die tiefste zulässige Anwendungstemperatur von Grundwerkstoff oder Schweißzusatz. Sofern die Verfahrensprüfung bei der tiefsten Anwendungstemperatur nach AD 2000-Merkblatt W 10 Tafel 1 Spalte 4 durchgeführt wurde, gilt sie auch für die tiefsten Temperaturen der Beanspruchungsfälle II und III.

4.3 Wird bei einer höheren Temperatur als nach AD 2000-Merkblatt W 10 Tafel 1 Spalte 4 geprüft, gelten für die Inanspruchnahme der Verfahrensprüfung für die Beanspruchungsfälle II und III die gleichen Temperaturdifferenzen wie für die Grundwerkstoffe.

5 Erschwerende Bedingungen

Erschwerende Bedingungen müssen beachtet werden. Solche liegen vor bei beengten Platzverhältnissen und Schweißen in Zwangslage und gegebenenfalls auf Baustellen. Die Verfahrensprüfungen sind diesen Bedingungen anzupassen.

6 Verfahrensprüfungen für spezielle Anwendungen

Die Durchführung von Verfahrensprüfungen für spezielle Anwendungen erfolgt in Abstimmung mit der zuständigen unabhängigen Stelle.

7 Sonderfälle

Wenn für Sonderfälle, z. B. Sickennähte, Schweißen plattierter Stähle, Bestiftungen sowie für schwierige Ausbesserungen im Zuge der Fertigung an schweißempfindlichen Stählen auf diese Fälle abgestimmte Verfahrensprüfungen erforderlich sind, ist der Geltungsbereich mit der zuständigen unabhängigen Stelle abzustimmen.

8 Ergänzung und Wiederholung der Verfahrensprüfung

8.1 Bei wesentlichen Änderungen der festgelegten Bedingungen ist eine Ergänzungsprüfung erforderlich. Die Ergänzungsprüfung kann als Arbeitsprüfung durchgeführt werden.

8.2 Wird die Fertigung von Druckbehältern oder Druckbehälterteilen länger als ein Jahr unterbrochen, so sind die für die neue Fertigung erforderlichen Verfahrensprüfungen durchzuführen.

Tafel 1. Prüfanforderungen für Schweißverbindungen an Stählen, Nickel und Nickellegierungen

Art der Prüfung	Anforderungen		
Querzugversuch nach DIN EN 895	Zugfestigkeit wie für den Grundwerkstoff oder wie in der Eignungsfeststellung für den Schweißzusatz festgelegt		
Längszugversuch nach DIN EN 876 an einer Schweißgutprobe[1]	Streckgrenze oder 0,2 %-Dehngrenze, Zugfestigkeit und Bruchdehnung wie für den Grundwerkstoff oder wie in der Eignungsfeststellung für den Schweißzusatz festgelegt		
Kerbschlagbiegeversuch[2] nach DIN EN 10045-1 aus der Mitte der Schweißnaht (Probenlage und Kerbrichtung VWT nach DIN EN 875)	Bei Betriebstemperaturen von -10 °C und höher	Wie für den Grundwerkstoff in Querrichtung festgelegt, jedoch mindestens 27 J[3]. Bei Verwendung ferritisch-austenitischer, austenitischer und nickelbasisiligierter Schweißzusätze $\geq$ 40 J[3]. Die Prüfung erfolgt bei tiefster Betriebstemperatur, jedoch nicht tiefer als die Prüftemperatur bei der Prüfung des Grundwerkstoffes und nicht höher als 20 °C.	
	Bei Betriebstemperaturen tiefer als -10 °C	Wie für den Grundwerkstoff in Querrichtung festgelegt. Bei Verwendung ferritischer Schweißzusätze $\geq$ 27 J[3], bei Verwendung ferritisch-austenitischer, austenitischer und nickel-basisiligierter Schweißzusätze $\geq$ 32 J[3]. Die Prüfung erfolgt bei tiefster Betriebstemperatur. Die Festlegungen in Abschnitt 4.2 und 4.3 sind zu beachten.	
Kerbschlagbiegeversuch[2] nach DIN EN 10045-1 im Bereich des Schweißnahtübergangs (Probenlage und Kerbrichtung VHT nach DIN EN 875)	Bei Betriebstemperaturen von -10 °C und höher	$\geq$ 27 J[3)4] bei tiefster Betriebstemperatur, jedoch nicht tiefer als die Prüftemperatur bei der Prüfung des Grundwerkstoffes und nicht höher als 20 °C.	
	Bei Betriebstemperaturen tiefer als -10 °C	$\geq$ 27 J[3)4] bei tiefster Betriebstemperatur. Die Festlegungen in Abschnitt 4.2 und 4.3 sind zu beachten.	
Biegeprüfung nach DIN EN 910	Biegewinkel Grad	Werkstoff	Biegedorn-durchmesser
	180[6]	Werkstoffgruppen[5] 1 bis 7, 9, 11 mit einer Mindestzugfestigkeit $<$ 430 MPa Mindestzugfestigkeit $\geq$ 430 bis $<$ 460 MPa Mindestzugfestigkeit $\geq$ 460 MPa	$2 \cdot a$ $2,5 \cdot a$ $3 \cdot a$
	180[6]	Werkstoffgruppen 8, 10, 41–48 warmfeste Stähle der Werkstoffgruppe 8	$2 \cdot a$ $3 \cdot a$
	Werden 180 Grad Biegewinkel nicht erreicht, gilt:		
	$\geq$ 90 $<$ 90	Dehnung (L_0 = Schweißnahtbreite + Wanddicke, symmetrisch zur Naht) $\geq$ Mindestbruchdehnung A des Grundwerkstoffes Dehnung über Schweißnahtbreite $>$ 30 %[7]) sowie fehlerfreies Bruchaussehen	
Schliffbeurteilung	Bei Mikroschliffen ist eine Untersuchung auf Risse durchzuführen. Dabei sind nur Heißrisse zulässig, und solche nur dann, wenn sie nach Anzahl und Lage nur als vereinzelte Heißrisse festgestellt werden und Einvernehmen mit der zuständigen unabhängigen Stelle über deren Zulässigkeit im Hinblick auf Werkstoff und Anwendungsbereich vorliegt.		
Härteprüfung nach DIN EN 1043-1	Grundsätzlich gelten die Grenzwerte der Tabelle 2 der DIN EN ISO 15614-1. Jedoch sind Werte über 350 HV 10 in schmalen Übergangszonen nur dann nicht zu beanstanden, wenn sie örtlich begrenzt sind. Bei Werkstoffen der Werkstoffuntergruppe 3.2 sind die Grenzwerte mit der zuständigen unabhängigen Stelle zu vereinbaren.		

[1] Die Längszugprobe kann entfallen, wenn für den Schweißzusatz eine Eignungsfeststellung entsprechend AD 2000-Merkblatt W 0 Abschnitt 4.3 vorliegt.
[2] Bei Proben, die nicht der genormten Breite von 10 mm entsprechen, verringern sich die Anforderungen an die Kerbschlagarbeit proportional dem Probenquerschnitt.
[3] Der Mindestmittelwert darf nur von einem Einzelwert, und zwar höchstens um 30 %, unterschritten werden.
[4] Bei Schweißverbindungen an X20CrMoV11-1 darf dieser Wert um 10 % unterschritten werden.
[5] Für die Zugfestigkeit ist der kleinste Dickenbereich maßgebend.
[6] 180 Grad gelten als erfüllt, wenn die Biegeprobe nach DIN EN 910 geprüft und ohne Anriss durch das Auflager gedrückt wurde.
[7] Bei nicht artgleich geschweißten Stählen, z. B. X8Ni9, können abweichende Werte mit der zuständigen unabhängigen Stelle vereinbart werden.

Tafel 2. Prüfanforderungen für Schweißverbindungen an Aluminium und Aluminiumlegierungen

Art der Prüfung	Anforderungen			
Querzugversuch nach DIN EN 895	Zugfestigkeit wie für den Grundstoff oder wie in der Eignungsfeststellung für den Schweißzusatz festgelegt			
Zugversuch nach DIN EN 876 an einer Schweißgutprobe	0,2 %-Dehngrenze, Zugfestigkeit und Bruchdehnung wie für den Grundwerkstoff oder wie in der Eignungsfeststellung für den Schweißzusatz festgelegt			
Kerbschlagbiegeversuch[1] nach DIN EN 10045-1 aus der Mitte der Schweißnaht (Probenlage und Kerbrichtung VWT nach DIN EN 875; Mittelwert aus Proben)	Bei Raumtemperatur	$\geq$ 16 J, kein Einzelwert unter 12 J		
	Bei Betriebstemperaturen tiefer als $-50\ °C$	$\geq$ 14 J, kein Einzelwert unter 12 J		
Biegeprüfung nach DIN EN 910 bei $t \leq 15$ mm Querbiegeproben Ober-/Wurzelseitig bei $t > 15$ mm Seitenbiegeproben	Biegewinkel Grad	Werkstoff und Werkstoffzustand		Biegedorn-durchmesser
	180	EN AW – Al99,98 EN AW – Al99,8 EN AW – Al99,7 EN AW – Al99,5 EN AW – AlMn1		$2 \cdot a$
	180	EN AW – AlMn1Cu EN AW – AlMg3 EN AW – AlMg2Mn0,8 EN AW – AlMg4,5Mn0,7		$4 \cdot a$
	Werden 180 Grad Biegewinkel nicht erreicht, gilt:			
	$\geq$ 90	Dehnung (L_0 = Schweißnahtbreite + Wanddicke, symmetrisch zur Naht) $\geq$ Mindestbruchdehnung A des Grundwerkstoffes		
	oder < 90	Dehnung über Schweißnahtbreite > 20 % sowie fehlerfreies Bruchaussehen		
Schliffbeurteilung	Die Schweißverbindung muss im Makroschliff einen einwandfreien Nahtaufbau und eine einwandfreie Durchschweißung erkennen lassen. Bei Mikroschliffen ist eine Untersuchung auf Risse durchzuführen. Risse sind nicht zulässig.			

[1] Nur für Aluminiumlegierungen der Werkstoffgruppe Al 2 nach AD 2000-Merkblatt HP 0 Tafel 2a. Wenn eine Verfahrensprüfung objektbezogen für nicht stoßartig beanspruchte Druckbehälter durchgeführt wird, kann der Kerbschlagbiegeversuch entfallen.

Tafel 3. Prüfumfang und Anforderungen für das Punkt-, Rollnaht- und Buckelschweißen

Prüfstück/Probe	Prüfart	Probenanzahl	Anforderungen
Einzelpunkt-, Zweipunkt-, Vielpunkt- oder Buckelschweißprobe	Sichtprüfung	alle	
	Oberflächenrissprüfung	100 %	lineare Anzeigen unzulässig
	Scherzugprüfung oder Kopfzugprüfung[a]	11	
	Makroschliff[b]	2	
	Härteprüfung	2	Tafel 1
Überlapp-Rollennahtprobe (Prüfstück) Länge min. 350 mm	Sichtprüfung	alle	
	Schälprüfung	11	
	Scherzugprüfung[c]	4	
	Berstdruckprüfung[d]	3	
	Makroschliff[e]	3	
	Härteprüfung	2	Tafel 1

[a] Ersatzprüfung für die Scherzugprüfung bei überwiegend Kopfzugbelastung.
[b] Die beiden Schliffe sind um 90° versetzt und senkrecht zur Blechebene zu legen, bei Längsbuckeln in die beiden Hauptachsen.
[c] Ersatzprüfung für Schälprüfung, wenn überwiegend Scherzugbeanspruchung vorliegt.
[d] Nur, wenn Dichtheit verlangt wird (Kissenprobe).
[e] 1 Querschliff und 1 Längsschliff.

ICS 23.020.30		Ausgabe Februar 2007
Herstellung und Prüfung von Druckbehältern	Schweißaufsicht, Schweißer	AD 2000-Merkblatt **HP 3**

Die AD 2000-Merkblätter werden von den in der „Arbeitsgemeinschaft Druckbehälter" (AD) zusammenarbeitenden, nachstehend genannten sieben Verbänden aufgestellt. Aufbau und Anwendung des AD 2000-Regelwerkes sowie die Verfahrensrichtlinien regelt das AD 2000-Merkblatt G1.

Die AD 2000-Merkblätter enthalten sicherheitstechnische Anforderungen, die für normale Betriebsverhältnisse zu stellen sind. Sind über das normale Maß hinausgehende Beanspruchungen beim Betrieb der Druckbehälter zu erwarten, so ist diesen durch Erfüllung besonderer Anforderungen Rechnung zu tragen.

Wird von den Forderungen dieses AD 2000-Merkblattes abgewichen, muss nachweisbar sein, dass der sicherheitstechnische Maßstab dieses Regelwerkes auf andere Weise eingehalten ist, z.B. durch Werkstoffprüfungen, Versuche, Spannungsanalyse, Betriebserfahrungen.

Fachverband Dampfkessel-, Behälter- und Rohrleitungsbau e.V. (FDBR), Düsseldorf
Hauptverband der gewerblichen Berufsgenossenschaften e.V., Sankt Augustin
Verband der Chemischen Industrie e.V. (VCI), Frankfurt/Main
Verband Deutscher Maschinen- und Anlagenbau e.V. (VDMA), Fachgemeinschaft Verfahrenstechnische Maschinen und Apparate, Frankfurt/Main
Stahlinstitut VDEh, Düsseldorf
VGB PowerTech e.V., Essen
Verband der TÜV e.V. (VdTÜV), Berlin

Die AD 2000-Merkblätter werden durch die Verbände laufend dem Fortschritt der Technik angepasst. Anregungen hierzu sind zu richten an den Herausgeber:

Verband der TÜV e.V., Friedrichstraße 136, 10117 Berlin.

Inhalt

0 Präambel
1 Geltungsbereich
2 Schweißaufsicht
3 Schweißer

0 Präambel

Zur Erfüllung der grundlegenden Sicherheitsanforderungen der Druckgeräte-Richtlinie kann das AD 2000-Regelwerk angewandt werden, vornehmlich für die Konformitätsbewertung nach den Modulen „G" und „B + F".

Das AD 2000-Regelwerk folgt einem in sich geschlossenen Auslegungskonzept. Die Anwendung anderer technischer Regeln nach dem Stand der Technik zur Lösung von Teilproblemen setzt die Beachtung des Gesamtkonzeptes voraus.

Bei anderen Modulen der Druckgeräte-Richtlinie oder für andere Rechtsgebiete kann das AD 2000-Regelwerk sinngemäß angewandt werden. Die Prüfzuständigkeit richtet sich nach den Vorgaben des jeweiligen Rechtsgebietes.

1 Geltungsbereich

Dieses AD 2000-Merkblatt regelt die Anforderungen an die Schweißaufsicht sowie an die Prüfung der Schweißer als Voraussetzung für die Herstellung geschweißter Druckbehälter oder Druckbehälterteile.

2 Schweißaufsicht

2.1 Allgemeine Voraussetzungen

2.1.1 Die Schweißaufsicht muss dem jeweiligen Herstellerwerk angehören. Sie wird der zuständigen unabhängigen Stelle vom Hersteller benannt.

2.1.2 Die Schweißaufsicht muss für das in Frage kommende Aufgabengebiet in fachlicher und persönlicher Hinsicht die erforderlichen Voraussetzungen besitzen. Sie muss vor allem praktische Erfahrungen auf dem Gebiet der Schweißtechnik haben, das für die Fertigung der Behälter im betreffenden Betrieb angewandt wird.

2.1.3 Die Aufgaben und die Verantwortung der Schweißaufsicht ergeben sich aus DIN EN ISO 14731. Die Schweißaufsicht hat dafür zu sorgen, dass die in Betracht kommenden Regelungen der AD 2000-Merkblätter der Reihe HP eingehalten werden.

2.1.4 Werden in einem Betrieb mehrere Personen als verantwortliche Schweißaufsicht benannt, sind die Zuständigkeitsbereiche der einzelnen Personen klar abzugrenzen.

Ersatz für Ausgabe Oktober 2004; | = Änderungen gegenüber der vorangehenden Ausgabe

Die AD 2000-Merkblätter sind urheberrechtlich geschützt. Die Nutzungsrechte, insbesondere die der Übersetzung, des Nachdrucks, der Entnahme von Abbildungen, die Wiedergabe auf fotomechanischem Wege und die Speicherung in Datenverarbeitungsanlagen, bleiben, auch bei auszugsweiser Verwertung, dem Urheber vorbehalten.

2.2 Personenkreis

Für die Schweißaufsicht kommen Personen in Frage, die aufgrund ihrer Ausbildung, Erfahrung und Fähigkeiten nach entsprechender Einarbeitung für die Aufgabe als geeignet angesehen werden. Hinsichtlich der Qualifikation ist folgender Personenkreis zu unterscheiden:

2.2.1 Schweißaufsichten (Schweißfachingenieure) mit umfassenden technischen Kenntnissen gemäß DIN EN ISO 14731 Abschnitt 6.2 a können ohne Einschränkung des Aufgabenbereichs eingesetzt werden.

2.2.2 Schweißaufsichten (Schweißtechniker) mit speziellen technischen Kenntnissen gemäß DIN EN ISO 14731 Abschnitt 6.2 b können unter Einschränkungen auf bestimmte Werkstoffe als Schweißaufsicht eingesetzt werden.

2.2.3 Schweißaufsichten (Schweißfachmann) mit technischen Basis-Kenntnissen gemäß DIN EN ISO 14731 Abschnitt 6.2 c können für Bauteile aus einfachen und ohne Wärmebehandlung zu verarbeitenden Werkstoffen die Schweißaufsicht ausüben.

2.2.4 Andere als Schweißaufsicht geeignete Personen, die über entsprechende Qualifikationsnachweise nicht verfügen, können für die besonderen Arbeitsbereiche, für die sie sich die notwendigen Erfahrungen angeeignet haben, sinngemäß wie der in den Abschnitten 2.2.1 bis 2.2.3 genannte Personenkreis eingesetzt werden.

3 Schweißer

3.1 Prüfgrundlage

3.1.1 Die Prüfung der Schweißer erfolgt bei Stahl nach DIN EN 287-1, bei Aluminium und Aluminiumlegierungen nach DIN EN ISO 9606-2. Bei Kupfer sowie dessen Legierungen gilt die DIN EN ISO 9606-3, bei Nickel sowie dessen Legierungen gilt die DIN EN ISO 9606-4, und für Titan, Zirkonium sowie deren Legierungen erfolgt die Prüfung nach DIN EN ISO 9606-5. Andere Werkstoffe sind entsprechend ihren Eigenschaften den vorgenannten Normen sinngemäß zuzuordnen.

Eine fachkundliche Prüfung der Schweißer gemäß dem jeweiligen Anhang der Normen ist erforderlich.

Das Bedienpersonal mechanisierter Schweißanlagen wird auf der Grundlage einer Schweißverfahrensprüfung, einer schweißtechnischen Prüfung vor Fertigungsbeginn oder einer Fertigungsprüfung gemäß DIN EN 1418 zugelassen.

3.1.2 Sonstige Prüfbedingungen

Der in der DIN EN 287-1 Abschnitt 5.5.2 genannte Geltungsbereich für den Grundwerkstoff kann mit folgenden Ausnahmen angewendet werden:
(1) Eine Prüfung an Werkstoffen der Gruppe 7 schließt nicht die Gruppen 4, 5, 6 und 9.1 ein.
(2) Eine Prüfung an Werkstoffen der Gruppe 8 und 10 schließt die Gruppen 9.2 und 9.3 nur dann ein, wenn diese mit Schweißzusätzen der Gruppe 8 oder 10 geschweißt werden.

3.2 Ausbildung

Die Schweißer müssen durch Stellen ausgebildet werden, die sich planmäßig mit der Ausbildung von Schweißern befassen und die alle Voraussetzungen für eine den Prüfanforderungen entsprechende Schulung der Schweißer erfüllen.

3.3 Erstmalige Schweißerprüfung

Die Prüfung wird durchgeführt von
– der zuständigen unabhängigen Stelle.

Im Einvernehmen mit der zuständigen unabhängigen Stelle kann die Prüfung durch die Schweißaufsicht des Herstellerwerkes nach Abschnitt 2.2.1 für Schweißer, die dem Herstellerwerk angehören, durchgeführt werden. Die Zulassung erfolgt durch die zuständige unabhängige Stelle.

Die Voraussetzung für die Durchführung von Prüfungen durch den Hersteller ist, dass eine Ausbildung nach Abschnitt 3.2 stattgefunden hat und zur Prüfung befähigtes Personal und geeignete Einrichtungen zur Verfügung stehen.

Die Ergebnisse der Prüfungen sind schriftlich festzuhalten und zur Verfügung zu halten.

3.4 Verlängerung der Schweißerprüfung

Zusätzlich zu den Anforderungen der jeweiligen Prüfnormen sind zur Verlängerung von Schweißerprüfungen in den Verfahren 131, 135, 311 und 136 (nur Metallpulver-Fülldrahtelektroden) Ergebnisse von Bruchprüfungen vorzulegen.

3.5 Prüfbescheinigungen

Die Prüfbescheinigungen sind am Einsatzort des Schweißers zur Verfügung zu halten.

ICS 23.020.30

Ausgabe April 2002

| Herstellung und Prüfung von Druckbehältern | Prüfaufsicht und Prüfer für zerstörungsfreie Prüfungen | AD 2000-Merkblatt HP 4 |

Die AD 2000-Merkblätter werden von den in der „Arbeitsgemeinschaft Druckbehälter" (AD) zusammenarbeitenden, nachstehend genannten sieben Verbänden aufgestellt. Aufbau und Anwendung des AD 2000-Regelwerkes sowie die Verfahrensrichtlinien regelt das AD 2000-Merkblatt G1.

Die AD 2000-Merkblätter enthalten sicherheitstechnische Anforderungen, die für normale Betriebsverhältnisse zu stellen sind. Sind über das normale Maß hinausgehende Beanspruchungen beim Betrieb der Druckbehälter zu erwarten, so ist diesen durch Erfüllung besonderer Anforderungen Rechnung zu tragen.

Wird von den Forderungen dieses AD 2000-Merkblattes abgewichen, muss nachweisbar sein, dass der sicherheitstechnische Maßstab dieses Regelwerkes auf andere Weise eingehalten ist, z.B. durch Werkstoffprüfungen, Versuche, Spannungsanalyse, Betriebserfahrungen.

Fachverband Dampfkessel-, Behälter- und Rohrleitungsbau e.V. (FDBR), Düsseldorf
Hauptverband der gewerblichen Berufsgenossenschaften e.V., Sankt Augustin
Verband der Chemischen Industrie e.V. (VCI), Frankfurt/Main
Verband Deutscher Maschinen- und Anlagenbau e.V. (VDMA), Fachgemeinschaft Verfahrenstechnische Maschinen und Apparate, Frankfurt/Main
Verein Deutscher Eisenhüttenleute (VDEh), Düsseldorf
VGB PowerTech e.V., Essen
Verband der Technischen Überwachungs-Vereine e.V. (VdTÜV), Essen

Die AD 2000-Merkblätter werden durch die Verbände laufend dem Fortschritt der Technik angepasst. Anregungen hierzu sind zu richten an den Herausgeber:

Verband der Technischen Überwachungs-Vereine e.V., Postfach 10 38 34, 45038 Essen.

Inhalt

0 Präambel
1 Geltungsbereich
2 Allgemeine Grundsätze
3 Prüfaufsicht
4 Prüfer

0 Präambel

Zur Erfüllung der grundlegenden Sicherheitsanforderungen der Druckgeräte-Richtlinie kann das AD 2000-Regelwerk angewandt werden, vornehmlich für die Konformitätsbewertung nach den Modulen „G" und „B + F".

Das AD 2000-Regelwerk folgt einem in sich geschlossenen Auslegungskonzept. Die Anwendung anderer technischer Regeln nach dem Stand der Technik zur Lösung von Teilproblemen setzt die Beachtung des Gesamtkonzeptes voraus.

Bei anderen Modulen der Druckgeräte-Richtlinie oder für andere Rechtsgebiete kann das AD 2000-Regelwerk sinngemäß angewandt werden. Die Prüfzuständigkeit richtet sich nach den Vorgaben des jeweiligen Rechtsgebietes.

1 Geltungsbereich

Dieses AD 2000-Merkblatt regelt die Anforderungen an die Prüfaufsicht und die Prüfer für zerstörungsfreie Prüfungen an Schweißnähten von Druckbehältern oder Druckbehälterteilen.

2 Allgemeine Grundsätze

Die im AD 2000-Merkblatt HP 5/3 festgelegten zerstörungsfreien Prüfungen sind in der Regel durch den Hersteller durchzuführen. Prüfaufsicht und Prüfer gehören dabei im Allgemeinen dem Herstellerwerk an. Der Hersteller kann zur Durchführung zerstörungsfreier Prüfungen betriebsfremde Prüfaufsichten und Prüfer heranziehen, die die Anforderungen der Abschnitte 3 und 4 erfüllen. Prüfaufsicht und Prüfer müssen ein Zertifikat nach DIN EN 473, ausgestellt durch eine anerkannte unabhängige Prüfstelle nach Artikel 13 der Druckgeräte-Richtlinie, besitzen.

3 Prüfaufsicht

3.1 Die Prüfaufsicht muss ein für ihre Aufgaben erforderliches Wissen und Grundkenntnisse in der Schweißtechnik und eine Ausbildung, Qualifizierung und Zertifizierung nach DIN EN 473 (mindestens Stufe 2) für den Industriesektor „Schweißnähte" besitzen. Sie muss die durchzuführenden Prüfungen entsprechend den im AD 2000-Merkblatt HP 5/3 festgelegten Anforderungen beherrschen. Sie hat weiterhin für den notwendigen Ausbildungsstand der Prüfer und für die einwandfreie Beschaffenheit der Prüfeinrichtungen zu sorgen.

Ersatz für Ausgabe Oktober 2000; | = Änderungen gegenüber der vorangehenden Ausgabe.

Die AD 2000-Merkblätter sind urheberrechtlich geschützt. Die Nutzungsrechte, insbesondere der der Übersetzung, des Nachdrucks, der Entnahme von Abbildungen, die Wiedergabe auf fotomechanischem Wege und die Speicherung in Datenverarbeitungsanlagen, bleiben, auch bei auszugsweiser Verwertung, dem Urheber vorbehalten.

3.2 Die Prüfaufsicht soll von der Fertigung unabhängig sein und wird vom Hersteller benannt.

3.3 Die Prüfaufsicht bestimmt das anzuwendende Prüfverfahren und die Einzelheiten der Prüfdurchführung entsprechend AD 2000-Merkblatt HP 5/3 – gegebenenfalls nach Abstimmung mit dem Besteller – und setzt die Prüfer ein.

3.4 Die Prüfaufsicht unterzeichnet den nach AD 2000-Merkblatt HP 5/3 anzufertigenden Prüfbericht.

4 Prüfer

Die Prüfer müssen für alle anzuwendenden Prüfverfahren eine Ausbildung, Qualifizierung und Zertifizierung nach DIN EN 473 im Industriesektor „Schweißnähte" nachweisen und ausreichende technische Grundkenntnisse besitzen, um die von ihnen durchzuführenden Prüfungen entsprechend den im AD 2000-Merkblatt HP 5/3 genannten Anforderungen beherrschen zu können.

ICS 23.020.30   Ausgabe Januar 2003

Herstellung und Prüfung von Druckbehältern	Herstellung und Prüfung der Verbindungen Arbeitstechnische Grundsätze	AD 2000-Merkblatt HP 5/1

Die AD 2000-Merkblätter werden von den in der „Arbeitsgemeinschaft Druckbehälter" (AD) zusammenarbeitenden, nachstehend genannten sieben Verbänden aufgestellt. Aufbau und Anwendung des AD 2000-Regelwerkes sowie die Verfahrensrichtlinien regelt das AD 2000-Merkblatt G1.

Die AD 2000-Merkblätter enthalten sicherheitstechnische Anforderungen, die für normale Betriebsverhältnisse zu stellen sind. Sind über das normale Maß hinausgehende Beanspruchungen beim Betrieb der Druckbehälter zu erwarten, so ist diesen durch Erfüllung besonderer Anforderungen Rechnung zu tragen.

Wird von den Forderungen dieses AD 2000-Merkblattes abgewichen, muss nachweisbar sein, dass der sicherheitstechnische Maßstab dieses Regelwerkes auf andere Weise eingehalten ist, z.B. durch Werkstoffprüfungen, Versuche, Spannungsanalyse, Betriebserfahrungen.

    Fachverband Dampfkessel-, Behälter- und Rohrleitungsbau e.V. (FDBR), Düsseldorf
    Hauptverband der gewerblichen Berufsgenossenschaften e.V., Sankt Augustin
    Verband der Chemischen Industrie e.V. (VCI), Frankfurt/Main
    Verband Deutscher Maschinen- und Anlagenbau e.V. (VDMA), Fachgemeinschaft Verfahrenstechnische Maschinen und Apparate, Frankfurt/Main
    Verein Deutscher Eisenhüttenleute (VDEh), Düsseldorf
    VGB PowerTech e.V., Essen
    Verband der Technischen Überwachungs-Vereine e.V. (VdTÜV), Essen

Die AD 2000-Merkblätter werden durch die Verbände laufend dem Fortschritt der Technik angepasst. Anregungen hierzu sind zu richten an den Herausgeber:

Verband der Technischen Überwachungs-Vereine e.V., Postfach 10 38 34, 45038 Essen.

Inhalt

0 Präambel

1 Geltungsbereich

2 Arbeitstechnische Grundsätze für Schweißverbindungen

3 Arbeitstechnische Grundsätze für Löt-, Klebe- und andere Verbindungen

0 Präambel

Zur Erfüllung der grundlegenden Sicherheitsanforderungen der Druckgeräte-Richtlinie kann das AD 2000-Regelwerk angewandt werden, vornehmlich für die Konformitätsbewertung nach den Modulen „G" und „B + F".

Das AD 2000-Regelwerk folgt einem in sich geschlossenen Auslegungskonzept. Die Anwendung anderer technischer Regeln nach dem Stand der Technik zur Lösung von Teilproblemen setzt die Beachtung des Gesamtkonzeptes voraus.

Bei anderen Modulen der Druckgeräte-Richtlinie oder für andere Rechtsgebiete kann das AD 2000-Regelwerk sinngemäß angewandt werden. Die Prüfzuständigkeit richtet sich nach den Vorgaben des jeweiligen Rechtsgebietes.

1 Geltungsbereich

Dieses AD 2000-Merkblatt behandelt die arbeitstechnischen Grundsätze für das Fügen von Druckbehältern oder Druckbehälterteilen aus Stahl sowie Aluminium und Aluminiumlegierungen durch Schweißen, Löten, Kleben und andere Fügeverfahren.

Für Druckbehälter oder Druckbehälterteile aus anderen NE-Metallen gilt dieses AD 2000-Merkblatt sinngemäß.

Dieses AD 2000-Merkblatt gilt nur für Druckbehälter unter ruhender Beanspruchung. Für Druckbehälter unter Wechselbeanspruchung im Sinne des AD 2000-Merkblattes | HP 801 Nr. 15 gelten ergänzend AD 2000-Merkblatt S 1 Abschnitt 6.2 bzw. AD 2000-Merkblatt S 2 Abschnitt 11.2.

2 Arbeitstechnische Grundsätze für Schweißverbindungen

2.1 Die Schweißnähte sind in Übereinstimmung mit der entwurfsgeprüften Zeichnung und den dazugehörigen Unterlagen sowie den Bedingungen der Verfahrensprüfung auszuführen.

2.2 Stumpf- und Kehlnähte als Schweißnähte an drucktragenden Teilen sollen so ausgeführt werden, dass sie hinsichtlich ihres äußeren Befundes der Bewertungsgruppe B nach DIN EN 25817 (Stahl) und DIN EN 30042 (Aluminium) entsprechen. Abweichend hiervon genügt die Bewertungsgruppe C nach DIN EN 25817 für die Unregelmäßigkeiten

| Nr. 11   Einbrandkerbe[1]),
| Nr. 13   Zu große Nahtüberhöhung (Kehlnähte),
| Nr. 16   Zu große Wurzelüberhöhung,

| [1]) Durchlaufend nicht zulässig! Dies gilt auch für Kehlnähte.

Ersatz für Ausgabe Januar 2002; | = Änderungen gegenüber der vorangehenden Ausgabe

Die AD 2000-Merkblätter sind urheberrechtlich geschützt. Die Nutzungsrechte, insbesondere die der Übersetzung, des Nachdrucks, der Entnahme von Abbildungen, die Wiedergabe auf fotomechanischem Wege und die Speicherung in Datenverarbeitungsanlagen, bleiben, auch bei auszugsweiser Verwertung, dem Urheber vorbehalten.

Nr. 18   Kantenversatz h bei beidseitig geschweißten Rundnähten, Bild B,
Nr. 19   Decklagenunterwölbung[2]),
Nr. 20   Übermäßige Ungleichschenkligkeit bei Kehlnähten,
Nr. 21   Wurzelrückfall,
und nach DIN EN 30042 für die Unregelmäßigkeiten
Nr. 7   Oberflächenpore,
Nr. 15   Zu große Nahtüberhöhung,
Nr. 19   Zu große Wurzelüberhöhung.
Hinsichtlich des inneren Befundes gelten die Regelungen des AD 2000-Merkblattes HP 5/3.

2.3 Für Zündstellen und Schweißspritzer (gemäß DIN EN 25817) gilt:
Nr. 24   Zündstellen sind außerhalb der Schweißfuge unzulässig.
Nr. 25   Angeschmolzene Schweißspritzer und die dadurch wärmebeeinflussten Zonen sind sowohl auf der Schweißnaht wie auch auf dem Grundwerkstoff zu entfernen, wenn schädliche Werkstoffbeeinflussungen oder Funktionsstörungen zu erwarten sind.
Nr. 26   Mehrfachunregelmäßigkeiten im Querschnitt werden in diesem Merkblatt nicht benutzt. (Entspricht Nr. 24 nach DIN EN 30042).

2.4 Die Schweißstellen sind gegen schädliche Witterungseinflüsse, z. B. Niederschläge und Wind, zu schützen. Für Schweiß- und Schneidarbeiten bei Umgebungstemperaturen unter + 5 °C sind die erforderlichen Maßnahmen festzulegen.

2.5 Ist bei der Beseitigung von Einbrandkerben eine Auftragsschweißung nicht zu umgehen, so sind die dafür notwendigen schweißtechnischen Grundsätze unbedingt zu beachten. Das Gleiche gilt auch bei anderen Ausbesserungsschweißungen.

2.6 Jede Schweißnaht ist so zu kennzeichnen, dass ihre Lage erkennbar bleibt und die Schweißer jederzeit ermittelt werden können. Beides kann durch entsprechende Eintragung in Zeichnungen oder Schweißplänen erfüllt werden. Für seriengefertigte Druckbehälter können besondere Festlegungen getroffen werden.

2.7 Anschweißteile, auch solche, die später wieder entfernt werden, sind unter Einhaltung der für den Behälterwerkstoff notwendigen schweißtechnischen Maßnahmen, wenn erforderlich zweilagig ohne wesentliche Zwischenabkühlung, anzuschweißen. Das Anschweißen ist in der Regel vor einer Wärmebehandlung vorzunehmen. Schweißarbeiten nach der letzten Wärmebehandlung bedürfen der Zustimmung des Bestellers/Betreibers und der zuständigen unabhängigen Stelle.

2.8 Beim Kantenversatz an ungleichen Wanddicken beidseitig geschweißter Nähte gelten die Bedingungen nach

Bild 1. Bei ungleichen Wanddicken einseitig geschweißter Nähte gelten die Bedingungen nach Bild 2. Sind die Bedingungen nach Bild 1 oder 2 überschritten, ist die dickere Wand unter einem Winkel von höchstens 30 Grad auf die dünnere Wand abzuschrägen.

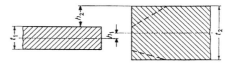

Längsnähte
$h_1 \leq 0{,}15 \cdot t_1$; max. 3 mm
$h_2 \leq 0{,}3 \cdot t_1$; max. 6 mm
$t_2-t_1 \leq 0{,}3 \cdot t_1$; max. 6 mm

Rundnähte
$h_1 \leq 0{,}2 \cdot t_1$; max. 5 mm
$h_2 \leq 0{,}4 \cdot t_1$; max. 10 mm
$t_2-t_1 \leq 0{,}4 \cdot t_1$; max. 10 mm

Bild 1.   Zulässiger Versatz bei ungleichen Wanddicken bei beidseitig geschweißten Nähten

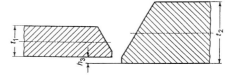

Längs- und Rundnähte
$h_3 \leq 0{,}1 \cdot t_1$; max. 2 mm

Bild 2.   Zulässiger Versatz für die Wurzelseite einseitig geschweißter Nähte

2.9 Bei plattierten Blechen können – abhängig von Art und Dicke der Plattierung – geringere Abweichungen notwendig werden.

2.10 Für das Verarbeiten der Werkstoffe sind die Hinweise im Regelwerk, z. B. Normen, Werkstoffblätter und Spezifikationen, zu beachten. Bei Feinkornbaustählen gilt das Stahl-Eisen-Werkstoffblatt 088.

3 Arbeitstechnische Grundsätze für Löt-, Klebe- und andere Verbindungen

Bis zu einer entsprechenden Erweiterung dieses AD 2000-Merkblattes sind die Arbeitstechnischen Grundsätze für Löt-, Klebe- und andere Verbindungen bei Druckbehältern zwischen Hersteller, Betreiber/Besteller und der zuständigen unabhängigen Stelle zu vereinbaren.

---
[2]) Beim WIG-Orbitalschweißen ohne Schweißzusatz sind in der 12-Uhr-Position Decklagenunterwölbung/Wurzeldurchhang und in der 6-Uhr-Position Wurzelrückfall/Decklagenüberwölbung der Schweißpositionen PF, PG in folgendem Umfang zulässig:
$h \leq 0{,}2\,t + 0{,}12\,b$, max. 0,6 mm, wobei bedeuten
t = Wanddicke
b = Nahtbreite
h = Decklagenunterwölbung/-überwölbung.

ICS 23.020.30 Ausgabe Februar 2007

Herstellung und Prüfung von Druckbehältern	Herstellung und Prüfung der Verbindungen Arbeitsprüfung an Schweißnähten, Prüfung des Grundwerkstoffes nach Wärmebehandlung nach dem Schweißen	AD 2000-Merkblatt HP 5/2

Die AD 2000-Merkblätter werden von den in der „Arbeitsgemeinschaft Druckbehälter" (AD) zusammenarbeitenden, nachstehend genannten sieben Verbänden aufgestellt. Aufbau und Anwendung des AD 2000-Regelwerkes sowie die Verfahrensrichtlinien regelt das AD 2000-Merkblatt G1.

Die AD 2000-Merkblätter enthalten sicherheitstechnische Anforderungen, die für normale Betriebsverhältnisse zu stellen sind. Sind über das normale Maß hinausgehende Beanspruchungen beim Betrieb der Druckbehälter zu erwarten, so ist diesen durch Erfüllung besonderer Anforderungen Rechnung zu tragen.

Wird von den Forderungen dieses AD 2000-Merkblattes abgewichen, muss nachweisbar sein, dass der sicherheitstechnische Maßstab dieses Regelwerkes auf andere Weise eingehalten ist, z.B. durch Werkstoffprüfungen, Versuche, Spannungsanalyse, Betriebserfahrungen.

   Fachverband Dampfkessel-, Behälter- und Rohrleitungsbau e.V. (FDBR), Düsseldorf
   Hauptverband der gewerblichen Berufsgenossenschaften e.V., Sankt Augustin
   Verband der Chemischen Industrie e.V. (VCI), Frankfurt/Main
   Verband Deutscher Maschinen- und Anlagenbau e.V. (VDMA), Fachgemeinschaft Verfahrenstechnische Maschinen und Apparate, Frankfurt/Main
   Stahlinstitut VDEh, Düsseldorf
   VGB PowerTech e.V., Essen
   Verband der TÜV e.V. (VdTÜV), Berlin

Die AD 2000-Merkblätter werden durch die Verbände laufend dem Fortschritt der Technik angepasst. Anregungen hierzu sind zu richten an den Herausgeber:

   Verband der TÜV e.V., Friedrichstraße 136, 10117 Berlin.

Inhalt

0 Präambel
1 Geltungsbereich
2 Art der Prüfstücke
3 Anzahl der Prüfstücke bei Längsnähten
4 Anzahl der Prüfstücke bei Rundnähten (getrennt geschweißte Prüfstücke)
5 Anzahl der Prüfstücke bei geschweißten Böden
6 Auswahl und Abmessungen der Prüfstücke
7 Prüfung der Schweißverbindungen
8 Anforderungen an die Schweißverbindungen
9 Prüfung des Grundwerkstoffes nach Wärmebehandlung nach dem Schweißen

0 Präambel

Zur Erfüllung der grundlegenden Sicherheitsanforderungen der Druckgeräte-Richtlinie kann das AD 2000-Regelwerk angewandt werden, vornehmlich für die Konformitätsbewertung nach den Modulen „G" und „B+F".

Das AD 2000-Regelwerk folgt einem in sich geschlossenem Auslegungskonzept. Die Anwendung anderer technischer Regeln nach dem Stand der Technik zur Lösung von Teilproblemen setzt die Beachtung des Gesamtkonzeptes voraus.

Bei anderen Modulen der Druckgeräte-Richtlinie oder für andere Rechtsgebiete kann das AD 2000-Regelwerk sinngemäß angewandt werden. Die Prüfzuständigkeit richtet sich nach den Vorgaben des jeweiligen Rechtsgebietes.

1 Geltungsbereich

Dieses AD 2000-Merkblatt regelt die Prüfung der Güteeigenschaften von Schweißverbindungen sowie die Prüfung der Grundwerkstoffe nach Wärmebehandlung nach dem Schweißen bei Druckbehältern oder Druckbehälterteilen (Arbeitsprüfungen) aus Stahl, Aluminium und Aluminiumlegierungen, Nickel und Nickellegierungen und reaktiven Metallen. Bei anderen Nichteisenmetallen sind die nachfolgenden Regelungen sinngemäß anzuwenden.

2 Art der Prüfstücke

Bei Druckbehältern oder Druckbehälterteilen mit Längsnähten[1] oder Längs- und Rundnähten, die nach gleichem Schweißverfahren hergestellt werden, sind die nach Abschnitt 3 erforderlichen Prüfstücke in Verlängerung der Längsnaht zu schweißen. Werden nur Rundnähte oder Rundnähte nach anderen Verfahren hergestellt, sind die nach Abschnitt 4 erforderlichen Prüfplatten oder Prüfringe getrennt zu schweißen.

3 Anzahl der Prüfstücke bei Längsnähten

Die Anzahl der Prüfstücke richtet sich nach den verwendeten Werkstoffen, der Anzahl der Schüsse und nach der nach den Tafeln 1b, 2b oder 3b des AD 2000-Merkblattes HP 0 möglichen Ausnutzung der zulässigen Berechnungsspannung (K/S) in der Schweißnaht zu 100 % oder 85 %.

---

[1] Längsnahtgeschweißte Stutzen sind wie Schüsse zu behandeln.

Ersatz für Ausgabe Mai 2002; vollständig überarbeitet

Die AD 2000-Merkblätter sind urheberrechtlich geschützt. Die Nutzungsrechte, insbesondere die der Übersetzung, des Nachdrucks, der Entnahme von Abbildungen, die Wiedergabe auf fotomechanischem Wege und die Speicherung in Datenverarbeitungsanlagen, bleiben, auch bei auszugsweiser Verwertung, dem Urheber vorbehalten.

Die nachfolgend genannten Prüfgruppen sind in AD 2000-Merkblatt HP 0 festgelegt.

Folgende Prüfstücke sind erforderlich:

3.1 Ausnutzung der zulässigen Berechnungsspannung zu 100 %

3.1.1 Werkstoffe der Prüfgruppen 1, 4.1, 5.1, 6, 7 und Al 1, Ni 1

Unabhängig von der Zahl der Schmelzen ein Prüfstück je Druckbehälter, bei mehr als fünf Schüssen je Druckbehälter zwei Prüfstücke.

Bei wärmebehandelten Druckbehältern ein Prüfstück je Wärmebehandlungslos. Für den Stahl X11CrMo9-1 der Prüfgruppe 4.1 gilt jedoch Abschnitt 3.1.2. Bestehen die Schüsse, Böden oder Segmente des Druckbehälters aus unterschiedlichen Werkstoffsorten, so sind alle verwendeten Werkstoffsorten zu erfassen. In einem Prüfstück können zwei Werkstoffsorten erfasst werden.

3.1.2 Werkstoffe der Prüfgruppen 2, 3, 4.2, 5.2, 5.3, 5.4, 8 und Al 2, Al 3, Ni 2 und Ti 1

Ein Prüfstück je Schmelze und Druckbehälter, bei Druckbehältern mit mehr als fünf Schüssen gleicher Schmelze zwei Prüfstücke. In einem Prüfstück können zwei Schmelzen erfasst werden.

Bei Werkstoffen der Prüfgruppen
- 2 und 5.2, für die keine Wärmebehandlung erforderlich ist,
- 3 und 5.3 bei Wanddicken < 20 mm oder entsprechend der Wanddickenbegrenzung, die nach der Eignungsfeststellung auf eine Wärmebehandlung verzichtet werden kann,
- 5.4, wenn keine Wärmebehandlung durchgeführt wird,

gilt Abschnitt 3.1.1.

3.1.3 Erleichterungen

Eine Verringerung der Anzahl der Prüfstücke bis auf 10 % ist zulässig, wenn folgende Bedingungen erfüllt sind:

(1) Serienfertigung ab 50. Druckbehälter oder jeweils innerhalb des Geltungsbereiches einer Verfahrensprüfung bei den Werkstoffen der Prüfgruppen 1, 2, 6, Al 1, Al 2 und Al 3 nach 25 Arbeitsprüfungen, bei den Werkstoffen der Prüfgruppen 3, 4.1, 5.1 bis 5.4 und 7 nach 50 Arbeitsprüfungen.
(2) Die Ergebnisse der vorausgegangenen Arbeitsprüfungen müssen den Anforderungen der Tafel 1 oder Tafel 2 genügt haben.

Bei einem Wechsel der Schweißaufsicht und bei längerer Unterbrechung der Fertigung können die Erleichterungen nur in Anspruch genommen werden, wenn die Erfahrungen erhalten geblieben sind.

Flüssigkeitsvergütete Feinkornbaustähle sind von den Erleichterungen ausgenommen.

3.2 Ausnutzung der zulässigen Berechnungsspannung zu 85 %

Soweit nach den Tafeln 1b, 2b oder 3b des AD 2000-Merkblattes HP 0 die Ausnutzung der zulässigen Berechnungsspannung der Schweißnaht zu 85 % möglich ist und in Anspruch genommen wird, ist ein Prüfstück an 2 % der Schüsse erforderlich, mindestens jedoch ein Prüfstück je Jahr, Prüfgruppe und Schweißverfahren.

4 Anzahl der Prüfstücke bei Rundnähten (getrennt geschweißte Prüfstücke)

Werden an Druckbehältermänteln nur Rundnähte geschweißt oder hierfür andere Schweißverfahren als für die Längsnähte angewendet, so ist je Prüfgruppe und Schweißverfahren ein Prüfstück je Jahr erforderlich.

5 Anzahl der Prüfstücke bei geschweißten Böden

5.1 Aus geschweißten Ronden hergestellte Böden

Bei Schweißnähten von aus geschweißten Ronden hergestellten Böden – ausgenommen Halbkugelböden – wird nach Abschnitt 4 verfahren, wenn die Schweißnaht oder ihre Verlängerung den Scheitelbereich von $0{,}6 \cdot D_a$ schneidet (siehe auch AD 2000-Merkblatt B 3, Bilder 5 und 6, linkes Teilbild).

5.2 Aus Pressteilen geschweißte Böden

Bei Schweißnähten von aus Pressteilen geschweißten Böden – ausgenommen Halbkugelböden – wird nach Abschnitt 4 verfahren, wenn die Schweißnaht oder ihre Verlängerung den Scheitelbereich von $0{,}6 \cdot D_a$ schneidet (siehe auch AD 2000-Merkblatt B 3, Bilder 5 und 6, linkes Teilbild).

6 Auswahl und Abmessungen der Prüfstücke

6.1 Soweit die Prüfungen schmelzenunabhängig erfolgen, können die Prüfstücke aus Teilen etwa gleicher Dicke (Abweichung von ± 20 % sind zulässig) entnommen werden. Bei schmelzenabhängiger Prüfung müssen die Prüfstücke in Dicke und Schmelze den ausgeführten Druckbehältern entsprechen. Soweit Erleichterungen nach Abschnitt 3.1.3 in Anspruch genommen werden, können Prüfstücke aus Schmelzen vergleichbarer Zusammensetzung verwendet werden.

Bei Dicken < 10 mm kann die Gesamttoleranz auf eine Seite verlagert werden.

6.2 Die Prüfstücke sind so zu wählen, dass die nach den Tafeln 1b, 2b oder 3b des AD 2000-Merkblattes HP 0 und die gegebenenfalls nach Abschnitt 9 erforderlichen Proben entnommen werden können und die Möglichkeit der Entnahme von Ersatzproben gegeben ist. Die Länge der Schweißnaht soll 300 mm nicht unterschreiten.

Bei getrennt geschweißten Prüfstücken sind die Abmessungen und die Schweißbedingungen dem Bauteil anzupassen.

7 Prüfung der Schweißverbindungen

Die Prüfstücke müssen im gleichen Wärmebehandlungszustand vorliegen, der der letzten Wärmebehandlung des Behälters entspricht. Bei Böden, die aus geschweißten Ronden hergestellt oder aus Pressteilen geschweißt sind, müssen die Prüfstücke im gleichen Wärmebehandlungszustand vorliegen, der der letzten Wärmebehandlung der Böden entspricht. Soweit bei Klöpperböden auf eine Wärmebehandlung nach dem Kaltumformen verzichtet werden kann, müssen die Prüfstücke im Wärmebehandlungszustand der Ausgangsbleche vorliegen. Anschließend sind die Proben herauszuarbeiten und zu prüfen.

Die Prüfung erfolgt in Gegenwart der zuständigen unabhängigen Stelle. Der Prüfumfang richtet sich hierbei nach dem Werkstoff, der Wanddicke und der Wärmebehandlung und ist den Tafeln 1b, 2b oder 3b des AD 2000-Merkblattes HP 0 zu entnehmen.

In besonderen Fällen können ergänzende oder abweichende Proben vereinbart werden.

Die Probenaufteilung und die Prüfung erfolgen sinngemäß nach AD 2000-Merkblatt HP 2/1.

Bei tiefster Betriebstemperatur unter $-200\,°C$ erfolgt die Prüfung der Kerbschlagarbeit bei $-196\,°C$ unter der Voraussetzung, dass

(1) in der Verfahrensprüfung und in der ersten Arbeitsprüfung die Kerbschlagarbeit bei $-196\,°C$ und bei tiefster Betriebstemperatur geprüft wird. Hierbei darf kein wesentlicher Abfall der Prüfergebnisse bei der tiefsten Betriebstemperatur gegenüber denen bei $-196\,°C$ erfolgen;

(2) in den weiteren Arbeitsprüfungen die Prüfergebnisse der Kerbschlagarbeit nicht wesentlich von denen abweichen, die in der Verfahrensprüfung oder in der ersten Arbeitsprüfung ermittelt wurden.

8 Anforderungen an die Schweißverbindungen

Für die Anforderungen an die Schweißverbindungen gelten Tafel 1 oder 2.

9 Prüfung des Grundwerkstoffes nach Wärmebehandlung nach dem Schweißen

9.1 Die Prüfung der Grundwerkstoffe nach Wärmebehandlung nach dem Schweißen erfolgt an den Prüfstücken, die nach den Abschnitten 3.1.1 und 3.1.2 vorgesehen sind.

9.2 Bei den Prüfgruppen 1, 4.1 und 5.1 erfolgt die Prüfung von Zugfestigkeit und Streckgrenze des Grundwerkstoffes nur bei der Durchführung des Querzugversuches nach DIN EN 895 (jedoch Versuchslänge gleich Schweißnahtbreite + mindestens 80 mm) nach Tafel 1b des AD 2000-Merkblattes HP 0, Spalte 12. Wenn die Prüfergebnisse eine Beurteilung des Grundwerkstoffes nicht erlauben, ist die Entnahme einer Zugprobe aus dem durch das Schweißen unbeeinflussbaren Grundwerkstoff der Prüfstücke erforderlich. In Einzelfällen sind geringfügige Unterschreitungen der Mindeststreckgrenze und Mindestzugfestigkeit bis zu 5 % zulässig. Unterschreitungen der Mindeststreckgrenze und Mindestzugfestigkeit über 5 % bis zu 10 % sind zulässig, wenn der Nachweis geführt wird, dass

(1) die Wärmebehandlung ordnungsgemäß durchgeführt wurde,

(2) die Anforderungen an die Kerbschlagarbeit des Grundwerkstoffes erfüllt sind,

(3) die Dimensionierung des Druckbehälters noch ausreichend ist.

9.3 Bei den Prüfgruppen 2, 3, 4.2, 5.2 und 5.3 erfolgt die Prüfung von Zugfestigkeit, Streckgrenze und Bruchdehnung an Zugproben und die Prüfung der Kerbschlagarbeit an Kerbschlagproben, die aus dem durch das Schweißen unbeeinflussten Grundwerkstoff der Prüfstücke für jede Schmelze entnommen werden. Bruchdehnung und Kerbschlagarbeit müssen den Anforderungen an den Grundwerkstoff (Prüfung – soweit möglich – in Querrichtung) genügen. In Einzelfällen sind geringfügige Unterschreitungen der Mindeststreckgrenze und Mindestzugfestigkeit bis zu 5 % zulässig. Unterschreitungen der Mindeststreckgrenze und Mindestzugfestigkeit über 5 % bis zu 10 % sind zulässig, wenn der Nachweis geführt wird, dass

(1) die Wärmebehandlung ordnungsgemäß durchgeführt wurde,

(2) die Dimensionierung des Druckbehälters noch ausreichend ist.

Tafel 1. Prüfanforderungen für Schweißverbindungen an Stählen, Nickel und Nickellegierungen (für die Prüfung des Grundwerkstoffes nach Wärmebehandlung nach dem Schweißen gilt Abschnitt 9)

Art der Prüfung	Anforderungen			
Querzugversuch nach DIN EN 895	Zugfestigkeit wie für den Grundwerkstoff oder wie in der Eignungsfeststellung für den Schweißzusatz festgelegt			
Längszugversuch nach DIN EN 876 an einer Schweißgutprobe	Streckgrenze oder 0,2 %-Dehngrenze, Zugfestigkeit und Bruchdehnung wie für den Grundwerkstoff oder wie in der Eignungsfeststellung für den Schweißzusatz festgelegt			
Kerbschlagbiegeversuch[1]) nach DIN EN 10045-1 aus der Mitte der Schweißnaht (Probenlage und Kerbrichtung VWT nach DIN EN 875)	Bei Betriebstemperaturen von −10 °C und höher	Wie für den Grundwerkstoff in Querrichtung festgelegt, jedoch mindestens 27 J[2]). Bei Verwendung ferritisch-austenitischer, austenitischer und nickelbasislegierter Schweißzusätze ≥ 40 J[2]). Die Prüfung erfolgt bei tiefster Betriebstemperatur, jedoch nicht tiefer als die Prüftemperatur bei der Prüfung des Grundwerkstoffes und nicht höher als 20 °C.		
	Bei Betriebstemperaturen tiefer als −10 °C	Wie für den Grundwerkstoff in Querrichtung festgelegt. Bei Verwendung ferritischer Schweißzusätze ≥ 27 J[2]), bei Verwendung ferritisch-austenitischer, austenitischer und nickel-basisligierter Schweißzusätze ≥ 32 J[2)6]). Die Prüfung erfolgt bei tiefster Betriebstemperatur.		
Kerbschlagbiegeversuch[2]) nach DIN EN 10045-1 im Bereich des Schweißnahtübergangs (Probenlage und Kerbrichtung VHT nach DIN EN 875)	Bei Betriebstemperaturen von −10 °C und höher	≥ 27 J[2)3]) bei tiefster Betriebstemperatur, jedoch nicht tiefer als die Prüftemperatur bei der Prüfung des Grundwerkstoffes und nicht höher als 20 °C.		
	Bei Betriebstemperaturen tiefer als −10 °C	≥ 27 J[2)3]) bei tiefster Betriebstemperatur.		
Biegeprüfung nach DIN EN 910	Biegewinkel Grad	Festigkeitsgruppe (maßgeblich ist der kleinste Dickenbereich)		Biegedorndurchmesser
	180[4])	Ferritische Stähle mit einer Mindestzugfestigkeit < 430 MPa Mindestzugfestigkeit ≥ 430 bis < 460 MPa Mindestzugfestigkeit ≥ 460 MPa		2 · a 2,5 · a 3 · a
	180[4])	Nichtrostende und kaltzähe austenitische Stähle Ferritisch-austenitische Stähle Nickel und Nickellegierungen Warmfeste austenitische Stähle		2 · a 2 · a 2 · a 3 · a
	Werden 180 Grad Biegewinkel nicht erreicht, gilt:			
	≥ 90	Dehnung (L_0 = Schweißnahtbreite + Wanddicke, symmetrisch zur Naht) ≥ Mindestbruchdehnung A des Grundwerkstoffes		
	< 90	Dehnung über Schweißnahtbreite > 30 %[5]) sowie fehlerfreies Bruchaussehen		
Schliffbeurteilung	Die Schweißverbindung muss im Makroschliff einen einwandfreien Nahtaufbau und eine einwandfreie Durchschweißung der Naht erkennen lassen.			
	Bei Mikroschliffen ist eine Untersuchung auf Risse durchzuführen. Dabei sind nur Heißrisse zulässig, und solche nur dann, wenn sie nach Anzahl und Lage nur als vereinzelte Heißrisse festgestellt werden und Einvernehmen mit der zuständigen unabhängigen Stelle über deren Zulässigkeit im Hinblick auf Werkstoff und Anwendungsbereich vorliegt.			
Härteprüfung nach DIN EN 1043-1	Grundsätzlich gelten die Grenzwerte der Tabelle 2 der DIN EN ISO 15614-1. Jedoch sind Werte über 350 HV 10 in schmalen Übergangszonen nicht zu beanstanden, wenn sie örtlich begrenzt sind. Bei Werkstoffen der Werkstoffuntergruppe 3.2 sind die Grenzwerte mit der zuständigen unabhängigen Stelle zu vereinbaren.			

[1]) Bei Proben, die nicht der genormten Breite von 10 mm entsprechen, verringern sich die Anforderungen an die Kerbschlagarbeit proportional dem Probenquerschnitt.
[2]) Der Mindestmittelwert darf nur von einem Einzelwert, und zwar höchstens um 30 %, unterschritten werden.
[3]) Bei Schweißverbindungen an X20CrMoV11-1 darf dieser Wert um 10 % unterschritten werden.
[4]) 180 Grad gelten als erfüllt, wenn die Biegeprobe nach DIN EN 910 geprüft und ohne Anriss durch die Auflager gedrückt wurde.
[5]) Bei nicht artgleich geschweißten Stählen, z. B. X8Ni9, können abweichende Werte mit der zuständigen unabhängigen Stelle vereinbart werden.
[6]) Bei tiefster Betriebstemperatur unter −200 °C erfolgt die Prüfung der Kerbschlagarbeit bei −196 °C unter der Voraussetzung, dass in der Verfahrensprüfung und in der ersten Arbeitsprüfung die Kerbschlagarbeit bei −196 °C und bei tiefster Betriebstemperatur geprüft wird. Hierbei darf kein wesentlicher Abfall der Prüfergebnisse bei der tiefsten Betriebstemperatur gegenüber denen bei −196 °C erfolgen; in den weiteren Arbeitsprüfungen die Prüfergebnisse der Kerbschlagarbeit nicht wesentlich von denen abweichen, die in der Verfahrensprüfung bzw. in der ersten Arbeitsprüfung ermittelt wurden.

Tafel 2. Prüfanforderungen für Schweißverbindungen an Aluminium und Aluminiumlegierungen

Art der Prüfung	Anforderungen		
Querzugversuch nach DIN EN 895	Zugfestigkeit wie für den Grundstoff oder wie in der Eignungsfeststellung für den Schweißzusatz festgelegt		
Zugversuch nach DIN EN 876 an einer Schweißgutprobe	0,2 %-Dehngrenze, Zugfestigkeit und Bruchdehnung wie für den Grundwerkstoff oder wie in der Eignungsfeststellung für den Schweißzusatz festgelegt		
Kerbschlagbiegeversuch[1] nach DIN EN 10045-1 aus der Mitte der Schweißnaht (Probenlage und Kerbrichtung VWT nach DIN EN 875; Mittelwert aus 3 Proben)	Bei Raumtemperatur	$\geq$ 16 J, kein Einzelwert unter 12 J	
	Bei Betriebstemperaturen tiefer als $-50\ °C$	$\geq$ 14 J, kein Einzelwert unter 12 J	
Biegeprüfung nach DIN EN 910 bei $t \leq 15$ mm Querbiegeproben Ober-/Wurzelseitig bei $t > 15$ mm Seitenbiegeproben	Biegewinkel Grad	Werkstoff und Werkstoffzustand	Biegedorndurchmesser
	180	EN AW – Al99,98 EN AW – Al99,8 EN AW – Al99,7 EN AW – Al99,5 EN AW – AlMn1	$2 \cdot a$
	180	EN AW – AlMn1Cu EN AW – AlMg3 EN AW – AlMg2Mn0,8 EN AW – AlMg4,5Mn0,7	$4 \cdot a$
	Werden 180 Grad Biegewinkel nicht erreicht, gilt:		
	≥ 90	Dehnung (L_0 = Schweißnahtbreite + Wanddicke, symmetrisch zur Naht) $\geq$ Mindestbruchdehnung A des Grundwerkstoffes	
	oder		
	< 90	Dehnung über Schweißnahtbreite > 20 % sowie fehlerfreies Bruchaussehen	
Schliffbeurteilung	Die Schweißverbindung muss im Makroschliff einen einwandfreien Nahtaufbau und eine einwandfreie Durchschweißung erkennen lassen.		

[1] Nur für Aluminiumlegierungen der Werkstoffuntergruppen 22.1 bis 22.4 nach AD 2000-Merkblatt HP 0 Tafel 2a bei Druckbehältern, bei denen mit stoßartiger Beanspruchung gerechnet werden muss.

HP 5/2

Tafel 3. Prüfanforderungen für Titan, Zirkonium und ihre Legierungen

Art der Prüfung	Anforderungen		
Querzugversuch nach DIN EN 895	Zugfestigkeit wie für den Grundstoff oder wie in der Eignungsfeststellung für den Schweißzusatz festgelegt		
Kerbschlagbiegeversuch[1]) nach DIN EN 10045-1 aus der Mitte der Schweißnaht (Probenlage und Kerbrichtung VWT nach DIN EN 875; Mittelwert aus 3 Proben)	Bei Temperaturen des Beschickungsgutes von −10 °C und höher:	Wie für den Grundwerkstoff in Querrichtung festgelegt. Prüftemperatur wie bei der Prüfung des Grundwerkstoffes festgelegt.	
Biegeprüfung nach DIN EN 910	Biegedorndurchmesser, Biegewinkel und Anforderungen gemäß DIN EN ISO 15614-5 Abschnitt 7.4.3. Während der Prüfung dürfen keine Anrisse auftreten.		
Querbiegeproben Ober-/Wurzelseitig	Wird der Biegewinkel gemäß Norm nicht erreicht, gilt:		
	Biegewinkel ≥ 90	Dehnung (L_0 = Schweißnahtbreite + Wanddicke, symmetrisch zur Naht) ≥ Mindestbruchdehnung A des Grundwerkstoffes	
Schliffbeurteilung	Die Schweißverbindung muss im Makroschliff einen einwandfreien Nahtaufbau und eine einwandfreie Durchschweißung erkennen lassen.		
	Bei Mikroschliffen ist eine Untersuchung auf Risse durchzuführen. Risse sind nicht zulässig.		
	Am Makroschliff ist eine Härteprüfung HV 5 durchzuführen. Die ermittelte Aufhärtung in der Schweißverbindung darf nicht mehr als 50 Härteeinheiten über dem unbeeinflussten Grundwerkstoff liegen.		

[1]) Bei Proben, die nicht der genormten Breite von 10 mm entsprechen, verringern sich die Anforderungen an die Kerbschlagarbeit proportional dem Probenquerschnitt.

ICS 23.020.30 Ausgabe Februar 2007

Herstellung und Prüfung von Druckbehältern	Herstellung und Prüfung der Verbindungen **Zerstörungsfreie Prüfung der Schweißverbindungen**	AD 2000-Merkblatt **HP 5/3**

Die AD 2000-Merkblätter werden von den in der „Arbeitsgemeinschaft Druckbehälter" (AD) zusammenarbeitenden, nachstehend genannten sieben Verbänden aufgestellt. Aufbau und Anwendung des AD 2000-Regelwerkes sowie die Verfahrensrichtlinien regelt das AD 2000-Merkblatt G1.

Die AD 2000-Merkblätter enthalten sicherheitstechnische Anforderungen, die für normale Betriebsverhältnisse zu stellen sind. Sind über das normale Maß hinausgehende Beanspruchungen beim Betrieb der Druckbehälter zu erwarten, so ist diesen durch Erfüllung besonderer Anforderungen Rechnung zu tragen.

Wird von den Forderungen dieses AD 2000-Merkblattes abgewichen, muss nachweisbar sein, dass der sicherheitstechnische Maßstab dieses Regelwerkes auf andere Weise eingehalten ist, z.B. durch Werkstoffprüfungen, Versuche, Spannungsanalyse, Betriebserfahrungen.

> Fachverband Dampfkessel-, Behälter- und Rohrleitungsbau e.V. (FDBR), Düsseldorf
> Hauptverband der gewerblichen Berufsgenossenschaften e.V., Sankt Augustin
> Verband der Chemischen Industrie e.V. (VCI), Frankfurt/Main
> Verband Deutscher Maschinen- und Anlagenbau e.V. (VDMA), Fachgemeinschaft Verfahrenstechnische Maschinen und Apparate, Frankfurt/Main
> Stahlinstitut VDEh, Düsseldorf
> VGB PowerTech e.V., Essen
> Verband der TÜV e.V. (VdTÜV), Berlin

Die AD 2000-Merkblätter werden durch die Verbände laufend dem Fortschritt der Technik angepasst. Anregungen hierzu sind zu richten an den Herausgeber:

> **Verband der TÜV e.V., Friedrichstraße 136, 10117 Berlin.**

Inhalt

0 Präambel
1 Geltungsbereich
2 Art und Umfang der zerstörungsfreien Prüfungen
3 Zeitpunkt der zerstörungsfreien Prüfung
4 Bewertung von Anzeigen
5 Überwachung der Prüfungen
6 Abweichungen
7 Prüfbericht

0 Präambel

Zur Erfüllung der grundlegenden Sicherheitsanforderungen der Druckgeräte-Richtlinie kann das AD 2000-Regelwerk angewandt werden, vornehmlich für die Konformitätsbewertung nach den Modulen „G" und „B + F".

Das AD 2000-Regelwerk folgt einem in sich geschlossenen Auslegungskonzept. Die Anwendung anderer technischer Regeln nach dem Stand der Technik zur Lösung von Teilproblemen setzt die Beachtung des Gesamtkonzeptes voraus.

Bei anderen Modulen der Druckgeräte-Richtlinie oder für andere Rechtsgebiete kann das AD 2000-Regelwerk sinngemäß angewandt werden. Die Prüfzuständigkeit richtet sich nach den Vorgaben des jeweiligen Rechtsgebietes.

1 Geltungsbereich

Dieses AD 2000-Merkblatt regelt Art und Umfang der zerstörungsfreien Prüfungen sowie die Bewertung der Anzeigen an Schweißverbindungen von Druckbehältern und drucktragenden Druckbehälterteilen aus Werkstoffen nach den Tafeln 1 bis 3 und die Überwachung der Prüfungen.

Die verfahrenstechnischen Anforderungen für die zerstörungsfreien Prüfverfahren sind in der Anlage 1 zu diesem AD 2000-Merkblatt angegeben.

Dieses AD 2000-Merkblatt gilt nur für Druckbehälter unter ruhender Beanspruchung. Für Druckbehälter unter Wechselbeanspruchung im Sinne des AD 2000-Merkblattes HP 801 Nr. 15 gelten ergänzend AD 2000-Merkblatt S 1 Abschnitt 6.2 bzw. AD 2000-Merkblatt S 2 Abschnitt 11.2.

2 Art und Umfang der zerstörungsfreien Prüfungen

2.1 Allgemeine Festlegungen

Vor Durchführung der zerstörungsfreien Prüfungen sind die Schweißverbindungen zu besichtigen.

Ersatz für Ausgabe Januar 2002; | = Änderungen gegenüber der vorangehenden Ausgabe

Die AD 2000-Merkblätter sind urheberrechtlich geschützt. Die Nutzungsrechte, insbesondere die der Übersetzung, des Nachdrucks, der Entnahme von Abbildungen, die Wiedergabe auf fotomechanischem Wege und die Speicherung in Datenverarbeitungsanlagen bleiben, auch bei auszugsweiser Verwertung, dem Urheber vorbehalten.

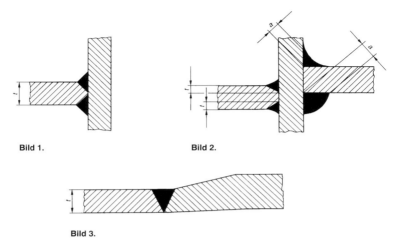

Bild 1.   Bild 2.

Bild 3.

Schmelzgeschweißte Nähte sind in Abhängigkeit von Werkstoffgruppe, Wanddicke $s^{1)}$ und Ausnutzung der zulässigen Berechnungsspannung nach den in den Tafeln 1 bis 3 angegebenen Prüfverfahren, Prüfklassen und Prüfumfängen zu prüfen. Die für die verschweißte Wanddicke$^{1)}$ zugrunde zu legenden Maße t oder a sind in den Bildern 1 bis 3 dargestellt.

Bei Schmelzschweißverbindungen an Stahlsorten innerhalb der Werkstoffgruppen 1 bis 8 nach Tafel 1 sowie für alle Werkstoffe innerhalb der Werkstoffgruppen nach den Tafeln 2 und 3 sind die jeweils höheren Anforderungen zugrunde zu legen.

Bei Mischverbindungen zwischen ferritischen und sonstigen Werkstoffen (z. B. Austenit, Nickelbasislegierungen) sind Prüfmethode und Prüfumfang zwischen den Beteiligten (Hersteller, Besteller/Betreiber und der zuständigen unabhängigen Stelle) zu vereinbaren.

Die nach Tafel 1, Spalten 23 und 24, festgelegte Oberflächenprüfung nach dem Magnetpulver- (MP) oder Eindringverfahren (FE) ist in dem dort angegebenen Prüfumfang auf beiden Seiten der Schweißverbindung durchzuführen. Wenn nur eine Seite zugänglich ist, erfolgt die Prüfung in dem angegebenen Umfang nur auf einer Seite.

Bei Anwendung anderer Schweißverfahren ist das Prüfverfahren zwischen den Beteiligten (Hersteller, Besteller/Betreiber und der zuständigen unabhängigen Stelle) abzustimmen.

2.2 Abweichende Festlegungen zum Prüfumfang

2.2.1 Reduzierung des Prüfumfanges

Die in den Tafeln 1 und 2 als Voraussetzung für die Inanspruchnahme des reduzierten Prüfumfanges genannten Erfahrungen sind gegeben, wenn folgende Bedingungen erfüllt sind:

(1) Serienfertigung ab 50. Behälter oder jeweils innerhalb des Geltungsbereichs einer Verfahrensprüfung bei den Werkstoffen der Gruppen 1, 2, 6, 7, Al 1 und Al 2 nach 25 Arbeitsprüfungen, bei den Werkstoffen der Gruppen 4.1, 5.1 und 5.2 nach 50 Arbeitsprüfungen;

(2) bei einem Wechsel der Prüfaufsicht und bei längerer Unterbrechung der Fertigung muss die Erfahrung erhalten geblieben sein;

(3) gleiches Prüfverfahren;

(4) die Ergebnisse der vorausgegangenen zerstörungsfreien Prüfungen dürfen keine schwerwiegenden Mängel oder systematischen Fehler gezeigt haben.

Erleichterungen können bei Rundnähten, die mit vollmechanisierten Verfahren geschweißt werden, auch in Anspruch genommen werden, wenn bei den Werkstoffgruppen 1, 2, 6, Al 1 und Al 2 150 m Nahtlänge und bei den Werkstoffgruppen 4.1, 5.1 und 5.2 300 m Nahtlänge innerhalb des Geltungsbereiches einer Verfahrensprüfung geschweißt worden sind. Die Bedingungen (2), (3) und (4) sind dabei einzuhalten.

2.2.2 Erhöhung des Prüfumfanges

Zusätzlich zu dem unter Abschnitt 2.1 genannten Prüfumfang sind zu prüfen:

(1) Kreuzungen von Stumpfnähten;

(2) Stumpfnähte im Bereich von Bohrungen und Ausschnitten, wenn der Abstand der Stumpfnaht zum Bohrungs- oder Ausschnittrand $< 3 \cdot$ Wanddicke der Stumpfnaht beträgt;

(3) einseitig geschweißte Längsnähte und andere einseitig geschweißte, voll beanspruchte Nähte (z. B. Eckschweißnähte nach AD 2000-Merkblatt B 2 Abschnitt 2.3) sind hinsichtlich des Umfanges der zerstörungsfreien Prüfungen wie bei zulässiger Berechnungsspannung von 100 % zu behandeln. Bei Inanspruchnahme des reduzierten Prüfumfanges darf die zerstörungsfreie Prüfung nicht objektgebunden durchgeführt werden;

(4) Anschlussnähte gewölbter Böden ohne zylindrischen Bord an Schüssen;

(5) die Schweißverbindungen bei aus Einzelteilen zusammengeschweißten und anschließend umgeformten Böden im Bereich der Krempe und des zylindrischen Bordes, wobei die Oberflächenprüfung (MP, FE)

[1)] Für s, t oder a sind die Zeichnungsmaße zugrunde zu legen.

- bei warmumgeformten Böden an der Außenseite,
- bei kaltumgeformten Böden an der Innen- und Außenseite

erfolgt;

(6) Schweißverbindungen in Bereichen, die während des Betriebs hoch beansprucht werden (AD 2000-Merkblatt S 1 Abschnitt 7.2.2).

2.2.3 Zünd- und Kontaktstellen

Zündstellen und Kontaktstellen mit Anschmelzungen sind zu beschleifen. Sie sind, wenn dies wegen der verwendeten Werkstoffe oder wegen der auftretenden Beanspruchungen erforderlich ist, einer Oberflächenprüfung (MP, FE) zu unterziehen.

2.2.4 Vorgehensweise bei Ausbesserungen

Werden bei der Prüfung Fehler festgestellt, die ausgebessert werden müssen, so ist der prozentuale Prüfumfang in den betroffenen Nahtbereichen oder Nähten unter Berücksichtigung der Fehlerursache (z. B. Handfertigkeitsfehler des Schweißers) zu verdoppeln, falls diese Nähte nicht schon zu 100 % geprüft werden.

Bei systematischen Schweißnahtfehlern, gekennzeichnet durch große Häufigkeit gleichen Fehlertyps über lange Nahtabschnitte, ist der Prüfumfang auf 100 % zu erhöhen.

Werden bei der nicht objektgebundenen Prüfung Fehler festgestellt, die ausgebessert werden müssen, so ist der erhöhte Prüfumfang so lange anzuwenden, bis die Fehlerursache erkannt und abgestellt worden ist.

3 Zeitpunkt der zerstörungsfreien Prüfung

Soweit eine Wärmebehandlung oder Umformung der Schweißverbindung nach dem Schweißen vorgesehen ist, sind die zerstörungsfreien Prüfungen grundsätzlich nach der letzten Wärmebehandlung oder Umformung durchzuführen.

Sind Schweißverbindungen nach der letzten Wärmebehandlung nicht mehr zugänglich, können zwischen den Beteiligten (Hersteller, Besteller/Betreiber und der zuständigen unabhängigen Stelle) andere Vereinbarungen getroffen werden.

Bei Schweißverbindungen, die sowohl mit dem Ultraschall- als auch mit dem Durchstrahlungsverfahren geprüft werden, kann die Durchstrahlungsprüfung vor der letzten Wärmebehandlung durchgeführt werden.

4 Bewertung von Anzeigen

4.1 Allgemeine Hinweise

Die in den folgenden Abschnitten enthaltenen Bewertungskriterien der Anzeigen von Ultraschall-, Durchstrahlungs- und Oberflächenprüfungen (MP, FE) dienen als Anhaltswerte. Abweichungen können zwischen den Beteiligten vereinbart werden, wobei Gestaltung und Beanspruchung des Druckbehälters, Art der Schweißverfahren, äußerer Befund der Schweißverbindung, mechanisch-technologische Eigenschaften der verwendeten Werkstoffe sowie Messtoleranzen der Prüfsysteme berücksichtigt werden sollen.

Wenn die Bewertung von Anzeigen unter Berücksichtigung der nachfolgenden Kriterien zu Bedenken Anlass gibt, so ist ein Ausbessern oder eine Kontrollprüfung mit geeigneten anderen Prüftechniken oder Prüfverfahren oder stichprobenweises Öffnen der Naht erforderlich.

4.2 Prüfbereiche

Zum Prüfbereich gehören das Schweißgut und die wärmebeeinflussten Zonen.

4.3 Bewertung von Durchstrahlungsbildern

4.3.1 Risse, Bindefehler, Wurzelfehler

Risse und Flankenbindefehler sind nicht zulässig.

Nicht durchgeschweißte Wurzeln bei einseitig geschweißten Nähten sind nicht zulässig.

Bei unbearbeiteten Wurzeln einseitig geschweißter Nähte sind flacher Wurzelrückfall und flache Wurzelkerben zulässig.

Lagenbindefehler in drei- oder mehrlagigen Schweißverbindungen und Wurzelfehler in beidseitig geschweißten Nähten sind wie Einschlüsse nach Abschnitt 4.3.2 zu behandeln.

4.3.2 Feste und gasförmige Einschlüsse

4.3.2.1 Mehrlagige Schweißverbindungen

Es können feste Einschlüsse (einschließlich Oxide in Aluminium-Schweißverbindungen), Porenketten, parallel zur Oberfläche verlaufende Schlauchporen sowie Wolfram-Einschlussketten nach den Anhaltswerten der Tafel 4 unter Berücksichtigung des Gesamteindruckes (aus dem Schwärzungsgrad abschätzbare Tiefenausdehnung, Form, Orientierung) belassen werden.

Mehrere hintereinander liegende Einschlüsse, welche die Bedingungen der Tafel 4 erfüllen, können belassen werden, wenn die Summe ihrer Längen auf einer Nahtlänge von $6 \cdot t$ oder $6 \cdot a$ kleiner als t oder a bleibt und wenn das fehlerfreie Schweißgut zwischen zwei benachbarten Fehlern eine Ausdehnung aufweist, die mindestens gleich der doppelten Länge des größeren der beiden Einschlüsse ist. Bei Nahtlängen unter $6 \cdot t$ oder $6 \cdot a$ gilt diese Bedingung proportional.

Die Fläche der auf dem Durchstrahlungsbild erkennbaren Poren darf, auf eine Nahtlänge bezogen, nicht mehr als $1,5 \cdot t$ oder $1,5 \cdot a$ (in mm^2) betragen. Der maximale Porendurchmesser darf dabei nicht mehr als $0,25 \cdot t$ oder $0,25 \cdot a$ (max. 4 mm) betragen.

Örtliche Porenkonzentrationen in Form von Porennestern sollten nur vereinzelt auftreten.

Tafel 4. Anhaltswerte für zulässige Längen von Einschlüssen in mehrlagigen Schweißverbindungen bei der Bewertung von Durchstrahlungsbildern

t oder a[1] mm	Länge mm
≤ 10	7
> 10 bis ≤ 75	$2/3 \, t$ oder $2/3 \, a$
> 75 bis ≤ 150	50 $2/3 \, t$ oder $2/3 \, a$ bei mehr als 10 mm Fehlerabstand von der endgültigen Oberfläche[2]
> 150	50 100 bei mehr als 10 mm Fehlerabstand von der endgültigen Oberfläche[2]

[1] Siehe Bild 1 bis 3
[2] Die Tiefenlage kann mittels Ultraschall oder Durchstrahlungsprüfung mittels Stereoaufnahme ermittelt werden.

Schlauchporen, die senkrecht zur Oberfläche verlaufen, sind unter Berücksichtigung ihrer Tiefenausdehnung (abschätzbar aus dem Schwärzungsgrad) nur als Einzelfehler bei Anschlussquerschnitten über 10 mm zulässig.

Wolfram-Einschlüsse sollen bei Wanddicken bis 12 mm eine Länge von 3 mm, bei größeren Wanddicken den Wert von $t/4$ oder $a/4$ (max. 5 mm) nicht überschreiten. Örtliche Einschlusskonzentrationen sollten nur vereinzelt (max. drei je Meter) auftreten.

4.3.2.2 Einlagige Schweißverbindungen

Bei einlagigen Schweißverbindungen dürfen vereinzelte Poren belassen werden, wenn deren Durchmesser $0{,}25 \cdot t$ oder $0{,}25 \cdot a$ nicht überschreitet.

4.4 Bewertung von Ultraschallanzeigen

4.4.1 Allgemeines

Sofern Anzeigen im Ausmaß unzulässiger Fehler durch Ultraschallprüfung sich nicht eindeutig bewerten lassen, sind Kontrollprüfungen, z. B. Durchstrahlungsprüfungen, durchzuführen. Wird dadurch der Fehler bestätigt, ist auszubessern. Wird ein zulässiger Fehler eindeutig nachgewiesen, kann er belassen werden.

Die Ausbesserung muss auch dann erfolgen, wenn die Kontrollprüfung nicht eindeutig eine unwesentliche Ursache der US-Anzeige ergibt.

4.4.2 Längsfehlerprüfung

Die Bewertung erfolgt nach den in Tafel 5 genannten Anhaltswerten.

Hintereinander liegende Anzeigen gleicher Tiefenlage müssen um mindestens das Doppelte der Länge der längeren Anzeige voneinander entfernt sein. Ist diese Bedingung nicht erfüllt, sind die betreffenden Anzeigen als zusammenhängend zu betrachten und nach Tafel 5 zu bewerten.

Übereinander liegende Anzeigen müssen in Dickenrichtung einen Abstand aufweisen, der größer als die Länge der längeren Anzeige ist.

Aufgrund von Kontrollprüfungen zulässige Fehlerlängen über 50 mm müssen mehr als 10 mm unter der endgültigen Oberfläche liegen.

Werden die Zulässigkeitskriterien überschritten, müssen zur Festlegung des Ausbesserungsbereiches auch benachbarte Reflexionsstellen bis zu 6 dB unter der Registriergrenze in die Bewertung mit einbezogen werden.

4.4.3 Querfehlerprüfung

Alle Fehler, die bei der Querfehlerprüfung angezeigt werden und bei denen nicht eindeutig nachgewiesen werden kann, dass sie von einem bereits erfassten Längsfehler herrühren, gelten als Querfehler. Zulässig sind für Querfehler jedoch nur maximal drei Fehler pro Meter Schweißnaht mit Ausdehnungen bis zu 10 mm Registrierlänge und Echohöhen bis zu 6 dB über der Registriergrenze. Treten bei der Querfehlerprüfung nicht voneinander trennbare Echoanzeigen (Anzeigenscharen) auf, so muss ausgebessert werden, und zwar auch dann, wenn die Anzeigen unterhalb der Registriergrenze liegen. Hierzu ist die Prüfempfindlichkeit so einzustellen, dass Anzeigen registriert werden können, die bei Anwendung der AVG-Methode die Echohöhe eines Kreisscheibenreflektors mit einem Durchmesser von 1 mm überschreiten oder bei Anwendung der Vergleichskörper- oder Vergleichslinienmethode bis zu 12 dB unterhalb der vorgegebenen Registriergrenze lie-

Tafel 5. Anhaltswerte für zulässige Ultraschallanzeigen bei der Prüfung auf Längsfehler

t oder a[1] mm	max. zulässige Registrierlänge von Einzelfehlern mm	Summe aller Registrierlängen je $6 \cdot t$ oder $6 \cdot a$ mm
≤ 6	–	–
> 6 bis ≤ 10	10	20
> 10 bis ≤ 20	20	30
> 20 bis ≤ 40	25	$1{,}5 \cdot t$ oder $1{,}5 \cdot a$
> 40 bis ≤ 60	30	$1{,}5 \cdot t$ oder $1{,}5 \cdot a$
> 60 bis ≤ 120	40	$2 \cdot t$ oder $2 \cdot a$
> 120	50	$2 \cdot t$ oder $2 \cdot a$

[1] Siehe Bild 1 bis 3

Die Registriergrenzen sind der Anlage 1 zu entnehmen.

Punktförmige registrierpflichtige Anzeigen werden zur Ermittlung der Summe aller Registrierlängen mit 10 mm angenommen.

Maximal zulässige Echohöhenüberschreitung der Registriergrenze bis 6 dB.

Bei Wanddicken > 10 mm darf je Meter Naht eine Anzeige mit einer Echohöhenüberschreitung bis 12 dB von 10 mm Länge vorhanden sein. Bei derartigen Anzeigen ist jedoch eine stichprobenweise Kontrollprüfung erforderlich. Als zusätzliche Untersuchung kommt z. B. eine Durchstrahlungsprüfung oder stichprobenweises Öffnen der Naht in Betracht.

gen. Eine Abweichung von dieser Bewertung ist nur zulässig, wenn stichprobenweise durch Öffnen der Naht eindeutig nachgewiesen wurde, dass die Anzeigen nicht von Rissen herrühren.

4.4.4 Zusätzliche Beurteilungskriterien

Anzeigen, die auf flächenhaften Charakter schließen lassen, oder registrierpflichtige Anzeigen bei der Tandemprüfung geben Anlass zu Bedenken (siehe Abschnitt 4.1).

4.5 Bewertung von Anzeigen der Oberflächenprüfung (MP, FE)

Lineare Anzeigen, die auf Werkstofftrennungen zurückzuführen sind, sind unzulässig.

Oberflächenporen sind vereinzelt zulässig.

5 Überwachung der Prüfungen

Die zuständige unabhängige Stelle überzeugt sich von der einwandfreien Durchführung der Prüfungen, insbesondere hinsichtlich Art, Umfang und Auswahl der geprüften Stellen, der sachgemäßen Ausführung und Bewertung der Anzeigen. Stellt sie dabei bedenkliche Mängel fest, hat sie die Wiederholung der Prüfungen oder Ausbesserungen zu verlangen.

Bei Anwendung des Durchstrahlungsverfahrens sind der zuständigen unabhängigen Stelle die Filme und Prüfberichte einschließlich der vor Ausbesserungen angefertigten Aufnahmen vorzulegen. Die zuständige unabhängige Stelle überzeugt sich in der Regel durch Stichproben, ob sie zu einer ähnlichen Bewertung der Filme kommt. Stellt sie dabei mangelhafte Übereinstimmung der Bewertung fest, hat sie sämtliche Filme im Rahmen des Prüfumfangs zu bewerten.

Bei Anwendung des Ultraschall-Verfahrens begutachtet die zuständige unabhängige Stelle die Prüfberichte. Die Ergebnisse der werksseitig durchgeführten Ultraschallprüfung werden von der zuständigen unabhängigen Stelle stichprobenweise bis zu 10 % des Prüfumfanges nicht objektgebunden überprüft.

Bei Anwendung der Oberflächenprüfung (MP, FE) sind der zuständigen unabhängigen Stelle die Prüfberichte vorzulegen.

6 Abweichungen

Abweichungen von den Festlegungen dieses Merkblattes oder von der Anlage 1 zu diesem Merkblatt sind zwischen den Beteiligten (Hersteller, Besteller/Betreiber und der zuständigen unabhängigen Stelle) abzustimmen.

7 Prüfbericht

Über die zerstörungsfreien Prüfungen sind Prüfberichte auszustellen. Der Prüfbericht hat ggf. Hinweise zu Ausbesserungen zu enthalten.

7.1 Magnetpulverprüfung

Prüftechnische Angaben siehe Abschnitt 5.13 der DIN EN 1290.

7.2 Eindringprüfung

Prüftechnische Angaben siehe Abschnitt 9 der DIN EN 571-1.

7.3 Ultraschallprüfung

Der Prüfbericht muss neben der eindeutigen Zuordnung zum Prüfobjekt
– Herstell-Nr.,
– Zeichnungs-Nr.,
– Werkstoff,
– Abmessungen,
– Schweißverfahren,
– geprüfter Bereich

folgende weitere Informationen enthalten:
– Prüfklasse,
– Oberflächenzustand,
– Prüfgerät,
– Prüfköpfe,
– Koppelmittel,
– Einschallpositionen,
– Justierreflektoren (Art, Schallweg),
– Registriergrenze,
– Echohöhe des Justierreflektors,
– Verstärkungszuschlag,
– ggf. Schallschwächung,
– Korrekturwerte bei Justierung am Kontrollkörper.

7.4 Durchstrahlungsprüfung

Prüftechnische Angaben siehe Abschnitt 7 der DIN EN 1435.

Fußnoten zu Tafel 1

[1] Andere Werkstoffe sind nach Werkstoffspezifikation den vergleichbaren Werkstoffgruppen entsprechend der Eignungsfeststellung zuzuordnen. Werden Teile aus verschiedenen Werkstoffgruppen miteinander verschweißt, so ist die Gruppe mit dem größeren Prüfumfang maßgebend.

[2] U = ungeglüht, W = wärmebehandelt

[3] Gilt unabhängig von den Beanspruchungsfällen nach AD 2000-Merkblatt W 10

[7] LN = Längsnähte und vollbeanspruchte Stumpfnähte
RN = Rundnähte (Stumpfnähte und überlappt geschweißte Kehlnahtschweißungen nach AD-Merkblatt HP 1 Abschnitt 2.4; bei geschweißten Böden siehe AD 2000-Merkblatt HP 5/2 Abschnitt 5)
St = Stoßstellen zwischen LN und RN sowie zwischen LN und LN

[8] KN = die zu prüfenden Kehlnähte sind Anschlussnähte von Anschweißteilen einschließlich Montagehilfen an die drucktragende Wand
StN = Stutzennähte

[9] Wenn Laugenrissbeständigkeit gefordert, ist der Prüfumfang entsprechend zu erweitern.

[10] Bei Einhaltung der Bedingungen für den Verzicht auf Wärmebehandlung nach dem Schweißen

[12] Bei nachgewiesener Erfahrung gemäß AD 2000-Merkblatt HP 5/3 Abschnitt 2.2.1 vermindert sich der Prüfumfang auf 10 %.

[13] Bei nachgewiesener Erfahrung gemäß AD 2000-Merkblatt HP 5/3 Abschnitt 2.2.1 vermindert sich der Prüfumfang auf 2 %. Im Allgemeinen genügt es dann, zur Erfassung der Rundnähte bei der stichprobenweisen Prüfung der Längsnähte die Stoßstellen mit zu erfassen.

[14] Die Prüfung erfolgt an der Nahtlänge nicht objektgebunden. Die Prüfungen sind unter Berücksichtigung der Fertigungsgegebenheiten (z. B. Auslastung) über den Fertigungszeitraum eines Jahres möglichst gleichmäßig zu verteilen. Dieses ist der zuständigen unabhängigen Stelle nachzuweisen.
Bei der Abnahme von Serienprodukten erfolgt die Auswahl im Einvernehmen mit der zuständigen unabhängigen Stelle unter Berücksichtigung der Fertigungsgegebenheiten (z. B. Schichtbetrieb, Fertigungslinien).

[15] Im Allgemeinen genügt es zur Erfassung der Stoßstellen und der Rundnähte bei der stichprobenweisen Prüfung der Längsnähte, die Stoßstellen mit zu erfassen.

[16] Bei nachgewiesener Erfahrung gemäß AD 2000-Merkblatt HP 5/3 Abschnitt 2.2.1 verringert sich bei den Werkstoffgruppen 1, 5.1 und 6 der Prüfumfang entsprechend den Festlegungen für den Wanddickenbereich $\leq$ 15 mm.

[17] Gibt die Besichtigung nach AD 2000-Merkblatt HP 5/3 Abschnitt 2.1 Anlass zu Zweifeln, ist eine zerstörungsfreie Prüfung durchzuführen.

[18] Sind an einem Behälter mehr als zehn in Bezug auf Abmessung und Einschweißart gleichartige Stutzen vorhanden, so kann der Prüfumfang auf 5 % der Stutzennähte verringert werden; es sind jedoch mindestens zwei Stutzennähte zu prüfen.

[19] Bei nachgewiesener Erfahrung gemäß AD 2000-Merkblatt HP 5/3 Abschnitt 2.2.1 ist eine zerstörungsfreie Prüfung nur dann durchzuführen, wenn die Besichtigung nach AD 2000-Merkblatt HP 5/3 Abschnitt 2.1 zu Zweifeln Anlass gibt.

[25] Werden die Stähle der Werkstoffgruppen 5.1 bis 5.4 bei Einhaltung der im AD 2000-Merkblatt W 10 festgelegten Regelungen bei tiefsten Anwendungstemperaturen $\geq$ –10 °C eingesetzt, gelten die Regelungen der Werkstoffgruppen 1 bis 3.

[33] Das Magnetpulver-Verfahren ist bevorzugt anzuwenden, wenn eine ausreichende relative Permeabilität μ_r gegeben ist.

Tafel 1. Art und Umfang der zerstörungsfreien Prüfung;
Auszug aus der Übersichtstafel 1 zu AD 2000-Merkblatt HP 0

Werkstoffgruppe [1]	Stahlsorten	Art und Umfang der zerstörungsfreien Prüfung							
		Wärmebehandlungszustand [2] nach dem Schweißen	Ausnutzung der zulässigen Berechnungsspannung in der Schweißnaht [3]	Wanddicke des Behältermantels oder Dicke des Anschlussquerschnittes	Prüfumfang			Ultraschall- oder Durchstrahlungs-Prüfverfahren und Prüfklasse in Abhängigkeit von Wanddicke für Spalten 17, 18, 19
					LN [7]	St [7]	RN [7]	Wanddicke
		%	%	mm	%	%	%	mm
1	2	6	7	8	17	18	19	20
1	Stähle innerhalb der folgenden Analysengruppen (Schmelzenanalyse) mit einer Mindeststreckgrenze < 370 N/mm² [9], ausgenommen kaltzähe Stähle, wenn sie nach AD 2000-Merkblatt W 10 im Beanspruchungsfall I unter −10 °C verwendet werden	U	100	≤ 30 > 30 ≤ 38 [10] > 38 ≤ 50 [10]	100 [12] 100 100	100 100 100	25 [13] 25 25	≤ 30 D(A) oder US(A) > 30 ≤ 60 D(B) oder US(B) > 60 ≤ 90 US(B) > 90 US(C)
		W	100	≤ 30 > 30 ≤ 50 > 50	100 [12] 100 [12] 100	100 100 100	25 [12] 25 [12] 25	
	C ≤ 0,22 ≤ 0,20 Si ≤ 0,50 ≤ 0,50 Mn ≤ 1,6 ≤ 0,8 Mo − ≤ 0,65 P, S je ≤ 0,05 je ≤ 0,05 sonst. insges. ≤ 0,8 ≤ 0,5 sonst. einzeln ≤ 0,3 ≤ 0,3	U, W	85	≤ 15 > 15 ≤ 30	2 [14] 10 [16]	13) 100 [16]	2 [13] 2 [13]	
2	Feinkornbaustähle mit einer Mindeststreckgrenze ≥ 370 bis < 430 N/mm², ausgenommen kaltzähe Stähle, wenn sie nach AD 2000-Merkblatt W 10 im Beanspruchungsfall I unter −10 °C verwendet werden	U	100	≤ 15 > 15 ≤ 30	100 [12] 100	100 100	25 [12] 25	≤ 50 D(B) oder US(B) > 50 ≤ 70 US(B) > 70 US(C)
		W	100	≤ 30 > 30	100 [12] 100	100 100	25 [12] 25	
3	Feinkornbaustähle mit einer Mindeststreckgrenze ≥ 430 N/mm², ausgenommen kaltzähe Stähle, wenn sie nach AD 2000-Merkblatt W 10 im Beanspruchungsfall I unter −10 °C verwendet werden	U	100	≤ 30	100	100	100	≤ 20 D(B) oder US(B) > 20 ≤ 40 US(B) und D(B) oder US(C) > 40 US(C)
	Warmfeste Baustähle: 11NiMoV53, 13MnNiMo54, 17MnMoV64, 20MnMoNi55, 15NiCuMoNb5, 22NiMoCr37, 12 MnNiMo55, 20 MnMoNi45	W	100	≤ 50 > 50	100 100	100 100	100 100	

Art und Umfang der zerstörungsfreien Prüfung			
prüfung		Oberflächenprüfung	
StN und KN[8]		Prüfumfang in Abhängigkeit von der Wanddicke für LN, St und RN	Prüfverfahren für Spalte 23
Prüfumfang	Prüfverfahren und Prüfklasse		
%		mm	%
21	22	23	24
17) 10[18] 10[18]			
17) 10[18] 19) 10[18]			
17) 17)	Stutzen- und Kehlnähte sind einer Oberflächenprüfung (MP, FE) zu unterziehen. Bei Stutzen mit Innendurchmessern ≥ 120 mm und einer Dicke des Anschlussquerschnittes über 15 mm ist zusätzlich eine Ultraschall- oder Durchstrahlungsprüfung durchzuführen. Für die Auswahl des Prüfverfahrens und der Prüfklasse nach Sp. 20 ist das Maß t (siehe AD 2000-Merkblatt HP 5/3, Bild 1 bis 3) zugrunde zu legen. Kehlnähte mit a-Maßen über 15 mm sind zusätzlich mit Ultraschall zu prüfen, anstelle der Wanddicke ist das a-Maß für die Wahl der Prüfklasse einzusetzen.	> 50	10	MP
10[18] 10		> 30 ≤ 70 > 70	10 25	MP
10[18] 10				
100				
100 100		≤ 20 > 20	10 25	MP

Tafel 1. Art und Umfang der zerstörungsfreien Prüfung;
Auszug aus der Übersichtstafel 1 zu AD 2000-Merkblatt HP 0 (Fortsetzung)

Werkstoffgruppe [1)	Stahlsorten	Art und Umfang der zerstörungsfreien Prüfung						Ultraschall- oder Durchstrahlungs-
		Wärmebehandlungszustand[2) nach dem Schweißen	Ausnutzung der zulässigen Berechnungsspannung in der Schweißnaht[3)	Wanddicke des Behältermantels oder Dicke des Anschlussquerschnittes	Prüfumfang			Prüfverfahren und Prüfklasse in Abhängigkeit von Wanddicke für Spalten 17, 18, 19 Wanddicke
					LN[7)	St[7)	RN[7)	
			%	mm	%	%	%	mm
1	2	6	7	8	17	18	19	20
4.1	Warmfeste Stähle: 13CrMo4 4, 10CrMo910, 12CrMo195, X10CrMo91	W	100	≤ 30 > 30	100[12) 100	100 100	25[12) 25	≤ 50 D(B) oder US(B) > 50 ≤ 70 US(B) > 70 US(C)
4.2	Warmfeste Stähle: 14MoV63 und X20CrMoV121	W	100	alle	100	100	100	≤ 20 D(B) oder US(B) > 20 ≤ 40 US(B) und D(B) oder US(C) > 40 US(C)
5.1	Feinkornbaustähle nach DIN 17102, DIN EN 10028-3, 17178 und 17179 der kaltzähen Reihe und der kaltzähen Sonderreihe mit einer Mindeststreckgrenze < 370 N/mm^2.	U	100	≤ 30 > 30 ≤ 38[10) > 38 ≤ 50[10)	100[12) 100 100	100 100 100	25[13) 25 25	≤ 30 D(A) oder US(A) > 30 ≤ 60 D(B) oder US(B) > 60 ≤ 90 US(B) > 90 US(C)
	Feinkornbaustähle nach DIN 17102, DIN EN 10028-3, 17178 und 17179 der Grund- und warmfesten Reihe mit einer Mindeststreckgrenze < 370 N/mm^2, wenn sie nach AD 2000-Merkblatt W 10 im Beanspruchungsfall I unter –10 °C verwendet werden. Stahlsorten TTSt 35 N und TTSt 35 V nach DIN 17173 und 17174 sowie Stahlsorten 11 MnNi 5 3 und 13 MnNi 6 3 nach DIN 17280, 17173 und 17174 bei tiefsten Anwendungstemperaturen bis einschließlich –60 °C[25)].	W	100	≤ 30 > 30 ≤ 50 > 50	100[12) 100[12) 100	100 100 100	25[12) 25[12) 25	
		U, W	85	≤ 15 > 15 ≤ 30	2[14) 10[16)	15) 100[16)	2[15) 2[15)	
5.2	Feinkornbaustähle nach DIN 17102, DIN EN 10028-3, 17178 und 17179 der kaltzähen Reihe und der kaltzähen Sonderreihe mit einer Mindeststreckgrenze ≥ 370 N/mm^2 bis < 430 N/mm^2.	U	100	≤ 15 > 15 ≤ 30	100[12) 100	100 100	25[12) 25	≤ 50 D(B) oder US(B) > 50 ≤ 70 US(B) > 70 US(C)
	Feinkornbaustähle nach DIN 17102, DIN EN 10028-3, 17178 und 17179 der Grund- und warmfesten Reihe mit einer Mindeststreckgrenze ≥ 370 N/mm^2 bis < 430 N/mm^2, wenn sie nach AD 2000-Merkblatt W 10 im Beanspruchungsfall I unter –10 °C verwendet werden. Stahlsorte TTSt 35 V nach DIN 17173 und 17174 bei tiefsten Anwendungstemperaturen unterhalb –60 °C[25)].	W	100	≤ 30 > 30	100[12) 100	100 100	25[12) 25	

HP 5/3

Art und Umfang der zerstörungsfreien Prüfung			
prüfung	Oberflächenprüfung		
StN und KN[8]	Prüfumfang in Abhängigkeit von der Wanddicke für LN, St und RN		Prüfverfahren für Spalte 23
Prüfumfang	Prüfverfahren und Prüfklasse		
%		mm	%
21	22	23	24
25[12] 25		> 30 ≤ 70 > 70	10 25	MP
100		≤ 20 > 20	10 25	MP
10[18] [17) 10[18]	Stutzen- und Kehlnähte sind einer Oberflächenprüfung (MP, FE) zu unterziehen. Bei Stutzen mit Innendurchmessern ≥ 120 mm und einer Dicke des Anschlussquerschnittes über 15 mm ist zusätzlich eine Ultraschall- oder Durchstrahlungsprüfung durchzuführen. Für die Auswahl des Prüfverfahrens und der Prüfklasse nach Sp. 20 ist das Maß t (siehe AD 2000-Merkblatt HP 5/3, Bild 1 bis 3) zugrunde zu legen. Kehlnähte mit a-Maßen über 15 mm sind zusätzlich mit Ultraschall zu prüfen, anstelle der Wanddicke ist das a-Maß für die Wahl der Prüfklasse einzusetzen.		
17) 10[18] 19) 10[18]		> 50 ≤ 90 > 90	10 25	MP
17) 17)				
10[18] 10				
10[18] 10		> 30 ≤ 70 > 70	10 25	MP

HP 5/3

Tafel 1. Art und Umfang der zerstörungsfreien Prüfung;
Auszug aus der Übersichtstafel 1 zu AD 2000-Merkblatt HP 0 (Fortsetzung)

Werkstoffgruppe [1]	Stahlsorten	Art und Umfang der zerstörungsfreien Prüfung						
		Wärmebehandlungszustand[2] nach dem Schweißen	Ausnutzung der zulässigen Berechnungsspannung in der Schweißnaht[3]	Wanddicke des Behältermantels oder Dicke des Anschlussquerschnittes	Prüfumfang			Ultraschall- oder Durchstrahlungs-Prüfverfahren und Prüfklasse in Abhängigkeit von Wanddicke für Spalten 17, 18, 19
					LN[7]	St[7]	RN[7]	Wanddicke
			%	mm	%	%	%	mm
1	2	6	7	8	17	18	19	20
5.3	Feinkornbaustähle nach DIN 17102, DIN EN 10028-3, 17178 und 17179 mit einer Mindeststreckgrenze ≥ 430 N/mm² der kaltzähen Reihe und der kaltzähen Sonderreihe. Feinkornbaustähle nach DIN 17102, DIN EN 10028-3, 17178 und 17179 mit einer Mindeststreckgrenze ≥ 430 N/mm² der Grund- und warmfesten Reihe, wenn sie nach AD 2000-Merkblatt W 10 im Beanspruchungsfall I unter –10 °C verwendet werden[25].	U W	100 100	≤ 30 alle	100 100	100 100	100 100	≤ 20 D(B) oder US(B) > 20 ≤ 40 US(B) und D(B) oder US(C) > 40 US(C)
5.4	Kaltzähe Stähle nach DIN 17280, 17173 und 17174[25]	U W	100 100	alle alle	100 100	100 100	25 25	mit austenitischen oder nickelbasislegierten Zusätzen geschweißt ≤ 50 D(B) oder US(B) > 50 ≤ 70 US(B) > 70 US(C) artgleich geschweißt ≤ 20 D(B) oder US(B) > 20 ≤ 40 US(B) und D(B) oder US(C) > 40 US(C)
6	Austenitische Stähle nach DIN 17440, 17441, 17457 und 17458 sowie SEW 400	U	100	≤ 50	100[12]	100	25[12]	≤ 30 D(A) oder US(A) > 30 ≤ 60 D(B) oder US(B) > 60 ≤ 90 US(B) > 90 US(C)
		W	100	≤ 50 > 50	100[12] 100	100 100	25[12] 25	
		U, W	85	≤ 15 > 15 ≤ 30	2[14] 10[16]	[15] 100[16]	2[15] 2[15]	
7	Ferritfreie austenitische Stähle, jedoch gegebenenfalls mit Ferritanteilen im Schweißgut und austenitische Stähle der Werkstoffgruppe 6, soweit sie mit Schweißzusätzen mit ≤ 3 % Deltaferrit im Schweißgut verschweißt werden, z. B. X 8 CrNiNb 16 13, X 8 CrNiNb 16 16, X 8 CrNiMoVNb 16 13	U W	100 100	alle alle	100 100	100 100	25 25	≤ 50 D(B) oder US(B) > 50 ≤ 70 US(B) > 70 US(C)
8	Ferritisch-austenitische Stähle, z. B. X 2 CrNiMoN 22 5 3	U	100	alle	100	100	25	≤ 30 D(A) oder US(A) > 30 ≤ 60 D(B) oder US(B)
			85	alle	25	100	10	

HP 5/3

Art und Umfang der zerstörungsfreien Prüfung			
prüfung		Oberflächenprüfung	
StN und KN[8]		Prüfumfang in Abhängigkeit von der Wanddicke für LN, St und RN	Prüfverfahren für Spalte 23
Prüfumfang	Prüfverfahren und Prüfklasse		
%		mm	%
21	22	23	24
100 100		> 20	25	MP
25 25	Stutzen- und Kehlnähte sind einer Oberflächenprüfung (MP, FE) zu unterziehen. Bei Stutzen mit Innendurchmessern ≥ 120 mm und einer Dicke des Anschlussquerschnittes über 15 mm ist zusätzlich eine Ultraschall- oder Durchstrahlungsprüfung durchzuführen. Für die Auswahl des Prüfverfahrens und der Prüfklasse nach Sp. 20 ist das Maß t (s. AD 2000-Merkblatt HP 5/3, Bild 1 bis 3) zugrunde zu legen. Kehlnähte mit a-Maßen über 15 mm sind zusätzlich mit Ultraschall zu prüfen, anstelle der Wanddicke ist das a-Maß für die Wahl der Prüfklasse einzusetzen.	alle	10	FE
17) 17) 17) 17) 17)		> 30 ≤ 90 > 90	10 25	FE
10 10		< 70 > 70	10 25	FE
10 17)		≤ 60	25	MP oder FE[33]

HP 5/3

Tafel 2. Art und Umfang der zerstörungsfreien Prüfung;
Auszug aus der Übersichtstafel 2 zu AD 2000-Merkblatt HP 0

Werkstoffgruppe[1]	Werkstoffsorten	Art und Umfang der zerstörungsfreien Prüfung								
		Wärmebehandlungszustand[2] nach dem Schweißen	Ausnutzung der zulässigen Berechnungsspannung in der Schweißnaht[3]	Wanddicke des Behältermantels oder Dicke des Anschlussquerschnittes	Prüfumfang			Prüfverfahren und Prüfklasse in Abhängigkeit von der Wanddicke für Spalten 17, 18, 19	StN und KN[8]	Prüfverfahren und Prüfklasse für Spalte 21
					LN[7]	St[7]	RN[7]	Wanddicke		
			%	mm	%	%	%	mm	%	
1	2	6	7	8	17	18	19	20	21	22
Al 1	Al 99,98 R W4, F4 Al 99,8 W6, F6 Al 99,7 W6, F6 Al 99,5 W7, F7, F8	U,W	100	$\leq 50^{27)}$	$100^{12)}$	100	$25^{13)}$	D(B) oder US (B)	$10^{18)}$	Stutzen- und Kehlnähte sind einer Oberflächenprüfung (FE) zu unterziehen. Bei Stutzen mit Innendurchmessern ≥ 120 mm und einer Dicke des Anschlussquerschnittes über 15 mm ist zusätzlich eine Ultraschall- oder Durchstrahlungsprüfung durchzuführen. Für die Auswahl des Prüfverfahrens nach Sp. 20 ist das Maß t (siehe AD 2000-Merkblatt HP 5/3, Bild 1 bis 3) zugrunde zu legen. Kehlnähte mit a-Maßen über 15 mm sind zusätzlich mit Ultraschall zu prüfen, anstelle der Wanddicke ist das a-Maß für die Wahl der Prüfklasse einzusetzen.
		U,W	100	$> 50^{27)}$	100	100	25			
		U,W	85	$\leq 50^{27)}$	$2^{24)}$	15)	$2^{15)}$	D(B) oder US (B)	17)	
Al 2	AlMn W9, F10, W10 AlMnCu W10 AlMg3 W18, W19, F18 AlMg2Mn0,8 W18, W19, F18, F19, F20 AlMg4,5Mn W27, W28, F27	U,W	100	$\leq 50^{27)}$	$100^{12)}$	100	$25^{12)}$			
		U,W	$85^{29)}$	$\leq 50^{27)}$	$2^{14)}$	15)	$2^{15)}$	D(B) oder US (B)	18) 31) 10	
		U,W	100	$> 50^{27)}$	100	100	25			
Al 3	AlMgSi0,5 F13	U,W	100	≤ 10	100	100	$100^{30)}$	D(B) oder US (B)	100	

Fußnoten [1] bis [25] siehe Tafel 1
[27] Über 30 mm Wanddicke liegen z. Z. nur wenige schweißtechnische und prüftechnische Erfahrungen vor.
[29] Gilt bei AlMg4,5Mn nur bei nachgewiesener Erfahrung gemäß AD 2000-Merkblatt HP 5/2 Abschnitt 3.1.3
[30] Bei Rundnähten bis zu einem äußeren Durchmesser von 50 mm genügt ein Prüfumfang von 10 %.
[31] Für Kehlnähte zwischen den Verbindungen nichttragender Elemente, wie z. B. innenliegenden Tragringen und der Behälterwand, kann auf eine Oberflächenprüfung (FE) verzichtet werden, sofern die Besichtigung nach AD 2000-Merkblatt HP 5/3 keinen Anlass zu Zweifeln gibt und mindestens an 300 m solcher Nähte Oberflächenprüfungen (FE) mit zufriedenstellenden Ergebnissen durchgeführt wurden.

Tafel 3. Art und Umfang der zerstörungsfreien Prüfung;
Auszug aus der Übersichtstafel 3 zu AD 2000-Merkblatt HP 0

Werkstoffgruppe[1]	Werkstoffsorten	Art und Umfang der zerstörungsfreien Prüfung							
		Wärmebehandlungszustand[2] nach dem Schweißen	Ausnutzung der zulässigen Berechnungsspannung in der Schweißnaht[3]	Wanddicke des Behältermantels oder Dicke des Anschlussquerschnittes	Prüfumfang			Prüfverfahren und Prüfklasse in Abhängigkeit von der Wanddicke für Spalten 17, 18, 19 Wanddicke	StN und KN[8]	Prüfverfahren und Prüfklasse für Spalte 21
					LN[7]	St[7]	RN[7]			
		%		mm	%	%	%	mm	%	
1	2	6	7	8	17	18	19	20	21	22
Ni 1	LC-Ni 99	U,W	100	alle	100	100	25	≤ 30 D(A) oder US(A) > 30 ≤ 60 D(B) oder US(B)	10	Stutzen- und Kehlnähte sind einer Oberflächenprüfung (FE) zu unterziehen. Bei Stutzen mit Innendurchmessern ≥ 120 mm und einer Dicke des Anschlussquerschnittes über 15 mm ist zusätzlich eine Ultraschall- oder Durchstrahlungsprüfung durchzuführen. Für die Auswahl des Prüfverfahrens nach Sp. 20 ist das Maß *t* (siehe AD 2000-Merkblatt HP 5/3, Bild 1 bis 3) zugrunde zu legen. Kehlnähte mit *a*-Maßen über 15 mm sind zusätzlich mit Ultraschall zu prüfen, anstelle der Wanddicke ist das *a*-Maß für die Wahl der Prüfklasse einzusetzen.
			85	alle	25	100	10		[17]	
Ni 2	Nickel-Legierungen z. B. NiCu 30 Fe NiCr 15 Fe NiMo 16 Cr 15 NiMo 16 Cr Ti NiCr 21 Mo NiMo 28 X 10 NiCr AlTi 32 20	U,W	100	alle	100	100	25	≤ 50 D(B) oder US(B) und Oberflächenprüfung (FE)	10	
Ti 1	Titan Zirkonium Tantal Hafnium und andere metallische Werkstoffe	U,W	100	alle	100	100	25	≤ 15 D(B) und Oberflächenprüfung (FE)	10	

Fußnoten [1] bis [25] siehe Tafel 1

ICS 23.020.30		Ausgabe Januar 2002
Herstellung und Prüfung von Druckbehältern	Zerstörungsfreie Prüfung der Schweißverbindungen **Verfahrenstechnische Mindestanforderungen für die zerstörungsfreien Prüfverfahren**	AD 2000-Merkblatt **HP 5/3 Anlage 1**

Die AD 2000-Merkblätter werden von den in der „Arbeitsgemeinschaft Druckbehälter" (AD) zusammenarbeitenden, nachstehend genannten sieben Verbänden aufgestellt. Aufbau und Anwendung des AD 2000-Regelwerkes sowie die Verfahrensrichtlinien regelt das AD 2000-Merkblatt G1.

Die AD 2000-Merkblätter enthalten sicherheitstechnische Anforderungen, die für normale Betriebsverhältnisse zu stellen sind. Sind über das normale Maß hinausgehende Beanspruchungen beim Betrieb der Druckbehälter zu erwarten, so ist diesen durch Erfüllung besonderer Anforderungen Rechnung zu tragen.

Wird von den Forderungen dieses AD 2000-Merkblattes abgewichen, muss nachweisbar sein, dass der sicherheitstechnische Maßstab dieses Regelwerkes auf andere Weise eingehalten ist, z. B. durch Werkstoffprüfungen, Versuche, Spannungsanalyse, Betriebserfahrungen.

    Fachverband Dampfkessel-, Behälter- und Rohrleitungsbau e.V. (FDBR), Düsseldorf
    Hauptverband der gewerblichen Berufsgenossenschaften e.V., Sankt Augustin
    Verband der Chemischen Industrie e.V. (VCI), Frankfurt/Main
    Verband Deutscher Maschinen- und Anlagenbau e.V. (VDMA), Fachgemeinschaft Verfahrenstechnische Maschinen und Apparate, Frankfurt/Main
| Stahlinstitut VDEh, Düsseldorf
    VGB PowerTech e.V., Essen
    Verband der Technischen Überwachungs-Vereine e.V. (VdTÜV), Essen

Die AD 2000-Merkblätter werden durch die Verbände laufend dem Fortschritt der Technik angepasst. Anregungen hierzu sind zu richten an den Herausgeber:

Verband der Technischen Überwachungs-Vereine e.V., Postfach 10 38 34, 45038 Essen.

Inhalt

0 Präambel
1 Vorbemerkung
| 2 Durchstrahlungsprüfung (D)
| 3 Ultraschallprüfung (US)
4 Magnetpulverprüfung (MP)
5 Eindringprüfung (FE)
6 Sonstige Verfahren

0 Präambel

Zur Erfüllung der grundlegenden Sicherheitsanforderungen der Druckgeräte-Richtlinie kann das AD 2000-Regelwerk angewandt werden, vornehmlich für die Konformitätsbewertung nach den Modulen „G" und „B + F".

Das AD 2000-Regelwerk folgt einem in sich geschlossenen Auslegungskonzept. Die Anwendung anderer technischer Regeln nach dem Stand der Technik zur Lösung von Teilproblemen setzt die Beachtung des Gesamtkonzeptes voraus.

Bei anderen Modulen der Druckgeräte-Richtlinie oder für andere Rechtsgebiete kann das AD 2000-Regelwerk sinngemäß angewandt werden. Die Prüfzuständigkeit richtet sich nach den Vorgaben des jeweiligen Rechtsgebietes.

1 Vorbemerkung

Dieses AD 2000-Merkblatt beschreibt die verfahrenstechnischen Mindestanforderungen und enthält einige Beispiele für die Bewertung von Prüfergebnissen.

| 2 Durchstrahlungsprüfung (D)

Für die Durchführung der Durchstrahlungsprüfung gelten die Regelungen der DIN EN 1435.

Die in den Tafeln 1 bis 3 geforderten Prüfklassen entsprechen für die Durchstrahlungsprüfung den Klassen nach DIN EN 1435.

| 3 Ultraschallprüfung (US)

3.1 Stumpfnähte

3.1.1 Prüfklassen

Bei der Längsfehlerprüfung nach Prüfklasse A genügt es im Allgemeinen, die Prüfung der Schweißnaht nur von einer Oberfläche und einer Nahtseite aus (Positionen 1, 2, 3 oder 4 in Bild 1) mit nur einem Prüfwinkel vorzunehmen.

Zur Querfehlerprüfung ist von der Nahtoberfläche aus einzuschallen (Positionen 1 und 2 in Bild 2). Wenn dies wegen der Rauigkeit der Decklage nicht möglich ist, darf von der Grundwerkstoffoberfläche aus eingeschallt werden (Positionen 3 und 4 oder 5 und 6 in Bild 2).

| Ersatz für Ausgabe Oktober 2000; | = Änderungen gegenüber der vorangehenden Ausgabe |

Die AD 2000-Merkblätter sind urheberrechtlich geschützt. Die Nutzungsrechte, insbesondere die der Übersetzung, des Nachdrucks, der Entnahme von Abbildungen, die Wiedergabe auf fotomechanischem Wege und die Speicherung in Datenverarbeitungsanlagen, bleiben, auch bei auszugsweiser Verwertung, dem Urheber vorbehalten.

Bei der Prüfklasse B muss die Schweißnaht von beiden Nahtseiten geprüft werden (für die Längsfehlerprüfung nach den Positionen 1 und 2 oder den Positionen 3 und 4 nach Bild 1, für die Querfehlerprüfung nach den Positionen 1 und 2 in Bild 2). Wenn dies wegen der Rauigkeit der Decklage nicht möglich ist, darf von der Grundwerkstoffoberfläche aus geprüft werden (Positionen 3 bis 6 in Bild 2).

Bei Prüfklasse C ist die Längsfehlerprüfung wie bei Prüfklasse B, die Querfehlerprüfung von der Nahtoberfläche aus, d. h. von den Positionen 1 und 2 in Bild 2 aus, durchzuführen. Dazu muss gegebenenfalls die Ankopplung durch Bearbeiten der Deckraupe ermöglicht werden. Diese Bearbeitung ist bereits vor der Längsfehlerprüfung vorzunehmen. Bei Wanddicken > 100 mm ist zusätzlich eine Prüfung nach der Tandem-Methode auf Längs- und Querfehler vorzunehmen.

3.1.2 Einschallwinkel

Bei Prüfflächen, die in Prüfrichtung nicht gekrümmt sind, sollte der Einschallwinkel nicht kleiner als 45 Grad sein. Bei den Prüfklassen A und B und bei der Prüfklasse C im Wanddickenbereich < 40 mm ist durch geeignete Wahl des Einschallwinkels sicherzustellen, dass der Auftreffwinkel an den zu prüfenden Oberflächen 70 Grad nicht überschreiten.

Auftreffwinkel sind die Winkel zwischen Hauptstrahl und Oberflächennormale am Auftreffpunkt (Beispiel Winkel β_1 und β_2 in Bild 4). Falls erforderlich, sind zur Erfüllung dieser Bedingung für den Auftreffwinkel entsprechende Einschallwinkel einzusetzen, oder es auch von weiteren Prüfflächen aus einzuschallen.

Bei Wanddicken > 40 mm ist – soweit es die Geometrie der Naht zulässt – für die Längs-, Schräg- und Querfehlerprüfung ein Winkelprüfkopf zu verwenden, mit dem in oberflächennahen Zonen mit Auftreffwinkeln < 60 Grad erfasst werden. Zusätzlich ist in der Prüfklasse C bei diesen Prüfungen ein Winkelkopf zu verwenden, dessen Hauptstrahl möglichst senkrecht auf flächenhafte, senkrecht zur Oberfläche verlaufende Fehler auftrifft. Ergibt es sich, dass diese Bedingungen am besten unter Senkrechteinschallung zu erfüllen sind, ist hierfür ein Senkrechtprüfkopf zu verwenden.

Wenn auf senkrecht oder annähernd senkrecht zur Oberfläche verlaufende Fehler nach dem Tandemverfahren geprüft wird, so ersetzt diese Prüfung den zuvor geforderten zusätzlichen Einschallwinkel.

3.1.3 Breite der Prüffläche

Die Breite des als Prüffläche vorzubereitenden Oberflächenstreifens ergibt sich aus der Forderung, dass die Längsfehlerprüfung bei jedem Volumenelement der Schweißnahtzone in den Bereichen von mindestens zwei halben Sprungabständen durchzuführen ist, sofern nicht durch Einschallen von einer anderen Oberfläche aus unter einem entsprechenden zweiten Einschallwinkel geprüft wird.

Bei Wanddicken > 40 mm und Prüfklasse C ergibt sich die Breite der Prüffläche aus der Forderung, dass der Auswertebereich beim kleineren Sprungabstand und beim ganzen Sprungabstand und beim großen Einschallwinkel den halben Sprungabstand umfasst.

Zur Schweißnahtzone gehören das Schweißgut und der beiderseits angrenzende Grundwerkstoff in einer Breite von

- je 10 mm bei Wanddicken ≤ 30 mm,
- je $1/3$ der Wanddicke bei Wanddicken > 30 bis ≤ 60 mm,
- je 20 mm bei Wanddicken > 60 mm.

3.2 Stutzen- und Anschweißnähte

3.2.1 Bei der Prüfung sind das Schweißgut und der angrenzende Grundwerkstoff soweit wie möglich zu erfassen.

3.2.2 Bei der Längsfehlerprüfung genügt bei Prüfklasse A die Prüfung von einer Nahtseite mit einem Einschallwinkel (z. B. Positionen 1 oder 2 nach Bild 5).
Bei Prüfklasse B und C erfolgt die Prüfung von beiden Nahtseiten mit einem Einschallwinkel (z. B. Positionen 1 und 2 nach Bild 5).
Zusätzlich bei Wanddicken s > 40 mm bei Prüfklasse C eine weitere Einschallposition (z. B. Position 3 nach Bild 5) anzuwenden.
Bei der Längsfehlerprüfung sind das Schweißgut und der angrenzende Grundwerkstoff soweit wie möglich im ganzen Sprungabstand zu erfassen.

3.2.3 Bei der Querfehlerprüfung genügt bei Prüfklassen A und B und bei Prüfklasse C mit Wanddicken s ≤ 40 mm die Prüfung im spitzen Winkel, im halben Sprungabstand, mit einem Einschallwinkel und von einer Oberfläche aus (z. B. Positionen 4 und 5 nach Bild 5).
Bei Prüfklasse C mit Wanddicken s > 40 mm ist zusätzlich eine Prüfung von einer weiteren Oberfläche aus erforderlich (z. B. Positionen 6 und 7 nach Bild 5).

3.2.4 Falls aufgrund der geometrischen Bedingungen am Bauteil eine andere als in Bild 5 dargestellte Einschallposition im Hinblick auf die Prüfaussage günstiger ist, soll diese Einschallposition angewendet werden.

3.3 Prüfrichtung

Neben den besonders sorgfältig zu erfassenden Richtungen für die Längs- und Querfehlerprüfung sind auch alle zwischen diesen Richtungen liegenden Seitenrichtungen im Hinblick auf mögliche Fehlerorientierungen zu berücksichtigen und dementsprechend alle Prüfrichtungen anzuwenden. Hierzu genügt es, bei der Hin- und Herbewegung des Prüfkopfes für die Längs- und Querfehlerprüfung diesen Vorgang unter fächerndem Schwenken zu wiederholen.
Bei gekrümmten Oberflächen ist wegen der ständig wechselnden Ankopplungsbedingungen auf ausreichende Ankopplung zu achten. Bei Großbadschweißungen (z. B. Elektroschlackeschweißnähten) ist noch eine zusätzliche Prüfrichtung auf Schrägfehler unter einem Seitenwinkel von 45 Grad erforderlich (Bild 3).
Bei Rundnähten mit Durchmesser ≤ 101,6 mm entfällt die Querfehlerprüfung.

3.4 Oberflächenzustand

Die Ankopplungsflächen dürfen keine Erhebungen oder Vertiefungen aufweisen, damit der Prüfkopf an jeder Stelle satt aufliegt und nicht kippen kann und der Einschallwinkel eindeutig festliegt. Die Ankopplungsfläche muss frei von Rost, Zunder, Schweißspritzern und sonstigen, die Ankopplung störenden Verunreinigungen sein. Riefen senkrecht zum Hauptstrahl, welche die Prüfungen wesentlich beeinträchtigen, müssen beseitigt werden.

3.5 Prüffrequenzen

Im Allgemeinen ist bei Wanddicken ≤ 40 mm eine Frequenz von 4 MHz und bei Wanddicken > 40 mm eine Frequenz von 2 MHz anzuwenden.

3.6 Empfindlichkeitsjustierung

3.6.1 Registriergrenze

3.6.1.1 AVG-Methode

Für die Senkrecht- und Winkeleinschallung gelten für nicht formbedingte Echos jeweils die Echohöhen der in Tafel 1 angegebenen Kreisscheibenreflektoren.

Für die Tandemprüfung gilt die Echohöhe eines Kreisscheibenreflektors von 6 mm Durchmesser.

Tafel 1. Registriergrenze in Abhängigkeit von der verschweißten Wanddicke für Längs- und Querfehler

$t^{1)2)}$ oder $a^{2)}$ mm	Durchmesser des Kreisscheibenreflektors mm			
	Eisenwerkstoffe		Aluminiumwerkstoffe	
	Winkel- einschallung	Senkrecht- einschallung	Winkel- einschallung	Senkrecht- einschallung
≤15	1,0	2,0	1,0	2,0
>15 bis ≤20	1,5	2,0	1,5	2,0
>20 bis ≤40	2,0	2,0	2,0	2,0
>40	2,0	3,0	2,0	3,0

[1] Siehe AD 2000-Merkblatt HP 5/3 Bild 1 bis 3
[2] Bei unterschiedlichen verschweißten Wanddicken ist die kleinere ohne Berücksichtigung der Raupenhöhe maßgebend.

3.6.1.2 Vergleichskörper- oder Vergleichslinienmethode

Es gilt eine Anzeigenhöhe von 50 % (Verstärkungszuschlag: 6 dB) der Echohöhe der in Bild 6 angegebenen Justierreflektoren.

3.6.2 Absenken der Registriergrenze bei Querfehlerprüfung

Treten bei der Querfehlerprüfung nicht voneinander trennbare Echoanzeigen (Anzeigenscharen) auf, so ist die Prüfempfindlichkeit so einzustellen, dass Anzeigen registriert werden, die bei Anwendung der AVG-Methode die Echohöhe eines Kreisscheibenreflektors mit einem Durchmesser von 1 mm überschreiten oder bei Anwendung der Vergleichskörper- oder Vergleichslinienmethode bis zu 12 dB unterhalb der vorgegebenen Registriergrenze liegen.

3.6.3 Transferkorrektur

Die in Abschnitt 3.6.1 angegebenen Grenzwerte für die Registrierung gelten nur nach Anwendung der Transferkorrektur zur Berücksichtigung der wechselnden Ankopplungs- und Schwächungsbedingungen im Prüfstück oder der Unterschiede gegenüber dem Justierkörper. Diese Korrektur ist an verschiedenen Stellen zu kontrollieren, wobei insbesondere auf die Schallweganteile im Schweißgut und die Gleichmäßigkeit der Oberflächenbedingungen zu achten ist.

Für die Prüfung von Stutzen- und Anschweißnähten sind die an vergleichbaren Stellen des Bauteils ermittelten Transferkorrekturen anzuwenden.

3.7 Formbedingte Reflexionsstellen

Für Formechos, die an Raupenflanken entstehen können (Bild 7, Stellung 1), gilt der Nachweis als erbracht, wenn vom mutmaßlichen Ort des Reflektors bei Einschallung von der anderen Seite der Schweißverbindung (Bild 7, Stellung 2) kein Echo angezeigt wird.

Zum Nachweis von Formechos an Schweißnähten mit schmalen Wurzeln soll ein Testkörper gleicher Dicke, Schallgeschwindigkeit und gegebenenfalls Krümmung wie der Prüfgegenstand mit einer 1 x 1 mm Rechtecknut verwendet werden. Die Lage der maximalen Echohöhe der Nut wird auf dem Bildschirm markiert. Der verkürzte Projektionsabstand wird am Testkörper gemessen (Bild 8 a und b). Die zu untersuchenden Reflektoren werden gemäß Bild 8 c und d so angeschallt, dass die dabei auftretenden Echoanzeigen mit ihrem Fußpunkt – ohne Berücksichtigung des Echomaximums – mit der zuvor ermittelten Bildschirmmarkierung in Deckung gebracht werden (Bild 8 e). Das nach Bild 8 a ermittelte Maß für den verkürzten Projektionsabstand a' wird auf der Oberfläche markiert (Bild 8 c). Falls nichts anderes vereinbart, gilt der Nachweis als erbracht, wenn die beiden Markierungen mindestens 3 mm Abstand haben. Andernfalls dürfen die Echoanzeigen nicht als Formechos klassifiziert werden (Bild 8 d).

Bei Kehlnähten mit Anzeigen vom Wurzelspalt ist entsprechend zu verfahren, wenn der Wurzelspalt nicht als Anpassfehler zu beurteilen ist.

Bei Stutzennähten mit konstruktiv unverschweißten Spalten gilt es als Fehler, wenn sich beim Prüfen aufgrund des Halbwertspiels ergibt, dass die Tiefenausdehnung des Spaltes um mehr als 3 mm größer sein kann, als konstruktiv vorgesehen ist. Es empfiehlt sich, ein entsprechendes Teststück zu verwenden.

3.8 Ausdehnung von Reflexionsstellen

Bei Überschreitung der Registriergrenze wird die Länge von Reflexionsstellen durch den Prüfkopfabstand gegeben, bei dem die Echohöhen um die in Tafel 2 angegebenen dB-Werte unter die Registriergrenze nach Abschnitt 3.6.1 abgefallen sind.

Bei Registrierlängen über 10 mm sind die Längen anzugeben. Punktförmige registrierpflichtige Anzeigen werden mit ≤ 10 mm protokolliert.

Wenn die Echohüllkurve bei der Prüfkopfverschiebung deutlich ein Plateau erkennen lässt oder durch andere Merkmale der Hinweis auf einen flächenhaften Charakter gegeben ist, so ist dies im Prüfbericht zu vermerken.

Tafel 2. Echohöhenunterschreitung zur Bestimmung der Registrierlänge[1]

t oder $a^{2)}$ mm	Echohöhenunterschreitung der Registriergrenze dB
≤10	0
>10 bis ≤40	6
>40	12

[1] Die Genauigkeit der Messung der Registrierlänge darf durch zusätzliche Prüfköpfe und unter Berücksichtigung der Schallbündelöffnung gesteigert werden, z. B. Prüfköpfe mit höheren Prüfgrenzen oder fokussierte Prüfköpfe.
[2] Siehe AD 2000-Merkblatt HP 5/3 Bild 1 bis 3

4 Magnetpulverprüfung (MP)

Die Durchführung der Magnetpulverprüfung hat als Nassprüfung nach DIN EN 1290 und den ergänzenden Festlegungen der Abschnitte 4.1 und 4.2 zu erfolgen.

4.1 Oberflächenvorbereitung

Besteht der Verdacht auf das Vorhandensein von Rissen oder haben sich bereits Risse gezeigt, sind die Prüfungen an überschliffenen Oberflächen vorzunehmen.

4.2 Kontaktstellen bei Selbstdurchflutung

4.2.1 Wird mittels Selbstdurchflutung geprüft, sollen nach Möglichkeit abschmelzende Elektroden (z. B. Blei-Zinn-Legierungen) verwendet werden. Es ist sicherzustellen, dass in den Kontaktbereichen Überhitzungen des zu prüfenden Werkstoffes vermieden werden.

4.2.2 Sind dennoch Überhitzungsbereiche entstanden, so sind sie zu kennzeichnen, nach Abschluss der Prüfung zu überschleifen und einer Magnetpulverprüfung mittels Jochmagnetisierung zu unterziehen.

5 Eindringprüfung (FE)

Die Durchführung der Prüfung hat nach DIN EN 571-1 zu erfolgen. Die Kontrolle der Prüfmittel und des Prüfmittelsystems erfolgt nach DIN EN ISO 3452-2. [1]

6 Sonstige Verfahren

Werden andere als die unter Abschnitt 4 und 5 behandelten Verfahren angewendet, sind die Anforderungen mit den Beteiligten abzustimmen.

---

[1] Als Übergangsregelung gilt: Musterprüfzeugnisse nach DIN 54152 Teil 2 sind bis zu zwei Jahren nach dem Erscheinen von DIN EN ISO 3452-2 (Juli 2000) gültig.

AD 2000-Merkblatt HP 5/3 Anlage 1, Ausg. 01.2002 Seite 5

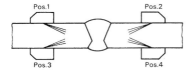

Bild 1. Prüfkopfpositionen für die Längsfehlerprüfung

Prüfklasse A: Pos. 1, 2, 3 oder 4
Prüfklasse B und C: Pos. 1 und 2 oder Pos. 3 und 4

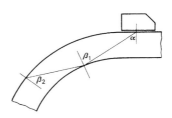

Bild 4. Auftreffwinkel bei in Prüfrichtung gekrümmter Werkstoffgeometrie

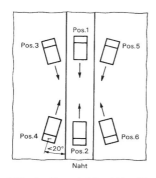

Bild 2. Prüfkopfpositionen bei Querfehlerprüfung

Prüfklasse A: Pos. 3 und 4 oder Pos. 5 und 6, falls Pos. 1 und 2 nicht möglich
Prüfklasse B: Pos. 3 bis 6, falls Pos. 1 und 2 nicht möglich
Prüfklasse C: Pos. 1 und 2

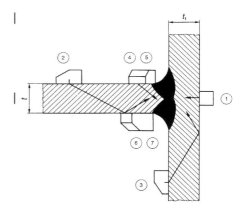

④ ⑤ Querfehlerprüfung in zwei gegensinnigen
⑥ ⑦ Prüfrichtungen mit Anstellwinkel zur Naht

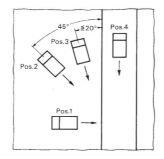

Prüf-klasse	Wanddicke t, t_1 mm	Einschallposition	
		Längsfehler-prüfung	Querfehler-prüfung
A	alle	① oder ②	④ und ⑤
B	alle	① und ②	④ und ⑤
C	≤ 40	① und ②	④ und ⑤
	> 40	① und ② und ③	④ und ⑤ und ⑥ und ⑦

Bild 3. Prüfkopfpositionen bei Längs-, Schräg- und Querfehlern

Pos. 1: Längsfehler
Pos. 2: Schrägfehler
Pos. 3 oder 4: Querfehler

Bild 5. Einschallpositionen für die Ultraschallprüfung von Stutzen- und Anschweißnähten

HP 5/3 Anl. 1

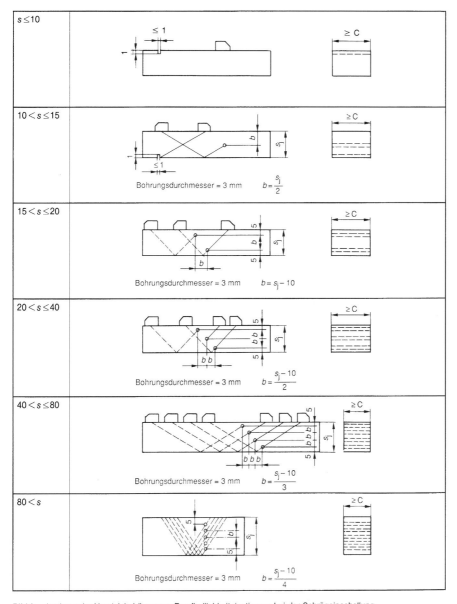

Bild 6. Justier- oder Vergleichskörper zur Empfindlichkeitsjustierung bei der Schrägeinschallung

$$C = \frac{2s_{max} \times \lambda}{D} \text{ [mm]}$$

s_{max}: maximaler Schallweg zum Vergleichsreflektor [mm]
λ: Wellenlänge [mm]
D: Schwingergröße quer zur Einschallrichtung [mm]

HP 5/3 Anl. 1

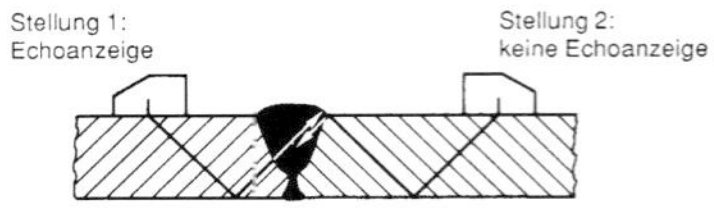

Bild 7. Beispiel zum Nachweis eines Formechos

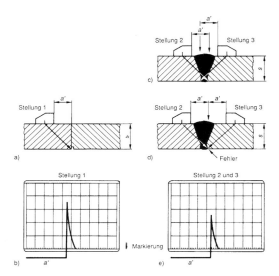

Bild 8. Nachweis von Formechos durch Vergleich mit der Echoanzeige einer Nut

ICS 23.020.30　　　　　　　　　　　　　　　　　　　　　　　Ausgabe Oktober 2000

Herstellung und Prüfung von Druckbehältern	Wärmebehandlung **Allgemeine Grundsätze**	AD 2000-Merkblatt **HP 7/1**

Die AD 2000-Merkblätter werden von den in der „Arbeitsgemeinschaft Druckbehälter" (AD) zusammenarbeitenden, nachstehend genannten sieben Verbänden aufgestellt. Aufbau und Anwendung des AD 2000 – Regelwerkes sowie die Verfahrensrichtlinien regelt das AD 2000-Merkblatt G1.

Die AD 2000-Merkblätter enthalten sicherheitstechnische Anforderungen, die für normale Betriebsverhältnisse zu stellen sind. Sind über das normale Maß hinausgehende Beanspruchungen beim Betrieb der Druckbehälter zu erwarten, so ist diesen durch Erfüllung besonderer Anforderungen Rechnung zu tragen.

Wird von den Forderungen dieses AD 2000-Merkblattes abgewichen, muss nachweisbar sein, dass der sicherheitstechnische Maßstab dieses Regelwerkes auf andere Weise eingehalten ist, z.B. durch Werkstoffprüfungen, Versuche, Spannungsanalyse, Betriebserfahrungen.

　　　　Fachverband Dampfkessel-, Behälter- und Rohrleitungsbau e.V. (FDBR), Düsseldorf
　　　　Hauptverband der gewerblichen Berufsgenossenschaften e.V., Sankt Augustin
　　　　Verband der Chemischen Industrie e.V. (VCI), Frankfurt/Main
　　　　Verband Deutscher Maschinen- und Anlagenbau e.V. (VDMA), Fachgemeinschaft Verfahrenstechnische Maschinen und Apparate, Frankfurt/Main
　　　　Verein Deutscher Eisenhüttenleute (VDEh), Düsseldorf
　　　　VGB PowerTech e.V., Essen
　　　　Verband der Technischen Überwachungs-Vereine e.V. (VdTÜV), Essen

Die AD 2000-Merkblätter werden durch die Verbände laufend dem Fortschritt der Technik angepasst. Anregungen hierzu sind zu richten an den Herausgeber:

　　　　Verband der Technischen Überwachungs-Vereine e.V., Postfach 10 38 34, 45038 Essen.

Inhalt

0　Präambel　　　　　　　　　　　2　Grundsätze für die Wärmebehandlung
1　Geltungsbereich　　　　　　　　3　Bescheinigungen

0 Präambel

Zur Erfüllung der grundlegenden Sicherheitsanforderungen der Druckgeräte-Richtlinie kann das AD 2000-Regelwerk angewandt werden, vornehmlich für die Konformitätsbewertung nach den Modulen „G" und „B + F".

Das AD 2000-Regelwerk folgt einem in sich geschlossenen Auslegungskonzept. Die Anwendung anderer technischer Regeln nach dem Stand der Technik zur Lösung von Teilproblemen setzt die Beachtung des Gesamtkonzeptes voraus.

Bei anderen Modulen der Druckgeräte-Richtlinie oder für andere Rechtsgebiete kann das AD 2000-Regelwerk sinngemäß angewandt werden. Die Prüfzuständigkeit richtet sich nach den Vorgaben des jeweiligen Rechtsgebietes.

1 Geltungsbereich

Dieses AD 2000-Merkblatt regelt die Voraussetzungen und die Art der Wärmebehandlung von Druckbehältern oder Druckbehälterteilen nach dem Kaltumformen, Warmumformen oder Schweißen. Die Prüfungen nach Umformen sind in den AD 2000-Merkblättern HP 8/1 und HP 8/2 geregelt.

2 Grundsätze für die Wärmebehandlung

2.1 Die Hersteller müssen über geeignete Einrichtungen für die in Frage kommenden Wärmebehandlungen verfügen. Es können auch werksfremde Einrichtungen in Anspruch genommen werden, die die Voraussetzungen erfüllen.

2.2 Die Wärmebehandlungseinrichtungen müssen eine ausreichende Genauigkeit und Gleichmäßigkeit der Temperaturführung im Werkstück für die gewählte Art der Wärmebehandlung ermöglichen. Insbesondere gilt dies für Werkstoffen mit engen zulässigen Temperaturspannen für die Wärmebehandlung.

Für das Durchführen der Wärmebehandlung und für die Temperaturmessung ist sachkundiges Personal einzusetzen.

Bei ortsfesten Wärmebehandlungseinrichtungen ist der Temperaturverlauf über die Zeit mit selbstschreibenden Instrumenten in einer der Größe der Einrichtung oder des Werkstückes angepassten Zahl von Messstellen festzuhalten. Werden bei ortsbeweglichen Wärmebehandlungseinrichtungen keine selbstschreibenden Instrumente verwendet, so sind die Messergebnisse festzuhalten.

Die AD 2000-Merkblätter sind urheberrechtlich geschützt. Die Nutzungsrechte, insbesondere die der Übersetzung, des Nachdrucks, der Entnahme von Abbildungen, die Wiedergabe auf fotomechanischem Wege und die Speicherung in Datenverarbeitungsanlagen, bleiben, auch bei auszugsweiser Verwertung, dem Urheber vorbehalten.

2.3 Die Temperaturmesseinrichtungen sind in angemessenen Zeitabständen zu überprüfen. Über die Prüfung ist Protokoll zu führen. Die zuständige unabhängige Stelle ist berechtigt, bei der Schlussprüfung die Protokolle einzusehen.

2.4 Die Druckbehälterteile sind in der Regel einer Wärmebehandlung im Ganzen zu unterziehen. Hiervon kann beim Spannungsarm- und Anlassglühen von Schweißnähten und örtlich umgeformten Bereichen abgewichen werden, wenn die Schweißverbindung bzw. die Verformungszone bei der Wärmebehandlung voll erfasst wird, z. B. bei zylindrischen Bauteilen ein ausreichend breiter zylindrischer Abschnitt oder bei Längsnähten offener Schüsse die Nahtzone in ausreichender Breite über die Länge der Schweißnaht. Schroffe Temperaturübergänge sind zu vermeiden.

2.5 Wärmebehandlungstemperatur und -dauer sind werkstoff- und bauteilbedingt. Die Angaben hierüber sind im Allgemeinen den Werkstoffspezifikationen zu entnehmen. Abhängig von Werkstoff, Wanddicke und Bauteilabmessungen sind auch die Wärm- und Abkühlgeschwindigkeiten zu wählen.

Bei Verbindung unterschiedlicher Werkstoffe kann sich die Notwendigkeit ergeben, von den jeweils angegebenen Temperaturen abzuweichen. Für die Verbindung unterschiedlicher Werkstoffe sind – falls erforderlich – die zweckmäßigen Bedingungen für eine Wärmebehandlung im Rahmen der Verfahrensprüfung festzulegen. Soweit bei häufig vorkommenden Werkstoffkombinationen Festlegungen bestehen, sollen diese angewendet werden.

2.6 Sollen einzelne Prüfstücke für Werkstoffprüfungen wärmebehandelt werden, so ist sicherzustellen, dass sie die gleiche Temperaturführung erhalten wie die zugehörigen Druckbehälter oder Druckbehälterteile. Dies erfordert beim Beilegen kleiner Prüfstücke bei der Wärmebehandlung großer Bauteile im Allgemeinen besondere Maßnahmen.

3 Bescheinigungen

3.1 Für Druckbehälter oder Druckbehälterteile, die wärmebehandelt wurden, ist von dem Werk, das die Wärmebehandlung durchgeführt hat, eine Bescheinigung über die Wärmebehandlung mit Angabe der Temperatur, der Art der Abkühlung und gegebenenfalls der Haltedauer auszustellen. In dieser Bescheinigung ist zu bestätigen, dass die Eignung der Wärmebehandlungseinrichtungen erstmalig festgestellt wurde.

3.2 Für warmgeformte Druckbehälterteile, die nach dem Warmumformen nicht wärmebehandelt wurden, ist vom Hersteller dieser Teile eine Bescheinigung darüber auszustellen, dass das Umformen innerhalb des nach der Werkstoffspezifikation für den Werkstoff angegebenen Temperaturbereiches begonnen und beendet worden ist. Die Art der Abkühlung ist ebenfalls anzugeben.

ICS 23.020.30

Ausgabe Oktober 2000

Herstellung und Prüfung von Druckbehältern	Wärmebehandlung Ferritische Stähle	AD 2000-Merkblatt HP 7/2

Die AD 2000-Merkblätter werden von den in der „Arbeitsgemeinschaft Druckbehälter" (AD) zusammenarbeitenden, nachstehend genannten sieben Verbänden aufgestellt. Aufbau und Anwendung des AD 2000-Regelwerkes sowie die Verfahrensrichtlinien regelt das AD 2000-Merkblatt G1.

Die AD 2000-Merkblätter enthalten sicherheitstechnische Anforderungen, die für normale Betriebsverhältnisse zu stellen sind. Sind über das normale Maß hinausgehende Beanspruchungen beim Betrieb der Druckbehälter zu erwarten, so ist diesen durch Erfüllung besonderer Anforderungen Rechnung zu tragen.

Wird von den Forderungen dieses AD 2000-Merkblattes abgewichen, muss nachweisbar sein, dass der sicherheitstechnische Maßstab dieses Regelwerkes auf andere Weise eingehalten ist, z.B. durch Werkstoffprüfungen, Versuche, Spannungsanalyse, Betriebserfahrungen.

   Fachverband Dampfkessel-, Behälter- und Rohrleitungsbau e.V. (FDBR), Düsseldorf
   Hauptverband der gewerblichen Berufsgenossenschaften e.V., Sankt Augustin
   Verband der Chemischen Industrie e.V. (VCI), Frankfurt/Main
   Verband Deutscher Maschinen- und Anlagenbau e.V. (VDMA), Fachgemeinschaft Verfahrenstechnische Maschinen und Apparate, Frankfurt/Main
   Verein Deutscher Eisenhüttenleute (VDEh), Düsseldorf
   VGB PowerTech e.V., Essen
   Verband der Technischen Überwachungs-Vereine e.V. (VdTÜV), Essen

Die AD 2000-Merkblätter werden durch die Verbände laufend dem Fortschritt der Technik angepasst. Anregungen hierzu sind zu richten an den Herausgeber:

Verband der Technischen Überwachungs-Vereine e.V., Postfach 10 38 34, 45038 Essen.

Inhalt

0   Präambel
1   Geltungsbereich
2   Wärmebehandlung nach dem Kaltumformen
3   Wärmebehandlung nach dem Warmumformen
4   Wärmebehandlung nach dem Schweißen
5   Wärmebehandlung von Druckbehältern oder Druckbehälterteilen mit besonderen Anforderungen

0 Präambel

Zur Erfüllung der grundlegenden Sicherheitsanforderungen der Druckgeräte-Richtlinie kann das AD 2000-Regelwerk angewandt werden, vornehmlich für die Konformitätsbewertung nach den Modulen „G" und „B + F".

Das AD 2000-Regelwerk folgt einem in sich geschlossenen Auslegungskonzept. Die Anwendung anderer technischer Regeln nach dem Stand der Technik zur Lösung von Teilproblemen setzt die Beachtung des Gesamtkonzeptes voraus.

Bei anderen Modulen der Druckgeräte-Richtlinie oder für andere Rechtsgebiete kann das AD 2000-Regelwerk sinngemäß angewandt werden. Die Prüfzuständigkeit richtet sich nach den Vorgaben des jeweiligen Rechtsgebietes.

1 Geltungsbereich

Dieses AD 2000-Merkblatt regelt die Wärmebehandlung von Druckbehältern oder Druckbehälterteilen aus ferritischen Stählen nach dem Kaltumformen, Warmumformen oder Schweißen. Ausgenommen hiervon sind die nichtrostenden und hitzebeständigen ferritischen Chromstähle[1]).

2 Wärmebehandlung nach dem Kaltumformen

Vor dem Kaltumformen müssen sich die Werkstoffe im Lieferzustand entsprechend den Regelungen der AD 2000-Merkblätter der Reihe W befinden. Mit Rücksicht auf die durch Kaltumformen und Altern möglichen Veränderungen der Werkstoffeigenschaften ist nach folgenden Grundsätzen zu verfahren:

2.1 Druckbehälterteile für Druckbehälter, die bei Betriebstemperaturen herab bis −10 °C oder Umgebungstemperaturen betrieben werden, sind bei einem Umformgrad > 5 % (bei zylindrischen Schüssen und Kugelsegmenten $s > 0,05 \cdot D_m$) entsprechend den Festlegungen in der Werkstoffspezifikation wärmezubehandeln (Normalglühen oder Vergüten).

---

[1]) Bis zur Aufstellung eines AD 2000-Merkblattes für diese Stähle gelten die Festlegungen der VdTÜV-Werkstoffblätter.

Die AD 2000-Merkblätter sind urheberrechtlich geschützt. Die Nutzungsrechte, insbesondere die der Übersetzung, des Nachdrucks, der Entnahme von Abbildungen, die Wiedergabe auf fotomechanischem Wege und die Speicherung in Datenverarbeitungsanlagen, bleiben, auch bei auszugsweiser Verwertung, dem Urheber vorbehalten.

2.2 Druckbehälterteile für Druckbehälter, die bei Betriebstemperaturen unter −10 °C betrieben werden, sind

(1) bei Stahlsorten nach DIN 17 102, 17 173, 17 174, 17 178, 17 179 und 17 280 − ausgenommen 10 Ni 14, 12 Ni 19 und X 8 Ni 9 − bei Umformgraden > 2 %

(2) bei Stahlsorten 10 Ni 14, 12 Ni 19 und X 8 Ni 9 nach DIN 17 280 bei Umformgraden > 5 %

entsprechend den Festlegungen in den Werkstoffspezifikationen wärmezubehandeln (Normalglühen oder Vergüten).

2.3 Kaltumgeformte Böden, auch solche, die aus geschweißten Ronden hergestellt wurden, sind entsprechend den Festlegungen in der Werkstoffspezifikation wärmezubehandeln (Normalglühen oder Vergüten).

2.4 Von den Festlegungen nach den Abschnitten 2.1 b s 2.3 kann abgewichen werden, wenn der Nachweis erbracht wird, dass die Werkstoffe in ihren Eigenschaften den Beanspruchungen beim Betrieb des Druckbehälters genügen.

2.5 Kaltumgeformte Klöpperböden aus den Stahlsorten RSt 37-2 oder St 37-3 nach DIN 17 100, H I oder H II nach DIN 17 155 oder StE 255 nach DIN 17 102 sowie aus anderen Stahlsorten vergleichbarer Festigkeit brauchen nicht wärmebehandelt zu werden, sofern die Betriebstemperatur −10 °C nicht unterschreitet und die Berechnungstemperatur entsprechend AD 2000-Merkblatt B 0 Abschnitt 4 120 °C nicht überschreitet und die Nennwanddicke ≤ 8 mm ist.

2.6 Bei den mit Biegeradien r_m ≥ 1,3 · d_a kaltgebogenen Rohren aus Stahlsorten nach den im AD 2000-Merkblatt W 4 genannten DIN-Normen ist eine Wärmebehandlung bei Außendurchmessern ≤ 133 mm nicht erforderlich. Bei den mit Biegeradien r_m ≥ 2,5 · d_a kaltgebogenen Rohren aus Stahlsorten nach den im AD 2000-Merkblatt W 4 genannten DIN-Normen ist eine Wärmebehandlung in der Regel nicht erforderlich. Ausgenommen sind Rohre aus kaltzähen Stählen mit Wanddicken > 2,5 mm und kaltgebogene Rohre, die wärmebehandelt werden müssen wegen der Korrosionsbeanspruchung oder weil belastete Teile außerhalb der neutralen Zone angeschweißt werden.

2.7 Werden die zulässigen Umformgrade bei Kaltumformung überschritten, ist die Wärmebehandlung im Regelfall vor dem Schweißen durchzuführen.

2.8 Bei plattierten Druckbehältern oder Druckbehälterteilen ist die Wärmebehandlung entsprechend dem Grundwerkstoff durchzuführen, sofern mit Rücksicht auf die Plattierung keine besonderen Vereinbarungen getroffen werden müssen.

3 Wärmebehandlung nach dem Warmumformen

3.1 Nach dem Warmumformen sind die Druckbehälterteile entsprechend den Festlegungen in der Werkstoffspezifikation wärmezubehandeln.

3.2 Wenn das Umformen innerhalb des in der Werkstoffspezifikation angegebenen Temperaturbereiches begonnen und beendet worden ist, kann nach dem Warmumformen bei normalgeglühten Stählen auf ein Normalglühen verzichtet werden. Bei luftvergüteten Stählen ist ein anschließendes Anlassglühen erforderlich.

3.3 Bei in Teilbereichen mit örtlicher Erwärmung durchzuführender Warmumformung gilt die Regelung nach Tafel 1 unter der Voraussetzung, dass die Bauteile vor dem Umformen dem für die Stahlsorte vorgesehenen Lieferzustand (Wärmebehandlungszustand) der AD 2000-Merkblätter der Reihe W entsprechen.

4 Wärmebehandlung nach dem Schweißen

4.1 Die Notwendigkeit und die Art der Wärmebehandlung nach dem Schweißen ergeben sich in Abhängigkeit von der chemischen Zusammensetzung der Werkstoffe und Schweißzusätze, der Form des Bauteils, der Wanddicke, den Schweißbedingungen, den Festigkeitseigenschaften, dem Umfang der zerstörungsfreien Prüfung und, soweit notwendig, von der Einhaltung zusätzlicher Bedingungen.

4.2 Auf eine Wärmebehandlung nach dem Schweißen kann verzichtet werden, wenn die in Tafel 2 genannten Bedingungen gleichzeitig erfüllt sind und sich dem Schweißen sich alle Teile in dem Wärmebehandlungszustand befinden, den die Abschnitte 2 und 3 oder die AD 2000-Merkblätter der Reihe W vorsehen.

4.3 Ist eine Wärmebehandlung nach dem Schweißen erforderlich, genügt hierfür in der Regel ein Spannungsarm- oder Anlassglühen.

4.4 Normalglühen oder Vergüten des Werkstückes ist unter Beachtung der Festigkeitseigenschaften des Schweißgutes erforderlich, wenn

(1) die geforderten Eigenschaften der Schweißverbindung nur durch Normalglühen oder Vergüten erreicht werden können,

(2) das Werkstück kaltumgeformt wurde und der Umformgrad von 2 oder 5 % überschritten ist (siehe Abschnitt 2) und vor dem Schweißen nicht wärmebehandelt wurde.

4.5 Bei plattierten Druckbehälterteilen ist die Wärmebehandlung entsprechend dem Grundwerkstoff durchzuführen, sofern mit Rücksicht auf die Plattierung keine besonderen Vereinbarungen getroffen werden müssen.

4.6 Das Ein- und Anschweißen von Teilen an Druckbehälterwandungen ist vor der Wärmebehandlung durchzuführen. Von dieser Regel kann für Kleinteilen abgewichen werden, wenn die Eigenschaften der Werkstoffe bei Betriebsbedingungen und die Schweißverbindungen es zulassen. Dieses bedarf der Zustimmung der zuständigen unabhängigen Stelle.

5 Wärmebehandlung von Druckbehältern oder Druckbehälterteilen mit besonderen Anforderungen

Werden besondere Anforderungen hinsichtlich des Wärmebehandlungszustandes gestellt (z. B. im Hinblick auf die Gefahr der Korrosion), so ist das bei der Bestellung zu vereinbaren. Bedeutet die vereinbarte Wärmebehandlung eine wesentliche Beeinträchtigung der Eigenschaften des Werkstoffes, bedarf es der Zustimmung der zuständigen unabhängigen Stelle. Die abweichende Wärmebehandlung ist in der Bescheinigung nach AD 2000-Merkblatt HP 7/1 Abschnitt 3 aufzuführen.

AD 2000-Merkblatt HP 7/2, Ausg. 10.2000 Seite 3

Tafel 1. Wärmebehandlung von zylindrischen Bauteilen und Böden nach Umformen in Teilbereichen mit örtlicher Erwärmung

Beispiele für Ausführungsformen	Bauteile aus Stahlsorten im Lieferzustand		
	normalgeglüht	luftvergütet	andere
(Aushalsung: $d/D \leq 0{,}8$; weitere Darstellung Aushalsung $d/D \leq 0{,}8$; Schnitt X–Y)	Bei Stählen mit einer Mindestzugfestigkeit $R_m < 470$ N/mm² keine Wärmebehandlung[1]). Bei Stählen mit einer Mindestzugfestigkeit $R_m \geq 470$ N/mm² Normalglühen des gesamten Bauteiles	Bei Formen B und C Anlassglühen des jeweiligen Zylinderabschnittes[2]). Bei Formen A (A') Luftvergüten des gesamten Bauteiles	Erneute Wärmebehandlung des gesamten Bauteiles entsprechend den Angaben in der Werkstoffspezifikation für die jeweilige Stahlsorte
		Anlassglühen des gesamten Bauteiles	

Schraffierte Bereiche stellen die Erwärmungszonen dar.

[1]) Mit Ausnahme der Stähle mit besonderen Eigenschaften, wie z. B. Feinkornbaustähle nach DIN 17 102, 17 178 und 17 179 sowie kaltzähe Stähle nach DIN 17 280, 17 173 und 17 174
[2]) Glühung von Zylinderabschnitten nur, wenn beim Glühen eine gegenseitige Beeinflussung ausgeschlossen ist

HP 7/2

Tafel 2. Bedingungen für den Verzicht auf Wärmebehandlung nach dem Schweißen; Auszug aus der Übersichtstafel 1 zu AD 2000-Merkblatt HP 0

Werkstoffgruppe [1]	Stahlsorten	Bedingungen für den Verzicht auf Wärmebehandlung nach dem Schweißen. Auf eine Wärmebehandlung nach dem Schweißen kann verzichtet werden, wenn die nach Wanddicken und Stahlsorten gegliederten zusätzlichen Anforderungen in der Spalte 5 erfüllt sind.		
		Wanddickenbegrenzung mm	Stahlsorten innerhalb der jeweiligen Werkstoffgruppe	Sonstige zusätzliche Anforderungen
1	2	3	4	5
1	Stähle innerhalb der folgenden Analysengruppen (Schmelzenanalyse) mit einer Mindeststreckgrenze < 370 N/mm² [9], ausgenommen kaltzähe Stähle, wenn sie nach AD 2000-Merkblatt W 10 im Beanspruchungsfall I unter −10 °C verwendet werden C ≤ 0,22 ≤ 0,20 Si ≤ 0,50 ≤ 0,50 Mn ≤ 1,6 ≤ 0,8 Mo − ≤ 065 P, S je ≤ 0,05 je ≤ 0,05 sonst. insges. ≤ 0,8 ≤ 0,5 sonst. einzeln ≤ 0,3 ≤ 0,3	≤ 30	alle	keine
		> 30 ≤ 38	Grund- und warmfeste Reihe der Feinkornbaustähle nach DIN 17 102, 17 178 und 17 179 sowie Stahlsorten, die nach Werkstoffspezifikation gleiche Mindestanforderungen an die Kerbschlagarbeit erfüllen	keine
		> 38 ≤ 50	alle Stahlsorten mit einer festgelegten Kerbschlagarbeit ≥ 31 J bei 0 °C in Querrichtung (ISO-V-Probe)	einfache geometrische Form (Kugel, Zylinder); 100 % zerstörungsfreie Prüfung; Beanspruchung bei Druckprüfung ≥ 0,85 R_{emin} bei Raumtemperatur; besondere Sprödbruchuntersuchung. Teile mit Stutzen und Anschweißteilen sind vorher wärmezubehandeln.
2	Feinkornbaustähle mit einer Mindeststreckgrenze ≥ 370 bis < 430 N/mm², ausgenommen kaltzähe Stähle, wenn sie nach AD 2000-Merkblatt W 10 im Beanspruchungsfall I unter −10 °C verwendet werden	≤ 30	Grund- und warmfeste Reihe der Feinkornbaustähle nach DIN 17 102, 17 178 und 17 179 sowie Stahlsorten, die nach Werkstoffspezifikation gleiche Mindestanforderungen an die Kerbschlagarbeit erfüllen	keine
3	Feinkornbaustähle mit einer Mindeststreckgrenze ≥ 430 N/mm², ausgenommen kaltzähe Stähle, wenn sie nach AD 2000-Merkblatt W 10 im Beanspruchungsfall I unter −10 °C verwendet werden	≤ 30	alle	keine
	Warmfeste Baustähle: 11 NiMoV 5 3, 13 MnNiMo 5 4, 17 MnMoV 6 4, 20 MnMoNi 5 5, 15 NiCuMoNb 5, 22 NiMoCr 3 7, 12 MnNiMo 5 5, 20 MnMoNi 4 5	siehe Eignungsfeststellung		

HP 7/2 392

Tafel 2. Bedingungen für den Verzicht auf Wärmebehandlung nach dem Schweißen; Auszug aus der Übersichtstafel 1 zu AD 2000-Merkblatt HP 0 (Fortsetzung)

Werkstoffgruppe [1]	Stahlsorten	Bedingungen für den Verzicht auf Wärmebehandlung nach dem Schweißen. Auf eine Wärmebehandlung nach dem Schweißen kann verzichtet werden, wenn die nach Wanddicken und Stahlsorten gegliederten zusätzlichen Anforderungen in der Spalte 5 erfüllt sind.		
		Wanddickenbegrenzung mm	Stahlsorten innerhalb der jeweiligen Werkstoffgruppe	Sonstige zusätzliche Anforderungen
1	2	3	4	5
4.1	Warmfeste Stähle: 13 CrMo 4 4, 10 CrMo 9 10, 12 CrMo 19 5, X 10 CrMo 9 1	Wärmebehandlung nach dem Schweißen erforderlich		
4.2	Warmfeste Stähle: 14 MoV 6 3 und X 20 CrMoV 12 1	Wärmebehandlung nach dem Schweißen erforderlich		
5.1	Feinkornbaustähle nach DIN 17 102, 17 178 und 17 179 der kaltzähen Reihe und der kaltzähen Sonderreihe mit einer Mindeststreckgrenze < 370 N/mm^2. Feinkornbaustähle nach DIN 17 102, 17 178 und 17 179 der Grund- und warmfesten Reihe mit einer Mindeststreckgrenze < 370 N/mm^2, wenn sie nach AD 2000-Merkblatt W 10 im Beanspruchungsfall I unter $-10\,°C$ verwendet werden. Stahlsorten TTSt 35 N und TTSt 35 V nach DIN 17 173 und 17 174 sowie Stahlsorten 11 MnNi 5 3 und 13 MnNi 6 3 nach DIN 17 280, 17 173 und 17 174 bei tiefsten Anwendungstemperaturen bis einschließlich $-60\,°C$[25]).	≤ 30	alle	keine
		$> 30 \leq 38$	Grund- und warmfeste Reihe der Feinkornbaustähle nach DIN 17 102, 17 178 und 17 179 sowie Stahlsorten, die nach Werkstoffspezifikation gleiche Mindestanforderungen an die Kerbschlagarbeit erfüllen	keine
		$> 38 \leq 50$	alle Stahlsorten mit einer festgelegten Kerbschlagarbeit ≥ 31 J bei 0 °C in Querrichtung (ISO-V-Probe)	einfache geometrische Form (Kugel, Zylinder); 100 % zerstörungsfreie Prüfung; Beanspruchung bei Druckprüfung $\geq 0{,}85\,R_{emin}$ bei Raumtemperatur; besondere Sprödbruchuntersuchung. Teile mit Stutzen und Anschweißteilen sind vorher wärmezubehandeln.
5.2	Feinkornbaustähle nach DIN 17 102, 17 178 und 17 179 der kaltzähen Reihe und der kaltzähen Sonderreihe mit einer Mindeststreckgrenze ≥ 370 N/mm^2 bis < 430 N/mm^2. Feinkornbaustähle nach DIN 17 102, 17 178 und 17 179 der Grund- und warmfesten Reihe mit einer Mindeststreckgrenze ≥ 370 N/mm^2 bis < 430 N/mm^2, wenn sie nach AD 2000-Merkblatt W 10 im Beanspruchungsfall I unter $-10\,°C$ verwendet werden. Stahlsorte TTSt 35 V nach DIN 17 173 und 17 174 bei tiefsten Anwendungstemperaturen unterhalb $-60\,°C$[25]).	≤ 30	alle	keine

Tafel 2. Bedingungen für den Verzicht auf Wärmebehandlung nach dem Schweißen; Auszug aus der Übersichtstafel 1 zu AD 2000-Merkblatt HP 0 (Fortsetzung)

Werkstoffgruppe [1]	Stahlsorten	Bedingungen für den Verzicht auf Wärmebehandlung nach dem Schweißen. Auf eine Wärmebehandlung nach dem Schweißen kann verzichtet werden, wenn die nach Wanddicken und Stahlsorten gegliederten zusätzlichen Anforderungen in der Spalte 5 erfüllt sind.		
		Wanddickenbegrenzung mm	Stahlsorten innerhalb der jeweiligen Werkstoffgruppe	Sonstige zusätzliche Anforderungen
1	2	3	4	5
5.3	Feinkornbaustähle nach DIN 17 102, 17 178 und 17 179 mit einer Mindeststreckgrenze ≥ 430 N/mm^2 der kaltzähen Reihe und der kaltzähen Sonderreihe. Feinkornbaustähle nach DIN 17 102, 17 178 und 17 179 mit einer Mindeststreckgrenze ≥ 430 N/mm^2 der Grund- und warmfesten Reihe, wenn sie nach AD 2000-Merkblatt W 10 im Beanspruchungsfall I unter $-10\,°C$ verwendet werden[25]).	≤ 30	alle	keine
5.4	Kaltzähe Stähle nach DIN 17 280, 17 173 und 17 174[25])	≤ 50[22])	X 8 Ni 9 10 Ni 14 12 Ni 19	mit austenitischen oder nickelbasislegierten Zusätzen geschweißt
		≤ 30	10 Ni 14 12 Ni 19	artgleich geschweißt
6	Austenitische Stähle nach DIN 17 440, 17 441, 17 457 und 17 458 sowie SEW 400	keine	alle	Die in Abschitt 4 des AD 2000-Merkblattes HP 7/3 genannten zusätzlichen Bedingungen sind zu beachten.
7	Ferritfreie austenitische Stähle, jedoch gegebenenfalls mit Ferritanteilen im Schweißgut und austenitische Stähle der Werkstoffgruppe 6, soweit sie mit Schweißzusätzen mit ≤ 3 % Deltaferrit im Schweißgut verschweißt werden, z. B. X 8 CrNiNb 16 13, X 8 CrNiNb 16 16, X 8 CrNiMoVNb 16 13	keine	alle	Die in Abschitt 4 des AD 2000-Merkblattes HP 7/3 genannten zusätzlichen Bedingungen sind zu beachten.
8	Ferritisch-austenitische Stähle, z. B. X 2 CrNiMoN 22 5 3	keine	alle	keine

Fußnoten zu Tafel 2

[1] Andere Werkstoffe sind nach Werkstoffspezifikation den vergleichbaren Werkstoffgruppen entsprechend der Eignungsfeststellung zuzuordnen. Werden Teile aus verschiedenen Werkstoffgruppen miteinander verschweißt, so ist die Gruppe mit dem größeren Prüfumfang maßgebend.

[9] Wenn Laugenrissbeständigkeit gefordert, ist der Prüfumfang entsprechend zu erweitern.

[22] Eine Wärmebehandlung bedeutet nicht immer eine Verbesserung der Eigenschaften. Auch bei Wanddicken > 50 mm ist ein Verzicht auf Wärmebehandlung zu erwägen. Es sind besondere Vereinbarungen zu treffen.

[25] Werden die Stähle der Werkstoffgruppen 5.1 bis 5.4 bei Einhaltung der im AD 2000-Merkblatt W 10 festgelegten Regelungen bei tiefsten Anwendungstemperaturen $\geq -10\,°C$ eingesetzt, gelten die Regelungen der Werkstoffgruppen 1 bis 3.

ICS 23.020.30   Ausgabe September 2001

Herstellung und Prüfung von Druckbehältern	Wärmebehandlung **Austenitische Stähle**	AD 2000-Merkblatt **HP 7/3**

Die AD 2000-Merkblätter werden von den in der „Arbeitsgemeinschaft Druckbehälter" (AD) zusammenarbeitenden, nachstehend genannten sieben Verbänden aufgestellt. Aufbau und Anwendung des AD 2000-Regelwerkes sowie die Verfahrensrichtlinien regelt das AD 2000-Merkblatt G1.

Die AD 2000-Merkblätter enthalten sicherheitstechnische Anforderungen, die für normale Betriebsverhältnisse zu stellen sind. Sind über das normale Maß hinausgehende Beanspruchungen beim Betrieb der Druckbehälter zu erwarten, so ist diesen durch Erfüllung besonderer Anforderungen Rechnung zu tragen.

Wird von den Forderungen dieses AD 2000-Merkblattes abgewichen, muss nachweisbar sein, dass der sicherheitstechnische Maßstab dieses Regelwerkes auf andere Weise eingehalten ist, z. B. durch Werkstoffprüfungen, Versuche, Spannungsanalyse, Betriebserfahrungen.

  Fachverband Dampfkessel-, Behälter- und Rohrleitungsbau e. V. (FDBR), Düsseldorf
  Hauptverband der gewerblichen Berufsgenossenschaften e. V., Sankt Augustin
  Verband der Chemischen Industrie e. V. (VCI), Frankfurt/Main
  Verband Deutscher Maschinen- und Anlagenbau e. V. (VDMA), Fachgemeinschaft Verfahrenstechnische Maschinen und Apparate, Frankfurt/Main
  Verein Deutscher Eisenhüttenleute (VDEh), Düsseldorf
  VGB PowerTech e. V., Essen
  Verband der Technischen Überwachungs-Vereine e. V. (VdTÜV), Essen

Die AD 2000-Merkblätter werden durch die Verbände laufend dem Fortschritt der Technik angepasst. Anregungen hierzu sind zu richten an den Herausgeber:

Verband der Technischen Überwachungs-Vereine e.V., Postfach 10 38 34, 45038 Essen.

Inhalt

0 Präambel

1 Geltungsbereich

2 Wärmebehandlung nach dem Kaltumformen

3 Wärmebehandlung nach dem Warmumformen

4 Wärmebehandlung nach dem Schweißen

5 Wärmebehandlung von Druckbehälterteilen mit besonderen Anforderungen

0 Präambel

Zur Erfüllung der grundlegenden Sicherheitsanforderungen der Druckgeräte-Richtlinie kann das AD 2000-Regelwerk angewandt werden, vornehmlich für die Konformitätsbewertung nach den Modulen „G" und „B + F".

Das AD 2000-Regelwerk folgt einem in sich geschlossenen Auslegungskonzept. Die Anwendung anderer technischer Regeln nach dem Stand der Technik zur Lösung von Teilproblemen setzt die Beachtung des Gesamtkonzeptes voraus.

Bei anderen Modulen der Druckgeräte-Richtlinie oder für andere Rechtsgebiete kann das AD 2000-Regelwerk sinngemäß angewandt werden. Die Prüfzuständigkeit richtet sich nach den Vorgaben des jeweiligen Rechtsgebietes.

1 Geltungsbereich

Dieses AD 2000-Merkblatt regelt die Wärmebehandlung von Druckbehältern oder Druckbehälterteilen aus austenitischen Stählen, die in Tafel 1 aufgeführt sind, nach Kaltumformen, Warmumformen oder Schweißen. Bei anderen austenitischen Stählen richtet sich die Wärmebehandlung nach den Festlegungen in der Eignungsfeststellung.

2 Wärmebehandlung nach dem Kaltumformen

2.1 Als Wärmebehandlung kommt ein Lösungsglühen und Abschrecken oder Stabilglühen entsprechend Tafel 1 Spalten 5 bis 7 in Betracht.

2.2 Auf eine Wärmebehandlung von lösungsgeglühtem und abgeschrecktem oder stabilgeglühtem Werkstoff nach Kaltumformung kann verzichtet werden, wenn

2.2.1 bei austenitischen Stählen mit einzuhaltenden Mindestwerten für die Bruchdehnung $A_5 \geq 30\ \%$ am Ausgangswerkstoff oder wenn für Abmessungsbereiche, bei denen die einzuhaltenden Mindestwerte für die Bruchdehnung A_5 unter 30 % liegen, im Abnahmeprüfzeugnis eine Bruchdehnung $A_5 \geq 30\ \%$ nachgewiesen ist, der Kaltumformgrad von 15 % nicht überschritten ist oder der Nach-

Ersatz für Ausgabe Oktober 2000; | = Änderungen gegenüber der vorangehenden Ausgabe

Die AD 2000-Merkblätter sind urheberrechtlich geschützt. Die Nutzungsrechte, insbesondere die der Übersetzung, des Nachdrucks, der Entnahme von Abbildungen, die Wiedergabe auf fotomechanischem Wege und die Speicherung in Datenverarbeitungsanlagen, bleiben, auch bei auszugsweiser Verwertung, dem Urheber vorbehalten.

weis einer Restbruchdehnung A_5 von mindestens 15 % nach Kaltumformung erbracht wird,

2.2.2 bei Umformgraden über 15 % im Einzelfall nachgewiesen wird, dass die Restbruchdehnung A_5 nach Kaltumformung noch mindestens 15 % beträgt,

2.2.3 bei Klöpper-, Korbbogen- und Halbkugelböden im Abnahmeprüfzeugnis der Ausgangswerkstoffe folgende Bruchdehnungen A_5 nachgewiesen sind;

(1) ≥ 40 % bei Nennwanddicken ≤ 15 mm bei Betriebstemperaturen bis −196 °C,

(2) ≥ 45 % bei Nennwanddicken > 15 mm bei Betriebstemperaturen bis −196 °C,

(3) ≥ 50 % bei Betriebstemperaturen unter −196 °C;

2.2.4 bei Druckbehälterteilen, ausgenommen Böden, die bei Betriebstemperaturen unter −196 °C betrieben werden, der Umformgrad von 10 % nicht überschritten wird.

2.3 Bei den mit Biegeradien r_m ≥ 1,3 · d_a kaltgebogenen Rohren ist eine Wärmebehandlung in der Regel nicht erforderlich.

Bei kaltgebogenen Rohren, die bei Betriebstemperaturen unter −196 °C betrieben werden, gilt Abschnitt 2.2.4.

3 Wärmebehandlung nach dem Warmumformen

Für die Wärmebehandlung oder für den Verzicht auf Wärmebehandlung nach dem Warmumformen gelten die Regelungen der Tafel 1.

4 Wärmebehandlung nach dem Schweißen

Eine Wärmebehandlung nach dem Schweißen ist in der Regel nicht erforderlich.

5 Wärmebehandlung von Druckbehälterteilen mit besonderen Anforderungen

Werden an warm- oder kaltumgeformten Druckbehälterteilen oder an Schweißverbindungen besondere Anforderungen, z. B. im Hinblick auf mechanische Bearbeitung, Maßhaltigkeit, Gefährdung durch Spannungsrisskorrosion, Beständigkeit gegen interkristalline Korrosion, Einsatz bei hohen Temperaturen im Langzeitbereich, gestellt, so können die in den Abschnitten 2, 3 und 4 genannten Regelungen nicht in allen Fällen ausreichend sein. In diesen Fällen ist bei der Bestellung ein geeigneter Wärmebehandlungszustand zu vereinbaren.

Tafel 1. Übersicht über die Wärmebehandlung umgeformter austenitischer Stähle

Stahlsorte		Bedingungen für den Verzicht auf Wärmebehandlung nach Warmumformen bei		Angaben zur Wärmebehandlung bei Stabilglühen[1]) bei		Lösungsglühen Abkühlungsart: $s \geq 6$ mm (W, SL) $s < 6$ mm (L)
Kurzname	Werkstoff-Nummer	nicht-geschweißten Teilen	geschweißten Teilen	nicht-geschweißten Teilen	geschweißten Teilen	
1	2	3	4	5	6	7
Stabilisierte Stähle						
X 6 CrNiTi 18 10 X 6 CrNiNb 18 10	1.4541 1.4550	Anfangs-Umformungstemperaturen 1000 bis 1150 °C, End-Umformungstemperaturen > 750 °C (möglichst schnelles Abkühlen). Die Anfangs-Umformungstemperatur von 1000 °C kann unterschritten werden, wenn das Teil vor dem Warmumformen im abgeschreckten Zustand vorliegt.	Anfangs-Umformungstemperaturen 1000 bis 1150 °C, End-Umformungstemperaturen > 750 °C (möglichst schnelles Abkühlen) und stabilisierte Schweißzusätze oder nichtstabilisierte Schweißzusätze mit $\leq$ 0,04 % C im Schweißgut	900 ± 20 °C (L)	920 ± 20 °C	$\geq$ 1020 °C
X 6 CrNiMoTi 17 12 2 X 6 CrNiMoNb 17 12 2	1.4571 1.4580			nicht zulässig	nicht zulässig	
X 4 NiCrMoCuNb 20 18 2	1.4505					$\geq$ 1050 °C
Stähle mit $\leq$ 0,03 % C X 2 CrNi 19 11 X 2 CrNiN 18 10	1.4306 1.4311			900 ± 20 °C (L)	920 ± 20 °C (L)[3])	$\geq$ 1000 °C
X 2 CrNiMo 17 13 2 X 2 CrNiMo 18 14 3 X 2 CrNiMoN 17 12 2	1.4404 1.4435 1.4406			960 ± 20 °C (L)[4])	980 ± 20 °C (L)[3])[4])	$\geq$ 1020 °C
X 2 CrNiMoN 17 13 3 X 2 CrNiMo 18 16 4 X 2 CrNiMoN 17 15 5	1.4429 1.4438 1.4439					$\geq$ 1040 °C
Stähle mit $\leq$ 0,07 % C						
X 5 CrNi 18 10 X 5 CrNi 18 12	1.4301 1.4303	Anfangs-Umformungstemperaturen 1000 bis 1150 °C[2]), End-Umformungstemperaturen > 875 °C (Abschrecken für Wanddicken $\geq$ 6 mm in/mit Wasser). Die Anfangs-Umformungstemperatur von 1000 °C kann unterschritten werden, wenn das Teil vor dem Warmumformen im abgeschreckten Zustand vorliegt.	Anfangs-Umformungstemperaturen 1000 bis 1150 °C[2]), End-Umformungstemperaturen > 875 °C (Abschrecken für Wanddicken $\geq$ 6 mm in/mit Wasser). und stabilisierte Schweißzusätze oder nichtstabilisierte Schweißzusätze mit $\leq$ 0,06 % C	nicht zulässig	nicht zulässig	$\geq$ 1000 °C
X 5 CrNiMo 17 12 2 X 5 CrNiMo 17 13 3	1.4401 1.4436			nicht zulässig	nicht zulässig	$\geq$ 1050 °C

[1]) Stabilglühen oder entsprechendes Glühen bei nichtstabilisierten Stählen mit rund 30 min Haltedauer
[2]) Haltedauer mind. 5 min
[3]) Bei Verwendung stabilisierter Schweißzusätze ist Stabilglühen nicht zulässig
[4]) Für die Stähle 1.4406 und 1.4429 kann das Stabilglühen bei niedrigeren Temperaturen durchgeführt werden, wenn der zuständigen unabhängigen Stelle die Gleichwertigkeit nachgewiesen wird.

(L) Abkühlen in/mit Luft
(W, SL) Abschrecken in/mit Wasser oder Abkühlen in strömender Luft

ICS 23.020.30 Ausgabe Oktober 2000

Herstellung und Prüfung von Druckbehältern	Wärmebehandlung Aluminium und Aluminiumlegierungen	AD 2000-Merkblatt HP 7/4

Die AD 2000-Merkblätter werden von den in der „Arbeitsgemeinschaft Druckbehälter" (AD) zusammenarbeitenden, nachstehend genannten sieben Verbänden aufgestellt. Aufbau und Anwendung des AD 2000-Regelwerkes sowie die Verfahrensrichtlinien regelt das AD 2000-Merkblatt G1.

Die AD 2000-Merkblätter enthalten sicherheitstechnische Anforderungen, die für normale Betriebsverhältnisse zu stellen sind. Sind über das normale Maß hinausgehende Beanspruchungen beim Betrieb der Druckbehälter zu erwarten, so ist diesen durch Erfüllung besonderer Anforderungen Rechnung zu tragen.

Wird von den Bestimmungen dieses AD 2000-Merkblattes abgewichen, muss nachweisbar sein, dass der sicherheitstechnische Maßstab dieses Regelwerkes auf andere Weise eingehalten ist, z.B. durch Werkstoffprüfungen, Versuche, Spannungsanalyse, Betriebserfahrungen.

    Fachverband Dampfkessel-, Behälter- und Rohrleitungsbau e.V. (FDBR), Düsseldorf
    Hauptverband der gewerblichen Berufsgenossenschaften e.V., Sankt Augustin
    Verband der Chemischen Industrie e.V. (VCI), Frankfurt/Main
    Verband Deutscher Maschinen- und Anlagenbau e.V. (VDMA), Fachgemeinschaft Verfahrenstechnische Maschinen und Apparate, Frankfurt/Main
    Verein Deutscher Eisenhüttenleute (VDEh), Düsseldorf
    VGB PowerTech e.V., Essen
    Verband der Technischen Überwachungs-Vereine e.V. (VdTÜV), Essen

Die AD 2000-Merkblätter werden durch die Verbände laufend dem Fortschritt der Technik angepasst. Anregungen hierzu sind zu richten an den Herausgeber:

Verband der Technischen Überwachungs-Vereine e.V., Postfach 10 38 34, 45038 Essen.

Inhalt

0 Präambel
1 Geltungsbereich
2 Wärmebehandlung nach Kaltumformen
3 Wärmebehandlung nach Warmumformen
4 Wärmebehandlung nach dem Schweißen
5 Wärmebehandlung von Druckbehälterteilen mit besonderen Anforderungen

0 Präambel

Zur Erfüllung der grundlegenden Sicherheitsanforderungen der Druckgeräte-Richtlinie kann das AD 2000-Regelwerk angewandt werden, vornehmlich für die Konformitätsbewertung nach den Modulen „G" und „B + F".

Das AD 2000-Regelwerk folgt einem in sich geschlossenen Auslegungskonzept. Die Anwendung anderer technischer Regeln nach dem Stand der Technik zur Lösung von Teilproblemen setzt die Beachtung des Gesamtkonzeptes voraus.

Bei anderen Modulen der Druckgeräte-Richtlinie oder für andere Rechtsgebiete kann das AD 2000-Regelwerk sinngemäß angewandt werden. Die Prüfzuständigkeit richtet sich nach den Vorgaben des jeweiligen Rechtsgebietes.

1 Geltungsbereich

Dieses AD 2000-Merkblatt regelt die Wärmebehandlung (Weichglühen) von Druckbehältern oder Druckbehälterteilen aus Aluminium und Aluminiumlegierungen nach Kaltumformen, Warmumformen oder Schweißen.

2 Wärmebehandlung nach Kaltumformen

2.1 Auf eine Wärmebehandlung kann verzichtet werden, wenn die in Tafel 1 angegebenen Bedingungen erfüllt sind.

2.2 Zusätzlich zu den für zylindrische Schüsse, Kugelsegmente und konische Schüsse ohne Krempe in Tafel 1 angegebenen zulässigen Kaltumformgraden gelten für die Restbruchdehnung folgende Bedingungen:

(1) Bei Werkstoffen der Gruppe Al 1 $\geq 15\%$;
(2) bei Werkstoffen der Gruppe Al 2 $\geq 12\%$;
(3) in Sonderfällen, z. B. bei gesickten Mantelschüssen, ist die Mindestbruchdehnung in geeigneter Weise festzulegen.

2.3 Für das Weichglühen gelten die in Tafel 2 aufgeführten Temperaturgrenzen.

3 Wärmebehandlung nach Warmumformen

Es kann auf eine Wärmebehandlung nach dem Warmumformen verzichtet werden, wenn der zuständigen unabhän-

---

Die AD 2000-Merkblätter sind urheberrechtlich geschützt. Die Nutzungsrechte, insbesondere die der Übersetzung, des Nachdrucks, der Entnahme von Abbildungen, die Wiedergabe auf fotomechanischem Wege und die Speicherung in Datenverarbeitungsanlagen, bleiben, auch bei auszugsweiser Verwertung, dem Urheber vorbehalten.

Tafel 1. Bedingungen für den Verzicht auf Wärmebehandlung nach Kaltumformen

Werkstoffgruppe oder Werkstoff	Zylindrische Schüsse, Kugelsegmente, konische Schüsse mit und ohne Krempen	Gewölbte Böden	Kaltgebogene Rohre
	zulässiger Kaltumformgrad %	Restbruchdehnung %	Biegeradius r_m
Al99,98 R Al99,8 Al99,5 AlMn AlMnCu	$\leq 15^{1)}$	≥ 15	$\geq 1,3 \cdot d_a$
AlMg3 AlMg2Mn0,8	$\leq 5^{2)}$	≥ 12	$\geq 4 \cdot d_a$
AlMg4,5Mn	$\leq 5^{2)}$	Wärmebehandlung immer erforderlich	$\geq 4 \cdot d_a$
AlMgSi0,5	Entsprechend den Festlegungen bei der Eignungsfeststellung		

[1]) Dies ist bei zylindrischen Schüssen gegeben, wenn $s \leq 0,15 \cdot D_m$ beträgt.
[2]) Dies ist bei zylindrischen Schüssen gegeben, wenn $s \leq 0,05 \cdot D_m$ beträgt.

Tafel 2. Temperaturen für das Weichglühen von Aluminium und Aluminiumlegierungen

Werkstoffgruppe	Werkstoff	Weichglühen [1]) °C
Al 1	Al99,98 R W4, F4 Al99,8 W6, F6 Al99,7 W6, F6 Al99,5 W7, F7, F8	300 bis 400
Al 2	AlMn W9, W10, F10 AlMnCu W10 AlMg3 W18, W19, F18, F19 AlMg2Mn0,8 W18, W19 F18, F19, F20 AlMg4,5Mn W27, W28, F27	300 bis 450
Al 3	AlMgSi0,5 F13	entsprechend den Festlegungen bei der Eignungsfeststellung

[1]) Die Haltedauer ist so zu wählen, daß die Werte nach AD 2000-Merkblatt W 6/1 Tafel 2 A für den jeweiligen Werkstoff erreicht werden.

gigen Stelle in einer Verfahrensprüfung erstmalig nachgewiesen wird, dass die in AD 2000-Merkblatt W 6/1 Tafel 2A enthaltenen Werte eingehalten werden.

4 Wärmebehandlung nach dem Schweißen

Nach dem Schweißen ist in der Regel eine Wärmebehandlung nicht erforderlich. Wird eine Wärmebehandlung nach dem Schweißen durchgeführt, gelten hierfür die in der Eignungsfeststellung festgelegten Temperaturen.

5 Wärmebehandlung von Druckbehälterteilen mit besonderen Anforderungen

Werden besondere Anforderungen hinsichtlich des Wärmebehandlungszustandes gestellt (z. B. im Hinblick auf die Gefahr von Korrosion), so ist das bei Bestellung zu vereinbaren. Bedeutet die vereinbarte Wärmebehandlung eine wesentliche Beeinträchtigung der Eigenschaften des Werkstoffes, bedarf es der Zustimmung der zuständigen unabhängigen Stelle. Die abweichende Wärmebehandlung ist in der Bescheinigung nach AD 2000-Merkblatt HP 7/1 Abschnitt 3 aufzuführen.

ICS 23.020.30

Ausgabe September 2001

Herstellung und Prüfung von Druckbehältern	Prüfung von Pressteilen aus Stahl sowie Aluminium und Aluminiumlegierungen	AD 2000-Merkblatt HP 8/1

Die AD 2000-Merkblätter werden von den in der „Arbeitsgemeinschaft Druckbehälter" (AD) zusammenarbeitenden, nachstehend genannten sieben Verbänden aufgestellt. Aufbau und Anwendung des AD 2000-Regelwerkes sowie die Verfahrensrichtlinien regelt das AD 2000-Merkblatt G1.

Die AD 2000-Merkblätter enthalten sicherheitstechnische Anforderungen, die für normale Betriebsverhältnisse zu stellen sind. Sind über das normale Maß hinausgehende Beanspruchungen beim Betrieb der Druckbehälter zu erwarten, so ist diesen durch Erfüllung besonderer Anforderungen Rechnung zu tragen.

Wird von den Forderungen dieses AD 2000-Merkblattes abgewichen, muss nachweisbar sein, dass der sicherheitstechnische Maßstab dieses Regelwerkes auf andere Weise eingehalten ist, z.B. durch Werkstoffprüfungen, Versuche, Spannungsanalyse, Betriebserfahrungen.

Fachverband Dampfkessel-, Behälter- und Rohrleitungsbau e.V. (FDBR), Düsseldorf
Hauptverband der gewerblichen Berufsgenossenschaften e.V., Sankt Augustin
Verband der Chemischen Industrie e.V. (VCI), Frankfurt/Main
Verband Deutscher Maschinen- und Anlagenbau e.V. (VDMA), Fachgemeinschaft Verfahrenstechnische Maschinen und Apparate, Frankfurt/Main
Verein Deutscher Eisenhüttenleute (VDEh), Düsseldorf
VGB PowerTech e.V., Essen
Verband der Technischen Überwachungs-Vereine e.V. (VdTÜV), Essen

Die AD 2000-Merkblätter werden durch die Verbände laufend dem Fortschritt der Technik angepasst. Anregungen hierzu sind zu richten an den Herausgeber:

Verband der Technischen Überwachungs-Vereine e.V., Postfach 10 38 34, 45038 Essen.

Inhalt

0 Präambel
1 Geltungsbereich
2 Werkstoffprüfungen
3 Umfang der Werkstoffprüfung und Probenahme
4 Anforderungen
5 Wiederholungsprüfungen
6 Besichtigung und Maßprüfung
7 Kennzeichnung
8 Prüfbescheinigungen

Anhänge 1 bis 3:
Beispiele von Bescheinigungen

0 Präambel

Zur Erfüllung der grundlegenden Sicherheitsanforderungen der Druckgeräte-Richtlinie kann das AD 2000-Regelwerk angewandt werden, vornehmlich für die Konformitätsbewertung nach den Modulen „G" und „B + F".

Das AD 2000-Regelwerk folgt einem in sich geschlossenen Auslegungskonzept. Die Anwendung anderer technischer Regeln nach dem Stand der Technik zur Lösung von Teilproblemen setzt die Beachtung des Gesamtkonzeptes voraus.

Bei anderen Modulen der Druckgeräte-Richtlinie oder für andere Rechtsgebiete kann das AD 2000-Regelwerk sinngemäß angewandt werden. Die Prüfzuständigkeit richtet sich nach den Vorgaben des jeweiligen Rechtsgebietes.

1 Geltungsbereich

1.1 Dieses AD 2000-Merkblatt regelt die Prüfung der Festigkeits- und Zähigkeitseigenschaften von Pressteilen aus Flacherzeugnissen, unabhängig vom Herstellverfahren, sowie die Besichtigung und Maßprüfung. Zu den Pressteilen gehören Böden, Segmente und andere Formteile.

1.2 Dieses AD 2000-Merkblatt gilt auch für aus Einzelteilen durch Schweißen und anschließendes Umformen hergestellte Pressteile. Die Prüfung dieser Schweißverbindungen vor und nach dem Umformen ist in den AD 2000-Merkblättern HP 2/1, HP 5/2 und HP 5/3 geregelt.

2 Werkstoffprüfungen

Voraussetzung für die Anwendung dieses AD 2000-Merkblattes ist die Überprüfung des Formgebungsverfahrens und der Einrichtungen nach AD 2000-Merkblatt HP 0 oder W 0. Bei Pressteilen nach Abschnitt 1.2 ist eine Verfahrensprüfung nach AD 2000-Merkblatt HP 2/1 erforderlich, die auch die umgeformte Schweißverbindung umfasst.

2.1 Die Werkstoffprüfung der Pressteile nach Tafel 1 erfolgt nach der auf das Umformen folgenden Wärmebe-

---

Ersatz für Ausgabe Oktober 2000; | = Änderungen gegenüber der vorangehenden Ausgabe

Die AD 2000-Merkblätter sind urheberrechtlich geschützt. Die Nutzungsrechte, insbesondere die der Übersetzung, des Nachdrucks, der Entnahme von Abbildungen, die Wiedergabe auf fotomechanischem Wege und die Speicherung in Datenverarbeitungsanlagen, bleiben, auch bei auszugsweiser Verwertung, dem Urheber vorbehalten.

handlung. Die Prüfung ist auch dann erforderlich, wenn nach den AD 2000-Merkblättern HP 7/2, HP 7/3 oder HP 7/4 auf eine Wärmebehandlung verzichtet werden kann; sie ist dann nach dem Umformen vorzunehmen. Abweichend hiervon genügt bei Klöpperböden, für die nach AD 2000-Merkblatt HP 7/2 Abschnitt 2.5 eine Wärmebehandlung nicht erforderlich ist und auch nicht durchgeführt wird, die Prüfung der Ausgangserzeugnisse.

Besteht die Wärmebehandlung des Pressteiles aus einem Spannungsarmglühen, dürfen die Probenabschnitte vorher entnommen und gleichartig wärmebehandelt werden (siehe AD 2000-Merkblatt HP 7/1 Abschnitt 2.6).

2.2 Für den Umfang der Werkstoffprüfung von Pressteilen gilt Abschnitt 3. Voraussetzung hierfür ist, dass die Ausgangs-Flacherzeugnisse die Anforderungen der AD 2000-Merkblätter der Reihe W erfüllen. Bei Einzelprüfung der Pressteile durch die zuständige unabhängige Stelle dürfen in Abweichung von den AD 2000-Merkblättern der Reihe W die Ausgangs-Flacherzeugnisse durch den Werkssachverständigen des Werkstoff-Herstellers geprüft werden.

Für Pressteile, die durch Kaltumformen ohne anschließende Wärmebehandlung hergestellt werden, sind entsprechend den AD 2000-Merkblättern der Reihe W geprüfte Flacherzeugnisse zu verwenden.

2.3 Bei Pressteilen aus plattierten Flacherzeugnissen gilt für den Umfang der Werkstoffprüfung Abschnitt 3 sinngemäß. Für die Zuordnung zu den Werkstoffgruppen der Tafel 1 ist der Grundwerkstoff maßgebend. Ist wegen des Plattierungswerkstoffes für den Grundwerkstoff eine andere Wärmebehandlung anzuwenden, können hinsichtlich der Prüfung besondere Vereinbarungen erforderlich werden.

2.4 Bei vergüteten Stählen ist bei losweiser Prüfung zum Nachweis der Gleichmäßigkeit der Vergütung eine Härteprüfung an 10 % der Pressteile, mindestens aber an drei Pressteilen, durch den Hersteller erforderlich.

2.5 Die Prüfung von Pressteilen aus Werkstoffen nach anderen Werkstoffspezifikationen erfolgt nach der in der Eignungsfeststellung vorgenommenen Zuordnung zu einer Werkstoffgruppe entsprechend AD 2000-Merkblatt HP 0 Übersichtstafeln 1 und 2, sofern nicht in der Eignungsfeststellung Einzelprüfung festgelegt ist.

3 Umfang der Werkstoffprüfung und Probenahme

3.1 Bei Pressteilen mit Längen oder Durchmessern ≤ 4 m richtet sich der Umfang der Werkstoffprüfung nach Tafel 1. Zu einem Arbeitslos können nur Pressteile aus Flacherzeugnissen gleicher Schmelze, bei Stählen der Werkstoffgruppen 2 bis 4.1, 5.1 bis 5.4 (ohne X 8 Ni 9) und 7 gleicher Schmelze und gleicher abschließender Wärmebehandlung, zusammengefasst werden. Die Wanddicken von Pressteilen eines Arbeitsloses darf höchstens um 20 % von der mittleren Wanddicke abweichen. Es ist jeweils ein Probenabschnitt zu entnehmen.

3.2 Bei Pressteilen mit Längen oder Durchmessern > 4 m ist die Werkstoffprüfung an jedem Pressteil durchzuführen (Einzelprüfung). Dies gilt sowohl für Pressteile, die als Ganzes erwärmt und umgeformt oder als Ganzes wärmebehandelt werden, als auch für Pressteile, die aus Einzelteilen durch Schweißen und anschließendes Umformen hergestellt werden. Diese Festlegungen gelten nicht für Pressteile aus Werkstoffen der Werkstoffgruppen 1 (1) dickenunabhängig und Werkstoffgruppe 6 bei Dicken ≤ 30 mm für die Werkstoffe 1.4541 und 1.4571 sowie ≤ 20 mm für die anderen Werkstoffe.

3.2.1 Pressteilen mit Längen oder Durchmessern > 4 m bis ≤ 6 m ist je ein Probenabschnitt zu entnehmen. Sind in einem Pressteil Einzelteile aus mehr als einer Schmelze vorhanden, ist je Schmelze ein Probenabschnitt zu entnehmen.

3.2.2 Pressteilen mit Längen oder Durchmessern > 6 m ist an zwei gegenüberliegenden Seiten je ein Probenabschnitt zu entnehmen. Besteht das Pressteil aus zwei oder mehreren Einzelteilen gleicher Schmelze, sind die beiden Probenabschnitte an beiden Einzelteilen zu entnehmen. Sind in einem Pressteil Einzelteile aus mehreren Schmelzen vorhanden, ist je Schmelze ein Probenabschnitt zu entnehmen.

3.3 Zur Entnahme der Probenabschnitte sind Überlängen vorzusehen. Ist dies nicht möglich, so ist die Entnahme der Probenabschnitte gegebenenfalls mit der zuständigen unabhängigen Stelle zu vereinbaren. Bei Werkstoffen der Werkstoffgruppen 1 und 5.1 dürfen Probenabschnitte, die einer gleichartigen Wärmebehandlung wie die Pressteile selbst unterzogen worden sind, geprüft werden.

3.3.1 Falls es bei Pressteilen ≤ 6 m Länge oder Durchmesser möglich ist, den Pressteilen Ausschnitte zu entnehmen, so können diese die Probenabschnitte aus den Überlängen ersetzen.

3.3.2 Bei losweiser Prüfung ist es nicht erforderlich, die Überlängen für die Probenabschnitte an allen Pressteilen eines Loses vorzusehen.

3.4 Den Probenabschnitten ist je ein Probensatz, bestehend aus einer Zugprobe und drei Kerbschlagproben, zu entnehmen. Werden Ausgangs-Flacherzeugnisse verwendet, die nicht entsprechend den AD 2000-Merkblättern der Reihe W geprüft wurden, schließt sich die durchzuführenden Prüfungen nach den Anforderungen der AD 2000-Merkblätter der Reihe W. Die Proben sind quer[1]) zur Walzrichtung zu entnehmen. Bei Pressteilen aus Stählen nach DIN EN 10025 sind die Kerbschlagproben in Walzrichtung zu entnehmen.

4 Anforderungen

Es gelten die für die Ausgangserzeugnisse in den AD 2000-Merkblättern der Reihe W festgelegten Anforderungen entsprechend der Nennwanddicke der Pressteile, sofern nicht in den AD 2000-Merkblättern HP 7/2, HP 7/3 und HP 7/4 abweichende Regelungen festgelegt sind. Dabei sind die Regelungen des AD 2000-Merkblattes HP 5/2 Abschnitt 8 zu beachten.

Bei Pressteilen, die warmumgeformt oder wärmebehandelt wurden, ist eine Überschreitung der oberen Grenze der Zugfestigkeitsspanne bis zu etwa 5 % zulässig, sofern die anderen Eigenschaften am fertigen Teil den Bedingungen entsprechen.

5 Wiederholungsprüfungen

5.1 Entspricht das Ergebnis nicht den Anforderungen, so ist wie folgt zu verfahren:

5.1.1 Ist das ungenügende Ergebnis einer Prüfung offensichtlich auf prüftechnische Mängel oder auf eine eng begrenzte Fehlstelle einer Probe zurückzuführen, so ist das Fehlergebnis bei der Entscheidung über die Erfüllung der Anforderungen außer Betracht zu lassen und der entsprechende Versuch zu wiederholen.

5.1.2 Ist das ungenügende Ergebnis einer Prüfung auf eine nicht ordnungsgemäße Wärmebehandlung zurückzu-

---
[1]) Von der Querrichtung ist eine Abweichung bis zu 20 Grad zulässig.

führen, so können die Pressteile der zugehörigen Prüfeinheit erneut wärmebehandelt werden, worauf die gesamte Prüfung zu wiederholen ist.

5.1.3 Entsprechen ordnungsgemäß entnommene Proben nicht den Anforderungen, so ist wie folgt zu verfahren:

5.1.3.1 Genügen bei stückweiser Prüfung die Ergebnisse des Zugversuches nicht den Anforderungen, so ist die Prüfung an zwei weiteren, dem Probenabschnitt entnommenen Zugproben zu wiederholen, wobei beide Ergebnisse den Anforderungen genügen müssen. Falls die Ergebnisse der Prüfung der drei Kerbschlagproben den Anforderungen nicht entsprechen, werden dem Probenabschnitt drei weitere Proben entnommen und geprüft. Der Mittelwert aus den sechs Einzelversuchen muss dann den Anforderungen entsprechen. Von den sechs Einzelwerten dürfen nur zwei unter dem Mindestwert liegen, davon jedoch höchstens ein Einzelwert um mehr als 30 %.

5.1.3.2 Bei losweiser Prüfung ist das Pressteil, das den Anforderungen nicht genügte, aus dem Los auszuscheiden. Der Versuch ist für jede nicht genügende Zugprobe und für den Fall, dass die Ergebnisse der drei geprüften Kerbschlagproben den Anforderungen nicht entsprechen, an zwei anderen Pressteilen desselben Loses zu wiederholen, wobei die Ergebnisse den Anforderungen genügen müssen.

5.1.3.3 Bei losweiser Prüfung nach Tafel 1 Spalte 5 für die Werkstoffgruppe 1 (2) und für die Werkstoffgruppe 6 bei den Stählen X 6 CrNiTi 18 10 und X 6 CrNiMoTi 17 12 2 > 30 mm Wanddicke oder bei den anderen Sorten der Werkstoffgruppe 6 > 20 mm Wanddicke ist für den Fall, dass die Ergebnisse des Zugversuches oder des Kerbschlagbiegeversuches den Anforderungen nicht entsprechen, zunächst das Verfahren nach Abschnitt 5.1.3.2 für das geprüfte Arbeitslos anzuwenden. Für den Fall, dass das Prüfergebnis an einer dieser Ersatzproben den Anforderungen nicht entspricht, sind die Prüfungen auf zwei weitere Arbeitslose auszudehnen. Entspricht das Prüfergebnis an einem weiteren Arbeitslos nicht den Anforderungen, so entfallen bis auf weiteres die Erleichterungen nach den Spalten 4 und 5 der Tafel 1.

6 Besichtigung und Maßprüfung

Pressteile, die mit Abnahmeprüfzeugnis nach DIN EN 10204 geliefert werden, sind vom Werkssachverständigen oder von der zuständigen unabhängigen Stelle im Lieferzustand zu besichtigen und einer Maßprüfung zu unterziehen. Das Ergebnis einer durchgeführten Besichtigung und Maßprüfung ist im Abnahmeprüfzeugnis zu bestätigen. Bei Pressteilen, die mit Werksbescheinigung oder Werkszeugnis geliefert werden, wird die Besichtigung und Maßprüfung durch den Hersteller der Pressteile durchgeführt.

7 Kennzeichnung

Die Pressteile sind gemäß den Regelungen der AD 2000-Merkblätter der Reihe W zu kennzeichnen, wobei das Zeichen des Herstellers des Ausgangswerkstoffes entfallen kann. Zusätzlich ist das Zeichen des Pressteil-Herstellers in die Kennzeichnung aufzunehmen. Bei losweiser Prüfung muss die Zugehörigkeit zum Los erkennbar sein. Die Pressteile, aus denen die Proben entnommen wurden, sind entsprechend zu kennzeichnen.

Bei Pressteilen, die aus Einzelteilen durch Schweißen und nachfolgendes Umformen hergestellt werden, gelten die Festlegungen für jedes Einzelteil.

Für die Kennzeichnung kleiner Pressteile bis 220 mm äußerem Durchmesser oder Nennweite gelten die Regelungen der Tafel 2.

8 Prüfbescheinigungen

8.1 Über die Ergebnisse der Prüfungen ist eine Bescheinigung nach DIN EN 10204 auszustellen.

Die Art der Bescheinigung richtet sich nach den Festlegungen in den AD 2000-Merkblättern der Reihe W entsprechend der Werkstoffsorte und der Nennwanddicke des Pressteiles.

Für Pressteile aus Aluminiumlegierungen nach AD 2000-Merkblatt W 6/1 Abschnitt 2.1 ist nach Einzelprüfung an 30 Pressteilen mit Abnahmeprüfzeugnis 3.1.A oder 3.1.C (ausgestellt durch die zuständige unabhängige Stelle) der Übergang auf Abnahmeprüfzeugnis 3.1.B möglich nach den Regelungen des AD 2000-Merkblattes W 6/1 Abschnitt 7.3.2.

Für den Inhalt der Bescheinigungen über warm- oder kaltumgeformte Pressteile siehe Beispiele in den Anhängen zu diesem AD 2000-Merkblatt.

8.2 Außerdem sind die Art der Wärmebehandlung und der ordnungsgemäße Wärmebehandlungszustand entsprechend AD 2000-Merkblatt HP 7/1 sowie die ordnungsgemäße Umstempelung zu bescheinigen.

8.3 Für warmumgeformte oder wärmebehandelte Pressteile aus nichtrostenden austenitischen Stählen nach DIN 17 440 ist die Beständigkeit gegen interkristalline Korrosion zu bestätigen, sofern der Betreiber nicht darauf verzichtet.

Anhänge

Anhang 1   Beispiel einer Bescheinigung für warmumgeformte Pressteile aus ferritischen Stählen

Anhang 2   Beispiel einer Bescheinigung für warmumgeformte Pressteile aus austenitischen Stählen

Anhang 3   Beispiel einer Bescheinigung für kaltumgeformte Pressteile

---

Fußnoten zu Tafel 1 des AD 2000-Merkblattes HP 8/1

[1]) Gruppeneinteilung der Werkstoffsorten entsprechend AD 2000-Merkblatt HP 0 Übersichtstafeln 1 oder 2. Die Zuordnung der Streckgrenzengruppen bezieht sich auf den untersten Dickenbereich der entsprechenden Norm oder des Werkstoffblattes. Pressteile aus anderen Stahlsorten sind den vergleichbaren Werkstoffgruppen entsprechend den Festlegungen für die Eignungsfeststellung zuzuordnen. Bei plattierten Stählen richtet sich der Prüfumfang im Allgemeinen nach dem Grundwerkstoff (siehe Abschnitt 2.3).

[2]) Bei Klöpperböden, für die nach AD 2000-Merkblatt HP 7/2 Abschnitt 2.5 eine Wärmebehandlung nicht erforderlich ist und nicht durchgeführt wurde, genügt die Prüfung der Ausgangs-Flacherzeugnisse.

[3]) Bei Blechen im Lieferzustand „normalisierend gewalzt" erfolgt die Prüfung bis auf Weiteres an getrennt normalgeglühten Proben.

[4]) Die austenitischen Stähle X 4 NiCrMoCuNb 20 18 2, X 5 CrNiMoTi 25 25 und X 5 CrNiMo 17 13 3 sind entsprechend Werkstoffgruppe 7 zu behandeln.

[5]) Bei Pressteilen aus austenitischen Stählen, für die nach AD 2000-Merkblatt HP 7/3 eine Wärmebehandlung nicht erforderlich ist und nicht durchgeführt wurde, genügt die Prüfung der Ausgangs-Flacherzeugnisse.

[6]) Dickenangaben beziehen sich auf Nennwanddicken der Pressteile.

Tafel 1. Umfang der Werkstoffprüfung von Pressteilen mit Längen oder Durchmessern ≤ 4 m

Werkstoffgruppe[1]	Werkstoffsorten[6]	Prüfumfang ohne Erleichterungen	Prüfumfang mit Erleichterungen	
			Voraussetzungen	Prüfumfang
1	2	3	4	5
1(1)	Unlegierte Stähle mit einer unteren Grenze der Zugfestigkeit ≤ 440 N/mm², ausgenommen Feinkornbaustähle	Prüfung der Ausgangsbleche mit Proben aus Probenabschnitten, die getrennt wärmebehandelt oder den fertig wärmebehandelten Blechen entnommen worden sind[3]	–	–
1(2)	Legierte Stähle und Feinkornbaustähle mit einer Mindeststreckgrenze < 355 N/mm² sowie P295GH und P355GH nach DIN EN 10028-2 und S355J2G3 nach DIN EN 10025, ausgenommen kaltzähe Stähle. Für Klöpperböden siehe Fußnote[2])	1. Prüfung der Ausgangsbleche mit Proben aus Probenabschnitten, die getrennt wärmebehandelt oder den fertig wärmebehandelten Blechen entnommen worden sind[3] und 2. je Arbeitslos Prüfung von Pressteilen, und zwar bei Arbeitslosen bis zu 10 Stück 1 Pressteil bis zu 25 Stück 2 Pressteile bis zu 100 Stück 3 Pressteile für je weitere 100 Stück 1 Pressteil	Zunächst müssen 30 Arbeitslose ohne Beanstandung geprüft worden sein (Nachweis fehlerfreier Fertigung), ausgenommen „andere Werkstoffe", für die im Gutachten der zuständigen unabhängigen Stelle Einzelprüfung festgelegt ist	1. Prüfung der Ausgangsbleche mit Proben aus Probenabschnitten, die getrennt wärmebehandelt oder den fertig wärmebehandelten Blechen entnommen worden sind[3] und 2. aus je 100 Pressteilen aus dem gleichen Werkstoff und mit gleicher abschließender Wärmebehandlung Prüfung eines Pressteils
1(3)	Feinkornbaustähle mit einer Mindeststreckgrenze ≥ 355 N/mm² bis < 370 N/mm², ausgenommen kaltzähe Stähle			
2	Feinkornbaustähle mit einer Mindeststreckgrenze ≥ 370 bis < 430 N/mm², ausgenommen kaltzähe Stähle			
3	Feinkornbaustähle mit einer Mindeststreckgrenze ≥ 430 N/mm², ausgenommen kaltzähe Stähle vergütete warmfeste Baustähle 11 NiMoV 5 3 17 MnMoV 6 4 15 NiCuMoNb 5 12 MnNiMo 5 5 13 MnNiMo 5 4 20 MnMoNi 5 5 22 NiMoCr 3 7 20 MnMoNi 4 5	Prüfung eines jeden Pressteiles (Einzelprüfung)	Zunächst müssen 30 Pressteile ohne Beanstandung geprüft worden sein (Nachweis fehlerfreier Fertigung), ausgenommen „andere Werkstoffe", für die im Gutachten der zuständigen unabhängigen Stelle Einzelprüfung festgelegt ist	1. Prüfung der Ausgangsbleche mit Proben aus Probenabschnitten, die getrennt wärmebehandelt oder den fertig wärmebehandelten Blechen entnommen worden sind[3] und 2. je Arbeitslos Prüfung von Pressteilen, und zwar bei Arbeitslosen bis zu 10 Stück 1 Pressteil bis zu 25 Stück 2 Pressteile bis zu 100 Stück 3 Pressteile für je weitere 100 Stück 1 Pressteil
4.1	Warmfeste Stähle: 13 CrMo 4 4 10 CrMo 9 10 12 CrMo 19 5 X 10 CrMo 9 1			
4.2	Warmfeste Stähle: 14 MoV 6 3 und X 20 CrMoV 12 1	Prüfung eines jeden Pressteiles (Einzelprüfung)	–	–

Tafel 1. Umfang der Werkstoffprüfung von Pressteilen mit Längen oder Durchmessern ≤ 4 m (Fortsetzung)

Werk-stoff-gruppe[1]	Werkstoffsorten[6]	Prüfumfang ohne Erleichterungen	Prüfumfang mit Erleichterungen	
			Voraussetzungen	Prüfumfang
1	2	3	4	5
5.1	Feinkornbaustähle nach DIN EN 10028-3 der kaltzähen Reihe und der kaltzähen Sonderreihe mit einer Mindeststreckgrenze < 370 N/mm². Feinkornbaustähle nach DIN EN 10028-3 der Grund- und warmfesten Reihe mit einer Mindeststreckgrenze < 370 N/mm², wenn sie nach AD 2000-Merkblatt W 10 im Beanspruchungsfall I unter −10 °C verwendet werden. Stahlsorten 11 MnNi 5 3 und 13 MnNi 6 3 nach DIN 17 280 bei tiefsten Anwendungstemperaturen bis einschließlich −60 °C.	Prüfung eines jeden Pressteiles (Einzelprüfung)	Zunächst müssen 30 Pressteile ohne Beanstandung geprüft worden sein (Nachweis fehlerfreier Fertigung), ausgenommen „andere Werkstoffe", für die im Gutachten der zuständigen unabhängigen Stelle Einzelprüfung festgelegt ist	1. Prüfung der Ausgangsbleche mit Proben aus Probenabschnitten, die getrennt wärmebehandelt oder den fertig wärmebehandelten Blechen entnommen worden sind[3]) und 2. je Arbeitslos Prüfung von Pressteilen, und zwar bei Arbeitslosen bis zu 10 Stück 1 Pressteil bis zu 25 Stück 2 Pressteile bis zu 100 Stück 3 Pressteile für je weitere 100 Stück 1 Pressteil
5.2	Feinkornbaustähle nach DIN EN 10028-3 der kaltzähen Reihe und der kaltzähen Sonderreihe mit einer Mindeststreckgrenze ≥ 370 N/mm² bis < 430 N/mm². Feinkornbaustähle nach DIN EN 10028-3 der Grund- und warmfesten Reihe mit einer Mindeststreckgrenze ≥ 370 N/mm² bis < 430 N/mm², wenn sie nach AD 2000-Merkblatt W 10 im Beanspruchungsfall I unter −10 °C verwendet werden.			
5.3	Feinkornbaustähle nach DIN EN 10028-3 mit einer Mindeststreckgrenze ≥ 430 N/mm² der kaltzähen Reihe und der kaltzähen Sonderreihe. Feinkornbaustähle nach DIN EN 10028-3 mit einer Mindeststreckgrenze ≥ 430 N/mm² der Grund- und warmfesten Reihe, wenn sie nach AD 2000-Merkblatt W 10 im Beanspruchungsfall I unter −10 °C verwendet werden.			

Tafel 1. Umfang der Werkstoffprüfung von Pressteilen mit Längen oder Durchmessern ≤ 4 m (Fortsetzung)

Werk-stoff-gruppe[1]	Werkstoffsorten[6]		Prüfumfang ohne Erleichterungen	Prüfumfang mit Erleichterungen	
				Voraussetzungen	Prüfumfang
1	2		3	4	5
5.4	Kaltzähe Ni-Stähle nach DIN 17 280	26 CrMo 4 11 MnNi 5 3 13 MnNi 6 3 14 NiMn 6 10 Ni 14 12 Ni 19 X 7 NiMo 6			
		X 8 Ni 9		keine Erleichterungen	keine Erleichterungen
6	Austenitische Stähle nach AD 2000-Merkblatt W 2[4]	X 6 CrNiTi 18 10 ≤ 30 mm, X 6 CrNiMoTi 17 12 2 ≤ 30 mm, andere Sorten ≤ 20 mm	Prüfung der Ausgangsbleche mit Proben aus Probenabschnitten, die getrennt wärmebehandelt oder den fertig wärmebehandelten Blechen entnommen worden sind	–	–
		X 6 CrNiTi 18 10 > 30 mm, X 6 CrNiMoTi 17 12 2 > 30 mm, andere Sorten > 20 mm	1. Prüfung der Ausgangsbleche mit Proben aus Probenabschnitten, die getrennt wärmebehandelt oder den fertig wärmebehandelten Blechen entnommen worden sind[5] und 2. je Arbeitslos Prüfung von Pressteilen, und zwar bei Arbeitslosen bis zu 10 Stück 1 Pressteil bis zu 25 Stück 2 Pressteile bis zu 100 Stück 3 Pressteile für je weitere 100 Stück 1 Pressteil	Zunächst müssen 30 Arbeitslose ohne Beanstandung geprüft worden sein (Nachweis fehlerfreier Fertigung), ausgenommen „andere Werkstoffe", für die im Gutachten der zuständigen unabhängigen Stelle Einzelprüfung festgelegt ist	1. Prüfung der Ausgangsbleche mit Proben aus Probenabschnitten, die getrennt wärmebehandelt oder den fertig wärmebehandelten Blechen entnommen worden sind[5] und 2. aus je 100 Pressteilen aus dem gleichen Werkstoff und mit gleicher abschließender Wärmebehandlung Prüfung eines Pressteils
7		Ferritfreie austenitische Stähle, jedoch gegebenenfalls mit Ferritanteilen im Schweißgut und austenitische Stähle der Werkstoffgruppe 6, soweit sie mit Schweißzusätzen mit ≤ 3 % Deltaferrit im Schweißgut verschweißt werden, z. B. X 8 CrNiNb 16 13, X 8 CrNiNb 16 16, X 8 CrNiMoVNb 16 13	Prüfung eines jeden Preßteiles (Einzelprüfung)	Zunächst müssen 30 Arbeitslose ohne Beanstandung geprüft worden sein (Nachweis fehlerfreier Fertigung), ausgenommen „andere Werkstoffe", für die im Gutachten der zuständigen unabhängigen Stelle Einzelprüfung festgelegt ist	1. Prüfung der Ausgangsbleche mit Proben aus Probenabschnitten, die getrennt wärmebehandelt oder den fertig wärmebehandelten Blechen entnommen worden sind und 2. je Arbeitslos Prüfung von Pressteilen, und zwar bei Arbeitslosen bis zu 10 Stück 1 Pressteil bis zu 25 Stück 2 Pressteile bis zu 100 Stück 3 Pressteile für je weitere 100 Stück 1 Pressteil
Al 1		Al 99, 98R Al 99,8 Al 99,7; Al 99,5	Prüfung der Ausgangsbleche mit Proben aus Probenabschnitten, die getrennt wärmebehandelt oder den fertig wärmebehandelten Blechen entnommen worden sind	–	–
Al 2 (1)		AlMn1; AlMnCu			

HP 8/1

Tafel 1. Umfang der Werkstoffprüfung von Pressteilen mit Längen oder Durchmessern ≤ 4 m (Fortsetzung)

Werk-stoff-gruppe[1])	Werkstoffsorten[6])	Prüfumfang ohne Erleichterungen	Prüfumfang mit Erleichterungen	
			Voraussetzungen	Prüfumfang
1	2	3	4	5
Al 2 (2)	AlMg3 ≤ 30 mm AlMg2Mn0,8 ≤ 30 mm AlMg4,5Mn ≤ 15 mm	1. Prüfung der Ausgangsbleche mit Proben aus Probenabschnitten, die getrennt wärmebehandelt oder den fertig wärmebehandelten Blechen entnommen worden sind und 2. je Arbeitslos Prüfung von Pressteilen, und zwar bei Arbeitslosen bis zu 10 Stück 1 Pressteil bis zu 25 Stück 2 Pressteile bis zu 100 Stück 3 Pressteile für je weitere 100 Stück 1 Pressteil	Zunächst müssen 30 Pressteile ohne Beanstandung geprüft worden sein (Nachweis fehlerfreier Fertigung), ausgenommen „andere Werkstoffe", für die im Gutachten der zuständigen unabhängigen Stelle Einzelprüfung festgelegt ist	1. Prüfung der Ausgangsbleche mit Proben aus Probenabschnitten, die getrennt wärmebehandelt oder den fertig wärmebehandelten Blechen entnommen worden sind und 2. aus je 100 Pressteilen aus dem gleichen Werkstoff und mit gleicher abschließender Wärmebehandlung Prüfung eines Pressteils
Al 2 (3)	AlMg3 > 30 mm AlMg2Mn0,8 > 30 mm AlMg4,5Mn > 15 mm	Prüfung eines jeden Pressteiles (Einzelprüfung)	Zunächst müssen 30 Pressteile ohne Beanstandung geprüft worden sein (Nachweis fehlerfreier Fertigung), ausgenommen „andere Werkstoffe", für die im Gutachten der zuständigen unabhängigen Stelle Einzelprüfung festgelegt ist	1. Prüfung der Ausgangsbleche mit Proben aus Probenabschnitten, die getrennt wärmebehandelt oder den fertig wärmebehandelten Blechen entnommen worden sind und 2. je Arbeitslos Prüfung von Pressteilen, und zwar bei Arbeitslosen bis zu 10 Stück 1 Pressteil bis zu 25 Stück 2 Pressteile bis zu 100 Stück 3 Pressteile für je weitere 100 Stück 1 Pressteil

Tafel 2. Kennzeichnung[1]) kleiner Pressteile bis 220 mm äußerem Durchmesser oder Nennweite

äußerer Durchmesser oder Nennweite[2]) mm	Werkstoffgruppe	Kennzeichnung	Prüfbescheinigung gemäß Anhang	Prüfbescheinigung für das Ausgangsmaterial
≤ 50	1 (1) Stahlsorten nach DIN EN 10025 Al 1	keine	1, 2 oder 3	verbleibt beim Hersteller der Pressteile
> 50 bis ≤ 220		Werkstoff- und Hersteller-Kennzeichen	1, 2 oder 3	verbleibt beim Hersteller der Pressteile
≤ 220	1 (1) außer den Stahlsorten nach DIN EN 10025 1 (2) 6 7 Al 2 (1) Al 2 (2)	Werkstoff- und Hersteller-Kennzeichen	1, 2 oder 3	verbleibt beim Hersteller der Pressteile
≤ 88,9	übrige Werkstoffgruppen	Werkstoff- und Hersteller-Kennzeichen sowie Prüfzeichen der zuständigen unabhängigen Stelle	1, 2 oder 3	wird der Prüfbescheinigung beigefügt
> 88,9		nach Abschnitt 7	1, 2 oder 3	

[1]) Ab 3 mm Dicke bei Stahl und ab 5 mm Dicke bei Aluminium erfolgt die Kennzeichnung durch Stempelung oder Einprägen, bei kleineren Dicken durch Farbkennzeichnung oder Gravur.
[2]) Bei ovalen Teilen kleine Achse der Nennweite.

HP 8/1

Anhang 1 zum AD 2000-Merkblatt HP 8/1

Abnahmeprüfzeugnis 3.1.B[1])
Werkszeugnis[1])
Werksbescheinigung[1])
über warmumgeformte Pressteile aus ferritischen Stählen

Besteller: Bestell-Nr.:

Hersteller: Auftrags-Nr.:

Prüfgrundlage: AD 2000-Merkblatt HP 8/1

Daten der Lieferung:

Pos. Nr.	Stückzahl	Gegenstand/Abmessung	Werkstoff	Schmelze	Proben-Nr.	
					Blech	Pressteil

Wir bestätigen, dass der Umformvorgang nach AD 2000-Merkblatt HP 7/2 Abschnitt 3.2 durchgeführt worden ist.
Wärmebehandlung nach dem Umformen: (Haltetemperatur, Haltedauer und Abkühlbedingungen angeben)
Das Warmpressverfahren ist vom (TÜO) überprüft. Die Eignung der Wärmebehandlungseinrichtung nach AD 2000-Merkblatt HP 7/1 Abschnitt 3.1 wurde nachgewiesen.
Verwendet wurden / von Ihnen angelieferte*) / Bleche gem. beiliegender*) / uns vorliegender*) / Prüfbescheinigung(en) nach DIN EN 10204: (Art, Prüf-Nr., Datum, Aussteller angeben)
Die verwendeten Bleche wurden, soweit erforderlich, umgestempelt. Die Pressteile sind zusätzlich mit der folgenden Kennzeichnung versehen:
– Kennzeichen des Pressteil-Herstellers
– Probennummer
– gegebenenfalls Losnummer und Kennzeichnung des Probenträgers
– Zeichen des Prüfers

Prüfung der Pressteile
1. Besichtigung und Maßprüfung
2. Werkstoffprüfung
3. Bei geschweißten Böden:
3.1 Die Anforderungen nach AD 2000-Merkblatt HP 5/2 sind erfüllt
3.2 Zerstörungsfreie Prüfungen nach AD 2000-Merkblatt HP 5/3
    Oberflächenrissprüfung
    Durchstrahlungsprüfung
    Ultraschallprüfung
gemäß Anlage erfüllt

Datum   Unterschrift

Anlagen

---

[1]) gemäß DIN EN 10204
*) Nichtzutreffendes streichen

Anhang 2 zum AD 2000-Merkblatt HP 8/1

Abnahmeprüfzeugnis 3.1.B[1])
Werkszeugnis[1])
Werksbescheinigung[1])
über warmumgeformte Pressteile aus austenitischen Stählen

Besteller: Bestell-Nr.:

Hersteller: Auftrags-Nr.:

Prüfgrundlage: AD 2000-Merkblatt HP 8/1

Daten der Lieferung:

Pos. Nr.	Stückzahl	Gegenstand/Abmessung	Werkstoff	Schmelze	Proben-Nr.	
					Blech	Pressteil

Wir bestätigen, dass für den Umformvorgang die Bedingungen des AD 2000-Merkblattes HP 7/3 Tafel 1 Spalte 3*) / 4*) eingehalten wurden.
Wärmebehandlung nach dem Umformen: (Lösungsglühen und Abschrecken oder Stabilglühen angeben)
Das Warmpressverfahren ist vom (TÜO) überprüft. Die Eignung der Wärmebehandlungseinrichtung nach AD 2000-Merkblatt HP 7/1 Abschnitt 3.1 wurde nachgewiesen.
Verwendet wurden / von Ihnen angelieferte*) / Bleche gem. beiliegender*) / uns vorliegender*) / Prüfbescheinigung(en) nach DIN EN 10204: (Art, Prüf-Nr., Datum, Aussteller angeben)
Die verwendeten Bleche wurden, soweit erforderlich, umgestempelt. Die Pressteile sind zusätzlich mit der folgenden Kennzeichnung versehen:
- Kennzeichen des Pressteil-Herstellers
- Probennummer
- gegebenenfalls Losnummer und Kennzeichnung des Probenträgers
- Zeichen des Prüfers

Prüfung der Pressteile
1. Besichtigung und Maßprüfung
2. Werkstoffprüfung
3. Bei geschweißten Böden:
3.1 Die Anforderungen nach AD 2000-Merkblatt HP 5/2 sind erfüllt
3.2 Zerstörungsfreie Prüfungen nach AD 2000-Merkblatt HP 5/3
    Oberflächenrissprüfung
    Durchstrahlungsprüfung
    Ultraschallprüfung
gemäß Anlage erfüllt

Datum Unterschrift

Anlagen

---

[1]) gemäß DIN EN 10204
*) Nichtzutreffendes streichen

Anhang 3 zum AD 2000-Merkblatt HP 8/1

Abnahmeprüfzeugnis 3.1.B[1])
Werkszeugnis[1])
Werksbescheinigung[1])
über kaltumgeformte Pressteile

Besteller: Bestell-Nr.:

Hersteller: Auftrags-Nr.:

Prüfgrundlage: AD 2000-Merkblatt HP 8/1

Daten der Lieferung:

Pos. Nr.	Stückzahl	Gegenstand/Abmessung	Werkstoff	Schmelze	Proben-Nr.	
					Blech	Pressteil

Wir bestätigen, dass nach dem Kaltumformen normalgeglüht*) / lösungsgeglüht *) / bei . . . °C mit einer Haltedauer von . . . min und anschließender Abkühlung in / mit . . . / nicht wärmebehandelt*) wurde. Die Wärmebehandlung entspricht den Festlegungen in den AD 2000-Merkblättern HP 7/2 oder HP 7/3.
Weitere Wärmebehandlung . . .

Das Umformverfahren ist vom (TÜO) überprüft. Die Eignung der Wärmebehandlungseinrichtung nach AD 2000-Merkblatt HP 7/1 Abschnitt 3.1 wurde nachgewiesen.

Verwendet wurden / von Ihnen angelieferte*) / Bleche gem. beiliegender*) / uns vorliegender*) / Prüfbescheinigung(en) nach DIN EN 10204: (Art, Prüf-Nr., Datum, Aussteller angeben)

Die verwendeten Bleche wurden, soweit erforderlich, umgestempelt. Die Pressteile sind zusätzlich mit der folgenden Kennzeichnung versehen:
- Kennzeichen des Pressteil-Herstellers
- Probennummer
- gegebenenfalls Losnummer und Kennzeichnung des Probenträgers
- Zeichen des Prüfers

Prüfung der Pressteile
1. Besichtigung und Maßprüfung
2. Werkstoffprüfung
3. Bei geschweißten Böden:
3.1 Die Anforderungen nach AD 2000-Merkblatt HP 5/2 sind erfüllt
3.2 Zerstörungsfreie Prüfungen nach AD 2000-Merkblatt HP 5/3
   Oberflächenrissprüfung
   Durchstrahlungsprüfung
   Ultraschallprüfung
gemäß Anlage erfüllt

Datum Unterschrift

Anlagen

---
[1]) gemäß DIN EN 10204
*) Nichtzutreffendes streichen

ICS 23.020.30

Ausgabe Oktober 2000

Herstellung und Prüfung von Druckbehältern	Prüfung von Schüssen aus Stahl	AD 2000-Merkblatt HP 8/2

Die AD 2000-Merkblätter werden von den in der „Arbeitsgemeinschaft Druckbehälter" (AD) zusammenarbeitenden, nachstehend genannten sieben Verbänden aufgestellt. Aufbau und Anwendung des AD 2000-Regelwerkes sowie die Verfahrensrichtlinien regelt das AD 2000-Merkblatt G1.

Die AD 2000-Merkblätter enthalten sicherheitstechnische Anforderungen, die für normale Betriebsverhältnisse zu stellen sind. Sind über das normale Maß hinausgehende Beanspruchungen beim Betrieb der Druckbehälter zu erwarten, so ist diesen durch Erfüllung besonderer Anforderungen Rechnung zu tragen.

Wird von den Forderungen dieses AD 2000-Merkblattes abgewichen, muss nachweisbar sein, dass der sicherheitstechnische Maßstab dieses Regelwerkes auf andere Weise eingehalten ist, z.B. durch Werkstoffprüfungen, Versuche, Spannungsanalyse, Betriebserfahrungen.

Fachverband Dampfkessel-, Behälter- und Rohrleitungsbau e.V. (FDBR), Düsseldorf
Hauptverband der gewerblichen Berufsgenossenschaften e.V., Sankt Augustin
Verband der Chemischen Industrie e.V. (VCI), Frankfurt/Main
Verband Deutscher Maschinen- und Anlagenbau e.V. (VDMA), Fachgemeinschaft Verfahrenstechnische Maschinen und Apparate, Frankfurt/Main
Verein Deutscher Eisenhüttenleute (VDEh), Düsseldorf
VGB PowerTech e.V., Essen
Verband der Technischen Überwachungs-Vereine e.V. (VdTÜV), Essen

Die AD 2000-Merkblätter werden durch die Verbände laufend dem Fortschritt der Technik angepasst. Anregungen hierzu sind zu richten an den Herausgeber:

Verband der Technischen Überwachungs-Vereine e.V., Postfach 10 38 34, 45038 Essen.

Inhalt

0 Präambel
1 Geltungsbereich
2 Werkstoffprüfungen
3 Umfang der Werkstoffprüfung und Probenahme
4 Anforderungen
5 Wiederholungsprüfungen
6 Besichtigung und Maßprüfung
7 Kennzeichnung
8 Prüfbescheinigungen

0 Präambel

Zur Erfüllung der grundlegenden Sicherheitsanforderungen der Druckgeräte-Richtlinie kann das AD 2000-Regelwerk angewandt werden, vornehmlich für die Konformitätsbewertung nach den Modulen „G" und „B + F".

Das AD 2000-Regelwerk folgt einem in sich geschlossenen Auslegungskonzept. Die Anwendung anderer technischer Regeln nach dem Stand der Technik zur Lösung von Teilproblemen setzt die Beachtung des Gesamtkonzeptes voraus.

Bei anderen Modulen der Druckgeräte-Richtlinie oder für andere Rechtsgebiete kann das AD 2000-Regelwerk sinngemäß angewandt werden. Die Prüfzuständigkeit richtet sich nach den Vorgaben des jeweiligen Rechtsgebietes.

1 Geltungsbereich

1.1 Dieses AD 2000-Merkblatt regelt die Prüfung der Festigkeits- und Zähigkeitseigenschaft des Grundwerkstoffes von Schüssen, bei denen nach dem Umformen der Bleche eine Wärmebehandlung, ausgenommen ein Spannungsarmglühen, durchgeführt wird. Eine Prüfung ist auch dann erforderlich, wenn die Wärmebehandlung im Rahmen der Warmumformung vorgenommen wird (siehe AD 2000-Merkblatt HP 7/2 Abschnitt 3.2). Es regelt ferner die Besichtigung und die Maßprüfung der Schüsse.

1.2 Die Prüfung der Schweißverbindungen ist in den AD 2000-Merkblättern HP 2/1, HP 5/2 und HP 5/3 geregelt.

2 Werkstoffprüfungen

Bei Schüssen, die nach den Regelungen des AD 2000-Merkblattes HP 7/2 Abschnitte 2 und 3 wärmebehandelt werden, erfolgt die Prüfung des Grundwerkstoffes nach dem letzten Normalglühen oder Vergüten. Bei Schüssen aus austenitischen Stählen, die nach den Regelungen des AD 2000-Merkblattes HP 7/3 Abschnitte 2 und 3 wärmebehandelt werden, erfolgt die Prüfung des Grundwerkstoffes nach dem letzten Abschrecken oder Stabilglühen.

Die AD 2000-Merkblätter sind urheberrechtlich geschützt. Die Nutzungsrechte, insbesondere die der Übersetzung, des Nachdrucks, der Entnahme von Abbildungen, die Wiedergabe auf fotomechanischem Wege und die Speicherung in Datenverarbeitungsanlagen, bleiben, auch bei auszugsweiser Verwertung, dem Urheber vorbehalten.

Für warmumgeformte oder wärmebehandelte Schüsse aus nichtrostenden austenitischen Stählen nach DIN 17 440 ist eine Prüfung auf Beständigkeit gegen interkristalline Korrosion erforderlich, sofern der Betreiber nicht darauf verzichtet.

3 Umfang der Werkstoffprüfung und Probenahme

3.1 Für den Umfang der Werkstoffprüfung von Schüssen gilt Tafel 1. Werden Bleche verwendet, die nicht entsprechend den AD 2000-Merkblättern der Reihe W geprüft worden sind, richtet sich der Prüfumfang der Schüsse nach den Anforderungen der AD 2000-Merkblätter der Reihe W.

3.2 Die Probestücke sind aus Anbiegeenden, Prüfringen, Abschnitten oder Blechen gleicher Schmelze und Dicke zu entnehmen. Falls Probestücke vor der letzten Wärmebehandlung entnommen werden, ist sicherzustellen, dass die Probestücke derselben Wärmebehandlung oder einer dem Bauteil gleichartigen Wärmebehandlung unterzogen werden (siehe AD 2000-Merkblatt HP 7/1 Abschnitt 2.6). Es ist nicht erforderlich, umgeformte Probestücke zu verwenden.

3.3 Den Probestücken ist je ein Probensatz, bestehend aus einer Zugprobe und drei Kerbschlagproben, zu entnehmen. Werden Bleche verwendet, die nicht entsprechend den AD 2000-Merkblättern der Reihe W geprüft worden sind, richtet sich der Prüfumfang der Schüsse nach den Anforderungen der AD 2000-Merkblätter der Reihe W. Die Proben sind quer zur Walzrichtung des Bleches zu entnehmen. Bei Schüssen aus Stählen nach DIN 17100 sind die Kerbschlagproben in Walzrichtung des Bleches zu entnehmen.

3.4 Die Prüfung des Grundwerkstoffes nach Tafel 1 kann auch im Rahmen der Arbeitsprüfungen nach AD 2000-Merkblatt HP 5/2 durchgeführt werden. In diesem Fall sind Probestücke nach Abschnitt 3.2 als Probenplatten für das Prüfstück zu verwenden.

4 Anforderungen

Für die Anforderungen gelten die AD 2000-Merkblätter der Reihe W.

5 Wiederholungsprüfungen

5.1 Entspricht das Ergebnis nicht den Anforderungen, so ist wie folgt zu verfahren:

5.1.1 Ist das ungenügende Ergebnis einer Prüfung offensichtlich auf prüftechnische Mängel oder auf eine engbegrenzte Fehlstelle einer Probe zurückzuführen, so ist das Fehlerergebnis bei der Entscheidung über die Erfüllung der Anforderungen außer Betracht zu lassen und der entsprechende Versuch zu wiederholen.

5.1.2 Ist das ungenügende Ergebnis einer Prüfung auf eine nicht ordnungsgemäße Wärmebehandlung zurückzuführen, so können der Schuss oder bei losweiser Prüfung das gesamte Prüflos erneut wärmebehandelt werden, worauf die gesamte Prüfung zu wiederholen ist.

5.1.3 Entsprechen ordnungsgemäß entnommene Proben nicht den Anforderungen, so ist wie folgt zu verfahren:

5.1.3.1 Bei stückweiser Prüfung ist bei nicht genügender Zugprobe der Versuch an zwei weiteren aus dem Probestück entnommenen Zugproben zu wiederholen, wobei beide Ergebnisse den Anforderungen genügen müssen. Falls die Ergebnisse der drei geprüften Kerbschlagproben den Anforderungen nicht entsprechen, werden dem Probestück drei weitere Proben entnommen und geprüft. Der Mittelwert aus den sechs Einzelversuchen muss dann den Anforderungen entsprechen. Von den sechs Einzelwerten dürfen nur zwei unter dem geforderten Mindestwert liegen, davon jedoch höchstens ein Einzelwert um mehr als 30 %.

5.1.3.2 Bei losweiser Prüfung ist der Schuss, der den Anforderungen nicht genügte, aus dem Los auszuscheiden. Der Versuch ist für jede nicht genügende Zugprobe und für den Fall, dass die Ergebnisse der drei geprüften Kerbschlagproben den Anforderungen nicht entsprechen, an zwei anderen Schüssen desselben Loses zu wiederholen, wobei die Ergebnisse den Anforderungen genügen müssen.

6 Besichtigung und Maßprüfung

Schüsse, die mit Abnahmeprüfzeugnis nach DIN EN 10204 geliefert werden, sind vom Werkssachverständigen oder von der zuständigen unabhängigen Stelle im Lieferzustand zu besichtigen und einer Maßprüfung zu unterziehen. Das Ergebnis einer durchgeführten Besichtigung und Maßprüfung ist im Abnahmeprüfzeugnis zu bestätigen. Bei Schüssen, die mit Werksbescheinigung oder Werkszeugnis geliefert werden, wird die Besichtigung und Maßprüfung durch den Hersteller der Schüsse durchgeführt.

7 Kennzeichnung

Die Schüsse sind gemäß den Regelungen der AD 2000-Merkblätter der Reihe W zu kennzeichnen. Bei stückweiser Prüfung sind die Schüsse zusätzlich zu kennzeichnen mit der Probennummer, bei losweiser Prüfung zusätzlich mit der Losnummer und die geprüften Schüsse des Loses zusätzlich mit den Probennummern.

8 Prüfbescheinigungen

Die Ergebnisse der mechanischen Prüfungen sind in Bescheinigungen über Materialprüfungen nach DIN EN 10204 aufzuführen, deren Art sich aus sinngemäßer Anwendung der entsprechenden Festlegungen in den AD 2000-Merkblättern der Reihe W ergibt. Die Art der Wärmebehandlung und der ordnungsgemäße Wärmebehandlungszustand entsprechend AD 2000-Merkblatt HP 7/1 ist zu bescheinigen. Über die Maßprüfung und Besichtigung (siehe gegebenenfalls auch AD 2000-Merkblatt HP 512[1]) wird nach Vereinbarung bei der Bestellung ebenfalls eine Bescheinigung nach DIN EN 10204 ausgestellt, deren Art sich aus Satz 1 ergibt.

---

[1] In Vorbereitung unter Berücksichtigung der Druckgeräte-Richtlinie (97/23/EG) durch Einarbeitung der sachlich notwendigen Beschaffenheitsanforderungen aus den geltenden TRB/TRR.

Tafel 1. Umfang der Werkstoffprüfung bei normalgeglühten und vergüteten (Werkstoffgruppen 1 bis 5.4) oder abgeschreckten oder stabilgeglühten (Werkstoffgruppen 6 und 7) Schüssen

Werkstoffgruppe[1])	Werkstoffsorten	Prüfumfang
1	2	3
1.1	Alle Stahlsorten der Werkstoffgruppe 1 nach Tafel 1 zu AD 2000-Merkblatt HP 0, ausgenommen die unter 1.2 genannten	Keine Prüfung erforderlich
1.2	Stahlsorten mit einer Mindeststreckgrenze ≥ 355 N/mm^2 bis < 370 N/mm^2	Je Schmelze und höchstens je 5 Schüsse 1 Probensatz
2	Wie in Tafel 1 zu AD 2000-Merkblatt HP 0	Für jeden Schuss 1 Probensatz[2])
3		Für jeden Schuss 1 Probensatz[2])
4.1		Für jeden Schuss 1 Probensatz. Bei 13 CrMo 4 4 je Schmelze, mindestens jedoch je 5 Schüsse 1 Probensatz
4.2		Für jeden Schuss 1 Probensatz[2])
5.1		Für jeden Schuss 1 Probensatz[2]). Die Prüfung der Kerbschlagarbeit erfolgt bei der Prüftemperatur für den Zähigkeitsnachweis nach AD 2000-Merkblatt W 10.
5.2		
5.3		
5.4		
6		Für Wanddicken $<$ 20 mm keine Prüfung erforderlich. Für Wanddicken $\geq$ 20 mm je 5 Schüsse 1 Probensatz
7		Je Schmelze und höchstens je 5 Schüsse 1 Probensatz

[1]) Gruppeneinteilungen der Werkstoffsorten entsprechend AD 2000-Merkblatt HP 0, Übersichtstafel 1.
Für die Zuordnung der Streckgrenzengruppen gilt die Angabe für den kleinsten Wanddickenbereich der entsprechenden Norm oder des Werkstoffblattes.
[2]) Bei gemeinsamer Wärmebehandlung von mehreren Schüssen genügt ein Probensatz je Schmelze.

ICS 23.020.30

Ausgabe Mai 2007

Herstellung und Prüfung von Druckbehältern	Herstellung und Prüfung von Formstücken aus unlegierten und legierten Stählen	AD 2000-Merkblatt HP 8/3

Die AD 2000-Merkblätter werden von den in der „Arbeitsgemeinschaft Druckbehälter" (AD) zusammenarbeitenden, nachstehend genannten sieben Verbänden aufgestellt. Aufbau und Anwendung des AD 2000-Regelwerkes sowie die Verfahrensrichtlinien regelt das AD 2000-Merkblatt G1.

Die AD 2000-Merkblätter enthalten sicherheitstechnische Anforderungen, die für normale Betriebsverhältnisse zu stellen sind. Sind über das normale Maß hinausgehende Beanspruchungen beim Betrieb der Druckbehälter zu erwarten, so ist diesen durch Erfüllung besonderer Anforderungen Rechnung zu tragen.

Wird von den Forderungen dieses AD 2000-Merkblattes abgewichen, muss nachweisbar sein, dass der sicherheitstechnische Maßstab dieses Regelwerkes auf andere Weise eingehalten ist, z.B. durch Werkstoffprüfungen, Versuche, Spannungsanalyse, Betriebserfahrungen.

 Fachverband Dampfkessel-, Behälter- und Rohrleitungsbau e.V. (FDBR), Düsseldorf
 Hauptverband der gewerblichen Berufsgenossenschaften e.V., Sankt Augustin
 Verband der Chemischen Industrie e.V. (VCI), Frankfurt/Main
 Verband Deutscher Maschinen- und Anlagenbau e.V. (VDMA), Fachgemeinschaft Verfahrenstechnische Maschinen und Apparate, Frankfurt/Main
 Stahlinstitut VDEh, Düsseldorf
 VGB PowerTech e.V., Essen
 Verband der TÜV e.V. (VdTÜV), Berlin

Die AD 2000-Merkblätter werden durch die Verbände laufend dem Fortschritt der Technik angepasst. Anregungen hierzu sind zu richten an den Herausgeber:

Verband der TÜV e.V., Friedrichstraße 136, 10117 Berlin.

Inhalt

0 Präambel
1 Geltungsbereich
2 Allgemeine Voraussetzungen
3 Geeignete Werkstoffe
4 Anforderungen
5 Prüfungen
6 Kennzeichnung
7 Nachweis der Güteeigenschaften

0 Präambel

Zur Erfüllung der grundlegenden Sicherheitsanforderungen der Druckgeräte-Richtlinie kann das AD 2000-Regelwerk angewandt werden, vornehmlich für die Konformitätsbewertung nach den Modulen „G" und „B + F".

Das AD 2000-Regelwerk folgt einem in sich geschlossenen Auslegungskonzept. Die Anwendung anderer technischer Regeln nach dem Stand der Technik zur Lösung von Teilproblemen setzt die Beachtung des Gesamtkonzeptes voraus.

Bei anderen Modulen der Druckgeräte-Richtlinie oder für andere Rechtsgebiete kann das AD 2000-Regelwerk sinngemäß angewandt werden. Die Prüfzuständigkeit richtet sich nach den Vorgaben des jeweiligen Rechtsgebietes.

1 Geltungsbereich

Dieses AD 2000-Merkblatt gilt für die Herstellung und Prüfung von Formstücken aus unlegierten und legierten Stählen für Druckbehälter.

Für Formstücke für Rohrleitungen gilt dieses AD 2000-Merkblatt nicht.

Dieses AD 2000-Merkblatt regelt ergänzend zur DIN 2609 die Herstellung, die erforderlichen Prüfungen, deren Umfang und die Art der Bescheinigung über Materialprüfungen.

Für Formstücke, die nicht in den Anwendungsbereich der DIN 2609 fallen, ist dieses Merkblatt sinngemäß anzuwenden.

Für aus Stabstahl durch mechanische Bearbeitung hergestellte Reduzierungen und Kappen > DN 50 oder

Die AD 2000-Merkblätter sind urheberrechtlich geschützt. Die Nutzungsrechte, insbesondere die der Übersetzung, des Nachdrucks, der Entnahme von Abbildungen, die Wiedergabe auf fotomechanischem Wege und die Speicherung in Datenverarbeitungsanlagen, bleiben, auch bei auszugsweiser Verwertung, dem Urheber vorbehalten.

T-Stücke sind zusätzliche Prüfungen an Vormaterial und Endprodukt vorgesehen.

Für Kappen nach DIN 2617 und für andere Formstücke, die aus Blechen umgeformt und/oder durch Schweißen hergestellt sind, gilt AD 2000-Merkblatt HP 8/1. Hinsichtlich der Maße und Maßtoleranzen gilt DIN 2609 Abschnitt 4.7.

2 Allgemeine Voraussetzungen

Voraussetzung für die Herstellung ist die Überprüfung des Herstellers nach AD 2000-Merkblatt W 0 oder AD 2000-Merkblatt HP 0.

Die entsprechend qualifizierten Hersteller sind zum Beispiel im VdTÜV-Merkblatt Werkstoffe 1253 bzw. im VdTÜV-Merkblatt Schweißtechnik 1165[1]) gelistet.

3 Geeignete Werkstoffe

Geeignet sind alle Werkstoffe der AD 2000-Merkblätter der Reihe W innerhalb der dort angegebenen Grenzen.

4 Anforderungen

4.1 Herstellverfahren

Es gelten die Herstellverfahren nach Tabelle 1 der DIN 2609.

Für Formstücke, die nach anderen Herstellungsverfahren hergestellt werden, ist die Eignungsfeststellung des Verfahrens der zuständigen unabhängigen Stelle nachzuweisen.

Für aus dem Vollen durch Spanabhebung hergestellte Formstücke > DN 50 sind unter Abschnitt 5.1.2 die notwendigen Prüfungen festgelegt.

4.2 Lieferzustand

Es gelten die Lieferzustände nach DIN 2609.

Kaltumgeformte ferritische Stähle müssen die Anforderungen nach AD 2000-Merkblatt HP 7/2 erfüllen. Kaltumgeformte austenitische Stähle müssen die Anforderungen nach AD 2000-Merkblatt HP 7/3 erfüllen.

Wird das Normalglühen durch eine normalisierende Warmformgebung ersetzt oder falls ein Abschrecken aus der Warmformgebung erfolgt, so ist die Gleichwertigkeit mit dem wärmebehandelten Zustand der zuständigen unabhängigen Stelle erstmalig nachzuweisen.

4.3 Maße und Maßtoleranzen

Es gelten die Maße und Maßtoleranzen nach DIN 2609 Abschnitt 4.7.

4.4 Oberflächenbeschaffenheit

Für die Oberflächenbeschaffenheit gilt DIN 2609 Abschnitt 4.6.

Die Formstücke sind in einem Oberflächenzustand zur Prüfung vorzulegen, der das Erkennen von Fehlern ermöglicht.

5 Prüfungen

5.1 Prüfung der Ausgangswerkstoffe

5.1.1 Herstellverfahren in Übereinstimmung mit Tabelle 1 der DIN 2609

Die Ausgangswerkstoffe sind entsprechend dem zutreffenden AD 2000-Merkblatt W 1, W 2, W 4, W 10, W 12, oder W 13 zu prüfen.

5.1.2 Herstellverfahren abweichend von Tabelle 1 der DIN 2609

Für aus Stabstahl durch mechanische Bearbeitung hergestellte Formstücke sind ergänzend zu den AD 2000-Merkblättern W 2 und W 13 folgende Prüfungen erforderlich:

(1) Reduzierungen > DN 50:

Zerstörungsfreie Prüfungen:

- Gewalzte und geschmiedete Stäbe aus ferritischem und martensitischem Stahl

    Ultraschallprüfung nach DIN EN 10228-3 unter Zugrundelegung folgender Anforderungen:
    – Die Prüfung ist nach der abschließenden Wärmebehandlung oder nach der letztmöglichen Fertigungsstufe durchzuführen;
    – Prüfumfang gemäß Tabelle 3 Typ 1a, jedoch mindestens 8 axiale Prüfbahnen gleichmäßig am Umfang verteilt;
    – falls erforderlich sind SE-Prüfköpfe zu verwenden;
    – Qualitätsklasse 4 mit Registrier- und Zulässigkeitskriterien gemäß Tabelle 5;
    – Fehlergrößenbeurteilung nach 6 dB-Abfalltechnik;
    – Empfindlichkeitsjustierung nach AVG-Technik.

- Gewalzte und geschmiedete Stäbe aus austenitischem und austenitisch-ferritischem Stahl

    Ultraschallprüfung nach DIN EN 10228-4 unter Zugrundelegung folgender Anforderungen:
    – Die Prüfung ist nach der abschließenden Wärmebehandlung oder nach der letztmöglichen Fertigungsstufe durchzuführen;
    – Prüfumfang gemäß Tabelle 2 Typ 1a, jedoch mindestens 8 axiale Prüfbahnen gleichmäßig am Umfang verteilt;
    – falls erforderlich sind SE-Prüfköpfe zu verwenden;
    – Qualitätsklasse 3 mit Registrier- und Zulässigkeitskriterien gemäß Tabelle 4, Registrier- und Zulassungskriterien für t < 75 mm gelten für alle Dicken;
    – Fehlergrößenbeurteilung nach 6dB-Abfall-Technik;
    – Empfindlichkeitsjustierung nach AVG-Methode.

(2) T-Stücke:

Für Stabstahl mit Durchmesser > 160 mm ist der Nachweis der Festigkeitseigenschaften im endwärmebehandelten Zustand mit Probenlage quer zur Längsachse aus der Mitte des Stabstahles zu erbringen. Der Nachweis der Festigkeitseigenschaften bei Raumtemperatur erfolgt an einer Rundzugprobe nach DIN EN 10002-1. Bei ferritischen und ferritisch-austenitischen Werkstoffen erfolgt der Nachweis der Kerbschlagarbeit (Kerb in Längsachse) entsprechend. Die Prüftemperatur richtet sich nach dem zugehörigen AD 2000-Merkblatt der Reihe W. Bei Verwendung für Temperaturen ≥ 100 °C ist zusätzlich ein

---

[1]) zu beziehen über TÜV-Media GmbH, Am Grauen Stein, D-51105 Köln oder unter www.vdtuev.de/publikationen

AD 2000-Merkblatt HP 8/3, Ausg. 05.2007 Seite 3

Warmzugversuch quer zur Längsachse nach DIN EN 10002-5 bei maximal zulässiger Temperatur des Formstükkes, jedoch nicht höher als 400 °C, erforderlich.

Die Anforderungen gelten entsprechend dem jeweiligen Querschnitt des Stabstahles.

Zerstörungsfreie Prüfungen:
Die zerstörungsfreien Prüfungen sind wie für Reduzierungen > DN 50 durchzuführen.

5.2 Prüfung der Formstücke

5.2.1 Besichtigung und Maßprüfung

Die Formstücke sind im Lieferzustand zu besichtigen und in den Abmessungen nachzuprüfen.

5.2.2 Chemische Zusammensetzung

Für die chemische Zusammensetzung ist vom Hersteller des Vormaterials die Schmelzenanalyse je Schmelze, gemäß den in den Vormaterialnormen festgelegten Werten zu bescheinigen.

5.2.3 Prüfung auf Werkstoffverwechselung

Alle Formstücke aus legierten Stählen sind vom Hersteller einer geeigneten Prüfung auf Werkstoffverwechselung zu unterziehen.

5.2.4 Beständigkeit auf interkristalline Korrosion

Für warmgeformte oder wärmebehandelte Formstücke aus nichtrostenden austenitischen und austenitisch-ferritischen Stählen entsprechend AD 2000-Merkblatt W 2 ist die Beständigkeit gegen interkristalline Korrosion nachzuweisen, sofern der Betreiber nicht darauf verzichtet.

5.2.5 Werkstoffprüfung

Die Werkstoffprüfung erfolgt entsprechend Tafel 2, wobei ein Prüflos nach Tafel 1 Formstücke gleichen Werkstoffs und gleicher Abmessung umfasst, bei Formstücken mit d_a ≥ 100 mm aus legierten Stählen auch gleicher Schmelze. Ist eine abschließende Wärmebehandlung erforderlich, erfolgt die Prüfung nach Wärmebehandlungslosen. Dabei können Formstücke unterschiedlicher Abmessung, aber hergestellt aus derselben Vormaterialabmessung, zu einem Prüflos zusammengefasst werden, sofern eine gemeinsame Wärmebehandlung erfolgt.

Wenn der Nachweis ausreichender Fertigungssicherheit je Werkstoff laufend erbracht wird, können die Prüflosgrößen nach DIN 2609 Abschnitt 5.3.2 verwendet werden. Die Fertigungssicherheit ist der zuständigen unabhängigen Stelle regelmäßig nachzuweisen.

Tafel 1. Prüflose

Abmessung d_a in mm	Anzahl der Formstücke je Prüflos[1]
< 100	≤ 200
≥ 100 bis < 225	≤ 100
≥ 225 bis < 350	≤ 50
≥ 350	≤ 25

[1] Bei Bögen gelten o. g. Prüflose für die 90-Grad-Ausführung. Bei 180-Grad-Ausführung erfolgt eine Halbierung, bei 45-Grad-Ausführung eine Verdopplung der Bögen je Prüflos.
Bei Formstücken aus dem gleichen Werkstoff, gleicher Schmelze, gleicher Abmessung und gleichem Wärmebehandlungslos genügt die Erprobung von max. 4 Probensätzen.

Ausreichende Fertigungssicherheit kann angenommen werden, wenn die Ausfallwahrscheinlichkeit für alle mechanischen Eigenschaften < 2,5 % beträgt.

Die Probenahme, Probenvorbereitung und Durchführung der Prüfungen erfolgen entsprechend DIN 2609 Abschnitte 5.4 und 5.5. An den Prüfstücken werden folgende Prüfungen durchgeführt:

5.2.5.1 Zugversuch

Der Zugversuch wird bei Abmessungen d_a ≥ 100 mm bei Raumtemperatur durchgeführt.

5.2.5.2 Härteprüfung

Die Härteprüfung dient zum Nachweis der Gleichmäßigkeit der Wärmebehandlung.

Bei kaltumgeformten austenitischen Formstücken ohne Wärmenachbehandlung gemäß AD 2000-Merkblatt HP 7/3 entfällt die Härteprüfung. Bei diesen Formstücken wird, wenn dies aufgrund der Geometrie möglich ist, der Zugversuch nach Abschnitt 5.2.5.1 durchgeführt. Ist ein Zugversuch nicht möglich, wird ein Ringaufweitversuch nach DIN EN ISO 8493 (Prüfumfang wie für den Zugversuch in Tafel 2 festgelegt) zur Ermittlung der Restbruchdehnung durchgeführt. Bei einer Aufweitung von 20 % ohne sichtbare Risse sind die Anforderungen erfüllt.

5.2.5.3 Kerbschlagbiegeversuch

Der Kerbschlagbiegeversuch erfolgt bei Werkstoffen gemäß AD 2000-Merkblatt W 2 entsprechend den dort genannten Abmessungen, bei allen anderen Werkstoffen ab Wanddicken > 6 mm, soweit dies aufgrund der Geometrie möglich ist. Als Anforderungen gelten die in den entsprechenden Normen für das Vormaterial angegebenen Werte. Sofern der Hersteller mit mindestens 10 Prüfergebnissen für die Abmessungsbereiche > 5 bis 10 mm, 10 bis 20 mm und 20 bis 30 mm Wanddicke je Werkstoff der zuständigen unabhängigen Stelle nachgewiesen hat, dass an die Anforderungen an die Kerbschlagarbeit mit ausreichender Sicherheit erfüllen kann, kann der Kerbschlagbiegeversuch an den Formstücken ab der in der Werkstoffspezifikation für die Rohre festgelegten Wanddicke durchgeführt werden.

5.2.6 Zerstörungsfreie Prüfung

Aus Stabstahl durch mechanische Bearbeitung hergestellte Formstücke (vgl. Abschnitt 5.1.2) sind im fertig bearbeiteten Zustand einer Oberflächenprüfung zu unterziehen. Bei Formstücken aus längsnahtgeschweißten Rohren muss nach dem Umformen oder der letzten Wärmebehandlung eine stichprobenweise zerstörungsfreie Oberflächenprüfung der Schweißnaht (mind. 10 %) durchgeführt werden.

Die Anforderungen gemäß AD 2000-Merkblatt HP 5/3 sind zu erfüllen.

6 Kennzeichnung

Die Formstücke sind entsprechend DIN 2609 Abschnitt 6 zu kennzeichnen. Zusätzlich sind auch Formstücke ≤ DN 50 mit Werkstoff-Kurznamen (gemäß dem Abschnitt 3 dieses Merkblattes) sowie der Vormaterial-Nummer des Vormaterials zu kennzeichnen.

Ist dies aufgrund der geometrischen Verhältnisse bei Formstücken DN ≤ 25 nicht möglich, kann diese Werkstoffkennzeichnung durch eine eindeutige Codierung ersetzt werden.

HP 8/3

Tafel 2. Einteilung der Prüfgruppen, Umfang der Prüfung je Los sowie Art der Bescheinigung über Materialprüfungen

Prüfgruppe	Abmessungen d_a in mm	Werkstoff	Umfang der Prüfungen je Los			Abnahmeprüfzeugnis nach DIN EN 10 204
			Härteprüfung [1]	Zugversuch	Kerbschlagbiegeversuch [2]	
I	< 100	unlegiert		–		3.1
II	< 100	legiert-ferritisch	10 % [1] [3] mind. an 3 Formstücken	[4]	2 Probensätze, bei weniger als 10 Formstücken 1 Probensatz	3.2
		austenitisch und austenitisch-ferr.		[4]		3.2 [5]
III	≥ 100	unlegiert R_m < 500 MPa				3.1 [6]
IV	≥ 100 bis ≤ 225 (DN ≤ 200)	unlegiert R_m ≥ 500 MPa oder legiert ferritisch,	10 % [3] mind. an 3 Formstücken	2, bei weniger als 10 Formstücken		3.2 [5]
V	> 225 (DN > 200)	austenitisch oder austenitisch-ferr.	100 % [7]	1		3.2 [5]

[1] Bei austenitischen Stählen entfällt die Härteprüfung, wenn aufgrund der Geometrie Zugversuche möglich sind.
[2] Ein Probensatz besteht aus 3 Proben, siehe auch Abschnitt 5.2.5.3.
[3] Ab 2. Los einer geschlossenen Abnahme kann der Prüfumfang für die Härteprüfung auf die Hälfte reduziert werden, wenn die ermittelten Werte der Härte innerhalb der festgelegten Festigkeitsspanne gelegen haben.
[4] Zugversuche sind entsprechend Prüfgruppe III bis V durchzuführen, soweit dies aufgrund der Geometrie möglich ist.
[5] Soweit für diese Werkstoffe nach AD 2000-Merkblatt W 2 nicht ein Abnahmeprüfzeugnis 3.1 vorgesehen ist.
[6] Soweit für diese Werkstoffe nach AD 2000-Merkblatt W 10 nicht ein Abnahmeprüfzeugnis 3.2 vorgesehen ist.
[7] Für Formstücke aus den Werkstoffen 16Mo3, 13CrMo4-5 und 10CrMo9-10, sowie vergleichbaren oder höherlegierten ferritischen Werkstoffen gilt der in Prüfgruppe IV genannte Umfang der Härteprüfung.

7 Nachweis der Güteeigenschaften

7.1 Der Nachweis der Güteeigenschaften für Formstücke erfolgt mit Abnahmeprüfzeugnissen gemäß DIN EN 10204.

Die Gültigkeit der Prüfbescheinigungen nach DIN EN 10204 (Ausgabe 1995) ist im AD 2000-Merkblatt W 0 Abschnitt 3.4 geregelt.

7.2 Ausgangswerkstoffe

Die Ausgangswerkstoffe von Formstücken sind mit Abnahmeprüfzeugnissen entsprechend den AD 2000-Merkblättern W 1, W 2, W 4, W 10, W 12 und W 13 zu bescheinigen.
Bei Formstücken, deren mechanische Eigenschaften (Zugversuche und Kerbschlagbiegeversuche) durch ein Abnahmeprüfzeugnis 3.2 bescheinigt werden, genügt ein Abnahmeprüfzeugnis 3.1 nach DIN EN 10204 für das Vormaterial.
Für sonstige Werkstoffe oder in VdTÜV-Werkstoffblättern genannte Werkstoffe gilt diese Regelung nicht.

Das Vormaterial für Formstücke nach Abschnitt 5.1.2 (2) ist mit einem Abnahmeprüfzeugnis 3.2 zu bescheinigen.

7.3 Formstücke

Die Art des Abnahmeprüfzeugnisses richtet sich nach Tafel 2.
Für Formstücke nach Abschnitt 5.1.2 ist ein Abnahmeprüfzeugnis 3.2 auf der Grundlage eines Einzelgutachtens von einer zuständigen unabhängigen Stelle erforderlich. Dem Zeugnis ist eine entwurfsgeprüfte Zeichnung beizufügen, die auch die Lage des/der Formstücke(s) im Ausgangsstab darstellt.
Die Ergebnisse der an der Lieferung durchgeführten Prüfungen, der Wärmebehandlungszustand mit Temperaturangabe sowie die Abnahmeprüfzeugnisse gemäß DIN EN 10204 über die verwendeten Werkstoffe sind in dem Abnahmeprüfzeugnis anzugeben.
Für durch mechanisches Bearbeiten hergestellte und nach Abschnitt 5.1.1 geprüfte Formstücke kann der erneute Nachweis der mechanischen Eigenschaften entfallen.

ICS 23.020.30　　　　　　　　　　　　　　　　　　　　　　　　　　　　Ausgabe Januar 2003

| Herstellung und Prüfung von Druckbehältern | Durchführung von Druckprüfungen | AD 2000-Merkblatt HP 30 |

Die AD 2000-Merkblätter werden von den in der „Arbeitsgemeinschaft Druckbehälter" (AD) zusammenarbeitenden, nachstehend genannten sieben Verbänden aufgestellt. Aufbau und Anwendung des AD 2000-Regelwerkes sowie die Verfahrensrichtlinien regelt das AD 2000-Merkblatt G1.

Die AD 2000-Merkblätter enthalten sicherheitstechnische Anforderungen, die für normale Betriebsverhältnisse zu stellen sind. Sind über das normale Maß hinausgehende Beanspruchungen beim Betrieb der Druckbehälter zu erwarten, so ist diesen durch Erfüllung besonderer Anforderungen Rechnung zu tragen.

Wird von den Forderungen dieses AD 2000-Merkblattes abgewichen, muss nachweisbar sein, dass der sicherheitstechnische Maßstab dieses Regelwerkes auf andere Weise eingehalten ist, z. B. durch Werkstoffprüfungen, Versuche, Spannungsanalyse, Betriebserfahrungen.

　　　　Fachverband Dampfkessel-, Behälter- und Rohrleitungsbau e.V. (FDBR), Düsseldorf
　　　　Hauptverband der gewerblichen Berufsgenossenschaften e.V., Sankt Augustin
　　　　Verband der Chemischen Industrie e.V. (VCI), Frankfurt/Main
　　　　Verband Deutscher Maschinen- und Anlagenbau e.V. (VDMA), Fachgemeinschaft Verfahrenstechnische Maschinen und Apparate, Frankfurt/Main
　　　　Verein Deutscher Eisenhüttenleute (VDEh), Düsseldorf
　　　　VGB PowerTech e.V., Essen
　　　　Verband der Technischen Überwachungs-Vereine e.V. (VdTÜV), Essen

Die AD 2000-Merkblätter werden durch die Verbände laufend dem Fortschritt der Technik angepasst. Anregungen hierzu sind zu richten an den Herausgeber:

Verband der Technischen Überwachungs-Vereine e.V., Postfach 10 38 34, 45038 Essen.

Inhalt

0　Präambel
1　Geltungsbereich
2　Allgemeines
3　Zeitpunkt der Prüfung
4　Durchführung der Prüfung

0　Präambel

Zur Erfüllung der grundlegenden Sicherheitsanforderungen der Druckgeräte-Richtlinie kann das AD 2000-Regelwerk angewandt werden, vornehmlich für die Konformitätsbewertung nach den Modulen „G" und „B + F".

Das AD 2000-Regelwerk folgt einem in sich geschlossenen Auslegungskonzept. Die Anwendung anderer technischer Regeln nach dem Stand der Technik zur Lösung von Teilproblemen setzt die Beachtung des Gesamtkonzeptes voraus.

Bei anderen Modulen der Druckgeräte-Richtlinie oder für andere Rechtsgebiete kann das AD 2000-Regelwerk sinngemäß angewandt werden. Die Prüfzuständigkeit richtet sich nach den Vorgaben des jeweiligen Rechtsgebietes.

1　Geltungsbereich

Dieses AD 2000-Merkblatt regelt die Durchführung der Druckprüfung von Druckbehältern oder Druckbehälterteilen, soweit nicht für Druckbehälter aus nichtmetallischen Werkstoffen in den AD 2000-Merkblättern der Reihe N andere Regelungen getroffen sind. Für die Druckprüfung von Armaturengehäusen gilt AD 2000-Merkblatt A 4. Für die Druckprüfung von Gussstücken gelten die entsprechenden AD 2000-Merkblätter der Reihe W.

2　Allgemeines

Bei der Druckprüfung wird geprüft, ob die drucktragenden Wandungen unter Prüfdruck dicht sind und ob keine sicherheitstechnisch bedenklichen Verformungen auftreten.

3　Zeitpunkt der Prüfung

3.1　Druckprüfungen sind zeitlich so zu veranlassen, dass der Prüfende alle drucktragenden Teile ausreichend besichtigen kann. Ist dies im Endzustand nicht möglich, wird die erstmalige Druckprüfung als Teilprüfung im prüffähigen Zustand durchgeführt.

3.2　Die erstmalige Druckprüfung erfolgt
(1)　nach der letzten Wärmebehandlung bei emaillierten Druckbehältern vor einer Emaillierung,
(2)　in der Regel nach dem Plattieren und nach der spanenden Bearbeitung,
(3)　vor dem Anbringen von Farbanstrichen, Dämmungen, Gummierungen, Ausmauerungen und Ähnlichem,
(4)　in der Regel vor dem Anbringen von Auskleidungen, Verzinkungen,
(5)　soweit in den Prüfunterlagen vorgesehen: nach zerstörungsfreien Prüfungen oder besonderen Dichtheitsprüfungen.

Ersatz für Ausgabe Oktober 2000;　| = Änderungen gegenüber der vorangehenden Ausgabe

Die AD 2000-Merkblätter sind urheberrechtlich geschützt. Die Nutzungsrechte, insbesondere die der Übersetzung, des Nachdrucks, der Entnahme von Abbildungen, die Wiedergabe auf fotomechanischem Wege und die Speicherung in Datenverarbeitungsanlagen, bleiben, auch bei auszugsweiser Verwertung, dem Urheber vorbehalten.

4 Durchführung der Prüfung

4.1 Eine Druckprüfung ist in der Regel als Flüssigkeitsdruckprüfung mit Wasser durchzuführen, soweit es die Bauart oder die Betriebsweise des Druckbehälters oder seine Beschickung zulassen. Andere geeignete Flüssigkeiten können verwendet werden, wenn dies zweckmäßig ist.

4.2 Ist eine Flüssigkeitsdruckprüfung nicht möglich oder nicht zweckmäßig, kann die Druckprüfung unter Beachtung besonderer Schutzmaßnahmen, insbesondere der nach Abschnitt 4.16, auch als Gasdruckprüfung erfolgen, wenn dies in den technischen Unterlagen der Entwurfsprüfung vorgesehen ist.

4.3 Bei Behältern mit mehreren Räumen ist jeder Druckraum einzeln einer Druckprüfung zu unterziehen. Von dieser Regel kann abgewichen werden, wenn eine Wand zwischen zwei Druckräumen nur für den Differenzdruck ausgelegt ist und durch betriebliche Maßnahmen sichergestellt wird, dass nicht ein Raum unabhängig vom anderen unter Druck gesetzt wird. In solchen Fällen sind die angrenzenden Räume zunächst einzeln entsprechend diesem Differenzdruck und anschließend die betroffenen Räume gleichzeitig mit dem Prüfdruck p' zu beaufschlagen.

4.4 Der vom Manometer bei der Prüfung angezeigte Druck muss durch geeignete Maßnahmen (z. B. Kontrollmanometer) kontrolliert werden können.

4.5 Der Druckbehälter ist bei Flüssigkeitsdruckprüfungen so zu entlüften, dass er vollständig mit Prüfflüssigkeit gefüllt ist. Der Druckbehälter ist so aufzulagern, dass weder Personen gefährdet werden können noch der Druckbehälter beschädigt wird.

4.6 Während der Flüssigkeitsdruckprüfung müssen die Außenwandungen des Druckbehälters trocken sein. Bei Umgebungstemperaturen ≤ 0 °C darf eine Wasserdruckprüfung nur durchgeführt werden, wenn sichergestellt ist, dass Behälterinhalt, Manometer und Zuleitungen nicht einfrieren können.

4.7 Soweit das Zähigkeitsverhalten (Formänderungsvermögen) des Werkstoffes oder des Bauteiles die Prüftemperatur oder die Druckanstiegsgeschwindigkeit begrenzt, ist dies zu berücksichtigen und in den Prüfunterlagen zu vermerken.

4.8 Bis zum Eintreffen des Prüfenden soll der Druckbehälter nur bis zum maximal zulässigen Druck vorgedrückt werden. Erst nach Absprache mit dem Prüfenden ist der Druck bis zum Prüfdruck langsam zu steigern.

4.9 Sollen bei der Druckprüfung Dehnungsmessungen durchgeführt werden, so ist das Vorgehen einschließlich Füllen, Vordrücken usw. mit dem Prüfenden abzustimmen.

4.10 Bei Druckbehältern, bei denen der statische Druck der Flüssigkeitssäule (im Betrieb oder bei der Flüssigkeitsdruckprüfung) zu berücksichtigen ist, ist die Druckprüfung am stehenden Behälter durchzuführen oder zu wiederholen, wenn der Behälter liegend geprüft wurde und bei der Festlegung des Prüfdruckes der statische Druck der Flüssigkeitssäule im stehenden Behälter nicht berücksichtigt werden konnte, soweit in den Prüfunterlagen anderes vermerkt ist.
Der bei der Druckprüfung am Druckmessgerät maximal zu erreichende Prüfdruck ergibt sich aus den Abschnitten 4.10.1 bis 4.10.3 (Bezeichnungen und verwendete Einheiten siehe Bild 1).

4.10.1 Bei einer stehend durchgeführten Druckprüfung muss der am höchsten Punkt des Behälters gemessene Druck sein:

$p_P = F_P \cdot p$;

sofern das Betriebsmedium ein höheres spezifisches Gewicht als das Prüfmedium besitzt, ist der zu messende Prüfdruck zu erhöhen auf:

$p_P = F_P \cdot p + 0{,}1 \, (\gamma_F \cdot H_F - \gamma_P \cdot H)$,

wobei stets

$p_P \geq F_P \cdot p$

sein muss.

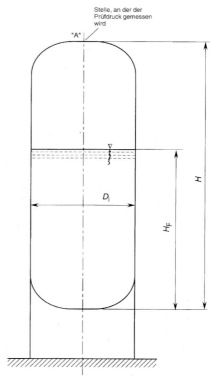

Bild 1.

4.10.2 Wird vorab eine Druckprüfung am liegenden Behälter (Kolonne) durchgeführt, so muss der gemessene Druck sein:

$p_P = F_P \cdot p + 0{,}1 \, \gamma_P \cdot \dfrac{D_i}{2}$

Dabei berücksichtigt der zweite Summand den hydrostatischen Druckanteil zwischen der höchsten Mantellinie des liegenden Behälters und der Messstelle am Punkt „A" der Behältermitte (vgl. Bild 1).

4.10.3 Wird nur eine Druckprüfung im liegenden Zustand durchgeführt, so muss der gemessene Druck sein:

AD 2000-Merkblatt HP 30, Ausg. 01.2003 Seite 3

$$p_P = F_P \cdot p + \max \left\{ \begin{array}{l} + 0,1\, \gamma_P \cdot \left(H + \dfrac{D_i}{2}\right) \\ + 0,1\, \gamma_P \cdot \dfrac{D_i}{2} + 0,1\, \gamma_F \cdot H_F \end{array} \right\}$$

Bei Doppelmantelbehältern sind ggf. zusätzliche Betrachtungen erforderlich.

p	=	Druck am höchsten Punkt im stehenden Behälter (= maximal zulässiger Druck) in bar
p_P	=	bei der Druckprüfung aufgebrachter Druck, gemessen an der Stelle „A" (= Prüfdruck gemäß Druckbehälterbuch), in bar
H	=	Maximale Füllhöhe (= Füllhöhe bei der Wasserdruckprüfung) in m
H_F	=	Maximaler betrieblicher Füllstand (abgesichert durch Füllstandbegrenzer oder vergleichbare Absicherung) des (flüssigen) Betriebsmediums in m
γ_P	=	spezifisches Gewicht des Prüfmediums in dN/dm³ (= 1 bei Wasser)
γ_F	=	spezifisches Gewicht des Betriebsmediums in dN/dm³
D_i	=	Innendurchmesser des Behälters in m
F_P	=	Prüfdruckfaktor nach Abschnitt 4.17 bis 4.19

4.11 Spätestens bei der Druckprüfung – bei mehreren Druckräumen bei der zuletzt durchgeführten – muss der Druckbehälter mit der vorgeschriebenen Kennzeichnung (z. B. Fabrikschild) versehen sein. Abweichungen, z. B. bei Emaillierungen, sind in den Prüfunterlagen festzulegen.

4.12 Zum Verschließen der Druckbehälter für Druckprüfungen dürfen Hilfsmittel wie Flansche, Deckel, Schrauben, Dichtungen, zusätzliche Schweißverbindungen usw. nur dann verwendet werden, wenn die für den Betriebszustand des Druckbehälters vorgesehenen Verschlussteile nicht zum Lieferumfang des Druckbehälters gehören. Werkstoff und Bemessung der verwendeten Hilfsmittel müssen den bei der Druckprüfung auftretenden Beanspruchungen genügen.

4.13 Sämtliche lösbaren Hilfsmittel müssen nach Durchführung der Druckprüfung entweder sofort und vollständig entfernt oder so gekennzeichnet werden, dass eine irrtümliche Verwendung für den Betrieb des Druckbehälters ausgeschlossen wird.

4.14 Beim Schließen von Verschlussdeckeln sind stets sämtliche vorgesehenen Schrauben zu benutzen. Sie sind gleichmäßig und nicht stärker anzuziehen, als es zum Abdichten erforderlich ist. Zum Anziehen dürfen nur die dazu bestimmten Werkzeuge benutzt werden.

4.15 Kontrollbohrungen zur Überprüfung der Dichtheit verdeckter Schweißnähte müssen bei den Druckprüfungen offen sein.

4.16 Bei Wasserdruckprüfungen mit Prüfdrücken über 100 bar[1]), bei Flüssigkeitsdruckprüfungen mit Temperaturen des Druckprüfmittels größer als 50 °C und bei Gasdruckprüfungen ist zusätzlich zu beachten:

4.16.1 Die Druckprüfungen sollen in einem Raum oder Hallenteil durchgeführt werden, der während der Prüfung nur dem Prüfpersonal zugänglich ist.

4.16.2 Steht ein besonderer Raum nicht zur Verfügung, sind geeignete Schutzvorkehrungen zu treffen, z. B. Aufstellen von Schutzwänden. Die nähere Umgebung des zu prüfenden Druckbehälters ist abzusperren und durch Hinweisschilder als Gefahrzone und Sperrgebiet zu kennzeichnen.

4.16.3 Es muss möglich sein, den angezeigten Druck aus sicherer Entfernung oder von einer geschützten Stelle aus festzustellen.

4.16.4 Die unmittelbare Besichtigung darf in der Regel erst erfolgen, wenn der Druckbehälter ausreichend lange unter Prüfdruck gestanden hat und danach der Druck bei Flüssigkeitsdruckprüfungen auf etwa den maximal zulässigen Druck, bei Gasdruckprüfungen erforderlichenfalls noch weiter auf einen dem Dichtheitsprüfverfahren angepassten Druck abgesenkt wurde.

4.17 Bei hydrostatischer Druckprüfung von Druckbehältern beträgt der in Abschnitt 4.10 einzusetzende Prüfdruckfaktor

$$F_P = \max.\left[1{,}43;\ 1{,}25 \cdot \dfrac{K_{20}}{K_\vartheta} \right]$$

K_{20} Festigkeitskennwert nach den AD 2000-Merkblättern der Reihe W für Prüftemperatur 20 °C

K_ϑ Festigkeitskennwert nach den AD 2000-Merkblättern der Reihe W für die angegebene Bauteilberechnungstemperatur

Bestehen Druckbehälter aus mehreren Werkstoffen und/oder sind den Bauteilen des Druckbehälters unterschiedliche Berechnungstemperaturen zugeordnet, so ist bei der Ermittlung des Prüfdruckfaktors F_P wie folgt vorzugehen: In Abhängigkeit der eingesetzten Werkstoffe und der zugehörigen Bauteilberechnungstemperatur ist in der o. g. Formel das kleinste Verhältnis K_{20}/K_ϑ zu ermitteln. Maßgebend sind dabei die wesentlichen drucktragenden Bauteile des Druckbehälters (Mantel und Böden). Für alle übrigen Bauteile ist mit den Sicherheitsbeiwerten nach AD 2000-Merkblättern sicherzustellen, dass die zulässigen Spannungen eingehalten werden.

Für stabilitätsgefährdete Konstruktionen ist die Zulässigkeit des Prüfdruckes nachzuweisen und dieser ggf. zu reduzieren.

Die Anwendung eines höheren Prüfdruckes auch unter Verwendung des größten Verhältnisses (K_{20}/K_ϑ) ist möglich, bedarf aber des detaillierten rechnerischen Nachweises, dass die Festigkeitsreserven des Druckgerätes dafür ausreichend sind.

Bei Bauteilen, bei denen zur Auslegung die Zeitstandfestigkeitskennwerte berücksichtigt werden müssen, ist bei der Prüfdruckermittlung zu beachten, dass 95 % der Kaltstreckgrenze nicht überschritten werden.

4.18 Werden an Druckbehältern mit Auskleidungen Wasserdruckprüfungen durchgeführt, so ist bei Auskleidungen, die Prüfdruck nach Abschnitt 4.17 nicht standhalten, z. B. Emaille, Porzellan, die Druckprüfung vor der Auskleidung gemäß Abschnitt 4.17 nicht durchzuführen. Nach der Auskleidung darf der Prüfdruck auf das 1,1-fache des höchstzulässigen Druckes herabgesetzt werden.

Bei Druckbehältern, die erst nach dem Auskleiden mit einem Doppelmantel versehen werden, darf der Prüfdruck für den Doppelmantel auch auf das 1,25-fache des höchstzulässigen Differenzdruckes herabgesetzt werden.

Bei Plattenwärmetauschern, die aus lösbar verbundenen Platten bestehen, darf der Prüfdruck ebenfalls auf das 1,25-fache des höchstzulässigen Differenzdruckes herabgesetzt werden.

---

[1]) Werden andere Prüfflüssigkeiten verwendet, ist diese Grenze entsprechend den zutreffenden Kompressibilitätsfaktoren zu ändern.

4.19 Bei einer Gasdruckprüfung als erstmaliger Druckprüfung ist für die Festlegung des Prüfdruckes zu unterscheiden zwischen:

4.19.1 einer Prüfung, bei der der Druckbehälter an einem Ort steht, in dessen unmittelbaren Gefahrenbereich sich niemand begibt, während der Druckbehälter unter dem Prüfdruck steht. Bei derartigen Prüfungen ist der Prüfdruck nach Abschnitt 4.17 zu wählen. Der genannte Ort ist in der Regel eine besondere Kammer, die einem Zerknall des Druckbehälters stand zu halten vermag, oder ein Wasserbecken, in dem der Druckbehälter erforderlichenfalls ausreichend befestigt ist und Vorkehrungen gegen ein Herausschleudern von Teilen getroffen sind.

4.19.2 einer Prüfung, die nicht nach Abschnitt 4.19.1 erfolgt und bei der Maßnahmen zum Schutze des Prüfpersonals getroffen sind (siehe auch Abschnitte 4.16.1 bis 4.16.4). Bei derartigen Prüfungen beträgt der Prüfdruck das 1,1-fache des höchstzulässigen Druckes.

4.19.3 Wenn eine Gasdruckprüfung als erstmalige Druckprüfung vorgesehen ist, sind mindestens 10 % der Längsnähte im Fall Abschnitt 4.19.1 und 100 % der Längsnähte im Fall Abschnitt 4.19.2 unter Einschluss aller Stoßstellen und 10 % der Rundnähte objektgebunden zerstörungsfrei zu prüfen.

4.19.4 Die für den Personenschutz erforderlichen Maßnahmen sind vom Hersteller mit den für den Prüfort zuständigen Aufsichtsbehörden abzustimmen. Hinsichtlich der Durchführung der Gasdruckprüfung wird auf BGI 619 Merkblatt „Gasdruck von Druckbehältern und Rohrleitungen (T 039)" verwiesen.[2]

---

[2] Die in Abschnitt 4.19.4 enthaltenen Anforderungen können von den Vorschriften anderer EU-Mitgliedstaaten abweichen.

ICS 23.020.30   Ausgabe November 2007

Herstellung und Prüfung von Rohrleitungen	Bauvorschriften Rohrleitungen aus metallischen Werkstoffen	AD 2000-Merkblatt HP 100 R

Die AD 2000-Merkblätter werden von den in der „Arbeitsgemeinschaft Druckbehälter" (AD) zusammenarbeitenden, nachstehend genannten sieben Verbänden aufgestellt. Aufbau und Anwendung des AD 2000-Regelwerkes sowie die Verfahrensrichtlinien regelt das AD 2000-Merkblatt G1.

Die AD 2000-Merkblätter enthalten sicherheitstechnische Anforderungen, die für normale Betriebsverhältnisse zu stellen sind. Sind über das normale Maß hinausgehende Beanspruchungen beim Betrieb der Druckbehälter zu erwarten, so ist diesen durch Erfüllung besonderer Anforderungen Rechnung zu tragen.

Wird von den Forderungen dieses AD 2000-Merkblattes abgewichen, muss nachweisbar sein, dass der sicherheitstechnische Maßstab dieses Regelwerkes auf andere Weise eingehalten ist, z.B. durch Werkstoffprüfungen, Versuche, Spannungsanalyse, Betriebserfahrungen.

Fachverband Dampfkessel-, Behälter- und Rohrleitungsbau e.V. (FDBR), Düsseldorf
Hauptverband der gewerblichen Berufsgenossenschaften e.V., Sankt Augustin
Verband der Chemischen Industrie e.V. (VCI), Frankfurt/Main
Verband Deutscher Maschinen- und Anlagenbau e.V. (VDMA), Fachgemeinschaft Verfahrenstechnische Maschinen und Apparate, Frankfurt/Main
Stahlinstitut VDEh, Düsseldorf
VGB PowerTech e.V., Essen
Verband der TÜV e.V. (VdTÜV), Berlin

Die AD 2000-Merkblätter werden durch die Verbände laufend dem Fortschritt der Technik angepasst. Anregungen hierzu sind zu richten an den Herausgeber:

Verband der TÜV e.V., Friedrichstraße 136, 10117 Berlin.

Inhalt

0 Präambel
1 Geltungsbereich
2 Begriffe
3 Allgemeines
4 Anforderungen an Hersteller
5 Anforderungen an Werkstoffe
6 Berechnung
7 Herstellung und Verlegung

8 Äußerer Korrosionsschutz
9 Vermeidung von Gefahren infolge elektrostatischer Auflagungen
10 Sicherheitstechnische Ausrüstungsteile
11 Kennzeichnung
Anlage 1 Diagramm „Beurteilung von T-Stücken"
Anlage 2 Zulässige Stützweiten für Stahlrohre
Anlage 3 Dehnungsaufnahme von Rohrschenkeln

0 Präambel

Zur Erfüllung der grundlegenden Sicherheitsanforderungen der Druckgeräte-Richtlinie kann das AD 2000-Regelwerk angewandt werden, vornehmlich für die Konformitätsbewertung nach den Modulen „G" und „B 1 + F".

Das AD 2000-Regelwerk folgt einem in sich geschlossenen Auslegungskonzept. Die Anwendung anderer technischer Regeln nach dem Stand der Technik zur Lösung von Teilproblemen setzt die Beachtung des Gesamtkonzeptes voraus.

Bei anderen Modulen der Druckgeräte-Richtlinie oder für andere Rechtsgebiete kann das AD 2000-Regelwerk sinngemäß angewandt werden. Die Prüfzuständigkeit richtet sich nach den Vorgaben des jeweiligen Rechtsgebietes.

1 Geltungsbereich

Dieses AD 2000-Merkblatt gilt für die Berechnung, die Konstruktion, den Werkstoff, die Herstellung, die Prüfung

und die Verlegung von Rohrleitungen nach Druckgeräte-Richtlinie (97/23/EG) aus metallischen Werkstoffen.
Die Entwurfsprüfung für Rohrleitungen (soweit erforderlich), sowie deren Schluss- und Druckprüfung sind nach AD 2000-Merkblatt HP 512 R durchzuführen.

2 Begriffe

2.1 Rohrleitungen sind zur Durchleitung von Fluiden bestimmte Leitungsbauteile, die für den Einbau in ein Drucksystem miteinander verbunden sind. Zu Rohrleitungen zählen insbesondere Rohre oder Rohrsysteme, Rohrformteile, Ausrüstungsteile[1], Ausdehnungsstücke, Schlauchlei-

---
[1] Sofern Ausrüstungsteile selbst Druckgeräte (Ausrüstungsteile mit Sicherheitsfunktion, druckhaltende Ausrüstungsteile) sind, müssen diese Ausrüstungsteile einer gesonderten Konformitätsbewertung unterzogen werden und mit einer CE-Kennzeichnung versehen sein, wenn diese unter Anhang I der Druckgeräte-Richtlinie fallen.

Ersatz für Ausgabe Februar 2004; vollständig überarbeitete Ausgabe

Die AD 2000-Merkblätter sind urheberrechtlich geschützt. Die Nutzungsrechte, insbesondere der der Übersetzung, des Nachdrucks, der Entnahme von Abbildungen, die Wiedergabe auf fotomechanischem Wege und die Speicherung in Datenverarbeitungsanlagen, bleiben, auch bei auszugsweiser Verwertung, dem Urheber vorbehalten.

tungen oder ggf. andere druckhaltende Teile. Wärmetauscher aus Rohren zum Kühlen oder Erhitzen von Luft sind Rohrleitungen gleichgestellt.

2.2 Ein Rohrleitungssystem kann als eine einzige Rohrleitung betrachtet werden, wenn
– es von Fluiden gleicher Gruppe und gleichem Aggregatzustand durchströmt ist und
– es über die ganze Ausdehnung für den gleichen maximal zulässigen Druck vorgesehen ist.

Unterbrechungen durch verschiedene Anlageteile, wie Pumpen, Maschinen, Behälter etc., stehen einer Zusammenfassung zu einer einzigen Rohrleitung nicht entgegen.

2.3 Oberirdische Rohrleitungen sind solche, die in Räumen oder im Freien ohne Erd- oder Sanddeckung verlegt sind. Dazu zählen auch solche Rohrleitungen, die in nicht verfüllten Gräben oder Kanälen verlegt sind.
Erdgedeckte Rohrleitungen sind solche, die ganz oder teilweise mit Erde oder Sand bedeckt sind.

3 Allgemeines

Rohrleitungen müssen so beschaffen sein, dass sie den auf Grund der vorgesehenen Betriebsweise zu erwartenden mechanischen, chemischen und thermischen Beanspruchungen sicher genügen und dicht bleiben. Vibrationen der Rohrleitungen sind zu berücksichtigen. Rohrleitungen müssen insbesondere
(1) so ausgeführt sein, dass sie den maximal zulässigen Druck und die zulässige minimale/maximale Temperatur sicher aufnehmen,
(2) aus Werkstoffen hergestellt sein, die
    a) die am fertigen Bauteil erforderlichen mechanischen Eigenschaften haben,
    b) von dem Beschickungsgut (Fluid) in gefährlicher Weise nicht angegriffen werden und mit diesem keine gefährlichen Verbindungen eingehen, sofern die Werkstoffe dem Beschickungsgut ausgesetzt sind[2],
    c) korrosionsbeständig oder gegen Korrosion geschützt sind, sofern sie korrosiven Einflüssen unterliegen; unter korrosiven Einflüssen sind hier nur von außen einwirkende Einflüsse zu verstehen,
(3) mit den für einen sicheren Betrieb erforderlichen Einrichtungen ausgerüstet sein, die ihrer Aufgabe sicher genügen.

4 Anforderungen an Hersteller

4.1 Anforderungen an Hersteller von Rohrleitungsteilen

Der Hersteller von Rohrleitungsteilen, wie Rohre, Formstücke, Flansche, Schrauben, Muttern, Armaturen oder deren Komponenten, muss
– über Einrichtungen für ein sachgemäßes Herstellen und Prüfen der Erzeugnisse verfügen; es können auch Einrichtungen anderer Stellen, die die Voraussetzungen erfüllen, in Anspruch genommen werden,
– über sachkundige Personen für das Herstellen und Prüfen der Erzeugnisse verfügen sowie eine Prüfaufsicht ausüben,

---

[2] Die Möglichkeit von Schäden durch Turbulenzen oder Wirbelbildung ist gebührend zu berücksichtigen, z. B. durch Wanddickenzuschläge, durch die Verwendung von Auskleidung oder Beschichtung oder durch die Möglichkeit des Austausches der am stärksten betroffenen Teile.

– die zerstörungsfreien Prüfungen haben, soweit solche in der Werkstoffspezifikation festgelegt sind,
– die Erzeugnisse nach einem geeigneten Verfahren herstellen und durch Güteüberwachung mit entsprechenden Aufzeichnungen die sachgemäße Herstellung der Erzeugnisse sowie die Einhaltung der in der Werkstoffspezifikation genannten Anforderungen sicherstellen.

Der Hersteller von Rohrleitungsteilen für Rohrleitungen der Kategorie II und III muss der zuständigen unabhängigen Stelle nachweisen, dass er o. g. Anforderungen erfüllt. Ferner muss er über ein dokumentiertes QM-System verfügen, sofern er Abnahmeprüfzeugnisse 3.1 nach DIN EN 10204 ausstellt. Bestehende QM-Systeme sind dabei zu berücksichtigen. Die Ergebnisse der Überprüfung sind durch die zuständige unabhängige Stelle zu bestätigen. Die Bestätigung hat eine Gültigkeit von drei Jahren und verlängert sich ohne zusätzliche Prüfung, sofern sich die zuständige unabhängige Stelle mindestens einmal jährlich davon überzeugt, dass die werkstoffspezifischen Anforderungen erfüllt sind. Dies kann auch im Rahmen laufender Werkstoffabnahmeprüfungen durch die zuständige unabhängige Stelle erfolgen.

Hersteller von Rohrleitungsteilen für Rohrleitungen der Kategorie I können Abnahmeprüfzeugnisse 3.1 ausstellen, ohne über ein dokumentiertes Qualitätsmanagementsystem zu verfügen.

Die Anforderungen dieses Abschnittes gelten auch für die Hersteller von Vormaterial.

4.2 Anforderungen an Hersteller von Rohrleitungen

Die Hersteller von Rohrleitungen müssen über Einrichtungen verfügen, um die Rohrleitungsteile sachgemäß verarbeiten und die notwendigen Prüfungen durchführen zu können. Es können auch Einrichtungen anderer Stellen, die die Voraussetzungen erfüllen, in Anspruch genommen werden.

Die Hersteller müssen eigenes verantwortliches Aufsichtspersonal und für die Fertigung sachkundige Personen haben.

Der Hersteller von Rohrleitungen muss die schweißtechnischen Qualitätsanforderungen nach DIN EN ISO 3834-3 erfüllen. Kommt Fremdpersonal zum Einsatz, muss sich der Hersteller von diesem Sachkunde und der sachgerechten Herstellung überzeugen.

Werden Fertigungsarbeiten ganz oder teilweise anderen Unternehmen übertragen, müssen auch diese für die auszuführenden Arbeiten die Bedingungen nach diesem Abschnitt 4.2 erfüllen.

Die zuständige unabhängige Stelle überzeugt sich im Rahmen ihrer Prüftätigkeit von der Erfüllung der Anforderungen. Der Fertigungsablauf darf dabei nicht beeinträchtigt werden.

5 Anforderungen an Werkstoffe

Die nachfolgend aufgeführten Anforderungen dieses Abschnittes beziehen sich auf die wichtigsten drucktragenden Teile von Rohrleitungen.
Die AD 2000-Merkblätter werden laufend an den Stand der Normung angepasst. Die Verwendung von Werkstoffen, die früher gültigen Ausgaben der AD- bzw. AD 2000-Regelwerkes geliefert wurden, ist weiterhin zulässig.

5.1 Anforderungen bei tiefen Temperaturen

Bei Betriebstemperaturen sowie bei Umgebungstemperaturen des Beschickungsgutes unter −10 °C sind zusätzlich zu den Anforderungen der Abschnitte 5.2 bis 5.5 die Einsatzgrenzen des AD 2000-Merkblattes W 10 zu berücksichtigen.

Alternativ zu AD 2000-Merkblatt W 10 kann der Anhang B der DIN EN 13480-2 angewandt werden.

5.2 Anforderungen an Werkstoffe für Rohre

5.2.1 Werkstoffe

Die Anforderungen an die Werkstoffe nach Abschnitt 3 Ziffer 1 und Ziffer 2a) gelten insbesondere als erfüllt, wenn Rohre aus Werkstoffen nach den Abschnitten 5.2.1.1 bis 5.2.1.5 im Rahmen der in den Normen und soweit zutreffend der in den AD 2000-Merkblättern der Reihe W angegebenen Grenzen bzw. in der Eignungsfeststellung (siehe 5.2.1.5) angegebenen Anwendungsbereiche verwendet und ihre Güteeigenschaften nach Abschnitt 5.2.4 nachgewiesen werden.

5.2.1.1 Rohre aus unlegierten oder legierten Stählen:
- nahtlose Rohre nach DIN 1630, DIN EN 10208-2, DIN EN 10216-1 (ausgenommen die Güte TR 1), DIN EN 10216-2 (ausgenommen 8MoB5-4, 20MnNb6 und 20CrMoV13-5-5), DIN EN 10216-3, DIN EN 10216-4
- geschweißte Rohre nach DIN EN 10 208-2, DIN EN 10217-1 (ausgenommen die Güte TR 1), DIN EN 10217-2, DIN EN 10217-3, DIN EN 10217-4, DIN EN 10217-5, DIN EN 10217-6.

5.2.1.2 Rohre aus nichtrostenden austenitischen Stählen nach DIN EN 10217-7, DIN EN 10216-5 und Stahl-Eisen-Werkstoffblatt SEW 400, soweit nicht in DIN EN 10216-5 enthalten.

5.2.1.3 Rohre aus Kupfer nahtlos gezogen nach DIN EN 12449, DIN EN 12451, und Installationsrohre aus Kupfer nahtlos gezogen nach DIN EN 1057 Werkstoff Cu-DHP, in den Festigkeitszuständen nach DIN EN 12449.

5.2.1.4 Rohre aus Aluminium nach DIN EN 754 und DIN EN 755.

5.2.1.5 Rohre aus sonstigen metallischen Werkstoffen, wenn ihre Eignung vor deren Verwendung festgestellt worden ist:
- für Rohrleitungen der Kategorien I und II durch den Hersteller der Rohrleitung,
- für Rohrleitungen der Kategorie III durch die zuständige unabhängige Stelle.

Die Feststellungen können anhand von Prüfungen oder Betriebsbewährungen getroffen werden.

Wenn die Eignung des Werkstoffes für Druckbehälter festgestellt ist, so gilt diese entsprechend.

5.2.2 Besondere Anforderungen an Rohre für geschweißte oder gelötete Rohrleitungen

5.2.2.1 Werkstoffe für Rohre, die für geschweißte oder gelötete Rohrleitungen verwendet werden, müssen auch den an die Verarbeitung, Lötungeignung oder Schweißeignung zu stellenden Anforderungen genügen.

5.2.2.2 Abschnitt 5.2.2.1 gilt bei den Werkstoffen nach den Abschnitten 5.2.1.1 bis 5.2.1.4 als erfüllt.

5.2.2.3 Sonstige metallische Werkstoffe dürfen für geschweißte oder gelötete Rohrleitungen verwendet werden, wenn auch deren Eignung nach Abschnitt 5.2.1.5 mit einbezogen worden ist.

5.2.3 Prüfung der Werkstoffe

5.2.3.1 Bei Werkstoffen nach den Abschnitten 5.2.1.1 bis 5.2.1.4 richtet sich der Prüfumfang bei Rohren
- für Rohrleitungen der Kategorie III nach den AD 2000-Merkblättern der Reihe W,
- für Rohrleitungen der Kategorien I und II nach den in den Abschnitten 5.2.1.1 bis 5.2.1.4 genannten Werkstoffnormen oder SEW 400.

5.2.3.2 Bei Werkstoffen nach Abschnitt 5.2.1.5 richtet sich der Prüfumfang nach den Festlegungen bei der Feststellung der Eignung.

5.2.4 Nachweis der Güteeigenschaften

5.2.4.1 Der Nachweis der Güteeigenschaften bei Rohren gemäß Abschnitt 5.2.1.1 bis 5.2.1.4 für:
- Rohrleitungen der Kategorie III ist gemäß der Einteilung in Tafel 1 zu erbringen. Falls der Nachweis der Güteeigenschaften gemäß den AD 2000-Merkblättern der Reihe W erfolgt, können bei den Rohrleitungen im Einvernehmen mit der zuständigen unabhängigen Stelle die Anforderungen bezüglich Dokumentation und Kennzeichnung bei der Weiterverarbeitung unter sinngemäßer Anwendung der AD 2000-Merkblätter der Reihen HP und W festgelegt werden,
- Rohrleitungen der Kategorie II ist mit einem Abnahmeprüfzeugnis 3.1 nach DIN EN 10204 zu erbringen,
- Rohrleitungen der Kategorie I mindestens mit einem Werkszeugnis 2.2 nach DIN EN 10204 zu erbringen.

Bei Rohren mit einem Durchmesser bis DN 100 genügt die Inbezugnahme der Gütenachweise in der Dokumentation oder als Gütenachweise die Stempelung mit Werkstoffsorte und Herstellerzeichen bzw. bei Kupferrohren nach DIN EN 1057 mit dem Zeichen DIN EN 1057.

5.2.4.2 Der Nachweis der Güteeigenschaften für Rohre nach Abschnitt 5.2.1.5 ist entsprechend den Festlegungen in der Feststellung der Eignung zu erbringen.

5.3 Anforderungen an metallische Werkstoffe für Formstücke

Wenn beim Versagen eines Formstückes eine Gefährdung eintreten kann, sind Formstücke aus zähem Werkstoff zu verwenden. In solchen Fällen können jedoch bei Drücken bis 10 bar und Temperaturen bis 200 °C Formstücke aus Gusseisen mit Lamellengraphit verwendet werden, wenn das Formstück gegenüber der auftretenden Beanspruchung überdimensioniert ist. Dies gilt in der Regel als erfüllt, wenn bei der Berechnung des Formstückes der Sicherheitsbeiwert um den Faktor 1,5 erhöht wird.

Bei Gasen in flüssigem Zustand ist für das Formstück zäher Werkstoff zu verwenden.

Als zähe Werkstoffe gelten die Werkstoffe nach den Abschnitten 5.3.1 bis 5.3.1.3 mit Ausnahme solcher nach AD 2000-Merkblatt W 3/1, wenn die dort erwähnten DIN-Normen festgelegten Mindestanforderungen an die Bruchdehnung und an die Kerbschlagzähigkeit erfüllt sind.

In Abhängigkeit von den zu erwartenden betrieblichen Beanspruchungen können auch andere Werkstoffe als den besonderen Anforderungen an die Zähigkeit genügend bezeichnet werden, wenn ein Gutachten der zuständigen unabhängigen Stelle über die Verwendbarkeit vorliegt.

Tafel 1. Art der Prüfbescheinigungen entsprechend Abschnitt 5.2.4.1 bei Rohren für Rohrleitungen der Kategorie III

Hinweis: Prüfgruppen und Werkstoffuntergruppen nach AD 2000-Merkblatt HP 0 Tafel 1, 2 und 3

Werkstoff	Prüfgruppe	Werkstoffuntergruppe	Art der Prüfbescheinigung nach DIN EN 10204
Stahl	1	1.1, 1.2	3.1
	2	1.3, 3.1	gemäß AD 2000 Reihe W
	3	4.1, 4.2	gemäß AD 2000 Reihe W
	4.1	5.1, 5.2	3.1
		5.3, 5.4	gemäß AD 2000 Reihe W
	4.2	6.1, 6.4	gemäß AD 2000 Reihe W
	5.1	1.1, 1.2, 9.1	3.1
	5.2	1.1	3.1
		1.3	gemäß AD 2000 Reihe W
	5.3	1.3	gemäß AD 2000 Reihe W
	5.4	9.2, 9.3	gemäß AD 2000 Reihe W
	6	8.1	3.1
		8.2	gemäß AD 2000 Reihe W
	7	8.1	3.1
		8.2	gemäß AD 2000 Reihe W
	8	10.1, 10.2	gemäß AD 2000 Reihe W
Aluminium und Aluminiumlegierungen	Al 1	21	gemäß AD 2000 Reihe W
	Al 2	EN AW-3003, EN-AW-5754, EN AW-5083	3.1
		alle übrigen Al-Legierungen der Werkstoffgruppen 22.1, 22.3	gemäß AD 2000 Reihe W
	Al 3	23.1	gemäß AD 2000 Reihe W

5.3.1 Werkstoffe

5.3.1.1 Die Anforderungen an die Werkstoffe nach Abschnitt 3.2 Ziffer 1 und Ziffer 2a) gelten insbesondere als erfüllt, wenn für:

(1) Formstücke aus Rohren Werkstoffe nach Abschnitt 5.2,
(2) Formstücke aus Blechen Werkstoffe nach AD 2000-Merkblättern W 1, W 2 und W 6/1,
(3) Formstücke aus Stahlguss bzw. Gusseisen Werkstoffe nach AD 2000-Merkblättern W 3/2, W 3/3 bzw. W 5,
(4) Formstücke aus Kupferwerkstoffen
– Kapillarlötfittings nach DIN EN 1254-1
– Rohrbogen aus Kupfer in Verbindung mit AD 2000-Merkblatt W 6/2 oder
(5) geschmiedete Formstücke aus Werkstoffen nach AD 2000-Merkblatt W 2 und W 13 verwendet werden.

5.3.1.2 Für Formstücke aus Werkstoffen nach Abschnitt 5.3.1.1 Ziff. 1, 2, 4 und 5 sowie für Formstücke aus Stahlguss nach Abschnitt 5.3.1.1 Ziff. 3 gilt die Verarbeitbarkeit und Schweißeignung als nachgewiesen.

5.3.1.3 Formstücke aus sonstigen metallischen Werkstoffen wenn ihre Eignung vor deren Verwendung festgestellt worden ist
– für Rohrleitungen der Kategorien I und II durch den Hersteller der Rohrleitung,
– für Rohrleitungen der Kategorie III durch die zuständige unabhängige Stelle.

Die Feststellungen können anhand von Prüfungen oder Betriebsbewährungen getroffen werden.
Wenn die Eignung des Werkstoffes für Druckbehälter festgestellt ist, so gilt diese entsprechend.

5.3.2 Prüfung der Formstücke

Formstücke für Rohrleitungen sind nach DIN 2609 zu prüfen.

5.3.3 Nachweis der Güteeigenschaften

Für Formstücke aus Werkstoffen nach Abschnitt 5.3.1.1
– in Rohrleitungen der Kategorie III ist der Nachweis der Güteeigenschaften gemäß den Einteilungen in Tafel 1 dieses AD 2000-Merkblatts zu erbringen.
– in Rohrleitungen der Kategorie II ist ein Abnahmeprüfzeugnis 3.1 gemäß DIN EN 10204 zu erbringen.
– in Rohrleitungen der Kategorie I ist ein Werkszeugnis 2.2 nach DIN EN 10204 ausreichend. Bei Formstücken bis DN 100 genügt als Gütenachweis die Stempelung mit Werkstoff und Herstellerzeichen.

Der Nachweis der Güteeigenschaften für Formstücke aus Werkstoffen nach Abschnitt 5.3.1.3 ist entsprechend den Festlegungen in der Feststellung der Eignung zu erbringen.

5.4 Anforderungen an Werkstoffe für Flansche, Schrauben und Muttern

5.4.1 Werkstoffe und Prüfung

5.4.1.1 Die Anforderungen an die Werkstoffe und die Prüfung der Flansche, Schrauben und Muttern gelten als erfüllt, wenn
– für Rohrleitungen der Kategorie III die jeweils zutreffenden AD 2000-Merkblätter W 2, W 6/1, W 6/2, W 7, W 9 und W 13 eingehalten sind;
– für Rohrleitungen der Kategorien I und II die jeweils zutreffenden Normen DIN EN 1092-1 (Flansche aus Stahl), DIN EN 1092-4 (Flansche aus Aluminium), DIN 10269 (Vormaterial), DIN EN ISO 898-1 (Schrauben aus C-Stahl oder legierten Stählen), DIN EN 20898-2 (Muttern aus C-Stahl oder legierten Stählen), DIN EN ISO 3506-1 (Schrauben aus nichtrostenden Stählen) und DIN EN ISO 3506-2 (Muttern aus nichtrostenden Stählen) eingehalten sind.

5.4.1.2 Flansche, Schrauben und Muttern aus anderen metallischen Werkstoffen, wenn ihre Eignung vor deren Verwendung festgestellt worden ist

- für Rohrleitungen der Kategorien I und II durch den Hersteller der Rohrleitung,
- für Rohrleitungen der Kategorie III durch die zuständige unabhängige Stelle.

Die Feststellungen können anhand von Prüfungen oder Betriebsbewährungen getroffen werden.
Wenn die Eignung des Werkstoffes für Druckbehälter festgestellt ist, so gilt diese entsprechend.

5.4.2 Nachweis der Güteeigenschaften

Für die Nachweise der Güteeigenschaften gilt Abschnitt 5.3.3 sinngemäß, d. h.
- Flansche in Rohrleitungen der Kategorie III gemäß den Einteilungen in Tafel 1,
- Schrauben und Muttern in Rohrleitungen der Kategorie III unter Anwendung der AD 2000-Merkblätter der Reihe W. Als Ausnahme hiervon erfolgt der Nachweis für Schrauben aus 25CrMo4 mit Abnahmeprüfzeugnis 3.1 nach DIN EN 10204,
- Flansche, Schrauben und Muttern in Rohrleitungen der Kategorie II mit Abnahmeprüfzeugnis 3.1 gemäß DIN EN 10204,
- Flansche, Schrauben und Muttern in Rohrleitungen der Kategorie I durch eine Werksbescheinigung 2.2 gemäß DIN EN 10204.

5.5 Anforderungen an Werkstoffe für Armaturen

5.5.1 Die Anforderungen an Werkstoffe für Gehäuse von Armaturen nach Abschnitt 3 Ziffer 1 und Ziffer 2a gelten insbesondere als erfüllt, wenn Gehäuse nach AD 2000-Merkblatt A 4 „Gehäuse von Ausrüstungsteilen" verwendet werden.

5.6 Anforderungen an Werkstoffe für Schneid- und Klemmringverschraubungen

5.6.1 Für Schneidringverschraubungen nach DIN 2353 sind Werkstoffe nach DIN 3859-1 und DIN EN ISO 8434-1 zulässig.
Der Nachweis der Güteeigenschaften der einzelnen Bauteile muss mindestens mit Werksbescheinigung 2.2 nach DIN EN 10204 erfolgen.
Der Hersteller der Verschraubung hat durch eine Kennzeichnung zu bestätigen, dass die Verschraubung der DIN 2353 bzw. DIN EN ISO 8434-1 entspricht und die geforderten Werkstoffnachweise vorliegen. Die Kennzeichnung muss folgende Angaben enthalten:
- Herstellerkennzeichen
- Baureihe (Angabe entsprechend DIN 2353 bzw. DIN EN ISO 8434-1)
- Werkstoffgruppe, sofern nach DIN 3859-1 bzw. DIN EN ISO 8434-1 Cu, Cu-Legierungen oder nichtrostender Stahl verwendet wird.

5.6.2 Für andere Schneidringverschraubungen und für Klemmringverschraubungen ist die Eignung der Werkstoffe im Rahmen einer Bauteilprüfung nachzuweisen. (siehe hierzu auch Abschnitt 7.4.1)
Bei Rohrleitungen der Kategorien I und II kann der Nachweis der Eignung der Werkstoffe durch den Hersteller erfolgen.

6 Berechnung

6.1 Allgemeines

Rohre, Formstücke und andere Bauteile sind gegen Innendruck, ggf. Außendruck und Zusatzbelastungen, soweit diese die Auslegung der Rohrleitungen wesentlich beeinflussen, nach den allgemein anerkannten Regeln der Technik, z. B. DIN EN 13480-3, ASME B 31.3, zu berechnen. Dabei werden alle maßgeblichen Belastungen, vgl. AD 2000-Merkblatt S 3/0, insbesondere unter Berücksichtigung von Innendruck, Massenkräften und Temperaturzwängungen zu Lastfällen kombiniert. Die überlagerten Beanspruchungen nach den in den allgemein anerkannten Regeln der Technik festgelegten Kriterien mit den zulässigen Werten verglichen.
Ist die Berechnung der Rohrleitung nicht oder nur mit einem nicht vertretbaren Aufwand möglich, kann die ausreichende Dimensionierung der Rohrleitung auch durch experimentelle Auslegungsmethoden belegt werden (nur zulässig für PS x DN $\leq$ 3000 bar nach Leitlinie 5/7).
Die nachfolgend aufgeführten Punkte gelten im Wesentlichen für nicht erdverlegte Rohrleitungen.
Bei erdverlegten Rohrleitungen sind die erforderlichen Zusatzbetrachtungen, z. B. hinsichtlich Erdauflast, behindertes Dehnverhalten im Erdreich, Bergsenkungseinflüsse, im Einzelfall festzulegen.

6.2 Vereinfachte Vorgehensweise

Abweichend von Abschnitt 6.1 können die Beanspruchungen aus Innendruck, Massenkräften und Temperaturzwängungen vereinfacht jeweils unabhängig von den übrigen Belastungen nach den Abschnitten 6.2.1 bis 6.2.3 erfasst werden.

6.2.1 Berechnung der Rohre, Formstücke und anderer Bauteile gegen Innen- oder Außendruck

Der Nachweis für Beanspruchungen aus Innendruck erfolgt nach den allgemein anerkannten Regeln der Technik, wie z. B. DIN 2413-1 und 2413-2 und AD 2000-Merkblätter der Reihe B. Die Sicherheitsbeiwerte sind DIN 2413-1 und 2413-2 bzw. AD 2000-Merkblatt B 0 zu entnehmen.
Für Armaturengehäuse gilt das AD 2000-Merkblatt A 4.

6.2.1.1 Rohre

Für Rohre gilt Abschnitt 6.2.1 als erfüllt, wenn das Wanddicken-Durchmesserverhältnis $(s_e - c_1 - c_2)/d_a$ bei $p \cdot S/K$ nach Anlage 1 mindestens eingehalten wird. Die Voraussetzungen nach Anlage 1 sind dabei zu beachten.

6.2.1.2 Rohrbogen, Reduzierstücke, Kappen

Bei Rohrbogen nach DIN 2605-2, Reduzierstücken nach DIN 2616-2 und Kappen nach DIN 2617 ist eine Berechnung gegen Innendruck nicht erforderlich, wenn die Anschlusswanddicke der Formstücke entsprechend der erforderlichen Rohrwanddicke s_e nach Abschnitt 6.2.1 bzw. Abschnitt 6.2.1.1 gewählt wird.
Bei Rohrbogen nach DIN 2605 Teil 1 und Reduzierstücken nach DIN 2616 Teil 1 muss der maximal zulässige Druck entsprechend dem zulässigen Ausnutzungsgrad dieser Formstücke gegenüber dem geraden Rohr reduziert werden.

6.2.1.3 Formstücke

Bei Formstücken nach DIN EN 1254-1 und DIN EN 1254-4 ist eine Berechnung gegen Innendruck nicht erforderlich, wenn in dieser Norm angegebenen Betriebsüberdrücke nicht überschritten werden.

Bei T-Stücken nach DIN 2615-2 ist eine Berechnung gegen Innendruck nicht erforderlich, wenn die Anschlusswanddicke der Formstücke entsprechend der erforderlichen Rohrwanddicke s_e nach Abschnitt 6.2.1 bzw. Abschnitt 6.2.1.1 gewählt wird.

Bei T-Stücken nach DIN 2615-1 muss der maximal zulässige Druck entsprechend dem zulässigen Ausnutzungsgrad dieser T-Stücke gegenüber dem geraden Rohr reduziert werden.

Bei 90°-Abzweigen und 45°-Abzweigen ist eine Berechnung nicht erforderlich, wenn das Wanddicken-Durchmesserverhältnis $(s_e - c_1 - c_2)/d_a$ bei $p \cdot S/K$ mindestens eingehalten ist. Die Voraussetzungen von Anlage 1 sind dabei zu beachten.

6.2.2 Festlegung der zulässigen Stützweiten

Durch die Festlegung der zulässigen Stützweiten werden die Auswirkungen der Massenkräfte auf die Durchbiegung bzw. auf die Spannungen begrenzt, so dass eine getrennte Behandlung von Innendruck und Massenkräften möglich wird. Der Nachweis der Zulässigkeit der Stützweiten gilt als erbracht, wenn für die Stahlrohre die Stützweiten nach Tabelle Anlage 2 eingehalten und die Erläuterungen zur Festlegung der Stützweite beachtet werden. Für andere Parameter, z. B. andere Werkstoffe, kann die Tabelle Anlage 2 nach den in den Erläuterungen enthaltenen Angaben umgerechnet werden. Die Festlegung der zulässigen Stützweiten für Cu-Rohre kann auch nach dem DKI-Informationsdruck Nr. I 158 des Deutschen Kupfer-Institutes Stand 02/1990 erfolgen.

6.2.3 Elastizitätskontrolle

6.2.3.1 Zur Sicherstellung einer ausreichenden Elastizität, z. B. bei behinderter Wärmedehnung der Rohrleitung oder bei der Wärmedehnung anschließender Behälter, muss ein Rohrleitungssystem über ausreichende Möglichkeiten der Biegeverformung oder Torsionsverformung verfügen. Dies wird im Regelfall durch entsprechende Verlegung erreicht.

6.2.3.2 Abweichend von Abschnitt 6.1 ist eine Berechnung der Elastizität nicht erforderlich, wenn die Schenkellängen den Bedingungen nach Anlage 3 genügen. Dabei wird vorausgesetzt, dass aufgrund der Verlegung die Torsionsspannungen von untergeordneter Bedeutung sind. Die Beurteilung der Elastizität für Cu-Rohre kann auch nach dem DKI-Informationsdruck Nr. I 158 des Deutschen Kupfer-Institutes Stand 02/1990 erfolgen.

Beispiele zur Anwendung von Anlage 3 und Erläuterungen sind auf den Seiten 16–18 der Anlage 3 enthalten.

7 Herstellung und Verlegung

7.1 Allgemeines

7.1.1 Beim Zusammenfügen einer Rohrleitung dürfen die einzelnen Rohre nicht unzulässig beansprucht oder verformt werden. Montageanweisungen sind zu beachten.

7.1.2 Abschnitt 7.1.1 gilt als erfüllt, wenn durch Kalt- oder Warmumformung, z. B. Richtarbeiten oder durch das Biegen der Rohre, die Güteeigenschaften der Werkstoffes nicht unzulässig beeinträchtigt und die einzelnen Rohre so zusammengefügt worden sind, dass Spannungen und Verformungen, die die Sicherheit der Rohrleitung beeinträchtigen können, ausgeschlossen sind.

7.1.3 Verbindungselemente zwischen einzelnen Rohren müssen so beschaffen sein, dass eine sichere Verbindung und technische Dichtheit gewährleistet sind. Die Anzahl der Flanschverbindungen ist möglichst gering zu halten. Bei Rohrleitungen für Stoffe mit besonderem Gefahrenpotenzial, z. B. verflüssigten brennbaren Gasen, sind diese Forderungen erfüllt, wenn z. B. Flansche mit Nut und Feder oder Vor- und Rücksprung oder besonderen Dichtungen, wie metallarmierte oder Metalldichtungen, verwendet werden.

7.1.4 Die Übertragung der Kennzeichnung beim Zertrennen von Rohren ist eine Möglichkeit, mit der Werkstoffe während des gesamten Herstellungs- und Fertigungsprozesses identifiziert werden können. Eine Übertragung der Kennzeichnung ist jedoch nicht notwendig, wenn auf andere geeignete Weise nachgewiesen werden kann, dass die Werkstoffe von der Wareneingangsprüfung über den Herstellungsprozess bis zur Endabnahme der Rohrleitung identifiziert werden können.

7.2 Grundsätze für Schweißarbeiten

7.2.1 Die Schweißnähte an Rohrleitungen müssen unter Verwendung geeigneter Arbeitsmittel und Zusatzwerkstoffe ausgeführt und so hergestellt sein, dass eine einwandfreie Verschweißung gewährleistet ist und Eigenspannungen begrenzt bleiben.

7.2.2 Bei der Herstellung von geschweißten Rohrleitungen sind Verfahren anzuwenden, die vom Hersteller nachweislich beherrscht werden und die Gleichmäßigkeit der Schweißnähte gewährleisten.

7.2.3 Die Hersteller dürfen nur geprüfte Schweißer einsetzen. Die Hersteller müssen über sachkundiges Aufsichtspersonal verfügen. Die Aufgaben und die Verantwortung der Schweißaufsicht ergeben sich aus DIN EN ISO 14731. Die Schweißaufsicht hat dafür zu sorgen, dass die üblicherweise angewandten, dem Stand der Technik entsprechenden Regelungen eingehalten werden.

7.2.3.1 Die Prüfung der Schweißer erfolgt bei Stahl, Aluminium, Nickel und deren Legierungen nach AD 2000-Merkblatt HP 3. Die Kehlnahtprüfstücke können auch aus Blechen angefertigt werden. Andere Werkstoffe sind entsprechend ihren Eigenschaften sinngemäß zuzuordnen.

7.2.3.2 Der Nachweis nach Abschnitt 7.2.2 ist für Rohrleitungen der Kategorien II und III der zuständigen unabhängigen Stelle durch eine entsprechende Verfahrensprüfung unter sinngemäßer Anwendung von AD 2000-Merkblatt HP 2/1 zu erbringen. Für Rohrleitungen der Kategorie I ist der Nachweis durch den Hersteller zu führen.

7.2.3.3 Abweichend von Abschnitt 7.2.3.2 genügt bei Rohrleitungen mit einer Nennweite bis DN 150 aus Werkstoffen nach den Abschnitten 5.2.1.1 bis 5.2.1.4 die Entnahme objektgebundener Arbeitsprüfungen.

7.2.4 Schweißzusätze und Schweißhilfsstoffe

7.2.4.1 Die Schweißzusätze, ggf. in Kombination mit Schweißhilfsstoffen, müssen für die Herstellung von Rohrleitungen geeignet sein, d. h., das Schweißgut muss auf die Grundwerkstoffe abgestimmt und die hierfür erforderlichen Güteeigenschaften müssen z. B. in einer Schweißzusatzspezifikation festgelegt sein.

7.2.4.2 Die Eignung der Schweißzusätze und Schweißhilfsstoffe muss für Rohrleitungen der Kategorien II und III durch die zuständige unabhängige Stelle erfolgen. Für Rohrleitungen der Kategorie I ist die Eignung durch den Hersteller der Schweißzusätze festzustellen.

Siehe hierzu auch VdTÜV-Merkblatt 1153. Für die im VdTÜV-Kennblatt 1000 genannten Schweißzusätze und

Schweißhilfsstoffe ist die Eignung innerhalb der dort genannten Anwendungsgrenzen festgestellt. Liegt eine Eignungsfeststellung nicht vor, kann die Eignung für einen bestimmten bzw. gleichartigen Anwendungsfall im Rahmen einer erweiterten Verfahrensprüfung erfolgen.

7.2.5 Stumpf- und Kehlnähte als Schweißnähte an drucktragenden Teilen aus Stahl sind so auszuführen, dass sie den Anforderungen des AD 2000-Merkblattes HP 5/1 genügen.

Stumpf- und Kehlnähte als Schweißverbindungen an Aluminium und Aluminiumlegierungen an drucktragenden Teilen sind so auszuführen, dass sie hinsichtlich ihres inneren und äußeren Befundes den Anforderungen der Tafel 2 entsprechen.

Tafel 2. Techniken, Verfahren und Zulässigkeitskriterien für Stumpf- und Kehlnähte aus Aluminium und Aluminiumlegierungen

Technik (Abkürzungen)	Verfahren	Zulässigkeitskriterien
Sichtprüfung (VT)	EN 970	EN ISO 10042 Bewertungsgruppe B[1]
Durchstrahlungsprüfung (RT)	EN 1435 Klasse B	EN ISO 10042 Zulässigkeitsgrenze B[2]
Ultraschallprüfung (UT)	Manuelle UT, EN 1714 Für Wanddicke e_n (mm) $4 \leq e_n < 40$ Klasse A $40 \leq e_n < 100$ Klasse B $e \geq 100$ Klasse C Automatische UT, EN 10246[4]	EN 1712 Zulässigkeitsgrenze 2[3]
Eindringprüfung (PT)	EN 571-1 + Prüfparameter nach EN 1289, Tabelle A1	EN 1289 Zulässigkeitsgrenze 2

[1] Bei den Fehlerarten 1.11 (502) (zu große Nahtüberhöhung/Stumpfnaht), 1.12 (503) (zu große Nahtüberhöhung/Kehlnaht), 1.14 (504) (zu große Wurzelüberhöhung), 3.1 (507) (Kantenversatz, nur bei Umfangsnähten), 1.10 (5011) (durchlaufende Einbrandkerbe jedoch max. 0,2 mm tief, 1.18 (5013/515) (Wurzelrückfall, Wurzelkerbe), 1.16 (511) (Decklagenunterwölbung) nach EN ISO 10042 ist die Bewertungsgruppe C ausreichend.
[2] Bei den Fehlerarten 2.7 (2016) (Schlauchporen, vereinzelt), 2.8 (303) (Oxideinschluss), 2.9 (3041) (Wolframeinschluss), 2.3 (2011) (Poren), 2.5 (2013) (Porennest) nach EN ISO 10042 ist die Bewertungsgruppe C ausreichend.
[3] Flächenfehler sind nicht zulässig. Bei $e_n \geq 60$ mm muss die Ultraschallprüfung Unregelmäßigkeiten senkrecht zur Oberfläche nach EN 583-4 mit einbeziehen.
[4] EN 10246 gilt für ZfP von Stahlrohren. Bis zum Vorliegen einer ZfP-Norm über die automatische Ultraschallprüfung von Werkstoffen aus Aluminium und Aluminiumlegierungen sind EN 10246-9 und EN 10246-16 als Referenznormen für zulässige automatische Ultraschallprüfverfahren für Werkstoffe aus Aluminium und Aluminiumlegierungen nach dieser Europäischen Norm anzuwenden.

7.2.6 Rohrleitungen nach Kategorie II + III sind nach Tafel 3 zerstörungsfrei zu prüfen. Für Rohrleitungen der Kategorie I wird der Prüfumfang nach Tafel 3 empfohlen. Die Auswahl der zu prüfenden Nähte (Stichproben) erfolgt in Abhängigkeit vom Schwierigkeitsgrad beim Schweißen und in Abhängigkeit vom Schweißverfahren. Art der zerstörungsfreien Prüfung und die Beurteilung der Befunde werden in Anlehnung an das AD 2000-Merkblatt HP 5/3 geregelt. Anforderungen an das ZfP-Personal siehe AD 2000-Merkblatt HP 4.

Tafel 3. Umfang der zerstörungsfreien Prüfung – Durchstrahlungs- oder Ultraschall-Prüfung – für Rohrleitungen in % der Anzahl der Rundnähte

Prüfgruppen nach AD 2000-Merkblatt HP 0 Tafel 1, 2 und 3

Fluidgruppen	Kategorie	Prüf-Gruppe 1 / 5.1 / 6 / Al 1	Prüf-Gruppe 2 / 4.1 / 5.2 / 5.4 / 7 / 8 / Ni 1 / Ni 2 / Ti 1 / Al 2	Prüf-Gruppe 3 / 4.2 / 5.3 / Cu
2[1]	II + III	2	10	25
1[2] [3]	II			
1[2]	II + III	10	25	100
1, 2	I	2	10	25

[1] einschließlich brandfördernde Fluide
[2] einschließlich ätzende Fluide (siehe GefahrstoffV)
[3] bis einschließlich PS x DN = 2000, aber nicht für sehr giftige Fluide

Die Einschränkung in Fußnote 3 für sehr giftige Fluide gilt nicht für emaillierte Rohrleitungen oder emaillierte Rohrleitungsteile.

Bei Ausnutzung der Festigkeitskennwerte von 50–85 % sind die Werte der Tafel 3 zu halbieren, bei weniger als 50 % zu vierteln, jedoch nicht weniger als 2 %. Der Ausnutzungsgrad ergibt sich bei der Beurteilung nach Abschnitt 6.2 aus der Betrachtung des Innendruck, bei der Beurteilung nach Abschnitt 6.1 aus der Vergleichsspannung. Bei Werkstoffen, die in der Tafel der Prüfgruppen nicht enthalten sind, aber einer dieser Prüfgruppen zuordenbar sind, kann der Prüfumfang entsprechend festgelegt werden.

Werden die Ausführungen der Schweißarbeiten sowie die Schweißer besonders überwacht, z. B. im Rahmen einer werkstattmäßigen Vorfertigung, kann im Einvernehmen mit der zuständigen unabhängigen Stelle ein Teil der Prüfungen von Tafel 3 nicht objektgebunden durchgeführt werden. Bei Rohrleitungen, deren Nähte nach dem Gas- oder MSG-Schweißverfahren hergestellt sind, ist zusätzlich eine Arbeitsprüfung zu entnehmen, die durch Falt- bzw. Bruch-Proben je Schweißer und Werkstoffgruppe im Umfang nach AD 2000-Merkblatt HP 0 zu untersuchen ist.

7.3 Löten

7.3.1 Lötverbindungen an Rohrleitungen müssen unter Verwendung geeigneter Arbeitsmittel als Hartlötverbindungen durch Spaltlötung (Kapillarlötung) so ausgeführt und hergestellt werden, dass eine einwandfreie Lötung gewährleistet ist. Lötverbindungen sind zulässig bis DN 32, ausgenommen Rohrleitungen für Kältemittel der Gruppe L1.

Hartlötverbindungen durch Spaltlötung sind nur unter Verwendung von Installationsrohren aus Kupfer mit Maßen nach DIN EN 1057 (siehe Abschnitt 5.2.1.3 und DVGW-Arbeitsblatt GW 392) sowie Formstücken nach DIN EN 1254-1 und DIN EN 1254-4 (siehe Abschnitt 5.3.1.1 Abs. 4) zulässig. Bei abweichenden Maßen ist der Nachweis zu erbringen, dass die Lötverbindungen geeignet sind.

7.3.2 Die Forderungen nach Abschnitt 7.3.1 für Hartlöten gelten auch unter Beachtung der Bestimmungen des DVGW-Arbeitsblattes GW 2 für das Hartlöten eingehalten werden.

Der Umfang der zerstörungsfreien Prüfung (Durchstrahlungs- oder Ultraschallprüfung) beträgt für Rohrleitungen der Kategorie II und III 10 % der Lötverbindungen.

Der Umfang der ZfP kann bei Rohrleitungen der Kategorie I 2 % betragen. Dabei kann die Prüfung auch nicht objektgebunden erfolgen.

Bei der Durchstrahlungsprüfung sind flächenhafte Fehler mittels zweier um 90° versetzter Aufnahmen am fertigen Bauteil feststellbar, so dass der Spaltfüllgrad (Benetzungsgrad) beurteilbar ist. Alternativ zu diesen zerstörungsfreien Prüfungen können auch Arbeitsprüfungen im vergleichbaren Umfang objektgebunden im Labor zerstörend oder zerstörungsfrei geprüft werden.

Es ist jedoch darauf zu achten, dass alle Löter erfasst werden.

Art der zerstörungsfreien Prüfung und Beurteilung der Prüfbefunde erfolgt in Anlehnung an AD 2000-Merkblatt HP 5/3. Der Benetzungsgrad muss mindestens 80 % der Mindest-Überlappungslänge, die Mindest-Überlappungslänge muss das 3-fache der Wanddicke, mindestens aber 5 mm betragen.

7.3.3 Der Nachweis der Erfüllung der Anforderungen nach Abschnitt 7.3.1 gilt als erbracht, wenn an Rohrleitungen der Kategorien II und III
– für die Lötungen eine Verfahrensprüfung vorliegt. Die Verfahrensprüfung ist nach DIN EN 13134 / VdTÜV Merkblatt 1160 mit der zuständigen unabhängigen Stelle durchzuführen, wobei Anzahl und Größe der Prüfstücke nach Abschnitt 6 des VdTÜV-Merkblattes 1160 so zu wählen sind, dass alle erforderlichen Proben entnommen werden können. Auf den Warmausziehversuch nach Abschnitt 8.4 des VdTÜV-Merkblattes 1160 kann verzichtet werden, wenn die Durchstrahlungsprüfung nach 8.1.2 des VdTÜV-Merkblattes 1160 entsprechend DKI-Werkstoffblatt Nr. 811 durchgeführt wird und
– nur Löter mit einer Löterprüfung nach DIN EN 13133 eingesetzt werden, die von einer zuständigen unabhängigen Stelle zugelassen wurden. Eine Wiederholungsprüfung ist nach mehr als 6-monatiger Unterbrechung der Tätigkeit als Löter erforderlich, oder wenn im Rahmen der Schlussprüfung der Rohrleitungen an den Lötverbindungen systematische Fehler festgestellt wurden.

Für Rohrleitungen der Kategorie I ist der Nachweis der Erfüllung der Anforderungen nach 7.3.1 durch den Hersteller zu erbringen.

7.4 Verlegung der Rohrleitungen[3]

7.4.1 Rohrleitungen sind grundsätzlich oberirdisch, außerhalb der Verkehrsbereiche zu verlegen und müssen leicht zugänglich sein. Es sollen möglichst wenige lösbare Verbindungen verwendet werden.

Verbindungsstellen in Rohrleitungen werden in der Regel als Schweiß-, Hartlöt-, Muffen-, Schraub- oder Flanschverbindungen ausgeführt. Schneidringverschraubungen dürfen nur bis DN 32 und nur zur Verbindung von Präzisionsstahlrohren mit Abmessungen nach DIN EN 10305-1 und DIN EN 10305-2, nichtrostenden Rohren mit Abmessungen nach DIN EN ISO 1127 in den Toleranzklassen D 4 und T 4 sowie Kupferrohren mit Abmessungen nach DIN EN 1057 verwendet werden.

Die Eignung von Klemmring und anderen Schneidringverschraubungen abweichend von DIN 2353 ist bei Rohrleitungen der Kategorie III durch eine unabhängige Stelle entweder durch ausreichende Erfahrungen des Betreibers oder durch eine Bauteilprüfung in Anlehnung an VdTÜV-Merkblatt 1065 der zuständigen unabhängigen Stelle nachzuweisen. Bei Rohrleitungen der Kategorien I und II überzeugt sich der Hersteller von der Eignung der Verbindungen.

Lösbare Verbindungen sind so anzuordnen, dass sie gut überprüfbar sind.

Insbesondere bei Schneid- und Klemmringverschraubungen ist darauf zu achten, dass sie, z. B. durch geeignete Anordnung der Rohrhalterungen, in Bereichen geringer Beanspruchung eingesetzt werden.

7.4.2 Werden Rohrleitungen erdgedeckt verlegt, müssen sie hinsichtlich ihres technischen Aufbaus einer der folgenden Anforderungen entsprechen:
– sie müssen doppelwandig sein; Undichtheiten der Rohrwände müssen durch ein zugelassenes Leckanzeigegerät angezeigt werden;
– sie müssen als Saugleitungen ausgebildet sein, in denen die Flüssigkeitssäule bei Undichtheiten abreißt;
– sie müssen mit einem Schutzrohr versehen oder in einem Kanal verlegt sein; auslaufende Stoffe müssen in einer Kontrolleinrichtung sichtbar werden; in diesem Fall dürfen die Rohrleitungen keine (brennbaren) hochentzündlichen, leicht entzündlichen und entzündlichen Flüssigkeiten mit einem Flammpunkt bis 55 °C führen.

Bei nicht korrodierend wirkenden Stoffen, die nicht wassergefährdend sind, sind auch Umhüllungen z. B. nach DIN 30670, DIN 30671 und DIN 30673 in Verbindung mit einem kathodischen Korrosionsschutz zulässig.

Kann aus Sicherheitsgründen keine dieser Anforderungen erfüllt werden, darf nur ein gleichwertiger technischer Aufbau verwendet werden.

Lösbare Verbindungen sind in erdgedeckten Abschnitten von Rohrleitungen nicht zulässig mit Ausnahme von Wasserleitungen.

7.4.3 Erdgedeckte Rohrleitungen müssen so verlegt sein, dass die Wirkung von Korrosionsschutzmaßnahmen nicht beeinträchtigt wird.

Dies gilt in der Regel als erfüllt, wenn für die Vorbereitung der Sohle und zum Verfüllen der Rohrgräben oder -kanäle Sand (Korngröße ≤ 2 mm) oder andere Bodenstoffe verwendet werden sind, die frei von scharfkantigen Gegenständen, Steinen, Asche, Schlacke und anderen bodenfremden und aggressiven Stoffen sind. Sie müssen damit allseitig mit einer Schichtdicke von mindestens 10 cm umgeben sein.

7.4.4 Unter Erdgleiche außerhalb von Gebäuden verlegte Rohrleitungen für hochentzündliche, leicht entzündliche und entzündliche Fluide müssen vollständig von Verfüllmaterial umgeben sein. Es dürfen keine Hohlräume vorhanden sein.

Dies gilt auch für einwandige Rohrleitungen in nicht begehbaren Rohrkanälen.

Abweichend von Absatz 2 brauchen Rohrleitungen in flachen Kanälen, die oben offen sind oder mit Gitterrosten abgedeckt sind, nicht vom Verfüllmaterial umgeben sein.

7.4.5 Rohrleitungen müssen so verlegt sein, dass sie ihre Lage nicht unzulässig verändern.

Dies gilt als erfüllt, wenn:
(1) temperaturbedingte Dehnungen bei der Verlegung berücksichtigt und längere Rohrleitungen mit elastischen Zwischenstücken ausgerüstet sind, soweit nicht die Rohrführung ausreichende Dehnung ermöglicht;
(2) oberirdische Rohrleitungen auf Stützen in ausreichender Anzahl aufliegen, so dass eine unzulässige Durchbiegung vermieden wird, und sie so befestigt sind, dass gefährliche Lageveränderungen nicht eintreten können, und
(3) erdgedeckte Rohrleitungen in Rohrgräben so verlegt sind, dass sie gleichmäßig aufliegen.

---

[3] Die im Abschnitt 7.4 enthaltenen Anforderungen können von den Vorschriften anderer EU-Mitgliedstaaten abweichen.

7.4.6 Falls sich im Innern von Rohrleitungen für gasförmige Fluide Kondensflüssigkeit bilden kann, sind Einrichtungen zur Entwässerung bzw. zur Entfernung von Ablagerungen aus tiefliegenden Bereichen vorzusehen, um Schäden aufgrund von Wasserschlag oder Korrosion zu vermeiden.

7.4.7 Enthalten die Rohrleitungen Fluide der Gruppe 1, so ist in geeigneter Weise dafür zu sorgen, dass die Rohrabzweigungen, die wegen ihrer Abmessungen erhebliche Risiken mit sich bringen, abgesperrt werden können.

7.4.8 Zur Minimierung der Gefahr einer unabsichtigen Entnahme sind die Entnahmestellen auf der fest installierten Seite der Verbindungen unter Angabe des enthaltenen Fluids deutlich zu kennzeichnen.

8 Äußerer Korrosionsschutz[4)]

8.1 Allgemeines

Rohrleitungen, die korrosiven Einflüssen von außen unterliegen und deren Werkstoffe nicht hinreichend korrosionsbeständig sind, müssen gegen Korrosion geschützt sein.

8.2 Oberirdische Rohrleitungen

Oberirdische Rohrleitungen, die durch Korrosion von außen gefährdet sind, müssen mit einer geeigneten Beschichtung (Korrosionsschutzanstrich) versehen sein.

8.3 Erdgedeckte Rohrleitungen

8.3.1 Ist ein mit einer erdgedeckt verlegten Rohrleitung verbundener Druckbehälter mit einem kathodischen Korrosionsschutz ausgerüstet, ist auch die erdgedeckt verlegte Rohrleitung stets kathodisch zu schützen.

8.3.2 Werden Rohre oder Anlageteile aus unterschiedlichen Metallen, bei denen wegen einer galvanischen Elementbildung Korrosionen zu befürchten sind, miteinander verbunden, so müssen sie durch Isolierstücke voneinander elektrisch getrennt werden, sofern sie nicht kathodisch geschützt sind. Entsprechendes gilt für die Isolierung von Rohren gegen Halterungen.

9 Vermeidung von Gefahren infolge elektrostatischer Aufladungen[4)]

9.1 Rohrleitungen müssen so beschaffen sein, dass betriebsmäßige Vorgänge gefährliche elektrostatische Aufladungen nicht hervorrufen können.

9.2 Abschnitt 9.1 gilt als erfüllt, wenn die berufsgenossenschaftliche Richtlinie BGR 132 berücksichtigt ist.

9.3 Rohrleitungen sind zu erden, sofern nicht durch die Verlegeart eine ausreichende Erdung gewährleistet ist. Der Widerstand gegen Erde darf nicht mehr als $10^6\ \Omega$ betragen. Isolierende Rohrverbindungen oder Zwischenstücke mit einem Widerstand von mehr als $10^6\ \Omega$ sind mit einer leitfähigen Verbindung zu überbrücken, oder die Rohrstücke sind getrennt zu erden. Übliche Flanschverbindungen gelten als ausreichend leitfähig. Bei Verlegung im Erdreich erübrigen sich im Allgemeinen die genannten Maßnahmen.

10 Sicherheitstechnische Ausrüstungsteile

10.1 Rohrleitungen müssen mit den für einen sicheren Betrieb erforderlichen und geeigneten Ausrüstungsteilen versehen sein, die so beschaffen sind, dass sie ihrer Aufgabe sicher genügen. Dabei sollen die AD 2000-Merkblätter der Reihe A, soweit zutreffend, sinngemäß angewendet werden.

10.2 Rohrleitungen müssen gegen Drucküberschreitung durch geeignete Einrichtungen gesichert sein, wenn eine Überschreitung des maximal zulässigen Druckes nicht auszuschließen ist.

10.3 Sind geeignete Einrichtungen nach Abschnitt 10.1 nicht möglich oder zweckdienlich, z. B. wenn Sicherheitsventile infolge korrodierenden, klebenden, staubenden oder sublimierenden Beschickungsgutes in ihrer Wirkungsweise beeinträchtigt werden können, sind auch organisatorische Maßnahmen, die in einer Betriebsanleitung festgelegt sein müssen, zulässig.

10.4 Die Sicherheitseinrichtungen gegen Drucküberschreitung müssen an geeigneter Stelle eingebaut werden und sind nach den AD 2000-Merkblättern A 1, A 2 bzw. A 6 auszulegen.

10.5 Zur Verhinderung von unzulässigen Drücken infolge Erwärmung der flüssigen Fluide, z. B. durch Sonneneinstrahlung, eignen sich, z. B. auch Überströmventile.

11 Kennzeichnung

11.1 Rohrleitungen müssen mindestens mit folgenden Angaben gekennzeichnet werden:
Hersteller[5)] (Name und Anschrift)
– Herstellnummer
– Herstelljahr
– CE-Kennzeichnung[6)] und Kennnummer[7)] der zuständigen benannten Stelle
– Maximal zulässiger Druck PS (bar)
– Nennweite DN
– Zulässige minimale und maximale Temperatur TS (°C)
Das kann erfolgen durch:
– eine Kennzeichnung der Rohrleitung selbst
oder
– eine eindeutige Darstellung, z. B. in einem R&I-Fließbild oder einer Rohrleitungsliste, so dass die Rohrleitung in der Anlage zweifelsfrei identifiziert werden kann.

11.2 Der Verlauf erdgedeckt verlegter Rohrleitungen muss in den technischen Unterlagen erfasst sein.

[4)] Die in den Abschnitten 8 und 9 enthaltenen Anforderungen können von den Vorschriften anderer EU-Mitgliedstaaten abweichen.

[5)] ggf. der in der Gemeinschaft ansässige Bevollmächtigte
[6)] nicht zulässig, wenn Betreiberprüfstelle prüft
[7)] entfällt bei Modul A

Anlage 1 zu AD 2000-Merkblatt HP 100 R

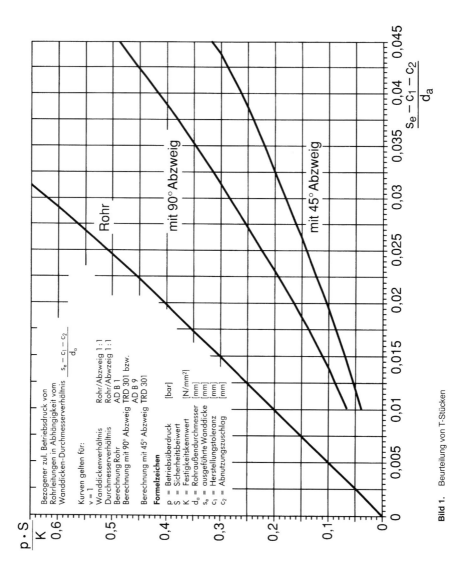

Bild 1. Beurteilung von T-Stücken

Anlage 2 zu AD 2000-Merkblatt HP 100 R

Zulässige Stützweiten für Stahlrohre (Randbedingungen: siehe Erläuterung zu Anlage 2)

DN	d_a	s	leeres Rohr, ohne Dämmung						wassergefülltes Rohr, ohne Dämmung						wassergefülltes Rohr, Dämmdicke DD 40						wassergefülltes Rohr, Dämmdicke DD 80					
			q	L_1	L_2	L_3	L_4	L_5	L_6	q	L_1	L_2	L_3	L_4	L_5	L_6	q	L_1	L_2	L_3	L_4	L_5	L_6	q	L_1	L_2	L_3	L_4	L_5	L_6
mm	mm		kg/m	m						kg/m	m						kg/m	m						kg/m	m					
25	33.7	2.0	1.6	2.9	5.5	4.8	2.9	2.8	1.5	2.3	2.7	4.6	4.0	2.4	2.3	1.2	7.0	2.0	2.6	2.3	1.4	1.3	0.7	11.8	1.8	2.0	1.8	1.1	1.0	0.5
25	33.7	4.0	2.9	2.9	5.3	5.3	3.6	2.6	1.8	3.5	2.8	4.9	4.9	3.3	2.4	1.7	8.1	2.2	3.2	3.2	2.2	1.6	1.1	13.0	2.0	2.5	2.5	1.7	1.3	0.9
40	48.3	2.0	2.3	3.5	6.8	5.2	3.1	3.4	1.6	3.9	3.1	5.2	4.0	2.4	2.6	1.2	9.2	2.5	3.4	2.6	1.6	1.7	0.8	14.3	2.3	2.7	2.1	1.3	1.4	0.6
40	48.3	4.0	4.4	3.5	6.5	6.4	3.9	3.3	1.9	5.7	3.3	5.7	5.6	3.4	2.9	1.7	11.0	2.8	4.1	4.0	2.4	2.1	1.2	16.1	2.5	3.4	3.3	2.0	1.7	1.0
50	60.3	2.0	2.9	4.5	7.6	5.4	3.3	3.8	1.6	5.4	3.9	5.6	4.0	2.4	2.8	1.2	11.3	3.2	3.9	2.7	1.7	1.9	0.8	16.6	2.9	3.2	2.3	1.4	1.6	0.7
50	60.3	4.5	6.2	4.4	7.3	6.9	4.2	3.7	2.1	8.3	4.1	6.4	6.0	3.7	3.2	1.8	14.2	3.6	4.9	4.6	2.8	2.4	1.4	19.4	3.3	4.2	3.9	2.4	2.1	1.2
80	88.9	2.3	5.0	5.5	9.3	6.0	3.7	4.7	1.8	10.6	4.6	6.4	4.1	2.5	3.2	1.3	17.8	4.0	4.9	3.2	1.9	2.5	1.0	23.5	3.7	4.3	2.8	1.7	2.1	0.8
80	88.9	5.6	11.5	5.4	9.0	8.0	4.9	4.5	2.4	16.3	5.0	7.6	6.7	4.1	3.8	2.1	23.5	4.5	6.3	5.6	3.4	3.2	1.7	29.2	4.3	5.7	5.0	3.1	2.8	1.5
100	114.3	2.6	7.3	6.3	10.6	6.6	4.0	5.3	2.0	16.6	5.1	7.0	4.3	2.7	3.5	1.3	25.0	4.6	5.7	3.5	2.2	2.8	1.1	31.1	4.4	5.0	3.1	1.9	2.6	1.0
100	114.3	6.3	16.8	6.2	10.3	8.7	5.3	5.2	2.7	24.9	5.6	8.5	7.1	4.4	4.2	2.2	33.3	5.2	7.3	6.2	3.8	3.7	1.9	39.4	5.0	6.7	5.7	3.5	3.4	1.7
150	168.3	2.6	10.8	7.6	12.9	7.0	4.3	6.5	2.2	31.7	5.8	7.5	4.1	2.5	3.8	1.3	42.6	5.4	6.5	3.5	2.2	3.3	1.1	49.5	5.2	6.0	3.3	2.0	3.0	1.0
150	168.3	7.1	28.2	7.5	12.7	9.7	5.9	6.3	3.0	46.9	6.6	9.8	7.6	4.6	4.9	2.3	57.8	6.3	8.9	6.8	4.2	4.4	2.1	64.7	6.1	8.4	6.4	3.9	4.2	2.0
200	219.1	2.9	15.7	8.7	14.8	7.7	4.7	7.4	2.3	51.4	6.5	8.2	4.2	2.6	4.1	1.3	64.7	6.1	7.3	3.8	2.3	3.6	1.1	72.3	5.9	6.9	3.6	2.2	3.4	1.1
200	219.1	7.1	37.1	8.7	14.6	10.2	6.3	7.3	3.1	70.1	7.4	10.6	7.5	4.6	5.3	2.3	83.4	7.1	9.7	6.8	4.2	4.9	2.1	91.0	6.9	9.3	6.5	4.0	4.7	2.0
250	273.0	2.9	19.6	9.7	16.6	7.9	4.9	8.3	2.4	75.6	6.9	8.4	4.0	2.5	4.2	1.2	91.5	6.6	7.7	3.7	2.3	3.8	1.1	99.9	6.5	7.3	3.5	2.1	3.7	1.1
250	273.0	7.1	46.6	9.7	16.4	10.7	6.5	8.2	3.3	99.2	8.0	11.2	7.3	4.5	5.6	2.2	115.0	7.7	10.4	6.8	4.1	5.2	2.1	123.4	7.6	10.1	6.6	4.0	5.0	2.0
300	323.9	2.9	23.3	10.6	18.1	8.2	5.0	9.0	2.5	102.7	7.3	8.6	3.9	2.4	4.3	1.2	120.9	7.0	7.9	3.6	2.2	4.0	1.1	130.1	6.9	7.6	3.5	2.1	3.8	1.1
300	323.9	8.0	62.3	10.6	17.9	11.4	7.0	8.9	3.5	136.8	8.7	12.1	7.7	4.7	6.0	2.4	155.0	8.4	11.4	7.3	4.4	5.7	2.2	164.2	8.3	11.0	7.0	4.3	5.5	2.2
350	355.6	3.2	28.2	11.1	18.9	8.6	5.2	9.5	2.6	123.9	7.7	9.0	4.1	2.5	4.5	1.3	143.6	7.4	8.4	3.8	2.3	4.2	1.2	153.8	7.3	8.1	3.7	2.2	4.1	1.1
350	355.6	8.8	75.3	11.1	18.8	12.0	7.3	9.4	3.7	165.0	9.1	12.7	8.1	4.9	6.3	2.5	184.7	8.8	12.0	7.7	4.7	6.0	2.3	194.3	8.7	11.7	7.5	4.6	5.8	2.3
400	406.4	3.2	32.2	11.9	20.3	8.8	5.4	10.1	2.7	157.9	8.0	9.2	4.0	2.4	4.6	1.2	179.9	7.7	8.6	3.7	2.3	4.3	1.1	190.4	7.6	8.3	3.6	2.2	4.2	1.1
400	406.4	10.0	97.8	11.8	20.0	12.8	7.8	10.0	3.9	215.0	9.7	13.5	8.6	5.3	6.8	2.6	237.0	9.5	12.9	8.2	5.0	6.4	2.5	247.5	9.4	12.6	8.0	4.9	6.3	2.5
500	508.0	4.0	50.4	13.3	22.6	9.8	6.0	11.3	3.0	246.7	8.9	10.2	4.4	2.7	5.1	1.4	273.4	8.7	9.7	4.2	2.6	4.9	1.3	285.4	8.6	9.5	4.1	2.5	4.8	1.3
500	508.0	11.0	134.8	13.2	22.5	13.7	8.4	11.2	4.7	320.3	10.7	14.6	8.9	5.4	7.3	2.7	347.1	10.5	14.0	8.6	5.2	7.0	2.6	359.1	10.4	13.8	8.4	5.1	6.9	2.6

HP 100 R

Erläuterungen zu Anlage 2

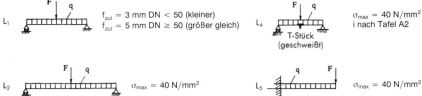

L_1: $f_{zul} = 3$ mm DN < 50 (kleiner); $f_{zul} = 5$ mm DN ≥ 50 (größer gleich)

L_4: T-Stück (geschweißt), $\sigma_{max} = 40$ N/mm² i nach Tafel A2

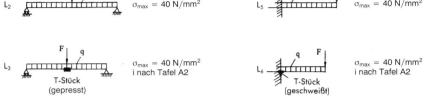

L_2: $\sigma_{max} = 40$ N/mm²

L_5: $\sigma_{max} = 40$ N/mm²

L_3: T-Stück (gepresst), $\sigma_{max} = 40$ N/mm² i nach Tafel A2

L_6: T-Stück (geschweißt), $\sigma_{max} = 40$ N/mm² i nach Tafel A2

Voraussetzungen:
Gepresstes bzw. geschweißtes T-Stück mit waagerechtem Abzweig.
Spannung aus Innendruck unberücksichtigt.
Toleranzen und Zuschläge (c_1 und c_2) unberücksichtigt.

Tafel A1

Fall	SYSTEM	BELASTUNG	KRITERIUM Durchbiegung	KRITERIUM Spannung	BEMERKUNG	Erl. Anl. 2 Bild 1
A	$F = m \cdot g$, $q \cdot g$	q [kg/m], m [kg]	$f = \dfrac{l_{AF}^3 \cdot 9{,}81 \cdot 5 \cdot 10^6}{384\,EI}\left(q \cdot l_{AF} + 1{,}6\,m\right)$	$l_{AS} = -\dfrac{m}{q} + \sqrt{\left(\dfrac{m}{q}\right)^2 + \dfrac{8 \cdot W \cdot \sigma}{9{,}81 \cdot 10^3 \cdot q \cdot i}}$		1
B	$q \cdot g$, F	"	$f = \dfrac{l_{BF}^3 \cdot 9{,}81 \cdot 10^6}{24\,EI}\left(3q \cdot l_{BF} + 8\,m\right)$	$l_{BS} = -\dfrac{m}{q} + \sqrt{\left(\dfrac{m}{q}\right)^2 + \dfrac{2 \cdot W \cdot \sigma}{9{,}81 \cdot 10^3 \cdot q \cdot i}}$		1
C	$q \cdot g$, F	q + Einzellast in allen Feldern	$f = \dfrac{l_{CF}^3 \cdot 9{,}81 \cdot 10^6}{384\,EI}\left(q \cdot l_{CF} + 2\,m\right)$	$l_{CS} = -\dfrac{3m}{4q} + \sqrt{\left(\dfrac{3m}{4q}\right)^2 + \dfrac{12 \cdot W \cdot \sigma}{9{,}81 \cdot 10^3 \cdot q \cdot i}}$	Durchlaufträger mit gleichen Feldlängen (Einzelmasse in jedem Feld)	4
D	$q \cdot g$, F	q + Einzellast nur im jeweiligen Feld	$f = \dfrac{l_{DF}^3 \cdot 9{,}81 \cdot 10^6}{384\,EI}\left(q \cdot l_{DF} + 6{,}1 \cdot m\right)$	$l_{DS} = -\dfrac{126m}{265q} + \sqrt{\left(\dfrac{126m}{265q}\right)^2 + \dfrac{12 \cdot W \cdot \sigma}{9{,}81 \cdot 10^3 \cdot q \cdot i}}$	$\dfrac{m}{q} < 0{,}38\,l^*$ $l^* = \sqrt{\dfrac{12 \cdot W \cdot \sigma}{9{,}81 \cdot 10^3 \cdot q \cdot i}}$	3
E	$q \cdot g$, F	q + Einzellast nur im jeweiligen Feld	$f = \dfrac{l_{EF}^3 \cdot 9{,}81 \cdot 10^6}{384\,EI}\left(q \cdot l_{EF} + 6{,}1 \cdot m\right)$	$l_{ES} = -\dfrac{543m}{265q} + \sqrt{\left(\dfrac{543m}{265q}\right)^2 + \dfrac{24 \cdot W \cdot \sigma}{9{,}81 \cdot 10^3 \cdot q \cdot i}}$	$\dfrac{m}{q} > 0{,}38\,l^*$ $l^* = \sqrt{\dfrac{12 \cdot W \cdot \sigma}{9{,}81 \cdot 10^3 \cdot q \cdot i}}$	2

$I = \dfrac{\pi}{64}(d_a^4 - d_i^4)$ [mm⁴]; $W = I\dfrac{2}{d_a}$ [mm³]; E (kN/mm²)

Formelzeichen:

Symbol	Einheit	Bedeutung
d_{Am}	[mm]	mittlerer Durchmesser des Abzweiges
d_m	[mm]	mittlerer Rohrdurchmesser
d_a	[mm]	Außendurchmesser der Rohrleitung
d_i	[mm]	Innendurchmesser der Rohrleitung
f	[mm]	Durchbiegung
l*	[m] = m/q*	äquivalente Länge
i	[-]	Spannungserhöhungsfaktor
l	[m]	Stützweite, Kraglänge (allgemein)
m	[kg]	Zusatz (einzel) -Masse
q	[kg/m]	auf die Länge bezogene Masse
s	[mm]	Nennwanddicke
v	[-]	Schweißnahtwertigkeit
x	[-] =1/L	Verhältnis der Länge mit/ohne Zusatzmasse
y	[-] =1*/L	Verhältnis äquivalente Länge/ Länge ohne Zusatzmasse
DN		Nennweite
E	[kN/mm²]	Elastizitätsmodul
F	[N] = m · g	Einzellast
I	[mm⁴]	Trägheitsmoment
K	[N/mm²]	Festigkeitskennwert
L	[m]	Länge ohne Zusatzmasse
S	[-]	Sicherheitsbeiwert
W	[mm³]	Widerstandsmoment
ϱ	[kg/m³]	Dichte
σ	[N/mm²]	Spannung
g	$\left[\dfrac{m}{s^2}\right]$	Erdbeschleunigung

Indices fL von Anlage 2
A, B, C, D, E Bezug auf Fälle in Anlage 2
F, S Bezug auf Kriterium Durchbiegung/Spannung
* von Tabelle Anlage 2 abweichende Parameter
– auf Durchlaufträger bezogen

Erläuterung zu Abschnitt 6.2.2:
Festlegung der zulässigen Stützweiten

1 Allgemeines

Die Stützweiten in Tabelle „zulässige Stützweiten für Stahlrohre" wurden auf der Grundlage der Gleichungen in der Tabelle unter „Erläuterungen zu Anlage 2" ermittelt. Bei der auf die Länge bezogenen Masse q wurden die folgenden Daten berücksichtigt:

Medium	ϱ_M	= 1000 kg/m³
Rohrwerkstoff	ϱ_R	= 7900 kg/m³
Wärmedämmung	ϱ_D	= 120 kg/m³
Blechmantel	$\varrho_B \cdot s_B$	= 10 kg/m²

Überlappungen und Befestigungsmaterial sind darin berücksichtigt. Die versteifende Wirkung des Blechmantels wurde nicht in Ansatz gebracht, obwohl sie u. U. erheblich sein kann. Zusatzbelastungen F = m · g sind bei den Stützweiten der Tabelle Anlage 2 nicht berücksichtigt.

1.1 Begrenzung der Durchbiegung - L_1

Die Stützweiten L_1 wurden nach dem Kriterium „Begrenzung der Durchbiegung" festgelegt. Die Grenzdurchbiegung f wurde dabei im Hinblick auf die Vermeidung möglicher „Pfützenbildung" wie folgt angenommen:

für DN < 50 f_{zul} = 3 mm
für DN ≥ 50 f_{zul} = 5 mm

Berechnungsmodell für L_1 ist der beiderseits gelenkig gelagerte Einfeldträger (Fall A in Anlage „Erläuterung zu Anlage 2"). Für den Elastizitätsmodul wurde ein mittlerer Wert von E ≈ 200 kN/mm² angenommen.

$L_1 = l_{AF}$ (f, q, m = 0, E · I) = L_{AF} (f, q, E · I)

1.2 Begrenzung der Spannung - L_2 bis L_6

Die Stützweiten L_2 bis L_6 wurden nach dem Kriterium „Begrenzung der Spannung" festgelegt. Bei Einhaltung der Stützweiten L_2 bis L_6 sind die Spannungen infolge q bei L_2 und L_5 in der ungestörten Rohrleitung und bei L_3, L_4 und L_6 in der ungestörten Rohrleitung mit T-Stück (gepresst bzw. geschweißt) an der Stelle des maximalen Momentes auf σ = 40 N/mm² begrenzt.

1.2.1 Gelenkig gelagerter Einfeldträger - L_2 bis L_4

Die Stützweiten in Anlage 2 wurden nach der Gleichung für l_{AS} in den Erläuterungen zu Anlage 2 ermittelt. Dabei wurde für L_2 eine ungestörte Rohrleitung mit einem Spannungserhöhungsfaktor i = 1 angenommen. Für L_3 wurde in Feldmitte ein gepresstes T-Stück nach Tafel A2 mit einem Spannungserhöhungsfaktor i = 0,9/(8,8 · s/d_m)$^{2/3}$ angenommen.

Für L_4 wurde in Feldmitte ein geschweißtes T-Stück nach Tafel A2 mit einem Spannungserhöhungsfaktor i = 0,9/ (2 s/d_m)$^{2/3}$ angenommen.

$L_2 = l_{AS}$ (σ, q, m = 0, W, i = 1) = L_{AS} (σ, q, W, i = 1)
$L_3 = l_{AS}$ (σ, q, m = 0, W, i = 0,9/(8,8 · s/d_m)$^{2/3}$)
   = l_{AS} (σ, q, W, i = 0,9/(8,8 · s/d_m)$^{2/3}$)
$L_4 = l_{AS}$ (σ, q, m = 0, W, i = 0,9/(2 · s/d_m)$^{2/3}$)
   = l_{AS} (σ, q, W, i = 0,9/(2 · s/d_m)$^{2/3}$)

1.2.2 Kragträger - L_5 und L_6

Die Kragträgerlängen in Anlage 2 wurden nach der Gleichung für l_{BS} in den Erläuterungen zu Anlage 2 ermittelt. Dabei wurde für L_5 eine ungestörte Rohrleitung mit i = 1 angenommen. Für L_6 wurde an der Einspannstelle ein geschweißtes T-Stück nach Tafel 2 mit i = 0,9/(2 · s/d_m)$^{2/3}$) angenommen.

$L_5 = l_{BS}$ (σ, q, m = 0, W, i = 1) = L_{BS} (σ, q, W, i = 1)
$L_6 = l_{BS}$ (σ, q, m = 0, W, i = 0,9/(2s/d_m)$^{2/3}$)
   = l_{BS} (σ, q, W, i = 0,9/(2s/d_m)$^{2/3}$)

2 Umrechnung der zulässigen Längen aus der Anlage 2

2.1 Andere Lagerungsbedingungen

Die Stützweiten $\overline{L}_1$ bis $\overline{L}_4$ gehen von dem Fall des gelenkig gelagerten Einfeldträgers aus. Häufig wird die Annahme eines Mittelfeldes eines Durchlaufträgers realistischer sein. Für diese Lagerungsbedingung können die zulässigen Stützweiten L_1 bis L_4 wie folgt aus $\overline{L}_1$ bis $\overline{L}_4$ abgeleitet werden.

$\overline{L}_1 = \sqrt[4]{5} \cdot L_1 \sim 1,5 \cdot L_1$

$\overline{L}_i = \sqrt{1,5} \cdot L_i \sim 1,225 \cdot L_i$ (i = 2, 3 und 4)

2.2 Andere Parameter

Wenn das Trägheitsmoment I* und das Widerstandsmoment W* die Streckenlast q*, der Elastizitätsmodul E*, die

Vorgabewerte f* und σ* oder der Spannungserhöhungsfaktor i* nach Tafel A2 von den Werten in Anlage 2 wesentlich abweichen, können die zulässigen Stützweiten bzw. Kragträgerlängen aus den Längen der Anlage 2 abgeleitet werden.

Bei Begrenzung der Durchbiegung gilt:

$$L_1^* = \sqrt[4]{\frac{I^*}{I} \cdot \frac{E^*}{E} \cdot \frac{q}{q^*} \cdot \frac{f^*}{f}} \cdot L_1$$

Bei Begrenzung der Spannung gilt:

$$L_j^* = \sqrt{\frac{W^*}{W} \cdot \frac{q}{q^*} \cdot \frac{\sigma^*}{\sigma} \cdot \frac{i}{i^*}} \cdot L_j \qquad (j = 2, 3, 4, 5 \text{ und } 6)$$

Entsprechend können bei anderen Lagerungsbedingungen die zulässigen Längen L* aus den Längen L nach Abschnitt 2.1 umgerechnet werden.

3 Zusätzliche Einzellasten

Einzellasten, die zusätzlich zu den in der Anlage 2 angegebenen Streckenlasten in Ansatz zu bringen sind, können in den Fällen L_1 bis L_6 nach den in den Erläuterungen zu Anlage 2 genannten Gleichungen berücksichtigt werden. Die Stützweiten bzw. Kragträgerlängen können für das Kriterium „Spannungsbegrenzungen" auch mit Hilfe der Anlage 2 und Abschnitt 1.2 ermittelt werden.

Dazu wird die Einzellast mit $l^* = \frac{m}{q^*}$ in eine äquivalente Länge l* umgerechnet. Dann wird die zutreffende Stützweite bzw. Kragträgerlänge ohne Einzellast aus der Anlage 2 oder nach den zutreffenden Gleichungen der Anlage 2 ermittelt. Abhängig vom Wert $y = l^*/L$ wird der Wert x = l/L aus Anlage 2 abgelesen. Die zulässige Stützweite bei zusätzlicher Berücksichtigung der Einzellast F = m · g ergibt sich zu

l = x · L

Weichen die Parameter von denen der in Anlage 2 zugrunde gelegten ab, ist zunächst diese Abweichung nach Abschnitt 2.2 zu berücksichtigen, danach wird nach den Abschnitten 1 und 2 der Einfluss der Einzellast betrachtet.

Beispiel:

Eine Rohrleitung DN 150 mit s = 7,1 mm ist als Durchlaufträger über mehrere Stützen ausgeführt. Die Metermasse der Rohrleitung mit Füllung beträgt q* = 60 kg/m. In einem Mittelfeld zweigt eine Rohrleitung ab, so dass eine Zusatzmasse m = 250 kg auf dieses Feld wirkt. Das Abzweigformstück sei geschmiedet, so dass i/i* ≈ 2,7 ist. Wegen der hohen Betriebstemperaturen soll die Spannung auf σ* = 30 N/mm² begrenzt werden.

Aus der Stützweitentabelle wird bei q = 57,8 [kg/m] eine Stützweite L_4 = 4,2 m abgelesen.

$$L = L_4^* = \sqrt{\frac{W^*}{W} \cdot \frac{q}{q^*} \cdot \frac{\sigma^*}{\sigma} \cdot \frac{i}{i^*}} \cdot L_4 \cdot 1{,}225$$

$$= \sqrt{1 \cdot \frac{57{,}8}{60} \cdot \frac{30}{40} \cdot 2{,}7} \cdot 4{,}2 \cdot 1{,}225 = 7{,}2 \text{ m}$$

$$l^* = \frac{m}{q^*} = \frac{250}{60} = 4{,}17 \text{ m}$$

$$y = \frac{l^*}{L} = \frac{4{,}17}{7{,}2} = 0{,}58 > 0{,}38 \qquad \text{Kurve 2 aus Bild 1}$$

Aus Bild 1 „Diagramm zur Berücksichtigung von Einzellasten, ausgehend von der zulässigen Spannung" wird für y = 0,58 mit Kurve 2 ein Wert x = 0,65 abgelesen. Die zulässige Stützweite beträgt

l = x · L = 0,65 · 7,2 = 4,7 [m]

Die Durchbiegung kann nach „Erläuterung zu Anlage 2", Tafel A1, Fall E mit l_{EF} = l = 4,7 m und q = q* ermittelt werden.

Tafel A2. Form-, Flexibilitäts-, Spannungserhöhungsfaktoren und Widerstandsmomente

Bezeichnung	Skizze	Formfaktor H	Flexibilitätsfaktor k_B ($\geq 1!$)	Spannungserhöhungsfaktor i ($\geq 1!$)	Widerstandsmoment W
gerades Rohr		1	1	1	
Glattrohrbogen [1]		$\dfrac{4 \cdot r \cdot s}{d_m^2}$	$\dfrac{1{,}65}{H}$	$\dfrac{0{,}9}{H^{2/3}}$	$\dfrac{\pi}{32} \cdot \dfrac{d_a^4 - d_i^4}{d_a}$
Segmentbogen mit $l \leq \dfrac{d_m}{2}(1 + \tan \alpha)$ [1]		$\dfrac{4 \cdot r \cdot s}{d_m^2}$ mit $r = \dfrac{l \cdot \cot \alpha}{2}$	$\dfrac{1{,}52}{H^{5/6}}$	$\dfrac{0{,}9}{H^{2/3}}$	
Segmentbogen mit $l > \dfrac{d_m}{2}(1 + \tan \alpha)$ [1] [2]		$\dfrac{4 \cdot r \cdot s}{d_m^2}$ mit $r = \dfrac{d_m \cdot (1 + \cot \alpha)}{4}$	$\dfrac{1{,}52}{H^{5/6}}$	$\dfrac{0{,}9}{H^{2/3}}$	
T-Stück mit aufgeschweißtem, eingeschweißtem oder ausgehalstem Stutzen [3]		$\dfrac{2 \cdot s}{d_m}$	1	$\dfrac{0{,}9}{H^{2/3}}$	Grundrohr: $\dfrac{\pi}{32} \cdot \dfrac{d_a^4 - d_i^4}{d_a}$
wie vor, jedoch mit zusätzlichem Verstärkungsring [3]		$\dfrac{2 \cdot (s + 0{,}5 \cdot s_A)^{5/2}}{d_m \cdot s^{3/2}}$ mit $s_A \leq s$	1	$\dfrac{0{,}9}{H^{2/3}}$	Stutzen: $\dfrac{\pi}{4} \cdot d_{Am}^2 \cdot s_x$
gepresstes Einschweiß-T-Stück mit s und s_A als Anschlusswanddicken [3]		$\dfrac{8{,}8 \cdot s}{d_m}$	1	$\dfrac{0{,}9}{H^{2/3}}$	mit s_x als kleinerem Wert von $s_{x1} = s$ und $s_{x2} = i \cdot s_A$
gepresstes Einschweiß-Reduzierstück		Formbedingungen: $\alpha \leq 60°$ $s \geq d_a/100$ $s_2 \geq s_1$	1	$0{,}5 + \dfrac{\alpha}{100} \cdot \left(\dfrac{d_a}{s}\right)^{1/2}$ max. 2,0 (α in grd)	$\dfrac{\pi}{32} \cdot \dfrac{d_a^4 - d_i^4}{d_a}$

[1] Für Rohrbögen, die in einem kleineren Abstand als $d_m/2$ vom Krümmungsbeginn oder -ende durch einen Flansch oder Ähnliches versteift sind, müssen k_B und i durch
$k'_B = c \cdot k_B$
$i' = c \cdot i$
ersetzt werden. Dabei gilt:
$c = h^{1/4}$ bei einseitiger Versteifung
$c = h^{1/3}$ bei beidseitiger Versteifung

[2] Diese Bögen werden in Einzelbögen mit dem Radius r und gerade Zwischenstücke der Länge $l_1 = 1\text{–}2 \cdot r \cdot \tan \alpha$ zerlegt. Die Werte für r, k_B und i gelten damit auch für einzelne Segmentnähte.

[3] Bei den T-Stücken werden Grundrohr und Stutzen getrennt untersucht. Beim Grundrohr gilt als maßgebendes Moment das größere der beiden resultierenden Momente links und rechts des Achsenschnittpunktes. Für den Stutzen gilt das resultierende Moment seitens des abzweigenden Stranges. Es kann vereinfachend auf den Achsenschnittpunkt oder genauer auf den Punkt im Abstand
$a = 0{,}5 \sqrt{d_m^2 \cdot d_{Am}^2}$
vom Achsenschnittpunkt bezogen werden.

HP 100 R

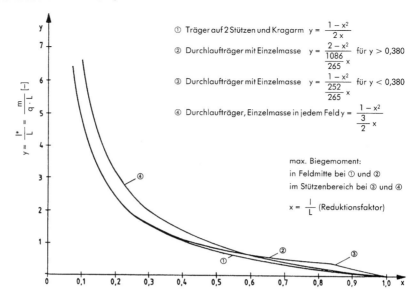

Bild 1. Diagramm zur Berücksichtigung von Einzellasten, ausgehend von der zulässigen Spannung

Anlage 3 zu AD 2000-Merkblatt HP 100 R

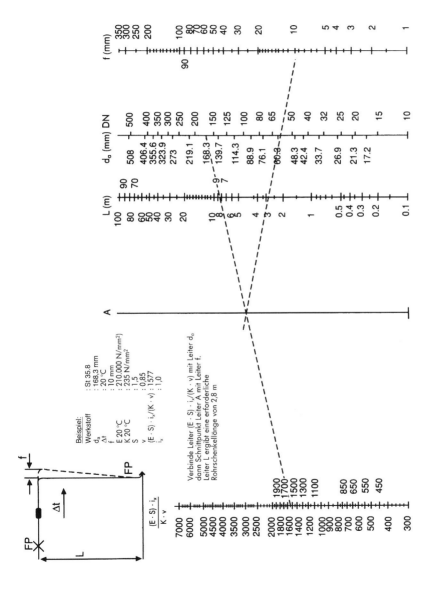

Bild 2. Dehnungsaufnahme von Rohrschenkeln

Erläuterungen zu Anlage 3

Bestimmung der Rohrschenkellänge zur Aufnahme der Dehnung durch Temperatur für den Nennweitenbereich von DN 10 – DN 500 mit Nomogramm

Variablen   E, K, S, v und d_a

Nomogramm-Aufbau: Beidseitig eingespanntes Rohr ohne Bogen

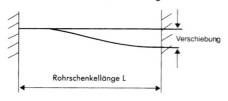

Dem Nomogramm liegt das beidseitig eingespannte Rohr als statisches System zugrunde.

Der Einfluss von Rohrbogen auf die Spannung wurde über den Spannungserhöhungsfaktor nach ASME B 31.3 berücksichtigt. Er ist in das Nomogramm eingearbeitet.

Abzweige können mit dem Nomogramm erfasst werden, indem das Verhältnis der Spannungserhöhungsfaktoren Rohrbogen/Abzweig – es wird als Abminderungsfaktor i_x bezeichnet – in die Betrachtung eingebracht wird.

Das Nomogramm gilt auch für Flanschverbindungen im Rohrschenkel, wenn $F_Z = F_{RP}$ und die Wanddicke des Rohres entsprechend $F_R = F_Z + F_{RP}$ ausgelegt ist.

E	= Elastizitätsmodul	[N/mm²]
K	= Festigkeitskennwert	[N/mm²]
i_x	= Abminderungsfaktor	
	i_x = 1,0 für Rohrbogen mit R ≥ 1,5 · D	
	i_x = 2,1 für geschweißte Rohrabzweige mit gleichem Wanddicken–Durchmesserverhältnis	
S	= Sicherheitsbeiwert	
v	= Schweißnahtwertigkeit	
f	= aufzunehmende Dehnung	[mm]
	$f = 10^3 \cdot L \cdot \alpha \cdot \Delta t$	
L	= Rohrschenkellänge	[m]
α	= Längenausdehnungskoeffizient	[K⁻¹]
Δt	= Temperaturdifferenz	[K]
d_a	= Rohraußendurchmesser	[mm]
d_i	= Rohrinnendurchmesser	[mm]
DN	= Nenndurchmesser	
F_{RP}	= Rohrlängskraft infolge Innendruck	[N]
F_R	= Rohrkraft	[N]
F_Z	= Rohrzusatzkraft	[N]

$$M = \frac{6 \cdot E \cdot I \cdot f}{L^2} \quad [1]$$

$$M = \frac{K \cdot v}{S} \cdot W$$

$$W = \frac{\pi}{32} \cdot \frac{(d_a^4 - d_i^4)}{D}$$

$$I = \frac{\pi}{64} \cdot \frac{(d_a^4 - d_i^4)}{D}$$

$$L = \sqrt{\frac{3 \cdot E \cdot d_a \cdot f \cdot S}{10^6 \cdot K \cdot v}}$$

Literaturhinweis

[1] Stahl im Hochbau
14. Auflage, Band 1/Teil 2
Nr. 6.5.1., S. 154, System 13

Wird eine Dehnung f von mehr als einem Rohrschenkel aufgenommen, sind die vorhandenen Rohrschenkellängen $L_1, L_2, ..., L_i$ für die Anwendung des Nomogrammes Anlage 3 zu einer äquivalenten Rohrschenkellänge L* wie folgt zusammenzufassen:

$$L^* = \sqrt{L_1^2 + L_2^2 + \cdots + L_i^2}$$

Diese Vorgehensweise wird nachfolgend in den Beispielen 2 und 3 näher erläutert.

Beispiel 1:   Rohrleitungsdehnung in zwei Richtungen
Bestimmung der Rohrschenkellängen

Werkstoff:	St 35.8
d_a:	168,3 mm
Δt:	200 °C
L:	12,3 m
f 1:	30 mm aus L_2
E 200 °C:	191000 N/mm²
K 200 °C:	185 N/mm²
S:	1,5
v:	0,85
$(E \cdot S) \cdot i_x/(K \cdot v)$:	1822
α:	12,2 · 10⁻⁶ K⁻¹
i_x:	1,0
FP	= Festpunkt
FL	= Führungslager
LL	= Loslager
f	= $10^3 \cdot L \cdot \alpha \cdot \Delta t$

Erforderliche Rohrschenkellänge L_1 für f 1 aus Nomogramm

Verbinde Leiter $(E \cdot S) \cdot i_x/(K \cdot v)$ mit Leiter d_a, dann Schnittpunkt Leiter A mit Leiter f. Leiter L ergibt eine erforderliche Rohrschenkellänge von L_1 = 5,3 m.

Erforderliche Rohrschenkellänge L_2 für f 2 aus Nomogramm

Dehnung f 2 = 13 mm aus L_1

Verbinde Schnittpunkt Leiter A mit Leiter f, Leiter L ergibt eine erforderliche Rohrschenkellänge von L_2 = 3,5 m.

AD 2000-Merkblatt HP 100 R, Ausg. 11.2007 Seite 19

Beispiel 2: Rohrleitungsgeometrie in drei Richtungen
Nachprüfung der vorhandenen Rohrschenkellängen

Werkstoff:	St 35.8
d_a:	168,3 mm
Δt:	200 °C
L_1:	9,4 m
f 1:	23 mm aus L_1
L_2:	3 m
f 2:	7,3 mm aus L_2
L_3:	7,5 m
f 3:	18 mm aus L_3
f 4:	12 mm aus Dehnung App.
L_4:	2,5 m
L_5:	3,5 m
L_6:	3,4 m
E 200 °C:	191000 N/mm^2
K 200 °C:	185 N/mm^2
S:	1,5
v:	0,85
$(E \cdot S) \cdot i_x/(K \cdot v)$:	1822
i_x:	1,0
α:	$12,2 \cdot 10^{-6}$ K^{-1}
FP	= Festpunkt
FL	= Führungslager
LL	= Loslager
f	= $10^3 \cdot L \cdot \alpha \cdot \Delta t$

Erforderliche Rohrschenkellänge für f 2 aus Nomogramm

Verbinde Schnittpunkt Leiter A mit Leiter f (f 2), Leiter L ergibt eine erforderliche Rohrschenkellänge von $L_{erf.}$ = 2,6 m.

$$L^*_{vorh.} = \sqrt{L_4^2 + L_5^2} = 4,3 > L_{erf.}$$

Erforderliche Rohrschenkellänge für f 3 aus Nomogramm

Verbinde Schnittpunkt Leiter A mit Leiter f (f 3), Leiter L ergibt eine erforderliche Rohrschenkellänge von $L_{erf.}$ = 4 m.

$$L^*_{vorh.} = \sqrt{L_2^2 + L_4^2} = 3,9 \approx L_{erf.}$$

Erforderliche Rohrschenkellänge für f 4 aus Nomogramm

Verbinde Schnittpunkt Leiter A mit Leiter f (f 4), Leiter L ergibt eine erforderliche Rohrschenkellänge von $L_{erf.}$ = 3,4 m.

$L_{vorh.} = 3,4$ m $= L_{erf.}$

Beispiel 3: Rohrleitungsführung in drei Richtungen mit Rohrabzweig
Nachprüfung der vorhandenen Rohrschenkellängen

Werkstoff:	St 35.8
d_a:	168,3 mm
Δt:	200 °C
L_1:	7 m
F1l:	17 mm aus L_1
L_2:	3,5 m
f 2:	8,5 mm aus L_2
L_3:	7 m
f 3:	17 mm aus L_3
L_4:	5 m
f 4:	12 mm aus L_4
L_5:	5 m
f 5:	12 mm aus L_5
L_6:	4,5 m
L_7:	5,0 m
E 200 °C:	191000 N/mm^2
K 200 °C:	185 N/mm^2
α:	$12,2 \cdot 10^{-6}$ K^{-1}
i_x:	2,1
S:	1,5
v:	0,85
$(E \cdot S) \cdot i_x/(K \cdot v)$:	3826
FP	= Festpunkt
FL	= Führungslager
LL	= Loslager
f	= $10^3 \cdot L \cdot \alpha \cdot \Delta t$

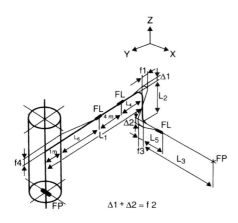

$\Delta 1 + \Delta 2 = f\ 2$

Erforderliche Rohrschenkellänge für f 1 aus Nomogramm

Verbinde Leiter $(E \cdot S) \cdot i_x/(K \cdot v)$ mit Leiter d_a, dann Schnittpunkt Leiter A mit Leiter f (f 1), Leiter L ergibt eine erforderliche Rohrschenkellänge von $L_{erf.}$ = 4,6 m.

$$L^*_{vorh.} = \sqrt{L_2^2 + L_5^2} = 4,6 = L_{erf.}$$

HP 100 R

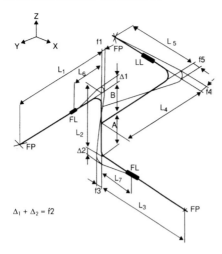

$\Delta_1 + \Delta_2 = f2$

Erforderliche Rohrschenkellänge für f 1 aus Nomogramm

Verbinde Leiter $(E \cdot S) \cdot i_x/(K \cdot v)$ mit Leiter d_a, dann Schnittpunkt Leiter A mit Leiter f (f 1), Leiter L ergibt eine erforderliche Rohrschenkellänge von $L_{erf.} = 5,7$ m.

$$L^*_{vorh.} = \sqrt{L_2^2 + L_7^2} = 6,1 \text{ m} > L_{erf.}$$

Für das Beispiel von f 1 ergibt sich damit, dass die erforderliche Elastizität für die Auslenkung f 1 gegeben ist, wenn zusätzlich zu L_7 die gesamte Länge L_2 wirksam wird. Das kann erreicht werden durch eine möglichst geringe Biegesteifigkeit von L_5 gegenüber L_2. Die Biegesteifigkeit hängt etwa zur dritten Potenz von der Rohrlänge ab. Im vorliegenden Fall hat damit der Schenkel L_5 nur $1/3$ der Biegesteifigkeit von Schenkel L_2. Damit kann die Forderung als erfüllt gelten.

Erforderliche Rohrschenkellänge für f 2 aus Nomogamm

Verbinde Schnittpunkt Leiter A mit Leiter f (f 2), Leiter L ergibt eine erforderliche Rohrschenkellänge von $L_{erf.} = 4,1$ m.

$$L^*_{vorh.} = \sqrt{L_6^2 + L_7^2} = 6,7 \text{ m} > L_{erf.}$$

Die abzweigende Leitung L_4, L_5 stellt aufgrund der großen Längen keine nennenswerte Dehnungsbehinderung für f 2 dar.

Erforderliche Rohrschenkellänge für f 3 aus Nomogramm

Verbinde Schnittpunkt Leiter A mit Leiter f (f 3), Leiter L ergibt eine erforderliche Rohrschenkellänge von $L_{erf.} = 5,7$ m.

$$L^*_{vorh.} = \sqrt{L_2^2 + L_6^2} = 5,7 \text{ m} = L_{erf.}$$

Zur Entkopplung der abzweigenden Leitung gelten hier sinngemäß die Erläuterungen zu f 1.

Erforderliche Rohrschenkellänge für f 4 aus Nomogramm

Verbinde Schnittpunkt Leiter A mit Leiter f (f 4), Leiter L ergibt eine erforderliche Rohrschenkellänge von $L_{erf.} = 4,8$ m.

$L_{vorh.} = L_5 = 5$ m $> L_{erf.}$

Erforderliche Rohrschenkellänge für f 5 aus Nomogramm

Verbinde Schnittpunkt Leiter A mit Leiter f (f 5), Leiter L ergibt eine erforderliche Rohrschenkellänge von $L_{erf.} = 4,8$ m.

$L_{vorh.} = L_4 = 5$ m $> L_{erf.}$

ICS 23.020.30			Ausgabe Juni 2001
Herstellung und Prüfung von Druckbehältern	Bauvorschriften Rohrleitungen aus textilglasverstärkten Duroplasten (GFK) mit und ohne Auskleidung		AD 2000-Merkblatt HP 110 R

Die AD 2000-Merkblätter werden von den in der „Arbeitsgemeinschaft Druckbehälter" (AD) zusammenarbeitenden, nachstehend genannten sieben Verbänden aufgestellt. Aufbau und Anwendung des AD 2000-Regelwerkes sowie die Verfahrensrichtlinien regelt das AD 2000-Merkblatt G1.

Die AD 2000-Merkblätter enthalten sicherheitstechnische Anforderungen, die für normale Betriebsverhältnisse zu stellen sind. Sind über das normale Maß hinausgehende Beanspruchungen beim Betrieb der Druckbehälter zu erwarten, so ist diesen durch Erfüllung besonderer Anforderungen Rechnung zu tragen.

Wird von den Forderungen dieses AD 2000-Merkblattes abgewichen, muss nachweisbar sein, dass der sicherheitstechnische Maßstab dieses Regelwerkes auf andere Weise eingehalten wird, z. B. durch Werkstoffprüfungen, Versuche, Spannungsanalyse, Betriebserfahrungen.

Fachverband Dampfkessel-, Behälter- und Rohrleitungsbau e.V. (FDBR), Düsseldorf
Hauptverband der gewerblichen Berufsgenossenschaften e.V., Sankt Augustin
Verband der Chemischen Industrie e.V. (VCI), Frankfurt/Main
Verband Deutscher Maschinen- und Anlagenbau e.V. (VDMA), Fachverband Verfahrenstechnische Maschinen und Apparate, Frankfurt/Main
Verein Deutscher Eisenhüttenleute (VDEh), Düsseldorf
VGB PowerTech e.V., Essen
Verband der Technischen Überwachungs-Vereine e.V. (VdTÜV), Essen

Die AD 2000-Merkblätter werden durch die Verbände laufend dem Fortschritt der Technik angepasst. Anregungen hierzu sind zu richten an den Herausgeber:

Verband der Technischen Überwachungs-Vereine e.V., Postfach 10 38 34, 45038 Essen.

Inhalt

0	Präambel	8	Äußerer Oberflächenschutz
1	Geltungsbereich	9	Vermeidung von Gefahren infolge elektrostatischer Aufladungen
2	Begriffe	10	Sicherheitstechnische Ausrüstungsteile
3	Allgemeines	11	Kennzeichnung der Rohrleitung
4	Anforderungen an Hersteller	Anlage 1	Erläuterungen zur Anwendung des AD 2000-Merkblattes HP 110 R für Rohrleitungen der Kategorie I nach Artikel 9 und Anhang II der Druckgeräte-Richtlinie
5	Anforderungen an Werkstoffe		
6	Berechnung		
7	Herstellung und Verlegung		

0 Präambel

Zur Erfüllung der grundlegenden Sicherheitsanforderungen der Druckgeräte-Richtlinie kann das AD 2000-Regelwerk angewandt werden, vornehmlich für die Konformitätsbewertung nach den Modulen „G" und „B 1 + F".

Das AD 2000-Regelwerk folgt einem in sich geschlossenen Auslegungskonzept. Die Anwendung anderer technischer Regeln nach dem Stand der Technik zur Lösung von Teilproblemen setzt die Beachtung des Gesamtkonzeptes voraus.

Bei anderen Modulen der Druckgeräte-Richtlinie oder für andere Rechtsgebiete kann das AD 2000-Regelwerk sinngemäß angewandt werden. Die Prüfzuständigkeit richtet sich nach den Vorgaben des jeweiligen Rechtsgebietes.

1 Geltungsbereich

Dieses AD 2000-Merkblatt gilt für die Berechnung, die Konstruktion, die Werkstoffe und den Bau von Rohrleitungen nach Druckgeräte-Richtlinie (97/23/EG) aus textilglasverstärkten duroplastischen Kunststoffen auf der Basis ungesättigter Polyester-, Epoxid- und Phenacrylatharze (UP-, EP- und PHA-Harze; Phenacrylatharze werden international Vinylesterharze genannt). Die Rohrleitungen können mit und ohne Auskleidung ausgeführt werden. Bei Verwendung von anderen Verstärkungs- und Matrixwerkstoffen darf dieses AD 2000-Merkblatt sinngemäß angewendet werden.

2 Begriffe

2.1 Rohrleitungen sind zur Durchleitung von Fluiden bestimmte Leitungsbauteile, die für den Einbau in ein Drucksystem miteinander verbunden sind. Zu Rohrleitungen zählen insbesondere Rohre oder Rohrsysteme, Rohrformteile, Ausrüstungsteile[1], Ausdehnungsstücke, Schlauchleitungen oder ggf. andere druckhaltende Teile. Wärmeaustauscher aus Rohren zum Kühlen oder Erhitzen von Luft sind Rohrleitungen gleichgestellt.

---
[1] Sofern Ausrüstungsteile selbst Druckgeräte (Ausrüstungsteile mit Sicherheitsfunktion, druckhaltende Ausrüstungsteile) sind, müssen diese Ausrüstungsteile einer gesonderten Konformitätsbewertung unterzogen werden und mit einer CE-Kennzeichnung versehen sein, wenn diese unter Anhang I der Druckgeräte-Richtlinie fallen.

Die AD 2000-Merkblätter sind urheberrechtlich geschützt. Die Nutzungsrechte, insbesondere die der Übersetzung, des Nachdrucks, der Entnahme von Abbildungen, die Wiedergabe auf fotomechanischem Wege und die Speicherung in Datenverarbeitungsanlagen, bleiben, auch bei auszugsweiser Verwertung, dem Urheber vorbehalten.

2.2 Ein Rohrleitungssystem kann als eine einzige Rohrleitung betrachtet werden, wenn
- es von Fluiden gleicher Gruppe und gleichem Aggregatzustand durchströmt ist und
- es über die ganze Ausdehnung für den gleichen maximal zulässigen Druck vorgesehen ist.

Unterbrechungen durch verschiedene Anlagenteile, wie Pumpen, Maschinen, Behälter etc., stehen einer Zusammenfassung zu einer einzigen Rohrleitung nicht entgegen.

2.3 Oberirdische Rohrleitungen sind solche, die in Räumen oder im Freien ohne Erd- und Sanddeckung verlegt sind. Dazu zählen auch solche Rohrleitungen, die in nicht verfüllten Gräben oder Kanälen verlegt sind.

Erdgedeckte Rohrleitungen sind solche, die ganz oder teilweise mit Erde oder Sand bedeckt sind, und zwar auch dann, wenn sie ganz oder teilweise oberhalb der Erdoberfläche liegen.

3 Allgemeines

Rohrleitungen müssen so beschaffen sein, dass sie den aufgrund der vorgesehenen Betriebsweise zu erwartenden mechanischen, chemischen und thermischen Beanspruchungen sicher genügen und dicht bleiben. Vibrationen der Rohrleitungen sind zu berücksichtigen. Rohrleitungen müssen insbesondere
(1) so ausgeführt sein, dass sie den maximal zulässigen Druck und die zulässige minimale/maximale Temperatur sicher aufnehmen,
(2) aus Werkstoffen hergestellt sein, die
   a) am fertigen Bauteil die erforderlichen mechanischen Eigenschaften haben,
   b) vom Beschickungsgut (Fluid) in gefährlicher Weise nicht angegriffen werden und mit diesen keine gefährlichen Verbindungen eingehen, sofern die Werkstoffe dem Beschickungsgut ausgesetzt sind[2],
   c) korrosionsbeständig oder gegen Korrosion geschützt sind, sofern sie korrosiven Einflüssen unterliegen; unter korrosiven Einflüssen sind hier nur von außen einwirkende Einflüsse zu verstehen,
(3) mit den für einen sicheren Betrieb erforderlichen Einrichtungen ausgerüstet sein, die ihrer Aufgabe genügen.

4 Anforderungen an Hersteller

4.1 Anforderungen an Hersteller von Rohrleitungsteilen

Der Hersteller von Rohrleitungsteilen wie Rohre, Formstücke, Rohrverbindungen, Bunde, Flansche, Schrauben, Muttern, Armaturen oder deren Komponenten muss
- über Einrichtungen für ein sachgemäßes Herstellen und Prüfen der Erzeugnisse verfügen; es können aber auch Einrichtungen anderer Stellen, die die Voraussetzungen erfüllen, in Anspruch genommen werden,
- über sachkundige Personen für das Herstellen und Prüfen der Erzeugnisse verfügen sowie eine Prüfaufsicht für

die zerstörungsfreien Prüfungen haben, soweit solche in der Werkstoffspezifikation festgelegt sind,
- die Erzeugnisse nach einem geeigneten Verfahren herstellen und
- durch Güteüberwachung in Anlehnung an DIN 18 200 mit entsprechenden Aufzeichnungen die sachgemäße Herstellung der Erzeugnisse sowie die Einhaltung der in der Werkstoffspezifikation genannten Anforderungen sicherstellen.

Dies gilt sinngemäß auch für die Hersteller von Verstärkungs- und Matrixwerkstoffen.

4.2 Anforderungen an Hersteller von Rohrleitungen

4.2.1 Die Hersteller müssen über Einrichtungen verfügen, um die Rohrleitungsteile sachgemäß verarbeiten und die notwendigen Prüfungen durchführen zu können. Es können auch Einrichtungen anderer Stellen, die die Voraussetzungen erfüllen, in Anspruch genommen werden.

4.2.2 Die Hersteller müssen eigenes verantwortliches Aufsichtspersonal und für die Fertigung sachkundiges Personal haben. Kommt Fremdpersonal zum Einsatz, so muss sich der Hersteller von dessen Sachkunde und der sachgerechten Herstellung überzeugen.

4.2.3 Werden Fertigungsarbeiten ganz oder teilweise anderen Unternehmen übertragen, müssen auch diese für die auszuführenden Arbeiten die Bedingungen nach den Abschnitten 4.2.1 und 4.2.2 erfüllen.

4.2.4 Hersteller müssen unter sinngemäßer Anwendung von AD 2000-Merkblatt HP 0 Abschnitt 3.6 der zuständigen unabhängigen Stelle nachweisen, dass sie die zu stellenden Anforderungen erfüllen.

5 Anforderungen an Werkstoffe

5.1 Allgemeines

Für die ausgewählten Werkstoffe sind für die Bemessung, Ausführung und Gütesicherung der Bauteile und ihrer Verbindungen die maßgebenden Kennwert- und Einflussfaktoren vor Aufnahme der Fertigung zu ermitteln und in einem Werkstoffeinzelgutachten durch die zuständige unabhängige Stelle festzulegen. Dabei sind die Regelungen nach AD 2000-Merkblatt N 1 Absatz 5.2 sinngemäß anzuwenden. Darüber hinaus können Erfahrungsnachweise von Betreibern und Herstellern oder Ergebnisse aus Laboruntersuchungen mitverwendet werden. Neben der Art und dem Aufbau der Textilglasverstärkung sind der chemisch/thermische Einfluss sowie das Langzeitverhalten zu beachten.

Als Erfahrungsnachweise können überprüfbare Referenzobjekte, z. B. Druckbehälter, Lagerbehälter, herangezogen werden, wenn deren Betriebs- bzw. Randbedingungen bekannt und dokumentiert sind. Die chemische Widerstandsfähigkeit kann z. B. anhand der Medienlisten Nr. 4 bis 7 des DIBt (Deutsches Institut für Bautechnik) nach DIBt-Richtlinien bzw. den in Abschnitt 5.2 angegebenen Anwendungs- und Prüfnormen, oder in Anlehnung an diese, durchgeführt werden und eine quantitative Beurteilung des Beanspruchungsverhaltens der Rohrleitungsteile ermöglichen.

Aufgrund ihrer Verbundstruktur kündigen sich in der Regel bei textilglasverstärkten Duroplasten Schädigungen frühzeitig an (Weeping/Schwitzeffekt). Insoweit zeigen sie ein den zähen metallischen Werkstoffen vergleichbares Verhalten.

---

[2] Die Möglichkeit von Schäden durch Turbulenzen oder Wirbelbildung ist gebührend zu berücksichtigen, z. B. durch Wanddickenzuschläge, durch die Verwendung von Auskleidung oder Beschichtung oder durch die Möglichkeit des Austausches der am stärksten betroffenen Teile.

5.2 Rohre

5.2.1 Die Anforderungen an die Werkstoffe nach Abschnitt 3 Ziff. 1 und 2 a gelten insbesondere dann als erfüllt, wenn Rohre nach den Abschnitten 5.2.1.1 bis 5.2.1.4 verwendet und ihre Güteeigenschaften nach Abschnitt 5.2.4 nachgewiesen werden. Die in den Normen und im Werkstoffgutachten angegebenen Anwendungsgrenzen sind dabei zu beachten.

5.2.1.1 Rohre aus glasfaserverstärkten, ungesättigten Polyesterharzen (UP-GF)

a) gewickelt:
Rohrtyp A nach DIN 16 965 Teil 1
Rohrtyp D nach DIN 16 965 Teil 4
Rohrtyp E nach DIN 16 965 Teil 5
DIN 16 964 – Allgemeine Güteanforderungen, Prüfung
DIN 16 867 – Technische Lieferbedingungen

b) gewickelt, ausgekleidet:
Rohrtyp B nach DIN 16 965 Teil 2
DIN 16 964 – Allgemeine Güteanforderungen, Prüfung
DIN 16 867 – Technische Lieferbedingungen

c) gewickelt, gefüllt:
Rohrtyp WA nach DIN 16 868 Teil 1
Rohrtyp WI nach DIN 16 868 Teil 2
DIN 16 868 Teil 2 – Allgemeine Güteanforderungen, Prüfung

5.2.1.2 Rohre aus glasfaserverstärkten Phenacrylatharzen (PHA-GF)

a) gewickelt:
analog bzw. in Anlehnung an 5.2.1.1 a)

b) gewickelt, ausgekleidet:
analog bzw. in Anlehnung an 5.2.1.1 b)

5.2.1.3 Rohre aus glasfaserverstärkten Epoxidharzen (EP-GF)

a) gewickelt:
DIN 16 870 Teil 1
in Anlehnung an DIN 16 964
in Anlehnung an DIN 16 867

b) geschleudert:
DIN 16 871
in Anlehnung an DIN 16 964
in Anlehnung an DIN 16 867

5.2.1.4 Rohre aus anderen faserverstärkten Duroplasten
Die Anforderungen an diese Werkstoffe gelten als erfüllt, wenn ihre Eignung vor der Verwendung nach Abschnitt 5.1 festgestellt worden ist.

5.2.2 Auskleidungswerkstoffe

5.2.2.1 Als Auskleidungswerkstoffe sind solche nach DIN 8061 (PVC-U), DIN 8075 (PE-HD), DIN 8078 (PP) und DIN 8080 (PVC-C) zulässig.

5.2.2.2 Andere Werkstoffe dürfen für Auskleidungen verwendet werden, wenn ihre Eignung im Rahmen der Begutachtung nach Abschnitt 5.1 beurteilt worden ist.

5.2.2.3 Werkstoffe für Auskleidungen (Liner) müssen den aus der Verarbeitung resultierenden Beanspruchungen genügen.

5.2.3 Prüfung der Werkstoffe

5.2.3.1 Bei Werkstoffen nach den Abschnitten 5.2.1.1 bis 5.2.1.3 – ausgenommen 5.2.1.1 c) – richtet sich der Prüfumfang nach den Angaben der DIN 16 964. Rohre nach Abschnitt 5.2.1.1 c) sind nach DIN 16 868 Teil 2 zu prüfen.

5.2.3.2 Bei Werkstoffen nach Abschnitt 5.2.1.4 richtet sich der Prüfumfang nach den Festlegungen bei der Feststellung der Eignung.

5.2.4 Nachweis der Güteeigenschaften

Der Nachweis der Güteeigenschaften bei Rohren für Rohrleitungen ist nach den Anforderungen in den entsprechenden Normen zu erbringen, mindestens jedoch durch ein Abnahmeprüfzeugnis 3.1.B nach DIN EN 10204; bei Einzelfertigung und anderen Werkstoffen nach Abschnitt 5.2.1.4 ein Abnahmeprüfzeugnis 3.1.C nach DIN EN 10204.

5.3 Formstücke

5.3.1 Die Anforderungen nach Abschnitt 3 Ziff. 1 und Ziff. 2 a) gelten insbesondere dann als erfüllt, wenn Formstücke aus Rohren mit Werkstoffen nach Abschnitt 5.2 (z. B. Segmentbögen) verwendet werden. Für genormte Formstücke gelten die Maßgaben z. B. der DIN 16 966 Teil 5 (Reduzierungen).

5.3.2 Für Formstücke aus Werkstoffen nach Abschnitt 5.3.1 gilt die Verarbeitbarkeit als nachgewiesen.

5.3.3 Abschnitt 5.2.1.4 ist sinngemäß anzuwenden.

5.3.4 Prüfung

Formstücke sind nach DIN 16 966 Teil 1 zu prüfen.

5.3.5 Nachweis der Güteeigenschaften

5.3.5.1 Der Nachweis der Güteeigenschaften bei Formstücken für Rohrleitungen ist entsprechend den Anforderungen in den zutreffenden Normen zu erbringen. Mindestens ist jedoch ein Abnahmeprüfzeugnis 3.1.B nach DIN EN 10204 erforderlich; bei Einzelfertigung und anderen Werkstoffen nach Abschnitt 5.2.1.4 ein Abnahmeprüfzeugnis 3.1.C nach DIN EN 10204.

5.3.5.2 Der Nachweis der Güteeigenschaften für Formstücke nach Abschnitt 5.3.3 ist entsprechend den Festlegungen in der Feststellung der Eignung zu erbringen.

5.4 Flansche, Bunde, Laminat- und Klebeverbindungen, Schrauben und Muttern

5.4.1 Die Anforderungen an die Werkstoffe für GFK-Flansche, Bunde und Rohrverbindungen gelten als erfüllt, wenn die Anforderungen nach DIN 16 966 Teil 7 eingehalten sind. Darüber hinaus gelten die Maßgaben der DIN 16 966 Teil 6 (Bunde, Flansche, Dichtungen) und DIN 16 966 Teil 8 (Laminatverbindungen).

5.4.2 Die Abschnitte 5.2.1.4 und 5.2.4.1 sind sinngemäß anzuwenden.

5.4.3 Die Anforderungen an Rohrleitungsteile aus metallischen Werkstoffen gelten als erfüllt, wenn die Regelungen aus dem AD 2000-Merkblatt HP 100 R eingehalten sind.

5.5 Kennzeichnung der Rohrleitungsteile

Alle Rohrleitungsteile müssen dauerhaft und lesbar nach DIN 16 867 gekennzeichnet sein.

6 Berechnung

6.1 Allgemeines

Bei der Berechnung der Rohre, Rohrleitungsteile und Verbindungen sind die in den einschlägigen DIN-Normen zugrunde gelegten Gesamtsicherheiten $A \cdot S$ zu berücksichtigen. Diese Gesamtsicherheit bezieht sich auf

- eine zulässige minimale/maximale Temperatur von −30 bis +50 °C,
- eine Lebensdauer bis zu $2 \cdot 10^5$ Stunden (23 Jahre) und
- Fluide, gegen die der Werkstoff chemisch widerstandsfähig ist.

Für davon abweichende Betriebsbedingungen sind die im Rahmen des Werkstoffgutachtens festgelegten Teilfaktoren unter Beachtung der Vorgaben des AD 2000-Merkblattes N 1 Abschnitt 4.4 zu berücksichtigen.

6.1.1 Berechnung von Rohren und Rohrbogen

Rohre und Rohrbogen sind gegen Innendruck und Zusatzbeanspruchungen, soweit diese die Auslegung der Rohrleitungen wesentlich beeinflussen, nach den allgemeinen Regeln der Technik, beispielsweise nach DIN 2413 und AD 2000-Merkblatt N 1, Planungs- und Konstruktionshinweise für GFK-Rohrleitungen und für erdgedeckte Rohrleitungen nach ATV Arbeitsblatt A 127 zu berechnen.

6.1.2 Berechnung von anderen Bauteilen und Laminatverbindungen

Formstücke – außer Rohrbogen – und andere Bauteile, wie z. B. T-Stücke, Reduzierungen, Flansche, sind sinngemäß nach den AD 2000-Merkblättern der Reihe B und nach AD 2000-Merkblatt N 1 zu berechnen.
Laminatverbindungen sind z. B. entsprechend DIN 16 966 Teil 8 auszulegen. Für Verbindungen, bei denen noch keine ausreichenden Erfahrungen vorliegen, oder bei solchen Verbindungsarten, deren Ausführung zur Vermeidung von Gefährdungen einer besonderen Sachkunde und Sorgfalt bedürfen, sind Nachweise über deren Eignung (z. B. durch Bauteilprüfung) zu führen.

6.2 Festlegung der Stützweiten

Die Festlegung der Stützweiten erfolgt nach dem Stand der Technik, beispielsweise nach den „KRV Verlegerichtlinien für Rohrleitungen aus textilglasverstärkten Reaktionsharzformstoffen – Planungs- und Konstruktionshinweise" oder ASME B 31.3.

6.3 Elastizitätskontrolle

Zur Sicherung einer ausreichenden Elastizität, z. B. bei behinderter Wärmeausdehnung der Rohrleitungen oder bei Wärmedehnung anschließender Behälter, muss ein Rohrleitungssystem über ausreichende Möglichkeiten der Biege- oder Torsionsverformung verfügen. Dies wird im Regelfall durch entsprechende Verlegung erreicht. Der rechnerische Nachweis einer ausreichenden Elastizität erfolgt nach dem Stand der Technik, z. B. „KRV Verlegerichtlinien für Rohrleitungen aus textilglasverstärkten Reaktionsharzformstoffen – Planungs- und Konstruktionshinweise" oder ASME B 31.3.

7 Herstellung und Verlegung

7.1 Allgemeines

7.1.1 Beim Zusammenfügen einer Rohrleitung dürfen die einzelnen Rohrleitungsteile nicht unzulässig beansprucht oder verformt werden.

7.1.2 Verbindungselemente zwischen den einzelnen Rohrleitungsteilen müssen so beschaffen sein, dass eine sichere Verbindung und technische Dichtheit gewährleistet sind. Die Anzahl der Flanschverbindungen ist möglichst gering zu halten. Für besondere Anwendungen können profilierte Elastomer-Dichtungen mit Stahleinlage verwendet werden. Dichtungen müssen ein dem Rohrleitungswerkstoff angepasstes elastisches Verhalten aufweisen.

7.2 Grundsätze für Schweißarbeiten an Auskleidungsrohren

7.2.1 Zur Herstellung der Schweißverbindungen sind Verfahren anzuwenden, die vom Hersteller beherrscht werden und die die erforderliche Güte und Gleichmäßigkeit der Schweißverbindungen gewährleisten. Dabei müssen die Schweißverbindungen den Anforderungen der Richtlinie DVS 2203 Teil 1 entsprechen.
Vorzugsweise ist das Heizelement-Stumpfschweißverfahren entsprechend Merkblatt DVS 2207 Teile 1, 11 oder 15 anzuwenden.
Die verwendeten Maschinen und Geräte müssen den Anforderungen nach Richtlinie DVS 2208 Teil 1 entsprechen.

7.2.2 Die Hersteller dürfen nur nach Richtlinie DVS 2212 geprüfte Schweißer mit gültigen Prüfzeugnissen einsetzen. Sie müssen über sachkundiges Aufsichtspersonal verfügen. Die erstmalige Schweißerprüfung und Wiederholungsprüfungen werden im Einvernehmen mit der zuständigen unabhängigen Stelle durch den in der Richtlinie DVS 2212 Teil 1 Abschnitt 2 genannten Prüfer für Kunststoffschweißer abgenommen.
Bei Einsatz von Schweißverfahren, welche in den Prüf- und Untergruppen nach Richtlinie DVS 2212 nicht erfasst sind, ist der Umfang der Schweißerprüfung mit der zuständigen unabhängigen Stelle zu vereinbaren.

7.2.3 Der Nachweis über die Erfüllung der Voraussetzungen nach Abschnitt 7.2.1 ist durch eine entsprechende Verfahrensprüfung unter sinngemäßer Anwendung von Richtlinie DVS 2203 Teil 1 zu erbringen. Die Verfahrensprüfung ist durch eine zuständige unabhängige Stelle zuzulassen.

7.2.4 Schweißzusätze für Warmgasschweißungen müssen der Richtlinie DVS 2211 entsprechen.

7.3 Grundsätze zur Herstellung von Kleb- und Laminatverbindungen

7.3.1 Zur Herstellung von Kleb- und Laminatverbindungen sind Verfahren anzuwenden, die vom Hersteller oder Errichter beherrscht werden und die die erforderliche Güte der Verbindung gewährleisten.

7.3.1.1 Klebverbindungen

Die Vorarbeiten für die zu erstellende Klebverbindung sind gemäß der Verarbeitungsanleitung des Herstellers der Rohrleitungsteile vorzunehmen. Die Klebstoffmischung (vorzugsweise Zwei-Komponenten-Epoxidharz-Kleber) ist gemäß den Angaben des Klebstoffherstellers anzusetzen. Topf- und Verarbeitungszeit des Klebstoffansatzes sind zu beachten. Für die Aushärtung und Wärmebehandlung der Klebverbindung ist nach den Maßgaben des Klebstoffherstellers zu verfahren. Insbesondere ist darauf zu achten, dass Klebungen bei ungünstigen Witterungsbedingungen im Freien nur unter besonderen Vorkehrungen (z. B. Zeltabdeckung) vorgenommen werden dürfen. Während der Herstellung der Klebung muss die Temperatur der Fügeflächen einen ausreichenden Abstand zur Taupunkttemperatur aufweisen.

7.3.1.2 Laminatverbindungen

Für das Herstellen von Laminatverbindungen gelten die unter Ziffer 7.3.1.1 genannten Punkte sinngemäß. Laminatverbindungen müssen den Anforderungen der DIN 16 966 Teil 7 und Teil 8 entsprechen.

7.3.2 Kleb- und Laminatverbindungen dürfen nur von qualifiziertem Personal hergestellt werden. Dieses Personal muss über einen Befähigungsnachweis (z. B. Laminiererzeugnis) verfügen. Die erstmalige und wiederkehrende Kleber-/Laminiererprüfung wird durch eine zuständige unabhängige Stelle durchgeführt.

7.3.3 Der Nachweis über die Erfüllung der Voraussetzungen nach Abschnitt 7.3.1 ist der zuständigen unabhängigen Stelle durch eine entsprechende Verfahrensprüfung zu erbringen.

7.4 Verlegung von Rohrleitungen[3]

7.4.1 Die KRV-Verlegeanleitung A 984/82-2 und die KRV-Planungs- und Konstruktionshinweise für GFK-Rohrleitungen sind anzuwenden, soweit nachfolgend nichts anderes festgelegt ist.

7.4.2 Rohrleitungen sind grundsätzlich oberirdisch außerhalb der Verkehrsbereiche zu verlegen und müssen zugänglich sein. Es sollen möglichst wenige lösbare Verbindungen verwendet werden.

7.4.3 Werden Rohrleitungen erdgedeckt verlegt, müssen sie hinsichtlich ihres technischen Aufbaus einer der folgenden Anforderungen entsprechen:
- Sie müssen doppelwandig sein. Undichtheiten der Rohrwände müssen durch ein zugelassenes Leckanzeigegerät angezeigt werden;
- sie müssen als Saugleitungen ausgebildet sein, in denen die Flüssigkeitssäule bei Undichtheiten abreißt;
- sie müssen mit einem Schutzrohr versehen oder in einem Kanal verlegt sein; auslaufende Stoffe müssen in einer Kontrolleinrichtung sichtbar werden. In diesem Fall dürfen die Rohrleitungen nur brennbare Flüssigkeiten mit einem Flammpunkt bis 55 °C führen.

Kann aus Sicherheitsgründen keine dieser Anforderungen erfüllt werden, darf nur ein gleichwertiger technischer Aufbau verwendet werden.

7.4.4 Abschnitt 7.4.3 gilt nicht für nicht korrodierend wirkende Stoffe, die allgemein nicht wassergefährdend sind.

7.4.5 Erdgedeckt verlegte Rohrleitungen sollen eine Scheitelüberdeckung von mindestens 1,0 m aufweisen, um Radlasten bis zu 5 t aufzunehmen. Über erdgedeckt verlegte Rohrleitungen führende Fahrbahnen müssen befestigt sein. Bei geringeren Überdeckungshöhen oder höheren Radlasten ist nachzuweisen, dass unzulässige Beanspruchungen der Rohrleitung ausgeschlossen sind. Unter der Rohrleitung muss auf der ganzen Länge mindestens 15 cm steinfreier und verdichtungsfähiger Boden vorhanden sein. Punktauflager sind nicht zulässig.

Das Umhüllungsmaterial muss frei von scharfkantigen Gegenständen, Steinen, Asche und sonstigen bodenfremden Stoffen sein. Lehm und Ton sind nicht zu verwenden. Das Umhüllungsmaterial muss bis zu einer Höhe von 30 cm über dem Rohrscheitel aufgefüllt und sorgfältig von Hand verdichtet werden. Auf die Verlegeanweisung des Herstellers der Rohrleitungsteile und die KRV-Verlegeanleitung A 984/82-2 wird hingewiesen.

7.4.6 Rohrleitungen in flachen Kanälen, die oben offen sind oder mit Rosten abgedeckt sind, brauchen nicht von Verfüllmaterial umgeben zu sein.

7.4.7 Rohrleitungen müssen so verlegt sein, dass sie ihre Lage nicht unzulässig verändern. Dies gilt als erfüllt, wenn

(1) temperaturbedingte Dehnungen bei der Verlegung berücksichtigt und längere Rohrleitungen mit elastischen Zwischenstücken ausgerüstet sind, soweit nicht die Rohrführung eine ausreichende Dehnung ermöglicht,

(2) oberirdische Rohrleitungen auf Stützen in ausreichender Zahl aufliegen, so dass eine unzulässige Durchbiegung vermieden wird, und sie so befestigt sind, dass gefährliche Lageveränderungen nicht eintreten können, und

(3) erdgedeckte Rohrleitungen so verlegt sind, dass sie gleichmäßig aufliegen.

7.4.8 Sicherheitstechnisch erforderliche Absperreinrichtungen müssen leicht zugänglich und einzusehen sein.

7.4.9 Rohrleitungen sind so zu verlegen, dass sie vollständig entleert oder freigespült werden können.
Falls sich im Innern von Rohrleitungen für gasförmige Fluide Kondensflüssigkeit bilden kann, sind Einrichtungen zur Entwässerung bzw. zur Entfernung von Ablagerungen aus tiefliegenden Bereichen vorzusehen, um Schäden aufgrund von Wasserschlag oder Korrosion zu vermeiden.

7.4.10 Oberirdisch verlegte Rohrleitungen müssen in geeigneten formschlüssigen Haltern verlegt sein. Halter sollen elastische Einlagen enthalten.
Festpunkte dürfen nur formschlüssig ausgeführt werden. Armaturen in der Rohrleitung nicht durch ihr Eigengewicht überbelasten; durch Betätigungskräfte dürfen keine unzulässigen Beanspruchungen auf die Rohrleitung übertragen werden.

7.4.11 Enthalten die Rohrleitungen Fluide der Gruppe 1, so ist in geeigneter Weise dafür zu sorgen, dass die Rohrabzweigungen, die wegen ihrer Abmessungen erhebliche Risiken mit sich bringen, abgesperrt werden können.

7.4.12 Zur Minimierung der Gefahr einer unbeabsichtigten Entnahme sind die Entnahmestellen auf der fest installierten Seite der Verbindungen unter Angabe des enthaltenen Fluids deutlich zu kennzeichnen.

8 Äußerer Oberflächenschutz

Oberirdische und erdverlegte Rohrleitungen, die korrosiven Einflüssen von außen unterliegen, müssen gegen Korrosion geschützt sein. In der Regel ist diese Forderung erfüllt, wenn der äußere Laminatabschluss aus einer Vliesabdeckung und einer Harzschicht besteht.

9 Vermeidung von Gefahren infolge elektrostatischer Aufladungen[4]

9.1 Rohrleitungen im Sinne dieses AD 2000-Merkblattes dürfen in explosionsgefährdeten Bereichen der Zone 0 im Regelfall nicht verwendet werden. Rohrleitungen, die in den übrigen Zonen enden oder durch diese hindurchführen, müssen so beschaffen sein, dass betriebsmäßige Vorgänge gefährliche elektrostatische Aufladungen nicht hervorrufen können.

9.2 Die Anforderungen nach Abschnitt 9.1, zweiter Satz, gelten als erfüllt, wenn die Richtlinie „Statische Elektrizität" BGR 132 und das Merkblatt Z 033 „Beispielsammlung zu

---

[3] Die im Abschnitt 7.4 enthaltenen Anforderungen können von den Vorschriften anderer EU-Mitgliedstaaten abweichen.

[4] Die im Abschnitt 9 enthaltenen Anforderungen können von den Vorschriften anderer EU-Mitgliedstaaten abweichen.

den Richtlinien „Statische Elektrizität"" der Berufsgenossenschaft der chemischen Industrie berücksichtigt sind. Insbesondere sind die Anforderungen nach BGR 132 Abschnitt 7.1.1 „Gegenstände aus aufladbaren nichtleitfähigen festen Stoffen; Allgemeines" und 4.2.3 „Gleitstielbüschelentladungen" zu erfüllen.

9.3 Leitfähige Gegenstände, z. B. Armaturen, Kompensatoren etc., in Rohrleitungen aus Kunststoff sind zu erden. Siehe hierzu Richtlinie BGR 132 Ziff. 6.3.1 „Erdung leitfähiger Gegenstände".

10 Sicherheitstechnische Ausrüstungsteile

10.1 Rohrleitungen müssen mit den für einen sicheren Betrieb erforderlichen und geeigneten Ausrüstungsteilen versehen sein, die so beschaffen sind, dass sie ihrer Aufgabe sicher genügen. Dabei sollen die AD 2000-Merkblätter der Reihe A, soweit zutreffend, sinngemäß angewendet werden.

10.2 Rohrleitungen müssen gegen Drucküberschreitung durch geeignete Einrichtungen gesichert sein, wenn eine Überschreitung des maximal zulässigen Druckes nicht auszuschließen ist.

10.3 Sind geeignete Einrichtungen nach Abschnitt 10.2 unverhältnismäßig oder nicht zweckdienlich, z. B. wenn Sicherheitsventile infolge korrodierenden, klebenden, staubenden oder sublimierenden Beschickungsgutes in ihrer Wirkungsweise beeinträchtigt werden können, sind auch organisatorische Maßnahmen, die in einer Betriebsanleitung festgelegt sein müssen, zulässig.

10.4 Die Sicherheitseinrichtungen gegen Drucküberschreitung müssen an geeigneter Stelle eingebaut werden und sind nach den AD 2000-Merkblättern A 1, A 2 bzw. A 6 auszulegen.

10.5 Zur Verhinderung von unzulässigen Drücken infolge Erwärmung der flüssigen Fluide, z. B. durch Sonneneinstrahlung, eignen sich z. B. auch Überströmventile.

11 Kennzeichnung der Rohrleitung

11.1 Rohrleitungen sind nach Druckgeräte-Richtlinie Anhang I Ziffer 3.3 zu kennzeichnen. Das kann erfolgen durch
– eine Kennzeichnung der Rohrleitung selbst oder
– eine eindeutige Darstellung, z. B. in einem RI-Fließbild, so dass die Rohrleitung in der Anlage zweifelsfrei identifiziert werden kann.

11.2 Der Verlauf erdgedeckt verlegter Rohrleitungen muss in den technischen Unterlagen erfasst sein.

Anlage 1 zu AD 2000-Merkblatt HP 110 R

Erläuterungen zur Anwendung des AD 2000-Merkblattes HP 110 R für Rohrleitungen der Kategorie I nach Artikel 9 und Anhang II der Druckgeräte-Richtlinie

Zu einzelnen Abschnitten sind Abweichungen wie folgt möglich:

Zu Abschnitt 4.2.4

Der Nachweis kann bei Rohrleitungen der Kategorie I entfallen.

Zu Abschnitt 5.2.4.1 und 5.3.5.1

Für Rohrleitungen der Kategorie I kann der Nachweis nach den Anforderungen in den entsprechenden Normen, mindestens jedoch durch ein Werksprüfzeugnis 2.3 nach DIN EN 10204, erfolgen.

Die Prüfung der laufenden Fertigung und bei Kennzeichnung nach den entsprechenden Normen erfüllen die Anforderungen nach DIN EN 10204 Abschnitt 2.3.

Bei Rohren bzw. Formstücken mit einer Nennweite bis DN 100 für Rohrleitungen der Kategorie I genügt die Inbezugnahme der Gütenachweise in der Dokumentation oder – abweichend von Abschnitt 5.2.4.1 – als Gütenachweis die Kennzeichnung nach der entsprechenden Norm und Herstellerzeichen.

Zu Abschnitt 7.2.3

Bei Rohrleitungen der Kategorie I überzeugt sich der Hersteller von der Erfüllung der Anforderungen.

Zu Abschnitt 7.3.2

Bei Rohrleitungen der Kategorie I überzeugt sich der Hersteller von der Qualifikation des Personals.

Zu Abschnitt 7.3.3

Bei Rohrleitungen der Kategorie I überzeugt sich der Hersteller von der Erfüllung der Voraussetzungen.

ICS 23.020.30 Ausgabe Juni 2001

Herstellung und Prüfung von Druckbehältern	Bauvorschriften Rohrleitungen aus thermoplastischen Kunststoffen	AD 2000-Merkblatt HP 120 R

Die AD 2000-Merkblätter werden von den in der „Arbeitsgemeinschaft Druckbehälter" (AD) zusammenarbeitenden, nachstehend genannten sieben Verbänden aufgestellt. Aufbau und Anwendung des AD 2000-Regelwerkes sowie die Verfahrensrichtlinien regelt das AD 2000-Merkblatt G1.

Die AD 2000-Merkblätter enthalten sicherheitstechnische Anforderungen, die für normale Betriebsverhältnisse zu stellen sind. Sind über das normale Maß hinausgehende Beanspruchungen beim Betrieb der Druckbehälter zu erwarten, so ist diesen durch Erfüllung besonderer Anforderungen Rechnung zu tragen.

Wird von den Forderungen dieses AD 2000-Merkblattes abgewichen, muss nachweisbar sein, dass der sicherheitstechnische Maßstab dieses Regelwerkes auf andere Weise eingehalten ist, z. B. durch Werkstoffprüfungen, Versuche, Spannungsanalyse, Betriebserfahrungen.

Fachverband Dampfkessel-, Behälter- und Rohrleitungsbau e.V. (FDBR), Düsseldorf
Hauptverband der gewerblichen Berufsgenossenschaften e.V., Sankt Augustin
Verband der Chemischen Industrie e.V. (VCI), Frankfurt/Main
Verband Deutscher Maschinen- und Anlagenbau e.V. (VDMA), Fachgemeinschaft Verfahrenstechnische Maschinen und Apparate, Frankfurt/Main
Verein Deutscher Eisenhüttenleute (VDEh), Düsseldorf
VGB PowerTech e.V., Essen
Verband der Technischen Überwachungs-Vereine e.V. (VdTÜV), Essen

Die AD 2000-Merkblätter werden durch die Verbände laufend dem Fortschritt der Technik angepasst. Anregungen hierzu sind zu richten an den Herausgeber:

Verband der Technischen Überwachungs-Vereine e.V., Postfach 10 38 34, 45038 Essen.

Inhalt

0 Präambel
1 Geltungsbereich
2 Begriffe
3 Allgemeines
4 Anforderungen an Hersteller oder Errichter
5 Anforderungen an Werkstoffe
6 Berechnung
7 Herstellung und Verlegung
8 Äußerer Oberflächenschutz
9 Vermeidung von Gefahren infolge elektrostatischer Aufladungen
10 Sicherheitstechnische Ausrüstungsteile
11 Kennzeichnung der Rohrleitung
Anlage 1 Erläuterungen zur Anwendung des AD 2000-Merkblattes HP 120 R für Rohrleitungen der Kategorien I und II nach Artikel 9 und Anhang II der Druckgeräte-Richtlinie

0 Präambel

Zur Erfüllung der grundlegenden Sicherheitsanforderungen der Druckgeräte-Richtlinie kann das AD 2000-Regelwerk angewandt werden, vornehmlich für die Konformitätsbewertung nach den Modulen „G" und „B 1 + F".

Das AD 2000-Regelwerk folgt einem in sich geschlossenen Auslegungskonzept. Die Anwendung anderer technischer Regeln nach dem Stand der Technik zur Lösung von Teilproblemen setzt die Beachtung des Gesamtkonzeptes voraus.

Bei anderen Modulen der Druckgeräte-Richtlinie oder für andere Rechtsgebiete kann das AD 2000-Regelwerk sinngemäß angewandt werden. Die Prüfzuständigkeit richtet sich nach den Vorgaben des jeweiligen Rechtsgebietes.

1 Geltungsbereich

1.1 Dieses AD 2000-Merkblatt gilt für die Berechnung, die Konstruktion, die Werkstoffe und den Bau von Rohrleitungen nach Druckgeräte-Richtlinie (97/23/EG) aus thermoplastischen Kunststoffen.

1.2 Dieses AD 2000-Merkblatt gilt nicht für Schlauchleitungen aus thermoplastischen Kunststoffen.

2 Begriffe

2.1 Rohrleitungen sind zur Durchleitung von Fluiden bestimmte Leitungsbauteile, die für den Einbau in ein Drucksystem miteinander verbunden sind. Zu Rohrleitungen zählen insbesondere Rohre oder Rohrsysteme, Rohrform-

---

Die AD 2000-Merkblätter sind urheberrechtlich geschützt. Die Nutzungsrechte, insbesondere die der Übersetzung, des Nachdrucks, der Entnahme von Abbildungen, die Wiedergabe auf fotomechanischem Wege und die Speicherung in Datenverarbeitungsanlagen, bleiben, auch bei auszugsweiser Verwertung, dem Urheber vorbehalten.

teile, Ausrüstungsteile[1]), Ausdehnungsstücke, Schlauchleitungen oder ggf. andere druckhaltende Teile. Wärmeaustauscher aus Rohren zum Kühlen oder Erhitzen von Luft sind Rohrleitungen gleichgestellt.

2.2 Ein Rohrleitungssystem kann als eine einzige Rohrleitung betrachtet werden, wenn
- es von Fluiden gleicher Gruppe und gleichem Aggregatzustand durchströmt ist und
- es über die ganze Ausdehnung für den gleichen maximal zulässigen Druck vorgesehen ist.

Unterbrechungen durch verschiedene Anlageteile, wie Pumpen, Maschinen, Behälter etc., stehen einer Zusammenfassung zu einer einzigen Rohrleitung nicht entgegen.

2.3 Oberirdische Rohrleitungen sind solche, die in Räumen oder im Freien ohne Erd- und Sanddeckung verlegt sind. Dazu zählen auch solche Rohrleitungen, die in nicht verfüllten Gräben oder Kanälen verlegt sind.

Erdgedeckte Rohrleitungen sind solche, die ganz oder teilweise mit Erde oder Sand bedeckt sind, und zwar auch dann, wenn sie ganz oder teilweise oberhalb der Erdoberfläche liegen.

3 Allgemeines

Rohrleitungen müssen so beschaffen sein, dass sie den aufgrund der vorgesehenen Betriebsweise zu erwartenden mechanischen, chemischen und thermischen Beanspruchungen sicher genügen und dicht bleiben. Vibrationen der Rohrleitungen sind zu berücksichtigen. Rohrleitungen müssen insbesondere

(1) so ausgeführt sein, dass sie den maximal zulässigen Druck und die zulässige minimale/maximale Temperatur sicher aufnehmen,

(2) aus Werkstoffen hergestellt sein, die
 a) am fertigen Bauteil die erforderlichen mechanischen Eigenschaften haben,
 b) vom Beschickungsgut (Fluid) in gefährlicher Weise nicht angegriffen werden und mit diesen keine gefährlichen Verbindungen eingehen, sofern die Werkstoffe dem Beschickungsgut ausgesetzt sind[2],
 c) korrosionsbeständig oder gegen Korrosion geschützt sind, sofern sie korrosiven Einflüssen unterliegen; unter korrosiven Einflüssen sind hier nur von außen einwirkende Einflüsse zu verstehen,

(3) mit den für einen sicheren Betrieb erforderlichen Einrichtungen ausgerüstet sein, die ihrer Aufgabe sicher genügen.

4 Anforderungen an Hersteller

4.1 Anforderungen an Hersteller von Rohrleitungsteilen

Der Hersteller von Rohrleitungsteilen wie Rohre, Formstücke, Rohrverbindungen, Bunde, Flansche, Schrauben, Muttern, Armaturen oder deren Komponenten muss

- über Einrichtungen für ein sachgemäßes Herstellen und Prüfen der Erzeugnisse verfügen; es können aber auch Einrichtungen anderer Stellen, die die Voraussetzungen erfüllen, in Anspruch genommen werden,
- über sachkundige Personen für das Herstellen und Prüfen der Erzeugnisse verfügen sowie eine Prüfaufsicht für die zerstörungsfreien Prüfungen haben, soweit solche in der Werkstoffspezifikation festgelegt sind,
- die Erzeugnisse nach einem geeigneten Verfahren herstellen und
- durch Güteüberwachung in Anlehnung an DIN 18 200 mit entsprechenden Aufzeichnungen die sachgemäße Herstellung der Erzeugnisse sowie die Einhaltung der in der Werkstoffspezifikation genannten Anforderungen sicherstellen.

Dies gilt sinngemäß auch für die Hersteller der Formmassen.

4.2 Anforderungen an Hersteller von Rohrleitungen

4.2.1 Die Hersteller müssen über Einrichtungen verfügen, um die Rohrleitungsteile sachgemäß verarbeiten und die notwendigen Prüfungen durchführen zu können. Es können auch Einrichtungen anderer Stellen, die die Voraussetzungen erfüllen, in Anspruch genommen werden.

4.2.2 Die Hersteller müssen eigenes verantwortliches Aufsichtspersonal und für die Fertigung fachkundiges Personal haben. Kommt Fremdpersonal zum Einsatz, so muss sich der Hersteller von dessen Sachkunde und der sachgerechten Herstellung überzeugen.

4.2.3 Werden Fertigungsarbeiten ganz oder teilweise anderen Unternehmen übertragen, müssen auch diese für die auszuführenden Arbeiten die Bedingungen nach den Abschnitten 4.2.1 und 4.2.2 erfüllen.

4.2.4 Hersteller müssen unter sinngemäßer Anwendung von AD 2000-Merkblatt HP 0 Abschnitt 3.6 der zuständigen unabhängigen Stelle nachweisen, dass sie die zu stellenden Anforderungen erfüllen.

5 Anforderungen an Werkstoffe

5.1 Allgemeines

Thermoplastische Kunststoffe im Sinne dieses AD 2000-Merkblattes sind z. B.

- Polyvinylchlorid, weichmacherfrei – PVC-U,
- Polyvinylchlorid, chloriert – PVC-C,
- Polyethylen hoher Dichte – PE-HD,
- Polypropylen – PP,
- Polybuten – PB,
- Polyvinylidenfluorid – PVDF.

5.2 Rohre

5.2.1 Die Anforderungen an die Werkstoffe nach Abschnitt 3 Ziff. 1 und 2 a gelten insbesondere dann als erfüllt, wenn Rohre nach den Abschnitten 5.2.2 bis 5.2.8 verwendet und ihre Güteeigenschaften nach Abschnitt 5.6 nachgewiesen werden. Die in den Normen sowie im Werkstoffgutachten angegebenen Anwendungsgrenzen sind dabei zu beachten.

Für die nach diesem Abschnitt ausgewählten Werkstoffe sind die Kennwerte und Einflussfaktoren entsprechend Abschnitt 5.5 festzulegen.

5.2.2 Rohre aus weichmacherfreiem Polyvinylchlorid (PVC-U) nach DIN 8061 und DIN 8062.

5.2.3 Rohre aus chloriertem Polyvinylchlorid (PVC-C) nach DIN 8079 und DIN 8080.

---

[1]) Sofern Ausrüstungsteile selbst Druckgeräte (Ausrüstungsteile mit Sicherheitsfunktion, druckhaltende Ausrüstungsteile) sind, müssen diese Ausrüstungsteile einer gesonderten Konformitätsbewertung unterzogen werden und mit einer CE-Kennzeichnung versehen sein, nähere siehe unter Anhang I der Druckgeräte-Richtlinie fallen.

[2]) Die Möglichkeit von Schäden durch Turbulenzen oder Wirbelbildung ist gebührend zu berücksichtigen, z. B. durch Wanddickenzuschläge, durch die Verwendung von Auskleidung oder Beschichtung oder durch die Möglichkeit des Austausches der am stärksten betroffenen Teile.

AD 2000-Merkblatt HP 120 R, Ausg. 06.2001 Seite 3

5.2.4 Rohre aus Polyethylen hoher Dichte (PE-HD) nach DIN 8074, DIN 8075 und ggf. DIN 19 533.

5.2.5 Rohre aus Polypropylen (PP) nach DIN 8077 und DIN 8078.

5.2.6 Rohre aus Polybuten (PB) nach DIN 16 968 und DIN 16 969.

5.2.7 Rohre aus Polyvinylidenfluorid (PVDF) nach ISO/DIS 10 931 Part 2.

5.2.8 Rohre aus sonstigen thermoplastischen Kunststoffen, wenn die Eignung vor deren Verwendung durch die zuständige unabhängige Stelle festgestellt worden ist.

5.3 Formstücke, einschließlich Bunde, Flansche und Rohrverbindungen wie Muffen und Verschraubungen

5.3.1 Die Anforderungen an die Werkstoffe nach Abschnitt 3 Ziff. 1 und 2 a gelten insbesondere dann als erfüllt, wenn Formstücke nach den Abschnitten 5.3.2 bis 5.3.7 verwendet und ihre Güteeigenschaften nach Abschnitt 5.6 nachgewiesen werden. Die in den Normen und im Werkstoffgutachten angegebenen Anwendungsgrenzen sind dabei zu beachten.

Für die nach diesem Abschnitt ausgewählten Werkstoffe sind die Kennwerte und Einflussfaktoren entsprechend Abschnitt 5.5 festzulegen.

5.3.2 Formstücke aus PVC-U nach DIN 8063 Teile 1–12.

5.3.3 Formstücke aus PE-HD nach DIN 16 963 Teile 1–15.

5.3.4 Formstücke aus PP nach DIN 16 962 Teile 1–13.

5.3.5 Formstücke aus PB nach DIN 16 831 Teile 1–7.

5.3.6 Formstücke aus PVDF nach ISO/DIS 10 931 Part 3.

5.3.7 Formstücke aus sonstigen thermoplastischen Kunststoffen, wenn ihre Eignung vor deren Verwendung durch die zuständige unabhängige Stelle festgestellt worden ist.

5.4 Armaturen

5.4.1 Die Anforderungen an die Werkstoffe nach Abschnitt 3 Ziff. 1 und 2 a gelten insbesondere dann als erfüllt, wenn Armaturen nach den Abschnitten 5.4.2 bis 5.4.6 verwendet und ihre Güteeigenschaften nach Abschnitt 5.6 nachgewiesen werden. Die in den Normen und im Werkstoffgutachten angegebenen Anwendungsgrenzen sind dabei zu beachten.

Für die nach diesem Abschnitt ausgewählten Werkstoffe sind die Kennwerte und Einflussfaktoren entsprechend Abschnitt 5.5 festzulegen.

5.4.2 Armaturen aus PVC-U nach DIN 3441 Teile 1–7.

5.4.3 Armaturen aus PVC-C in Anlehnung an die DIN 8079 und DIN 8080 in Verbindung mit DIN 3441 Teile 1–7.

5.4.4 Armaturen aus PE-HD in Anlehnung an DIN 8074, DIN 8075, DIN 16 963, DIN 19 533 in Verbindung mit DIN 3442 Teile 1–3.

5.4.5 Armaturen aus PP entsprechend DIN 3442 Teile 1–3.

5.4.6 Armaturen aus sonstigen thermoplastischen Kunststoffen, wenn ihre Eignung vor deren Verwendung durch die zuständige unabhängige Stelle festgestellt worden ist.

5.5 Kennwerte und Einflussfaktoren

Für die ausgewählten Werkstoffe sind für die Bemessung, Ausführung und Gütesicherung der Bauteile und ihrer Verbindungen und ggf. für besondere Anforderungen die maßgebenden Kennwert- und Einflussfaktoren vor Aufnahme der Fertigung zu ermitteln und durch die zuständige unabhängige Stelle in einem Werkstoffgutachten festzulegen. Dabei sind die Regelungen des Deutschen Verbandes für Schweißtechnik (DVS) für Rohrleitungen und Rohrleitungsteile aus thermoplastischen Kunststoffen anzuwenden. Darüber hinaus können

– Erfahrungsnachweise von Betreibern, Herstellern und Errichtern,
– Ergebnisse aus Laboruntersuchungen z. B. durch Prüfstellen, die durch die zuständige unabhängige Stelle anerkannt wurden,

mitverwendet werden. Die chemisch/thermischen Einflüsse sowie das Langzeitverhalten sind zu beachten.

Für Erfahrungsnachweise können überprüfbare vergleichbare Referenzobjekte herangezogen werden, wenn deren Betriebs- bzw. Randbedingungen bekannt und dokumentiert sind. Die chemische Widerstandsfähigkeit kann z. B. anhand der Medienlisten Nr. 1 bis 3 und 8 des DIBt (Deutsches Institut für Bautechnik) beurteilt werden. Laboruntersuchungen können z. B. nach DIBt-Richtlinien bzw. den in Abschnitt 5.2 angegebenen Anwendungs- und Prüfnormen, oder in Anlehnung an diese, durchgeführt werden und eine quantitative Beurteilung des Beanspruchungsverhaltens der Rohrleitungsteile ermöglichen.

Werden Rohre und Rohrleitungsteile aus Formmassentyp und Medienarten, die in den Formstoff- und Medienlisten des DIBt beschrieben sind, verwendet, gilt die Medieneignung für die angegebenen Bedingungen und Anwendungsgrenzen als nachgewiesen.

5.6 Nachweis der Güteeigenschaften

Der Nachweis der Güteeigenschaften bei Rohren und Rohrleitungsteilen für Rohrleitungen aus thermoplastischen Kunststoffen ist nach den Anforderungen in den entsprechenden Normen zu erbringen, mindestens jedoch ein Abnahmeprüfzeugnis 3.1.B nach DIN EN 10204; bei Einzelfertigung und bei sonstigen Werkstoffen nach den Abschnitten 5.2.8, 5.3.7 und 5.4.6 ein Abnahmeprüfzeugnis 3.1.C nach DIN EN 10204.

5.7 Rohrleitungsteile aus metallischen Werkstoffen

Die Anforderungen an Rohrleitungsteile aus metallischen Werkstoffen gelten als erfüllt, wenn die entsprechenden Regelungen des AD 2000-Merkblattes HP 100 R eingehalten sind.

6 Berechnung

6.1 Allgemeines

Rohre, Formteile, Armaturen und andere Komponenten für Rohrleitungen aus thermoplastischen Kunststoffen sind gegen Innendruck und Zusatzbeanspruchungen, soweit diese das Verhalten der Rohrleitungen wesentlich beeinflussen, nach dem Stand der Technik zu berechnen. Hierbei finden beispielsweise die DVS-Richtlinien 2205 und 2210 sowie die Bau- und Prüfgrundsätze des DIBt, soweit zutreffend, Anwendung.

Für die Berechnung von Formteilen finden die DIN 19 532 und 19 533, soweit zutreffend, Anwendung.

Bei der Auslegung von Armaturen sind, soweit zutreffend, die DIN 3441 Teil 1 und 3442 Teil 2 zu beachten.

Für Verbindungen und Konstruktionen, für die keine ausreichenden Erfahrungen bei der Auslegung vorliegen, sind Bauteilversuche zum Nachweis der Eignung erforderlich.

6.2 Festlegung der Stützweiten und Elastizitätskontrolle

Die Festlegung der Stützweiten und die Elastizitätskontrolle erfolgen nach dem Stand der Technik für thermoplastische Rohrleitungen, z. B. DVS-Richtlinie 2210.

7 Herstellung und Verlegung

7.1 Allgemeines

7.1.1 Beim Zusammenfügen einer Rohrleitung dürfen die einzelnen Rohrleitungsteile nicht unzulässig beansprucht oder verformt werden.

7.1.2 Verbindungselemente zwischen den einzelnen Rohrleitungsteilen müssen so beschaffen sein, dass eine sichere Verbindung und technische Dichtheit gewährleistet sind. Die Anzahl der Flanschverbindungen ist möglichst gering zu halten. Für besondere Anwendungen werden profilierte Elastomer-Dichtungen mit Stahleinlage verwendet werden. Dichtungen müssen ein dem Rohrleitungswerkstoff angepasstes elastisches Verhalten aufweisen.

7.2 Grundsätze für Schweißarbeiten

7.2.1 Zur Herstellung der Schweißverbindungen sind Verfahren anzuwenden, die vom Hersteller beherrscht werden und die die erforderliche Güte und Gleichmäßigkeit der Schweißverbindungen gewährleisten. Dabei müssen die Schweißverbindungen den Anforderungen der DVS 2202 Teil 1 und 2203 Teil 1 entsprechen. Bei der Bewertung der Schweißverbindungen nach DVS 2202 Teil 1 ist die Bewertungsgruppe I einzuhalten; in besonderen Fällen kann hiervon in Abstimmung mit der zuständigen unabhängigen Stelle abgewichen werden.

Vorzugsweise sind die üblicherweise angewandten, dem Stand der Technik entsprechenden Heizelement-Schweißverfahren anzuwenden. Das Heizwendel-Schweißverfahren sollte in der Regel nur bei nicht korrodierend wirkenden Stoffen, die allgemein nicht wassergefährdend sind, angewendet werden.

Die verwendeten Maschinen und Geräte müssen den Anforderungen nach Richtlinie DVS 2208 entsprechen.

7.2.2 Die Hersteller dürfen nur nach DVS 2212 geprüfte Schweißer mit gültigen Prüfzeugnissen für das angewendete Schweißverfahren einsetzen. Sie müssen über sachkundiges Aufsichtspersonal verfügen. Die erstmalige Schweißerprüfung und die Wiederholungsprüfungen werden im Einvernehmen mit der zuständigen unabhängigen Stelle durch die in Richtlinie DVS 2212 Teil 1 Abschnitt 2 genannten Prüfer für Kunststoffschweißer abgenommen.

Bei Einsatz von Schweißverfahren, welche in den Prüf- und Untergruppen nach Richtlinie DVS 2212 nicht erfasst sind, ist der Umfang der Schweißerprüfung mit der zuständigen unabhängigen Stelle zu vereinbaren.

7.2.3 Der Nachweis über die Erfüllung der Voraussetzungen nach Abschnitt 7.2.1 ist durch eine entsprechende Verfahrensprüfung unter sinngemäßer Anwendung von Richtlinie DVS 2203 Teil 1 gegenüber der zuständigen unabhängigen Stelle zu erbringen.

7.2.4 Schweißzusätze für Warmgasschweißungen müssen DVS 2211 entsprechen.

7.3 Grundsätze zur Herstellung von Klebverbindungen

Zur Herstellung von Klebverbindungen sind Verfahren anzuwenden, die vom Hersteller beherrscht werden und die die erforderliche Güte der Verbindung sicherstellen.

7.3.1 Klebverbindungen für PVC-C und PVC-U

Klebverbindungen werden angewandt bei PVC-C und PVC-U. Die Vorarbeiten für die zu erstellende Klebbindung sind gemäß der Verarbeitungsanleitung des Herstellers der Rohrleitungsteile und des Klebstoffherstellers vorzunehmen. Die Klebverbindung selbst ist nach Merkblatt DVS 2204 Teil 1 herzustellen. Hersteller von Klebverbindungen müssen über die entsprechenden Kenntnisse, geeignete Vorrichtungen und Geräte verfügen.

7.3.2 Anforderungen an Klebstoffsysteme

Verwendete Klebstoffe müssen nachweislich für die entsprechenden Betriebsbedingungen der Rohrleitung, z. B. Innendruckbeanspruchung, mechanische Beanspruchung, Medien- und Temperaturbeanspruchungen, geeignet sein. Die Eigenschaften der fertigen Klebverbindung, insbesondere die chemische Widerstandsfähigkeit, sollen weitgehend dem Rohr/Formteilwerkstoff entsprechen. Die Nachweise müssen die Langzeitverhalten mit beinhalten. Die Anleitungen und Verarbeitungsvorschriften des Herstellers sind zu beachten und einzuhalten.

Für PVC-U sind Klebstoffe nach DIN 16 970 einzusetzen. Für alle sonstigen thermoplastischen Kunststoffe ist für die Klebverbindung die Eignung des Klebstoffs im Rahmen des Werkstoffgutachtens der zuständigen unabhängigen Stelle nachzuweisen.

7.3.3 Klebverbindungen dürfen nur von qualifiziertem Personal hergestellt werden. Dieses Personal muss über einen Befähigungsnachweis nach VdTÜV-Merkblatt 001 „Kleben" bzw. Richtlinie DVS 2221 Teil 1 verfügen. Die erstmalige und wiederkehrende Kleberprüfung wird im Einvernehmen mit der zuständigen unabhängigen Stelle von den im genannten Merkblatt/Richtlinie unter Abschnitt 2 aufgeführten Prüfern für Kunststoffkleber abgenommen.

7.3.4 Der Nachweis über die Erfüllung der Voraussetzungen nach Abschnitt 7.3 bzw. 7.3.1 durch eine entsprechende Verfahrensprüfung ist gegenüber der zuständigen unabhängigen Stelle zu führen.

7.4 Verlegung von Rohrleitungen[3])

7.4.1 Die Anforderungen an die Verlegung von Rohrleitungen sind insbesondere dann erfüllt, wenn für
- oberirdisch verlegte Rohrleitungen die DVS 2210 und
- erdgedeckt verlegte Rohrleitungen die Regelungen der nachfolgenden Abschnitte eingehalten sind.

7.4.2 Rohrleitungen sind grundsätzlich oberirdisch außerhalb der Verkehrsbereiche zu verlegen und müssen zugänglich sein. Es sollen möglichst wenige lösbare Verbindungen verwendet werden.

Lösbare Verbindungen sind in erdgedeckten Abschnitten nicht zulässig.

7.4.3 Werden Rohrleitungen erdgedeckt verlegt, müssen sie hinsichtlich ihres technischen Aufbaus einer der folgenden Anforderungen entsprechen:
- Sie müssen doppelwandig sein. Undichtheiten der Rohrwände müssen durch ein zugelassenes Leckanzeigegerät angezeigt werden;

---

[3]) Die im Abschnitt 7.4 enthaltenen Anforderungen können von den Vorschriften anderer EU-Mitgliedstaaten abweichen.

- sie müssen als Saugleitungen ausgebildet sein, in denen die Flüssigkeitssäule bei Undichtheiten abreißt;
- sie müssen mit einem Schutzrohr versehen oder in einem Kanal verlegt sein; auslaufende Stoffe müssen in einer Kontrolleinrichtung sichtbar werden. In diesem Fall dürfen die Rohrleitungen keine brennbaren Flüssigkeiten mit einem Flammpunkt bis 55 °C führen.

Kann aus Sicherheitsgründen keine dieser Anforderungen erfüllt werden, darf nur ein gleichwertiger technischer Aufbau verwendet werden.

7.4.4 Abschnitt 7.4.3 gilt nicht für nicht korrodierend wirkende Stoffe, die allgemein nicht wassergefährdend sind.

7.4.5 Erdgedeckt verlegte Rohrleitungen sollen eine Scheitelüberdeckung von mindestens 1,0 m aufweisen, um Radlasten bis zu 5 t aufzunehmen. Über erdgedeckt verlegte Rohrleitungen führende Fahrbahnen müssen befestigt sein. Bei geringeren Überdeckungshöhen oder höheren Radlasten ist nachzuweisen, dass unzulässige Beanspruchungen der Rohrleitung ausgeschlossen sind. Unter der Rohrleitung muss auf der ganzen Länge mindestens 15 cm steinfreier und verdichtungsfähiger Boden vorhanden sein. Punktauflager sind nicht zulässig.

Das Umhüllungsmaterial muss frei von scharfkantigen Gegenständen, Steinen, Asche und sonstigen bodenfremden Stoffen sein. Lehm und Ton sind nicht zu verwenden. Das Umhüllungsmaterial muss bis zu einer Höhe von 30 cm über dem Rohrscheitel aufgefüllt und sorgfältig von Hand verdichtet werden. Auf die Verlegeanweisung des Herstellers der Rohrleitungsteile und die KRV-Verlegeanleitungen A 115 a und A 135 wird hingewiesen.

7.4.6 Rohrleitungen in flachen Kanälen, die oben offen sind oder mit Rosten abgedeckt sind, brauchen nicht von Verfüllmaterial umgeben zu sein.

7.4.7 Rohrleitungen müssen so verlegt sein, dass sie ihre Lage nicht unzulässig verändern. Dies gilt als erfüllt, wenn

(1) temperaturbedingte Dehnungen bei der Verlegung berücksichtigt und längere Rohrleitungen mit elastischen Zwischenstücken ausgerüstet sind, soweit nicht die Rohrführung eine ausreichende Dehnung ermöglicht,

(2) oberirdische Rohrleitungen auf Stützen in ausreichender Zahl aufliegen, so dass eine unzulässige Durchbiegung vermieden wird und sie so befestigt sind, dass gefährliche Lageveränderungen nicht eintreten können, und

(3) erdgedeckte Rohrleitungen so verlegt sind, das sie gleichmäßig aufliegen.

7.4.8 Sicherheitstechnisch erforderliche Absperreinrichtungen müssen leicht zugänglich und einzusehen sein.

7.4.9 Rohrleitungen sind so zu verlegen, dass sie vollständig entleert oder freigespült werden können. Falls sich im Innern von Rohrleitungen für gasförmige Fluide Kondensflüssigkeit bilden kann, sind Einrichtungen zur Entwässerung bzw. zur Entfernung von Ablagerungen aus tiefliegenden Bereichen vorzusehen, um Schäden aufgrund von Wasserschlag oder Korrosion zu vermeiden.

7.4.10 Oberirdisch verlegte Rohrleitungen müssen in geeigneten formschlüssigen Haltern verlegt sein. Halter sollen elastische Einlagen enthalten.

Festpunkte dürfen nur formschlüssig ausgeführt werden. Armaturen dürfen die Rohrleitungen nicht durch ihr Eigengewicht überbelasten; durch Betätigungskräfte dürfen keine unzulässigen Beanspruchungen auf die Rohrleitung übertragen werden.

7.4.11 Enthalten die Rohrleitungen Fluide der Gruppe I, so ist in geeigneter Weise dafür zu sorgen, dass die Rohrabzweigungen, die wegen ihrer Abmessungen erhebliche Risiken mit sich bringen, abgesperrt werden können.

7.4.12 Zur Minimierung der Gefahr einer unbeabsichtigten Entnahme sind die Entnahmestellen auf der fest installierten Seite der Verbindungen unter Angabe des enthaltenen Fluides deutlich zu kennzeichnen.

8 Äußerer Oberflächenschutz

Oberirdisch oder erdgedeckt verlegte Rohrleitungen benötigen in der Regel keinen Schutz gegen korrosive Einflüsse.

Oberirdisch verlegte Rohrleitungen müssen, sofern erforderlich, gegen UV-Einstrahlung geschützt sein.

9 Vermeidung von Gefahren infolge elektrostatischer Aufladungen[4]

9.1 Rohrleitungen im Sinne dieses AD 2000-Merkblattes dürfen in explosionsgefährdeten Bereichen der Zone 0 im Regelfall nicht verwendet werden. Rohrleitungen, in den übrigen Zonen enden oder durch diese hindurchführen, müssen so beschaffen sein, dass betriebsmäßig Vorgänge gefährliche elektrostatische Aufladungen nicht hervorrufen können.

9.2 Die Anforderungen nach Abschnitt 9.1, zweiter Satz, gelten als erfüllt, wenn die Richtlinien „Statische Elektrizität" BGR 132 und das Merkblatt T 033 „Beispielsammlung zu den Richtlinien ‚Statische Elektrizität'" der Berufsgenossenschaft der chemischen Industrie berücksichtigt sind. Insbesondere sind die Anforderungen nach BGR 132 Abschnitt 7.1.1 „Gegenstände aus aufladbaren nichtleitfähigen festen Stoffen; Allgemeines" und 4.2.3 „Gleitstielbüschelentladungen" zu erfüllen.

9.3 Leitfähige Gegenstände, z. B. Armaturen, Kompensatoren etc., in Rohrleitungen aus Kunststoff sind zu erden. Siehe hierzu Richtlinie BGR 132 Ziff. 6.3.1 „Erdung leitfähiger Gegenstände".

10 Sicherheitstechnische Ausrüstungsteile

10.1 Rohrleitungen müssen mit den für einen sicheren Betrieb erforderlichen und geeigneten Ausrüstungsteilen versehen sein, die so beschaffen sind, dass sie ihrer Aufgabe sicher genügen. Dabei sollen die AD 2000-Merkblätter Reihe A, soweit zutreffend, sinngemäß angewendet werden.

10.2 Rohrleitungen müssen gegen Drucküberschreitung durch geeignete Einrichtungen gesichert sein, wenn eine Überschreitung des maximal zulässigen Druckes nicht auszuschließen ist.

10.3 Sind geeignete Einrichtungen nach Abschnitt 10.2 unverhältnismäßig oder nicht zweckdienlich, z. B. wenn Sicherheitsventile infolge korrodierenden, klebenden, staubenden oder sublimierenden Beschickungsgutes in ihrer Wirkungsweise beeinträchtigt werden können, sind auch organisatorische Maßnahmen, die in einer Betriebsanleitung festgelegt sein müssen, zulässig.

---

[4] Die im Abschnitt 9 enthaltenen Anforderungen können von den Vorschriften anderer EU-Mitgliedstaaten abweichen.

10.4 Die Sicherheitseinrichtungen gegen Drucküberschreitung müssen an geeigneter Stelle eingebaut werden und sind nach den AD 2000-Merkblättern A 1, A 2 bzw. A 6 auszulegen.

10.5 Zur Verhinderung von unzulässigen Drücken infolge Erwärmung der flüssigen Fluide, z. B. durch Sonneneinstrahlung, eignen sich z. B. auch Überströmventile.

11 Kennzeichnung der Rohrleitung

11.1 Rohrleitungen sind gemäß Druckgeräte-Richtlinie Anhang I Abschnitt 3.3 zu kennzeichnen. Das kann erfolgen durch
- eine Kennzeichnung der Rohrleitung selbst oder
- eine eindeutige Darstellung, z. B. in einem RI-Fließbild, so dass die Rohrleitung in der Anlage zweifelsfrei identifiziert werden kann.

11.2 Der Verlauf erdgedeckt verlegter Rohrleitungen muss in technischen Unterlagen erfasst sein.

Anlage 1 zu AD 2000-Merkblatt HP 120 R

**Erläuterung zur Anwendung des
AD 2000-Merkblattes HP 120 R
für Rohrleitungen der Kategorien I und II
nach Artikel 9 und Anhang II
der Druckgeräte-Richtlinie**

Zu einzelnen Abschnitten sind Abweichungen wie folgt möglich:

Zu den Abschnitten 5.2.8, 5.3.7 und 5.4.6

Der Nachweis der Eignung kann bei Rohrleitungen der Kategorien I und II durch den Hersteller erfolgen.

Zu Abschnitt 5.6

Der Nachweis der Güteeigenschaften kann bei Rohrleitungen der Kategorie I nach den Anforderungen der entsprechenden Normen erbracht werden, mindestens jedoch durch ein Werkszeugnis 2.2 nach DIN EN 10204.

Zu Abschnitt 7.2.1

Bei Rohrleitungen der Kategorie I entfällt die Abstimmung mit der zuständigen unabhängigen Stelle.

Zu Abschnitt 7.2.2

Bei Rohrleitungen der Kategorie I können die Schweißprüfungen durch den Hersteller durchgeführt werden.

Zu Abschnitt 7.2.3

Der Nachweis der Erfüllung der Voraussetzungen nach Abschnitt 7.2.1 kann bei Rohrleitungen der Kategorie I durch den Hersteller selbst erfolgen.

Zu Abschnitt 7.3.2

Der Nachweis der Eignung der Klebstoffe kann bei Rohrleitungen der Kategorien I und II durch den Hersteller durchgeführt werden.

Zu Abschnitt 7.3.3

Für Rohrleitungen der Kategorie I können die Kleberprüfungen durch den Hersteller durchgeführt werden.

Zu Abschnitt 7.3.4

Für Rohrleitungen der Kategorie I überzeugt sich der Hersteller von der Erfüllung der Voraussetzungen.

ICS 23.020.30 Ausgabe Januar 2001

Herstellung und Prüfung von Druckbehältern	Entwurfsprüfung	AD 2000-Merkblatt HP 511

Die AD 2000-Merkblätter werden von den in der „Arbeitsgemeinschaft Druckbehälter" (AD) zusammenarbeitenden, nachstehend genannten sieben Verbänden aufgestellt. Aufbau und Anwendung des AD 2000-Regelwerkes sowie die Verfahrensrichtlinien regelt das AD 2000-Merkblatt G1.

Die AD 2000-Merkblätter enthalten sicherheitstechnische Anforderungen, die für normale Betriebsverhältnisse zu stellen sind. Sind über das normale Maß hinausgehende Beanspruchungen beim Betrieb der Druckbehälter zu erwarten, so ist diesen durch Erfüllung besonderer Anforderungen Rechnung zu tragen.

Wird von den Forderungen dieses AD 2000-Merkblattes abgewichen, muss nachweisbar sein, dass der sicherheitstechnische Maßstab dieses Regelwerkes auf andere Weise eingehalten ist, z.B. durch Werkstoffprüfungen, Versuche, Spannungsanalyse, Betriebserfahrungen.

Fachverband Dampfkessel-, Behälter- und Rohrleitungsbau e.V. (FDBR), Düsseldorf
Hauptverband der gewerblichen Berufsgenossenschaften e.V., Sankt Augustin
Verband der Chemischen Industrie e.V. (VCI), Frankfurt/Main
Verband Deutscher Maschinen- und Anlagenbau e.V. (VDMA), Fachgemeinschaft Verfahrenstechnische Maschinen und Apparate, Frankfurt/Main
Verein Deutscher Eisenhüttenleute (VDEh), Düsseldorf
VGB PowerTech e.V., Essen
Verband der Technischen Überwachungs-Vereine e.V. (VdTÜV), Essen

Die AD 2000-Merkblätter werden durch die Verbände laufend dem Fortschritt der Technik angepasst. Anregungen hierzu sind zu richten an den Herausgeber:

Verband der Technischen Überwachungs-Vereine e.V., Postfach 10 38 34, 45038 Essen.

Inhalt

0 Präambel
1 Geltungsbereich
2 Allgemeines
3 Umfang der Entwurfsprüfung
4 Durchführung der Entwurfsprüfung
5 Unterlagen für die Entwurfsprüfung
6 Bescheinigung über die Entwurfsprüfung
Anhang: Muster für einen Entwurfsprüfungsvermerk

0 Präambel

Zur Erfüllung der grundlegenden Sicherheitsanforderungen der Druckgeräte-Richtlinie kann das AD 2000-Regelwerk angewandt werden, vornehmlich für die Konformitätsbewertung nach den Modulen „G" und „B + F".
Das AD 2000-Regelwerk folgt einem in sich geschlossenen Auslegungskonzept. Die Anwendung anderer technischer Regeln nach dem Stand der Technik zur Lösung von Teilproblemen setzt die Beachtung des Gesamtkonzeptes voraus.
Bei anderen Modulen der Druckgeräte-Richtlinie oder für andere Rechtsgebiete kann das AD 2000-Regelwerk sinngemäß angewandt werden. Die Prüfzuständigkeit richtet sich nach den Vorgaben des jeweiligen Rechtsgebietes.

1 Geltungsbereich

1.1 Dieses AD 2000-Merkblatt gilt für die Entwurfsprüfung von Druckbehältern nach Druckgeräte-Richtlinie (97/23/EG) durch die zuständige unabhängige Stelle.

1.2 Soweit für besondere Druckbehälter andere Bestimmungen gelten, sind diese im AD 2000-Merkblatt HP 801 „Besondere Druckbehälter" enthalten.

2 Allgemeines

Ziel der Entwurfsprüfung ist eine Aussage darüber, dass die beschriebene Ausführung des Druckbehälters den grundlegenden Sicherheitsanforderungen des Anhangs I der Druckgeräte-Richtlinie in Verbindung mit den AD 2000-Merkblättern entspricht. Die Entwurfsprüfung erfolgt anhand der Unterlagen, nach denen der Druckbehälter hergestellt werden soll. Die Entwurfsprüfung erfolgt vor Schlussprüfung und Druckprüfung.

3 Umfang der Entwurfsprüfung

3.1 Die Prüfung erstreckt sich auf die drucktragenden Wandungen des Druckbehälters bis zu den druckbehälterseitigen Flanschen oder Verschraubungen bzw. bei unlösbaren Verbindungen bis zu den ersten Fügeverbindungen. Direkt angebrachte Teile sind in die Entwurfsprüfung einzubeziehen. Die Prüfung umfasst auch die angeschlossenen Tragelemente, soweit sie aus Reaktionskräften (Zusatzkräften) herrührenden Beanspruchungen, soweit die Reaktionskräfte aus den Prüfunterlagen hervorgehen. Nicht eingeschlossen in die Entwurfsprüfung des Druckbehälters sind die Prüfungen anschließender Leitungen, des Traggerüstes und der Fundamente.

Die AD 2000-Merkblätter sind urheberrechtlich geschützt. Die Nutzungsrechte, insbesondere die der Übersetzung, des Nachdrucks, der Entnahme von Abbildungen, die Wiedergabe auf fotomechanischem Wege und die Speicherung in Datenverarbeitungsanlagen, bleiben, auch bei auszugsweiser Verwertung, dem Urheber vorbehalten.

3.2 Soweit Teile eines Druckbehälters einer Prüfung im Sinne dieses AD 2000-Merkblattes bereits unterzogen worden sind und hierüber eine entsprechende Bescheinigung einer zuständigen unabhängigen Stelle vorliegt, entfällt hierfür eine nochmalige Entwurfsprüfung. Wegen der Gültigkeitsdauer wird auf Abschnitt 6.2 verwiesen.

3.3 Mit der Entwurfsprüfung gilt die Prüfung des Standsicherheitsnachweises für den Druckbehälter und seine Tragelemente als erbracht.

4 Durchführung der Entwurfsprüfung

Die Entwurfsprüfung erfolgt für die beabsichtigte Verwendung und andere nach vernünftigem Ermessen vorsehbare Betriebsbedingungen.

4.1 Prüfung der Konstruktion

Die Prüfung der Konstruktion erfolgt insbesondere nach folgenden Gesichtspunkten:

(1) Eignung der Werkstoffe gemäß Anhang I Abschnitt 4 der Druckgeräte-Richtlinie für die drucktragenden Teile und für nicht drucktragende Anschweißteile, einschließlich der vorgesehenen Bescheinigungen über Werkstoffprüfungen, z. B. bei metallischen Werkstoffen nach AD 2000-Merkblatt W 0 Abschnitt 3,

(2) Eignung der Zusätze für Fügeverbindungen,

(3) Einhalten der Gestaltungsregeln zum Vermeiden nicht werkstoffgerechter Beanspruchungen,

(4) Einhalten der Gestaltungsregeln für Fügeverbindungen (bei Schweißverbindungen siehe z. B. AD 2000-Merkblatt HP 5/1),

(5) prüfgerechtes Gestalten im Hinblick auf die Durchführung der Schlussprüfung und Druckprüfung nach AD 2000-Merkblatt HP 512, der wiederkehrenden Prüfungen (siehe z. B. AD 2000-Merkblatt A 5, AD 2000-Merkblatt HP 5/3) und ggf. Wartung,

(6) Art und Umfang der zerstörungsfreien und/oder zerstörenden Prüfungen,

(7) Einhalten der Anforderungen an Verschlüsse (siehe auch Anhang I Abschnitte 2.3, 2.4, 2.5 und 2.9 der Druckgeräte-Richtlinie).

4.2 Prüfung der Bemessung der drucktragenden Behälterteile

4.2.1 Die Prüfung der Bemessung – in der Regel mit Hilfe der AD 2000-Merkblätter der Reihen B, N und S – erfolgt daraufhin, ob der Druckbehälter den sich aus den vorgesehenen Betriebsbedingungen, insbesondere den zulässigen Drücken und Temperaturen, ergebenden Beanspruchungen sicher genügt.

Ist die Bemessung durch die AD 2000-Merkblätter der Reihe B nicht abgedeckt, ist anhand der verwendeten Bemessungsgrundlagen (alternative Berechnungsmethoden, experimentelle Verfahren entsprechend Anhang I Abschnitt 2.2.2 und 2.2.4 der Druckgeräte-Richtlinie) zu prüfen.

4.2.2 Sind Zusatzbeanspruchungen in den Entwurfsprüfunterlagen angegeben, ist zu prüfen, ob diese bei der Bemessung ausreichend berücksichtigt wurden, z. B. Zusatzlasten wie Einwirkungen aus anderen Anlagenteilen, Erddruck (siehe Anhang I Abschnitt 2.2.1 der Druckgeräte-Richtlinie).

5 Unterlagen für die Entwurfsprüfung

5.1 Antrag des Herstellers auf Prüfung an die zuständige unabhängige Stelle einschließlich einer schriftlichen Erklärung, dass der gleiche Antrag bei keiner anderen zuständigen unabhängigen Stelle eingereicht worden ist.

5.2 Die Unterlagen müssen alle für die Prüfung der drucktragenden Behälterteile notwendigen Angaben enthalten.

5.3 Für den Druckbehälter – bei mehreren Druckräumen für jeden Druckraum getrennt – werden, soweit zutreffend, folgende Angaben benötigt:

5.3.1 Angaben, die in jedem Fall erforderlich sind:

(1) maximal zulässiger Druck PS (ggf. mehrere) in bar (Unterdruck mit Minuszeichen);

(2) Volumen V in Litern (ggf. nach Abzug fester Einbauten);

(3) Zulässige minimale/maximale Temperatur, soweit diese über 50 °C oder unter −10 °C liegen. Falls die Berechnungstemperatur (z. B. nach AD 2000-Merkblatt B 0 Abschnitt 5.1) von der zulässigen minimalen/maximalen Temperatur abweicht, auch die Berechnungstemperatur; falls unterschiedlichen Temperaturen unterschiedliche Drücke zugeordnet sind, ist diese Zuordnung anzugeben;

(4) Gruppe der Fluide, Aggregatzustand;

(5) Art und Ort der Kennzeichnung des Druckbehälters (Fabrikschild oder Stempelung);

(6) Werkstoffbeschreibung für drucktragende Teile: Kurzbezeichnung oder Werkstoffnummer oder – wenn beide nicht vorhanden sind – Markenbezeichnung, soweit erforderlich mit Angabe der Norm/Prüfgrundlage und Art der Bescheinigung über Werkstoffprüfungen;

(7) Werkstoffbeschreibung für nichtdrucktragende angeschweißte oder durch andere Fügeverfahren unmittelbar mit der Druckbehälterwand verbundene Teile;

(8) die Ergebnisse der Konstruktionsberechnung; bei alternativen Methoden nach Abschnitt 4.2.1 sind die verwendeten Unterlagen einzureichen;

(9) Prüfdruck;

(10) Art der Fügeverfahren (z. B. Schweißen, Einwalzen, Schrumpfen);

(11) Für drucktragende Fügeverbindungen
– Ausnutzung der zulässigen Berechnungsspannung in der Fügeverbindung,
– Gestaltung der Übergänge bei ungleichen Wanddicken,
– die für die Prüfung schweißgerechter Gestaltung erforderlichen Angaben (z. B. beidseitig oder einseitig geschweißt, durchgeschweißt oder Kehlnaht);

(12) Art und Umfang der zerstörungsfreien Prüfungen;

(13) Nachweise, dass ein gefährlicher Angriff des Werkstoffes durch das enthaltene Fluid im Sinne Anhang I, Nr. 4.1 b) der Druckgeräte-Richtlinie nicht zu besorgen ist. Diese Angaben können in Einzelfällen auch zusammen mit dem Antrag zur Prüfung vor Inbetriebnahme vom Betreiber zur Verfügung gestellt werden, wenn die getroffenen Maßnahmen zur Verhütung eines gefährlichen Angriffs keinen Einfluss auf die Konstruktion des Behälters haben. In diesen Fällen ist ein Hinweis in die Betriebsanleitung nach Anhang I Abschnitt 3.4 der Druckgeräte-Richtlinie aufzunehmen;

(14) Liste der vollständig oder teilweise angewendeten Prüfgrundlagen (Normen), soweit für die Entwurfsprüfung erforderlich.

5.3.2 Angaben, die in bestimmten Fällen erforderlich sind:
(1) Beanspruchungsfall nach AD 2000-Merkblatt W 10, soweit dieser für die Bemessung maßgeblich ist;
(2) schwellende Beanspruchungen, wenn sie nach den Abgrenzungen im AD 2000-Merkblatt S 1 bei der Auslegung des Druckbehälters berücksichtigt werden müssen, einschließlich Bemessungsgrundlage;
(3) Zwangsbewegungen einschließlich Vorspannung und Zahl der Lastspiele bei Kompensatoren (siehe auch AD 2000-Merkblatt B 13);
(4) Zuschläge zur Wanddicke, z. B. wenn solche zwischen Hersteller und Betreiber vereinbart oder gemäß Anhang I Abschnitt 2.7 erforderlich sind (siehe auch AD 2000-Merkblatt B 0);
(5) Beschickungsgut (Fluid), sein Aggregatzustand und das Gewicht der Füllung, wenn sie für die Berechnung erforderlich sind;
(6) Druckprüfmittel, wenn die erste Druckprüfung oder die wiederkehrenden Druckprüfungen nicht mit Wasser durchgeführt werden sollen; Angaben über Art und Umfang zerstörungsfreier Prüfungen mit den zu treffenden Schutzmaßnahmen bei Gasdruckprüfungen;
(7) Lage des Behälters bei der erstmaligen Druckprüfung (liegend oder stehend), wenn dies für die sicherheitstechnische Beurteilung von Bedeutung ist;
(8) Mindest- und Höchstflüssigkeitsstand, wenn dies für die sicherheitstechnische Beurteilung erforderlich ist;
(9) betriebsmäßige Aufstellung (liegend oder stehend), wenn dies für die sicherheitstechnische Beurteilung von Bedeutung ist;
(10) Zusatzkräfte einschließlich der Art ihrer Berücksichtigung, wenn dadurch die Beanspruchung der Behälterwand um mehr als 5 % erhöht wird (z. B. Auflagerkräfte, Wind- und Schneelasten, Stutzenkräfte und -momente, Spannungen aus Temperaturdifferenzen, siehe z. B. AD 2000-Merkblätter B 10 und S 3/0);
(11) Lage und Größe der Besichtigungs- und Befahröffnungen sowie von Verschlüssen, besondere Befahreinrichtungen (z. B. Drehleiter, Steigeisen), soweit dies für die Beurteilung der Durchführbarkeit wiederkehrender Prüfungen notwendig ist;
(12) Auskleidungen, Ausmauerungen und Einbauten, wenn sie für die sicherheitstechnische Beurteilung von Bedeutung sind;
(13) sonstige Forderungen des Bestellers (Betreibers), soweit sie sicherheitstechnisch von Bedeutung sind;
(14) Kennzeichnung der drucktragenden Fügeverbindungen, die auf der Baustelle hergestellt werden;
(15) die Art der Festigkeitsberechnung, wenn die AD 2000-Merkblätter der Reihen B, N und S mehrere Möglichkeiten angeben (z. B. Flanschberechnung).

5.3.3 Weitere Angaben, die zur Entwurfsprüfung in bestimmten Fällen zu machen sind, möglichst bei Vorlage der Entwurfsprüfungsunterlagen:
(1) Fügeverfahren (erforderlichenfalls bei mehreren Verfahren mit Zuordnung zur jeweiligen Fügeverbindung);
(2) Nahtlage, Nahtform, Nahtvorbereitung, soweit erforderlich Nahtaufbau, Bearbeitung der Schweißnähte;
(3) Schweißzusatzwerkstoffe und Hilfsstoffe (Normbezeichnungen oder Markenbezeichnungen);
(4) Art und Umfang der Arbeitsprüfungen;
(5) Art der Wärmebehandlung nach dem Schweißen;
(6) Baufolgeplan, wenn die Bauprüfung in mehreren Teilschritten erfolgen soll.

6 Bescheinigung über die Entwurfsprüfung

6.1 Die Entwurfsprüfung wird durch einen Entwurfsprüfungsvermerk (Muster siehe Anhang) oder eine Bescheinigung bestätigt.

6.2 Der Entwurfsprüfungsvermerk, die Bescheinigung, gilt solange, bis eine Änderung oder Ergänzung des der Auslegung des Behälters zugrunde gelegten Regelwerkes eine Änderung an den Entwurfsprüfungsunterlagen erfordert. Bei Änderung oder Ergänzung des Regelwerkes nach Satz 1 gilt die Entwurfsprüfung für die Bauzeit des Druckbehälters, mindestens jedoch 1 Jahr.

6.3 Wesentliche Informationen für die Schlussprüfung sind aufzuführen, insbesondere wenn einzelne Prüfungen nach Abschnitt 4 nicht in vollem Umfang zum Zeitpunkt der Entwurfsprüfung oder Schlussprüfung durchgeführt werden können. Wesentliche Informationen für die Prüfung vor Inbetriebnahme sind in die Betriebsanleitung nach Anhang I Abschnitt 3.4 der Druckgeräte-Richtlinie aufzunehmen.

Anhang zum AD 2000-Merkblatt HP 511

Muster für einen Entwurfsprüfungsvermerk

Entwurfsgeprüft als Druckbehälter nach der Richtlinie 97/23/EG und AD 2000-Merkblatt HP 511 unter Entwurfsprüf-Nr.: _____ nach den entsprechenden Angaben in den geprüften Unterlagen.

Wegen der Gültigkeitsdauer wird auf AD 2000-Merkblatt HP 511 Abschnitt 6.2 hingewiesen.

_____,   _____
            (Ort)   (Datum)

Die zuständige unabhängige Stelle

_____

ICS 23.020.30

Ausgabe Januar 2003

Herstellung und Prüfung von Druckbehältern	Schlussprüfung und Druckprüfung	AD 2000-Merkblatt HP 512

Die AD 2000-Merkblätter werden von den in der „Arbeitsgemeinschaft Druckbehälter" (AD) zusammenarbeitenden, nachstehend genannten sieben Verbänden aufgestellt. Aufbau und Anwendung des AD 2000-Regelwerkes sowie die Verfahrensrichtlinien regelt das AD 2000-Merkblatt G1.

Die AD 2000-Merkblätter enthalten sicherheitstechnische Anforderungen, die für normale Betriebsverhältnisse zu stellen sind. Sind über das normale Maß hinausgehende Beanspruchungen beim Betrieb der Druckbehälter zu erwarten, so ist diesen durch Erfüllung besonderer Anforderungen Rechnung zu tragen.

Wird von den Forderungen dieses AD 2000-Merkblattes abgewichen, muss nachweisbar sein, dass der sicherheitstechnische Maßstab dieses Regelwerkes auf andere Weise eingehalten ist, z. B. durch Werkstoffprüfungen, Versuche, Spannungsanalyse, Betriebserfahrungen.

Fachverband Dampfkessel-, Behälter- und Rohrleitungsbau e.V. (FDBR), Düsseldorf
Hauptverband der gewerblichen Berufsgenossenschaften e.V., Sankt Augustin
Verband der Chemischen Industrie e.V. (VCI), Frankfurt/Main
Verband Deutscher Maschinen- und Anlagenbau e.V. (VDMA), Fachgemeinschaft Verfahrenstechnische Maschinen und Apparate, Frankfurt/Main
Verein Deutscher Eisenhüttenleute (VDEh), Düsseldorf
VGB PowerTech e.V., Essen
Verband der Technischen Überwachungs-Vereine e.V. (VdTÜV), Essen

Die AD 2000-Merkblätter werden durch die Verbände laufend dem Fortschritt der Technik angepasst. Anregungen hierzu sind zu richten an den Herausgeber:

Verband der Technischen Überwachungs-Vereine e.V., Postfach 10 38 34, 45038 Essen.

Inhalt

0   Präambel
1   Geltungsbereich
2   Allgemeines
3   Zeitpunkt der Prüfungen
4   Prüfunterlagen
5   Schlussprüfung
6   Druckprüfung
7   Prüfung von Sicherheitseinrichtungen
8   Kennzeichnung
9   Konformitätsbescheinigung
10 Anlagen zur Konformitätsbescheinigung

Anhang 1: Muster für eine Bescheinigung über die Schluss- und Druckprüfung eines Druckbehälters

Anhang 2: Muster für eine Konformitätsbescheinigung

0 Präambel

Zur Erfüllung der grundlegenden Sicherheitsanforderungen der Druckgeräte-Richtlinie kann das AD 2000-Regelwerk angewandt werden, vornehmlich für die Konformitätsbewertung nach den Modulen „G" und „B + F".

Das AD 2000-Regelwerk folgt einem in sich geschlossenen Auslegungskonzept. Die Anwendung anderer technischer Regeln nach dem Stand der Technik zur Lösung von Teilproblemen setzt die Beachtung des Gesamtkonzeptes voraus.

Bei anderen Modulen der Druckgeräte-Richtlinie oder für andere Rechtsgebiete kann das AD 2000-Regelwerk sinngemäß angewandt werden. Die Prüfzuständigkeit richtet sich nach den Vorgaben des jeweiligen Rechtsgebietes.

1 Geltungsbereich

1.1 Dieses AD 2000-Merkblatt gilt für die Schlussprüfung und die Druckprüfung von Druckbehältern nach Druckgeräte-Richtlinie (97/23/EG) durch die zuständige unabhängige Stelle. Es ist für die Schluss- oder Druckprüfung größerer lösbarer Einzelteile (z. B. Rohrbündel) entsprechend anzuwenden.

1.2 Soweit für besondere Druckbehälter andere Bestimmungen gelten, sind diese im AD 2000-Merkblatt HP 801 „Besondere Druckbehälter" enthalten.

2 Allgemeines

2.1 Ziel der Schlussprüfung ist eine Aussage darüber, dass sich der Druckbehälter in ordnungsgemäßem Zustand befindet. Die Schlussprüfung erstreckt sich auf die Übereinstimmung des hergestellten Druckbehälters mit den von der zuständigen unabhängigen Stelle geprüften Unterlagen der Entwurfsprüfung sowie den übrigen zugehörigen technischen Unterlagen in sicherheitstechnischer Hinsicht, der Erfüllung der grundlegenden Sicherheitsanforderungen des Anhangs I der Druckgeräte-Richtlinie sowie zu deren Ergänzung auf Einhaltung des zugrunde gelegten Standes

Ersatz für Ausgabe Januar 2001; | = Änderungen gegenüber der vorangehenden Ausgabe

Die AD 2000-Merkblätter sind urheberrechtlich geschützt. Die Nutzungsrechte, insbesondere der der Übersetzung, des Nachdrucks, der Entnahme von Abbildungen, die Wiedergabe auf fotomechanischem Wege und die Speicherung in Datenverarbeitungsanlagen, bleiben, auch bei auszugsweiser Verwertung, dem Urheber vorbehalten.

der Technik, insbesondere der AD 2000-Merkblätter der Reihe HP.

2.2 Die Druckprüfung ist Teil der Abnahme. Ziel der Druckprüfung ist eine Aussage darüber, dass die drucktragenden Wandungen unter Prüfdruck gegen das Druckprüfmittel dicht sind und dass keine sicherheitstechnisch bedenklichen Verformungen auftreten.

3 Zeitpunkt der Prüfungen

3.1 Die Prüfungen sind zeitlich so zu veranlassen, dass die zuständige unabhängige Stelle alle drucktragenden Teile ausreichend besichtigen kann. Sofern dies im Endzustand nicht möglich ist, sind Teilprüfungen während des Fertigungsprozesses durchzuführen. In der Regel wird die Schlussprüfung vor der Druckprüfung durchgeführt.

3.2 Die Druckprüfung erfolgt
(1) in der Regel nach dem Plattieren oder einer spanenden Bearbeitung;
(2) vor dem Anbringen von Farbanstrichen, Dämmungen, Emaillierungen, Gummierungen, Ausmauerungen u. ä.;
(3) in der Regel vor dem Anbringen von Auskleidungen, Verbleiungen, Verzinkungen;
(4) nach der letzten Wärmebehandlung.

4 Prüfunterlagen

Zur Durchführung der Prüfungen müssen der zuständigen unabhängigen Stelle folgende technische Unterlagen vorliegen:
(1) allgemeine Beschreibung des Druckbehälters, ggf. mit Beschreibungen und Erläuterungen der Funktionsweise;
(2) Unterlagen über die Entwurfsprüfung in einfacher Ausfertigung. Ist der Zeitraum zwischen dieser Prüfung und dem Beginn der Schlussprüfung größer als ein Jahr, so ist eine Erklärung des Herstellers darüber erforderlich, dass in der Zwischenzeit erfolgte Änderungen oder Ergänzungen des der Entwurfsprüfung zugrunde gelegten AD 2000-Regelwerkes keine Änderungen der Entwurfsprüfungsunterlagen erfordern. Eine solche Erklärung ist nicht erforderlich für Druckbehälter, deren Bauzeit mehr als ein Jahr beträgt;
(3) Zeichnungen und dazugehörige Unterlagen, die dem ausgeführten Druckbehälter im vollen Umfang und den Entwurfsprüfungsunterlagen im wesentlichen entsprechen, in zweifacher Ausfertigung; diese müssen, soweit erforderlich, die Angaben nach AD 2000-Merkblatt HP 511 Abschnitt 5.3.3 enthalten;
(4) Nachweise über die Güteeigenschaften der Werkstoffe einschließlich Bescheinigung über Kleinteile, Berichte über zerstörungsfreie Prüfungen und Abnahmeprüfungen, Bescheinigungen über Wärmebehandlungen usw. Die Unterlagen müssen in zweifacher Ausfertigung vorliegen, sofern sie der Konformitätsbescheinigung nach Abschnitt 7 beizuheften sind;
(5) Liste über die drucktragenden Teile des Druckbehälters, ausgenommen Kleinteile, für eine eindeutige Zuordnung der Bescheinigungen über die Werkstoffprüfung zu den Bauteilen mit z. B. folgenden Angaben: Pos.-Nr., Werkstoffbezeichnung, Wanddicke, Werkstoffhersteller, Art, Nummer und Datum der Bescheinigung. Die Liste ist entbehrlich, wenn zur Prüfung die für die drucktragenden Teile geforderten Bescheinigungen in Kopie vorliegen;

(6) Bestätigung über die vom Hersteller durchgeführte Maßprüfung und Aufzeichnungen über Messergebnisse, soweit solche nach den AD 2000-Merkblättern der Reihe HP erforderlich sind, in einfacher Ausfertigung;
(7) ggf. Unterlagen oder Nachweise über zusätzliche Prüfungen, die im Rahmen der Entwurfsprüfung festgelegt worden sind;
(8) eine Liste der vollständig oder teilweise angewendeten Prüfgrundlagen/Normen, soweit sie in den Unterlagen für die Entwurfsprüfung nicht enthalten sind;
(9) Berichte über die nach dem Stand der Technik, insbesondere der AD 2000-Merkblätter der Reihe HP, für den Druckbehälter oder dessen Teile notwendigen Verfahrens- und Schweißerprüfungen sowie Qualifikationen des ZfP-Personals.

5 Schlussprüfung

Die zuständige unabhängige Stelle prüft:
(1) die Erklärung des Herstellers nach Abschnitt 4 (2) stichprobenweise auf Richtigkeit;
(2) die Kennzeichnung des Druckbehälters, z. B. nach AD 2000-Merkblatt A 401 „Ausrüstung der Druckbehälter – Kennzeichnung";
(3) die Werkstoffsorten, Werkstoffkennzeichnung und Wanddicken durch Vergleich mit den Bescheinigungen über die Werkstoffprüfung, dazu nach eigenem Ermessen die Wanddicken durch eigene Messung. Sind für Wanddicken keine besonderen Toleranzen genannt, gelten die bei der Berechnung zugrunde gelegten als zulässig.
Liegt im Einzelfall eine Bescheinigung noch nicht vor, kann sich die zuständige unabhängige Stelle auf andere Weise, z. B. anhand der Kennzeichnung oder der Bestellunterlagen oder durch zusätzliche Prüfungen, davon überzeugen, dass das Bauteil die Anforderungen erfüllt. Ggf. fehlende Unterlagen müssen spätestens beim Ausstellen der Konformitätsbescheinigung vorliegen;
(4) die Kennzeichnung der Schweißnähte bzw. anderer Fügeverbindungen;
(5) die Beschaffenheit des Behälters, insbesondere die Schweißverbindungen oder andere Fügeverbindungen, durch Besichtigen;
(6) die Bescheinigungen über Wärmebehandlungen, Arbeitsprüfungen, ggf. Werkstoffprüfungen nach Umformen oder Wärmebehandlung;
(7) die Qualifikationen der Schweißer;
(8) die Zulassungen der Fügeverfahren (Verfahrensprüfungen);
(9) die Qualifikationen des ZfP-Personals;
(10) bei Teilprüfungen die Zugehörigkeit der Bescheinigungen zu den entsprechenden Bauteilen;
(11) die zweckentsprechende Funktion von sicherheitstechnisch wichtigen Bauteilen (z. B. Schnellverschlüsse, Bügelverschlüsse), soweit dies im Rahmen der Schlussprüfung möglich ist;
(12) anhand der Unterlagen die ordnungsmäßige Durchführung der nach dem Stand der Technik, insbesondere der AD 2000-Merkblätter der Reihe HP, erforderlichen Arbeitsprüfungen;
(13) anhand der Prüfberichte die ordnungsmäßige Durchführung der zerstörungsfreien Prüfungen, insbesondere nach den AD 2000-Merkblättern der Reihe HP;

(14) die Ergebnisse der werkseitig durchgeführten Maßprüfungen auf Übereinstimmung mit den entwurfsgeprüften Zeichnungen und misst stichprobenweise nach.

6 Druckprüfung

Hinsichtlich der Durchführung der Druckprüfung wird auf den für den zu prüfenden Behälter zutreffenden Stand der Technik, insbesondere auf AD 2000-Merkblatt HP 30 verwiesen.

7 Prüfung von Sicherheitseinrichtungen

Die zuständige unabhängige Stelle prüft Sicherheitseinrichtungen, soweit vorhanden. Handelt es sich hierbei um eine Baugruppe, wird auf AD 2000-Merkblatt HP 513[1]) verwiesen.

8 Kennzeichnung

8.1 Nach erfolgreich durchgeführter Schluss- und Druckprüfung bringt die zuständige unabhängige Stelle ihre Kenn-Nr. auf dem Fabrikschild oder in der Nähe der Kennzeichnung an oder lässt diese anbringen. Zusätzlich ist das Fabrikschild zweckmäßigerweise an der Befestigung (z. B. Niet) mit dem Prüfstempel der zuständigen unabhängigen Stelle zu versehen. Ist ein Fabrikschild nicht vorhanden, ist der Prüfstempel in der Nähe der Kennzeichnung anzubringen. Ist in der Nähe des Fabrikschildes oder an anderer geeigneter, auch in der Zeichnung dargestellter Stelle, der Herstell-Nr. angebracht worden, ist auch dort der Prüfstempel der zuständigen unabhängigen Stelle anzubringen, um bei Verlust des Fabrikschildes eine Identifizierung des Druckbehälters zu ermöglichen.

8.2 Größere lösbare Einzelteile (z. B. Rohrbündel) des Druckbehälters sind mit seiner Herstell-Nr. und dem Prüfstempel der zuständigen unabhängigen Stelle zu versehen.

8.3 Können Prüfungen noch nicht abgeschlossen werden, darf von der zuständigen unabhängigen Stelle nur ein Kennzeichnungsstempel derart verwendet werden, dass eine Verwechslung mit der Stempelung nach Abschnitt 8.1 ausgeschlossen ist.

9 Konformitätsbescheinigung

Die zuständige unabhängige Stelle stellt eine Konformitätsbescheinigung nach Abschluss von Schluss- und Druckprüfung über die durchgeführten Prüfungen aus. Für die Prüfung vor Inbetriebnahme oder die wiederkehrenden Prüfungen wesentliche Informationen werden in die Betriebsanleitung gemäß Anhang I Abschnitt 3.4 der Druckgeräte-Richtlinie aufgenommen; dies gilt insbesondere für die der Bemessung zugrunde gelegte Temperatur, wenn diese von der zulässigen minimalen/maximalen Temperatur abweicht. Die Konformitätsbescheinigung kann auch mehrere gleiche Behälter umfassen.

Die Konformitätsbescheinigung mit den Anlagen gemäß Abschnitt 10 ist zweifach an den Hersteller zur Weiterleitung an den Betreiber zu geben.

10 Anlagen zur Konformitätsbescheinigung

10.1 Die Unterlagen gemäß Abschnitt 4 (2) bis (8), eine Liste der Zulassungen und Qualifikationen gemäß Abschnitt 4 (9) und eine Bescheinigung über die Schluss- und Druckprüfung mit Angabe des Prüfdruckes und der Prüfbedingungen (gemäß Anhang 1) sind der Konformitätsbescheinigung (gemäß Anhang 2) als Anlage beizufügen.

Es gelten folgende Ausnahmen:
Bescheinigungen über Werkstoffprüfungen nach DIN EN 10204 – 2.1, – 2.2, – 2.3 und DIN EN 10204 – 3.1.B brauchen bei Druckbehältern mit einem Druckinhaltsprodukt
$PS \cdot V \leq 10\,000$ bar · L
nicht beigefügt zu werden, wenn in der Bescheinigung nach Abschnitt 9 bestätigt ist, dass die in der dazugehörigen Zeichnung angegebenen Bescheinigungen über Werkstoffprüfungen bei der Prüfung des Druckbehälters vorgelegen haben.

Unabhängig vom Druckinhaltsprodukt brauchen Bescheinigungen über Werkstoffprüfungen der Bescheinigung nach Abschnitt 9 nicht beigefügt zu werden, wenn
- eine von der zuständigen unabhängigen Stelle abgezeichnete Liste dieser Bescheinigungen angefügt ist, die für die drucktragenden Teile, ausgenommen Kleinteile, folgende Angaben enthält: Pos.-Nr., Werkstoffbezeichnung, Wanddicke, Werkstoffhersteller, Art, Nr. und Datum der Bescheinigung über Werkstoffprüfung und
- der Hersteller in dieser Liste bestätigt, dass er die angeführten Bescheinigungen über Werkstoffprüfungen mindestens 10 Jahre aufbewahrt und auf Verlangen in Kopie abgibt.

Bescheinigungen über Werkstoffprüfungen nach DIN EN 10204 über Kleinteile brauchen der Bescheinigung nicht beigefügt zu werden, wenn bei der Prüfung des Druckbehälters eine Bescheinigung des Herstellers (Kleinteilebescheinigung) vorliegt und in dieser bestätigt, dass das für die Kleinteile verwendete Material den für den jeweiligen Werkstoff hinsichtlich der Werkstoffprüfung zu stellenden Anforderungen entspricht.

Diese Regelung gilt auch für Bescheinigungen über Werkstoffprüfungen nach DIN EN 10204 – 3.1. bei Druckbehältern nach DIN-Normen mit einem Inhalt ≤ 6000 Liter.

10.2 Alle Unterlagen zur Bescheinigung nach Abschnitt 9 werden als zu dieser gehörig gekennzeichnet. Außerdem wird in der Bescheinigung die Anzahl der Anlagen angegeben.

---
[1]) Zurzeit in Vorbereitung

Anhang 1 zum AD 2000-Merkblatt HP 512

Name und Anschrift der
zuständigen unabhängigen Stelle:

Muster für eine Bescheinigung
über die Schluss- und Druckprüfung eines Druckbehälters
nach Richtlinie 97/23/EG Anhang I 3.2.1 und 3.2.2 in Verbindung mit Anhang III Modul ...

Kennzeichnung: auf dem Fabrikschild

Name und Anschrift des Herstellers:

Herstellerzeichen:

Herstell-Nr.: Herstelljahr:

	Rohr – Raum	Behälter – Raum	– Raum
Max. zul. Druck PS bar min/max zul. Temperatur TS °C Volumen V L			

Verwendungszweck:

Angewandte technische Regeln: Richtlinie 97/23/EG Anhang I und AD 2000-Merkblätter

Zertifikat-Nr. des Baumusters: vom:
(falls zutreffend)

Schlussprüfung am: Zeichnung Nr.:

Die Ausführung des Behälters entspricht der (den) beigefügten Zeichnung(en) und dem Baumuster (falls zutreffend)

Druckprüfung am:

	Rohr – Raum	Behälter – Raum	– Raum
Prüfdruck bar Prüfmedium			

Prüfstempel: auf Fabrikschild – Niet – Verbindungsnaht – Behälterwand – Flanschen –
(hier Stempelbild einfügen) vorgeschraubten Teilen

Ergebnis der Schluss- und Druckprüfung: Der Druckbehälter befindet sich in ordnungsgemäßem Zustand.

Bemerkungen:

Ort

Kurzzeichen **Für die Prüfstelle**

Anlagen Zeichnung(en) (Name)
Werkstoffnachweise gem. Anlagenverzeichnis

Anhang 2 zum AD 2000-Merkblatt HP 512

Muster für eine Konformitätsbescheinigung

KONFORMITÄTSBESCHEINIGUNG

über eine Prüfung nach Richtlinie 97/23/EG

Bescheinigungs-Nr.: _____

Name und Anschrift des Herstellers: _____

_____

_____

Hiermit wird bescheinigt, dass die Ergebnisse der an dem unten genannten Druckgerät vorgenommenen Prüfungen die Anforderungen der Richtlinie 97/23/EG erfüllen. Das Druckgerät ist mit dem abgebildeten Zeichen gekennzeichnet:

$C\epsilon$ [1]) _____

Geprüft nach Richtlinie 97/23/EG: _____

Modul: _____

Prüfbericht-Nr.: _____

Beschreibung des Druckgerätes: _____

Herstell-Nr.: _____

Kategorie: _____

Fertigungsstätte: _____

Anlagen: gemäß AD 2000-Merkblatt HP 512 Abschnitt 10

_____   _____
Ort   Datum

_____   _____
Zuständige unabhängige Stelle   Kenn-Nr.[1])

---

[1]) Entfällt bei Prüfungen durch Betreiberprüfstellen

ICS 23.020.30 Ausgabe Januar 2003

| Herstellung und Prüfung von Rohrleitungen | Bauvorschriften Entwurfsprüfung, Schlussprüfung und Druckprüfung von Rohrleitungen | AD 2000-Merkblatt HP 512 R |

Die AD 2000-Merkblätter werden von den in der „Arbeitsgemeinschaft Druckbehälter" (AD) zusammenarbeitenden, nachstehend genannten sieben Verbänden aufgestellt. Aufbau und Anwendung des AD 2000-Regelwerkes sowie die Verfahrensrichtlinien regelt das AD 2000-Merkblatt G1.

Die AD 2000-Merkblätter enthalten sicherheitstechnische Anforderungen, die für normale Betriebsverhältnisse zu stellen sind. Sind über das normale Maß hinausgehende Beanspruchungen beim Betrieb der Rohrleitungen zu erwarten, so ist diesen durch Erfüllung besonderer Anforderungen Rechnung zu tragen.

Wird von den Forderungen dieses AD 2000-Merkblattes abgewichen, muss nachweisbar sein, dass der sicherheitstechnische Maßstab dieses Regelwerkes auf andere Weise eingehalten ist, z. B. durch Werkstoffprüfungen, Versuche, Spannungsanalyse, Betriebserfahrungen.

Fachverband Dampfkessel-, Behälter- und Rohrleitungsbau e.V. (FDBR), Düsseldorf
Hauptverband der gewerblichen Berufsgenossenschaften e.V., Sankt Augustin
Verband der Chemischen Industrie e.V. (VCI), Frankfurt/Main
Verband Deutscher Maschinen- und Anlagenbau e.V. (VDMA), Fachgemeinschaft Verfahrenstechnische Maschinen und Apparate, Frankfurt/Main
Verein Deutscher Eisenhüttenleute (VDEh), Düsseldorf
VGB PowerTech e.V., Essen
Verband der Technischen Überwachungs-Vereine e.V. (VdTÜV), Essen

Die AD 2000-Merkblätter werden durch die Verbände laufend dem Fortschritt der Technik angepasst. Anregungen hierzu sind zu richten an den Herausgeber:

Verband der Technischen Überwachungs-Vereine e.V., Postfach 10 38 34, 45038 Essen.

Inhalt

0 Präambel
1 Geltungsbereich
2 Allgemeines
3 Umfang der Prüfungen

4 Durchführung der Prüfungen
5 Prüfung von Sicherheitseinrichtungen
6 Bescheinigungen

0 Präambel

Zur Erfüllung der grundlegenden Sicherheitsanforderungen der Druckgeräte-Richtlinie kann das AD 2000-Regelwerk angewandt werden, vornehmlich für die Konformitätsbewertung nach den Modulen „G" und „B 1 + F".

Das AD 2000-Regelwerk folgt einem in sich geschlossenen Auslegungskonzept. Die Anwendung anderer technischer Regeln nach dem Stand der Technik zur Lösung von Teilproblemen setzt die Beachtung des Gesamtkonzeptes voraus.

Bei anderen Modulen der Druckgeräte-Richtlinie oder für andere Rechtsgebiete kann das AD 2000-Regelwerk sinngemäß angewandt werden. Die Prüfzuständigkeit richtet sich nach den Vorgaben des jeweiligen Rechtsgebietes.

1 Geltungsbereich

Dieses AD 2000-Merkblatt gilt für die Entwurfsprüfung, Schlussprüfung und Druckprüfung von Rohrleitungen nach Druckgeräte-Richtlinie (97/23/EG) durch die zuständige unabhängige Stelle.

2 Allgemeines

Ziel der Prüfungen ist es, eine Aussage darüber zu treffen, ob

(1) die Rohrleitung den grundlegenden Sicherheitsanforderungen des Anhangs I der Druckgeräte-Richtlinie in Verbindung mit den AD 2000-Merkblättern HP 100 R, HP 110 R und HP 120 R entspricht,

(2) die drucktragenden Wandungen unter dem Prüfdruck gegen das Druckprüfmittel dicht sind und keine sicherheitstechnisch bedenklichen Verformungen auftreten.

3 Umfang der Prüfungen

3.1 Die Prüfungen bestehen aus

(1) Prüfung der für die Herstellung der Rohrleitung erforderlichen technischen Unterlagen in sicherheitstechnischer Hinsicht,

(2) Prüfung der hergestellten bzw. verlegten Rohrleitung auf Übereinstimmung mit den technischen Unterlagen in sicherheitstechnischer Hinsicht,

(3) Druckprüfung der verlegten Rohrleitung.

Ersatz für Ausgabe Mai 2002; | = Änderungen gegenüber der vorangehenden Ausgabe

Die AD 2000-Merkblätter sind urheberrechtlich geschützt. Die Nutzungsrechte, insbesondere der Übersetzung, des Nachdrucks, der Entnahme von Abbildungen, die Wiedergabe auf fotomechanischem Wege und die Speicherung in Datenverarbeitungsanlagen, bleiben, auch bei auszugsweiser Verwertung, dem Urheber vorbehalten.

Die Prüfungen erstrecken sich auf die drucktragenden Wandungen der Rohrleitung und der Ausrüstungsteile bis zu den rohrleitungsseitigen Flanschen oder Verschraubungen bzw. bei unlösbaren Verbindungen bis zu den ersten Fügeverbindungen, die den Übergang zu anderen Anlageteilen bilden.

In besonderen Fällen, z. B. besondere Verlegearten, Vorhandensein von Bauteilen in der Rohrleitung, deren Funktion durch eine Druckprüfung beeinträchtigt würde, kann nach Abstimmung mit der zuständigen unabhängigen Stelle die Druckprüfung durch andere geeignete Prüfungen, z. B. zerstörungsfreie Prüfungen in Verbindung mit Dichtheitsprüfungen, ersetzt werden. Die Prüfergebnisse sind so zu protokollieren, dass sie als Basis für die wiederkehrende Prüfung dienen können.

Die Prüfungen umfassen auch

– die Einflüsse durch angeschlossene Teile, soweit dadurch die Sicherheit der Rohrleitung beeinträchtigt werden kann. Nicht eingeschlossen ist die Prüfung der angeschlossenen Teile selbst, z. B. Behälter und Maschinen,

– die Auflagerungen, z. B. Hänger, Schlitten, nicht aber die Stützkonstruktion wie Rohrbrücken und Fundamente.

3.2 Soweit Teile einer Rohrleitung einer Prüfung im Sinne dieses AD 2000-Merkblattes bereits unterzogen worden sind und hierüber ein entsprechender Nachweis durch eine zuständige unabhängige Stelle vorliegt, entfällt hierfür eine nochmalige Prüfung.

3.3 Ist vorgesehen, bei den wiederkehrenden Prüfungen die ON-STREAM-Inspection zur Anwendung zu bringen, sind Null-Messungen an ausgewählten Stellen in Abstimmung mit dem Betreiber durchzuführen, soweit sie als Vergleichsmessung für eine Beurteilung bei der wiederkehrenden Prüfung notwendig sind.

4 Durchführung der Prüfungen

4.1 Entwurfsprüfung

Die technischen Unterlagen, im Regelfall RI-Fließbilder mit dem notwendigen Detaillierungsgrad z. B. nach DIN EN ISO 10628 und, soweit dies zur Beurteilung der Konstruktion erforderlich ist, zeichnerische Darstellung, z. B. Isometrien, Rohrleitungspläne oder die einfacher Rohrleitungsführung beschreibende Darstellungen, die, soweit erforderlich, durch zeichnerische Detailangaben ergänzt werden, müssen alle für die Prüfung der drucktragenden Rohrleitungsteile notwendigen Angaben enthalten.

4.1.1 Angaben, die in jedem Fall erforderlich sind:

(1) Antrag des Herstellers auf Entwurfsprüfung oder Einzelprüfung an die zuständige unabhängige Stelle einschließlich einer schriftlichen Erklärung, dass der gleiche Antrag bei keiner anderen zuständigen unabhängigen Stellen eingereicht worden ist,

(2) Abmessungen, soweit sie zur Beurteilung erforderlich sind, wie z. B. Innen- bzw. Außendurchmesser, Wanddicken,

(3) Wanddickenzuschlag,

(4) max. zulässiger Druck *PS* (bar),

(5) zulässige minimale/maximale Temperatur *TS* (°C),

(6) Werkstoffbeschreibung für drucktragende Teile, Kurzbezeichnung oder Werkstoffnummer, oder, wenn beide nicht vorhanden sind, Markenbezeichnung mit Angabe der Norm/Prüfgrundlage und Art des Nachweises über Werkstoffprüfungen,

(7) Werkstoffbeschreibung für nicht drucktragende angeschweißte oder durch andere Fügeverfahren unmittelbar mit der Rohrleitung verbundene Teile,

(8) Die Ergebnisse der Berechnungen bei alternativen Methoden nach Anhang I Abschnitt 2.2.2 und 2.2.4 der Druckgeräte-Richtlinie sind mit den verwendeten Unterlagen einzureichen,

(9) Art der lösbaren Verbindungen,

(10) Art der Fügeverfahren und der Zusatzwerkstoffe,

(11) für drucktragende Fügeverbindungen und für Fügeverbindungen an drucktragenden Teilen

– die für die schweißgerechte Gestaltung erforderlichen Angaben,

– Gestaltung der Übergänge bei ungleichen Wanddicken,

(12) Art und Umfang der zerstörungsfreien bzw. zerstörenden Prüfung,

(13) Gruppe der Fluide und Aggregatzustand,

(14) für die Verlegung z. B.

– minimale Schenkellängen,

– maximale Stützweiten,

– Auflagerungspunkte, z. B. Fixpunkte,

(15) Art der Kennzeichnung, siehe z. B. hierzu für metallische Rohrleitungen AD 2000-Merkblatt HP 100 R Abschnitt 11,

(16) Art der Druckprüfung, Höhe des Prüfdruckes, bzw. bei Ersatz der Druckprüfung die anderen anzuwendenden Prüfungen,

(17) Liste der vollständig oder teilweise angewendeten Prüfgrundlagen (Normen), soweit für die Entwurfsprüfung erforderlich.

4.1.2 Angaben, die in bestimmten Fällen erforderlich sind:

(1) bei Fluiden im flüssigen Zustand die Dichte,

(2) Gewichtsbelastungen, soweit sie für die sicherheitstechnische Beurteilung erforderlich sind, z. B. durch Wärmedämmung, Armaturen, Füllung,

(3) weitere Einwirkungen, soweit sie die Sicherheit der Rohrleitung beeinträchtigen können, z. B. Druckstöße, schwellende Beanspruchung, Beanspruchung durch äußere Belastungen, wie durch Wind, Bergsenkungen,

(4) Ausnutzung der zulässigen Berechnungsspannungen bei längsnaht- oder spiralnahtgeschweißten Rohren aus Werkstoffen nach AD 2000-Merkblatt HP 100 R Abschnitt 5.2.1.5,

(5) Auskleidung und Einbauten, wenn sie für die sicherheitstechnische Beurteilung von Bedeutung sind,

(6) ggf. Konstruktionszeichnungen zu Rohrleitungsteilen, die im Rahmen der Errichtung der Rohrleitung als Einzelanfertigung hergestellt werden,

(7) Bestätigung[1]), dass ein gefährlicher Angriff des Werkstoffes durch das Beschickungsmittel/Fluid im Sinne von Anhang I, Nr. 4.1 b) der Druckgeräte-Richtlinie nicht zu besorgen ist. Diese Angaben können auch zusammen mit dem Antrag zur Prüfung vor Inbetriebnahme vom Betreiber zur Verfügung gestellt werden, wenn die getroffenen Maßnahmen zur Verhütung eines gefährlichen Angriffs keinen Einfluss auf die Konstruktion der Rohrleitung haben. Die Vorgehensweise ist bei der Auftragsvergabe zwischen Besteller/Betreiber mit dem Hersteller zu vereinbaren. In diesen Fällen ist ein Hinweis in die Betriebsanleitung nach Anhang I Abschnitt 3.4 der Druckgeräte-Richtlinie aufzunehmen.

---

[1]) Bestätigungen können nach TRB 002 Abschnitt 5.3.1 erfolgen.

AD 2000-Merkblatt HP 512 R, Ausg. 01.2003 Seite 3

4.1.3 Die Unterlagen werden unter Berücksichtigung der beabsichtigten Verwendung und anderer nach vernünftigem Ermessen vorhersehbaren Betriebsbedingungen unter folgenden Gesichtspunkten geprüft:

(1) Verwendung geeigneter Werkstoffe gemäß Anhang I Abschnitt 4 der Druckgeräte-Richtlinie für die drucktragenden Teile und nicht drucktragenden Anschweißteile, einschließlich der vorgesehenen Nachweise über Werkstoffprüfungen,

(2) Einhaltung der Gestaltungsregeln, z. B. für Fügeverbindungen,

(3) Angaben zu Art und Umfang der vorgesehenen zerstörungsfreien oder zerstörenden Prüfung,

(4) Bemessung der Rohrleitung – die Bemessungsgrundlagen, z. B. für metallische Werkstoffe AD 2000-Merkblatt HP 100 R Abschnitt 6, ggf. alternative Berechnungsmethoden, Versuchsauswertungen (experimentelle Verfahren nach Anhang I Abschnitt 2.2.2 und 2.2.4 der Druckgeräte-Richtlinie); einschlägige Betriebserfahrungen sind für die Prüfung zugänglich zu machen.

4.2 Schlussprüfung

4.2.1 Grundlage für die Prüfung sind die nach Abschnitt 4.1 geprüften technischen Unterlagen sowie

(1) Nachweise über die Güteeigenschaften der Werkstoffe, z. B. bei metallischen Werkstoffen nach AD 2000-Merkblatt HP 100 R,

(2) Berichte über die für die Rohrleitungen erforderlichen und durchgeführten Verfahrens-, Löter- und Schweißerprüfungen,

(3) ggf. Bescheinigungen über Wärmebehandlungen,

(4) ggf. Bescheinigungen über Werkstoffprüfungen nach Umformen und Wärmebehandlungen,

(5) ggf. Berichte über zerstörungsfreie bzw. zerstörende Prüfungen,

(6) ggf. Bescheinigung über Prüfungen nach Abschnitt 3.2.

4.2.2 Die zuständige unabhängige Stelle prüft

(1) die Identifikation der Leitung und die Kennzeichnung z. B. bei metallischen Rohrleitungen nach AD 2000-Merkblatt HP 100 R Abschnitt 11,

(2) die Abmessungen und die Verlegung der Rohrleitung stichprobenweise,

(3) anhand von Werkstoffnachweisen oder Stempelungen, dass ordnungsmäßige Werkstoffe eingesetzt werden,

(4) das Verfahren zur Gewährleistung der Rückverfolgbarkeit der Werkstoffe,

(5) die Beschaffenheit der Rohrleitung, insbesondere die Fügeverbindungen durch Besichtigung,

(6) die Qualifikationen der Schweißer, Löter,

(7) die Zulassungen für die Fügeverfahren (Verfahrensprüfungen),

(8) die Qualifikationen des ZfP-Personals,

(9) anhand der Prüfberichte die ordnungsgemäße Durchführung der zerstörungsfreien bzw. zerstörenden Prüfungen; bei Röntgen- bzw. US-Prüfungen überzeugt sich die zuständige unabhängige Stelle stichprobenweise von der Richtigkeit der Prüfergebnisse; auf das AD 2000-Merkblatt HP 5/3 wird hingewiesen.

(10) ggf. die Bescheinigung über Wärmebehandlung,

(11) ggf. die Bescheinigung über Werkstoffprüfungen nach Umformen oder Wärmebehandlungen,

(12) bei Teilprüfungen die Zugehörigkeit der Bescheinigung zu den entsprechenden Rohrleitungen,

(13) bei erdgedeckten Leitungen zusätzlich stichprobenweise die sachgemäße Durchführung der Bau- und Verlegearbeiten, ggf. Korrosionsschutzmaßnahmen; auf TRB 601 wird hingewiesen.

4.3 Druckprüfung

Die Druckprüfung wird in sinngemäßer Anwendung von AD 2000-Merkblatt HP 30 in der Regel mit Wasser oder anderen geeigneten Flüssigkeiten als Prüfmedium durchgeführt.

Ist eine Druckprüfung mit Flüssigkeit nicht zweckdienlich, so wird statt dessen eine Druckprüfung mit Gas, in der Regel Luft oder Stickstoff, als Prüfmedium und dem 1,1-fachen des maximal zulässigen Druckes durchgeführt werden. Solche Rohrleitungen sind vor der erstmaligen Druckprüfung einer äußeren Prüfung und einer zerstörungsfreien Prüfung nach Tafel 1 zu unterziehen. Für Nahtkonfigurationen und Abmessungen, bei denen eine Volumenprüfung (Durchstrahlungs- oder Ultraschallprüfung nach AD 2000-Merkblatt HP 5/3) keine eindeutige Beurteilung zulässt, ist eine Oberflächenrissprüfung durchzuführen.

Tafel 1. Prüfumfang von Rohrleitungen

Nahtart	Prüfumfang
Rundnähte	mindestens 10 %[1]) zerstörungsfreie Volumenprüfung unter Erfassung von Stoßstellen mit Längsnähten
Stutzennähte DN ≥ 100 mm	
Längsnähte, soweit nicht bereits beim Rohrhersteller zerstörungsfrei- bzw. druckgeprüft	100 % zerstörungsfreie Volumenprüfung

[1]) Bis DN ≤ 600 mm sind 10 % der Schweißnähte zu 100 %, ab DN > 600 mm als Stichprobe 10 % der Nahtlänge zu prüfen.

Bei der Druckprüfung mit Flüssigkeit als Prüfmedium und Prüfdrücken > 100 bar sind bei Druckprüfungen mit Gas als Prüfmedium sind ggf. besondere Vorsichtsmaßnahmen zu treffen, vgl. AD 2000-Merkblatt HP 30.

Bei Erdgedeckten Rohrleitungen soll die Druckprüfung vor der Erddeckung durchgeführt werden. Ist dies aus bestimmten Gründen nicht möglich, kann die Druckprüfung nach Abstimmung mit der zuständigen unabhängigen Stelle auch nach anderen dafür geeigneten Verfahren, z. B. VdTÜV-Merkblatt 1051, Wasserdruckprüfung von erdverlegten Rohrleitungen nach dem D-T-Messverfahren, durchgeführt werden.

5 Prüfung von Sicherheitseinrichtungen

Die zuständige unabhängige Stelle prüft die Sicherheitseinrichtungen, soweit vorhanden.

Handelt es sich um eine Baugruppe, wird auf AD 2000-Merkblatt HP 513 R[2]) verwiesen.

6 Bescheinigungen

6.1 Bescheinigung über die Entwurfsprüfung

(1) Die Entwurfsprüfung wird durch einen Entwurfsprüfungsvermerk oder eine Bescheinigung bestätigt.

---
[2]) Zur Zeit in Vorbereitung

(2) Wesentliche Informationen für die Schlussprüfung sind aufzuführen, insbesondere, wenn einzelne Prüfungen nach Abschnitt 4 nicht in vollem Umfang zum Zeitpunkt der Entwurfsprüfung durchgeführt werden können.

(3) Wesentliche Informationen für die Prüfung vor Inbetriebnahme sind in die Betriebsanleitung nach Anhang I Abschnitt 3.4 der Druckgeräte-Richtlinie aufzunehmen.

6.2 EG-Entwurfsprüfbescheinigung

Die zuständige unabhängige Stelle stellt nach Abschluss der EG-Entwurfsprüfung eine EG-Entwurfsprüfbescheinigung aus, die die Ergebnisse der Prüfung, die Bedingungen für ihre Gültigkeit und die zur Identifikation des zugelassenen Entwurfs erforderlichen Angaben enthält.

6.3 Bescheinigung der Schluss- und Druckprüfung

Die Schluss- und Druckprüfung ist mit Angabe des Prüfdruckes und den Prüfbedingungen zu bescheinigen.

6.4 Konformitätsbescheinigung

Die zuständige unabhängige Stelle stellt nach Abschluss der Schluss- und Druckprüfung eine Konformitätsbescheinigung über die durchgeführten Prüfungen aus.

Die in die Prüfung einbezogenen Unterlagen nach Abschnitt 4.2.1, ausgenommen Ziffern (1) und (2), und die Bescheinigung nach Abschnitt 6.3 sind als zugehörig zu kennzeichnen und der Konformitätsbescheinigung beizufügen. Bezüglich Abschnitt 4.2.1 Ziffer (1) ist eine Bescheinigung des Herstellers beizufügen, aus der hervorgeht, dass nur Werkstoffe mit geprüften Eigenschaften verwendet wurden.

Die Prüfung der technischen Unterlagen gilt solange, bis eine Änderung oder Ergänzung des zugrunde gelegten Regelwerkes eine Änderung der technischen Unterlagen erfordert, mindestens jedoch 1 Jahr. Ggf. sind aus der Prüfung sich ergebende wesentliche Konsequenzen für die Prüfung vor Inbetriebnahme in einer zusätzlichen Bescheinigung dem Betreiber mitzuteilen.

ICS 23.020.30

Ausgabe April 2002

Herstellung und Prüfung von Druckbehältern	Besondere Druckbehälter **Druckbehälter mit Gaspolster in Druckflüssigkeitsanlagen**	AD 2000-Merkblatt **HP 801 Nr. 4**

Die AD 2000-Merkblätter werden von den in der „Arbeitsgemeinschaft Druckbehälter" (AD) zusammenarbeitenden, nachstehend genannten sieben Verbänden aufgestellt. Aufbau und Anwendung des AD 2000-Regelwerkes sowie die Verfahrensrichtlinien regelt das AD 2000-Merkblatt G1.

Die AD 2000-Merkblätter enthalten sicherheitstechnische Anforderungen, die für normale Betriebsverhältnisse zu stellen sind. Sind über das normale Maß hinausgehende Beanspruchungen beim Betrieb der Druckbehälter zu erwarten, so ist diesen durch Erfüllung besonderer Anforderungen Rechnung zu tragen.

Wird von den Forderungen dieses AD 2000-Merkblattes abgewichen, muss nachweisbar sein, dass der sicherheitstechnische Maßstab dieses Regelwerkes auf andere Weise eingehalten ist, z.b. durch Werkstoffprüfungen, Versuche, Spannungsanalyse, Betriebserfahrungen.

Fachverband Dampfkessel-, Behälter- und Rohrleitungsbau e.V. (FDBR), Düsseldorf
Hauptverband der gewerblichen Berufsgenossenschaften e.V., Sankt Augustin
Verband der Chemischen Industrie e.V. (VCI), Frankfurt/Main
Verband Deutscher Maschinen- und Anlagenbau e.V. (VDMA), Fachgemeinschaft Verfahrenstechnische Maschinen und Apparate, Frankfurt/Main
Verein Deutscher Eisenhüttenleute (VDEh), Düsseldorf
VGB PowerTech e.V., Essen
Verband der Technischen Überwachungs-Vereine e.V. (VdTÜV), Essen

Die AD 2000-Merkblätter werden durch die Verbände laufend dem Fortschritt der Technik angepasst. Anregungen hierzu sind zu richten an den Herausgeber:

Verband der Technischen Überwachungs-Vereine e.V., Postfach 10 38 34, 45038 Essen.

Inhalt

0 Präambel
1 Geltungsbereich
2 Begriffe
3 Anforderungen

0 Präambel

Zur Erfüllung der grundlegenden Sicherheitsanforderungen der Druckgeräte-Richtlinie kann das AD 2000-Regelwerk angewandt werden, vornehmlich für die Konformitätsbewertung nach den Modulen „G" und „B + F".

Das AD 2000-Regelwerk folgt einem in sich geschlossenen Auslegungskonzept. Die Anwendung anderer Technischer Regeln nach dem Stand der Technik zur Lösung von Teilproblemen setzt die Beachtung des Gesamtkonzeptes voraus.

Bei anderen Modulen der Druckgeräte-Richtlinie (DGR) oder für andere Rechtsgebiete kann das AD 2000-Regelwerk sinngemäß angewandt werden. Die Prüfzuständigkeit richtet sich nach den Vorgaben des jeweiligen Rechtsgebietes.

1 Geltungsbereich

Dieses AD 2000-Merkblatt HP 801 Nr. 4 enthält zusätzliche Anforderungen für Druckbehälter mit Gaspolster in Druckflüssigkeitsanlagen und geht insoweit den anderen AD 2000-Merkblättern vor.

2 Begriffe

Druckbehälter mit Gaspolster in Druckflüssigkeitsanlagen (Druckausgleichsbehälter) sind die in hydraulischen Anlagen verwendeten hydropneumatisch arbeitenden Speicherbehälter, die mit einer bestimmten Flüssigkeitsmenge und mit Gas, z. B. Luft, Stickstoff, bis zu einem bestimmten Überdruck gefüllt sind.

3 Anforderungen

3.1 Jeder absperrbare Druckbehälter und jede gemeinsam absperrbare Druckbehältergruppe mit Gaspolster in einer Druckflüssigkeitsanlage müssen mit einer von Hand zu betätigenden Druckwarneinrichtung ausgerüstet sein.

3.2 Bei Druckbehältern mit Gaspolster in Druckflüssigkeitsanlagen genügt anstelle eines Druckmessgerätes ein Anschluss hierfür. In diesem Fall muss die Verschlusskappe des Einfüllstutzens so eingerichtet sein, dass bei ihrem Lösen ein vorhandener Überdruck zwangsläufig entweicht, ehe die Kappe völlig gelöst ist.

Die AD 2000-Merkblätter sind urheberrechtlich geschützt. Die Nutzungsrechte, insbesondere die der Übersetzung, des Nachdrucks, der Entnahme von Abbildungen, die Wiedergabe auf fotomechanischem Wege und die Speicherung in Datenverarbeitungsanlagen, bleiben, auch bei auszugsweiser Verwertung, dem Urheber vorbehalten.

ICS 23.020.30

Ausgabe April 2002

Herstellung und Prüfung von Druckbehältern	Besondere Druckbehälter **Druckbehälter auf Montage- und Baustellen**	AD 2000-Merkblatt **HP 801 Nr. 8**

Die AD 2000-Merkblätter werden von den in der „Arbeitsgemeinschaft Druckbehälter" (AD) zusammenarbeitenden, nachstehend genannten sieben Verbänden aufgestellt. Aufbau und Anwendung des AD 2000–Regelwerkes sowie die Verfahrensrichtlinien regelt das AD 2000-Merkblatt G1.

Die AD 2000-Merkblätter enthalten sicherheitstechnische Anforderungen, die für normale Betriebsverhältnisse zu stellen sind. Sind über das normale Maß hinausgehende Beanspruchungen beim Betrieb der Druckbehälter zu erwarten, so ist diesen durch Erfüllung besonderer Anforderungen Rechnung zu tragen.

Wird von den Forderungen dieses AD 2000-Merkblattes abgewichen, muss nachweisbar sein, dass der sicherheitstechnische Maßstab dieses Regelwerkes auf andere Weise eingehalten ist, z.B. durch Werkstoffprüfungen, Versuche, Spannungsanalyse, Betriebserfahrungen.

Fachverband Dampfkessel-, Behälter- und Rohrleitungsbau e.V. (FDBR), Düsseldorf
Hauptverband der gewerblichen Berufsgenossenschaften e.V., Sankt Augustin
Verband der Chemischen Industrie e.V. (VCI), Frankfurt/Main
Verband Deutscher Maschinen- und Anlagenbau e.V. (VDMA), Fachgemeinschaft Verfahrenstechnische Maschinen und Apparate, Frankfurt/Main
Verein Deutscher Eisenhüttenleute (VDEh), Düsseldorf
VGB PowerTech e.V., Essen
Verband der Technischen Überwachungs-Vereine e.V. (VdTÜV), Essen

Die AD 2000-Merkblätter werden durch die Verbände laufend dem Fortschritt der Technik angepasst. Anregungen hierzu sind zu richten an den Herausgeber:

Verband der Technischen Überwachungs-Vereine e.V., Postfach 10 38 34, 45038 Essen.

Inhalt

0 Präambel

1 Geltungsbereich

2 Begriffe

3 Anforderungen

0 Präambel

Zur Erfüllung der grundlegenden Sicherheitsanforderungen der Druckgeräte-Richtlinie kann das AD 2000-Regelwerk angewandt werden, vornehmlich für die Konformitätsbewertung nach den Modulen „G" und „B + F".

Das AD 2000-Regelwerk folgt einem in sich geschlossenen Auslegungskonzept. Die Anwendung anderer Technischer Regeln nach dem Stand der Technik zur Lösung von Teilproblemen setzt die Beachtung des Gesamtkonzeptes voraus.

Bei anderen Modulen der Druckgeräte-Richtlinie (DGR) oder für andere Rechtsgebiete kann das AD 2000-Regelwerk sinngemäß angewandt werden. Die Prüfzuständigkeit richtet sich nach den Vorgaben des jeweiligen Rechtsgebietes.

1 Geltungsbereich

Dieses AD 2000-Merkblatt HP 801 Nr. 8 enthält zusätzliche Anforderungen für Druckbehälter für Montage- und Baustellen und geht insoweit den anderen AD 2000-Merkblättern vor.

2 Begriffe

Druckbehälter auf Montage- und Baustellen sind Druckbehälter mit wechselndem Aufstellungsort für Druckluft und Druckwasser sowie für Mörtel, Gips und Putz.

3 Anforderungen

3.1 Diese Behälter müssen zusätzlich zur Kennzeichnung nach AD 2000-Merkblatt A 401 mit einem Schild ausgerüstet sein, auf dem Enddruck und Volumenstrom des Druckerzeugers, an den sie angeschlossen werden dürfen, angegeben sind.

3.2 In die Betriebsanleitung ist zusätzlich aufzunehmen, dass an die Druckbehälter nur solche Druckerzeuger angeschlossen werden, deren Enddruck und Volumenstrom die auf dem o. g. Schild angegenen Daten nicht überschreiten.

Die AD 2000-Merkblätter sind urheberrechtlich geschützt. Die Nutzungsrechte, insbesondere die der Übersetzung, des Nachdrucks, der Entnahme von Abbildungen, die Wiedergabe auf fotomechanischem Wege und die Speicherung in Datenverarbeitungsanlagen, bleiben, auch bei auszugsweiser Verwertung, dem Urheber vorbehalten.

ICS 23.020.30

Ausgabe April 2002

Herstellung und Prüfung von Druckbehältern	Besondere Druckbehälter **Druckspritzbehälter**	AD 2000-Merkblatt **HP 801 Nr. 10**

Die AD 2000-Merkblätter werden von den in der „Arbeitsgemeinschaft Druckbehälter" (AD) zusammenarbeitenden, nachstehend genannten sieben Verbänden aufgestellt. Aufbau und Anwendung des AD 2000-Regelwerkes sowie die Verfahrensrichtlinien regelt das AD 2000-Merkblatt G1.

Die AD 2000-Merkblätter enthalten sicherheitstechnische Anforderungen, die für normale Betriebsverhältnisse zu stellen sind. Sind über das normale Maß hinausgehende Beanspruchungen beim Betrieb der Druckbehälter zu erwarten, so ist diesen durch Erfüllung besonderer Anforderungen Rechnung zu tragen.

Wird von den Forderungen dieses AD 2000-Merkblattes abgewichen, muss nachweisbar sein, dass der sicherheitstechnische Maßstab dieses Regelwerkes auf andere Weise eingehalten ist, z.B. durch Werkstoffprüfungen, Versuche, Spannungsanalyse, Betriebserfahrungen.

Fachverband Dampfkessel-, Behälter- und Rohrleitungsbau e.V. (FDBR), Düsseldorf
Hauptverband der gewerblichen Berufsgenossenschaften e.V., Sankt Augustin
Verband der Chemischen Industrie e.V. (VCI), Frankfurt/Main
Verband Deutscher Maschinen- und Anlagenbau e.V. (VDMA), Fachverband Verfahrenstechnische Maschinen und Apparate, Frankfurt/Main
Verein Deutscher Eisenhüttenleute (VDEh), Düsseldorf
VGB PowerTech e.V., Essen
Verband der Technischen Überwachungs-Vereine e.V. (VdTÜV), Essen

Die AD 2000-Merkblätter werden durch die Verbände laufend dem Fortschritt der Technik angepasst. Anregungen hierzu sind zu richten an den Herausgeber:

Verband der Technischen Überwachungs-Vereine e.V., Postfach 10 38 34, 45038 Essen.

Inhalt

0 Präambel
1 Geltungsbereich
2 Begriffe
3 Anforderungen

0 Präambel

Zur Erfüllung der grundlegenden Sicherheitsanforderungen der Druckgeräte-Richtlinie kann das AD 2000-Regelwerk angewandt werden, vornehmlich für die Konformitätsbewertung nach den Modulen „G" und „B + F".

Das AD 2000-Regelwerk folgt einem in sich geschlossenen Auslegungskonzept. Die Anwendung anderer Technischer Regeln nach dem Stand der Technik zur Lösung von Teilproblemen setzt die Beachtung des Gesamtkonzeptes voraus.

Bei anderen Modulen der Druckgeräte-Richtlinie (DGR) oder für andere Rechtsgebiete kann das AD 2000-Regelwerk sinngemäß angewandt werden. Die Prüfzuständigkeit richtet sich nach den Vorgaben des jeweiligen Rechtsgebietes.

1 Geltungsbereich

Dieses AD 2000-Merkblatt HP 801 Nr. 10 enthält zusätzliche Anforderungen für Druckspritzbehälter und geht insoweit den anderen AD 2000-Merkblättern vor.

2 Begriffe

Druckspritzbehälter sind Behälter für Reinigungs-, Desinfektions-, Imprägnier- oder Pflanzenschutzmittel.

3 Anforderungen

Die Betriebsanleitung für solche Behälter muss zusätzlich Hinweise enthalten über tägliches Durchspülen der Behälter mit Wasser nach dem Gebrauch, gründliche Reinigung der Behälter und über abnehmbare Teile vor längerem Nichtgebrauch sowie Ausschluss der Verwendung von Reinigungsmitteln, die den Behälterwerkstoff angreifen können. Das tägliche Durchspülen mit Wasser darf entfallen, wenn bekannt ist, das die Imprägnier- oder Pflanzenschutzmittel nicht zu Korrosionen oder Verstopfungen führen können.

Die AD 2000-Merkblätter sind urheberrechtlich geschützt. Die Nutzungsrechte, insbesondere die der Übersetzung, des Nachdrucks, der Entnahme von Abbildungen, die Wiedergabe auf fotomechanischem Wege und die Speicherung in Datenverarbeitungsanlagen, bleiben, auch bei auszugsweiser Verwertung, dem Urheber vorbehalten.

ICS 23.020.30 Ausgabe April 2002

Herstellung und Prüfung von Druckbehältern	Besondere Druckbehälter **Offene dampfmantelbeheizte Kochgefäße** **für Konserven, Zucker- und Fleischwaren**	AD 2000-Merkblatt **HP 801 Nr. 11**

Die AD 2000-Merkblätter werden von den in der „Arbeitsgemeinschaft Druckbehälter" (AD) zusammenarbeitenden, nachstehend genannten sieben Verbänden aufgestellt. Aufbau und Anwendung des AD 2000 - Regelwerkes sowie die Verfahrensrichtlinien regelt das AD 2000-Merkblatt G1.

Die AD 2000-Merkblätter enthalten sicherheitstechnische Anforderungen, die für normale Betriebsverhältnisse zu stellen sind. Sind über das normale Maß hinausgehende Beanspruchungen beim Betrieb der Druckbehälter zu erwarten, so ist diesen durch Erfüllung besonderer Anforderungen Rechnung zu tragen.

Wird von den Forderungen dieses AD 2000-Merkblattes abgewichen, muss nachweisbar sein, dass der sicherheitstechnische Maßstab dieses Regelwerkes auf andere Weise eingehalten ist, z.B. durch Werkstoffprüfungen, Versuche, Spannungsanalyse, Betriebserfahrungen.

Fachverband Dampfkessel-, Behälter- und Rohrleitungsbau e.V. (FDBR), Düsseldorf
Hauptverband der gewerblichen Berufsgenossenschaften e.V., Sankt Augustin
Verband der Chemischen Industrie e.V. (VCI), Frankfurt/Main
Verband Deutscher Maschinen- und Anlagenbau e.V. (VDMA), Fachgemeinschaft Verfahrenstechnische Maschinen und Apparate, Frankfurt/Main
Verein Deutscher Eisenhüttenleute (VDEh), Düsseldorf
VGB PowerTech e.V., Essen
Verband der Technischen Überwachungs-Vereine e.V. (VdTÜV), Essen

Die AD 2000-Merkblätter werden durch die Verbände laufend dem Fortschritt der Technik angepasst. Anregungen hierzu sind zu richten an den Herausgeber:

Verband der Technischen Überwachungs-Vereine e.V., Postfach 10 38 34, 45038 Essen.

Inhalt

0 Präambel
1 Geltungsbereich
2 Anforderungen

0 Präambel

Zur Erfüllung der grundlegenden Sicherheitsanforderungen der Druckgeräte-Richtlinie kann das AD 2000-Regelwerk angewandt werden, vornehmlich für die Konformitätsbewertung nach den Modulen „G" und „B + F".

Das AD 2000-Regelwerk folgt einem in sich geschlossenen Auslegungskonzept. Die Anwendung anderer Technischer Regeln nach dem Stand der Technik zur Lösung von Teilproblemen setzt die Beachtung des Gesamtkonzeptes voraus.

Bei anderen Modulen der Druckgeräte-Richtlinie (DGR) oder für andere Rechtsgebiete kann das AD 2000-Regelwerk sinngemäß angewandt werden. Die Prüfzuständigkeit richtet sich nach den Vorgaben des jeweiligen Rechtsgebietes.

1 Geltungsbereich

Dieses AD 2000-Merkblatt HP 801 Nr. 11 enthält zusätzliche Anforderungen für offene dampfmantelbeheizte Kochgefäße und geht insoweit den anderen AD 2000-Merkblättern vor.

2 Anforderungen

2.1 An Dampfmänteln offener Kochgefäße für Konserven, bei denen aus betrieblichen Gründen mit Beschädigungen der Gefäßwände zu rechnen ist und die einen max. zulässigen Druck von mehr als 1 bar besitzen, müssen unabhängig vom Inhalt des Druckraumes die Druckprüfung und die Schlussprüfung von der zuständigen unabhängigen Stelle durchgeführt werden.

2.2 Soweit die Dampfmäntel mit von Hand zu betätigenden Einrichtungen zur Ableitung des Kondensats ausgerüstet sind, ist in der Betriebsanleitung darauf hinzuweisen, dass diese Einrichtungen jeweils vor Inbetriebnahme auf ihre Wirksamkeit hin überprüft werden müssen.

2.3 Die Gefahr einer Beschädigung der Gefäßwände ist bei dem Werkstoff Kupfer oder ähnlich weichen Werkstoffen und beim Entfernen von anhaftendem Kochgut und beim Einbringen von Dosen oder Käfigen in das Kochgefäß im Rahmen der Gefahrenanalyse und ggf. in der Betriebsanleitung zu berücksichtigen.

Die AD 2000-Merkblätter sind urheberrechtlich geschützt. Die Nutzungsrechte, insbesondere die der Übersetzung, des Nachdrucks, der Entnahme von Abbildungen, die Wiedergabe auf fotomechanischem Wege und die Speicherung in Datenverarbeitungsanlagen, bleiben, auch bei auszugsweiser Verwertung, dem Urheber vorbehalten.

ICS 23.020.30   Ausgabe April 2002

Herstellung und Prüfung von Druckbehältern	Besondere Druckbehälter **Lagerbehälter für Getränke**	AD 2000-Merkblatt **HP 801 Nr. 13**

Die AD 2000-Merkblätter werden von den in der „Arbeitsgemeinschaft Druckbehälter" (AD) zusammenarbeitenden, nachstehend genannten sieben Verbänden aufgestellt. Aufbau und Anwendung des AD 2000–Regelwerkes sowie die Verfahrensrichtlinien regelt das AD 2000-Merkblatt G1.

Die AD 2000-Merkblätter enthalten sicherheitstechnische Anforderungen, die für normale Betriebsverhältnisse zu stellen sind. Sind über das normale Maß hinausgehende Beanspruchungen beim Betrieb der Druckbehälter zu erwarten, so ist diesen durch Erfüllung besonderer Anforderungen Rechnung zu tragen.

Wird von den Forderungen dieses AD 2000-Merkblattes abgewichen, muss nachweisbar sein, dass der sicherheitstechnische Maßstab dieses Regelwerkes auf andere Weise eingehalten ist, z.B. durch Werkstoffprüfungen, Versuche, Spannungsanalyse, Betriebserfahrungen.

Fachverband Dampfkessel-, Behälter- und Rohrleitungsbau e.V. (FDBR), Düsseldorf
Hauptverband der gewerblichen Berufsgenossenschaften e.V., Sankt Augustin
Verband der Chemischen Industrie e.V. (VCI), Frankfurt/Main
Verband Deutscher Maschinen- und Anlagenbau e.V. (VDMA), Fachgemeinschaft Verfahrenstechnische Maschinen und Apparate, Frankfurt/Main
Verein Deutscher Eisenhüttenleute (VDEh), Düsseldorf
VGB PowerTech e.V., Essen
Verband der Technischen Überwachungs-Vereine e.V. (VdTÜV), Essen

Die AD 2000-Merkblätter werden durch die Verbände laufend dem Fortschritt der Technik angepasst. Anregungen hierzu sind zu richten an den Herausgeber:

Verband der Technischen Überwachungs-Vereine e.V., Postfach 10 38 34, 45038 Essen.

Inhalt

0 Präambel   2 Begriffe

1 Geltungsbereich   3 Anforderungen

0 Präambel

Zur Erfüllung der grundlegenden Sicherheitsanforderungen der Druckgeräte-Richtlinie kann das AD 2000-Regelwerk angewandt werden, vornehmlich für die Konformitätsbewertung nach den Modulen „G" und „B + F".

Das AD 2000-Regelwerk folgt einem in sich geschlossenen Auslegungskonzept. Die Anwendung anderer Technischer Regeln nach dem Stand der Technik zur Lösung von Teilproblemen setzt die Beachtung des Gesamtkonzeptes voraus.

Bei anderen Modulen der Druckgeräte-Richtlinie (DGR) oder für andere Rechtsgebiete kann das AD 2000-Regelwerk sinngemäß angewandt werden. Die Prüfzuständigkeit richtet sich nach den Vorgaben des jeweiligen Rechtsgebietes.

1 Geltungsbereich

Dieses AD 2000-Merkblatt HP 801 Nr. 13 enthält zusätzliche Anforderungen für Lagerbehälter für Getränke und geht insoweit den anderen AD 2000-Merkblättern vor.

2 Begriffe

Ein Lagern von Getränken liegt auch dann vor, wenn die Getränke zum Gären oder Reifen im Lagerbehälter verbleiben. Drucktanks für die Abfüllung von Getränken in Flaschen, Fässer oder andere Transportbehälter sind keine Lagerbehälter für Getränke. Lagerbehälter für Getränke können mit Rohrleitungen und Ausrüstungsteilen zu einer Baugruppe zusammengefasst sein.

3 Anforderungen

Lagerbehälter für Getränke, die unter Druck befüllt, entleert und sterilisiert werden, benötigen am Behälter selbst oder an der Druckzuleitung Einrichtungen zum Erkennen und Begrenzen des Druckes. Solche Einrichtungen werden während des Lagerns nicht benötigt, wenn der Druck mittels eines Spundapparates oder mittels eines Gäraufsatzes ständig überwacht und begrenzt wird.

Die AD 2000-Merkblätter sind urheberrechtlich geschützt. Die Nutzungsrechte, insbesondere die der Übersetzung, des Nachdrucks, der Entnahme von Abbildungen, die Wiedergabe auf fotomechanischem Wege und die Speicherung in Datenverarbeitungsanlagen, bleiben, auch bei auszugsweiser Verwertung, dem Urheber vorbehalten.

ICS 23.020.30		Ausgabe Februar 2004
Herstellung und Prüfung von Druckbehältern	Besondere Druckbehälter **Druckbehälter in Kälteanlagen und Wärmepumpenanlagen**	AD 2000-Merkblatt **HP 801 Nr. 14**

Die AD 2000-Merkblätter werden von den in der „Arbeitsgemeinschaft Druckbehälter" (AD) zusammenarbeitenden, nachstehend genannten sieben Verbänden aufgestellt. Aufbau und Anwendung des AD 2000-Regelwerkes sowie die Verfahrensrichtlinien regelt das AD 2000-Merkblatt G1.

Die AD 2000-Merkblätter enthalten sicherheitstechnische Anforderungen, die für normale Betriebsverhältnisse zu stellen sind. Sind über das normale Maß hinausgehende Beanspruchungen beim Betrieb der Druckbehälter zu erwarten, so ist diesen durch Erfüllung besonderer Anforderungen Rechnung zu tragen.

Wird von den Anforderungen dieses AD 2000-Merkblattes abgewichen, muss nachweisbar sein, dass der sicherheitstechnische Maßstab dieses Regelwerkes auf andere Weise eingehalten ist, z. B. durch Werkstoffprüfungen, Versuche, Spannungsanalysen, Betriebserfahrungen.

Fachverband Dampfkessel-, Behälter- und Rohrleitungsbau e. V. (FDBR), Düsseldorf
Hauptverband der gewerblichen Berufsgenossenschaften e. V., Sankt Augustin
Verband der Chemischen Industrie e. V. (VCI), Frankfurt/Main
Verband Deutscher Maschinen- und Anlagenbau e. V. (VDMA), Fachgemeinschaft Verfahrenstechnische Maschinen und Apparate, Frankfurt/Main
Stahlinstitut VDEh, Düsseldorf
VGB PowerTech e. V., Essen
Verband der Technischen Überwachungs-Vereine e. V. (VdTÜV), Berlin

Die AD 2000-Merkblätter werden durch die Verbände laufend dem Fortschritt der Technik angepasst. Anregungen hierzu sind zu richten an den Herausgeber:

Verband der Technischen Überwachungs-Vereine e. V., Postfach 10 38 34, 45038 Essen.

Inhalt

0 Präambel
1 Geltungsbereich
2 Begriffe
3 Anforderungen
4 Zusätzliche Anforderungen für Druckbehälter in Ammoniak-Kälteanlagen

0 Präambel

Zur Erfüllung der grundlegenden Sicherheitsanforderungen der Druckgeräte-Richtlinie kann das AD 2000-Regelwerk angewandt werden, vornehmlich für die Konformitätsbewertung nach den Modulen „G" und „B + F".

Das AD 2000-Regelwerk folgt einem in sich geschlossenen Auslegungskonzept. Die Anwendung anderer technischer Regeln nach dem Stand der Technik zur Lösung von Teilproblemen setzt die Beachtung des Gesamtkonzeptes voraus.

Bei anderen Modulen der Druckgeräte-Richtlinie (DGR) oder für andere Rechtsgebiete kann das AD 2000-Regelwerk sinngemäß angewandt werden. Die Prüfzuständigkeit richtet sich nach den Vorgaben des jeweiligen Rechtsgebietes.

1 Geltungsbereich

Dieses AD 2000-Merkblatt HP 801 Nr. 14 enthält zusätzliche Anforderungen für Druckbehälter in Kälteanlagen sowie Wärmepumpenanlagen und geht insoweit den anderen AD 2000-Merkblättern vor.

Ausgenommen sind Druckbehälter, die ausschließlich aus Teilen mit weniger als 10 cm^2 lichtem Querschnitt bestehen. Für Druckbehälter in Kälteanlagen gelten die AD 2000-Merkblätter HP 801 Nr. 26, 27, 34 und 37 nicht.

2 Begriffe

Kälteanlagen im Sinne dieses AD 2000-Merkblattes sind Kälteanlagen und Wärmepumpen, die nach dem Kompressionsprinzip oder nach dem Absorptionsprinzip arbeiten. Sie umfassen eine Kombination von Anlagenteilen, die einen geschlossenen Kältemittelkreislauf bilden, in dem flüssiges Kältemittel durch Verdampfen Wärme aufnimmt und gasförmiges Kühlmittel, nachdem es mit mechanischer oder thermischer Verdichtung auf höheren Druck gebracht wurde, durch Verflüssigung Wärme abgibt.

3 Anforderungen an Druckbehälter in Kälteanlagen und Wärmepumpenanlagen

3.1 Druckbehälter in Kälteanlagen sind entsprechend dem Stand der Technik auszulegen. Dies gilt insbesondere als erfüllt, wenn die DIN EN 378 eingehalten wird.

Ersatz für Ausgabe Juli 2003; | = Änderungen gegenüber der vorangehenden Ausgabe

Die AD 2000-Merkblätter sind urheberrechtlich geschützt. Die Nutzungsrechte, insbesondere die der Übersetzung, des Nachdrucks, der Entnahme von Abbildungen, die Wiedergabe auf fotomechanischem Wege und die Speicherung in Datenverarbeitungsanlagen, bleiben, auch bei auszugsweiser Verwertung, dem Urheber vorbehalten.

3.2 Bezug nehmend auf AD 2000-Merkblatt A 5 Abschnitt 2.1.3 sind Mannlöcher und Besichtigungsöffnungen nicht erforderlich.

3.3 Gedämmte Anlagenteile sind besonders im Taupunktbereich und bei wechselnden Innentemperaturen durch Tauwasser bzw. Eisbildung stark korrosionsgefährdet. Alle Anlagenteile müssen vor der Dämmung mit einem dauerhaft dichten und elastischen Korrosionsschutz entsprechend DIN EN ISO 12944 versehen werden. Die Dämmung muss hinreichend dicht und gegen Durchfeuchtung (Dampfbremse) geschützt sein. Die Dämmung und Dampfbremse sollen durch Halterungen nicht durchbrochen oder beschädigt werden. Die Dämmung ist nach DIN 4140 auszuführen.

3.4 Für die Auslegung der Sicherheitsventile und Überströmventile ist DIN EN 13136 zu berücksichtigen. Die Überströmleitungen von Überströmventilen sollten vorzugsweise in die Gasphase einmünden und müssen auf kürzestem Wege in Anlagenteile niedrigeren Druckes (z. B. die Rücklaufleitung zum Abscheider) abblasen und wie folgt ausgeführt sein:

(1) Es sind Absperreinrichtungen vor und hinter dem Überströmventil vorzusehen.

(2) Die Absperreinrichtungen müssen in Offenstellung blockierbar (z. B. Hülse, Kappe, Bügel) und gegen unbefugtes Verstellen sicherbar sein.

(3) Sammelleitungen von Überströmventilen mit Ammoniak sind zu kennzeichnen.

3.5 Sicherheitsventile und Überströmventile dürfen nicht mit Anlüfthebel versehen sein.

3.6 Der Einstelldruck der Sicherheitsdruckbegrenzer muss mindestens 10 % unter dem Ansprechdruck des Sicherheitsventils gemäß DIN EN 378-2 Tabelle 2 eingestellt sein.

4 Zusätzliche Anforderungen für Druckbehälter in Ammoniak-Kälteanlagen

4.1 Die Mindestauslegungsdrücke sind gemäß DIN EN 378-2 Tabelle 1 zu ermitteln und betragen:
- für die Niederdruckseite   12 bar
- für die Hochdruckseite   16 bar

4.2 Das Auftreten von Spannungsrisskorrosion in Ammoniak-Kälteanlagen ist nicht zu befürchten, wenn
- zähe Werkstoffe mit einer Streckgrenze ≤ 370 N/mm^2 verwendet werden,
- sauerstoff- bzw. luftfreie Kältemittelkreisläufe vorliegen,
- Kerbschlagzähigkeit bis zu den vorgesehenen tiefsten Anwendungstemperaturen nachgewiesen wird.

Ein Restwassergehalt $\geq$ 0,2 Gew.-% (bezogen auf Ammoniak) kann als zusätzlicher Inhibitor zur Vermeidung von Spannungsrisskorrosion wirken. Kupfer, Zink und Kupferlegierungen sowie die Nickellegierung NiCu30Fe dürfen für ammoniakführende Anlagenteile nicht verwendet werden. Bei tiefen Anwendungstemperaturen ist AD 2000-Merkblatt W 10 zu beachten.

4.3 Zur Vermeidung von Spannungsrisskorrosion sollten nur Werkstoffe mit einer Streckgrenze $\leq$ 370 N/mm^2 und entsprechender Zähigkeit, z. B. bei unlegierten und legierten ferritischen Stählen für die Probenrichtung quer bei Raumtemperatur mindestens
- Bruchdehnung ≥ 16 %,
- Kerbschlagarbeit an der Charpy-V-Probe nach DIN EN 10045-1 $\geq$ 27 J (Mittelwert aus 3 Versuchen),

verwendet werden.

Sofern höherfestere Werkstoffe eingesetzt werden, sind entsprechende Maßnahmen bezüglich der Vermeidung der Spannungsrisskorrosion zu treffen.

4.4 Für Armaturengehäuse sind nur Werkstoffe mit gewährleisteter Kerbschlagarbeit wie Gusseisen mit Kugelgraphit EN-GJS-15, EN-GJS-15U oder höherwertig zulässig. Gusseisen mit Lamellengraphit (Grauguss) ist nicht zulässig. Ausnahmsweise darf in begründeten Einzelfällen hiervon für kältetechnische Armaturen bis $\leq$ DN 50 abgewichen werden.

4.5 Standanzeiger sind erforderlich in Sammlern und bei bestimmungsgemäß in Betrieb nicht vollständig überfluteten Verdampfern. Fernanzeige verbleiben sicherheitstechnisch nicht zwingend erforderlich. Darf aus sicherheitstechnischen Gründen ein bestimmtes Niveau nicht über- oder unterschritten werden, sind Sollwertabweichungen zu alarmieren. Glasrohre als Standanzeiger sind nicht zulässig.

4.6 Die Endstellung der sicherheitstechnisch erforderlichen fernbetätigbaren Absperrarmaturen muss vor Ort eindeutig erkennbar oder kenntlich sein. Dies muss zusätzlich am Betätigungsort angezeigt werden. Sicherheitstechnisch erforderliche Absperrklappen sind nur in doppelexzentrischer Ausführung zulässig.

Wenn die Absperrarmatur zwischen Druckbehälter (z. B. Verflüssiger) und Sammler nicht betriebsmäßig zu betätigen ist, darf die Überdruckabsicherung des Verflüssigers über die Sicherheitseinrichtung des Hochdrucksammlers erfolgen.

Betriebsmäßig nicht zu betätigende Absperrarmaturen müssen in Betriebsstellung gegen unbefugtes Betätigen sicherbar sein.

Spindeln für Absperrarmaturen müssen aus nichtrostendem Stahl ausgeführt sein.

4.7 Füllschläuche sind entsprechend dem Stand der Technik auszulegen. Dies ist insbesondere erfüllt bei Einhaltung der DIN EN 1736. Füllschläuche dürfen maximal eine Nennweite von DN 25 haben und sollten eine Gesamtlänge von 5 m nicht überschreiten. Der Füllschlauch ist gegen Beschädigung, z. B. durch Überrollen von Fahrzeugen, zu sichern.

4.8 Die gesamte Anlage muss einer Dichtheitsprüfung nach DIN EN 378-2 unterzogen werden.

4.9 Zusätzliche Anforderungen an Druckbehälter mit mehr als 300 kg flüssigem Ammoniak, ausgenommen Wärmeaustauscher

4.9.1 An Druckbehältern, die mehr als 300 kg flüssiges Ammoniak betriebsmäßig enthalten können, ausgenommen Wärmeaustauscher, müssen die Stutzen mit einer Nennweite von mindestens DN 25 und einer Wanddicke $s \geq 3{,}2$ mm nach DIN EN 10220 ausgeführt sein.

Für Druckbehälter nach Satz 1 gelten die nachfolgenden Anforderungen:

(1) Die Anzahl der Behälterstutzen soll minimiert werden. Die Festlegung der Anzahl der Stutzen muss dabei unter Berücksichtigung der kältetechnischen Gegebenheiten erfolgen.

(2) Stutzen im Krempenbereich müssen vermieden werden. Sind diese jedoch vorhanden, so hat eine 100-%ige zerstörungsfreie Prüfung im Rahmen der Schlussprüfung zu erfolgen.

(3) Alle Stutzeneinschweißnähte müssen von außen prüffähig ausgeführt werden.

(4) Einseitige Kehlnähte an Stutzen sind nicht zulässig.

4.9.2 Standanzeiger mit langen Schauglasplatten nach DIN EN 12178 sind zulässig, wenn sie beidseitig mit Schnellschlussventilen und Kugelselbstschluss ausgerüstet sind. Runde Schaugläser nach DIN 7080 dürfen im Ölkreislauf der Verdichterbaugruppe (z. B. Ölabscheider) eingebaut werden, wenn der Schauglasplattendurchmesser 63 mm nicht überschreitet. Um Spannungen beim Einbau der Gläser auszuschließen, sollten nur metallgefasste Schauglasplatten (z. B. nach DIN 28 121, Ausführung A, oder thermisch vorgespannte Gläser, die in einem Metallring nach DIN 7079 eingegossen sind) eingesetzt werden.

4.9.3 Bei Druckbehältern nach Abschnitt 4.9.1 erster Absatz sind bei Verwendung von Sicherheitsventilen als Sicherheitseinrichtung gegen Drucküberschreitung zwei Sicherheitsventile mit vorgeschaltetem Wechselventil einzusetzen. Soweit technisch möglich, sind die Sicherheitsventile in der Gasphase anzuordnen.

Sicherheitsventile, die in die Atmosphäre abblasen, sind wie folgt auszurüsten:
- Vorschaltung von Berstscheiben mit Zwischenraumüberwachung und Druckalarmeinrichtung (Druckwächter) oder
- Gassensor in der Ausblaseleitung oder
- Verwendung von Sicherheitsventilen mit Elastomerdichtung, mit Drucküberwachung des abgesicherten Anlagenteils, mit Alarmierung an die ständig besetzte Stelle bei 2 bar unter dem Ansprechdruck des Sicherheitsventils.

Der Ansprechdruck des den Zwischenraum überwachenden Druckwächters sollte auf einen Druck < 0,5 bar eingestellt werden. Bei Ansprechen des Wächters muss ein Alarm in der Messwarte bzw. im Messstand ausgelöst werden.

4.9.4 An Schweißnähten der Druckbehälter sind die zerstörungsfreien Prüfungen objektgebunden durchzuführen; die Durchstrahlungs- und US-Prüfung an Längsnähten und Rundnähten gemäß AD 2000-Merkblatt HP 5/3, jedoch an mindestens 10 % der Nähte (bei Schweißnähten, die mit flüssigem Ammoniak beaufschlagt werden, an mindestens 20 % der Nähte), unter Erfassung aller T-Stöße.

Stutzennähte sollen zu 100 % einer Durchstrahlungs- oder Ultraschallprüfung unterzogen werden. In Einzelfällen darf diese Prüfung durch eine Oberflächenrissprüfung ersetzt werden.

4.10 Zusätzliche Anforderungen an Druckbehälter in Ammoniak-Kälteanlagen mit einem Gesamtinhalt von mehr als 3 t Kältemittel

4.10.1 Wenn Verflüssiger im bestimmungsgemäßen Betrieb einen Füllstand von flüssigem Ammoniak aufweisen können, gelten die Anforderungen für Druckbehälter gemäß Abschnitt 4.9.1 zweiter Absatz.

4.10.2 Zulaufleitungen für Ammoniakpumpen an NH_3-Abscheidern sollten über nur einen Stutzen angeschlossen werden. Die Festlegung der Anzahl der Stutzen muss dabei unter Berücksichtigung der kältetechnischen Gegebenheiten erfolgen. Pumpenzulaufleitungen aus dem Zentralabscheider sind behälternah mit einer fernbetätigbaren Absperrarmatur auszurüsten. Um Reparaturen an fernbetätigbaren Armaturen durchführen zu können, empfiehlt es sich, eine betriebsmäßig nicht bedienbare Absperrarmatur vorzuschalten. Die fernbetätigbare Absperrarmatur ist auf der Saugseite der Pumpe einzubauen.

ICS 23.020.30 Ausgabe April 2002

| Herstellung und Prüfung von Druckbehältern | Besondere Druckbehälter **Druckbehälter, die Schwellbeanspruchungen ausgesetzt sind** | AD 2000-Merkblatt **HP 801 Nr. 15** |

Die AD 2000-Merkblätter werden von den in der „Arbeitsgemeinschaft Druckbehälter" (AD) zusammenarbeitenden, nachstehend genannten sieben Verbänden aufgestellt. Aufbau und Anwendung des AD 2000-Regelwerkes sowie die Verfahrensrichtlinien regelt das AD 2000-Merkblatt G1.

Die AD 2000-Merkblätter enthalten sicherheitstechnische Anforderungen, die für normale Betriebsverhältnisse zu stellen sind. Sind über das normale Maß hinausgehende Beanspruchungen beim Betrieb der Druckbehälter zu erwarten, so ist diesen durch Erfüllung besonderer Anforderungen Rechnung zu tragen.

Wird von den Forderungen dieses AD 2000-Merkblattes abgewichen, muss nachweisbar sein, dass der sicherheitstechnische Maßstab dieses Regelwerkes auf andere Weise eingehalten ist, z. B. durch Werkstoffprüfungen, Versuche, Spannungsanalyse, Betriebserfahrungen.

> Fachverband Dampfkessel-, Behälter- und Rohrleitungsbau e.V. (FDBR), Düsseldorf
> Hauptverband der gewerblichen Berufsgenossenschaften e.V., Sankt Augustin
> Verband der Chemischen Industrie e.V. (VCI), Frankfurt/Main
> Verband Deutscher Maschinen- und Anlagenbau e.V. (VDMA), Fachgemeinschaft Verfahrenstechnische Maschinen und Apparate, Frankfurt/Main
> Verein Deutscher Eisenhüttenleute (VDEh), Düsseldorf
> VGB PowerTech e.V., Essen
> Verband der Technischen Überwachungs-Vereine e.V. (VdTÜV), Essen

Die AD 2000-Merkblätter werden durch die Verbände laufend dem Fortschritt der Technik angepasst. Anregungen hierzu sind zu richten an den Herausgeber:

Verband der Technischen Überwachungs-Vereine e.V., Postfach 10 38 34, 45038 Essen.

Inhalt

0 Präambel
1 Geltungsbereich
2 Begriffe
3 Anforderungen

0 Präambel

Zur Erfüllung der grundlegenden Sicherheitsanforderungen der Druckgeräte-Richtlinie kann das AD 2000-Regelwerk angewandt werden, vornehmlich für die Konformitätsbewertung nach den Modulen „G" und „B + F".

Das AD 2000-Regelwerk folgt einem in sich geschlossenen Auslegungskonzept. Die Anwendung anderer Technischer Regeln nach dem Stand der Technik zur Lösung von Teilproblemen setzt die Beachtung des Gesamtkonzeptes voraus.

Bei anderen Modulen der Druckgeräte-Richtlinie (DGR) oder für andere Rechtsgebiete kann das AD 2000-Regelwerk sinngemäß angewandt werden. Die Prüfzuständigkeit richtet sich nach den Vorgaben des jeweiligen Rechtsgebietes.

1 Geltungsbereich

Dieses AD 2000-Merkblatt HP 801 Nr. 15 enthält zusätzliche Anforderungen für Druckbehälter, die Schwellbeanspruchungen ausgesetzt sind, und geht insoweit den anderen AD 2000-Merkblättern vor.

2 Begriffe

Druckbehälter, die Schwellbeanspruchungen ausgesetzt sind, sind solche Druckbehälter, bei denen die während der Betriebszeit auftretenden Beanspruchungen sich so häufig und so stark ändern, dass z. B. in Abhängigkeit vom eingesetzten Werkstoff, dem Füllmedium eine Schädigung durch Materialermüdung zu befürchten ist.

3 Anforderungen

3.1 Druckbehälter, die Schwellbeanspruchungen ausgesetzt sind, sind unter Berücksichtigung der zulässigen Lastwechsel auszulegen und zu fertigen – siehe hierzu insbesondere AD 2000-Merkblätter S 1 und S 2.

3.2 Im Rahmen der Entwurfsprüfung berücksichtigt die zuständige unabhängige Stelle auch die vom Hersteller oder Betreiber festgelegte Lastwechselzahl. Sie legt im Einvernehmen mit dem Hersteller oder Betreiber die bei der Schlussprüfung und den wiederkehrenden Prüfungen besonders zu prüfenden Stellen sowie das hierfür vorgesehene Prüfprogramm fest. Die Schlussprüfung wird unter Berücksichtigung dieser Festlegungen durchgeführt.

Die AD 2000-Merkblätter sind urheberrechtlich geschützt. Die Nutzungsrechte, insbesondere die der Übersetzung, des Nachdrucks, der Entnahme von Abbildungen, die Wiedergabe auf fotomechanischem Wege und die Speicherung in Datenverarbeitungsanlagen, bleiben, auch bei auszugsweiser Verwertung, dem Urheber vorbehalten.

Zerstörungsfreie Prüfungen während der Fertigung sind grundsätzlich nach einer Ausnutzung der Berechnungsspannung in der Fügeverbindung von 100 % auszurichten.

Bei der zerstörungsfreien Prüfung ist der US-Prüfung in der Regel der Vorrang zu geben. Im Betrieb hoch beanspruchte Stellen, wie z. B. Stutzeneinschweißungen, Lochränder oder Querschnittsübergänge, sind möglichst vollständig auf äußere und innere Fehler zerstörungsfrei zu prüfen.

Das Prüfprogramm, die geprüften Stellen und die Prüfergebnisse sind in den technischen Unterlagen gemäß AD 2000-Merkblatt HP 512 zu dokumentieren.

ICS 23.020.30 Ausgabe Mai 2002

| Herstellung und Prüfung von Druckbehältern | Besondere Druckbehälter
Druckbehälter für Feuerlöschgeräte und Löschmittelbehälter | AD 2000-Merkblatt
HP 801 Nr. 18 |

Die AD 2000-Merkblätter werden von den in der „Arbeitsgemeinschaft Druckbehälter" (AD) zusammenarbeitenden, nachstehend genannten sieben Verbänden aufgestellt. Aufbau und Anwendung des AD 2000-Regelwerkes sowie die Verfahrensrichtlinien regelt das AD 2000-Merkblatt G1.

Die AD 2000-Merkblätter enthalten sicherheitstechnische Anforderungen, die für normale Betriebsverhältnisse zu stellen sind. Sind über das normale Maß hinausgehende Beanspruchungen beim Betrieb der Druckbehälter zu erwarten, so ist diesen durch Erfüllung besonderer Anforderungen Rechnung zu tragen.

Wird von den Forderungen dieses AD 2000-Merkblattes abgewichen, muss nachweisbar sein, dass der sicherheitstechnische Maßstab dieses Regelwerkes auf andere Weise eingehalten ist, z. B. durch Werkstoffprüfungen, Versuche, Spannungsanalyse, Betriebserfahrungen.

Fachverband Dampfkessel-, Behälter- und Rohrleitungsbau e.V. (FDBR), Düsseldorf
Hauptverband der gewerblichen Berufsgenossenschaften e.V., Sankt Augustin
Verband der Chemischen Industrie e.V. (VCI), Frankfurt/Main
Verband Deutscher Maschinen- und Anlagenbau e.V. (VDMA), Fachgemeinschaft Verfahrenstechnische Maschinen und Apparate, Frankfurt/Main
Verein Deutscher Eisenhüttenleute (VDEh), Düsseldorf
VGB PowerTech e.V., Essen
Verband der Technischen Überwachungs-Vereine e.V. (VdTÜV), Essen

Die AD 2000-Merkblätter werden durch die Verbände laufend dem Fortschritt der Technik angepasst. Anregungen hierzu sind zu richten an den Herausgeber:

Verband der Technischen Überwachungs-Vereine e.V., Postfach 10 38 34, 45038 Essen.

Inhalt

0 Präambel
1 Geltungsbereich
2 Begriffsbestimmungen
3 Allgemeines
4 Ausrüstung

0 Präambel

Zur Erfüllung der grundlegenden Sicherheitsanforderungen der Druckgeräte-Richtlinie kann das AD 2000-Regelwerk angewandt werden, vornehmlich für die Konformitätsbewertung nach den Modulen „G" und „B + F".

Das AD 2000-Regelwerk folgt weiterhin in sich geschlossenen Auslegungskonzept. Die Anwendung anderer technischer Regeln nach dem Stand der Technik zur Lösung von Teilproblemen setzt die Beachtung des Gesamtkonzeptes voraus.

Bei anderen Modulen der Druckgeräte-Richtlinie (DGR) oder für andere Rechtsgebiete kann das AD 2000-Regelwerk sinngemäß angewandt werden. Die Prüfzuständigkeit richtet sich nach den Vorgaben der jeweiligen Rechtsgebietes.

1 Geltungsbereich

Dieses AD 2000-Merkblatt HP 801 Nr. 18 enthält zusätzliche Anforderungen an Druckbehälter für Feuerlöschgeräte und Löschmittelbehälter und geht insoweit den anderen AD 2000-Merkblättern vor.

2 Begriffsbestimmungen

2.1 Druckbehälter für Feuerlöschgeräte, die nur beim Einsatz unter Druck gesetzt werden, sind die Löschmittelbehälter von Aufladelöschern.

2.2 Aufladelöscher sind Löscher, die aus zwei Behältern bestehen, und zwar aus dem Löschmittelbehälter und dem Druckgasbehälter für das Treibgas. Wird eine Verbindung zwischen beiden Behältern hergestellt (z. B. durch Öffnen eines Ventils oder durch Zerstören einer Absperrscheibe), so tritt das Treibgas aus dem Druckgasbehälter in den Löschmittelbehälter. Der Löschmittelbehälter wird „aufgeladen" – siehe DIN 14 406 Teil 1.

2.3 Zu den ortsfesten Kohlensäure- und Halonbehältern für Löschzwecke gehören auch Kohlensäure- und Halonbehälter, die Bestandteile einer ortsbeweglichen Betriebsanlage (Löschanlage) sind und mit dieser dauerhaft fest verbunden sind.

2.4 Nachfüllen bedeutet, dass 80 % oder mehr des Löschmittels ergänzt werden.

Die AD 2000-Merkblätter sind urheberrechtlich geschützt. Die Nutzungsrechte, insbesondere die der Übersetzung, des Nachdrucks, der Entnahme von Abbildungen, die Wiedergabe auf fotomechanischem Wege und die Speicherung in Datenverarbeitungsanlagen, bleiben, auch bei auszugsweiser Verwertung, dem Urheber vorbehalten.

2.5 Der maximal zulässige Druck ist bei Druckbehältern für Feuerlöschgeräte und Löschmittelbehältern mit dem zulässigen Betriebsüberdruck nach DIN 14 406 Teil 3 identisch.

3 Allgemeines

Löschmittelbehälter von tragbaren und ortsfesten Aufladelöschern mit einem maximal zulässigen Druck von mehr als 1 bar und einem Druckinhaltsprodukt von nicht mehr als 300 müssen nach DIN 14 406 Teil 3 hergestellt, ausgerüstet, geprüft und gekennzeichnet sein.

4 Ausrüstung

4.1 Bei Löschmittelbehältern darf die Druckmesseinrichtung entfallen. Der Verschluss ist dann so zu gestalten, dass beim Öffnen des Verschlusses ein etwa im Innern des Druckbehälters vorhandener Druck gefahrlos entweichen kann. Es sind z. B. Druckentspannungsöffnungen vorzusehen, die voll wirksam werden, wenn der Verschluss um $1/3$ der Einschraublänge gelöst ist.

4.2 Löschmittelbehälter von tragbaren Aufladelöschern brauchen nicht mit einer Sicherheitseinrichtung gegen Drucküberschreitung ausgerüstet zu sein, wenn eine Drucküberschreitung durch die Konstruktion verhindert ist und die dadurch vorgegebene Betriebsweise nicht beeinflusst werden kann.

ICS 23.020.30		Ausgabe April 2002
Herstellung und Prüfung von Druckbehältern	Besondere Druckbehälter **Druckbehälter mit Auskleidung oder Ausmauerung**	AD 2000-Merkblatt **HP 801 Nr. 19**

Die AD 2000-Merkblätter werden von den in der „Arbeitsgemeinschaft Druckbehälter" (AD) zusammenarbeitenden, nachstehend genannten sieben Verbänden aufgestellt. Aufbau und Anwendung des AD 2000-Regelwerkes sowie die Verfahrensrichtlinien regelt das AD 2000-Merkblatt G1.

Die AD 2000-Merkblätter enthalten sicherheitstechnische Anforderungen, die für normale Betriebsverhältnisse zu stellen sind. Sind über das normale Maß hinausgehende Beanspruchungen beim Betrieb der Druckbehälter zu erwarten, so ist diesen durch Erfüllung besonderer Anforderungen Rechnung zu tragen.

Wird von den Forderungen dieses AD 2000-Merkblattes abgewichen, muss nachweisbar sein, dass der sicherheitstechnische Maßstab dieses Regelwerkes auf andere Weise eingehalten ist, z.B. durch Werkstoffprüfungen, Versuche, Spannungsanalyse, Betriebserfahrungen.

Fachverband Dampfkessel-, Behälter- und Rohrleitungsbau e.V. (FDBR), Düsseldorf
Hauptverband der gewerblichen Berufsgenossenschaften e.V., Sankt Augustin
Verband der Chemischen Industrie e.V. (VCI), Frankfurt/Main
Verband Deutscher Maschinen- und Anlagenbau e.V. (VDMA), Fachgemeinschaft Verfahrenstechnische Maschinen und Apparate, Frankfurt/Main
Verein Deutscher Eisenhüttenleute (VDEh), Düsseldorf
VGB PowerTech e.V., Essen
Verband der Technischen Überwachungs-Vereine e.V. (VdTÜV), Essen

Die AD 2000-Merkblätter werden durch die Verbände laufend dem Fortschritt der Technik angepasst. Anregungen hierzu sind zu richten an den Herausgeber:

Verband der Technischen Überwachungs-Vereine e.V., Postfach 10 38 34, 45038 Essen.

Inhalt

0 Präambel
1 Geltungsbereich
2 Begriffe
3 Anforderungen

0 Präambel

Zur Erfüllung der grundlegenden Sicherheitsanforderungen der Druckgeräte-Richtlinie kann das AD 2000-Regelwerk angewandt werden, vornehmlich für die Konformitätsbewertung nach den Modulen „G" und „B + F".

Das AD 2000-Regelwerk folgt einem in sich geschlossenen Auslegungskonzept. Die Anwendung anderer Technischer Regeln nach dem Stand der Technik zur Lösung von Teilproblemen setzt die Beachtung des Gesamtkonzeptes voraus.

Bei anderen Modulen der Druckgeräte-Richtlinie (DGR) oder für andere Rechtsgebiete kann das AD 2000-Regelwerk sinngemäß angewandt werden. Die Prüfzuständigkeit richtet sich nach den Vorgaben des jeweiligen Rechtsgebietes.

1 Geltungsbereich

Dieses AD 2000-Merkblatt HP 801 Nr. 19 enthält zusätzliche Anforderungen für Druckbehälter mit Auskleidung und Ausmauerung und geht insoweit den anderen AD 2000-Merkblättern vor.

2 Begriffe

2.1 Auskleidungen sind dadurch gekennzeichnet, dass sie in den fertiggestellten Druckbehälter nachträglich eingebracht werden.

2.2 Auskleidungen dienen dazu, Druckbehälterwandungen vor Einflüssen der Beschickung zu schützen, z. B. unzulässiger Korrosion oder Wärmeeinwirkung. Auskleidungen können auch dazu dienen, die Beschickung vor unerwünschten Einflüssen durch die Behälterwand zu schützen, z. B. vor Verunreinigung.

2.3 Auskleidungen können auf der ganzen Fläche mit der Behälterwand fest verbunden sein, z. B. Verbleiung, Verzinkung, Verzinnung, Emaillierung, Gummierung.

3 Anforderungen

3.1 Sulfit-Zellstoffkocher mit Auskleidung oder Ausmauerung müssen zusätzlich zur Sicherheitseinrichtung gegen Drucküberschreitung mit einer selbstschreibenden Druck-

---

Die AD 2000-Merkblätter sind urheberrechtlich geschützt. Die Nutzungsrechte, insbesondere die der Übersetzung, des Nachdrucks, der Entnahme von Abbildungen, die Wiedergabe auf fotomechanischem Wege und die Speicherung in Datenverarbeitungsanlagen, bleiben, auch bei auszugsweiser Verwertung, dem Urheber vorbehalten.

messeinrichtung und einer Alarmeinrichtung, die beim Überschreiten des max. zulässigen Druckes um 0,2 bar wirksam wird, ausgerüstet sein.

3.2 Bei Druckbehältern, bei denen die Ausmauerung oder Auskleidung nur oder auch dem Schutz gegen Temperaturüberschreitung dient, muss die zulässige Wandungstemperatur überwacht werden können, z. B. durch Verwendung von Temperaturumschlagfarben als Anstrich.

ICS 23.020.30   Ausgabe April 2002

Herstellung und Prüfung von Druckbehältern	Besondere Druckbehälter **Fahrzeugbehälter für flüssige, körnige oder staubförmige Güter**	AD 2000-Merkblatt **HP 801 Nr. 23**

Die AD 2000-Merkblätter werden von den in der „Arbeitsgemeinschaft Druckbehälter" (AD) zusammenarbeitenden, nachstehend genannten sieben Verbänden aufgestellt. Aufbau und Anwendung des AD 2000-Regelwerkes sowie die Verfahrensrichtlinien regelt das AD 2000-Merkblatt G1.

Die AD 2000-Merkblätter enthalten sicherheitstechnische Anforderungen, die für normale Betriebsverhältnisse zu stellen sind. Sind über das normale Maß hinausgehende Beanspruchungen beim Betrieb der Druckbehälter zu erwarten, so ist diesen durch Erfüllung besonderer Anforderungen Rechnung zu tragen.

Wird von den Forderungen dieses AD 2000-Merkblattes abgewichen, muss nachweisbar sein, dass der sicherheitstechnische Maßstab dieses Regelwerkes auf andere Weise eingehalten ist, z.B. durch Werkstoffprüfungen, Versuche, Spannungsanalyse, Betriebserfahrungen.

> *Fachverband Dampfkessel-, Behälter- und Rohrleitungsbau e.V. (FDBR), Düsseldorf*
> *Hauptverband der gewerblichen Berufsgenossenschaften e.V., Sankt Augustin*
> *Verband der Chemischen Industrie e.V. (VCI), Frankfurt/Main*
> *Verband Deutscher Maschinen- und Anlagenbau e.V. (VDMA), Fachgemeinschaft Verfahrenstechnische Maschinen und Apparate, Frankfurt/Main*
> *Verein Deutscher Eisenhüttenleute (VDEh), Düsseldorf*
> *VGB PowerTech e.V., Essen*
> *Verband der Technischen Überwachungs-Vereine e.V. (VdTÜV), Essen*

Die AD 2000-Merkblätter werden durch die Verbände laufend dem Fortschritt der Technik angepasst. Anregungen hierzu sind zu richten an den Herausgeber:

Verband der Technischen Überwachungs-Vereine e.V., Postfach 10 38 34, 45038 Essen.

Inhalt

0 Präambel   2 Begriffe

1 Geltungsbereich   3 Anforderungen

0 Präambel

Zur Erfüllung der grundlegenden Sicherheitsanforderungen der Druckgeräte-Richtlinie kann das AD 2000-Regelwerk angewandt werden, vornehmlich für die Konformitätsbewertung nach den Modulen „G" und „B + F".

Das AD 2000-Regelwerk folgt einem in sich geschlossenen Auslegungskonzept. Die Anwendung anderer Technischer Regeln nach dem Stand der Technik zur Lösung von Teilproblemen setzt die Beachtung des Gesamtkonzeptes voraus.

Bei anderen Modulen der Druckgeräte-Richtlinie (DGR) oder für andere Rechtsgebiete kann das AD 2000-Regelwerk sinngemäß angewandt werden. Die Prüfzuständigkeit richtet sich nach den Vorgaben des jeweiligen Rechtsgebietes.

1 Geltungsbereich

Dieses AD 2000-Merkblatt HP 801 Nr. 23 enthält zusätzliche Anforderungen für Fahrzeugbehälter für flüssige, körnige oder staubförmige Güter und geht insoweit den anderen AD 2000-Merkblättern vor.

2 Begriffe

Fahrzeugbehälter sind die mit den Fahrzeugen fest verbundenen Transportbehälter sowie Aufsetztanks und Tankcontainer. Aufsetztanks sind Tanks, die nur im leeren Zustand auf- und abgesattelt werden dürfen. Tankcontainer können gefüllt auf- und abgenommen werden.

3 Anforderungen

3.1 Bei Verschlusselementen an Domdeckeln, die aus klappbaren Spannschrauben und Flügelmuttern bestehen, muss durch konstruktive Maßnahmen sichergestellt sein, dass die Schraubverbindung nicht vollständig getrennt werden kann, z. B. durch ein als Anschlag ausgebildetes, am Bolzenende befestigtes Sicherungselement. Dieses Sicherungselement muss

– so ausgeführt sein, dass die Prüfung der Gewinde über den gesamten Bereich möglich ist, und

– so bemessen sein, dass es den Öffnungswinkel des mit dem maximalen zulässigen Druck beaufschlagten Domdeckels zu begrenzen vermag, wenn das Gewinde der Schraubverbindung verschleißbedingt versagt.

Die AD 2000-Merkblätter sind urheberrechtlich geschützt. Die Nutzungsrechte, insbesondere die der Übersetzung, des Nachdrucks, der Entnahme von Abbildungen, die Wiedergabe auf fotomechanischem Wege und die Speicherung in Datenverarbeitungsanlagen, bleiben, auch bei auszugsweiser Verwertung, dem Urheber vorbehalten.

3.2 Sind Fahrzeugbehälter, die unter Gasdruck gefüllt oder entleert werden, mit Sicherheitsventilen ausgerüstet, müssen diese den folgenden Anforderungen genügen:

(1) Die Sicherheitsventile müssen so gestaltet sein, dass sie von außen weder blockiert noch zusätzlich belastet werden können.

(2) Die Sicherheitsventile und ihre Führungen müssen so gestaltet sein, dass entweder Ablagerungen die Funktion nicht beeinträchtigen oder die Führungen gegen Ablagerungen geschützt sind.

(3) Die Sicherheitsventile müssen so angeordnet oder geschützt sein, dass sie weder durch äußere Verschmutzungen noch durch das Beschickungsgut unwirksam werden können.

3.3 Anforderungen an Fahrzeugbehälter aus Aluminium oder Aluminiumlegierungen, für die es keine Ermüdungskurven gibt:

(1) Bei neuen Silofahrzeugbehältern ist eine Wasserdruckprüfung als Festigkeitsprüfung – im Rahmen der Abnahme – mit mindestens dem 1,5-fachen des max. zulässigen Druckes durchzuführen.

(2) Die ermüdungsrelevanten Bereiche sind im Rahmen der Entwurfsprüfung festzulegen.

3.4 Bei den Hydraulikzylindern zum Anheben des Fahrzeugbehälters ist durch die zuständige unabhängige Stelle

– im Rahmen der Entwurfsprüfung der vom Hersteller zu erbringende Knicksicherheitsnachweis (mit Überprüfung der Berechnung der Einstelldrücke der Hydraulik-Steuerventile) einzubeziehen,

– im Rahmen der Abnahme eine Sichtung und Kontrolle der technischen Unterlagen sowie eine Prüfung der an den Hydraulik-Steuerventilen eingestellten Drücke (Verplombung) durchzuführen.

3.5 An Fahrzeugbehältern für flüssige, körnige oder staubförmige Güter, die unter Gasdruck befüllt oder entleert werden, sind zusätzlich zu der Kennzeichnung nach AD 2000-Merkblatt A 401 in der Nähe der Bedienungselemente der max. zulässige Druck anzubringen.

3.6 In die Betriebsanleitung ist aufzunehmen, dass mindestens einmal monatlich

– die Unversehrtheit der Dichtelemente und der Gewinde an Verschlusselementen von Druckdeckeln, die zum Befüllen oder Entleeren geöffnet werden, und

– die Funktionsfähigkeit von Sicherheitsventilen

zu überprüfen und die Ergebnisse zu dokumentieren sind.

ICS 23.020.30 Ausgabe Februar 2004

Herstellung und Prüfung von Druckbehältern	Besondere Druckbehälter **Flüssiggaslagerbehälteranlagen**	AD 2000-Merkblatt **HP 801 Nr. 25**

Die AD 2000-Merkblätter werden von den in der „Arbeitsgemeinschaft Druckbehälter" (AD) zusammenarbeitenden, nachstehend genannten sieben Verbänden aufgestellt. Aufbau und Anwendung des AD 2000-Regelwerkes sowie die Verfahrensrichtlinien regelt das AD 2000-Merkblatt G1.

Die AD 2000-Merkblätter enthalten sicherheitstechnische Anforderungen, die für normale Betriebsverhältnisse zu stellen sind. Sind über das normale Maß hinausgehende Beanspruchungen beim Betrieb der Druckbehälter zu erwarten, so ist diesen durch Erfüllung besonderer Anforderungen Rechnung zu tragen.

Wird von den Forderungen dieses AD 2000-Merkblattes abgewichen, muss nachweisbar sein, dass der sicherheitstechnische Maßstab dieses Regelwerkes auf andere Weise eingehalten ist, z.B. durch Werkstoffprüfungen, Versuche, Spannungsanalyse, Betriebserfahrungen.

Fachverband Dampfkessel-, Behälter- und Rohrleitungsbau e.V. (FDBR), Düsseldorf
Hauptverband der gewerblichen Berufsgenossenschaften e.V., Sankt Augustin
Verband der Chemischen Industrie e.V. (VCI), Frankfurt/Main
Verband Deutscher Maschinen- und Anlagenbau e.V. (VDMA), Fachgemeinschaft Verfahrenstechnische Maschinen und Apparate, Frankfurt/Main
Stahlinstitut VDEh, Düsseldorf
VGB PowerTech e.V., Essen
Verband der Technischen Überwachungs-Vereine e.V. (VdTÜV), Berlin

Die AD 2000-Merkblätter werden durch die Verbände laufend dem Fortschritt der Technik angepasst. Anregungen hierzu sind zu richten an den Herausgeber:

Verband der Technischen Überwachungs-Vereine e.V., Postfach 10 38 34, 45038 Essen.

Inhalt

0 Präambel
1 Geltungsbereich
2 Begriffsbestimmungen
3 Allgemeine Anforderungen
4 Berechnung
5 Herstellung
6 Ausrüstung
7 Aufstellung
8 Prüfung

0 Präambel

Zur Erfüllung der grundlegenden Sicherheitsanforderungen der Druckgeräte-Richtlinie kann das AD 2000-Regelwerk angewandt werden, vornehmlich für die Konformitätsbewertung nach den Modulen „G" und „B + F".

Das AD 2000-Regelwerk folgt einem in sich geschlossenen Auslegungskonzept. Die Anwendung anderer technischer Regeln nach dem Stand der Technik zur Lösung von Teilproblemen setzt die Beachtung des Gesamtkonzeptes voraus.

Bei anderen Modulen der Druckgeräte-Richtlinie (DGR) oder für andere Rechtsgebiete kann das AD 2000-Regelwerk sinngemäß angewandt werden. Die Prüfzuständigkeit richtet sich nach den Vorgaben des jeweiligen Rechtsgebietes.

1 Geltungsbereich

1.1 Dieses AD 2000-Merkblatt HP 801 Nr. 25 enthält zusätzliche Anforderungen für Flüssiggaslagerbehälteranlagen und geht insoweit den anderen AD 2000-Merkblättern vor.

1.2 Dieses AD 2000-Merkblatt gilt nicht für Lagerbehälter, in denen Flüssiggas tiefkalt gelagert wird.

2 Begriffsbestimmungen

2.1 Flüssiggaslagerbehälteranlagen (Anlagen) im Sinne dieses AD 2000-Merkblattes sind die Gesamtheit aller notwendigen sowie in Reserve stehenden Einrichtungen für das Lagern und zur Versorgung von Verbrauchsanlagen und Füllanlagen. Die Anlage endet an der Verbindungsstelle der Leitung zur Fortleitung des Flüssiggases an der Ausgangsseite der Druckregelung bzw. an der Verbindungsstelle mit Anlagen zum Füllen von Druckgasbehältern.

Im Wesentlichen sind Flüssiggaslagerbehälteranlagen

– die in einem engen räumlichen und betrieblichen Zusammenhang stehenden Druckbehälter zur Lagerung von Flüssiggas, Einrichtungen zum Abfüllen von Druckgasbehältern in Druckbehältern, Pumpen, Verdichter, Verdampfer und Rohrleitungen,

– die Sicherheitseinrichtungen (wie Wasserberieselungseinrichtungen, Messwarten, PLT-Systeme, Gaswarneinrichtungen, Feuerlöscheinrichtungen) sowie

– die sonstigen betriebstechnischen und sicherheitstechnischen Ausrüstungen.

Die AD 2000-Merkblätter sind urheberrechtlich geschützt. Die Nutzungsrechte, insbesondere die der Übersetzung, des Nachdrucks, der Entnahme von Abbildungen, die Wiedergabe auf fotomechanischem Wege und die Speicherung in Datenverarbeitungsanlagen, bleiben, auch bei auszugsweiser Verwertung, dem Urheber vorbehalten.

2.2
Anlagen werden entsprechend ihres gesamten Fassungsvermögens in folgende Gruppen eingeteilt:

Gruppe 0		< 3 t
Gruppe A	≥ 3 t	< 200 t; Entnahme aus der Gasphase
Gruppe B	≥ 3 t	< 30 t; Entnahme aus der Flüssigphase
Gruppe C	≥ 30 t	< 200 t; Entnahme aus der Flüssigphase
Gruppe D	≥ 200 t	

2.3 Flüssiggase im Sinne dieser Anlage sind Gase in handelsüblicher technischer Qualität der C3- und C4-Kohlenwasserstoffe Propan, Propylen (Propen), Butan, Butylen (Buten) und deren Gemische; dies sind Flüssiggase nach DIN 51622.

2.4 Technisch dicht sind Anlagenteile, wenn bei einer für den Anwendungsfall geeigneten Dichtheitsprüfung und Dichtheitsüberwachung bzw. -kontrolle, z. B. mit schaumbildenden Mitteln, mit Lecksuch- oder -anzeigegeräten, eine unzulässige Undichtheit nicht festgestellt wird.

2.5 Umschlagläger sind Behälteranlagen, die dem Umschlag von Flüssiggas von einem Verkehrsmittel auf ein anderes dienen.

2.6 Verteilläger sind Behälteranlagen, die dem Umfüllen von Flüssiggas aus Druckbehältern in Druckgasbehälter dienen.

2.7 Verbrauchsläger dienen der Versorgung von Verbrauchseinrichtungen oder dem Befüllen von Druckgasbehältern.

2.8 Verdampfer sind Wärmetauscher, die Gase aus flüssigen Zustand vollständig in den gasförmigen Zustand zum Zweck der weiteren Verwendung überführen.

2.9 Dem Fassungsvermögen einer Flüssiggaslagerbehälteranlage entspricht die Summe der zulässigen Massen der Gase in den ortsfesten Lagerbehältern.
Das durch den zulässigen Füllgrad bestimmte zulässige Fassungsvermögen kann durch den Einbau von Überfüllsicherungen reduziert werden; dies ist als wesentliche Änderung der Betriebsweise zu betrachten und dementsprechend in der Dokumentation und Kennzeichnung des Lagerbehälters festzuhalten.

2.10 Lagern ist das Aufbewahren zur späteren Verwendung sowie zur Abgabe an andere.

3 Allgemeine Anforderungen

Gasaufschlagte Anlagenteile sowie ihre Ausrüstungsteile einschließlich aller Rohrleitungsverbindungen müssen so ausgeführt sein, dass sie bei den aufgrund der vorgesehenen Betriebsweise zu erwartenden mechanischen, chemischen und thermischen Beanspruchungen technisch dicht sind.

4 Berechnung

4.1 Lagerbehälter

Die Bemessung der Behälterwandung ist für einen maximal zulässigen Druck von 15,6 bar, bezogen auf eine maximal zulässige Temperatur von 40 °C, vorzunehmen.

4.2 Verdampfer

Flüssiggasbeaufschlagte Verdampferteile sind festigkeitsmäßig in der Regel für einen maximal zulässigen Druck von 25 bar auszulegen. Dieser Druck von 25 bar ergibt sich aus dem in der Regel wechselweisen Betrieb mit Propan oder Butan.

4.3 Rohrleitungen

Rohrleitungen, die mit Flüssiggas in der Flüssigphase oder in ungeregelten Gasphase betrieben werden, sind festigkeitsmäßig in der Regel für einen maximal zulässigen Betriebsüberdruck von 25 bar zu bemessen.

4.4 Armaturen

Armaturen, die mit Flüssiggas in der Flüssigphase oder in ungeregelter Gasphase betrieben werden, sind festigkeitsmäßig in der Regel für einen maximal zulässigen Druck von 25 bar zu bemessen.

5 Herstellung

5.1 Lagerbehälter

5.1.1 Bei Lagerbehältern ab der Gruppe C darf die Ausnutzung der zulässigen Berechnungsspannung in der Schweißnaht 0,85 nicht überschreiten, es sei denn, es wird eine Bauüberwachung durch die zuständige unabhängige Stelle durchgeführt.

5.1.2 An Lagerbehältern sollten nicht mehr Öffnungen angebracht werden, als für den vorgesehenen Betrieb unbedingt notwendig sind.

5.1.3 Stutzen, sonstige Anschlüsse und Einstiegsöffnungen sind im Bereich der Gasphase anzuordnen. Sofern aus technischen Gründen nicht zu erfüllen, dürfen sie auch im Bereich der Flüssigphase angeordnet werden.

5.1.4 Bei erdgedeckter Aufstellung von Lagerbehältern sollen die ersten Absperrarmaturen innerhalb des Domschachtes angebracht werden.

5.1.5 Bei standortgefertigten Lagerbehältern ist während der Herstellung eine begleitende Bauüberwachung durch die zuständige unabhängige Stelle erforderlich.

5.2 Füllanlagen

Bewegliche Anschlussleitungen müssen für Temperaturen von –20 °C bis + 70 °C geeignet sein – siehe hierzu auch DIN EN 1763-1.

5.3 Armaturen

Drucktragende Teile von sicherheitstechnisch erforderlichen Absperrarmaturen von Lagerbehältern und die sicherheitstechnisch erforderlichen Hauptabsperrarmaturen von flüssiggasbeaufschlagten Rohrleitungen müssen

a) in Anlagen bei Umschlagläger ab der Gruppe B und bei Verbrauchslägern ab der Gruppe C frei von Buntmetallen sein und

b) in Anlagen ab der Gruppe B so angeordnet oder ausgeführt sein, dass sie ausreichend gegen Wärmeeinwirkung geschützt sind, z. B. durch Fire-Safe-Ausführungen nach ISO 10497.

5.4 Flanschverbindungen

Flanschverbindungen sind ausreichend gegen die Folgen einer Wärmeeinwirkung zu schützen, z. B. durch Verwendung von Dichtungswerkstoffen, die nachweislich bei einer Temperatur von 620 °C bis 30 min wärmebeständig bleiben.

6 Ausrüstung

6.1 Anlagen

6.1.1 Anlagen mit einem gesamten Fassungsvermögen ab 30 t müssen zur Abwendung oder Minderung einer unmittelbar drohenden oder eingetretenen Gefährdung mit einem Not-Aus-System ausgerüstet sein. Dazu muss an leicht erreichbarer Stelle auch mindestens ein Notausschlagtaster vorhanden sein, z. B. im Bereich von Armaturenanhäufungen, Verdampfern, Pumpen, Verdichtern, Füllanlagen und Fluchtwegen.

6.1.1.1 Die Betätigung des Not-Aus-Systems muss in der Messwarte oder am Messstand angezeigt werden.

6.1.1.2 Not-Aus-Systeme müssen nach dem Betätigen in der „Aus"-Stellung verbleiben, bis sie durch Entsperren oder bewusstes Zurückführen wieder die Ausgangsstellung erreichen.

6.1.2 Anlagen müssen so ausgeführt sein, dass ein Überfüllen der Lagerbehälter sicher verhindert wird.

6.1.2.1 Diese Forderung ist insbesondere erfüllt, wenn
- eine bauteilgeprüfte Überfüllsicherung eingebaut ist oder
- eine Einzelprüfung der Überfüllsicherung durch die zuständige unabhängige Stelle durchgeführt wird.

Diese Überfüllsicherung muss auf den zulässigen Füllgrad des Lagerbehälters eingestellt sein.

6.1.2.2 An Lagerbehältern in Umschlag- und Verteillägern von Anlagen mit einem gesamten Fassungsvermögen ab 30 t
- ist ein Füllstandsanzeiger anzubringen, der den Füllstand örtlich anzeigt und zur Messwarte oder zum Messstand überträgt und Vor- und Hauptalarm auslöst und
- sind mindestens zwei voneinander unabhängige Überfüllsicherungen zu installieren.

6.2 Lagerbehälter

6.2.1 Für Lagerbehälter in Anlagen der Gruppe 0 sind Sicherheitsventile mit Schließventil und akustischer Signaleinrichtung für den Austauschvorgang zulässig.

6.2.2 Ergänzend zu AD 2000-Merkblatt A 403 sind die Sicherheitsventile an Lagerbehältern für das verdrängte Gasvolumen auszulegen. Hierbei sind die maximale Förderleistung der Pumpe oder des Verdichters zu berücksichtigen.

6.2.3 Lagerbehälter in Umschlag- oder Verteillägern ab der Gruppe C sind mit zwei Sicherheitsdruckbegrenzern auszurüsten, die sich gegenseitig nicht beeinflussen. Die Ansprechdrücke müssen mindestens 2 bar unter dem maximal zulässigen Druck des Lagerbehälters liegen.

6.2.3.1 Druckbegrenzer müssen beim Ansprechen einen Alarm auslösen und das selbständige Schließen aller Armaturen in Behälterfüll- und Gaspendelleitungen und selbsttätiges Abschalten der Fördereinrichtung bewirken können.

6.2.4 In Anlagen ab der Gruppe C ist ein Füllstandsanzeiger anzubringen, der den Füllstand örtlich anzeigt und zum Messstand oder zur Messwarte überträgt und Vor- und Hauptalarm auslöst.

6.2.5 Lagerbehälter müssen mit Füllstandspeilventilen zur Überprüfung des zulässigen Füllstandes ausgerüstet sein. Der Öffnungsdurchmesser von den Füllstandspeilventilen darf höchstens 1,5 mm betragen.

6.2.6 In Anlagen müssen die Rohrleitungsanschlüsse am Lagerbehälter für Befüll-, Entnahme- und Pendelleitungen ab
- der Gruppe A mit > DN 32 mit einer fernbetätigbaren Schnellschlussarmatur mit Stellungsanzeige,
- der Gruppe B mindestens mit einer fernbetätigbaren Schnellschlussarmatur mit Stellungsanzeige und für den Wartungsfall zusätzlich mit einer Handabsperrarmatur und
- mit einem gesamten Fassungsvermögen ab 30 t mindestens mit zwei fernbetätigbaren Schnellschlussarmaturen mit Stellungsanzeige, ausgenommen Leitungen < DN 50, die mit der Gasphase in Verbindung stehen, hier genügt eine Schnellschlussarmatur mit Stellungsanzeige,

ausgerüstet sein.

6.2.7 Bei Behälteranlagen der Gruppen A und B, deren Behälter entsprechend DIN 4680-1 und -2 oder DIN 4681-1 gebaut sind und die nur aus Straßentankwagen über Vollschlauchsystem (Schlauchanschluss 1$^3/_4$" ACME) und über ein Füllventil mit Rückschlagklappe und Rückschlagventil betankt werden können, kann auf den Einbau einer fernbetätigbaren Schnellschlussarmatur in der Füllleitung bzw. in den Füllanschluss (Rohrleitungsanschluss am Lagerbehälter) verzichtet werden.

6.2.8 Auf die Handabsperrarmatur kann verzichtet werden, wenn eine der fernbetätigbaren Schnellschlussarmaturen von Hand betätigt werden kann.

6.2.9 Die fernbetätigbaren Schnellschlussarmaturen sind in Fail-Safe-Schaltung (Ruhesignal-Prinzip) auszuführen und in das Not-Aus-System einzubeziehen. Die behälterseitigen Rohranschlüsse müssen bis zur ersten Absperrmatur den materiellen Anforderungen der Druckbehälter und deren Prüfkriterien entsprechen.

6.2.10 Probenahmeöffnungen müssen
- mit zwei hintereinandergeschalteten Absperrarmaturen ausgerüstet und
- im Durchmesser mindestens an einer Stelle kleiner als 2 mm sein.

6.2.11 Es ist darauf zu achten, dass alle Stutzen, die nicht an Rohrleitungen angeschlossen sind, mindestens mit Blindverschlüssen, auch wenn Absperrarmaturen vorhanden sind, abgeschlossen sind. Dies gilt auch, wenn Rohrleitungsverbindungen kurzzeitig gelöst werden. An Lagerbehältern sind Stutzen, die als Reservestutzen dienen und bereits zum Zeitpunkt der Inbetriebnahme nicht zum Einsatz vorgesehen sind, mit Schweißkappen blindzusetzen.

6.2.12 In Anlehnung an AD 2000-Merkblatt A 403 darf bei Lagerbehältern anstelle eines Sicherheitsventils auch ein System von automatisch gesteuerten Sicherheitsmaßnahmen vorhanden sein, das durch eine entsprechende Messund Regeltechnik derart wirksam wird, dass der Betriebsüberdruck den maximal zulässigen Druck zu keiner Zeit um mehr als 10 % überschreitet. Die Anforderungen an PLT-Sicherheitseinrichtungen wie z. B. erfüllt, wenn das AD 2000-Merkblatt A 6 eingehalten ist. Zusätzlich muss der Lagerbehälter erdgedeckt aufgestellt sein und mit einer Überfüllsicherung nach Abschnitt 6.1.2.1 ausgerüstet sein.

6.2.13 Heizeinrichtungen für Lagerbehälter sind nur zulässig, wenn dies aus verfahrenstechnischen Gründen erforderlich ist.

Heizeinrichtungen für Druckbehälter zum Lagern von Flüssiggas nach DIN 51622 müssen so geregelt sein, dass zum Ansprechdruck des Sicherheitsventils des Lagerbehälters ein Abstand von mindestens 30 % verbleibt. Zusätzlich sind die Lagerbehälter mit einem Sicherheitstemperaturbegrenzer nach DIN 3440 oder mit einem Sicherheitsdruckbegrenzer auszurüsten, der ein Ansprechen des Sicherheitsventils des Lagerbehälters verhindert. Die Steuerung der Heizeinrichtung ist mit dem Begrenzer so zu verriegeln, dass ein Weiterbetrieb der Heizeinrichtung nach dem Ansprechen oder Ausfall des Begrenzers nicht möglich ist, auch nicht durch Handschaltung.

Die Heizeinrichtung ist so auszulegen, dass beim Ansprechen des Begrenzers mit der in der Heizeinrichtung vorhandenen Restwärmemenge bei 5 % Behälterfüllung zum Ansprechdruck des Sicherheitsventils noch ein Abstand von mindestens 20 % verbleibt.

6.2.13.1 Die Beheizung darf nur indirekt, z. B. über Wärmeaustauscher mit zwischengeschaltetem Sekundärkreislauf, erfolgen.

6.2.13.2 Rohrschlangenkreisläufe (Sekundärkreisläufe) zur Beheizung sind mindestens für einen Druck von 25 bar zu bemessen. Die Rohrschlangen müssen auch für den äußeren Druck bemessen sein.

6.2.14 Bei erdgedeckten unbeheizten Lagerbehältern ab der Gruppe A, bei denen unzulässiger Druckaufbau nur entstehen kann durch
– Erwärmung von außen,
– Überfüllung oder
– Pumpen- oder Kompressorendruck,

kann abweichend von AD 2000-Merkblatt A 403 auf den Einsatz eines Sicherheitsventils verzichtet werden, wenn folgende Voraussetzungen erfüllt sind:
1. Erddeckung bei Lagerbehältern
   a) allseitig unter Erdgleiche: mindestens 0,5 m;
   b) nicht allseitig unter Erdgleiche: mindestens 1 m, wobei als Bemessungsgrundlage für den Lagerbehälter der Betriebsdruck entsprechend einer Bezugstemperatur von 40 °C angesetzt wird,
2. redundante Sicherung gegen Überfüllung,
3. redundanter Sicherheitsdruckbegrenzer, der bei Überschreiten des maximal zulässigen Druckes den Füllvorgang unterbricht,
4. Auslegung des Lagerbehälters für 15,6 bar; aufgrund behördlicher Erlaubnisse oder Genehmigungen kann die Auslegung des Lagerbehälters auch für Flüssiggase mit niedrigerem Dampfdruck erfolgen, sofern die Verwechslung mit Flüssiggasen mit höherem Dampfdruck ausgeschlossen ist, und
5. ausreichender Schutz des Domschachtes für den Brandfall, z. B. Brandschutzisolierung, Möglichkeit zum Fluten des Domschachtes.

6.3 Verdampfer

6.3.1 An Verdampfern, bei denen die zur Verdampfung des Flüssiggases erforderliche Wärme durch stehende Flüssigkeit übertragen wird, muss der Flüssigkeitsstand jederzeit erkennbar und der Sollstand (Minimum und Maximum) gekennzeichnet sein.

6.3.2 Verdampfer müssen so ausgelegt oder ausgerüstet sein, dass das Gas in der flüssigen Phase nicht in das Leitungssystem hinter dem Verdampfer gelangen kann.

6.3.3 Zur Erfüllung der Anforderung nach Abschnitt 6.3.2 müssen die Verdampfer mit einer redundanten, und soweit möglich mit einer diversitären Sicherheitseinrichtung ausgerüstet sein.

6.3.4 Verdampfer sollten so ausgeführt sein, dass eine Gasaustrittstemperatur aus dem Verdampfer von 40 °C bis 80 °C eingehalten wird.

6.3.5 Verdampfer mit geschlossenen Heizsystemen sind mit einem Druckschalter mit Alarm und gleichzeitiger Heizungsabschaltung sowie einem Sicherheitsventil in ausreichender Leistung im Wärmeträgersystem auszurüsten.

6.3.6 Verdampfer mit offenen Heizungssystemen müssen in der Entlüftungsleitung der Heizung mit einer Gaswarneinrichtung oder einem Strömungswächter mit Einbindung in das Not-Aus-System ausgerüstet sein.

6.3.7 Am Verdampfereingang sind automatische Absperrventile nach DIN 3394-1 Entwurf 06.2000 (Gruppe A, B oder C) anzuordnen. Diese dürfen nur in Fließrichtung absperren. Das Stellglied des Verdampfers ist in das Not-Aus-System einzubeziehen.

6.3.8 Eine direkte Feuer-, Abgas- oder elektrische Beheizung der flüssiggasbeaufschlagten Teile des Verdampfers ist unzulässig.

6.4 Rohrleitungen

Absperrbare Rohrleitungen und Rohrleitungsteile mit Flüssiggas in der Flüssigphase müssen mit Sicherheits- oder Überströmventilen ausgerüstet sein. Aus Sicherheitseinrichtungen austretende Flüssigkeiten oder Gase müssen gefahrlos abgeleitet werden können.

6.5 Verdichter

6.5.1 Verdichter müssen mit Sicherheitseinrichtungen gegen Drucküberschreitung ausgerüstet sein. Dieses können Sicherheits- oder Überströmventile sein, die höchstens auf den maximal zulässigen Druck des Verdichters eingestellt sind. Darüber hinaus sind Verdichter mit Druckschaltern als Höchstdruckbegrenzer auf der Druckseite bzw. als Tiefdruckbegrenzer auf der Saugseite sowie mit Temperaturanzeigern und -begrenzern (bei Überströmventilen) auf Saug- und Druckseite auszurüsten.

6.5.2 Der Flüssigkeitsstand in Flüssigkeitsabscheidern vor Verdichtern muss überwacht werden. Bei Erreichen des Höchststandes müssen selbsttätig wirkende Einrichtungen vorhanden sein, die den Verdichter abschalten.

6.5.3 Die Leitungsverbindungen von Verdichtern müssen so ausgebildet sein, dass Schwingungen nicht auf andere Anlagenteile übertragen werden.

6.6 Pumpen

6.6.1 Bei Pumpen, bei denen funktionsbedingt ein Heißlaufen der Lager zu befürchten ist, muss die Lagertemperatur überwacht werden und bei Überschreiten des zulässigen Grenzwertes selbsttätige Abschaltung erfolgen.

6.6.2 Bewegte Teile von Flüssiggaspumpen müssen eine hochwertige dynamische Abdichtung gegenüber dem Gehäuse erhalten, z. B. doppeltwirkende, entlastete Gleitringdichtungen in Back-to-Back-Anordnung mit drucküberwachtem Sperrmedium. Das Sperrmedium muss kontrolliert werden. Bei zu hohem oder zu niedrigem Druck im Sperrmediumkreislauf muss die Pumpe unter gleichzeitiger Alarmauslösung selbsttätig abschalten.

6.6.3 Flüssiggaspumpen müssen gegen Trockenlauf geschützt sein, z. B. durch Niveauwächter im Druckbehälter der Saugseite oder durch Differenzdruckschalter.

6.6.4 Zum Anfahren der Pumpen dürfen die Niveauwächter mit einem Schalter ohne Selbsthaltung überbrückt werden.

6.7 Füllanlagen

6.7.1 In Füllschläuchen und Verladearmen für Anlagen ab der Gruppe C sind Schnelltrennstellen vorzusehen, die sich beim Fortrollen des Eisenbahnkesselwagens bzw. Straßentankwagens selbsttätig lösen und durch das Schließen von Armaturen beiderseits der Trennstelle eine Gasfreisetzung begrenzen.

6.7.2 Die folgenden Anforderungen gelten für Anlagen ab der Gruppe D und für Umschlag- und Verteilläger.

6.7.2.1 In Zwischen- oder Kupplungsstücken muss eingeschlossenes Flüssiggas gefahrlos entspannt werden können.

6.7.2.2 In Rohrleitungen müssen unmittelbar vor den Füllstellen fernbetätigbare, in das Not-Aus-System einbezogene Schnellschlussarmaturen in redundanter Ausführung eingebaut werden. Die zweite Armatur kann durch eine Rückschlagarmatur ersetzt werden, wenn die Eignung und die Zuverlässigkeit dieser Armatur nachgewiesen sind. Die Eignung und die Zuverlässigkeit der Rückschlagarmatur als zweite Armatur können nachgewiesen werden durch z. B. eine Bauteilprüfung, eine Einzelprüfung, nachgewiesene Betriebsbewährung.

7 Aufstellung

7.1 Anlagen

7.1.1 Flüssiggasbeaufschlagte Anlagenteile müssen gegen Außenkorrosion geschützt sein.

Der Schutz gegen Außenkorrosion von erdgedeckten Behältern wird z. B. erreicht durch Umhüllungen aus:
- Bitumen nach DIN 30673,
- Polyethylen nach DIN 30670,
- Duroplaste nach DIN 30671.

Tragösen und andere Behälterteile, die aus der Umhüllung herausragen, sind gleichwertig wie der Behälter gegen Korrosion zu schützen.

Sind erdgedeckte Druckbehälter gegen Außenkorrosion nicht ausreichend beständig oder können sie durch eine Umhüllung nicht ausreichend geschützt werden, so muss ein kathodischer Korrosionsschutz angebracht werden.

Die nachfolgenden Hinweise sind durch den Hersteller in geeigneter Weise, z. B. in der Betriebsanleitung, an den Betreiber weiterzugeben.

Die Unversehrtheit der Umhüllung sollte unmittelbar vor dem Absenken des Behälters in die Behältergrube geprüft werden. Die Umhüllung ist mit einer auf die Art und Dicke der Beschichtung abgestellten Spannung auf Fehlerstellen zu prüfen. Die Prüfspannung beträgt z. B. für Bitumen 20 000 Volt. Weist die Umhüllung Schäden auf, so müssen die Schadstellen sorgfältig und mit geeigneten Mitteln ausgebessert werden; die ausgebesserten Stellen sind einer erneuten Prüfung auf Fehlerstellen zu unterziehen. Die Umhüllung darf durch die zur Einlagerung verwendeten Geräte nicht beschädigt werden.

Die Druckbehälter müssen zum Schutz der Umhüllung auf einer mindestens 20 cm dicken verdichteten Sandschicht eingelagert sein. Eine ebenfalls 20 cm dicke Sandschicht muss als Bestandteil der Erddeckung den Behälter umgeben. Der Sand muss steinfrei sein. Diese Forderung ist erfüllt bei Verwendung von z. B. Sand der Lieferkörnung 0/2 nach DIN 4226-1, Flusssand mit maximal 3 mm Korngröße.

7.1.2 Kabel und Leitungen für Energienotversorgung, Sicherheitsfunktion und Kommunikationseinrichtungen sind vor mechanischen und thermischen Einflüssen geschützt zu verlegen. Eine gegenseitige Beeinträchtigung der Funktionen der Steuer- und Leitungskabel muss auch im Brandfall sicher ausgeschlossen sein (z. B. durch getrennte Verlegung).

7.1.3 Sicherheitsrelevante Ausrüstungsteile, die bei einer Störung des bestimmungsgemäßen Betriebes funktionsfähig bleiben müssen und einer Energienotversorgung bedürfen, müssen zum Anschluss an eine Energienotversorgung vorgesehen sein, die mindestens ein sicheres Abfahren der Anlage und die Funktion der Sicherheits- und Alarmeinrichtung gewährleistet. Sicherheitsrelevante Einrichtungen, deren Funktion auch bei Energieausfall sichergestellt sein muss, können z. B. sein: Beleuchtung, Überwachungseinrichtungen, Lüftungsanlagen, Gaswarneinrichtungen, Absperreinrichtungen, Berieselungsanlagen sein.

7.1.3.1 Bei Wiederkehr der Netzspannung ist selbsttätig von der Energienotversorgung auf das Netz zurückzuschalten. Ausfälle der Netzstromversorgung oder der Energienotversorgung müssen erkennbar sein.

7.1.3.2 Abschnitt 7.1.3 gilt nicht für Ausrüstungsteile, die bei Energieausfall selbsttätig in einen für die Anlage sicheren Betriebszustand übergehen.

7.1.4 Energienotversorgung muss gewährleistet sein
- für mindestens 72 Stunden bei
  - Brandmeldeanlagen und
  - Gaswarnanlagen,
- für mindestens 3 Stunden bei
  - Alarm- und Signalanlagen,
  - Stellungsanzeigen der Sicherheitsabsperrorgane,
  - Kommunikationseinrichtungen und Lautsprecheranlagen,
  - Lüftungseinrichtungen zur Vermeidung gefährlicher explosionsfähiger Atmosphäre,
  - Feuerlöschpumpen, sofern keine andere Ersatzwasserquelle oder Ersatzenergie zur Verfügung steht und
  - für den Betrieb und den Notfall wichtigen Beleuchtungseinrichtungen.

7.1.5 Die Anlagen müssen so ausgeführt werden, dass Zündgefahren infolge elektrostatischer Aufladungen vermieden werden, z. B. durch Anwendung der BGR 132 „Vermeidung von Zündgefahren infolge elektrostatischer Aufladungen".

Ferner sind geeignete Blitzschutzmaßnahmen zu treffen, auf VDE 0185-1 und -2 wird hingewiesen.

7.1.6 Sicherheitsrelevante Anlagenteile sind vor Eingriffen Unbefugter zu schützen, z. B. durch Einschluss von Armaturen.

7.1.7 Bei der Aufstellung von Anlagen sind Gefahrenquellen, die sich aus der Umgebung ergeben, z. B. Hochwasser, Erdbeben, Bergsenkungen, Nachbaranlagen, zu berücksichtigen.

7.1.8 Im Bereich der Anlagen mit einem gesamten Fassungsvermögen ab 30 t, in denen eine gefährliche Wärmeeinwirkung auf die Anlage nicht auszuschließen ist, und im Bereich der Anlagen ab der Gruppe D müssen Brandmeldeanlagen z. B. nach DIN 14675 und DIN VDE 0833-1 und -2 vorhanden sein. Die Brandmeldung ist an eine ständig besetzte Stelle (z. B. betriebliche Zentralverwaltung, betrieblichen Notdienst oder Standleitung zur Feuerwehr/Polizei) weiterzuleiten.

7.1.9 Tragende Teile von Anlagenteilen müssen so ausgeführt oder geschützt sein, dass sie im Brandfall tragfähig bleiben und sich nicht unzulässig verformen. Die Forderung ist insbesondere erfüllt, wenn die Behälterfundamente mindestens entsprechend der Feuerwiderstandsklasse F 90, Stützen von Rohrleitungen mindestens entsprechend der Feuerwiderstandsklasse F 30 ausgeführt sind oder im Brandfall kühl gehalten werden können.

7.2 Lagerbehälter

7.2.1 Lagerbehälter in Anlagen ab der Gruppe A müssen in der Regel erdgedeckt aufgestellt werden. Bei Neuanlagen muss die Erddeckung mindestens 1 m betragen.

Anstelle der vollständigen Erddeckung kann auch an einer Stirnseite als Schutzmaßnahme gegen unzulässige Erwärmung eine Brandschutzdämmung, Brandschutzisolierung oder eine feuerfeste Ummauerung angebracht werden.

Eine Brandschutzdämmung erfüllt die zu stellenden Anforderungen, wenn
- die verwendeten Materialien nicht brennbar sind (Klasse A1 nach DIN 4102-1),
- der Wärmedurchgangswert (K-Wert) der Dämmung bei einer mittleren Temperatur von 350 °C nicht mehr als $1{,}2\ \text{W} \cdot \text{m}^{-2} \cdot \text{K}^{-1}$ beträgt,
- die unter der Dämmung befindlichen Anschlüsse und Armaturen, insbesondere deren Dichtungen, den im Brandfall zu erwartenden Temperaturen standhalten.

Anstelle einer Brandschutzdämmung kann auch ein geeignetes Brandschutzbeschichtungssystem (z. B. Intumeszenz- oder Sublimationsbeschichtung) verwendet werden. In beiden Fällen muss die Dämmung so aufgebaut sein, dass die Schutzwirkung im Brandfall mindestens 90 min erhalten bleibt.

Eine Wärmeschutzisolierung/Kältedämmung ist einer Brandschutzdämmung gleichwertig, wenn sie die entsprechenden Anforderungen erfüllt.

Ist aus betriebstechnischen oder anderen Gründen eine allseitige Deckung nicht möglich, sind zum Schutz gegen unzulässige Erwärmung Maßnahmen der Brandschutzdämmung/Brandschutzisolierung oder auch Maßnahmen der Wasserberieselung oder Wasserbeflutung zulässig.

Bei erdgedeckten Lagerbehältern, außer mit Bitumenumhüllung, kann auf einen kathodischen Korrosionsschutz verzichtet werden, wenn die Lagerbehälter besonders wirksam gegen chemische und mechanische Angriffe geschützt sind – siehe Anhang 5 Nr. 11 Abs. 4 BetrSichV*).

7.2.2 Bei der Verwendung einer Abblaseleitung zum gefahrlosen Ableiten des Gases beim Ansprechen des Sicherheitsventils sollte die Ausmündung der Abblaseleitung mindestens 2,5 m über der Erddeckung oder dem Behälterscheitel liegen.

7.2.3 Entwässerungsstutzen müssen mit zwei Absperrarmaturen oder einem absperrbaren Abscheidebehälter (Schleuse) versehen werden. Sie müssen gegen Einfrieren und unbeabsichtigte Gasfreisetzung geschützt sein.

Die Forderungen gegen Einfrieren und unbeabsichtigte Gasfreisetzung sind insbesondere erfüllt, wenn Entwässerungseinrichtungen beheizt werden oder durch zweckentsprechende Konstruktion verhindert wird, dass Wasser in dem Anschlussstutzen sammelt (Spazierstockmethode) bzw. das Einfrieren von Wasser im Anschluss Schäden hervorrufen kann. Hinter der ersten Absperrarmatur ist zusätzlich eine Querschnittsverengung vorzusehen. Hierdurch wird sichergestellt, dass der Lagerbehälter mit der zweiten Absperrarmatur noch abgesperrt werden kann, wenn die erste vereist.

7.3 Verdampfer

7.3.1 In explosionsgefährdeten Bereichen dürfen nur Verdampfer nachstehender Bauarten aufgestellt sein:
- Verdampfer mit elektrischer Beheizung und Ausrüstung nach DIN EN 50014,
- Verdampfer, die durch Warmwasser, Öl oder Dampf beheizt werden, wenn die Aufheizung des Wärmeträgers außerhalb des explosionsgefährdeten Bereichs erfolgt. Elektrische Ausrüstungen müssen DIN EN 50014 entsprechen.

7.4 Rohrleitungen

Rohrleitungsanschlüsse sind so auszuführen, dass durch die Lagerbehälter keine unzulässigen Zusatzbeanspruchungen bewirkt werden (biegeweiche Verlegung der Leitungen federnd gelagert, Kompensatoren).

8 Prüfung

8.1 Lagerbehälter

8.1.1 Lagerbehälter mit einem Fassungsvermögen von mehr als 30 t und baustellengefertigte Schweißnähte sind einer objektbezogenen zerstörungsfreien Prüfung zu unterziehen. Prüfart und Prüfumfang richten sich bei Lagerbehältern aus der Stahlsorte P355N, Werkstoff-Nr. 1.0562 (StE 355) nach Tabelle 1. Dabei ist die Ultraschallprüfung der Röntgenprüfung, die Oberflächenprüfung nach dem magnetischen Streuflussverfahren der nach dem Farbeindringverfahren vorzuziehen. Abweichungen von Prüfverfahren und vom Prüfumfang sind im Einvernehmen mit der zuständigen unabhängigen Stelle festzulegen. Bei Lagerbehältern aus anderen Werkstoffen ist der Umfang der zerstörungsfreien Prüfungen im Einvernehmen mit der zuständigen unabhängigen Stelle festzulegen.

8.1.2 Zur Sicherung der Güte der Schweißungen sind baustellengefertigte Schweißnähte in Anlagen ab der Gruppe C während der Herstellung in Zusammenhang mit der Schlussprüfung einer begleitenden Bauüberwachung durch die zuständige unabhängige Stelle zu unterziehen. Diese besteht aus
- Prüfung der Voraussetzungen für eine ordnungsmäßige Herstellung einschließlich der Voraussetzungen bei ungünstigen Witterungseinflüssen,
- stichprobenweiser Prüfung der Nahtvorbereitungen, der Nahtflanken und Anpassarbeiten einschließlich Kantenversatz, der Schweißbedingungen, der evtl. erforderlichen Vorwärmung, der verwendeten Zusatzwerkstoffe und Trocknungsbedingungen für Schweißzusatzwerkstoffe und Hilfsstoffe;
- Prüfung des Durchstrahlungsverfahrens sowie Auswertung von mindestens 10 % der Röntgenfilme und Prüfberichte;
- Prüfung für die ordnungsmäßige Anwendung der angewendeten Prüfverfahren;
- Nachprüfung von mindestens 10 % der mittels Ultraschall geprüften Schweißnähte. Wird bei der Nachprüfung von einem Prüfer des Herstellers nicht registrierter Fehler festgestellt, so sind sämtliche Schweißnähte, dieser Prüfer geprüft hat, zu 20 % durch die zuständige unabhängige Stelle nachzuprüfen. Werden 2 oder mehr Fehler festgestellt, so sind 100 % der von ihm geprüften Schweißnähte durch die zuständige unabhängige Stelle nachzuprüfen. Der Prüfumfang der zuständigen unabhängigen Stelle für die beanstandeten Schweißnahtlän-

---
*) In anderen EU-Mitgliedsstaaten können abweichende Vorschriften bestehen.

gen ist auf die ursprünglich geforderte Nachprüfung von mindestens 10 % der mittels Ultraschall geprüften Schweißnähte nicht anzurechnen. Werden bei der Prüfung der Schweißnähte eines Bauteils (vorgefertigte Großsektion) mittels Ultraschall Risse und Flankenbindefehler, die zur Ausbesserung der Schweißnaht führen, festgestellt, so sind sämtliche Nähte dieses Bauteils werkseitig mittels Ultraschall zu prüfen. Die vorgeschriebenen Durchstrahlungsprüfungen können dann entfallen. Das Gleiche gilt für jede einzelne Montagenaht, die im Sandbett hergestellt wird. Montagenähte, die im Sandbett hergestellt werden, können zu 100 % mittels Ultraschall geprüft werden. Ausgebesserte Schweißnähte sind erneut mittels Ultraschall zu prüfen.

8.2 Rohrleitungen

In Anlagen ab der Gruppe C sind die Rohrleitungen einer Bauüberwachung durch die zuständige unabhängige Stelle zu unterziehen und alle Rundnähte 100 % zerstörungsfrei zu prüfen.

Tafel 1. Übersicht zerstörungsfreie Prüfung von Druckbehältern
Prüfumfang für die Stahlsorte P355N, Werkstoff-Nr. 1.0562 (StE 355)
(siehe auch AD 2000-Merkblatt HP 5/3 Tafel 1 Gr. 1)

Schweißnahtwertigkeit v/ Wanddicke s		Prüfumfang an Lagerbehältern von mehr als 30 t	Prüfumfang für baustellengefertigte Schweißnähte an Flüssiggasdruckbehältern	
0,85 s ≤ 15 mm	LN	B + 10 % D/US	unabhängig von der Schweißnahtwertigkeit v:	
	St	B + 100 % D/US + 100 % OR[1])		
	RN	B + 10 % D/US	LN	B + 50 % D + 50 % US + 25 % OR
	StN	B + 100 % OR	St	B + 100 % D/US + 100 % OR
	KN	B + 100 % OR	RN	B + 50 % D + 50 % US + 25 % OR
	HSS	B + 100 % OR	StN	B + 100 % US + 100 % OR
0,85 s > 15 mm	LN	B + 10 % D/US	KN	B + 100 % OR
		(keine Erleichterungen möglich)	HSS	B + 100 % OR
	St	B + 100 % D/US + 100 % OR		
	RN	B + 10 % D/US		
	StN	B + 100 % OR		
	KN	B + 100 % OR		
	HSS	B + 100 % OR		
1,0 s ≤ 30 mm	LN	B + 100 % D/US[2])		
	St	B + 100 % D/US + 100 % OR		
	RN	B + 25 % D/US[2])		
	StN	B + 100 % OR		
	KN	B + 100 % OR		
	HSS	B + 100 % OR		

Schweißnähte:		Prüfverfahren:	
LN	Längsnähte	B	Besichtigung
St	Stoßstellen	D	Durchstrahlungsprüfung
RN	Rundnähte	US	Ultraschallprüfung
StN	Stutzennähte	OR	Oberflächenprüfung
KN	Kehlnähte		
HSS	Hilfsschweißstellen		

[1]) bei entsprechenden Voraussetzungen ist das MP-Verfahren dem FE-Verfahren vorzuziehen
[2]) Erleichterungen bei nachgewiesener Erfahrung: Reduzierung auf 10 % D/US

ICS 23.020.30 Ausgabe Mai 2002

| Herstellung und Prüfung von Druckbehältern | Besondere Druckbehälter
Druckbehälter für Gase oder Gasgemische mit Betriebstemperaturen unter -10 °C | AD 2000-Merkblatt
HP 801 Nr. 26 |

Die AD 2000-Merkblätter werden in der „Arbeitsgemeinschaft Druckbehälter" (AD) zusammenarbeitenden, nachstehend genannten sieben Verbänden aufgestellt. Aufbau und Anwendung des AD 2000-Regelwerkes sowie die Verfahrensrichtlinien regelt das AD 2000-Merkblatt G1.

Die AD 2000-Merkblätter enthalten sicherheitstechnische Anforderungen, die für normale Betriebsverhältnisse zu stellen sind. Sind über das normale Maß hinausgehende Beanspruchungen beim Betrieb der Druckbehälter zu erwarten, so ist diesen durch Erfüllung besonderer Anforderungen Rechnung zu tragen.

Wird von den Forderungen dieses AD 2000-Merkblattes abgewichen, muss nachweisbar sein, dass der sicherheitstechnische Maßstab dieses Regelwerkes auf andere Weise eingehalten ist, z. B. durch Werkstoffprüfungen, Versuche, Spannungsanalyse, Betriebserfahrungen.

Fachverband Dampfkessel-, Behälter- und Rohrleitungsbau e.V. (FDBR), Düsseldorf
Hauptverband der gewerblichen Berufsgenossenschaften e.V., Sankt Augustin
Verband der Chemischen Industrie e.V. (VCI), Frankfurt/Main
Verband Deutscher Maschinen- und Anlagenbau e.V. (VDMA), Fachgemeinschaft Verfahrenstechnische Maschinen und Apparate, Frankfurt/Main
Verein Deutscher Eisenhüttenleute (VDEh), Düsseldorf
VGB PowerTech e.V., Essen
Verband der Technischen Überwachungs-Vereine e.V. (VdTÜV), Essen

Die AD 2000-Merkblätter werden durch die Verbände laufend dem Fortschritt der Technik angepasst. Anregungen hierzu sind zu richten an den Herausgeber:

Verband der Technischen Überwachungs-Vereine e.V., Postfach 10 38 34, 45038 Essen.

Inhalt

0 Präambel
1 Geltungsbereich
2 Begriffe
3 Ausrüstung
4 Anforderungen bei der Lagerung tiefkalter flüssiger Gase

0 Präambel

Zur Erfüllung der grundlegenden Sicherheitsanforderungen der Druckgeräte-Richtlinie kann das AD 2000-Regelwerk angewandt werden, vornehmlich für die Konformitätsbewertung nach den Modulen „G" und „B + F".

Das AD 2000-Regelwerk folgt einem in sich geschlossenen Auslegungskonzept. Die Anwendung anderer technischer Regeln nach dem Stand der Technik zur Lösung von Teilproblemen setzt die Beachtung des Gesamtkonzeptes voraus.

Bei anderen Modulen der Druckgeräte-Richtlinie (DGR) oder für andere Rechtsgebiete kann das AD 2000-Regelwerk sinngemäß angewandt werden. Die Prüfzuständigkeit richtet sich nach den Vorgaben des jeweiligen Rechtsgebietes.

1 Geltungsbereich

Dieses AD 2000-Merkblatt HP 801 Nr. 26 enthält zusätzliche Anforderungen für Druckbehälter für Gase oder Gasgemische mit Betriebstemperaturen ≤ 10 °C und geht insoweit den anderen AD 2000-Merkblättern vor.

2 Begriffe

2.1 Als Betriebstemperatur gilt die tiefste Temperatur, die überwiegend während des Betriebes auftritt.

2.2 Druckbehälter nach diesem AD 2000-Merkblatt sind z. B. Standtanks, Kaltvergaser für flüssigen Sauerstoff, Stickstoff, Wasserstoff oder Edelgase sowie Druckbehälter für tiefkalte Kohlensäure, jedoch nicht ausschließlich aus Rohranordnungen bestehende Druckbehälter zum Verdampfen von nicht korrodierend wirkenden Gasen.

3 Ausrüstung

3.1 Bei diesen Druckbehältern müssen die Angaben der Kennzeichnung zusätzlich auf einem außerhalb der Wärmedämmung fest angebrachten Schild wiedergegeben sein. Ist der Druckbehälter fest mit dem Dämmmantel verbunden, genügt dort ein Kennzeichnungsschild.

3.2 Die Steuerung der Beheizungseinrichtung hat automatisch zu erfolgen. Ein Anlagenbetrieb von Hand ist nicht zulässig. Die Beheizungseinrichtung ist mit dem Sicherheitsdruckbegrenzer so zu verriegeln, dass ein Weiterbetrieb der Beheizungseinrichtung nach dem Ansprechen oder Ausfall des Begrenzers nicht möglich ist. Der Sicherheitsstromkreis ist nach DIN/VDE 0116 Abschnitt 8.7 auszuführen.

3.3 Behälter mit einem zulässigen Fassungsvermögen von mehr als 3000 kg sind mit einem Wechselsicherheitsventil auszurüsten.

Die AD 2000-Merkblätter sind urheberrechtlich geschützt. Die Nutzungsrechte, insbesondere die der Übersetzung, des Nachdrucks, der Entnahme von Abbildungen, der Wiedergabe auf fotomechanischem Wege und die Speicherung in Datenverarbeitungsanlagen, bleiben, auch bei auszugsweiser Verwertung, dem Urheber vorbehalten.

3.4 Abweichend von AD 2000-Merkblatt A 5 sind Mannlöcher und Besichtigungsöffnungen für diese Druckbehälter nicht erforderlich[1]).

3.5 Das Sicherheitsventil ist so zu installieren, dass es direkt mit der Gasphase der Kohlensäure verbunden ist und nicht vereist, z. B. durch ausreichenden Abstand vom Behälter. Eine Zuleitung zum Sicherheitsventil soll nicht durch die Flüssigphase geführt werden.

4 Anforderungen bei der Lagerung tiefkalter flüssiger Gase

Bei der Lagerung tiefkalter flüssiger Gase gelten die folgenden zusätzlichen Anforderungen.

4.1 Die Sicherheitseinrichtungen gegen Drucküberschreitung sind entsprechend der Betriebsart wie folgt auszulegen:

	Betriebsart	
	Betrieb, ausgenommen das Befüllen	Betrieb, einschließlich des Befüllens
Sicherheitseinrichtung gegen Drucküberschreitung	I 1	II 1

I 1 (a) Druckentlastungseinrichtungen nach AD 2000-Merkblatt A 403 Abschnitt 3.4 (1)-(3) zum Abführen des maximal anfallenden Massenstromes oder

(b) PLT-Einrichtungen nach AD 2000-Merkblatt A 403 Abschnitt 3.2, die die Ursachen möglicher unzulässiger Druckerhöhungen sicher verhindern, beim Betrieb, ausgenommen das Befüllen.

II 1 (a) Druckentlastungseinrichtungen nach AD 2000-Merkblatt A 403 Abschnitt 3.4 (1)-(3) zum Abführen des maximal anfallenden Massenstromes oder

(b) PLT-Einrichtungen nach AD 2000-Merkblatt A 403 Abschnitt 3.2, die die Ursachen möglicher unzulässiger Druckerhöhungen sicher verhindern, beim Betrieb, einschließlich des Befüllens.

Die durch I 1 und II 1 beschriebenen Funktionen können durch eine oder mehrere Sicherheitseinrichtungen gegen Drucküberschreitung erfüllt werden.

4.2 Sicherheitseinrichtungen gegen Drucküberschreitung sind grundsätzlich druckbehälterseitig anzubringen und unabhängig von den Ausrüstungsteilen der Behälterfahrzeuge auszulegen.

4.3 Entsprechend AD 2000-Merkblatt A 403 Abschnitt 3.2.4 dürfen Druckentlastungseinrichtungen keine Regelaufgaben übernehmen. Werden Druckbehälter mit Druckentlastungseinrichtungen abgesichert, sind daher zusätzlich betriebsartbezogen folgende Regeleinrichtungen notwendig:

[1]) In anderen EU-Mitgliedsstaaten können andere Anforderungen gelten.

	Betriebsart	
	Betrieb, ausgenommen das Befüllen	Betrieb, einschließlich des Befüllens
Regeleinrichtungen	I 2	II 2

I 2 z. B. Druckabbauregler, Kühleinrichtungen des Druckbehälters, Regelarmatur nach Abschnitt 4.4.

II 2 Regelung, die das Ansprechen von II 1 (a) sicher verhindert, z. B. nur Behälterfahrzeuge mit entsprechender Ausrüstung dürfen befüllen.

4.4 Die Regelarmatur nach Abschnitt 4.3, I 2 kann eine Teilarmatur des Wechselsicherheitsventils nach Abschnitt 4.3 sein und ist dann wie folgt auszulegen:

(1) Beide Sicherheitsventile müssen bauteilgeprüft sein und sich stets im Einsatz befinden.

(2) Die Einstellung des Wechselsicherheitsventils ist gegen fehlerhaftes Verstellen zu sichern.

(3) Sicherheitsventil 1 wird entsprechend Abschnitt 4.1 als Druckentlastungseinrichtung (AD 2000-Merkblatt A 403 Abschnitt 3.4) I 1 (a) betrieben.

Sicherheitsventil 2 wird entsprechend Abschnitt 4.3 als Regeleinrichtung betrieben, um zu verhindern, dass Sicherheitsventil 1 (I 1 (a)) anspricht.

(4) Ggf. sind konstruktive Maßnahmen zur gefahrlosen Ableitung gemäß TRB 600 Abschnitt 3.4 vorzusehen.

(5) Bei Prüfungs- oder Instandsetzungsarbeiten am Sicherheitsventil 1 übernimmt die Regeleinrichtung Sicherheitsventil 2 die Funktion der Druckentlastungseinrichtung für diesen begrenzten Zeitraum.

Beim Einsatz von Wechselsicherheitsventilen nach Satz 1 ist auch die Anforderung nach Abschnitt 3.3 erfüllt.

4.5 Druckbehälter ≥ 36 bar; auf den Einbau der eigenen Sicherheitseinrichtung für den Befüllvorgang nach Abschnitt 4 darf bei Vorliegen folgender Bedingungen verzichtet werden:

(1) Der maximal zulässige Druck der Druckbehälter beträgt ≥ 36 bar.

(2) Die Druckbehälter sind aus folgenden austenitischen Werkstoffen hergestellt:
1.4301, 1.4311, 1.4541, 1.4571 und 1.6907 nach VdTÜV-Werkstoffblatt 371, alle entsprechen AD 2000-Merkblatt W 2.

(3) Die Druckbehälter werden für Stickstoff, Sauerstoff, Neon, Helium, Argon und Wasserstoff verwendet. Die Auslegung der Kryodruckbehälter erfolgt daher für zulässige Betriebstemperaturen nicht über −183° C (Siedetemperatur bei Atmosphärendruck von Sauerstoff).

(4) Die Befüllung der Druckbehälter darf nur aus Tankwagen erfolgen, deren fest eingebaute Umfüllpumpen durch Auslegung bzw. fest eingebaute Begrenzung keinen Fülldruck von mehr als 40 bar am Pumpenstutzen erzeugen können. Der Nachweis hierfür kann durch eine Bestätigung des Gaselieferanten erfolgen.

ICS 23.020.30　　　　　　　　　　　　　　　　　　　　　　　　　　Ausgabe Mai 2002

Herstellung und Prüfung von Druckbehältern	Besondere Druckbehälter **Druckbehälter für Gase oder Gasgemische in flüssigem Zustand**	AD 2000-Merkblatt **HP 801 Nr. 27**

Die AD 2000-Merkblätter werden von den in der „Arbeitsgemeinschaft Druckbehälter" (AD) zusammenarbeitenden, nachstehend genannten sieben Verbänden aufgestellt. Aufbau und Anwendung des AD 2000-Regelwerkes sowie die Verfahrensrichtlinien regelt das AD 2000-Merkblatt G1.

Die AD 2000-Merkblätter enthalten sicherheitstechnische Anforderungen, die für normale Betriebsverhältnisse zu stellen sind. Sind über das normale Maß hinausgehende Beanspruchungen beim Betrieb der Druckbehälter zu erwarten, so ist diesen durch Erfüllung besonderer Anforderungen Rechnung zu tragen.

Wird von den Forderungen dieses AD 2000-Merkblattes abgewichen, muss nachweisbar sein, dass der sicherheitstechnische Maßstab dieses Regelwerkes auf andere Weise eingehalten ist, z.B. durch Werkstoffprüfungen, Versuche, Spannungsanalyse, Betriebserfahrungen.

> *Fachverband Dampfkessel-, Behälter- und Rohrleitungsbau e.V. (FDBR), Düsseldorf*
> *Hauptverband der gewerblichen Berufsgenossenschaften e.V., Sankt Augustin*
> *Verband der Chemischen Industrie e.V. (VCI), Frankfurt/Main*
> *Verband Deutscher Maschinen- und Anlagenbau e.V. (VDMA), Fachgemeinschaft Verfahrenstechnische Maschinen und Apparate, Frankfurt/Main*
> *Verein Deutscher Eisenhüttenleute (VDEh), Düsseldorf*
> *VGB PowerTech e.V., Essen*
> *Verband der Technischen Überwachungs-Vereine e.V. (VdTÜV), Essen*

Die AD 2000-Merkblätter werden durch die Verbände laufend dem Fortschritt der Technik angepasst. Anregungen hierzu sind zu richten an den Herausgeber:

Verband der Technischen Überwachungs-Vereine e.V., Postfach 10 38 34, 45038 Essen.

Inhalt

0　Präambel

1　Geltungsbereich

2　Begriffe

3　Ausrüstung

0　Präambel

Zur Erfüllung der grundlegenden Sicherheitsanforderungen der Druckgeräte-Richtlinie kann das AD 2000-Regelwerk angewandt werden, vornehmlich für die Konformitätsbewertung nach den Modulen „G" und „B + F".

Das AD 2000-Regelwerk folgt einem in sich geschlossenen Auslegungskonzept. Die Anwendung anderer technischer Regeln nach dem Stand der Technik zur Lösung von Teilproblemen setzt die Beachtung des Gesamtkonzeptes voraus.

Bei anderen Modulen der Druckgeräte-Richtlinie (DGR) oder für andere Rechtsgebiete kann das AD 2000-Regelwerk sinngemäß angewandt werden. Die Prüfzuständigkeit richtet sich nach den Vorgaben des jeweiligen Rechtsgebietes.

1　Geltungsbereich

Dieses AD 2000-Merkblatt HP 801 Nr. 27 enthält zusätzliche Anforderungen für Druckbehälter für Gase oder Gasgemische in flüssigem Zustand und geht insoweit den anderen AD 2000-Merkblättern vor.

2　Begriffe

2.1 Zu den Begriffen brennbare und sehr giftige Gase wird auf TRB 610 Stand 01/01 hingewiesen.

2.2 Unter Druckbehältern für Gase in flüssigem Zustand werden solche verstanden, die dafür bestimmt sind, mit Gasen oder Gasgemischen in flüssigem Zustand bis zu einem bestimmten Füllstand gefüllt zu werden. Es sind jedoch nicht Behälter in verfahrenstechnischen Anlagen, die prozessbedingt von Gasen oder Gasgemischen durchströmt werden.

Verfahrenstechnische Anlagen sind die Gesamtheit aller notwendigen zueinander gehörenden Einrichtungen für die Durchführung des Ablaufs von chemischen, physikalischen oder biologischen Vorgängen zur Gewinnung, Herstellung und Beseitigung von Stoffen oder Produkten.

2.3 Für die Festlegung des maximal zulässigen Druckes ist bei Gasen oder Gasgemischen in flüssigem Zustand der in den Druckbehältern bei der höchstmöglichen Temperatur des Beschickungsgutes (Fluids) herrschende Gas-, Dampf- oder Flüssigkeitsdruck in bar maßgebend, wenn betriebsmäßig kein höherer Druck vorgesehen ist oder entstehen kann.

Die AD 2000-Merkblätter sind urheberrechtlich geschützt. Die Nutzungsrechte, insbesondere der der Übersetzung, des Nachdrucks, der Entnahme von Abbildungen, die Wiedergabe auf fotomechanischem Wege und die Speicherung in Datenverarbeitungsanlagen, bleiben, auch bei auszugsweiser Verwertung, dem Urheber vorbehalten.

2.4 Als höchstmögliche Temperatur des Beschickungsgutes (Fluides) im Sinne des Abschnittes 2.3 gelten[1]:
(1) 50 °C bei oberirdischen Behältern ohne besonderen Schutz gegen Erwärmung,
(2) 40 °C bei oberirdischen Behältern, die in Räumen aufgestellt sind oder einen besonderen Schutz gegen Erwärmung besitzen; gegen Sonneneinstrahlung reicht in der Regel ein heller Anstrich aus,
(3) 30 °C bei erdgedeckten Behältern, bei denen die Erddeckung mindestens 0,5 m beträgt.

Wird das Beschickungsgut (Fluid) der Druckbehälter auf einer niedrigeren Temperatur gehalten oder auf eine höhere Temperatur erwärmt, gilt diese Temperatur als höchstmögliche Temperatur.

3 Ausrüstung

3.1 Druckbehälter > 3 t für brennbare oder sehr giftige Gase oder Gasgemische in flüssigem Zustand bei Umgebungstemperaturen müssen mit Wechselsicherheitsventilen ausgerüstet sein, sofern nicht AD 2000-Merkblatt 403 Abschnitt 3.5 zur Anwendung kommt.

---

[1]) In anderen EU-Staaten können abweichende Vorschriften bestehen.

3.2 Druckbehälter für Gase oder Gasgemische in flüssigem Zustand, die bei Umgebungstemperatur gelagert werden, dürfen als Sicherheitseinrichtung gegen Drucküberschreitung weder eine Berstsicherung noch ein Kontaktthermometer haben.

3.3 Druckbehälter für Gase oder Gasgemische in flüssigem Zustand, die volumetrisch gefüllt werden, müssen eine Einrichtung zur Feststellung des zulässigen Füllstandes haben. Dieser ist bei kontinuierlich anzeigenden Geräten mit einer Marke, bei Peilrohren durch einen entsprechenden Hinweis am Peilventil zu kennzeichnen. Werden die Druckbehälter gravimetrisch gefüllt, ist die zulässige Masse an der Wiegeeinrichtung zu kennzeichnen.

3.4 Einrichtungen zum Feststellen des zulässigen Füllstandes sind bei Druckbehältern, die volumetrisch gefüllt werden, z. B. Flüssigkeitsstandanzeiger, Gasventile mit Peilrohr, elektrische Standmessung.

3.5 Druckbehälter für brennbare Gase oder Gasgemische in flüssigem Zustand mit einem Rauminhalt über 500 m³ müssen eine Einrichtung haben, die bei Erreichen des zulässigen Füllstandes die Gaszufuhr selbsttätig abschaltet oder Alarm auslöst.

ICS 23.020.30		Ausgabe Mai 2002
Herstellung und Prüfung von Druckbehältern	Besondere Druckbehälter **Rotierende dampfbeheizte Zylinder**	AD 2000-Merkblatt **HP 801 Nr. 29**

Die AD 2000-Merkblätter werden von den in der „Arbeitsgemeinschaft Druckbehälter" (AD) zusammenarbeitenden, nachstehend genannten sieben Verbänden aufgestellt. Aufbau und Anwendung des AD 2000-Regelwerkes sowie die Verfahrensrichtlinien regelt das AD 2000-Merkblatt G1.

Die AD 2000-Merkblätter enthalten sicherheitstechnische Anforderungen, die für normale Betriebsverhältnisse zu stellen sind. Sind über das normale Maß hinausgehende Beanspruchungen beim Betrieb der Druckbehälter zu erwarten, so ist diesen durch Erfüllung besonderer Anforderungen Rechnung zu tragen.

Wird von den Forderungen dieses AD 2000-Merkblattes abgewichen, muss nachweisbar sein, dass der sicherheitstechnische Maßstab dieses Regelwerkes auf andere Weise eingehalten ist, z.B. durch Werkstoffprüfungen, Versuche, Spannungsanalyse, Betriebserfahrungen.

> *Fachverband Dampfkessel-, Behälter- und Rohrleitungsbau e.V. (FDBR), Düsseldorf*
> *Hauptverband der gewerblichen Berufsgenossenschaften e.V., Sankt Augustin*
> *Verband der Chemischen Industrie e.V. (VCI), Frankfurt/Main*
> *Verband Deutscher Maschinen- und Anlagenbau e.V. (VDMA), Fachgemeinschaft Verfahrenstechnische Maschinen und Apparate, Frankfurt/Main*
> *Verein Deutscher Eisenhüttenleute (VDEh), Düsseldorf*
> *VGB PowerTech e.V., Essen*
> *Verband der Technischen Überwachungs-Vereine e.V. (VdTÜV), Essen*

Die AD 2000-Merkblätter werden durch die Verbände laufend dem Fortschritt der Technik angepasst. Anregungen hierzu sind zu richten an den Herausgeber:

Verband der Technischen Überwachungs-Vereine e.V., Postfach 10 38 34, 45038 Essen.

Inhalt

0 Präambel
1 Geltungsbereich
2 Bemessung
3 Ausrüstung
4 Instandsetzung im Zuge der Herstellung

0 Präambel

Zur Erfüllung der grundlegenden Sicherheitsanforderungen der Druckgeräte-Richtlinie kann das AD 2000-Regelwerk angewandt werden, vornehmlich für die Konformitätsbewertung nach den Modulen „G" und „B + F".

Das AD 2000-Regelwerk folgt einem in sich geschlossenen Auslegungskonzept. Die Anwendung anderer technischer Regeln nach dem Stand der Technik zur Lösung von Teilproblemen setzt die Beachtung des Gesamtkonzeptes voraus.

Bei anderen Modulen der Druckgeräte-Richtlinie (DGR) oder für andere Rechtsgebiete kann das AD 2000-Regelwerk sinngemäß angewandt werden. Die Prüfzuständigkeit richtet sich nach den Vorgaben des jeweiligen Rechtsgebietes.

1 Geltungsbereich

1.1 Dieses AD 2000-Merkblatt HP 801 Nr. 29 enthält zusätzliche Anforderungen für rotierende dampfbeheizte Zylinder und geht insoweit den anderen AD 2000-Merkblättern vor.

1.2 Dieses AD 2000-Merkblatt kommt nur zur Anwendung, wenn derartige Zylinder nicht nach Artikel 1 (3) Nr. 3.10 vom Geltungsbereich der DGRL ausgenommen sind.

2 Bemessung

Rotierende dampfbeheizte Zylinder mit Mänteln aus Gusseisen müssen für einen maximal zulässigen Druck von mindestens 2,5 bar ausgelegt sein.

3 Ausrüstung

3.1 An rotierenden dampfbeheizten Zylindern nach Abschnitt 2 müssen die Einrichtungen zum Ableiten von Kondensat so beschaffen sein, dass die Ansammlung von Kondensat gering bleibt. Derartige Einrichtungen, die das Kondensat zum Abfluss auf Zapfenbohrungshöhe bringen, sind z. B. Schöpfer, Tauchrohre, Schaber. Der Abfluss des Kondensats muss überwacht werden können. AD 2000-Merkblatt A 404 Abschnitt 4.1 gilt nicht.

Die AD 2000-Merkblätter sind urheberrechtlich geschützt. Die Nutzungsrechte, insbesondere der Übersetzung, des Nachdrucks, der Entnahme von Abbildungen, die Wiedergabe auf fotomechanischem Wege und die Speicherung in Datenverarbeitungsanlagen, bleiben, auch bei auszugsweiser Verwertung, dem Urheber vorbehalten.

3.2 Bei rotierenden dampfbeheizten Zylindern nach Abschnitt 2 müssen Ableiter für Kondensat Einrichtungen oder Zusatzeinrichtungen haben, durch die das Kondensat jederzeit abgeleitet werden kann, z. B. durch ein Abschlussorgan, das ein völliges Schließen verhindert, oder durch Einrichtungen, die ein Auswechseln des Kondensatableiters auch während des Betriebs ermöglichen, wenn der Zylinder nicht angehalten werden kann. Absperreinrichtungen müssen so beschaffen sein, dass eine vollständige Unterbrechung des Abflusses von Kondensat nicht möglich ist.

3.3 Die rotierenden dampfbeheizten Zylinder müssen so ausgerüstet sein, dass das Kondensat nicht in die Zylinder zurückgedrückt werden kann.

4 Instandsetzung im Zuge der Herstellung

4.1 Bei Zylindern, die aus Gusseisen hergestellt werden, ist es nicht auszuschließen, dass Fehler, z. B. durch Sandeinschlüsse, Gaseinschlüsse, Lunker, beim Schleifen der Zylinderlauffläche zum Vorschein kommen.

Das übliche Verfahren zur Beseitigung dieser Oberflächenfehler – nicht aber Risse – besteht im Aufbohren der Fehlerstellen und Schließen mittels eingeschlagener Passstifte und anschließendem Glätten/Überschleifen der verstifteten Oberfläche.

Dieses Verfahren beeinträchtigt die Sicherheit des Zylinders nicht, wenn die Kriterien nach Abschnitt 4.2 erfüllt sind und in den Herstellunterlagen dokumentiert ist, dass der Einfluss des Verstiftens nach Abschnitt 4.2 bei der Festlegung der erforderlichen Mindestwanddicke berücksichtigt wurde.

4.2 Kriterien an das Verstiften

(1) Kriterien an die Anwendbarkeit des Verstiftens:
 – Der Oberflächenfehler darf zu keiner Leckage führen, d. h. er darf nicht durch die gesamte Wanddicke verlaufen.
 – Der maximale zulässige Druck darf 12 bar bei einer zulässigen maximalen Temperatur von höchstens 230 °C nicht überschreiten.
 – Die Fehlerstelle darf nicht im Bereich von Schweißungen (Schweißgut und Wärmeeinflusszone) liegen.
 – Der Zylinder muss einer Flüssigkeitsdruckprüfung mit einem Prüfdruck gleich dem 2-fachen des maximal zulässigen Druckes unterzogen werden, sofern sich nach AD 2000-Merkblatt HP 30 kein höherer Prüfdruck ergibt.

(2) Kriterien an die Durchführung des Verstiftens:
 – Der Werkstoff des Passstiftes muss bei nicht zu beschichtenden Zylindermänteln in allen Hinsichten den Zylinderwerkstoffspezifikationen entsprechen.
 – Die Sacklochbohrung darf nur so tief sein, dass maximal 20 % der rechnerisch erforderlichen Wanddicke angebohrt werden.
 – Der Durchmesser des Stiftes darf folgende Werte nicht überschreiten: 10 mm bei einer Wanddicke ≤ 50 mm bzw. 20 % der Wanddicke bei einer Wanddicke > 50 mm.
 – Das Verstiften hat in der Regel in Anlehnung an die Vorschriften des ASME Boiler and Pressure Vessel Code, Section VIII, Div. I, UCI-78 zu erfolgen.

(3) Organisatorische Kriterien:
 – Für die einzelnen Arbeitsschritte beim Verstiften hat der Hersteller eine Verfahrensanweisung zu erstellen, in der die Kriterien an die Anwendbarkeit und Durchführung des Verstiftens entsprechend Abschnitt 4.2 (1) und (2) enthalten sein müssen.
 – Der Hersteller bestätigt in einer Bescheinigung die Durchführung des Verstiftens nach Verfahrensanweisung.
 – Das Verstiften darf nur von qualifiziertem Personal durchgeführt werden.

4.3 Sind am Zylinder Bearbeitungen der Oberfläche erforderlich, durch die die Wanddicke reduziert wird, ist die neue Wanddicke zu ermitteln und in den Prüfungsunterlagen zu dokumentieren. Die rechnerisch erforderliche Wanddicke darf nicht unterschritten werden.

4.4 Die Verfahrensanweisung zum Verstiften zum Zwecke der Instandsetzung im Rahmen des Betriebes ist den Unterlagen (z. B. Betriebsanleitung) beizufügen.

ICS 23.020.30 Ausgabe Mai 2002

Herstellung und Prüfung von Druckbehältern	Besondere Druckbehälter **Steinhärtekessel**	AD 2000-Merkblatt **HP 801 Nr. 30**

Die AD 2000-Merkblätter werden von den in der „Arbeitsgemeinschaft Druckbehälter" (AD) zusammenarbeitenden, nachstehend genannten sieben Verbänden aufgestellt. Aufbau und Anwendung des AD 2000-Regelwerkes sowie die Verfahrensrichtlinien regelt das AD 2000-Merkblatt G1.

Die AD 2000-Merkblätter enthalten sicherheitstechnische Anforderungen, die für normale Betriebsverhältnisse zu stellen sind. Sind über das normale Maß hinausgehende Beanspruchungen beim Betrieb der Druckbehälter zu erwarten, so ist diesen durch Erfüllung besonderer Anforderungen Rechnung zu tragen.

Wird von den Forderungen dieses AD 2000-Merkblattes abgewichen, muss nachweisbar sein, dass der sicherheitstechnische Maßstab dieses Regelwerkes auf andere Weise eingehalten ist, z.B. durch Werkstoffprüfungen, Versuche, Spannungsanalyse, Betriebserfahrungen.

Fachverband Dampfkessel-, Behälter- und Rohrleitungsbau e.V. (FDBR), Düsseldorf
Hauptverband der gewerblichen Berufsgenossenschaften e.V., Sankt Augustin
Verband der Chemischen Industrie e.V. (VCI), Frankfurt/Main
Verband Deutscher Maschinen- und Anlagenbau e.V. (VDMA), Fachgemeinschaft Verfahrenstechnische Maschinen und Apparate, Frankfurt/Main
Verein Deutscher Eisenhüttenleute (VDEh), Düsseldorf
VGB PowerTech e.V., Essen
Verband der Technischen Überwachungs-Vereine e.V. (VdTÜV), Essen

Die AD 2000-Merkblätter werden durch die Verbände laufend dem Fortschritt der Technik angepasst. Anregungen hierzu sind zu richten an den Herausgeber:

Verband der Technischen Überwachungs-Vereine e.V., Postfach 10 38 34, 45038 Essen.

Inhalt

0 Präambel
1 Geltungsbereich
2 Begriffe
3 Bemessung
4 Herstellung
5 Aufstellung
6 Ausrüstung
7 Abnahme
Anhang 1 Hinweise für die Betriebsanleitung nach Anhang I Abschnitt 3.4 DGRL

0 Präambel

Zur Erfüllung der grundlegenden Sicherheitsanforderungen der Druckgeräte-Richtlinie kann das AD 2000-Regelwerk angewandt werden, vornehmlich für die Konformitätsbewertung nach den Modulen „G" und „B + F".

Das AD 2000-Regelwerk folgt einem in sich geschlossenen Auslegungskonzept. Die Anwendung anderer technischer Regeln nach dem Stand der Technik zur Lösung von Teilproblemen setzt die Beachtung des Gesamtkonzeptes voraus.

Bei anderen Modulen der Druckgeräte-Richtlinie (DGR) oder für andere Rechtsgebiete kann das AD 2000-Regelwerk sinngemäß angewandt werden. Die Prüfzuständigkeit richtet sich nach den Vorgaben des jeweiligen Rechtsgebietes.

1 Geltungsbereich

Dieses AD 2000-Merkblatt HP 801 Nr. 30 enthält zusätzliche Anforderungen für Steinhärtekessel und geht insoweit den anderen AD 2000-Merkblättern vor.

2 Begriffe

2.1 Steinhärtekessel im Sinne dieses AD 2000-Merkblattes sind Druckbehälter zur Herstellung von Kalksandsteinen, Betonsteinen, Gasbeton, Faserzementplatten, Gipsprodukten, Hochofenschlackensteinen oder ähnlichen Produkten unter Dampfüberdruck.

2.2 Steinhärtekessel werden spannungsgünstig betrieben, wenn die Temperaturdifferenz zwischen Mantelsohle und -scheitel nach Ende der Aufheizphase und vor Beginn der Entspannungsphase nicht mehr als 30 K und während der Aufheizphase und Entspannungsphase nicht mehr als 60 K beträgt.

3 Bemessung

Wegen der Gefahr einer Spannungsrisskorrosion ist bei der Verwendung von ferritischen Stählen das Spannungsniveau in den druckbeanspruchten Teilen abzusenken. Hierzu genügt nach der bisherigen Erfahrung ein Wanddickenzuschlag von 20 % auf die mit einem Ausnutzungsfaktor der Fügeverbindung für die Längsnaht von 85 % berechnete Wanddicke.

Die AD 2000-Merkblätter sind urheberrechtlich geschützt. Die Nutzungsrechte, insbesondere die der Übersetzung, des Nachdrucks, der Entnahme von Abbildungen, die Wiedergabe auf fotomechanischem Wege und die Speicherung in Datenverarbeitungsanlagen, bleiben, auch bei auszugsweiser Verwertung, dem Urheber vorbehalten.

4 Herstellung

4.1 Die Verwendung von Stählen mit einer gemessenen Streckgrenze von mehr als 420 N/mm^2 ist unzulässig. Diese Anforderung gilt als erfüllt, wenn z. B. die Stähle P265GH / P295GH nach DIN EN 10028 Teil 2 verwendet werden.

4.2 Schweißeigenspannungen sind gering zu halten.

4.3 Hilfsschweißungen sind mindestens zweilagig auszuführen.

4.4 Bei baustellengefertigten Schweißungen an drucktragenden Bauteilen aus ferritischen Stählen ist eine Vorwärmung auf mindestens 150 °C erforderlich.

4.5 Ein Kantenversatz von mehr als 15 % der Mantelwanddicke ist unzulässig. Aufdachungen oder Einziehungen im Bereich der Längsschweißnähte sind zulässig, wenn das Maß $1/6$ – bis zu einer Länge von 200 mm örtlich $1/4$ – der Mantelwanddicke nicht überschreitet.

4.6 Die Schweißnähte auf der Beschickungsseite müssen für die Oberflächenprüfung nach dem magnetischen Streuflussverfahren prüffähige Oberflächen haben.

4.7 Im Sohlenbereich sind die Schweißnähte zwischen den Schienen blecheben, bis zur Tropfkante des Beschickungswagens glatt zu beschleifen.

4.8 Baustellengefertigte Schweißnähte sind innen blecheben herzurichten.

5 Aufstellung

Der Hersteller hat in einer Montageanleitung folgende Regelungen aufzunehmen:

5.1 Steinhärtekessel sind so aufzustellen, dass sie zu benachbarten Kesseln oder von Wänden einen lichten Abstand von mindestens 0,5 m haben.

5.2 Steinhärtekessel müssen auf den Fundamenten gleichmäßig aufliegen.

5.3 Das Gefälle zur Hauptentwässerungseinrichtung muss mindestens 2 % betragen.

5.4 Rohrleitungen sind so zu verlegen, dass aufgrund der Wärmedehnungen keine unzulässigen Beanspruchungen auftreten.

6 Ausrüstung

6.1 Die Ausrüstung von Steinhärtekesseln muss eine spannungsgünstige Betriebsweise gemäß Abschnitt 2.2 gewährleisten. Für eine spannungsgünstige Betriebsweise muss die Ausrüstung von Steinhärtekesseln folgenden Anforderungen genügen:

6.1.1 Zur Anzeige der Temperaturdifferenz zwischen Mantelsohle und -scheitel sind Steinhärtekessel mit Temperaturmessgeräten auszurüsten. Die Messfühler sind direkt auf dem Mantelblech außen unter der Wärmedämmung an Mantelsohle und -scheitel so anzubringen, dass die maximale Temperaturdifferenz erfasst wird. Auf die Messung der Scheiteltemperatur kann verzichtet werden, wenn hierfür die Temperatur im Dampfraum herangezogen wird.

6.1.2 Zur Erfassung der Temperaturdifferenz zwischen Behälterscheitel und Behältersohle ist bei jeder Charge ein schreibendes Gerät vorzusehen.

6.1.3 Auf ein schreibendes Gerät zur Registrierung der Temperaturdifferenz kann verzichtet werden, wenn

(1) die Dampfzu- und -abführung automatisch geregelt wird und im Falle der Überschreitung der zulässigen Temperaturdifferenz eine Abschaltung und Verriegelung erfolgt. Eine Entriegelung darf erst nach Beseitigung der Störungsursache möglich sein,

(2) das Kondensat über einen Kondensatsammelbehälter mit niveaugesteuertem Ventil abgeführt wird und sowohl beim Überschreiten der Temperaturdifferenz als auch bei Erreichen eines unzulässigen Hochwasserstandes im Kondensatsammelbehälter eine Alarmmeldung erfolgt; der Kondensatsammelbehälter muss eine Einrichtung haben, mit der das Kondensat bei unzulässigem Hochwasserstand manuell abgelassen werden kann, oder

(3) durch die Art der Ausrüstung ein ständiges Warmhalten der Mantelsohle (z. B. Dampfzuführung durch Sprührohre über die gesamte Sohlenlänge) gewährleistet ist und eine Alarmmeldung bei Überschreiten der zulässigen Temperaturdifferenzen erfolgt.

6.2 Für die Ausrüstung nach Abschnitt 6.1 sind die Eignung und Funktionsfähigkeit nachzuweisen. Die Eignung ist durch Einzelprüfung oder durch Bauteilprüfung der zuständigen unabhängigen Stelle nachzuweisen. Über geeignete Prüfeinrichtungen muss die Funktionsfähigkeit jederzeit nachgeprüft werden können.

6.3 Steinhärtekessel müssen mit einer Ablasseinrichtung für Restkondensat ausgerüstet sein. Es muss sichergestellt sein, dass vor dem Öffnen der Deckelverschlüsse eine Gefährdung durch austretendes Kondensat oder Dampf ausgeschlossen ist, z. B. durch Auffanggruben unterhalb der Deckelverschlüsse, erhöhten Bedienungsstand oder Fernbedienung der Deckelverschlüsse.

6.4 Antriebe oder Steuerstellen für die Deckelverschlüsse sind so anzuordnen, dass eine Gefahren durch austretendes Kondensat oder Dampf ausgeschlossen sind.

6.5 Dampfführende Leitungen (Frischdampfleitung, Überlassdampfleitung) zu den Steinhärtekesseln sind mit je zwei hintereinanderliegenden Absperreinrichtungen und einer geeigneten Verbindung mit der Außenluft (Zwischenentspannung) zu versehen. Diese Absperreinrichtungen müssen sich gegen unbeabsichtigtes, unbefugtes oder irrtümliches Öffnen sichern lassen. Dies gilt auch für Kondensatleitungen, wenn diese mit Gegendruck betrieben werden.

6.6 Bei automatischer Regelung der Dampfzu- und -abführung darf der Steinhärtekessel erst unter Druck gesetzt werden können, wenn der Verschluss vollständig geschlossen ist.

7 Abnahme

7.1 Im Rahmen der Schlussprüfung sind beim Hersteller
- die Rundschweißnähte mindestens zu 25 % und
- die Längsschweißnähte zu 50 %

einer Durchstrahlungsprüfung oder einer Ultraschallprüfung zu unterziehen, wobei alle T-Stöße zu erfassen sind. Die Schweißnähte nach Satz 1 sind zusätzlich einer Oberflächenprüfung nach dem magnetischen Streuflussverfahren zu unterziehen. Die Prüfungen sind nach der Wasserdruckprüfung durchzuführen.

7.2 Bei baustellengefertigten Schweißnähten einschließlich Befestigungsschweißungen an drucktragenden Wandungen ist eine Bauüberwachung durch die zuständige unabhängige Stelle erforderlich. Die Stumpfnähte sind zu 100 % nach dem Durchstrahlungs- oder Ultraschallverfahren und zu 100 % nach dem magnetischen Streuflussverfahren zu prüfen. Die Kehlnähte sind zu 100 % nach dem magnetischen Streuflussverfahren zu prüfen. Die Prüfungen sind nach der Wasserdruckprüfung durchzuführen.

7.3 Bei Anwendung des Ultraschallverfahrens bzw. des magnetischen Streuflussverfahrens begutachtet die zuständige unabhängige Stelle die Prüfberichte. Die Ergebnisse der durchgeführten Prüfungen werden von der zuständigen unabhängigen Stelle stichprobenweise von mindestens 10 % der Nahtlänge überprüft.

7.4 Bei Anwendung des Durchstrahlungsverfahrens sind der zuständigen unabhängigen Stelle die Filme und Prüfberichte einschließlich der vor Ausbesserungen angefertigten Aufnahmen vorzulegen. Die zuständige unabhängige Stelle überzeugt sich in der Regel durch Stichproben, ob sie zu einer ähnlichen Bewertung der Filme kommt. Stellt sie dabei mangelhafte Übereinstimmung der Bewertung fest, hat sie sämtliche Filme zu beurteilen.

7.5 Im Rahmen der Entwurfsprüfung ist die Lage der Kesselstühle in den technischen Unterlagen anzugeben. Die zulässigen Setzungen der Kesselstühle sind anzugeben. Ergänzend zu AD 2000-Merkblatt HP 511 Abschnitt 5.3.2 (10) ist die zulässige Setzung unter Wasserfüllung anzugeben.

Anhang 1 zu AD 2000-Merkblatt HP 801 Nr. 30

Hinweise für die Betriebsanleitung nach Anhang I Abschnitt 3.4 DGRL

1 Bedienungspersonal

Steinhärtekessel dürfen nur von Personen bedient werden, die über die Betriebsweise und die Gefahren beim Betrieb der Kessel unterwiesen worden sind. Ventile und Verschlüsse der Steinhärtekessel dürfen nur von Personen betätigt werden, die durch die Betriebsleitung dazu schriftlich ermächtigt sind.

2 Beschicken der Steinhärtekessel

Beim Einschieben und Ausziehen der Härtewagen dürfen die Ausziehmittel (Seile, Stangen und dgl.) nicht über die Steinhärtekesselsohle schleifen. Die Ausziehmittel sind über die Achsen der Härtewagen oder seitlich über die Schienenböcke zu führen, wenn sie nicht durch besondere Abstandhalter von der Steinhärtekesselsohle ferngehalten werden.

3 Schließen von Steinhärtekesseln

Bei Schnellverschlüssen ist nach dem Schließen zu prüfen, ob die Verschlussteile (Deckel und Kesselring) vollständig übereinander greifen bzw. die Verschlussarme sich in der Endstellung befinden. Bei Kesseln mit zwei Verschlussdeckeln sind beide Verschlüsse zu überprüfen, auch dann, wenn eine der beiden Kesselöffnungen ständig unbenutzt bleibt.

4 Meldung von Störungen und Sicherheitsmängeln

Mängel an den Steinhärtekesseln und seinen Ausrüstungsteilen sind der Betriebsleitung sofort zu melden. Zu diesen Ausrüstungsteilen zählen insbesondere das Sicherheitsventil und die Sicherheitsvorrichtung am Schnellverschluss (Druckwarneinrichtung), alle Absperr-, Überlass-, Entspannungs- und Kondensatablassventile und Manometer sowie die Ausrüstungsteile, die einen spannungsgünstigen Betrieb gewährleisten müssen, wie z. B. Schlammfangtöpfe, Kondensatsammelbehälter, Kondensatableiter, Entlüftungseinrichtungen, Druck- und Temperaturschreiber, Mess- und Regeleinrichtungen sowie Kontrollleuchten und Alarmeinrichtungen.

5 Spannungsgünstiger Betrieb

Die Temperaturdifferenzen zwischen Sohle und Scheitel der Steinhärtekessel lassen den Spannungszustand erkennen. Die Temperaturdifferenzen sind bei jeder Aufheiz-, Härte- und Überlass- oder Ablassphase zu überwachen. Die maximal zulässigen Temperaturdifferenzen (T) betragen:

Während der Aufheizphase $\Delta T_{1max} = 60$ K
während der Härtephase $\Delta T_{2max} = 30$ K
während der Überlass- oder Ablassphase $\Delta T_{3max} = 60$ K

Jedes Überschreiten der zulässigen Temperaturdifferenzen ist der Betriebsleitung zu melden.

Die Ursache für das Überschreiten der zulässigen Temperaturdifferenzen sind unverzüglich, spätestens jedoch vor Beginn des nächsten Härtevorganges zu beseitigen.

Folgende Zusammenhänge sind gegeben:

Ursachen	Maßnahmen
Kondensatstau	Abschlammventil von Hand betätigen, Sieb und Schlammtopf reinigen, Kondensatanlage überprüfen und evtl. instand setzen
Kesselsohle verschmutzt	Steinhärtekessel ausfegen
zu schnelles Aufheizen	Dampfeinlassventil drosseln

6 Öffnen der Steinhärtekessel

Vor dem Öffnen der Steinhärtekessel durch Betätigen der Kondensatableiteinrichtung Kondensat restlos aus dem Steinhärtekessel ableiten.

Das Kondensatablassventil und die Abschlammvorrichtung sind wieder zu schließen, bevor der Steinhärtekessel geöffnet wird.

Mit dem Öffnen eines Steinhärtekessels darf erst begonnen werden, wenn der Überdruck im Kessel auf Null abgesunken ist (Manometerkontrolle und Beobachtung der Druckwarneinrichtung).

Beim Öffnen eines Steinhärtekessels ist auf die Gefahren durch austretenden Dampf zu achten, damit die Bedienungsperson(en) und Dritte nicht gefährdet werden. Ist im Ausnahmefall – z. B. Störungen beim Öffnen des Steinhärtekessels – mit vorhandenem Restkondensat zu rechnen, besteht erhöhte Verbrühungsgefahr durch plötzlich freiwerdenden Dampf. In diesen Fällen darf der Kessel erst vollständig geöffnet werden, nachdem das Kondensat bei leicht angelüftetem Deckel (in Fangvorrichtung) abgeflossen ist. Die Störung ist sofort der Betriebsleitung zu melden. Der Steinhärtekessel darf erst nach Beseitigung der Störung weiterbetrieben werden.

7 Zusätzliche Bedienungsregeln für das Öffnen von Steinhärtekesseln mit Schnellverschlüssen

Bei Kesseln mit Frischdampfanschluss für die Dichtung ist vor dem Öffnen des Deckels die Frischdampfleitung zu schließen. Die Deckelverriegelung darf erst dann geöffnet werden, wenn der Druck in den Dichtungskammern auf Null zurückgegangen ist. Hiervon hat sich der Bedienungsperson selbst zu überzeugen. Der Deckel selbst darf erst gelöst werden, wenn auch aus dem Absperrorgan des Druckkontrollstutzens (Druckwarneinrichtung) kein Dampfstrahl, sondern nur eine wehende, leichte Dampffahne austritt. Tritt in der Fanglingstellung des Deckels noch Dampf am Deckelrand mit einem zischenden und pfeifenden Geräusch aus, so ist das Lösen des Deckels zu unterbrechen und erst dann fortzusetzen, wenn ein geräuschloses Entweichen des Dampfes am Deckelrand die Drucklosigkeit im Kessel anzeigt.

Nach dem Öffnen eines Steinhärtekessels müssen die zu diesem Kessel führenden Frischdampf- und Überlassventile sowie Kondensatablassventile so lange geschlossen bleiben, bis auch der Kessel wieder vorschriftsmäßig verschlossen ist.

8 Reinhaltung der Steinhärtekessel und regelmäßige Kontrollen

Bei Arbeiten in Steinhärtekesseln – auch bei Reinigungsarbeiten – sind die „Richtlinien für Arbeiten in Behältern und engen Räumen" (ZH 1/77) des Hauptverbandes der gewerblichen Berufsgenossenschaften zu beachten. Das bedeutet u. a., dass Frischdampfleitungen, Überlassdampfleitungen und Kondensatleitungen durch zwei hintereinanderliegende Absperreinrichtungen zu schließen sind, zwischen diesen beiden Absperreinrichtungen eine geeignete Verbindung mit der Außenluft (Zwischenentspannung) herzustellen ist und die Betätigungsorgane gegen unbeabsichtigtes, unbefugtes oder irrtümliches Öffnen zu sichern sind.

Bei Anlagen, die noch nicht mit einer zweiten Absperreinrichtung ausgerüstet sind, ist das Absperrventil vor dem Steinhärtekessel so zu schließen, zu sichern und zu kennzeichnen, dass ein unbeabsichtigtes, unbefugtes oder irrtümliches Öffnen ausgeschlossen ist.

Beim Betrieb der Steinhärtekessel sind grobe Verunreinigungen, wie herabgefallene Rohlinge, laufend zu beseitigen (Sichtkontrolle bei Chargenwechsel z. B. mit Handscheinwerfer).

Eine regelmäßige Reinigung der Steinhärtekesselsohle (z. B. durch Ausfegen), der Siebe und Schmutzfänger ist bei Bedarf, mindestens jedoch einmal wöchentlich, vorzunehmen.

Bei jedem Chargenwechsel ist die Dichtheit der Dampfeinlass- und Dampfüberlassventile durch Besichtigung zu prüfen.

Die Innenwandungen der Verschlussdeckel sind ggf. auf Wassermarken hin zu kontrollieren, die einen Defekt des Kondensatableitsystems oder fehlerhaftes Ablassen des Kondensatwassers anzeigen. Der Steinhärtekessel darf erst weiterbetrieben werden, wenn der Defekt beseitigt ist. Die Wassermarken sind zu entfernen, um weitere Kontrollen zu ermöglichen.

In angemessenen Zeitabständen sind die Ausziehmittel auf einwandfreien Zustand hin zu überprüfen (Drahtbrüche, Zustand der Klemmverbindungen, Knoten und dgl.).

In angemessenen Zeitabständen sind auch die Innenwandungen der Steinhärtekessel auf mechanische Beschädigungen durch z. B. schieflaufende Härtewagen zu überprüfen. Defekte Härtewagen sind auszumustern.

In angemessenen Zeitabständen (mindestens wöchentlich) ist die ordnungsgemäße Funktion von Fest- und Loslagern der Steinhärtekessel zu prüfen.

ICS 23.020.30   Ausgabe Mai 2002

Herstellung und Prüfung von Druckbehältern	Besondere Druckbehälter **Ammoniaklagerbehälteranlagen**	AD 2000-Merkblatt **HP 801 Nr. 34**

Die AD 2000-Merkblätter werden von den in der „Arbeitsgemeinschaft Druckbehälter" (AD) zusammenarbeitenden, nachstehend genannten sieben Verbänden aufgestellt. Aufbau und Anwendung des AD 2000-Regelwerkes sowie die Verfahrensrichtlinien regelt das AD 2000-Merkblatt G1.

Die AD 2000-Merkblätter enthalten sicherheitstechnische Anforderungen, die für normale Betriebsverhältnisse zu stellen sind. Sind über das normale Maß hinausgehende Beanspruchungen beim Betrieb der Druckbehälter zu erwarten, so ist diesen durch Erfüllung besonderer Anforderungen Rechnung zu tragen.

Wird von den Forderungen dieses AD 2000-Merkblattes abgewichen, muss nachweisbar sein, dass der sicherheitstechnische Maßstab dieses Regelwerkes auf andere Weise eingehalten ist, z. B. durch Werkstoffprüfungen, Versuche, Spannungsanalyse, Betriebserfahrungen.

    Fachverband Dampfkessel-, Behälter- und Rohrleitungsbau e.V. (FDBR), Düsseldorf
    Hauptverband der gewerblichen Berufsgenossenschaften e.V., Sankt Augustin
    Verband der Chemischen Industrie e.V. (VCI), Frankfurt/Main
    Verband Deutscher Maschinen- und Anlagenbau e.V. (VDMA), Fachgemeinschaft Verfahrenstechnische Maschinen und Apparate, Frankfurt/Main
    Verein Deutscher Eisenhüttenleute (VDEh), Düsseldorf
    VGB PowerTech e.V., Essen
    Verband der Technischen Überwachungs-Vereine e.V. (VdTÜV), Essen

Die AD 2000-Merkblätter werden durch die Verbände laufend dem Fortschritt der Technik angepasst. Anregungen hierzu sind zu richten an den Herausgeber:

    Verband der Technischen Überwachungs-Vereine e.V., Postfach 10 38 34, 45038 Essen.

Inhalt

0 Präambel
1 Geltungsbereich
2 Begriffe
3 Werkstoffe für ammoniakbeaufschlagte Anlagenteile
4 Berechnung
5 Herstellung
6 Ausrüstung
7 Aufstellung
8 Prüfungen

0 Präambel

Zur Erfüllung der grundlegenden Sicherheitsanforderungen der Druckgeräte-Richtlinie kann das AD 2000-Regelwerk angewendet werden, vornehmlich für die Konformitätsbewertung nach den Modulen „G" und „B + F".

Das AD 2000-Regelwerk folgt einem in sich geschlossenen Auslegungskonzept. Die Anwendung anderer technischer Regeln nach dem Stand der Technik zur Lösung von Teilproblemen setzt die Beachtung des Gesamtkonzeptes voraus.

Bei anderen Modulen der Druckgeräte-Richtlinie (DGR) oder für andere Rechtsgebiete kann das AD 2000-Regelwerk sinngemäß angewandt werden. Die Prüfzuständigkeit richtet sich nach den Vorgaben des jeweiligen Rechtsgebietes.

1 Geltungsbereich

Dieses AD 2000-Merkblatt HP 801 Nr. 34 enthält zusätzliche Anforderungen für Ammoniaklagerbehälteranlagen und geht insoweit den anderen AD 2000-Merkblättern vor.

1.1 Dieses AD 2000-Merkblatt HP 801 Nr. 34 gilt für Ammoniaklagerbehälteranlagen zum Lagern von druckverflüssigtem Ammoniak.

1.2 Dieses AD 2000-Merkblatt HP 801 Nr. 34 gilt nicht für Ammoniaklagerbehälteranlagen, die Bestandteil von verfahrenstechnischen Anlagen oder Kälteanlagen sind. Verfahrenstechnisch wird dabei die Gesamtheit aller notwendigen sowie in Reserve stehenden Einrichtungen für die Durchführung des Ablaufs von chemischen, physikalischen oder biologischen Vorgängen zur Gewinnung, Herstellung oder Beseitigung von Stoffen oder Produkten.

2 Begriffe

Die Ammoniaklagerbehälteranlage (Anlage) endet an der Verbindungsstelle der Leitung
– zur Einspeisung von Ammoniak aus verfahrenstechnischen Anlagen,
– zum Verbraucher bzw. an der Ausgangsseite des Verdampfers, soweit der Verdampfer zum Ammoniaklagerbehälter gehört, oder
– mit Füllanlagen.

Die AD 2000-Merkblätter sind urheberrechtlich geschützt. Die Nutzungsrechte, insbesondere die der Übersetzung, des Nachdrucks, der Entnahme von Abbildungen, die Wiedergabe auf fotomechanischem Wege und die Speicherung in Datenverarbeitungsanlagen, bleiben, auch bei auszugsweiser Verwertung, dem Urheber vorbehalten.

3 Werkstoffe für ammoniakbeaufschlagte Anlagenteile

3.1 Zulässige Werkstoffe

3.1.1 Bleche

3.1.1.1 Ferritische Stähle nach AD 2000-Merkblatt W 1 Abschnitte 2.2, 2.3 und 2.4 mit einem Mindestwert der Streckgrenze bei Raumtemperatur $\leq$ 355 N/mm^2 und einem Mindestwert der Bruchdehnung $\geq$ 22 %, in Verbindung mit Grenzwerten für die chemische Zusammensetzung und für die gemessene Streckgrenze bei Raumtemperatur nach Abschnitt 3.1.6.

3.1.1.2 Stabilisierte oder kohlenstoffarme (C-Gehalt $\leq$ 0,03 %) austenitische Stähle, z. B. nach AD 2000-Merkblatt W 2. Diese dürfen unter Berücksichtigung von AD 2000-Merkblatt W 8 auch als Auflagewerkstoff bei Walzplattierungen eingesetzt werden.

3.1.2 Rohre für Stutzen

3.1.2.1 Nahtlose Rohre z. B. nach AD 2000-Merkblatt W 4 aus St 37.0 nach DIN 1629, St 35.8 Gütestufe III nach DIN 17 175 sowie aus Feinkornbaustählen nach DIN 17 179 mit einem Mindestwert der Streckgrenze $\leq$ 355 N/mm^2, in Verbindung mit Grenzwerten für die chemische Zusammensetzung und für die gemessene Streckgrenze bei Raumtemperatur nach Abschnitt 3.1.6.

3.1.2.2 Rohre aus stabilisierten oder kohlenstoffarmen (C-Gehalt $\leq$ 0,03 %) austenitischen Stählen, z. B. nach AD 2000-Merkblatt W 2.

3.1.3 Flansche

Flansche, z. B. nach AD 2000-Merkblatt W 9 aus:
- RSt 37-2 N und St 37-3 N nach DIN 17 100, S235JRG2 und S235J2G3 nach DIN EN 10025, C 22.8 nach DIN EN 10 243, Feinkornbaustählen nach DIN EN 10028 Teil 1 und 3 und DIN 17 103 mit einem Mindestwert der Streckgrenze $\leq$ 355 N/mm^2 in Verbindung mit Grenzwerten für die chemische Zusammensetzung und für die gemessene Streckgrenze bei Raumtemperatur nach Abschnitt 3.1.6, und
- stabilisierten oder kohlenstoffarmen (C-Gehalt $\leq$ 0,03 %) austenitischen Stählen, z. B. nach AD 2000-Merkblatt W 2.

3.1.4 Gusswerkstoffe

Gehäuse und Pumpen aus:
- Gusseisen mit Kugelgraphit, z. B. nach AD 2000-Merkblatt W 3/2 aus EN-GJS-350-22-LT und EN-GJS-400-18-LT nach DIN EN 1563,
- ferritischem Stahlguss, z. B. nach AD 2000-Merkblatt W 5 aus GS-38.3 und GS-45.3 nach DIN 1681 und GP-24DGH nach DIN EN 10213-2,
- austenitischem Stahlguss, z. B. nach AD 2000-Merkblatt W 5.

3.1.5 Sonstige unlegierte normalgeglühte Stähle nach Eignungsfeststellung

Sonstige unlegierte normalgeglühte Stähle, die nicht in Abschnitt 3.1.1.1 genannt sind, müssen einen Mindestwert der Streckgrenze bei Raumtemperatur $\leq$ 355 N/mm^2 und einen Mindestwert der Bruchdehnung A $\geq$ 22 % sowie einen Mindestwert der Kerbschlagarbeit (ISO-V, Mittelwert aus 3 Proben, Probenrichtung wie bei den vergleichbaren Stählen nach Abschnitt 3.1.1 bis 3.1.3) von 27 J bei tiefster Anwendungstemperatur aufweisen.

Der Nachweis der Schweißeignung ist durch den Hersteller zu führen. Die Vorwärmung, die Wärmeführung während des Schweißens und die Art der Wärmebehandlung nach dem Schweißen sind vom Hersteller anzugeben.

3.1.6 Zusätzliche Beschränkungen für ferritische Stähle

In der Schmelzenanalyse darf der Massenanteil an Molybdän höchstens 0,04 % und der an Vanadium höchstens 0,02 % betragen.

Bei Stählen mit einer Mindeststreckgrenze von 355 N/mm^2 ist die chemische Zusammensetzung so einzustellen, dass im normalgeglühten Zustand die gemessene Streckgrenze bei Raumtemperatur den Wert von 440 N/mm^2 und bei warmgeformten Böden aus Blechen nach Abschnitt 3.1.1.1 den Wert von 470 N/mm^2 nicht übersteigt. Bei warmgeformten Böden aus Blechen sind Werte über 470 N/mm^2 zulässig, wenn an zusätzlich normalgeglühten Proben aus dem Boden nachgewiesen wird, dass die gemessene Streckgrenze bei Raumtemperatur den Wert von 440 N/mm^2 nicht übersteigt.

3.2 Nicht zulässige Werkstoffe

Alle Werkstoffe, die von Ammoniak angegriffen werden, z. B. Kupfer, Kupferlegierungen, Nickellegierung NiCu30Fe, cadmierte Werkstoffe, dürfen für ammoniakbeaufschlagte Anlagenteile nicht verwendet werden.

4 Berechnung

4.1 Lagerbehälter

4.1.1 Die Berechnung der Wanddicke für einwandige Lagerbehälter bei oberirdischer Lagerung erfolgt für einen Überdruck gleich dem Dampfdruck des Ammoniaks bei der höchstmöglichen Temperatur gemäß AD 2000-Merkblatt HP 801 Nr. 27 Abschnitt 2.4, wenn betriebsmäßig kein höherer Druck vorgesehen ist oder entstehen kann.

4.1.2 Zusatzkräfte in der Behälterwandung werden nach AD 2000-Merkblatt S 3 rechnerisch berücksichtigt. In der Regel handelt es sich um Zusatzkräfte, die durch Behälterstühle oder Sättel, auch in Abhängigkeit von der Bettungsart, entstehen können.

4.1.3 Bei der konstruktiven Ausführung sind mehrachsige Spannungszustände durch örtliche Werkstoff- und Schweißgutanhäufungen sowie schroffe Wanddickenübergänge, d. h. örtliche Steifigkeitssprünge, zu vermeiden. Die Schweißnähte sind, soweit möglich, in Zonen verringerter Beanspruchung, also nicht in unmittelbarem Bereich von Form- und Querschnittsübergängen sowie von Krafteinleitungspunkten, zu legen. Die Behälterabmessungen sind, unabhängig von der Berechnung gegen Innendruck, so zu wählen, dass keine angeschweißten Versteifungsringe notwendig sind.

5 Herstellung

5.1 Allgemeine Anforderungen

5.1.1 Alle Schweißverbindungen am Lagerbehälter müssen für die vorgesehenen zerstörungsfreien Prüfungen zugänglich und prüfbar sein.

5.1.2 Bei Ausführung des Lagerbehälters als liegender zylindrischer Behälter ist die Auflagerung entsprechend DIN 28 080, Form D, auszuführen. Es handelt sich um Sättel mit Verstärkungsblech, auf der Lagerbehälter lose aufgelegt und, z. B. durch Nocken, gegen Verschieben und

Verdrehen gesichert ist. Die Verstärkungsbleche dürfen am Lagerbehälter nicht angeschweißt werden. Der Umschlingungswinkel sollte mindestens 120° betragen.

5.1.3 Schweißverbindungen sind gegenüber Flanschverbindungen zu bevorzugen. Beim Einsatz von Flanschverbindungen sind Flansche mindestens der Druckstufe PN 25 mit formschlüssigen Dichtungen (z. B. DIN 2526) zu wählen.

5.2 Anforderungen bei ferritischen Stählen

5.2.1 Schweißen

5.2.1.1 Beim Schweißen normalgeglühter Feinkornbaustähle ist SEW 088 zu beachten.

5.2.1.2 Kaltumgeformte Böden, auch solche, die vor dem Kaltumformen aus Einzelteilen zusammengeschweißt werden, sind normalzuglühen.

5.2.1.3 Für die Ausführung der Schweißverbindungen kommen das WIG-Verfahren, das E-Hand- oder das UP-Verfahren zur Anwendung, mit einer zur Erzielung möglichst niedriger Härte geeigneten Wärmeeinbringung. Dabei soll die Härte im Schweißgut am Bauteil nach der Spannungsarmglühen 230 HV 10 (Mittelwert aus 3 Messungen) nicht überschreiten.

5.2.1.4 Es dürfen nur eignungsgeprüfte Schweißzusätze verwendet werden, die weder molybdän- noch vanadiumlegiert sind. Die Umhüllung von Elektroden bzw. das UP-Schweißpulver müssen basischen Charakter haben. Damit das Schweißgut nicht durch Wasserstoff geschädigt wird, sind für die Lagerung und Trocknung folgende Angaben zu beachten:

(1) Die Lagerung hat in trockenen Lagerräumen zu erfolgen. Wenn vom Hersteller nicht anders angegeben, sind eine relative Luftfeuchte von < 60 % und eine Temperatur von mindestens + 18 °C einzuhalten.

(2) Stabelektroden sind im Anschluss an eine Lagerung rückzutrocknen. Dafür gelten, wenn vom Hersteller nicht anders festgelegt, folgende Eckwerte:
Für Stabelektroden zum Schweißen von Feinkornbaustählen mit einer Mindeststreckgrenze ≤ 355 N/mm^2 und einen entsprechend weichen Schweißgut (Streckgrenze max. 420 N/mm^2): Mindestens 2 Stunden bei einer Temperatur von 250 °C.
Für Stabelektroden zum Schweißen von hochfesten Feinkornbaustählen mit einer Mindeststreckgrenze > 355 N/mm^2: Mindestens 2 Stunden bei einer Temperatur von 300 °C bis 350 °C. Die Trocknungszeit soll 10 Stunden nicht überschreiten. Innerhalb der Summe von max. 10 Stunden kann das Trocknen mehrfach erfolgen.
Nach dem Rücktrocknen und Abkühlen im Ofen auf 200 °C sind die Stabelektroden – die nicht unmittelbar verbraucht werden – in einem Wärmeschrank bei einer Temperatur von 150 °C bis 200 °C zwischenzulagern. Die Zeitdauer des Zwischenlagerns, gegebenenfalls mehrfach nach einem Rücktrocknen, ist jeweils begrenzt auf eine Woche. Nach der Entnahme aus dem Wärmeschrank werden die Stabelektroden am Schweißplatz bis zu ihrem Verbrauch in einem beheizten Köcher bei einer Temperatur von 150 °C bis 200 °C aufbewahrt.

(3) Für Feinkornbaustähle mit einer Streckgrenze von 355 N/mm^2 ist wasserstoffkontrolliertes Schweißgut nach z. B. SEW 088 Beiblatt 2 Tafel 1, Bewertung „mittel", einzusetzen. Bei Rohrleitungen sind die Wurzellagen ausschließlich nach dem WIG-Verfahren zu schweißen. Abweichungen bedürfen der Abstimmung mit der zuständigen unabhängigen Stelle.

(4) Die Schweißzusätze und -hilfsstoffe sind so auszuwählen und schweißtechnisch zu verarbeiten, dass die Streckgrenze bei Raumtemperatur und die Härte der Schweißverbindung dem Grundwerkstoff angepasst sind, z. B. durch den Einsatz von Schweißgut mit Mn-Gehalten < 1 %. Die Zugfestigkeit und die Streckgrenze des reinen Schweißgutes dürfen die Gewährleistungswerte des Grundwerkstoffes bis um 10 % unterschreiten, wobei die Zugprobe quer zur Schweißnaht die Festigkeitswerte des Grundwerkstoffes erreicht.

5.2.1.5 Die Arbeitsprüfung an Prüfstücken erfolgt nach den einschlägigen AD 2000-Merkblättern der Reihe HP.

5.2.1.6 Die Vorwärm- und Zwischenlagentemperaturen für das Schweißen der Feinkornbaustähle sollen mindestens 100 °C betragen; die obere Temperaturgrenze ist analog den VdTÜV-Werkstoffblättern 351/1 bis 354/1 bzw. 354/3 festzulegen. Diese Vorwärm- und Zwischenlagentemperaturen können gleichermaßen auch für sonstige unlegierte Stähle verwendet werden. Es sollten dabei für Schweißungen am Lagerbehälter großflächig über den Werkstoffquerschnitt Temperaturen im oberen angegebenen Bereich zur Anwendung kommen und mit einer ausreichenden Zahl an Messstellen überwacht werden.

5.2.1.7 Die Schweißnahtgüte muss der Bewertungsgruppe B nach DIN EN 25817 entsprechen.

5.2.2 Spannungsarmglühen

5.2.2.1 Vor dem Spannungsarmglühen sind die Schweißnahtoberflächen wie folgt zu bearbeiten:
– Behälterinnenseite (ammoniakbenetzte Seite)
  Längs- und Rundnähte sind blechseben und kerbfrei zu bearbeiten. Innenseitige Stutzennähte und Nähte für Anschlussteile sind kerbfrei mit sanften Übergängen zu bearbeiten; übermäßige Erwärmung ist zu vermeiden.
– Behälteraußenseite
  Alle Schweißnähte müssen prüffähig sein.
Die Schweißteile, z. B. Nocken, sind vor dem Spannungsarmglühen anzubringen.

5.2.2.2 Die Eignung der Wärmebehandlungseinrichtung ist im Hinblick auf die vorgegebenen Temperaturtoleranzen vor der Wärmebehandlung zu überprüfen.

5.2.2.3 Die Lagerbehälter sind nach der Fertigstellung unter Erfassung aller Schweißnähte und kaltumgeformten Grundwerkstoffbereiche einer Spannungsarmglühung bei 570 °C ± 20 °C zu unterziehen; Haltedauer 2 min pro mm Wanddicke, mind. 30 min, jedoch nicht mehr als 90 min (mit Rücksicht auf mögliche Mehrfachglühung). Die Messstellen müssen in ausreichender Anzahl (Abstimmung zwischen Besteller, Hersteller und zuständiger unabhängiger Stelle), über Umfang und Länge verteilt, am Lagerbehälter angebracht werden.
Die Temperaturführung ist beim Glühvorgang zu überwachen. Für das Anwärmen des Lagerbehälters auf Glühtemperatur gilt eine maximale Wärmrate von 50 K/h und für das Abkühlen eine Kühlrate im Temperaturbereich 300 °C ≤ t ≤ 570 °C von maximal 50 K/h. Die Abkühlung erfolgt an ruhender Luft. Alternative Maßnahmen zur Vermeidung unzulässiger Spannungen oder zum Spannungsabbau bedürfen der Zustimmung des Bestellers und der zuständigen unabhängigen Stelle.

5.2.2.4 Die Lagerbehälter sollten als Ganzes im Ofen einer Spannungsarmglühung unterzogen werden. Ein anderes Vorgehen bedarf der Zustimmung des Bestellers und der zuständigen unabhängigen Stelle.

5.2.2.5 Nach dem Spannungsarmglühen dürfen am Lagerbehälter keine Schweiß- oder Schleifarbeiten und keine Verformungsvorgänge, die Zugspannungen auf der Lagerbehälterinnenseite nach sich ziehen, ausgeführt werden. Kleinere Schleifarbeiten an der Lagerbehälteraußenseite sind zulässig. Abweichungen hiervon bedürfen der Zustimmung des Bestellers und der zuständigen unabhängigen Stelle.

5.2.2.6 Ein Spannungsarmglühen ist weiterhin erforderlich an
- allen kaltgebogenen Rohrleitungen,
- Schweißverbindungen bis zur ersten Absperrarmatur,
- den Verdampfern und
- allen übrigen Schweißverbindungen mit Härtewerten > 230 HV 10.

Wenn aufgrund der konstruktiven Gegebenheiten von einer hinreichend niedrigen Gefährdung durch Spannungsrisskorrosion ausgegangen werden kann, kann nach Rücksprache mit der zuständigen unabhängigen Stelle auf das Spannungsarmglühen nach Satz 1 verzichtet werden.

5.2.3 Kugelstrahlen

Ist eine Kugelstrahlbehandlung bei Lagerbehältern vorgesehen, soll diese nach der Druckprüfung vorgenommen werden.

5.3 Anforderungen bei austenitischen Stählen

Für austenitische Stähle gelten die Anforderungen an die Herstellung des Lagerbehälters nach dem AD 2000-Regelwerk.

6 Ausrüstung

6.1 Lagerbehälter

6.1.1 Für eine Inertisierung des Lagerbehälters sind entsprechende Einrichtungen vorzusehen.

6.1.2 Wird für die Einsteigöffnungen und Rohranschlüsse ein Domschacht vorgesehen, muss er so hoch sein, dass alle im Domschacht vorgesehenen Flanschverbindungen unterhalb dessen Oberkante zu liegen kommen. Der Domschacht muss nicht mit dem Druckbehälter durch Schweißnähte verbunden sein. Er ist konstruktiv so auszuführen, dass die Dehnungsbehinderung am Behältermantel gering gehalten wird.

6.1.3 An dem Lagerbehälter sollte für die Restentleerung an der tiefsten Stelle ein Stutzen mit einer innenliegenden oder einer außenliegenden eingeschweißten Armatur und Blindflanschabschluss angebracht sein.

6.1.4 Alle Stutzen am Lagerbehälter sollen eine Mindest-Nennweite von DN 50 haben. Das Verhältnis s_S/s_A sollte 1,5 nicht überschreiten (Bezeichnungen nach AD 2000-Merkblatt B 9). Scheibenförmige Ausschnittsverstärkungen sind nicht zulässig. Die Verschwächung ist durch die Wanddicke der Stutzen zu kompensieren. Die Stutzen sollen innenbündig eingesteckt und voll über den Querschnitt der Behälterwand, Anschweißteile (außer Schachtbleche) mit K-Naht und Doppelkehlnaht angeschweißt werden. Stutzen bis einschließlich DN 100 können auch aufgeschweißt werden, wobei die Nahtwurzel auszubohren bzw. auszuschleifen ist (ohne Restspalt). Bei eingesteckten Stutzen sind die Innenkanten und bei aufgesteckten Stutzen die Bohrung innen abzurunden.

6.2 Verdampfer

6.2.1 Verdampfer in Anlagen mit einem Fassungsvermögen > 30 t müssen den folgenden Anforderungen genügen.

6.2.2 Verdampfer müssen indirekt, z. B. über einen Wärmeträgerkreislauf, beheizt werden. Ammoniakeinbruch in das Wärmeträgermedium muss zu einem unverzüglichen Absperren der Ammoniakzufuhr und Abschalten der Beheizung führen.

6.2.3 Im Bereich von Verdampfern muss ein Not-Aus-System mit leicht erreichbarem Auslösesystem vorhanden sein, das den Verdampfer von anderen Anlagenteilen absperren kann. Das Not-Aus-System kann in Teilsysteme untergliedert werden und von Hand oder selbsttätig ausgelöst werden.

6.2.4 Die Verdampferstation ist mit Gasdetektoren auszurüsten, die an einer zentralen Gaswarnanlage angeschlossen sind und zum Absperren der Ammoniakzufuhr führen. Die gesamte Einrichtung aus Gaswarnanlage und Einrichtung zur Erfüllung der Abschaltfunktion muss hinreichend fehlsicher sein; dies ist beispielsweise erfüllt, wenn DIN VDE 0116 Abschnitt 8.7 eingehalten wird.

6.3 Armaturen

Armaturen, die mit Ammoniak in der Flüssigphase oder in ungeregelter Gasphase betrieben werden, sind in der Druckstufe mindestens PN 25 auszuführen.

7 Aufstellung

7.1 Pumpen für Ammoniak dürfen nicht in engen Schächten aufgestellt werden. Die Aufstellung in einem Auffangraum unter Erdgleiche ist zulässig, wenn die Entwässerung über automatisch arbeitende, explosionsgeschützte Tauchpumpen in einem Auffangraum der Anlage erfolgt.

7.2 Armaturen sollten in Gruppen zusammengefasst werden.

7.3 Armaturengruppen sind mit einer Wassersprüheinrichtung zum Niederschlag von Gas aus Leckagen auszurüsten. Stationäre Wassersprüheinrichtungen können durch eine ständig in Bereitschaft gehaltene Werkfeuerwehr ersetzt werden. Die Leistung der Wassersprüheinrichtung soll etwa 100 l/m^2 betragen. Die Niederschlagsfläche muss die möglichen Leckagestellen mit einem Sicherheitsabstand von mindestens 1 m überdecken. Bei Armaturen im Domschacht ist die gesamte Domfläche zu besprühen. Das Berieselungswasser ist sicher abzuleiten, z. B. in einen Auffangraum.

7.4 Der Druck in den Hauptzuleitungen für die Sprüheinrichtungen und zu den Berieselungsanlagen muss überwacht und Störungen müssen angezeigt werden.

7.5 Es muss sichergestellt sein, dass die wasserführenden Leitungen nicht einfrieren. Bis zur ersten frostsicheren Absperrarmatur können die Sprüh- und Berieselungssysteme als Trockenleitung ausgeführt sein.

8 Prüfungen

8.1 Wegen Abschnitt 3.1.6 sind Böden einer Einzelprüfung zu unterziehen.

8.2 Im Rahmen der Arbeitsprüfung nach AD 2000-Merkblatt HP 5/2 sind zum Nachweis der Anforderungen des Abschnittes 5.2.1.4 zusätzlich folgende Prüfungen erforderlich:

(1) Zugversuch nach DIN EN 876 an einer Schweißgutprobe für Dicken ≥ 10 mm zur Ermittlung der mechanischen Eigenschaften des Schweißgutes. Die Streckgrenze bei RT soll 500 N/mm² nicht überschreiten.
Eine Unterschreitung der Mindestzugfestigkeit des Grundwerkstoffes in der Schweißgut-Probe um bis zu 10 % ist zulässig, wenn in der Probe quer zur Schweißnaht die Mindestzugfestigkeit des Grundwerkstoffes erreicht wird.

(2) Härte der Schweißverbindung nach DIN EN 1043 Teil 1. Der Härtewert von 230 HV 10 (Mittelwert aus 3 Messungen) soll im Schweißgut auf der mediumberührten Seite nicht überschritten werden.

Bei den zusätzlichen Prüfungen sind jedes bei den Rund- oder Längsnähten zur Anwendung kommende Schweißverfahren, alle verwendeten Schweißzusätze und -hilfsstoffe und jede Schmelze der verwendeten Blechwerkstoffe, einschließlich der für die Böden, zu erfassen. Vor dem Herausarbeiten der Proben sind die Prüfstücke einer mitlaufenden Spannungsarmglühung nach Abschnitt 5.2.2 zu unterziehen.

8.3 Der Umfang der zerstörungsfreien Prüfung ist im AD 2000-Merkblatt HP 5/3 festgelegt. Sollen im Rahmen der wiederkehrenden Prüfung Erleichterungen in Anspruch genommen werden, sind Prüfungen nach Tafel 1 vorzunehmen[1]).

---

[1]) Die Prüfungen sind zwischen Hersteller und Besteller zu vereinbaren.

Tafel 1

		US-Volumen-Prüfung	Prüfung mit magnetischem Streuflussverfahren[3])
Längs- und Rundnähte	ammoniakseitig	100 %[1]) Prüfklasse C	100 %
	Behälteraußenseite	–	alle Stoßstellen auf eine Länge von rd. 400 mm
Stutzennähte	beidseitig	100 %[2]) in Anlehnung an Prüfklasse C	100 %
Anschweißteile	ammoniakseitig	100 %[2]) in Anlehnung an Prüfklasse C	100 %
	Behälteraußenseite	–	100 %

[1]) Diese Prüfung wird zweckmäßigerweise von der Außenseite aus durchgeführt.
[2]) Randbedingungen nach AD 2000-HP 5/3 Tafel 1, Werkstoffgruppe 5.1, Spalte 22
[3]) Möglichst Magnetpulverprüfung mit fluoreszierender Eisenpulver-Suspension

ICS 23.020.30　　　　　　　　　　　　　　　　　　　　　　　　　　　　　　　　　　　Ausgabe Mai 2002

Herstellung und Prüfung von Druckbehältern	Besondere Druckbehälter **Wärmeübertragungsanlagen**	AD 2000-Merkblatt **HP 801 Nr. 37**

Die AD 2000-Merkblätter werden von den in der „Arbeitsgemeinschaft Druckbehälter" (AD) zusammenarbeitenden, nachstehend genannten sieben Verbänden aufgestellt. Aufbau und Anwendung des AD 2000-Regelwerkes sowie die Verfahrensrichtlinien regelt das AD 2000-Merkblatt G1.

Die AD 2000-Merkblätter enthalten sicherheitstechnische Anforderungen, die für normale Betriebsverhältnisse zu stellen sind. Sind über das normale Maß hinausgehende Beanspruchungen beim Betrieb der Druckbehälter zu erwarten, so ist diesen durch Erfüllung besonderer Anforderungen Rechnung zu tragen.

Wird von den Forderungen dieses AD 2000-Merkblattes abgewichen, muss nachweisbar sein, dass der sicherheitstechnische Maßstab dieses Regelwerkes auf andere Weise eingehalten ist, z. B. durch Werkstoffprüfungen, Versuche, Spannungsanalyse, Betriebserfahrungen.

    Fachverband Dampfkessel-, Behälter- und Rohrleitungsbau e. V. (FDBR), Düsseldorf
    Hauptverband der gewerblichen Berufsgenossenschaften e. V., Sankt Augustin
    Verband der Chemischen Industrie e. V. (VCI), Frankfurt/Main
    Verband Deutscher Maschinen- und Anlagenbau e. V. (VDMA), Fachgemeinschaft Verfahrenstechnische Maschinen und Apparate, Frankfurt/Main
    Verein Deutscher Eisenhüttenleute (VDEh), Düsseldorf
    VGB PowerTech e. V., Essen
    Verband der Technischen Überwachungs-Vereine e. V. (VdTÜV), Essen

Die AD 2000-Merkblätter werden durch die Verbände laufend dem Fortschritt der Technik angepasst. Anregungen hierzu sind zu richten an den Herausgeber:

Verband der Technischen Überwachungs-Vereine e.V., Postfach 10 38 34, 45038 Essen.

Inhalt

0 Präambel
1 Geltungsbereich
2 Begriffe
3 Allgemeines
4 Ausrüstung
5 Aufstellung
6 Abnahme

0 Präambel

Zur Erfüllung der grundlegenden Sicherheitsanforderungen der Druckgeräte-Richtlinie kann das AD 2000-Regelwerk angewandt werden, vornehmlich für die Konformitätsbewertung nach den Modulen „G" und „B + F".

Das AD 2000-Regelwerk folgt einem in sich geschlossenen Auslegungskonzept. Die Anwendung anderer technischer Regeln nach dem Stand der Technik zur Lösung von Teilproblemen setzt die Beachtung des Gesamtkonzeptes voraus.

Bei anderen Modulen der Druckgeräte-Richtlinie (DGR) oder für andere Rechtsgebiete kann das AD 2000-Regelwerk sinngemäß angewandt werden. Die Prüfzuständigkeit richtet sich nach den Vorgaben des jeweiligen Rechtsgebietes.

1 Geltungsbereich

Dieses AD 2000-Merkblatt HP 801 Nr. 37 enthält zusätzliche Anforderungen für Wärmeübertragungsanlagen und geht insoweit den anderen AD 2000-Merkblättern vor. Dieses AD 2000-Merkblatt kommt nur dann zur Anwendung, wenn derartige Druckbehälter nicht aus dem Geltungsbereich der DGRL Artikel 1 (3) Nr. 3.10 ausgenommen sind.

2 Begriffe

2.1 Wärmeübertragungsanlagen sind Anlagen, in denen sich organische Flüssigkeiten ausschließlich als Wärmeträger im geschlossenen Kreislauf befinden und in denen die Wärmezufuhr durch Erhitzer erfolgt, nicht jedoch:
– Kälteanlagen,
– Wärmepumpen,
– Kühleinrichtungen,
– ortsbewegliche Zimmerradiatoren als Einzelheizung und
– Sonnenheizanlagen mit Sonnenkollektoren, sofern die Beheizung in den betreffenden Kreislauf nur durch Sonnenenergie erfolgt.

2.2 Als organische Flüssigkeiten (Wärmeträger) werden in Wärmeübertragungsanlagen in der Regel Mehrstoffgemische verwendet, die anstelle eines Siedepunktes einen Siedebereich haben; Siedebeginn bedeutet die tiefste Temperatur des Siedebereiches.

Die AD 2000-Merkblätter sind urheberrechtlich geschützt. Die Nutzungsrechte, insbesondere die der Übersetzung, des Nachdrucks, der Entnahme von Abbildungen, die Wiedergabe auf fotomechanischem Wege und die Speicherung in Datenverarbeitungsanlagen, bleiben, auch bei auszugsweiser Verwertung, dem Urheber vorbehalten.

2.3 Erhitzer sind feuer-, abgas-, elektrisch- oder dampfbeheizte Anlagenteile, in denen organische Wärmeträger erhitzt werden.

3 Allgemeines

Druckbehälter in Wärmeübertragungsanlagen sind nach dem Stand der Technik auszulegen, siehe hierzu insbesondere DIN 4754.

4 Ausrüstung

4.1 Erhitzer in Wärmeübertragungsanlagen müssen zusätzlich zu den Sicherheitseinrichtungen nach AD 2000-Merkblatt A 403 Temperaturbegrenzer haben, die die Beheizung vor Überschreiten der zulässigen Vorlauftemperatur unterbrechen. Bei Zwanglauferhitzern muss außerdem eine Einrichtung vorhanden sein, die den Gesamtvolumenstrom anzeigt und die Beheizung bei Unterschreiten des Mindestvolumenstroms abschaltet und verriegelt. Zwanglauferhitzer, bei denen abhängig von der Bauart und der Art der Beheizung eine Schädigung des Wärmeträgers in einzelnen Strängen nicht ausgeschlossen werden kann, müssen in den betreffenden Strängen Einrichtungen haben, durch die eine Überhitzung des Wärmeträgers durch Einwirkung auf die Feuerung selbsttätig verhindert wird, z. B. Temperaturbegrenzer.

4.2 Bei der Kennzeichnung der Erhitzer in Wärmeübertragungsanlagen müssen zusätzlich zu den Anforderungen des AD 2000-Merkblattes A 401 angegeben sein:
– Leistung in kW und
– bei Zwanglauferhitzern der Mindestvolumenstrom in m^3/h.

4.3 Wärmeübertragungsanlagen müssen – zusätzlich zur Kennzeichnung der einzelnen Druckbehälter – mit folgenden Angaben gekennzeichnet sein:
– Hersteller der Anlage,
– Handelsname sowie Hersteller des Wärmeträgers sowie
– zulässige Vorlauftemperatur und Füllvolumen in Litern.

5 Aufstellung

Erhitzer in Wärmeübertragungsanlagen müssen so aufgestellt sein, dass die Beschäftigten und Dritte, z. B. durch Brand, Verpuffung, nicht gefährdet werden. Die Forderung ist bei feuerbeheizten Erhitzern erfüllt, wenn diese im Freien oder in einem besonderen Heizraum, der von angrenzenden Räumen feuerbeständig abgetrennt sein muss, aufgestellt sind und wenn, sofern der Rauminhalt des Erhitzer-Druckraumes für den Wärmeträger 500 Liter überschreitet, bei der Aufstellung im Freien ein Schutzabstand von 10 m gegenüber Gebäuden, deren Wände nicht feuerbeständig ausgeführt sind, sowie gegenüber anderen Anlagen eingehalten ist und der dadurch entstehende Schutzbereich von brennbaren Gegenständen freigehalten wird. Dieser Schutzabstand ist entbehrlich, wenn eine Brandmauer errichtet worden ist.

6 Abnahme

6.1 Druckprüfungen an Druckbehältern erfolgen in der Regel mit flüssigem, nichtheißem Wärmeträger.

6.2 Die Wärmeübertragungsanlage ist durch den Hersteller mit flüssigem, nichtheißem Wärmeträger, einem Inertgas oder Luft einer Dichtheitsprüfung zu unterziehen, wobei der maximal zulässige Druck der Anlage nicht überschritten werden darf.

ICS 23.020.30 Ausgabe Mai 2002

Herstellung und Prüfung von Druckbehältern	Besondere Druckbehälter **Versuchsautoklaven**	AD 2000-Merkblatt **HP 801 Nr. 38**

Die AD 2000-Merkblätter werden von den in der „Arbeitsgemeinschaft Druckbehälter" (AD) zusammenarbeitenden, nachstehend genannten sieben Verbänden aufgestellt. Aufbau und Anwendung des AD 2000-Regelwerkes sowie die Verfahrensrichtlinien regelt das AD 2000-Merkblatt G1.

Die AD 2000-Merkblätter enthalten sicherheitstechnische Anforderungen, die für normale Betriebsverhältnisse zu stellen sind. Sind über das normale Maß hinausgehende Beanspruchungen beim Betrieb der Druckbehälter zu erwarten, so ist diesen durch Erfüllung besonderer Anforderungen Rechnung zu tragen.

Wird von den Forderungen dieses AD 2000-Merkblattes abgewichen, muss nachweisbar sein, dass der sicherheitstechnische Maßstab dieses Regelwerkes auf andere Weise eingehalten ist, z.B. durch Werkstoffprüfungen, Versuche, Spannungsanalyse, Betriebserfahrungen.

Fachverband Dampfkessel-, Behälter- und Rohrleitungsbau e.V. (FDBR), Düsseldorf
Hauptverband der gewerblichen Berufsgenossenschaften e.V., Sankt Augustin
Verband der Chemischen Industrie e.V. (VCI), Frankfurt/Main
Verband Deutscher Maschinen- und Anlagenbau e.V. (VDMA), Fachgemeinschaft Verfahrenstechnische Maschinen und Apparate, Frankfurt/Main
Verein Deutscher Eisenhüttenleute (VDEh), Düsseldorf
VGB PowerTech e.V., Essen
Verband der Technischen Überwachungs-Vereine e.V. (VdTÜV), Essen

Die AD 2000-Merkblätter werden durch die Verbände laufend dem Fortschritt der Technik angepasst. Anregungen hierzu sind zu richten an den Herausgeber:

Verband der Technischen Überwachungs-Vereine e.V., Postfach 10 38 34, 45038 Essen.

Inhalt

0 Präambel
1 Geltungsbereich
2 Begriffsbestimmungen
3 Ausrüstung
4 Aufstellung

0 Präambel

Zur Erfüllung der grundlegenden Sicherheitsanforderungen der Druckgeräte-Richtlinie kann das AD 2000-Regelwerk angewandt werden, vornehmlich für die Konformitätsbewertung nach den Modulen „G" und „B + F".

Das AD 2000-Regelwerk folgt einem in sich geschlossenen Auslegungskonzept. Die Anwendung anderer technischer Regeln nach dem Stand der Technik zur Lösung von Teilproblemen setzt die Beachtung des Gesamtkonzeptes voraus.

Bei anderen Modulen der Druckgeräte-Richtlinie (DGR) oder für andere Rechtsgebiete kann das AD 2000-Regelwerk sinngemäß angewandt werden. Die Prüfzuständigkeit richtet sich nach den Vorgaben des jeweiligen Rechtsgebietes.

1 Geltungsbereich

Dieses AD 2000-Merkblatt HP 801 Nr. 38 enthält zusätzliche Anforderungen für Versuchsautoklaven und geht insoweit den anderen AD 2000-Merkblättern vor.

2 Begriffsbestimmungen

Versuchsautoklaven sind Druckbehälter für Versuchszwecke, bei denen die bei den Versuchen zu erwartenden Drücke und Temperaturen nicht sicher bekannt sind.

3 Ausrüstung

Bei Versuchsautoklaven dürfen die Sicherheitseinrichtungen gegen Druck- und Temperaturüberschreitung entfallen.

4 Aufstellung

Versuchsautoklaven müssen in besonderen Kammern oder hinter Schutzwänden aufgestellt sein, die so gestaltet sind, dass die Autoklaven gegen Einwirkung von außen und dass Beschäftigte oder Dritte beim Versagen des Autoklaven geschützt sind. Die Beobachtung der Sicherheits- und Messeinrichtungen sowie die Bedienung müssen von sicherer Stelle aus erfolgen.

Die AD 2000-Merkblätter sind urheberrechtlich geschützt. Die Nutzungsrechte, insbesondere die der Übersetzung, des Nachdrucks, der Entnahme von Abbildungen, die Wiedergabe auf fotomechanischem Wege und die Speicherung in Datenverarbeitungsanlagen, bleiben, auch bei auszugsweiser Verwertung, dem Urheber vorbehalten.

ICS 23.020.30		Ausgabe Mai 2002
Herstellung und Prüfung von Druckbehältern	Besondere Druckbehälter **Druckbehälter von Isostatpressen**	AD 2000-Merkblatt **HP 801 Nr. 39**

Die AD 2000-Merkblätter werden von den in der „Arbeitsgemeinschaft Druckbehälter" (AD) zusammenarbeitenden, nachstehend genannten sieben Verbänden aufgestellt. Aufbau und Anwendung des AD 2000–Regelwerkes sowie die Verfahrensrichtlinien regelt das AD 2000-Merkblatt G1.

Die AD 2000-Merkblätter enthalten sicherheitstechnische Anforderungen, die für normale Betriebsverhältnisse zu stellen sind. Sind über das normale Maß hinausgehende Beanspruchungen beim Betrieb der Druckbehälter zu erwarten, so ist diesen durch Erfüllung besonderer Anforderungen Rechnung zu tragen.

Wird von den Forderungen dieses AD 2000-Merkblattes abgewichen, muss nachweisbar sein, dass der sicherheitstechnische Maßstab dieses Regelwerkes auf andere Weise eingehalten ist, z. b. durch Werkstoffprüfungen, Versuche, Spannungsanalyse, Betriebserfahrungen.

> Fachverband Dampfkessel-, Behälter- und Rohrleitungsbau e.V. (FDBR), Düsseldorf
> Hauptverband der gewerblichen Berufsgenossenschaften e.V., Sankt Augustin
> Verband der Chemischen Industrie e.V. (VCI), Frankfurt/Main
> Verband Deutscher Maschinen- und Anlagenbau e.V. (VDMA), Fachgemeinschaft Verfahrenstechnische Maschinen und Apparate, Frankfurt/Main
> Verein Deutscher Eisenhüttenleute (VDEh), Düsseldorf
> VGB PowerTech e.V., Essen
> Verband der Technischen Überwachungs-Vereine e.V. (VdTÜV), Essen

Die AD 2000-Merkblätter werden durch die Verbände laufend dem Fortschritt der Technik angepasst. Anregungen hierzu sind zu richten an den Herausgeber:

Verband der Technischen Überwachungs-Vereine e.V., Postfach 10 38 34, 45038 Essen.

Inhalt

0 Präambel
1 Geltungsbereich
2 Begriffe
3 Allgemeines
4 Prüfungen vor Inbetriebnahme

0 Präambel

Zur Erfüllung der grundlegenden Sicherheitsanforderungen der Druckgeräte-Richtlinie kann das AD 2000-Regelwerk angewandt werden, vornehmlich für die Konformitätsbewertung nach den Modulen „G" und „B + F".

Das AD 2000-Regelwerk folgt einem in sich geschlossenen Auslegungskonzept. Die Anwendung anderer technischer Regeln nach dem Stand der Technik zur Lösung von Teilproblemen setzt die Beachtung des Gesamtkonzeptes voraus.

Bei anderen Modulen der Druckgeräte-Richtlinie (DGR) oder für andere Rechtsgebiete kann das AD 2000-Regelwerk sinngemäß angewandt werden. Die Prüfzuständigkeit richtet sich nach den Vorgaben des jeweiligen Rechtsgebietes.

1 Geltungsbereich

Dieses AD 2000-Merkblatt HP 801 Nr. 39 enthält zusätzliche Anforderungen für Druckbehälter von Isostatpressen und geht insoweit den anderen AD 2000-Merkblättern vor.

2 Begriffe

2.1 Druckbehälter von Isostatpressen im Sinne dieses AD 2000-Merkblattes sind Behälter, in denen betriebsmäßig Gegenstände einem isostatischen Druck (allseitig gleichstark) durch Gase oder Flüssigkeiten von mehr als 500 bar ausgesetzt werden.

2.2 Mit Innendruck beaufschlagte Werkzeuge von Pressen gelten nicht als Druckbehälter im Sinne dieses AD 2000-Merkblattes. Artikel 1 (3) Nr. 3.10 der DGRL ist entsprechend anzuwenden.

3 Allgemeines

Auf AD 2000-Merkblatt HP 801 Nr. 15 wird verwiesen.

4 Prüfungen vor Inbetriebnahme

Von der zuständigen unabhängigen Stelle ist die vom Hersteller festgelegte Lastspielzahl zu prüfen. Im Benehmen mit dem Hersteller sind die bei der Schlussprüfung besonders zu prüfenden Bereiche an Druckgeräten sowie die hierfür vorgesehenen Prüfverfahren festzulegen.

Die Festlegungen sind vom Hersteller dem Betreiber schriftlich mitzuteilen. Die im Rahmen dieser Festlegungen erzielten Prüfergebnisse sind aufzulisten und als Grundlage für wiederkehrende Prüfungen vom Betreiber aufzubewahren.

Die AD 2000-Merkblätter sind urheberrechtlich geschützt. Die Nutzungsrechte, insbesondere die der Übersetzung, des Nachdrucks, der Entnahme von Abbildungen, die Wiedergabe auf fotomechanischem Wege und die Speicherung in Datenverarbeitungsanlagen, bleiben, auch bei auszugsweiser Verwertung, dem Urheber vorbehalten.

ICS 23.020.30   Ausgabe Mai 2006

Druckbehälter aus nichtmetallischen Werkstoffen	Druckbehälter aus textilglasverstärkten duroplastischen Kunststoffen (GFK)	AD 2000-Merkblatt N 1

Die AD 2000-Merkblätter werden von den in der „Arbeitsgemeinschaft Druckbehälter" (AD) zusammenarbeitenden, nachstehend genannten sieben Verbänden aufgestellt. Aufbau und Anwendung des AD 2000-Regelwerkes sowie die Verfahrensrichtlinien regelt das AD 2000-Merkblatt G1.

Die AD 2000-Merkblätter enthalten sicherheitstechnische Anforderungen, die für normale Betriebsverhältnisse zu stellen sind. Sind über das normale Maß hinausgehende Beanspruchungen beim Betrieb der Druckbehälter zu erwarten, so ist diesen durch Erfüllung besonderer Anforderungen Rechnung zu tragen.

Wird von den Forderungen dieses AD 2000-Merkblattes abgewichen, muss nachweisbar sein, dass der sicherheitstechnische Maßstab dieses Regelwerkes auf andere Weise eingehalten ist, z. B. durch Werkstoffprüfungen, Versuche, Spannungsanalyse, Betriebserfahrungen.

> Fachverband Dampfkessel-, Behälter- und Rohrleitungsbau e.V. (FDBR), Düsseldorf
> Hauptverband der gewerblichen Berufsgenossenschaften e.V., Sankt Augustin
> Verband der Chemischen Industrie e.V. (VCI), Frankfurt/Main
> Verband Deutscher Maschinen- und Anlagenbau e.V. (VDMA), Fachgemeinschaft Verfahrenstechnische Maschinen und Apparate, Frankfurt/Main
> Stahlinstitut VDEh, Düsseldorf
> VGB PowerTech e.V., Essen
> Verband der Technischen Überwachungs-Vereine e.V. (VdTÜV), Berlin

Die AD 2000-Merkblätter werden durch die Verbände laufend dem Fortschritt der Technik angepasst. Anregungen hierzu sind zu richten an den Herausgeber:

Verband der Technischen Überwachungs-Vereine e.V., Friedrichstraße 136, 10117 Berlin.

Inhalt

0 Präambel
1 Geltungsbereich
2 Allgemeine Anforderungen
3 Werkstoffe
4 Berechnung
5 Prüfungen
6 Schrifttum

0 Präambel

Zur Erfüllung der grundlegenden Sicherheitsanforderungen der Druckgeräte-Richtlinie kann das AD 2000-Regelwerk angewandt werden, vornehmlich für die Konformitätsbewertung nach den Modulen „G" und „B + F".

Das AD 2000-Regelwerk folgt einem in sich geschlossenen Auslegungskonzept. Die Anwendung anderer technischer Regeln nach dem Stand der Technik zur Lösung von Teilproblemen setzt die Beachtung des Gesamtkonzeptes voraus.

Bei anderen Modulen der Druckgeräte-Richtlinie oder für andere Rechtsgebiete kann das AD 2000-Regelwerk sinngemäß angewandt werden. Die Prüfzuständigkeit richtet sich nach den Vorgaben des jeweiligen Rechtsgebietes.

1 Geltungsbereich

Dieses AD 2000-Merkblatt gilt für die Anforderungen an Werkstoffe und Herstellung, für die Berechnung und für die Prüfung von Druckbehältern und Druckbehälterteilen aus textilglasverstärkten duroplastischen Kunststoffen. Textilglasverstärkte duroplastische Kunststoffe bestehen aus Reaktionsharz-Formstoffen, vorzugsweise auf Basis ungesättigter Polyester-(UP)- und Epoxid-(EP-)Harze, die durch Textilglas verstärkt sind.

Bei Verwendung von anderen Faserverstärkungen darf dieses AD 2000-Merkblatt sinngemäß angewendet werden.

2 Allgemeine Anforderungen

2.1 Grundlagen

Der Betreiber/Besteller muss dem Hersteller die für die Auslegung des Druckbehälters erforderlichen Angaben hinsichtlich des maximal zulässigen Druckes PS, des Beschickungsgutes und der zulässigen maximalen/minimalen Temperatur TS bekannt geben. Darüber hinaus müssen Angaben hinsichtlich wechselnder Beanspruchungen infolge Betriebsweise (Drücke, Temperaturen, Medien), hinsichtlich der Befüllung, der Entleerung, der Druckaufbringung und -entlastung sowie bei Vorgabe bestimmter Ausgangsstoffe, Herstellungsverfahren und Toleranzen gemacht werden.

2.2 Voraussetzungen

2.2.1 Die Hersteller müssen über Einrichtungen verfügen, die eine sachgemäße Herstellung von Druckbehältern und Druckbehälterteilen ermöglichen.

2.2.2 Die Hersteller müssen eigenes verantwortliches Aufsichtspersonal und fachkundiges Personal für die Fertigung haben.

Ersatz für Ausgabe Oktober 2004; | = Änderungen gegenüber der vorangehenden Ausgabe

Die AD 2000-Merkblätter sind urheberrechtlich geschützt. Die Nutzungsrechte, insbesondere die der Übersetzung, des Nachdrucks, der Entnahme von Abbildungen, die Wiedergabe auf fotomechanischem Wege und die Speicherung in Datenverarbeitungsanlagen, bleiben, auch bei auszugsweiser Verwertung, dem Urheber vorbehalten.

2.2.3 Die Hersteller müssen eigenes Prüfpersonal haben, das von der Fertigung unabhängig oder einer eigenen, von der Fertigung unabhängigen Prüfaufsicht unterstellt ist. Die Prüfaufsicht muss benannt werden. In Einzelfällen darf die Prüfaufsicht anderen Stellen übertragen werden.

2.2.4 Die Hersteller müssen über Prüfeinrichtungen verfügen, die die Prüfung nach den entsprechenden DIN-Normen oder anderen für die Durchführung der Prüfungen in Frage kommenden Regeln erlauben. Prüfmaschinen müssen der Klasse 1 nach DIN 51220 entsprechen und nach DIN 51300 untersucht sein.

3 Werkstoffe

3.1 Allgemeines

Durch die Vielzahl der auf dem Markt angebotenen Harze, Zusatzstoffe und Textilglasverstärkungen sowie durch die Kombinationsmöglichkeiten dieser Ausgangsstoffe und die verschiedenen Bedingungen bei der Herstellung lassen sich unterschiedliche Eigenschaften der Verbundwerkstoffe erzielen. Die Verbundwerkstoffe – nachfolgend „Werkstoffe" genannt – sind durch das Harz/Härtersystem, die Art, Menge und Folge der Textilglasverstärkung und durch das Herstellungsverfahren gekennzeichnet.

3.2 Ausgangsstoffe

3.2.1 Harzformstoffe

Für Druckbehälter aus textilglasverstärkten duroplastischen Kunststoffen sind vorzugsweise mittel- und hochreaktive UP- und EP-Harze zu verwenden.

3.2.2 Zusatzstoffe

Für Druckbehälter aus textilglasverstärkten duroplastischen Kunststoffen dürfen Zusatzstoffe verwendet werden, um besondere Eigenschaften (z. B. hinsichtlich Thixotropie, Brandverhalten) zu erzielen, wenn ihre Eignung und ihre Verträglichkeit durch Prüfungen nach Abschnitt 5 nachgewiesen sind. Farbstoffe und Farbpigmente dürfen nur in den äußeren Schutzschichten eingesetzt werden. Bei Verwendung thermoplastischer Schutzschichten ist Abschnitt 3.6 zu beachten.

3.2.3 Textilglasverstärkung

Die Verstärkung muss aus textilen Gläsern bestehen, die eine ausreichende Haftung zum Formstoff ergeben oder mit geeigneten Haftvermittlern ausgerüstet sind. Die Textilglasfaserverstärkung ist entsprechend dem planmäßigen Laminataufbau in das Harz einzubringen und möglichst gleichmäßig in den einzelnen tragenden Schichten zu verteilen.

3.2.4 Eigenschaften

Die kennzeichnenden Eigenschaften der Ausgangsstoffe müssen vom Lieferer gewährleistet und durch Bescheinigung nach DIN EN 10204 – 2.2 (Werkszeugnis) bestätigt sein.

3.3 Anforderungen an die Werkstoffe

3.3.1 Herstellung der Werkstoffe

Der Hersteller gewährleistet durch Güteüberwachung mit entsprechenden Aufzeichnungen die sachgemäße Herstellung und Verarbeitung der Werkstoffe sowie die Einhaltung der in einem Gutachten oder in Werkstoffblättern festgelegten Eigenschaften.

3.3.2 Verwendung der Werkstoffe

Die Ausgangsstoffe des Werkstoffes (z. B. Harzsystem, Textilglasverstärkung) und der Schutzschichten (siehe Abschnitt 3.6) müssen entsprechend dem Verwendungszweck gewählt werden, wobei die zu erwartenden mechanischen, chemischen und thermischen Beanspruchungen des Druckbehälters zu berücksichtigen sind. Als Beurteilungskriterium für die Eignung bei witterungsbedingten Temperaturen gilt, dass der Biege-E-Modul (3-Punkt-Biegeversuch) oder der Schubmodul des Werkstoffes bei 50 °C gegenüber 23 °C um nicht mehr als 30 % abfällt. Dies ist durch Prüfung nach Abschnitt 5 nachzuweisen.

3.4 Klebstoffe

Klebstoffe müssen für den vorgesehenen Verwendungszweck geeignet sein. Die Eignung ist durch Prüfung nach Abschnitt 5 nachzuweisen.

3.5 Verarbeitungszustand

3.5.1 Styrolgehalt

Bei Verwendung von textilglasverstärkten UP-Formstoffen soll ein Gehalt an monomerem Styrol von 2 Massen-%, bezogen auf den Harzanteil, nicht überschritten werden. Der Nachweis ist durch Prüfung nach Abschnitt 5 zu führen.

3.5.2 Gehalt an acetonlöslichen Bestandteilen

Bei Verwendung von textilglasverstärkten EP-Formstoffen soll der Differenzwert der acetonlöslichen Bestandteile vor und nach einer zusätzlichen thermischen Behandlung entsprechend den Angaben des Harzherstellers über die günstigsten Verarbeitungsbedingungen (Temperatur, Zeit) nicht mehr als 2 Massen-%, bezogen auf den Harzanteil, betragen. Der Nachweis ist durch Prüfung nach Abschnitt 5 zu führen.

3.5.3 Kriechneigung

Die im Zeitstand-Biegeversuch ermittelte Kriechneigung des Werkstoffes als die auf den 1-Stunden-Wert bezogene Differenz der Durchbiegungen nach 24 Stunden und nach 1 Stunde darf nicht größer sein als der im Werkstoffgutachten festgelegte Höchstwert. Der Nachweis ist durch Prüfung nach Abschnitt 5 zu führen.

3.6 Schutzschichten

Die tragenden Schichten des Werkstoffes müssen beidseitig mit Schutzschichten versehen sein, die gegen Schädigung, z. B. durch Einwirken des Beschickungsguts bzw. durch Witterungseinflüsse, schützen.

Es sind Schutzschichten aus dem gleichen oder einem ähnlichen Harzformstoff erforderlich, die sich mit den tragenden Schichten einwandfrei verbinden und die Textilglasverstärkung vollständig abdecken. Zwischen der Schutzschicht und den tragenden Schichten muss eine Übergangsschicht (z. B. Textilglasmatte) vorhanden sein. Eingefärbte äußere Schutzschichten dürfen erst nach Prüfung der tragenden Schichten und nur dann aufgebracht werden, wenn die Beschaffenheit der tragenden Schichten bei der inneren Prüfung beurteilt werden kann.

Die Schutzschichten dürfen auch aus anderen Werkstoffen (z. B. Auskleidung, Beschichtung, Innenhülle) bestehen, wenn deren Eignung nachgewiesen ist.

Bei Verbundbauweisen sind die Haftfestigkeit und die Verträglichkeit der elastischen Eigenschaften besonders zu beachten. Bei Verbundbauweisen mit nichthaftenden Auskleidungen gilt dies nur für die Verträglichkeit der elastischen Eigenschaften.

3.7 Kennwerte für die Berechnung

Die mechanischen Eigenschaften des Werkstoffes (Festigkeiten, Elastizitätsmodul) sind im Wesentlichen vom Textilglasgehalt und der Orientierung der Textilglasverstärkung abhängig. Für den Festigkeitsnachweis bzw. den Stabilitätsnachweis sind die in den einzelnen Richtungen vorhandenen Kennwerte zu verwenden. Für die Kennwerte gelten die Festlegungen des Werkstoffgutachtens oder der Werkstoffblätter.

3.8 Prüfung und Nachweis der Güteeigenschaften von Werkstoffen

Die Güteeigenschaften der Werkstoffe sind entsprechend den Angaben der Werkstoffblätter, des Werkstoffgutachtens bzw. durch Prüfungen nach Abschnitt 5 mit Bescheinigungen nach DIN EN 10204 nachzuweisen.

4 Berechnung

4.1 Allgemeines

4.1.1 Dieses AD 2000-Merkblatt enthält Berechnungsregeln für die Bemessung drucktragender Teile von Druckbehältern aus textilglasverstärkten duroplastischen Kunststoffen. Soweit in Einzelfällen für die Bemessung andere allgemein anerkannte Regeln der Technik angewandt werden (z. B. Berücksichtigung der mehrachsigen Beanspruchung), ist der Beurteilung elastisches Verhalten des Werkstoffes zugrunde zu legen.

4.1.2 Druckbehälter aus textilglasverstärkten duroplastischen Kunststoffen sind so zu bemessen, dass die auftretenden Verformungen und die Veränderungen der Werkstoffeigenschaften auch bei Langzeitbeanspruchung die Gebrauchstüchtigkeit der Bauteile nicht beeinträchtigen. Der Nachweis hierfür wird durch Prüfungen nach Abschnitt 5.1 erbracht.

4.1.3 Schutzschichten bleiben bei der Berechnung der Wanddicke unberücksichtigt.

4.1.4 Bei Mehrschichtverbunden mit Schutzschichten oder Auskleidungen ist zu beachten, dass die Dehnung der tragenden Wand die zulässige Dehnung der Innenschicht nicht überschreiten darf.

4.1.5 Bei Behältern in Verbundbauweise mit tragenden Innenschichten, z. B. GFK/Al, ist eine gesonderte Berechnung durchzuführen.

4.2 Formelzeichen und Einheiten

b	Breite	mm
d	Durchmesser eines Ausschnittes, eines Flansches, einer Schraube usw.	mm
d_L	Schraubenlochdurchmesser	mm
h	Höhe	mm
l	Länge des Zylinders	mm
p	Berechnungsdruck / max. zulässiger Druck PS	bar
p_{krit}	kritischer äußerer Überdruck	bar
r	Radius einer Krempe	mm
s	erforderliche Wanddicke	mm
s_A	erforderliche Wanddicke am Ausschnittrand	mm
s_K	Wanddicke der Krempe	mm
s_V	Dicke des Verbindungslaminates	mm
s_S	Stutzenwanddicke	mm
v	Faktor zur Berücksichtigung von Verschwächungen	–
x	Abklinglänge	mm
A	Werkstoffabminderungsfaktor	–
$A_1 \ldots A_4$	Teilfaktoren	–
A_p/A_σ	druckbelastete/tragende Querschnittsfläche (siehe AD 2000-Merkblatt B 9)	–
C_1, C_2	Formwerte	–
B	Hilfswert	–
D_a	Außendurchmesser	mm
E_R	Biege-E-Modul eines Versteifungsringes in Umfangsrichtung	N/mm^2
E_S	Vergleichs-E-Modul der Wandung	N/mm^2
E_{UB}, E_{LB}	Biege-E-Modul des Wandwerkstoffes in Umfangs- bzw. Längsrichtung	N/mm^2
E_{UZ}, E_{LZ}	Zug-E-Modul des Wandwerkstoffes in Umfangs- bzw. Längsrichtung	N/mm^2
J	Flächenträgheitsmoment	mm^4
K_Z	Zugfestigkeit des Laminates in der jeweiligen Beanspruchungsrichtung	N/mm^2
K_B	Biegefestigkeit des Laminates in der jeweiligen Beanspruchungsrichtung	N/mm^2
K_D	Druckfestigkeit des Laminates in der jeweiligen Beanspruchungsrichtung	N/mm^2
K_{ZV}	Zugfestigkeit des Überlaminates bzw. des Verbindungslaminates	N/mm^2
$K_\perp$	Stirnabzugsfestigkeit	N/mm^2
M	Biegemoment für die Flanschberechnung	N mm
R	Radius einer Kalotte	mm
S	Sicherheitsbeiwert	–
φ	Winkel	°
ψ	Winkel	°
σ	Spannung	N/mm^2
τ	Scherfestigkeit des Laminates	N/mm^2
τ_{Kl}	Scherfestigkeit der Klebeverbindung	N/mm^2
ε	Dehnung	–
$\varepsilon_\perp$	Dehnung senkrecht zu den Verstärkungsfasern bei unidirektional verstärkten Laminaten	–
ν	Querkontraktionszahl	–

4.3 Festigkeitskennwert

Als Festigkeit werden die Zugfestigkeit K_Z, die Biegefestigkeit K_B, bei Beanspruchung durch Außendruck die Druckfestigkeit K_D oder der zutreffende Elastizitätsmodul E in der jeweiligen Beanspruchungsrichtung eingesetzt. Die bei der Werkstoffprüfung nach Abschnitt 5.1.1 bei Raumtemperatur ermittelten Kennwerte gelten für Temperaturen von – 30 °C bis + 50 °C. Für Druckbehälter, die außerhalb dieses Bereiches betrieben werden, sind die Kennwerte bei der zulässigen Betriebstemperatur zu ermitteln.

4.4 Sicherheitsbeiwert und Werkstoffabminderungsfaktor

4.4.1 Die zulässigen Spannungen des Werkstoffes ergeben sich aus den Kennwerten K für die Festigkeiten und E für die Elastizitätsmodulen, dem werkstoffunabhängigen Sicherheitsbeiwert S und dem Werkstoffabminderungsfaktor A als Produkt aus den Teilfaktoren A_1 bis A_4 für die werkstoffspezifischen Einflüsse.

4.4.2 Der Sicherheitsbeiwert S gegenüber den nach Beanspruchungsart maßgebenden Kennwerten beträgt 2,0 (Bruchsicherheit, Beulsicherheit) unter Beachtung von Abschnitt 4.4.3.

4.4.3 Die Teilfaktoren A_1 bis A_4 nach Tafel 1 gelten bei nachweislicher Einhaltung der Anforderungen an die Werkstoffe nach Abschnitt 3.3 und den Bedingungen nach den Abschnitten 4.4.4 bis 4.4.9.

Die Teilfaktoren A_1 bis A_4 können herabgesetzt werden, soweit dies durch Langzeituntersuchungen bei mechanischen, chemischen und thermischen Beanspruchungen an repräsentativen Werkstoffproben oder durch Dehnungsmessungen oder Zeitstanddruckversuche an repräsentativen Behältermustern nachgewiesen und durch Werkstoffgutachten bestätigt wird.

Tafel 1. Werkstoffspezifische Teilfaktoren

Einfluss des Zeitstandverhaltens bis 2×10^5 Stunden	$A_1 = 2,0$
Einfluss der Beschickung und der Witterung	$A_2 = 1,2$
Einfluss der Betriebstemperaturen von $-30\,°C$ bis $50\,°C$	$A_3 = 1,4$
Einfluss von Inhomogenitäten bzw. der Streuung	$A_4 = 1,2$

Das Produkt aus $A \cdot S$ darf jedoch den Wert 4,0 nicht unterschreiten, und die zulässigen Spannungen müssen unterhalb der Rissbildungsgrenze (siehe Abschnitt 4.4.8) bei der jeweils maßgebenden Beanspruchungsart liegen.

4.4.4 Der Teilfaktor $A_1 = 2,0$ für das Zeitstandverhalten gilt ohne weiteren Nachweis für Werkstoffe mit Textilglasanteilen von mindestens 40 Massen-% und Füllstoffanteilen von höchstens 10 Massen-% im Traglaminat. Bei anderer Zusammensetzung des Werkstoffes oder zur Herabsetzung ist der Teilfaktor A_1 durch Zeitstandbruchversuche oder durch Zeitstandkriechversuche gemäß Abschnitt 5.2.2 (7) nachzuweisen. Als Mindestwert ist $A_1 = 1,25$ einzusetzen.

4.4.5 Der Teilfaktor $A_2 = 1,2$ für den Einfluss der Beschickung und der Witterung gilt bei geeigneten Schutzschichten ohne weiteren Nachweis, wenn der Einfluss der Beschickung erfahrungsgemäß oder nachweislich nicht größer ist als der von Wasser. Andernfalls ist A_2 durch Kriechversuche gemäß Abschnitt 5.2.2 (7) nach Sättigung unter dem Einfluss der Beschickung nachzuweisen.

4.4.6 Der Teilfaktor $A_3 = 1,4$ gilt für den Einfluss bei witterungsbedingten Temperaturen und Betriebstemperaturen zwischen $-30\,°C$ und $50\,°C$, wenn die Schubmodulkurve oder der Biege-Elastizitätsmodul bei $50\,°C$ gegenüber $23\,°C$ nicht mehr als 30 % abfällt. Für andere Betriebstemperaturen ist der Teilfaktor A_3 durch Versuche nach Abschnitt 5.2.2 (5), (6) und (7) nachzuweisen. Durch Kriechversuche gemäß Abschnitt 5.2.2 (7) nach Sättigung unter dem Einfluss der Beschickung und erhöhter Temperatur kann $A_1 \cdot A_2 \cdot A_3$ nachgewiesen werden.

4.4.7 Bei Verwendung statistisch gesicherter Kennwerte für die Berechnung darf der Teilfaktor $A_4 = 1,0$ gesetzt werden. Als statistisch gesichert können unter Zugrundelegung einer logarithmischen Normalverteilung die 5 %-Fraktilwerte (siehe DIN 53 598 Teil 1) für eine Aussagewahrscheinlichkeit von $P = 75$ % bei Auswertung von mindestens zehn Einzelwerten gelten.

4.4.8 Ein experimenteller Nachweis der Rissbildung (z. B. durch Belastungsversuche mit Farbeindringverfahren oder Schallemissionsmessungen) darf entfallen, wenn das tragende Laminat mit einer Wirrfaserschicht von ca. 450 g/m² beginnt und endet und wenn die Randdehnung höchstens 0,5 %/A_1 beträgt und den Wert 0,35 % auch bei Prüfdruck nicht überschreitet.

Bei Wickellaminaten darf die quer zur Faserrichtung auftretende Dehnung $\varepsilon_\perp$ in keiner Schicht den Wert 0,2 % bei Prüfdruck überschreiten.

Bei Behältern mit Auskleidungen (Schutzschicht, Liner) müssen die zulässigen Randdehnungen entsprechend dem Dehnverhalten der Auskleidungen festgelegt werden. Mikrorissbildungen im Traglaminat sind bei Verwendung geeigneter Schutzschichten zulässig.

4.4.9 Bei Beanspruchung durch äußeren Überdruck ist das Zeitstandverhalten ebenfalls zu berücksichtigen. Das Produkt aus dem Sicherheitsbeiwert und dem Werkstoffabminderungsfaktor ist entsprechend den zu erwartenden Belastungsbedingungen so festzulegen, dass $A \cdot S = 2,7$ gegen Instabilität während der bei der Berechnung zugrunde gelegten Lebensdauer nicht unterschritten wird. In die Berechnung darf anstelle von A_1 der Wert $\sqrt{A_1}$ eingesetzt werden.

4.5 Berechnung gegen inneren Überdruck

Die nachstehenden Berechnungsregeln gelten für zylindrische Mäntel und für Kugeln unter innerem Überdruck mit $D_a/D_i \leq 1,2$.

4.5.1 Fügeverbindungen

Der rechnerische Nachweis der Belastbarkeit der Fügeverbindungen (Laminatverbindungen, Klebeverbindungen) ist mit den Werten
zul. $\tau_{Kl} = 1\ \text{N/mm}^2$ und
zul. $\sigma_K = 0,5\ \text{N/mm}^2$ sowie
der Zugfestigkeit des Verbindungslaminates K_{ZV}
zu erbringen. Die Dicke des Verbindungslaminates ist im Verhältnis der Festigkeiten des geprüften zu dem zu beurteilenden Wandwerkstoff festzulegen. Das Verbindungslaminat muss die zu verbindenden Bauteile zu beiden Seiten mindestens in einer Breite von $x = \sqrt{D_a \cdot s_V}$ überdecken und dann allmählich auslaufen. Die Breite der Klebeverbindung muss mindestens dem 10-fachen der kleineren Wanddicke der zu verbindenden Teile entsprechen.

4.5.2 Zylindrische Mäntel

4.5.2.1 Die erforderliche Wanddicke s ergibt sich aus der Beanspruchung in Umfangsrichtung bzw. Längsrichtung. Da die Festigkeiten bei textilglasverstärkten Kunststoffen in beiden Richtungen unterschiedlich sein können, ist die größere der nach den Abschnitten 4.5.2.2 und 4.5.2.3 ermittelten Wanddicken für die Bemessung maßgebend.

4.5.2.2 Die erforderliche Wanddicke s für die Beanspruchung in Umfangsrichtung beträgt:

$$s = \frac{D_a \cdot p}{20 \cdot \dfrac{K_z}{A \cdot S}} \qquad (1)$$

4.5.2.3 Die erforderliche Wanddicke s für die Beanspruchung in Längsrichtung beträgt:

$$s = \frac{D_a \cdot p}{40 \cdot \dfrac{K_z}{A \cdot S}} \qquad (2)$$

4.5.3 Kegelförmige Mäntel

Die nachstehenden Berechnungsregeln gelten für kegelförmige Mäntel, bei denen am weiten Ende das Verhältnis $s/D_a \geq 0,005$ beträgt.

4.5.3.1 Für die Bemessung der Wanddicke sind die in der Krempe am weiten Ende in beiden Richtungen auftretenden Beanspruchungen und die am weiten Ende auftretende Beanspruchung in Richtung der Mantellinie (Biegebeanspruchung) und in Umfangsrichtung (Zugbeanspruchung) maßgebend. Die Berechnung erfolgt für den kegelförmigen Mantel nach den Abschnitten 4.5.3.2 und 4.5.3.3 und für die Krempe nach den Abschnitten 4.5.3.4 und 4.5.3.5, wobei jeweils die größere Wanddicke für die Bemessung maßgebend ist.

In der Krempe muss die erforderliche Biegefestigkeit in Umfangs- und Meridianrichtung vorhanden sein.

4.5.3.2 Die erforderliche Wanddicke s des Mantels für die Beanspruchung in Umfangsrichtung des Kegels beträgt:

$$s = \frac{D_k \cdot p}{20 \cdot \frac{K_z}{A \cdot S}} \cdot \frac{1}{\cos \varphi_1} \qquad (3)$$

4.5.3.3 Die erforderliche Wanddicke s des Mantels für die Beanspruchung in Längsrichtung des Kegels beträgt:

$$s = \frac{D_a \cdot p}{40 \cdot \frac{K_z}{A \cdot S}} \cdot \frac{1}{\cos \varphi_1} \qquad (4)$$

4.5.3.4 Die erforderliche Wanddicke s der Krempe am weiten Ende des kegelförmigen Mantels für die Beanspruchung in Umfangsrichtung beträgt:

$$s_K = \frac{D_k \cdot p \cdot C_1}{20 \cdot \frac{K_B}{A \cdot S}} \qquad (5)$$

4.5.3.5 Die erforderliche Wanddicke s der Krempe am weiten Ende des kegelförmigen Mantels für die Beanspruchung in Längsrichtung beträgt:

$$s_K = \frac{D_a \cdot p \cdot C_1}{40 \cdot \frac{K_B}{A \cdot S}} \qquad (6)$$

4.5.3.6 Der Formwert C_1 ist unter Zugrundelegung des Winkels ψ, der von den durch die Krempe verbundenen Mänteln gebildet wird, abhängig vom Verhältnis des Krempenradius zum Berechnungsdurchmesser r/D_a und dem Winkel φ bzw. ψ der Tafel 2 zu entnehmen.

4.5.3.7 Kegelförmige Mäntel sind mit einer Krempe im Verhältnis $r/D_a \geq 0,1$ zu versehen.

4.5.3.8 Werden die Krempen kegelförmiger Mäntel verstärkt, so muss das Verstärkungslaminat an beiden Seiten der Krempe eine Breite von $x \geq \sqrt{D_a \cdot s_K}$ in gleicher Dicke überdecken und dann allmählich auslaufen.

Tafel 2. Formwert C_1 und Zahlenwert $\frac{1}{\cos \varphi_1}$ für die Krempen- und Mantelberechnung von Kegeln

r/D_a ψ bzw. φ	0,1	0,15	0,2	0,3	0,4	0,5	$\frac{1}{\cos \varphi_1}$
10 °	1,2	1,2	1,2	1,2	1,2	1,2	1,015
20 °	2,1	2,0	1,9	1,7	1,6	1,4	1,064
30 °	2,9	2,8	2,6	2,3	2,0	1,7	1,155
45 °	4,2	4,0	3,7	3,1	2,6	2,1	1,414
60 °	5,4	5,1	4,7	3,9	3,1	2,4	2,000

4.5.4 Kugeln

Die erforderliche Wanddicke s beträgt:

$$s = \frac{D_a \cdot p}{40 \cdot \frac{K_z}{A \cdot S}} \qquad (7)$$

4.5.5 Gewölbte Böden

4.5.5.1 Bei Verwendung gewölbter Böden ist die Korbbogen- oder die Halbkugelform der Klöpperform vorzuziehen. Flachgewölbte und ebene gekrempte Böden dürfen nicht verwendet werden.

4.5.5.2 Die erforderliche Wanddicke s_{Kr} für die Krempe beträgt:

$$s_{Kr} = \frac{D_a \cdot p \cdot C_2}{40 \cdot \frac{K_B}{A \cdot S}} \qquad (8)$$

wobei die Formwerte C_2 der Tafel 3 zu entnehmen sind.

Die erforderliche Biegefestigkeit K_B muss in Umfangs- und in Längsrichtung vorhanden sein.

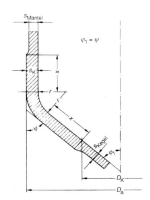
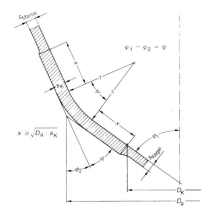

Bild 1 und 2. Ausführungsarten kegelförmiger Mäntel

4.5.5.3 Die erforderliche Wanddicke s für die Kalotte und bei Halbkugelböden beträgt:

$$s = \frac{D_a \cdot p \cdot C_2}{40 \cdot \frac{K_Z}{A \cdot S}} \qquad (9)$$

wobei die Formwerte C_2 der Tafel 3 zu entnehmen sind und D_a der Außendurchmesser des Zylinders ist.

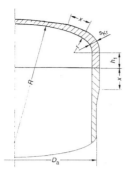

Bild 3. Verstärkung von Krempen und Verbindungen

4.5.5.4 Bei Klöpperböden und bei Korbbogenböden darf die Wanddicke der Krempe den Wert $0{,}005 \cdot D_a$ nicht unterschreiten.

4.5.5.5 Werden die Krempen gewölbter Böden verstärkt (siehe Bild 3), so muss das Verstärkungslaminat den kalottenförmigen Teil des Bodens und den Zylinder in einer Breite von $x \geq \sqrt{D_a \cdot s_K}$ überdecken und dann allmählich auslaufen.

Tafel 3. Formwert C_2 für die Berechnung gewölbter Böden

Bodenform		Formwert C_2
Halbkugelböden		1,2
Korbbogenböden $R = 0{,}8 \cdot D_a$ $h_1 \geq 3{,}0 \cdot s_K$ $r = 0{,}154 \cdot D_a$	für Kalottenwanddicke	1,8
	für Krempenwanddicke	3,5
Klöpperböden $R = D_a$ $r = 0{,}1 \cdot D_a$ $h_1 \geq 3{,}5 \cdot s_K$	für Kalottenwanddicke	2,4
	für Krempenwanddicke bei $s_K/D_a = 0{,}005$ $= 0{,}01$ $= 0{,}02$ $= 0{,}03$ $= 0{,}04$ $= 0{,}05$ $\geq 0{,}06$	5,8 5,4 5,1 4,75 4,45 4,2 4,0

4.5.6 Ausschnitte

4.5.6.1 Da über die Wirkung von Ausschnittverstärkungen bei Druckbehältern aus textilglasverstärkten duroplastischen Kunststoffen zu wenig Ergebnisse vorliegen, ist der Berechnung die elastische Beanspruchung des scheibenförmigen oder ähnlich verstärkten Ausschnittes zugrunde zu legen. Es sind nur angeformte oder anlaminierte Stutzen zulässig.

Die Laminierung für die scheibenförmige Verstärkung von Ausschnitträndern soll am Außenrand der Verstärkungsscheiben allmählich auf die Behälterwanddicke auslaufen.

4.5.6.2 Die erforderliche Wanddicke s_A am Ausschnittrand von Zylindern und Kegeln beträgt

$$s_A = \frac{D_a \cdot p}{20 \cdot v_A \frac{K_Z}{A \cdot S}} \qquad (10)$$

Die Zugfestigkeit K_Z dieser Fügeverbindung muss in der verstärkten Wand in Umfangsrichtung vorhanden sein. In Längsrichtung muss sie mindestens die Hälfte des eingesetzten Wertes betragen. Dies gilt für Durchmesserverhältnisse $d_A/D_a \leq 0{,}4$. Bei Kegeln ist für D_a der Außendurchmesser am Ausschnittmittelpunkt einzusetzen.

4.5.6.3 Die erforderliche Wanddicke s_A am Ausschnittrand in Kugeln und Kugelkalotten beträgt:

$$s_A = \frac{D_a \cdot p}{40 \cdot v_A \frac{K_Z}{A \cdot S}} \qquad (11)$$

wobei D_a = Außendurchmesser der Kugel ist.

Die Zugfestigkeit K_Z dieser Fügeverbindung muss in der ausgeschnittenen und verstärkten Wand in beiden Richtungen des Ausschnittes vorhanden sein.

4.5.6.4 Die Verschwächungsbeiwerte v_A unverstärkter, scheibenförmig oder rohrförmig verstärkter Ausschnitte können der Tafel 4 entnommen werden. Aufgesetzte und bündig eingesetzte Stutzen gelten nicht als rohrförmige Verstärkung und bedürfen einer besonderen Beurteilung.

Tafel 4. Verschwächungsbeiwert v_A für die Berechnung von Ausschnitten

Ausführung	$\dfrac{d_A}{\sqrt{D_a \cdot s_A}}$	1	2	3	4	5
unverstärkt oder scheibenförmig verstärkt nach den Bildern 4 a bzw. 4 b		0,44	0,33	0,27	0,22	0,19
scheiben- und rohrförmig verstärkt nach Bild 5 ($s_S / s_A = 1$) bzw. nach Bild 6 ($s_S / s_A \geq 0{,}8$)		0,60	0,47	0,38	0,32	0,28

4.5.6.5 Die Breite der scheibenförmigen Verstärkung muss $x_1 \geq \sqrt{D_a \cdot s_A}$, mindestens jedoch 10 × Mantelwanddicke, die Höhe der rohrförmigen Verstärkung $x_2 \geq \sqrt{d_A \cdot s_A}$ betragen, wobei die Ausführungen gemäß den Bildern 5 und 6 zu beachten sind.

4.5.6.6 Die Nachprüfung der gegenseitigen Beeinflussung von benachbarten Ausschnitten ist in Anlehnung an AD 2000-Merkblatt B 9 durchzuführen. Für das Flächenvergleichsverfahren ist folgende Formel anzusetzen:

$$\frac{p}{10} \cdot \frac{A_p}{A_\sigma} \cdot \frac{1}{v_G} \leq \frac{K}{A \cdot S} \qquad (12)$$

$v_G = 0{,}65$ bei scheiben- und rohrförmigen Verstärkungen
$v_G = 0{,}8$ bei ausgeformten Stutzen
Der Nachweis darf auch durch Dehnungsmessungen geführt werden.

4.5.6.7
In der Krempe von Böden sollen keine Ausschnitte angeordnet werden. Soweit Stutzen erforderlich sind, soll ihr innerer Durchmesser den Wert $\sqrt{2\,r \cdot s}$ nicht überschreiten. Die Stutzenwanddicke soll gleich der Krempenwanddicke sein. Außerdem ist bei der Prüfung nachzuweisen, dass die zulässigen Spannungen und Dehnungen nicht überschritten werden.

4.5.7 Flansche

Flansche mit konischem oder zylindrischem Ansatz, die aus einem durchgehenden Laminat hergestellt sind und deren Verbindung mit dem Stutzenrohr mindestens in einem Abstand von $x = \sqrt{D_a \cdot s}$ vom Flanschblatt oder mit dem Überlaminat der Stutzenverstärkung erfolgt, können nach der Vornorm DIN 2505 (Oktober 1964) berechnet werden. Die Anzahl der Schrauben soll möglichst groß gewählt werden, und die Schraubenteilung soll nicht größer als $5\,d_L$ sein. Es sind mindestens vier Schrauben vorzusehen.

Die Laminierung muss vom Stutzen zum Flanschblatt mit einer Abrundung weitergeführt werden.

Als Anhaltswert für die Berechnung nach der Vornorm DIN 2505 (Oktober 1964) gilt:

$$\frac{M}{W} \leq \frac{K_B}{1{,}5 \cdot A \cdot S} \qquad (13)$$

Als Biegefestigkeit K_B ist die für die betrachtete Richtung vorhandene Biegefestigkeit einzusetzen.

Blindflansche und ebene Platten dürfen in Anlehnung an das AD 2000-Merkblatt B 5 bemessen werden, wobei anstelle von $\frac{K}{S}$ der Term $\frac{K_B}{1{,}5 \cdot A \cdot S}$ eingesetzt werden muss.

4.6 Verformungsnachweis

Mit den unter Abschnitt 4.5.1 angegebenen Gleichungen lassen sich für die vorgesehenen Wanddicken die vorliegenden mittleren Spannungen im Betriebs- und Prüfzustand für die einzelnen Bauteilgruppen ermitteln. Im Einzelnen gilt:

$$\varepsilon_L = \frac{\sigma_L}{E_L} - \frac{\nu_L}{E_U} \cdot \sigma_U \qquad (14)$$

$$\varepsilon_U = \frac{\sigma_U}{E_U} - \frac{\nu_U}{E_L} \cdot \sigma_L \qquad (15)$$

Hierin sind E_L, E_U die im Werkstoffgutachten festgelegten E-Module. Die Werteermittlung nach der Kontinuumstheorie (schichtweise Bruchanalyse [1]) oder der Netztheorie [3] ist unter Berücksichtigung von Abschnitt 4.4.8 zulässig.

Die ermittelten Dehnungen

ε_L und ε_U

müssen kleiner als die für den entsprechenden Lastfall zulässigen Werte sein (siehe Abschnitt 4.4.8).

4.7 Stabilitätsnachweis

4.7.1 Berechnung der zulässigen Druckspannung

4.7.1.1 Der zulässige Betriebsüberdruck (äußerer Überdruck) beträgt bei zylindrischen Mänteln für die Beanspruchung in Umfangsrichtung

$$p = \frac{20 \cdot s \cdot K_D}{D_a \cdot A \cdot S} \qquad (16)$$

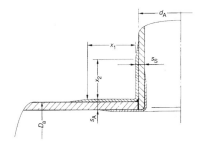

Bild 4 a. Scheibenförmige Verstärkung (duroplastische Schutzschicht)

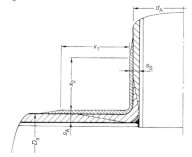

Bild 4 b. Scheibenförmige Verstärkung (thermoplastischer Liner)

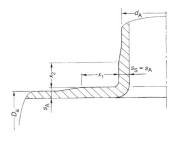

Bild 5. Scheiben- und rohrförmige Ausschnittverstärkung (angeformter Stutzen)

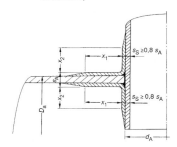

Bild 6. Scheiben- und rohrförmige Ausschnittverstärkung (durchgesteckter Stutzen)

4.7.1.2
Der zulässige Betriebsüberdruck (äußerer Überdruck) beträgt für die Beanspruchung in Längsrichtung

$$p = \frac{40 \cdot s \cdot K_D}{D_a \cdot A \cdot S} \quad \text{im ungestörten Bereich} \quad (17)$$

$$p = \frac{20 \cdot s \cdot K_D}{D_a \cdot A \cdot S} \quad \begin{array}{l}\text{im Bereich der Einfluss-}\\ \text{breite } b \text{ für starre Ringe}\\ \text{bzw. Böden}\\ b = 0,3 \cdot \sqrt{D_a \cdot s}\end{array} \quad (18)$$

4.7.2 Berechnung gegen Instabilität

Der kritische Beuldruck ist von den elastischen Eigenschaften und von der Geometrie des Zylinders abhängig. Der zulässige Betriebsüberdruck ergibt sich zu

$$p_{zul} = \frac{p_{krit}}{A \cdot S} \quad (19)$$

4.7.2.1 Unversteifte Zylinder

Für unversteifte Zylinder kann ohne besonderen Nachweis bei Zylinderlängen $\leq 6 \cdot D_a$ der kritische Beuldruck nach Formel (20) berechnet werden.

$$p_{krit} = 23,5 \cdot E_s \cdot \frac{D_a}{l} \cdot \left(\frac{s}{D_a}\right)^{5/2} \quad (20)$$

$$E_s = \frac{E_{UB}^{3/4} \cdot E_{LB}^{1/4}}{1 - 0,1 \frac{E_{LB}}{E_{UB}}} \quad (20\ a)$$

Für unversteifte Zylinder, deren zylindrische Länge l größer als $6 \cdot D_a$ ist, ist der kritische Beuldruck nach Formel (21) zu berechnen.

$$p_{krit} = \frac{20 \cdot E_{UB}}{(1 - \nu_L \cdot \nu_U)} \cdot \left(\frac{s}{D_a}\right)^3 \quad (21)$$

Für übliche Laminate darf $\nu_L \cdot \nu_U = 0,1$ gesetzt werden.

Damit ergibt sich $p_{krit} \approx 22 \cdot E_{UB} \cdot \left(\frac{s}{D_a}\right)^3 \quad (21\ a)$

4.7.2.2 Ringversteifte Zylinder

Die Zylinderschale zwischen Versteifungen ist entsprechend Abschnitt 4.7.2.1 zu beurteilen.

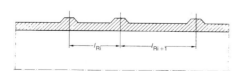

Bild 7. Abstände von Ringversteifungen

Hierbei ist $l = l_R$ der Abstand zweier benachbarter Versteifungen. Liegen unterschiedliche Ringabstände vor, ist für l_R der Mittelwert aus den beiden maximalen benachbarten Ringabständen in die Berechnung von p_{krit} einzusetzen:

$$l_R = \frac{(l_{Ri} + l_{Ri+1})_{max}}{2}$$

Gesamtinstabilität:

Für die Berechnung des zulässigen Druckes bezüglich der Gesamtinstabilität gilt bei versteiften Zylinderschalen:

$$p_{krit} = \frac{20 \cdot E_s \cdot s}{D_a} \cdot \frac{B^4}{\left(n^2 - 1 + \frac{B^2}{2}\right) \cdot (n^2 + B^2)^2} + \frac{(n^2 - 1) \cdot 80 \cdot E_R \cdot J_e}{D_a^3 \cdot l_R} \quad (22)$$

$n \geq 2$ ist die ganzzahlige Anzahl der möglichen Einbeulwellen in Umfangsrichtung; n ist so zu wählen, dass p zum kleinsten Wert wird.

E_s ist der Vergleichsmodul nach Formel (20 a) der Wandung zur Ermittlung der Steifigkeit für die mittragende Breite l_m (Formel (24)).

B ist wie folgt zu ermitteln:

$$B = \frac{\pi \cdot D_a}{2 \cdot l} \quad (23)$$

wobei l der Abstand zwischen zwei Endscheiben bzw. zwei wirksamen Versteifungen ist, für die

vorh. $J \geq \frac{p \cdot D^3 \cdot l}{80 \cdot E_R}$ gilt.

Versteifungen mit kleinerem J bewirken keine Verkürzung der Schalenlänge l.

E_R ist der Biege-Modul des Versteifungsringes einschließlich der in Ansatz gebrachten mittragenden Breite der Schale. Er ist an Großproben (z. B. Viertelsegmenten) zu ermitteln oder zu berechnen.

Das Flächenträgheitsmoment J_e der elastischen Versteifung (Bild 8) setzt sich zusammen aus dem Trägheitsmoment des Ringes der Höhe h_R und dem Trägheitsmoment der mittragenden Breite l_m. Bei einwandfreier schubfester Verbindung des Verstärkungsringes mit dem Mantel wird das Gesamtträgheitsmoment J_e auf den gemeinsamen Schwerpunkt bezogen. Ist eine einwandfreie Verbindung Ring/Mantel nicht gewährleistet, so ist das Gesamtträgheitsmoment J_e nur die Summe der Einzelträgheitsmomente. Hierbei sind eventuell vorhandene Unterschiede im E-Modul zu berücksichtigen.

l_R ist der Abstand der Ringe (siehe Bild 7).
Die mittragende Schalenlänge l_m ergibt sich zu

$$l_m = b_m + b_R \quad (24)$$

$$b_m \leq 1,1 \cdot \sqrt{D_a \cdot s} \leq 20 \cdot s \quad (24\ a)$$

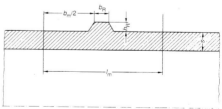

Bild 8. Abmessungen von Ringversteifungen

$$2 h_R \leq b_R \leq 20 h_R$$
$$s \leq h_R \leq 4s$$

4.7.3 Gewölbte Böden unter äußerem Überdruck

Bei Verwendung gewölbter Böden ist die Korbbogen- oder Halbkugelform der Klöpperform vorzuziehen. Flachgewölbte und ebene gekrempte Böden dürfen nicht verwendet werden.

4.7.3.1 Festigkeitsberechnung

Der zulässige äußere Überdruck von Böden ergibt sich für die Krempe:

$$p = \frac{40 \cdot s \cdot \frac{K_B}{A \cdot S}}{D_a \cdot C_2} \qquad (25)$$

für die Kalotte:

$$p = \frac{40 \cdot s \cdot \frac{K_D}{A \cdot S}}{D_a \cdot C_2} \qquad (26)$$

Der Formbeiwert C_2 ist der Tafel 3 im Abschnitt 4.5.5.3 zu entnehmen.

4.7.3.2 Stabilitätsberechnung

Der zulässige Beuldruck der Kugelschale mit dem Radius R ergibt sich zu

$$p = 3{,}66 \cdot \frac{E_B}{A \cdot S} \cdot \left(\frac{s}{R}\right)^2 \qquad (27)$$

Als Biege-E-Modul ist der kleinste der richtungsabhängigen Werte aus dem Werkstoffgutachten einzusetzen.

5 Prüfungen

5.1 Verfahrensprüfung

Die Verfahrensprüfung erfolgt im Herstellerwerk anhand von Herstellerunterlagen über seine Fertigungseinrichtungen, sein Fachpersonal und seine Güteprüfungen sowie über seine Werkstoffe. Die Herstellung und die Entnahme der für die Bauart repräsentativen Proben für die Werkstoffprüfung müssen bei der Verfahrensprüfung erfolgen.

Über die Durchführung und die Ergebnisse der Verfahrensprüfung wird ein Bericht erstellt, in dem die Druckbehälterbauart, die Baugrößen, die Werkstoffe und die Herstellungsverfahren zu beschreiben sind.

Bei Änderungen, z. B. bei Durchmesserabweichungen von mehr als 50 %, Änderung der Unterstützungen oder der Verbindungen sowie der Ausschnitt- oder Stutzenabmessungen, ist eine Ergänzungsprüfung erforderlich.

5.2 Werkstoffprüfung

5.2.1 Allgemeines

5.2.1.1 Die für die Bemessung und Ausführung der Bauteile maßgebenden Werkstoffkennwerte und Teilfaktoren sind vor oder bei Aufnahme der Fertigung zu ermitteln und in einem Werkstoffgutachten festzulegen. Änderungen des Werkstoffs oder der Herstellung sowie Erweiterungen der Betriebsbedingungen (z. B. Betriebstemperaturen, Beschickungsgut) erfordern eine ergänzende Werkstoffbegutachtung.

5.2.1.2 Die Werkstoffprüfung dient der Bestimmung der Kennwerte, die der Berechnung nach Abschnitt 4 zugrunde gelegt werden. Der Werkstoffnachweis erfolgt aufgrund eines erstmaligen Werkstoffgutachtens anhand eines Identitätsprüfung des Werkstoffs oder anhand eines Werkstoffgutachtens im Einzelfall.

5.2.1.3 Die typgemäßen Eigenschaften der Ausgangsstoffe nach Abschnitt 3.2 müssen durch Bescheinigungen DIN EN 10204 − 2.2 (Werkszeugnisse) bestätigt werden. Der Werkstoff von Halbzeugen muss durch Bescheinigungen DIN EN 10204 − 2.3 (Werksprüfzeugnisse) bestätigt werden.

5.2.1.4 Die zur Werkstoffprüfung erforderlichen Proben sind dem Bauteil oder den Werkstoffmustern zu entnehmen, die, dem Werkstoff des Bauteils hinsichtlich der Ausgangsstoffe, des Schichtaufbaus und der Herstellung entsprechen müssen. Die Probennahme erfolgt in den Hauptspannungsrichtungen der Textilglasverstärkung.

5.2.1.5 Falls Behälter im Rahmen der EG-Baumusterprüfung hergestellt werden, ist eine regelmäßige Prüfung der Fertigung gemäß AD 2000-Merkblatt HP 505[1] erforderlich. Der Umfang der regelmäßigen Prüfung der Fertigung ist im Rahmen des Werkstoffgutachtens festzulegen.

5.2.2 Kennwertbestimmung

Bei der Werkstoffprüfung sind folgende Kennwerte zu bestimmen:

(1) Textilglasanteil in Anlehnung an DIN EN 60, ggf. für das Laminat der Tragschichten und der Schutzschicht getrennt, sowie Schichtenaufbau mit den anteiligen Flächengewichten.

(2) Rohdichte in Anlehnung an DIN 53479 ggf. für das Laminat der Tragschichten und der Schutzschicht getrennt.

(3) Styrolanteil nach DIN 53394 bei faserverstärkten UP-Formstoffen bzw. acetonlösliche Anteile nach DIN 53700 an textilglasverstärkten EP-Formstoffen, jeweils bezogen auf den Harzanteil, oder Kriechneigung in 24 h-Zeitstand-Biegeversuch in Anlehnung an DIN 53444/DIN EN 63.

(4) Zugfestigkeit, Bruchdehnung und Elastizitätsmodul nach DIN EN 61 (vorzugsweise Probekörper II mit 50 mm Breite).

(5) Biegefestigkeit, Durchbiegung beim Bruch und Elastizitätsmodul nach DIN EN 63 (vorzugsweise mit Probekörpern mit 50 mm Breite und einer Länge entsprechend dem 24fachen der Dicke bei einem Auflagerabstand entsprechend dem 20-fachen der Dicke), bei 23 °C und bei 50 °C.

(6) Bruchlast von Laminat- und Klebeverbindungen im Zugversuch in Anlehnung an DIN EN 61 oder im Biegeversuch in Anlehnung an DIN EN 63 mit Proben entsprechend der Bauteilgeometrie bei 23 °C und bei 50 °C.

(7) Kriechdehnung im Zeitstand-Zugversuch oder im Zeitstand-Biegeversuch in Anlehnung an DIN 53444/ DIN EN 61 bzw. DIN EN 63 bei zulässiger Betriebsspannung, bei 23 °C und bei 50 °C über mindestens 1000 Std.

Die Prüfungen nach (5), (6) und (7) sind bei Betriebstemperaturen unter − 30 °C und über + 50 °C bei den entsprechenden Prüftemperaturen durchzuführen.

Die Prüfbedingungen sind im Ergebnisbericht anzugeben.

5.2.3 Werkstoffgutachten

5.2.3.1 Das Werkstoffgutachten dient dem Nachweis, dass die Anforderungen nach Abschnitt 3.3 und die Bedingungen nach den Abschnitten 4.4.4 bis 4.4.9 erfüllt sind. Die Festlegungen von Werkstoffgutachten können in Werkstoffblättern zusammengefasst werden.

5.2.3.2 Das Werkstoffgutachten wird erstmalig vor Aufnahme der Fertigung im Einzelfall auf Antrag des Herstellers für die Fertigung anhand der Ergebnisse aus der Werkstoffprüfung nach Abschnitt 5.2 erstellt. Dem Werkstoffgutachten sind die Mittelwerte der Ergebnisse nach (1), (2) und (3) des Abschnitts 5.2.2 aus mindestens je fünf Proben, die Mittelwerte und Standardabweichungen der Ergebnisse nach (4), (5) und (6) aus mindestens je zehn Proben sowie die Mittelwerte der Ergebnisse nach (7) aus jeweils mindestens 20 Proben zugrunde zu legen.

---

[1] In Vorbereitung unter Berücksichtigung der Druckgeräte-Richtlinie (97/23/EG)

5.2.3.3 Bei Vorlage eines Werkstoffgutachtens ist die Durchführung einer Identitätsprüfung als Werkstoffnachweis erforderlich und ausreichend. Bei der Identitätsprüfung sind die Prüfungen (1), (2) und (3) des Abschnitts 5.2.2 mit mindestens je zwei Proben und die Prüfung nach (5) des Abschnitts 5.2.2 mit mindestens je vier Proben bei 23 °C durchzuführen.

Bei Änderungen gegenüber dem vorgelegten Werkstoffgutachten ist die Durchführung aller Prüfungen nach Abschnitt 5.2.2 und eine Begutachtung im Einzelfall erforderlich.

5.3 Behälterprüfung

5.3.1 Entwurfsprüfung und Abnahme

5.3.1.1 Für die Entwurfsprüfung gilt AD 2000-Merkblatt HP 511. Zusätzlich sind folgende Angaben erforderlich:

– Laminataufbau der Bauteile und Bauteilverbindungen,
– verwendete Harzsysteme und Verstärkungsstoffe einschließlich eventueller thermischer Nachbehandlungen,
– Zusammensetzung und Aufbau der Schutzschichten,
– Schubmodulkurven der Harzformstoffe,
– Beschickungsmittel, seine chemische Zusammensetzung, sein Aggregatzustand und das Gewicht der Füllung,
– Bemessungsgrundlage mit Quellenangabe, wenn die Bemessung nicht nach Abschnitt 4 erfolgt,
– die vorgesehene Verwendungsdauer des Druckbehälters,
– schwellende und andere dynamische Beanspruchungen, die bei der Auslegung des Druckbehälters berücksichtigt werden müssen,
– Anweisungen für den Transport und die Montage.

5.3.1.2 Für die Schlussprüfung gilt AD 2000-Merkblatt HP 512.

5.3.1.3 Für die Druckprüfung gilt AD 2000-Merkblatt HP 512. Der Prüfdruck beträgt mindestens das 1,3-fache des maximal zulässigen Druckes. Bei der Druckprüfung ist anhand von Dehnungs- und/oder Verformungsmessungen festzustellen, ob die im Betrieb zu erwartenden Formänderungen sicherheitstechnisch unbedenklich sind. Die bei den Prüfungen nach (2) bis (5) gemessenen Dehnungen dürfen die im Werkstoffgutachten festgelegten zulässigen Werte an keiner Stelle überschreiten:

(1) Am ungefüllten Behälter (Nullmessung),
(2) während der Befüllung (verschiedene Füllzustände),
(3) bei mindestens drei Druckstufen, z. B. beim 0,5-fachen und 1,0-fachen des maximal zulässigen Druckes und beim Prüfdruck,
(4) beim maximal zulässigen Druck über 1000 Stunden mit Ermittlung des Kriechverhaltens an den höchstbeanspruchten Stellen,
(5) bei schwellender oder wechselnder Belastung entsprechend dem bestimmungsgemäßen Betrieb,
(6) bei Steigerung des Innendrucks bis zum Versagen durch Bersten oder Undichtwerden.

Die Dehnungsmessungen nach (4) und (5) dürfen unter Beachtung des Messergebnisse bei den Prüfungen nach (1), (2) und (3) eingeschränkt werden.

Bei Einzelfertigung ist die Ermittlung des Versagensdruckes durch Dehnungsmessungen bei zusätzlichen Druckstufen nach (3) und/oder Sonderprüfverfahren (z. B. Schallemissionsmessungen) zu ersetzen.

5.3.2 EG-Baumusterprüfung

Die EG-Baumusterprüfung erfolgt entsprechend AD 2000-Merkblatt HP 505[1]).

6 Schrifttum

[1] *Puck, A.:* „Konstruieren und Berechnen von GfK-Teilen", Beiheft zur Fachschrift „Kunststoffberater", Umschau-Verlag, Frankfurt/Main 1969.

[2] *Zott, A.,* und *G. Nonhoff:* „Außendruckbehälter aus glasfaserverstärktem Kunststoff" (Vortrag auf der 10. öffentlichen Jahrestagung der Arbeitsgemeinschaft Verstärkte Kunststoffe, 3. bis 6. Oktober 1972 in Freudenstadt).

[3] *Outwater, J. O.:* „Filament wound internal pressure vessels", Zeitschrift „Modern Plastics" Bd. 40 (März 1963) S. 135/39.

ICS 23.020.30 Ausgabe Oktober 2000

Druckbehälter aus nichtmetallischen Werkstoffen	Druckbehälter aus Elektrographit und Hartbrandkohle	AD 2000-Merkblatt N 2

Die AD 2000-Merkblätter werden von den in der „Arbeitsgemeinschaft Druckbehälter" (AD) zusammenarbeitenden, nachstehend genannten sieben Verbänden aufgestellt. Aufbau und Anwendung des AD 2000-Regelwerkes sowie die Verfahrensrichtlinien regelt das AD 2000-Merkblatt G1.

Die AD 2000-Merkblätter enthalten sicherheitstechnische Anforderungen, die für normale Betriebsverhältnisse zu stellen sind. Sind über das normale Maß hinausgehende Beanspruchungen beim Betrieb der Druckbehälter zu erwarten, so ist diesen durch Erfüllung besonderer Anforderungen Rechnung zu tragen.

Wird von den Forderungen dieses AD 2000-Merkblattes abgewichen, muss nachweisbar sein, dass der sicherheitstechnische Maßstab dieses Regelwerkes auf andere Weise eingehalten ist, z.B. durch Werkstoffprüfungen, Versuche, Spannungsanalyse, Betriebserfahrungen.

Fachverband Dampfkessel-, Behälter- und Rohrleitungsbau e.V. (FDBR), Düsseldorf
Hauptverband der gewerblichen Berufsgenossenschaften e.V., Sankt Augustin
Verband der Chemischen Industrie e.V. (VCI), Frankfurt/Main
Verband Deutscher Maschinen- und Anlagenbau e.V. (VDMA), Fachgemeinschaft Verfahrenstechnische Maschinen und Apparate, Frankfurt/Main
Verein Deutscher Eisenhüttenleute (VDEh), Düsseldorf
VGB PowerTech e.V., Essen
Verband der Technischen Überwachungs-Vereine e.V. (VdTÜV), Essen

Die AD 2000-Merkblätter werden durch die Verbände laufend dem Fortschritt der Technik angepasst. Anregungen hierzu sind zu richten an den Herausgeber:

Verband der Technischen Überwachungs-Vereine e.V., Postfach 10 38 34, 45038 Essen.

Inhalt

0 Präambel
1 Geltungsbereich
2 Allgemeines
3 Werkstoffe
4 Prüfungen
5 Kennzeichnung
6 Nachweis der Güteeigenschaften
7 Festigkeitskennwert

8 Berechnungsgrundlagen
9 Toleranzen und Oberflächengüte
10 Druckprüfung
11 Schrifttum

Anhang 1: Muster eines Abnahmeprüfzeugnisses
Anhang 2: Erläuterungen zum AD 2000-Merkblatt N 2
Anhang 3: Prüfbestimmungen

0 Präambel

Zur Erfüllung der grundlegenden Sicherheitsanforderungen der Druckgeräte-Richtlinie kann das AD 2000-Regelwerk angewandt werden, vornehmlich für die Konformitätsbewertung nach den Modulen „G" und „B + F".

Das AD 2000-Regelwerk folgt einem in sich geschlossenen Auslegungskonzept. Die Anwendung anderer technischer Regeln nach dem Stand der Technik zur Lösung von Teilproblemen setzt die Beachtung des Gesamtkonzeptes voraus.

Bei anderen Modulen der Druckgeräte-Richtlinie oder für andere Rechtsgebiete kann das AD 2000-Regelwerk sinngemäß angewandt werden. Die Prüfzuständigkeit richtet sich nach den Vorgaben des jeweiligen Rechtsgebietes.

1 Geltungsbereich

1.1 Dieses AD 2000-Merkblatt gilt für gas- und/oder flüssigkeitsdichten Elektrographit und Hartbrandkohle als Werkstoffe zum Bau von Druckbehältern, Druckbehälterteilen und druckbeanspruchten Armaturen, die bei Wandtemperaturen von − 60 °C bis + 400 °C betrieben werden, wobei die Grenzen für die maximalen Wandtemperaturen der Werkstoffe gemäß dem Gutachten der zuständigen unabhängigen Stelle eingeschränkt sein können.

1.2 Die Werkstoffe müssen entsprechend dem Verwendungszweck gewählt werden, wobei die mechanischen, thermischen und chemischen Beanspruchungen zu berücksichtigen sind.

1.3 Für Druckbehälter aus Elektrographit oder Hartbrandkohle gelten in der Regel die folgenden Grenzen für den maximal zulässigen Druck

25 bar für Austauscher in Blockbauweise,
16 bar für Röhrenaustauscher,
10 bar für Hohlzylinder bis   NW 200 bei Innendruck,
 6 bar für Hohlzylinder über NW 200 bei Innendruck,
16 bar für Hohlzylinder bis   NW 200 bei Außendruck,
10 bar für Hohlzylinder über NW 200 bei Außendruck.

Die AD 2000-Merkblätter sind urheberrechtlich geschützt. Die Nutzungsrechte, insbesondere der Übersetzung, des Nachdrucks, der Entnahme von Abbildungen, die Wiedergabe auf fotomechanischem Wege und die Speicherung in Datenverarbeitungsanlagen, bleiben, auch bei auszugsweiser Verwertung, dem Urheber vorbehalten.

Bei Innendruck von mehr als 0,5 bar und bei Außendruck von mehr als 1 bar sollen im Allgemeinen folgende Produkte aus Behälterinhalt V in Litern und maximal zulässigem Druck PS in bar nicht überschritten werden:

bei Innendruck: $V \cdot PS = $ 65 000 bar · Liter,
bei Außendruck: $V \cdot PS = $ 100 000 bar · Liter.

Bei Abweichungen von diesen Festlegungen ist das Einverständnis der zuständigen unabhängigen Stelle einzuholen.

1.4 Werden die Werkstoffe für Auskleidungen oder mit Armierungen verwendet, die die wesentlichen Beanspruchungen aufnehmen, so gelten vorstehende Grenzen nicht.

2 Allgemeines

2.1 Werden Elektrographit oder Hartbrandkohle als Werkstoffe für Druckbehälter, Teile von Druckbehältern oder Armaturen eingesetzt, so muss ihren besonderen Eigenschaften Rechnung getragen werden.

2.2 Die Herstellung von Elektrographit und Hartbrandkohle für Druckbehälter setzt ausreichende Erfahrungen des Herstellerwerkes voraus. Hierüber ist der zuständigen unabhängigen Stelle ein erstmaliger Nachweis zu erbringen.

2.3 Druckbeanspruchte Behälter, Behälterteile und Armaturen aus Elektrographit oder Hartbrandkohle werden vorzugsweise wegen der hohen Korrosionsbeständigkeit dieser Werkstoffe verwendet. Sie sind gegen nahezu alle organischen und anorganischen Medien beständig, soweit diese nicht stark oxydierend wirken.

2.4 Die Werkstoffe zeigen ein sprödes Verhalten; gegen Temperaturwechsel sind sie unempfindlich. Spannungsspitzen sind durch konstruktive Gestaltung möglichst niedrig zu halten.

2.5 Die Herstellung von Halbzeugen[1]) erfolgt mit den in der keramischen Industrie üblichen Formgebungsverfahren, wie Strang- oder Blockpressen. Komplizierte Formteile können aus Halbzeugen durch spanabhebende Bearbeitung hergestellt werden.

2.6 Unlösbare Verbindungen von Teilen werden durch Verkitten hergestellt, wobei ausreichende Festigkeitseigenschaften der Verbindungen gewährleistet sein müssen. Hierüber ist der zuständigen unabhängigen Stelle ein erstmaliger Nachweis zu führen.

2.7 Lösbare Verbindungen lassen sich u. a. mit Hilfe von Zugankern oder Schrauben und Flanschen z. B. aus Stahl herstellen, wobei in der Regel Weichstoffdichtungen[2]) zu verwenden sind.

3 Werkstoffe

3.1 Begriffe und Eigenschaften

3.1.1 Bei den Werkstoffen Hartbrandkohle und Elektrographit wird zwischen den beiden Werkstoffarten „imprägniert" und „nicht imprägniert" unterschieden:

(1) Imprägnierter Elektrographit und imprägnierte Hartbrandkohle weisen mit zunehmender Temperatur einen bestimmten Festigkeitsabfall auf. Der Grad des Festigkeitsabfalls und die Grenze der höchstzulässigen Wandtemperatur hängen vom Imprägniermittel ab.

(2) Nicht imprägnierter Elektrographit und nicht imprägnierte Hartbrandkohle weisen mit zunehmender Temperatur keinen Festigkeitsabfall auf.

3.1.2 Elektrographit und Hartbrandkohle werden in Abhängigkeit vom Mittelwert der Zugfestigkeit bei 20 °C in folgende Festigkeitsklassen unterteilt:

(1) Stufen von 2 N/mm^2 im Bereich zwischen 4 N/mm^2 bis 20 N/mm^2 Zugfestigkeit und

(2) Stufen von 4 N/mm^2 ab 20 N/mm^2 Zugfestigkeit.

Die Einstufung ist aufgrund des nach Abschnitt 4.3 gebildeten Mittelwertes. Abweichungen der Einzelwerte vom Mittelwert um ± 20 %[3]) sind zulässig.

3.2 Erstmaliger Nachweis der Güteeigenschaften

Für jede Werkstoffart und jedes Imprägniermittel sind die Änderung der Festigkeit mit der Temperatur, das Verhältnis Biegefestigkeit zu Zugfestigkeit und die höchstzulässige Wandtemperatur durch den Hersteller der zuständigen unabhängigen Stelle erstmals nachzuweisen. Hierbei können Werksunterlagen anerkannt werden.

3.3 Kurzbezeichnung der Werkstoffe bzw. Werkstoffqualitäten

Für die Werkstoffe werden Kurzbezeichnungen verwendet. Hierin bedeutet der Buchstabe K Hartbrandkohle und der Buchstabe G Elektrographit. Die erste dem Buchstaben folgende Zahl bezeichnet das Zehnfache der unteren Grenze der Spanne der Festigkeitsklasse bei 20 °C in N/mm^2, die zweite Zahl den Abfall dieses Wertes in Promille je 10 °C Temperaturerhöhung und die dritte Zahl die höchstzulässige Wandtemperatur. So wird z. B. eine nicht imprägnierte Hartbrandkohle mit einer Zugfestigkeit von 6 N/mm^2, ohne Festigkeitsabfall bei Temperaturerhöhung und einer höchstzulässigen Wandtemperatur von 400 °C mit

$$K\,6-0-400$$

und ein imprägnierter Elektrographit mit einer Zugfestigkeit von 16 N/mm^2, einem Festigkeitsabfall von 8 ‰ und einer höchstzulässigen Wandtemperatur von 200 °C mit

$$G\,16-8-200$$

bezeichnet.

4 Prüfungen

4.1 Die Proben zur Ermittlung der Werkstoffeigenschaften sind den Halbzeugen zu entnehmen. Ist dieses nicht möglich, sind die Proben an vergleichbaren Teilen der Charge[4]) zu ermitteln.

4.2 Für jede Charge sind bei Raumtemperatur die Zugfestigkeit oder die Biegefestigkeit und erforderlichenfalls die Druckfestigkeit (Form und Abmessungen der Prüfkörper gemäß Anhang) zu bestimmen.
Bei Teilen kleiner Abmessung oder geringer Wanddicke, z. B. bei Rohren, wird ersatzweise für die Zugfestigkeit die Biegefestigkeit (Biegezugfestigkeit) ermittelt. Aufgrund der Biegefestigkeit erfolgt die Einstufung in die Festigkeitsklasse nach Abschnitt 3.1.2, wobei das Verhältnis zwischen Biege- und Zugfestigkeit zu berücksichtigen ist.

---

[1]) Z. B. Hohlzylinder, Rohre, Vollstäbe, Platten und Blöcke
[2]) Siehe AD 2000-Merkblatt B 7 Tafel 1 Zeile 1
[3]) Im Sonderfall siehe Abschnitt 4.3.2
[4]) Als Charge gelten Halbzeuge, die aus gleicher Mischung, gleichartiger Herstellung und vergleichbaren Abmessungen hergestellt sind.

4.3 Mittelwertbildung und Wiederholungsproben

4.3.1 Es werden aus jeder Charge 5 Proben entnommen. Maßgebend für die Festlegung der Zugfestigkeit ist der Mittelwert aus den Einzelergebnissen des Zugversuches bzw. des an dessen Stelle durchgeführten Biegeversuches. Abweichungen der Einzelwerte vom Mittelwert um ± 20 % sind zulässig.

4.3.2 Weicht ein Einzelwert um mehr als 20 % vom Mittelwert nach unten ab, so ist eine Ersatz-Probe zu prüfen. Erreichen 2 Einzelwerte oder das Ergebnis der einzelnen Ersatzprobe nicht die Anforderung, so sind 5 weitere Proben zu prüfen. Wird dann der Anforderung nicht erreicht, so können die Erzeugnisse dieser Charge in eine tiefere Festigkeitsklasse eingestuft oder verworfen werden. Maßgebend für die tiefere Einstufung ist der neue Mittelwert oder bei Abweichung eines Einzelwertes um mehr als 20 % vom neuen Mittelwert der niedrigste Einzelwert.

4.3.3 Für die Bildung des neuen Mittelwertes bleiben bei Prüfung einer einzelnen Ersatzprobe oder eines ganzen Probesatzes die ersetzten Proben unberücksichtigt.

4.3.4 Weichen ein oder zwei Einzelwerte um mehr als 20 % vom Mittelwert nach oben ab, so entfallen diese, und der Mittelwert ist nur aus den verbleibenden Einzelwerten zu bilden.

4.4 Die Prüfung der Abmaße und der Oberflächengüte findet in der Regel im Rahmen der Schlussprüfung des Druckbehälters statt.

5 Kennzeichnung

5.1 Bei Halbzeugen muss bis zum Zusammenbau des Druckbehälters eine Zuordnung zum Abnahmezeugnis gewährleistet sein, die in der Regel durch eine Kennzeichnung gegeben ist.

5.2 Drucktragende Teile des fertigen Druckbehälters müssen mit der Kurzbezeichnung der Werkstoffqualität und dem Herstellerzeichen versehen sein. Bei Prüfung durch eine zuständige unabhängige Stelle ist auch dessen Prüfstempel anzubringen.

5.2.1 Bei Kleinteilen ist vom Herstellerwerk in einer Werksbescheinigung zu bestätigen, dass die geforderte Werkstoffqualität verwendet wurde. Eine Kennzeichnung der Teile erfolgt in der Regel nicht.

6 Nachweis der Güteeigenschaften

6.1 Die in Abschnitt 4 festgelegten Prüfungen werden vom Hersteller an der laufenden Fertigung durchgeführt und aufgezeichnet. Die zuständige unabhängige Stelle überprüft die ordnungsgemäße Durchführung einschließlich der Betriebsaufzeichnungen. Dazu kann sie bei der Fertigung und Prüfung anwesend sein und sich während der Fertigung durch Stichproben von der Ordnungsmäßigkeit der werksseitigen Prüfung überzeugen.

6.2 Die Art des Gütenachweises wird im Gutachten der zuständigen unabhängigen Stelle über die erstmalige Prüfung des Werkstoffes und des Imprägniermittels gemäß Nummer 3.2 festgelegt. Für hinreichend bekannte Werkstoffe genügt ein Werksabnahmezeugnis 3.1.B nach DIN EN 10204[5]). Im Abnahmezeugnis werden nur die Prüfergebnisse der Prüfart (Zug oder Biegung) angegeben, die für die Einordnung des Werkstoffes in die Festigkeitsklasse maßgebend sind.

6.3 Das Herstellerwerk hat in der Werksbescheinigung das Imprägniermittel und die Kittqualität durch eine Kurzbezeichnung anzugeben. Außerdem ist bei unlösbaren Verbindungen die hinreichende Festigkeit und Temperaturbeständigkeit für die Betriebsbedingungen in Übereinstimmung mit dem erstmaligen Nachweis durch das Herstellerwerk zu bestätigen.

7 Festigkeitskennwert

7.1 Der Festigkeitskennwert K bei Raumtemperatur ist die untere Grenze der Spanne der Zugfestigkeit der jeweiligen Festigkeitsklasse. Über 20 °C ist der Werkstoffen nach Abschnitt 3.1.1 (1) als Festigkeitskennwert K der um den Abfall der Zugfestigkeit verminderte Festigkeitskennwert K bei Raumtemperatur einzusetzen, wobei die Festigkeitskennwerte nach unten auf Hundertstel abzurunden sind. Bei Temperaturen unter + 20 °C ist der Festigkeitskennwert K bei + 20 °C einzusetzen.

7.2 Der Zeiteinfluss einer mechanischen Beanspruchung auf die Festigkeitskennwerte kann unberücksichtigt bleiben.

8 Berechnungsgrundlagen

8.1 Für die Berechnung von Druckbehältern oder Druckbehälterteilen sind die AD 2000-Merkblätter der Reihe B mit folgenden Abweichungen oder Ergänzungen anzuwenden.

8.2 Bei Elektrographit und Hartbrandkohle entfällt der in den AD 2000-Merkblättern festgelegte Korrosionszuschlag.

8.3 Der Sicherheitsbeiwert S gegenüber dem Festigkeitskennwert K beträgt für den maximal zulässigen Druck und die zulässige maximale Temperatur $S = 9$; für den Prüfdruck beträgt der Sicherheitsbeiwert $S' = 6{,}6$.

8.4 Bei Berechnung von zylindrischen Mänteln unter äußerem Überdruck entfällt die Berechnung gegen elastisches Einbeulen nach AD 2000-Merkblatt B 6. Bei Berechnung gegen plastisches Verformen ist der übliche Festigkeitskennwert K um den Faktor 2,5 erhöht in die Formel (4) des AD 2000-Merkblattes B 6 einzusetzen. Vorstehendes gilt auch über den Geltungsbereich des AD 2000-Merkblattes B 6 hinaus für Durchmesserverhältnisse $1{,}2 \leq D_a/D_i \leq 1{,}3$.

8.5 Bei der Berechnung von Rohren unter äußerem Überdruck gemäß AD 2000-Merkblatt B 6 kann der Festigkeitskennwert K um den Faktor 2 erhöht werden.

9 Toleranzen und Oberflächengüte

9.1 Maßtoleranzen sind zwischen Hersteller und Besteller/Betreiber zu vereinbaren, andernfalls gelten die Werksnormen des Herstellers.

9.2 Zulässige Abweichungen für Maße ohne Toleranzangabe nach DIN ISO 2768 Genauigkeitsgrad „grob" brauchen in den Berechnungen nicht berücksichtigt zu werden. Darüber hinausgehende Wanddickenunterschreitungen sind zu berücksichtigen.

9.3 Über die Oberflächengüte und die Zulässigkeit einer Imprägniermittelschicht auf der Oberfläche ist zwischen Hersteller und Besteller/Betreiber eine Vereinbarung zu treffen, andernfalls bleibt dies dem Hersteller überlassen.

---

[5]) Muster siehe Anhang 1

10 Druckprüfung

10.1 Der Prüfdruck beträgt das 1,3fache des maximal zulässigen Druckes. Bei maximal zulässigen Drücken bis 1 bar muss der Prüfdruck mindestens um 0,3 bar über dem maximal zulässigen Druck liegen.

10.2 Falls beim Hersteller der Zusammenbau eines Druckbehälters zwecks Durchführung der Druckprüfung nicht möglich ist, kann diese an den Einzelbauteilen erfolgen. Für die Höhe des Prüfdruckes gilt Abschnitt 10.1.

10.3 Vor Inbetriebnahme ist der Druckbehälter am Aufstellungsort im Beisein der zuständigen unabhängigen Stelle einer Druckprüfung im zusammengebauten Zustand zu unterziehen.

11 Schrifttum

Linder, H.: Graphit im Druckbehälterbau. Techn. Überwach. **9** (1968) Nr. 1, S. 12/14.

Anhang 1 zum AD 2000-Merkblatt N 2

ABNAHMEPRÜFZEUGNIS

in Anlehnung an DIN EN 10204 / 3.1.B

Besteller:

Hersteller:

Prüfgegenstand:

Prüfbedingungen: AD 2000-Merkblatt N 2

Werkstoffqualität: entsprechend:

Kennzeichnung Zeichen des
Werkstoffqualität: Herstellerwerkes:

Pos. Nr.	Stückzahl	Gegenstand	Charge/Kenn-Nr.	Prüfergebnisse N/mm²

1. Durch unsere laufende Prüfung der Fertigung und die Betriebsüberwachung durch die TÜO .... ist sichergestellt, dass die durch die Angabe der Werkstoffqualität bestimmten Eigenschaften eingehalten sind.

2. Die Teile sind mit Kunstharz Typ .... imprägniert.

3. Für die Verkittung der Teile Pos. .... wurde der Kitt-Typ .... verwendet. Für die Betriebsverhältnisse und die Druckprüfung werden hinreichende Festigkeit und Temperaturbeständigkeit gewährleistet.

4. Die Kleinteile .... wurden aus geprüftem Halbzeug der Werkstoffqualität hergestellt.

....,den.................................

....

Der Werks-Sachverständige

Anhang 2 zum AD 2000-Merkblatt N 2

Erläuterungen zum AD 2000-Merkblatt N 2

Druckbehälter aus Elektrographit und Hartbrandkohle

Zu 2: Allgemeines

Die Werkstoffe Hartbrandkohle und Elektrographit werden folgendermaßen erzeugt:
Als Ausgangsstoffe dienen Koks und Pech, die zunächst gemischt und dann durch Pressen in die für die Halbzeuge vorgesehene Form gebracht werden. Diese Halbzeuge, sogenannte „grüne Formkörper", werden anschließend bei ca. 1000 °C, z. B. im Ringofen, gebrannt. Das nach diesem Brennen vorliegende Produkt wird als Hartbrandkohle bezeichnet.

Elektrographit wird aus Hartbrandkohle in einem weiteren Brennprozess im Graphitierungsofen bei ca. 3000 °C hergestellt.

In der Regel sind die so erhaltenen Werkstoffe Hartbrandkohle und Elektrographit nicht gas- und/oder flüssigkeitsdicht. Durch Imprägnieren mit einem Kunstharz wird die für Druckbehälter erforderliche Gas- und Flüssigkeitsdichtheit erreicht.

Zu 3.3 und 4: Kurzbezeichnung der Werkstoffe und Prüfungen

In dem Bezeichnungsbeispiel K 6 – 0 – 400 wird mit der Zahl 6 die Festigkeitsklasse bezeichnet, wobei die mittlere Zugfestigkeit die Spanne zwischen 6 N/mm^2 und 7,9 N/mm^2 umfasst. Für die nächsthöhere Festigkeitsklasse liegt die Spanne der mittleren Zugfestigkeit zwischen 8 N/mm^2 und 9,9 N/mm^2. Eine Überschreitung der oberen Grenze der Zugfestigkeit der betreffenden Festigkeitsklasse ist zulässig, sofern keine nachteiligen Auswirkungen hinsichtlich des Abfalls der Zugfestigkeit mit der Temperatur und der oberen Temperaturbeanspruchungsgrenze vorliegen.

Zu 8: Berechnungsgrundlagen

Das Verhältnis von Biegefestigkeit zu Zugfestigkeit (Biegefaktor) ist bei den hier behandelten Werkstoffen >1,5 : 1, so dass sich bei Beanspruchung auf Biegung ein höherer Festigkeitskennwert K eingesetzt werden könnte. Da jedoch die auf Biegung beanspruchten Bauteile aus Elektrographit oder Hartbrandkohle z. B. nach AD 2000-Merkblatt B 5 berechnet werden, wird der oben genannte Biegefaktor nicht berücksichtigt, weil in den entsprechenden Formeln ein Stützfaktor gleicher Größe für verformungsfähige Werkstoffe enthalten ist.

Das Verhältnis von Druckfestigkeit zu Zugfestigkeit beträgt für Elektrographit und Hartbrandkohle mindestens 3 : 1. Für die Berechnung auf äußeren Überdruck gemäß AD 2000-Merkblatt B 6 wurde jedoch der Faktor 2,5 gewählt, um weitere zusätzliche Spannungseinflüsse abzudecken.

Zu 9: Toleranzen und Oberflächengüte

In der Regel wird bei der Fertigung von Bauteilen aus Elektrographit und Hartbrandkohle nach den zulässigen Abweichungen für Maße ohne Toleranzangabe DIN ISO 2763, Genauigkeitsgrad „grob", gearbeitet. In der Berechnung kann eine sich daraus ergebende Wanddickenunterschreitung deshalb vernachlässigt werden, weil sie im Vergleich zur Wanddicke gering ist.

Die Bearbeitung von Werkstücken erfolgt in der Regel vor dem Imprägnieren. Sofern Werkstückoberflächen keine Imprägniermittelschicht aufweisen dürfen, ist dieses zwischen Hersteller und Besteller/Betreiber zu vereinbaren.

Anhang 3 zum AD 2000-Merkblatt N 2

Prüfbestimmungen

(Form von Prüfkörpern aus Elektrographit und Hartbrandkohle und Durchführung der Versuche)

1. Die Zugfestigkeit ist an Prüfkörpern gemäß DIN 51 914 (Bild 1) zu ermitteln.
2. Die Biegefestigkeit ist an Prüfkörpern der Abmessung 20 × 20 × 120 mm zu ermitteln, wobei der Auflagerabstand 100 mm beträgt und die Proben in der Mitte zu belasten sind. Ersatzweise können bei Bauteilen mit kleiner Abmessung oder geringer Wandstärke auch Proben mit kleinerem, quadratischen Querschnitt (z. B. 10 × 10 bzw. 5 × 5 mm) verwendet werden; es ist jedoch bei der Prüfung ein Verhältnis von Querschnittskantenlänge zu Auflagelänge von 1 : 5 einzuhalten. Bei Rohren können auch Rohrabschnitte zur Ermittlung der Biegefestigkeit herangezogen werden (Auflagerabstand = 5 × Außendurchmesser).
3. Die Druckfestigkeit ist an Prüfkörpern der Abmessung 20 × 20 × 20 mm zu bestimmen. Bei Bauteilen mit kleiner Abmessung oder geringer Wandstärke können ersatzweise auch Proben mit kleinerem, quadratischen Querschnitt (z. B. 10 × 10 × 10 mm oder 5 × 5 × 5 mm), bei Rohren auch Rohrabschnitte (Länge = Durchmesser) für die Bestimmung der Druckfestigkeit verwendet werden.
4. Da es sich bei Elektrographit und Hartbrandkohle um spröde Werkstoffe handelt, müssen bei den Prüfungen entsprechende Vorkehrungen getroffen werden, um Spannungsspitzen an den Krafteinleitungspunkten zu vermeiden.

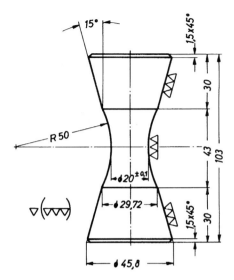

Bild 1. Prüfkörper

ICS 23.020.30   Ausgabe Juli 2003

Druckbehälter aus nichtmetallischen Werkstoffen	Druckbehälter aus Glas	AD 2000-Merkblatt N 4

Die AD 2000-Merkblätter werden von den in der „Arbeitsgemeinschaft Druckbehälter" (AD) zusammenarbeitenden, nachstehend genannten sieben Verbänden aufgestellt. Aufbau und Anwendung des AD 2000-Regelwerkes sowie die Verfahrensrichtlinien regelt das AD 2000-Merkblatt G1.

Die AD 2000-Merkblätter enthalten sicherheitstechnische Anforderungen, die für normale Betriebsverhältnisse zu stellen sind. Sind über das normale Maß hinausgehende Beanspruchungen beim Betrieb der Druckbehälter zu erwarten, so ist diesen durch Erfüllung besonderer Anforderungen Rechnung zu tragen.

Wird von den Forderungen dieses AD 2000-Merkblattes abgewichen, muss nachweisbar sein, dass der sicherheitstechnische Maßstab dieses Regelwerkes auf andere Weise eingehalten ist, z.B. durch Werkstoffprüfungen, Versuche, Spannungsanalyse, Betriebserfahrungen.

  Fachverband Dampfkessel-, Behälter- und Rohrleitungsbau e.V. (FDBR), Düsseldorf
  Hauptverband der gewerblichen Berufsgenossenschaften e.V., Sankt Augustin
  Verband der Chemischen Industrie e.V. (VCI), Frankfurt/Main
  Verband Deutscher Maschinen- und Anlagenbau e.V. (VDMA), Fachgemeinschaft Verfahrenstechnische Maschinen und Apparate, Frankfurt/Main
  Stahlinstitut VDEh, Düsseldorf
  VGB PowerTech e.V., Essen
  Verband der Technischen Überwachungs-Vereine e.V. (VdTÜV), Essen

Die AD 2000-Merkblätter werden durch die Verbände laufend dem Fortschritt der Technik angepasst. Anregungen hierzu sind zu richten an den Herausgeber:

Verband der Technischen Überwachungs-Vereine e.V., Postfach 10 38 34, 45038 Essen.

Inhalt

0 Präambel
1 Geltungsbereich
2 Allgemeines
3 Werkstoff
4 Gewährleistung der Güteeigenschaften
5 Festigkeitskennwerte für die Berechnung
6 Berechnung
7 Prüfung
8 Kennzeichnung
9 Errichten von Anlagen aus Glasdruckbehältern
10 Änderungen und Reparaturen
11 Sicherheitstechnische Hinweise für den Betrieb
12 Schrifttum
Anhang 1: Erläuterungen zum AD 2000-Merkblatt N 4

0 Präambel

Zur Erfüllung der grundlegenden Sicherheitsanforderungen der Druckgeräte-Richtlinie kann das AD 2000-Regelwerk angewandt werden, vornehmlich für die Konformitätsbewertung nach den Modulen „G" und „B + F".

Das AD 2000-Regelwerk folgt einem in sich geschlossenen Auslegungskonzept. Die Anwendung anderer technischer Regeln nach dem Stand der Technik zur Lösung von Teilproblemen setzt die Beachtung des Gesamtkonzeptes voraus.

Bei anderen Modulen der Druckgeräte-Richtlinie oder für andere Rechtsgebiete kann das AD 2000-Regelwerk sinngemäß angewandt werden. Die Prüfzuständigkeit richtet sich nach den Vorgaben des jeweiligen Rechtsgebietes.

1 Geltungsbereich

Dieses AD 2000-Merkblatt gilt für Druckbehälter, Druckbehälterteile, Rohrleitungen und Ausrüstungsteile aus Borosilicatglas 3.3 nach DIN ISO 3585 mit dem Längenausdehnungskoeffizienten (3,30 ± 0,05) 10^{-6} K^{-1}. Dieser Werkstoff hat sich für den Bau von Druckbehältern, Druckbehälterteilen, Rohrleitungen und Ausrüstungsteilen bewährt. Er erfüllt bei Anwendung des AD 2000-Regelwerkes die Werkstoffanforderungen nach Anhang I, Abschnitt 4.1 der Druckgeräte-Richtlinie und kann ohne zusätzliche Prüfaufwand von der zuständige unabhängige Stelle als einzelbegutachtet angesehen und eingesetzt werden.

Gläser, deren Festigkeit durch besondere Herstellungsverfahren wesentlich gesteigert ist (vorgespannte Glä-

---

Ersatz für Ausgabe Oktober 2000; | = Änderungen gegenüber der vorangehenden Ausgabe

Die AD 2000-Merkblätter sind urheberrechtlich geschützt. Die Nutzungsrechte, insbesondere die der Übersetzung, des Nachdrucks, der Entnahme von Abbildungen, die Wiedergabe auf fotomechanischem Wege und die Speicherung in Datenverarbeitungsanlagen, bleiben, auch bei auszugsweiser Verwertung, dem Urheber vorbehalten.

ser[1]), fallen nicht in den Geltungsbereich dieses AD 2000-Merkblattes. Ausgenommen sind auch Laborgeräte nach DIN 12 476, DIN 12 491 und DIN ISO 1773.

2 Allgemeines

Die Herstellung von Druckbehältern, Druckbehälterteilen und Armaturen aus Glas nach Abschnitt 1 setzt ausreichende Erfahrungen voraus.

3 Werkstoff

3.1 Anwendungsgrenzen

Zum Bau von Druckbehältern, Druckbehälterteilen und Armaturen für Druckbehälter darf nur Glas entsprechend Tafel 1 verwendet werden.

Tafel 1. Kennwerte, Anwendungsgrenzen und chemische Beständigkeit von Borosilicatglas 3.3

Längenausdehnungskoeffizient nach DIN 52 328	$\alpha_{20/300}$ = (3,30 ± 0,05) $\cdot 10^{-6}$ K^{-1}
mittlere Wärmeleitfähigkeit zwischen 20 und 200 °C	λ = 1,3 W/mK
mittlere spezifische Wärmekapazität zwischen 20 und 200 °C	c = 910 J/kg K
Dichte bei 20 °C	ϱ = 2,23 g/cm^3
Elastizitätsmodul	E = 64 kN/mm^2
Poisson-Zahl (Querkontraktionszahl)	ν = 0,2
Transformationstemperatur*) nach DIN 52 324	ϑ_g = 530 °C
Betriebstemperatur	ϑ_B ≤ 300 °C Abschnitt 11.3 ist zu beachten
Verwendungsbereich bei zusätzlicher Temperaturbeanspruchung entsprechend Berechnungsgrundlagen nach Abschnitt 6.3	
Chemische Beständigkeit (die Beständigkeit nimmt mit steigender Klassenzahl ab; 1 ist die beste Klasse)	
hydrolytische Klasse	nach DIN ISO 719: 1
Säureklasse	nach DIN 12 116: 1
Laugenklasse	nach DIN ISO 695: 2

*) Die Transformationstemperatur wird zur Beurteilung der Temperatur beim Entspannen und zum Abschätzen der höchsten Betriebstemperatur von Glas bestimmt.

3.2 Ausführung

Das Glas muss frei sein von Eigenspannungen und von solchen Fehlern, die die Festigkeit erheblich beeinträchtigen. Für die Beurteilung von Fehlern gilt Anlage 1.

4 Gewährleistung der Güteeigenschaften

Der Hersteller gewährleistet durch die Kennzeichnung nach Abschnitt 8,
(1) dass die mit seinem Markennamen bezeichnete Glasart die vorgegebenen physikalischen und chemischen Eigenschaften des Borosilicatglases 3.3 besitzt,
(2) die Einhaltung der Form, der Bemessung und der Wanddicke,
(3) die ordnungsmäßige Herstellung.

5 Festigkeitskennwerte für die Berechnung

5.1 Berechnungskennwerte[2])

5.1.1 Die zulässige Beanspruchung von Borosilicatglas 3.3 durch Zug und Biegung beträgt

$$\frac{K}{S} = 6 \text{ N/mm}^2,$$

wenn die Oberfläche geschliffen und poliert oder nur geschliffen ist, oder wenn eine zunächst feuerblanke, ungeschädigte Oberfläche bei bestimmungsgemäßer Verwendung durch mechanische Einwirkungen (z. B. Kratzer) verändert ist oder unter Betriebsbedingungen verändert werden kann.

5.1.2 Die zulässige Beanspruchung von Borosilicatglas 3.3 durch Zug und Biegung beträgt

$$\frac{K}{S} = 10 \text{ N/mm}^2,$$

wenn die beim Heißformungsprozess gebildete feuerblanke Oberfläche weder mechanisch nachbearbeitet noch durch mechanische Einwirkung (z. B. Kratzer) verändert wurde und wenn Veränderungen dieses feuerblanken Zustandes durch einen mit dem Glas verbundenen Oberflächenschutz sowie durch andere Sicherheitsmaßnahmen während der geplanten Einsatzdauer ausgeschlossen werden können.

5.1.3 Als zulässige Beanspruchung von Borosilicatglas 3.3 durch Druck gilt hier

$$\frac{K}{S} = 100 \text{ N/mm}^2.$$

5.1.4 Die unter den Abschnitten 5.1.1 bis 5.1.3 angegebenen Kennwerte enthalten bereits einen zahlenmäßig nicht genannten Sicherheitsbeiwert S, der den praktischen Erfahrungen sowie den theoretischen Erkenntnissen [3] über das in Versuchen ermittelte Festigkeitsverhalten von Borosilicatglas 3.3 Rechnung trägt. Selbst bei dauernder maximalzulässiger Belastung ist unter ungünstigen Umgebungsbedingungen eine ausreichend geringe Bruchwahrscheinlichkeit gewährleistet.

6 Berechnung

6.1 Formelzeichen und Einheiten

c	spezifische Wärmekapazität	in J/kg K
D_a, d_a	Außendurchmesser	in mm
D_i	Innendurchmesser	in mm
E	Elastizitätsmodul	in N/mm^2, kN/mm^2
f	Faktor für die Zugfestigkeit	–
K	Festigkeitskennwert	in N/mm^2
n	Widerstandswert der Spannungsrisskorrosion	–
S	Sicherheitsbeiwert	–
s	erforderliche Wanddicke	in mm
$\frac{K}{S}$	für die Berechnung zu verwendende zulässige Beanspruchung	in N/mm^2
ΔT	Temperaturdifferenz zwischen innerer und äußerer Oberfläche der Wand	in K
ϑ_a	Temperatur des Mediums um den Druckbehälter	in °C

---

[1]) So gelten z. B. für Schauglasplatten DIN 7080, DIN 7081, DIN 8902 und DIN 8903.

[2]) Nähere Einzelheiten siehe Erläuterungen im Anhang 1

ϑ_B	Betriebstemperatur	in °C
ϑ_g	Transformationstemperatur	in °C
ϑ_i	Temperatur des Mediums im Druckbehälter	in °C
t_1, t_2	Belastungsdauer	in s, h, a
a	Längenausdehnungskoeffizient	in K^{-1}
$a_{20/300}$	Längenausdehnungskoeffizient im Bereich zwischen 20 und 300 °C	in K^{-1}
a_i	Wärmeübergangskoeffizient an der inneren Oberfläche der Wand	in $\frac{K}{K\,m^2}$
a_a	Wärmeübergangskoeffizient an der äußeren Oberfläche der Wand	in $\frac{K}{K\,m^2}$
λ	Wärmeleitfähigkeit	in W/m K
ν	Poisson-Zahl (Querkontraktionszahl)	–
ϱ	Dichte	in g/cm³
σ_t	thermische Wandspannung, Spannung infolge ungleichmäßiger Erwärmung	in N/mm²
σ_1	Zugfestigkeit bei Belastungsdauer t_1	in N/mm²
σ_2	Zugfestigkeit bei Belastungsdauer t_2	in N/mm²

6.2 Allgemeine Vorbemerkungen und Voraussetzungen

6.2.1 Thermische Wandspannungen bei Innenbeheizung

(Temperaturgefälle von innen nach außen)

Bei der Beheizung des Beschickungsmittels in Behältern, deren Außenfläche mit der Umgebungsluft in Berührung steht, stellen sich Spannungen in der Behälterwand ein. Die Höhe der Spannungen kann aus der Temperaturdifferenz in der Behälterwand errechnet werden, die von dem Temperaturgefälle zwischen dem Beschickungsmittel und der Umgebungsluft abhängt (siehe Abschnitt 6.3.2.1).

6.2.2 Thermische Wandspannungen bei Außenbeheizung

(Temperaturgefälle von außen nach innen)

Die Beheizung druckbeanspruchter Glasbauteile darf durch Wärmezufuhr von außen erfolgen, wenn die vom Hersteller als zulässig angegeben ist.

6.3 Berechnungsgrundlagen

6.3.1 AD 2000-Merkblätter über Berechnung

Die Berechnung der erforderlichen Wanddicke s erfolgt nach den AD 2000-Merkblättern der Reihe B mit den Berechnungskennwerten nach Abschnitt 5.1.

Hinweise:

1. Zuschläge zur errechneten Wanddicke s sind nicht erforderlich. Werden Formen gewählt, die durch die AD 2000-Merkblätter der Reihe B rechnerisch nicht zu erfassen sind, so muss die ausreichende Bemessung für die vorgesehenen Betriebsverhältnisse nachgewiesen sein.
2. Auch dickwandige zylindrische Mäntel und Kugeln aus Glas unter innerem Überdruck werden nach AD 2000-Merkblatt B 1 berechnet. Die dort genannte Berechnungsgrenze für Durchmesserverhältnisse $D_a/D_i \leq 1{,}2$ findet hier keine Anwendung.

6.3.2 Berechnung der thermischen Wandspannungen

Spannungen infolge ungleichmäßiger Erwärmung der Wandung verhalten sich proportional der Temperaturdifferenz, dem Ausdehnungskoeffizienten sowie dem Elastizitätsmodul. Thermische Spannungen senkrecht zur Wand sind nach den Abschnitten 6.3.2.1 bis 6.3.3 zu berücksichtigen. Thermische Spannungen parallel zur Wand brauchen nicht berücksichtigt zu werden, wenn durch geeignete Formgebung oder Betriebsweise sichergestellt ist, dass die Beanspruchung der Wand nur unerheblich erhöhen. Die Aufstellung und die Halterung dürfen thermisch bedingte Formänderungen nicht behindern.

6.3.2.1
Bei linearem Temperaturgefälle senkrecht zur Behälterwand sind die Spannungen für den biegesteifen Fall (Wandung rotationssymmetrischer Hohlkörper) wie folgt berechenbar:

$$\sigma_t = \frac{a \cdot E \cdot \Delta T}{2(1-\nu)} \quad (1)$$

Spannung an den Wandoberflächen

(siehe [1]).

σ_t (Bild 1) gibt die Zugspannung an der kälteren sowie die Druckspannung an der wärmeren Oberfläche an.

6.3.2.2
Bei nicht linearem Temperaturgefälle, z. B. beim Anwärmen und Abkühlen von Glasbauteilen, kann σ_t je nach Temperaturänderungsgeschwindigkeit größere Werte annehmen und maximal bis auf den doppelten Wert ansteigen (siehe [2]).

6.3.3 Überlagerung thermisch und mechanisch bedingter Spannungen

Treten zu den durch den Betriebsüberdruck bedingten Spannungen gleichzeitig thermische Wandspannungen σ_t nach der Gleichung (1) auf, so muss der Wert

$\frac{K}{S} - \sigma_t$ statt $\frac{K}{S}$ in die Rechnung nach Abschnitt 6.3.1 eingesetzt werden.

7 Prüfung

7.1
Bei Druckbehältern aus Glas entfällt die Druckprüfung. Stattdessen müssen sie visuell auf Fehlerfreiheit der Wandungen, Einhalten der Wanddicke und durch spannungsoptische Verfahren auf ausreichende Freiheit von Eigenspannung geprüft werden.

7.2
An Druckbehältern aus Glas muss vor der ersten Inbetriebnahme eine Dichtheitsprüfung durchgeführt werden. Die Dichtheitsprüfung muss bei Umgebungstemperaturen mit einem Prüfdruck, der nicht größer als der zulässige Betriebsüberdruck sein darf, durchgeführt werden.

8 Kennzeichnung

8.1
Hersteller bzw. Verarbeiter, Glasart oder Markenname, zulässiger Betriebsüberdruck und zulässige Temperaturdifferenz ΔT sind auf dem Glasbauteil dauerhaft anzugeben.

8.2
Für katalog- oder listenmäßig erfasste Glasbauteile und solche, die in ihren Hauptabmessungen (auch Nennweite) und in ihrer äußeren Form Katalogmaßen entsprechen, kann eine Angabe über den zulässigen Betriebsüberdruck und die zulässige Temperaturdifferenz auf dem Glasbauteil entfallen, wenn der Hersteller in seinem Katalog bzw. in seiner Liste den darin in Abhängigkeit der Temperaturdifferenz ΔT oder der Nenngröße, den zulässigen Druck in Abhängigkeit von der Temperaturdifferenz ΔT oder der Nenngröße angibt. Durch eine entsprechende Kennzeichnung ist sicherzustellen, dass eine eindeutige Zuordnung des Bauteils zu der zugehörigen Katalog- oder Listenausgabe möglich ist.

8.3
Für katalog- oder listenmäßig erfasste Wärmeaustauscher aus Glas genügt für die Austauschfläche die Angabe von ΔT im Katalog bzw. in der Liste.

8.4
Aus Glasbauteilen zusammengesetzte Druckbehälter oder aus mehreren Glas-Druckbehältern bestehende Anla-

gen[3]) müssen mit einem dauerhaften und gut sichtbaren Fabrikschild mit folgenden Angaben versehen sein:
- Hersteller,
- Fabriknummer oder Zeichnungsnummer[4]),
- Baujahr der Anlage,
- maximal zulässiger Druck in Bar,
- Inhalt der Druckräume in Litern,
- zulässige minimale/maximale Temperatur in °C,
- zulässige Temperaturdifferenzen senkrecht zu den Wandungen der einzelnen Druckräume bzw. Glasbauteile in K.

9 Errichten von Anlagen aus Glasdruckbehältern

9.1 Bei der Montage sollen die Behälter so befestigt werden, dass sie an den Einspannstellen überwiegend Druckspannungen unterliegen und thermische Formänderungen, soweit diese nach Abschnitt 6.3.2 nicht berücksichtigt wurden, unbehindert ablaufen können.

9.2 Spannschrauben müssen gleichmäßig im mehrmaligen Rundgang angezogen werden.

Anschlussleitungen sind so nachgiebig anzubringen, dass unter Betriebsbedingungen und in Betriebspausen keine nennenswerte zusätzliche Beanspruchung eintritt.

9.3 Die Dichtheitsprüfung muss bei Umgebungstemperatur mit einem Prüfdruck, der nicht größer als der zulässige Betriebsüberdruck sein darf, durchgeführt werden.

10 Änderungen und Reparaturen

Änderungen und Reparaturen sind sachgemäß durchzuführen und zu dokumentieren. Das geänderte bzw. reparierte Teil ist mit dem Zeichen des Verarbeiters zu kennzeichnen. Erforderlichenfalls ist das Bauteil nach Abschnitt 8 neu zu kennzeichnen.

11 Sicherheitstechnische Hinweise für den Betrieb

11.1 Außenbeheizung

Die Erwärmung des Behälterinhalts soll möglichst über ein Flüssigkeitsbad erfolgen.

---

[3]) Beispiele: siehe Anlage
[4]) Mit Index, falls mehrere gleichartige Druckbehälter nach einer Zeichnung gefertigt werden

Eine elektrische Beheizung ist zulässig, wenn sie gleichmäßig und ohne örtliche Temperaturspitzen durchgeführt wird.

Andersartige Außenbeheizungen von druckbeanspruchten Glasbauteilen sind nur zulässig, wenn örtliche Temperaturspitzen vermieden sind. Kann diese Bedingung nicht eingehalten oder können die vorgenannten Beheizungsarten nicht angewendet werden, so muss das Beschickungsmittel direkt oder durch Tauchheizer beheizt werden.

11.2 Temperaturwechsel

Schnelle Temperaturwechsel bedingen kurzzeitig hohe Spannungen im Glas, wobei schroffe Abkühlung (Abschrecken) wegen der hierbei entstehenden Zugspannungen in der kälteren Oberfläche das Glasbauteil besonders gefährdet. Insbesondere dürfen gleichzeitig druck- und temperaturbeanspruchte Glasbauteile keiner plötzlichen Abkühlung von außen (Wasserspritzer, Berührung mit kalten und feuchten Materialien) und von innen (Einfließen kälteren Beschickungsmittels) an der Wandung ausgesetzt werden. Die Abkühlung dieser Glasbauteile darf, vor allem wenn sie unter Druck stehen, nur langsam, z. B. durch natürlichen Wärmeabfluss an die umgebende Luft, vonstatten gehen.

11.3 Betriebstemperaturen ϑ_B > 200 °C

Bei Betriebstemperaturen ϑ_B > 200 °C sind besondere Vorkehrungen gegen schroffe Temperaturschwankungen zu treffen. Die Maßnahmen sind mit dem Hersteller abzustimmen.

12 Schrifttum

[1] *Lorenz, R.*: Temperaturspannungen in Hohlzylindern. VDI-Z. **51** (1907) Nr. 19, S. 743/747.

[2] *Gross, G.*, u. *K. G. Würker*: Zulässige Aufheiz- und Abkühlgeschwindigkeiten dickwandiger Rohrleitungen. Allgemeine Wärmetechnik, Jahrgang 1956, S. 211 ff.

[3] *Exner, G.*, u. *O. Lindig*: Bestimmung des Widerstandswertes der Spannungsrisskorrosion n an Borosilicatglas DURAN. Glastechnische Berichte **55** (1982) Nr. 5, S. 107/17.

[4] *Exner, G.*: Erlaubte Biegespannung in Glasbauteilen im Dauerlastfall. Ein Vorhersagekonzept aus dynamischen Labor-Festigkeitsmessungen. Glastechnische Berichte **56** (1983) Nr. 11.

[5] VDI-Wärmeatlas 2. Auflage 1974.

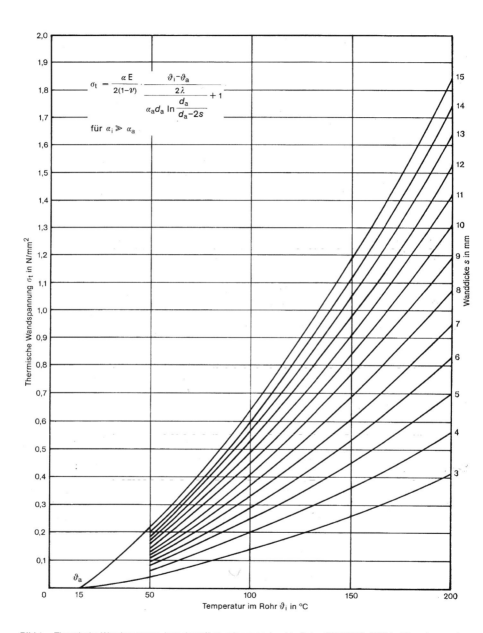

Bild 1. Thermische Wandspannung, berechnet für 5 m lange senkrechte Rohre DN 100 bis 1000 bei Raumtemperatur $\vartheta_a = 15\ °C$ und Wärmeübergang α_a bei natürlicher Konvektion; Literatur [5]

Beispiel 1. Ein aus mehreren Glasbauteilen zusammengesetzter Druckbehälter

Aufschrift auf dem Fabrikschild: (F)
  Hersteller:
  Zeichnung: A 483–1 Baujahr: 1981
  zulässiger Betriebsüberdruck: 0,5 bar
  Inhalt des Druckraumes: 1430 Liter
  zulässige Betriebstemperatur: 150 °C
  zulässige Temperaturdifferenz: in der Wand der Säule 5 K,
  in der Wand der Kühlschlange 40 K

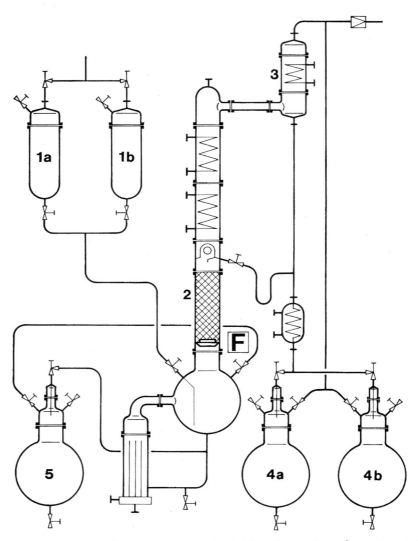

Beispiel 2. Eine aus mehreren Glas-Druckbehältern bestehende Anlage, die wahlweise mit Überdruck oder Vakuum betrieben werden kann

Aufschrift auf dem Fabrikschild: (F)
 Hersteller:
 Zeichnung: R 759 Baujahr: 1982
 zulässiger Betriebsüberdruck: −1 bis 0,5 bar
 Inhalt des Druckraumes: 1650 Liter
 zulässige Betriebstemperatur: 200 °C
 zulässige Temperaturdifferenz
 in der Behälterwand: 5 K

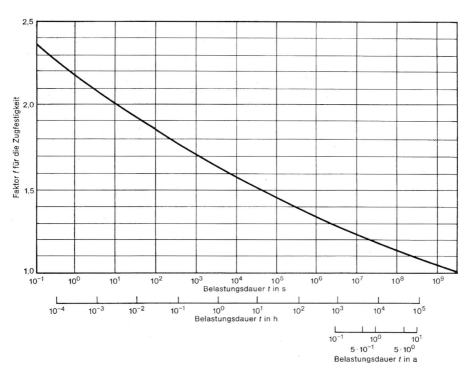

Bild 2. Abhängigkeit des Faktors f für die Zugfestigkeit von Borosilicatglas 3.3 in Wasser mit $n = 28$ von der Belastungsdauer

Anhang 1 zum AD 2000-Merkblatt N 4

Erläuterungen zum AD 2000-Merkblatt N 4, Abschnitt 5 – Festigkeitskennwerte für die Berechnung

1 Besonderheiten der Glasfestigkeit

Bei der Berechnung der Druckbehälter, Druckbehälterteile und Armaturen für Druckbehälter aus Glas müssen dessen besondere Werkstoffeigenschaften berücksichtigt werden. Im technischen Sinne sind Gläser idealelastische[5]) Werkstoffe, in denen keine Fließvorgänge stattfinden. Dies bedingt bei mechanischen Kontakten mit harten Werkstoffen das Zustandekommen von Oberflächenverletzungen in Form kleinster, teilweise submikroskopischer Risse und Ausbrüche. Derartige Oberflächenverletzungen, die bei einem normal gehandhabten Glas praktisch unvermeidlich sind, bestimmen infolge ihrer Kerbwirkung die Zugfestigkeit maßgeblich. Demzufolge bezieht sich die Zugfestigkeit vorrangig auf den Zustand der zu prüfenden Probenoberfläche, so dass Zahlenwerte über die Zugbelastbarkeit stets einer Angabe zum Oberflächenzustand bedürfen.

Zugfestigkeitswerte für die Berechnung von Druckbehältern aus Glas (Berechnungskennwerte), die sich aus Messungen an feuerblanken, mechanisch unverletzten Proben unter Berücksichtigung von Beanspruchungszeit und statistischer Messwertverteilung ableiten lassen, dürfen daher nur eingesetzt werden, wenn Oberflächenschädigungen auch im Gebrauch auszuschließen sind (z. B. Innenfläche abgeschmolzener Vakuumgefäße, durch Überzüge geschützte Oberflächen).

Kann sich der Oberflächenzustand von Druckbehälterteilen dagegen durch mechanische Einflüsse im Gebrauch verändern, so muss sich der hierfür geltende Berechnungskennwert auf Messungen an Proben beziehen, deren zugbelastete Oberfläche zuvor einer nach praktischen Erfahrungen höchstmöglichen Schädigung unterworfen waren.

Liegt in Glasoberflächen Druckspannung vor, so sind Oberflächenschäden ohne Bedeutung, weil Risse geschlossen werden. Hierdurch erreicht die Druckfestigkeit von Glas gegenüber der Zugfestigkeit mindestens zehnmal höhere Werte. Druckspannungen können somit zumeist vernachlässigt werden.

2 Zeiteinfluss

Die Zugfestigkeit von Glas nimmt mit der Einwirkungsdauer der Belastung ab, wobei der funktionelle Zusammenhang vom eingrenzenden Medium beeinflusst wird und für verschiedenartige Gläser deutliche Unterschiede zeigen kann (siehe [3]). Der Zeiteinfluss muss insbesondere bei Kurzzeitprüfungen beachtet werden (siehe auch Abschnitte 4 und 6).

Bei pulsierender Belastung kann die zeitliche Festigkeitsabnahme derjenigen bei Dauerbelastung gleichgesetzt werden (siehe [4]).

Die zulässige Druckspannung unterliegt keinem Zeiteinfluss.

3 Temperatureinfluss

Der Einfluss der Temperatur auf die Glasfestigkeit ist zwischen Raumtemperatur und 200 °C vernachlässigbar gering. Im Bereich tiefer Temperaturen (< -150 °C) tritt allgemein eine merkliche Zunahme der Zugfestigkeit ein. Bei Temperaturen über 200 °C bis zur Transformationstemperatur (530 °C) nimmt die Zugfestigkeit ebenfalls zu.

Die Begrenzung der Betriebstemperatur auf ≤ 300 °C (siehe Tafel 1) ist vornehmlich durch die möglichen thermischen Spannungen in den Glasbauteilen begründet.

4 Einfluss der Medien

Ein unter Zugspannung stehendes Glas unterliegt im Kontakt mit wässrigen Medien oder Wasserdampf einer Spannungsrisskorrosion, welche die in Bild 2 dargestellte Zeitabhängigkeit der Zugfestigkeit bewirkt.

Abwesenheit von Wasser (z. B. ausschließlicher Kontakt mit organischen, wasserfreien Medien) führt zu höheren Zugfestigkeiten als den hier angegebenen, die für den ungünstigsten Fall Gültigkeit haben.

5 Druckfestigkeit

Die Probenform und der Zustand der Oberfläche beeinflussen das Ergebnis eines Druckfestigkeitsversuches, für den es bei Glas keine Norm gibt, sehr, denn letztlich wird ein axial über seinen ganzen Querschnitt gedrückter Körper nur durch die beim Druckversuch an seinen Umfang auftretenden Zugspannungen zerstört. (Gemeint ist ein Versuch, der sich vom Zugversuch nur durch das Vorzeichen der Kraft unterscheidet, nicht aber etwa der Eindruckversuch mit einer Kugel in die Oberfläche.) Die hier zur Diskussion stehende Druckspannung liegt also oft tangential zur Oberfläche.

Es ist üblich, als erlaubte Druckspannung das 10fache der Zugspannung anzugeben. Diese Regel basiert auf Versuchen an speziellen Probenformen und liegt auf der sicheren Seite.

6 Faktor für die Zugfestigkeit

Der in Abschnitt 2 beschriebene Zusammenhang zwischen Zugfestigkeit und Belastungsdauer wird durch die Gleichung

$$\sigma_2 = \sigma_1 \left(\frac{t_1}{t_2}\right)^{\frac{1}{n}} = \sigma_1 \cdot f$$

wiedergegeben.

Wenn der Widerstandswert der Spannungsrisskorrosion n für die Glasart bekannt ist, kann mit dieser Gleichung aus der bei der Belastungsdauer t_1 gemessenen Zugfestigkeit σ_1 die Zugfestigkeit σ_2 bei der Belastungsdauer t_2 errechnet werden.

Je größer der Widerstandswert n ist, umso geringer ist die Abnahme der Zugfestigkeit.

Für Borosilicatglas 3.3 im Kontakt mit Wasser ist experimentell $n = 28$ ermittelt worden (siehe [3]).

---

[5]) „Idealelastisch" beschreibt einen Werkstoff, bei dem ein linearer Zusammenhang zwischen Belastung und Verformung bis zum Bruch vorliegt, d. h. der Werkstoff verfügt nicht über die Fähigkeit, z. B. eines zähen Stahls, Beanspruchungen durch plastische Verformung abzubauen.

ICS 23.020.30 Ausgabe Oktober 2000

Druckbehälter aus nichtmetallischen Werkstoffen	Beurteilung von Fehlern in Wandungen von Druckbehältern aus Glas	AD 2000-Merkblatt N 4 Anlage 1

Die AD 2000-Merkblätter werden von den in der „Arbeitsgemeinschaft Druckbehälter" (AD) zusammenarbeitenden, nachstehend genannten sieben Verbänden aufgestellt. Aufbau und Anwendung des AD 2000-Regelwerkes sowie die Verfahrensrichtlinien regelt das AD 2000-Merkblatt G1.

Die AD 2000-Merkblätter enthalten sicherheitstechnische Anforderungen, die für normale Betriebsverhältnisse zu stellen sind. Sind über das normale Maß hinausgehende Beanspruchungen beim Betrieb der Druckbehälter zu erwarten, so ist diesen durch Erfüllung besonderer Anforderungen Rechnung zu tragen.

Wird von den Forderungen dieses AD 2000-Merkblattes abgewichen, muss nachweisbar sein, dass der sicherheitstechnische Maßstab dieses Regelwerkes auf andere Weise eingehalten ist, z.B. durch Werkstoffprüfungen, Versuche, Spannungsanalyse, Betriebserfahrungen.

  Fachverband Dampfkessel-, Behälter- und Rohrleitungsbau e.V. (FDBR), Düsseldorf
  Hauptverband der gewerblichen Berufsgenossenschaften e.V., Sankt Augustin
  Verband der Chemischen Industrie e.V. (VCI), Frankfurt/Main
  Verband Deutscher Maschinen- und Anlagenbau e.V. (VDMA), Fachgemeinschaft Verfahrenstechnische Maschinen und Apparate, Frankfurt/Main
  Verein Deutscher Eisenhüttenleute (VDEh), Düsseldorf
  VGB PowerTech e.V., Essen
  Verband der Technischen Überwachungs-Vereine e.V. (VdTÜV), Essen

Die AD 2000-Merkblätter werden durch die Verbände laufend dem Fortschritt der Technik angepasst. Anregungen hierzu sind zu richten an den Herausgeber:

  Verband der Technischen Überwachungs-Vereine e.V., Postfach 10 38 34, 45038 Essen.

Inhalt

0 Präambel
1 Geltungsbereich
2 Allgemeines
3 Prüfung
4 Fehlerarten und Fehlerbeurteilung
5 Schrifttum

0 Präambel

Zur Erfüllung der grundlegenden Sicherheitsanforderungen der Druckgeräte-Richtlinie kann das AD 2000-Regelwerk angewandt werden, vornehmlich für die Konformitätsbewertung nach den Modulen „G" und „B + F".

Das AD 2000-Regelwerk folgt einem in sich geschlossenen Auslegungskonzept. Die Anwendung anderer technischer Regeln nach dem Stand der Technik zur Lösung von Teilproblemen setzt die Beachtung des Gesamtkonzeptes voraus.

Bei anderen Modulen der Druckgeräte-Richtlinie oder für andere Rechtsgebiete kann das AD 2000-Regelwerk sinngemäß angewandt werden. Die Prüfzuständigkeit richtet sich nach den Vorgaben des jeweiligen Rechtsgebietes.

1 Geltungsbereich

Dieses AD 2000-Merkblatt gilt für die visuelle Prüfung der Wandungen von Druckbehältern aus Glas auf Fehler und setzt Maßstäbe für die Beurteilung von Fehlern, die die Festigkeit erheblich beeinträchtigen.

2 Allgemeines

2.1 Fehler in der Glaswandung können bei der Herstellung des Glasrohlings, bei dessen Weiterverarbeitung zum Fertigprodukt oder bei der Handhabung und Verwendung entstehen.

2.2 Behälter aus Glas, deren Wandungen Fehler aufweisen, die die Festigkeit erheblich beeinträchtigen, dürfen nicht als Druckbehälter verwendet werden.

3 Prüfung

Die visuelle Prüfung der Wandungen auf Fehler erfolgt normalerweise ohne Hilfsmittel, in Zweifelsfällen mittels einer Lupe.

4 Fehlerarten und Fehlerbeurteilung

4.1 Steine

4.1.1 Beschreibung

Steine sind undurchsichtige Einschlüsse im erstarrten Glas. Die Steine können sowohl ungelöste Bestandteile des Glasgemenges als auch Fremdkörper, z. B. Teilchen der feuerfesten Auskleidung des Ofens, oder auskristallisierte Glasbestandteile sein.

4.1.2 Beurteilung

Steine, die im Bereich der Glasoberfläche liegen, diese also deformieren oder unterbrechen und somit fühlbar sind, sind nicht zulässig.

Steine, von denen Risse in das umgebende Glas laufen, sind ebenfalls nicht zulässig.

Steine im Inneren der Glaswand sind zulässig,
- wenn deren Durchmesser nicht mehr als die Hälfte der Wanddicke einnimmt, jedoch 4 mm nicht überschreitet,
- wenn deren Abstand voneinander mindestens das Zehnfache des Durchmessers des kleineren Steines beträgt.

4.2 Blasen

4.2.1 Beschreibung

Blasen sind Gaseinschlüsse. Sie können geschlossen oder offen sein. Offene Blasen haben sich zur Glaswandoberfläche hin geöffnet oder liegen so dicht unter der Oberfläche, dass sie leicht eindrückbar sind.

4.2.2 Beurteilung

Offene scharfkantige oder leicht eindrückbare Blasen sind nicht zulässig.
Geschlossene Blasen sind zulässig, wenn die Hälfte der Summe aus Breite und Länge der Blase nicht mehr als 13 mm beträgt und ihre Dicke kleiner als die halbe Wanddicke ist, jedoch 4 mm nicht überschreitet.

4.3 Knoten

4.3.1 Beschreibung

Knoten sind rundlich abgeschlossene Inhomogenitäten im Glas. Sie besitzen einen anderen Brechungsindex und sind daher sichtbar.

4.3.2 Beurteilung

Knoten, von denen Risse in das umgebende Glas laufen, sind nicht zulässig.

4.4 Schlieren

4.4.1 Beschreibung

Schlieren sind faden- oder strangförmige, vorwiegend in Wirbeln verlaufende Inhomogenitäten im Glas. Sie besitzen einen anderen Brechungsindex als das Glas in der Behälterwand und sind daher sichtbar.

4.4.2 Beurteilung

Schlieren, von denen Risse in das umgebende Glas laufen, sind nicht zulässig.

4.5 Risse

4.5.1 Beschreibung

Risse sind die Wanddicke ganz oder teilweise durchdringende Trennungen des Glaskörpers.

4.5.2 Beurteilung

Risse sind nicht zulässig.

4.6 Kratzer

4.6.1 Beschreibung

Kratzer sind linienförmige, rauhe Beschädigungen der Glasoberfläche, die in der Regel matt erscheinen.

4.6.2 Beurteilung

Deutlich fühlbare Kratzer und solche mit Rissbildung sind nicht zulässig.

4.7 Anschläge

4.7.1 Beschreibung

Anschläge sind Absplitterungen aus der Glasoberfläche infolge von Stoß- oder Schlageinwirkung.

4.7.2 Beurteilung

Anschläge sind nicht zulässig.

5 Schrifttum

Jebsen-Marwedel, H., und *R. Brückner:* Glastechnische Fabrikationsfehler. Springer-Verlag.

ICS 23.020.30
Ausgabe Februar 2005

Sonderfälle	Vereinfachte Berechnung auf Wechselbeanspruchung	AD 2000-Merkblatt S 1

Die AD 2000-Merkblätter werden von den in der „Arbeitsgemeinschaft Druckbehälter" (AD) zusammenarbeitenden, nachstehend genannten sieben Verbänden aufgestellt. Aufbau und Anwendung des AD 2000-Regelwerkes sowie die Verfahrensrichtlinien regelt das AD 2000-Merkblatt G1.

Die AD 2000-Merkblätter enthalten sicherheitstechnische Anforderungen, die für normale Betriebsverhältnisse zu stellen sind. Sind über das normale Maß hinausgehende Beanspruchungen beim Betrieb der Druckbehälter zu erwarten, so ist diesen durch Erfüllung besonderer Anforderungen Rechnung zu tragen.

Wird von den Forderungen dieses AD 2000-Merkblattes abgewichen, muss nachweisbar sein, dass der sicherheitstechnische Maßstab dieses Regelwerkes auf andere Weise eingehalten ist, z. B. durch Werkstoffprüfungen, Versuche, Spannungsanalyse, Betriebserfahrungen.

Fachverband Dampfkessel-, Behälter- und Rohrleitungsbau e.V. (FDBR), Düsseldorf
Hauptverband der gewerblichen Berufsgenossenschaften e.V., Sankt Augustin
Verband der Chemischen Industrie e.V. (VCI), Frankfurt/Main
Verband Deutscher Maschinen- und Anlagenbau e.V. (VDMA), Fachgemeinschaft Verfahrenstechnische Maschinen und Apparate, Frankfurt/Main
Stahlinstitut VDEh, Düsseldorf
VGB PowerTech e.V., Essen
Verband der Technischen Überwachungs-Vereine e.V. (VdTÜV), Berlin

Die AD 2000-Merkblätter werden durch die Verbände laufend dem Fortschritt der Technik angepasst. Anregungen hierzu sind zu richten an den Herausgeber:

Verband der Technischen Überwachungs-Vereine e.V., Postfach 10 38 34, 45038 Essen.

Inhalt

0 Präambel
1 Geltungsbereich
2 Allgemeines
3 Formelzeichen und Einheiten
4 Ermittlung der zulässigen Lastspielzahl
5 Konstruktion
6 Herstellung
7 Prüfung
8 Berücksichtigung besonderer Betriebsbedingungen

9 Maßnahmen bei Erreichen der rechnerischen Lebensdauer
10 Zusätzliche Angaben

Anhang 1: Erläuterungen zum AD 2000-Merkblatt S 1
Anhang 2: Berechnungsbeispiel
Anhang 3: Vereinfachte Berechnung auf Wechselbeanspruchung für Gusseisen mit Kugelgraphit

0 Präambel

Zur Erfüllung der grundlegenden Sicherheitsanforderungen der Druckgeräte-Richtlinie kann das AD 2000-Regelwerk angewandt werden, namentlich zur Durchführung der Konformitätsbewertung nach den Modulen „G" und „B + F".

Das AD 2000-Regelwerk folgt einem in sich geschlossenen Auslegungskonzept. Die Anwendung anderer technischer Regeln nach dem Stand der Technik zur Lösung von Teilproblemen setzt die Beachtung des Gesamtkonzeptes voraus.

Bei anderen Modulen der Druckgeräte-Richtlinie oder für andere Rechtsgebiete kann das AD 2000-Regelwerk sinngemäß angewandt werden. Die Prüfzuständigkeit richtet sich nach den Vorgaben des jeweiligen Rechtsgebietes.

1 Geltungsbereich

1.1 Die nachstehenden Regeln einer vereinfachten Berechnung auf Wechselbeanspruchung[1] gelten für drucktragende Teile von Druckbehältern aus

– ferritischen und austenitischen Walz- und Schmiedestählen,
– Gusseisensorten mit Kugelgraphit nach Anhang 3,

die nach den AD 2000-Merkblättern der Reihe W und HP hergestellt und geprüft werden.

1.2 Die Berechnung gilt nur für Bauteile, die auf der Grundlage zeitunabhängiger Festigkeitskennwerte dimen-

---
[1] Hierbei ist der Begriff „Wechselbeanspruchung" umfassend im Sinne der zeitlichen Veränderung einer Beanspruchung unabhängig von Größe und Vorzeichen des Mittelwertes gemeint.

Ersatz für Ausgabe Oktober 2004; | = Änderungen gegenüber der vorangehenden Ausgabe

Die AD 2000-Merkblätter sind urheberrechtlich geschützt. Die Nutzungsrechte, insbesondere die der Übersetzung, des Nachdrucks, der Entnahme von Abbildungen, die Wiedergabe auf fotomechanischem Wege und die Speicherung in Datenverarbeitungsanlagen, bleiben, auch bei auszugsweiser Verwertung, dem Urheber vorbehalten.

sioniert sind (siehe AD 2000-Merkblatt B 0 Abschnitt 6.2 und 6.3) und die nur durch Druckschwankungen wechselbeansprucht werden. Zusätzliche Wechselbeanspruchungen, z. B. durch schnelle Temperaturänderungen im Betrieb oder durch äußere Kräfte und Momente, sind im Rahmen der Berechnung nach AD 2000-Merkblatt S 2 zu beurteilen.

1.3 Eine Berechnung auf Wechselbeanspruchung ist nur als Lebensdauerabschätzung zur sinnvollen Festlegung von Prüffristen zu werten, um damit eventuell auftretende Ermüdungsanrisse rechtzeitig zu erkennen.

Die ertragbaren Lastspielzahlen können unter Berücksichtigung des Streufeldes der Ermüdungsfestigkeitswerte des Werkstoffes und bei günstigeren Randbedingungen für Konstruktion, Herstellung und Belastung als bei der Entwurfsprüfung zugrunde gelegt ein Vielfaches der rechnerischen Lastspielzahlen erreichen.

1.4 Wenn die nachfolgenden zwei Bedingungen erfüllt sind, braucht AD 2000-Merkblatt S 1 nicht angewendet zu werden.

a) Die Anzahl der Lastspiele mit Druckschwankungen zwischen dem drucklosen Zustand und dem maximal zulässigen Druck p (An- und Abfahrten) beträgt $N \leq 1000$ und

b) die Schwingbreite $(\hat{p} - \check{p})$ beliebig vieler Druckschwankungen überschreitet nicht 10 % von p.

Der Grenzwert der Druckschwankungsbreite $(\hat{p} - \check{p})$ von 10 % kann auf 20 % von p angehoben werden, wenn folgende zusätzliche Bedingungen erfüllt sind:

– Anzahl der Lastspiele mit Druckschwankungen zwischen dem drucklosen Zustand und dem maximal zulässigen Druck p (An- und Abfahrten) $N \leq 1000$,
– Stähle mit in den Normen festgelegten Streckgrenzen bei 20 °C von ≤ 300 N/mm^2,
– Wanddicken bis zu 25 mm,
– maßgebende Berechnungstemperatur $T^* \leq 200$ °C,
– Bauformen entsprechend einem Spannungsfaktor $\eta \leq 3$ nach Tafel 3 dieses AD 2000-Merkblattes.

1.5 Im Hinblick auf eine vorgesehene Gebrauchsdauer von 20 Jahren (365 Betriebstage) braucht AD 2000-Merkblatt S 1 ebenfalls nicht angewendet zu werden, wenn die folgenden Bedingungen erfüllt sind:

– Die auf den Druck p bezogene Druckschwankungsbreite $\left(\dfrac{\hat{p} - \check{p}}{p}\right)$ überschreitet nicht die Werte nach Bild 2,
– Stähle mit in den Normen festgelegten Streckgrenzen bei 20 °C von ≤ 355 N/mm^2.

Die Kurven in Bild 2 gelten für

– $N \leq 1000$ Lastspiele mit Druckschwankungen zwischen dem drucklosen Zustand und dem maximal zulässigen Druck (An- und Abfahrten),
– Wanddicken bis zu 25 mm,
– maßgebende Berechnungstemperatur $T^* \leq 200$ °C,
– Schweißverbindungen der Nahtklasse K 2 und Bauformen entsprechend einem Spannungsfaktor $\eta \leq 3$ nach Tafel 3.

Bei Kehlnähten an Stutzenanschlüssen fallen nur $^4/_5$ der bezogenen Druckschwankungsbreiten nach Bild 2 aus dem Geltungsbereich.

Bei mehr als 1000 An- und Abfahrten sind die Druckschwankungsbreiten in Bild 2 nach $\left(\dfrac{\hat{p} - \check{p}}{p}\right) \cdot F_p$ mit F_p nach Bild 3 zu reduzieren.

1.6 Anstelle des maximal zulässigen Druckes p können die Druckschwankungsbreiten $(\hat{p} - \check{p})$ auch auf den Berechnungsdruck p_r (fiktiver Druck) bezogen werden.

1.7 Überschreitet die Zahl der zu erwartenden betrieblichen Druckschwankungen die nach diesem AD 2000-Merkblatt errechnete zulässige Lastspielzahl, ist eine Konstruktionsänderung oder eine auf die Bedingungen der Wechselbeanspruchung abgestimmte detailliertere Berechnung nach AD 2000-Merkblatt S 2 erforderlich.

1.8 Das AD 2000-Merkblatt setzt voraus, dass keine schwingfestigkeitsabmindernden Einflüsse durch das Medium vorliegen (siehe Abschnitt 8).

1.9 Bei tiefen zulässigen Temperaturen in den Anwendungsgrenzen der Beanspruchungsfälle II und III nach AD 2000-Merkblatt W 10 ist eine Reduzierung der zulässigen Lastspielzahlen nicht erforderlich.

2 Allgemeines

2.1 Dieses AD 2000-Merkblatt ist nur im Zusammenhang mit AD 2000-Merkblatt B 0 anzuwenden.

2.2 Als Kriterium für das Versagen durch Wechselbeanspruchung gilt der technische Anriss[2]).

2.3 Als Maß für die Wechselbeanspruchung gilt in diesem AD 2000-Merkblatt die Schwankungsbreite (doppelter Schwingungsausschlag), die aus der Einwirkung des sich wiederholt ändernden Druckes entsteht (siehe Bild 1).

2.4 Die nach dem AD 2000-Merkblatt S 1 errechnete zulässige Lastspielzahl wird durch die Dimensionierung und Gestaltung des Druckbehälters beeinflusst. Bei häufigen Lastspielen mit großer Wechselbeanspruchung werden zur Beurteilung entsprechender Änderungsmaßnahmen jedoch Berechnungen nach AD 2000-Merkblatt S 2 zweckmäßig sein. In der Regel ergibt sich hiernach eine größere zulässige Lastspielzahl als bei der Berechnung nach AD 2000-Merkblatt S 1.

2.5 Von besonderer Bedeutung sind Schwankungen zwischen dem drucklosen Zustand und dem maximal zulässigen Druck p (An- und Abfahrten). Die Druckschwankungen können aber auch mit geringer Schwankungsbreite dem Betriebsüberdruck überlagern (z. B. in Puffergefäßen oder Speicherbehältern) oder mit unterschiedlicher Schwankungsbreite im Bereich zwischen 0 und p in unregelmäßiger Folge und mit unterschiedlicher Häufigkeit auftreten (Betriebslastkollektiv). Bei Beanspruchung durch äußeren Überdruck ist sinngemäß folgendermaßen vorzugehen: Bei Druckschwankungen zwischen Über- und Unterdruck in einem Druckraum ist zur Bestimmung der Druckschwankungsbreite die Summe der Beträge von Über- und Unterdruck in Rechnung zu setzen.

Treten in einem Druckraum nacheinander verschiedene Innen- und Außendruckwechselbelastungen auf, sind die Beanspruchungsfälle getrennt zu betrachten und über eine Lastkollektivrechnung zu bewerten.

Beim gleichzeitigen Auftreten von Innen- und Außendruckwechselbelastungen an einer drucktragenden Wand (z. B. bei zwei Druckräumen) sind die jeweiligen Druckzeitverläufe zu überlagern und die sich ergebenden Druckschwankungen unterschiedlicher Breite und Häufigkeit über eine Lastkollektivrechnung zu bewerten.

2.6 Die Zahl und die Höhe der Druckschwankungen, die ein Druckbehälter während seiner voraussichtlichen Lebensdauer ohne Schädigung der drucktragenden Teile er-

---

[2]) Als technischer Anriss gilt eine rissartige Werkstofftrennung, die mit optischen Hilfsmitteln oder zerstörungsfreien Prüfverfahren erkennbar ist.

tragen kann, sind von einer Vielzahl verschiedenartiger Einflüsse abhängig, z. B.:
- Konstruktion,
  z. B. gestaltungstechnische Bauteilausführung im Hinblick auf Vermeidung hoher Spannungsspitzen;
- Herstellung,
  z. B. Vermeidung schädlicher Eigenspannungen und Schweißnahtimperfektionen;
- Werkstoff,
  weichere Stähle z. B. sind in der Regel weniger kerbempfindlich als härtere Stähle. Bei den kerbempfindlichen Stählen ist zu beachten, dass die Wahrscheinlichkeit eines Versagens im Falle unbemerkter Herstellungsfehler oder ungünstiger Betriebsbedingungen größer ist. Die Festigkeit des Schweißgutes sollte gleich oder nur wenig höher als die des Grundwerkstoffes sein;
- Oberflächenbeschaffenheit,
  Gestaltung mit geringer Oberflächenrauheit (mechanische Bearbeitung, Beschleifen der Schweißnähte) bei hohen Lebensdaueranforderungen;
- Wanddicke,
  zunehmende Wanddicke wirkt sich bei gleicher Spannungsschwingbreite wegen des Größeneinflusses lebensdauermindernd aus;
- Temperatur,
  höhere Temperaturen setzen die Wechselfestigkeit der Werkstoffe und damit die Bauteillebensdauer herab.

2.7 Während des Betriebes auftretende Korrosion kann insbesondere bei kerbempfindlichen Werkstoffen die Zahl der ertragbaren Lastspiele herabsetzen. Betriebliche Maßnahmen (siehe Abschnitt 8.1) und Prüfungen während der Betriebszeit (siehe Abschnitt 7.3) sind hier von besonderer Bedeutung. Soweit sich eine Deckschicht bildet, ist bei der Dimensionierung und der Gestaltung darauf Rücksicht zu nehmen, dass ein Aufreißen der Deckschicht verhindert wird.

2.8 Für die Berechnung wird als maßgebliche Temperatur während eines betrachteten Lastzyklus (siehe Bild 1) definiert:

$$T^* = 0{,}75 \cdot \hat{T} + 0{,}25 \cdot \check{T} \qquad (1)$$

Alle temperaturbedingten Größen sind auf diese maßgebende Temperatur T^* des betreffenden Lastzyklus zu beziehen.

2.9 Zur Bestimmung der zulässigen Lastspielzahl für den ganzen Behälter sind die Berechnungen nach Abschnitt 4 für die verschiedenen Teilbereiche des Behälters durchzuführen. Der Kleinstwert ist für den Behälter maßgebend.

3 Formelzeichen und Einheiten

Über die Festlegungen des AD 2000-Merkblatt B 0 hinaus und abweichend davon gilt:

f_{T^*}	Temperatureinflussfaktor	–
f_N	Lastspielzahlabminderungsfaktor für Nahtklassen	–
f_L	Lastspielzahlerhöhungsfaktor bei Druckschwankungen $(\hat{p} - \check{p}) < p_r$	–
k	Anzahl der Intervalle unterschiedlicher Druckschwankungsbreite, die zusammen das Lastkollektiv bilden	–
p_r	Druck, der sich für den ganzen Behälter oder auch als fiktiver Druck nur für Teilgebiete bei voller Ausnutzung der Berechnungsspannung K_{20}/S und der vorgesehenen Bemessung nach den AD 2000-Merkblättern der Reihe B errechnet (unter Umständen sind die Formeln nach p aufzulösen)	in bar
$(\hat{p} - \check{p})$	Druckschwankungsbreite (doppelter Schwingungsausschlag; siehe auch Bild 1)	in bar
F_d	Korrekturfaktor zur Berücksichtigung des Wanddickeneinflusses	–
N	hier: Betriebslastspielzahl	–
N_{zul}	hier: Zulässige Lastspielzahl bei Druckschwankungsbreiten $(\hat{p} - \check{p})$	–
N_{100}	Zulässige Lastspielzahl bei Druckschwankungsbreiten $(p_r - 0)$ bei Temperaturen $T^* \leq 100\ °C$	–
T^*	maßgebende Berechnungstemperatur während eines Lastzyklus	in °C
$2\sigma_a^*$	fiktive pseudoelastische Spannungsschwingbreite	in N/mm²
$2\sigma_{aD}$	fiktive Dauerfestigkeitswerte	in N/mm²
η	Spannungsfaktor	

Kopfzeiger $^\wedge$ = Maximalwert, z.B. $\hat{p}$
Kopfzeiger $^\vee$ = Minimalwert, z.B. $\check{p}$
Fußzeiger k = Zahlenindex, z.B. N_k

4 Ermittlung der zulässigen Lastspielzahl

4.1 Zur Bestimmung der zulässigen Lastspielzahl ist zunächst die fiktive pseudoelastische Spannungsschwingbreite $2\sigma_a^*$ nach

$$2\sigma_a^* = \frac{\eta}{F_d \cdot f_{T^*}} \cdot \frac{(\hat{p} - \check{p})}{p_r} \cdot \frac{K_{20}}{S} \qquad (2)$$

zu berechnen.

4.1.1 Hierbei ist der fiktive Druck p_r als zulässiger Druck bei voller Auslastung der Berechnungsspannung K_{20}/S für eine betrachtete Stelle eines Druckbehälters aus den Bemessungsformeln für die AD 2000-Merkblätter der Reihe B zu ermitteln. Dazu müssen unter Umständen diese Bemessungsformeln nach p aufgelöst werden.
Hierbei brauchen Minus-Toleranzen (c_1) nicht und Abnutzungszuschläge (c_2) nur zu 50 % berücksichtigt zu werden. Bei Außendruckbeanspruchung an einer drucktragenden Wand kann der fiktive Druck p_r aus den Bemessungsformeln für die Berechnung gegen plastisches Verformen nach AD 2000-Merkblatt B 6 bestimmt werden.

4.1.2 Die Spannungsfaktoren η sind abhängig von der Bauteilgeometrie aus Tafel 3 zu entnehmen[3)][4)]. Dabei handelt es sich um die oberen Grenzwerte der abmessungsabhängigen Spannungsfaktoren innerhalb der praktisch auftretenden Abmessungsverhältnisse.
Werden niedrigere Spannungsfaktoren η gewählt, sind diese nachzuweisen.

4.1.3 Zur Berücksichtigung des wechselfestigkeitsabmindernden Einflusses der Bauteilgröße ist bei Wanddicken $s_e > 25$ mm ein Korrekturfaktor F_d nach

$$F_d = \left(\frac{25}{s_e}\right)^{0{,}25} \qquad (3)$$

oder aus Bild 4 in Rechnung zu setzen, wobei für Wanddicken $s_e \geq 150$ mm der Korrekturfaktor auf $F_d = 0{,}64$ be-

---
[3)] Siehe Anhang 1
[4)] Siehe auch Abschnitt 5.2

grenzt ist. Bei Schmiedestücken ist hierbei die Wanddicke des maßgeblichen Wärmebehandlungsdurchmessers nach DIN 17 243 einzusetzen.

4.1.4 Bei Lastzyklustemperaturen $T^* > 100\ °C$ bis zu Temperaturen zeitunabhängiger Festigkeitskennwerte ist ein Temperatureinflussfaktor f_{T^*} zu berücksichtigen. Der Korrekturfaktor f_{T^*} ist für ferritischen Werkstoff nach

$$f_{T^*} = 1{,}03 - 1{,}5 \cdot 10^{-4} \cdot T^* - 1{,}5 \cdot 10^{-6} \cdot T^{*2} \qquad (4)$$

und für austenitischen Werkstoff nach

$$f_{T^*} = 1{,}043 - 4{,}3 \cdot 10^{-4} \cdot T^* \qquad (5)$$

zu bestimmen oder Bild 5 zu entnehmen.

4.2 Die zulässige Lastspielzahl ist im Geltungsbereich $10^3 \leq N \leq 2 \cdot 10^6$ in Abhängigkeit von der Spannungsschwingbreite $2\sigma_a^*$ nach Abschnitt 4.1 aus

$$N_{zul} = \left(\frac{B}{2\sigma_a^*}\right)^m \qquad (6)$$

mit m = 3 für Schweißverbindungen und m = 3,5 für ungeschweißte Bauteilbereiche mit Walzhautoberfläche zu berechnen oder aus Bild 6 zu entnehmen. Hierbei sind die Kerbwirkungen durch Schweißnähte bzw. Oberflächenrauheit sowie der größtmögliche Einfluss von Schweißeigenspannungen oder Mittelspannungen aus Betriebsüberdruck bereits berücksichtigt.

4.2.1 Die Werte der Berechnungskonstanten B sind Tafel 1 zu entnehmen. Dabei gilt die Klasse K 0 für ungeschweißte Bauteilbereiche. Die übrigen Klassen beziehen sich auf Schweißverbindungen, die in Tafel 3 hinsichtlich ihrer Kerbwirkung den Klassen K 1, K 2, K 3 zugeordnet sind.

Tafel 1. Berechnungskonstanten B

Klasse	B [N/mm²] $10^3 \leq N \leq 2 \cdot 10^6$
K 0	7890
K 1	7940
K 2	6300
K 3	5040

4.2.2 Die fiktive Dauerfestigkeit ist bei $N = 2 \cdot 10^6$ festgelegt. Bei Spannungsschwingbreiten $2\sigma_a^*$ unterhalb der Werte $2\sigma_{aD}$ nach Tafel 2 wird Dauerfestigkeit unterstellt.

Tafel 2. Dauerfestigkeitswerte $2\sigma_{aD}$

Klasse	$2\sigma_{aD}$ [N/mm²] $N \geq 2 \cdot 10^6$
K 0	125
K 1	63
K 2	50
K 3	40

4.3 Für den Sonderfall geschweißter Druckbehälter mit Bauformen entsprechend einem Spannungsfaktor $\eta \leq 3{,}0$, bei Temperatur $T^* \leq 100\ °C$, Wanddicken $s_e \leq 25$ mm und Druckschwankungen zwischen 0 und p_r können die zulässigen Lastspielzahlen im Bereich $1000 \leq N_{zul} \leq 2 \cdot 10^6$ nach

$$N_{zul} = N_{100} \cdot f_N \cdot f_L \qquad (7)$$

mit

$$N_{100} = \frac{1{,}854 \cdot 10^{10}}{(K_{20}/S)^3} \qquad (8)$$

$$f_L = \left(\frac{p_r}{\hat{p} - \check{p}}\right)^3 \qquad (9)$$

und

$$f_N = \left\{\begin{array}{ll} 1{,}0 & \text{für K 1} \\ 0{,}5 & \text{für K 2} \\ 0{,}25 & \text{für K 3} \end{array}\right\} \qquad (10)$$

ermittelt werden.

Die Werte N_{100} und f_L können auch aus Bild 7 und Bild 8 entnommen werden.

Die dauerfest ertragbare, auf p_r bezogene Druckschwankungsbreite für diese Behälter ist aus Bild 9 in Abhängigkeit von K_{20}/S zu entnehmen.

Die Kurven sind durch die Gleichung

$$\frac{(\hat{p} - \check{p})_D}{p_r} = \frac{2\sigma_{aD}}{3 \cdot K_{20}/S} \qquad (11)$$

mit $2\sigma_{aD}$ aus Tafel 2 beschrieben.

4.4 Treten Druckschwankungen unterschiedlicher Breite und verschiedener Häufigkeit auf (Betriebslastkollektiv), ist die zulässige Lebensdauer nach der linearen Schädigungsakkumulationshypothese zu bestimmen.

$$\sum_k \frac{N_k}{N_{zkul}} = \left(\frac{N_1}{N_{zul1}} + \frac{N_2}{N_{zul2}} + \ldots \frac{N_k}{N_{zulk}}\right) \leq 1{,}0 \qquad (12)$$

4.4.1 Hierin sind $N_1, N_2 \ldots N_k$ die im Betrieb zu erwartenden Lastspielzahlen, wobei jeweils die Lastzyklen zusammengefasst werden, die die gleiche Druckschwankungsbreite $(\hat{p} - \check{p})$ aufweisen. Die zugehörigen zulässigen Lastspielzahlen $N_{zul\,1}, N_{zul\,2} \ldots N_{zul\,k}$ sind dann mit der jeweiligen Spannungsschwingbreite $2\sigma_a^*$ nach Formel (2) aus den entsprechenden Lastspielzahlkurven nach Bild 6 zu entnehmen oder nach Formel (6) zu berechnen.

4.4.2 Bewirkt ein Betriebslastkollektiv Spannungsschwingbreiten $2\sigma_a^*$, die kleiner sind als die in Tafel 2 für $N \geq 2 \cdot 10^6$ angegebenen Dauerfestigkeitswerte $2\sigma_{aD}$, so sind die zugehörigen zulässigen Lastspielzahlen $N_{zul} = 2 \cdot 10^6$ zu setzen. Die Schädigungsanteile von Kollektivstufen, deren Spannungsschwingbreite $2\sigma_a^*$ kleiner als 50 % der $2\sigma_{aD}$-Werte beträgt, können hierbei vernachlässigt werden.

5 Konstruktion

5.1 Die Lebensdauer von wechselbeanspruchten Bauteilen ist wesentlich von der Dimensionierung und konstruktiven Gestaltung abhängig. Hierbei ist besonders darauf zu achten, dass Konstruktionen mit hoher Spannungsbzw. Dehnungskonzentration vermieden werden, z. B. durch Vermeidung schroffer Querschnittsübergänge. Eine Bewertung von im Druckbehälterbau üblichen Schweißnahtausführungen ist in der Tafel 3 gegeben. Bei hohen Anforderungen an die Lebensdauer sind die Schweißnahtgestaltungen der Klasse K 1 zu empfehlen. Ggf. sind höhere Anforderungen an die Gestaltung als nach AD 2000-Merkblatt HP 1 zu stellen (vgl. Spannungsfaktoren η in Tafel 3). Durch geeignete Gestaltung ist die Möglichkeit der Prüfung nach Abschnitt 7 zu schaffen.

5.2 Zur Lebensdauerbeurteilung von Gestaltungen, die in Tafel 3 nicht enthalten sind, ist der zu erwartende η-Wert nach entsprechenden Abschätzungen über die Strukturspannungs-Formzahl (siehe AD 2000-Merkblatt S 2 Abschnitt 4) festzulegen. In diesen Fällen ist jedoch eine detaillierte Berechnung nach AD 2000-Merkblatt S 2 zweckmäßig. Dies trifft in der Regel z. B. bei Knaggenschlüssen und Klammerverbindungen zu.

5.3 Die Lebensdauer kann im Rahmen der Konstruktionsbewertung nach Tafel 3 beispielhaft durch folgende konstruktive Maßnahmen erhöht werden:
(1) Halbkugel- oder Korbbogenboden anstelle Klöpperboden;
(2) kegelförmiger Mantel mit Krempe anstelle Kegel mit Eckstoß;
(3) Vermeidung von schrägen Stutzen und aufgesetzten scheibenförmigen Verstärkungen;
(4) Rohrplatten, Flansche und dergleichen mit konischem Ansatz zum Behältermantel;
(5) Vermeidung von eckigen Ausschnitten.

Überdimensionierung für vorwiegend ruhende Beanspruchung führt ebenfalls zu größeren zulässigen Lastspielzahlen. Ebenso kann bei Anwendung von AD 2000-Merkblatt S 2 in der Regel eine größere Lastspielzahl zugelassen werden (siehe Anhang 2 dieses AD 2000-Merkblattes).

6 Herstellung

Für die Herstellung gelten die AD 2000-Merkblätter der Reihe HP. Zusätzlich ist bei Behältern, die nach diesem AD 2000-Merkblatt berechnet werden, Nachfolgendes zu beachten:

6.1 Bei Wechselbeanspruchung wirken sich bei der Fertigung entstandene Fehler ungünstiger aus als bei ruhender Beanspruchung. Durch Kerbstellen oder ungünstige Eigenspannungen kann die Lebensdauer von Bauteilen beträchtlich vermindert werden.

6.2 Für die Bauteile sind an die Schweißnahtausbildung besondere Anforderungen zu stellen. Bewertungsgruppe B nach EN 25817 ist einzuhalten. Hinsichtlich der Wärmeführung beim Schweißen und der Schweißfolge ist den Schweißeigenspannungen eine besondere Bedeutung zuzumessen. Sämtliche Wärmebehandlungen sind dem Werkstoff und der Wanddicke entsprechend ordnungsgemäß auszuführen.

Glühtemperaturen, Haltezeit und Abkühlbedingungen sind möglichst so festzulegen, dass große Dehnung und Kerbschlagzähigkeit gewährleistet sind. In vielen Fällen werden sich dabei Streckgrenze und Zugfestigkeit an der unteren Grenze der zulässigen Spanne einstellen. Das Spannungsarmglühen ist so durchzuführen, dass die Eigenspannungen auf ein niedriges Niveau abgebaut werden und die oben genannten Werkstoffeigenschaften erhalten bleiben (siehe die entsprechenden Normen und Werkstoffblätter).

Stempelungen dürfen nicht an Stellen erhöhter Beanspruchung angebracht werden.

7 Prüfung

Für die Prüfung vor, während und nach der Herstellung sind zusätzlich zu den AD 2000-Merkblättern der Reihe HP die folgenden Abschnitte zu beachten:

7.1 Entwurfsprüfung

Im Rahmen der Entwurfsprüfung nach AD 2000-Merkblatt HP 511 sind von der zuständigen unabhängigen Stelle in den Hinblick auf die Wechselbeanspruchung bei den Prüfungen nach Abschnitt 7.2 und 7.3 besonders zu prüfenden Stellen festzulegen.

7.2 Prüfungen während der Fertigung und Schlussprüfung

7.2.1 Bei der Prüfung während der Fertigung vom Hersteller oder im Rahmen der Schlussprüfung von der zuständigen unabhängigen Stelle durchführende Prüfungen muss sichergestellt werden, dass in dem Druckbehälter oder dem Druckbehälterteil keine Fehler vorhanden sind, die sich bei wechselnder Beanspruchung schnell vergrößern und zu einem Versagen der drucktragenden Teile vor Erreichen der zulässigen Lastspielzahl führen könnten (vgl. AD 2000-Merkblatt HP 5/1).

7.2.2 Für die zerstörungsfreie Prüfung sind die Regelungen des AD 2000-Merkblattes HP 5/3 in Verbindung mit Übersichtstafel zu HP 0 zu beachten. Ist es hiernach freigestellt, ob nach dem Durchstrahlungsverfahren oder dem US-Verfahren geprüft wird, so ist der US-Prüfung in der Regel der Vorzug zu geben. Im Betrieb hochbeanspruchte Stellen, wie z. B. Stutzeneinschweißungen, Lochränder oder Querschnittsübergänge, sind möglichst vollständig zerstörungsfrei zu prüfen. Die Besichtigung auf Oberflächenfehler und äußerlich sichtbare Schweißfehler ist mit der entsprechenden Sorgfalt vorzunehmen.

7.3 Prüfungen während des Betriebes

7.3.1 An jedem Druckbehälter, für den die Zahl der zulässigen Lastwechsel (Lastspielzahl N) festgelegt ist, muss spätestens bei Erreichen der Hälfte der festgelegten Lastspielzahl eine innere Prüfung durchgeführt werden. Es können sich aufgrund des Betriebes kürzere Fristen für die innere Prüfung entsprechend den nationalen Vorschriften ergeben.

Dem Betreiber obliegt es, in geeigneter Weise die Zahl der auftretenden Lastwechsel zu erfassen und erforderlichenfalls die inneren Prüfungen zu veranlassen.

7.3.2 Weichen die bei der Berechnung nach Abschnitt 4 vorausgesetzten Betriebsbedingungen im Sinne größerer Wechselbeanspruchung ab oder sind durch andere betriebliche Einflüsse bereits vor Ablauf der Prüffristen Schädigungen an der drucktragenden Wandung zu erwarten, so sind die Prüffristen entsprechend den nationalen Vorschriften zu verkürzen.

Ggf. führen Berechnungen nach AD 2000-Merkblatt S 2 zu längeren Prüffristen.

7.3.3 Bei wechselnd beanspruchten Druckbehältern sind wiederkehrende Prüfungen von besonderer Bedeutung; sie erlauben, beginnende Schädigung rechtzeitig zu erkennen. Dazu sind die inneren Prüfungen durch zerstörungsfreie Prüfungen an hochbeanspruchten Stellen zu ergänzen. Als Prüfverfahren kommen Oberflächenrissprüfungen und US-Prüfungen in Frage. Zur Überwachung gut prüfbarer Bereiche kann auch die US-Prüfung von der Außenseite des Behälters eingesetzt werden.

7.3.4 Werden bei einer inneren Prüfung keine Risse festgestellt, so ist die nächste innere Prüfung in der sich aufgrund einer besonderen Vereinbarung entsprechend den nationalen Vorschriften ergebenden kürzesten Frist, spätestens jedoch wiederum bei Erreichen der Hälfte der festgelegten Lastspielzahl, durchzuführen. Dies gilt auch, wenn die Zahl der zulässigen Lastspiele überschritten ist.

7.3.5 Auf die Prüfungen, die nach Abschnitt 7.3.1 bis 7.3.4 aufgrund der Wechselbeanspruchung während des Betriebes erforderlich sind, kann verzichtet werden, wenn das Bauteil für eine Betriebslastspielzahl $\geq 2 \cdot 10^6$ (dauerfest) ausgelegt ist.

7.3.6 Bei zulässigen Temperaturen unterhalb von $-200\ °C$ sind die Prüfintervalle zur Durchführung der inneren Prüfungen nochmals auf die Hälfte zu verkürzen, d. h. die inneren Prüfungen nach Abschnitt 7.3.1 und 7.3.4 müssen spätestens bei Erreichen eines Viertels der festgelegten Lastspielzahl durchgeführt werden.

8 Berücksichtigung besonderer Betriebsbedingungen

Im Falle korrosionsgestützter Rissbildung (Schwingungsrisskorrosion, dehnungsinduzierte Risskorrosion), wasserstoffgestützter Rissbildung in Druckwasserstoff oder vorhandener Magnetitschutzschicht sind die Festlegungen in AD 2000-Merkblatt S 2 Abschnitt 13 sinngemäß anzuwenden.

Im Zweifelsfall muss eine Berechnung nach AD 2000-Merkblatt S 2 durchgeführt werden.

9 Maßnahmen bei Erreichen der rechnerischen Lebensdauer

9.1 Ist die zulässige Lastspielzahl eines Bauteils oder der zulässige Wert für die Gesamtschädigung nach Abschnitt 4 erreicht, sind an einigen hochbeanspruchten Stellen, die mit der zuständigen unabhängigen Stelle festzulegen sind, möglichst vollständig zerstörungsfreie Prüfungen gemäß Abschnitt 7.3 durchzuführen.

9.2 Werden bei den Prüfungen gemäß Abschnitt 9.1 keine Risse gefunden, so ist ein Weiterbetrieb zulässig. Voraussetzung hierfür ist, dass bei den zerstörungsfreien Prüfungen, die in den Prüfintervallen durchzuführen sind, die 50 % der Betriebsdauer nach Abschnitt 9.1 entsprechen, keine Ermüdungsschäden festgestellt werden. Nach Erreichen dieser Betriebszeit ist das weitere Vorgehen im Einzelnen entsprechend den nationalen Vorschriften abzustimmen.

Bei tiefen zulässigen Temperaturen unterhalb von – 200 °C verkürzen sich die Prüfintervalle für die zerstörungsfreien Prüfungen von 50 % auf 25 % der Betriebsdauer nach Abschnitt 9.1.

9.3 Sollten bei den Prüfungen gemäß Abschnitt 9.1 oder 9.2 Risse oder rissartige Fehler im Sinne des AD 2000-Merkblattes HP 5/3 Abschnitt 5.2 bzw. 5.4 oder weitergehende Schädigungen festgestellt werden, ist das Bauteil oder das betreffende Konstruktionselement auszutauschen, es sei denn, dass durch geeignete Maßnahmen, die entsprechend den nationalen Vorschriften zu vereinbaren sind, ein Weiterbetrieb zulässig erscheint.

9.4 Als konstruktive, herstellungstechnische und verfahrenstechnische Maßnahmen für einen Weiterbetrieb kommen in Frage:

(1) Beseitigung von Rissen durch Ausschleifen. Ergibt sich durch das Ausschleifen eine zu geringe Wanddicke, sind Reparaturschweißungen nur in Zusammenarbeit mit dem Hersteller im Rahmen der nationalen Vorschriften vorzunehmen;

(2) Kerbfreischleifen der Schweißnähte;

(3) Beseitigung von Verformungsbehinderungen, z. B. Ersatz anrissbehafteter starrer Verstrebungen durch verschiebbare Verbindungen;

(4) Änderung der Betriebsweise.

10 Zusätzliche Angaben

10.1 In allen Fällen, in denen die Bedingungen für den Verzicht auf Anwendung dieses AD 2000-Merkblattes nach Abschnitt 1.4 und 1.5 nicht erfüllt sind, ist dies dem Hersteller und zur Entwurfsprüfung der zuständigen unabhängigen Stelle anzugeben. Es sind in diesen Fällen der Betriebserfordernis angepasste Maßnahmen vorzusehen und gegebenenfalls zwischen Hersteller, Besteller/Betreiber und der zuständigen unabhängigen Stelle zu vereinbaren und auf der entwurfsgeprüften Zeichnung und in der Bescheinigung über die Schlussprüfung unter Hinweis auf AD 2000-Merkblatt S 1 einzutragen.

10.2 In Beachtung des Geltungsbereiches nach Abschnitt 1 (nur Innendruckschwankungen) sind anzugeben:

– Anzahl der Druckschwankungen zwischen dem drucklosen Zustand und dem maximal zulässigen Druck (An- und Abfahrten);

– Druckschwankungen konstanter Schwingbreite, die sich dem Betriebsüberdruck überlagern, und deren Betriebslastspielzahl;

– Druckschwankungen verschiedener Lastzyklusgruppen und deren Betriebslastspielzahl eines vorgegebenen Betriebslastkollektivs;

– minimale und maximale Temperatur während eines Lastzyklus oder im Falle eines Betriebskollektivs in den einzelnen Lastzyklusgruppen.

AD 2000-Merkblatt S 1, Ausg. 02.2005 Seite 7

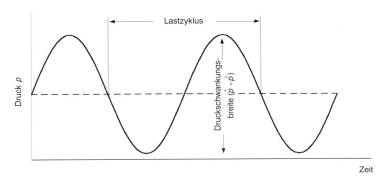

Bild 1. Druckverlauf und Lastzyklus (schematisch)

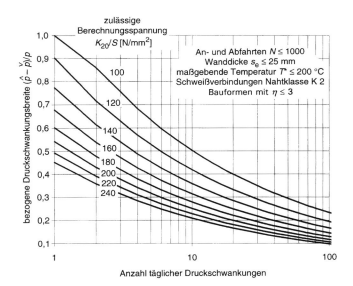

Bild 2. Abgrenzung zwischen der Berechnung gegen vorwiegend ruhende Innendruckbeanspruchung und der Berechnung gegen Wechselbeanspruchung für Druckbehälter mit einer Gebrauchsdauer bis zu 20 Jahren (365 Betriebstage)

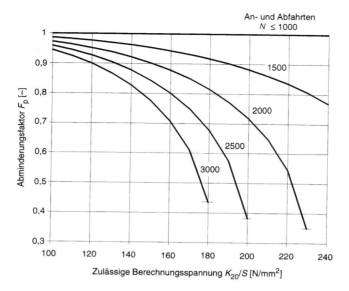

Bild 3. Abminderungsfaktor für Druckschwankungsbreiten nach Bild 2 bei mehr als 1000 An- und Abfahrten

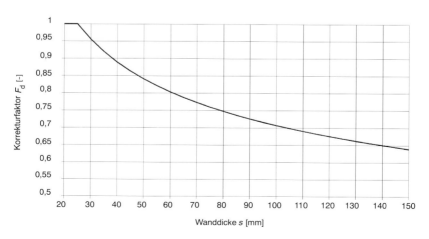

Bild 4. Korrekturfaktor F_d zur Berücksichtigung des Wanddickeneinflusses

AD 2000-Merkblatt S 1, Ausg. 02.2005 Seite 9

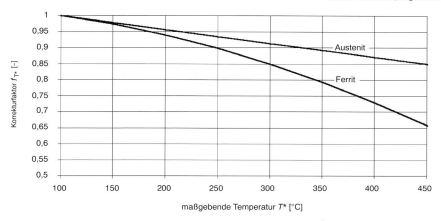

Bild 5. Korrekturfaktor f_{T^*} zur Berücksichtigung des Temperatureinflusses

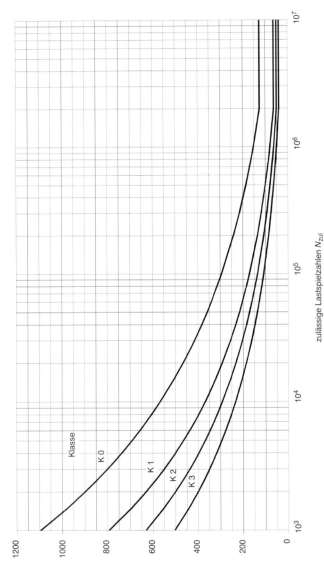

Bild 6. Zulässige Lastspielzahlen bei Berechnungstemperaturen ≤ 100 °C und Wanddicken ≤ 25 mm

AD 2000-Merkblatt S 1, Ausg. 02.2005 Seite 11

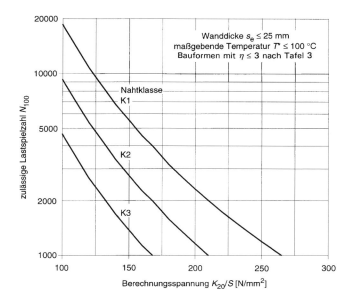

Bild 7. Zulässige Zahl der An- und Abfahrten mit Druckschwankungsbreiten $(\hat{p} - \check{p}) = (p_r - 0)$

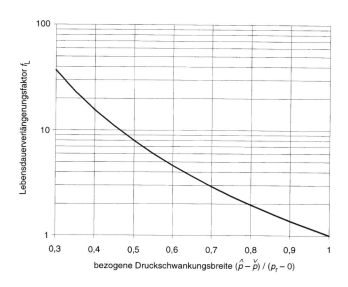

Bild 8. Lebensdauerverlängerungsfaktor bei Druckschwankungsbreiten $(\hat{p} - \check{p}) < (p_r - 0)$

549   **S 1**

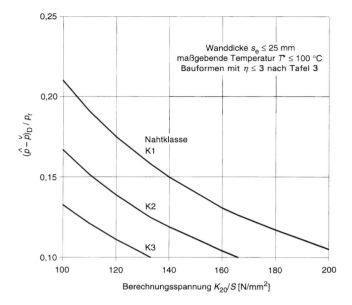

Bild 9. Dauerfest ertragbare, auf p_r bezogene Druckschwankungsbreiten $(\hat{p} - \check{p})_D/(p_r - 0)$

AD 2000-Merkblatt S 1, Ausg. 02.2005 Seite 13

Tafel 3. Beispiele von Bauformen und Schweißverbindungen mit den zugeordneten Klassen (K 0, K 1, K 2, K 3) und den zugeordneten Spannungsfaktoren η (eingezeichnete Rissverläufe beispielhaft)

lfd. Nr.	Darstellung	Beschreibung	Voraussetzung	Klasse	η
1. Zylindrische und kegelförmige Mäntel, gewölbte Böden					
1.1		Längs- oder Rundnaht bei gleichen Wanddicken	beidseitig geschweißt	K 1	3,0[5]
1.2			einseitig geschweißt mit Gegennaht	K 1	
1.3			einseitig geschweißt ohne Gegennaht	K 2	
1.4		Längs- oder Rundnaht bei ungleichen Wanddicken	beidseitig geschweißt	K 1	1,5[6]
1.5				K 1	
1.6				K 1	
1.7			beidseitig geschweißt, Kantenversatz innen und außen gleich	K 1	
1.8				K 1	
1.9				K 1	

[5] Zulässige Aufdachungen und Einziehungen siehe AD 2000-Merkblatt HP 1. Sind keine Aufdachungen oder Einziehungen vorhanden, kann η = 1,5 angenommen werden.
[6] Zulässige Wanddickenverhältnisse und zulässiger Versatz siehe AD 2000-Merkblatt HP 5/1. Es gelten die Werte für Längsnähte.

551   S 1

Seite 14   AD 2000-Merkblatt S 1, Ausg. 02.2005

Tafel 3. Beispiele von Bauformen und Schweißverbindungen mit den zugeordneten Klassen (K 0, K 1, K 2, K 3) und den zugeordneten Spannungsfaktoren η (eingezeichnete Rissverläufe beispielhaft)

lfd. Nr.	Darstellung	Beschreibung	Voraussetzung	Klasse	η
1.10		Kegel mit Eckstoß	beidseitig geschweißt oder einseitig geschweißt mit Gegennaht	K 1	2,7
1.11			einseitig geschweißt ohne Gegennaht	K 3	
1.12		Kegel mit Krempe und Längsnaht	Nahtausführung und Klassenzuordnung wie lfd. Nr. 1.1–1.3	K1/K2	2,0
1.13		Bodenanschlussnaht bei gewölbten Böden mit zylindrischen Bordhöhen nach AD 2000-Merkblatt B 3	Nahtausführung und Klassenzuordnung wie lfd. Nr. 1.1–1.9	K 1	1,5
1.14		Krempe Klöpperboden	ungeschweißt	K 0	2,5
1.15		Krempe Korbbogenboden	ungeschweißt	K 0	2,0
2. Stutzeneinschweißungen					
2.1		Stutzen durchgesteckt oder eingesetzt	beidseitig durchgeschweißt oder einseitig durchgeschweißt mit Gegennaht	K 1	3,0
2.2			einseitig durchgeschweißt ohne Gegennaht	K 2	
2.3		Stutzen durchgesteckt (in der Darstellung: linke Ausführung)	beidseitig, aber nicht durchgehend verschweißt	K 2	
2.4		Stutzen eingesetzt (in der Darstellung: rechte Ausführung)		K 3	
2.5		Stutzen aufgesetzt	einseitig durchgeschweißt (ohne Restspalt), Stutzen ausgebohrt oder Wurzel überschliffen	K 1	
2.6			einseitig durchgeschweißt, ohne Gegennaht oder ohne mechanische Bearbeitung der Wurzel	K 2	
2.7		Stutzen mit scheibenförmiger Verstärkung. Naht: am Außendurchmesser der Scheibe		K 3	
2.8		Stutzen mit scheibenförmiger Verstärkung. Naht: Stutzeneinschweißung	Verbindung Stutzenrohr mit Grundkörper und Verstärkungsscheibe durchgeschweißt	K 1	

S 1   552

AD 2000-Merkblatt S 1, Ausg. 02.2005 Seite 15

Tafel 3. Beispiele von Bauformen und Schweißverbindungen mit den zugeordneten Klassen (K 0, K 1, K 2, K 3) und den zugeordneten Spannungsfaktoren η (eingezeichnete Rissverläufe beispielhaft)

lfd. Nr.	Darstellung	Beschreibung	Voraussetzung	Klasse	η
3. Flansche, Blockflansche und Schrauben					
3.1		Vorschweißflansch	beidseitig geschweißt oder einseitig geschweißt mit Gegennaht	K 1	2,0
3.2			einseitig geschweißt ohne Gegennaht	K 2	
3.3		Aufschweißflansch	Nahtausführungen nach AD 2000-Merkblatt B 8, Tafel 1	K 2	3,0
3.4		eingesetzter Blockflansch	beidseitig durchgeschweißt oder einseitig durchgeschweißt mit Gegennaht	K 1	
3.5			beidseitig, aber nicht durchgeschweißt	K 2	
3.6		eingesetzter Blockflansch mit Schweißansatz	beidseitig durchgeschweißt oder einseitig durchgeschweißt mit Gegennaht	K 1	
3.7		aufgesetzter Blockflansch, Naht am Innendurchmesser (in der Darstellung: linke Naht)		K 3	4,0
		aufgesetzter Blockflansch, Naht am Außendurchmesser (in der Darstellung: rechte Naht)		K 2	
3.8		Schrauben von Flanschverbindungen: Nachweis in der Regel nur erforderlich, wenn die Schrauben häufig gelöst werden. In diesen Fällen gelten die in Klammern gesetzten Werte K 0 und $\eta = 5{,}0$.		(K 0)	(5,0)
4. Verschraubte, vorgelegte oder geklemmte ebene Platten mit Ausschnitten					
	Geltungsbereich und ergänzende Hinweise: - Die Spannungsfaktoren η gelten für Böden mit mittigen Ausschnitten, wenn folgende Bedingungen für den Ausschnitt erfüllt sind (Bezeichnungen s. AD 2000-Merkblatt B 5 bzw. B 9): $d_i / D_1 \leq 0{,}2$ und $s_s / s \geq 1{,}25 \cdot d_i / D_1 + 0{,}1$ für verstärkte Ausschnitte und $d_i / D_1 \leq 0{,}2$ für unverstärkte Ausschnitte - Verstärkte Ausschnitte: Nahtführung und Klassenzuordnung wie lfd. Nr. 2.1-2.6, 3.3-3.7 - Unverstärkte Ausschnitte (ebene Platten ohne Schweißnaht): Klasse K 0				
4.1		verschraubte Platten mit und ohne Randmoment	s. „Geltungsbereich und ergänzende Hinweise" zu lfd. Nr. 4	K0-K3	3,0

Tafel 3. Beispiele von Bauformen und Schweißverbindungen mit den zugeordneten Klassen (K 0, K 1, K 2, K 3) und den zugeordneten Spannungsfaktoren η (eingezeichnete Rissverläufe beispielhaft)

lfd. Nr.	Darstellung	Beschreibung	Voraussetzung	Klasse	η
4.2		von innen oder außen vorgelegte Platte	s. „Geltungsbereich und ergänzende Hinweise" zu lfd. Nr. 4	K0–K3	3,0
4.3		beidseitig frei aufliegende Platte			

5. Anschlussschweißnähte ebener Böden

Geltungsbereich und ergänzende Hinweise:
Die Klassen K und die Spannungsfaktoren η gelten auch für Böden mit mittigen Ausschnitten, wenn folgende Bedingungen für den Ausschnitt erfüllt sind (Bezeichnungen s. AD 2000-Merkblatt B 5 bzw. B 9): $d_i / D_1 \leq 0{,}2$ und $s_s / s \geq 1{,}25 \cdot d_i / D_1 + 0{,}1$ für verstärkte Ausschnitte und $d_i / D_1 \leq 0{,}2$ für unverstärkte Ausschnitte.

lfd. Nr.	Darstellung	Beschreibung	Voraussetzung	Klasse	η
5.1		aufgeschweißter Boden	beidseitig durchgeschweißt	K 1	5,0
5.2			beidseitig, aber nicht durchgeschweißt	K 2	
5.3			einseitig geschweißt ohne Gegennaht	K 3	
5.4		aufgeschweißter Boden mit Entlastungsnut	einseitig geschweißt, Nutabmessung entsprechend AD 2000-Merkblatt B 5, Tafel 1, Ausführungsform e	K 2	4,0
5.5		mit einem Auf- oder Vorschweißflansch verschweißter Boden	beidseitig mit Kehlnähten verschweißt	K 2	5,0
5.6		eingeschweißter Boden	beidseitig durchgeschweißt oder einseitig durchgeschweißt mit Gegennaht	K 1	
5.7			beidseitig, aber nicht durchgeschweißt	K 2	
5.8			einseitig geschweißt	K 3	

AD 2000-Merkblatt S 1, Ausg. 02.2005 Seite 17

Tafel 3. Beispiele von Bauformen und Schweißverbindungen mit den zugeordneten Klassen (K 0, K 1, K 2, K 3) und den zugeordneten Spannungsfaktoren η (eingezeichnete Rissverläufe beispielhaft)

lfd. Nr.	Darstellung	Beschreibung	Voraussetzung	Klasse	η
5.9		partiell durchgeschweißter Boden	einseitig geschweißt	K 3	5,0
5.10		gekrempter Boden, Anschlussschweißnaht	Krempenradius und Bordhöhe entsprechend AD 2000-Merkblatt B 5, Tafel 1, Ausführungsform a, Nahtausführung und Klassenzuordnung wie lfd. Nr. 1.1–1.3	K1/K2	1,5
5.11		gekrempter Boden, Krempe	ungeschweißt	K 0	2,0
5.12		geschmiedeter oder gepresster Boden, Anschlussschweißnaht	Krempenradius und Bordhöhe entsprechend AD 2000-Merkblatt B 5, Tafel 1, Ausführungsform b, Nahtausführung und Klassenzuordnung wie lfd. Nr. 1.1–1.3	K1/K2	1,5
5.13		geschmiedeter oder gepresster Boden, Krempe	ungeschweißt	K 0	4,0
6. Doppelmantel – Anschlussnähte					
6.1		mit angeformter Krempe: Die Bewertung gilt sowohl für die Innenbehälterwand als auch für die Verbindungsnaht selbst	einseitig durchgeschweißt	K 2	3,0
6.2		mit separater Krempe: Die Bewertung gilt sowohl für die Innenbehälterwand als auch für die Verbindungsnaht zwischen Krempe und Behälterwand. (Die Verbindungsnaht zwischen Krempe und Außenmantel wird nach lfd. Nr. 1.3 mit K 2 bewertet)	beidseitig durchgeschweißt oder einseitig durchgeschweißt mit Gegennaht	K 1	3,0
7. Anschweißteile, allgemein					
Voraussetzung: Äußerer Befund der Anschlussschweißnähte nach EN 25817, Bewertungsgruppe B, ausschließlich der Merkmale Nahtüberhöhung und -unterschreitung sowie Ungleichschenkligkeit					
7.1		Anschweißteile ohne Einleitung von wechselnden Zusatzkräften oder -momenten	beidseitig durchgeschweißt	K 1	2,0
7.2			beidseitig mit Kehlnaht geschweißt	K 2	
7.3			beidseitig durchgeschweißt	K 1[7]	
7.4			beidseitig mit Kehlnaht geschweißt	K 2[7]	

---

[7] Die Bewertung bezieht sich auf die Rippenmitte. Für das Rippenende ist die Bewertung jeweils eine Klasse schlechter.

555   S 1

Tafel 3. Beispiele von Bauformen und Schweißverbindungen mit den zugeordneten Klassen (K 0, K 1, K 2, K 3) und den zugeordneten Spannungsfaktoren η (eingezeichnete Rissverläufe beispielhaft)

lfd. Nr.	Darstellung	Beschreibung	Voraussetzung	Klasse	η
7.5		Verstärkungsblech, Futterblech mit Kehlnahtanschluss. Keine Einleitung von wechselnden Zusatzkräften oder -momenten	$s_2 \leq 1{,}5 \cdot s_1$ $r \geq 2 \cdot s_2$	K 2	
7.6		Anschweißteile mit Einleitung von wechselnden Zusatzkräften oder -momenten	beidseitig durchgeschweißt	K 1	3,0
7.7			beidseitig, aber nicht durchgeschweißt	K 2	

8. Anschweißteile ohne Einleitung von wechselnden Zusatzkräften oder -momenten, Beispiele
Voraussetzung: Äußerer Befund der Anschlussschweißnähte nach EN 25817, Bewertungsgruppe B, ausschließlich der Merkmale Nahtüberhöhung und -unterschreitung sowie Ungleichschenkligkeit

lfd. Nr.	Darstellung	Beschreibung	Voraussetzung	Klasse	η
8.1		Behälter mit Standzargenanschluss	einseitig geschweißt	K 2	2,0
8.2		Behälterwand mit Tragring	beidseitig, aber nicht durchgeschweißt	K 2	2,0
8.3		Behälterwand mit Versteifungsring		K 2	
8.4			in Umfangsrichtung unterbrochen geschweißt	K 3	
8.5		Behälterwand mit Tragpratze (mit und ohne Futterblech)	einseitig geschweißt	K 2	
8.6		Behälterwand mit Fuß (mit und ohne Futterblech)	einseitig geschweißt	K 2	

Tafel 3. Beispiele von Bauformen und Schweißverbindungen mit den zugeordneten Klassen (K 0, K 1, K 2, K 3) und den zugeordneten Spannungsfaktoren η (eingezeichnete Rissverläufe beispielhaft)

lfd. Nr.	Darstellung	Beschreibung	Voraussetzung	Klasse	η
8.7		Behälterwand mit Tragzapfen (mit und ohne Futterblech)	einseitig geschweißt	K 2	
8.8		Behälterwand mit Tragöse (mit und ohne Futterblech)	einseitig geschweißt	K 2	
8.9		Behälterwand mit Traglasche	einseitig geschweißt	K 2	2,0

Anhang 1 zum AD 2000-Merkblatt S 1

Erläuterungen zum AD 2000-Merkblatt S 1

Das AD 2000-Merkblatt S 1 ist ein vereinfachter Ermüdungsfestigkeitsnachweis auf der Basis des AD 2000-Merkblattes S 2 „Berechnung auf Wechselbeanspruchung", Ausgabe Oktober 2004.

Die folgenden Erläuterungen beziehen sich nur auf die Vereinfachungen gegenüber der Vorgehensweise nach AD 2000-Merkblatt S 2. Zu den Grundlagen der weiterentwickelten Ermüdungsfestigkeitsnachweise wird auf AD 2000-Merkblatt S 2 Anhang 1 verwiesen.

Folgende Vereinfachungen sind in diesem AD 2000-Merkblatt gegenüber AD 2000-Merkblatt S 2 festgelegt:

1. Berechnung nur auf Wechselbeanspruchung aus Innendruckschwankungen außerhalb Kriechbereich.
2. Überschlägige Berechnung der Spannungsschwingbreite $2\sigma_a^*$ über pauschale bauteilspezifische Spannungsfaktoren η und Ausnutzung der zulässigen Berechnungsspannung nach AD 2000-Merkblatt B 0 anstelle einer detaillierten Spannungsanalyse.
3. Keine Korrekturfaktoren für überelastische Verformung (k_e-Faktoren) und Mittelspannungseinfluss (f_M-Faktoren).
4. Keine Korrekturfaktoren f_0 zur Berücksichtigung des Oberflächeneinflusses bei ungeschweißten Bauteilen. Lastspielzahlkurve für ungeschweißte Bauteile beschränkt auf Walzhautoberfläche.
5. Einheitlicher und lastspielzahlunabhängiger Korrekturfaktor F_d zur Berücksichtigung des Wanddickeneinflusses für geschweißte und ungeschweißte Bauteile.
6. Vereinfachte Berechnung der Schädigungsakkumulation bei Betriebslastkollektiv unter Verzicht auf Angabe von fiktiven Lastspielzahlkurven (z. B. Modifikation nach Haibach) im Dauerfestigkeitsbereich.

Erläuterung zu Abschnitt 1.2

Bei den meisten Druckbehältern spielen Temperaturänderungen im Betrieb oder äußere Belastungen im Sinne einer Wechselbeanspruchung gegenüber der Innendruck-Betriebsbelastung eine untergeordnete Rolle. Aus Vereinfachungsgründen wird deshalb nur die Wechselbeanspruchung aus Innendruckschwankungen berücksichtigt.

Bei Dimensionierung mit Zeitstandfestigkeitskennwerten (z. B. für 100 000 h) ist der Schädigungsanteil durch Wechselbeanspruchung gegenüber der Kriechschädigung in den meisten Fällen sehr gering.

In Umkehrung dieses Sachverhaltes wird zur Vereinfachung die Anwendung dieses AD 2000-Merkblattes für höhere Temperaturen ausgeschlossen, bei denen zeitabhängige Festigkeitskennwerte für die Dimensionierung maßgebend sind.

Erläuterung zu Abschnitt 1.4

Der Verzicht auf eine vereinfachte Berechnung auf Wechselbeanspruchung unter alleiniger Wirkung von Innendruckschwankungen von nicht mehr als 10 % bzw. 20 % des maximal zulässigen Druckes (oder des fiktiven Druckes p_r) stellt für Druckbehälter mit Bauformen und Schweißverbindungen, die für Wechselbeanspruchung weniger geeignet sind, oder für Druckbehälter, die nach Gesichtspunkten vorwiegend statischer Beanspruchung ausgelegt sind (z. B. Einfache Druckbehälter nach EU-Richtlinien) eine pragmatische Lösung dar.

Hierbei wird davon ausgegangen, dass eventuell auftretende Ermüdungsrisse bei wiederkehrenden Prüfungen gemäß § 10 Abs. 4 der DruckbehV rechtzeitig erkannt werden.

Erläuterung zu Abschnitt 1.5

Die Kurven in Bild 2 und 3 als Erweiterung des Verzichtes auf eine Anwendung von AD 2000-Merkblatt S 1 sind nach

$$\frac{\hat{p} - \check{p}}{p} = \frac{B}{\eta \cdot K/S \cdot N^{1/3}}$$

und

$$F_p = \left[1 - \left(N_{AB/AN} - 1000\right) \cdot \left(\frac{0{,}9 \cdot \eta \cdot K/S}{B}\right)^3\right]^{1/3}$$

mit

B = 6300 nach Tafel 1 für Klasse 2

$\eta = 3$

N = 20 · 365 · Anzahl täglicher Druckschwankungen

$N_{AB/AN}$ = Anzahl der An- und Abfahrten

ermittelt worden.

Beim Abminderungsfaktor F_p wurden nur 90 % der vollen Druckschwankungsbreite bei An- und Abfahren berücksichtigt und die gemäß Abschnitt 1.4 vernachlässigbaren 1000 Starts in Abzug gebracht.

Erläuterung zu Abschnitt 4.1.2 und Tafel 3

Die Spannungsfaktoren η sind als Formzahlen aufzufassen, die auf Berechnungsspannungen entsprechend den Dimensionierungsformeln nach den AD 2000-Merkblättern Reihe B bezogen sind (Traglastspannungen). Der Spannungsfaktor η hat einen Bauteilstruktur hat i. A. einen geringeren Wertebereich als die Strukturformzahl α, die z. B. bei einer detaillierten analytischen Spannungsanalyse zur Anwendung kommt.

Die η-Werte in Tafel 3 sind Werte, die durch Berechnungen, Abschätzungen und Erfahrungen festgelegt wurden. Sie stellen in der Regel das Maximum der η-Faktoren für die praktisch auftretenden Parameterreihe jeder Bauteilstruktur dar. Vergleiche hierzu auch Richtlinie BR-E 2 [3].

Beispiel 1: Zylindermantel mit senkrechtem Abzweig

Umstellung der Formel (2) nach AD 2000-Merkblatt S 1, mit $c_1 = c_2 = 0$ und $v = v_A$ als Ausschnitts-Verschwächungsfaktor ergibt

$$\bar{\sigma} = \frac{(D_a - s) \cdot p}{20 \cdot s \cdot v_A} = \frac{D_m \cdot p}{20 \cdot s \cdot v_A}$$

Strukturspannung $\hat{\sigma}$, bezogen auf mittlere Vergleichsspannung im ungestörten Zylinder

$$\hat{\sigma} = a \cdot \frac{D_m \cdot p}{20 \cdot s}$$

Spannungsfaktor

$$\eta = \frac{\hat{\sigma}}{\bar{\sigma}} = a \cdot v_A$$

Bild A 3 dieses Anhanges zeigt hierzu Spannungsfaktoren η, die aus v_A-Werten nach AD 2000-Merkblatt B 9 und Strukturformzahlen α nach XIE und LU [6] berechnet sind (vgl. [7], Bild 7).

Entsprechende Berechnungen für Kugelschalen mit Abzweig ergeben etwas höhere η-Werte. In Tafel 3 wurde deshalb für Stutzeneinschweißungen (Nr. 2) in Schalen ein Wert von η = 3,0 festgelegt.

Beispiel 2: Kegelmantel mit Eckstoßverbindung

Umstellung der Dimensionierungsformel in AD 2000-Merkblatt B 2, Abschnitt 8.1.1 nach

$$\frac{K}{S} = \bar{\sigma} = \frac{p}{15 \cdot e^{z1}} \qquad z1 \triangleq z \text{ nach Bildern 3.1 bis 3.7 in AD 2000-Merkblatt B 2}$$

nach Abschnitt 8.1.2

$$\frac{K}{S} = \bar{\sigma} = \frac{\left(\frac{D_K}{\cos\varphi} + s\right) \cdot p}{20 \cdot s}$$

nach Anhang zu AD 2000-Merkblatt B 2

$$\hat{\sigma} = \sigma_{vg} = \frac{p}{10} \cdot e^{z2} \qquad z2 \triangleq z \text{ nach Tafel A 1}$$

$$\eta = \frac{\hat{\sigma}}{\bar{\sigma}} = max \left[\frac{1,5 \cdot e^{z1} \cdot e^{z2}}{\frac{D_K}{\cos\varphi} \cdot \frac{1}{s} + 1} \right]$$

Parameterberechnungen hierzu siehe Bild A 4.

Unter Ausschluss der in der Praxis kaum ausgeführten flachen Kegelmäntel (φ = 60° bis 70°) für Druckbehälter unter Druckwechselbeanspruchung wurde hiernach in Tafel 3 Nr. 1.10/1.11 der Spannungsfaktor η = 2,7 festgelegt.

Erläuterung zu Abschnitt 4.1.3 Formel (3)

Zur Berücksichtigung des wechselfestigkeitsabmindernden Einflusses der Bauteilgröße wurde der Korrekturfaktor F_d für Schweißverbindungen im Dauerfestigkeitsbereich nach AD 2000-Merkblatt S 2 Abschnitt 7.2.6 übernommen. Auf eine Lastspielzahlabhängigkeit gemäß AD 2000-Merkblatt S 2 Formel (17) wurde verzichtet.

Der F_d-Faktor wird vereinfachenderweise auch für ungeschweißte Bauteile angewendet.

Erläuterungen zu Abschnitt 4.2 und Bild 6

Zur Festlegung einer Lastspielzahlkurve für ungeschweißte Bauteile (Oberflächenzustand-Walzhaut) wurden Berechnungen nach AD 2000-Merkblatt S 2 für verschiedene Werkstoffe unter Berücksichtigung des Plastizitäts- und maximalen Mittelspannungseinflusses ($\bar{\sigma} = R_{p0,2}$) durchgeführt.

Nach Bild A 1 dieses Anhanges lässt sich hierzu näherungsweise eine „Mittelwert"-Kurve mit konstantem Steigungsexponenten m = 3,5 im doppelt-logarithmischen Maßstab bilden. Diese Lastspielzahlkurve Klasse K 0 ist nahezu identisch mit den Lastspielzahlkurven für ungeschweißte Bauteilbereiche nach den englischen Behälterbzw. Stahlbauvorschriften BS 5500 : 94 [4] bzw. BS 7608 : 1993 [5] (Kurven der Klasse C).

Für Schweißverbindungen wurden die Lastspielzahlkurven der Klassen K 1, K 2 und K 3 aus AD 2000-Merkblatt S 2 übernommen.

Zur Überprüfung des Plastizitätseinflusses im Bereich niedriger Lastspielzahlen wurden Berechnungen nach AD 2000-Merkblatt S 2 für den niedrigfesten Werkstoff H II (konservativ) durchgeführt. Bild A 4 zeigt, dass die Abminderung über die k_e-Faktoren ($k_e > 1$) ab 1000 Belastungszyklen relativ gering ist und nur bei den Klassen K 1 und K 2 zur Auswirkung kommt. In Anbetracht des Geltungsbereiches ($N \geq 1000$) wurde deshalb aus Vereinfachungsgründen auf eine globale Spannungserhöhung im überelastischen Bereich über k_e-Faktoren verzichtet.

Aus Praktikabilitätsgründen (leichtere Ablesbarkeit zum schnellen Auffinden der zulässigen Lastspielzahl) wurde wie im früheren AD-Merkblatt S 1 (Ausg. 3.90) Bild 2 (N_{100}-Kurven) die halblogarithmische Darstellung für das Lastspielzahldiagramm gewählt.

Erläuterung zu Abschnitt 4.3 und Bild 7

In Anlehnung an die frühere Darstellungsweise von N_{100}- und f_L-Kurven wurden gleichartige Kurven für Druckbehälter bestimmter Konstruktions- und Betriebsrandbedingungen aufgenommen.

Formel (8) ergibt sich aus Formel (6) mit B = 7940 aus Tafel 1 für Klasse K 1 und η = 3,0.

Erläuterung zu Abschnitt 4.4

Zur Vereinfachung der Vorgehensweise bei der Schadensakkumulation im Falle eines Betriebslastkollektivs sind im Dauerfestigkeitsbereich ($N > 2 \cdot 10^6$) keine fiktiven Lastspielzahlen nach Haibach-Modifikation wie in AD 2000-Merkblatt S 2 enthalten.

Im Vergleich der Eckwerte zulässiger Spannungsschwingbreiten $2\sigma_a$ nach AD 2000-Merkblatt S 2 Tafel 4 im Bereich $N = 2 \cdot 10^6$ bis 10^8 und entsprechend Vorgehensweise nach AD 2000-Merkblatt S 2 Abschnitt 9.2 werden Spannungsschwingbreiten mit $N \geq 2 \cdot 10^6$ in Höhe von 50 % der Dauerfestigkeitswerte $2\sigma_{aD}$ nach Tafel 2 dieses AD 2000-Merkblattes als vernachlässigbar angesehen.

Schrifttum

[1] AD 2000-Merkblatt S 2: Berechnung auf Wechselbeanspruchung, Ausgabe Oktober 2004.
Heymanns Verlag, Köln.

[2] AD 2000-Merkblätter Reihe B.
Heymanns Verlag, Köln.

[3] Richtlinienkatalog Festigkeitsberechnungen (RKF), Behälter und Apparate Teil 5.
Ausgabe 1986. Linde-KCA-Dresden GmbH

[4] British Standard BS 5500/1994: Specification for unfired fusion welded pressure vessels

[5] British Standard BS 7608/1993: Code of practice for fatigue design and assessment of steel structures

[6] *Duan-Shou Xie* u. *Yong-Guo Lu*: Prediction of Stress Concentration Factors for Cylindrical Pressure Vessels with Nozzles.
Int. J. Pressure Vessel & Piping **21** (1985)

[7] *Gorsitzke, B.*: Vorhersage der Ermüdungsfestigkeit druckführender Komponenten im Energie- und Chemieanlagenbau, Teil 1 und Teil 2.
Z. TÜ **30** (1989) Nr. 2 und Nr. 3

[8] *Gorsitzke, B.*: Neuere Berechnungsvorschriften zur Ermüdungsfestigkeit von Druckbehältern.
Z. TÜ **36** (1995) Nr. 6 und Nr. 7/8.

[9] *Gorsitzke, B.*: Erläuterungen zum neuen AD-Merkblatt S 1 „Vereinfachte Berechnung auf Wechselbeanspruchung und ergänzende Hinweise".
Z. TÜ **37** (1996) Nr. 6 und Nr. 7/8.

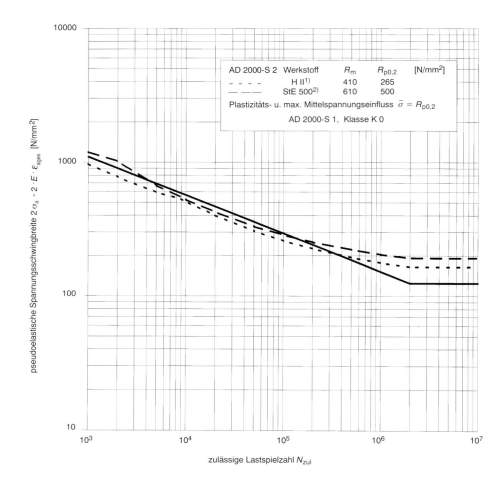

Bild A 1. Zulässige Lastspielzahlen in Abhängigkeit von der Spannungsschwingbreite nach AD 2000-S 1 und AD 2000-S 2 für ungeschweißte Bauteile mit Walzhautoberfläche bei Raumtemperatur und Wanddicken ≤ 25 mm

---

[1] P 265 GH nach DIN EN 10028-2
[2] P 500 Q, P 500 QH oder P 500 QL nach DIN EN 10028-6

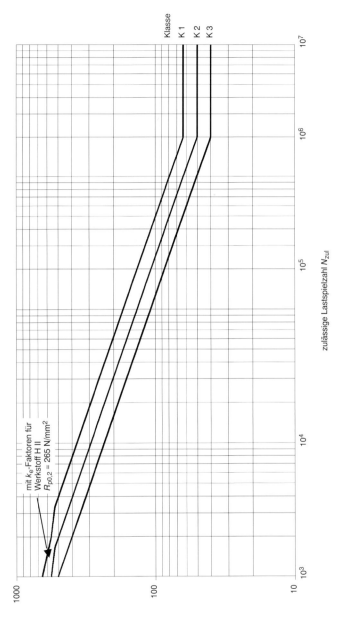

Bild A 2. Zulässige Lastspielzahlen in Abhängigkeit von der Spannungsschwingbreite nach AD 2000-S 2 für Schweißverbindungen bei Raumtemperatur und Wanddicken ≤ 25 mm unter Berücksichtigung des Plastizitätseinflusses (k_e-Faktoren)

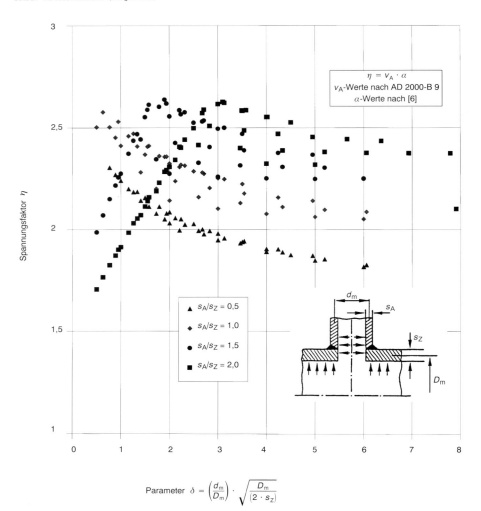

Bild A 3. Spannungsfaktoren η für Zylinderschalen mit senkrechtem Abzweig

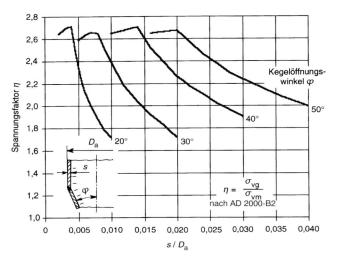

Bild A 4. Spannungsfaktoren η für konvergierende Kegel mit Eckstoß

Anhang 2 zum AD 2000-Merkblatt S 1

Berechnungsbeispiel
Druckbehälter für Kohlestaubeinblasanlage

1. Angaben zur Konstruktion
Siehe Bild A 5
Zylindermantel, Kegelmantel, Korbbogenboden, Deckel und Stutzenbleche aus H II
Stutzenrohre aus St 35.8 I
Flansche aus C22.8, Druckstufe PN 16
Blinddeckel mit durchgehender Dichtung
Gestaltung der Schweißverbindungen von drucktragenden Wandungen (Längs-, Rundnähte und Stutzenanschlussnähte) entsprechend Schweißnahtklasse K 1, von Anschweißteilen Klasse K 2
Abnutzungszuschlag $c_2 = 2$ mm für Mäntel und Böden

2. Betriebsdaten
Maximal zulässiger Druck 16 bar
Zulässige maximale Temperatur 50 °C
Innendruckschwankungsbreite $\hat{p} - \check{p} = 12 - 0 = 12$ bar
Betriebsweise 3 Zyklen/h, 3-Schichtbetrieb

3. Spannungsschwingbreiten und zulässige Lastspielzahlen nach AD 2000-Merkblatt S 1 Abschnitt 4
Temperatureinflussfaktor für $T^* \leq 100°C$ $f_{T^*} = 1$
Wanddicken-Korrekturfaktor
für $s_e \leq 25$ mm $F_d = 1$
Festigkeitskennwert bei 20°C $K_{20} = 255$ N/mm²
Sicherheitsbeiwert $S = 1,5$

3.1 Zylindermantel, Längsnahtbereich mit Aufdachung
Fiktiver Druck entsprechend AD 2000-Merkblatt B 1

$$p_r = \frac{20 \cdot \frac{K}{S} \cdot v \cdot \left(s_e - \frac{c_2}{2}\right)}{D_a - \left(s_e - \frac{c_2}{2}\right)}$$

$$p_r = \frac{20 \cdot \frac{255}{1,5} \cdot 0,85 \cdot (18 - 1)}{3000 - (18 - 1)} = 16,5 \text{ bar}$$

nach Tafel 3, Nr. 1.1 $\Rightarrow$ K 1, $\eta = 3$
nach Tafel 1, K 1 $\Rightarrow$ B = 7940 N/mm²
Spannungsschwingbreite nach Formel (2)

$$2\sigma_a^* = \frac{3}{1 \cdot 1} \cdot \frac{12}{16,5} \cdot \frac{255}{1,5} = 371 \text{ N/mm}^2$$

zulässige Lastspielzahl nach Formel (6)

$$N_{zul} = \left(\frac{7940}{371}\right)^3 = 9803$$

3.2 Zylindermantel, Tragpratzenbereich
$p_r = 16,5$ bar (siehe 3.1)
nach Tafel 3, Nr. 6.5 $\Rightarrow$ K 2, $\eta = 2$
nach Tafel 1, K 2 $\Rightarrow$ B = 6300 N/mm²

$$2\sigma_a^* = 2 \cdot \frac{12}{16,5} \cdot \frac{255}{1,5} = 247 \text{ N/mm}^2$$

$$N_{zul} = \left(\frac{6300}{247}\right)^3 = 16593$$

3.3 Kegelmantel, oberer Krempenanschluss
nach AD 2000-Merkblatt B 2, Kegelmantel außerhalb Abklingbereich für p_r maßgebend

$$p_r = \frac{20 \cdot \frac{K}{S} \cdot v \cdot \left(s_e - \frac{c_2}{2}\right)}{\frac{D_K}{\cos\varphi} + s_e - \frac{c_2}{2}}$$

$D_K = 2847$ mm aus Berechnung nach AD 2000-Merkblatt B 2

$$p_r = \frac{20 \cdot \frac{255}{1,5} \cdot 0,85 \cdot (18 - 1)}{\frac{2847}{\cos 20°} + 18 - 1} = 16 \text{ bar}$$

nach Tafel 3, Nr. 1.10 $\Rightarrow$ K 1, $\eta = 2$
nach Tafel 1, K 1 $\Rightarrow$ B = 7940

$$2\sigma_a^* = 2 \cdot \frac{12}{16} \cdot \frac{255}{1,5} = 255 \text{ N/mm}^2$$

$$N_{zul} = \left(\frac{7940}{255}\right)^3 = 30188$$

3.4 Kegelmantel, Stutzenbereich
nach AD 2000-Merkblatt B 9 mit Zylinder-Ersatzdurchmesser $D_i \approx 2200$ mm
$\Rightarrow p_r = 26$ bar
Tafel 3, Nr. 2.1 $\Rightarrow$ K 1, $\eta = 3$
Tafel 1, K 1 $\Rightarrow$ B = 7940

$$2\sigma_a^* = 3 \cdot \frac{12}{26} \cdot \frac{255}{1,5} = 235 \text{ N/mm}^2$$

$$N_{zul} = \left(\frac{7940}{235}\right)^3 = 38571$$

3.5 Korbbogenboden, Krempenbereich
Nach AD 2000-Merkblatt B 3 $\Rightarrow p_r = 18$ bar
nach Tafel 3, Nr. 1.15 $\Rightarrow$ K 0, $\eta = 2$
nach Tafel 1, K 0 $\Rightarrow$ B = 7890

$$2\sigma_a^* = 2 \cdot \frac{12}{18} \cdot \frac{255}{1,5} = 227 \text{ N/mm}^2$$

$$N_{zul} = \left(\frac{7890}{227}\right)^{3,5} = 247559$$

3.6 Korbbogenboden, Stutzenbereich
Pos. 6 maßgebend
Nach AD 2000-Merkblatt B 9 $\Rightarrow p_r = 22$ bar
Tafel 3, Nr. 2.1 $\Rightarrow$ K 1, $\eta = 3$
Tafel 1, K 1 $\Rightarrow$ B = 7940

$$2\sigma_a^* = 3 \cdot \frac{12}{22} \cdot \frac{255}{1,5} = 278 \text{ N/mm}^2$$

$$N_{zul} = \left(\frac{7940}{278}\right)^3 = 23298$$

Blinddeckel sind hier nicht lebensdauerrelevant.

4. Zusammenfassendes Ergebnis und Bewertung

Die zulässige Lastspielzahl für den Behälter ergibt sich als Kleinstwert aus den zulässigen Werten für die betrachteten Stellen zu

$N_{zul} = 9803$

Die Wanddickenbemessung nach statischen Gesichtspunkten (AD 2000-Merkblätter Reihe B) führt hier zu nicht akzeptabler Lastspielzahl bzw. Prüffrist.

Die Lastspielzahl kann beispielsweise durch Vergrößerung der Wanddicken erhöht werden. Eine analoge Berechnung mit Wanddicken von 30 mm für Zylindermantel, Kegelmantel und Boden führt zu

$N_{zul} = 49000$

mit einem Prüfintervall von ca. 1 Jahr

$$\left(\frac{0,5 \cdot 49000}{3 \cdot 24} \approx 340 \text{ Tage} \right)$$

Ein deutlich günstigeres Ergebnis wird jedoch erzielt, wenn die Berechnungen nach AD 2000-Merkblatt S 2 durchgeführt werden. Siehe hierzu Berechnungsbeispiel für gleichen Druckbehälter mit s_e = 30 mm in AD 2000-Merkblatt S 2 Anhang 3.

$N_{zul} = 250000$, Prüfintervall 5 Jahre.

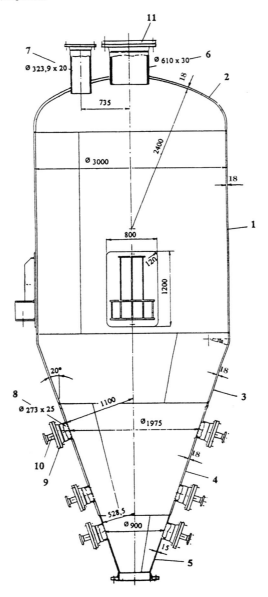

Bild A 5. Druckbehälter für Kohlestaubblasanlage (Berechnungsbeispiel)

Anhang 3 zum AD 2000-Merkblatt S 1

Vereinfachte Berechnung auf Wechselbeanspruchung für Gusseisen mit Kugelgraphit

1 Geltungsbereich und Allgemeines

1.1 Die nachstehenden Regeln einer vereinfachten Berechnung auf Wechselbeanspruchung gelten für drucktragende ungeschweißte Teile von Druckbehältern aus Gusseisen mit Kugelgraphit nach DIN EN 1563 mit Beschränkung auf die Sorten EN-GJS-400-15/15U, EN-GJS-400-18/U-LT und EN-GJS-350-22/22U-LT, die nach dem AD 2000-Merkblatt W 3/2 hergestellt und geprüft werden.

1.2 An die äußere und innere Beschaffenheit der Gussteile sind erhöhte Anforderungen zu stellen, die den Festlegungen der Qualitätsklassen A oder B nach DIN 1690 Teil 10 genügen (siehe Abschnitt 4.2).

1.3 Wenn die Anzahl der Lastspiele mit Druckschwankungen zwischen dem drucklosen Zustand und dem maximal zulässigen Druck p (An- und Abfahrten) und die auf p[1]) bezogene Schwingbreite $(\hat{p} - \check{p})$ beliebig vieler Druckschwankungen folgende Werte nicht überschreiten, braucht dieser Anhang nicht angewendet zu werden.

a) $N_{100} \leq 100000$ und $(\hat{p} - \check{p}) \leq 50\ \%$ von p[1])
bei EN-GJS-400-15/15U

b) $N_{100} \leq 6000$ und $(\hat{p} - \check{p}) \leq 35\ \%$ von p[1])
bei EN-GJS-400-18/18U/LT
bzw. EN-GJS-350-22/22U-LT

Hierbei werden Bauformen vorausgesetzt, deren Spannungsfaktoren η nicht größer als 2,5 betragen.

Die Grenzwerte der Lastspielzahlen N_{100} können auf das 2,4-fache angehoben werden, wenn die Prüfbedingungen entsprechend Qualitätsklasse A erfüllt sind.

1.4 Wenn in diesem Anhang nichts anderes angegeben, gelten alle anderen Regelungen im Hauptteil dieses AD 2000-Merkblattes.

2 Ermittlung der zulässigen Lastspielzahl

2.1 Die fiktive pseudoelastische Spannungsschwingbreite $2\sigma_a^*$ zur Bestimmung der zulässigen Lastspielzahl ist nach Formel (2) zu berechnen. Hierbei ist der Spannungsfaktor η nach Tafel 3 abzuschätzen. Dabei brauchen höhere Werte als $\eta = 2,5$ nicht berücksichtigt zu werden. Für Strukturen, die sich nach dieser Tafel nicht einstufen lassen, sind die η-Werte nachzuweisen, es sei denn, dass $\eta = 2,5$ in die Rechnung eingesetzt wird.

Der Wanddicken-Korrekturfaktor F_d ist sinngemäß nach Formel (3) zu berechnen, wobei anstelle des Exponenten 0,25 der Wert 0,1 zu setzen und für Wanddicken $s_e > 150$ mm der Korrekturfaktor auf $F_d = 0,84$ zu begrenzen ist. Für den Temperatur-Korrekturfaktor f_{T^*} gilt Formel (4).

2.2 Die zulässige Lastspielzahl für Bauteilbereiche mit Gusshautoberfläche ist im Geltungsbereich $10^3 \leq N \leq 2 \cdot 10^6$ in Abhängigkeit von der Spannungsschwingbreite nach Formel (2) sinngemäß aus Formel (6) mit $m = 8,333$ zu berechnen. Die Werte der Berechnungskonstanten B sind Tafel A 1 zu entnehmen. Hierbei sind die Kerbwirkungen durch Oberflächenrauheit sowie der größt-

mögliche Einfluss von Mittelspannungen aus Betriebsüberdruck bereits berücksichtigt.

Die Abknickpunkt-Lastspielzahl N_D, von der ab die Schwingfestigkeitswerte lastspielzahlunabhängig sind, ist bei $N = 2 \cdot 10^6$ festgelegt. Für Qualitätsklasse A kann die zulässige Lastspielzahl auch aus Bild A 6 entnommen werden.

Die Auslegungskurven nach Bild A 6 basieren auf Schädigungskurven entsprechend einer Ausfallwahrscheinlichkeit von ca. 2,3 % (vgl. [1]).

Tafel A 1. Berechnungskonstanten B und Festigkeitskennwerte $2\sigma_{aD}$

Qualitätsklasse	Konstante B $10^3 \leq N \leq 2 \cdot 10^6$		$2\sigma_{aD}$ [N/mm^2] $N \geq 2 \cdot 10^6$	
	A	B	A	B
Werkstoffsorte				
EN-GJS-400-15/15U	787	708	138	124
EN-GJS-400-18/18U-LT				
EN-GJS-350-22/22U-LT	732	659	128	116

2.3 Für den Sonderfall von drucktragenden Teilen mit Bauformen entsprechend einem Spannungsfaktor $\eta = 2,5$, bei Temperaturen $T^* \leq 100\ °C$, Wanddicken $s_e \leq 25$ mm und Druckschwankungen zwischen 0 und p_r können die zulässigen Lastspielzahlen im Bereich $1000 \leq N_{zul} \leq 2 \cdot 10^6$ nach

$$N_{zul} = N_{100} \cdot f_L \quad (A1)$$

mit

$$N_{100} = [B / (2,5 \cdot K_{20}/S)]^{8,333} \quad (A2)$$

$$f_L = [p_r / (\hat{p} - \check{p})]^{8,333} \quad (A3)$$

ermittelt werden. Die Werte N_{100} und f_L können auch aus Bild A 7 und Bild A 8 entnommen werden.

Die ertragbare, auf p_r bezogene Druckschwankungsbreite für größere Behälter mit Lastspielzahlen $N \geq 2 \cdot 10^6$ ist nach

$$(\hat{p} - \check{p}) / p_r = 2\sigma_{aD} / (2,5 \cdot K_{20}/S) \quad (A4)$$

mit $2\sigma_{aD}$ aus Tafel A1 zu berechnen.

2.4 Der Berechnungsgang zur Berücksichtigung eines Betriebslastkollektivs ist sinngemäß nach Abschnitt 4.4 im Hauptteil dieses AD 2000-Merkblattes durchzuführen. Die Schädigungsanteile von Kollektivstufen, deren Spannungsschwingbreite $2\sigma_a^*$ kleiner als 70 % der $2\sigma_{aD}$-Werte beträgt, können hierbei vernachlässigt werden.

3 Konstruktion

3.1 Bei der Konstruktion der Gussteile ist darauf zu achten, dass Gestaltungen ausgeführt werden, die mit einem Spannungsfaktor $\eta = 2,5$ abgedeckt sind. Ist eine Abschätzung des zu erwartenden η-Wertes (vgl. Spannungsfaktoren η in Tafel 3) nicht möglich, ist ein detaillierter Nachweis des Spannungsfaktors η oder eine Berechnung nach AD 2000-Merkblatt S 2 Anhang 5 durchzuführen.

---
[1]) Anstelle p kann auch der Berechnungsdruck p_r bezogen werden.

3.2 Bei schroffen Querschnittsänderungen drucktragender Wandungen muss der Übergang mit einer Neigung von max. 1:3 ausgeführt werden.

Übergangsradien von angegossenen Stutzen, Stützfüßen usw. dürfen nicht kleiner als das 1,5-fache der dünnsten angrenzenden Wand betragen.

4 Prüfung

Für wechselbeanspruchte Bauteile ist die einwandfreie Beschaffenheit des Bauteils von besonderer Bedeutung. Insbesondere wirken sich Oberflächenfehler ungünstig auf die Lebensdauer aus. Aus diesen Gründen kommt der zerstörungsfreien Prüfung im Rahmen der Herstellung und bei wiederkehrenden Prüfungen besondere Bedeutung zu.

4.1 Entwurfsprüfung

Im Rahmen der Entwurfsprüfung sind die hoch beanspruchten Bauteilbereiche festzulegen, die bei der Herstellung sowie den wiederkehrenden Prüfungen an jedem Druckgerät zerstörungsfrei zu prüfen sind. Die zu prüfenden Bauteilbereiche sind zwischen Hersteller und der zuständigen unabhängigen Stelle festzulegen.

4.2 Prüfung während der Fertigung

4.2.1 An den hochbeanspruchten Stellen sind Oberflächenrissprüfungen, vorzugsweise nach dem Magnetpulververfahren, durchzuführen. Für zulässige Oberflächenfehler durch Sand-, Schlacken- und Gaseinschlüsse gelten sinngemäß die Festlegungen nach DIN 1690 Teil 10, Qualitätsklasse A oder B. Hierbei können Eindringprüfungen erforderlich sein. Rissartige Oberflächenfehler sind nicht zulässig.

4.2.2 Zusätzlich sind diese hochbeanspruchten Stellen einer Volumenprüfung an mindestens 10 % der Bauteile eines jeden Loses mittels einer Durchstrahlungsprüfung zu unterziehen. Dabei sind die höchstzulässigen Anzeigenmerkmale nach Qualitätsklasse A oder B nach DIN 1690 Teil 10 einzuhalten.

4.2.3 Für jedes Los ist die Graphitausbildung mittels mikroskopischer Untersuchung zu prüfen. Die Graphitausbildung muss DIN EN 1563 Abschnitt 7.5 entsprechen.

4.3 Prüfungen während des Betriebes

4.3.1 Die Prüfintervalle für Prüfungen während des Betriebes und nach Erreichen der rechnerischen Lebensdauer sind abweichend von Abschnitt 7.3.1 im Hauptteil dieses AD 2000-Merkblattes wegen der in den Auslegungskurven nach Bild A 6 zugrunde liegenden höheren Ausfallwahrscheinlichkeit um 25 % der berechneten zulässigen Lastspielzahl verkürzt. Hierbei ist bei Bauteilen, die für eine Betriebslastspielzahl $\geq 2 \cdot 10^6$ berechnet sind, $N = 2 \cdot 10^6$ einzusetzen.

4.3.2 Wenn die Spannungsschwingbreite $2\sigma_a{}^*$ abweichend von Tafel A 1 80 N/mm² nicht übersteigt, kann auf die Prüfungen aufgrund der Wechselbeanspruchung verzichtet werden.

5 Reparaturen von festgestellten Oberflächenfehlern

Beseitigung von Oberflächenfehlern an wechselbeanspruchten Druckgeräten ist ausschließlich durch Beschleifen durchzuführen. Die zulässige Schleiftiefe ist erforderlichenfalls im Rahmen einer Entwurfsprüfung zu ermitteln.

Druckgeräte, an denen Schweißarbeiten (Fertigungsschweißungen oder Reparaturschweißungen) durchgeführt werden, können bis zum Vorliegen gesicherter Erkenntnisse über zulässige Lastspielzahlen nur für vorwiegend ruhende Beanspruchung verwendet werden.

6 Schrifttum

[1] *Gorsitzke, B.:* Berechnung der Ermüdungslebensdauer wechselbeanspruchter Druckbehälter aus Gusseisen mit Kugelgrafit.
Empfehlungen zur Ermüdungsfestigkeitsberechnung in Anlehnung an die AD-Merkblätter S 1/S 2 und DIN EN 13445-3, 17/18:1999 – Vorschläge zum Europäischen Normenentwurf prEN 13445, Teil 7 (12.99): Zusätzliche Anforderungen an Druckbehälter und Druckbehälterteile aus Gusseisen mit Kugelgrafit.
Z. TÜ **41** (2000) Nr. 11/12, S. 46–52.

[2] *Hück, M.; Schütz, W.; Walter, H.:* Moderne Schwingfestigkeitsunterlagen für die Bemessung von Bauteilen aus Sphäroguss und Temperguss.
ATZ **86** (1984) Nr. 7/8, S. 325–331 und Nr. 9, S. 385–388.

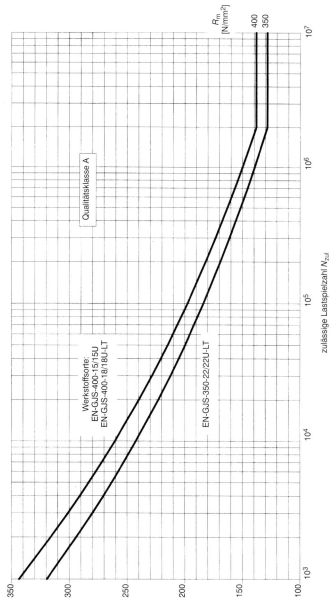

Bild A 6. Zulässige Lastspielzahlen in Abhängigkeit von der Spannungsschwingbreite bei Berechnungstemperaturen ≤ 100 °C und Wanddicken ≤ 25 mm

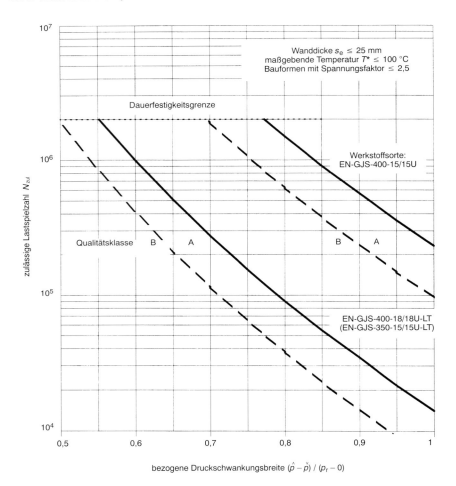

Bild A 7. Zulässige Lastspielzahlen bei Druckschwankungsbreiten $(\hat{p} - \check{p}) \geq (p_r - 0)$

AD 2000-Merkblatt S 1, Ausg. 02.2005 Seite 33

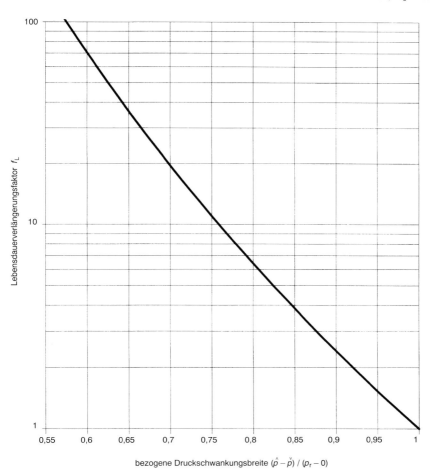

Bild A 8. Lebensdauerverlängerungsfaktor bei Druckschwankungsbreiten $(\hat{p} - \check{p}) < (p_r - 0)$

S 1

ICS 23.020.30　　　　　　　　　　　　　　　　　　　　　　　　　　Ausgabe Oktober 2004

Sonderfälle	Berechnung auf Wechselbeanspruchung	AD 2000-Merkblatt S 2

Die AD 2000-Merkblätter werden von den in der „Arbeitsgemeinschaft Druckbehälter" (AD) zusammenarbeitenden, nachstehend genannten sieben Verbänden aufgestellt. Aufbau und Anwendung des AD 2000-Regelwerkes sowie die Verfahrensrichtlinien regelt das AD 2000-Merkblatt G1.

Die AD 2000-Merkblätter enthalten sicherheitstechnische Anforderungen, die für normale Betriebsverhältnisse zu stellen sind. Sind über das normale Maß hinausgehende Beanspruchungen beim Betrieb der Druckbehälter zu erwarten, so ist diesen durch Erfüllung besonderer Anforderungen Rechnung zu tragen.

Wird von den Forderungen dieses AD 2000-Merkblattes abgewichen, muss nachweisbar sein, dass der sicherheitstechnische Maßstab dieses Regelwerkes auf andere Weise eingehalten ist, z. B. durch Werkstoffprüfungen, Versuche, Spannungsanalyse, Betriebserfahrungen.

　　Fachverband Dampfkessel-, Behälter- und Rohrleitungsbau e.V. (FDBR), Düsseldorf
　　Hauptverband der gewerblichen Berufsgenossenschaften e.V., Sankt Augustin
　　Verband der Chemischen Industrie e.V. (VCI), Frankfurt/Main
　　Verband Deutscher Maschinen- und Anlagenbau e.V. (VDMA), Fachgemeinschaft Verfahrenstechnische Maschinen und Apparate, Frankfurt/Main
　　Stahlinstitut VDEh, Düsseldorf
　　VGB PowerTech e.V., Essen
　　Verband der Technischen Überwachungs-Vereine e.V. (VdTÜV), Berlin

Die AD 2000-Merkblätter werden durch die Verbände laufend dem Fortschritt der Technik angepasst. Anregungen hierzu sind zu richten an den Herausgeber:

　　Verband der Technischen Überwachungs-Vereine e.V., Postfach 10 38 34, 45038 Essen.

Inhalt

0　Präambel
1　Geltungsbereich
2　Allgemeines
3　Formelzeichen und Einheiten
4　Grundlagen der Spannungsberechnung
5　Vergleichsspannungsschwingbreite und Vergleichsmittelspannung bei ein- und mehrachsiger Wechselbeanspruchung
6　Maßgebende Vergleichsspannungsschwingbreite im überelastisch beanspruchten Bereich
7　Zulässige Spannungsschwingbreite bei bekannter Lastspielzahl
8　Zulässige Lastspielzahl bei bekannter Spannungsschwingbreite
9　Berücksichtigung eines Betriebslastkollektivs
10　Konstruktive Voraussetzungen
11　Herstellungstechnische Voraussetzungen
12　Prüftechnische Voraussetzungen
13　Berücksichtigung besonderer Betriebsbedingungen
14　Maßnahmen bei Erreichen der rechnerischen Lebensdauer
15　Zusätzliche Angaben

Anhang 1:　Erläuterungen zum AD 2000-Merkblatt S 2
Anhang 2:　Hinweise zur Beurteilung von Wechselbeanspruchung aus Schwingfestigkeitsversuchen
Anhang 3:　Hinweise zur Durchführung der Spannungsberechnung
Anhang 4:　Alternative Berechnung für höhere zulässige Spannungsschwingbreiten oder Lastspielzahlen bei verkürzten Prüffristen
Anhang 5:　Nachweis der Wechselbeanspruchung für Gusseisensorten mit Kugelgraphit
Anhang 6:　Berechnung auf Wechselbeanspruchung für Behälter aus Aluminiumlegierungen – Knetwerkstoffe

0　Präambel

Zur Erfüllung der grundlegenden Sicherheitsanforderungen der Druckgeräte-Richtlinie kann das AD 2000-Regelwerk angewandt werden, vornehmlich für die Konformitätsbewertung nach den Modulen „G" und „B + F".

Das AD 2000-Regelwerk folgt einem in sich geschlossenen Auslegungskonzept. Die Anwendung anderer technischer Regeln nach dem Stand der Technik zur Lösung von Teilproblemen setzt die Beachtung des Gesamtkonzeptes voraus.

Bei anderen Modulen der Druckgeräte-Richtlinie oder für andere Rechtsgebiete kann das AD 2000-Regelwerk sinngemäß angewandt werden. Die Prüfzuständigkeit richtet sich nach den Vorgaben des jeweiligen Rechtsgebietes.

Ersatz für Ausgabe Mai 2004;　| = Änderungen gegenüber der vorangehenden Ausgabe

Die AD 2000-Merkblätter sind urheberrechtlich geschützt. Die Nutzungsrechte, insbesondere die der Übersetzung, des Nachdrucks, der Entnahme von Abbildungen, die Wiedergabe auf fotomechanischem Wege und die Speicherung in Datenverarbeitungsanlagen, bleiben, auch bei auszugsweiser Verwertung, dem Urheber vorbehalten.

1 Geltungsbereich

1.1 Die nachstehenden Berechnungsregeln gelten für die Berechnung drucktragender Teile von Druckbehältern aus
- ferritischen und austenitischen Walz- und Schmiedestählen,
- Gusseisensorten mit Kugelgraphit nach Anhang 5,
- Aluminiumlegierungen – Knetwerkstoffe nach Anhang 6,

die nach den AD 2000-Merkblättern der Reihe B in Verbindung mit den AD 2000-Merkblättern der Reihen W und HP hergestellt und geprüft werden, zur Berücksichtigung von Wechselbeanspruchungen[1], die durch Innendruck, Temperaturdifferenzen oder durch zusätzliche äußere Kräfte und Momente an den höchstbeanspruchten Stellen entstehen (vgl. Anhang 1).

1.2 Dieses AD 2000-Merkblatt braucht nicht angewendet zu werden, wenn die Bedingungen nach AD 2000-Merkblatt S 1 erfüllt sind.

1.3 Bei tiefen zulässigen Temperaturen in den Anwendungsgrenzen der Beanspruchungsfälle II und III nach AD 2000-Merkblatt W 10 ist eine Reduzierung der zulässigen Lastspielzahlen nicht erforderlich.

2 Allgemeines

2.1 Dieses AD 2000-Merkblatt ist nur im Zusammenhang mit AD 2000-Merkblatt B 0 anzuwenden.

2.2 Für die Berechnung der Wechselbeanspruchung ist die Kenntnis der Belastungen und ihrer zeitlichen Änderungen erforderlich, vgl. auch Abschnitt 15. Die Belastungsverhältnisse des Bauteils ergeben sich aus der Betriebsweise des Druckbehälters und müssen entweder vom Verfahren oder von den Betriebsverhältnissen her bekannt sein.

2.3 Die Ermittlung der Spannungen bzw. Dehnungen kann rechnerisch oder experimentell erfolgen. Ihr zeitlicher Verlauf wird anhand einer Ermüdungsanalyse beurteilt. Dabei ist nach ein-, zwei- oder dreiachsigen Beanspruchungszuständen zu unterscheiden.

2.4 Als Kriterium für das Versagen durch Wechselbeanspruchung gilt der technische Anriss[2].

2.5 Bei der Berechnung der Beanspruchungen ist von den ungünstigsten zulässigen Formabweichungen nach den AD 2000-Merkblättern auszugehen, sofern nicht die tatsächlichen Formabweichungen bekannt sind. In diesen Fällen werden die Istmaße in die Berechnung eingesetzt. Hinsichtlich der Wanddicken kann im Rahmen der Entwurfsprüfung der Nennwanddicke s_e ausgegangen werden. Mindestwanddicken sind auf eine mittlere Wanddicke umzurechnen.

2.6 Für die Berechnung wird als maßgebliche Temperatur während eines betrachteten Lastzyklus definiert:

$$T^* = 0{,}75 \cdot \hat{T} + 0{,}25 \cdot \check{T} \qquad (1)$$

Alle temperaturbedingten Größen sind auf diese maßgebende Temperatur T^* des betreffenden Lastzyklus zu beziehen[3].

2.7 Die Ermittlung der Vergleichsspannungsschwingbreite und Vergleichsmittelspannung kann nach der von Mises-Hypothese (Gestaltänderungsenergiehypothese, GEH) oder nach der Tresca-Hypothese (Schubspannungshypothese, SSH) erfolgen, wovon die erstgenannte die genauere und die zweitgenannte die konservativere ist. Neben den allgemeinen Definitionen ist aus Gründen der Einfachheit und Übersichtlichkeit bei der Anwendung des Abschnittes 5.2 die Bildung der Vergleichsspannungsschwingbreite und Vergleichsmittelspannung nach der Tresca-Hypothese dargestellt.

2.8 Soll von den Ermüdungskurven und Korrekturfaktoren dieses AD 2000-Merkblattes abgewichen werden, ist die Vorgehensweise zur Bestimmung der zulässigen Spannungsschwingbreite bzw. der zulässigen Betriebslastspielzahl aus Schwingfestigkeitsversuchen an Probestäben oder Bauteilen nach Art, Randbedingung, Anzahl der Prüfkörper und Sicherheitsbeiwerte im Einzelfall mit der zuständigen unabhängigen Stelle zu vereinbaren (vgl. Anhang 2).

2.9 Nicht prüfbare Schweißverbindungen sind dauerfest auszulegen. Abweichende Vorgehensweisen sind mit der zuständigen unabhängigen Stelle abzustimmen. Abschnitt 14.2 ist in diesem Fall nicht anzuwenden.

3 Formelzeichen und Einheiten

Über die Festlegungen des AD 2000-Merkblattes B 0 hinaus und abweichend davon gilt:

e	hier: Erschöpfungskennzahl	–
f_0	Korrekturfaktor zur Berücksichtigung der Kerbwirkung von Oberflächenrauheit	–
f_d	Korrekturfaktor zur Berücksichtigung des Wanddickeneinflusses	–
f_{T^*}	Temperatureinflussfaktor	–
f_M	Korrekturfaktor zur Berücksichtigung des Mittelspannungseinflusses	–
f_M^*	Korrekturfaktor zur Berücksichtigung des Mittelspannungseinflusses bei geschweißten spannungsarmgeglühten Bauteilen	–
f_N	Lastspielzahlabminderungsfaktor zur Berücksichtigung des Mediumeinflusses	–
k_e	Vergrößerungsfaktor für mechanische Spannungen im überelastisch beanspruchten Bereich	–
k_v	Vergrößerungsfaktor für Wärmespannungen im überelastisch beanspruchten Bereich	–
t	hier: Betriebszeit mit Zeitstandbeanspruchung	in h
t_m	rechnerische Lebensdauer für Zeitstandbeanspruchung	in h
N	hier: Betriebslastspielzahl	–
R_m	Mindestwert der Zugfestigkeit bei 20 °C für den kleinsten Wanddickenbereich	in N/mm²
$R_{p0{,}2/T^*}$	Warmstreckgrenze oder 0,2 %-Dehngrenze bei Berechnungstemperatur T^* für den kleinsten Wanddickenbereich	in N/mm²
T	Temperatur	in °C
T^*	maßgebende Berechnungstemperatur für Wechselbeanspruchung	in °C
σ_v	Vergleichsspannung	in N/mm²
$\bar{\sigma}_{vr}$	reduzierte Vergleichsmittelspannung	in N/mm²
$2\,\sigma_a$	pseudoelastische Spannungsschwingbreite für ungekerbte Probestäbe und Schweißverbindungen	in N/mm²
$2\,\sigma_{va}$	Vergleichsspannungsschwingbreite	in N/mm²
$2\,\sigma_{vap}$	Vergleichsspannungsschwingbreite aus mechanischer Belastung	in N/mm²

---

[1] Hierbei ist der Begriff „Wechselbeanspruchung" umfassend im Sinne der zeitlichen Veränderung einer Beanspruchung unabhängig von Größe und Vorzeichen des Mittelwertes gemeint.
[2] Als technischer Anriss gilt eine rissartige Werkstofftrennung, die mit optischen Hilfsmitteln oder zerstörungsfreien Prüfverfahren erkennbar ist.
[3] Stoffwerte nach VDI-Richtlinie 3128

2 σ_{vaw}	Vergleichsspannungsschwingbreite aus thermischer Belastung	in N/mm²
2 σ^*_{va}	maßgebende pseudoelastische Vergleichsspannungsschwingbreite	in N/mm²
$\Delta\sigma$	Hauptspannungsdifferenz	in N/mm²

Kopf- und Fußzeiger:

Kopfzeiger *	= korrigierter Wert, z. B. 2 σ^*_{va}
Kopfzeiger ^	= Maximalwert, z. B. $\hat{\sigma}$, $\Delta\hat{\sigma}_{12}$
Kopfzeiger ˇ	= Minimalwert, z. B. $\check{\sigma}$, $\Delta\check{\sigma}_{12}$
Kopfzeiger –	= Mittelwert z. B. $\bar{\sigma}$
Fußzeiger i, j, k	= Zahlenindex, z. B. $\Delta\sigma_{ij}$, N_k, t_j

4 Grundlagen der Spannungsberechnung

4.1 Strukturspannungsnachweis

Bei geschweißten Bauteilen erfolgt die Ermittlung der maßgebenden Spannungen auf der Basis eines Strukturspannungsnachweises. Die Strukturspannung (gegebenenfalls eine Vergleichsspannung) kennzeichnet die Grundbeanspruchung, die sich aus den äußeren Lastgrößen (Kräften und Momenten) und der gegenseitigen mechanischen Beeinflussung der einzelnen Strukturteile in Form linear verteilter Spannungen über die Wanddicke ergibt. Sie können nach technischen Tragwerkstheorien (z. B. Theorie der Schalen und Platten), mittels Finite-Element-Verfahren oder experimentell bestimmt werden. Die Strukturspannung gibt den Formeinfluss der Grobstruktur unter Belastung wieder, beinhaltet jedoch keine Kerbwirkung. Der lokale Kerbeinfluss der Feinstruktur ist in den Lastspielzahlkurven für Schweißverbindungen (siehe Bild 12) bereits berücksichtigt.

Im Falle von FE-Berechnungen oder Dehnungsmessungen mittels Dehnungsmessstreifen darf der Strukturspannungshöchstwert näherungsweise durch lineare Extrapolation der Strukturspannungen an der Bauteiloberfläche in hinreichendem Abstand[4)] von der Naht auf den Ort des Nahtüberganges ermittelt werden (siehe Bild 1). Bei der Interpretation von gemessenen Strukturspannungen als linear verteilte Membran- und Biegespannungen ist auf die Möglichkeit auftretender Nichtlinearitäten im Querschnitt, z. B. infolge Dickwandigkeit und/oder infolge örtlicher Krafteinleitungen, zu achten (vgl. Anhang 1).

4.2 Kerbspannungsnachweis

Bei ungeschweißten Bauteilen ist die Spannungsermittlung auf der Basis eines Kerbspannungsnachweises durchzuführen. Die Kerbspannung berücksichtigt über die jeweilige Strukturspannung hinaus den lokalen Kerbeinfluss der Feinstruktur.

Die Kerbformzahlen können nach der Kerbspannungslehre, nach speziellen analytischen Lösungsverfahren oder alternativ auch über Dehnungsmessstreifen in der Kerbe oder mittels FE-Berechnung bestimmt werden.

In Sonderfällen kann ein Kerbspannungsnachweis auch bei Schweißverbindungen mittels FE-Berechnung durchgeführt werden, wenn die Feinstruktur der Schweißnaht durch ausreichend feine Netzteilung erfasst wird und die Realisierung der zugrunde gelegten Kerbformparameter (Nahtform, Nahtdicke, Nahtwurzel, Nahtrestspalt) in der Praxis gewährleistet ist.

Hinweise zur Struktur- und Kerbspannungsberechnung siehe Anhang 3.

[4)] Siehe z. B. Iida [94]

5 Vergleichsspannungsschwingbreite und Vergleichsmittelspannung bei ein- und mehrachsiger Wechselbeanspruchung

Die Vergleichsspannungsschwingbreite eines Beanspruchungszyklus an einer zu untersuchenden Stelle ist die Differenz der Vergleichsspannung zweier zugehöriger Spannungstensoren im gleichen Koordinatensystem, deren Zeitpunkte innerhalb des Beanspruchungszyklus so zu wählen sind, dass diese Vergleichsspannung ein Maximum wird.

Hierzu muss für jeden wesentlichen Zeitpunkt während eines Lastzyklus der Beanspruchungszustand bekannt sein. Diese Definition gilt allgemein und unabhängig von der verwendeten Vergleichsspannungshypothese. Für ungeschweißte Bauteile oder Bauteilbereiche ist außerdem die zugehörige Vergleichsmittelspannung zu bestimmen. Die nachfolgenden Berechnungen gelten für σ_{vap} aus mechanischen und σ_{vaw} aus thermischen Belastungen nach der Tresca-Hypothese bei konstanten Hauptspannungsrichtungen.

Für den Fall zeitlich sich ändernder Lage der Hauptspannungsrichtungen wird auf Anhang 1 in diesem Merkblatt verwiesen.

5.1 Einachsiger Spannungszustand

Bei einachsiger Beanspruchung, wie im Bild 2 dargestellt, ist die Vergleichsspannungsschwingbreite 2 σ_{va} nach der Tresca-Hypothese

$$2\sigma_{va} = (\hat{\sigma} - \check{\sigma}) \qquad (2)$$

und die Vergleichsmittelspannung

$$\bar{\sigma}_v = \frac{1}{2}(\hat{\sigma} + \check{\sigma}) \qquad (3)$$

5.2 Mehrachsiger Spannungszustand bei konstanten Hauptspannungsrichtungen

Um die Vergleichsspannungsschwingbreite nach der Tresca-Hypothese zu bilden, sind für einen dreiachsigen Spannungszustand, wie in Bild 3 schematisch dargestellt, zunächst die Spannungsverläufe der Hauptspannungen σ_1, σ_2 und σ_3 zu bestimmen.

Sodann sind die zeitlichen Verläufe der drei Hauptspannungsdifferenzen $\Delta\sigma_{12}$, $\Delta\sigma_{23}$, $\Delta\sigma_{31}$ nach Formel (4) zu bestimmen:

$$\begin{aligned}\Delta\sigma_{12} &= \sigma_1 - \sigma_2 \\ \Delta\sigma_{23} &= \sigma_2 - \sigma_3 \\ \Delta\sigma_{31} &= \sigma_3 - \sigma_1\end{aligned} \qquad (4)$$

Für jeden dieser drei Verläufe der Hauptspannungsdifferenzen sind unter Beachtung der Vorzeichen die Größt- und Kleinstwerte herauszusuchen. Die Vergleichsspannungsschwingbreite 2σ_{va} ergibt sich aus der Formel (5) wie folgt (siehe auch Bild 4):

$$2\sigma_{va} = \max.\begin{cases}\Delta\hat{\sigma}_{12} - \Delta\check{\sigma}_{12} \\ \Delta\hat{\sigma}_{23} - \Delta\check{\sigma}_{23} \\ \Delta\hat{\sigma}_{31} - \Delta\check{\sigma}_{31}\end{cases} \qquad (5)$$

Die zur Vergleichsspannungsschwingbreite 2σ_{va} zugehörige Vergleichsmittelspannung $\bar{\sigma}_v$ ist aus denjenigen beiden Spannungsverläufen σ_i und σ_j zu ermitteln, aus denen die für die Vergleichsspannungsschwingbreite 2σ_{va} maßgebenden Hauptspannungsdifferenzen $\Delta\hat{\sigma}_{ij}$ und $\Delta\check{\sigma}_{ij}$ bestimmt wurden. Sodann ist der zeitliche Verlauf der Hauptspannungssumme nach

$$\sum \sigma_{ij} = (\sigma_i + \sigma_j) \qquad (6a)$$

zu bestimmen und der Maximalwert $\sum \hat{\sigma}_{ij}$ und Minimalwert $\sum \check{\sigma}_{ij}$ herauszusuchen. Die Vergleichsmittelspannung $\bar{\sigma}_v$ ergibt sich dann aus

$$\bar{\sigma}_v = \frac{1}{2}\left(\sum \hat{\sigma}_{ij} + \sum \check{\sigma}_{ij}\right) \quad (6b)$$

Eine vereinfachte Vorgehensweise bei der Wirkung von nur einer Belastungsart und unter Vernachlässigung von Schubspannungen wird im Anhang 3 beschrieben.

Bei einem dreiachsigen Zugspannungszustand sind die Bedingungen nach AD 2000-Merkblatt S 4 zu beachten.

6 Maßgebende Vergleichsspannungsschwingbreite im überelastisch beanspruchten Bereich

6.1 Mechanische Belastungen

Bei mechanischen Belastungen ist die maßgebende pseudoelastische Vergleichsspannungsschwingbreite nach

$$2\,\sigma^*_{vap} = 2\,\sigma_{vap} \cdot k_e \quad (7)$$

zu ermitteln.

Der Vergrößerungsfaktor k_e berücksichtigt die überelastischen Verformungen und ist aus Bild 5 zu entnehmen. Die k_e-Kurven des Bildes 5 können im Bereich $1{,}0 < \sigma_{vap}/R_{p0{,}2/T^*} \leq 1{,}5$ durch die Formel

$$k_e = A1 \cdot \sqrt{\frac{\sigma_{vap}}{R_{p0{,}2/T^*}} - 1} + 1 \quad (8)$$

und im Bereich $\sigma_{vap}/R_{p0{,}2/T^*} > 1{,}5$ durch

$$k_e = A2 + A3 \cdot \frac{\sigma_{vap}}{R_{p0{,}2/T^*}} \quad (9)$$

beschrieben werden. Die vom Werkstoffgefüge abhängigen Werte A 1, A 2 und A 3 sind aus Tafel 1 zu entnehmen.

Tafel 1. Werte A 1, A 2 und A 3

Werkstoffgruppe	A 1	A 2	A 3
Ferrit, R_m = 800 bis 1000 N/mm²	0,518	0,718	0,432
Ferrit, $R_m \leq$ 500 N/mm² und Austenit	0,443	0,823	0,327

Bei Ferriten mit R_m zwischen 500 und 800 N/mm² kann linear interpoliert werden.

6.2 Thermische Belastungen

Bei thermischen Belastungen in Dickenrichtung der Wandungen berechnet sich die maßgebende pseudoelastische Vergleichsspannungsschwingbreite aus

$$2\,\sigma^*_{vaw} = 2\,\sigma_{vaw} \cdot k_v \quad (10)$$

mit k_v aus Bild 5 oder nach der Formel

$$k_v = \frac{0{,}7}{0{,}5 + \dfrac{0{,}2}{\sigma_{vaw}/R_{p0{,}2/T^*}}} \quad (11)$$

Im Bereich lokaler Störstellen muss anstelle k_v auch für thermische Belastungen k_e nach Formel (8) bzw. (9) angewendet werden, sofern kein detaillierter Nachweis erfolgt. Andere thermische Belastungen sind wie mechanische Belastungen nach Abschnitt 6.1 zu behandeln.

6.3 Kombinierte Belastungen

Liegt ein kombinierter Belastungszustand aus mechanischen und thermischen Belastungen vor, sind die anteilmäßigen Spannungskomponenten linear zu überlagern. Anschließend ist eine Vergleichsspannungsschwingbreite $2\,\sigma_{vap+w}$ nach Abschnitt 5 zu bilden.

Die maßgebende pseudoelastische Vergleichsspannungsschwingbreite ist nach Formel (12) zu berechnen.

$$2\,\sigma^*_{va} = 2\,\sigma_{vap+w} \cdot k_e \quad (12)$$

Die Formeln (7) bis (12) finden keine Anwendung, wenn die Vergleichsspannungsschwingbreite $2\,\sigma_{va}$ als fiktive Spannung aus der Gesamtdehnung $2\,\varepsilon_{ages}$ (elastisch + plastisch) einer rechnerischen oder experimentellen Festigkeitsuntersuchung aus $2\,\sigma_{va} = 2\,E \cdot \varepsilon_{ages}$ ermittelt wurde.

7 Zulässige Spannungsschwingbreite bei bekannter Lastspielzahl

Die Spannungsschwingbreite $2\,\sigma_{va}$ nach Abschnitt 5 bzw. $2\,\sigma^*_{va}$ nach Abschnitt 6 darf die nach den folgenden Abschnitten zu bildende zulässige Spannungsschwingbreite $2\,\sigma_{azul}$ nicht überschreiten. Dabei ist zwischen ungeschweißten und geschweißten Bauteilbereichen zu unterscheiden.

7.1 Ungeschweißte Bauteilbereiche

Die zulässige Spannungsschwingbreite ist nach

$$2\,\sigma_{azul} = 2\,\sigma_a \cdot f_o \cdot f_d \cdot f_M \cdot f_{T^*} \quad (13)$$

zu berechnen. Falls die Korrekturfaktoren f nicht durch Schwingfestigkeitsversuche bestimmt werden (vgl. Anhang 2), sind diese den folgenden Abschnitten zu entnehmen.

7.1.1 Zulässige Spannungsschwingbreite für ungekerbte Probestäbe

Dabei ist die Spannungsschwingbreite $2\,\sigma_a$ für ungekerbte, polierte Probestäbe aus ferritischen und austenitischen Walz- und Schmiedestählen bei Raumtemperatur und reiner Wechselbeanspruchung (Mittelspannung $\bar{\sigma} = 0$) nach Formel (14) im Geltungsbereich $10^2 \leq N \leq 2 \cdot 10^6$ und $R_m \leq$ 1000 N/mm² zu berechnen oder aus Bild 11 zu ermitteln. In den Kurven ist im Lastspielzahlsicherheitsbeiwert von S_N = 10 bzw. ein Spannungssicherheitsbeiwert von S_σ = 1,5 gegenüber den mittleren Anrisskurven berücksichtigt (vgl. Anhang 1). Für Zwischenwerte der Zugfestigkeit ist linear zu interpolieren.

$$2\,\sigma_a = \frac{4 \cdot 10^4}{\sqrt{N}} + 0{,}55 \cdot R_m - 10 \quad (14)$$

Die Spannungsschwingbreite $2\,\sigma_a$ für den Dauerfestigkeitsbereich ($N \geq 2 \cdot 10^6$) kann auch aus Tafel 2 entnommen werden.

Tafel 2. Spannungsschwingbreite $2\,\sigma_a$ im Dauerfestigkeitsbereich für ungekerbte Probestäbe aus ferritischen und austenitischen Walz- und Schmiedestählen bei Raumtemperatur und Mittelspannung $\bar{\sigma} = 0$

Zugfestigkeit	$2\,\sigma_a$ = konst. [N/mm²]	
R_m [N/mm²]	$N \geq 2 \cdot 10^6$	$N \geq 10^8$
		bei Lastkollektiv
400	240	162
600	350	236
800	460	310
1000	570	385

7.1.2 Korrekturfaktor zur Berücksichtigung des Oberflächeneinflusses

Der Korrekturfaktor f_O zur Berücksichtigung des Oberflächeneinflusses ist in Abhängigkeit von der Rautiefe R_Z, der Zugfestigkeit R_m und der Lastspielzahl $N \leq 2 \cdot 10^6$ nach

$$f_O = F_O^{\frac{0{,}4343 \cdot \ln N - 2}{4{,}301}} \quad (15)$$

mit

$$F_O = 1 - 0{,}056 \cdot (\ln R_Z)^{0{,}64} \cdot \ln R_m + 0{,}289 \cdot (\ln R_Z)^{0{,}53} \quad (16)$$

zu ermitteln. Für $N > 2 \cdot 10^6$ ist $f_O = F_O$.

Falls nicht spezifiziert, sind folgende herstellungsbedingte Rautiefen in Formel (16) einzusetzen.

Tafel 3. Richtwerte für Oberflächen-Rautiefen

Oberflächenzustand	R_Z [µm]
gewalzt oder stranggepreßt	200
mechanisch bearbeitet	50
kerbfrei geschliffen	10

Für polierte Oberflächen mit Rautiefen $R_Z < 6$ µm kann mit $f_O = 1$ gerechnet werden. Der Abminderungsfaktor f_O für Walzhaut kann auch aus Bild 6 entnommen werden.

7.1.3 Korrekturfaktor zur Berücksichtigung des Wanddickeneinflusses

Die auf der Basis von Schwingfestigkeitsversuchen an kleinen Probestäben abgeleiteten Spannungsschwingbreiten $2\sigma_a$ nach Bild 11 sind bei Wanddicken $s > 25$ mm abzumindern. Der Korrekturfaktor f_d ist für $N \leq 2 \cdot 10^6$ nach

$$f_d = F_d^{\frac{0{,}4343 \cdot \ln N - 2}{4{,}301}} \quad (17)$$

mit

$$F_d = \left(\frac{25}{s}\right)^{\frac{1}{Z}} \quad (18)$$

und $Z = 10$ zu berechnen, wobei mit einer beeinflussenden Wanddicke von maximal $s = 150$ mm der Faktor f_d auf $F_d = 0{,}84$ zu begrenzen ist. Für $N > 2 \cdot 10^6$ ist $f_d = F_d$.
Bei Schmiedestücken ist als Wanddicke der maßgebliche Wärmebehandlungsdurchmesser nach DIN 17243 einzusetzen. Der Korrekturfaktor f_d ist in Bild 7 dargestellt.

7.1.4 Korrekturfaktor zur Berücksichtigung des Mittelspannungseinflusses

Eine Zugmittelspannung wirkt sich schwingfestigkeitsmindernd und eine Druckmittelspannung schwingfestigkeitserhöhend aus.

7.1.4.1 Elastischer Bereich

Im Falle $2\sigma_{va} < R_{p0{,}2/T^*}$ ist der Mittelspannungs-Korrekturfaktor f_M in Abhängigkeit von der Mittelspannungsempfindlichkeit M im Bereich

$$-R_{p0{,}2/T^*} \leq \bar{\sigma}_v \leq \frac{\sigma_a}{1+M}$$

nach der Formel

$$f_M = \sqrt{1 - \frac{M(2+M)}{1+M} \cdot \frac{\bar{\sigma}_v}{\sigma_a}} \quad (19)$$

und im Bereich $\frac{\sigma_a}{1+M} \leq \bar{\sigma}_v \leq R_{p0{,}2/T^*}$

nach der Formel

$$f_M = \frac{1+M/3}{1+M} - \frac{M}{3} \cdot \frac{\bar{\sigma}_v}{\sigma_a} \quad (20)$$

mit

$$M = 0{,}00035 \cdot R_m - 0{,}1 \quad (21)$$

für Walz- und Schmiedestahl zu ermitteln.
Für den Dauerfestigkeitsbereich ($N \geq 2 \cdot 10^6$) kann der Korrekturfaktor f_M auch aus Bild 9 entnommen werden.

7.1.4.2 Teilplastischer Bereich

Übersteigt die aus der größten absoluten Hauptspannungsdifferenz gebildete maximale Vergleichsspannung $\hat{\bar{\sigma}}_v$

$$\hat{\bar{\sigma}}_v = \max\left(|\Delta\hat{\sigma}_{12}|, |\Delta\hat{\sigma}_{23}|, |\Delta\hat{\sigma}_{31}|\right) \quad (22)$$

die Streckgrenze $R_{p0{,}2/T^*}$ oder ist $R_{p0{,}2/T^*} \leq 2\sigma_{va} \leq 2 R_{p0{,}2/T^*}$, werden ebenso die Formeln (19) oder (20) zur Ermittlung des Korrekturfaktors f_M herangezogen, wobei jedoch anstelle $\bar{\sigma}_v$ die reduzierte Vergleichsmittelspannung

$$\bar{\sigma}_{vr} = R_{p0{,}2/T^*} - \sigma_{va} \quad (23)$$

unter Einhaltung der Bedingung $|\bar{\sigma}_{vr}| \leq |\bar{\sigma}_v|$ einzusetzen ist.

7.1.5 Korrekturfaktor zur Berücksichtigung des Temperatureinflusses

Bei Lastzyklustemperatur $T^* > 100$ °C muss der temperaturbedingte Abfall der Schwingfestigkeit durch einen Korrekturfaktor f_{T^*} berücksichtigt werden. Der Korrekturfaktor f_{T^*} ist aus Bild 10 zu entnehmen oder im Temperaturbereich von 100 °C $\leq T^* \leq$ 600 °C für ferritischen Werkstoff nach

$$f_{T^*} = 1{,}03 - 1{,}5 \cdot 10^{-4} \cdot T^* - 1{,}5 \cdot 10^{-6} \cdot T^{*2} \quad (24)$$

und für austenitischen Werkstoff nach

$$f_{T^*} = 1{,}043 - 4{,}3 \cdot 10^{-4} \cdot T^* \quad (25)$$

zu bestimmen.

7.2 Geschweißte Bauteilbereiche

7.2.1 Die zulässige Spannungsschwingbreite ist nach

$$2\sigma_{azul} = 2\sigma_a \cdot f_d \cdot f_{T^*} \quad (26)$$

zu berechnen.
Dabei ist die Spannungsschwingbreite $2\sigma_a$ in Abhängigkeit von der Schweißnahtgestaltung für ferritische und austenitische Walz- und Schmiedestähle bei Raumtemperatur aus Bild 12 zu entnehmen. In diesen aus Spannungs- und dehnungsgesteuerten Schwingfestigkeitsversuchen an Schweißverbindungen abgeleiteten Lastspielzahlkurven sind die Schweißnahtkerbwirkung, die Schweißeigenspannungen und der noch verbleibende Mittelspannungseinfluss bereits berücksichtigt. Oberflächen- und Mittelspannungseinfluss brauchen deshalb hier nicht gesondert in Abzug gebracht zu werden [5].
Die Kurven des Bildes 12 können durch die Formel (27) im Bereich $10^2 \leq N \leq 2 \cdot 10^6$ und Konstanten der Tafel 4 beschrieben werden.

$$2\sigma_a = \left(\frac{B1}{N}\right)^{\frac{1}{3}} \quad (27)$$

7.2.2 In der Tafel 5 sind die für Druckbehälter üblichen Schweißverbindungen dargestellt und hinsichtlich ihrer Kerbwirkung vier Schweißnahtklassen K 0, K 1, K 2 und K 3 zugeordnet.
Tafel 5 enthält zwei Alternativen für den Spannungsnachweis:
– Spannungsnachweis 1: Zusätzliche Spannungen durch Wanddickenversatz (s. auch Fußnote 9 in Tafel 5) oder durch Anschweißteile werden beim Strukturspannungsnachweis gemäß Abschnitt 4.1 vernachlässigt und

---

[5] Angaben über Sicherheiten in Vorbereitung

Tafel 4. Konstanten B 1, B 2 und Spannungsschwingbreite 2 σ_a im Dauerfestigkeitsbereich für Schweißverbindungen aus ferritischen und austenitischen Walz- und Schmiedestählen bei Raumtemperatur

Klasse	Konstante		Spannungsschwingbreite	
	B 1	B 2	\multicolumn{2}{c}{2 σ_a = konst. [N/mm²]}
	$10^2 \leq N \leq 2 \cdot 10^6$	$2 \cdot 10^6 \leq N \leq 10^8$	$N \geq 2 \cdot 10^6$	$N \geq 10^8$ bei Lastkollektiv
K 0	$1{,}56 \cdot 10^{12}$	$1{,}32 \cdot 10^{16}$	92	42
K 1	$5{,}0 \cdot 10^{11}$	$1{,}98 \cdot 10^{15}$	63	29
K 2	$2{,}5 \cdot 10^{11}$	$6{,}25 \cdot 10^{14}$	50	23
K 3	$1{,}28 \cdot 10^{11}$	$2{,}05 \cdot 10^{14}$	40	18

– Spannungsnachweis 2: Diese Zusatzspannungen werden beim Strukturspannungsnachweis berücksichtigt.

Spannungsnachweis 1 wird in der Regel bei Beanspruchung der Wandung durch wechselnden Druck angewandt. Bei anderen wechselnden Beanspruchungsarten (z. B. bei Wärmespannungen) kann insbesondere bei Anschweißteilen eine andere Klassenzuordnung bzw. der Spannungsnachweis 2 erforderlich sein.

7.2.3 Die Zuordnung für andere, hier nicht angesprochene Schweißnahtverbindungen ist im Einzelfall mit der zuständigen unabhängigen Stelle zu vereinbaren.

7.2.4 Sofern bei komplizierten Bauteilen die Schweißnahtkerbspannungen nach Abschnitt 4.2 ermittelt werden und die Schweißverbindung die Anforderungen der Klasse K 1 erfüllt, kann die Bewertung der Spannungen nach Klasse K 0 erfolgen.

7.2.5 Längs- oder Rundnähte von drucktragenden Wandungen nach Tafel 5, die zur Erhöhung der Lebensdauer beidseitig blecheben geschliffen und unabhängig von einer entsprechenden Anforderungen nach AD 2000-Merkblatt HP 5/3 zu 100 % zerstörungsfrei geprüft sind, können in die Klasse K 0 eingestuft werden.

7.2.6 Der Korrekturfaktor f_d ist sinngemäß nach Abschnitt 7.1.3 zu berechnen, wobei in Formel (18) $Z = 4$ zu setzen und der Faktor f_d auf $F_d = 0{,}64$ zu begrenzen ist. Der Faktor f_d kann auch aus Bild 8 entnommen werden. Bei blecheben geschliffenen Nähten nach Abschnitt 7.2.5 oder bei Ermittlung der Schweißnahtkerbspannungen nach Abschnitt 4.2 darf in Formel (18) $Z = 10$ gesetzt und bei einer beeinflussenden Wanddicke von maximal s = 150 mm der Faktor f_d auf $F_d = 0{,}84$ begrenzt werden. Der Korrekturfaktor f_d kann auch aus Bild 8 entnommen werden. Bei geschweißten Schmiedestücken gelten die Regelungen nach Abschnitt 7.1.3. Für den Korrekturfaktor f_{T*} gelten die Formeln (24) bzw. (25) oder Bild 10.

7.2.7 Bei spannungsarmgeglühten Bauteilen wird die Schwingfestigkeit durch den Abbau von Schweißeigenspannungen gegenüber dem Schweißzustand erhöht. Die zulässige Spannungsschwingbreite kann unter Einbezug des Korrekturfaktors f_M zur Berücksichtigung des Mittelspannungseinflusses aus der Belastung nach Abschnitt 7.1.4 aus

$$2 \sigma_{azul} = 2 \sigma_a \cdot f_d \cdot f_{T*} \cdot f_M^* \quad (28)$$

mit $f_M^* = 1{,}3^{\frac{0{,}4343 \cdot \ln N - 4{,}699}{1{,}602}} \cdot f_M \quad$ (28 a)

bestimmt werden, wobei für f_M^* keine kleineren Werte als 1,0 berücksichtigt zu werden brauchen.

7.3 Alternative Berechnungsmethode

Die zulässige Spannungsschwingbreite darf alternativ zu der in den Abschnitten 7.1 und 7.2 beschriebenen Methode auch nach der im Anhang 4 erläuterten Vorgehensweise ermittelt werden. Hierbei ergeben sich bei verkürzten Prüfintervallen höhere zulässige Spannungswerte.

8 Zulässige Lastspielzahl bei bekannter Spannungsschwingbreite

Bei der Ermittlung der zulässigen Lastspielzahl N_{zul} ist analog zu Abschnitt 7 ebenfalls zwischen ungeschweißten und geschweißten Bauteilbereichen zu unterscheiden.

8.1 Ungeschweißte Bauteile

Die zulässige Lastspielzahl ist aus der Formel (29) zu berechnen oder aus Bild 11 zu entnehmen.

$$N_{zul} = \left(\frac{4 \cdot 10^4}{2 \sigma_a^* - 0{,}55 \cdot R_m + 10} \right)^2 \quad (29)$$

Hierbei ist $2\sigma_a^*$ die Spannungsschwingbreite, die aus der Vergleichsspannungsschwingbreite $2\sigma_{va}$ nach Abschnitt 5 bzw. $2 \sigma_{va}^*$ nach Abschnitt 6 und den Korrekturfaktoren f_o, f_d und f_{T*} nach Abschnitt 7.1 aus

$$2 \sigma_a^* = \frac{2 \sigma_{va}}{f_o \cdot f_d \cdot f_M \cdot f_{T*}} \quad (30)$$

zu ermitteln ist.

Die lastspielzahlabhängigen Korrekturfaktoren f_o (N, R_m) und f_d (N, s) müssen für $N = N_{zul}$ iterativ bestimmt werden. Bei Werten für $2 \sigma_a^*$ unterhalb der Kurven nach Bild 11 im Bereich $N \geq 2 \cdot 10^6$ oder bei $2 \sigma_a^* \leq 2 \sigma_a$ für $N \geq 2 \cdot 10^6$ nach Tafel 2 liegt Dauerfestigkeit vor.

8.2 Geschweißte Bauteile

Die zulässige Lastspielzahl wird nach

$$N_{zul} = \frac{B\,1}{\left(2 \sigma_a^*\right)^3} \quad (31)$$

mit den Konstanten B 1 aus Tafel 4 und der Spannungsschwingbreite $2 \sigma_a^*$ aus

$$2 \sigma_a^* = \frac{2 \sigma_{va}}{f_d \cdot f_{T*}} \quad (32)$$

oder aus Bild 12 ermittelt, wobei $2 \sigma_{va}$ nach Abschnitt 5 bzw. $2 \sigma_{va}^*$ nach Abschnitt 6 sowie die Korrekturfaktoren f_d und f_{T*} nach Abschnitt 7.2.6 einzusetzen sind.

Liegen Randbedingungen nach den Abschnitten 7.2.4, 7.2.5 oder 7.2.7 vor, sind die dort angegebenen Vorgehensweisen sinngemäß anzuwenden. Dabei ist die Spannungsschwingbreite bei spannungsarmgeglühten Bauteilen nach

$$2\,\sigma_a^* = \frac{2\,\sigma_{va}}{f_d \cdot f_{T^*} \cdot f_M^*} \quad (33)$$

zu ermitteln (vgl. Abschnitt 7.2.7).

8.3 Alternative Berechnungsmethode

Die zulässige Lastspielzahl darf alternativ zu der in Abschnitten 8.1 und 8.2 beschriebenen Methode auch nach der im Anhang 4 erläuterten Vorgehensweise ermittelt werden. Hierbei ergeben sich bei verkürzten Prüfintervallen höhere zulässige Lastspielzahlen.

9 Berücksichtigung eines Betriebslastkollektivs

9.1 Bei unterschiedlichen Belastungsvorgängen müssen zu jeder Belastungsart der Beanspruchungszustand, die Vergleichsspannungsschwingbreite, gegebenenfalls die maßgebende Vergleichsspannungsschwingbreite im überelastischen Bereich und bei ungeschweißten Bauteilen außerdem die Vergleichsmittelspannung bestimmt werden.

Der folgende Berechnungsgang ist nur anzuwenden, wenn die größte Spannungsschwingbreite die Dauerfestigkeit übersteigt.

Die Schädigung durch Wechselbeanspruchung wird nach der linearen Schädigungsakkumulationshypothese zu

$$\sum_k \frac{N_k}{N_{k\,zul}} = \left(\frac{N_1}{N_{zul\,1}} + \frac{N_2}{N_{zul\,2}} + \ldots \frac{N_k}{N_{zul\,k}} \right) \leq 1{,}0 \quad (34)$$

ermittelt. Hierin sind N_1, N_2 ... N_k die im Betrieb zu erwartenden Lastspielzahlen, wobei jeweils die Lastzyklen zusammengefasst werden, die die gleiche Spannungsschwingbreite $2\,\sigma_{va}$ bzw. $2\,\sigma_{va}^*$ hervorrufen. Somit tritt die Spannungsschwingbreite $2\,\sigma_{va1}$ ($2\,\sigma_{va1}^*$) während der gesamten Betriebszeit N_1 mal auf, $2\,\sigma_{va2}$ ($2\,\sigma_{va2}^*$) tritt N_2 mal auf usw. Die zugehörigen zulässigen Lastspielzahlen $N_{zul\,1}$, $N_{zul\,2}$ ... $N_{zul\,k}$ sind dann mit der jeweiligen Spannungsschwingbreite $2\,\sigma_a^*$ aus den entsprechenden Lastspielzahlkurven für ungeschweißte und geschweißte Bauteile zu entnehmen, wobei im Bereich $N > 2 \cdot 10^6$ in Bild 11 bzw. Bild 12 gestrichelt angegebenen fiktiven Lastspielzahlkurven gelten. Die fiktiven Lastspielzahlkurven können für ungeschweißte Bauteile nach Formel (35)

$$N_{zul\,k} = \left(\frac{2{,}35 \cdot R_m + 80}{2\,\sigma_a^*} \right)^{10} \quad (35)$$

und für Schweißverbindungen nach Formel (36)

$$N_{zul\,k} = \frac{B\,2}{(2\,\sigma_a^*)^5} \quad (36)$$

mit den in Tafel 4 angegebenen Konstanten B 2 beschrieben werden.

9.2 Enthält ein Betriebslastkollektiv Belastungsvorgänge mit Spannungsschwingbreiten $2\,\sigma_{va}$ ($2\,\sigma_{va}^*$), die kleiner sind als die in Tafel 2 bzw. 4 für $N \geq 10^8$ angegebenen Werte, so können die Schädigungsanteile dieser Kollektivstufen in Formel (34) vernachlässigt werden.

9.3 Wird ein Bauteil im Hochtemperaturbereich[6] betrieben, tritt neben der Ermüdung infolge Wechselbeanspruchung eine zusätzliche Kriechschädigung auf, deren Schädigungsanteil mit

$$\sum_j \frac{t_j}{t_{mj}} = \left(\frac{t_1}{t_{m1}} + \frac{t_2}{t_{m2}} + \ldots \frac{t_j}{t_{mj}} \right) \leq 1{,}0 \quad (37)$$

zu bestimmen ist.

Die Kriechschädigungsanteile $\frac{t_1}{t_{m1}} + \frac{t_2}{t_{m2}} + \ldots \frac{t_j}{t_{mj}}$ sind analog zu den Ermüdungsschädigungsanteilen aus entsprechenden Zeitstandfestigkeitsdiagrammen unter Zugrundelegung der Mindestwerte des Streubandes zu ermitteln (siehe z. B. EN 10 028-2 : 1992, Tabelle A.1 Fußnote 1).

Für vollbeanspruchte Schweißnähte ist AD 2000-Merkblatt B 0 Abschnitt 6.5 zu beachten.

9.4 Zur Abschätzung der Überlagerung von Ermüdungs- und Kriechschädigung im Hinblick auf die Prüfungen nach Abschnitt 14.5 kann nach einer modifizierten linearen Schädigungsakkumulationshypothese verfahren werden. Dabei werden die Schädigungsanteile nach Formel (34) und (37) zu einer Erschöpfungskennzahl

$$e = \sum_k \frac{N_k}{N_{k\,zul}} + \sum_j \frac{t_j}{t_{mj}} \leq 1{,}0 \quad (38)$$

zusammengefasst.

Ggf. ist für spezielle Anwendungen der zulässige Betrag von e zu ermitteln (vgl. Abschnitt 14.5).

10 Konstruktive Voraussetzungen

10.1 Die Lebensdauer von wechselbeanspruchten Bauteilen ist wesentlich von der Dimensionierung und konstruktiven Gestaltung abhängig. Hierbei ist besonders darauf zu achten, dass Konstruktionen mit hoher Spannungs- bzw. Dehnungskonzentration vermieden werden, z. B. durch eine spannungsflussgerechte Gestaltung von Querschnittsübergängen. Eine Bewertung von im Druckbehälterbau üblichen Schweißnahtausführungen ist in der Tafel 5 gegeben. Bei hohen Anforderungen an die Lebensdauer sind die Schweißnahtgestaltungen der Klasse K 1 zu empfehlen. Ggf. sind Anforderungen an die Gestaltung als nach AD 2000-Merkblatt HP 1 zu stellen. Durch geeignete Gestaltung ist die Möglichkeit der Prüfung nach Abschnitt 14.5 zu schaffen.

10.2 Die Lebensdauer kann beispielhaft durch folgende konstruktive Maßnahmen erhöht werden:

(1) Halbkugel- oder Korbbogenboden anstelle Klöpperboden;

(2) kegelförmiger Mantel mit Krempe anstelle Kegel mit Eckstoß;

(3) Überdimensionierung des ebenen Bodens einer unverankerten Boden-Mantel-Eckverbindung (bei Lastfall Innendruck);

(4) Vergrößerung der Wanddicken von Stutzen in Zylinder- und Kugelschalen, jedoch höchstens bis zu einem Wanddickenverhältnis $s_S/s_A = 2$. Hierbei ist zu beachten, dass die Strukturaufsteife auf der Außenseite des Stutzenanschlusses nicht über die Innenseite erreichen oder übersteigen kann;

(5) Vermeidung von schrägen Stutzen und aufgesetzten scheibenförmigen Verstärkungen;

(6) Rohrplatten, Flansche und dergleichen mit konischem Ansatz zum Behältermantel;

(7) Unterlegbleche von Auflagerpratzen oder Ähnliches mit abgerundeten Ecken;

(8) Vermeidung von eckigen Ausschnitten.

10.3 Durch weitere besondere Maßnahmen, z. B. das Aufbringen von Druckeigenspannungen oder durch me-

---

[6] Temperaturbereich, in dem zeitabhängige Festigkeitskennwerte für die Dimensionierung nach den AD 2000-Merkblättern der Reihe B maßgebend sind

chanische oder thermische Oberflächenbehandlung, lässt sich die Lebensdauer eines Bauteils ebenfalls erhöhen. Ihre Berücksichtigung bei der Ermittlung des Oberflächenkorrekturfaktors oder der zulässigen Spannungsschwingbreiten nach Abschnitt 7 ist im Einzelfall mit der zuständigen unabhängigen Stelle abzustimmen.

11 Herstellungstechnische Voraussetzungen

Für die Herstellung gelten die AD 2000-Merkblätter der Reihe HP. Zusätzlich ist bei Behältern, die nach diesem Blatt berechnet werden, zu beachten:

11.1 Bei Wechselbeanspruchung wirken sich bei der Fertigung entstandene Fehler ungünstiger aus als bei ruhender Beanspruchung. Durch Kerbstellen oder ungünstige Eigenspannungen kann die Lebensdauer von Bauteilen beträchtlich vermindert werden.

11.2 Für die Bauteile sind an die Schweißnahtausführung besondere Anforderungen zu stellen. Bewertungsgruppe B nach DIN EN 25817 ist einzuhalten. Hinsichtlich der Wärmeführung beim Schweißen und der Schweißfolge ist den Schweißeigenspannungen besondere Bedeutung zuzumessen. Sämtliche Wärmebehandlungen sind dem Werkstoff und der Wanddicke entsprechend ordnungsgemäß auszuführen.

Glühtemperaturen, Haltezeit und Abkühlbedingungen sind möglichst so festzulegen, dass große Dehnung und Kerbschlagzähigkeit gewährleistet sind. In vielen Fällen werden sich dabei Streckgrenze und Zugfestigkeit an der unteren Grenze der zulässigen Spanne einstellen. Das Spannungsarmglühen ist so durchzuführen, dass die Eigenspannungen auf ein niedriges Niveau abgebaut werden und die oben genannten Werkstoffeigenschaften erhalten bleiben (siehe die entsprechenden DIN-Normen und Werkstoffblätter).

Stempelungen dürfen nicht an Stellen erhöhter Beanspruchung angebracht werden.

12 Prüftechnische Voraussetzungen

Für die Prüfung vor, während und nach der Herstellung sind zusätzlich zu den AD 2000-Merkblättern der Reihe HP und zu den TRB die folgenden Abschnitte zu beachten:

12.1 Entwurfsprüfung

Im Rahmen der Entwurfsprüfung nach AD 2000-Merkblatt HP 511 sind von der zuständigen unabhängigen Stelle die im Hinblick auf die Wechselbeanspruchung bei den Prüfungen nach Abschnitt 12.2 und 12.3 besonders zu prüfenden Stellen festzulegen.

12.2 Prüfungen während der Fertigung und Schlussprüfung

12.2.1 Durch die während der Fertigung vom Hersteller oder im Rahmen der Schlussprüfung von der zuständigen unabhängigen Stelle durchzuführenden Prüfungen muss sichergestellt werden, dass in dem Druckbehälter oder dem Druckbehälterteil keine Fehler vorhanden sind, die sich bei dynamischer Beanspruchung schnell vergrößern und zu einem Versagen der drucktragenden Teile vor Erreichen der zulässigen Lastspielzahl führen könnten (vgl. AD 2000-Merkblatt HP 5/1).

12.2.2 Für die zerstörungsfreie Prüfung sind die Regelungen des AD 2000-Merkblattes HP 5/3 in Verbindung mit Übersichtstafel zu beachten. Ist es hiernach freigestellt, ob nach dem Durchstrahlungsverfahren oder dem US-Verfahren geprüft wird, so ist die US-Prüfung in der Regel der Vorrang zu geben. Im Betrieb hochbeanspruchte Stellen, wie z. B. Stutzeneinschweißungen, Lochränder oder Querschnittsübergänge, sind möglichst vollständig zerstörungsfrei zu prüfen. Die Besichtigung auf Oberflächenfehler und äußerlich sichtbare Schweißfehler ist mit der entsprechenden Sorgfalt vorzunehmen.

12.3 Prüfungen während des Betriebes

12.3.1 An jedem Druckbehälter, für den die Zahl der zulässigen Lastwechsel (Lastspielzahl N) festgelegt ist, muss spätestens bei Erreichen der Hälfte der festgelegten Lastspielzahl eine innere Prüfung durchgeführt werden. Ergeben sich aufgrund einer besonderen Vereinbarung entsprechend den nationalen Vorschriften kürzere Fristen für die innere Prüfung, so ist davon die kürzeste Frist einzuhalten. Dem Betreiber obliegt es, in geeigneter Weise die Zahl der auftretenden Lastwechsel zu erfassen und erforderlichenfalls die inneren Prüfungen zu veranlassen.

12.3.2 Sind durch andere betriebliche Einflüsse bereits vor Ablauf der Prüffristen Schädigungen an der drucktragenden Wand zu erwarten, so sind die Prüffristen entsprechend den nationalen Vorschriften zu verkürzen.

12.3.3 Bei wechselnd beanspruchten Druckbehältern sind wiederkehrende Prüfungen von besonderer Bedeutung; sie erlauben, beginnende Schädigungen rechtzeitig zu erkennen. Dazu sind die inneren Prüfungen durch zerstörungsfreie Prüfungen an hochbeanspruchten Stellen zu ergänzen. Als Prüfverfahren kommen Oberflächenrissprüfungen und US-Prüfungen in Frage. Zur Überwachung gut prüfbarer Bereiche kann auch die US-Prüfung von der Außenseite des Behälters eingesetzt werden.

12.3.4 Werden bei einer inneren Prüfung keine Risse festgestellt, so ist die nächste innere Prüfung in der sich aufgrund einer besonderen Vereinbarung entsprechend den nationalen Vorschriften ergebenden kürzesten Frist, spätestens jedoch wieder bei Erreichen der Hälfte der festgelegten Lastspielzahl, durchzuführen. Dies gilt auch, wenn die Zahl der zulässigen Lastspiele überschritten ist.

12.3.5 Auf die Prüfungen, die nach Abschnitt 12.3.1 bis 12.3.4 aufgrund der Wechselbeanspruchung während des Betriebes erforderlich sind, kann verzichtet werden, wenn das Bauteil für eine Betriebslastspielzahl $\geq 2 \cdot 10^6$ oder für $\geq 5 \cdot 10^6$ als alternativer Berechnungsmethode nach Anhang 4 (dauerfest) ausgelegt ist.

12.3.6 Bei tiefen zulässigen Temperaturen unterhalb von $-200\ °C$ sind die Prüfintervalle zur Durchführung der inneren Prüfung nochmals auf die Hälfte zu verkürzen, d. h. die inneren Prüfungen nach Abschnitt 12.3.1 und 12.3.4 müssen spätestens bei Erreichen eines Viertels der festgelegten Lastspielzahl durchgeführt werden.

13 Berücksichtigung besonderer Betriebsbedingungen

13.1 Falls korrosionsgestützte Rissbildung (Schwingungsrisskorrosion, dehnungsinduzierte Risskorrosion) oder wasserstoffgestützte Rissbildung in Druckwasserstoff zu erwarten ist, ist zu berücksichtigen, dass die Schwingfestigkeit nicht nur beträchtlich unter die Werte ohne diese Einwirkungen absinken, sondern auch noch Ermüdungsbrüche nach sehr hohen Lastspielzahlen ($> 10^7$) auftreten können.

Bei der Werkstoffwahl ist im Hinblick auf Korrosionsbeständigkeit zu berücksichtigen, dass bei einem Werkstoff unter Wechselbeanspruchung auch eine Schädigung durch Korrosionsermüdung auftreten kann, wenn bei ruhender Beanspruchung noch keine wesentliche Korrosionsanfälligkeit festzustellen ist.

Der Spannungsrisskorrosion ist durch Verwendung weitgehend korrosionsbeständiger Werkstoffe, eines kathodischen Schutzes, eines Korrosionsschutzöl-Zusatzes im Beschickungsmedium oder durch konstruktive Maßnahmen (Vermeidung von Oberflächenkerben oder sonstige Ungänzen mit entsprechender Kerbwirkung) zu begegnen.

Bei Behältern mit sehr niedrigfrequenter zyklischer Innendruckbeanspruchung (z. B. ein- oder zweimaliges Füllen und Entleeren pro Tag) unter Druckwasserstoff kommen konstruktive und fertigungstechnische spannungsvermindernde Maßnahmen zur Vermeidung von Rissbildungen besondere Bedeutung zu (vgl. Abschnitte 10 und 11). Aufgrund von Erkenntnissen aus Schadensfällen sind hier bei zylindrischen Mantelschüssen im Längsschweißnahtbereich verlaufende dachförmige Formabweichungen oder Einziehungen möglichst gering zu halten. Die Zulässigkeit dieser Formabweichungen sind unabhängig von den im AD 2000-Merkblatt HP 1 angegebenen oberen Grenzwerten gesondert nachzuweisen.

13.2 Bei Stahlflaschen und nahtlos hergestellten Druckgasbehältern aus Vergütungsstählen (z. B. 34 CrMo 4) zum Transport von kaltem Druckwasserstoff kann zur Berechnung der zulässigen Lastspielzahl im Bereich von $10^3 \leq N \leq 5 \cdot 10^4$ sinngemäß nach Abschnitt 8.1 vorgegangen werden. Dabei ist der Oberflächen-Korrekturfaktor f_o nach Formel (15) für den Oberflächenzustand „gewalzt oder stranggepresst" zu berechnen.

Zur Berücksichtigung des Wasserstoffeinflusses ist die Lastspielzahl N_{zul} nach Formel (29) mit einem Abminderungsfaktor $f_N = 1/10$ entsprechend

$$N^*_{zul} = N_{zul} \cdot f_N \qquad (39)$$

zu reduzieren.

13.3 Bei geschweißten Behältern unter Druckwasserstoff aus ferritischen Stählen mit Festigkeitskennwerten $K_{20} \leq 500$ N/mm² kann bei unbeschliffenen Schweißnähten sinngemäß nach Abschnitt 8.2 oder Anhang 4, Abschnitt 4.2 vorgegangen werden. Hierbei ist die nach Formel (31) berechnete Lastspielzahl sinngemäß Formel (39) mit einem spannungsabhängigen Abminderungsfaktor

$$f_N = \left(\frac{215}{2\,\sigma_{va}}\right)^5 \leq 1 \qquad (40)$$

herabzusetzen, sofern $K_{20} \leq 355$ N/mm² beträgt (z. B. Feinkornbaustahl StE 355). Die Schweißnähte müssen hierbei den Anforderungen der Schweißnahtklasse K 1 genügen.

Bei Festigkeitskennwerten $K_{20} > 355$ N/mm² (z. B. Feinkornbaustahl StE 460) sind nur 50 % der unter Verwendung der Formeln (39) und (40) ermittelten Lastspielzahl als zulässig anzusetzen.

Bei Behältern aus ferritischen Stählen mit Festigkeitskennwerten K_{20} mit $355 < K_{20} \leq 500$ N/mm², deren Bauteilbereiche unregelmäßig oder deren Schweißnähte kerbfrei geschliffen sind, kann die zulässige Lastspielzahl nach Abschnitt 8.1 bzw. Abschnitt 8.2 oder Anhang 4, Abschnitt 4.1 bzw. 4.2 unter Anwendung von Formel (39) mit einem Abminderungsfaktor

$$f_N = \left(\frac{215}{2\,\sigma_{va}}\right)^{1,6} \leq 1 \qquad (41)$$

bestimmt werden, wobei ebenfalls Schweißnahtklasse K 1 vorausgesetzt wird und kleinere Werte als 0,5 nicht berücksichtigt zu werden brauchen. Eine weitere Abminderung bei $K_{20} > 355$ N/mm² ist nicht erforderlich.

13.4 Bei wasserberührten Teilen aus nicht austenitischen Stählen, die mit Temperaturen über 200 °C betrieben werden, ist auf die Erhaltung der Magnetitschutzschicht zu achten.
Siehe TRD 301 Anlage 1.

14 Maßnahmen bei Erreichen der rechnerischen Lebensdauer

14.1 Ist die bei der Lebensdauerberechnung eines Bauteils zugrunde gelegte Lastspielzahl N oder der zulässige Wert für das Gesamtschädigung nach Abschnitt 9, Formel (38) erreicht, sind an einigen hochbeanspruchten Stellen, die mit dem zuständigen überwachende Stelle festzulegen sind, möglichst vollständig zerstörungsfreie Prüfungen gemäß Abschnitt 12.2 durchzuführen.

14.2 Werden bei den Prüfungen gemäß Abschnitt 14.1 keine Risse gefunden, so ist ein Weiterbetrieb bis zum Erreichen des zehnfachen Wertes der zulässigen Lastspielzahl N_{zul} oder der Schädigungssumme nach Formel (34) zulässig. Voraussetzung hierfür ist, dass bei den zerstörungsfreien Prüfungen, die in Prüfintervallen durchzuführen sind, die 50 % der Betriebsdauer nach Abschnitt 14.1 entsprechen, keine Ermüdungsschäden festgestellt werden. Nach Erreichen dieser Betriebszeit ist das weitere Vorgehen im Einzelnen entsprechend den nationalen Vorschriften mit den jeweils zuständigen Stellen abzustimmen.
Bei tiefen zulässigen Temperaturen unterhalb von – 200 °C verkürzen sich die Prüfintervalle für die zerstörungsfreien Prüfungen von 50 % auf 25 % der Betriebsdauer nach Abschnitt 14.1.

14.3 Sollten bei den Prüfungen gemäß Abschnitt 14.1 oder 14.2 Risse oder rissartige Fehler im Sinne des AD 2000-Merkblattes HP 5/3 Abschnitt 5.2 bzw. 5.4 oder weitergehende Schädigungen festgestellt werden, ist das Bauteil oder das betreffende Konstruktionselement auszutauschen, es sei denn, dass durch geeignete Maßnahmen, die entsprechend den nationalen Vorschriften mit den jeweils zuständigen Stellen zu vereinbaren sind, ein Weiterbetrieb zulässig bleibt.

14.4 Als konstruktive, herstellungstechnische und verfahrenstechnische Maßnahmen für einen Weiterbetrieb kommen in Frage:

(1) Beseitigung von Rissen durch Ausschleifen. Ergibt sich durch das Ausschleifen eine zu geringe Wanddicke, sind Reparaturschweißungen nur in Zusammenarbeit mit dem Hersteller und der zuständigen unabhängigen Stelle vorzunehmen;

(2) Kerbfreischleifen der Schweißnähte;

(3) Beseitigen von Verformungsbehinderungen, z. B. Ersatz anrissbehafteter starrer Verstrebungen durch verschiebbare Verbindungen;

(4) Konstruktionsänderungen im Hinblick auf günstigere Wärmeführung zwecks Vermeidung von Thermoschockbeanspruchungen, z. B. Stutzendurchführung durch die Behälterwandung in Doppelrohrausführung;

(5) Änderung der Betriebsweise.

14.5 Wird das Bauteil im Bereich hoher Temperaturen wechselnd betrieben, sind nach Erreichen von $e = 0,6$ die Prüfungen nach Abschnitt 14.1 durchzuführen. Nach Erreichen von $e = 1,0$ ist der Prüfumfang auf Oberflächenfügeuntersuchungen zu erweitern.

15 Zusätzliche Angaben

15.1 In allen Fällen, in denen Behälter für mehrere An- und Abfahrten pro Tag oder nach Abschnitt 9 vergleichbaren Druckschwankungen und für Betriebsweisen vorgesehen sind, die die Lebensdauer verringern (z. B. Korrosion, Wärmespannungen), ist dies dem Hersteller und der zuständigen unabhängigen Stelle vor der Entwurfsprüfung anzugeben. Es sind in diesen Fällen der Betriebserfordernis angepasste Maßnahmen vorzusehen und gegebenenfalls zwischen Hersteller, Besteller/Betreiber und einer zuständigen unabhängigen Stelle zu vereinbaren und auf der entwurfsgeprüften Zeichnung und in der Bescheinigung über die Schlussprüfung einzutragen.

15.2 Im Falle von wechselndem Innendruck und/oder schnellen Temperaturänderungen sind anzugeben:

15.2.1 Anzahl der Druckschwankungen zwischen dem drucklosen Zustand und dem maximal zulässigen Druck (An- und Abfahrten).

15.2.2 Größter und kleinster Druck von Druckschwankungen konstanter Schwingbreite, die sich der Grundlast überlagern, und deren Betriebslastspielzahl.

15.2.3 Treten die Druckschwankungen der verschiedenen Lastzyklusgruppen eines vorgegebenen Betriebslastkollektivs bevorzugt in bestimmten Zeitabschnitten während der Gebrauchsdauer auf, ist die zeitliche Aufeinanderfolge der einzelnen Intervalle anzugeben.

15.2.4 Anfangs- und Endtemperaturen der Bauteilwandungen. Bei linearer Änderung der Temperatur ist außerdem die Aufheiz- und Abkühlungszeit oder die Temperaturänderungsgeschwindigkeit anzugeben. Für genauere Berechnungen sind Angaben über die zeitliche Zuordnung zwischen Druck- und Temperaturänderungen sowie über die Wärmeübergangszahlen zu machen. Diese Angaben sind in der Regel einer wärmetechnischen Berechnung zu entnehmen oder durch entsprechende Messungen zu ermitteln.

15.2.5 Treten Temperaturänderungen unterschiedlicher Schwingbreite auf, ist sinngemäß wie bei unregelmäßigen Druckschwankungen ein Temperatur-Lastkollektiv erforderlich.

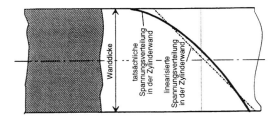

Bild 1a. Spannungsverteilung über die Wanddicke

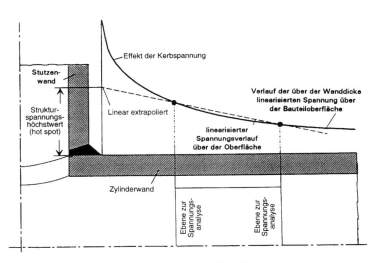

Bild 1b. Strukturspannungshöchstwerte am Schweißnahtübergang

Bild 1. Beispiele für Spannungsverläufe

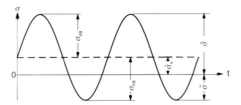

Bild 2. Spannungsverlauf bei einachsiger Beanspruchung (schematisch)

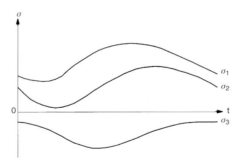

Bild 3. Spannungsverlauf bei dreiachsiger Beanspruchung mit phasenverschobenen Hauptspannungen (schematisch)

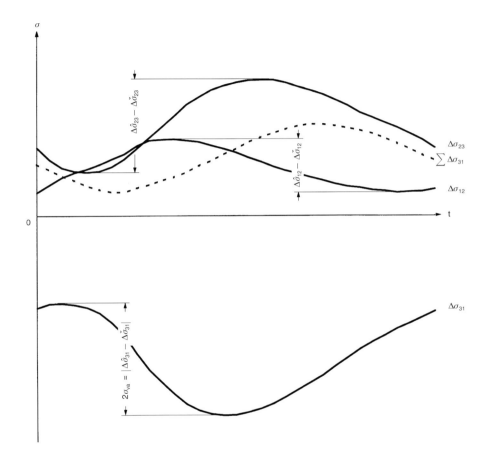

Bild 4. Verlauf der Hauptspannungsdifferenzen, der maßgebenden Hauptspannungssumme und der Vergleichsspannungsschwingbreite 2 σ_{va} nach Bild 3

AD 2000-Merkblatt S 2, Ausg. 10.2004 Seite 13

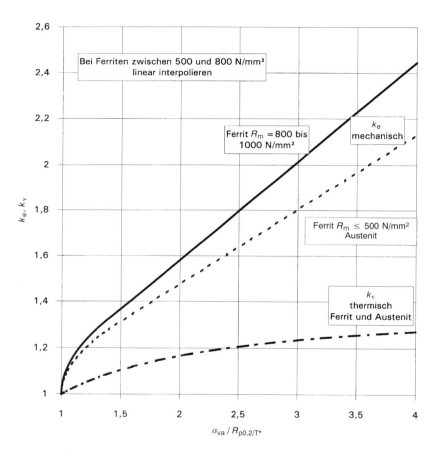

Bild 5. Vergrößerungsfaktoren k_e und k_v zur Berücksichtigung überelastischer Dehnungen bei Überschreiten der zweifachen Streckgrenze

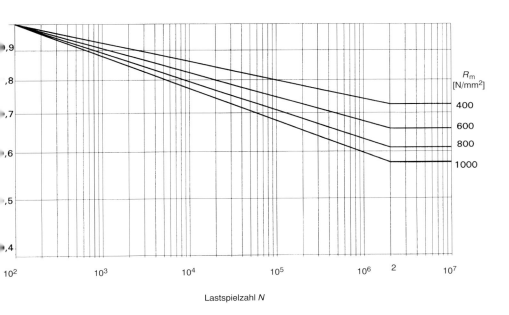

Bild 6. Korrekturfaktor f_0 zur Berücksichtigung der Oberflächenkerbwirkung durch Walzhaut

AD 2000-Merkblatt S 2, Ausg. 10.2004 Seite 15

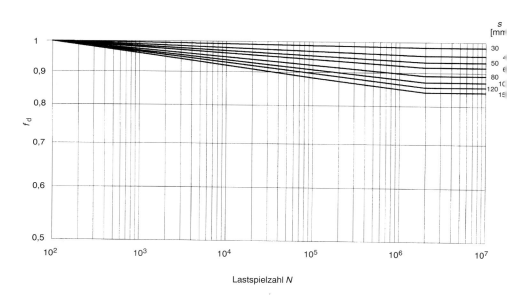

Bild 7. Korrekturfaktor f_d zur Berücksichtigung des Wanddickeneinflusses bei ungeschweißten Bauteilen, blecheben geschliffenen Nähten und beim Kerbspannungsnachweis von Schweißverbindungen

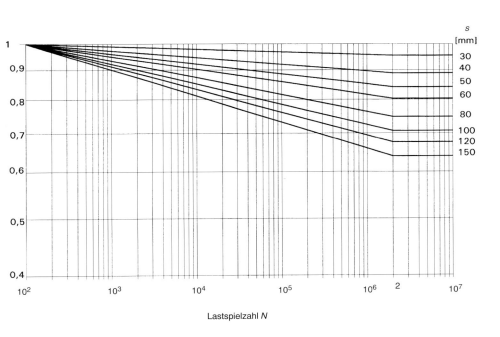

Bild 8. Korrekturfaktor f_d zur Berücksichtigung des Wanddickeneinflusses bei unbearbeiteten oder nicht eben geschliffenen Schweißverbindungen

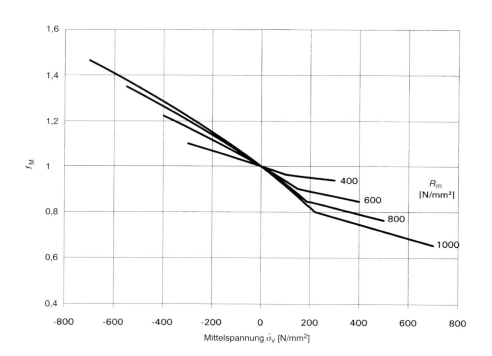

Bild 9. Korrekturfaktor f_M zur Berücksichtigung des Mittelspannungseinflusses für den Dauerfestigkeitsbereich $(N \geq 2 \cdot 10^6)$

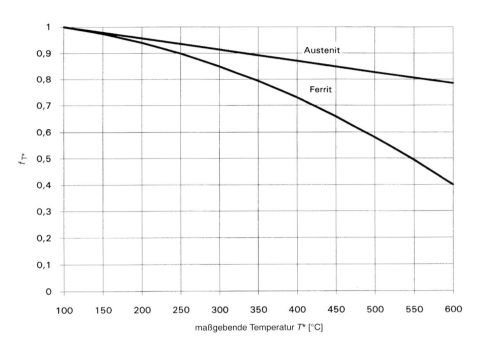

Bild 10. Korrekturfaktor f_{T^*} zur Berücksichtigung des Temperatureinflusses

AD 2000-Merkblatt S 2, Ausg. 10.2004 Seite 19

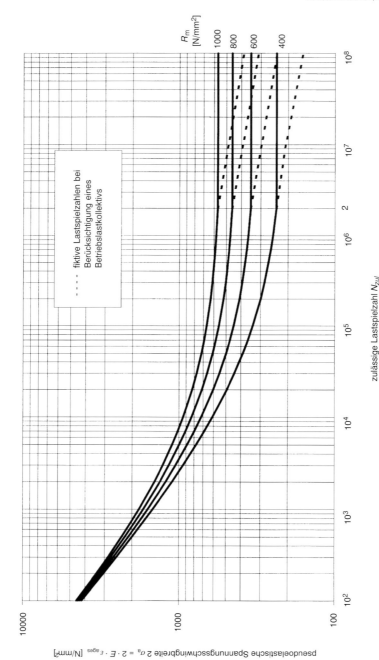

Bild 11. Zulässige Lastspielzahlen in Abhängigkeit von der Spannungsschwingbreite für ungekerbte Probestäbe aus warmfesten ferritischen und austenitischen Walz- und Schmiedestählen bei Raumtemperatur und $\bar{\sigma} = 0$

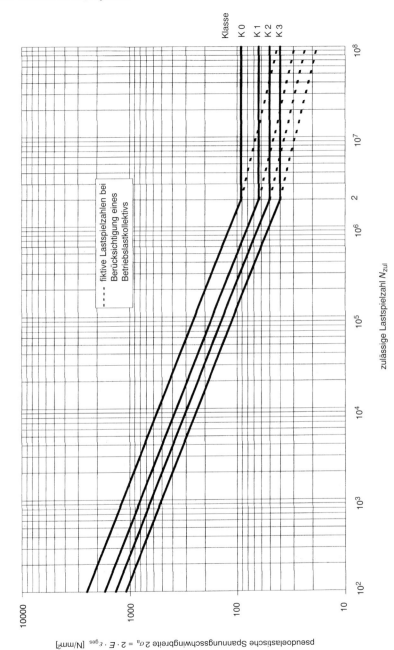

Bild 12. Zulässige Lastspielzahlen in Abhängigkeit von der Spannungsschwingbreite für Schweißverbindungen aus warmfesten ferritischen und austenitischen Walz- und Schmiedestählen bei Raumtemperatur ($\bar{\sigma}$ - unabhängig)

Tafel 5. Beispiele von Schweißverbindungen mit den zugeordneten Nahtklassen K 1, K 2 und K 3, abhängig von der Art des Spannungsnachweises (eingezeichnete Rissverläufe beispielhaft)

lfd. Nr.	Darstellung	Beschreibung	Voraussetzung	Nahtklasse für Spannungsnachweis 1 o. 2	
				1	2
1. Zylindrische und kegelförmige Mäntel, gewölbte Böden					
1.1		Längs- oder Rundnaht bei gleichen Wanddicken	beidseitig geschweißt	K 1	K 1
1.2			einseitig geschweißt mit Gegennaht	K 1	K 1
1.3			einseitig geschweißt ohne Gegennaht	K 2	K 2
1.4		Längs- oder Rundnaht bei ungleichen Wanddicken	beidseitig geschweißt	K 1	K 1
1.5				K 2[7]	K 1
1.6				K 3	K 1
1.7			beidseitig geschweißt, Kantenversatz innen und außen gleich	K 1[7]	K 1
1.8				K 1	K 1
1.9				K 2	K 1

[7] Zulässige Wanddickenverhältnisse und zulässiger Versatz siehe AD 2000-Merkblatt HP 5/1. Es gelten die Werte für Längsnähte.

Tafel 5. Beispiele von Schweißverbindungen mit den zugeordneten Nahtklassen K 1, K 2 und K 3, abhängig von der Art des Spannungsnachweises (eingezeichnete Rissverläufe beispielhaft)

lfd. Nr.	Darstellung	Beschreibung	Voraussetzung	Nahtklasse für Spannungsnachweis 1 o. 2	
				1	2
1.10		Kegelanschlussnaht	beidseitig geschweißt oder einseitig geschweißt mit Gegennaht	–	K 1
1.11			einseitig geschweißt ohne Gegennaht	–	K 3
1.12		Bodenanschlussnaht bei gewölbten Böden mit zylindrischen Bordhöhen nach AD 2000-Merkblatt B 3	Spannungsnachweis 2: Beschreibung der Schweißverbindungen, Voraussetzungen und zugeordnete Nahtklassen siehe Beispiele lfd. Nr. 1.1 bis 1.9		
2. Stutzeneinschweißungen					
2.1		Stutzen durchgesteckt oder eingesetzt	beidseitig durchgeschweißt oder einseitig durchgeschweißt mit Gegennaht	–	K 1
2.2			einseitig durchgeschweißt ohne Gegennaht	–	K 2
2.3		Stutzen durchgesteckt (in der Darstellung: linke Ausführung)	beidseitig, aber nicht durchgeschweißt	–	K 2
2.4		Stutzen eingesetzt (in der Darstellung: rechte Ausführung)		–	K 3
2.5		Stutzen aufgesetzt	einseitig durchgeschweißt (ohne Restspalt), Stutzen ausgebohrt oder Wurzel überschliffen	–	K 1
2.6			einseitig durchgeschweißt, ohne Gegennaht oder ohne mechanische Bearbeitung der Wurzel	–	K 2
2.7		Stutzen mit scheibenförmiger Verstärkung. Naht: Scheiben-Außendurchmesser		–	K 3
2.8		Stutzen mit scheibenförmiger Verstärkung. Naht: Stutzeneinschweißung	Verbindung Stutzenrohr und Grundkörper und Verstärkungsscheibe durchgeschweißt	–	K 1

Tafel 5. Beispiele von Schweißverbindungen mit den zugeordneten Nahtklassen K 1, K 2 und K 3, abhängig von der Art des Spannungsnachweises (eingezeichnete Rissverläufe beispielhaft)

lfd. Nr.	Darstellung	Beschreibung	Voraussetzung	Nahtklasse für Spannungsnachweis 1 o. 2	
				1	2
3. Flansche und Blockflansche					
3.1		Vorschweißflansch	beidseitig geschweißt oder einseitig geschweißt mit Gegennaht	–	K 1
3.2			einseitig geschweißt ohne Gegennaht	–	K 2
3.3		Aufschweißflansch	Nahtausführung nach AD 2000-Merkblatt B 8, Tafel 1	–	K 2
3.4		eingesetzter Blockflansch	beidseitig durchgeschweißt oder einseitig durchgeschweißt mit Gegennaht	–	K 1
3.5			beidseitig, aber nicht durchgeschweißt	–	K 2
3.6		eingesetzter Blockflansch mit Schweißansatz	beidseitig durchgeschweißt oder einseitig durchgeschweißt mit Gegennaht	–	K 1
3.7		aufgesetzter Blockflansch, Naht am Innendurchmesser (in der Darstellung: linke Naht)		–	K 3
		aufgesetzter Blockflansch, Naht am Außendurchmesser (in der Darstellung: rechte Naht)		–	K 2
4. Doppelmantel – Anschlussnähte					
4.1		mit angeformter Krempe: Die Bewertung gilt sowohl für die Innenbehälterwand als auch für die Verbindungsnaht selbst	einseitig durchgeschweißt	–	K 2
4.2		mit separater Krempe: Die Bewertung gilt sowohl für die Innenbehälterwand als auch für die Verbindungsnaht zwischen Krempe und Behälterwand. (Die Verbindungsnaht zwischen Krempe und Außenmantel wird nach lfd. Nr. 1.3 mit K2 bewertet)	beidseitig durchgeschweißt oder einseitig durchgeschweißt mit Gegennaht	–	K 1

Tafel 5. Beispiele von Schweißverbindungen mit den zugeordneten Nahtklassen K 1, K 2 und K 3, abhängig von der Art des Spannungsnachweises (eingezeichnete Rissverläufe beispielhaft)

lfd. Nr.	Darstellung	Beschreibung	Voraussetzung	Nahtklasse für Spannungsnachweis 1 o. 2	
				1	2
5. Anschlussschweißnähte ebener Böden					
5.1		aufgeschweißter Boden	beidseitig durchgeschweißt	–	K 1
5.2			beidseitig, aber nicht durchgeschweißt	–	K 2
5.3			einseitig geschweißt ohne Gegennaht	–	K 3
5.4		aufgeschweißter Boden mit Entlastungsnut	einseitig geschweißt, Nutabmessung entsprechend AD 2000-Merkblatt B 5, Tafel 1, Ausführungsform e	–	K 2
5.5		mit einem Auf- oder Vorschweißflansch verschweißter Boden	beidseitig mit Kehlnähten verschweißt	–	K 2
5.6		eingeschweißter Boden	beidseitig durchgeschweißt oder einseitig durchgeschweißt mit Gegennaht	–	K 1
5.7			beidseitig, aber nicht durchgeschweißt	–	K 2
5.8			einseitig geschweißt	–	K 3
5.9	45-60°	partiell durchgeschweißter Boden	einseitig geschweißt	–	K 3
5.10		gekrempter, geschmiedeter oder gepresster Boden	Krempenradius und Bordhöhe entsprechend AD 2000-Merkblatt B 5, Tafel 1, Ausführungsform a und b. Beschreibung der Schweißverbindungen, Voraussetzungen und zugeordnete Nahtklassen siehe Beispiele lfd. Nr. 1.1 bis 1.3		

AD 2000-Merkblatt S 2, Ausg. 10.2004   Seite 25

Tafel 5. Beispiele von Schweißverbindungen mit den zugeordneten Nahtklassen K 1, K 2 und K 3, abhängig von der Art des Spannungsnachweises (eingezeichnete Rissverläufe beispielhaft)

lfd. Nr.	Darstellung	Beschreibung	Voraussetzung	Nahtklasse für Spannungsnachweis 1 o. 2	
				1	2
6. Anschweißteile, allgemein[8]					
6.1		Anschweißteile ohne Einleitung von wechselnden Zusatzkräften oder -momenten	beidseitig durchgeschweißt	K 1	–
6.2			beidseitig mit Kehlnaht verschweißt	K 2	–
6.3			beidseitig durchgeschweißt	K 2	K 1[9]
6.4			beidseitig mit Kehlnaht verschweißt	K 3	K 2[9]
6.5		Verstärkungsblech, Futterblech mit Kehlnahtanschluss. Keine Einleitung von wechselnden Zusatzkräften oder -momenten	$s_2 \leq 1{,}5 \cdot s_1$ $r \geq 2 \cdot s_2$	K 2	–
6.6		Anschweißteile mit Einleitung von wechselnden Zusatzkräften oder -momenten	beidseitig durchgeschweißt	–	K 1
6.7			beidseitig, aber nicht durchgeschweißt	–	K 2
7. Anschweißteile ohne Einleitung von wechselnden Zusatzkräften oder -momenten, Beispiele[9]					
7.1		Behälter mit Standzargenanschluss	einseitig geschweißt	K 2	–

[8] Voraussetzung: Äußerer Befund nach EN 25817, Bewertungsgruppe B, ausschließlich der Merkmale Nahtüberhöhung und -unterschreitung sowie Ungleichschenkligkeit
[9] Die Bewertung bezieht sich auf die Rippenmitte. Für das Rippenende ist die Bewertung jeweils eine Klasse schlechter.

Tafel 5. Beispiele von Schweißverbindungen mit den zugeordneten Nahtklassen K 1, K 2 und K 3, abhängig von der Art des Spannungsnachweises (eingezeichnete Rissverläufe beispielhaft)

lfd. Nr.	Darstellung	Beschreibung	Voraussetzung	Nahtklasse für Spannungsnachweis 1 o. 2	
				1	2
7.2		Behälterwand mit Tragring	beidseitig, aber nicht durchgeschweißt	K 2	–
7.3		Behälterwand mit Versteifungsring (bei Beanspruchung durch äußeren Überdruck)		K 2	–
7.4			in Umfangsrichtung unterbrochen geschweißt	K 3	–
7.5		Behälterwand mit Tragpratze (mit und ohne Futterblech)	einseitig geschweißt	K 2	–
7.6		Behälterwand mit Fuß (mit und ohne Futterblech)	einseitig geschweißt	K 2	–
7.7		Behälterwand mit Tragzapfen (mit und ohne Futterblech)	einseitig geschweißt	K 2	–
7.8		Behälterwand mit Tragöse (mit und ohne Futterblech)	einseitig geschweißt	K 2	–
7.9		Behälterwand mit Traglasche	einseitig geschweißt	K 2	–

Anhang 1 zum AD 2000-Merkblatt S 2

Erläuterungen zum AD 2000-Merkblatt S 2

Die Ausgabe des AD 2000-Merkblattes S 2 stellt eine Weiterentwicklung unter Berücksichtigung des in den letzten Jahren angefallenen Erkenntniszuwachses auf dem Fachgebiet „Ermüdung" und anderer internationaler Vorschriften über Schwingfestigkeitsnachweise (z. B. Eurocode Nr. 3, [76]) dar.

Es sind folgende Teilaspekte überarbeitet bzw. neu aufgenommen:

1. Getrennte Angabe von Ermüdungskurven für ungeschweißte und geschweißte Bauteile unter Einbezug austenitischer Werkstoffe,

2. Berechnung der maßgebenden Spannungsschwingbreite im überelastisch beanspruchten Bereich über Vergrößerungsfaktoren k_e und k_v für mechanische und thermische Beanspruchungen,

3. Änderung bzw. Ergänzung von Korrekturfaktoren zur Berücksichtigung von Oberflächen-, Mittelspannungs-, Größen- und Temperatureinfluss,

4. Berücksichtigung des Einflusses von Druckwasserstoff-Medium auf das Ermüdungsverhalten.

Erläuterung zu Abschnitt 1

Die Lastspielzahlkurven sowie die eingearbeiteten Lastspielzahl- und Spannungssicherheitsbeiwerte sind auf zähe Walz- und Schmiedestähle im Sinne des AD 2000-Regelwerkes abgestimmt, die ein lineares Spannungs-Dehnungs-Verhalten aufweisen und deren Eigenschaften hinreichend homogen und isotrop sind. Bei hochfesten Stählen mit großem Streckgrenz-Zugfestigkeits-Verhältnis ist deshalb auf strikte Einhaltung aller Werkstoffanforderungen nach den Werkstoffblättern besonders zu achten (siehe auch Erläuterungen zu Formel (14)). Dieses AD 2000-Merkblatt kann nicht auf Stahlguss oder andere metallische Werkstoffe, z. B. Nichteisenmetalle, übertragen werden, da diese Werkstoffe andere Ermüdungsfestigkeitseigenschaften aufweisen.

Die Anwendung dieses AD 2000-Merkblattes im Bereich kleiner Lastspielzahlen ersetzt nicht eine eventuell erforderliche Absicherung gegen Sprödbruch-Versagen beim Einsatz hochfester Stähle.

Erläuterung zu Formel (1)

Bei der Lebensdauervorhersage für Lastzyklen mit wechselnden Temperaturen wird davon ausgegangen, dass die aus isothermischen Ermüdungsversuchen ermittelten Versuchsergebnisse auf nicht isothermische Belastungsvorgänge übertragbar sind. Nach Versuchen von *Wellinger und Idler* [28] liegen bei Ermüdungsversuchen mit wechselnden Temperaturen die erreichten Lastspielzahlen zwischen den Versuchspunkten, die bei konstanten Lastzyklustemperaturen erzielt wurden. In keinem Fall wurde beobachtet, dass bei wechselnder Temperatur der Bruch- oder Anrisslastspielzahl niedriger lag als bei konstanter Höchsttemperatur bei jeweils gleicher Schwingbreite.

Als für die Ermüdung durch Wechselbeanspruchung maßgebende Temperatur eines Lastzyklusses wird deshalb eine Temperatur bestimmt, die zwischen der oberen und unteren Temperaturgrenze liegt. Bis zum Vorliegen weiterer Erkenntnisse wird hierfür mit der Formel (1) dieses Merkblattes gerechnet.

Erläuterung zu Abschnitt 4.1

Bei örtlichen Krafteinleitungen können gemäß dem Prinzip von *St. Venant* nichtlineare Spannungsverteilungen im Querschnitt auftreten. Dies gilt umso mehr, je näher die zu untersuchende Stelle am Kraftangriff liegt.

Dieses Prinzip von *St. Venant* sagt aus, dass dann, wenn die auf einen kleinen Teil der Oberfläche eines elastischen Körpers wirkende Kraft durch ein äquivalentes Kräftesystem ersetzt wird, diese Belastungsumverteilung wesentliche Änderungen der örtlichen Spannungen hervorruft, aber einen vernachlässigbaren Spannungseffekt bei solchen Entfernungen hat, die groß sind im Vergleich zu den Abmessungen der belasteten Oberfläche.

Erläuterung zu Abschnitt 5

Im Abschnitt 5 dieses Merkblattes wurde die Tresca-Hypothese (Schubspannungshypothese, SSH) bevorzugt verwendet, da die in den AD 2000-Merkblättern der Reihe B enthaltenen Berechnungsregeln in den meisten Fällen auf der Tresca-Hypothese beruhen. Gemäß Abschnitt 2.7 dieses Merkblattes bleibt es dem Benutzer freigestellt, auch die Hypothese von *Mises* (Gestaltänderungsenergiehypothese, GEH) anzuwenden. Einerseits führt die Berechnung der Vergleichsspannungen nach der GEH zu etwas günstigeren Ergebnissen als nach der SSH, andererseits kann die Anwendung der SSH, insbesondere bei mehrachsiger Beanspruchung, wegen ihres einfacheren Aufbaues vorteilhafter sein.

Bei zeitlich sich verändernder Lage der Hauptspannungsrichtungen gibt [2] eine Methode an, wie die Vergleichsspannungsschwingbreite zur Ermittlung der maßgebenden Spannungsschwingbreite bestimmt werden kann.

Die Berechnungsvorschrift zur Bestimmung der Vergleichsspannungsschwingbreite nach [2] führt im Falle konstanter Hauptspannungsrichtungen zu dem gleichen Ergebnis wie nach Abschnitt 5 dieses Merkblattes.

Erläuterungen zu Formel (8) und (9)

Ist die Vergleichsspannungsschwingbreite $2\sigma_{va}$ rein linearelastisch berechnet und wird die zweifache Streckgrenze überschritten, muss die überproportionale Dehnungszunahme im überelastischen Bereich durch Ermittlung einer globalen plastischen Spannungsschwingbreite (maßgebende Spannungsschwingbreite $2\sigma_{va}^*$) berücksichtigt werden.

Anstelle der bisher angewendeten Neuber-Regel, die bei großen linear-elastisch gerechneten Kerbspannungen die Gesamtdehnung überschätzt [63, 64], wurden analog der Vorgehensweise im ASME-Code Spannungs-Vergrößerungsfaktoren k_e bzw. k_v für mechanische und thermische Beanspruchung eingeführt.

Hierzu wurden unter Anwendung von Näherungsformeln nach *Dixon/Strannigan* und *Kühnapfel/Troost* [65] Kennwerte des zyklischen Werkstoff-Verhaltens aus zahlreichen Versuchsreihen aus der Werkstoff-Datensammlung von *Boller und Seeger* [69] ausgewertet. Die beiden in Bild 5 dieses AD 2000-Merkblattes angegebenen k_e-Kurven, die mit den Formeln (8) und (9) beschrieben werden können, entsprechen etwa der oberen Begrenzung des Streufeldes der hiernach ermittelten k_e-Kurven für die verschiedenen Werkstoffgruppen. Hierbei wurde das überelastische Verhalten einiger Werkstoffe unterhalb der „statischen" Streckgrenze (Werkstoffentfestigung) außer Acht gelassen und die untere Grenze für eine Korrektur der linear-elastisch berechneten

Spannung auf $\sigma_{vap}/R_{p0,2/T^*} = 1,0$ pragmatisch festgelegt. Die hiernach berechneten k_e-Faktoren sind auch vergleichbar mit den im AD 2000-Merkblatt B 13 Formel (12) zu ermittelnden f_2-Faktoren zur Berücksichtigung überelastischer Verformungen. Weitere Einzelheiten hierzu sind in [92] beschrieben.

Erläuterung zu Formel (11)

Mit Formel (11) wird die globale Spannungserhöhung für thermische Belastung in Dickenrichtung der Wandungen bei Spannungsschwingbreiten oberhalb der zweifachen Streckgrenze berechnet. Die Formel wurde aus [80] übernommen und basiert auf einer Betrachtung zu Wärmedehnungen im elastischen und überelastischen Bereich und vereinfachender Annahme eines ideal elastisch-plastischen Werkstoffverhaltens.

Erläuterung zu Formel (12)

Formel (12) beinhaltet eine Näherungslösung zur Überlagerung mechanischer und thermischer Belastungen.

Erläuterung zu Formel (14)

Zwecks einfacherer Handhabung werden in dieser Neuausgabe Lastspielzahlkurven angegeben, in denen Lastspielzahl- und Spannungssicherheitsbeiwerte bereits eingearbeitet sind.

Grundlagen der Formel (14) sind die in den bisherigen Ausgaben dieses AD 2000-Merkblattes enthaltenen Anrisslastspielzahlkurven (vgl. Bild A 7 dieses Anhangs). Diesem Bild liegen dehnungs- und spannungskontrollierte Schwingversuche unter Zug-Druck bzw. Biegung mehrerer Institute zugrunde, deren Ergebnisse in [4] bis [26] veröffentlicht wurden. Hierbei wurde die Lebensdauer überwiegend für das Versagenskriterium Bruch ermittelt. Die Ergebnisse von Anriss-Lebensdauerversuchen liegen im Streufeld von Bruch-Lastspielzahlen entsprechender Werkstoffproben. Bei kleinen ungekerbten Proben steht nach Auftreten eines technischen Anrisses der Bruch bald bevor ($N_a \approx 0,8 \cdot N_{Bruch}$). Es ist deshalb statthaft, die auf der Basis sowohl von Bruch- als auch von Anrisslebensdauerwerten kleiner Proben festgelegten Lebensdauerkurven eines Bauteils (mit in der Regel größeren Abmessungen als denen der Proben) als Lebensdauerkurven bis zum technischen Anriss zu betrachten, zumal auch die Bauteile mehr oder weniger große Mikro- und Makrokerbwirkung aufweisen und damit rissempfindlicher sind.

Zwecks optimaler Werkstoffausnutzung (z. B. bei der Dimensionierung von ungeschweißten Hochdruckbehältern) wurde das Ansteigen der Schwingfestigkeit im Bereich höherer Lastspielzahlen mit zunehmender Zugfestigkeit durch Einführung von R_m als Lastspielzahl-Parameter berücksichtigt. Die Lastspielzahl, von der ab die Lastspielzahlkurven horizontal verlaufen, wurde einheitlich zu $2 \cdot 10^6$ festgelegt (fiktive Dauerfestigkeit). Das mittlere Verhältnis der Zug-Druck-Dauerwechselfestigkeit zur Zugfestigkeit ungekerbter glatter Proben aus Stählen mit Zugfestigkeiten bis zu 1300 N/mm² ist mit 0,46 statistisch genügend abgesichert [26]. Unter Berücksichtigung eines pauschalen Abminderungsfaktors von 1,15 für einen evtl. zu berücksichtigenden Dauerfestigkeits-Größeneinfluss ist deshalb für die Spannungsschwingbreite bei Dauerfestigkeit und Mittelspannung Null bisher $2\sigma_{va} = 0,8 \cdot R_m$ angesetzt worden.

Im Zeitfestigkeitsbereich können die Kurven nach Bild A 7 ebenfalls als Mittelwertkurven bewertet werden.

Im Rahmen der Überarbeitung dieses AD 2000-Merkblattes wurden ergänzende Auswertungen von Versuchsdaten für ungekerbte Probestäbe aus der Datensammlung von Boller und Seeger [69] durchgeführt. Die Auswertungen haben gezeigt, dass die Anrisslastspielzahlkurven nach Bild A 7 auch nach derzeitigem Kenntnisstand als Grundlage für Auslegungs-Lastspielzahlkurven benutzt und hiernach auch austenitische Werkstoffe beurteilt werden können. Bild A 8 dieses Anhanges zeigt beispielsweise einen Vergleich zwischen Versuchsdaten hochfester zäher Stähle mit zulässigen Lastspielzahlen für $R_m = 1000$ N/mm² nach diesem AD 2000-Merkblatt. Weitere Einzelheiten hierzu siehe [92].

Zur Festlegung von Auslegungs-Lastspielzahlkurven sind Sicherheitsbeiwerte nach statistischen Gesichtspunkten festgelegt worden.

Der Lastspielsicherheitsbeiwert S_N berechnet sich unter Voraussetzung Gauß'scher Normalverteilung der Lastspielstreuung in Abhängigkeit vom Streumaß $1/T_N$ und von der Ausfallwahrscheinlichkeit P_A aus

$$S_N = 10^{\frac{z \lg(1/T_N)}{2,564}}$$

mit $z = f(P_A)$ nach folgender Tabelle

P_A	z
50 %	0
10 %	1,28
1 %	2,33
0,1 %	3,09
0,01 %	3,72

Statistische Auswertungen zur Lebensdauerstreuung von glatten Probestäben, Schweißverbindungen, Rohrleitungen und zylindrischen Behälterschüssen mit Abzweigungen im Lastspielbereich von ca. 10^4 bis 10^6 [6, 25, 39, 52 u. a.] haben gezeigt, dass in erster Näherung von einer Gauß'schen Normalverteilung der Messergebnisse ausgegangen werden kann und dass bei der Lebensdauervorhersage von Bauteilen im Bereich von $2 \cdot 10^4 < N_A < 10^6$ je nach Höhe der Spannungsschwingbreiten mit Streuspannen $T_N = 1:3$ bis 1:6 gerechnet werden muss (vgl. Bild A 3 dieses Anhangs). Unter Bezugnahme auf die Mittelwerte zu bewertenden Anriss-Lebensdauerkurven des Bildes A 7 und auf eine für viele Druckbehälter praktikable Ausfallwahrscheinlichkeit von $P_A = 0,01$ % bis 0,1 % ergibt sich unter der Voraussetzung Gauß'scher Normalverteilung z. B. für die Streuspanne $T_N = 1:5$ eine statistisch begründete Mindest-Lastspielsicherheit von $S_L \approx 10$ (vgl. Bild A 5 b dieses Anhangs). Gleichartige Betrachtungen zur Streuung der Spannungsschwingbreite im Dauerfestigkeitsbereich führen zu einer Spannungs-Streuspanne $T_\sigma = 1:1,4$ zwischen $P_\ddot{u} = 10$ und 90 % und unter Zugrundelegung oben genannter Ausfallwahrscheinlichkeit von 0,01 % zu einer Mindest-Spannungssicherheit von 1,63 für die Dauerfestigkeit (vgl. Bild A 5 dieses Anhangs).

Die Berücksichtigung der o. a. Sicherheitsabstände, die Eliminierung des pauschalen Größeneinflussfaktors 1,15 im Dauerfestigkeitsbereich und die Glättung der Unstetigkeitsstellen führen zu Auslegungs-Lastspielzahlkurven, die mit ausreichender Genauigkeit mit der Approximationsformel (14) abgebildet werden können. Bezogen auf eine mittlere Dauerfestigkeit $2\sigma_a = 2 \cdot 0,45 \cdot R_m$ nach Schätzformel von Schütz u. a. [68] ergeben sich hiernach Spannungssicherheiten bei $N \geq 2 \cdot 10^6$ von $S = 1,5$ bis 1,57, was einer Ausfallwahrscheinlichkeit von ca. 0,1 % entspricht (vgl. Bild A 5 a dieses Anhangs).

Erläuterung zu Formel (15) und (16)

Aufgrund fehlender detaillierter Angaben zur Oberflächenfeingestalt in den meisten Beschreibungen von Ermüdungsversuchen hängen die Ergebnisse aus einzelnen Versuchsreihen von weitgehend unbekannten Einflüssen ab, was wiederum zu einer relativ großen Streubreite der Versuchsergebnisse führt.

Die bisher in der Ausgabe 3.90 des AD-Merkblattes S 2 enthaltenen Oberflächenkorrekturfaktoren orientierten sich nach den in verschiedenen Veröffentlichungen und Technischen Regeln [6, 16, 32 bis 35] vorgeschlagenen Näherungsformeln und Diagrammen zur Abschätzung der Kerbwirkung von Walzhautoberflächen im Dauerfestigkeitsbereich von R_m = 400 bis 1000 N/mm². In dieser Ausgabe wurde mit Formel (16) der Oberflächeneinfluss im Dauerfestigkeitsbereich nach [54] übernommen. Hiernach ergeben sich teilweise etwas geringere Korrekturfaktoren, jedoch eine bessere Anpassung an die Lebensdauerkurven für Schweißverbindungen.

Dehnungs- sowie spannungsgesteuerte Ermüdungsversuche im Zeitfestigkeitsgebiet zeigen, dass der Oberflächeneinfluss mit abnehmender Lastspielzahl kleiner wird und im Bereich unterhalb von ca. 10^2 Lastspielen nicht mehr vorhanden ist [6, 11, 36 bis 38]. Ausgehend von diesen Untersuchungen wurde mit Formel (15) eine lineare Lastspielzahlabhängigkeit im doppeltlogarithmischen Maßstab postuliert.

Erläuterung zu Formel (17) und (18)

Formel (18) basiert auf einer Literaturauswertung in [85] zur Problematik des Schwingfestigkeitsabfalls mit zunehmender Bauteilgröße. Mit Formel (17) wurde die gleiche Gesetzmäßigkeit der Lastspielzahlabhängigkeit wie nach (15) angenommen.

Erläuterung zu Formel (19) bis (21)

Der Mittelspannungseinfluss auf die Schwingfestigkeit wurde bisher nach der Gerber-Formel berücksichtigt, die nach neueren Erkenntnissen die Festigkeitsabhängigkeit (R_m) nicht richtig wiedergibt und für Druckmittelspannungen nicht anwendbar ist. Mit Formel (19) bis (21) werden deshalb Berechnungsvorschläge von *Schütz/Haibach* und *Mertens* [70] aufgegriffen, die diese Einflüsse wirklichkeitsnäher beschreiben.

Erläuterung zu Abschnitt 7.1.4.2

Wird an der höchstbeanspruchten Stelle des Bauteils die Streckgrenze überschritten, ist zu berücksichtigen, dass sich die Dehnung nicht mehr proportional zur Spannung verhält. Infolge der Spannungsumlagerung verringern sich die Mittelspannungen.

Im Bild A 1 dieses Anhangs ist für einen einachsigen Spannungszustand unter der vereinfachten Annahme eines ideal plastischen Werkstoffverhaltens dargestellt, wie die zu den elastisch gerechneten Hauptspannungen $\bar{\sigma}$ und $\bar{\bar{\sigma}}$ zugehörige Mittelspannung $\bar{\sigma}$ im Falle $R_{p0,2/T^*} \leq 2\sigma_{va} \leq 2 R_{p0,2T^*}$ auf $\bar{\sigma}_{vr} = R_{p0,2/T^*} - \sigma_{va}$ reduziert wird (vgl. Formel (23) des AD 2000-Merkblattes). Im Falle $2\sigma_{va} > 2 R_{p0,2/T^*}$ entspricht dem elastisch gerechneten Spannungszyklus ABA im Bild A 2 dieses Anhangs der Dehnungszyklus CDEFC. Damit wird $\bar{\sigma}_{vr} = 0$ (vgl. Abschnitt 6 des AD 2000-Merkblattes). Beim mehrachsigen Spannungszustand sind hierbei sinngemäß die Vergleichsspannungen zu betrachten.

Erläuterung zu Formel (24)

Die Formel (24) zur Berücksichtigung des Temperatureinflusses auf die Schwingfestigkeit entspricht Formel (15) in der bisherigen Ausgabe 3.90. Der Korrekturfaktor f_{T^*} basiert im Wesentlichen auf den isothermischen Ermüdungsversuchen von *Wellinger/Luft* [21] sowie *Sautter* [7] und entspricht etwa der unteren Grenze des Streufeldes der Schwingfestigkeitsabminderung für unlegierte und niedriglegierte ferriti-

sche Walz- und Schmiedestähle im Bereich von ca. 10^2 bis 10^5 Lastspielen. Sie enthalten keine Einflüsse zeitabhängiger Verformung (Kriechen, Relaxation). Die bei ferritischen, besonders bei unlegierten Stählen im Temperaturbereich von ca. 250 bis 350 °C (Blaubruchgebiet) teilweise auftretende Erhöhung der Schwingfestigkeit [31] wurde hierbei nicht berücksichtigt.

Erläuterung zu Formel (25)

Die Auswertung zahlreicher Versuchsdaten von Dehnungs-Wechselversuchen für ungeschweißte austenitische Proben bei Raumtemperatur und Temperaturen bis 600 °C aus [69] hat gezeigt, dass für Austenite ein schwingfestigkeitsabmindernder Temperatureinflussfaktor entsprechend dem temperaturbedingten Abfall des E-Moduls in Rechnung gesetzt werden kann. Unter Berücksichtigung dieses Sachverhaltes wurde auf der Grundlage der E-Modulangaben für Austenite in [58] die Formel (25) abgeleitet.

Erläuterungen zu Abschnitt 7.2.1

Die Lebensdauerbeurteilung von Schweißverbindungen erfolgt nicht mehr wie bisher auf der Grundlage von Anrisslastspielzahlkurven für glatte Probestäbe und Schweißnahtkorrekturfaktoren f_K, sondern in Anlehnung an das europäische Stahlbau-Regelwerk Eurocode Nr. 3 [76]. Hiernach erfolgt die Lebensdauerbeurteilung von Schweißverbindungen nach normierten Wöhlerlinien, in denen der Schweißnahtkerbwirkung und der größtmögliche Einfluss von Schweißeigenspannungen bereits berücksichtigt sind (Nennspannungs-Wöhlerlinien).

Bild A 9 dieses Anhangs beschreibt nach diesem Code das Schema paralleler Wöhlerlinien, die stahlbautypischen Schweißverbindungen zugeordnet sind. Die Kurven sind nach der Normzahlreihe R 20 abgestuft; die Bezeichnung der Schweißnahtklassen entspricht den Zahlenwert der Spannungsschwingbreite bei $2 \cdot 10^6$ Lastspielen. Die Dauerfestigkeit ist bei $N = 5 \cdot 10^6$ angesetzt. Für Schadensakkumulationsrechnungen sollte die Wöhlerlinie mit verringerter Neigung bis zu einem Grenzwert $N = 10^8$ fortgesetzt.

Die Lebensdauerlinien basieren sowohl auf spannungsgesteuerten als auch dehnungsgesteuerten Versuchen, wobei die zulässigen Spannungen im Abstand der zweifachen logarithmischen Standardabweichung der Streuverteilung der Versuchsergebnisse von den Mittelwerten festgelegt sind und damit einer Überlebenswahrscheinlichkeit von $P_{\ddot{u}}$ = 97,7 % entsprechen. Zur Größe der Standardabweichung von Anriss- oder Bruchlastspielzahlen sind Werte von s_N = 0,22 bis 0,29 bekannt geworden, die im Bereich üblicher Streumaße $1/T_N$ = 3 bis 5 liegen (vgl. Bild A 6 dieses Anhangs). Angaben zu den Standardabweichungen von Spannungsschwingbreiten im Dauerfestigkeitsbereich und Mittelwerten der Datenbasis werden bedauerlicherweise vermisst und müssen im Bedarfsfall als Erfahrungswert aus anderen Quellen übernommen werden [70].

Die Lebensdauerkurven nach Bild 12, Formel (27) und den Konstanten in Tafel 4 dieses Merkblattes sind aus dem Eurocode nach folgenden Gesichtspunkten abgeleitet worden: Die Schweißnaht-Gestaltungsgruppen K 0, K 1, K 2 und K 3 nach Tafel 5 wurden den Eurocode-Klassen 112, 90, 71 und 56 mit vergleichbaren Schweißnahtverbindungen zugeordnet.

Zwecks Anpassung an die bei Druckbehältern zugrunde gelegten üblichen Überlebenswahrscheinlichkeit von $P_{\ddot{u}}$ = 99,9 bis 99,99 % (P_A = 0,1 bis 0,01 %) wurden die Kurven im Zeitschwingfestigkeitsbereich um den Faktor 2,5 von der „Ecklastspielzahl" $N = 5 \cdot 10^6$ als Übergang in den Dauerfestigkeitsbereich nach Eurocode auf die entsprechende Dauerfestigkeits-Lastspielzahl $N = 2 \cdot 10^6$ unter Beibehaltung der Spannungsschwingbreiten bei $N = 5 \cdot 10^6$

nach Eurocode transformiert. Dieser Lastspielzahl-Abminderungsfaktor von 2,5 lässt sich ausgehend von einem mittleren Wert der o. a. Standardabweichungen $s_N = 0,25$ aus dem Zusammenhang zwischen Standardabweichung und Streumaß (vgl. Bild A 6 dieses Anhangs) sowie aus der Verknüpfung zwischen Sicherheitsbeiwert, Streumaß und Ausfallwahrscheinlichkeit (vgl. Bild A 5b dieses Anhangs) begründen.

Die nach o. a. Betrachtungen aus den Eurocode-Schweißnahtklassen 112, 90, 71 und 56 abgeleiteten Lebensdauerkurven für die Gestaltungsgruppen K 0, K 1, K 2 und K 3 verlaufen im Zeitfestigkeitsbereich nahezu deckungsgleich mit den Ermüdungskurven der Klassen 80, 63, 50 und 40, die u. a. von Maddox in CEN TC 54 WG C SG-Design Criteria, basierend auf Eurocode 3, vorgeschlagen wurden. Zwecks Konsistenz zu dieser CEN-Norm wurden die dort enthaltenen Wöhlerlinien-Konstanten für den Zeitfestigkeitsbereich als Konstanten B 1 in Tafel 4 übernommen.

Eine weitere Absenkung der zulässigen Spannungen bis zum Knickpunkt $5 \cdot 10^6$ Lastspiele wird nach den Untersuchungsergebnissen mehrerer deutscher Institute [71, 77] für nicht erforderlich und auch nicht praktikabel gehalten. Der Abknickpunkt in die Dauerfestigkeit wird wie bei ungeschweißten Bauteilen einheitlich auf $2 \cdot 10^6$ Lastspiele festgelegt.

Erläuterung zu Abschnitt 7.2.5

Aus Schwingfestigkeitsversuchen mit geschweißten Probestäben ist bekannt, dass durch Abarbeiten der Schweißnahtüberhöhung die Lebensdauer erhöht werden kann [16, 25, 27, 69, 88]. Die Versuchsergebnisse zeigen jedoch aufgrund von schwingfestigkeitsmindernden Schweißnahteinflüssen, die durch Nacharbeit nicht oder nur wenig beseitigt werden können (z. B. Werkstoffzusammensetzung, Nahtausbildung, Mikrofehler), eine starke Streuung der möglichen Erhöhung der Lebensdauer bzw. der Schwingfestigkeit. Eine Höherbewertung in die Klasse K 0 ist nur zulässig, wenn die Fehlerfreiheit von beidseitig blecheben geschliffenen Nähten durch eine 100%ige zerstörungsfreie Prüfung nachgewiesen wurde.

Erläuterung zu Abschnitt 7.2.6

Der schwingfestigkeitsabmindernde Einfluss der Bauteilgröße bei Schweißverbindungen (Exponent $Z = 4$) wurde aus dem Eurocode Nr. 3 übernommen.

Erläuterung zu Abschnitt 7.2.7

Die Lebensdauerkurven für Schweißverbindungen nach Abschnitt 7.2 decken den denkbar ungünstigsten Fall der Überlagerung von Last- und Schweißeigenspannungen ab, dass sich summarisch eine wirksame Oberspannung in Höhe der Streckgrenze einstellt. Folgerichtig muss aber auch in Ansatz gebracht werden dürfen, dass nach Spannungsarmglühen nur geringe Schweißeigenspannungen vorliegen und nur Lastmittelspannungen wirksam sind. Basierend auf entsprechende Versuchsergebnisse wird in [71, 78] empfohlen, im Dauerfestigkeitsbereich einen Bonus von 30 % in Rechnung zu setzen. Ausgehend von diesem maximalen Bonusfaktor 1,3 und in Anlehnung an die Lastspielzahlabhängigkeit des Lastmittelspannungs-Korrekturfaktors f_M als oberer Grenzwert möglicher Schweißeigenspannungseinflüsse wurde für den Korrekturfaktor f_M^* eine lineare Abhängigkeit von der Lastspielzahl im doppeltlogarithmischen Maßstab nach Formel (28 a) pragmatisch festgelegt.

Damit in Formel (28) bei hochfesten Werkstoffen (z. B. $R_m =$ 1000 N/mm²) trotz Spannungsarmglühen die zulässigen Werte nicht kleiner als ohne Glühung werden, wird der Wert f_M^* nach unten auf 1,0 begrenzt.

Erläuterung zu Formel (29) bis (33)

Die in Abschnitt 8 angegebenen Formeln (29) bis (33) sind durch entsprechende Umformung der Formeln aus Abschnitt 7 entwickelt.

Erläuterung zu Formel (34) und (37)

Die mit Formel (34) angegebene lineare Schädigungsakkumulationshypothese zur Überlagerung verschiedener Lastzyklen mit unterschiedlichen Beanspruchungszuständen sowohl im Temperaturbereich zeitunabhängiger als auch in dem zeitabhängiger Verformungen wurde aus Gründen der Plausibilität und der einfachen Handhabung gewählt. Eine allgemein gültige Aussage über die Zuverlässigkeit dieser Hypothese, besonders im Hochtemperaturbereich, kann z. Z. noch nicht gemacht werden. Ihre Bedeutung bei der Lebensdauervorhersage liegt vielmehr in der Ermittlung eines „Warnzeitpunktes", von dem ab gemäß den Festlegungen in Abschnitt 12 des Merkblattes besondere Prüfmaßnahmen durchzuführen sind.

Zur Berücksichtigung des Schädigungsanteils von Spannungsschwingbreiten unterhalb der Dauerfestigkeit sind in Anlehnung an die modifizierte lineare Schadensakkumulationshypothese nach Haibach [62] die zulässigen Spannungsschwingbreiten $2\sigma_a$ im Dauerfestigkeitsbereich durch fiktive Verlängerung der Lastspielzahlkurven bis 10^8 Lastspiele fortgesetzt.

Erläuterung zu Formel (35)

Formel (35) beschreibt den linearen Abfall der Lastspielzahlkurven im doppeltlogarithmischen Maßstab im Bereich $2 \cdot 10^6$ bis 10^8 Lastspielen. Die Formel ist aus (14) und $N = 2 \cdot 10^6$ unter Berücksichtigung einer Kurvenneigung m = 10 abgeleitet, die aus der bisherigen Ausgabe 3.90 des AD-Merkblattes S 2 übernommen wurde.

Erläuterung zu Formel (36)

Bei Schweißverbindungen wurde die Neigung der Lastspielzahlkurven für Schadensakkumulationsrechnung aus dem Eurocode mit m = 5 übernommen. Formel (36) ist sinngemäß aus (27) entwickelt. Die Berechnungskonstanten sind unter Berücksichtigung der Dauerfestigkeitswerte $N = 2 \cdot 10^6$ und $2\sigma_a = $ konst. nach Tafel 4 ermittelt.

Erläuterung zu Formel (39)

Nach Versuchsergebnissen in [87] liegen bei hochfesten Wasserstofftransportbehältern die Bruchlastspielzahlen gegenüber unteren Grenzkurven aus Referenzversuchen (Anriß) mit Öl um einen Faktor 6,5, nach anderen unveröffentlichten Ergebnissen gegenüber Laborluft um einen Faktor 10 niedriger. Der Anrissbeginn wird in [86] im Mittel zu 81 % der im Versuch erreichten Bruchlastspielzahlen angegeben. Statistische Auswertungen haben Streuspannen von $T_N = 1:3,5$ bis $1:4$ ergeben, die unter Einbezug von Risikobewerten über der relativ geringen Anzahl Versuche (vgl. Anhang 2, Abschnitt 3) zu erforderlichen Sicherheitsabständen von $S_N = 8$ bis 10 gegenüber den Mittelwerten führen, wenn eine zulässige Ausfallwahrscheinlichkeit von $P_A = 0,01\ \%$ unterstellt wird.

Die Bruch-Lebensdauerlinie (Mittelwerte) verläuft nahezu parallel zu einer auf die Festigkeitskennwerte der Prüflinge abgestimmten Walzhaut-Auslegungskurve nach Abschnitt 7.1 dieses AD 2000-Merkblattes und liegt geringfügig unterhalb der Auslegungskurve für Luftmedium. Hiernach ist es statthaft, die Lebensdauerbeurteilung dieser Behälter auf der Grundlage der Vorgehensweise für Behälter ohne Mediumeinfluss durchzuführen und die Lastspielzahlen über einen Abminderungsfaktor zu reduzieren. Die Größe dieses Faktors wird pragmatisch auf $f_N = 1/10$ festgelegt und entspricht nach derzeitigen Kenntnissen einer Anrissausfallwahrscheinlichkeit von ca. 0,1 %, die noch als akzeptabel angesehen wird.

Erläuterung zu Abschnitt 13.3

Für Schweißverbindungen aus Feinkornbaustählen unter Wasserstoffeinfluss liegen nur sehr wenige brauchbare und vergleichbare Versuchswerte aus [86] vor. Die formal nach statistischer Vorgehensweise berechneten Mittelwerte sind deshalb nur als grobe Anhaltswerte für 50 %-Werte einer größeren Grundgesamtheit zu werten.

Auffallend ist die flache Neigungscharakteristik der mittleren Anrisskurven gegenüber „Luft"-Kurven. Die Referenz-Versuchsdaten unter Luft mit Proben aus der gleichen Charge liegen nur wenig oberhalb einer entsprechenden Auslegungskurve für Schweißnahtklasse K 1 nach Abschnitt 7.2 dieses Merkblattes, woraus geschlossen werden kann, dass die Versuchswerte sowohl für Luft als auch für Wasserstoff dem unteren Bereich des Streufeldes für Stumpfnähte Klasse K 1 und die „Mittelwertkurve" einer kleineren Ausfallwahrscheinlichkeit $P_A < 50\%$ zuzuordnen sind. Es erscheint deshalb gerechtfertigt, hierfür nur einen Sicherheitsabstand von 5 ($f_N = 1/5$) gegenüber den Versuchsmittelwerten in Rechnung zu setzen. Unter Bezugnahme auf eine Berechnung nach Abschnitt 8.2 lässt sich damit eine einfache Näherungsformel für den schwingfestigkeitsabmindernden Wasserstoffeinfluss für Werkstoffe mit Festigkeitsbeiwerten $K_{20} \leq 355$ N/mm² (StE 355) gemäß der Formel (40) ableiten. Hiernach beginnt der schwingfestigkeitsabmindernde Einfluss von Druckwasserstoff oberhalb einer Vergleichsspannungsschwingbreite $2\sigma_{va} = 215$ N/mm².

Aus einigen vergleichbaren Versuchsergebnissen an Schweißproben aus StE 355 und StE 460 sowie aus vorliegenden Rissbefunden an Wasserstofflagerbehältern geht hervor, dass der höherfeste Feinkornbaustahl wasserstoffempfindlicher ist.

Eine Abminderung auf die Hälfte der für Stähle mit $K_{20} \leq 355$ N/mm² berechneten Werte wird als realistisch angesehen.

Ein Vergleich der Versuchsdaten kerbfrei geschliffener Schweißproben aus StE 460 unter Wasserstoff- und Luftbedingungen lassen keine signifikanten Unterschiede zwischen Wasserstoff und Luft erkennen. Es ist deshalb sinnvoll, auch bei kerbfrei geschliffenen Nähten die Berechnung für Luftmedium gemäß Abschnitt 7.2.5 durchzuführen und die Lastspielzahl über einen Abminderungsfaktor f_N nach Formel (41) zu reduzieren, der unter Einbezug höherfester Feinkornbaustähle (z. B. StE 460) ausreichenden Sicherheitsabstand gewährleistet.

Weitere Einzelheiten siehe [92, 95].

Schrifttum

[1] Technische Regeln für Dampfkessel; hier: TRD 301 Anlage 1 (8.96) „Berechnung auf Wechselbeanspruchung durch schwellenden Innendruck bzw. durch kombinierte Innendruck- und Temperaturänderungen".
Hrsg.: VdTÜV Essen; Carl Heymanns Verlag KG, Köln.

[2] KTA-Regel 3201.2: „Komponenten des Primärkreises von Leichtwasserreaktoren, Teil: Auslegung, Konstruktion und Berechnung", Ausgabe 1981.

[3] *Dietmann, H.,* u. *F. Baier:* Spannungszustand und Festigkeitsverhalten (Literaturauswertung); 2. Teil: Schwingende Beanspruchung.
Techn.-wiss. Ber. MPA-Stuttgart (1971) H. 71-04.

[4] *Zenner, H.:* Festigkeitsverhalten von schwingend beanspruchten Bauteilen mit schräger Kerbe in Abhängigkeit vom Beanspruchungszustand.
Techn.-wiss. Ber. MPA-Stuttgart (1970) H. 70-01.

[5] *Betz, U.:* Zur Rissbildung wechselbeanspruchter glatter Proben.
Techn.-wiss. Ber. MPA-Stuttgart (1970) H. 70-02.

[6] *Mall, G.:* Innendruckschwellverhalten von Hohlzylindern mit eingeschweißten Stutzen.
Techn.-wiss. Ber. MPA-Stuttgart (1970) H. 70-03.

[7] *Sautter, S.:* Der Einfluss von Temperatur, Dehnungsgeschwindigkeit und Haltezeit auf das Zeitfestigkeitsverhalten von Stählen.
Techn.-wiss. Ber. MPA-Stuttgart (1971) H. 71-04.

[8] *Friedrich, W.:* Festigkeitsberechnung einwandiger Balgkompensatoren.
Techn.-wiss. Ber. MPA-Stuttgart (1973) H. 73-01.

[9] *Maier, H.-J.:* Über den Einfluss einer Kaltverformung auf die Zeitfestigkeit biegewechselbeanspruchter glatter Proben.
Techn.-wiss. Ber. MPA-Stuttgart (1975) H. 75-02.

[10] *Grubisic, V.,* u. *C.M. Sonsino:* Festigkeit von Hochdruckbehältern für neuartige Fertigungsverfahren.
Forsch. Ber. Lab. f. Betriebsfest. Darmstadt (1979), Nr. FB-148.

[11] *Grubisic, V.,* u. *C.M. Sonsino:* Festigkeitsbeurteilung von Bauteilen aus Stahl im Bereich der Kurzzeitschwingfestigkeit.
Forsch. Ber. Lab. f. Betriebsfest. Darmstadt (1975), Nr. TB-134.

[12] *Saal, H.:* Der Einfluss von Formzahl und Spannungsverhältnis auf die Zeit- und Dauerfestigkeiten und Rissfortschreitungen bei Flachstäben aus St 52.
Veröff. Inst. f. Statik u. Stahlbau der TH Darmstadt (1971) H. 17.

[13] *Klee, St.:* Das zyklische Spannungs-Dehnungs- und Bruchverhalten verschiedener Stähle.
Veröff. Inst. f. Statik u. Stahlbau der TH Darmstadt (1973) H. 22.

[14] *Schütz, H.:* Schwingfestigkeit von Werkstoffen.
VDI-Bericht Nr. 214, S. 45/47.

[15] *Just, E.:* Beabsichtigte Einflüsse der Fertigungsverfahren auf das Dauerverhalten von Stählen ohne Randschichtbehandlung.
VDI-Bericht Nr. 214, S. 75/84.

[16] *Broichhausen, J.:* Beeinflussung der Dauerhaltbarkeit von Konstruktionswerkstoffen und Werkstoffverbindungen durch konstruktive Kerben, Oberflächenkerben und metallurgische Kerben.
Fortschr.-Ber. VDI.Z., Reihe 1, Nr. 20.

[17] *Schmidt, W.:* Werkstoffkennwerte bei Dauerfestigkeitsuntersuchungen.
DEW-Techn. Ber. 11 (1971), S. 8/21.

[18] *Pomp, A.,* u. *M. Hempel:* Wechselfestigkeit und Kerbwirkungszahlen von unlegierten und legierten Baustählen bei + 20 °C und − 78 °C.
Archiv Eisenhüttenw. **21** (1950) H. 1/2, S. 53/66.

[19] *Hempel, M.:* Dauerfestigkeit von unterschiedlich erschmolzenen Baustählen USt 37-2, St. 37.3 und St 52.3.
Archiv Eisenhüttenw. **43** (1972) H. 5, S. 439/46.

[20] *Wellinger, K., u. K. Kußmaul:* Festigkeitsverhalten von Stählen bei wechselnder überelastischer Beanspruchung.
Mitt. VGB (1964) H. 92, S. 342/57.

[21] *Wellinger, K., u. G. Luft:* Wechselverformungsverhalten von Stählen.
Mitt. VGB (1968) H. 1, S. 33/45.

[22] *Degenkolbe, J., u. H. Dißelmeyer:* Schwingverhalten eines hochfesten wasservergüteten Chrom-Molybdän-Zirkonium-legierten Feinkornbaustahles mit 700 N/mm² Mindeststreckgrenze im geschweißten und ungeschweißten Zustand.
Schweißen u. Schneiden **25** (1973) H. 3, S. 205/07.

[23] *Haibach, E.:* Schwingfestigkeit hochfester Feinkornbaustähle im geschweißten Zustand.
Schweißen u. Schneiden **27** (1975) H. 5, S. 179/81.

[24] *Wellinger, F., u. M. Liebrich:* Kerbempfindlichkeit von Stählen im Gebiet der Zeitfestigkeit.
Z. Konstruktion **20** (1968) H. 3, S. 81/89.

[25] Interne Versuchsberichte der Firma Thyssen Niederrhein AG.

[26] *Hempel, M.:* Dauerfestigkeit von Stahl. Merkblatt Nr. 457d. Beratungsstelle f. Stahlverwendung, Düsseldorf.

[27] *Hempel, M.:* Zug-Druck-Wechselfestigkeit ungekerbter und gekerbter Proben warmfester Werkstoffe im Temperaturbereich von 500 bis 700 °C.
Archiv Eisenhüttenw. **43** (1972) H. 6, S. 479/88.

[28] *Wellinger, K., u. R. Idler:* Der Einfluss wechselnder Temperaturen auf das Zeitfestigkeitsverhalten von Stählen.
Archiv Eisenhüttenw. **48** (1977) H. 6, S. 347/52.

[29] *Schieferstein, U., u. W. Wiemann:* Anwendung von Bemessungsregeln auf Bauteile mit gleichzeitiger Kriech- und Dehnungswechsel-Beanspruchung.
Chem.-Ing. Tech. **49** (1977) Nr. 9, S. 726/37.

[30] *Zenner, H.:* Niedriglastwechselermüdung bei hohen Temperaturen.
VDI-Berichte Nr. 302 (1977), S. 29/44.

[31] VDI-Richtlinie 2227, Entwurf 1974 „Festigkeit bei wiederholter Beanspruchung".

[32] *Siebel, E., u. M. Gaier:* Untersuchungen über den Einfluß der Oberflächenbeschaffenheit auf die Dauerschwingfestigkeit metallischer Bauteile.
VDI-Zeitschr. **98** (1956), S. 1715/23.

[33] *Hänchen, R., u. H. Decker:* Neue Festigkeitsberechnung für den Maschinenbau.
Carl Hanser-Verlag, München 1967.

[34] *Wellinger-Dietmann:* Festigkeitsberechnung.
Alfred Körner-Verlag, 3. Auflage (1976).

[35] *Buch, A.:* Einige Bemerkungen über das Einflussfaktorenverfahren zur Berechnung der Dauerfestigkeit von Maschinenteilen.
Materialpruf. **19** (1976) Nr. 6, S. 194/99.

[36] Unveröffentlichte Diskussionsbeiträge der MPA-Stuttgart zur Aufstellung der TRD 301 Anlage 1 (1974).

[37] *Zirn, R.:* Schwingfestigkeitsverhalten geschweißter Rohrknotenpunkte von Rohrlaschenverbindungen.
Techn.-wiss. Bericht MPA-Stuttgart (1975) H. 75-01.

[38] *Kloos, K.-H.:* Einfluss des Oberflächenzustandes und der Probengröße auf die Schwingfestigkeitseigenschaften.
VDI-Bericht Nr. 268 (1976), S. 63/76.

[39] *Haibach, E.:* Schwingfestigkeitsverhalten von Schweißverbindungen.
VDI-Bericht Nr. 268 (1976), S. 179/92.

[40] *Nowak, B., u.a.:* Ein Vorschlag zur Schwingfestigkeitsbemessung von Bauteilen aus hochfesten Baustählen.
Der Stahlbau **44** (1975) H. 9, S. 257/68 u. H. 10, S. 306/12.

[41] DIN 15 018 Teil 1 „Krane, Grundsätze für Stahltragwerke, Berechnung", Ausg. 4.74.

[42] DASt-Richtlinie 011 „Hochfeste schweißgeeignete Feinkornbaustähle StE 460 und StE 690, Anwendung für Stahlbauten", Ausg. Febr. 1979; Deutscher Ausschuss für Stahlbau, Köln.

[43] *Issler, L.:* Festigkeitsverhalten metallischer Werkstoffe bei mehrachsiger phasenverschobener Schwingbeanspruchung.
Diss. Uni. Stuttgart 1973.

[44] *El-Magd, E., u. S. Mielke:* Dauerfestigkeit bei überlagerter zweiachsiger statischer Beanspruchung.
Z. Konstruktion **29** (1977) H. 7, S. 253/57.

[45] *Nowak, B., Saal, H., u. T. Seeger:* Ein Vorschlag zur Schwingfestigkeitsbemessung von Bauteilen aus hochfesten Baustählen.
Der Stahlbau **44** (1975), S. 257/68.

[46] *Troost, A., u. E. El-Magd:* Allgemeine Formulierung der Schwingfestigkeitsamplitude in Haighscher Darstellung.
Materialpruf. **17** (1975) Nr. 2, S. 47/49.

[47] *Neuber, A.:* Über die Berücksichtigung der Spannungskonzentration bei Festigkeitsberechnungen.
Konstruktion **20** (1968) H. 7, S. 245/51.

[48] *Gorsitzke, B.:* Betriebsfestigkeitsuntersuchungen zur Lebensdauerabschätzung; Bericht über das Kolloquium „Sicherheitstechnische Bauteilbegutachtung" des TÜV Rheinland am 27.05.1975 in Köln-Poll.
Verlag TÜV Rheinland GmbH, Nr. 77/93.

[49] *Krägeloh, E.:* Überlagerung von thermischer und mechanischer Beanspruchung bei Stählen – Einfluss von Kerben und Schweißungen.
VDI-Bericht Nr. 301 (1977), S. 45/52.

[50] *Kloos, K.-H.:* Einfluss des Oberflächenzustandes und der Probengröße auf die Schwingfestigkeitseigenschaften.
VDI-Bericht Nr. 268 (1976), S. 63/76.

[51] *Tauscher, H.:* Dauerfestigkeit von Stahl und Gusseisen.
VEB Fachbuchverlag Leipzig (1969).

[52] *Haibach, E.:* Dauerfestigkeit von Schweißverbindungen bei Grenzlastspielzahlen größer als $2 \cdot 10^6$.
Archiv Eisenhüttenw. **42** (1971) H. 12, S. 901/08.

[53] Fachausschussbericht 5.016: „Höhere Zuverlässigkeit im Schwermaschinenbau (Beitrag der Betriebsfestigkeit für die Verfügbarkeit von Hüttenwerksanlagen)".
Verein Deutscher Eisenhüttenleute (VDEh) Düsseldorf, Ausschuss für Anlagentechnik, Gemeinschaftsausschuss Betriebsfestigkeit, 1974.

[54] Bericht der Arbeitsgemeinschaft Betriebsfestigkeit beim VDEh Nr. ABF 19: „Leitfaden für eine Betriebsfestigkeitsberechnung".
Verlag Stahleisen mbH, Düsseldorf 1985, 2. Auflage.

[55] *Haibach, E., Ostermann, H., u. H.-G. Köbler:* Abdecken des Risikos aus den Zufälligkeiten weniger Schwingfestigkeitsversuche.
Lab. f. Betriebsfest. Darmstadt, TM Nr. 68/73.

[56] *Uebing, D., u. P. Jaeger:* Bedeutung der Druckprüfung und des Sicherheitsbeiwertes für die Lebensdauer von Rohr-Fernleitungen.
3 R international, H. 3 (1973), S. 137/39.

[57] *Uebing, D.:* Neue Wege der Sicherheitsbetrachtung bei Pipelinesystemen.
3 R international, H. 1 (1976), S. 7/10.

[58] *Richter, F.:* Physikalische Eigenschaften von Stählen und ihre Temperaturabhängigkeit. Stahleisen-Sonderbericht Heft 10.
Verlag Stahleisen mbH, Düsseldorf 1983.

[59] *Dengel, D.:* Einige grundlegende Gesichtspunkte für die Planung und Auswertung von Dauerschwingversuchen.
Materialprüfung 13 (1971) Nr. 5, S. 145/80.

[60] DIN 50 100 „Dauerschwingversuch", Ausg. 2.78.

[61] VDI-Richtlinie 2227: „Festigkeit bei wiederholter Beanspruchung; Zeit- und Dauerfestigkeit metallischer Werkstoffe, insbesondere von Stählen", Entwurf 4.74.

[62] *Haibach, E.:* Modifizierte lineare Schadens-Akkumulations-Hypothese zur Berücksichtigung des Dauerfestigkeitsabfalls mit fortschreitender Schädigung.
Lab. f. Betriebsfest. Darmstadt, TM Nr. 50/70.

[63] *Neuber, H.:* Theory of Stress Concentration for Shear Strained Prismatical Bodies with Arbitrary Non-Linear Stress-Strain Law.
Trans. ASME, J. of. Appl. Mech. 1969, S. 544/50.

[64] *Saal, H.:* Näherungsformeln für die Dehnungsformzahl.
Z. Materialprüf. 17 (1975) Nr. 11, S. 395/98.

[65] *Kühnapfel, K.-F., u. A. Troost:* Näherungslösungen zur rechnerischen Ermittlung von Kerbdehnungen und Kerbspannungen bei elastoplastischer Beanspruchung.
Z. Konstruktion 31 (1979) H. 5, S. 183/90.

[66] *Dahl, W.:* Das Verhalten von Stahl bei schwingender Beanspruchung; Bericht aus Kontaktstudium „Werkstoffkunde Eisen und Stahl III".
Verlag Stahleisen mbH, Düsseldorf 1978.

[67] *Hoffmann, G., u. F. Huba:* Sichere Dimensionierung geschweißter Radiallüfter.
VDI-Zeitschr. 122 (1980) Nr. 5, S. 177/81.

[68] *Schütz, W.* u.a.: Berechnung von Wöhlerlinien für Bauteile aus Stahl, Stahlguss und Grauguss – Synthetische Wöhlerlinien. VDEh-Arbeitsgemeinschaft Betriebsfestigkeit, Bericht Nr. ABF 11, Düsseldorf (1983).

[69] *Boller, Chr., u. T. Seeger:* Materials Data for Cyclic Loading; Part A, B, C u. E. Elsevier 1987.

[70] *Haibach, E.:* Betriebsfestigkeit. Verfahren und Daten zur Bauteilberechnung.
VDI-Verlag GmbH, Düsseldorf 1989.

[71] *Olivier, R., u. W. Ritter:* Wöhlerlinienkatalog für Schweißverbindungen aus Baustählen; Teil 1 bis 5. Deutscher Verlag für Schweißtechnik (DVS) GmbH, Düsseldorf 1979.

[72] *Gurney, T.R., u. S.J. Maddox:* A re-analysis of fatigue data for welded joints in steel.
Welding Research International, Volume 3 (1973) Nr. 4.

[73] *Maddox, S. J.:* Third Draft (June 1994) of proposed detailed Fatigue Assessment Method based on Draft Eurocode 3. CEN TC 54 WG C SG-DC.

[74] British Standard BS 5500/1994: Specification for unfired fusion welded pressure vessels.

[75] British Standard BS 7608/1993: Code of practice for Fatigue design and assessment of steel structures.

[76] Eurocode Nr. 3: Bemessung und Konstruktion von Stahlbauten. Deutsche Fassung der europäischen Vornorm ENV 1993-1-1.

[77] *Seeger, T.,* u.a.: Zulässige Spannungen für den Betriebsfestigkeitsnachweis bei wetterfesten Baustählen nach achtjähriger Bewitterung.
Z. Stahlbau 60 (1991) H. 11.

[78] *Seeger, T., u. R. Olivier:* Neigung und Abknickpunkt der Wöhlerlinie von schubbeanspruchten Kehlnähten.
Z. Stahlbau 61 (1992), H. 5.

[79] *Autrosson, B.,* u.a.: Simplified Elastoplastic Fatigue Analysis.
Int. J. Pres. Ves. & Piping 37 (1989).

[80] *Grandemange, J.M.,* u.a.: Corrections de plasticite dans les analyses de fatigue.
AFIAP-Conference, October 1992, Vol. 2, 109.

[81] *Hübel, H.:* Plastic Strain Concentration in a Cylindrical Shell Subjected to an Axial or a Radial Temperature Gradient.
Transactions of the ASME, Vol. 109, Mai 1987.

[82] *Hübel, H.:* Erhöhungsfaktor K_e zur Ermittlung plastischer Dehnungen aus elastischer Berechnung.
Z. TÜ Bd. 35 (1994) Nr. 6.

[83] *Sonsino, C.M., u. D. Hanewinkel:* Schwingfeste Bauteilbemessung mit höherfesten Stählen. Teil 1: Hinweise zu Konstruktion und Bemessung.
Z. Stahl u. Eisen 112 (1992) Nr. 1.

[84] *Dittmar, S.:* Lebensdauernachweise nach deutschen Regelwerken für druckbelastete Bauteile; Vorgehensweise, Lücken, Abhilfemaßnahmen.
Vortrag 18. MPA-Seminar, Oktober 1992.

[85] *Bucak, Ö.:* Ermüdung von Hohlprofilknoten.
Dissertation Univers. Karlsruhe, Fak. f. Bauing.- u. Vermessungswesen, 1990.

[86] *Kerkhoff, H.,* u.a.: Untersuchungen zur wasserstoffinduzierten Rissbildung im Schweißnahtbereich von Feinkornbaustahl bei low-cycle-Beanspruchung unter dem Einfluß von Druckwasserstoff.
VdTÜV-Forschungsvorhaben Nr. 250, Schlussbericht SB 2000/85, TÜV Rheinland 1990.

[87] *Schlegel, D.*, u.a.: Sicherheitstechnisches Gutachten zum Betrieb von Wasserstofftransportbehältern und -Druckgasflaschen.
TÜV Rheinland 1981.

[88] *Maddox, S.J.*: Fatigue Aspects of Pressure Vessel Design. Auszug aus: Pressure Vessel Design Philosophy; a short Course.
Univ. Strathclyde, 1992.

[89] *Niemi, E.*: Recommendations Concerning Stress Determination for Fatigue Analysis of Welded Components.
IIW Doc. XIII-1458-92, Version 15.08.1994.

[90] *Radaj, D., H.D. Gerlach* u. *B. Gorsitzke:* Experimentellrechnerischer Kerbspannungsnachweis für eine geschweißte Kesselkonstruktion.
Z. Konstruktion **40** (1988), H. 11, S. 447/452.

[91] *Gorsitzke, B.*: Vorhersage der Ermüdungsfestigkeit druckführender Komponenten im Energie- und Chemieanlagenbau; Teil 1 u. Teil 2.
Z. TÜ Bd. **30** (1989) Nr. 2 u. Nr. 3.

[92] *Gorsitzke, B.*: Neuere Berechnungsvorschriften zur Ermüdungsfestigkeit von Druckbehältern.
Z. TÜ Bd. **36** (1995) Nr. 6 u. Nr. 7/8.

[93] *Dietmann, H.,* u. *H. Kockelmann:* Verwendung der Gestaltänderungsenergiehypothese im Anwendungsbereich der KTA-Regeln.
VGB Kraftwerkstechnik **74** (1994), H. 6, S. 498/508.

[94] *Iida, K.*: Application of hot spot strain to fatigue life prediction.
IIW-Doc. XIII-941-80.

[95] *Gorsitzke, B.*: Erläuterungen zu den Neuausgaben der AD-Merkblätter S 1 und S 2 (1998) und ergänzende Hinweise – Empfehlungen für sinngemäße Anwendung auf Bauteile außerhalb des Gültigkeitsbereiches dieser Blätter. Teil 1 u. Teil 2.
Z. TÜ Bd. **40** (1999) Nr. 3, S. 20–25 u. Nr. 4, S. 43–48.

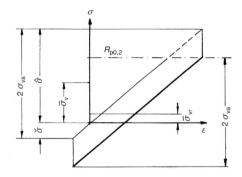

Bild A 1. Reduzierte Mittelspannung $\bar{\sigma}_{vr}$ für $R_{p0,2} \leq 2\sigma_{va} < 2R_{p0,2}$

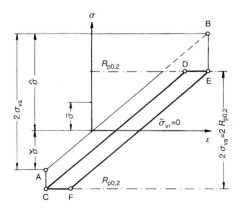

Bild A 2. Reduzierte Mittelspannung $\bar{\sigma}_{vr} = 0$ für $2\sigma_{va} \geq 2R_{p0,2}$

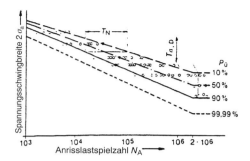

Bild A 3. Beispiel einer statistisch abgesicherten Bauteil-Wöhlerkurve und Streubereiche (schematisch)

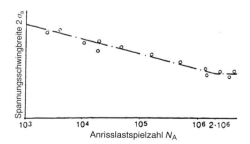

Bild A 4. Beispiel einer statistisch nicht abgesicherten Bauteil-Wöhlerkurve (schematisch)

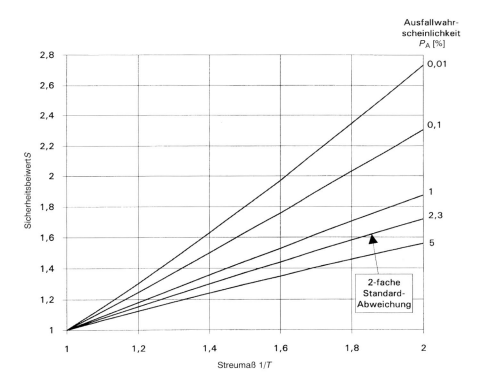

Bild A 5a. Bestimmung eines statistisch begründeten Sicherheitsbeiwertes bei bekanntem Streumaß

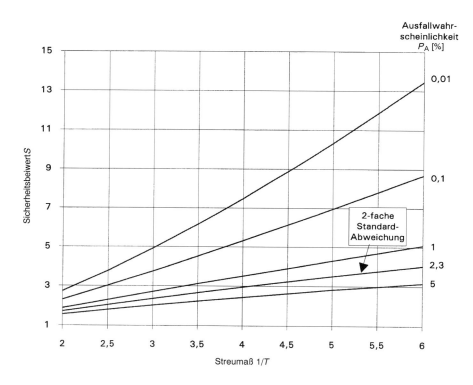

Bild A 5b. Bestimmung eines statistisch begründeten Sicherheitsbeiwertes bei bekanntem Streumaß

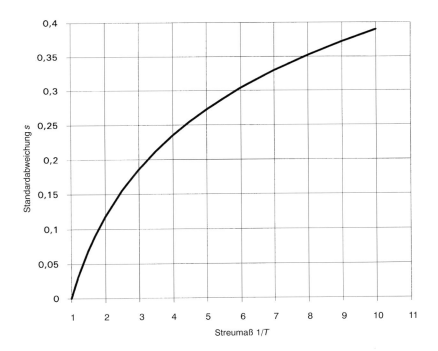

Bild A 6. Zusammenhang zwischen Streumaß und Standardabweichung bei logarithmischer Normalverteilung

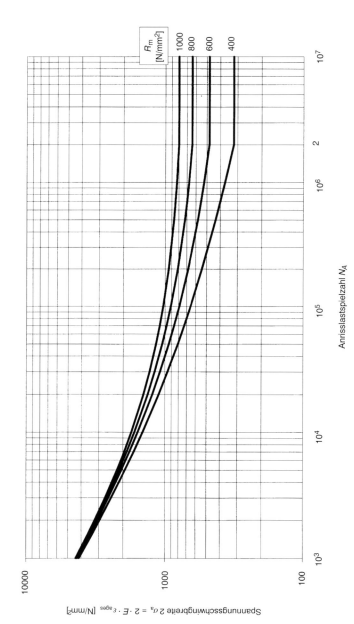

Bild A 7. Anrisslastspielzahlen (Streuband-Mittelwert) in Abhängigkeit von der Spannungsschwingbreite für ungekerbte Probestäbe aus warmfesten ferritischen Walz- und Schmiedestählen bei Raumtemperatur und $\bar{\sigma} = 0$ (AD-Merkblatt S 2, Ausg. 3.90)

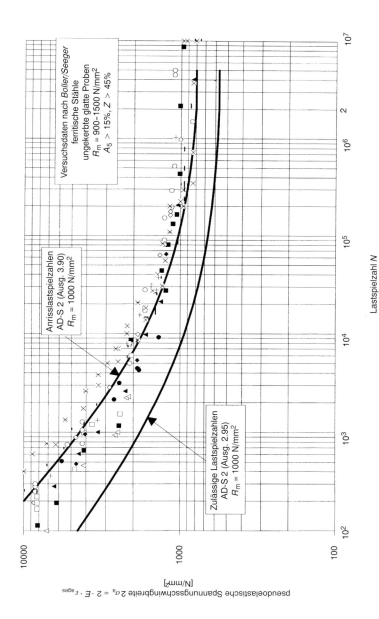

Bild A 8. Vergleich zwischen Versuchsdaten und AD 2000-Merkblatt S 2

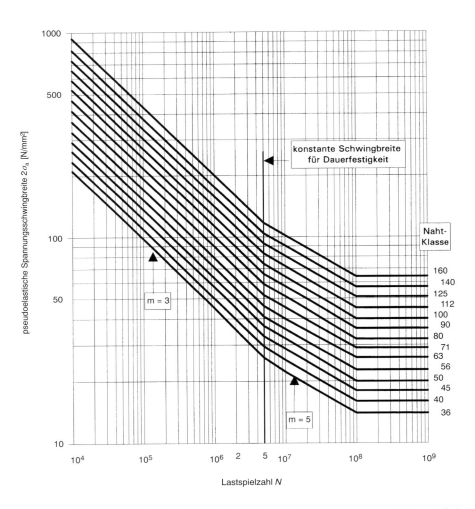

Bild A 9. Ermüdungskurven für Schweißverbindungen unter Normalspannungen nach Eurocode Nr. 3

Anhang 2 zum AD 2000-Merkblatt S 2

Hinweise zur Beurteilung von Wechselbeanspruchung aus Schwingfestigkeitsversuchen

1 Festlegung der Prüflast

Die Prüflasten sind auf die jeweiligen Betriebsbedingungen abzustimmen. Wird ein warmbetriebenes Bauteil bei Raumtemperatur geprüft, so muss bei der Festlegung der Prüflast die temperaturbedingte Schwingfestigkeitsverminderung des Werkstoffs berücksichtigt werden. Hierzu kann näherungsweise die $\frac{1}{f_{T^*}}$-fache Betriebslast angesetzt werden.

Sollen die Versuchsergebnisse auf geometrisch ähnliche, jedoch größere Bauteile oder auf Bauteile mit größeren Oberflächenrauheiten übertragen werden, sind ggf. Größen- und Oberflächeneinfluss bei der Prüflast zu berücksichtigen. Bei Schwingfestigkeitsversuchen im Bereich höherer Lastspielzahlen (etwa oberhalb 10^5) ist über die Ermittlung der Anrisslastspielzahlen hinaus mit der 1,5fachen auf die Betriebsbedingungen abgestimmten Prüflast mit einer Prüflastspielzahl gleich der Betriebslastspielzahl zu prüfen, um die Spannungssicherheit $S = 1,5$ nach Abschnitt 7.1.1 dieses Merkblattes nachzuweisen.

2 Ermittlung einer Bauteil-Wöhlerkurve

Soll für ein Bauteil die zulässige Spannungs- oder Betriebslast-Schwingbreite für verschiedene Betriebslastspielzahlen aufgenommen werden, ist bei der Aufstellung des Versuchsprogramms zu berücksichtigen, dass die Streuung von Schwingfestigkeits-Wöhlerkurven im Allgemeinen sehr groß ist.

Zur quantitativen Erfassung dieser Streuung mit Hilfe statistischer Auswertungsmethoden muss das Streuband der Lebensdauerverteilung durch hinreichend viele Versuchspunkte belegt sein, wie im Bild A 3 des Anhangs 1 schematisch dargestellt ist. Auf mehreren Belastungshorizonten sollten mindestens sieben bis acht Bauteile geprüft werden, um für die jeweilige Prüflasthöhe eine statistische Auswertung hinsichtlich der Ausfallwahrscheinlichkeit durchführen zu können. Eine Belegung von Bauteil-Wöhlerkurven, wie in Bild A 4 des Anhangs 1 schematisch dargestellt, kann aufgrund zufallsbedingter Lage der Messpunkte zu keiner Aussage über die Streuung führen. Die durch die Punkte, evtl. durch Ausgleichsrechnungen gezogene „Mittelwert"-Kurve kann bestenfalls mit einer Überlebenswahrscheinlichkeit von $P_{\"u} = 50$ % bewertet werden.

Bei Schwingfestigkeitsversuchen im Dauerfestigkeitsbereich oder bei Berücksichtigung eines Betriebslastkollektivs (Betriebsfestigkeitsversuch) wird es ratsam sein, wegen der zu beachtenden Prüftechnik noch weiteres Schrifttum heranzuziehen [59 bis 61].

3 Abschätzung des Risikos bei nur wenigen Versuchsergebnissen

In vielen Fällen ist zur Beurteilung eines Bauteils auf Wechselbeanspruchung ein rechnerischer oder experimenteller Nachweis nur für e i n e Belastungshöhe ausreichend, so dass bei Schwingfestigkeitsversuchen auf die aufwendige Ermittlung einer Bauteil-Lebensdauerkurve verzichtet werden kann. Liegen dann aber noch die beim Versuch ermittelten Anrisslastspielzahlen von nur wenigen Bauteilen derselben Größe vor, kann nicht davon ausgegangen werden, dass der Mittelwert aus diesen wenigen Einzelergebnissen mit dem Mittelwert aller übrigen nichtgeprüften gleichartigen Bauteile (z. B. einer Baureihe) übereinstimmt.

Es besteht die Gefahr, dass aufgrund zufällig sehr günstiger Versuchsergebnisse die Schwingfestigkeits-Sicherheiten ü b e r schätzt werden. Über die auf den Mittelwert der Versuchsergebnisse $N_{Versuch}$ bezogene Lastspielsicherheit $S_L = 10$ hinaus wird deshalb empfohlen, einen Risiko-Beiwert j_N [55] zu berücksichtigen, der das Risiko einer Fehleinschätzung aufgrund zufallsbedingter überdurchschnittlicher Ergebnisse abgrenzt.

Unter der Voraussetzung Gauß'scher Normalverteilung für die Streuung der Ergebnisse und auf der Basis einer statistischen Sicherheit von 95 % kann der Risiko-Beiwert j_N in Abhängigkeit von der Anzahl n der geprüften Bauteile (Anzahl der Prüfergebnisse) und von der zu erwartenden Streuspanne $1/T_N$ aus Bild A 10 dieses Anhangs entnommen oder aus

$$j_N = \left(\frac{1}{T_N}\right)^{\frac{1}{1,56\sqrt{n}}} \quad (1)$$

berechnet werden.

Die zulässige Lastspielzahl N_{zul} aus nur wenigen Ergebnissen, die für eine statistische Auswertung nicht ausreichen, ist dann zu ermitteln aus:

$$N_{zul} = \frac{N_{Versuch}}{S_L \cdot j_N} \quad (2)$$

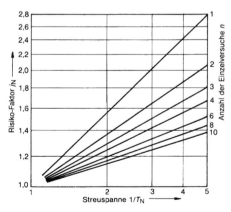

Bild A 10. Risiko-Beiwert j_N auf der Basis einer statistischen Sicherheit von 95%

Anhang 3 zum AD 2000-Merkblatt S 2

Hinweise zur Durchführung der Spannungsberechnung

Inhalt

1 Allgemeines
2 Formelzeichen und Einheiten
3 Empfehlungen für Spannungsnachweise
3.1 Zylinderschale mit Ausschnitten
3.2 Verbindung Zylinderschale – Versteifungsring
3.3 Zylinderschale mit Formabweichungen
3.4 Verbindung Zylinderschale – Kegelschale
3.5 Gewölbter Boden mit Ausschnitten
3.6 Verbindung Zylinderschale – Tellerboden mit Eckring oder verstärktem Flansch
3.7 Verbindung Zylinderschale – unverankerter ebener Boden
3.8 Runde unverankerte ebene Platten mit Ausschnitten
3.9 Schraubverbindungen
4 Berechnungsbeispiel
5 Schrifttum

1 Allgemeines

Mit den nachstehenden Hinweisen werden einfache ingenieurmäßige Berechnungsmethoden angegeben, nach denen Struktur- und Kerbspannungen für häufig ausgeführte und lebensdauerrelevante Behälterstrukturen ermittelt werden können.

Die Berechnungsverfahren beschränken sich auf die alleinige Wirkung von innerem Überdruck. Zur Berechnung für andere Belastungsarten wie z. B. aus instationären Temperaturdehnungen wird z. B. auf die Quellen [1] und [4] hingewiesen.

Als Strukturspannung wird hier die nach technischen Tragwerkstheorien (z. B. Theorie der Schalen, Platten, Träger) berechnete Spannung auf der Oberfläche ohne Berücksichtigung der Kerbwirkung (Mikro-Kerben) bezeichnet. Die Strukturformzahl α_s drückt das Verhältnis der Strukturspannung σ_s zur Nennspannung σ_n aus, die in der Regel mit einer mittleren Spannung im Querschnitt einer betrachteten Stelle identisch ist. Die Kerbspannung σ_K ist die über die Strukturspannung hinausgehende maximale örtliche Spannung im Kerbgrund. Mit der Kerbformzahl α_k wird hier das Verhältnis von elastischer Kerbspannung σ_K zur Strukturspannung σ_s definiert. Für die Verknüpfung von Strukturformzahl und Kerbformzahl wird näherungsweise ein multiplikatives Überlagerungsgesetz angenommen, so dass gilt:

$$\sigma_K = \alpha_k \cdot \sigma_s = \alpha_k \cdot \alpha_s \cdot \sigma_n \tag{1}$$

Eine scharfe Abgrenzung zwischen Strukturspannung und Kerbspannung ist nicht immer möglich.

Bei der Beurteilung von Schweißnahtbereichen nach AD 2000-Merkblatt S 2 Abschnitt 7.2 ist die Schweißnahtkerbwirkung bereits in den Lastspielzahlkurven berücksichtigt. Im ungestörten Bereich ungeschweißter Bauteile entspricht α_k dem Oberflächen-Korrekturfaktor f_O.

Bei scharfen Kerben tritt ein von der Spannungsverteilung und vom Werkstoff abhängiger dynamischer Kerbstützeffekt auf, der zu etwas abgeminderten Kerbspannungen als nach

Formel (1) berechnet führt. Dieser Stützeffekt wird jedoch im Rahmen der hier angegebenen Näherungsberechnungen vernachlässigt.

Bei Berechnungen mit direkter Ermittlung der Vergleichsspannung (ohne Verwendung der Spannungskomponenten) sind unter Voraussetzung vernachlässigbarer Schubspannungen und bei Wirkung von nur einer Belastungsart die maximale Vergleichsspannung $\hat{\sigma}_v$, die Vergleichsspannungsschwingbreite 2 σ_{va} und die Vergleichsmittelspannung $\bar{\sigma}_v$ nach den allgemeinen Formeln (2) bis (4) zu bilden.

$$2\sigma_{va} = \left(\hat{B} \cdot \alpha_{S\hat{B}} - \check{B} \cdot \alpha_{S\check{B}}\right) \cdot G \tag{2}$$

$$\bar{\sigma}_v = f\left(\frac{\hat{B} \cdot \alpha_{S\hat{B}} + \check{B} \cdot \alpha_{S\check{B}}}{2} \cdot G\right) \tag{3}$$

$$\hat{\sigma}_v = f\left(\max. \left\{|\hat{B}| \cdot \alpha_{S\hat{B}}; |\check{B}| \cdot \alpha_{S\check{B}}\right\} \cdot G\right) \tag{4}$$

Hierin bedeuten:

$\hat{B}, \check{B}$ Extremwerte einer Belastungsgröße, z. B. Innendruck p

$\alpha_{S\hat{B}}, \alpha_{S\check{B}}$ den Belastungsgrößen $\hat{B}$ und $\check{B}$ zugeordnete Strukturformzahlen (bei linearer Abhängigkeit von Belastung und Spannung ist $\alpha_{S\hat{B}} = \alpha_{S\check{B}}$).

G spezielle von geometrischen Größen abhängige Funktion, z. B. auf p bezogene mittlere Vergleichsspannung nach SSH für Zylinderschale

$$G = \frac{D_m}{20 \cdot s}$$

Die Formeln (4) bis (6) nach AD 2000-Merkblatt S 2 Abschnitt 5.2 zur Bildung der Vergleichsspannungsschwingbreite 2 σ_{va} und der zugehörigen Vergleichsmittelspannung $\bar{\sigma}_v$ kommen dann nicht zur Anwendung. Liegt ein kombinierter Belastungszustand aus mehreren Belastungsarten vor, sind im Allgemeinen andere Berechnungsverfahren anzuwenden, nach denen die anteilmäßigen Spannungskomponenten zur Überlagerung und Bildung der Vergleichsspannungen ermittelt werden können. Entsprechende Literatur-Hinweise sind in den folgenden Abschnitten enthalten.

Die nachstehenden Berechnungsempfehlungen basieren auf der Grundlage der linearen Elastizitätstheorie (pseudo-elastische Spannungen) und gelten für den Sonderfall $\nu = 0{,}3$ und gleichen E-Moduls von miteinander verbundenen Teilen.

2 Formelzeichen und Einheiten

Über die Festlegungen des AD 2000-Merkblattes B 0 hinaus gilt:

d	Durchmesser eines Abzweiges	in mm
f_u	Unrundheitsfaktor	–
h	Höhe eines Kantenversatzes, einer Aufdachung oder Einziehung	in mm
s	Nennmaße abzüglich Abnutzungszuschlag	in mm
D	Durchmesser eines Grundkörpers	in mm
α_b	Biegespannungsformzahl	–
α_k	Kerbformzahl	–
α_s	Strukturformzahl	–
α_{so}	Membranspannungsformzahl	–

Fußzeiger

a	außen
i	innen
k	Kegelschale, Kugelschale
m	mittlerer Wert
z	Zylinderschale
A	Abzweig
B	Boden, z. B. gewölbter Boden, Platte
D	Dichtung

3 Empfehlungen für Spannungsnachweise

3.1 Zylinderschale mit Ausschnitten

Bei Zylinderschalen mit rohrförmig verstärkten Ausschnitten im Geltungsbereich der AD 2000-Merkblätter B 1 bzw. B 9 liegt das Spannungsmaximum in vielen Fällen am Innenrand der Stutzen-Zylinder-Durchdringung in der Längsschnittebene. Bei relativ großen Ausschnitten und/oder großer Stutzenverstärkung kann sich die Stelle größter Spannung auf die Außenseite der Durchdringung in Richtung Querschnittsebene verlagern. Die aus der Literatur bekannten einschlägigen Formzahlgleichungen gestatten eine überschlägige Berechnung des Strukturspannungshöchstwertes, jedoch nicht die Bestimmung für dessen Lage und Richtung. Falls nicht durch andere Berechnungen nachgewiesen ist, deshalb unabhängig von der Art des Stutzen-Schweißnahtanschlusses an der Durchdringungsstelle (aufgesetzt oder durchgesteckt) die z. B. nach [3] zu berechnende Vergleichsspannung als maßgebende Strukturspannung sowohl für die Innen- als auch die Außenseite der Zylinderschale anzusetzen.

Liegen Ausschnitte im Bereich von elliptischen Formabweichungen (Unrundheiten U), ist außer der Formzahl a_{so} für Membranspannung ein Biegespannungsterm $f_u \cdot a_b$ in Anlehnung an [1] zu berücksichtigen.

Bei Stutzen, die Schrägstellungen in Zylinderlängsrichtung aufweisen, ist die Strukturformzahl a_{so} in Anlehnung an [2] zu korrigieren.

Bei elliptischen rohrförmigen Ausschnitten, z. B. für Befahr- und Besichtigungsöffnungen mit einem Verhältnis von großer Achse zu kleiner Achse ≤ 1,5, kann sinngemäß wie bei kreisrunden Ausschnitten vorgegangen werden. Dabei ist der maßgebende mittlere Stutzendurchmesser d_m aus der in Längsrichtung des Zylindermantels liegenden Ausschnittsachse zu bestimmen.

Für andere Ausschnittsgeometrien, wie z. B. rechteckige Befüllöffnungen oder langlochartige Schaugläseinsätze, sind keine ausreichend genauen analytischen Berechnungsmethoden zur Ermittlung der Strukturformzahlen bekannt. Bekannte Lösungen für Scheiben oder Platten mit Ausschnitten, z. B. nach [4, 5], können auf Schalen nicht übertragen werden, da infolge der Schalenkrümmung den Strukturmembranspannungen zusätzliche Strukturbiegespannungen überlagert werden.

Bei Blockflanschen oder dickwandigen Einschweißringen (vgl. AD 2000-Merkblatt B 9, Bilder 3a/3b), die den Bedingungen

$$s_A \geq 2 \cdot s_z, \quad b \cdot s_A \geq d_i \cdot s_z \tag{5}$$

genügen, ist mindestens $a_{so} = 2,5$ zu setzen.

Für kombinierte rohr- und scheibenförmige Verstärkungen sind keine geschlossenen analytischen Näherungslösungen bekannt. Eine komponentenspezifische Berechnung über Formzahldiagramme ist in [4] enthalten.

Bei unverstärkten kreisförmigen Ausschnitten kann die Strukturspannung nach [4] ermittelt werden.

3.2 Verbindung Zylinderschale – Versteifungsring

Bei Zylinderschalen, an deren Innen- oder Außenwandung Versteifungsringe (vgl. AD 2000-Merkblatt B 6, Bild 2 und 3) oder Halterungsringe (z. B. für Einbauten) angeschlossen sind, bewirken diese Anschweißteile durch Dehnungsbehinderung Biegespannungen, die sich mit den Membranspannungen aus dem Innendruck überlagern. Die maximale Vergleichsspannung tritt auf der Innenseite auf und kann den rund doppelten Wert der Membranspannung im ungestörten Bereich annehmen. Im Falle von innen angeschweißten Ringen in Verbindung mit einer kerbintensiven Schweißnahtgestaltung können deshalb auch derartige „untergeordnete" Bauteilbereiche lebensdauerbestimmend sein. Die Vergleichsspannung auf der Außenseite liegt stets unter der Membranspannung im ungestörten Bereich.

Die Berechnung kann nach [12] durchgeführt werden.

3.3 Zylinderschale mit Formabweichungen

Bei Zylinderschalen können auch fertigungsbedingte Formabweichungen mit den hierdurch verursachten Zusatzspannungen ermüdungsrelevante Auswirkungen haben (vgl. AD 2000-Merkblätter HP 1 und HP 5/1). Dies trifft insbesondere für Zylinderschalen ohne sonstige Störstellen zu (z. B. ohne Ausschnitte), deren Dimensionierung auf glatte Zylinderschalen abgestimmt ist und die Stelle maximaler Formabweichung mit einer voll beanspruchten Schweißnaht (Längsnaht) zusammenfällt.

Bei ovaler Formabweichung kann sinngemäß nach [1] vorgegangen werden, wobei $a_{so} = 1$ und $a_b = 1$ zu setzen ist.

Bei Kantenversatz der Längsnaht wird die Berechnung nach [4] empfohlen.

Bei Aufdachungen oder Einziehungen kann die Strukturspannung konservativ nach AD 2000-Merkblatt HP 1 Anhang 1 bestimmt werden.

Sofern im Einzelfall hierzu genauere Berechnungen durchgeführt werden sollen, können Berechnungen nach der Theorie 2. Ordnung vorgenommen werden [9], d. h. unter Berücksichtigung der sich einstellenden Verformung unter Druckbelastung und damit Verringerung der Biegespannungen. Auf die Notwendigkeit einer ausreichenden Anzahl der Fourieramplituden (Stützstellen) zur Erzielung realer Spannungswerte wird hingewiesen.

3.4 Verbindung Zylinderschale – Kegelschale

Der Übergang kegelförmiger Mäntel vom zylindrischen Teil kann entweder als Eckstoß oder als Torus ausgebildet sein. Die maximale Strukturspannung tritt im Eckstoß bzw. in der Krempe auf.

Der eckgeschweißte Kegelmantel ist für Ermüdungsbeanspruchung sehr ungünstig, da bei dieser Ausführung die höchsten Strukturspannungen auftreten und an der Stelle maximaler Strukturspannung zusätzlich Schweißnahtkerbspannungen wirken.

Die Berechnung kann auf der Grundlage des Anhanges zu AD 2000-Merkblatt B 2 durchgeführt werden.

Bei unmittelbaren Anschluss von Böden, insbesondere von ebenen Böden, sind infolge gegenseitiger Beeinflussung deutlich höhere Spannungen gegenüber dieser Berechnung zu erwarten.

Kegelausschnitte sind unter Beachtung von AD 2000-Merkblatt B 2 Abschnitt 6 sinngemäß nach Abschnitt 3 dieses Anhanges zu berechnen.

3.5 Gewölbter Boden mit Ausschnitten

Bei gewölbten Böden mit Ausschnitten kann sowohl die Bodenkrempe als auch der Kalottenbereich mit Ausschnitten lebensdauerbestimmend sein. Es sind deshalb beide Bereiche einer Spannungsberechnung zu unterziehen.

Die für Ausschnitte in Zylinderschalen in Abschnitt 3.2 angegebenen Hinweise gelten grundsätzlich auch für Ausschnitte im Kalottenbereich von gewölbten Böden. Die örtlichen Spannungen wirken jedoch hier am gesamten Ausschnittsrand.

Die Strukturspannung an der Bodenkrempe kann nach [4] oder über die α-Kurven in den Bildern 2 und 3 im Anhang 1 zu AD 2000-Merkblatt B 3 ermittelt werden.

Die Bodenkalotte mit rohrförmig verstärkten oder unverstärkten Ausschnitt kann nach [6] berechnet werden. Die Berechnung gilt jedoch nicht für Ausschnitte im Krempenbereich (außerhalb $0{,}6 \cdot D_a$, vgl. AD 2000-Merkblatt B 3 Abschnitt 8.1.4 und Bild 2).

Bei Blockflanschen oder dickwandigen Einschweißringen kann mit einer Strukturformzahl $\alpha_s = 2{,}0$ gerechnet werden, sofern die Bedingungen sinngemäß nach Formel (5) erfüllt sind.

Detailliertere analytische Berechnungsverfahren, die auch eine Ermittlung der Strukturspannungen im Stutzen an der Durchdringung gestatten, sind in [4] und [7] angegeben.

3.6 Verbindung Zylinderschale – Tellerboden mit Eckring oder verstärktem Flansch

Die Strukturspannungen für Tellerböden, die über einen Eckring oder eine verstärkte Flanschverbindung mit durchgehender Dichtung an eine Zylinderschale angeschlossen sind, können nach [4] berechnet werden. Dabei wird vorausgesetzt, dass die Flanschverbindung ausreichend vorgespannt ist und nicht im Zyklus der Wechselbelastung gelöst wird. Spannungsmaxima treten auf der Innenseite auf, und zwar im Übergangsbereich von Tellerboden bzw. Zylindermantel zum Eckring oder zu den Flanschblättern, an der in vielen Fällen auch die Anschlussschweißnähte liegen.

3.7 Verbindung Zylinderschale – unverankerter ebener Boden

Die Verbindungsstelle eines ebenen Bodens an einen Zylindermantel ist ebenfalls ein ermüdungskritischer Bereich. Im Falle eines Vollbodens mit $s_B/s_Z > 1$ tritt die maximale Vergleichsspannung immer in der Zylinderwandung (Innenseite) an der Anschlussstelle auf, die z. B. nach [11] ermittelt werden kann. Detailliertere Berechnungen können auch nach [4] durchgeführt werden. Die Berechnungen setzen voraus, dass die ebenen Böden volltragend an- oder eingeschweißt sind (vergl. AD 2000-Merkblatt B 5 Tafel 1 Ausführung c, f und h).

3.8 Runde unverankerte ebene Platten mit Ausschnitten

Als ermüdungskritische Stelle bei Platten mit Ausschnitten ist in der Regel der Ausschnittsbereich anzusehen. Bei verstärkten Ausschnitten kann dabei das Spannungsmaximum je nach den Abmessungsverhältnissen sowohl im Stutzenrohr als auch in der Platte liegen.

Liegen Abmessungs-Randbedingungen nach Formel (6) vor,

$$0{,}05 \leq \frac{d_a}{d_D} \leq 0{,}3, \quad 0{,}1 \leq \frac{s_A}{s_B} \leq 0{,}3 \qquad (6)$$

liegt die maximale Vergleichsspannung immer an der Anschlussstelle des Stutzenrohres an die Platte, so dass das Stutzenrohr lebensdauerbestimmend für die Platte ist. Eine Berechnungsmethode ist in [4] angegeben.

Zur Berechnung von ebenen Platten für andere Lastfälle und Lastkombinationen wird auf die Literatur [4], [13] und [14] hingewiesen.

3.9 Schraubverbindungen

Schraubverbindungen als lösbare Verbindungselemente von Druckbehälterteilen können lebensdauerrelevanten Beanspruchungen ausgesetzt sein, wenn bei vorliegender Betriebsbelastung hohe wechselnde Schraubenkräfte wirksam werden wie z. B. bei nicht oder nicht ausreichend vorgespannten Verbindungen sowie beim häufigen Lösen der Verschraubung.

Bei üblicherweise ungleichartiger Beanspruchung von Schrauben- und Mutterteil (Schraube: Zug; Mutter: Druck) befindet sich die höchstbeanspruchte Stelle im Allgemeinen im Bereich des ersten tragenden Gewindeganges. Die extreme Spannungsüberhöhung an dieser Stelle ist bedingt durch die Kerbwirkung des Gewindes und die Krafteinleitung in die Gewindeflanke sowie durch die zusätzliche Biegebeanspruchung infolge der Flankenbelastung. Die Lastverteilung im Gewindeeingriff sowie die Gewindekerbwirkung hängen im Wesentlichen von der Gewindeform und der Nachgiebigkeit der Gewindeträger (Abmessungsverhältnisse) ab. Die Spannungserhöhungsfaktoren (Kerbformzahlen α_k) liegen bei üblichen Gewindeträgerabmessungen für Spitzgewinde (metrisches ISO-Gewinde, Whitworth-Gewinde) am niedrigsten. Für Sägen- oder Trapezgewinde können zwei- bis dreifache Werte gegenüber Spitzgewinde auftreten.

Zur analytischen Berechnung der Gewindelastverteilung und der Kerbformzahl α_k wird auf die Literatur [16] bis [19] hingewiesen. Zur Optimierung einer Schraubverbindung sind wegen der vielfältigen Einflussgrößen detaillierte Berechnungen mit großem Berechnungsaufwand erforderlich [20].

4 Berechnungsbeispiel

Druckbehälter für Kohlestaubeinblasanlage

1 Angaben zur Konstruktion

Siehe Bild A 11
Zylindermantel, Kegelmantel, Korbbogenboden, Deckel und Stutzenbleche aus H II
Stutzenrohre aus St 35.8 I
Flansche aus C22.8, Druckstufe PN 16
Blinddeckel mit durchgehender Dichtung
Gestaltung der Schweißverbindungen von drucktragenden Wandungen (Längs-, Rundnähte und Stutzenanschlussnähte) entsprechend Schweißnahtklasse K 1, von Anschweißteilen Klasse K 2
Abnutzungszuschlag 1 mm für Mäntel und Böden

2 Betriebsdaten

Maximal zulässiger Druck   16 bar
Betriebstemperatur   50 °C
Innendruckschwankungsbreite $\hat{p} - \check{p} = 12 - 0 = 12$ bar
Betriebslastspielzahl $N = 250.000$
(entsprechend 3 Zyklen/h, 3-Schichtbetrieb, 10 Jahre)

3 Zulässige Spannungsschwingbreiten nach AD 2000-Merkblatt S 2 Abschnitt 7

3.1 Ungeschweißter Bereich, Walzhaut

H II $\Rightarrow$ R_m = 410 N/mm²
        $R_{p0{,}2/T^*}$ = 255 N/mm²

Spannungsschwingbreite, polierte Oberfläche nach Formel (14)

$$2\sigma_a = \frac{4 \cdot 10^4}{\sqrt{250.000}} + 0{,}55 \cdot 410 - 10 = 296 \text{ N/mm}^2$$

Oberflächenfaktor nach Tafel 3, Formeln (15), (16)

$$F_o = 1 - 0{,}056 \cdot (\ln 200)^{0{,}64} \cdot \ln 410 +$$
$$+ 0{,}289 \cdot (\ln 200)^{0{,}53} = 0{,}72$$

$$f_o = (0{,}72)^{\frac{0{,}4343 \cdot \ln 250.000 - 2}{4{,}301}} = 0{,}77$$

Wanddickenfaktor nach Formeln (17), (18)

$$F_d = \left(\frac{25}{30}\right)^{\frac{1}{5{,}5}} = 0{,}967$$

$$f_d = 0{,}967^{\frac{0{,}4343 \cdot \ln 250.000 - 2}{4{,}301}} = 0{,}97$$

Mittelspannungsfaktor nach Formeln (19), (21)

$$\hat{\sigma}_v = 2\sigma_{va} = 119 \text{ N/mm}^2 \quad \text{(siehe 4.2.1)}$$
$$\bar{\sigma}_v = 59{,}5 \text{ N/mm}^2$$
$$M = 0{,}00035 \cdot 410 - 0{,}1 = 0{,}0435$$
$$f_M = \sqrt{1 - \frac{0{,}0435(2 + 0{,}0435)}{1 + 0{,}0435} \cdot \frac{59{,}5}{148}} = 0{,}98$$

Temperatureinflussfaktor $f_{T^*} = 1$

Zulässige Spannungsschwingbreite nach Formel (13) für Walzhautoberfläche (WH)

$$2\sigma_{azul/WH} = 296 \cdot 0{,}77 \cdot 0{,}98 \cdot 0{,}97 \cdot 1 = 217 \text{ N/mm}^2$$

3.2 Geschweißter Bereich, Klasse K 1 und K 2

Spannungsschwingbreiten nach Tafel 4, Formel (27)

$$2\sigma_{a/K1} = \left(\frac{5 \cdot 10^{11}}{250.000}\right)^{\frac{1}{3}} = 126 \text{ N/mm}^2$$

$$2l\sigma_{a/K2} = \left(\frac{2{,}5 \cdot 10^{11}}{250.000}\right)^{\frac{1}{3}} = 100 \text{ N/mm}^2$$

Wanddickenfaktor

$$F_d = \left(\frac{25}{30}\right)^{\frac{1}{4}} = 0{,}955$$

$$f_d = 0{,}955^{\frac{0{,}4343 \cdot \ln 250.000 - 2}{4{,}301}} = 0{,}97$$

Zulässige Spannungsschwingbreiten nach Formel (26) für Klasse K 1 und K 2

$$2\sigma_{azul/K1} = 126 \cdot 0{,}97 = 122 \text{ N/mm}^2$$
$$2\sigma_{azul/K2} = 100 \cdot 0{,}97 = 97 \text{ N/mm}^2$$

4 Vergleichsspannungsschwingbreiten

Bei reiner Schwellbeanspruchung und alleiniger Wirkung von Innendruck können die Vergleichsspannungsschwingbreiten vereinfacht nach der allgemeinen Formel (2) mit $\check{B} \cdot \alpha_{SB}^\vee = 0$ gebildet werden.

4.1 Zylinderschale mit Formabweichungen
(Aufdachung)

Spannungsschwingbreite nach [8]

$$2\sigma_{va} \stackrel{\wedge}{=} \sigma_u = \frac{D_i \cdot p}{20 \cdot s_z} + 6 \cdot \frac{D_i \cdot h \cdot p}{20 \cdot s_z^2}$$

$$= \frac{2942 \cdot 12}{20 \cdot 29} + 6 \cdot \frac{2942 \cdot 5 \cdot 12}{20 \cdot 29^2} = 124 \text{ N/mm}^2$$

$$\approx 2\sigma_{azul/K1} = 122$$

4.2 Gewölbter Boden mit Ausschnitten

4.2.1 Bodenkrempe

Strukturformzahl nach AD 2000-Merkblatt B 3 Anhang 1

$$\alpha_s \stackrel{\wedge}{=} \alpha = 3{,}9$$

Spannungsschwingbreite

$$2\sigma_{va} = \alpha_s \cdot \frac{D_i \cdot p}{40 \cdot s_K}$$

$$= 3{,}9 \cdot \frac{2942 \cdot 12}{40 \cdot 29} = 119 \text{ N/mm}^2$$

$$< 2\sigma_{azul/WH} = 217$$

4.2.2 Bodenkalotte mit Ausschnitt, Stutzen Pos. 6

Strukturformzahl nach [6], Abschnitt G.2.5.2

$$\alpha_s \stackrel{\wedge}{=} \text{s.c.f.} = 2{,}0$$

Spannungsschwingbreite

$$2\sigma_{va} = \alpha_s \cdot \frac{(R_i + s_K/2) \cdot p}{20 \cdot s_K}$$

$$= 2{,}0 \cdot \frac{(2400 + 29/2) \cdot 12}{20 \cdot 29} = 100 \text{ N/mm}^2$$

$$< 2\sigma_{azul/K1} = 122$$

4.3 Kegelschale

4.3.1 Krempe am oberen Kegelschuss

Spannungsschwingbreite nach AD 2000-Merkblatt B 2 Anhang

$$\frac{e_z}{10} = 6{,}83$$

$$2\sigma_{va} \stackrel{\wedge}{=} \sigma_{vg} = \frac{e_z}{10} \cdot p$$

$$= 6{,}83 \cdot 12 = 82 \text{ N/mm}^2 \quad < 2\sigma_{azul/K1} = 122$$

4.3.2 Ausschnitt im mittleren Kegelschuss, Stutzen Pos. 8

Strukturformzahl nach [3] unter Berücksichtigung eines Zylinder-Ersatzdurchmessers $D_i = 2200$ mm nach AD 2000-Merkblatt B 2

$$\alpha_s = 2{,}61$$

Hier im speziellen Fall keine Formabweichung berücksichtigt ($\alpha_s = \alpha_{s0}$)

Spannungsschwingbreite

$$2\sigma_{va} = \alpha_s \cdot \frac{D_m \cdot p}{20 \cdot s_K}$$

$$= 2{,}61 \cdot \frac{2229 \cdot 12}{20 \cdot 29} = 120 \text{ N/mm}^2$$

$$< 2\sigma_{azul/K1} = 122$$

4.4 Ebene Platten

Blinddeckel Pos. 9 mit Stutzen Pos. 10

Strukturformzahl aus BR-E13 [4]

$\alpha_s \hat{=} K_5 = 2{,}85$

Spannungsschwingbreite

$$2\,\sigma_{va} \hat{=} \sigma_v = 0{,}31 \cdot \left(\frac{d_D}{s_B}\right)^2 \cdot \frac{p}{10} \cdot \alpha_s$$

$$= 2{,}85 \cdot 0{,}31 \cdot \left(\frac{370}{35}\right)^2 \cdot \frac{12}{10} = 118\,\text{N/mm}^2$$

$$< 2\,\sigma_{azul/K1} = 122$$

4.5 Zylinderschale mit Tragpratzen

Tragpratzenkonstruktion mit Verstärkungsblech, Stege und Auflagerblech im Hinblick auf dehnungsbehindernde Wirkung für Zylinderschale konservativerweise als rechteckförmigen „Kern" in Scheibe unter zweiachsiger Zugbeanspruchung betrachtet.

Berechnung der Strukturformzahl nach [5], Abschnitt 2.4, Formeln (51) bis (54) mit Polynomkoeffizienten nach Tabelle 4 oder aus Bild 36.

Strukturformzahl $\alpha_s = 2{,}1$

Spannungsschwingbreite

$$2\,\sigma_{va} \hat{=} \sigma_u = \alpha_s \cdot \frac{D_m \cdot p}{20 \cdot s_Z}$$

$$= 2{,}1 \cdot \frac{2942 \cdot 12}{20 \cdot 29} = 128\,\text{N/mm}^2$$

$$> 2\,\sigma_{azul/K2} = 97$$

Die zulässige Spannungsschwingbreite wird überschritten. Die Zulässigkeit der vorgesehenen Konstruktion kann ggf. durch genauere Spannungsberechnung nachgewiesen werden. Anderenfalls ist eine Konstruktionsänderung erforderlich.

5 Schrifttum

[1] TRD 301 Anlage 1: Berechnung auf Wechselbeanspruchung durch schwellenden Innendruck bzw. durch kombinierte Innendruck- und Temperaturänderungen. Ausgabe April 1975. Heymanns Verlag, Köln; Beuth-Verlag, Berlin.

[2] KTA 3211.2: Druck- und aktivitätsführende Komponenten von Systemen außerhalb des Primärkreises. Teil 2: Auslegung, Konstruktion und Berechnung, 6/1992.

[3] *Duan-Shou Xie* u. *Yong-Guo Lu*: Prediction of Stress Concentration Factors for Cylindrical Pressure Vessels with Nozzles. Int. J. Pressure Vessel & Piping **21** (1985).

[4] Richtlinienkatalog Festigkeitsberechnungen (RKF), Behälter und Apparate Teil 6. Ausgabe 1986. Linde-KCA-Dresden GmbH.

[5] *Radaj, D.*, u. *G. Schilberth*: Kerbspannungen an Ausschnitten und Einschlüssen. Deutscher Verlag für Schweißtechnik, Düsseldorf 1977.

[6] BS 5500: 1994 Specification for Unfired fusion welded pressure vessels. British Standard Institution: London 1994.

[7] *Varga, L.*: Bestimmung der in der Umgebung der Ausschnitte von innendruckbeanspruchten Druckbehälterdeckeln auftretenden Spannungen. Forsch. Ing.-Wes. **29** (1963).

[8] *Schmidt, K.*: Beanspruchung unrunder Druckbehälter. VDZ-Z. (1960) Nr. 1, S. 11/15.

[9] *Pich, R.*: Der Zusammenhang zwischen der Unrundheit von Kesseltrommeln und den zugehörigen Biegezusatzspannungen. Mitt. VGB (1966) H. 103, S. 270/279.

[10] *John H. H., G. Lässig* u. *D. Niedermeyer*: Ursache für Rissschäden im Längsnahtbereich von zylindrischen Apparatemänteln. Chem. Techn. (1990) H. 6, S. 242/245.

[11] *Sterr, G.*: Die genaue Ermittlung des C-Wertes für die am Rande mit einem Schuss verschweißte Kreisvollplatte unter Berücksichtigung der im Schuss auftretenden Spannungen. Techn. Überwach. **4** (1963) Nr. 4, S. 140/143.

[12] *Zellerer E.*, u. *H. Thiel*: Beitrag zur Berechnung von Druckbehältern mit Ringversteifungen. Die Bautechnik **44** (1967) H. 10, S. 333/339.

[13] *Warren C. Young*: Roark's Formulas for Stress and Strain. MCGraw-Hill Book Company 1989, 6. Edition.

[14] DIN 3840 „Armaturengehäuse – Festigkeitsberechnung gegen Innendruck". Entwurf August 1989. Beuth-Verlag GmbH, Berlin.

[15] VDI-Richtlinie 2230 „Systematische Berechnung hochbeanspruchter Schraubenverbindungen". VDI-Verlag GmbH, Düsseldorf 1986.

[16] *Maduschka, L.*: Beanspruchung von Schraubenverbindungen und zweckmäßige Gestaltung der Gewindeträger. Forschung **7** (1936) H. 6, S. 299–304.

[17] *Hase, R.*: Verformung der Gewindegänge bei Belastung der Gewindeverbindung. Werkstatt und Betrieb **111** (1978) H. 12, S. 813–815.

[18] *Neuber, H., J. Schmidt* u. *K. Heckel*: Ein dauerschwingfestes Gewindeprofil. Konstruktion **27** (1975) H. 11, S. 419–421.

[19] *Neuber, H.*: Kerbspannungslehre. 3. Aufl., Springer-Verlag, Berlin/Göttingen/Heidelberg 1985.

[20] *Gorsitzke, B.*: Kerbspannungsberechnung von Schraubverbindungen. Interner Berechnungsbericht des RWTÜV (1994).

[21] *Zeman, J. L.*: Aufdachung an Längsnähten zylindrischer Schüsse. Techn. Überwach. **34** (1993) Nr. 7/8, S.292/295.

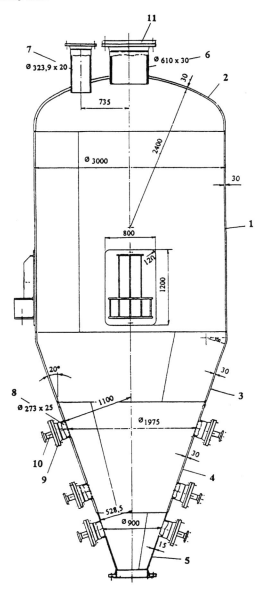

Bild A 11. Druckbehälter für Kohlestaubblasanlage (Berechnungsbeispiel)

Anhang 4 zum AD 2000-Merkblatt S 2

Alternative Berechnung für höhere zulässige Spannungsschwingbreiten oder Lastspielzahlen bei verkürzten Prüffristen

1 Geltungsbereich

Die nachstehende alternative Berechnungsmethode kann angewendet werden, wenn die Prüfintervalle für die Prüfungen während des Betriebes und nach Erreichen der rechnerischen Lebensdauer gemäß den Abschnitten 12.3 und 14.2 dieses AD 2000-Merkblattes von 50 % der festgelegten Lastspielzahl auf 25 % verkürzt werden.

2 Allgemeines

Die Lastspielzahlkurven nach Bild A 12 und A 13 sind nach wirtschaftlichen Aspekten unter Zugrundelegung kleinerer Lastspielzahlsicherheit S_N bzw. größerer Ausfallwahrscheinlichkeit P_A unter Beibehaltung der zulässigen Spannungsschwingbreiten im Dauerfestigkeitsbereich nach höheren zulässigen Spannungen bzw. Lastspielzahlen angehoben worden.

Die Lastspielzahl, von der ab die Lastspielzahlkurven horizontal verlaufen („Ecklastspielzahl"), wurde einheitlich von $2 \cdot 10^6$ auf $5 \cdot 10^6$ (Bilder A 12 und A 13) verschoben.

Diese alternative Berechnungsmethode kann im Hinblick auf das rechtzeitige Erkennen von eventuell auftretenden Ermüdungsanrissen als sicherheitstechnisch gleichwertig mit der Berechnung nach dem Hauptteil dieses Merkblattes betrachtet werden.

Bei ungünstiger Lage der realen Werkstoffkennwerte im Streufeld der Lebensdauerkurven kann sich jedoch die Gebrauchsdauer nach Überschreitung der rechnerischen Lebensdauer ggf. verkürzen.

Wenn in diesem Anhang nicht anders angegeben, gelten alle anderen Regelungen im Hauptteil dieses Merkblattes.

3 Zulässige Spannungsschwingbreite bei bekannter Lastspielzahl

3.1 Ungeschweißte Bauteilbereiche

Die zulässige Spannungsschwingbreite $2\sigma_{a\,zul}$ ist nach Formel (13) zu berechnen, wobei die Spannungsschwingbreite $2\sigma_a$ für ungekerbte, polierte Probestäbe nach Formel (A 1) im Geltungsbereich $10^2 \leq N \leq 5 \cdot 10^6$ zu ermitteln oder aus Bild A 12 zu entnehmen ist.

Die Kurven enthalten gegenüber den mittleren Anrisskurven eine Lastspielzahlsicherheit von $S_N = 3$ bis 5 und eine Spannungssicherheit von ca. $S_\sigma = 1{,}5$.

$$2\sigma_a = \frac{6{,}7 \cdot 10^4}{\sqrt{N}} + 0{,}55 \cdot R_m - 10 \qquad (A\,1)$$

Die Spannungsschwingbreite $2\sigma_a$ für den Dauerfestigkeitsbereich ($N \geq 5 \cdot 10^6$) kann auch aus Tafel A 1 entnommen werden.

Tafel A 1. Spannungsschwingbreite $2\sigma_a$ im Dauerfestigkeitsbereich für ungekerbte Probestäbe

Zugfestigkeit	2 σ_a = konst. [N/mm²]	
R_m [N/mm²]	$N \geq 5 \cdot 10^6$	$N \geq 10^8$ bei Lastkollektiv
400	240	178
600	350	259
800	460	341
1000	570	422

3.2 Geschweißte Bauteilbereiche

Die zulässige Spannungsschwingbreite $2\sigma_{a\,zul}$ ist nach Formel (26) zu berechnen. Dabei ist die Spannungsschwingbreite $2\sigma_a$ aus Bild A 13 zu entnehmen.

Die Kurven des Bildes A 13 sind durch die Formel (27) im Bereich $10^2 \leq N \leq 5 \cdot 10^6$ und Konstanten der Tafel A 2 beschrieben.

Den Lastspielzahlkurven liegt eine Ausfallwahrscheinlichkeit von $P_A = 2{,}3$ % zugrunde.

Tafel A 2. Konstanten $B\,1$, $B\,2$ und Spannungsschwingbreite $2\sigma_a$ im Dauerfestigkeitsbereich für Schweißverbindungen

Klasse	Konstante		Spannungsschwingbreite	
	$B\,1$	$B\,2$	$2\sigma_a$ = konst. [N/mm²]	
	$10^2 \leq N \leq 5 \cdot 10^6$	$5 \cdot 10^6 \leq N \leq 10^8$	$N \geq 5 \cdot 10^6$	$N \geq 10^8$ bei Lastkollektiv
K 0	$3{,}89 \cdot 10^{12}$	$3{,}30 \cdot 10^{16}$	92	51
K 1	$1{,}25 \cdot 10^{12}$	$4{,}96 \cdot 10^{15}$	63	35
K 2	$6{,}25 \cdot 10^{11}$	$1{,}56 \cdot 10^{15}$	50	28
K 3	$3{,}2 \cdot 10^{11}$	$5{,}12 \cdot 10^{14}$	40	22

4 Zulässige Lastspielzahl bei bekannter Spannungsschwingbreite

4.1 Ungeschweißte Bauteile

Die zulässige Lastspielzahl ist aus Formel (A 2) zu berechnen oder aus Bild A 12 zu entnehmen.

$$N_{zul} = \left(\frac{6{,}7 \cdot 10^4}{2\,\sigma_a^* - 0{,}55 \cdot R_m + 10} \right)^2 \quad \text{(A 2)}$$

Hierbei ist $2\,\sigma_a^*$ die Spannungsschwingbreite nach Formel (30).

Bei Werten für $2\,\sigma_a^*$ unterhalb der Kurven nach Bild A12 im Bereich $N \geq 5 \cdot 10^6$ oder bei $2\,\sigma_a^* \leq 2\,\sigma_a$ für $N \geq 5 \cdot 10^6$ nach Tafel A 1 liegt Dauerfestigkeit vor.

4.2 Geschweißte Bauteile

Die zulässige Lastspielzahl wird nach Formel (31) mit den Konstanten B 1 aus Tafel A 2 und der Spannungsschwingbreite $2\,\sigma_a^*$ aus Formel (32) oder aus Bild A 13 ermittelt.

5 Berücksichtigung eines Betriebslastkollektivs

Der Berechnungsgang ist sinngemäß nach AD 2000-Merkblatt S 2 Abschnitt 9 durchzuführen, wobei die entsprechenden Lastspielzahlkurven aus Bild A 12 bzw. Bild A 13 anzuwenden sind. Die fiktiven Lastspielzahlkurven können für ungeschweißte Bauteile nach Formel (A 3)

$$N_{zulk} = \left(\frac{2{,}57 \cdot R_m + 95}{2\sigma_a^*} \right)^{10} \quad \text{(A 3)}$$

und für Schweißverbindungen nach Formel (36) mit den in Tafel A 2 angegebenen Konstanten B 2 beschrieben werden.

6 Prüfungen während des Betriebes

Die Prüfintervalle für die Prüfungen nach AD 2000-Merkblatt S 2 Abschnitt 12.3 sind von der Hälfte auf ein Viertel der festgelegten Lastspielzahl zu verkürzen.

Bei tiefen zulässigen Temperaturen unterhalb von – 200 °C sind die Prüfintervalle auf ein Achtel zu verkürzen.

7 Berücksichtigung besonderer Betriebsbedingungen

7.1 Für Stahlflaschen und nahtlos hergestellte Druckgasbehälter aus Vergütungsstählen zum Transport von kaltem Druckwasserstoff gilt sinngemäß AD 2000-Merkblatt S 2 Abschnitt 13.2, wobei die reduzierte Lastspielzahl N_{zul}^* nach Formel (39) mit N_{zul} nach Formel (A 2) und $f_N = 1/10$ zu berechnen ist.

7.2 Bei geschweißten Behältern entsprechend AD 2000-Merkblatt S 2 Abschnitt 13.3 ist die nach Formel (31) unter Anwendung der Konstanten B 1 bzw. B 2 nach Tafel A 2 berechnete Lastspielzahl mit einem Abminderungsfaktor nach Formel (40) herabzusetzen, sofern $K_{20} \leq 355$ N/mm^2 beträgt.

Für Behälter mit Festigkeitskennwerten K_{20} von $355 < K_{20} \leq 500$ N/mm^2 sind nur 50 % der unter Verwendung der Formel (40) ermittelten Lastspielzahlen als zulässig anzusetzen.

Bei ungeschweißten Bauteilen oder kerbfrei geschliffenen Nähten an der wasserstoffbenetzten Wandungsseite kann die zulässige Lastspielzahl nach Abschnitt 3.1 bzw. 3.2 unter Anwendung von Formel (39) und (41) bestimmt werden. Eine weitere Abminderung bei $K_{20} > 355$ N/mm^2 ist nicht erforderlich.

8 Maßnahmen bei Erreichen der rechnerischen Lebensdauer

Werden bei den Prüfungen gemäß AD 2000-Merkblatt S 2 Abschnitt 14.1 keine Risse gefunden, so ist ein Weiterbetrieb bis zum Erreichen des 5fachen Wertes der rechnerischen Lastspielzahl N_{zul} oder der Schädigungssumme nach Formel (34) zulässig. Voraussetzung hierfür ist, dass bei den zerstörungsfreien Prüfungen mit Prüfintervallen von 25 % von N_{zul} keine Ermüdungsschäden festgestellt werden. Für das weitere Vorgehen gelten die Regelungen nach AD 2000-Merkblatt S 2 Abschnitte 14.3 bis 14.5.

Bei tiefen zulässigen Temperaturen unterhalb von – 200 °C verkürzen sich die Prüfintervalle für die zerstörungsfreien Prüfungen von 25 % auf 12,5 % von N_{zul}.

AD 2000-Merkblatt S 2, Ausg. 10.2004 Seite 51

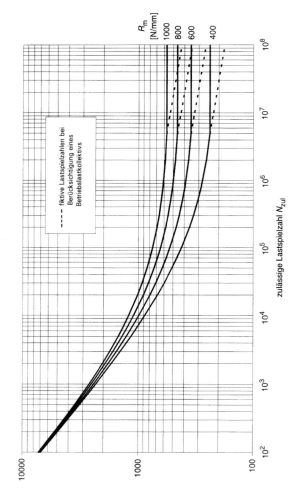

Bild A 12. Zulässige Lastspielzahlen in Abhängigkeit von der Spannungsschwingbreite für ungekerbte Probestäbe aus warmfesten ferritischen und austenitischen Walz- und Schmiedestählen bei Raumtemperatur und $\bar{\sigma} = 0$

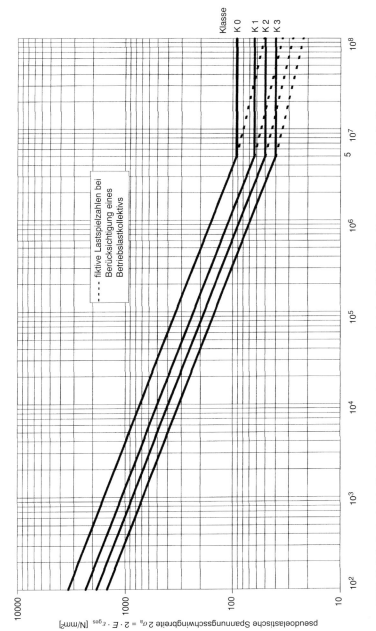

Bild A 13. Zulässige Lastspielzahlen in Abhängigkeit von der Spannungsschwingbreite für Schweißverbindungen aus warmfesten ferritischen und austenitischen Walz- und Schmiedestählen bei Raumtemperatur ($\bar{\sigma}$ – unabhängig)

AD 2000-Merkblatt S 2, Ausg. 10.2004 Seite 53

Anhang 5 zum AD 2000-Merkblatt S 2

Berechnung auf Wechselbeanspruchung für Gusseisen mit Kugelgraphit

1 Geltungsbereich

1.1 Die nachstehenden Regeln einer ausführlichen Berechnung auf Wechselbeanspruchung gelten für drucktragende ungeschweißte Teile von Druckbehältern aus Gusseisen mit Kugelgraphit nach DIN EN 1563 mit Beschränkung auf die Sorten EN-GJS-400-15/15U, EN-GJS-400-18/U-LT und EN-GJS-350-22/22U-LT, die nach AD 2000-Merkblatt W 3/2 hergestellt und geprüft werden.

1.2 Dieser Anhang braucht nicht angewendet zu werden, wenn die Bedingungen nach AD 2000-Merkblatt S 1 Anhang 3 erfüllt sind.

1.3 An die äußere und innere Beschaffenheit der Gussteile sind erhöhte Anforderungen zu stellen, die den Festlegungen der Qualitätsklassen A oder B nach DIN 1690 Teil 10 genügen (siehe Abschnitt 8.2.1).

2 Allgemeines

2.1 Die Lastspielzahlkurven nach Bild A 14 sind auf eine Ausfallwahrscheinlichkeit von ca. 2,3 % abgestimmt.

Die Abknickpunkt-Lastspielzahl N_D, von der ab die Lastspielzahlkurven für Einstufenbelastung horizontal verlaufen (Schwingfestigkeitswerte lastspielzahlunabhängig), ist auf $2 \cdot 10^6$ festgelegt.

Wenn in diesem Anhang nicht anders angegeben, gelten alle anderen Regelungen im Hauptteil dieses AD 2000-Merkblattes.

3 Spannungsberechnung

Die Spannungsermittlung für die ungeschweißten Gussstrukturen ist auf der Basis eines Kerbspannungsnachweises durchzuführen (vgl. Abschnitt 4.2 im Hauptteil dieses AD 2000-Merkblattes). In Sonderfällen kann hierbei die Kugelgraphitguss gegenüber Stählen niedrigere Kerbempfindlichkeit berücksichtigt werden. Bei Kerbformzahlen $\alpha_K \leq 5$ (vgl. Anhang 3 Abschnitt 1) kann hierbei die Kerbspannung um den Faktor 1,3 vermindert werden.

Für die Ermittlung der Kerbformzahl aus einem nichtlinearen Spannungsverlauf einer FE-Berechnung bietet sich z. B. das hot-spot-Verfahren an (siehe Abschnitt 4.1 und Bild 1 im Hauptteil dieses AD 2000-Merkblattes). Die Kerbformzahl α_K ist dabei aus dem Verhältnis der Höchstwerte von Kerbspannung zu Strukturspannung zu bestimmen.

Vergrößerungsfaktoren k_e oder k_v für mechanische Spannungen bzw. Wärmespannungen im überelastischen Bereich brauchen nicht in die Rechnung eingesetzt zu werden, da der Einfluss überelastischer Verformungen in den Lastspielzahlkurven bereits berücksichtigt ist.

4 Zulässige Spannungsschwingbreite bei bekannter Lastspielzahl

4.1 Zulässige Spannungsschwingbreite für ungekerbte Probestäbe

Die zulässige Spannungsschwingbreite $2 \sigma_{azul}$ ist nach Formel (13) zu berechnen. Dabei ist die Spannungsschwingbreite $2 \sigma_a$ für Bauteile der Qualitätsklasse A aus Bild A 14 zu entnehmen. Für Qualitätsklasse B sind die $2 \sigma_a$-Werte auf 90 % abzumindern.

Die Kurven des Bildes A 14 sind durch die Formel (A 4) mit den Konstanten B aus Tafel A 3 beschrieben.

$2 \sigma_a = B/N^{0,1}$ (A 4)

Die Spannungsschwingbreite $2 \sigma_a$ für $N \geq 2 \cdot 10^6$ bei Einstufenbelastung oder für $N = 10^8$ bei Betriebslastkollektiv kann auch aus Tafel A 3 entnommen werden.

Der Korrekturfaktor f_d ist nach Abschnitt 7.1.3, Formel (17) und (18), der Korrekturfaktor f_{T*} nach Abschnitt 7.1.5 Formel (24) im Hauptteil dieses AD 2000-Merkblattes zu bilden. Die Korrekturfaktoren f_o und f_M sind den folgenden Abschnitten zu entnehmen.

4.2 Korrekturfaktor zur Berücksichtigung des Oberflächeneinflusses

Der Oberflächen-Korrekturfaktor f_o ist analog Abschnitt 7.1.2 im Hauptteil dieses AD 2000-Merkblattes zu ermitteln, wobei F_o anstelle nach Formel (16) nach Formel (A 5)

$F_o = 1 - 0,03 \cdot \ln(R_z) \cdot \ln(R_m/200)$ (A 5)

zu berechnen ist.

Falls nicht anders spezifiziert, ist für Gusshaut-Oberfläche eine Rautiefe $R_Z = 200$ µm einzusetzen.

4.3 Korrekturfaktor zur Berücksichtigung des Mittelspannungseinflusses

Zur Ermittlung des Mittelspannungs-Korrekturfaktors f_M ist Abschnitt 7.1.4 im Hauptteil dieses AD 2000-Merkblattes ausschließlich Formel (21) und Bild 9 heranzuziehen.

Die größere Mittelspannungsempfindlichkeit von Kugelgraphitguss gegenüber Stählen wird durch Formel (A 6) berücksichtigt.

$M = 0,00035 \cdot R_m + 0,08$ (A 6)

5 Zulässige Lastspielzahl bei bekannter Spannungsschwingbreite

Die zulässige Lastspielzahl wird nach Formel (A 7) mit der Konstante B aus Tafel A 3 und der Spannungsschwingbreite $2 \sigma_a^*$ nach Formel (30) berechnet.

$N_{zul} = (B / 2 \sigma_a^*)^{10}$ (A 7)

6 Berücksichtigung eines Betriebslastkollektivs

Der Berechnungsgang ist sinngemäß nach Abschnitt 9 im Hauptteil dieses AD 2000-Merkblattes mit den entsprechenden Lastspielzahlkurven aus Bild A 14 durchzuführen. Die im Bereich $2 \cdot 10^6 \leq N \leq 10^8$ des Bildes A 14 gestrichelt angegebenen fiktiven Kurvenverläufe können ebenfalls nach Formel (A 7) beschrieben werden, wobei die Berechnungskonstanten B in Tafel A 3 auch für diesen Lastspielzahlbereich gelten.

7 Konstruktive Voraussetzungen

Sinngemäß gelten die Hinweise nach Abschnitt 10 im Hauptteil dieses AD 2000-Merkblattes.

Bei schroffen Querschnittsänderungen drucktragender Wandungen muss der Übergang mit einer Neigung von max. 1:3 ausgeführt werden.

S 2   624

Übergangsradien von angegossenen Stutzen, Stützfüßen usw. dürfen nicht kleiner als das 1,5-fache der dünnsten angrenzenden Wand betragen.

8 Prüfungstechnische Voraussetzungen

Für wechselbeanspruchte Gussstücke ist die einwandfreie Beschaffenheit des Bauteils von besonderer Bedeutung. Insbesondere wirken sich Oberflächenfehler ungünstig auf die Lebensdauer aus. Aus diesen Gründen kommt der zerstörungsfreien Prüfung im Rahmen der Herstellung und bei wiederkehrenden Prüfungen besondere Bedeutung zu.

8.1 Entwurfsprüfung

Im Rahmen der Entwurfsprüfung sind die hoch beanspruchten Bauteilbereiche festzulegen, die bei der Herstellung sowie den wiederkehrenden Prüfungen an jedem Druckgerät zerstörungsfrei zu prüfen sind. Die zu prüfenden Bauteilbereiche sind zwischen Hersteller und der zuständigen unabhängigen Stelle festzulegen.

8.2 Prüfung während der Fertigung

8.2.1 An den hochbeanspruchten Stellen sind Oberflächenprüfungen, vorzugsweise nach dem Magnetpulverprüfverfahren, durchzuführen. Für zulässige Oberflächenfehler durch Sand-, Schlacken- und Gaseinschlüsse gelten sinngemäß die Festlegungen nach DIN 1690 Teil 10, Qualitätsklasse A oder B. Hierzu können Eindringprüfungen erforderlich sein. Rissartige Oberflächenfehler sind nicht zulässig.

8.2.2 Zusätzlich sind diese hochbeanspruchten Stellen einer Volumenprüfung an mindestens 10 % der Bauteile eines jeden Loses mittels einer Durchstrahlungsprüfung zu unterziehen. Dabei sind die höchstzulässigen Anzeigenmerkmale nach Qualitätsklasse A oder B nach DIN 1690 Teil 10 einzuhalten.

8.2.3 Für jedes Los ist die Graphitausbildung mittels mikroskopischer Untersuchung zu prüfen. Die Graphitausbildung muss DIN EN 1563 Abschnitt 7.5 entsprechen.

8.3 Prüfungen während des Betriebes

8.3.1 Die Prüfintervalle für Prüfungen während des Betriebes und nach Erreichen der rechnerischen Lebensdauer sind abweichend von Abschnitt 12.3.1 bzw. 12.3.4 im Hauptteil dieses AD 2000-Merkblattes wegen der in den Lastspielzahlkurven nach Bild A 14 zugrunde liegenden höheren Ausfallwahrscheinlichkeit auf 25 % der berechneten zulässigen Lastspielzahl verkürzt. Hierbei ist bei Bauteilen, die für eine Betriebslastspielzahl $\geq 2 \cdot 10^6$ berechnet sind, $N = 2 \cdot 10^6$ einzusetzen.

8.3.2 Wenn die Spannungsschwingbreite $2\sigma_a^*$ abweichend von Tafel A 3 80 N/mm² nicht übersteigt, kann auf die Prüfungen aufgrund der Wechselbeanspruchung verzichtet werden.

9 Reparaturen von festgestellten Oberflächenfehlern

Eine Beseitigung von Oberflächenfehlern an wechselbeanspruchten Druckgeräten ist ausschließlich durch Beschleifen durchzuführen. Die zulässige Schleiftiefe ist erforderlichenfalls im Rahmen einer Entwurfsprüfung zu ermitteln. Druckgeräte, an denen Schweißarbeiten (Fertigungsschweißungen oder Reparaturschweißungen) durchgeführt werden, können bis zum Vorliegen gesicherter Erkenntnisse über zulässige Lastspielzahlen nur für vorwiegend ruhende Beanspruchung verwendet werden.

10 Schrifttum

[1] *Gorsitzke, B.*: Berechnung der Ermüdungslebensdauer wechselbeanspruchter Druckbehälter aus Gusseisen mit Kugelgrafit. *Empfehlungen zur Ermüdungsfestigkeitsberechnung in Anlehnung an die AD-Merkblätter S 1/S 2 und DIN EN 13445-3, 17/18:1999 - Vorschläge zum Europäischen Normenentwurf prEN 13445, Teil 7 (12.99): Zusätzliche Anforderungen an Druckbehälter und Druckbehälterteile aus Gusseisen mit Kugelgrafit.* Z. TÜ **41** (2000) Nr. 11/12, S. 46-52.

[2] *Hück, M.; Schütz, W.; Walter, H.*: Moderne Schwingfestigkeitsunterlagen für die Bemessung von Bauteilen aus Sphäroguss und Temperguss. ATZ **86** (1984) Nr. 7/8, S. 325-331 und Nr. 9, S. 385-388.

Tafel A 3. Berechnungskonstante *B* und Spannungsschwingbreiten bei $N \geq 2 \cdot 10^6$

Lastspielzahlbereich	Berechnungskonstante *B*		Spannungsschwingbreite $2\sigma_a$ = konstant [N/mm²]	
	Einstufenlast $10^3 \leq N \leq 10^8$	$N \geq 2 \cdot 10^6$	Einstufenlast	Lastkollektiv $N = 10^8$
Qualitätsklasse	A	B	A	B
Werkstoffsorte				
EN-GJS-400-15/15U	1173	1056	275	247	186	167
EN-GJS-400-18/18 U-LT						
EN-GJS-350-22/22 U-LT	1091	982	256	230	173	156

AD 2000-Merkblatt S 2, Ausg. 10.2004 Seite 55

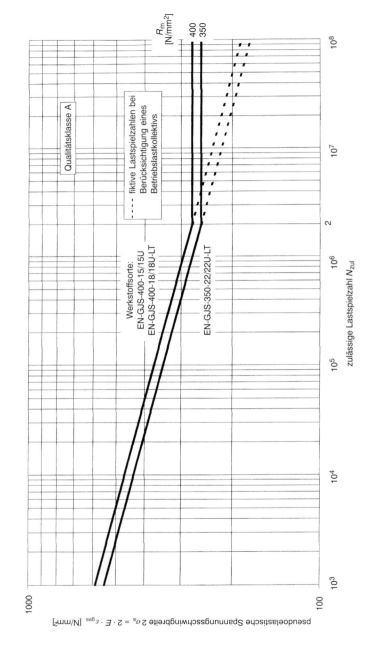

Bild A 14. Zulässige Lastspielzahlen in Abhängigkeit von der Spannungsschwingbreite für Gusseisen mit Kugelgraphit bei Raumtemperatur ($\bar{\sigma}$ – unabhängig)

Anhang 6 zum AD 2000-Merkblatt S 2

Berechnung auf Wechselbeanspruchung für Behälter aus Aluminiumlegierungen – Knetwerkstoffe

1 Geltungsbereich

Die nachstehenden Regeln einer ausführlichen Berechnung auf Wechselbeanspruchung gelten für drucktragende Teile von Druckbehältern aus Aluminiumlegierungen als Knetwerkstoffe, die nach AD 2000-Merkblatt W 6/1 hergestellt und geprüft werden, und für maßgebliche Temperaturen $T^* \leq 100$ °C.

2 Allgemeines

2.1 Wenn in diesem Anhang nichts anderes angegeben, gelten alle anderen Regelungen im Hauptteil dieses AD 2000-Merkblattes.

2.2 Die Lastspielzahlkurven nach den Bildern A 15 und A 16 sind auf eine Ausfallwahrscheinlichkeit von ca. 2,3 % abgestimmt.

2.3 Die Abknickpunkt-Lastspielzahl N_D, von der ab die Lastspielzahlkurven für Einstufenbelastung horizontal verlaufen (Schwingfestigkeitswerte lastspielzahlunabhängig), ist auf $5 \cdot 10^6$ festgelegt.

2.4 Wechselnde thermische Belastungen sind von dieser Berechnung ausgeschlossen.

3 Maßgebende Vergleichsspannungsschwingbreite im überelastisch beanspruchten Bereich

Der Vergrößerungsfaktor k_e für mechanische Belastungen im überelastischen Bereich ist analog Abschnitt 6 im Hauptteil dieses AD 2000-Merkblattes zu ermitteln, wobei die Werte A 1, A 2 und A 3 aus Tafel 1 für Austenite zu entnehmen sind.

4 Zulässige Spannungsschwingbreite bei bekannter Lastspielzahl

4.1 Ungeschweißte Bauteilbereiche

Die zulässige Spannungsschwingbreite $2\sigma_{\text{azul}}$ ist sinngemäß nach Abschnitt 7.1 Formel (13) im Hauptteil dieses AD 2000-Merkblattes zu ermitteln.

4.1.1 Die Spannungsschwingbreite $2\sigma_a$ für ungekerbte, polierte Probestäbe bei Raumtemperatur und reiner Wechselbeanspruchung (Mittelspannung $\bar{\sigma} = 0$) ist nach Formel (A 8) im Geltungsbereich $10^3 \leq N \leq 5 \cdot 10^6$ zu berechnen oder aus Bild A 15 zu ermitteln. In den Kurven ist ein Spannungssicherheitsbeiwert für $S_\sigma = 1,5$ bzw. ein Lastspielsicherheitsbeiwert $S_N \geq 3,5$ gegenüber den mittleren Schädigungskurven berücksichtigt.

$$2\sigma_a = 2,01 \cdot 10^4 / N^{0,7} + 2,18 \cdot R_m / N^{0,1} \quad \text{(A 8)}$$

Die Spannungsschwingbreite $2\sigma_a$ für $N_D \geq 5 \cdot 10^6$ kann auch aus Tafel A 4 entnommen werden.

4.1.2 Zur Berechnung der Oberflächen- und Wanddicken-Korrekturfaktoren f_o und f_d gelten ausschließlich die Bilder 6 und 7 sinngemäß die Abschnitte 7.1.2 bzw. 7.1.3 im Hauptteil dieses AD 2000-Merkblattes, wobei anstelle des Exponenten

$(0,4343 \cdot \ln N - 2) / 4,301$
in den Formeln (15) und (17) der Exponent
$(0,4343 \cdot \ln N - 2) / 4,699$
zu setzen ist.

Für $N \geq 5 \cdot 10^6$ ist $f_o = F_o$ bzw. $f_d = F_D$.

Falls nicht anders spezifiziert, ist für die Oberfläche von gewalzten oder gepressten Teilen eine Rautiefe von $R_Z = 100$ µm einzusetzen.

4.1.3 Zur Ermittlung des Mittelspannungs-Korrekturfaktors f_M ist ausschließlich der Formel (21) und des Bildes 9 der Abschnitt 7.1.4 im Hauptteil dieses AD 2000-Merkblattes heranzuziehen. Die größere Mittelspannungsempfindlichkeit von Aluminiumlegierungen gegenüber Stählen ist durch Formel (A 9) zu berücksichtigen.

$$M = 0,74 \cdot 10^{-3} \cdot R_m + 0,025 \quad \text{(A 9)}$$

4.1.4 Bei Lastzyklustemperatur $T^* > 50$ °C ist der temperaturbedingte Abfall der Schwingfestigkeit nach

$$f_{T^*} = 1 - 0,003 \cdot (T^* - 50) \quad \text{(A 10)}$$

zu bestimmen.

4.2 Geschweißte Bauteilbereiche

4.2.1 Die zulässige Spannungsschwingbreite $2\sigma_{\text{azul}}$ ist ausschließlich des Abschnittes 7.2.7 sinngemäß nach Abschnitt 7.2 Formel (26) im Hauptteil dieses AD 2000-Merkblattes zu ermitteln. Dabei ist die Spannungsschwingbreite $2\sigma_a$ in Abhängigkeit von der Schweißnahtgestaltung bei Raumtemperatur aus Bild A 16 zu entnehmen. Die Kurven des Bildes A 16 können durch die Formel (A 11) im Bereich $10^3 \leq N \leq 5 \cdot 10^6$ und Konstanten der Tafel A 5 beschrieben werden.

$$2\sigma_a = (B1/N)^{1/m1} \quad \text{(A 11)}$$

4.2.2 Übersteigt die zulässige Spannungsschwingbreite für den geschweißten Bauteilbereich die zulässige Spannungsschwingbreite nach Abschnitt 4.1, so ist diese auf den Wert nach Abschnitt 4.1 zu begrenzen.

5 Zulässige Lastspielzahl bei bekannter Spannungsschwingbreite

Bei der Ermittlung der zulässigen Lastspielzahl N_{zul} ist sinngemäß nach Abschnitt 8 im Hauptteil dieses AD 2000-Merkblattes vorzugehen.

5.1 Für ungeschweißte Bauteile ist die zulässige Lastspielzahl iterativ aus Formel (A 8) zu berechnen oder Bild A 15 zu entnehmen.

5.2 Bei geschweißten Bauteilen wird die zulässige Lastspielzahl

$$N_{\text{zul}} = B1/(2\sigma_a^*)^{m1} \quad \text{(A12)}$$

mit den Konstanten aus Tafel A 5 oder aus Bild A 16 ermittelt.

Hierbei bleiben die Formeln (28), (28 a) und (33) im Hauptteil dieses AD 2000-Merkblattes zur Berechnung der Spannungsschwingbreite $2\sigma_a^*$ im Fall verringerter Schweißeigenspannungen unberücksichtigt.

5.3 Übersteigt die zulässige Lastspielzahl für den geschweißten Bereich die zulässige Lastspielzahl nach Abschnitt 5.1, so ist diese auf den Wert nach Abschnitt 5.1 zu begrenzen.

6 Berücksichtigung eines Betriebslastkollektivs

Der Berechnungsgang ist sinngemäß nach Abschnitt 9 im Hauptteil dieses AD 2000-Merkblattes mit den entsprechenden Lastspielzahlkurven der Bilder A 15 und A 16 unter Ausschluss der Überlagerung von Kriechschädigung nach den Abschnitten 9.3 und 9.4 durchzuführen.

Die in den Bildern A 15 und A 16 im Bereich $5 \cdot 10^6 \leq N \leq 10^8$ gestrichelt angegebenen fiktiven Kurvenverläufe können für ungeschweißte Bauteile ebenfalls nach Formel (A 8) und für Schweißverbindungen nach Formel (A 13)

$$N_{zul\,k} = B2/(2\sigma_a^*)^{m2} \qquad (A\ 13)$$

mit den in Tafel A 5 angegebenen Konstanten B2 und Exponenten m2 beschrieben werden.

7 Konstruktive, herstellungstechnische und prüftechnische Voraussetzungen

7.1 Für die konstruktiven, herstellungstechnischen und prüftechnischen Voraussetzungen gelten sinngemäß die Regelungen nach den Abschnitten 10, 11 und 12 im Hauptteil dieses AD 2000-Merkblattes.

7.2 Wegen hoher Kerbempfindlichkeit von Aluminium wirken sich Riefen besonders lebensdauerabmindernd aus und sind deshalb zu vermeiden.

7.3 Bei Schweißnähten sind die Anforderungen der Bewertungsgruppe B nach DIN EN 30042 einzuhalten.

7.4 Die Prüfintervalle für die Prüfungen nach Abschnitt 12.3 im Hauptteil dieses AD 2000-Merkblattes sind auf 25 % von N_{zul} festzulegen. Hierbei ist bei Bauteilen, die für eine Betriebslastspielzahl $\geq 5 \cdot 10^6$ berechnet sind, $N = 5 \cdot 10^6$ einzusetzen.

7.5 Für die Maßnahmen bei Erreichen der rechnerischen Lebensdauer gelten die Regelungen nach Anhang 4 Abschnitt 8 dieses AD 2000-Merkblattes.

8 Berücksichtigung besonderer Betriebsbedingungen

Für den Schwingfestigkeitsabfall bei ausgeprägtem Korrosionsangriff gelten die allgemeinen Hinweise nach Abschnitt 13.1 im Hauptteil dieses AD 2000-Merkblattes.

Bei allen Arten des Zusammenwirkens von Wechselbeanspruchung und Korrosion ist die Lebensdauer nicht nur von der Lastspielzahl, sondern auch von der Zeit der Korrosionseinwirkung abhängig.

Bei Behältern mit feuchten Schüttgütern (z. B. Zement) und zyklischer Innendruck-Beanspruchung beim Füllen und Entleeren kommt auf Grund von Erkenntnissen aus Schadensfällen konstruktiven und fertigungstechnisch spannungsvermindernden Maßnahmen besondere Bedeutung zu.

9 Schrifttum

[1] *Hobbacher, A.:* Empfehlungen zur Schwingfestigkeit geschweißter Verbindungen und Bauteile.
IIW-Dokument XIII-1359-96/XV-845-96, DVS-Verlag, Düsseldorf 1997.

[2] European Recommendations for Aluminium Alloy Structures Fatigue Design.
ECCS-TC2-TG4/ERAAS 1992.

[3] British Standard 8118: Part 1: 1991, Section 7.

[4] *Bäumel, A; Seeger, T.:* Materials Data for Cyclic Loading. Suplement 1.
Elsevier Science Publishers, Amsterdam, 1990.

[5] *Hobbacher, A.; Neumann, A.:* Schweißtechnisches Handbuch für Konstrukteure; Teil 4 – Geschweißte Aluminiumkonstruktionen.
DVS-Verlag GmbH, Düsseldorf 1993.

[6] *Haibach, E.:* Betriebsfestigkeit – Verfahren und Daten zur Bauteilberechnung.
VDI-Verlag GmbH, Düsseldorf 1989.

[7] FKM-Richtlinie: Rechnerischer Festigkeitsnachweis für Maschinenbauteile aus Stahl, Eisenguss- und Aluminiumwerkstoffen.
VDMA-Verlag GmbH, Frankfurt/Main, 4., erweiterte Ausgabe 2002.

10 Erläuterungen

Zu Abschnitt 1

Für Druckbehälter kommen üblicherweise Aluminiumlegierungen als Knetwerkstoffe zur Anwendung. Reinaluminium mit relativ niedrigen Festigkeiten hat kaum Bedeutung. Der Anhang wird deshalb auf o. a. Werkstoffe beschränkt. Der Anwendungsbereich wird vorerst auf 100 °C beschränkt, da bei Aluminiumwerkstoffen im Allgemeinen temperaturbedingte Kriecherscheinungen bereits wenig oberhalb der Raumtemperatur auftreten.

Zu Abschnitt 2.3

Eine klassische Dauerfestigkeit ist bei Aluminiumwerkstoffen nicht gegeben. Zum ingenieurmäßigen Ermüdungsfestigkeitsnachweis wird in Anlehnung an [1; 2] die Abknickpunkt-Lastspielzahl bei Einstufenbelastung sowohl für ungeschweißte als auch geschweißte Bauteile einheitlich auf $5 \cdot 10^6$ festgelegt.

Zu Abschnitt 3 und Bilder A 15, A 16

Abgestimmt auf die Anforderungen im Maschinenbau und Stahlbau beginnen die Wöhlerkurven in [1; 2; 7] meist bei 10 000 Lastspielen. Hierbei sind plastische Ermüdungs-Verformungen praktisch ausgeschlossen.

Im Hinblick auf die Belange einiger Druckbehälterarten wie z. B. Fahrzeugbehälter ist eine Ermüdungsfestigkeitsbeurteilung aber auch für nur wenige Tausend Lastzyklen erforderlich. Die untere Lastspielzahl in den Bildern A 15 und A 16 wurde deshalb auf 1000 Lastspiele (wie auch in [3]) festgelegt. Hierbei sind wie bei Stählen Korrekturfaktoren für überelastische Beanspruchungen in Rechnung zu setzen.

Stichprobenartige Nachrechnungen mit zyklischen Werkstoffkennwerten für einige Aluminiumlegierungen führten zu dem Ergebnis, dass man in erster Näherung wie bei austenitischen Werkstoffen vorgehen kann.

Zu Formel (A 8)

Die Ermüdungsfestigkeit von Aluminiumlegierungen hängt neben verschiedenen Einflussfaktoren wie z. B. Legierungszusammensetzung, Zustand und Herstellungsart ähnlich wie bei Stahl primär von der Zugfestigkeit ab. In Abweichung von [1] und [2], in denen für ungeschweißte Bauteile aus Legierungen der Registriernummern der Reihe 6000 zusammenfassend nur eine Wöhlerkurve enthalten ist, werden hier zugfestigkeitsabhängige Auslegungskurven angegeben, wie sinngemäß auch in [7] vorgegangen wird. Die Auslegungskurven beruhen auf dehnungsbasierten Werkstoff-Wöhlerlinien in der Darstellung von *Manson, Coffin, Morrow* mit Richtwerten für die das zyklische Werkstoffverhalten beschreibenden Parameter.

$\varepsilon_a = \sigma f'/E \cdot (2N)^b + \varepsilon f' \cdot (2N)^c$ Dehnungsamplitude aus plastischer und elastischer Wechseldehnung

Der Formel (A 8) liegen folgende Kennwerte (Richtwerte) zugrunde.

$\sigma f' = 1{,}75 \cdot R_m$ [N/mm²]   Schwingfestigkeitskoeffizient

$b = -0{,}1$ Schwingfestigkeitsexponent

$\varepsilon f' = 0{,}35$ Duktilitätskoeffizient

$c = -0{,}7$ Duktilitätsexponent

Hiermit ergibt sich mit $E = 7 \cdot 10^5$ N/mm² eine zugfestigkeitsbezogene Schädigungs-Spannungsamplitude bei einer Bezugslastspielzahl $N = 1 \cdot 10^6$ von $\sigma_a / R_m \approx 0{,}42$, die mit dem in [4] angegebenen Richtwert übereinstimmt. Bei Berücksichtigung einer Spannungssicherheit $S_\sigma = 1{,}5$ und einer Lastspielzahlsicherheit von mindestens $S_N = 3{,}5$ analog AD 2000-Merkblatt S 2 Anhang 4 wird wegen des bei Aluminiumwerkstoffen typischen flachen Wöhlerlinien-Verlaufs die Spannungssicherheit über dem gesamten Lastspielzahlbereich ($N \geq 10^3$) maßgebend, die schließlich zu Formel (A 8) führt.

Zu Abschnitt 4.1.2

Zur sinngemäßen Berechnung der Oberflächen- und Wanddicken-Korrekturfaktoren nach Abschnitt 7.1.2 bzw. 7.1.3 im Hauptteil dieses AD 2000-Merkblattes wurden die Exponenten auf die Abknickpunkt-Lastspielzahl $N_D = 5 \cdot 10^6$ abgestimmt.

Zu Formel (A 9)

Formel (A 9) wurde aus Versuchsdaten zur Mittelspannungsempfindlichkeit *M* von Aluminiumwerkstoffen nach *Haibach/Schütz* ([6], Bild 2.1–9) abgeleitet.

Zu Formel (A 10)

Der temperaturbedingte Abfall der Ermüdungsfestigkeit wurde als unterer Grenzwert des Temperaturverhaltens einiger Aluminiumlegierungen bei Wechselbeanspruchung festgelegt.

Zu Abschnitt 4.2

Die Wöhlerkurven für geschweißte Bauteilbereiche sind wie bei Stahl nahezu mittelspannungs- und zugfestigkeitsunabhängig. Die Klassifizierung der verschiedenen Schweißnahtausführungen erfolgt wie für Stahl-Schweißverbindungen nach Tafel 5 dieses AD 2000-Merkblattes, wobei die zulässigen Spannungsschwingbreiten bei $2 \cdot 10^6$ Lastspielen sinngemäß den in [1; 2; 3] enthaltenen FAT- bzw. Class-Festigkeitswerten zugeordnet sind. Die Neigung der Wöhlerlinien für die verschiedenen Nahtklassen wurde in Anlehnung an [3] festgelegt. Für kerbspannungsarme Verbindungen verlaufen die Wöhlerlinien flacher als bei kerbintensiveren. Der Neigungsexponent m1 reicht von 4 bis 3. Es wird unterstellt, dass Schweißeigenspannungen entsprechend einem Spannungsverhältnis $R = 0{,}5$ vorliegen.

Bei niedrigfesten Legierungen können sich nach Abschnitt 4.1 (ungeschweißte Bereiche) niedrigere zulässige Spannungsschwingbreiten ergeben als für kerbspannungsarme Schweißverbindungen. In diesen Fällen ist der kleinere Spannungswert maßgebend.

Zu Abschnitt 6

Zur Berücksichtigung eines Betriebslastkollektivs werden die Wöhlerkurven für Schweißverbindungen bei der Abknickpunkt-Lastspielzahl $N_D = 5 \cdot 10^6$ für Einstufenbelastung mit der üblichen flacheren Steigung m2 = m1 + 2 fortgesetzt. Die Wöhlerkurven für ungeschweißte Teile werden wegen des flachen Verlaufs im Bereich hoher Lastspielzahlen nach Formel (A 8) weitergeführt.

Tafel A 4. Spannungsschwingbreite $2\sigma_a$ bei Abknickpunkt-Lastspielzahlen für ungekerbte Probestäbe aus Aluminium-Knetlegierungen bei Raumtemperatur und Mittelspannung $\bar{\sigma} = 0$

Zugfestigkeit	$2\sigma_a$ = konst. [N/mm²]	
R_m [N/mm²]	$N \geq 5 \cdot 10^6$	$N \geq 10^8$ Lastkollektiv
300	140	104
250	117	86
200	94	69
150	70	52

Tafel A 5. Konstanten B1, B2, m1, m2 und Spannungsschwingbreiten $2\sigma_a$ bei Abknickpunkt-Lastspielzahlen für Schweißverbindungen aus Aluminium-Knetlegierungen bei Raumtemperatur

Klasse	Konstanten					Spannungsschwingbreite $2\sigma_a$ = konst. [N/mm²]	
	$10^3 \leq N \leq 5 \cdot 10^6$			$5 \cdot 10^6 \leq N \leq 10^8$		$N \geq 5 \cdot 10^6$	$N \geq 10^8$ Lastkollektiv
	m1	B1		m2	B2		
K 0	4,0	$1{,}25 \cdot 10^{13}$		6,0	$1{,}98 \cdot 10^{16}$	40	24
K 1	3,5	$5{,}07 \cdot 10^{11}$		5,5	$3{,}68 \cdot 10^{14}$	27	16
K 2	3,25	$1{,}01 \cdot 10^{11}$		5,25	$4{,}50 \cdot 10^{13}$	21	12
K 3	3,0	$2{,}13 \cdot 10^{10}$		5,0	$5{,}60 \cdot 10^{12}$	16	9

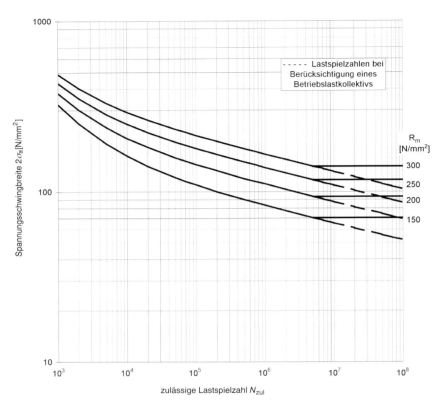

Bild A 15. Zulässige Lastspielzahlen in Abhängigkeit von der Spannungsschwingbreite für ungekerbte Probestäbe aus Aluminium-Knetlegierungen bei Raumtemperatur und $\bar{\sigma} = 0$

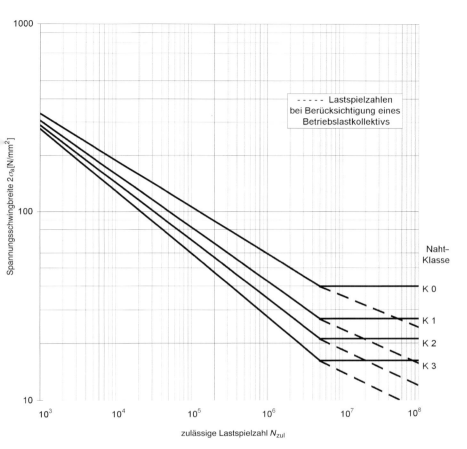

Bild A 16. Zulässige Lastspielzahlen in Abhängigkeit von der Spannungsschwingbreite für Schweißverbindungen aus Aluminium-Knetlegierungen bei Raumtemperatur ($\bar{\sigma}$ – unabhängig)

ICS 23.020.30   Ausgabe November 2007

Sonderfälle	Allgemeiner Standsicherheitsnachweis für Druckbehälter Grundsätze	AD 2000-Merkblatt S 3/0

Die AD 2000-Merkblätter werden von den in der „Arbeitsgemeinschaft Druckbehälter" (AD) zusammenarbeitenden, nachstehend genannten sieben Verbänden aufgestellt. Aufbau und Anwendung des AD 2000-Regelwerkes sowie die Verfahrensrichtlinien regelt das AD 2000-Merkblatt G1.

Die AD 2000-Merkblätter enthalten sicherheitstechnische Anforderungen, die für normale Betriebsverhältnisse zu stellen sind. Sind über das normale Maß hinausgehende Beanspruchungen beim Betrieb der Druckbehälter zu erwarten, so ist diesen durch Erfüllung besonderer Anforderungen Rechnung zu tragen.

Wird von den Forderungen dieses AD 2000-Merkblattes abgewichen, muss nachweisbar sein, dass der sicherheitstechnische Maßstab dieses Regelwerkes auf andere Weise eingehalten ist, z.B. durch Werkstoffprüfungen, Versuche, Spannungsanalyse, Betriebserfahrungen.

    Fachverband Dampfkessel-, Behälter- und Rohrleitungsbau e.V. (FDBR), Düsseldorf
    Hauptverband der gewerblichen Berufsgenossenschaften e.V., Sankt Augustin
    Verband der Chemischen Industrie e.V. (VCI), Frankfurt/Main
    Verband Deutscher Maschinen- und Anlagenbau e.V. (VDMA), Fachgemeinschaft Verfahrenstechnische Maschinen und Apparate, Frankfurt/Main
| Stahlinstitut VDEh, Düsseldorf
    VGB PowerTech e.V., Essen
| Verband der TÜV e.V. (VdTÜV), Berlin

Die AD 2000-Merkblätter werden durch die Verbände laufend dem Fortschritt der Technik angepasst. Anregungen hierzu sind zu richten an den Herausgeber:

| **Verband der TÜV e.V., Friedrichstraße 136, 10117 Berlin.**

Inhalt

0 Präambel
1 Geltungsbereich
2 Allgemeines
3 Formelzeichen und Einheiten

4 Festlegungen für einen Festigkeitsnachweis unter Einschluss der Standsicherheit
5 Schrifttum
Anhang 1: Muster einer Bescheinigung nach Abschnitt 2.7

0 Präambel

Zur Erfüllung der grundlegenden Sicherheitsanforderungen der Druckgeräte-Richtlinie kann das AD 2000-Regelwerk angewandt werden, vornehmlich für die Konformitätsbewertung nach den Modulen „G" und „B + F".

Das AD 2000-Regelwerk folgt einem in sich geschlossenen Auslegungskonzept. Die Anwendung anderer technischer Regeln nach dem Stand der Technik zur Lösung von Teilproblemen setzt die Beachtung des Gesamtkonzeptes voraus.

Bei anderen Modulen der Druckgeräte-Richtlinie oder für andere Rechtsgebiete kann das AD 2000-Regelwerk sinngemäß angewandt werden. Die Prüfzuständigkeit richtet sich nach den Vorgaben des jeweiligen Rechtsgebietes.

1 Geltungsbereich

Die AD 2000-Merkblätter der Reihe S 3 geben Hinweise für die Berücksichtigung von Zusatzkräften in Druckbehälterwandungen; siehe auch AD 2000-Merkblatt B 0 Ab-

schnitt 4.5. Darüber hinaus enthalten sie Angaben für solche Fälle, bei denen für den Nachweis der Standsicherheit neben den Einwirkungen auf die druckbelasteten Bauteile des Druckbehälters selbst auch die auf die Halterungs- oder Auflagerungskonstruktionen einzuschließen sind. Hierzu wird die Vorgehensweise in diesem AD 2000-Merkblatt geregelt. Darüber hinaus werden Lösungsmöglichkeiten für einige häufig vorkommende Konstruktionsformen angegeben.

2 Allgemeines

2.1 Die AD 2000-Merkblätter der Reihe S 3 sind nur im Zusammenhang mit AD 2000-Merkblatt B 0 anzuwenden.

2.2 Die AD 2000-Merkblätter der Reihe S 3 umfassen folgende Blätter:

S 3/.. – Allgemeiner Standsicherheitsnachweis für Druckbehälter
S 3/0 –, Grundsätze
S 3/1 –, Behälter auf Standzargen
S 3/2 –, Liegende Behälter auf Sätteln

Ersatz für Ausgabe Oktober 2000; | = Änderungen gegenüber der vorangehenden Ausgabe

Die AD 2000-Merkblätter sind urheberrechtlich geschützt. Die Nutzungsrechte, insbesondere die der Übersetzung, des Nachdrucks, der Entnahme von Abbildungen, die Wiedergabe auf fotomechanischem Wege und die Speicherung in Datenverarbeitungsanlagen, bleiben, auch bei auszugsweiser Verwertung, dem Urheber vorbehalten.

S 3/3 –, Behälter mit gewölbten Böden auf Füßen
S 3/4 –, Behälter mit Tragpratzen
S 3/5 –, Behälter mit Ringlagerung
S 3/6 –, Behälter mit Stutzen unter Zusatzbelastung
S 3/7 –, Berücksichtigung von Wärmespannungen bei Wärmeaustauschern mit festen Rohrplatten

2.3 Sind für einen Behälter über die Nachweise nach den AD 2000-Merkblättern der Reihe B hinaus zusätzliche Anforderungen an Festigkeitsnachweise und Standsicherheitsnachweise gestellt, so kann nach den nachfolgenden Festlegungen verfahren werden. Die in den AD 2000-Merkblättern S 3/1 bis S 3/7 enthaltenen Lösungsmöglichkeiten berücksichtigen diese Festlegungen.

2.4 Im Abschnitt 4.1 dieses AD 2000-Merkblattes sind die für einen Standsicherheitsnachweis wesentlichen Belastungen zusammen mit Hinweisen zur Ermittlung der Belastungsgrößen enthalten. Für den aktuellen Anwendungsfall können hieraus die zutreffenden Belastungen bestimmt werden. Die entsprechenden gemeinsam wirkenden Belastungen werden gemäß den Vorgaben im Abschnitt 4.2 unter Berücksichtigung ihrer Bedeutung für den Druckbehälter zu Lastfällen zusammengefasst. Nach der Lastfallart richtet sich dann beim Festigkeitsnachweis die Höhe der zulässigen Beanspruchung. Abschnitt 4.3 enthält Hinweise zu den Festigkeitsnachweisen einschließlich der für die zulässigen Beanspruchungen erforderlichen Festlegungen, soweit sie über die im AD 2000-Merkblatt B 0 hinausgehen.

2.5 Liegen für Druckbehälter oder Teile von Druckbehältern Normen mit definierten Abmessungen, Anschlussgeometrien und Angaben zu den zulässigen Belastungen vor (zum Beispiel Pratzen nach DIN 28083-1 und -2), so sind keine zusätzlichen Festigkeitsnachweise erforderlich. Es genügt dann ein Vergleich der auftretenden Lasten mit den zulässigen.

2.6 Die Anschlussteile der Tragelemente an Gerüste, Bühnen usw. sind so zu gestalten, dass eine Krafteinleitung möglich ist und dabei ein Verrutschen, Kippen oder Abheben ausgeschlossen wird. Werden Bühnen angebracht, die nicht DIN 28017 entsprechen, so ist deren Standsicherheit gesondert nachzuweisen.

2.7 Die Nachweise nach den AD 2000-Merkblättern der Reihe S 3 umfassen nicht die der Lastableitung dienenden Stahl- oder Massivbaukonstruktionen. Zur Beschreibung der gemeinsamen Schnittstelle müssen je Lastfallart (vgl. Abschnitt 4.2.1) die maximalen Lasten, Ankerkräfte sowie die Anzahl, Größe und Qualität der Ankerschrauben und die der Berechnung zugrunde gelegte maximale Betonpressung in einer gesonderten Bescheinigung dokumentiert werden, z. B. nach Anhang 1.

2.8 Bei der Verwendung von Werkstoffen nach den AD 2000-Merkblättern der Reihe W für die Herstellung von Trag- und Halterungselementen kann abweichend von den dortigen Festlegungen der Werkstoffnachweis mit einer Bescheinigung nach Abschnitt 2.2 der DIN EN 10204 erfolgen.

Für Anschweißteile an die Druckbehälterwand sollen artgleiche Werkstoffe verwendet werden. Bei Verwendung von nicht artgleichen Werkstoffen ist die Zulässigkeit der Abweichungen zu belegen.

2.9 Mit Hilfe der AD 2000-Merkblätter der Reihen B und S kann der Nachweis der Standsicherheit nach den Anforderungen der Landesbauordnungen für den Behälter selbst sowie für seine Trag- und Halterungselemente erbracht werden.

3 Formelzeichen und Einheiten

Über die Festlegungen des AD 2000-Merkblattes B 0 hinaus bzw. abweichend von diesen gilt

a	Faktor zum Sicherheitsbeiwert nach Abschnitt 4.3.4.1 (3) bzw. (4)	–
c_f	Windkraftbeiwert	–
$c_{f\,korr}$	korrigierter Windkraftbeiwert	–
d	Behälterdurchmesser einschließlich Isolierung	mm
d_F	Teilkreisdurchmesser der Auflagerelemente	mm
e	die der Berechnung zugrunde zu legende Wanddicke nach Abzug der Wanddickenzuschläge c_1, c_2, ...	mm
e_Z	Wanddicke der Standzarge	mm
f	zulässige Berechnungsspannung nach Abschnitt 4.3.4	N/mm²
f_P	zulässige Berechnungsspannung für den Prüffall	N/mm²
f_M	zulässige Berechnungsspannung für Montagefälle	N/mm²
f_S	zulässige Berechnungsspannung für Sonderfälle	N/mm²
n	Anzahl der Auflagerelemente	–
w	Abstand zwischen den Behältern bzw. zwischen Behälter und Gebäude	mm
A	Bühnenanzahl	–
A_n	Projektionsfläche	mm²
B	Verkehrslastabzug	%
C	zu berücksichtigende gesamte Verkehrslast	%
D	Behälterdurchmesser	mm
G_d	betrieblich mögliches maximales Gesamtgewicht des Behälters in der betrachteten Schnittebene	N
G_Z	betrieblich mögliches minimales Gesamtgewicht des Behälters in der betrachteten Schnittebene	N
H	Behälterhöhe über Grund	mm
M	Gesamtmoment in der betrachteten Schnittebene der Auflagerelemente aus äußeren Lasten	Nmm
N_{Fd}	Druckkraft an Auflagerelementen	N
N_{Fz}	maximale Zugkraft an Auflagerelementen	N
S_M	Sicherheitsbeiwert bei Montagefällen	–
S_S	Sicherheitsbeiwert bei Sonderfällen	–

4 Festlegungen für einen Festigkeitsnachweis unter Einschluss der Standsicherheit

4.1 Belastungen

4.1.1 Unter Belastungen werden Einwirkungen auf den Druckbehälter und seine Halterungs- oder Auflagerungskonstruktionen verstanden, die eine Beanspruchung in diesen hervorrufen.

4.1.2 Bei der Bestimmung der Belastungen sind Zwangskräfte und Zwangsmomente infolge Behinderungen von Verformungen (zum Beispiel durch Stützkonstruktionen, An- und Einbauten sowie Rohrleitungsanschlüsse) zu berücksichtigen.

4.1.3 Für Lastfälle, die in die Ermüdungsanalyse einzubeziehen sind, sind die spezifizierten Lastwechselzahlen zu berücksichtigen.

4.1.4 Es ist für jeden Lastfall zu prüfen, ob die nachfolgend aufgezählten Belastungen auftreten und ob noch andere Belastungen hinzukommen. Solche Belastungen sind zum Beispiel:

4.1.4.1 Eigenlast

Hierbei kommen in Frage die Eigenlast des Druckbehälters, die Eigenlast der mit ihm verbundenen Bauteile, die Füllung des Druckbehälters und sonstige ständig vorhandene Lasten.

4.1.4.2 Drücke

Hierbei kommen in Frage Drücke in örtlicher und zeitlicher Abhängigkeit einschließlich örtlicher Beaufschlagung (zum Beispiel bei Schließ- und Öffnungsvorgängen von Armaturen).

4.1.4.3 Temperaturen

Hierbei kommen in Frage der örtliche und zeitliche Temperaturverlauf einschließlich örtlich begrenzter Temperaturfelder (zum Beispiel bei Ein- und Ausspeisevorgängen) sowie von Temperaturgradienten im Bauteilquerschnitt. Der Einfluss von Wärmeisolierungen ist zu berücksichtigen.

4.1.4.4 Statische und dynamische Lasten aus An- und Einbauten sowie aus Rohrleitungen (zum Beispiel durch Druckstöße, Wärmedehnung) und Füllungslasten.

4.1.4.5 Verkehrslasten

Verkehrslasten können auf Bühnen, An- und Einbauten wirksam werden. Die Ermittlung erfolgt für An- und Einbauten nach DIN 1055-3; für Bühnen und Laufstege sind Verkehrslasten nach DIN 4133 anzunehmen.
Sind an einen Behälter mehr als drei Bühnen angebracht, so können die Verkehrslasten in Anlehnung an DIN 1055-3 Abschnitt 9 für den globalen Standsicherheitsnachweis abgemindert werden nach der folgenden Regel: Die Verkehrslasten der drei das Bauteil am meisten belastenden Bühnen (Laufstege) sind mit dem vollen Betrag einzusetzen. Bei Vorhandensein weiterer Bühnen (Laufstege) können, bei ungleichen Lasten geordnet nach den Lasten in absteigender Folge, um einen in Schritten von 20 % zunehmenden Betrag abgemindert werden. Die Verminderung der gesamten Verkehrslast darf aber 40 % nicht überschreiten. Bei gleichen Bühnenverkehrslasten ergeben sich folgende Abzüge und Gesamtbühnenlasten:

A	1–3	4	5	6	7	8	9	≥10
B	0	20	40	60	80	80	80	40
C	0	95	88	80	71,4	65	60	60

Der Einzelnachweis für die einzelnen Bühnen (Laufstege) sowie die lokale Lasteinleitung in die Druckbehälterwand erfolgen jeweils mit der gesamten zu der Bühne zugehörigen Verkehrslast.

4.1.4.6 Windlasten

Die Windlasten werden nach DIN 1055-4 oder bei hohen, schlanken Behältern ($H > 20$ m über Grund, $H/D > 10$) wie z. B. bei Kolonnen nach DIN 4133 bestimmt. Als Flä-

che wird die Projektionsfläche (senkrecht zur Windrichtung) der jeweils betrachteten Teile eingesetzt. Für Behälter mit einem Verhältnis von Höhe zu Durchmesser $< 4,0$ ist die Winddachlast zu berücksichtigen. Größe und Wirkungslinie können nach DIN 4119 bestimmt werden.

Bei benachbarten Behältern oder Behältern neben Gebäuden ist der Windkraftbeiwert c_f nach DIN 1055-4 in Abhängigkeit vom Abstand der Behälter zu wählen. Vereinfacht kann nach DIN 18914 Bbl.1 (9/85) bei Abständen $d + w \leq 2d$ gesetzt werden

$$c_{f\,korr} = \left(1 + \frac{7}{100\left(1 + \frac{w}{d}\right) - 90,2}\right) \cdot c_f \quad (1)$$

Steigleitern, Bühnen, anschließende Rohrleitungen usw. dürfen durch einen Zuschlag bei der Ermittlung der Windlasten pauschal berücksichtigt werden. Sofern nichts anderes vorgegeben ist und der Anteil der Projektionsfläche < 15 % der Behälterprojektionsfläche beträgt, darf die Windkrafterhöhung in Anlehnung an DIN 1055-4 Abschnitt 5.2.2 durch eine pauschale Erhöhung des Staudruckes um 25 % abgeschätzt werden.

Alternativ zur vorstehenden Abschätzung dürfen die Windlasten von Steigleitern, Bühnen und anschließenden Rohrleitungen nach den folgenden Angaben bestimmt werden:

(1) Der Windkraftbeiwert c_f ist

c_f = 0,7 für zylindrische Behälter und deren parallel verlaufende Rohre, sofern der Mittenabstand Rohrleitung/Zylinder $\geq$ dem 1,2fachen ihres Durchmessers einschließlich Isolation ist

c_f = 1,5 für die benachbarten Rohre, sofern der Mittenabstand Rohrleitung/Zylinder $<$ dem 1,2fachen ihres Durchmessers einschließlich Isolation ist

c_f = 1,2 für Stahlkonstruktionen wie Leitern und Montagegerüsten aus Rohren

c_f = 1,4 für Stahlkonstruktionen wie Bühnen und Laufstege

(2) Als Projektionsfläche A_n sind anzusetzen für
- Runde Vollbühnen (Umfangswinkel 360°):
  Bühnenaußendurchmesser × 0,5 m. Bei Kolonnen beträgt der Bühnenaußendurchmesser bei einer effektiven Bühnenbreite von 1000 mm (Regelbreite nach DIN 28017-1): Durchmesser der Kolonne mit Isolierung + 2,4 m
- Bühnen, rund mit einem Umfangswinkel $> 100°$:
  Wie runde Vollbühnen
- Bühnen, rund mit Umfangswinkel $\leq 100°$:
  (Behälterdurchmesser mit Isolierung + einfache Bühnenbreite) × 0,5 m
- Bühnen eckig:
  Diagonalmaß × 0,5 m
- Laufstege:
  Länge × 0,5 m
- Leitern mit Sicherheitsanbauten:
  Senkrechte Höhe der Leitern × 0,33 m

Anstelle der vereinfachten Ermittlung der Windlasten nach den vorstehenden pauschalen Vorgaben darf die detaillierte Ermittlung der Windlasten nach DIN 1055-4 erfolgen.

4.1.4.7 Schwingungen infolge Windlast

Schwingungen in Windrichtung infolge der dynamischen Wirkung von Windböen sind bei Behältern mit Eigenschwingzeit $T \geq 1$ sec. z. B. nach [1] oder [2] zu berücksichtigen. Dieses ist in der Regel bei sehr hohen und sehr schlanken Behältern der Fall. Ein Dauerfestigkeitsnachweis braucht für diese Beanspruchung nicht erbracht zu werden.

Schwingungen quer zur Windrichtung infolge Wirbelablösungen sind auch bei hohen schlanken Behältern, wie z. B. bei Kolonnen, nicht zu erwarten, wenn Bühnen, Leitern, parallel geführte Rohrleitungen, seitliche Mannlochstutzen etc. über die gesamte Höhe verteilt angebracht sind. Auch wirken innere Einbauten wie Flüssigkeitsverteilerböden oder insbesondere Füllkörperpackungen, sofern sie auch im oberen Teil der Kolonne vorhanden sind, den Querschwingungen entgegen.

Sind bei sehr schlanken und hohen schornsteinähnlichen Behältern ohne nennenswerte An- und Einbauten Querschwingungen zu erwarten, ist für diese Beanspruchung ein Dauerfestigkeitsnachweis zu führen. Dieses kann auch je nach Montageart und Fertigungszustand für Kolonnen im Montagezustand gelten, wobei hier auch andere temporär oder ständig wirkende konstruktive Maßnahmen, die Querschwingungen verhindern, möglich sind. Letzteres kann auch erforderlich sein, wenn bei Betriebsstillständen (Kolonne ohne Flüssigkeitsfüllung, Füllkörper, Einbauten etc.) Querschwingungen beobachtet werden.

Im Zweifelsfall kann die Möglichkeit des Auftretens von Querschwingungen nach [1] oder [2] ermittelt werden. Hinweise hierzu erhält auch [3].

4.1.4.8 Schneelasten

Schneelasten werden nach DIN 1055-5 bestimmt. Als belastete Fläche wird in der Regel die Projektionsfläche senkrecht zur vertikalen Richtung zugrunde gelegt. Für Bühnen und Laufstege können Schneelasten analog zu DIN 4133 berücksichtigt werden.

4.1.4.9 Sonstige dynamische Lasten (zum Beispiel Erdbeben, Prozesse mit schnellen Drucksteigerungen)

Angaben über die Fußpunktanregung bei Erdbeben können DIN 4149 entnommen werden. Zu möglichen Prozessen mit schnellen Drucksteigerungen und damit verbundenen Belastungen sind Angaben des Betreibers erforderlich.

4.2 Lastfälle

Die zu berücksichtigenden Lastfälle sind die Zustände im Druckbehälter bzw. in der den Druckbehälter einschließenden Anlage. Sie sind unabhängig vom Aufstellungsort, den verfahrenstechnischen Bedingungen sowie gegebenenfalls von den Anforderungen zutreffender Rechts- und Vorschriftengrundlagen anzugeben und entsprechend den Vorgaben in diesem Abschnitt zu klassifizieren.

Die Lastfälle stellen dabei eine Kombination gleichzeitig wirkender Belastungen oder entsprechender Belastungsabläufe dar. Die einzelnen Belastungen sind dabei entsprechend den Angaben im Abschnitt 4.1 zu ermitteln und entsprechend dem Beispiel in Tafel 1 zu Lastfällen zu kombinieren. Dabei brauchen stets nur die Belastungen miteinander kombiniert zu werden, die zeitlich gemeinsam auftreten können. Bei den Sonderfällen sind jeweils die gemeinsamen Betriebsbelastungen mit nur einer Sonderlast zu kombinieren.

Für alle Lastkombinationen gilt, dass die Überlagerung stets so zu wählen ist, dass die größtmögliche Schnittkraft in dieser Kombination bestimmt wird.

Alle zu berücksichtigenden Belastungen und Lastfälle sind anzugeben.

4.2.1 Benennung der Lastfälle

Lastfälle können sein:
– Betriebsfälle (BF)
– Prüffälle (PF)
– Montagefälle (MF)
– Sonderfälle (SF)

4.2.1.1 Betriebsfälle (BF)

Betriebsfälle sind solche Lastfälle, für die die Anlage bei funktionsfähigem Zustand der Systeme (ungestörter Zustand) bestimmt und geeignet ist. Weitere Betriebsfälle sind Lastfälle, die bei Fehlfunktion von Anlagenteilen oder Systemen (gestörter Zustand) auftreten, soweit hierbei einer Fortführung des Betriebes sicherheitstechnische Gründe nicht entgegenstehen.

4.2.1.2 Prüffälle (PF)

Prüffälle sind die Druckprüfung und die Dichtheitsprüfung. Hierunter fallen die Prüfungen im Herstellerwerk oder nach Montage beim Betreiber sowie die wiederkehrenden Prüfungen unter Berücksichtigung der jeweiligen Auflagerung und des örtlich auftretenden Druckes.

4.2.1.3 Montagefälle (MF)

Die während der Montage, des Transports und der Errichtung bedingten Belastungen (zum Beispiel Massenkräfte, Windlasten) sind als Montagefälle für den jeweiligen Montagezustand zu berücksichtigen.

4.2.1.4 Sonderfälle (SF)

Sonderfälle sind Ereignisabläufe, bei deren Eintreten der Betrieb der Anlage aus sicherheitstechnischen Gründen nicht fortgeführt werden kann, die aber im Falle des Eintretens beherrscht werden müssen.

4.3 Festigkeitsnachweise und Standsicherheitsnachweis

4.3.1 Allgemeines

Die Art und der Umfang der erforderlichen Festigkeitsnachweise richten sich nach der Bauteilart, für die der Nachweis zu führen ist, und nach den zu berücksichtigenden Belastungen (vgl. Abschnitt 4.1) bzw. den durch diese hervorgerufenen Beanspruchungen.

Für die im Abschnitt 4.2 genannten Lastfälle sind in der Regel die in den AD 2000-Merkblättern der Reihen B und S enthaltenen Festigkeitsnachweise unter Berücksichtigung der im Abschnitt 4.3.4 enthaltenen zulässigen Berechnungsspannungen durchzuführen. Bei darüber hinausgehenden erforderlichen Nachweisen ist gemäß AD 2000-Merkblatt G 1 Abschnitt 4.2 und 4.3 zu verfahren.

Die Bewertung von in Spannungsanalysen ermittelten Beanspruchungen erfolgt nach AD 2000-Merkblatt S 4.

4.3.2 Bauteilart

4.3.2.1 Druckbelastete Teile

Für alle drucktragenden Teile sowie alle fest mit dem Druckbehälter verbundenen Teile gelten (soweit zutreffend) die AD 2000-Merkblätter der Reihen B und S. Bei angeschweißten Halterungskonstruktionen ist der integral mit dem Druckbehälter verbundene Teil nach AD 2000-Merkblättern der Reihen B und S (soweit zutreffend) zu berechnen. Die Abgrenzung zwischen integralem Halterungsteil und der Halterungskonstruktion erfolgt mit Hilfe der Bedingung über die Abklinglänge, zum Beispiel bei Standzargen (Bild 1) mit

$$x \geq \sqrt{D_a \cdot e_z} \qquad (2)$$

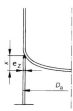

Bild 1.

4.3.2.2 Tragelemente

Tragelemente wie Halterungen, Unterstützungen können nach den AD 2000-Merkblättern der Reihe S 3 nachgewiesen werden.

4.3.2.3 Ankerschrauben

Maßgebend für die Bemessung ist der Kernquerschnitt der Schraube (A_{d3} nach DIN 13-28).

4.3.3 Belastungsart

4.3.3.1 Druckbelastete Bauteile

Für druckbelastete Bauteile sind ergänzend zur Bemessung nach den AD 2000-Merkblättern der Reihe B insbesondere für Krafteinleitungsbereiche sowie für die wesentlichen tragenden Querschnitte die bei den einzelnen Belastungen (siehe Abschnitt 4.1) auftretenden Spannungen, getrennt nach Membran- und Biegespannungen, zu bestimmen. Die für die einzelnen Belastungen ermittelten Spannungen werden dann, getrennt nach Membran- und Biegespannungen, gemäß den vorgegebenen Lastfällen (siehe Abschnitt 4.2) für jeden betrachteten Ort vorzeichengerecht aufaddiert und mit den zulässigen Berechnungsspannungen nach Abschnitt 4.3.4 verglichen. Dabei dürfen die globalen Membranspannungen aus mechanischen Lasten die in Abschnitt 4.3.4 angegebenen Beanspruchungsgrenzen nicht überschreiten. Für überlagerte Spannungen aus mechanischen und thermischen Lasten dürfen höhere Beanspruchungsgrenzen in Anspruch genommen werden. Für die Membranspannungen in örtlich eng begrenzten Bereichen wie zum Beispiel Lasteinleitstellen sowie für die Gesamtspannungen aus Membran- und Biegespannungen können die zulässigen Berechnungsspannungen erhöht werden entsprechend den Angaben im AD 2000-Merkblatt S 4.

Treten bei den ermittelten Spannungen außerhalb von lokalen Stellen Druckmembranspannungen auf, so sind zusätzlich Stabilitätsnachweise für diesen Lastfall durchzuführen. Hierbei kommt neben den AD 2000-Merkblättern der Reihe B ein Stabilitätsnachweis nach DIN 18800 in Betracht.

4.3.3.2 Tragelemente

Für Tragelemente aus schalenförmigen Bauteilen gelten die Ausführungen für druckbelastete Bauteile in Abschnitt 4.3.3.1 sinngemäß.

Für Tragelemente aus stabförmigen Bauteilen sind ausgehend von den Lastkombinationen für die einzelnen Lastfälle die Spannungen (Zug, Druck, Biegung und deren Kombinationen) zu ermitteln und abhängig vom Lastfall und der Lastkombination mit den zulässigen Berechnungsspannungen nach Abschnitt 4.3.4 zu begrenzen. Treten in diesen Bauteilen bei den einzelnen Lastkombinationen Druck- oder Biegedruckspannungen auf, so sind diese nach DIN 4114 zu begrenzen.

Werden Nachweise ganz oder teilweise nach Stahlbaunormen erbracht, so entsprechen dem Betriebsfall BF der Lastfall Hauptlast H, dem Montage- und Prüffall der Lastfall Haupt- und Zusatzlast HZ und den Sonderfällen der Lastfall Haupt- und Sonderlast HS.

4.3.4 Zulässige Berechnungsspannung

Die zulässigen Berechnungsspannungen richten sich nach dem Lastfall und der Bauteilart. Sie sind beispielhaft in Tafel 1 mit aufgenommen worden. Zugrunde liegt dabei für

4.3.4.1 Druckbehälter

(1) Die zulässige Berechnungsspannung f wird bestimmt aus dem Werkstoffkennwert K und dem Sicherheitsbeiwert S nach AD 2000-Merkblatt B 0 bzw. nach den entsprechenden Berechnungsblättern zu

$f = K/S$.

(2) Für die Prüffälle wird abweichend zu (1) der Sicherheitsbeiwert S' verwendet zur Festlegung der zulässigen Berechnungsspannung

$f_P = K/S'$.

(3) Bei den Montagefällen wird zwischen kurzzeitig wirkenden (zum Beispiel Absetzvorgang beim Transport) und länger wirkenden Montagebelastungen unterschieden. Die zulässigen Berechnungsspannungen

$f_M = K/S_M$

werden dabei durch Anpassen der Sicherheitsbeiwerte gemäß AD 2000-Merkblatt B 0 aus den Sicherheitsbeiwerten für den Betriebs- und den Prüffall abgeleitet zu

$$S_M = S - a \cdot (S - S'), \qquad (3)$$

wobei

$a = 1{,}0$ bei kurzfristiger,

$a = 0{,}5$ bei länger andauernder

Beanspruchung zu wählen ist.

(4) Bei Sonderfällen wird die zulässige Berechnungsspannung

$f_S = K/S_S$

wie beim Montagefall festgelegt unter Berücksichtigung von $a = 1{,}25$. Dabei darf S_S jedoch nicht kleiner als 1,0 sein.

4.3.4.2 Tragelemente

(1) Die zulässige Berechnungsspannung für Betriebsfälle

$f = K/S$

kann für Werkstoffe der Reihe W in den AD 2000-Merkblättern der Festigkeitskennwert K mit den Sicherheitsbeiwert für den Auslegungsfall nach AD 2000-Merkblatt B 0 zugrunde gelegt werden.

(2) Für die Montage- und Prüffälle darf der Sicherheitsbeiwert um den Faktor 1,1 reduziert werden.

(3) Für die Sonderfälle darf der Sicherheitsbeiwert um den Faktor 1,5 reduziert werden.

(4) Die erforderliche Sicherheit gegen ein Stabilitätsversagen richtet sich nach der zugrunde gelegten Art der Nachweisführung, wobei eine Reduzierung der erforderlichen Sicherheitsbeiwerte nach den unter (1) bis (3) für Tragelemente vorgegebenen Festlegungen gegebenenfalls berücksichtigt werden kann.

Werden Stabilitätsnachweise in Anlehnung an DIN 4114 geführt, so können die ω-Werte für alle zähen Werkstoffe nach den AD 2000-Merkblättern der Reihe W verwendet werden, sofern eine Streckgrenze $R_{p0{,}2}$ bei Raumtemperatur ≤ 240 N/mm² beträgt. Bei solchen Werkstoffen mit einer Streckgrenze bei Raumtemperatur zwischen 240 und 360 N/mm² können die ω-Werte für St 52 herangezogen werden.

Tafel 1. Beispielhafte Zuordnung der Belastungen und Lastfälle zu den Beanspruchungsstufen und zulässigen Berechnungsspannungen

Lastfall[1] nach Abschnitt 4.2	Belastungen nach Abschnitt										zulässige Berechnungsspannung nach Abschnitt 4.3	
	4.1.4.1	4.1.4.2		4.1.4.3	4.1.4.4	4.1.4.5	4.1.4.6	4.1.4.8	4.1.4.9			
	Eigenlast	Innendruck	Unterdruck oder äußerer Überdruck	örtlicher Druckaufbau	Temperatur[2]	äußere Lasten und Lastmomente (statisch, dynam.)	Verkehrslasten	Windlasten[3]	Schneelasten[3]	Dynam. Lasten[3] Erdbeben	Druckbehälter	Tragelemente
BF 1	×	×				×	×	×	×	×		
BF 2	×		×	×	×	×	×	×	×		f	f
...												
PF 1	×	×						×				
PF 2	×	×						×			f_P	$1{,}1 \cdot f$
...												
MF 1	×				×	×						
MF 2	×				×	×					f_M	$1{,}1 \cdot f$
...												
SF 1	×	×			×					×		
SF 2	×	×			×					×	f_S	$1{,}5 \cdot f$
...												

[1] Die hier aufgeführten Lastfälle zeigen beispielhaft die Zuordnung und sind für den jeweiligen Anwendungsfall entsprechend vorzugeben.
[2] Die zugehörige Temperatur ist generell für die Bestimmung der zulässigen Spannungen maßgebend. Bei den hier in dieser Spalte angekreuzten Lastfällen sind zusätzlich Wärmespannungen zu berücksichtigen.
[3] Die in den zutreffenden DIN enthaltenen Angaben zur Lastüberlagerung können berücksichtigt werden.

(5) Abweichend von AD 2000-Merkblatt B 0 kann für die Teile des Tragelementes die Umgebungstemperatur zugrunde gelegt werden, wenn diese sich außerhalb der Wärmeisolierung des Behälters befinden.

Werden Stähle, die in DIN 4133 enthalten sind, für Tragelemente verwendet, so können die dort enthaltenen K-Werte bei Bemessungstemperatur herangezogen werden.

4.3.4.3 Ankerschrauben

Für Schraubenwerkstoffe der Festigkeitsklassen 4.6 und 5.6 sowie für Ankerschrauben aus den Werkstoffen 1.0038 und 1.0570 ist für die Lastfälle Betrieb bei Umgebungstemperatur der Festigkeitskennwert K die in der DIN 28082-2 angegebene Streckgrenze. Für höhere Temperaturen gelten die in dem AD 2000-Merkblatt W 13 für diese Werkstoffe festgelegten Kennwerte.

In den Lastfällen Betrieb beträgt der Sicherheitsbeiwert $S = 2{,}2$ gegen die Streckgrenze. Darüber hinaus gelten die zutreffenden Regelungen in Abschnitt 4.3.4.2 (2), (3) und (5).

4.3.5 Prüfung des Standsicherheitsnachweises

Die Prüfung des Standsicherheitsnachweises setzt die Prüfung der Bemessung der drucktragenden Behälterteile (vgl. Abschnitte 4.2.1 und 4.2.2 des AD 2000-Merkblattes HP 511) voraus.

Für die Prüfung des Standsicherheitsnachweises sind eine Darstellung des gesamten statischen Systems, die erforderlichen Konstruktionszeichnungen und die erforderlichen Berechnungen einschließlich der Berechnung gegen Innendruck vorzulegen.

Über die mit positivem Ergebnis abgeschlossene Prüfung ist ein Prüfbericht zu erstellen, und die geprüften Nachweise sind mit einem Prüfvermerk zu versehen.

4.4 Lastaufteilung bei mehreren Auflagerpunkten

Ist ein Behälter auf mehreren Füßen oder Pratzen mit gleichmäßiger Teilung aufgelagert, so darf bei gleicher Teilung an jedem Einzelelement wirkende maximale Druckkraft errechnet werden zu

$$N_{Fd} = \frac{1}{n}\left(\frac{4M}{d_F} + G_d\right). \qquad (4)$$

Eine Verankerung gegen Abheben ist notwendig, falls

$$\frac{4M}{d_F} > 0{,}7\, G_z \text{ ist.} \qquad (5)$$

Als maximale Zugkraft zur Bestimmung von Ankerschrauben ist

$$N_{Fz} = \frac{1}{n}\left(\frac{4M}{d_F} - 0{,}9 \cdot G_z\right) \qquad (6)$$

für $n \geq 4$
zugrunde zu legen.

Für $n = 3$ Einzelstützen ergibt sich die maximale Zugkraft aus

$$N_{Fz} = \frac{1}{3}\left(\frac{6M}{d_F} - G_Z\right) \quad (7)$$

Die Bestimmung der einzelnen Ankerschraubenkräfte hängt von den konstruktiven Verhältnissen im Fußpunkt ab (siehe AD 2000-Merkblatt S 3/3, Abschnitt 6.2).
Sofern keine gleichmäßige Lastverteilung durch Sicherstellung einer gleichmäßigen Auflagerung gewährleistet werden kann, darf höchstens mit $n = 3$ gerechnet werden. Bei zwei Auflagerpunkten ist in der Regel kein stabiler Auflagerzustand gewährleistet. Dem ist gegebenenfalls durch zusätzliche Abstützungen in horizontaler Richtung Rechnung zu tragen.
Bei der Bestimmung der Schraubenkraftanteile infolge der Momentenbelastung ist die Drehachse durch die Behältermitte zu legen.
Zur Berücksichtigung der Schraubenvorspannung sind die errechneten Schraubenkräfte um 10 % zu erhöhen.

4.5 Berücksichtigung von Längskräften

Im Rahmen des Standsicherheitsnachweises ist zu prüfen, ob die aus den äußeren und den Gewichtslasten resultierenden Längskräfte in der Druckbehälterwand zu einer Erhöhung der Gesamtbeanspruchung führen und damit ggf. eine Vergrößerung der Wanddicke erfordern. Treten hierbei Druckspannungen in Längsrichtung in der Behälterwand auf, ist zusätzlich ein Stabilitätsnachweis z. B. nach DIN 18800 erforderlich.
Dabei ist zu beachten, dass für austenitische Werkstoffe über Element (402) der DIN 18800-1 abgeminderte Werkstoffkennwerte nach Fachnormen (z. B. DIN 4133) zu verwenden sind.

4.6 Bewertung von Schweißnähten an Tragelementen

Die Gestaltung von Schweißnähten muss mit DIN 8558 vereinbar sein. Auf den Nachweis von Kehlnähten kann verzichtet werden, wenn die Schweißnahtdicke mindestens das 0,7fache der kleinsten Wanddicke der beteiligten Bleche aufweist und beidseitig geschweißt wird. Bei Berechnung einseitig geschweißter Kehlnähte ist die Schweißnahtdicke g und ein Verschwächungsbeiwert $v = 0,6$ zugrunde zu legen. Einseitig geschweißte Stumpfnähte sind bei Vorliegen von Zugmembranspannungen mit $v = 0,7$ zu bewerten.
Beidseitig geschweißte Stumpfnähte sind bei Vorliegen von Zugmembranspannungen mit $v = 0,85$ zu bewerten.
Die Verschwächungsbeiwerte v sind nur beim Membranspannungsnachweis zu berücksichtigen.

5 Schrifttum

[1] DIN 4133 Schornsteine aus Stahl, Ausgabe 11/1991
[2] Eurocode 1: Grundlagen der Tragwerksplanung und Einwirkungen auf Tragwerke, Teil 2–4: Einwirkungen auf Tragwerke – Windlasten (z. Z. Europäische Vornorm ENV 1991-2-4: 1995 D)
[3] Richtlinienkatalog Festigkeit RKF, Teil 3, BR-K1 (Nr. 5.2 Querschwingungen), 3. Aufl. 1981, VEB Komplette Chemieanlagen Dresden (jetzt Linde-KCA-Dresden GmbH)

Anhang 1 zu AD 2000-Merkblatt S 3/0

Muster einer Bescheinigung nach Abschnitt 2.7

Anschlußlasten des Behälters, bezogen auf Systemachse und
[ ] Unterkante Standzarge/Tragring, Tragpratzenebene
[ ] Unterkante Profil-/Rohrstütze
[ ] Unterkante Sattellager
in kN und kNm:

Betriebslasten	V			H		M		
	z	x	y		x	y	z	
Leergewicht								
Betriebsgewicht								
Prüfgewicht								
Stutzenlasten								
äußere Lasten	V		H		M			
	z	x	y	x	y	z		
Verkehr								
Wind								
Schnee								
Lasten je Stütze – max V	V		H		M			
	z	x	y	x	y	z		
Betrieb								
Verkehr								
Wind								
Schnee								
– min V								
Betrieb								
Verkehr								
Wind								
Schnee								
maximale Verankerungskraft [kN]								
maximale Flächenpressung [N/mm^2]								

ICS 23.020.30 Ausgabe September 2001

Sonderfälle	Allgemeiner Standsicherheitsnachweis für Druckbehälter Behälter auf Standzargen	AD 2000-Merkblatt S 3/1

Die AD 2000-Merkblätter werden von den in der „Arbeitsgemeinschaft Druckbehälter" (AD) zusammenarbeitenden, nachstehend genannten sieben Verbänden aufgestellt. Aufbau und Anwendung des AD 2000-Regelwerkes sowie die Verfahrensrichtlinien regelt das AD 2000-Merkblatt G1.

Die AD 2000-Merkblätter enthalten sicherheitstechnische Anforderungen, die für normale Betriebsverhältnisse zu stellen sind. Sind über das normale Maß hinausgehende Beanspruchungen beim Betrieb der Druckbehälter zu erwarten, so ist diesen durch Erfüllung besonderer Anforderungen Rechnung zu tragen.

Wird von den Forderungen dieses AD 2000-Merkblattes abgewichen, muss nachweisbar sein, dass der sicherheitstechnische Maßstab dieses Regelwerkes auf andere Weise eingehalten ist, z. B. durch Werkstoffprüfungen, Versuche, Spannungsanalyse, Betriebserfahrungen.

Fachverband Dampfkessel-, Behälter- und Rohrleitungsbau e.V. (FDBR), Düsseldorf
Hauptverband der gewerblichen Berufsgenossenschaften e.V., Sankt Augustin
Verband der Chemischen Industrie e.V. (VCI), Frankfurt/Main
Verband Deutscher Maschinen- und Anlagenbau e.V. (VDMA), Fachgemeinschaft Verfahrenstechnische Maschinen und Apparate, Frankfurt/Main
Verein Deutscher Eisenhüttenleute (VDEh), Düsseldorf
VGB PowerTech e.V., Essen
Verband der Technischen Überwachungs-Vereine e.V. (VdTÜV), Essen

Die AD 2000-Merkblätter werden durch die Verbände laufend dem Fortschritt der Technik angepasst. Anregungen hierzu sind zu richten an den Herausgeber:

Verband der Technischen Überwachungs-Vereine e.V., Postfach 10 38 34, 45038 Essen.

Inhalt

0 Präambel
1 Geltungsbereich
2 Allgemeines
3 Formelzeichen und Einheiten
4 Konstruktionsvarianten des Anschlussbereiches
5 Schnitte und Schnittgrößen
6 Nachweise im Anschlussbereich (Schnitte 1-1, 2-2, 3-3)
7 Nachweis der Standardzarge (Schnitt 4-4)
8 Nachweis der Gleit- und Kippsicherheit (Schnitt 5-5)
9 Schrifttum

0 Präambel

Zur Erfüllung der grundlegenden Sicherheitsanforderungen der Druckgeräte-Richtlinie kann das AD 2000-Regelwerk angewandt werden, vornehmlich für die Konformitätsbewertung nach den Modulen „G" und „B + F".

Das AD 2000-Regelwerk folgt einem in sich geschlossenen Auslegungskonzept. Die Anwendung anderer technischer Regeln nach dem Stand der Technik zur Lösung von Teilproblemen setzt die Beachtung des Gesamtkonzeptes voraus.

Bei anderen Modulen der Druckgeräte-Richtlinie oder für andere Rechtsgebiete kann das AD 2000-Regelwerk sinngemäß angewandt werden. Die Prüfzuständigkeit richtet sich nach den Vorgaben des jeweiligen Rechtsgebietes.

1 Geltungsbereich

Mit diesem AD 2000-Merkblatt kann der Nachweis für Standzargen an Behältern geführt werden. Er erfolgt getrennt für die örtlichen Beanspruchungen im Bereich der Verbindung von Standzarge und Druckbehälterwandung, für die Standzarge selbst und deren Verankerung im Fundament.

Spannungserhöhungen in der drucktragenden Schale im Sinne von AD 2000-Merkblatt B 0 Abschnitt 4.5 sind insbesondere bei geringer Druckbeanspruchung ($e/D < 0{,}005$) sowie bei hohen Zusatzmomenten, beispielsweise durch Wind ($H/D > 5$), zu erwarten. Unterhalb dieser Grenzen kann es notwendig sein, einen Spannungsnachweis zu führen, wenn die Zusatzlasten extrem werden (z. B. durch Zusatzgewichte, durch Füllgewichte hoher Dichte, durch hohe Exzentrizität bei Querbeschleunigung) oder wenn Konstruktionsprinzipien nicht mit den hier behandelten Varianten übereinstimmen.

2 Allgemeines

Dieses AD 2000-Merkblatt ist nur im Zusammenhang mit AD 2000-Merkblatt S 3/0 anzuwenden.
Die Konstruktion der Standzarge muss nach DIN 28 082 Teil 1 und Teil 2 oder in enger Anlehnung daran erfolgen. Auf das Vorhandensein von Besichtigungsöffnungen ist zu achten.

Ersatz für Ausgabe Oktober 2000; | = Änderungen gegenüber der vorangehenden Ausgabe

Die AD 2000-Merkblätter sind urheberrechtlich geschützt. Die Nutzungsrechte, insbesondere der Übersetzung, des Nachdrucks, der Entnahme von Abbildungen, die Wiedergabe auf fotomechanischem Wege sowie die Speicherung in Datenverarbeitungsanlagen, bleiben, auch bei auszugsweiser Verwertung, dem Urheber vorbehalten.

Die Gestaltung der Schweißnähte muss mit DIN EN 1708 vereinbar sein. Auf den Nachweis von Schweißnähten kann verzichtet werden, wenn die Schweißnahtdicke das 0,7-fache der Wanddicke der dünnsten der beteiligten Bleche aufweist und beidseitig geschweißt oder volltragend angeschlossen wird. Wenn ein Nachweis von Schweißnähten erforderlich wird, so kann dieser nach AD 2000-Merkblatt S 3/0 erfolgen.

Die Lasteinleitung in den Fußring muss gleichmäßig erfolgen; Spannungsspitzen sind zu vermeiden.

Nachzuweisen sind die vom Besteller gemäß AD 2000-Merkblatt S 3/0 Abschnitt 4.2 festgelegten Lastfälle. Dabei sind die zulässigen Berechnungsspannungen nach AD 2000-Merkblatt S 3/0 zu verwenden. Diese zulässigen Berechnungsspannungen und die Schnittgrößen sind abhängig vom jeweiligen Lastfall. Dies wird im Folgenden jedoch nicht durch entsprechende Indizes kenntlich gemacht, um die Zahl der Indizes zu begrenzen und damit die Übersicht zu verbessern.

3 Formelzeichen und Einheiten

Über die Festlegungen des AD 2000-Merkblattes B 0 hinaus gilt:

a	Hebelarm Exzentrizität (vgl. Bild 2)	in mm
b	Fußringbreite	in mm
e	ausgeführte Wanddicke abzüglich aller Wanddickenzuschläge $e = s_e - \Sigma c$, mit s_e nach AD 2000-Merkblatt B 0	in mm
f	lastfallabhängige zulässige Berechnungsspannung nach AD 2000-Merkblatt S 3/0	in N/mm²
F	auf Symmetrieachse bezogene Schnittkraft	in N
g	Überstand des Fußringes auf unverankerter Seite	in mm
h	Höhe des Tragringes (vgl. Bild 6)	in mm
i	Breite der Druckplatte bzw. des Gurtringes	in mm
k	Abstand zwischen Zarge und Lochkreis	in mm
l	Überstand des Fußrings auf der verankerten Seite	in mm
M	resultierendes Schnittmoment, auf Symmetrieachse bezogen	in Nmm
n	Anzahl Anker	—
$\bar{r}$	Ausschnittparameter	in rad
t	Abstand zwischen zwei Stegblechen	in mm
T	Abstand zwischen zwei Pratzen	in mm
W	Widerstandsmoment des Ringes nach Bild 1	in mm³
α	Spannungserhöhungsfaktor nach Anhang 1 des AD 2000-Merkblattes B 3	—
γ	Anschluss- bzw. Grenzwinkel	in °
ΔF	Behältermassenkraft unterhalb Schnitt 2 − 2	in N
ΔM	Momentenerhöhung inf. Schwerpunktänderung im Bereich des Ausschnittes	in Nmm
δ	halber Öffnungswinkel eines Ausschnittes (vgl. Bild 4)	in rad
ε	Verschiebung des Flächenschwerpunktes durch Ausschnitt	in mm
σ	Spannung	in N/mm²

Indizes

a	äußere, d. h. Symmetrieachse abgewandte Schalenoberfläche
b	Beton
b (hoch)	Biegeanteil
B	Behälter
D	Druckplatte bzw. Gurtring
F	Füllung
ges (hoch)	Gesamtspannung, d. h. Membran- und Biegeanteil
G	Gewichtanteil des Behälters inkl. An- und Einbauten, ohne Füllung
H	hydrostatische Säule
i	innere, d. h. Symmetrieachse zugewandte Schalenoberfläche
K	Ankerschraube-Kernquerschnitt
m (hoch)	Membrananteil
n	Nachweisort (mögl. Werte p und q), legt das Vorzeichen des Momentenanteils der Schnittkraft fest
o	Schalenoberfläche (mögl. Werte i und a)
p	Nachweisort, an dem der Momentenanteil mit pos. Vorzeichen in die Schnittkraft eingeht (d. h. windzugewandte Seite − luv)
P	Stegblech
q	Nachweisort, an dem der Momentenanteil mit neg. Vorzeichen in die Schnittkraft eingeht (d. h. windabgewandte Seite − lee)
R	Flansch- bzw. Fußring
S	Schnitt, an dem der Nachweis erfolgt (mögl. Werte 1 bis 5)
T	Tragring
t	Lochkreis Ankerschraube bzw. Bohrungsdurchmesser für Ankerschraube
Ü	Überdruck oder Unterdruck als negativer Überdruck (ohne Flüssigkeitsdruck)
Z	Standzarge
	auf unverschwächte Schale bezogen

4 Konstruktionsvarianten des Anschlussbereiches

Dieses AD 2000-Merkblatt erlaubt Nachweise im Bereich der Verbindung von Standzarge und drucktragender Schale für die im Folgenden beschriebenen Konstruktionsformen A, B und C.

4.1 Konstruktionsform A (Zargenanschluss über Tragring im Zylinderbereich)

Standzarge zylinderförmig oder konisch mit Neigungswinkel $\leq 7°$ zur Achse.

4.2 Konstruktionsform B (Zargenanschluss im Krempenbereich)

Standzarge zylinderförmig oder konisch mit Neigungswinkel $\leq 7°$ zur Achse und im Bereich $\gamma \min < \gamma \leq 20°$ direkt am Behälterboden angeschweißt.

Geltungsbereich:

$$0{,}5 \leq e_B / e_Z \leq 2{,}25$$

$\gamma \min$ ist begrenzt durch die Bedingung

$$D_Z - D_B < \min\{e_Z, e_B\}$$

AD 2000-Merkblatt S 3/1, Ausg. 09.2001 Seite 3

4.3 Konstruktionsform C (übergeschobene Standzarge)

Über den Behältermantel geschoben und direkt angeschweißte zylindrische Standzarge.

Es wird vorausgesetzt, dass beiderseits der Anschlussnaht jeweils im Bereich $3e_B$ keine Störungen durch Ausschnitte, angeschlossene Böden, Behälterrundnähte usw. vorhanden sind.

Auf die Gefahr von Spaltkorrosion ist zu achten.

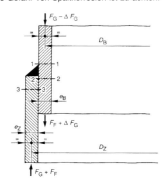

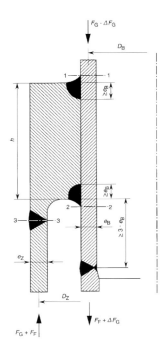

Bild 3. Konstruktionsform C – übergeschobene Standzarge (Schnittgrößen aus Massenkräften)

Bild 1. Konstruktionsform A – Zargenanschluss über Tragring im Zylinderbereich (Schnittgrößen aus Massenkräften)

5 Schnitte und Schnittgrößen

Die Schalenschnittgrößen F_S, H_S und M_S am jeweils behandelten Schnitt 1 bis 5 werden als Funktion der Kombination aller in diesem Lastfall zu betrachtenden Lasten ermittelt (vgl. Bild 4).

Bei abgestufter Wanddicke in der Zarge können weitere Nachweisschnitte notwendig werden.

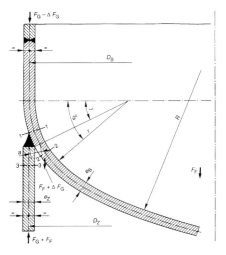

Bild 2. Konstruktionsform B – Zargenanschluss im Krempenbereich von Klöpper- und Korbbogenböden (Schnittgrößen aus Massenkräften)

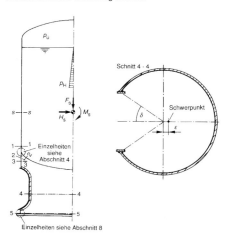

Bild 4. Prinzipskizze Standzarge – Schnitte und Schnittgrößen

S 3/1   642

6 Nachweise im Anschlussbereich
(Schnitte 1-1, 2-2, 3-3)

Im Anschlussbereich werden die in den Bildern 1 bis 3 festgelegten Schnitte 1 bis 3 nachgewiesen. Der Nachweis erfolgt differenziert für die Membranspannungen und die Gesamtspannungen, wobei jeweils nur die Längskomponenten berücksichtigt werden.

Die Schnittkraft F_Z in der Standzarge im Bereich des Anschlusses ergibt sich dann, abhängig von der Lage (n), d. h. ob das Moment die Lastkomponente verstärkt (q) oder abschwächt (p):

$$F_{Zn} = -F_1 - \Delta F_G - F_F \pm \frac{4 M_1}{D_Z} \qquad (n = p, q) \qquad (1)$$

Hierin ist F_1 die resultierende Normalkraft und M_1 das resultierende Moment aus äußeren Lasten im Schnitt 1-1 oberhalb der Verbindung zwischen drucktragender Schale und Standzarge.

6.1 Membranspannungsnachweise

Die Membranspannungsnachweise sind für die Konstruktionsformen A, B und C gleich. Die Membranspannungen am Nachweisort n lauten im Schnitt 1-1:

$$\sigma_{1n}^m = \frac{F_{Zn} + \Delta F_G + F_F}{\pi \cdot D_B \cdot e_B} + \frac{p_\text{Ü} \cdot D_B}{40 \cdot e_B} \qquad (n = p, q) \qquad (2)$$

Die Festigkeitsbedingung lautet:

$$\left| \sigma_{1n}^m \right| \leq f_B \qquad (n = p, q) \qquad (3)$$

Aus Formel (3) lässt sich durch Gleichsetzen mit Formel (2) eine zur Einhaltung dieser Festigkeitsbedingung rechnerisch erforderliche Wanddicke im Schnitt 1-1 nach Formel (3a) ermitteln:

$$e_{1n}^m = \frac{1}{f_B} \cdot \left(\frac{F_{Zn} + \Delta F_G + F_F}{\pi \cdot D_B} + \frac{p_\text{Ü} \cdot D_B}{40} \right) \qquad (3a)$$

Die Berechnung dieser Wanddicke ist für Konstruktionsform A erforderlich. Ist σ_{1n}^m eine Druckspannung, muss ein Stabilitätsnachweis unter Berücksichtigung von [2] nach [1] geführt werden. Dieser kann entfallen, wenn die Längsspannungskomponente kleiner ist als der 1,6-fache Wert der aus dem Lastfall Vakuum oder Teilvakuum resultierenden Meridian-Membran-Druckspannung und dieser Lastfall nach AD 2000-Merkblatt B 6 nachgewiesen wurde.

Dies gilt sinngemäß für andere Schnitte im zylindrischen Bereich der Schale.

Die Membranspannung im Schnitt 2-2 ist unabhängig vom Nachweisort

$$\sigma_2^m = \sigma_{2q}^m = \sigma_{2p}^m = \frac{F_F + \Delta F_G}{\pi \cdot D_B \cdot e_B} + \frac{p_\text{Ü} \cdot D_B}{40 \cdot e_B} \qquad (4)$$

Die Festigkeitsbedingung

$$\left| \sigma_2^m \right| \leq f_B \qquad (5)$$

ist einzuhalten.

Aus Formel (5) lässt sich durch Gleichsetzen mit Formel (4) eine zur Einhaltung dieser Festigkeitsbedingung rechnerisch erforderliche Wanddicke im Schnitt 2-2 nach Formel (5a) ermitteln:

$$e_2^m = \frac{1}{f_B} \cdot \left(\frac{\Delta F_G + F_F}{\pi \cdot D_B} + \frac{p_\text{Ü} \cdot D_B}{40} \right) \qquad (5a)$$

Die Berechnung dieser Wanddicke ist für Konstruktionsform A erforderlich.

Im Schnitt 3-3 der Standzarge erreichen die Membranspannungen am Nachweisort n den Wert

$$\sigma_{3n}^m = \frac{F_{Zn}}{\pi \cdot D_Z \cdot e_Z} \qquad (n = p, q) \qquad (6)$$

Die Festigkeitsbedingung

$$\left| \sigma_{3n}^m \right| \leq f_Z \qquad (n = p, q) \qquad (7)$$

muss erfüllt werden.

Aus Formel (7) lässt sich durch Gleichsetzen mit Formel (6) eine zur Einhaltung dieser Festigkeitsbedingung rechnerisch erforderliche Wanddicke im Schnitt 3-3 nach Formel (7a) ermitteln:

$$e_{3n}^m = \frac{1}{f_Z} \cdot \left(\frac{F_{Zn}}{\pi \cdot D_Z} \right) \qquad (7a)$$

Die Berechnung dieser Wanddicke ist für Konstruktionsform A erforderlich. Ist σ_{3n}^m eine Druckspannung, kann der dann erforderliche Stabilitätsnachweis auch hier unter Beachtung von [2] nach [1] geführt werden.

6.2 Biegespannungen

6.2.1 Konstruktionsform A (vgl. Bild 1)

Der Nachweis erfolgt in Anlehnung an DIN 2505.
Das lokale Biegemoment am Nachweisort n lautet:

$$M_n = \frac{D_Z - D_B}{2} \cdot F_{Zn} \qquad (n = p, q) \qquad (8)$$

Mit den nach den Formeln (3a), (5a) und (7a) ermittelten erforderlichen rechnerischen Wanddicken ergibt sich das Gesamtwiderstandsmoment des Tragrings am Nachweisort n zu

$$W_n = \frac{\pi}{4} \left[(D_B + e_Z - D_B - e_B) \cdot h^2 \right. \\
+ (2 e_B^2 - e_{1n}^{m2} - e_{2}^{m2}) \cdot D_B \\
\left. + 0,5 \, (e_Z^2 - e_{3n}^{m2}) \cdot D_Z \right] \qquad (n = p, q) \qquad (9)$$

Darin berücksichtigt der Faktor 0,5 im dritten Summanden die Art des Überganges von der Standzarge zum Anschlussring nach Bild 1.

Sind die zulässigen Beanspruchungen von Behälter (f_B) und/oder Standzarge (f_Z) geringer als die des Tragrings (f_T), so sind der zweite und/oder dritte Summand im Verhältnis f_B / f_T und/oder f_Z / f_T zu reduzieren.

6.2.2 Konstruktionsform B (vgl. Bild 2)

Die Exzentrizität a der Schalenmittellinien verursacht am Nachweisort n ein Biegemoment

$$M_n = a \cdot F_{Zn} \qquad (10)$$

mit $a = 1/2 \sqrt{e_B^2 + e_Z^2 + 2 e_B \cdot e_Z \cos \gamma}$

und $\cos \gamma = 1 - \dfrac{D_B + e_B - D_Z + e_Z}{2 \, (r + e_B)}$,

aus dem die entsprechenden Biegespannungsanteile in den Schnitten 1 bis 3

$$\sigma_{Sn}^b (a) = C \frac{6 M_n}{\pi \cdot D_B \cdot e_B^2} \qquad (S = 1, 2; n = p, q) \qquad (11)$$

und

$$\sigma_{3n}^b (a) = C \frac{6 M_n}{\pi \cdot D_Z \cdot e_Z^2} \qquad (n = p, q) \qquad (12)$$

folgen.

Der Korrekturfaktor C kann im Geltungsbereich

$$0,5 \leq \frac{e_B}{e_Z} \leq 2,25$$

näherungsweise mit

$$C = 0,63 - 0,057 \left(\frac{e_B}{e_Z} \right)^2$$

angesetzt werden.

Diese Abhängigkeit wurde aus numerischen Berechnungen mit der Methode der Finiten-Elemente ermittelt. Wegen der großen Anzahl der Parameter musste eine Vereinfachung vorgenommen werden, die unter Umständen zu einer beträchtlichen Überdimensionierung führen kann, z. B. bei Korbbogenböden.

Dieser Biegespannungskomponente überlagert sich im Bereich der Schnitte 1 und 2 ein durch den Innendruck (p) in der Krempe verursachter Biegespannungsanteil

$$\sigma_S^b(p) = \frac{(p_{\ddot{U}} + p_H) D_B}{40\, e_B} \left(\frac{\gamma}{\gamma_a} \alpha - 1 \right). \tag{13}$$

Für Klöpperböden ist $\gamma_a = 45°$, für Korbbogenböden $\gamma_a = 40°$ einzusetzen; die Formzahl α ist für die jeweilige Bodenform Anhang 1 zu AD 2000-Merkblatt B 3 zu entnehmen.

6.2.3 Konstruktionsform C (vgl. Bild 3)

Die Exzentrizität der Schalenmittellinien verursacht am Nachweisort n ein Biegemoment

$$M_n = \frac{D_Z - D_B}{2} \cdot F_{Zn} \qquad (n = p, q), \tag{14}$$

das in den Schnitten 1 und 2 die Biegespannungen

$$\sigma_{Sn}^b = \frac{3\, M_n}{\pi \cdot e_B^2 \cdot D_B} \qquad (S = 1, 2; n = p, q) \tag{15}$$

und im Schnitt 3 die Biegespannung

$$\sigma_{3n}^b = \frac{6\, M_n}{\pi \cdot e_Z^2 \cdot D_Z} \qquad (n = p, q) \tag{16}$$

zur Folge hat.

Druckverursachte Biegespannungen werden vernachlässigt, d. h. es gilt

$$\sigma_S^b(p) = 0 \qquad (S = 1, 2). \tag{17}$$

6.3 Gesamtspannungen und Festigkeitsbedingungen

6.3.1 Konstruktionsform A

An jedem Nachweisort n muss die Festigkeitsbedingung

$$\frac{|M_n|}{W_n} \leq f_T \qquad (n = p, q) \tag{18}$$

überprüft werden, wobei M_n nach Formel (8) und W_n nach Formel (9) zu bestimmen sind.

6.3.2 Konstruktionsformen B und C

Die Gesamtspannungen auf Innen- (i) bzw. Außenfaser (a) am Nachweisort n lauten im Schnitt 1-1

$$\sigma_{1ni}^{ges} = \sigma_{1n}^m - \sigma_{1n}^b(a) + \sigma_1^b(p) \tag{19i}$$

$$\sigma_{1na}^{ges} = \sigma_{1n}^m + \sigma_{1n}^b(a) - \sigma_1^b(p) \tag{19a}$$

$$(n = p, q)$$

mit den Einzelkomponenten der Abschnitte 6.1 und 6.2.2 bzw. 6.1 und 6.2.3 für die Konstruktionsformen B bzw. C. Entsprechend ergeben sich die Gesamtspannungen im Schnitt 2-2

$$\sigma_{2ni}^{ges} = \sigma_2^m + \sigma_{2n}^b(a) + \sigma_2^b(p) \tag{20i}$$

$$\sigma_{2na}^{ges} = \sigma_2^m - \sigma_{2n}^b(a) - \sigma_2^b(p) \tag{20a}$$

$$(n = p, q)$$

und im Schnitt 3-3

$$\sigma_{3ni}^{ges} = \sigma_{3n}^m - \sigma_{3n}^b \tag{21i}$$

$$\sigma_{3na}^{ges} = \sigma_3^m + \sigma_{3n}^b \qquad (n = p, q). \tag{21a}$$

Die Festigkeitsbedingung lautet bei zähem Werkstoffverhalten:

$$\sigma_{Sno}^{ges} \leq f_s \cdot \left[3 - 1{,}5 \cdot \left(\frac{\sigma_{Sn}^m}{K} \right)^2 \right] \tag{22}$$

$$(S = 1, 2, 3; n = p, q; o = i, a)$$

Sie ist für alle Gesamtspannungen nach Formel (19) bis (21) einzuhalten.

7 Nachweis der Standzarge (Schnitt 4-4)

Im Schnitt 4-4, dem Querschnitt mit der maximalen Beanspruchung aufgrund max. Schnittgröße und/oder der max. Verschwächung, müssen die Restfläche A_4 und das Widerstandsmoment W_4 des Restquerschnittes bestimmt werden. Mit den im Bereich dieses Schnittes vorliegenden Schnittgrößen F_4 und M_4 und dem spannungserhöhenden Moment $\Delta M_4 = \varepsilon F_4$ aus der Verschiebung des Schwerpunktes ergibt sich die Spannung im Bereich des Ausschnittes

$$\sigma_{4n}^m = \pm \frac{M_4 + \Delta M_4}{W_4} - \frac{F_4}{A_4} \qquad (n = p, q). \tag{23}$$

Die Festigkeitsbedingung

$$|\sigma_{4n}^m| \leq f_Z \tag{24}$$

muss erfüllt werden.

Vereinfachend und sicher kann der Festigkeitsnachweis bei rohrförmig oder nicht versteiften Ausschnitten mit den Querschnittswerten A'_4 und W'_4 der unverschwächten Schale geführt werden, wenn die daraus folgenden Spannungen mit dem aus AD 2000-Merkblatt B 9 für den Kugelstutzen abgeleiteten Verschwächungsbeiwert v_A korrigiert werden. D. h. es muss dann gelten:

$$\left| \sigma_{4n}^m \right| = \left| \left(\pm \frac{M_4}{W'_4} - \frac{F_4}{A'_4} \right) \frac{1}{v_A} \right| \leq f_Z \qquad (n = p, q). \tag{25}$$

Ist σ_{4n}^m eine Druckspannung, muss ein Stabilitätsnachweis geführt werden. Wird dieser Nachweis nach [3] geführt, so ist die dabei verwendete zulässige Berechnungsspannung f um 20 % zu verringern.

Vereinfachend kann ein Nachweis nach [3] entfallen, wenn der Ausschnittrand gegen radiale Verformung stutzenartig versteift ist und entweder

a) der Öffnungsparameter auf

$$\bar{r} = \delta \sqrt{\frac{D_Z}{2\, e_Z}} \leq 2 \tag{26}$$

beschränkt bleibt, oder

b) bei Ausschnitten mit $\delta \leq 0{,}8$ (d. h. einem Öffnungswinkel $\leq 90°$) eine zusätzliche Sicherheit von 2 gegenüber der zulässigen Berechnungsspannung f besteht, wobei der Nachweis nach [1] mit den Querschnittswerten des unverschwächten Querschnittes zu führen ist.

8 Nachweis der Gleit- und Kippsicherheit (Schnitt 5-5)

Mit den im Schnitt 5-5 vorhandenen Schnittgrößen wird der Nachweis für die Bauteile der Zarge geführt.

8.1 Nachweis gegen Gleiten

Der Nachweis gegen Gleiten kann nach DIN 18 800 Teil 1 geführt werden. Kritisch sind Lastfälle mit einem hohen Verhältnis von Horizontal- zu Vertikallast.

8.2 Ankerschrauben

Kritisch sind Lastfälle, die Zugspannungen im Anker verursachen; i. d. R. ist der Lastfall entscheidend, der aus minimalem Gewicht und höchster Zugkraft aus dem Moment (Nachweisort p, i. d. R. luvseitig) resultiert. Die Kraft pro Ankerschraube beträgt:

$$F_{Kp} = \frac{1}{n}\left(\frac{4 M_5}{D_t} - 0{,}9 F_5\right) \qquad (27)$$

Eine Verankerung zur Sicherheit gegen Kippen ist notwendig für $F_{Kp} > 0$.
Die Dimensionierung der Ankerschrauben erfolgt nach AD 2000-Merkblatt S 3/0.
In Ausnahmefällen ist die Vorspannkraft der Ankerschraube höher als die betriebsmäßige Belastung. In diesen Fällen ist in den Formeln (33) bis (35) für F_{Kp} die Vorspannkraft einzusetzen.
Für die Werkstoffe St 37 und St 52 können die zulässigen Ankerschraubenkräfte auch DIN 28 082 Teil 2 entnommen werden.

8.3 Lasteinleitung im Fußring

Für Beanspruchungsfälle mit geringem Kippmoment genügt eine konstruktive Auslegung mit einfachem Fußring, die an DIN 28 082 Teil 1 orientiert sein muss. Der Nachweis dafür kann nach Abschnitt 8.3.1 erfolgen.
Bei höheren Kippmomenten sollte eine Konstruktion entsprechend DIN 28 082 Teil 2 gewährleistet werden. Der Nachweis dafür kann nach Abschnitt 8.3.2 geführt werden.

8.3.1 Einfacher Fußring

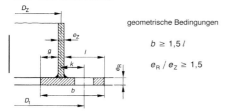

geometrische Bedingungen

$b \geq 1{,}5\, l$

$e_R / e_Z \geq 1{,}5$

Bild 5. Einfacher Fußring für geringe Momentenbelastung

Die maximale Betonpressung beträgt

$$\sigma_b = \sigma_{bq}^m = \frac{1}{\pi \cdot D_Z \cdot b}\left(-\frac{4 M_5}{D_Z} - F_5\right). \qquad (28)$$

Die Fußringdicke muss folgenden Bedingungen genügen:

$$e_R \begin{cases} \geq l\sqrt{\dfrac{3\cdot|\sigma_b|}{f_R}} & \text{und} \qquad (29) \\[2mm] \geq \sqrt{\dfrac{3\, n \cdot F_{Kp}(1 - D_Z/D_t)}{\pi \cdot f_R}} & \text{für } n \geq \dfrac{\pi\, D_t}{2k + d_t} \qquad (30) \end{cases}$$

$$\geq \sqrt{\frac{n \cdot F_{Kp}\cdot(k + e_Z/2)}{b \cdot f_R}} \quad \text{für } n < \frac{\pi\, D_t}{2k + d_t} \qquad (31)$$

worin σ_b Formel (28) und F_{Kp} Formel (27) zu entnehmen sind.

8.3.2 Fußring mit Pratzen oder Doppelring mit Stegen

Mit der maximalen Betonpressung σ_b aus Formel (28) ergibt sich für $T/l \leq 3$ die notwendige Fußringdicke e_R aus

$$e_R \geq l\sqrt{\frac{K \cdot |\sigma_b|}{f_R}} \qquad (32)$$

mit $K = 1{,}145 \cdot T/l - 0{,}5$.
Für $T/l > 3$ erfolgt der Nachweis nach Formel (29).
Die Stegblechdicke e_P muss folgender Bedingung genügen:

$$e_P \geq 0{,}5\, \frac{F_{Kp}}{l \cdot f_p} \qquad (33)$$

Außer dem Spannungsnachweis nach Gleichung (33) ist, sofern erforderlich, für die Dicke der Stegbleche e_P ein Stabilitätsnachweis in Anlehnung an AD 2000-Merkblatt S 3/4 Abschnitt 7.3 zu führen.
Die Druckplatten- bzw. Gurtringdicke e_D beträgt

$$e_D \begin{cases} \geq \dfrac{2\sqrt{3}\cdot F_{Kp}}{\pi \cdot d_t \cdot f_D} & (34) \\[2mm] \geq 0{,}72\sqrt{\bigl([F_{Kp}\cdot t]\bigr) / \bigl[(i - d_t)\, f_D\bigr]} & (35) \end{cases}$$

mit $e_D \leq 3\, e_P$

Der Einfluss des Versatzmomentes aus $F_{Kp} \cdot k$ auf die Standzarge ist nachzuweisen. Dies kann bei Pratzen z. B. in Anlehnung an AD 2000-Merkblatt S 3/4 Abschnitt 7.3 [6] erfolgen (mit $a_P = k - e_Z/2$; $N_F = F_{Kp}$). Die konstruktive Ausführung der Pratzenkonstruktion entscheidet dabei über das Nachweisformat. Der Doppelring mit Stegen kann z. B. durch einen entsprechenden Ringträger unter n Radiallasten R_i nach [4] oder [5] nachgewiesen werden; mit $R_i = F_{Kp} \cdot k/[h - 0{,}5 \cdot (e_D + e_R)]$.

9 Schrifttum

[1] Deutscher Ausschuss für Stahlbau: Beulsicherheitsnachweise für Schalen. DASt-Richtlinie 013, Juli 1980.
[2] Hinweise auf die Schalenbeulrichtlinie: Mitteilungen des IfBt **4** (1981), S.116.
[3] *Knödel, P.*, u. *U. Schulz*: Zur Stabilität von Schornsteinen mit Fuchsöffnungen. Stahlbau **57** (1988), H.1, S.13–21.
[4] *Petersen, Chr.*: Stahlbau. Verlag Friedrich Vieweg & Sohn, Braunschweig 1988.
[5] Stahlbau Handbuch Band 2. Stahlbau Verlagsgesellschaft, Köln 1985.
[6] Richtlinienkatalog Festigkeit RKF, Teil 2, BR-A 61-Tragpratzen, 3. Auflage 1979, Linde KCA-Dresden GmbH.

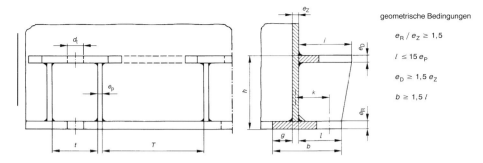

Bild 6. Fußringkonstruktion für hohe Momentenbelastung

geometrische Bedingungen

$e_R / e_Z \geq 1{,}5$

$l \leq 15\, e_P$

$e_D \geq 1{,}5\, e_Z$

$b \geq 1{,}5\, l$

ICS 23.020.30 Ausgabe Februar 2004

Sonderfälle	Allgemeiner Standsicherheitsnachweis für Druckbehälter Nachweis für liegende Behälter auf Sätteln	AD 2000-Merkblatt S 3/2

Die AD 2000-Merkblätter werden von den in der „Arbeitsgemeinschaft Druckbehälter" (AD) zusammenarbeitenden, nachstehend genannten sieben Verbänden aufgestellt. Aufbau und Anwendung des AD 2000-Regelwerkes sowie die Verfahrensrichtlinien regelt das AD 2000-Merkblatt G1.

Die AD 2000-Merkblätter enthalten sicherheitstechnische Anforderungen, die für normale Betriebsverhältnisse zu stellen sind. Sind über das normale Maß hinausgehende Beanspruchungen beim Betrieb der Druckbehälter zu erwarten, so ist diesen durch Erfüllung besonderer Anforderungen Rechnung zu tragen.

Wird von den Forderungen dieses AD 2000-Merkblattes abgewichen, muss nachweisbar sein, dass der sicherheitstechnische Maßstab dieses Regelwerkes auf andere Weise eingehalten ist, z.B. durch Werkstoffprüfungen, Versuche, Spannungsanalyse, Betriebserfahrungen.

    Fachverband Dampfkessel-, Behälter- und Rohrleitungsbau e.V. (FDBR), Düsseldorf
    Hauptverband der gewerblichen Berufsgenossenschaften e.V., Sankt Augustin
    Verband der Chemischen Industrie e.V. (VCI), Frankfurt/Main
    Verband Deutscher Maschinen- und Anlagenbau e.V. (VDMA), Fachgemeinschaft Verfahrenstechnische Maschinen und Apparate, Frankfurt/Main
    Stahlinstitut VDEh, Düsseldorf
    VGB PowerTech e.V., Essen
    Verband der Technischen Überwachungs-Vereine e.V. (VdTÜV), Berlin

Die AD 2000-Merkblätter werden durch die Verbände laufend dem Fortschritt der Technik angepasst. Anregungen hierzu sind zu richten an den Herausgeber:

Verband der Technischen Überwachungs-Vereine e.V., Postfach 10 38 34, 45038 Essen.

Inhalt

0 Präambel
1 Geltungsbereich
2 Allgemeines
3 Formelzeichen, Einheiten und Skizzen
4 Nachweis im Zylinder (global)
5 Nachweis des Zylinders im Sattelbereich
6 Nachweis des Sattels
7 Schrifttum
8 Diagramme

0 Präambel

Zur Erfüllung der grundlegenden Sicherheitsanforderungen der Druckgeräte-Richtlinie kann das AD 2000-Regelwerk angewandt werden, vornehmlich für die Konformitätsbewertung nach den Modulen „G" und „B + F".

Das AD 2000-Regelwerk folgt einem in sich geschlossenen Auslegungskonzept. Die Anwendung anderer technischer Regeln nach dem Stand der Technik zur Lösung von Teilproblemen setzt die Beachtung des Gesamtkonzeptes voraus.

Bei anderen Modulen der Druckgeräte-Richtlinie oder für andere Rechtsgebiete kann das AD 2000-Regelwerk sinngemäß angewandt werden. Die Prüfzuständigkeit richtet sich nach den Vorgaben des jeweiligen Rechtsgebietes.

1 Geltungsbereich

1.1 Dieses AD 2000-Merkblatt dient der Erstellung von Festigkeitsnachweisen zu liegenden Behältern auf Sätteln
– Berechnung der örtlichen Beanspruchung in der Behälterwandung im Bereich der Auflagersättel,
– Nachweis des Behälters als Balkenträger,
– Tragfähigkeitsnachweis des Sattels.

1.2 Der Nachweis der örtlichen Beanspruchung im Bereich der Auflagersättel ist insbesondere notwendig bei Behältern
– mit $e/D < 0{,}005$,
– aus Nichteisenmetallen,
– großer Schlankheit,
– mit großen Zusatzgewichten,
– mit hoher Ausnutzung der Behälterwand durch Innendruck,
– mit Umschlingungswinkeln der Sättel von weniger als 120°
oder bei Unterdruck.

1.3 Der Nachweis des Behälters als Balkenträger ist im Feldbereich zwischen den Sätteln nur dann notwendig, wenn $M_{Feld} > M_{Stütze}$.
Bezüglich der konstruktiven Ausführung der Sättel wird auf [4] hingewiesen.

1.4 Dieses AD 2000-Merkblatt gilt nur unter Berücksichtigung der AD 2000-Merkblätter B 0 und S 3/0. Es gilt nicht bei übereinander angeordneten, liegenden Behältern mit Zwischensätteln. Hierzu sind gesonderte Nachweise erforderlich, z. B. nach [2].

Ersatz für Ausgabe Januar 2003; | = Änderungen gegenüber der vorangehenden Ausgabe

Die AD 2000-Merkblätter sind urheberrechtlich geschützt. Die Nutzungsrechte, insbesondere der Übersetzung, des Nachdrucks, der Entnahme von Abbildungen, die Wiedergabe auf fotomechanischem Wege sowie die Speicherung in Datenverarbeitungsanlagen, bleiben, auch bei auszugsweiser Verwertung, dem Urheber vorbehalten.

1.5 Für die Berechnung mit den Gleichungen dieses AD 2000-Merkblattes sollen die nachfolgenden Abmessungsbegrenzungen eingehalten werden.

$b_1 / D \leq 0{,}2$

$b_2 / b_1 \leq 3{,}0$

Bei größeren Abmessungsverhältnissen sind andere Nachweisverfahren erforderlich.

2 Allgemeines

2.1 Grundlage zur Bestimmung der zulässigen Sattelkräfte ist die Berechnung der lokalen Traglast eines aus der Schale herausgetrennten Balkens mit Rechteckquerschnitt nach [2] und [3]. Zu diesem Querschnitt wird die Biegegrenzspannung σ_{gr} bestimmt. Sie begrenzt die lokalen Biegespannungen in Abhängigkeit von den lokalen Membranspannungen und dem Auslastungsgrad durch globale Membranspannungen.

2.2 Die Bestimmung der Auflagerkräfte, der Querkräfte und der Momente erfolgt an einem Balken mit Kreisquerschnitt, der gelenkig über den Sätteln gelagert ist.

2.3 Für die Berechnung nach diesem AD 2000-Merkblatt gelten folgende Voraussetzungen:

2.3.1 Übergänge vom Sattellager zur Behälterwand (Stelle 3 in Bild 2) sollen weich ausgeführt sein, um Spannungsspitzen abzumindern. Das gilt besonders für unversteifte Zylinder mit $e/D < 0{,}005$. Bei steifen Sattelkonstruktionen – insbesondere am Sattelhorn (z. B. Betonsättel) – kann dieses AD 2000-Merkblatt nicht angewendet werden. In einem solchen Fall kann der Nachweis der örtlichen Beanspruchung z.B. nach [1] erfolgen.

2.3.2 In Sattellagernähe sollen Schweißnähte und Stutzen vermieden werden. Der Abstand von Verstärkungsblechnaht zur Stutzennaht muss $> 1{,}1\sqrt{D \cdot e}$ bzw. zur nächstliegenden Rundnaht und Lager oder zwischen Längsnaht und Sattelhorn mindestens $\sqrt{D \cdot e}$ betragen. Diese Bedingung gilt nicht für die Rundnaht von gewölbten Boden. Hier soll der Abstand von Verstärkungsblechnaht zur Bodenrundnaht $\geq 3 \cdot e_b$, jedoch mind. 50 mm betragen. Die Gestaltung der Schweißnähte muss mit DIN EN 1708 vereinbar sein.

2.3.3 Die nachfolgenden Berechnungsformeln gelten bei Einhaltung folgender Bedingungen:

$60° \leq \delta_1 \leq 180°$

$e/D \leq 0{,}05$

$\left. \begin{array}{l} e \leq e_v \leq 1{,}5\, e \\ b_3 \geq 0{,}1\, D \end{array} \right\}$ für Sattellager mit Verstärkungsblech

2.3.4 $f_v \geq f$ (siehe AD 2000-Merkblatt S 3/0 Abschnitt 2.8)

2.3.5 Die Dichten der Beschickungs- und Prüfmittel sind jeweils zu beachten.

2.3.6 Die Sattellager sind im Allgemeinen an den Behälter anzuschweißen. Werden die Sattellager aus bestimmten Gründen nicht mit dem Behälter verschweißt (Fertigung, Montage, große Temperaturdehnungen, unterschiedliche Werkstoffarten), ist sicherzustellen, dass der Behälter gleichmäßig auf dem Sattel aufliegt.

2.3.7 Sind Temperaturdehnungen in Längsrichtung zu erwarten, sind ein Sattel als Festlager, die anderen als Loslager auszuführen. In Achsrichtung „weiche" Sattellager dürfen als Festlager ausgeführt werden, wenn sie die entstehenden Dehnungen aufnehmen können.

3 Formelzeichen, Einheiten und Skizzen

3.1 Bezeichnungen

Über die Festlegungen der AD 2000-Merkblätter B 0 und S 3/0 hinaus oder abweichend von diesen gilt:

a_1	Kraglänge des Zylinders (Bild 2)	in mm
a_2	Abstand der neutralen Faser des Versteifungsringes zur Behälterwand siehe Tabelle 3	in mm
a_3	Kraglänge des Tanks (Bild 1)	in mm
b_1	Breite des Sattellagers (Bild 2)	in mm
b_2	Breite des Verstärkungsbleches (Bild 2)	in mm
b_3	Verstärkungsblechüberstand nach Bild 2	in mm
b_e	effektive Plattenbreite (Bild 6)	in mm
e_e	Ersatzwanddicke	in mm
e_{ef}	effektive Wanddicke nach Formel (11)	in mm
e_2	Dicke des Sattelbleches	in mm
f	zulässige Spannung in der Behälterwand nach AD 2000-Merkblatt S 3/0	in N/mm²
l_e	mittragende Länge der Zylinderwand nach Bild 2	in mm
l_2	Länge des Sattellagerblechs	in mm
n	Anzahl der Lager	–
p_f	zulässiger äußerer Überdruck	in bar
r	Radius zur neutralen Faser des Versteifungsringes	in mm
t	Dicke des mit der Schale verschweißten Versteifungsringes (Bild 2)	in mm
D	Innendurchmesser der Zylinderschale	in mm
F_e	Ersatz-Axialkraft aus den örtlichen Membranspannungen am Lager i nach Formel (6)	in N
F_i	vorhandene Sattellast im Lager i	in N
F_N	zulässige Axialkraft aus Stabilität	in N
G	Gesamtgewicht je Lastfall	in N
K_1 bis K_{14}	Beiwerte	–
L	Zylinderlänge einschließlich h_1	in mm
M_i	vorhandenes Moment über Lager i	in Nmm
Q_i	vorhandene Querkraft über Lager i	in N
W	Widerstandsmoment	in mm³
β	Beiwert für die Lagerbreite	in rad
δ_1	Umschlingungswinkel des Sattellagers	in °
δ_2	Umschlingungswinkel des Sattelblechs	in °
φ	Stabilitätsbeiwert für Plattenbeulung nach Formel (19)	–
ω	Beiwert zur Bestimmung von F_i nach Bild 9	–
ϑ_1	Verhältnis der lokalen Membranspannungen zu den lokalen Biegespannungen	–
$\vartheta_{2,i}$	Auslastungsgrad der Schale durch globale Membranspannungen an Stelle i	–
ε	Dehnungskennzahl	–
γ	Beiwert für den Bodenabstand	–
σ_{mx}	globale Membranspannung aus Biegung in Längsrichtung	in N/mm²
σ_{gr}	Biegegrenzspannung	in N/mm²
ψ	Teilumschließungswinkel nach Bild 8	in °

Indizes

b Behälterboden
p plastisch
r Versteifungsring

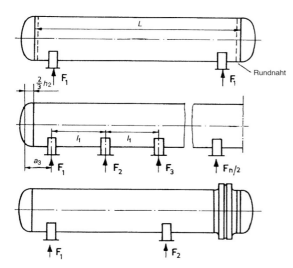

A Behälter symmetrisch auf 2 Sattellagern

B Behälter symmetrisch auf 3 oder mehr Sattellagern

C (Beispiel) Behälter beliebig gelagert (außer A und B)

Bild 1. Lagerungsarten

s Sattel
v Verstärkungsblech
A Schnitt A–A

3.2 Skizzen

Die nachfolgenden Bilder sind nur Prinzipskizzen zur Verdeutlichung der für die Berechnung erforderlichen Maßangaben.

4 Nachweis im Zylinder (global)

4.1 Überschlägiger Tragfähigkeitsnachweis

Für Behälter auf zwei Sattellagern nach Lagerungsart A in Bild 1 können die Nachweise nach den Abschnitten 4.2 bis 5 entfallen, wenn die folgenden Bedingungen erfüllt sind:

$L \leq L_{max}$ (siehe Bild 3)
$p \geq 0$
$f \geq 130 \text{ N/mm}^2$
$a_1 \leq 0{,}5 D$
$b_1 \geq 1{,}1 \sqrt{D \cdot e}$
$v \geq 0{,}8$
$b_2 \geq K_{11} \cdot D + 1{,}5 b_1$ ⎫ für Sattellager mit
$e_v \geq e$ ⎭ Verstärkungsplatte
Füllgutdichte $\leq 1000 \text{ kg/m}^3$

K_{11} siehe Abschnitt 5.2.2.1

4.2 Vorhandene Schnittgrößen

Die vorhandenen Auflagerkräfte F_i, Stützmomente M_i und Querkräfte Q_i über den Sätteln sowie die Feldmomente zwischen den Lagern werden an einem Balken mit Kreisquerschnitt ermittelt (siehe Bild 4). Dies kann mit den nachfolgenden Näherungslösungen und/oder mit den Regeln der Statik erfolgen.

Als Belastung ergibt sich

$$q = \frac{G}{L + \frac{4}{3} \cdot h_2}$$

$$M_0 = \frac{q \cdot D^2}{16}$$

4.2.1 Auflagerkräfte

Für Lagerungsart A und B (siehe Bild 1):

$$F_i = \frac{\omega_1 \cdot G}{n}$$

$\omega_i = \begin{cases} 1{,}0 \text{ für } n = 2 \\ \text{nach Bild 9 für } 3 \leq n \leq 8 \end{cases}$

Für Lagerungsart C sind die Auflagerkräfte nach den Regeln der Statik zu bestimmen.

4.2.2 Momente und Querkräfte

Die Momente sind über den Lagern sowie im Feldbereich zwischen den Lagern zu bestimmen.

Lagerungsart A:
Stützmoment

$$M_1 = M_2 = \frac{q \cdot a_3^2}{2} - M_0$$

Querkraft

$$Q_i = \frac{(L - 2 a_1)}{(L + \frac{4}{3} \cdot h_2)} \cdot F_i$$

Feldmoment

$$M = M_0 + F_1 \cdot \left(\frac{L}{2} - a_1\right) - \frac{q}{2} \cdot \left(\frac{L}{2} + \frac{2}{3} h_2\right)^2$$

Lagerungsart B:

Stützmoment

$$M_i = \begin{cases} \max\left\{q \cdot l_i^2/8;\ q \cdot a_3^2/2 - M_0\right\} & i = 1, n \\ q \cdot l_i^2/8 & i = 2 \ldots n - 1 \end{cases}$$

Querkraft

$Q_i \approx F_i/2$

Feldmoment nicht maßgebend

Lagerungsart C:

Die Ermittlung der Stützmomente, Querkräfte und Feldmomente erfolgt nach den Regeln der Statik.

4.3 Nachweis im Feldbereich

Die folgenden Nachweise zwischen den Lagern im Feldbereich des Behälters sind nur erforderlich, wenn $|M_{Feld}| > |M_{Stütze}|$.

4.3.1 Behälter mit und ohne Überdruck

Festigkeitsnachweis

$$\frac{p \cdot D}{40 \cdot e \cdot v} + \frac{4 \cdot |M_{Feld}| \cdot K_{14}}{\pi \cdot D^2 \cdot e \cdot v} \leq f \qquad (1)$$

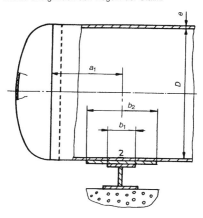
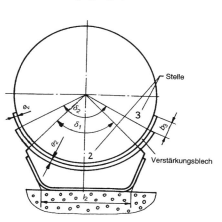

a) Lagerbereich: Unversteifte Zylinderschale
(gezeichnet mit Verstärkungsblech, gültig auch ohne Verstärkungsblech)

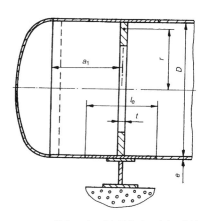
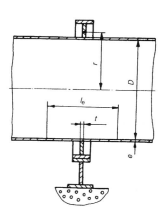

b) Lagerbereich: Zylinderschale mit Versteifungsringen

Bild 2. Sattelausführungen

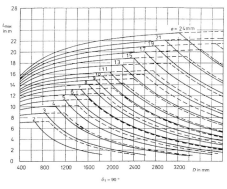 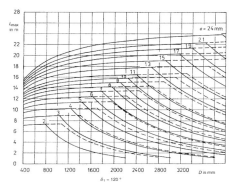

——— Behälter ohne Verstärkungsblech
— — — Behälter mit Verstärkungsblech

Bild 3. L_{max} für Behälter auf zwei Sätteln

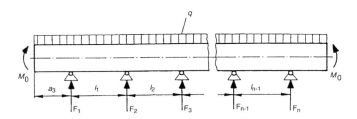

Bild 4. Berechnungsmodell

$v \leq 1$ falls Rundnaht an der Nachweisstelle ist
bzw.
$v_A \leq v \leq 1$ nach AD 2000-Merkblatt B 9, wenn Ausschnitt an der Nachweisstelle ist
K_{14} siehe Abschnitt 8

Der Stabilitätsnachweis für die Druckzone ist nach [5] oder [6] mit $p = 0$ zu führen.

4.3.2 Behälter mit äußerem Überdruck

Es erfolgt nur der Stabilitätsnachweis in der Druckzone des Behälters nach [5] oder [6] unter zusammengesetzter Beanspruchung.

5 Nachweis des Zylinders im Sattelbereich

Es ist nachzuweisen, dass
$F_i \leq \min \{zul\ F_2;\ zul\ F_3\}$
mit
zul F_2 zulässige Auflagerkraft aus der Beanspruchung in Längsrichtung (Stelle 2 in Bild 2) nach Formel (3)
zul F_3 zulässige Auflagerkraft aus der Beanspruchung in Umfangsrichtung (Stelle 3 in Bild 2) nach Formel (4)

Zur Ermittlung der zul F_i ist die Berechnung der folgenden Parameter erforderlich:

5.1 Biegegrenzspannung

Die Biegegrenzspannung σ_{gr} ist nach Formel (2) zu berechnen:

$$\sigma_{gr} = \frac{K_1 \cdot f \cdot S}{K_2} \qquad (2)$$

$K_2 = \begin{cases} 1{,}2 \text{ für Betriebszustand mit } S = 1{,}5 \\ 1{,}0 \text{ für Prüf- und Montagezustand mit } S' = 1{,}1 \end{cases}$

$K_1 =$ Beiwert in Abhängigkeit von ϑ_1 und ϑ_2 nach Abschnitt 5.2.1.1

$K_1 = \begin{cases} \text{mit } K_1 \geq 0 \text{ für } |\vartheta_1| \neq 0: \\ \left(\frac{1 + 3\vartheta_1 \cdot \vartheta_2}{3\vartheta_1^2}\right)\left(\pm\sqrt{\frac{9\vartheta_1^2(1-\vartheta_2^2)}{(1+3\vartheta_1 \cdot \vartheta_2)^2} + 1} - 1\right) \\ \text{für } \vartheta_1 = 0: \\ 1{,}5\left(1 - \vartheta_2^2\right) \end{cases}$

Tafel 1. ϑ_1, $\vartheta_{2,1}$ und $\vartheta_{2,2}$-Werte zur Ermittlung von $\sigma_{gr,2}$ und $\sigma_{gr,3}$ in Abhängigkeit von K_1 und K_2

Stelle	ϑ_1	$\vartheta_{2,1}$	$\vartheta_{2,2}$
2	$-\dfrac{0{,}23 \cdot K_6 \cdot K_8}{K_5 \cdot K_3}$	$-\sigma_{mx} \cdot \dfrac{K_2}{S \cdot f}$	$\left(\dfrac{p \cdot D}{40\,e} - \sigma_{mx}\right) \cdot \dfrac{K_2}{S \cdot f}$
3	$-\dfrac{0{,}53 \cdot K_4}{K_7 \cdot K_9 \cdot K_{10} \cdot \sin(0{,}5\,\delta_1)}$	0	$\dfrac{p \cdot D}{20\,e} \cdot \dfrac{K_2}{S \cdot f}$

K_2, S wie in Formel (2)
K_3, K_4, K_{10} Einfluss der Lagerbreite b_1
K_5, K_6, K_7 Einfluss des Umschlingungswinkels δ_1
K_8, K_9 Einfluss des Bodenabstands a_1

Wenn $\vartheta_2 < 0$, ist $\vartheta_2 = |\vartheta_2|$ zu setzen und das Vorzeichen von ϑ_1 umzukehren. Nachzurechnen sind jeweils der Betriebs- und der Prüfzustand, der drucklose Zustand mit Füllung sowie angegebene Montage- und Sonderzustände.

5.2 Tragfähigkeitsnachweis ohne Versteifungsringe

Die Tragfähigkeit ist an den Stellen 2 (Längsrichtung) und 3 (Umfangsrichtung) des Lagerbereichs nach Bild 2 zu ermitteln.

5.2.1 Zylinderschale ohne Verstärkungsblech

5.2.1.1 Festigkeitsnachweis

$$\text{zul } F_2 = 0{,}7 \cdot \sigma_{gr;2} \cdot \sqrt{D \cdot e} \cdot \dfrac{e}{K_3 \cdot K_5} \quad (3)$$

$$\text{zul } F_3 = 0{,}9 \cdot \sigma_{gr;3} \cdot \sqrt{D \cdot e} \cdot \dfrac{e}{K_7 \cdot K_9 \cdot K_{10}} \quad (4)$$

$\sigma_{gr;2}$ und $\sigma_{gr;3}$ $\begin{cases} \text{nach Formel (2) und Tafel 1.} \\ \text{Dabei ist } K_1 \text{ mit den Größen } \vartheta_1 \\ \text{und } \vartheta_2 \text{ nach Tafel 1 zu be-} \\ \text{rechnen. Es ist jeweils der Wert} \\ \text{für } \vartheta_2 \,(\vartheta_{2,1} \text{ bzw. } \vartheta_{2,2}) \text{ zu neh-} \\ \text{men, der das kleinste } \sigma_{gr} \text{ ergibt.} \end{cases}$

$$\sigma_{mx} = \left|\dfrac{4\,M_i}{\pi \cdot D^2 \cdot e}\right| \quad (5)$$

Beiwerte für
– den Bodenabstand

$$\gamma = 2{,}83 \cdot \dfrac{a_1}{D} \cdot \sqrt{\dfrac{e}{D}}$$

– die Lagerbreite

$$\beta = 0{,}91 \cdot \dfrac{b_1}{\sqrt{D \cdot e}}$$

$$K_3 = \max\left\{\dfrac{2{,}718282^{-\beta} \cdot \sin\beta}{\beta} \,;\, 0{,}25\right\}$$

$$K_4 = \dfrac{1 - 2{,}718282^{-\beta} \cdot \cos\beta}{\beta}$$

$$K_5 = \dfrac{1{,}15 - 0{,}1432\,\hat{\delta}_1}{\sin(0{,}5\,\delta_1)}$$

$$K_6 = \dfrac{\max\left\{1{,}7 - \dfrac{2{,}1\,\hat{\delta}_1}{\pi}\,;\, 0\right\}}{\sin(0{,}5\,\delta_1)}$$

$$K_7 = \dfrac{1{,}45 - 0{,}43\,\hat{\delta}_1}{\sin(0{,}5\,\delta_1)}$$

$$K_8 = \min\left\{1{,}0 \,;\, \dfrac{0{,}8\,\sqrt{\gamma} + 6\,\gamma}{\hat{\delta}_1}\right\}$$

$$K_9 = 1 - \dfrac{0{,}65}{1 + (6 \cdot \gamma)^2} \cdot \sqrt{\dfrac{\pi}{3\,\hat{\delta}_1}}$$

$$K_{10} = \dfrac{1}{1 + 0{,}6\,\sqrt[3]{\dfrac{D}{e}} \cdot \dfrac{b_1}{D} \cdot \hat{\delta}_1}$$

5.2.1.2 Stabilitätsnachweis

Mit Formel (6)

$$F_e = F_i \cdot \dfrac{\pi}{4} \cdot \sqrt{\dfrac{D}{e}} \cdot K_6 \cdot K_3 \quad (6)$$

ist nachzuweisen:

$$\dfrac{|p|}{p_f} + \dfrac{|M_i|}{\text{zul } M} + \dfrac{F_e}{F_N} + \left(\dfrac{|Q_i|}{\text{zul } Q}\right)^2 \leq 1 \quad (7)$$

Für $p > 0$ ist $p = 0$ zu setzen.
Dieser Interaktionsnachweis kann nach [2], [5] oder [6] geführt werden. Dabei ist nach [6] Abschnitt 2.2.4.1

$$\sum \sigma_x = \dfrac{4\,M_i}{\pi \cdot (D + e)^2\,e} + \dfrac{F_e}{\pi \cdot (D + e)\,e}$$

und $\gamma = \begin{cases} 1{,}5 & \text{Betriebsgewicht} \\ 1{,}3 & \text{Prüfzustand} \\ 1{,}15 & \text{Montage-, Sonderzustände} \end{cases}$

5.2.2 Zylinderschalen mit Verstärkungsblech

5.2.2.1 Vereinfachter Festigkeitsnachweis

Wenn die Bedingung

$$b_2 \geq K_{11} \cdot D + 1{,}5\,b_1$$

erfüllt ist, ist der Nachweis nach Formel (8) zu führen.

$$F_i \leq 1{,}5\,\min\left[\text{zul } F_2 \,;\, \text{zul } F_3\right] \quad (8)$$

zul F_2, zul F_3 nach Abschnitt 5.2.1.1.

$$K_{11} = \dfrac{5}{6 \cdot \sqrt[3]{\dfrac{D}{e}} \cdot \hat{\delta}_1}$$

Der Stabilitätsnachweis erfolgt nach Abschnitt 5.2.1.2, dabei darf die Dicke des Verstärkungsblechs nicht berücksichtigt werden.

5.2.2.2 Festigkeitsnachweis

Wenn die Bedingung nach Formel (8) nicht erfüllt ist, sind Nachweise nach Abschnitt 5.2.1.1 für zwei Fälle durchzuführen:

(1) Das Verstärkungsblech ist als Sattellager mit der Breite b_2 und dem Umschlingungswinkel δ_2 zu betrachten. In allen Formeln und Bildern ist b_1 durch b_2 und δ_1 durch δ_2 zu ersetzen. Als Wanddicke der Schale gilt e, die Dicke des Verstärkungsblechs bleibt unberücksichtigt.

(2) Das Verstärkungsblech ist als Verstärkung der Behälterwand zu betrachten. In allen Formeln und Bildern ist e durch die Ersatzwanddicke

$$e_e = e \cdot \sqrt{1 + \left(\frac{e_v}{e}\right)^2}$$

zu ersetzen.
Der Stabilitätsnachweis ist nach Abschnitt 5.2.1.2 zu führen, dabei darf die Verstärkungsblechdicke nicht berücksichtigt werden.

5.3 Tragfähigkeitsnachweis mit Versteifungsring

5.3.1 Nachweis der Behälterwand

5.3.1.1 Mit und ohne Überdruck

– Festigkeitsnachweis:

$$\frac{p \cdot D}{40\, e} + \sigma_{mx} \leq f \qquad (9)$$

σ_{mx} nach Abschnitt 5.2.1.1 Formel (5)
– Stabilitätsnachweis:
Nach Abschnitt 5.2.1.2 mit $p = 0$ und $F_e = 0$.

5.3.1.2 Mit Unterdruck

Der Nachweis erfolgt nach Abschnitt 5.2.1.2 mit $F_e = 0$

5.3.2 Nachweis des Versteifungsrings

Es ist nachzuweisen, dass

$$F_i \leq \frac{K_{12} \cdot M_p \cdot v}{0{,}5\, D \pm a_2} \qquad (10)$$

(+) Ringe außen angeordnet
(−) Ringe innen angeordnet
M_p zulässiges Biegemoment aus der Traglast nach Tafel 3 mit l_e nach Formel (12) und e_{ef} nach Formel (11)
K_{12} nach Tafel 2
v Nahtwertigkeit im Ringstoß

$$e_{ef} = e \cdot \left(1 - \frac{|p| \cdot D}{20 \cdot e \cdot f}\right) \cdot \frac{f}{f_r} \qquad (11)$$

$$l_e = \min\left\{t + 4\sqrt{D \cdot e}\,;\, A_r / e_{ef}\right\} \qquad (12)$$

mit A_r = Fläche des aufgeschweißten Ringes
mit $t = \{t, t_6, b_4\}$ aus Tafel 3, wobei für t die jeweils zutreffende Größe aus t, t_6 und b_4 einzusetzen ist.
Werden Profile verwendet, die nicht in Tafel 3 enthalten sind, ist M_p nach Formel (13) zu bestimmen.

$$M_p = W_p \cdot f_r \qquad (13)$$

W_p = plastisches Widerstandsmoment der Querschnittsfläche des Profils einschließlich der Fläche $l_e \cdot e_{ef}$. Die neutrale Achse zur Bestimmung von a_2 teilt die Gesamtfläche in zwei Teile gleicher Größe.

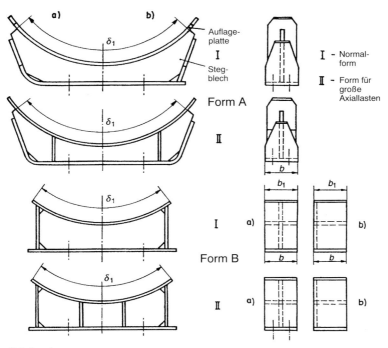

Bild 5. Sattellagerformen

Tafel 2. Beiwert K_{12}

δ_1	K_{12}	
60°	14	–
90°	21	20
120°	33	28
150°	56	50
180°	103	–

6 Nachweis des Sattels

Im Allgemeinen werden die zulässigen Kräfte von der Tragfähigkeit der Behälterwand bestimmt (s. Abschnitt 5). Die Formeln in Abschnitt 6 sind Näherungsformeln, die zu Ergebnissen führen, die auf der sicheren Seite liegen. Sie beziehen sich auf die Sattellagerformen A I; auf Besonderheiten der anderen Formen wird in den entsprechenden Abschnitten verwiesen.

6.1 Zulässige Sattelkräfte

Der Nachweis wird nach Formel (14) geführt.

$$F_i \leq \min \{zul\,F_4;\ zul\,F_5;\ zul\,F_6\} \quad (14)$$

zul F_4 Stabilität des Stegblechs nach Formel (15)
zul F_5 Biegung des Sattels nach Formel (16)
zul F_6 Biegung des Sattelblechs nach Formel (17)

Tafel 3. Querschnittswerte von Versteifungsringen

Querschnitt des Ringes	$a_2 \geq 0$	M_p
	$\dfrac{t \cdot h - l_e \cdot e_{ef}}{2\,t}$	$0{,}5 \cdot \left[t \cdot (h - a_2)^2 + t \cdot a_2^2 + (2a_2 + e_{ef}) \cdot l_e \cdot e_{ef} \right] \cdot f_r$
	$\dfrac{b_4 \cdot t_7 + h \cdot t_6 - l_e \cdot e_{ef}}{2\,t_6}$	$0{,}5 \cdot \left[t_6(h - a_2)^2 + t_6 a_2^2 + (2h - 2a_2 + t_7)b_4 \cdot t_7 + (2a_2 + e_{ef})l_e \cdot e_{ef} \right] \cdot f_r$
	$\dfrac{2 t_6 \cdot h + b_4 \cdot t_7 - l_e \cdot e_{ef}}{4\,t_6}$	$0{,}5 \cdot \left[2 t_6(h - a_2)^2 + 2 t_6 a_2^2 + (2h - 2a_2 + t_7)b_4 \cdot t_7 + (2a_2 + e_{ef})l_e \cdot e_{ef} \right] \cdot f_r$
	$\dfrac{h \cdot t_6 - l_e \cdot e_{ef}}{2\,t_6}$	$0{,}5 \cdot \left[t_6 \cdot (h - a_2)^2 + 2 \cdot t_7 (b_4 - t_6) \cdot (h - t_7) + a_2^2 \cdot t_6 + (2a_2 + e_{ef}) \cdot l_e \cdot e_{ef} \right] \cdot f_r$

6.1.3 Biegung im Sattelblech

$$\text{zul } F_6 = \max \begin{cases} \dfrac{1{,}4\, f_s \cdot D \cdot e_2^2 \cdot \sin(0{,}5\, \delta_2)}{b_1} \\ 2\, f_s \cdot b_1 \cdot e_2 \cdot \sin(0{,}5\, \delta_2) \end{cases} \quad (17)$$

1. Ausdruck: Biegung eines Plattenstreifens
2. Ausdruck: Zugspannung der Schale

Ist $F_i > $ zul F_6, muss die Tragfähigkeit des Sattellagers noch nicht erreicht sein, da in diesem Fall durch Fließen des Sattelbleches eine Umlagerung der Kräfte direkt auf das Stegblech erfolgt. In Abschnitt 5 wird jedoch vorausgesetzt, dass $F_i \le $ zul F_6.

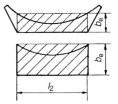

Bild 6.

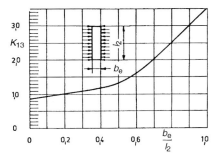

Bild 7. Beiwert K_{13}

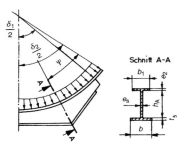

Bild 8. Biegung des Sattellagers

6.1.1 Stabilität des Stegblechs

Für die Lagerformen A II und B II kann der Nachweis entfallen.

$$\text{zul } F_4 = l_2 \cdot e_s \cdot f_s \cdot \varphi \quad (15)$$

$$\varphi = \dfrac{1}{\sqrt{1 + \left[\dfrac{0{,}15\, \varepsilon_s}{K_{13}} \left(\dfrac{b_e}{10\, e_s}\right)^2\right]^2}}$$

$$\varepsilon_s = \dfrac{f_s \cdot 10^3}{E_s}$$

6.1.2 Biegung des Sattellagers

Für Lagerform B kann der Nachweis entfallen.

$$\text{zul } F_5 = 4\, f_s \cdot |W_A| \dfrac{\sin(0{,}5\, \delta_1)}{D \cdot (1 - \cos \psi)} \quad (16)$$

W_A = minimales Widerstandsmoment in Schnitt A–A

7 Schrifttum

[1] British Standard 5500: „Specification for unfired fusion welded pressure vessels – Appendix A and G". British Standards Institution.

[2] Richtlinienkatalog Festigkeit RKF, Teil 3, BR B2: „Behälter auf Sattellagern", 3. Auflage 1981. Linde-KCA-Dresden GmbH.

[3] TGL 32903/17, Ausgabe Juni 1982: „Behälter und Apparate, Festigkeitsberechnung, Schalen bei Belastung durch Tragelemente".

[4] DIN 28080, Ausgabe Januar 1986: „Sättel für liegende Apparate".

[5] DIN 18800 Teil 1-4, November 1990: „Stahlbauten".

[6] DASt-Richtlinie 013, Ausgabe Juli 1980: „Beulsicherheitsnachweise für Schalen".

8 Diagramme

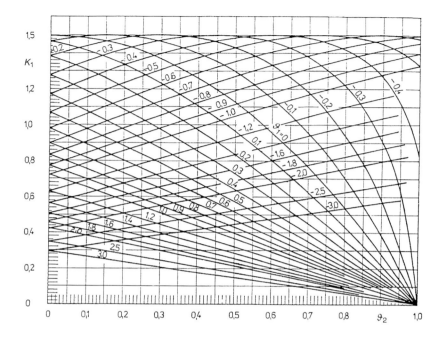

Beiwert K_1

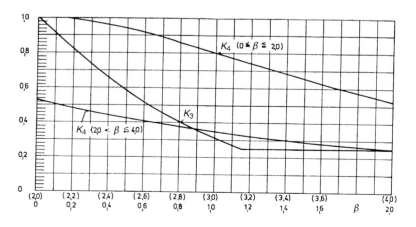

Beiwerte K_3, K_4

AD 2000-Merkblatt S 3/2, Ausg. 02.2004 Seite 11

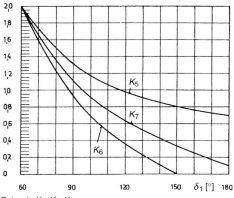
Beiwerte K_5, K_6, K_7

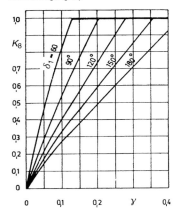
Beiwert K_8

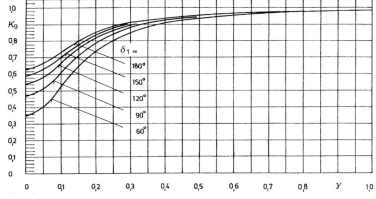
Beiwert K_9

S 3/2

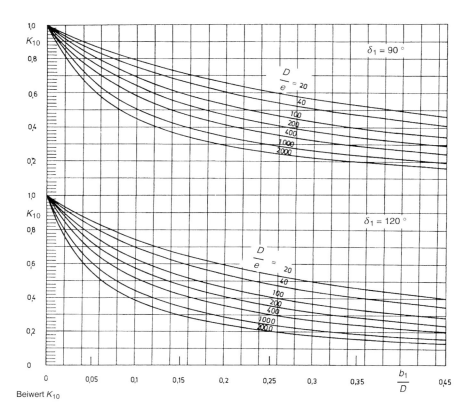

Beiwert K_{10}

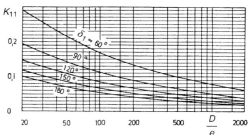

Beiwert K_{11}

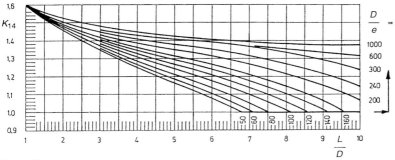

Beiwert K_{14}

$z = 1{,}6 - 0{,}20924\,(x-1) + 0{,}028702\,x\,(x-1) + 0{,}4795 \cdot 10^{-3}\,y\,(x-1) - 0{,}2391 \cdot 10^{-6}\,xy\,(x-1) -$

$0{,}29936 \cdot 10^{-2} \cdot (x-1)\,x^2 - 0{,}85692 \cdot 10^{-6}\,(x-1)\,y^2 + 0{,}88174 \cdot 10^{-6}\,x^2\,(x-1)\,y -$

$0{,}75955 \cdot 10^{-8}\,y^2\,(x-1)\,x + 0{,}82748 \cdot 10^{-4} \cdot (x-1)\,x^3 + 0{,}48168 \cdot 10^{-9}\,(x-1)\,y^3$

$y = \dfrac{D}{e} \quad x = \dfrac{L}{D} \quad K_{14} = \max\{z;\,1{,}0\}$

Gleichungen zur Bestimmung von K_{14}

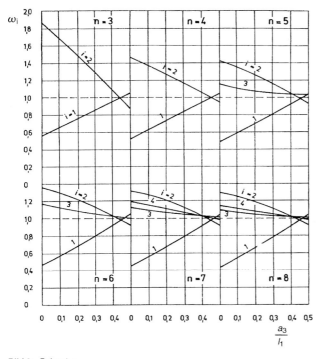

Bild 9. Beiwert ω_i

S 3/2

ICS 23.020.30　　　　　　　　　　　　　　　　　　　　　　　　　　　　　Ausgabe September 2001

Sonderfälle	Allgemeiner Standsicherheitsnachweis für Druckbehälter Behälter mit gewölbten Böden auf Füßen	AD 2000-Merkblatt S 3/3

Die AD 2000-Merkblätter werden von den in der „Arbeitsgemeinschaft Druckbehälter" (AD) zusammenarbeitenden, nachstehend genannten sieben Verbänden aufgestellt. Aufbau und Anwendung des AD 2000 – Regelwerkes sowie die Verfahrensrichtlinien regelt das AD 2000-Merkblatt G1.

Die AD 2000-Merkblätter enthalten sicherheitstechnische Anforderungen, die für normale Betriebsverhältnisse zu stellen sind. Sind über das normale Maß hinausgehende Beanspruchungen beim Betrieb der Druckbehälter zu erwarten, so ist diesen durch Erfüllung besonderer Anforderungen Rechnung zu tragen.

Wird von den Forderungen dieses AD 2000-Merkblattes abgewichen, muss nachweisbar sein, dass der sicherheitstechnische Maßstab dieses Regelwerkes auf andere Weise eingehalten ist, z. B. durch Werkstoffprüfungen, Versuche, Spannungsanalyse, Betriebserfahrungen.

    Fachverband Dampfkessel-, Behälter- und Rohrleitungsbau e.V. (FDBR), Düsseldorf
    Hauptverband der gewerblichen Berufsgenossenschaften e.V., Sankt Augustin
    Verband der Chemischen Industrie e.V. (VCI), Frankfurt/Main
    Verband Deutscher Maschinen- und Anlagenbau e.V. (VDMA), Fachgemeinschaft Verfahrenstechnische Maschinen und Apparate, Frankfurt/Main
    Verein Deutscher Eisenhüttenleute (VDEh), Düsseldorf
    VGB PowerTech e.V., Essen
    Verband der Technischen Überwachungs-Vereine e.V. (VdTÜV), Essen

Die AD 2000-Merkblätter werden durch die Verbände laufend dem Fortschritt der Technik angepasst. Anregungen hierzu sind zu richten an den Herausgeber:

Verband der Technischen Überwachungs-Vereine e.V., Postfach 10 38 34, 45038 Essen.

Inhalt

0 Präambel
1 Geltungsbereich
2 Allgemeines
3 Formelzeichen und Einheiten
4 Belastungen
5 Verbindung gewölbter Boden – Stützfüße
6 Stützfußkonstruktion
7 Schrifttum
Anhang 1: Formeln für die Schnittkräfte und -momente in einer Kugelschale

0 Präambel

Zur Erfüllung der grundlegenden Sicherheitsanforderungen der Druckgeräte-Richtlinie kann das AD 2000-Regelwerk angewandt werden, vornehmlich für die Konformitätsbewertung nach den Modulen „G" und „B + F".

Das AD 2000-Regelwerk folgt einem in sich geschlossenen Auslegungskonzept. Die Anwendung anderer technischer Regeln nach dem Stand der Technik zur Lösung von Teilproblemen setzt die Beachtung des Gesamtkonzeptes voraus.

Bei anderen Modulen der Druckgeräte-Richtlinie oder für andere Rechtsgebiete kann das AD 2000-Regelwerk sinngemäß angewandt werden. Die Prüfzuständigkeit richtet sich nach den Vorgaben des jeweiligen Rechtsgebietes.

1 Geltungsbereich

Dieses AD 2000-Merkblatt dient der Berechnung von gewölbten Druckbehälterböden, die durch rohrförmige, gleichmäßig auf einem Teilkreis $0,7 \leq d_F/D_a < 0,8$ an-

geordnete Behälterfüße (s. Bild 1a) örtlich beansprucht werden, sowie der Berechnung der Behälterfüße einschließlich der Fußplatten selbst.

Die Berechnung gilt bei vorstehenden Voraussetzungen innerhalb der Grenze $e/R_m > 0,003$, damit Stabilitätsversagen ausgeschlossen wird. Kräfte infolge Behälterneigung sind nicht berücksichtigt. Der Standsicherheitsnachweis für Boden und alle Bauteile der Fußkonstruktion muss für alle relevanten Lastfälle entsprechend AD 2000-Merkblatt S 3/0 Abschnitt 4.3 geführt werden. Als Bemessungskriterium für dünnwandige Kugelschalen mit lokaler Lasteinleitung wird ein vereinfachtes Traglastverfahren herangezogen.

2 Allgemeines

Dieses AD 2000-Merkblatt ist nur in Zusammenhang mit AD 2000-Merkblatt S 3/0 anzuwenden.

Die Auswahl der Fußabmessungen und die Anordnung der Füße sollen vorzugsweise nach DIN 28 081 erfolgen. Bei geringer Beanspruchung (s. Abschnitt 5.1) können Verstärkungsbleche am Boden entfallen.

Ersatz für Ausgabe Oktober 2000; | = Änderungen gegenüber der vorangehenden Ausgabe

Die AD 2000-Merkblätter sind urheberrechtlich geschützt. Die Nutzungsrechte, insbesondere die der Übersetzung, des Nachdrucks, der Entnahme von Abbildungen, die Wiedergabe auf fotomechanischem Wege und die Speicherung in Datenverarbeitungsanlagen, bleiben, auch bei auszugsweiser Verwertung, dem Urheber vorbehalten.

Behälterfüße im äußeren Krempenbereich von gewölbten Böden und am zylindrischen Mantel können nicht nach diesem AD 2000-Merkblatt berechnet werden. Sie sind nach anderen geeigneten Methoden (z. B. DIN 28 081 T. 4) zu bemessen.

Es ist sicherzustellen, dass eine gleichmäßige Auflagerung durch alle Füße gewährleistet ist (s. AD 2000-Merkblatt S 3/0 Abschnitt 4.4). Dies gilt insbesondere, wenn das Verhalten des Bodenwerkstoffes nicht zäh oder die Grenzdehnung z. B. wegen Beschichtung begrenzt ist.

Die schweißgerechte Gestaltung erfolgt in Anlehnung an DIN EN 1708.

N	hier: Schnittkraft	in N/mm bzw. N
R_m	hier: mittlerer Radius des Kalottenteils	in mm
U	Hilfswert	–
W	Biegewiderstandsmoment	in mm³
α	hier: Hilfswert	–

Indizes
b – Biegeanteil
d – Druckbelastung bezogen auf Stützfuß
h – horizontal
m – Membrananteil
x – in x-Richtung
y – in y-Richtung
z – Zugbelastung bezogen auf Stützfuß
B – Beton
F – Fuß
K – Ankerschraube
P – Fußplatte
V – Verstärkungsblech

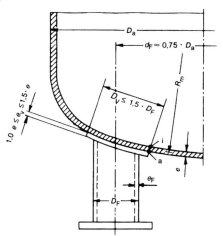

Bild 1a. Gewölbter Boden auf Füßen

3 Formelzeichen und Einheiten

Über die Festlegungen des AD 2000-Merkblattes B 0 hinaus gilt:

a	äußere, d. h. der Symmetrieachse abgewandte Schalenoberfläche (Bild 1a)	–
b	hier: Abstand der Ankerschrauben	in mm
e	Bodenwanddicke ohne Zuschläge	in mm
f	zulässige Beanspruchung (s. AD 2000-Merkblatt S 3/0)	in N/mm²
i	innere, d. h. der Symmetrieachse zugewandte Schalenoberfläche (Bild 1a)	–
l	Fußplattenlänge	in mm
m	hier: Exzentrizität	in mm
n_S	Anzahl der Schrauben je Fuß	–
q	hier: Hilfswert	–
r_0	Ersatzradius	in mm
ü	Überstand Fußplatte	in mm
z	hier: Traglastfaktor	–
A	Querschnittsfläche	in mm²
F_V	auf Symmetrieachse bezogene Kraft	in N
M	Schnittmoment	in Nmm bzw. Nmm/mm

4 Belastungen

Die vorhandene vertikale Gesamtkraft pro Fuß N_F errechnet sich in der Anschlussebene gewölbter Boden – Stützfuß aus allen Horizontal- und Vertikallasten entsprechend dem betrachteten Lastfall (s. Bild 1b) nach AD 2000-Merkblatt S3/0 Abschnitt 4.2.

Durch die horizontale Belastung F_F wird jeder Stützfuß zusätzlich auf Biegung beansprucht. Das daraus resultierende maximale Biegemoment in der Einspannstelle an der Fundamentoberkante errechnet sich aus

$$M_F = F_F \cdot h_F, \qquad (1)$$

wobei die Gesamt-Horizontallast F_h gleichmäßig durch alle beteiligten Füße übertragen angenommen wird.

$$F_F = \frac{F_h}{n_F} \qquad (2)$$

5 Verbindung gewölbter Boden – Stützfüße

5.1 Gewölbter Boden

Die maximalen Belastungen N_{Fd} gemäß AD 2000-Merkblatt S 3/0 Abschnitt 4.4 werden um 15 % erhöht, um damit Biegeanteilen infolge nichtradialer Lasteinleitung Rechnung zu tragen. Damit ergibt sich eine resultierende Ersatz-Fußlast

$$F = 1{,}15 \cdot N_{Fd} \qquad (3)$$

Diese ist in Bild 2 zur Ermittlung der dimensionslosen Schnittkräfte und -momente $(N_x \cdot e / F)$, $(N_y \cdot e / F)$, (M_x / F) und (M_y / F) in Abhängigkeit vom Berechnungsbeiwert

$$U = \frac{r_0}{\sqrt{R_m \cdot e}} \qquad (4)$$

und in Tafel 1 einzusetzen.

Hierbei beträgt der Ersatzradius $r_0 = \dfrac{D_V}{2}$.

Für Behälterfüße ohne Verstärkungsplatte ist $D_V = D_F$ einzusetzen.

Anstelle des Bildes 2 können auch die in Anhang 1 niedergelegten Formeln verwendet werden.

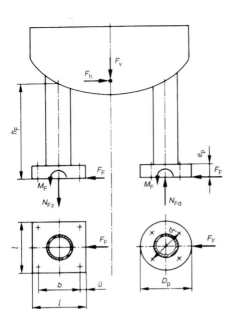

Tafel 1. Berechnungsgang

Nr.	Spannungen (N/mm²)	innen	außen
1	$\sigma_{mp} = R_m \cdot p / (20 \cdot e)$	+	
2	$\bar{\sigma}_{mx} = (N_x \cdot e/F) \cdot F/e^2$	−	
3	$\bar{\sigma}_{my} = (N_y \cdot e/F) \cdot F/e^2$	−	
4	$\sigma_{mx} = \sigma_{mp} + \bar{\sigma}_{mx}$		
5	$\sigma_{my} = \sigma_{mp} + \bar{\sigma}_{my}$		
6	$\sigma_{mV} = \sqrt{\sigma_{mx}^2 + \sigma_{my}^2 - \sigma_{mx} \cdot \sigma_{my}} \leq 1{,}5 \cdot f$		
7	$\sigma_{bx} = (M_x/F) \cdot 6 \cdot F/e^2$	+	−
8	$\sigma_{by} = (M_y/F) \cdot 6 \cdot F/e^2$	+	−
9	$\sigma_x = \sigma_{mx} + \sigma_{bx}$		
10	$\sigma_y = \sigma_{my} + \sigma_{by}$		
11	$(\sigma_m + \sigma_b)_V = \sqrt{\sigma_x^2 + \sigma_y^2 - \sigma_x \cdot \sigma_y}$ $\leq (\sigma_m + \sigma_b)_{V\,zul}$		
12	$q = \sigma_{mV} / K$		
13	$z = 1{,}5 - 0{,}5 \cdot q^2$		
14	$(\sigma_m + \sigma_b)_{V\,zul} = 1{,}5 \cdot z \cdot f$		

Bei ausgekleideten Behältern ist die Dehnfähigkeit des Auskleidungswerkstoffes zu berücksichtigen.

Bild 1b. Fußgeometrie und Belastungsgrößen

Die Beanspruchung durch den im betrachteten Lastfall am Anschluss Fuß – Boden lokal anstehenden Innendruck ist gemäß Tafel 1 zu überlagern.

5.2 Verstärkungsblech

Die erforderliche Blechdicke ergibt sich aus der Ungleichung

$$1{,}0 \cdot e \leq e_V = \alpha \cdot \sqrt{\frac{N_{Fd}}{1{,}3 \cdot f_V}} \leq 1{,}5 \cdot e \tag{5}$$

Dabei ist e gegebenenfalls so zu erhöhen, dass die Ungleichung erfüllt ist.

Der Faktor α ist abhängig vom Verhältnis D_V/D_F und beträgt

$$\alpha = 2 \cdot \frac{D_V}{D_F} - 0{,}543 \cdot \left(\frac{D_V}{D_F}\right)^2 - 1{,}25 \tag{6}$$

Diese Formel gilt in den Grenzen $1{,}25 \leq \frac{D_V}{D_F} \leq 1{,}5$.

6 Stützfußkonstruktion

6.1 Spannungs- und Stabilitätsnachweis

Der allgemeine Spannungsnachweis erfolgt nach

$$\sigma_F = \frac{N_{Fd}}{A_F} + \frac{M_F}{W_F} \leq f_F \tag{7a}$$

$$\sigma_F = \frac{N_{Fd}}{\pi \cdot e_F \cdot (D_F - e_F)} + \frac{4 \cdot M_F}{\pi \cdot e_F \cdot (D_F - e_F)^2} \tag{7b}$$

Der Stabilitätsnachweis kann nach DIN 18 800 Teil 2 durchgeführt werden; er kann entfallen, wenn die folgende Bedingung erfüllt ist:

$$N_{Fd} < 0{,}22 \cdot \frac{E_F \cdot I_F}{h_F^2} \tag{8}$$

6.2 Belastung der Ankerschrauben

Die Zugkraft für eine Schraube F_K errechnet sich für die Kreis- und Quadratfußplatte aus

$$F_K = \frac{N_{Fz}}{n_s} + \frac{4 \cdot M_F}{n_s \cdot d_t} \tag{9}$$

mit $d_t = \sqrt{2}\,(l - 2\ddot{u})$ (10)

für die Quadratfußplatte. Bei $M_F > 0$ sind in der Regel mindestens 4 Schrauben je Fuß zu verwenden. Andere Verankerungen erfordern nach Maßgabe der Lastverteilung einen separaten Nachweis.

Die Bemessung der Ankerschrauben erfolgt nach AD 2000-Merkblatt S 3/0 Abschnitt 4.3.2.3 und 4.3.4.3.

6.3 Fußplattendicke

Die Abmessungen der Fußplatte werden durch die Belastungen und die vorhandene Betonpressung bestimmt.

6.3.1 Vereinfachter Nachweis

Die Anwendung des Abschnittes 6.3.2 mit Ausnahme von Formel (24) kann entfallen, wenn innerhalb der „Abstrahlungsfläche"

$$A = \pi \cdot \frac{(D_F + 2 \cdot e_P)^2 - (D_F - 2 \cdot e_F - 2 \cdot e_P)^2}{4} \tag{11}$$

die von der Normalkraft und dem Moment verursachte Pressung

$$\sigma_B = \frac{F}{A} + \frac{4 \cdot M_F}{A \cdot (D_F - e_F)} \tag{12}$$

die zulässige Betonpressung nicht überschreitet.

Dabei müssen außerdem die Bedingungen

$D_F + 2 \cdot e_P \leq D_P$ bzw. $\leq l$ (13)

bei Kreisringplatten bzw. bei quadratischen Platten und

$e_P \geq e_3$ nach Formel (24) (14)

erfüllt sein.

6.3.2 Nachweis nach der Kreisplattentheorie

Die für die Dimensionierung maßgebenden maximalen Biegemomente werden nach der Kreisplattentheorie bestimmt, wobei der Bereich der Platten außerhalb des Stützfußes als kragender Plattenstreifen angenommen wird.

Betonpressung:

Die vorhandene Betonpressung errechnet sich für die kreisförmige und quadratische Fußplatte aus

Kreisplatte: $\sigma_B = \dfrac{4 \cdot N_{Fd}}{\pi \cdot D_P^2} \cdot \left(1 + \dfrac{8 \cdot m}{D_P}\right)$ (15)

Quadratplatte: $\sigma_B = \dfrac{N_{Fd}}{l^2} \cdot \left(1 + \dfrac{6 \cdot m \cdot \sqrt{2}}{l}\right)$ (16)

Exzentrizität: $m = \dfrac{M_F}{N_{Fd}}$ (17)

Quadratische Platte:

Erforderliche Plattendicke $e_P = \max(e_1, e_2, e_3)$ (18)

außen: $e_1 = 0{,}5 \cdot \left(\sqrt{2} \cdot l - D_F\right) \cdot \sqrt{\dfrac{\sigma_B}{f_P}}$ (19)

innen: $e_2 = 1{,}11 \cdot \left(\dfrac{D_F - e_F}{2}\right) \cdot \sqrt{\dfrac{\sigma_B}{f_P}}$ (20)

Kreisplatte:

Erforderliche Plattendicke $e_P = \max(e_1, e_2, e_3)$ (21)

außen: $e_1 = \left(\dfrac{D_P - D_F}{4}\right) \cdot \sqrt{\dfrac{6 \cdot \sigma_B}{f_P} \cdot \left(\dfrac{D_P}{D_F} + 1\right)}$ (22)

innen: $e_2 = 1{,}11 \cdot \left(\dfrac{D_F - e_F}{2}\right) \cdot \sqrt{\dfrac{\sigma_B}{f_P}}$ (23)

Abhebefall:

$e_3 = 1{,}71 \cdot \sqrt{\dfrac{F_K}{f_P}}$ (24)

7 Schrifttum

[1] *Wichman, K. R., A. G. Hopper* a. *J. L. Mershon:* Local Stresses in Spherical and Cylindrical Shells due to External Loadings. WRC Bulletin 107 (Rev. March 1979). Editor C.F. Larson, New York.

[2] *Timoshenko, S.,* a. *S. Woinowsky-Krieger:* Theory of Plates and Shells. Mc Graw-Hill, 2. Edition, 1959.

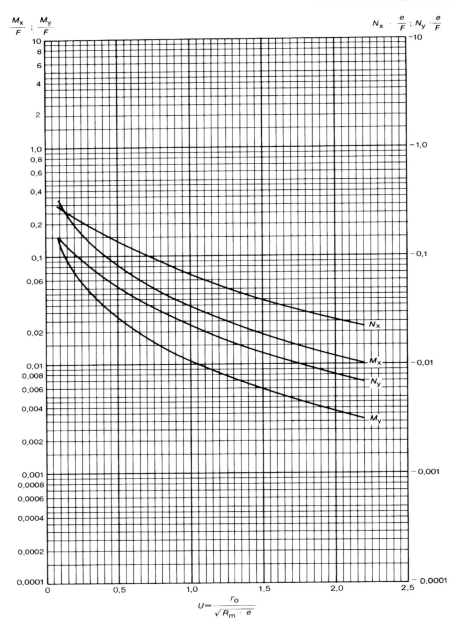

Bild 2. Schnittkräfte N_x, N_y und -momente M_x, M_y in einer Kugelschale, hervorgerufen durch eine radiale Kraft F (entspr. Fig. SR-2 nach [1])

Anhang 1 zu AD 2000-Merkblatt S 3/3

Formeln für die Schnittkräfte und -momente in einer Kugelschale, hervorgerufen durch eine radiale Kraft F gemäß Bild 2

Die Funktionswerte sind in Bild 2 des AD 2000-Merkblattes S 3/3 logarithmisch aufgetragen. Deshalb kommt für die mathematische Kurvendarstellung nur eine logarithmische Funktion in Betracht.

Für die Abszisse U ist eine lineare Transformation vorgenommen worden: $T = -1{,}095238095 + 0{,}952380952 \cdot U$. Die angegebenen Funktionen gelten für den Bereich $0{,}100 \leq U \leq 2{,}20$. Dieses entspricht in dem transformierten Bereich $-1{,}00 \leq T \leq +1{,}00$. Außerhalb dieses Bereiches soll-

ten die Funktionen nicht mehr benutzt werden. Die benutzten Stützwerte liegen an den Bereichsenden dichter als in der Bereichsmitte. Deshalb ist über den ganzen Funktionsbereich eine gleichbleibende, ausreichende Genauigkeit mit dem Polynom 7. Grades in T gegeben.

Die Funktionswerte ϕ ergeben sich zu

$$\phi = 10^{A\phi}$$

mit $A_\phi = \sum\limits_{i=0}^{i=7} a_i \cdot T^i$

Die Funktionswerte a_i sind in Tafel 1 dargestellt.

Tafel 1. Funktionswerte a_i zu AD 2000-Merkblatt S 3/3 Bild 2 bzw. WRCB, Fig. SR-2

$\dfrac{N_x \cdot e}{F}$	$\dfrac{M_x}{F}$	$\dfrac{N_y \cdot e}{F}$	$\dfrac{M_y}{F}$
$a_i \qquad \cdot T^i$	$a_i \qquad \cdot T^i$	$a_i \qquad \cdot T^i$	$a_i \qquad \cdot T^i$
$-1{,}253591954$	$-1{,}547988505$	$-1{,}733477011$	$-2{,}067959770$
$-0{,}500743292 \cdot T$	$-0{,}556978513 \cdot T$	$-0{,}565479303 \cdot T$	$-0{,}539315607 \cdot T$
$+0{,}202885672 \cdot T^2$	$+0{,}237166411 \cdot T^2$	$+0{,}227666485 \cdot T^2$	$+0{,}327914948 \cdot T^2$
$-0{,}244594962 \cdot T^3$	$-0{,}349080831 \cdot T^3$	$-0{,}062135964 \cdot T^3$	$-0{,}562600476 \cdot T^3$
$-0{,}154634027 \cdot T^4$	$-0{,}118395784 \cdot T^4$	$-0{,}049666123 \cdot T^4$	$-0{,}290641394 \cdot T^4$
$+0{,}401018423 \cdot T^5$	$+0{,}542020509 \cdot T^5$	$-0{,}106841035 \cdot T^5$	$+0{,}933201262 \cdot T^5$
$+0{,}104621919 \cdot T^6$	$+0{,}180079948 \cdot T^6$	$+0{,}062229523 \cdot T^6$	$+0{,}327094263 \cdot T^6$
$-0{,}213151433 \cdot T^7$	$-0{,}394581854 \cdot T^7$	$+0{,}057444808 \cdot T^7$	$-0{,}646227707 \cdot T^7$

$$\phi = \dfrac{N_x \cdot e}{F}; \; \dfrac{M_x}{F}; \; \dfrac{N_y \cdot e}{F}; \; \dfrac{M_y}{F}$$

$$\phi = 10^{A\phi}$$

$$A_\phi = \sum_{i=0}^{i=7} a_i \cdot T^i$$

$$T = -1{,}095238095 + 0{,}952380952 \cdot U$$

$$-1{,}00 \leq T \leq +1{,}00$$

$$U = \dfrac{r_0}{\sqrt{R_m \cdot e}}$$

$$0{,}100 \leq U \leq 2{,}20$$

ICS 23.020.30   Ausgabe September 2001

Sonderfälle	Allgemeiner Standsicherheitsnachweis für Druckbehälter **Behälter mit Tragpratzen**	AD 2000-Merkblatt **S 3/4**

Die AD 2000-Merkblätter werden von den in der „Arbeitsgemeinschaft Druckbehälter" (AD) zusammenarbeitenden, nachstehend genannten sieben Verbänden aufgestellt. Aufbau und Anwendung des AD 2000–Regelwerkes sowie die Verfahrensrichtlinien regelt das AD 2000-Merkblatt G1.

Die AD 2000-Merkblätter enthalten sicherheitstechnische Anforderungen, die für normale Betriebsverhältnisse zu stellen sind. Sind über das normale Maß hinausgehende Beanspruchungen beim Betrieb der Druckbehälter zu erwarten, so ist diesen durch Erfüllung besonderer Anforderungen Rechnung zu tragen.

Wird von den Forderungen dieses AD 2000-Merkblattes abgewichen, muss nachweisbar sein, dass der sicherheitstechnische Maßstab dieses Regelwerkes auf andere Weise eingehalten ist, z.B. durch Werkstoffprüfungen, Versuche, Spannungsanalyse, Betriebserfahrungen.

   Fachverband Dampfkessel-, Behälter- und Rohrleitungsbau e.V. (FDBR), Düsseldorf
   Hauptverband der gewerblichen Berufsgenossenschaften e.V., Sankt Augustin
   Verband der Chemischen Industrie e.V. (VCI), Frankfurt/Main
   Verband Deutscher Maschinen- und Anlagenbau e.V. (VDMA), Fachgemeinschaft Verfahrenstechnische Maschinen und Apparate, Frankfurt/Main
   Verein Deutscher Eisenhüttenleute (VDEh), Düsseldorf
   VGB PowerTech e.V., Essen
   Verband der Technischen Überwachungs-Vereine e.V. (VdTÜV), Essen

Die AD 2000-Merkblätter werden durch die Verbände laufend dem Fortschritt der Technik angepasst. Anregungen hierzu sind zu richten an den Herausgeber:

Verband der Technischen Überwachungs-Vereine e.V., Postfach 10 38 34, 45038 Essen.

Inhalt

0 Präambel
1 Geltungsbereich
2 Allgemeines
3 Formelzeichen und Einheiten
4 Bezeichnungen
5 Belastung
6 Nachweis der Druckbehälterwand
7 Nachweis der Tragpratzen
8 Schrifttum
Anhang 1: Formeln für Schnittkräfte und -momente in einer Zylinderschale
Anhang 2: Erläuterungen

0 Präambel

Zur Erfüllung der grundlegenden Sicherheitsanforderungen der Druckgeräte-Richtlinie kann das AD 2000-Regelwerk angewandt werden, vornehmlich für die Konformitätsbewertung nach den Modulen „G" und „B + F".

Das AD 2000-Regelwerk folgt einem in sich geschlossenen Auslegungskonzept. Die Anwendung anderer technischer Regeln nach dem Stand der Technik zur Lösung von Teilproblemen setzt die Beachtung des Gesamtkonzeptes voraus.

Bei anderen Modulen der Druckgeräte-Richtlinie oder für andere Rechtsgebiete kann das AD 2000-Regelwerk sinngemäß angewandt werden. Die Prüfzuständigkeit richtet sich nach den Vorgaben des jeweiligen Rechtsgebietes.

1 Geltungsbereich

Mit diesem AD 2000-Merkblatt kann der Nachweis für stehende zylindrische Behälter auf Tragpratzen geführt werden. Er erfolgt getrennt für die örtlichen Zusatzbeanspruchungen in der Druckbehälterwand im Bereich der Tragpratze und für die Tragpratze selbst.

Wesentliche Spannungserhöhungen im Sinne von AD 2000-Merkblatt B 0 Abschnitt 4.5 im Bereich der Pratzen sind insbesondere bei dünnwandigen Behältern ($e/D_a < 0{,}005$) sowie großen Pratzenkräften infolge großer Füll- oder Zusatzgewichte, Wind bei großen Schlankheiten ($H/D_a > 5$) sowie großen Querbeschleunigungen zu erwarten.

Die Berechnung gilt für Werte $e/D_a \geq 0{,}003$. Außerhalb dieses Bereiches sind besondere Untersuchungen unter Berücksichtigung der Stabilität durchzuführen, z. B. nach [6].

Die Anwendung dieses AD 2000-Merkblattes setzt Verstärkungsbleche voraus, deren Ränder in der Regel mindestens $\sqrt{D_a \cdot e}$ von den Zylinderenden entfernt sein sollten. Tragpratzen ohne Verstärkungsblech können z. B. nach [6] nachgewiesen werden.

2 Allgemeines

Dieses AD 2000-Merkblatt ist nur in Zusammenhang mit AD 2000-Merkblatt S 3/0 anzuwenden.

Ersatz für Ausgabe Oktober 2000; | = Änderungen gegenüber der vorangehenden Ausgabe

Die AD 2000-Merkblätter sind urheberrechtlich geschützt. Die Nutzungsrechte, insbesondere die der Übersetzung, des Nachdrucks, der Entnahme von Abbildungen, die Wiedergabe auf fotomechanischem Wege und die Speicherung in Datenverarbeitungsanlagen bleiben, auch bei auszugsweiser Verwertung, dem Urheber vorbehalten.

Die Konstruktion der Tragpratze sollte nach DIN 28 083 T.1 oder in enger Anlehnung daran erfolgen.

Bei einer Konstruktion mit einem Verstärkungsblech ist die Verbindung zwischen Verstärkungsblech und Behälterwand als durchgehende Kehlnaht mit einer Dicke von mindestens $0{,}7 \cdot e$ auszuführen. Ein Nachweis dieser Naht ist nicht erforderlich.

Auf den Nachweis von Schweißnähten kann verzichtet werden, wenn diese voll durchgeschweißt sind oder wenn bei beidseitigen Kehlnähten die Dicke beider Kehlnähte mindestens das 0,7-fache der kleinsten beteiligten Wanddicke beträgt.

Es wird vorausgesetzt, dass die auf die Pratzen wirkenden Horizontalkräfte infolge Wind und Querbeschleunigungen so klein sind, dass die hieraus resultierenden Beanspruchungen vernachlässigt werden können.

Die schweißgerechte Gestaltung der Schweißnähte erfolgt in Anlehnung an DIN EN 1708.

3 Formelzeichen und Einheiten

Über die Festlegungen des AD 2000-Merkblattes B 0 hinaus gilt:

a_b	Abstand der Stegbleche (vgl. Bild 1)	in mm
a_e	Exzentrizität der Normalkraft im Stegblech (vgl. Bild 6)	in mm
a_p	Exzentrizität des Lastangriffs auf die Zylinderwand (vgl. Bild 1)	in mm
a_s	Exzentrizität des Lastangriffs auf das Stegblech (vgl. Bild 6)	in mm
b_a	Breite des Auflagerblechs (vgl. Bild 1)	in mm
b_s	Breite des Ersatzstegbleches (vgl. Bild 6)	in mm
b_v	Breite des Verstärkungsbleches (vgl. Bild 1)	in mm
	Blechdicken ohne Zuschläge:	
e	Zylinderwanddicke ohne Zuschläge	in mm
e_a	Dicke des Auflagerblechs (vgl. Bild 1)	in mm
e_s	Dicke des Stegblechs (vgl. Bild 1)	in mm
e_v	Dicke des Verstärkungsbleches (vgl. Bild 1)	in mm
h_p	Höhe der Pratze (vgl. Bild 1)	in mm
h_v	Höhe des Verstärkungsbleches (vgl. Bild 1)	in mm
k	Hilfswert	–
l_s	Länge des Ersatzstegblechs (vgl. Bild 6)	in mm
t_p	Tiefe der Pratze (vgl. Bild 1)	in mm
C_L	Hilfswert	–
C_p	Plattenbemessungswert	–
F_s	Ankerschraubenkraft	in N
H	Höhe des Behälters	in mm
K_L	Hilfswert	–
M	Schnittmoment	in N mm
M_L	Lastmoment	in N mm
N	Schnittkraft	in N
N_F	Pratzenkraft	in N
N_s	Normalkraft im Stegblech (vgl. Bild 6)	in N
R_m	mittlerer Radius des Zylinders	in mm
α	Stegneigungswinkel	in °
β	Beiwert	–
β_M	Hilfswert	–
γ	Beiwert	–
λ	Schlankheitsgrad	–

Indizes

a	Auflagerblech
b	Biegeanteil bei Spannungen
d	Druck
m	Membrananteil bei Spannungen
s	Steg
v	Verstärkungsblech
x	in Längsrichtung
z	Zug
B	Boden
V	Vergleichs-
Φ	in Umfangsrichtung

4 Bezeichnungen

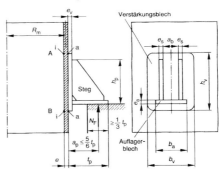

Bild 1. Zylinder mit Tragpratzen

5 Belastung

Unter Berücksichtigung der vom Besteller gemäß AD 2000-Merkblatt S 3/0 Abschnitt 4 festgelegten Lastfälle sind die Nachweise mit der Pratzenkraft zu führen, die in dem jeweils betrachteten Bauteil die größten Beanspruchungen hervorruft.

Für die Berechnung der Pratzenkraft N_F wird auf AD 2000-Merkblatt S 3/0 Abschnitt 4.4 verwiesen.

6 Nachweis der Druckbehälterwand

Der Druckbehälter wird im Bereich einer Tragpratze durch das Lastmoment

$$M_L = N_F \cdot a_p \qquad (1)$$

und den Innendruck p_{ges} gemäß AD 2000-Merkblatt B 0 Abschnitt 4 belastet.

Zunächst werden die Beiwerte

$$\beta = \frac{\sqrt[3]{b_v \cdot h_v^2}}{2\,R_m} \qquad (2)$$

$$\gamma = \frac{R_m}{e} \qquad (3)$$

gebildet.

Anschließend sind aus der Tafel 1 die Hilfswerte $C_{L\Phi}$, C_{Lx}, $K_{L\Phi}$ und K_{Lx} in Abhängigkeit von h_v/b_v und γ zu ermitteln und

Tafel 1: Hilfswerte $C_{L\Phi}$, C_{Lx}, $K_{L\Phi}$ und K_{Lx} in Abhängigkeit von h_V/b_V und γ

h_V/b_V	γ	$C_{L\Phi}$	C_{Lx}	$K_{L\Phi}$	K_{Lx}
0,25	15	0,75	0,43	1,80	1,24
	50	0,77	0,33	1,65	1,16
	100	0,80	0,24	1,59	1,11
	300	0,90	0,07	1,56	1,11
0,5	15	0,90	0,76	1,08	1,04
	100	0,97	0,68	1,07	1,02
	300	1,10	0,60	1,05	1,02
2	15	0,87	1,30	0,94	1,12
	100	0,81	1,15	0,89	1,07
	300	0,80	1,50	0,79	0,90
4	15	0,68	1,20	0,90	1,24
	100	0,51	1,03	0,81	1,12
	300	0,50	1,33	0,64	0,83

$$\beta_{M\Phi} = \beta \cdot K_{L\Phi} \qquad (4)$$

$$\beta_{Mx} = \beta \cdot K_{Lx} \qquad (5)$$

zu errechnen.
Aus den Bildern 2 bis 5 werden die dimensionslosen Schnittkräfte und -momente ($N_\Phi \cdot R_m^2 \cdot \beta/M_L$), ($N_x \cdot R_m^2 \cdot \beta/M_L$), ($M_\Phi \cdot R_m \cdot \beta_{M\Phi}/M_L$) und ($M_x \cdot R_m \cdot \beta_{Mx}/M_L$) entnommen und in den Berechnungsgang nach Tafel 2 (Beispiel für einen Lastfall) eingesetzt. Anstelle der Bilder 2 und 5 können auch die Formeln nach Anhang 1 verwendet werden.
Bei ausgekleideten Behältern ist die Dehnfähigkeit des Auskleidungswerkstoffes zu berücksichtigen.

7 Nachweis der Tragpratzen

7.1 Auflagerblech der Tragpratze

Das Auflagerblech ist so zu dimensionieren und gegebenenfalls auszusteifen, dass keine unzulässigen Biegebeanspruchungen auftreten.
Mit der maximalen Bodenpressung

$$\sigma_B = \frac{3 \cdot N_{F_d}}{b_a \cdot t_p}, \qquad (6)$$

deren Größe von dem Abstand a_p abhängt, ergibt sich die notwendige Dicke des Auflagerbleches nach

$$e_a \geq C_p \cdot a_b \sqrt{\frac{\sigma_B}{f_a}} \qquad (7)$$

mit $C_p = 0,5$ für Abmessungen ähnlich DIN 28 083 Teil 1 und $C_p = 0,71$ für andere Abmessungen.
Im Falle einer Verankerung der Pratze für die Zugkraft N_{Fz} gilt für die Dicke des Auflagerbleches zusätzlich die Bedingung

$$e_a \geq 0,72 \sqrt{\left(\left[N_{Fz} \cdot a_b\right] / \left[(t_p - e_v - d_t) f_a\right]\right)} \qquad (8)$$

mit $e_a \leq 3\, e_s$, d_t = Lochdurchmesser.
Detaillierte Nachweise mit Hilfe z. B. der Methode der FE-Berechnung oder die Anwendung analytischer Lösungen z. B. der dreiseitig gelagerten Platte liefern im Einzelfall genauere Ergebnisse.

7.2 Ankerschrauben

Falls eine Verankerung gemäß AD 2000-Merkblatt S 3/0 Abschnitt 4.4 notwendig wird, erfolgt der Spannungsnachweis des Ankers gemäß AD 2000-Merkblatt S 3/0 Abschnitt 4.3.2.3 und 4.3.4.3 unter

$$F = \max\left\{\frac{N_{Fz}}{n};\ F_v\right\}$$

F_v = Vorspannung der Schraube
n = Schraubenanzahl je Pratze

7.3 Stege der Tragpratze

Für die Nachweise wird der Steg durch eine Rechteckplatte der Länge l_s und der Breite b_s idealisiert, die um den Winkel α gegen die Horizontale geneigt ist (Bild 6). Die Gerade durch die Punkte 1 und 2 wird als Bezugsgerade definiert. Der Winkel α ist der Winkel zwischen der Bezugsgeraden und der Horizontalen. Die Breite b_s ist der kleinere

Tafel 2. Berechnungsgang

Nr.	Spannungen (N/mm²)	Pkt.	innen	außen
1	$\sigma_{mp\Phi} = R_m \cdot p / (10 \cdot e)$	A = B	+	
2	$\sigma_{mpx} = R_m \cdot p / (20 \cdot e)$	A = B	+	
3	$\bar{\sigma}_{m\Phi} = \left(\dfrac{N_\Phi \cdot R_m^2 \cdot \beta}{M_L}\right) \dfrac{M_L \cdot C_{L\Phi}}{R_m^2 \cdot \beta \cdot e}$	A	−	
		B		+
4	$\bar{\sigma}_{mx} = \left(\dfrac{N_x \cdot R_m^2 \cdot \beta}{M_L}\right) \dfrac{M_L \cdot C_{Lx}}{R_m^2 \cdot \beta \cdot e}$	A	−	
		B		+
5	$\sigma_{m\Phi} = \sigma_{mp\Phi} + \bar{\sigma}_{m\Phi}$	A		
		B		
6	$\sigma_{mx} = \sigma_{mpx} + \bar{\sigma}_{mx}$	A		
		B		
7	$\sigma_{mV} = \sqrt{\sigma_{m\Phi}^2 + \sigma_{mx}^2 - \sigma_{m\Phi} \cdot \sigma_{mx}}$ $\leq f \cdot 1,5$	A		
		B		
8	$\sigma_{b\Phi} = \left(\dfrac{M_\Phi \cdot R_m \cdot \beta_{M\Phi}}{M_L}\right) \dfrac{6 \cdot M_L}{R_m \cdot \beta_{M\Phi} \cdot e^2}$	A	+	−
		B	−	+
9	$\sigma_{bx} = \left(\dfrac{M_x \cdot R_m \cdot \beta_{Mx}}{M_L}\right) \dfrac{6 \cdot M_L}{R_m \cdot \beta_{Mx} \cdot e^2}$	A	+	−
		B	−	+
10	$\sigma_\Phi = \sigma_{m\Phi} + \sigma_{b\Phi}$	A		
		B		
11	$\sigma_x = \sigma_{mx} + \sigma_{bx}$	A		
		B		
12	$\sigma_{ges\,V} = \sqrt{\sigma_\Phi^2 + \sigma_x^2 - \sigma_\Phi \cdot \sigma_x}$	A		
		B		
13	$q = \dfrac{\sigma_{mV}}{K}$	A		
		B		
14	$Z = 1,5 - 0,5 \cdot q^2$	A		
		B		
15	zul $\sigma_{ges\,V} = 1,5 \cdot Z \cdot f$			

Wert aus den Abständen der Punkte 3 und 4 zur Bezugsgeraden.

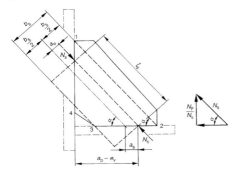

Bild 6. Steg der Tragpratze

Bei n_s Stegen je Tragpratze wird in dem Ersatzstegblech eine um

$$a_e = a_s \cdot \sin \alpha \qquad (9)$$

exzentrisch wirkende Normalkraft

$$N_s = \frac{N_F}{n_s \cdot \sin \alpha} \qquad (10)$$

erzeugt.

Die größte Spannung ergibt sich am freien Rand des Stegblechs nach:

$$\max \sigma = \frac{N_s}{e_s \cdot b_s}\left(1 + 6 \cdot \frac{a_e}{b_s}\right) \leq f_s \qquad (11)$$

Zusätzlich zum Spannungsnachweis ist ein Stabilitätsnachweis zu führen. Der obere Rand des Steges, an dem die größte Druckspannung auftritt, wird durch einen beidseitig eingespannten Stab der Breite 1 idealisiert,

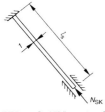

Bild 7. Stabilitätssystem für den Steg der Tragpratzen

der mit der Kraft

$$N_{sK} = 1 \cdot e_s \cdot \max \sigma \qquad (12)$$

belastet wird.
Im Schlankheitsbereich

$$\lambda = \frac{l_s}{e_s} \cdot \sqrt{3} \leq \lambda_0 \approx \pi \cdot \sqrt{\frac{E}{S \cdot f_s}} \qquad (13)$$

beträgt die zulässige Knickkraft

$$\text{zul } N_{sK} = f_s \cdot e_s \left[1 - \frac{\lambda}{\lambda_0} \cdot \left(1 - \frac{S}{S_K}\right)\right] \qquad (14)$$

mit $S_K = 3$ für den Betriebsfall und
$S'_K = 2,25$ für den Prüffall.

S_K für andere Lastfälle siehe AD 2000-Merkblatt S 3/0 Abschnitt 4.2. Für größere Schlankheitsgrade λ beträgt die zulässige Knickkraft

$$\text{zul } N_{sK} = \frac{\pi^2 \cdot E \cdot e_s^3}{3 \cdot S_K \cdot l_s^2} \qquad (15)$$

Ein evtl. weniger konservativer Stabilitätsnachweis kann nach Maßgabe der Stegblechgeometrie und Lagerung nach z. B. [4] geführt werden.

7.4 Verstärkungsblech

Bei Verstärkungsblechen, die den Bedingungen

$$1,0 \leq \frac{h_v}{b_v} \leq 1,3 \quad \text{und} \qquad (16)$$

$$\frac{b_a}{b_v} \geq 0,8 \quad \text{und} \qquad (17)$$

$$\frac{h_p}{h_v} \geq 0,8 \qquad (18)$$

genügen, kann die Wanddicke des Verstärkungsblechs nach

$$e_v = 0,67 \cdot \sqrt{\frac{M_L}{k \cdot f_v}} \qquad (19)$$

mit $k = \sqrt[3]{b_v^2 \cdot h_v}$ berechnet werden.
Für alle anderen Fälle wird auf BS 5500 Abschnitt G.3.1.5 verwiesen. Eine sehr sichere Dimensionierung kann mit Hilfe eines Balkenmodells durchgeführt werden. Für die Länge des Balkens wird die Höhe h_v des Verstärkungsblechs und für die Belastungslänge h_p anzunehmen.
Für die Dicke des Verstärkungsblechs gelten die Grenzen

$$e \leq e_v \leq 1,5 \cdot e \qquad (20)$$

8 Schrifttum

[1] *Wichman, K. R., A. G. Hopper* and *J. L. Mershon:* Local Stresses in Spherical and Cylindrical Shells due to External Loadings.
WRC Bulletin 107 (Rev. March 1979), Editor C. F. Larson, New York.

[2] *Ciprian, J.:* Ausgewählte Kapitel aus nationalen und internationalen Regelwerken zur Frage der Auslegung von Druckbehältern.
Verfahrenstechnik H **14** (1980) Nr. 1, S. 49 ff.

[3] *Nádai, A.:* Die elastischen Platten.
Berlin, 1968.

[4] DIN 18 800 Teil 3 – Stahlbauten; Stabilitätsfälle; Plattenbeulen.

[5] *Young, W. C.:* Roark's Formulas for Stress and Strain.
McGraw-Hill Book Company.

[6] Richtlinienkatalog Festigkeit RKF, Teil 2, BR-A 61 – Tragpratzen –, 3. Auflage 1979.
VEB Komplette Chemieanlagen Dresden (jetzt: Linde-KCA-Dresden GmbH).

AD 2000-Merkblatt S 3/4, Ausg. 09.2001 Seite 5

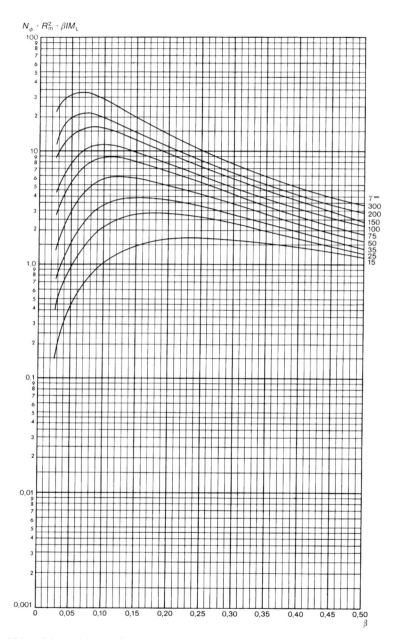

Bild 2. Schnittkraft N_φ in Umfangsrichtung einer Zylinderschale, hervorgerufen durch ein äußeres Moment in Längsrichtung M_L (entspr. Fig. 3 B nach [1])

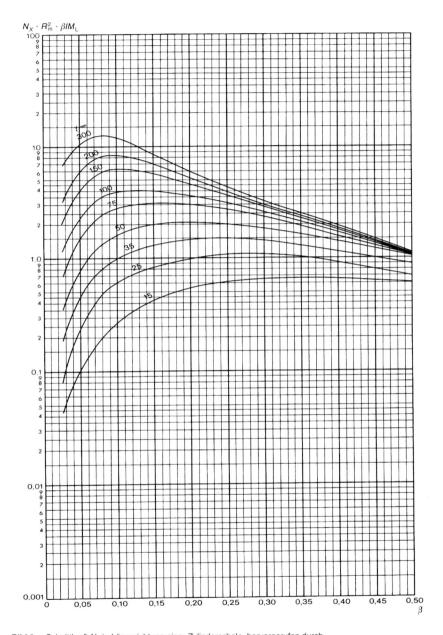

Bild 3. Schnittkraft N_x in Längsrichtung einer Zylinderschale, hervorgerufen durch ein äußeres Moment in Längsrichtung M_L (entspr. Fig. 4 B nach [1])

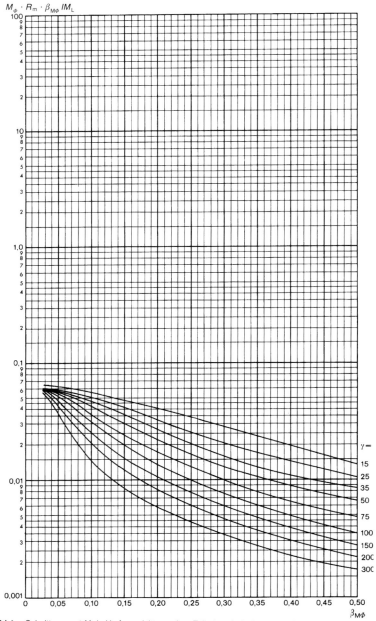

Bild 4. Schnittmoment M_φ in Umfangsrichtung einer Zylinderschale, hervorgerufen durch ein äußeres Moment in Längsrichtung M_L (entspr. Fig. 1 B-1 nach [1])

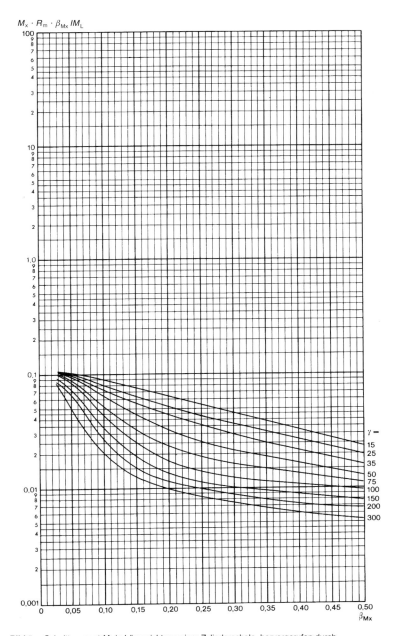

Bild 5. Schnittmoment M_x in Längsrichtung einer Zylinderschale, hervorgerufen durch ein äußeres Moment in Längsrichtung M_L (entspr. Fig. 2 B-1 nach [1])

Anhang 1 zum AD 2000-Merkblatt S 3/4

Formeln für die Schnittkräfte und -momente in einer Zylinderschale, hervorgerufen durch ein äußeres Moment in Längsrichtung gemäß Bilder 2 bis 5

Die Funktionswerte sind in den Bildern 2 bis 5 des AD 2000-Merkblattes S 3/4 logarithmisch aufgetragen. Deshalb kommt für die mathematische Kurvendarstellung nur eine logarithmische Funktion in Betracht.

Für die Abzisse β ist eine logarithmische Transformation vorgenommen worden:

$T = +1{,}462756426 + 0{,}667616401 \cdot \ln \beta$.

Die angegebenen Funktionen gelten für den Bereich $0{,}025 \leq \beta \leq 0{,}500$. Dieses entspricht in dem transformierten Bereich $-1{,}00 \leq T \leq +1{,}00$. Außerhalb des Funktionsbereiches sollten diese Funktionen nicht mehr benutzt werden. Da die Kurven bei niedrigen β-Werten starke Krümmungen aufweisen, erschien es günstig, die Stützstellen in diesem Wertebereich enger zu legen. So ergibt sich die logarithmische Transformation.

Die Funktionswerte ϕ für die vorgegebenen Parameter β ergeben sich zu:

$\phi = 10^{A_\phi}$

mit $A_\phi = \sum_{i=0}^{i=7} a_i \cdot T^i$

Ist eine Interpolation über γ erforderlich, wird vorgeschlagen, die Werte A_ϕ linear zu interpolieren und erst dann zu exponentieren. Man erreicht so eine logarithmische Interpolation über γ.

Die Funktionswerte a_i sind in den Tafeln 1 bis 4 dargestellt.

Tafel 1. Funktionswerte a_i zu AD 2000-Merkblatt S 3/4 Bild 2 bzw. WRCB, Fig. 3 B: $N_\phi \cdot R_m^2 \cdot \beta / M_L$

$\gamma = 15$	$\gamma = 25$	$\gamma = 35$
$a_i \cdot T^i$	$a_i \cdot T^i$	$a_i \cdot T^i$
+ 0,069770408	+ 0,377168367	+ 0,558163265
+ 0,637037362 · T	+ 0,479584495 · T	+ 0,320121289 · T
− 0,439478460 · T^2	− 0,738848546 · T^2	− 0,757256239 · T^2
− 0,400378379 · T^3	− 0,193872872 · T^3	− 0,051107294 · T^3
+ 0,076598646 · T^4	+ 0,511443598 · T^4	+ 0,284013614 · T^4
+ 0,267297811 · T^5	− 0,316573360 · T^5	− 0,306517629 · T^5
− 0,093242634 · T^6	− 0,312390970 · T^6	− 0,094104314 · T^6
− 0,058038426 · T^7	+ 0,284943370 · T^7	+ 0,184442410 · T^7

$\gamma = 50$	$\gamma = 75$	$\gamma = 100$
$a_i \cdot T^i$	$a_i \cdot T^i$	$a_i \cdot T^i$
+ 0,769515306	+ 0,950765306	+ 1,052295918
+ 0,098219319 · T	− 0,041551678 · T	− 0,178524175 · T
− 0,938338784 · T^2	− 0,980465592 · T^2	− 0,851073714 · T^2
+ 0,383544120 · T^3	+ 0,200085414 · T^3	+ 0,379669811 · T^3
+ 0,636444925 · T^4	+ 0,729151877 · T^4	+ 0,489955835 · T^4
− 1,075963926 · T^5	− 0,601270693 · T^5	− 0,801123346 · T^5
− 0,311371446 · T^6	− 0,360931184 · T^6	− 0,212351509 · T^6
+ 0,640118854 · T^7	+ 0,365185936 · T^7	+ 0,461202199 · T^7

$\gamma = 150$	$\gamma = 200$	$\gamma = 300$
$a_i \cdot T^i$	$a_i \cdot T^i$	$a_i \cdot T^i$
+ 1,183545918	+ 1,264795918	+ 1,421045918
− 0,336275405 · T	− 0,440454675 · T	− 0,528440463 · T
− 0,748412407 · T^2	− 0,483836620 · T^2	− 0,584966872 · T^2
+ 0,349659087 · T^3	+ 0,445481571 · T^3	+ 0,220534863 · T^3
+ 0,446257628 · T^4	− 0,083184019 · T^4	+ 0,133472046 · T^4
− 0,546806942 · T^5	− 0,715802843 · T^5	− 0,262535775 · T^5
− 0,233559507 · T^6	+ 0,060898189 · T^6	− 0,033199051 · T^6
+ 0,260974280 · T^7	+ 0,402612682 · T^7	+ 0,153094435 · T^7

$\phi = \dfrac{N_\phi \cdot R_m^2 \cdot \beta}{M_L}$

$\phi = 10^{A_\phi}$

$A_\phi = \sum_{i=0}^{i=7} a_i \cdot T^i$

$T = +1{,}462756426 + 0{,}667616401 \cdot \ln \beta$

$-1{,}00 \leq T \leq +1{,}00$

$\beta = \dfrac{\sqrt[3]{b \cdot h^2}}{2 \cdot R_m}$

$0{,}025 \leq \beta \leq 0{,}500$

$\gamma = \dfrac{R_m}{e}$

$15 \leq \gamma \leq 300$

Tafel 2. Funktionswerte a_i zu AD 2000-Merkblatt S 3/4 Bild 3 bzw. WRCB, Fig. 4 B: $N_x \cdot R_m^2 \cdot \beta/M_L$

$\gamma = 15$	$\gamma = 25$	$\gamma = 35$
$a_i \quad \cdot T^i$	$a_i \quad \cdot T^i$	$a_i \quad \cdot T^i$
$-0{,}513110997$	$-0{,}178080448$	$+0{,}027367617$
$+0{,}770753790 \cdot T$	$+0{,}544813406 \cdot T$	$+0{,}485009916 \cdot T$
$-0{,}300758532 \cdot T^2$	$-0{,}422819410 \cdot T^2$	$-0{,}332737032 \cdot T^2$
$-0{,}190251110 \cdot T^3$	$+0{,}482846931 \cdot T^3$	$+0{,}068871862 \cdot T^3$
$-0{,}000983058 \cdot T^4$	$-0{,}072682300 \cdot T^4$	$-0{,}255353058 \cdot T^4$
$-0{,}025641459 \cdot T^5$	$-0{,}968064247 \cdot T^5$	$-0{,}407888142 \cdot T^5$
$+0{,}007444238 \cdot T^6$	$+0{,}028088268 \cdot T^6$	$+0{,}155299866 \cdot T^6$
$+0{,}026605174 \cdot T^7$	$+0{,}415963992 \cdot T^7$	$+0{,}197183554 \cdot T^7$

$\gamma = 50$	$\gamma = 75$	$\gamma = 100$
$a_i \quad \cdot T^i$	$a_i \quad \cdot T^i$	$a_i \quad \cdot T^i$
$+0{,}238289206$	$+0{,}461812627$	$+0{,}600178208$
$+0{,}401147781 \cdot T$	$+0{,}229351294 \cdot T$	$+0{,}095611517 \cdot T$
$-0{,}509437408 \cdot T^2$	$-0{,}508639203 \cdot T^2$	$-0{,}658273750 \cdot T^2$
$+0{,}010033575 \cdot T^3$	$+0{,}171991818 \cdot T^3$	$+0{,}242952891 \cdot T^3$
$+0{,}008963956 \cdot T^4$	$-0{,}152290131 \cdot T^4$	$+0{,}201908826 \cdot T^4$
$-0{,}305952152 \cdot T^5$	$-0{,}625909582 \cdot T^5$	$-0{,}711266785 \cdot T^5$
$+0{,}023895041 \cdot T^6$	$+0{,}115104487 \cdot T^6$	$-0{,}108808192 \cdot T^6$
$+0{,}139169981 \cdot T^7$	$+0{,}330472783 \cdot T^7$	$+0{,}365574068 \cdot T^7$

$\gamma = 150$	$\gamma = 200$	$\gamma = 300$
$a_i \quad \cdot T^i$	$a_i \quad \cdot T^i$	$a_i \quad \cdot T^i$
$+0{,}795952138$	$+0{,}911405295$	$+1{,}042515275$
$-0{,}070348369 \cdot T$	$-0{,}199561303 \cdot T$	$-0{,}445126721 \cdot T$
$-0{,}902972704 \cdot T^2$	$-0{,}943156914 \cdot T^2$	$-0{,}945243241 \cdot T^2$
$+0{,}228520045 \cdot T^3$	$+0{,}171599969 \cdot T^3$	$+0{,}407992990 \cdot T^3$
$+0{,}542930331 \cdot T^4$	$+0{,}597291516 \cdot T^4$	$+0{,}691126873 \cdot T^4$
$-0{,}551053800 \cdot T^5$	$-0{,}322453126 \cdot T^5$	$-0{,}547866447 \cdot T^5$
$-0{,}268267200 \cdot T^6$	$-0{,}305865763 \cdot T^6$	$-0{,}362991574 \cdot T^6$
$+0{,}255407582 \cdot T^7$	$+0{,}126381873 \cdot T^7$	$+0{,}202108121 \cdot T^7$

$$\phi = \frac{N_x \cdot R_m^2 \cdot \beta}{M_L}$$

$$\phi = 10^{A_\phi}$$

$$A_\phi = \sum_{i=0}^{i=7} a_i \cdot T^i$$

$T = +1{,}462756426 + 0{,}667616401 \cdot \ln \beta$
$-1{,}00 \le T \le +1{,}00$

$$\beta = \frac{\sqrt[3]{b \cdot h^2}}{2 \cdot R_m}$$

$0{,}025 \le \beta \le 0{,}500$

$$\gamma = \frac{R_m}{e}$$

$15 \le \gamma \le 300$

Tafel 3. Funktionswerte a_i zu AD 2000-Merkblatt S 3/4 Bild 4 bzw. WRCB, Fig. 1 B-1: $M_\phi \cdot R_m \cdot \beta_{M\phi}/M_L$

$\gamma = 15$	$\gamma = 25$	$\gamma = 35$
$a_i \quad \cdot T^i$	$a_i \quad \cdot T^i$	$a_i \quad \cdot T^i$
$-1{,}261479591$	$-1{,}305229592$	$-1{,}346428571$
$-0{,}217483658 \cdot T$	$-0{,}243665549 \cdot T$	$-0{,}335503327 \cdot T$
$-0{,}230083636 \cdot T^2$	$-0{,}397460613 \cdot T^2$	$-0{,}414287483 \cdot T^2$
$-0{,}117327113 \cdot T^3$	$-0{,}529729402 \cdot T^3$	$-0{,}441417218 \cdot T^3$
$-0{,}019953171 \cdot T^4$	$+0{,}219932860 \cdot T^4$	$+0{,}116331836 \cdot T^4$
$+0{,}002701609 \cdot T^5$	$+0{,}732286463 \cdot T^5$	$+0{,}534765114 \cdot T^5$
$-0{,}019350946 \cdot T^6$	$-0{,}107166125 \cdot T^6$	$+0{,}004078096 \cdot T^6$
$-0{,}012788797 \cdot T^7$	$-0{,}351748655 \cdot T^7$	$-0{,}198660895 \cdot T^7$
$\gamma = 50$	$\gamma = 75$	$\gamma = 100$
$a_i \quad \cdot T^i$	$a_i \quad \cdot T^i$	$a_i \quad \cdot T^i$
$-1{,}395025510$	$-1{,}470663265$	$-1{,}537882653$
$-0{,}492458278 \cdot T$	$-0{,}609816322 \cdot T$	$-0{,}723942664 \cdot T$
$-0{,}448951322 \cdot T^2$	$-0{,}359885739 \cdot T^2$	$-0{,}396240247 \cdot T^2$
$-0{,}021177872 \cdot T^3$	$+0{,}131060961 \cdot T^3$	$+0{,}247105467 \cdot T^3$
$+0{,}235629477 \cdot T^4$	$+0{,}053126606 \cdot T^4$	$+0{,}157088086 \cdot T^4$
$-0{,}025466870 \cdot T^5$	$-0{,}204173543 \cdot T^5$	$-0{,}275870762 \cdot T^5$
$-0{,}087698563 \cdot T^6$	$+0{,}010840766 \cdot T^6$	$-0{,}059827432 \cdot T^6$
$+0{,}046245878 \cdot T^7$	$+0{,}121704414 \cdot T^7$	$+0{,}125156939 \cdot T^7$
$\gamma = 150$	$\gamma = 200$	$\gamma = 300$
$a_i \quad \cdot T^i$	$a_i \quad \cdot T^i$	$a_i \quad \cdot T^i$
$-1{,}648596939$	$-1{,}740816327$	$-1{,}895408163$
$-0{,}791328201 \cdot T$	$-0{,}842002045 \cdot T$	$-0{,}938371608 \cdot T$
$-0{,}155533765 \cdot T^2$	$-0{,}103542717 \cdot T^2$	$+0{,}192506110 \cdot T^2$
$+0{,}272614462 \cdot T^3$	$+0{,}168998299 \cdot T^3$	$+0{,}228685607 \cdot T^3$
$-0{,}232378298 \cdot T^4$	$-0{,}213861645 \cdot T^4$	$-0{,}653028534 \cdot T^4$
$-0{,}293503418 \cdot T^5$	$-0{,}064852057 \cdot T^5$	$-0{,}081951246 \cdot T^5$
$+0{,}148116144 \cdot T^6$	$+0{,}115363546 \cdot T^6$	$+0{,}356440791 \cdot T^6$
$+0{,}135686544 \cdot T^7$	$+0{,}013366008 \cdot T^7$	$+0{,}014086226 \cdot T^7$

$$\phi = \frac{M_\phi \cdot R_m \cdot \beta_{M\phi}}{M_L}$$

$$\phi = 10^{A_\phi}$$

$$A_\phi = \sum_{i=0}^{i=7} a_i \cdot T^i$$

$T = +1{,}462756426 + 0{,}667616401 \cdot \ln \beta_{M\phi}$

$-1{,}00 \leq T \leq +1{,}00$

$\beta_{M\phi} = \beta \cdot K_{L\phi}$

$$\beta = \frac{\sqrt[3]{b \cdot h^2}}{2 \cdot R_m}$$

$0{,}025 \leq \beta_{M\phi} \leq 0{,}500$

$$\gamma = \frac{R_m}{e}$$

$15 \leq \gamma \leq 300$

Tafel 4. Funktionswerte a_i zu AD 2000-Merkblatt S 3/4 Bild 5 bzw. WRCB, Fig. 2 B-1: $M_x \cdot R_m \cdot \beta_{Mx}/M_L$

$\gamma = 15$	$\gamma = 25$	$\gamma = 35$	
$a_i \quad \cdot T^i$	$a_i \quad \cdot T^i$	$a_i \quad \cdot T^i$	$\phi = \dfrac{M_x \cdot R_m \cdot \beta_{Mx}}{M_L}$
$-\ 1{,}053896761$	$-\ 1{,}110703441$	$-\ 1{,}154099190$	
$-\ 0{,}230655652 \cdot T$	$-\ 0{,}347813274 \cdot T$	$-\ 0{,}433192055 \cdot T$	
$-\ 0{,}239780688 \cdot T^2$	$-\ 0{,}239979028 \cdot T^2$	$-\ 0{,}265282672 \cdot T^2$	$\phi = 10^{A_\phi}$
$-\ 0{,}083516978 \cdot T^3$	$+\ 0{,}033891510 \cdot T^3$	$+\ 0{,}099768923 \cdot T^3$	
$+\ 0{,}065495911 \cdot T^4$	$+\ 0{,}077224533 \cdot T^4$	$+\ 0{,}095443157 \cdot T^4$	$A_\phi = \sum_{i=0}^{i=7} a_i \cdot T^i$
$-\ 0{,}020344766 \cdot T^5$	$-\ 0{,}043793390 \cdot T^5$	$-\ 0{,}092650141 \cdot T^5$	
$-\ 0{,}062557328 \cdot T^6$	$-\ 0{,}052832550 \cdot T^6$	$-\ 0{,}044735384 \cdot T^6$	
$-\ 0{,}001514990 \cdot T^7$	$-\ 0{,}013742336 \cdot T^7$	$+\ 0{,}011093516 \cdot T^7$	$T = +\ 1{,}462756426 + 0{,}667616401 \cdot \ln \beta_{Mx}$
			$-1{,}00 \le T \le +1{,}00$
$\gamma = 50$	$\gamma = 75$	$\gamma = 100$	
$a_i \quad \cdot T^i$	$a_i \quad \cdot T^i$	$a_i \quad \cdot T^i$	$\beta_{Mx} = \beta \cdot K_{Lx}$
$-\ 1{,}216599190$	$-\ 1{,}320344130$	$-\ 1{,}401189271$	
$-\ 0{,}607402914 \cdot T$	$-\ 0{,}770660149 \cdot T$	$-\ 0{,}928194135 \cdot T$	$\beta = \dfrac{\sqrt[3]{b \cdot h^2}}{2 \cdot R_m}$
$-\ 0{,}373373703 \cdot T^2$	$-\ 0{,}286894393 \cdot T^2$	$-\ 0{,}289980196 \cdot T^2$	
$+\ 0{,}385544894 \cdot T^3$	$+\ 0{,}686616998 \cdot T^3$	$+\ 0{,}940404008 \cdot T^3$	$0{,}025 \le \beta_{Mx} \le 0{,}500$
$+\ 0{,}358987506 \cdot T^4$	$+\ 0{,}334367389 \cdot T^4$	$+\ 0{,}393319939 \cdot T^4$	
$-\ 0{,}348108413 \cdot T^5$	$-\ 0{,}601557360 \cdot T^5$	$-\ 0{,}795981822 \cdot T^5$	$\gamma = \dfrac{R_m}{e}$
$-\ 0{,}188042953 \cdot T^6$	$-\ 0{,}185124818 \cdot T^6$	$-\ 0{,}201417881 \cdot T^6$	
$+\ 0{,}108427972 \cdot T^7$	$+\ 0{,}201794843 \cdot T^7$	$+\ 0{,}274662637 \cdot T^7$	
$\gamma = 150$	$\gamma = 200$	$\gamma = 300$	
$a_i \quad \cdot T^i$	$a_i \quad \cdot T^i$	$a_i \quad \cdot T^i$	$15 \le \gamma \le 300$
$-\ 1{,}519736842$	$-\ 1{,}630187247$	$-\ 1{,}742029352$	
$-\ 0{,}984495637 \cdot T$	$-\ 1{,}011284848 \cdot T$	$-\ 0{,}822865292 \cdot T$	
$-\ 0{,}029213477 \cdot T^2$	$+\ 0{,}356533233 \cdot T^2$	$+\ 0{,}413690111 \cdot T^2$	
$+\ 1{,}000543891 \cdot T^3$	$+\ 1{,}135622496 \cdot T^3$	$+\ 0{,}373711878 \cdot T^3$	
$+\ 0{,}012741645 \cdot T^4$	$-\ 0{,}738628039 \cdot T^4$	$-\ 0{,}586212035 \cdot T^4$	
$-\ 0{,}794741953 \cdot T^5$	$-\ 1{,}111087702 \cdot T^5$	$-\ 0{,}199464464 \cdot T^5$	
$-\ 0{,}013892540 \cdot T^6$	$+\ 0{,}423592781 \cdot T^6$	$+\ 0{,}262602895 \cdot T^6$	
$+\ 0{,}230110703 \cdot T^7$	$+\ 0{,}410839122 \cdot T^7$	$+\ 0{,}036269700 \cdot T^7$	

Anhang 2 zum AD 2000-Merkblatt S 3/4

Erläuterungen

Die Formel (19) ist aus der in [5], Tafel 24, Fall 21, angegebenen Formel für die maximale Spannung in einer durch ein Moment belasteten eingespannten Kreisplatte abgeleitet. Für das Verhältnis des Durchmessers des belasteten Kernbereichs zum Außendurchmesser der Platte wird der Wert 0,8 eingesetzt.

Die näherungsweise Übertragung der Formel auf eine Quadrat- bzw. eine Rechteckplatte erfolgt nach [1], Appendix A, Abschnitt 4.2.2.

Für die Spannung an der Oberfläche des Verstärkungsblechs wird der Wert $1{,}5 \cdot f_v$ zugelassen.

ICS 23.020.30   Ausgabe Januar 2003

Sonderfälle	Allgemeiner Standsicherheitsnachweis für Druckbehälter Behälter mit Ringlagerung	AD 2000-Merkblatt S 3/5

Die AD 2000-Merkblätter werden von den in der „Arbeitsgemeinschaft Druckbehälter" (AD) zusammenarbeitenden, nachstehend genannten sieben Verbänden aufgestellt. Aufbau und Anwendung des AD 2000-Regelwerkes sowie die Verfahrensrichtlinien regelt das AD 2000-Merkblatt G1.

Die AD 2000-Merkblätter enthalten sicherheitstechnische Anforderungen, die für normale Betriebsverhältnisse zu stellen sind. Sind über das normale Maß hinausgehende Beanspruchungen beim Betrieb der Druckbehälter zu erwarten, so ist diesen durch Erfüllung besonderer Anforderungen Rechnung zu tragen.

Wird von den Forderungen dieses AD 2000-Merkblattes abgewichen, muss nachweisbar sein, dass der sicherheitstechnische Maßstab dieses Regelwerkes auf andere Weise eingehalten ist, z.B. durch Werkstoffprüfungen, Versuche, Spannungsanalyse, Betriebserfahrungen.

Fachverband Dampfkessel-, Behälter- und Rohrleitungsbau e.V. (FDBR), Düsseldorf
Hauptverband der gewerblichen Berufsgenossenschaften e.V., Sankt Augustin
Verband der Chemischen Industrie e.V. (VCI), Frankfurt/Main
Verband Deutscher Maschinen- und Anlagenbau e.V. (VDMA), Fachgemeinschaft Verfahrenstechnische Maschinen und Apparate, Frankfurt/Main
Verein Deutscher Eisenhüttenleute (VDEh), Düsseldorf
VGB PowerTech e.V., Essen
Verband der Technischen Überwachungs-Vereine e.V. (VdTÜV), Essen

Die AD 2000-Merkblätter werden durch die Verbände laufend dem Fortschritt der Technik angepasst. Anregungen hierzu sind zu richten an den Herausgeber:

Verband der Technischen Überwachungs-Vereine e.V., Postfach 10 38 34, 45038 Essen.

Inhalt

0 Präambel
1 Geltungsbereich
2 Allgemeines
3 Formelzeichen und Einheiten
4 Berechnung
5 Vorhandene Gesamtkraft

6 Zulässige Schnittgrößen des Ringes
7 Globaler Tragfähigkeitsnachweis des Ringes
8 Lokaler Tragfähigkeitsnachweis
9 Schrifttum

Anhang 1: Erläuterung zum AD 2000-Merkblatt S 3/5

0 Präambel

Zur Erfüllung der grundlegenden Sicherheitsanforderungen der Druckgeräte-Richtlinie kann das AD 2000-Regelwerk angewandt werden, vornehmlich für die Konformitätsbewertung nach den Modulen „G" und „B + F".

Das AD 2000-Regelwerk folgt einem in sich geschlossenen Auslegungskonzept. Die Anwendung anderer technischer Regeln nach dem Stand der Technik zur Lösung von Teilproblemen setzt die Beachtung des Gesamtkonzeptes voraus.

Bei anderen Modulen der Druckgeräte-Richtlinie oder für andere Rechtsgebiete kann das AD 2000-Regelwerk sinngemäß angewandt werden. Die Prüfzuständigkeit richtet sich nach den Vorgaben der jeweiligen Rechtsgebiete.

1 Geltungsbereich

Dieses AD 2000-Merkblatt dient der Berechnung von Tragringen und Ringträgern. Tragringe sind mit dem Behälter fest verschweißt, die Behälterwand übernimmt einen Teil der Belastung. Ringträger sind selbsttragende, mit dem Behälter nicht verbundene Ringe. Die Lagerung erfolgt auf einer Anzahl gleichmäßig verteilter Stützen oder auf dem gesamten Ringumfang.

2 Allgemeines

Dieses AD 2000-Merkblatt ist nur in Zusammenhang mit AD 2000-Merkblatt S 3/0 anzuwenden.

Das in diesem AD 2000-Merkblatt dargestellte Berechnungsverfahren ist ein Auszug aus [1]. Es werden globale und lokale Berechnungsmöglichkeiten für den Ring angegeben. Wegen der verschiedenartigen Gestaltungsmöglichkeiten der Segmentenden und Verschraubungen bei Ringträgern werden für diese nur die Momenten- und Querkraftverläufe angegeben.

Für die Berechnung nach diesem AD 2000-Merkblatt gelten folgende Voraussetzungen:

– das Profil ist konstant über den Umfang;
– bei offenen Profilen sind Rippen eingesetzt, um die Querschnittsform zu erhalten (siehe Abschnitt 8.3);
– die Profile sind dünnwandig mit Ausnahme des rechteckigen Vollprofils, d. h. $b/e > 5$ und $h/e > 5$;

Ersatz für Ausgabe Oktober 2000;	= Änderungen gegenüber der vorangehenden Ausgabe

Die AD 2000-Merkblätter sind urheberrechtlich geschützt. Die Nutzungsrechte, insbesondere der Übersetzung, des Nachdrucks, der Entnahme von Abbildungen, die Wiedergabe auf fotomechanischen Wege und die Speicherung in Datenverarbeitungsanlagen, bleiben, auch bei auszugsweiser Verwertung, dem Urheber vorbehalten.

- die Belastung über den Umfang des Ringes ist nicht erzwungenermaßen konstant, z. B. durch eine weiche Lagerung des Behälters;
- die Stützen sind gleichmäßig verteilt und tragen gleichmäßig;
- die Konstruktionstypen entsprechen Bild 2;
- die Werkstoffe sind zäh;
- der Betrag der bezogenen Hebelarme β, δ (Formeln (4), (5)) ist $\leq |0,2|$.

3 Formelzeichen und Einheiten

Über die Festlegungen des AD 2000-Merkblattes B 0 hinaus gilt:

d_1, d_2	Innen-, Außendurchmesser des Behälters	in mm
d_3, d_4	Innen-, Außendurchmesser des Ringes	in mm
d_5	Durchmesser zum Querkraftmittelpunkt	in mm
d_6	Durchmesser zur Streckenlast	in mm
d_7	Durchmesser zur Stützkraft	in mm
e_1	Wanddicke des Behälters	in mm
e_3, e_4, e_5	Wanddicken des Ringes	in mm
e_6	Wanddicke der Versteifungsrippe	in mm
f	zulässige Beanspruchung (siehe AD 2000-Merkblatt S 3/0)	in N/mm²
f_B	zulässige Beanspruchung des Behälterwerkstoffes	in N/mm²
f_R	zulässige Beanspruchung des Rippenwerkstoffes	in N/mm²
f_T	zulässige Beanspruchung des Ringwerkstoffes	in N/mm²
f_T^*	reduzierte zulässige Beanspruchung des Ringwerkstoffes	in N/mm²
g	Schweißnahtdicke	in mm
m_b	zulässiges Einheitsbiegemoment (Tafel 1)	in N mm
m_t	zulässiges Einheitstorsionsmoment (Tafel 1)	in N mm
n_s	Stützenzahl	–
q	vorhandene Linienlast	in N
q_t	zulässige Einheitsquerkraft (Tafel 1)	in N
t_0	Abstand	in mm
u	Rippenbreite	in mm
w	Rippenhöhe	in mm
y	Verhältnis Rippenhöhe zu -breite	–
A_T	Querschnittsfläche des Ringes (Bild 2)	in mm²
F	vorhandene Gesamtkraft, je nach Lastfall	in N
zul F_s	zul. Kraft pro Stütze, je nach Lastfall	in N
G	Eigenlast des Behälters, je nach Lastfall	in N
M	Biegemoment im Behälter aus äußeren Lasten auf Ringhöhe, je nach Lastfall	in N mm
M_t	Torsionsmoment im Ringquerschnitt, je nach Lastfall	in N mm
zul M_t	zulässiges Torsionsmoment (für Ringquerschnitt nur durch Torsion belastet)	in N mm
M_b	Biegemoment im Ringquerschnitt	in N mm
zul M_b	zulässiges Biegemoment (für Ringquerschnitt nur durch Biegung belastet)	in N mm
Q	Querkraft im Ringquerschnitt	in N
zul Q	zulässige Querkraft (für Ringquerschnitt nur durch Querkraft belastet)	in N
W_b	Widerstandsmoment gegen Biegung	in mm³
W_t	Torsionswiderstandsmoment	in mm³
Z_0, Z_1	Beiwerte, Parameter	–
α	Öffnungswinkel zwischen zwei Stützen	in °
β	bezogener Hebelarm der Stützenkraft	–
δ	bezogener Hebelarm der Streckenlast	–
ε	Dehnungszahl für Beulnachweis	–
τ	Winkelkoordinate (Bild 1)	in °

4 Berechnung

4.1 Festigkeitsnachweise des Ringes

Für das gewählte Profil ist für alle relevanten Lastfälle nachzuweisen, dass die vorhandene fiktive Gesamtkraft F gemäß Abschnitt 5 kleiner ist als die zulässige Kraft gemäß Formel (3).

4.2 Lokale Nachweise

Gemäß Abschnitt 8 sind die Schweißnähte, Rippen und eventuelle Schraubverbindungen nachzuweisen. Die Formeln (6) bis (9) geben den Schnittgrößenverlauf zwischen den Stützen an. Der Nachweis kann mit diesen Größen geführt werden. Bei einem Verzicht auf eine detaillierte Schnittgrößenermittlung sind die lokalen Nachweise mit den zulässigen Schnittgrößen nach Formel (2) zu führen.

5 Vorhandene Gesamtkraft

Die vorhandene fiktive Gesamtkraft F ergibt sich gemäß AD 2000-Merkblatt S 3/0 Abschnitt 4.4 zu

$$F = N_{Fd}$$

Bei gleichmäßiger Lagerung ist

$$F = G + \frac{4 \cdot M}{d_7}$$

6 Zulässige Schnittgrößen des Ringes

Für Ringträger und Tragringe vom Typ I ist die zulässige Ringspannung f_T und für Tragringe vom Typ II die zulässige reduzierte Ringspannung

$$f_T^* = f_T \cdot \left(1 - \frac{p \cdot h \cdot d_1}{20 \cdot A_T \cdot f_T}\right) \quad (1)$$

maßgebend.

Die zulässigen Schnittgrößen im Ring ergeben sich durch Multiplikation der zulässigen Einheitsgrößen gemäß Tafel 1 mit der zulässigen bzw. reduzierten zulässigen Spannung:

$$\begin{aligned} \text{zul } M_t &= f_T \cdot m_t \quad \text{bzw.} \quad f_T^* \cdot m_t \\ \text{zul } M_b &= f_T \cdot m_b \quad \text{bzw.} \quad f_T^* \cdot m_b \\ \text{zul } Q &= f_T \cdot q_t \quad \text{bzw.} \quad f_T^* \cdot q_t \end{aligned} \quad (2)$$

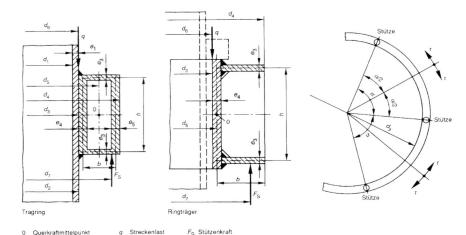

0 Querkraftmittelpunkt   q Streckenlast F_S Stützenkraft

Bild 1. Prinzipbild

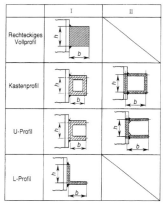

(Die schraffierte Fläche entspricht der Querschnittsfläche A_T des Ringes)

Bild 2. Konstruktionstypen für Tragringe

7 Globaler Tragfähigkeitsnachweis des Ringes

Die zulässige Kraft als Einzellast auf die Stütze ergibt sich als das Minimum aus der zulässigen Biegemomentenbelastung und der zulässigen Querkraftbelastung zu

$$\text{zul } F_s = \min \left\{ \begin{array}{l} \dfrac{4 \cdot \pi \cdot \text{zul } M_b}{d_4 \cdot \sqrt{Z_0^2 + Z_1^2} \cdot (\text{zul } M_b/\text{zul } M_t)^2} \\ 2 \cdot \text{zul } Q \end{array} \right\} \quad (3)$$

Bei gleichmäßiger Lagerung ist

$$\text{zul } F = \dfrac{4 \cdot \pi \cdot \text{zul } M_b}{|\beta - \delta| \cdot d_4} \quad (3a)$$

Die Werte für Z_0 und Z_1 können der nachfolgenden Tabelle entnommen werden. Die Anwendung dieser Werte führt zu konservativen Ergebnissen. Genauer können die zulässigen Kräfte mit den Z_0- und Z_1-Werten aus Anhang 1 ermittelt werden.

n_S	Z_0	Z_1
2	1,8	1,1
3	1,9	0,7
4	2,1	0,7
6	2,7	0,7
8	3,5	0,7

Die bezogenen Hebelarme β und δ errechnen sich nach Formel (4) und (5) mit den Durchmessern nach Bild 1 zu

$$-0{,}2 \leq \beta = \dfrac{d_7 - d_5}{d_4} \leq 0{,}2 \quad (4)$$

$$-0{,}2 \leq \delta = \dfrac{d_6 - d_5}{d_4} \leq 0{,}2, \quad (5)$$

wobei für außenliegende Ringe
$d_5 = d_3 + e_4 + 2 \cdot t_0$
und für innenliegende Ringe
$d_5 = d_4 - e_4 - 2 \cdot t_0$
ist. Für geschlossene Querschnitte ist t_0 Tafel 1 zu entnehmen. Für offene Ringquerschnitte ist $t_0 = 0$.

8 Lokaler Tragfähigkeitsnachweis

Für die Tragfähigkeitsnachweise an einzelnen Stellen des Ringes bzw. des Ringquerschnittes sind z. B. die Schweißnähte und eventuell vorhandene Schraubverbindungen nachzuweisen.

Tafel 1. Zulässige Einheitsschnittgrößen

	m_t	m_b	q_t	t_0
(Rechteck)	für $h \geq b$: $\left(\dfrac{h \cdot b^2}{4} - \dfrac{b^3}{12}\right)$ für $h \leq b$: $\left(\dfrac{b \cdot h^2}{4} - \dfrac{h^3}{12}\right)$	$\dfrac{b \cdot h^2}{4}$	$\dfrac{b \cdot h}{2}$	$\dfrac{b}{2}$
(Kastenprofil)	$b \cdot h \cdot \min\{e_3; e_4; e_5\}$ $e_3 \cdot e_4 \cdot e_5 \neq 0$	$\left[e_3 \cdot b \cdot h + (e_4 + e_5) \cdot \dfrac{h^2}{4}\right]$	$(e_4 + e_5) \cdot \dfrac{h}{2}$	$\dfrac{b \cdot e_5}{e_4 + e_5}$
(L-Profil)	$\left(\dfrac{e_3^2 \cdot b}{2} + \dfrac{e_4^2 \cdot h}{4}\right)$	$\left(e_3 \cdot b \cdot h + \dfrac{e_4 \cdot h^2}{4}\right)$	$\dfrac{e_4 \cdot h}{2}$	0
(U-Profil)	$\left(\dfrac{e_3^2 \cdot b}{4} + \dfrac{e_4^2 \cdot h}{4}\right)$	$\left[\dfrac{\dfrac{e_4 \cdot h^2}{4} \cdot \left[4 e_3 \cdot b \cdot (e_3 \cdot b + e_4 \cdot h) + e_4^2 \cdot h^2\right]}{(e_3 \cdot b + e_4 \cdot h)^2}\right]$	$\dfrac{e_4 \cdot h}{2}$	0

8.1 Schnittgrößenverteilung

Der Schnittgrößenverlauf zwischen den Auflagerpunkten lässt sich für eine endliche Zahl von Stützen mit Hilfe der Formeln (6) bis (8) ermitteln. In Abhängigkeit vom Winkel τ (siehe Bild 1) ergeben sich mit $\tilde{g} = \pi/n_s$ folgende Schnittgrößen

$$M_b = \left[\dfrac{\tilde{g}}{\sin(\tilde{g})} (1 + \beta) \cdot \cos(\tau) - (1 + \delta)\right.$$
$$\left.\cdot \left(1 \pm \dfrac{\cos(n_s \cdot \tau)}{n_s^2 - 1}\right)\right] \cdot F \cdot \dfrac{d_4}{4\pi} \quad (6)$$

$$M_t = \left[-\dfrac{\tilde{g}}{\sin(\tilde{g})} (1 + \beta) \cdot \sin(\tau) + \tau \pm (1 + n_s^2 \cdot \delta)\right.$$
$$\left.\cdot \dfrac{\sin(n_s \cdot \tau)}{n_s (n_s^2 - 1)}\right] \cdot F \cdot \dfrac{d_4}{4\pi} \quad (7)$$

$$Q = \left(\tau \pm \dfrac{\sin(n_s \cdot \tau)}{n_s}\right) \cdot F \cdot \dfrac{1}{2\pi} \quad (8)$$

Die Schnittgrößen nach den Formeln (6) bis (8) sind jeweils für das positive und das negative Vorzeichen in den Klammerausdrücken zu berechnen und mit dem jeweils größeren Wert der weiteren Berechnung zugrunde zu legen.

Für eine gleichmäßige Lagerung sind die Größen nach Formel (9) und (10) zu ermitteln.

$$M_b = (\beta - \delta) \cdot F \cdot \dfrac{d_4}{4 \cdot \pi} \quad (9)$$

$$M_t = Q = 0 \quad (10)$$

Vereinfacht können die zulässigen Größen nach Formel (2) der Berechnung zugrunde gelegt werden.

8.2 Schweißnähte

8.2.1 Schweißnähte zur Verbindung Behälter – Ring

Mit dem Festigkeitsnachweis nach Abschnitt 7 sind die Verbindungsnähte zwischen Behälter und Ring nachgewiesen, wenn das g-Maß größer oder gleich der dünnsten anschließenden Ringwanddicke und kleiner oder gleich der Behälterwanddicke ist. Wenn diese Bedingungen nicht eingehalten werden, ist ein detaillierter Nachweis erforderlich.

8.2.2 Radiale Schweißnähte im Ring

An Stoßstellen der Ringsegmente sind die erforderlichen Nähte für Schweißnahtfaktoren <1 wie folgt nachzuweisen:

$$f_T^* \geq \dfrac{1}{v} \left[\left[\dfrac{M_b}{W_b}\right]^2 + 3 \left[\dfrac{|M_t|}{W_t} + \dfrac{|Q|}{A_T}\right]^2\right]^{1/2} \quad (11)$$

mit v = Schweißnahtfaktor.

8.2.3 Umlaufende Nähte im Ring

Für umlaufende Schweißnähte in Ringen mit Kastenprofilquerschnitt (Bild 3) auf Einzelstützen sind für die Nähte 1, 2 und 3 nachzuweisen, dass

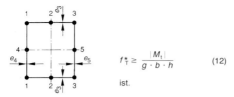

$$f_T^* \geq \frac{|M_t|}{g \cdot b \cdot h} \quad (12)$$

ist.

Bild 3. Schweißnähte

Für die Schweißnähte 4 und 5 muss

$$f_T^* \geq \frac{1}{g_i \cdot v} \cdot \left(\frac{|M_t|}{b \cdot h} + \frac{2 \cdot |Q| \cdot e_i}{h \cdot (e_4 + e_5)} \right) \quad (13)$$

sein, mit i = 4, 5.
Bei offenen Profilen und gleichmäßig aufliegenden Ringen wird als Mindestwert $g \geq 0,5 \cdot e_{min}$ empfohlen.

8.3 Beulnachweise

Zur Erhaltung der Formstabilität und zur Einleitung der Stützenlasten werden Rippen vorgesehen. Diese werden gleichmäßig über den Umfang verteilt. Falls in Ausnahmefällen über den Stützen keine Rippen angeordnet werden können, muss der Lasteinleitungsbereich analog AD 2000-Merkblatt S 3/1 nachgewiesen werden.

8.3.1 Nachweis der Rippen

Die Rippen sind gegen Beulen infolge der Auflagerkraft nachzuweisen. Ist Formel (14) erfüllt, so besteht keine Beulgefahr.

$$Q \leq f_R \cdot u \cdot e_6 \cdot \Phi \quad (14)$$

mit

$$\Phi = \frac{1}{\sqrt{1 + \left[\frac{\varepsilon}{C_2} \cdot \left(\frac{u}{10 \cdot e_6} \right)^2 \right]^2}} \quad (15)$$

und Q aus Formel (8) sowie e_6 und u aus Bild 4. Bei Rippen über den Stützen ist $Q = F/n_s$.
Die Dehnungszahl ε ist gleich

$$\varepsilon = 10^3 \cdot \frac{f_R}{E} \quad (16)$$

Hierbei ist ε für Raumtemperatur zu ermitteln.

Mit $y = \frac{w}{u}$ (17)

ergibt sich der Faktor C_2
für Kastenprofile
$y \leq 1 \quad C_2 = 6 \cdot (y + 1/y)^2$
$y > 1 \quad C_2 = 24$

für offene Profile
$y \leq 1,64 \quad C_2 = 6 \cdot (0,56 + (1/y)^2 + 0,13 \cdot y^2)$
$y > 1,64 \quad C_2 = 7,7$

mit u = Rippenbreite und w = Rippenhöhe (Bild 4). Rippen über den Stützen sind mit $Q = F/n_s$ nachzuweisen.

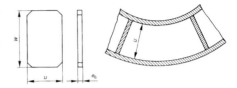

Bild 4. Rippen

Die im L-förmigen Tragring über den Lagerstellen angeordneten Rippen müssen noch hinsichtlich ihrer Tragfähigkeit z. B. sinngemäß mit Hilfe von AD 2000-Merkblatt S 3/4 Abschnitt 7.3 nachgewiesen werden.

8.3.2 Nachweis der Gurtbleche

Die Ober- und Untergurtbleche des Ringes sind gegen Beulen aus Biegung nachzuweisen. Wenn Formel (18) erfüllt ist, besteht keine Beulgefahr.

$$\frac{u}{e_3} \leq 10 \cdot \sqrt{\frac{D}{\varepsilon}} \quad (18)$$

$D = 24,0$ für Kastenprofile,
$D = 7,7$ für offene Profile.

9 Schrifttum

[1] Richtlinienkatalog Festigkeit RKF, Teil 2, BR-A65 (Ringträger und Tragringe), 3. Aufl. 1979. VEB Komplette Chemieanlagen Dresden (jetzt Linde-KCA-Dresden GmbH).

Anhang 1 zum AD 2000-Merkblatt S 3/5

Erläuterung zum AD 2000-Merkblatt S 3/5
Zu Abschnitt 7:

Beim globalen Tragfähigkeitsnachweis wurden gegenüber [1] folgende Vereinfachungen vorgenommen:
- Ein evtl. vorhandenes Mittragen der Behälterwand wurde bei der Tragringberechnung nicht berücksichtigt. (Mit der Bezeichnung nach [1]: $K_2 = 1$.)

- Die Z_0- und Z_1-Werte sind nicht nur von n_s, sondern auch von β und δ abhängig. In der Tabelle sind nur die im Parameterbereich $-0{,}2 \leq \beta \leq 0{,}2$ und $-0{,}2 \leq \delta \leq 0{,}20$ vorkommenden Maximalwerte genannt. Das mit diesen Werten ermittelte Ergebnis ist in der Regel sehr konservativ. Die genauen Z_0- und Z_1-Werte können aus den Bildern A 1 bis A 4, die von [1] übernommen wurden, ermittelt werden.

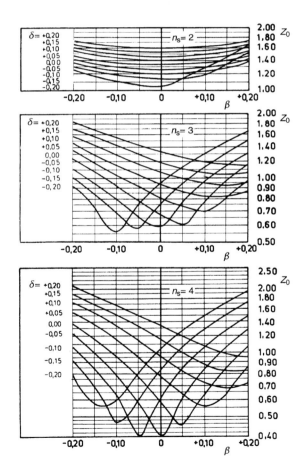

Bild A 1. Parameter Z_0 für $ns = 2$, 3 und 4

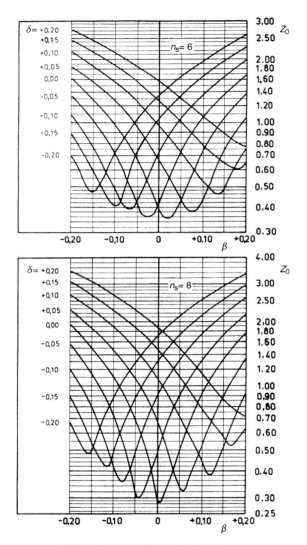

Bild A 2. Parameter Z_0 für n_s = 6 und 8

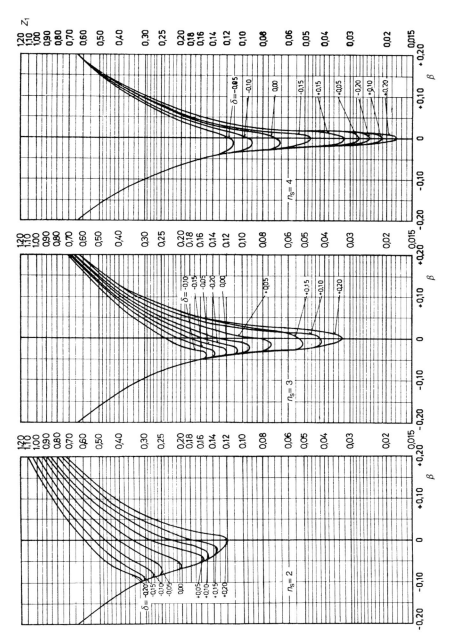

Bild A 3. Parameter Z_1 für $n_s = 2$, 3 und 4

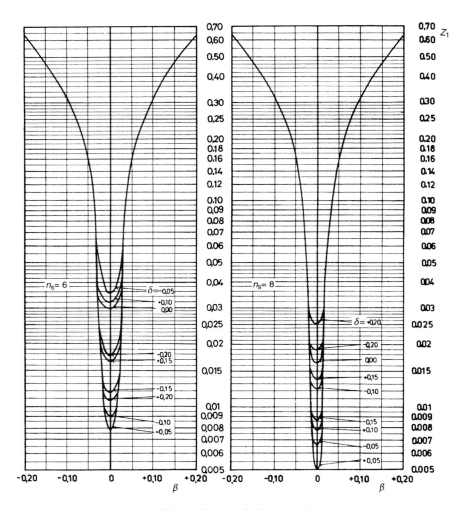

Bild A 4. Parameter Z_1 für n_s = 6 und 8

ICS 23.020.30 Ausgabe September 2001

Sonderfälle	Allgemeiner Standsicherheitsnachweis für Druckbehälter Behälter mit Stutzen unter Zusatzbelastung	AD 2000-Merkblatt S 3/6

Die AD 2000-Merkblätter werden von den in der „Arbeitsgemeinschaft Druckbehälter" (AD) zusammenarbeitenden, nachstehend genannten sieben Verbänden aufgestellt. Aufbau und Anwendung des AD 2000–Regelwerkes sowie die Verfahrensrichtlinien regelt das AD 2000-Merkblatt G1.

Die AD 2000-Merkblätter enthalten sicherheitstechnische Anforderungen, die für normale Betriebsverhältnisse zu stellen sind. Sind über das normale Maß hinausgehende Beanspruchungen beim Betrieb der Druckbehälter zu erwarten, so ist diesen durch Erfüllung besonderer Anforderungen Rechnung zu tragen.

Wird von den Forderungen dieses AD 2000-Merkblattes abgewichen, muss nachweisbar sein, dass der sicherheitstechnische Maßstab dieses Regelwerkes auf andere Weise eingehalten ist, z.B. durch Werkstoffprüfungen, Versuche, Spannungsanalyse, Betriebserfahrungen.

Fachverband Dampfkessel-, Behälter- und Rohrleitungsbau e.V. (FDBR), Düsseldorf
Hauptverband der gewerblichen Berufsgenossenschaften e.V., Sankt Augustin
Verband der Chemischen Industrie e.V. (VCI), Frankfurt/Main
Verband Deutscher Maschinen- und Anlagenbau e.V. (VDMA), Fachgemeinschaft Verfahrenstechnische Maschinen und Apparate, Frankfurt/Main
Verein Deutscher Eisenhüttenleute (VDEh), Düsseldorf
VGB PowerTech e.V., Essen
Verband der Technischen Überwachungs-Vereine e.V. (VdTÜV), Essen

Die AD 2000-Merkblätter werden durch die Verbände laufend dem Fortschritt der Technik angepasst. Anregungen hierzu sind zu richten an den Herausgeber:

Verband der Technischen Überwachungs-Vereine e.V., Postfach 10 38 34, 45038 Essen.

Inhalt

0 Präambel
1 Geltungsbereich
2 Allgemeines
3 Formelzeichen und Einheiten
4 Einzelspannungen
5 Festigkeitsbedingung
6 Schrifttum
Anhang 1: Erläuterungen zum AD 2000-Merkblatt S 3/6

0 Präambel

Zur Erfüllung der grundlegenden Sicherheitsanforderungen der Druckgeräte-Richtlinie kann das AD 2000-Regelwerk angewandt werden, vornehmlich für die Konformitätsbewertung nach den Modulen „G" und „B + F".

Das AD 2000-Regelwerk folgt einem in sich geschlossenen Auslegungskonzept. Die Anwendung anderer technischer Regeln nach dem Stand der Technik zur Lösung von Teilproblemen setzt die Beachtung des Gesamtkonzeptes voraus.

Bei anderen Modulen der Druckgeräte-Richtlinie oder für andere Rechtsgebiete kann das AD 2000-Regelwerk sinngemäß angewandt werden. Die Prüfzuständigkeit richtet sich nach den Vorgaben des jeweiligen Rechtsgebietes.

1 Geltungsbereich

Dieses AD 2000-Merkblatt dient der Berechnung von örtlichen statischen oder quasistatischen Beanspruchungen der Druckbehälterwandung im Bereich der Verbindung von Grundschale und Stutzen infolge Druckbelastung und zusätzlich angreifenden äußeren Kräften und Momenten. Die Stutzenlage wird im Allgemeinen senkrecht zur Grundschale (radial) vorausgesetzt; bei Stutzen im Kalotten- und Krempenbereich von gewölbten Böden kann die Stutzenachse parallel zur Behälterachse angeordnet sein. Haben Stutzen an Behältern Tragfunktion für den Behälter, so sind ggf. weitergehende Betrachtungen erforderlich.

Ein Nachweis ist nicht erforderlich, wenn folgende Bedingungen gleichzeitig eingehalten werden:

– Das Stutzenrohr muss volltragend mit der Grundschale verbunden sein.
– Die Mindestwanddicke des Stutzenrohres muss bei ferritischen Werkstoffen DIN 28 115, bei austenitischen Werkstoffen DIN 28 025 Teil 1 oder Teil 2 entsprechen.
– Stützweiten und Flexibilitätsverhalten der anschließenden Rohrleitung müssen der Stutzwertetabelle bzw. dem Flexibilitätsnomogramm für AD 2000-Merkblatt der Reihe HP 100 R genügen.
– Der Durchmesser des Stutzens d_i darf nicht größer als $0,3 \cdot D_i$ sein.
– Die Auslegung gegen Innendruck nach den AD 2000-Merkblättern B 3 bzw. B 9 und B 1 muss mit einem um 10 % erhöhten Innendruck erfolgen, wobei eine evtl. notwendige Verstärkung in der Grundschale und/oder im Stutzen vorgenommen werden muss.

Ersatz für Ausgabe Oktober 2000; | = Änderungen gegenüber der vorangehenden Ausgabe

Die AD 2000-Merkblätter sind urheberrechtlich geschützt. Die Nutzungsrechte, insbesondere die der Übersetzung, des Nachdrucks, der Entnahme von Abbildungen, die Wiedergabe auf fotomechanischem Wege und die Speicherung in Datenverarbeitungsanlagen bleiben, auch bei auszugsweiser Verwertung, dem Urheber vorbehalten.

– Die Auslegung erfolgt nicht gegen Versagen durch Überschreiten der Zeitstandfestigkeit.

2 Allgemeines

Dieses AD 2000-Merkblatt ist nur in Zusammenhang mit AD 2000-Merkblatt S 3/0 anzuwenden.

Äußere Lasten an Stutzen sind häufig durch Rohrleitungsreaktionen bedingt. Um zu realistischen Rohrleitungsreaktionen zu gelangen, sollten die wesentlichen Nachgiebigkeiten des Behälters, insbesondere die im Bereich des betroffenen Stutzens, als Federsteifigkeit des Rohrsystems in der Rohrleitungsberechnung berücksichtigt werden.

Die Nachgiebigkeiten von Stutzen können bei Kugeln nach [1], bei Zylindern nach [1] oder [3] abgeschätzt werden.

Ungeachtet der Wahl des Verfahrens zur Berücksichtigung von Zusatzspannungen muss eine Auslegung gegen Beanspruchungen aus Innen- bzw. Außendruck, unabhängig von der Lage des jeweiligen Stutzens, nach den AD 2000-Merkblättern B 9 und B 1 bzw. B 3 erfolgen.

Unabhängig von der Wahl der Quelle zur Bestimmung von Einzelspannungen sind die in den jeweiligen Quellen angegebenen Anwendungsgrenzen zu beachten.

3 Formelzeichen und Einheiten

Über die Festlegungen des AD 2000-Merkblattes B 0 hinaus gilt:

$a\,(e_S/e_A)$	Formelabkürzung	–
$b\,(e_S/e_A)$	Formelabkürzung	–
c_i	(i = 1, 2) Zuschläge zur Wanddicke gem. AD 2000-Merkblatt B 0	in mm
d_i	Innendurchmesser des Stutzenrohres	in mm
e_A	Wanddicke am Ausschnittrand der Grundschale ohne Zuschläge	in mm
e_S	Wanddicke am Stutzen ohne Zuschläge	in mm
$\overline{K}$	fiktive Festigkeitsreserve für Stutzenzusatzlasten	in N/mm²
D_i	Innendurchmesser des Grundrohres	in mm
α	Spannungserhöhungsfaktor	–
ϱ	Ausnutzung der Festigkeit durch Druck	–
ψ	Geometriefaktor	–

4 Einzelspannungen

4.1 Stutzen in Kugeln

Die resultierende maximale Spannungskomponente kann als Vergleichsspannung nach [1], Abschnitt G.2.5, unter Berücksichtigung von Spannungen aus Druck- und Zusatz-Belastungen bestimmt werden.

4.1.1 Spannungen infolge Druckbelastung

Einzelspannungen aus Innen- bzw. Außendruckbelastung können nach Verfahren der Literatur ermittelt werden. Der Anhang enthält konkrete Literaturhinweise.

Abschnitt 5.3 erlaubt eine Formulierung ohne explizite Ermittlung dieser Spannungen.

4.1.2 Spannungen infolge Zusatzlasten

Die Spannungen können, abhängig vom Ort, nach Abschnitt 3 von [2] bestimmt werden. Die Ermittlung der Vergleichsspannungen nach *von Mises* oder nach *Tresca* muss sowohl für die Membran- als auch für die Gesamtspannungen vorzeichengerecht an jedem der acht Orte erfolgen.

4.2 Stutzen in Zylindern

Die resultierende maximale Vergleichsspannung, die sich aus Beanspruchungen aus Innendruck und Zusatzlasten zusammensetzt, kann nach [1], Abschnitt G.2.3, bestimmt werden.

4.2.1 Spannungen infolge Druckbelastung

Einzelspannungen aus Innen- bzw. Außendruckbelastungen können z. B. [4] oder [5] entnommen werden. Sofern dies die Anwendungsgrenzen zulassen, sollte [4] bevorzugt werden. Die in [5] angegebenen Kurven für die Spannungserhöhung durch Druckbelastung können nach [6] durch folgende Gleichungen angenähert werden:

$$\alpha = 2{,}2 + e^{a(e_S/e_A)} \cdot \psi^{b(e_S/e_A)}$$

mit $a\,(e_S/e_A) = -1{,}14 \cdot (e_S/e_A)^2 - 0{,}89\,(e_S/e_A) + 1{,}43$

$b\,(e_S/e_A) = 0{,}326 \cdot (e_S/e_A)^2 - 0{,}59\,(e_S/e_A) + 1{,}08$

und $\psi = [(d_i + e_S)/(D_i + e_A)] \cdot [(D_i + e_A)/2 - e_A]^{0{,}5}$

Die mit dem Faktor α erweiterte Spannung aus der globalen Beanspruchung durch Innendruck (Kesselformel) ergibt die Gesamtspannung im Verschneidungsbereich. Sie enthält die globalen und auch alle lokalen Anteile.

4.2.2 Spannungen infolge Zusatzlasten

Die Spannungen können nach Abschnitt 4 von [2] oder nach [3] bestimmt werden, sofern folgende Bedingungen erfüllt sind:

$$\frac{e_A - c_1 - c_2}{D_a} \geq 0{,}0017$$

$$\frac{e_S}{e_A} \geq 0{,}5$$

Außerhalb dieses Bereiches müssen die Spannungen nach [3] ermittelt werden.

Die Ermittlung der Vergleichsspannungen in Form von Membran- und Gesamtspannungen muss wiederum an jedem der in beiden Quellen betrachteten acht Orte erfolgen und kann wahlweise mit der Vergleichsspannungshypothese nach *Tresca* oder nach *von Mises* erfolgen.

5 Festigkeitsbedingung

Neben den Nachweisen des Rohrquerschnittes aufgrund globaler Beanspruchungen aus Innendruck (Kesselformel) und äußeren Kräften und Momenten (als balkenförmiges Bauteil) bedarf es eines Nachweises der lokalen Beanspruchungen im Bereich der Verbindung von Stutzen und Grundschale.

5.1 Vollständiger Nachweis nach [1]

Erfolgt der vollständige Nachweis nach den Abschnitten 4.1 bzw. 4.2 nach [1], kann auch die Spannungsbewertung nach den entsprechenden Abschnitten G.2.6 bzw. G.2.3.5 von [1] mit f nach AD 2000-Merkblatt S 3/0 erfolgen.

5.2 Überlagerung aller Einzelspannungen

Die unterschiedlichen Spannungskomponenten aus Druck- und Zusatzlasten sind getrennt nach Membran- und Gesamtspannungen örtlich zu überlagern. Die Bewertung dieser Spannungen kann nach AD 2000-Merkblatt S 4 erfolgen. Der Sicherheitsbeiwert ist lastfallabhängig entsprechend Abschnitt 4.3.4 von AD 2000-Merkblatt S 3/0 einzusetzen.

5.3 Interaktionsbeziehung zwischen Beanspruchungen aus Druck- und Zusatzlasten

Vereinfachend und in sicherer Abschätzung kann im Falle vorwiegend ruhender Belastungen auf die Ermittlung von Spannungen aus der Druckbelastung nach den Abschnitten 4.1.1 und 4.2.1 verzichtet werden. Auf der Basis von Nachweisen für Beanspruchungen aus Innen- oder Außendruck nach den AD 2000-Merkblättern B 9 und B 1 wird durch Bezug von vorhandenem Druck p bzw. p' auf den zulässigen Druck p_{zul} ein Ausnutzungsgrad

$$\varrho = \frac{p}{p_{zul}}$$

festgestellt. Die daraus ableitbare fiktive Festigkeitsreserve

$$\overline{K} = K \cdot (1 - \varrho)$$

kann zur Übernahme der Beanspruchungen aus Zusatzbelastungen nach Abschnitt 4.1.2 bzw. 4.2.2 genutzt werden. Dabei ist vorausgesetzt, dass die Steifigkeitsgrenzen nach [1] eingehalten sind und die Ausschnittverstärkung nicht ausschließlich im Stutzen erfolgt. Die Bewertung der Spannungen kann auch hier wie in Abschnitt 5.2 unter Verwendung von K als Festigkeitskennwert durchgeführt werden.

6 Schrifttum

[1] British Standard 5500: Unfired Fusion Welded Pressure Vessels.
British Standards Institution

[2] *Wichman, K. R., A.G. Hopper* and *J. L. Mershon:* Local stresses in Spherical and Cylindrical Shells due to External Loadings.
WRC Bulletin 107, Rev. 3.79

[3] *Mershon, J.L., K. Mokhtarian, G.V. Ranjan* and *E.C. Rodabaugh:* Local Stresses in Cylindrical Shells due to External Loadings on Nozzles.
WRC Bulletin 297, Rev. I, 9.87 (Supplement to WRC Bulletin 107)

[4] Sicherheitstechnische Regel des Kerntechnischen Ausschusses: KTA 3211.2.
Carl Heymanns Verlag KG, Köln, Berlin, 1993

[5] *Bickell, M.B.,* and *C. Ruiz:* Pressure Vessel Design and Analysis.
Macmillan and Co., London 1967

[6] *Becker, M.:* Berücksichtigung von Kräften und Momenten auf Behälterstutzen nach WRC 107 und WRC 297 und die Überlagerung mit Innendruck.
RWTÜV e.V., Essen

Anhang 1 zum AD 2000-Merkblatt S 3/6

Erläuterungen zum AD 2000-Merkblatt S 3/6

Zu Abschnitt 1

Die angegebenen Ausschlusskriterien spiegeln die bisherige positive Betriebserfahrung mit dem Bauteil Stutzen an Behältern wider, wenn Stutzen und Rohrleitung dem Stand der Technik entsprechend konstruiert und gebaut sind. Sie sollen zukünftig ein praktikables Verfahren bei Auslegung und Vorprüfung ermöglichen.

In extremen Fällen, beispielsweise wenn Stutzen bei Einbau von Kompensatoren besondere Schnittkräfte zu übernehmen haben, ist ein Nachweis der Stutzen und evtl. des gesamten Behälters einschließlich seiner Tragelemente angebracht, obwohl evtl. keines der Ausschlusskriterien verletzt ist.

Zu Abschnitt 4

Abschnitt 4 gibt nur Hinweise auf Quellen zu Behandlung von Stutzen in Kalotten und Zylindern. Für die Ermittlung von Spannungskomponenten an Stutzen in Krempen von gewölbten Böden sind keine Quellen bekannt. Wenn dort ein Nachweis erforderlich ist, weil z. B. die Ausschlusskriterien nach Abschnitt 1 verletzt sind, muss dieser mit numerischen Methoden geführt werden.

Zu Abschnitt 4.1.1

Spannungen aus Innendruck-Belastung an Stutzen in Kugelschalen können z. B. [A 1] entnommen werden.

Zu Abschnitt 4.1.2

Greifen an einem Stutzen verschiedene Momente an, können diese vereinfachend zu jeweils einem resultierenden Biege- und einem Torsionsmoment, bezogen auf den Schnitt des Stutzenrohres, vektoriell zusammengefasst werden.

Zu Abschnitt 4.2.1

Wegen der fehlenden Separierbarkeit der Spannungsanteile in [5] schlägt [6] vor, für die Membranvergleichsspannungen auf Erhöhungsanteile zu verzichten, also nur die globalen Membranspannungen aus Innendruck anzusetzen. Die lokalen Membranspannungsanteile werden dann in der Gesamtspannung erfasst und nur beim Nachweis der Membran- und Biegespannungen bewertet. Diese Vorgehensweise wird mit den konservativen Gesamtspannungswerten, die sogar als sekundär einstufbare Anteile enthalten, begründet.

Zu Abschnitt 4.2.2

Erfahrungsgemäß muss beim Übergang von [2] auf [3] mit einer Erhöhung der angezeigten Spannungen gerechnet werden. [A 2] bietet ein vollständiges Verfahren zur Bestimmung von Spannungen aus Druckbelastung und Zusatzlasten für den Fall, dass Grundschale und Stutzenrohr gleiche Wanddicke haben.

Zu Abschnitt 5.3

Die Abschätzung nach Abschnitt 5.3 ist sicher, weil die Formulierung so interpretiert werden kann, dass alle Spannungskomponenten aus Zusatzlasten an jedem betrachteten Ort dem einen, kritischsten Spannungszustand infolge Druckbelastung überlagert wird, ungeachtet wo dieser auftritt und wie der Spannungstensor ausgebildet ist.

Schrifttum

[A 1] Varga, L.: Bestimmung der in der Umgebung der Ausschnitte von innendruckbeanspruchten Druckbehältern auftretenden Spannungen. Forschung im Ingenieurwesen, **29** (1963), S. 115–122

[A 2] Decock, J.: Stresses in Cylindrical Shells with Nozzles Submitted to External Loading and Internal Pressure. Bericht MT 156, **8** (1983), Univ. Gent

ICS 23.020.30

Ausgabe Oktober 2000

Sonderfälle	Allgemeiner Standsicherheitsnachweis für Druckbehälter Berücksichtigung von Wärmespannungen bei Wärmeaustauschern mit festen Rohrplatten	AD 2000-Merkblatt S 3/7

Die AD 2000-Merkblätter werden von den in der „Arbeitsgemeinschaft Druckbehälter" (AD) zusammenarbeitenden, nachstehend genannten sieben Verbänden aufgestellt. Aufbau und Anwendung des AD 2000-Regelwerkes sowie die Verfahrensrichtlinien regelt das AD 2000-Merkblatt G1.

Die AD 2000-Merkblätter enthalten sicherheitstechnische Anforderungen, die für normale Betriebsverhältnisse zu stellen sind. Sind über das normale Maß hinausgehende Beanspruchungen beim Betrieb der Druckbehälter zu erwarten, so ist diesen durch Erfüllung besonderer Anforderungen Rechnung zu tragen.

Wird von den Forderungen dieses AD 2000-Merkblattes abgewichen, muss nachweisbar sein, dass der sicherheitstechnische Maßstab dieses Regelwerkes auf andere Weise eingehalten ist, z. B. durch Werkstoffprüfungen, Versuche, Spannungsanalyse, Betriebserfahrungen.

Fachverband Dampfkessel-, Behälter- und Rohrleitungsbau e.V. (FDBR), Düsseldorf
Hauptverband der gewerblichen Berufsgenossenschaften e.V., Sankt Augustin
Verband der Chemischen Industrie e.V. (VCI), Frankfurt/Main
Verband Deutscher Maschinen- und Anlagenbau e.V. (VDMA), Fachgemeinschaft Verfahrenstechnische Maschinen und Apparate, Frankfurt/Main
Verein Deutscher Eisenhüttenleute (VDEh), Düsseldorf
VGB PowerTech e.V., Essen
Verband der Technischen Überwachungs-Vereine e.V. (VdTÜV), Essen

Die AD 2000-Merkblätter werden durch die Verbände laufend dem Fortschritt der Technik angepasst. Anregungen hierzu sind zu richten an den Herausgeber:

Verband der Technischen Überwachungs-Vereine e.V., Postfach 10 38 34, 45038 Essen.

Inhalt

0 Präambel
1 Geltungsbereich
2 Berechnung der Wärmespannungen

0 Präambel

Zur Erfüllung der grundlegenden Sicherheitsanforderungen der Druckgeräte-Richtlinie kann das AD 2000-Regelwerk angewandt werden, vornehmlich für die Konformitätsbewertung nach den Modulen „G" und „B + F".

Das AD 2000-Regelwerk folgt einem in sich geschlossenen Auslegungskonzept. Die Anwendung anderer technischer Regeln nach dem Stand der Technik zur Lösung von Teilproblemen setzt die Beachtung des Gesamtkonzeptes voraus.

Bei anderen Modulen der Druckgeräte-Richtlinie oder für andere Rechtsgebiete kann das AD 2000-Regelwerk sinngemäß angewandt werden. Die Prüfzuständigkeit richtet sich nach den Vorgaben des jeweiligen Rechtsgebietes.

1 Geltungsbereich

Die hier angegebene Spannungsermittlung aus Wärmespannungen gilt für Wärmeaustauscher mit festen Rohrplatten nach AD 2000-Merkblatt B 5 Bild 9.

Wärmeaustauscher mit festen Rohrplatten (ohne Kompensator) können durch unterschiedliche Wärmedehnungen zwischen Mantel und Rohren zusätzlich beansprucht werden. Wesentliche Wärmespannungen sind insbesondere bei Überschreitung einer Wärmedehnungsdifferenz zwischen Mantel und Rohren während des Betriebs von

$$|\alpha_M \cdot \vartheta_M - \alpha_R \cdot \vartheta_R| \geq 5 \cdot 10^{-4}$$

zu erwarten.

Mit α als thermischem Längenausdehnungskoeffizient in 1/K und den Indizes M für Mantel und R für Randrohre (der beiden äußeren Rohrreihen) kann für einfache Wärmeaustauscher mit Durchmessern bis 1200 mm und zulässigen Betriebsüberdrücken bis 10 bar die Berechnung nach Abschnitt 2 durchgeführt werden.

2 Berechnung der Wärmespannungen

Bei Annahme steifer Rohrböden können die Wärmespannungen wie folgt berechnet werden:

2.1 Wärmespannung im Mantel

$$\sigma_M = \frac{\alpha_R \cdot \vartheta_R - \alpha_M \cdot \vartheta_M}{\dfrac{1}{E_M} + \dfrac{A_M}{A_R \cdot E_R}} \quad (1)$$

2.2 Wärmespannung in den Randrohren

$$\sigma_R = \frac{a_M \cdot \vartheta_M - a_R \cdot \vartheta_R}{\frac{1}{E_R} + \frac{A_R}{A_M \cdot E_M}} \quad (2)$$

Diese Wärmespannungen sind bei Vernachlässigung der Bodendurchbiegung den nach AD 2000-Merkblatt B 5 ermittelten Größen zu überlagern. Treten dabei Druckspannungen in den Randrohren auf, so sind zusätzlich die Knicklasten für die Randrohre unter Einschluss dieser Spannungen zu überprüfen.

ICS 23.020.30

Ausgabe Oktober 2000

Sonderfälle	Bewertung von Spannungen bei rechnerischen und experimentellen Spannungsanalysen	AD 2000-Merkblatt S 4

Die AD 2000-Merkblätter werden von den in der „Arbeitsgemeinschaft Druckbehälter" (AD) zusammenarbeitenden, nachstehend genannten sieben Verbänden aufgestellt. Aufbau und Anwendung des AD 2000-Regelwerkes sowie die Verfahrensrichtlinien regelt das AD 2000-Merkblatt G1.

Die AD 2000-Merkblätter enthalten sicherheitstechnische Anforderungen, die für normale Betriebsverhältnisse zu stellen sind. Sind über das normale Maß hinausgehende Beanspruchungen beim Betrieb der Druckbehälter zu erwarten, so ist diesen durch Erfüllung besonderer Anforderungen Rechnung zu tragen.

Wird von den Forderungen dieses AD 2000-Merkblattes abgewichen, muss nachweisbar sein, dass der sicherheitstechnische Maßstab dieses Regelwerkes auf andere Weise eingehalten ist, z. B. durch Werkstoffprüfungen, Versuche, Spannungsanalysen, Betriebserfahrungen.

Fachverband Dampfkessel-, Behälter- und Rohrleitungsbau e.V. (FDBR), Düsseldorf
Hauptverband der gewerblichen Berufsgenossenschaften e.V., Sankt Augustin
Verband der Chemischen Industrie e.V. (VCI), Frankfurt/Main
Verband Deutscher Maschinen- und Anlagenbau e.V. (VDMA), Fachgemeinschaft Verfahrenstechnische Maschinen und Apparate, Frankfurt/Main
Verein Deutscher Eisenhüttenleute (VDEh), Düsseldorf
VGB PowerTech e.V., Essen
Verband der Technischen Überwachungs-Vereine e.V. (VdTÜV), Essen

Die AD 2000-Merkblätter werden durch die Verbände laufend dem Fortschritt der Technik angepasst. Anregungen hierzu sind zu richten an den Herausgeber:

Verband der Technischen Überwachungs-Vereine e.V., Postfach 10 38 34, 45038 Essen.

Inhalt

0 Präambel
1 Geltungsbereich
2 Bezeichnungen und Begriffsbestimmungen
3 Allgemeine Festlegungen
4 Spannungsanalyse, Spannungskategorien
5 Spannungsüberlagerung und Spannungsbeurteilung
6 Begrenzung der Vergleichsspannungen und der Vergleichsspannungsschwingbreiten
7 Schrifttum

0 Präambel

Zur Erfüllung der grundlegenden Sicherheitsanforderungen der Druckgeräte-Richtlinie kann das AD 2000-Regelwerk angewandt werden, vornehmlich für die Konformitätsbewertung nach den Modulen „G" und „B + F".

Das AD 2000-Regelwerk folgt einem in sich geschlossenen Auslegungskonzept. Die Anwendung anderer technischer Regeln nach dem Stand der Technik zur Lösung von Teilproblemen setzt die Beachtung des Gesamtkonzeptes voraus.

Bei anderen Modulen der Druckgeräte-Richtlinie oder für andere Rechtsgebiete kann das AD 2000-Regelwerk sinngemäß angewandt werden. Die Prüfzuständigkeit richtet sich nach den Vorgaben des jeweiligen Rechtsgebietes.

1 Geltungsbereich

1.1 Dieses AD 2000-Merkblatt enthält Kriterien zur Bewertung von Spannungen. Es kann in den Fällen angewendet werden, in denen der Beanspruchungszustand des Bauteiles auf der Grundlage eines linear-elastischen Spannungs-Dehnungszusammenhanges berechnet worden ist. Es gilt auch für die Bewertung gemessener Beanspruchungszustände, sofern dabei – abgesehen von örtlich beschränkten Teilplastifizierungen im Querschnitt – ein linear-elastisches Werkstoffgesetz insbesondere nach wiederholter Belastung erkennbar ist. Diese Kriterien sind anzuwenden, wenn das AD 2000-Regelwerk keine zutreffenden Regelungen enthält, siehe z. B. AD 2000-Merkblatt B 0 Abschnitt 2.2. Hiermit sind andere Nachweismöglichkeiten nicht ausgeschlossen. Bei auf der Grundlage von elastoplastischen Analysen ermittelten Spannungen können diese Kriterien nicht ohne weiteres zu deren Bewertung herangezogen werden.

1.2 Die in diesem AD 2000-Merkblatt angegebenen Kriterien der Spannungsbewertung gelten für Bauteile von Behälter-, Kessel-, Tank- und Rohrleitungsanlagen, soweit sich diese als ebene oder gekrümmte Flächentragwerke (bestehend aus isotropen Scheiben, Platten oder Schalen) oder als räumliche Stabwerke (bestehend aus Rohren oder aus Stäben mit rechteckigen oder runden Vollquerschnitten) darstellen lassen.

1.3 Die Spannungen können z. B. durch Über- bzw. Unterdrücke, äußere Kräfte und Momente, Massenkräfte sowie behinderte Wärmedehnung hervorgerufen werden.

Die AD 2000-Merkblätter sind urheberrechtlich geschützt. Die Nutzungsrechte, insbesondere die der Übersetzung, des Nachdrucks, der Entnahme von Abbildungen, die Wiedergabe auf fotomechanischem Wege und die Speicherung in Datenverarbeitungsanlagen, bleiben, auch bei auszugsweiser Verwertung, dem Urheber vorbehalten.

1.4 Die hier getroffenen Festlegungen gelten für die im Druckbehälterbau zugelassenen Stähle. Bei der Übertragung auf andere metallische Werkstoffe, z. B. Nichteisenmetalle, sind die spezifischen Eigenschaften zu berücksichtigen.

1.5 Die auftretenden Bauteiltemperaturen (Wandungstemperaturen) liegen im Bereich zeitunabhängiger Festigkeitskennwerte.

1.6 Die Anforderungen des AD 2000-Regelwerkes hinsichtlich verwendeter Werkstoffe, Herstellung, Verarbeitung sowie erstmaliger und wiederkehrender Prüfungen müssen eingehalten werden.

1.7 Versagensarten

1.7.1 Bei Einhaltung der in diesem AD 2000-Merkblatt enthaltenen Kriterien zur Spannungsbegrenzung werden folgende Versagensarten vermieden:
- Zähes Bruchversagen und unzulässige Werkstoffverformung durch mechanische Überlastung,
- schrittweiser Dehnungszuwachs durch zyklische Belastung,
- Ermüdungsbruch durch Überschreiten der Zeit- oder Dauerfestigkeit (in Verbindung mit AD 2000-Merkblatt S 1 oder S 2).

1.7.2 Die Einhaltung der Spannungsbewertungskriterien nach Abschnitt 4 beinhaltet keine Absicherung gegen die nachfolgend genannten Versagensarten; diese müssen zusätzlich überprüft werden:
- Instabilität,
- Sprödbruch,
- Zeitstandbruch,
- Hochtemperaturermüdung,
- Spannungsrisskorrosion,
- Schwingungsrisskorrosion.

2 Bezeichnungen und Begriffsbestimmungen

e	Berechnungswanddicke an der betrachteten Stelle (vgl. AD 2000-Merkblatt S 3/0)	in mm
f	zulässige Berechnungsspannung (vgl. AD 2000-Merkblatt S 3/0)	in N/mm²
F	Spannungsspitze	in N/mm²
P	primäre Spannung	in N/mm²
P_e	Zwängungsspannungen, z. B. durch behinderte Wärmedehnung hervorgerufene Membran- und/oder Biegespannungen	in N/mm²
P_b	primäre Biegespannung	in N/mm²
P_l	primäre lokale Membranspannung	in N/mm²
P_m	primäre globale Membranspannung	in N/mm²
Q	sekundäre Spannung	in N/mm²
R	kleinster Krümmungsradius der Schale an der betrachteten Stelle	in mm
$R_{p0,2\vartheta}$, $R_{p1,0\vartheta}$	0,2 bzw. 1,0%-Dehngrenze (Mindestwerte)	in N/mm²
$\sigma_{1,2,3}$	Hauptspannungen	in N/mm²
$\sigma_{x,y,z}$	Normalspannungen	in N/mm²
σ_{max}	größte Hauptspannung	in N/mm²
σ_{min}	kleinste Hauptspannung	in N/mm²
$\sigma_{v,\text{Tresca}}$	Vergleichsspannung nach Tresca	in N/mm²
$\sigma_{v,v.\text{Mises}}$	Vergleichsspannung nach v. Mises	in N/mm²
$\tau_{xy,yz,zx}$	Schubspannungskomponenten	in N/mm²

3 Allgemeine Festlegungen

3.1 Zielsetzung

3.1.1 Mit der Analyse der Spannungen muss durch den Vergleich mit den zulässigen Spannungen nachgewiesen werden, dass die untersuchten Bauteile allen auftretenden Belastungen bei den verschiedenen Belastungsfällen (Betriebs-, Prüf-, Montage- und Sonderfälle gemäß AD 2000-Merkblatt S 3/0) standhalten.

3.1.2 Im Rahmen der durchzuführenden Analyse sind die Spannungen und erforderlichenfalls die Kraftgrößen und die Verformungen der zu untersuchenden Bauteile infolge von Belastungen unter Einhaltung der Randbedingungen und unter Berücksichtigung der gegenseitigen Beeinflussung ihrer Nachbarbauteile zu ermitteln. Diese Ermittlung darf rechnerisch oder experimentell oder in Kombination rechnerisch und experimentell erfolgen.

3.1.3 Die nach Abschnitt 3.1.2 ermittelten Spannungen sind hinsichtlich ihrer Zulässigkeit gemäß den Abschnitten 4, 5 und 6 zu überprüfen. Dabei ist zu beachten, dass die Genauigkeit der ermittelten Größen von der Güte der geometrischen Idealisierung des Bauteils, von der Genauigkeit der Annahme der Belastungen, Randbedingungen und Werkstoffeigenschaften sowie von den Eigenschaften des gewählten Berechnungsverfahrens und der Art seiner Durchführung abhängt.

3.2 Schweißnähte

Die zulässige Spannung in Schweißnähten ist entsprechend der Schweißnahtwertigkeit gemäß AD 2000-Merkblatt B 0 zu bestimmen.

3.3 Plattierungen

3.3.1 Bei der Bestimmung der erforderlichen Wanddicken und Querschnitte sind vorhandene Plattierungen in der Regel als nicht tragend anzusehen. Auftragsschweißungen auf das Grundmaterial mit gleichwertigen Werkstoffen gelten nicht als Plattierung.

3.3.2 Wenn die Plattierungsdicke mehr als 10 % der Wanddicke beträgt, ist die Plattierung bei einer Analyse der Kräfte und Spannungen zu berücksichtigen.

3.4 Belastungen

Als Belastungen sind alle Einwirkungen auf das Bauteil anzunehmen, die Beanspruchungen in diesem hervorrufen. Die Belastungen sind zu Lastfällen nach AD 2000-Merkblatt S 3/0 zusammenzufassen. Anzusetzende Belastungen sind anzugeben.

3.5 Spannungen

3.5.1 Die Spannungen bestehen aus Normal- und Schubspannungen oder aus einer Kombination von Normal- und Schubspannungen. Ihre Bewertung erfolgt als Vergleichsspannungen.

Im Falle einer linearelastischen Spannungsanalyse besteht ein linearer Zusammenhang zwischen den Spannungen und Belastungen. Dieser proportionale Zusammenhang ist auch oberhalb der Streckgrenze oder Dehngrenze des Werkstoffs zugrunde zu legen (fiktive Spannungen). Im Falle elastisch-plastischer Analysen ist vom tatsächlichen Spannungs-Dehnungs-Zusammenhang auszugehen.

3.5.2 Die Spannungen treten entweder als (vorwiegend) ruhende Beanspruchungen, als Wechselbeanspruchungen oder dynamische Beanspruchungen auf. Schwellende Beanspruchung ist als Sonderfall der Wechselbeanspruchung anzusehen.

3.5.3 Die Begrenzung der Spannungen bei ruhender Beanspruchung erfolgt nach Abschnitt 6 auf der Grundlage der Spannungsanalyse und -kategorisierung sowie der Vergleichsspannungsbildung nach den Abschnitten 4 und 5, die Begrenzung wechselnder Beanspruchungen nach dem AD 2000-Merkblatt S 2.

4 Spannungsanalyse, Spannungskategorien

Durch eine Spannungsanalyse mit Spannungskategorisierung und Spannungsbegrenzung ist nachzuweisen, dass keine unzulässigen (insbesondere nur begrenzte plastische) Verformungen auftreten.

4.1 Spannungskategorien

4.1.1 Die Spannungen sind abhängig von ihrer erzeugenden Ursache und ihrer Auswirkungen auf das Festigkeitsverhalten des Bauteils in primäre Spannungen, sekundäre Spannungen und Spannungsspitzen einzuteilen [4] und gemäß ihrer Zuordnung in unterschiedlicher Weise zu begrenzen.

4.1.2 Erscheint in Grenzfällen die Zuordnung zu einer der genannten Spannungskategorien nicht eindeutig, ist die Auswirkung einer plastischen Verformung auf das Festigkeitsverhalten im Falle einer angenommenen Überschreitung der vorgesehenen Belastung als maßgebend anzusehen.

4.2 Primäre Spannungen P

4.2.1 Primäre Spannungen P sind solche Spannungen, die das Gleichgewicht mit äußeren Kraftgrößen (Lastgrößen) herstellen.

4.2.2 Hinsichtlich des Festigkeitsverhaltens ist ihr wesentliches Merkmal, dass bei einer (unzulässigen großen) Steigerung der äußeren Lasten die Verformungen nach vollständiger Plastifizierung des Querschnitts wesentlich zunehmen, ohne sich hierbei selbst zu begrenzen.

4.2.3 Die primären Spannungen sind gesondert nach ihrer Verteilung über dem für das Tragverhalten zugrunde zu legenden Querschnitt als Membranspannung P_m, P_l und als Biegespannung P_b zu unterscheiden. Hierbei sind die Membranspannungen definiert als Mittelwert der jeweiligen Spannungskomponente über dem für das Tragverhalten zugrunde zu legenden Querschnitt, bei Flächentragwerken jeweils als Mittelwert der Spannungskomponente über der Wanddicke. Die Biegespannungen im Sinne dieses Merkblattes sind definiert als die über dem betrachteten Querschnitt proportional zum Abstand von der neutralen Achse linear veränderlichen Spannungen, bei Flächentragwerken als der linear veränderliche Anteil der über der Wanddicke verteilten Spannungen.

4.2.4 Hinsichtlich der Verteilung der Membranspannung entlang der Wand sind primäre globale Membranspannungen P_m und primäre lokale Membranspannungen P_l zu unterscheiden. Rotationssymmetrische primäre Membranspannungen im Bereich von Störstellen, die von der globalen Membranspannung abweichen, werden als lokal eingestuft, wenn sie außerhalb eines die Störstelle enthaltenden Bereiches von der Länge $1{,}0 \cdot \sqrt{R \cdot e}$ in meridionaler Richtung das 1,1fache der zulässigen globalen Membranspannung nicht überschreiten. Zwei benachbarte Bereiche mit lokalen primären Membranspannungen müssen mindestens $2{,}5 \cdot \sqrt{R \cdot e}$ in meridionaler Richtung voneinander entfernt sein. Dabei ist R der kleinere Hauptkrümmungsradius und e die Wanddicke gemäß Abschnitt 2. Einzelne begrenzte Bereiche mit lokalen primären Membranspannungen, hervorgerufen durch konzentrierte Belastungen (z. B. Pratzen, Stutzen), sind so anzuordnen, dass es zu keinen Überlappungen von Bereichen kommt, in denen das 1,1fache der zulässigen globalen Membranspannung überschritten wird.

4.2.5 Während primäre globale Membranspannungen so verteilt sind, dass als Folge einer Plastifizierung keine wesentliche Spannungsumlagerung zu benachbarten Bereichen hin stattfinden würde, führt im Falle der primären lokalen Membranspannungen eine Plastifizierung zur Spannungsumlagerung.

4.3 Sekundäre Spannungen Q

4.3.1 Sekundäre Spannungen Q sind solche Spannungen, die durch Zwängungen infolge geometrischer Unstetigkeiten und bei Verwendung von Werkstoffen mit unterschiedlichen Elastizitätsmodul unter äußeren Belastungen entstehen oder die sich durch Zwängungen infolge unterschiedlicher Wärmedehnung ergeben. Nur Spannungen aus dem linearisierten Verlauf der Spannungsverteilung werden zu den sekundären Spannungen gezählt.

4.3.2 Hinsichtlich des Festigkeitsverhaltens ist ihr wesentliches Merkmal, dass sie im Falle des Überschreitens der Fließgrenze beim Ausgleich der Verformungsdifferenzen plastische Verformungen bewirken, die sich selbst begrenzen.

4.3.3 Spannungen in Rohrleitungen, die aufgrund von Dehnungsbehinderungen im System oder allgemein infolge der Erfüllung hinreichender Randbedingungen entstehen, werden mit P_e bezeichnet. Unter ungünstigen Bedingungen können sich in relativ langen Rohrleitungen Stellen mit großen Verformungen ergeben. Die sie verursachenden Zwängungen wirken dann wie äußere Lasten. Zusätzlich kann es für diese Stellen notwendig sein nachzuweisen, dass keine unzulässige Werkstoffverformung auftritt.

4.4 Spannungsspitzen F

4.4.1 Spannungsspitzen F sind solche Spannungen, die der Summe der betreffenden primären und sekundären Spannungen überlagert sind. Sie haben keine merklichen Verformungen zur Folge und sind in Verbindung mit primären und sekundären Spannungen nur für Ermüdung und Sprödbruchgefährdung von Bedeutung.

4.4.2 Zu den Spannungsspitzen zählen auch die Abweichungen von Nennspannungen an Lochrändern infolge Druck und Temperatur, wobei die Nennspannungen aus Gleichgewichtsbetrachtungen abzuleiten sind.

5 Spannungsüberlagerung und Spannungsbeurteilung

Für jeden Lastfall sind, wie im Folgenden dargelegt, die gleichzeitig wirkenden gleichgerichteten Spannungen für jede Spannungskategorie gesondert oder für verschiedene Spannungskategorien (z. B. primäre und sekundäre Spannungen) gemeinsam zu addieren. Beispiele für die Zuordnung von Spannungskategorien geben die Tafeln 1 bis 3.

Aus diesen Spannungen ist für die primären Spannungen die Vergleichsspannung zu bilden. Für die Summe aus primären und sekundären Spannungen sowie für die Summe aus primären Spannungen, sekundären Spannungen und Spannungsspitzen ist jeweils die Vergleichsspannungsschwingbreite zu bilden (für weitergehende Angaben vergleiche [6]).

5.1 Vergleichsspannungen

5.1.1 Nach Festlegung eines kartesischen Koordinatensystems sind die Summen aller gleichzeitig wirkenden Normal- und Schubspannungen der jeweiligen Achsenrichtung für

a) die primären globalen Membranspannungen oder
b) die primären lokalen Membranspannungen und
c) die Summe aus primären Biegespannungen und entweder den primären globalen oder den lokalen Membranspannungen

gesondert zu bilden.

Hieraus ist die Vergleichsspannung nach v. *Mises* unmittelbar zu berechnen

$$\sigma_{v,\,v.\text{Mises}} = \sqrt{\sigma_x^2 + \sigma_y^2 + \sigma_z^2 - (\sigma_x\sigma_y + \sigma_y\sigma_z + \sigma_z\sigma_x)} \quad (1)$$
$$+\,3\left(\tau_{xy}^2 + \tau_{yz}^2 + \tau_{zx}^2\right)$$

5.1.2 Zur Bildung der Vergleichsspannung nach *Tresca* sind für jeden der drei Fälle nach Abschnitt 5.1.1 a) bis c) unter Berücksichtigung der jeweiligen primären Schubspannungen die Hauptspannungen zu ermitteln, es sei denn, die primären Schubspannungen verschwinden oder sind vernachlässigbar klein, so dass die vorhandenen Normalspannungen bereits die Hauptspannungen darstellen. Die Vergleichsspannung ist dann jeweils gleich der Differenz aus der größten und der kleinsten Hauptspannung.

$$\sigma_{v,\,\text{Tresca}} = \sigma_{\max} - \sigma_{\min}$$

Für die drei Fälle nach Abschnitt 5.1.1 a), b) und c) erhält man so die Vergleichsspannung aus P_m, P_l und $P_m + P_b$ oder $P_l + P_b$.

5.2 Vergleichsspannungsschwingbreiten

5.2.1 Zur Vermeidung des Versagens infolge

a) eines unbegrenzt fortschreitenden Dehnungszuwachses infolge zyklischer Belastung,
b) Ermüdung (vgl. AD 2000-Merkblatt S 2)

sind die zugehörigen Vergleichsspannungsschwingbreiten aus unterschiedlichen Spannungskategorien zu ermitteln und unterschiedlich zu begrenzen.

5.2.2 Im Falle nach Abschnitt 5.2.1 a) sind die benötigten Spannungstensoren aus den gleichzeitig wirkenden Spannungen der primären und sekundären Spannungskategorien zu bilden, im Fall b) aus den gleichzeitig wirkenden Spannungen aller Spannungskategorien.

5.2.3 Aus der Menge der zu betrachtenden Beanspruchungszustände sind unter Verwendung eines festen Koordinatensystems zwei Beanspruchungszustände so auszuwählen, dass die aus der Differenz der zugehörigen Spannungstensoren nach der verwendeten Festigkeitshypothese gebildete Vergleichsspannung ein Maximum wird. Dieses Maximum stellt dann die Vergleichsspannungsschwingbreite dar.

5.2.4 Haben die zu betrachtenden Beanspruchungszustände gleichbleibende Hauptspannungsrichtungen, so genügt es bei der Anwendung der Festigkeitshypothese nach *Tresca*, das Maximum der Differenzen je zweier Hauptspannungsdifferenzen gleicher Paare von Hauptspannungsrichtungen zu bilden. Dieses Maximum stellt dann die Vergleichsspannungsschwingbreite (nach *Tresca*) dar.

6 Begrenzung der Vergleichsspannungen und der Vergleichsspannungsschwingbreiten

6.1 Allgemeines

6.1.1 Für jeden Lastfall (Betriebs-, Prüf-, Montage-, Sonderfälle) nach AD 2000-Merkblatt S 3/0 sind die Vergleichsspannungen und die Vergleichsspannungsschwingbreiten in Abhängigkeit von den mechanischen Eigenschaften des Werkstoffes zu begrenzen. Die hier verwendeten Begrenzungen gelten für volle Rechteckquerschnitte, wie sie zum Beispiel der betrachteten Spannungsverteilung in Schalen zugrunde gelegt werden. Bei anderen Querschnitten sind die Stützziffern in Abhängigkeit von dem jeweiligen Tragverhalten festzulegen.

6.1.2 Im Falle der Vergleichsspannungen aus primären Spannungen und der Vergleichsspannungsschwingbreiten aus primären und sekundären Spannungen hat die Begrenzung unter Zugrundelegung des Spannungsvergleichswertes f (zulässige statische Berechnungsspannung) gemäß AD 2000-Merkblatt S 3/0 zu erfolgen.

6.1.3 Bei der Bildung der zulässigen statischen Berechnungsspannung f nach AD 2000-Merkblatt S 3/0 darf bei den verschiedenen Lastfällen (Betriebs-, Prüf-, Montage- und Sonderfälle) die örtlich und zeitlich jeweils vorhandene Temperatur verwendet werden.

6.1.4 Die Vergleichsspannungsschwingbreiten aus primären Spannungen, sekundären Spannungen und Spannungsspitzen sind im Rahmen einer Ermüdungsanalyse nach AD 2000-Merkblatt S 2 zu begrenzen.

6.2 Begrenzung der primären Vergleichsspannungen

Die primären Vergleichsspannungen sind für alle Lastfälle gemäß AD 2000-Merkblatt S 3/0 zu begrenzen mit

$$P_m \leq f$$
$$P_l \leq 1{,}5f$$
$$(P_m + P_b) \text{ oder } (P_l + P_b) \leq 1{,}5f$$
$$P_e \leq 1{,}5f$$

Die Einordnung für P_e ist abhängig von der Anordnung der betrachteten Stelle im Bauteil zu entscheiden, siehe hierzu Abschnitt 4.3.3.

6.3 Begrenzung der primären und sekundären Vergleichsspannungsschwingbreiten

Die primären und sekundären Vergleichsspannungsschwingbreiten sind für alle Betriebsfälle gemäß AD 2000-Merkblatt S 3/0 zu begrenzen mit

$$(P_m + P_b + Q) \text{ bzw. } (P_l + P_b + Q) \leq 3f$$
$$P_e \leq 3f$$

Bei Stahlguss darf die Vergleichsspannungsschwingbreite anstelle von 3 f mit 4 f begrenzt werden.

Die Zulässigkeit der Einordnung von P_e als Sekundärspannung ist abhängig von der Anordnung der betrachteten Stelle im Bauteil zu entscheiden, vgl. Abschnitt 4.3.3.

6.4 Abweichende Begrenzung der Vergleichsspannungen und der Vergleichsspannungsschwingbreiten

Mit Ausnahme der allgemeinen primären Membranspannungen sind Abweichungen bei der Begrenzung der Vergleichsspannungen und den Vergleichsspannungsschwingbreiten möglich, wenn durch andere Nachweise gezeigt wird, dass das Bauteil den gestellten Anforderungen genügt (z. B. durch Bauteilversuche, plastische Analyse u. a.).

6.5 Spannungsbegrenzung bei dreiachsigem Zugspannungszustand

Ergibt die Spannungsanalyse einen dreiachsigen Zugspannungszustand, muss zur Vermeidung eines durch die dann eingeschränkte Duktilität hervorgerufenen spröden Versagens dann, wenn die kleinste Zugspannung den halben Betrag der größten Zugspannung übersteigt, zusätzlich die folgende Bedingung eingehalten werden:

$$\max{(\sigma_1;\ \sigma_2;\ \sigma_3)} \le R_{p0,2\,\vartheta}$$

Anstelle von $R_{p0,2\,\vartheta}$ darf $R_{p1,0\,\vartheta}$ verwendet werden, sofern zur Bestimmung der zulässigen statischen Berechnungsspannung f nach AD 2000-Merkblatt S 3/0 dieser Wert zugrunde gelegt wurde.

7 Schrifttum

[1] KTA 3201.2: Auslegung, Konstruktion und Berechnung von Komponenten des Primärkreises von Leichtwasserreaktoren.
Beuth Vertrieb, Berlin (3/84).

[2] KTA 3211.2: Auslegung, Konstruktion und Berechnung von Komponenten der äußeren Systeme von Leichtwasserreaktoren.
Beuth Vertrieb, Berlin (6/92).

[3] Criteria of the ASME Boiler and Pressure Vessel Code for Design by Analysis.
The American Society of Mechanical Engineers, New York 1969.

[4] *Kroenke, W. C.*: Classification of finite element stresses according to ASME Section III stress categories.
Technical paper presented to ASME 94th Winter Annual Meeting. Detroit, Michigan. November 11–15, 1973.

[5] VdTÜV-Merkblatt 803: Richtlinien zur Durchführung und Auswertung von Dehnungsmessungen mit Dehnungsmessstreifen (DMS), Ausgabe März 1993.
Verlag TÜV Rheinland GmbH, Köln.

[6] *Dietmann, H.,* u. *H. Kockelmann*: Verwendung der Gestaltänderungsenergiehypothese im Anwendungsbereich der KTA-Regeln.
VGB Kraftwerkstechnik **74** (1994), Heft 6.

Tafel 1. Spannungskategorisierung in Behältern für einige typische Fälle

Behälterteil	Ort	Spannungen hervorgerufen durch	Art der Spannung	Spannungskategorie
Zylinder- oder Kugelschale	Ungestörter Bereich	Innendruck	Membranspannung Spannungsänderung senkrecht zur Schalenmittelfläche	P_m Q
		Axialer Temperaturgradient	Membranspannung Biegespannung	Q Q
	Verbindung mit Boden oder Flansch	Innendruck	Membranspannung[3] Biegespannung	P_l $Q^{1)}$
Beliebige Schale oder Boden	Beliebiger Schnitt durch den gesamten Behälter	Äußere Kraft oder Moment oder Innendruck[2]	Mittelwert der Membranspannung über den gesamten Behälterschnitt (Spannungskomponente senkrecht zur Schnittebene)	P_m
		Äußere Kraft oder Moment[2]	Biegeanteil über den gesamten Behälterschnitt (Spannungskomponente senkrecht zur Schnittebene)	P_m
	In der Nähe von Stutzen oder anderen Öffnungen	Äußere Kraft oder Moment oder Innendruck[2]	Membranspannung[3] Biegespannung Spannungskonzentration an Hohlkehle oder Ecke	P_l Q F
	Beliebig	Temperaturdifferenz zwischen Boden und Mantel	Membranspannung Biegespannung	Q Q
Gewölbter oder kegeliger Boden	Im Bereich der Rotationsachse	Innendruck	Membranspannung Biegespannung	P_m P_b
	Im Bereich der Krempe oder Verbindung zum Mantel	Innendruck	Membranspannung Biegespannung	P_l[4]
Ebener Boden	Im Bereich der Rotationsachse	Innendruck	Membranspannung Biegespannung	P_m P_b
	Verbindung zum Mantel	Innendruck	Membranspannung Biegespannung	P_l Q

(Fortsetzung auf Seite 6)

(Fortsetzung von Seite 5)

Behälterteil	Ort	Spannungen hervorgerufen durch	Art der Spannung	Spannungs-kategorie
Gelochter Boden oder Mantel	Regulärer Steg in einem regelmäßigen Lochfeld	Druck	Membranspannung (Mittelwert über Stegquerschnitt)	P_m
			Biegespannung (Mittelwert über Stegbreite, aber veränderlich über Wanddicke)	P_b
			Spannungskonzentration	F
	Einzelner oder von der normalen Anordnung abweichender Steg	Druck	Membranspannung (wie vor)	Q
			Biegespannung (wie vor)	F
			Spannungskonzentration	F
Stutzen	Querschnitt senkrecht zur Stutzenachse	Innendruck oder äußere Kraft oder Moment[2]	Mittelwert der Membranspannung über den Stutzenquerschnitt (Spannungskomponente senkrecht zur Schnittebene)	P_m
		Äußere Kraft oder Moment[2]	Biegung über den Stutzenquerschnitt	P_m
	Stutzenwand	Innendruck	Allgemeine Membranspannung	P_m
			Örtliche Membranspannung	P_l
			Biegung	Q
			Spannungskonzentration	F
		Unterschiedliche Dehnung	Membranspannung	Q
			Biegespannung	Q
			Spannungskonzentration	F
Plattierung	Beliebig	Unterschiedliche Dehnung	Membranspannung	F
			Spannungskonzentration	F
Beliebig	Beliebig	Radiale Temperaturverteilung[5]	Äquivalenter linearer Anteil[6]	Q
			Abweichung vom äquivalenten linearen Spannungsverlauf	F
Beliebig	Beliebig	Beliebig	Spannungskonzentration durch Kerbwirkung	F

[1]) Wenn das Randmoment erforderlich ist, um die Biegemomente in Boden- oder Plattenmitte in zulässigen Grenzen zu halten, sind diese Biegespannungen als P_b zu klassifizieren.
[2]) Hierzu gehören alle Anschlusskräfte der Rohrleitungen aus Eigengewicht, Schwingungen und behinderter Wärmedehnung sowie Trägheitskräfte.
[3]) Außerhalb des die Störstelle enthaltenden Bereiches darf die Membranspannung in Meridian- und Umfangsrichtung der Grundschale den Wert von $1,1 \cdot S_m$ nicht überschreiten, und die Länge des Bereiches in meridionaler Richtung darf nicht größer sein als $1,0 \cdot \sqrt{R \cdot e}$.
[4]) In dünnwandigen Behältern muss die Möglichkeit des Einbeulens und unzulässiger Deformation untersucht werden.
[5]) Es ist zu untersuchen, ob die Gefahr des Versagens infolge unbegrenzt fortschreitender Deformation besteht.
[6]) Der äquivalente lineare Anteil ist definiert als die lineare Spannungsverteilung, die das gleiche Biegemoment erzeugt wie die tatsächliche Spannung.

Tafel 2. Spannungskategorisierung in Rohrleitungen für einige typische Fälle

Rohrleitungs-komponente	Ort	Spannungen hervorgerufen durch	Art der Spannung	Spannungs-kategorie
Gerade Rohre, Krümmer und Reduzierstücke, Abzweige und T-Stücke mit Ausnahme des Durchdringungs-bereiches	Ungestörtes Rohr	Innendruck	Mittlere Membranspannung	P_m
		Mechanische Lasten einschließlich Eigengewichte und Trägheitskräfte	Biegespannung über Rohrquerschnitt (Spannungskomponente senkrecht zur Schnittebene)	P_b
	Im Bereich von Störstellen (Wanddickenänderungen, Verbindung verschiedener Rohrleitungsteile)	Innendruck	Membranspannung (über Wanddicke)	P_l
			Biegespannung (über Wanddicke)	Q
		Mechanische Lasten einschließlich Eigengewicht und Trägheitskräfte	Membranspannung (über Wanddicke)	P_l
			Biegespannung (über Wanddicke)	Q
		Behinderte Wärmedehnung	Membranspannung	P_e
			Biegespannung	P_e
		Axialer Temperaturgradient	Membranspannung	Q
			Biegespannung	Q
	Beliebig	Beliebig	Spannungskonzentration	F
Abzweige und T-Stücke	Bereich der Durchdringung	Innendruck, mechanische Lasten einschließlich Eigengewicht und Trägheitskräfte und behinderte Wärmedehnung	Membranspannung	P_l
			Biegespannung	Q
		Axialer Temperaturgradient	Membranspannung	Q
			Biegespannung	Q
		Beliebig	Spannungskonzentration	F
Flansche	Ungestörte Bereiche	Innendruck, Dichtkraft, Schraubenkräfte	Mittlere Membranspannung	P_m
			Biegespannung	P_b
	Im Bereich von Wanddickenänderungen	Innendruck, Dichtkraft, Schraubenkräfte	Membranspannung	P_l
			Biegespannung	Q
		Axialer oder radialer Temperaturgradient	Membranspannung	Q
			Biegespannung	Q
		Behinderte Wärmedehnung	Membranspannung	P_e
			Biegespannung	P_e
		Beliebig	Spannungskonzentration	F
Beliebig	Beliebig	Radialer Temperaturgradient[1]	Äquivalenter Anteil[2] der Biegespannung über die Wand	F
			Spannungskonzentration	F

[1] Es ist zu untersuchen, ob die Gefahr des Versagens infolge unbegrenzt fortschreitender Deformation besteht.
[2] Der äquivalente Anteil ist definiert als die lineare Spannungsverteilung, die das gleiche Biegemoment erzeugt wie die tatsächliche Spannungsverteilung.

Tafel 3. Spannungskategorisierung integraler Bereiche von Komponentenstützkonstruktionen für einige typische Fälle

Typ der Komponentenstützkonstruktion	Ort	Spannungen hervorgerufen durch	Art der Spannung	Spannungskategorie
Beliebige Schale	Beliebiger Schnitt durch die gesamte Komponentenstützkonstruktion	Aufzunehmende Kraft oder aufzunehmendes Moment	Mittelwert der Membranspannung über den gesamten Schnitt (Spannungskomponente senkrecht zur Schnittebene)	P_m
		Aufzunehmende Kraft oder aufzunehmendes Moment	Biegeanteil über den gesamten Schnitt (Spannungskomponente senkrecht zur Schnittebene)	P_b
	Im Bereich einer Störstelle[1]) oder Öffnung	Aufzunehmende Kraft oder aufzunehmendes Moment	Membranspannung Biegespannung	P_m $Q^2)$
	Beliebige Stelle	Ausdehnungsbehinderung[3])	Membranspannung Biegespannung	P_e P_e
Beliebige Platte oder Scheibe	Beliebige Stelle	Aufzunehmende Kraft oder aufzunehmendes Moment	Membranspannung Biegespannung	P_m P_b
	Im Bereich einer Störstelle[1]) oder Öffnung	Aufzunehmende Kraft oder aufzunehmendes Moment	Membranspannung Biegespannung	P_m $Q^2)$
	Beliebige Stelle	Ausdehnungsbehinderung[3])	Membranspannung Biegespannung	P_e P_e

[1]) Unter Störstellen sind wesentliche Geometrieänderungen wie Wanddickenänderungen und Übergänge zwischen verschiedenen Schalentypen zu verstehen. Lokale Spannungskonzentrationen, z.B. an Ecken und Bohrungen, fallen nicht darunter.
[2]) Berechnung ist nicht erforderlich.
[3]) Dies sind Spannungen, die aus der Unterdrückung oder Behinderung von Verschiebungen oder aus unterschiedlichen Verschiebungen von Komponentenstützkonstruktionen oder Festpunkten herrühren, einschließlich Spannungserhöhungen an Störstellen. Ausgenommen ist die behinderte Wärmedehnung von Rohrleitungen. Die Kräfte und Momente aus behinderter Wärmedehnung von Rohrleitungen fallen für die Komponentenstützkonstruktionen unter „Aufzunehmende Kraft oder aufzunehmendes Moment".

ICS 23.020.30 | Ausgabe Mai 2007

Sonderfälle	Zeitstandbeanspruchung für Stähle	AD 2000-Merkblatt S 6

Die AD 2000-Merkblätter werden von den in der „Arbeitsgemeinschaft Druckbehälter" (AD) zusammenarbeitenden, nachstehend genannten sieben Verbänden aufgestellt. Aufbau und Anwendung des AD 2000-Regelwerkes sowie die Verfahrensrichtlinien regelt das AD 2000-Merkblatt G1.

Die AD 2000-Merkblätter enthalten sicherheitstechnische Anforderungen, die für normale Betriebsverhältnisse zu stellen sind. Sind über das normale Maß hinausgehende Beanspruchungen beim Betrieb der Druckbehälter zu erwarten, so ist diesen durch Erfüllung besonderer Anforderungen Rechnung zu tragen.

Wird von den Forderungen dieses AD 2000-Merkblattes abgewichen, muss nachweisbar sein, dass der sicherheitstechnische Maßstab dieses Regelwerkes auf andere Weise eingehalten ist, z.b. durch Werkstoffprüfungen, Versuche, Spannungsanalyse, Betriebserfahrungen.

Fachverband Dampfkessel-, Behälter- und Rohrleitungsbau e.V. (FDBR), Düsseldorf
Hauptverband der gewerblichen Berufsgenossenschaften e.V., Sankt Augustin
Verband der Chemischen Industrie e.V. (VCI), Frankfurt/Main
Verband Deutscher Maschinen- und Anlagenbau e.V. (VDMA), Fachgemeinschaft Verfahrenstechnische Maschinen und Apparate, Frankfurt/Main
Stahlinstitut VDEh, Düsseldorf
VGB PowerTech e.V., Essen
Verband der TÜV e.V. (VdTÜV), Berlin

Die AD 2000-Merkblätter werden durch die Verbände laufend dem Fortschritt der Technik angepasst. Anregungen hierzu sind zu richten an den Herausgeber:

Verband der TÜV e.V., Friedrichstraße 136, 10117 Berlin.

Inhalt

0 Präambel
1 Geltungsbereich
2 Allgemeines
3 Formelzeichen und Einheiten
4 Auslegung im Zeitstandbereich
5 Belastungen
6 Anforderungen an die Bauteilausführung
7 Hinweise für den Betrieb einer Anlage im Zeitstandbereich
8 Schrifttum

0 Präambel

Zur Erfüllung der grundlegenden Sicherheitsanforderungen der Druckgeräte-Richtlinie kann das AD 2000-Regelwerk angewandt werden, vornehmlich für die Konformitätsbewertung nach den Modulen „G" und „B + F".

Das AD 2000-Regelwerk folgt einem in sich geschlossenen Auslegungskonzept. Die Anwendung anderer technischer Regeln nach dem Stand der Technik zur Lösung von Teilproblemen setzt die Beachtung des Gesamtkonzeptes voraus.

Bei anderen Modulen der Druckgeräte-Richtlinie oder für andere Rechtsgebiete kann das AD 2000-Regelwerk sinngemäß angewandt werden. Die Prüfzuständigkeit richtet sich nach den Vorgaben des jeweiligen Rechtsgebietes.

1 Geltungsbereich

1.1 Dieses AD 2000-Merkblatt enthält Kriterien zum Umgang mit zeitstandbeanspruchten Stählen. Es kann in Fällen angewandt werden, in denen eine kriechende Veränderung der Materialeigenschaften infolge Temperatureinfluss zu erwarten ist. Als untere Grenztemperaturen gelten dabei:

- etwa 380 °C für unlegierte Stähle,
- etwa 440 °C für niedriglegierte Stähle,
- etwa 525 °C für hochlegierte (austenitische, ferritisch-martensitische Stähle).

1.2 Die Bestimmung der genauen Grenztemperaturen hat in Abhängigkeit der zutreffenden harmonisierten Materialnorm zu erfolgen. Die Anwendung weiterer Werkstoffe

---

Die AD 2000-Merkblätter sind urheberrechtlich geschützt. Die Nutzungsrechte, insbesondere die der Übersetzung, des Nachdrucks, der Entnahme von Abbildungen, die Wiedergabe auf fotomechanischem Wege und die Speicherung in Datenverarbeitungsanlagen, bleiben, auch bei auszugsweiser Verwertung, dem Urheber vorbehalten.

ist möglich, bedarf aber der Eignungsfeststellung in Form eines Materialeinzelgutachtens nach RL 97/23/EG Anhang I Abs. 4.2 einer Benannten Stelle für den jeweiligen Anwendungsfall.

1.3 Dieses AD 2000-Merkblatt gilt nur in Verbindung mit den AD 2000-Merkblättern der Reihe B. Für die Reihe S bedarf es eines besonderen Spannungsbewertungskonzeptes.

$R_{m\ 100000\ \theta}$ Mittelwert der Zeitstandfestigkeit für 100.000 h bei Berechnungstemperatur

$R_{m\ min\ 100000\ \theta}$ Mindestwert der Zeitstandfestigkeit für 100.000 h bei Berechnungstemperatur

$R_{m\ 200000\ \theta}$ Mittelwert der Zeitstandfestigkeit für 200.000 h bei Berechnungstemperatur

$R_{m\ min\ 200000\ \theta}$ Mindestwert der Zeitstandfestigkeit für 200.000 h bei Berechnungstemperatur

2 Allgemeines

2.1 Bei Einhaltung der in diesem AD 2000-Merkblatt enthaltenen Kriterien zur Spannungsbegrenzung werden folgende Versagensarten vermieden:
- Kriechbruch,
- Kriechverformung,
- Kriechermüdung.

2.2 Die Anwendung dieses AD 2000-Merkblattes umfasst keine Untersuchung auf:
- Elastische Instabilität,
- Spannungsrisskorrosion,
- Schwingungsrisskorrosion.

2.3 Diese Versagensarten müssen ggf. zusätzlich überprüft werden.

3 Formelzeichen und Einheiten

Über die Festlegungen des AD 2000-Merkblattes B 0 hinaus gilt:

f   zulässige Spannung bei ruhender Beanspruchung

s_e ausgeführte Wandstärke

R_m Mindestwert der Zugfestigkeit bei 20 °C

4 Auslegung im Zeitstandbereich

4.1 Berechnungsdruck

Als Berechnungsdruck gilt mindestens der maximal zulässige Druck (PS) des betreffenden Druckgerätes. Darüber hinaus sind statische Drücke, soweit vorhanden, in voller Höhe zu berücksichtigen.

4.2 Berechnungstemperatur

Die Berechnungstemperatur setzt sich zusammen aus der maximal zulässigen Temperatur (TS) und einem Temperaturzuschlag. Einzelheiten regelt das AD 2000-Merkblatt B 0 im Abschnitt 5. Darüber hinaus gilt abweichend für den Wasser-/Dampf- und Heißdampfbereich die nachfolgende Tafel 1.

4.3 Zulässige Spannung

4.3.1 Allgemeines

Zeitabhängige Festigkeitskennwerte umfassen in der Regel Wertebereiche ab 10000 h. Die Angabe derselben hat generell unter Quellennennung zu erfolgen. Vorzugsweise sind zeitabhängige Festigkeitskennwerte harmonisierten Normen zu entnehmen. Sollten andere Quellen herangezogen werden müssen, ist deren Eignungsfeststellung im Rahmen eines Materialeinzelgutachtens nach RL 97/23/EG Anhang I Abs. 4.2 zu erbringen.

Tafel 1.

Aggregat-zustand	Bezugs-temperatur	Temperaturzuschläge			
		Unbeheizte Bauteile **)	Beheizte Bauteile **)		
			Beheizung überwiegend durch		Gegen Strahlung abgedeckt
			Strahlung	Berührung	
Wasser- bzw. Wasserdampf-gemisch	Sättigungs-temperatur beim maximal zulässigen Druck PS (einschließl. hydrost. Säule)	0 K	50 K bei Sammlern ***) (30+3s_e) K mindestens 50 K	(15+2s_e) K, höchstens 50 K	20 K
Heißdampf	Heißdampf	15 K ****)	50 K	35 K	20 K

*) Schottenüberhitzer werden wie Berührungsüberhitzer behandelt
**) Definition der Beheizungsarten siehe Vereinbarung FDBR/VGB/VdTÜV 1988/1
***) Als Sammler gelten, unabhängig von der Durchströmung, rohrförmige Hohlkörper mit äußerem Durchmesser > 76,1 mm, in die drei oder mehr Rohre nicht axial einmünden.
****) Bei unbeheizten heißdampfführenden Bauteilen kann der Temperaturzuschlag von 15 K auf 5 K (Messtoleranz) vermindert werden, wenn sichergestellt ist, dass die bei Auslegung vorgesehene Heißdampftemperatur nicht überschritten werden kann. Dies kann erreicht werden durch:
(1) Temperaturregelung vor diesen Bauteilen,
(2) Anordnung von Kühl- oder Mischstellen (z. B. durch längsdurchströmte Sammler) vor diesen Bauteilen oder
(3) schaltungstechnische Maßnahmen vor diesen Bauteilen oder dergleichen.

4.3.2 Zulässige Spannung ohne Lebensdauerüberwachung (10-Jahreskonzept)

Es gilt der kleinste folgender Werte:
- Zugfestigkeit bei Raumtemperatur mit einer Sicherheit von 2,4,
- Mindestwert der Streck- bzw. 0,2-%-Dehngrenze oder – falls zutreffend – der 1-%-Dehngrenze bei Berechnungstemperatur mit einer Sicherheit von 1,5 für inneren Überdruck und 1,8 für äußeren Überdruck. Ist die Streckgrenze nicht ausgeprägt, so ist die nach DIN EN 10002-1 ermittelte 0,2-%-Dehngrenze einzusetzen.
- Mittelwert der Zeitstandfestigkeit für 100.000 h bei Berechnungstemperatur mit einer Sicherheit von 1,5 für inneren Überdruck und 1,8 für äußeren Überdruck.

Innerer Überdruck

$$f = \min\left(\frac{R_m}{2,4}; \frac{R_{p\,0,2\,\vartheta}}{1,5}; \frac{R_{m\,100000\,\vartheta}}{1,5}\right)$$

Äußerer Überdruck

$$f = \min\left(\frac{R_m}{2,4}; \frac{R_{p\,0,2\,\vartheta}}{1,8}; \frac{R_{m\,100000\,\vartheta}}{1,8}\right)$$

4.3.3 Zulässige Spannung mit Lebensdauerüberwachung für Betriebszeiten bis 200.000 h

Es gilt der kleinste folgender Werte:
- Zugfestigkeit bei Raumtemperatur mit einer Sicherheit von 2,4,
- Mindestwert der Streck- bzw. 0,2-%-Dehngrenze oder – falls zutreffend – der 1-%-Dehngrenze bei Berechnungstemperatur mit einer Sicherheit von 1,5 für inneren Überdruck und 1,8 für äußeren Überdruck. Ist die Streckgrenze nicht ausgeprägt, so ist die nach DIN EN 10002-1 ermittelte 0,2-%-Dehngrenze einzusetzen.
- Mittelwert der Zeitstandfestigkeit für die vorgegebene Betriebszeit (bis 200.000 h) bei Berechnungstemperatur mit einer Sicherheit von 1,25 für inneren Überdruck und 1,5 für äußeren Überdruck.

Innerer Überdruck

$$f = \min\left(\frac{R_m}{2,4}; \frac{R_{p\,0,2\,\vartheta}}{1,5}; \frac{R_{m\,200000\,\vartheta}}{1,25}\right)$$

Äußerer Überdruck

$$f = \min\left(\frac{R_m}{2,4}; \frac{R_{p\,0,2\,\vartheta}}{1,8}; \frac{R_{m\,200000\,\vartheta}}{1,5}\right)$$

4.4 Wanddickenzuschläge

Wanddickenzuschläge sind generell bei der Auslegung in voller Höhe entsprechend jeweiliger Toleranzangabe (c_1) bzw. dem definierten Wanddickenabtrag (c_2) zu berücksichtigen.

4.5 Güte der Schweißverbindung

4.5.1 Bei voll beanspruchten Nähten ist die in 4.3 ermittelte zulässige Spannung mit dem Faktor 0,8 zu multiplizieren, ausgenommen für die jeweilige Nähte und Wärmeeinflusszonen liegen ermittelte Werte vor.

4.5.2 Überschreitet die maximale Spannungskomponente senkrecht zur Schweißnahtrichtung 80 % der in 4.3 ermittelten zulässigen Spannung, sind konstruktive Veränderungen zur Einhaltung der gesetzten 80-%-Begrenzung notwendig.

4.5.3 Der nach AD 2000-Merkblatt HP 5/3 ermittelte Schweißnahtfaktor ist in die Betrachtungen einzubeziehen, wenn dieser nur eine 85%ige Ausnutzung der Schweißverbindung gestattet. In diesem Falle erfolgt eine Begrenzung der in 4.3 ermittelten zulässigen Spannung auf 68 %.

4.5.4 Für Anschweißteile erfolgt die Ermittlung und Absicherung der Schweißnahtgüten in Absprache mit der involvierten Benannten Stelle.

5 Belastungen

5.1 Vorwiegend ruhende Belastungen

5.1.1 Bei Einhaltung der in der Reihe B 1 bis B 9 genannten Forderungen liegt eine ausreichende Dimensionierung auf vorwiegend ruhende Belastung vor.

5.1.2 Die Abgrenzung gegen Wechselbelastung ist der Reihe S zu entnehmen.

5.2 Betriebsregime und Schädigungsakkumulation

5.2.1 Allgemeine Anforderungen an das Betriebsregime enthält TRD 508 [1].

5.2.2 Die Schädigungsakkumulation setzt sich zusammen aus den Bestandteilen Zeitstanderschöpfung und Erschöpfung aus Wechselbelastung. Die Ermittlung der Zeitstanderschöpfung beruht in der Regel auf automatischer Erfassung und Aufsummierung unterschiedlicher Belastungskollektive an hochbelasteten Bauteilen, gebildet aus Druck respektive zugeordneter Temperatur oberhalb der Kriechgrenze. Wechselbelastung ergibt sich aus mechanischen und thermischen Belastungen (unterhalb und oberhalb der Kriechgrenze) und kann in Form eines Erschöpfungsgrades unter Einsatz des AD 2000-Merkblattes S 2 oder nach TRD 508 Anlage 1 [2] ermittelt werden. Die resultierende Gesamterschöpfung ergibt sich aus der Summe der beiden ermittelten Teilerschöpfungen.

6 Anforderungen an die Bauteilausführung

Tafel 2. Akzeptable drucktragende Schweißverbindungen im Zeitstandbereich

A) Stumpfnähte	
B) beidseitig eingeschweißter Stutzen	
C) einseitig eingeschweißter Stutzen	
D) aufgesetzter Stutzen mit ausgebohrter Wurzel	

Tafel 3. Akzeptable nicht-drucktragende Schweißverbindungen im Zeitstandbereich

A) Knaggenanschweißung	
	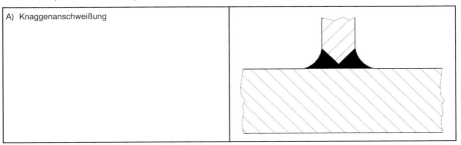

7 Hinweise für den Betrieb einer Anlage im Zeitstandbereich

7.1 Druckgeräte ohne Lebensdauerüberwachung

Für Druckgeräte ohne Lebensdauerüberwachung ist die Nutzungsdauer generell auf 100.000 Betriebsstunden beschränkt. Ist ein Nachweis der bereits erlittenen Betriebsstunden nicht zu erbringen, zählen die 100.000 Stunden ab dem Beginn des Herstellungsjahres des betroffenen Druckgerätes.

7.2 Druckgeräte mit Lebensdauerüberwachung

Die Vorgehensweise für Druckgeräte mit Lebensdauerüberwachung erfolgt entsprechend den Maßgaben in TRD 508 Anlage 1 [2].

8 Schrifttum

[1] TRD 508
[2] TRD 508 Anlage 1

ICS 23.020.30   Ausgabe Juli 2006

| Werkstoffe für Druckbehälter | Allgemeine Grundsätze für Werkstoffe | AD 2000-Merkblatt W 0 |

Die AD 2000-Merkblätter werden von den in der „Arbeitsgemeinschaft Druckbehälter" (AD) zusammenarbeitenden, nachstehend genannten sieben Verbänden aufgestellt. Aufbau und Anwendung des AD 2000-Regelwerkes sowie die Verfahrensrichtlinien regelt das AD 2000-Merkblatt G1.

Die AD 2000-Merkblätter enthalten sicherheitstechnische Anforderungen, die für normale Betriebsverhältnisse zu stellen sind. Sind über das normale Maß hinausgehende Beanspruchungen beim Betrieb der Druckbehälter zu erwarten, so ist diesen durch Erfüllung besonderer Anforderungen Rechnung zu tragen.

Wird von den Forderungen dieses AD 2000-Merkblattes abgewichen, muss nachweisbar sein, dass der sicherheitstechnische Maßstab dieses Regelwerkes auf andere Weise eingehalten ist, z.B. durch Werkstoffprüfungen, Versuche, Spannungsanalyse, Betriebserfahrungen.

> Fachverband Dampfkessel-, Behälter- und Rohrleitungsbau e.V. (FDBR), Düsseldorf
> Hauptverband der gewerblichen Berufsgenossenschaften e.V., Sankt Augustin
> Verband der Chemischen Industrie e.V. (VCI), Frankfurt/Main
> Verband Deutscher Maschinen- und Anlagenbau e.V. (VDMA), Fachgemeinschaft Verfahrenstechnische Maschinen und Apparate, Frankfurt/Main
> Stahlinstitut VDEh, Düsseldorf
> VGB PowerTech e.V., Essen
> Verband der Technischen Überwachungs-Vereine e.V. (VdTÜV), Berlin

Die AD 2000-Merkblätter werden durch die Verbände laufend dem Fortschritt der Technik angepasst. Anregungen hierzu sind zu richten an den Herausgeber:

> **Verband der Technischen Überwachungs-Vereine e.V., Friedrichstraße 136, 10117 Berlin.**

Inhalt

0   Präambel
1   Geltungsbereich
2   Allgemeine Anforderungen
3   Werkstoffe für Druckbehälter
4   Schweißzusätze und andere Verbindungsstoffe

0   Präambel

Zur Erfüllung der grundlegenden Sicherheitsanforderungen der Druckgeräte-Richtlinie kann das AD 2000-Regelwerk angewandt werden, vornehmlich für die Konformitätsbewertung nach den Modulen „G" und „B + F".
Das AD 2000-Regelwerk folgt einem in sich geschlossenen Auslegungskonzept. Die Anwendung anderer technischer Regeln nach dem Stand der Technik zur Lösung von Teilproblemen setzt die Beachtung des Gesamtkonzeptes voraus.
Bei anderen Modulen der Druckgeräte-Richtlinie oder für andere Rechtsgebiete kann das AD 2000-Regelwerk sinngemäß angewandt werden. Die Prüfzuständigkeit richtet sich nach den Vorgaben des jeweiligen Rechtsgebietes.

1   Geltungsbereich

Die AD 2000-Merkblätter der Reihe W gelten für metallische Werkstoffe, die in verschiedenen Erzeugnisformen für die Herstellung von drucktragenden Teilen für Druckbehälter verwendet werden.

Dieses AD 2000-Merkblatt legt allgemeine Grundsätze für Herstellung, Prüfung und Nachweis der Güteeigenschaften der Erzeugnisse fest.
Die AD 2000-Merkblätter der Reihe W regeln die Anwendung und die Anforderungen für die Erzeugnisformen, wie z. B. Blech, Band, Rohr.
Dieses AD 2000-Merkblatt gilt nicht für Werkstoffe von
– Dichtungen und
– An- und Einbauteilen.
Für Gehäuse von Ausrüstungsteilen gilt zusätzlich das AD 2000-Merkblatt A 4.
Für nichtmetallische Werkstoffe gelten die AD 2000-Merkblätter der Reihe N.

2   Allgemeine Anforderungen

2.1   Die Werkstoffe müssen am fertigen Bauteil die erforderlichen mechanischen Eigenschaften haben.

Werkstoffe, die dem Beschickungsgut ausgesetzt sind, dürfen von diesem nicht in gefährlicher Weise angegriffen werden und mit diesem keine gefährlichen Verbindungen eingehen.

Ersatz für Ausgabe Oktober 2004; | = Änderungen gegenüber der vorangehenden Ausgabe

Die AD 2000-Merkblätter sind urheberrechtlich geschützt. Die Nutzungsrechte, insbesondere die der Übersetzung, des Nachdrucks, der Entnahme von Abbildungen, die Wiedergabe auf fotomechanischem Wege und die Speicherung in Datenverarbeitungsanlagen, bleiben, auch bei auszugsweiser Verwertung, dem Urheber vorbehalten.

2.2 Der Besteller/Betreiber oder der Hersteller des Druckbehälters hat die Werkstoffe so auszuwählen, dass sie bei werkstoffgerechter Weiterverarbeitung in ihren Eigenschaften den Beanspruchungen beim Betrieb der Druckbehälter, Rohrleitungen und Ausrüstungsteile genügen.

2.3 Die zur Erfüllung der Anforderungen nach Abschnitt 2.1 und 2.2 erforderlichen Güteeigenschaften der Werkstoffe im Lieferzustand und die qualitätsbeeinflussenden Maßnahmen bei der Weiterverarbeitung sind in einer Werkstoffspezifikation festzulegen. Vorzugsweise geschieht dies ganz oder teilweise durch Bezugnahme auf Normen oder andere technische Lieferbedingungen.

Nach Anhang I, Abschnitt 4.2 der Druckgeräte-Richtlinie dürfen nur Werkstoffe verwendet werden, für die
- eine harmonisierte Norm,
- eine europäische Werkstoffzulassung oder
- ein Einzelgutachten

vorliegt.

In den AD 2000-Merkblättern sind neben Werkstoffen nach harmonisierten Normen auch Werkstoffe aufgeführt, für die keine harmonisierten Normen oder europäischen Werkstoffzulassungen vorliegen. Diese Werkstoffe z. B. nach DIN-Normen, Stahl-Eisen-Werkstoffblättern oder VdTÜV-Werkstoffblättern haben sich für den Bau von Druckbehältern bewährt. Sie erfüllen bei Anwendung des AD 2000-Regelwerkes die Werkstoffanforderungen nach Anhang I, Abschnitt 4.1 der Druckgeräte-Richtlinie und können ohne zusätzlichen Prüfaufwand über die zuständige unabhängige Stelle als einzelbegutachtet angesehen und eingesetzt werden.

2.4 Die Erzeugnisse sind im Allgemeinen im Herstellwerk zu prüfen.

Für die Durchführung der Prüfungen gelten die einschlägigen Normen und Stahl-Eisen-Prüfblätter, soweit in der Werkstoffspezifikation keine anderen Festlegungen getroffen worden sind (siehe auch Abschnitt 3.4.1).

3 Werkstoffe für Druckbehälter

3.1 Besondere Anforderungen

3.1.1 Die Werkstoffspezifikation ist die Grundlage für die Beurteilung der Eignung des Werkstoffes für Druckbehälter. Sie muss zur Erfüllung der allgemeinen Anforderungen nach Abschnitt 2 mindestens
- die Anforderungen an die chemische Zusammensetzung und an die mechanisch-technologischen Eigenschaften,
- die Festlegungen zu Art und Vorgehen bei der Verarbeitung und Wärmebehandlung,
- die Festlegungen zur Werkstoffprüfung sowie zu Art und Inhalt der Prüfbescheinigung,
- die Festlegungen zur Kennzeichnung und
- die Festlegungen zu den Kennwerten für die Bemessung

enthalten.

3.1.2 Der Hersteller der Werkstoffe muss
- über Einrichtungen für ein sachgemäßes Herstellen und Prüfen der Erzeugnisse verfügen,
- über fachkundiges Personal für das Herstellen und Prüfen der Erzeugnisse verfügen sowie eine Prüfaufsicht für die zerstörungsfreien Prüfungen haben, soweit solche in der Werkstoffspezifikation festgelegt sind,
- die Erzeugnisse nach einem geeigneten Verfahren herstellen und

- durch Güteüberwachung mit entsprechenden Aufzeichnungen die sachgemäße Herstellung der Erzeugnisse sowie die Einhaltung der in der Werkstoffspezifikation genannten Anforderungen sicherstellen.

Dies gilt auch für die Hersteller von Vormaterial.

Sofern der Hersteller Abnahmeprüfzeugnisse 3.1 ausstellt, muss er zusätzlich über ein dokumentiertes Qualitätsmanagementsystem verfügen.

Der Abnahmebeauftragte des Herstellers, der Abnahmeprüfzeugnisse 3.1 des Herstellers ausstellt, muss die Bedingungen der DIN EN 10204 erfüllen. Der Name und der Prüfstempel dieser Person müssen der zuständigen unabhängigen Stelle bekannt sein.

3.2 Feststellung der Eignung der Werkstoffe

3.2.1 Die Eignung der Werkstoffe wird anhand der Werkstoffspezifikation nach Abschnitt 3.1.1 durch die zuständige unabhängige Stelle festgestellt. Ist die Feststellung der Eignung der Werkstoffe anhand der Werkstoffspezifikation nicht möglich, sind durch die zuständige unabhängige Stelle die sicherheitstechnisch notwendigen Anforderungen zu ergänzen und entsprechende Prüfungen am Erzeugnis festzulegen.

Das Ergebnis der Eignungsfeststellung ist von der zuständigen unabhängigen Stelle schriftlich niederzulegen. Im Fall der Eignungsfeststellung für eine allgemeine Anwendung muss dies in Form einer europäischen Werkstoff-Zulassung erfolgen (z. B. Verfahren nach den VdTÜV-Merkblättern 1255 bis 1264)[1].

Liegt eine Eignungsfeststellung für eine allgemeine Anwendung nicht vor, kann die zuständige unabhängige Stelle ein Einzelgutachten erstellen.

3.2.2 Die in den AD 2000-Merkblättern der Reihe W genannten Werkstoffe sind zur Verwendung innerhalb der Anwendungsgrenzen geeignet, die im jeweiligen AD 2000-Merkblatt angegeben werden. Die Verwendung in anderen Anwendungsgrenzen ist nach Feststellung der Eignung gemäß Abschnitt 3.2.1 zulässig.

Die AD 2000-Merkblätter der Reihe W werden laufend an den Stand der Normung angepasst. Die Verwendung von Werkstoffen, die nach früher gültigen Ausgaben des AD- bzw. AD 2000-Regelwerkes geliefert wurden, ist weiterhin zulässig.

3.3 Nachweis der Erfüllung der Anforderungen an den Hersteller

3.3.1 Der Hersteller der Werkstoffe hat der zuständigen unabhängigen Stelle nachzuweisen, dass die Anforderungen nach Abschnitt 3.1.2 erfüllt sind. Bestehende QM-Systeme sind dabei zu berücksichtigen. Die Ergebnisse der Überprüfung sind durch die zuständige unabhängige Stelle zu bestätigen. Dies geschieht in der Regel vor der ersten Lieferung.

Die Bestätigung hat eine Gültigkeit von drei Jahren und verlängert sich ohne zusätzliche Prüfung, sofern sich die zuständige unabhängige Stelle mindestens einmal jährlich davon überzeugt, dass die werkstoffspezifischen Anforderungen erfüllt sind. Dies kann auch im Rahmen laufender Werkstoffabnahmeprüfungen durch die zuständige unabhängige Stelle erfolgen.

Hersteller, die die Anforderungen nach Abschnitt 3.1.2 erfüllen, sind zum Beispiel in VdTÜV-Merkblatt Werkstoffe 1253/1 gelistet.

3.3.2 Der Nachweis nach Abschnitt 3.3.1 kann im Einzelfall ersetzt werden durch eine sachgerechte Auswertung

---
[1] Zu beziehen bei: TÜV-Media GmbH, Am Grauen Stein, 51105 Köln

der Prüfungen an der Lieferung, z. B. durch Überprüfung der chemischen Zusammensetzung am Stück, Nachprüfung des Wärmebehandlungszustandes, zusätzliche Probenahme zum Nachweis der gleichmäßigen Beschaffenheit. Die erforderlichen Zusatzprüfungen sind von der zuständigen unabhängigen Stelle festzulegen.

3.4 Prüfung, Kennzeichnung und Nachweis der Güteeigenschaften

3.4.1 (1) Maßgebend für die Prüfung und die Kennzeichnung der Werkstoffe sowie für den Nachweis der Güteeigenschaften sind die Festlegungen bei der Eignungsfeststellung nach Abschnitt 3.2, wobei die Kennzeichnung mindestens die Angaben umfassen muss, die für ein vergleichbares Erzeugnis nach dem entsprechenden AD 2000-Merkblatt der Reihe W festgelegt sind.

(2) Im Gütenachweis sind die Liefermenge, die kennzeichnenden Abmessungen und der vollständige Wortlaut der Kennzeichnung anzugeben.

(3) Verwendet der Hersteller für eine Erzeugnisform Werkstoffe, die er nicht selbst erschmolzen hat, so müssen hierfür Bescheinigungen des Vormaterial-Herstellers vorliegen, die Angaben zur chemischen Zusammensetzung, die Werkstoffbezeichnung, die Kennzeichnung, die kennzeichnenden Abmessungen und die Liefermenge enthalten.

3.4.2 (1) Die zum Nachweis der Güteeigenschaften erforderlichen Prüfbescheinigungen nach DIN EN 10204 sind werkstoffabhängig in den AD 2000-Merkblättern der Reihe W festgelegt. Soweit zerstörungsfreie Prüfungen vorgesehen sind, werden diese in der Regel in einem Abnahmeprüfzeugnis 3.1 bescheinigt.

Prüfbescheinigungen nach DIN EN 10204: 1995 behalten im Sinne des AD 2000-Regelwerkes vorerst ihre Gültigkeit, wenn die Voraussetzungen nach 3.1.2 und 3.4.3 erfüllt sind.

(2) Wird als Nachweis der Güteeigenschaften ein Abnahmeprüfzeugnis 3.2 nach DIN EN 10204: 2005 Abschnitt 4.2 festgelegt, so sind die mechanisch-technologischen Prüfungen (z. B. Zugversuch, Kerbschlagbiegeversuch, Biegeversuch, Ring- und Faltversuch) und die Besichtigungen und Maßprüfungen im Beisein der zuständigen unabhängigen Stelle durchzuführen. Sofern der zuständigen unabhängigen Stelle eine ausreichende Fertigungssicherheit nachgewiesen wurde, ist eine stichprobenweise Besichtigung und Maßprüfung durch die zuständige unabhängige Stelle zulässig. Der zuständigen unabhängigen Stelle ist auf Verlangen die chemische Zusammensetzung der Schmelze, die Erschmelzungsart, die Herstellungsart und der Lieferzustand der Erzeugnisse bekannt zu geben, soweit in der Werkstoffspezifikation aufgrund der Eignungsfeststellung nach Abschnitt 3.2 nichts anderes festgelegt ist.

Die zuständige unabhängige Stelle ist berechtigt, den Herstellungsgang zu beobachten. Der Fertigungs- und Prüfablauf darf nicht beeinträchtigt werden.

In Fällen nach Abschnitt 3.4.1 Abs. (3) sind der zuständigen unabhängigen Stelle die Bescheinigungen des Vormaterial-Herstellers vorzulegen.

3.4.3 Bei Anwendung der DIN EN 10204: 1995 ist die Einhaltung der Anforderungen der Werkstoffspezifikation und der Bestellung vom Hersteller zu bestätigen. Prüfbescheinigungen (3.1.A), 3.1.C und 3.2 nach DIN EN 10204: 1995 sind im AD 2000-Regelwerk bezüglich des Abnahmeprüfzeugnisses 3.2 als gleichwertig zu betrachten. Für die Durchführung der Prüfungen durch die zuständige unabhängige Stelle gelten die Bedingungen nach Absatz 3.4.2 (2).

3.5 Ausbesserungen und Fertigungsschweißungen

Werkstofffehler dürfen nach den Festlegungen in der Werkstoffspezifikation ausgebessert werden. Sind in der Werkstoffspezifikation diesbezüglich keine Festlegungen getroffen worden, dürfen Ausbesserungen durch Schweißen mit Ausnahme von Fertigungsschweißungen bei Stahlguss nur im Einvernehmen mit dem Besteller und, soweit die zuständige unabhängige Stelle das Erzeugnis zu prüfen hat, mit der zuständigen unabhängigen Stelle durchgeführt werden.

Bei Ausbesserungen durch Schweißen sind Art und Umfang der Ausbesserungen sowie Art und Ergebnisse der an der ausgebesserten Stelle durchgeführten Prüfungen zu bescheinigen.

Für Fertigungsschweißungen an Stahlguss gelten die Festlegungen in DIN 1690 Teil 1, sofern in der Werkstoffspezifikation keine anderen Festlegungen getroffen worden sind. Für Fertigungsschweißungen an Stahlguss ist eine Verfahrensprüfung nach Stahl-Eisen-Werkstoffblatt 110 erforderlich.

3.6 Kennwerte für die Bemessung

Für die Bemessung gelten die in der Werkstoffspezifikation festgelegten Kennwerte, sofern bei der Eignungsfeststellung nach Abschnitt 3.2 keine anderen Werte festgelegt worden sind.

4 Schweißzusätze und andere Verbindungsstoffe

4.1 Die Schweißzusätze, gegebenenfalls in Kombination mit Schweißhilfsstoffen, müssen für die Herstellung von Druckbehältern geeignet sein, d. h. das Schweißgut muss auf die Grundwerkstoffe abgestimmt sein und die hierfür erforderlichen Güteeigenschaften müssen in einer Schweißzusatzspezifikation festgelegt sein.

4.2 Bei Loten und Klebstoffen kann die Eignung im Rahmen einer Verfahrensprüfung festgestellt werden.

4.3 Die Eignung ist anhand der Schweißzusatzspezifikation durch ein Gutachten der zuständigen unabhängigen Stelle festzustellen[2]. Liegt eine Eignungsfeststellung für eine allgemeine Anwendung vor, kann die Eignung für einen bestimmten bzw. gleichartigen Anwendungsfall im Rahmen einer erweiterten Verfahrensprüfung erfolgen. Für die im VdTÜV-Kennblatt 1000 genannten Schweißzusätze ist die Eignung innerhalb der dort genannten Anwendungsgrenzen festgestellt.

---

[2] Siehe VdTÜV-Merkblatt 1153 – Richtlinien für die Eignungsprüfung von Schweißzusätzen

ICS 23.020.30   Ausgabe Juli 2006

Werkstoffe für Druckbehälter	Flacherzeugnisse aus unlegierten und legierten Stählen	AD 2000-Merkblatt W 1

Die AD 2000-Merkblätter werden von den in der „Arbeitsgemeinschaft Druckbehälter" (AD) zusammenarbeitenden, nachstehend genannten sieben Verbänden aufgestellt. Aufbau und Anwendung des AD 2000-Regelwerkes sowie die Verfahrensrichtlinien regelt das AD 2000-Merkblatt G1.

Die AD 2000-Merkblätter enthalten sicherheitstechnische Anforderungen, die für normale Betriebsverhältnisse zu stellen sind. Sind über das normale Maß hinausgehende Beanspruchungen beim Betrieb der Druckbehälter zu erwarten, so ist diesen durch Erfüllung besonderer Anforderungen Rechnung zu tragen.

Wird von den Forderungen dieses AD 2000-Merkblattes abgewichen, muss nachweisbar sein, dass der sicherheitstechnische Maßstab dieses Regelwerkes auf andere Weise eingehalten ist, z.b. durch Werkstoffprüfungen, Versuche, Spannungsanalyse, Betriebserfahrungen.

Fachverband Dampfkessel-, Behälter- und Rohrleitungsbau e.v. (FDBR), Düsseldorf
Hauptverband der gewerblichen Berufsgenossenschaften e.v., Sankt Augustin
Verband der Chemischen Industrie e.v. (VCI), Frankfurt/Main
Verband Deutscher Maschinen- und Anlagenbau e.v. (VDMA), Fachgemeinschaft Verfahrenstechnische Maschinen und Apparate, Frankfurt/Main
Stahlinstitut VDEh, Düsseldorf
VGB PowerTech e.v., Essen
Verband der Technischen Überwachungs-Vereine e.v. (VdTÜV), Berlin

Die AD 2000-Merkblätter werden durch die Verbände laufend dem Fortschritt der Technik angepasst. Anregungen hierzu sind zu richten an den Herausgeber:

Verband der Technischen Überwachungs-Vereine e.V., Friedrichstraße 136, 10117 Berlin.

Inhalt

0 Präambel
1 Geltungsbereich
2 Geeignete Werkstoffe
3 Prüfung
4 Kennzeichnung
5 Nachweis der Güteeigenschaften
6 Kennwerte für die Bemessung

0 Präambel

Zur Erfüllung der grundlegenden Sicherheitsanforderungen der Druckgeräte-Richtlinie kann das AD 2000-Regelwerk angewandt werden, vornehmlich für die Konformitätsbewertung nach den Modulen „G" und „B + F".

Das AD 2000-Regelwerk folgt einem in sich geschlossenen Auslegungskonzept. Die Anwendung anderer technischer Regeln nach dem Stand der Technik zur Lösung von Teilproblemen setzt die Beachtung des Gesamtkonzeptes voraus.

Bei anderen Modulen der Druckgeräte-Richtlinie oder für andere Rechtsgebiete kann das AD 2000-Regelwerk sinngemäß angewandt werden. Die Prüfzuständigkeit richtet sich nach den Vorgaben des jeweiligen Rechtsgebietes.

1 Geltungsbereich

1.1 Dieses AD 2000-Merkblatt gilt für Flacherzeugnisse (Blech, Band, Breitflachstahl; s. DIN EN 10079) aus unlegierten und legierten ferritischen Stählen zum Bau von Druckbehältern, die bei Betriebstemperaturen sowie bei Umgebungstemperaturen herab bis –10 °C und bis zu den in Abschnitt 2 genannten oberen Temperaturgrenzen betrieben werden.

Für Betriebstemperaturen unter –10 °C gilt zusätzlich das AD 2000-Merkblatt W 10.

1.2 Für Flacherzeugnisse aus austenitischen Stählen gilt das AD 2000-Merkblatt W 2. Für plattiertes Blech ist das AD 2000-Merkblatt W 8 anzuwenden.

1.3 Die grundlegenden Anforderungen an die Werkstoffe und an die Werkstoffhersteller sind im AD 2000-Merkblatt W 0 geregelt.

2 Geeignete Werkstoffe

Es dürfen verwendet werden:

2.1 Unlegierte Baustähle S235JR, S235J2, S275JR, S275J2, S355J2, S355K2 nach DIN EN 10025-2 in den Anwendungsgrenzen und Lieferzuständen nach Tafel 1.

Ersatz für Ausgabe Oktober 2004; | = Änderungen gegenüber der vorangehenden Ausgabe

Die AD 2000-Merkblätter sind urheberrechtlich geschützt. Die Nutzungsrechte, insbesondere der der Übersetzung, des Nachdrucks, der Entnahme von Abbildungen, die Wiedergabe auf fotomechanischem Wege und die Speicherung in Datenverarbeitungsanlagen, bleiben, auch bei auszugsweiser Verwertung, dem Urheber vorbehalten.

2.2
Stähle für einfache Druckbehälter nach DIN EN 10207 in den Anwendungsgrenzen nach Tafel 1.

2.3
Unlegierte und legierte warmfeste Stähle P235GH, P265GH, P295GH, P355GH, 16Mo3, 13CrMo4-5 und 10CrMo9-10 nach DIN EN 10028-2 in den Anwendungsgrenzen und Lieferzuständen nach Tafel 2 und legierte warmfeste Stähle 15NiCuMoNb5-6-4, 12CrMo9-10 und 20MnMoNi4-5 nach DIN EN 10028-2 in Verbindung mit den VdTÜV-Werkstoffblättern 377/1, 404/1 und 440/1.

2.4
Schweißgeeignete normalgeglühte Feinkornbaustähle nach DIN EN 10028-3 in Verbindung mit den VdTÜV-Werkstoffblättern 352/1, 354/1 und 357/1.

2.5
Kaltzähe Stähle 11MnNi5-3, 13MnNi6-3, 12Ni14, X12Ni5 und X8Ni9 nach DIN EN 10028-4 bis 50 °C. Für den kurzzeitigen Betrieb bei höheren Temperaturen gilt AD 2000-Merkblatt W 10, Tafel 3 a. Für die Stahlsorten 11MnNi5-3 und 13MnNi6-3 ist die maximal zulässige Blechdicke auf 50 mm begrenzt.

2.6
Andere Werkstoffe und Werkstoffe nach 2.1 bis 2.5 außerhalb der dafür festgelegten Anwendungsgrenzen nach Eignungsfeststellung. Sie sollen die den Werkstoff kennzeichnenden Werte aufweisen und für die Probenrichtung quer folgenden Mindestanforderungen genügen:

- Bruchdehnung bei Raumtemperatur $A \geq 16\%$,
- Kerbschlagarbeit an der V-Probe nach DIN EN 10045-1, bei tiefster Betriebstemperatur jedoch nicht höher als 20 °C ≥ 27 J (Mittelwert aus drei Versuchen). Bei Proben, die nicht der genormten Breite von 10 mm entsprechen, verringern sich die Anforderungen an die Kerbschlagarbeit proportional dem Probenquerschnitt.

3 Prüfung

3.1
Für die Prüfung der Flacherzeugnisse aus Stählen nach Abschnitt 2.1 sind DIN EN 10025-1 und DIN EN 10025-2 maßgebend. Die Prüfung erfolgt nach Schmelzen. Bei Stahlsorten der Gütegruppe JR mit Nenndicken ≥ 6 mm ist der Kerbschlagbiegeversuch zusätzlich durchzuführen.

3.2
Die Prüfung der Flacherzeugnisse aus Stählen nach Abschnitt 2.2 erfolgt nach DIN EN 10207.

3.3
Die Prüfung der Flacherzeugnisse aus Stählen nach Abschnitt 2.3 erfolgt nach DIN EN 10028-2. Je Schmelze und Abmessungsbereich ist ein Zugversuch bei der maximal zulässigen Temperatur des Druckbehälters durchzuführen. Ist diese nicht bekannt, erfolgt die Prüfung bei 300 °C. Sofern in der Bestellung nichts anderes vereinbart, kann auf den Warmzugversuch verzichtet werden, wenn der Hersteller der zuständigen unabhängigen Stelle die Einhaltung der gestellten Anforderungen mit ausreichender Sicherheit nachgewiesen hat. Im Abnahmeprüfzeugnis ist auf die Zustimmung durch die zuständige unabhängige Stelle zum Entfall des Warmzugversuches hinzuweisen.

3.4
Die Prüfung der Flacherzeugnisse aus Stählen nach Abschnitt 2.4 erfolgt nach DIN EN 10028-3. Für alle Stahlsorten der Reihe NH ist der Zugversuch bei der maximal zulässigen Temperatur des Druckbehälters durchzuführen. Wird die Temperatur bei der Bestellung nicht vorgegeben, erfolgt die Prüfung bei 300 °C. Die Prüfung ist je Schmelze und Abmessungsbereich durchzuführen. Sofern in der Bestellung nichts anderes vereinbart, kann auf den Warmzugversuch verzichtet werden, wenn der Hersteller der zuständigen unabhängigen Stelle die Einhaltung der gestellten Anforderungen mit ausreichender Sicherheit nachgewiesen hat. Im Abnahmeprüfzeugnis ist auf die Zustimmung durch die zuständige unabhängige Stelle zum Entfall des Warmzugversuches hinzuweisen. Der Kerbschlagbiegeversuch wird an Querproben durchgeführt.

3.5
Die Prüfung der Flacherzeugnisse aus Stählen nach Abschnitt 2.5 erfolgt nach DIN EN 10028-4. Bei aus Band geschnittenen Blechen und Bändern ist der Kerbschlagbiegeversuch an Querproben durchzuführen.

3.6
Die Prüfung der Flacherzeugnisse aus anderen Werkstoffen nach Abschnitt 2.6 erfolgt nach den Festlegungen der Eignungsfeststellung.

3.7
Legierte Stähle sind je Prüfeinheit mit geeigneten Mitteln auf Werkstoffverwechselung zu prüfen und zu bescheinigen.

3.8
Jedes Blech ist auf Oberflächenbeschaffenheit zu prüfen.

3.9
Für die Prüfung nach Weiterverarbeitung gelten die AD 2000-Merkblätter der Reihe HP.

4 Kennzeichnung

4.1
Flacherzeugnisse sind mindestens zu kennzeichnen mit
- Zeichen des Herstellerwerkes,
- Kurznamen der Stahlsorte oder Werkstoff-Nummer,
- Schmelzennummer,
- Zeichen der zuständigen unabhängigen Stelle (bei Abnahmeprüfzeugnis 3.2) bzw. Zeichen des Abnahmebeauftragten des Herstellers (bei Abnahmeprüfzeugnis 3.1).

Bei Lieferung mit Abnahmeprüfzeugnis nach DIN EN 10204 sind die Bleche und Bänder, von denen die Probenschnitte zum Nachweis der Güteeigenschaften entnommen werden, zusätzlich mit der Probenummer[1] zu kennzeichnen.

Bei Blechen ist die Kennzeichnung an einem Ende so anzubringen, dass sie aufrecht steht, wenn man in Hauptwalzrichtung blickt. Die Kennzeichnung erfolgt durch Einprägen. Bei Nenndicken ≤ 5 mm ist eine dauerhafte Farbkennzeichnung zulässig.

Eine durch Einprägen aufgebrachte Kennzeichnung ist mit weißer Farbe zu markieren.

Bei aus Band geschnittenen Blechen ist unabhängig von der Nenndicke eine dauerhafte Farbkennzeichnung durch den Werkstoffhersteller zulässig, wenn bei der Bestellung nicht ausdrücklich eine andere Kennzeichnung vorgegeben ist.

Die Kennzeichnung von Band erfolgt auf einem Anhängeschild. Zusätzlich ist die äußeren Bandenden gleichlautend mit einer dauerhaften Farbkennzeichnung zu versehen.

Bei Lieferung von Blechen, die durch Zerteilen einer Walztafel oder eines Bandes hergestellt werden, ist die Kennzeichnung auf jedes Blech zu übertragen. Werden die Bleche gebündelt, so ist zusätzlich die Kennzeichnung am Anhängeschild erforderlich.

4.2
Darüber hinaus gelten für Flacherzeugnisse aus Stählen nach Abschnitt 2.1 bis 2.5 die in dort genannten Liefernormen bzw. VdTÜV-Werkstoffblättern getroffenen zusätzlichen Festlegungen.

4.3
Flacherzeugnisse aus Werkstoffen nach Abschnitt 2.6 sind entsprechend den Festlegungen in der Eignungsfeststellung zu kennzeichnen.

---

[1] Als Probenummer kann auch die Blech-Nr. oder die Band-Nr. dienen.

5 Nachweis der Güteeigenschaften

5.1 Art der Prüfbescheinigungen nach DIN EN 10204

Der Nachweis der Güteeigenschaften der Flacherzeugnisse erfolgt mit einer Prüfbescheinigung gemäß Tafel 3. Die Gültigkeit von Prüfbescheinigungen nach DIN EN 10204: 1995 ist im AD 2000-Merkblatt W 0, Abschnitt 3.4 geregelt.

5.2 Inhalt der Prüfbescheinigungen nach DIN EN 10204

Die Prüfbescheinigung muss die in DIN EN 10028-1 geforderten Angaben enthalten. Außerdem ist in jeder Prüfbescheinigung die Lieferung zugrunde liegende Technische Lieferbedingung (z. B. DIN EN 10028-2) und Technische Regel (AD 2000-Merkblatt W 1) anzugeben.

6 Kennwerte für die Bemessung

6.1 Für Bleche und Bänder aus Werkstoffen nach Abschnitt 2.1 gelten bis 50 °C die in DIN EN 10025-2 für Raumtemperatur angegebenen Werte der Streckgrenze. Für Berechnungstemperaturen von 100 bis 300 °C gelten die Werte der Tafel 4. Die dort angegebene Wanddicke bezieht sich auf die Wanddicke des Druckbehälters. Für die Herstellung von Flanschen aus Blechen gelten die Kennwerte des AD 2000-Merkblattes W 9.

Für die Bemessung ebener Böden und Platten nach AD 2000-Merkblatt B 5, die aus Blechen hergestellt wurden, gelten bis 50 °C die in DIN EN 10025-2 für Raumtemperatur angegebenen Werte der Streckgrenze und für Berechnungstemperaturen von 100 bis 300 °C die Werte der Tafel 5.

6.2 Für Flacherzeugnisse aus Stählen nach Abschnitt 2.2 gelten die in DIN EN 10207 festgelegten Werte.

6.3 Für Flacherzeugnisse aus Stählen nach Abschnitt 2.3 gelten die in DIN EN 10028-2 festgelegten Werte.

6.4 Für Flacherzeugnisse aus Stählen nach Abschnitt 2.4 gelten die in DIN EN 10028-3 festgelegten Werte.

6.5 Für Flacherzeugnisse aus Stählen nach Abschnitt 2.5 gelten die in DIN EN 10028-4 festgelegten Werte.

6.6 Für Flacherzeugnisse aus Stählen nach Abschnitt 2.6 gelten die bei der Eignungsfeststellung festgelegten Werte.

6.7 Die in den Werkstoffspezifikationen oder Eignungsfeststellungen für 20 °C angegebenen Kennwerte gelten bis 50 °C, die für 100 °C angegebenen Werte bis 120 °C. In den übrigen Bereichen ist zwischen den angegebenen Werten linear zu interpolieren (z. B. für 80 °C zwischen 20 und 100 °C und für 180 °C zwischen 100 und 200 °C), wobei eine Aufrundung nicht zulässig ist. Für Stähle mit Einzelgutachten gilt die Interpolationsregel nur bei hinreichend engem Abstand[2] der Stützstellen.

---

[2] In der Regel wird hierunter ein Temperaturabstand von 50 K im Bereich der Warmstreckgrenze und von 10 K im Bereich der Zeitstandfestigkeit verstanden.

Tafel 1. Anwendungsgrenzen für Flacherzeugnisse aus Stählen nach DIN EN 10025-2 und DIN EN 10207

Technische Lieferbedingung	Stahlsorte		Erzeugnisdicke mm	Berechnungstemperatur[1] °C	Üblicher Lieferzustand	$d_i \cdot p$[2]
	Kurzname	Werkstoff-Nr.				
DIN EN 10025-2	S235JR+N	1.0038	≤ 150	≤ 300	+N[3)4)]	≤ 20 000
	S235J2+N	1.0117			+N[3]	
	S275JR+N	1.0044			+N[3)4)]	
	S275J2+N	1.0145				
	S355J2+N	1.0577				
	S355K2+N	1.0596			+N[3]	
DIN EN 10207	P235S	1.0112	≤ 60			
	P265S	1.0130				
	P275SL	1.1100				

[1] Siehe AD 2000-Merkblatt B 0, Abschnitt 5
[2] Gilt nur für Druckbehälter und Anbauteile an Druckbehältern. Produkt aus dem größten Innendurchmesser d_i in mm des Druckbehälters oder des Anbauteils und dem maximal zulässigen Druck PS in bar.
[3] Normalgeglüht oder in einem durch normalisierendes Walzen erzielten gleichwertigen Zustand
[4] Bei Erzeugnisdicken > 4,75 bis ≤ 25 mm können die Erzeugnisse auch im Walzzustand (+AR) geliefert werden.

Tafel 2. Anwendungsgrenzen für Flacherzeugnisse aus Stählen nach DIN EN 10028-2

Stahlsorte		Erzeugnisdicke[1] mm	Üblicher Lieferzustand[1]
Kurzname	Werkstoff-Nr.		
P235GH	1.0345	≤ 150	+N[2]
P265GH	1.0425		
P295GH	1.0481		
P355GH	1.0473		
16Mo3	1.5415		+N
13CrMo4-5	1.7335		+NT oder +QT
10CrMo9-10	1.7380		
15NiCuMoNb5-6-4		nach VdTÜV-WBL 377/1	nach VdTÜV-WBL 377/1
12CrMo9-10		nach VdTÜV-WBL 404/1	nach VdTÜV-WBL 404/1
20MnMoNi4-5	–	nach VdTÜV-WBL 440/1	nach VdTÜV-WBL 440/1

[1] Für Erzeugnisse in anderen Erzeugnisdicken und anderen üblichen Lieferzuständen gilt Abschnitt 2.6.
[2] Normalgeglüht oder in einem durch normalisierendes Walzen erzielten gleichwertigen Zustand

Tafel 3. Art der Prüfbescheinigung nach DIN EN 10204

Technische Lieferbedingung	Abschnitt	Stahlsorte Kurzname	Art der Prüfbescheinigung nach DIN EN 10204[1)]
DIN EN 10025-2	2.1	S235JR+N	3.1[2)]
		S235J2+N	3.1
		S275JR+N	3.1[2)]
		S275J2+N	
		S355J2+N	3.1
		S355K2+N	
DIN EN 10207	2.2	P235S	3.1
		P265S	
		P275SL	
DIN EN 10028-2	2.3	P235GH	3.1
		P265GH	
		P295GH	3.2 ($\leq$ 30 mm 3.1[3)])
		P355GH	
		16Mo3	
		13CrMo4-5	
		10CrMo9-10	
		12CrMo9-10	3.2
		20MnMoNi4-5	
		15NiCuMoNb5-6-4	
DIN EN 10028-3	2.4	P275N	3.1
		P275NH	
		P275NL1	3.2
		P275NL2	
		P355N	3.2 ($\leq$ 30 mm 3.1[3)])
		P355NH	
		P355NL1	
		P355NL2	
		P460N	3.2
		P460NH	
		P460NL1	
		P460NL2	
DIN EN 10028-4	2.5	11MnNi5-3	3.2
		13MnNi6-3	
		12Ni14	
		X12Ni5	
		X8Ni9	
	2.6	andere	entsprechend den Festlegungen bei der Eignungsfeststellung

[1)] Die Gültigkeit von Prüfbescheinigungen nach DIN EN 10204: 1995 ist im AD 2000-Merkblatt W 0, Abschnitt 3.4 geregelt.
[2)] Bei Erzeugnisdicken < 6 mm Werkszeugnis
[3)] In den genannten Abmessungsbereichen genügt ein Abnahmeprüfzeugnis 3.1 anstelle 3.2, wenn das Herstellerwerk gegenüber der zuständigen unabhängigen Stelle den Nachweis ausreichender statistischer Sicherheit geführt hat. Der Übergang auf ein Abnahmeprüfzeugnis 3.1 ist dem Herstellerwerk von der zuständigen unabhängigen Stelle zu bestätigen. Wird hiervon Gebrauch gemacht, ist das Bestätigungsschreiben der zuständigen unabhängigen Stelle in den Abnahmeprüfzeugnissen 3.1 aufzuführen. Sofern es nicht im Rahmen laufender eigener Abnahmeprüfungen geschieht, soll sich die zuständige unabhängige Stelle in bestimmten Zeitabständen (etwa 1 bis 2 Jahre) davon überzeugen, dass die Voraussetzungen erhalten geblieben sind.

Tafel 4. Kennwerte für die Bemessung bei höheren Temperaturen für Stähle nach DIN EN 10025-2

Stahlsorte	Nenndicke mm	Kennwerte K bei Berechnungstemperatur			
		100 °C MPa	200 °C MPa	250 °C MPa	300 °C[1]) MPa
S235JR S235J2	≤ 16	187	161	143	122
	> 16 bis ≤ 40	180	155	136	117
S275JR S275J2	≤ 16	220	190	180	150
	> 16 bis ≤ 40	210	180	170	140
S355J2 S355K2	≤ 16	254	226	206	186
	> 16 bis ≤ 40	249	221	202	181

[2]) Auch für beheizte Teile darf die Berechnungstemperatur 300 °C nicht überschreiten. AD 2000-Merkblatt B 0, Tafel 1 ist zu beachten.

Tafel 5. Kennwerte für die Bemessung bei höheren Temperaturen für ebene Böden und Platten aus Stählen nach DIN EN 10025-2

Stahlsorte	Nenndicke mm	Kennwerte K bei Berechnungstemperatur			
		100 °C MPa	200 °C MPa	250 °C MPa	300 °C MPa
S235JR S235J2	≤ 16	187	161	143	122
	> 16 bis ≤ 40	180	155	136	117
	> 40 bis ≤ 100	173	149	129	112
	> 100 bis ≤ 150	159	137	115	102
S355J2 S355K2	≤ 16	254	226	206	186
	> 16 bis ≤ 40	249	221	202	181
	> 40 bis ≤ 63	234	206	186	166
	> 63 bis ≤ 80	224	196	176	156
	> 80 bis ≤ 100	214	186	166	146
	> 100 bis ≤ 150	194	166	146	126

ICS 23.020.30 Ausgabe Juli 2006

Werkstoffe für Druckbehälter	Austenitische und austenitisch-ferritische Stähle	AD 2000-Merkblatt W 2

Die AD 2000-Merkblätter werden von den in der „Arbeitsgemeinschaft Druckbehälter" (AD) zusammenarbeitenden, nachstehend genannten sieben Verbänden aufgestellt. Aufbau und Anwendung des AD 2000-Regelwerkes sowie die Verfahrensrichtlinien regelt das AD 2000-Merkblatt G1.

Die AD 2000-Merkblätter enthalten sicherheitstechnische Anforderungen, die für normale Betriebsverhältnisse zu stellen sind. Sind über das normale Maß hinausgehende Beanspruchungen beim Betrieb der Druckbehälter zu erwarten, so ist diesen durch Erfüllung besonderer Anforderungen Rechnung zu tragen.

Wird von den Forderungen dieses AD 2000-Merkblattes abgewichen, muss nachweisbar sein, dass der sicherheitstechnische Maßstab dieses Regelwerkes auf andere Weise eingehalten ist, z. B. durch Werkstoffprüfungen, Versuche, Spannungsanalyse, Betriebserfahrungen.

Fachverband Dampfkessel-, Behälter- und Rohrleitungsbau e. V. (FDBR), Düsseldorf
Hauptverband der gewerblichen Berufsgenossenschaften e. V., Sankt Augustin
Verband der Chemischen Industrie e. V. (VCI), Frankfurt/Main
Verband Deutscher Maschinen- und Anlagenbau e. V. (VDMA), Fachgemeinschaft Verfahrenstechnische Maschinen und Apparate, Frankfurt/Main
Stahlinstitut VDEh, Düsseldorf
VGB PowerTech e. V., Essen
Verband der Technischen Überwachungs-Vereine e. V. (VdTÜV), Berlin

Die AD 2000-Merkblätter werden durch die Verbände laufend dem Fortschritt der Technik angepasst. Anregungen hierzu sind zu richten an den Herausgeber:

Verband der Technischen Überwachungs-Vereine e.V., Friedrichstraße 136, 10117 Berlin.

Inhalt

0 Präambel
1 Geltungsbereich
2 Werkstoffe
3 Anforderungen an die Werkstoffe
4 Prüfungen
5 Kennzeichnung
6 Nachweis der Güteeigenschaften
7 Kennwerte für die Bemessung

0 Präambel

Zur Erfüllung der grundlegenden Sicherheitsanforderungen der Druckgeräte-Richtlinie kann das AD 2000-Regelwerk angewendet werden, vornehmlich für die Konformitätsbewertung nach den Modulen „G" und „B + F".

Das AD 2000-Regelwerk folgt einem in sich geschlossenen Auslegungskonzept. Die Anwendung anderer technischer Regeln nach dem Stand der Technik zur Lösung von Teilproblemen setzt die Beachtung des Gesamtkonzeptes voraus.

Bei anderen Modulen der Druckgeräte-Richtlinie oder für andere Rechtsgebiete kann das AD 2000-Regelwerk sinngemäß angewendet werden. Die Prüfzuständigkeit richtet sich nach den Vorgaben des jeweiligen Rechtsgebietes.

1 Geltungsbereich

1.1 Dieses AD 2000-Merkblatt gilt für warm- und kaltgewalzte Bleche und Bänder, nahtlose und geschweißte Rohre, geschmiedete, gewalzte und gezogene Stäbe und Schmiedestücke sowie Schrauben und Muttern (mechanische Verbindungselemente) aus austenitischen und austenitisch-ferritischen Stählen zum Bau von Druckbehältern, die bei Betriebstemperaturen sowie bei Umgebungstemperaturen herab bis $-10\,°C$ und bis zu den in Abschnitt 2 genannten oberen Temperaturgrenzen betrieben werden. Die Stähle sind grundsätzlich auch für den Einsatz bei tieferen Temperaturen als $-10\,°C$ verwendbar. Bei Betriebstemperaturen unter $-10\,°C$ gilt zusätzlich das AD 2000-Merkblatt W 10.

1.2 Die grundlegenden Anforderungen an die Werkstoffe und an den Werkstoffhersteller sind im AD 2000-Merkblatt W 0 geregelt.

2 Werkstoffe

Für den Bau von Druckbehältern können verwendet werden:

2.1 Die in Tafel 1a bis 1c aufgeführten austenitischen Stähle und austenitisch-ferritischen Stähle bis zu den in Hinblick auf die Beständigkeit gegenüber interkristalliner Korrosion für sie festgelegten Grenztemperaturen (siehe Tafel 7) und Abmessungsgrenzen.
Bei Werkstoffen, die nicht in der Tafel 7 genannt sind, ist die Anmerkung 2 in der DIN EN 10028-7 Abschnitt 8.3.3 zu beachten. Für warm- oder kaltgeformte Druckbehälterteile ist das AD 2000-Merkblatt HP 7/3 zu beachten.

Ersatz für Ausgabe Oktober 2004; vollständig überarbeitet

Die AD 2000-Merkblätter sind urheberrechtlich geschützt. Die Nutzungsrechte, insbesondere der der Übersetzung, des Nachdrucks, der Entnahme von Abbildungen, die Wiedergabe auf fotomechanischem Wege und die Speicherung in Datenverarbeitungsanlagen bleiben, auch bei auszugsweiser Verwertung, dem Urheber vorbehalten.

Redaktionelle Berichtigung zu AD 2000-Merkblatt W 2 Ausgabe 07.2006:

Abschnitt 6.2.1 Absatz 3 muss lauten:

Wenn nach dem Abschluss der Schweißverfahrensprüfung (z.B. gemäß VdTÜV-Merkblatt 1155) die Güte und die Gleichmäßigkeit der Fertigung über einen ausreichend langen Zeitraum nachgewiesen sind, kann bei Wanddicken ≤ 10 mm der Nachweis der Güteeigenschaften durch ein Abnahmeprüfzeugnis 3.1 erfolgen. (…)

Soweit für Schrauben und Muttern aus austenitischen Stählen nach DIN EN 10269 eine Beständigkeit gegen interkristalline Korrosion erforderlich ist, soll die Anwendungstemperatur 300 °C nicht überschreiten. Stäbe und Schmiedestücke aus austenitischen bzw. austenitisch-ferritischen Stählen nach DIN EN 10222-5 und DIN EN 10272 dürfen mit dem in diesen Normen genannten maßgebenden Querschnitt bis max. 250 mm für Stäbe und 350 mm für Schmiedestücke verwendet werden.

2.2 Die in Tafel 1 aufgeführten austenitischen Stähle der zutreffenden Normen und Werkstoffblätter oberhalb der in diesen Normen genannten Grenztemperaturen, wobei gegebenenfalls Langzeitwarmfestigkeitswerte zu berücksichtigen sind, wenn keine interkristalline Korrosion auftreten kann und ihre Eignungsfeststellung[1] für die vorgesehene Anwendungstemperatur vorliegt. Dies gilt auch hinsichtlich der Schweißzusätze geschweißter Rohre.

2.3 Schrauben und Muttern aus der Stahlgruppe A 2, A 3, A 4 und A 5 in der Festigkeitsklasse 50 mit den Abmessungen M 6 bis M 39, in der Festigkeitsklasse 70 in den Abmessungen M 6 bis M 30 nach DIN EN ISO 3506-1 bzw. DIN EN ISO 3506-2 aus den dort genannten austenitischen Stahlsorten, sofern durch Warmumformung hergestellte Schrauben und Muttern nicht mehr als 0,4 % Kupfer und durch Kaltumformung hergestellte Schrauben und Muttern nicht mehr als 0,8 % Kupfer enthalten, bis zu Berechnungstemperaturen von 400 °C. Wird Stabstahl zur Herstellung von Schrauben und Muttern in einem anderen als dem in der DIN EN 10272 Tabelle A-2 oder A-3 bzw. DIN 10269 Tabelle B1 angegebenen Wärmebehandlungszustand geliefert, z. B. warmkaltverfestigt, ist die Eignung der Werkstoffe nachzuweisen.

2.4 Schrauben und Muttern aus Stählen der Gruppe A 2, A 3, A 4 und A 5 die durch Warmumformung hergestellt werden und mehr als 0,4 % Kupfer enthalten oder die durch Kaltumformung hergestellt werden und mehr als 0,8 % Kupfer, jedoch max. 3,5 % Kupfer enthalten, dürfen verwendet werden, wenn ihre Güteeigenschaften durch Gutachten der zuständigen unabhängigen Stelle erstmalig nachgewiesen sind. Bei Massenanteilen von Kupfer > 1 % ist der Cu-Gehalt im Abnahmeprüfzeugnis anzugeben.

2.5 Kaltnachgezogene Stäbe aus den Stählen mit den Werkstoffnummern 1.4301, 1.4541, 1.4401 und 1.4571 im Durchmesser ≥ 4 bis ≤ 35 mm. Hierzu sind abweichend von der DIN EN 10272 eine obere Zugfestigkeit von 850 N/mm^2 und eine Bruchdehnung A von ≥ 20 % zulässig.

2.6 Die in Tafel 1 aufgeführten austenitischen Stähle in einem anderen Lieferzustand als abgeschreckt, z. B. warmkaltverfestigt, oder bei Überschreitung der Abmessungsgrenzen nach den in Tafel 1 genannten Normen und Werkstoffblättern, wenn ihre Eignungsfeststellung[1] vorliegt.

2.7 Austenitische oder austenitisch-ferritische Stähle nach anderen Spezifikationen, wenn ihre Eignungsfeststellung[1] vorliegt.

3 Anforderungen an die Werkstoffe

3.1 Für die chemische Zusammensetzung, den Wärmebehandlungszustand, die mechanischen und technologischen Eigenschaften in Abhängigkeit von den Abmessungsgrenzen, die Oberflächenbeschaffenheit und die Maßhaltigkeit der Erzeugnisse[2] nach Abschnitt 2.1 bis 2.4 gelten

DIN EN 10028-7
Flacherzeugnisse aus Druckbehälterstählen;
Teil 7: Nichtrostende Stähle

DIN EN 10222-5
Schmiedestücke aus Stahl für Druckbehälter;
Teil 5: Martensitische, austenitische und austenitisch-ferritische nichtrostende Stähle

DIN EN 10272
Nichtrostende Stäbe für Druckbehälter

DIN EN 10216-5
Nahtlose Stahlrohre für Druckbeanspruchungen – Technische Lieferbedingungen
Teil 5: Rohre aus nichtrostenden Stählen

DIN EN 10217-7
Geschweißte Stahlrohre für Druckbeanspruchungen – Technische Lieferbedingungen
Teil 7: Rohre aus nichtrostenden Stählen

Stahl-Eisen-Werkstoffblatt 400
Nichtrostende Walz- und Schmiedestähle

DIN EN 10269
Stähle und Nickellegierungen für Befestigungselemente für den Einsatz bei erhöhten und/oder tiefen Temperaturen

DIN EN ISO 3506-1
Mechanische Eigenschaften von Verbindungselementen aus nichtrostenden Stählen;
Teil 1: Schrauben

DIN EN ISO 3506-2
Mechanische Eigenschaften von Verbindungselementen aus nichtrostenden Stählen;
Teil 2: Muttern

3.2 Die Anforderungen an die Stähle nach den Abschnitten 2.2, 2.4, 2.6 und 2.7 richten sich bei Druckgeräten, an denen die Schlussprüfung durch die zuständige unabhängige Stelle durchgeführt wird, nach der Eignungsfeststellung[1].

3.3 Für die Hersteller von geschweißten Rohren sind die spezifischen Anforderungen der Druckgeräte-Richtlinie, Anhang I, Abschnitt 3 zu beachten.

Für geschweißte Rohre[3] müssen Verfahren und Personal für die Herstellung und Prüfung von der zuständigen unabhängigen Stelle bestätigt sein. Es muss eine auf das Herstellungsverfahren abgestimmte Verfahrensprüfung (z. B. nach VdTÜV-Merkblatt 1155) vorliegen, die auch Art und Umfang der zerstörungsfreien Prüfung beinhaltet.

3.4 Geschweißte Rohre nach diesem AD 2000-Merkblatt sind für eine Ausnutzung der zulässigen Berechnungsspannung von 100 % in der Schweißnaht vorgesehen (Schweißnahtfaktor 1).

Bei geschweißten Rohren, die nicht der DIN EN 10217-7 entsprechen, ist in der Dokumentation zur Verfahrensprüfung des Prüfumfangs des Schweißnahtbereiches so festzulegen, dass er eine Ausnutzung der zulässigen Berechnungsspannung zu 100 % erlaubt. Außerdem sind Notwendigkeit und Art der Wärmebehandlung zu regeln.

---

[1] Eignungsfeststellung gemäß AD 2000-Merkblatt W 0. Sofern die Eignungsfeststellung zu einem VdTÜV-Werkstoffblatt geführt hat, siehe Verzeichnis der VdTÜV-Werkstoffblätter (zu beziehen bei TÜV Media GmbH, Am Grauen Stein, D-51105 Köln).

[2] Siehe DIN EN 10028-1

[3] Als geschweißte Rohre gelten solche, die durch qualifizierte, mechanisierte Schweißverfahren in kontinuierlicher Fertigung aus Bändern oder in Serienfertigung (als Einzellänge) aus Streifen hergestellt werden. Sofern in der Bestellung nichts vorgesehen, legt der Hersteller das Schweißverfahren fest. Die gilt auch für die in der DIN EN 10217-7 nicht genannten Schweißverfahren (z. B. Elektronenstrahlschweißen). Rohre oder Stutzen in Einzelfertigung hergestellt werden, entsprechen nicht dieser Definition. Für sie gelten die AD 2000-Merkblätter der Reihe HP.

3.5 Bei Stäben und Schmiedstücken aus Stählen nach der DIN EN 10222-5 bzw. DIN EN 10272 mit maßgeblichem Maß größer als in diesen Normen gelten die Anforderungen der DIN 17440, Ausgabe 09.96.

4 Prüfungen

An den einzelnen Erzeugnissen sind, wenn im Folgenden nicht anderes gesagt ist, die Prüfungen nach DIN EN 10028-7, DIN EN 10222-1, DIN EN 10269, DIN EN 10272, DIN EN 10216-5 oder DIN EN 10217-7 durchzuführen. Dies gilt auch für die zerstörungsfreien Prüfungen und deren Bewertung/Zulässigkeitsklassen. Stähle nach SEW 400 werden je nach Erzeugnisform nach den vorgenannten Normen geprüft. Bei Stählen nach anderen Werkstoffspezifikationen gelten die Festlegungen der Eignungsfeststellung[1]).

4.1 Zusätzliche Prüfungen für Bleche und Bänder

4.1.1 Zugversuch

Bei Bändern erfolgt die Prüfung an einem Probenabschnitt je Coil, sofern die Gleichmäßigkeit über die Länge des Bandes der zuständigen unabhängigen Stelle nachgewiesen wird.

4.1.2 Kerbschlagbiegeversuch

Der Kerbschlagbiegeversuch ist im Umfang des Zugversuches bei Raumtemperatur durchzuführen:
- Bei austenitischen Stählen nach Tafel 1 bei Dicken > 30 mm. Für den Einsatz nach AD 2000-Merkblatt W 10 bei Dicken > 20 mm.
- Bei austenitisch-ferritischen Stählen bei Dicken > 6 mm. Für den Einsatz nach AD 2000-Merkblatt W 10 für Temperaturen tiefer als −10 °C erfolgt die Prüfung bei −40 °C.

4.1.3 Beständigkeit gegen interkristalline Korrosion

Bei austenitischen und austenitisch-ferritischen Stählen, die zur Gruppe der nichtrostenden Stähle gehören, erfolgt die Prüfung der interkristallinen Korrosion je Schmelze und Wärmebehandlungslos. Auf diese Prüfung kann im Einvernehmen mit dem Betreiber verzichtet werden.

4.1.4 Prüfung auf Werkstoffverwechselung

4.2 Rohre

4.2.1 Geschweißte Rohre

Die Prüfungen erfolgen nach DIN EN 10217-7, Prüfkategorie 2, mit folgenden zusätzlichen Prüfungen:

4.2.1.1 Zugversuch quer zur Schweißnaht

Eine Prüfung je Prüfeinheit bei äußerem Durchmesser > 219,1 mm (siehe DIN EN 10217-7, Option 22).

4.2.1.2 Kerbschlagbiegeversuch

Der Kerbschlagbiegeversuch ist im halben Prüfumfang (eine Prüfung je Prüfeinheit) des Zugversuches bei Raumtemperatur in folgenden Fällen durchzuführen:
- Bei austenitischen Stählen nach Tafel 1 am Grundwerkstoff bei Dicken > 20 mm und quer zur Schweißnaht bei Dicken > 12 mm (siehe DIN EN 10217-7, Option 8).
- Bei austenitisch-ferritischen Stählen nach Tafel 1 am Grundwerkstoff bei Dicken > 12 mm. Für den Einsatz nach AD 2000-Merkblatt W 10 für Temperaturen tiefer als −10 °C erfolgt die Prüfung bei −40 °C (siehe DIN EN 10217-7, Option 12).

4.2.1.3 Beständigkeit gegen interkristalline Korrosion

Bei austenitischen und austenitisch-ferritischen Stählen, die zur Gruppe der nichtrostenden Stähle gehören, erfolgt die Prüfung der interkristallinen Korrosion je Schmelze und Wärmebehandlungslos. Auf diese Prüfung kann im Einvernehmen mit dem Betreiber verzichtet werden (siehe DIN EN 10217-7, Option 13).

4.2.1.4 Prüfung auf Werkstoffverwechselung

4.2.1.5 Zerstörungsfreie Prüfung

Zerstörungsfreie Prüfung der Schweißverbindung und zusätzlich bei Rohren mit einer Wanddicke > 40 mm der Rohrenden.

Die Fehlerfreiheit der Schweißnaht bei Wanddicken > 40 mm ist grundsätzlich durch eine Ultraschallprüfung nachzuweisen (siehe DIN EN 10217-7, Option 25).

4.2.2 Nahtlose Rohre

Die Prüfungen erfolgen nach DIN EN 10216-5, Prüfkategorie 2, mit folgenden zusätzlichen Prüfungen:
Bei Rohren mit einem Außendurchmesser ≤ 42,4 mm und Nennwanddicke ≤ 3,6 mm oder bei Einbaurohren[4]) erfolgt die mechanisch − technologische Prüfung nach Prüfkategorie 1.

4.2.2.1 Kerbschlagbiegeversuch

Der Kerbschlagbiegeversuch ist im halben Prüfumfang (eine Prüfung je Prüfeinheit) des Zugversuches bei Raumtemperatur in folgenden Fällen durchzuführen:
- Bei austenitischen Stählen nach Tafel 1 bei Dicken > 20 mm.
- Bei austenitisch-ferritischen Stählen nach Tafel 1 bei Dicken > 10 mm (siehe DIN EN 10216-5, Option 6). Für den Einsatz nach AD 2000-Merkblatt W 10 für Temperaturen tiefer als −10 °C erfolgt die Prüfung bei −40 °C (siehe DIN EN 10216-5, Option 11).

4.2.2.2 Beständigkeit gegen interkristalline Korrosion

Bei austenitischen und austenitisch-ferritischen Stählen, die zur Gruppe der nichtrostenden Stähle gehören, erfolgt die Prüfung der interkristallinen Korrosion je Schmelze und Wärmebehandlungslos. Auf diese Prüfung kann im Einvernehmen mit dem Betreiber verzichtet werden (siehe DIN EN 10216-5, Option 12).

4.2.2.3 Prüfung auf Werkstoffverwechselung

4.2.2.4 Zerstörungsfreie Prüfungen

Zerstörungsfreie Prüfung der Rohrwand (siehe DIN EN 10216-5, Option 14 und 15) und zusätzlich bei Rohren mit einer Wanddicke > 40 mm der Rohrenden (siehe DIN EN 10216-5, Option 16).

Die Prüfung von Rohren aus Stählen nach dem Stahl-Eisen-Werkstoffblatt 400 erfolgt in analoger Weise.

Bei Rohren mit Außendurchmesser ≤ 101,6 mm und Wanddicken ≤ 5,6 mm erfolgt die Ultraschallprüfung nach DIN EN 10246-7 (siehe DIN EN 10216-5, Option 14) an mindestens 10 % der Rohre. Werden an so geprüften Rohren Fehler gefunden, ist mit deren Vorhandensein ihrer Art nach auch bei nicht geprüften Rohren gerechnet werden

---

[4]) In der Bestellung muss angegeben werden, ob es sich um Einbaurohre handelt.

muss, so sind alle Rohre über die gesamte Länge zerstörungsfrei zu prüfen.

Wenn die Rohre nach den in diesem AD 2000-Merkblatt aufgeführten Technischen Lieferbedingungen einer zerstörungsfreien Prüfung nach DIN EN 10246-7 zu unterziehen sind, sind die Rohre über ihre gesamte Länge zu prüfen[5]
Für Rohre innerhalb eines Druckgerätes (Einbaurohre)[4] kann die Ultraschallprüfung entfallen. Dies gilt in der Regel auch, wenn der Druck in den Rohren größer ist als im Druckbehälter.

Wenn – anlagenbedingt – bei der Prüfung ungeprüfte Rohrenden verbleiben, muss deren Fehlerfreiheit auf andere Weise nachgewiesen werden. Dies kann durch ergänzende zerstörungsfreie Prüfung oder durch Prüfung von Ringproben erfolgen. Ein Abschneiden der ungeprüften Rohrenden ist ebenfalls zulässig.

4.2.3 Nahtlose oder geschweißte Rohre bis 600 mm äußerem Durchmesser als Mäntel von Druckbehältern

Die Prüfungen erfolgen nach DIN EN 10216-5 oder DIN EN 10217-7, jeweils nach Prüfkategorie 2 unter Berücksichtigung der zusätzlichen Prüfungen nach Abschnitt 4.2.1 und 4.2.2. Bei Rohren nach DIN EN 10216-5 mit Außendurchmessern ≤ 101,6 mm und Wanddicken ≤ 5,6 mm ist bei Betriebsdruck > 80 bar eine zerstörungsfreie Prüfung der Rohrwand durchzuführen (siehe DIN EN 10216-5 Option 14). Bei Rohren mit Betriebsdrücken ≤ 80 bar und mit Außendurchmesser ≤ 101,6 mm und Wanddicken ≤ 5,6 mm erfolgt die Ultraschallprüfung nach DIN EN 10246-7, Zulässigkeitsklasse U 2, Unterklasse C an mindestens 10 % der Rohre. Werden an so geprüften Rohren Fehler gefunden, mit deren Vorhandensein auch bei nicht geprüften Rohren gerechnet werden muss, so sind alle Rohre über die gesamte Länge zerstörungsfrei zu prüfen.

4.3 Zusätzliche Prüfungen für Stäbe und Schmiedestücke

4.3.1 Kerbschlagbiegeversuch

Der Kerbschlagbiegeversuch ist im Umfang des Zugversuches bei Raumtemperatur durchzuführen:
- Bei austenitischen Stählen nach Tafel 1 bei Durchmessern > 100 mm; für den Einsatz nach AD 2000-Merkblatt W 10 bei Durchmesser > 60 mm.
- Bei austenitisch-ferritischen Stählen bei einem Durchmesser > 15 mm. Für den Einsatz nach AD 2000-Merkblatt W 10 für Temperaturen tiefer als –10 °C erfolgt die Prüfung bei –40 °C.

Für Schmiedestücke (Scheibe, Lochscheibe, Ring, Buchse) gilt anstelle des Durchmessers das maßgebende Maß nach DIN EN 10222-1, Tabelle B1.

4.3.2 Beständigkeit gegen interkristalline Korrosion

Bei austenitischen und austenitisch-ferritischen Stählen, die zur Gruppe der nichtrostenden Stähle gehören, erfolgt die Prüfung der interkristallinen Korrosion je Schmelze und Wärmebehandlungslos. Auf diese Prüfung kann im Einvernehmen mit dem Betreiber verzichtet werden.

4.3.3 Prüfung auf Werkstoffverwechselung

4.3.4 Zerstörungsfreie Prüfungen

An Stäben und Schmiedestücken mit Durchmessern oder Dicken > 160 mm ist eine Ultraschallprüfung durchzuführen[6].

4.4 Zusätzliche Prüfungen für Schrauben und Muttern

4.4.1 Schrauben und Muttern nach Abschnitt 2.3, 1. Absatz, 2.4 und 2.5 sind nach DIN EN ISO 3506-1 bzw. DIN EN ISO 3506-2 und DIN EN ISO 3269 unter Berücksichtigung der Tafel 4 zu prüfen. Für die Anzahl der Probensätze gilt mindestens die Anzahl gemäß Tafel 4. Bei Stückzahlen > 3500 sind mindestens 7 Probensätze zu prüfen, sofern in der zutreffenden Norm nicht eine größere Anzahl von Probensätzen gefordert wird oder die Anzahl der Probensätze auf Grund gleicher Schmelze / Wärmebehandlung reduziert werden kann (siehe Tafel 4).
Für die zerstörungsfreie Prüfung auf Oberflächenfehler und die Maßprüfung ist der Stichprobenumfang 20. Alle Proben müssen den Anforderungen genügen (Annahmezahl $A_c = 0$).

Tafel 4. Stichprobenumfang für die zerstörende Prüfung der mechanischen Eigenschaften bei Prüfungen nach DIN EN ISO 3269

Stückzahl	Anzahl der Probensätze für die mechanischen Prüfungen
≤ 200	1
> 200 bis ≤ 400	2
> 400 bis ≤ 800	3
> 800 bis ≤ 1200	4
> 1200 bis ≤ 1600	5
> 1600 bis ≤ 3000	6
> 3000 bis ≤ 3500	7
> 3500	DIN EN ISO 3269

Entstammen die Schrauben einer Lieferung nachweislich einer Schmelze mit gleicher Wärmebehandlung, so genügt die Prüfung von 4 Probensätzen, unabhängig von der Stückzahl.

4.4.2 Schrauben und Muttern gemäß Abschnitt 2.3, 2. Absatz, 2.6 und 2.7 sind entsprechend der Eignungsfeststellung[1] zu prüfen.

4.4.3 Für spanend gefertigte Schrauben und Muttern gelten die Regelungen nach Abschnitt 4.3.

5 Kennzeichnung

5.1 Die Erzeugnisse sind deutlich und dauerhaft gemäß den Normen zu kennzeichnen.

5.2 Schrauben und Muttern, die nicht in DIN EN ISO 3506-1 bzw. DIN EN ISO 3506-2 erfasst sind, sind mit dem Herstellerzeichen und Stahlsorte (Kurzname, Werkstoffnummer oder sonstiges zu vereinbarendes Kennzeichen, das im Abnahmeprüfzeugnis anzugeben ist), Schrauben

---

[5] Diese Forderung gilt als erfüllt, wenn die Rohre Stoß an Stoß geprüft werden.

[6] Eine Prüfmöglichkeit besteht in der Anwendung des SEP 1921 bzw. DIN EN 10228-4. Der Prüfumfang und Zulässigkeitsgrenzen sind festzulegen.

mit Abmessungen ab M 52 auch mit der Schmelzen-Nummer zu versehen. Sofern ein Abnahmeprüfzeugnis 3.2 nach DIN EN 10204 vorgesehen ist, werden Schrauben mit Abmessungen ≥ M 30 mit dem Prüfstempel der zuständigen unabhängigen Stelle versehen.

6 Nachweis der Güteeigenschaften

6.1 Bleche und Bänder

6.1.1 Für Bleche und Bänder aus den Stählen nach den Abschnitten 2.1 und 2.2 gelten für den Nachweis der Güteeigenschaften (mechanische Eigenschaften, Besichtigung und Maßprüfung) die Angaben nach Tafel 2a bis 2c. Für Bleche und Bänder aus den Stählen nach den Abschnitten 2.6 und 2.7 richtet sich der Nachweis der Güteeigenschaften nach den Festlegungen der Eignungsfeststellung[1].

6.1.2 Die Schmelzanalyse, der Nachweis der Beständigkeit gegen interkristalline Korrosion und gegebenenfalls der zerstörungsfreien Prüfungen erfolgt in allen Fällen durch ein Abnahmeprüfzeugnis 3.1 nach DIN EN 10204.

6.2 Rohre

6.2.1 Nahtlose Rohre nach Abschnitt 2.1 sind für Wanddicken > 5,6 mm mit einem Abnahmeprüfzeugnis 3.2 nach DIN EN 10204, für Wanddicken ≤ 5,6 mm mit Abnahmeprüfzeugnis 3.1 zu bescheinigen. Nahtlose Rohre aus den Stählen mit den Werkstoffnummern 1.4311, 1.4429 sowie aus austenitisch-ferritischen Stählen sind unabhängig von der Wanddicke mit einem Abnahmeprüfzeugnis 3.2 nach DIN EN 10204 zu bescheinigen.

Geschweißte Rohre aus den Stählen nach Abschnitt 2.1 sind mit einem Abnahmeprüfzeugnis 3.2 nach DIN EN 10204 zu bescheinigen.

Wenn nach dem Abschluss der Schweißverfahrensprüfung (z. B. gemäß VdTÜV-Merkblatt 1155) die Güte und die Gleichmäßigkeit der Fertigung über einen ausreichend langen Zeitraum nachgewiesen sind, kann bei Wanddicken 10 mm der Nachweis der Güteeigenschaften durch ein Abnahmeprüfzeugnis 3.1 erfolgen. Maßgebend ist hierbei die Anzahl je der Abmessung bzw. Abmessungsgruppe durch die zuständige unabhängige Stelle geprüften Rohre. Dies gilt nicht für die Werkstoffe 1.4563, 1.4539, 1.4547, 1.4529, 1.4558, die austenitischen warmfesten Stähle (außer 1.4918, 1.4910, 1.4912) sowie für die austenitischferritischen Stähle.

Der Übergang auf ein Abnahmeprüfzeugnis 3.1 ist dem Herstellerwerk zu bestätigen und kann im Einvernehmen mit der zuständigen unabhängigen Stelle auch in Abmessungsgruppen erfolgen. Wird hiervon Gebrauch gemacht, ist das Bestätigungsschreiben der zuständigen unabhängigen Stelle in den Abnahmeprüfzeugnissen 3.1 aufzuführen.

Für nahtlose und geschweißte Rohre aus den Stählen nach den Abschnitten 2.2, 2.6 und 2.7 richtet sich der Nachweis der Güteeigenschaften nach den Festlegungen der Eignungsfeststellung[1].

6.2.2 Für die Schmelzenanalyse, den Nachweis der Beständigkeit gegen interkristalline Korrosion, die Dichtheitsprüfung, Prüfung auf Werkstoffverwechselung und das Ergebnis der zerstörungsfreien Prüfung gelten die Festlegungen in DIN EN 10216-5 und DIN EN 10217-7 Tabelle 13 und 16 (Prüfkategorie 2).

6.3 Stäbe und Schmiedestücke

6.3.1 Für Stäbe und Schmiedestücke aus den Stählen nach Abschnitt 2.1 gelten für den Nachweis der Güteeigenschaften (mechanische Eigenschaften, Besichtigung und Maßprüfung) die Angaben nach Tafel 3a bis 3c. Für kalt nachgezogene Stäbe nach Abschnitt 2.5 sind die Güteeigenschaften mit einem Abnahmeprüfzeugnis 3.1 zu bescheinigen.

6.3.2 Stäbe und Schmiedestücke aus austenitischen Stählen nach den Abschnitten 2.1 und 2.2, die als nahtlose Hohlkörper im Sinne des AD 2000-Merkblattes W 12 mit einem Betriebsdruck ≤ 80 bar verwendet werden, sind mit einem Abnahmeprüfzeugnis 3.1 zu bescheinigen. Für Betriebsdrücke > 80 bar sind die Güteeigenschaften mit einem Abnahmeprüfzeugnis 3.2 nach DIN EN 10204 zu bescheinigen.

6.3.3 Für Stäbe und Schmiedestücke nach Abschnitt 2.2, 2.4, 2.6 und 2.7 richtet sich der Nachweis der Güteeigenschaften nach den Festlegungen der Eignungsfeststellung[1].

6.3.4 Der Nachweis der Beständigkeit gegen interkristalline Korrosion erfolgt in allen Fällen durch ein Abnahmeprüfzeugnis 3.1 nach DIN EN 10204.

6.3.5 Die zerstörungsfreie Prüfung ist mit Abnahmeprüfzeugnis 3.1 nach DIN EN 10204 zu bescheinigen.

6.4 Schrauben und Muttern

6.4.1 Für Schrauben und Muttern nach Abschnitt 2.3 ist ein Abnahmeprüfzeugnis 3.1 nach DIN EN 10204 erforderlich. An die Stelle des Abnahmeprüfzeugnisses 3.1 kann die Kennzeichnung mit Festigkeitsklasse und Herstellerzeichen treten, wenn der Hersteller die als Grundlage für die Ausstellung eines Abnahmeprüfzeugnisses 3.1 notwendigen Prüfungen laufend durchgeführt hat und die Ergebnisse zur Einsichtnahme durch die zuständige unabhängige Stelle bereithält. Der Ersatz des Abnahmeprüfzeugnisses durch Stempelung und die Einhaltung der Voraussetzungen sind durch eine Vereinbarung zu regeln (siehe VdTÜV-Merkblatt 1253/4).

Für Schrauben und Muttern nach Abschnitt 2.4 richtet sich der Nachweis der Güteeigenschaften nach den Festlegungen der Eignungsfeststellung[1].

6.4.2 Schrauben aus Stahlsorten nach Tafel 1, die nicht in DIN EN ISO 3506-1 erfasst sind, und Schrauben aus sonstigen Stählen sind mit einem Abnahmeprüfzeugnis 3.2 nach DIN EN 10204 zu bestätigen. Bei spanend hergestellten Schrauben gelten für Stäbe die Regeln nach Abschnitt 6.3.1 und 6.3.3, sofern nicht Schrauben nach DIN EN ISO 3506-2, Festigkeitsklasse 50, als fertige Schrauben geprüft werden.

6.4.3 Muttern bzw. Stäbe für Muttern sind mit Abnahmeprüfzeugnis 3.1 nach DIN EN 10204 zu bestätigen.

6.5
Nahtlose oder geschweißte Rohre bis 600 mm äußerem Durchmesser als Mäntel von Druckbehältern werden mit einem Abnahmeprüfzeugnis entsprechend Abschnitt 6.2 bestätigt.

6.6 Inhalt der Abnahmeprüfzeugnisse nach DIN EN 10204

Die Abnahmeprüfzeugnisse müssen die in den Technischen Lieferbedingungen/Normen geforderten Angaben enthalten. Außerdem ist in jedem Abnahmeprüfzeugnis der Lieferung zugrunde liegende Technische Lieferbedingung/Norm (z. B. DIN EN 10028-7) und Technische Regel (AD 2000-Merkblatt W 2) anzugeben.

6.7 Die Gültigkeit der Prüfbescheinigung nach DIN EN 10204 (Ausgabe 1995) ist im AD 2000-Merkblatt W 0, Abschnitt 3.4 geregelt.

7 Kennwerte für die Bemessung

7.1 Als Kennwert für die Bemessung gelten bei Stählen nach Tafel 1 (außer Stähle nach DIN EN 10269) die in maßgebenden DIN-Normen, DIN EN-Normen und SEW 400 für die jeweiligen Erzeugnisse angegebenen 1 %-Dehngrenzen innerhalb der dort jeweils angegebenen Abmessungsgrenzen.

Für die in Tafel 1 aufgeführten Stähle ist im Einzelfall die Anwendung der 1 %-Dehngrenze[7]) als Kennwert für die Bemessung auch über die in den jeweiligen Normen angegebenen Dicken und Durchmesser hinaus zulässig, sofern die Bruchdehnung und Kerbschlagarbeitswerte gleich oder größer sind als die in den jeweiligen Normen angegebenen Mindestwerte. Ist diese Bedingung nicht erfüllt, gilt die 0,2 %-Dehngrenze als Kennwert für die Bemessung.

Bei Stählen nach anderen Werkstoffspezifikationen sind die Festigkeitskennwerte für die Bemessung in der Eignungsfeststellung[1]) festzulegen.

7.2 Bei Schrauben nach Abschnitt 2.5 gelten die entsprechenden Festigkeitskennwerte in DIN EN ISO 3506-1 oder Tafel 5. Für die 0,2 %-Dehngrenze gelten die Kennwerte der Tafel 6.

7.3 Für Temperaturen bis 50 °C gelten die in der Werkstoffspezifikation oder Eignungsfeststellung[1]) für 20 °C angegebenen Kennwerte. Die für 100 °C angegebenen Kennwerte gelten bis 120 °C.

In den übrigen Temperaturbereichen ist zwischen den angegebenen Werten linear zu interpolieren (z. B. für 80 °C zwischen 20 und 100 °C und für 180 °C zwischen 100 und 200 °C), wobei eine Aufrundung nicht zulässig ist.

7.4 Im Bereich der Langzeitwerte wird die Temperatur auf 5, 10, 15 °C usw. aufgerundet. Die interpolierten Festigkeitskennwerte sind nach unten auf die Einerstelle abzurunden.

---

[7]) Der einzuhaltende Mindestwert ist mit dem Werkstoffhersteller zu vereinbaren.

Tafel 1a. Zuordnung der austenitischen Stahlsorten zu den in Betracht kommenden DIN EN-, DIN-Normen und zum Stahl-Eisen-Werkstoffblatt 400

Stahlsorte		Werkstoff-Nr.	DIN EN 10028-7	DIN EN 10217-7	DIN EN 10216-5	SEW 400	DIN EN 10222-5	DIN EN 10269[3)]	DIN EN 10272
Kurzname									
Standardgüten									
X2CrNiN18-7		1.4318	×	–	–	–	–	–	–
X2CrNi18-9		1.4307	×	×	×	–	×	×	×
X2CrNi19-11		1.4306	×	×	×	–	–	–	×
X2CrNi18-10		1.4311	×	×	×	–	×	–	×
X5CrNi18-10		1.4301	×	×	×	–	×	×	×
X5CrNi19-9		1.4315	×	–	–	–	–	–	–
X6CrNi18-10		1.4948	×	–	×	–	×	×	–
X5CrNi18-12		1.4303	–	–	–	–	–	×	–
X6CrNi23-13		1.4950	×	–	–	–	–	–	–
X6CrNi25-20		1.4951	×	–	–	–	–	–	–
X3CrNiN18-11		1.4949	–	–	–	–	–	–	×
X6CrNiTi18-10		1.4541	×	×	×	–	×	–	×
X6CrNiTiB18-10		1.4941	–	–	×	–	×	×	–
X2CrNiMo17-12-2		1.4404	×	×	×	–	×	×	×
X2CrNiMoN17-11-2		1.4406	×	–	–	–	×	–	×
X5CrNiMo17-12-2		1.4401	×	×	×	–	×	×	×
X6CrNiMoTi17-12-2		1.4571	×	×	×	–	×	–	×
X2CrNiMo17-12-3		1.4432	×	×	–	–	×	–	×
X2CrNiMo18-14-3		1.4435	×	×	×	–	×	–	×
X2CrNiMoN17-13-5[1)]		1.4439	×	×	×	–	×	–	×
X4NiCrMoCuNb20-18-2[2)]		1.4505	–	–	–	×	–	–	–
X1NiCrMoCuN25-20-5[1)]		1.4539	×	×	×	–	×	–	×
X3CrNiMoTi25-25[2)]		1.4577	–	–	–	×	–	–	–
X5NiCrAlTi31-20/(+RA)[2)]		1.4958 (+RA)	×	–	×	–	–	–	–
X8NiCrAlTi32-21[2)]		1.4959	–	–	×	–	–	–	–
X3CrNiMoBN17-13-3[2)]		1.4910	×	–	×	–	×	×	–

[1)] In Verbindung mit den VdTÜV-Werkstoffblättern 405 oder 421
[2)] In Verbindung mit dem Nachweis der Feststellung der Fertigungssicherheit gemäß AD 2000-Merkblatt W 0
[3)] Im Wärmebehandlungszustand „+AT" (lösungsgeglüht und abgeschreckt)

Tafel 1b. Zuordnung der austenitischen Stahlsorten zu den in Betracht kommenden DIN EN-, DIN-Normen und zum Stahl-Eisen-Werkstoffblatt 400

Stahlsorte		DIN EN 10028-7	DIN EN 10217-7	DIN EN 10216-5	SEW 400	DIN EN 10222-5	DIN EN 10269[3]	DIN EN 10272
Kurzname	Werkstoff-Nr.							
Sondergüten								
X1CrNi25-21[1]	1.4335	×	–	×	–	–	–	–
X6CrNiNb18-10	1.4550	×	×	×	–	×	–	×
X8CrNiNb16-13	1.4961	×	–	×	–	–	–	–
X8CrNiMoNb16-16[2]	1.4981	–	–	×	–	–	–	–
X8CrNiMoVNb16-13[2]	1.4988	–	–	×	–	–	–	–
X7CrNiNb18-10	1.4912	–	–	×	–	×	–	–
X1CrNiMoN25-22-2[1]	1.4466	×	–	×	–	–	–	–
X6CrNiMoNb17-12-2	1.4580	×	–	×	–	–	–	×
X2CrNiMoN17-13-3	1.4429	×	×	×	–	×	×	×
X3CrNiMo17-13-3	1.4436	×	×	×	–	×	–	×
X3CrNiMo18-12-3	1.4449	–	–	–	–	×	–	–
X2CrNiMoN18-12-4	1.4434	×	–	–	–	–	–	–
X2CrNiMo18-15-4	1.4438	×	×	–	–	–	–	–
X1NiCrMoCu31-27-4[1]	1.4563	×	×	×	–	–	–	×
X1CrNiMoCuN25-25-5[2]	1.4537	×	–	–	–	–	–	–
X1CrNiMoCuN20-18-7[1]	1.4547	×	×	×	–	×	–	×
X1NiCrMoCuN25-20-7[1]	1.4529	×	×	×	–	×	–	×
X3CrNiCu19-10[2]	1.4650	–	–	–	–	×	–	–
X3CrNiCu18-9-4[2]	1.4567	–	–	–	–	–	×	–
X10CrNiMoMnNbVB15-10-1[2]	1.4982	–	–	×	–	×	–	–
X6CrNiMoB17-12-2[2]	1.4919	–	–	–	–	–	×	–
X6NiCrTiMoVB25-15-2[2]	1.4980	–	–	–	–	–	×	–
X2CrNiCrAlTi32-20[2]	1.4558	–	–	×	–	–	–	–
X7CrNiTi18-10[2]	1.4940	–	–	×	–	–	–	–
X6CrNiMo17-13-2[2]	1.4918	–	–	×	–	–	–	–
X10CrNiMoMnNbVB15-10-1[2]	1.4982	–	–	×	–	–	–	–

[1] In Verbindung mit den VdTÜV-Werkstoffblättern 415, 435, 468, 473, 483 oder 502
[2] In Verbindung mit dem Nachweis der Feststellung der Fertigungssicherheit gemäß AD 2000-Merkblatt W 0
[3] Im Wärmebehandlungszustand „+AT" (lösungsgeglüht und abgeschreckt)

Tafel 1c. Zuordnung der austenitisch-ferritischen Stahlsorten zu den in Betracht kommenden DIN EN-, DIN-Normen und zum Stahl-Eisen-Werkstoffblatt 400

Kurzname	Stahlsorte Werkstoff-Nr.	DIN EN 10028-7	DIN EN 10217-7	DIN EN 10216-5	SEW 400	DIN EN 10222-5	DIN EN 10269[3]	DIN EN 10272
Standardgüten								
X2CrNiN23-4[1]	1.4362	×	×	×	–	–	–	×
X2CrNiMoN22-5-3[1]	1.4462	×	×	×	–	×	–	×
Sondergüten								
X2CrNiMoCuN25-6-3[1]	1.4507	×	–	×	–	–	–	×
X2CrNiMoN25-7-4[2]	1.4410	×	×	×	–	×	–	×
X2CrNiMoCuWN25-7-4[2]	1.4501	×	×	×	–	–	–	×
X2CrNiMoSi18-5-3[2]	1.4424	–	–	×	–	–	–	–

[1] In Verbindung mit den VdTÜV-Werkstoffblättern 418, 496 oder 508
[2] In Verbindung mit dem Nachweis der Fertigungssicherheit gemäß AD 2000-Merkblatt W 0
[3] Im Wärmebehandlungszustand „+AT" (lösungsgeglüht und abgeschreckt)

Tafel 2a. Nachweis der Güteeigenschaften für Bänder und Bleche nach Tafel 1a

Stahlsorte		Art der Prüfbescheinigung nach DIN EN 10204						
Kurzname	Werkstoff-Nr.	Dicke mm	Dicke mm	Dicke mm	Dicke[2] mm	Dicke[2] mm	Dicke[2] mm	
Erzeugnisform[1]		C	H	P	C	H	P	
Standardgüten								
X2CrNiN18-7	1.4318	≤ 6	≤ 12	≤ 30	–	–	> 30	
X2CrNi18-9	1.4307	≤ 6	≤ 12	≤ 30	–	–	> 30	
X2CrNi19-11	1.4306	≤ 6	≤ 12	≤ 30	–	–	> 30	
X2CrNiN18-10	1.4311	≤ 6	≤ 12	≤ 30	–	–	> 30	
X5CrNi18-10	1.4301	≤ 6	≤ 12	≤ 30	–	–	> 30	
X5CrNiN19-9	1.4315	≤ 6	≤ 12	≤ 30	–	–	> 30	
X6CrNi18-10	1.4948	≤ 6	≤ 12	≤ 30	–	–	> 30	
X6CrNi23-13	1.4950	≤ 6	≤ 12	≤ 30	–	–	> 30	
X6CrNi25-20	1.4951	≤ 6	≤ 12	≤ 30	–	–	> 30	
X6CrNiTi18-10	1.4541	≤ 6	≤ 12	≤ 30	–	–	> 30	
X6CrNiTiB18-10	1.4941	≤ 6	≤ 12	≤ 30	–	–	> 30	
X2CrNiMo17-12-2	1.4404	≤ 6	≤ 12	≤ 30	3.1	–	> 30	3.2
X2CrNiMoN17-11-2	1.4406	≤ 6	≤ 12	≤ 30		–	> 30	
X5CrNiMo17-12-2	1.4401	≤ 6	≤ 12	≤ 30		–	> 30	
X6CrNiMoTi17-12-2	1.4571	≤ 6	≤ 12	≤ 30		–	> 30	
X2CrNiMo17-12-3	1.4432	≤ 6	≤ 12	≤ 30		–	> 30	
X2CrNiMo18-14-3	1.4435	≤ 6	≤ 12	≤ 30		–	> 30	
X2CrNiMoN17-13-5[3]	1.4439	≤ 6	≤ 12	≤ 30		–	> 30	
X4NiCrMoCuNb20-18-2[4]	1.4505	≤ 6	≤ 12	≤ 30		–	> 30	
X1NiCrMoCuN25-20-5[3]	1.4539	≤ 6	≤ 12	≤ 30		–	> 30	
X3CrNiMoTi25-25[4]	1.4577	≤ 6	≤ 12	≤ 30		–	> 30	
X5NiCrAlTi31-20/(+RA)[4]	1.4958 (+RA)	–	–	–	–	–	[5]	
X8NiCrAlTi32-21[4]	1.4959	–	–	–	–	–	[5]	
X3CrNiMoBN17-13-3[4]	1.4910	–	–	–	–	–	[5]	

[1] C = kaltgewalztes Band, H = warmgewalztes Band, P = warmgewalztes Blech
[2] Bei Überschreitung der in den DIN EN-Normen angegebenen max. Dicke ist eine Eignungsfeststellung/Einzelgutachten gemäß AD 2000-Merkblatt W 0 erforderlich.
[3] In Verbindung mit den VdTÜV-Werkstoffblättern 405 oder 421
[4] In Verbindung mit dem Nachweis der Fertigungssicherheit gemäß AD 2000-Merkblatt W 0 (sonst 3.2/Einzelgutachten)
[5] Bis maximale Dicke gemäß DIN EN-Norm

Tafel 2b. Nachweis der Güteeigenschaften für Bänder und Bleche nach Tafel 1b

Stahlsorte			Art der Prüfbescheinigung nach DIN EN 10204					
Kurzname	Werkstoff-Nr.	Dicke mm	Dicke mm	Dicke mm	Dicke[2] mm	Dicke[2] mm	Dicke[2] mm	
Erzeugnisform[1]		C	H	P	C	H	P	
Sondergüten								
X1CrNi25-21[3]	1.4335	–	–	–	–	–	5)	
X6CrNiNb18-10	1.4550	–	–	≤ 30	–	–	5)	
X8CrNiNb16-13	1.4961	–	–	≤ 30	–	–	5)	
X1CrNiMoN25-22-2[4]	1.4466	–	–	–	–	–	5)	
X6CrNiMoNb17-12-2	1.4580	–	–	≤ 30	–	–	5)	
X2CrNiMoN17-13-3	1.4429	≤ 6	≤ 12	≤ 30	3.1	–	–	> 30	3.2
X3CrNiMo17-13-3	1.4436	≤ 6	≤ 12	≤ 30		–	–	> 30	
X2CrNiMoN18-12-4	1.4434	≤ 6	≤ 12	≤ 30		–	–	> 30	
X2CrNiMo18-15-4	1.4438	≤ 6	≤ 12	≤ 30		–	–	> 30	
X1NiCrMoCu31-27-4[3]	1.4563	–	–	–	–	–	5)	
X1CrNiMoCuN25-25-5[4]	1.4537	–	–	–	–	–	5)	
X1CrNiMoCuN20-18-7[4]	1.4547	–	–	–	–	–	5)	
X1NiCrMoCuN25-20-7[3]	1.4529	–	–	–	–	–	5)	

1) C = kaltgewalztes Band, H = warmgewalztes Band, P = warmgewalztes Blech
2) Bei Überschreitung der in den DIN EN-Normen angegebenen max. Dicke ist eine Eignungsfeststellung/Einzelgutachten gemäß AD 2000-Merkblatt W 0 erforderlich.
3) In Verbindung mit den VdTÜV-Werkstoffblättern 435, 468, 483 oder 502
4) In Verbindung mit dem Nachweis der Fertigungssicherheit gemäß AD 2000-Merkblatt W 0 (sonst 3.1.C bzw. 3.2/Einzelgutachten)
5) Bis maximale Dicke gemäß DIN EN-Norm

Tafel 2c. Nachweis der Güteeigenschaften für Bänder und Bleche nach Tafel 1c

Stahlsorte			Art der Prüfbescheinigung nach DIN EN 10204					
Kurzname	Werkstoff-Nr.	Dicke mm	Dicke mm	Dicke mm	Dicke[2] mm	Dicke[2] mm	Dicke[2] mm	
Erzeugnisform[1]		C	H	P	C	H	P	
Austenitisch-ferritische Stähle								
Standardgüten								
X2CrNiN23-4[3]	1.4362	–	–	–	5)	5)	5)	3.2
X2CrNiMoN22-5-3[3]	1.4462	–	–	–	5)	5)	5)	
Sondergüten								
X2CrNiMoCuN25-6-3[4]	1.4507	–	–	–	5)	5)	5)	
X2CrNiMoN25-7-4[4]	1.4410	–	–	–	5)	5)	5)	3.2
X2CrNiMoCuWN25-7-4[4]	1.4501	–	–	–	5)	5)	5)	

1) C = kaltgewalztes Band, H = warmgewalztes Band, P = warmgewalztes Blech
2) Bei Überschreitung der in den DIN EN-Normen angegebenen max. Dicke ist eine Eignungsfeststellung/Einzelgutachten gemäß AD 2000-Merkblatt W 0 erforderlich.
3) In Verbindung mit den VdTÜV-Werkstoffblättern 418, 496 oder 508
4) In Verbindung mit dem Nachweis der Fertigungssicherheit gemäß AD 2000-Merkblatt W 0 (sonst 3.2/Einzelgutachten)
5) Bis maximale Dicke gemäß DIN EN-Norm

Tafel 3a. Nachweis der Güteeigenschaften für Stäbe und Schmiedestücke aus Stählen nach Tafel 1a

Stahlsorte		Art der Prüfbescheinigung nach DIN EN 10204			
Kurzname	Werkstoff-Nr.	Dicke[1] mm		Dicke[1] mm	
X2CrNi18-9	1.4307	≤ 250[4]		> 250	
X2CrNi19-11	1.4306	≤ 250		> 250	
X2CrNiN18-10	1.4311	≤ 250		> 250	
X5CrNi18-10	1.4301	≤ 250[4]		> 250	
X6CrNi18-10	1.4948	≤ 250[4]		> 250	
X5CrNi18-12	1.4303	≤ 160		–	
X6CrNiTi18-10	1.4541	≤ 250		> 250	
X6CrNiTiB18-10	1.4941	≤ 250		> 250	
X2CrNiMo17-12-2	1.4404	≤ 250[4]		> 250	
X2CrNiMoN17-11-2	1.4406	≤ 160	3.1	> 160	3.2
X5CrNiMo17-12-2	1.4401	≤ 250[4]		> 250	
X6CrNiMoTi17-12-2	1.4571	≤ 250		> 250	
X2CrNiMo17-12-3	1.4432	≤ 250		> 250	
X2CrNiMo18-14-3	1.4435	≤ 250		> 250	
X2CrNiMoN17-13-5[2]	1.4439	≤ 160		> 160	
X4NiCrMoCuNb20-18-2	1.4505	≤ 160		> 160	
X1NiCrMoCuN25-20-5[2]	1.4539	≤ 60		> 60	
X3CrNiMoTi25-25	1.4577	≤ 160		> 160	
X3CrNiMoBN17-13-3[3]	1.4910	–		[5]	

[1] Dicke des maßgeblichen Querschnitts nach DIN EN 10222-1 bei Schmiedestücken bzw. Durchmesser oder kleinste Kantenlänge bei Stäben. Bei Überschreitung der in den DIN EN-Normen angegebenen max. Dicke ist eine Eignungsfeststellung/Einzelgutachten gemäß AD 2000-Merkblatt W 0 erforderlich.
[2] In Verbindung mit den VdTÜV-Werkstoffblättern 405 oder 421
[3] In Verbindung mit dem Nachweis der Fertigungssicherheit gemäß AD 2000-Merkblatt W 0 (sonst 3.2/Einzelgutachten)
[4] Durchmesserbegrenzung für Erzeugnisse nach DIN EN 10269: ≤ 160 mm
[5] Bis maximale Dicke gemäß DIN EN-Norm

Tafel 3b. Nachweis der Güteeigenschaften für Stäbe und Schmiedestücke aus Stählen nach Tafel 1b

Stahlsorte		Art der Prüfbescheinigung nach DIN EN 10204			
Kurzname	Werkstoff-Nr.	Dicke[1] mm		Dicke[1] mm	
X6CrNiNb18-10	1.4550	≤ 250		> 250	
X7CrNiNb18-10	1.4912	–		[5]	
X6CrNiMoNb17-12-2	1.4580	≤ 250		> 250	
X2CrNiMoN17-13-3	1.4429	–		[4][5]	
X3CrNiMo17-13-3	1.4436	≤ 160		> 160	
X3CrNiMo18-12-3	1.4449	≤ 160		> 160	
X1NiCrMoCu31-27-4[2]	1.4563	–	3.1	[5]	3.2
X1CrNiMoCuN20-18-7[3]	1.4547	–		[5]	
X1NiCrMoCuN25-20-7[2]	1.4529	–		[5]	
X3CrNiCu19-10[3]	1.4650	–		[5]	
X3CrNiCu18-9-4[3]	1.4567	–		[4][5]	
X10CrNiMoMnNbVB15-10-1[3]	1.4982	–		[4][5]	
X6CrNiMoB17-12-2[3]	1.4919	–		[4][5]	
X6NiCrTiMoVB25-15-2[2]	1.4980	–		[4][5]	

[1] Dicke des maßgeblichen Querschnitts nach DIN EN 10222-1 bei Schmiedestücken bzw. Durchmesser oder kleinste Kantenlänge bei Stäben. Bei Überschreitung der in den DIN EN-Normen angegebenen max. Dicke ist eine Eignungsfeststellung/Einzelgutachten gemäß AD 2000-Merkblatt W 0 erforderlich.
[2] In Verbindung mit den VdTÜV-Werkstoffblättern 435, 483 oder 502
[3] In Verbindung mit dem Nachweis der Fertigungssicherheit gemäß AD 2000-Merkblatt W 0 (sonst 3.2/Einzelgutachten)
[4] Durchmesserbegrenzung für Erzeugnisse nach DIN EN 10269: ≤ 160 mm
[5] Bis maximale Dicke gemäß DIN EN-Norm

Tafel 3c. Nachweis der Güteeigenschaften für Stäbe und Schmiedestücke aus Stählen nach Tafel 1c

Stahlsorte		Art der Prüfbescheinigung nach DIN EN 10204		
Kurzname	Werkstoff-Nr.	Dicke[1] mm		Dicke[1] mm
Austenitisch-ferritische Stähle				
X2CrNiN23-4[2])	1.4362	–		4)
X2CrNiMoN22-5-3[2])	1.4462	–		4)
X2CrNiMoCuN25-6-3[2])	1.4507	–		4)	3.2
X2CrNiMoN25-7-4[3])	1.4410	–		4)
X2CrNiMoCuWN25-7-4[3])	1.4501	–		4)

[1]) Dicke des maßgeblichen Querschnitts nach DIN EN 10222-1 bei Schmiedestücken bzw. Durchmesser oder kleinste Kantenlänge bei Stäben. Bei Überschreitung der in den DIN EN-Normen angegebenen max. Dicke ist eine Eignungsfeststellung/Einzelgutachten gemäß AD 2000-Merkblatt W 0 erforderlich.
[2]) In Verbindung mit den VdTÜV-Werkstoffblättern 418, 496 oder 508
[3]) In Verbindung mit dem Nachweis der Fertigungssicherheit gemäß AD 2000-Merkblatt W 0 (sonst 3.2/Einzelgutachten)
[4]) Bis maximale Dicke gemäß DIN EN-Norm

Tafel 5. Mechanische Eigenschaften von Schrauben und Muttern aus Stählen nach Abschnitt 2.3 und 2.4 in der Festigkeitsklasse 70 im Durchmesserbereich > M 24 bis ≤ M 30

			Schrauben			Muttern
Stahlgruppe	Festigkeitsklasse	Durchmesserbereich[3])	Zugfestigkeit R_m[1]) MPa mind.	0,2 %-Dehngrenze $R_{p0,2}$[1]) MPa mind.	Verlängerung nach dem Bruch A_L[2]) mind.	Prüfspannung S_p MPa
A 2 bis A 5	70	> M 24 bis ≤ M 30	500	250	$0,4\,d$	500

[1]) Alle Werte sind berechnet und bezogen auf den Spannungsquerschnitt des Gewindes (siehe DIN EN ISO 3506-1 Anhang A).
[2]) Die Bruchdehnung wird bestimmt in Übereinstimmung mit den Prüfverfahren nach DIN EN ISO 3506-1 Abschnitt 6.2 an der jeweiligen Länge der Schraube und nicht an abgedrehten Proben mit Messlänge 5 d. Werte für die Bruchdehnung siehe DIN EN ISO 3506-1 Abschnitt 5.
[3]) Für Durchmesser über M 30 müssen die Festigkeitskennwerte zwischen Besteller/Betreiber und Hersteller besonders vereinbart werden, weil bei der Zugfestigkeiten nach Tafel 5 andere Werte für die 0,2 %-Dehngrenze möglich sind.

Tafel 6. Kennwerte der 0,2 %-Dehngrenze $R_{p0,2}$ von Schrauben nach Abschnitt 2.3 und 2.4 bei erhöhten Temperaturen

			Kennwerte der 0,2 %-Dehngrenze $R_{p0,2}$[1]) bei			
			100 °C	200 °C	300 °C	400 °C
Stahlgruppe	Festigkeitsklasse	Durchmesserbereich	MPa mind.			
	50	≤ M 39	175	155	135	125
A 2 bis A 5	70	≤ M 24	380	360	335	315
		> M 24 ≤ M 30	210	200	185	175

[1]) Alle Werte sind berechnet und bezogen auf den Spannungsquerschnitt des Gewindes (siehe DIN EN ISO 3506-1 Anhang A).

Tafel 7. Grenztemperatur[1] für die Beständigkeit gegen interkristalline Korrosion

Kurzname	Stahlsorte[2][3] Werkstoff-Nummer	Grenztemperatur[4] °C
X5CrNi18-10	1.4301	300
X2CrNi19-11	1.4306	350
X2CrNiN18-10	1.4311	400
X6CrNiTi18-10	1.4541	400
X6CrNiNb18-10	1.4550	400
X5CrNiMo17-12-2	1.4401	300
X2CrNiMo17-12-2	1.4404	400
X2CrNiMoN17-11-2	1.4406	400
X6CrNiMoTi17-12-2	1.4571	400
X6CrNiMoNb17-12-2	1.4580	400
X2CrNiMoN17-13-3	1.4429	400
X2CrNiMo18-14-3	1.4435	400
X3CrNiMo17-13-3	1.4436	300
X2CrNiMo18-15-4	1.4438	350
X2CrNiMoN17-13-5	1.4439	400
X1NiCrMoCuN25-20-5	1.4539	400

[1] Quelle: DIN 17440 Ausgabe September 1996; für X1NiCrMoCuN25-20-5 (1.4539) VdTÜV-Werkstoffblatt 421
[2] Lieferzustand +AT
[3] Für die Werkstoffe X5CrNi18-10 (1.4301), X5CrNiMo17-12-2 (1.4401) und X3CrNiMo17-13-3 (1.4436) sind die Dickenbegrenzungen nach DIN EN 10028-7 Tabelle 9 zu beachten.
[4] Bei Einsätzen bis zu den genannten Temperaturen und einer Betriebsdauer von 100.000 h tritt keine interkristalline Korrosion bei Prüfung nach diesem AD 2000-Merkblatt auf.

ICS 23.020.30   Ausgabe Oktober 2000

Werkstoffe für Druckbehälter	Gusseisenwerkstoffe Gusseisen mit Lamellengraphit (Grauguss), unlegiert und niedriglegiert	AD 2000-Merkblatt W 3/1

Die AD 2000-Merkblätter werden von den in der „Arbeitsgemeinschaft Druckbehälter" (AD) zusammenarbeitenden, nachstehend genannten sieben Verbänden aufgestellt. Aufbau und Anwendung des AD 2000-Regelwerkes sowie die Verfahrensrichtlinien regelt das AD 2000-Merkblatt G1.

Die AD 2000-Merkblätter enthalten sicherheitstechnische Anforderungen, die für normale Betriebsverhältnisse zu stellen sind. Sind über das normale Maß hinausgehende Beanspruchungen beim Betrieb der Druckbehälter zu erwarten, so ist diesen durch Erfüllung besonderer Anforderungen Rechnung zu tragen.

Wird von den Forderungen dieses AD 2000-Merkblattes abgewichen, muss nachweisbar sein, dass der sicherheitstechnische Maßstab dieses Regelwerkes auf andere Weise eingehalten ist, z. b. durch Werkstoffprüfungen, Versuche, Spannungsanalyse, Betriebserfahrungen.

    Fachverband Dampfkessel-, Behälter- und Rohrleitungsbau e.V. (FDBR), Düsseldorf
    Hauptverband der gewerblichen Berufsgenossenschaften e.V., Sankt Augustin
    Verband der Chemischen Industrie e.V. (VCI), Frankfurt/Main
    Verband Deutscher Maschinen- und Anlagenbau e.V. (VDMA), Fachgemeinschaft Verfahrenstechnische Maschinen und Apparate, Frankfurt/Main
    Verein Deutscher Eisenhüttenleute (VDEh), Düsseldorf
    VGB PowerTech e.V., Essen
    Verband der Technischen Überwachungs-Vereine e.V. (VdTÜV), Essen

Die AD 2000-Merkblätter werden durch die Verbände laufend dem Fortschritt der Technik angepasst. Anregungen hierzu sind zu richten an den Herausgeber:

    Verband der Technischen Überwachungs-Vereine e.V., Postfach 10 38 34, 45038 Essen.

Inhalt

0   Präambel

1   Geltungsbereich und Allgemeines

2   Geeignete Werkstoffsorten

3   Prüfungen

4   Gussstückbeschaffenheit

5   Kennzeichnung

6   Nachweis der Güteeigenschaften

7   Kennwerte für die Bemessung

Anhang 1:   Vereinbarung der AD-Verbände über die Weiterverwendung von früher gültigen DIN-Werkstoffnormen

0 Präambel

Zur Erfüllung der grundlegenden Sicherheitsanforderungen der Druckgeräte-Richtlinie kann das AD 2000-Regelwerk angewandt werden, vornehmlich für die Konformitätsbewertung nach den Modulen „G" und „B + F".

Das AD 2000-Regelwerk folgt einem in sich geschlossenen Auslegungskonzept. Die Anwendung anderer technischer Regeln nach dem Stand der Technik zur Lösung von Teilproblemen setzt die Beachtung des Gesamtkonzeptes voraus.

Bei anderen Modulen der Druckgeräte-Richtlinie oder für andere Rechtsgebiete kann das AD 2000-Regelwerk sinngemäß angewandt werden. Die Prüfzuständigkeit richtet sich nach den Vorgaben des jeweiligen Rechtsgebietes.

1 Geltungsbereich und Allgemeines

1.1 Dieses AD 2000-Merkblatt gilt für unlegiertes und niedriglegiertes Gusseisen mit Lamellengraphit zum Bau von Druckbehältern, die bei witterungsbedingten Betriebstemperaturen sowie bei Umgebungstemperaturen von $-10\,°C$ bis zu den in Abschnitt 2 angegebenen Temperaturbegrenzungen betrieben werden.

Für Betriebstemperaturen des Beschickungsmittels unter $-10\,°C$ gilt zusätzlich AD 2000-Merkblatt W 10. Siehe hierzu auch AD 2000-Merkblatt W 0 Abschnitt 2.2.

1.2 Die Herstellung von Gusseisen mit Lamellengraphit zum Bau von Druckbehältern setzt ausreichende Erfahrungen des Lieferwerkes voraus. Hierfür ist ein erstmaliger Nachweis zu erbringen.

1.3 Gusseisen mit Lamellengraphit soll zur Herstellung von Druckbehältern nur verwendet werden, wenn die Werkstoffeigenschaften gegenüber anderen Werkstoffsorten wirtschaftliche Vorteile bieten. Für Druckbehälter aus Gusseisen mit Lamellengraphit gelten in der Regel die folgenden Grenzen für den maximal zulässigen Druck p_s nach DIN EN 764:

25 bar bei Innenüberdruck
40 bar bei Außenüberdruck

Die AD 2000-Merkblätter sind urheberrechtlich geschützt. Die Nutzungsrechte, insbesondere die der Übersetzung, des Nachdrucks, der Entnahme von Abbildungen, die Wiedergabe auf fotomechanischem Wege und die Speicherung in Datenverarbeitungsanlagen, bleiben, auch bei auszugsweiser Verwertung, dem Urheber vorbehalten.

Bei Innenüberdruck von mehr als 6 bar und bei Außenüberdruck von mehr als 10 bar sollen im Allgemeinen folgende Produkte aus Behälterinhalt V in Litern und maximalem zulässigem Druck PS in bar nicht überschritten werden:
Innendruck $V \cdot PS$ = 65 000
Außendruck $V \cdot PS$ = 100 000
Bei höheren Produktwerten ist das Einverständnis der zuständigen unabhängigen Stelle und des Bestellers/Betreibers einzuholen.

1.3.1 Ergänzende Regelungen für Trockenzylinder

Eine Überschreitung des Produktwertes $V \cdot PS$ = 65 000 für Innendruck bei Dampftrockenzylindern ist unter den nachstehenden Voraussetzungen im Einverständnis mit der zuständigen unabhängigen Stelle möglich:

(1) Der maximal zulässige Druck ist auf 15 bar begrenzt.

(2) Die zulässige maximale Temperatur ist auf 300 °C begrenzt.

(3) Die Konstruktion ist so zu wählen, dass Spannungsspitzen weitgehend vermieden werden. Insbesondere ist bei den Flanschen des Zylinders der Übergang mit einem Radius von mindestens $D/50$ auszuführen (D = Zylinder-Außendurchmesser).

(4) Es ist mindestens GG-30 zu verwenden.

(5) der Regel ist eine Spannungsarmglühung vorzusehen. Eine langsame Abkühlung mit einer Geschwindigkeit von weniger als 30 K/h im Temperaturbereich zwischen 600 °C und 150 °C ist einer nachträglichen Wärmebehandlung gleichzusetzen. In beiden Fällen ist der zuständigen unabhängigen Stelle durch entsprechende Messungen nachzuweisen, dass die Bedingungen eingehalten wurden.

(6) Die Proben sind an Kopf und Fuß des Zylinders zu entnehmen.

(7) Im Gegensatz zu AD 2000-Merkblatt W 3/1 Abschnitt 4.2 ist Schweißen an den Zylindern nicht zulässig.

1.4 Bei der konstruktiven Gestaltung von Druckbehältern aus Gusseisen mit Lamellengraphit ist zur Vermeidung von Lunkern, Rissen und Spannungsspitzen Rücksicht auf die gießtechnischen Belange zu nehmen.

2 Geeignete Werkstoffsorten

Für den Bau von Druckbehältern dürfen nachstehende Werkstoffsorten verwendet werden:

2.1 Gusseisen mit Lamellengraphit (Grauguss) nach DIN EN 1561 bis zu Wandtemperaturen von 300 °C:
– EN-GJL-150,
– EN-GJL-200,
– EN-GJL-250,
– EN-GJL-300,
– EN-GJL-350.

Bei Wandtemperaturen über 300 °C mindestens EN-GJL-300, wobei die Wandtemperaturen in der Regel auf 350 °C begrenzt sein sollten. Hierbei sind die Eignung und die Zugfestigkeit der Gusseisenwerkstoffe bei Betriebstemperatur bei der Eignungsfeststellung erstmalig nachzuweisen.

Gegebenenfalls ist eine Wärmebehandlung vorzusehen.

2.2 Andere Sorten Gusseisen mit Lamellengraphit, wenn ihre Eignung und die Güteeigenschaften bei der Eignungsfeststellung erstmalig nachgewiesen sind.

3 Prüfungen

3.1 Bei Werkstoffsorten nach Abschnitt 2.1 ist als kennzeichnende Eigenschaft nach DIN EN 1561 die Zugfestigkeit zu prüfen. Bei maßgebenden Wanddicken > 20 mm sind hierzu, sofern die Konstruktion es zulässt, angegossene Probestücke zu verwenden. Als Mindestforderungen gelten die Werte für die Zugfestigkeit nach DIN EN 1561 unter Berücksichtigung ihrer Wanddickenabhängigkeit. Bei Wandtemperaturen über 300 °C ist außerdem die Zugfestigkeit bei Berechnungstemperatur zu prüfen.

3.2 Die Anzahl der Proben beträgt mindestens je eine Probe je 1000 kg Liefermasse gleichartiger Gussstücke (Prüfeinheit AMH nach DIN EN 1559-1) oder je Stück bei Gussstücken über 500 kg Masse. Für Wiederholungsprüfungen gilt DIN EN 1559-1.

3.3 Die Prüfung für Werkstoffsorten nach Abschnitt 2.2 ist nach Art und Umfang in der Eignungsfeststellung festzulegen.

3.4 Proben von wärmebehandelten Gussstücken müssen gemeinsam mit den Gussstücken wärmebehandelt werden. Angegossene Prüfstücke sind erst nach der Wärmebehandlung abzutrennen.

3.5 Alle druckbeanspruchten Gussstücke sind, bevor sie mit Überzügen versehen werden, einer Flüssigkeits-Druckprüfung von ausreichender Dauer mit in der Regel dem zweifachen maximal zulässigen Druck zu unterziehen. Wenn besondere Betriebsverhältnisse vorliegen, können zur Feststellung der Dichtheit der Wandungen und zur Prüfung auf Fehler im Gussstück zwischen Besteller/Betreiber und Hersteller zusätzlich zur Flüssigkeits-Druckprüfung folgende Versuche einzeln oder in Verbindung vereinbart werden:

(1) Dichtheitsprüfung mit Luft (Prüfüberdruck etwa 0,1-facher maximal zulässiger Druck, höchstens 2 bar) unter Benetzen mit schaumbildender Flüssigkeit vor Durchführung der Flüssigkeits-Druckprüfung, in Sonderfällen auch unter Verwendung eines geeigneten Gases mit Benutzung eines Anzeigegerätes;

(2) Dichtheitsprüfung mit Petroleum oder einer anderen gleichartig wirksamen Flüssigkeit, z. B. besonders warmem Wasser (Prüfüberdruck höchstens gleich dem 1,5-fachen des maximal zulässigen Druckes), vor der Flüssigkeits-Druckprüfung;

(3) Durchstrahlungsprüfung;

(4) Prüfung durch Ultraschall, im Zweifelsfall in Verbindung mit einer anderen Prüfung, insbesondere Durchstrahlungsprüfung.

4 Gussstückbeschaffenheit

4.1 Die Gussstücke sind auf ihre äußere Beschaffenheit hin zu besichtigen; sicherheitstechnisch wichtige Maße sind nachzuprüfen. Für die Beschaffenheit der Gussstücke gelten im Allgemeinen die Festlegungen nach DIN EN 1559-1.

4.2 Das Schweißen an Gusseisenteilen für Druckbehälter ist möglichst zu vermeiden.

In Einzelfällen dürfen an Druckbehältern aus Gusseisen im Einvernehmen mit der zuständigen unabhängigen Stelle und dem Besteller/Betreiber nach Durchführung einer Verfahrensprüfung Fertigungsschweißungen vorgenommen werden.

5 Kennzeichnung

5.1 Gussstücke aus den Werkstoffsorten nach Abschnitt 2.1 sind mit dem Herstellerzeichen, der Los-Nr. (Probe-Nr.) und der Werkstoffbezeichnung nach DIN EN 1561 zu kennzeichnen. Außerdem ist das Zeichen des Prüfers einzuschlagen.

5.2 Gussstücke aus Werkstoffsorten nach Abschnitt 2.2 sind entsprechend den Festlegungen in der Eignungsfeststellung zu kennzeichnen.

6 Nachweis der Güteeigenschaften

Für Druckbehälter und druckbeanspruchte Druckbehälterteile ist der Nachweis der Güteeigenschaften durch Abnahmeprüfzeugnis nach DIN EN 10204 zu erbringen.

6.1 Bei Druckbehälterteilen aus EN-GJL-150, EN-GJL-200 und EN-GJL-250 und bei maßgebenden Wanddicken ≤ 50 mm durch Abnahmeprüfzeugnis 3.1.B nach DIN EN 10204.

6.2 Bei EN-GJL-300 und EN-GJL-350 sowie bei maßgebenden Wanddicken[1]) > 50 mm (alle Gusssorten) durch Abnahmeprüfzeugnis 3.1. A/C nach DIN EN 10204.

6.3 Bei Werkstoffsorten nach Abschnitt 2.2 entsprechend den Festlegungen in der Eignungsfeststellung.

---

[1]) Maßgebende Wanddicke nach DIN 1559-1

7 Kennwerte für die Bemessung

7.1 Bei Werkstoffsorten nach Abschnitt 2.1 gelten als Kennwerte für die Bemessung die in DIN EN 1561 genannten Erwartungswerte für die Zugfestigkeit im Gussstück.

7.1.1 Bis zu einer Wandtemperatur von 300 °C gilt die Zugfestigkeit bei Raumtemperatur gemäß DIN EN 1561 Tabelle 1.

7.1.2 Bei einer Wandtemperatur über 300 °C (nur EN-GJL-300 und EN-GJL-350 geeignet) gilt die Zugfestigkeit bei Berechnungstemperatur unter Berücksichtigung der maßgebenden Wanddicke. Die Werte sind bei der Eignungsfeststellung zu vereinbaren.

7.2 Für Werkstoffsorten nach Abschnitt 2.2 sind die Kennwerte für die Bemessung in der Eignungsfeststellung festzulegen.

7.3 Bei emailliertem Gusseisen kann mit einem Kennwert $K = 105 \text{ N/mm}^2$ gerechnet werden. Höhere Kennwerte sind durch angegossene und emaillierte Proben nachzuweisen. Bei mehrfach emaillierten Gussstücken sind je nach Zahl der Glühungen geringere Kennwerte zugrunde zu legen.

Anhang 1 zu AD 2000-Merkblatt W 3/1

Vereinbarung der AD-Verbände über die Weiterverwendung von früher gültigen DIN-Werkstoffnormen

Gusseisenwerkstoffe GG-15, GG-20, GG-25, GG-30 und GG-35 nach der zurückgezogenen DIN 1691, Ausgabe Mai 1985, dürfen bis zur Übernahme der EG-Richtlinie Druckgeräte in das nationale Recht und Veröffentlichung einer europäischen Norm für Druckbehälter unter Berücksichtigung der Festlegungen des AD-Merkblattes W 3/1, Ausgabe 11.86, verwendet werden.

ICS 23.020.30   Ausgabe Oktober 2000

Werkstoffe für Druckbehälter	Gusseisenwerkstoffe **Gusseisen mit Kugelgraphit, unlegiert und niedriglegiert**	AD 2000-Merkblatt **W 3/2**

Die AD 2000-Merkblätter werden von den in der „Arbeitsgemeinschaft Druckbehälter" (AD) zusammenarbeitenden, nachstehend genannten sieben Verbänden aufgestellt. Aufbau und Anwendung des AD 2000-Regelwerkes sowie die Verfahrensrichtlinien regelt das AD 2000-Merkblatt G1.

Die AD 2000-Merkblätter enthalten sicherheitstechnische Anforderungen, die für normale Betriebsverhältnisse zu stellen sind. Sind über das normale Maß hinausgehende Beanspruchungen beim Betrieb der Druckbehälter zu erwarten, so ist diesen durch Erfüllung besonderer Anforderungen Rechnung zu tragen.

Wird von den Forderungen dieses AD 2000-Merkblattes abgewichen, muss nachweisbar sein, dass der sicherheitstechnische Maßstab dieses Regelwerkes auf andere Weise eingehalten ist, z. B. durch Werkstoffprüfungen, Versuche, Spannungsanalyse, Betriebserfahrungen.

   Fachverband Dampfkessel-, Behälter- und Rohrleitungsbau e. V. (FDBR), Düsseldorf
   Hauptverband der gewerblichen Berufsgenossenschaften e. V., Sankt Augustin
   Verband der Chemischen Industrie e. V. (VCI), Frankfurt/Main
   Verband Deutscher Maschinen- und Anlagenbau e. V. (VDMA), Fachgemeinschaft Verfahrenstechnische Maschinen und Apparate, Frankfurt/Main
   Verein Deutscher Eisenhüttenleute (VDEh), Düsseldorf
   VGB PowerTech e. V., Essen
   Verband der Technischen Überwachungs-Vereine e. V. (VdTÜV), Essen

Die AD 2000-Merkblätter werden durch die Verbände laufend dem Fortschritt der Technik angepasst. Anregungen hierzu sind zu richten an den Herausgeber:

   Verband der Technischen Überwachungs-Vereine e. V., Postfach 10 38 34, 45038 Essen.

Inhalt

0   Präambel
1   Geltungsbereich und Allgemeines
2   Zulässige Werkstoffsorten
3   Prüfungen
4   Gussstückbeschaffenheit
5   Kennzeichnung
6   Nachweis der Güteeigenschaften
7   Festigkeitskennwerte für die Berechnung

0   Präambel

Zur Erfüllung der grundlegenden Sicherheitsanforderungen der Druckgeräte-Richtlinie kann das AD 2000-Regelwerk angewandt werden, vornehmlich für die Konformitätsbewertung nach den Modulen „G" und „B + F".

Das AD 2000-Regelwerk folgt einem in sich geschlossenen Auslegungskonzept. Die Anwendung anderer technischer Regeln nach dem Stand der Technik zur Lösung von Teilproblemen setzt die Beachtung des Gesamtkonzeptes voraus.

Bei anderen Modulen der Druckgeräte-Richtlinie oder für andere Rechtsgebiete kann das AD 2000-Regelwerk sinngemäß angewandt werden. Die Prüfzuständigkeit richtet sich nach den Vorgaben des jeweiligen Rechtsgebietes.

1   Geltungsbereich und Allgemeines

1.1   Dieses AD 2000-Merkblatt gilt für unlegiertes und niedriglegiertes Gusseisen mit Kugelgraphit zum Bau von Druckbehältern und Teilen von Druckbehältern, die bei Betriebstemperaturen sowie bei Umgebungstemperaturen innerhalb der in den Tafeln 1 und 2 angegebenen Grenzen betrieben werden. Bei tieferen Temperaturen als −10 °C ist das AD 2000-Merkblatt W 10 zusätzlich zu beachten. Siehe hierzu auch AD 2000-Merkblatt W 0, Abschnitt 2.2.

1.2   Die Herstellung von Gusseisen mit Kugelgraphit für Druckbehälter setzt ausreichende Erfahrungen des Lieferwerkes voraus. Hierfür ist der zuständigen unabhängigen Stelle ein erstmaliger Nachweis zu erbringen.

1.3   Bei der konstruktiven Durchbildung von Druckbehältern aus Gusseisen mit Kugelgraphit ist zur Vermeidung von Lunkern, Rissen und Spannungsspitzen Rücksicht auf die gießtechnischen Belange zu nehmen.

1.4   Für Armaturengehäuse gilt das AD 2000-Merkblatt A 4.

2   Zulässige Werkstoffsorten

Für den Bau von Druckbehältern können nachstehende Werkstoffsorten verwendet werden:

Die AD 2000-Merkblätter sind urheberrechtlich geschützt. Die Nutzungsrechte, insbesondere der Übersetzung, des Nachdrucks, der Entnahme von Abbildungen, die Wiedergabe auf fotomechanischem Wege und die Speicherung in Datenverarbeitungsanlagen, bleiben, auch bei auszugsweiser Verwertung, dem Urheber vorbehalten.

2.1 Gußeisen mit Kugelgraphit nach DIN EN 1563, Sorten EN-GJS-400-15, EN-GJS-500-7, EN-GJS-600-3, EN-GJS-700-2 sowie EN-GJS-400-15U, EN-GJS-500-7U, EN-GJS-600-3U und EN-GJS-700-2U. Bei einem inneren Überdruck von mehr als 6 bar bzw. mehr als 10 bar bei der ferritischen Sorte EN-GJS-400-15/15U sollen im Allgemeinen die maximalen Druckinhaltsprodukte nach Tafel 1 nicht überschritten werden.

Höhere Druckinhaltsprodukte sind nur mit Zustimmung der zuständigen unabhängigen Stelle zulässig.

2.2 Gusseisen mit Kugelgraphit, Sorten mit gewährleisteter Kerbschlagarbeit nach DIN EN 1563 innerhalb der in Tafel 2 angegebenen Grenzen.

2.3 Sonstige Sorten von Gusseisen mit Kugelgraphit, wenn die Güteeigenschaften erstmalig durch Gutachten der zuständigen unabhängigen Stelle nachgewiesen sind.

Tafel 1. Anwendungsbereich von Normalsorten nach DIN EN 1563

Werkstoffsorte	Betriebstemperatur °C	Nenndruck nach DIN 2401 Teil 2 max.	Druckinhaltsprodukte $p \cdot V$ (bar · Liter) max.
EN-GJS-700-2/2U		25	65 000
EN-GJS-600-3/3U	−10 bis 350	25	65 000
EN-GJS-500-7/7U		64	80 000
EN-GJS-400-15/15U		100	100 000

Tafel 2. Anwendungsbereich der Sorten mit gewährleisteter Kerbschlagarbeit nach DIN EN 1563

Werkstoffsorte	Betriebstemperatur °C
EN-GJS-400-18/18U-LT	−10 bis 350
EN-GJS-350-22/22U-LT	−10 bis 350

3 Prüfungen

3.1 Bei Werkstoffsorten nach Abschnitt 2.1 und 2.2 sind bei Wanddicken bis zu 60 mm die Festigkeitseigenschaften nach DIN EN 1563 Tabelle 1, bei Wanddicken über 60 bis 200 mm nach DIN EN 1563 Tabelle 3 zu prüfen. Für den Wanddickenbereich zwischen 30 und 60 mm kann die Prüfung nach DIN EN 1563 Tabelle 3 vereinbart werden.

3.2 Bei Werkstoffsorten nach Abschnitt 2.2 ist zusätzlich die Kerbschlagarbeit an ISO-V-Proben nach DIN EN 10045 zu ermitteln. Die gegenüber der DIN EN 1563 angehobenen Anforderungen nach Tafel 3 müssen erfüllt sein.

3.3 Die Anzahl der Proben beträgt mindestens eine Probe für den Zugversuch und drei Proben für den Kerbschlagbiegeversuch für je 2500 kg Liefergewicht gleichartiger Stücke, gleich behandelter Schmelze und gleichem Glühlos oder je Gussstück bei einem Stückgewicht von über 500 kg.

3.4 Zur Beurteilung der Graphitausbildung und Ferritisierung können zusätzlich Gefügeproben herangezogen werden.

3.5 Bei Wanddicken über 60 bis 200 mm ist bei Betriebstemperaturen ≥ 200 °C die Ermittlung der Warmstreckgrenze erforderlich. Als Mindestanforderungen gelten für Werkstoffsorten nach Abschnitt 2.1 und 2.2 die Werte der Tafel 4 b.

3.6 Bei Wiederholungsprüfungen ist wie folgt zu verfahren:

3.6.1 Entspricht bei der Prüfung nach Schmelzen oder Losen das Ergebnis einer mechanischen oder technologischen Prüfung nicht den Anforderungen, so sind für jede nicht genügende Probe zwei Ersatzproben (beim Kerbschlagbiegeversuch zwei Probensätze mit je drei Proben) aus einem anderen Stück derselben Prüfeinheit zu prüfen, die beide genügen müssen. Das Stück, aus dem die nicht genügende Probe entnommen wurde, ist auszuscheiden.

3.6.2 Entspricht bei der Einzelprüfung das Ergebnis einer mechanischen oder technologischen Prüfung nicht den Anforderungen, so sind für jede nicht genügende Probe zwei Ersatzproben aus demselben Stück zu prüfen, die beide genügen müssen.

3.6.3 Entspricht das Ergebnis der Wiederholungsprüfung ebenfalls nicht den Anforderungen, so ist das Prüflos zurückzuweisen.

3.6.4 Ist anzunehmen, dass ungenügende Prüfergebnisse auf eine fehlerhafte Wärmebehandlung zurückzuführen sind, können die Gussstücke erneut wärmebehandelt werden, worauf die gesamte Prüfung zu wiederholen ist.

3.6.5 Sind ungenügende Prüfergebnisse offensichtlich auf prüftechnische Einflüsse oder auf eine eng begrenzte Fehlstelle einer Probe zurückzuführen, so ist der Versuch an einer neuen Probe zu wiederholen.

3.7 Die Prüfungen von sonstigen Werkstoffsorten nach Abschnitt 2.3 sind entsprechend dem Gutachten der zuständigen unabhängigen Stelle durchzuführen.

3.8 Alle druckbeanspruchten Gussstücke sind einer Flüssigkeits-Druckprüfung von ausreichender Dauer mit in der Regel dem 2-fachen des maximal zulässigen Druckes zu unterziehen.

3.9 Wenn besondere Betriebsverhältnisse vorliegen, können zur Feststellung der Dichtheit der Wandungen und zur Prüfung auf Fehler im Gussstück zwischen Besteller/Betreiber und Hersteller zusätzlich zur Flüssigkeits-Druckprüfung nach Abschnitt 3.8 folgende Versuche einzeln oder in Verbindung vereinbart werden:

(1) Dichtheitsprüfung mit Luft (Prüfüberdruck etwa 0,1-facher maximal zulässiger Druck, höchstens 2 bar) unter Abpinseln mit schaumbildender Flüssigkeit vor Durchführung der Flüssigkeits-Druckprüfung, in Sonderfällen auch unter Verwendung eines geeigneten Gases mit Benutzung eines Anzeigegerätes,

(2) Dichtheitsprüfung mit Petroleum oder einer gleichartig wirksamen Flüssigkeit, z. B. entspanntem Wasser (Prüfüberdruck höchstens gleich dem 1,5-fachen des maximal zulässigen Druckes) vor der Flüssigkeits-Druckprüfung,

(3) Durchstrahlungsprüfung,

(4) Prüfung durch Ultraschall, im Zweifelsfall in Verbindung mit einer anderen Prüfung, insbesondere Durchstrahlungsprüfung,

(5) Oberflächenrissprüfung.

4 Gussstückbeschaffenheit

4.1 Die Gussstücke sind auf ihre äußere Beschaffenheit hin zu besichtigen, sicherheitstechnisch wichtige Maße sind nachzuprüfen. Für die Beschaffenheit der Gussstücke gelten im Allgemeinen die Festlegungen nach DIN 1690.

Tafel 3. Mindestwerte für die Kerbschlagarbeit

Werkstoffsorte	Wanddicke	Prüftemperatur	Kerbschlagarbeit (ISO-V-Probe)	
			Mittelwert aus drei Proben	Einzelwert
	mm	°C	J	J
EN-GJS-400-18/18U-LT	≤ 60	−20	14	11
	> 60 bis 200		12	9
EN-GJS-350-22/22U-LT	≤ 60	−40	14	11
	> 60 bis 200		12	9

Tafel 4 a. Festigkeitskennwerte für Wanddicken bis 60 mm

Werkstoffsorte	Kennwert	Festigkeitskennwerte K in N/mm² bei Betriebstemperatur in °C						
		20 (50)	100 (120)	150	200	250	300	350
EN-GJS-700-2/2U	$R_{p0,2}$	420	400	390	370	350	320	280
EN-GJS-600-3/3U	$R_{p0,2}$	370	350	340	320	300	270	220
EN-GJS-500-7/7U	$R_{p0,2}$	320	300	290	270	250	230	200
EN-GJS-400-15/15U	$R_{p0,2}$	250	240	230	210	200	180	160
EN-GJS-400-18/18U-LT	$R_{p0,2}$	240	230	220	200	190	170	150
EN-GJS-350-22/22U-LT	$R_{p0,2}$	220	210	200	180	170	150	140

Tafel 4 b. Festigkeitskennwerte für Wanddicken über 60 bis 200 mm

Werkstoffsorte	Kennwert	Festigkeitskennwerte K in N/mm² bei Betriebstemperatur in °C						
		20 (50)	100 (120)	150	200	250	300	350
EN-GJS-700-2/2U	$R_{p0,2}$	380	340	330	320	300	280	250
EN-GJS-600-3/3U	$R_{p0,2}$	340	300	290	280	260	240	190
EN-GJS-500-7/7U	$R_{p0,2}$	290	250	240	220	200	180	160
EN-GJS-400-15/15U	$R_{p0,2}$	240	220	210	190	180	170	150
EN-GJS-400-18/18U-LT	$R_{p0,2}$	220	210	200	180	170	160	140

4.2 Zum Erreichen des erforderlichen Gefügezustandes oder der Mindestwerte der Eigenschaften kann eine Wärmebehandlung notwendig sein. Lediglich Gussstücke aus dem Werkstoff EN-GJS-350-22/22U-LT müssen ferritisierend wärmebehandelt werden.

4.3 Schweißungen an Druckbehältern aus Gusseisen mit Kugelgraphit können im Einvernehmen mit der zuständigen unabhängigen Stelle nach Durchführung einer Verfahrensprüfung vorgenommen werden.

5 Kennzeichnung

5.1 Gussstücke aus den Werkstoffsorten nach Abschnitt 2.1 sind mit dem Herstellerzeichen, der Los-Nummer (Probe-Nummer) und der Gusssorte, z. B. EN-GJS-400-15, zu kennzeichnen. Außerdem ist das Zeichen des Prüfers einzuschlagen.

5.2 Gussstücke aus den Werkstoffsorten nach Abschnitt 2.2 sind zusätzlich mit der Schmelzen-Nummer zu kennzeichnen.

5.3 Gussstücke aus den Werkstoffsorten nach Abschnitt 2.3 sind entsprechend dem Gutachten der zuständigen unabhängigen Stelle zu kennzeichnen.

6 Nachweis der Güteeigenschaften

Die Güteeigenschaften sind durch ein Abnahmeprüfzeugnis 3.1.A/C nach DIN EN 10204 nachzuweisen.

7 Festigkeitskennwerte für die Berechnung

7.1 Als Festigkeitskennwerte für die Berechnung für Wanddicken bis einschließlich 60 mm gelten die Werte der Tafel 4 a, für Wanddicken über 60 bis 200 mm gelten die Werte der Tafel 4 b.

7.2 Bei Gussstücken mit Wanddicken über 200 mm sind die Festigkeitskennwerte zwischen Hersteller, Besteller/Betreiber und der zuständigen unabhängigen Stelle zu vereinbaren.

7.3 Die in den Tafeln 4 a und 4 b für 20 °C angegebenen Festigkeitskennwerte gelten bis 50 °C, die für 100 °C angegebenen Werte bis 120 °C. In den übrigen Bereichen ist zwischen den angegebenen Werten linear zu interpolieren (z. B. für 80 °C zwischen 20 und 100 °C, für 140 °C zwischen 100 und 150 °C), wobei eine Aufrundung nicht zulässig ist. Für Werkstoffe mit Einzelgutachten gilt die Interpolationsregel nur bei hinreichend engem Abstand[1]) der Stützstellen.

7.4 Bei emaillierten Gussstücken sind die Proben zum Nachweis der Festigkeitskennwerte Prüfstücken zu entnehmen, die den Wärmebehandlungsfolgen des Emaillier-Vorgangs unterzogen wurden.

7.5 Sicherheitsbeiwerte

Bei der Berechnung von Druckbehältern aus Gusseisen mit Kugelgraphit sind die in Tafel 5 angegebenen Sicherheitsbeiwerte S gegenüber der 0,2-Grenze bei Betriebstemperatur zu berücksichtigen. Bei Werkstoffsorten nach Abschnitt 2.3 ist der Sicherheitsbeiwert im Gutachten der zuständigen unabhängigen Stelle festgelegt.

Tafel 5. Sicherheitsbeiwert S

Werkstoffsorte	Sicherheitsbeiwert S
EN-GJS-700-2/2U	5,0
EN-GJS-600-3/3U	5,0
EN-GJS-500-7/7U	4,0
EN-GJS-400-15/15U	3,5
EN-GJS-400-18/18U-LT	2,4
EN-GJS-350-22/22U-LT	2,4

---

[1]) In der Regel wird hierunter ein Temperaturabstand von 50 K im Bereich der Warmstreckgrenze verstanden.

ICS 23.020.30 Ausgabe Januar 2003

Werkstoffe für Druckbehälter	Gusseisenwerkstoffe Austenitisches Gusseisen mit Lamellengraphit	AD 2000-Merkblatt W 3/3

Die AD 2000-Merkblätter werden von den in der „Arbeitsgemeinschaft Druckbehälter" (AD) zusammenarbeitenden, nachstehend genannten sieben Verbänden aufgestellt. Aufbau und Anwendung des AD 2000-Regelwerkes sowie die Verfahrensrichtlinien regelt das AD 2000-Merkblatt G1.

Die AD 2000-Merkblätter enthalten sicherheitstechnische Anforderungen, die für normale Betriebsverhältnisse zu stellen sind. Sind über das normale Maß hinausgehende Beanspruchungen beim Betrieb der Druckbehälter zu erwarten, so ist diesen durch Erfüllung besonderer Anforderungen Rechnung zu tragen.

Wird von den Forderungen dieses AD 2000-Merkblattes abgewichen, muss nachweisbar sein, dass der sicherheitstechnische Maßstab dieses Regelwerkes auf andere Weise eingehalten ist, z. b. durch Werkstoffprüfungen, Versuche, Spannungsanalyse, Betriebserfahrungen.

Fachverband Dampfkessel-, Behälter- und Rohrleitungsbau e.V. (FDBR), Düsseldorf
Hauptverband der gewerblichen Berufsgenossenschaften e.V., Sankt Augustin
Verband der Chemischen Industrie e.V. (VCI), Frankfurt/Main
Verband Deutscher Maschinen- und Anlagenbau e.V. (VDMA), Fachgemeinschaft Verfahrenstechnische Maschinen und Apparate, Frankfurt/Main
Verein Deutscher Eisenhüttenleute (VDEh), Düsseldorf
VGB PowerTech e.V., Essen
Verband der Technischen Überwachungs-Vereine e.V. (VdTÜV), Essen

Die AD 2000-Merkblätter werden durch die Verbände laufend dem Fortschritt der Technik angepasst. Anregungen hierzu sind zu richten an den Herausgeber:

Verband der Technischen Überwachungs-Vereine e.V., Postfach 10 38 34, 45038 Essen.

Inhalt

0 Präambel
1 Geltungsbereich und Allgemeines
2 Zulässige Werkstoffsorten
3 Prüfungen
4 Gussstückbeschaffenheit
5 Kennzeichnung
6 Nachweis der Güteeigenschaften
7 Festigkeitskennwerte für die Berechnung

0 Präambel

Zur Erfüllung der grundlegenden Sicherheitsanforderungen der Druckgeräte-Richtlinie kann das AD 2000-Regelwerk angewandt werden, vornehmlich für die Konformitätsbewertung nach den Modulen „G" und „B + F".

Das AD 2000-Regelwerk folgt einem in sich geschlossenen Auslegungskonzept. Die Anwendung anderer technischer Regeln nach dem Stand der Technik zur Lösung von Teilproblemen setzt die Beachtung des Gesamtkonzeptes voraus.

Bei anderen Modulen der Druckgeräte-Richtlinie oder für andere Rechtsgebiete kann das AD 2000-Regelwerk sinngemäß angewandt werden. Die Prüfzuständigkeit richtet sich nach den Vorgaben des jeweiligen Rechtsgebietes.

1 Geltungsbereich und Allgemeines

1.1 Dieses AD 2000-Merkblatt gilt für austenitisches Gusseisen mit Lamellengraphit zum Bau von Druckbehältern (siehe auch AD 2000-Merkblatt A 4), die bei Betriebstemperaturen sowie bei Umgebungstemperaturen von $-10\,°C$ bis zu den in Abschnitt 2 angegebenen Temperaturgrenzen betrieben werden. Bei tieferen Temperaturen als $-10\,°C$ ist das AD 2000-Merkblatt W 10 zusätzlich zu beachten. Die Sorten müssen entsprechend dem Verwendungszweck gewählt werden, wobei die mechanischen, thermischen und chemischen Beanspruchungen sowie die physikalischen Eigenschaften zu berücksichtigen sind (siehe DIN 1694). Siehe hierzu auch AD 2000-Merkblatt W 0, Abschnitt 2.2.

1.2 Die Herstellung von austenitischem Gusseisen mit Lamellengraphit für Druckbehälter setzt ausreichende Erfahrungen des Lieferwerkes voraus. Hierfür ist der zuständigen unabhängigen Stelle ein erstmaliger Nachweis zu erbringen.

1.3 Austenitisches Gusseisen mit Lamellengraphit soll zur Herstellung von Druckbehältern verwendet werden, wenn die Werkstoffeigenschaften gegenüber anderen

---

Ersatz für Ausgabe Oktober 2000; | = Änderungen gegenüber der vorangehenden Ausgabe

Die AD 2000-Merkblätter sind urheberrechtlich geschützt. Die Nutzungsrechte, insbesondere der der Übersetzung, des Nachdrucks, der Entnahme von Abbildungen, die Wiedergabe auf fotomechanischem Wege und die Speicherung in Datenverarbeitungsanlagen, bleiben, auch bei auszugsweiser Verwertung, dem Urheber vorbehalten.

Werkstoffsorten betriebstechnische Vorteile bieten. Für Druckbehälter aus austenitischem Gusseisen mit Lamellengraphit gelten in der Regel die folgenden Grenzen für den höchstzulässigen Druck p_s (siehe DIN EN 764):

25 bar bei Innenüberdruck
40 bar bei Außenüberdruck.

Bei Innenüberdruck von mehr als 6 bar und bei Außenüberdruck von mehr als 10 bar sollen im Allgemeinen folgende Produkte aus Behälterinhalt V in Litern und maximal zulässigem Druck p in bar nicht überschritten werden:

Innenüberdruck $V \cdot PS = 65\,000$
Außenüberdruck $V \cdot PS = 100\,000$.

Bei höheren Produktwerten ist das Einverständnis der zuständigen unabhängigen Stelle einzuholen.

1.4 Druckbehälter aus austenitischem Gusseisen mit Lamellengraphit müssen zur Vermeidung von Lunkern, Rissen und Spannungsspitzen gießtechnisch einwandfrei gestaltet werden. Der Konstrukteur soll sich über die Ausführungen des Druckbehälters mit der Gießerei abstimmen.

2 Zulässige Werkstoffsorten

Für die Wandungen von Druckbehältern dürfen folgende Sorten verwendet werden:

2.1 Austenitische Gusseisensorten mit Lamellengraphit nach DIN 1694 bis zu Wandtemperaturen von 350 °C. Darüber hinaus kann in Einzelfällen eine Anwendungstemperatur bis höchstens 450 °C zugelassen werden. Bei Wandtemperaturen über 350 °C sind die Eignung und die Güteeigenschaften der austenitischen Gusseisenwerkstoffe mit Lamellengraphit bei Betriebstemperatur durch Gutachten der zuständigen unabhängigen Stelle erstmalig nachzuweisen.

2.2 Sonstige austenitische Gusseisenwerkstoffe mit Lamellengraphit, wenn ihre Eignung und die Güteeigenschaften durch Gutachten der zuständigen unabhängigen Stelle erstmalig bestätigt sind.

3 Prüfungen

3.1 Bei den austenitischen Gusseisensorten mit Lamellengraphit nach Abschnitt 2.1 sind die Zugfestigkeit und die chemische Zusammensetzung zu bestimmen. Die Mindestanforderungen gelten DIN 1694 und für die Zugfestigkeit in Abhängigkeit von der Wanddicke Tafel 2. Zusätzlich sind die Bruchdehnung zu ermitteln; Mindestanforderungen sind nicht festgelegt. Für Wandtemperaturen über 350 °C sind 450 °C außerdem die Zugfestigkeit und die Bruchdehnung bei der zulässigen maximalen Temperatur zu prüfen. Für die Probeentnahme, -herstellung und Versuchsführung gilt Folgendes:

3.1.1 Den erforderlichen Proben sind Probestücke zu entnehmen, die möglichst in Form von flanschartigen Leisten mit einer der maßgeblichen Wanddicke entsprechender Dicke als integrierender Bestandteil des Gussstücke in solcher Anzahl und Größe anzugießen sind, dass aus ihnen die vorgeschriebenen Proben und ggf. noch Wiederholungsproben entnommen werden können.

3.1.2 Die Zugproben können bei Gussstücken mit Wanddicken bis 50 mm aus getrennt gegossenen Probestücken entnommen werden, wobei die Abkühlungsverhältnisse denen der Gussstücke entsprechen sollen. Für die Abmessungen gelten DIN 1694 und Tafel 1. Die Zugehörigkeit der Probestücke zum Gussstück muss gewährleistet sein.

Tafel 1. Zusammenhang zwischen Wanddicke und getrennt gegossenem Probestück

Maßgebende Wanddicke des Gussstückes in mm	Probestück nach DIN 1694
4 bis 10	Y 1
10 bis 30	Y 2, U-Probestück und vereinfachtes U-Probestück
30 bis 50	Y 3

3.1.3 Weiterhin sind zu beachten und sinngemäß anzuwenden:

DIN 50 125	– Prüfung metallischer Werkstoffe; Zugproben; Richtlinien für die Herstellung;
DIN EN 10002-1	– Metallische Werkstoffe – Zugversuch – Teil 1: Prüfverfahren (bei Raumtemperatur);
DIN EN 10002-5	– Metallische Werkstoffe – Zugversuch – Teil 5: Prüfverfahren bei erhöhter Temperatur.

3.2 Die Anzahl der Proben beträgt mindestens je eine Probe für den Zugversuch je 1000 kg Liefergewicht gleichartiger Gussstücke oder je Stück bei Gussstücken über 500 kg Rohgewicht. Für Wiederholungsprüfungen gilt DIN 1694.

3.3 Die Prüfung für Gusseisenwerkstoffe nach Abschnitt 2.2 ist nach Art und Umfang von der zuständigen unabhängigen Stelle festzulegen.

3.4 Proben von wärmebehandelten Gussstücken müssen den gleichen Behandlungszustand aufweisen wie die Gussstücke und mit den Gussstücken gemeinsam wärmebehandelt werden. Angegossene Proben sind erst nach der Wärmebehandlung abzutrennen.

3.5 Alle druckbeanspruchten Gussstücke sind, bevor sie mit Überzügen versehen werden, einer Druckprüfung mit Wasser von ausreichender Dauer und in der Regel mit dem zweifachen Betriebsüberdruck zu unterwerfen. Abweichungen bei Armaturengehäusen siehe AD 2000-Merkblatt A 4.

3.6 Wenn besondere Beanspruchungen vorliegen, können zur Feststellung der Dichtheit der Wandungen und zur Prüfung auf Fehler im Werkstoff zwischen Besteller/Betreiber und Hersteller folgende Versuche einzeln oder in Verbindung vereinbart werden:

(1) Dichtheitsprüfung mit Luft (Prüfdruck etwa 0,1-facher Betriebsüberdruck, höchstens 2 bar) unter Abpinseln mit schaumbildender Flüssigkeit nach Durchführung der Wasserdruckprüfung, in Sonderfällen unter Verwendung eines geeigneten Gases mit Benutzung eines Anzeigegerätes;

(2) Dichtheitsprüfung mit Petroleum oder einer anderen gleichartig wirksamen Flüssigkeit, z. B. mit entspanntem Wasser (Prüfdruck höchstens gleich dem 1,5-fachen des Betriebsüberdruckes), vor der Wasserdruckprüfung;

(3) Dichtheitsprüfung mit Sattdampf oder Heißdampf (Prüfdruck höchstens gleich dem Betriebsüberdruck) nach der Wasserdruckprüfung;

(4) Durchstrahlungsprüfung;

(5) Prüfung durch Ultraschall, nötigenfalls in Verbindung mit einer anderen Prüfung, insbesondere Durchstrahlungsprüfung.

4 Gussstückbeschaffenheit

4.1 Die Gussstücke sind auf ihre äußere Beschaffenheit hin zu besichtigen, sicherheitstechnisch wichtige Maße sind nachzuprüfen. Für die Beschaffenheit der Gussstücke gelten im Allgemeinen die Forderungen nach DIN 1694. Der Guss darf keine Risse sowie keine größeren Hohlräume aufweisen und soll frei sein von hohen Eigenspannungen. Gegebenenfalls sind die nachfolgenden Wärmebehandlungen vorzusehen:

(1) Glühen bei 930 bis 980 °C mit nachfolgender rascher Abkühlung, z. B. in Luft, Öl, Wasser (Abschrecken) und/oder

(2) Spannungsarmglühen bei 600 bis 700 °C.

4.2 Das Schweißen an Gussteilen aus austenitischem Gusseisen mit Lamellengraphit für Druckbehälter ist möglichst zu vermeiden. In Ausnahmefällen dürfen an Druckbehältern aus austenitischem Gusseisen mit Lamellengraphit im Einvernehmen mit der zuständigen unabhängigen Stelle und dem Besteller/Betreiber nach Durchführung einer Verfahrensprüfung Fertigungs[1]) und Instandsetzungsschweißungen[2]) (Reparaturschweißungen) vorgenommen werden.

5 Kennzeichnung

Gussstücke nach Abschnitt 2.1 sind mit dem Herstellerzeichen, der Los-Nr. bzw. der Schmelzen-Nr. (Probe-Nr.) und der Sorte nach DIN 1694, Gussstücke nach Abschnitt 2.2 entsprechend dem Gutachten der zuständigen unabhängigen Stelle zu kennzeichnen. Außerdem ist das Zeichen des Prüfers einzuschlagen. Für Armaturen gilt AD 2000-Merkblatt A 4.

6 Nachweis der Güteeigenschaften

Für Druckbehälter und druckbeanspruchte Druckbehälterteile ist der Nachweis der Güteeigenschaften und der Wasserdruckprüfung durch Abnahmezeugnis 3.1.C/Abnahmeprüfprotokoll 3.2 nach DIN EN 10204 zu erbringen. Außerdem sind durch das Herstellerwerk die chemische Zusammensetzung (Schmelzenanalyse) und der Wärmebehandlungszustand nachzuweisen.

7 Festigkeitskennwerte für die Berechnung

7.1 Als Festigkeitskennwert für die Berechnung gilt:

7.1.1 Bis zu einer Wandtemperatur von 350 °C die Zugfestigkeit bei Raumtemperatur unter Berücksichtigung der maßgebenden Wanddicke gemäß Tafel 2.

7.1.2 Bei einer Wandtemperatur über 350 °C bis höchstens 450 °C die Zugfestigkeit bei Berechnungstemperatur unter Berücksichtigung der maßgebenden Wanddicke. Die

Tafel 2. Gewährleistete Festigkeitseigenschaften und Festigkeitskennwerte für die Berechnung

Sorte		Festigkeitskennwert	
Kurzname	Werkstoff-Nr.	bei Wanddicke in mm	Zugfestigkeit MPa
GGL-NiMn 13 7	0.6652	4 bis 10 10 bis 30 30 bis 50 über 50	160 140 120 100
GGL-NiCuCr 15 6 2 (Ni-Resist 1)[3])	0.6655	4 bis 10 10 bis 30 30 bis 50 über 50	170 150 130 110
GGL-NiCuCr 15 6 3 (Ni-Resist 1 b)[3])	0.6656	4 bis 10 10 bis 30 30 bis 50 über 50	200 180 160 140
GGL-NiCr 20 2 (Ni-Resist 2)[3])	0.6660	4 bis 10 10 bis 30 30 bis 50 über 50	170 150 130 110
GGL-NiCr 20 3 (Ni-Resist 2 b)[3])	0.6661	4 bis 10 10 bis 30 30 bis 50 über 50	200 180 160 140
GGL-NiSiCr 20 4 3	0.6667	4 bis 10 10 bis 30 30 bis 50 über 50	200 180 160 140
GGL-NiSiCr 30 3 (Ni-Resist 3)[3])	0.6676	4 bis 10 10 bis 30 30 bis 50 über 50	190 170 150 130
GGL-NiSiCr 30 5 5 (Ni-Resist 4)[3])	0.6680	4 bis 10 10 bis 30 30 bis 50 über 50	170 150 130 110

Werte sind zwischen dem Hersteller und der zuständigen unabhängigen Stelle zu vereinbaren.

7.2 Für austenitische Gusseisenwerkstoffe mit Lamellengraphit nach Abschnitt 2.2 sind die Festigkeitskennwerte von der zuständigen unabhängigen Stelle entsprechend dem Gutachten festzulegen.

7.3 Bei der Berechnung von Druckbehältern aus austenitischem Gusseisen mit Lamellengraphit sind die in Tafel 3 angegebenen Sicherheitsbeiwerte[4]) gegenüber der Zugfestigkeit zu berücksichtigen.

Tafel 3. Sicherheitsbeiwerte

Werkstoffsorten nach DIN 1694	Sicherheitsbeiwert S
ungeglüht	8
geglüht	6

---

[1]) Fertigungsschweißungen sind im Verlauf des Fertigungsganges vom Gussstückhersteller vorgenommene Schweißungen mit dem Ziel, die im Hinblick auf die gewährleisteten Eigenschaften und den Verwendungszweck notwendige Gussstückbeschaffenheit sicherzustellen.

[2]) Instandsetzungsschweißungen sind Reparaturschweißungen zum Instandsetzen von Gussstücken, die anhand ihrer Verwendung beschädigt wurden, wobei das Gussstück durch Beheben der Fehler in seinen Eigenschaften und seiner Verwendbarkeit weitmöglichst wiederhergestellt wird.

[3]) Die eingeklammerten Angaben sind Handelsnamen dienen zur Information.

[4]) Die Sicherheitsbeiwerte sind bis zur Aufnahme in das AD 2000-Merkblatt B 0 vorläufig hier aufgeführt.

ICS 23.020.30 Ausgabe Februar 2005

Werkstoffe für Druckbehälter	Rohre aus unlegierten und legierten Stählen	AD 2000-Merkblatt W 4

Die AD 2000-Merkblätter werden von den in der „Arbeitsgemeinschaft Druckbehälter" (AD) zusammenarbeitenden, nachstehend genannten sieben Verbänden aufgestellt. Aufbau und Anwendung des AD 2000-Regelwerkes sowie die Verfahrensrichtlinien regelt das AD 2000-Merkblatt G1.

Die AD 2000-Merkblätter enthalten sicherheitstechnische Anforderungen, die für normale Betriebsverhältnisse zu stellen sind. Sind über das normale Maß hinausgehende Beanspruchungen beim Betrieb der Druckbehälter zu erwarten, so ist diesen durch Erfüllung besonderer Anforderungen Rechnung zu tragen.

Wird von den Forderungen dieses AD 2000-Merkblattes abgewichen, muss nachweisbar sein, dass der sicherheitstechnische Maßstab dieses Regelwerkes auf andere Weise eingehalten ist, z. B. durch Werkstoffprüfungen, Versuche, Spannungsanalyse, Betriebserfahrungen.

Fachverband Dampfkessel-, Behälter- und Rohrleitungsbau e.V. (FDBR), Düsseldorf
Hauptverband der gewerblichen Berufsgenossenschaften e.V., Sankt Augustin
Verband der Chemischen Industrie e.V. (VCI), Frankfurt/Main
Verband Deutscher Maschinen- und Anlagenbau e.V. (VDMA), Fachgemeinschaft Verfahrenstechnische Maschinen und Apparate, Frankfurt/Main
Stahlinstitut VDEh, Düsseldorf
VGB PowerTech e.V., Essen
Verband der Technischen Überwachungs-Vereine e.V. (VdTÜV), Berlin

Die AD 2000-Merkblätter werden durch die Verbände laufend dem Fortschritt der Technik angepasst. Anregungen hierzu sind zu richten an den Herausgeber:

Verband der Technischen Überwachungs-Vereine e.V., Postfach 10 38 34, 45038 Essen.

Inhalt

0 Präambel
1 Geltungsbereich
2 Geeignete Rohre
3 Prüfungen
4 Kennzeichnung
5 Nachweis der Güteeigenschaften

6 Kennwerte für die Bemessung
7 Geeignete Rohre als Mäntel von Druckbehältern

Anhang 1: Kennwerte für die Bemessung der Rohre nach DIN EN 10216, DIN EN 10217 und DIN EN 10305-4

0 Präambel

Zur Erfüllung der grundlegenden Sicherheitsanforderungen der Druckgeräte-Richtlinie kann das AD 2000-Regelwerk angewandt werden, vornehmlich für die Konformitätsbewertung nach den Modulen „G" und „B + F".

Das AD 2000-Regelwerk folgt einem in sich geschlossenen Auslegungskonzept. Die Anwendung anderer technischer Regeln nach dem Stand der Technik zur Lösung von Teilproblemen setzt die Beachtung des Gesamtkonzeptes voraus.

Bei anderen Modulen der Druckgeräte-Richtlinie oder für andere Rechtsgebiete kann das AD 2000-Regelwerk sinngemäß angewandt werden. Die Prüfzuständigkeit richtet sich nach den Vorgaben des jeweiligen Rechtsgebietes.

1 Geltungsbereich

1.1 Dieses AD 2000-Merkblatt gilt für nahtlose und geschweißte Rohre aus unlegierten und legierten ferritischen Stählen zum Bau von Druckbehältern, die bei Betriebstemperaturen sowie bei Umgebungstemperaturen herab bis $-10\,°C$ und bis zu den in Abschnitt 2 genannten Temperaturgrenzen betrieben werden. Für die Verwendung von Rohren als Mäntel von Druckbehältern gilt zusätzlich Abschnitt 7.

Für Betriebstemperaturen unter $-10\,°C$ gilt zusätzlich AD 2000-Merkblatt W 10.

1.2 Für Rohre aus austenitischen Stählen gilt AD 2000-Merkblatt W 2 – Austenitische Stähle.

1.3 Die grundlegenden Anforderungen an die Werkstoffe und an die Werkstoffhersteller sind im AD 2000-Merkblatt W 0 geregelt.

2 Geeignete Rohre

Bei innerem und äußerem Überdruck dürfen die in den Abschnitten 2.1 und 2.2 aufgeführten Rohre in den Anwendungsgrenzen nach Tafel 1 oder 2 a verwendet werden.

Ersatz für Ausgabe Oktober 2004; | = Änderungen gegenüber der vorangehenden Ausgabe

Die AD 2000-Merkblätter sind urheberrechtlich geschützt. Die Nutzungsrechte, insbesondere die der Übersetzung, des Nachdrucks, der Entnahme von Abbildungen, die Wiedergabe auf fotomechanischem Wege und die Speicherung in Datenverarbeitungsanlagen, bleiben, auch bei auszugsweiser Verwertung, dem Urheber vorbehalten.

2.1 Nahtlose Rohre

2.1.1 Rohre der Güte TR2 nach DIN EN 10216-1 „Rohre aus unlegierten Stählen mit festgelegten Eigenschaften bei Raumtemperatur".

2.1.2 Nach DIN EN 10216-2 „Rohre aus unlegierten und legierten Stählen mit festgelegten Eigenschaften bei erhöhten Temperaturen", ausgenommen 8MoB5-4, 20MnNb6 und 20CrMoV13-5-5. Die Stahlsorten 15NiCuMoNb5-6-4, X11CrMo5, X11CrMo9-1 und X10CrMoVNb9-1 können nur in Verbindung mit den VdTÜV-Werkstoffblättern 377/2, 007/2, 109 und 511/2 eingesetzt werden.

2.1.3 Nach DIN EN 10216-4 „Rohre aus unlegierten und legierten Stählen mit festgelegten Eigenschaften bei tiefen Temperaturen".

2.1.4 Nach DIN EN 10216-3 „Rohre aus legierten Feinkornbaustählen" in Verbindung mit den VdTÜV-Werkstoffblättern 352/2, 354/2 und 357/2, ausgenommen P620 und P690.

2.1.5 Nach DIN EN 10305–4 „Nahtlose kaltgezogene Rohre für Hydraulik- und Pneumatik-Druckleitungen".

2.1.6 Nahtlose Rohre aus anderen Stahlsorten nach Eignungsfeststellung durch die zuständige unabhängige Stelle. Dabei sind auch die Anwendungsgrenzen anzugeben. Die Stahlsorten sollen folgenden Anforderungen genügen:
(1) Die Bruchdehnung A in Längsrichtung soll mindestens 20 % betragen. Jedoch ist eine Bruchdehnung von ≥ 14 % ausreichend, wenn bei der Verarbeitung der Rohre eine Kaltumformung von 5 % an der ungünstigsten Stelle nicht überschritten oder bei Kaltumformungen über 5 % anschließend wärmebehandelt wird.
(2) Die Kerbschlagarbeit soll die den Werkstoff kennzeichnenden Werte aufweisen. Der Mittelwert aus drei Charpy-V-Querproben muss bei tiefster Anwendungstemperatur, jedoch nicht höher als 20 °C, mindestens 27 Joule betragen. Bei Prüfung in Längsrichtung muss der Wert mindestens 40 Joule betragen.
Bei Stählen mit einer Mindestzugfestigkeit über 740 MPa ist zusätzlich die Sprödbruchunempfindlichkeit zu beachten.

2.2 Geschweißte Rohre

Geschweißte Rohre nach den Abschnitten 2.2.1 bis 2.2.7, wenn der Hersteller der zuständigen unabhängigen Stelle erstmalig in einer Verfahrensprüfung[1]) nachgewiesen hat, dass er das Schweißverfahren sicher beherrscht. Die Festlegungen über die Art der Bescheinigungen über Materialprüfungen nach DIN EN 10204 (siehe Tafel 2a) gelten nur, wenn nach Abschluss der Verfahrensprüfung[1]) die Güte und die Gleichmäßigkeit der Fertigung der zuständigen unabhängigen Stelle nachgewiesen werden. Trifft dies nicht zu, ist ein Abnahmeprüfzeugnis 3.1.C erforderlich.
Bei pressgeschweißten Rohren muss dem Schweißen die Rohre oder die Schweißverbindung über die ganze Länge normalzuglühen. Diese Forderung gilt als erfüllt, wenn der letzte Fertigungsschritt bei der Rohrherstellung eine normalisierende Umformung[2]) ist.
Bei schmelzgeschweißten Rohren gelten für die Wärmebehandlung die Regelungen des AD 2000-Merkblattes HP 7/2. Ist eine Kaltumformung der Rohre vorgesehen, ist der Wärmebehandlungszustand der Schweißverbindung zu berücksichtigen.

2.2.1 Geschweißte Rohre der Güte TR2 nach DIN EN 10217-1 „Rohre aus unlegierten Stählen mit festgelegten Eigenschaften bei Raumtemperatur".

2.2.2 Geschweißte Rohre nach DIN EN 10217-2 „Elektrisch geschweißte Rohre aus unlegierten und legierten Stählen mit festgelegten Eigenschaften bei erhöhten Temperaturen".

2.2.3 Geschweißte Rohre nach DIN EN 10217-5 „Unterpulvergeschweißte Rohre aus unlegierten und legierten Stählen mit festgelegten Eigenschaften bei erhöhten Temperaturen".

2.2.4 Geschweißte Rohre nach DIN EN 10217-4 „Elektrisch geschweißte Rohre aus unlegierten Stählen mit festgelegten Eigenschaften bei tiefen Temperaturen".

2.2.5 Geschweißte Rohre nach DIN EN 10217-6 „Unterpulvergeschweißte Rohre aus unlegierten Stählen mit festgelegten Eigenschaften bei tiefen Temperaturen".

2.2.6 Geschweißte Rohre nach DIN EN 10217-3 „Rohre aus Feinkornbaustählen" in Verbindung mit den VdTÜV-Werkstoffblättern 352/1, 354/1 und 357/1.

2.2.7 Geschweißte Rohre aus anderen Stahlsorten nach Eignungsfeststellung durch die zuständige unabhängige Stelle. Dabei sind auch die Anwendungsgrenzen anzugeben. In der Ausnutzung der zulässigen Berechnungsspannung in der Schweißnaht bei Innendruck ist bei der Eignungsfeststellung festzulegen. Die Stahlsorten sollen folgenden Anforderungen genügen:
(1) Die Bruchdehnung A in Längsrichtung soll mindestens 20 % betragen. Jedoch ist eine Bruchdehnung von ≥ 14 % ausreichend, wenn bei der Verarbeitung der Rohre eine Kaltumformung von 5 % an der ungünstigsten Stelle nicht überschritten oder bei Kaltumformungen über 5 % anschließend wärmebehandelt wird.
(2) Die Kerbschlagarbeit soll die den Werkstoff kennzeichnenden Werte aufweisen. Der Mittelwert aus drei Charpy-V-Querproben muss bei tiefster Anwendungstemperatur, jedoch nicht höher als 20 °C, mindestens 27 Joule betragen. Bei Prüfung in Längsrichtung muss der Wert mindestens 40 Joule betragen.

3 Prüfungen

3.1 Für die Prüfung von nahtlosen Rohren nach den Abschnitten 2.1.1, 2.1.3 und 2.1.5 sind die dort genannten DIN EN-Normen maßgebend. Bei Rohren der Stahlsorte P265NL, wenn die Warmstreckgrenzen der Stahlsorte P265GH gemäß Tafel A 2 im Anhang 1 gelten sollen, ist ein Warmzugversuch je Schmelze bei Betriebstemperatur (auf nächste 10K aufgerundet) oder bei 300 °C erforderlich.

3.2 Für die Prüfung von nahtlosen Rohren nach Abschnitt 2.1.2 ist die DIN EN 10216-2 in Verbindung mit den genannten VdTÜV-Werkstoffblättern maßgebend. Bei den Stahlsorten 14MoV6-3, 15NiCuMoNb5-6-4, X10CrMoVNb9-1 und X20CrMoV11-1 ist ab ≥ 10 mm Nennwanddicke eine Kerbschlagprüfung erforderlich. Das Gleiche gilt für 16Mo3 ab ≥ 20 mm und bei allen anderen Stahlsorten ab ≥ 30 mm.

3.3 Für die Prüfung von nahtlosen Rohren nach Abschnitt 2.1.4 ist DIN EN 10216-3 in Verbindung mit den genannten VdTÜV-Werkstoffblättern maßgebend. Bei Rohren der warmfesten Güten und denen bei kaltzähen Güten, wenn die Warmstreckgrenzen gelten sollen, ist ein Warmzugversuch je Schmelze bei Betriebstemperatur (auf nächste 10K aufgerundet) oder bei 400 °C erforderlich. Sofern in der Bestellung nichts anderes vereinbart, kann auf den Warm-

---

[1]) Siehe VdTÜV-Merkblatt 1151, zu beziehen bei der TÜV-Verlag GmbH, Postfach 90 30 60, 51123 Köln
[2]) Definition siehe Stahl-Eisen-Werkstoffblatt 082, zu beziehen beim Verlag Stahleisen mbH, Postfach 10 51 64 , 40042 Düsseldorf

zugversuch verzichtet werden, wenn der Hersteller der zuständigen unabhängigen Stelle die Einhaltung der gestellten Anforderungen mit ausreichender Sicherheit nachgewiesen hat. Im Abnahmeprüfzeugnis ist auf die Zustimmung durch die zuständige unabhängige Stelle zum Entfall des Warmzugversuches hinzuweisen.

3.4 Bei nahtlosen Rohren nach Abschnitt 2.1.6 sind die Prüfungen entsprechend den Festlegungen bei der Eignungsfeststellung durchzuführen.

3.5 Für die Prüfung von geschweißten Rohren nach den Abschnitten 2.2.1, 2.2.4 und 2.2.5 sind die dort genannten DIN EN-Normen maßgebend. Bei Rohren der Stahlsorte P265NL, wenn die Warmstreckgrenzen der Stahlsorte P265GH gemäß Tafel A 2 im Anhang 1 gelten sollen, ist ein Warmzugversuch je Schmelze bei Betriebstemperatur (auf nächste 10K aufgerundet) oder bei 300 °C erforderlich.

3.6 Für die Prüfung von geschweißten Rohren nach den Abschnitten 2.2.2 und 2.2.3 sind die dort genannten DIN EN-Normen maßgebend. Ein Kerbschlagbiegeversuch ist ab ≥ 10 mm Nennwanddicke durchzuführen.

3.7 Für die Prüfung von geschweißten Rohren nach Abschnitt 2.2.6 ist DIN EN 10217-3 in Verbindung mit den genannten VdTÜV-Werkstoffblättern maßgebend. Bei Rohren der warmfesten Güten und bei den kaltzähen Güten, wenn die Warmstreckgrenzen gelten sollen, ist ein Warmzugversuch je Schmelze bei Betriebstemperatur (auf nächste 10K aufgerundet) oder bei 400 °C erforderlich. Sofern in der Bestellung nichts anderes vereinbart, kann auf den Warmzugversuch verzichtet werden, wenn der Hersteller der zuständigen unabhängigen Stelle die Einhaltung der gestellten Anforderungen mit ausreichender Sicherheit nachgewiesen hat. Im Abnahmeprüfzeugnis ist auf die Zustimmung durch die zuständige unabhängige Stelle zum Entfall des Warmzugversuches hinzuweisen.

3.8 Bei geschweißten Rohren nach Abschnitt 2.2.7 sind die Prüfungen entsprechend den Festlegungen bei der Eignungsfeststellung durchzuführen.

3.9 Falls zur Prüfung der Dichtheit anstelle des Innendruckversuches mit Wasser eine zerstörungsfreie Prüfung (z. B. eine elektromagnetische Prüfung nach Stahl-Eisen-Prüfblatt 1925 oder DIN EN 10246-1) angewendet wird, ist die Eignung dieses Verfahrens für den vorgesehenen Fertigungsbereich des betreffenden Herstellers erstmalig durch die zuständige unabhängige Stelle festzustellen.

3.10 Wenn die Rohre nach den in diesem AD 2000-Merkblatt aufgeführten Technischen Lieferbedingungen einer zerstörungsfreien Prüfung zu unterziehen sind, sind die Rohre über ihre gesamte Länge zu prüfen[3]. Wenn – anlagenbedingt – bei der Prüfung ungeprüfte Rohrenden verbleiben, muss deren Fehlerfreiheit auf andere Weise nachgewiesen werden. Dies kann durch ergänzende zerstörungsfreie Prüfung oder durch Prüfung von Ringproben erfolgen. Ein Abschneiden der ungeprüften Rohrenden ist ebenfalls zulässig.

4 Kennzeichnung

4.1 Rohre nach den Abschnitten 2.1.1 bis 2.1.5 und 2.2.1 bis 2.2.6 sind entsprechend den Festlegungen in den jeweiligen DIN EN-Normen zu kennzeichnen. Rohre mit Außendurchmessern bis 51 mm müssen mindestens mit dem Kurznamen der Stahlsorte sowie den Kennzeichen des Herstellers und des Abnahmebeauftragten dauerhaft gekennzeichnet sein.

4.2 Rohre nach den Abschnitten 2.1.6 und 2.2.7 sind entsprechend den Festlegungen bei der Eignungsfeststellung zu kennzeichnen.

5 Nachweis der Güteeigenschaften

5.1 Der Nachweis der Güteeigenschaften ist entsprechend den Tafeln 1 a und 2 zu erbringen.

5.2 Vom Rohrhersteller ist zusätzlich zu bescheinigen:
(1) dass der Rohrwerkstoff nach Stahlsorte und gegebenenfalls nach Gütestufe oder Prüfklasse den jeweiligen DIN EN-Normen und VdTÜV-Werkstoffblättern oder der Eignungsfeststellung entspricht, dass sämtliche Rohre die Prüfung auf Dichtheit bestanden haben und sich über ihre ganze Länge in ordnungsgemäßen Lieferzustand nach der entsprechenden Werkstoffspezifikation oder in dem Lieferzustand nach Vereinbarung bei der Bestellung befinden,
(2) die Durchführung der in den jeweiligen DIN EN-Normen und VdTÜV-Werkstoffblättern oder der Eignungsfeststellung festgelegten zerstörungsfreien Prüfung mit Abnahmeprüfzeugnis 3.1.B nach DIN EN 10204,
(3) das Ergebnis der Schmelzenanalyse,
(4) die Prüfung auf Werkstoffverwechslung bei Rohren aus legierten Stählen.

6 Kennwerte für die Bemessung

6.1 Für Rohre nach den Abschnitten 2.1.1 und 2.2.1 sind die Kennwerte für die Bemessung bei Temperaturen bis 300 °C den Angaben in Tafel A1 im Anhang 1 zu entnehmen.

6.2 Für Rohre nach Abschnitt 2.1.2 sind die Kennwerte für die Bemessung nach DIN 10216-2 zu entnehmen. Für Rohre aus den Stahlsorten P235GH, P265GH, 16Mo3 und 13CrMo4-5 und Wanddicken bis 40 mm können die Werte der Tafel A2 im Anhang 1 benutzt werden.

6.3 Für Rohre nach den Abschnitten 2.2.2 und 2.2.3 sind die Kennwerte für die Bemessung der DIN EN 10217-4 bzw. der DIN EN 10217-5 zu entnehmen. Für Rohre nach Abschnitt 2.2.2 bis 16 mm Wanddicke und für Rohre nach Abschnitt 2.2.3 bis 40 mm Wanddicke können die Werte der Tafel A2 im Anhang 1 benutzt werden. Der Schweißnahtfaktor ist v = 1,0.

6.4 Für Rohre nach den Abschnitten 2.1.3, 2.2.4 und 2.2.5 gelten für die Bemessung bei RT die in DIN EN 10216-4, DIN EN 10217-4 und DIN EN 10217-6 festgelegten Werte. Rechenwerte der Warmstreckgrenze enthält das AD 2000-Merkblatt W 10. Für die Stahlsorte P265NL können für den kurzzeitigen Betrieb bis 300 °C die Werte der Stahlsorte P265GH gemäß Tafel A2 im Anhang 1 benutzt werden, sofern Vereinbarungen zum Nachweis der 0,2 %-Dehngrenze bei erhöhter Temperatur bei der Bestellung getroffen wurden.

6.5 Für Rohre nach den Abschnitten 2.1.4 und 2.2.6 gelten die in DIN EN 10216-3 und DIN EN 10217-3 festgelegten Werte, der bei der Grundgüte bis 300 °C die durch 1,2 dividierten, verminderten Werte der warmfesten Güte gilt auch für die kaltzähe Güte und die kaltzähe Sondergüte, sofern keine Vereinbarungen zum Nachweis der 0,2 %-Dehngrenze bei erhöhter Temperatur bei der Bestellung getroffen wurden.

---

[3] Diese Forderung gilt auch als erfüllt, wenn die Rohre Stoß an Stoß geprüft werden.

6.6 Für Rohre nach Abschnitt 2.1.5 sind die Kennwerte für die Bemessung bei Temperaturen bis 300 °C den Angaben der Tafel A3 im Anhang 1 zu entnehmen.

6.7 Für Rohre nach den Abschnitten 2.1.6 und 2.2.7 gelten die bei der Eignungsfeststellung festgelegten Werte.

6.8 Die in den Werkstoffspezifikationen oder Eignungsfeststellungen und in Abschnitt 6.1 für 20 °C angegebenen Festigkeitskennwerte gelten bis 50 °C, die für 100 °C angegebenen Werte bis 120 °C. In den übrigen Bereichen ist zwischen den angegebenen Werten linear zu interpolieren (z. B. für 80 °C zwischen 20 und 100 °C und für 180 °C zwischen 100 und 200 °C), wobei eine Aufrundung nicht zulässig ist. Für Werkstoffe mit Einzelgutachten gilt die Interpolationsregel nur bei hinreichend engem Abstand[4] der Stützstellen.

7 Geeignete Rohre als Mäntel von Druckbehältern

Bei innerem und äußerem Überdruck dürfen die in den Abschnitten 7.1 und 7.2 aufgeführten Rohre in den Anwendungsgrenzen der Tafel 1 b bzw. 2 b verwendet werden.

7.1 Nahtlose Rohre

7.1.1 Rohre der Güte TR2 nach DIN EN 10216-1 „Rohre aus unlegierten Stählen mit festgelegten Eigenschaften bei Raumtemperatur".

7.1.2 Nahtlose Rohre nach DIN EN 10216-2 „Rohre aus unlegierten und legierten Stählen mit festgelegten Eigenschaften bei erhöhten Temperaturen", ausgenommen 8MoB5-4, 20MnNb6 und 20CrMoV13-5-5, bei den Stahlsorten 15NiCuMoNb5-6-4, X11CrMo5, X11CrMo9-1 und X10CrMoVNb9-1 in Verbindung mit den VdTÜV-Werkstoffblättern 421/2, 007/2, 109 und 511/2.

7.1.3 Nach DIN EN 10216-4 „Rohre aus unlegierten und legierten Stählen mit festgelegten Eigenschaften bei tiefen Temperaturen".

7.1.4 Nach DIN EN 10216-3 „Rohre aus legierten Feinkornbaustählen" in Verbindung mit den VdTÜV-Werkstoffblättern 352/2, 354/2 und 357/2, ausgenommen sind P620 und P690.

7.1.5 Nahtlose Rohre aus anderen Stählen nach Eignungsfeststellung durch die zuständige unabhängige Stelle. Dabei sind auch die Anwendungsgrenzen anzugeben. Die Stähle sollen folgenden Bedingungen genügen:

(1) Die Bruchdehnung A_5 in % soll in Querrichtung mindestens 14 % betragen. Bei Prüfung in Längsrichtung soll der Wert zwei Einheiten höher liegen.

(2) Die Kerbschlagarbeit soll die dem Werkstoff kennzeichnenden Werte aufweisen. Der Mittelwert aus drei Charpy-V-Querproben muss bei tiefster Anwendungstemperatur, jedoch nicht höher als 20 °C, mindestens 27 Joule betragen. Bei Prüfung in Längsrichtung soll der Wert mindestens 43 Joule betragen.

Bei Stählen mit einer Mindestzugfestigkeit über 740 MPa ist zusätzlich die Sprödbruchunempfindlichkeit zu beachten.

7.2 Geschweißte Rohre

Geschweißte Rohre nach den Abschnitten 7.2.1 bis 7.2.7, wenn der Hersteller der zuständigen unabhängigen Stelle erstmalig in einer Verfahrensprüfung[1] nachgewiesen hat, dass er das Schweißverfahren sicher beherrscht. Die Festlegungen über die Art der Bescheinigungen über Materialprüfungen nach DIN EN 10204 (siehe Tafel 2 b) gelten nur, wenn nach Abschluss der Verfahrensprüfung die Güte und die Gleichmäßigkeit der Fertigung der zuständigen unabhängigen Stelle nachgewiesen wird[1]. Trifft dies nicht zu, ist ein Abnahmeprüfzeugnis 3.1.C erforderlich.

Bei pressgeschweißten Rohren sind nach dem Schweißen die Rohre oder die Schweißverbindung über die gesamte Länge normalzuglühen. Diese Forderung gilt als erfüllt, wenn der letzte Formgebungsschritt bei der Rohrherstellung ein normalisierendes Umformen[2] ist.

Bei schmelzgeschweißten Rohren gelten für die Wärmebehandlung die Regelungen des AD 2000-Merkblattes HP 7/2. Ist eine Kaltumformung der Rohre vorgesehen, ist der Wärmebehandlungszustand der Schweißverbindung zu berücksichtigen.

7.2.1 Rohre der Güte TR2 nach DIN EN 10217-1 „Rohre aus unlegierten Stählen mit festgelegten Eigenschaften bei Raumtemperatur".

7.2.2 Rohre nach DIN EN 10217-2 „Elektrisch geschweißte Rohre aus unlegierten und legierten Stählen mit festgelegten Eigenschaften bei erhöhten Temperaturen".

7.2.3 Rohre nach DIN EN 10217-5 „Unterpulvergeschweißte Rohre aus unlegierten und legierten Stählen mit festgelegten Eigenschaften bei erhöhten Temperaturen".

7.2.4 Rohre nach DIN EN 10217-4 „Elektrisch geschweißte Rohre aus unlegierten Stählen mit festgelegten Eigenschaften bei tiefen Temperaturen".

7.2.5 Rohre nach DIN EN 10217-6 „Unterpulvergeschweißte Rohre aus unlegierten Stählen mit festgelegten Eigenschaften bei tiefen Temperaturen".

7.2.6 Rohre nach DIN EN 10217-3 „Rohre aus legierten Feinkornbaustählen".

7.2.7 Geschweißte Rohre aus anderen Stahlsorten nach Eignungsfeststellung durch die zuständige unabhängige Stelle. Dabei sind auch die Anwendungsgrenzen anzugeben. Die Ausnutzung der zulässigen Berechnungsspannung im Bereich der Schweißnaht bei Innendruck ist bei der Eignungsfeststellung festzulegen. Als Mindestanforderungen gelten bei der Eignungsfeststellung sinngemäß die Anforderungen an Rohre aus vergleichbaren Stahlsorten nach den Abschnitten 7.2.1 bis 7.2.6.

7.3 Prüfungen

Für die Prüfung von Rohren für Mäntel von Druckbehältern gelten die nachfolgenden Abschnitte 7.3.1 bis 7.3.4. Eine Übersicht enthält Tafel 3.

7.3.1 Rohre mit einem Außendurchmesser < 660 mm nach den Abschnitten 7.1 und 7.2 sind nach den in diesen Abschnitten genannten Normen in Verbindung mit den genannten VdTÜV-Werkstoffblättern bzw. der Eignungsfeststellung zu prüfen. Zusätzliche Regelungen sind in Abschnitt 7.3.1.1 festgelegt. Bei geschweißten Rohren nach DIN EN 10217-2 und 10217-5 ist bei Nennwanddicken > 5 mm ein Kerbschlagbiegeversuch durchzuführen. Bei den Stahlsorten 14MoV6-3, 15NiCuMoNb5-6-4, X10CrMoVNb9-1 und X20CrMoV11-1 ist ab ≥ 10 mm Nennwanddicke eine Kerbschlagprüfung erforderlich. Das Gleiche gilt für 16Mo3 ab ≥ 25 mm und bei allen anderen Stahlsorten ab ≥ 30 mm.

7.3.1.1 An Rohren mit Außendurchmessern ≥ 325 bis < 660 mm aus den Stahlsorten 14MoV6-3, X10CrMoVNb9-1, X20CrMoV11-1, 26CrMo4-2 und X10Ni9 sowie aus anderen Stahlsorten mit einer Mindestzugfestig-

---

[4] In der Regel wird hierunter ein Temperaturabstand von 50K im Bereich der Warmstreckgrenze und von 10K im Bereich der Zeitstandfestigkeit verstanden.

keit > 520 MPa sind Zug- und, soweit vorgesehen, Kerbschlagbiegeversuche an 10 % der Rohre, mindestens jedoch an einem Rohr je Schmelze und Wärmebehandlungslos, durchzuführen.

7.3.2 Rohre mit einem Außendurchmesser ≥ 660 mm nach den Abschnitten 7.1 und 7.2 sind nach den in diesen Abschnitten genannten Normen in Verbindung mit den genannten VdTÜV-Werkstoffblättern bzw. der Eignungsfeststellung zu prüfen. Die Zug- und, soweit vorgesehen, Kerbschlagbiegeversuche sind an 10 % der Rohre, mindestens aber an zwei Rohren je Schmelze und Wärmebehandlungslos, durchzuführen. Zusätzliche Regelungen sind in Abschnitt 7.3.2.1 festgelegt. Bei allen Stahlsorten nach DIN EN 10217-2 und 10217-5 ist bei Nennwanddicken > 5 mm ein Kerbschlagbiegeversuch durchzuführen. Bei den Stahlsorten 14MoV6-3, 15NiCuMoNb5-6-4, X10CrMoVNb9-1 und X20CrMoV11-1 ist ab ≥ 10 mm Nennwanddicke eine Kerbschlagprüfung erforderlich. Das Gleiche gilt für 16Mo3 ab ≥ 20 mm und bei allen anderen Stahlsorten ab ≥ 30 mm.

7.3.2.1 An Rohren aus den Stahlsorten 14MoV6-3, X20CrMoV11-1, X10CrMoVNb9-1, 26CrMo4-2 und X10Ni9 und an Rohren aus anderen Stahlsorten mit einer Mindestzugfestigkeit > 520 N/mm² sind Zug- und, soweit vorgesehen, Kerbschlagbiegeversuche an einem Ende jeden Rohres durchzuführen.

An Rohren aus den Stahlsorten X10CrMoVNb9-1, X20CrMoV11-1, 26CrMo4-2 und X10Ni9 sind bei Längen > 4 m diese Prüfungen an beiden Enden eines jeden Rohres um 180 Grad versetzt durchzuführen.

7.3.3 Die Proben für die mechanischen und technologischen Prüfungen sind bei Rohren mit einem Außendurchmesser ≥ 660 mm quer zur Rohrachse bzw. zur Schweißnaht zu entnehmen.

7.3.4 Rohre aus luft- und flüssigkeitsvergüteten Stahlsorten mit einem Außendurchmesser > 100 mm sind zur Feststellung einer gleichmäßigen Vergütung einer Härteprüfung zu unterziehen. Die Prüfung erfolgt bei Rohren mit Außendurchmessern > 100 mm bis < 325 mm an einem Ende, wobei die Prüfung je Prüflos, bezogen auf den Fertigungsvorgang, auf den Rohranfang und auf das Rohrende ≥ 325 mm erfolgt die Härteprüfung an beiden Enden. Bei Rohren, bei denen nach Abschnitt 7.3.2.1 an beiden Enden Zugversuche durchzuführen sind, entfällt die Härteprüfung.

7.4 Kennzeichnung

Für die Kennzeichnung gelten die Regelungen des Abschnittes 4, wobei für Rohre mit einem Außendurchmesser ≥ 660 mm die Zugehörigkeit der Lieferung zur Bescheinigung über Materialprüfungen durch besondere Kennzeichen, z. B. eine Prüfnummer, sicherzustellen ist.

7.5 Nachweis der Güteeigenschaften

Der Nachweis der Güteeigenschaften ist entsprechend den Tafeln 1 b und 2 b zu erbringen, wobei Abschnitt 5.2 zu berücksichtigen ist. In der Bescheinigung über Materialprüfungen ist zusätzlich anzugeben, dass die Rohre dem AD 2000-Merkblatt W 4 Abschnitt 7 entsprechen.

7.6 Kennwerte für die Bemessung

Es gelten die Regelungen des Abschnittes 6 und Anhang 1.

Tafel 1 a. Anwendungsgrenzen und Nachweis der Güteeigenschaften für nahtlose Rohre

Normen	Abschnitt	Stahlsorten	Anwendungsgrenzen Betriebsüberdruck bar	Anwendungsgrenzen Berechnungstemperatur[1] °C	Nachweis der Güteeigenschaften nach DIN EN 10204
DIN EN 10216-1	2.1.1	P195TR2 P235TR2 P265TR2	ohne Begrenzung	≤ 300	3.1.B
DIN EN 10216-2	2.1.2	P195GH P235GH P265GH Prüfkategorie 1	≤ 160	bis zu den in der Norm angegebenen Temperaturgrenzen	P195GH P235GH P265GH: 3.1.B andere Stahlsorten: 3.1.C/3.2
		P195GH P235GH P265GH Prüfkategorie 2 legierte Stähle immer Prüfkategorie 2	ohne Begrenzung		
DIN EN 10216-3	2.1.4	P355N P460N		≤ 300	P275NL1 und NL2: 3.1.B andere Stahlsorten: 3.1.C/3.2
		P355NH P460NH		≤ 400	
		P275NL1 P355NL1 P460NL1	Prüfklasse 1: ≤ 160 Prüfklasse 2: ohne Begrenzung	≤ 300	
		P275NL2 P355NL2 P460NL2		≤ 400, wenn bei der Bestellung der Nachweis der 0,2-%-Dehngrenze bei erhöhter Temperatur vereinbart	
DIN EN 10216-4	2.1.3	P215NL P255QL P265NL	Prüfklasse 1: ≤ 160 Prüfklasse 2: ohne Begrenzung	Siehe AD 2000-Merkblatt W 10	3.1.B
		26CrMo4-2 11MnNi5-3 13MnNi6-3 12Ni14 X12Ni5 X10Ni9			3.1.C/3.2
DIN EN 10305-4	2.1.5	E235+N E355+N	≤ 500	≤ 300	3.1.B

[1] siehe AD 2000-Merkblatt B 0 Abschnitt 5

AD 2000-Merkblatt W 4, Ausg. 02.2005 Seite 7

Tafel 1 b. Anwendungsgrenzen und Nachweis der Güteeigenschaften für nahtlose Rohre als Mäntel für Druckbehälter

Normen	Abschnitt	Stahlsorten	Anwendungsgrenzen Betriebsüberdruck bar	Anwendungsgrenzen Berechnungstemperatur[1] °C	Nachweis der Güteeigenschaften nach DIN EN 10204
DIN EN 10216-1	7.1.1	P195TR2 P235TR2 P265TR2	≤ 80 mit ZfP auf Längsfehler ohne Begrenzung	≤ 300	3.1.B
DIN EN 10216-2	7.1.2	P195GH P235GH P265GH Prüfkategorie 1	≤ 80	bis zu den in der Norm angegebenen Temperaturgrenzen	P195GH P235GH P265GH: 3.1.B andere Stahlsorten: 3.1.C/3.2
		P195GH P235GH P265GH Prüfkategorie 2 legierte Stähle immer Prüfkategorie 2	ohne Begrenzung		
DIN EN 10216-3	7.1.4	P355N P460N		≤ 300	
		P355NH P460NH	Prüfklasse 1: ≤ 80 Prüfklasse 2: ohne Begrenzung	≤ 400	
		P275NL1 P355NL1 P460NL1		≤ 300	P275NL1 und NL2: 3.1.B andere Stahlsorten: 3.1.C/3.2
		P275NL2 P355NL2 P460NL2		≤ 400, wenn bei der Bestellung der Nachweis der 0,2-%-Dehngrenze bei erhöhter Temperatur vereinbart	
DIN EN 10216-4	7.1.3	P215NL P255QL P265NL	Prüfklasse 1: ≤ 80 Prüfklasse 2: ohne Begrenzung	Siehe AD 2000-Merkblatt W 10	3.1.B
		26CrMo4-2 11MnNi5-3 13MnNi6-3 12Ni14 X12Ni5 X10Ni9			3.1.C/3.2

[1] siehe AD 2000-Merkblatt B 0 Abschnitt 5

W 4 748

Tafel 2 a. Anwendungsgrenzen und Nachweis der Güteeigenschaften für geschweißte Rohre

Normen	Abschnitt	Stahlsorten	Anwendungsgrenzen		Nachweis der Güteeigenschaften nach DIN EN 10204
			Betriebsüberdruck bar	Berechnungstemperatur[1] °C	
DIN EN 10217-1	2.2.1	P195TR2 P235TR2 P265TR2	ohne Begrenzung	≤ 300	3.1.B[2]
DIN EN 10217-2 und DIN EN 10217-5	2.2.2 und 2.2.3	P195GH P235GH P265GH Prüfkategorie 1	≤ 160	bis zu den in der Norm angegebenen Temperaturgrenzen	P195GH P235GH P265GH: 3.1.B[2] 16Mo3: 3.1.C/3.2
		P195GH P235GH P265GH 16Mo3 Prüfkategorie 2	ohne Begrenzung		
DIN EN 10217-3	2.2.6	P355N P460N		≤ 300	P275NL1 und NL2: 3.1.B[2] andere Stahlsorten: 3.1.C/3.2
		P355NH P460NH		≤ 400	
		P275NL1 P355NL1 P460NL1	Prüfklasse 1: ≤ 160 Prüfklasse 2: ohne Begrenzung	≤ 300 ≤ 400, wenn bei der Bestellung der Nachweis der 0,2-%-Dehngrenze bei erhöhter Temperatur vereinbart	
		P275NL2 P355NL2 P460NL2			
DIN EN 10217-4 DIN EN 10217-6	2.2.4 und 2.2.5	P215NL P265NL Prüfkategorie 1	Prüfklasse 1: ≤ 160	Siehe AD 2000-Merkblatt W 10	3.1.B[2]
		P215NL P265NL Prüfkategorie 2	Prüfklasse 2: ohne Begrenzung		3.1.C/3.2

[1] siehe AD 2000-Merkblatt B 0 Abschnitt 5
[2] Die Festlegungen über die Art der Bescheinigungen über Materialprüfungen nach DIN EN 10204 gelten nur, wenn nach Abschluss der Verfahrensprüfung die Güte und die Gleichmäßigkeit der Fertigung der zuständigen unabhängigen Stelle nachgewiesen werden.
Trifft dies nicht zu, ist ein Abnahmeprüfzeugnis 3.1.C/3.2 erforderlich.

Tafel 2 b. Anwendungsgrenzen und Nachweis der Güteeigenschaften für geschweißte Rohre als Mäntel für Druckbehälter

Normen	Abschnitt	Stahlsorten	Anwendungsgrenzen		Nachweis der Güteeigenschaften nach DIN EN 10204
			Betriebsüberdruck bar	Berechnungstemperatur[1] °C	
DIN EN 10217-1	7.2.1	P195TR2 P235TR2 P265TR2	≤ 80 mit ZfP auf Längsfehler ohne Begrenzung	≤ 300	3.1.B[2]
DIN EN 10217-2 und DIN EN 10217-5	7.2.2 und 7.2.3	P195GH P235GH P265GH Prüfkategorie 1	≤ 80	bis zu den in der Norm angegebenen Temperaturgrenzen	P195GH P235GH P265GH: 3.1.B[2]
		P195GH P235GH P265GH 16Mo3 Prüfkategorie 2	ohne Begrenzung		16Mo3: 3.1.C/3.2
DIN EN 10217-3	7.2.6	P355N P460N		≤ 300	
		P355NH P460NH		≤ 400	
		P275NL1 P355NL1 P460NL1	Prüfklasse 1: ≤ 80 Prüfklasse 2: ohne Begrenzung	≤ 300 ≤ 400, wenn bei der Bestellung der Nachweis der 0,2-%-Dehngrenze bei erhöhter Temperatur vereinbart	P275NL1 und NL2: 3.1.B[2] andere Stahlsorten: 3.1.C/3.2
		P275NL2 P355NL2 P460NL2			
DIN EN 10217-4 DIN EN 10217-6	7.2.4 und 7.2.5	P215NL P265NL Prüfkategorie 1	Prüfklasse 1: ≤ 80	Siehe AD 2000-Merkblatt W 10	3.1.B[2]
		P215NL P265NL Prüfkategorie 2	Prüfklasse 2: ohne Begrenzung		3.1.C/3.2

[1] siehe AD 2000-Merkblatt B 0 Abschnitt 5
[2] Die Festlegungen über die Art der Bescheinigungen über Materialprüfungen nach DIN EN 10204 gelten nur, wenn nach Abschluss der Verfahrensprüfung die Güte und die Gleichmäßigkeit der Fertigung der zuständigen unabhängigen Stelle nachgewiesen werden.
Trifft dies nicht zu, ist ein Abnahmeprüfzeugnis 3.1.C/3.2 erforderlich.

Tafel 3. Übersicht über den Prüfumfang bei Verwendung von Rohren als Mäntel von Druckbehältern nach Abschnitt 7[1]

Normen	Abschnitt	Stahlsorten	Außen-durchmesser mm	nach Norm	Prüfumfang 10 %, mind. 1 Rohr	10 %, mind. 2 Rohre	100 % an einem Ende
DIN EN 10216-1	7.3.1	P195TR2 P235TR2 P265TR2	< 660	×			
DIN EN 10217-1	7.3.2		≥ 660			×	
DIN EN 10216-2	7.3.1	alle außer 14MoV6-3, X10CrMoVNb9-1, X20CrMoV11-1	< 660	×			
DIN EN 10217-2 und DIN EN 10217-5	7.3.2		≥ 660			×	
DIN EN 10216-2	7.3.1	14MoV6-3 X10CrMoVNb9-1 X20CrMoV11-1	< 325	×			
	7.3.1.1		≥ 325 bis < 660		×		
	7.3.2.1		≥ 660				×[2]
DIN EN 10216-4 DIN EN 10217-4 DIN EN 10217-6	7.3.1	P215NL P255QL P265NL 11MnNi5-3 13MnNi6-3	< 660	×			
	7.3.2		≥ 660			×	
DIN EN 10216-4	7.3.1	12Ni14 X12Ni5	< 325	×			
	7.3.1.1		≥ 325 bis < 660		×		
	7.3.2.1		≥ 660				×
	7.3.1	26CrMo4-2 X10Ni9	< 325	×			
	7.3.1.1		≥ 325 bis < 660		×		
	7.3.2.1		≥ 660				×[2]
DIN EN 10216-3 DIN EN 10217-3	7.3.1	alle Güten P275 und P355	< 660	×			
	7.3.2		≥ 660			×	
	7.3.1	alle Güten P460	< 325	×			
	7.3.1.1		≥ 325 bis < 660		×		
	7.3.2.1		≥ 660				×

[1] Bezüglich der Härteprüfung ist Abschnitt 7.3.4 zu beachten.
[2] Bei Längen > 4 m Prüfung an beiden Enden um 180 Grad versetzt

Anhang 1 zum AD 2000-Merkblatt W 4

Kennwerte für die Bemessung der Rohre nach DIN EN 10216, DIN EN 10217 und DIN EN 10305-4

Tafel A1. Kennwerte[1] für die Bemessung der Rohre nach DIN EN 10216-1 und DIN EN 10217-1

Kurzname	Wanddicke in mm	\multicolumn{6}{c}{Kennwerte K in MPa bei Berechnungstemperatur in °C}					
		20	100	150	200	250	300
P195TR2	T ≤ 16	195	145	137	125	108	94
	16 < T ≤ 40	185	135	127	115	98	84
	40 < T ≤ 60[2]	175	125	117	105	88	74
P235TR2	T ≤ 16	235	185	175	161	145	130
	16 < T ≤ 40	225	175	165	151	135	120
	40 < T ≤ 60[2]	215	165	155	141	125	110
P265TR2	T ≤ 16	265	208	197	180	162	148
	16 < T ≤ 40	255	198	187	170	152	138
	40 < T ≤ 60[2]	245	188	177	160	142	128

[1] Die Werte in Tafel A1 wurden DIN EN 10216-1, DIN EN 10216-2, DIN EN 10217-1 und DIN EN 10217-2 entnommen. Die Warmstreckgrenzen der DIN EN 10216-2 und DIN EN 10217-2 wurden durch 1,2 dividiert (vgl. Abschnitt 6.5). Bei der Wanddickenabstufung wurde die Abstufung der Streckgrenze $R_{eH/20\,°C}$ von 10 und 20 MPa berücksichtigt.
[2] Nur für Rohre nach DIN EN 10216-1.

Tafel A2. Kennwerte[1] für die Bemessung der Rohre nach DIN EN 10216-2, DIN EN 10217-2 und DIN EN 10217-5

Kurzname	Wanddicke in mm	Kennwerte K in MPa bei Berechnungstemperatur in °C									
		20	100	150	200	250	300	350	400	450[3]	500[3]
P235GH	T ≤ 16	235	212	198	185	165	140				
	16 < T ≤ 40[2]	225	205	192	180	160	135	120	112	108	–
	40 < T ≤ 60[3]	215	198	187	170	150	132				
P265GH	T ≤ 16	265	238	221	205	185	160				
	16 < T ≤ 40[2]	255	228	211	195	175	155	141	134	128	–
	40 < T ≤ 60[3]	245	226	213	192	171	154				
16Mo3	T ≤ 10	285[4]	265	252	240	220	195	185	175	170	165
	10 < T ≤ 16	280	255	240	225	205	180	170	160	155	150
	16 < T ≤ 40[2]	270	250	237	224	205	173	159	156	150	146
	40 < T ≤ 60[3]	260	243								
13CrMo4-5[3]	T ≤ 10	305[5]	282	268	255	245	230	215	205	195	190
	10 < T ≤ 40	290	267	253	245	236	215	200	190	180	175
	40 < T ≤ 60	280	264	253	245	236	192	182	174	168	166

[1] Die Kennwerte in Tafel A2 wurden DIN EN 10216-2 und DIN EN 10217-2 entnommen. Sie wurden für erhöhte Berechnungstemperaturen und für Wanddicken bis 40 mm durch Werte der vergleichbaren Stahlsorten nach DIN 17175 und/oder DIN 17177 ergänzt (für Berechnungstemperaturen über 50 °C und unter 200 °C interpoliert entsprechend den Festlegungen in Abschnitt 6.8).
[2] Nur für Rohre nach DIN EN 10216-2 und DIN EN 10217-5.
[3] Nur für Rohre nach DIN EN 10216-2.
[4] Entsprechend DIN 17175 und DIN 17177.
[5] Entsprechend DIN 17175, DIN 17176 und DIN 17177.

Tafel A3. Kennwerte[1] für die Bemessung der Rohre nach DIN EN 10305-4

Kurzname	Wanddicke in mm	Kennwerte K in MPa bei Berechnungstemperatur in °C					
		20	100	150	200	250	300
E235+N	T ≤ 16	235	199	176	154	137	116
E355+N	T ≤ 16	355	287	245	204	187	162

[1] Die Werte in Tafel A3 wurden für Raumtemperatur der DIN EN 10305-4 entnommen. Die Kennwerte für erhöhte Berechnungstemperaturen wurden der DIN 1628 und DIN 1630 für die korrespondierenden Werkstoffe St 37 und St 52 entnommen und durch 1,2 dividiert (für Berechnungstemperaturen über 50 °C und unter 200 °C interpoliert entsprechend den Festlegungen in Abschnitt 6.8).

ICS 23.020.30   Ausgabe Juli 2003

Werkstoffe für Druckbehälter	Stahlguss	AD 2000-Merkblatt W 5

Die AD 2000-Merkblätter werden von den in der „Arbeitsgemeinschaft Druckbehälter" (AD) zusammenarbeitenden, nachstehend genannten sieben Verbänden aufgestellt. Aufbau und Anwendung des AD 2000-Regelwerkes sowie die Verfahrensrichtlinien regelt das AD 2000-Merkblatt G1.

Die AD 2000-Merkblätter enthalten sicherheitstechnische Anforderungen, die für normale Betriebsverhältnisse zu stellen sind. Sind über das normale Maß hinausgehende Beanspruchungen beim Betrieb der Druckbehälter zu erwarten, so ist diesen durch Erfüllung besonderer Anforderungen Rechnung zu tragen.

Wird von den Forderungen dieses AD 2000-Merkblattes abgewichen, muss nachweisbar sein, dass der sicherheitstechnische Maßstab dieses Regelwerkes auf andere Weise eingehalten ist, z.B. durch Werkstoffprüfungen, Versuche, Spannungsanalyse, Betriebserfahrungen.

Fachverband Dampfkessel-, Behälter- und Rohrleitungsbau e.V. (FDBR), Düsseldorf
Hauptverband der gewerblichen Berufsgenossenschaften e.V., Sankt Augustin
Verband der Chemischen Industrie e.V. (VCI), Frankfurt/Main
Verband Deutscher Maschinen- und Anlagenbau e.V. (VDMA), Fachgemeinschaft Verfahrenstechnische Maschinen und Apparate, Frankfurt/Main
Stahlinstitut VDEh, Düsseldorf
VGB PowerTech e.V., Essen
Verband der Technischen Überwachungs-Vereine e.V. (VdTÜV), Essen

Die AD 2000-Merkblätter werden durch die Verbände laufend dem Fortschritt der Technik angepasst. Anregungen hierzu sind zu richten an den Herausgeber:

Verband der Technischen Überwachungs-Vereine e.V., Postfach 10 38 34, 45038 Essen.

Inhalt

0 Präambel
1 Geltungsbereich
2 Geeigneter Stahlguss
3 Gütestufen
4 Wärmebehandeln und Fertigungsschweißen
5 Prüfung
6 Kennzeichnung
7 Nachweis der Güteeigenschaften
8 Kennwerte für die Bemessung
Anhang 1: Vereinbarung der AD-Verbände über die Weiterverwendung von früher gültigen DIN-Werkstoffnormen und Stahl-Eisen-Werkstoffblättern (SEW)

0 Präambel

Zur Erfüllung der grundlegenden Sicherheitsanforderungen der Druckgeräte-Richtlinie kann das AD 2000-Regelwerk angewandt werden, vornehmlich für die Konformitätsbewertung nach den Modulen „G" und „B + F".

Das AD 2000-Regelwerk folgt einem in sich geschlossenen Auslegungskonzept. Die Anwendung anderer technischer Regeln nach dem Stand der Technik zur Lösung von Teilproblemen setzt die Beachtung des Gesamtkonzeptes voraus.

Bei anderen Modulen der Druckgeräte-Richtlinie oder für andere Rechtsgebiete kann das AD 2000-Regelwerk sinngemäß angewandt werden. Die Prüfzuständigkeit richtet sich nach den Vorgaben des jeweiligen Rechtsgebietes.

1 Geltungsbereich

1.1 Dieses AD 2000-Merkblatt gilt für Stahlguss zum Bau von Druckbehältern und Druckbehälterteilen, die bei Betriebstemperaturen sowie bei Umgebungstemperaturen herab bis $-10\,°C$ und bis zu den in Abschnitt 2 genannten oberen Temperaturgrenzen betrieben werden. Für Betriebstemperaturen unter $-10\,°C$ gilt zusätzlich AD 2000-Merkblatt W 10.

1.2 Für Gehäuse von Armaturen gilt AD 2000-Merkblatt A 4.

2 Geeigneter Stahlguss

Es dürfen folgende Stahlgusssorten verwendet werden:

2.1 Ferritischer Stahlguss GS-38 (1.0420) und GS-45 (1.0446) nach DIN 1681 bis zu einer Temperatur[1] von 300 °C.

---

[1] Definition der Wandtemperatur und Betriebstemperatur siehe AD 2000-Merkblatt B 0 Abschnitt 5

Ersatz für Ausgabe Oktober 2000; | = Änderungen gegenüber der vorangehenden Ausgabe

Die AD 2000-Merkblätter sind urheberrechtlich geschützt. Die Nutzungsrechte, insbesondere die der Übersetzung, des Nachdrucks, der Entnahme von Abbildungen, die Wiedergabe auf fotomechanischem Wege und die Speicherung in Datenverarbeitungsanlagen, bleiben, auch bei auszugsweiser Verwertung, dem Urheber vorbehalten.

2.2 Stahlguss für die Verwendung bei Raumtemperatur und erhöhten Temperaturen nach DIN EN 10213-2, jedoch nur die Güten GP240GH (1.0619), G20Mo5 (1.5419), G17CrMo5-5 (1.7357), G17CrMo9-10 (1.7379), G17CrMoV5-10 (1.7706), GX8CrNi12 (1.4107) und GX23CrMoV12-1 (1.4931) bis zu den in der Norm genannten Wanddicken[2]). Die Stahlgusssorte GP240GH darf im normalgeglühten Zustand nur bis 100 mm Wanddicke verwendet werden.

2.3 Stahlguss GS-20Mn5N (1.1120N) und GS-20Mn5V (1.1120V) nach DIN 17 182 bis zu einer Wanddicke von 100 mm und bis zu Wandtemperaturen von 350 °C.

2.4 Stahlguss für die Verwendung bei tiefen Temperaturen nach DIN EN 10213-3, jedoch nur die Güten G17Mn5 (1.1131), G20Mn5 (1.6220), G9Ni10 (1.5636) und G9Ni14 (1.5638) bis zu den in der Norm genannten Wanddicken[2]), sowie GX3CrNi13-4 (1.6982) in Verbindung mit VdTÜV-Werkstoffblatt 452.

2.5 Kaltzäher Stahlguss G10Ni6 (1.5621), G26CrMo4 (1.7221), GS-10Ni14 und GX6CrNi18-10 (1.6902) nach Stahl-Eisen-Werkstoffblatt (SEW) 685 bis zu einer Temperatur[1]) von 50 °C (Hinweis: GS-10Ni14 in SEW 685:2000-03 nicht mehr enthalten).

2.6 Anderer ferritischer oder martensitischer Stahlguss nach Eignungsfeststellung durch die zuständige unabhängige Stelle. Dabei sind auch die Anwendungsgrenzen, Anforderungen, Prüfmaßgaben, Kennzeichnung und Hinweise zur Weiterverarbeitung (z. B. Wärmebehandeln, Schweißen) anzugeben. Der Stahlguss soll die den Werkstoff kennzeichnenden Werte aufweisen und mindestens jedoch folgenden Bedingungen genügen:
– Bruchdehnung A bei Raumtemperatur ≥ 15 %,
– Kerbschlagarbeit bei tiefster Betriebstemperatur, jedoch nicht höher als 20 °C, ≥ 27 J an der V-Probe nach DIN EN 10045-1.
Dabei wird ein zähes Bruchverhalten vorausgesetzt. Die Ergebnisse zusätzlicher Sprödbruchuntersuchungen im Rahmen der Eignungsfeststellung können andere Mindestwerte rechtfertigen.

2.7 Austenitische Stahlgusssorten nach DIN EN 10213-4, jedoch nur die Güten GX5CrNi19-10 (1.4308), GX5CrNiNb19-11 (1.4552), GX5CrNiMo19-11-2 (1.4408) und GX6CrNiMoNb19-11-2 (1.4581) bis zu den Temperaturen, für die in Tafel 2 dieser Norm Mindestwerte der Dehngrenzen angegeben sind, wobei die Angaben über die Korrosionsbeständigkeit in DIN EN 10213-1, Tabelle A.1, zu beachten sind. Soweit für die Stahlgusssorte 1.4408 eine Beständigkeit gegen interkristalline Korrosion erforderlich ist, soll die Anwendungstemperatur 300 °C nicht überschreiten.

2.8 Anderer austenitischer Stahlguss nach Eignungsfeststellung durch die zuständige unabhängige Stelle. Dabei sind auch die Anwendungsgrenzen, Anforderungen, Prüfmaßgaben, Kennzeichnung und Hinweise zur Weiterverarbeitung (z. B. Wärmebehandeln, Schweißen) anzugeben. Der Stahlguss soll die den Werkstoff kennzeichnenden Werte aufweisen und mindestens jedoch folgenden Bedingungen genügen:
– Bruchdehnung A bei Raumtemperatur ≥ 20 %,
– Kerbschlagarbeit bei tiefster Betriebstemperatur, jedoch nicht höher als 20 °C, ≥ 35 J an der V-Probe nach DIN EN 10045-1.

2.9 Für anderen Stahlguss nach Abschnitt 2.6 und 2.8 sind die Warmstreckgrenze und gegebenenfalls die Langzeit-Warmfestigkeitswerte durch den Hersteller unter Festlegung der Richtanalyse und Wärmebehandlung nachzuweisen.

Tafel 1. Zuordnung der Gütestufen

Gütestufe nach DIN 1690 Teil 2	zulässige maximale Temperatur °C	maximal zulässiger Druck bar
1[1])	Anschweißenden	
2	> 450	> 80
3	> 400 bis ≤ 450	> 32 bis ≤ 80
4	≤ 400	≤ 32

[1]) Bei der Oberflächenrissprüfung sind lineare Anzeigen oder in Reihe angeordnete Anzeigen nach DIN 1690 Teil 2 unzulässig.

3 Gütestufen

3.1 Nach den unterschiedlichen Anforderungen an äußere und innere Beschaffenheit von Gussteilen wird Stahlguss in Gütestufen entsprechend DIN 1690 Teil 2 geliefert. Die Zuordnung der Gütestufen (s. Tafel 1) hängt von der zulässigen maximalen Temperatur und dem maximal zulässigen Druck ab, soweit keine höherwertige Gütestufe aufgrund besonderer Betriebsbedingungen erforderlich ist. Die Gütestufe 5 nach DIN 1690 Teil 2 ist in keinem Fall ausreichend.

3.2 Fallen Druck und Temperatur nicht in die selbe Stufe, so ist die Stufe mit den höheren Anforderungen maßgebend.

4 Wärmebehandeln und Fertigungsschweißen

4.1 Für das Wärmebehandeln gelten die Angaben in DIN EN 10213-1 oder in den entsprechenden DIN-Normen/Werkstoffblättern.

4.2 Für das Fertigungsschweißen gelten die Festlegungen in der DIN EN 10213-1, Abschnitt 6.3.
Für die erforderliche Verfahrensprüfung gilt das Stahl-Eisen-Werkstoffblatt 110.

5 Prüfung

5.1 Stahlgussteile nach den Abschnitten 2.1 bis 2.5 und 2.7 sind nach den dort genannten Normen bzw. Werkstoffblättern zu prüfen. Die Prüfungen sind schmelzenweise so durchzuführen, dass jeweils die Teile gleicher Wärmebehandlung zusammengefasst werden. Das Höchstgewicht der Prüfeinheit für den Kerbschlagbiegeversuch und Zugversuch beträgt 2500 kg. Überschießende Mengen bis 1250 kg sind jeweils der vorhergehenden Prüfeinheit zuzuschlagen. Stahlgussteile mit einem Stückgewicht > 1000 kg sind einzeln zu prüfen.
Bei austenitischen Stahlgussteilen ist zusätzlich zur 1,0 %-Dehngrenze die 0,2 %-Dehngrenze zu ermitteln. Die Anforderung ist 25 N/mm² niedriger als die Anforderung an die 1,0 %-Dehngrenze.

---

[2]) Diese Wanddicken können im Einvernehmen mit der zuständigen unabhängigen Stelle erhöht werden.

5.2 Bei Stahlguss nach den Abschnitten 2.6 und 2.8 werden die Prüfmaßgaben bei der Eignungsfeststellung festgelegt.

5.3 Alle Gussstücke sind auf ihre äußere Beschaffenheit zu besichtigen. Sicherheitstechnisch wichtige Maße sind nachzuprüfen. Die chemische Zusammensetzung ist als Schmelzenanalyse zu ermitteln.

5.4 Alle vergüteten Gussstücke sind bei schmelzenweiser Prüfung einer vergleichenden Härteprüfung zu unterziehen. Das Ergebnis der Härteprüfung muss eine gleichmäßige Vergütung erkennen lassen (der Härteunterschied darf zwischen dem härtesten und weichsten geprüften Teil der Prüfeinheit nicht größer als 30 HB sein).

5.5 Alle Hohlkörper sind einer Flüssigkeits-Druckprüfung von ausreichender Dauer mit in der Regel dem doppelten des maximal zulässigen Druckes zu unterwerfen, der nicht höher zu wählen ist, als es der 1,5-fachen Sicherheit gegen Streckgrenze bei 20 °C entspricht. Die Druckprüfung kann am bearbeiteten oder montierten Gussstück durchgeführt werden. In besonderen Fällen, z. B. bei sehr großen, ohne außergewöhnliche Hilfseinrichtungen nicht verschließbaren Öffnungen, kann mit Zustimmung der zuständigen unabhängigen Stelle auf die Druckprüfung am einzelnen Gussstück ganz verzichtet werden.
Die Druckprüfung ist im Allgemeinen beim Besteller durchzuführen. Soll die Druckprüfung beim Gusshersteller durchgeführt werden, ist dies in der Bestellung anzugeben.

5.6 Wenn besondere Betriebsverhältnisse vorliegen, können zur Feststellung der Dichtheit der Wandungen und zur Prüfung auf Fehler im Gussstück Dichtheitsprüfungen durchgeführt werden. Art und Umfang der Prüfungen sind bei der Bestellung zu vereinbaren.

5.7 Die Gussstücke sind zum Nachweis der Gütestufen gemäß Abschnitt 3 zerstörungsfrei zu prüfen und nach den Tabellen 1 bis 4 der DIN 1690 Teil 2 zu beurteilen.
Der Prüfumfang richtet sich nach Tafel 2 dieses AD 2000-Merkblattes. Gussstücke mit Stückgewichten > 1000 kg sind einzeln zu prüfen.
Bei Anschweißenden und Konstruktionsschweißungen erfolgt die Durchstrahlungsprüfung nach DIN 54 111 Teil 2 Prüfklasse B.

5.8 Bei austenitischen Gussstücken nach DIN EN 10213-4 erfolgt die Prüfung auf Beständigkeit gegen interkristalline Korrosion nach DIN EN ISO 3651-2 je Schmelze und Wärmebehandlungslos. Auf diese Prüfung kann im Einvernehmen mit dem Besteller/Betreiber verzichtet werden.

6 Kennzeichnung

Die Gussstücke sind mindestens mit
– Zeichen des Herstellers,
– Werkstoffbezeichnung,
– Schmelzennummer,
– Zeichen der zuständigen unabhängigen Stelle bzw. des Werkssachverständigen

dauerhaft zu kennzeichnen.

7 Nachweis der Güteeigenschaften

Die Güteeigenschaften sind wie folgt nachzuweisen:

7.1 Bei Stahlguss nach Abschnitt 2.1 durch Abnahmeprüfzeugnis 3.1.B nach DIN EN 10204.

7.2 Bei Stahlguss nach den Abschnitten 2.2 bis 2.5 ist ein Abnahmeprüfzeugnis 3.1.C oder Abnahmeprüfprotokoll 3.2 nach DIN EN 10204 erforderlich. Für die Stahlgusssorte GP240GH genügt ein Abnahmeprüfzeugnis 3.1.B nach DIN EN 10204, sofern das Stückgewicht höchstens 500 kg beträgt.

Tafel 2. Prüfumfang zum Nachweis der Gütestufe nach DIN 1690 Teil 2

Gütestufe nach DIN 1690 Teil 2	Prüfumfang bezogen auf die Stückzahl
1	100 %
2	100 %
3	1. Prototyp: 100 % 2. Vorserie: Mindestens an 10 Teilen 100 % 3. Serie: An den aus der Vorserie erkannten kritischen Bereichen 100 %; werden an der Vorserie keine kritischen Bereiche erkannt, jedoch an 10 % der Teile an allgemein gießtechnisch schwierigen Stellen. Die Oberflächenrissprüfung erfolgt an allen Teilen.
4	1. Prototyp: 100 % 2. Serie: Stichprobenweise Prüfung der am Prototyp erkannten kritischen Bereiche oder der allgemein gießtechnisch schwierigen Stellen. Die Oberflächenrissprüfung erfolgt an allen Teilen.

7.3 Bei Stahlguss nach Abschnitt 2.7 durch ein Abnahmeprüfzeugnis 3.1.C oder Abnahmeprüfprotokoll 3.2 nach DIN EN 10204. Bei Stückgewichten < 200 kg genügt ein Abnahmeprüfzeugnis 3.1.B nach DIN EN 10204.

7.4 Bei Stahlguss nach Abschnitten 2.6 und 2.8 entsprechend den Festlegungen bei der Eignungsfeststellung.

7.5 Der Hersteller hat mit einem Abnahmeprüfzeugnis 3.1.B nach DIN EN 10204 zu bestätigen[3]), dass für die geforderten Gütestufen die Forderungen nach den Tabellen 1 bis 4 der DIN 1690 Teil 2 erfüllt sind. Erfolgt der Nachweis der Güteeigenschaften durch Abnahmeprüfzeugnis 3.1.C oder Abnahmeprüfprotokoll 3.2 nach DIN EN 10204, sind die Ergebnisse der zerstörungsfreien Prüfung von Anschweißenden sowie von Gussstücken der Gütestufen S 1, S 2, V 1 und V 2 von der zuständigen unabhängigen Stelle abschließend zu beurteilen. Bei Durchstrahlungsprüfungen erfolgt die Beurteilung zu 100 %, bei der Ultraschallprüfung und Oberflächenrissprüfung ist an 10 % der Gussstücke eine Nachprüfung durchzuführen.

8 Kennwerte für die Bemessung

8.1 Bei Stahlguss nach Abschnitt 2.1 und 2.3 gelten die Werte der Tafel 3.

---
[3]) Diese Bestätigung kann auch im jeweils höheren Nachweis enthalten sein.

Tafel 3. Kennwerte für die Bemessung für Stahlguss nach Abschnitt 2.1 und 2.3

Stahlgusssorte	Wanddicke	Kennwerte K bei Berechnungstemperatur in °C						
		20 (50)	100 (120)	150	200	250	300[1]	350[1]
	mm	N/mm²						
GS-38	≤ 100	200	181	167	157	137	118	–
GS-45	≤ 100	230	216	196	176	157	137	–
GS-20 Mn5N	≤ 40	300	216	205	197	193	186	178
	> 40 bis ≤ 100	260	184	173	166	161	154	146
GS-20 Mn5V	≤ 40	360	264	253	246	241	234	226
	> 40 bis ≤ 100	300	216	205	197	193	186	178

[1]) Auch für beheizte Teile darf die Berechnungstemperatur 300 °C bzw. 350 °C nicht überschreiten. AD 2000-Merkblatt B 0 Tafel 1 ist zu beachten.

8.2 Bei Stahlguss nach Abschnitt 2.2 gelten die in DIN EN 10213-2 festgelegten Werte.

8.3 Bei Stahlguss nach Abschnitt 2.4 gelten die in DIN EN 10213-3 festgelegten Werte.

8.4 Bei Stahlguss nach Abschnitt 2.5 gelten die in SEW 685 festgelegten Werte.

8.5 Für den Stahlguss GX3CrNi13-4 gelten die im VdTÜV-Werkstoffblatt 452 festgelegten Werte.

8.6 Bei Stahlguss nach Abschnitt 2.7 gelten die in DIN EN 10213-4 festgelegten Werte, wobei für die Berechnung diese Werte um 25 N/mm² abzusenken sind (siehe hierzu DIN EN 10213-4, Tabelle 2, Fußnote 5).

8.7 Bei Stahlguss nach den Abschnitten 2.6 und 2.8 gelten die bei der Eignungsfeststellung festgelegten Werte.

8.8 Die in Werkstoffspezifikationen oder Eignungsfeststellungen für 20 °C angegebenen Festigkeitskennwerte gelten bis 50 °C, die für 100 °C angegebenen Werte bis 120 °C. In den übrigen Bereichen ist zwischen den angegebenen Werten linear zu interpolieren (z. B. für 80 °C zwischen 20 und 100 °C und für 180 °C zwischen 150 und 200 °C), wobei eine Aufrundung nicht zulässig ist. Für Werkstoffe mit Einzelgutachten gilt die Interpolationsregel nur bei hinreichend engem Abstand[4]) der Stützstellen.

[4]) In der Regel wird hierunter ein Temperaturabstand von 50 K im Bereich der Warmstreckgrenze und von 10 K im Bereich der Zeitstandfestigkeit verstanden.

Anhang 1 zum AD 2000-Merkblatt W 5

Vereinbarung der AD-Verbände über die Weiterverwendung von früher gültigen DIN-Werkstoffnormen und Stahl-Eisen-Werkstoffblättern (SEW)

Warmfester ferritischer Stahlguss nach der zurückgezogenen DIN 17 245, Ausgabe 12.87, austenitischer Stahlguss nach der zurückgezogenen DIN 17 445, Ausgabe 11.84, und kaltzäher Stahlguss nach SEW 685, Ausgabe 06.1989, dürfen unter Berücksichtigung der Festlegungen des AD-Merkblatts W 5, Ausgabe 07.95, verwendet werden.

Hinweis: Bei Neubestellungen von Werkstoffen sollten möglichst die gültigen Normen bzw. das gültige SEW 685 berücksichtigt werden.

ICS 23.020.30 Ausgabe Januar 2003

Werkstoffe für Druckbehälter	Aluminium und Aluminiumlegierungen; Knetwerkstoffe	AD 2000-Merkblatt W 6/1

Die AD 2000-Merkblätter werden von den in der „Arbeitsgemeinschaft Druckbehälter" (AD) zusammenarbeitenden, nachstehend genannten sieben Verbänden aufgestellt. Aufbau und Anwendung des AD 2000–Regelwerkes sowie die Verfahrensrichtlinien regelt das AD 2000-Merkblatt G1.
Die AD 2000-Merkblätter enthalten sicherheitstechnische Anforderungen, die für normale Betriebsverhältnisse zu stellen sind. Sind über das normale Maß hinausgehende Beanspruchungen beim Betrieb der Druckbehälter zu erwarten, so ist diesen durch Erfüllung besonderer Anforderungen Rechnung zu tragen.
Wird von den Forderungen dieses AD 2000-Merkblattes abgewichen, muss nachweisbar sein, dass der sicherheitstechnische Maßstab dieses Regelwerkes auf andere Weise eingehalten ist, z. B. durch Werkstoffprüfungen, Versuche, Spannungsanalyse, Betriebserfahrungen.

Fachverband Dampfkessel-, Behälter- und Rohrleitungsbau e.V. (FDBR), Düsseldorf
Hauptverband der gewerblichen Berufsgenossenschaften e.V., Sankt Augustin
Verband der Chemischen Industrie e.V. (VCI), Frankfurt/Main
Verband Deutscher Maschinen- und Anlagenbau e.V. (VDMA), Fachgemeinschaft Verfahrenstechnische Maschinen und Apparate, Frankfurt/Main
Verein Deutscher Eisenhüttenleute (VDEh), Düsseldorf
VGB PowerTech e.V., Essen
Verband der Technischen Überwachungs-Vereine e.V. (VdTÜV), Essen

Die AD 2000-Merkblätter werden durch die Verbände laufend dem Fortschritt der Technik angepasst. Anregungen hierzu sind zu richten an den Herausgeber:

Verband der Technischen Überwachungs-Vereine e.V., Postfach 10 38 34, 45038 Essen.

Inhalt

0 Präambel
1 Geltungsbereich
2 Geeignete Werkstoffe
3 Anforderungen an die Werkstoffe
4 Verarbeitung
5 Prüfungen
6 Kennzeichnung
7 Nachweis der Güteeigenschaften
8 Festigkeitskennwerte für die Berechnung
Anhang 1: Vereinbarung der AD-Verbände über die Weiterverwendung von Werkstoffen nach früher gültigen DIN-Werkstoffnormen

0 Präambel

Zur Erfüllung der grundlegenden Sicherheitsanforderungen der Druckgeräte-Richtlinie kann das AD 2000-Regelwerk angewendet werden, vornehmlich für die Konformitätsbewertung nach den Modulen „G" und „B + F".
Das AD 2000-Regelwerk folgt einem in sich geschlossenen Auslegungskonzept. Die Anwendung anderer technischer Regeln nach dem Stand der Technik zur Lösung von Teilproblemen setzt die Beachtung des Gesamtkonzeptes voraus.
Bei anderen Modulen der Druckgeräte-Richtlinie oder für andere Rechtsgebiete kann das AD 2000-Regelwerk sinngemäß angewandt werden. Die Prüfzuständigkeit richtet sich nach den Vorgaben des jeweiligen Rechtsgebietes.

1 Geltungsbereich

1.1 Dieses AD 2000-Merkblatt gilt für Bleche, Platten und Bänder (einschließlich Ronden), stranggepresste Stangen, Rohre[1]) und Profile[1]), sowie Schmiedestücke aus Aluminium und Aluminiumlegierungen zum Bau von Druckbehältern, die bei Betriebstemperaturen innerhalb der in Abschnitt 2 angegebenen Temperaturgrenzen betrieben werden.

1.2 Die Werkstoffe sind entsprechend dem Verwendungszweck auszuwählen, wobei die mechanischen, thermischen und chemischen Beanspruchungen zu berücksichtigen sind.

2 Geeignete Werkstoffe

Für den Bau von Druckbehältern können verwendet werden:

2.1 Die in Tafel 1 und 2 aufgeführten Werkstoffe in den dort genannten Lieferzuständen und Anwendungsberei-

---
[1]) Bei Rohren und Profilen, die über Brücken- und Kammerwerkzeuge gepresst werden, ist eine einmalige Eignungsfeststellung des Herstellungsverfahrens für jedes Lieferwerk erforderlich.

Ersatz für Ausgabe Oktober 2000; | = Änderungen gegenüber der vorangehenden Ausgabe

Die AD 2000-Merkblätter sind urheberrechtlich geschützt. Die Nutzungsrechte, insbesondere die der Übersetzung, des Nachdrucks, der Entnahme von Abbildungen, die Wiedergabe auf fotomechanischem Wege und die Speicherung in Datenverarbeitungsanlagen, bleiben, auch bei auszugsweiser Verwertung, dem Urheber vorbehalten.

chen. Die aufgeführten Lieferzustände gelten jeweils nur für bestimmte Erzeugnisformen.

Für in Tafel 1 und 2 nicht genannte Abmessungen und Erzeugnisformen sowie im erweiterten Anwendungsbereich, wenn ihre Eignungsfeststellung[2]) vorliegt.

2.2 Die in Tafel 1 und 2 aufgeführten Werkstoffe in abweichenden Zuständen, z. B. kaltverfestigt, wenn ihre Eignungsfeststellung[2]) vorliegt.

2.3 Andere, nicht in Tafel 1 aufgeführte Werkstoffe, nach Eignungsfeststellung.

3 Anforderungen an die Werkstoffe

3.1 Für die chemische Zusammensetzung, den Lieferzustand und die Güteeigenschaften der Werkstoffe nach Abschnitt 2.1 gelten die Tafeln 1 und 2. Die Angaben dieser Tafeln können von denen der dort genannten Normen abweichen.

3.2 Die Anforderungen an die Werkstoffe nach den Abschnitten 2.2 und 2.3 sowie an die Werkstoffe nach Abschnitt 2.1, Tafel 1 und 2 in den dort nicht erfassten Abmessungen, Erzeugnisformen und Anwendungsbereichen richten sich nach den von der zuständigen unabhängigen Stelle im Einvernehmen mit dem Werkstoffhersteller vorgenommenen Eignungsfeststellung, soweit sie nicht in Tafel 2 bereits festgelegt sind.
Die Bruchdehnung und Kerbschlagzähigkeit sollen die den Werkstoff kennzeichnenden Werte aufweisen. Die Bruchdehnung A soll in Querrichtung mindestens 14 % betragen. Bei kaltverfestigten Werkstoffen nach den Abschnitten 2.2 und 2.3 kann dieser Wert für die Bruchdehnung unterschritten werden, wenn ausreichende Verformbarkeitseigenschaften (z. B. im Berstversuch) nachgewiesen werden.

3.3 Für die Maßhaltigkeit gelten:

DIN EN 485-3	Aluminium und Aluminiumlegierungen – Bänder, Bleche und Platten – Teil 3: Grenzabmaße und Formtoleranzen für warmgewalzte Erzeugnisse
DIN EN 485-4	Aluminium und Aluminiumlegierungen – Bänder, Bleche und Platten – Teil 4: Grenzabmaße und Formtoleranzen für kaltgewalzte Erzeugnisse
DIN EN 586-3	Aluminium und Aluminiumlegierungen – Schmiedestücke – Teil 3: Grenzabmaße und Formtoleranzen
DIN EN 754-7	Aluminium und Aluminiumlegierungen – Gezogene Stangen und Rohre – Teil 7: Nahtlose Rohre, Grenzabmaße und Formtoleranzen
DIN EN 755-3	Aluminium und Aluminiumlegierungen – Stranggepresste Stangen, Rohre und Profile – Teil 3: Rundstangen, Grenzabmaße und Formtoleranzen
DIN EN 755-5	Aluminium und Aluminiumlegierungen – Stranggepresste Stangen, Rohre und Profile – Teil 5: Rechteckstangen, Grenzabmaße und Formtoleranzen
DIN EN 755-6	Aluminium und Aluminiumlegierungen – Stranggepresste Stangen, Rohre und Profile – Teil 6: Sechskantstangen, Grenzabmaße und Formtoleranzen
DIN EN 755-7	Aluminium und Aluminiumlegierungen – Stranggepresste Stangen, Rohre und Profile – Teil 7: Nahtlose Rohre, Grenzabmaße und Formtoleranzen
DIN EN 755-8	Aluminium und Aluminiumlegierungen – Stranggepresste Stangen, Rohre und Profile – Teil 8: Mit Kammerwerkzeug stranggepreßte Rohre, Grenzabmaße und Formtoleranzen
DIN EN 755-9	Aluminium und Aluminiumlegierungen – Stranggepresste Stangen, Rohre und Profile – Teil 9: Profile, Grenzabmaße und Formtoleranzen
DIN EN 941	Aluminium und Aluminiumlegierungen – Ronden und Rondenvormaterial für allgemeine Anwendungen – Spezifikationen

4 Verarbeitung

Für die Verarbeitung und Wärmebehandlung gelten die AD 2000-Merkblätter der Reihe HP.

5 Prüfungen

An den einzelnen Erzeugnissen sind folgende Prüfungen nach den jeweils gültigen Normen unter Beachtung dieses Abschnittes durchzuführen:

5.1 Bleche, Platten und Bänder[3])

5.1.1 Schmelzenanalyse

5.1.2 Zugversuch quer zur Walzrichtung

(1) bei Blechdicken ≤ 10 mm an 10 %[4]) der Walztafeln, mindestens jedoch einer Walztafel je Schmelze[5]), Abmessung und gleicher Wärmebehandlung,

(2) bei Blechdicken > 10 mm und bei Werkstoffen nach den Abschnitten 2.2 und 2.3 walztafelweise,

(3) bei Bändern an jedem Band.

Bei unlegierten Aluminiumwerkstoffen ist die 1,0-%-Dehngrenze nachzuweisen[6]). Für die Lage der Proben gilt DIN EN 485-1, Abschnitt 6.1.3.4.

5.1.3 Kerbschlagbiegeversuch quer zur Walzrichtung, 1 Satz (= 3 Einzelproben) je Erzeugnisform, Dicke, Schmelze und Wärmebehandlungslos, jedoch nur bei Werkstoffen, für die in den Tafeln 2 A und 2 B Anforderungen festgelegt sind. Bei den Werkstoffen EN AW-5754 und EN AW-5049 bei Dicken > 25 mm, bei dem Werkstoff EN AW-5083 bei Dicken > 15 mm. Bei Werkstoffen nach den Abschnitten 2.2 und 2.3 entsprechend der Eignungsfeststellung der zuständigen unabhängigen Stelle.

5.1.4 Maßprüfung und Besichtigung beider Oberflächen jedes Bleches oder Bandes.

5.2 Rohre und Hohlprofile, soweit sie nicht Mäntel von Druckbehältern sind

(s. Abschnitt 5.4)

---

[2]) Einzelgutachten gemäß AD 2000-Merkblatt W 0
[3]) Einschließlich der daraus gefertigten Ronden
[4]) Bei unlegierten Aluminiumwerkstoffen kann der Prüfumfang auf 5 % gesenkt werden, wenn mit genügender statistischer Sicherheit der Nachweis erbracht ist, dass die Prüfergebnisse den Anforderungen entsprechen.
[5]) Bei kontinuierlichem Abgießen ist der Begriff Schmelze als Folge zeitlich unmittelbar nacheinander hergestellter Abgüsse aufzufassen.
[6]) Bei unlegierten Aluminiumwerkstoffen sind bis zum Vorliegen ausreichender Unterlagen über das Verhältnis 0,2/1,0-%-Dehngrenze beide Werte zu ermitteln.

5.2.1 Schmelzenanalyse

5.2.2 Zugversuch bis 200 mm Durchmesser in Längsrichtung, darüber, soweit möglich, in Querrichtung je Schmelze[5]), Querschnittsabmessung und Prüfeinheit. Als Prüfeinheit gilt bei Liefermengen bis 100 Rohre die Liefermenge. Bei Liefermengen > 5 t gilt als Prüfeinheit jede angefangene Menge von 5 t. Je Schmelze sind mindestens zwei Zugversuche erforderlich. Bei Rohren in Ringen (coils) gilt als Prüfeinheit für Liefermengen bis 300 kg die Liefermenge, bei größeren Mengen jede angefangene Menge von 300 kg. Bei unlegierten Aluminiumwerkstoffen ist die 1,0-%-Dehngrenze nachzuweisen[5]). Für die Lage der Proben gilt DIN EN 755-1, Abschnitt 6.1.3.4.

5.2.3 Kerbschlagbiegeversuch, soweit möglich in Querrichtung, 1 Satz (= 3 Einzelproben) ist Erzeugnisform, Dicke, Schmelze und Wärmebehandlungslos, jedoch nur bei den Werkstoffen EN AW-5754 H112 und EN AW-5049 H112[7]) für Dicken > 25 mm und bei dem Werkstoff EN AW-5083 H112 für Dicken > 15 mm sowie bei Werkstoffen nach den Abschnitten 2.2 und 2.3 entsprechend der Eignungsfeststellung der zuständigen unabhängigen Stelle.

5.2.4 Ringversuch an einem Ende jeder Herstellungslänge bei nahtlosen Rohren und Hohlprofilen, sofern der Betriebsüberdruck 25 bar und mehr beträgt. Bei Rohren unter 25 bar Betriebsüberdruck genügt der Ringversuch im Umfang des Zugversuches an einem Ende des Probenrohres.

Für den Ringversuch gilt:

Bis 18 mm Außendurchmesser (Nennmaß): Ringfaltversuch nach DIN EN 10233. Hierbei wird der Abstand zwischen den beiden Druckplatten nach der in DIN EN 10233 genannten Gleichung bestimmt mit dem Faktor c = 0,10.

Über 18 bis 146 mm Außendurchmesser (ausgenommen Sternprofile aus dem Werkstoff EN AW-6060 T4): Ringaufdornversuch nach DIN EN 10236. Der Versuch kann bei einer Aufweitung von 30 % abgebrochen werden.

Bei Sternprofilen aus dem Werkstoff EN AW-6060 T4 in allen Abmessungen Aufweitversuch nach DIN EN 10234. Der Versuch kann bei einer Aufweitung von 30 % abgebrochen werden.

Über 146 mm Außendurchmesser: Ringzugversuch nach DIN EN 10237.

Kann der Ringzugversuch aufgrund der Querschnittsform nicht durchgeführt werden, ist als Ersatz ein anderer Versuch, z. B. Makroätzung, anzuwenden.

5.2.5 Maßprüfung und Besichtigung der Außen- und, soweit möglich, auch der Innenoberfläche jedes Rohres und Hohlprofils.

5.2.6 Wasserinnendruckversuch[8]) an allen nahtlosen Rohren und Hohlprofilen mit einem Prüfüberdruck von 50 bar. Der Prüfdruck darf jedoch nicht so hoch gewählt werden, dass die 1,1-fache Sicherheit gegenüber der 0,2-%-Grenze bei Aluminiumlegierungen oder die 1,4-fache Sicherheit gegenüber der 1,0-%-Dehngrenze bei unlegierten Aluminiumwerkstoffen[6]) nicht unterschritten wird.

---
[7]) Nicht genormt in DIN EN 755-2
[8]) Der Innendruckversuch kann mit anderen Prüfmedien durchgeführt oder in Einvernehmen mit der zuständigen unabhängigen Stelle durch ein gleichwertiges anerkanntes Prüfverfahren, z. B. Wirbelstromprüfung, ersetzt werden.
Bei nahtlosen Rohren und Hohlprofilen als Mäntel von Druckbehältern nach Abschnitt 5.4 einschließlich Stutzen kann der Innendruckversuch ersetzt werden durch die Druckprüfung nach AD 2000-Merkblatt HP 30 unter der Voraussetzung, dass die gesamte Außenoberfläche bei der Druckprüfung besichtigt werden kann.

5.3 Stangen, Profile[9]) und Schmiedestücke

5.3.1 Schmelzenanalyse

5.3.2 Zugversuch, soweit möglich in Quer-(Tangential-)Richtung, je Schmelze[5]) und Abmessung für je 300 kg Rohgewicht. Für weitere Stücke gleicher Schmelze[5]) genügt eine Probe je 500 kg Liefergewicht, jedoch höchstens ein Zugversuch je Stück. Die Gleichmäßigkeit der Stücke ist durch Härteprüfung nachzuweisen. Bei unlegierten Aluminiumwerkstoffen ist die Dehngrenze nachzuweisen[6]). Für die Lage der Proben (Stangen und Profile) gilt DIN EN 755-1 Abschnitt 6.1.3.4.

5.3.3 Kerbschlagbiegeversuch, soweit möglich in Quer-(Tangential-)Richtung, 1 Satz (= 3 Einzelproben) je Erzeugnisform, Dicke, Schmelze und Wärmebehandlungslos, jedoch nur bei den Werkstoffen EN AW-5754 O/H111 und H112 sowie bei EN AW 5049 O/H111 und H112[7]) für Durchmesser > 50 mm oder flächengleiche Querschnitte, bei dem Werkstoff EN AW 5083 H112 für Durchmesser > 30 mm oder flächengleiche Querschnitte sowie bei Werkstoffen nach den Abschnitten 2.2 und 2.3 entsprechend der Eignungsfeststellung der zuständigen unabhängigen Stelle.

5.3.4 Maßprüfung und Besichtigung jedes Stückes.

5.4 Rohre als Mäntel für Druckbehälter[10])

Rohre für Mäntel von Druckbehältern bis zu einem Außendurchmesser ≤ 200 mm oder einer Wanddicke ≤ 10 mm wie Rohre nach Abschnitt 5.2 zu prüfen.

Bei einem Außendurchmesser > 200 mm und einer Wanddicke > 10 mm sind darüber hinaus Zugversuch und Kerbschlagbiegeversuch an 10 % der Rohre durchzuführen.

Bei Hohlkörpern für Betriebsüberdrücke > 80 bar ist eine Ultraschallprüfung in Anlehnung an Stahl-Eisen-Prüfblatt 1915 und 1918 über die ganze Länge der Bauteile durchzuführen. Die Durchführung des Ringversuches nach Abschnitt 5.2.4 wird bei Abmessungen > 200 mm äußerem Durchmesser auf 10 % der Rohre beschränkt, wenn eine 100%ige Ultraschallprüfung in Anlehnung an Stahl-Eisen-Prüfblatt 1915 und 1918 durchgeführt wird.

6 Kennzeichnung

Alle Erzeugnisse sind mit dem Zeichen des Herstellers, der Werkstoffsorte und dem Zustand, der Schmelzen-Nummer und dem Stempel der zuständigen unabhängigen Stelle und gegebenenfalls der Proben-Nummer zu kennzeichnen. Bei Rohren mit einem äußeren Durchmesser < 100 mm entfällt die Kennzeichnung mit der Schmelzen-Nummer. Rohre mit der Nummer des Ringversuches zu kennzeichnen. Hinsichtlich der Anordnung gilt DIN EN 10028-1 oder DIN EN 17 175.

Werden Rohre, Stangen oder Profile in Bündeln geliefert, so ist bei Rohren mit einem äußeren Durchmesser ≤ 18 mm und bei Stangen mit einer Dicke (Durchmesser, Kantenlänge, Schlüsselweite und Breite) ≤ 25 mm eine Sammelkennzeichnung am Bündel durch Anhängeschild zulässig. Wenn nichts anderes vereinbart wurde, erfolgt die Kennzeichnung in der Regel durch Schlagstempel. Bei Blechen ≤ 5 mm Dicke und dünnwandigen Rohren ist nur eine Farb- oder Stempelkennzeichnung dauerhafte Stempelung zulässig. Im Falle der Kennzeichnung mit Farbe sind wasserunlösliche Farben zu verwenden. Eine Rollstempelung über die gesamte Länge ist zulässig.

---
[9]) Voll- und Hohlprofile gemäß DIN EN 755-1
[10]) Werden hierfür nach Abschnitt 5.2 geprüfte Rohre verwendet, so können die fehlenden Prüfungen nachgeholt werden.

7 Nachweis der Güteeigenschaften

Der Nachweis der Güteeigenschaften erfolgt für drucktragende Teile durch Werksbescheinigung, Werkszeugnis und/oder Abnahmeprüfzeugnis nach DIN EN 10204. Die Prüfbescheinigungen 3.1.C/3.2 nach DIN EN 10204 sind durch die zuständige unabhängige Stelle auszustellen. Im Einzelnen gilt folgendes:

7.1 Die Schmelzenanalyse wird durch ein Werkszeugnis nachgewiesen[11]).

7.2 Die Prüfung auf Dichtheit der Rohre wird durch eine Werksbescheinigung nachgewiesen[11]).

7.3 Über die mechanischen Eigenschaften, Besichtigung und Maßnachprüfung sind folgende Nachweise zu erbringen:

7.3.1 Für unlegierte Aluminiumwerkstoffe nach Abschnitt 2.1 Abnahmeprüfzeugnis 3.1.B.

7.3.2 Für die Aluminium-Knetlegierungen 3003, 3103, 6060, 5754, 5049 und 5083 nach Abschnitt 2.1 Prüfbescheinigungen 3.1.C/3.2 nach DIN EN 10204. Es genügt ein Abnahmeprüfzeugnis 3.1.B, wenn das Herstellerwerk der zuständigen unabhängigen Stelle den Nachweis ausreichender statistischer Sicherheit geführt hat und die Ergebnisse zur jederzeitigen Einsichtnahme bereitgehalten werden.

Der Übergang auf ein Abnahmeprüfzeugnis 3.1.B ist dem Herstellerwerk zu bestätigen und kann im Einvernehmen mit der zuständigen unabhängigen Stelle auch abmessungsgruppenweise erfolgen. Wird hiervon Gebrauch gemacht, ist das Bestätigungsschreiben der zuständigen unabhängigen Stelle in den Abnahmeprüfzeugnissen 3.1.B aufzuführen.

Die zuständige unabhängige Stelle soll sich in bestimmten Zeitabständen (etwa 1 bis 2 Jahre), sofern es nicht im Rahmen laufender Abnahmeprüfungen geschieht, davon überzeugen, dass die Voraussetzungen erhalten geblieben sind.

7.3.3 Für Werkstoffe nach den Abschnitten 2.2 und 2.3 Prüfbescheinigungen 3.1.C/3.2 nach DIN EN 10204, soweit in der Eignungsfeststellung der zuständigen unabhängigen Stelle keine andere Festlegung getroffen ist.

8 Festigkeitskennwerte für die Berechnung

8.1 Für die Berechnungskennwerte gilt Tafel 3. Die in Tafel 3 für den Temperaturbereich von −196 oder −270 bis +20 °C angegebenen Berechnungskennwerte gelten auch für Druckbehälter, die unter klimatischen Bedingungen betrieben werden.

Bei Betriebstemperaturen > 20 °C ist zwischen den angegebenen Werten linear zu interpolieren, wobei die Festigkeitskennwerte nach unten auf die Einerstelle abzurunden sind.

Im Bereich der Langzeitwerte wird die Temperatur auf volle 5 °C aufgerundet. Die interpolierten Festigkeitskennwerte sind nach unten auf die Einerstelle abzurunden.

8.2 Bei der Berechnung (Innendruckbeanspruchung) ist ein Sicherheitsbeiwert $S = 1{,}5$ einzusetzen.

---

[11]) Diese Bestätigung kann auch im jeweils höheren Nachweis enthalten sein.

Tafel 1. Geeignete Werkstoffe; Zusammensetzung, Lieferzustand und Anwendungsbereich

EN-Kurzzeichen	Zusammensetzung entsprechend	Lieferzustände je nach Erzeugnisform (s. Tafel 2)	Anwendung im Temperaturbereich
A. Werkstoffe für allgemeine Anwendung			
EN AW-1098	DIN EN 573-3	O/H111, H112	−270 °C bis 100 °C
EN AW-1080A	DIN EN 573-3	O/H111, H112	−270 °C bis 100 °C
EN AW-1070A	DIN EN 573-3	O/H111, H112	−270 °C bis 100 °C
EN AW-1050A	DIN EN 573-3	O/H111, H112	−270 °C bis 300 °C
EN AW-5754	DIN EN 573-3	O/H111, H112	−270 °C bis 150 °C
EN AW-5049	DIN EN 573-3	O/H111, H112	−270 °C bis 250 °C
EN AW-5083	DIN EN 573-3	O/H111, H112	−270 °C bis 80 °C[1])
B. Werkstoffe für bestimmte Anwendungen bei tiefen Temperaturen (s. Tafel 2 C)			
EN AW-3003	DIN EN 573-3	F,O	−270 °C bis 50 °C[1])
EN AW-3103	DIN EN 573-3	O/H111, H112	−270 °C bis 50 °C[1])
EN AW-6060	DIN EN 573-3	T4	−196 °C bis 50 °C[1])

[1]) Kurzzeitige Temperaturüberschreitungen (z. B. beim Abtauen von Kälteanlagen) sind bis 150 °C zulässig, wenn der Druck bei einer Dauer bis zu 8 Stunden auf die Hälfte des Betriebsüberdruckes, bei einer Dauer bis zu 24 Stunden auf Atmosphärendruck gesenkt wird.

AD 2000-Merkblatt W 6/1, Ausg. 01.2003 Seite 5

Tafel 2. Mechanische Eigenschaften bei Raumtemperaturen (Mindestwerte)[1])

A. Halbzeug im Zustand weich[2])

Werkstoff	Erzeugnisform und Abmessungsgrenzen							Mechanische Eigenschaften					
	Bleche[3])	Rohre		Stangen							Bruchdehnung A[6])		Kerbschlagzähigkeit DVM
	Dicke	Wanddicke	Rund Durchmesser	4-kant Seitenlänge	6-kant Schlüsselweite	Rechteck Dicke		0,2-%-Dehngrenze	1,0-%-Dehngrenze	Zugfestigkeit	Bleche	Rohre	Stangen (Rund-, Flach- usw.)	
	mm	mm	mm	mm	mm	mm		MPa	MPa	MPa	%	%	%	J/cm²
EN AW-1098 O/H111	≤ 5	–	1 bis 30	2 bis 30	3 bis 30	2 bis 6		–	17	40	33	–	29	–
EN AW-1098 O/H111	> 5 bis 20	–	–	–	–	–		–	17	40	30	–	–	–
EN AW-1080A O/H111	≤ 6	0,3 bis 16	2 bis 30	2 bis 30	3 bis 30	2 bis 6		–[4])	22	60	40	27	27	–
EN AW-1080A H112	≤ 25	–	–	–	–	–		18	22	60	21	–	–	–
EN AW-1070A O/H111	≤ 6	0,3 bis 16	2 bis 30	2 bis 30	3 bis 30	2 bis 6		–[4])	25	60	40	–	–	–
EN AW-1070A H112	≤ 25	–	–	–	–	–		18	25	60	21	–	–	–
EN AW-1050A O/H111	≤ 25	–	–	–	–	–		20[4])	30	65	35	25	25	–
EN AW-1050A H112	≤ 50	–	–	–	–	–		20	30	75	20	–	–	–
EN AW-5754 O/H111	–	0,3 bis 10	2 bis 100	2 bis 60	3 bis 60	2 bis 20		80	–	180	–	17	16	30
EN AW-5754 O/H111	≤ 25	–	–	–	–	–		80	–	190	18	–	–	30
EN AW-5754 H112	25 bis 50	–	–	–	–	–		80	–	190	14	–	–	30
EN AW-5049 O/H111	–	0,3 bis 10	–	–	–	–		80	–	180	–	17	–	30
EN AW-5049 O/H111	≤ 25	–	–	–	–	–		80	–	190	18	–	–	30
EN AW-5049 H112	25 bis 50	–	–	–	–	–		80	–	190	14	–	–	30
EN AW-5083 O/H111[5])	≤ 50	–	–	–	–	–		125	–	275	17	–	–	25
EN AW-5083 O/H111	–	bis 10	bis 100	bis 100	bis 100	bis 50		110	–	270	–	14	14	25
EN AW-5083 H112	≤ 30	–	–	–	–	–		125	–	275	14	–	–	25

[1]) Werte gelten für Längs- und Querrichtung.
[2]) Die Bezeichnung „weich" bezieht sich auf einen Werkstoffzustand, der durch Weichglühen nach Kalt- und Warmformung oder ohne Weichglühen unmittelbar durch Warmformung bei so hohen Umformungsgraden und -temperaturen erreicht wird, dass die gewährleisteten Eigenschaften der Tafel 2 A eingehalten werden.
[3]) Gilt auch für Bänder bis 10 mm
[4]) Folgende Höchstwerte sind zu beachten: EN AW-1080 A O/H111 max. 50 MPa, EN AW-1070 A O/H111 max. 50 MPa, EN AW-1050 A Bleche max. 55 MPa, Rohre, Stangen max. 60 MPa
[5]) Bei einer Blechdicke ≤ 30 mm ist eine Brucheinschnürung ≥ 30 % und bei einer Blechdicke von > 30 bis ≤ 50 mm eine Brucheinschnürung von ≥ 20 % zu gewährleisten.
[6]) Abweichend von den Festlegungen in den entsprechenden DIN EN, die für Wanddicken ≤ 12,5 mm bis ≥ 3 mm eine Messlänge von 50 mm (A50) vorsehen, wird in diesem AD 2000-Merkblatt für diesen Dickenbereich generell eine Prüfung mit Proportionalstab (A) vorgeschrieben.

W 6/1

Tafel 2. (Fortsetzung)

B. Halbzeug im Zustand gepresst ohne anschließende Wärmebehandlung oder geschmiedet[1])

Werkstoff	Erzeugnisform und Abmessungsgrenzen								Mechanische Eigenschaften							
	Rohre	Stangen					Strangpressprofile	Schmiedestücke (Gesenk- und Freiform)	Zugfestigkeit	0,2%-Dehngrenze	0,1%-Dehngrenze	Bruchdehnung A[4])				Kerbschlagzähigkeit DVM
		Rund	4-kant	6-kant	Rechteck							Rohre	Profile Hohlprofile	Stangen (Rund, Flach usw.)	Schmiedestücke[2])	
	Wanddicke	Durchmesser	Seitenlänge	Schlüsselweite	Dicke	Querschnitt	Wanddicke	Wanddicke								
	mm	mm	mm	mm	mm	mm²	mm	mm	MPa	MPa	MPa	%	%	%	%	J/cm²
EN AW-1098 H112	2,5 bis 35	–	–	–	–	–	–	–	40	–	17	27	–	–	–	–
EN AW-1080A H112	2,5 bis 35	10 bis 250	10 bis 250	10 bis 250	2 bis 40	20 bis 8000	≥ 1	–	60	–	22	25	25	25	–	–
EN AW-1050A H112	2,5 bis 35	10 bis 250	10 bis 250	10 bis 250	2 bis 40	20 bis 8000	≥ 1	≤ 100	70	20	30	25	25	25	23	–
EN AW-5754 H112	3 bis 35	10 bis 250	10 bis 250	10 bis 250	2 bis 40	20 bis 8000	≥ 1,5	≤ 100	180	80	–	15[3])	15[3])	15[3])	15[3])	30
EN AW-5049 H112	3 bis 35	10 bis 250	10 bis 250	10 bis 250	2 bis 40	20 bis 8000	≥ 1,5	–	200	100	–	14	14	14	14	30
EN AW-5083 H112	3,5 bis 35	10 bis 250	10 bis 250	10 bis 250	2 bis 40	20 bis 8000	≥ 1,7	–	270	130	–	14	14	14	–	20
EN AW-5083 H112	–	–	–	–	–	–	–	≤ 100	260	110	–	–	–	–	14	20

[1]) Werte gelten für Längs- und Querrichtung
[2]) Gesenkschmiedestücke, für Freiformschmiedestücke nur als Richtwerte
[3]) Für die in diesem AD 2000-Merkblatt vorgesehenen Abmessungsbereiche sind die von den Normen abweichenden Werte statistisch gut gesichert. Die Bestellung kann daher nach den gültigen EN-Blättern erfolgen.
[4]) Abweichend von den Festlegungen in den entsprechenden DIN EN, die für Wanddicken ≤ 12,5 mm Messlänge von 50 mm (A50) vorsehen, wird in diesem AD 2000-Merkblatt generell eine Prüfung mit Proportionalstab (A) vorgeschrieben.

AD 2000-Merkblatt W 6/1, Ausg. 01.2003 Seite 7

Tafel 2. (Fortsetzung)

C. Halbzeug für bestimmte Anwendungen bei tiefen Temperaturen

Werkstoff	Zustand	Erzeugnisformen und Abmessungsgrenzen						Mechanische Eigenschaften					
		Verwendung	Bleche[1] Dicke	Rohre Wanddicke	Rohre Durchmesser	Rechteck-Stangen Dicke	Strangpressprofile Wanddicke	0,2-Grenze	1,0-Grenze	Zugfestigkeit	Rohre	Bruchdehnung[7] Profile Hohlprofile Bleche	Stangen (Rund-, Flach- usw.)	Kerbschlagzähigkeit DVM
			mm	mm	mm	mm	mm	MPa	MPa	MPa	%	%	%	J/cm²
EN AW-3003 F[2]	gezogen	Rahmen für Plattenverdampfer	–	–	–	5 bis 40	40	(150)[2]	–	(160)[2]	–	(12)[2]	(12)[2]	–
EN AW-3003 O[3]	geglüht	Rahmen für Plattenverdampfer	–	–	–	5 bis 40	40	35	–	95	–	21	21	–
EN AW-3103 H112	gepresst	Wärmetauscher	–	1 bis 2,5	bis 20	–	–	35	–	95	17	–	–	–
EN AW-3103 O	weich	Wärmetauscher	–	1 bis 2,5	bis 20	–	–	35	–	95	22	–	–	–
EN AW-3103 O[1]	weich	Plattenverdampfer	0,35 bis 6,0	–	–	–	–	35	–	90	–	18[4] 23[5]	–	–
EN AW-3003 O[1]	weich	Plattenverdampfer	0,35 bis 6,0	–	–	–	–	35	–	100	–	18[4] 23[5]	–	–
EN AW-6060 T4	kaltausgehärtet	Sternprofile für Kaltvergaser	–	–	–	–	1 bis 10	65[6]	–	130	–	15	–	–

[1] Bleche und Bänder, auch lötplattiert. Bei Verarbeitung durch Hartlöten sind die im VdTÜV-Werkstoffblatt 387 getroffenen Regelungen zu beachten.
[2] Anlieferungs- und Montagezustand vor dem Hartlöten, kein Abnahmezustand
[3] Abnahmezustand: Wärmeeinfluss beim Hartlöten simuliert durch Glühen 600 °C/1 h
[4] Für Dicken ≤ 0,8 mm und Messlänge 50 mm
[5] Für Dicken > 0,8 mm und Messlänge 50 mm
[6] Gilt auch für nicht vollbeanspruchte Schweißverbindungen
[7] Abweichend von den Festlegungen in den entsprechenden DIN EN, die für Wanddicken ≤ 12,5 mm bis ≥ 3 mm eine Messlänge von 50 mm (A50) vorsehen, wird in diesem AD 2000-Merkblatt für diesen Dickenbereich generell eine Prüfung mit Proportionalstab (A) vorgeschrieben.

Tafel 3. Berechnungskennwerte in N/mm^2

Werkstoff und Zustand	Kennwert	Berechnungstemperatur in °C						
		−270[6]) bis 20	50	100	150	200	250	300
EN AW-1098 O/H111 und H112	$R_{p1,0}$	17	15	13	–	–	–	–
EN AW-1080A O/H111 und H112	$R_{p1,0}$	22	20	18	–	–	–	–
EN AW-1070A O/H111 und H112	$R_{p1,0}$	25	23	20	–	–	–	–
EN AW-1050A O/H111 und H112	$R_{p1,0}$	30	29	27	–	–	–	–
EN AW-1050A O/H111 und H112	$R_{m/10}^5$	–	–	27	18	11	8	(3)
EN AW-3003 O/H111[2])[5])	$R_{p0,2}$	35	35	–	–	–	–	–
EN AW-3103 O/H111 und H112	$R_{p0,2}$	35	35	–	–	–	–	–
EN AW-6060 T4	$R_{p0,2}$	65	65	–	–	–	–	–
EN AW-5754 O/H111 und H112	$R_{p0,2}$	80	80	70	–	–	–	–
EN AW-5754 O/H111 und H112	$R_{m/10}^5$	–	–	(80)	45	–	–	–
EN AW-5049 O/H111 und H112	$R_{p0,2}$	80	80	70	–	–	–	–
EN AW-5049 O/H111 und H112	$R_{m/10}^5$	–	–	(100)	48	22	16	–
EN AW-5049 H112[1])	$R_{p0,2}$	100	100	90	–	–	–	–
EN AW-5049 H112[1])	$R_{m/10}^5$	–	–	(120)	60	25	20	–
EN AW-5083 O/H111 und H112[2])	$R_{p0,2}$	125	125	(120)	–	–	–	–
EN AW-5083 H112[3])	$R_{p0,2}$	130	130	(120)	–	–	–	–
EN AW-5083 O/H111 und H112[4])[5])	$R_{p0,2}$	110	110	(120)	–	–	–	–
Elastizitätsmodul E		70 000	69 000	68 000	66 000	63 000	57 000	(50 000)

[1]) Die Berechnungskennwerte gelten auch für geschweißte Bauteile, da der Werkstoff nicht im verfestigten Zustand vorliegt.
[2]) Bleche weich und warmgewalzt nach DIN EN 485-2
[3]) Rohre, Stangen, Profile, gepresst nach DIN EN 755-2
[4]) Schmiedestücke nach DIN EN 586-2
[5]) Rohre, Stangen, Profile, weich nach DIN EN 755-2
[6]) Für den Werkstoff EN AW-6060 gilt −196 °C bis 20 °C.

Anhang 1 zum AD 2000-Merkblatt W 6/1

Vereinbarung der AD-Verbände über die Weiterverwendung von Werkstoffen nach früher gültigen DIN-Werkstoffnormen

Die in AD-Merkblatt W 6/1, Ausgabe 01.2000 genannten Werkstoffe dürfen unter Berücksichtigung der Festlegungen des vorgenannten AD-Merkblattes weiter verwendet werden.

Hinweis: Bei Neubestellung von Werkstoffen sollten die DIN EN-Normen berücksichtigt werden.

ICS 23.020.30   Ausgabe Juli 2006

Werkstoffe für Druckbehälter	Kupfer und Kupfer-Knetlegierungen	AD 2000-Merkblatt W 6/2

Die AD 2000-Merkblätter werden von den in der „Arbeitsgemeinschaft Druckbehälter" (AD) zusammenarbeitenden, nachstehend genannten sieben Verbänden aufgestellt. Aufbau und Anwendung des AD 2000-Regelwerkes sowie die Verfahrensrichtlinien regelt das AD 2000-Merkblatt G1.
Die AD 2000-Merkblätter enthalten sicherheitstechnische Anforderungen, die für normale Betriebsverhältnisse zu stellen sind. Sind über das normale Maß hinausgehende Beanspruchungen beim Betrieb der Druckbehälter zu erwarten, so ist diesen durch Erfüllung besonderer Anforderungen Rechnung zu tragen.
Wird von den Forderungen dieses AD 2000-Merkblattes abgewichen, muss nachweisbar sein, dass der sicherheitstechnische Maßstab dieses Regelwerkes auf andere Weise eingehalten ist, z. B. durch Werkstoffprüfungen, Versuche, Spannungsanalyse, Betriebserfahrungen.

    Fachverband Dampfkessel-, Behälter- und Rohrleitungsbau e.V. (FDBR), Düsseldorf
    Hauptverband der gewerblichen Berufsgenossenschaften e.V., Sankt Augustin
    Verband der Chemischen Industrie e.V. (VCI), Frankfurt/Main
    Verband Deutscher Maschinen- und Anlagenbau e.V. (VDMA), Fachgemeinschaft Verfahrenstechnische Maschinen und Apparate, Frankfurt/Main
    Stahlinstitut VDEh, Düsseldorf
    VGB PowerTech e.V., Essen
    Verband der Technischen Überwachungs-Vereine e.V. (VdTÜV), Berlin

Die AD 2000-Merkblätter werden durch die Verbände laufend dem Fortschritt der Technik angepasst. Anregungen hierzu sind zu richten an den Herausgeber:

Verband der Technischen Überwachungs-Vereine e.V., Friedrichstraße 136, 10117 Berlin.

Inhalt

0 Präambel
1 Geltungsbereich
2 Geeignete Werkstoffe
3 Anforderungen
4 Prüfungen
5 Kennzeichnung
6 Nachweis der Güteeigenschaften
7 Kennwerte für die Bemessung

0 Präambel

Zur Erfüllung der grundlegenden Sicherheitsanforderungen der Druckgeräte-Richtlinie kann das AD 2000-Regelwerk angewandt werden, vornehmlich für die Konformitätsbewertung nach den Modulen „G" und „B + F".
Das AD 2000-Regelwerk folgt einem in sich geschlossenen Auslegungskonzept. Die Anwendung anderer technischer Regeln nach dem Stand der Technik zur Lösung von Teilproblemen setzt die Beachtung des Gesamtkonzeptes voraus.
Bei anderen Modulen der Druckgeräte-Richtlinie oder für andere Rechtsgebiete kann das AD 2000-Regelwerk sinngemäß angewandt werden. Die Prüfzuständigkeit richtet sich nach den Vorgaben des jeweiligen Rechtsgebietes.

1 Geltungsbereich

1.1 Dieses AD 2000-Merkblatt gilt für Bleche, Bänder, Platten, nahtlose Rohre und Stangen aus Kupfer und Kupfer-Knetlegierungen zum Bau von Druckbehältern, die bei Betriebstemperaturen sowie Umgebungstemperaturen innerhalb der in Tafel 1 angegebenen Grenztemperaturen[1] betrieben werden.

1.2 Die grundlegenden Anforderungen an die Werkstoffe und an die Werkstoffhersteller sind im AD 2000-Merkblatt W 0 geregelt.

2 Geeignete Werkstoffe

2.1 Für Bleche, Bänder, Platten, nahtlose Rohre, Stangen und Schmiedestücke können die in Tafel 1 angegebenen Werkstoffe innerhalb der angegebenen Temperaturgrenzen verwendet werden. Hinsichtlich Erzeugnisformen und Grenzwerte für die Abmessung gelten die Tafeln 2 bis 5.
Die Verwendung dieser Werkstoffe mit > 65 % Massenanteil Kupfer ist bei Anwesenheit von Acetylen unzulässig

---

[1] Definition der Wandtemperatur und Betriebstemperatur siehe AD 2000-Merkblatt B 0, Abschnitt 5

Ersatz für Ausgabe Februar 2004; | Änderungen gegenüber der vorangehenden Ausgabe

Die AD 2000-Merkblätter sind urheberrechtlich geschützt. Die Nutzungsrechte, insbesondere die der Übersetzung, des Nachdrucks, der Entnahme von Abbildungen, die Wiedergabe auf fotomechanischem Wege und die Speicherung in Datenverarbeitungsanlagen, bleiben, auch bei auszugsweiser Verwertung, dem Urheber vorbehalten.

(BGV B 6 Gase[2])). Bei Verwendung von z. B. Kupfer-Zink-Legierungen ist zu beachten, dass sie gegen die vorkommenden Medien hinreichend beständig sind und dass keine gefährlichen chemischen Reaktionen stattfinden (z. B. ist die BGV B 6 Gase, Anlage 2 – Gastabelle, zu beachten).

2.2 Erzeugnisse aus anderen Kupferlegierungen und Kupfer-Knetlegierungen können nach Eignungsfeststellung durch die zuständige unabhängige Stelle[3)] verwendet werden. Dabei sind die Anwendungsgrenzen, Anforderungen, Prüfmaßgaben, Kennzeichnung und Hinweise zur Weiterverarbeitung (Umformen, Wärmebehandeln, Schweißen, Löten) anzugeben.

Die Werkstoffe sollen folgenden Bedingungen genügen:

Die Bruchdehnung A soll die den Werkstoff kennzeichnenden Werte aufweisen, jedoch für Bleche, Platten und Stangen unabhängig von der Probenrichtung mindestens 14 % betragen. Ist eine Prüfung nur in Längsrichtung möglich, soll die Bruchdehnung A mindestens 16 % betragen. Diese Werte können unterschritten werden, wenn bei der Eignungsfeststellung ausreichende Umformungseigenschaften (z. B. Berstversuch) nachgewiesen werden.

3 Anforderungen

3.1 Für die Zusammensetzung, den Lieferzustand und die Güteeigenschaften gelten die Angaben der nachfolgend aufgeführten Normen, sofern in diesem AD 2000-Merkblatt keine anderen Festlegungen getroffen werden:

DIN EN 1057	– Kupfer und Kupferlegierungen; nahtlose Rundrohre aus Kupfer für Wasser- und Gasleitungen für Sanitärinstallationen und Heizungsanlagen
DIN EN 1652	– Kupfer und Kupferlegierungen; Platten, Bleche, Bänder, Streifen und Ronden zur allgemeinen Verwendung
DIN EN 1653	– Kupfer und Kupferlegierungen; Platten, Bleche und Ronden für Kessel, Druckbehälter und Warmwasserspeicheranlagen
DIN EN 12163	– Kupfer und Kupferlegierungen; Stangen zur allgemeinen Verwendung
DIN EN 12164	– Kupfer und Kupferlegierungen; Stangen für die spanende Bearbeitung
DIN EN 12165	– Kupfer und Kupferlegierungen; Vormaterial für Schmiedestücke
DIN EN 12167	– Kupfer und Kupferlegierungen; Profile und Rechteckstangen zur allgemeinen Verwendung
DIN EN 12420	– Kupfer und Kupferlegierungen; Schmiedestücke
DIN EN 12451	– Kupfer und Kupferlegierungen; Nahtlose Rundrohre für Wärmeaustauscher
DIN EN 12452	– Kupfer und Kupferlegierungen; Nahtlose gewalzte Rippenrohre für Wärmeaustauscher in Verbindung mit den VdTÜV-Werkstoffblättern 420/1 bis 420/3 und 420/5 bis 420/7
DIN EN 12449	– Kupfer und Kupferlegierungen; Nahtlose Rundrohre zur allgemeinen Verwendung
DIN EN 12735-1	– Kupfer und Kupferlegierungen; Nahtlose Rundrohre aus Kupfer für die Kälte- und Klimatechnik – Teil 1: Rohre für Leitungssysteme
DIN EN 12735-2	– Kupfer und Kupferlegierungen; Nahtlose Rundrohre aus Kupfer für die Kälte- und Klimatechnik – Teil 2: Rohre für Apparate
DIN EN 13348	– Kupfer und Kupferlegierungen; Nahtlose Rundrohre aus Kupfer für medizinische Gase

3.2 Für die Werkstoffzustände, mechanischen Eigenschaften und die Langzeit-Warmfestigkeitseigenschaften gelten die Angaben in den Tafeln 6 bis 12.

3.3 Die Erzeugnisformen aus Kupfer-Zink-Legierungen sind im Lieferzustand frei von solchen inneren Spannungen zu halten, die zu Spannungsrisskorrosion führen können.

3.4 Für CuZn38Sn1As sind die 1%-Zeitdehngrenzenwerte Abschätzungen anhand einiger Orientierungswerte.

3.5 Erzeugnisformen aus Cu-DHP dürfen bei einer Glühung in wasserstoffhaltiger Atmosphäre (z. B. beim Schweißen und Hartlöten mit offener Flamme) keine Wasserstoffkrankheit aufweisen.

4 Prüfungen

Die Prüfungen sind nach den zutreffenden DIN EN-Normen durchzuführen. Zusätzliche Prüfungen sind nachfolgend aufgeführt:

4.1 Chemische Zusammensetzung

Die Chemische Zusammensetzung ist nach den entsprechenden Normen für die für das Fertigungslos[4)] verwendeten Schmelzen oder Abgüsse zu bestimmen.

Ist eine unmittelbare Zuordnung des Halbzeuges zur Schmelze nicht möglich (z. B. kontinuierliches Stranggießverfahren), bezeichnet der Begriff „Schmelze" eine Folge zeitlich unmittelbar nacheinander hergestellter Abgüsse.

Findet der bei der Herstellung des Halbzeuges keine Trennung nach Schmelzen oder Abgüssen statt, so sind im Umfang des Zugversuches Analysen am fertigen Halbzeug durchzuführen.

4.2 Maße und Oberflächenbeschaffenheit

Die Einhaltung der Grenzmaße und die Beschaffenheit der Oberfläche jedes Stückes sind zu prüfen.

[2)] In anderen EU-Mitgliedstaaten können abweichende Vorschriften bestehen.

[3)] Die grundlegenden Anforderungen an die zuständige unabhängige Stelle im Sinne des AD 2000-Regelwerkes sind im AD 2000-Merkblatt G 1, Abschnitt 4 festgelegt.

[4)] Das Fertigungslos ist definiert als die Menge der Halbzeugform eines Auftrages aus derselben Werkstoffsorte und Lieferzustandes, gleicher Abmessung und ggf. der gleichen Schmelze, die kontinuierlich in gleicher Fertigungsfolge und gleichen Fertigungseinrichtungen hergestellt wurde.

4.3 Sonstige Prüfungen

4.3.1 Bleche, Bänder und Platten

– Zugversuch

Erzeugnis-form	Dicke mm	Prüfeinheit für den Zugversuch	Probenent-nahmeort	Proben-richtung
Band	alle	Band	Anfang und Ende	
Blech Platte	≤ 20	10 % der Walz-tafeln bzw. Platten, mind. jedoch an einem Stück jedes Fertigungsloses	an einem Ende	quer
	> 20	Walztafel bzw. Platte		

Es ist je Prüfeinheit und Probenentnahmeort ein Zugversuch bei Raumtemperatur durchzuführen. Zu bestimmen sind $R_{p0,2}$ oder $R_{p1,0}$, R_m und A.

4.3.2 Nahtlose Rohre

– Zugversuch

Außen-durchmesser mm	Prüfeinheit für den Zugversuch	Probenent-nahme	Proben-richtung
≤ 76	1500 m eines Fertigungsloses oder 500 kg eines Fertigungsloses, sofern das Fertigungslos größer als 5000 m ist	an einem Ende	längs
> 76	500 kg eines Fertigungsloses		

Es ist je Prüfeinheit und Probenentnahmeort ein Zugversuch bei Raumtemperatur durchzuführen. Je Fertigungslos[4] sind jedoch mindestens zwei Zugversuche durchzuführen. Zu bestimmen sind $R_{p0,2}$ oder $R_{p1,0}$, R_m und A.

– Aufweitversuch

Entsprechend der Anzahl der Zugversuche sind Aufweitversuche nach DIN EN ISO 8493 an beiden Enden der Proberohre durchzuführen. Eine Aufweitung des Außendurchmessers um 30% darf zu keinem Anriss führen.

– Dichtheitsprüfung

Alle Rohre sind auf Dichtheit zu prüfen. Die Prüfung wird im harten oder weichen Zustand der Rohre mit Wirbelstrom nach dem DKI-Werkstoff-Prüfblatt Nr. 781, Prüfklasse A[5], durchgeführt. Falls der Besteller es verlangt, kann anstelle der Wirbelstromprüfung auch der Innendruckversuch nach DIN 50104 mit einem Überdruck von max. 50 bar benutzt werden.

– Gefügeuntersuchung

Je 1000 Rohre, maximal jedoch nur im Umfang der Zugversuche, ist eine Gefügeuntersuchung durchzuführen; dabei ist der mittlere Korndurchmesser zu ermitteln (siehe DIN EN 12451 und EN ISO 2624).

---

[5] Für Rohre mit höheren Anforderungen kann eine andere Prüfklasse vereinbart werden.

– Prüfung auf Spannungsfreiheit

Im Umfang des Zugversuches sind bei Rohren aus Kupfer-Zink-Legierungen Prüfungen in Quecksilbernitrat (DIN EN ISO 196) oder Ammoniak bzw. Kupfertetramin (DIN 50916-1) auf Spannungsfreiheit durchzuführen.

4.3.3 Stangen

– Zugversuch

Prüfeinheit für den Zugversuch	Proben-entnahmeort	Proben-richtung
Fertigungslos, Abmessung und 500 kg Liefergewicht	an einem Ende	längs

Stangen etwa gleicher Abmessungen können zu einer Prüfeinheit zusammengefasst werden, sofern nicht durch unterschiedliche Umformung (Durchknetung) abweichende Eigenschaften der einzelnen Teile bedingt sind. Die Gleichmäßigkeit der Teile ist durch Härteprüfung nachzuweisen.
Es ist je Prüfeinheit und Probenentnahmeort ein Zugversuch bei Raumtemperatur durchzuführen. Je Fertigungslos[4] werden jedoch höchstens vier Zugversuche durchgeführt. Zu bestimmen sind $R_{p0,2}$ oder $R_{p1,0}$, R_m und A.

4.3.4 Schmiedestücke

– Zugversuch

Prüfeinheit für den Zugversuch	Probenrichtung
Fertigungslos, Abmessung und 500 kg Liefergewicht	quer oder tangential

Schmiedestücke etwa gleicher Abmessungen können zu einer Prüfeinheit zusammengefasst werden, sofern nicht unterschiedliches Schmieden abweichende Eigenschaften der einzelnen Teile bedingt sind. Die Gleichmäßigkeit der Teile ist durch Härteprüfung nachzuweisen.
Es ist je Prüfeinheit ein Zugversuch bei Raumtemperatur durchzuführen. Je Fertigungslos[4] werden jedoch höchstens vier Zugversuche durchgeführt. Zu bestimmen sind $R_{p0,2}$ oder $R_{p1,0}$, R_m und A.

5 Kennzeichnung

5.1 Alle Erzeugnisse sind mit
– Zeichen des Herstellers,
– Werkstoffkurzzeichen oder Werkstoffnummer,
– Nummer des Fertigungsloses[4],
– Zeichen der zuständigen unabhängigen Stelle oder des Werkssachverständigen
zu kennzeichnen.

5.2 Zur Kennzeichnung ist wasserunlösliche Farbe oder eine andere geeignete dauerhafte Stempelung zu verwenden.

5.3 Bleche, Bänder, Platten und Schmiedestücke sind zusätzlich mit der Proben-Nummer zu kennzeichnen.
Bei Blechen und Bändern ≤ 5 mm Dicke aus Kupfer-Zink-Legierungen sind Kennzeichnungen durch Schlagstempel unzulässig.

5.4 Bei nahtlosen Rohren mit Wanddicken ≤ 5 mm aus Kupfer-Zink-Legierungen sind Kennzeichnungen durch

Schlagstempel unzulässig. Eine Rollenstempelung über die gesamte Länge ist bei Rohren und Stangen zulässig. Werden die Rohre oder Stangen in Kisten oder Bündeln geliefert, so ist bei Rohren bei einem äußeren Durchmesser ≤ 20 mm und bei Stangen mit einer Dicke (Durchmesser, Kantenlänge, Schlüsselweite oder Breite) ≤ 25 mm eine Sammelbezeichnung, an der Kiste durch Aufkleber oder am Bündel durch Anhängeschild, zulässig.

6 Nachweis der Güteeigenschaften

6.1 Bleche, Bänder und Platten

Über die mechanischen Eigenschaften, die Oberflächenbeschaffenheit und für Maßprüfungen sind die folgenden Abnahmeprüfzeugnisse nach DIN EN 10204 erforderlich:

– Erzeugnisse aus Cu-DHP	Abnahmeprüfzeugnis 3.1[6]
– Erzeugnisse aus CuAl10Ni5Fe4	Abnahmeprüfzeugnis 3.2

für alle anderen Werkstoffe gilt:

– Band	Abnahmeprüfzeugnis 3.1[6]
– Blech und Platte, die nicht für Rohrböden vorgesehen sind	
≤ 20 mm Dicke	Abnahmeprüfzeugnis 3.1[6]
> 20 mm Dicke	Abnahmeprüfzeugnis 3.2
– Blech und Platte für Rohrböden	
≤ 60 mm Dicke	Abnahmeprüfzeugnis 3.1[6]
> 60 mm Dicke	Abnahmeprüfzeugnis 3.2

6.2 Nahtlose Rohre

Die chemische Zusammensetzung und die Prüfung der Rohre auf Dichtheit werden durch ein Abnahmeprüfzeugnis 3.1 nach DIN EN 10204 bescheinigt.

Über die mechanisch-technologischen Eigenschaften, Prüfung auf Spannungsfreiheit, das Gefüge, die Oberflächenbeschaffenheit und für Maßprüfungen sind die folgenden Abnahmeprüfzeugnisse nach DIN EN 10204 erforderlich:

– Erzeugnisse aus Cu-DHP	Abnahmeprüfzeugnis 3.1[6]

für alle anderen Werkstoffe gilt:

≤ 2,0 mm Wanddicke	Abnahmeprüfzeugnis 3.1[6]
> 2,0 mm Wanddicke	Abnahmeprüfzeugnis 3.2

6.3 Stangen

Über die mechanischen Eigenschaften, die Oberflächenbeschaffenheit und für Maßprüfungen sind die folgenden Abnahmeprüfzeugnisse nach DIN EN 10204 erforderlich:

– Erzeugnisse aus Cu-DHP	Abnahmeprüfzeugnis 3.1[6]
– Erzeugnisse aus CuAl10Ni5Fe4	Abnahmeprüfzeugnis 3.2

für alle anderen Werkstoffe gilt:

≤ 60 mm Dicke / Durchmesser	Abnahmeprüfzeugnis 3.1[6]
> 60 mm Dicke / Durchmesser	Abnahmeprüfzeugnis 3.2

6.4 Schmiedestücke

Über die mechanischen Eigenschaften, die Oberflächenbeschaffenheit und für Maßprüfungen sind die folgenden Abnahmeprüfzeugnisse nach DIN EN 10204 erforderlich:

≤ 80 mm Dicke	Abnahmeprüfzeugnis 3.1[6]
> 80 mm Dicke	Abnahmeprüfzeugnis 3.2

6.5 Inhalt der Abnahmeprüfzeugnisse nach DIN EN 10204

Die Abnahmeprüfzeugnisse müssen die in den Technischen Lieferbedingungen/Normen geforderten Angaben enthalten. Außerdem ist in jedem Abnahmeprüfzeugnis die der Lieferung zugrunde liegende Technische Lieferbedingung/Norm (z. B. DIN EN 12165) und Technische Regel (AD 2000-Merkblatt W 6/2) anzugeben.

6.6
Die Gültigkeit der Prüfbescheinigung nach DIN EN 10204:2005 ist im AD 2000-Merkblatt W 0, Abschnitt 3.4 geregelt.

7 Kennwerte für die Bemessung

7.1 In den Tafeln 6 bis 11 sind die Mindestwerte für 0,2%- oder 1,0%-Dehngrenze, für Cu-DHP R200 und R220 auch die Mindestzugfestigkeit, in Abhängigkeit von der Temperatur angegeben (Kurzzeitwerte). Für die Berechnung von Druckbehältern aus duktilen Kupferwerkstoffen kann im Kurzzeitbereich anstelle der 0,2%-Dehngrenze die 1,0%-Dehngrenze verwendet werden, wenn das Verhältnis 0,2%-Dehngrenze zur Zugfestigkeit bei Raumtemperatur ≤ 0,5 ist und die Bruchdehnung in Querrichtung mindestens 25% oder in Längsrichtung mindestens 27% beträgt.

7.2 In den Tafeln 12.1 bis 12.3 sind Zeitdehngrenzwerte in Abhängigkeit von Temperatur und Auslegungsdauer angegeben. Es handelt sich dabei um die untere Streubandgrenze für die Zeitdehngrenzen und bei Cu-DHP R250 zusätzlich um den Mittelwert der Zeitstandfestigkeit. Der für Stähle in der Regel verwendete Mittelwert der Zeitstandfestigkeit kann für Kupfer und Kupferlegierungen nicht verwendet werden, weil dabei zu hohe plastische Verformungen auftreten.

7.3 Die Tafeln 13.1 bis 13.3 enthalten die jeweils zulässige Spannung K/S. Sie ergibt sich aus dem jeweils kleinsten Wert von 0,2%-Dehngrenze / 1,5 oder 1,0%-Dehngrenze / 1,5 und 1%-Zeitdehngrenze / 1,0. Für Cu-DHP R200 und R220 ergibt sich die zulässige Spannung K/S aus Zugfestigkeit / 3,5 für geschweißte und ungeschweißte Teile oder Zugfestigkeit/4 für gelötete Teile, obwohl dabei nicht auszuschließen ist, dass das Bauteil im Laufe der Betriebszeit eine plastische Verformung von mehr als 1% erfahren kann.

Die zulässigen Spannungen bei Raumtemperatur gelten bis 50 °C. Für die übrigen Temperaturen ist zwischen den angegebenen Werten linear zu interpolieren.

7.4 Für geschweißte, hartgelötete oder wärmebehandelte Bauteile sind bei der Berechnung die Kennwerte des Werkstoffzustandes mit den niedrigsten Kennwerten zugrunde zu legen.

7.5 Die Tafel 14 enthält Angaben zum Elastizitätsmodul. Die Streuung beträgt ± 5%.

---

[6] Der Hersteller hat der zuständigen unabhängigen Stelle, unterteilt nach Abmessungsbereichen, den Nachweis der ausreichenden statistischen Sicherheit zu erbringen. Dieser Nachweis ist in bestimmten Zeitabständen (1 bis 2 Jahre) zu wiederholen, sofern dies nicht im Rahmen sonstiger Abnahmen geschieht.

Tafel 1. Geeignete Werkstoffe

Werkstoffkurzzeichen	Werkstoff-nummer	Werkstoffzustände[1]	Grenztemperatur[2]
Cu-DHP	CW024A	R200, R220, R240, R250	− 269 bis 250 °C
CuZn40	CW509L	R340, H075, R400	− 196 bis 250 °C
CuZn39Pb0,5	CW610N	R340, R400	− 196 bis 250 °C
CuZn39Pb2Sn	CW613N	H075	− 196 bis 250 °C
CuZn40Pb2	CW617N	R360, H075	− 196 bis 250 °C
CuZn20Al2As	CW702R	R300, R330, R340, R390	− 10[3] bis 250[4] °C
CuZn28Sn1As	CW706R	R320, R360	− 269 bis 250[4] °C
CuZn38Sn1As	CW717R	R340, R400	− 10[3] bis 250 °C
CuZn38AlFeNiPbSn	CW715R	R390, R430	− 196 bis 250 °C
CuNi10Fe1Mn	CW352H	R280, R290, R300, R320, R350, H070	− 269 bis 300 °C
CuNi30Mn1Fe	CW354H	R320, R340, R350, R370, R410, H080, H090	− 269 bis 350 °C
CuAl10Ni5Fe4	CW307G	R620, H170	− 10[3] bis 250 °C
CuNi30Fe2Mn2	CW353H	R420	− 269 bis 250 °C

[1] Der Zustand wird in EN 1173 definiert (z. B. Zustand R = bezeichnet mit dem kleinsten Wert für die Anforderungen an die Zugfestigkeit für das Produkt mit vorgeschriebenen Anforderungen an die Zugfestigkeit, 0,2 %-Dehngrenze und Bruchdehnung).
[2] Die tiefsten Temperaturen gelten für ungeschweißte Teile. Für geschweißte Teile legt die zuständige unabhängige Stelle die niedrigsten Einsatztemperaturen fest.
[3] Diese Werkstoffe sind auch für tiefere Einsatztemperaturen geeignet. Prüfergebnisse liegen zur Zeit nicht vor.
[4] CuZn20Al2As, R300, R330 und CuZn28Sn1As R320 nur bis 150 °C

Anmerkung zu den Werkstoffen:
Die nachfolgend aufgeführten Werkstoffe sind in folgenden Normen enthalten (siehe auch Abschnitte 3.2 und 3.6)

Cu-DHP:	DIN EN 1057, 1652, 1653, 12163, 12165, 12167, 12451, 12452, 12449, 12735-1, 13348
CuZn40:	DIN EN 1652, 12163, 12165, 12167, 12420, 12449
CuZn39Pb0,5:	DIN EN 1652, 1653, 12164, 12167, 12420
CuZn39Pb2Sn:	DIN EN 12420
CuZn40Pb2:	DIN EN 12420, 12164
CuZn20Al2As:	DIN EN 1652, 1653, 12449, 12451, 12167
CuZn28Sn1As:	DIN EN 12451, 12452
CuZn38Sn1As:	DIN EN 1653, 12164
CuZn38AlFeNiPbSn:	DIN EN 1653
CuNi10Fe1Mn:	DIN EN 1652, 1653, 12451, 12452, 12163, 12165, 12420, 12449
CuNi30Mn1Fe:	DIN EN 1652, 1653, 12451, 12452, 12163, 12165, 12420, 12449
CuAl10Ni5Fe4:	DIN EN 1653, 12163, 12165, 12167, 12420
CuNi30Fe2Mn2:	DIN EN 12451

Tafel 2. Geeignete Werkstoffe, Werkstoffzustände und Abmessungen für Bleche, Bänder und Platten

Werkstoffkurzzeichen	Werkstoffzustand	Werkstoffnummer	Dicke in mm DIN EN 1652	Dicke in mm DIN EN 1653
Cu-DHP	R200 R220 R240	CW024A	> 5 bis ≤ 15 ≥ 0,2 bis ≤ 5 ≥ 0,2 bis ≤ 15	> 15 bis ≤ 50 — —
CuZn40	R340 R400	CW509L	≥ 0,3 bis ≤ 10 ≥ 0,3 bis ≤ 10	
CuZn39Pb0,5	R340 R400	CW610N	≥ 0,3 bis ≤ 10 ≥ 0,3 bis ≤ 10	> 2,5 bis ≤ 40 > 10 bis ≤ 40
CuZn20Al2As	R300 R330 R390	CW702R	— ≥ 3 bis ≤ 15 ≥ 3 bis ≤ 15	> 2,5 bis ≤ 80 > 10 bis ≤ 40
CuZn38Sn1As	R340 R400	CW717R		> 2,5 bis ≤ 75 > 2,5 bis ≤ 40
CuZn38AlFeNiPbSn	R390 R430	CW715R		> 2,5 bis ≤ 120 > 2,5 bis ≤ 40
CuNi10Fe1Mn	R300 R320 R350	CW352H	≥ 0,3 bis ≤ 15 ≥ 0,3 bis ≤ 15 —	> 2,5 bis ≤ 10 > 2,5 bis ≤ 60 > 10 bis ≤ 40
CuNi30Mn1Fe	R350 R410	CW354H	≥ 0,3 bis ≤ 15 ≥ 0,3 bis ≤ 15	— > 10 bis ≤ 40
CuAl10Ni5Fe4	R620	CW307G		> 15 bis ≤ 50

Tafel 3. Geeignete Werkstoffe, Werkstoffzustände und Abmessungen für nahtlose Rohre

Werkstoffkurzzeichen	Werkstoffzustand	Werkstoffnummer	Wanddicke mm	max. Durchmesser mm
Cu-DHP	R200 R220 R250	CW024A	> 3 ≤ 3 ≤ 5	200 108 108
CuZn20Al2As	R340 R390	CW702R	≤ 5 ≤ 5	76 76
CuZn28Sn1As	R320 R360	CW706R	≤ 5 ≤ 5	76 76
CuNi10Fe1Mn	R290	CW352H	≤ 5	76
CuNi30Mn1Fe	R370	CW354H	≤ 5	76
CuNi30Fe2Mn2	R420	CW353H	≤ 3	76

Tafel 4. Geeignete Werkstoffe, Werkstoffzustände und Abmessungen für Stangen

Werkstoffkurzzeichen	Werkstoffzustand	Werkstoffnummer	Durchmesser mm
Cu-DHP	R200 R240	CW024A	> 2 bis ≤ 80 > 6 bis ≤ 60
CuZn40	R340 R400	CW509L	≥ 2 bis ≤ 80 > 6 bis ≤ 60
CuZn40Pb2	R360	CW617N	> 40 bis ≤ 80
CuNi10Fe1Mn	R280	CW352H	≥ 10 bis ≤ 80
CuNi30Mn1Fe	R340	CW354H	≥ 10 bis ≤ 80
CuAl10Ni5Fe4	H170	CW307G	≥ 10 bis ≤ 80

Tafel 5. Geeignete Werkstoffe, Werkstoffzustände und Abmessungen für Schmiedestücke

Werkstoffkurzzeichen	Werkstoffzustand	Werkstoffnummer	Dicke mm
CuZn40	H075	CW509L	bis 120
CuZn39Pb2Sn	H075	CW613N	bis 120
CuZn40Pb2	H075	CW617N	bis 120
CuNi10Fe1Mn	H070	CW352H	bis 100
CuNi30Mn1Fe	H080 H090	CW354H	bis 100
CuAl10Ni5Fe4	H170	CW307G	bis 100

Tafel 6. Mechanische Eigenschaften bei Raumtemperatur für Bleche, Bänder und Platten

Werkstoffkurzzeichen	Werkstoff-zustand	Proben-richtung	$R_{p0,2}$ MPa mind.	$R_{p1,0}$ MPa mind.	R_m MPa mind.	$A^{1)}$ % mind.	$A^{2)}$ % mind.
Cu-DHP	R200	quer	40	60	200	42	33
	R220		45	65	220	42	–
	R240		180	–	240	15	–
CuZn40	R340		120	140	340	43	–
	R400		240	–	400	23	–
CuZn39Pb0,5	R340		120	140	340	43	30
	R400		200	–	400	23	23
CuZn20Al2As	R300		90	100	300	–	35
	R330		90	100	330	30	–
CuZn38Sn1As	R390		240	–	390	–	35
	R340		140	175	340	–	30
	R400		200	–	400	–	18
CuZn38AlFeNiPbSn	R390		140	180	390	–	25
	R430		200	–	430	–	20
CuNi10Fe1Mn	R300		120	145	300	30	25
	R320		200	–	320	15	15
	R350		250	–	350	–	14
CuNi30Mn1Fe	R350		150	140	350	35	–
	R410		300	–	410	14	14
CuAl10Ni5Fe4	R620		270	–	620	14	–

[1)] Bruchdehnung nach DIN EN 1652
[2)] Bruchdehnung nach DIN EN 1653

Tafel 7. Mechanische Eigenschaften bei Raumtemperatur für nahtlose Rohre

Werkstoffkurzzeichen	Werkstoff-zustand	Proben-richtung	$R_{p0,2}$ MPa mind.	$R_{p1,0}$ MPa mind.	R_m MPa mind.	A % mind.
Cu-DHP	R200	längs	40	60	200	40
	R220		45	65	220	40
	R250		150	–	250	20
CuZn20Al2As	R340		120	130	340	55
	R390		150	160	390	45
CuZn28Sn1As	R320		100	105	320	55
	R360		140	150	360	45
CuNi10Fe1Mn	R290		90	115	290	30
CuNi30Mn1Fe	R370		120	140	370	35
CuNi30Fe2Mn2	R420		150	–	420	30

Tafel 8. Mechanische Eigenschaften bei Raumtemperatur für Stangen und Schmiedestücke

Werkstoffkurzzeichen	Werkstoff-zustand	Proben-richtung	$R_{p0,2}$ MPa mind.	$R_{p1,0}$ MPa mind.	R_m MPa mind.	A % mind.
Cu-DHP	R200	längs, quer oder tangential	40	60	200	35
	R240		160	–	240	18
CuZn40	R340		120	140	340	25
	R400		250	–	400	20
	H075		120	140	340	25
CuZn39Pb2Sn	H075		120	140	340	20
CuZn40Pb2	R360		120	140	360	20
	H075		120	140	340	20
CuNi10Fe1Mn	R280		100	125	280	30
	H070		100	125	280	25
	R340		120	140	340	30
CuNi30Mn1Fe	H080		120	140	310	20
	H090		120	140	340	25
CuAl10Ni5Fe4	H170		270	–	620	15

Tafel 9. Mechanische Eigenschaften bei erhöhten Temperaturen für Bleche, Bänder und Platten

Werkstoffkurzzeichen	Werkstoff-zustand	Prüfwertart	Mindestwert bei Temperatur °C					
			50	100	150	200	250	300	350
			MPa						
Cu-DHP	R200	$R_{p1,0}$	60	55	55	–	–	–	–
		R_m	200	200	175	150	125	–	–
	R220	$R_{p1,0}$	65	58	58	–	–	–	–
		R_m	220	220	195	170	145	–	–
CuZn40	R240	$R_{p0,2}$	180	170	160	150	–	–	–
	R340	$R_{p1,0}$	140	137	137	132	–	–	–
	R400	$R_{p0,2}$	240	220	200	–	–	–	–
CuZn39Pb0,5	R340	$R_{p1,0}$	140	137	137	132	–	–	–
	R400	$R_{p0,2}$	200	190	180	–	–	–	–
CuZn20Al2As	R300	$R_{p1,0}$	100	86	86	–	–	–	–
	R330	$R_{p1,0}$	100	86	86	–	–	–	–
	R390	$R_{p0,2}$	240	230	225	–	–	–	–
CuZn38Sn1As	R340	$R_{p1,0}$	175	172	168	–	–	–	–
	R400	$R_{p0,2}$	200	190	180	–	–	–	–
CuZn38AlFeNiPbSn	R390	$R_{p1,0}$	180	175	172	170	–	–	–
	R430	$R_{p0,2}$	200	185	185	175	–	–	–
CuNi10Fe1Mn	R300	$R_{p1,0}$	145	138	133	128	123	118	–
	R320	$R_{p0,2}$	200	190	185	175	170	165	–
	R350	$R_{p0,2}$	250	235	225	220	210	205	–
CuNi30Mn1Fe	R350	$R_{p1,0}$	175	163	158	153	148	143	138
	R410	$R_{p0,2}$	300	275	265	260	255	245	240
CuAl10Ni5Fe4	R620	$R_{p0,2}$	270	265	260	260	250	–	–

Tafel 10. Mechanische Eigenschaften bei erhöhten Temperaturen für nahtlose Rohre

Werkstoffkurzzeichen	Werkstoff-zustand	Prüfwertart	Mindestwert bei Temperatur °C						
			50	100	150	200	250	300	350
			MPa						
Cu-DHP	R200	$R_{p1,0}$	60	55	55	–	–	–	–
		R_m	200	200	175	150	125	–	–
	R220	$R_{p1,0}$	65	58	58	–	–	–	–
		R_m	220	220	195	170	145	–	–
CuZn20Al2As	R250	$R_{p0,2}$	150	135	130	125	120	–	–
	R340	$R_{p1,0}$	130	125	125	120	–	–	–
	R390	$R_{p1,0}$	160	148	143	138	–	–	–
CuZn28Sn1As	R320	$R_{p1,0}$	105	103	100	–	–	–	–
	R360	$R_{p1,0}$	150	144	140	135	–	–	–
CuNi10Fe1Mn	R290	$R_{p1,0}$	115	108	105	102	98	93	–
CuNi30Mn1Fe	R370	$R_{p1,0}$	140	130	126	123	120	117	112
CuNi30Fe2Mn2	R420	$R_{p0,2}$	150 (145)	140	135	125	120	–	–

Tafel 11. Mechanische Eigenschaften bei erhöhten Temperaturen für Stangen und Schmiedestücke

Werkstoffkurzzeichen	Werkstoff-zustand	Prüfwertart	Mindestwert bei Temperatur °C						
			50	100	150	200	250	300	350
			MPa						
Cu-DHP	R200	$R_{p1,0}$	60	55	55	–	–	–	–
		R_m	200	200	175	150	125	–	–
	R240	$R_{p0,2}$	160	140	130	125	120	–	–
CuZn40	R340	$R_{p1,0}$	140	137	137	132	–	–	–
	R400	$R_{p0,2}$	250	225	200	–	–	–	–
CuZn39Pb2Sn	H075	$R_{p1,0}$	140	137	137	132	–	–	–
	H075	$R_{p1,0}$	140	137	137	132	–	–	–
CuZn40Pb2	R360	$R_{p1,0}$	140	137	137	132	–	–	–
	H075	$R_{p1,0}$	140	137	137	132	–	–	–
CuNi10Fe1Mn	R280	$R_{p1,0}$	125	118	114	109	104	99	–
	H070	$R_{p1,0}$	125	118	114	109	104	99	–
CuNi30Mn1Fe	R340	$R_{p1,0}$	140	130	126	123	120	117	112
	H080	$R_{p1,0}$	140	130	126	123	120	117	112
	H090	$R_{p1,0}$	140	130	126	123	120	117	112
CuAl10Ni5Fe4	H170	$R_{p0,2}$	270	265	260	260	250	–	–

Tafel 12.1 Langzeit-Warmfestigkeitseigenschaften für Cu-DHP R200 und R220

Temperatur °C	2%-Zeitdehngrenze für			
	10 000 h	30 000 h	50 000 h	100 000 h
	MPa			
100	58	57	57	56
110	57	56	56	55
120	56	54	54	53
130	55	54	53	52
140	54	53	52	51
150	53	51	50	49
160	52	50	49	47
170	51	49	48	46
180	49	47	46	44
190	47	45	44	42
200	46	43	42	40
210	44	41	40	38
220	42	39	38	36
230	40	37	36	34
240	39	36	34	32
250	37	34	32	30

Tafel 12.2 Langzeit-Warmfestigkeitseigenschaften für Cu-DHP R240 und R250

Temperatur °C	1%-Zeitdehngrenze für				Zeitstandfestigkeit (Mittelwert) für			
	10 000 h	30 000 h	50 000 h	100 000 h	10 000 h	30 000 h	50 000 h	100 000 h
	MPa				MPa			
150	160	153	146	145	212	204	200	195
160	154	145	141	136	207	196	192	187
170	147	138	133	126	202	188	184	177
180	139	128	123	117	196	180	175	166
190	130	118	113	106	188	171	164	155
200	122	108	103	94	180	161	153	143
210	112	98	91	82	170	148	139	129
220	102	86	79	69	159	134	124	114
230	90	73	65	55	145	120	111	99
240	78	61	52	42	128	103	94	82
250	66	49	39	28	109	84	76	64

Tafel 12.3 Langzeit-Warmfestigkeitseigenschaften der Werkstoffe nach Tafel 1, ausgenommen Cu-DHP

Werkstoffkurzzeichen und Werkstoffzustände	Temperatur °C	1%-Zeitdehngrenze für MPa			
		10 000 h	30 000 h	50 000 h	100 000 h
CuZn40 R340, H075, R400 CuZn39Pb0,5 R340, R400 CuZn39Pb2Sn H075 CuZn40Pb2 R360, H075 CuZn38Sn1As R340, R400	100	145	135	130	125
	110	139	126	120	114
	120	130	117	111	104
	130	120	106	100	93
	140	108	95	89	82
	150	96	84	78	72
	160	84	72	67	61
	170	72	61	56	50
	180	60	51	46	40
	190	48	39	35	31
	200	37	30	27	24
	210	29	23	21	18
	220	23	18	16	13
	230	18	14	12	9
	240	14	11	9	7
	250	12	9	7	5
CuZn20Al2As R300, R330, R340, R390	100	175	167	164	160
	110	165	156	152	148
	120	155	146	142	137
	130	145	136	131	126
	140	135	125	120	115
	150	125	114	109	104
	160	116	104	98	92
	170	106	93	87	81
	180	96	83	76	70
	190	86	72	65	59
	200	77	62	55	48
	210	67	52	46	38
	220	57	43	36	29
	230	46	33	27	21
	240	34	24	20	15
	250	24	16	13	10
CuZn28Sn1As R320, R360	150	112	104	100	96
	160	107	97	92	87
	170	100	87	81	74
	180	92	75	67	58
	190	81	63	55	46
	200	68	52	44	36
	210	54	40	34	27
	220	43	31	26	20
	230	33	24	20	15
	240	25	17	14	10
	250	19	13	11	8

Tafel 12.3 (Fortsetzung)

Werkstoffkurzzeichen und Werkstoffzustände	Temperatur °C	1 %-Zeitdehngrenze für			
		10 000 h	30 000 h	50 000 h	100 000 h
		MPa			
CuZn38AlFeNiPbSn R390, R430	100	144	138	137	132
	110	137	131	128	125
	120	130	124	121	118
	130	123	116	113	110
	140	116	108	105	101
	150	108	100	96	92
	160	100	91	87	82
	170	91	81	77	72
	180	82	72	67	62
	190	73	63	58	53
	200	64	54	49	44
	210	55	45	41	36
	220	46	37	33	29
	230	38	30	26	22
	240	31	23	20	16
	250	24	17	14	11
CuNi10Fe1Mn R280, R290, R300, R320, R350, H070	200	98	96	95	94
	210	96	94	93	92
	220	94	92	91	90
	230	92	90	89	88
	240	90	88	87	86
	250	88	85	84	83
	260	86	83	82	80
	270	83	80	79	77
	280	80	76	75	73
	290	77	72	70	68
	300	74	68	65	62
CuNi30Mn1Fe R320, R340, R350, R370, R410, H080, H090 CuNi30Fe2Mn2 R420 jedoch nur bis 250 °C	200	107	104	103	102
	210	105	102	101	100
	220	104	101	100	99
	230	102	99	98	97
	240	101	98	97	96
	250	99	96	95	94
	260	98	95	94	92
	270	96	93	92	91
	280	95	92	91	89
	290	93	90	89	88
	300	92	89	88	86
	310	90	87	86	84
	320	89	86	85	83
	330	87	84	83	82
	340	86	83	82	80
	350	84	81	80	78
CuAl10Ni5Fe4 R620, H170	150	252	242	237	232
	160	243	233	228	224
	170	236	226	221	216
	180	229	219	214	209
	190	223	213	208	203
	200	218	207	202	198
	210	213	202	197	193
	220	210	199	193	188
	230	207	196	190	185
	240	205	194	188	182
	250	204	192	186	180

Tafel 13.1 Zulässige Spannung K/S für Blech, Band oder Platte

Temperatur °C	Zulässige Spannung K/S in MPa für Auslegungsdauer in h									
	Cu-DHP				CuZn40 und CuZn39Pb0,5					
	R200	R200[1]	R220	R220[1]	R240		R340		R400		R400[2]
			bis 100 000 || 10 000	100 000	10 000	100 000	10 000	100 000	10 000	100 000
20/50	57	50	63	55	120	120	93	160	160	160	133	133
100	57	50	63	55	113	113	91	145	145	125	127	125
110	56	49	62	54	112	112	91	139	139	114	125	114
120	54	48	60	53	111	111	91	130	130	104	125	104
130	53	46	59	51	109	109	91	120	120	93	120	93
140	51	45	57	50	108	108	91	108	108	82	108	82
150	50	44	56	49	107	107	91	96	96	72	96	72
160	49	43	54	48	106	106	84	84	84	61	84	61
170	47	41	53	46	104	104	72	72	72	50	72	50
180	46	40	51	45	103	103	60	60	60	40	60	40
190	44	39	50	44	101	101	48	48	48	31	48	31
200	43	38	49	43	100	94	37	37	37	24	37	24
210	41	36	47	41	99	82	29	29	29	18	29	18
220	40	35	46	40	97	69	23	23	23	13	23	13
230	39	34	44	39	90	55	18	18	18	9	18	9
240	37	33	43	38	78	42	14	14	14	7	14	7
250	36	31	41	36	66	28	12	12	12	5	12	5

[1] gelötet
[2] > 10 bis ≤ 40 mm

Temperatur °C	Zulässige Spannung K/S in MPa für Auslegungsdauer in h								
	CuZn20Al2As			CuZn38Sn1As				CuZn38AlFeNiPbSn		
	R300/R330	R390		R340		R400		R390		R430
	bis 100 000	10 000	100 000	10 000	100 000	10 000	100 000	10 000	100 000	10 000	100 000
20/50	67	160	160	117	117	133	133	120	120	133	133
100	57	153	153	115	115	127	125	117	117	123	123
110	57	153	148	114	114	125	114	116	116	123	123
120	57	153	137	114	104	124	104	116	116	123	118
130	57	145	126	113	93	120	93	115	110	123	110
140	57	135	115	108	82	108	82	115	101	116	101
150	57	125	104	96	72	96	72	108	92	108	92
160		116	92	84	61	84	61	100	82	100	82
170		106	81	72	50	72	50	91	72	91	72
180		96	70	60	40	60	40	82	62	82	62
190	kein	86	59	48	31	48	31	73	53	73	53
200	Einsatz	77	48	37	24	37	24	64	44	64	44
210	über	67	38	29	18	29	18	55	36	55	36
220	150 °C	57	29	23	13	23	13	46	29	46	29
230		46	21	18	9	18	9	38	22	38	22
240		34	15	14	7	14	7	31	16	31	16
250		24	10	12	5	12	5	24	11	24	11

Tafel 13.1 (Fortsetzung)

Temperatur °C	Zulässige Spannung K/S in MPa für Auslegungsdauer in h									
	CuNi10Fe1Mn						CuNi30Mn1Fe				CuAl10Ni5Fe4
	R300		R320		R350		R350		R410		R620, H170
	10 000	100 000	10 000	100 000	10 000	100 000	10 000	100 000	10 000	100 000	bis 100 000
20/50	97	97	133	133	167	167	117	117	200	200	180
100	92	92	127	127	157	157	109	109	183	183	177
110	91	91	126	126	156	156	108	108	182	182	176
120	91	91	125	125	154	154	107	107	181	181	175
130	90	90	125	125	153	153	107	107	179	179	175
140	90	90	124	124	151	151	106	106	178	178	174
150	89	89	123	123	150	150	105	105	177	177	173
160	88	88	122	122	149	149	104	104	176	176	173
170	87	87	121	121	149	149	104	104	175	175	173
180	87	87	119	119	148	148	103	103	175	175	173
190	86	86	118	118	148	148	103	103	174	174	173
200	85	85	117	117	147	147	102	102	173	173	173
210	85	85	110	110	134	134	101	100	157	157	172
220	84	84	103	103	121	121	101	99	141	141	171
230	83	83	96	96	108	108	100	97	125	125	169
240	83	83	89	89	95	95	99	96	109	109	168
250	82	82	83	83	83	83	99	94	94	94	167
260	81	80	83	80	83	80	98	92	94	92	–
270	81	77	83	77	83	77	96	91	94	91	–
280	80	73	80	73	80	73	95	89	94	89	–
290	77	68	77	68	77	68	93	88	93	88	–
300	74	62	74	62	74	62	92	86	92	86	–
310	–	–	–	–	–	–	90	84	90	84	–
320	–	–	–	–	–	–	89	83	89	83	–
330	–	–	–	–	–	–	87	82	87	82	–
340	–	–	–	–	–	–	86	80	86	80	–
350	–	–	–	–	–	–	84	78	84	78	–

Tafel 13.2 Zulässige Spannung K/S für nahtlose Rohre

Temperatur °C	Zulässige Spannung K/S in MPa für Auslegungsdauer in h								
	Cu-DHP						CuZn20Al2As		
	R200	R200[1)]	R220	R220[1)]	R250		R340		R390
	bis 100 000				10 000	100 000	10 000	100 000	10 000	100 000
20/50	57	50	63	55	100	100	87	87	107	107
100	57	50	63	55	90	90	83	83	99	99
110	56	49	62	54	89	89	83	83	98	98
120	54	48	60	53	89	89	83	83	97	97
130	53	46	59	51	88	88	83	83	97	97
140	51	45	57	50	88	88	83	83	96	96
150	50	44	56	49	87	87	83	83	95	95
160	49	43	54	48	86	86	83	83	95	92
170	47	41	53	46	85	85	82	81	94	81
180	46	40	51	45	85	85	81	70	93	70
190	44	39	50	44	84	84	81	59	86	59
200	43	38	49	43	83	83	77	48	77	48
210	41	36	47	41	83	82	67	38	67	38
220	40	35	46	40	82	69	57	29	57	29
230	39	34	44	39	81	55	46	21	46	21
240	37	33	43	38	78	42	34	15	34	15
250	36	31	41	36	66	28	24	10	24	10

[1)] gelötet

Temperatur °C	Zulässige Spannung K/S in MPa für Auslegungsdauer in h					
	CuZn28Sn1As			CuNi10Fe1Mn	CuNi30Mn1Fe	CuNi30Fe2Mn2
	R320	R360		R290	R370	R420
	bis 100 000	10 000	100 000	bis 100 000	bis 100 000	bis 100 000
20/50	70	100	100	77	93	100
100	69	96	96	72	87	93
110	68	95	95	72	86	92
120	68	95	95	71	86	92
130	67	94	94	71	85	91
140	67	94	94	70	85	91
150	67	93	93	70	84	90
160		93	87	70	84	88
170		92	74	69	83	87
180		91	58	69	83	86
190		81	46	68	82	84
200		68	36	68	82	83
210		54	27	67	82	83
220	kein Einsatz über 150 °C	43	20	67	81	82
230		33	15	66	81	82
240		25	10	66	80	81
250		19	8	65	80	80
260		–	–	65	80	–
270		–	–	64	79	–
280		–	–	63	79	–
290		–	–	63	78	–
300		–	–	62	78	–
310		–	–	–	77	–
320		–	–	–	77	–
330		–	–	–	76	–
340		–	–	–	75	–
350		–	–	–	75	–

Tafel 13.3 Zulässige Spannung K/S für Stangen und Schmiedestücke

Temperatur °C	Zulässige Spannung K/S in MPa für Auslegungsdauer in h								
	Cu-DHP		R240	CuZn40, CuZn39Pb0,5 CuZn39Pb2Sn und CuZn40Pb2		CuNi10Fe1Mn		CuNi30Mn1Fe
	R200	R200[1]		R340, R360, H075		R400		R280, H070	R340, H080, H090
	bis 100 000	10 000	100 000	10 000	100 000	10 000	100 000	10 000	100 000	bis 100 000
20/50	57	50	107	107	93	93	167	167	83	83	93
100	57	50	93	93	91	91	145	125	79	79	87
110	56	49	92	92	91	91	139	114	78	78	86
120	54	48	91	91	91	91	130	104	78	78	86
130	53	46	89	89	91	91	120	93	77	77	85
140	51	45	88	88	91	82	108	82	77	77	85
150	50	44	87	87	91	72	96	72	76	76	84
160	49	43	86	86	84	61	84	61	75	75	84
170	47	41	85	85	72	50	72	50	75	75	84
180	46	40	85	85	60	40	60	40	74	74	83
190	44	39	84	84	48	31	48	31	74	74	83
200	43	38	83	83	37	24	37	24	73	73	82
210	41	36	83	82	29	18	29	18	72	72	82
220	40	35	82	69	23	13	23	13	71	71	81
230	39	34	81	55	18	9	18	9	71	71	81
240	37	33	78	42	14	7	14	7	70	70	80
250	36	31	66	28	12	5	12	5	69	69	80
260	-	-	-	-	-	-	-	-	69	69	80
270	-	-	-	-	-	-	-	-	68	68	79
280	-	-	-	-	-	-	-	-	67	67	79
290	-	-	-	-	-	-	-	-	67	67	78
300	-	-	-	-	-	-	-	-	66	62	78
310	-	-	-	-	-	-	-	-	-	-	77
320	-	-	-	-	-	-	-	-	-	-	77
330	-	-	-	-	-	-	-	-	-	-	76
340	-	-	-	-	-	-	-	-	-	-	75
350	-	-	-	-	-	-	-	-	-	-	75

[1] gelötet

Tafel 14. Elastizitätsmodul

Werkstoffkurzzeichen	Elastizitätsmodul bei Temperatur in K und °C GPa									
	K	20	68	173	293	323	373	423	473	523	573	623
	°C	-253	-195	-100	20	50	100	150	200	250	300	350
Cu-DHP	138	136	133	128	127	125	122	120	118	-	-
CuZn40	-	108	106	105	100	93	91	89	83	-	-
CuZn39Pb0,5	-	108	106	105	100	93	91	89	83	-	-
CuZn39Pb2Sn	-	108	106	105	100	93	91	89	83	-	-
CuZn40Pb2	-	108	106	105	100	93	91	89	83	-	-
CuZn20Al2As	-	-	-	110	110	108	107	106	105	-	-
CuZn28Sn1As	119	116	112	108	108	108	101	94	87	-	-
CuZn38Sn1As	109	108	106	104	102	98	95	92	89	-	-
CuZn38AlFeNiPbSn	-	-	110	106	106	105	98	90	83	-	-
CuNi10Fe1Mn	153	148	142	130	129	128	127	125	122	121	-
CuNi30Mn1Fe	161	158	155	150	150	149	148	146	144	142	141
CuAl10Ni5Fe4	128	123	122	120	120	116	115	115	110	-	-
CuNi30Fe2Mn2	-	-	-	156	-	-	-	-	-	-	-

ICS 23.020.30 Ausgabe Februar 2005

| Werkstoffe für Druckbehälter | Schrauben und Muttern aus ferritischen Stählen | AD 2000-Merkblatt W 7 |

Die AD 2000-Merkblätter werden von den in der „Arbeitsgemeinschaft Druckbehälter" (AD) zusammenarbeitenden, nachstehend genannten sieben Verbänden aufgestellt. Aufbau und Anwendung des AD 2000–Regelwerkes sowie die Verfahrensrichtlinien regelt das AD 2000-Merkblatt G1.

Die AD 2000-Merkblätter enthalten sicherheitstechnische Anforderungen, die für normale Betriebsverhältnisse zu stellen sind. Sind über das normale Maß hinausgehende Beanspruchungen beim Betrieb der Druckbehälter zu erwarten, so ist diesen durch Erfüllung besonderer Anforderungen Rechnung zu tragen.

Wird von den Forderungen dieses AD 2000-Merkblattes abgewichen, muss nachweisbar sein, dass der sicherheitstechnische Maßstab dieses Regelwerkes auf andere Weise eingehalten ist, z.B. durch Werkstoffprüfungen, Versuche, Spannungsanalyse, Betriebserfahrungen.

> Fachverband Dampfkessel-, Behälter- und Rohrleitungsbau e.V. (FDBR), Düsseldorf
> Hauptverband der gewerblichen Berufsgenossenschaften e.V., Sankt Augustin
> Verband der Chemischen Industrie e.V. (VCI), Frankfurt/Main
> Verband Deutscher Maschinen- und Anlagenbau e.V. (VDMA), Fachgemeinschaft Verfahrenstechnische Maschinen und Apparate, Frankfurt/Main
> Stahlinstitut VDEh, Düsseldorf
> VGB PowerTech e.V., Essen
> Verband der Technischen Überwachungs-Vereine e.V. (VdTÜV), Berlin

Die AD 2000-Merkblätter werden durch die Verbände laufend dem Fortschritt der Technik angepasst. Anregungen hierzu sind zu richten an den Herausgeber:

Verband der Technischen Überwachungs-Vereine e.V., Postfach 10 38 34, 45038 Essen.

Inhalt

0 Präambel
1 Geltungsbereich
2 Geeignete Werkstoffe und Festigkeitsklassen
3 Anforderungen
4 Prüfung
5 Kennzeichnung
6 Nachweis der Güteeigenschaften
7 Kennwerte für die Bemessung
Anhang 1: Hinweis zu Abschnitt 2.2 und Vereinbarung mit dem deutschen Schraubenverband

0 Präambel

Zur Erfüllung der grundlegenden Sicherheitsanforderungen der Druckgeräte-Richtlinie kann das AD 2000-Regelwerk angewandt werden, vornehmlich für die Konformitätsbewertung nach den Modulen „G" und „B + F".
Das AD 2000-Regelwerk folgt einem in sich geschlossenen Auslegungskonzept. Die Anwendung anderer technischer Regeln nach dem Stand der Technik zur Lösung von Teilproblemen setzt die Beachtung des Gesamtkonzeptes voraus.
Bei anderen Modulen der Druckgeräte-Richtlinie oder für andere Rechtsgebiete kann das AD 2000-Regelwerk sinngemäß angewandt werden. Die Prüfzuständigkeit richtet sich nach den Vorgaben des jeweiligen Rechtsgebietes.

1 Geltungsbereich

Dieses AD 2000-Merkblatt gilt für Schrauben und Muttern sowie Langerzeugnisse aus Stahl zu deren Herstellung aus unlegierten und legierten ferritischen Stählen zum Bau von Druckbehältern, die bei Betriebstemperaturen sowie bei Umgebungstemperaturen herab bis –10 °C und bis zu den in Abschnitt 2 genannten oberen Temperaturgrenzen betrieben werden.

Für Betriebstemperaturen unter –10 °C gilt zusätzlich das AD 2000-Merkblatt W 10.
Für Schrauben und Muttern aus austenitischen Stählen gilt AD 2000-Merkblatt W 2.

2 Geeignete Werkstoffe und Festigkeitsklassen

Es dürfen folgende Werkstoffe und Festigkeitsklassen verwendet werden:

2.1 Schrauben der Festigkeitsklassen 5.6 und 8.8[1]) sowie Muttern der Festigkeitsklassen 5–2 und 8 nach DIN 267-13 in Verbindung mit DIN EN ISO 898-1 und DIN EN 20898-2

---

[1]) Ohne Nachweis der Warmstreckgrenze können Schrauben aus Stählen für die Festigkeitsklasse 8.8 nur bis 50 °C eingesetzt werden.
Sofern in der Bestellung nichts anderes vereinbart, darf beim Warmzugversuch verzichtet werden, wenn der Hersteller der zuständigen unabhängigen Stelle die Einhaltung der gestellten Anforderungen mit ausreichender Sicherheit nachgewiesen hat. Im Abnahmeprüfzeugnis ist die Zustimmung durch die zuständige unabhängige Stelle zum Entfall des Warmzugversuches hinzuweisen.

Ersatz für Ausgabe Oktober 2003; | = Änderungen gegenüber der vorangehenden Ausgabe

Die AD 2000-Merkblätter sind urheberrechtlich geschützt. Die Nutzungsrechte, insbesondere die der Übersetzung, des Nachdrucks, der Entnahme von Abbildungen, die Wiedergabe auf fotomechanischem Wege und die Speicherung in Datenverarbeitungsanlagen, bleiben, auch bei auszugsweiser Verwertung, dem Urheber vorbehalten.

bis zu einer Abmessung M 39, einem zulässigen Betriebsüberdruck von 40 bar und einer Temperatur[2] von 300 °C. Automatenstähle dürfen nicht verwendet werden.

2.2 Stähle für den Einsatz bei erhöhten Temperaturen C35E+N (nur für Muttern), C35E+QT, 35B2[3], 25CrMo4, 21CrMoV5-7, 42CrMo4 und X22CrMoV12-1 (Zugfestigkeitsstufe 800 bis 950 N/mm^2) nach DIN 267-13 und DIN EN 10269.

2.3 Stähle für den Einsatz bei tiefen Temperaturen 25CrMo4 und X12Ni5 nach DIN 267-13 und DIN EN 10269. Für den kurzzeitigen Betrieb bei höheren Temperaturen gilt AD 2000-Merkblatt W 10, Tafel 3 a.

2.4 Andere Stähle nach Eignungsfeststellung durch die zuständige unabhängige Stelle. Die Stähle sollen den Anforderungen nach Abschnitt 3.2 genügen.

3 Anforderungen

3.1 Schrauben und Muttern sowie Langerzeugnisse aus Stahl für Schrauben und Muttern nach Abschnitt 2.1 bis 2.3 müssen den Anforderungen nach DIN 267-13, DIN EN ISO 898-1, DIN EN 20898-2 und DIN EN 10269 genügen. Für die Stahlsorten X22CrMoV12-1 und 42CrMo4 in Abmessungen ≤ 60 mm Durchmesser ist beim Kerbschlagbiegeversuch ein Wert von 52 Joule einzuhalten. Dieser Wert gilt als Mittelwert aus drei V-Proben, wobei nur ein Einzelwert den geforderten Mindestwert um höchstens 30 % unterschreiten darf.

Die zulässigen Größt- und Kleinstwerte der Härte ergeben sich aus den in DIN EN 10269 genannten genormten Zugfestigkeiten nach Umwertung entsprechend DIN 50150. Bei Muttern gelten für den Aufweitversuch die Anforderungen entsprechend DIN EN 493.

3.2 Die Stähle für Schrauben und Muttern nach Abschnitt 2.4 sollen die den Werkstoff kennzeichnenden Werte aufweisen und für die Probenrichtung längs folgenden Bedingungen genügen:
– Bruchdehnung A ≥ 14 %,
– Kerbschlagarbeit an der V-Probe bei tiefster Betriebstemperatur, jedoch nicht höher als 20 °C, bei vergüteten legierten Stählen ≥ 52 Joule, unlegierten Stählen ≥ 40 Joule.

Die Werte der Kerbschlagarbeit gelten als Mittelwerte aus drei Proben, wobei nur ein Einzelwert den geforderten Mindestwert um höchstens 30 % unterschreiten darf.

3.3 Die Schrauben und Muttern müssen sich in dem für den Werkstoff zum Erreichen der Mindestwerte vorgesehenen Wärmebehandlungszustand befinden. Der Werkstoff darf bis zur höchsten im Betrieb auftretenden Temperatur keine unzulässige Versprödung erfahren. Die Anlasstemperatur muss bei vergüteten Stählen stets im angemessenen Abstand oberhalb der höchsten im Betrieb auftretenden Temperatur liegen.

3.4 Die Herstellung der Schrauben und Muttern kann durch Warm- oder Kaltumformen oder durch spanende Bearbeitung erfolgen. Bei den durch Kaltumformen gefertigten Schrauben ist eine anschließende Wärmebehandlung erforderlich. Dieses gilt auch für kaltgeformte Muttern nach Abschnitt 2.2 und 2.4. Oberflächenglätten und Rollen des Gewindes gelten dabei nicht als Kaltumformen im vorstehenden Sinne. Bei den durch Warmumformen gefertigten Schrauben und Muttern (ausgenommen Muttern aus C35E+N) aus Stählen nach DIN EN 10269 und anderen Vergütungsstählen ist eine anschließende Wärmebehandlung erforderlich.

3.5 Die Ausführung und Maßgenauigkeit von Schrauben und Muttern soll DIN ISO 4759-1 Produktklasse B entsprechen.

4 Prüfung

4.1 Spanlos gefertigte Schrauben und Muttern nach Abschnitt 2.1 bis 2.4

4.1.1 Die mechanische Prüfung der Schrauben erfolgt nach DIN EN ISO 898-1 – Prüfprogramm A – in Verbindung mit DIN 26157-3. Falls Prüfprogramm A nicht durchgeführt werden kann, ist nach Prüfprogramm B zu prüfen. In beiden Fällen sind an Schrauben mit Gewindedurchmessern $d \geq 16$ mm abweichend von DIN EN ISO 898-1 jeweils drei Kerbschlagbiegeversuche an V-Proben durchzuführen. Als Anforderungen an die Kerbschlagarbeit gelten für Stähle der Festigkeitsklasse 5.6 ≥ 40 J und für Stähle der Festigkeitsklasse 8.8 ≥ 52 J. Diese Anforderungen gelten für den Mittelwert aus drei V-Proben, wobei nur ein Einzelwert den geforderten Mindestwert um höchstens 30 % unterschreiten darf.

Schrauben aus Stählen nach Abschnitt 2.2 und 2.3 (außer den Stahlsorten X22CrMoV12-1 und 42CrMo4) werden für die mechanische Erprobung der Festigkeitsklasse 5.6 gleichgesetzt, die Stahlsorten X22CrMoV12-1 und 42CrMo4 der Festigkeitsklasse 8.8.

Bei Schrauben und Muttern aus anderen Stählen nach Abschnitt 2.4 gelten die Festlegungen der Eignungsfeststellung.

4.1.2 An Muttern werden Härteprüfungen und Aufweitversuche durchgeführt. Für den Umfang der Härteprüfung gilt Abschnitt 4.1.4, für den Umfang der Aufweitversuche gilt Tafel 1.

4.1.3 Die Annahmeprüfung für Schrauben und Muttern erfolgt nach DIN EN ISO 3269; für die Prüfung der mechanischen Eigenschaften ist die Anzahl der Probensätze in Tafel 1 festgelegt. Sind Kerbschlagproben erforderlich, so entsprechen drei Einzelproben einem Probensatz. Die

Tafel 1. Stichprobenumfang für die zerstörende Prüfung der mechanischen Eigenschaften

Stückzahl	Anzahl der Probensätze für die mechanische Prüfung
≤ 200	1
> 200 bis ≤ 400	2
> 400 bis ≤ 800	3
> 800 bis ≤ 1200	4
> 1200 bis ≤ 1600	5
> 1600 bis ≤ 3000	6
> 3000 bis ≤ 3500	7
> 3500	DIN EN ISO 3269

Wird der Nachweis erbracht, dass Schrauben und Muttern einer Lieferung einer Schmelze mit gleicher Wärmebehandlung entstammen, so genügt die Prüfung von vier Probensätzen unabhängig von der Stückzahl. Diese Reduzierung gilt für Schrauben und Muttern nach Abschnitt 2.4.

---

[2] Definition der Wandtemperatur siehe AD 2000-Merkblatt B 0, Abschnitt 5
[3] In Verbindung mit VdTÜV-Werkstoffblatt 490

Oberflächenbesichtigung und die Maßprüfung der Schrauben und Muttern sind unter Berücksichtigung des Abschnittes 4.1.4 durchzuführen. An Schrauben und Muttern aus den Stahlsorten X22CrMoV12-1 und 42CrMo4 sowie aus sonstigen Stählen nach Abschnitt 2.4, die mit der Stahlsorte X22CrMoV12-1 vergleichbar sind, ist eine Oberflächenbesichtigung an jedem Stück durchzuführen.

4.1.4 Bei Prüfungen nach DIN EN ISO 3269 gilt für den Prüfumfang, abweichend von DIN EN ISO 3269, für die zerstörende Prüfung der mechanischen Eigenschaften die Tafel 1. Für die Härteprüfung, für die zerstörungsfreie Prüfung auf Oberflächenfehler und für die Maßprüfung ist der Stichprobenumfang 20. Alle Proben müssen den Anforderungen genügen (Annahmezahl $A_C = 0$).

4.2 Spanend gefertigte Schrauben und Muttern nach Abschnitt 2.1 bis 2.4

4.2.1 Erfolgt nach der spanenden Fertigung eine Wärmebehandlung, ist die Prüfung wie bei den entsprechenden spanlos gefertigten Schrauben und Muttern nach Abschnitt 4.1 durchzuführen.

4.2.2 Wird nach der spanenden Fertigung keine Wärmebehandlung durchgeführt, genügt hinsichtlich des Nachweises der mechanischen Eigenschaften die Prüfung der verwendeten Stahlsorte entsprechend Abschnitt 4.3. Die Prüfung der Ausführung und Maßgenauigkeit ist nach Abschnitt 4.1.3 durchzuführen. Für Stähle nach Abschnitt 2.4 sind die Prüfungen durchzuführen, die bei der Eignungsfeststellung festgelegt wurden.

4.3 Prüfung der Langerzeugnisse zur Herstellung von Schrauben und Muttern

Langerzeugnisse aus Stahl zur Herstellung von Schrauben und Muttern sind entsprechend den für sie maßgebenden Normen zu prüfen. Ergänzend gilt für Langerzeugnisse aus Stahlsorten nach DIN EN 10269
- Die Härteprüfungen sind bei Erzeugnisdicken > 120 mm an 100 % und bei Erzeugnisdicken ≤ 120 mm an 10 % der Langerzeugnisse durchzuführen. Die Proben für den Zug- und Kerbschlagbiegeversuch sind dabei den Langerzeugnissen mit den jeweils höchsten und niedrigsten Härtewerten zu entnehmen.
- Bei Langerzeugnissen, die für tiefe Temperaturen vorgesehen sind, erfolgt der Nachweis der Kerbschlagarbeit bei der für die betreffende Stahlsorte und Erzeugnisdicke angegebenen tiefsten Prüftemperatur nach Tabelle 7 der DIN EN 10269.
- Bei Langerzeugnissen aus der Stahlsorte 42CrMo4 ist der Zugversuch bei erhöhter Temperatur durchzuführen. Der Nachweis der 0,2 %-Dehngrenze erfolgt bei Auslegungstemperatur. Ist diese nicht bekannt, so ist der Zugversuch bei einer Prüftemperatur von 500 °C durchzuführen.
- Langerzeugnisse aus den Stahlsorten X22CrMoV12-1 und 42CrMo4 sind zusätzlich einer Ultraschall- und Oberflächenrissprüfung zu unterziehen. Wird im Verlauf der Herstellung von Schrauben und Muttern aus Langerzeugnissen aus den Stahlsorten X22CrMoV12-1 und 42CrMo4 eine erneute Wärmebehandlung durchgeführt, sind alle Schrauben und Muttern einer Oberflächenrissprüfung zu unterziehen.

Bei Langerzeugnissen aus Stählen nach Abschnitt 2.4 gelten die Festlegungen der Eignungsfeststellung.

4.4 Schrauben und Muttern aus legierten Stählen

Schrauben und Muttern aus legierten Stählen sind vom Hersteller einer geeigneten Prüfung auf Werkstoffverwechselung zu unterziehen.

4.5 Wiederholungsprüfungen

4.5.1 Genügt eine der für die zerstörende Prüfung der mechanischen Eigenschaften geforderten Proben nicht den gestellten Bedingungen, so sind je zwei weitere Proben zu entnehmen, die den Anforderungen genügen müssen. Andernfalls gilt das ganze Prüflos als nicht abgenommen. Der Hersteller kann jedoch dieses Prüflos nach einer erneuten Wärmebehandlung noch einmal vorlegen. Genügen auch dann die Proben nicht, so ist das Prüflos endgültig zu verwerfen.

4.5.2 Genügt eine der für die Härteprüfung, für die zerstörungsfreie Prüfung auf Oberflächenfehler und für die Maßprüfung geforderten Proben nicht den Anforderungen, ist eine weitere Stichprobe vom Umfang 20 zu entnehmen, von der alle Proben den Anforderungen genügen müssen. Andernfalls gilt das ganze Los als zurückgewiesen. Im Falle der Härteprüfung jedoch kann der Hersteller dieses Los nach einer erneuten Wärmebehandlung noch einmal vorlegen. Genügen auch dann die Proben nicht den Anforderungen, so ist das Los endgültig zu verwerfen.

4.5.3 Hat die zuständige unabhängige Stelle begründeten Zweifel an der Gleichmäßigkeit einer Lieferung, so können von ihr geeignet erscheinende Prüfungen gefordert werden (z. B. Härteprüfung, spektroskopische Prüfung).

4.5.4 Bei wesentlichen Abweichungen der Schmelzenanalyse von den für die geltenden Grenzwerten der chemischen Zusammensetzung warmfester Stähle ist die zuständige unabhängige Stelle berechtigt, den Nachweis der Warmfestigkeitseigenschaften zu verlangen.

5 Kennzeichnung

5.1 Schrauben und Muttern nach Abschnitt 2.1 bis 2.3 sind mit Herstellerzeichen und Kennzeichen der Festigkeitsklasse oder Kurznamen der Stahlsorte nach DIN 267-13 zu kennzeichnen (siehe auch Anhang 1 zu AD 2000-Merkblatt W 7).

Schrauben ab 52 mm Gewindedurchmesser sind zusätzlich mit der Schmelzennummer und dem Zeichen der zuständigen unabhängigen Stelle zu kennzeichnen.

5.2 Für die spanende Fertigung von Schrauben und Muttern bestimmte Langerzeugnisse aus Stahl mit einem Durchmesser ≥ 25 mm sind an einem Ende mit dem Herstellerzeichen und dem Kurznamen der Stahlsorte, bei legierten Stählen auch mit der Schmelzennummer zu kennzeichen und außerdem mit dem Zeichen der zuständigen unabhängigen Stelle zu versehen. Bei Langerzeugnissen aus Stahl mit einem Durchmesser < 25 mm wird lediglich das Bündel dach Anhängeschild mit dem Herstellerzeichen, dem Kurznamen der Stahlsorte, dem Zeichen der zuständigen unabhängigen Stelle und bei legierten Stählen mit der Schmelzennummer gekennzeichnet.

5.3 Schrauben und Muttern aus Stählen nach Abschnitt 2.4 sind entsprechend den Festlegungen bei der Eignungsfeststellung zu kennzeichen. Schrauben ab M 30 sind mit dem Prüfstempel der zuständigen unabhängigen Stelle, ab M 52 zusätzlich mit der Schmelzennummer zu kennzeichen.

6 Nachweis der Güteeigenschaften

6.1 Schrauben

6.1.1 Spanlos gefertigte Schrauben nach Abschnitt 2.1 der Festigkeitsklasse 5.6 sind mit einem Abnahmeprüfzeugnis 3.1.B nach DIN EN 10204 zu bescheinigen. An die Stelle des Abnahmeprüfzeugnisses 3.1.B nach DIN EN 10204 kann die Kennzeichnung mit Festigkeitsklasse und Herstellerzeichen treten, wenn die Voraussetzungen nach Abschnitt 6.6 erfüllt sind[4]).
Bei Schrauben der Festigkeitsklasse 8.8 ist ein Abnahmeprüfzeugnis 3.1.C oder Abnahmeprüfprotokoll 3.2 nach DIN EN 10204 beizubringen. Bei Druckbehältern mit einem Produkt aus Inhalt V in Litern und Druck PS in bar $V \cdot PS < 5000$ genügt für Schrauben der Festigkeitsklasse 8.8 ein Abnahmeprüfzeugnis 3.1.B nach DIN EN 10204.

6.1.2 Spanlos gefertigte Schrauben nach Abschnitt 2.2 (ausgenommen C35E+QT und 35B2) und 2.3 sind mit einem Abnahmeprüfzeugnis 3.1.C oder Abnahmeprüfprotokoll 3.2 nach DIN EN 10204 zu bescheinigen. Für Schrauben aus den Stahlsorten C35E+QT und 35B2 genügt ein Abnahmeprüfzeugnis 3.1.B nach DIN EN 10204.
Werden Schrauben mit einem Gewindedurchmesser ≤ 39 mm aus den Stahlsorten C35E+QT und 35B2 bei maximal zulässigen Drücken ≤ 40 bar und Betriebstemperaturen ≤ 300 °C eingesetzt, kann die Kennzeichnung nach Abschnitt 5.1 an die Stelle der Abnahmeprüfzeugnisses 3.1.B nach DIN EN 10204 treten, wenn die Voraussetzungen nach Abschnitt 6.6 erfüllt sind[4]).

6.1.3 Für spanend gefertigte Schrauben nach Abschnitt 2.1 bis 2.3 mit anschließender Wärmebehandlung erfolgt der Nachweis nach Abschnitt 6.1.1 und 6.1.2.

6.1.4 Für spanend gefertigte Schrauben nach Abschnitt 2.1 bis 2.3 ohne anschließende Wärmebehandlung ist das Langzeugnis aus Stahl entsprechend Tafel 2 zu bescheinigen. Die Prüfung der Ausführung und Maßgenauigkeit an spanend gefertigten Schrauben nach Abschnitt 2.1 bis 2.3 ohne anschließende Wärmebehandlung ist wie bei den entsprechenden spanlos gefertigten Schrauben nach Abschnitt 2.1 bis 2.3 nachzuweisen. Die Prüfung der Ausführung und Maßgenauigkeit an spanend gefertigten Schrauben nach Abschnitt 2.1 bis 2.3 ohne anschließende Wärmebehandlung, deren Vormaterial durch die zuständige unabhängige Stelle zu bescheinigen ist, kann vom Bearbeiter der Schraube durch ein Abnahmeprüfzeugnis 3.1.B nach DIN EN 10204 bescheinigt werden, dem das Abnahmeprüfzeugnis 3.1.C oder Abnahmeprüfprotokoll 3.2 nach DIN EN 10204 für das Vormaterial beizufügen ist. Dabei wird vorausgesetzt, dass der Bearbeiter nach AD 2000-Merkblatt W 0 überprüft worden ist.

6.1.5 Bei Schrauben aus Stählen nach Abschnitt 2.4 gelten die Festlegungen der Eignungsfeststellung.

6.2 Muttern

6.2.1 Muttern nach Abschnitt 2.1 sind mit einem Abnahmeprüfzeugnis 3.1.B nach DIN EN 10204 zu bescheinigen. An die Stelle des Abnahmeprüfzeugnisses 3.1.B nach DIN EN 10204 kann die Kennzeichnung mit der Festigkeitsklasse treten, wenn die Voraussetzungen nach Abschnitt 6.6 erfüllt sind[4]).

6.2.2 Muttern nach Abschnitt 2.2 und 2.3 sind mit einem Abnahmeprüfzeugnis 3.1.B nach DIN EN 10204 zu bescheinigen. An die Stelle des Abnahmeprüfzeugnisses 3.1.B nach DIN EN 10204 kann bei Muttern aus den Stahlsorten C35E+N, C35E+QT und 35B2 die Kennzeichnung mit Kurznamen der Stahlsorte treten, wenn die Voraussetzungen nach Abschnitt 6.6 erfüllt sind[4]).

6.2.3 Für spanend gefertigte Muttern nach Abschnitt 2.1 bis 2.3 mit anschließender Wärmebehandlung erfolgt der Nachweis nach Abschnitt 6.2.1 und 6.2.2.

6.2.4 Für spanend gefertigte Muttern nach Abschnitt 2.1 bis 2.3 ohne anschließende Wärmebehandlung ist das Langzeugnis aus Stahl entsprechend Tafel 2 zu bescheinigen. Die Prüfung der Ausführung und Maßgenauigkeit ist wie bei den entsprechenden spanlos gefertigten Muttern nach Abschnitt 2.1 und 2.3 nachzuweisen.

6.2.5 Bei Muttern aus Stählen nach Abschnitt 2.4 gelten die Festlegungen der Eignungsfeststellung.

6.3 Ist die Ausstellung eines Abnahmeprüfzeugnisses 3.1.C oder Abnahmeprüfprotokolls 3.2 nach DIN EN 10204 vorgesehen, werden die Schmelzenanalyse, das Ergebnis der Härteprüfung und das Ergebnis der Oberflächenrissprüfung vom Hersteller mit einem Abnahmeprüfzeugnis 3.1.B nach DIN EN 10204 bescheinigt.

6.4 Der Wärmebehandlungszustand ist vom Hersteller zu bescheinigen. Bei vergüteten Stählen ist zusätzlich die Anlasstemperatur bekanntzugeben.

6.5 Das für das Langzeugnis aus Stahl vorliegende Abnahmeprüfzeugnis 3.1.B nach DIN EN 10204 kann bei Schrauben und Muttern, die durch spanende Bearbeitung und ohne anschließende Wärmebehandlung hergestellt sind, durch eine schriftliche Bestätigung des Herstellers ersetzt werden. Die Bestätigung muss sich auf die Erfüllung der Anforderung der entsprechenden Werkstoffnormen oder des AD 2000-Merkblattes W 7 hinweisen und auch die Ergebnisse der Besichtigung und Maßprüfung enthalten. Abschriften der Prüfbescheinigungen sind auf Anforderung beizubringen.
An die Stelle der schriftlichen Bestätigung des Herstellers kann bei Schrauben und Muttern nach Abschnitt 2.1 und aus den Stahlsorten C35E+N, C35E+QT und 35B2 die Kennzeichnung mit Festigkeitsklasse oder dem Kurznamen der Stahlsorte und dem Herstellerzeichen treten, wenn die Voraussetzungen nach Abschnitt 6.6 erfüllt sind[4]).

6.6 Bei Ersatz des Abnahmeprüfzeugnisses 3.1.B nach DIN EN 10204 durch die Kennzeichnung wird vorausgesetzt, dass der Hersteller die als Grundlage für die Ausstellung eines Abnahmeprüfzeugnisses 3.1.B notwendigen Prüfungen laufend durchgeführt hat und die Ergebnisse zur jederzeitigen Einsichtnahme durch die zuständige unabhängige Stelle bereithält[4]).

7 Kennwerte für die Bemessung

7.1 Bei Schrauben nach Abschnitt 2.1 sind die Kennwerte für die Bemessung der DIN 267 Teil 13 zu entnehmen.

7.2 Bei Schrauben nach Abschnitt 2.2 und 2.3 gelten die entsprechenden Werte der DIN EN 10269.

7.3 Die in den DIN-Normen oder Eignungsfeststellungen für 20 °C angegebenen Festigkeitskennwerte gelten bis 50 °C, die für 100 °C angegebenen Werte bis 120 °C. In den übrigen Temperaturbereichen ist zwischen den angegebenen Werten linear zu interpolieren (z. B. für 80 °C zwischen 20 und 100 °C und für 180 °C zwischen 100 und 200 °C), wobei eine Aufrundung nicht zulässig ist. Für Werkstoffe nach Abschnitt 2.4 gilt die Interpolationsregel nur bei hinreichend engem Abstand[5]) der Stützstellen.

---

[4]) Der Ersatz der Prüfbescheinigung durch die Kennzeichnung und die Einhaltung der Voraussetzungen sind durch eine Vereinbarung geregelt. Alle Hersteller, die eine Vereinbarung abgeschlossen haben, sind im VdTÜV-Merkblatt 1253/4 genannt.

[5]) In der Regel wird hierunter ein Temperaturabstand von 50 K im Bereich der Warmstreckgrenze und von 10 K im Bereich der Zeitstandfestigkeit verstanden.

Tafel 2. Übersicht über die geeigneten Werkstoffe für Schrauben und Muttern und die Prüfbescheinigungen nach DIN EN 10204

Norm	Erzeugnisform	Stahlsorte oder Festigkeitsklasse	Art der Prüfbescheinigung nach DIN EN 10204			
			Langerzeugnis aus Stahl für Schrauben	Schrauben	Langerzeugnis aus Stahl für Muttern	Muttern
DIN 267-13 DIN EN ISO 898-1 DIN EN 20898-2	Schrauben	5.6	3.1.B	3.1.B[1]	–	–
		8.8	3.1.C/3.2[2]	3.1.C/3.2[2]	–	–
	Muttern	5–2	–	–	3.1.B	3.1.B[1]
		8	–	–	3.1.B	3.1.B[1]
DIN EN 10269	Schrauben und Muttern	C35E+QT (1.1181+QT)	3.1.B	3.1.B[1)4)]	3.1.B	3.1.B[1]
		35B2[3] (1.5511)	3.1.B	3.1.B[1)4)]		
	Muttern	C35E+N (1.1181+N)	–	–		
DIN EN 10269	Schrauben und Muttern	25CrMo4 (1.7218) 21CrMoV5-7 (1.7709) X22CrMoV12-1 (1.4923) 42CrMo4 (1.7225) 25CrMo4 (1.7218) X12Ni5 (1.5680)	3.1.C/3.2	3.1.C/3.2[5]	3.1.B	3.1.B

[1] Voraussetzung für den Ersatz des Abnahmeprüfzeugnisses 3.1.B nach DIN EN 10204 durch die Kennzeichnung siehe Abschnitt 6.6
[2] Bei Druckbehältern mit einem Produkt aus Inhalt V in Litern und Druck PS in Bar $V \cdot PS \leq 5000$ genügt ein Abnahmeprüfzeugnis 3.1.B nach DIN EN 10204.
[3] In Verbindung mit VdTÜV-Werkstoffblatt 490
[4] Bis zu einem Gewindedurchmesser von 39 mm, einer Betriebstemperatur von 300 °C und einem maximal zulässigen Druck von 40 bar kann das Abnahmeprüfzeugnis 3.1.B nach DIN EN 10204 durch die Kennzeichnung ersetzt werden.
[5] Bei spanend gefertigten Schrauben ohne anschließende Wärmebehandlung genügt für die Prüfung der Ausführung und Maßgenauigkeit ein Abnahmeprüfzeugnis 3.1.B nach DIN EN 10204 (siehe Abschnitt 6.1.4).

Anhang 1 zum AD 2000-Merkblatt W 7

Hinweis zu Abschnitt 2.2

Die Werkstoffe X22CrMoV12-1 +QT2 (Streckgrenze > 700 N/mm^2) und X19CrMoVNbN11-1 nach DIN EN 10269 sind nicht aufgenommen worden, da Anwendungsfälle nicht bekannt sind. Sollten diese Werkstoffe im Rahmen von Einzelgutachten für spanend gefertigte Schrauben und Muttern eingesetzt werden, so ist das Langerzeugnis einer Ultraschallprüfung zu unterziehen. An allen Schrauben und Muttern ist im Lieferzustand eine Oberflächenrissprüfung durchzuführen.

Vereinbarung mit dem Deutschen Schraubenverband: Hinweis zu den Abschnitten 2.2, 2.3 und 5.1

Die Stahlsorte 25CrMo4 (1.7218) nach DIN EN 10269 ist für Anwendungstemperaturen von –60 °C bis 400 °C vorgesehen.

Die Stahlsorte 42CrMo4 (1.7225) nach DIN EN 10269 ist für Anwendungstemperaturen im Dauerbetrieb bis zu 500 °C vorgesehen.

In Anlehnung an DIN 267-13 (Tabellen 1 und 4) sind Schrauben und Muttern aus den Stahlsorten 25CrMo4 (1.7218) und 42CrMo4 (1.7225) wie folgt zu kennzeichnen:
- Stahlsorte 25CrMo4: Kennzeichen KG
- Stahlsorte 42CrMo4: Kennzeichen GC

Für die übrigen Stahlsorten nach DIN EN 10269 ändern sich die Kurznamen geringfügig, die Werkstoffnummern bleiben jedoch unverändert. Es werden deshalb die Kennzeichen nach DIN 267-13 beibehalten.

ICS 23.020.30 Ausgabe Mai 2004

Werkstoffe für Druckbehälter	Plattierte Stähle	AD 2000-Merkblatt W 8

Die AD 2000-Merkblätter werden von den in der „Arbeitsgemeinschaft Druckbehälter" (AD) zusammenarbeitenden, nachstehend genannten sieben Verbänden aufgestellt. Aufbau und Anwendung des AD 2000-Regelwerkes sowie die Verfahrensrichtlinien regelt das AD 2000-Merkblatt G1.

Die AD 2000-Merkblätter enthalten sicherheitstechnische Anforderungen, die für normale Betriebsverhältnisse zu stellen sind. Sind über das normale Maß hinausgehende Beanspruchungen beim Betrieb der Druckbehälter zu erwarten, so ist diesen durch Erfüllung besonderer Anforderungen Rechnung zu tragen.

Wird von den Forderungen dieses AD 2000-Merkblattes abgewichen, muss nachweisbar sein, dass der sicherheitstechnische Maßstab dieses Regelwerkes auf andere Weise eingehalten ist, z. B. durch Werkstoffprüfungen, Versuche, Spannungsanalyse, Betriebserfahrungen.

Fachverband Dampfkessel-, Behälter- und Rohrleitungsbau e.V. (FDBR), Düsseldorf
Hauptverband der gewerblichen Berufsgenossenschaften e.V., Sankt Augustin
Verband der Chemischen Industrie e.V. (VCI), Frankfurt/Main
Verband Deutscher Maschinen- und Anlagenbau e.V. (VDMA), Fachverband Verfahrenstechnische Maschinen und Apparate, Frankfurt/Main
Stahlinstitut VDEh, Düsseldorf
VGB PowerTech e.V., Essen
Verband der Technischen Überwachungs-Vereine e.V. (VdTÜV), Berlin

Die AD 2000-Merkblätter werden durch die Verbände laufend dem Fortschritt der Technik angepasst. Anregungen hierzu sind zu richten an den Herausgeber:

Verband der Technischen Überwachungs-Vereine e.V., Postfach 10 38 34, 45038 Essen.

Inhalt

0 Präambel
1 Allgemeines und Geltungsbereich
2 Eignung des Plattierungsverfahrens
3 Geeignete Werkstoffe
4 Anforderungen
5 Ausbessern von Fehlstellen
6 Wärmebehandlung
7 Prüfung
8 Kennzeichnung
9 Nachweis der Güteeigenschaften
10 Grundlagen für die Bemessung

0 Präambel

Zur Erfüllung der grundlegenden Sicherheitsanforderungen der Druckgeräte-Richtlinie kann das AD 2000-Regelwerk angewandt werden, vornehmlich für die Konformitätsbewertung nach den Modulen „G" und „B + F".

Das AD 2000-Regelwerk folgt einem in sich geschlossenen Auslegungskonzept. Die Anwendung anderer technischer Regeln nach dem Stand der Technik zur Lösung von Teilproblemen setzt die Beachtung des Gesamtkonzeptes voraus.

Bei anderen Modulen der Druckgeräte-Richtlinie oder für andere Rechtsgebiete kann das AD 2000-Regelwerk sinngemäß angewandt werden. Die Prüfzuständigkeit richtet sich nach den Vorgaben des jeweiligen Rechtsgebietes.

1 Allgemeines und Geltungsbereich

1.1 Als plattierte Stähle werden durch Sprengen und/oder Walzen hergestellte nicht trennbare Verbindungen zwischen dem Grundwerkstoff Stahl und Auflagewerkstoffen bezeichnet. Auflagewerkstoffe können Stähle oder Nichteisenmetalle sein.

1.2 Dieses AD 2000-Merkblatt gilt für einseitig, doppel- oder allseitig plattierte Stähle mit und ohne Zwischenschichten, die z. B. galvanisch aufgebracht werden. Es behandelt die Prüfung dieser Erzeugnisformen zum Bau von Druckbehältern, die bei Betriebstemperaturen sowie bei Umgebungstemperaturen herab bis -10 °C und bis zu den in entsprechenden AD 2000-Merkblättern genannten oberen Temperaturgrenzen betrieben werden.

Für Betriebstemperaturen unter -10 °C gilt zusätzlich AD 2000-Merkblatt W 10. Siehe hierzu auch AD 2000-Merkblatt W 0, Abschnitt 2.2.

1.3 Dieses AD 2000-Merkblatt gilt nicht für

(1) durch Tauchen, auf galvanischem Wege, durch Diffusion oder Spritzen sowie durch Aufkleben mit organischen oder anorganischen Bindemitteln aufgetragene metallische oder nichtmetallische Schichten,

(2) Auskleidungen, auch wenn sie mit dem Grundwerkstoff verschweißt sind, und

(3) durch Löten verbundene Schichten.

Ersatz für Ausgabe Oktober 2000	= Änderungen gegenüber der vorangehenden Ausgabe

Die AD 2000-Merkblätter sind urheberrechtlich geschützt. Die Nutzungsrechte, insbesondere der der Übersetzung, des Nachdrucks, der Entnahme von Abbildungen, die Wiedergabe auf fotomechanischem Wege und die Speicherung in Datenverarbeitungsanlagen, bleiben, auch bei auszugsweiser Verwertung, dem Urheber vorbehalten.

2 Eignung des Plattierungsverfahrens

Die Eignung des Plattierungsverfahrens ist durch die zuständige unabhängige Stelle dahin gehend festzustellen, ob die Anforderungen nach Abschnitt 4 eingehalten werden und die in den AD 2000-Merkblättern der Reihe W oder den VdTÜV-Werkstoffblättern für die Grundwerkstoffe genannten mechanischen und technologischen Eigenschaften unverändert bleiben. Wenn sich durch das Plattieren Änderungen dieser Eigenschaften ergeben, sind neue Anwendungsgrenzen festzulegen.

Werden die in Abschnitt 4 genannten Anforderungen nicht erfüllt, sind bei der Eignungsfeststellung auch besondere Auflagen für die Verarbeitung anzugeben.

3 Geeignete Werkstoffe

Folgende Werkstoffe dürfen verwendet werden:

3.1 Als Grundwerkstoffe Stahlsorten nach den AD 2000-Merkblättern der Reihe W in den dort festgelegten Anwendungsgrenzen.

3.2 Als Auflagewerkstoffe alle metallischen Werkstoffe. Eine Eignungsfeststellung entsprechend AD 2000-Merkblatt W 0 ist nur dann erforderlich, wenn die Regelung des Abschnittes 10.2 in Anspruch genommen wird.

4 Anforderungen

Die plattierten Stähle sollen folgenden allgemeinen Bedingungen genügen:

4.1 Bei plattierten Stählen, bei denen der Auflagewerkstoff eine geringere Dehnung als der Grundwerkstoff hat, soll der Auflagewerkstoff beim Zugversuch nach Abarbeiten des Grundwerkstoffs eine Bruchdehnung A_5 von mindestens 12 % erreichen.

4.2 Die Bindung zwischen Grund- und Auflagewerkstoff soll so beschaffen sein, dass bei sachgemäßer Verarbeitung und Betriebsbeanspruchung ein Ablösen der Schichten nicht erfolgt. Die Scherfestigkeit darf, sofern in der Bestellung nichts anderes vereinbart wurde, unabhängig von der Prüfrichtung bei Auflagewerkstoffen mit einer Zugfestigkeit < 280 N/mm² mindestens 50 % der Mindestzugfestigkeit des Auflagewerkstoffs, bei allen anderen Auflagewerkstoffen 140 N/mm² nicht unterschreiten.

4.3 Der Anteil der gebundenen Flächen soll mindestens 95 %[1]) betragen, wobei einzelne nicht gebundene Stellen eine Fläche von 50 cm² nicht überschreiten sollen. Für plattierte Stähle mit hoher Beanspruchung bei der Verarbeitung, z. B. bei der Herstellung von Böden, und bei der Verwendung, z. B. Rohrplatten, können darüber hinaus gehende Anforderungen des Bestellers/Betreibers notwendig sein.

4.4 Die Auflagewerkstoffe müssen eine dem Plattierungsverfahren entsprechende Oberflächenbeschaffenheit haben und eine im Rahmen der zulässigen Dickenabweichung nach Tafel 1 gleichmäßige Dicke aufweisen.

4.5 Für die zulässigen Maßabweichungen der Grundwerkstoffe gelten die für die jeweilige Erzeugnisform gültigen Maßnormen.

Tafel 1. Zulässige Dickenabweichung für Auflagewerkstoffe bei plattierten Stählen

Nenndicke mm	Zulässige Dickenabweichung[1]) [2]) mm
1,0	− 0,10
1,5	− 0,15
2,0	− 0,20
2,5	− 0,25
3,0	− 0,35
3,5	− 0,45
4,0	− 0,50
4,5	− 0,50
≥ 5,0	− 0,50

[1]) Abweichungen von den Werten dieser Tafel bedürfen der besonderen Vereinbarung.
[2]) Für Zwischendicken gilt die zulässige Abweichung der in der Tafel angegebenen nächstkleineren Dicke.

4.6 Am Auflagewerkstoff darf die Summe der Flächen aller Fehlstellen, ausgenommen flache Fehlstellen nach Abschnitt 5.1, 20 % der Plattierungsoberfläche nicht überschreiten.

5 Ausbessern von Fehlstellen

Fehlstellen dürfen wie folgt ausgebessert werden:

5.1 Flache Fehlstellen im Grund- und Auflagewerkstoff dürfen durch Schleifen beseitigt werden, wobei die Mindestdicken nach den Abschnitten 4.4 und 4.5 nicht unterschritten werden dürfen.

5.2 Tiefe Fehlstellen im Grundwerkstoff, d. h. solche, bei deren Beseitigung durch Schleifen die Mindestdicke nach Abschnitt 4.5 unterschritten wird, dürfen nur im Einverständnis mit der zuständigen unabhängigen Stelle und dem Besteller/Betreiber durch Schweißen ausgebessert werden. Hierfür sind die entsprechenden AD 2000-Merkblätter der Reihe HP zu beachten.

5.3 Reparaturschweißungen am Auflagewerkstoff beim Hersteller sind ohne Rücksprache mit dem Besteller/Betreiber nur im Umfang und bei den Fehlergrößen zulässig, die in der Bestellung festgelegt sind.
Falls keine einschränkenden Regelungen in der Bestellung festgelegt sind und die Eignungsfeststellung nach Abschnitt 2 dies zulässt, gilt:

(1) Bindungsfehler bis zu einer Fläche von 50 cm² werden nicht ausgebessert.

(2) Fehlstellen im Auflagewerkstoff, die nicht durch Schleifen entsprechend Abschnitt 5.1 beseitigt werden können, werden durch Schweißen ausgebessert.

(3) Einzelfehlstellen[2]) (tiefe Fehlstellen und Bindungsfehler) bis zu einer Fläche von 5 % der Plattierungsoberfläche, jedoch maximal 1200 cm² Ausdehnung, werden durch Schweißen ausgebessert.

5.4 Sprengplattieren, auch in Verbindung mit Schweißen, zum Ausbessern von Fehlstellen im Auflagewerkstoff ist nur im Rahmen der Eignungsfeststellung nach Abschnitt 2 zulässig.

5.5 Über die ausgeführten Ausbesserungen nach den Abschnitten 5.2, 5.3 und 5.4 ist ein Bericht anzufertigen, der folgende Einzelheiten enthalten soll:

---

[1]) Die hier festgelegten Regelungen gelten nur, sofern zwischen Hersteller, Besteller/Betreiber und der zuständigen unabhängigen Stelle keine anderen Festlegungen getroffen worden sind.

[2]) Eine Fehlstelle wird dann als Einzelfehlstelle bezeichnet, wenn sie einen Abstand von ≥ 100 mm zur benachbarten Fehlstelle hat.

(1) Kennzeichnung des ausgebesserten Werkstoffs (z. B. Werkstoffnummer, Schmelzennummer, Probennummer),

(2) Lage, Größe und Tiefe der ausgebesserten Stellen im Blech,

(3) Angaben zur Reparaturausführung, z. B. wie der fehlerhafte oder nicht haftende Plattierungswerkstoff entfernt wurde (Schleifen, Meißeln usw.), über Vorwärmung (Angabe der Temperatur und des Heizmittels), über den verwendeten Schweißzusatz (Typ und Durchmesser), Anzahl der Lagen, Oberflächenbehandlung nach der Reparatur (Schleifen, Polieren, Beizen), Wärmebehandlung nach dem Ausbessern,

(4) Angaben über die zerstörungsfreie Prüfung.

5.6 Wenn es die Verarbeitung sinnvoll erscheinen lässt, kann im Einzelfall vereinbart werden, dass die Ausbesserungsschweißungen und die notwendigen zerstörungsfreien Prüfungen am fertigen Bauteil vorgenommen werden.

6 Wärmebehandlung

Die gegebenenfalls notwendige Wärmebehandlung wird bei der Eignungsfeststellung nach Abschnitt 2 geregelt.

7 Prüfung

7.1 Prüfumfang, Probenzahl, Prüfart und Probenlage richten sich nach den Festlegungen der für die jeweiligen Erzeugnisformen und Verwendungsbereiche der Grundwerkstoffe geltenden AD 2000-Merkblätter der Reihe W und den Festlegungen nach Abschnitt 7.2, soweit bei der Eignungsfeststellung nach Abschnitt 2 nichts anderes festgelegt wurde.

7.2 Die Prüfungen sind mit folgenden Proben durchzuführen (siehe Bild 1):

7.2.1 Zugversuch

7.2.1.1 Zugversuch an Flacherzeugnissen (Proben mit Auflagewerkstoff)

Die Messmarken für die Dehnungsmessung sind auf dem Grundwerkstoff aufzubringen.

$$\sigma_{pl} \geq \frac{\sigma_G \cdot s_G + \sigma_A \cdot s_A}{s_{pl}}$$

σ = Gewährleistungswert (Streckgrenze, 0,2 %-Dehngrenze, 1,0 %-Dehngrenze, Zugfestigkeit)

s = Nennwanddicke

Indices:
G = Grundwerkstoff
A = Auflagewerkstoff
pl = plattierter Stahl

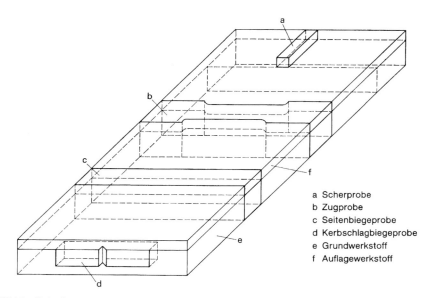

a Scherprobe
b Zugprobe
c Seitenbiegeprobe
d Kerbschlagbiegeprobe
e Grundwerkstoff
f Auflagewerkstoff

Bild 1. Probenlage

Probenabmessungen

Probendicke: a = 10 mm
Probenbreite: b = Erzeugnisformdicke ≤ 80 mm (Grundwerkstoff und Auflagewerkstoff). Ist die Erzeugnisformdicke > 80 mm, kann der Grundwerkstoff abgearbeitet werden.
Probenlänge: l ≥ 130 mm
              α = 180 Grad

Versuchsanordnung

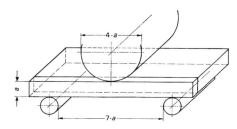

Versuchsausführung

entsprechend DIN EN ISO 7438

Bild 2. Technologischer Seitenbiegeversuch

In den Fällen, in denen σ_{pl} einen kleineren Wert ergibt als den in der Formel errechneten oder keine aussagefähigen Werte zu erwarten sind (z. B. bezogen auf den Grundwerkstoff bei sehr harten oder weichen Auflagewerkstoffen), ist der Zugversuch mit abgearbeitetem Auflagewerkstoff durchzuführen. Dies gilt nicht in Fällen nach Abschnitt 10.2.

7.2.1.2 Zugversuch an Pressteilen
Der Zugversuch ist an Rundproben nach DIN 50125 ohne Auflagewerkstoff durchzuführen. Es ist der größtmögliche Probendurchmesser zu wählen. In Fällen nach Abschnitt 10.2 ist der Zugversuch nach Abschnitt 7.2.1.1 durchzuführen.

7.2.2 Kerbschlagbiegeversuch an Proben mit Kerb senkrecht zur Oberfläche.

7.2.3 Technologische Prüfungen bei Rohren an Proben mit Auflagewerkstoff.

7.3 Zusätzlich zu Abschnitt 7.1 sind folgende Prüfungen durchzuführen (Probelage nach Bild 1):

7.3.1 Technologischer Seitenbiegeversuch
Prüfumfang entsprechend den Festlegungen bei der Eignungsfeststellung;
Prüfdurchführung nach Bild 2.

7.3.2 Scherversuch nach DIN 50162
Prüfumfang entsprechend den Festlegungen bei der Eignungsfeststellung, mindestens jedoch an 10 % des Fertigungsloses; bei Stückzahlen unter 10 ist mindestens ein Scherversuch durchzuführen.

7.3.3 Weitere Untersuchungen wie Makrountersuchungen, mikroskopische Gefügeuntersuchungen, Härteprüfungen entsprechend den Festlegungen bei der Eignungsfeststellung nach Abschnitt 10.

7.4 Die Oberflächenbeschaffenheit und das Einhalten der Maße sind zu prüfen.

7.5 Die Bindung zwischen Grund- und Auflagewerkstoff ist durch Ultraschall-Verfahren nach SEL 072 mit Raster 200 mm zu prüfen.

7.6 Durch Schweißen oder Sprengen ausgebesserte Stellen sind zerstörungsfrei zu prüfen.

7.7 Bei allen ausgebesserten Stellen ist die Einhaltung der Mindestdicke zu prüfen.

7.8 Entspricht das Ergebnis einer Prüfung nicht den Anforderungen, so ist wie folgt zu verfahren:

7.8.1 Ist anzunehmen, dass ungenügende Prüfergebnisse sind, können die Erzeugnisse erneut wärmebehandelt werden, worauf die gesamte Prüfung zu wiederholen ist. Mehr als eine Wiederholung der Wärmebehandlung ist nur nach Rücksprache mit der zuständigen unabhängigen Stelle zulässig.

7.8.2 Sind ungenügende Prüfergebnisse auf prüftechnische Einflüsse oder auf eine eingegrenzte Fehlstelle einer Probe zurückzuführen, so kann die betreffende Probe bei der Entscheidung, ob die Anforderungen erfüllt sind, außer Betracht bleiben, und die betreffende Prüfung kann erneut durchgeführt werden.

7.8.3 Für jede nicht genügende Zugprobe, Seitenbiegeprobe oder Scherprobe sind zwei weitere Proben zu prüfen, die beide den Anforderungen genügen müssen.

7.8.4 Für jeden nicht genügenden Mittelwert des Kerbschlagbiegeversuchs ist ein neuer Probensatz zu prüfen. Der Mittelwert aus den sechs Einzelversuchen beider Probensätze muss dem gewährleisteten Mittelwert entsprechen.

8 Kennzeichnung

Die plattierten Stähle sind auf der Grundwerkstoffseite dauerhaft zu kennzeichnen. Neben der für den Grundwerkstoff in den AD 2000-Merkblättern vorgesehenen Kennzeichnungen sind zusätzlich aufzubringen:

- Sorte des Auflagewerkstoffes (Werkstoffnummer oder Kurzname),
- Schmelzennummer des Auflagewerkstoffes,
- Dicke des Auflagewerkstoffes,
- Dicke des Grundwerkstoffes.

9 Nachweis der Güteeigenschaften

9.1 Der Nachweis der Güteeigenschaften richtet sich nach dem Grundwerkstoff, sofern bei der Eignungsfeststellung keine anderen Regelungen getroffen wurden. Es ist jedoch mindestens ein Abnahmeprüfzeugnis 3.1.B nach DIN EN 10204 erforderlich.

9.2 Zerstörungsfreie Prüfungen sind durch Abnahmeprüfzeugnis 3.1.B nach DIN EN 10204 zu bescheinigen.

9.3 Die chemische Zusammensetzung von Grund- und Auflagewerkstoffen, gegebenenfalls die Beständigkeit gegen interkristalline Korrosion, sind durch Werksbescheinigungen nach DIN EN 10204 zu bestätigen.

10 Grundlagen für die Bemessung

10.1 Als tragende Wanddicke gilt – abgesehen von den nach Abschnitt 10.2 möglichen Fällen – die Wanddicke des Grundwerkstoffes unter Einsetzung seines Festigkeitskennwertes.

10.2 Die Einbeziehung des Auflagewerkstoffes in die tragende Wand kann im Einzelfall zwischen dem Druckbehälterhersteller, dem Besteller/Betreiber und der zuständigen unabhängigen Stelle vereinbart werden.

ICS 23.020.30   Ausgabe Februar 2004

Werkstoffe für Druckbehälter, Rohrleitungen und Ausrüstungsteile	Flansche aus Stahl	AD 2000-Merkblatt W 9

Die AD 2000-Merkblätter werden von den in der „Arbeitsgemeinschaft Druckbehälter" (AD) zusammenarbeitenden, nachstehend genannten sieben Verbänden aufgestellt. Aufbau und Anwendung des AD 2000-Regelwerkes sowie die Verfahrensrichtlinien regelt das AD 2000-Merkblatt G1.

Die AD 2000-Merkblätter enthalten sicherheitstechnische Anforderungen, die für normale Betriebsverhältnisse zu stellen sind. Sind über das normale Maß hinausgehende Beanspruchungen beim Betrieb der Druckbehälter zu erwarten, so ist diesen durch Erfüllung besonderer Anforderungen Rechnung zu tragen.

Wird von den Forderungen dieses AD 2000-Merkblattes abgewichen, muss nachweisbar sein, dass der sicherheitstechnische Maßstab dieses Regelwerkes auf andere Weise eingehalten ist, z. B. durch Werkstoffprüfungen, Versuche, Spannungsanalyse, Betriebserfahrungen.

Fachverband Dampfkessel-, Behälter- und Rohrleitungsbau e.V. (FDBR), Düsseldorf
Hauptverband der gewerblichen Berufsgenossenschaften e.V., Sankt Augustin
Verband der Chemischen Industrie e.V. (VCI), Frankfurt/Main
Verband Deutscher Maschinen- und Anlagenbau e.V. (VDMA), Fachgemeinschaft Verfahrenstechnische Maschinen und Apparate, Frankfurt/Main
Stahlinstitut VDEh, Düsseldorf
VGB PowerTech e.V., Essen
Verband der Technischen Überwachungs-Vereine e.V. (VdTÜV), Berlin

Die AD 2000-Merkblätter werden durch die Verbände laufend dem Fortschritt der Technik angepasst. Anregungen hierzu sind zu richten an den Herausgeber:

Verband der Technischen Überwachungs-Vereine e.V., Postfach 10 38 34, 45038 Essen.

Inhalt

0 Präambel
1 Geltungsbereich
2 Geeignete Werkstoffe
3 Anforderungen an die Werkstoffe und die Herstellung
4 Prüfung
5 Kennzeichnung
6 Nachweis der Güteeigenschaften
7 Kennwerte für die Bemessung
Anhang 1: Muster
Anhang 2: Vereinbarung der AD-Verbände über die Weiterverwendung von Werkstoffen nach früheren gültigen DIN-Werkstoffnormen

0 Präambel

Zur Erfüllung der grundlegenden Sicherheitsanforderungen der Druckgeräte-Richtlinie kann das AD 2000-Regelwerk angewandt werden, vornehmlich für die Konformitätsbewertung nach den Modulen „G" und „B + F".

Das AD 2000-Regelwerk folgt einem in sich geschlossenen Auslegungskonzept. Die Anwendung anderer technischer Regeln nach dem Stand der Technik zur Lösung von Teilproblemen setzt die Beachtung des Gesamtkonzeptes voraus.

Bei anderen Modulen der Druckgeräte-Richtlinie oder für andere Rechtsgebiete kann das AD 2000-Regelwerk sinngemäß angewandt werden. Die Prüfzuständigkeit richtet sich nach den Vorgaben des jeweiligen Rechtsgebietes.

1 Geltungsbereich

1.1 Dieses AD 2000-Merkblatt gilt für
 – geschmiedete und nahtlos gewalzte Flansche,
 – aus Profilen, Stabstahl oder Blechstreifen gebogene und abbrennstumpfgeschweißte Flansche,
 – aus Blechen ausgeschnittene Flansche,
 – aus gewalztem oder geschmiedetem Formstahl und Stabstahl durch spanende Bearbeitung hergestellte Flansche,
 – gegossene Flansche aus Stahlguss

aus ferritischen und austenitischen Stählen zum Bau von Druckbehältern, Rohrleitungen und Ausrüstungsteilen, bei Betriebstemperaturen sowie bei Umgebungstemperaturen herab bis –10 °C und bis zu den in Abschnitt 2 bzw. in den jeweiligen AD 2000-Merkblättern für den Ausgangswerkstoff genannten oberen Temperaturgrenzen betrieben werden. Für Betriebstemperaturen unter –10 °C gilt zusätzlich das AD 2000-Merkblatt W 10.

1.2 Dieses AD 2000-Merkblatt gilt nicht für angegossene Flansche und nicht für Flansche, die vom Druckbehälterhersteller hergestellt werden.

Ersatz für Ausgabe Juli 2003; | = Änderungen gegenüber der vorangehenden Ausgabe

Die AD 2000-Merkblätter sind urheberrechtlich geschützt. Die Nutzungsrechte, insbesondere der der Übersetzung, des Nachdrucks, der Entnahme von Abbildungen, die Wiedergabe auf fotomechanischem Wege und die Speicherung in Datenverarbeitungsanlagen, bleiben, auch bei auszugsweiser Verwertung, dem Urheber vorbehalten.

2 Geeignete Werkstoffe

Es dürfen verwendet werden:

2.1 Für geschmiedete oder nahtlos gewalzte Flansche:

2.1.1 Allgemeine Baustähle S235JRG2 (1.0038), S235J2G3 (1.0116) und S355J2G3 (1.0570) nach DIN EN 10250-2 bis zu einer Berechnungstemperatur[1]) $\leq$ 300 °C und bis zu einem Produkt aus dem größten Innendurchmesser d_i in mm des Druckbehälters oder des Anbauteils und einem maximal zulässigen Druck PS in bar $d_i \cdot PS \leq$ 20 000. Flansche mit Blattdicken $\geq$ 30 mm sind normalgeglüht zu liefern.

2.1.2 Schweißgeeignete Feinkornbaustähle nach DIN EN 10222-4, P275NH (1.0487), P355NH (1.0565) und P460NH (1.8935) nach DIN EN 10273 sowie TStE 285, TStE 355, TStE 420, TStE 460, TStE 500, EStE 285, EStE 355, EStE 420, EStE 460 und EStE 500 nach DIN 17102 und DIN 17103 in Verbindung mit den zugehörigen VdTÜV-Werkstoffblättern.

2.1.3 Warmfeste schweißgeeignete Stähle P245GH+N (1.0352), P280GH+N (1.0426), P305GH (1.0436), 16Mo3 (1.5415), 13CrMo4-5 (1.7335), 11CrMo9-10 (1.7383), 14MoV6-3 (1.7715), X10CrMoVNb9-1 (1.4903) und X20CrMoV11-1 (1.4922) nach DIN EN 10222-2 einschließlich der Stahlsorte P250GH (1.0460) nach DIN EN 10222-2 Nationaler Anhang sowie P235GH (1.0345), P250GH (1.0460), P265GH (1.0425), P295GH (1.0481), P355GH (1.0473), 16Mo3 (1.5415), 13CrMo4-5 (1.7335) und 10CrMo9-10 (1.7380) nach DIN EN 10273. Für die Stahlsorten 14MoV6-3, X10CrMoVNb9-1 und X20CrMoV11-1 sind zusätzlich die VdTÜV-Werkstoffblätter 184, 511/3 und 110 zu beachten.

2.1.4 Kaltzähe Stähle 13MnNi6-3 (1.6217), 12Ni14 (1.5637), X12Ni5 (1.5680), X8Ni9 (1.5662) nach DIN EN 10222-3 bis 50 °C. Für den kurzzeitigen Betrieb bei höheren Temperaturen gilt AD 2000-Merkblatt W 10 Abschnitt 6.

2.1.5 Stahlsorten nach AD 2000-Merkblatt W 2.

2.2 Für aus Profilen, Stabstahl oder Blechstreifen gebogene und abbrennstumpfgeschweißte Flansche:

Stahlsorten nach den AD 2000-Merkblättern W 1, W 2, W 10 und W 13.

2.3 Für aus Blechen ausgeschnittene und durch spanende Bearbeitung hergestellte Flansche:

Stahlsorten nach den AD 2000-Merkblättern W 1, W 2 und W 10 in Verbindung mit Abschnitt 6.9.

2.4 Für durch spanende Bearbeitung hergestellte Flansche aus gewalztem und geschmiedetem Formstahl und Stabstahl:

Stahlsorten nach den AD 2000-Merkblättern W 2, W 10 und W 13 in Verbindung mit Abschnitt 6.9.

2.5 Für gegossene Flansche:

Stahlguss nach AD 2000-Merkblatt W 5.

2.6 Für Flansche, unabhängig vom Herstellungsverfahren:

Andere Werkstoffe nach Eignungsfeststellung durch die zuständige unabhängige Stelle. Für diese Werkstoffe sind die in den AD 2000-Merkblättern der Reihe W genannten Mindestanforderungen für andere Werkstoffe zu berücksichtigen.

---

[1]) Siehe AD 2000-Merkblatt B 0 Abschnitt 5.

3 Anforderungen an die Werkstoffe und die Herstellung

3.1 Für die chemische Zusammensetzung, den Lieferzustand, die mechanisch-technologischen Eigenschaften in Abhängigkeit von den Abmessungsgrenzen, die Oberflächenbeschaffenheit und die Maßhaltigkeit der Erzeugnisformen nach den Abschnitten 2.1 bis 2.6 gelten die Festlegungen in den entsprechenden AD 2000-Merkblättern, Normen oder VdTÜV-Werkstoffblättern. Oberflächenfehler dürfen durch Schweißen nur mit Genehmigung des Bestellers und der mit der Abnahmeprüfung beauftragten zuständigen unabhängigen Stelle ausgebessert werden.

3.2 Flansche aus Stahlsorten nach Abschnitt 2.1.1 mit Blattdicken < 30 mm können im warmgeschmiedeten Zustand geliefert werden.

3.3 Vorschweißflansche und Vorschweißbunde dürfen nicht kreisförmig aus Blechen ausgeschnitten werden. Werden sie aus Blechen hergestellt, so sind Streifen in Walzrichtung zu schneiden und so zu biegen, dass eine Blechoberfläche nach innen zur Flanschachse weist (s. a. AD 2000-Merkblatt B 8).

4 Prüfung

4.1 Besichtigung und Maßkontrolle

Die Flansche sind im Lieferzustand zu besichtigen und in den Abmessungen nachzuprüfen.

4.2 Zerstörende Werkstoffprüfung

4.2.1 Geschmiedete oder nahtlos gewalzte Flansche aus Stählen nach Abschnitt 2.1.1 (s. a. Tafel 4)

Die Flansche werden losweise geprüft. Ein Prüflos umfasst Flansche einer Schmelze mit gleichartiger Warmumformung und Wärmebehandlung. Ein Prüflos umfasst auch Flansche einer Schmelze, unterschiedlicher Abmessungen und getrennter, aber gleichartiger Wärmebehandlung, sofern die Gleichmäßigkeit der Wärmebehandlung durch Härteprüfung an 10 %, mindestens jedoch an drei Flanschen, nachgewiesen wird. Die Maßgaben der Härteprüfung gelten auch für unbehandelte Flansche.

Je Prüflos sind bei Stückgewichten $\leq$ 300 kg eine Zugprobe und drei Kerbschlagproben bei Prüftemperatur entsprechend DIN EN 10250-2 zu prüfen. Als Versuchsergebnis ist der Kerbschlagbiegeversuch ist das Mittel von drei Proben zu werten, wobei kein Einzelwert unter 70 % der Anforderung liegen darf. Die Kerbschlagarbeit soll für die Quer-/Tangentialrichtung an V-Proben $\geq$ 27 J betragen. Stückgewichte > 300 kg werden ebenso entsprechend Abschnitt 4.2.2 geprüft. Freiformgeschmiedete Flansche mit Stückgewichten > 300 kg werden einzeln geprüft.

Die Probenrichtung ist quer oder tangential zum Faserverlauf. Bei Blattdicken > 30 mm ist die Probenlage mindestens $^1/_4$ unter Stirn- und Seitenfläche.

Zur Entnahme der Proben sind entweder die Flansche selbst in entsprechender Zahl zu verwenden, oder es muss an allen Flanschen, die zur Prüfung vorgesehen sind, das nötige Übermaß für das Prüfteil vorhanden sein. Bei im Gesenk hergestellten Flanschen kann zur Entnahme der Proben der beim Lochen anfallende Ausfallbutzen verwendet werden, wenn die Butzendicke 75 % der Blattdicke nicht unterschreitet.

Falls Flansche einer Schmelze zu verschiedenen Zeiten gewalzt oder geschmiedet werden, können je Schmelze ein oder gegebenenfalls mehrere Prüfstücke in einer den

Flanschen vergleichbaren Abmessung hergestellt und abschnittsweise den einzelnen Wärmebehandlungen beigelegt werden. Dies setzt voraus, dass die Umformung für die Flansche und Prüfstücke vergleichbar ist.

4.2.2 Geschmiedete oder nahtlos gewalzte Flansche aus Stählen nach Abschnitt 2.1.2 bis 2.1.4 im normalgeglühten Zustand (s. a. Tafel 4)

Die Flansche werden nach Prüflosen entsprechend Tafel 1 geprüft. Ein Prüflos umfasst Flansche aus einer Schmelze mit gleichartiger Warmumformung und Wärmebehandlung. Ein Prüflos umfasst auch Flansche einer Schmelze, unterschiedlicher Abmessungen und getrennter, aber gleichartiger Wärmebehandlung, sofern die Gleichmäßigkeit der Wärmebehandlung durch Härteprüfung an 10 %, mindestens aber an drei Flanschen, nachgewiesen wird. Die Maßgaben für die Härteprüfung gelten auch für normalisierend umgeformte Flansche.

Je Prüflos sind an zwei Flanschen je eine Zugprobe und drei Kerbschlagproben zu prüfen. Je Schmelze, Warmumformung und Wärmebehandlungen werden jedoch höchstens vier Probensätze geprüft.

Bei Stückgewichten bis 1000 kg und Stückzahlen bis einschließlich 10 Flansche sowie bei Stückgewichten bis 15 kg und Stückzahlen bis einschließlich 30 Flansche genügt die Prüfung eines Flansches mit einer Zugprobe und drei Kerbschlagproben.

Freiformgeschmiedete Flansche mit Stückgewichten > 300 kg werden einzeln geprüft.

Die Probenrichtung ist quer oder tangential zum Faserverlauf. Bei Blattdicken > 30 mm ist die Probenlage mindestens $1/4$ unter Stirn- und Seitenfläche. Die Entnahme der Proben und das Beilegen von Prüfstücken und deren Anforderungen müssen dem Abschnitt 4.2.1 entsprechen.

Als Versuchsergebnis für den Kerbschlagbiegeversuch ist das Mittel von drei Proben zu werten, wobei kein Einzelwert unter 70 % der Anforderungen liegen darf.

Tafel 1. Einteilung in Prüflose

Stückgewicht in kg	Anzahl der Flansche je Prüflos[1])
≤ 15	≤ 150
> 15 bis ≤ 150	≤ 100
> 150 bis ≤ 300	≤ 50
> 300	≤ 25

[1]) Die Prüfstücke zählen nicht als Teile des Prüfloses.

4.2.3 Geschmiedete oder nahtlos gewalzte Flansche aus Stählen nach Abschnitt 2.1.2 bis 2.1.4 im vergüteten Zustand (s. a. Tafel 4)

Die Flansche werden losweise geprüft. Ein Prüflos umfasst Flansche einer Schmelze mit gleichartiger Warmumformung und Wärmebehandlung. Ein Prüflos umfasst auch Flansche einer Schmelze, unterschiedlicher Abmessungen und getrennter, aber gleichartiger Wärmebehandlung, sofern die Gleichmäßigkeit der Wärmebehandlung durch die Härteprüfung bestätigt wird.

Alle Flansche sind einer Härteprüfung zu unterziehen. Bei Serienfertigung (mindestens 50 Flansche einer Schmelze und einer Abmessung) erfolgt die Härteprüfung nur an 10 % des Prüfloses, mindestens aber an 20 Flanschen. Je Prüflos sind am Flansch mit der geringsten Härte und am

Flansch mit der höchsten Härte je eine Zugprobe und drei Kerbschlagproben zu prüfen.

Bei Stückgewichten bis 1000 kg und Stückzahlen bis einschließlich 10 Flansche sowie bei Stückgewichten bis 15 kg und Stückzahlen bis einschließlich 30 Flansche genügt die Prüfung einer Zugprobe am Flansch mit der geringsten Härte und von drei Kerbschlagproben am Flansch mit der höchsten Härte.

Freiformgeschmiedete Flansche mit Stückgewichten > 300 kg werden einzeln geprüft.

Die Probenrichtung ist quer oder tangential zum Faserverlauf. Bei Blattdicken > 30 mm ist die Probenlage mindestens $1/4$ unter Stirn- und Seitenfläche. Die Entnahme der Proben und das Beilegen von Prüfstücken und deren Anforderungen müssen dem Abschnitt 4.2.1 entsprechen.

Als Versuchsergebnis für den Kerbschlagbiegeversuch ist das Mittel von drei Proben zu werten, wobei kein Einzelwert unter 70 % der Anforderungen liegen darf.

4.2.4 Geschmiedete oder nahtlos gewalzte Flansche aus Stählen nach Abschnitt 2.1.5 sind wie Schmiedestücke gemäß AD 2000-Merkblatt W 2 zu prüfen.

4.2.5 Flansche nach Abschnitt 2.2 sind gemäß Tafel 2 zu prüfen. Das Prüfen von getrennt geschweißten Proben ist zulässig, falls dies bei der Verfahrensprüfung festgelegt wird (gleiche geometrische Abmessung).

4.2.6 Bei Flanschen nach Abschnitt 2.3 müssen die Bleche gemäß AD 2000-Merkblatt W 1, W 2 oder W 10 geprüft sein.

4.2.7 Bei Flanschen nach Abschnitt 2.4 muss das Vormaterial entsprechend dem Verwendungszweck gemäß AD 2000-Merkblatt W 2, W 10 oder W 13 geprüft sein.

4.2.8 Flansche nach Abschnitt 2.5 sind gemäß AD 2000-Merkblatt W 5 zu prüfen.

4.2.9 An Flanschen aus anderen Stählen nach Abschnitt 2.6 sind die Prüfungen entsprechend den Festlegungen zur Eignungsfeststellung durchzuführen.

4.3 Zerstörungsfreie Prüfung

4.3.1 Geschmiedete oder nahtlos gewalzte Flansche aus Stählen nach Abschnitt 2.1.1

An Flanschen mit Stückgewichten > 300 kg ist vom Hersteller eine Ultraschallprüfung nach Stahl-Eisen-Prüfblatt 1921, Anforderungen Prüfgruppe 3 Größenklasse E und Häufigkeitsklasse e, durchzuführen.

4.3.2 Geschmiedete oder nahtlos gewalzte Flansche aus Stählen nach Abschnitt 2.1.2 bis 2.1.4 im normalgeglühten Zustand

An Flanschen mit Stückgewichten > 300 kg ist vom Hersteller eine Ultraschallprüfung durchzuführen.

4.3.3 Geschmiedete oder nahtlos gewalzte Flansche aus Stählen nach Abschnitt 2.1.2 bis 2.1.4 im vergüteten Zustand

An Flanschen mit Stückgewichten > 300 kg ist vom Hersteller eine Ultraschallprüfung und eine Oberflächenrissprüfung in Anlehnung an AD 2000-Merkblatt HP 5/3 durchzuführen.

4.3.4 Geschmiedete oder nahtlos gewalzte Flansche aus Stählen nach Abschnitt 2.1.5

An Flanschen mit Stückgewichten > 300 kg ist vom Hersteller eine Ultraschall- und eine Durchstrahlungsprüfung durchzuführen.

Tafel 2. Prüfumfang und Prüfbescheinigungen nach DIN EN 10204 für Flansche nach Abschnitt 2.2

Werkstoff-gruppen[1])	Umfang der Prüfungen[2])[3])		Prüfbescheinigung nach DIN EN 10204			
	Zugversuch[4]) (R_{eH}, R_m, A)	Kerbschlagbiege-versuch[5])	Vormaterial	Wärmebe-handlung[6])	Fertigteil	
					zerstörungs-freie Prüfung	mechanisch-technologi-sche Prüfung
1 (1)[7])	–	–	2.2/3.1.B	2.2	2.2	–
1 (2)[8])	1 je Wärme-behandlungslos	1 je Wärme-behandlungslos	2.2	2.2	3.1.B	3.1.A/C
2	1 je 25 Flansche	1 je 25 Flansche	2.2	2.2	3.1.B	3.1.A/C
3	1 je 10 Flansche einer Schmelze	1 je 10 Flansche einer Schmelze				
4						
5 a	1 je 25 Flansche einer Schmelze	1 je 10 Flansche einer Schmelze	2.2	2.2	3.1.B	3.1.A/C
5 b bis 5 d	1 je 10 Flansche einer Schmelze	1 je 10 Flansche einer Schmelze	2.2	2.2	3.1.B	3.1.A/C
6	–	–	3.1.B/3.1.A/C	2.2	2.2	–
7	1 je 10 Flansche einer Schmelze	1 je 10 Flansche einer Schmelze	2.2	2.2	3.1.B	3.1.A/C

[1]) Einteilung gemäß Tafel 1 des AD 2000-Merkblattes HP 0
[2]) Die Proben sind aus dem Schweißnahtbereich zu entnehmen.
[3]) Für vergütete Flansche ist eine Härteprüfung gemäß Abschnitt 4.2.3 durchzuführen. Jährlich werden an zwei fertigen Flanschen der Grundwerkstoff und der Schweißnahtbereich geprüft, wobei die Querschnittsfläche, die Geometrie und der Prüfumfang in Anlehnung an AD 2000-Merkblatt HP 5/2 festzulegen sind.
[4]) Falls für das Vormaterial gefordert, ist ein weiterer Zugversuch je Prüfeinheit bei Betriebstemperatur durchzuführen.
[5]) Je Kerbschlagbiegeversuch werden drei Proben mit Kerbgrund in Schweißnahtmitte geprüft.
[6]) Bescheinigung gemäß Anhang 1 zu diesem AD 2000-Merkblatt.
[7]) Ausgenommen sind die Stahlsorten 16Mo3, P295GH, P355GH, P355N und P355NH.
[8]) Nur die Stahlsorten 16Mo3, P295GH, P355GH, P355N und P355NH.

4.3.5 Flansche aus Stählen nach Abschnitt 2.2

4.3.5.1 Die Bleche oder Blechstreifen sind vom Hersteller nach SEL 072, Tafel 1 Klasse 2, zerstörungsfrei zu prüfen. Sonderflansche wie Bajonettverschlüsse, Schnellverschlüsse u. Ä. sind zusätzlich nach SEL 072, Tafel 2 Klasse 1, zerstörungsfrei zu prüfen.

4.3.5.2 Flansche aus Stählen der Werkstoffgruppen 1 (1) und 6 der Tafel 2 werden vom Hersteller in Anlehnung an AD 2000-Merkblatt HP 5/3 Anlage 1 Prüfklasse A im Bereich der Schweißnaht einer Ultraschall- oder einer Durchstrahlungsprüfung im Umfang von Tafel 3 unterzogen. In der Regel werden Flansche, die bei kontinuierlicher Schweißung mit der gleichen Maschineneinstellung gefertigt werden, zu einem Prüflos zusammengefasst.

4.3.5.3 Bei Flanschen aus Stählen der Werkstoffgruppen 1 (2), 2 bis 5 und 7 der Tafel 2 wird jeder Flansch vom Hersteller in Anlehnung an AD 2000-Merkblatt HP 5/3 Anlage 1 Prüfklasse A im Bereich der Schweißnaht mit Ultraschall geprüft oder einer Durchstrahlungsprüfung unterzogen.

4.3.5.4 An Flanschen mit Stückgewichten > 300 kg ist vom Hersteller eine Ultraschall- oder eine Durchstrahlungsprüfung durchzuführen.

Tafel 3 Umfang der zerstörungsfreien Prüfung bei abbrennstumpfgeschweißten Flanschen

Anzahl der Flansche je Prüfeinheit	Umfang der zerstörungsfreien Prüfung	mindestens
≥ 1 bis ≤ 20	100 %	
> 20 bis ≤ 50	50 %	20 Flansche
> 50 bis ≤ 200	25 %	25 Flansche
> 200 bis ≤ 1000	15 %	50 Flansche
> 1000	10 %	150 Flansche

4.3.5.5 An allen Schweißnähten ist vom Hersteller mit geeigneten Verfahren entsprechend AD 2000-Merkblatt HP 5/3 Anlage 1 eine Oberflächenrissprüfung durchzuführen. Davon ausgenommen sind die Werkstoffe S235JRG2, P235GH, P250GH, P265GH, P245GH+N sowie die Stahlsorten C 21, C 22.3 und C 22.8 nach den VdTÜV-Werkstoffblättern 399, 364 und 350/3.

4.3.6 Flansche nach Abschnitt 2.3

Die Bleche sind vom Hersteller nach SEL 072, Anforderung Klasse 2 nach Tafel 1, zerstörungsfrei zu prüfen.

4.3.7 Flansche nach Abschnitt 2.4

Das Ausgangsmaterial muss bei Flanschen mit Stückgewichten > 300 kg entsprechend dem Verwendungszweck zerstörungsfrei geprüft sein. Die Ultraschallprüfung ist nach Stahl-Eisen-Prüfblatt 1921, Anforderungen Prüfgruppe 3 Größenklasse E und Häufigkeitsklasse e, durchzuführen. Bei Flanschen mit Stückgewichten > 300 kg aus vergüteten Stählen ist eine Oberflächenrissprüfung in Anlehnung an AD 2000-Merkblatt HP 5/3 Anlage 1 durchzuführen.

4.3.8 Flansche nach Abschnitt 2.5

Flansche mit Stückgewichten > 300 kg sind vom Hersteller mit dem Durchstrahlungsverfahren, falls erforderlich in Verbindung mit dem Ultraschallverfahren, nach den Angaben im Stahl-Eisen-Prüfblatt 1922 zu prüfen. Zusätzlich ist eine Oberflächenrissprüfung (soweit möglich Magnetpulverprüfung) vorzunehmen.

4.3.9 Flansche nach Abschnitt 2.6

An den Flanschen sind die Prüfungen entsprechend den Festlegungen der Eignungsfeststellung durchzuführen.

4.4 Flansche aus legierten Stählen sind vom Hersteller einer geeigneten Prüfung auf Werkstoffverwechselung zu unterziehen.

4.5 Wiederholungsprüfung

Entspricht das Ergebnis einer Prüfung nicht den Anforderungen, so ist wie folgt zu verfahren:

4.5.1 Ist anzunehmen, dass ungenügende Prüfergebnisse auf eine fehlerhafte Wärmebehandlung zurückzuführen sind, können die Flansche erneut wärmebehandelt werden, worauf die gesamte Prüfung zu wiederholen ist. Mehr als eine Wiederholung der Wärmebehandlung ist nur nach Rücksprache mit der zuständigen unabhängigen Stelle zulässig.

4.5.2 Sind ungenügende Prüfergebnisse auf prüftechnische Einflüsse oder auf eine eng begrenzte Fehlstelle einer Probe zurückzuführen, so kann die betreffende Probe bei der Entscheidung, ob die Anforderungen erfüllt sind, außer Betracht bleiben, und die betreffende Prüfung kann erneut durchgeführt werden.

4.5.3 Für jede Probe, die die Mindestwerte nicht erfüllt, sind zwei weitere Proben zu prüfen, die beide den Anforderungen genügen müssen.

5 Kennzeichnung

Die Flansche sind wie folgt mit Schlagstempel zu kennzeichnen:

- Kurzname oder Werkstoffnummer der Stahlsorte,
- Herstellerzeichen,
- Nennweite und Rohr-Außendurchmesser,
- Nenndruck.

Bei Lieferung mit Abnahmeprüfzeugnis nach DIN EN 10204 zusätzlich mit:

- Schmelzen-Nummer oder Kurzzeichen,
- Prüflos-Nummer, wobei der Probenträger besonders zu kennzeichnen ist,
- Prüfstempel der zuständigen unabhängigen Stelle oder des Werkssachverständigen,
- Stempel für die zerstörungsfreie Prüfung, soweit gefordert.

6 Nachweis der Güteeigenschaften

Der Nachweis der Güteeigenschaften erfolgt durch Bescheinigungen nach DIN EN 10204.

6.1 Für Flansche aus Stählen nach Abschnitt 2.1.1 – ausgenommen S355J2G3 – durch ein Werkszeugnis nach DIN EN 10204.

Auf das Werkzeugnis kann bei Flanschen mit DN ≤ 1000 verzichtet werden, wenn die Voraussetzungen entsprechend Abschnitt 6.8 erfüllt sind.

Für Flansche aus dem Werkstoff S355J2G3 ist ein Abnahmeprüfzeugnis 3.1.B nach DIN EN 10204 erforderlich.

Tafel 4. Umfang der Prüfungen an Flanschen gemäß Abschnitt 2.1.1 und 2.1.2

Flansche gemäß Abschnitt	Stück-gewicht[1]) in kg	Einteilung in Prüflose gemäß Abschnitt	Umfang der Prüfungen je Prüflos[2])		
			Härte-prüfung	Zug-versuch	Kerb-schlag-biege-versuch[3])
2.1.1	≤ 300	4.2.1		1	1
	> 300	4.2.2	keine[4])	2	2
2.1.2 (normal-geglüht)	–	4.2.2			
2.1.2 (vergütet)	–	4.2.3	100 %[5])	2[6])	2[6])

[1]) Freiformgeschmiedete Flansche mit Stückgewichten > 300 kg werden einzeln geprüft.
[2]) Verminderung des Prüfumfangs siehe Abschnitte 4.2.2 und 4.2.3
[3]) Je Kerbschlagbiegeversuch werden 3 Proben geprüft.
[4]) Bei Flanschen, die einem getrennten, aber gleichartigen Wärmebehandlungslos unterzogen worden sind, kann für die Zusammenfassung zu einem Prüflos die Gleichmäßigkeit der Wärmebehandlung durch Härteprüfung an 10 %, mindestens aber an 3 Flanschen, nachgewiesen werden.
[5]) Für Flansche in Serienfertigung (mindestens 50 Stück einer Schmelze und gleicher Abmessung) Härteprüfung an 10 %, mindestens jedoch 20 Flanschen.
[6]) Die Proben sind den Flanschen zu entnehmen, an denen bei der Härteprüfung die geringste und höchste Härte ermittelt wurde.

6.2 Für Flansche aus Stählen nach Abschnitt 2.1.2 bis 2.1.4 durch ein Abnahmeprüfzeugnis 3.1.C / Abnahmeprüfprotokoll 3.2 nach DIN EN 10204. Jedoch genügt für die Stahlsorten P245GH, P250GH und P280GH nach DIN EN 10222-2 (einschließlich nationaler Anhang), für P285NH nach DIN EN 10222-4 sowie P235GH, P250GH, P265GH und P275NH nach DIN EN 10273 ein Abnahmeprüfzeugnis 3.1.B.

6.3 Für Flansche aus Stählen nach Abschnitt 2.1.5 gemäß AD 2000-Merkblatt W 2.

6.4 Für Flansche nach Abschnitt 2.2 gilt Tafel 2. Für das Ausgangsmaterial ist der Nachweis gemäß den AD 2000-Merkblättern W 1, W 2, W 10 oder W 13 zu führen. Die Prüfung der Ausgangswerkstoffe durch die zuständige unabhängige Stelle kann entfallen, wenn der Flansch von der zuständigen unabhängigen Stelle zu prüfen ist.

6.4.1 Für Flansche aus Stählen der Werkstoffgruppen 1 (1) und 6 der Tafel 2 ist über die Ergebnisse der Prüfungen sowie über die Art der Wärmebehandlung und den Wärmebehandlungszustand vom Hersteller ein Werkszeugnis nach DIN EN 10204 (Muster s. Anhang 1) auszustellen.

Auf das Werkzeugnis und die Bescheinigungen für das Ausgangsmaterial kann bei Flanschen aus den Stählen

S235JRG2 und S235J2G3 mit einem Produkt $d_i \cdot PS$ ≤ 20 000 und DN ≤ 1000 verzichtet werden, wenn die Voraussetzungen entsprechend Abschnitt 6.8 erfüllt sind.

6.4.2 Für Flansche aus Stählen der Werkstoffgruppen 1 (2), 2 bis 5 und 7 der Tafel 2 ist über die Ergebnisse der Prüfungen eine Bescheinigung nach DIN EN 10204 anzufertigen, deren Art sich aus sinngemäßer Anwendung der entsprechenden Festlegungen in den AD 2000-Merkblättern W 1, W 2 oder W 13 ergibt. Über die Art der Wärmebehandlung und den ordnungsgemäßen Wärmebehandlungszustand ist vom Hersteller ein Werkszeugnis nach DIN EN 10204 (Muster s. Anhang 1) auszustellen.

6.5 Für Flansche nach den Abschnitten 2.3 und 2.4 sind die für das Ausgangsmaterial gemäß AD 2000-Merkblättern W 1, W 2, W 10 und W 13 erforderlichen Bescheinigungen beizubringen. Im Rahmen der Fertigung muss durch Umstempelung eine eindeutige Zuordnung von Vormaterial und Endprodukt sichergestellt sein.

6.6 Für Flansche nach Abschnitt 2.5 gemäß AD 2000-Merkblatt W 5.

6.7 Für Flansche nach Abschnitt 2.6 entsprechend den Festlegungen der Eignungsfeststellung.

6.8 Bei Verzicht auf ein Werkszeugnis/Werksbescheinigung wird vorausgesetzt, dass der Hersteller die als Grundlage für die Ausstellung eines Werkszeugnisses/ Werksbescheinigung notwendigen Prüfungen laufend durchgeführt hat und die Ergebnisse zur jederzeitigen Einsichtnahme durch die zuständige unabhängige Stelle bereithält.
Hierzu ist eine Vereinbarung zwischen dem Flanschenhersteller und der zuständigen unabhängigen Stelle erforderlich.

6.9 Werden aus geschmiedeten oder gegossenen Flanschenrohlingen durch mechanische Bearbeitung oder aus Blechen bzw. Formstahl und Stabstahl durch mechanisches oder thermisches Trennen ohne Veränderungen der Werkstoffeigenschaften Flansche gefertigt, ist die Sicherstellung der sachgemäßen Bearbeitung, Prüfung und Umstempelung der Flansche durch eine Vereinbarung zwischen Hersteller und der zuständigen unabhängigen Stelle zu regeln.

6.10 Die Durchführung der Härteprüfung und der Verwechselungsprüfung ist zu bescheinigen.

7 Kennwerte für die Bemessung

7.1 Für Flansche aus Stählen nach Abschnitt 2.1.1 gelten bis 50 °C die in DIN EN 10250-2 für Raumtemperatur angegebenen Werte der Streckgrenze; für Berechnungstemperaturen von 100 bis 300 °C gelten die Werte der Tafel 5.
Für Flansche aus Stählen nach Abschnitt 2.1.2 gelten die in DIN EN 10222-4, DIN EN 10273, DIN 17102 und DIN 17103 festgelegten Werte. Zusätzlich gelten für die Stähle P285NH in Dicken bis 35 mm, P355NH und P460NH in Dicken bis 50 mm ab 200 °C die Werte der Tafel 5.
Für Flansche aus Stählen nach Abschnitt 2.1.3 gelten die in DIN EN 10222-2 festgelegten Werte. Abweichend hiervon gelten für Flansche aus Stahl X10CrMoVNb9-1 die im VdTÜV-Werkstoffblatt 511/3 festgelegten Werte.

Für Flansche aus Stahl nach Abschnitt 2.1.4 gelten bis 50 °C die in DIN EN 10222-3 für Raumtemperatur angegebenen Werte der Streckgrenze. Für den kurzzeitigen Betrieb bei höheren Temperaturen gelten die Werte der Tafel 3 a im AD 2000-Merkblatt W 10.

Tafel 5. Kennwerte für die Bemessung bei höheren Temperaturen für Stähle nach DIN EN 10250-2 und DIN EN 10222-4

Stahlsorte	Nenndicke mm	Kennwerte K bei Berechnungstemperatur					
		°C					
		100	200	250	300	350	400
		N/mm²					
S235JRG2	≤ 16	187	143	122	–	–	
S235J2G3	> 16 bis ≤ 40	180	155	136	117	–	–
	> 40 bis ≤ 100	173	149	129	112	–	–
	> 100 bis ≤ 150	159	137	115	102	–	–
S355J2G3	≤ 16	254	226	206	186	–	–
	> 16 bis ≤ 40	249	221	202	181	–	–
	> 40 bis ≤ 63	234	206	186	166	–	–
	> 63 bis ≤ 80	224	196	176	156	–	–
	> 80 bis ≤ 100	214	186	166	146	–	–
	> 100 bis ≤ 150	194	166	146	126	–	–
P285NH	≤ 35[1]	–	206	186	157	137	118
P355NH	≤ 50[1]	–	255	235	216	196	167
P460NH	≤ 50[1]	–	343	314	294	265	235

[1] Dicke des maßgeblichen Querschnitts

7.2 Für Flansche aus Stählen nach den Abschnitten 2.2 bis 2.5 gelten die in den entsprechenden AD 2000-Merkblättern angegebenen Werte.

7.3 Für Flansche aus Stählen nach Abschnitt 2.6 gelten die in der Eignungsfeststellung festgelegten Werte.

7.4 Die in den Werkstoffspezifikationen oder Eignungsfeststellungen für 20 °C angegebenen Kennwerte gelten bis 50 °C, die für 100 °C angegebenen Werte bis 120 °C. In den übrigen Bereichen ist zwischen den angegebenen Werten linear zu interpolieren (z. B. für 80 °C zwischen 20 und 100 °C und für 180 °C zwischen 100 und 200 °C), wobei eine Aufrundung nicht zulässig ist. Für Werkstoffe mit Einzelgutachten gilt die Interpolationsregel nur bei hinreichend engem Abstand[2] der Stützstellen.

---

[2] In der Regel wird hierunter ein Temperaturabstand von 50 K im Bereich der Warmstreckgrenze und von 10 K im Bereich der Zeitstandfestigkeit verstanden.

Anhang 1 zum AD 2000-Merkblatt W 9

Muster

Werkszeugnis nach DIN EN 10204

Warmumgeformte, abbrennstumpfgeschweißte Stahlflansche und Ringe aus geschmiedeten Stäben, Blechstreifen oder gewalztem Stabstahl unter Beachtung von AD 2000-Merkblatt W 9

Anerkennung durch (TÜO) _____

vom _____

Pos.	Stück	Benennung und Abmessung	Werkstoff	Schmelze	Probe

Wärmebehandlung der Flansche nach dem Biegen und Schweißen nicht erforderlich, entsprechend dem Gutachten des

☐ (TÜO) _____

☐ Normalglühen bei _____ °C, Abkühlen an ruhender Luft

☐ Vergüten: Härten bei _____ °C, Abschrecken in _____ , Anlassen bei _____ °C

☐ Lösungsglühen bei _____ °C, Abschrecken in Wasser bei 20 °C

☐ Wir bestätigen, dass die Ultraschallprüfung der Ausgangsbleche entsprechend AD 2000-Merkblatt B 8 durchgeführt wurde.

Prüfung der Flansche: Besichtigung und Ausmessung: ohne Beanstandung

☐ Oberflächenrissprüfung

☐ Ultraschallprüfung

☐ Röntgenprüfung

Die Teile wurden, soweit erforderlich, umgestempelt und mit dem Herstellerzeichen versehen.

Anhang 2 zum AD 2000-Merkblatt W 9

Vereinbarung der AD-Verbände über die Weiterverwendung von Werkstoffen nach früher gültigen DIN-Werkstoffnormen

Die im AD-Merkblatt W 9, Ausgabe 07.95 genannten Werkstoffe dürfen unter Berücksichtigung der Festlegungen des vorgenannten AD-Merkblattes weiter verwendet werden.

Hinweis: Bei Neubestellung von Werkstoffen sollten die DIN EN-Normen berücksichtigt werden.

ICS 23.020.30   Ausgabe November 2007

Werkstoffe für Druckbehälter	Werkstoffe für tiefe Temperaturen Eisenwerkstoffe	AD 2000-Merkblatt W 10

Die AD 2000-Merkblätter werden von den in der „Arbeitsgemeinschaft Druckbehälter" (AD) zusammenarbeitenden, nachstehend genannten sieben Verbänden aufgestellt. Aufbau und Anwendung des AD 2000-Regelwerkes sowie die Verfahrensrichtlinien regelt das AD 2000-Merkblatt G1.

Die AD 2000-Merkblätter enthalten sicherheitstechnische Anforderungen, die für normale Betriebsverhältnisse zu stellen sind. Sind über das normale Maß hinausgehende Beanspruchungen beim Betrieb der Druckbehälter zu erwarten, so ist diesen durch Erfüllung besonderer Anforderungen Rechnung zu tragen.

Wird von den Forderungen dieses AD 2000-Merkblattes abgewichen, muss nachweisbar sein, dass der sicherheitstechnische Maßstab dieses Regelwerkes auf andere Weise eingehalten ist, z.b. durch Werkstoffprüfungen, Versuche, Spannungsanalyse, Betriebserfahrungen.

> Fachverband Dampfkessel-, Behälter- und Rohrleitungsbau e.v. (FDBR), Düsseldorf
> Hauptverband der gewerblichen Berufsgenossenschaften e.V., Sankt Augustin
> Verband der Chemischen Industrie e.v. (VCI), Frankfurt/Main
> Verband Deutscher Maschinen- und Anlagenbau e.v. (VDMA), Fachgemeinschaft Verfahrenstechnische Maschinen und Apparate, Frankfurt/Main
> Stahlinstitut VDEh, Düsseldorf
> VGB PowerTech e.V., Essen
> Verband der TÜV e.V. (VdTÜV), Berlin

Die AD 2000-Merkblätter werden durch die Verbände laufend dem Fortschritt der Technik angepasst. Anregungen hierzu sind zu richten an den Herausgeber:

> Verband der TÜV e.V., Friedrichstraße 136, 10117 Berlin.

Inhalt

0 Präambel
1 Geltungsbereich
2 Geeignete Werkstoffe
3 Beanspruchungsfälle
4 Tiefste Betriebstemperatur
5 Prüfung der Werkstoffe und Nachweis der Güteeigenschaften
6 Kennwerte für die Bemessung

0 Präambel

Zur Erfüllung der grundlegenden Sicherheitsanforderungen der Druckgeräte-Richtlinie kann das AD 2000-Regelwerk angewandt werden, vornehmlich für die Konformitätsbewertung nach den Modulen „G" und „B + F".
Das AD 2000-Regelwerk folgt einem in sich geschlossenen Auslegungskonzept. Die Anwendung anderer technischer Regeln nach dem Stand der Technik zur Lösung von Teilproblemen setzt die Beachtung des Gesamtkonzeptes voraus.
Bei anderen Modulen der Druckgeräte-Richtlinie oder für andere Rechtsgebiete kann das AD 2000-Regelwerk sinngemäß angewandt werden. Die Prüfzuständigkeit richtet sich nach den Vorgaben des jeweiligen Rechtsgebietes.

1 Geltungsbereich

1.1 Dieses AD 2000-Merkblatt gilt für Erzeugnisse aus Eisenwerkstoffen wie Bleche, Rohre, Stäbe (z. B. Schraubenwerkstoffe), Schmiedestücke (z. B. Flansche) und Gussstücke, die zum Bau von Druckbehältern, Rohrleitungen und Ausrüstungsteilen mit innerem oder äußerem Überdruck für Betriebstemperaturen unter $-10\,°C$ verwendet werden. Es ergänzt die anderen AD 2000-Merkblätter.

1.2 Alternativ zu diesem AD 2000-Merkblatt können die Verfahren zur Vermeidung von Sprödbruch gemäß DIN EN 13445-2 angewendet werden.

2 Geeignete Werkstoffe

2.1 Stahl

2.1.1 Die Stahlsorten und Stahlgusssorten der Tafel 1 sind bei den Beanspruchungsfällen I bis III bis zu den angegebenen tiefsten Betriebstemperaturen geeignet. Die Temperaturen gelten für die Erzeugnisformen und Abmessungen, Durchmesser oder Wanddicken nach den Normen, Stahl-Eisen-Werkstoffblättern, VdTÜV-Werkstoffblättern, AD 2000-Merkblättern und Tafel 1.
Bei Unterschreitung der in Tafel 1 genannten tiefsten Anwendungstemperaturen und bei anderen Erzeugnisformen, Dicken, Durchmessern oder Wanddicken ist die Eignungsfeststellung für den Einzelfall erforderlich.

Ersatz für Ausgabe Oktober 2003; | = Änderungen gegenüber der vorangehenden Ausgabe

Die AD 2000-Merkblätter sind urheberrechtlich geschützt. Die Nutzungsrechte, insbesondere die der Übersetzung, des Nachdrucks, der Entnahme von Abbildungen, die Wiedergabe auf fotomechanischem Wege und die Speicherung in Datenverarbeitungsanlagen, bleiben, auch bei auszugsweiser Verwertung, dem Urheber vorbehalten.

2.1.2
Für Stahlsorten und Stahlgusssorten nach anderen Werkstoffspezifikationen gelten die Anwendungsgrenzen der vergleichbaren Stahlsorten und Erzeugnisformen nach Tafel 1. Für ihre Verwendung ist die Eignungsfeststellung erforderlich. Bei plattierten Stahlsorten ist nachzuweisen, dass der Grundwerkstoff im Zustand nach der letzten Wärmebehandlung für die Verwendung bei tiefen Temperaturen geeignet ist.

2.2 Gusseisen

2.2.1
Gusseisen mit Kugelgraphit nach AD 2000-Merkblatt W 3/2 kann für Armaturen¹) und Anbauteile mit den im AD 2000-Merkblatt B 0 genannten Sicherheitsbeiwerten nur bis −10 °C verwendet werden. Im Beanspruchungsfall II kann Gusseisen mit Kugelgraphit nur im wärmebehandelten Zustand (in der Regel spannungsarmgeglüht) bis herab zu −60 °C eingesetzt werden.

2.2.2
Austenitisches Gusseisen mit Lamellengraphit nach AD 2000-Merkblatt W 3/3 kann für Armaturen¹) und Anbauteile mit den im AD 2000-Merkblatt W 3/3 genannten Sicherheitsbeiwerten bis herab zu −60 °C verwendet werden.

2.2.3
Andere Gusseisensorten können verwendet werden, wenn ihre Güteeigenschaften und ihre Eignung für tiefe Temperaturen durch Eignungsfeststellung der zuständigen unabhängigen Stelle bestätigt sind.

3 Beanspruchungsfälle

Die Einteilung nach den Abschnitten 3.1 bis 3.3 gilt unter Beachtung der Festlegungen für die Wärmebehandlung nach AD 2000-Merkblatt HP 7/2 oder HP 7/3 und der Festlegungen für das Spannungsarmglühen nach Tafel 2 für statische oder quasi-statische Beanspruchung ohne besondere Beanspruchung, z. B. Korrosion.

Baustellengefertigte Druckbehälter sind Druckbehälter des Beanspruchungsfalles I, soweit kein anderer Beanspruchungsfall nachgewiesen wird. Schrauben gelten als Bauteile des Beanspruchungsfalles I. Bei Bestimmung der tiefsten Betriebstemperatur der Schraube kann die gegebenenfalls vorhandene Temperaturdifferenz zwischen Schraube und Beschickungsmittel berücksichtigt werden.

3.1 Beanspruchungsfall I

Druckbehälter und Bauteile von Druckbehältern des Beanspruchungsfalles I sind solche, bei denen für die Werkstoffe die Festigkeitskennwerte der AD 2000-Merkblätter der Reihe W mit den in AD 2000-Merkblatt B 0 genannten Sicherheitsbeiwerten voll ausgenutzt werden.

3.2 Beanspruchungsfall II

Druckbehälter und Bauteile von Druckbehältern des Beanspruchungsfalles II sind solche, bei denen für die Werkstoffe die Festigkeitskennwerte der AD 2000-Merkblätter der Reihe W mit den in AD 2000-Merkblatt B 0 genannten Sicherheitsbeiwerten nur bis zu 75 % ausgenutzt werden und bei denen durch geeignete Gestaltung und Herstellung Spannungsspitzen weitgehend vermieden werden und auch im Betrieb die Entstehung von Anrissen nicht zu erwarten ist.

Die Bemessung der Druckbehälterteile erfolgt in der Weise, dass entweder der Sicherheitsbeiwert um den Faktor $4/3$ vergrößert wird oder, soweit für die Bemessung der Dampfdruck des Beschickungsmittels maßgebend ist, die Temperaturabhängigkeit des Dampfdruckes berücksichtigt wird. Dabei darf der Dampfdruck 75 % des Berechnungsdruckes p nicht überschreiten.

Unabhängig von den Festlegungen im AD 2000-Merkblatt HP 7/2 ist zur Verminderung der Eigenspannungen ein Spannungsarmglühen erforderlich. Hierauf kann bei Wanddicken ≤ 10 mm bei den Prüfgruppen 1 und 5.1 der Tafel 1b des AD 2000-Merkblattes HP 0 verzichtet werden. Für die anderen Prüfgruppen ist, soweit nach AD 2000-Merkblatt HP 0 Tafel 1b auf die Wärmebehandlung nach dem Schweißen verzichtet werden kann, ein Verzicht auf Spannungsarmglühen möglich, wenn an einer getrennt geschweißten Probe ausreichende Zähigkeit nachgewiesen wird.

Darüber hinaus kann bei Druckbehältern aus Stahlsorten der Prüfgruppen 1 und 5.1 der Tafel 1b des AD 2000-Merkblattes HP 0 bei Wanddicken > 10 bis ≤ 20 mm auf das Spannungsarmglühen verzichtet werden, wenn der Sicherheitsbeiwert um den Faktor 2 vergrößert wird oder der Dampfdruck 50 % des Berechnungsdruckes p nicht überschreitet.

3.3 Beanspruchungsfall III

Druckbehälter und Bauteile von Druckbehältern des Beanspruchungsfalles III sind solche, bei denen für die Werkstoffe die Festigkeitskennwerte der AD 2000-Merkblätter der Reihe W mit den in AD 2000-Merkblatt B 0 genannten Sicherheitsbeiwerten nur bis 25 % ausgenutzt werden und bei denen durch geeignete Gestaltung und Herstellung Spannungsspitzen weitgehend vermieden werden und auch im Betrieb die Entstehung von Anrissen nicht zu erwarten ist.

Die Bemessung der Druckbehälterteile erfolgt in der Weise, dass entweder der Sicherheitsbeiwert um den Faktor 4 vergrößert wird oder, soweit für die Bemessung der Dampfdruck des Beschickungsmittels maßgebend ist, die Temperaturabhängigkeit des Dampfdruckes berücksichtigt wird. Dabei darf der Dampfdruck 25 % des Berechnungsdruckes p nicht überschreiten.

Unabhängig von den Festlegungen im AD 2000-Merkblatt HP 7/2 ist zur Verminderung der Eigenspannungen ein Spannungsarmglühen erforderlich. Bei den Stahlsorten der Zeile 1 der Tafel 1, die normalerweise nicht für den Einsatz bei Temperaturen unter −10 °C vorgesehen sind, kann bei Wanddicken > 20 mm nur dann auf das Spannungsarmglühen verzichtet werden, wenn an einer getrennt geschweißten Probe ausreichende Zähigkeit bei Raumtemperatur nachgewiesen wird.

3.4 Sonstige Beanspruchungsfälle

Bei Druckbehältern, die nicht den Beanspruchungsfällen nach den Abschnitten 3.1 bis 3.3 zugeordnet werden können, werden Werkstoff, tiefste Betriebstemperatur, Herstellungs- und Prüfbedingungen in sinngemäßer Anwendung der Regelungen dieses AD 2000-Merkblattes im Einvernehmen zwischen Hersteller, Betreiber und zuständiger unabhängiger Stelle festgelegt.

4 Tiefste Betriebstemperatur

Die tiefsten Betriebstemperaturen für die verschiedenen Beanspruchungsfälle sind in Tafel 1 angegeben. Die tiefste Betriebstemperatur für den Beanspruchungsfall I wurde so festgelegt, dass der Werkstoff bei dieser Temperatur noch eine ausreichende Zähigkeit besitzt. Die geringere Zähigkeit der Werkstoffe bei den tieferen Betriebstemperaturen der Beanspruchungsfälle II und III wird durch die in den Abschnitten 3.2 und 3.3 festgelegten besonderen Bedingungen in Hinsicht auf eine gleiche Sprödbruchsicherheit berücksichtigt.

---
¹) Unter Beachtung von AD 2000-Merkblatt A 4

5 Prüfung der Werkstoffe und Nachweis der Güteeigenschaften

5.1 Die Werkstoffe nach Abschnitt 2.1.1, 2.2.1 und 2.2.2 werden entsprechend den Festlegungen in den zutreffenden Normen, Stahl-Eisen-Werkstoffblättern, VdTÜV-Werkstoffblättern und AD 2000-Merkblättern geprüft. Für den Zähigkeitsnachweis gilt Tafel 1, Spalten 8 bis 10.

Der Nachweis der Güteeigenschaften ist nach Tafel 1, Spalte 11, zu führen.

5.2 Für Prüfung und Nachweis der Güteeigenschaften von Werkstoffen nach anderen Werkstoffspezifikationen gelten die Festlegungen in der Eignungsfeststellung.

6 Kennwerte für die Bemessung

Es gelten die in den AD 2000-Merkblättern der Reihe W oder in der Eignungsfeststellung für Raumtemperatur festgelegten Werte. Werden für Stahlsorten nach DIN EN 10028-4, DIN EN 10216-4, DIN EN 10217-4, DIN EN 10217-6, DIN EN 10222-3, DIN EN 10269 sowie Stahlgusssorten nach DIN EN 10213-3 oder SEW 685 Rechenwerte für die 0,2-%-Dehngrenze bei erhöhten Temperaturen benötigt, gelten die Werte nach Tafel 3 a, 3 b und 3 c. Sie gelten für den kurzzeitigen Betrieb. Beim langzeitigen Einsatz kann eine Beeinträchtigung des Zähigkeitsverhaltens bei tiefen Temperaturen eintreten.

Bei Schweißverbindungen ist gegebenenfalls der für den Schweißzusatz in der Eignungsfeststellung festgelegte niedrigere Kennwert für die Bemessung zu berücksichtigen.

Tafel 2. Einteilung der Beanspruchungsfälle und Spannungsarmglühen der ferritischen Stahlsorten nach dem Schweißen

Beanspruchungsfall	I	II	III	
Sicherheitsbeiwert S_r oder Dampfdruck des Beschickungsmittels	$S_r = S$ 100 %	$S_r = 4/3\, S$ 75 %	$S_r = 2\, S$ 50 %	$S_r = 4\, S$ 25 %
Spannungsarmglühen erforderlich	entsprechend AD 2000-Merkblatt HP 7/2	abweichend von AD 2000-Merkblatt HP 7/2 bei Wanddicken[1)] in mm		entsprechend AD 2000-Merkblatt HP 7/2[4)]
	≤ 10[2)]	> 10	> 10 ≤ 20[3)]	> 20
Für Stähle der Prüfgruppe 5.4 bedeutet bei austenitischer Schweißung oder mit Nickelbasislegierung durchgeführter Schweißung eine Wärmebehandlung nach dem Schweißen nicht immer eine Verbesserung der Eigenschaften; deswegen ist sie im Einzelfall besonders zu vereinbaren.				

[1)] Die maßgebende Wanddicke ist die Dicke der drucktragenden Behälterwand oder die maßgebende Schweißnahtdicke; bei Böden, Aufschweißflanschen und ähnlichen Teilen die Dicke ohne Schweißnaht.
[2)] Nur bei Stahlsorten der Prüfgruppen 4.1, 4.2, 5.2, 5.3 entsprechend AD 2000-Merkblatt HP 0, Tafel 1b. Auf das Spannungsarmglühen kann bei diesen Stahlsorten verzichtet werden, wenn an einer getrennt geschweißten Probe ausreichende Zähigkeit nachgewiesen wird.
[3)] Nur bei Stahlsorten der Prüfgruppen 4.1, 4.2, 5.2, 5.3 entsprechend AD 2000-Merkblatt HP 0, Tafel 1b.
[4)] Bei den Stählen der Zeile 1 Tafel 1, die normalerweise nicht für den Einsatz bei Temperaturen unter –10 °C vorgesehen sind, kann bei Wanddicken > 20 mm nur dann auf das Spannungsarmglühen verzichtet werden, wenn an einer getrennt geschweißten Probe ausreichende Zähigkeit nachgewiesen wird.

Tafel 3 a. (s. S. 4)

Tafel 3 b. Festigkeitskennwerte K bei Berechnungstemperaturen[1)] für Stahlgusssorten nach SEW 685

Stahlgusssorte	Werkstoff-Nr.	Maßgebende Wanddicke	Festigkeitskennwerte K bei der Berechnungstemperatur				
		mm höchstens	100 °C MPa	150 °C MPa	200 °C MPa	250 °C MPa	300 °C MPa
G26CrMo4	1.7221	75	220	200	195	190	180
G10Ni6	1.5621	35	185	170	155	140	125
GX6CrNi18-10	1.6902	250	130	115	105	95	90

[1)] siehe Abschnitt 6

Tafel 1 zu AD 2000-Merkblatt W 10, Ausg. 11.2007

Tafel 1. Stahlsorten und Stahlgussorten für Druckbehälter für tiefe Temperaturen

Lfd. Nr.	Stahlart	Stahlsorte, Stahlgussorte	Tiefste Betriebstemperatur °C bei Beanspruchungsfall I	II	III	Größte zulässige Dicke, bei Rohren Wanddicke mm	Größter zulässiger Durchmesser	Zähigkeitsnachweis Probenform, Probenlage, Probenrichtung und Prüfumfang	Prüftemperatur °C	Anforderungen[9]	Nachweis der Güteeigenschaften (Bescheinigung gemäß DIN EN 10204)
1	2	3	4	5	6	7[3]		8	9	10	11
1	Stahlsorten und Stahlgusssorten nach den AD 2000-Merkblättern W 1, W 4, W 5, W 8, W 9, W 12 und W 13. Unberuhigte und halbberuhigte Stahlsorten sind bei Betriebstemperaturen unter –10 °C ausgeschlossen.	geeignete Stahlsorten oder Stahlgusssorten nach Spalte 2	–10	–60	–85			entsprechend den Festlegungen in den in Spalte 2 genannten AD 2000-Merkblättern[12]			
1	Schweißgeeignete Feinkornbaustähle nach DIN 17102 (nur gewalzte Langerzeugnisse). DIN EN 10028-3, DIN EN 10222-4 und DIN EN 10273 in Verbindung mit den VdTÜV-Werkstoffblättern 351 bis 358	Grund- und warmfeste Reihe (W) StE 255, StE 285, (W) StE 315, StE 355, (W) StE 380, (W) StE 420, StE 460, (W) StE 500, P275N (NH) bis P460N (NH), P285QH, P355QH1, P420QH	–20	–70	–100	70[1]		Proben mit V-Kerb; Probenlage entsprechend DIN EN 10028-1, DIN EN 10222-1 bzw. DIN EN 10273; Probenrichtung und Prüfumfang entsprechend dem für die jeweilige Erzeugnisform geltenden AD 2000-Merkblatt der Reihe W	–20	Nach DIN 17102, DIN 17103, DIN EN 10028-3, DIN EN 10222-4 und DIN EN 10273	(W) StE 255, StE 285, P275N (NH) und P285NH (QH); Abnahmeprüfzeugnis 3.1; (T; E) StE 255 bis (T; E) StE 285, P275NL1 (NL2), (W; T; E) StE 315 bis (W; T; E) StE 500, P355NH (QH1, NL1; NL2); P420QH und P460N (NH; NL1; NL2); Abnahmeprüfzeugnis 3.2 jedoch Flacherzeugnisse aus P355N (NH) nach DIN EN 10028-3 gemäß AD 2000-Merkblatt W 1
		Kaltzähe Reihe TStE 255 bis TStE 420 und P275NL1, P355NL1 TStE 355, P460NL1 TStE 500	–60 –50 –40	–110 –100 –90	–140 –130 –120	60[1] 20[1] 20[1]	60[1] 20[1] 20[1]		–40		
		Kaltzähe Sonderreihe EStE 255 bis EStE 315 und P275NL2 EStE 355 bis EStE 420 und P355NL2 EStE 460, EStE 500 und P460NL2	–70 –60 –60	–120 –110 –110	–150 –140 –140	60[1] 60[1] 20[1]	60[1] 60[1] 20[1]		–50		
2	Nahtlose und geschweißte Rohre aus legierten Feinkornbaustählen nach DIN EN 10216-3 und DIN EN 10217-3 in Verbindung mit den VdTÜV-Werkstoffblättern 352, 354 und 357	P355N (NH), P460N (NH)	–20	–70	–100	≤ 40[1] > 40, ≤ 65 [1/4]	–	Proben mit V-Kerb; Probenlage und Probenrichtung entsprechend DIN EN 10216-3 oder DIN EN 10217-3 und AD 2000-Merkblatt W 4	–20	Nach DIN EN 10216-3 oder DIN EN 10217-3	Abnahmeprüfzeugnis 3.2[11]
		P275NL1, P355NL1	–60	–110	–140	≤ 40[1] > 40, ≤ 65 [1/4]	–		–10		
		P460NL1	–50	–100	–130	≤ 20[1]	–		–40		
		P275NL2	–70	–120	–150	≤ 20[1]	–		–30		
		P355NL2	–60	–110	–140	≤ 40[1]	–		–40		
		P460NL2	–60	–110	–140	≤ 20[1]	–		–50		

Kategorie	Kurzname	Werkstoff-Nr.						Hinweise	Abnahmeprüfzeugnis
Nichtrostende austenitische und austenitisch-ferritische Stähle nach DIN EN 10028-7 (kaltgewalztes Band nur bis 6 mm, warmgewalztes Band nur bis 12 mm Dicke), DIN EN 10222-5, DIN EN 10629 (nur im Wärmebehandlungszustand +AT) und DIN EN 10272	X5CrNi18-10 X4CrNi18-12 X2CrNi18-9 X5CrNi18-9 X6CrNiNb18-10 X5CrNiNb18-10 X5CrNiMo17-12-2 X2CrNiMo17-12-2 X5CrNiMo17-12-3 X6CrNiMoNb17-12-2 X2CrNiMoN17-12-4 X2CrNiMo18-14-3 X2CrNiMo18-15-4 X2CrNiMoN17-13-5[7)] X3CrNiMo18-12-3	1.4301 1.4303 1.4307 1.4315 1.4550 1.4401 1.4404 1.4432 1.4580 1.4429 1.4435 1.4438 1.4439 1.4449	−200	−255	−273		75	250 160 250 − 450 250 250 250 − 250 250 − 160 450	Proben mit V-Kerb; Probenlage, Probenrichtung entsprechend DIN EN 10028-1, DIN EN 10222-1, DIN EN 10269, DIN EN 10272 und AD 2000-Merkblatt W 2	Abnahmeprüfzeugnis 3.1 oder 3.2 nach AD 2000-Merkblatt W 2, wobei als untere Temperaturgrenze für Abnahmeprüfzeugnis 3.1 die tiefsten Betriebstemperaturen in Spalte 4 gelten
	X2CrNi19-11 X6CrNiTi18-10 X6CrNiMoTi17-12-2 X2CrNiN18-10	1.4306 1.4541 1.4571 1.4311	−273[2)]	−273				250 450 450 250		Abnahmeprüfzeugnis 3.2
	X2CrNiMoN17-11-2 X2CrNiMoN17-13-3	1.4406 1.4429	−273	−273				250 400	Nach AD 2000-Merkblatt W 2	
	X2CrNiMoN22-5-3[7)]	1.4462	−40	−60	−40			400		
Nahtlose Rohre aus austenitischen und austenitisch-ferritischen nichtrostenden Stählen nach DIN EN 10216-5. Geschweißte Rohre aus austenitischen und austenitisch-ferritischen nichtrostenden Stählen nach DIN EN 10217-7	X2CrNiN23-4[7)] X2CrNiMoCuN25-6-3 X2CrNiMoN25-7-4[7)] X2CrNiMoWN25-7-4	1.4362 1.4507 1.4410 1.4501						160		
	X5CrNi18-10 X6CrNiNb18-10 X5CrNiMo17-12-2 X2CrNiMo17-12-2 X2CrNiMo18-14-3[3)] X2CrNiMoNb17-13-5[7)] X6CrNiMoNb17-12-2[4)]	1.4301 1.4550 1.4401 1.4404 1.4435 1.4439 1.4580	−200	−255	−273		50		Proben mit V-Kerb; Probenlage, Probenrichtung entsprechend DIN EN 10216-5 oder DIN EN 10217-7 und AD 2000-Merkblatt W 2	Abnahmeprüfzeugnis 3.1 oder 3.2 nach AD 2000-Merkblatt W 2, wobei als untere Temperaturgrenze für Abnahmeprüfzeugnis 3.1 die tiefsten Betriebstemperaturen in Spalte 4 gelten
	X2CrNi19-11 X6CrNiTi18-10 X6CrNiMoTi17-12-2 X2CrNiN18-10	1.4306 1.4541 1.4571 1.4311	−273[2)]	−273	−273				Nach DIN EN 10216-5 oder DIN EN 10217-7	Abnahmeprüfzeugnis 3.2
	X2CrNiMoN17-13-3	1.4429	−273	−273	−60		30			
	X2CrNiMoN22-5-3[7)] X2CrNiMoCuN25-6-3[4)] X2CrNiMoN25-7-4[7)] X2CrNiMoWN25-7-4 1.4501 X2CrNiMoSi18-5-3[4)]	1.4362 1.4507 1.4410 1.4424	−40	−40	−40					
Nichtrostende austenitische Stahlgusssorten nach DIN EN 10213-4	GX5CrNi19-10 GX5CrNiNb19-11 GX5CrNiMo19-11-2	1.4308 1.4552 1.4408	−200 −105 −200	−255 −165 −255	−273 −200 −273		30[5)] 150[5)] 150[5)]		Proben mit V-Kerb; Probenlage, Probenrichtung und Prüfumfang nach DIN EN 10213-1 und AD 2000-Merkblatt W 5	Abnahmeprüfzeugnis 3.2
			+20 +20 −196[10)]						Nach DIN EN 10213-4	

W 10

Lfd. Nr.	Stahlart	Stahlsorte, Stahlgusssorte	Tiefste Betriebstemperatur °C bei Beanspruchungsfall I	II	III	Größte zulässige Dicke, bei Röhren Wanddicke mm [7)13)]	Größter zulässiger Durchmesser mm	Zähigkeitsnachweis Probenform, Probenlage, Probenrichtung und Prüfumfang	Prüftemperatur °C	Anforderungen [9)]	Nachweis der Güteeigenschaften (Bescheinigung gemäß DIN EN 10204)
1	2	3	4	5	6	7		8	9	10	11
1	Kaltumgeformte nichtrostende austenitische Schrauben ohne Kopf nach DIN EN ISO 3506-1	A 2 A 3 A 4 A 5	-200	nicht vorgesehen	nicht vorgesehen	nach AD 2000-Merkblatt W 2		nicht erforderlich			Nach AD 2000-Merkblatt W 2
3	Kaltumgeformte nichtrostende austenitische Schrauben mit Kopf nach DIN EN ISO 3506-1	A 2 A 3 A 4 A 5	-200 -200 -60 -60	nicht vorgesehen	nicht vorgesehen	nach AD 2000-Merkblatt W 2		nicht erforderlich			Nach AD 2000-Merkblatt W 2
	Kaltzähe Stähle nach DIN EN 10028-4	11MnNi5-3 13MnNi6-3	-60	-110	-140	≤ 50	–	Proben mit V-Kerb; Probenlage entsprechend DIN EN 10028-1, DIN EN 10222-1 oder DIN EN 10269; Probenrichtung und Prüfumfang entsprechend dem für die jeweilige Erzeugnisform geltenden AD 2000-Merkblatt der Reihe W	-60	Nach DIN EN 10028-4	Abnahmeprüfzeugnis 3.2 [3)]
		12Ni14	-105	-155	-185	≤ 50	–		-100		
		X12Ni5	-120	-170	-200	> 25, ≤ 30 > 30, ≤ 50	≤ 25 ≤ 50		-110 -115 -120		
		X8N9	-200	-255	-273	≤ 50	–		-196		
4	Stähle für den Einsatz bei tiefen Temperaturen nach DIN EN 10222-3	13MnNi6-3	-60	-110	-140	≤ 70	–		-60	Nach DIN EN 10222-3	
		12Ni14	-100	-150	-180	≤ 70	–		-100		
		X12Ni5	-120	-170	-200	≤ 50	–		-120		
		X8N9	-200	-255	-273	≤ 70	–		-196		
	Stähle für den Einsatz bei tiefen Temperaturen nach DIN EN 10269	25CrMo4	-65	-115	-145	–	≤ 60 > 60, ≤ 100		-60 -50	Nach DIN EN 10269	
		X12Ni5	-120	-170	-200	–	≤ 45 > 45, ≤ 75		-120 -110		

W 10

		-50	-100	-130	≤ 10		Proben mit V-Kerb; Probenlage, Probenrichtung und Prüfumfang entsprechend DIN EN 10216-4, DIN EN 10217-4 oder DIN EN 10217-6 und AD 2000-Merkblatt W 4	-40	Nach DIN EN 10216-4, DIN EN 10217-4 oder DIN EN 10217-6	Abnahmeprüfzeugnis 3.1
4	Nahtlose Rohre aus kaltzähen Stählen nach DIN EN 10216-4,	P215NL							-50		Abnahmeprüfzeugnis 3.2[11])
									-40		
	Geschweißte Rohre aus kaltzähen Stählen nach DIN EN 10217-4 und DIN EN 10217-6	P255QL[4])	-50	-100	-130	≤ 25			-40		
						> 25, ≤ 40					
		P265NL	-50	-100	-130	≤ 25			-40		
		26CrMo4-2[4])	-65	-115	-145	≤ 40			-60		
		11MnNi5-3[4]) 13MnNi6-3[4])	-60	-110	-140	≤ 40			-60	oder DIN EN 10217-6	
		12Ni14[4])	-105	-155	-185	≤ 25			-100		
						> 25, ≤ 40			-90		
		X12Ni5[4])	-120	-170	-200	≤ 25			-120		
						> 25, ≤ 40			-110		
		X10Ni9[4])	-200	-255	-273				-196		
5	Kaltzäher Stahlguss nach DIN EN 10213-3	G17Mn5	-40	-90	-120	≤ 50[5])		Proben mit V-Kerb; Probenlage, Probenrichtung und Prüfumfang nach DIN EN 10213-1 bzw. SEW 685 und AD 2000-Merkblatt W 5	-40	Nach DIN EN 10213-3	Abnahmeprüfzeugnis 3.2
		G20Mn5	-40	-90	-120	≤ 100[5])			-40		
		G9Ni10	-70	-120	-150	≤ 35[5])			-70		
		G9Ni14	-90	-140	-170	≤ 35[5])			-90		
		GX3CrNi13-4[6])	-120	-170	-200	≤ 300[5])			-120		
	Kaltzäher Stahlguss nach Stahl-Eisen-Werkstoffblatt 685	G26CrMo4	-50	-100	-130	≤ 75[5])			-50	Nach SEW 685	
		G10 NI6	-50	-100	-130	≤ 35[5])			-50		
		GX6CrNi18-10	-255	-273	-273	≤ 250[5])			-196		

[1]) Wenn die Betriebstemperatur höher liegt als die tiefste zulässige Betriebstemperatur, erhöht sich die größte zulässige Dicke oder die größte zulässige Durchmesser um 2 mm/K.

[2]) Bei tiefsten Betriebstemperaturen tiefer als -200 °C bis -273 °C Prüfung der Kerbschlagarbeit bei -196 °C mit Proben mit V-Kerb, Mindestanforderung 40 J für Dicken bzw. Wanddicken ≥ 10 mm, bei Stabstahl und Schmiedestücken bei Durchmessern ≥ 15 mm

[3]) Bei geschweißten Rohren nur, wenn ohne Zusatz geschweißt

[4]) Nur für nahtlose Rohre

[5]) Größte maßgebende Wanddicke

[6]) In Verbindung mit VdTÜV-Werkstoffblatt 452

[7]) In Verbindung mit den VdTÜV-Werkstoffblättern 405, 418, 496 oder 508

[8]) Für Muttern und Stabstahl für Muttern gelten die Regelungen des AD 2000-Merkblattes W 7

[9]) Sofern eine Kerbschlagbiegeprüfung in Spalte 8 gefordert wird, gelten die Anforderungen der Werkstoffnorm, jedoch mindestens 27 J Kerbschlagarbeit

[10]) Sofern in der Bestellung nichts anderes vereinbart, kann die Prüfung bei Raumtemperatur ausgeführt werden, wenn der Hersteller der zuständigen unabhängigen Stelle die Einhaltung der gestellten Anforderungen mit ausreichender Sicherheit nachgewiesen hat. Im Abnahmeprüfzeugnis ist auf die Zustimmung durch die zuständige unabhängige Stelle zur Prüfung bei Raumtemperatur hinzuweisen.

[11]) Für Rohre aus den Stahlsorten P255QL, P265NL, P275NL1 sowie P275NL2 mit Wanddicken bis 30 mm genügt ein Abnahmeprüfzeugnis 3.1 anstelle 3.2, wenn das Herstellerwerk der zuständigen unabhängigen Stelle den Nachweis ausreichenden statistischen Sicherheit geführt hat. Der Übergang auf ein Abnahmeprüfzeugnis 3.1 ist dem Hersteller von der zuständigen unabhängigen Stelle zu bestätigen. Wird hiervon Gebrauch gemacht, ist das Bestätigungsschreiben der zuständigen unabhängigen Stelle im Abnahmeprüfzeugnis 3.1 aufzuführen. Sofern es nicht im Rahmen laufender eigener Abnahmeprüfungen geschieht, soll sich die zuständige unabhängige Stelle in bestimmten Zeitabständen (etwa 1 bis 2 Jahre) davon überzeugen, dass alle Voraussetzungen erhalten geblieben sind.

[12]) Für Flacherzeugnisse nach AD 2000-Merkblatt W 1 aus warmfesten Stählen nach DIN EN 10028-2 sind Werte der Kerbschlagarbeit von 27 J bei einer Temperatur von -20 °C spezifiziert oder können vereinbart werden. Sofern diese Werte im Abnahmeprüfzeugnis nachgewiesen sind, können diese Erzeugnisse für Betriebstemperaturen herab bis -20 °C im Beanspruchungsfall I verwendet werden.

[13]) Andere Durchmesser/Wanddicken sind zulässig, sofern in den VdTÜV-Werkstoffblättern eine herstellerbezogene Eignungsfeststellung vorliegt.

Tafel 3 c. Festigkeitskennwerte K bei Berechnungstemperaturen[1] für Stahlgusssorten[2] nach DIN EN 10213-3

Stahlgusssorte	Werkstoff-Nr.	Maßgebende Wanddicke	Festigkeitskennwerte K bei der Berechnungstemperatur				
		mm höchstens	100 °C MPa	150 °C MPa	200 °C MPa	250 °C MPa	300 °C MPa
G20Mn5	1.6220	100	200	190	180	175	170
G9Ni14	1.5638	35	255	235	215	190	175
GX3CrNi13-4	1.6982	300	515	500	485	470	455

[1] siehe Abschnitt 6
[2] Festigkeitskennwerte K für erhöhte Temperaturen liegen für die Stahlgusssorten G17Mn5 und G9Ni10 nach DIN EN 10213-3 nicht vor.

Tafel 3 a. Festigkeitskennwerte K bei Berechnungstemperaturen[1] für die Stahlsorten nach DIN EN 10028-4, DIN EN 10216-4, DIN EN 10217-4, DIN EN 10217-6, DIN EN 10222-3 und DIN EN 10269 in den in Betracht kommenden Erzeugnisformen und Abmessungen

Stahlsorte		DIN EN 10216-4[3]	DIN EN 10222-3	DIN EN 10028-4	DIN EN 10269	Festigkeitskennwerte K bei der Berechnungstemperatur			
Kurzname	Werkstoff-Nr.	Wanddicke T	Dicke[2]		Durch-messer	100 °C	200 °C	250 °C	300 °C
		mm	mm		mm	MPa	MPa	MPa	MPa
P215NL	1.0451	≤ 10	in diesen Normen nicht enthalten			175	145	130	115
P255QL	1.0452	≤ 40	in diesen Normen nicht enthalten			185	155	140	125
26CrMo4-2	1.7219	≤ 40	in diesen Normen nicht enthalten			320	300	290	280
25CrMo4	1.7218	in diesen Normen nicht enthalten			≤ 100	428	412	392	363
11MnNi5-3	1.6212	≤ 40	in dieser Norm nicht enthalten	≤ 50	in dieser Norm nicht enthalten	210	170	155	140
13MnNi6-3	1.6217	≤ 40	≤ 70	≤ 50	in dieser Norm nicht enthalten	260	220	205	190
12Ni14	1.5637	≤ 40	≤ 70	≤ 50	in dieser Norm nicht enthalten	245	205	190	170
X12Ni5	1.5680	≤ 40	≤ 50	≤ 50	≤ 75	260	220	200	180
X8Ni9	1.5662	in dieser Norm nicht enthalten	≤ 70	≤ 50	_[4]	370	335	315	300
X10Ni9	1.5682	≤ 40	in diesen Normen nicht enthalten						

[1] siehe Abschnitt 6
[2] Für Erzeugnisse nach DIN EN 10028-4 gilt die Erzeugnisdicke t; für Erzeugnisse nach DIN EN 10222-3 gilt der maßgebliche Querschnitt t_R.
[3] Die für die Stahlsorte P215NL (1.0451) nach DIN EN 10216-4 angegebenen Festigkeitskennwerte K und die Wanddicke T gelten auch für die Stahlsorte P215NL (1.0451) nach DIN EN 10217-4 und DIN EN 10217-6. Die Festigkeitskennwerte K für erhöhte Temperaturen liegen für die Stahlsorte P265NL (1.0453) nach DIN EN 10216-4, DIN EN 10217-4 und DIN EN 10217-6 nicht vor.
[4] Dieser Stahl für Befestigungselemente ist im AD 2000-Merkblatt W 7 nicht vorgesehen.

ICS 23.020.30 Ausgabe Juli 2003

Werkstoffe für Druckbehälter	Nahtlose Hohlkörper aus unlegierten und legierten Stählen für Druckbehältermäntel	AD 2000-Merkblatt W 12

Die AD 2000-Merkblätter werden von den in der „Arbeitsgemeinschaft Druckbehälter" (AD) zusammenarbeitenden, nachstehend genannten sieben Verbänden aufgestellt. Aufbau und Anwendung des AD 2000-Regelwerkes sowie die Verfahrensrichtlinien regelt das AD 2000-Merkblatt G1.

Die AD 2000-Merkblätter enthalten sicherheitstechnische Anforderungen, die für normale Betriebsverhältnisse zu stellen sind. Sind über das normale Maß hinausgehende Beanspruchungen beim Betrieb der Druckbehälter zu erwarten, so ist diesen durch Erfüllung besonderer Anforderungen Rechnung zu tragen.

Wird von den Forderungen dieses AD 2000-Merkblattes abgewichen, muss nachweisbar sein, dass der sicherheitstechnische Maßstab dieses Regelwerkes auf andere Weise eingehalten ist, z.B. durch Werkstoffprüfungen, Versuche, Spannungsanalyse, Betriebserfahrungen.

Fachverband Dampfkessel-, Behälter- und Rohrleitungsbau e.V. (FDBR), Düsseldorf
Hauptverband der gewerblichen Berufsgenossenschaften e.V., Sankt Augustin
Verband der Chemischen Industrie e.V. (VCI), Frankfurt/Main
Verband Deutscher Maschinen- und Anlagenbau e.V. (VDMA), Fachgemeinschaft Verfahrenstechnische Maschinen und Apparate, Frankfurt/Main
Stahlinstitut VDEh, Düsseldorf
VGB PowerTech e.V., Essen
Verband der Technischen Überwachungs-Vereine e.V. (VdTÜV), Essen

Die AD 2000-Merkblätter werden durch die Verbände laufend dem Fortschritt der Technik angepasst. Anregungen hierzu sind zu richten an den Herausgeber:

Verband der Technischen Überwachungs-Vereine e.V., Postfach 10 38 34, 45038 Essen.

Inhalt

0 Präambel
1 Geltungsbereich
2 Geeignete Werkstoffe
3 Herstellung und Wärmebehandlung
4 Prüfungen
5 Kennzeichnung
6 Nachweis der Güteeigenschaften
7 Kennwerte für die Bemessung
Anhang 1: Vereinbarung der AD-Verbände über die Weiterverwendung von Werkstoffen nach früher gültigen DIN-Werkstoffnormen

0 Präambel

Zur Erfüllung der grundlegenden Sicherheitsanforderungen der Druckgeräte-Richtlinie kann das AD 2000-Regelwerk angewandt werden, vornehmlich für die Konformitätsbewertung nach den Modulen „G" und „B + F".
Das AD 2000-Regelwerk folgt einem in sich geschlossenen Auslegungskonzept. Die Anwendung anderer technischer Regeln nach dem Stand der Technik zur Lösung von Teilproblemen setzt die Beachtung des Gesamtkonzeptes voraus.
Bei anderen Modulen der Druckgeräte-Richtlinie oder für andere Rechtsgebiete kann das AD 2000-Regelwerk sinngemäß angewandt werden. Die Prüfzuständigkeit richtet sich nach den Vorgaben des jeweiligen Rechtsgebietes.

1 Geltungsbereich

1.1 Dieses AD 2000-Merkblatt gilt für nahtlose Hohlkörper, Hohlteile und Schüsse – im Folgenden nur Hohlkörper genannt – aus unlegierten und legierten Stählen, die als Mäntel von Druckbehältern bei Betriebstemperaturen sowie bei Umgebungstemperaturen herab bis –10 °C betrieben werden.

Die Hohlkörper können durch Schmieden, Pressen, Walzen und Ziehen oder durch mechanische Bearbeitung[1]) hergestellt werden. Sie werden je nach Herstellungsverfahren mit offenen, durch Kümpeln ein-, Einziehen ein- oder beidseitig geschlossenen Enden bzw. mit angepresstem oder angeschmiedetem Boden hergestellt.

Für Mäntel von Druckbehältern aus Rohren, deren Enden nicht umgeformt werden, gilt das AD 2000-Merkblatt W 4 Abschnitt 7.
Für Betriebstemperaturen unter –10 °C gilt zusätzlich AD 2000-Merkblatt W 10.

---
[1]) Bei aus dem Vollen hergestellten Hohlkörpern ist es ggf. erforderlich, abhängig von Werkstoff und Abmessungen die Wärmebehandlung im gebohrten Zustand durchzuführen.

Ersatz für Ausgabe Oktober 2000; | = Änderungen gegenüber der vorangehenden Ausgabe

Die AD 2000-Merkblätter sind urheberrechtlich geschützt. Die Nutzungsrechte, insbesondere der Übersetzung, des Nachdrucks, der Entnahme von Abbildungen, die Wiedergabe auf fotomechanischem Wege und die Speicherung in Datenverarbeitungsanlagen, bleiben, auch bei auszugsweiser Verwertung, dem Urheber vorbehalten.

2 Geeignete Werkstoffe

Bei innerem oder äußerem Überdruck dürfen die Stahlsorten nach Abschnitt 2.1 bis 2.3 in den Anwendungsgrenzen nach Tafel 1 und 2 bzw. nach der Festlegung in der Eignungsfeststellung verwendet werden.

2.1 Hohlkörper, die durch ein- oder beidseitiges Einziehen bzw. Zukümpeln hergestellt werden, können aus nahtlosen Rohren nach den Abschnitten 2.1.1 bis 2.1.4 hergestellt werden. Für den Einsatz gelten die Anwendungsgrenzen der Tafel 1.

2.1.1 Rohre der Güte TR2 nach DIN EN 10216-1 „Rohre aus unlegierten Stählen mit festgelegten Eigenschaften bei Raumtemperatur".

2.1.2 Nahtlose Rohre nach DIN EN 10216-2 „Rohre aus unlegierten und legierten Stählen mit festgelegten Eigenschaften bei erhöhten Temperaturen", ausgenommen 8MoB5-4, 20MnNb6 und 20CrMoV13-5-5; bei den Stahlsorten 15NiCuMoNb5-6-4, X11CrMo5, X11CrMo9-1 und X10CrMoVNb9-1 in Verbindung mit den VdTÜV-Werkstoffblättern 377/2, 007/2, 109 und 511/2.

2.1.3 Nahtlose Rohre nach DIN EN 10216-4 „Rohre aus unlegierten und legierten Stählen mit festgelegten Eigenschaften bei tiefen Temperaturen".

2.1.4 Nahtlose Rohre nach DIN EN 10216-3 „Rohre aus legierten Feinkornbaustählen" in Verbindung mit den VdTÜV-Werkstoffblättern 352/2, 354/2 und 357/2, ausgenommen sind P620 und P690.

2.2 Geschmiedete Hohlkörper können aus den Stahlsorten nach den Abschnitten 2.2.1 bis 2.2.3 hergestellt werden. Für den Einsatz gelten die Anwendungsgrenzen der Tafel 1.

2.2.1 Stahlsorten 16Mo3, 13CrMo4-5, 14MoV6-3 und X20CrMoV11-1 nach DIN EN 10222-2 „Schmiedestücke aus Stahl für Druckbehälter, Teil 2", einschließlich der Stahlsorte P250GH nach DIN EN 10222-2, Teil 2 (Nationaler Anhang). Für die Stahlsorten 14MoV6-3 und X20CrMoV11-1 gelten zusätzlich die VdTÜV-Werkstoffblätter 184 und 110.

2.2.2 Kaltzähe Nickelstähle 13MnNi6-3, 12Ni14, X12Ni5 und X8Ni9 nach DIN EN 10222-3 „Schmiedestücke aus Stahl für Druckbehälter, Teil 3" bis 50 °C. Für den kurzzeitigen Betrieb bei höheren Temperaturen gilt AD 2000-Merkblatt W 10 Tabelle 3 a.

2.2.3 Stahlsorten nach DIN EN 10222-4 „Schmiedestücke aus Stahl für Druckbehälter, Teil 4" in Verbindung mit den VdTÜV-Werkstoffblättern 352/3, 354/3 und 356/3.

2.3 Hohlkörper aus anderen Stahlsorten nach Eignungsfeststellung durch die zuständige unabhängige Stelle; dabei sind auch die Anwendungsgrenzen anzugeben.

Die Stähle sollen folgenden Bedingungen genügen:

(1) Die Bruchdehnung A soll in Querrichtung (tr) mindestens 14 % betragen. Bei Prüfungen in Längsrichtung (l) soll der Wert zwei Einheiten höher liegen.

(2) Die Kerbschlagarbeit an der V-Probe soll die den Werkstoff kennzeichnenden Werte aufweisen. Der Mittelwert aus drei V-Proben in Querrichtung (tr) bei der tiefsten Betriebstemperatur, jedoch nicht höher als 20 °C, soll mindestens 27 J betragen. Bei Prüfung in Längsrichtung (l) soll der Wert 43 J betragen.

3 Herstellung und Wärmebehandlung

Die Hohlkörper werden durch Warm- oder Kaltumformung ggf. in Verbindung mit mechanischer Bearbeitung hergestellt. Sie sind nach der Umformung bzw. bei aus dem Vollen hergestellten Teilen unter Beachtung der Fußnote 1 im Ganzen einer dem Werkstoff entsprechenden Wärmebehandlung zu unterziehen.

4 Prüfungen

Für die Prüfungen der Hohlkörper gelten die Abschnitte 4.1 bis 4.10. Eine Übersicht geben die Tafeln 3 und 4. Bei den Stahlsorten nach Abschnitt 2.1.4, 2.1.5 und 2.2.2 erfolgt die Prüfung der Kerbschlagarbeit bei Wanddicken $\geq$ 5 mm, bei Stahlsorten nach Abschnitt 2.1.1, 2.1.2, 2.1.3, 2.2.1 und 2.2.3 bei Wanddicken $\geq$ 10 mm. Bei den anderen Stahlsorten nach Abschnitt 2.3 erfolgt die Prüfung der Kerbschlagarbeit entsprechend der Eignungsfeststellung. Die Hohlkörper sind nach der letzten Wärmebehandlung zu prüfen.

Sofern keine Einzelprüfung vorgesehen ist, erfolgt die Prüfung losweise. Ein Los umfasst Hohlkörper aus einer Schmelze, gleichen Durchmessers, gleicher Wanddicke sowie aus einem Wärmebehandlungslos.

4.1 Mechanische Prüfung von Hohlkörpern aus nahtlosen Rohren

4.1.1 Bei Hohlkörpern mit einem Außendurchmesser < 660 mm nach Abschnitt 2.1 sind Zug- und, soweit erforderlich, Kerbschlagbiegeversuche an Probenabschnitten von 2 % der Hohlkörper eines Loses, mindestens aber von zwei Hohlkörpern, durchzuführen. Bei Losgrößen unter 10 genügt die Prüfung an einem Hohlkörper.

Bei den Stahlsorten 14MoV6-3, 15NiCuMoNb5-6-4, X10CrMoVNb9-1 und X20CrMoV11-1 ist ab $\geq$ 10 mm Nennwanddicke eine Kerbschlagprüfung erforderlich. Das Gleiche gilt für 16Mo3 ab $\geq$ 20 mm und bei allen anderen Stahlsorten ab $\geq$ 30 mm.

Abweichende Regelungen sind in Abschnitt 4.1.1.1 festgelegt.

4.1.1.1 Bei Hohlkörpern mit Außendurchmesser $\geq$ 325 bis < 660 mm aus den Stahlsorten 14MoV6-3, X10CrMoVNb9-1, X20CrMoV11-1, 26CrMo4-2, 12Ni14, X12Ni5 und X10Ni9 sowie Stahlsorten mit einer Mindestzugfestigkeit > 520 N/mm² sind Zug- und, soweit erforderlich, Kerbschlagbiegeversuche an Probenabschnitten von 10 % der Hohlkörper eines Loses, mindestens aber von zwei Hohlkörpern, durchzuführen.

4.1.2 Bei Hohlkörpern mit einem Außendurchmesser $\geq$ 660 mm nach Abschnitt 2.1 sind Zug- und Kerbschlagbiegeversuche an Probenabschnitten von 10 % der Hohlkörper eines Loses, mindestens aber von zwei Hohlkörpern, durchzuführen.

Abweichende Regelungen sind in Abschnitt 4.1.2.1 festgelegt.

4.1.2.1 Bei Hohlkörpern aus den Stahlsorten 14MoV6-3, X10CrMoVNb9-1, X20CrMoV11-1, 26CrMo4-2, 12Ni14, X12Ni5 und X10Ni9 sowie Stahlsorten mit einer Mindestzugfestigkeit > 520 N/mm² sind Zug- und Kerbschlagbiegeversuche an Probenabschnitten von einem Ende eines jeden Hohlkörpers durchzuführen.

Bei Hohlkörpern aus den Stahlsorten 14MoV6-3, X10CrMoVNb9-1, X20CrMoV11-1, 26CrMo4-2 und X10Ni9 sind bei Längen > 4 m die Prüfungen an beiden Enden um 180° versetzt durchzuführen.

4.2 Mechanische Prüfung von geschmiedeten Hohlkörpern

4.2.1 Bei Hohlkörpern nach Abschnitt 2.2 mit einem Innendurchmesser < 600 mm sind Zug- und, soweit erforderlich, Kerbschlagbiegeversuche an Probenabschnitten von 2 % der Hohlkörper eines Loses, mindestens aber von zwei Hohlkörpern, durchzuführen. Bei Losgrößen unter 10 genügt die Prüfung an einem Hohlkörper.
Abweichende Regelungen sind in Abschnitt 4.2.1.1 festgelegt.

4.2.1.1 Bei Hohlkörpern mit Innendurchmessern ≥ 300 bis < 600 mm aus den Stahlsorten 14MoV6-3, X20CrMoV11-1, 12Ni14, X12Ni5 und X8Ni9 sowie Stahlsorten mit einer Mindestzugfestigkeit > 520 N/mm^2 sind Zug- und, soweit erforderlich, Kerbschlagbiegeversuche an Probenabschnitten von 10 % der Hohlkörper eines Loses, mindestens aber von zwei Hohlkörpern, durchzuführen.

4.2.2 Bei Hohlkörpern mit einem Innendurchmesser ≥ 600 mm nach Abschnitt 2.2 sind Zug- und Kerbschlagbiegeversuche an Probenabschnitten von 10 % der Hohlkörper eines Loses, mindestens aber von zwei Hohlkörpern, durchzuführen.
Abweichende Regelungen sind in Abschnitt 4.2.2.1 festgelegt.

4.2.2.1 Bei Hohlkörpern aus den Stahlsorten 14MoV6-3, X20CrMoV11-1, 12Ni14, X12Ni5 und X8Ni9 sowie Stahlsorten mit einer Mindestzugfestigkeit > 520 N/mm^2 sind Zug- und Kerbschlagbiegeversuche an Probenabschnitten von einem Ende eines jeden Hohlkörpers durchzuführen.
Bei Hohlkörpern aus den Stahlsorten 14MoV6-3, X20CrMoV11-1 und X8Ni9 sind bei Längen > 4 m die Prüfungen an beiden Enden um 180° versetzt durchzuführen.

4.3 Hohlkörper aus anderen Stahlsorten nach Abschnitt 2.3 sind entsprechend der Eignungsfeststellung durch die zuständige unabhängige Stelle zu prüfen. Die Prüfumfänge sollen denen der vergleichbaren Stahlsorten entsprechen.

4.4 Probennahme

4.4.1 Die Proben sind im Allgemeinen in Quer- oder Tangentialrichtung (tr/t) zu entnehmen, sofern ohne Richten der Herstellung normgerechter Proben möglich ist. Bei inneren Durchmessern unter etwa 200 mm bzw. bei geringen Wanddicken können Längsproben entnommen werden.

4.4.2 Die Prüfung der Hohlkörper erfolgt an Ringabschnitten, die nach der abschließenden Wärmebehandlung dem zylindrischen Teil zu entnehmen sind. Hierfür sind an allen Hohlkörpern Überlängen zu belassen oder entsprechend der erforderlichen Probenzahl weitere Prüfstücke zur Prüfung vorzulegen.

4.4.3 Werden die Enden der Hohlkörper durch Warmumformen eingezogen oder geschlossen, so sind ausreichend breite Ringabschnitte[2] nach entsprechender Kennzeichnung vor der Weiterverarbeitung abzutrennen und gemeinsam mit dem Hohlkörper der Wärmebehandlung zu unterziehen. Bei den vergüteten Stählen ist den besonderen Verhältnissen bei der Wärmebehandlung Rechnung zu tragen. Die Probenabschnitte sind in geeigneter Weise[3] zu einem Prüfkörper zusammenzufügen, der gemeinsam mit dem Hohlkörper die Wärmebehandlung durchläuft.

---

[2] Breite 2 × Wanddicke, mindestens 150 mm
[3] Bei Flüssigkeitsvergütung durch umlaufende Rundnaht (Dichtschweißung)

4.4.4 Ist die Prüfung an Ringabschnitten nicht durchführbar oder nicht zweckmäßig, insbesondere bei großen Hohlkörpern (etwa > 800 mm inneren Durchmesser), sind besondere Vereinbarungen zu treffen.

4.5 Maßprüfung

Die sicherheitstechnisch wichtigen Maße der Hohlkörper sind zu prüfen. Sofern die Lieferbedingungen keine Toleranzen enthalten, gelten die folgenden zulässigen Abweichungen von den Nennmaßen:
Innen- oder Außendurchmesser +/−1 %,
Wanddicke −0 / + 25 %
Abweichende Toleranzen können vereinbart werden.

4.6 Besichtigung

Die innen und außen entzunderten Hohlkörper sind zu besichtigen. Sie müssen eine dem Herstellungszustand entsprechend glatte äußere und innere Oberfläche haben, so dass bedenkliche Oberflächenfehler erkannt werden können.

4.7 Härteprüfung

Eine Härteprüfung ist bei Hohlkörpern aus luft- und flüssigkeitsvergüteten Stählen durchzuführen, dabei gelten folgende Festlegungen:

- Hohlkörper mit einem Außendurchmesser < 325 mm sind an einem Ende zu prüfen.
- Hohlkörper mit einem Außendurchmesser ≥ 325 mm und Längen bis ≤ 2 m sind an beiden Enden um 180° am Umfang versetzt zu prüfen.
- Hohlkörper mit einem Außendurchmesser ≥ 325 mm mit Längen > 2 m sind in geeignetem Umfang über die Länge zu prüfen.
- Die nach Abschnitt 4.4.3 abgetrennten Ringabschnitte sind ebenfalls einer Härteprüfung zu unterziehen.

4.8 Zerstörungsfreie Prüfungen

Alle nahtlosen Hohlkörper für Betriebsdrücke > 80 bar sind einer Ultraschallprüfung über die ganze Länge zu unterziehen.
Die Hohlkörper sind vor dem Umformen der Enden einer Ultraschallprüfung auf Längsfehler und bei Außendurchmessern ≥ 200 mm zusätzlich einer Ultraschallprüfung auf Querfehler zu unterziehen.
Die Prüfung und Beurteilung bei Wanddicken ≤ 30 mm erfolgt nach den Bedingungen des SEP 1915 bzw. SEP 1918. Für geschmiedete Hohlkörper mit Wanddicken > 30 mm erfolgt die Prüfung nach SEP 1921, Prüfklasse 4. Für Hohlkörper aus nahtlosen Rohren mit Wanddicken > 30 mm erfolgt die Prüfung ebenfalls nach SEP 1921, Prüfklasse 4, bis zur Festlegung besonderer Regelungen.
Die umgeformten Bereiche von Hohlkörpern für Betriebsdrücke > 80 bar sind einer Oberflächenrissprüfung zu unterziehen. Die Prüfung erfolgt durch den Hersteller mittels geeigneter Verfahren im Einvernehmen mit der zuständigen unabhängigen Stelle.

4.9 Verwechslungsprüfung

Hohlkörper aus legierten Stählen sind einer Verwechslungsprüfung zu unterziehen.

5 Kennzeichnung

Die fertigen Hohlkörper sind wie folgt zu kennzeichnen:
- Stahlsorte,
- Schmelzennummer oder Kurzzeichen für die Schmelze,

- Herstellerzeichen,
- Kenn-Nummer des Hohlkörpers (Fabrik-Nr., lfd. Nr. usw.),
- Kennzeichen für durchgeführte Ultraschallprüfung,
- Stempel der zuständigen unabhängigen Stelle.

6 Nachweis der Güteeigenschaften

6.1 Der Nachweis der Güteeigenschaften ist entsprechend den Tafeln 1 und 2 zu erbringen.

6.2 Vom Hersteller ist zusätzlich zu bescheinigen,
- dass der Werkstoff nach Stahlsorte und gegebenenfalls nach Gütestufe oder Prüfklasse der jeweiligen DIN-Norm oder Eignungsfeststellung unter Berücksichtigung der besonderen Festlegungen dieses AD 2000-Merkblattes entspricht,
- dass die Hohlkörper sich in einem der Stahlsorte entsprechenden ordnungsgemäßen Wärmebehandlungszustand befinden (z. B. normalgeglüht oder vergütet),
- die zerstörungsfreie Prüfung mit Abnahmeprüfzeugnis 3.1.B nach DIN EN 10204,
- das Ergebnis der Schmelzenanalyse,
- die Ergebnisse der weiteren durch den Hersteller durchzuführenden Prüfungen,
- das Ergebnis der Verwechslungsprüfung bei legierten Stählen.

7 Kennwerte für die Bemessung

Für die Kennwerte für die Bemessung gelten die Festlegungen in den AD 2000-Merkblättern W 4 und W 13.

AD 2000-Merkblatt W 12, Ausg. 07.2003 Seite 5

Tafel 1. Anwendungsgrenzen und Nachweis der Güteeigenschaften für Hohlkörper aus nahtlosen Rohren

Normen	Abschnitt	Stahlsorten	Anwendungsgrenzen		Nachweis der Güteeigenschaften nach DIN EN 10204
			Betriebs-überdruck bar	Berechnungs-temperatur[1] °C	
DIN EN 10216-1	2.1.1	P195TR2 P235TR2 P275TR2	≤ 80 mit ZfP auf Längs-fehler ohne Be-grenzung	≤ 300	3.1.B
DIN EN 10216-2	2.1.2	P195GH P235GH P265GH Prüfkategorie 1	≤ 80	≤ 450	P195GH P235GH P265GH: 3.1.B andere Stahlsorten: 3.1.C. / 3.2
		P195GH P235GH P265GH Prüfkategorie 2 legierte Stähle immer Prüfkategorie 2	ohne Begrenzung	bis zu den in der Norm angegebenen Temperatur-grenzen	
DIN EN 10216-3[2]	2.1.4	P355N P460N	Prüfklasse 1 ≤ 80; Prüfklasse 2 ohne Begrenzung	≤ 300	P275NL1 + L2, P355N + NH: 3.1.B andere Stahlsorten: 3.1.C / 3.2
		P355NH P460NH		≤ 400	
		P275NL1 P355NL1 P460NL1		≤ 300 ≤ 400 wenn bei der Bestellung der Nachweis der 0,2 %-Dehn-grenze bei erhöhter Temperatur vereinbart	
		P275NL2 P355NL2 P460NL2			
DIN EN 10216-4	2.1.3	P215NL P255QL P265NL	Prüfklasse 1 ≤ 80; Prüfklasse 2 ohne Begrenzung	siehe AD 2000-Merkblatt W 10	3.1.B
		26 CrMo4-2 11 MnNi5-3 13 MnNi6-3 12 Ni 14 X 12 Ni 5 X 10 Ni 9			3.1.C / 3.2

[1] Siehe AD 2000-Merkblatt B 0 Abschnitt 5
[2] In Verbindung mit den VdTÜV-Werkstoffblättern 352/2, 354/2 und 357/2

Tafel 2. Anwendungsgrenzen und Nachweis der Güteeigenschaften für geschmiedete Hohlkörper

Normen	Abschnitt	Stahlsorten	Anwendungsgrenzen Betriebsüberdruck bar	Anwendungsgrenzen Berechnungstemperatur[1]) °C	Nachweis der Güteeigenschaften durch Bescheinigungen über Materialprüfungen nach DIN EN 10204
DIN EN 10222-2	2.2.1	P250GH	≤ 80		3.1.B
		16Mo3 13CrMo4-5 14MoV6-3[2]) X20CrMoV11-1[2])	mit zerstörungsfreier Prüfung: ohne Begrenzung	bis zu den in der Norm angegebenen Temperaturen	3.1.C / 3.2
DIN EN 10222-3	2.2.2	13MoNi6-3 12Ni14 X12Ni9 X8Ni9	≤ 80 mit zerstörungsfreier Prüfung: ohne Begrenzung	siehe AD 2000-Merkblatt W 10	3.1.C / 3.2
DIN EN 10222-4[3])	2.2.3	P285NH P285QH P355NH P355QH1 P420NH P420QH	≤ 80 mit zerstörungsfreier Prüfung: ohne Begrenzung	≤ 300 ≤ 400, wenn bei der Bestellung der Nachweis der 0,2 %-Dehngrenze bei erhöhter Temperatur vereinbart	P285NH P285QH: 3.1.B andere Stahlsorten: 3.1.C / 3.2
	2.3	andere	entsprechend den Festlegungen bei der Eignungsfeststellung		

[1]) Siehe AD 2000-Merkblatt B 0 Abschnitt 5
[2]) In Verbindung mit den VdTÜV-Werkstoffblättern 184 bzw. 110
[3]) In Verbindung mit den VdTÜV-Werkstoffblättern 352/3, 354/3 und 356/3

Tafel 3. Übersicht über den Prüfumfang für Hohlkörper aus nahtlosen Rohren

Norm	Abschnitt	Stahlsorten	Außen-durchmesser mm	Prüfumfang[1] 2 %, mind. 2[2])	10 %, mind. 2	100 % einseitig
DIN EN 10216-1	4.1.1	P195TR2 P235TR2	< 660	×		
	4.1.2	P275TR2	≥ 660		×	
DIN EN 10216-2	4.1.1	alle außer 14MoV6-3, X10CrMoVNb9-1, X20CrMoV11-1	< 660	×		
	4.1.2		≥ 660		×	
DIN EN 10216-2	4.1.1	14MoV6-3, X10CrMoVNb9-1, X20CrMoV11-1	< 325	×		
	4.1.1.1		≥ 325 bis < 660		×	
	4.1.2.1		≥ 660			×[3])
DIN EN 10216-3	4.1.1	alle Reihen P285 und P355	< 660	×		
	4.1.2		≥ 660		×	
	4.1.1	alle Reihen P460	< 325	×		
	4.1.1.1		≥ 325 bis < 660		×	
	4.1.2.1		≥ 660			×
DIN EN 10216-4	4.1.1	P215NL P255QL P265NL 11MnNi5-3 13MnNi6-3	< 660	×		
	4.1.2		≥ 660		×	
DIN EN 10216-4	4.1.1	12Ni14 X12Ni5	< 325	×	×	
	4.1.1.1		≥ 325 bis < 660			
	4.1.2.1		≥ 660			×
	4.1.1	26CrMo4-2 X10Ni9	< 325	×		
	4.1.1.1		≥ 325 bis < 660		×	
	4.1.2.1		≥ 660			×[3])

[1]) Bezüglich der Härteprüfung ist Abschnitt 4.7 zu beachten.
[2]) Bei Losgrößen unter 10 genügt 1
[3]) Bei Längen > 4 m Prüfung an beiden Enden um 180° versetzt

Tafel 4. Übersicht über den Prüfumfang für geschmiedete Hohlkörper

Norm	Abschnitt	Stahlsorten	Außen-durchmesser mm	Prüfumfang[1]) 2 %, mind. 2; bis 10 Stück genügt 1	10 %, mind. 2	100 % einseitig
DIN EN 10222-2 (einschl. Nationaler Anhang)	4.2.1	alle 14MoV6-3 X20CrMoV11-1	< 600	×		
	4.2.2		≥ 600		×	
DIN EN 10222-2	4.2.1	14MoV6-3 X20CrMoV11-1	< 300	×		
	4.2.1.1		≥ 300 bis < 600		×	
	4.2.2.1		≥ 600			×[2])
DIN EN 10222-3	4.2.1	13MnNi6-3	< 600	×		
	4.2.2		≥ 600		×	
	4.2.1	12Ni14 X12Ni5	< 300	×		
	4.2.1.1		≥ 300 bis < 600		×	
	4.2.2.1		≥ 600			×
	4.2.1	X8Ni9	< 300	×		
	4.2.1.1		≥ 300 bis < 600		×	
	4.2.2.1		≥ 600			×[2])
DIN EN 10222-4	4.2.1	P285NH P285QH	< 600	×		
	4.2.2	P355NH P355QH1	≥ 600		×	
	4.2.1	P420NH P420QH	< 300	×		
	4.2.1.1		≥ 300 bis < 600		×	
	4.2.2.1		≥ 600			×
	4.3	andere	Nach den Festlegungen bei der Eignungsfeststellung			

[1]) Bezüglich der Härteprüfung ist Abschnitt 4.7 zu beachten.
[2]) Bei Längen > 4 m Prüfung beidseitig um 180° versetzt

Anhang 1 zum AD 2000-Merkblatt W 12

Vereinbarung der AD-Verbände über die Weiterverwendung von Werkstoffen nach früher gültigen DIN-Werkstoffnormen

Die im AD-Merkblatt W 12, Ausgabe 08.88, genannten Werkstoffe dürfen unter Berücksichtigung der Festlegungen des vorgenannten AD-Merkblattes weiterverwendet werden.

Hinweis: Bei Neubestellung von Werkstoffen sollten die DIN EN-Normen berücksichtigt werden.

ICS 23.020.30　　　　　　　　　　　　　　　　　　　　　　　　　　　　　Ausgabe Februar 2004

Werkstoffe für Druckbehälter, Rohrleitungen und Ausrüstungsteile	Schmiedestücke und gewalzte Teile aus unlegierten und legierten Stählen	AD 2000-Merkblatt W 13

Die AD 2000-Merkblätter werden von den in der „Arbeitsgemeinschaft Druckbehälter" (AD) zusammenarbeitenden, nachstehend genannten sieben Verbänden aufgestellt. Aufbau und Anwendung des AD 2000-Regelwerkes sowie die Verfahrensrichtlinien regelt das AD 2000-Merkblatt G1.

Die AD 2000-Merkblätter enthalten sicherheitstechnische Anforderungen, die für normale Betriebsverhältnisse zu stellen sind. Sind über das normale Maß hinausgehende Beanspruchungen beim Betrieb der Druckbehälter zu erwarten, so ist diesen durch Erfüllung besonderer Anforderungen Rechnung zu tragen.

Wird von den Forderungen dieses AD 2000-Merkblattes abgewichen, muss nachweisbar sein, dass der sicherheitstechnische Maßstab dieses Regelwerkes auf andere Weise eingehalten ist, z.B. durch Werkstoffprüfungen, Versuche, Spannungsanalyse, Betriebserfahrungen.

Fachverband Dampfkessel-, Behälter- und Rohrleitungsbau e.V. (FDBR), Düsseldorf
Hauptverband der gewerblichen Berufsgenossenschaften e.V., Sankt Augustin
Verband der Chemischen Industrie e.V. (VCI), Frankfurt/Main
Verband Deutscher Maschinen- und Anlagenbau e.V. (VDMA), Fachgemeinschaft Verfahrenstechnische Maschinen und Apparate, Frankfurt/Main
Stahlinstitut VDEh, Düsseldorf
VGB PowerTech e.V., Essen
Verband der Technischen Überwachungs-Vereine e.V. (VdTÜV), Berlin

Die AD 2000-Merkblätter werden durch die Verbände laufend dem Fortschritt der Technik angepasst. Anregungen hierzu sind zu richten an den Herausgeber:

Verband der Technischen Überwachungs-Vereine e.V., Postfach 10 38 34, 45038 Essen.

Inhalt

0 Präambel
1 Geltungsbereich
2 Geeignete Werkstoffe
3 Prüfung
4 Kennzeichnung

5 Nachweis der Güteeigenschaften
6 Kennwerte für die Bemessung
Anhang 1 Vereinbarung der AD-Verbände über die Weiterverwendung von Werkstoffen nach früheren gültigen DIN-Werkstoffnormen

0 Präambel

Zur Erfüllung der grundlegenden Sicherheitsanforderungen der Druckgeräte-Richtlinie kann das AD 2000-Regelwerk angewandt werden, vornehmlich für die Konformitätsbewertung nach den Modulen „G" und „B + F".
Das AD 2000-Regelwerk folgt einem in sich geschlossenen Auslegungskonzept. Die Anwendung anderer technischer Regeln nach dem Stand der Technik zur Lösung von Teilproblemen setzt die Beachtung des Gesamtkonzeptes voraus.
Bei anderen Modulen der Druckgeräte-Richtlinie oder für andere Rechtsgebiete kann das AD 2000-Regelwerk sinngemäß angewandt werden. Die Prüfzuständigkeit richtet sich nach den Vorgaben des jeweiligen Rechtsgebietes.

1 Geltungsbereich

1.1 Dieses AD 2000-Merkblatt gilt für Schmiedestücke (Freiform- oder Gesenkschmiedestücke) einschließlich stabförmiger Schmiedestücke und auf Ringwalzwerken hergestellte Teile (z.B. nahtlos gewalzte Ringe), warmgepresste Hohlteile mit Boden sowie für warmgewalzte und stranggepresste Langerzeugnisse (z.B. Stabstahl) – im Folgenden Teile genannt – aus unlegierten und legierten ferritischen Stählen zum Bau von Druckbehältern, Rohrleitungen und Ausrüstungsteilen, die bei Betriebstemperaturen sowie bei Umgebungstemperaturen herab bis $-10\,°C$ und bis zu den in Abschnitt 2 genannten oberen Temperaturgrenzen betrieben werden (Begriffe für die Erzeugnisformen siehe DIN EN 10079).

Für Betriebstemperaturen unter $-10\,°C$ gilt zusätzlich das AD 2000-Merkblatt W 10.

1.2 Für Teile aus austenitischen Stählen gilt das AD 2000-Merkblatt W 2.

1.3 Für Hohlkörper nach Abschnitt 1.1 als Mäntel für Druckbehälter AD 2000-Merkblatt W 12. Stutzen und ähnliche Teile ≤ 220 mm Außendurchmesser ohne Längenbegrenzung und > 220 mm Außendurchmesser mit Längen bis 400 mm, die mit einem Druckbehälter verbunden sind, gelten nicht als Druckbehältermantel.

1.4 Für Flansche gilt das AD 2000-Merkblatt W 9.

Ersatz für Ausgabe Januar 2003;　| = Änderungen gegenüber der vorangehenden Ausgabe

Die AD 2000-Merkblätter sind urheberrechtlich geschützt. Die Nutzungsrechte, insbesondere die der Übersetzung, des Nachdrucks, der Entnahme von Abbildungen, die Wiedergabe auf fotomechanischem Wege und die Speicherung in Datenverarbeitungsanlagen bleiben, auch bei auszugsweiser Verwertung, dem Urheber vorbehalten.

Tafel 1. Zuordnung der Stahlsorten nach den Abschnitten 2.1 bis 2.3 zu den in Betracht kommenden Normen und Anwendungsgrenzen

Werkstoff-Nr. (nach DIN EN 10027-2)	Kurzname (nach DIN EN 10027-1)			Berechnungs-temperatur[1]) °C	Üblicher Liefer-zustand	$d_i \cdot p^2$)
	DIN EN 10025	DIN EN 10250	DIN EN 10207			
1.0036	S235JRG1[3])	–	–	≤ 300	N[4])	≤ 20 000
1.0038	S235JRG2	S235JRG2	–			
1.0044	S275JR	–	–			
1.0112	–	–	P235S			
1.0116	S235J2G3	S235J2G3	–			
1.0130	–	–	P265S			
1.0144	S275J2G3	–	–			
1.0570	S355J2G3	S355J2G3	–			
1.0595	S355K2G3	–	–			
1.1100	–	–	P275SL			

[1]) Siehe AD 2000-Merkblatt B 0, Abschnitt 5
[2]) Gilt nur für Druckbehälter und Anbauteile an Druckbehältern. Produkt aus dem größten Innendurchmesser d_i in mm des Druckbehälters oder des Anbauteils und einem maximal zulässigen Druck PS in bar
[3]) Zulässig bis zu einer Dicke von 16 mm
[4]) Bei Schmiedestücken ist ein Ersatz des Normalglühens durch ein normalisierendes Umformen nicht zulässig.

1.5 Soweit die Teile weiterverarbeitet werden, z. B. durch Umformen oder Schweißen, sind für die Weiterverarbeitung und Prüfung nach Weiterverarbeitung die AD 2000-Merkblätter der Reihe HP zu beachten.

2 Geeignete Werkstoffe

Es dürfen verwendet werden:

2.1 Die in Tafel 1 aufgeführten Stähle für allgemeine Verwendung nach DIN EN 10250-2 in den Anwendungsgrenzen nach Tafel 1.

2.2 Die in Tafel 1 aufgeführten unlegierten Baustähle nach DIN EN 10025 als Langerzeugnisse in den Anwendungsgrenzen nach Tafel 1.

2.3 Die in Tafel 1 aufgeführten Stähle für einfache Druckbehälter nach DIN EN 10207 als Langerzeugnisse in den Anwendungsgrenzen nach Tafel 1.

2.4 Die in Tafel 2 aufgeführten schweißgeeigneten Feinkornbaustähle nach DIN 17102 (nur als Langerzeugnisse) und DIN 17103 jeweils in Verbindung mit den zugehörigen VdTÜV-Werkstoffblättern.

2.5 Die in Tafel 2 aufgeführten schweißgeeigneten Feinkornbaustähle nach DIN EN 10222-4 in Verbindung mit den VdTÜV-Werkstoffblättern 352/3, 354/3 und 356/3.

2.6 Die in Tafel 2 aufgeführten warmfesten ferritischen und martensitischen Stähle nach DIN EN 10222-2 (einschließlich nationaler Anhang). Für die Stahlsorten 14MoV6-3 und X20CrMoV11-1 gelten zusätzlich die VdTÜV-Werkstoffblätter 184 und 110.

2.7 Die in Tafel 2 aufgeführten schweißgeeigneten Stähle nach DIN EN 10273. Für die Stahlsorten P275NH, P355NH und P460NH gelten zusätzlich die VdTÜV-Werkstoffblätter 352/1, 354/1 und 357/1.

2.8 Die in Tafel 2 aufgeführten kaltzähen Nickelstähle nach DIN EN 10222-3 bis 50 °C. Für den kurzzeitigen Betrieb bei höheren Temperaturen gilt AD 2000-Merkblatt W 10 Tabelle 3 a.

2.9 Andere Werkstoffe nach Eignungsfeststellung. Sie sollen die dem Werkstoff kennzeichnenden Werte aufweisen und folgenden Mindestanforderungen genügen:

2.9.1 Die Bruchdehnung A soll bei Raumtemperatur in Probenrichtung tr/t[1]) mindestens 14 % und in Probenrichtung l[1]) mindestens 16 % betragen.

2.9.2 Die Kerbschlagarbeit an der V-Probe soll bei der tiefsten Betriebstemperatur, jedoch nicht höher als 20 °C, in Probenrichtung tr/t[1]) mindestens 27 J und in Probenrichtung l[1]) mindestens 39 J betragen.

2.9.3 Bei Stahlsorten mit einer Mindestzugfestigkeit über 590 N/mm² ist zusätzlich die Sprödbruchunempfindlichkeit zu beachten.

3 Prüfung

3.1 Für die Prüfung der Teile aus Werkstoffen nach Abschnitt 2.1 ist DIN EN 10250-1 und -2 maßgebend. Bei Teilen mit Dicken ≥ 6 mm ist der Kerbschlagbiegeversuch durchzuführen, soweit normgerechte Proben entnommen werden können. Dabei sind die Anforderungen der DIN EN 10250-2, jedoch mindestens 27 J nachzuweisen.

---
[1]) Es gelten die Festlegungen der DIN EN 10222.

AD 2000-Merkblatt W 13, Ausg. 02.2004 Seite 3

Tafel 2. Zuordnung der Stahlsorten nach den Abschnitten 2.4 bis 2.8 zu den in Betracht kommenden Normen

Werkstoff-Nr. (nach DIN EN 10027-2)	Kurzname (nach DIN EN 10027-1)					
	DIN 17102	DIN 17103	DIN EN 10222-2	DIN EN 10222-3	DIN EN 10222-4	DIN EN 10273
1.0345	-	-	-	-	-	P235GH
1.0352	-	-	P245GH	-	-	-
1.0425	-	-	-	-	-	P265GH
1.0426	-	-	P280GH	-	-	-
1.0436	-	-	P305GH	-	-	-
1.0460	-	-	P250GH	-	-	P250GH
1.0461	StE 255	-	-	-	-	-
1.0462	WStE 255	-	-	-	-	-
1.0463	TStE 255	-	-	-	-	-
1.0473	-	-	-	-	-	P355GH
1.0477	-	-	-	-	P285NH	-
1.0478	-	-	-	-	P285QH	-
1.0481	-	-	-	-	-	P295GH
1.0486	StE 285	-	-	-	-	-
1.0487	-	-	-	-	-	P275NH
1.0488	TStE 285	TStE 285	-	-	-	-
1.0505	StE 315	-	-	-	-	-
1.0506	WStE 315	-	-	-	-	-
1.0508	TStE 315	-	-	-	-	-
1.0562	StE 355	-	-	-	-	-
1.0565	-	-	-	-	P355NH	P355NH
1.0566	TStE 355	TStE 355	-	-	-	-
1.0571	-	-	-	-	P355QH1	-
1.1103	EStE 255	-	-	-	-	-
1.1104	EStE 285	-	-	-	-	-
1.1105	EStE 315	-	-	-	-	-
1.1106	EStE 355	-	-	-	-	-
1.4922	-	-	X20CrMoV11-1	-	-	-
1.5415	-	-	16Mo3	-	-	16Mo3
1.5637	-	-	-	12Ni14	-	-
1.5662	-	-	-	X8Ni9	-	-
1.5680	-	-	-	X12Ni5	-	-
1.6217	-	-	-	13MnNi6-3	-	-
1.7335	-	-	13CrMo4-5	-	-	13CrMo4-5
1.7380	-	-	-	-	-	10CrMo9-10
1.7383	-	-	11CrMo9-10	-	-	11CrMo9-10
1.7715	-	-	14MoV6-3	-	-	-
1.8900	StE 380	-	-	-	-	-
1.8902	StE 420	-	-	-	-	-
1.8905	StE 460	-	-	-	-	-
1.8907	StE 500	-	-	-	-	-
1.8910	TStE 380	-	-	-	-	-
1.8911	EStE 380	-	-	-	-	-
1.8912	TStE 420	TStE 420	-	-	-	-
1.8913	EStE 420	-	-	-	-	-
1.8915	TStE 460	TStE 460	-	-	-	-
1.8917	TStE 500	TStE 500	-	-	-	-
1.8918	EStE 460	-	-	-	-	-
1.8919	EStE 500	-	-	-	-	-
1.8930	WStE 380	-	-	-	-	-
1.8932	WStE 420	-	-	-	P420NH	-
1.8935	-	-	-	-	-	P460NH
1.8936	-	-	-	-	P420QH	-
1.8937	WStE 500	-	-	-	-	-

3.2 Für die Prüfung der Langerzeugnisse aus Stählen nach Abschnitt 2.2 ist DIN EN 10025 maßgebend. Die Prüfung erfolgt nach Schmelzen. Bei Stahlsorten der Gütegruppe JR mit Dicken ≥ 6 mm ist der Kerbschlagbiegeversuch durchzuführen.

3.3 Die Prüfung der Langerzeugnisse aus Stählen nach Abschnitt 2.3 erfolgt nach DIN EN 10207.

3.4 Die Prüfung der Teile aus Werkstoffen nach Abschnitt 2.4 erfolgt nach DIN 17102 oder DIN 17103 unter Berücksichtigung der zugehörigen VdTÜV-Werkstoffblätter.

3.5 Die Prüfung der Teile aus Werkstoffen nach Abschnitt 2.5 erfolgt nach DIN EN 10222-1 und -4 in Verbindung mit den zugehörigen VdTÜV-Werkstoffblättern.

3.6 Die Prüfung der Teile aus Werkstoffen nach Abschnitt 2.6 erfolgt nach DIN EN 10222-1 und -2, die der Stahlsorten 14MoV6-3 und X20CrMoV11-1 unter Berücksichtigung der VdTÜV-Werkstoffblätter 184 und 110.

3.7 Die Prüfung der Teile aus Werkstoffen nach Abschnitt 2.7 erfolgt nach DIN EN 10273 und, soweit zutreffend, unter Berücksichtigung der zugehörigen VdTÜV-Werkstoffblätter.

3.8 Die Prüfung der Teile aus Werkstoffen nach Abschnitt 2.8 erfolgt nach DIN EN 10222-1 und -3.

3.9 Die Prüfung der Teile aus anderen Werkstoffen nach Abschnitt 2.9 erfolgt nach den Festlegungen der Eignungsfeststellung.

3.10 Alle Teile sind einer Sichtkontrolle und einer Prüfung der Maß- und Formgenauigkeit zu unterziehen. Teile aus legierten Werkstoffen sind einer Prüfung auf Werkstoffverwechslung zu unterziehen.

3.11 Hohlkörper und Ringe mit Stückgewichten ≥ 300 kg[2]), die durch Schmieden, Lochen oder Walzen hergestellt werden, sind einer Ultraschallprüfung auf Innenfehler zu unterziehen.

Hohlkörper mit einem Innendurchmesser > 80 mm, die z. B. durch Fließpressen oder Ziehen auf Fertigmaß hergestellt werden, sind einer Ultraschallprüfung auf Fehler in der Hauptverformungsrichtung zu unterziehen.

Sonstige Teile mit Stückgewichten > 300 kg[2]) sind einer Ultraschallprüfung auf Innenfehler zu unterziehen.

Bei der Ultraschallprüfung auf Innenfehler (ausgenommen Gesenkschmiedestücke) ist, soweit möglich, jedes Volumenelement mit 2 um 90 Grad versetzten Einschallrichtungen zu prüfen. Als zulässige Fehler können akzeptiert werden

$s \leq 50$ mm ≤ EFG 3
$s > 50 \leq 100$ mm ≤ EFG 4
$s > 100 \leq 150$ mm ≤ EFG 5
$s > 150$ mm ≤ EFG 6

3.12 Die Zug- und Kerbschlagproben sind in Quer-/ Tangentialrichtung (tr/t) zu entnehmen (ausgenommen Langerzeugnisse) nach DIN EN 10025, DIN EN 10207, DIN EN 10273 und DIN 17102). Bei Durchmessern < 160 mm dürfen die Proben auch in Längsrichtung (l) entnommen werden.

3.13 Bei Teilen aus Stählen nach den Abschnitten 2.1 bis 2.4 und 2.7 mit Stückgewichten > 1000 kg ist jedes Teil einzeln zu prüfen.

3.14 Die Prüfstücke zur Herstellung von Zug- und Kerbschlagproben sind im Allgemeinen einem fertig wärmebehandelten Teil zu entnehmen. Bei Schmiedestücken, bei denen aufgrund der Abmessungen die erforderlichen Proben nicht entnommen werden können, ist ein Prüfstück aus derselben Schmelze mit Referenzabmessungen nach gleichartigem Verfahren herzustellen und zusammen mit den Teilen der zu prüfenden Lieferung der erforderlichen Wärmebehandlung zu unterziehen.

3.15 Für Wiederholungsprüfungen gilt DIN EN 10021. Besteht eine Prüfeinheit aus mehreren Teilen, so ist Teil, für das ungenügende Prüfergebnisse ermittelt worden sind, jedoch auszuscheiden und sind zwei weitere Proben an weiteren Teilen zu entnehmen, die beide den Anforderungen genügen müssen. Bei großen Teilen sind hinsichtlich der Entnahme von Ersatzproben Vereinbarungen zu treffen.

Ist der Grund für das Versagen der Prüfung durch eine entsprechende Wärmebehandlung der Teile zu beseitigen, so können die zurückgewiesenen Teile nach der Wärmebehandlung erneut zur Prüfung vorgelegt werden.

4 Kennzeichnung

4.1 Die Teile sind zu kennzeichnen mit
- Zeichen des Herstellerwerkes,
- Kurzname oder Werkstoffnummer der Stahlsorte,
- Schmelzennummer.

Bei Lieferung mit Abnahmeprüfzeugnis nach DIN EN 10204 sind die Teile zusätzlich zu kennzeichnen mit
- Probennummer oder Prüflosnummer,
- Zeichen der zuständigen unabhängigen Stelle bzw. des Werkssachverständigen,
- gegebenenfalls Stempel für die Ultraschallprüfung.

4.2 Bei Stabstahl mit einer Dicke (Durchmesser, Kantenlänge, Schlüsselweite oder Breite) < 25 mm ist eine Kennzeichnung der Bunde durch Anhängeschild zulässig.

5 Nachweis der Güteeigenschaften

5.1 Art der Prüfbescheinigung nach DIN EN 10204

Bei Bestellung von Teilen aus Werkstoffen nach Abschnitt 2.1 bis 2.8 ist die Art der Prüfbescheinigung nach DIN EN 10204 wie folgt zu vereinbaren:

5.1.1 Bei nicht wichtigen drucktragenden Teilen Werkszeugnis für Stahlsorten mit Dicken < 6 mm der Gütegruppe JR nach DIN EN 10025 oder DIN 10250. Für wichtige drucktragende Teile ist ein Abnahmeprüfzeugnis 3.1.B erforderlich.

5.1.2 Abnahmeprüfzeugnis 3.1.B für die Stahlsorten
- in Abschnitt 2.1 nach DIN EN 10250-2, ausgenommen Gütegruppe JR mit Dicken < 6 mm,
- in Abschnitt 2.2 nach DIN EN 10025, ausgenommen Gütegruppe JR mit Dicken < 6 mm,
- StE 255, WStE 255 und StE 285 nach DIN 17102, P285NH und P285QH nach DIN EN 10222-4 sowie P275NH nach DIN EN 10273,
- P235GH, P245GH, P250GH, P265GH und P280GH nach DIN EN 10222-2 (einschließlich Nationaler Anhang) und DIN 10273,

---
[2]) unbehandelter Zustand

| Tafel 3. Kennwerte für die Bemessung bei höheren Temperaturen für Stähle nach DIN EN 10250-2 und DIN EN 10222-4 sowie Langerzeugnisse nach DIN EN 10025

Stahlsorte nach DIN EN 10025, DIN EN 10250-2, DIN EN 10222-4	Dicke mm	Kennwerte K bei Berechnungstemperatur					
		100 °C N/mm^2	200 °C N/mm^2	250 °C N/mm^2	300 °C N/mm^2	350 °C N/mm^2	400 °C N/mm^2
S235JRG1[1]) S235JRG2 S235J2G3	≤ 16	187	161	143	122	–	–
	> 16 bis ≤ 40	180	155	136	117	–	–
	> 40 bis ≤ 100	173	149	129	112	–	–
	> 100 bis ≤ 150	159	137	115	102	–	–
S275JR S275J2G3	≤ 16	220	190	180	150	–	–
	> 16 bis ≤ 40	210	180	170	140	–	–
	> 40 bis ≤ 100	188	162	150	124	–	–
	> 100 bis ≤ 150	180	155	144	119	–	–
S355J2G3 S355K2G3	≤ 16	254	226	206	186	–	–
	> 16 bis ≤ 40	249	221	202	181	–	–
	> 40 bis ≤ 63	234	206	186	166	–	–
	> 63 bis ≤ 80	224	196	176	156	–	–
	> 80 bis ≤ 100	214	186	166	146	–	–
	> 100 bis ≤ 150	194	166	146	126	–	–
P285NH	≤ 35[2])	–	206	186	157	137	118
P355NH	≤ 50[2])	–	255	235	216	196	167
P460NH	≤ 50[2])	–	343	314	294	265	235

[1]) Zulässig bis zu einer Dicke von 16 mm [2]) Dicke des maßgeblichen Querschnitts

5.1.3 Abnahmeprüfzeugnis 3.1.C/Abnahmeprüfprotokoll 3.2 für alle nicht in Abschnitt 5.1.1 und 5.1.2 genannten Stahlsorten.

5.1.4 Bei Teilen aus anderen Werkstoffen nach Abschnitt 2.9 gelten die Festlegungen der Eignungsfeststellung.

5.2 Angaben in der Prüfbescheinigung nach DIN EN 10204

5.2.1 Bei Teilen aus Werkstoffen nach Abschnitt 2.1 bis 2.8 sind die Forderungen der in diesen Abschnitten genannten Normen maßgebend.

5.2.2 Bei Teilen aus anderen Werkstoffen nach Abschnitt 2.9 gelten die Festlegungen der Eignungsfeststellung.

6 Kennwerte für die Bemessung

6.1 Für Teile aus Werkstoffen nach Abschnitt 2.1 gelten bis 50 °C die in DIN EN 10250-2 für Raumtemperatur angegebenen Werte der Streckgrenze. Für Berechnungstemperaturen von 100 bis 300 °C gelten die Werte der Tafel 3.

Die dort angegebene Dicke bezieht sich auf die Nennwanddicke des Druckbehälters.

6.2 Für Langerzeugnisse aus Werkstoffen nach Abschnitt 2.2 gelten bis 50 °C die in DIN EN 10025 für Raumtemperatur angegebenen Werte der Streckgrenze. Für Berechnungstemperaturen von 100 bis 300 °C gelten die Werte der Tafel 3. Die dort angegebene Dicke bezieht sich auf die Nennwanddicke des Druckbehälters.

6.3 Für Langerzeugnisse aus Stählen nach Abschnitt 2.3 gelten die in DIN EN 10207 festgelegten Werte.

6.4 Für Teile aus Werkstoffen nach Abschnitt 2.4 gelten die in DIN 17102 oder DIN 17103 festgelegten Werte unter Beachtung der Festlegungen in den zugehörigen VdTÜV-Werkstoffblättern.

6.5 Für Teile aus Werkstoffen nach Abschnitt 2.5 gelten die in DIN EN 10222-4 festgelegten Werte unter Beachtung der Festlegungen in den zugehörigen VdTÜV-Werkstoffblättern. Zusätzlich gelten für die Stähle P285NH, P355NH und P460NH in Dicken bis 50 mm ab 200 °C die Werte der Tafel 3.

6.6 Für Teile aus Werkstoffen nach Abschnitt 2.6 gelten die in DIN EN 10222-2 (einschließlich Nationaler Anhang)

festgelegten Werte unter Beachtung der Festlegungen in den VdTÜV-Werkstoffblättern 184 und 110 für die Werkstoffe 14MoV6-3 und X20CrMoV11-1.

6.7 Für Teile aus Werkstoffen nach Abschnitt 2.7 gelten die in DIN EN 10273 festgelegten Werte und, soweit zutreffend, unter Beachtung der Festlegungen in den zugehörigen VdTÜV-Werkstoffblättern.

6.8 Für Teile aus Werkstoffen nach Abschnitt 2.8 gelten die in DIN EN 10222-3 festgelegten Werte.

6.9 Für Teile aus anderen Werkstoffen nach Abschnitt 2.9 gelten die bei der Eignungsfeststellung festgelegten Werte.

6.10 Die in den Werkstoffspezifikationen oder Eignungsfeststellungen für 20 °C angegebenen Kennwerte gelten bis 50 °C, die für 100 °C angegebenen Werte bis 120 °C. In den übrigen Bereichen ist zwischen den angegebenen Werten linear zu interpolieren (z. B. für 80 °C zwischen 20 und 100 °C und für 180 °C zwischen 100 und 200 °C), wobei eine Aufrundung nicht zulässig ist. Für Werkstoffe mit Einzelgutachten gilt die Interpolationsregel nur bei hinreichend engem Abstand[3]) der Stützstellen.

---

[3]) In der Regel wird hierunter ein Temperaturabstand von 50 K im Bereich der Warmstreckgrenze und von 10 K im Bereich der Zeitstandfestigkeit verstanden.

Anhang 1 zum AD 2000-Merkblatt W 13

Vereinbarung der AD-Verbände über die Weiterverwendung von Werkstoffen nach früheren gültigen DIN-Werkstoffnormen

Die im AD-Merkblatt W 13, Ausgabe 02.98 genannten Werkstoffe dürfen unter Berücksichtigung der Festlegungen des vorgenannten AD-Merkblattes weiter verwendet werden.

Hinweis: Bei Neubestellung von Werkstoffen sollten die DIN EN-Normen berücksichtigt werden.

ICS 23.020.30   Ausgabe Februar 2004

Zusätzliche Hinweise	Leitfaden zur Erfüllung der grundlegenden Sicherheitsanforderungen der Druckgeräte-Richtlinie bei Anwendung der AD 2000-Merkblätter für Druckbehälter, Rohrleitungen und Ausrüstungsteile	AD 2000-Merkblatt Z 1

Die AD 2000-Merkblätter werden von den in der „Arbeitsgemeinschaft Druckbehälter" (AD) zusammenarbeitenden, nachstehend genannten sieben Verbänden aufgestellt. Aufbau und Anwendung des AD 2000-Regelwerkes sowie die Verfahrensrichtlinien regelt das AD 2000-Merkblatt G1.

Die AD 2000-Merkblätter enthalten sicherheitstechnische Anforderungen, die für normale Betriebsverhältnisse zu stellen sind. Sind über das normale Maß hinausgehende Beanspruchungen beim Betrieb der Druckbehälter zu erwarten, so ist diesen durch Erfüllung besonderer Anforderungen Rechnung zu tragen.

Wird von den Forderungen dieses AD 2000-Merkblattes abgewichen, muss nachweisbar sein, dass der sicherheitstechnische Maßstab dieses Regelwerkes auf andere Weise eingehalten ist, z. B. durch Werkstoffprüfungen, Versuche, Spannungsanalyse, Betriebserfahrungen.

Fachverband Dampfkessel-, Behälter- und Rohrleitungsbau e.V. (FDBR), Düsseldorf
Hauptverband der gewerblichen Berufsgenossenschaften e.V., Sankt Augustin
Verband der Chemischen Industrie e.V. (VCI), Frankfurt/Main
Verband Deutscher Maschinen- und Anlagenbau e.V. (VDMA), Fachgemeinschaft Verfahrenstechnische Maschinen und Apparate, Frankfurt/Main
Stahlinstitut VDEh, Düsseldorf
VGB PowerTech e.V., Essen
Verband der Technischen Überwachungs-Vereine e.V. (VdTÜV), Berlin

Die AD 2000-Merkblätter werden durch die Verbände laufend dem Fortschritt der Technik angepasst. Anregungen hierzu sind zu richten an den Herausgeber:

Verband der Technischen Überwachungs-Vereine e.V., Postfach 10 38 34, 45038 Essen.

Inhalt

1 Allgemeines

2 Übereinstimmung mit den grundlegenden Sicherheitsanforderungen

1 Allgemeines

Gemäß Druckgeräte-Richtlinie hat der Hersteller die volle Verantwortung für den Entwurf, die Herstellung und Prüfung von Druckgeräten. Der Hersteller muss Druckgeräte, welche die grundlegenden Sicherheitsanforderungen nach Anhang I der Druckgeräte-Richtlinie erfüllen müssen, vor dem Inverkehrbringen einem Konformitätsbewertungsverfahren unterziehen und eine Konformitätserklärung ausstellen. Der Hersteller bringt ein CE-Kennzeichen[1]) an, womit der freie Warenverkehr innerhalb der Europäischen Gemeinschaft gewährleistet ist.

2 Übereinstimmung mit den grundlegenden Sicherheitsanforderungen

Mit der Konformitätserklärung bestätigt der Hersteller die Übereinstimmung des Druckgerätes mit den grundlegenden Sicherheitsanforderungen der Druckgeräte-Richtlinie.

Mit der Anwendung der AD 2000-Merkblätter werden die grundlegenden Sicherheitsanforderungen des Anhanges I der Druckgeräte-Richtlinie erfüllt.

Die AD 2000-Merkblätter haben nicht den Status einer harmonisierten Norm und lösen keine Konformitätsvermutung im Sinne des Artikels 5 Absatz 2 der Druckgeräte-Richtlinie aus.

Tafel 1 enthält eine Zusammenstellung der grundlegenden Sicherheitsanforderungen der Druckgeräte-Richtlinie und die Abschnitte der AD 2000-Merkblätter, mit denen diese erfüllt werden.

Die AD 2000-Merkblätter der Reihe HP 801 „Besondere Druckbehälter" sind in der Gegenüberstellung der Tafel 1 nicht aufgeführt, da sie Anforderungen enthalten, die über die grundlegenden Sicherheitsanforderungen des Anhanges I der Druckgeräte-Richtlinie hinausgehen.

---

[1]) Nicht zulässig, wenn Betreiberprüfstelle prüft.

Die AD 2000-Merkblätter sind urheberrechtlich geschützt. Die Nutzungsrechte, insbesondere die der Übersetzung, des Nachdrucks, der Entnahme von Abbildungen, die Wiedergabe auf fotomechanischem Wege und die Speicherung in Datenverarbeitungsanlagen, bleiben, auch bei auszugsweiser Verwertung, dem Urheber vorbehalten.

Tafel 1. Gegenüberstellung der Anforderungen der Druckgeräte-Richtlinie und deren Erfüllung in den AD 2000-Merkblättern

DGR Anhang I Abschnitt	Grundlegende Sicherheitsanforderungen	AD 2000-Merkblatt Abschnitt
	Vorbemerkungen	
3	Gefahrenanalyse	Z 2
1	Allgemeines	
1.1	Auslegung, Herstellung, Prüfung	AD 2000 Regelwerk
1.2	Lösung nach folgenden Grundsätzen: - Beseitigung oder Verminderung der Gefahren - Anwendung von geeigneten Schutzmaßnahmen - gegebenenfalls Unterrichtung über die Restgefahren	Z 2
1.3	Berücksichtigung unsachgemäßer Verwendung	Z 2
2	Entwurf	
2.1	Auslegung für gesamte Lebensdauer	Reihe B und S N 1 Abschnitt 4 N 2 Abschnitte 1, 2 und 8 N 4 Abschnitt 6 HP 511 HP 512R A 4 Abschnitt 5
2.2.1	Auslegung für die beabsichtigte Verwendung und andere nach vernünftigem Ermessen vorhersehbare Betriebsbedingungen: - innen- und Außendruck - Umgebungs- und Betriebstemperaturen; - statischer Druck und Füllgewichte unter Betriebs- und Prüfbedingungen; - Belastungen durch Verkehr, Wind und Erdbeben; - Reaktionskräfte und -momente im Zusammenhang mit Trageelementen, Befestigungen, Rohrleitungen usw.; - Korrosion und Erosion, Materialermüdung usw.; - Zersetzung instabiler Fluide	Reihe B und S N 1 Abschnitt 4 N 2 Abschnitte 1 und 2 N 4 Abschnitt 6 HP 100R Abschnitt 3 HP 110R Abschnitt 3 HP 120R Abschnitt 3 A 4 Abschnitt 5 Z 2
2.2.2	Auslegung auf der Grundlage folgender Verfahren: - Berechnungsmethode oder - experimentelle Auslegungsmethode	B 0 Abschnitt 2 N 1 Abschnitt 4 N 2 Abschnitt 8 N 4 Abschnitt 6 HP 100R Abschnitt 6 HP 110R Abschnitt 6 HP 120R Abschnitt 6 A 4 Abschnitt 5
2.2.3 a)	Begrenzung der zulässigen Beanspruchung durch Sicherheitsfaktoren und geeignete Auslegungsverfahren	Reihe B und S N 1 Abschnitt 4 N 2 Abschnitt 8 N 4 Abschnitt 6 HP 100R Abschnitt 6 HP 110R Abschnitt 6 HP 120R Abschnitt 6 A 4 Abschnitt 5
2.2.3 b)	Nachweis der Belastbarkeit durch geeignete Auslegungsberechnungen	
	- Berechnungsdrücke ≥ maximal zulässige Drücke	B 0 Abschnitt 4 N 1 Abschnitt 4 N 2 Abschnitt 8
	- Angemessene Sicherheitsmargen für Berechnungstemperaturen	B 0 Abschnitt 5 N 1 Abschnitt 4 N 2 Abschnitt 8

AD 2000-Merkblatt Z 1, Ausg. 02.2004 Seite 3

DGR Anhang I Abschnitt	Grundlegende Sicherheitsanforderungen	AD 2000-Merkblatt Abschnitt
2.2.3 b) (Fortsetzung)	– Berücksichtigung aller möglichen Temperatur- und Druckkombinationen	B 0 Abschnitte 4 und 5 N 1 Abschnitt 4 N 2 Abschnitt 8 N 4 Abschnitt 6
	– Maximale Spannung und Spannungskonzentrationen innerhalb sicherer Grenzwerte	B 0 Abschnitte 6, 7 und 8 N 1 Abschnitt 4.4 N 2 Abschnitt 8 N 4 Abschnitt 5
	– Verwendung belegter Werkstoffdaten unter Berücksichtigung entsprechender Sicherheitsfaktoren	B 0 Abschnitt 6 N 1 Abschnitt 3.7 N 2 Abschnitte 3 und 7 N 4 Abschnitt 3
	– Anwendung geeigneter Verbindungsfaktoren	Reihe W B 0 Abschnitt 8 HP 0 Tafel 1 N 1 Abschnitt 4.5
	– Berücksichtigung der Verschleißmechanismen	
	– Kriechen	B 0 Abschnitte 6.2 und 6.5 N 1 Abschnitte 3.5 und 4.4 N 2 Abschnitt 7.2
	– Ermüdung	S 1, S 2 N 1 Abschnitt 4.4 N 2 Abschnitte 2.4 und 7.2
	– Korrosion	B 0 Abschnitt 9 N 1 Abschnitt 2.3 N 4 Abschnitt 3
		zusätzlich gilt hinsichtlich der Belastbarkeit für: – Rohrleitungen: HP 100R Abschnitte 5 und 6 HP 110R Abschnitte 5 und 6 HP 120R Abschnitte 5 und 6 – Gehäuse von Ausrüstungsteilen: A 4
2.2.3 c)	Ausreichende strukturelle Stabilität	S 3 HP 100R Abschnitt 6 HP 110R Abschnitt 6 HP 120R Abschnitt 6
2.2.4	Verwendung geeigneter Prüfprogramme bei Anwendung der experimentellen Auslegungsmethode	B 0 Abschnitte 2.2 und 2.4 HP 100R Abschnitt 6.1 HP 110R Abschnitt 6.1 HP 120R Abschnitt 6.1 A 4 Abschnitt 6.2
2.3	Vorkehrungen für die Sicherheit in Handhabung und Betrieb bei:	
	– Verschluss- und Öffnungsvorrichtungen;	A 5
	– gefährlichem Abblasen aus Überdruckventilen;	A 2 Abschnitt 6
	– Vorrichtungen zur Verhinderung des physischen Zugangs bei Überdruck oder Vakuum im Gerät;	A 5 Abschnitt 3
	– hohen Oberflächentemperaturen unter Berücksichtigung der beabsichtigten Verwendung;	A 403 Abschnitte 4 und 5 Z 2
	– Zersetzung instabiler Fluide	Z 2

DGR Anhang I Abschnitt	Grundlegende Sicherheitsanforderungen	AD 2000-Merkblatt Abschnitt
2.4	Vorkehrungen für die Inspektion treffen	A 5 (inkl. Anlage 1)
2.5	Geeignete Entleerungs- und Entlüftungsmöglichkeiten, sofern erforderlich, vorsehen	A 404 Abschnitte 4 und 6 A 5
2.6	Ggf. Wanddickenzuschläge oder angemessene Schutzvorrichtungen gegen Korrosion oder andere chemische Einflüsse vorsehen	B 0 Abschnitt 9 N 1 Abschnitt 3.6 N 2 Abschnitt 2.3 N 4 Abschnitt 6.3 HP 100R Abschnitte 3, 7 und 8 HP 110R Abschnitte 3, 7 und 8 HP 120R Abschnitte 3, 7 und 8 Z 2
2.7	Maßnahmen gegen Erosion und Abrieb	B 0 Abschnitt 9 HP 100R Abschnitt 3 HP 110R Abschnitt 3 HP 120R Abschnitt 3 Z 2
2.8	– Zuverlässigkeit und Eignung der Komponenten für eine Baugruppe – Richtiger Zusammenbau von Komponenten zu einer Baugruppe	A 403 Abschnitt 3 A 404 Abschnitte 2, 3, 4 und 6 A 6 S 3/6 Z 2 HP 100 R Abschnitt 10 HP 110 R Abschnitt 10 HP 120 R Abschnitt 10
2.9	Auslegung und Ausrüstung für sicheres Füllen und Entleeren	Z 2 A 403 A 404 Abschnitte 3.2, 5 und 6
2.10	Schutz vor Überschreiten der zulässigen Grenzen des Druckgerätes	A 403 A 1 A 2 A 6 HP 100R Abschnitt 10 HP 110R Abschnitt 10 HP 120R Abschnitt 10 Z 2
2.11	Ausrüstungsteile mit Sicherheitsfunktion	
2.11.1	Zuverlässige und geeignete Ausrüstungsteile mit Sicherheitsfunktion vorsehen	A 403 A 1 A 2 A 6 Z 2
2.11.2	Einrichtungen zur Druckbegrenzung	A 403 Abschnitt 3.1
2.11.3	Einrichtungen zur Temperaturüberwachung	A 403 Abschnitte 4 und 5
2.12	Ggf. Maßnahmen zur Schadensbegrenzung bei externem Brand vorsehen	A 403 Abschnitt 3.2.3
3	Fertigung	
3.1	Einsatz geeigneter Fertigungstechniken und -verfahren	HP 0 Abschnitte 2 und 3 N 1 Abschnitte 2, 3 und 5 N 2 Abschnitt 2 N 4 Abschnitt 2 HP 100R Abschnitte 4 und 7 HP 110R Abschnitte 4 und 7 HP 120R Abschnitte 4 und 7 A 4 Abschnitt 5

AD 2000-Merkblatt Z 1, Ausg. 02.2004 Seite 5

DGR Anhang I Abschnitt	Grundlegende Sicherheitsanforderungen	AD 2000-Merkblatt Abschnitt
3.1.1	Sachgemäße Vorbereitung der Bauteile	HP 1 Abschnitt 2 HP 5/1 N 1 Abschnitt 3 N 2 Abschnitt 2 HP 100R Abschnitt 7 HP 110R Abschnitt 7 HP 120R Abschnitt 7 A 4 Abschnitt 5
3.1.2	Einwandfreie Ausführung der dauerhaften Werkstoffverbindungen	
	– Freiheit von inneren und äußeren Mängeln und ausreichende Eigenschaften	HP 1 HP 5/2 HP 5/3 N 1 Abschnitt 5.2 N 2 Abschnitt 2.6
	– Zulassung von Arbeitsverfahren	HP 2/1 N 1 Abschnitt 5.1 N 2 Abschnitt 2.6
	– Zulassung von Personal	HP 3
		zusätzlich gilt hinsichtlich der dauerhaften Werkstoffverbindungen für: – Rohrleitungen: HP 100R Abschnitt 7 HP 110R Abschnitt 7 HP 120R Abschnitt 7 – Armaturen: A 4 Abschnitte 5 und 6
3.1.3	Qualifiziertes Personal für zerstörungsfreie Prüfungen	HP 4
3.1.4	Ggf. angemessene Wärmebehandlung	HP 7/1 HP 7/2 HP 7/4 HP 2/1 Abschnitt 3.6
3.1.5	Durchgängige Rückverfolgbarkeit der Werkstoffe drucktragender Teile	HP 0 Abschnitt 4 N 2 Abschnitt 5 N 4 Abschnitt 8.2
3.2	Abnahme	
3.2.1	Durchführung einer Schlussprüfung	HP 512 N 1 Abschnitt 5.3 HP 512R A 4 Abschnitt 6
3.2.2	Durchführung einer Druckprüfung oder adäquaten Prüfung	HP 512 N 1 Abschnitt 5.3 N 2 Abschnitt 10 N 4 Abschnitte 7.1 und 9.3 HP 512R HP 30 A 4 Abschnitt 6
3.2.3	Prüfung der Sicherheitseinrichtungen bei Baugruppen	HP 512 Abschnitt 7 HP 512R Abschnitt 5
3.3	Kennzeichnung und Etikettierung	A 401 N 4 Abschnitt 8 HP 100R Abschnitt 11 HP 110R Abschnitt 11 HP 120R Abschnitt 11 A 4 Abschnitt 7

DGR Anhang I Abschnitt	Grundlegende Sicherheitsanforderungen	AD 2000-Merkblatt Abschnitt
3.4	Betriebsanleitung	Z 2 N 4 Abschnitte 9, 10 und 11 HP 100R Abschnitt 11 HP 110R Abschnitt 11 HP 120R Abschnitt 11 A 4 Abschnitt 8.2
4	Werkstoffe	
	Eignung für die gesamte vorgesehene Lebensdauer	Reihe W N 1 Abschnitt 3 N 2 Abschnitt 1.2 HP 100R Abschnitt 5 HP 110R Abschnitt 5 HP 120R Abschnitt 5 A 4 Abschnitt 4
	Verwendung geeigneter Schweißzusatzwerkstoffe und sonstiger Verbindungswerkstoffe	W 0 Abschnitt 4 N 1 Abschnitt 3 HP 100R Abschnitt 7.2.4
4.1	Auswahl geeigneter Werkstoffe bezüglich mechanischer Eigenschaften, chemischer Beständigkeit, Alterung, Verarbeitung und Verbindung unterschiedlicher Werkstoffe	W 0 Abschnitte 2 und 3 N 1 Abschnitte 3 und 5 N 2 Abschnitte 2 und 3 N 4 Abschnitt 3 HP 100R Abschnitt 5 HP 110R Abschnitt 5 HP 120R Abschnitt 5 Z 2
4.2 a)	Festlegung geeigneter Werkstoffkennwerte	Reihe W N 1 Abschnitte 3.7 und 5.2 N 2 Abschnitte 3 und 4 N 4 Abschnitte 3 und 5 HP 100R Abschnitt 5 HP 110R Abschnitt 5 HP 120R Abschnitt 5 B 0 Abschnitt 6
4.2 b)	Verwendung von - harmonisierten Normen - europäischer Werkstoffzulassung (EAM) - Einzelgutachten	Reihe W W 0 Abschnitt 2.3
4.2 c)	Einzelgutachten durch zuständige benannte Stelle	W 0 Abschnitt 2.3 und 3.2 N 1 Abschnitt 5.2 N 2 Abschnitt 3.2 HP 100R Abschnitt 5 HP 110R Abschnitt 5 HP 120R Abschnitt 5 A 4 Abschnitt 4.2
4.3	Sicherstellung, dass die verwendeten Werkstoffe den vorgegebenen Anforderungen entsprechen; Bescheinigung mit spezifischer Prüfung der Produkte (Werkstoffnachweise)	Reihe W N 1 Abschnitte 3.8 und 5.2 N 2 Abschnitt 6 N 4 Abschnitt 4 HP 100R Abschnitt 5 HP 110R Abschnitt 5 HP 120R Abschnitt 5 A 4 Abschnitt 4.3
	Zertifiziertes QM-System des Werkstoffherstellers mit Übergang auf vom Hersteller ausgestellte Bescheinigungen	W 0 Abschnitt 3.1.2

AD 2000-Merkblatt Z 1, Ausg. 02.2004 Seite 7

DGR Anhang I Abschnitt	Grundlegende Sicherheitsanforderungen	AD 2000-Merkblatt Abschnitt
5	Zusätzliche Anforderungen für befeuerte oder anderweitig beheizte überhitzungsgefährdete Druckgeräte gemäß Artikel 3 Absatz 1 – Dampf- und Heißwassererzeuger – Prozessheizgeräte für andere Medien als Dampf und Heißwasser	im AD 2000-Regelwerk nicht enthalten B 0 Abschnitt 5
5. a)	Schutzvorrichtungen zur Begrenzung von Betriebsparametern	A 403 Abschnitt 5 A 404 Abschnitt 6
5. b), c)	Probeentnahmestellen und Vorkehrungen zur Vermeidung von Ablagerungen und/oder Korrosion	A 404 Abschnitt 4
5. d)	Schaffung von Möglichkeiten der sicheren Wärmeabführung nach Abschalten	A 404 Abschnitte 6.2 und 6.4
5. e)	Maßnahmen zur Vermeidung der Ansammlung entzündlicher Gemische und Flammenrückschlag	A 404 Abschnitt 7
6	Zusätzliche Anforderungen für Rohrleitungen gemäß Artikel 3 Nr. 1.3	
6. a)	Ausreichende Unterstützung, Befestigung, Verankerung, Ausrichtung oder Vorspannung	HP 100R Abschnitte 6.2.2 und 6.2.3 HP 110R Abschnitte 6.2 und 6.3 HP 120R Abschnitt 6.2
6. b)	Einrichtungen zur Entwässerung bzw. Entfernung von Ablagerungen	HP 100R Abschnitt 7.4.6 HP 110R Abschnitt 7.4.9 HP 120R Abschnitt 7.4.9
6. c)	Berücksichtigung möglicher Schäden durch Turbulenzen und Wirbelbildung	HP 100R Abschnitt 3 HP 110R Abschnitt 3 HP 120R Abschnitt 3
6. d)	Berücksichtigung von Ermüdungserscheinungen durch Vibrationen	HP 100R Abschnitte 3, 6.2.2, 6.2.3 und 7.4.5 HP 110R Abschnitte 3, 6.2, 6.3 und 7.4.7 HP 120R Abschnitte 3, 6.2 und 7.4.7
6. e)	Absperrungen von Rohrabzweigungen bei Fluidgruppe 1	HP 100R Abschnitt 7.4.7 HP 110R Abschnitt 7.4.11 HP 120R Abschnitt 7.4.11
6. f)	Kennzeichnung der Entnahmestellen	HP 100R Abschnitt 7.4.8 HP 110R Abschnitt 7.4.12 HP 120R Abschnitt 7.4.12
6. g)	Dokumentation von Lage und Verlauf erdverlegter – Rohrleitungen – Fernleitungen	HP 100R Abschnitt 11 HP 110R Abschnitt 11 HP 120R Abschnitt 11 im AD 2000-Regelwerk nicht enthalten
7	Besondere quantitative Anforderungen für bestimmte Druckgeräte	
7.1.1	Symbole	B 0 Abschnitt 3 N 1 Abschnitt 4.2 N 4 Abschnitt 6.1
7.1.2	zulässige allgemeine Membranspannung	Reihe B Reihe S N 1 Abschnitt 4 N 2 Abschnitt 8 N 4 Abschnitte 5 und 6.3 HP 100R

DGR Anhang I Abschnitt	Grundlegende Sicherheitsanforderungen	AD 2000-Merkblatt Abschnitt
7.1.2 (Fortsetzung)	zulässige allgemeine Membranspannung	HP 110R HP 120R W 10 Abschnitt 3 A 4 Abschnitt 5 Sicherheitsbeiwerte gegen Zugfestigkeit sind im AD 2000-Regelwerk für ferritischen und austenitischen Stahl, unlegierten und niedriglegierten Stahlguss sowie nicht aushärtbare Aluminiumlegierungen nicht enthalten. Das AD 2000-Regelwerk erfüllt bei Anwendung seines Gesamtkonzeptes die Anforderungen an ein gleichwertiges Gesamtsicherheitsniveau.
7.2	Verbindungskoeffizienten	B 0 Abschnitt 8 HP 0 Übersichtstafel 1 W 2 Abschnitt 3.3 W 4 Abschnitte 2.2 und 7.2 In den AD 2000-Merkblättern HP 0 und HP 5/3 wird bei Anwendung des Verbindungskoeffizienten 0,85 auf eine objektgebundene Prüfung verzichtet. Verbindungskoeffizient 0,7 ist im AD 2000-Regelwerk nicht enthalten.
7.3	Einrichtungen zur Druckbegrenzung	A 403 Abschnitt 3.1 A 1 Abschnitt 2.1 A 2 Abschnitt 2.2 A 6 Abschnitte 1 und 3.1
7.4	Hydrostatischer Prüfdruck	HP 30 Abschnitt 4.17 HP 512 Abschnitt 6 N 1 Abschnitt 5.3 N 2 Abschnitt 10 HP 512R Abschnitt 4.3 A 4 Abschnitt 6
7.5	Werkstoffeigenschaften	W 1 Abschnitt 2 W 2 Abschnitt 3 W 4 Abschnitt 2 W 7 Abschnitt 3 W 8 Abschnitt 3 W 9 Abschnitt 2 W 10 Abschnitt 2 W 12 Abschnitt 2 W 13 Abschnitt 2 HP 100R Abschnitt 5 A 4 Abschnitt 4.2 Die Anforderung von min. 27J bei der vorgesehenen tiefsten Betriebstemperatur erfüllt das AD 2000-Regelwerk hinsichtlich eines gleichwertigen Gesamtsicherheitsniveaus bei Anwendung seines Gesamtkonzeptes.

ICS 23.020.30   Ausgabe Februar 2004

Zusätzliche Hinweise	Leitfaden für die systematische Durchführung einer Gefahrenanalyse	AD 2000-Merkblatt Z 2

Die AD 2000-Merkblätter werden von den in der „Arbeitsgemeinschaft Druckbehälter" (AD) zusammenarbeitenden, nachstehend genannten sieben Verbänden aufgestellt. Aufbau und Anwendung des AD 2000-Regelwerkes sowie die Verfahrensrichtlinien regelt das AD 2000-Merkblatt G1.

Die AD 2000-Merkblätter enthalten sicherheitstechnische Anforderungen, die für normale Betriebsverhältnisse zu stellen sind. Sind über das normale Maß hinausgehende Beanspruchungen beim Betrieb der Druckbehälter zu erwarten, so ist diesen durch Erfüllung besonderer Anforderungen Rechnung zu tragen.

Wird von den Forderungen dieses AD 2000-Merkblattes abgewichen, muss nachweisbar sein, dass der sicherheitstechnische Maßstab dieses Regelwerkes auf andere Weise eingehalten ist, z. B. durch Werkstoffprüfungen, Versuche, Spannungsanalyse, Betriebserfahrungen.

  Fachverband Dampfkessel-, Behälter- und Rohrleitungsbau e.V. (FDBR), Düsseldorf
  Hauptverband der gewerblichen Berufsgenossenschaften e.V., Sankt Augustin
  Verband der Chemischen Industrie e.V. (VCI), Frankfurt/Main
  Verband Deutscher Maschinen- und Anlagenbau e.V. (VDMA), Fachgemeinschaft Verfahrenstechnische Maschinen und Apparate, Frankfurt/Main
  Stahlinstitut VDEh, Düsseldorf
  VGB PowerTech e.V., Essen
  Verband der Technischen Überwachungs-Vereine e.V. (VdTÜV), Berlin

Die AD 2000-Merkblätter werden durch die Verbände laufend dem Fortschritt der Technik angepasst. Anregungen hierzu sind zu richten an den Herausgeber:

  Verband der Technischen Überwachungs-Vereine e.V., Postfach 10 38 34, 45038 Essen.

Inhalt

0 Vorbemerkung
1 Geltungsbereich
2 Durchführung der Gefahrenanalyse
3 Hinweise zur Betriebsanleitung

0 Vorbemerkung

Gemäß Druckgeräte-Richtlinie Anhang I Vorbemerkung 3 ist der Hersteller verpflichtet, eine Gefahrenanalyse vorzunehmen, um die mit seinem Gerät verbundenen druckbedingten Gefahren zu ermitteln. Bei der Wahl der angemessensten Lösungen hat der Hersteller gemäß Anhang I Abschnitt 1.2 Druckgeräte-Richtlinie folgende Grundsätze, und zwar in der angegebenen Reihenfolge, zu beachten:

– Stufe I: Beseitigung oder Verminderung der Gefahren, soweit dies nach vernünftigem Ermessen möglich ist;
– Stufe II: Anwendung von geeigneten Schutzmaßnahmen gegen nicht zu beseitigende Gefahren;
– Stufe III: Gegebenenfalls Unterrichtung der Benutzer über die Restgefahren unter Hinweise auf geeignete besondere Maßnahmen zur Verringerung der Gefahren bei der Installation und/oder der Benutzung.

1 Geltungsbereich

Dieses AD 2000-Merkblatt stellt einen Leitfaden für die systematische Durchführung einer Gefahrenanalyse im Sinne des AD 2000-Regelwerks für Druckbehälter und Rohrleitungen sowie deren Ausrüstungsteile dar. Es können auch andere Vorgehensweisen angewendet werden, die die oben genannten Grundsätze erfüllen.

2 Durchführung der Gefahrenanalyse

Basis für die Gefahrenanalyse sind die grundlegenden Sicherheitsanforderungen des Anhangs I der Druckgeräte-Richtlinie unter Berücksichtigung der vorgesehenen Betriebsweise. Fehlende Angaben hierzu sind gegebenenfalls vom Betreiber/Besteller einzuholen. Die nach vernünftigem Ermessen vorhersehbaren druckbedingten Gefahren sind zu analysieren, dabei sind jene Bedingungen zu betrachten, unter denen ein unter Druck stehendes Fluid den sicheren Einschluss verlassen könnte.

Gemäß Anhang I Abschnitt 1.3 ist, wenn die Möglichkeit einer unsachgemäßen Verwendung bekannt oder vorhersehbar ist, das Druckgerät so auszulegen, dass der Gefahr aus einer derartigen Benutzung vorgebeugt wird, oder, falls dies nicht möglich ist, vor einer unsachgemäßen Benutzung des Druckgerätes in angemessener Weise zu warnen.

Zur Durchführung der Gefahrenanalyse kann Tafel 1 angewendet werden, worin mögliche Gefahren sowie Maßnahmen zu deren Beseitigung oder Verminderung (Stufe I), Schutzmaßnahmen gegen nicht zu beseitigende Gefahren (Stufe II) und Hinweise an den Betreiber (Stufe III) zusammengestellt sind. Die Maßnahmen der Stufe I beruhen auf den AD 2000-Merkblättern. Die Schutzmaßnahmen der Stufe II sowie die Hinweise an den Betreiber (Stufe III) sind beispielhaft und nicht abschließend bzw. im Einzelfall festzulegen.

Die Ergebnisse der Gefahrenanalyse sind zu dokumentieren.

Die AD 2000-Merkblätter sind urheberrechtlich geschützt. Die Nutzungsrechte, insbesondere die der Übersetzung, des Nachdrucks, der Entnahme von Abbildungen, die Wiedergabe auf fotomechanischem Wege und die Speicherung in Datenverarbeitungsanlagen, bleiben, auch bei auszugsweiser Verwertung, dem Urheber vorbehalten.

Seite 2   AD 2000-Merkblatt Z 2, Ausg. 02.2004

Tafel 1. Zusammenstellung möglicher Gefahren und Maßnahmen zu deren Beseitigung bzw. Verminderung

Lfd. Nr.	Mögliche Gefahren	DGR Anhang I Abschnitt	Grundlegende Sicherheitsanforderungen	Stufe I: Maßnahmen zur Beseitigung oder Verminderung der Gefahren bezogen auf AD 2000-Merkblatt Abschnitt	Stufe II: Schutzmaßnahmen gegen nicht zu beseitigende Gefahren (Beispiele)	Stufe III: Hinweise auf Restgefahren in der Betriebsanleitung (Beispiele)
Druckgeräte allgemein						
1	Mechanisches Versagen durch unvollständige Erfassung der relevanten Ausfallarten und/ oder nicht fachgerechte Entwurfsmethoden	2.1	Auslegung für gesamte Lebensdauer	Reihe B und S N 1 Abschnitt 4 N 2 Abschnitte 1, 2 und 8 N 4 Abschnitt 6 HP 511 HP 512R A 4 Abschnitt 5		
2	Mechanisches Versagen aufgrund unvollständiger Belastungsannahmen	2.2.1	Auslegung für die beabsichtigte Verwendung und andere nach vernünftigem Ermessen vorhersehbare Betriebsbedingungen: – Innen- und Außendruck – Umgebungs- und Betriebstemperaturen; – statischer Druck und Füllgewichte unter Betriebs- und Prüfbedingungen; – Belastungen durch Verkehr, Wind und Erdbeben; – Reaktionskräfte und -momente im Zusammenhang mit Trageelementen, Befestigungen, Rohrleitungen usw.; – Korrosion und Erosion, Materialermüdung usw.; – Zersetzung instabiler Fluide	Reihe B und S N 1 Abschnitt 4 N 2 Abschnitte 1 und 2 N 4 Abschnitt 6 HP 100R Abschnitt 3 HP 110R Abschnitt 3 HP 120R Abschnitt 3 A 4 Abschnitt 5		Angabe von Entwurfsmerkmalen, die für die Lebensdauer des Gerätes von Belang sind, z. B. – für Kriechen: Auslegungslebensdauer in Stunden bei spezifizierten Temperaturen – für Ermüdung: Auslegungszyklenzahl bei spezifizierten Spannungswerten – für Korrosion: Korrosionszuschlag bei der Auslegung – Belastungsannahmen für Wind, Erdbeben sowie Reaktionskräfte und -momente
3	Mechanisches Versagen aufgrund falscher Auslegungs- und Berechnungsmethoden	2.2.2	Auslegung auf der Grundlage folgender Verfahren: – Berechnungsmethode oder – experimentelle Auslegungsmethode	B 0 Abschnitt 2 N 1 Abschnitt 4 N 2 Abschnitt 8 N 4 Abschnitt 6 HP 100R Abschnitt 6 HP 110R Abschnitt 6 HP 120R Abschnitt 6 A 4 Abschnitt 5		
		2.2.3 a)	Begrenzung der zulässigen Beanspruchung durch Sicherheitsfaktoren und geeignete Auslegungsverfahren	Reihe B und S N 1 Abschnitt 4 N 2 Abschnitt 8 N 4 Abschnitt 6 HP 100R Abschnitt 6 HP 110R Abschnitt 6 HP 120R Abschnitt 6 A 4 Abschnitt 5		

Lfd. Nr.	Mögliche Gefahren	DGR Anhang I Abschnitt	Grundlegende Sicherheits- anforderungen	Stufe I: Maßnahmen zur Beseitigung oder Verminderung der Gefahren bezogen auf AD 2000-Merkblatt Abschnitt		Stufe II: Schutzmaß- nahmen gegen nicht zu beseiti- gende Gefahren (Beispiele)	Stufe III: Hinweise auf Restgefahren in der Betriebsanleitung (Beispiele)
3	Zu: Mechani- sches Versagen aufgrund fal- scher Ausle- gungs- und Be- rechnungs- methoden	2.2.3 b)	Nachweis der Belast- barkeit durch geeignete Auslegungsberechnungen				
			– Berechnungsdrücke ≥ maximal zulässige Drücke	B 0 Abschnitt 4 N 1 Abschnitt 4 N 2 Abschnitt 8			
			– Angemessene Sicher- heitsmargen für Berech- nungstemperaturen	B 0 Abschnitt 5 N 1 Abschnitt 4 N 2 Abschnitt 8			
			– Berücksichtigung aller möglichen Tempera- tur- und Druckkombi- nationen	B 0 Abschnitte 4 und 5 N 1 Abschnitt 4 N 2 Abschnitt 8 N 4 Abschnitt 6			
			– Maximale Spannung und Spannungskon- zentrationen innerhalb sicherer Grenzwerte	B 0 Abschnitte 6, 7 und 8 N 1 Abschnitt 4.4 N 2 Abschnitt 8 N 4 Abschnitt 5			
			– Verwendung belegter Werkstoffdaten unter Berücksichtigung ent- sprechender Sicher- heitsfaktoren	B 0 Abschnitt 6 N 1 Abschnitt 3.7 N 2 Abschnitte 3 und 7 N 4 Abschnitt 3			
			– Anwendung geeigneter Verbindungsfaktoren	Reihe W B 0 Abschnitt 8 HP 0 Tafel 1 N 1 Abschnitt 4.5			
			– Berücksichtigung der Verschleißmecha- nismen:				
			– Kriechen	B 0 Abschnitte 6.2 und 6.5 N 1 Abschnitte 3.5 und 4.4 N 2 Abschnitt 7.2			
			– Ermüdung	S 1, S 2 N 1 Abschnitt 4.4 N 2 Abschnitt 2.4 und 7.2			
			– Korrosion	B 0 Abschnitt 9 N 1 Abschnitt 2.3 N 4 Abschnitt 3			
				Zusätzlich gilt hinsichtlich der Be- lastbarkeit für: – Rohrleitungen: HP 100R Abschnitte 5 und 6 HP 110R Abschnitte 5 und 6 HP 120R Abschnitte 5 und 6 – Gehäuse von Aus- rüstungsteilen: A 4			

Seite 4 AD 2000-Merkblatt Z 2, Ausg. 02.2004

Lfd. Nr.	Mögliche Gefahren	DGR Anhang I Abschnitt	Grundlegende Sicherheitsanforderungen	Stufe I: Maßnahmen zur Beseitigung oder Verminderung der Gefahren bezogen auf AD 2000-Merkblatt Abschnitt	Stufe II: Schutzmaßnahmen gegen nicht zu beseitigende Gefahren (Beispiele)	Stufe III: Hinweise auf Restgefahren in der Betriebsanleitung (Beispiele)
3	Zu: Mechanisches Versagen aufgrund falscher Auslegungs- und Berechnungsmethoden	2.2.3 c)	Ausreichende strukturelle Stabilität	S 3 HP 100R Abschnitt 6 HP 110R Abschnitt 6 HP 120R Abschnitt 6		Soweit erforderlich, Hinweise auf Aufstellung und Verankerung
		2.2.4	Verwendung geeigneter Prüfprogramme bei Anwendung der experimentellen Auslegungsmethode	B 0 Abschnitte 2.2 und 2.4 HP 100R Abschnitt 6.1 A 4 Abschnitt 6.2		
4	Undichtheit und unbeabsichtigte Entspannung/Freisetzung bei Handhabung und Betrieb	2.3	Vorkehrungen für die Sicherheit in Handhabung und Betrieb bei:			
			- Verschluss- und Öffnungsvorrichtungen;	A 5	AD 2000 A5, Abschnitte 3.2 und 3.3	Hinweise für Bedienung, Wartung und Prüfung der Funktionsfähigkeit, z. B.: - Öffnen der Verschlusseinrichtungen nur im drucklosen Zustand zulässig - Schrauben mit vorgegebenem Drehmoment anziehen - Verwendung spezifizierter Dichtungen
			- gefährlichem Abblasen aus Überdruckventilen;	A 2 Abschnitt 6		Gefahrloses Ableiten ist betriebsseitig sicherzustellen
			- Vorrichtungen zur Verhinderung des physischen Zugangs bei Überdruck oder Vakuum im Gerät;	A 5 Abschnitt 3	Druckmesseinrichtung	Öffnen der Verschlusseinrichtungen nur im drucklosen Zustand zulässig
			- hohen Oberflächentemperaturen unter Berücksichtigung der beabsichtigten Verwendung;	A 403 Abschnitte 4 und 5	Isolierungen oder Schutzgitter	Falls Stufe-II-Maßnahmen nicht durch den Hersteller, getroffen werden, Hinweis in Betriebsanleitung auf erforderliche Maßnahmen aufnehmen
			- Zersetzung instabiler Fluide		Prozessabhängige Sicherheitseinrichtungen gemäß AD 2000 A6	

Z 2

AD 2000-Merkblatt Z 2, Ausg. 02.2004 Seite 5

Lfd. Nr.	Mögliche Gefahren	DGR Anhang I Abschnitt	Grundlegende Sicherheitsanforderungen	Stufe I: Maßnahmen zur Beseitigung oder Verminderung der Gefahren bezogen auf AD 2000-Merkblatt Abschnitt	Stufe II: Schutzmaßnahmen gegen nicht zu beseitigende Gefahren (Beispiele)	Stufe III: Hinweise auf Restgefahren in der Betriebsanleitung (Beispiele)
5	Mechanisches Versagen durch nicht erkannte innere Fehler, z. B. Korrosion infolge fehlender Vorkehrungen für die Inspektion	2.4	Vorkehrungen für die Inspektion treffen	A 5 (inkl. Anlage 1)		
6	Mechanisches Versagen durch Korrosion oder unkontrollierte chemische Reaktion infolge fehlender oder fehlerhafter Entleerungs- und Entlüftungsmöglichkeiten	2.5	Geeignete Entleerungs- und Entlüftungsmöglichkeiten, sofern erforderlich, vorsehen	A 404 Abschnitte 4 und 6 A 5		Angaben zu Entlüftungs- bzw. Entleerungsintervallen
7	Mechanisches Versagen durch Korrosion	2.6	Ggf. Wanddickenzuschläge oder angemessene Schutzvorrichtungen gegen Korrosion oder andere chemische Einflüsse vorsehen	B 0 Abschnitt 9 N 1 Abschnitt 3.6 N 2 Abschnitt 2.3 N 4 Abschnitt 6.3 HP 100R Abschnitte 3, 7 und 8 HP 110R Abschnitte 3, 7 und 8 HP 120R Abschnitte 3, 7 und 8	Kathodischer Korrosionsschutz, Außenanstrich	– Bezüglich Korrosion sind generell zwei Fälle zu unterscheiden: a) Hersteller hat die Gesamtverantwortung und kennt die Fluide bzw. Betriebsbedingungen ⇒ dann sind diese aufzuführen b) Hersteller erhält mit Bestellung eine Werkstoffvorgabe ohne Kenntnis der Fluide oder Betriebsbedingungen ⇒ dann ist in der Betriebsanleitung aufzunehmen, dass der Betreiber vor Inbetriebnahme die Verträglichkeit des Fluids mit dem Werkstoff sicherstellt – Hinweise zu Wartung und Inspektion, betriebliche Maßnahmen (z. B. Passivierung, Zugabe von Inhibitoren), Konservierung bei längerem Stillstand

Lfd. Nr.	Mögliche Gefahren	DGR Anhang I Abschnitt	Grundlegende Sicherheits-anforderungen	Stufe I: Maßnahmen zur Beseitigung oder Verminderung der Gefahren bezogen auf AD 2000-Merkblatt Abschnitt	Stufe II: Schutzmaß-nahmen gegen nicht zu beseitigende Gefahren (Beispiele)	Stufe III: Hinweise auf Restgefahren in der Betriebsanleitung (Beispiele)
8	Mechanisches Versagen durch Verschleiß	2.7	Maßnahmen gegen Erosion und Abrieb	B 0 Abschnitt 9 HP 100R Abschnitt 3 HP 110R Abschnitt 3 HP 120R Abschnitt 3		ggf. Hinweise auf begrenzte Lebensdauer, Angaben zu Wanddickenzuschlägen oder Austausch der am stärksten betroffenen Teile
9	Mechanisches Versagen durch fehlerhafte Funktion der Baugruppe	2.8	- Zuverlässigkeit und Eignung der Komponenten für eine Baugruppe - Richtiger Zusammenbau von Komponenten zu einer Baugruppe	A 403 Abschnitt 3 A 404 Abschnitte 2, 3, 4 und 6 A 6 S 3/6 HP 100R Abschnitt 10 HP 110R Abschnitt 10 HP 120R Abschnitt 10		ggf. Hinweise für Montage-/Demontagevorschriften der Komponenten
10	Undichtheit und unbeabsichtigte Entspannung / Freisetzung aufgrund fehlender oder ungeeigneter Füll- oder Entleereinrichtungen	2.9	Auslegung und Ausrüstung für sicheres Füllen und Entleeren	A 403 A 404 Abschnitte 3.2, 5 und 6	Geeignete Kontrolleinrichtung für Füllstand und ggf. Druck	Hinweise für die Durchführung des Befüllens und des Entleerens, z. B. hinsichtlich des Entlüftens
11	Mechanisches Versagen durch Überschreiten der zulässigen Grenzen für Druck und Temperatur	2.10	Schutz vor Überschreiten der zulässigen Grenzen des Druckgerätes		AD 2000 A 403 AD 2000 A 1 AD 2000 A 2 AD 2000 A 6 AD 2000 HP 100R Abschnitt 10 AD 2000 HP 110R Abschnitt 10 AD 2000 HP 120R Abschnitt 10	Betriebs- und Wartungsanweisungen, Anweisungen für Funktionsprüfungen
		2.11.1	Zuverlässige und geeignete Ausrüstungsteile mit Sicherheitsfunktion vorsehen	A 403 A 1 A 2 A 6	Ausführung „Fail-Safe", Redundanz, Verschiedenartigkeit, Selbstüberwachung	
		2.11.2	Einrichtungen zur Druckbegrenzung	A 403 Abschnitt 3.1	Druckentlastungseinrichtungen, PLT-Schutzeinrichtungen, Sicherheitsdruckbegrenzer	
		2.11.3	Einrichtungen zur Temperaturüberwachung	A 403 Abschnitte 4 und 5	Temperaturbegrenzer	
12	Mechanisches Versagen durch externen Brand	2.12	Ggf. Maßnahmen zur Schadensbegrenzung bei externem Brand vorsehen	A 403 Abschnitt 3.2.3		

Lfd. Nr.	Mögliche Gefahren	DGR Anhang I Abschnitt	Grundlegende Sicherheits-anforderungen	Stufe I: Maßnahmen zur Beseitigung oder Verminderung der Gefahren bezogen auf AD 2000-Merkblatt Abschnitt	Stufe II: Schutzmaß-nahmen gegen nicht zu beseiti-gende Gefahren (Beispiele)	Stufe III: Hinweise auf Restgefahren in der Betriebsanleitung (Beispiele)
13	Mechanisches Versagen auf-grund ungeeig-neter Ferti-gungsverfahren	3.1	Einsatz geeigneter Fertigungstechniken und -verfahren	HP 0 Abschnitte 2 und 3 N 1 Abschnitte 2, 3 und 5 N 2 Abschnitt 2 N 4 Abschnitt 2 HP 100R Abschnitte 4 und 7 HP 110R Abschnitte 4 und 7 HP 120R Abschnitte 4 und 7 A 4 Abschnitt 5		
		3.1.1	Sachgemäße Vor-bereitung der Bauteile	HP 1 Abschnitt 2 HP 5/1 N 1 Abschnitt 3 N 2 Abschnitt 2 HP 100R Abschnitt 7 HP 110R Abschnitt 7 HP 120R Abschnitt 7 A 4 Abschnitt 5		
		3.1.2	Einwandfreie Ausführung der dauerhaften Werk-stoffverbindungen			
			- Freiheit von inneren und äußeren Mängeln und ausreichende Eigenschaften	HP 1 HP 5/2 HP 5/3 N 1 Abschnitt 5.2 N 2 Abschnitt 2.6		
			- Zulassung von Arbeits-verfahren	HP 2/1 N 1 Abschnitt 5.1 N 2 Abschnitt 2.6		
			- Zulassung von Personal	HP 3 zusätzlich gilt hin-sichtlich der dauer-haften Werkstoffver-bindungen für: - Rohrleitungen: HP 100R Abschnitt 7 HP 110R Abschnitt 7 HP 120R Abschnitt 7 - Armaturen: A 4 Abschnitte 5 und 6		
14	Mechanisches Versagen wegen Nicht-erkennen von unzulässigen Fehlern in dauerhaften Werkstoff-verbindungen	3.1.3	Qualifiziertes Personal für zerstörungsfreie Prüfungen	HP 4		

Lfd. Nr.	Mögliche Gefahren	DGR Anhang I Abschnitt	Grundlegende Sicherheits-anforderungen	Stufe I: Maßnahmen zur Beseitigung oder Verminderung der Gefahren bezogen auf AD 2000-Merkblatt Abschnitt	Stufe II: Schutzmaß-nahmen gegen nicht zu beseiti-gende Gefahren (Beispiele)	Stufe III: Hinweise auf Restgefahren in der Betriebsanleitung (Beispiele)
15	Mechanisches Versagen durch Verän-derung der Werkstoff-eigenschaften	3.1.4	Ggf. angemessene Wärmebehandlung	HP 7/1 HP 7/2 HP 7/4 HP 2/1 Abschnitt 3.6		
16	Mechanisches Versagen auf-grund Verwen-dung nicht ge-eigneter Werk-stoffe	3.1.5	Durchgängige Rückver-folgbarkeit der Werk-stoffe drucktragender Teile	HP 0 Abschnitt 4 N 2 Abschnitt 5 N 4 Abschnitt 8.2		
17	Mechanisches Versagen auf-grund unzuläs-siger Ferti-gungsmängel oder Abwei-chung vom Entwurf	3.2.1	Durchführung einer Schlussprüfung	HP 512 N 1 Abschnitt 5.3 HP 512R A 4 Abschnitt 6		
18	Mechanisches Versagen auf-grund von Ent-wurfs- oder Fertigungs-mängeln	3.2.2	Durchführung einer Druckprüfung oder adäquaten Prüfung	HP 512 N 1 Abschnitt 5.3 N 2 Abschnitt 10 N 4 Abschnitte 7.1 und 9.3 HP 512R HP 30 A 4 Abschnitt 6		Ggf. Hinweis, wenn ein hydrostatischer Druckversuch bei wiederkehrender Druckprüfung nicht durchgeführt wer-den darf.
19	Mechanisches Versagen durch Über-schreiten der zulässigen Grenzen für Druck oder Temperatur	3.2.3	Prüfung der Sicherheits-einrichtungen bei Bau-gruppen	HP 512 Abschnitt 7 HP 512R Abschnitt 5		
20	Mechanisches Versagen auf-grund fehlen-der oder fehler-hafter Kenn-zeichnung	3.3	Kennzeichnung und Etikettierung	A 401 N 4 Abschnitt 8 HP 100R Abschnitt 11 HP 110R Abschnitt 11 HP 120R Abschnitt 11 A 4 Abschnitt 7		
21	Unsachge-mäße Mon-tage, Inbetrieb-nahme, Benut-zung, Wartung und Inspektion durch den Be-treiber	3.4	Betriebsanleitung	Z 2, Tabelle 1 Stufe III und Abschnitt 2 N 4 Abschnitte 9, 10 und 11 HP 100R Abschnitt 11 HP 110R Abschnitt 11 HP 120R Abschnitt 11 A 4 Abschnitt 8.2		

AD 2000-Merkblatt Z 2, Ausg. 02.2004 Seite 9

Lfd. Nr.	Mögliche Gefahren	DGR Anhang I Abschnitt	Grundlegende Sicherheits-anforderungen	Stufe I: Maßnahmen zur Beseitigung oder Verminderung der Gefahren bezogen auf AD 2000-Merkblatt Abschnitt	Stufe II: Schutzmaß-nahmen gegen nicht zu beseiti-gende Gefahren (Beispiele)	Stufe III: Hinweise auf Restgefahren in der Betriebsanleitung (Beispiele)
22	Mechanisches Versagen durch Verwen-dung ungeeig-neter Werk-stoffe	4	Eignung für die gesamte vorgesehene Lebens-dauer	Reihe W N 1 Abschnitt 3 N 2 Abschnitt 1.2 HP 100R Abschnitt 5 HP 110R Abschnitt 5 HP 120R Abschnitt 5 A 4 Abschnitt 4		
			Verwendung geeigneter Schweißzusatzwerk-stoffe und sonstiger Ver-bindungswerkstoffe	W 0 Abschnitt 4 N 1 Abschnitt 3 HP 100R Abschnitt 7.2.4		
		4.1	Auswahl geeigneter Werkstoffe bezüglich mechanischer Eigen-schaften, chemischer Beständigkeit, Alterung, Verarbeitung und Verbin-dung unterschiedlicher Werkstoffe	W 0 Abschnitte 2 und 3 N 1 Abschnitte 3 und 5 N 2 Abschnitte 2 und 3 N 4 Abschnitt 3 HP 100R Abschnitt 5 HP 110R Abschnitt 5 HP 120R Abschnitt 5		
		4.2 a)	Festlegung geeigneter Werkstoffkennwerte	Reihe W N 1 Abschnitte 3.7 und 5.2 N 2 Abschnitt 3 und 4 N 4 Abschnitte 3 und 5 HP 100R Abschnitt 5 HP 110R Abschnitt 5 HP 120R Abschnitt 5 B 0 Abschnitt 6		
		4.2 b)	Verwendung von • harmonisierten Normen • europäischer Werk-stoffzulassung (EAM) • Einzelgutachten	Reihe W W 0 Abschnitt 2.4		
		4.2 c)	Einzelgutachten durch zuständige benannte Stelle	W 0 Abschnitt 2.4 W 0 Abschnitt 3.2 N 1 Abschnitt 5.2 N 2 Abschnitt 3.2 HP 100R Abschnitt 5 HP 110R Abschnitt 5 HP 120R Abschnitt 5 A 4 Abschnitt 4.		
		4.3	Sicherstellung, dass die verwendeten Werkstoffe den vorgegebenen An-forderungen entspre-chen; Bescheinigung mit spezifischer Prüfung der Produkte (Werkstoffnachweise)	Reihe W N 1 Abschnitte 3.8 und 5.2 N 2 Abschnitt 6 N 4 Abschnitt 4 HP 100R Abschnitt 5 HP 110R Abschnitt 5 HP 120R Abschnitt 5 A 4 Abschnitt 4.3		

Lfd. Nr.	Mögliche Gefahren	DGR Anhang I Abschnitt	Grundlegende Sicherheitsanforderungen	Stufe I: Maßnahmen zur Beseitigung oder Verminderung der Gefahren bezogen auf AD 2000-Merkblatt Abschnitt	Stufe II: Schutzmaßnahmen gegen nicht zu beseitigende Gefahren (Beispiele)	Stufe III: Hinweise auf Restgefahren in der Betriebsanleitung (Beispiele)
22	Zu: Mechanisches Versagen durch Verwendung ungeeigneter Werkstoffe		Zertifiziertes QM-System des Werkstoffherstellers mit Übergang auf vom Hersteller ausgestellte Bescheinigungen	W 0 Abschnitt 3.1.2		

Besondere quantitative Anforderungen des Abschnitts 7 der DGR

		7	Besondere quantitative Anforderungen an bestimmte Druckgeräte	Die Anforderungen des Abschnitts 7 sind mit der Einhaltung des AD 2000-Regelwerkes erfüllt, siehe auch AD 2000-Merkblatt Z 1		

Zusätzliche Gesichtspunkte für befeuerte oder anderweitig überhitzungsgefährdete Druckgeräte

Lfd. Nr.	Mögliche Gefahren	DGR Anhang I Abschnitt	Grundlegende Sicherheitsanforderungen	Stufe I	Stufe II	Stufe III
23	Mechanisches Versagen durch Überhitzung bei elektrisch, abgas- und feuerbeheizten Behältern	5	Zusätzliche Anforderungen für befeuerte oder anderweitig beheizte überhitzungsgefährdete Druckgeräte gemäß Artikel 3 Absatz 1 - Dampf- und Heißwassererzeuger - Prozessheizgeräte für andere Medien als Dampf und Heißwasser		- Dampf- und Heißwassererzeuger werden im AD 2000-Regelwerk nicht behandelt - B 0 Abschnitt 5	
24	Mechanisches Versagen durch örtliche oder generelle Überhitzung	5 a)	Schutzvorrichtungen zur Begrenzung von Betriebsparametern		AD 2000 A 403 Abschnitt 5 AD 2000 A 404 Abschnitt 6	Betriebs- und Wartungsanweisungen, Anweisungen für Funktionsprüfungen
25	Mechanisches Versagen durch Überhitzung oder Schäden durch Ablagerungen oder Korrosion	5 b), c)	Probeentnahmestellen und Vorkehrungen zur Vermeidung von Ablagerungen und/oder Korrosion		AD 2000 A 404 Abschnitt 4	Hinweise zur Probennahme und zur Analyse der Fluide
26	Mechanisches Versagen durch Überhitzung aufgrund von Nachwärme	5 d)	Schaffung von Möglichkeiten der sicheren Wärmeabführung nach Abschalten		AD 2000 A 404 Abschnitte 6.2 und 6.4	Betriebs- und Wartungsanweisungen, Anweisungen für Funktionsprüfungen

AD 2000-Merkblatt Z 2, Ausg. 02.2004 Seite 11

Lfd. Nr.	Mögliche Gefahren	DGR Anhang I Abschnitt	Grundlegende Sicherheits- anforderungen	Stufe I: Maßnahmen zur Beseitigung oder Verminderung der Gefahren bezogen auf AD 2000-Merkblatt Abschnitt	Stufe II: Schutzmaß- nahmen gegen nicht zu beseiti- gende Gefahren (Beispiele)	Stufe III: Hinweise auf Restgefahren in der Betriebsanleitung (Beispiele)
27	Mechanisches Versagen durch Brand oder Explosion infolge An- sammlung ent- zündlicher Ge- mische	5 e)	Maßnahmen zur Vermei- dung der Ansammlung entzündlicher Gemische und Flammenrückschlag		AD 2000 A 404 Abschnitt 7	

Zusätzliche Gesichtspunkte bei Rohrleitungen

Lfd. Nr.	Mögliche Gefahren	DGR Anhang I Abschnitt	Grundlegende Sicherheits- anforderungen	Stufe I	Stufe II	Stufe III
28	Mechanisches Versagen durch fehler- hafte Ausle- gung und Bau	6	Zusätzliche Anforderun- gen für Rohrleitungen gemäß Artikel 3 Nr. 1.3			
29	Mechanisches Versagen durch Über- beanspru- chung auf- grund unzuläs- siger Bewegung oder übermäßi- ger Kräfte	6 a)	Ausreichende Unterstüt- zung, Befestigung, Ver- ankerung, Ausrichtung oder Vorspannung	HP 100R Abschnitte 6.2.2 und 6.2.3 HP 110R Abschnitte 6.2 und 6.3 HP 120R Abschnitt 6.2		Hinweise zur regel- mäßigen Kontrolle der Befestigungs- elemente, Lager, Stützen
30	Mechanisches Versagen durch Wasser- schlag oder Korrosion durch Kon- densflüssigkeit	6 b)	Einrichtungen zur Entwässerung bzw. Entfernung von Ablage- rungen	HP 100R Abschnitt 7.4.6 HP 110R Abschnitt 7.4.9 HP 120R Abschnitt 7.4.9		Angaben zu Entwässerungs- intervallen
31	Mechanisches Versagen durch Schäden aufgrund von Turbulenzen und Wirbelbil- dung (z. B. Erosion, Ero- sions-Korro- sion, Kavita- tion)	6 c)	Berücksichtigung möglicher Schäden durch Turbulenzen und Wirbelbildung	HP 100R Abschnitt 3 HP 110R Abschnitt 3 HP 120R Abschnitt 3		
32	Mechanisches Versagen durch Ermü- dung infolge von Vibratio- nen	6 d)	Berücksichtigung von Ermüdungserschei- nungen durch Vibrationen	HP 100R Abschnitte 3, 6.2.2, 6.2.3, 7.4.5 HP 110R Abschnitte 3, 6.2, 6.3, 7.4.7 HP 120R Abschnitte 3, 6.2, 7.4.7		Geeignete Ein- richtungen, z. B. Schwingungs- dämpfer

Lfd. Nr.	Mögliche Gefahren	DGR Anhang I Abschnitt	Grundlegende Sicherheits- anforderungen	Stufe I: Maßnahmen zur Beseitigung oder Verminderung der Gefahren bezogen auf AD 2000-Merkblatt Abschnitt	Stufe II: Schutzmaß- nahmen gegen nicht zu beseiti- gende Gefahren (Beispiele)	Stufe III: Hinweise auf Restgefahren in der Betriebsanleitung (Beispiele)
33	Undichtheit und unbeabsichtigte Entspannung / Freisetzung an Abzweigungen für Rohrleitun- gen mit gefähr- lichen Fluiden (Gruppe 1)	6 e)	Absperrungen von Rohr- abzweigungen bei Fluid- gruppe 1	HP 100R Abschnitt 7.4.7 HP 110R Abschnitt 7.4.11 HP 120R Abschnitt 7.4.11		
34	Undichtheit und unbeab- sichtigte Ent- spannung / Freisetzung aufgrund unbe- absichtigter Entnahme	6 f)	Kennzeichnung der Entnahmestellen	HP 100R Abschnitt 7.4.8 HP 110R Abschnitt 7.4.12 HP 120R Abschnitt 7.4.12		Ggf. Hinweise auf Kennzeichnung der permanenten Seite der Anschlussstelle für den Betreiber
35	Mechanisches Versagen auf- grund mangel- hafter War- tungs- und In- spektionsmög- lichkeiten	6 g)	Dokumentation von Lage und Verlauf erdverlegter – Rohrleitungen – Fernleitungen	HP 100R Abschnitt 11 HP 110R Abschnitt 11 HP 120R Abschnitt 11 Fernleitungen werden im AD 2000-Regelwerk nicht behandelt		Hinweis auf zuge- hörige technische Dokumentation

3 Hinweise zur Betriebsanleitung

Nach den Vorgaben in der Druckgeräte-Richtlinie ist Druckgeräten, soweit erforderlich, für den Benutzer eine Betriebsanleitung nach Anhang I Nr. 3.4 der DGR beizufü- gen, die alle der Sicherheit dienlichen Informationen zu fol- genden Aspekten enthält:

– Montage einschließlich Verbindung verschiedener Druckgeräte

– Inbetriebnahme

– Benutzung

– Wartung einschließlich Inspektion durch den Benutzer

Die sich aus Tafel 1 Stufe III ergebenden Restgefahren sind in die Betriebsanleitung aufzunehmen. Technische Unterlagen, Zeichnungen und Diagramme, die zum vollen Verständnis dieser Anleitung notwendig sind, sind ihr ent- sprechend beizufügen.

Gegebenenfalls ist hinzuweisen auf die Gefahren einer un- sachgemäßen Verwendung im Sinne von Anhang I Ab- schnitt 1.3 der Druckgeräte-Richtlinie sowie auf die beson- deren Merkmale des Entwurfs gemäß Abschnitt 2.2.3 der DGR, wie z. B.:

– Grenzen für den sicheren Betrieb, einschließlich der vor- gesehenen Betriebs- und vorausgesetzten Entwurfsbe- dingungen

– Verwendetes Regelwerk

– Verbindungskoeffizienten

– Veranschlagte Lebensdauer unter Berücksichtigung von Materialermüdung, Kriechen, Korrosion und Verschleiß

– Konstruktionsmerkmale, die für die Lebensdauer des Geräts relevant sind

– Informationen über austauschbare Teile

Wenn das Gerät zum ersten Mal in Verkehr gebracht wird, muss die Betriebsanleitung in der Sprache vorliegen, die den gesetzlichen Vorschriften am Aufstellungsort entspricht, um die notwendigen Sicherheitsinformationen zu geben. Für Druckgeräte, die in Deutschland aufgestellt und betrieben werden, ist die Betriebsanleitung in deutscher Sprache zu verfassen.

Die Betriebsanleitung muss die gemäß AD 2000-Merkblatt A 401 anzubringenden Angaben der Kennzeichnung enthal- ten, mit Ausnahme der Herstellnummer. Darüber hinaus sind Warnhinweise am Druckgerät in der Betriebsanleitung zu be- schreiben. Bezüglich sonstiger Dokumentationen wird auf die AD 2000-Merkblätter HP 512, HP 100R und HP 512R verwiesen.